D1688184

APCC Special Report: Strukturen für ein klimafreundliches Leben

Christoph Görg · Verena Madner ·
Andreas Muhar · Andreas Novy · Alfred Posch ·
Karl W. Steininger · Ernest Aigner
(Hrsg.)

APCC Special Report: Strukturen für ein klimafreundliches Leben

Springer Spektrum

Hrsg.
Christoph Görg
Institut für Soziale Ökologie (SEC)
Universität für Bodenkultur Wien
Wien, Österreich

Verena Madner
Institute for Law and Governance und
Forschungsinstitut für Urban Management und
Governance
Wirtschaftsuniversität Wien
Wien, Österreich

Andreas Muhar
Institut für Landschaftsentwicklung, Erholungs-
und Naturschutzplanung (ILEN)
Universität für Bodenkultur Wien
Wien, Österreich

Andreas Novy
Institute for Multi-Level Governance and
Development
Wirtschaftsuniversität Wien
Wien, Österreich

Alfred Posch
Institut für Umweltsystemwissenschaften
Universität Graz
Graz, Österreich

Karl W. Steininger
Wegener Center für Klima und Globalen Wandel
und Institut für Volkswirtschaftslehre
Universität Graz
Graz, Österreich

Ernest Aigner
Institute for Law and Governance
Wirtschaftsuniversität Wien
Wien, Österreich

ISBN 978-3-662-66496-4   ISBN 978-3-662-66497-1 (eBook)
https://doi.org/10.1007/978-3-662-66497-1

Die Deutsche Nationalbibliothek verzeichnet diese Publikation in der Deutschen Nationalbibliografie; detaillierte bibliografische Daten sind im Internet über http://dnb.d-nb.de abrufbar.

Springer Spektrum
© Der/die Herausgeber bzw. der/die Autor(en) 2023. Dieses Buch ist eine Open-Access-Publikation.
Open Access Dieses Buch wird unter der Creative Commons Namensnennung 4.0 International Lizenz (http://creativecommons.org/licenses/by/4.0/deed.de) veröffentlicht, welche die Nutzung, Vervielfältigung, Bearbeitung, Verbreitung und Wiedergabe in jeglichem Medium und Format erlaubt, sofern Sie den/die ursprünglichen Autor(en) und die Quelle ordnungsgemäß nennen, einen Link zur Creative Commons Lizenz beifügen und angeben, ob Änderungen vorgenommen wurden.
Die in diesem Buch enthaltenen Bilder und sonstiges Drittmaterial unterliegen ebenfalls der genannten Creative Commons Lizenz, sofern sich aus der Abbildungslegende nichts anderes ergibt. Sofern das betreffende Material nicht unter der genannten Creative Commons Lizenz steht und die betreffende Handlung nicht nach gesetzlichen Vorschriften erlaubt ist, ist für die oben aufgeführten Weiterverwendungen des Materials die Einwilligung des jeweiligen Rechteinhabers einzuholen.
Das Werk einschließlich aller seiner Teile ist urheberrechtlich geschützt. Jede Verwertung, die nicht ausdrücklich vom Urheberrechtsgesetz zugelassen ist, bedarf der vorherigen Zustimmung des Verlags. Das gilt insbesondere für Vervielfältigungen, Bearbeitungen, Übersetzungen, Mikroverfilmungen und die Einspeicherung und Verarbeitung in elektronischen Systemen.
Die Wiedergabe von allgemein beschreibenden Bezeichnungen, Marken, Unternehmensnamen etc. in diesem Werk bedeutet nicht, dass diese frei durch jedermann benutzt werden dürfen. Die Berechtigung zur Benutzung unterliegt, auch ohne gesonderten Hinweis hierzu, den Regeln des Markenrechts. Die Rechte des jeweiligen Zeicheninhabers sind zu beachten.
Der Verlag, die Autoren und die Herausgeber gehen davon aus, dass die Angaben und Informationen in diesem Werk zum Zeitpunkt der Veröffentlichung vollständig und korrekt sind. Weder der Verlag noch die Autoren oder die Herausgeber übernehmen, ausdrücklich oder implizit, Gewähr für den Inhalt des Werkes, etwaige Fehler oder Äußerungen. Der Verlag bleibt im Hinblick auf geografische Zuordnungen und Gebietsbezeichnungen in veröffentlichten Karten und Institutionsadressen neutral.

Planung: Simon Shah-Rohlfs
Lektorat: Barbara Weyss
Grafiken: Nina King

Springer Spektrum ist ein Imprint der eingetragenen Gesellschaft Springer-Verlag GmbH, DE und ist ein Teil von Springer Nature.
Die Anschrift der Gesellschaft ist: Heidelberger Platz 3, 14197 Berlin, Germany

Beitragende

Herausgeber_innen
Christoph Görg, Verena Madner, Andreas Novy, Andreas Muhar, Alfred Posch, Karl W. Steininger und Ernest Aigner

Projektleitung
Karl W. Steininger

Projektkoordination
Ernest Aigner

Organisationsteam
Astrid Krisch, Charlotte Lejeune und Michaela Neumann

Veröffentlichungsjahr
2023

Diese Publikation ist unter dem Dach des Austrian Panel on Climate Change (APCC), einem dauerhaften Gremium des Climate Change Centre Austria (CCCA), entstanden und folgt dessen Qualitätsstandards.

Zitierhinweis
APCC (2023) APCC Special Report: Strukturen für ein klimafreundliches Leben (APCC SR Klimafreundliches Leben) [Görg, C., V. Madner, A. Muhar, A. Novy, A. Posch, K. W. Steininger und E. Aigner (Hrsg.)]. Springer Spektrum: Berlin/Heidelberg.

Die in dieser Publikation geäußerten Ansichten oder Meinungen entsprechen nicht notwendigerweise jenen der Institutionen, bei denen die mitwirkenden Wissenschafter_innen und Expert_innen tätig sind.

Der APCC Special Report: „Strukturen für ein klimafreundliches Leben (APCC SR Klimafreundliches Leben)" wurde durch den Klima- und Energiefonds im Rahmen seines Förderprogrammes ACRP gefördert.

URL des APCC
https://www.ccca.ac.at/apcc

URL des Special Reports
https://klimafreundlichesleben.apcc-sr.ccca.ac.at/

CoChairs
Christoph Görg, Verena Madner, Andreas Muhar, Andreas Novy, Alfred Posch und Karl W. Steininger

Koordinierende Leitautor_innen
Ernest Aigner, Lisa Bohunovsky, Jürgen Essletzbichler, Karin Fischer, Christoph Görg, Harald Frey, Willi Haas, Margaret Haderer, Johanna Hofbauer, Birgit Hollaus, Andrea Jany, Michael Jonas, Lars Keller, Astrid Krisch, Klaus Kubeczko, Verena Madner, Michael Miess, Xenia Miklin, Andreas Muhar, Andreas Novy, Michael Ornetzeder, Marianne Penker, Melanie Pichler, Alfred Posch, Livia Regen, Ulrike Schneider, Barbara Smetschka, Karl W. Steininger, Reinhard Steurer, Nina Svanda, Hendrik Theine, Hans Volmary, Matthias Weber und Harald Wieser.

Leitautor_innen
Richard Bärnthaler, Ulrich Brand, Tadej Brezina, Thomas Brudermann, Karl-Michael Brunner, Meike Bukowski, Aron Buzogány, Christoph Clar, Antje Daniel, Christian Dorninger, Julia Eder, Günter Emberger, Andrea*s Exner, Julia Fankhauser, Stefanie Gerold, Michael Getzner, Katharina Gugerell, Gabu Heindl, Veronica Karabaczek, Peter Kaufmann, Dominik Klaus, Katharina Kreissl, Katharina Mader, Stefan Nabernegg, Sarah L. Nash, Markus Ohndorf, Leonhard Plank, Christina Plank, Anke Schaffartzik, Patrick Scherhaufer, Thomas Schinko, Nicolas Schlitz, Eva Schulev-Steindl, Ruth Simsa, Sigrid Stagl, Anke Strüver, Franz Tödtling, Dominik Wiedenhofer, Florian Wukovitsch und Sibylla Zech.

Beitragende Autor_innen
Alina Brad, Max Callaghan, Christian Fikar, Tommaso Gimelli, Mathias Krams, Joanne Linnerooth-Bayer, Gerd Michelsen, Michaela Neumann, Victor Daniel Perez Delgado, Ulrike Pröbstl-Haider, Claus Reitan, Karin Schanes, Gerald Steiner, Anita Susani, Julia Wallner und Michaela Zint.

Stakeholderteam
Ines Omann, Karin Küblböck, Willi Haas, Andreas Muhar, Klaus Kubeczko, Paula Bethge, Hannah Lucia Müller, Verena Wolf, Ernest Aigner, Barbara Smetschka, und Christoph Görg.

Revieweditor_innen
Mathias Binswanger, Gerhard de Haan, Wolfgang Hofkirchner, Thomas Jahn, Roger Keil, Jens Libbe, Michael Opielka, Ilona Otto, Nora Räthzel, Oliver Ruppel, Matthias Schmelzer, Ines Weller und Tommy Wiedmann.

Reviewer_innen
Gesamt haben 180 Expert_innen am Review der Beiträge mitgewirkt, darunter:

Andrea Amri-Henkel, Daniel Barben, Hans-Jürgen Baschinger, Christian Bellak, Peter Biegelbauer, Katharina Bingel, Michael Böcher, Katharina Bohnenberger, Jana Brandl, Sebastian Brandl, Daniel Buschmann, Judith Derndorfer, Kristina Dietz, Emma Dowling, Hubert Eichmann, Daniel Ennöckl, Dennis Eversberg, Ulrich Ermann, Andreas Exenberger, Tatjana Fischer, Judith Fitz, Eva Fleischer, Friederike Gesing, Rudolf Giffinger, Katharina Gsöllpointner, Johannes Jäger, Maximilian Jäger, Tobias Kalt, Mathias Kirchner, Helge Kminek, Michaela Knieli, Andreas Koch, Halliki Kreinin, Uwe Krüger, Andreas Lange, Stefan Mayer, Ina Meyer, Irene Neverla, Markus Pillmayer, Agnes Pürstinger, Vanessa Redak, Dirk Reiser, Martin Reisigl, Michael Rose, Hannah Schmid-Petri, Lukas Schmidt, Oliver Schrot, Klaus Schuch, Ute Stoltenberg, Ulrike Stroissnig, Mario Taschwer, Magdalena Tordy, Isabella Uhl-Hädicke und Alexandra Wegscheider-Pichler.

Ein besonderer Dank geht an Herrn Karl-Werner Brand, der den Bericht in seiner Gesamtheit kommentiert hat.

Reviewmanagement
Alexandra Göd und Lisa Waldschütz

APCC Steering Committee
Helmut Haberl, Sabine Fuss, Gertraud Wollansky, Beate Littig und José Delgado Jiménez

Titelbild
Ernest Aigner mithilfe von Midjourney

Layout der Grafiken
Nina King

Lektorat
Barbara Weyss

Beteiligte Institutionen
AIT Austrian Institute of Technology GmbH, Brandenburgische Technische Universität Cottbus-Senftenberg, GABU Heindl Architektur, International Institute for Applied Systems Analysis (IIASA), Johannes Kepler Universität Linz, Kammer für Arbeiter und Angestellte für Wien, KMU Forschung Austria, Österreichische Akademie der Wissenschaften, Paris Lodron Universität Salzburg, Technische Universität Wien, Universität für Bodenkultur Wien, Universität Graz, Universität Innsbruck, Universität Wien und Wirtschaftsuniversität Wien.

Dankensworte
Wir bedanken uns bei unseren Freund_innen, Partner_innen, Kindern, Kolleg_innen und Familien für ihre Beiträge und Geduld. Besonderer Dank gilt jenen, die durch die Übernahme von Betreuungsverpflichtungen zum Fertigstellen des Berichts beigetragen haben. Genauso gilt unser Danke allen administrativen Kräften und Studierenden, die den Bericht unterstützt haben.

Danke auch an die zahlreichen Stakeholder, die durch ihre Kommentare und Teilnahme an den Workshops zur Qualität und Relevanz beigetragen haben, sowie an all jene, die sich anderwärtig täglich auf unterschiedlichste Weise für den Schutz von Klima und einem guten Leben für alle einsetzen.

Inhaltsverzeichnis

Zusammenfassung für Entscheidungstragende 1
Warum Strukturen im Mittelpunkt stehen 1
    Gestalten von Strukturen durch gemeinsames Handeln 2
    Klimapolitische Herausforderungen im Kontext anderer politischer Zielsetzungen ... 3
Strukturveränderungen für ein klimafreundliches Leben 5
    Klimaschutz als Querschnittsthema benötigt eine Mehr-Ebenen-Governance ... 5
    Demokratische Öffentlichkeit als Fundament der Klimapolitik 6
    Räumliche Rahmenbedingungen, Infrastrukturen und zeitgebundene Tätigkeiten . 8
    Klimafreundliche Güter- und Dienstleistungsversorgung und Erwerbsarbeit 10
    Preise, Finanzierung und Investitionen für klimafreundliches Leben 13
Strukturen koordiniert und zielgerichtet gestalten 14

Summary for Policymakers 19
Why a focus on structures matters 19
    Shaping structures through joint action 20
    Climate policy in the context of other objectives 21
Structural changes for climate-friendly living 22
    Climate protection as a cross-cutting issue requires multi-level governance 22
    Democratic public sphere as the foundation of climate policy 24
    Spatial conditions, infrastructures and time-bound activities 25
    Climate-friendly supply of goods, services and wage-labour 27
    Prices, financing and investments for climate-friendly living 30
Shaping structures in a coordinated and targeted manner 31

Technische Zusammenfassung 35
Vorwort zur technischen Zusammenfassung 35
    Entwicklung des Berichts 36
Teil 1: Klimafreundliches Leben und Perspektiven 36
    Kapitel 1: Einleitung: Strukturen für ein klimafreundliches Leben 36
    Kapitel 2: Perspektiven zur Analyse und Gestaltung von Strukturen
        klimafreundlichen Lebens 39
Teil 2: Handlungsfelder 43
    Kapitel 3: Überblick Handlungsfelder 43
    Kapitel 4: Wohnen 46
    Kapitel 5: Ernährung 48
    Kapitel 6: Mobilität 50
    Kapitel 7: Erwerbsarbeit 52
    Kapitel 8: Sorgearbeit für die eigene Person, Haushalt, Familie und Gesellschaft . 54
    Kapitel 9: Freizeit und Urlaub 56
Teil 3: Strukturbedingungen 58
    Kapitel 10: Integrierte Perspektiven der Strukturbedingungen 58
    Kapitel 11: Recht 58

Kapitel 12: Governance und politische Beteiligung 60
Kapitel 13: Innovationssystem und -politik 63
Kapitel 14: Die Versorgung mit Gütern und Dienstleistungen 64
Kapitel 15: Globalisierung: Globale Warenketten und Arbeitsteilung 67
Kapitel 16: Geld- und Finanzsystem 68
Kapitel 17: Soziale und räumliche Ungleichheit 70
Kapitel 18: Sozialstaat und Klimawandel 72
Kapitel 19: Raumplanung 74
Kapitel 20: Mediendiskurse und -strukturen 75
Kapitel 21: Bildung und Wissenschaft für ein klimafreundliches Leben 77
Kapitel 22: Netzgebundene Infrastrukturen 79
Teil 4: Pfade zur Transformation 80
Kapitel 23: Pfade zur Transformation struktureller Bedingungen für ein
klimafreundliches Leben 80
Quellenverzeichnis 82

Technical Summary 105
Foreword to the technical Summary 105
Development of the report 106
Part 1: Climate-friendly living and perspectives 106
Chapter 1: Introduction: Structures for climate-friendly living 106
Chapter 2: Perspectives on the analysis and Shaping of structures for
climate-friendly living 109
Part 2: Fields of action 113
Chapter 3: Overview fields of action 113
Chapter 4: Housing 115
Chapter 5: Food 117
Chapter 6: Mobility 119
Chapter 7: Employment 121
Chapter 8: Caring for oneself, household, family and society 122
Chapter 9: Leisure and holidays 124
Part 3: Structural conditions 126
Chapter 10: Integrated perspectives on structural conditions 126
Chapter 11: Law 126
Chapter 12: Governance and political participation 128
Chapter 13: Innovation system and policy 130
Chapter 14: The provision of goods and services 132
Chapter 15: Globalisation: Global commodity chains and division of labour 134
Chapter 16: Monetary and financial system 136
Chapter 17: Social and spatial inequality 137
Chapter 18: Welfare state and climate change 139
Chapter 19: Spatial planning 140
Chapter 20: Media discourses and media structures 142
Chapter 21: Education and science for climate-friendly living 143
Chapter 22: Networked infrastructures 145
Part 4: Pathways to transformation 146
Chapter 23: Pathways to transform structural conditions for climate-friendly living 146
References 148

Teil 1: Einleitung

Kapitel 1. Einleitung: Strukturen für ein klimafreundliches Leben 173
1.1 Hintergrund und Zielsetzung 173
1.2 Klimafreundliches Leben 175
1.3 Strukturen und Gestaltung 176
    1.3.1 Verständnis von Strukturen 176
    1.3.2 Akteure_innen und die Gestaltung von Strukturen 178
1.4 Situation und Dynamiken klimaschädlicher Emissionen 179
1.5 Einordnung des Berichtes 185
    1.5.1 Sachstandsberichte als Informationsgrundlage 185
    1.5.2 Erstellungsprozess und Stakeholderbeteiligung 188
    1.5.3 Vorgehensweise bei der Bewertung der Literatur 189
1.6 Aufbau des Berichtes 190
1.7 Quellenverzeichnis 191

Kapitel 2. Perspektiven zur Analyse und Gestaltung von Strukturen klimafreundlichen Lebens 195
2.1 Einleitung 196
2.2 Vier Perspektiven zur Analyse und Gestaltung von Strukturen klimafreundlichen Lebens 197
    2.2.1 Marktperspektive 197
    2.2.2 Innovationsperspektive 199
    2.2.3 Bereitstellungsperspektive 201
    2.2.4 Gesellschaft-Natur-Perspektive 203
2.3 Perspektivistische Herangehensweise zur Analyse und Gestaltung von Strukturen . 206
2.4 Quellenverzeichnis 209

Teil 2: Handlungsfelder

Kapitel 3. Überblick Handlungsfelder 217
3.1 Einleitung 218
3.2 Klimarelevanz der Handlungsfelder 218
3.3 Systemische und Alltagsbetrachtung 222
3.4 Auswahl und Grenzziehung zwischen den Handlungsfeldern 222
3.5 Theoretische Pluralität und Auswahl der Literatur zu den Handlungsfeldern 224
3.6 Politiken und Handlungsebenen 224
3.7 Quellenverzeichnis 224

Kapitel 4. Wohnen 227
4.1 Einleitung 228
4.2 Status quo 230
    4.2.1 Muss neu gebaut werden? Entscheidungen im Wohnbau unter Berücksichtigung von Bestand, Leerstand, Beschaffenheit und Sanierungsmöglichkeiten 230
    4.2.2 Wie wird gebaut? Wohnungsneubau angesichts von Ressourcen- und Bodenknappheit 232
    4.2.3 Wer baut und für wen wird gebaut? Bauträgerschaft und Bewohnerschaft von Wohngebäuden vor dem Problem steigender Kosten 234
    4.2.4 Soziale Aspekte beim Zugang zu klimafreundlicher Wohninfrastruktur ... 235
4.3 Barrieren und Konflikte im Bereich klimafreundliches Wohnen 235

4.4 Gestaltungsoptionen für klimafreundliche Strukturen im Bereich Wohnbau 235
    4.4.1 Aktivierung und Attraktivierung des Wohnbaubestandes 236
    4.4.2 Restrukturierung des Flächenverbrauchs und Dekommodifizierung des Wohnraums 237
    4.4.3 Ausbau gemeinnütziger Wohnbau und Förderung alternativer und klimafreundlicher Wohn- und Wohnbaukonzepte 239
4.5 Quellenverzeichnis 242

Kapitel 5. Ernährung 245
5.1 Einleitung 246
5.2 Status quo und Herausforderungen 246
    5.2.1 Produktion 246
    5.2.2 Verarbeitung, Handel und Distribution 247
    5.2.3 Konsum 249
    5.2.4 Lebensmittelabfälle und -verluste 251
5.3 Notwendige Veränderungen, Barrieren und Konflikte im Bereich klimafreundlicher Ernährung 251
    5.3.1 Umkämpfte Transformation verschiedener Politikbereiche um Ernährung . 252
    5.3.2 Konfliktthema Fleisch 253
    5.3.3 Arbeitskonflikte 254
    5.3.4 Konfligierende Wissensformen 255
5.4 Gestaltungsoptionen für ein klimafreundlicheres Ernährungssystem 255
    5.4.1 Recht 255
    5.4.2 Governance und politische Beteiligung 257
    5.4.3 Technische Entwicklung und soziotechnische Innovation 257
    5.4.4 Globalisierung, globale Arbeitsteilung und Wertschöpfungsketten 258
    5.4.5 Wirtschaft, Finanzmärkte, Investitionen und Geldsysteme 258
    5.4.6 Soziale Ungleichheit, soziale Sicherungssysteme und sozial-ökologische Infrastrukturen 259
    5.4.7 Raumplanung und räumliche Ungleichheiten 259
    5.4.8 Diskurse und Medien 259
    5.4.9 Bildung und Wissenschaft 260
5.5 Quellenverzeichnis 260

Kapitel 6. Mobilität 271
6.1 Status quo, Herausforderungen und notwendige Veränderungen 271
    6.1.1 PKW-Wege und Motorisierungsgrad nehmen zu 272
    6.1.2 Energieaufwand und Verkehrsleistung steigen 272
    6.1.3 Steigende Fahrleistung kompensiert Effizienzgewinne 274
    6.1.4 Kraftstoffexporte 274
    6.1.5 Alternative Antriebe 274
    6.1.6 Externe Kosten – keine Kostengerechtigkeit, Internalisierung 274
    6.1.7 Flugverkehr 274
    6.1.8 Ziele 275
6.2 Barrieren und Herausforderungen 275
    6.2.1 Dimension Politik 275
    6.2.2 Dimension Planung und Zeit 276
    6.2.3 Dimension Ökonomie 277
    6.2.4 Dimension Recht 278
    6.2.5 Dimension Kraftfahrzeuge 279
    6.2.6 Dimension Verhalten 279
6.3 Handlungs- bzw. Gestaltungsoptionen 279
6.4 Quellenverzeichnis 281

Kapitel 7. Erwerbsarbeit 285
7.1 Einleitung 286
7.2 Status quo 287
      7.2.1 Bedingungen für klimafreundliches Handeln innerhalb der Erwerbsarbeit . 287
      7.2.2 Bedingungen für klimafreundliches Handeln außerhalb der Erwerbsarbeit . 291
7.3 Treibende Kräfte und Barrieren des Strukturwandels 293
7.4 Gestaltungsoptionen 294
      7.4.1 Ermöglichung klimafreundlichen Handelns im Rahmen der Erwerbsarbeit . 294
      7.4.2 Ermöglichung klimafreundlichen Handelns außerhalb von Erwerbsarbeit . 299
7.5 Quellenverzeichnis 301

Kapitel 8. Sorgearbeit für die eigene Person, Haushalt, Familie und Gesellschaft . 309
8.1 Einleitung 310
8.2 Status quo – Klimaherausforderungen 311
      8.2.1 Selbstfürsorge – persönliche Reproduktion 311
      8.2.2 Sorge für andere – unbezahlte Sorgearbeit als Reproduktion von Haushalt
            und Familie 313
      8.2.3 Sorge für das Gemeinwohl – Ehrenamt und gesellschaftliches Engagement
            als Reproduktion von Gesellschaft 316
8.3 Sorgegerechtigkeit für alle   Barrieren und Widersprüche 317
      8.3.1 Widersprüche zwischen Geschlechtergerechtigkeit, einem guten Leben
            für alle und Klimazielen 317
      8.3.2 Unsichtbarkeit von unbezahlter Sorgearbeit 317
      8.3.3 Geschlechtliche Arbeitsteilung – Zeitdilemma, Doppelbelastungen .. 318
      8.3.4 Care-Krise und Gesellschaft der Langlebigkeit 318
8.4 Klimafreundliche Optionen und veränderte Strukturen 319
      8.4.1 Wie kann unbezahlte Sorgearbeit sichtbar und neu bewertet werden?
            Wie kann Sorgegerechtigkeit zu einem klimafreundlicheren Leben
            beitragen? 319
      8.4.2 Wie kann gesellschaftliches Engagement breiter und inklusiver werden?
            Wie entwickelt sich gesellschaftliches Engagement für klimafreundliches
            Leben? 320
8.5 Fazit – Perspektiven für mehr Sorge- und Klimagerechtigkeit 322
8.6 Quellenverzeichnis 323

Kapitel 9. Freizeit und Urlaub 329
9.1 Einleitung 330
9.2 Status quo und Klimaherausforderungen 331
9.3 Barrieren und Herausforderungen 333
      9.3.1 Digitalisierung, IKT und TV, Video und Musik 333
      9.3.2 Urlaub 334
      9.3.3 Gastronomie 336
      9.3.4 Bekleidung 336
      9.3.5 Haustiere 336
      9.3.6 Sport und Hobbys 337
      9.3.7 Veranstaltungen 337
9.4 Handlungsoptionen: veränderte Strukturen und nachhaltiger Konsum 338
      9.4.1 Bereitstellungsperspektive – öffentliche Angebote 338
      9.4.2 Marktperspektive – grüner Konsum von souveränen Konsument_innen .. 339
      9.4.3 Innovationsperspektive – Freizeit neu erfinden 339
      9.4.4 Gesellschaft-Natur-Perspektive – Freizeit und Arbeit neu denken .. 340
9.5 Fazit – klimafreundliche Erholung für alle 341
9.6 Quellenverzeichnis 341

Teil 3: Strukturbedingungen

Kapitel 10. Integrierte Perspektiven auf Strukturbedingungen 347
   10.1 Einleitung 348

Kapitel 11. Recht 351
   11.1 Einleitung, Gegenstand 352
   11.2 Status quo und Dynamik 353
      11.2.1 Klimaschutz im Mehrebenensystem 353
      11.2.2 Internationaler Handel, Investitionen und Klimaschutz 354
      11.2.3 Europäische Wirtschaftsverfassung und klimafreundliches Leben 354
      11.2.4 Kompetenzen für den europäischen und nationalen Klimaschutz 355
      11.2.5 Klimaschutzgesetzgebung 356
      11.2.6 Finanzausgleich, Steuer- und Förderrecht 361
   11.3 Strukturelle Bedingungen 361
      11.3.1 Zielverstärkung, Konkretisierung, Verbindlichkeit 362
      11.3.2 Reform von Zuteilungs- und Flexibilisierungsmechanismen 362
      11.3.3 Kompetenzrechtliche Neuordnung und Klimaschutzgesetzgebung 363
      11.3.4 Grundrecht auf Klimaschutz, Rechte der Natur 364
      11.3.5 Menschenrechte und Wirtschaftsunternehmen 365
      11.3.6 Ökozid 365
      11.3.7 Internationaler und europäischer Handel 366
      11.3.8 Ökosoziale Steuerreform 366
      11.3.9 Berücksichtigung und Bewertung der Klimarelevanz im Anlagen- und
            Infrastrukturrecht 367
      11.3.10 Raumordnung, insbesondere Stärkung von Orts- und Stadtkernen 367
      11.3.11 Ausbau partizipativer und reflexiver Instrumente 368
   11.4 Akteur_innen und Institutionen 368
      11.4.1 Staatengemeinschaft und Vertragsorgane 368
      11.4.2 EU-Institutionen 369
      11.4.3 Ministerien, Ressortprinzip 369
      11.4.4 Sozialpartner, Interessenverbände 370
      11.4.5 Gerichte 370
      11.4.6 Umweltorganisationen, Bürgerinitiativen, Zivilgesellschaft 370
      11.4.7 Umweltanwaltschaften 371
   11.5 Gestaltungsoptionen 372
      11.5.1 Klimaschutzgesetzgebung 372
      11.5.2 Sonstiger klimarelevanter Rechtsrahmen 373
   11.6 Quellenverzeichnis 374

Kapitel 12. Governance und politische Beteiligung 389
   12.1 Einleitung 390
   12.2 Status quo und Herausforderungen der Governance zur Klimakrise 390
   12.3 Notwendigkeiten und Bedingungen für eine erfolgreiche Klima-Governance ... 394
   12.4 Akteure und Institutionen 396
   12.5 Gestaltungsoptionen 399
   12.6 Quellenverzeichnis 400

Kapitel 13. Innovationssystem und -politik 403
13.1 Der Wandel des Innovationsverständnisses in Wissenschaft und Politik 404
13.2 Notwendige Veränderungen struktureller und institutioneller Bedingungen
für soziotechnische Innovationen und ihre Generalisierung 406
       13.2.1 Genese soziotechnischer Innovationen 406
       13.2.2 Generalisierung soziotechnischer Innovationen und gesellschaftlicher
              Wandel 408
       13.2.3 Innovations- und Transformationsdynamik unter den Bedingungen
              von „wickedness" 409
13.3 Handlungsmöglichkeiten und Gestaltungsoptionen 410
13.4 Quellenverzeichnis 411

Kapitel 14. Die Versorgung mit Gütern und Dienstleistungen 413
14.1 Hintergrund und Ziele 414
14.2 Status quo und Dynamik in den Versorgungsstrukturen 415
14.3 Notwendige Veränderungen für ein klimafreundliches Leben 418
       14.3.1 Transformation der Energiesysteme 418
       14.3.2 Von der „linearen" zur „Kreislaufwirtschaft" 419
       14.3.3 Ausbau von Ökonomien des Teilens 420
       14.3.4 Notwendigkeit und Implikationen für bestehende Konsummuster 421
14.4 Stabilisierende Strukturen 422
       14.4.1 Wirtschaftspolitische Rahmenbedingungen 423
       14.4.2 Bestehende Prioritäten und Konfliktlinien in der Wirtschaftspolitik 424
14.5 Gestaltungsoptionen für klimafreundliche Versorgungsstrukturen 425
       14.5.1 Marktgestaltung: Rahmenbedingungen für Marktakteur_innen 427
       14.5.2 Gesellschaftliche Grenzen und alternative Versorgungsweisen 429
       14.5.3 Schlussbemerkungen 430
14.6 Quellenverzeichnis 431

Kapitel 15. Globalisierung: Globale Warenketten und Arbeitsteilung 437
15.1 Globale Warenketten: Status quo und Dynamiken des Wandels 438
       15.1.1 Die Einbindung der österreichischen Volkswirtschaft in
              grenzüberschreitende Warenketten: Klimarelevante Folgen 440
       15.1.2 Bestehende Ansätze internationaler und europäischer Klimapolitik und
              deren Umsetzung in Österreich 442
15.2 Notwendige Veränderungen aus globaler Perspektive 445
15.3 Strukturbedingungen, Akteur_innen, Handlungsspielräume 447
15.4 Gestaltungsoptionen 448
       15.4.1 Verantwortungsvoller Konsum und ressourcenleichte Lebensstile 448
       15.4.2 Globale Warenketten regulieren 449
       15.4.3 Globale Warenketten kürzen oder umbauen 450
15.5 Quellenverzeichnis 453

Kapitel 16. Geld- und Finanzsystem 457
16.1 Status quo und Herausforderungen – strukturelle Bedingungen und Dynamiken . 458
       16.1.1 Finanzialisierung als globales Phänomen seit den 1980er Jahren 458
       16.1.2 Grüne und nachhaltige Finanzierung: Green-Finance-Paradigma und
              Taxonomie 460
       16.1.3 Geldsystem: Kreditvergabe durch Banken (Basel III), Geldpolitik 461
       16.1.4 Klimarisiken und dadurch induziertes Klima-Finanz-Risiko, Divestment . 461

16.2 Finanzmarktstabilität als strukturelle Bedingung für klimafreundliches Leben . . . 463
    16.2.1 Systemische Finanzmarkt-Instabilität befördert Ressourcenverbrauch durch Wachstumsdrang 463
    16.2.2 Finanzmarktregulierung für sichere Renditen auf grüne Investitionen . . . 463
16.3 Akteur_innen und Institutionen: Industrie, Staat, Nationalbank und FMA 464
    16.3.1 Akteur_innen und Aktivitäten, die Wandel fördern 464
    16.3.2 Akteur_innen und Aktivitäten, die Wandel hemmen: Regulatorische Vereinnahmung 466
16.4 Handlungsmöglichkeiten und Gestaltungsoptionen aus allen Perspektiven 467
    16.4.1 Markt- und Innovationsperspektive: Green Finance und Growth 467
    16.4.2 Alle vier Perspektiven: Steuerreform und institutionelle Änderungen . . . 468
    16.4.3 Gesellschaft-Natur- und Bereitstellungsperspektive: Degrowth und Gebrauchswert 471
16.5 Quellenverzeichnis 473

Kapitel 17. Soziale und räumliche Ungleichheit 481
17.1 Einleitung 482
17.2 Status quo 482
    17.2.1 Soziale Ungleichheiten und die Klimakrise 482
    17.2.2 Räumliche Ungleichheiten und die Klimakrise 483
    17.2.3 Verteilungseffekte von klimaschützenden Maßnahmen 484
17.3 Notwendige Veränderungen struktureller Bedingungen 486
    17.3.1 Mobilität und Verkehr 486
    17.3.2 Wohnen und Energie 489
17.4 Fördernde und blockierende Dynamiken, Institutionen und Akteur_innen 490
17.5 Gestaltungsoptionen und Handlungsmöglichkeiten 491
17.6 Quellenverzeichnis 493

Kapitel 18. Sozialstaat und Klimawandel 499
18.1 Einleitung 500
18.2 Status quo: Klimawandel, Klimapolitik und Sozialstaat 501
    18.2.1 Klimawandel, Klimapolitik und die Leistungen des Sozialstaats 501
    18.2.2 Klimawandel und die Produktion des Sozial- und Gesundheitssektors . . . 508
    18.2.3 Klimawandel und die Finanzierung sozialer Absicherung 509
    18.2.4 Fazit 511
18.3 Strukturelle Änderungen des sozialen Sicherungssystems als Voraussetzung klimafreundlichen Lebens 512
    18.3.1 Änderungen auf der Ebene des Gesamtsystems für sozialen Schutz und Ausgleich 512
    18.3.2 Notwendige strukturelle Änderungen auf der Leistungsseite 513
    18.3.3 Notwendige strukturelle Änderungen auf der Produktionsseite 515
    18.3.4 Notwendige strukturelle Änderungen auf der Finanzierungsseite 517
18.4 Gestaltungsoptionen 518
18.5 Quellenverzeichnis 524

Kapitel 19. Raumplanung 529
19.1 Begriff und Gegenstand der Betrachtung 530
19.2 Status quo und Herausforderungen 532
19.3 Notwendige strukturelle Bedingungen 534
    19.3.1 Erhaltung und Entwicklung von klimafreundlichen räumlichen Strukturen 535
    19.3.2 Kompakte Siedlungsstrukturen mit qualitätsorientierter Nutzungsmischung 535
    19.3.3 Leistungsfähige Achsen und Knoten des öffentlichen Verkehrs als Rückgrat für die Siedlungsentwicklung 535

19.3.4 Polyzentrische Strukturen für eine hohe Versorgungsqualität an Gütern und Dienstleistungen ... 536
19.3.5 Schutz und ressourcenschonende Entwicklung von Freiräumen mit ihren vielfältigen Funktionen (Landschaft, Landwirtschaft, Biodiversität, CO_2-Senken) ... 536
19.3.6 Räumliche Steuerung des Ausbaus erneuerbarer Energien und Netze – Gestaltung der Energiewende/Flächenvorsorge für erneuerbare Energieträger ... 536
19.4 Akteur_innen und Institutionen ... 536
19.4.1 Das vorhandene Raumplanungsinstrumentarium zur Nutzungs- und Standortplanung konsequent zielorientiert einsetzen ... 537
19.4.2 Unterschiedliche Akteur_innen (Politik, Verwaltung, Wirtschaft und Zivilgesellschaft) und Bürger_innen über informelle Instrumente und Planungsprozesse einbinden ... 538
19.4.3 Die Koordinationsaufgaben der Raumplanung forcieren ... 538
19.4.4 Die Sektoralplanungen (insbesondere Verkehrssystemplanung, Tourismus, Wasserbau) und Förderungen (insbesondere Wohnbauförderung und Wirtschaftsförderung) verpflichten, die räumlichen und damit mittelbaren klimarelevanten Wirkungen zu berücksichtigen ... 539
19.5 Handlungsmöglichkeiten und Gestaltungsoptionen ... 540
19.5.1 Das örtliche Raumplanungsinstrumentarium zur Nutzungs- und Standortplanung auf die Ebene von Regionen heben ... 540
19.5.2 Eine neue Governancekultur in räumlichen Planungsprozessen etablieren ... 540
19.5.3 Sektoralplanungen verpflichten, zu klimafreundlichen räumlichen Strukturen beizutragen ... 541
19.5.4 Ein Förderprogramm für Energieraumplanung österreichweit einzuführen ... 541
19.5.5 Fiskalische Instrumente reformieren (z. B. Finanzausgleich), klimaschädliche Subventionen abschaffen (z. B. Pendlerpauschale) und klimanützliche Abgaben (z. B. Leerstandsabgabe) und Anreize (z. B. Entsiegelungsprämie) einführen ... 542
19.6 Conclusio ... 543
19.7 Quellenverzeichnis ... 544

Kapitel 20. Mediendiskurse und -strukturen ... 547
20.1 Einleitung ... 548
20.2 Status quo und Herausforderungen ... 549
20.2.1 Journalistisch produzierte Inhalte und soziale Medien ... 549
20.2.2 Mediale Strukturbedingungen ... 552
20.3 Notwendigkeiten ... 553
20.4 Akteur_innen und Institutionen ... 555
20.4.1 Der makroökonomische und politische Kontext ... 555
20.4.2 Tendenzen im Mediensektor und die Rolle zentraler Akteur_innen ... 556
20.4.3 Journalistische Praktiken und Rollenverständnisse und Rolle der Kommunikationswissenschaft ... 557
20.5 Gestaltungsoptionen ... 558
20.6 Fazit und Forschungsnotwendigkeit ... 560
20.7 Quellenverzeichnis ... 560

Kapitel 21. Bildung und Wissenschaft für ein klimafreundliches Leben ... 567
21.1 Status quo ... 568
21.2 Notwendige Veränderungen ... 570
21.2.1 Übernahme von Verantwortung ... 570
21.2.2 Diversität von Wissen anerkennen und fördern ... 571

  21.2.3 Stärkung der Inter- und Transdisziplinarität (ITD) 572
  21.2.4 Bildungskonzepte für nachhaltige Entwicklung und klimafreundliches
     Leben 573
  21.2.5 Whole-Institution Approach 574
21.3 Gestaltungsoptionen, potenzielle Hindernisse und Beispiele guter Praxis 575
  21.3.1 BUW-Konzepte für klimafreundliches Leben partizipativ erarbeiten 575
  21.3.2 Bildung für nachhaltige Entwicklung und klimafreundliches Leben
     strukturell verankern 576
  21.3.3 Stärkung von Strukturen, die förderlich für Wissenschaft für
     klimafreundliches Leben sind, speziell von Inter- und Transdisziplinarität
     (ITD) 577
  21.3.4 Strukturelle Verankerungen eines Whole-Institution Approach
     an Bildungseinrichtungen (Schule und Hochschule) 578
  21.3.5 Begleitforschung zu Wirkungen neuartiger Ansätze in BUW 579
21.4 Quellenverzeichnis 580

Kapitel 22. Netzgebundene Infrastrukturen 591
22.1 Hintergrund und Ziele 592
  22.1.1 Was sind netzgebundene Infrastrukturen? 593
22.2 Status quo 594
  22.2.1 Netzwerkinfrastrukturen und ihre Rolle für ein klimafreundliches Leben . 594
  22.2.2 Herausforderungen netzgebundener Infrastruktursysteme
     für ein klimafreundliches Leben 595
  22.2.3 Bezüge zu Handlungsfeldern und anderen Strukturbedingungen 596
  22.2.4 Rolle der Infrastruktursysteme für die Daseinsvorsorge 597
  22.2.5 Kritische Infrastruktur und ihre Rolle für ein klimafreundliches Leben . . 598
22.3 Notwendige strukturelle Bedingungen 599
  22.3.1 Trends in einzelnen Infrastruktursystemen 599
  22.3.2 Integrierte Betrachtung netzgebundener Infrastruktursysteme 599
22.4 Akteure und Institutionen 600
  22.4.1 Öffentliche Hand 600
  22.4.2 Akteure in den jeweilgen Infrastruktursystemen – etablierte und
     neue Akteure 601
22.5 Handlungsmöglichkeiten und Gestaltungsoptionen 603
  22.5.1 Investitionen in Infrastrukturen 603
  22.5.2 Regulatorische Maßnahmen 603
  22.5.3 Innovationsorientierte Maßnahmen 604
  22.5.4 Planerische Maßnahmen 604
  22.5.5 Gesellschaftliche Reflexion und Neuausrichtung der Infrastrukturpolitik . 605
22.6 Quellenverzeichnis 606

Teil 4: Pfade zur Transformation struktureller Bedingungen für ein klimafreundliches Leben

Kapitel 23. Synthese: Pfade zur Transformation struktureller Bedingungen für ein klimafreundliches Leben 613
23.1 Zielsetzung und Aufbau 614
23.2 Die Rolle von Zukunftsbildern in Diskussionen zu Klimawandel und
Nachhaltigkeitstransformation 614
  23.2.1 Szenarien als Basisannahmen für Modellierung und Folgenabschätzung . 615
  23.2.2 Szenarien als Grundlage für die Diskussion möglicher Zukünfte 615

　　　　23.2.3　Szenarien als Grundlage für die Diskussion möglicher Transformationspfade
　　　　　　　zur Zielerreichung 615
23.3　Relevante Beispiele für Szenarienprojekte 617
　　　　23.3.1　Globale Szenarien aus IPCC-Sachstandsberichten 617
　　　　23.3.2　Weitere globale Szenarienprojekte 618
　　　　23.3.3　Entwicklungspfade in nationalen Strategien auf Basis internationaler
　　　　　　　Übereinkommen 619
　　　　23.3.4　Transformationspfade, Strategien und Szenarien aus Österreich 619
　　　　23.3.5　Ausgewählte nationale Szenarienprojekte aus anderen Ländern 620
23.4　Charakterisierung von Szenarien 622
23.5　Inhaltliche Charakterisierung von Szenarien und Transformationspfaden 622
23.6　Charakterisierung von Transformationspfaden nach Systemtheoretischen
Ansatzpunkten 624
　　　　23.6.1　Modelle von Ansatzpunkten 625
　　　　23.6.2　Ansatzpunktanalyse für österreichische Klimaschutzstrategien 627
23.7　Transformationspfade 629
　　　　23.7.1　Pfad 1: Leitplanken für eine klimafreundliche Marktwirtschaft 629
　　　　23.7.2　Pfad 2: Klimaschutz durch koordinierte Technologieentwicklung 631
　　　　23.7.3　Pfad 3: Klimaschutz als staatliche Vorsorge 633
　　　　23.7.4　Pfad 4: Klimafreundliche Lebensqualität durch soziale Innovation 634
　　　　23.7.5　Zusammenfassende und vergleichende Darstellung der
　　　　　　　Transformationspfade 635
23.8　Zuordnung von Gestaltungsoptionen zu den Transformationspfaden 637
23.9　Beispielhafte Diskussion von Synergien und Widersprüchen zwischen
Transformationspfaden 638
23.10　Analyse und Diskussion der Ansatzpunkte von Gestaltungsoptionen 639
23.11　Schlussfolgerungen 641
Quellenverzeichnis 643

Teil 5: Vertiefung in Theorien des Wandels und der Gestaltung von Strukturen

Kapitel 24. Theorien des Wandels und der Gestaltung von Strukturen 651
24.1　Einleitung 651
24.2　Quellenverzeichnis 652

**Kapitel 25. Theorien des Wandels und der Gestaltung von Strukturen:
Marktperspektive** 653
25.1　Einleitung 653
25.2　Umweltökonomik 653
25.3　Verhaltensökonomische Ansätze 656
25.4　Umweltpsychologie, Klimapsychologie und Wirtschaftspsychologie 658
25.5　Politische Institutionentheorie und Public Choice 659
25.6　Quellenverzeichnis 660

**Kapitel 26. Theorien des Wandels und der Gestaltung von Strukturen:
Innovationsperspektive** 663
26.1　Einleitung 663
26.2　Regionale Innovationssysteme 663
26.3　Soziotechnische Systeme und Nachhaltigkeitstransition 665
26.4　Strategisches Nischenmanagement und Transitionsmanagement 667
26.5　Theorien Sozialer Innovation 668
26.6　Exnovation, Konversion und Minimalismus 670
26.7　Quellenverzeichnis 671

Kapitel 27. Theorien des Wandels und der Gestaltung von Strukturen:
Bereitstellungsperspektive 675
27.1 Einleitung 675
27.2 Bereitstellungssysteme und Alltagsökonomie 675
27.3 Praxeologische (praxistheoretische) Ansätze 677
27.4 Lebensformen 679
27.5 Umfassendes Klimarisikomanagement und transformative Anpassung 681
27.6 Suffizienz 683
27.7 Resilienz 685
27.8 Quellenverzeichnis 686

Kapitel 28. Theorien des Wandels und der Gestaltung von Strukturen:
Gesellschaft-Natur-Perspektive 691
28.1 Einleitung 691
28.2 Soziale und politische Ökologie 692
28.3 Anthropozän- und Planetare-Grenzen-Ansätze 694
28.4 Imperiale Lebensweise 696
28.5 Gerechtigkeitsperspektiven auf sozioökologische Sorgebeziehungen 698
28.6 Vermarktlichung und Kommodifizierung (Polanyische Transformationstheorien) . 700
28.7 Postwachstum (Degrowth) und Politische Ökonomik des Wachstumszwangs . . . 702
28.8 Theorien zu Ökotopien 704
28.9 Theorien zu Staat und Governance 705
28.10 Cultural Theory 708
28.11 Quellenverzeichnis 710

Zusammenfassung für Entscheidungstragende

Koordinierende Leitautor_innen
Ernest Aigner, Christoph Görg, Verena Madner, Andreas Muhar, Andreas Novy, Alfred Posch und Karl W. Steininger.

Leitautor_innen
Lisa Bohunovsky, Jürgen Essletzbichler, Karin Fischer, Harald Frey, Willi Haas, Margaret Haderer, Johanna Hofbauer, Birgit Hollaus, Andrea Jany, Lars Keller, Astrid Krisch, Klaus Kubeczko, Michael Miess, Michael Ornetzeder, Marianne Penker, Melanie Pichler, Ulrike Schneider, Barbara Smetschka, Reinhard Steurer, Nina Svanda, Hendrik Theine, Matthias Weber und Harald Wieser.

Zitierhinweis
APCC (2023): Zusammenfassung für Entscheidungstragende. [Aigner, E., C. Görg, V. Madner, A. Muhar, A. Novy, A. Posch, K. W. Steininger, L. Bohunovsky, J. Essletzbichler, K. Fischer, H. Frey, W. Haas, M. Haderer, J. Hofbauer, B. Hollaus, A. Jany, L. Keller, A. Krisch, K. Kubeczko, M. Miess, M. Ornetzeder, M. Penker, M. Pichler, U. Schneider, B. Smetschka, R. Steurer, N. Svanda, H. Theine, M. Weber und H. Wieser]. In: APCC Special Report: Strukturen für ein klimafreundliches Leben (APCC SR Klimafreundliches Leben) [Görg, C., V. Madner, A. Muhar, A. Novy, A. Posch, K. W. Steininger, und E. Aigner (Hrsg.)]. Springer Spektrum: Berlin/Heidelberg.

Warum Strukturen im Mittelpunkt stehen

Derzeit ist es schwierig, in Österreich klimafreundlich zu leben. In den meisten Lebensbereichen, von Arbeit über Mobilität und Wohnen bis hin zu Ernährung und Freizeitgestaltung, fördern bestehende Strukturen klimaschädigendes Verhalten und erschweren klimafreundliches Leben (hohe Übereinstimmung, starke Literaturbasis). {Kap. 3–9} Der vorliegende Bericht bestärkt somit für Österreich die Aussagen des Klimarates der Vereinten Nationen (Intergovernmental Panel on Climate Change, IPCC), wonach zur Erreichung der Ziele des Pariser Klimaabkommens grundlegende Transformationen im Sinne umfassender Strukturveränderungen notwendig sind (hohe Übereinstimmung, starke Literaturbasis).

Dem Bericht liegt folgendes Verständnis von klimafreundlichem Leben zugrunde: Klimafreundliches Leben sichert dauerhaft ein Klima, das ein gutes Leben innerhalb planetarer Grenzen ermöglicht. {Kap. 1} Wenn klimafreundliches Leben der Normalfall wird, führt dies zu einer raschen Reduktion der direkten und indirekten Treibhausgasemissionen und belastet das Klima langfristig nicht. Klimafreundliches Leben strebt nach einer hohen Lebensqualität bei Einhaltung planetarer Grenzen für alle Menschen. Es geht um ein gutes und sicheres Leben nicht nur für einige Menschen, sondern für alle, in Österreich und global. In diesem Sinne sind die Deckung aller Bedürfnisse und Gerechtigkeit Teil klimafreundlichen Lebens, und der Bezug zu anderen sozialen und ökologischen Zielen (z. B. UN-Nachhaltigkeitszielen) ist wesentlich. Dieser Bericht bewertet auf Basis wissenschaftlicher Literatur unterschiedliche Ansätze zur Transformation von Strukturen, damit klimafreundliches Leben in Österreich dauerhaft möglich und rasch selbstverständlich wird.

Strukturen sind jene Rahmenbedingungen und Verhältnisse, in denen das tägliche Leben stattfindet. Beispiele für Rahmenbedingungen sind Raumplanung und Steuersystem, Beispiele für Verhältnisse sind Produktions- und Einkommensverhältnisse. {Kap. 1, 2} Die bewertete Literatur zeigt in ihrer Gesamtheit, dass Strukturen klimafreundliches Verhalten erleichtern, erschweren oder verhindern. Strukturen beeinflussen, (1) wie klimaschädigend sich Einzelne verhalten, (2) in welcher Weise Einzelne von Klimaschutzmaßnahmen betroffen sind und (3) inwiefern Akteur_innen die Möglichkeit haben, diese Strukturen zu gestalten. Es kann unter anderem zwischen immateriellen (z. B. Rechtsnormen, Planungsvorschriften) und materiellen Strukturen (z. B. Leitungen für Wasser- und Energieinfrastruktur) unterschieden werden. Diese Strukturen sind miteinander verwoben: So umfasst das Mobilitätssystem immaterielle

Strukturen wie die Straßenverkehrsordnung und materielle Strukturen wie das Straßen- und Schienennetz.

Die Bewertung des Forschungsstands zeigt in ihrer Gesamtheit: Wenn klimafreundliches Leben dauerhaft möglich und rasch selbstverständlich sein soll, erfordert dies eine grundlegende und weitreichende Transformation, die den Rückbau klimaschädigender und den Aufbau klimafreundlicher Strukturen umfasst. In der Literatur finden sich zahlreiche Vorschläge für wirksame Maßnahmen, wie zum Beispiel: eine stetig, substanziell und langfristig steigende Bepreisung klimaschädigender Emissionen (hohe Übereinstimmung, starke Literaturbasis) {Kap. 16, 2, 3, 5, 6, 7, 9, 11, 13, 14, 15, 17, 18}, ein verbindliches Klimaschutzgesetz mit effektiven Sanktionsmechanismen (hohe Übereinstimmung, starke Literaturbasis) {Kap. 11, 12, 14}, die Bereitstellung attraktiver, leistungsfähiger und klimafreundlicher öffentlicher Mobilitätsinfrastrukturen (hohe Übereinstimmung, starke Literaturbasis) {Kap. 2, 4, 6, 7, 8, 14, 16, 17, 18, 19, 22}, eine auf Klimafreundlichkeit ausgerichtete und koordinierte Raum-, Stadt- und Siedlungsplanung (hohe Übereinstimmung, starke Literaturbasis) {Kap. 4, 6, 17, 19, 22} oder eine rechtsverbindliche ökologische Sorgfaltspflicht in einem EU-Lieferkettengesetz (hohe Übereinstimmung, mittlere Literaturbasis) {Kap. 15}.

Wiewohl der Großteil der untersuchten Literatur betont, dass Strukturveränderungen unerlässlich sind, um klimafreundliches Leben zu ermöglichen, definieren verschiedene Disziplinen und Theorien den Begriff „Strukturen" unterschiedlich und stellen jeweils unterschiedliche die Klimakrise verschärfende Strukturen in den Vordergrund (hohe Übereinstimmung, starke Literaturbasis). {Kap. 2} Im Bericht wurden dazu vier verschiedene Perspektiven identifiziert {Kap. 2, 24–28}: Liegt der Fokus auf tiefgreifenden gesellschaftlichen Veränderungen, werden Strukturen wie soziale Ungleichheit oder Wachstumszwänge und -abhängigkeiten sowie Naturbeherrschung untersucht (mittlere Übereinstimmung, starke Literaturbasis). {Kap. 2} Liegt der Fokus auf Versorgungssysteme, so geht es darum, wie unterschiedliche Güter und Dienstleistungen etwa für Ernährung, Wohnen oder Mobilität bereitgestellt werden und mit welchen Lebensformen, Praktiken und Gewohnheiten diese einhergehen (mittlere Übereinstimmung, mittlere Literaturbasis). {Kap. 2} Steht der Markt im Zentrum, dann sind Marktversagen, Preise sowie Entscheidungsarchitekturen, die Rahmenbedingungen für Entscheidungen setzen (beispielsweise Investitionen), wesentlich (hohe Übereinstimmung, starke Literaturbasis). {Kap. 2} Liegt das Augenmerk auf Innovationen, dann sind für soziale und technische Neuerungen auch neue Governance-Modelle erforderlich (mittlere Übereinstimmung, mittlere Literaturbasis). {Kap. 2}

Gestalten von Strukturen durch gemeinsames Handeln

Gestalten von Strukturen für ein klimafreundliches Leben bedeutet gezieltes und koordiniertes Vorgehen, das am Allgemeinwohl orientiert ist, sich der Konflikthaftigkeit gesellschaftlicher Verhältnisse bewusst ist, Interessen verhandelt und Veränderungen demokratisch legitimiert umsetzt. {Kap. 1} Für derartiges Handeln wird oft die Gesetzgebung benötigt, wie zum Beispiel für Steuergesetzreformen zur Einführung eines CO_2-Preises (siehe oben), für ein Verbot von Öl- und Gasheizungen {Kap. 4} oder für die Einführung eines Klimatickets {Kap. 3, 4, 6, 17}. Das konkrete Ausgestalten klimafreundlicher Strukturen erfolgt dann wesentlich durch die Verwaltung, die klimapolitische Maßnahmen umsetzt (hohe Übereinstimmung, mittlere Literaturbasis). {Kap. 1} Ein Beispiel: Das Klimaticket war eine zielgerichtete klimapolitische Initiative der Bundesregierung, die nach der Beschlussfassung im Parlament koordiniert von einer Vielzahl von Akteur_innen umgesetzt wurde: Bundesministerien, regionale Verkehrsverbünde, öffentliche und private Verkehrsunternehmen, Gebietskörperschaften. {Kap. 1}

Klimafreundliches Leben erfordert mehr Aufmerksamkeit für die Gestaltung von Strukturen und weniger Beschäftigung damit, wie Einzelne ihr Verhalten innerhalb der bestehenden Strukturen ändern können oder sollen (hohe Übereinstimmung, starke Literaturbasis). {Kap. 1, 2, 3, 4, 5, 10, 23} Damit klimafreundliches Leben selbstverständlich wird, reicht es nicht, über Klimafolgen von Konsumentscheidungen zu informieren {Kap. 3}, von innovativen Unternehmen zu erwarten, innerhalb aktuell klimaschädigender Marktstrukturen zu bestehen {Kap. 13, 14, 15, 16}, oder an das Individuum zu appellieren, sich klimafreundlich zu verhalten {Kap. 1, 2}. Stattdessen geht es um den Rückbau klimaschädigender und den Aufbau klimafreundlicher Strukturen (hohe Übereinstimmung, mittlere Literaturbasis). {Kap. 1, 2, 14, 16, 22}

Der Bericht zeigt in seiner Gesamtheit: Bei den Akteuren, die Strukturen klimafreundlich gestalten können, gibt es auch in Österreich noch kein hinreichendes Engagement dafür, bestehende Gestaltungsspielräume zu nutzen bzw. neue Strukturen für ein klimafreundliches Leben zu schaffen. Nationale und europäische Gesetzgebung und Exekutive sind einflussreiche Gestalterinnen von Strukturen (hohe Übereinstimmung, mittlere Literaturbasis). {Kap. 1} Auch Kammern, Gewerkschaften und Interessenvertretungen von Unternehmen sowie der Landwirtschaft sind allgemein und besonders in der Klimapolitik einflussreiche politische Akteurinnen (hohe Übereinstimmung, mittlere Literaturbasis). {Kap. 12} Viele Akteur_innen reagieren jedoch auf europäische und internationale klimapolitische Vorgaben eher zögerlich und zurückhaltend (mittlere Übereinstimmung, mittlere Literaturbasis). {Kap. 3, 7, 8, 12, 14, 15} Die Politik setzt vereinbarte Maßnahmen zur Reduktion von Treibhausgasemissionen nur langsam um (hohe Übereinstimmung, mittlere Literaturbasis). {Kap. 12, 15} Die Gestaltung von Strukturen für klimafreundliches Leben in Österreich war bisher ein untergeordnetes Anliegen der Sozialpartner; insbesondere die Interessenvertretung der Wirtschaft wird als beharrende Kraft eingeschätzt (hohe Übereinstimmung, geringe Literaturbasis). {Kap. 7, 12, 14} Dies zeigt sich auch daran, dass umweltpolitische Fortschritte ab dem EU-Beitritt sich zumeist EU-Vorgaben oder solchen Konstellationen verdankten, in denen zugleich auch kurzfristige wirtschaftliche Vorteile zu erwarten waren (hohe Übereinstimmung, mittlere Literaturbasis). {Kap. 12}

Governance-Mechanismen beeinflussen wesentlich, ob und wie koordiniert und zielorientiert gehandelt werden kann (hohe Übereinstimmung, starke Literaturbasis). {Kap. 1, 12} Wie der Bericht in seiner Gesamtheit zeigt, können viele staatliche und nichtstaatliche Akteure klimafreundliche Strukturen gestalten, sofern sie dabei koordiniert und zielgerichtet vorgehen. Akteure, die im Bericht untersucht wurden, waren insbesondere Regierung, Parteien, Verwaltung, Unternehmen, Interessenvertretungen, Sozialpartner, gesellschaftliche Bewegungen, Wissenschaft und Medien. Neuerungen der Klima-Governance in Österreich waren das Erstarken zivilgesellschaftlicher Klimabewegungen im Jahr 2019 und ein im Jahr 2020 neu eingerichtetes Klimaschutzministerium mit weitreichenden Zuständigkeiten. {Kap. 12}

Durch Kritik und Protest hat die Zivilgesellschaft Klimapolitik ab 2019 weltweit zeitweise ins Zentrum öffentlicher Debatten gebracht (hohe Übereinstimmung, mittlere Literaturbasis). {Kap. 8, 12} Wesentlich hierfür war das koordinierte Handeln sozialer Bewegungen wie z. B. Fridays for Future, das zur Folge hatte, dass der Klimawandel als gesellschaftliches Problem diskutiert wird (hohe Übereinstimmung, starke Literaturbasis). {Kap. 8, 12}. Diese Entwicklung hat neue klimapolitische Gestaltungsspielräume eröffnet. Umweltbewegungen können ihr Potential allerdings nur dann entfalten, wenn sie von einflussreichen politischen Akteur_innen innerhalb und außerhalb der Regierung unterstützt werden (mittlere Übereinstimmung, mittlere Literaturbasis). {Kap. 2, 12}

Allgemein sind Kritik und Protest von Umweltbewegungen wesentlich für Bewusstseinsbildung und politisches Agendasetting zur Klimakrise (starke Übereinstimmung, starke Literaturbasis). {Kap. 1, 2, 12} Sie bringen kontrovers diskutierte Herausforderungen in die öffentliche Debatte, wie zum Beispiel den Zusammenhang von Wachstumsdynamiken mit Emissionsentwicklungen im Kontext der historischen Verantwortung des globalen Nordens. {Kap. 1, 15} Weiters experimentieren Umweltbewegungen auch mit innovativen und suffizienzorientierten Praktiken und zeigen Umsetzungsmöglichkeiten und Wege zum klimafreundlichen Leben (hohe Übereinstimmung, starke Literaturbasis). {Kap. 2, 8, 12, 23}

Klimapolitische Herausforderungen im Kontext anderer politischer Zielsetzungen

Die klimapolitischen Herausforderungen sind größer als je zuvor und nehmen weiter zu, während die gesetzten emissionsreduzierenden Maßnahmen nicht ausreichen, um die Ziele des Pariser Abkommens zu erreichen – weder in Österreich (Klimaneutralität bis 2040) noch in der EU oder global (hohe Übereinstimmung, starke Literaturbasis). {Kap. 1, 3, 11, 12, 14, 19} In der Vergangenheit wurde versucht, Klimapolitik besser zu koordinieren und umzusetzen, allerdings gab es keine zielkonformen Reduktionen von Treibhausgasemissionen in Österreich (hohe Übereinstimmung, starke Literaturbasis). {Kap. 1, 3, 12} Die Klimapolitik auf Bundesebene fand ihren Ausdruck in drei Klimastrategien (2002, 2007 und 2018), einem Klimaschutzgesetz und entsprechenden Novellen (2011, 2012, 2017) sowie zwei Maßnahmenprogrammen für die Jahre 2013/2014 und 2015 bis 2018. 2018 wurde der Österreichische Nationale Energie und Klimaplan (NEKP) 2018 vorgelegt, der bereits bei der Beschlussfassung weder ausreichend zielorientiert noch ausreichend koordiniert war (hohe Übereinstimmung, mittlere Literaturbasis). {Kap. 12} Er setzte zwar auf Technologieentwicklung sowie Leuchtturmprojekte, ging aber kaum auf eine Transformation tieferliegender wirtschaftlicher, räumlicher und zeitlicher Strukturen ein (hohe Übereinstimmung, mittlere Literaturbasis). {Kap. 23}

Die völkerrechtlich vereinbarte Erfassung von Treibhausgasemissionen als Ausstoß innerhalb eines Territoriums unterschätzt, wie emissionsintensiv und klimaschädigend das Leben in Österreich tatsächlich ist (vergleiche Abb. ZfE.1) (hohe Übereinstimmung, starke Literaturbasis). {Kap. 1} Die durch das tägliche Leben in Österreich global anfallenden klimaschädigenden Emissionen sind um etwa die Hälfte höher, wenn alle im Ausland anfallenden Emissionen, die für die Deckung der Nachfrage in Österreich entstehen (konsumbasierte Emissionen), berücksichtigt werden (hohe Übereinstimmung, mittlere Literaturbasis). {Kap. 1} Diese hohe Abweichung kann auch in anderen reichen Ländern mit starken Außenhandelsbeziehungen, das heißt hohem Import- und Exportanteil bei Gütern und Dienstleistungen, beobachtet werden (hohe Übereinstimmung, starke Literaturbasis). {Kap. 1} Nur wenn bei klimapolitischen Maßnahmen alle konsumbasierten Emissionen berücksichtigt werden, werden solche globalen Zusammenhänge er-

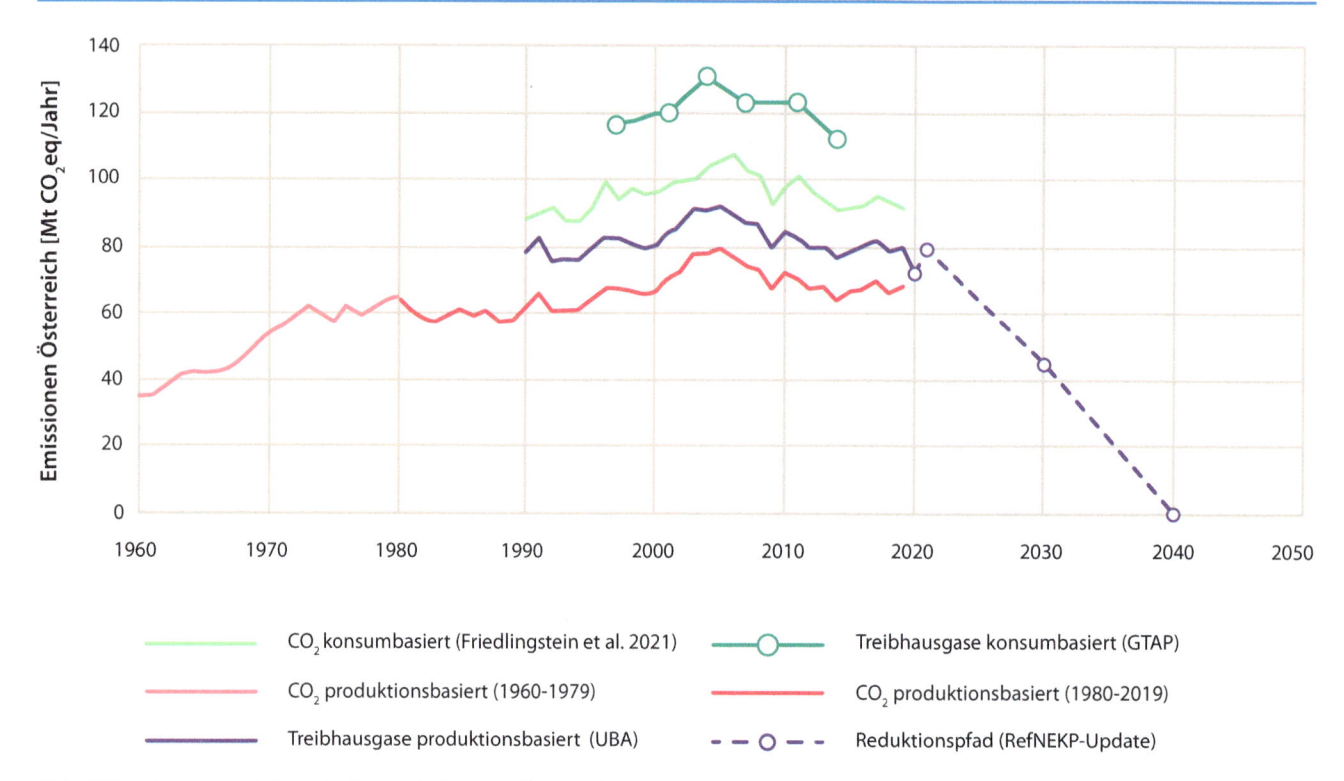

Abb. ZfE.1 Dynamiken klimaschädlicher Emissionen Österreichs in territorialer (produktionsbasierter) als auch nach konsumbasierter Methode („Fußabdruck") {Kap. 1}

fasst. Dies ist eine Voraussetzung, dass Österreich zur globalen Klimagerechtigkeit beitragen kann, anstatt Emissionen auszulagern (hohe Übereinstimmung, mittlere Literaturbasis). {Kap. 1, 3, 5, 15}

Strategien zur Reduktion des Treibhausgasausstoßes setzen bislang vorrangig auf erhöhte Energie- und Treibhausgaseffizienz, um Verbrauch bzw. Emissionen vom Wirtschaftswachstum zu entkoppeln (hohe Übereinstimmung, starke Literaturbasis). {Kap. 1, 3, 23} Die wissenschaftliche Evidenz für die Wirksamkeit dieser Strategie ist schwach. {Kap. 14} Es gibt Beispiele dafür, dass der Energie- oder Treibhausgasverbrauch im Vergleich zum Wirtschaftswachstum langsamer gestiegen ist (relative Entkopplung), aber kaum solche, in denen der Energie- oder Treibhausgasverbrauch bei steigendem Volkseinkommen tatsächlich gesunken ist (absolute Entkopplung) (mittlere Übereinstimmung, mittlere Literaturbasis). {Kap. 1, 14} Ähnliches gilt für den Ressourcenverbrauch (mittlere Übereinstimmung, geringe Literaturbasis). {Kap. 15} Dies kann darauf zurückgeführt werden, dass Effizienzgewinne in einzelnen Dimensionen wie Materialeinsatz, Energieverbrauch oder Treibhausgasemissionen oftmals durch erhöhten Konsum überkompensiert werden (Rebound-Effekt) (mittlere Übereinstimmung, starke Literaturbasis). {Kap. 2, 3, 5, 7, 8, 9, 14, 15, 16, 22}

Studien belegen den Zusammenhang zwischen den Treibhausgasemissionen und dem Materialverbrauch, der mit gegenwärtiger Produktion und Konsum sowohl global als auch in Österreich einhergeht (mittlere Übereinstimmung, mittlere Literaturbasis). {Kap. 5, 15} In der Literatur wird hierbei die Notwendigkeit einer absoluten Reduktion des globalen Materialverbrauchs zur Erreichung von globalen und nationalen Klimazielen diskutiert (mittlere Übereinstimmung, mittlere Literaturbasis). {Kap. 15} Entsprechend werden in der Wissenschaft auch Szenarien und Strategien untersucht, die auf Suffizienz fokussieren und mögliche Vor- und Nachteile sowie Handlungsoptionen des Schrumpfens bestimmter Wirtschaftsbereiche oder des gesamten Volkseinkommens behandeln (hohe Übereinstimmung, mittlere Literaturbasis). {Kap. 2, 3, 7, 8, 9, 14, 16}

Unvermindert hohe Emissionen resultieren aus inkonsistenten politischen, insbesondere wirtschaftspolitischen Rahmenbedingungen (hohe Übereinstimmung, mittlere Literaturbasis). {Kap. 14} Aktuelle klimapolitische Maßnahmen zur Veränderung von Versorgungsstrukturen bestehen großteils aus nur zum Teil wirksamen Förderungen zur Verbreitung von klimafreundlichen Produkten und Dienstleistungen (mittlere Übereinstimmung, mittlere Literaturbasis). {Kap. 14} Bestehende finanzielle und regulative Rahmenbedingungen schaffen hingegen wenig Anreize zur Reduktion von Treibhausgasemissionen und begünstigen mitunter klimaschädigende Tätigkeiten (hohe Übereinstimmung, starke Literaturbasis). {Kap. 7, 14, 15, 16} Beispiele umfassen

Subventionen klimaschädigender Strukturen im Energie-, Mobilitäts- oder Produktionsbereich {Kap. 6, 7, 11, 14} wie zum Beispiel Wohnbauförderungen, die nicht zum klimaschonenden Bauen oder zur Steigerung der Sanierungsrate beitragen {Kap. 4} oder das Pendlerpauschale, das auch die Zersiedelung vorantreibt. {Kap. 5}

Die Verteilung von Löhnen, Gehältern, anderen Einkommen und Vermögen sowie der Zugang zu Infrastrukturen bestimmen wesentlich, wie klimafreundlich sich Einzelne verhalten (hohe Übereinstimmung, starke Literaturbasis). {Kap. 1, 3, 9, 17} Haushalte mit hohem Einkommen und Vermögen leben unabhängig von ihrem Bildungsniveau klimaschädigender als einkommensschwache Haushalte. Allerdings sind aktuell selbst die Emissionen der untersten Einkommensgruppen zu hoch, um die Pariser Klimaziele zu erreichen (hohe Übereinstimmung, mittlere Literaturbasis). {Kap. 17}. Weiters kann Ungleichheit zu erhöhtem Konsum aufgrund von Statuswettbewerb und dadurch zu erhöhten Emissionen führen (mittlere Übereinstimmung; mittlere Literaturbasis). {Kap. 17}

Einkommen und Vermögen beeinflussen neben der Möglichkeit, klimafreundlich zu leben, auch die Möglichkeit, klimafreundliche Strukturen zu gestalten (mittlere Übereinstimmung, geringe Literaturbasis). {Kap. 1} Der Handlungs- und Gestaltungsspielraum einkommens- und vermögensschwacher Gruppen im Vergleich zu gut Verdienenden oder Vermögenden ist oft eingeschränkt (mittlere Übereinstimmung, mittlere Literaturbasis). {Kap. 1, 17}

Strukturveränderungen für ein klimafreundliches Leben

Klimaschutz als Querschnittsthema benötigt eine Mehr-Ebenen-Governance

Klimaschutz ist ein Querschnittsthema, was sich unter anderem in einer Vielfalt rechtlicher Bestimmungen zur Klimapolitik widerspiegelt (hohe Übereinstimmung, starke Literaturbasis). {Kap. 11} Das Klimaschutzrecht umfasst einerseits Bestimmungen, die unmittelbar dem Schutz des Klimas dienen, wie Bestimmungen zur Reduktion von klimaschädigenden Treibhausgasen, andererseits auch Bestimmungen, die indirekt Auswirkungen auf den Klimaschutz haben, wie Bestimmungen über den Boden- oder Gewässerschutz. {Kap. 11} Darüber hinaus sind Bestimmungen in anderen Rechtsmaterien von struktureller Bedeutung für ein klimafreundliches Leben (wie etwa das Vergaberecht oder das WTO-Recht) (hohe Übereinstimmung, mittlere Literaturbasis). {Kap. 11, 15} Klimaschutzrecht wird auf mehreren Ebenen gestaltet und vollzogen; dabei bestehen Kompetenzabgrenzungs-, Abstimmungs- und Koordinierungserfordernisse von der internationalen über die europäische und nationale bis zur lokalen Ebene (hohe Übereinstimmung, starke Literaturbasis). {Kap. 10, 11, 12}

Unionsrechtliche Regelungen beeinflussen den rechtlichen Rahmen, den Österreich für klimafreundliches Leben setzen kann (hohe Übereinstimmung, starke Literaturbasis). {Kap. 11, 12} Mit dem europäischen Emissionshandel (Emission Trading System, EU ETS) für die emissions- und energieintensive Industrie und Teile des Energiesektors ist der Einsatz marktbasierter Instrumente für Österreich EU-rechtlich vorgegeben. {Kap. 11} Nationale Handlungsspielräume mit direkter Klimarelevanz bestehen vorwiegend im Bereich außerhalb des europäischen Emissionshandels („Non-ETS"), insbesondere im Verkehr, bei Gebäuden, in Landwirtschaft und Abfallwirtschaft, im Gewerbe und bei Anlagen der Industrie, die nicht in das ETS einbezogen sind, sowie bei erneuerbaren Energieträgern (hohe Übereinstimmung, starke Literaturbasis). {Kap. 11}

Im Bereich der Infrastruktursysteme haben regulatorische Rahmenbedingungen einen großen Einfluss auf die Gestaltung von Organisationsstrukturen (hohe Übereinstimmung, starke Literaturbasis). {Kap. 22} Diese waren bisher durch eine Liberalisierung der Märkte gekennzeichnet, mit dem Ziel, die gesamtwirtschaftliche Effizienz in der Europäischen Union zu verbessern und Monopolrenten zu vergesellschaften (hohe Übereinstimmung, starke Literaturbasis). {Kap. 22} Mangels geeigneter Planung und Steuerung führt sowohl die aktuelle Nutzung und Instandhaltung als auch ein weiterer Ausbau von netzgebundenen Infrastrukturen oftmals zu mehr Treibhausgasemissionen (hohe Übereinstimmung, starke Literaturbasis). {Kap. 22}

Das nationale Klimaschutzgesetz (KSG) hat zum Ziel, die Klimapolitik in dem Bereich zu koordinieren, der nicht dem europäischen Emissionshandel unterworfen ist (hohe Übereinstimmung, starke Literaturbasis). {Kap. 11} Der Verpflichtungszeitraum des KSG in seiner geltenden Fassung ist mit 2020 ausgelaufen, seine Steuerungs- und Durchsetzungskraft wird als gering eingeschätzt; eine Neufassung des KSG ist seit 2020 in Verhandlung (hohe Übereinstimmung, mittlere Literaturbasis). {Kap. 5, 11, 12}

Es gibt in Österreich kein explizites Grundrecht auf Umwelt- bzw. Klimaschutz. {Kap. 11} In einzelnen europäischen Ländern haben Gerichte Klagen betreffend stärkerer Klimaziele stattgegeben und dafür die Garantien der Europäischen Menschenrechtskonvention (EMRK) bzw. Staatsziele herangezogen (hohe Übereinstimmung, starke Literaturbasis). {Kap. 11}

Das Zusammenspiel einer Vielzahl an Akteuren bestimmt das Klimaschutzrecht (hohe Übereinstimmung, starke Literaturbasis). {Kap. 11} Verwaltungsinterne Ressortgegensätze prägen auch die Gestaltung der nationalen und europäischen Klimapolitik (mittlere Übereinstimmung, mittlere Literaturbasis). {Kap. 11} Koordiniertes und zielorientiertes Handeln wird durch die Organisation politischer

Verantwortlichkeiten in getrennten „Säulen" mit ihren jeweiligen Eigenlogiken sowie durch den Mangel an längerfristigem und strategisch adaptivem Politiklernen erschwert (mittlere Übereinstimmung, mittlere Literaturbasis). {Kap. 13}

In umweltrelevanten Genehmigungsverfahren hat die Aarhus-Konvention die Rechte von Umweltorganisationen wesentlich gestärkt (hohe Übereinstimmung, starke Literaturbasis). {Kap. 11} Diese Stärkung ist grundsätzlich für den Klimaschutz förderlich, wenngleich die Beurteilung besonders im Zusammenhang mit Projekten zum Ausbau erneuerbarer Energie differenziert ausfällt (hohe Übereinstimmung, mittlere Literaturbasis). {Kap. 11} Aus der Perspektive von Projektbetreibern wird verstärkte Öffentlichkeitsbeteiligung, insbesondere auch die Beteiligung von Umweltorganisationen, oft grundsätzlich als Hemmnis für den Wirtschaftsstandort qualifiziert (hohe Übereinstimmung, starke Literaturbasis). {Kap. 11}

Das föderale System Österreichs weist eine hohe Divergenz bei den Ziel- und Entscheidungsstrukturen, Handlungsspielräumen und Zeithorizonten auf (hohe Übereinstimmung, starke Literaturbasis). {12, 19} Die bundesstaatliche Kompetenzverteilung insbesondere in Raumordnung, Bauwesen und Verkehr erschwert die Entscheidungsfindung und damit eine zielorientierte Dekarbonisierung (mittlere Übereinstimmung, mittlere Literaturbasis). {Kap. 12}

Wenn Politikinstrumente kombiniert werden, können Transformationen deutlich erfolgreicher angestoßen und begleitet werden (mittlere Übereinstimmung, mittlere Literaturbasis). {Kap. 4, 13, 14, 15} Die Kombination von innovativen angebots- und nachfrageseitigen Instrumenten umfasst Forschungs- und Innovationsförderung, Regulierung und Beschaffung. Beispiele sind grüne und innovationsorientierte Beschaffung {Kap. 13}, Verbote von Autos in Städten {Kap. 6} oder Verbote des Einbaus von Gas- und Ölheizungen bei Neu- oder Umbau {Kap. 14}. Wenn Politikinstrumente erprobt werden (zum Beispiel mithilfe von Reallaboren, regulatorischen Experimenten, Regulatory Sandboxes), so ist es – um Aussagen über ihre Wirksamkeit treffen zu können – erforderlich, diese durch Monitoring-, Lern- und Evaluierungsprozesse über längere Zeiträume zu begleiten (hohe Übereinstimmung, starke Literaturbasis). {Kap. 13, 21, 22} Dies gilt auch für die Schaffung klimafreundlicher sozialer Sicherungssysteme (hohe Übereinstimmung, mittlere Literaturbasis). {Kap. 18}

Wenn im föderalen System klimafreundliche Strukturen geschaffen werden sollen, dann sind dafür zielorientierte und koordinierte Governance-Modelle, die Inanspruchnahme bestehender Fachplanungskompetenzen sowie eine ernsthafte Auseinandersetzung mit einer Neugestaltung der Kompetenzverteilung, insbesondere in den Bereichen Klimaschutz und Raumplanung, erforderlich (hohe Übereinstimmung, starke Literaturbasis). {Kap. 11} Die Einführung einer eigenen Bedarfskompetenz Klimaschutz auf Bundesebene sowie die Nutzung nationaler Handlungsspielräume im Rahmen der europäischen Klimaschutzgesetzgebung wird vielfach als notwendig erachtet, um einheitliche Klimaschutzstandards zu schaffen. Die kompetenzrechtliche Neuordnung der Materie „Raumplanung" und die Nutzung von Bundesfachplanungskompetenzen wird als notwendig für eine verbindliche und abgestimmte Verkehrs- und Netzinfrastrukturplanung eingeschätzt (hohe Übereinstimmung, mittlere Literaturbasis). {Kap. 11, 22} Sollen klimafreundliche Strukturen nachhaltig institutionell verankert werden, bieten sich regelmäßige und geregelte Formen der Kooperation an (hohe Übereinstimmung, starke Literaturbasis). {Kap. 12, 18} Auf der Basis neuer gesetzlicher Grundlagen (z. B. Erneuerbaren-Ausbau-Gesetz 2021) können neue Organisations- und Akteursmodelle entwickelt und im Rahmen von Experimenten getestet werden (mittlere Übereinstimmung, schwache Literaturbasis). {Kap. 11, 15, 22}

Demokratische Öffentlichkeit als Fundament der Klimapolitik

Eine lebendige öffentliche Debatte, engagierte Bildungs- und Wissenschaftseinrichtungen, soziale Bewegungen, zivilgesellschaftliche Initiativen sowie Aufklärungs- und Überzeugungsarbeit sind Grundlagen einer demokratischen Öffentlichkeit. {Kap. 1, 2, 3} Allerdings verfestigen aktuell große Teile des Bildungs- und Wissenschaftssystems bestehende Verhältnisse und fokussieren nicht in ausreichendem Ausmaß auf Nachhaltigkeit sowie klimafreundliche Lebensweisen (hohe Übereinstimmung, starke Literaturbasis). {Kap. 21} Medien berichten zwar in zunehmendem Maße, aber immer noch zumeist auf niedrigem Niveau über Klimaschutz und tragen deshalb nur wenig zur demokratischen Debatte zu klimafreundlichem Leben bei (hohe Übereinstimmung, starke Literaturbasis). {Kap. 20} In beiden Bereichen (Bildung und Wissenschaft bzw. Medienberichterstattung) liegt der Fokus auf individuellen Verhaltensänderungen, allen voran Fragen des Lebensstils und des Einkaufsverhaltens, während *Strukturen* klimafreundlichen Lebens weniger Aufmerksamkeit erhalten (hohe Übereinstimmung, mittlere Literaturbasis). {Kap. 20, 21}

Die mediale Aufmerksamkeit zur Klimakrise verbleibt auf geringem Niveau, selbst wenn sie in den letzten Jahrzehnten zugenommen hat (hohe Übereinstimmung, mittlere Literaturbasis). {Kap. 20} Einige Akteur_innen im österreichischen Mediensektor haben bisher wenig bis keinen erkennbaren Fokus auf die Klimakrise gelegt (geringe Übereinstimmung, schwache Literaturbasis). {Kap. 20} Wie umfangreich über die Klimakrise berichtet wird und wie die jeweiligen Berichte konkret ausgestaltet sind, hängt von etablierten Medienpraktiken (wie anlassbezogener Berichterstattung und Fokussierung auf den Nachrichtenwert) sowie von der Konkurrenz mit anderen Themen ab (hohe Übereinstimmung, starke Literaturbasis). {Kap. 20} Wenn über die Klimakrise berichtet wird, wird diese zumeist entsprechend dem Konsens in der Wissenschaft als menschengemacht beschrieben (hohe Übereinstimmung, starke Literaturbasis). {Kap. 20} In manchen Medienhäusern, insbesondere bei ideologischer Nähe zu rechtskonservativen Positionen, und auch für einzelne Gruppen in sozialen Medien sind klimakrisenskeptische oder sogar -leugnende Positionen weiter präsent (hohe Übereinstimmung, mittlere Literaturbasis). {Kap. 20} In den sozialen Medien werden wissenschaftliche Detailfragen, (Laien-)fragen sowie neuaufkommende Themen diskutiert. Diese sind somit für das Agenda-Setting und die Mobilisierung für zivilgesellschaftliche Akteure, z. B. NGOs und Aktivist_innen, relevant. Dies gilt gleichermaßen für klimafreundliche und klimakrisenskeptische Positionen (hohe Übereinstimmung, geringe Literaturbasis). {Kap. 20}

Das aktuelle Umfeld von Medienunternehmen, insbesondere zunehmender Wettbewerbsdruck und vorwiegend privatwirtschaftliche Eigentumsverhältnisse sowie die Abhängigkeit von politischen Akteur_innen, Werbemärkten und fehlende Anreize für Qualitätsjournalismus, erschwert, dass diese proaktiv klimafreundliche Strukturen gestalten (hohe Übereinstimmung, schwache Literaturbasis). {Kap. 20} Die mediale Berichterstattung ist vorwiegend von Markt- und Innovationsargumenten und damit verbundenen Vorschlägen zur Abwendung der Klimakrise geprägt (hohe Übereinstimmung, mittlere Literaturbasis). {Kap. 20} Die Analyse treibender Kräfte und klimaschädigender Strukturen (z. B. das moderne Verständnis von Naturbeherrschung und die sozialen und wirtschaftlichen Wachstumszwänge) erhält wenig Aufmerksamkeit in der medialen Berichterstattung (hohe Übereinstimmung, schwache Literaturbasis). {Kap. 20}

Wenn ein finanziell unabhängiger Wissenschafts-, Umwelt- und Klimajournalismus sowie alternative Journalismusformen (z. B. transformativer Journalismus) gestärkt werden, können Medien das Bewusstsein für die Notwendigkeit des Gestaltens von Strukturen schärfen (mittlere Übereinstimmung, schwache Literaturbasis). {Kap. 20} Weitere Gestaltungsoptionen sind: Medienregulierung (insbesondere Ausrichtung der Medienförderung), Abkehr von fossilistischen Werbemärkten (das heißt dem Bewerben von klimaschädigenden Produkten oder Dienstleistungen wie z. B. Pkw mit Verbrennungsmotoren oder Billigflügen), die Erarbeitung neuer Finanzierungsmodelle und die Restrukturierung von Eigentumsverhältnissen im Mediensektor (mittlere Übereinstimmung, schwache Literaturbasis). {Kap. 20}

Die Förderung von Kompetenzen für ein klimafreundliches Leben umfasst auch den erheblichen Qualifizierungs- und Umschulungsbedarf für den klimafreundlichen Umbau der Wirtschaft (hohe Übereinstimmung, geringe Literaturbasis). {Kap. 7, vgl. SPM 2.4} Kompetenzen für ein klimafreundliches Leben werden gefördert, wenn Klimawandelbildung und Bildung für nachhaltige Entwicklung den Lehr- und Bildungsplänen im formalen Bildungssystem und der Aus- und Fortbildung der Lehrenden zugrunde gelegt und als Aufgaben der informellen und nonformalen Bildung (in Kommunen, Museen, Bibliotheken etc.) gestärkt werden (hohe Übereinstimmung, starke Literaturbasis). {Kap. 21}

Im Bildungssystem mindert der Fokus auf die Reproduktion bestehenden Wissens das eigenständige, an Werten der Nachhaltigkeit ausgerichtete Lernen und damit auch die Koproduktion von neuem Wissen (hohe Übereinstimmung, starke Literaturbasis). {Kap. 21} In Bildung und Wissenschaft werden die transdisziplinäre Kooperation zwischen Wissenschaft und gesellschaftlichen Akteur_innen und die interdisziplinäre Zusammenarbeit innerhalb der Wissenschaft durch vorherrschende disziplinäre Strukturen benachteiligt (hohe Übereinstimmung, starke Literaturbasis). {Kap. 21}

Wenn Bildung und Wissenschaft für klimafreundliches Leben fruchtbar gemacht werden sollen, ist die Übernahme gesellschaftlicher Verantwortung in Bildungs- und Wissenschaftseinrichtungen sowie ein Paradigmenwechsel in Richtung holistischer, integrierter und transformativer wissenschaftlicher und pädagogischer Praxis erforderlich (hohe Übereinstimmung, starke Literaturbasis). {Kap. 21} Dies betrifft beispielsweise Schulen, Fachhochschulen und Universitäten. {Kap. 21} Wesentlich sind die Orientierung an den Nachhaltigkeitszielen der Vereinten Nationen sowie den Zielen einer Bildung für nachhaltige Entwicklung der UNESCO, eine inter- und transdisziplinäre Auseinandersetzung mit gesellschaftsrelevanten Problemstellungen und umfassende Strukturreformen, die auch Bildungspläne betreffen (hohe Übereinstimmung, starke Literaturbasis). {Kap. 21}

Mit Diskussionen über Ziele, Inhalte und Strukturen (z. B. Anreizsysteme, Ausschreibungskriterien), der Kritik bestehender Macht- und Konkurrenzverhältnisse und neuen kooperativen Institutionen für Inter- und Transdisziplinarität fördert Wissenschaft klimafreundliches und nachhaltiges Leben (hohe Übereinstimmung, starke Literaturbasis). {Kap. 21} Beispiele sind die Etablierung entsprechender Professuren, Institute, Forschungszentren, Laufbahnstellen, Studienprogramme, Lehrbücher, Fachzeitschriften, Forschungsnetzwerke und -gesellschaften (hohe Übereinstimmung, starke Literaturbasis). {Kap. 21}

Räumliche Rahmenbedingungen, Infrastrukturen und zeitgebundene Tätigkeiten

Die räumlichen Rahmenbedingungen, die vorhandene (netzgebundene) Infrastruktur und Zeit- bzw. Arbeitsstrukturen bestimmen, wie klimafreundlich gelebt werden kann. Sie geben vor, wo und wann Einzelne welchen Tätigkeiten nachgehen, und bedingen so klimaschädigende Praktiken oder ermöglichen klimafreundliche (hohe Übereinstimmung, starke Literaturbasis). {Kap. 3, 4, 7, 8, 9, 17, 19, 22} Räumliche Strukturen umfassen insbesondere die Beziehungen zwischen Stadt, Land und suburbanem Raum. Sie beeinflussen beispielsweise das tägliche Mobilitätsverhalten und wie klimaschädigend Einzelne wohnen. {Kap. 19, 22} Auf globaler Ebene umfassen diese Strukturen auch das Verhältnis zwischen globalem Norden und Süden. {Kap. 15} Zeit- und Arbeitsstrukturen ergeben sich aus zeitgebundenen Tätigkeiten und Verpflichtungen im Bereich der Erwerbsarbeit sowie der unbezahlten, unverzichtbaren, (über-)lebensnotwendigen und oft unsichtbaren Pflege- und Betreuungsarbeit, die wir in diesem Bericht Sorgearbeit nennen. Sie prägen den Handlungsspielraum Einzelner und können die Möglichkeit, klimafreundlich zu leben, einengen (mittlere Übereinstimmung, mittlere Literaturbasis). {Kap. 3, 7, 8}

Bestehende Raumnutzungsstrukturen beanspruchen viel Boden, fragmentieren die Landschaft und verursachen lange Wege (mittlere Übereinstimmung, mittlere Literaturbasis). {Kap. 6, 19} Im europäischen Vergleich hat Österreich einen überdurchschnittlichen und nach wie vor steigenden Flächenverbrauch für Siedlungs- und Verkehrszwecke (hohe Übereinstimmung, mittlere Literaturbasis). {Kap. 4, 5, 19} Die Ausgestaltung der Kommunalsteuer, wonach die Erträge zur Gänze jener Gemeinde zufließen, in deren Gebiet eine Betriebsstätte liegt, wird als wesentlicher Treiber für den Standortwettbewerb zwischen Nachbargemeinden um Ansiedelungen auf der grünen Wiese angesehen und ist eine der Ursachen einer klimaschädigenden Raum- und Verkehrsstruktur (hohe Übereinstimmung, geringe Literaturbasis). {Kap. 19} Weiters erschwert ein Mangel an Flächen, die für erneuerbare Energieträger gewidmet sind, klimafreundliches Leben (hohe Übereinstimmung, starke Literaturbasis). {Kap. 19} Mit verstärktem Umstieg auf erneuerbare Energien entsteht zusätzlicher Flächenbedarf und in der Folge Flächenkonkurrenz (hohe Übereinstimmung, geringe Literaturbasis). {Kap. 19}

Für das klimafreundliche Verhalten erschwerend ist die Zersiedelung im suburbanen Raum, die oft mit klimaschädigender Mobilität mit dem Pkw einhergeht (hohe Übereinstimmung, starke Literaturbasis). {Kap. 6, 7, 11, 19} Einkaufs- und Gewerbeagglomerationen, Logistikcenter und großflächige Parkplätze an Stadt- und Ortseinfahrten („draußen am Kreisverkehr") sowie außerhalb der Siedlungsränder („draußen auf der grünen Wiese") gehen mit einem klimaschädigenden Bodenverbrauch einher, dem Leerstand und sinkende Attraktivität in Stadt- und Ortskernen gegenüberstehen (hohe Übereinstimmung, mittlere Literaturbasis). {Kap. 19} Entsprechend hat die Pkw-Nutzung – gemessen am Motorisierungsgrad und durchschnittlich zurückgelegten Tagesentfernungen – in ländlichen und suburbanen Regionen weiter zugenommen. Nur in einigen Landeshauptstädten verlangsamt sich der Trend oder kehrt sich um (hohe Übereinstimmung, starke Literaturbasis). {Kap. 6, 17} Neben Mobilität für Konsum zur Deckung des täglichen Bedarfs sind auch Wege für täglich notwendige Erwerbs-, Pflege- und Betreuungsarbeit klimarelevant (hohe Übereinstimmung, mittlere Literaturbasis). {Kap. 6, 7, 8, 9}

Bestehende Zeit- bzw. Arbeitsstrukturen in Verbindung mit räumlichen Strukturen und klimaschädigenden (netzgebundenen) Infrastrukturen erschweren klimafreundliche Freizeitgestaltung (mittlere Übereinstimmung, mittlere Literaturbasis). {Kap. 3, 7, 8, 9}. Zeitdruck, Beschleunigung und andere Belastungen in Arbeit und Alltag mindern die Lebensqualität und beeinflussen, wie klimafreundlich sich Einzelne verhalten (hohe Übereinstimmung, starke Literaturbasis). {Kap. 3, 8, 9} Der zu beobachtende Wertewandel hin zu einer ausgewogenen Work-Life-Balance und neuen Sinnansprüchen an die Arbeit erhöht die Legitimität von Strukturen, die Erwerbsarbeit klimafreundlich gestalten (zum Beispiel Homeoffice und Arbeitszeitverkürzung) (mittlere Übereinstimmung, mittlere Literaturbasis). {Kap. 7, 8}

Unter den derzeitigen rechtlichen Rahmenbedingungen reicht das Instrumentarium der Raumplanung nicht aus, um klimaschädigende räumliche Entwicklungen wirksam umzukehren und klimafreundliche Strukturen zu gestalten (hohe Übereinstimmung, mittlere Literaturbasis). {Kap. 11, 19} Um klimafreundliche räumliche Strukturen zu schaffen, ist es erforderlich, raumwirksame fiskalische Instrumente zu reformieren (zum Beispiel Finanzausgleich), klimaschädigende Subventionen abzuschaffen (z. B. Umgestaltung der Pendlerpauschale) und klimanützliche Abgaben (z. B. Abschöpfung von Widmungsgewinnen, Leerstandsabgabe) und Anreize (z. B. Entsiegelungsprämie) einzuführen (hohe Übereinstimmung, starke Literaturbasis). {Kap. 19}

Energieversorgung, räumliche Strukturen und verfügbare Mobilitätsangebote bestimmen die Emissionsintensität sowohl von täglichen Freizeitaktivitäten als auch im Urlaub und am Weg dahin (hohe Übereinstimmung, starke Literaturbasis). {Kap. 3, 6, 9, 19} Der Freizeitverkehr verursacht steigende Treibhausgasemissionen (hohe Übereinstimmung, starke Literaturbasis). {Kap. 6} Eine umfassende Transformation des Energie- und Mobilitätssektors ist daher zentral, um klimaschädigendes Verhalten zu verringern und klimafreundliches selbstverständlich zu machen (hohe Übereinstimmung, starke Literaturbasis). {Kap. 6, 9,

14, 22} Durch Internet- und Kommunikationstechnologien sowie durch die Digitalisierung von Freizeitaktivitäten verursachte Treibhausgasemissionen nehmen zu. Ihre Klimafreundlichkeit ist allerdings nicht einfach bewertbar, da die Bereitstellung nicht-digitaler Optionen ebenfalls Emissionen verursacht (hohe Übereinstimmung, mittlere Literaturbasis). {Kap. 9}

Im Bereich des Wohnens ist die Raumwärmebereitstellung in Gebäuden der mit Abstand größte Treibhausgasemittent (hohe Übereinstimmung, mittlere Literaturbasis). {Kap. 4} Daher sind der Ausstieg aus Öl und Gas und die Umstellung der Heizsysteme auf erneuerbare Energieträger (z. B. Wärme und Strom aus erneuerbaren Quellen mittels Wärmepumpenheizung) und auf klimafreundliche Fernwärme (z. B. Erdwärme, Biomasse, Biogas) zentral für klimafreundliches Wohnen (hohe Übereinstimmung, starke Literaturbasis). {Kap. 4}

Klimafreundliches Leben wird dauerhaft möglich und rasch selbstverständlich, wenn alle Wege kurz sind und zu Fuß, mit dem Fahrrad bzw. öffentlichen Verkehrsmitteln zurückgelegt werden können (hohe Übereinstimmung, starke Literaturbasis). {Kap. 3, 6, 7, 8, 9, 17, 18, 19, 22} Dies reduziert das Autoverkehrsaufkommen und den Flächenbedarf für Verkehrsinfrastrukturen zugunsten von Aufenthalts- und Begegnungsräumen (hohe Übereinstimmung, starke Literaturbasis). {Kap. 19} In Folge werden weniger Flächen für Bebauung in Anspruch genommen, weniger Boden versiegelt und die Flächenknappheit reduziert, was wiederum den Umstieg auf erneuerbare Energieträger ermöglicht und Treibhausgasemissionsreduktion ermöglicht (hohe Übereinstimmung, starke Literaturbasis). {Kap. 8, 9, 19} Ebenso sind Investitionen in qualitativ hochwertige und leistbare öffentliche Infrastrukturen und Dienstleistungen wichtig, um klimafreundliches Leben in Beruf, Freizeit und Sorgearbeit zu fördern und eine sozialverträgliche Transformation zu stärken (hohe Übereinstimmung, mittlere Literaturbasis). {Kap. 7, 8, 9, 17, 18}

Weniger Zeitdruck, verringerte Mehrfachbelastungen und mehr Möglichkeiten zur Erholung in der Freizeit können klimafreundliches Verhalten erleichtern (hohe Übereinstimmung, mittlere Literaturbasis). {Kap. 3, 7, 8, 9} Arbeitszeitverkürzung sowie eine gleichmäßigere Aufteilung von bezahlter und unbezahlter Arbeit sowie Freizeit zwischen den Geschlechtern reduzieren Stress, machen klimafreundliche Praktiken attraktiver und erlauben, das Erwerbsarbeitsvolumen fairer zu verteilen (hohe Übereinstimmung, mittlere Literaturbasis). {Kap. 7} Um dies zu erreichen, sind soziale Absicherung und ausreichendes Haushaltseinkommen wesentliche Voraussetzungen (hohe Übereinstimmung, mittlere Literaturbasis). {Kap. 3, 7} Darüber hinaus sind geeignete Infrastrukturen erforderlich, die leistbar sind, Zeitdruck mindern, Wege verringern und Unterstützung anbieten (z. B. dezentrale Pflegeangebote).

Lebenswerte Nachbarschaften mit funktionierender Nahversorgung und Daseinsvorsorge sowie leistbare und qualitativ hochwertige öffentliche Verkehrsmittel sind zwei Beispiele für Win-win-Veränderungen (hohe Übereinstimmung, mittlere Literaturbasis). {Kap. 3, 8, 9, 18}

Wenn klimafreundliches Verhalten durch kurze Wege erleichtert werden soll, braucht es passende Rahmenbedingungen und Infrastrukturen, insbesondere im gegenwärtig ressourcenintensiven Verkehrs-, Wohn- und Energiesektor (mittlere Übereinstimmung, mittlere Literaturbasis). {Kap. 3, 8, 9, 17, 19, 22} Wesentlich hierfür sind (1) eine flächensparende Bebauungsdichte mit zugleich höherem Durchgrünungsgrad, (2) eine stärkere Funktionsmischung, die Arbeiten, Wohnen, Gesundheit, Bildung, Betreuungs- und Erholungseinrichtungen umfasst, (3) eine bessere Erreichbarkeit durch den öffentlichen Verkehr als Rückgrat der Siedlungsentwicklung und (4) eine polyzentrische Siedlungsstruktur, bei der Arbeitsmöglichkeiten sowie Bildungs-, Versorgungs- und Freizeiteinrichtungen an umweltfreundlich erreichbaren Standorten angesiedelt sind (mittlere Übereinstimmung, mittlere Literaturbasis). {Kap. 19} Dies kann Zielkonflikte zwischen dem Ausbau erneuerbarer Energieträger und Natur-, Landschafts-, Ortsbild- und Bodenschutz vorab entschärfen (mittlere Übereinstimmung, starke Literaturbasis). {Kap. 19}

Wenn Raumplanung klimafreundliche räumliche Strukturen gestalten soll, sind zahlreiche Voraussetzungen zu erfüllen (hohe Übereinstimmung, mittlere Literaturbasis). {Kap. 19} (1) Das vorhandene Raumplanungsinstrumentarium zur Nutzungs- und Standortplanung ist konsequent zielorientiert einzusetzen; (2) unterschiedliche Akteure_innen (Politik, Verwaltung, Wirtschaft und Zivilgesellschaft) sind über informelle Instrumente und Planungsprozesse breit einzubinden; (3) Koordinationsaufgaben der Raumplanung sind zu forcieren; (4) die Sektoralplanungen (insbesondere Verkehrssystemplanung, Tourismus, Wasserbau, Energie) und Förderungen (insbesondere Wohnbau- und Wirtschaftsförderung) berücksichtigen räumliche und damit mittelbare klimarelevante Wirkungen; (5) in Kombination mit einer integrierten Energieraumplanung ist die Umstellung auf erneuerbare Energieträger und der raumverträgliche Ausbau der erneuerbaren Energieversorgung sicherzustellen (hohe Übereinstimmung, starke Literaturbasis). {Kap. 19}

Um raumplanerische Kernkompetenzen, die den Rahmen für die Situierung, Entwicklung und Gestaltung der Siedlungs-, Landschafts- und Grünräume sowie der Wirtschaftsstandorte setzen, zu stärken, ist mehr Durchsetzungswillen, Mut und Governance für zielorientiertes und koordiniertes Handeln nötig (mittlere Übereinstimmung, mittlere Literaturbasis). {Kap. 19} Dazu sind neue Vorgaben und eine neue Governance-Kultur erforderlich, die Rechtssicherheit gewährleisten, Flexibilität gewähren und zugleich konsequente Entscheidungen ermöglichen (mittlere Übereinstimmung, mittlere Literaturbasis). {Kap. 19} Klimafreundliches Leben wird erleichtert, wenn weniger auf partikuläre, oft exklusive und ressourcenintensive Einzelinteressen, die den individuellen Konsum in den Vordergrund stellen, fokussiert wird (mittlere Übereinstimmung, geringe Literaturbasis). {Kap. 4}

Um Netzinfrastrukturen in Richtung Klimafreundlichkeit zu verändern, sind langfristige Strategien, solide Investitionspläne, verlässliche rechtliche Rahmenbedingungen, internationale und nationale Abstimmungen, aber auch Raumordnungsinstrumente sowie missionsorientierte Forschung und Entwicklung notwendig (hohe Übereinstimmung, schwache Literaturbasis). {Kap. 22} Die mit der Gestaltung netzgebundener Infrastruktursysteme verbundene Komplexität bedingt einen hohen Abstimmungsbedarf und sektorübergreifende Kooperationen zwischen öffentlichen, privaten und zivilgesellschaftlichen Akteuren, um Planung und Maßnahmen am klimafreundlichen Leben auszurichten und sektorale sowie räumliche Schnittmengen zu nutzen (hohe Übereinstimmung, starke Literaturbasis). {Kap. 22}

Staatliche Akteure können durch das Festlegen von Gemeinwohlverpflichtungen für Betreiber netzgebundener Infrastrukturen in den Bereichen Energie und Mobilität Strukturen klimafreundlich gestalten (hohe Übereinstimmung, mittlere Literaturbasis). {Kap. 22} Bund, Länder und Gemeinden sind Mehrheitseigentümer wichtiger infrastrukturrelevanter Unternehmen wie ÖBB, ASFINAG, APG sowie vieler Verteilernetzbetreiber in den Bundesländern. {Kap. 22} Sie haben als Eigentümervertreter in Aufsichtsräten und als Gesetzgeber vielfältige Möglichkeiten zur Gestaltung von Strukturen, beispielsweise durch Investitionsentscheidungen und strategische Vorgaben (hohe Übereinstimmung, mittlere Literaturbasis). {Kap. 22} Diese Möglichkeiten wahrzunehmen, kann klimafreundliches Verhalten der Verkehrsteilnehmenden und Energienutzenden fördern, da dieses stark von Infrastrukturen sowie ordnungs- und fiskalpolitischen Rahmensetzungen abhängt (hohe Übereinstimmung, starke Literaturbasis). {Kap. 4, 6}

Eine umfassende Transformation des Energie- und Mobilitätssektors erfordert die zielgerichtete Planung, Beschlussfassung und Umsetzung sowie das Monitoring von nachweislich effizienzgeprüften Maßnahmen auf allen Verwaltungsebenen (EU, Bund, Länder und Gemeinden) (hohe Übereinstimmung, starke Literaturbasis). {Kap. 6, 17} Technische, die Effizienz erhöhende Maßnahmen, wie zum Beispiel der Umstieg auf E-Mobilität oder alternative Treibstoffe, reichen nicht aus, um die Klimaziele im Verkehrssektor zu erreichen (hohe Übereinstimmung, starke Literaturbasis). {Kap. 6} Neben der Umstellung auf erneuerbare Energieträger bedarf es einer Reihe weiterer technischer sowie sozialer, organisatorischer und institutioneller Innovationen, um die Umstellung auf klimafreundliche Produkte und Dienstleistungen zu gewährleisten (hohe Übereinstimmung, starke Literaturbasis). {Kap. 7, 9, 13, 14, 22}

Strukturen für einen ressourcenschonenden, klimafreundlichen und leistbaren Wohnbau erfordern gezielte und verstärkte Wohnbauförderung im gemeinnützigen Wohnbausektor, die Förderung von gemeinschaftlichen Wohnformen, den Vorrang von Umbau vor Neubau und die Verwendung klimafreundlicher Konstruktionsweisen, Materialien und Wärmeversorgungssysteme (hohe Übereinstimmung, mittlere Literaturbasis). {Kap. 4} Zu bedenken ist, dass für sanierte Gebäude die Mietkosten im privaten Bereich ansteigen können, wodurch die Leistbarkeit für einkommensschwache Haushalte eingeschränkt wird (hohe Übereinstimmung, starke Literaturbasis). {Kap. 4, 17, 18} Für klimafreundlichen Wohnbau werden ferner Kriterien zur Wohnraumversorgung gefordert, die soziale und ökologische Aspekte aufgreifen sowie über Regionen hinweg bindend und komplementär zur Reduktion von Zersiedelung und Versiegelung sind (hohe Übereinstimmung, mittlere Literaturbasis). {Kap. 4}

Klimafreundliche Güter- und Dienstleistungsversorgung und Erwerbsarbeit

Klimafreundliches Leben ist auf eine Bereitstellung von Gütern und Dienstleistungen angewiesen, deren Produktion mit geringen Treibhausgasemissionen einhergeht (hohe Übereinstimmung, mittlere Literaturbasis). {Kap. 1, 2, 3, 9, 14} Klimafreundliches Leben hängt daher davon ab, wie und welche Güter und Dienstleistungen erzeugt und bereitgestellt werden (hohe Übereinstimmung, starke Literaturbasis). {Kap. 3, 7, 8, 9} Ebenso erfordert klimafreundliches Leben die Möglichkeit klimafreundlichen Arbeitens, sei es im Rahmen bezahlter oder unbezahlter Zeit (hohe Übereinstimmung, geringe Literaturbasis). {Kap. 1, 3, 7, 8}

In Österreich besteht erheblicher Qualifizierungs- und Umschulungsbedarf für den klimafreundlichen Umbau der Wirtschaft (hohe Übereinstimmung, geringe Literaturbasis). {Kap. 7} Betroffene Bereiche sind unter anderem Tätigkeiten im Rahmen der Energiewende (zum Beispiel der Umbau der Heizsysteme in Haushalten) sowie Beratungsleistungen für Energieeffizienz, neue IT-Systemtechniken sowie die Ausbildung für Berufe in der Kreislaufwirtschaft (hohe Übereinstimmung, starke Literaturbasis). {Kap. 7}

Österreich verfügt über einen im internationalen Vergleich großen und dynamischen umweltorientierten Produktions- und Dienstleistungssektor (z. B. in den Bereichen der Bereitstellung von Energieressourcen und der Abfallwirtschaft) (hohe Übereinstimmung, mittlere Literaturbasis). {Kap. 14} Besonders in energieintensiven Industrien wie Zement, Stahl, dem Bau- und Wohnungswesen, sowie der Energiewirtschaft selbst zeigen die vergangenen und gegenwärtigen Treibhausgasemissionsstatistiken weiterhin umfassenden Handlungsbedarf bei der Reduktion von Emissionen (hohe Übereinstimmung, starke Literaturbasis). {Kap. 1}

Bei der Umsetzung der EU-weiten Strategien des European Green Deal im Bereich Kreislaufwirtschaft und Bioökonomie steht Österreich am Beginn (hohe Übereinstimmung, mittlere Literaturbasis). {Kap. 15} Auf europäischer Ebene gibt es im Rahmen des European Green Deal zwar verschiedene Initiativen, die direkte und indirekte Effekte auf die Struktur und Organisation globaler Warenketten (von der Beschaffung von Rohstoffen bis zur Entsorgung) haben, in denen Güterproduktion großteils stattfindet. Die Umgestaltung von globalen Warenketten nach ökologischen Gesichtspunkten ist dabei aber kein explizites Ziel (hohe Übereinstimmung, geringe Literaturbasis). {Kap. 5, 14, 15}

Gegenwärtig importiert Österreich Güter und Dienstleistungen, sei es für die Weiterverarbeitung in der heimischen Produktion oder für den Endkonsum, durch deren Herstellung außerhalb Österreichs Treibhausgase emittiert und Umweltschäden verursacht werden. Solche konsumbasierten Emissionen können als österreichischer Anteil an der Klimakrise interpretiert werden (hohe Übereinstimmung, starke Literaturbasis). {Kap. 15}

Um globales Wirtschaften klimafreundlicher zu gestalten, ist eine grundlegende Neugestaltung des Rechtsrahmens für die europäische und internationale Handels- und Investitionspolitik wesentlich (hohe Übereinstimmung, mittlere Literaturbasis). {Kap. 11, 15} Maßnahmen umfassen die Ausrichtung der globalen Handelspolitik an den übergreifenden Zielen sozialer und wirtschaftlicher Stabilität und ökologischer Nachhaltigkeit, die Gewährleistung des Rechts, staatliche Regulierung zum Schutz von Gesundheit, Sozialem und Umwelt einzusetzen („right to regulate"), die Festlegung sanktionierbarer Unternehmenspflichten für die Einhaltung von Arbeitsstandards und Menschenrechten, die Sicherstellung von Freiräumen für die lokale und regionale Wirtschaft sowie die Stärkung sozial-ökologischer öffentlicher Auftragsvergabe (hohe Übereinstimmung, mittlere Literaturbasis). {Kap. 11, 15} Das gegenwärtige Handelssystem sowie die aktuelle Ausgestaltung der Gemeinsamen Agrarpolitik (GAP) der Europäischen Union steht im Konflikt mit einer integrativen klimafreundlichen Ernährungspolitik, die verschiedene Politikbereiche verbindet (hohe Übereinstimmung, mittlere Literaturbasis). {Kap. 5}

Die Festlegung von rechtsverbindlichen ökologischen Sorgfaltspflichten für transnational tätige Unternehmen entlang der gesamten Lieferkette durch nationale bzw. EU-Lieferkettengesetze ist ein wirksames klimapolitisches Instrument (hohe Übereinstimmung, starke Literaturbasis). {Kap. 15} Maßnahmen in und zwischen den jeweiligen wirtschaftlichen Sektoren, die in eine umfassende Industriestrategie integriert sind, können klimafreundliche globale Versorgungsketten fördern (hohe Übereinstimmung, mittlere Literaturbasis). {Kap. 15} Aktuell prägen unterschiedliche Akteure (Groß- und Kleinunternehmen, Ministerien, Interessenverbände und Zivilgesellschaft) mit ungleicher Machtausstattung und widersprüchlichen Interessen internationale Warenketten, und es fehlt an zielgerichtetem und koordiniertem Handeln, um Emissionen zu reduzieren (hohe Übereinstimmung, schwache Literaturbasis). {Kap. 15} Ein weltweit gleich stringentes Niveau in der Klimapolitik oder zumindest Maßnahmen, um allfällige Unterschiede jeweils an der Grenze effektiv auszugleichen, tragen dazu bei, ungleiche Wettbewerbsbedingungen für Unternehmen zu vermeiden, und können Carbon Leakage vorbeugen, das heißt dem Abwandern klimaschädigender Produktion in Regionen mit weniger strengen Klimaschutzgesetzen (hohe Übereinstimmung, starke Literaturbasis). {Kap. 15}

Wenn stärker regionalisierte und kreislauforientierte Wirtschaftsmodelle zur Reduktion des Ressourcenverbrauchs beitragen, reduzieren sie in Österreich sowohl die produktionsbasierten als auch die konsumbasierten Emissionen (hohe Übereinstimmung, starke Literaturbasis). {Kap. 5, 15} Regionalwirtschaftliche Kreisläufe können durch Maßnahmen gefördert werden, die Produktionsprozesse dorthin verlagern, wo die jeweiligen Güter konsumiert werden (mittlere Übereinstimmung, schwache Literaturbasis). {Kap. 15} In der Literatur finden sich zahlreiche Vorschläge, Produktionsprozesse näher an den Konsumort zu verlagern (Nearshoring), an diesen zurückzuverlagern (Reshoring), falls sie dort bereits einmal waren, und die entsprechenden Interventionen nach ökologischen und sozialen Kriterien zu bewerten (koordiniertes Rescaling). {Kap. 15} Wenn die Verschärfung von Ungleichheiten vermieden werden soll, sind hierbei Gerechtigkeitsaspekte, wie etwa Fragen von Wirtschaftsmacht, wirtschaftlicher Abhängigkeit, die Verteilung von Vermögen und Einkommen zwischen und innerhalb unterschiedlicher Staaten und Personen, zu beachten und anzuwenden (hohe Übereinstimmung, starke Literaturbasis). {Kap. 15}

Umweltfreundliche und kreislaufwirtschaftliche Geschäftsmodelle und Verfahren zur effizienten und suffizienten Produktion qualitativ hochwertiger, langlebiger, teilbarer und reparaturfähiger Produkte leisten einen Beitrag zum klimafreundlichen Leben (hohe Übereinstimmung, starke Literaturbasis). {Kap. 3, 5, 7, 8, 9, 14} Eine weitreichende Transformation der Wirtschaft hin zu einer Kreislaufwirtschaft sowie der verstärkten gemeinsamen Nutzung von Ressourcen können zur Erreichung der Klimaziele beitragen (hohe Übereinstimmung, mittlere Literaturbasis). {Kap. 14} Zugänge wie „Nutzen statt Besitzen" und „Reparieren statt Wegwerfen" leisten einen Beitrag, indem die Produktion neuer Güter und damit einhergehende klimaschädigende Emissionen vermieden werden (hohe Übereinstimmung, mittlere Literaturbasis). {Kap. 3, 8, 9, 14} Statt in linearen Produktionsprozessen Material zu verbrauchen und Abfälle anzuhäufen, können Dienstleistungen das Teilen von Ressourcen, Gütern und Dienstleistungen ermöglichen (hohe Übereinstimmung, mittlere Literaturbasis). {Kap. 14}

Für die Agrar- und Ernährungswirtschaft gibt es zahlreiche umsetzbare Vorschläge, Treibhausgasemissionen zu reduzieren, wobei die größten Reduktionspotenziale in Produktion, Distribution und Konsum von tierischen Produkten liegen (hohe Übereinstimmung, starke Literaturbasis). {Kap. 5} Diese Vorschläge fanden bisher wenig Resonanz in klimapolitischen Maßnahmen (hohe Übereinstimmung, starke Literaturbasis). {Kap. 5} Klimaschädigende Strukturen bleiben bestehen, wie der Fokus auf tierische Produkte, der Preisdruck auf die Erzeuger, die starke Importabhängigkeit bei Futtermitteln und die starke Exportorientierung der Landwirtschaft (hohe Übereinstimmung, starke Literaturbasis). {Kap. 5} Punktuell wird klimafreundliches Verhalten gefördert (z. B. durch klimafreundliche Produktangebote), dem stehen allerdings klimaschädigende Routinen, Praktiken und Gewohnheiten entgegen (z. B. regelmäßiger Fleischkonsum, Wegwerfen von Nahrungsmitteln) (hohe Übereinstimmung, starke Literaturbasis). {Kap. 5} Einflussreiche Akteure wie Verarbeitungsindustrie und Handel sind in Hinblick auf klimafreundliches Leben wissenschaftlich wenig untersucht. {Kap. 5}

Im Ernährungssystem sind adaptive, inklusive und sektorübergreifende Ansätze vielversprechend, die auf dezentrale Selbstorganisation, Entrepreneurship und soziales Lernen setzen und unter anderem durch finanzpolitische Anreize gefördert werden (mittlere Übereinstimmung, mittlere Literaturbasis). {Kap. 5} Produktion und Konsum biologisch produzierter Lebensmittel können einen Beitrag zur Treibhausgasemissionsreduktion leisten und weisen darüber hinaus zahlreiche zusätzliche Vorteile („Co-Benefits") einer klimafreundlichen Ernährung auf, wie Schutz von Biodiversität und Tierwohl sowie erhöhtes bäuerliches Einkommen (geringe Übereinstimmung, starke Literaturbasis). {Kap. 5} Wenn die Reduktion von Treibhausgasemissionen sichergestellt werden soll, sind mögliche klimaschutzbezogene Nachteile, wie etwa höherer Flächenbedarf, der die Absorption von Treibhausgasen verringert, zu berücksichtigen (geringe Übereinstimmung, mittlere Literaturbasis). {Kap. 5}

Gegenwärtig erfüllen weite Bereiche der Erwerbsarbeit nicht die Voraussetzungen für ein klimafreundliches Leben (hohe Übereinstimmung, starke Literaturbasis). {Kap. 7} Allgemein sind technische Entwicklungen sowie die Digitalisierung ambivalent. Sie können Erwerbsarbeit klimafreundlicher machen (zum Beispiel die Reduktion von Pendelverkehr durch Telearbeit), aber auch klimaschädigender (zum Beispiel Produktionsmittel mit hohem Energieverbrauch bei der Herstellung digitaler Endgeräte) (hohe Übereinstimmung, starke Literaturbasis). {Kap. 7} Die derzeit ungleiche Verteilung von bezahlter und unbezahlter Arbeit zur Versorgung anderer Menschen (Kinder, Älterer, Pflegebedürftiger) mindert Geschlechter-, Sorge- und Klimagerechtigkeit (hohe Übereinstimmung, starke Literaturbasis). {Kap. 3, 7, 8}

Umstellungsprozesse im Bereich der Erwerbsarbeit hin zu einem klimafreundlichen Leben können durch betrieblich und politisch begleitete und am klimafreundlichen Leben orientierte, aktive Teilhabe der Belegschaft erleichtert werden (mittlere Übereinstimmung, mittlere Literaturbasis). {Kap. 7} Arbeitgeber_innen, so auch große und öffentliche Gesundheits- und Sozialdienstleister, können mittels betrieblicher Sozialpolitik klimafreundliche Arbeitsplätze schaffen (hohe Übereinstimmung, schwache Literaturbasis). {Kap. 7, 18} Grundlegend sind die Gewährleistung materieller Absicherung sowie die gerechte Verteilung von Transformationskosten (hohe Übereinstimmung, schwache Literaturbasis). {Kap. 7} In Diskussionen über die Vereinbarkeit von Wirtschaftswachstum und Klimaschutz sind Art und Umfang der Erwerbsarbeit zentral, da Einkommen, soziale Sicherheit, Anerkennung und Teilhabe an Erwerbsarbeit gebunden sind und damit klimapolitische Gestaltungsspielräume beeinflusst werden (hohe Übereinstimmung, mittlere Literaturbasis). {Kap. 1, 7, 8, 14, 18}

Die Infrastrukturen des Gesundheits- und Sozialsystems sind durch den Klimawandel deutlich und zunehmend belastet, zum Beispiel durch häufigere Krankenhausaufenthalte und verstärkt notwendige Kühlmaßnahmen (hohe Übereinstimmung, starke Literaturbasis). {Kap. 18} Der Anteil des Gesundheitssystems am österreichischen CO_2-Fußabdruck liegt ungefähr bei 7 Prozent; für das Sozialwesen fehlen Befunde (mittlere Übereinstimmung, schwache Literaturbasis). {Kap. 18} Wie emissionsintensiv bezahlte und unbezahlte Pflege- und Betreuungsarbeit sind, wird davon beeinflusst, in welchem Ausmaß zum Beispiel klimafreundliche oder klimaschädigende Güter und Dienstleistungen als Teil der Tätigkeit verbraucht werden (hohe Übereinstimmung, starke Literaturbasis). {Kap. 8, 18}

Wenn Gesundheits- und Sozialpolitik einen Beitrag zum Klimaschutz leisten sollen, kann dies u. a. durch verstärkte Gesundheitsförderung und Prävention, grüne Beschaffungspolitik und die klimafreundliche Gestaltung von Arbeitsplätzen erreicht werden (hohe Übereinstimmung, mittlere Literaturbasis). {Kap. 3, 7, 8, 9, 18} Für eine klimafreundliche Versorgung mit sozialen Dienstleistungen, Gesundheitsdienstleistungen und Sachleistungen braucht es Investitionen in die bauliche Infrastruktur (zum Beispiel Sanierung von Krankenhäusern und Betreuungseinrichtungen), finanzielle Mittel für die Aus- und Weiterbildung von Beschäftigten (zum Beispiel digitale Kompetenz) und eine stärkere Berücksichtigung ökologischer Kriterien im Beschaffungswesen (hohe Übereinstimmung, schwache Literaturbasis). {Kap. 18} Auch sollten beide Politikfelder (Gesundheits- und Sozialpolitik) bei der Planung, Implementierung und Evaluierung aller klimabezogener Maßnahmen berücksichtigt und klimabezogene Kriterien in Wirkungs- und Effizienzanalysen gesundheits- und sozialpolitischer Programme integriert werden (hohe Übereinstimmung, schwache Literaturbasis). {Kap. 18}

Um die langfristige Einhaltung der planetaren Grenzen zu gewährleisten, können alternative Versorgungsweisen (z. B. Energiegemeinschaften, Lebensmittelkooperativen) und Obergrenzen für Treibhausgasemissionen erforderlich sein (mittlere Übereinstimmung, schwache Literaturbasis). {Kap. 14} Für klimafreundliche Konsum- und Investitionsentscheidungen können Informationen über die Klima- und Nachhaltigkeitswirkungen entlang des gesamten Produktions- und Gebrauchszyklus unterstützend wirken. Hierfür sind Monitoring-Mechanismen und eine bessere Nachvollziehbarkeit der Klima- und Nachhaltigkeitswirkung ausbaufähig (hohe Übereinstimmung, starke Literaturbasis). {Kap. 3, 9} Individuelle Lebensstilveränderungen reichen nicht aus, um die negativen Klimawirkungen des Konsums zu reduzieren (mittlere Übereinstimmung, mittlere Literaturbasis). {Kap. 15}

Ein klimafreundliches Leben bedingt ein Ende klimaschädigender Verhaltensweisen, Produktionsprozesse und Handelspraktiken. Die Gestaltung dieser Veränderungen und des damit einhergehenden Strukturwandels stellt eine besondere Herausforderung dar (mittlere Übereinstimmung, mittlere Literaturbasis). {Kap. 2, 7, 14, 15} Der Bericht verweist beispielhaft auf die notwendige Emissionsreduktion beim Individualverkehr und die damit einhergehenden Auswirkungen auf die Auto(zuliefer)industrie, auf Verbote für bestimmte emissionsintensive Produkte (zum Beispiel Einbau von Ölheizkesseln) oder auf den Zusammenhang zwischen Fleischkonsum, der auch Absatzmärkte sichert, und klimaschädlichen Emissionen {Kap. 5, 6, 7, 15}. Ebenso können davon Dienstleistungen betroffen sein, deren Bereitstellung direkt oder indirekt mit klimaschädigenden Emissionen verbunden ist (hohe Übereinstimmung, schwache Literaturbasis). {Kap. 3, 8, 9, 15} Aus einer globalen Perspektive, die auch Überlegungen der Klimagerechtigkeit aufgreift, wird in diesem Zusammenhang die Bedeutung von suffizienzorientierten Praktiken betont, die durch die Reduktion des globalen Material- und Energieverbrauchs Treibhausgasemissionen entlang der gesamten Produktionskette mindern. {Kap. 15}

Preise, Finanzierung und Investitionen für klimafreundliches Leben

Preise von Gütern und Dienstleistungen spielen eine wesentliche Rolle für Investitions- und Konsumentscheidungen und können die Finanzierung klimafreundlicher Strukturen erleichtern (hohe Übereinstimmung, starke Literaturbasis). {Kap. 2, 3, 6, 7, 14, 15, 16} Sie schaffen Anreize für wirtschaftliche Akteur_innen und beeinflussen deren Kosten und Erträge und so auch Renditen, Gewinne und Verluste. {Kap. 16}

Eine in Hinblick auf klimafreundliches Leben tiefgreifende und effektive Reform von Steuern und Subventionen schafft Anreize und ist ein zentraler Ansatzpunkt zur Emissionsminderung (hohe Übereinstimmung, starke Literaturbasis). {Kap. 16, 2, 3, 5, 6, 7, 9, 11, 14, 15, 17, 18} Dies kann klimafreundliche Strukturen begünstigen und klimaschädliche Strukturen zurückdrängen da klimaschädigende Güter und Dienstleistungen teurer und klimafreundliche im Verhältnis kostengünstiger werden (oft diskutiert unter dem Begriff Kostenwahrheit). {Kap. 16}

Um Armutsgefährdung durch klimafreundliche Preisstrukturen zu vermeiden, können Investitionen in sozial-ökologische Infrastrukturen getätigt, soziale Sicherungssysteme ausgebaut oder monetäre Kompensationen sozial differenziert vorgenommen werden (mittlere Übereinstimmung, mittlere Literaturbasis). {Kap. 14, 17, 18} Sozial-ökologische Infrastrukturen ermöglichen eine leistbare, dauerhafte und klimafreundliche Befriedigung von Bedürfnissen. {Kap. 2} Wenn die Bereitstellung öffentlicher Güter und Dienstleistungen (zum Beispiel sozialer Wohnbau, öffentlicher Verkehr, dezentrale Pflegeangebote) klimafreundlich ausgebaut wird, können positive Verteilungswirkungen erzielt und hohe gesellschaftliche Akzeptanz erreicht werden (mittlere Übereinstimmung, mittlere Literaturbasis). {Kap. 2, 4, 17, 18}

Die Finanzpolitik kann auf unterschiedlichen Ebenen effektive Anreize zur Finanzierung klimafreundlicher Investitionen schaffen (mittlere Übereinstimmung, starke Literaturbasis). {Kap. 16} Auch die Österreichische Nationalbank (OeNB) als Teil des europäischen Zentralbankensystems und die österreichische Finanzmarktaufsicht (FMA) als die Finanzmärkte regulierende Behörde gestalten Strukturen (hohe Übereinstimmung, starke Literaturbasis). {Kap. 16} Einerseits können sie durch Regulierung das Klima-Finanz-Risiko reduzieren, indem klimabezogene physische Risiken und Risiken, die sich aus dem Umbau hin zu einer klimafreundlichen Wirtschaft ergeben (sog. Transitions-Risiken), berücksichtigt werden (hohe Übereinstimmung, mittlere Literaturbasis). {Kap. 16} Andererseits können sie die Emissionswirksamkeit von grüner und nachhaltiger Finanzierung erhöhen (hohe Übereinstimmung, mittlere Literaturbasis). {Kap. 16} Dies kann beispielsweise über entsprechende

Eigenveranlagung (grüne Investitionsstrategien der OeNB selbst) und über die Überwachung der Stabilität des gesamten Finanzsystems (durch makroprudenzielle Maßnahmen wie die Erhöhung der Eigenkapitalquoten der Banken) geschehen (hohe Übereinstimmung, starke Literaturbasis). {Kap. 16}

Die Bepreisung klimaschädigender Gase durch CO_2-Steuern oder Emissionshandelssysteme mindert Emissionen (hohe Übereinstimmung, starke Literaturbasis). {Kap. 5, 6, 14, 15, 16, 19} Ökosoziale Steuer- und Industriepolitik sind wirksam, wenn CO_2-Steuern und eine Kreditlenkung in Richtung grüner Investitionen eingeführt werden (hohe Übereinstimmung, starke Literaturbasis). {Kap. 14, 16}

Soll grünes Investment von Vorsorgevermögen gestärkt werden, muss das Potenzial von Divest-Invest-Strategien bei institutionellen Anlegern (insbesondere betrieblichen Pensionsfonds und Mitarbeitervorsorgekassen) ausgeschöpft werden (hohe Übereinstimmung, schwache Literaturbasis). {Kap. 18} Divestment umfasst den Abzug von Anlagevermögen aus klimaschädigenden Industrien oder Unternehmen, bei dem als Teil von Divest-Invest freiwerdende finanzielle Mittel in andere, klimafreundliche Anlageformen verschoben werden. {Kap. 18} Institutionelle Anleger im System sozialer Sicherung (insbesondere kapitalmarktbasierte Abfertigungssysteme) sind von einem Wertverlust bedroht, wenn ihre klimaschädigenden Vermögenswerte (wie etwa Anlagen im Bereich der Erdöl- und Erdgasindustrie) im Zuge einer erfolgreichen Transformation hin zu klimafreundlichen Strukturen an Wert verlieren („stranded assets" der Kohlenstoffblase) (hohe Übereinstimmung, starke Literaturbasis). {Kap. 18} Der Ausstieg aus solchen klimaschädigenden Vermögenswerten beschleunigt eine Transformation, mit der Klimaziele erreicht werden können. {Kap. 18}

Nur wenn „Greenwashing" vermieden wird, können grüne und nachhaltige Finanzierungs- und Veranlagungsformen die Schaffung von klimafreundlichen Strukturen ermöglichen (hohe Übereinstimmung, mittlere Literaturbasis). {Kap. 16} Allgemein wird unter Greenwashing ein Vorgehen verstanden, bei dem Güter und Dienstleistungen, die klimaschädigend sind oder die klimaschädigenden Prozessen entstammen, als klimafreundlich dargestellt werden. {Kap. 16} Auch aktuell viel diskutierte Initiativen wie der European Green Deal, die Taxonomie zur Erleichterung nachhaltiger Investitionen, die Green-Recovery-Initiative im Gefolge der COVID-19-Pandemie sowie staatliches Risikokapital für innovative grüne Investitionen können von Greenwashing betroffen sein und sind nur wirksam, wenn dies vermieden wird (mittlere Übereinstimmung, starke Literaturbasis). {Kap. 16}

Wenn die Strukturen des Geld- und Finanzsystems einem klimafreundlichen Leben dienlich sein sollen, erfordert dies neben einer entsprechenden Regulierung von (Finanz-)Märkten sowie der Schaffung klimafreundlicher Preisstrukturen auch Ge- und Verbote sowie geänderte gesellschaftliche Normen (mittlere Übereinstimmung, starke Literaturbasis). Wenn langfristige öffentliche Investitionen in klimafreundliche Bereitstellung getätigt werden sollen, dann muss die bereits weit fortgeschrittene Finanzialisierung, das heißt die Dominanz der Finanz- über die Realwirtschaft, rückgängig gemacht werden (niedrige Übereinstimmung, starke Literaturbasis). {Kap. 16}

Strukturen koordiniert und zielgerichtet gestalten

Damit klimafreundliches Leben zur attraktivsten Option, dauerhaft möglich und auch selbstverständlich wird, braucht es rasch umfassende Strukturveränderungen in allen Lebensbereichen wie die im Bericht bewertete Literatur zeigt (hohe Übereinstimmung, starke Literaturbasis).

Die im Bericht bewertete Literatur zeigt, dass die österreichischen Klimaziele für 2030 und 2040 nur dann erreichbar sind, wenn entschlossen, koordiniert, zielorientiert und kontinuierlich Strukturen für ein klimafreundliches Leben aufgebaut und gestaltet werden (hohe Übereinstimmung, starke Literaturbasis). Es reicht nicht, wenn ambitionierte Einzelne versuchen, ihr eigenes Verhalten zu ändern (hohe Übereinstimmung, starke Literaturbasis) {Kap. 1, 2, 3, 4, 5, 14, 23}, wenn bloß einzelne Maßnahmen gesetzt werden (hohe Übereinstimmung, mittlere Literaturbasis) {Kap. 2, 12, 23}, wenn Klimaschutz als einziges Kriterium herangezogen wird (hohe Übereinstimmung, mittlere Literaturbasis) {Kap. 2}, wenn Klimaschutz zwar thematisiert, aber nicht entschlossen verfolgt wird (hohe Übereinstimmung, mittlere Literaturbasis) {Kap. 12}, wenn einzelne ambitionierte Akteur_innen alleine versuchen Klimaschutz zu betreiben (hohe Übereinstimmung, mittlere Literaturbasis) {Kap. 14}, oder wenn nur in einer einzelnen Regierungsperiode Klimapolitik erfolgreich umgesetzt wird (hohe Übereinstimmung, mittlere Literaturbasis) {Kap. 12}.

In pluralistischen Gesellschaften gibt es unterschiedliche, einander widersprechende Vorstellungen darüber, wie mit der Klimakrise umzugehen ist (hohe Übereinstimmung, mittlere Literaturbasis). {Kap. 2, 20} Dies erfordert einen konstruktiven Umgang mit Konflikten, die Bereitschaft zu Kompromissen wie auch das Durchsetzen demokratisch legitimierter Entscheidungen gegen widerstrebende Interessen bei gleichzeitiger hoher Transparenz entsprechender Prozesse (mittlere Übereinstimmung, geringe Literaturbasis). {Kap. 12} Ein Zugang, der unterschiedliche Perspektiven zulässt, kann beim Entwickeln von Strategien unterstützend sein (mittlere Übereinstimmung, geringe Literaturbasis). {Kap. 1, 2, 23}

In liberalen Demokratien erfordert das koordinierte und zielgerichtete Gestalten von Strukturen effektive Kompetenzverteilungen sowie Foren, in denen Interessen artikuliert, Kompromisse verhandelt und Veränderungen beschlossen werden können (hohe Übereinstimmung, geringe Literaturbasis). {Kap. 6} Dies ist wesentlich, um mit Widerständen umzugehen, Ziel- und Interessenkonflikte auszutragen und zugleich das Ziel der Schaffung klimafreundlicher Strukturen nicht aus den Augen zu verlieren (hohe Übereinstimmung, mittlere Literaturbasis). {Kap. 3, 4, 5, 7, 8, 11, 12}

Die für ein klimafreundliches Leben notwendigen Veränderungen, können entlang unterschiedlicher Transformationspfade beschrieben werden (hohe Übereinstimmung, starke Literaturbasis). {Kap. 23} Jeder Pfad kann für sich zur Erreichung der Klimaziele führen, sofern eine entsprechend tiefgreifende Umgestaltung der jeweiligen Rahmenbedingungen durch staatliche Institutionen vorgenommen wird. {Kap. 23} Je nach Pfad liegt der Fokus auf (1) klimafreundlicher Preisgestaltung, (2) koordinierter Technologieentwicklung, (3) Schaffung von Infrastrukturen und (4) suffizienzorientierten Initiativen (mittlere Übereinstimmung, mittlere Literaturbasis). {Kap. 23} Um klimafreundliche Strukturen zu erreichen, sind Synergien zwischen den Pfaden zu nutzen und Schwächen einzelner Pfade auszugleichen. {Kap. 23}

Klimaschutzmaßnahmen betreffen Bevölkerungsgruppen unterschiedlich, was die Akzeptanz von Maßnahmen bei Betroffenen, aber auch bei der Gesamtbevölkerung reduzieren und aktuelle Problemlagen in anderen Bereichen nicht lindern oder sogar verschärfen kann (mittlere Übereinstimmung; mittlere Literaturbasis). {Kap. 3, 5, 8, 9, 17, 18} In der Literatur finden sich zahlreiche Beispiele, die darlegen, wie Klimaziele mit anderen Zielen integriert werden können, um Akzeptanz und Wirkungspotenzial zu fördern (hohe Übereinstimmung, starke Literaturbasis). {Kap. 2, 23}

Um klimapolitische Ziele zu erreichen, bedarf es der gesamten Bandbreite klimapolitischer Instrumente, das heißt einer abgestimmten und zielgerichteten Kombination aller (gerade auch verbindlicher) Maßnahmen (hohe Übereinstimmung, starke Literaturbasis). {Kap. 3, 5, 6, 8, 9, 12, 19, 18, 22, 23} Bisherige Klimapolitik war nicht ausreichend koordiniert und zielorientiert und verfolgte zumeist Einzelmaßnahmen mit geringerer Wirksamkeit, ohne Strukturen zu transformieren. {Kap. 12, 23} Die mit Innovationen und ihrer Anwendung verbundenen komplexen Dynamiken und Ungewissheiten hinsichtlich ihrer Wirkungen erfordern neuartige Governance-Konzepte, die Innovations- und Sektorpolitiken besser integrieren und breitere Gruppen von Stakeholdern in Politikprozesse einbeziehen (hohe Übereinstimmung, mittlere Literaturbasis). {Kap. 12, 13}

Um klimapolitische Ziele zu erreichen, ist es wichtig, Maßnahmen zwischen den Handlungsfeldern abzustimmen (hohe Übereinstimmung, starke Literaturbasis). {Kap. 3, 4, 5, 6, 7, 8, 9} So genügt es beispielsweise nicht, lediglich die räumliche Infrastruktur zu verbessern, da der Umstieg vom Individualverkehr auf den öffentlichen Verkehr von Gewohnheiten und Wertvorstellungen geprägt wird: Erforderlich sind auch eine veränderte räumliche Organisation der Örtlichkeiten, die täglich erreicht werden müssen, ein verändertes Verständnis darüber, was als gute Formen der Fortbewegung verstanden wird, eine neue Zeitökonomie im Alltag und aktive Mobilitätsmodi (hohe Übereinstimmung, starke Literaturbasis). {Kap. 3, 6, 7, 8, 9}

Demgegenüber hat die Kombination verschiedener Maßnahmen potenziell große Wirkung, sofern sie auf die Transformation von Strukturen abzielt (hohe Übereinstimmung, starke Literaturbasis). {Kap. 2, 3, 12, 23} Potenziell wirksame Maßnahmen finden sich in den Bereichen der Klima- und Raumplanungsgesetze, aber auch der Steuer-, Förder-, Sozial- und Industriepolitik bis hin zur Aufsicht über die Tätigkeit ausgegliederter Unternehmen der öffentlichen Hand (z. B. im Bereich städtischer Infrastruktur oder im Verkehrsbereich) bzw. der Tätigkeit unabhängiger Regulierungsbehörden (zum Beispiel im Bereich Energie). {Kap. 23}

Medien sowie Akteur_innen in Wissenschaft- und Bildung, die Expertise, Informationen und Wissen bereitstellen, gesellschaftliches Bewusstsein stärken, Alternativen erproben und öffentliche Debatten unterstützen, können die Gestaltung klimafreundlicher Strukturen erleichtern und befördern (hohe Übereinstimmung, starke Literaturbasis). {Kap. 7, 8, 20} Ein wesentlicher Beitrag, um adäquate Strukturen klimafreundlichen Lebens erfahrbar zu machen, sind vermehrte mediale Berichte über Alternativen zu klimaschädigenden Formen des Wirtschaftens und über transformative Lösungsansätze (hohe Übereinstimmung, mittlere Literaturbasis). {Kap. 20}

Zivilgesellschaft und soziale Bewegungen können einerseits durch Kritik und Protest und andererseits durch Engagement und soziale Innovationen Veränderungen anstoßen. Sie können daher wesentliche treibende Kräfte für die Gestaltung von Strukturen für ein klimafreundliches Leben sein (hohe Übereinstimmung, starke Literaturbasis). {Kap. 8, 12, 23} Wenn innovativen Beiträgen zivilgesellschaftlicher Bewegungen Aufmerksamkeit geschenkt wird, können neue Möglichkeiten der koordinierten gesellschaftlichen Selbstbegrenzung zur Einhaltung planetarer Grenzen für ein klimafreundliches Leben fruchtbar gemacht werden (starke Literaturbasis, hohe Übereinstimmung). {Kap. 2, 6, 8, 14, 16, 21, 23} Beispiele finden sich in Debatten im Bereich der Degrowth- bzw. Postwachstumsbewegung, von Buen Vivir und im Kontext der imperialen und solidarischen Lebensweise (hohe Übereinstimmung, starke Literaturbasis). {Kap. 2, 16, 23}

Ohne kritische wissenschaftliche Analyse, ohne zivilgesellschaftliche Mobilisierung einer aktiven Klimabewegung, ohne Unternehmen, die sich für klimafreundliches Leben einsetzen, und ohne am klimafreundlichen Leben orientierten Interessenvertretungen, sind die notwendigen Transformationen kaum umsetzbar (mittlere Übereinstimmung, starke Literaturbasis). {Kap. 23} Zivilgesellschaftlicher Protest, der dauerhaft zur Gestaltung klimafreundlicher Strukturen beitragen will, braucht gestaltungswillige Partner_innen, insbesondere in Regierung, Gesetzgebung und Verwaltung (mittlere Übereinstimmung, mittlere Literaturbasis). {Kap. 1, 2, 12, 23}

Eine wichtige Rolle bei der Gestaltung klimafreundlicher Strukturen kommt Unternehmen zu, die klimafreundliche Geschäftsmodelle und Wertschöpfungsprozesse umsetzen (hohe Übereinstimmung, mittlere Literaturbasis). {Kap. 14} Unternehmen schaffen Angebote an Produkten und Dienstleistungen, mit denen Konsument_innen ihre Bedürfnisse klimafreundlich befriedigen können, sofern ein solches Angeboten vorhanden ist (hohe Übereinstimmung, starke Literaturbasis). {Kap. 5, 7, 13, 14, 15, 20, 22} Diese können sich an Prinzipien der Kreislaufwirtschaft, des fairen Handels oder der biologischen Landwirtschaft orientieren und so Angebote an klimafreundlichen Gütern und Dienstleistungen schaffen, womit Einzelnen ein klimafreundliches Leben ermöglicht und leichter gemacht wird (hohe Übereinstimmung, starke Literaturbasis). {Kap. 3, 5, 8, 6, 7, 9, 14, 15, 17, 18, 20}

Die Umgestaltung der Wirtschaft für ein klimafreundliches Leben betrifft viele Aspekte der Erwerbsarbeit stark (hohe Übereinstimmung, mittlere Literaturbasis). {Kap. 7} Um klimafreundliche Strukturen zu erreichen, können materielle Absicherung sowie die Verteilung von Transformationskosten als Teil betrieblicher und politischer Begleitmaßnahmen, verhandelt werden. {Kap. 7} Eine Neubewertung von bezahlter und unbezahlter gesellschaftlich notwendiger Arbeit und deren am Allgemeinwohl orientierte Organisation können dazu beitragen, sowohl soziale Ungleichheit zu mindern als auch ein gutes Leben unter Einhaltung planetarer Grenzen zu fördern (mittlere Übereinstimmung, mittlere Literaturbasis). {Kap. 7, 8, 9}

Das unternehmerische Gestalten von Strukturen wird durch Erwartungssicherheit und Planbarkeit erleichtert (mittlere Übereinstimmung, mittlere Literaturbasis). {Kap. 14, 16} Der Staat sowie die Verwaltung von Bund und Ländern können als Gesetzgeber, Nachfrager und Bereitsteller Strukturen für ein klimafreundliches Leben gestalten und Erwartungssicherheit und Planbarkeit schaffen (hohe Übereinstimmung, mittlere Literaturbasis). {Kap. 2, 14, 22} Ein Klimaschutzgesetz mit strategischen Zielvorgaben und effektiven Sanktionsmechanismen ist erforderlich, um klimafreundliche Strukturen wirksam zu gestalten (hohe Übereinstimmung, mittlere Literaturbasis). {Kap. 11, 12}

Öffentliche Einrichtungen können im Rahmen ihrer Verantwortlichkeiten, insbesondere ihrer Kompetenzen im Bereich der Daseinsvorsorge, zu einem Wandel in Richtung klimafreundlicher Lebensweisen beitragen (hohe Übereinstimmung, mittlere Literaturbasis). {Kap. 22} Um nationale und subnationale (insbesondere auch kommunale) Gestaltungsspielräume in der Daseinsvorsorge nutzen zu können, werden mehr Handlungsspielräume in der europäischen Wirtschaftsverfassung als wesentlich angesehen (hohe Übereinstimmung, mittlere Literaturbasis). {Kap. 11}

Klimaschutzmaßnahmen ohne Ausgleich für Geringverdienende erhöhen Armutsrisiken und verschärfen Armutslagen sowie soziale Exklusion (hohe Übereinstimmung, starke Literaturbasis). {Kap. 17} Eine besondere Rolle spielen hierbei steigende Energie- und Wohnkosten, insbesondere wenn Haushalte mit geringem Einkommen in energetisch nicht angemessen sanierten Gebäuden wohnen (hohe Übereinstimmung, mittlere Literaturbasis). {Kap. 4} Eine etwaige Sanierung kann die Energie- und Heizkosten reduzieren und zugleich die Mietkosten aufgrund einer marktlichen Aufwertung erhöhen (hohe Übereinstimmung, mittlere Literaturbasis). {Kap. 4, 17, 18}

Klimaschutzmaßnahmen können Ungleichheiten abbauen und mit sozialstaatlichen Maßnahmen, die vor Nachteilen und Verlusten schützen bzw. soziale Sicherheit gewährleisten, kombiniert werden (hohe Übereinstimmung, starke Literaturbasis). {Kap. 3, 5, 7, 8, 9, 18} Diese umfassen ausgebaute materielle Absicherung sowie die sozial-, gender-, umwelt- und klimagerechte Verteilung von Transformationskosten (hohe Übereinstimmung, mittlere Literaturbasis). {Kap. 3, 4, 7, 8, 14, 17, 18}

Wenn Klimaschutzmaßnahmen zu einem guten, sicheren und leistbaren Leben für alle beitragen, werden diese eher akzeptiert, sind so leichter umsetzbar und wirksamer (hohe Übereinstimmung, mittlere Literaturbasis). {Kap. 2, 5, 7, 9, 15, 17} Beispiele aus der Literatur umfassen die Versorgungssicherheit durch geringe Abhängigkeit von fossilen Energieträgern sowie durch allgemein zugängliche öffentliche Infrastrukturen (hohe Übereinstimmung, starke Literaturbasis). {Kap. 2, 4, 6, 7, 8, 14, 16, 17, 18, 19} Besonders vielversprechend sind Strukturveränderungen, die Gewohnheiten verändern um Treibhausgasemissionen zu mindern und gleichzeitig die Lebensqualität erhöhen sowie bestehende soziale Ungleichheiten (z. B. Ernährungsarmut, Energiearmut) reduzieren ohne neue zu schaffen (hohe Übereinstimmung, mittlere Literaturbasis). {Kap. 2, 3, 4, 5, 7, 8, 9, 17, 18}

Die Transformation von Strukturen für ein klimafreundliches Leben erfordert das Mitwirken aller gesellschaftlichen Kräfte. Zielorientiert und koordiniert

können Rahmenbedingungen und Verhältnissen ungeachtet verschiedener Positionen gemeinsam klimafreundlicher gestaltet werden: durch Unternehmer_innen, in Vereinen, Sozial-, Umwelt- und Klimabewegungen, am Arbeitsplatz, in Kammern und Interessenvertretungen als Teil der Sozialpartnerschaft. Ohne kritische wissenschaftliche Analyse, ohne zivilgesellschaftliche Mobilisierung einer aktiven Klimabewegung, ohne Unternehmen, die sich für klimafreundliches Leben einsetzen, und ohne an Allgemeinwohl und klimafreundlichem Leben orientierte Interessenvertretungen sind die notwendigen Transformationen kaum umsetzbar.

Besondere Kompetenzen, Ressourcen und Entscheidungsverantwortung für die Gestaltung klimafreundlichen Lebens liegen bei öffentlichen Entscheidungsträger_innen, in Gesetzgebung und Regierung.

Nur wenn die aufgezeigten Gestaltungsmöglichkeiten umgesetzt werden, kann klimafreundliches Leben in Österreich möglich, attraktiv und selbstverständlich werden.

Summary for Policymakers

Coordinating Lead Authors
Ernest Aigner, Christoph Görg, Verena Madner, Andreas Muhar, Andreas Novy, Alfred Posch and Karl W. Steininger.

Lead authors
Lisa Bohunovsky, Jürgen Essletzbichler, Karin Fischer, Harald Frey, Willi Haas, Margaret Haderer, Johanna Hofbauer, Birgit Hollaus, Andrea Jany, Lars Keller, Astrid Krisch, Klaus Kubeczko, Michael Miess, Michael Ornetzeder, Marianne Penker, Melanie Pichler, Ulrike Schneider, Barbara Smetschka, Reinhard Steurer, Nina Svanda, Hendrik Theine, Matthias Weber and Harald Wieser.

This Summary for Policymakers should be cited as
APCC (2023): Summary for Policymakers. [Aigner, E., C. Görg, V. Madner, A. Muhar, A. Novy, A. Posch, K. W. Steininger, L. Bohunovsky, J. Essletzbichler, K. Fischer, H. Frey, W. Haas, M. Haderer, J. Hofbauer, B. Hollaus, A. Jany, L. Keller, A. Krisch, K. Kubeczko, M. Miess, M. Ornetzeder, M. Penker, M. Pichler, U. Schneider, B. Smetschka, R. Steurer, N. Svanda, H. Theine, M. Weber und H. Wieser]. In: APCC Special Report: Strukturen für ein klimafreundliches Leben (APCC SR Klimafreundliches Leben) [Görg, C., V. Madner, A. Muhar, A. Novy, A. Posch, K. W. Steininger, and E. Aigner (Hrsg.)]. Springer Spektrum: Berlin/Heidelberg.

Why a focus on structures matters

Thus far, living in a climate-friendly way in Austria is difficult. In most areas of life, from work and housing to nutrition, mobility and leisure activities, existing structures promote climate-harmful behaviour and make climate-friendly living difficult (high agreement, strong literature base). {Chaps. 3–9} The present report confirms the relevance of statements of the United Nations Intergovernmental Panel on Climate Change (IPCC) for Austria, according to which fundamental transformations in the sense of comprehensive structural changes are necessary to achieve the goals of the Paris Climate Agreement (high agreement, strong literature base).

The report is based on the following understanding of climate-friendly living: Climate-friendly living durably ensures a climate that enables a good life within planetary boundaries. {Chap. 1} When climate-friendly living becomes the norm, it leads to a rapid reduction of direct and indirect greenhouse gas emissions and does not burden the climate in the long term. Climate-friendly living strives to achieve a high quality of life for all people while respecting planetary boundaries. It is about a good and safe life not only for some people, but for all, in Austria and globally. In this sense, justice, and meeting all needs are both part of climate-friendly living. Similarly, the relations to other social and environmental goals (e.g. UN Sustainable Development Goals) are essential. Based on scientific literature, this report evaluates different approaches to transforming structures so that climate-friendly living in Austria is a permanent possibility and quickly becomes the status quo.

Structures are the framework conditions and relations in which daily life takes place. Examples of framework conditions are spatial planning and the tax system; examples of relations are production and income relations. {Chaps. 1, 2} The literature assessed shows in its entirety that structures facilitate, impede or prevent climate-friendly behaviour. Structures influence (1) how climate-harmful it is that individuals behave, (2) in which way individuals are affected by climate protection measures, and (3) to what extent actors have the possibility to shape these structures. A distinction can be made between immaterial structures (e.g. legal norms, planning regulations) and material structures (e.g. water pipelines and energy infrastructure). These structures are interdependent: the mobility system, for example, includes immaterial structures such as road traffic regulations and material structures such as the road and rail network.

The assessment of the state of research unequivocally states that to make climate-friendly living a permanent

possibility and quickly commonplace, a fundamental and far-reaching transformation is needed, including dismantling of climate-harmful structures and building of climate-friendly ones. In the literature, there are numerous proposals for effective measures to achieve this, such as: a steady, substantial and long-term increasing price on climate-harmful emissions (high agreement, strong literature base) {Chaps. 16, 2, 3, 5, 6, 7, 9, 11, 13, 14, 15, 17, 18}, a binding climate protection law with effective sanction mechanisms (high agreement, strong literature base) {Chaps. 11, 12, 14}, the provision of attractive, efficient and climate-friendly public mobility infrastructures (high agreement, strong literature base) {Chaps. 2, 4, 6, 7, 8, 14, 16, 17, 18, 19, 22}, climate-friendly and coordinated spatial, urban and settlement planning (high agreement, strong literature base) {Chaps. 4, 6, 17, 19, 22}, or mandatory EU system of environmental due diligence for supply chains (high agreement, medium literature base) {Chap. 15}.

Although most of the literature reviewed emphasises that structural changes are essential to enable climate-friendly living, varying disciplines and theories define the term structures differently, each focusing on assorted structures that exacerbate the climate crisis (high agreement, strong literature base). {Chap. 2} Four different perspectives were identified in the report. {Chaps. 2, 24–28} One group focuses on profound societal changes and examines structures such as social inequality, or growth constraints and dependencies, and human domination of nature (medium agreement, strong literature base). {Chap. 2} If the focus is on systems of provision, the theories examine how different goods and services are provided, for example for food, housing or mobility, and with which modes of living, practices and habits these are associated (medium agreement, medium literature base). {Chap. 2} If the market is the centre of analysis, then market failures, prices and choice architectures are essential framework conditions for decision-making (e.g., on investments) (high agreement, strong literature base). {Chap. 2} If the focus is on innovations, then also new governance models are needed for social and technical innovations (medium agreement, medium literature base). {Chap. 2}

Shaping structures through joint action

Shaping structures for climate-friendly living means targeted and coordinated action that is oriented towards the common good, is aware of the conflictual nature of social conditions, negotiates between differing interests and implements changes with democratic legitimacy. {Chap. 1} Legislation is often needed for such action, e.g. tax law reforms to introduce a CO_2 price, a ban on oil and gas heating {Chap. 4} or the introduction of a climate ticket for public transport {Chaps. 3, 4, 6, 17}. The concrete shaping of climate-friendly structures is then essentially done by the administration, which implements climate policy measures (high agreement, medium literature base). {Chap. 1} As an example, the above mentioned climate ticket was a targeted climate policy initiative of the federal government, which was implemented (following acceptance of the resolution in parliament) in a coordinated manner by a multitude of actors, from federal ministries and regional transport associations to public and private transport companies and local authorities. {Chap. 1}

Climate-friendly living requires paying more attention to the shaping of structures and less preoccupation with how individuals can or should change their behaviour within existing structures (high agreement, strong literature base). {Chaps. 1, 2, 3, 4, 5, 10, 23} For climate-friendly living to become self-evident, it is not enough to inform individuals about the climate intensity of consumption decisions {Chap. 3}, to hope for innovative companies to survive within climate-harmful market structures {Chaps. 13, 14, 15, 16}, or to appeal to the individual to behave in a climate-friendly way {Chaps. 1, 2}. Instead, it is necessary to dismantle climate-harmful structures and build climate-friendly ones (high agreement, medium literature base). {Chaps. 1, 2, 14, 16, 22}

The report emphasizes throughout that among the actors who could shape structures in a climate-friendly way, there is not yet sufficient commitment in Austria to work within the existing scope to do so, nor to create new structures for climate-friendly living. National and European legislation and the executive are influential shapers of structures (high agreement, medium literature base). {Chap. 1} Chambers, trade unions and interest groups of companies, and agriculture are also influential political actors in general and especially in climate policy (high agreement, medium literature base). {Chap. 12} However, many actors react rather cautiously to European and international climate policy guidelines (medium agreement, medium literature base). {Chaps. 3, 7, 8, 12, 14, 15} Policymakers are slow to implement agreed-upon measures to reduce greenhouse gas emissions (high agreement, medium literature base). {Chaps. 12, 15} Shaping structures for climate-friendly living in Austria has been a subordinate concern of social partners; the representation of business interests especially is perceived as a persisting force (high agreement, low literature base). {Chaps. 7, 12, 14} This is also shown by the fact that progress in environmental policy after EU accession was mostly due to EU requirements or such constellations in which short-term economic advantages could be expected at the same time (high agreement, medium literature base). {Chap. 12}

Governance mechanisms significantly influence whether and how coordinated and targeted action

can be taken (high agreement, strong literature base). {Chaps. 1, 12} As the report shows, many governmental and non-governmental actors can shape climate-friendly structures, provided they focus on climate-friendly living and act in a coordinated way. Specific actors examined in the report were government, political parties, administration, companies, interest groups, social partners, social movements, science and the media. New developments for climate governance in Austria have been the strengthening of civil society movements for climate-action in 2019 and the establishment of a *Federal Ministry for Climate Protection* with extensive responsibilities. {Chap. 12}

Through criticism and protest, civil society has temporarily brought climate policy to the centre of public debates worldwide as of 2019 (high agreement, strong literature base). {Chaps. 8, 12} Essential to this was the co-ordinated action of social movements such as Fridays for Future, which resulted in climate change being discussed as a societal problem (high agreement, strong literature base). {Chaps. 8, 12} This development has introduced new possibilities for shaping climate policy in Austria (high agreement, low literature base). {Chap. 12} However, environmental movements can realize their potential only when supported by influential political actors located inside and outside the respective government (medium agreement, medium literature base). {Chaps. 2, 12}

In general, criticism and protest by environmental movements are essential for raising awareness and setting the political agenda on the climate crisis (strong agreement, strong literature base). {Chaps. 1, 2, 12} They bring controversial challenges into the public debate such as the coupling of growth dynamics with emission developments in the context of the historical responsibility of the Global North. {Chaps. 1, 15} Furthermore, environmental movements also experiment with innovative and sufficiency-oriented practices and show implementation possibilities and roadmaps to climate-friendly living (high agreement, strong literature base). {Chaps. 2, 8, 12, 23}

Climate policy in the context of other objectives

The challenges faced regarding climate policy are greater than ever and continue to grow, while current emission-reducing measures are not sufficient to achieve the goals of the Paris Agreement – neither in Austria (climate neutrality by 2040) nor in the EU or globally (high agreement, strong literature base). {Chaps. 1, 3, 11, 12, 14, 19, 22} In the past, improved coordination and implementation of climate policy was attempted. However, no target-conforming greenhouse gas emission reductions can be observed in Austria (high agreement, strong literature base). {Chaps. 1, 3, 12} Climate policy at the federal level was expressed in three climate strategies (2002, 2007 and 2018), a Climate Protection Act and corresponding amendments (2011, 2012, 2017) as well as two programmes of measures for the years 2013/2014 and 2015 to 2018. The Austrian National Energy and Climate Plan (NEKP) 2018 was presented in 2018, which was neither sufficiently target-oriented nor sufficiently coordinated when it was adopted (high agreement, medium literature base). {Chap. 12} It focused on technology development and lighthouse projects, but did little to transform deeper economic, spatial, and temporal structures (high agreement, medium literature base). {Chap. 23}

The recording of greenhouse gas emissions as emissions within a territory, as agreed under international law, underestimates how emission-intensive and climate-harmful life in Austria actually is (see Fig. SPM.1 for a comparison) (high agreement, strong literature base). {Chap. 1} The climate-harmful emissions caused globally by daily life in Austria are higher by about half if all emissions generated abroad to meet demand in Austria (consumption-based emissions) are taken into account (high agreement, medium literature base). {Chap. 1} This high deviation can also be observed in other rich countries with strong foreign trade relations, i.e. high import and export shares for goods and services (high agreement, strong literature base). {Chap. 1} Only if all consumption-based emissions are taken into account in climate policy measures will such global interrelationships be captured. This is a prerequisite for Austria to contribute to global climate justice instead of outsourcing emissions (high agreement, medium literature base). {Chaps. 1, 3, 5, 15}

Strategies to reduce greenhouse gas emissions have so far focused primarily on increased energy and greenhouse gas efficiency in order to decouple resource use or emissions from economic growth (high agreement, strong literature base). {Chaps. 1, 3, 23} The scientific evidence for the effectiveness of this strategy is weak. {Chap. 14} There are examples where energy or GHG consumption has increased more slowly compared to economic growth (relative decoupling), but hardly anywhere energy or GHG consumption has actually decreased as national income has increased (absolute decoupling) (medium agreement, medium literature base). {Chap. 1, 14} A similar trend can be seen in terms of resource use (medium agreement, low literature base). {Chap. 15} This can be attributed to the fact that efficiency gains in the use of material and energy use or greenhouse gas emissions are often overcompensated by increased consumption (rebound effect) (medium agreement, strong literature base). {Chaps. 2, 3, 5, 7, 8, 9, 14, 15, 16, 22}

Studies prove that greenhouse gas emissions are coupled with material use associated to current modes of production and consumption both globally and in Austria (medium agreement, medium literature base). {Chaps. 5, 15} The literature discusses the need for an absolute reduction

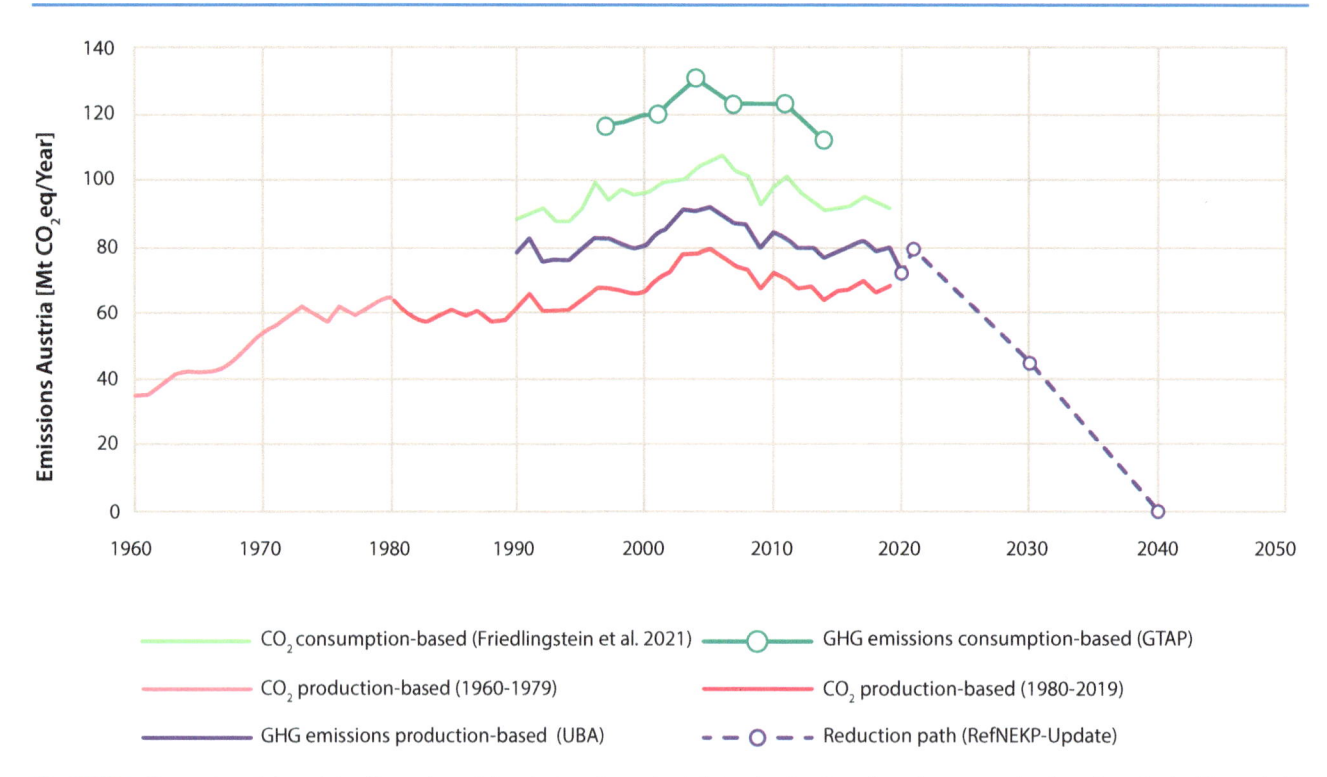

Fig. SPM.1 Dynamics of Austria's climate-harmful emissions in territorial (production-based) and consumption-based methods ("footprint"). {Chap. 1}

in global consumption to achieve global and national climate targets (medium agreement, medium literature base). {Chap. 15} Accordingly, the scientific community is also examining scenarios and strategies that focus on sufficiency and address the possible advantages and disadvantages of measures to shrink specific sectors of the economy or the economy as a whole (high agreement, medium literature base). {Chaps. 2, 3, 7, 8, 9, 14, 16}

Unabated high emissions result from inconsistent political framework conditions, especially in the area of economic policy (high agreement, medium literature base). {Chap. 14} Current climate policy measures aimed at changing supply structures in most cases only partially support the dissemination of climate-friendly products and services (medium agreement, medium literature base). {Chap. 14} Existing financial and regulatory framework conditions create few incentives to reduce greenhouse gas emissions and sometimes even favour climate-harmful activities (high agreement, strong literature base). {Chaps. 7, 14, 15, 16} Examples include subsidies of climate-harmful structures in the energy, mobility or production sectors {Chaps. 6, 7, 11, 14} such as housing subsidies, which do not contribute to climate-friendly construction or to increasing the rate of renovation {Chap. 4} or subsidies for commuters that foster urban sprawl. {Chap. 5}

The distribution of wages, salaries, other kinds of income and assets, as well as access to infrastructure, significantly determine to what extent individuals behave in a climate-friendly manner (high agreement, strong literature base). {Chaps. 1, 3, 9, 17} High-income and wealthy households live more climate-harmful modes of living than low-income households, regardless of their level of education. However, the emissions of even the lowest income groups are currently too high to reach the Paris climate targets (high agreement, medium literature base). {Chap. 17}. Furthermore, inequality can lead to increased consumption due to status competition and thus to increased emissions (medium agreement, medium literature base). {Chap. 17}

Income and wealth influence not only the possibility to live in a climate-friendly way, but also the possibility to shape climate-friendly structures (medium agreement, low literature base). {Chap. 1} The room for manoeuvre of low-income and low-asset groups compared to the well-off or wealthy is often limited (medium agreement, medium literature base). {Chaps. 1, 17}

Structural changes for climate-friendly living

Climate protection as a cross-cutting issue requires multi-level governance

Climate protection is a cross-cutting issue reflected in, among other things, a variety of legal provisions on climate policy (high agreement, strong literature base). {Chap. 11} Climate protection law includes, on the one hand, provisions that directly serve the protection of the climate, such as provisions on the reduction of climate-harmful greenhouse gases, and, on the other hand, provisions that have indirect effects on climate protection, such as provisions on soil or water protection. {Chap. 11} In addition, provisions in other legal matters are of structural importance for climate-friendly living (such as public procurement law or WTO law) (high agreement, medium literature base). {Chaps. 11, 15} Climate protection law is shaped and enforced on several levels; in this context, there is a need for delimitation of competences, coordination and harmonisation from the international, European and national to the local level (high agreement, strong literature base). {Chaps. 10, 11, 12}

European Union regulations influence the legal framework that Austria can set for climate-friendly living (high agreement, strong literature base). {Chaps. 11, 12} With the European Emission Trading System (EU ETS) for the emission- and energy-intensive industry and parts of the energy sector, the use of market-based instruments is prescribed for Austria by EU law. {Chap. 11} National scope for action with direct climate relevance exists predominantly in the area outside the European emissions trading system ("non-ETS"), especially in transport, buildings, agriculture and waste management, trade and industrial installations not included in the ETS, as well as renewable energy sources (high agreement, strong literature base). {Chap. 11}

In the field of infrastructure systems, regulatory frameworks have a major influence on shaping organisational structures (high agreement, strong literature base). {Chap. 22} These have so far been characterised by a liberalisation of markets with the aim of improving overall economic efficiency in the European Union and socialising monopoly rents (high agreement, strong literature base). {Chap. 22} In the absence of appropriate planning and governance, both the current use and maintenance and further expansion of grid-based infrastructures often lead to more greenhouse gas emissions (high agreement, strong literature base). {Chap. 22}

The National Climate Change Act (KSG) is intended to coordinate climate policy in the area that is not subject to European emissions trading (high agreement, strong literature base). {Chap. 11} The commitment period of the KSG in its current version expired in 2020, its steering and enforcement power is assessed as low; a new version of the KSG has been under negotiation since 2020 (high agreement, medium literature base). {Chaps. 5, 11, 12}

There is no explicit fundamental right to environmental or climate protection in Austria. {Chap. 11} In individual European countries, courts have upheld lawsuits concerning stronger climate targets, citing the guarantees of the European Convention on Human Rights (ECHR) or state objectives (high agreement, strong literature base). {Chap. 11}

The interaction of a multitude of actors determines climate change law (high agreement, strong literature base). {Chap. 11} Intra-administrative departmental antagonisms also shape the design of national and European climate policy (medium agreement, medium literature base). {Chap. 11} Coordinated and targeted action is hampered by the organisation of political responsibilities in separate "pillars" with their respective inherent logics as well as the lack of longer-term and strategically adaptive policy learning (medium agreement, medium literature base). {Chap. 13}

In environmental authorisation procedures, the Aarhus Convention has significantly strengthened the rights of environmental organisations (high agreement, strong literature base). {Chap. 11} This strengthening is in principle beneficial for climate protection, although the assessment is differentiated especially in connection with projects for the expansion of renewable energy (high agreement, medium literature base). {Chap. 11} From the perspective of project operators, increased public participation and the participation of environmental organisations in particular is often qualified as an obstacle in locational competition (high agreement, strong literature base). {Chap. 11}

Austria's federal system shows a high degree of divergence in terms of target and decision-making structures, scope for action and time horizons (high agreement, strong literature base). {, 12, 19} The federal distribution of competences, especially in spatial planning, construction and transport, complicates decision-making and thus targeted decarbonisation (medium agreement, medium literature base). {Chap. 12}

When policy instruments are combined, transformations can be initiated and accompanied much more successfully (medium agreement, medium literature base). {Chaps. 4, 13, 14, 15} The combination of innovative supply-side and demand-side instruments includes research and innovation promotion, regulation and procurement. Examples include green and innovation procurement {Chap. 13}, bans on cars in cities {Chap. 6}, or bans on the installation of gas and oil heating systems in new buildings or conversions {Chap. 14}. If policy instruments are tested (e.g. with the help of real laboratories, regulatory experiments, regulatory sandboxes etc.) so that statements about their effectiveness can be made, they should be accompanied by monitoring, learning and evaluation processes over longer time-periods (high agreement, strong literature base). {Chaps. 13, 21, 22} This also applies to the creation of climate-friendly social security systems (high agreement, medium literature base). {Chap. 18}

If climate-friendly structures are to be created in the federal system, this will require targeted and coordinated governance models, the use of existing sectoral planning competences and a serious consideration of a redesign of the distribution of competences, especially in the areas of

climate protection and spatial planning (high agreement, strong literature base). {Chap. 11} The introduction of an own requirement competence for climate protection on federal level as well as the use of national scope for action within the framework of European climate protection legislation is considered necessary in many instances, if uniform climate protection standards are to be created. The reorganisation of the matter of "spatial planning" in terms of competence law and the use of federal sectoral planning competences is seen as necessary for binding and coordinated transport and network infrastructure planning (high agreement, medium literature base). {Chaps. 11, 22} If climate-friendly structures are to be anchored institutionally in the long term, regular and well-organised forms of cooperation are appropriate (high agreement, strong literature base). {Chaps. 12, 18} On the basis of new legal foundations (e.g. Renewable Energy Expansion Act 2021), new organisational and actor models can be developed and tested in experiments (medium agreement, weak literature base). {Chaps. 11, 15, 22}

Democratic public sphere as the foundation of climate policy

A lively public debate, committed educational and scientific institutions, social movements, civil society initiatives as well as education and public outreach are the foundations of a democratic public sphere. {Chaps. 1, 2, 3} However, large parts of the education and science system currently reinforce existing conditions and do not focus to a sufficient extent on sustainability as well as climate-friendly modes of living (high agreement, strong literature base). {Chap. 21} The media reports increasingly – but still on a low level – about climate protection and thus contributes little to the democratic debate on climate-friendly living (high agreement, strong literature base). {Chap. 20} In both fields (education & science and media coverage), the focus is on individual behavioural changes, predominately highlighting issues of lifestyle and shopping behaviour, while *structures of* climate-friendly living receive far less attention (high agreement, medium literature base). {Chaps. 20, 21}

Media attention on the climate crisis remains at a low level, even if it has increased in recent decades (high agreement, medium literature base). {Chap. 20} Some actors in the Austrian media sector have had little to no discernible focus on the climate crisis (low agreement, weak literature base). {Chap. 20} The intensity of climate crisis reporting and the specific design of such reports depends on established media practices (such as occasion-based reporting and focus on news value), as well as on competition with other topics (high agreement, strong literature base). {Chap. 20} When climate crisis reporting occurs, it is mostly described as human-made and in line with the scientific consensus (high agreement, strong literature base). {Chap. 20} However in some media houses, especially those with ideological proximity to right-wing conservative political positions and also in parts of social media, climate crisis-sceptical or even -denying positions are still present (high agreement, medium literature base). {Chap. 20} In social media, a range of detailed scientific questions, (lay) questions as well as newly emerging topics are discussed and are thus relevant for agenda setting and mobilisation, e.g. of NGOs and activists; this applies to both climate-friendly and climate-crisis-sceptical positions (high agreement, low literature base). {Chap. 20}

The current environment of media companies makes it difficult for them to take a proactive role in shaping climate-friendly structures. Difficulties arise mainly via increasing competitive pressure and predominantly private sector ownership, as well as dependence on political actors, advertising markets, and a lack of incentives for quality journalism. (high agreement, weak literature base). {Chap. 20} Media coverage is mostly dominated by market and innovation arguments and related proposals to avert the climate crisis (high agreement, medium literature base). {Chap. 20} The analysis of driving forces and climate-harmful structures (e.g. the modern understanding of nature domination as well as social and economic growth constraints) receives little attention in media coverage (high agreement, weak literature base). {Chap. 20}

If media are to increase awareness of the need to shape structures, this can be achieved through strengthened and financially independent scientific, environmental and climate journalism as well as alternative forms of journalism (e.g. transformative journalism) (medium agreement, weak literature base). {Chap. 20} Further options include media regulation (especially the design of media subsidies), the withdrawal from fossil-fuel promoting advertising markets (i.e., the advertising of climate-harmful products or services such as cars with combustion engines or low-cost flights), the development of new financing models, and the restructuring of ownership in the media sector (medium agreement, weak literature base). {Chap. 20}

The promotion of competences for climate-friendly living also includes the considerable need for qualification and retraining for the climate-friendly transformation of the economy (high agreement, low literature base). {Chap. 7} Competences for climate-friendly living are promoted when climate change education and education for sustainable development become the basis of curricula and educational plans in the formal education system as well as in the education of teachers (including continuous training). Strengthening such competencies can also be addressed by informal and non-formal education (in municipalities, museums, libraries, etc.) (high agreement, strong literature base). {Chap. 20}

In the education system, the focus on the reproduction of existing knowledge weakens independent learning oriented towards values of sustainability and thus the co-production of new knowledge (high agreement, strong literature base). {Chap. 21} In education and science, transdisciplinary cooperation between science and social actors and interdisciplinary cooperation within science are disadvantaged by prevailing disciplinary structures (high agreement, strong literature base). {Chap. 21}

If education and science are to be made fruitful for climate-friendly living, the adoption of social responsibility by education and knowledge institutions is required. Further, a paradigm shift towards holistic, integrated and transformative scientific and pedagogical practice is needed (high agreement, strong literature base). {Chap. 20} This concerns institutions such as schools, colleges and universities. {Chap. 21} Essential are the orientation towards the Sustainable Development Goals of the United Nations as well as the goals of Education for Sustainable Development of UNESCO, an inter- and transdisciplinary examination of socially relevant problems and comprehensive structural reforms, which also concern educational curricula (high agreement, strong literature base). {Chap. 21}

Academia promotes climate-friendly and sustainable living with discussions on goals, contents and structures (e.g. incentive systems, tender criteria), the critique of existing power and competition relations, and new co-operative institutions for inter- and transdisciplinarity (high agreement, strong literature base). {Chap. 21} Examples include the establishment of corresponding professorships, institutes, research centres, career positions, study programmes, textbooks, journals, research networks and societies (high agreement, strong literature base). {Chap. 21}

Spatial conditions, infrastructures and time-bound activities

Existing spatial conditions, (networked) infrastructure and time and work structures determine the extent to which it is possible to live in a climate-friendly manner. They determine where and when individuals engage in which activities and thus reinforce climate-harmful practices or enable climate-friendly ones (high agreement, strong literature base). {Chaps. 3, 4, 7, 8, 9, 17, 19, 22} Spatial structures include in particular the relations between urban, rural and suburban space. They influence, for example, daily mobility behaviour and how climate-harmful it is that individuals live. {Chaps. 19, 22} On a global level, these structures also include the relations between the Global North and South. {Chap. 15} Time and work structures result from time-bound activities and obligations in the field of paid employment as well as the unpaid, indispensable, vital and often invisible care work. They shape the scope of action of individuals and restrict the possibility to live in a climate-friendly way (medium agreement, medium literature base). {Chaps. 3, 7, 8}

Existing land use structures take up a vast amount of area, fragment the landscape and cause long distances (medium agreement, medium literature base). {Chaps. 6, 19} In a European comparison, Austrian land consumption for settlement and transport purposes is above-average and increasing (high agreement, medium literature base). {Chaps. 4, 5, 19} The design of the municipal tax, with revenues entirely allocated to the municipality in which a business establishment is located, is seen as a major driver of locational competition between neighbouring municipalities for greenfield sites and is one of the causes of a climate-harmful spatial and transport structure (high agreement, low literature base). {Chap. 19} Furthermore, a lack of land dedicated to renewable energy makes climate-friendly living difficult (high agreement, strong literature base). {Chap. 19} With increased shift to renewable energy, there is additional demand for land and subsequently land competition (high agreement, low literature base). {Chap. 19}

Urban sprawl in suburban areas, which often goes hand in hand with climate-harmful car traffic, makes climate-friendly behaviour more difficult (high agreement, strong literature base). {Chaps. 6, 7, 11, 19} Shopping malls and commercial agglomerations, logistics centres and large-scale car parks at city and town entrances as well as outside the settlement edges go hand in hand with climate-harmful land consumption, which is countered by vacancies and declining attractiveness in city and town centres (high agreement, medium literature base). {Chap. 19} Accordingly, car use – measured in the degree of motorisation and the average daily distances travelled – has continued to increase in rural and suburban regions. Only in some provincial capitals has the trend slowed down or reversed (high agreement, strong literature base). {Chaps. 6, 17} Besides mobility for daily needs, commuting and journeys for unpaid care work are climate relevant (high agreement, medium literature base). {Chaps. 6, 7, 8, 9}

Existing time or work structures in combination with spatial structures and climate-harmful (grid-based) infrastructure make climate-friendly leisure activities more difficult (medium agreement, medium literature base). {Chaps. 3, 7, 8, 9} Time pressure, acceleration and other stresses in work and everyday life reduce the quality of life and influence how climate-friendly it is that individuals behave (high agreement, strong literature base). {Chaps. 3, 8, 9} The observable value change towards work-life balance and demands for meaningful work increase the legitimacy of structures that make employment relations climate-friendly (e.g. home office and reduction of working hours) (medium agreement, medium literature base). {Chaps. 7, 8}

Under the current legal framework, the instruments of spatial planning are not sufficient to effectively reverse climate-harmful spatial developments and to shape climate-friendly structures (high agreement, medium literature base). {Chaps. 11, 19} In order to create climate-friendly spatial structures, it is necessary to reform spatially effective fiscal instruments (e.g. fiscal equalisation scheme), to abolish climate-harmful subsidies (e.g. redesign of the commuter allowance) and to implement climate-friendly levies (e.g. skimming of profits from zoning, vacancy taxes) and incentives (e.g. unsealing premium) (high agreement, strong literature base). {Chap. 19}

Energy supply, spatial structures and available forms of mobility determine the emission intensity of daily leisure and vacation activities, including related travel (high agreement, strong literature base). {Chaps. 3, 6, 9, 19} Leisure transport causes increasing greenhouse gas emissions (high agreement, strong literature base). {Chap. 5} A comprehensive transformation of the energy and mobility sector is therefore central to reducing climate-harmful behaviour and making climate-friendly activities the status-quo (high agreement, strong literature base). {Chaps. 6, 9, 14, 22} Greenhouse gas emissions caused by internet and communication technologies as well as by the digitalisation of leisure activities are increasing but are not easily assessable in terms of climate friendliness, as the provision of non-digital options also causes emissions (high agreement, medium literature base). {Chap. 9}

In the residential sector, space heating in buildings is by far the largest greenhouse gas emitter (high agreement, medium literature base). {Chap. 4} Therefore, phasing out oil and gas and switching heating systems to renewable energy sources (e.g. heat and electricity from renewable sources via heat pump heating) and to climate-friendly district heating (e.g. geothermal, biomass, biogas) is central to climate-friendly housing (high agreement, strong literature base). {Chap. 4}

Climate-friendly living can quickly become a default and a permanent possibility and common place if all routes are short and can be covered on foot, by bicycle or public transport (high agreement, strong literature base). {Chaps. 3, 6, 7, 8, 9, 17, 18, 19, 22} This reduces the volume of car traffic and the space required for transport infrastructure in favour of recreational and meeting spaces (high agreement, strong literature base). {Chap. 19} As a result, less land is taken up for development, less land is sealed, and land scarcity is reduced, which in turn enables the switch to renewable energy sources as well as the reduction of greenhouse gas emissions (high agreement, strong literature base). {Chaps. 8, 9, 19} Similarly, investments in high-quality and affordable public infrastructure and services are important to promote climate-friendly living in work, leisure and care work and to strengthen socially acceptable transformation (high agreement, medium literature base). {Chaps. 7, 8, 9, 17, 18}

Less time pressure, reduced multiple stresses and more opportunities for recreation in leisure time can facilitate climate-friendly behaviour (high agreement, medium literature base). {Chaps. 3, 7, 8, 9} Reduced working hours and a more equal division of paid and unpaid work and leisure time between the sexes reduce stress, make climate-friendly practices more attractive and allow the volume of paid work to be distributed more fairly (high agreement, medium literature base). {Chaps. 7, 8} To achieve this, social protection and sufficient household income are essential prerequisites (high agreement, medium literature base). {Chaps. 3, 7} In addition, suitable infrastructures that are affordable, alleviate time pressure, reduce distances and offer support (e.g. decentralised care services) are needed; liveable neighbourhoods with functioning local supply and services of general interest as well as affordable and high-quality public transport are two examples of win-win changes (high agreement, medium literature base). {Chaps. 3, 8, 9, 18}

If climate-friendly behaviour is to be facilitated by short distances, suitable framework conditions and infrastructures are needed, especially in the currently resource-intensive transport, housing and energy sectors (medium agreement, medium literature base). {Chaps. 3, 8, 9, 17, 19, 22} Essential for this are (1) a land-saving building density with a corresponding higher degree of greening, (2) a stronger functional mix that includes working, living, health, education, care and recreation facilities, (3) better accessibility by public transport as the backbone of settlement development, and (4) a polycentric settlement structure in which work opportunities as well as educational, care and recreational facilities are located in environmentally friendly accessible locations (medium agreement, medium literature base). {Chap. 19} This can alleviate conflicting goals between the development of renewable energy sources and nature, landscape, townscape and soil protection (medium agreement, strong literature base). {Chap. 19}

If spatial planning is to shape climate-friendly spatial structures, numerous prerequisites need to be fulfilled (high agreement, medium literature base). {Chap. 19} (1) Existing spatial planning instruments for land use and locational planning are to be used consistently in a targeted manner; (2) different actors (in politics, administration, business and civil society) are to be broadly integrated via informal instruments and planning processes; (3) the coordination tasks of spatial planning are to be emphasized; (4) sectoral planning (esp. transport, water, sewage, and energy system planning, as well as tourism) and subsidies (esp. for housing and business) should take into account spatial and thus indirect climate-relevant effects; (5) in combination with integrated energy spatial planning, the switch to renewable energy sources and the spatially compatible expansion of renewable energy supply should be ensured (high agreement, strong literature base). {Chap. 19}

To strengthen the core competencies of spatial planning, which set the framework for the siting, developing and designing of settlement, landscape and green spaces as well as business locations, more assertiveness, courage and governance for targeted and coordinated action is needed (medium agreement, medium literature base). {Chap. 19} This requires new guidelines and a new governance culture that ensures legal certainty, grants flexibility and at the same time enables consistent decisions (medium agreement, medium literature base). {Chap. 19} Climate-friendly living becomes easier when the focus is less on private, often exclusive and resource intensive, interests, which give priority to individual consumption (medium agreement, low literature base). {Chap. 4}

In order to change network infrastructures towards climate friendliness, spatial planning instruments and mission-oriented research and development, along with long-term strategies, solid investment plans, reliable legal frameworks, and international and national coordination are necessary (high agreement, weak literature base). The complexity associated with the design of grid-bound infrastructure systems requires a high degree of coordination and cross-sectoral cooperation between public, private and civil society actors in order to align planning and measures with climate-friendly living and to use sectoral and spatial intersections (high agreement, strong literature base). {Chap. 22}

Public actors can shape structures in a climate-friendly way by setting public service obligations for operators of grid-based infrastructures in the fields of energy and mobility (high agreement, medium literature base). {Chap. 22} The federal government, states (Länder) and municipalities are majority owners of important infrastructure-relevant companies such as ÖBB, ASFINAG, APG as well as many distribution network operators in the states (Länder). {Chap. 22} As owner representatives on supervisory boards and as legislators, they have a wide range of opportunities to shape structures, for example through investment decisions and strategic guidelines (high agreement, medium literature base). {Chap. 22} Making use of these opportunities can promote climate-friendly behaviour of transport participants and energy users, as this strongly depends on infrastructures as well as regulatory and fiscal policy frameworks (high agreement, strong literature base). {Chaps. 4, 6}

A comprehensive transformation of the energy and mobility sector requires targeted planning, decision-making and implementation as well as the monitoring of demonstrably efficiency-tested measures at all administrative levels (EU, federal government, states (Länder) and municipalities) (high agreement, strong literature base). {Chaps. 6, 17} Technical efficiency-enhancing measures, such as switching to e-mobility or alternative fuels, are not sufficient to achieve climate targets in the transport sector (high agreement, strong literature base). {Chap. 6} In addition to the shift to renewable energy sources, a number of other technical as well as social, organisational and institutional innovations are needed to ensure the shift to more climate-friendly products and services (high agreement, strong literature base). {Chaps. 7, 9, 13, 14, 22}

Structures for resource-conserving, climate-friendly and affordable housing require targeted and increased housing promotion in the non-profit housing sector, the promotion of communal forms of housing, the priority of conversion over new construction and the use of climate-friendly construction methods, materials and heat supply systems (high agreement, medium literature base). {Chap. 4} Prioritization of building refurbishment may lead to increased rental costs in the private sector, limiting affordability for low-income households (high agreement, strong literature base). {Chaps. 4, 17, 18} Climate-friendly housing also requires criteria for housing provision that address social and environmental aspects, are valid across regions, and complement a reduction of urban sprawl and sealing (high agreement, medium literature base). {Chap. 4}

Climate-friendly supply of goods, services and wage-labour

Climate-friendly living relies on the provision of goods and services whose production is associated with low greenhouse gas emissions (high agreement, medium literature base). {Chaps. 1, 2, 3, 9, 14} Climate-friendly living therefore depends on how and which goods and services are produced and provided (high agreement, strong literature base). {Chaps. 3, 7, 8, 9} Similarly, climate-friendly living requires the possibility of climate-friendly work, whether in the context of paid or unpaid time (high agreement, low literature base). {Chaps. 1, 3, 7, 8}

In Austria, there is a considerable need for qualification and retraining for the climate-friendly transformation of the economy (high agreement, low literature base). {Chap. 7} Affected areas include activities in the context of the energy transition (e.g. the retrofitting of heating systems in households) as well as consulting services for energy efficiency, new IT system technologies and training for professions in the circular economy (high agreement, strong literature base). {Chap. 7}

Austria has a large and dynamic environmentally-oriented production and service sector by international standards (e.g. in the areas of provision of energy resources and waste management) (high agreement, medium literature base). {Chap. 14} Particularly in energy-intensive industries such as cement, steel, construction and housing, as well as the energy industry itself, past and present greenhouse gas emission statistics continue to show extensive need for action to reduce emissions (high agreement, strong literature base). {Chap. 1}

In the implementation of the EU Green Deal initiatives like the circular economy action plan and the bioeconomy strategy, Austria is only in the initial stages (high agreement, medium literature base). {Chap. 15} On the European level, there are various initiatives within the framework of the European Green Deal with direct and indirect effects on the structure and organisation of global commodity chains (i.e. a chain of nodes from raw material exploitation to final consumption and waste disposal), in which the production of goods largely takes place. However, the transformation of global commodity chains according to ecological criteria is not an explicit goal (high agreement, low literature base). {Chaps. 5, 14, 15}

Austria imports goods and services (whether for further processing in domestic production or for final consumption) whose production leads to greenhouse gas emissions and environmental damage outside Austria's borders. These consumption-based emissions can also be interpreted as Austria's share in the climate crisis (high agreement, strong literature base). {Chap. 15}

If global economies are to be shaped more climate-friendly, a fundamental redesign of the legal framework for European and international trade and investment policy is essential (high agreement, medium literature base). {Chaps. 11, 15} Measures include aligning global trade policy with the overarching goals of social and economic stability and environmental sustainability, guaranteeing the right to use state regulation to protect health, social and environmental issues ("right to regulate"), establishing sanctionable corporate obligations to comply with labour standards and human rights, ensuring space for local and regional economies, and strengthening social-ecological public procurement (high agreement, medium literature base). {Chaps. 11, 15} The current trading system as well as the current design of the Common Agricultural Policy (CAP) of the European Union is in conflict with an integrative climate-friendly food policy that combines different policy areas (high agreement, medium literature base). {Chap. 5}

The establishment of legally binding environmental due diligence obligations for transnational corporations along their entire supply chains through national or EU supply chain legislation is an effective climate policy instrument (high agreement, strong literature base). {Chap. 15}. Designing climate-friendly global supply chains requires measures in and between the respective economic sectors, to be integrated into a comprehensive industrial strategy (high agreement, medium literature base). {Chap. 15} Currently, different actors (large and small enterprises, subnational, national and supranational government agencies, interest groups and other civil society organisations) with unequal power and conflicting interests shape the organisation of global commodity chains. Therefore, there is a lack of targeted and coordinated action to reduce emissions in global production networks and re-organise them in a climate-friendly way (high agreement, weak literature base). {Chap. 15} Equally stringent climate policies worldwide – or at least measures to effectively level out any differences at the border – would help to avoid an uneven playing field for companies and prevent carbon leakage, i.e. the migration of climate-damaging production to regions with less stringent climate protection laws (high agreement, strong literature base). {Chap. 15}

If more regionalised and circular economic models contribute to the reduction of resource consumption in Austria, they reduce both production-based and consumption-based emissions (high agreement, strong literature base). {Chaps. 5, 15} Regional economic cycles can be promoted by measures that shift production processes to where the respective goods are consumed (medium agreement, weak literature base). {Chap. 15} The literature contains numerous proposals to relocate production processes closer to the place of consumption (nearshoring), to relocate them back to the place of consumption (reshoring) if they have already been there once, and to evaluate the corresponding interventions according to ecological and social criteria (coordinated rescaling). {Chap. 15} If the aggravation of inequality is to be avoided, equity aspects such as issues of economic power, economic dependency, the distribution of wealth and income between and within different states need to be considered (high agreement, strong literature base). {Chap. 15}

Environmentally friendly and circular economy business models and processes for efficient and sufficiency-based production of high-quality, durable, shareable and repairable products contribute to climate-friendly living (high agreement, strong literature base). {Chaps. 3, 5, 7, 8, 9, 14} A far-reaching transformation of the economy towards a circular economy as well as the expansion of resource sharing can contribute to achieving climate goals (high agreement, medium literature base). {Chap. 14} Approaches such as "using instead of owning" and "repairing instead of throwing away" contribute by avoiding the production of new goods and the associated climate-harmful emissions (high agreement, medium literature base). {Chaps. 3, 8, 9, 14} Instead of consuming material and accumulating waste in linear production processes, services can enable the sharing of resources, goods and services (high agreement, medium literature base). {Chap. 14}

For the agri-food sector, there are numerous feasible proposals to reduce greenhouse gas emissions, with the greatest reduction potentials pertaining to the production, distribution and consumption of animal products

(high agreement, strong literature base). {Chap. 5} These proposals have so far found little resonance in climate policy measures (high agreement, strong literature base). {Chap. 5} Climate-harmful structures remain, as shown by the focus on animal products, the price pressure on producers, the strong dependence on imports for animal feed and the strong export orientation of agriculture (high agreement, strong literature base). {Chap. 5} Climate-friendly behaviour is promoted in some areas (e.g. through climate-friendly product offerings), but this is countered by climate-harmful routines, practices and habits (e.g. regular meat consumption, food waste) (high agreement, strong literature base). {Chap. 5} Influential actors such as the processing industry and retail have been subject to little scientific study regarding climate-friendly living. {Chap. 5}

In the food system, adaptive, inclusive and cross-sectoral approaches are promising, relying on decentralised self-organisation, entrepreneurship and social learning, among others, and can be promoted by fiscal incentives (medium agreement, medium literature base). {Chap. 5} Production and consumption of organically produced food can contribute to greenhouse gas emission reductions and have numerous additional benefits ("co-benefits"), such as protection of biodiversity and animal welfare as well as increased farmer income (low agreement, strong literature base). {Chap. 5} To ensure the reduction of greenhouse gas emissions, potential climate change-related disadvantages, such as higher land requirements that reduce the absorption of greenhouse gases, should be taken into account (low agreement, medium literature base). {Chap. 5}

At present, large areas of paid work do not fulfil the prerequisites for a climate-friendly life (high agreement, strong literature base). {Chap. 7} In general, technological developments as well as digitalisation are ambivalent in terms of more climate-friendly employment. They can render jobs more climate-friendly (e.g. less commuting due to teleworking) but also more climate-harmful (e.g. energy- and resource-intensive manufacturing of digital devices) (high agreement, strong literature base). {Chap. 7} The current unequal distribution of paid work and unpaid care work (e.g. for children, the elderly, others in need of care) reduces gender, care and climate justice (high agreement, strong literature base). {Chaps. 3, 7, 8}

Transformation processes in the area of paid work towards climate-friendly living can be facilitated by active participation of the workforce, accompanied by company and political measures (medium agreement, medium literature base). {Chap. 7} Employers, including large, public health and social service providers, can create climate-friendly jobs through firm-based social policies (high agreement, weak literature base). {Chaps. 7, 18} Safeguarding material security as well as the fair distribution of transformation costs are fundamental (high agreement, weak literature base). {Chap. 7} In discussions about the compatibility of economic growth and climate protection, the type and scope of employment have a central role, since income, social security, recognition and participation are linked to employment and thus influence the scope of climate policy (high agreement, medium literature base). {Chaps. 1, 7, 8, 14, 18}

Climate change constitutes a significant and increasing burden to the infrastructures of the health and social system, e.g. through more frequent hospital stays and increased need for cooling measures (high agreement, strong literature base). {Chap. 18} The share of the health system in the Austrian CO_2 footprint is about 7 percent; there is no evidence for the social sector (medium agreement, weak literature base). {Chap. 18} The deployment of climate-friendly or climate-damaging goods and services determines the degree to which paid and unpaid care work are emissions-intensive (high agreement, strong literature base). {Chaps. 8, 18}

If health and social policies are to make a contribution to climate protection, increased health promotion and prevention, green procurement policies and the climate-friendly design of workplaces are all possible policy pathways, along with others. (high agreement, medium literature base). {Chaps. 3, 7, 8, 9, 18} To enable climate-friendly provision of personal social services, health services and in-kind services, there is a need for investment in building infrastructure (e.g. refurbishment of hospitals and care facilities), financial resources for the education and training of employees (e.g. digital literacy) and greater consideration of ecological criteria in procurement (high agreement, weak literature base). {Chap. 18} Also, both policy fields (health and social policy) should be taken into account in the planning, implementation and evaluation of all climate-related measures and climate-related criteria should be integrated into impact and efficiency analyses of health and social policy programmes (high agreement, weak literature base). {Chap. 18}

To ensure staying within planetary boundaries in the long-term, alternative modes of supply (e.g. energy communities, food cooperatives) and caps for GHG emissions could be necessary (medium agreement, weak literature base). {Chap. 14} For climate-friendly consumption and investment decisions, information on climate and sustainability impacts along the entire production and use cycle can be supportive. For this purpose, monitoring mechanisms and a better traceability of the climate and sustainability impacts are expandable (high agreement, strong literature base). {Chaps. 3, 9} Individual lifestyle changes are not sufficient to reduce the negative climate impacts of consumption (medium agreement, medium literature base). {Chap. 15}

Climate-friendly living requires an end to climate-damaging behaviours, production processes and trade

practices. Shaping these changes and the accompanying structural change is a particular challenge (medium agreement, medium literature base). {Chaps. 2, 7, 14, 15} By way of example, the report refers to the necessary reduction of emissions from private transport and the associated effects on the car (supply) industry, to bans on certain emission-intensive products (e.g. installation of oil boilers) or to the connection between meat consumption, which also secures sales markets, and climate-harmful emissions. {Chaps. 5, 6, 7, 15} Likewise, this may effect services whose provision is directly or indirectly linked to climate-damaging emissions (high agreement, weak literature base). {Chaps. 3, 8, 9, 15} From a global perspective that also addresses climate justice considerations, the importance of sufficiency-oriented practices that mitigate greenhouse gas emissions along the entire production chain by reducing global material and energy consumption is emphasised. {Chap. 15}

Prices, financing and investments for climate-friendly living

Prices of goods and services play an essential role in investment and consumption decisions and can facilitate the financing of climate-friendly structures (high agreement, strong literature base). {Chaps. 2, 3, 6, 7, 14, 15, 16, 22} They create incentives for economic actors and influence their costs and revenues and thus also returns, profits and losses. {Chap. 16}

Deep and effective reform of taxes and subsidies for climate-friendly living creates incentives and is a key entry point for emissions reduction (high agreement, strong literature base) {Chaps. 16, 2, 3, 5, 6, 7, 9, 11, 14, 15, 17, 18} This can favour climate-friendly structures and push against climate-harmful ones. This incentive is a central starting point for emission reduction as climate-harmful goods and services become more expensive and climate-friendly ones are provided at a proportionately lower cost (often discussed under the term 'true costs'). {Chap. 16}

In order to avoid the risk of poverty through climate-friendly price structures, investments can be made in social-ecological infrastructures, social security systems can be expanded or monetary compensations can be made in a socially differentiated manner (medium agreement, medium literature base). {Chaps. 14, 17, 18} Social-ecological infrastructures enable an affordable, sustainable and climate-friendly satisfaction of needs. {Chap. 2} If the provision of public goods and services (e.g. social housing, public transport, decentralised care services) is expanded in a climate-friendly way, positive distributional effects can be achieved and high social acceptance can be reached (medium agreement, medium literature base). {Chaps. 2, 4, 17, 18}

Fiscal policy can create effective incentives at different levels to finance climate-friendly investments (medium agreement, strong literature base). {Chap. 16} The Austrian National Bank (OeNB), as part of the European central banking system, and the Austrian Financial Market Authority (FMA), as the authority regulating the financial markets, also design structures (high agreement, strong literature base). {Chap. 16} On the one hand, they can reduce climate-related physical risks and risks arising from the transition towards a climate-friendly economy (so-called transition risks) by regulation (high agreement, medium literature base). {Chap. 16} On the other hand, they can increase the emissions effectiveness of green and sustainable finance (high agreement, medium literature base). {Chap. 16} This can be done, for example, through appropriate self-investment (green investment strategies of the Austrian National Bank itself) and through monitoring the stability of the financial system as a whole (through macroprudential measures such as increasing banks' capital ratios) (high agreement, strong literature base). {Chap. 16}

Pricing climate-harmful gases through CO_2 taxes or emissions trading schemes reduces emissions (high agreement, strong literature base). {Chaps. 5, 6, 11, 14, 15, 16, 19} Eco-social tax and industrial policies are effective if CO_2 taxes and credit steering towards green investments are introduced (high agreement, strong literature base). {Chaps. 14, 16}

If green investment of pension assets is to be strengthened, the potential of divest-invest strategies among institutional investors (especially occupational pension funds and employee pension funds) need to be exploited (high agreement, weak literature base). {Chap. 18} Divestment involves the withdrawal of investment assets from climate-harmful industries or companies, where financial resources released as part of divest-invest are shifted to other, climate-friendly forms of investment. {Chap. 18} Institutional investors in the social security system (in particular capital market-based severance systems) are at risk if their climate-harmful assets (such as assets in the oil and gas industry) lose value in the course of a successful transformation towards climate-friendly structures ("stranded assets" of the carbon bubble) (high agreement, strong literature base). {Chap. 18} Exiting such climate-harmful assets accelerates a transformation that can achieve climate goals. {Chap. 18}

Only if "greenwashing" is avoided can green and sustainable forms of financing and investment enable the creation of climate-friendly structures (high agreement, medium literature base). {Chap. 16} In general, greenwashing is understood as a procedure in which goods and services that are harmful to the climate or that originate from processes that are harmful to the climate are presented as climate-friendly {Chap. 16}. Current much-discussed initiatives such as the European Green Deal, the Taxonomy for Facilitating Sustainable Investment, the Green Recovery Initiative in the wake of the Covid 19 pandemic, and government venture capital for innovative green investments can also be affected by greenwashing and are only effective if this is avoided (medium agreement, strong literature base). {Chap. 16}

If the structures of the monetary and financial system are to be conducive to climate-friendly living, this requires not only appropriate regulation of (financial) markets and the creation of climate-friendly price structures, but also prohibitions and changed social norms (medium agreement, strong literature base). To place long-term public investment in climate-friendly provisioning, currently advanced financialisation, i.e. the dominance of finance over the real economy, need to be reversed (low agreement, strong literature base). {Chap. 16}

Shaping structures in a coordinated and targeted manner

In order for climate-friendly living to become the most attractive option in a manner that endures as a lasting new possibility, comprehensive structural changes are urgently needed in all areas of life, as the literature assessed in the report shows (high agreement, strong literature base).

The literature shows that Austria's climate targets for 2030 and 2040 are only achievable if structures for climate-friendly living are designed and established in a determined, coordinated, targeted and continuous way (high agreement, strong literature base). It is not enough if ambitious individuals try to change their own behaviour (high agreement, strong literature base), {Chaps. 1, 2, 3, 4, 5, 14, 23} if only single measures are taken (high agreement, medium literature base), {Chaps. 2, 12, 23} if climate protection is used as the only criterion (high agreement, medium literature base), {Chap. 2} if climate protection is discussed but not resolutely pursued (high agreement, medium literature base) {Chap. 12}, if individual ambitious actors try to pursue climate protection alone (high agreement, medium literature base) {Chap. 14}, or if climate policy is only successfully implemented in a single government period (high agreement, medium literature base). {Chap. 12}

In pluralistic societies there are different, contradictory ideas as to how to deal with the climate crisis (high agreement, medium literature base). This requires a constructive approach to conflicts, the willingness to compromise and the enforcement of democratically legitimised decisions against conflicting interests, while at the same time maintaining a high level of transparency in the corresponding processes (medium agreement, low literature base). {Chap. 12} An approach that allows for different perspectives can be supportive in developing strategies (medium agreement, low literature base). {Chaps. 1, 2, 23}

In liberal democracies, the coordinated and purposeful design of structures requires effective distributions of authority as well as forums in which interests can be articulated, compromises negotiated and changes decided upon (high agreement, low literature base). {Chap. 6} This is essential in order to deal with resistance, conflicts of goals and interests while at the same time not losing sight of the goal of creating climate-friendly structures (high agreement, medium literature base). {Chaps. 3, 4, 5, 7, 8, 11, 12}

The changes necessary for a climate-friendly life can be described along different transformation paths (high agreement, high literature basis). {Chap. 23} Each path can lead to the achievement of climate goals, provided that the respective framework conditions are profoundly reshaped by state institutions. {Chap. 23} Depending on the path, the focus is on (1) climate-friendly pricing, (2) coordinated technology development, (3) creation of infrastructures and (4) sufficiency-oriented initiatives (medium agreement, medium literature base). {Chap. 23} In order to achieve climate-friendly structures, synergies between the pathways need to be utilized and weaknesses of individual pathways must be compensated. {Chap. 23}

Climate protection measures affect population groups differently, which can reduce the acceptance of measures among those negatively affected, as well as among the population as a whole and may not alleviate – and may even exacerbate – current problems in other areas (medium agreement, medium literature base). {Chaps. 3, 5, 8, 9, 17, 18} There are numerous examples in the literature that outline how climate goals can be integrated with other goals, also to promote acceptance and their potential for impact (high agreement, strong literature base). {Chap. 2, 23}

Achieving climate policy goals requires the full range of climate policy measures, i.e. a coordinated and targeted combination of all available (in particular mandatory) measures (high agreement, strong literature base). {Chaps. 3, 5, 6, 8, 9, 19, 18, 22, 23} Previous climate policies were not sufficiently coordinated and targeted and mostly pursued single measures with lower effectiveness without transforming structures. {Chaps. 12, 23} The complex dynamics associated with innovations and their application and uncertainties regarding their effects require new governance concepts, which better integrate innovation and sector policies and include broader groups of stakeholders in policy processes (high agreement, medium literature base). {Chaps. 12, 13}

In order to achieve climate policy goals, it is important to coordinate measures between fields of action (high agreement, strong literature base). {Chaps. 3, 4, 5, 6, 7, 8, 9} For example, it is not enough to simply improve spatial infrastructure, as the switch from private to public transport is shaped by habits and values. What is also required is a changed spatial organisation of the localities that have to be reached on a daily basis, a changed understanding of what is understood as good forms of transport, a new time economy in everyday life and active modes of mobility (high agreement, strong literature base). {Chaps. 3, 6, 7, 8, 9}

In contrast, the combination of different measures has the potential for great impact, provided that it aims at the transformation of structures (high agreement, strong literature base). {Chaps. 2, 3, 12, 23} Potentially effective measures can be found in the areas of climate and spatial planning legislation, but also tax, subsidy, social and industrial policy, as well as in supervision of the activities of outsourced public sector companies (e.g. in the area of urban infrastructure or in the transport sector) or the activities of independent regulatory authorities (e.g. in the energy sector). {Chap. 23}

Media, as well as actors in science and education who provide expertise, information and knowledge, raise social awareness, test alternatives and support public debates, can facilitate and promote the design of climate-friendly structures (high agreement, strong literature base). {Chaps. 7, 8, 13, 20} An essential element to making adequate structures of climate-friendly living tangible is in increased media reporting on alternatives to climate-harmful forms of economic activity and transformative solutions (high agreement, medium literature base). {Chap. 20}

Civil society and social movements can initiate change on the one hand through criticism and protest, but also via engagement and social innovation. They can thus be key drivers in shaping structures for climate-friendly living (high agreement, strong literature base). {Chaps. 8, 12, 23} If attention is paid to innovative contributions of civil society movements, new opportunities for coordinated societal respect for planetary boundaries can coincide with efforts to achieve climate-friendly living (strong literature base, high agreement). {Chaps. 2, 6, 8, 14, 16, 21, 23} Examples include contributions in the context of degrowth or post-growth movements, Buen Vivir and imperial and solidarity mode of living (high agreement, strong literature base). {Chaps. 2, 16, 23}

Without critical scientific analysis, civil society mobilisation of an active climate movement, companies committed to climate-friendly living, and interest groups oriented towards climate-friendly living, the necessary transformations are likely infeasible (medium agreement, strong literature base). {Chap. 23} Civil society protest movements that want to contribute permanently to the design of climate-friendly structures needs partners willing to shape them, especially in government, legislation and administration (medium agreement, medium literature base). {Chaps. 1, 2, 12, 23}

An important role in shaping climate-friendly structures is played by companies that implement climate-friendly business models and value creation processes (high agreement, medium literature base). {Chap. 14} Companies create offers of products and services with which consumers can satisfy their needs in a climate-friendly way, if these are supplied (high agreement, strong literature base). {Chaps. 5, 7, 13, 14, 15, 20, 22} These can be oriented towards principles of the circular economy, fair trade or organic farming, create offers of climate-friendly goods and services and thus enable and facilitate climate-friendly living for individuals (high agreement, strong literature base). {Chaps. 3, 5, 8, 6, 7, 9, 14, 15, 17, 18, 20, 22, 23}

Transforming the economy for climate-friendly living strongly affects many aspects of paid work (high agreement, medium literature base). {Chaps. 7, 22} To also achieve climate-friendly structures, material security and the distribution of transformation costs can be negotiated as part of accompanying operational and political measures. {Chap. 7} A re-evaluation of paid and unpaid socially necessary work and its common good-oriented organisation can contribute to both reducing social inequality and promoting a good life while respecting planetary boundaries (medium agreement, medium literature base). {Chaps. 7, 8, 9}

The shaping of structures by firms is facilitated by certainty of expectations and the ability to plan (medium agreement, medium literature base). {Chaps. 14, 16} The state and the administration of the federal and state governments, as legislators, demanders and providers, can shape structures for climate-friendly living and create certainty of expectations and plannability (high agreement, medium literature base). {Chaps. 2, 14, 22} A climate protection law with strategic targets and effective sanction mechanisms is a condition for an effective design of necessary climate-friendly structures (high agreement, medium literature base). {Chaps. 11, 12}

Public institutions can contribute to a change towards climate-friendly lifestyles within the scope of their responsibilities, especially their competences in the area of services of general interest (high agreement, medium literature base). {Chap. 22} In order to be able to use a national and sub-national (in particular municipal) scope for shaping services of general interest, there is a need for more space of manoeuvre in the European economic constitution (high agreement, medium literature base). {Chap. 11}

Climate protection measures without compensation for low-income earners increase poverty risks and exacerbate poverty situations as well as social exclusion (high agreement, strong literature base). {Chap. 17} Rising energy and housing costs play a special role here, especially when low-income households live in buildings that have not been adequately renovated in terms of energy efficiency (high agreement, medium literature base). {Chap. 4} Any refurbishment may reduce energy and heating costs while increasing rental costs due to market appreciation (high agreement, medium literature base). {Chaps. 4, 17, 18}

Climate action can reduce inequalities and be combined with welfare state measures that protect against disadvantages and losses or ensure social security (high agreement, strong literature base). {Chaps. 3, 5, 7, 8, 9, 18} These include expanded material security as well as the socially, gender, environmentally and climate equitable distribution of transformation costs (high agreement, medium literature base). {Chaps. 3, 4, 7, 8, 14, 17, 18}

If climate action contributes to a good, safe and affordable life for all, it is more likely to be accepted, thus easier to implement and more effective (high agreement, medium literature base). {Chaps. 2, 5, 7, 9, 15, 17} Examples from the literature include security of supply through low dependence on fossil fuels and through widely accessible public infrastructure (high agreement, strong literature base). {Chaps. 2, 4, 6, 7, 8, 14, 16, 17, 18, 19} Particularly promising are structural changes that change habits to reduce greenhouse gas emissions and at the same time increase quality of life and reduce existing social inequalities (e.g. food or energy poverty) while not creating new ones (high agreement, medium literature base). {Chaps. 2, 3, 4, 5, 7, 8, 9, 17, 18}

The transformation of structures for a climate-friendly life requires the participation of all social forces. In a targeted and coordinated way, framework conditions and relations can be made more climate-friendly together: by entrepreneurs, in associations, social, environmental and climate movements, at the workplace, in chambers and interest groups as part of the social partnership. Without critical scientific analysis, without civil society mobilisation of an active climate movement, without companies committed to climate-friendly living, and without interest groups oriented towards the common good and climate-friendly living, the necessary transformations are likely impossible.

Special competences, resources and decision-making responsibility for shaping climate-friendly living lie with public decision-makers, in legislation and government.

Climate-friendly living in Austria can become a feasible, attractive and default future only if the design-options presented here are implemented.

Technische Zusammenfassung

Koordinierende Leitautor_innen
Ernest Aigner, Christoph Görg, Astrid Krisch, Verena Madner, Andreas Muhar, Andreas Novy, Alfred Posch und Karl W. Steininger.

Leitautor_innen
Lisa Bohunovsky, Jürgen Essletzbichler, Karin Fischer, Harald Frey, Willi Haas, Margaret Haderer, Johanna Hofbauer, Birgit Hollaus, Andrea Jany, Lars Keller, Klaus Kubeczko, Michael Miess, Michael Ornetzeder, Marianne Penker, Melanie Pichler, Ulrike Schneider, Barbara Smetschka, Reinhard Steurer, Nina Svanda, Hendrik Theine, Matthias Weber und Harald Wieser.

Zitierhinweis
APCC (2023): Technische Zusammenfassung. [Aigner, E., C. Görg, A. Krisch, V. Madner, A. Muhar, A. Novy, A. Posch, K. W. Steininger, L. Bohunovsky, J. Essletzbichler, K. Fischer, H. Frey, W. Haas, M. Haderer, J. Hofbauer, B. Hollaus, A. Jany, L. Keller, A. Krisch, K. Kubeczko, M. Miess, M. Ornetzeder, M. Penker, M. Pichler, U. Schneider, B. Smetschka, R. Steurer, N. Svanda, H. Theine, M. Weber und H. Wieser]. In: APCC Special Report: Strukturen für ein klimafreundliches Leben (APCC SR Klimafreundliches Leben) [Görg, C., V. Madner, A. Muhar, A. Novy, A. Posch, K. W. Steininger, E. Aigner (Hrsg.)]. Springer Spektrum: Berlin/Heidelberg.

Vorwort zur technischen Zusammenfassung

In der vorliegenden technischen Zusammenfassung werden die wesentlichen Aussagen der Kapitel des *APCC SR Strukturen für ein klimafreundliches Leben* zusammengefasst. Der Bericht bewertet auf Basis wissenschaftlicher Literatur unterschiedliche Ansätze zur Transformation von Strukturen, damit klimafreundliches Leben in Österreich dauerhaft möglich und rasch selbstverständlich wird.

Der Weltklimarat der Vereinten Nationen (IPCC) kam 2018 in seinem Sonderbericht „1,5 °C globale Erwärmung" zum Schluss, dass „nie dagewesene, rapide Veränderungen aller gesellschaftlicher Bereiche" erforderlich sind, um die Ziele des Pariser Klimaabkommens zu erreichen und einen Klimawandel mit weltweit katastrophalen Auswirkungen zu vermeiden (IPCC, 2018). In Folge sind menschliches Wohlbefinden und planetare Gesundheit wie auch darauf beruhende menschliche Zivilisationen durch die Klimakrise bedroht (IPCC, 2022a, SPM-WGII).

Das Austrian Panel for Climate Change (ACRP, 2019) hat vor diesem Hintergrund beschlossen, einen Sachstandsbericht über Strukturen für ein klimafreundliches Leben in Österreich zu beauftragen. Ziel dieses Sachstandsberichts ist es, den hierfür relevanten Stand der Wissenschaft zu erfassen und zu reflektieren, welche strukturellen Veränderungen für ein klimafreundliches Leben in Österreich erforderlich sind.

Im Fokus steht dabei die Frage, welche Strukturen in Österreich nach dem aktuellen Stand der Forschung verändert und wie sie gestaltet werden müssen, um klimafreundliches Leben rasch und dauerhaft möglich und selbstverständlich zu machen. Diese Frage wird mithilfe von vier Unterfragen in den jeweiligen Kapiteln behandelt:

1. Wie beschreibt die für das Kapitel relevante Literatur den Status quo sowie die Dynamiken gegenwärtigen Wandels und welche speziellen Ziele und Herausforderungen ergeben sich nach der Literatur aufgrund der Klimakrise?
2. Welche Veränderungen werden in der für das Kapitel relevanten Literatur als (unbedingt) notwendig angesehen, um eine klimafreundliche Lebensweise zu ermöglichen?
3. Wer bzw. was sind laut der für das Kapitel relevanten Literatur treibende und hemmende Kräfte, Strukturen oder Akteur_innen für und gegen die notwendigen Veränderungen für ein klimafreundliches Leben? Welche Konflikte werden genannt?
4. Welche Handlungsmöglichkeiten bzw. Gestaltungsoptionen finden sich in der für das Kapitel relevanten Literatur

für die Durchsetzung notwendiger Veränderungen für eine klimafreundliche Lebensweise?

Die technische Zusammenfassung richtet sich an das Fachpublikum und gibt den Bericht in stark gekürzter Form wieder. In Teil 1 des Berichts erläutert die Einleitung das Verständnis grundlegender Begriffe und gibt einen Überblick über Emissionsentwicklungen, Kap. 2 stellt vier Perspektiven zur Gestaltung von Strukturen vor. In Teil 2 wird (nach einer Einleitung) klimafreundliches Leben in sechs verschiedenen Handlungsfeldern untersucht. Teil 3 gibt (nach einem kurzen Überblick) die Analyse von zwölf verschiedenen Strukturbedingungen zusammenfassend wieder und in Teil 4 werden die aktuelle Forschung zu Transformationspfaden sowie Szenarien zusammengefasst und die Gestaltungsoptionen im Bericht entlang von Transformationspfaden und Ansatzpunkten systematisiert.

Entwicklung des Berichts

Der vorliegende Bericht ist ein „Assessment Report" (dt.: Sachstandsbericht), an der Schnittstelle zwischen Wissenschaft und Politik (am Science-Policy Interface – SPI) bzw. zwischen Wissenschaft und Gesellschaft. Ziel des Sachstandberichts ist es, den aktuellen Stand des Wissens zu einer bestimmten Fragestellung bewertend zusammenzufassen und neben der Einschätzung von Aussagen zu dem jeweiligen Themenfeld auch Forschungslücken aufzuzeigen.

Der Bericht wurde in einem dreistufigen Prozess entwickelt, als dessen Teil Begutachtungen, Autor_innen- und Stakeholder-Workshops stattfanden. Die jeweiligen Versionen (Zero-, First-, Second-Order-Draft) wurden von nationalen und internationalen Wissenschafter_innen und Stakeholdern kommentiert und begutachtet. Die Einarbeitung der Kommentare wurde am Ende des Prozesses durch Review Editor_innen geprüft. Gesamt verfassten die knapp 200 Reviewer_innen in etwa 4000 Kommentare. Der Stakeholderprozess umfasste drei Workshops mit gesamt über 100 Teilnehmer_innen und Entscheidungsträger_innen aus unterschiedlichen gesellschaftlichen Bereichen. Dieser wurde durch ein eigenes Team durchgeführt und begleitet. Die Workshops halfen den Autor_innen, relevante Fragestellungen zu identifizieren und so mit der Bewertung der Literatur besser zur öffentlichen Debatte zum klimafreundlichen Leben beizutragen.

Der Sachstandsbericht bewertet wissenschaftliche Literatur, wobei Forschungsergebnisse der Politik-, Wirtschafts- und Kulturwissenschaften, der Soziologie, der Rechtswissenschaft und weiterer Sozial- und Naturwissenschaften aufgegriffen wurden. Die Bewertung von Aussagen im Bericht wurde entlang von zwei Maßstäben vorgenommen: (1) ob die relevante Literatur in ihren Einschätzungen einer Aussage übereinstimmt (niedrige, mittlere, hohe Übereinstimmung) und (2) wie umfangreich und qualitativ hochwertig die Literaturbasis, die für die Bewertung der Aussage herangezogen wird, ist (schwache, mittlere, starke Literaturbasis) (Abb. TZ.2). In diesem Bericht wird statt des bisher üblichen Begriffs „Beweislage" der Begriff „Literaturbasis" verwendet, da dieser mit allen in diesem Bericht vertretenen Perspektiven kompatibel ist. Die Literaturbasis umfasst nicht nur die Quantität der Literatur, sondern es wird – bezogen auf die Beweislage – auch die Qualität der jeweiligen Literatur bewertet. Aus der Kombination der beiden Kriterien ergibt sich das Vertrauen in eine Aussage, dieses wird allerdings nicht extra angeführt.

Teil 1: Klimafreundliches Leben und Perspektiven

Kapitel 1: Einleitung: Strukturen für ein klimafreundliches Leben

Die Einleitung gibt zuerst das Verständnis der zentralen Begriffe wieder (klimafreundliches Leben, Strukturen sowie Gestalten von Strukturen). Diese fungieren als Vermittler zwischen verschiedenen Milieus, Diskursen, Werthaltungen und Disziplinen (Star & Griesemer, 1989). Weiters gibt die Einleitung einen Überblick über die Rolle unterschiedlicher gesellschaftlicher Akteur_innen. Darauf folgt ein Überblick über aktuelle Entwicklungen und die Verteilung klimaschädigender Emissionen mithilfe unterschiedlicher Maßzahlen (produktions- sowie konsumbasiert) und entlang unterschiedlicher Verteilungen (Wirtschaftssektoren, Güter, Aktivitäten und Einkommensverteilung).

Klimafreundliches Leben, Strukturen und Gestalten von Strukturen

Dem Bericht liegt folgendes Verständnis von klimafreundlichem Leben zugrunde: Klimafreundliches Leben sichert dauerhaft ein Klima, das ein gutes Leben innerhalb planetarer Grenzen ermöglicht. Wenn klimafreundliches Leben der Normalfall wird, führt dies zu einer raschen Reduktion der direkten und indirekten THG-Emissionen und belastet das Klima langfristig nicht. Klimafreundliches Leben strebt danach, eine hohe Lebensqualität bei Einhaltung planetarer Grenzen für alle Menschen zu erreichen. Es geht um ein gutes und sicheres Leben nicht nur für einige Menschen, sondern für alle, in Österreich und global. In diesem Sinne sind die Deckung aller Bedürfnisse und Gerechtigkeit Teil klimafreundlichen Lebens und der Bezug zu anderen sozialen und ökologischen Zielen (z. B. UN-Nachhaltigkeitszielen) ist wesentlich.

Im Bericht sind Strukturen jene Rahmenbedingungen und Verhältnisse, in denen das tägliche Leben stattfindet. Der

Teil 1: Klimafreundliches Leben und Perspektiven

Stakeholderprozess — Scoping Treffen; Erste Konzeption; Autor_innenteams

Co-Design — Zero-Order Draft: Internes Review; Stakeholder Kommentierung; Rückmeldung im Rahmen des Co-Design Workshops

First-Order Draft: Autor_innenworkshop; Expert_innen Review; Stakeholder Kommentierung

Co-Production — Second-Order Draft: Autor_innenworkshop; Internationales Review; Stakeholder Kommentierung; Kommentierung durch CoChairs

Co-Evaluation — Final Draft: Autor_innenworkshop zur Summary for Policy makers; Review Editing und Treffen in Kleinteams

Freigabe

Abb. TZ.1 Entwicklungsprozess des Sachstandsberichts und Stakeholderprozess. {Kap. 1}

Strukturbegriff wird unterschiedlich verstanden und definiert; es gibt dazu umfassende und langwährende sozialwissenschaftliche Diskussionen (vergleiche Archer, 1995; Bhaskar et al., 1998) und jede Strukturtheorie verwendet eigene Konzepte und Methoden, um Strukturen zu identifizieren, zu analysieren und ihre Wirkungen zu bewerten (vergleiche Bhaskar et al., 1998). Strukturen sind tendenziell dauerhaft angelegte und langfristig wirksame Phänomene. Sie werden zwar durch soziale Handlungen aufrechterhalten, haben aber eine eigenständige Existenz, das heißt sie bleiben vielfach auch unabhängig davon bestehen (z. B. unabhängig davon, ob Einzelne mit Gas heizen, gibt es Pipelines) und sind über die Zeit relativ stabil. In der Literatur zum klimafreundlichen Leben findet sich eine Vielzahl an Theorien und Mechanismen, wie Strukturen auf Handeln wirken, wie sie fortbestehen und sich verändern (Røpke, 1999; Schor, 1991; Shove, Trentmann, & Wilk, 2009; Stoddard et al., 2021). Es kann unter anderem zwischen immateriellen (z. B. Institutionen, vergleiche Gruchy, 1987; Hodgson, 1989; Vatn, 2005) und materiellen Strukturen (z. B. Leitungen) unterschieden werden.

Gestalten von Strukturen für ein klimafreundliches Leben bedeutet gezieltes und koordiniertes Vorgehen, das am Allgemeinwohl orientiert ist, sich der Konflikthaftigkeit gesellschaftlicher Verhältnisse bewusst ist, Interessen verhandelt und Veränderungen demokratisch legitimiert umsetzt. Strukturen für ein klimafreundliches Leben zu gestalten, erfordert im Vorfeld die Problematisierung bestehender Strukturen, die klimaschädliches Leben fördern und klimafreundliches behindern (vergleiche Chaps. 2, 12, 24–28). Aufgrund der umfassenden Herausforderung ist allerdings kontinuierliches Verändern und Umgestalten von Strukturen über die nächsten Jahrzehnte hinweg notwendig (IPCC, 2022b). Dieses muss in vielen Fällen ein Bündel an integrierten Maßnahmen umfassen, um die erwünschten Ergebnisse zu erreichen (Plank et al., 2021a). Dies erfordert verbindliche Entscheidungen, die etwaige klimaschädliche Strukturen und ent-

Bewertung des Wissensstands

Übereinstimmung (Zu Aussagen in den Quellen)	Schwach	Mittel	Stark
Hoch	Hohe Übereinstimmung, Schwache Literaturbasis	Hohe Übereinstimmung, Mittlere Literaturbasis	Hohe Übereinstimmung, Starke Literaturbasis
Mittel	Mittlere Übereinstimmung, Schwache Literaturbasis	Mittlere Übereinstimmung, Mittlere Literaturbasis	Mittlere Übereinstimmung, Starke Literaturbasis
Gering	Geringe Übereinstimmung, Schwache Literaturbasis	Geringe Übereinstimmung, Mittlere Literaturbasis	Geringe Übereinstimmung, Starke Literaturbasis

Literaturbasis — Umfang und Qualität der Quellen

Farbskala Vertrauensbewertung: Sehr Geringes Vertrauen | Geringes Vertrauen | Mittleres Vertrauen | Hohes Vertrauen | Sehr Hohes Vertrauen

Abb. TZ.2 Beurteilung des Wissensstands im Sachstandsbericht (Adaptiert von APCC, 2018). {Kap. 1}

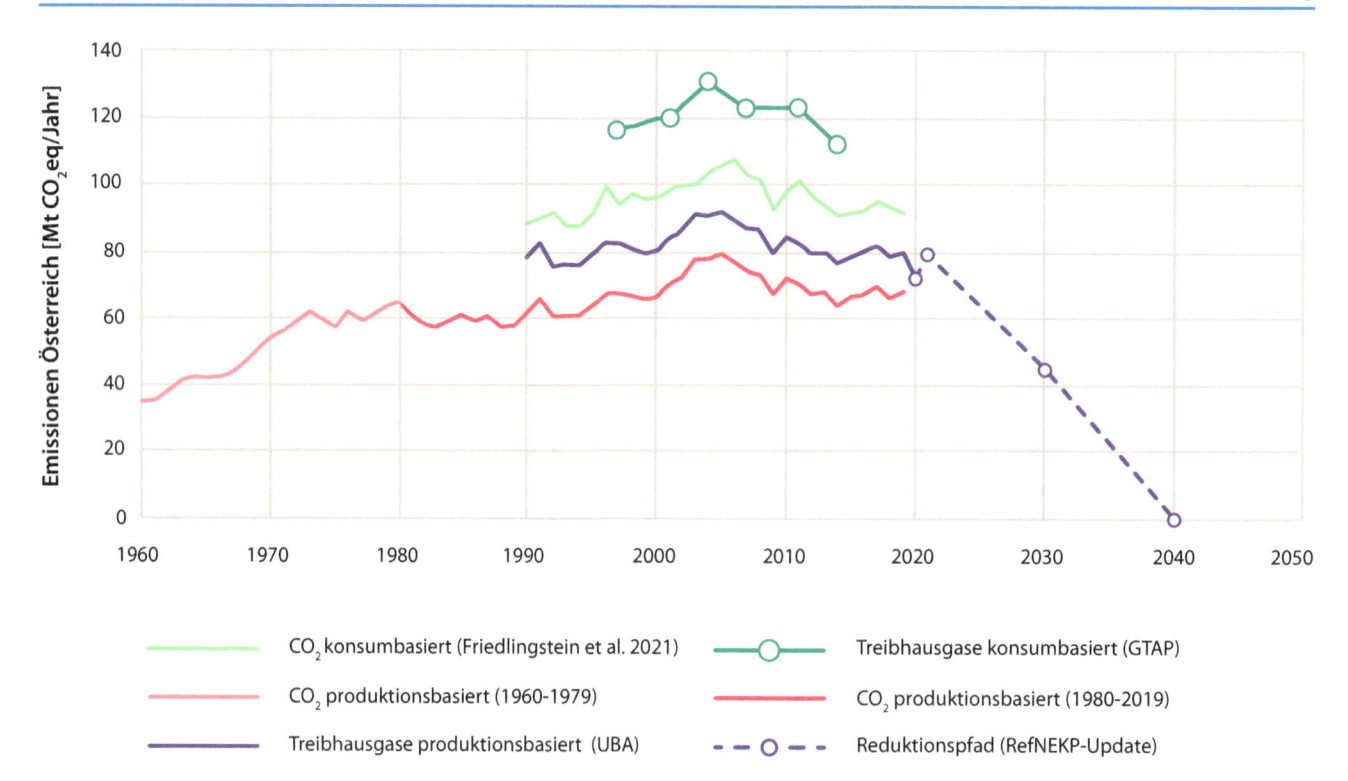

Abb. TZ.3 Dynamiken klimaschädlicher Emissionen Österreichs in territorialer (produktionsbasierter) und konsumbasierter Methode („Fußabdruck"). (Meyer und Steininger, 2017; Anderl et al., 2021; Nabernegg, 2021; Steininger et al., 2018, Friedlingstein et al. 2021). {Kap. 1}

Legende:
- CO_2 konsumbasiert (Friedlingstein et al. 2021)
- Treibhausgase konsumbasiert (GTAP)
- CO_2 produktionsbasiert (1960-1979)
- CO_2 produktionsbasiert (1980-2019)
- Treibhausgase produktionsbasiert (UBA)
- Reduktionspfad (RefNEKP-Update)

Y-Achse: Emissionen Österreich [Mt CO_2eq/Jahr]

sprechende Routinen und Praktiken auch aktiv ausschließen (Hausknost & Haas, 2019).

Klimapolitische Herausforderungen im Kontext anderer politischer Zielsetzungen

Für die Erreichung klimapolitischer Ziele, wie das im österreichischen Regierungsprogramm 2020–2024 festgelegte Ziel der Klimaneutralität bis 2040, die EU-Klimaziele oder die THG-emissionsreduktionszusagen im Rahmen des Pariser Klimavertrags, ist die Umgestaltung der Strukturen zentral, sodass diese ein klimafreundliches Leben begünstigen. Denn falls aktuelle Emissionstrends weiter bestehen und keine umfassenderen Maßnahmen ergriffen werden, werden diese angestrebten Ziele verfehlt (European Environment Agency, 2019; IPCC, 2022b; Kirchengast & Steininger, 2020; Tagliapietra, 2021; Umweltbundesamt, 2020a).

Mit Blick auf die Zeit und nach der territorialen oder produktionsbasierten Perspektive entstanden in Österreich 2019 rund 80 Megatonnen CO_2-Äquivalent (CO_2-eq) (Abb. TZ.3). Der Höhepunkt der territorialen bzw. produktionsbedingten Emissionen lag in der Mitte der 2010er Jahre bei ca. 90 Megatonnen CO_2-Äquivalent. Die CO_2-Emissionen verlaufen weitgehend parallel zu den THG-Emissionen in Österreich. Auch das Verhältnis von konsum- zu produktionsbasierten THG-Emissionen war für Österreich in den letzten beiden Jahrzehnten stabil.

Historisch und aktuell anfallende klimaschädliche Emissionen können je nach Bilanzierungsansatz verschiedenen gesellschaftlichen Gruppen oder Akteur_innen zugerechnet werden (Steininger et al., 2016; Williges et al., 2022, Steininger et al., 2022). Bei der produktionsbasierten Zurechnung fielen gesamt im Jahr 2014 in Österreich 76 Megatonnen CO_2-Äquivalent an; davon fielen rund 20 Prozent direkt bei den Haushalten an, 30 Prozent konnten Gütern zugeordnet werden, die in Österreich konsumiert wurden, und 50 Prozent entstanden für Güter, die Österreich exportiert (siehe Abb. TZ.3). Bei der endverbrauchs- oder konsumbasierten Berechnung lagen die Emissionen 2014 bei ca. 112,5 Megatonnen CO_2-Äquivalent und damit um 47 Prozent höher als die produktionsbasierten Emissionen. Rund 40 Megatonnen CO_2-Äquivalent fallen für Güter an, die in Österreich produziert und nachgefragt werden oder durch direkte Verbrennung von Energieträgern bei den Haushalten entstehen.

Die Zuordnungen der Emissionen zu Wirtschaftsbereichen (produktionsbasiert) oder zu Gütern (konsumbasiert) zeigt große Unterschiede (Abb. TZ.4): Nach Wirtschafsbereichen fällt etwa ein Drittel der Emissionen in der produzierenden Industrie an (25 Megatonnen CO_2-Äquivalent). Mehr als die Hälfte davon können der Stahlindustrie und Metallverarbeitung (14 Megatonnen CO_2-Äquivalent) zugeordnet werden, allerdings haben auch die Herstellung von Zement (4 Megatonnen CO_2-Äquivalent) und von Computer- und elektronischen Produkten (4 Megatonnen CO_2-Äquivalent) einen wesentlichen Anteil. Betrachtet man konsumbasierte Emissionen nach Güterart, fallen Emissionen in erster Linie in der Warenproduktion (41 Megatonnen CO_2-Äquivalent),

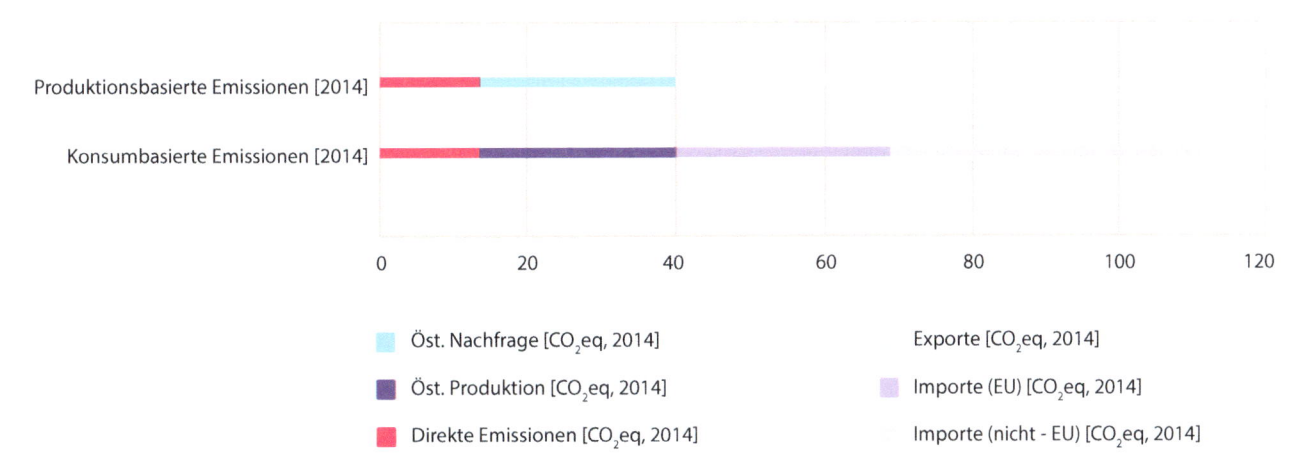

Abb. TZ.4 Direkte Emissionen, österreichische Nachfrage sowie Importe und Export klimaschädlicher Emissionen in Österreich. *Oben* Produktionsbasierte Emissionen (österreichische Nachfrage und Export). {Kap. 1} *Unten* Konsumbasierte Emissionen (österreichische Produktion, Importe EU, Importe Nicht-EU). (Nabernegg et al., 2023; Steininger et al., 2018). {Kap. 1}

dem Bau- und Wohnungswesen (14 Megatonnen CO_2-Äquivalent), für private Dienstleistungen (12 Megatonnen CO_2-Äquivalent), öffentliche Dienstleistungen (9 Megatonnen CO_2-Äquivalent) und Verkehr (8 Megatonnen CO_2-Äquivalent) an. Ein wesentlicher Teil dieser Emissionen fällt allerdings im Ausland an.

Auf den Konsum der Haushalte entfallen dabei knapp zwei Drittel (62 Prozent) der konsumbasierten Emissionen Österreichs (Nabernegg, 2021; Muñoz et al., 2020; Steininger et al., 2018). Die konsumbasierten Emissionen sind auch unter den Haushalten ungleich verteilt (Ivanova et al., 2018; Wiedenhofer et al., 2018), was sich sowohl durch die Menge als auch durch die Zusammensetzung der Nachfrage erklärt. Einen wesentlichen Einfluss auf die Höhe der Emissionen hat das Einkommen der jeweiligen Haushalte (Abb. TZ.5 rechts), aber auch die räumliche Verteilung – konsumbasierte Emissionen im städtischen Umland sind besonders hoch (Muñoz et al., 2020). Mit der Analyse der Zeitnutzung kann die Klimarelevanz des Alltagslebens besser verstanden und Potenziale und Grenzen für zeit- und nachfrageseitige Beiträge zur Dekarbonisierung erfasst werden (Creutzig et al., 2021; Jalas & Juntunen, 2015; Wiedenhofer et al., 2018).

Kapitel 2: Perspektiven zur Analyse und Gestaltung von Strukturen klimafreundlichen Lebens

Kap. 2 systematisiert entlang von vier Perspektiven in den Sozialwissenschaften weit verbreitete Theorien zur Analyse und Gestaltung von Strukturen klimafreundlichen Lebens. Das Kapitel möchte Leser_innen des Berichts bewusst machen, mit wie grundlegend unterschiedlichen Zugängen Forscher_innen Strukturen klimafreundlichen Lebens analysieren. Dies ist wichtig, um zu verstehen, dass es nie nur eine, sondern immer mehrere Perspektiven auf Strukturen klimafreundlichen Lebens gibt. Dieses Bewusstsein hilft, die Komplexität der Sozialwissenschaften und damit die Komplexität der Aufgabe – Strukturen für ein klimafreundliches Leben zu gestalten – zu erfassen. Unterschiedliche Zugänge zu sehen, bedeutet auch, ein besseres Verständnis von konfligierenden Problemdiagnosen, Zielhorizonten und Gestaltungsoptionen zu entwickeln und – idealerweise – damit umgehen zu können.

Problemdiagnosen, Zielhorizonte und Gestaltungsoptionen mit Blick auf die Klimakrise sind vielfältig, dennoch lassen sich vor dem Hintergrund wirtschafts-, sozial- und kulturwissenschaftlicher Debatten vier Hauptperspektiven identifizieren: Markt-, Innovations-, Bereitstellungs- und Gesellschaft-Natur-Perspektive (mittlere Übereinstimmung, starke Literaturbasis). Es gibt keine Theorien, Modelle und Heuristiken, die alle Dimensionen eines Wandels in Richtung Strukturen klimafreundlichen Lebens sowie deren Gegenspieler adäquat erfassen. Jedoch öffnen sich in den letzten Jahren zahlreiche sozialwissenschaftliche Ansätze für die Analyse klima*un*freundlichen Lebens, insbesondere Praxistheorie, Innovationstheorien und Theorien von Bereitstellungssystemen, und für Fragen der Gestaltung klimafreundlichen Lebens. Daher bietet der Bericht die Chance, wissenschaftliche Erkenntnisse aus verschiedenen Disziplinen mit unterschiedlichen Schwerpunkten, Annahmen, Werkzeugen und Wertvorstellungen gegenüberzustellen. So können möglichst viele Dimensionen von Strukturen klima*un*freundlichen Lebens sowie deren Transformation erfasst werden.

Marktperspektive

Aus der Marktperspektive sind Preissignale, die klimafreundliche Konsum- und Investitionsentscheidungen för-

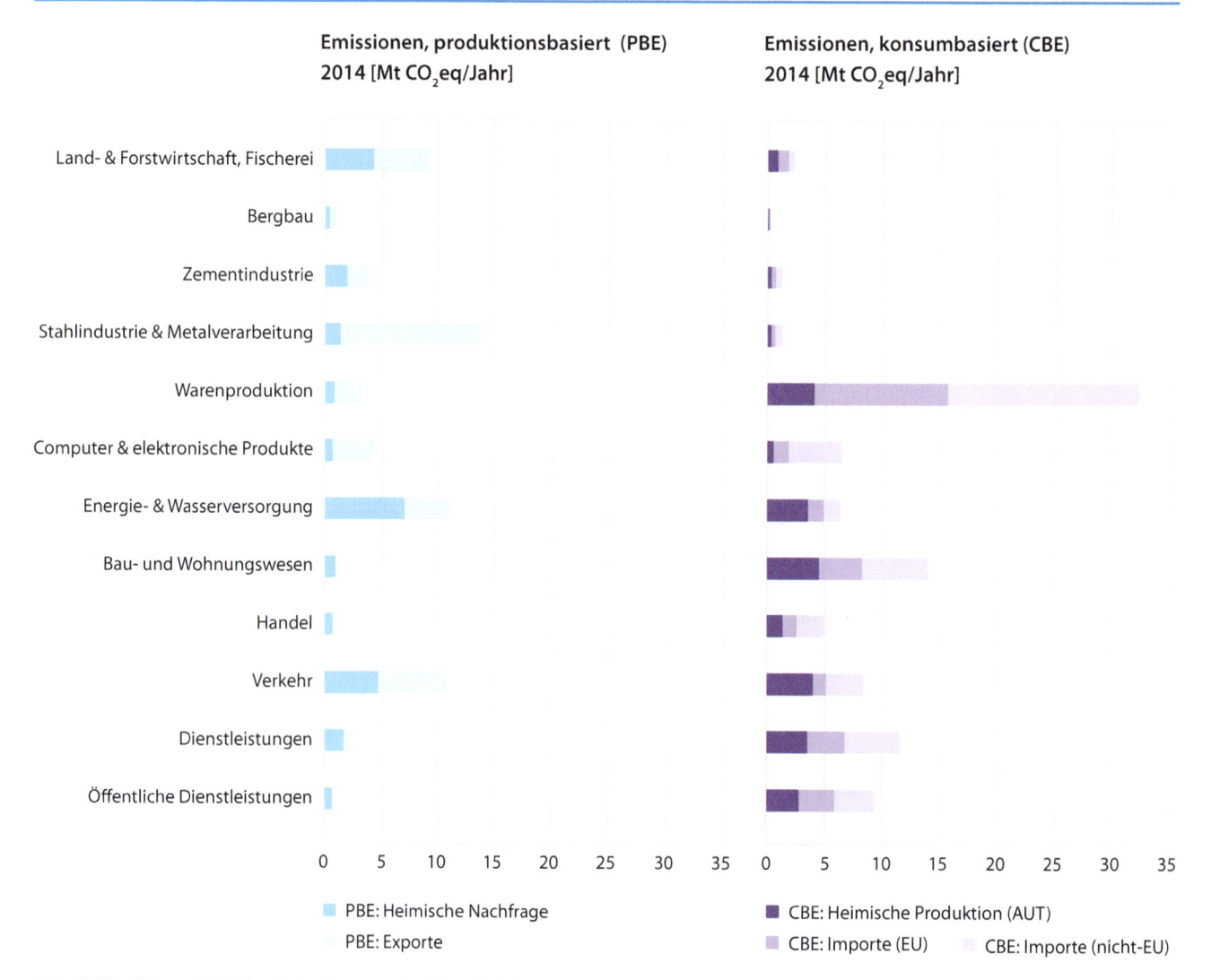

Abb. TZ.5 Klimaschädliche Emissionen nach Wirtschaftsbereichen in Österreich. *Links* Produktionsbasierte Emissionen (österreichische Nachfrage und Export). *Rechts* Konsumbasierte Emissionen nach Sektoren (österreichische Produktion, Importe EU, Importe Nicht-EU). (Nabernegg et al., 2023; Steininger et al., 2018). {Kap. 1}

dern, zentral für klimafreundliches Leben. Wenn es passende Rahmenbedingungen gibt, die Märkte klimafreundlich regulieren, dann tragen Verursacherprinzip und Kostenwahrheit zur Dekarbonisierung bei (hohe Übereinstimmung, starke Literaturbasis).

Gestalten als koordiniertes Handeln ist in dieser Perspektive das Setzen klimafreundlicher wirtschaftspolitischer Rahmenbedingungen, insbesondere durch Anreizsysteme (Baumol & Oates, 1975). Auch die verhaltensökonomische Forschung betont die zentrale Bedeutung passender Rahmenbedingungen, das heißt Strukturen für klimafreundliche Wahlentscheidungen. Diese sollen Anreize zu Veränderungen in Richtung eines klimafreundlichen Lebens setzen, indem sie emissionsärmere Verhaltensweisen vorzugswürdiger machen (Thaler & Sunstein, 2008) oder diese überhaupt als Ausgangszustand („Default") herstellen.

Weitergehende Änderungen der Rahmenbedingungen ergeben sich daher durch geänderte Entscheidungsarchitekturen (wie beispielsweise auch Verbote), die die Verfügbarkeit und Hierarchie von Optionen verändern (z. B. durch längerfristige Ausstiegspläne für fossile Produkte bzw. Produktionen). Die Ansätze der Verhaltensökonomik ergänzen vermehrt das rationale Entscheidungsmodell, wo an die Stelle des vollkommen informierten „homo oeconomicus" Menschen mit Werthaltungen und Gewohnheiten treten, die Umweltwissen in das Nutzenkalkül miteinbeziehen (Daube & Ulph, 2016).

All dies führt zu weniger eindeutigen Vorhersagen über Marktergebnisse. Forderungen nach nachhaltigem Konsum als Kernbestandteil klimafreundlichen Lebens stützen sich auf diese Perspektive ebenso wie Forderungen zur Internalisierung externer Effekte und nach einer ökosozialen

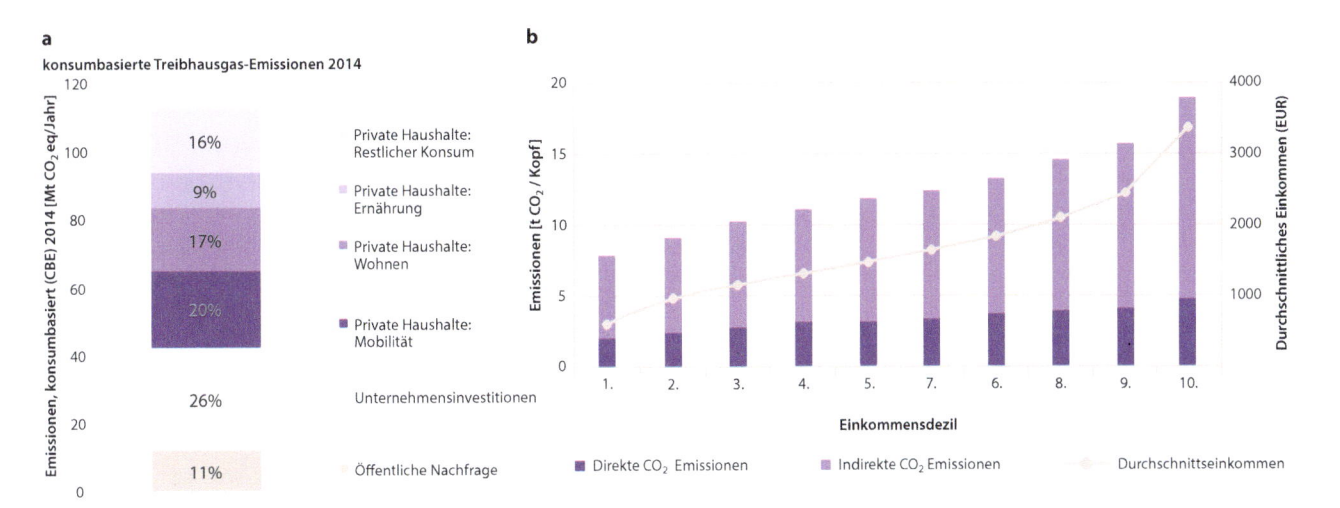

Abb. TZ.6 Konsumbasierte CO$_2$-Emissionen Österreichs. **a** Verteilung konsumbasierter Emissionen (CO$_2$eq) aus Fossilenergie und Industrieprozessen nach Sektor (Privat, Unternehmen, Öffentlich) und Bereichen (Mobilität, Wohnen, restlicher Konsum, Ernährung) für das Jahr 2014 (Nabernegg et al., 2023). **b** Pro-Kopf-CO$_2$-Emissions-Fußabdruck im jeweiligen Einkommensdezil des monatlichen Durchschnittseinkommen für das Jahr 2004/5 (Muñoz et al., 2020). In den zugrundeliegenden Daten sind Emissionen aus der globalen Landnutzung untererfasst, was zu einer Unterschätzung der Klimarelevanz der Ernährung und von Bioenergie führt. {Kap. 1}

Steuerreform („*to get the prices right*") (wie beispielsweise Akerlof et al. (2019) zur CO$_2$-Bepreisung).

Auch zeigen Studien, dass es durch Substitution klimaschädlicher Technologien und gesamtwirtschaftlicher Effizienzsteigerungen zur Dekarbonisierung kommt, sobald Investitionen in emissionsärmere Technologien und eine Änderung der Konsummuster aus Sicht individueller Entscheidungsträger_innen vorteilhaft sind (Kaufman et al., 2020). Richtige Bepreisung ermöglicht nach dieser Perspektive auch eine Entkopplung von CO$_2$-Emissionen und Wirtschaftswachstum.

Innovationsperspektive

In der Innovationsperspektive steht die Wirkung unterschiedlicher Formen von Innovation und deren Anwendung auf die soziale und wirtschaftliche Praxis im Vordergrund und damit auf die Umwelt, auf klima(un)freundliches Leben und Wirtschaften. Der Fokus wird auf soziotechnische Erneuerung von Produktions- und Konsumptionssystemen (Ernährung, Mobilität, Energie, Wohnen, …) gelegt. Die Ansätze untersuchen, wie sich Innovationen auf Strukturen auswirken, wie Innovationssysteme Innovationen für nachhaltige Entwicklung ermöglichen und wie Innovationen auf die soziale und wirtschaftliche Praxis und damit einhergehende Umwelteinflüsse wirken (Avelino et al., 2017; Kivimaa et al., 2021; Köhler et al., 2019; Shove & Walker, 2014).

Ausgangspunkte der Innovationsperspektive sind Innovationstheorien und Theorien des technologischen Wandels: Techno-ökonomische Paradigmenwechsel, technologische bzw. soziotechnische Systeminnovationen, radikaler und inkrementeller Innovation und auch Akteur-Netzwerk-Theorie (Dosi et al., 1988; Freeman & Perez, 2000; Köhler, 2012; Köhler et al., 2019; Latour, 2019; Malerba & Orsenigo, 1995). Im Zusammenhang mit den heutigen gesellschaftlichen Herausforderungen hat eine Verlagerung im wissenschaftlichen Diskurs stattgefunden: weg von einer nahezu ausschließlichen Betonung von wirtschaftlichen Zielen hin zu einer normativen Orientierung im Sinne der UN-Nachhaltigkeitsziele (Daimer et al., 2012; Diercks et al., 2019).

Diese Perspektive umfasst Ansätze zu technologischer, unternehmerischer, organisatorischer, Produkt-, Prozess-, Marketing- und Systeminnovation ebenso wie soziale Innovation, Umweltinnovation, Nachhaltigkeitsinnovation und Exnovation. Letztere ist ein Sonderfall, weil weniger das Schaffen von etwas Neuem, sondern das Beenden von nicht-nachhaltigen Lösungen in den Mittelpunkt rückt (Arnold et al., 2015).

Innovationen dienen nicht nur unternehmerischen, sondern auch gesellschaftlichen Interessen. Zur Bewältigung der Klimakrise tragen sie bei, wenn sie die Rahmenbedingungen klimafreundlichen Lebens verbessern und zu nachhaltigen wirtschaftlichen und sozialen Praktiken führen. Innovation hat das Potenzial – intendiert oder unbeabsichtigt – Preisstrukturen, Marktstrukturen, Infrastrukturen bis hin zu Akteurskonstellationen, Governancestrukturen, Organisationsstrukturen oder ganzen soziotechnischen Produktions- und Konsumptionssystemen zu verändern (siehe dazu Teil 5).

Gestalten bedeutet in der Innovationsperspektive, Wandel mittels Innovationen bewusst herbeizuführen (Godin, 2015). Insbesondere wird argumentiert, dass sowohl soziotechnische oder soziale Innovationen, rechtliche Rahmenbedingungen und Infrastrukturen (Bolton & Foxon, 2015), Akteur_innennetzwerken (Latour, 2019), Governanceprozesse (Köhler et al., 2019) und mentale Modelle wie etwa Zukunftsbilder (Grin et al., 2011; Schot & Steinmueller, 2018), nachhaltig gestaltet werden können. Um Strukturen und Prozesse für Wandel zu schaffen, sind aus Sicht der Innovationsperspektive neue Governancemechanismen (Köhler et al., 2019) nötig, die koordiniertes Handeln über und zwischen mehreren Verwaltungsebenen ermöglichen und Akteursgruppen und Akteursnetzwerke von Produktions- und Konsumptionssystemen einbeziehen (z. B. durch Beteiligungsprozesse, Roadmapping).

Bereitstellungsperspektive

Aus der Bereitstellungsperspektive sind Bereitstellungssysteme, die suffiziente und resiliente Praktiken und Lebensformen erleichtern und damit selbstverständlich machen, zentral für klimafreundliches Leben. Der Bereitstellungsperspektive liegt ein weites Wirtschaftsverständnis zugrunde, wonach Wirtschaften die gemeinsame Organisation der Lebensgrundlagen betrifft (Polanyi, 1944).

Theorien der Bereitstellungsperspektive verbinden materielle mit kulturellen Dimensionen (Bayliss & Fine, 2020), soziale Metabolismen mit politökonomischen Zugängen (Schaffartzik et al., 2021) sowie biophysische mit sozialen Prozessen (O'Neill et al., 2018; Plank et al., 2021b). Damit schaffen sie Wissen über die sozialen (z. B. Ungleichheit, Exklusion) und ökologischen (z. B. hinsichtlich CO_2-Emissionen, Bodenverbrauch und Biodiversität) Konsequenzen vorherrschender Bereitstellungsformen von bestimmten Gütern und Dienstleistungen. Ziel ist, dass langfristiger Klimaschutz und langfristige Klimawandelanpassung mit der Sicherung der Grundversorgung, das heißt der universellen Befriedigung menschlicher Bedürfnisse, und dem Schutz vor Naturgefahren vereinbar sind (Jones et al., 2014; Mechler & Aerts, 2014; Schinko, Mechler, & Hochrainer-Stigler, 2017).

Aufgrund ihrer rechtlichen Zuständigkeit sowie ihrer Ressourcenausstattung sind staatliche Akteur_innen wesentlich für die Ausgestaltung von Daseinsvorsorge, Klimaschutz und Klimawandelanpassung. Wichtige Akteur_innen aus dieser Perspektive sind daher politische Entscheidungsträger_innen, die Regeln der Bereitstellung in einem politischen Territorium festlegen, sowie öffentliche Einrichtungen, Verwaltungen und (öffentliche) Unternehmen, die klimafreundliche Geschäftsmodelle entwickeln oder in der Grundversorgung und Sozialwirtschaft tätig sind. Wenn staatliche Institutionen und andere Akteur_innen Infrastrukturen, Institutionen und rechtliche Regelungen dauerhaft ändern, können sich klimafreundliche Gewohnheiten rascher durchsetzen (hohe Übereinstimmung, mittlere Literaturbasis).

Notwendige Veränderungen, damit klimafreundliche Praktiken selbstverständlich werden, sind die Schaffung und Förderung von Bereitstellungssystemen, die kollektiven Konsum fördern (FEC, 2018), sowie klimafreundliche Praktiken rechtlich möglich, kulturell akzeptiert und ökonomisch leistbar machen, z. B. ein dekarbonisiertes öffentliches Mobilitätssystem für Stadt und Land (ILA Kollektiv et al., 2017).

Der Bereitstellungsperspektive folgend müssen Daseinsvorsorge (Krisch et al., 2020; Vogel et al., 2021), Alltagsökonomie (FEC, 2020), Universal Basic Services (Coote & Percy, 2020) und sozialökologische Infrastrukturen (Novy, 2019; Die Armutskonferenz et al., 2021) gestärkt und klimafreundlicher gestaltet werden, während nichtnachhaltige Infrastrukturen und Wirtschaftsbereiche rückgebaut werden müssen (Millward-Hopkins et al., 2020; O'Neill et al., 2018).

Gesellschaft-Natur-Perspektive

Aus der Gesellschaft-Natur-Perspektive ist das Wissen über zentrale Treiber der Klimakrise (z. B. Mensch-Natur-Dualismen, Kapitalakkumulation, soziale Ungleichheit) wesentlich für klimafreundliches Leben. Theorien in der Gesellschaft-Natur-Perspektive betrachten das Soziale und die (biophysische) Natur nicht als unabhängig voneinander, sondern als eng miteinander verzahnt (Becker & Jahn, 2006; Brand, 2017; Foster, 1999; Görg, 1999; Haberl et al., 2016; MacGregor, 2021; Oksala, 2018; Pichler et al., 2017).

Sie verdeutlicht, dass jede Herausforderung soziale und biophysische Implikationen hat (z. B. Agrarland wird zu bebauter Umwelt). Umgekehrt wird betont, dass biophysische Natur auch auf Soziales wirkt (z. B. Hochwasserereignisse werden durch gewisse Bebauungsformen wie z. B. Flächenversiegelung begünstigt und unterminieren Alltagshandeln). Zu den Strukturen, die die Gesellschaft-Natur-Perspektive sichtbar macht, zählen tradierte, in die Wissenschaft, aber auch in den Alltag eingelassene Denkweisen (z. B. disziplinäre Trennung von Natur- und Gesellschaftswissenschaften, Lösung der Klimakrise durch Technik etc.) und ökonomische Logiken und Ordnungsprinzipien, die modernen, kapitalistischen Gesellschaften zugrunde liegen (z. B. Wachstumszwang inklusive Naturverbrauch und sozialer Ungleichheit, moderne Institutionen wie Staatlichkeit, individualistisches Freiheitsverständnis etc.).

Die Relevanz der Gesellschaft-Natur-Perspektive für das Gestalten klimafreundlicher Strukturen liegt in der Analyse und Beurteilungen von Verhältnissen und angebotenen Lösungen, vor allem im Hinblick auf deren Implikationen und Reichweite (Becker & Jahn, 2006; Fischer-Kowalski & Erb, 2016; Fraser, 2014; Görg, 2011; McNeill, 2000; McNeill & Engelke, 2016). Sie hat zudem das Potenzial, die Reflexivität von Akteur_innen zu erhöhen (siehe z. B. Bashkar, 2010), vor allem mit Blick auf tiefliegende Treiber der Klimakrise.

Der Begriff „Gesellschaft" wird im Alltag oft mit Zivilgesellschaft gleichgesetzt, doch die Gesellschaft-Natur-Perspektive beschränkt sich im Kontext dieses Berichts nicht auf die Zivilgesellschaft, sondern bezieht auch Wissenschaft, öffentliche Institutionen (Regierung, Verwaltung, Legislative) und Parteien ein. Wissensproduktion, Medialisierung,

Problematisierung und Protest, Ökotopien, aber auch Gesetze sind Instrumente für das Gestalten von klimafreundlichen Strukturen; sie rufen jedoch oft starken Widerstand hervor (Brand, 2017).

Nur wenn bei klimapolitischen Lösungen auch der Bezug zu den Treibern der Klimakrise mitreflektiert wird (z. B. Kapitalakkumulation, westliche Naturbeherrschung), ist eine tiefenwirksame Bearbeitung der Klimakrise möglich (hohe Übereinstimmung, mittlere Literaturbasis).

Perspektivische Herangehensweise für die Analyse von Strukturen
Dieser Bericht setzt auf Perspektivismus, um aktuelle Herausforderungen in ihrer Diversität bezüglich der Problemdiagnosen von klimaunfreundlichen Strukturen sowie Zielhorizonten und Gestaltungsoptionen von Transformationspfaden zu berücksichtigen. Wir anerkennen damit, dass Erkenntnis immer abhängig von Bezugssystemen (wie z. B. Marktlogiken, Innovationsdiskursen, gesellschaftstheoretischen Diskursen) ist (Giere, 2006; Sass, 2019).

Wenn bloß von einer Perspektive ausgegangen wird (z. B. von der gesellschaftlich am anschlussfähigsten – derzeit die Marktperspektive), dann kommen nur bestimmte Problemdiagnosen, Zielhorizonte und Gestaltungsoptionen zur Anwendung (mittlere Übereinstimmung, mittlere Literaturbasis). Jede der vier Perspektiven hat Stärken und Schwächen. Diese gilt es zu erkennen und zu benennen.

Alle vier Perspektiven thematisieren Strukturen. Eine Stärke der Marktperspektive ist, dass sie aufgrund der Prominenz von Marktlogiken gesellschaftlich besonders anschlussfähig ist. Eine ihrer Schwächen ist ihr Vertrauen in individuelles Handeln sowie in Bepreisung. Aus einer Bereitstellungs- und Gesellschaft-Natur-Perspektive ist hingegen sowohl der Fokus auf das Individuum als auch der Fokus auf Marktlogiken eher Treiber der Klimakrise als deren Lösung (Pirgmaier & Steinberger, 2019). Auch die Innovationsperspektive ist gesellschaftlich anschlussfähig. Eine der Stärken der in diesem Sachstandsbericht vorgestellten Innovationsperspektive ist, dass sie den Innovationsbegriff weder rein technologisch noch primär marktorientiert versteht, sondern Innovationen immer an ihrem sozial-ökologischen Mehrwert misst. Eine ihrer Schwachstellen ist, dass sie wenig klare Aussagen darüber macht, von wem und wie Entscheidungen über den Erfolg oder Misserfolg von Innovationen getroffen werden. Dass Letzteres immer (auch) ein politischer Prozess ist, wird in dieser Perspektive nur bedingt berücksichtigt.

Für die Gestaltung klimafreundlichen Lebens gilt: Wenn mehrere Perspektiven berücksichtigt werden, dann ist die Wahrscheinlichkeit am höchsten, dass Problemdiagnosen, Zielhorizonte und Gestaltungsoptionen differenziert verstanden, Prioritäten informiert gesetzt und Inkompatibilitäten sowie Synergien identifiziert werden können (hohe Übereinstimmung, mittlere Literaturbasis).

Teil 2: Handlungsfelder

Kapitel 3: Überblick Handlungsfelder

Um die in Paris vereinbarten Klimaziele zu erreichen, sind Veränderungen im Alltag der Menschen und in ihrem täglichen Verhalten erforderlich. Diese Veränderungen können nicht vorrangig durch Appelle an die individuelle Verantwortung angestoßen werden. Es braucht vielmehr adäquate Strukturen wie Regulierung, steuerliche Anreize, infrastrukturelle Veränderungen und Verbote, um Aktivitäten mit hohen Emissionen einzuschränken bzw. solche mit niedrigen Emissionen zu verstärken. Klimafreundliche Strukturen sind notwendig, um klimafreundliches Handeln leichter in den Alltag zu integrieren und damit eine attraktive Alternative zu den bisherigen nichtnachhaltigen Praktiken bereitsteht (hohe Übereinstimmung, starke Literaturbasis).

In Teil 2 wird mit der Analyse der Klimawirkungen unterschiedlicher Handlungsfelder eine umfassende Zusammenschau über alle Lebensbereiche gegeben. Dabei werden die Klimawirkungen in den Bereichen Wohnen, Ernährung und Mobilität sowie für die Handlungsfelder der Erwerbsarbeit, Versorgung, Betreuungs- und Pflegearbeit, gesellschaftliche Aktivitäten und Erholung untersucht. Individualistische und rationalistische Theorien des Handelns fokussieren auf das Verhalten autonomer und stetig abwägender Individuen. Forschungsansätze, die Praktiken ins Zentrum stellen, gewinnen jedoch an Relevanz (Røpke, 2015). Praktiken sind mehr als tägliche Routinen. Sie sind geprägt von der Kompetenz (Können; z. B.: Wie leihe ich ein Buch aus?), der Möglichkeit (vorhandene Struktur, z. B. öffentliche Bibliothek, leistbar und erreichbar) und der Zeit, sie auszuführen (Zeitwohlstand, Zeitsouveränität) (vergleiche Kap. 2 und 27).

Aktuell existieren Strukturen, die Menschen auf unterschiedlichen Ebenen daran hindern, im Einklang mit den klimapolitischen Zielen zu leben. Daher genügt es nicht, einzelne Barrieren zu beseitigen. Das Gestalten von Strukturen erfordert die Änderung der strukturellen Zusammenhänge (sowohl hemmender als auch fördernder Faktoren) innerhalb einzelner Handlungsfelder (hohe Übereinstimmung, starke Literaturbasis). Entscheidend für erfolgreiches Gestalten ist die Abstimmung von Maßnahmen zwischen Handlungsfeldern. Dazu bedarf es eines integrativen und systemischen Vorgehens, um Rahmenbedingungen für individuelles Verhalten festzulegen. Widersprüchliche Maßnahmen, die Konflikte oder Nachteile in einem oder mehreren Handlungsfeldern schaffen, gefährden das Erreichen klimapolitischer Ziele. So genügt es beispielsweise nicht, lediglich die räumliche Infrastruktur zu verbessern. Um den Umstieg vom Individualverkehr auf den öffentlichen Verkehr zu erleichtern, sind auch die räumliche Verteilung der Mobilitätsziele

Tab. TZ.1 Systeme, Zeitkategorien, Tätigkeiten und CO_2-Fußabdruck nach funktionaler Zeitverwendungsanalyse. (Eigene Darstellung nach Ringhofer & Fischer-Kowalski (2016); Wiedenhofer et al. (2018)). {Kap. 3}

Re-/Produktion im System	Kategorie der funktionalen Zeitverwendung	Umfasst diese Aktivitäten aus Zeitverwendungsstudien	Und CO_2e-Fußabdruck von ... (beispielhaft)	% CO_2e-Fußabdruck Haushalt
Person	Personal time	Schlafen, Essen, Körperpflege	Nahrung, Warmwasser, Heizen, Hygieneprodukte ...	39 %
Haushalt	Gebundene Zeit	Hausarbeit, Versorgung anderer Menschen	Kochen, Waschen, Putzen, Möbel, Reparaturen ...	14 %
Ökonomie	Vertraglich vereinbarte Zeit	Erwerbsarbeit, Ausbildung	*In Erwerbsarbeit werden Waren und Dienstleistungen produziert und Einkommen generiert, mit denen alle anderen Aktivitäten ermöglicht und finanziert werden*	–
Gemeinschaft	Freie Zeit	Freizeit, Erholung	Kultur, Unterhaltung, Sport, Hobbys ...	31 %
Mobilität Diese Zeit ermöglicht andere Aktivitäten, die Menschen an unterschiedlichen Orten ausführen		Verschiedene Formen der Fortbewegung	Direkte Emissionen von Treibstoffen, indirekte Emissionen von Transportmitteln und Infrastruktur	16 %

und die Zeitökonomie im Alltag und von verschiedenen Mobilitätsmodi zu berücksichtigen (hohe Übereinstimmung, starke Literaturbasis).

Verschiedene Bevölkerungsgruppen (nach Geschlecht, Alter, Einkommen) sind vom Klimawandel unterschiedlich betroffen und tragen in unterschiedlichem Ausmaß durch ihre Tätigkeiten mit THG-Emissionen zum Klimawandel bei. Ein gutes Leben für alle kann nur ermöglicht werden, wenn Maßnahmen zur Minimierung von Ungleichheiten ergriffen werden. Die Neugestaltung der Zeitstrukturen ist hierbei von zentraler Bedeutung (hohe Übereinstimmung, starke Literaturbasis). Die Berechnung von CO_2-Fußabdrücken je alltäglicher Aktivität ermöglicht die Analyse von Unterschieden in Bevölkerungsgruppen und je Handlungsfeld (Smetschka et al., 2019) (Tab. TZ.1). Die persönliche Zeit, die für die Fürsorge für die eigene Person verwendet wird, ist relativ kohlenstoffarm, während sowohl Haushalts- als auch Freizeitaktivitäten große Unterschiede in Bezug auf den CO_2-Fußabdruck pro Stunde aufweisen. Die traditionelle geschlechtsspezifische Arbeitsteilung prägt die Zeitnutzungsmuster von Frauen und Männern, die sich auf ihre CO_2-Fußabdrücke auswirken.

In einem systematischen Review wurden die internationalen Emissionsvermeidungs- und verringerungspotenziale von 60 Konsumoptionen aus Primärstudien und mehreren Reviews aus unterschiedlichen Ländern zusammengefasst (Ivanova et al., 2020) (Abb. TZ.7). Alle Optionen inkludieren sowohl direkte als auch indirekte Emissionen in der Produktion und Bereitstellung von Gütern und Dienstleistungen („Fußabdruck").

Es zeigt sich, dass einige wenige Optionen im Bereich Mobilität, Ernährung und Wohnen sehr hohe bis mittlere Potenziale haben. Klassisches „umweltfreundliches Verhalten", wie beispielsweise Mülltrennung, weniger Papier oder optimierte Nutzung von Haushaltsendgeräten, zeigen eher geringe Vermeidungspotenziale, wenn man sie etwa mit der Nutzung selbst produzierten Ökostroms oder dem Verzicht auf Haustiere vergleicht. Der Mobilitätsbereich weist das größte Potenzial für Emissionsreduktionen auf, insbesondere der Verzicht auf das Auto, gefolgt vom Wechsel zu Elektromobilität und der Vermeidung von Langstreckenflügen. Sowohl Automobilität als auch Flugreisen steigen stark mit höherem Einkommen. Daher ist die Gestaltung dieser Mobilitätsangebote in einem reichen Land wie Österreich besonders wichtig. Im Bereich der Ernährung zeigen sich klar die Vorteile von veganer bis vegetarischer Ernährung bzw. einer sehr starken Reduktion des Fleischkonsums. Im Bereich Wohnen zeigen Investitionen in den Ausbau erneuerbarer Energien das größte Potenzial, gefolgt von der Renovierung und Sanierung von Wohngebäuden, wo wiederum Rahmenbedingungen und Standards entscheidend sind.

Für Konsumoptionen mit hohem Vermeidungspotenzial sind strukturelle Maßnahmen notwendig, die infrastrukturelle, institutionelle und verhaltensbezogene Barrieren beseitigen, damit die Realisierung der Vermeidungspotenziale strukturell ermöglicht und bevorzugt wird (Ivanova et al., 2020). Gutes Leben mit hoher Lebensqualität und weniger Ressourcenbedarf zu erreichen, muss in allen Handlungsfeldern ansetzen. Die unterschiedlichen Wege dahin sind beispielsweise Konzepte von Nutzen statt Besitzen oder Reparieren statt Wegwerfen und stellen das Teilen von Services anstelle von Anhäufen von Material und Abfällen in den Vordergrund (hohe Übereinstimmung, starke Literaturbasis): Das Bewusstsein der Bevölkerung für die Notwendigkeit umfassender klimapolitischer Maßnahmen steigt. Eine aktive öffentliche Debatte, zivilgesellschaftliche Bewegun-

Teil 2: Handlungsfelder

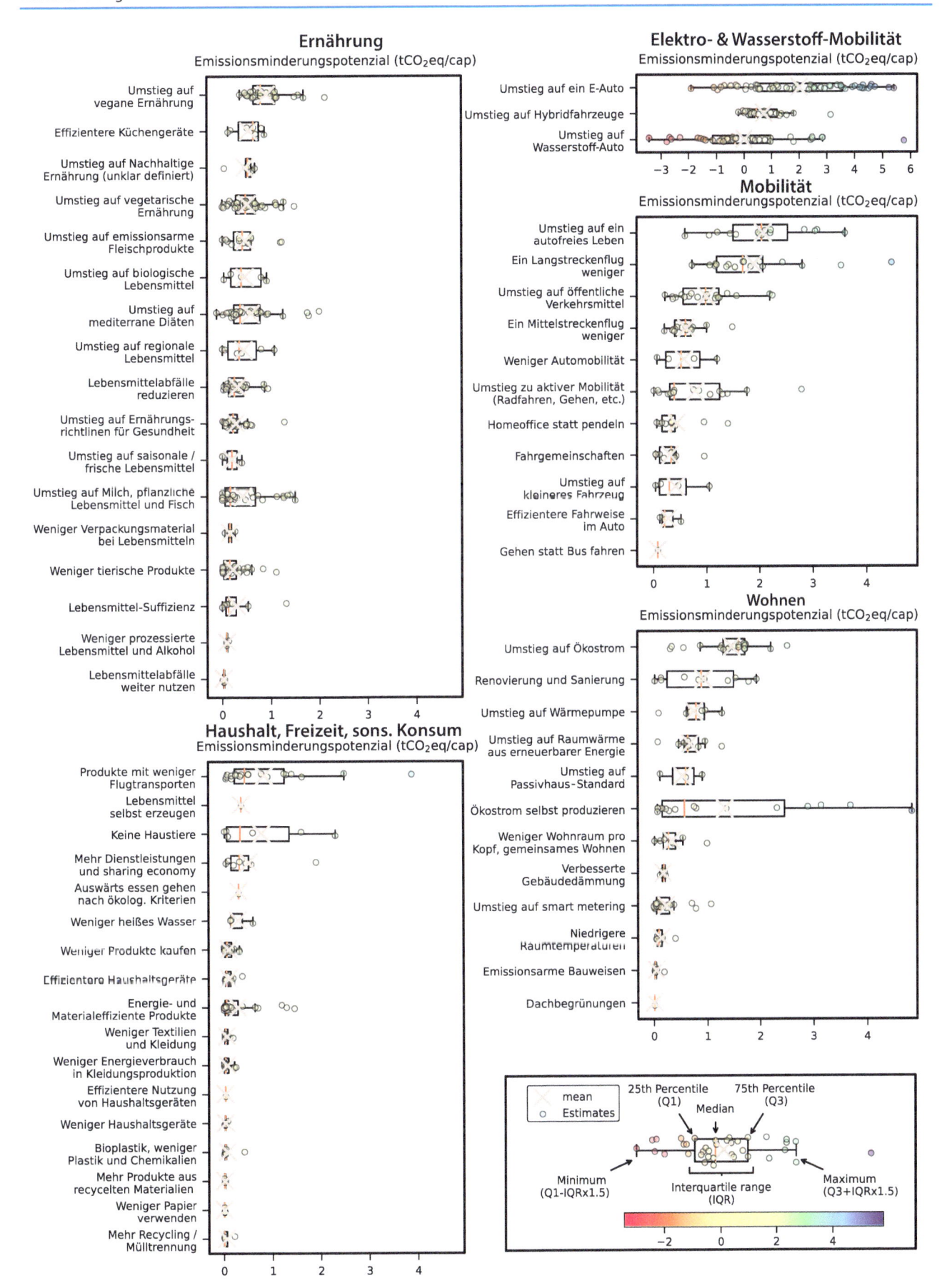

Abb. TZ.7 Die internationalen Emissionsvermeidungs- und -verringerungspotenziale von 60 Konsumoptionen. (Eigene Darstellung adaptiert nach Ivanova et al. (2020)). {Kap. 3}

gen sowie Aufklärungs- und Überzeugungsarbeit bilden die Grundlagen einer demokratischen Öffentlichkeit als Voraussetzung und Ziel einer klimagerechten Transformation. Es ist davon auszugehen, dass Klimapolitik ein Anliegen mit hoher Zustimmung ist, für den ein Großteil der Bevölkerung zur klimapolitischen Transformation gewonnen werden kann. Für eine hohe Akzeptanz und positive Klimawirkung ist entscheidend, dass diese Transformation keine neuen Ungleichheiten schafft bzw. dass Nachteile und Verluste für manche Teile der Bevölkerung sozial(politisch) entsprechend ausgeglichen werden (hohe Übereinstimmung, starke Literaturbasis).

Kapitel 4: Wohnen

Um Strukturen eines klimafreundlichen Wohnens zu verstehen, hilft ein integrativer Blick auf das österreichische Wohnungssystem. Dieser umfasst alle in das Themenfeld Wohnen involvierten Akteur_innen, Aktivitäten und strukturellen Bedingungen von der Bodeninanspruchnahme und Produktion bis zur Nutzung und Wiederverwertung. Im Folgenden wird die Literatur zu klimafreundlichem Wohnen entlang dieser Dimensionen dargestellt.

Wohnen als Grund- und Existenzbedürfnis ist eine Tätigkeit, welche sich über den eigenen Wohnraum hinaus in die Nachbarschaft und Freiräume erstreckt. Sie besteht aus einem multiplen Beziehungsgeflecht ökologischer, ökonomischer, sozialer und kultureller Aspekte. Wohngebäude umfassen 82 Prozent des gesamten österreichischen Gebäudebestands (Statistik Austria, 2019c). Davon sind 65,8 Prozent Einfamilienhäuser (Statistik Austria, 2013). Der Sektor Gebäude verursachte im Jahr 2019 allein im Betrieb rund 8,1 Millionen Tonnen THG-Emissionen, was einem Anteil des Gebäudesektor-Betriebs von 10,2 Prozent aller THG-Emissionen in Österreich im Jahr 2019 entspricht (Umweltbundesamt, 2021c), wobei Wohngebäude darin mit einem Anteil von 8,2 Prozent dominieren (Statistik Austria, 2019c). Eine Reduktion der THG-Emissionen im Betrieb von Gebäuden konnte von 1990 bis 2014 beobachtet werden, wobei diese Emissionen zwischen 2014 bis 2017 wieder anstiegen (Umweltbundesamt, 2021c).

Die durchschnittliche Wohnfläche pro Person in einer Hauptwohnsitzwohnung in Österreich liegt bei 45,3 m^2 pro Person, in Wien liegt sie bei 36,1 m^2 pro Person, im Burgenland bei 54 m^2 pro Person (Statistik Austria, 2019c). Der Zuwachs an Bodenverbrauch für Wohn- und Geschäftsgebiete liegt in Österreich im Jahr 2020 bei 23 km^2 (Umweltbundesamt, 2021a). Leerstand spielt bei der Vermeidung von Bodenverbrauch im Wohnungssektor eine zentrale Rolle. Eine vollständige und übergreifende Leerstandserhebung für Österreich liegt derzeit jedoch nicht vor (Schneider, 2019) (hohe Übereinstimmung, schwache Literaturbasis).

Einfamilienhäuser weisen im Vergleich zu Wohnsiedlungen und Geschoßwohnbau eine deutlich schlechtere Bilanz auf. Graue Emissionen, also die gesamte Energie, die bei Herstellung, Einbau und Abbruch von tragwerksrelevanten Bauelementen benötigt wird, aber auch Leerstand spielen hier eine große Rolle. Die Weiternutzung von Leerstand könnte helfen, den Neubau von Einfamilienhäusern einzudämmen, welche als Wohnform den höchsten Flächenverbrauch aufweisen und mit der Bereitstellung umfangreicher Infrastrukturmaßnahmen (speziell im Bereich des Verkehrs) einhergehen. Darüber hinaus geht es um die energetische Ertüchtigung des Bauvolumens. Durch Sanierung in Form einer energieeffizienten Gebäudeertüchtigung mit ökologischen Materialen ließe sich beispielsweise in Vorarlberg bei Gebäuden aus den 1970er Jahren im Vergleich zu einer reinen Instandhaltung ohne thermische Sanierung das globale Erwärmungspotential um 72 Prozent reduzieren (Energieinstitut Vorarlberg, 2020). Die Sanierungsrate ist jedoch österreichweit seit 2010 um ein Viertel zurückgegangen (Global 2000, 2021; IIBW, Umweltbundesamt, 2020) (hohe Übereinstimmung, starke Literaturbasis). Der Umstieg auf erneuerbare Energien im Wohnungssektor ist mangelhaft, der erneuerbare Anteil an der Fernwärmeerzeugung und am -verbrauch lag im Jahr 2018 bei nur 48 Prozent (Umweltbundesamt, 2022) (hohe Übereinstimmung, mittlere Literaturbasis). Im Neubau lassen sich neue technische Lösungen einfacher umsetzen, es sollte aber der klare Fokus auf den Bestand und dessen Ertüchtigung gelegt werden (Amann & Mundt, 2019).

Durch den Föderalismus liegen in Österreich für den Wohnbau derzeit stark fragmentierte Zuständigkeiten auf Entscheidungs- und Wissensebenen vor. Mindeststandards für den Wohnbau (z. B. Grünflächenfaktor, Versiegelungsfaktor, Energieeffizienzstandards etc.) werden maßgeblich durch die Bauordnungen der Bundesländer vorgegeben. Alle Wohngebäude müssen seit 2021 die Mindestanforderung an ein Niedrigstenergiegebäude im Sinne der EU-Gebäuderichtlinie (Artikel 2, Ziffer 2 der RL 2010/31/EU) erfüllen. Wohnbauförderungen sind nach der bundesstaatlichen Kompetenzverteilung auf Landesebene geregelt. Baugenehmigungsverfahren werden auf kommunaler Ebene vollzogen.

Die Ökologisierung des Wohnbausektors betrifft sowohl die Baubiologie (z. B. Giftstoffe in Baumaterialien) als auch die Bauökologie (Land-, Ressourcen- und Energieverbrauch im Bau, im laufenden Betrieb und im Recycling). Ein wichtiges Ziel liegt darin, die Zertifizierung ökologischer Baustoffe voranzubringen. Der Verwendung von neuen – teils low tech, insofern alten – Bauweisen stehen oft kostenintensive Genehmigungs- und Prüfverfahren im Weg. Wenn die Ressourcen fehlen, um Prüfprozesse für alternative Baumaterialien und -elemente einzuleiten, verfestigt sich der Einsatz von Industrieprodukten ungeachtet der ökologischen

Komponentenzerlegung CO$_2$-Emissionen der Privathaushalte

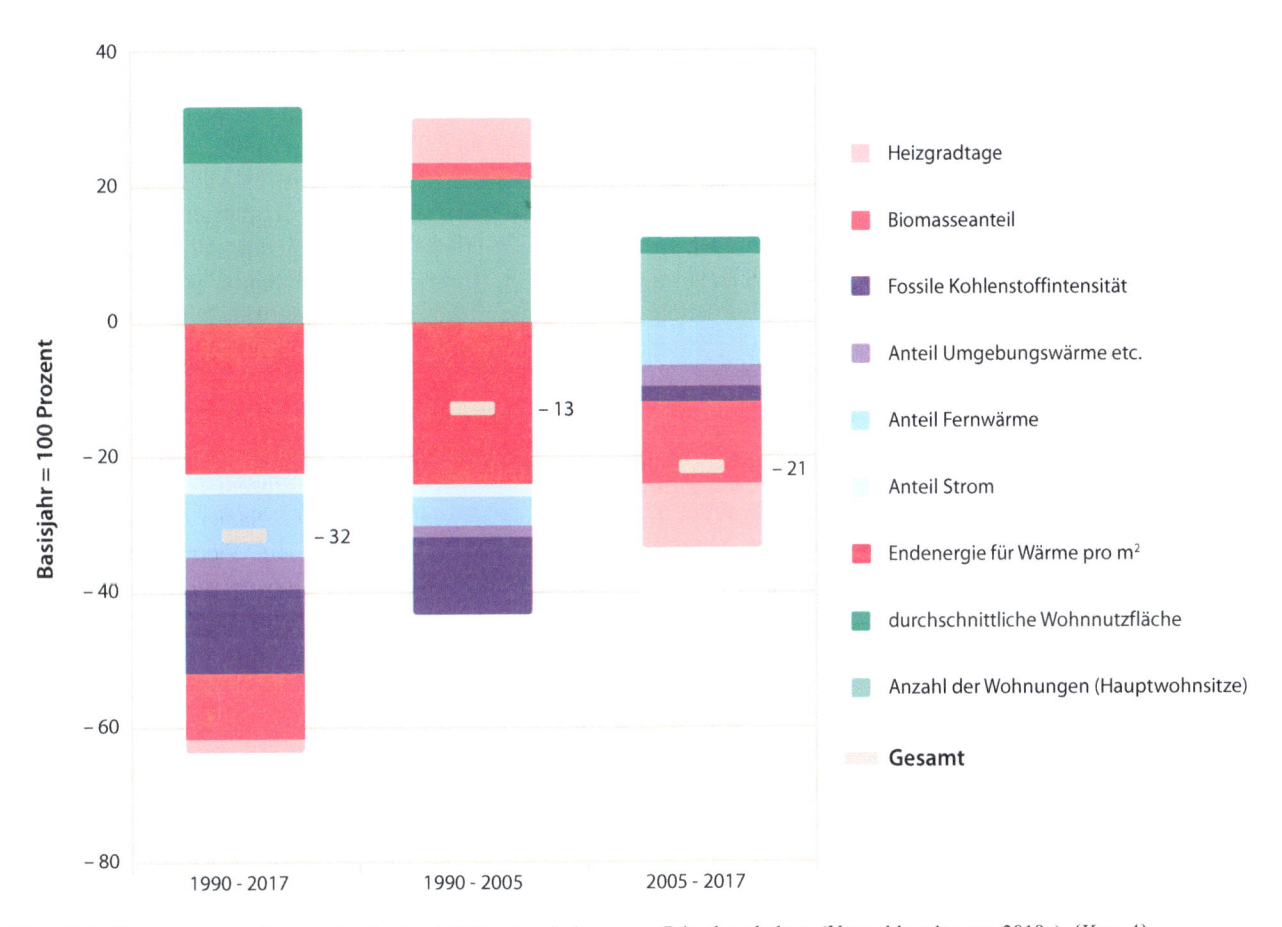

Abb. TZ.8 Komponentenzerlegung der Kohlenstoffdioxidemissionen aus Privathaushalten. (Umweltbundesamt, 2019a). {Kap. 4}

Qualitäten und Vorzüge alternativer Baumaterialien (Bauer, 2015; Reinhardt et al., 2020) (hohe Übereinstimmung, mittlere Literaturbasis). Im Kontext sozial-ökologischer Bauwirtschaft steigert Urban Mining („städtischer Bergbau") Ressourceneffizienz und fördert eine Rückgewinnung von Sekundärrohstoffen. Dies senkt den Verbrauch von Primärrohstoffen und ermöglicht weitgehende Unabhängigkeit vom Import; auch mit Hilfe von Ressourcenkatastern zur Identifikation anthropogener Lager (Allesch et al., 2019; Kral et al., 2018) (hohe Übereinstimmung, mittlere Literaturbasis). Die Nutzung von Recycling-Baumaterial und materialbewusster Konstruktion ermöglicht kreislauffähiges Bauen (Kakkos et al., 2020; Brunner, 2011) (hohe Übereinstimmung, geringe Literaturbasis).

Im aktuell dominanten marktorientierten System wird die ausreichende Versorgung mit Wohnraum für untere und mittlere Einkommensgruppen in urbanen Regionen zunehmend schwieriger (Kadi et al., 2020) (hohe Übereinstimmung, geringe Literaturbasis). Diese können kaum einen Beitrag zur klimafreundlichen Gesellschaft leisten, da sie zur Wohnversorgung auf billigere Immobilien mit schlechterer Bauqualität und daher schlechterer Energieeffizienz in minderversorgten Wohngegenden angewiesen sind (Weißermel & Wehrhahn, 2020) (hohe Übereinstimmung, geringe Literaturbasis). Rund 20 Prozent aller Österreicher_innen und rund 45 Prozent der Wiener_innen wohnen heute in einer Gemeinde- oder Genossenschaftswohnung (Schwarzbauer et al., 2019; Van-Hametner et al., 2019). Die Privatisierung bzw. Kapitalisierung von vormals öffentlichen und/oder gemeinnützigen Gütern der Wohnungswirtschaft birgt die Gefahr, soziale Belange gegen Klimaschutz und andere ökologische Anliegen auszuspielen (Weißermel & Wehrhahn, 2020) (hohe Übereinstimmung, geringe Literaturbasis). Die vorerst letzten Erhebungen zu Österreich aus 2016 beziffern 117.100 Haushalte, die von Energiearmut betroffen sind. Vertreter_innen der Armutskonferenz vermuten weit höhere Zahlen (Armutskonferenz, 2019, 2020) (hohe Übereinstimmung, starke Literaturbasis).

Potenziale liegen in der verbindlichen Koordination und Kooperation urbaner und ländlicher Regionalplanung. Eine große Barriere ist die Kompetenz der Bürgermeister_innen als Baubehörde erster Instanz. Derzeit existiert kein nationales Monitoringsystem zur Erfassung aller thermisch-energetisch relevanten Sanierungsaktivitäten (Umweltbundesamt, 2020a) (hohe Übereinstimmung, starke Literaturbasis). Es braucht das Zusammenführen der Zuständigkeiten auf Bundesebene in Form einer nationalen Koordinations- und Monitoringstelle für das Thema Wohnen. Zuständigkeiten wären die Etablierung einer Wohnbauforschung, die unter anderem ein österreichisches Leitbild des Wohnbaus erarbeitet und die gesellschaftlichen Bedingungen und Möglichkeiten zur Wohnraumversorgung sowie zukunftsfähige, nachhaltige und sozial gerechte Wohnformen untersucht sowie eine stärkere Zweckbindung der Wohnbauförderung an ökologische und soziale Auflagen mittels Objektförderung forciert (Allianz Nachhaltiger Hochschulen, 2021) (hohe Übereinstimmung, starke Literaturbasis). Für ressourcenschonende Wohnbaupolitik ist eine flächendeckende Leerstandserhebung wichtig. Bestandsaktivierung bzw. -mobilisierung wären priorität gegenüber dem Neubau zu behandeln (Koch, 2020) (hohe Übereinstimmung, geringe Literaturbasis).

Aktivierung und Attraktivierung des Wohnbaubestandes senkt die Neubautätigkeiten und beugt der weiteren Ausbreitung der Siedlungsflächen in Form von zunehmender Versiegelung des Bodens vor. Diese klimafreundlichen Potenziale können sich durch Erhalten, Reparieren und Weiterdenken städtebaulich übergreifender Ansätze und gemeinwohlorientierte Kooperationen sowie Beteiligungskonzepte in Kombination mit Lebenszyklusbetrachtungen und zirkulären, ökologischen Materialeinsätzen entfalten. (Ebinger et al., 2001). (hohe Übereinstimmung, geringe Literaturbasis). Die Sanierung von privaten Mietwohnungen könnte durch eine verkürzte Absetzung von Sanierungskosten oder alternativ mit Investitionsprämien unterstützt werden (Amann, 2019). Niedrigverdiener_innen kann alternativ die Inanspruchnahme einer Negativsteuer angeboten werden. Mit dem verstärkten Blick auf den Bestand und somit auf die Sanierungen wird eine Verschiebung im fachlich-technischen wie auch im handwerklichen Bereich des Baugewerbes einsetzen, samt adäquater Instrumente der Umschulung sowie diesbezüglicher Fördermechanismen, ebenso wie eine Verlagerung der Wirtschaftsleistung. Dies erfordert auch bessere Entlohnung und höheren sozialen Status von Bauarbeiter_innen (Amann, 2019) (hohe Übereinstimmung, geringe Literaturbasis).

Das Herauslösen der Wohnungsversorgung aus den Logiken des Marktes (Dekommodifizierung) erfordert die kleinmaßstäbliche Erfassung der territorialen Verteilung und Preisentwicklung bestehenden Wohnraums. Verfügbarkeit von kommunalem Boden und Wohnungsbeständen ist dafür besonders wichtig, weshalb sich die Dekommodifizierungspolitik mit einem solchen Ziel nicht allein auf die Wohnung beschränken kann, sondern auch den Boden als endliche Ressource miteinschließen muss. Gemeinnützige Organisationsformen werden gefordert, um die Bodenvergabe für Wohnbauzwecke weiterzuentwickeln (Kaltenbrunner & Schnur, 2014) (hohe Übereinstimmung, geringe Literaturbasis). Genannt werden außerdem Instrumente wie Widmung auf Zeit, Rückwidmung, Enteignung, Baulandumlegung oder Vorkaufsrecht der Gemeinde (ÖROK, 2017) (hohe Übereinstimmung, starke Literaturbasis). Im Land Salzburg wird mittels Vorbehaltsflächen „zur Sicherung von Flächen für die Errichtung von förderbaren Miet-, Mietkauf- oder Eigentumswohnungen" (Land Salzburg, 2008) und in Tirol mittels „Vorbehaltsflächen für den geförderten Wohnbau" (Land Tirol, 2016) aktive Bodenpolitik betrieben. Um dekarbonisierten, sozial-ökologisch gerechten Wohnbau im Sinne des Gemeinwohls zu ermöglichen, gilt es vor allem, für staatliche und kommunale Stellen vermehrt Verfügungs- und Handlungsspielräume zurückzugewinnen. Ebenso können alternative Wohnbaukonzepte, z. B. in Form von Baugruppen, Eco Villages, Mietshäusersyndikaten etc., neuartige und inklusive Zugänge in ökonomischer, ökologischer und sozialer Hinsicht für den allgemeinen Wohnbau befördern (Lang & Stoeger, 2018; Höflehner, 2019; Jany, 2019; van Bortel & Gruis, 2019) (hohe Übereinstimmung, starke Literaturbasis).

Kapitel 5: Ernährung

Um Strukturen einer klimafreundlichen Ernährung zu verstehen, hilft ein integrativer Blick auf Ernährungssysteme. Diese umfassen alle in die Ernährung involvierten Akteur_innen, Aktivitäten und strukturellen Bedingungen von der Produktion bis zu den Lebensmittelabfällen. Im Folgenden wird die Literatur zu klimafreundlicher Ernährung entlang dieser Dimensionen gesichtet.

Weltweit sind Ernährungssysteme für ca. ein Drittel aller anthropogenen THG-Emissionen verantwortlich; je ein Drittel davon entfällt auf Landnutzungsänderungen, auf direkte Emissionen aus der Landwirtschaft und auf die weiteren Prozesse des Ernährungssystems bis hin zur Entsorgung (Crippa et al., 2021). Eine sektorübergreifende Betrachtung rechnet rund 10 Prozent aller österreichischen THG-Emissionen der Landwirtschaft zu (Umweltbundesamt, 2021c). Die THG-Emissionen der Landwirtschaft haben sich seit 1990 durch sparsamere Düngung und einen Rückgang im Viehbestand um 14,3 Prozent reduziert (Umweltbundesamt, 2021c). In den letzten Jahren blieben sie allerdings konstant. Eine weitere Reduktion von THG-Emissionen in der Landwirtschaft steht nicht prioritär auf der politischen Agenda. Maßnahmen werden nur unzureichend umgesetzt.

Aus wissenschaftlicher Sicht birgt die Tierhaltung großes Emissionsreduktionspotenzial (IPES, 2019; SAPEA, 2020) (hohe Übereinstimmung, starke Literaturbasis). In Österreich wird dieses Potenzial agrarpolitisch nicht thematisiert. Bezüglich des Nahrungskonsums verweist die Forschung bei einer Reduktion des Konsums tierischer Produkte auf hohe Synergien zwischen Klimaschutz- und Gesundheitszielen (APCC, 2018; Willett et al., 2019) (hohe Übereinstimmung, starke Literaturbasis). Potenziale einer Reduktion des Konsums tierischer Produkte werden bei Klimaschutzstrategien bisher allerdings ausgeblendet. Ernährungspraktiken spiegeln soziale Ungleichheitsstrukturen wider. Hohes Potenzial für die Reduktion von THG-Emissionen besteht darüber hinaus in der Vermeidung von Lebensmittelabfällen (IPES, 2019; SAPEA, 2020). Wenn dieses lukriert werden soll, sind Akteur_innen entlang der gesamten Wertschöpfungskette in die Verantwortung zu nehmen (hohe Übereinstimmung, starke Literaturbasis).

Verarbeitung und Handel sind klimapolitisch wichtige Teile der Wertschöpfungskette. Geprägt durch eine sehr hohe Konzentration hat der Lebensmitteleinzelhandel zwar das Angebot an klimafreundlichen Produkten am Markt erweitert, klimaschädliche Strukturen im Ernährungssystem werden damit aber nicht abgebaut. Politische Regulierungen des Handels erschöpfen sich bisher in wenig effektiven Maßnahmen. Alternative Vertriebswege jenseits der Supermärkte bieten Formen bäuerlicher Direktvermarktung, die in Österreich verbreitet sind. Diese können durch verkürzte Distanzen zwischen Produktion und Konsum und eine klimafreundliche Ausgestaltung der Logistik dazu beitragen, dass transportbezogene THG-Emissionen reduziert werden. Allerdings wird die Klimarelevanz von „food miles" häufig überschätzt (Enthoven & Van den Broeck, 2021; Paciarotti & Torregiani, 2021). Die biologische Lebensmittelproduktion wird in der öffentlichen Wahrnehmung häufig mit Klimafreundlichkeit in Verbindung gebracht. Dennoch liefern hier Studien sehr kontextspezifische Ergebnisse (Seufert & Ramankutty, 2017) (niedrige Übereinstimmung, schwache Literaturbasis). Aufgrund des geringeren Flächenertrags im Biolandbau werden Ausbaupotenziale im Biolandbau für eine klimafreundlichere Ernährung oftmals mit einer gleichzeitigen Reduktion des Konsums tierischer Produkte verknüpft (z. B. Hörtenhuber et al., 2010; Niggli, 2021; Schlatzer et al., 2017; Theurl et al., 2020).

Notwendige Veränderungen, Barrieren und Konflikte im Bereich der klimafreundlichen Ernährung finden vor allem in vier Feldern ihren Ausdruck: (1) in der umkämpften Transformation von Politikbereichen, (2) im Konfliktthema Fleisch, (3) in Arbeitskonflikten und (4) in konfligierenden Wissensformen. Erstens wird eine auf Klimaziele ausgerichtete integrative Ernährungspolitik von zivilgesellschaftlichen Akteur_innen und der Wissenschaft gefordert; diese kann verschiedene Politikbereiche wie z. B. Klima-, Umwelt- und Gesundheitspolitik verbinden (APCC, 2018; IPES, 2019) (hohe Übereinstimmung, mittlere Literaturbasis). Sie steht im Konflikt mit Interessen der agrarischen Interessenvertretung, der Agrar- und Lebensmittelindustrie und des Handels, die überwiegend den Status quo des Handelssystems aufrechterhalten wollen, sowie mit der aktuellen Ausgestaltung der Gemeinsamen Agrarpolitik der Europäischen Union (Nischwitz et al., 2018). Zweitens forciert unser Wirtschaftssystem Produktion, Weiterverarbeitung, Konsum und eine vergleichsweise geringe Wertschätzung tierischer Produkte, da es auf der Bereitstellung billiger Erzeugnisse und deren Export beruht (Plank et al., 2021c). Unterstützt wird dies kulturell durch Routinen. Beispielsweise wird Fleisch als unverzichtbar angesehen (Oleschuk et al., 2019) und mangelnde Zeit trägt zur Lebensmittelverschwendung bei (Devaney & Davies, 2017; Plank et al., 2020b) (hohe Übereinstimmung, starke Literaturbasis). Drittens werden Arbeitskonflikte im Bereich der Erntearbeit, der Verarbeitungsindustrie, der Supermärkte und Essenszustellung wie auch durch die Aufgabe von Höfen sichtbar, die nach einer Aufwertung der menschlichen Arbeit verlangt, um die soziale Dimension klimafreundlicher Strukturen zu gewährleisten (Behr, 2013; Möhrs et al., 2013) (hohe Übereinstimmung, mittlere Literaturbasis). Und schließlich setzen viertens Forschungsfragen nicht an der Lebensrealität von Bauern und Bäuerinnen an (Laborde et al., 2020; Nature, 2020). Wichtige Forschungslücken zeigen sich zur Rolle der Verarbeitungsindustrie, der Landwirtschaft, vorgelagerter Agrarindustrie und des Lebensmittelhandels. Diese gilt es in künftigen Forschungsarbeiten zur Bereitstellung von Strukturen für ein klimafreundliches Leben besser in den Blick zu nehmen, um konkretere Aussagen zu deren Verantwortlichkeiten treffen zu können (mittlere Übereinstimmung, niedrige Literaturbasis).

Übergangspfade zu einem klimafreundlichen Ernährungssystem werden kontrovers und oftmals vereinfachend dichotom diskutiert: „Bioökonomie" versus sozial-ökologische Transformation der Produktions- und Konsumpraktiken in einer „Ökoökonomie" (Ermann et al., 2018; Horlings & Marsden, 2011); agrarökologische versus industrielle Systeme (IPES, 2016); Lebensmittel als Ware versus Lebensmittel als Gemeinschaftsgut oder Menschenrecht (Jackson et al., 2021; SAPEA, 2020) (geringe Übereinstimmung, schwache Literaturbasis). Wenngleich eine solche Entweder-oder-Perspektive analytisch sinnvoll sein mag, können Veränderungsprozesse durch ein „Sowohl-als-auch" gewinnen: technische UND soziale Innovationen, agrarökologische UND industrielle Ansätze, zentrale UND dezentrale Ansätze, produktions- UND konsumseitige Maßnahmen (Ermann et al., 2018). Reduktionsziele ließen sich über höhere Preise (z. B. lokale Fütterung oder Vollweide, höhere Tierschutzstandards, Bio) bzw. Steuern auf klimaschädliche Lebensmittel wie Fleisch forcieren. Diese würden sozial benachteiligte Gruppen stärker treffen. Allerdings bestehen hier große Synergien zu Gesundheitszielen, da gerade sozial benachteiligte Gruppen von den ernährungsmitbedingten Gesundheitsfolgen aktueller Ernährungsmuster mit hohen Fleischanteilen und hochverarbeiteten Lebensmitteln überproportional betroffen sind (Brunner, 2020; Fekete & Weyers, 2016).

Eine klimafreundliche Ernährung zielt auf sozial inklusive, ungleichheitsreduzierende Ernährungsweisen. Die Akzeptanz von Änderungen hin zu einer klimafreundlichen Agrar-Ernährungspolitik hängt nicht zuletzt von einer effektiven Sozialpolitik und einem Ausgleich territorialer Ungleichgewichte zwischen Stadt und Land oder agrarischen Gunst- und Ungunstlagen ab (SAPEA, 2020). Eine Ernährungswende lässt sich durch mehr Transparenz bezüglich Herkunft, Umwelt- und Tierschutzstandards sowie rechtliche Beschränkungen der Werbung bzw. von Aktionsangeboten für klimaschädliche und ungesunde Lebensmittel unterstützen, ebenso durch einen erweiterten Zugang zu Wissen beispielsweise durch direkte Interaktionen von Konsument_innen und Produzent_innen (Ermann et al., 2018; IPES, 2019; SAPEA, 2020). Im öffentlichen Diskurs ließe sich das lineare, fossil getriebene Produktionsmodell der billigen Massenware durch eine Kreislaufwirtschaft mit Fokus auf Qualität, Abfallreduzierung, Nährstoffkreisläufe und Kohlenstoffbindung ersetzen (SAPEA, 2020). Klimabezogene Standards in Handelsabkommen, ein effektiver Emissionshandel und eine internationale CO_2-Bepreisung (inklusive CO_2-Grenzabgabe) unterstützen nationale Anstrengungen (Europäische Kommission, 2020b; SAPEA, 2020). Klimaschonende und kreislauforientierte Agrar-Ernährungssysteme eröffnen neue Geschäftsmodelle und Investitionsmöglichkeiten, beispielsweise im Zusammenhang mit der Nutzung von Lebensmittelabfällen, der CO_2-Bindung, Bioraffinerien, Biodünger oder Bioenergie (Europäische Kommission, 2020b; Hörtenhuber et al., 2019; Zoboli et al., 2016). Um flexibel auf die – dem Ernährungssystem inhärenten – Unsicherheiten reagieren zu können, scheinen adaptive, inklusive und sektorübergreifende Ansätze, die auf dezentrale Selbstorganisation, Entrepreneurship und soziales Lernen setzen und durch staatliche und finanzpolitische Anreize stark gefördert werden, besonders vielversprechend (IPES, 2016, 2019; SAPEA, 2020) (hohe Übereinstimmung, mittlere Literaturbasis). Da technologische Innovationen mit Fokus auf Ökoeffizienz zur Erreichung von Klima- und Umweltzielen nicht ausreichen, sind diese um Ansätze der Suffizienz und Maßnahmen zur Reduktion des Energie- und Materialumsatzes zu ergänzen (Haberl et al., 2011, 2020; Theurl et al., 2020) (hohe Übereinstimmung, geringe Literaturbasis).

Kapitel 6: Mobilität

Um Strukturen einer klimafreundlichen Mobilität zu verstehen, hilft ein integrativer Blick auf Mobilitätssysteme. Im Folgenden wird die Literatur zu klimafreundlicher Mobilität, den involvierten Akteur_innen und strukturellen Bedingungen gesichtet.

Verkehr und Mobilität sind eine der größten Herausforderungen sowohl für Österreich als auch global bei der Erreichung der Klimaziele (EASAC, 2019; Kurzweil et al., 2019) (hohe Übereinstimmung, starke Literaturbasis). Die THG-Emissionen aus dem Verkehrsbereich betragen in Österreich über 30 Prozent der Gesamtemissionen. Im Jahr 2019 erreichten diese, verursacht durch den Anstieg der Fahrleistung, im Straßenverkehr 24,0 Megatonnen CO_2-Äquivalent (siehe Abb. TZ.9).

Hinzu kommen rund 3,0 Megatonnen CO_2 durch den internationalen Flugverkehr (hohe Übereinstimmung, starke Literaturbasis). Auch die Anzahl der Pkw-Wege und der Motorisierungsgrad in Österreich nehmen weiter zu. Der Anteil im Modal Split für Pkw-Wege stieg von 42 Prozent im Jahr 1983 auf 51 Prozent im Jahr 1995 (Sammer, 1990; Herry et al., 2012) und auf 58 Prozent im Jahr 2014 (Follmer et al., 2016). Der Motorisierungsgrad nahm seit dem Jahr 2000 bis 2019 um mehr als 10 Prozent auf 562 Pkw je 1000 Einwohner_innen zu (Statistik Austria, 2019a, 2019b). Der Energieeinsatz im Verkehr (inklusive Kraftstoffexport im Tank, das heißt wenn insbesondere Lkw aufgrund der vergleichsweise geringeren Treibstoffpreise in Österreich im internationalen Transit eher hierzulande tanken) betrug im Jahr 2018 401 Petajoule (PJ) und verdoppelte sich gegenüber dem Jahr 1990 (Statistik Austria, 2021). 90 Prozent des Energieeinsatzes basieren auf fossilen Energieträgern. Die Verkehrsleistung (= „Verkehrsaufwand") im Personenverkehr über alle Verkehrsmodi nahm zwischen den Jahren 1990 und 2019 von 76,7 Milliarden auf 115,3 Milliarden Personenkilometer (+50 Prozent) zu (Anderl et al., 2021). Zwischen 2000 und 2017 wuchs der Personenverkehrsaufwand um rund 23 Prozent und damit mehr als doppelt so schnell wie die Bevölkerung im selben Zeitraum (Anderl et al., 2020). Der durchschnittliche Besetzungsgrad über alle Wege für Pkw sank gleichzeitig seit dem Jahr 1990 von 1,40 auf 1,14 Personen pro Pkw (Anderl et al., 2021) (hohe Übereinstimmung, starke Literaturbasis).

Im Güterverkehr ist die Transportleistung eng an die Wirtschaftsleistung gekoppelt und stieg zwischen den Jahren 1990 und 2018 um 149 Prozent auf 84,3 Milliarden Tonnenkilometer (tkm) an; 73 Prozent dieser Transportleistung wurden 2019 auf der Straße erbracht (Anderl et al., 2021). Die Lkw-Fahrleistung im Inland (leichte und schwere Nutzfahrzeuge) stieg seit 1990 um rund 91 Prozent, die Transportleistung (in tkm) um 168 Prozent (Anderl et al., 2020). Im gleichen Zeitraum sank der relative Anteil der Bahn am Modal Split des gesamten Gütertransports von 34 auf 27 Prozent (Anderl et al., 2021).

Für den Personen- und Güterverkehr ist festzuhalten, dass Effizienzsteigerungen in der Fahrzeugantriebstechnik durch steigende Fahrleistungen (= „Fahraufwände") sowie den Trend hin zu größeren, schwereren und stärkeren Fahrzeu-

THG-Emissionen des Verkehrssektors 1990–2019

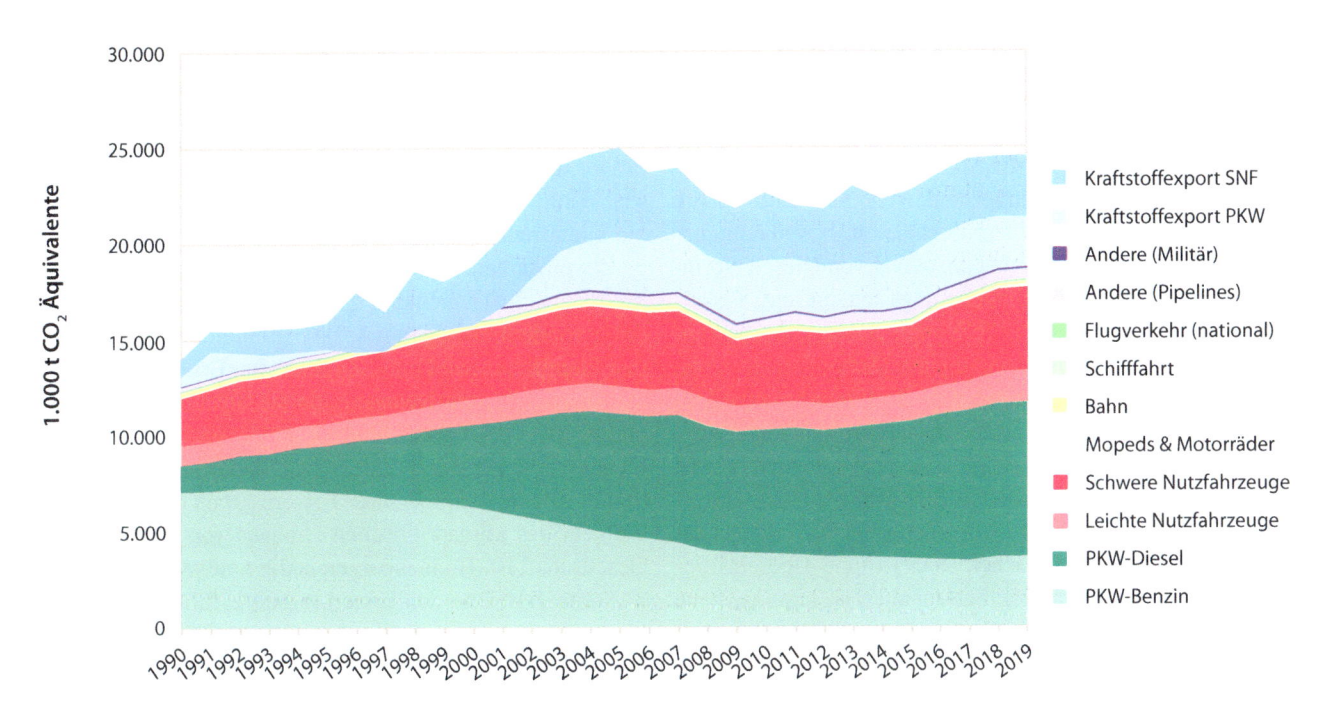

Abb. TZ.9 THG-Emissionen des Verkehrssektors (in 1000 Tonnen CO_2-Äquivalent) (Umweltbundesamt, 2021d). Anmerkung: Nicht dem Transportsektor zugerechnet sind Emissionen aus mobilen Geräten und Maschinen (Traktoren, Baumaschinen) sowie der internationale Luftverkehr. Einteilung entsprechend CRF-Format des Kyoto-Protokolls. {Kap. 6}

gen überkompensiert wird (Helmers, 2015). Erwähnenswert ist auch der Anteil der Kraftstoffexporte an den THG-Emissionen im Straßenverkehr, der für das Jahr 2019 mit 5,8 Megatonnen CO_2-Äquivalent ausgewiesen wurde und sich seit 1990 aufgrund von Preisdifferenzen zum Ausland vervierfachte (Anderl et al., 2021) (hohe Übereinstimmung, starke Literaturbasis). Globales Ziel ist, die Mobilität schrittweise bis 2050 (United Nations General Assembly, 2015) bzw. in Österreich bis 2040 (BMK, 2021a) zu dekarbonisieren. Um die European-Green-Deal-Ziele zu erreichen, wäre eine Reduktion der verkehrsbedingten THG-Emissionen um 90 Prozent bis zum Jahr 2050 notwendig (Europäische Kommission, 2020d) (hohe Übereinstimmung, starke Literaturbasis).

Diese Ziele wurden in einer Reihe von (verkehrs-)politischen Willenserklärungen (BMNT, 2018; Heinfellner et al., 2019; BMK, 2021b; ÖVP & Grüne, 2020) explizit festgehalten und Maßnahmen zur Erreichung dieser Ziele formuliert. Die vorgeschlagenen Maßnahmen reichen von der Ausweitung des Fußgeher_innen- und Radverkehrs über die Stärkung und den Ausbau des öffentlichen Verkehrs bis hin zur Verlagerung des Güterverkehrs auf die Schiene und dem Einsatz von Agrartreibstoffen und der Steigerung des E-Mobilitätsanteils (Heinfellner et al., 2019). Als weitere sinnvolle und wirksame Maßnahmen werden eine Erhöhung der mineralöl- und motorbezogenen Versicherungssteuer, die Reduktion der generellen Höchstgeschwindigkeiten auf Autobahnen und im Freiland auf 100 bzw. 80 km/h, die Einführung von Citymauten, eine Qualitätsoffensive für das Zu-Fuß-Gehen, Radfahren und für den öffentlichen Verkehr sowie eine Einbeziehung der Umwelt- und Klimapolitik in die Raumplanung im Bereich Personenverkehr genannt (Heinfellner et al., 2019) (hohe Übereinstimmung, starke Literaturbasis). Im Güterverkehr werden Maßnahmen im Bereich Elektrifizierung, die Einhebung einer flächendeckenden Maut, Maßnahmen zur Einführung von Kostenwahrheit und Digitalisierungsinitiativen als erfolgversprechend ausgewiesen (Heinfellner et al., 2019) (hohe Übereinstimmung, mittlere Literaturbasis).

Die wissenschaftliche Evidenz (EASAC, 2019; Heinfellner et al., 2019; BMK, 2021b) zeigt, dass die Zielerreichung der „Null-THG-Emission" des motorisierten Verkehrs bis 2040 mit den oben genannten Maßnahmen alleine nicht erreichbar ist und es weitere, das Verkehrsverhalten beeinflussende Maßnahmen benötigt (hohe Übereinstimmung, starke Literaturbasis). Hierzu werden unter anderem Maßnahmen und Konzepte wie „die Stadt der kurzen Wege", die Neuverteilung und Attraktivierung des öffentlichen Raums sowie neue Formen der Verkehrsberuhigung (z. B. Superblocks) angeführt. Weiters werden die Internalisierung externer Kosten z. B. in Rahmen einer ökosozialen Steuerreform (CO_2-Bepreisung) und eine technisch relativ einfach umsetzbare kilometerabhängige Abgabe, welche die Infrastruktur-, Unfallfolge-, Stau-, Lärm-, Feinstaub-, CO_2- und weitere externe Kosten des motorisierten Güter- und Individualverkehrs adäquat bepreist, vorgeschlagen (Kirchengast et al., 2019). Diese flächendeckende Straßenbenutzungsgebühr könnte um tageszeit-, straßentyp- und fahrzeugtypabhängige Komponenten erweitert werden, um zielgerichtet steuernd auf die Verkehrsnachfrage einzuwirken.

Als weitere wirkungsvolle Maßnahmen werden genannt: (1) die Abschaffung „kontraproduktiver" Subventionen im Verkehrssektor, z. B. Pendlerpauschale, Rahmenbedingungen für Firmenautos, Steuerbegünstigung von Diesel, Normverbrauchsabgabe, KFZ-Versicherungssteuergesetz, Fiskal-Lkw etc. (Kletzan-Slamanig & Köppl, 2016a); (2) die Einführung einer Verkehrserregerabgabe (Schopf & Brezina, 2015, S. 42 ff); (3) eine Anpassung der Bauordnungen hinsichtlich der Anzahl und räumlichen Anordnungen (Stichwort Äquidistanz) von Pkw-Stellplätzen bei Arbeitsstätten und Wohnanlagen (Knoflacher, 2007); und (4) eine Neuverteilung der Straßenraumflächen zugunsten Zufußgehender und Radfahrender (Knoflacher, 2007) (hohe Übereinstimmung, starke Literaturbasis). Festzuhalten ist, dass auf eine soziale Ausgewogenheit bei der Implementierung der oben vorgestellten verkehrspolitischen Maßnahmen zu achten ist, da ja vor allem durch monetäre Maßnahmen untere Einkommensschichten mehr belastet werden können, wenn erhöhte Steuern und Abgaben nicht adäquat rückverteilt werden (Dugan et al., 2022) (hohe Übereinstimmung, starke Literaturbasis).

Strukturelle Maßnahmen im Bereich Verkehr, seien es Veränderungen in den Zuständigkeiten von Gebietskörperschaften, Änderungen in den Umsetzungsprozessen, der Bau von Infrastrukturen und die Änderungen von Oberzielen (z. B. Zugang zu gewährleisten und dabei innerhalb der planetaren Grenzen zu verbleiben anstatt Befriedigung der scheinbar unlimitierten Nachfrage an motorisierter individueller Mobilität), die Änderungen und Anpassung von Gesetzen etc., beanspruchen lange Zeiträume (5 bis 20 oder gar 30 Jahre), um wirksam zu werden. Erst wenn diese strukturellen Änderungen umgesetzt sind, sind – wiederum zeitverzögert – Verhaltensänderungen in der Gesellschaft und im dazugehörigen Wirtschaftssystem zu bemerken (Emberger, 1999). Da sich Österreich im Kontext des Pariser Klimaübereinkommens verpflichtet hat, dazu beizutragen, global eine Erwärmung von möglichst nicht mehr als 1,5 Grad einzuhalten, und bis 2040 ein dekarbonisiertes Verkehrssystem anstrebt, ist ein zielgerichtetes, ambitioniertes und rasches Handeln aller involvierten Akteur_innen notwendig (hohe Übereinstimmung, starke Literaturbasis).

Kapitel 7: Erwerbsarbeit

Das Kapitel beschäftigt sich mit Strukturbedingungen für klimafreundliche Erwerbsarbeit. Damit sind zum einen die Voraussetzungen für klimafreundliches Handeln im Rahmen der Berufstätigkeit gemeint. Zum anderen geht es um die Frage, wie Erwerbsarbeitsstrukturen gestaltet werden müssen, damit Menschen auch außerhalb ihrer Berufstätigkeit ein klimafreundliches Leben führen können.

Erwerbsarbeit ist von zentraler Bedeutung im Leben der Menschen. Sie ist nicht nur Quelle materieller Existenzsicherung, sondern ermöglicht soziale Einbindung, Sinnstiftung und Identitätsentwicklung. Zugleich hat Erwerbsarbeit enorme klimapolitische Relevanz, da sie unzählige Tätigkeiten und Abläufe beinhaltet, die mit Energie- und Ressourcenverbrauch verbunden sind (Tab. TZ.2). In der Literatur herrscht breiter Konsens darüber, dass Erwerbsarbeit ein bedeutendes Element des klimapolitischen Umbaus von Wirtschaft und Gesellschaft ist (Bohnenberger, 2022; Seidl & Zahrnt, 2019).

Weite Bereiche der Erwerbsarbeit erfüllen gegenwärtig nicht die Voraussetzungen für ein klimafreundliches Leben (Hoffmann & Spash, 2021). Daher sind grundlegende Veränderungen der Strukturbedingungen von Erwerbsarbeit erforderlich (hohe Übereinstimmung, starke Literaturbasis). Ambitionierte Dekarbonisierungspläne auf europäischer und nationaler Ebene erfordern einen grundlegenden Wandel insbesondere im Produktionssektor (Meinhart et al., 2022; Steininger et al., 2021; Streicher et al., 2020). Erwerbsarbeit im Dienstleistungssektor verursacht im Durchschnitt einen geringeren Ausstoß an Emissionen als die Güterproduktion. Allerdings beruhen viele dieser Tätigkeiten auf der vorgelagerten Herstellung von Gütern. Zudem existieren auch emissionsintensive Dienstleistungen, insbesondere im Verkehr (Hardt et al., 2020, 2021).

Die Strukturen der Erwerbsarbeit beeinflussen maßgeblich, inwiefern Erwerbstätige außerhalb ihrer Beschäftigung ein klimafreundliches Leben führen können. Arbeitsumfang, Belastungen, aber auch Erfahrungen von Sinn und sozialer Anerkennung im Rahmen der Erwerbsarbeit haben Auswirkungen auf das Handeln von Erwerbstätigen in der erwerbsfreien Zeit. In der Literatur zeichnen sich vier konzeptuelle Zugänge zu erwerbsarbeitsbezogener Klimapolitik ab: (1) Green Jobs (Janser, 2018); (2) Just Transition (ILO, 2015; TUDCN, 2019); (3) Sustainable Work (Barth et al., 2016; Littig et al., 2018; UNDP, 2015); und (4) Post-Work (Frayne, 2016; Hoffmann & Paulsen, 2020).

Klimafreundliche Erwerbsarbeit kann in manchen Sektoren durch Umstellung auf erneuerbare Energien und andere (technologische) Innovationen erreicht werden. Andere Bereiche erfordern Stilllegungen oder die Konversion zu klimafreundlicheren Produkten und Dienstleistungen (hohe Übereinstimmung, starke Literaturbasis) (UNDP, 2015).

Tab. TZ.2 Sektoren mit den höchsten CO_2-Emissionen in Österreich (absolut, 2016). CO_2-Emissionen, Beschäftigte und Bruttowertschöpfung nach Sektoren (2016). (Quelle: Statistik Austria, WIFO-Berechnungen, zit. nach Meinhart et al. (2022: Anhang), eigene Darstellung). {Kap. 7}

ÖNACE 2008 Abteilungen		Beschäftigte	Bruttowertschöpfung (BWS) 2016	Insgesamt	CO_2-Emissionen (t) je Beschäftigten	Je 1000 € BWS
Klasse	Titel	Anzahl	Mio. €			
C24	Metallerzeugung und -bearbeitung	37.714	3916,2	22.847.738,72	605,82	5,83
D35	Energieversorgung	24.478	5725,0	14.566.354,29	595,08	2,54
C23	H.v. Glas/-waren, Keramik u. Ä.	31.383	2466,6	5.535.402,81	176,38	2,24
C19	Kokerei und Mineralölverarbeitung	1315	514,4	2.451.397,67	1864,18	4,77
H49	Landverkehr	121.982	7596,8	1.810.837,74	14,85	0,24
C20	H.v. chemischen Erzeugnissen	18.412	2877,3	1.601.497,85	86,98	0,56
C17	H.v. Papier/Pappe und Waren daraus	16.536	1853,0	1.220.098,84	73,78	0,66
A01	Landwirtschaft und Jagd	109.163	2781,6	1.011.454,20	9,27	0,36
C10	H.v. Nahrungs- und Futtermitteln	72.420	4344,5	708.616,90	9,78	0,16
G46	Großhandel	210.106	18.228,9	520.280,79	2,48	0,03
C27	H.v. elektrischen Ausrüstungen	45.861	3953,1	487.039,82	10,62	0,12
F43	Sonst. Bautätigkeiten	204.066	10.423,3	462.420,85	2,27	0,04
C25	H.v. Metallerzeugnissen	78.609	6017,1	380.285,53	4,84	0,06
C16	H.v. Holzwaren	32.230	2386,7	351.683,83	10,91	0,15
H51	Luftfahrt	8597	702,8	345.887,10	40,23	0,49

Mögliche Folgen für Erwerbsarbeit wurden beispielsweise für den Ausstieg aus dem Verbrennungsmotor (Sala et al., 2020; Wissen et al., 2020) erforscht. In der Transformationsphase dürfte das Arbeitsvolumen aufgrund des notwendigen Umbaus der Infrastruktur voraussichtlich konstant bleiben (mittlere Übereinstimmung, mittlere Literaturbasis) (Aiginger, 2016). Längerfristig könnte eine Reduktion des Arbeitsvolumens erforderlich sein, um die ökologischen Grenzen nicht zu überschreiten (mittlere Übereinstimmung, schwache Literaturbasis) (Hoffmann & Spash, 2021; Seidl & Zahrnt, 2019).

Damit der notwendige Strukturwandel gelingen kann, ist in liberalen Demokratien die Einbindung aller wesentlichen gesellschaftlichen Kräfte und die Berücksichtigung unterschiedlicher Interessen erforderlich. Unternehmen und ihre Interessenvertretungen ebenso wie Gewerkschaften können dabei sowohl hemmende als auch treibende Kräfte des Strukturwandels sein (hohe Übereinstimmung, mittlere Literaturbasis). Sowohl auf Seite der Arbeitnehmer_innen (unter anderem Littig, 2017; Niedermoser, 2017a; siehe auch „AK Klimadialog": https://wien.arbeiterkammer.at) als auch auf Unternehmensseite besteht ein Bewusstsein für die Notwendigkeit einer Transformation (z. B. BMK, 2021a; GLOBAL 2000, Greenpeace und WWF Österreich, 2017). Werden strukturelle Veränderungen angestrebt, sollen diese aktiv gestaltet werden und in ein Bündel an Maßnahmen eingebettet sein. Aus Sicht der Arbeitnehmer_innen sind die Gewährleistung materieller Absicherung sowie die gerechte Verteilung der Transformationskosten entscheidend (Laurent, 2021; ISW, 2019; ÖGB, 2021; Wissen et al., 2020) (hohe Übereinstimmung, schwache Literaturbasis).

Erwerbsarbeit ist ein wichtiger Treiber von Wirtschaftswachstum. Bei steigender Arbeitsproduktivität können durch Wirtschaftswachstum Beschäftigungsverluste vermieden werden (Antal, 2014; Seidl & Zahrnt, 2019). Auf individueller Ebene schränkt die Koppelung von Einkommen, sozialer Sicherung, Anerkennung und Teilhabe an Erwerbsarbeit klimapolitische Gestaltungsspielräume ein (hohe Übereinstimmung, mittlere Literaturbasis) (Bohnenberger & Schultheiss, 2021; Hoffmann & Paulsen, 2020).

Technologische Entwicklungen wie die Digitalisierung sind ambivalent und können die sozial-ökologische Transformation entweder unterstützen oder behindern (Kirchner, 2018; Santarius et al., 2020). Damit Digitalisierung für eine klimafreundlichere und gute Erwerbsarbeit nutzbar gemacht werden kann, braucht es politische Gestaltung (mittlere Übereinstimmung, schwache Literaturbasis). Erleichtert wird die Gestaltung klimafreundlicher Strukturbedingungen von Erwerbsarbeit durch den Wertewandel hin zu einer ausgewogenen Work-Life-Balance, veränderte Sinnansprüche an Arbeit (Aichholzer et al., 2019) und Wünsche nach kürzeren Arbeitszeiten (Csoka, 2018; FORBA & AK, 2021) (mittlere Übereinstimmung, schwache Literaturbasis).

Um klimafreundliche Beschäftigungsmöglichkeiten zu schaffen, sind Investitionen in umweltfreundliche und kreislaufwirtschaftliche Produktionsverfahren notwendig (hohe Übereinstimmung, starke Literaturbasis). Investitionen in öffentliche Infrastrukturen und Dienstleistungen (Daseinsvorsorge) können dazu beitragen, (1) klimafreundliche Beschäftigung zu stärken, (2) gesellschaftliche Bedürfnisse zu befriedigen und (3) eine sozialverträgliche Transformation zu gewährleisten (mittlere Übereinstimmung, mittlere Literaturbasis) (Krisch et al., 2020; Schultheiß et al., 2021). Darüber hinaus könnte die Verschiebung der Steuerlast von Arbeit zu Energie und Ressourcen Beschäftigung stärken und Umweltverbrauch senken (Köppl & Schratzenstaller, 2019). Betriebliche Mitbestimmung und Partizipation sind eine Voraussetzung, um gemeinsam mit den Beschäftigten notwendige Veränderungen umzusetzen. Mehr Partizipation führt nicht automatisch zu klimafreundlicherem Verhalten, sondern erfordert entsprechende Begleitmaßnahmen in Betrieben sowie seitens der Politik (hohe Übereinstimmung, mittlere Literaturbasis).

Um den Strukturwandel zu bewältigen und klimafreundliche Erwerbsarbeit zu ermöglichen, müssen Arbeitnehmer_innen Zugang zu erforderlichen Qualifikationen erhalten (hohe Übereinstimmung, mittlere Literaturbasis). Für Österreich wird ein Aktionsplan für zentrale Bereiche der Energiewende entwickelt, ebenso auf globaler Ebene (IRENA & ILO, 2021). Kommt es zu einem ökologisch induzierten Rückgang von Wirtschaftsaktivität und damit Arbeitsvolumen, können soziale Ziele nur erreicht werden, wenn Einkommen und soziale Sicherung (zumindest teilweise) von Erwerbsarbeit entkoppelt werden (Kubon-Gilke, 2019; Petschow et al., 2018). Vorschläge hierzu umfassen ein bedingungsloses Grundeinkommen (Mayrhofer & Wiese, 2020), die Bereitstellung umfassender Leistungen der öffentlichen Daseinsvorsorge (Büchs, 2021; Coote & Percy, 2020) oder eine stärkere Eigenversorgung (Littig & Spitzer, 2011; Paech, 2012).

Eine wichtige Gestaltungsoption für klimafreundliche Erwerbsarbeit ist die Verkürzung der Arbeitszeit. Diese gilt als geeignete Maßnahme, um (1) ein klimafreundliches Leben außerhalb der Erwerbsarbeit zu erleichtern (mittlere Übereinstimmung, schwache Literaturbasis) (Schor, 2005, Knight et al., 2013) und um (2) das (möglicherweise längerfristig sinkende) Erwerbsarbeitsvolumen gleichmäßiger zu verteilen (hohe Übereinstimmung, mittlere Literaturbasis) (Figerl et al., 2021).

Kapitel 8: Sorgearbeit für die eigene Person, Haushalt, Familie und Gesellschaft

Im Folgenden wird die Literatur zu Sorgearbeit im Kontext klimafreundlichen Lebens dargelegt. Versorgung und Fürsorge der eigenen Person, von Haushalt, Familie und Gesellschaft sind unverzichtbare, (über-)lebensnotwendige, aber oft unsichtbare Tätigkeiten. Diese werden einerseits im Alltag wenig beachtet und andererseits auch in ökonomischen und ökologischen Analysen oft ignoriert (hohe Übereinstimmung, starke Literaturbasis). Die Relevanz dieser unbezahlten Sorgearbeit für ein klimafreundliches Leben hängt davon ab, in welchem Umfang Güter, Dienstleistungen und Mobilität für diese Tätigkeiten erforderlich sind und eingesetzt werden, wie emissionsintensiv diese bereitgestellt werden und wie viel Zeit dafür zur Verfügung steht (hohe Übereinstimmung, starke Literaturbasis).

Strukturen für ein klimafreundliches Leben im Bereich unbezahlte Sorgearbeit und ehrenamtliches Engagement müssen diese zunächst sichtbar machen, um in einem nächsten Schritt die notwendigen Veränderungen der Rahmenbedingungen und Verhältnisse eines klimafreundlichen Alltags aller Menschen vorzunehmen. Weniger Zeitdruck, Entschleunigung und verringerte Mehrfachbelastungen sind wichtige Hebel, um klimafreundliche Entscheidungen im Alltag zu gewährleisten. Es braucht somit Rahmenbedingungen, die dazu beitragen, Zeitdruck zu mindern, Wege zu verringern und Unterstützung bei der Betreuung von Kindern und Familienangehörigen anzubieten (hohe Übereinstimmung, mittlere Literaturbasis). Die derzeit ungleiche Verteilung von bezahlter und unbezahlter Arbeit für die notwendige Versorgung von Menschen (Kinder, Ältere, Pflegebedürftige) ist nach wie vor stark von geschlechtsspezifischer Arbeitsteilung geprägt. Zeitdruck durch Erwerbs- und unbezahlte Sorgearbeit und Beschleunigung in Arbeitsleben und Alltag belasten Lebensqualität und Klima (hohe Übereinstimmung, starke Literaturbasis). Mehr Geschlechter- und Sorgegerechtigkeit fördert gleichzeitig auch Klimagerechtigkeit (hohe Übereinstimmung, starke Literaturbasis). Die Klimawirksamkeit von unbezahlter Sorgearbeit zeigt sich oft als Synergieeffekt mit anderen Handlungsfeldern: Je mehr Zeit für notwendige Sorgearbeit zur Verfügung steht, desto eher können klimafreundliche Praktiken entwickelt werden (hohe Übereinstimmung, schwache Literaturbasis).

„Fairteilen" von unbezahlter und bezahlter Arbeit als Umverteilung zwischen den Geschlechtern, aber auch hin zum öffentlichen Sektor führt zu sozialem Ausgleich und ermöglicht klimafreundlichere Lebensweisen. Arbeitszeitverkürzung und gerechte Verteilung von bezahlter und unbezahlter Arbeit reduzieren Stress und machen klimafreundliche Praktiken attraktiver (hohe Übereinstimmung, starke Literaturbasis). In Haushalten ist der gemeinsame und reduzierte Verbrauch von Gütern und Energie ein wichtiger Faktor zur Verringerung von Emissionen, neben der Wohnungsgröße, dem Energiemix, dem Sanierungsgrad und energiesparenden Technologien (hohe Übereinstimmung, starke Literaturbasis) (siehe Tab. TZ.1). Ausreichend Zeit, gute Informationen und vorhandene Kompetenzen sind notwendig für den klimafreundlichen Einkauf, die Produktion und Zubereitung von Lebensmitteln und nachhaltige Entscheidungen beim Essen außer Haus (hohe Übereinstimmung, starke Literaturbasis). Für alle zugängliche und leistbare Infrastrukturen sind wichtig, um notwendige Wege zur Versorgung anderer Menschen, z. B. Pflegebesuche, Schulwege etc., nachhaltig zu gestalten (hohe Übereinstimmung, starke Literaturbasis).

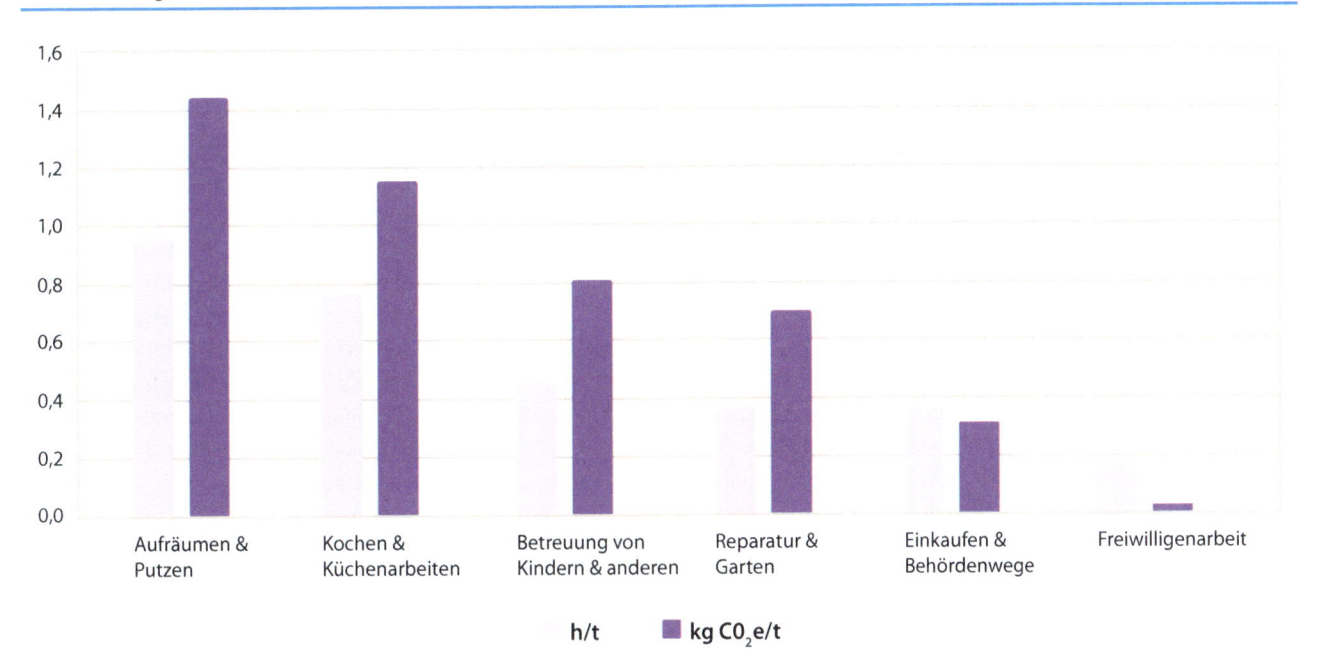

Abb. TZ.10 Haushaltsaktivitäten nach Stunden pro Tag und Kilogramm CO_2-Äquivalent pro Tag, ohne Emissionen der Mobilität, für das Jahr 2010 und den österreichischen Durchschnitt. (Eigene Darstellung nach Smetschka et al. (2019)). {Kap. 8}

Wenn Sorgearbeit und somit auch Freizeit gerechter verteilt werden, mindern sich jene Emissionen, die durch Zeitdruck entstehen, ebenso wie solche, die aus Zeit- und Einkommenswohlstand entstehen (hohe Übereinstimmung, starke Literaturbasis).

Beschleunigung (Rosa, 2005) und Zeitdruck (Sullivan & Gershuny, 2018) sind besonders im Bereich der unbezahlten Sorgearbeit und Fürsorge bestimmend für Lebensqualität und Klimawirkungen von alltäglichem Verhalten (Schor, 2016; Shove et al., 2009). Zeitkulturen, z. B. auch der Umgang mit Tempo und Wartezeiten und die Bewertung von Kurz- oder Langlebigkeit von Produkten, werden als wichtige Faktoren für nachhaltige Ressourcennutzung gesehen (Rau, 2015) und sind auch bei Sorge- und Hausarbeit wichtige Faktoren. Ausreichend Zeit ist notwendig, um ein gesundes Leben mit Erholung, Bewegung und Sport führen zu können (APCC, 2018). Zeitwohlstand als immaterielle Form von Wohlstand trägt zu klimafreundlicheren Entscheidungen bei (Großer et al., 2020; Rinderspacher, 1985; Rosa et al., 2015).

Unbezahlte Care-Arbeit ist auch Thema bei Ansätzen zu „Vorsorgendem Wirtschaften" (Biesecker, 2000; Biesecker & Hofmeister, 2006). In der neueren Debatte zu feministischen Postwachstumsideen wird auf die Notwendigkeit hingewiesen, die verschiedenen Stränge der feministischen und Degrowth-Ansätze zu verknüpfen (Bauhardt, 2013; Dengler & Lang, 2019, 2022; Knobloch, 2019; Kuhl et al., 2011). Der Bedarf an einer feministischen Ergänzung zum Green Deal wird in einigen Ländern wahrgenommen (z. B. Cohen & MacGregor, 2020). Gender-Budgeting-Ansätze gibt es auch in Österreich. Wenn sie das Ziel haben, öffentliche Ausgaben auf Geschlechter- und Klimagerechtigkeit hin zu untersuchen, gibt es die Möglichkeit, auch im Sorgebereich Emissionseinsparungen zu erreichen (Schalatek, 2012). Auch die Raum-, Stadt- und Verkehrsplanung muss Sorgearbeit mitdenken, wenn sie Emissionsminderungen ermöglichen will. In einer „Stadt der kurzen Wege" sollen Quartiere so geplant werden, dass zwischen Wohnort und vor allem Kindergärten/Schulen sowie Einkaufs- und möglichst auch zu Erwerbsmöglichkeiten kurze Wege liegen, die zu Fuß oder mit dem Rad zurückgelegt werden können. Öffentliche Verkehrsmittel sollten sich nach diesem Konzept stärker an den Zeiten und Bedarfen der Sorgearbeit und Stadtentwicklung orientieren und weg von der autogerechten hin zur menschengerechten Stadt gedacht werden (Bauhardt, 1995).

Neben Sorgearbeit gibt es auch weitere Tätigkeiten, die außerhalb der ökonomischen Betrachtung liegen. Ehrenamtliche Tätigkeiten, die dazu dienen, Gemeinschaft und Gesellschaft zu bilden und zu pflegen, aber auch alle Aktivitäten mit dem Ziel der Selbstversorgung sind Teil einer Sorge für Gesellschaft und Natur. Diese Tätigkeiten tragen auch zum Aufbau von Gemeinschaft, zur Produktion von Gütern und Dienstleistungen und eventuell zur Reduktion von Klimawirkungen bei. So trägt der Trend zu eigener Gemüseproduktion oder „urban gardening" als emissionsarme Produktion von Lebensmitteln dazu bei, CO_2-Emissionen zu verringern (Cleveland et al., 2017). Wenn für ehrenamtliche und alternative Aktivitäten zur Subsistenzsicherung Zeit aufgewendet wird, die dann nicht für Erwerbsarbeit und marktliche wirtschaftliche Produktion zur Verfügung steht, trägt das auch indirekt zu Emissionseinsparung und einem klimafreundlichen Leben bei; insbesondere da weite Teile der Erwerbsarbeit in Österreich die Voraussetzungen für ein klimafreundliches Leben nicht erfüllen (vergleiche Kap. 7). Zeitbanken zeigen z. B. eine Möglichkeit, Sorge- und Betreuungsarbeit und Erwerbsarbeit in Beziehung zu setzen und so sozial- und klimagerechtere Arbeitszeitkontingente zu schaffen (Bader et al., 2021; Schor, 2016).

Sorgearbeit und Qualität von Sorgearbeit sind abhängig von menschlicher Interaktion und damit von Zeit. Strukturelle Zwänge führen zu Zeitknappheit bzw. mangelnder Zeitsouveränität. Dies bedingt – sofern finanziell möglich – einen Konsum mit erhöhtem Ressourcen- und Energieverbrauch. Gleichzeitig wachsen mit höheren Einkommen auch die Ansprüche z. B. im Haushaltsbereich (Küchenausstattung, höhere Hygienenormen, steigende Wellness-Ansprüche). Klimafreundliche Zeitpolitik (Reisch & Bietz, 2014) und sorgegerechte Zeitpolitik (Heitkötter et al., 2009) fokussieren auf Zeit als Hebel für politische Gestaltung und verbinden die beiden Anliegen: Wenn Menschen mehr Zeit haben und Sorgearbeit gerechter (zwischen den Geschlechtern) verteilt wird, könnten sie klimafreundlicher handeln (Hartard et al., 2006; Rau, 2015; Schor, 2016).

Eine Zeitperspektive hilft dabei, sozial-ökologische Interaktionen zu analysieren und den Arbeitsbegriff neu zu definieren und zu erweitern (Biesecker et al., 2012; Biesecker & Hofmeister, 2006). Die Neubewertung von verschiedenen Formen von Arbeit, bezahlt und unbezahlt, für Produktion und Reproduktion von den gesellschaftlichen Subsystemen Person, Haushalt, Wirtschaft und Gesellschaft führt zu mehr Geschlechtergerechtigkeit und einer vorsorgenden Gesellschaft. Eine besser verteilte Sorge für diese Subsysteme verringert soziale Ungleichheiten und damit einhergehenden Zeitdruck und Überlastung bei einem Teil und (zu) hohen Konsum bei einem anderen Teil der Gesellschaft: „Gelänge es, größere Spielräume in der Zeitverwendung durch Zeitwohlstand zu schaffen, so wäre es denkbar, dass in vielen Lebenswelten ressourcenintensive Praktiken mit zeitintensiven substituiert werden" (Buhl et al., 2017). Freiwerdende Kapazitäten können für mehr Sorge für die Natur (Hofmeister & Mölders, 2021) und zum Aufbau von Strukturen für ein gerechtes und klimafreundlicheres Leben verwendet werden (Winker, 2021) und stellen damit wertvolle Co-benefits dar.

Kapitel 9: Freizeit und Urlaub

Kap. 9 bewertet Literatur zu Strukturen für klimafreundliche Freizeit- und Urlaubsaktivitäten in Österreich. Die Klimafreundlichkeit von Freizeitaktivitäten und Urlaub hängt davon ab, wie klimafreundlich die dafür genutzte Mobilität, die gewählten Räumlichkeiten und deren Energieversorgung sind, wie emissionsintensiv die für Freizeitaktivitäten und Urlaube genutzten Sachgüter und Dienstleistungen bereitgestellt werden, wie viel Zeit zur Verfügung steht und welchen konkreten Tätigkeiten nachgegangen wird (hohe Übereinstimmung, starke Literaturbasis). Der THG-Fußabdruck von Freizeitaktivitäten ist entlang von Einkommensgruppen ungleich verteilt, da wohlhabendere Haushalte tendenziell mobiler sind und eine konsumintensivere Freizeit- und Urlaubsgestaltung aufweisen (hohe Übereinstimmung, starke Literaturbasis). Durch Informations- und Kommunikationstechnologien sowie Digitalisierung von Freizeitaktivitäten verursachte Emissionen nehmen laufend zu. Für die Einschätzung der Klimawirkungen von digitalen oder nichtdigitalen Optionen ist es notwendig, den gesamten Produktlebenszyklus systematisch zu vergleichen (hohe Übereinstimmung, mittlere Literaturbasis). Freizeitaktivitäten im Freien sind durch den Klimawandel bereits betroffen (hohe Übereinstimmung, starke Literaturbasis).

Freizeit und Erholung dienen der Regeneration und haben eine hohe Bedeutung für die Lebensqualität der Menschen in Österreich. Daher ist es wichtig, klimafreundliche Alternativen mit Erholungswert zu finden und ressourcen- und energieintensive Aktivitäten in allen Einkommensgruppen zu reduzieren. Die Emissionsintensität der Mobilität dominiert die Belastung, aber auch Güter und Dienstleistungen sind ausschlaggebend für die Klimafreundlichkeit von Freizeitaktivitäten und Urlaub (hohe Übereinstimmung, starke Literaturbasis) (Tab. TZ.3). Dienstleistungen können klimafreundlicher als Sachgüter sein. Dafür ist jedoch erforderlich, dass die Produktionsnetzwerke, die Bereitstellung der Dienstleistung und die Energiebereitstellung klimafreundlich gestaltet sind bzw. erfolgen. Für die Bewertung sind die entsprechenden Informationen aus Perspektive der Lebenszyklusanalyse notwendig (hohe Übereinstimmung, schwache Literaturbasis). Alltäglicher Zeitdruck durch Erwerbs- und Sorgearbeit und die Beschleunigung in Arbeitsleben und Alltag können klimaschädliches Freizeitverhalten als einfacheren und schnelleren Weg erscheinen lassen (hohe Übereinstimmung, starke Literaturbasis). Gesellschaftliche Normen strukturieren Freizeitpraktiken entlang der (oft genderspezifischen) Arbeitsteilung von bezahlter Arbeitszeit und Sorgearbeit (hohe Übereinstimmung, starke Literaturbasis).

Gesellschaftlich verbreitete Praktiken der Freizeitgestaltung sind zentral dafür, was als „normale" bzw. akzeptable Tätigkeiten betrachtet wird und wie diese durchgeführt werden, z. B. Ferntourismus versus lokale/regionale Erholung oder Radfahren versus Motorradfahren als Hobby (hohe Übereinstimmung, starke Literaturbasis). Freizeit ist ein Lebensbereich mit sehr vielfältigen individuellen Handlungsoptionen, der aber trotzdem stark strukturellen Bedingungen unterliegt. So wirken etwa gesellschaftliche Normierungen

Tab. TZ.3 CO$_2$-Fußabdruck des Konsums österreichischer Haushalte im Jahr 2010 nach Konsumkategorien im Freizeitbereich. (Eigene Darstellung nach Smetschka et al., (2019)). {Kap. 9}

Konsumbereich	Tausend Tonnen (kt) CO$_2$e/Jahr	Anteil am gesamten Haushalts-Fußabdruck
Gastronomie	5139	6 %
Sport-, Freizeit- und Kulturveranstaltungen	3798	4 %
Urlaub	3547	4 %
Bekleidung, Schuhe	3061	4 %
Beherbergung	2309	3 %
Unterhaltungselektronik, Film-, Foto- und EDV-Geräte	2156	2 %
Sonstige Sport-, Hobby- und Freizeitartikel; Haustiere; Garten	1070	1 %
Printmedien, Papier- und Schreibwaren	315	0 %
Größere Gebrauchsgüter für Freizeit und Sport	33	0 %

und verbreitete Praktiken oder die vorhandenen Infrastrukturen und Möglichkeiten auf individuelle Entscheidungen. Die Hauptantriebskräfte alltäglicher Zeitnutzungsmuster sind die Arrangements rund um bezahlte und unbezahlte Arbeit und Bildung sowie Wohnort und vorhandene (Mobilitäts-)Infrastrukturen und die räumlich-zeitliche Erreichbarkeit von Freizeitangeboten. Das Ausmaß an Arbeitsstunden und ihre zeitliche Gestaltung sowie die Betriebszeiten von Bildungseinrichtungen und die für das Pendeln benötigte Zeit formen, beschränken und ermöglichen andere Zeitnutzungsaktivitäten.

Zeitknappheit aufgrund von Betriebszeiten, niedrige Work-Life-Balance und Doppelbelastungen beeinflussen die CO$_2$-Intensität anderer Aktivitäten durch Entscheidungen über Verkehrsmittel (Individualverkehr versus öffentlicher Verkehr) und Konsummuster (z. B. Fast Food). Ein Fokus auf Zeitwohlstand für alle bietet die Chance, klimafreundliches Leben mit dem Ziel „viel Freizeit selbstbestimmt und mit klimafreundlichen Tätigkeiten verbringen" zu definieren und nicht in den Vordergrund zu stellen, dass Individuen verzichten und über Konsumexpertise im Sinne von „weniger und anders konsumieren" verfügen (Schor, 2016). Zeitpolitische Maßnahmen (Reisch, 2015) können sektorübergreifend Lösungen für soziale und wirtschaftliche Probleme bieten. Wenn sie Umweltfragen miteinschließen, können sie auch ein Beitrag zu einer klimafreundlichen Entwicklung sein.

Effiziente, qualitativ hochwertige, langlebige, gemeinsam nutzbare und reparaturfähige Produkte sind für eine klimafreundliche Freizeit notwendig. Ebenso wichtig ist die Abkehr von Geschäftsmodellen, welche auf der Beschleunigung von Produktlebenszyklen basieren, wie beispielsweise „Fast Fashion" oder rasche Obsoleszenz bei Smartphones (hohe Übereinstimmung, starke Literaturbasis). Zeitsouveränität und mehr Freizeit könnten zu weniger Zeitdruck und mehr Wohlbefinden bei einem niedrigeren THG-Fußabdruck führen, wenn diese Praktiken wenig bzw. emissionsfreie Mobilität benötigen, Wohnräume emissionsfrei betrieben werden und die sonstigen involvierten Produkte sehr effizient sind und lange genutzt bzw. repariert werden (hohe Übereinstimmung, starke Literaturbasis). Die Bereitstellung von Infrastruktur und Services für Erholung im öffentlichen Raum, die kostenlos und zu Fuß erreichbar sind, trägt zu Änderungen der Praktiken bei der Freizeitgestaltung bei. Öffentliche Dienstleistungen und kommunale Infrastruktur – z. B. Grünflächen, Sport- und Freizeiteinrichtungen mit geringen Kosten und CO$_2$-Emissionen, die mit öffentlichen Verkehrsmitteln in kurzer Zeit erreichbar sind – ermöglichen CO$_2$-sparsamere Freizeitpraktiken (Druckman & Jackson, 2009; Jalas & Juntunen, 2015; Rau, 2015).

Da die Klimaproblematik der Freizeit, der Urlaube und des sonstigen Konsums, abseits von Mobilität und Wohnen, hauptsächlich indirekt durch die Produktion von Gütern und Dienstleistungen entsteht, benötigt es eine Kombination aus Maßnahmen. Ganz klar muss die Bereitstellung von Gütern und Dienstleistungen und deren Produktion klimafreundlicher gestaltet werden. Eine Neubewertung von Arbeit und Freizeit mit dem Fokus auf Entschleunigung und Zeitwohlstand ermöglicht es, Freizeit zu entschleunigen und weniger konsumintensiv zu leben, und bewirkt damit niedrigere Emissionen und weniger Ressourcenverbrauch (Creutzig et al., 2021). Einigkeit gibt es in der Literatur darüber, dass ein Mix an Maßnahmen (Kostenwahrheit, Emissionsbepreisung, Ressourcensteuern, verbindliche Standards und Auflagen) notwendig ist, um diese Ziele zu erreichen:

- strukturelle Änderungen, die Entschleunigung und ein gutes Leben für alle fördern,
- eine rasche Dekarbonisierung der Energieversorgung und der Mobilität,
- eine rasche Dekarbonisierung der globalisierten Produktion von Gütern und Dienstleistungen,
- die Steigerung der Energie- und Ressourceneffizienz von Produkten,
- mehr Produkte mit entschleunigten und verlängerten Produktlebenszyklen und
- innovative Produkte, die repariert werden (können) und von mehreren Personen genutzt werden können.

Teil 3: Strukturbedingungen

Kapitel 10: Integrierte Perspektiven der Strukturbedingungen

Strukturen wirken auf vielfältige Weise auf alltägliches Handeln und ihre adäquate Gestaltung ist daher notwendig, um klimafreundliches Verhalten dauerhaft zu ermöglichen. Die in Teil 3 behandelten Strukturen fördern oder behindern eine Transformation in Richtung klimafreundlichen Lebens maßgeblich und sind quer durch alle Handlungsfelder von Relevanz. Die einzelnen Strukturen, deren Analyse sich so weit möglich auf die besonderen Bedingungen in Österreich bezieht, thematisieren unterschiedliche Bereiche, die von Strukturveränderungen betroffen sind: Recht, Governance, Strukturen der öffentlichen Willensbildung in Diskursen und Medien sowie in Bildung und Wissensproduktion als auch wirtschaftliche Aktivitäten einschließlich ihrer technischen Dimensionen und der zugehörigen Innovationssysteme. Ebenso werden Bereiche wie räumliche Ungleichheit und Raumplanung sowie soziale Sicherungssysteme in den Blick genommen. Der Teil betrachtet zudem die Versorgung mit Gütern und Dienstleistungen generell, legt aber auch einen Akzent auf globalisierte Warenketten und Geld- und Finanzsysteme, um die interdependenten Strukturen über die Grenzen Österreichs hinaus zu thematisieren. Die strukturierende Rolle der gebauten Umwelt wird im abschließenden Kapitel zu netzgebundenen Infrastrukturen diskutiert.

Die bis heute bestehenden Strukturen sind nicht dazu geeignet, ein klimafreundliches Leben für alle Menschen in Österreich zu fördern. Interne Dynamiken, starke Beharrungskräfte, Lock-in-Effekte und Pfadabhängigkeiten hemmen die notwendigen Veränderungen. Um die Klimaziele zu erreichen, wird die Umgestaltung oder der Aufbau neuer Strukturen als essenziell betrachtet. Der Fokus auf das Zusammenwirken unterschiedlicher Strukturen quer über einzelne Handlungsfelder (Teil 2), aber auch auf die Wechselbeziehungen der Strukturen untereinander ermöglicht handlungsrelevante Erkenntnisse, wie und mit welchen Maßnahmen bestehende Strukturen tatsächlich – im Sinne eines wirkungsvollen Klimaschutzes – gestaltet werden können.

Die Umgestaltung von Strukturbedingungen ermöglicht Akteur_innen, ihr Leben (Arbeit, Konsum, Freizeit) wirksam, dauerhaft und ohne unzumutbaren Aufwand klimafreundlich zu führen. In Bezug auf die Gestaltung von Strukturveränderungen ist zu berücksichtigen, in welchem Ausmaß individuelle und kollektive Akteur_innen (z. B. Verbände) gemäß ihres Machtpotenzials, ihrer Ressourcenausstattung oder Organisationsfähigkeit in der Lage sind, gegenwärtige Strukturen zu bewahren oder zu verändern. Der Teil beschäftigt sich einerseits mit unmittelbar handlungsrelevanten Strukturen (z. B. im Recht, bei den netzgebundenen Infrastrukturen, in der Produktion etc.), deren Veränderung direkt auf die Möglichkeiten für klimafreundliches Verhalten einwirken. Andererseits werden auch Strukturen behandelt, die indirekt wirken und die Voraussetzung für den Aufbau von klimafreundlichen Strukturen schaffen (z. B. Governance, Bildung und Wissenschaft, Innovationssystem etc.). Eine wichtige Erkenntnis dieses Teils liegt darin, dass sowohl direkt als auch indirekt wirksame Strukturen für die Durchsetzung eines klimafreundlichen Lebens von großer Bedeutung sind und es unerlässlich ist, sie durch demokratisches und koordiniertes Handeln zu gestalten, wenn die Zielsetzungen des Pariser Klimavertrags und die entsprechenden Ziele der österreichischen Bundesregierung erreicht werden sollen.

Kapitel 11: Recht

Maßnahmen für ein klimafreundliches Leben werden in zahlreichen Handlungsfeldern, die auch im Rahmen dieses Berichts thematisiert werden, rechtlich umgesetzt und instrumentiert. Auf diese Weise schafft Recht Strukturen für ein klimafreundliches Leben. Das Recht ist dabei allerdings von vielfältigen Querverbindungen und Über- und Unterordnungsbeziehungen geprägt, die wiederum Gestaltungsentscheidungen ermöglichen, einschränken oder verunmöglichen. Das Recht hat damit strukturprägende Wirkung für das klimafreundliche Leben. Die Rechtsmaterien, die für ein klimafreundliches Leben von struktureller Bedeutung sind, gehen über das Umwelt- und Klimaschutzrecht hinaus und umfassen weitere Rechtsbereiche, wie z. B. das Finanzverfassungsrecht, das internationale Handelsrecht oder das Wohnrecht (Madner, 2015a; Schulev-Steindl, 2013) (hohe Übereinstimmung, starke Literaturbasis).

Das für ein klimafreundliches Leben relevante Recht wird auf mehreren Ebenen gestaltet und vollzogen. Es schafft eine Struktur, die für die Rechtsetzung und Vollziehung einerseits Möglichkeiten bietet, andererseits aber auch Beschränkungen enthält (Peel et al., 2012; Scott, 2011). Vielfach setzt der Rechtsrahmen der Gesetzgebung Schranken, z. B. durch die Grundrechte (Kahl, 2021). Manche Gestaltungsbedingungen sind nur unter erschwerten rechtlichen Bedingungen veränderbar, z. B. die Kompetenzverteilung im österreichischen Bundesstaat, die nur durch Verfassungsänderung neu gestaltet werden kann. Generell bestehen Kompetenzabgrenzungs-, Abstimmungs- und Koordinierungserfordernisse von der internationalen über die europäische und bundesstaatliche bis zur lokalen Ebene (Schlacke, 2020; Ennöckl, 2020; Raschauer & Ennöckl, 2019; Ziehm, 2018; Horvath, 2014; Madner, 2010, 2005a) (hohe Übereinstimmung, starke Literaturbasis).

Es gibt in Österreich kein explizites Grundrecht auf Umwelt- bzw. Klimaschutz, auch die Europäische Menschenrechtskonvention (EMRK), die im Verfassungsrang steht, beinhaltet kein Grundrecht auf Schutz der Umwelt „als solche". Aus ihren Garantien können jedoch umweltrelevante Schutzpflichten abgeleitet werden (Grabenwarter & Pabel, 2021; Schnedl, 2018; Ennöckl & Painz, 2004; Wiederin, 2002) (hohe Übereinstimmung, starke Literaturbasis). In einzelnen europäischen Ländern haben Gerichte Klagen betreffend stärkerer Klimaziele stattgegeben und dafür die Garantien der europäischen Menschenrechtskonvention (EMRK) bzw. Staatsziele herangezogen (siehe z. B. BVerfG 24.03.2021, 1 BvR 2656/18). Aktuell sind beim Europäischen Gerichtshof für Menschrechte mehrere Fälle anhängig, die sowohl die Frage nach Klimaschutzpflichten von Staaten als auch explizit die Frage nach einem Recht auf wirksame Beschwerde im Zusammenhang mit fehlenden Klimaschutzmaßnahmen betreffen (Duarte Agostinho u. a. gegen Portugal u. a., anhängig; Verein KlimaSeniorinnen Schweiz u. a. gegen Schweiz, anhängig; Mex M. gegen Österreich, anhängig).

Das Unionsrecht prägt den Handlungsspielraum des nationalen Gesetzgebers auch in der Klimaschutzgesetzgebung stark. Der Einsatz marktbasierter Instrumente ist mit dem Emissionshandel (ETS) für die emissions- und energieintensive Industrie und Teile des Energiesektors auch für Österreich EU-rechtlich vorgegeben (Madner, 2005b; Schulev-Steindl, 2013). Nationale Handlungsspielräume bestehen vorwiegend im Non-ETS-Bereich (Abfallwirtschaft, Landwirtschaft und Energie sowie derzeit noch für die Sektoren Gebäude und Verkehr, deren Einbeziehung in das Emissionshandelssystem jedoch mittelfristig geplant ist) (Fitz & Ennöckl, 2019) (hohe Übereinstimmung, starke Literaturbasis).

Das nationale Klimaschutzgesetz (KSG) soll die Klimapolitik im Non-ETS-Bereich koordinieren (Abfallwirtschaft, Landwirtschaft und Energie sowie derzeit noch Gebäude und Verkehr), seine Steuerungs- und Durchsetzungskraft wird aktuell aber als gering eingeschätzt. Es gilt als aktualisierungsbedürftig. Weitgehender Konsens herrscht über die Notwendigkeit eines Klimaschutzgesetzes, das strategische Zielvorgaben im Einklang mit den Pariser Klimazielen sowie effektive Sanktionsmechanismen enthält (Ennöckl, 2020; Schulev-Steindl et al., 2020) (hohe Übereinstimmung, mittlere Literaturbasis). Ein effektives nationales Klimaschutzgesetz soll zudem ein Verbesserungsgebot enthalten, um die österreichischen Klimaziele gegen Rückschritte abzusichern (Schulev-Steindl et al., 2020; Kirchengast & Steininger, 2020) (hohe Übereinstimmung, mittlere Literaturbasis).

In der österreichischen Bundesverfassung fehlt ein einheitlicher Kompetenztatbestand „Umwelt" oder „Klima" (Horvath, 2014). Die Einführung einer eigenen Bedarfskompetenz Klimaschutz auf Bundesebene wird als notwendige Strukturbedingung erachtet, um umfassende Regelungen für den Klimaschutz zu ermöglichen und einheitliche Klimaschutzstandards zu schaffen (Schulev-Steindl et al., 2020) (hohe Übereinstimmung, mittlere Literaturbasis). Als notwendige strukturelle Hebel werden in der Literatur zudem Maßnahmen im Bereich des Finanz-, Steuer- und Förderrechts betrachtet; so werden insbesondere eine adäquate CO_2-Bepreisung, aber auch eine ökologische Umgestaltung des Steuer- und Beihilfenrechts (z. B. Neugestaltung der Kommunalsteuer), die Verknüpfung der Wohnbauförderung mit ökologischen Kriterien und generell die Orientierung des Finanzausgleichs an raum- und klimarelevanten Parametern thematisiert (Mitterer, 2011, Madner & Grob, 2019, Kanonier, 2019 jew mwN) (hohe Übereinstimmung, mittlere Literaturbasis).

Verwaltungsinterne Ressortgegensätze prägen die Gestaltung der Umwelt- und Klimapolitik auf europäischer und nationaler Ebene (Hahn, 2017; Madner, 2007; Bohne, 1992). Die „siloförmige" Ausgestaltung der nach dem Ressortprinzip gegliederten österreichischen Verwaltung wird als hemmend für die Bearbeitung von Querschnittsthemen wie Klimaschutz angesehen (Hahn, 2017). Die Europäische Kommission hat mit dem Initiativrecht zur Legislative eine wichtige Rolle bei der Gestaltung des europäischen Klimaschutzrechts (z. B. European Green Deal). Gegenüber den Mitgliedsstaaten prägen z. B. die Überprüfungsrechte bei der Erstellung nationaler Klimaschutzpläne, aber auch die Befugnis zur Einleitung von Vertragsverletzungsverfahren die klimapolitische Rolle der Kommission. Gleichzeitig wird das Kollegialorgan Kommission als Hüterin des Binnenmarkts und als Initiatorin weitreichender Liberalisierungen oft als Promotorin von dem Klimaschutz gegenläufigen Interessen wahrgenommen (Bürgin, 2021) (hohe Übereinstimmung, mittlere Literaturbasis).

Die Stärkung von Umweltorganisationen in umweltrelevanten Genehmigungsverfahren wird als für den Klimaschutz besonders förderlich angesehen, wenngleich die Beurteilung im Zusammenhang mit Projekten zum Ausbau erneuerbarer Energie differenziert ausfällt (Berger, 2020; Schwarzer, 2018; Schmelz et al., 2018; Sander, 2017; Schmelz, 2017a). Aus der Perspektive von Projektbetreiber_innen wird verstärkte Öffentlichkeitsbeteiligung von Umweltorganisationen oft grundsätzlich als Hemmnis für den Wirtschaftsstandort qualifiziert (Bergthaler, 2020; Schmelz, 2017a, 2017b; Niederhuber, 2016) (hohe Übereinstimmung, starke Literaturbasis).

Im Kontext von Klimaklagen wird auch Gerichten eine wichtige Funktion für den Klimaschutz zugeschrieben. Durch ihre Kontrollfunktion sollen sie eine defizitäre Klimaschutzgesetzgebung und ungenügende Berücksichtigung des Stands der Wissenschaft identifizieren und bestehende Pflichten des Gesetzgebers konkreter fassen können (Schulev-Steindl, 2021; Schnedl, 2018; Krömer, 2021). Diese Rolle der Gerichte für den Klimaschutz ist wesentlich von Grundrechten oder anderen einklagbaren Rechten und dem Zugang zu Gerichten abhängig (Krömer, 2021; Peel

& Osofsky, 2018; Colombo, 2018). Mit Blick auf die Gewaltenteilung wird eine solche Rollenzuschreibung in der Literatur teilweise auch kritisch gesehen (Wegener, 2019, Saurer, 2018) (hohe Übereinstimmung, starke Literaturbasis).

Ein Grundrecht auf Klimaschutz würde es Einzelnen (und gegebenenfalls auch juristischen Personen) ermöglichen, Entscheidungen und Maßnahmen, die in Konflikt mit dem Klimaschutz stehen, vor Gerichten anzufechten und so Entscheidungsträger_innen stärker in die Pflicht zu nehmen (Ennöckl, 2021). Um dies leisten zu können, müsste ein solches Grundrecht mit adäquaten Bestimmungen über den Zugang zu Gerichten verbunden werden (Krömer, 2021; Schulev-Steindl, 2021). In Ergänzung zum Grundrecht auf Klimaschutz könnte eine Grundpflicht zum Ressourcen- bzw. Klimaschutz die (wachsende) Inanspruchnahme von Ressourcen begrenzen (Winter, 2017). Rechte der Natur werden verschiedentlich als notwendiger Schritt hin zur Abkehr von der Instrumentalisierung der Natur bzw. als Chance verstanden, Rechtsinstrumente gänzlich neu zu denken (Epstein & Schoukens, 2021; Kauffman & Martin, 2021; Darpö, 2021; Krömer, 2021; Fischer-Lescano, 2020) (hohe Übereinstimmung, mittlere Literaturbasis).

In der Diskussion um Gestaltungsoptionen auf der nationalen Ebene werden in der Literatur im Einklang mit den identifizierten notwendigen Strukturbedingungen die Verankerung eines Grundrechts auf Klimaschutz (mittlere Übereinstimmung, mittlere Literaturbasis), ein eigener Kompetenztatbestand „Klimaschutz" (hohe Übereinstimmung, mittlere Literaturbasis), ein effektives Klimaschutzgesetz (hohe Übereinstimmung, mittlere Literaturbasis) und eine ökologische Steuerreform (hohe Übereinstimmung, mittlere Literaturbasis) als besonders relevant hervorgehoben.

Maßnahmen zum Klimaschutz, die auf der internationalen, EU- und/oder nationalen Ebene gesetzt werden, stehen oftmals in einem Spannungsverhältnis zu den auf Handelsliberalisierung ausgerichteten Zielen des WTO-Rechts (Du, 2021; Mayr, 2018; Müller & Wimmer, 2018) (hohe Übereinstimmung, starke Literaturbasis). Der Schutz des Wettbewerbs prägt als ein zentrales Anliegen der europäischen Wirtschaftsverfassung die Ausrichtung der österreichischen Wirtschaftsverfassung und die Gestaltungsspielräume nationaler Gesetzgebung, unter anderem auch in der Daseinsvorsorge. (Madner, 2022; Müller & Wimmer, 2018; Griller, 2010; Hatje, 2009) (hohe Übereinstimmung, starke Literaturbasis). Um die Fragmentierung im internationalen Recht zu überwinden und das Welthandelsrecht stärker in den Dienst von Nachhaltigkeitszielen zu stellen, bedarf es einer Neuausrichtung der globalen Handelspolitik an den übergreifenden Zielen sozialer und wirtschaftlicher Stabilität und ökologischer Nachhaltigkeit (Ruppel, 2022; Neumayer, 2017; Vranes, 2009; Bernasconi-Osterwalder et al., 2005; Weinstein & Charnovitz, 2001) (hohe Übereinstimmung, mittlere Literaturbasis).

Eine Reihe zivilgesellschaftlicher Akteur_innen und breite zivilgesellschaftlichen Allianzen (z. B. das Netzwerk Seattle to Brussels), Thinktanks (z. B. das International Institute for Sustainable Development (IISD), siehe International Institute for Sustainable Development, 2021), aber auch die Konferenz der Vereinten Nationen für Handel und Entwicklung („Geneva Principles for a Global Green New Deal", siehe Gallagher & Kozul-Wright, 2019) haben Vorschläge für eine grundlegende Umgestaltung der internationalen und europäischen Handelspolitik vorgelegt, die als notwendig erachtet werden, um die Umwelt- und Klimakrise zu bewältigen und den nachteiligen Folgen der Globalisierung zu begegnen (z. B. Gallagher & Kozul-Wright, 2019) (hohe Übereinstimmung, mittlere Literaturbasis).

Als besonders wichtig werden dabei folgende Optionen genannt: Die Sicherstellung des Rechts, staatliche Regulierung zum Schutz von Gesundheit, Sozialem und Umwelt einzusetzen („right to regulate"); die Festlegung von verbindlichen Unternehmenspflichten für die Einhaltung von Menschenrechten, die Sicherstellung von Freiräumen für die lokale und regionale Wirtschaft sowie die Stärkung sozialökologischer öffentlicher Auftragsvergabe (Krajewski, 2021; Schacherer, 2021; Eberhardt, 2020; Petersmann, 2020; Schill & Vidigal, 2020; Strickner, 2017; Attac, 2016; Kube & Petersmann, 2018; Schmidt, 2021; Bernasconi-Osterwalder & Brauch, 2019) (hohe Übereinstimmung, mittlere Literaturbasis).

Kapitel 12: Governance und politische Beteiligung

Dieses Kapitel fasst die Literatur zum Thema Governance der Klimakrise in Österreich zusammen. Es geht dabei der Frage nach, welche Akteur_innen und Strukturen Klimapolitik in Österreich prägen. Dabei sind sowohl staatliche als auch nicht-staatliche Aspekte der gesellschaftlichen Steuerung relevant. Im Fall von Österreich kommt an den Schnittstellen zwischen Staat, Wirtschaft und Gesellschaft eine Besonderheit hinzu, die es in ähnlicher Form nur in wenigen Ländern gibt: die Sozialpartnerschaft als zentraler Bestandteil eines korporatistischen Regierungssystems. Kap. 12 im Bericht analysiert, wie vor allem staatliche und sozialpartnerschaftliche Akteur_innen die österreichische Klimapolitik bis 2019 prägten, welche Rolle die EU dabei spielte und was sich seit 2019 veränderte.

Die Klimapolitik der Bundesregierungen fand ihren Ausdruck in drei Klimastrategien (2002, 2007 und 2018), einem Klimaschutzgesetz und entsprechenden Novellen (2011, 2012, 2017) sowie zwei Maßnahmenprogrammen für die Jahre 2013/2014 und 2015 bis 2018. Obwohl es sich dabei um verschiedene Ansätze zur Koordination und Umsetzung von klimapolitischen Maßnahmen handelt, gelang es keinem dieser Ansätze die Treibhausgasemissionen im Einklang

THG und CO_2 Emissionen und verbindliche Ziele für Österreich

Abb. TZ.11 CO_2-Emissionen (*blau* und *violett*) und Treibhausgasemissionen THG-Emissionen (*magenta*) im Vergleich zu Reduktionszielen der Bundesregierung (*Punkte* markieren Basis- und Zieljahre). (Hochgerner et al., 2016, S. 6, aktualisiert von Willi Haas, 2021). {Kap. 12}

mit den Zielsetzungen der Bundesregierung zu senken. Wie Abb. TZ.11 zeigt, wurden mit einer Pandemie-bedingten Ausnahme bislang alle Klimaziele verfehlt. Somit ist Österreich auch eines der wenigen nördlichen Länder in Europa, das Emissionen im Inland seit 1990 nicht reduziert hat (hohe Übereinstimmung, starke Literaturbasis) (Steurer & Clar, 2015; Clar & Scherhaufer, 2021).

Dieses klimapolitische Versagen Österreichs ist auch auf die föderale Struktur, die Sozialpartnerschaft und eine lange Zeit passive Zivilgesellschaft zurückzuführen, die der vorherrschenden Prioritätensetzung bis 2019 nichts entgegensetzen konnte (hohe Übereinstimmung, starke Literaturbasis).

Das föderale System Österreichs weist eine hohe Divergenz bei den Ziel- und Entscheidungsstrukturen, Handlungsspielräumen und Zeithorizonten auf. Die Kompetenzverteilung für Raumordnung, Verkehr sowie Gebäude erschwert die bundesstaatliche Entscheidungsfindung und damit eine zielorientierte Dekarbonisierung. Bundesländer haben wichtige Kompetenzen für Raumordnung, Verkehr sowie Gebäude, sind aber selbst nicht an die vom Bund mit der EU akkordierten Klima-Ziele gebunden. Auch deshalb hat Klimaschutz für die Landesregierungen oft nur einen geringen Stellenwert (Steurer et al., 2020).

Die vier Sozialpartner, darunter besonders die Wirtschaftskammer sowie die Industriellenvereinigung, haben klimapolitische Fortschritte wiederholt abgeschwächt, verzögert oder gänzlich verhindert (Pesendorfer, 2007; Steurer & Clar, 2015; Niedermoser, 2017a; Brand & Niedermoser, 2019; Clar & Scherhaufer, 2021). Umweltpolitik war schon in den 1970ern meist nur dann ohne nennenswerten Widerstand möglich, wenn er im Sinne einer ökologischen Modernisierung wirtschaftlichen Interessen dienlich war (Pesendorfer, 2007).[1] Diese umweltpolitische Tradition dominiert das Politikfeld Klima bis heute (Steurer & Clar, 2015; Clar & Scherhaufer, 2021). Nur bei der Arbeiterkammer und den Gewerkschaften zeigt sich in den letzten Jahren ein langsamer Prozess des Umdenkens, der innerhalb der Gewerkschaften allerdings durchaus umstritten ist (Brand & Niedermoser, 2019; Niedermoser, 2017a; Segert, 2016; Soder et al., 2018; vgl. Kap. 14).

Seit 2019 haben sich zwei Governance-Aspekte verändert: Gesellschaftliche Bewegungen wie Fridays for Future haben im Jahr 2019 eine neue Dynamik in das Politikfeld

---

[1] Untersuchungen zu Deutschland zeigen, dass dies kein österreichisches Spezifikum darstellt (Bohnenberger et al., 2021).

Pariser Klimazielweg

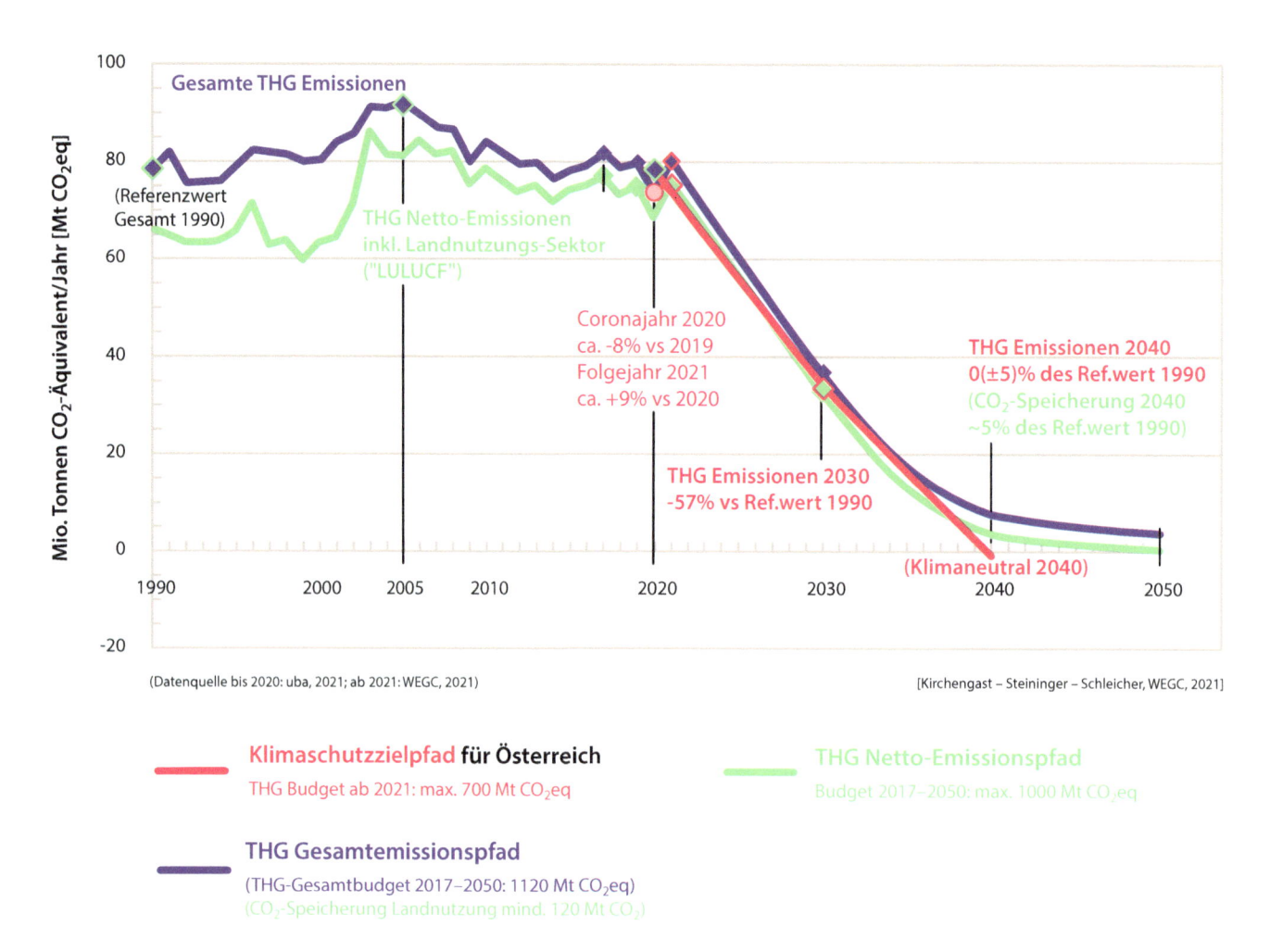

Abb. TZ.12 Emissionsreduktionspfad zur Erreichung des Pariser Klimaziels in Österreich. (https://wegcwww.uni-graz.at/publ/downloads/RefNEKP-TreibhausgasbudgetUpdate_WEGC-Statement_Okt2020.pdf, 30. April 2021). {Kap. 12}

Klima gebracht. Durch diese Dynamik bestärkt wurde 2020 ein Klimaschutzministerium eingerichtet, das zielorientierte Klimapolitik voranzutreiben versucht, allerdings oft auf regierungsinternen, sozialpartnerschaftlichen und/oder föderalen Widerstand trifft (hohe Übereinstimmung, schwache Literaturbasis; Clar & Scherhaufer, 2021).

Das strukturell geprägte Zusammenspiel bremsender klimapolitischer Kräfte hatte zur Folge, dass Österreich seine Rolle als umweltpolitischer Vorreiter eingebüßt hat. Umweltpolitische Fortschritte waren etwa seit dem EU-Beitritt im Jahr 1995 im Wesentlichen aufgrund von EU-Vorgaben oder in Fällen möglich, in denen auch kurzfristig wirtschaftliche Vorteile erwartet wurden. Da Klimaschutz lange Zeit nicht mit wirtschaftlichen Vorteilen in Verbindung gebracht wurde, haben sämtliche Bundesregierungen die Verfehlung von klimapolitischen Zielen bewusst in Kauf genommen (Pesendorfer, 2007; Pfoser, 2014). Für die Übertretung des Kyoto-Ziels musste Österreich knapp 700 Millionen Euro bezahlen (Steurer & Clar, 2014). Ein Verfehlen des Ziels für den Zielpfad bis 2030 würde angesichts erwartbar hoher CO_2-Preise voraussichtlich ein Vielfaches an Kosten verursachen. Dies war in vielen anderen Ländern zwar ähnlich (Nash & Steurer, 2019), allerdings klafften Zielsetzungen und tatsächliche Emissionen in kaum einem Land der EU so drastisch auseinander wie in Österreich (Rechnungshof, 2021).

Angemessene Klimapolitik hat in Österreich erst ansatzweise in wenigen Bereichen (etwa dem Ausbau der erneuerbaren Energieversorgung) begonnen. Folglich weicht Österreich nach wie vor weit von jenem Zielpfad ab, der sich aus der selbst gesteckten Vision, bis 2040 klimaneutral werden zu wollen, ergeben würde (vgl. Abb. TZ.12). Die nun anstehende Herausforderung einer gesellschaftlichen Transformation wird nur gelingen, wenn der bis 2019 vorherrschende „vicious circle of inaction" dauerhaft in einen „virtuous circle of climate action" verwandelt wird (Climate Outreach, 2020).

Kapitel 13: Innovationssystem und -politik

Die strukturellen und die politisch-institutionellen Bedingungen für Innovation bilden den Rahmen für die Fähigkeit unserer Gesellschaft, technologische, organisatorische und soziale Innovationen hervorzubringen, sich an diesen auszurichten und ihre Verbreitung zu ermöglichen. Sie sind somit von zentraler Bedeutung für den Wandel unserer Gesellschaft hin zu einer nachhaltigen Lebens- und Wirtschaftsweise. Im Folgenden wird die Literatur zu Innovationspolitik für ein klimafreundliches Innovationssystem gesichtet.

Das Innovationssystem umfasst die Akteur_innen, ihre Beziehungen und die institutionellen und strukturellen Bedingungen, die deren Innovationsverhalten prägen. Eine wichtige Rolle spielt dabei die Innovationspolitik, die hier in einem breiten Sinne als die Summe jener Politikfelder, die Forschung und Innovationsbedarfe und -möglichkeiten beeinflussen, verstanden wird. Im Hinblick auf Systemwandel durch Innovation ist daher über die Forschungs-, Technologie- und Innovationspolitik im engeren Sinne eine Vielzahl von weiteren sektoralen und Querschnittspolitiken angesprochen.

Neue technologische und nicht-technologische Entwicklungen und damit zusammenhängende soziotechnische Innovationen spielen eine zentrale Rolle für Transformationen hin zu einer klimafreundlicheren Gesellschaft (Schot & Steinmueller, 2018; Joly, 2017). In Hinblick auf die gesellschaftlichen Ziele, die mithilfe von Innovation verfolgt werden sollen, lässt sich in der wissenschaftlichen Debatte ein Schwenk weg von einer nahezu ausschließlichen Betonung von wirtschaftlichen Zielen hin zu stärker richtungsgebenden, direktionalen Zielsetzungen im Sinne der UN-Nachhaltigkeitsziele beobachten (Daimer et al., 2012; Diercks et al., 2019). Gerade in hoch klimarelevanten Bereichen wie Mobilität, Energieerzeugung, -versorgung und -nutzung oder Nahrungsmittelversorgung und Ernährung ist dafür die Verknüpfung neuer technologischer Optionen mit organisatorischen und sozialen Innovationen und Verhaltensänderungen zentral, um gesellschaftliche Veränderungen im Sinne der Bewältigung der Klimakrise anzustoßen und zu ermöglichen. Erst im Zusammenwirken dieser verschiedenen Dimensionen von Innovation sind Systemveränderungen möglich (Wanzenböck et al., 2020; Wittmayer et al., 2022). Dieser Schwenk lässt sich seit einigen Jahren auch in der österreichischen Forschungs- und Innovationspolitik beobachten. Er ist eingebettet in eine programmatische Weiterentwicklung der europäischen Politikziele (European Commission, 2019d, 2020). Konkret manifestieren sich erste Schritte dieser Veränderung auf österreichischer Ebene in der Einführung neuer programmatischer, instrumenteller und Governance-Elemente in der Forschungs- und Innovationspolitik, die Ausdruck transformativer Politikziele und entsprechender missionsorientierter Politikkonzepte sind. Dabei werden derzeit mit Blick auf die Klimaziele 2030 der österreichischen Bundesregierung vor allem umsetzungsorientierte Maßnahmen betont, die angebots- und nachfrageseitige Elemente umfassen (Bundeskanzleramt, 2020; BMBWF et al., 2021). Trotz dieser Veränderungen dominieren weiterhin ungerichtete F&I-politische Maßnahmen den öffentlichen Finanzierungsmix für Forschung und Innovation (BMBWF et al., 2021; OECD, 2018) (hohe Übereinstimmung, starke Literaturbasis).

Es besteht nach wie vor ein Spannungsverhältnis zwischen Nachhaltigkeitszielen und einem wachstumsorientierten Zugang in der Innovationspolitik (Schot & Steinmueller, 2018; Lundin & Schwaag-Serger, 2018). Durch die gegenwärtigen Krisen (z. B. COVID-19, Ukraine-Krieg) gibt es zudem neue Politikziele (z. B. Krisenresilienz, Souveränität, Verteidigung). Neben Innovation spielen die Bedingungen für den Ausstieg aus nicht-nachhaltigen Praktiken („Exnovation") eine wichtige Rolle für die Überwindung der Klimakrise („Destabilisierung des dominanten soziotechnischen Regimes"). Diese beiden Aspekte spielen in der bisherigen Diskussion über Innovationssystem und -politik bislang nur eine Nebenrolle (David, 2017; Sengers et al., 2021). Die für Innovationen typischen Eigenschaften wie Ungewissheit und Komplexität werfen erhebliche Schwierigkeiten bei der Abschätzung und Ex-ante-Bewertung von Innovationen auf. Gerade radikale und systemische Innovationen können nur sehr unzureichend abgeschätzt werden („Collingridge-Dilemma"); ein Problem, das zudem durch Rebound-Effekte und andere Komplexitätsphänomene verstärkt wird („wicked problems") (Polimeni et al., 2009; Collingridge, 1980; Tuomi, 2012). Innovation im Sinne der Einführung neuer Lösungen ist der erste Schritt hin zu einem klimafreundlichen Systemwandel. Erst die Diffusion, Skalierung und Replikation-Adaption dieser neuen Lösungen in all ihren Dimensionen („Generalisierung") macht Systemwandel möglich (Sengers et al., 2021). Hierfür ist die Mobilisierung auch etablierter Akteur_innen mit ihren Ressourcen und Kapazitäten wichtig (hohe Übereinstimmung, mittlere Literaturbasis).

Die Verankerung eines erweiterten Innovationsverständnisses zählt zu den zentralen Herausforderungen der Innovationspolitik im Kontext des Klimawandels, das heißt die Ausweitung auf soziale, institutionelle und Systeminnovationen sowie deren Generalisierung (Howaldt et al., 2017; Wittmayer et al., 2022). Hierbei werden Maßnahmen wie (tertiäre) Bildung, neue Curricula, höhere Anerkennung für inter- und transdisziplinäre Forschung an Universitäten, Recruiting und Personalentwicklung, Anreizsysteme für risiko- und innovationsfreundlicheres Verhalten gefordert (hohe Übereinstimmung, starke Literaturbasis).

Veränderungen sind auch bei den Governance-Strukturen und -Prozessen erforderlich, auf deren Grundlage Systemveränderungen angestoßen werden können. Hier ist an erster

Stelle das kohärente Zusammenwirken von Akteur_innen und Instrumenten aus unterschiedlichen Politikfeldern und -ebenen zu nennen („Politikkoordination", „Alignment"), durch das wirksame Impulse für einen Systemwandel erzielt werden können (Kuittinen et al., 2018; OECD, 2019, 2021). Die Versäulung politischer Verantwortlichkeiten und der öffentlichen Verwaltung bzw. das Fehlen übergreifender Kompetenzen (z. B. Richtlinienkompetenz für Innovation und Systemwandel), mangelnde Abstimmungsprozesse (aktuell erste Versuche im Rahmen der FTI-Strategie 2030 und der Arbeitsgruppe EU-Missionen) sowie das komplexe Zusammenspiel zwischen der nationalstaatlichen und der Bundesländerebene zählen zu zentralen Hindernissen am Weg zu einer gut abgestimmten und klimafreundlichen Governance. Eine Hinwendung zu experimentellen Ansätzen, die in längerfristige Monitoring-/Assessment- und vorausschauende Lernprozesse eingebettet sind, bietet Möglichkeiten der Erprobung und breiten Umsetzung neuer systemischer Lösungsansätze unter Bedingungen der Ungewissheit. Diese experimentellen Praktiken und Lernprozesse erstrecken sich auch auf institutionelle Bedingungen für Innovation (Sengers et al., 2021; Veseli et al., 2021) (hohe Übereinstimmung, mittlere Literaturbasis).

Damit einher geht ein notwendiger Wandel des Rollenverständnisses der Politik, deren prioritäre Aufgabe in der Moderation sowie der richtungsgebenden und rahmensetzenden Ausrichtung von Innovation und Systemwandel liegt. Für die Übernahme von derartigen Rollen bedarf es allerdings entsprechender Fähigkeiten und Ressourcen in der öffentlichen Verwaltung („Capacities & Capabilities") (Borrás & Edler, 2020; Kattel & Mazzucato, 2018) im Sinne einer Weiterentwicklung von New Public Management hin zu „agiler Innovationspolitik" und der Umkehrung der personellen Aushöhlung der öffentlichen Verwaltung. Das Öffnen diskursiver Räume zu normativen Fragen und Kontroversen im Zusammenhang mit Innovation und Systemwandel kann weiters zu einer höheren Kohärenz und gemeinsamen Orientierung im Handeln der verschiedenen Akteur_innen im Innovationssystem (das heißt im breiten Sinne neben Forschung, Wirtschaft und Politik auch Zivilgesellschaft) beitragen (Schlaile et al., 2017; Stirling, 2007), indem Bürger_innenräte einbezogen und das Parlament als Ort des normativen Diskurses aufgewertet wird. Wenn es gelingt, transformatives Systemversagen als Legitimationsgrundlage für staatliches Handeln auch in anderen innovations- und transformationsrelevanten Politikbereichen zu etablieren, kann das Instrumentarium zur politischen Mitgestaltung von Systemtransformationen ausgeweitet werden. Durch die Berücksichtigung direktionaler Elemente in grundsätzlich nichtdirektionalen innovationspolitischen Instrumenten (insbesondere struktureller Maßnahmen, themenoffener Programme und steuerlicher Anreize für F&E) kann deren Klimawirksamkeit erhöht werden (hohe Übereinstimmung, mittlere Literaturbasis).

Nachfrageseitige Instrumentarien wie öffentliche Beschaffung und Regulierung sind vorhanden, werden aber bislang nur begrenzt eingesetzt und wirksam. Durch einen breiteren Einsatz speziell von öffentlichen Beschaffungsinitiativen könnten verstärkt klimafreundliche Innovationsimpulse induziert werden. Klare strategische Orientierungen seitens der Politik, unterstützende strukturelle und institutionelle Bedingungen und eine frühzeitige Einbindung der betroffenen Stakeholder reduzieren Unsicherheiten bei Zukunftsinvestitionen und unterstützen eine langfristige und kohärente Orientierung der Innovationsstrategien von Unternehmen, Forschungsorganisationen und anderen Innovationsakteur_innen an klimafreundlichen Lösungen. Im öffentlichen Einflussbereich könnten in diesem Sinne die mehrjährigen Leistungsvereinbarungen angepasst werden. Die derzeit diskutierten Vorschläge für transformative und missionsorientierte Politik (z. B. im Hinblick auf die fünf EU-Missionen) verstärken den Abstimmungsbedarf zwischen Politikfeldern und -ebenen weiter und reichen deutlich über den Bereich der FTI-Politik hinaus. Eine Weiterentwicklung der Politikkoordination im Sinne transformativer und missionsorientierter Ansätze kann dazu beitragen, die ressortübergreifende Zusammenarbeit für klimafreundliche Strategien zu intensivieren (mittlere Übereinstimmung, mittlere Literaturbasis).

Um agilere Organisationsstrukturen und -prozesse im Rahmen einer transformativen Innovationspolitik zu etablieren, könnten institutionelle Innovationen experimentell erprobt werden, und zwar sowohl im Hinblick auf die operative Abwicklung von Politikmaßnahmen als auch bei den vorgelagerten strategischen Entscheidungsprozessen. Durch den Aufbau geeigneter Kompetenzen und Kapazitäten in den Bereichen Vorausschau, formative Begleitung, Evaluierung und Anpassung von Politikstrategien könnten die Voraussetzungen geschaffen werden, um umfassende Transformationsprozesse zu begleiten und nachzujustieren, und zwar sowohl auf der Ebene einzelner Maßnahmen als auch auf der Ebene von Systemen (z. B. Energiewende, Mobilitätswende etc.) (hohe Übereinstimmung, starke Literaturbasis).

Kapitel 14: Die Versorgung mit Gütern und Dienstleistungen

Kap. 14 wirft einen umfassenden Blick auf die Versorgung mit Gütern und Dienstleistungen mit ihren diversen wirtschaftlichen Akteur_innen, die in Österreich an deren Gestaltung und Umsetzung mitwirken. THG-Emissionen können sowohl in der Nutzung von Gütern und Dienstleistungen wie auch entlang des gesamten Wertschöpfungsprozesses von der Ressourcenextraktion und Energiegewinnung bis zur Bereitstellung und laufenden Instandhaltung von Gütern entstehen. Die Möglichkeiten eines klimafreundlichen Lebens

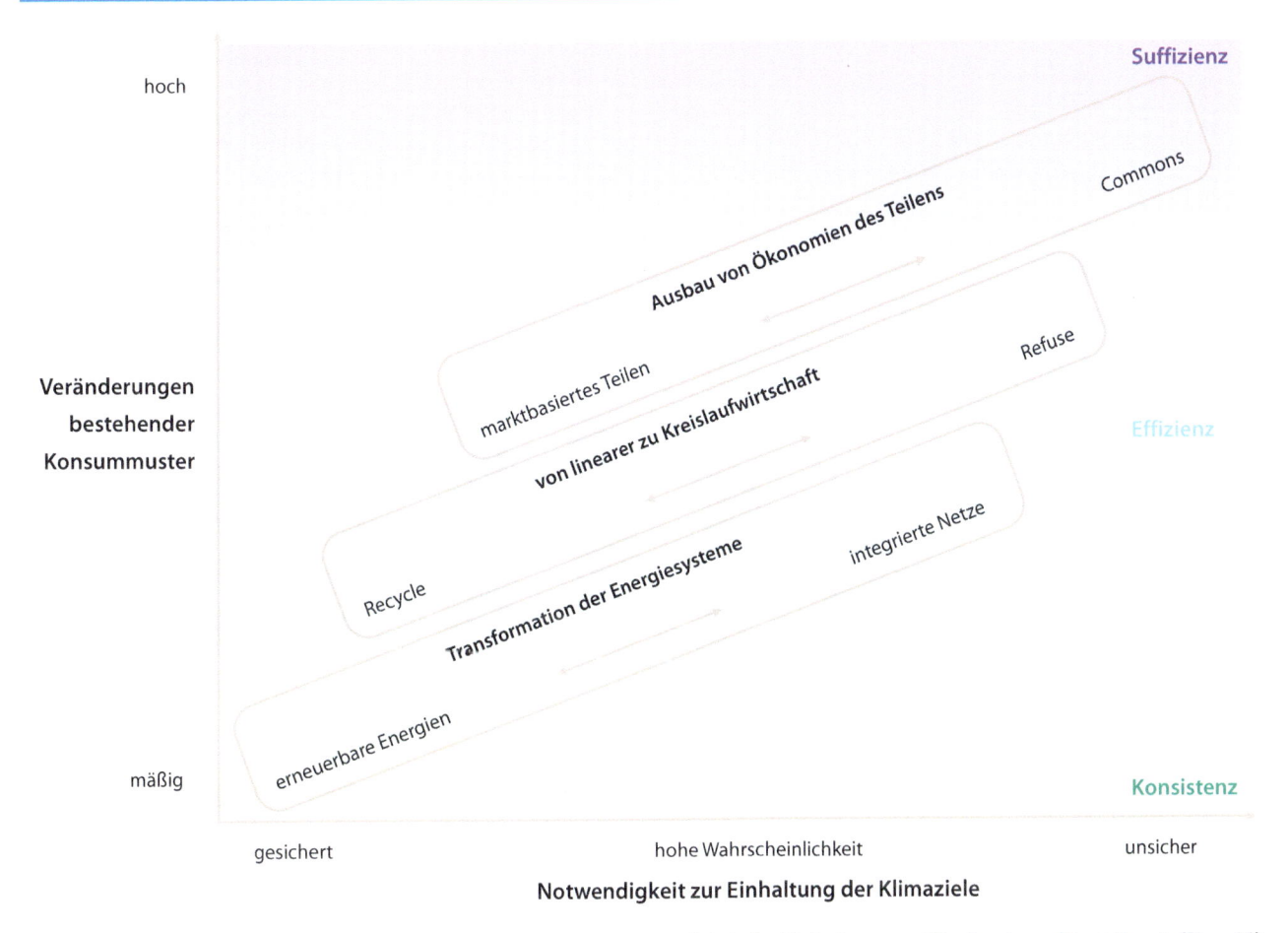

Abb. TZ.13 Modelle klimafreundlicher Versorgungsstrukturen und Notwendigkeit der Veränderungen. (Quelle: eigene Darstellung). {Kap. 14}

sind damit unmittelbar mit den Fußabdrücken der Güter und Dienstleistungen verbunden, die für ein solches Leben erforderlich sind. Der Fokus dieses Kapitels liegt auf jenem Teil der Versorgung, der in Österreich produziert wird. Jener Anteil der österreichischen Produktion, der exportiert wird (etwa 50 Prozent), und des Konsums, der importiert wird (etwa 30 Prozent), wird im nächsten Kapitel besprochen.

Für die Erreichung der Klimaziele sind umfassende Veränderungen in den nationalen Versorgungsstrukturen erforderlich. Dafür bedarf es tiefgreifender Umstellungen in den dominanten Geschäftsmodellen und Wertschöpfungsprozessen bei einer Neuausrichtung entlang zentraler Bedürfnisse wie Gesundheit oder Ernährung (hohe Übereinstimmung, starke Literaturbasis) (Köppl & Schleicher, 2019; Schleicher & Steininger, 2017). Eine umfassende Transformation der Energiesysteme durch eine vollständige Umstellung auf erneuerbare Energien, Steigerungen der Energieproduktivität und eine Reduktion des direkten Energiebedarfs in den Sektoren Gebäude, Mobilität, Industrie und Landwirtschaft kann einen wesentlichen Beitrag zur Reduktion der THG-Emissionen leisten (hohe Übereinstimmung, starke Literaturbasis). Wie Abb. TZ.13 veranschaulicht, sind für die Erreichung der Klimaziele mit hoher Wahrscheinlichkeit

auch Veränderungen entlang des Modells einer Kreislaufwirtschaft wie auch eine umfangreichere Umstellung auf Modelle der gemeinsamen bzw. geteilten Nutzung von Ressourcen erforderlich (hohe Übereinstimmung, mittlere Literaturbasis) (Cantzler et al., 2020; Eisenmenger et al., 2020; Jacobi et al., 2018; Kirchengast et al., 2019; Köppl & Schleicher, 2019; Meyer et al., 2018; Schleicher & Steininger, 2017).

Das bisherige Scheitern einer umfassenden Transformation zu klimafreundlichen Versorgungsstrukturen kann vor allem auf eine aus Klimasicht wenig konsistente Gestaltung der wirtschaftspolitischen Rahmenbedingungen zurückgeführt werden (hohe Übereinstimmung, mittlere Literaturbasis) (Niedertscheider et al., 2018; Plank et al., 2021b; Steurer & Clar, 2015). Einem klimapolitischen Fokus auf „weiche" Politikinstrumente zur Skalierung bzw. stärkere Marktdurchdringung klimafreundlicher Technologien, Produkte und Dienstleistungen stehen in Österreich „harte" finanzielle und regulative Rahmenbedingungen gegenüber, die wenig Handlungsdruck zur Veränderung erzeugen und klimaschädliche Tätigkeiten mitunter sogar fördern (hohe Übereinstimmung, starke Literaturbasis) (Hausknost et al., 2017; Kletzan-Slamanig & Köppl, 2016a; Köppl & Schrat-

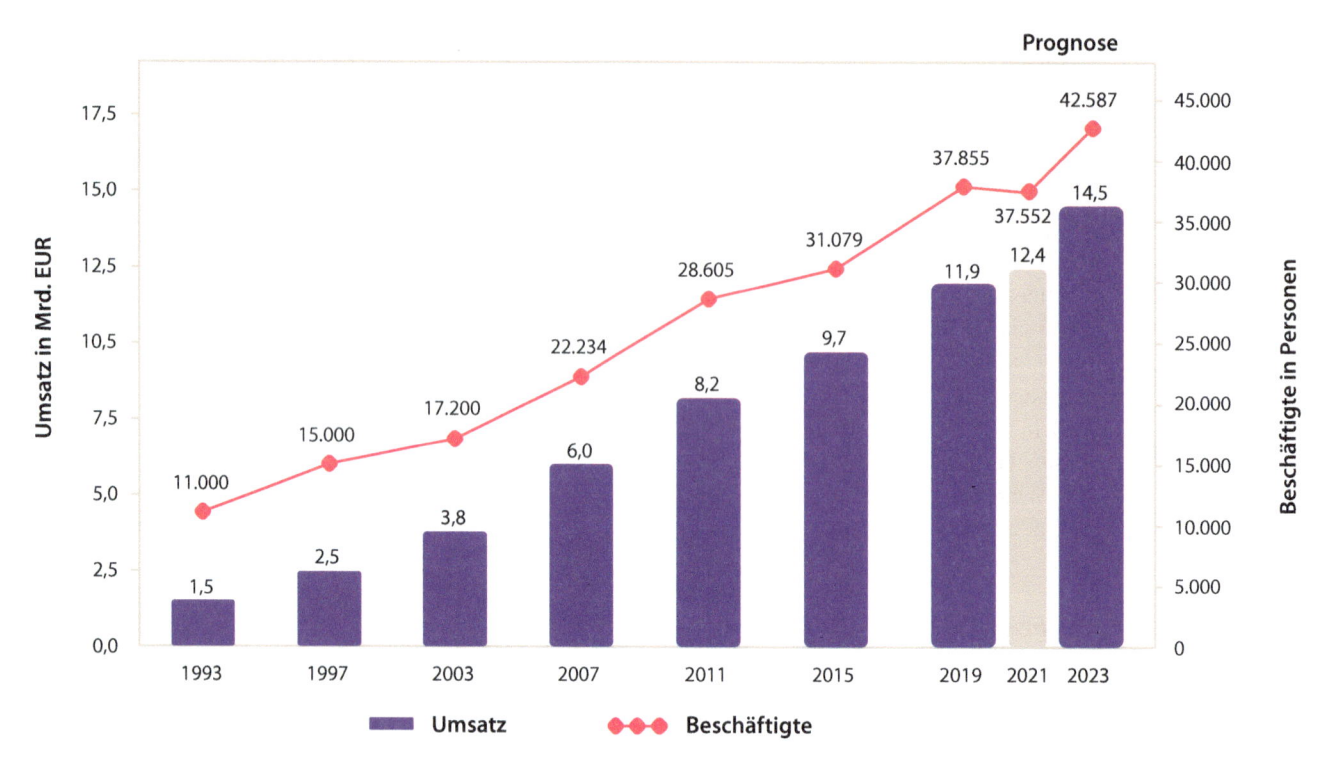

Abb. TZ.14 Entwicklung von Umsatz, Exporten und Beschäftigungszahlen in der österreichischen Umwelttechnik-Industrie seit 1993. (Quelle: Schneider et al., 2020). {Kap. 14}

zenstaller, 2015; Schaffrin et al., 2015; Schnabl et al., 2021; Wurzel et al., 2019). Diese klimapolitisch ungünstigen Rahmenbedingungen werden durch eine korporatistische und föderalistische Governance-Struktur gestützt, die kurzfristigen wirtschaftlichen Interessen, de einer konsequenten Klimapolitik entgegenstehenden, großen Einfluss ermöglichen (hohe Übereinstimmung, mittlere Literaturbasis) (Brand & Pawloff, 2014; Niedertscheider et al., 2018; Seebauer et al., 2019; Steurer et al., 2020; Steurer & Clar, 2015, 2017; Tobin, 2017; Wissen et al., 2020).

Einzig in den Zuwächsen in der Energieeffizienz, einem steigenden Anteil erneuerbarer Energien und einem Ausbau der Abfallwirtschaft konnten in den letzten drei Jahrzehnten in Österreich bedeutende Fortschritte in der Dekarbonisierung der Versorgungsstrukturen erreicht werden (hohe Übereinstimmung, starke Literaturbasis) (Anderl et al., 2020). Damit konnte insbesondere im Bereich der Energieversorgung ein klimafreundlicheres Leben erleichtert werden. Im selben Zeitraum konnte sich in Österreich ein dynamischer Wirtschaftssektor für umweltorientierte Güter und Dienstleistungen herausbilden, der sowohl im Inland als auch im Ausland an Bedeutung gewinnt (hohe Übereinstimmung, starke Literaturbasis) (Gözet, 2020; Schneider et al., 2020) (siehe Abb. TZ.14).

Diesen Erfolgen stehen gegenläufige Tendenzen im Verkehr und in der Industrie sowie eine unzureichende Umsetzung klimafreundlicherer Prozesse in der breiten Masse der in Österreich tätigen Unternehmen gegenüber (hohe Übereinstimmung, starke Literaturbasis) (Anderl et al., 2020; Dorr et al., 2021; Europäische Kommission, 2016, 2020c; Kiesnere & Baumgartner, 2019; Kofler et al., 2021; Schöggl et al., 2022). Während Unternehmen in Bereichen wie Abfallmanagement und betrieblichem Energieverbrauch relativ fortgeschritten sind, wurden tiefergreifendere Veränderungen in Geschäftsmodellen und dem Angebot an Produkten und Dienstleistungen bisher lediglich von einer Minderheit implementiert (hohe Übereinstimmung, starke Literaturbasis) (ebd.).

Zur Erreichung der Klimaziele bedarf es einer deutlichen Ausweitung des Maßnahmenspektrums jenseits des bisherigen klimapolitischen Fokus auf die Förderung neuer Produkte und Dienstleistungen (hohe Übereinstimmung, starke Literaturbasis) (Bachner et al., 2021; Dugan et al., 2022; Großmann et al., 2020; Kirchengast et al., 2019; Stagl et al., 2014; Steininger et al., 2021; Weishaar et al., 2017). Instrumente zur Setzung marktwirtschaftlicher Rahmenbedingungen wie eine konsequent an den Klimazielen ausgelegte Steuerreform, die Abschaffung klimaschädlicher Subventionen und die Einführung von Umweltstandards für Produktionsprozesse, Produkte und die öffentliche Beschaffung, können einen wesentlichen Beitrag zur Erreichung der Klimaziele leisten (hohe Übereinstimmung, mittlere Literaturbasis) (Bittschi & Sellner, 2020; Goers & Schneider, 2019; Großmann et al., 2020; Kettner-Marx et al., 2018;

Kirchner et al., 2019; Kletzan-Slamanig & Köppl, 2016a; Mayer et al., 2021; Schleicher & Steininger, 2017; Steininger et al., 2021). Eine entsprechende Klimapolitik sollte von sozialen Kompensationsmaßnahmen begleitet werden, wenn die gesellschaftliche Akzeptanz für solche Maßnahmen aufrechterhalten bleiben soll (hohe Übereinstimmung, mittlere Literaturbasis) (Feigl & Vrtikapa, 2021; Großmann et al., 2020; Högelsberger & Maneka, 2020; Keil, 2021; Kettner-Marx et al., 2018; Kirchner et al., 2019; Mayer et al., 2021; Pichler et al., 2021). Um die langfristige Einhaltung der planetaren Grenzen zu gewährleisten, kann die Förderung von alternativen Versorgungsweisen sowie die Festlegung von Obergrenzen erforderlich sein (mittlere Übereinstimmung, schwache Literaturbasis) (Bärnthaler et al., 2020; Brand et al., 2021; Brand & Wissen, 2017; Exner & Kratzwald, 2021; Novy, 2020; Spash, 2020a).

Kapitel 15: Globalisierung: Globale Warenketten und Arbeitsteilung

Um Österreichs Rolle in der Klimakrise zu verstehen, braucht es eine Analyse seiner Einbettung in globale Wirtschaftsstrukturen (hohe Übereinstimmung, mittlere Literaturbasis). Diese Analyse wird in diesem Kapitel mit dem Konzept der „Globalen Warenketten" geleistet (Fischer et al., 2021). Das Kapitel stellt literaturbasiert dar, auf welche Weise Österreich hinsichtlich seiner Produktionsstandorte und des Endkonsums in globale Warenketten involviert ist und trifft, soweit es auf Grundlage der Datenlage möglich ist, eine Abschätzung der dadurch bedingten Umweltfolgen. Es bewertet literaturbasiert Gestaltungsformen für Warenketten, die auf internationaler, europäischer und nationaler Ebene diskutiert werden und eine klimafreundliche Umgestaltung von globalen Warenketten befördern sollen.

Als offene Volkswirtschaft ist Österreich als Produktionsstandort und in Bezug auf Endkonsum stark in transnationale Warenketten eingebunden (OECD-WTO, 2015; WTO, o. J.; Kulmer et al., 2015; Giljum et al., 2017; Stollinger et al., 2018; Eisenmenger et al., 2020) (hohe Übereinstimmung, mittlere Literaturbasis). Durch eine solche Organisationsweise werden Orte der Produktion und des Endkonsums zum Teil entkoppelt. Das bedeutet, dass für in Österreich produzierte und konsumierte Waren und Dienstleistungen an anderen Orten THG-Emissionen emittiert werden. Wie es auch für andere Hocheinkommensländer der Fall ist, werden für die österreichischen Importe an Waren und Dienstleistungen in durchschnittlich ärmeren Volkswirtschaften hohe Emissionen erzeugt (Jakob & Marschinski, 2013; Chancel & Piketty, 2015; Eisenmenger et al., 2020; Jakob, 2021; IPCC, 2022b; Dorninger et al., 2021; Duan et al., 2021) (hohe Übereinstimmung, starke Literaturbasis). Um die Klimaziele zu erreichen, braucht es deshalb eine grenzüberschreitende, sektorweite Betrachtungsweise österreichischer Produktions- und Konsummuster [Kap. 1] (Plank et al., 2021a) (hohe Übereinstimmung, mittlere Literaturbasis).

Das Kapitel unterscheidet mehrere Strategien, die eine klimafreundliche Veränderung globaler Warenketten befördern sollen. Dazu zählen verantwortungsvoller Konsum und ressourcenleichte Lebensstile. Individuelle Lebensstilveränderungen reichen allerdings nicht aus, um die negativen Konsequenzen globaler Produktions- und Konsumstrukturen im erforderlichen Ausmaß zu reduzieren [Kap. 1] (Akenji, 2014) (mittlere Übereinstimmung, mittlere Literaturbasis). Weitere mögliche Maßnahmen umfassen ein „Rescaling" ökonomischer Aktivitäten hin zu niedrigeren räumlichen Ebenen (New Economics Foundation, 2010; Bärnthaler et al., 2021; Raza et al., 2021a, 2021b) sowie ressourcenschonende Produktionsprozesse unter Einbeziehung der gesamten Warenkette (Eder & Schneider, 2018; Pianta & Lucchese, 2020; Pichler et al., 2021; Denkena et al., 2022). Dafür braucht es sektorweite, zum Teil sekorübergreifende, transnational orientierte Umbau- und Konversionsstrategien, die nicht nur den Standort Österreich im Blick haben (hohe Übereinstimmung, mittlere Literaturbasis). Angewandte Forschung dazu liegt bislang kaum vor.

In grenzüberschreitender Hinsicht werden auf EU-Ebene Initiativen umgesetzt, die direkte und indirekte Effekte auf die Struktur und Organisation globaler Warenketten haben. Dies betrifft das Emissionshandelsystems ETS sowie Maßnahmen im Rahmen des European Green Deal wie die EU-Industriestrategie, die Bioökonomie-Strategie sowie den Aktionsplan für Kreislaufwirtschaft (Europäische Kommission, 2019a, 2019b, 2019c, 2020a, 2020b, 2021). Die Umgestaltung von globalen Warenketten nach ökologischen Gesichtspunkten ist dabei ein untergeordnetes oder kein explizites Ziel (hohe Übereinstimmung, mittlere Literaturbasis). In Österreich hat das Bundesministerium Digitalisierung und Wirtschaftsstandort im Rahmen der Erarbeitung der Standortstrategie 2040 eine Arbeitsgruppe zu „Nachhaltigkeit und Wertschöpfungsketten" eingerichtet (BMDW, 2021). Im Bereich von Bioökonomie und Kreislaufwirtschaft gibt es jeweils nationale Plattformen, um Akteur_innen zu koordinieren, aber – zumindest noch – keine eigenen Strategien. Die Herangehensweise ist vorherrschend markt- und innovationsorientiert, die nationale Industriepolitik klimapolitisch weniger ambitioniert als jene der EU (hohe Übereinstimmung, schwache Literaturbasis).

Um die Klimaziele zu erreichen, reichen markt- und innovationsorientierte Maßnahmen nicht aus (Beckmann & Fisahn, 2009; Plank et al., 2021a) (hohe Übereinstimmung, starke Literaturbasis). Vorgeschlagen werden verbindliche Regeln für Markthandeln, Verbote von extrem umweltschädlichen Produkten und Produktionsprozessen (Pichler et al., 2021) sowie ökologisierte öffentliche Bereitstellungssysteme (Bärnthaler et al., 2021) (hohe Übereinstimmung, mittlere Literaturbasis). Die bereits bestehenden EU-Initiativen im Bereich der CO_2-Bepreisung und der Industriestrategien bieten die Möglichkeit für eine Nachbesserung (Landesmann & Stöllinger, 2020; Pianta & Lucchese, 2020; Polt et al., 2021; Paul & Gebrial, 2021) (hohe Übereinstimmung, mittlere Literaturbasis). Vorschläge zielen auf ambitioniertere Regelungen innerhalb des derzeitigen EU-Emissionshandelssystems und die Einführung eines EU-Kohlenstoff-Grenzausgleichsmechanismus (Krenek et al., 2018; Stöllinger, 2020) (mittlere Übereinstimmung, mittlere Literaturbasis). Eine klimafreundliche Regulierung von globalen Warenketten kann weiters durch Lieferkettengesetze erfolgen, die transnational operierenden Konzernen rechtsverbindlich ökologische Sorgfaltspflichten auferlegen (De Schutter, 2020; Kunz & Wagnsonner, 2021) (hohe Übereinstimmung, hohe Literaturbasis). Die Erfassung und Sanktionierung von Umweltschäden bedarf der Entwicklung neuer Rechtsmittel (Krebs et al., 2020; Schilling-Vacaflor, 2021) (hohe Übereinstimmung, schwache Literaturbasis). Derzeit befindet sich ein Richtlinienvorschlag der EU-Kommission für ein Lieferkettengesetz in Beratung (Europäische Kommission, 2022). Die genannten Gestaltungsoptionen sollten idealerweise auf internationaler Ebene umgesetzt werden, um unfaire Wettbewerbsbedingungen für Unternehmen sowie Rebound-Effekte (Barker et al., 2009; Wei & Liu, 2017) und Carbon Leakage (Birdsall & Wheeler, 1993; Jakob & Marschinski, 2013; Jakob, 2021; IPCC, 2022b) zu vermeiden (hohe Übereinstimmung, starke Literaturbasis). Darüber hinaus scheint in Hocheinkommensländern, so auch in Österreich, die absolute Reduktion des Konsums inklusive der für seine Befriedigung erforderlichen Vorleistungen unumgänglich, um die Klimaziele zu erreichen (Brand et al., 2021) (hohe Übereinstimmung, starke Literaturbasis).

Die genannten Eingriffe verweisen auf flankierende Maßnahmen für einen gerechten Übergang („just transition") (Steffen & Stafford Smith, 2013). Soziale und ökonomische Ausgleichsmechanismen gilt es auf nationaler Ebene sowie in globaler Perspektive zu berücksichtigen („global climate justice"), da eine Verschärfung von Ungleichheit zwischen armen und reichen Ländern der Erreichung von Klimazielen entgegenläuft (Sovacool & Scarpaci, 2016; Baranzini et al., 2017; O'Neill et al., 2018; Korhonen et al., 2018; van den Bergh et al., 2020; Eicke et al., 2021; Paul & Gebrial, 2021; IPCC, 2022b) (hohe Übereinstimmung, starke Literaturbasis).

Aufgrund ihrer Komplexität ist eine Vielzahl von unterschiedlichen Akteur_innen in die Gestaltung und Organisation von globalen Warenketten involviert, national und international (Fischer et al., 2021) (hohe Übereinstimmung, starke Literaturbasis). Das ermöglicht es einerseits, mehrere Ansatzpunkte für klimagerechtes Handeln zu formulieren; andererseits macht es die Herstellung eines tragfähigen Konsenses sehr schwierig. Hinzu kommt, dass die involvierten Akteur_innen in Österreich (und darüber hinaus) über unterschiedliche Machtressourcen verfügen und Konfliktlinien auch innerhalb einzelner Akteursgruppen bestehen. Das betrifft etwa staatliche Institutionen, den Unternehmenssektor und Arbeitnehmer_innen bzw. ihre Interessensorganisationen (hohe Übereinstimmung, schwache Literaturbasis). In dieser komplexen Ausgangslage geht es darum, jene Akteur_innen zu einer „Allianz für ein klimafreundliches Leben" zur Kooperation zu bewegen, deren Interessen sich – aus unterschiedlichen Gründen – unter diesem Ziel vereinbaren lassen. Bei anderen Akteur_innen geht es darum, Interessen und Einstellungen hin zu einer klimafreundlicheren Produktions- und Lebensweise zu verschieben.

Generell verlangen die (Re-)Regulierung und der ökologische Umbau von globalen Warenketten eine abgestimmte Mehrebenenstrategie (national, regional, europäisch, international), wobei jede Ebene mit eigenen Herausforderungen konfrontiert ist (Dreidemy & Knierzinger, 2021) (hohe Übereinstimmung, mittlere Literaturbasis). Neben derzeit vorherrschenden markt- und innovationsorientierten Strategien bilden öffentliche Bereitstellungssysteme (Bärnthaler et al., 2021) und bewusstseinsbildende Überzeugungsarbeit für die gesellschaftliche Veränderung von Alltagsroutinen (Göpel, 2016) komplementäre Strategien zur Zielerreichung (mittlere Übereinstimmung, starke Literaturbasis). Insgesamt zeigt die literaturbasierte Bestandsaufnahme, dass viel mehr Begleitforschung vonnöten ist, um Informationen über die Auswirkungen bestehender Initiativen zu erhalten und künftige Strategien zu planen. Darüber hinaus mangelt es an Grundlagenforschung, um Möglichkeiten zur Umgestaltung von globalen Warenketten auszuloten.

Kapitel 16: Geld- und Finanzsystem

Dieses Kapitel bewertet, inwiefern Anreizstrukturen des Geld- und Finanzsystems die Transformation zu einer klimafreundlichen und nachhaltigen Lebensweise in Österreich begünstigen oder behindern. Zudem trifft es eine literaturbasierte Einschätzung darüber, in welche größeren wirtschaftlichen und gesellschaftlichen Strukturen das Geld- und Finanzsystem in Österreich eingebettet ist. Bereits eingeleitete und potenzielle zukünftige Reformen des Finanzsystems und Änderungen des bestehenden Geldsystems werden dahingehend überprüft, inwiefern sie Kapitalströme mobilisieren können, die für die Finanzierung der Strukturen für eine klimafreundliche Lebensweise notwendig sein werden.

Die Ausgestaltung der Anreizstrukturen des Geld- und Finanzsystems spiegelt die leitenden gesellschaftlichen Denk- und Handlungsmuster, die gegebenen sozialen Institutionen sowie den bestehenden physischen Kapitalstock wider (Aglietta, 2018; Eisenstein, 2021; Graeber, 2014; J. Lent, 2017; Schulmeister, 2018) (geringe Übereinstimmung, mittlere Literaturbasis). Geld galt lange Zeit als neutral, das heißt ohne Rückwirkung auf die reale, oftmals physische wirtschaftliche Produktion – dieses Paradigma befindet sich seit der Finanzkrise 2008/09 im Wandel (Ball, 2009; Malkiel, 2003; Maloumian, 2022). Die Geldpolitik hatte primär das Ziel, hohe Inflationsraten zu verhindern. Bis zum diskursiven Wandel wurde ihr kein wesentlicher Beitrag zur Bewältigung der Klimakrise zugeschrieben (Aglietta, 2018; Dikau & Volz, 2018, 2021) (geringe Übereinstimmung, starke Literaturbasis). Im Sinne eines Green-Finance-Paradigmas soll nunmehr die Finanzierung klimafreundlicher Investitionen vor allem über Finanzmärkte sowie Vermögensbesitzer_innen erfolgen – und mit entsprechenden Anreizen motiviert werden (Alessi et al., 2019; Breitenfellner et al., 2020; Faktencheck Green Finance, 2019; Monasterolo, 2020; Sustainable-finance-Beirat, 2021; UNCTAD, 2019) (mittlere Übereinstimmung, starke Literaturbasis). Das Green-Finance-Paradigma wird vielfach als vorherrschend angesehen und es werden – unter anderem aufgrund der in den letzten Jahrzehnten ungenügenden klimafreundlichen Investitionen – in anderen Literatursträngen vermehrt tieferliegende, strukturelle Probleme des finanzialisierten Wachstumsparadigmas priorisiert (Hache, 2019a, 2019b; Jäger, 2020; Jäger & Schmidt, 2020; J. Lent, 2017; Reyes, 2020).

Für die Erwartungssicherheit von Investor_innen sind langfristige, sichere und profitable Renditen zur Finanzierung von Investitionen in emissionsneutralen oder -armen Kapitalstock (= „grüne Investitionen") zentral, während Renditen auf andere (z. B. fossilbasierte) Finanzprodukte sinken sollten. Es sollte Klarheit darüber herrschen, dass der CO_2-Preis stetig, substanziell und langfristig steigen wird (Aglietta, 2018; Edenhofer et al., 2019; IEA, 2021; IPCC, 2018; Pahle et al., 2022; Schulmeister, 2018) (hohe Übereinstimmung, starke Literaturbasis). Aus Innovationsperspektive braucht es mehr öffentliche (Förder-)Mittel sowie Finanzinnovationen zur Finanzierung innovativer Forschung für klimafreundliche Technologien (Balint et al., 2017; Mazzucato, 2014; Shiller, 2009) (mittlere Übereinstimmung, mittlere Literaturbasis). Ein anderer Literaturstrang erklärt die Abkehr von Finanzialisierung, das heißt eine verstärkte Entkopplung von Finanz- und Realwirtschaft, sowie einen stärkeren Fokus auf Investitionen in klimafreundliche Bereitstellung als für ein klimafreundliches Leben notwendig (Aglietta, 2018; Crotty, 2019; Keynes, 1936; Malm, 2013, 2016; Schulmeister, 2018) (geringe Übereinstimmung, starke Literaturbasis). Degrowth und eine stärkere Gebrauchswertorientierung stehen dabei im Vordergrund (Eisenstein, 2021; Georgescu-Roegen, 1971; Hickel, 2021; Hickel & Hallegatte, 2021; Hickel & Kallis, 2020; Kallis et al., 2012, 2018; Keyßer & Lenzen, 2021; Meadows et al., 1972; Schröder & Storm, 2020) (geringe Übereinstimmung, starke Literaturbasis).

Der Staat wird als Akteur zentral dafür sein, die Gestaltungsmacht auszuüben, um die Anreizstrukturen auf Finanzmärkten effektiv emissionsreduzierend umzugestalten (Aglietta, 2018; Breitenfellner et al., 2021; DiEM25, 2020; Edenhofer et al., 2019; Kelton, 2019; Novy, 2020; Pahle et al., 2022; Schulmeister, 2018) (mittlere Übereinstimmung, starke Literaturbasis). Die Oesterreichische Nationalbank (OeNB) als Teil des europäischen Zentralbankensystems und die österreichische Finanzmarktaufsicht (FMA) als regulierende Behörde für die Finanzmärkte können Strukturen für ein klimafreundliches Leben schaffen (Battiston et al., 2020; Breitenfellner et al., 2019; NGFS, 2021; Pointner, 2020; Pointner & Ritzberger-Grünwald, 2019). Einerseits können sie durch Regulierung und Geldpolitik Klima-Finanz-Risiko reduzieren, welches Finanzmarktstabilität durch unzureichende Einpreisung klimabezogener physischer und Transitionsrisiken gefährdet. Andererseits können sie dabei helfen, die Emissionswirksamkeit von grüner und nachhaltiger Finanzierung sicherzustellen. Dies kann beispielsweise über entsprechende Eigenveranlagung (grüne Investitionsstrategien der Notenbank selbst), die Ausgestaltung der Eigenkapitalquoten der Banken und über makroprudenzielle Maßnahmen geschehen (Battiston, Dafermos, et al., 2021a; Battiston et al., 2020; Battiston, Monasterolo, et al., 2021b; Bolton et al., 2020; Breitenfellner et al., 2019; Dörig et al., 2020; Monasterolo, 2020; NGFS, 2021; Pointner, 2020; Pointner & Ritzberger-Grünwald, 2019; Rattay et al., 2020) (hohe Übereinstimmung, starke Literaturbasis). Green Growth – ermöglicht durch grüne und nachhaltige Finanzierung – wird der entscheidende Lösungsansatz in dieser Perspektive sein. Entsprechende Initiativen sind z. B. der Green Deal der EU, Sustainable Finance (Taxonomie) und Green Recovery, staatliches Risikokapital für innovative grüne Investitionen sowie Divestmentstrategien (Alessi et al., 2019; Breitenfellner et al., 2020; Faktencheck Green Finance, 2019; Monasterolo, 2020; Sustainable-finance-Beirat, 2021; UNCTAD, 2019). Wenn diese Maßnahmen wirksam sein sollen, muss „Greenwashing" vermieden werden (Alessi et al., 2019; Der GLOBAL 2000 Banken-Check, 2021; Hache, 2019a, 2019b; Reyes, 2020) (mittlere Übereinstimmung, starke Literaturbasis). Eine tiefgreifende und effektive Reform finanzieller Anreizstrukturen und des Steuerwesens zur Herstellung von Kostenwahrheit in Produktion und Konsum wird entscheidend sein. Eine tiefgreifende Steuerreform und begleitende grüne Industriepolitik würde effektive CO_2-Steuern, Finanztransaktionssteuern, Vermögenssteuern und eine Kreditlenkung in Richtung grüner Investitionen umfassen (Aglietta, 2018; DiEM25, 2020; Edenhofer et al., 2019; Novy, 2020; Pahle et al., 2022; Pettifor, 2019; Piketty, 2014; Schulmeister, 2018; UNCTAD, 2019) (hohe Übereinstimmung, starke Literaturbasis).

Ein alternativer Literaturstrang betont, dass Kommodifizierung und Monetarisierung der Natur keine dauerhafte Lösung darstellt, solange finanzialisierte Ökonomien aus systemischen Gründen – wenn Finanzmärkte durch strukturelle Blasenentwicklung, Instabilität und Wachstumserwartungen charakterisiert sind – mittels Wachstum auf Basis von Ausbeutung der Natur soziale Spannungsverhältnisse auszugleichen suchen (Bracking, 2020; Hache, 2019b; Harvey, 2011; Kemp-Benedict & Kartha, 2019; Maechler & Graz, 2020; Spash, 2020a, 2020b; Sullivan, 2013) (geringe Übereinstimmung, starke Literaturbasis). Sollen planetare, biophysische Grenzen eingehalten werden, dann ist eine Beschränkung von Wachstum oder ein ökonomisches Schrumpfen (Degrowth) in Ökonomien mit hohen Einkommen und (vor allem) mit hohem Konsumniveau in dieser Perspektive eine wesentliche Bedingung (Eisenstein, 2021; Georgescu-Roegen, 1971; Hickel, 2021; Hickel & Hallegatte, 2021; Hickel & Kallis, 2020; Kallis et al., 2012, 2018; Keyßer & Lenzen, 2021; Meadows et al., 1972; Schröder & Storm, 2020; Spash, 2020a) (geringe Übereinstimmung, starke Literaturbasis). Bei Ent-Kommodifizierung, Ent-Monetarisierung sowie Stärkung des Gebrauchswerts im Rahmen des Degrowth-Konzepts geht es um die Entfaltung des Menschen als soziales Wesen, die durch die Umstrukturierung unseres Werte-, Gesellschafts- und Wirtschaftssystems zur Einhaltung biophysischer Grenzen ermöglicht und befördert wird. Diese Entfaltung würde eine materialistische Wertehaltung erweitern und transzendieren und ein gutes Leben für alle abseits von gegenwärtigen, dem modernen Kapitalismus inhärenten Monetarisierungstendenzen ermöglichen (Eisenstein, 2011, 2021; Hickel, 2021; Hickel & Hallegatte, 2021; Hickel & Kallis, 2020; Kallis et al., 2012, 2018; J. Lent, 2017; J. R. Lent, 2021; Spash, 2020a, 2020b) (geringe Übereinstimmung, mittlere Literaturbasis).

Wenn man die Finanzmärkte dienlich für ein klimafreundliches Leben machen will, wird es gemäß dieser letztgenannten Perspektive notwendig sein, eine Ent-Kommodifizierung und Ent-Monetarisierung von wirtschaftlichem Handeln einzuleiten (Harvey, 2011; O'Connor, 1998; Polanyi, 1944; Smessaert et al., 2020) und durch eine Demokratisierung der Finanzmärkte und des Geldwesens die Natur des Geldes als Gemeingut anzuerkennen (Eisenstein, 2011, 2021; Hockett, 2019; Mellor, 2019) (geringe Übereinstimmung, starke Literaturbasis). Insgesamt zeigt sich für das Geld- und Finanzsystem, wie die Klimakrise ein Dreh- und Angelpunkt (Pivot) werden könnte, um den sich eine neue internationale monetäre Kooperation formt, die die Schaffung und den Einsatz internationaler Finanzmittel an die Bewältigung der Klimakrise bindet (Aglietta, 2018; Eisenstein, 2011, 2021; Schulmeister, 2018) (geringe Übereinstimmung, mittlere Literaturbasis). In dieser Sichtweise wären Geld- und Finanzwesen über eine verstärkte nationale und internationale Demokratisierung zu regulieren, um Geld in seinem tatsächlichen Status als Gemeingut demokratisch zu begründen und zu regulieren (Eisenstein, 2011, 2021; Hockett, 2019; Mellor, 2019) (geringe Übereinstimmung, mittlere Literaturbasis).

Zusammengefasst hätten diese strukturellen gesellschaftlichen und wirtschaftlichen Veränderungen das Ziel, Geldströme zum Zwecke der Finanzierung der sozialökologischen Transformation und im Sinne des Gemeinwohls zu schaffen, zu lenken und einzusetzen (Aglietta, 2018; Cahen-Fourot, 2020; Eisenstein, 2011, 2021; Felber, 2018; Hache, 2019b; J. Lent, 2017; J. R. Lent, 2021) (geringe Übereinstimmung, mittlere Literaturbasis).

Kapitel 17: Soziale und räumliche Ungleichheit

Kap. 17 bewertet, inwiefern soziale und räumliche Ungleichheit mit klimafreundlichem Leben in der Literatur in Verbindung stehen. Es werden Einschätzungen darüber getroffen, welche strukturellen Bedingungen von Ungleichheit klimafreundliches Leben insbesondere in den Handlungsfeldern Mobilität und Wohnen behindern und welche Veränderungen notwendig sind, um ein „gutes" Leben für alle innerhalb ökosozialer Grenzen des Planeten zu ermöglichen.

Einkommen und Vermögen sind die wirkmächtigsten Einflussfaktoren auf das Emissionsverhalten von Haushalten. Da Einkommen und Vermögen zunehmend ungleich verteilt sind, ist auch das Emissionsverhalten von starker Ungleichheit geprägt (hohe Übereinstimmung, starke Literaturbasis). Dabei stellt der klimaschädigende Konsum vermögens- und einkommensstarker Gruppen ein besonderes Problem für die Bewältigung der Klimakrise dar (Rehm, 2021; Wiedmann et al., 2020) (mittlere Übereinstimmung, hohe Literaturbasis). Einkommensschwache Gruppen werden durch klimaschützende Maßnahmen stärker finanziell belastet und sind oft nicht in der Lage, diese zu finanzieren. Belastungen werden dabei je nach Wohnort verstärkt oder gemildert (Chancel, 2020; Laurent, 2014) (hohe Übereinstimmung, mittlere Literaturbasis). Monetäre Umverteilung allein würde dieses Problem jedoch nicht lösen, da Einkommen und der damit verbundene Konsum nur umverteilt und nicht reduziert würde. Ein erweiterter Einkommensbegriff, der die gesellschaftliche Bereitstellung von und den Zugang zu sozialer und materieller Infrastruktur einschließt, ist notwendig, um soziale und räumliche Ungleichheiten auszugleichen und allen Menschen unabhängig ihres monetären Einkommens und Wohnortes klimafreundliches Leben zu ermöglichen (geringe Übereinstimmung, mittlere Literaturbasis).

Mobilität (30 Prozent) und Wohnen (inklusive Heizen, Kochen, „utilities") (27 Prozent) zählen zu jenen Sektoren, welche für einen Großteil der in Österreich emittierten CO_2-Gesamtemissionen verantwortlich sind (Muñoz et al., 2020). Strukturelle Bedingungen zur Förderung klimafreundlichen Handelns sind vor allem von diesen Handlungsfeldern abhängig (hohe Übereinstimmung, starke Literaturbasis). Sozialräumliche Unterschiede im Mobilitätsverhalten (z. B. erhöhter Pkw-Besitz und Nutzung in ländlichen Gebieten und in oberen Einkommensgruppen) spielen bei Maßnahmen zur Emissionsreduktion eine wesentliche Rolle. Um klimafreundliche Mobilität für alle zu gewährleisten und zu fördern, braucht es ein für alle zugängliches und attraktives öffentliches Verkehrsangebot (Mobilitätsgarantie) und gezielte finanzielle Steuer- bzw. Umverteilungsmaßnahmen (ökosoziale Steuerreform im Verkehrssektor, Öko-/Mobilitätsbonus etc.). Internationale Best-Practice-Beispiele lassen sich unter anderem in der Schweiz (ökologischer Pendlerfonds aus Einnahmen der Parkraumbewirtschaftung), Belgien (Kilometergeld für Fahrradfahren) oder Kanada (sozial gestaffelter Ökobonus) finden (Pendlerfonds, o. J.; VCÖ, 2014, 2018, 2021; Frommeyer, 2020; Harrison, 2019) (hohe Übereinstimmung, mittlere Literaturbasis).

Im Wohnungswesen sind insbesondere die Heizkosten in Österreich ungleich verteilt: Einkommensschwache Haushalte (Haushaltseinkommen < 60 Prozent des Medians) wenden vier Prozent ihres Einkommens zum Heizen auf; einkommensstarke Haushalte (> 180 Prozent des Medians) lediglich zwei Prozent. Der mit Wohnform und Wohnumfeld zusammenhängende Energieverbrauch ist ein entscheidender Treiber von THG-Emissionen und stellt ein Strukturmerkmal dar, welches klimafreundliches Leben massiv fördern bzw. restringieren kann. Die Energieeffizienz von Gebäuden wird maßgeblich vom jeweiligen Heizsystem bestimmt. Relevante Trends sind die überdurchschnittliche Nutzung von Kohle als Energieträger in den ersten beiden Einkommensdezilen und der deutliche Anstieg von alternativen Energieträgern mit höheren Einkommen (Lechinger & Matzinger, 2020). Eine zentrale Herausforderung auf dem Weg zur Klimaneutralität ist, mit dem Abschied von Kohle, Öl und Gas die unteren Einkommensdezile nicht zu stark zu belasten (Plumhans, 2021) (hohe Übereinstimmung, mittlere Literaturbasis).

Für das Handlungsfeld Mobilität lassen sich exemplarisch folgende Akteur_innen identifizieren: (1) Öffentliche und zivilgesellschaftliche Institutionen und Organisationen, wie die österreichische Raumordnungskonferenz (ÖROK). Die Planung eines flächendeckenden öffentlichen Verkehrssystems für alle sowie dessen rechtliche Verankerung ist ein wesentlicher Hebel zu Förderung klimafreundlichen Mobilitätsverhaltens. (2) Interessenvertretungen, wie die Autolobby und Verkehrsclubs (ÖAMTC, ARBÖ, VCÖ) oder die Fahrradlobby (radlobby, ARGUS). Während Vertreter_innen der Automobilindustrie den Ab- und Umbau fossiler Verkehrsstrukturen nicht unterstützen, setzen sich andere, gemeinwohlorientierte Verkehrs- und Radclubs aktiv für die Förderung und den Ausbau zukunftsfähiger Mobilität ein (Haas & Sander, 2019). (3) Öffentliche und private Verkehrsdienstleister_innen und Verkehrsunternehmen (ÖBB, Wiener Linien, Verleihfirmen von Rädern etc.) sowie Verkehrsverbünde (z. B. VOR) zählen zu jenen, welche klimafreundliche Mobilitätskonzepte praktisch umsetzen können (mittlere Übereinstimmung, schwache Literaturbasis). Für das Handlungsfeld Wohnen spielt zunächst das Verhältnis von Eigentümer_innen und Mieter_innen eine wichtige Rolle: Bewohner_innen im Mietverhältnis haben kaum bis gar keinen Einfluss auf ihr Heizsystem (Allinger et al., 2021). Eigentumsverhältnisse beschränken die Handlungsfähigkeit, klimafreundlich zu wohnen, und stellen ein sozial ungleich verteiltes Strukturmerkmal klimafreundlichen Lebens dar (Friesenecker & Kazepov, 2021). Dem Mietrechtsgesetz und vor allem dem Wohnungsgemeinnützigkeitsgesetz (WGG) wird das Potenzial attestiert, Wohnen in Österreich über ökologische und soziale Standards nachhaltiger und inklusiver zu gestalten (Litschauer et al., 2021). Allerdings können im WGG verankerte Mechanismen, wie z. B. hohe Anzahlungen, als Barriere für einkommensschwache Haushalte wirken und eine marginalisierende Wirkung entfalten, die Möglichkeiten eines klimafreundlichen Lebens also entlang sozialer Trennlinien strukturieren (Kadi, 2015; Friesenecker & Kazepov, 2021). Schließlich können exemplarisch Projektentwickler_innen und Bauunternehmen, Sozialpartner (insbesondere die Arbeiterkammer), Mietervereinigungen, Gewerkschaften und NGOs als relevante Akteure genannt werden (mittlere Übereinstimmung, mittlere Literaturbasis).

Monetäre Anreize und Kosten in Form von Steuern, Steuerbegünstigungen und Gebühren auf klimaschädliche Aktivitäten (z. B. CO_2-Steuer, Mineralölsteuer, Autobahnmaut, steuerliche Begünstigung von Fahrradankauf usw.) stellen eine Möglichkeit dar, Externalitäten zu internalisieren. Diese Maßnahmen sind jedoch verteilungswirksam. Wenn der Konsum einkommensstarker Haushalte stark reduziert wird und die Teilnahme am sozialen Leben für einkommensschwache Haushalte erhalten bleiben soll, gilt es, diese Verteilungseffekte zu beachten (Humer et al., 2021; Köppl & Schratzenstaller, 2021) (mittlere Übereinstimmung, hohe Literaturbasis). Der Ausbau ökosozialer Infrastruktur kann umweltschädliche Emissionen reduzieren und gleichzeitig progressive Verteilungseffekte entfalten. Höhere Einkommens- und Vermögenssteuern könnten deshalb zweckgebunden in den Ausbau ökosozialer Infrastruktur fließen, um Strukturen eines klimafreundlichen Lebens zu schaffen (Froud & Williams, 2019; Gough, 2017; Lechinger & Matzinger, 2020) (hohe Übereinstimmung, mittlere Literaturbasis).

Innovationen im Energie-, Transport- und Bausektor können marktbasierte Maßnahmen und die öffentliche Bereitstellung ökosozialer Infrastruktur unterstützen, um soziale Mindeststandards für alle Menschen zu garantieren. „Mission-oriented" Innovationspolitik ist ein Ansatz, um „wicked problems" der ökosozialen Krise in kleinere Probleme aufzuteilen, zu denen private und öffentliche Forschungsinstitutionen Lösungen beitragen (hohe Übereinstimmung, mittlere Literaturbasis). Soziale Akzeptanz dieser Vorschläge kann durch weitreichende gesellschaftliche Veränderungen erzielt werden, die durch die Politik unterstützt und klar kommuniziert werden muss. So stellt zum Beispiel die Entkopplung individueller Freiheitsvorstellungen von der Befriedigung unlimitierter Bedürfnisse („wants") hin zu einem sozialen Gerechtigkeitsdenken, in dem alle Menschen ihre Grundbedürfnisse befriedigen können, einen tiefgreifenden, aber notwendigen gesellschaftlichen Wandel dar, um ein „gutes" Leben für alle innerhalb sozial ökologischer Grenzen des Planeten zu ermöglichen (Gough, 2017; O'Neill et al., 2018; Wiedmann et al., 2020) (mittlere Übereinstimmung, hohe Literaturbasis).

Kapitel 18: Sozialstaat und Klimawandel

Soziale Absicherung sowie sozialer Ausgleich wirken als strukturelle Bedingungen der Transformation hin zu einer klimafreundlichen Gesellschaft. Kap. 18 sichtet und bewertet die Literatur, die sozialstaatliche Strukturen und Aktivitäten interdependent mit Klimawandel und Klimapolitik untersucht. Bezüge bestehen auf der sozialstaatlichen Leistungs-, Produktions- und Finanzierungsseite. Sie bilden Ansatzpunkte für die klimafreundliche Gestaltung des Gesundheits- und Sozialsystems, die negative Trade-offs zwischen Klima- und Sozialpolitik vermeiden und Synergien im Sinne einer ökosozialen Politik herstellen.

Sozialstaatlichen Leistungen sind durch den Klimawandel unmittelbar gefordert. Der Klimawandel verursacht gesundheitliche und wirtschaftliche Schäden, die ungleich verteilt sind (Austrian Panel on Climate Change (APCC), 2018; BMSGPK, 2021; Steininger et al., 2020) (hohe Übereinstimmung, starke Literaturbasis). Dabei ist das Schadenspotenzial für Bevölkerungsgruppen größer, die Klimaeinwirkungen stärker ausgesetzt sind und begrenztere Reaktionsmöglichkeiten haben (Austrian Panel on Climate Change (APCC), 2018; BMSGPK, 2021; Papathoma-Köhle & Fuchs, 2020) (hohe Übereinstimmung, starke Literaturbasis). Individuelle Vulnerabilitätsmerkmale, die sich teilweise überschneiden, umfassen etwa Vorerkrankungen und gesundheitliche Einschränkungen bei Alltagstätigkeiten, die Betroffenheit von (multidimensionaler) Armut und sozialer Ausgrenzung, ein niedriger Bildungsstand oder der Status alleinerziehend (BMSGPK, 2021; Papathoma-Köhle & Fuchs, 2020) (hohe Übereinstimmung, starke Literaturbasis). Die Folge steigender Risiken und Schadensbetroffenheit der österreichischen Bevölkerung durch den Klimawandel sind hohe und weiter steigende Belastungen der Sozial- und Gesundheitssysteme (siehe z. B. Aigner & Lichtenberger, 2021; Schoierer et al., 2020; Steininger et al., 2020) (hohe Übereinstimmung, mittlere Literaturbasis). Die Bekämpfung des Klimawandels, insbesondere der klimaschädigenden Emissionen, kommt daher dem Sozial- und Gesundheitssystem zugute (Steininger et al., 2020). Doch sind negative Nebenwirkungen einzelner klimapolitischer Maßnahmen auf sozialstaatliche Anliegen möglich und zu beobachten. Abhängig vom gewählten Instrument und seiner Ausgestaltung begründet dies zusätzlichen sozialpolitischen Handlungsbedarf (BMSGPK, 2021; Lamb et al., 2020) (hohe Übereinstimmung, mittlere Literaturbasis).

Analog kann Sozialpolitik die Klimapolitik generell unterstützen, doch ist das nicht automatisch und für alle Maßnahmen der Fall. Der österreichische Sozialstaat sichert durch die von ihm bereitgestellten Leistungen die Akzeptanz klimapolitischer Maßnahmen ab (siehe z. B. Fritz & Koch, 2019; Koch & Fritz, 2014; Otto & Gugushvili, 2020) (hohe Übereinstimmung, mittlere Literaturbasis). Der Ländervergleich bzw. der Vergleich verschiedener idealtypischer Sozialstaatssysteme belegt, dass potenzielle Synergien zwischen beiden Politikfeldern unterschiedlich gut genutzt werden (Zimmermann & Graziano, 2020). Das bedeutet, dass die institutionellen Gegebenheiten wesentlich dafür sind, Gesellschaften weniger verwundbar gegenüber Klimafolgen zu machen. Die institutionelle Resilienz des österreichischen Sozialstaats gegenüber den Folgen des Klimawandels und sein Beitrag zum klimafreundlichen Leben können insbesondere erhöht werden, indem

- präventive Politik, speziell bezogen auf Gesundheit, auf neue Anforderungen am Arbeitsmarkt sowie auf extreme Naturereignisse und Extremwetterlagen gestärkt wird,
- der CO_2-Fußabdruck des Gesundheits- und Sozialsektors lückenlos erfasst und mittels klimafreundlicher Bereitstellungsprozesse konsequent reduziert wird,
- die Schnittstellen zur Klimapolitik systematisch erfasst sowie – darauf aufbauend – Maßnahmen aus beiden Politikfeldern besser zu ökosozialen Programmen gebündelt werden,
- die unterschiedlichen Akteure dazu über föderale Ebenen, regionale Aktionsräume und Politikfelder hinweg evidenzbasiert zusammenarbeiten.

Für Gesundheitsförderung und Gesundheitsprävention ist in Österreich gegenwärtig der budgetäre Rahmen eng gesteckt. Auf Prävention entfallen etwa neun Prozent der laufenden öffentlichen Gesundheitsausgaben, woraus überwiegend präventive Maßnahmen für Personen mit bereits manifesten Gesundheitsproblemen finanziert werden (BMASGK, 2019). Eine Stärkung der Versorgung im niedergelassenen Bereich kann emissions- und kostenintensivere Behandlungen in Krankenhäusern vermeiden (Renner, 2020). Gesundheitsförderung und gesundheitliche Prävention sind insgesamt strukturell mangelfinanziert und es ist klima- und sozialpolitisch zielführend, mehr Mittel für dieses gesundheitspolitische (und ressortübergreifend wirkende) Handlungsfeld bereitzustellen (Haas, 2021; Weisz et al., 2019) (hohe Übereinstimmung, schwache Literaturbasis). Die Höhe und Verteilung der ökonomischen und sozialen Folgen von unvermeidbaren, extremen Naturereignissen hängen davon ab, wie der Katastrophenfonds finanziell ausgestattet ist, ob finanzielle Kompensation systematisch sozial differenziert geleistet wird und ob die Mittel nachhaltig, im Sinne der Vermeidung von Folgeschäden, eingesetzt werden (Papathoma-Köhle et al., 2021; Papathoma-Köhle & Fuchs, 2020).

Der Gesundheits- und Sozialsektor ist ein volkswirtschaftlich bedeutsamer Sektor. Wie klimafreundlich die Produktion und die Beschäftigung in diesem Sektor gestaltet sind, kann daher spürbar Einfluss auf den Klimawandel und dessen Bekämpfung nehmen. Bislang ist der CO_2-Fußabdruck nur für das Gesundheitswesen, nicht aber für das Sozialwesen bekannt. Demnach ist der Anteil des österreichischen Gesundheitssektors von 6,7 Prozent an den nationalen CO_2-Emissionen im internationalen Vergleich überdurchschnittlich hoch (Pichler et al., 2019; Weisz et al., 2019). Der österreichische Gesundheitssektor könnte seinen CO_2-Fußabdruck verringern, indem die räumliche Versorgungsstruktur, Beschaffungen, der Einsatz von Medikamenten und Gerätschaften und Behandlungsroutinen optimiert werden (Alshqaqeeq et al., 2019; Renner, 2020; Weisz et al., 2019) (hohe Übereinstimmung, mittlere Literaturbasis). Auch der Einsatz digitaler Technologien bietet Chancen zur Vermeidung von klimaschädigenden Emissionen, z. B. Telecare in der mobilen Pflege (AWO Bundesverband e. V., 2022; Care about Care, 2022) (hohe Übereinstimmung, schwache Literaturbasis). Eine konsequent ökologisch orientierte Beschaffungspolitik im gesamten Gesundheits- und Sozialsektor kann bei Anbieter_innen der jeweiligen Güter und Dienstleistungen Einsatz und Entwicklung nachhaltiger Produktionsweisen beschleunigen (Peñasco et al., 2021), z. B. durch klimafreundliche und zugleich gesundheitsfördernde Speiseangebote in Kantinen der Jugend-, Alten- und Pflegeheime, Kindertagesstätten oder Sozialadministration (illustriert für Schweden: Lindström et al., 2020) oder Elektrifizierung der Fahrzeugflotten mobiler Dienste (Dach et al., 2020) (hohe Übereinstimmung, schwache Literaturbasis). Auch bezogen auf seine Rolle als bedeutender Arbeitgeber kann der Gesundheits- und Sozialsektor ein Schrittmacher sein, um klimafreundliche Arbeitsmodelle zu realisieren (Bohnenberger, 2022) (hohe Übereinstimmung, mittlere Literaturbasis).

Hinsichtlich der Schnittstellen zwischen Klima- und Sozialpolitik und des Bedarfs an integrierten, ökosozialen Maßnahmenpaketen werden die CO_2-Bepreisung, eine abgeschwächte Erwerbszentrierung der sozialen Sicherung und klimafreundliche Veranlagung von Vorsorgevermögen diskutiert. Zur CO_2-Bepreisung liegt eine Reihe rezenter, auf Österreich bezogener Befunde vor (Kirchner et al., 2019; Six & Lechinger, 2021; Mayer et al., 2021). Eine CO_2-Steuer kann sowohl auf sozial- als auch auf klimapolitische Ziele positiv wirken (Kirchner et al., 2019; Six & Lechinger, 2021; Mayer et al., 2021) (mittlere Übereinstimmung, mittlere Literaturbasis). Ob und welche konkreten Kompensationsmaßnahmen (Rückvergütungen in Form von pauschalen oder einkommensorientierten Geldleistungen, Ermäßigung anderer Steuern, verminderte Sozialabgaben) sinnvoll und besonders zielwirksam sind, wird abhängig vom Szenario und dem Forschungsansatz unterschiedlich bewertet (Kirchner et al., 2019; Six & Lechinger, 2021; Mayer et al., 2021) (mittlere Übereinstimmung, mittlere Literaturbasis). Die starke Erwerbszentrierung des österreichischen Sozialsystems ist eine strukturelle Barriere für den Übergang in eine klimafreundliche Gesellschaft. Klimapolitik strebt die gleichmäßige Verteilung von Erwerbs- und Sorgearbeit (bei insgesamt weniger Erwerbsarbeit), weniger ressourcenintensive Lebensstile (verbunden mit dem Verzicht auf hohe Verdienste und Statuskonsum) und Re-Qualifizierung von Beschäftigten in klimaschädigenden Tätigkeitsfeldern an. Soll dies sozialpolitisch flankiert werden, müsste in einzelnen Zweigen der sozialen Sicherung der Leistungszugang und die Höhe der Leistungen für Personen verbessert werden, die nicht bzw. nicht durchgängig Vollzeit erwerbstätig sind (Bohnenberger, 2022). Ob dazu in Österreich z. B. ein ökologisches Grundeinkommen, ein Maximaleinkommen oder universelle Sachleistungen zielwirksam eingesetzt werden können, lässt sich aufgrund bestehender Forschungslücken aktuell nicht beantworten.

Institutionelle Anleger im österreichischen sozialen Sicherungssystem tragen über ihre Veranlagungen noch immer deutlich zum Klimawandel bei (und verstärken damit ihre klimabezogenen Anlagerisiken) (Semieniuk et al., 2021). Mit knapp 44 Milliarden Euro ist eine substanzielle Summe durch österreichische betriebliche Pensionsfonds und betriebliche Mitarbeitervorsorgekassen veranlagt. Anlagen der überbetrieblichen österreichischen Pensionskassen (25 Milliarden Euro im Jahr 2021) waren 2019 zu mindestens 30 Prozent in fünf Bereichen zu finden, die als besonders THG-intensiv gelten (European Insurance and Occupational Pensions Authority, 2019). Für Europa insgesamt besteht erheblicher Bedarf an zusätzlichen Investitionen, um die ambitionierten Zielwerte für Emissionsminderungen zu erreichen, der alleine aus öffentlichen Mitteln schwer zu decken ist (Brühl, 2021; van der Zwan et al., 2019). Die institutionellen Anleger im österreichischen sozialen Sicherungssystem könnten durch Umschichtung aus emissionsintensiven zugunsten klimafreundlicher Anlagen („divest-invest") einen Beitrag leisten (hohe Übereinstimmung, schwache Literaturbasis).

Sollen Sozial- und Klimapolitik aufeinander abgestimmt sein, gilt es, Kooperation zu institutionalisieren bzw. Aufgaben und die entsprechenden Zuständigkeiten neu zu denken (etwa im Katastrophenschutz) (BMSGPK, 2021;

Papathoma-Köhle et al., 2021). Es besteht insgesamt großer Forschungsbedarf dazu, wie ökosoziale Politik in Österreich institutionell und hinsichtlich der Instrumente wirksam und effektiv ausgestaltet werden kann. Zwar liegen einige systematische Reviews vor, die die Ergebnisse internationaler wissenschaftlicher Studien zusammenfassend bewerten (Alshqaqeeq et al., 2019; Lamb et al., 2020; MacNeill & Vibert, 2019; Mayrhuber et al., 2018; Peñasco et al., 2021). Doch sind österreichische Interventionen in diesen Reviews häufig nicht oder nur als Teil von Mehr-Länder-Studien erfasst. Dafür kann es drei wesentliche Gründe geben: (1) In den entsprechenden Handlungsfeldern werden entweder noch keine ökosozialen Interventionen gesetzt (politische Handlungslücke), (2) Maßnahmen im Bereich der ökosozialen Politik sind bislang nicht flächendeckend und nach den üblichen wissenschaftlichen Qualitätsstandards beforscht (Forschungslücke) und/oder (3) die vorliegende Evidenz ist nicht öffentlich zugänglich (Transparenzlücke). Soll evidenzbasierte ökosoziale Politik betrieben werden, die rasche Lerneffekte erzielt, gilt es, diese Lücken zu verringern (Evaluierungskultur im politischen und administrativen System, Investition in Dateninfrastruktur, Datenzugang für unabhängige wissenschaftliche Forschung, gezielte Forschungsförderprogramme, öffentliche Zugänglichkeit zu beauftragten und bereits vorliegenden Auftragsstudien).

Kapitel 19: Raumplanung

Dieses Kapitel bewertet, inwiefern Raumplanung und Raumordnung die Transformation zu einer klimafreundlichen Lebensweise in Österreich begünstigen oder behindern. Eine literaturbasierte Einschätzung wird hinsichtlich der Wirksamkeit raumplanerischer Instrumente getroffen und es werden ihre notwendigen Veränderungen analysiert.

Die räumliche Entwicklung steht in Österreich vielerorts einer klimafreundlichen Gestaltung des Lebensalltags entgegen. Der Bodenverbrauch ist im internationalen Vergleich hoch. Die Zersiedelung und Fragmentierung der Landschaft – das Auseinanderdriften von Wohnen, Arbeit, Versorgung, Freizeit und Mobilität – werden zunehmend sichtbar und spürbar. Lückige Siedlungsgebiete, ausfransende Siedlungsränder, Handels- und Gewerbeagglomerationen mit großflächigen Parkplätzen an den Orts- und Stadteinfahrten sowie abgelegene Tourismuseinrichtungen führen zu langen Wegen, die hauptsächlich mit dem Auto zurückgelegt werden. Versiegelung und Überbauung tragen zu Überhitzung bzw. zu vermehrtem Oberflächenabfluss und damit zur Hochwassergefahr bei. Auch wenn die Zuwachsraten in der Flächeninanspruchnahme und im motorisierten Individualverkehr in den letzten Jahren merklich gesunken sind – die bauliche Struktur und die Verkehrssituation in Österreichs verschärfen weiterhin die Klimakrise (Kurzweil et al., 2019; Österreichische Raumordnungskonferenz, 2021; Umweltbundesamt, 2020a, 2021a, 2021b; Zech, 2021c) (hohe Übereinstimmung, starke Literaturbasis).

Der Praxis der Raumplanung und Raumordnung in Städten und Gemeinden sowie (freiwilligen) übergemeindlichen Zusammenarbeit gelingt es trotz zahlreicher Bemühungen nicht ausreichend, den räumlichen Rahmen für klimafreundliche Verhaltensmuster beim Bauen, in der Wirtschaft, in der Daseinsvorsorge und der Mobilität aufzuspannen. Vielfach fehlen politische Steuerungswille und das Problembewusstsein der öffentlichen und privaten Bauwerber_innen und Infrastrukturträger_innen, um klimafeindlichen räumlichen Entwicklungen konsequent entgegenzutreten bzw. diese umzukehren. Im Gegensatz zu anderen Staaten (z. B. Schweiz, Deutschland) gibt es in Österreich keine „Rahmenkompetenz" des Bundes und somit keine entsprechend ausgestatteten Fach- und Förderstellen der Raumplanung und Raumordnung auf nationaler Ebene. Diese Faktoren erschweren die Durchsetzung übergeordneter Klimaziele in der Planung (Dollinger, 2010; Ertl, 2010; Franck et al., 2013; Kanonier & Schindelegger, 2018a; Österreichische Raumordnungskonferenz, 2021) (hohe Übereinstimmung, mittlere Literaturbasis). Obschon im (unverbindlichen) Österreichischen Raumentwicklungskonzept (ÖREK) und in den Planungs- und Baugesetzen der Länder die Grundsätze und Ziele der Raumplanung und Raumordnung im Sinne des Klimaschutzes und der Klimawandelanpassung formuliert oder zumindest interpretierbar sind, ist ihre Steuerungswirkung limitiert. Die Länder nehmen ihre Einflussmöglichkeiten und Steuerungsinstrumente für die räumliche Entwicklung (Landes- und Regionalplanung) unterschiedlich und oft nur zögerlich wahr. Die aktuellen Landesentwicklungsprogramme und -konzepte können zwar als durchaus klimabewusste Leitbilder und Absichtserklärungen verstanden werden, enthalten aber kaum verbindliche Festlegungen (Kanonier & Schindelegger, 2018b; Österreichische Raumordnungskonferenz, 2021; Svanda et al., 2020) (mittlere Übereinstimmung, mittlere Literaturbasis).

Als Querschnittsmaterie ist Raumplanung und Raumordnung zudem laufend mit Steuerungsproblemen bei der Koordination und Integration divergierender Interessen herausgefordert. So haben auf die Siedlungsentwicklung eine Vielzahl von Sachmaterien Einfluss, beispielsweise Verkehrswesen, Bergbau, Wasserrecht, Gewerberecht und Tourismus. Gegenüber sektoralen Zielen, Interessen und technischen Standards können sich gesamträumliche, integrierte und damit weniger konkrete qualitative Anforderungen der Raumplanung und Raumordnung nur teilweise durchsetzen und damit klimafreundliche Entscheidungen sicherstellen (Dollinger, 2010; Kanonier & Schindelegger, 2018b). Eine koordinierte und integrative Raumentwicklung braucht politischen Steuerungswillen und zugleich Offenheit und Ressourcen für partizipative Planungsprozesse, um das Bewusstsein und die räumlichen Rahmenbedingungen für ein klimafreundliches Verhalten von Bewohner_innen, Unternehmen und Planungsträgern bei der Standortwahl, der Nutzung des Raumes und der Mobilität zu schaffen bzw. zu definieren. Es braucht eine Stärkung der Raumplanung in ihren Kernkompetenzen der Ordnungsplanung, welche klimabewusst den Rahmen für die Situierung, Entwicklung und Gestaltung des Siedlungsraumes, von Wirtschaftsstandorten und von Landschafts- und Grünräumen absteckt, eingebunden in kooperative und partizipative Planungsprozesse (Baasch & Bauriedl, 2012; Dollinger, 2010; Schindegger, 2012; Svanda et al., 2020) (mittlere Übereinstimmung, mittlere Literaturbasis).

Raumplanung und Raumordnung ermöglichen und fördern klimafreundliche Lebensweisen nachhaltig, wenn

- die Siedlungs- und Gewerbegebiete in Städten und Gemeinden kompakt und durchgrünt angelegt sind (flächensparende Bebauungsdichte, geringe Versiegelung, klimawirksame Bepflanzung);
- Wohnen, Arbeiten, Versorgung, Freizeitangebote und Grünräume nahe beieinander liegen (funktionale Durchmischung)
- und komfortabel zu Fuß, mit dem Fahrrad oder dem öffentlichen Verkehr erreichbar sind (Stadt und Ort der kurzen Wege).

Klimafreundliches Leben in den Regionen ist möglich, wenn

- die Bahn das Rückgrat der Siedlungsentwicklung bildet und mit anderen öffentlichen Verkehrsmitteln attraktiv verknüpft ist,
- Einrichtungen der Wirtschaft, der Kultur, der Bildung, des Konsums und der Verwaltung auf die am besten geeigneten, klimaschonend erreichbaren Standorte verteilt und miteinander vernetzt sind und von den Gemeinden, Bewohner_innen und Unternehmen der Region gemeinsam genutzt werden und
- Landschafts- und Grünräume sowie Gewässer – die grüne und blaue Infrastruktur – für die Naherholung attraktiv sind und zur Biodiversität, zur Produktion gesunder regionaler Lebensmittel, zur Gewinnung erneuerbarer Energien und zur Klimawandelanpassung (Temperaturausgleich, Hochwasserretention) beitragen (Österreichische Raumordnungskonferenz, 2021) (hohe Übereinstimmung, mittlere Literaturbasis).

Mittel und Wege für eine dringend erforderliche Trendumkehr von klimaschädigenden zu klimafreundlichen räumlichen Strukturen, die ein klimafreundliches Leben ermöglichen und fördern, sind aufgezeigt. Die wesentlichen Erfolgsfaktoren sind:

- die bestehenden Raumplanungsinstrumente, das heißt die Flächenwidmungs- und Bebauungspläne, die örtlichen und regionalen Entwicklungskonzepte, die räumlichen Konzepte und Planungen der Länder und das Österreichische Raumentwicklungskonzept mit der zugehörigen Bodenstrategie sowie die bodenpolitischen Instrumente ernst nehmen, nutzen und klimagerecht zuspitzen (Kanonier & Schindelegger, 2018b; Österreichische Raumordnungskonferenz, 2021),
- eine kooperative Planungskultur, das heißt vermehrt Governance-Ansätze im Instrumentarium (Leitbilder, Strategien) und in der Prozessgestaltung (Zusammenspiel von Interessengruppen, Bürger_innenbeteiligung) einsetzen (Heinig, 2022; Madner, 2015a; Selle, 2005; Zech, 2015),
- eine integrative Entwicklungsplanung, die mit den unterschiedlichen Sektoren und Fachdisziplinen kommuniziert (Einig, 2011; Österreichische Raumordnungskonferenz, 2021),
- die Verpflichtung der Sektoralplanungen – insbesondere bei Verkehrsplanungen –, zu klimafreundlichen räumlichen Strukturen beizutragen (Danielzyk & Münter, 2018; Stöglehner, 2019; Zech et al., 2016), und
- der zielgerichtete Einsatz fiskalischer Instrumente, um bisher meist „raumblind" – ohne Berücksichtigung ihrer möglichen positiven (z. B. Nutzung für die Innenentwicklung), aber auch negativen räumlichen Wirkungen (z. B. Zersiedelung) – eingehobene Abgaben (wie Immobilienertragssteuer, Grundsteuer etc.) oder Förderungen (wie Wohnbauförderung, Wirtschaftsförderung, Pendlerpauschale etc.) zu reformieren sowie verständliche und einfach handhabbare Werkzeuge für den interkommunalen Finanzausgleich zur Verfügung zu stellen (Bröthaler, 2020; Mitterer et al., 2016; Mitterer & Pichler, 2020; ÖROK, 2017; Zech et al., 2016) (hohe Übereinstimmung, mittlere Literaturbasis).

Kapitel 20: Mediendiskurse und -strukturen

Medien (sowohl klassische Massenmedien als auch soziale Medien) sind zentrale Foren, in denen die Klimakrise inklusive der Transformationsnotwendigkeiten zu einem klimafreundlichen Leben diskursiv konstruiert und verhandelt werden (Reisigl, 2020). Unter anderem durch die Wirkung auf Rezipient_innen, auf welche im vorliegenden Kapitel nur begrenzt eingegangen wird, sind Medien zentral für die Schaffung von Vorstellungsräumen und sich daraus ableitenden Handlungen im Umgang mit der Klimakrise (z. B. Arlt et al., 2010; Gavin, 2018; Kannengießer, 2021; Neverla et al., 2019; Wiest et al., 2015). Für die erfolgreiche Umsetzung vieler Transformationsnotwendigkeiten, die in anderen Kapiteln dieses Berichts herausgearbeitet werden, ist die mediale

Konstruktion jener Problemfelder ein wichtiger Faktor. Zwei medienanalytische Teilbereiche werden im Folgenden behandelt: Mediendiskurse (sowohl in Massenmedien als auch auf sozialen Medien) und Medienstrukturen, wobei wir unter zweiterem sowohl Medientechnologien (z. B. Kannengießer, 2020b) als auch die zugrundeliegenden polit-ökonomischen und kulturellen Institutionen verstehen (Fuchs, 2017; Knoche, 2014).

In der wissenschaftlichen Literatur finden sich am Schnittpunkt von Medien und Klimakrise vielfach Studien zu journalistisch produzierten Inhalten, wobei die Rolle der Online- und sozialen Medien immer stärkere Beachtung findet (z. B. Kirilenko & Stepchenkova, 2014; Newman, 2017; Veltri & Atanasova, 2017; Pianta & Sisco, 2020). Für den österreichischen Kontext liegen insgesamt sehr wenige Studien vor. Auf internationaler Ebene zeigt sich, dass die mediale Aufmerksamkeit zu unterschiedlichen Aspekten der Klimakrise in den letzten drei Jahrzehnten eindeutig zugenommen hat, gleichzeitig aber auf niedrigem bis mittlerem Niveau verharrt (eigene Berechnungen basierend auf M. Boykoff et al., 2022; Daly et al., 2022). Etablierte Medienpraktiken wie anlassbezogene Berichterstattung (M. T. Boykoff & Roberts, 2007; Brüggemann et al., 2018; Grundmann & Scott, 2014; M. S. Schäfer et al., 2014) sowie die Konkurrenz mit anderen Themen (Barkemeyer et al., 2017; M. T. Boykoff et al., 2021; Lyytimäki et al., 2020; Pearman et al., 2020) und die ideologische Ausrichtung von Medienhäusern spielen in der Ausgestaltung eine zentrale Rolle (hohe Übereinstimmung, starke Literaturbasis) (Barkemeyer et al., 2017; Bohr, 2020; M. T. Boykoff, 2008; M. T. Boykoff & Mansfield, 2008; Brüggemann et al., 2018; Pianta & Sisco, 2020; M. S. Schäfer et al., 2014; Schmidt et al., 2013). Die Klimakrise bietet als langfristiger, globaler, hochkomplexer Prozess mit wenig Personalisierungsmöglichkeiten und über die Sinne individuell nicht unmittelbar wahrnehmbar kein ideales Objekt der journalistischen Berichterstattung. Erst Ereignisse, die einen „Nachrichtenwert" erfüllen und sich mit der Klimakrise verbinden lassen – seien sie politischer, wissenschaftlicher oder wetterbezogener Natur –, bieten Anlässe der Berichterstattung (Brüggemann & Engesser, 2017; Neverla & Trümper, 2012).

Auf diskursiver Ebene lässt sich in journalistischen Medien ein breiter Konsens für die Existenz der menschengemachten Klimakrise feststellen (hohe Übereinstimmung, starke Literaturbasis) (Brüggemann & Engesser, 2014; Brüggemann et al., 2018; Grundmann & Scott, 2014). In manchen Kontexten (insbesondere bei ideologischer Nähe von bestimmten Medienhäusern zu rechts-konservativen politischen Eliten oder auch in sozialen Medien) ist die Persistenz klimakrisenskeptischer Positionen durchaus relevant (hohe Übereinstimmung, mittlere Literaturbasis) (Elsasser & Dunlap, 2013; Forchtner et al., 2018; Kaiser & Rhomberg, 2016; McKnight, 2010a, 2010b; Painter & Gavin, 2016; Petersen et al., 2019; Ruiu, 2021; Schmid-Petri & Arlt, 2016; Schmid-Petri, 2017). Eine Analyse für Österreich zeigt, dass der Online-Blog unzensuriert.at sowie die Medien Zur Zeit und Die Aula, welche alle drei der Freiheitlichen Partei Österreichs nahestehen, überwiegend klimakrisenskeptische Positionen verbreiten (Forchtner, 2019).

Die Berichterstattung ist tendenziell von Markt- und Innovationsperspektiven und darin eingebetteten Maßnahmen zur Abwendung der Klimakrise geprägt (hohe Übereinstimmung, mittlere Literaturbasis) (Diprose et al., 2018; Koteyko, 2012; Lewis, 2000; Shanagher, 2020; Yacoumis, 2018). So zeigen bisherige Untersuchungen, dass marktzentrierte Maßnahmen, technokratische Lösungen, die soziale Verantwortung von Unternehmen und nachhaltiger Konsum im Vordergrund der Berichterstattung stehen – auch unabhängig von den ideologischen Ausrichtungen der Zeitungen (hohe Übereinstimmung, mittlere Literaturbasis) (Diprose et al., 2018; Koteyko, 2012; Lewis, 2000; Yacoumis, 2018). Transformative Perspektiven spielen eher eine geringe Rolle (hohe Übereinstimmung, mittlere Literaturbasis) (Carvalho, 2019; Diprose et al., 2018; Dusyk et al., 2018; Lehotský et al., 2019; Lohs, 2020; Schmidt & Schäfer, 2015; Vu et al., 2019).

Studien zur Rolle von Online- und sozialen Medien im Klimakrisendiskurs nehmen zu. Aufgrund der Datenverfügbarkeit ist bei sozialen Medien ein deutlicher Fokus auf den Mikroblogging-Dienst Twitter zu erkennen (Pearce et al., 2014, 2019). Hier zeigt sich, dass soziale Medien Foren für die Verhandlung von Klimakrisendiskursen insbesondere für wissenschaftliche Detailfragen, (Laien-)Diskussionen und neu-aufkommende Themen sind (Brüggemann et al., 2018; Lörcher & Neverla, 2015). Untersuchungen weisen zudem auf die Relevanz sozialer Medien für das Agenda-Setting und die öffentliche Mobilisierung von zivilgesellschaftlichen Akteur_innen, wie NGOs und Aktivist_innen hin (Askanius & Uldam, 2011; Greenwalt, 2016; Holmberg & Hellsten, 2016; M. S. Schäfer, 2012). Untersuchungen zur Dynamik von Online-Diskussionen (in sozialen Medien und auf Online-Blogs) legen nahe, dass die Bestätigung der sozialen Gruppenidentität häufig im Vordergrund steht, was zu einer Polarisierung von Positionen, zu Echokammern und zur Fragmentierung von Debatten führt (Brüggemann et al., 2018; Pearce et al., 2019; Treen et al., 2020).

Auf der Ebene der Medieninhalte ergeben sich Transformationserfordernisse insbesondere hinsichtlich der Infragestellung hegemonialer wachstums- und technikoptimistischer sowie marktzentrierter Grundpositionen. Gleichzeitig ist eine stärkere Fokussierung auf Alternativen zur aktuellen Organisation von Ökonomien, positive Szenarien und transformative Lösungsansätze, die den Begriff einer klimafreundlichen Lebensweise in der Vorstellung erfahrbar machen, notwendig (hohe Übereinstimmung, mittlere Literaturbasis) (D. Holmes & Star, 2018; M. S. Schäfer & Painter, 2020).

Auf Ebene der Medienstrukturen stehen die Restrukturierung hemmender Faktoren wie journalistischer Praktiken (Brüggemann & Engesser, 2017; Krüger, 2021; M. S. Schäfer & Painter, 2020), Geschäftsmodelle und Werbemarktabhängigkeit (Beattie, 2020; D. Holmes & Star, 2018; M. S. Schäfer & Painter, 2020) – auch von öffentlichen Insertionen (Kaltenbrunner, 2021), Eigentumsverhältnisse (Lee et al., 2013; McKnight, 2010a) sowie regulative Rahmenbedingungen des Mediensektors im Vordergrund der Transformationsnotwendigkeiten (M. T. Boykoff & Roberts, 2007; Kääpä, 2020) (hohe Übereinstimmung, mittlere Literaturbasis).

Gefordert wird, die hohe Abhängigkeit strategischer Kommunikation durch etablierte Quellen („elite sources") zu reduzieren, da diese dazu tendieren, existierende Machtverhältnisse sowie Produktions- und Konsumbedingungen zu rechtfertigen und damit einer tiefgreifenden Transformation tendenziell entgegenzustehen (Bacon & Nash, 2012; Bohr, 2020; Brüggemann & Engesser, 2017; Schmid-Petri & Arlt, 2016). Da diese Abhängigkeit mit der Krise und Transformation der Medienbranche eher zunimmt, bedarf es auch einer Überprüfung existierender Medienförderungsregimes und -erfordernisse (Friedman, 2015; Gibson, 2017; M. S. Schäfer & Painter, 2020; A. Williams, 2015). Zudem bedarf der Mediensektor als relevanter CO_2-Emittent auch aufgrund der wachsenden digitalen Infrastruktur klarer THG-Reduktionspfade, welche bisher nicht ausreichend formuliert sind (hohe Übereinstimmung, schwache Literaturbasis) (Kannengießer, 2020a; van der Velden, 2018). Die Produktion von Medieninhalten ist in kontextspezifische, institutionelle Strukturbedingungen eingebettet, die hemmend auf eine proaktive Rolle der Medien für eine Transformation zum klimafreundlichen Leben wirken (Fuchs, 2020; Fuchs & Mosco, 2012; Pürer, 2008).

Bezüglich relevanter Akteur_innen ist für den österreichischen Kontext nur wenig gesicherte Forschung vorhanden. Daher ist die Rolle zentraler institutioneller Akteure der österreichischen Medienlandschaft in Bezug auf deren Beiträge zur Herbeiführung einer klimafreundlichen Lebensweise unklar. Einige zentrale Akteur_innen im österreichischen Mediensektor verzeichnen bisher wenig bis keine erkennbaren Aktivitäten zur Klimakrise; andere lassen sich als tendenziell fördernd einstufen (geringe Übereinstimmung, schwache Literaturbasis). Unsere Recherche zu möglichen förderlichen Akteur_innen weist darauf hin, dass klimakrisenspezialisierte Recherchenetzwerke und neue Formen des Journalismus hohe Relevanz für die diskursive Konstruktion der Klimakrise, die einer klimafreundlichen Lebensweise zuträglich ist, haben. Gestaltungs- und Handlungsoptionen lassen sich in folgenden Bereichen verorten: alternative Zugänge zu Journalismus (Howarth & Anderson, 2019; Neverla, 2020), die zu Diskursen einer klimafreundlichen Lebensweise beitragen (z. B. transformativer Journalismus (Krüger, 2021)); in einem veränderten Zugang zu Wissenschafts-, Umwelt- und Klimajournalismus in Redaktionen (Drok & Hermans, 2016; Le Masurier, 2016); auf der Ebene der Medienregulierung (Ausrichtung der Medienförderung) (Pickard, 2020); in der Abkehr von fossilistischen Werbemärkten; in der Erarbeitung neuer Finanzierungsmodelle (Kiefer, 2011; Meier, 2012) sowie in der Restrukturierung von Eigentumsverhältnissen (Lee et al., 2013; McKnight, 2010a) (mittlere Übereinstimmung, schwache Literaturbasis).

Kapitel 21: Bildung und Wissenschaft für ein klimafreundliches Leben

Dieses Kapitel baut auf Literatur zu Bildung und Wissenschaft (BUW) für nachhaltige Entwicklung und Klimawandel auf. Dabei wird auf Konzepte fokussiert, die Bildung in den Vordergrund stellen. Wissenschaft wird als Zusammenspiel von Forschung und Lehre gesehen. Insofern werden auch Aspekte von Forschung für ein klimafreundliches Leben aufgegriffen, wobei dies bewusst nicht der Schwerpunkt des Kapitels ist. Auch die Bewertung der Frage, welche Dimension der Rolle der Strukturen von BUW für ein klimafreundliches Leben zugeschrieben werden kann, bleibt ungeklärt. Insbesondere scheinen es die „Strukturen in den Köpfen" der beteiligten Menschen zu sein, die letztlich Denk- und Handlungsmuster erzeugen, die Nachhaltigkeit und Klimafreundlichkeit behindern oder begünstigen.

Bildung und Wissenschaft (BUW) tragen in ihren jetzigen Zielsetzungen und Strukturen nicht im nötigen Umfang zu einer nachhaltigen Entwicklung und damit auch nicht zu einem klimafreundlichen Leben bei (hohe Übereinstimmung, starke Literaturbasis). Der hohen Dringlichkeit, auf systemische Krisen des Anthropozäns – allen voran die Klima- und Biodiversitätskrise – zu reagieren, stehen noch immer die Kräfte der Beharrung entgegen und BUW bleiben in ihren Inhalten (vor allem Lehrinhalten), Zielen, Konzepten und systemischen Grundstrukturen relativ unverändert (Elkana & Klöpper, 2012; Imdorf et al., 2019; Kläy et al., 2015; O'Brien, 2012; WBGU, 2011).

Inter- und Transdisziplinarität (ITD), also disziplinenübergreifende Zusammenarbeit wie auch Kooperation zwischen Wissenschaft und gesellschaftlichen Akteur_innen, sind in BUW unterrepräsentiert. Die Forderung nach einem Ausbau von ITD wird im Kontext nachhaltiger Entwicklung und insbesondere des Klimawandels immer lauter (Future Earth, 2014; ProClim Forum for Climate and Global Change, Swiss Academy of Science, 1997; Scholz & Steiner, 2015; WBGU, 2011, 2014). Der Fokus auf die Reproduktion von bestehendem Wissen im Bildungssystem (Davidson, 2017; R. M. Ryan & Deci, 2016) steht eigenständigem, mündigem, an Werten von Nachhaltigkeit ausgerichtetem Lernen und damit der Koproduktion von neuem Wissen entgegen (Botkin et al., 1979; UNESCO, 2017a) (hohe Übereinstimmung, starke Literaturbasis).

Wenn BUW auf die Herausforderungen einer nachhaltigen Entwicklung sowie eines klimafreundlichen Lebens ausgerichtet werden soll, ist die Übernahme von gesellschaftlicher Verantwortung und ein grundlegender Paradigmenwechsel in Richtung holistischer, integrierter und transformativer Herangehensweisen erforderlich (unter anderem: International Commission on the Futures of Education, 2021; Sachs et al., 2019; Wayne et al., 2006; WBGU, 2011) (hohe Übereinstimmung, starke Literaturbasis). Dafür braucht es neue Zielsetzungen (z. B. Orientierung an den Sustainable Development Goals (SDGs) der Vereinten Nationen, Auseinandersetzung mit realweltlichen gesellschaftsrelevanten Problemstellungen, Verbesserung der Lebensqualität für alle) und umfassende Strukturreformen (z. B. Bildungspläne, Curricula, Bildungskonzepte für nachhaltige Entwicklung, Karrieremodelle, Forschungsförderung) (hohe Übereinstimmung, starke Literaturbasis) (Coelen et al., 2015; Leiringer & Cardellino, 2011; Martens et al., 2010; J. Ryan, 2011; Sachs et al., 2019; Saltmarsh & Hartley, 2011).

Auf Nachhaltigkeit und Klimafreundlichkeit ausgerichtete Konzepte in BUW (z. B. Bildung für nachhaltige Entwicklung (BNE) (UNESCO, 2021), Klimawandelbildung und -forschung, ITD (Future Earth, 2014; ProClim Forum for Climate and Global Change, Swiss Academy of Science, 1997; Scholz & Steiner, 2015; WBGU, 2011), transformative BUW (WBGU, 2011, 2014)) unterstützen den Wissenserwerb und die Entwicklung von Werten und Kompetenzen, um klimafreundliche und nachhaltige Lebensstile zu erreichen (hohe Übereinstimmung, starke Literaturbasis). Entsprechende Ansätze existieren, sie müssen aber weiterentwickelt und auf breiter Basis in BUW umgesetzt werden (hohe Übereinstimmung, starke Literaturbasis).

Die Handlungsoptionen greifen auf internationale Beispiele und Pilotprojekte in Österreich zurück, die aufzeigen, wie entsprechende Veränderungen in BUW eingeleitet werden können. Die Wirkung der einzelnen Optionen bleibt unklar, da entsprechende Forschung nicht vorhanden ist. Wenn die wissenschaftliche Literaturbasis über die Wirkungen neuartiger Ansätze in BUW erhöht werden soll, sind Begleitforschung für und Evaluation von Klimaforschungs- und -bildungsprogrammen notwendig (hohe Übereinstimmung, starke Literaturbasis).

Einige Grundsatzpapiere unterstreichen die Notwendigkeit von Nachhaltigkeit und Klimafreundlichkeit im österreichischen BUW-System: z. B. Memorandum of Understanding der Initiative „Mit der Gesellschaft im Dialog" – Responsible Science (Allianz für Responsible Science, 2015); Grundsatzerlass Umweltbildung für nachhaltige Entwicklung (BMBF, 2014); Unterrichtsprinzip Politische Bildung, Grundsatzerlass 2015 (BMBF, 2015); Systemziel 7 des Gesamtösterreichischen Universitätsentwicklungsplans (BMBWF, 2020); Österreichische Strategie „Bildung für nachhaltige Entwicklung" (BMLFUW et al., 2008); Aktionsplan für einen wettbewerbsfähigen Forschungsraum (BMWFW, 2015); Uniko-Manifest für Nachhaltigkeit (Österreichische Universitätenkonferenz, 2020); weitere Initiativen siehe auch BMBWF (2019). Ihnen stehen gleichzeitig nur punktuelle und in keiner Weise grundlegende und systemische Veränderungen gegenüber. Wenn ein grundlegender Paradigmenwechsel in BUW zur Unterstützung eines klimafreundlichen Lebens und einer nachhaltigen Entwicklung erreicht werden soll, ist die transdisziplinäre Erarbeitung und praktische Umsetzung von umfassenden BUW-Konzepten, welche die oben genannten Veränderungsnotwendigkeiten abbilden, eine vorrangige Handlungsoption (hohe Übereinstimmung, starke Literaturbasis).

Wenn Kompetenzen, die für ein klimafreundliches Leben notwendig sind, umfangreich gefördert werden sollen, sind Klimawandelbildung und BNE den Lehr- und Bildungsplänen aller Stufen des formalen Bildungssystems (Schule und Hochschule), insbesondere auch den Lehrplänen der Lehrendenbildung zugrunde zu legen sowie als Aufgabe der Akteur_innen informeller und nonformaler Bildung (wie Kommunen, Museen, Bibliotheken etc.) zu stärken (UNESCO, 2021) (hohe Übereinstimmung, starke Literaturbasis).

Wenn Wissenschaft für klimafreundliches und nachhaltiges Leben gefördert werden soll, ist neben einer grundlegenden Diskussion vorherrschender Ziele, Inhalte und Strukturen (z. B. Anreizsysteme, Ausschreibungskriterien) und daraus resultierender Macht- und Konkurrenzverhältnisse die Schaffung von kooperativen Strukturen für Inter- und Transdisziplinarität in BUW notwendig (z. B. die Einrichtung entsprechender Professuren, Institute, Forschungszentren, Laufbahnstellen, Studienprogramme, Lehrbücher, Fachzeitschriften, Gesellschaften, Forschungsnetzwerke) (Climate Change Centre Austria – Klimaforschungsnetzwerk Österreich, 2018; Hugé et al., 2016; Kahle et al., 2018; UNESCO, 2017b; Yarime et al., 2012, S. 201) (hohe Übereinstimmung, starke Literaturbasis).

Wenn Nachhaltigkeit und Klimafreundlichkeit im Sinne eines ganzheitlichen Ansatzes (Whole-Institution Approach) an BUW-Einrichtungen umfassend strukturell (UNESCO, 2012, S. 71) in allen Bereichen (z. B. Bormann et al., 2020; Kohl & Hopkins, 2021; UNESCO, 2014) verankert werden sollen, brauchen diese Unterstützung in Form von strategischen Instrumenten (z. B. Rahmenstrategien) sowie entsprechende Leistungsbeurteilungssysteme und -anreize (hohe Übereinstimmung, starke Literaturbasis).

Wenn BUW-Einrichtungen auf betrieblicher Ebene Maßnahmen zur Reduktion von THG-Emissionen umsetzen, können sie als Living Labs und Vorreiter einer sozialökologischen Transformation dienen (Bassen et al., 2018; Bohunovsky et al., 2020) (hohe Übereinstimmung, starke Literaturbasis).

BUW im Kontext von nachhaltigem und klimafreundlichem Leben zusammen zu bewerten, wurde in diesem Kapitel begonnen. Die daraus resultierenden Diskussion hierzu sollte mit Wissenschaftler_innen und gesellschaftlichen Akteur_innen weitergeführt werden.

Kapitel 22: Netzgebundene Infrastrukturen

Dieses Kapitel bewertet die Literatur zu netzgebundenen Infrastruktursystemen, wie Strom-, Daten-, Straßen- oder Schienennetze, Wasser- oder Gasleitungen, und ihren Beitrag für die Transformation zu einer klimafreundlichen Lebensweise in Österreich. Netzgebundene Infrastrukturen bilden zentrale Grundlagen für alltägliches Leben und Wirtschaften (European Commission, 2021). Sie strukturieren Handlungsweisen langfristig und stellen somit zentrale Weichen für eine klimafreundliche Lebensweise. Aufgrund des Europäischen Rechts hat sich bei netzgebundenen Infrastruktursystemen in Österreich (mit wenigen Ausnahmen wie Wärmenetze und bei kleineren Stadtwerken) eine organisatorische und ökonomische Entflechtung zwischen dem Betrieb der Infrastrukturen (z. B. APG als Stromnetzbetreiber, ÖBB Infrastruktur als Schienennetzbetreiber) und der Bereitstellung konkreter Dienstleistung (z. B. Stromlieferung, öffentlicher Personenverkehr) als marktbezogene Tätigkeiten der Daseinsvorsorge, etabliert. Die europäische Gesetzgebung legt insbesondere fest, dass Energieversorgungs-, Verkehrs- und Telekommunikationsdienste im Interesse der Allgemeinheit von den Mitgliedstaaten mit besonderen Gemeinwohlverpflichtungen verbunden werden (hohe Übereinstimmung, starke Literaturbasis).

Infrastruktursysteme sind durch Pfadabhängigkeiten und Beharrungskräfte (z. B. lange Nutzungsdauer, institutionelle Vereinbarungen, komplexe Organisationsstrukturen, hohe Investitionskosten, technische Entwicklungen, Monopolstellungen bestehender Netzwerke) gekennzeichnet, die den Aufbau oder die Veränderung von soziotechnischen Infrastrukturen oft generell erschweren (Ambrosius & Francke, 2015; Tietz & Hühner, 2011; Frantzeskaki & Loorbach, 2010; Bos & Brown, 2012). Solange die Nutzung und Instandhaltung netzgebundener Infrastrukturen mit fossilen Energieträgern in Zusammenhang steht (z. B. Energieaufwand für Fahrzeuge, Verteilung und Nutzung von Erdgas etc.), können auch die dadurch bedingten Handlungen nicht klimafreundlich sein (hohe Übereinstimmung, starke Literaturbasis).

Konsens herrscht darüber, dass ohne geeignete Lenkungsmaßnahmen der Ausbau von netzgebundenen Infrastrukturen durch die Nutzung fossiler Energien zu mehr THG-Emissionen führt (hohe Übereinstimmung, starke Literaturbasis). Beispielsweise basiert die Energieversorgung derzeit zu zwei Drittel auf fossilen Energieträgern (BMK, 2020), aber auch der Ausbau der straßengebundenen bei gleichzeitigem Rückgang der schienengebundenen Verkehrsinfrastruktur geht in vielen Fällen mit einem negativen Einfluss auf THG-Emissionen einher (Winker et al., 2019; Kropp, 2017; Banko et al., 2022). Regulatorische Rahmenbedingungen haben einen großen Einfluss auf die Gestaltung von Organisationsstrukturen der Infrastruktursysteme. Insbesondere herrscht Konsens darüber, dass die Liberalisierung der Märkte im Rahmen der EU den Status quo prägen (hohe Übereinstimmung, starke Literaturbasis).

Der Anteil der grauen Energie (indirekte Energie für Herstellungs-, Transport- und Verteil- sowie Vernichtungsprozesse) ist ein substanzieller Faktor bei Infrastruktursystemen, der unmittelbare Auswirkungen darauf hat, wie emissionsintensiv der Ausbau netzgebundener Infrastrukturen ist. Dies belegen Studien, etwa zur Schieneninfrastruktur und zum Wohnbau (Latsch et al., 2013; Kanton Zürich, 2012; Bußwald, 2011). Da insbesondere die Siedlungsdichte einen großen Einfluss auf die Infrastruktur hat, kommen auch raumplanerischen Entscheidungen im Sinne eines klimafreundlichen Lebens eine große Bedeutung zu (hohe Übereinstimmung, mittlere Literaturbasis).

Tiefgreifende Veränderungen der netzgebundenen Infrastruktur, die mit Änderungen in den Akteurslandschaften der Infrastruktursysteme einhergehen, sind notwendig, um klimafreundliches Leben zu fördern und zu ermöglichen (Berggren et al., 2015; Geels, 2014). Sektorenkopplung zwischen unterschiedlichen Infrastruktursystemen (vor allem Power-to-Heat, Power-to-Gas, Power-to-Mobility) spielt eine zunehmend bedeutende Rolle (van Laak, 2020; Büscher et al., 2020). In der Innovationsforschung wird vielfach darauf verwiesen, dass aufbauend auf neuen gesetzlichen Grundlagen (z. B. Erneuerbaren-Ausbau-Gesetz 2021) neue Organisations- und Akteursmodelle entwickelt und im Rahmen von regulatorischen Experimenten getestet werden sollten (mittlere Übereinstimmung, schwache Literaturbasis).

In Österreich ist auf nationaler und kommunaler Ebene die gestalterische Rolle der öffentlichen Hand als Mehrheitseigentümer zentraler Infrastrukturbereitsteller besonders wichtig. Der Einfluss der öffentlichen Hand auf die Gemeinwohlverpflichtung der Betreiber von Netzinfrastrukturen in den Bereichen Energie und Mobilität besteht eindeutig aufgrund der Verantwortlichkeiten bezüglich der Daseinsvorsorge. Auf dieser Basis und als Mehrheitseigentümerin von zentralen Infrastrukturbetreibern wie ÖBB, ASFINAG, APG, Wiener Netze und vielen weiteren Betreibern in den Bundesländern hat die öffentliche Hand vielfältige gestalterische Möglichkeiten (unter anderem in Bezug auf Investitionsentscheidungen und Vorgaben strategischer Zielsetzungen) (hohe Übereinstimmung, mittlere Literaturbasis).

Unabhängige Regulierungsbehörden haben zunehmend den gesetzlichen Auftrag, zusätzlich zu den bisherigen vorwiegend wettbewerbsrechtlichen Aufgaben, zur raschen

Verwirklichung der Transformation netzgebundener Infrastruktursysteme beizutragen und eine Balance zwischen den Interessen der Konsument_innen, anderer Marktteilnehmer_innen und Stakeholder aufrechtzuerhalten, während zusätzliche Aufgaben zur Erreichung klimapolitischer Zielsetzungen auf sie zukommen (Bolton & Foxon, 2015). Es bleibt zu beobachten, wie sich die zukünftige Gestaltung der Spielregeln auf die Akteur_innen auswirken wird (beispielsweise im Energiesektor die Möglichkeiten der Bürger_innen, einen aktiven Beitrag zur Energiewende zu leisten) (hohe Übereinstimmung, mittlere Literaturbasis).

In Hinblick auf die klimafreundliche Transformation netzgebundener Infrastrukturen ergeben sich insbesondere für die öffentliche Hand als Gesetzgeberin, aber auch als Nachfragerin und Beschafferin wesentliche Gestaltungsoptionen. So kann sie durch ihren rahmensetzenden Einfluss die Gestaltung der Netzinfrastrukturen beeinflussen und Investitionen und Finanzierung von Neubau, Umbau oder Stilllegung von Infrastrukturen aktiv lenken. Auch Veränderungen in den Zielsetzungen und Aufgaben von staatlichen Agenturen (zum Beispiel E-Control) können zusätzlichen Spielraum schaffen, um Netzinfrastrukturen im Sinne klimafreundlichen Lebens zu gestalten. Unbestritten ist zudem, dass die öffentliche Hand im Rahmen der privatwirtschaftlichen Verwaltung zu einem Wandel in Richtung klimafreundlicher Lebensweise entscheidende Beiträge leisten kann (hohe Übereinstimmung, mittlere Literaturbasis).

Um der notwendigen Ausrichtung technischer Infrastrukturen auf Klimaneutralität und der zunehmenden Vernetzung Rechnung zu tragen (z. B. Energie-IKT, Verkehr-IKT, Energie-Wasser etc.), hat die öffentlichen Hand die Möglichkeit, das Beschaffungswesen derart zu gestalten, dass innovative Lösungen zur Erreichung von Missionen in den Vordergrund rücken. Im wissenschaftlichen FTI-politischen Diskurs herrscht diesbezüglich breiter Konsens über die Bedeutung funktionaler Ausschreibungen (Directive 2014/24/EU), bei denen der Beschaffer Funktionen definiert und Anbieter geeignete technische oder sonstige Lösungen vorschlagen (hohe Übereinstimmung, schwache Literaturbasis) (Edquist et al., 2018; Edquist & Zabala-Iturriagagoitia, 2021).

Es herrscht breiter Konsens darüber, dass langfristige Strategien, solide Investitionspläne, verlässliche rechtliche Rahmenbedingungen, internationale und nationale Abstimmungen, aber auch regionale und lokale Raumordnungsinstrumente sowie missionsorientierte Forschung und Entwicklung notwendig sind, um Netzinfrastrukturen in Richtung Klimafreundlichkeit zu verändern (hohe Übereinstimmung, schwache Literaturbasis). Dabei kommt soziokulturellen Innovationen eine große Rolle zu, die über eine rein technikzentrierte Lösung hinaus auch soziale Bedingungen und ihre architektonischen und infrastrukturellen Entstehungskontexte in den Blick nehmen (Kropp et al., 2021). Damit einher geht ein notwendiger Wandel der Planungskultur (Frantzeskaki & Loorbach, 2010), um nachhaltige Strategien in der räumlichen Planung zu entwickeln, die ein Verständnis über die vielfältigen Zusammenhänge von gebauter Umwelt, menschlichem Handeln und sozialem Leben integrieren (Næss, 2016).

Die mit der Gestaltung netzgebundener Infrastruktursysteme verbundene Komplexität bedingt einen hohen Abstimmungsbedarf zwischen öffentlichen, privaten und zivilgesellschaftlichen Akteur_innen. In der Forschung zu egalitären Governance-Ansätzen werden horizontale und vertikale Mehrebenen-Governance-Mechanismen als wichtige Instrumente betrachtet, um Strategie, Planungsprozesse und Maßnahmen am klimafreundlichen Leben auszurichten und sektorale sowie räumliche Schnittmengen zu nutzen (hohe Übereinstimmung, starke Literaturbasis) (Markard et al., 2020; Thaler et al., 2021).

Teil 4: Pfade zur Transformation

Kapitel 23: Pfade zur Transformation struktureller Bedingungen für ein klimafreundliches Leben

Gestaltungsoptionen im Verhältnis zu Transformationspfaden

Aus einer umfangreichen Literaturanalyse und mit Bezug auf die in Kap. 2 präsentierten Perspektiven wurden vier für Österreich relevante Transformationspfade abgeleitet:

1. Leitplanken für eine klimafreundliche Marktwirtschaft (Bepreisung von Emissionen und Ressourcenverbrauch, Abschaffung klimaschädlicher Subventionen, Technologieoffenheit)
2. Klimaschutz durch koordinierte Technologieentwicklung (staatlich koordinierte technologische Innovationspolitik zur Effizienzsteigerung)
3. Klimaschutz als staatliche Vorsorge (staatlich koordinierte Maßnahmen zur Ermöglichung klimafreundlichen Lebens, z. B. durch Raumordnung, Investition in öffentlichen Verkehr; rechtliche Regelungen zur Einschränkung klimaschädlicher Praktiken)
4. Klimafreundliche Lebensqualität durch soziale Innovation (gesellschaftliche Neuorientierung, regionale Wirtschaftskreisläufe und Suffizienz)

Die Gestaltungsoptionen der Kap. 3 bis 22 wurden hinsichtlich ihrer Übereinstimmung mit den vier Pfaden analysiert und bewertet. Dabei zeigt sich eine sehr hohe Übereinstimmung mit dem Pfad „Staatliche Vorsorge" und mit dem Pfad „Soziale Innovation". Die Übereinstimmung mit dem Technologiepfad ist etwas geringer, einige Inkompatibilitäten ergeben sich für den Marktpfad.

	Pfad Dominante Elemente	1 Leitplanken für eine klimafreundliche Marktwirtschaft	2 Klimaschutz durch koordinierte Technologie-entwicklung	3 Klimaschutz als staatliche Vorsorge	4 Klimafreundliche Lebensqualität durch soziale Innovation
Akteur_innen	Staat	●	●	●	○
	Sozialpartner	○	○	●	○
	Wirtschaft	●	●	●	
	Konsument_innen	●	○	○	○
	Zivilgesellschaft			●	●
	Wissenschaft	○	●	○	●
Betroffene Struktur-bedingungen	Steuern	●	○	○	○
	Kostenwahrheit bei Preisen	●	○	○	○
	Konsument_innen Information	●	○	○	○
	Subventionen		○	●	○
	Gesetzl. Regelungen	○	○	●	○
	Infrastruktur und Institutionen	○	○	●	○
	Geschäftsmodelle	○	○	●	○
	Technologische Innovationsförderung	○	●	○	
	Soziale Innovation		○	○	●
	Suffizienz orientierte Strukturbedingungen			○	●
	Gesell. Zusammenhalt			○	●
	Lokale Selbstversorgung			○	●

Abb. TZ.15 Charakterisierung der Pfade anhand der Relevanz von Akteur_innen und charakteristische Gestaltungsoptionen für diese; *Punkte* – sehr relevant, *Kreise* – mittelmäßig relevant, *kleine Kreise* – wenig relevant, *kein Punkt* – nicht relevant. {Kap. 23}

Analyse der systemischen Eindringtiefe

Mithilfe einer Ansatzpunkt-Analyse („leverage points") (Abson et al., 2017) kann eine Einschätzung erfolgen, wie tiefgreifend angestrebte Maßnahmen sind, also ob sie auf kleine inkrementelle Änderungen oder auf einen umfassenden Systemwandel abzielen. Dabei zeigt sich, dass die im vorliegenden Sachstandsbericht enthaltenen Gestaltungsoptionen insgesamt tieferliegende Systemveränderungen bewirken würden als etwa jene Maßnahmen, die im aktuellen Nationalen Klima- und Energieplan (NEKP) angeführt sind.

In der ausgewerteten Literatur wird deutlich dargestellt, dass eine Transformation hin zu einem klimafreundlichen Leben nur dann erfolgreich sein kann, wenn die gesetzten Maßnahmen alle Dimensionen eines Systems ansprechen. Maßnahmen mit geringer Eindringtiefe sind rasch umzusetzen und können den Boden für tiefergehende Systemveränderungen bereiten. Angesichts des Handlungsdrucks wird es notwendig sein, die allermeisten der verfügbaren Gestaltungsoptionen umgehend und gut abgestimmt zu ergreifen, sollen die gesetzten Klimaziele erreicht werden (Kirchengast et al., 2019). In jedem Fall erfordert eine effektive Klimapolitik eine Erweiterung derzeitiger Maßnahmen um solche mit einer größeren systemischen Eindringtiefe.

Synergien und Spannungen zwischen unterschiedlichen Transformationspfaden

Die Gestaltungsoptionen dieses Berichts korrespondieren insbesondere mit dem Pfad „Staatliche Vorsorge" und, etwas weniger stark ausgeprägt, mit dem Pfad „Soziale Innovation". Allerdings zeigt sich, dass die Mehrzahl der Gestaltungsoptionen zumindest nicht vollständig inkompatibel zu den anderen Pfaden ist. Das bedeutet, dass unabhängig davon, welcher Pfad favorisiert wird, eine große Zahl an Gestaltungsoptionen, die auch verschiedene Systemdimensionen ansprechen, verwendet werden kann, ohne zu tiefgreifenden Konflikten zwischen grundsätzlich verschiedenen Transformationsparadigmen zu führen. Dies sollte den politischen Entscheidungsprozess erleichtern.

Einige Gestaltungsoptionen erweisen sich im Verhältnis zum Pfad „Leitplanken für eine klimafreundliche Marktwirtschaft" als konflikthaft und spannungsbeladenen. In diesem Fall ist eine klare politische Positionierung erforderlich, will man Friktionen bei der Einrichtung und Umsetzung vermeiden.

Aus der Diskussion der vorgestellten Transformationspfade kann abgeleitet werden, dass die Entwicklung eines neuen „Mischpfades" ein hohes Maß an Wirksamkeit verspricht, da so Synergien zwischen den Pfaden genutzt und Schwächen einzelner Pfade vermieden werden können. Nur bei spannungsbeladenen Gestaltungsoptionen sind politische Richtungsentscheidungen erforderlich, soll das sozioökonomische System auf die Erreichung der Klimaziele ausgerichtet werden.

Breite Ansprache unterschiedlicher Akteur_innen

Bei den vorgestellten Transformationspfaden nehmen Akteur_innen unterschiedliche Rollen auf unterschiedlichen räumlichen Ebenen ein. Durch den starken Fokus auf institutionelle und materielle Strukturen spielt der Staat als Akteur eine besondere Rolle: Beim Marktpfad und beim Technologiepfad ist die Rolle des Staates jene der rahmensetzenden Institution, die insbesondere die Festlegung von klaren Planungshorizonten vornimmt. Der Staat tritt damit als aktiver Gestalter von innovationsfördernder Forschungs-, Technologie und Innovationspolitik auf. Im Pfad Staatliche Vorsorge übernimmt der Staat eine noch stärker vorsorgende und bereitstellende Rolle, während er im Pfad „Soziale Innovation" Freiräume und Nischen für soziale Innovationen anbietet und deren Upscaling und Verbreitung auf der Regimeebene unterstützt.

Gleichzeitig wird deutlich, dass alle vier Pfade neben dem Staat in seiner jeweils besonderen Rolle maßgeblich von unterschiedlichen Akteur_innen in unterschiedlichen Rollen und in einem unterschiedlichen Zusammenspiel mitgestaltet werden: Angesichts der Notwendigkeit, möglichst alle zur Verfügung stehenden Gestaltungsoptionen aufeinander abgestimmt an allen vier Systemdimensionen anzusetzen, ist es unerlässlich, eine Vielzahl an unterschiedlichen Akteur_innen (z. B. Sozialpartner, Unternehmen, NGOs, zivilgesellschaftliche Bewegungen etc.) ins Boot zu holen, deren mögliche Beiträge einzufordern und gleichzeitig auch wertschätzend zu integrieren. Bei der Entwicklung eines Transformationspfades zur Erreichung der Klimaziele muss nicht nur die Wirksamkeit von strukturellen Änderungen des sozioökonomischen Systems bedacht werden, sondern auch die Akzeptanz von Gestaltungsoptionen auf gesellschaftlicher und politischer Ebene. Die verschiedenen politischen Parteien haben verständlicherweise eine Nähe zu jenen Transformationspfaden, die ihrer politischen Grundorientierung am besten entsprechen. Die Dringlichkeit des Handlungsbedarfs erfordert es, Transformationspfade zu finden, die einerseits nach wissenschaftlicher Einschätzung die angestrebten Klimaziele erreichen und denen andererseits eine Vielzahl gesellschaftlicher Akteur_innen zustimmen kann, um das Momentum zu erzeugen, das die anstehende tiefgreifende Transformation erfordert.

Quellenverzeichnis

Abson, David J., Joern Fischer, Julia Leventon, Jens Newig, Thomas Schomerus, Ulli Vilsmaier, Henrik von Wehrden, Paivi Abernethy, Christopher D. Ives, Nicolas W. Jager, und Daniel J. Lang. (2017). "Leverage points for sustainability transformation". Ambio 46(1): 30–39. https://doi.org/10.1007/s13280-016-0800-y.

ACRP. (2019). Austrian Climate Research Programme 2019. Klima- und Energiefonds. https://www.klimafonds.gv.at/call/austrian-climate-research-programme-5/

Aglietta, M. (2018). Money: 5,000 Years of Debt and Power. Verso Books.

Aichholzer, J., Friesl, C., Hajdinjak, S., & Kritzinger, S. (Hrsg.). (2019). Quo vadis, Österreich? Wertewandel zwischen 1990 und 2018. Czernin Verlag.

Aiginger, K. (2016). New Dynamics for Europa: Reaping the benefits of socio-ecological transition. (WWWforEurope). https://www.wifo.ac.at/jart/prj3/wifo/resources/person_dokument/person_dokument.jart?publikationsid=58791&mime_type=application/pdf

Aigner, E., & Lichtenberger, H. (2021). Pflege: Sorglos? Klimasoziale Antworten auf die Pflegekrise. In Beigewurm, Attac, & Armutskonferenz (Hrsg.), Klimasoziale Politik: Eine gerechte und emissionsfreie Gesellschaft gestalten (S. 175–183). bahoe books.

Akenji, L. (2014). Consumer Scapegoatism and Limits to Green Consumerism. Journal of Cleaner Production, 63, 13–23. https://doi.org/10.1016/j.jclepro.2013.05.022

Akerlof, G. et al. (2019). Economists' Statement on Carbon Dividends. Climate Leadership Council. https://clcouncil.org/economists-statement/

Alessi, L., Battiston, S., Melo, A. S., & Roncoroni, A. (2019). The EU sustainability taxonomy: A financial impact assessment. [JRC Technical Report]. Publications Office of the European Union.

Allesch, A., Laner, D., Roithner, C., Fazeni-Fraist, K., Lindorfer, J., Moser, S., & Schwarz, M. (2019). Energie- und Ressourceneinsparung durch Urban Mining-Ansätze. http://www.nachhaltigwirtschaften.at

Allianz für Responsible Science. (2015). Memorandum of Understanding zwischen dem Bundesministerium für Wissenschaft, Forschung und Wirtschaft, der Republik Österreich und Partnerinstitutionen aus Wissenschaft, Forschung, Bildung und Praxis über die Initiative „Mit der Gesellschaft im Dialog – Responsible Science". Bundesministerium für Wissenschaft, Forschung und Wirtschaft. http://144.65.132.57/wp-content/uploads/2015/08/MoU_Responsible-Science.pdf

Allianz Nachhaltiger Hochschulen (2021): Von den Optionen zur Transformation. Optionen von Koch, A.; Kreissl, K.; Jany, A.; Bukowski, M. In: Allianz Nachhaltige Universitäten in Österreich (2021): UniNEtZ-Optionenbericht: Österreichs Handlungsoptionen zur Umsetzung der UN-Agenda 2030 für eine lebenswerte Zukunft. Uni NEtZ – Universitäten und Nachhaltige Entwicklungsziele. Allianz Nachhaltige Universitäten in Österreich, Wien, ISBN 978-3-901182-71-6.

Allinger, L., Moder, C., Rybaczek-Schwarz, R., & Schenk, M. (2021). Armut durch Klimapolitik überwinden. In Armutskonferenz, Attac, & Beigewum (Hrsg.), Klimasoziale Politik (S. 107–118). Bahoe Books.

Alshqaqeeq, F., Esmaeili, M. A., Overcash, M., & Twomeya, J. (2019). Quantifying hospital services by carbon footprint: A systematic literature review of patient care alternatives. Resources, Conservation and Recycling, 152(104560), Article 104560. https://doi.org/10.1016/j.resconrec.2019.104560

Amann, W. (2019). Maßnahmenpaket Dekarbonisierung des Wohnungssektors. https://www.oegut.at/downloads/pdf/MassnahmenpaketDekarbonisierungWohnungssektor.pdf?m=1561621272

Amann, W., & Mundt, A. (2019). Rahmenbedingungen und Handlungsoptionen für qualitätsvolles, dauerhaftes, leistbares und inklusives Wohnen. IIBW, Bundesministerium für Arbeit, Soziales, Gesundheit und Konsumentenschutz (BMASGK).

Ambrosius, G., & Franke, C. H. (2015). Pfadabhängigkeiten internationaler Infrastrukturnetze. Jahrbuch für Wirtschaftsgeschichte / Economic History Yearbook, 56(1), 291–312. https://doi.org/10.1515/jbwg-2015-0012

Anderl, M., Bartel, A., Geiger, K., Gugele, B., Gössl, M., Haider, S., Heinfellner, H., Heller, C., Köther, T., & Krutzler, T. (2021). Klimaschutzbericht 2021. Umweltbundesamt.

Anderl, M., Geiger, K., Gugele, B., Gössl, M., Haider, S., Heller, C., Köther, T., Krutzler, T., Kuschel, V., Lampert, C., Neier, H., Padzernik, K., Perl, D., Poupa, S., Purzner, M., Rigler, E., Schieder, W., Schmidt, G., Schodl, B., ... Zechmeister, A. (2020). Klimaschutzbericht 2020 (Klimaschutzbericht REP-0738). Umweltbundesamt.

Antal, M. (2014). Green goals and full employment: Are they compatible? Ecological Economics, 107, 276–286. https://doi.org/10.1016/j.ecolecon.2014.08.014

APCC. (2018). Österreichischer Special Report Gesundheit, Demographie und Klimawandel. Austrian Special Report 2018 (ASR18). Austrian Panel on Climate Change (APCC). Verlag der Österreichischen Akademie der Wissenschaften. https://verlag.oeaw.ac.at/oesterreichischer-special-report-gesundheit-demographie-klimawandel

Archer, M. S. (1995). Realist social theory: The morphogenetic approach. Cambridge University Press.

Arlt, D., Hoppe, I., & Wolling, J. (2010). Klimawandel und Mediennutzung. Wirkungen auf Problembewusstsein und Handlungsabsichten. Medien & Kommunikationswissenschaft, 58(1), 3–25. https://doi.org/10.5771/1615-634x-2010-1-3

Armutskonferenz. (2019). Aktuelle Armutszahlen. http://www.armutskonferenz.at/armut-in-oesterreich/aktuelle-armuts-und-verteilungszahlen.html

Armutskonferenz. (2020). Aktuelle Armutszahlen. http://www.armutskonferenz.at/armut-in-oesterreich/aktuelle-armuts-und-verteilungszahlen.html

Arnold, Annika, Martin David, Gerolf Hanke, und Marco Sonnberger, Hrsg. 2015. Innovation – Exnovation: über Prozesse des Abschaffens und Erneuerns in der Nachhaltigkeitstransformation. Marburg: Metropolis-Verlag.

Askanius, T., & Uldam, J. (2011). Online social media for radical politics: Climate change activism on YouTube. International Journal of Electronic Governance, 4(1/2), 69. https://doi.org/10.1504/IJEG.2011.041708

Attac. (2016). Konzernmacht brechen! Von der Herrschaft des Kapitals zum guten Leben für Alle. https://www.mandelbaum.at/docs/attac_konzernmachtbrechen.pdf

Avelino, Flor, Julia M. Wittmayer, René Kemp, und Alex Haxeltine. 2017. "Game-changers and transformative social innovation". Ecology and Society 22(4):41.

AWO Bundesverband e. V. (Hrsg.). (2022). Kliamfreundlich Pflegen. website. https://klimafreundlich-pflegen.de/

Baasch, S., & Bauriedl, S. (2012). Klimaanpassung auf regionaler Ebene. Herausforderungen einer regionalen Klimawandel-Governance. Raumforschung und Raumordnung, 70. https://doi.org/10.1007/s13147-012-0155-1

Bach, S., Bär, H., Bohnenberger, K., Dullien, S., Kemfert, C., Rehm, M., Rietzler, K., Runkel, M., Schmalz, S., Tober, S., & Truger, A. (2020). Sozial-ökologisch ausgerichtete Konjunkturpolitik in und nach der Corona-Krise: Forschungsvorhaben im Auftrag des Bundesministeriums für Umwelt, Naturschutz und nukleare Sicherheit (DIW Berlin: Politikberatung kompakt Nr. 152). Deutsches Institut für Wirtschaftsforschung (DIW). http://hdl.handle.net/10419/222848

Bachner, G., Mayer, J., Fischer, L., Steininger, K. W., Sommer, M., Köppl, A., & Schleicher, S. (2021). Application of the Concept of "Functionalities" in Macroeconomic Modelling Frameworks – Insights for Austria and Methodological Lessons (Nr. 636; WIFO Working Papers). Österreichisches Institut für Wirtschaftsforschung.

Bacon, W., & Nash, C. (2012). Playing the media game: The relative (in)visibility of coal industry interests in media reporting of coal as a climate change issue in Australia. Journalism Studies, 13(2), 243–258. https://doi.org/10.1080/1461670X.2011.646401

Bader, C., Moser, S., Neubert, S. F., Hanbury, H. A., & Lannen, A. (2021). Free Days for Future? Centre for Development and Environment, University of Bern, Switzerland. https://doi.org/10.48350/157757

Balint, T., Lamperti, F., Mandel, A., Napoletano, M., Roventini, A., & Sapio, A. (2017). Complexity and the Economics of Climate Change: A Survey and a Look Forward. Ecological Economics, 138, 252–265. https://doi.org/10.1016/j.ecolecon.2017.03.032

Ball, R. (2009). The Global Financial Crisis and the Efficient Market Hypothesis: What Have We Learned? Journal of Applied Corporate Finance, 21(4), 8–16. https://doi.org/10.1111/j.1745-6622.2009.00246.x

Banko, G., Birli, B., Fellendorf, M., Heinfellner, H., Huber, S., Kudrnovsky, H., Lichtblau, G., Margelik, E., Plutzar, C., & Tulipan, M. (2022). Evaluierung hochrangiger Strassenbauvorhaben (REP-0791). Umweltbundesamt.

Baranzini, A., van den Bergh, J. C. J. M., Carattini, S., Howarth, R. B., Padilla, E., & Roca, J. (2017). Carbon pricing in climate policy: Seven reasons, complementary instruments, and political economy considerations. WIREs Climate Change, 8(4). https://doi.org/10.1002/wcc.462

Barkemeyer, R., Figge, F., Hoepner, A., Holt, D., Kraak, J. M., & Yu, P.-S. (2017). Media coverage of climate change: An international comparison. Environment and Planning C: Politics and Space, 35(6), 1029–1054. https://doi.org/10.1177/0263774X16680818

Barker, T., Dagoumas, A., & Rubin, J. (2009). The macroeconomic rebound effect and the world economy. Energy Efficiency, 2(4), 411–427. https://doi.org/10.1007/s12053-009-9053-y

Bärnthaler, R., Novy, A., & Plank, L. (2021). The Foundational Economy as a Cornerstone for a Social-Ecological Transformation. Sustainability, 13(18), 10460. https://doi.org/10.3390/su131810460

Bärnthaler, R., Novy, A., & Stadelmann, B. (2020). A Polanyi-inspired perspective on social-ecological transformations of cities. Journal of Urban Affairs, 1–25. https://doi.org/10.1080/07352166.2020.1834404

Barth, T., Jochum, G., & Littig, B. (Hrsg.). (2016). Nachhaltige Arbeit. Soziologische Beiträge zur Neubestimmung der gesellschaftlichen Naturverhältnisse. Campus Verlag.

Bashkar, Roy. 2010. Interdisciplinarity and Climate Change: Transforming Knowledge and Pra. Abingdon, Oxon, New York: Routledge.

Bassen, A., Schmitt, C. T., Stecker, C., & Rüth, C. (2018). Nachhaltigkeit im Hochschulbetrieb (Betaversion). BMBF-Projekt „Nachhaltigkeit an Hochschulen: entwickeln – vernetzen – berichten (HOCHN)". https://www.hochn.uni-hamburg.de/-downloads/handlungsfelder/betrieb/hoch-n-leitfaden-nachhaltiger-hochschulbetrieb.pdf

Battiston, S., Dafermos, Y., & Monasterolo, I. (2021a). Climate risks and financial stability. Journal of Financial Stability, 100867. https://doi.org/10.1016/j.jfs.2021.100867

Battiston, S., Guth, M., Monasterolo, I., Neudorfer, B., & Pointner, W. (2020). Austrian banks' exposure to climate-related transition risk. Financial Stability Report, Oesterreichische Nationalbank (Austrian Central Bank), 40, 31–44.

Battiston, S., Monasterolo, I., Riahi, K., & Ruijven, B. J. van. (2021b). Accounting for finance is key for climate mitigation pathways. Science. https://www.science.org/doi/abs/10.1126/science.abf3877

Bauer, K.-J. (2015). Entdämmt euch! Eine Streitschrift.

Bauhardt, C. (1995). Stadtentwicklung und Verkehrspolitik: Eine Analyse aus feministischer Sicht. Birkhäuser.

Bauhardt, C. (2013). Wege aus der Krise? Green New Deal – Postwachstumsgesellschaft – Solidarische Ökonomie: Alternativen zur Wachstumsökonomie aus feministischer Sicht. GENDER – Zeitschrift für Geschlecht, Kultur und Gesellschaft, 5(2), 9–26.

Baumol, W. J., & Oates, W. E. (1975). The Theory of Environmental Policy. Cambridge University Press.

Bayliss, Kate, und Ben Fine. 2020. A Guide to the Systems of Provision Approach: Who Gets What, How and Why. Cham: Springer International Publishing.

Beattie, G. (2020). Advertising and media capture: The case of climate change. Journal of Public Economics, 188, 104219. https://doi.org/10.1016/j.jpubeco.2020.104219

Becker, Egon, und Thomas Jahn, Hrsg. 2006. Soziale Ökologie: Grundzüge einer Wissenschaft von den gesellschaftlichen Naturverhältnissen. Frankfurt am Main, New York: Campus.

Beckmann, M. A., & Fisahn, A. (2009). Probleme des Handels mit Verschmutzungsrechten – eine Bewertung ordnungsrechtlicher und marktgesteuerter Instrumente in der Umweltpolitik. Zeitschrift für Umweltrecht, 6, 299–307.

Behr, D. (2013). Landwirtschaft – Migration – Supermärkte. Ausbeutung und Widerstand entlang der Wertschöpfungskette von Obst und Gemüse [Dissertation, Universität Wien. Fakultät für Sozialwissenschaften]. https://docplayer.org/108523487-Dissertation-landwirtschaft-migration-supermaerkte-ausbeutung-und-widerstand-entlang-der-wertschoepfungskette-von-obst-und-gemuese.html

Berger, W. (2020). Das Aarhus-Beteiligungsgesetz: Neue Beteiligungs- und Mitspracherechte von Umweltorganisationen. In E. Furherr (Hrsg.), Umweltverfahren und Standortpolitik: Neue Wege zur Genehmigung (1. Aufl., S. 67–102). Facultas.

Berggren, C., Magnusson, T., & Sushandoyo, D. (2015). Transition pathways revisited: Established firms as multi-level actors in the heavy vehicle industry. Research Policy, 44(5), 1017–1028. https://doi.org/10.1016/j.respol.2014.11.009

van den Bergh, J. C. J. M., Angelsen, A., Baranzini, A., Botzen, W. J. W., Carattini, S., Drews, S., Dunlop, T., Galbraith, E., Gsottbauer, E., Howarth, R. B., Padilla, E., Roca, J., & Schmidt, R. C. (2020). A dual-track transition to global carbon pricing. Climate Policy, 20(9), 1057–1069. https://doi.org/10.1080/14693062.2020.1797618

Bergthaler, W. (2020). Wes Herz schlägt grüner? Recht der Umwelt – Beilage Umwelt und Technik, 73.

Bernasconi-Osterwalder, N., & Brauch, M. D. (2019). Redesigning the Energy Charter Treaty to Advance the Low-Carbon Transition. https://www.iisd.org/system/files/publications/tv16-1-article08.pdf

Bernasconi-Osterwalder, N., Magraw, D., Oliva, M. J., Tuerk, E., & Orellana, M. (2005). Environment and Trade: A Guide to WTO Jurisprudence. Routledge. https://doi.org/10.4324/9781849771153

Bhaskar, R., Archer, M., Collier, A., Lawson, T., & Norrie, A. (Hrsg.). (1998). Critical Realism: Essential Readings. Routledge.

Biesecker, A. (Hrsg.). (2000). Vorsorgendes Wirtschaften: Auf dem Weg zu einer Ökonomie des guten Lebens ; eine Publikation aus dem Netzwerk Vorsorgendes Wirtschaften. Kleine.

Biesecker, A., & Hofmeister, S. (2006). Die Neuerfindung des Ökonomischen. Ein (re)produktionstheoretischer Beitrag zur Sozialökologischen Forschung. oekom.

Biesecker, A., Wichterich, C., & v. Winterfeld, U. (2012). Feministische Perspektiven zum Themenbereich Wachstum, Wohlstand, Lebensqualität (S. 44) [Hintergrundpapier]. https://www.rosalux.de/fileadmin/rls_uploads/pdfs/sonst_publikationen/Biesecker_Wichterich_Winterfeld_2012_FeministischePerspe.pdf

Birdsall, N., & Wheeler, D. (1993). Trade Policy and Industrial Pollution in Latin America: Where Are the Pollution Havens? The Journal of Environment & Development, 2(1), 137–149. https://doi.org/10.1177/107049659300200107

Bittschi, B., & Sellner, R. (2020). Gelenkter technologischer Wandel: FTI-Politik im Kontext des Klimawandels. Was ist ein geeigneter Policy-Mix für eine nachhaltige Transformation? (Nr. 17; IHS Policy Brief).

BMASGK, B. für A., Soziales, Gesundheit und Konsumentenschutz. (2019). Öffentliche Ausgaben für Gesundheitsförderung und Prävention in Österreich 2016. Bundesministerium für Arbeit, Soziales, Gesundheit und Konsumentenschutz.

BMBF. (2014). Grundsatzerlass Umweltbildung für nachhaltige Entwicklung. Bundesministerium für Bildung und Frauen. https://www.bmbwf.gv.at/Themen/schule/schulrecht/rs/1997-2017/2014_20.html

BMBF. (2015). Unterrichtsprinzip Politische Bildung, Grundsatzerlass 2015. Bundesministerium für Bildung und Frauen. https://www.bmbwf.gv.at/Themen/schule/schulrecht/rs/1997-2017/2015_12.html

BMBWF u. a. (mehrere Jahrgänge). Österreichischer Forschungs- und Technologiebericht. BMBWF/BMK/BMDW, Wien.

BMBWF. (2019). Bildung für Nachhaltige Entwicklung. https://www.bmbwf.gv.at/Themen/schule/schulpraxis/ba/bine.html

BMBWF. (2020). Der Gesamtösterreichische Universitätsentwicklungsplan 2022–2027 (GUEP). Bundesministerium für Bildung, Wissenschaft und Forschung. https://www.bmbwf.gv.at/dam/jcr:b7701597-4219-42f3-9499-264dec94506e/GUEP%202022-2027_Aktualisiert_um_Statistik_final_bf.pdf

BMDW. (2021). Chancenreich Österreich. https://www.bmdw.gv.at/Themen/Wirtschaftsstandort-Oesterreich/Standortstrategie.html

Quellenverzeichnis

BMK. (2020). Energie in Österreich – Zahlen, Daten, Fakten. Bundesministerium für Klimaschutz, Umwelt, Energie, Mobilität, Innovation und Technologie (BMK).

BMK. (2021b). Mobilitätsmasterplan 2030 für Österreich: Der neue Klimaschutz-Rahmen für den Verkehrssektor. Nachhaltig – resilient – digital (p. 72). Bundesministerium für Klimaschutz, Umwelt, Energie, Mobilität, Innovation und Technologie.

BMK. (2021a). Große Namen für ein gemeinsames Ziel: Mehr Klimaschutz. BMK. https://www.klimaaktiv.at/partner/pakt/massnahmen.html

BMLFUW, BMUKK, & BMWF. (2008). Österreichische Strategie „Bildung für nachhaltige Entwicklung". Bundesministerium für Land- und Forstwirtschaft, Umwelt und Wasserwirtschaft; Bundesministerium für Unterricht, Kunst und Kultur; Bundesministerium für Wissenschaft und Forschung. https://www.ubz-stmk.at/fileadmin/ubz/upload/Downloads/nachhaltigkeit/Oesterr-BINE-Strategie.pdf

BMNT. (2018). #mission2030 – Die Klima- und Energiestrategie der Bundesregierung.

BMSGPK. (2021). Soziale Folgen des Klimawandels in Österreich. Bundesministerium für Soziales, Gesundheit, Pflege und Konsumentenschutz. https://www.sozialministerium.at/dam/jcr:514d6040-e834-4161-a867-4944c68c05c4/SozialeFolgen-Endbericht.pdf

BMWFW. (2015). Aktionsplan für einen wettbewerbsfähigen Forschungsraum. Bundesministerium für Wissenschaft, Forschung und Wirtschaft. https://era.gv.at/public/documents/2424/0_20150225_Forschungsaktionsplan.pdf

Bohne, E. (1992). Das Umweltrecht – Ein „irregulare aliquod corpus et monstro simile". In H.-J. Koch (Hrsg.), Auf dem Weg zum Umweltgesetzbuch: Symposium über den Entwurf eines AT-UGB (1. Aufl., S. 181–233). Nomos.

Bohnenberger, K. (2022). Greening work: Labor market policies for the environment. Empirica. https://doi.org/10.1007/s10663-021-09530-9

Bohnenberger, K., & Schultheiss, J. (2021). Sozialpolitik für eine klimagerechte Gesellschaft. In Die Armutskonferenz, Attac, Beigewum (Hrsg.), Klimasoziale Politik. Eine gerechte und emissionsfreie Gesellschaft gestalten (S. 71–84). Bahoe Books.

Bohnenberger, K; Fritz, M., Mundt, I. & Riousset, P. (2021): Die Vertretung ökologischer Interessen in der Sozialpolitik: Konflikt- oder Kooperationspotential in einer Transformation zur Nachhaltigkeit?, in: Zeitschrift für Sozialreform, 67/2, 89–121.

Bohr, J. (2020). "Reporting on climate change: A computational analysis of U.S. newspapers and sources of bias, 1997–2017". Global Environmental Change, 61, 102038. https://doi.org/10.1016/j.gloenvcha.2020.102038

Bohunovsky, L., Weiger, T. M., Höltl, A., & Muhr, M. (2020). Handbuch zur Erstellung von Nachhaltigkeitskonzepten für Universitäten. aktualisiert und grundlegend überarbeitet von der Arbeitsgruppe „Strategien" der Allianz Nachhaltige Universitäten in Österreich. https://nachhaltigeuniversitaeten.at/wp-content/uploads/2020/12/Handbuch_NH-Strategien_2020_AG.pdf

Bolton, R., & Foxon, T. J. (2015). Infrastructure transformation as a socio-technical process – Implications for the governance of energy distribution networks in the UK. Technological Forecasting and Social Change, 90, 538–550. https://doi.org/10.1016/j.techfore.2014.02.017

Bolton, P., Després, M., Silva, L. A. P. da, Samama, F., & Svartzman, R. (2020). The green swan: Central banking and financial stability in the age of climate change. Bank for International Settlements. https://www.bis.org/publ/othp31.htm

Bormann, I., Rieckmann, M., Bauer, M., Kummer, B., Niedlich, S., Doneliene, M., Jaeger, L., & Rietzke, D. (2020). Nachhaltigkeitsgovernance an Hochschulen. BMBF-Projekt „Nachhaltigkeit an Hochschulen: entwickeln – vernetzen – berichten (HOCHN)". https://www.hochn.uni-hamburg.de/-downloads/handlungsfelder/governance/leitfaden-nachhaltigkeitsgovernance-an-hochschulen-neuauflage-2020.pdf

Borrás, S., Edler, J. (2020). The roles of the state in the governance of socio-technical systems' transformation. Research Policy, 49(5), 103971.

van Bortel, G., & Gruis, V. (2019). Innovative Arrangements between Public and Private Actors in Affordable Housing Provision: Examples from Austria, England and Italy. Urban Science, 3(2), 52. https://doi.org/10.3390/urbansci3020052

Bos, J. J., & Brown, R. R. (2012). Governance experimentation and factors of success in socio-technical transitions in the urban water sector. Technological Forecasting and Social Change, 79(7), 1340–1353. https://doi.org/10.1016/j.techfore.2012.04.006

Botkin, J. W., Elmandjra, M., & Malitza, M. (1979). No limits to learning: Bridging the human gap: A report to the club of rome (1st Edition). Pergamon Press. https://www.elsevier.com/books/no-limits-to-learning/9780080247045

Boykoff, M. T. (2008). The cultural politics of climate change discourse in UK tabloids. Political Geography, 27(5), 549–569. https://doi.org/10.1016/j.polgeo.2008.05.002

Boykoff, M. T., & Mansfield, M. (2008). "Ye Olde Hot Aire": Reporting on human contributions to climate change in the UK tabloid press. Environmental Research Letters, 3(2), 024002. https://doi.org/10.1088/1748-9326/3/2/024002

Boykoff, M. T., & Roberts, J. T. (2007). Media Coverage of Climate Change: Current Trends, Strengths, Weaknesses (HDOCPA-2007-03; Human Development Occasional Papers (1992–2007)). Human Development Report Office (HDRO), United Nations Development Programme (UNDP). https://ideas.repec.org/p/hdr/hdocpa/hdocpa-2007-03.html

Boykoff, M., Pearman, O., McAllister, L., & Nacu-Schmidt, A. (2022). German Newspaper Coverage of Climate Change or Global Warming, 2004–2022 – March 2022 [Data set]. University of Colorado Boulder. https://doi.org/10.25810/RXTV-EB29.48

Boykoff, M. T., Church, P., Katzung, A., Nacu-Schmidt, A., & Pearman, O. (2021). A Review of Media Coverage of Climate Change and Global Warming in 2020 (Media and Climate Change Observatory). Cooperative Institute for Research in Environmental Sciences. https://scholar.colorado.edu/concern/articles/3j333318h

Bracking, S. (2020, February 5). Financialization and the Environmental Frontier. The Routledge International Handbook of Financialization; Routledge. https://doi.org/10.4324/9781315142876-18

Brand, Karl-Werner. 2017. Die sozial-ökologische Transformation der Welt – Ein Handbuch. Frankfurt/New York: Campus.

Brand, U., & Niedermoser, K. (2019). The role of trade unions in social-ecological transformation: Overcoming the impasse of the current growth model and the imperial mode of living. Journal of Cleaner Production, 225, 173–180.

Brand, U., & Pawloff, A. (2014). Selectivities at Work: Climate Concerns in the Midst of Corporatist Interests. The Case of Austria. Journal of Environmental Protection, 2014. https://doi.org/10.4236/jep.2014.59080

Brand, U., & Wissen, M. (2017). Imperiale Lebensweise. Zur Ausbeutung von Mensch und Natur im globalen Kapitalismus. Oekom Verlag.

Brand, U., Muraca, B., Pineault, E., Sahakian, M., & et al. (2021). From Planetary to Societal Boundaries: An argument for collectively defined self-limitation. Sustainability. Science, Practice and Policy, 17(1), 264–291.

Breitenfellner, A., Hasenhüttl, S., Lehmann, G., & Tschulik, A. (2020). Green finance – opportunities for the Austrian financial sector. Financial Stability Report, 40. https://ideas.repec.org/a/onb/oenbfs/y2020i40b2.html

Breitenfellner, A., Lahnsteiner, M., & Reininger, T. (2021). Österreichs Klimapolitik: Vom Vorbild zum Nachzügler in der EU. OeNB Konjunktur Aktuell, Dezember 2021. https://www.oenb.at/Publikationen/Volkswirtschaft/konjunktur-aktuell.html

Breitenfellner, A., Pointner, W., & Schuberth, H. (2019). The potential contribution of central banks to green finance. Vierteljahrshefte zur Wirtschaftsforschung, 88(2), 55–72.

Bröthaler, J. (2020). Fiskalische Effekte des Bodenverbrauchs. Oktober, 6.

Brüggemann, M., & Engesser, S. (2014). Between Consensus and Denial: Climate Journalists as Interpretive Community. Science Communication, 36(4), 399–427. https://doi.org/10.1177/1075547014533662

Brüggemann, M., & Engesser, S. (2017). Beyond false balance: How interpretive journalism shapes media coverage of climate change. Global Environmental Change, 42, 58–67. https://doi.org/10.1016/j.gloenvcha.2016.11.004

Brüggemann, M., Neverla, I., Hoppe, I., & Walter, S. (2018). Klimawandel in den Medien. In H. von Storch, I. Meinke, & M. Claußen (Hrsg.), Hamburger Klimabericht – Wissen über Klima, Klimawandel und Auswirkungen in Hamburg und Norddeutschland (S. 243–254). Springer Berlin Heidelberg. https://doi.org/10.1007/978-3-662-55379-4_12

Brühl, V. (2021). Green Finance in Europe – Strategy, Regulation and Instruments. SSRN Electronic Journal. https://doi.org/10.2139/ssrn.3934042

Brunner, K.-M. (2020). Sozial-ökologische Transformation und Ernährungskommunikation. In J. Godemann & T. Bartelmeß (Hrsg.), Ernährungskommunikation. Interdisziplinäre Perspektiven – Kontexte – Methodische Ansätze. Springer VS. https://doi.org/10.1007/978-3-658-27315-6_7-1

Brunner, P. H. (2011). Urban Mining A Contribution to Reindustrializing the City. Journal of Industrial Ecology, 15(3), 339–341.

Büchs, M. (2021). Sustainable welfare: How do universal basic income and universal basic services compare? Ecological Economics, 189, 107152. https://doi.org/10.1016/j.ecolecon.2021.107152

Buhl, J., Schipperges, M., & Liedtke, C. (2017). Die Ressourcenintensität der Zeit und ihre Bedeutung für nachhaltige Lebensstile. In P. Kenning, A. Oehler, L. A. Reisch, & C. Grugel (Hrsg.), Verbraucherwissenschaften (S. 295–311). Springer Fachmedien Wiesbaden. https://doi.org/10.1007/978-3-658-10926-4_16

Bundeskanzleramt (2020). Regierungsprogramm 2020–2024. Österreichisches Bundeskanzleramt, Wien.

Bürgin, A. (2021). The European Commission. In A. Jordan & V. Gravey (Hrsg.), Environmental Policy in the EU: Actors, Institutions and Processes (4. Aufl., S. 93–109). Routledge. https://www.routledge.com/Environmental-Policy-in-the-EU-Actors-Institutions-and-Processes/Jordan-Gravey/p/book/9781138392168

Büscher, C., Ornetzeder, M., & Droste-Franke, B. (2020). Amplified socio-technical problems in converging infrastructures. TATup, 29(2), 11–16.

Bußwald, P. (2011). Projekt ZERsiedelt: Zu EnergieRelevanten Apsekten der Entstehung und Zukunft von Siedlungsstrukturen und Wohngebäudetypen in Österreich. Neue Energien 2020-2. Ausschreibung.

Cahen-Fourot, L. (2020). Contemporary capitalisms and their social relation to the environment. Ecological Economics, 172, 106634. https://doi.org/10.1016/j.ecolecon.2020.106634

Cantzler, J., Creutzig, F., Ayargarnchanakul, E., Javaid, A., Wong, L., & Haas, W. (2020). Saving resources and the climate? A systematic review of the circular economy and its mitigation potential. Environmental Research Letters 15(12):123001.

Care about Care (Hrsg.). (2022). New Ways in care communication. Remote CARE assist & care APP. https://www.careaboutcare.eu/

Carvalho, A. (2019). Media and Climate Justice: What Space for Alternative Discourses? In K.-K. Bhavnani, J. Foran, P. A. Kurian, & D. Munshi (Hrsg.), Climate Futures: Re-Imagining Global Climate Justice (S. 120–126). Zed Books Ltd. https://doi.org/10.5040/9781350219236

Chancel, L. (2020). Unsustainable Inequalities. The Belknap Press of harvard university Press.

Chancel, L., & Piketty, T. (2015). Carbon and inequality: From Kyoto to Paris Trends in the global inequality of carbon emissions (1998–2013) & prospects for an equitable adaptation (PSE Working Papers). https://halshs.archives-ouvertes.fr/halshs-02655266v1

Clar, C., Scherhaufer, P. (2021): Klimapolitik auf Österreichisch: „Ja, aber …"; in: Klimasoziale Politik. Armutskonferenz, Attac und Beigewum (Hrsg.).

Cleveland, D. A., Phares, N., Nightingale, K. D., Weatherby, R. L., Radis, W., Ballard, J., Campagna, M., Kurtz, D., Livingston, K., Riechers, G., & Wilkins, K. (2017). The potential for urban household vegetable gardens to reduce greenhouse gas emissions. Landscape and Urban Planning, 157, 365–374. https://doi.org/10.1016/j.landurbplan.2016.07.008

Climate Change Centre Austria – Klimaforschungsnetzwerk Österreich (Hrsg.). (2018). Science plan on the strategic development of climate research in Austria. https://ccca.ac.at/fileadmin/00_DokumenteHauptmenue/03_Aktivitaeten/Science_Plan/CCCA_Science_Plan_2_Auflage_20180326.pdf

Climate Outreach. (2020). Theory of Change: Creating a social mandate for climate action. https://climateoutreach.org/reports/theory-of-change/.

Coelen, T., Heinrich, A. J., & Million, A. (Hrsg.). (2015). Stadtbaustein Bildung. VS Verlag für Sozialwissenschaften. https://doi.org/10.1007/978-3-658-07314-5

Cohen, M., & MacGregor, S. (2020). Towards a feminist green new deal for the UK: A PAPER FOR THE WBG COMMISSION ON A GENDER-EQUAL ECONOMY. Women's Budget Group. https://www.research.manchester.ac.uk/portal/files/170845257/Cohen_and_MacGregor_Feminist_Green_New_Deal_2020.pdf

Collingridge, D. (1980). The social control of technology. Pinter.

Colombo, E. (2018). (Un)comfortably Numb: The Role of National Courts for Access to Justice in Climate Matters. In J. Jendroska & M. Bar (Hrsg.), Procedural Environmental Rights: Principle X in Theory and Practice (Bd. 4, S. 437–464). Intersentia. https://doi.org/10.1017/9781780686998.022

Coote, A., & Percy, A. (2020). The Case for Universal Basic Services. Polity.

Creutzig, F., Callaghan, M., Ramakrishnan, A., Javaid, A., Niamir, L., Minx, J., Müller-Hansen, F., Sovacool, B., Afroz, Z., Andor, M., Antal, M., Court, V., Das, N., Díaz-José, J., Döbbe, F., Figueroa, M. J., Gouldson, A., Haberl, H., Hook, A., … Wilson, C. (2021). Reviewing the scope and thematic focus of 100 000 publications on energy consumption, services and social aspects of climate change: A big data approach to demand-side mitigation *. Environmental Research Letters, 16(3), 033001. https://doi.org/10.1088/1748-9326/abd78b.

Crippa, M., Solazzo, E., Guizzardi, D., Monforti-Ferrario, F., Tubiello, F. N., & Leip, A. (2021). Food systems are responsible for a third of global anthropogenic GHG emissions. Nature Food, 2(3), 198–209. https://doi.org/10.1038/s43016-021-00225-9

Crotty, J. (2019). Keynes Against Capitalism: His Economic Case for Liberal Socialism. Routledge & CRC Press. https://www.routledge.com/Keynes-Against-Capitalism-His-Economic-Case-for-Liberal-Socialism/Crotty/p/book/9781138612846

Csoka, B. (2018, März 20). 31 Stunden sind genug [A&W blog]. https://awblog.at/31-stunden-sind-genug

Daimer, S., Hufnagl, M., Warnke, P. (2012). Challenge-Oriented Policy-Making, and Innovation Systems Theory: Reconsidering Systemic Instruments. In Fraunhofer ISI (ed.), Innovation system revisited –

Experiences from 40 years of Fraunhofer ISI research (217–234). Fraunhofer Verlag.

Daly, M., Doi, K., Kjerulf Petersen, L., Fernández Reyes, R., Boykoff, M., Simonsen, A. H., Hawley, E., Aoyagi, M., Osborne-Gowey, J., Oonk, D., Gammelgaard Ballantyne, A., Nacu-Schmidt, A., Ytterstad, A., Moccata, G., McAllister, L., Lyytimäki, J., Jiménez Gómez, I., Mervaala, E., Benham, A., & Pearman, O. (2022). World Newspaper Coverage of Climate Change or Global Warming, 2004–2022 – January 2022 [Data set]. University of Colorado Boulder. https://doi.org/10.25810/4C3B-B819

Danielzyk, R., & Münter, A. (2018). Raumplanung. In ARL – Akademie für Raumforschung und Landesplanung (Hrsg.): Handwörterbuch der Stadt- und Raumentwicklung (S. 1931 bis 1942).

Darpö, J. (2021). Can Nature Get it Right? A Study on Rights of Nature. https://www.europarl.europa.eu/RegData/etudes/STUD/2021/689328/IPOL_STU(2021)689328_EN.pdf

Daube, Marc, und David Ulph. 2016. "Moral Behaviour, Altruism and Environmental Policy". Environmental and Resource Economics 63(2):505–22. https://doi.org/10.1007/s10640-014-9836-2.

David, M. (2017). Moving beyond the heuristic of creative destruction: Targeting exnovation with policy mixes for energy transitions. Energy Research & Social Science, 33, 138–146.

Davidson, C. N. (2017). The new education: How to revolutionize the university to prepare students for a world in flux (1. Edition). Basic Books.

Dengler, C., & Lang, M. (2019). Feminism meets Degrowth. Sorgearbeit in einer Postwchstumsgesellschaft. In U. Knobloch (Hrsg.), Ökonomie des Versorgens. Feministisch-kritische Wirtschaftstheorien im deutschsprachigen Raum (S. 305–330). Beltz Juventa.

Dengler, C., & Lang, M. (2022). Commoning Care: Feminist Degrowth Visions for a Socio-Ecological Transformation. Feminist Economics, 28(1), 1–28. https://doi.org/10.1080/13545701.2021.1942511

Denkena, B., Wichmann, M., Kettelmann, S., Matthies, J., & Reuter, L. (2022). Ecological Planning of Manufacturing Process Chains. Sustainability, 14(5), 2681. https://doi.org/10.3390/su14052681

Der GLOBAL 2000 Banken-Check: 10 von 11 Banken finanzieren fossile Energien. (2021). GLOBAL 2000. https://www.global2000.at/presse/der-global-2000-banken-check-10-von-11-banken-finanzieren-fossile-energien

Der Rechnungshof. (2021). Klimaschutz in Österreich – Maßnahmen und Zielerreichung 2020. https://www.rechnungshof.gv.at/rh/home/news/Klimaschutz_wird_in_Oesterreich_nicht_zentral_koordiniert.html

Devaney, L., & Davies, A. R. (2017). Disrupting household food consumption through experimental HomeLabs: Outcomes, connections, contexts. Journal of consumer culture, 17(3), 823–844. https://doi.org/10.1177/1469540516631153

Die Armutskonferenz, ATTAC, & Beigewum (Hrsg.). (2021). Klimasoziale Politik: Eine gerechte und emissionsfreie Gesellschaft gestalten (1. Auflage). bahoe books.

DiEM25. (2020). Roadmap für Europas sozial-ökologische Wende (Green New Deal for Europe). DiEM 25. https://report.gndforeurope.com/edition-de/

Diercks, G., Larsen, H., Steward, F. (2019). Transformative innovation policy: Addressing variety in an emerging policy paradigm. Research Policy, 48(4), 880–894.

Dikau, S., & Volz, U. (2018, September). Central Banking, Climate Change and Green Finance [Monographs and Working Papers]. Asian Development Bank Institute. https://eprints.soas.ac.uk/26445/

Dikau, S., & Volz, U. (2021). Central bank mandates, sustainability objectives and the promotion of green finance. Ecological Economics, 184, 107022. https://doi.org/10.1016/j.ecolecon.2021.107022

Diprose, K., Fern, R., Vanderbeck, R. M., Chen, L., Valentine, G., Liu, C., & McQuaid, K. (2018). Corporations, Consumerism and Culpability: Sustainability in the British Press. Environmental Communication, 12(5), 672–685. https://doi.org/10.1080/17524032.2017.1400455

Dollinger, F. (2010). Klimawandel und Raumentwicklung Ist die Raumordnungspolitik der Schlüssel zu einer erfolgreichen Klimapolitik? SIR-Mitteilungen und Berichte, 34, S. 7–26.

Dörig, P., Lutz, V., Rattay, W., Stadelmann, M., Jorisch, D., Kunesch, S., & Glas, N. (2020). Kohlenstoffrisiken für den österreichischen Finanzmarkt (Carbon exposure. The Austrian state of the market.) (No. 4; Working Paper, p. 136). RiskFinPorto. https://www.anpassung.at/riskfinporto/media/RiskFinPorto_B769997_WP4_Financial-Carbon-Risk-Exposure_v3.pdf

Dorninger, C., Hornborg, A., Abson, D. J., von Wehrden, H., Schaffartzik, A., Giljum, S., Engler, J.-O., Feller, R. L., Hubacek, K., & Wieland, H. (2021). Global patterns of ecologically unequal exchange: Implications for sustainability in the 21st century. Ecological Economics, 179, 106824. https://doi.org/10.1016/j.ecolecon.2020.106824

Dorr, A., Heckl, E., & Hosner, D. (2021). Ein-Personen-Unternehmen (EPU) in Österreich 2020 – Schwerpunkt Regionalität und Nachhaltigkeit [Unveröffentliche Studie im Auftrag der Wirtschaftskammer Österreich]. KMU Forschung Austria.

Dosi, G., Arcangeli, F., David, P., Engelman, F., Freeman, C., Moggi, M., Nelson, R., Orsenigo, L., & Rosenberg, N. (1988). Sources, Procedures, and Microeconomic Effects of Innovation. Journal of Economic Literature, 26(3), 1120–1171.

Dreidemy, L., & Knierzinger, J. (2021). Der „New Scramble for Africa" aus europäischer Sicht: Eine Krise der Chain Governance wie in den 1970er Jahren? (Working Paper Nr. 14). Institut für Internationale Entwicklung. https://ie.univie.ac.at/fileadmin/user_upload/p_ie/INSTITUT/Publikationen/IE_Publications/ieWorkingPaper/ieWP_14_Knierzinger_Dreidemy_final.pdf

Drok, N., & Hermans, L. (2016). Is there a future for slow journalism?: The perspective of younger users. Journalism Practice, 10(4), 539–554. https://doi.org/10.1080/17512786.2015.1102604

Druckman, A., & Jackson, T. (2009). The carbon footprint of UK households 1990–2004: A socio-economically disaggregated, quasi-multi-regional input-output model. Ecological Economics, 68(7), 2066–2077.

Du, M. (2021). Voluntary Ecolabels in International Trade Law: A Case Study of the EU Ecolabel. Journal of Environmental Law, 33(1), 167–193. https://doi.org/10.1093/jel/eqaa022

Duan, Y., Ji, T., & Yu, T. (2021). Reassessing pollution haven effect in global value chains. Journal of Cleaner Production, 284, 124705. https://doi.org/10.1016/j.jclepro.2020.124705

Dugan, A., Mayer, J., Thaller, A., Bachner, G., & Steininger, K. W. (2022). Developing policy packages for low-carbon passenger transport: A mixed methods analysis of trade-offs and synergies. Ecological Economics, 193, 107304. https://doi.org/10.1016/j.ecolecon.2021.107304

Dusyk, N., Axsen, J., & Dullemond, K. (2018). Who cares about climate change? The mass media and socio-political acceptance of Canada's oil sands and Northern Gateway Pipeline. Energy Research & Social Science, 37, 12–21. https://doi.org/10.1016/j.erss.2017.07.005

EASAC. (2019). Decarbonisation of transport: Options and challenges (European Academies' Science Advisory Council, Ed.). German National Academy of Sciences Leopoldina.

Eberhardt, P. (2020). Klagen ohne Scham: Die Profiteure der Pandemie. Blätter für deutsche und internationale Politik, 11, 29–32.

Ebinger, F., Stieß, I., Schultz, I., Ankele, K., Buchert, M., Jenseit, W., Fürst, H., Schmitz, M., & Steinfeld, M. (2001). Leitfaden für die Wohnungswirtschaft. Projektverbund Nachhaltiges Sanieren im Bestand.

Edenhofer, O., Flachsland, C., Kalkuhl, M., Knopf, B., & Pahle, M. (2019). Optionen für eine CO2-Preisreform (Working Paper

No. 04/2019). Arbeitspapier. https://www.econstor.eu/handle/10419/201374

Eder, J., & Schneider, E. (2018). Progressive Industrial Policy – A Remedy for Europe!? Journal Für Entwicklungspolitik, 34(3/4), 108–142. https://doi.org/10.20446/JEP-2414-3197-34-3-108

Edquist, C., Zabala-Iturriagagoitia, J. M., Buchinger, E., & Whyles, G. (2018). Mutual Learning Exercise: MLE on Innovation-related Procurement.

Eicke, L., Weko, S., Apergi, M., & Marian, A. (2021). Pulling up the carbon ladder? Decarbonization, dependence, and third-country risks from the European carbon border adjustment mechanism. Energy Research & Social Science, 80. https://doi.org/10.1016/j.erss.2021.102240

Einig, K. (2011). Koordination infrastruktureller Fachplanungen durch die Raumordnung. Forschungs- und Sitzungsberichte der ARL 235, 24.

Eisenmenger, N., Plank, B., Milota, E., & Gierlinger, S. (2020). Ressourcennutzung in Österreich 2020. Band 3. Bundesministerium für Klimaschutz, Umwelt, Energie, Mobilität, Innovation und Technologie (BMK). https://www.bmk.gv.at/dam/jcr:37bda35d-bf65-4230-bd51-64370feb5096/RENU20_LF_DE_web.pdf

Eisenstein, C. (2011). Sacred economics: Money, gift, and society in the age of transition. North Atlantic Books.

Eisenstein, C. (2021). Sacred Economics, Revised. North Atlantic Books. https://www.penguinrandomhouse.com/books/659305/sacred-economics-revised-by-charles-eisenstein/

Elkana, Y., & Klöpper, H. (2012). Die Universität im 21. Jahrhundert: Für eine neue Einheit von Lehre, Forschung und Gesellschaft. Edition Körber.

Elsasser, S. W., & Dunlap, R. E. (2013). Leading Voices in the Denier Choir: Conservative Columnists' Dismissal of Global Warming and Denigration of Climate Science. American Behavioral Scientist, 57(6), 754–776. https://doi.org/10.1177/0002764212469800

Emberger, G. (1999). Interdisziplinäre Betrachtung der Auswirkungen verkehrlicher Maßnahmen auf sozioökonomische Systeme.

Energieinstitut Vorarlberg. (2020). Klimarelevanz der Materialwahl bei Wohnbauten in Vorarlberg. https://www.energieinstitut.at/wp-content/uploads/2020/10/2020_KliMat-Studie-Vorarlberg_Projektbericht.pdf

Ennöckl, D. (2020). Wie kann das Recht das Klima schützen? Österreichische Juristen-Zeitung, 41(7), 302–309.

Ennöckl, D. (2021). Kurzstudie „Möglichkeiten einer verfassungsrechtlichen Verankerung eines Grundrechts auf Klimaschutz" (III-365 der Beilagen XXVII. GP; S. 33). Parlament Österreich. https://www.parlament.gv.at/PAKT/VHG/XXVII/III/III_00365/imfname_987168.pdf

Ennöckl, D., & Painz, B. (2004). Gewährt die EMRK ein Recht auf Umweltschutz? juridikum, 4, 163–169.

Enthoven, L., & Van den Broeck, G. (2021). Local food systems: Reviewing two decades of research. Agricultural systems, 193, 103226. https://doi.org/10.1016/j.agsy.2021.103226

Epstein, Y., & Schoukens, H. (2021). A positivist approach to rights of nature in the European Union. Journal of Human Rights and the Environment, 12(2), 205–227. https://doi.org/10.4337/jhre.2021.02.03

Ermann, U., Langthaler, E., Penker, M., & Schermer, M. (2018). Agro-Food Studies: Eine Einführung. (1. Aufl.). Böhlau Verlag.

Ertl, K. (2010). Der Beitrag der Raumordnung im Umgang mit dem Klimawandel unter besonderer Berücksichtigung der Situation in Bayern. Fachgebiet Raumordnung und Landesplanung der Univ. Augsburg.

Europäische Kommission. (2016). Flash Eurobarometer 441: European SMEs and the Circular Economy. Europäische Kommission.

Europäische Kommission. (2019a). Der europäische Grüne Deal. https://eur-lex.europa.eu/resource.html?uri=cellar:b828d165-1c22-11ea-8c1f-01aa75ed71a1.0021.02/DOC_1&format=PDF

Europäische Kommission. (2019b). Fahrplan Green Deal – konkrete Maßnahmen. Aktionsplan. https://eur-lex.europa.eu/legal-content/DE/TXT/?qid=1596443911913&uri=CELEX:52019DC0640#document2

Europäische Kommission. (2019c). Masterplan for a Competitive Transformation of EU Energy-intensive Industries Enabling a Climate-neutral, Circular Economy by 2050. Publications Office of the European Union. https://doi.org/10.2873/723505

Europäische Kommission. (2019d). The European Green Deal, Communication from the Commission, COM(2019) 640 final, Brussels.

Europäische Kommission. (2020a). Circular Economy Action Plan. Publications Office of the European Union. https://ec.europa.eu/environment/strategy/circular-economy-action-plan_de

Europäische Kommission. (2020b). Communication from the Commission to the European Parliament, the Council, the European Economic and Social Committee and the Committee of the Regions. A Farm to Fork Strategy. 381 final. https://ec.europa.eu/food/horizontal-topics/farm-fork-strategy_de

Europäische Kommission. (2020c). Europäische Industriestrategie. https://eur-lex.europa.eu/legal-content/DE/TXT/PDF/?uri=CELEX:52020DC0102&from=DE

Europäische Kommission. (2020d). Strategie für nachhaltige und intelligente Mobilität: Den Verkehr in Europa auf Zukunftskurs bringen. https://eur-lex.europa.eu/resource.html?uri=cellar:5e601657-3b06-11eb-b27b-01aa75ed71a1.0003.02/DOC_1&format=PDF

Europäische Kommission. (2021). Updating the 2020 New Industrial Strategy: Building a stronger Single Market for Europe's recovery. https://ec.europa.eu/info/sites/default/files/communication-industrial-strategy-update-2020_en.pdf

Europäische Kommission. (2022). Proposal for a Directive on corporate sustainability due diligence. https://ec.europa.eu/info/publications/proposal-directive-corporate-sustainable-due-diligence-and-annex_en

European Commission. (2021). Commission Notice Technical guidance on the climate proofing of infrastructure in the period 2021–2027.

European Environment Agency. (2019). More national climate policies expected, but how effective are the existing ones? Publications Office. https://data.europa.eu/doi/10.2800/241300

European Insurance and Occupational Pensions Authority, E. (2019). 2019 Institutions for Occupational Retirement Provision (IORPs) Stress Test Report (EIOPA-19/673; Nummer EIOPA-19/673). EIOPA. https://www.eiopa.europa.eu/sites/default/files/financial_stability/occupational_pensions_stress_test/2019/eiopa_2019-iorp-stress-test-report.pdf

Exner, A., & Kratzwald, B. (2021). Solidarische Ökonomie & Commons. Mandelbaum.

Faktencheck Green Finance. (2019). Klima- und Energiefonds. https://faktencheck-energiewende.at/faktencheck/green-finance/

FEC (Foundational Economy Collective) (2020). What comes after the Pandemic? A Ten-Point Platform for Foundational Renewal.

FEC. (2018). Foundational Economy: The infrastructure of everyday life. Manchester University Press.

Feigl, G., & Vrtikapa, K. (2021). Budget- und Steuerpolitik klimasozial umbauen. In Die Armutskonferenz, Attac, & Beigewum (Hrsg.), Klimasoziale Politik: Eine gerechte und emissionsfreie Gesellschaft gestalten (S. 195–206). bahoe books.

Fekete, C., & Weyers, S. (2016). Soziale Ungleichheit im Ernährungsverhalten: Befundlage, Ursachen und Interventionen. Bundesgesundheitsblatt, Gesundheitsforschung, Gesundheitsschutz, 59(2), 197–205. https://doi.org/10.1007/s00103-015-2279-2

Felber, C. (2018). Die Gemeinwohl-Ökonomie. Deuticke Verlag. https://www.hanser-literaturverlage.de/buch/die-gemeinwohl-oekonomie/978-3-552-06385-3/

Figerl, J., Tamesberger, D., & Theurl, S. (2021). Umverteilung von Arbeit(-szeit). Eine (Netto)Kostenschätzung für ein staatlich gefördertes Arbeitszeitverkürzungsmodell. Momentum Quarterly – Zeitschrift für sozialen Fortschritt, 10(1), 1–65. https://doi.org/10.15203/momentumquarterly.vol10.no1.p3-19

Fischer, K., Reiner, C., & Staritz, C. (2021). Globale Warenketten und Produktionsnetzwerke: Konzepte, Kritik, Weiterentwicklungen. In K. Fischer, C. Reiner, & C. Staritz (Hrsg.), Globale Warenketten und ungleiche Entwicklung: Arbeit, Kapazität, Konsum, Natur (1. Auflage, S. 33–50). Mandelbaum Verlag.

Fischer-Kowalski, Marina, und Karl-Heinz Erb. 2016. "Core Concepts and Heuristics". S. 29–61 in Social Ecology: Society-Nature Relations across Time and Space, herausgegeben von H. Haberl, M. Fischer-Kowalski, F. Krausmann, und V. Winiwarter. Cham: Springer International Publishing.

Fischer-Lescano, A. (2020). Nature as a Legal Person: Proxy Constellations in Law. Law & Literature, 32(2), 237–262. https://doi.org/10.1080/1535685X.2020.1763596

Fitz, J., & Ennöckl, D. (2019). Klimaschutzrecht. In D. Ennöckl, N. Raschauer, & W. Wessely (Hrsg.), Handbuch Umweltrecht (3. Aufl., S. 757–801). Facultas.

Follmer, R., Gruschwitz, D., Kleudgen, M., Kiatipis, Z. A., Blome, A., Josef, F., Gensasz, S., Körber, K., Kasper, S., Herry, M., Steinacher, I., Tomschy, R., Gruber, C., Röschel, G., Sammer, G., Beyer Bartana, I., Klementschitz, R., Raser, E., Riegler, S., & Roider, O. (2016). Ergebnisbericht zur österreichweiten Mobilitätserhebung „Österreich unterwegs 2013/2014" (p. 340). Bundesministerium für Verkehr, Innovation und Technologie.

FORBA (Forschungs- und Beratungsstelle Arbeitswelt) & AK (Arbeiterkammer) (2021). Arbeitszeiten im Fokus – Daten, Gestaltung, Bedarfe. https://www.forba.at/wp-content/uploads/2021/01/210129_AK-Arbeitszeiten_im_Fokus2021.pdf

Forchtner, B. (2019). Articulations of climate change by the Austrian far right: A discourse-historical perspective on what is "allegedly manmade". In R. Wodak & P. Bevelander (Hrsg.), "Europe at the Cross-road": Confronting Populist, Nationalist and Global Challenges (S. 159–179). Nordic Academic Press.

Forchtner, B., Kroneder, A., & Wetzel, D. (2018). Being Skeptical? Exploring Far-Right Climate-Change Communication in Germany. Environmental Communication, 12(5), 589–604. https://doi.org/10.1080/17524032.2018.1470546

Foster, John Bellamy. 1999. "Marx's Theory of Metabolic Rift". American Journal of Sociology 105(2):366–405. https://doi.org/10.1086/210315.

Franck, E., Fleischhauer, M., Frommer, B., & Büscher, D. (2013). Klimaanpassung durch strategische Regionalplanung? In Raumentwicklung im Klimawandel – Herausforderungen für die räumliche Planung. Forschungsbericht der ARL Hannover.

Frantzeskaki, N., & Loorbach, D. (2010). Towards governing infrasystem transitions: Reinforcing lock-in or facilitating change? Technological Forecasting and Social Change, 77, 1292–1301. https://doi.org/10.1016/j.techfore.2010.05.004

Fraser, N. (2014). Can society be commodities all the way down? Post-Polanyian reflections on capitalist crisis. Economy and Society, 43(4), 541–558. https://doi.org/10.1080/03085147.2014.898822

Frayne, D. (2016). Stepping outside the circle: The ecological promise of shorter working hours. Green Letters, 20(2), 197–212. https://doi.org/10.1080/14688417.2016.1160793

Freeman, C., & Perez, C. (2000). Structural crises of adjustment, business cycles and investment behavior. In Technology, Organizations and Innovation: Theories, concepts and paradigms (Bd. 2, S. 871). Taylor & Francis.

Friedlingstein, P., Jones, M. W., O'Sullivan, et al. (2021) Global Carbon Budget 2021. Earth Syst. Sci. Data Discuss., 2021, 1–191. https://essd.copernicus.org/preprints/essd-2021-386/essd-2021-386.pdf

Friedman, S. M. (2015). The Changing Face of Environmental Journalism in The United States. In The Routledge Handbook Of Environment And Communication. Routledge. https://doi.org/10.4324/9781315887586.ch11

Friesenecker, M., & Kazepov, Y. (2021). Housing Vienna: The Socio-Spatial Effects of Inclusionary and Exclusionary Mechanisms of Housing Provision. Social Inclusion, 9(2), 77–90.

Fritz, M., & Koch, M. (2019). Public Support for Sustainable Welfare Compared: Links between Attitudes towards Climate and Welfare Policies. Sustainability, 11(15), Article 15. https://doi.org/10.3390/su11154146

Frommeyer, L. (2020, Januar 10). Debatte über Radfahrprämie: Drahtesel? Goldesel! Der Spiegel. https://www.spiegel.de/auto/radfahrpraemie-statt-pendlerpauschale-drahtesel-goldesel-a-e2a1196f-8840-4f7c-8ea9-3023518db391

Froud, J., & Williams, K. 2019. "Social Licensing for the Common Good". Renewal. Abgerufen 4. Mai 2021. https://renewal.org.uk/social-licensing-for-the-common-good/

Fuchs, C. (2017). Die Kritik der Politischen Ökonomie der Medien/Kommunikation: Ein hochaktueller Ansatz. Publizistik, 62(3), 255–272. https://doi.org/10.1007/s11616-017-0341-9

Fuchs, C. (2020). Kommunikation und Kapitalismus: Eine kritische Theorie. UVK Verlag.

Fuchs, C., & Mosco, V. (2012). Introduction: Marx is Back – The Importance of Marxist Theory and Research for Critical Communication Studies Today. TripleC: Communication, Capitalism & Critique. Open Access Journal for a Global Sustainable Information Society, 10(2), 127–140. https://doi.org/10.31269/triplec.v10i2.421

Future Earth. (2014). Future earth 2025 vision. https://futureearth.org/wp-content/uploads/2019/09/future-earth_10-year-vision_web.pdf

Gallagher, K. P., & Kozul-Wright, R. (2019). A New Multilateralism for Shared Prosperity: Geneva Principles for a Global Green New Deal, Boston University Global Development Center/UNCTAD. https://unctad.org/system/files/official-document/gp_ggnd_2019_en.pdf

Gavin, N. T. (2018). Media definitely do matter: Brexit, immigration, climate change and beyond. The British Journal of Politics and International Relations, 20(4), 827–845. https://doi.org/10.1177/1369148118799260

Geels, F. (2014). Regime Resistance against Low-Carbon Transitions: Introducing Politics and Power into the Multi-Level Perspective. Theory, Culture and Society, 31(5), 21–40.

Georgescu-Roegen, N. (1971). The Entropy Law and the Economic Process. In The Entropy Law and the Economic Process. Harvard University Press. https://doi.org/10.4159/harvard.9780674281653

Gibson, T. A. (2017). Economic, Technological, and Organizational Factors Influencing News Coverage of Climate Change. In T. A. Gibson, Oxford Research Encyclopedia of Climate Science (b). Oxford University Press. https://doi.org/10.1093/acrefore/9780190228620.013.355

Giere, R. N. (2006). Scientific perspectivism. University of Chicago Press.

Giljum, S., Bruckner, M., & Wieland, Hanspeter. (2017). Die Rohstoffnutzung der österreichischen Wirtschaft (Modul 1). Wirtschaftsuniversität Wien.

Global 2000, Greenpeace, & WWF Österreich. (2017). Betreff: Appell der Wirtschaft für Energiewende und Klimaschutz. https://www.global2000.at/sites/global/files/Appell_Brief.pdf

Global 2000. (2021). Wohnbaucheck in den Bundesländern. https://www.global2000.at/wohnbaucheck

Godin, Benoît. 2015. Innovation Contested: The Idea of Innovation Over the Centuries. Routledge.

Goers, S., & Schneider, F. (2019). Austria's Path to a Climate-Friendly Society and Economy – Contributions of an Environmental Tax Reform. Modern Economy, 10(05), 1369–1384. https://doi.org/10.4236/me.2019.105092

Göpel, M. (2016). The Great Mindshift: How a New Economic Paradigm and Sustainability Transformations Go Hand in Hand (Bd. 2). Springer. https://doi.org/10.1007/978-3-319-43766-8

Görg, Christoph. 1999. Gesellschaftliche Naturverhältnisse. Münster: Westfälisches Dampfboot.

Görg, C. (2011). Societal relationships with nature: A dialectical approach to environmental politics. In A. Biro (Hrsg.), Critical Ecologies (S. 43–72). University of Toronto Press.

Gough, I. (2017). Heat, greed and human need: Climate change, capitalism and sustainable wellbeing. Edward Elgar.

Gözet, B. (2020). Eco-Innovation in Austria: EIO Country Profile 2018–2019. Eco-Innovation Observatory.

Grabenwarter, C., & Pabel, K. (2021). Europäische Menschenrechtskonvention (7. Aufl.). C.H. Beck. https://www.beck-elibrary.de/10.17104/9783406759673/europaeische-menschenrechtskonvention

Graeber, D. (2014). Debt: The first 5,000 years (Updated and expanded edition). Melville House.

Greenwalt, D. A. (2016). The Promise of Nuclear Anxieties in Earth Day 1970 and the Problem of Quick-Fix Solutions. Southern Communication Journal, 81(5), 330–345. https://doi.org/10.1080/1041794X.2016.1219386

Griller, S. (2010). Wirtschaftsverfassung und Binnenmarkt. In S. Griller, B. Kneihs, V. Madner, & M. Potacs (Hrsg.), Wirtschaftsverfassung und Binnenmarkt: Festschrift für Heinz-Peter Rill zum 70. Geburtstag (1. Aufl., S. 1–47). Springer.

Grin, John, Jan Rotmans, Johan Schot, Frank W. Geels, und Derk Loorbach. 2011. Transitions to Sustainable Development: New Directions in the Study of Long Term Transformative Change. First issued in paperback. New York London: Routledge.

Großer, E., Jorck, G. von, Kludas, S., Mundt, I., & Sharp, H. (2020). Sozial-ökologische Infrastrukturen – Rahmenbedingungen für Zeitwohlstand und neue Formen von Arbeit. Ökologisches Wirtschaften – Fachzeitschrift, 4, 14–16. https://doi.org/10.14512/OEW350414

Großmann, A., Wolter, M. I., Hinterberger, F., & Püls, L. (2020). Die Auswirkungen von klimapolitischen Maßnahmen auf den österreichischen Arbeitsmarkt. ExpertInnenbericht (GWS Specialists in Empirical Economic Research). GWS. https://downloads.gws-os.com/Gro%c3%9fmannEtAl2020_ExpertInnenbericht.pdf

Gruchy, A. G. (1987). The Reconstruction of Economics: An Analysis of the Fundamentals of Institutional Economics. Greenwood Press.

Grundmann, R., & Scott, M. (2014). Disputed climate science in the media: Do countries matter? Public Understanding of Science, 23(2), 220–235. https://doi.org/10.1177/0963662512467732

Haas, W. (2021). Gesundheit für Alle. In A. Armutskonferenz BEIGEWUM (Hrsg.), Klimasoziale Politik. Eine gerechte und emissionsfreie Gesellschaft gestalten (S. 131–141). bahoe books.

Haas, T., & Sander, H. (2019). DIE EUROPÄISCHE AUTOLOBBY (S. 33). Rosa Luxemburg Stiftung, Brussels Office.

Haberl, H., Fischer-Kowalski, M., Krausmann, F., Martinez-Alier, J., & Winiwarter, V. (2011). A socio-metabolic transition towards sustainability? Challenges for another Great Transformation. Sustainable development, 19(1), 1–14. https://doi.org/10.1002/sd.410

Haberl, Helmut, Marina Fischer-Kowalski, Fridolin Krausmann, und Verena Winiwarter, Hrsg. 2016. Social Ecology: Society-Nature Relations across Time and Space. 1. Aufl. Cham: Springer International Publishing.

Haberl, H., Wiedenhofer, D., Virág, D., Kalt, G., Plank, B., Brockway, P., Fishman, T., Hauknost, D., Krausmann, F., Leon-Gruchalski, B., Mayer, A., Pichler, M., Schaffartzik, A., Sousa, T., Streeck, J., & Creutzig, F. (2020). A systematic review of the evidence on decoupling of GDP, resource use and GHG emissions, part II: synthesizing the insights. Environmental Research Letters, 15(6), 65003. https://doi.org/10.1088/1748-9326/ab842a

Hache, F. (2019a). 50 shades of green: The rise of natural capital markets and sustainable finance. PART I. CARBON [Policy Report]. Green Finance Observatory. https://greenfinanceobservatory.org/2019/03/11/50-shades/

Hache, F. (2019b). 50 Shades of Green Part II: The Fallacy of Environmental Markets (SSRN Scholarly Paper ID 3547414). Social Science Research Network. https://doi.org/10.2139/ssrn.3547414

Hahn, H. (2017). Umwelt- und zukunftsverträgliche Entscheidungsfindung des Staates: Die staatliche Verantwortung für Umweltschutz, dessen Stand bei Interessenkonflikten, die gerechte Durchsetzung mittels gesteuerter Abwägung und das Potential der wissenschaftlichen Politikberatung (S. XXVI, 541 Seiten). Mohr Siebeck.

Hardt, L., Barrett, J., Taylor, P. G., & Foxon, T. J. (2020). Structural Change for a Post-Growth Economy: Investigating the Relationship between Embodied Energy Intensity and Labour Productivity. Sustainability, 12(3), 962. https://doi.org/10.3390/su12030962

Hardt, L., Barrett, J., Taylor, P. G., & Foxon, T. J. (2021). What structural change is needed for a post-growth economy: A framework of analysis and empirical evidence. Ecological Economics, 179. https://doi.org/10.1016/j.ecolecon.2020.106845

Harrison, K. (2019). Lessons from British Columbia's carbon tax. Policy Options. https://policyoptions.irpp.org/magazines/july-2019/lessons-from-british-columbias-carbon-tax/

Hartard, S., Schaffer, A., & Stahmer, C. (2006). Die Halbtagsgesellschaft. Konkrete Utopie für eine zukunftsfähige Gesellschaft. Nomos Verlag.

Harvey, D. (2011). The Future of the Commons. Radical History Review, 109, 101–107. https://doi.org/10.1215/01636545-2010-017

Hatje, A. (2009). Wirtschaftsverfassung im Binnenmarkt. In A. von Bogdandy & J. Bast (Hrsg.), Europäisches Verfassungsrecht: Theoretische und dogmatische Grundzüge (2. Aufl., S. 801–853). Springer. https://link.springer.com/book/10.1007/978-3-540-73810-7?page=2#toc

Hausknost, D., & Haas, W. (2019). The Politics of Selection: Towards a Transformative Model of Environmental Innovation. Sustainability, 11(2), 506. https://doi.org/10.3390/su11020506

Hausknost, D., Schriefl, E., Lauk, C., & Kalt, G. (2017). A Transition to Which Bioeconomy? An Exploration of Diverging Techno-Political Choices. Sustainability, 9(4), 669. https://doi.org/10.3390/su9040669

Heinfellner, H., Ibesich, N., Lichtblau, G., Stranner, G., Svehla-Stix, S., Vogel, J., Michael Wedler, & Winter, R. (2019). Sachstandsbericht Mobilität – Mögliche Zielpfade zur Erreichung der Klimaziele 2050 mit dem Zwischenziel 2030 – Kurzfassung.

Heinig, S. (2022). Integrierte Stadtentwicklungsplanung. transcript.

Heitkötter, M., Jurczyk, K., & Lange, A. (Hrsg.). (2009). Zeit für Beziehungen? Zeit und Zeitpolitik für Familien. B. Budrich.

Helmers, E. (2015). Die Modellentwicklung in der deutschen Autoindustrie: Gewicht contra Effizienz (p. 29). Fachbereich Umweltplanung/Umwelttechnik, Umwelt-Campus Birkenfeld der Hochschule Trier.

Herry, M., Sedlacek, N., & Steinacher, I. (2012). Verkehr in Zahlen – Österreich – Ausgabe 2011. Bundesministerium für Verkehr, Innovation und Technologie.

Hickel, J. (2021). Less is More. How Degrowth will save the world. Pinguin Random House. https://www.penguin.co.uk/books/1119823/less-is-more/9781786091215

Hickel, J., & Hallegatte, S. (2021). Can we live within environmental limits and still reduce poverty? Degrowth or decoupling? Development Policy Review, 00, 1–24. https://doi.org/10.1111/dpr.12584

Hickel, J., & Kallis, G. (2020). Is Green Growth Possible? New Political Economy, 24(4), 469–486. https://doi.org/10.1080/13563467.2019.1598964

Hochgerner, J. et al. (2016). Grundlagen zur Entwicklung einer Low Carbon Development Strategy in Österreich: Synthesereport. Wien.

Hockett, R. C. (2019). Finance without Financiers. Politics & Society, 47(4), 491–527. https://doi.org/10.1177/0032329219882190

Hodgson, G. M. (1989). Economics and institutions – A manifesto for a modern institutional economics. Polity Press.

Hoffmann, M., & Paulsen, R. (2020). Resolving the "jobs-environment-dilemma"? The case for critiques of work in sustainability research. Environmental Sociology, 6(4), 343–354. https://doi.org/10.1080/23251042.2020.1790718

Hoffmann, M., & Spash, C. L. (2021). The impacts of climate change mitigation on work for the Austrian economy (Social-ecological Research in Economics (SRE) Discussion Paper 10/2021). http://www-sre.wu.ac.at/sre-disc/sre-disc-2021_10.pdf

Höflehner, T., Simic, D., & Siebenbrunner, A. (2019). No Shot in the Dark – Factors for a Successful Implementation of Collaborative Housing Projects. Turisztikai és Vidékfejlesztési Tanulmányok. https://doi.org/10.15170/TVT.2019.04.ksz1-2.5

Hofmeister, S., & Mölders, T. (Hrsg.). (2021). Für Natur sorgen? Dilemmata feministischer Positionierungen zwischen Sorge- und Herrschaftsverhältnissen. Verlag Barbara Budrich. https://doi.org/10.3224/84742424

Högelsberger, H., & Maneka, D. (2020). Konversion der österreichischen Auto(zuliefer)industrie: Perspektiven für einen sozial-ökologischen Umbau. In A. Brunnengräber & T. Haas (Hrsg.), Baustelle Elektromobilität: Sozialwissenschaftliche Perspektiven auf die Transformation der (Auto-)Mobilität (S. 409–439). transcript.

Holmberg, K., & Hellsten, I. (2016). Twitter Campaigns Around the Fifth IPCC Report: Campaign Spreading, Shared Hashtags, and Separate Communities. SAGE Open, 6(3), 215824401665911. https://doi.org/10.1177/2158244016659117

Holmes, D., & Star, C. (2018). Climate Change Communication in Australia: The Politics, Mainstream Media and Fossil Fuel Industry Nexus. In W. Leal Filho, E. Manolas, A. M. Azul, U. M. Azeiteiro, & H. McGhie (Hrsg.), Handbook of Climate Change Communication: Vol. 1 (S. 151–170). Springer International Publishing. https://doi.org/10.1007/978-3-319-69838-0_10

Horlings, L. G., & Marsden, T. K. (2011). Towards the real green revolution? Exploring the conceptual dimensions of a new ecological modernisation of agriculture that could "feed the world". Global Environmental Change, 21(2), 441–452. https://doi.org/10.1016/j.gloenvcha.2011.01.004

Hörtenhuber, S. J., Lindenthal, T., Amon, B., Markut, T., Kirner, L., & Zollitsch, W. (2010). Greenhouse gas emissions from selected Austrian dairy production systems – Model calculations considering the effects of land use change. Renewable Agriculture and Food Systems, 25(4), 316–329. https://doi.org/10.1017/S1742170510000025

Hörtenhuber, S. J., Theurl, M. C., & Möller, K. (2019). Comparison of the environmental performance of different treatment scenarios for the main phosphorus recycling sources. Renewable Agriculture and Food Systems, 34(4), 349–362. https://doi.org/10.1017/S1742170517000515

Horvath, T. (2014). Klimaschutz und Kompetenzverteilung. Jan Sramek. https://www.jan-sramek-verlag.at/Buchdetails.399.1.html?buchID=187&cHash=ddfb8ab13e

Howaldt, J. u. a. (2017). Towards a General Theory and Typology of Social Innovation, SI-DRIVE Deliverable 1.6. TU Dortmund.

Howarth, C., & Anderson, A. (2019). Increasing Local Salience of Climate Change: The Un-tapped Impact of the Media-science Interface. Environmental Communication, 13(6), 713–722. https://doi.org/10.1080/17524032.2019.1611615

Hugé, J., Block, T., Waas, T., Wright, T., & Dahdouh-Guebas, F. (2016). How to walk the talk? Developing actions for sustainability in academic research. Journal of Cleaner Production, 137, 83–92. https://doi.org/10.1016/j.jclepro.2016.07.010

Humer, S., Lechinger, V., & Six, E. (2021). Ökosoziale Steuerreform: Aufkommens- und Verteilungswirkungen. In Working Paper Reihe der AK Wien – Materialien zu Wirtschaft und Gesellschaft (Nr. 207; Working Paper Reihe Der AK Wien – Materialien Zu Wirtschaft Und Gesellschaft). Kammer für Arbeiter und Angestellte für Wien.

IEA. (2021). Net Zero by 2050 – A Roadmap for the Global Energy Sector. International Energy Agency (IEA). https://www.iea.org/reports/net-zero-by-2050

IIBW, Umweltbundesamt. (2020). Definition und Messung der thermisch-energetischen Sanierungsrate in Österreich.

ILO (International Labour Organization) (2015). Guidelines for a just transition towards environmentally sustainable economies and societies for all. ILO – International Labour Organization.

Imdorf, C., Leemann, R. J., & Gonon, P. (Hrsg.). (2019). Bildung und Konventionen: Die „Economie des conventions" in der Bildungsforschung. Springer Fachmedien Wiesbaden. https://doi.org/10.1007/978-3-658-23301-3

International Commission on the Futures of Education. (2021). Progress update of the international commission on the futures of education. https://unesdoc.unesco.org/ark:/48223/pf0000375746/

International Institute for Sustainable Development. (2021). Investor-State Disputes in the Fossil Fuel Industry (IISD Report). https://www.iisd.org/system/files/2022-01/investor%E2%80%93state-disputes-fossil-fuel-industry.pdf

IPCC. (2018). Global Warming of 1,5 C. Summary for Policymakers.

IPCC. (2022a): Summary for Policymakers [H.-O. Pörtner, D.C. Roberts, E.S. Poloczanska, K. Mintenbeck, M. Tignor, A. Alegría, M. Craig, S. Langsdorf, S. Löschke, V. Möller, A. Okem (eds.)]. In: Climate Change 2022: Impacts, Adaptation, and Vulnerability. Contribution of Working Group II to the Sixth Assessment Report of the Intergovernmental Panel on Climate Change [H.-O. Pörtner, D.C. Roberts, M. Tignor, E.S. Poloczanska, K. Mintenbeck, A. Alegría, M. Craig, S. Langsdorf, S. Löschke, V. Möller, A. Okem, B. Rama (eds.)]. Cambridge University Press, Cambridge, UK and New York, NY, USA, pp. 3-33, https://doi.org/10.1017/9781009325844.001

IPCC. (2022b). "Summary for Policymakers". in Climate Change 2022: Mitigation of Climate Change. Contribution of Working Group III to the Sixth Assessment Report of the Intergovernmental Panel on Climate Change, herausgegeben von P. R. Shukla, J. Skea, R. Slade, A. A. Khourdajie, R. van Diemen, D. McCollum, M. Pathak, S. Some, P. Vyas, R. Fradera, M. Belkacemi, A. Hasija, G. Lisboa, S. Luz, und J. Malley. Cambridge: Cambridge University Press.

IPES. (2016). From uniformity to diversity: A paradigm shift from industrial agriculture to diversified agroecological systems. International Panel of Experts on Sustainable Food Systems. https://ipes-food.org/_img/upload/files/UniformityToDiversity_FULL.pdf

IPES. (2019). Towords a common food policy for the European Union. The policy reform and realignment that is required to build sustainable food systems in Europe. International Panel of Experts on Sustainable Food Systems. https://ipes-food.org/_img/upload/files/CFP_FullReport.pdf

IRENA, & ILO (2021). Renewable Energy and Jobs – Annual Review 2021. International Renewable Energy Agency, International Labour Organization. https://www.irena.org/publications/2021/Oct/Renewable-Energy-and-Jobs-Annual-Review-2021

ISW (2019). ISW-Betriebsrätebefragung 2019. Institut für Sozial- und Wirtschaftswissenschaften. https://www.isw-linz.at/forschung/isw-betriebsraetebefragung-2019

Ivanova, D., Barrett, J., Wiedenhofer, D., Macura, B., Callaghan, M., & Creutzig, F. (2020). Quantifying the potential for climate change mitigation of consumption options. Environmental Research Letters, 15(9), 093001. https://doi.org/10.1088/1748-9326/ab8589

Ivanova, D., Vita, G., Wood, R., Lausselet, C., Dumitru, A., Krause, K., Macsinga, I., & Hertwich, E. G. (2018). Carbon mitigation in domains of high consumer lock-in. Global Environmental Change, 52, 117–130. https://doi.org/10.1016/j.gloenvcha.2018.06.006

Jackson, P., Rivera Ferre, M. G., Candel, J., Davies, A., Derani, C., de Vries, H., Dragović-Uzelac, V., Hoel, A. H., Holm, L., Mathijs, E., Morone, P., Penker, M., Śpiewak, R., Termeer, K., & Thøgersen, J. (2021). Food as a commodity, human right or common good. Nature Food, 2, 132–134. https://doi.org/10.1038/s43016-021-00245-5

Jacobi, N., Haas, W., Wiedenhofer, D., & Mayer, A. (2018). Providing an economy-wide monitoring framework for the circular economy in Austria: Status quo and challenges. Resources, Conservation and Recycling, 137, 156–166. https://doi.org/10.1016/j.resconrec.2018.05.022

Jäger, J. (2020). Hoffnungsträger Green Finance? Kurswechsel, 4, 91–96.

Jäger, J., & Schmidt, L. (2020). The Global Political Economy of Green Finance: A Regulationist Perspective. Journal Für Entwicklungspolitik, 36(4), 31–50. https://doi.org/10.20446/JEP-2414-3197-36-4-31

Jakob, M. (2021). Why carbon leakage matters and what can be done against it. One Earth, 4(5), 609–614. https://doi.org/10.1016/j.oneear.2021.04.010

Jakob, M., & Marschinski, R. (2013). Interpreting trade-related CO2 emission transfers. Nature Climate Change, 3(1), 19–23. https://doi.org/10.1038/nclimate1630

Jalas, M., & Juntunen, J. K. (2015). Energy intensive lifestyles: Time use, the activity patterns of consumers, and related energy demands in Finland. Ecological Economics, 113, 51–59. https://doi.org/10.1016/j.ecolecon.2015.02.016

Janser, M. (2018). The greening of jobs in Germany: First evidence from a text mining based index and employment register data (Nr. 14; IAB Discussion Paper). IAB. https://www.greengrowthknowledge.org/sites/default/files/uploads/Markus%20Janser%20%E2%80%93%20The%20greening%20of%20jobs%20in%20Germany_0.pdf

Jany, A. (2019). Experiment Wohnbau: Die partizipative Architektur des Modell Steiermark. Jovis.

Joly, P.-B. (2017). Beyond the Competitiveness Framework? Models of Innovation Revisited. Journal of Innovation Economics and Management, 22(1), 79–96.

Jones, Roger, A. Patwardhan, S. Cohen, S. Dessai, A. Lammel, R. Lempert, M. M. Q. Mirza, und H. von Storch. 2014. "Foundations for Decision Making". S. 195–228 in Climate Change 2014: Impacts, Adaptation, and Vulnerability. Part A: Global and Sectoral Aspects. Working Group II contribution to the Fifth Assessment Report of the Intergovernmental Panel on Climate Change, herausgegeben von C. B. Field, V. Barros, D. J. Dokken, K. J. Mach, M. D. Mastrandrea, T. E. Bilir, M. Chatterjee, K. L. Ebi, Y. O. Estrada, R. C. Genova, B. Girma, E. S. Kissel, A. Levy, S. MacCracken, P. R. Mastrandrea, und L. L. White. New York: Cambridge University Press.

Kääpä, P. (2020). Environmental management of the media: Policy, industry, practice (1. Aufl.). Routledge.

Kadi, J. (2015). Recommodifying Housing in Formerly "Red" Vienna? Housing, Theory and Society, 32(3), 247–265.

Kadi, J., Banabak, S., & Plank, L. (2020). Die Rückkehr der Wohnungsfrage. 3.

Kahl, W. (2021). Klimaschutz und Grundrechte. JURA – Juristische Ausbildung, 43(2), 117–129. https://doi.org/10.1515/jura-2020-2727

Kahle, J., Jahn, S., Lang, D. J., Vogt, M., Weber, C. F., Lütke-Spatz, L., & Winkler, J. (2018). Nachhaltigkeit in der Hochschulforschung (Betaversion). BMBF-Projekt „Nachhaltigkeit an Hochschulen: entwickeln – vernetzen – berichten (HOCHN)". https://www.hochn.uni-hamburg.de/-downloads/handlungsfelder/forschung/hoch-n-leitfaden-nachhaltigkeit-in-der-hochschulforschung.pdf

Kaiser, J., & Rhomberg, M. (2016). Questioning the Doubt: Climate Skepticism in German Newspaper Reporting on COP17. Environmental Communication, 10(5), 556–574. https://doi.org/10.1080/17524032.2015.1050435

Kakkos, E., Heisel, F., Hebel, D. E., & Hischier, R. (2020). Towards Urban Mining – Estimating the Potential Environmental Benefits by Applying an Alternative Construction Practice. A Case Study from Switzerland. Sustainability, 12(12), 5041. https://doi.org/10.3390/su12125041

Kallis, G., Kerschner, C., & Martinez-Alier, J. (2012). The economics of degrowth. Ecological Economics, 84, 172–180. https://doi.org/10.1016/j.ecolecon.2012.08.017

Kallis, G., Kostakis, V., Lange, S., Muraca, B., Paulson, S., & Schmelzer, M. (2018). Research On Degrowth. Annual Review of Environment and Resources, 43(1), 291–316. https://doi.org/10.1146/annurev-environ-102017-025941

Kaltenbrunner, A. (2021). Scheinbar transparent. Inserate und Presseförderung der österreichischen Bundesregierung. delta X.

Kaltenbrunner, R., & Schnur, O. (2014). Kommodifizierung der Quartiersentwicklung. Zur Vermarktung neuer Wohnquartiere als Lifestyle-Produkte. Informationen zur Raumentwicklung, 2014(4), 373.

Kannengießer, S. (2020a). Fair media technologies: Innovative media devices for social change and the good life. The Journal of Media Innovations, 6(1), 38–49.

Kannengießer, S. (2020b). Nachhaltigkeit und das „gute Leben". Publizistik, 65(1), 7–20. https://doi.org/10.1007/s11616-019-00536-9

Kannengießer, S. (2021). Media Reception, Media Effects and Media Practices in Sustainability Communication: State of Research and Research Gaps. In F. Weder, L. Krainer, & M. Karmasin (Hrsg.), The Sustainability Communication Reader (S. 323–338). Springer Fachmedien Wiesbaden. https://doi.org/10.1007/978-3-658-31883-3_18

Kanonier, A. (2019). Studie Stärkung der Stadt- und Ortskerne in den Landesmaterien. In Österreichische Raumordnungskonferenz (Hrsg.), Stärkung von Orts- und Stadtkernen in Österreich – Materialienband (Bd. 205, S. 82–126). Geschäftsstelle der Österreichischen Raumordnungskonferenz (ÖROK).

Kanonier, A., & Schindelegger, A. (2018a). Kompetenzverteilung und Planungsebenen. In Raumordnung in Österreich und Bezüge zur Raumenwicklung und Regionalpolitik (Bd. 202).

Kanonier, A., & Schindelegger, A. (2018b). Planungsinstrumente. In Österreichische Raumordnungskonferenz (Hrsg.), Raumordnung in Österreich und Bezüge zur Raumentwicklung und Regionalpolitik (Bd. 202, S. 76–123). Geschäftsstelle der Österreichischen Raumordnungskonferenz (ÖROK).

Kanton Zürich, R. (2012). Energieplanungsbericht 2012. Amt für Abfall, Wasser, Energie und Luft (AWEL), Abteilung Energie, 8090 Zürich. n.a.

Kattel, R., Mazzucato, M. (2018). Mission-oriented innovation policy and dynamic capabilities in the public sector. Industrial and Corporate Change, 27(5), 787–801.

Kauffman, C. M., & Martin, P. L. (2021). The Politics of Rights of Nature: Strategies for Building a More Sustainable Future. MIT Press.

Kaufman, N., Barron, A. R., Krawczyk, W., Marsters, P., & McJeon, H. (2020). A near-term to net zero alternative to the social cost of carbon for setting carbon prices. Nature Climate Change, 10(11), 1010–1014. https://doi.org/10.1038/s41558-020-0880-3

Keil, A. K. (2021). Just Transition Strategies for the Austrian and German Automotive Industry in the Course of Vehicle Electrification. Materialien zu Wirtschaft und Gesellschaft, 213.

Kelton, S. (2019). The Deficit Myth – Modern Monetary Theory and the Birth of the People's Economy. https://www.publicaffairsbooks.com/titles/stephanie-kelton/the-deficit-myth/9781541736184/

Kemp-Benedict, E., & Kartha, S. (2019). Environmental financialization: What could go wrong? Real-World Economics Review, 87, 69–89.

Kettner-Marx, C., Kirchner, M., Kletzan-Slamanig, D., Sommer, M., Kratena, K., Weishaar, S. E., & Burgers, I. (2018). CATs – Options and Considerations for a Carbon Tax in Austria. Policy Brief. WIFO. https://www.wifo.ac.at/jart/prj3/wifo/resources/person_dokument/person_dokument.jart?publikationsid=60998&mime_type=application/pdf

Keynes, J. M. (1936). The General Theory of Employment, Interest and Money. Palgrave Macmillan.

Keyßer, L. T., & Lenzen, M. (2021). 1.5 °C degrowth scenarios suggest the need for new mitigation pathways. Nature Communications, 12(1), 2676. https://doi.org/10.1038/s41467-021-22884-9

Kiefer, M. L. (2011). Die schwierige Finanzierung des Journalismus. Medien & Kommunikationswissenschaft, 59(1), 5–22. https://doi.org/10.5771/1615-634x-2011-1-5

Kiesnere, A. L., & Baumgartner, R. J. (2019). Sustainability Management in Practice: Organizational Change for Sustainability in Smaller Large-Sized Companies in Austria. Sustainability, 11(3), 572. https://doi.org/10.3390/su11030572

Kirchengast, G., & Steininger, K. (2020). Wegener Center Statement 9.10.2020 – Ein Update zu Ref-NEKP der Wissenschaft: Treibhausgasbudget für Österreich auf dem Weg zur Klimaneutralität 2040 (Wegener Center für Klima und Globalen Wandel, Universität Graz, Hrsg.). Wegener Center für Klima und Globalen Wandel Universität Graz. https://wegcwww.uni-graz.at/publ/downloads/RefNEKP-TreibhausgasbudgetUpdate_WEGC-Statement_Okt2020.pdf

Kirchengast, G., Kromp-Kolb, H., Steininger, K., Stagl, S., Kirchner, M., Ambach, C., Grohs, J., Gutsohn, A., Peisker, J., Strunk, B., & (KIOES), C. for I. E. S. (2019). Referenzplan als Grundlage für einen wissenschaftlich fundierten und mit den Pariser Klimazielen in Einklang stehenden Nationalen Energie- und Klimaplan für Österreich (Ref-NEKP) Gesamtband (S. 204). Verlag der Österreichischen Akademie der Wissenschaften. https://epub.oeaw.ac.at/8497-3

Kirchner, M. (2018). Mögliche Auswirkungen der Digitalisierung auf Umwelt und Energieverbrauch. WIFO-Monatsberichte, 91, 899–908.

Kirchner, M., Sommer, M., Kratena, K., Kletzan-Slamanig, D., & Kettner-Marx, C. (2019). CO2 taxes, equity and the double dividend – Macroeconomic model simulations for Austria. Energy Policy, 126, 295–314. https://doi.org/10.1016/j.enpol.2018.11.030

Kirilenko, A. P., & Stepchenkova, S. O. (2014). Public microblogging on climate change: One year of Twitter worldwide. Global Environmental Change, 26, 171–182. https://doi.org/10.1016/j.gloenvcha.2014.02.008

Kivimaa, Paula, Senja Laakso, Annika Lonkila, und Minna Kaljonen. 2021. "Moving beyond Disruptive Innovation: A Review of Disruption in Sustainability Transitions". Environmental Innovation and Societal Transitions 38:110–126.

Kläy, A., Zimmermann, A. B., & Schneider, F. (2015). Rethinking science for sustainable development: Reflexive interaction for a paradigm transformation. Futures, 65, 72–85. https://doi.org/10.1016/j.futures.2014.10.012

Kletzan-Slamanig, D., & Köppl, A. (2016a). Subventionen und Steuern mit Umweltrelevanz in den Bereichen Energie und Verkehr (S. 99). Österreichisches Institut für Wirtschaftsforschung. https://www.wifo.ac.at/jart/prj3/wifo/main.jart?content-id=1454619331110&publikation_id=58641&detail-view=yes

Knight, K. W., Rosa, E. A., & Schor, J. B. (2013). Could working less reduce pressures on the environment? A cross-national panel analysis of OECD countries, 1970–2007. Global Environmental Change, 23(4), 691–700. https://doi.org/10.1016/j.gloenvcha.2013.02.017

Knobloch, U. (Hrsg.). (2019). Ökonomie des Versorgens: Feministisch-kritische Wirtschaftstheorien im deutschsprachigen Raum (1. Auflage). Beltz Juventa.

Knoche, M. (2014). Befreiung von kapitalistischen Geschäftsmodellen Entkapitalisierung von Journalismus und Kommunikationswissenschaft aus Sicht einer Kritik der politischen Ökonomie der Medien. In F. Lobigs, & G. von Nordheim, Journalismus ist kein Geschäftsmodell Aktuelle Studien zur Ökonomie und Nicht-Ökonomie des Journalismus (S. 241–266). Nomos Verlag.

Knoflacher, H. (2007). Grundlagen der Verkehrs- und Siedlungsplanung. Böhlau Verlag.

Koch, A. (2020). Wohnen in der Stadt Salzburg. Zum Verhältnis der Wohnung als Ware und dem Wohnen als soziale Infrastruktur. Salzburger Jahrbuch für Politik, 232–269.

Koch, M., & Fritz, M. (2014). Building the Eco-social State: Do Welfare Regimes Matter? Journal of Social Policy, 43(4), 679–703. https://doi.org/10.1017/S004727941400035X

Kofler, J., Kaufmann, J., & Kaufmann, P. (2021). Wirkungsmonitoring der FFG Förderungen 2020: Unternehmen und Forschungseinrichtungen. KMU Forschung Austria.

Kohl, K., & Hopkins, C. (2021). A whole-institution approach towards sustainability: A crucial aspect of higher education's individual and collective engagement with the SDGs and beyond. International Journal of Sustainability in Higher Education, ahead-of-print(ahead-of-print). https://doi.org/10.1108/IJSHE-10-2020-0398

Köhler, J. (2012). A comparison of the neo-Schumpeterian theory of Kondratiev waves and the multi-level perspective on transitions. Environmental Innovation and Societal Transitions, 3, 1–15. https://doi.org/10.1016/j.eist.2012.04.001

Köhler, J., Geels, F. W., Kern, F., Markard, J., Onsongo, E., Wieczorek, A., Alkemade, F., Avelino, F., Bergek, A., Boons, F., Fünfschilling, L., Hess, D., Holtz, G., Hyysalo, S., Jenkins, K., Kivimaa, P., Martiskainen, M., McMeekin, A., Mühlemeier, M. S., … Wells, P. (2019). An agenda for sustainability transitions research: State of the art and future directions. Environmental Innovation and Societal Transitions, 31, 1–32. https://doi.org/10.1016/j.eist.2019.01.004

ILA Kollektiv, Thomas Kopp, Ulrich Brand, und Markus Wissen. 2017. Auf Kosten anderer? : Wie die imperiale Lebensweise ein gutes Leben für alle verhindert / I.L.A. Kollektiv. München: oekom.

Köppl, A., & Schleicher, S. (2019). Material Use: The Next Challenge to Climate Policy. Intereconomics, 54(6), 338–341. https://doi.org/10.1007/s10272-019-0850-z

Köppl, A., & Schratzenstaller, M. (2015). Das österreichische Abgabensystem – Status Quo. Österreichisches Institut für Wirtschaftsforschung.

Köppl, A., & Schratzenstaller, M. (2019). Ein Abgabensystem, das (Erwerbs-)Arbeit fördert. In I. Seidl & A. Zahrnt (Hrsg.), Tätigsein in der Postwachstumsgesellschaft (S. 207–225). Metropolis.

Köppl, A., & Schratzenstaller, M. (2021). Effects of Environmental and Carbon Taxation. A Literature Review. WIFO Working Papers.

Korhonen, J., Honkasalo, A., & Seppälä, J. (2018). Circular Economy: The Concept and its Limitations. Ecological Economics, 143, 37–46. https://doi.org/10.1016/j.ecolecon.2017.06.041

Koteyko, N. (2012). Managing carbon emissions: A discursive presentation of "market-driven sustainability" in the British media. Language & Communication, 32(1), 24–35. https://doi.org/10.1016/j.langcom.2011.11.001

Krajewski, M. (2021). Wirtschaftsvölkerrecht (5. Aufl.). C.F. Müller. https://www.beck-shop.de/krajewski-start-rechtsgebiet-wirtschaftsvoelkerrecht/product/32420624

Kral, U., Fellner, J., Heuss-Aßbichler, S., Müller, F., Laner, D., Simoni, M. U., Rechberger, H., Weber, L., Wellmer, F.-W., & Winterstetter, A. (2018). Vorratsklassifikation von anthropogenen Ressourcen: Historischer Kontext, Kurzvorstellung und Ausblick. https://www.researchgate.net/publication/

328465894_Vorratsklassifikation_von_anthropogenen_Ressourcen_Historischer_Kontext_Kurzvorstellung_und_Ausblick

Krebs, D., Klinger, R., Gailhofer, P., & Scherf, C.-S. (2020). Von der menschenrechtlichen zur umweltbezogenen Sorgfaltspflicht. Aspekte zur Integration von Umweltbelangen in ein Gesetz für globale Wertschöpfungsketten (Teilbericht im Auftrag des Umweltbundesamtes Nr. 49). Umweltbundesamt. https://www.umweltbundesamt.de/sites/default/files/medien/1410/publikationen/2020-03-10_texte_49-2020_sorgfaltspflicht.pdf

Krenek, A., Sommer, M., & Schratzenstaller, M. (2018). Sustainability-oriented Future EU Funding: A European border carbon adjustment (FairTax Working Paper No. 15; S. 31). Austrian Institute of Economic Research. http://umu.diva-portal.org/smash/get/diva2:1178081/FULLTEXT01.pdf

Krisch, A., Novy, A., Plank, L., Schmidt, A. E., & Blaas, W. (2020). Die Leistungsträgerinnen des Alltagslebens. Covid-19 als Brennglas für die notwendige Neubewertung von Wirtschaft, Arbeit und Leistung. The Foundational Economy Collective. https://foundationaleconomy.com/

Krömer, M. (2021). Mit Recht gegen das Rechtsschutzdefizit im Klimaschutz. Nachhaltigkeitsrecht, 1(2), 178–184. https://doi.org/10.33196/nr202102017801

Kropp, C. (2017). Infrastrukturen als Gemeinschaftswerk. In Nachhaltige Stadtentwicklung: Infrastrukturen, Akteure, Diskurse (Bd. 22). Campus Verlag.

Kropp, C., Ley, A., Ottenburger, S. S., & Ufer, U. (2021). Making intelligent cities in Europe climate-neutral – About the necessity to integrate technical and socio-cultural innovations. TATup, 30(1), 11–16.

Krüger, U. (2021). Geburtshelfer für öko-soziale Innovationen: Konstruktiver Journalismus als Entwicklungskommunikation für westlich-kapitalistische Gesellschaften in der Krise. In N. S. Borchers, S. Güney, U. Krüger, & K. Schamberger (Hrsg.), Transformation der Medien – Medien der Transformation. Verhandlungen des Netzwerks Kritische Kommunikationswissenschaft (S. 358–380). Westend sowie Universität Leipzig.

Kube, V., & Petersmann, E.-U. (2018). Human Rights Law in International Investment Arbitration. In A. Gattini, A. Tanzi, & F. Fontanelli (Hrsg.), General Principles of Law and International Investment Arbitration (1. Aufl., Bd. 12, S. 221–268). Brill, Nijhoff. https://brill.com/view/book/edcoll/9789004368385/BP000016.xml

Kubon-Gilke, G. (2019). Soziale Sicherung in der Postwachstumsgesellschaft. In I. Seidl & A. Zahrnt (Hrsg.), Tätigsein in der Postwachstumsgesellschaft (S. 193–206). Metropolis.

Kuhl, M., Maier, F., & Mill, H., T. (2011). The gender dimensions of the green new deal – A study commissioned by the Greens/EFA. https://www.greens-efa.eu/en/article/document/the-gender-dimensions-of-the-green-new-deal

Kuittinen, H., Polt, W., Weber, K.M. (2018). Mission Europe? A revival of mission-oriented policy in the European Union. in RFTE – Council for Research and Technology Development (ed.), RE:THINKING EUROPE. Positions on Shaping an Idea (191–207). Holzhausen, Vienna.

Kulmer, V., Kernitzkyi, M., Köberl, J., & Niederl, A. (2015). Global Value Chains: Implications for the Austrian economy (Nr. R189). Joanneum Research Policies – Zentrum für Wirtschafts- und Innovationsforschung. https://www.fiw.ac.at/fileadmin/Documents/Publikationen/Studien_2014/03_Kulmer%20et%20al_FIW-Research%20Report.pdf

Kunz, C., & Wagnsonner, T. (2021). Globale Lieferketten, globale Rechte? Herausforderungen der Absicherung globaler Lieferketten mittels Due Diligence (Sorgfaltspflichten) von Unternehmen in internationalen Liefer- und Produktionsketten [Beitrag beim Momentum Kongress Arbeit]. https://www.momentum-kongress.org/system/files/congress_files/2021/herausforderungen-globaler-lieferketten_v1.0_18092021.pdf

Kurzweil, A., Brandl, K., Deweis, M., Erler, P., Vogel, J., Wiesenberger, H., Wolf-Ott, F., & Zechmann, I. (2019). Zwölfter Umweltkontrollbericht – Umweltsituation in Österreich: Vol. REP-0684. Umweltbundesamt GmbH.

van Laak, Dirk. (2020). Infrastrukturen (Dokserver des Zentrums für Zeithistorische Forschung Potsdam e. V.). Versoin 1.0. https://zeitgeschichte-digital.de/doks/frontdoor/deliver/index/docId/2053/file/docupedia_laak_infrastrukturen_v1_de_2020.pdf. https://doi.org/10.14765/ZZF.DOK-2053

Laborde, D., Parent, M., & Smaller, C. (2020). Ending Hunger, Increasing Incomes, and Protecting the Climate: What would it cost donors? (Ceres2030). International Institute for Sustainable Development (IISD) and International Food Policy Research Institute (IFRI). https://hdl.handle.net/1813/72864

Lamb, W. F., Antal, M., Bohnenberger, K., Brand-Correa, L. I., Müller-Hansen, F., Jakob, M., Minx, J. C., Raiser, K., Williams, L., & Sovacool, B. K. (2020). What are the social outcomes of climate policies? A systematic map and review of the ex-post literature. Environmental Research Letters, 15(11), 113006. https://doi.org/10.1088/1748-9326/abc11f

Land Salzburg. (2008). Salzburger Raumordnungsgesetz – ROG 2009. https://www.ris.bka.gv.at/GeltendeFassung.wxe?Abfrage=LrSbg&Gesetzesnummer=20000615

Land Tirol. (2016). Raumordnungsgesetz 2016 – TROG 2016. https://www.ris.bka.gv.at/GeltendeFassung.wxe?Abfrage=LrT&Gesetzesnummer=20000647

Landesmann, M., & Stöllinger, R. (2020). The European Union's Industrial Policy: What are the Main Challenges? (Nr. 36; wiiw Policy Notes). The Vienna Institute for International Economic Studies, wiiw. https://wiiw.ac.at/the-european-union-s-industrial-policy-what-are-the-main-challenges-dlp-5211.pdf

Lang, R., & Stoeger, H. (2018). The role of the local institutional context in understanding collaborative housing models: Empirical evidence from Austria. International Journal of Housing Policy, 18(1), 35–54. https://doi.org/10.1080/19491247.2016.1265265

Latour, B. (2019). Eine neue Soziologie für eine neue Gesellschaft: Einführung in die Akteur-Netzwerk-Theorie (G. Roßler, Übers.; 5. Auflage). Suhrkamp.

Latsch, A., Anken, T., & Hasselmann, F. (2013). Energieverbrauch der Schweizer Landwirtschaft – Graue Energie schlägt zunehmend zu Buche. Agrarforschung Schweiz, 4(5), 244–247.

Laurent, E. (2014). Inequality as pollution, pollution as inequality: The social-ecological nexus. In Sciences Po publications. Sciences Po. https://ideas.repec.org/p/spo/wpmain/infohdl2441-f6h8764enu2lskk9p4a36i6c0.html

Laurent, E. (2021). From welfare to farewell: The European sociale-cological state beyond economic growth (Working Paper 2021.04.; Nummer Working Paper 2021.04.). European Trade Union Institute (ETUI).

Le Masurier, M. (2016). Slow Journalism: An introduction to a new research paradigm. Journalism Practice, 10(4), 439–447. https://doi.org/10.1080/17512786.2016.1139902

Lechinger, V., & Matzinger, S. (2020). So heizt Österreich. Heizungsarten und Energieträger in österreichischen Haushalten im sozialen Kontext (Nr. 1/2020; Wirtschaftspolitik Standpunkte). Arbeiterkammer Wien.

Lee, J., Hong, Y., Kim, H., Hong, Y., & Lee, W. (2013). Trends in Reports on Climate Change in 2009–2011in the Korean Press Based on Daily Newspapers' Ownership Structure. Journal of Preventive Medicine & Public Health, 46(2), 105–110. https://doi.org/10.3961/jpmph.2013.46.2.105

Lehotský, L., Černoch, F., Osička, J., & Ocelík, P. (2019). When climate change is missing: Media discourse on coal mining in the Czech Republic. Energy Policy, 129, 774–786. https://doi.org/10.1016/j.enpol.2019.02.065

Leiringer, R., & Cardellino, P. (2011). Schools for the twenty-first century: School design and educational transformation. British Educational Research Journal, 37(6), 915–934. https://doi.org/10.1080/01411926.2010.508512

Lent, J. (2017). The Patterning Instinct: A History of Humanity's Search for Meaning. Prometheus Books. https://www.jeremylent.com/the-patterning-instinct.html

Lent, J. R. (2021). The Web of Meaning: Integrating Science and Traditional Wisdom to Find Our Place In the Universe. Profile Books Ltd. https://www.jeremylent.com/the-web-of-meaning.html

Lewis, T. L. (2000). Media Representations of "Sustainable Development": Sustaining the Status Quo? Science Communication, 21(3), 244–273. https://doi.org/10.1177/1075547000021003003

Lindström, H., Lundberg, S., & Marklund, P.-O. (2020). How Green Public Procurement can drive conversion of farmland: An empirical analysis of an organic food policy. Ecological Economics, 172, 106622. https://doi.org/10.1016/j.ecolecon.2020.106622

Litschauer, K., Grabner, D., & Smet, K. (2021). Wohnen: Inklusiv, leistbar, emissionsfrei. In Klimasoziale Politik. Eine gerechte und emissionsfreie Zukunft gestalten. bahoe books.

Littig, B. (2017). Umweltschutz und Gewerkschaften – eine langsame, aber stetige Annäherung. In U. Brand & K. Niedermoser (Hrsg.), Gewerkschaften und die Gestaltung einer sozial-ökologischen Gesellschaft (S. 195–204). ÖGB Verlag.

Littig, B., & Spitzer, M. (2011). Arbeit neu. Erweiterte Arbeitskonzepte im Vergleich [Arbeitspapier 229 der Hans-Böckler-Stiftung]. Hans-Böckler-Stiftung. https://www.boeckler.de/pdf/p_arbp_229.pdf

Littig, B., Barth, T., & Jochum, G. (2018). Nachhaltige Arbeit ist mehr als green jobs. ArbeitnehmerInnenvertretungen und die sozial-ökologische Transformation der gegenwärtigen Arbeitsgesellschaft. WISO – Wirtschafts- und sozialpolitische Zeitschrift, 41(4), 63–77.

Lohs, A. (2020). (Post-)Wachstum in der Tagesschau? Eine Untersuchung der Berichterstattung der Nachrichtensendung Tagesschau über Wirtschaftswachstum vor dem Hintergrund der (Post-)Wachstumsdebatte. In U. Roos (Hrsg.), Nachhaltigkeit, Postwachstum, Transformation (S. 241–268). Springer Fachmedien Wiesbaden. https://doi.org/10.1007/978-3-658-29973-6_9

Lörcher, I., & Neverla, I. (2015). The Dynamics of Issue Attention in Online Communication on Climate Change. Media and Communication, 3(1), 17–33. https://doi.org/10.17645/mac.v3i1.253

Lundin, N., Schwaag-Serger, S. (2018). Agenda 2030 and A Transformative Innovation Policy Conceptualizing and experimenting with transformative changes towards sustainability, Working Paper 2018-01.KTH, Stockholm.

Lyytimäki, J., Kangas, H.-L., Mervaala, E., & Vikström, S. (2020). Muted by a Crisis? COVID-19 and the Long-Term Evolution of Climate Change Newspaper Coverage. Sustainability, 12(20), 8575. https://doi.org/10.3390/su12208575

MacGregor, Sherilyn. 2021. "Making Matter Great Again? Ecofeminism, New Materialism and the Everyday Turn in Environmental Politics". Environmental Politics 30(1–2):41–60. https://doi.org/10.1080/09644016.2020.1846954.

MacNeill, T., & Vibert, A. (2019). Universal Basic Income and the Natural Environment: Theory and Policy. Basic Income Studies, 14(1), Article 1. http://dx.doi.org/10.1515/bis-2018-0026

Madner, V. (2005a). Das Subsidiaritätsprinzip angewendet auf das Modell des österreichischen Föderalismus. Welche Ebene soll worüber entscheiden? In D. Graf & F. Breiner (Hrsg.), Projekt Österreich: In welcher Verfassung ist die Republik? (S. 72–82).

Madner, V. (2005b). Europäisches Umweltrecht. In Institut für Umweltrecht & Österreichischer Wasser- und Abfallwirtschaftsverband (Hrsg.), Jahrbuch des österreichischen und europäischen Umweltrechts 2005 (1. Aufl., Bd. 16, S. 1–21). Wien.

Madner, V. (2007). Umsetzung und Anwendung des europäischen Umweltrechts in Österreich. Eine Bestandsaufnahme. In A. Wagner & V. Wedl (Hrsg.), Bilanz und Perspektiven zum europäischen Recht. Eine Nachdenkschrift anlässlich 50 Jahre Römische Verträge (1. Aufl., S. 385–401). ÖGB Verlag.

Madner, V. (2010). Wirtschaftsverfassung und Bundesstaat – Staatliche Kompetenzverteilung und Gemeinschaftsrecht. In S. Griller, B. Kneihs, V. Madner, & M. Potacs (Hrsg.), Wirtschaftsverfassung und Binnenmarkt: Festschrift für Heinz-Peter Rill zum 70. Geburtstag (1. Aufl., S. 137–159). Springer.

Madner, V. (2015a). Europäisches Klimaschutzrecht. Vom Zusammentreffen von „alten" und „neuen" Instrumenten im Umweltrecht. Zeitschrift für Verwaltung, 30(1a), 201–209.

Madner, V. (2022). Europäisierung der Wirtschaftsverfassung. In M. Holoubek, A. Kahl, & S. Schwarzer (Hrsg.), Wirtschaftsverfassungsrecht (1. Aufl.). Verlag Österreich. https://shop.lexisnexis.at/wirtschaftsverfassungsrecht-9783704688507.html

Madner, V., & Grob, L.-M. (2019). Maßnahmen zur Stärkung von Orts- und Stadtkernen auf Bundesebene (Nr. 205; ÖROK-Schriftenreihe, S. 41–80). https://www.oerok.gv.at/fileadmin/user_upload/Bilder/2.Reiter-Raum_u._Region/1.OEREK/OEREK_2011/PS_Orts_Stadtkerne/Studie_Massnahmen_auf_Bundesebene_Schriftenreihe_205.pdf

Maechler, S., & Graz, J.-C. (2020). Is the sky or the earth the limit? Risk, uncertainty and nature. Review of International Political Economy, 0(0), 1–22. https://doi.org/10.1080/09692290.2020.1831573

Malerba, F., & Orsenigo, L. (1995). Schumpeterian patterns of innovation. Cambridge Journal of Economics, 19(1). https://doi.org/10.1093/oxfordjournals.cje.a035308

Malkiel, B. G. (2003). The Efficient Market Hypothesis and Its Critics. Journal of Economic Perspectives, 17(1), 59–82. https://doi.org/10.1257/089533003321164958

Malm, A. (2013). The Origins of Fossil Capital: From Water to Steam in the British Cotton Industry*. Historical Materialism, 21(1), 15–68. https://doi.org/10.1163/1569206X-12341279

Malm, A. (2016). Fossil Capital: The Rise of Steam Power and the Roots of Global Warming. Verso.

Maloumian, N. (2022). Unaccounted forms of complexity: A path away from the efficient market hypothesis paradigm. Social Sciences & Humanities Open, 5(1), 100244. https://doi.org/10.1016/j.ssaho.2021.100244

Markard, J., Geels, F. W., & Raven, R. (2020). Challenges in the acceleration of sustainability transitions. Environmental Research Letters, 15(8), 081001. https://doi.org/10.1088/1748-9326/ab9468

Martens, K., Nagel, A.-K., Windzio, M., & Weymann, A. (Hrsg.). (2010). Transformation of education policy. Palgrave Macmillan UK.

Mayer, J., Dugan, A., Bachner, G., & Steininger, K. W. (2021). Is carbon pricing regressive? Insights from a recursive-dynamic CGE analysis with heterogeneous households for Austria. Energy Economics. https://doi.org/10.1016/j.eneco.2021.105661

Mayr, S. (2018). Rechtsfragen der Rekommunalisierung: Wirtschaftsverfassung, Binnenmarkt, Freihandel (Bd. 183). Verlag Österreich. https://elibrary.verlagoesterreich.at/book/99.105005/9783704681720

Mayrhofer, J., & Wiese, K. (2020). Escaping the growth and jobs treadmill: A new policy agenda for postcoronavirus Europe. https://eeb.org/wp-content/uploads/2020/11/EEB-REPORT-JOBTREADMILL.pdf

Mayrhuber, E. A.-S., Dückers, M. L. A., Wallner, P., Arnberger, A., Allex, B., Wiesböck, L., Wanka, A., Kolland, F., Eder, R., Hutter, H.-P., & Kutalek, R. (2018). Vulnerability to heatwaves and implications for public health interventions – A scoping review. Environmental Research, 166, 42–54. https://doi.org/10.1016/j.envres.2018.05.021

Mazzucato, M. (2014). The entrepreneurial state: Debunking public vs. private sector myths (Revised edition). Anthem Press.

McKnight, D. (2010a). Rupert Murdoch's News Corporation: A Media Institution with A Mission. Historical Journal of Film, Radio and Television, 30(3), 303–316. https://doi.org/10.1080/01439685.2010.505021

McKnight, D. (2010b). A change in the climate? The journalism of opinion at News Corporation. Journalism, 11(6), 693–706. https://doi.org/10.1177/1464884910379704

McNeill, John Robert. 2000. Something New under the Sun: An Environmental History of the Twentieth-Century World. London: Lane, The Penguin Press.

McNeill, John Robert, und Peter Engelke. 2016. The Great Acceleration. An Environmental History of the Anthropocene since 1945. Cambridge, Massachusetts, London, England: The Belknap Press of Harvard University Press.

Meadows, D. H., Meadows, D. L., Randers, J., & Behrens, W. B. I. (1972). The Limits to Growth. Club of Rome. Universe Books.

Mechler, Reinhard, und Jeroen Aerts. 2014. "Managing unnatural disaster risk from climate extremes". 725–53.

Meier, W. A. (2012). Öffentlich und staatlich finanzierte Medien aus schweizerischer Sicht. In O. Jarren, M. Künzler, & M. Puppis (Hrsg.), Medienwandel oder Medienkrise? (S. 127–145). Nomos Verlagsgesellschaft mbH & Co. KG. https://doi.org/10.5771/9783845236735-127

Meinhart, B., Gabelberger, F., Sinabell, F., & Streicher, G. (2022). Transformation und „Just Transition" in Österreich. Österreichisches Institut für Wirtschaftsforschung. https://www.wifo.ac.at/jart/prj3/wifo/resources/person_dokument/person_dokument.jart?publikationsid=68029&mime_type=application/pdf

Mellor, M. (2019). Democratizing Finance or Democratizing Money? Politics & Society, 47(4), 635–650. https://doi.org/10.1177/0032329219878992

Meyer, L., & Steininger, K. (2017). Das Treibhausgas-Budget für Österreich (Wissenschaftlicher Bericht Nr. 72–2017). https://wegcwww.uni-graz.at/publ/wegcreports/2017/WCV-WissBer-Nr72-LMeyerKSteininger-Okt2017.pdf

Meyer, I., Sommer, M., & Kratena, K. (2018). Energy Scenarios 2050 for Austria [WIFO Studies]. WIFO. https://econpapers.repec.org/bookchap/wfowstudy/61089.htm

Millward-Hopkins, Joel, Julia K. Steinberger, Narasimha D. Rao, und Yannick Oswald. 2020. "Providing decent living with minimum energy: A global scenario". Global Environmental Change 65:102168. doi: https://doi.org/10.1016/j.gloenvcha.2020.102168.

Mitterer, K. (2011). Der aufgabenorientierte Gemeinde-Finanzausgleich. Diskussionspapier zum Österreichischen Städtetag 2011 Arbeitskreis Aufgabenorientierung im Finanzausgleich (KDZ Zentrum für Verwaltungsforschung, Hrsg.). https://www.kdz.eu/de/wissen/studien/der-aufgabenorientierte-gemeinde-finanzausgleich

Mitterer, K., & Pichler, D. (2020). FINANZAUSGLEICH KOMPAKT Fact Sheets 2020 zum Finanzausgleich mit Fokus auf Gemeinden.

Mitterer, K., Bröthaler, J., Getzner, M., & Kramar, H. (2016). Zur Berücksichtigung regionaler Versorgungsfunktionen in einem aufgabenorientierten Finanzausgleich Österreichs (S. 45–65).

Möhrs, K., Forster, F., Kumnig, S., Rauth, L., & members of SoliLA Collective. (2013). The politics of land and food in cities in the North: Reclaiming urban agriculture and the struggle Solidarisch Landwirtschaften! (SoliLa!) in Austria. In Land concentration, land grabbing and people's struggles in Europe (S. 96–127). Transnational Institute (TNI) for European Coordination Via Compesina and Heads off the Land network. https://www.semanticscholar.org/paper/The-politics-of-land-and-food-in-cities-in-the-and-M%C3%B6hrs-Forster/67d7feba301d28cae08aa78fb4a2550010f1e9c5

Monasterolo, I. (2020). Embedding Finance in the Macroeconomics of Climate Change: Research Challenges and Opportunities Ahead. CESifo Forum, 21(4), 25–32.

Müller, T., & Wimmer, N. (2018). Wirtschaftsrecht: International – Europäisch – National (3. Aufl.). Verlag Österreich.

Muñoz, P., Zwick, S., & Mirzabaev, A. (2020). The impact of urbanization on Austria's carbon footprint. Journal of Cleaner Production, 263, 121326. https://doi.org/10.1016/j.jclepro.2020.121326

Nabernegg, S. (2021). Emission distribution and incidence of national mitigation policies among households in Austria (Graz Economics Paper Nr. 2021–12). University of Graz, Department of Economics. https://econpapers.repec.org/paper/grzwpaper/2021-12.htm

Nabernegg, S., Steininger, K. W., Lackner, T., (2023). Consumption- and production-based emissions: Updates for Austria, June 2023. Wegener Center Scientific Report 100-2023, Wegener Center Verlag, University of Graz, Austria.

Nash, S. L., & Steurer, R. (2019). Taking stock of Climate Change Acts in Europe: Living policy processes or symbolic gestures? Climate Policy, 19(8), 1052–1065. https://doi.org/10.1080/14693062.2019.1623164

Nature. (2020). Ending hunger: Science must stop neglecting smallholder farmers. Nature, 586, 336. https://doi.org/10.1038/d41586-020-02849-6

Neumayer, E. (2017). Greening Trade and Investment: Environmental Protection Without Protectionism. Routledge. https://doi.org/10.4324/9781315093383

Neverla, I. (2020). Der mediatisierte Klimawandel. Wie Wissenschaft Klimawandel kommuniziert, Journalismus Klimawandel (re-)konstruiert, und Online-Kommunikation Proteste mobilisiert. In M. Reisigl (Hrsg.), Klima in der Krise – Kontroversen, Widersprüche und Herausforderungen in Diskursen über Klimawandel (S. 139–165). Universitätsverlag Rhein-Ruhr.

Neverla, I., & Trümper, S. (2012). Journalisten und das Thema Klimawandel: Typik und Probleme der journalistischen Konstruktionen von Klimawandel. In I. Neverla & M. S. Schäfer (Hrsg.), Das Medien-Klima (S. 95–118). VS Verlag für Sozialwissenschaften. https://doi.org/10.1007/978-3-531-94217-9_5

Neverla, I., Taddicken, M., Lörcher, I., & Hoppe, I. (Hrsg.). (2019). Klimawandel im Kopf: Studien zur Wirkung, Aneignung und Online-Kommunikation. Springer Fachmedien Wiesbaden. https://doi.org/10.1007/978-3-658-22145-4

New Economics Foundation. (2010). The Great Transition. A tale how it turned out right. New Economics Foundation. https://neweconomics.org/uploads/files/d28ebb6d4df943cdc9_oum6b1kwv.pdf

Newman, T. P. (2017). Tracking the release of IPCC AR5 on Twitter: Users, comments, and sources following the release of the Working Group I Summary for Policymakers. Public Understanding of Science, 26(7), 815–825. https://doi.org/10.1177/0963662516628477

NGFS. (2021). A call for action. Climate change as a source of financial risk. Network for Greening the Financial System. https://www.mainstreamingclimate.org/publication/ngfs-a-call-for-action-climate-change-as-a-source-of-financial-risk/

Niederhuber, M. (2016). Erweiterte Beschwerderechte für Projektgegner: Anmerkungen zum Präklusionsurteil des EuGH C-137/14, Kommission/Deutschland. Österreichische Zeitschrift für Wirtschaftsrecht, 2, 72–77.

Niedermoser, K. (2017a). Gewerkschaften und die ökologische Frage – historische Entwicklungen und aktuelle Herausforderungen. In U. Brand & K. Niedermoser (Hrsg.), Gewerkschaften und die Gestaltung einer sozial-ökologischen Gesellschaft. ÖGB Verlag.

Niedertscheider, M., Haas, W., & Görg, C. (2018). Austrian climate policies and GHG-emissions since 1990: What is the role of climate policy integration? Environmental Science & Policy, 81, 10–17. https://doi.org/10.1016/j.envsci.2017.12.007

Niggli, U. (2021). Alle satt? Ernährung sichern für 10 Milliarden Menschen (2.). Residenz Verlag.

Nischwitz, G., Bartelt, A., Kaczmarek, M., Steuwer, S., & Institut für ökologische Wirtschaftsforschung (IÖW). (2018). Lobbyverflechtungen in der deutschen Landwirtschaft. Beratungswesen, Kammern, Agorbusiness. Naturschutzbund Deutschland e. V. (NABU). https://www.ioew.de/publikation/lobbyverflechtungen_in_der_deutschen_landwirtschaft

Novy, A. (2019). Transformative social innovation, critical realism and the good life for all. In Social Innovation as Political Transformation. Thoughts For A Better World. (S. 122–127). Edward Elgar.

Novy, A. (2020). The political trilemma of contemporary social-ecological transformation – lessons from Karl Polanyi's The Great Transformation. Globalizations, 0(0), 1–22. https://doi.org/10.1080/14747731.2020.1850073

Næss, P. (2016). Built environment, causality and urban planning. Planning Theory & Practice, 17(1), 52–71. https://doi.org/10.1080/14649357.2015.1127994

O'Brien, K. (2012). Global environmental change II: From adaptation to deliberate transformation. Progress in Human Geography, 36(5), 667–676. https://doi.org/10.1177/0309132511425767

O'Connor, J. R. (1998). Natural Causes: Essays in Ecological Marxism. Guilford Press.

OECD (2018). OECD Reviews of National Innovation Policy: Austria. Organisation for Economic Cooperation and Development, Paris.

OECD (2019). OECD Skills Studies Supporting Entrepreneurship and Innovation in Higher Education in Austria. Organisation for Economic Cooperation and Development, Paris.

OECD (2021). The design and implementation of mission-oriented innovation policies. Organisation for Economic Cooperation and Development, Paris.

OECD-WTO. (2015). Trade in value added: Austria. https://www.oecd.org/sti/ind/tiva/CN_2015_Austria.pdf

ÖGB (Österreichischer Gewerkschaftsbund) (2021). Klimapolitik aus ArbeitnehmerInnen-Perspektive. Positionspapier des ÖGB. https://www.oegb.at/themen/klimapolitik/raus-aus-der-klimakrise/oegb-beschliesst-positionspapier-fuer-einen-gerechten-wandel-

Oksala, Johanna. 2018. "Feminism, Capitalism, and Ecology". Hypatia 33(2):216–34. doi: https://doi.org/10.1111/hypa.12395.

Oleschuk, M., Johnston, J., & Baumann, S. (2019). Maintaining Meat: Cultural Repertoires and the Meat Paradox in a Diverse Sociocultural Context. Sociological Forum, 34(2), 337–360. https://doi.org/10.1111/socf.12500

O'Neill, D. W., Fanning, A. L., Lamb, W. F., & Steinberger, J. K. (2018). A good life for all within planetary boundaries. Nature Sustainability, 1(2), 88–95.

ÖROK. (2017). ÖROK EMPFEHLUNG NR. 56 „Flächensparen, Flächenmanagement & aktive Bodenpolitik".

Österreichische Raumordnungskonferenz. (2021). ÖREK 2030 Österreichisches Raumentwicklungskonzept Raum für Wandel.

Österreichische Universitätenkonferenz. (2020). Uniko-Manifest für Nachhaltigkeit. https://uniko.ac.at/modules/download.php?key=21707_DE_O&f=1&jt=7906&cs=02F6

Otto, A., & Gugushvili, D. (2020). Eco-Social Divides in Europe: Public Attitudes towards Welfare and Climate Change Policies. Sustainability, 12(1), Article 1. https://doi.org/10.3390/su12010404

ÖVP, & Grüne. (2020). Regierungsprogramm 2020–2024.

Paciarotti, C., & Torregiani, F. (2021). The logistics of the short food supply chain: A literature review. Sustainable Production and Consumption, 26(ISSN: 2352-5509), 442. https://doi.org/10.1016/j.spc.2020.10.002

Paech, N. (2012). Befreiung vom Überfluss: Auf dem Weg in die Postwachstumsökonomie. Oekom Verlag.

Pahle, M., Tietjen, O., Osorio, S., Egli, F., Steffen, B., Schmidt, T. S., & Edenhofer, O. (2022). Safeguarding the energy transition against political backlash to carbon markets. Nature Energy, 1–7. https://doi.org/10.1038/s41560-022-00984-0

Painter, J., & Gavin, N. T. (2016). Climate Skepticism in British Newspapers, 2007–2011. Environmental Communication, 10(4), 432–452. https://doi.org/10.1080/17524032.2014.995193

Papathoma-Köhle, M., & Fuchs, S. (2020). Vulnerabilität. In T. Glade, M. Mergili, & K. Sattler (Hrsg.), ExtremA 2019: Aktueller Wissensstand zu Extremereignissen alpiner Naturgefahren in Österreich (1. Auflage, S. 677–716). Vandenhoeck & Ruprecht unipress.

Papathoma-Köhle, M., Thaler, T., & Fuchs, S. (2021). An institutional approach to vulnerability: Evidence from natural hazard management in Europe. Environmental Research Letters, 16(4), 044056. https://doi.org/10.1088/1748-9326/abe88c

Paul, H. K., & Gebrial, D. (2021). Climate Justice in a Global Green New Deal. In D. Gebrial & H. K. Paul (Hrsg.), Perspectives on a global green new deal (S. 7–13). Rosa Luxemburg Stiftung London Office. https://red-green-new-deal.eu/perspectives-on-a-global-green-new-deal/

Pearce, W., Holmberg, K., Hellsten, I., & Nerlich, B. (2014). Climate Change on Twitter: Topics, Communities and Conversations about the 2013 IPCC Working Group 1 Report. PLoS ONE, 9(4), e94785. https://doi.org/10.1371/journal.pone.0094785

Pearce, W., Niederer, S., Özkula, S. M., & Sánchez Querubín, N. (2019). The social media life of climate change: Platforms, publics, and future imaginaries. Wiley Interdisciplinary Reviews: Climate Change, 10(2). https://doi.org/10.1002/wcc.569

Pearman, O., Katzung, J., Boykoff, M., Nacu-Schmidt, A., & Church, P. (2020). The state of the planet is broken. Media and Climate Change Observatory Monthly Summary, 48. https://doi.org/10.25810/pb3j-3288

Peel, J., & Osofsky, H. M. (2018). A Rights Turn in Climate Change Litigation? Transnational Environmental Law, 7(1), 37–67. https://doi.org/10.1017/S2047102517000292

Peel, J., Godden, L., & Keenan, R. J. (2012). Climate Change Law in an Era of Multi-Level Governance. Transnational Environmental Law, 1(2), 245–280. https://doi.org/10.1017/S2047102512000052

Peñasco, C., Anadón, L. D., & Verdolini, E. (2021). Systematic review of the outcomes and trade-offs of ten types of decarbonization policy instruments. Nature Climate Change, 11(3), 257–265. https://doi.org/10.1038/s41558-020-00971-x

Pendlerfonds. (o. J.). Abgerufen 24. August 2021, von https://www.mobilitaet.bs.ch/gesamtverkehr/mobilitaetsstrategie/pendlerfonds.html

Pesendorfer, D. (2007). Paradigmenwechsel in der Umweltpolitik: Von den Anfängen der Umwelt zu einer Nachhaltigkeitspolitik: Modellfall Österreich? VS Verlag für Sozialwissenschaften. http://public.ebookcentral.proquest.com/choice/publicfullrecord.aspx?p=750632

Petersen, A. M., Vincent, E. M., & Westerling, A. L. (2019). Discrepancy in scientific authority and media visibility of climate change scientists and contrarians. Nature Communications, 10(1), 3502. https://doi.org/10.1038/s41467-019-09959-4

Petersmann, E.-U. (2020). Economic Disintegration? Political, Economic, and Legal Drivers and the Need for "Greening Embedded Trade Liberalism". Journal of International Economic Law, 23(2), 347–370. https://doi.org/10.1093/jiel/jgaa005

Petschow, U., Lange, S., Hofmann, D., Pissarskoi, E., aus dem Moore, N., Korfhage, T., & Schoofs, A. (2018). Gesellschaftliches Wohlergehen innerhalb planetarer Grenzen. Der Ansatz einer vorsorgeorientierten Postwachstumsposition. Umweltbundesamt. https://www.umweltbundesamt.de/sites/default/files/medien/1410/publikationen/uba_texte_89_2018_vorsorgeorientierte_postwachstumsposition.pdf

Pettifor, A. (2019). The Case for the Green New Deal. Verso.

Pfoser, R. (2014): "Contrarians" – their role in the debate on climate change (global warming) and their influence on the Austrian policy making process. Publizierbarer Endbericht des ACRP-Projekts K10AC1K00051.

Pianta, M., & Lucchese, M. (2020). Rethinking the European Green Deal: An Industrial Policy for a Just Transition in Europe. Review of Radical Political Economics, 52(4), 633–641. https://doi.org/10.1177/0486613420938207

Pianta, S., & Sisco, M. R. (2020). A hot topic in hot times: How media coverage of climate change is affected by temperature abnormalities. Environmental Research Letters, 15(11), 114038. https://doi.org/10.1088/1748-9326/abb732

Pichler, M., Krenmayr, N., Schneider, E., & Brand, U. (2021). EU industrial policy: Between modernization and transformation of the automotive industry. Environmental Innovation and Societal Transitions, 38, 140–152. https://doi.org/10.1016/j.eist.2020.12.002

Pichler, M., Schaffartzik, A., Haberl, H., & Görg, C. (2017). Drivers of Society-Nature Relations in the Anthropocene and Their Implications for Sustainability Transformations. Current Opinion in Environmental Sustainability 26–27:32–36. https://doi.org/10.1016/j.cosust.2017.01.017.

Pichler, P.-P., Jaccard, I. S., Weisz, U., & Weisz, H. (2019). International comparison of health care carbon footprints. Environmental Research Letters, 14(6), 064004. https://doi.org/10.1088/1748-9326/ab19e1

Pickard, V. (2020). Restructuring Democratic Infrastructures: A Policy Approach to the Journalism Crisis. Digital Journalism, 8(6), 704–719. https://doi.org/10.1080/21670811.2020.1733433

Piketty, T. (2014). Capital in the Twenty-First Century. Harvard University Press.

Pirgmaier, Elke, und Julia Steinberger. 2019. "Roots, Riots, and Radical Change – A Road Less Travelled for Ecological Economics". Sustainability 11(7):2001. https://doi.org/10.3390/su11072001.

Plank, C., Haas, W., Schreuer, A., Irshaid, J., Barben, D., & Görg, C. (2021a). Climate policy integration viewed through the stakeholders' eyes: A co-production of knowledge in social-ecological transformation research. Environmental Policy and Governance, 31(4), 387–399. https://doi.org/10.1002/eet.1938

Plank, C., Hafner, R., & Stotten, R. (2020b). Analyzing values-based modes of production and consumption: Community-supported agriculture in the Austrian Third Food Regime. Österreichische Zeitschrift Für Soziologie, 45(1), 49–68. https://doi.org/10.1007/s11614-020-00393-1

Plank, C., Liehr, S., Hummel, D., Wiedenhofer, D., Haberl, H., & Görg, C. (2021b). Doing more with less: Provisioning systems and the transformation of the stock-flow-service nexus. Ecological Economics, 187, 107093. https://doi.org/10.1016/j.ecolecon.2021.107093

Plank, C., Penker, M., & Brunner, K.-M. (2021c). Ernährung klimasozial gestalten. In Die Armutskonferenz, ATTAC, & Beirat für Gesellschafts-, Wirtschafts- und Umweltpolitische Alternativen (Hrsg.), Klimasoziale Politik. Eine gerechte und emissionsfreie Gesellschaft gestalten (1. Auflage). bahoe books. https://permalink.obvsg.at/bok/AC16232174

Plumhans, L.-A. (2021). Operationalizing eco-social policies: A mapping of energy poverty measures in EU member states. Materialien zu Wirtschaft und Gesellschaft Nr. 212.

Pointner, W. (2020). Notenbanken und Green Finance. Kurswechsel, 4, 97–100.

Pointner, W., & Ritzberger-Grünwald, D. (2019). Climate change as a risk to financial stability [In: Financial Stability Report 38, OeNB Oesterreichische Nationalbank]. https://www.oenb.at/Publikationen/Finanzmarkt/Finanzmarktstabilitaetsbericht.html

Polanyi, K. (1944). The great transformation. Farrar & Rinehart.

Polimeni, J.M., Mayumi, K., Giampietro, M., Alcott, B. (2009). The Myth of Resource Efficiency: The Jevons Paradox. Earthscan.

Polt, W., Linshalm, E., & Peneder, M. (2021). Important Projects of CommonEuropean Interest (IPCEI) im Kontext der österreichischen Industrie-, Technologie- und Innovationspolitik (Joanneum Research Policies). JOANNEUM RESEARCH Forschungsgesellschaft mbH; Institut für Wirtschafts- und Innovationsforschung. https://doi.org/10.13140/RG.2.2.15233.12649

ProClim Forum for Climate and Global Change, Swiss Academy of Science. (1997). Research on sustainability and global change – Visions in science policy by Swiss researchers. https://scnat.ch/de/id/Yzz6d

Pürer, H. (2008). Medien und Journalismus zwischen Macht und Verantwortung. Medienimpulse, 64, 10–15.

Raschauer, B., & Ennöckl, D. (2019). Umweltrecht Allgemeiner Teil. In D. Ennöckl, N. Raschauer, & W. Wessely (Hrsg.), Handbuch Umweltrecht (3. Aufl., S. 19–54). Facultas.

Rattay, W., Günsberg, G., Jorisch, D., Treis, M., Stadelmann, M., & Schanda, R. (2020). Consequences of the Paris Agreement and its implementation for the financial sector in Austria (Working Paper No. 2). RiskFinPorto. https://www.anpassung.at/riskfinporto/

Rau, H. (2015). Time use and resource consumption. In International Encyclopedia of the Social and Behavioural Sciences. Elsevier.

Raza, W., Grumiller, J., Grohs, H., Essletzbichler, J., & Pintar, N. (2021b). Post Covid-19 value chains: Options for reshoring production back to Europe in a globalised economy [Study requested by the INTA committee]. European Parliament. Directorate General for External Policies of the Union. https://data.europa.eu/doi/10.2861/118324

Raza, W. G., Grumiller, J., Grohs, H., Madner, V., Mayr, S., & Sauca, I. (2021a). Assessing the Opportunities and Limits of a Regionalization of Economic Activity (Working Paper Reihe der AK Wien – Materialien zu Wirtschaft und Gesellschaft Nr. 215; S. 56). Kammer für Arbeiter und Angestellte für Wien, Abteilung Wirtschaftswissenschaft und Statistik. https://econpapers.repec.org/paper/clrmwugar/215.htm

Rehm, Y. (2021). Measuring and Taxing the Carbon Content of Wealth. Paris School of Economics.

Reinhardt, J., Veith, C., Lempik, J., Knappe, F., Mellwig, P., Giegrich, J., Muchow, N., Schmitz, T., & Vo., I. (2020). Ganzheitliche Bewertung von verschiedenen Dämmstoffalternativen (ifeu-Institut gGmbH und natureplus e.V., gefördert von der Deutschen Bundesstiftung Umwelt und dem Ministerium für Umwelt, Klima und Energiewirtschaft Baden Württemberg).

Reisch, L. A. (2015). Time Policies for a Sustainable Society. Springer International Publishing. http://link.springer.com/10.1007/978-3-319-15198-4

Reisch, L. A., & Bietz, S. (2014). Zeit für Nachhaltigkeit – Zeiten der Transformation: Mit Zeitpolitik gesellschaftliche Veränderungsprozesse steuern. oekom.

Reisigl, M. (2020). Diskurse über Klimawandel – nichts als Geschichten? Ein sprachwissenschaftlicher Blick. In M. Reisigl (Hrsg.), Klima in der Krise – Kontroversen, Widersprüche und Herausforderungen in Diskursen über Klimawandel (S. 39–76). Universitätsverlag Rhein-Ruhr.

Renner, A.-T. (2020). Inefficiencies in a healthcare system with a regulatory split of power: A spatial panel data analysis of avoidable hospitalisations in Austria. The European Journal of Health Economics, 21(1), 85–104. https://doi.org/10.1007/s10198-019-01113-7

Reyes, O. (2020). Change Finance, not the Climate. Transnational Institute (TNI) and the Institute for Policy Studies (IPS). https://www.tni.org/en/changefinance

Rinderspacher, J. P. (1985). Gesellschaft ohne Zeit: Individuelle Zeitverwendung und soziale Organisation der Arbeit. Campus.

Ringhofer, L., & Fischer-Kowalski, M. (2016). Method Précis: Functional Time Use Analysis. In H. Haberl, M. Fischer-Kowalski, F. Krausmann, & V. Winiwarter (Hrsg.), Social Ecology. Society-Nature Relations across Time and Space (Bd. 5, S. 519–522). Springer International Publishing. https://doi.org/10.1007/978-3-319-33326-7_26

Røpke, I. (1999). The dynamics of willingness to consume. Ecological Economics, 28(3), 399–420.

Røpke, I. (2015). Sustainable consumption: Transitions, systems and practices. In J. Martinez-Alier (Hrsg.), Handbook of Ecological Economics (S. 332–359). Edward Elgar Publishing. https://doi.org/10.4337/9781783471416.00018

Rosa, H. (2005). Beschleunigung: Die Veränderung der Zeitstrukturen in der Moderne (1. Aufl). Suhrkamp.

Rosa, H., Paech, N., Habermann, F., Haug, F., Wittmann, F., Kirschenmann, L., & Konzeptwerk Neue Ökonomie (Hrsg.). (2015). Zeitwohlstand: Wie wir anders arbeiten, nachhaltig wirtschaften und besser leben (2. Auflage). Oekom Verlag.

Ruiu, M. L. (2021). Persistence of Scepticism in Media Reporting on Climate Change: The Case of British Newspapers. Environmental Communication, 15(1), 12–26. https://doi.org/10.1080/17524032.2020.1775672

Ruppel, O. C. (2022). Soil protection and legal aspects of international trade in agriculture in times of climate change: The WTO dimension. Soil Security, 6, 100038. https://doi.org/10.1016/j.soisec.2022.100038

Ryan, J. (Hrsg.). (2011). China's higher education reform and internationalisation (Nr. 3). Routledge.

Ryan, R. M., & Deci, E. L. (2016). Handbook of motivation at school. In K. R. Wentzel & D. B. Miele (Hrsg.), Facilitating and Hindering Motivation, Learning, and Well-Being in Schools: Research and Observations from Self-Determination (2nd Edition, S. 108–131). Routledge. https://doi.org/10.4324/9781315773384-12

Sachs, J. D., Schmidt-Traub, G., Mazzucato, M., Messner, D., Nakicenovic, N., & Rockström, J. (2019). Six transformations to achieve the sustainable development goals. Nature Sustainability, 2(9), 805–814. https://doi.org/10.1038/s41893-019-0352-9

Sala, A., Lütkemeyer, M., Birkmaier, A., & et al. (2020). E-MAPP 2. E-Mobility – Austrian Prouction Potential, Qualification and Traning needs. https://www.klimafonds.gv.at/wp-content/uploads/sites/16/2020_E-MAPP2_-FhA_TU_SMP_v2.3.pdf

Saltmarsh, J., & Hartley, M. (Hrsg.). (2011). "To serve a larger purpose": Engagement for democracy and the transformation of higher education. Temple University Press.

Sammer, G. (1990). Mobilität in Österreich 1983–2011. rsg. Österreichischer Automobil-, Motorrad- und Touring Club, Wien. https://permalink.catalogplus.tuwien.at/AC00078179

Sander, P. (2017). Gedanken zum „Mysterium" des Art 9 Abs 2 der Aarhus-Konvention. In Institut für Umweltrecht der JKU Linz (Hrsg.), Jahrbuch des österreichischen und europäischen Umweltrechts 2017 – Herausforderung Umweltverfahren: Effizienz, Rechts(un)sicherheit, Öffentlichkeitsbeteiligung (S. 181–187).

Santarius, T., Pohl, J., & Lange, S. (2020). Digitalization and the Decoupling Debate: Can ICT Help to Reduce Environmental Impacts While the Economy Keeps Growing? Sustainability, 12(18), 7496. https://doi.org/10.3390/su12187496

SAPEA. (2020). A Sustainable Food System for the European Union (Nr. 978-3-9820301-3-5). Science Advice for Policy by European Academies (SAPEA). https://doi.org/10.26356/sustainablefood

Sass, H. von (Hrsg.). (2019). Perspektivismus: Neue Beiträge aus der Erkenntnistheorie, Hermeneutik und Ethik. Meiner.

Saurer, J. (2018). Strukturen gerichtlicher Kontrolle im Klimaschutzrecht – Eine rechtsvergleichende Analyse. Zeitschrift für Umweltrecht, 29(12), 679–686.

Schacherer, S. (2021). Die Finanzierung der Nachhaltigkeitsziele: Welche Rolle spielen ausländische Investitionen und internationale Investitionsabkommen? Nachhaltigkeitsrecht, 1(4), 443–451. https://doi.org/10.33196/nr202104044301

Schäfer, M. S. (2012). „Hacktivism"? Online-Medien und Social Media als Instrumente der Klimakommunikation zivilgesellschaftlicher Akteure. Forschungsjournal Neue Soziale Bewegungen, 25(2), 70–79.

Schäfer, M. S., & Painter, J. (2020). Climate journalism in a changing media ecosystem: Assessing the production of climate change-related news around the world. WIREs Climate Change, 12(1). https://doi.org/10.1002/wcc.675

Schäfer, M. S., Ivanova, A., & Schmidt, A. (2014). What drives media attention for climate change? Explaining issue attention in Australian, German and Indian print media from 1996to 2010. International Communication Gazette, 76(2), 152–176. https://doi.org/10.1177/1748048513504169

Schaffartzik, A., Pichler, M., Pineault, E., Wiedenhofer, D., Gross, R., & Haberl, H. (2021). The transformation of provisioning systems from an integrated perspective of social metabolism and political economy: A conceptual framework. Sustainability Science, 16(5), 1405–1421. https://doi.org/10.1007/s11625-021-00952-9

Schaffrin, A., Sewerin, S., & Seubert, S. (2015). Toward a Comparative Measure of Climate Policy Output. Policy Studies Journal, 43(2), 257–282. https://doi.org/10.1111/psj.12095

Schalatek, L. (2012). Gender und Klimafinanzierung: Doppeltes Mainstreaming für Nachhaltige Entwicklung. In G. Çağlar, M. do Mar Castro Varela, & H. Schwenken (Hrsg.), Geschlecht – Macht – Klima. Feministische Perspektiven auf Klima, gesellschaftliche Naturverhältnisse und Gerechtigkeit (Bd. 23, S. 137–167). Barbara Budrich.

Schill, S. W., & Vidigal, G. (2020). Designing Investment Dispute Settlement à la Carte: Insights from Comparative Institutional Design Analysis. The Law & Practice of International Courts and Tribunals, 18(3), 314–344. https://doi.org/10.1163/15718034-12341407

Schilling-Vacaflor, A. (2021). Integrating Human Rights and the Environment in Supply Chain Regulations. Sustainability, 13(17), 9666. https://doi.org/10.3390/su13179666

Schindegger, F. (2012). Krise der Raumplanung – aus der Sicht der Praxis in Österreich. Mitteilungen der Österreichischen Geographischen Gesellschaft, 151, 159–170. https://doi.org/10.1553/moegg151s159

Schinko, Thomas, Reinhard Mechler, und Stefan Hochrainer-Stigler. 2017. "A Methodological Framework to Operationalize Climate Risk Management: Managing Sovereign Climate-Related Extreme Event Risk in Austria". Mitigation and Adaptation Strategies for Global Change 22(7):1063–86. https://doi.org/10.1007/s11027-016-9713-0.

Schlacke, S. (2020). Klimaschutzrecht im Mehrebenensystem. Internationale Klimaschutzpolitik und aktuelle Entwicklungen in der Europäischen Union und in Deutschland. Zeitschrift für das gesamte Recht der Energiewirtschaft, 10, 355–363.

Schlaile, M.P., Urmetzer, S., Blok V., Andersen, A.D., Timmermans, J., Mueller, M., Fagerberg, J., Pyka, A. (2017). Innovation Systems for Transformations towards Sustainability? Taking the Normative Dimension Seriously. Sustainability, 9(12), 2253

Schlatzer, M., Lindenthal, T., Kromp, B., & Roth, K. (2017). Nachhaltige Lebensmittelversorgung für die Gemeinschaftsverpflegung der Stadt Wien. Wiener Umweltschutzabteilung – MA 22. https://docplayer.org/72116244-Nachhaltige-lebensmittelversorgung-fuer-die-gemeinschaftsverpflegung-der-stadt-wien.html

Schleicher, S. P., & Steininger, K. W. (2017). Wirtschaft stärken und Klimaziele erreichen: Wege zu einem nahezu treibhausgasemissionsfreien Österreich. Scientific Report, 73–2017.

Schmelz, C. (2017a). Baustellen des Umweltverfahrens. In Institut für Umweltrecht der JKU Linz (Hrsg.), Jahrbuch des österreichischen und europäischen Umweltrechts 2017 – Herausforderung Umweltverfahren: Effizienz, Rechts(un)sicherheit, Öffentlichkeitsbeteiligung (1. Aufl., Bd. 47, S. 123–133). Manz.

Schmelz, C. (2017b). Die UVP-G-Novelle im „Verwaltungsreformgesetz BMLFUW". Ein Zwischenschritt zur dringend nötigen Reform des UVP-G. In E. Furherr (Hrsg.), Verwaltungsreform im Anlagenrecht: Praxisanalyse der Novellen zur GewO und zum UVP-G (1. Aufl., S. 11–30). Facultas.

Schmelz, C., Cudlik, C., & Holzer, C. (2018). Von Aarhus über Luxemburg nach Österreich – Eine Orientierung. ecolex, 567–572.

Schmid-Petri, H. (2017). Do Conservative Media Provide a Forum for Skeptical Voices? The Link Between Ideology and the Coverage of Climate Change in British, German, and Swiss Newspapers. Environmental Communication, 11(4), 554–567. https://doi.org/10.1080/17524032.2017.1280518

Schmid-Petri, H., & Arlt, D. (2016). Constructing an illusion of scientific uncertainty? Framing climate change in German and British print media. Communications, 41(3). https://doi.org/10.1515/commun-2016-0011

Schmidt, N. (2021, April 1). The treaty that threatens to derail Europe's Green Deal. International Politics and Society. https://www.ips-journal.eu/topics/economy-and-ecology/the-treaty-that-threatens-to-derail-europes-green-deal-5087/

Schmidt, A., & Schäfer, M. S. (2015). Constructions of climate justice in German, Indian and US media. Climatic Change, 133(3), 535–549. https://doi.org/10.1007/s10584-015-1488-x

Schmidt, A., Ivanova, A., & Schäfer, M. S. (2013). Media attention for climate change around the world: A comparative analysis of newspaper coverage in 27 countries. Global Environmental Change, 23(5), 1233–1248. https://doi.org/10.1016/j.gloenvcha.2013.07.020

Schnabl, A., Gust, S., Mateeva, L., Plank, K., Wimmer, L., & Zenz, H. (2021). CO2-relevante Besteuerung und Abgabenleistung der Sektoren in Österreich. Materialien zu Wirtschaft und Gesellschaft, 219.

Schnedl, G. (2018). Die Rolle der Gerichte im Klimaschutz. In G. Kirchengast, E. Schulev-Steindl, & G. Schnedl (Hrsg.), Klimaschutzrecht zwischen Wunsch und Wirklickeit (Bd. 112, S. 128–168). Böhlau Verlag.

Schneider, M. (2019). Nachfrage und Angebot am österreichischen Wohnimmobilienmarkt. In Österreichischer Verband gemeinnütziger Bauvereinigungen (Hrsg.). Wohnungsgemeinnützigkeit in Recht, Wirtschaft und Gesellschaft (S. 215–236).

Schneider, H. W., Pöchhacker-Tröscher, G., Demirol, D., Luptáčik, P., & Wagner, K. (2020). Österreichische Umwelttechnik-Wirtschaft: Export, Innovationen, Startups und Förderungen. Im Auftrag des Bundesministeriums für Klimaschutz, Umwelt, Energie, Mobilität, Innovation und Technologie (BMK), des Bundesministeriums für Digitalisierung und Wirtschaftsstandort (BMDW) und der Wirtschaftskammer Österreich (WKÖ).

Schöggl, J.-P., Stumpf, L., Rusch, M., & Baumgartner, R. J. (2022). Die Umsetzung der Kreislaufwirtschaft in österreichischen Unternehmen – Praktiken, Strategien und Auswirkungen auf den Unternehmenserfolg. Österreichische Wasser- und Abfallwirtschaft, 74(1), 51–63. https://doi.org/10.1007/s00506-021-00828-3

Schoierer, J., Wershofen, B., Böse-O'Reilly, S., & Mertes, H. (2020). Hitzewellen und Klimawandel: Eine Herausforderung für Gesundheitsberufe. Public Health Forum, 28(1), 54–57.

Scholz, R., & Steiner, G. (2015). The real type and ideal type of transdisciplinary processes: Part II – What constraints and obstacles do we meet in practice? Sustainability Science, 10(4), 653–671. https://doi.org/10.1007/s11625-015-0327-3

Schopf, J. M., & Brezina, T. (2015). Umweltfreundliches Parkraummanagement. Leitfaden für Länder, Städte, Gemeinden, Betriebe und Bauträger.

Schor, J. (1991). The overworked American: The unexpected decline of leisure. Basic Books.

Schor, J. B. (2005). Sustainable Consumption and Worktime Reduction. Journal of Industrial Ecology, 9(1–2), 37–50.

Schor, J. B. (2016). Wahrer Wohlstand: Mit weniger Arbeit besser leben (K. Petersen, Übers.; Deutsche Erstausgabe). oekom verlag.

Schot, J., Steinmueller, W.E. (2018). Three frames for innovation policy: R&D, systems of innovation and transformative change. Research Policy. 47(9), 1554–1567.

Schröder, E., & Storm, S. (2020). Economic Growth and Carbon Emissions: The Road to "Hothouse Earth" is Paved with Good Intentions. International Journal of Political Economy, 49(2), 153–173. https://doi.org/10.1080/08911916.2020.1778866

Schulev-Steindl, E. (2013). Instrumente des Umweltrechts – Wirksamkeit und Grenzen. In D. Ennöckl, N. Raschauer, E. Schulev-Steindl, & W. Wessely (Hrsg.), Festschrift für Bernhard Raschauer zum 65. Geburtstag (S. 527–552). Jan Sramek.

Schulev-Steindl, E. (2021). Klimaklagen: Ein Trend erreicht Österreich. ecolex, 7(1), 17–19.

Schulev-Steindl, E., Hofer, M., & Franke, L. (2020). Evaluierung des Klimaschutzgesetzes (Gutachten). Universität Graz. https://www.google.com/url?sa=t&rct=j&q=&esrc=s&source=web&cd=&ved=2ahUKEwjkrpCpptjvAhVQr6QKHTZdDJ8QFjAAegQIAhAD&url=https%3A%2F%2Fwww.bmk.gv.at%2Fdam%2Fjcr%3A0e6aead9-19f5-4004-9764-4309b089196d%2FKSG_Evaluierung_ClimLawGraz_ua.pdf&usg=AOvVaw1RFzEmrNv6SQo5idHmk7oU

Schulmeister, S. (2018). Der Weg zur Prosperität. Auflage. Salzburg München: Ecowin.

Schultheiß, J., Feigl, G., Pirklbauer, S., & Wukovitsch, F. (2021). AK-Wohlstandsbericht 2021. Analyse des gesellschaftlichen Fortschritts in Österreich 2017–2022. Materialien zu Wirtschaft und Gesellschaft (Nr. 226; Working Paper-Reihe der AK Wien). AK Wien. https://www.arbeiterkammer.at/interessenvertretung/wirtschaft/verteilungsgerechtigkeit/AK-Wohlstandsbericht_2021.pdf

De Schutter, O. (2020). Towards Mandatory Due Diligence in Global Supply Chains. International Trade Union Confederation (ITUC). https://www.ituc-csi.org/IMG/pdf/de_schutte_mandatory_due_diligence.pdf

Schwarzbauer, W., Thomas, T., & Koch, P. (2019). Bezahlbaren Wohnraum erreichen. Ökonomische Überlegungen zur Wirksamkeit wohnungspolitischer Maßnahmen [Policy Note No. 30]. EcoAustria Institut für Wirtschaftsforschung. Österreich. http://ecoaustria.ac.at/wp-content/uploads/2019/08/20190223-EcoAustria-Policy-Note-Mieten.pdf

Schwarzer, S. (2018). Verbandsbeschwerden gegen Genehmigungen von Kleinprojekten? Österreichische Zeitschrift für Wirtschaftsrecht, 2018(2), 109–112.

Scott, J. (2011). The Multi-Level Governance of Climate Change. Carbon & Climate Law Review, 5(1), 25–33.

Seebauer, S., Friesenecker, M., & Eisfeld, K. (2019). Integrating climate and social housing policy to alleviate energy poverty: An analysis of targets and instruments in Austria. Energy Sources, Part B: Economics, Planning, and Policy, 14(7–9), 304–326. https://doi.org/10.1080/15567249.2019.1693665

Segert, A. (2016). Gewerkschaften und nachhaltige Mobilität (Bd. 60). Kammer für Arbeiter und Angestellte für Wien. https://trid.trb.org/view/1471160

Seidl, I., & Zahrnt, A. (Hrsg.). (2019). Tätigsein in der Postwachstumsgesellschaft. Metropolis-Verlag.

Selle, K. (2005). Planen. Steuern. Entwickeln: Über den Beitrag öffentlicher Akteure zur Entwicklung von Stadt und Land.

Semieniuk, G., Holden, P. B., Mercure, J. F., Salas, P., Hector Pollitt, Jobson, K., Vercoulen, P., Chewpreecha, U., Edwards, Neil, & Vinuales, Jorge. (2021). PERI – Stranded Fossil-Fuel Assets Translate into Major Losses for Investors in Advanced Economies (Working Paper Nr. 549; PERI Working Paper, Nummer 549). University of Massachusetts Amherst, Political Economy Research Institute (PERI). https://peri.umass.edu/publication/item/1529-stranded-fossil-fuel-assets-translate-into-major-losses-for-investors-in-advanced-economies

Sengers, F., Turnheim, B., Berghout, F. (2021). Beyond experiments: Embedding outcomes in climate governance. Environment and Planning C: Politics and Space, 39(6), 1148–1171.

Seufert, V., & Ramankutty, N. (2017). Many shades of gray – The context-dependent performance of organic agriculture. Science Advances, 3, e1602638. https://doi.org/10.1126/sciadv.1602638

Shanagher, S. (2020). Responding to the climate crisis: Green consumerism or the Green New Deal? Irish Journal of Sociology, 28(1), 97–104. https://doi.org/10.1177/0791603520911301

Shiller, R. J. (2009). The New Financial Order: Risk in the 21st Century. In The New Financial Order. Princeton University Press. https://doi.org/10.1515/9781400825479

Shove, Elizabeth, und Gordon Walker. 2014. "What Is Energy For? Social Practice and Energy Demand". Theory, Culture & Society 5(31):41–58.

Shove, E., Trentmann, F., & Wilk, R. R. (Hrsg.). (2009). Time, consumption and everyday life: Practice, materiality and culture. Berg.

Six, E. & Lechinger. (2021). Die soziale Gestaltung einer ökologischen Steuerreform? : Das Beste aus mehreren Welten. Wirtschaft und Gesellschaft, 47(2), 171–196.

Smessaert, J., Missemer, A., & Levrel, H. (2020). The commodification of nature, a review in social sciences. Ecological Economics, 172, 106624. https://doi.org/10.1016/j.ecolecon.2020.106624

Smetschka, B., Wiedenhofer, D., Egger, C., Haselsteiner, E., Moran, D., & Gaube, V. (2019). Time Matters: The Carbon Footprint of Everyday Activities in Austria. Ecological Economics, 164, 106357. https://doi.org/10.1016/j.ecolecon.2019.106357

Soder, M., Niedermoser, K., & Theine, H. (2018). Beyond growth: New alliances for socio-ecological transformation in Austria. Globalizations, 15(4), 520–535. https://doi.org/10.1080/14747731.2018.1454680

Sovacool, B., & Scarpaci, J. (2016). Energy Justice and the Contested Petroleum Politics of Stranded Assets. Policy Insights from the Yasuní-ITT Initiative in Ecuador. Energy Policy, 95, 158–171. https://doi.org/10.1016/j.enpol.2016.04.045

Spash, C. (2020a). The capitalist passive environmental revolution. The Ecological Citizen, 4(1), 63–71.

Spash, C. L. (2020b). "The economy" as if people mattered: Revisiting critiques of economic growth in a time of crisis. Globalizations, 0(0), 1–18. https://doi.org/10.1080/14747731.2020.1761612

Stagl, S., Schulz, N., Köppl, A., Kratena, K., Mechler, R., Pirgmaier, E., Radunsky, K., Rezai, A., Mehdi, B., & Fuss, S. (2014). Band 3 Kapitel 6: Transformationspfade Volume 3 Chapter 6: Transformation Paths. 52.

Star, S. L., & Griesemer, J. R. (1989). Institutional Ecology, "Translations" and Boundary Objects: Amateurs and Professionals in Berkeley's Museum of Vertebrate Zoology, 1907–39. Social Studies of Science, 19(3), 387–420. https://doi.org/10.1177/030631289019003001

Statistik Austria. (2013). Gebäude und Wohnungen 2011 nach überwiegender Gebäudeeigenschaft und Bundesland. http://www.statistik.at/web_de/statistiken/menschen_und_gesellschaft/wohnen/wohnungs_und_gebaeudebestand/022981.html

Statistik Austria. (2019a). Statistik zum Kfz-Bestand zum Stichtag 31. Dezember 2018. Statistik Austria.

Statistik Austria. (2019b). Statistik zur Bevölkerung zu Jahresbeginn seit 1952 nach Bundesland. Statistik Austria.

Statistik Austria. (2019c). Wohnen 2018. Mikrozensus – Wohnungserhebung und EU-SILC. https://www.statistik.at/web_de/statistiken/menschen_und_gesellschaft/wohnen/index.html

Statistik Austria. (2021). Gesamtenergiebilanz Österreich 1970 bis 2020. https://www.statistik.at/wcm/idc/idcplg?IdcService=GET_NATIVE_FILE&RevisionSelectionMethod=LatestReleased&dDocName=029955

Steffen, W., & Stafford Smith, M. (2013). Planetary boundaries, equity and global sustainability: Why wealthy countries could benefit from more equity. Current Opinion in Environmental Sustainability, 5(3), 403–408. https://doi.org/10.1016/j.cosust.2013.04.007

Steininger, K., Bednar-Friedl, B., Knittel, N., Kirchengast, G., Nabernegg, S., Williges, K., Mestel, R., Hutter, H.-P., & Kenner, L. (2020). Klimapolitik in Österreich: Innovationschance Coronakrise und die Kosten des Nicht-Handelns (S. 57 pages) [Pdf]. Wegener Center Verlag. https://doi.org/10.25364/23.2020.1

Steininger, K., Mayer, J., & Bachner, G. (2021). The Economic Effects of Achieving the 2030 EU Climate Targets in the Context of the Corona Crisis. An Austrian Perspective (Nr. 91; Wegener Center Scientific Report). https://wegccloud.uni-graz.at/s/yLBxEP9KgFe3ZwX

Steininger, K. W., Lininger, C., Meyer, L. H., Muñoz, P., & Schinko, T. (2016). Multiple carbon accounting to support just and effective climate policies. Nature Climate Change, 6(1), 35–41. https://doi.org/10.1038/nclimate2867

Steininger, K. W., Munoz, P., Karstensen, J., Peters, G. P., Strohmaier, R., & Velázquez, E. (2018). Austria's consumption-based greenhouse gas emissions: Identifying sectoral sources and destinations. Global Environmental Change, 48, 226–242. https://doi.org/10.1016/j.gloenvcha.2017.11.011

Steininger, K. W., Williges, K., Meyer, L. H., Maczek, F., & Riahi, K. (2022). Sharing the effort of the European Green Deal among countries. Nature Communications, 13(1), 3673. https://doi.org/10.1038/s41467-022-31204-8

Steurer, R. & Clar, C. (2014): Politikintegration in einem föderalen Staat: Klimaschutz im Gebäudesektor auf Österreichisch, in: der moderne Staat, 7/2, 331–352.

Steurer, R., & Clar, C. (2015). Is decentralisation always good for climate change mitigation? How federalism has complicated the greening of building policies in Austria. Policy Sciences, 48(1), 85–107. https://doi.org/10.1007/s11077-014-9206-5

Steurer, R., & Clar, C. (2017). The ambiguity of federalism in climate policy-making: How the political system in Austria hinders mitigation and facilitates adaptation. Journal of Environmental Policy & Planning, 20, 1–14. https://doi.org/10.1080/1523908X.2017.1411253

Steurer, R.; Casado-Asensio, J. & Clar, C. (2020): Climate change mitigation in Austria and Switzerland: The pitfalls of federalism in greening decentralized building policies, in: Natural Resources Forum, 44/1, 89–108.

Stirling, A. (2007). "Opening Up" and "Closing Down": Power, Participation, and Pluralism in the Social Appraisal of Technology. Science, Technology, & Human Values, 33(2), 262–294.

Stoddard, I., Anderson, K., Capstick, S., Carton, W., Depledge, J., Facer, K., Gough, C., Hache, F., Hoolohan, C., Hultman, M., Hällström, N., Kartha, S., Klinsky, S., Kuchler, M., Lövbrand, E., Nasiritousi, N., Newell, P., Peters, G. P., Sokona, Y., … Williams, M. (2021). Three Decades of Climate Mitigation: Why Haven't We Bent the Global Emissions Curve? Annual Review of Environment and Resources, 46(1), null. https://doi.org/10.1146/annurev-environ-012220-011104

Stöglehner, G. (2019). Grundlagen der Raumplanung 1. facultas.

Stöllinger, R. (2020). Getting Serious About the European Green Deal with a Carbon Border Tax (Nr. 39; wiiw Policy Notes and Reports). Wiener Institut für Internationale Wirtschaftsvergleiche. https://wiiw.ac.at/getting-serious-about-the-european-green-deal-with-a-carbon-border-tax-dlp-5390.pdf

Stöllinger, R., Hanzl-Weiss, D., Leitner, S., & Stehrer, R. (2018). Global and Regional Value Chains: How Important, How Different? (Research Report Nr. 427). Wiener Institut für Internationale Wirtschaftsvergleiche. https://wiiw.ac.at/global-and-regional-value-chains-how-important-how-different--dlp-4522.pdf

Streicher, G., Kettner-Marx, C., Peneder, M., & Gabelberger, F. (2020). Landkarte der „(De-)Karbonisierung" für den produzierenden Bereich in Österreich – Eine Grundlage für die Folgenabschätzung eines klimapolitisch bedingten Strukturwandels des Produktionssektors auf Beschäftigung, Branchen und Regionen. AK. https://www.wifo.ac.at/jart/prj3/wifo/resources/person_dokument/person_dokument.jart?publikationsid=66573&mime_type=application/pdf

Strickner, A. (2017, Mai 9). Das Alternative Handelsmandat: Eckpunkte einer gerechten EU Handels- und Investitionspolitik. Arbeit & Wirtschaft Blog. https://awblog.at/das-alternative-handelsmandateckpunkte-einer-gerechten-eu-handels-und-investitionspolitik/

Sullivan, S. (2013). Banking Nature? The Spectacular Financialisation of Environmental Conservation. Antipode, 45(1), 198–217. https://doi.org/10.1111/j.1467-8330.2012.00989.x

Sullivan, O., & Gershuny, J. (2018). Speed-Up Society? Evidence from the UK 2000 and 2015 Time Use Diary Surveys. Sociology, 52(1), 20–38. https://doi.org/10.1177/0038038517712914

Sustainable-finance-Beirat. (2021). Shifting the Trillions – Ein nachhaltiges Finanzsystem für die Große Transformation. Sustainable-Finance-Beirat der deutschen Bundesregierung. https://sustainable-finance-beirat.de/wp-content/uploads/2021/02/210224_SFB_-Abschlussbericht-2021.pdf

Svanda, N., & et al. (2020). Wir sind die planners4future, Positionen zum Umgang mit der Klimakrise. In 50 Jahre Raumplanung in Wien studieren – lehren – forschen (Bd. 8). NWV Verlag.

Tagliapietra, S. (2021, Juli 14). Fit for 55 marks Europe's climate moment of truth | Bruegel. Bruegel Blog. https://www.bruegel.org/2021/07/fit-for-55-marks-europes-climate-moment-of-truth/

Thaler, Richard H., und Cass Robert Sunstein. 2008. Nudge: Improving decisions about health, wealth and happiness. Yale University Press: Penguin.

Thaler, T., Witte, P. A., Hartmann, T., & Geertman, S. C. M. (2021). Smart Urban Governance for Climate Change Adaptation. Urban Planning, 6(3), 223–226. https://doi.org/10.17645/up.v6i3.4613

Theurl, M. C., Lauk, C., Kalt, G., Mayer, A., Kaltenegger, K., Morais, T. G., Teixeira, R. F. M., Domingos, T., Winiwarter, W., Erb, K.-H., & Haberl, H. (2020). Food systems in a zero-deforestation world: Dietary change is more important than intensification for climate targets in 2050. Science of The Total Environment, 735, 139353. https://doi.org/10.1016/j.scitotenv.2020.139353

Tietz, H.-P., & Hühner, T. (Hrsg.). (2011). Zukunftsfähige Infrastruktur und Raumentwicklung: Handlungserfordernisse für Ver- und Entsorgungssysteme. Verl. der ARL.

Tobin, P. (2017). Leaders and Laggards: Climate Policy Ambition in Developed States. Global Environmental Politics, 17(4), 28–47. https://doi.org/10.1162/GLEP_a_00433

European Commission, Directorate-General for Justice and Consumers, British Institute of International and Comparative Law, Civic Consulting, The London School of Economics and Political Science, Torres-Cortés, F., Salinier, C., Deringer, H., Bright, C., Baeza-Breinbauer, D., Smit, L., Tejero Tobed, H., Bauer, M., Kara, S., Alleweldt, F., & McCorquodale, R. (2020). Study on due diligence requirements through the supply chain: Final report. Publications Office of the European Union. https://data.europa.eu/doi/10.2838/39830

Treen, K. M. d'I., Williams, H. T. P., & O'Neill, S. J. (2020). Online misinformation about climate change. WIREs Climate Change, 11(5). https://doi.org/10.1002/wcc.665

TUDCN – Trade Union Development Cooperation Network. (2019). The Contribution of Social Dialogue to the 2030 Agenda: Promoting a Just Transition towards sustainable economies and societies for all. TUDCN. https://www.ituc-csi.org/social-dialogue-for-sdgs-promoting-just-transition

Tuomi, I. (2012). Foresight in an unpredictable world. Technology Analysis & Strategic Management, 24(8), 735–751.

Umweltbundesamt. (2019a). Austria's Annual Greenhouse Gas Inventory 1990–2017. Umweltbundesamt.

Umweltbundesamt. (2020a). Klimaschutzbericht 2020. Wien: Umweltbundesamt (UBA).

Umweltbundesamt. (2020b). Austria's National Inventory Report 2020 (Band 0724; S. 780). Umweltbundesamt. https://www.umweltbundesamt.at/fileadmin/site/publikationen/rep0724.pdf

Umweltbundesamt. (2021a). Bodenverbrauch in Österreich. https://www.umweltbundesamt.at/news210624

Umweltbundesamt. (2021b). Flächeninanspruchnahme. https://www.umweltbundesamt.at/umweltthemen/boden/flaecheninanspruchnahme

Umweltbundesamt. (2021c). Klimaschutzbericht 2021. https://www.umweltbundesamt.at/fileadmin/site/publikationen/rep0776.pdf

Umweltbundesamt. (2021d). Ergebnisse der Österreichischen Luftschadstoffinventur 1990–2019.

Umweltbundesamt. (2022). Erneuerbare Energie. https://www.umweltbundesamt.at/energie/erneuerbare-energie

UNCTAD. (2019). Trade and Development Report 2019. Financing a global green new deal. United Nations Conference on Trade and Development (UNCTAD). https://unctad.org/webflyer/trade-and-development-report-2019

UNDP – Deutsche Gesellschaft für die Vereinten Nationen (Hrsg.). (2015). Arbeit und menschliche Entwicklung (Deutsche Ausgabe). Berliner Wissenschafts-Verlag GmbH.

UNESCO (Hrsg.). (2012). Shaping the education of tomorrow: 2012 full length report on the UN Decade of Education for Sustainable Development. https://www.desd.in/UNESCO%20report.pdf

UNESCO (Hrsg.). (2014). Roadmap for implementing the global action programme on education for sustainable development. https://unesdoc.unesco.org/ark:/48223/pf0000230514

UNESCO (Hrsg.). (2017a). Education for sustainable development goals. Learning objectives. https://www.unesco.de/sites/default/files/2018-08/unesco_education_for_sustainable_development_goals.pdf

UNESCO (Hrsg.). (2017b). Guidelines on sustainability science in research and education. https://unesdoc.unesco.org/ark:/48223/pf0000260600

UNESCO (Hrsg.). (2021). Learn for our planet: A global review of how environmental issues are integrated in education. https://unesdoc.unesco.org/ark:/48223/pf0000377362

United Nations General Assembly. (2015). Transforming our world: The 2030 agenda for sustainable development (A/RES/70/1). https://www.un.org/en/development/desa/population/migration/generalassembly/docs/globalcompact/A_RES_70_1_E.pdf

Van-Hametner, A., Smigiel, C., Kautzschmann, K., & Zeller, C. (2019). Die Wohnungsfrage abseits der Metropolen: Wohnen in Salzburg zwischen touristischer Nachfrage und Finanzanlagen. Geographica Helvetica, 74(2), 235–248.

Vatn, A. (2005). Institutions And The Environment. Edward Elgar Publishing.

VCÖ. (2014). Infrastrukturen für zukunftsfähige Mobilität. (Nr. 3/2014; VCÖ-Schriftenreihe „Mobilität mit Zukunft").

VCÖ. (2018). Mobilität als soziale Frage (Nr. 1/2018; VCÖ-Schriftenreihe „Mobilität mit Zukunft").

VCÖ. (2021). Verkehrswende – Good Practice aus anderen Ländern (Nr. 2; Mobilität mit Zukunft). Verkehrsclub Österreich. https://www.vcoe.at/good-practice

van der Velden, M. (2018). ICT and Sustainability: Looking Beyond the Anthropocene. In D. Kreps, C. Ess, L. Leenen, & K. Kimppa (Hrsg.), This Changes Everything – ICT and Climate Change: What Can We Do? (Bd. 537, S. 166–180). Springer International Publishing. https://doi.org/10.1007/978-3-319-99605-9_12

Veltri, G. A., & Atanasova, D. (2017). Climate change on Twitter: Content, media ecology and information sharing behaviour. Public Understanding of Science, 26(6), 721–737. https://doi.org/10.1177/0963662515613702

Quellenverzeichnis

Veseli, A., Moser, S., Kubeczko, K., Madner, V., Wang, A., & Wolfsgruber, K. (2021). Practical necessity and legal options for introducing energy regulatory sandboxes in Austria. Utilities Policy, 73. https://doi.org/10.1016/j.jup.2021.101296

Vogel, Jefim, Julia K. Steinberger, Daniel W. O'Neill, William F. Lamb, und Jaya Krishnakumar. 2021. "Socio-Economic Conditions for Satisfying Human Needs at Low Energy Use: An International Analysis of Social Provisioning". Global Environmental Change 69:102287. https://doi.org/10.1016/j.gloenvcha.2021.102287.

Vranes, E. (2009). Trade and the Environment: Fundamental Issues in International Law, WTO Law, and Legal Theory. Oxford University Press.

Vu, H. T., Liu, Y., & Tran, D. V. (2019). Nationalizing a global phenomenon: A study of how the press in 45 countries and territories portrays climate change. Global Environmental Change, 58, 101942. https://doi.org/10.1016/j.gloenvcha.2019.101942

Wanzenböck, I., Wesseling, J., Frenken, K., Hekkert, M.P., Weber, K.M (2020). A framework for mission-oriented innovation policy: Alternative pathways through the problem-solution space. Science and Public Policy, 47(4), 474–489.

Wayne, J., Bogo, M., & Raskin, M. (2006). Field notes: The need for radical change in field education. Journal of Social Work Education, 42(1), 161–169. https://doi.org/10.5175/JSWE.2006.200400447

WBGU (Hrsg.). (2011). Welt im Wandel: Gesellschaftsvertrag für eine Große Transformation: Zusammenfassung für Entscheidungsträger. Wissenschaftlicher Beirat der Bundesregierung Globale Umweltveränderungen WBGU. https://www.wbgu.de/fileadmin/user_upload/wbgu/publikationen/hauptgutachten/hg2011/pdf/wbgu_jg2011.pdf

WBGU (Hrsg.). (2014). Klimaschutz als Weltbürgerbewegung. Sondergutachten. Wissenschaftlicher Beirat der Bundesregierung Globale Umweltveränderungen. https://www.wbgu.de/fileadmin/user_upload/wbgu/publikationen/sondergutachten/sg2014/wbgu_sg2014.pdf

Wegener, B. W. (2019). Urgenda – Weltrettung per Gerichtsbeschluss? Klimaklagen testen die Grenzen des Rechtsschutzes. Zeitschrift für Umweltrecht, 30(1), 3–13.

Wei, T., & Liu, Y. (2017). Estimation of global rebound effect caused by energy efficiency improvement. Energy Economics, 66, 27–34. https://doi.org/10.1016/j.eneco.2017.05.030

Weinstein, M. M., & Charnovitz, S. (2001). The Greening of the WTO. Foreign Affairs, 80(6), 147–156. https://doi.org/10.2307/20050334

Weishaar, S. E., Kreiser, L., Milne, J. E., Ashiabor, H., & Mehling, M. (2017). The Green Market Transition: Carbon Taxes, Energy Subsidies and Smart Instrument Mixes. Edward Elgar.

Weißermel, S., & Wehrhahn, R. (2020). Klimagerechtes Wohnen? Energetische Gebäudesanierung in einkommensschwachen Quartieren: Kommentar zu Lisa Vollmer und Boris Michel „Wohnen in der Klimakrise. Die Wohnungsfrage als ökologische Frage". sub\urban. zeitschrift für kritische stadtforschung, 8(1/2), 211–218. https://doi.org/10.36900/suburban.v8i1/2.567

Weisz, U., Pichler, P.-P., Jaccard, I. S., Haas, W., Matej, Sarah, S., Nowak, P., Bachner, F., Lepuschütz, L., Windsperger, A., Windsperger, B., & Weisz, H. (2019). Der Carbon Fußabdruck des österreichischen Gesundheitssektors. Endbericht. Klima- und Energiefonds, Austrian Climate Research Programme.

Wiedenhofer, D., Smetschka, B., Akenji, L., Jalas, M., & Haberl, H. (2018). Household time use, carbon footprints, and urban form: A review of the potential contributions of everyday living to the 1.5 °C climate target. Current Opinion in Environmental Sustainability, 30, 7–17. https://doi.org/10.1016/j.cosust.2018.02.007

Wiederin, E. (2002). Artikel 8 EMRK. In K. Korinek & M. Holoubek (Hrsg.), Österreichisches Bundesverfassungsrecht. Textsammlung und Kommentar (5. Lieferung, S. 95). Verlag Österreich. https://www.verlagoesterreich.at/oesterreichisches-bundesverfassungsrecht/abo-99.105005-9783704662477

Wiedmann, T., Lenzen, M., Keyßer, L. T., & Steinberger, J. K. (2020). Scientists' warning on affluence. Nature Communications, 11(1), 3107.

Wiest, S. L., Raymond, L., & Clawson, R. A. (2015). Framing, partisan predispositions, and public opinion on climate change. Global Environmental Change, 31, 187–198. https://doi.org/10.1016/j.gloenvcha.2014.12.006

Willett, W., Rockström, J., Loken, B., Springmann, M., Lang, T., Vermeulen, S., Garnett, T., Tilman, D., DeClerck, F., Wood, A., Jonell, M., Clark, M., Gordon, L. J., Fanzo, J., Hawkes, C., Zurayk, R., Rivera, J. A., Vries, W. D., Sibanda, L. M., … Murray, C. J. L. (2019). Food in the Anthropocene: The EAT-Lancet Commission on healthy diets from sustainable food systems. The Lancet, 393(10170), 447–492. https://doi.org/10.1016/S0140-6736(18)31788-4

Williams, A. (2015). Environmental news journalism, public relations, and news sources. In A. Hansen & R. Cox (Hrsg.), The Routledge Handbook of Environment and Communication (S. 197–206). Routledge.

Williges, K., Meyer, L. H., Steininger, K. W., & Kirchengast, G. (2022). Fairness critically conditions the carbon budget allocation across countries. Global Environmental Change, 74, 102481. https://doi.org/10.1016/j.gloenvcha.2022.102481

Winker, G. (2021). Solidarische Care-Ökonomie. Revolutionäre Realpolitik für Care und Klima. Transcript.

Winker, M., Frick-Trzebitzky, F., Matzinger, A., Schramm, E., & Stieß, I. (2019). Die Kopplungsmöglichkeiten von grünen, grauen und blauen Infrastrukturen mittels raumbezogener Bausteine (Heft 34; netWORKS-Papers). Forschungsverbund netWORKS.

Winter, G. (2017). Rechtsprobleme im Anthropozän: Vom Umweltschutz zur Selbstbegrenzung. Zeitschrift für Umweltrecht, 5, 267–277.

Wissen, M., Pichler, M., Maneka, D., Krenmayr, N., Högelsberger, H., & Brand, U. (2020). Zwischen Modernisierung und sozialökologischer Konversion. Konflikte um die Zukunft der österreichischen Automobilindustrie. In K. Dörre, M. Holzschuh, J. Köster, & J. Sittel (Hrsg.), Abschied von Kohle und Auto? Sozialökologische Transformationskonflikte um Energie und Mobilität (S. 223–266). Campus.

Wittmayer, J.M., Hielscher, S., Fraaije, M., Avelino, F., Rogge, K. (2022). A typology for unpacking the diversity of social innovation in energy transitions. Energy Research & Social Science, 88, 102513.

WTO. (o. J.). Austria – Trade in Value Added and Global Value Chains. https://www.wto.org/english/res_e/statis_e/miwi_e/AT_e.pdf

Wurzel, R., Zito, A., & Jordan, A. (2019). Smart (and Not-So-Smart) Mixes of New Environmental Policy Instruments. In A. Nollkaemper, J. van Erp, M. Faure, & N. Philipsen (Hrsg.), Smart Mixes for Transboundary Environmental Harm (S. 69–94). Cambridge University Press. https://doi.org/10.1017/9781108653183.004

Yacoumis, P. (2018). Making Progress? Reproducing Hegemony Through Discourses of "Sustainable Development" in the Australian News Media. Environmental Communication, 12(6), 840–853. https://doi.org/10.1080/17524032.2017.1308405

Yarime, M., Trencher, G., Mino, T., Scholz, R. W., Olsson, L., Ness, B., Frantzeskaki, N., & Rotmans, J. (2012). Establishing sustainability science in higher education institutions: Towards an integration of academic development, institutionalization, and stakeholder collaborations. Sustainability Science, 7(S1), 101–113. https://doi.org/10.1007/s11625-012-0157-5

Zech, S. (2015). BürgerInnenbeteiligung in der Stadt- und Raumplanung – ein Werkstattbericht. In Demokratie – Zustand und Perspektiven Kritik und Fortschritt im Rechtsstaat. Linde.

Zech, S. (2021). Betrachtungen zum Thema „Boden g'scheit nutzen". In Boden g'scheit nutzen – LandLuft Baukultur-Gemeinde-Preis 2021 (S. 14–18).

Zech, S., Schaffer, H., Svanda, N., Hirschler, P., Kolerovic, R., Hamedinger, A., Plakolm, M.-S., Gutheil-Knopp-Kirchwald, G., Bröthaler, J., ÖREK-Partnerschaft „Kooperationsplattform Stadtregion", Österreichische Raumordnungskonferenz, & Österreichische Raumordnungskonferenz (Hrsg.). (2016). Agenda Stadtregionen in Österreich: Empfehlungen der ÖREK-Partnerschaft „Kooperationsplattform Stadtregion" und Materialienband. Geschäftsstelle der Österreichischen Raumordungskonferenz (ÖROK).

Ziehm, C. (2018). Klimaschutz im Mehrebenensystem – Kyoto, Paris, europäischer Emissionshandel und nationale CO2-Grenzwerte. Zeitschrift für Umweltrecht, 6, 339–346.

Zimmermann, K., & Graziano, P. (2020). Mapping Different Worlds of Eco-Welfare States. Sustainability, 12(5), 1819. https://doi.org/10.3390/su12051819

Zoboli, O., Zessner, M., & Rechberger, H. (2016). Supporting phosphorus management in Austria: Potential, priorities and limitations. Science of The Total Environment, 565, 313–323. https://doi.org/10.1016/j.scitotenv.2016.04.171

van der Zwan, N., Anderson, K., & Wiß, T. (2019). Pension Funds and Sustainable Investment Comparing Regulation in the Netherlands, Denmark, and Germany (DP 05/2019-023; Netspar Academic Series). Network for Studies on Pensions. Aging and Retirement (Netspar). https://www.netspar.nl/publicatie/pension-funds-and-sustainable-investment-comparing-regulation-in-the-netherlands-denmark-and-germany/

Technical Summary

Coordinating lead authors
Ernest Aigner, Christoph Görg, Astrid Krisch, Verena Madner, Andreas Muhar, Andreas Novy, Alfred Posch and Karl W. Steininger.

Lead authors
Lisa Bohunovsky, Jürgen Essletzbichler, Karin Fischer, Harald Frey, Willi Haas, Margaret Haderer, Johanna Hofbauer, Birgit Hollaus, Andrea Jany, Lars Keller, Klaus Kubeczko, Michael Miess, Michael Ornetzeder, Marianne Penker, Melanie Pichler, Ulrike Schneider, Barbara Smetschka, Reinhard Steurer, Nina Svanda, Hendrik Theine, Matthias Weber and Harald Wieser.

Citation
APCC (2022) Technical summary. [Aigner, E., C. Görg, A. Krisch, V. Madner, A. Muhar, A. Novy, A. Posch, K. W. Steininger, L. Bohunovsky, J. Essletzbichler, K. Fischer, H. Frey, W. Haas, M. Haderer, J. Hofbauer, B. Hollaus, A. Jany, L. Keller, A. Krisch, K. Kubeczko, M. Miess, M. Ornetzeder, M. Penker, M. Pichler, U. Schneider, B. Smetschka, R. Steurer, N. Svanda, H. Theine, M. Weber and H. Wieser]. In: APCC Special Report: Strukturen für ein klimafreundliches Leben (APCC SR Klimafreundliches Leben) [Görg, C., V. Madner, A. Muhar, A. Novy, A. Posch, K. W. Steininger, and E. Aigner (eds.)], Springer Spektrum: Berlin/Heidelberg.

Foreword to the technical Summary

This technical summary provides an overview of the main statements of the *APCC SR Structures for Climate-Friendly Living* chapters. Based on scientific literature, the report assesses different approaches for transforming structures in order to make climate-friendly living in Austria possible and make it permanently and quickly the new status quo.

In 2018, the United Nations Intergovernmental Panel on Climate Change (IPCC) concluded in its special report "1.5 °C Global Warming" that "unprecedented, rapid changes of all aspects of society" are needed to achieve the goals of the Paris Climate Agreement and to avoid climate change with catastrophic global impacts (IPCC, 2018). As a result, human well-being and planetary health, as well as human civilization are threatened by the climate crisis (IPCC, 2022a, SPM-WGII).

The Austrian Panel for Climate Change (ACRP, 2019) has commissioned an assessment report on structures for climate-friendly living in Austria. The aim of this special report is to assess the state of research and reflect on necessary structural changes for climate-friendly living in Austria.

The focus is on (1) structures in Austria in need of change according to the current state of research and (2) how they need to be shaped in order to make climate-friendly living possible and self-evident quickly and permanently. These questions are addressed in the respective chapters based on four sub-questions:

1. How does the literature relevant to the chapter describe the status quo as well as current dynamics, and what specific goals and challenges arise from the climate crisis according to the literature?
2. What changes does the literature relevant to the chapter considered (absolutely) necessary to enable a climate-friendly mode of living?
3. According to the literature relevant to the chapter, who or what are the driving and inhibiting forces, structures or actors for and against the necessary changes for climate-friendly living? Which conflicts are mentioned?
4. What space of manoeuvre and which options for shaping structures can be found in the literature relevant to the chapter for implementing necessary changes for a climate-friendly mode of living?

This technical summary targets the scientific community and reproduces the report in a highly abridged form. In Part 1 of the report, the introduction explains the understanding of basic terms and gives an overview of emission trends.

Chap. 2 presents four perspectives for shaping structures. Part 2 examines (after an introduction) climate-friendly living in six different fields of action. Part 3 summarises (after a brief overview) the analysis of twelve different structural conditions, and Part 4 summarises current research on transformation pathways as well as scenarios and systematises approaches to shape structures along different transformation pathways and leverage points.

Development of the report

This report is an "Assessment Report" at the interface between science and policy (Science-Policy Interface – SPI). The aim of the Assessment Report is to summarise and evaluate the current state of knowledge on a specific issue and, in addition to assessing statements on the respective topic, identify research gaps.

The report was developed in a three-stage process, which included peer reviews, author-, and stakeholder workshops. The respective versions (zero-, first-, second-order drafts) were commented and reviewed by national and international scientists and stakeholders. The incorporation of the comments was approved by review editors at the end of the process. In total, about 160 reviewers wrote about 4000 comments. The stakeholder process comprised three workshops with more than 100 participants and decision-makers from various sectors of society. This part of the project was carried out by a separate team. The workshops aided the authors in identifying relevant issues and thus in better contributing to the public debate on climate-friendly living with the assessment of the literature.

The special report evaluates scientific literature, whereby research results from political science, economics and cultural studies, sociology, law and other social and natural sciences were included. The assessment of statements in the report was made along two criteria: (1) whether the relevant literature agrees in its assessments of a statement (low, medium, high agreement), and (2) how extensive and high quality the literature is (weak, medium, strong literature base) (Fig. TS.2). In this report, the term "literature base" is used instead of the previously used term "evidence base", as it is compatible with all perspectives represented in this report. The literature base includes not only the quantity of literature, but also assesses – in relation to the evidence base – the quality of the respective literature. The combination of the two criteria results in the confidence in a statement, though *confidence* as such is not stated separately.

Part 1: Climate-friendly living and perspectives

Chapter 1: Introduction: Structures for climate-friendly living

The introduction first describes the key concepts (climate-friendly living, structures as well as the shaping of structures) that mediate between different milieus, discourses, values and disciplines (Star & Griesemer, 1989). Furthermore, the introduction gives an overview of the role of different social actors. This is followed by a summary of current developments and the distribution of climate-damaging emissions based on different measures (production-based and consumption-based) and distributions (economic sectors, goods, activities and income distribution).

Climate-friendly living, structures and shaping of structures

The report is based on the following understanding of climate-friendly living: Climate-friendly living permanently ensures a climate that enables a good life within planetary boundaries. When climate-friendly living becomes the norm, it leads to rapid reduction of direct and indirect GHG emissions and does not burden the climate in the long term. Climate-friendly living strives to achieve a high quality of life for all while respecting planetary boundaries. It is about a good and safe life not only for a selected few, but for all – in Austria and globally. In this sense, justice as well as meeting all needs are both part of climate-friendly living. Similarly, the relations to other social and environmental goals (e.g., UN Sustainable Development Goals) are essential.

In this report, structures are the framework conditions and relations in which daily life takes place. In the literature the concept of structure is understood and defined in different ways; extensive and lengthy social science discussions cover this topic (compare Archer, 1995; Bhaskar et al., 1998). Each theory uses its own concepts and methods to identify structures, analyse them and evaluate their effects (compare Bhaskar et al., 1998). Generally, structures tend to be permanent phenomena with long-term effects. While they are maintained by social actions, they have an independent existence, meaning that in many cases they persist independently (e.g., regardless of whether individuals heat with gas, there are pipelines) and are relatively stable over time. The literature on climate-friendly living contains a variety of theories and mechanisms on how structures affect action and how they persist and change (Røpke, 1999; Schor, 1991; Shove, Trentmann, & Wilk, 2009; Stoddard et al., 2021). Among other things, a distinction can be made between immaterial (e.g., institutions, compare Gruchy, 1987; Hodgson, 1989; Vatn, 2005) and material structures (e.g., pipelines, roads, buildings).

Part 1: Climate-friendly living and perspectives

| Stakeholderprocess | Co-Design | | Co-Production | Co-Evaluation |

Stages (left to right):
- Scoping; First conceptualisation; Setting up Teams
- **Zero-Order Draft**: Internal review; Stakeholder comments; Comments from Co-Design Workshop
- **First-Order Draft**: Author workshop; Expert review; Stakeholder comments
- **Second-Order Draft**: Author workshop; International review; Stakeholder comments; Comments by CoChairs
- **Final Draft**: Author workshop (SPM); Reviewediting (meetings in small teams)
- **Release**

Fig. TS.1 Development process of the progress report and stakeholder process. {Chap. 1}

Shaping structures for climate-friendly living means targeted and coordinated action oriented towards a common good, being aware of the conflictual nature of social conditions, negotiating interests and implementing changes with democratic legitimacy. Shaping structures for climate-friendly living presupposes the problematization of existing structures that promote climate-damaging living and hinder climate friendly living (compare Chap. 2, Governance and part 5). However, due to comprehensive challenges, continuous change, and reshaping of structures over the next decades is necessary (IPCC, 2022b). This must include integrated measures in order to achieve the desired results (Plank et al., 2021a). Binding decisions that actively exclude any climate-damaging structures and corresponding routines and practices are necessary (Hausknost & Haas, 2019).

Climate policy challenges in the context of other policy objectives

In order to achieve climate policy goals, such as the goal of climate neutrality by 2040 set in the Austrian government programme 2020–2024, the EU climate goals or the GHG emission reduction pledges under the Paris Climate Agreement, it is crucial to transform the structures in order to favour climate-friendly living. If current emission trends persist and comprehensive measures are disregarded, these objectives will fail (European Environment Agency, 2019; 2022b; Kirchengast & Steininger, 2020; Tagliapietra, 2021; Umweltbundesamt, 2020a).

In Austria in 2019 according to the territorial or also called production-based emission perspective, around 80 megatonnes of CO_2-equivalent (CO_2-eq) were generated (Fig. TS.3). The peak of territorial or production-based

Assessment of the state of knowledge

Agreement on the statements in the sources	Weak literature base	Median literature base	Strong literature base
High	High agreement, Weak literature base	High agreement, Median literature base	High agreement, Strong literature base
Median	Median agreement, Weak literature base	Median agreement, Median literature base	Median agreement, Strong literature base
Low	Low agreement, Weak literature base	Low agreement, Median literature base	Low agreement, Strong literature base

Literature base — Quantity and quality of the sources

Confidence: very low confidence | low confidence | medien confidence | High confidence | Very high confidence

Fig. TS.2 Assessment of the state of knowledge in the assessment report (APCC, 2018). {Chap. 1}

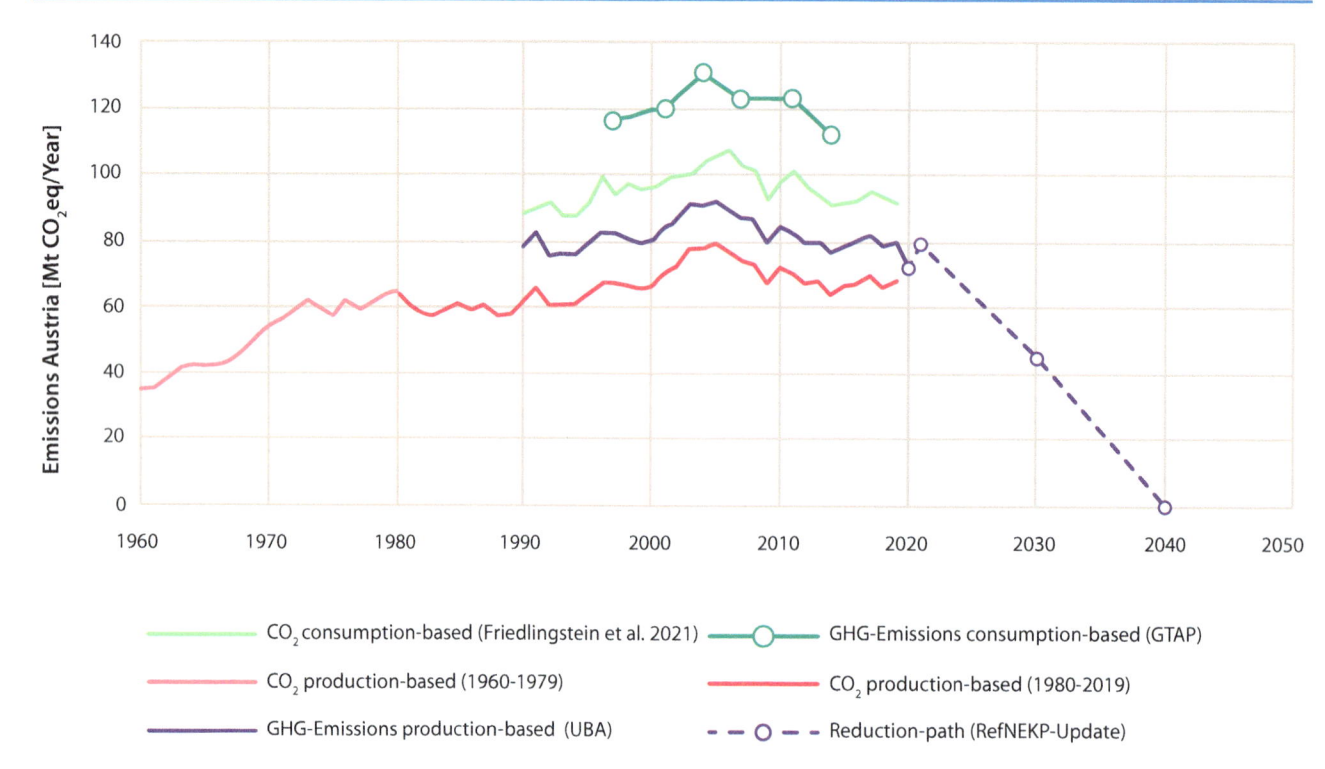

Fig. TS.3 Dynamics of Austria's climate-damaging emissions in territorial (production-based) and consumption-based methods ("footprint"). (Meyer and Steininger, 2017; Anderl et al., 2021; Nabernegg, 2021; Steininger et al., 2018, Friedlingstein et al., 2021). {Chap. 1}

emissions was around 90 megatonnes CO_2-equivalent in the mid-2010s. CO_2 emissions largely mirror GHG emissions in Austria. The ratio of consumption-based to production-based GHG emissions has also been stable in Austria over the last two decades.

Historically and currently occurring climate-damaging emissions can be attributed to different societal groups or actors, depending on the accounting approach used (Steininger et al., 2016; Williges et al., 2022, Steininger et al., 2022). For production-based accounting, a total of 76 megatonnes of CO_2 equivalent were produced in Austria in 2014; of these, about 20 per cent were produced directly by households, 30 per cent can be attributed to goods consumed in Austria, and 50 per cent were produced for exported goods (see Fig. TS.3). For the end-use or so-called consumption-based calculation, emissions in 2014 were about 112.5 megatonnes CO_2 equivalent and thus 47 percent higher than the production-based emissions. About 40 megatonnes of CO_2 equivalent incurred for goods that are produced and consumed in Austria or are generated by direct combustion of energy sources in households.

The method (production or consumption-based) of emissions account also affects their distribution across economic sectors, i.e. goods and services in case of consumption-based accounting (Fig. TS.4): In terms of production-based emissions by economic sector, about one third of emissions occur in the manufacturing industry (25 megatonnes CO_2 equivalent). More than half of these can be attributed to the steel industry and metal processing (14 megatonnes CO_2 equivalent), although the production of cement (4 megatonnes CO_2 equivalent) and computer and electronic products (4 megatonnes CO_2 equivalent) also have a significant share. Looking at consumption-based emissions by type of goods, emissions are primarily generated in goods production (41 megatonnes CO_2 equivalent), construction and housing (14 megatonnes CO_2 equivalent), private services (12 megatonnes CO_2 equivalent), public services (9 megatonnes CO_2 equivalent) and transport (8 megatonnes CO_2 equivalent). However, a significant part of these emissions occurs abroad.

Household consumption accounts for almost two-thirds (62 per cent) of Austria's consumption-based emissions (Nabernegg, 2021; Muñoz et al., 2020; Steininger et al., 2018). Consumption-based emissions are also unevenly distributed among households (Ivanova et al., 2018; Wiedenhofer et al., 2018) which can be explained by both quantity and composition of demand. The income of respective households has a significant influence on the level of emissions (Fig. TS.6b), also the spatial distribution – consumption-based emissions in the urban hinterland are particularly high (Munoz et al., 2020). With the analysis of time use, the climate relevance of everyday life can be better understood and potentials as well as limits for time- and demand-side contributions to decarbonisation can be analysed (Creutzig et al., 2021; Jalas & Juntunen, 2015; Wiedenhofer et al., 2018).

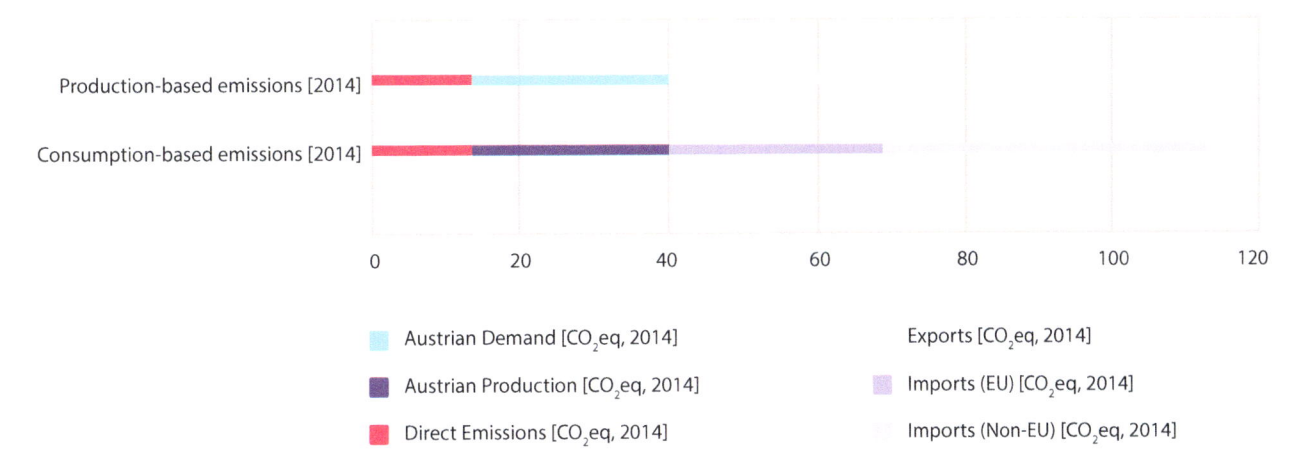

Fig. TS.4 Direct emissions, Austrian demand as well as imports and exports of climate-damaging emissions in Austria. *Top* Production-based emissions (Austrian demand and export). *Bottom* Consumption-based emissions (Austrian production, EU imports, non-EU imports). (Nabernegg et al., 2023, Steininger et al., 2018). {Chap. 1}

Chapter 2: Perspectives on the analysis and Shaping of structures for climate-friendly living

Chap. 2 systematises theories widely used in the social sciences, which analyse and shape structures of climate-friendly living along four perspectives. The chapter aims to make readers of the report aware of the fundamentally different approaches researchers use to analyse structures of climate-friendly living. This is important to understand that there is never only one, but always several perspectives on structures of climate-friendly living. This helps to grasp the complexity of the social sciences and thus the complexity of the task – to shape structures for climate-friendly living. Acknowledging different approaches also means developing a better understanding of conflicting problem diagnoses, goal horizons and options for shaping and – ideally – being able to deal with them.

Problem diagnoses, target horizons and design options with regard to the climate crisis are diverse, yet four main perspectives can be identified against the background of economic, social and cultural science debates: Market, Innovation, Provision and Society-Nature perspectives (medium agreement, strong literature base). There are no theories, models and heuristics that adequately capture all dimensions of change towards structures of climate-friendly living as well as their counterparts. However, in recent years, numerous social science approaches have opened up for the analysis of climate-unfriendly living (especially practice theory, innovation theories and theories of provisioning systems) and for questions of actively shaping structures for climate-friendly living. Therefore, the report offers the chance to juxtapose scientific findings from different disciplines with different foci, assumptions, tools and values. In this way, many dimensions of structures of climate-unfriendly living, as well as their transformation, can be captured.

Market perspective

From a Market perspective, price signals that encourage climate-friendly consumption and investment decisions are central to climate-friendly living. If there are appropriate framework conditions that regulate markets in a climate-friendly way, then the polluter pays principle and true costs contribute to decarbonisation (high agreement, strong literature base).

In this perspective, design as coordinated action is the setting of climate-friendly economic policy framework conditions, especially through incentive systems (Baumol & Oates, 1975). Research in behavioural economics also emphasises the importance of suitable framework conditions, i.e., structures for climate-friendly choices. These should provide incentives for changes in the direction of climate-friendly living by making lower-emission behaviour more preferable (Thaler & Sunstein, 2008) or by establishing this as the initial state ("default") in the first place.

Further changes in the framework conditions therefore result from altered choice architectures (including bans) changing the availability and hierarchy of options (e.g., through longer-term phase-out plans for fossil products or production). The approaches of behavioural economics increasingly complement the rational choice model, where the fully informed "homo economicus" is replaced by people with values and habits who include environmental knowledge in their calculations of costs and benefits (Daube & Ulph, 2016).

All this leads to less clear predictions about market outcomes. Calls for sustainable consumption as a core component of climate-friendly living are based on this perspective, as are calls for the internalisation of external effects and for an eco-social tax reform (*"to get the prices right"*) (see Akerlof et al. (2019) on CO_2 pricing).

Studies also show that decarbonisation occurs through the substitution of climate-damaging technologies and macroe-

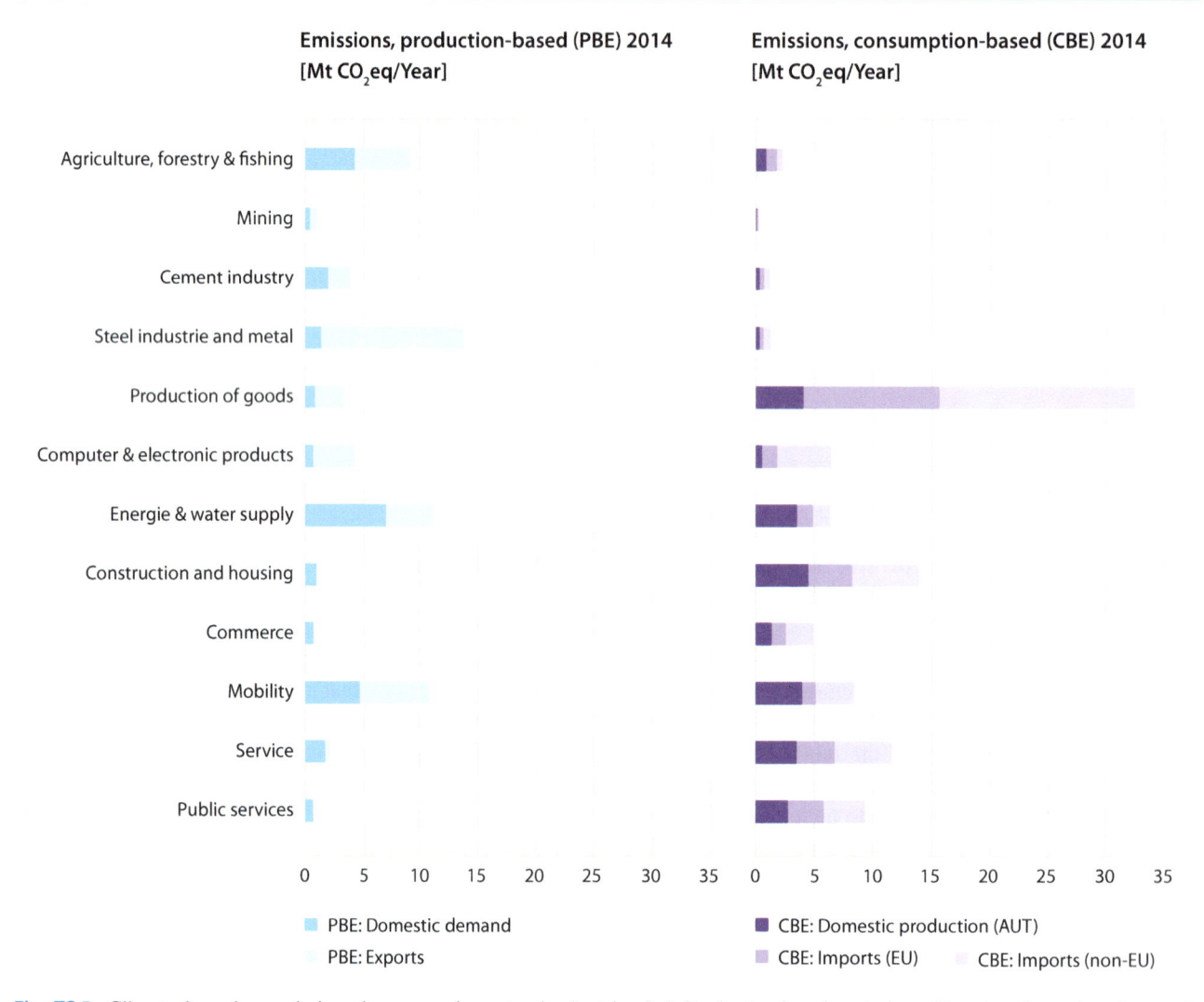

Fig. TS.5 Climate-damaging emissions by economic sector in Austria. *Left* Production-based emissions (Austrian demand and export). *Right* Consumption-based emissions by sector (Austrian production, EU imports, non-EU imports). (Nabernegg et al., 2023, Steininger et al., 2018). {Chap. 1}

conomic efficiency improvements as soon as investments in lower-emission technologies and change in consumption patterns are beneficial for individual decision-makers (Kaufman et al., 2020). According to this perspective, correct pricing also enables decoupling CO_2 emissions and economic growth.

Innovation perspective

The Innovation perspective focuses on the impact of different forms of innovation and their application on social and economic practices and thus on the environment, on climate (un)friendly living and economic activity. Focusing on socio-technical renewal of production and consumption systems (food, mobility, energy, housing, etc …), different approaches examine how (radical) innovations affect structures, how innovation systems enable innovations for sustainable development, and how innovations affect social and economic practices and associated environmental impacts (Avelino et al., 2017; Kivimaa et al., 2021; Köhler et al., 2019; Shove & Walker, 2014).

Leverage points of the Innovation perspective are innovation theories and theories of technological change: techno-economic paradigm shifts, technological or socio-technical system innovations, radical and incremental innovation and also actor-network theory (Dosi et al., 1988; Freeman & Perez, 2000; Köhler, 2012; Köhler et al., 2019; Latour, 2019; Malerba & Orsenigo, 1995). In light of today's societal challenges, scientific discourse is shifting from an almost exclusive emphasis on economic goals towards a normative orientation in line with the UN Sustainable Development Goals (Daimer et al., 2012; Diercks et al., 2019).

This perspective includes approaches to technological, entrepreneurial, organisational, product, process, marketing and system innovation as well as social, environmental, sustainability innovation and exnovation. The latter is a special

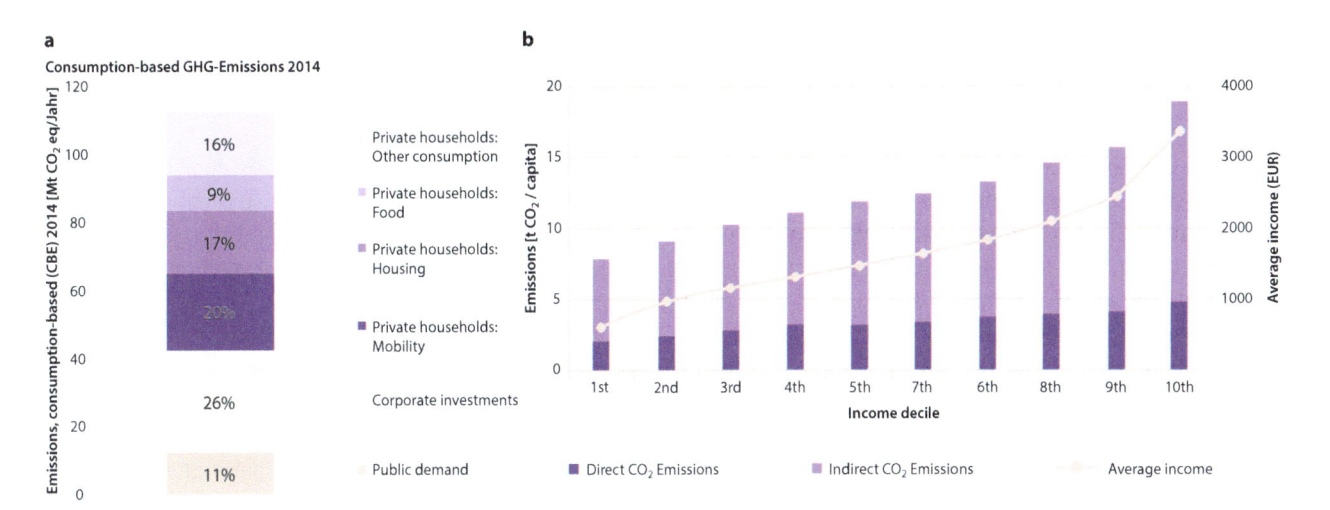

Fig. TS.6 Consumption-based CO$_2$ emissions of Austria. **a** Distribution of consumption-based emissions (CO$_2$-eq) from fossil energy and industrial processes by sector (private, corporate, public) and areas (mobility, housing, remaining consumption, food) for the year 2014 (Nabernegg et al. 2023). **b** Per capita CO$_2$ emission footprint in the respective income decile of monthly average income for the year 2004/5. (Muñoz et al., 2020). In the used data set emissions from global Landuse are under-reported, hence the climate-relevance of food and bioenergy are underestimated. {Chap. 1}

case as it focuses less on creating something new but on ending unsustainable solutions (Arnold et al., 2015).

Innovations serve not only entrepreneurial but also societal interests. They contribute to overcoming climate crisis if they improve the framework conditions for climate-friendly living and lead to sustainable economic and social practices. Innovation has the potential – intentionally or unintentionally – to change price structures, market structures, infrastructures, actor constellations, governance structures, organisational structures or entire socio-technical production and consumption systems (see part 5).

In the innovation perspective, shaping means consciously bringing about change through innovation (Godin, 2015). In particular, it is argued that both socio-technical or social innovations, legal frameworks and infrastructures (Bolton & Foxon, 2015), actor networks (Latour, 2019), governance processes (Köhler et al., 2019) and mental models such as images of the future (Grin et al., 2011; Schot & Steinmueller, 2018) can be shaped sustainably. In order to create structures and processes for change, new governance mechanisms (Köhler et al., 2019) are needed from an Innovation perspective that enable coordinated action across and between several administrative levels and involve actor groups and actor networks of production and consumption systems (e.g., through participation processes, roadmapping).

Provisioning perspective

From a Provisioning perspective, provisioning systems that facilitate sufficiency and resilience practices and forms of life, and thus make them the new status quo, are central to climate-friendly living. The Provisioning perspective is based on a broad understanding of economics, according to which economics concerns the joint organisation of livelihoods (Polanyi, 1944).

As theories of the Provisioning perspective combine material and cultural dimensions (Bayliss & Fine, 2020), social metabolisms with political economy approaches (Schaffartzik et al., 2021), and biophysical with social processes (O'Neill et al., 2018; Plank et al., 2021a), they create knowledge about the social (e.g., inequality, exclusion) and ecological (e.g., in terms of CO$_2$ emissions, land use and biodiversity) consequences of prevailing modes of providing certain goods and services. The aim is to ensure that long-term climate change mitigation and adaptation are compatible with securing basic services, i.e., the universal satisfaction of human needs, and protection against natural hazards (Jones et al., 2014; Mechler & Aerts, 2014; Schinko, Mechler, & Hochrainer-Stigler, 2017).

Due to their legal competence and resource endowment, public actors are essential for shaping services of general interest, climate protection and climate change adaptation. Important actors from this perspective are therefore political decision-makers who set the rules for provision in a political terrain, as well as public institutions, administrations and (public) companies developing climate-friendly business models or actively engaging in basic services and the social economy. If public institutions and other actors permanently change infrastructures, institutions and legal regulations, climate-friendly habits can take hold more quickly (high agreement, medium literature base).

Necessary changes to make climate-friendly practices commonplace include creating and promoting provisioning systems that encourage collective consumption (FEC, 2018), and making climate-friendly practices legally possible, culturally acceptable and economically affordable, e.g., decarbonised public mobility system for urban and rural areas (ILA Collective et al., 2017).

Following the Provisioning perspective, services of general interest (Krisch et al., 2020; Vogel et al., 2021), the foundational economy (FEC, 2020), universal basic services (Coote & Percy, 2020) and social-ecological infrastructures (Novy, 2019; Armutskonferenz et al., 2021) need to be strengthened and made more climate-friendly, while unsustainable infrastructures and economic sectors need to be deconstructed (Millward-Hopkins et al., 2020; O'Neill et al., 2018).

Society-Nature perspective

From the Society-Nature perspective, knowledge about key drivers of the climate crisis (e.g., human-nature dualisms, capital accumulation, social inequality) is essential for climate-friendly living. Theories in the Society-Nature perspective do not consider the social and (biophysical) nature as independent from each other, but as closely intertwined (Becker & Jahn, 2006; Brand, 2017; Foster, 1999; Görg, 1999; Haberl et al., 2016; MacGregor, 2021; Oksala, 2018; Pichler et al., 2017).

This perspective highlights that every challenge has social and biophysical implications (e.g., agricultural land becomes built environment). Conversely, it emphasises that biophysical nature also affects society (e.g., flood events are favoured by certain forms of development such as land sealing and undermine everyday actions). The structures made visible by the Society-Nature perspective include traditional ways of thinking embedded in science, but also in everyday life (e.g., disciplinary separation of the natural and social sciences, solving the climate crisis through technology, etc.) and economic logics and principles of order that underlie modern, capitalist societies (e.g., compulsion to grow including exploitation of nature and social inequality, modern institutions such as statehood, individualistic understanding of freedom, etc.).

The relevance of the Society-Nature perspective for designing climate-friendly structures lies in the analysis and assessment of conditions and solutions offered, especially with regard to their implications and scope (Becker & Jahn, 2006; Fischer-Kowalski & Erb, 2016; Fraser, 2014; Görg, 2011; McNeill, 2000; McNeill & Engelke, 2016). It also has the potential to increase the reflexivity of actors (see e.g., Bashkar, 2010), specifically with regard to deep-seated drivers of the climate crisis.

The term "society" is often equated with civil society in everyday life, but the Society-Nature perspective is not limited to civil society in this report, but also includes science, public institutions (government, administration, legislature) and political parties. Knowledge production, medialisation, problematisation and protest, ecotopias, but also law are instruments for shaping climate-friendly structures; however, they often evoke strong resistance (Brand, 2017).

Only if climate policies also reflect their relationship to drivers of the climate crisis (e.g., capital accumulation, Western domination of nature) it is possible to deal with the climate crisis subtantially (high agreement, medium literature base).

Perspectivism to analyse structures

This report relies on perspectivism to consider current challenges in their diversity with regard to problem diagnoses of climate-unfriendly structures as well as target horizons and design options of transformation paths. We thus acknowledge that cognition is always dependent on frames of reference (such as market logics, innovation discourses, socio-theoretical discourses) (Giere, 2006; Sass, 2019).

If only one perspective is taken as a leverage point (e.g., the one that is most socially compatible which is currently the Market perspective), then only certain problem diagnoses, target horizons and design options are considered (medium agreement, medium literature base). Each of the four perspectives has strengths and weaknesses, which must be recognised and named.

All four perspectives address structures. One of the strengths of the Market perspective is that it is particularly socially compatible due to the prominence of market logics. One of its weaknesses is its insufficient theorizing of individual behavior and strong focus on pricing. From a Provisioning and a Society-Nature perspective, on the other hand, both the focus on the individual and on market logics are drivers of the climate crisis rather than feasible solutions (Pirgmaier & Steinberger, 2019). One of the strengths of the Innovation perspective presented in this report is that it understands the concept of innovation as neither purely technological nor primarily market-oriented, but always considers innovations according to their social-ecological added value. One of its weaknesses is that it makes few clear statements about who and how decisions about the success or failure of innovations are made. The fact that the latter is always (also) a political process is only partially taken into account.

The following applies to shaping climate-friendly living: If several perspectives are taken into account, then the probability is highest that problem diagnoses, target horizons and design options can be understood in a differentiated manner, informed priorities can be set and incompatibilities as well as synergies can be identified (high agreement, medium literature base).

Part 2: Fields of action

Chapter 3: Overview fields of action

In order to achieve the climate goals agreed in Paris, changes are needed in people's everyday lives and in their daily behaviour. These changes cannot be triggered primarily by appeals to individual responsibility. Rather, adequate structures such as regulation, fiscal incentives, infrastructural changes and bans are needed to limit activities with high emissions or increase those with low emissions. Climate-friendly structures are needed to make climate-friendly actions easier to integrate into everyday life and to provide an attractive alternative to existing unsustainable practices (high consensus, strong literature base).

Part 2 provides a comprehensive overview of all areas of life by analysing the climate impacts of different fields of action. The climate impacts in the areas of housing, mobility and nutrition as well as for the fields of action of paid employment, provision, care and nursing work and the freely available time for recreation and social activities are examined. Individualistic and rationalistic theories of action focus on the behaviour of autonomous and constantly deliberating individuals. However, research approaches that focus on practices are gaining relevance (Røpke, 2015). Practices are more than daily routines. They are shaped by competence (ability e.g.: How do I borrow a book?), possibility (existing structure, e.g., public library, affordable and accessible) and the meaning to carry them out (time well-wealth, time sovereignty) (compare provision perspective in Chap. 2).

Currently, structures exist that prevent people at different levels from living in accordance with climate policy goals. Therefore, it is not enough to remove individual barriers. Shaping structures requires changing the structural contexts (both inhibiting and facilitating factors) within individual fields of action (high agreement, strong literature base). The coordination of measures between fields of action is crucial for successfully design structures. This requires an integrative and systemic approach to define framework conditions for individual behaviour. Conflicting measures that create conflicts or disadvantages in one or more fields of action jeopardise the achievement of climate policy goals. For example, it is not enough to simply improve the spatial infrastructure. In order to facilitate the switch from individual transport to public transport, the spatial distribution of mobility goals and the time economy in everyday life and of different mobility modes must also be taken into account (high agreement, strong literature base).

Different population groups (by gender, age, income) are affected differently by climate change and contribute to climate change to different extents through their GHG emitting activities. A good life for all can only be made possible if measures are taken to minimise inequalities. Redesigning time structures is central to this (high agreement, strong literature base). Calculating carbon footprints per daily activity enables the analysis of differences in population groups and per field of action (Smetschka et al., 2019) (Table TS.1). The personal time spent caring for oneself is relatively low-carbon, while both household and leisure activities show large differences in terms of CO_2 footprint per hour. The traditional gender division of labour shapes women's and men's time use patterns, which affect their CO_2 footprints.

A systematic review summarised the international emission avoidance and reduction potential of 60 consumption options from primary studies and several reviews from different countries (Ivanova et al., 2020) (Fig. TS.7). All options include both direct and indirect emissions in the production and provision of goods and services ("footprint").

It can be seen that a few options in the areas of mobility, food and housing have very high to medium potentials. Classic "environmentally friendly behaviour", such as separating waste, using less paper or optimising the use of household appliances, show rather low avoidance potentials when compared to, for example, using self-produced green electricity or giving up pets. The mobility sector shows the greatest potential for emission reductions, especially giving up the car, followed by switching to electric mobility and avoiding long-distance flights. Both automobility and air travel increase strongly with higher income. Therefore, the design of these mobility options is particularly important in a rich country like Austria. In the area of nutrition, the advantages of vegan to vegetarian diets or a very strong reduction of meat consumption are clearly evident. In the area of housing, investments in the expansion of renewable energies show the greatest potential, followed by the renovation and refurbishment of residential buildings, where again framework conditions and standards are decisive.

For consumption options with high avoidance potential, structural measures are necessary that remove infrastructural, institutional and behavioural barriers so that the realisation of avoidance potential is structurally enabled and preferred (Ivanova et al., 2020). Achieving good living with a high quality of life and less need for resources must start in all fields of action. The different ways to achieve this are, for example, concepts of using instead of owning or repairing instead of throwing away and focus on sharing services instead of accumulating material and waste (high agreement, strong literature base): Public awareness of the need for comprehensive climate policy measures is increasing. An active public debate, civil society movements as well as education and consciousness raising form the basis of a democratic public sphere as a prerequisite and goal of a climate-just transformation. It can be assumed that climate policy is a concern with a high level of acceptance, for which a large part of the population can be won over to the climate policy transfor-

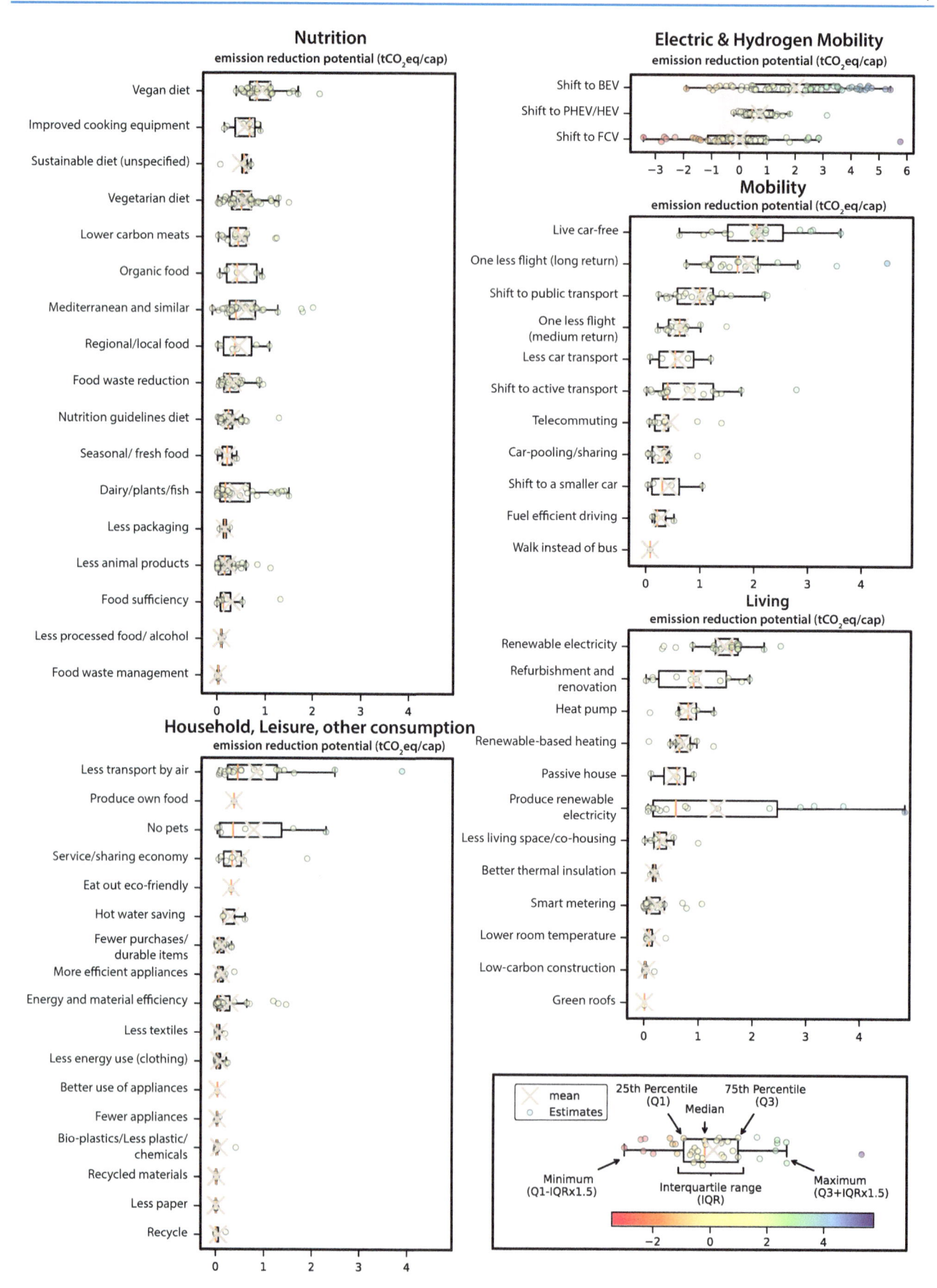

Fig. TS.7 The international emission avoidance and reduction potentials of 60 consumption options. Own representation adapted from Ivanova et al. (2020). {Chap. 3}

Table TS.1 Systems, time categories, activities and CO_2 footprint according to functional time use analysis. (Own representation according to Ringhofer & Fischer-Kowalski (2016); Wiedenhofer et al. (2018)). {Chap. 3}

Re-/production in system	Category of functional time-use	Entails the these activites in time-use studies	And CO_2e-Footprint of ... (examples)	% CO_2e-footprint household
Person	Personal time	Sleeping, eating, personal care	Food, warm water, heating, hygiene products	39 %
Household	Locked time	Household work, provisioning for other people	Cooking, loundry, cleaning, furniture, repairs	14 %
Economy	Contractual time	Wage-labour, education	*In wage-labour good and services are produced as well as income is created, that finance and enable other activities*	–
Community	Free-time	Freetime, recreation	Culture, entertainment, sport, hobbies, ...	31 %
Mobility *This time allows for other activities that people do in different places*		Different types of mobility	Direct emissions of fuels, and indirekt emissions from production of means of transport and infrastructure	16 %

mation. For a high acceptance and positive climate impact, it is crucial that this transformation does not create any new inequalities or that disadvantages and losses for some parts of the population are compensated accordingly by (social) policies (high agreement, strong literature base).

Chapter 4: Housing

In order to understand the structures of climate-friendly housing, an integrative view of the Austrian housing system is helpful. This includes all actors, activities and structural conditions involved in the field of housing, from land use and production to use and recycling. In the following, the literature on climate-friendly housing is presented along these dimensions.

Housing as a basic and existential need is an activity that extends beyond one's own living space into the neighbourhood and open spaces. It consists of a multiple network of relationships between ecological, economic, social and cultural aspects. Residential buildings comprise 82 per cent of the total Austrian building stock (Statistik Austria, 2019c). Of these, 65.8 per cent are single-family houses (Statistik Austria, 2013). In 2019, the buildings sector produced around 8.1 million tonnes of GHG emissions in operation alone, which corresponds to a share of the buildings sector operation of 10.2 per cent of all GHG emissions in Austria in 2019 (Umweltbundesamt, 2021c), with residential buildings dominating in this with a share of 8.2 per cent (Statistik Austria, 2019c). A reduction in GHG emissions from the operation of buildings was observed from 1990 to 2014, although these emissions increased again between 2014 and 2017 (Umweltbundesamt, 2021c).

The average living space per person in a main residence in Austria is 45.3 m² per person, in Vienna it is 36.1 m² per person, in Burgenland 54 m² per person (Statistik Austria, 2019c). The increase in land consumption for residential and commercial areas is 23 km² in Austria in 2020 (Umweltbundesamt, 2021a). Vacancy plays a central role in avoiding land consumption in the residential sector. However, a complete and comprehensive vacancy survey for Austria is currently not available (Schneider, 2019) (high agreement, weak literature base).

Compared to housing estates and multi-storey residential buildings, single-family houses have a significantly worse balance. Grey emissions, i.e., the total energy required for the production, installation and demolition of structural building elements, but also vacancies play a major role here. The continued use of vacancies could help to curb the construction of new single-family houses, which as a form of housing have the highest land consumption and go hand in hand with the provision of extensive infrastructure investments (especially in the area of transport). In addition, it is a matter of making the building volume more energy-efficient. In Vorarlberg, for example, refurbishment in the form of energy-efficient building upgrades with ecological materials could reduce the global warming potential of buildings from the 1970s by 72 per cent compared to pure maintenance without thermal refurbishment (Energieinstitut Vorarlberg, 2020). However, the renovation rate has declined by a quarter across Austria since 2010 (Global 2000, 2021; IIBW, Umweltbundesamt, 2020) (high agreement, strong literature base). The switch to renewable energy in the residential sector is poor, with the renewable share of district heating generation and consumption in 2018 at only 48 per cent (Umweltbundesamt, 2022) (high agreement, medium literature base). New technical solutions are easier to implement in new buildings, but there should be a clear focus on the existing stock and its retrofitting (Amann & Mundt, 2019).

Due to federalism, knowledge and responsibilities of decision-making are fragmented in housing construction in Austria. Minimum standards for residential construction (e.g., green space factor, sealing factor, energy efficiency standards, etc.) are mainly set by the building regulations of the nine states (Länder). Since 2021, all residential buildings must meet the minimum requirement for a low-energy building as defined in the EU Buildings Directive (Article 2, Clause 2 of Directive 2010/31/EU). Housing subsidies are regulated at the state level according to the Austrian federal distribution of competences. Building permit procedures are enforced at the municipal level.

The greening of the residential construction sector concerns both building biology (e.g., toxins in building materials) and building ecology (land, resource and energy consumption in construction, ongoing operation and recycling). An important goal is to promote the certification of ecological building materials. The use of new – partly low-tech, insofar old – construction methods is often hindered by cost-intensive approval and testing procedures. When resources are lacking to initiate testing processes for alternative building materials and elements, the use of industrial products becomes entrenched regardless of the ecological qualities and benefits of alternative building materials (Bauer, 2015; Reinhardt et al., 2019) (high agreement, medium literature base). In the context of social-ecological construction, urban mining increases resource efficiency and promotes a recovery of secondary raw materials. This reduces the consumption of primary raw materials and enables to a large extent independence from imports; also using resource inventories to identify anthropogenic stockpiles (Allesch et al., 2019; Kral et al., 2018) (high agreement, medium literature base). The use of recycled building materials and material-conscious design enables circular construction (Kakkos et al., 2020; Brunner, 2011) (high agreement, low literature base).

In the currently dominant market-based system, sufficient housing supply for lower and middle income groups in urban regions is becoming increasingly difficult (Kadi et al., 2020) (high agreement, low literature base). The lower and middle income groups can hardly contribute to a climate-friendly society, as they have to rely on cheaper housing with poorer construction quality and therefore poorer energy efficiency in low-supply neighbourhoods (Weißermel & Wehrhahn, 2020) (high agreement, low literature base). Around 20 per cent of all Austrians and around 45 per cent of Viennese live in a municipal or cooperative flat today (Schwarzbauer et al., 2019; Van-Hametner et al., 2019). The privatisation or capitalisation of formerly public and/or non-profit assets of the housing sector bears the risk of playing off social concerns against climate protection and other ecological concerns (Weißermel & Wehrhahn, 2020) (high agreement, low literature base). The most recent surveys on Austria from 2016 put the number of households affected by energy poverty at 117,100. Representatives of the Austrian Anti Poverty Network assume much higher numbers (Armutskonferenz, 2019, 2020) (high agreement, strong literature base).

There is potential in the binding coordination and cooperation of urban and rural regional planning. A major barrier is the competence of mayors as building authorities of first instance. Currently, there is no national monitoring system to record all thermal-energy relevant renovation activities (Umweltbundesamt, 2020a) (high agreement, strong literature base). There is a need to merge responsibilities at the federal level in the form of a national coordination and monitoring body for housing. Responsibilities would be the establishment of housing research that, among other things, develops an Austrian model of housing and examines the social conditions and possibilities for housing supply as well as future-oriented, sustainable and socially just forms of housing, and pushes for a stronger earmarking of housing subsidies to ecological and social requirements by means of object subsidies (Alliance of Sustainable Universities, 2021) (high agreement, strong literature base). An area-wide vacancy survey is important for a resource-saving housing policy. Activation and mobilisation of existing housing stock should be prioritised over new construction (Koch, 2020) (high agreement, low literature base).

Activating and making the housing stock more attractive reduces new construction activities and prevents the further expansion of settlement areas in the form of increasing soil sealing. These climate-friendly potentials can unfold through preserving, repairing and rethinking cross-urban approaches and public welfare-oriented cooperation as well as participation concepts in combination with life cycle considerations and circular, ecological use of materials (Ebinger et al., 2001) (high agreement, low literature base). The refurbishment of private rental housing could be supported by a shortened tax deduction of refurbishment costs or alternatively with investment premiums (Amann, 2019). Low-income earners can be offered the alternative of claiming a negative tax. With the increased focus on the existing stock and thus on renovations, a shift in the professional-technical as well as in the craft sector of the construction industry will begin, including adequate instruments for retraining as well as related support mechanisms, as well as a shift in economic performance. This also requires better pay and higher social status for construction workers (Amann, 2019) (high agreement, low literature base).

Detaching housing provision from the logics of the market (decommodification) requires small-scale mapping of the territorial distribution and price development of existing housing. Availability of communal land and housing stock is particularly important for this, which is why a decom-

Component decomposition CO₂ emissions of private households

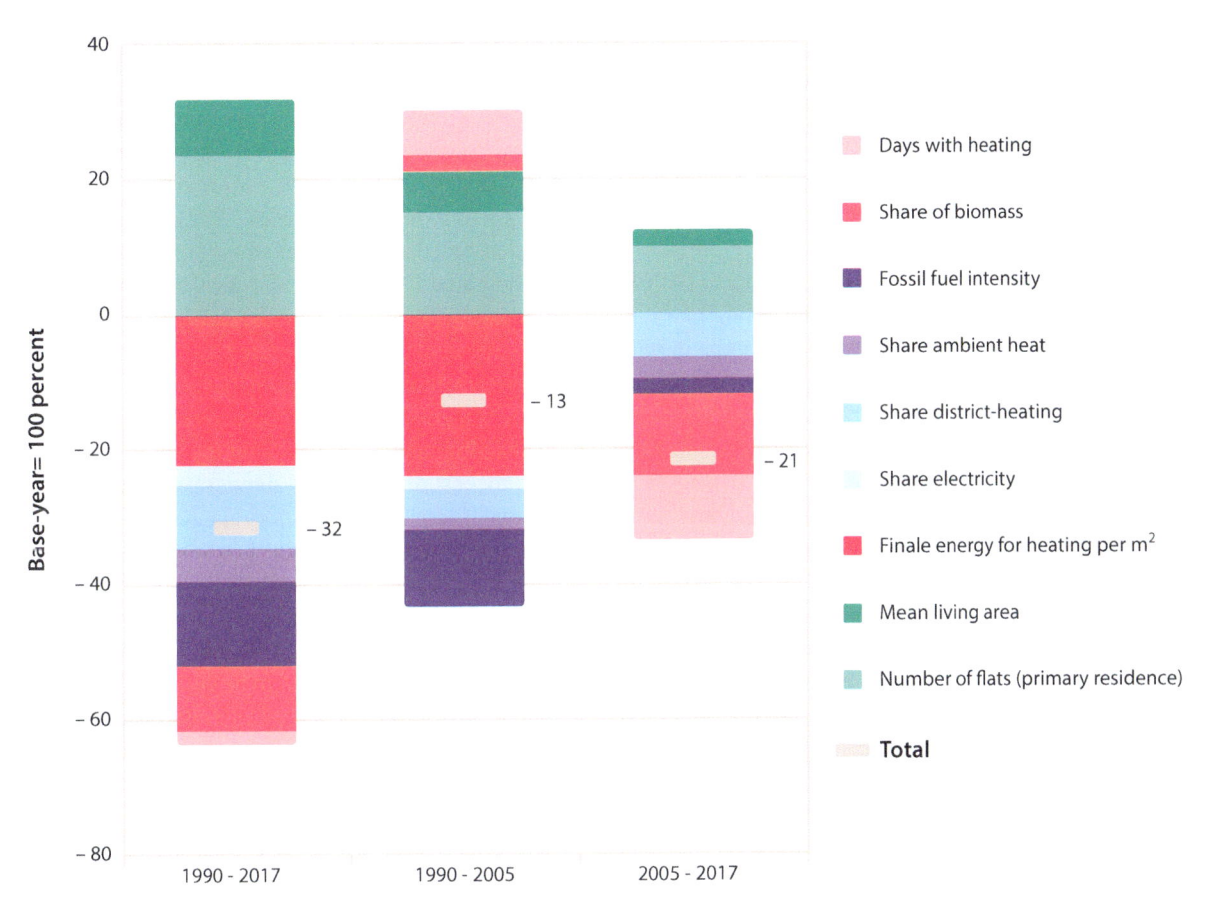

Fig. TS.8 Component decomposition of carbon dioxide emissions from private households. (Federal Environment Agency, 2019a). {Chap. 4}

Legend:
- Days with heating
- Share of biomass
- Fossil fuel intensity
- Share ambient heat
- Share district-heating
- Share electricity
- Finale energy for heating per m²
- Mean living area
- Number of flats (primary residence)
- Total

modification policy with such a goal cannot be limited to housing alone, but must also include land as a finite resource. Non-profit forms of organisation are called for to further develop land allocation for housing purposes (Kaltenbrunner & Schnur, 2014) (high agreement, low literature base). Instruments such as temporary dedication, re-dedication, expropriation, building land reallocation or the municipality's right of first refusal are also mentioned (ÖROK, 2017) (high agreement, strong literature base). In the province of Salzburg, active land policy is pursued by means of reserved areas "to secure land for the construction of subsidised rental, hire-purchase or owner-occupied flats" (Land Salzburg, 2008) and in Tyrol by means of "reserved areas for subsidised housing" (Land Tyrol, 2016). In order to enable decarbonised, social-ecologically just housing construction in the sense of the common good, it is above all necessary to regain more scope for disposal and action for public and municipal authorities. Similarly, alternative housing concepts, e.g., in the form of cohousing, eco-villages, Mietshäusersyndikat, etc., can promote novel and inclusive approaches in economic, ecological and social terms for general housing (Lang & Stoeger, 2018; Höflehner, Höflehner, 2019; Jany, 2019; van Bortel & Gruis, 2019) (high agreement, strong literature base).

Chapter 5: Food

In order to understand the structures of climate-friendly nutrition, it is helpful to take an integrative view of food systems. This includes all actors, activities and structural conditions involved in nutrition, from production to food waste. In the following, the literature on climate-friendly food is reviewed along these dimensions.

Worldwide, food systems are responsible for about one third of all anthropogenic GHG emissions; one third each is accounted for by land use changes, direct emissions from agriculture and the further processes of the food system up to disposal (Crippa et al., 2021). A cross-sectoral analysis attributes around 10 percent of all Austrian GHG emissions to agriculture (Umweltbundesamt, 2021c). Since 1990, GHG emissions from agriculture have been reduced by 14.3 percent due to more efficent fertiliser use and a decrease in livestock (Umweltbundesamt, 2021c). In recent years, however, they have remained constant. A further reduction of GHG emissions in agriculture is not a priority on the political agenda. Measures are only insufficiently implemented.

From a scientific point of view, animal husbandry holds great emission reduction potential (IPES, 2019; SAPEA, 2020) (high agreement, strong literature base). In Austria, this potential is not addressed in agricultural policy. With regard to food consumption, research points to high synergies between climate protection and health goals in the case of a reduction in the consumption of animal products (APCC, 2018; Willett et al., 2019) (high agreement, strong literature base). However, the potential for reducing the consumption of animal products has so far been ignored in climate change strategies. Dietary practices reflect social inequality structures. There is also high potential for reducing greenhouse gas emissions by avoiding food waste (IPES, 2019; SAPEA, 2020). If this is to be realised, actors along the entire value chain must be held responsible (high agreement, strong literature base).

Processing and retail are important parts of the value chain in terms of climate policy. Characterised by a very high level of concentration, food retailing has expanded the range of climate-friendly products on the market, but this does not mean that climate-damaging structures in the food system are being dismantled. Political regulations of the retail sector have so far been limited to measures of low effectiveness. Alternative distribution channels beyond the supermarkets are offered in the form of direct marketing practices by farmers, which are widespread in Austria. These can contribute to reducing transport-related GHG emissions by shortening the distances between production and consumption and by designing logistics in a climate-friendly way. However, the climate relevance of "food miles" is often overestimated (Enthoven & Van den Broeck, 2021; Paciarotti & Torregiani, 2021). Organic food production is often associated with climate friendliness in the public perception. Nevertheless, studies here provide very context-specific results (Seufert & Ramankutty, 2017) (low agreement, weak literature base). Due to the lower yields per hectare in organic farming, expansion potentials in organic farming for a more climate-friendly diet are often linked to a simultaneous reduction in the consumption of animal products (e.g., Hörtenhuber et al., 2010; Niggli, 2021; Schlatzer et al., 2017; Theurl et al., 2020).

Necessary changes, barriers and conflicts in the field of climate-friendly nutrition are primarily expressed in four fields: (1) in the contested transformation of policy areas, (2) in the conflict topic of meat, (3) in labour conflicts and (4) in conflicting forms of knowledge. First, an integrative food policy geared towards climate goals is called for by civil society actors and academia; this can combine different policy areas such as climate, environmental and health policies (APCC, 2018; IPES, 2019) (high agreement, medium literature base). It conflicts with interests of agrarian advocacy, agri-food industry and trade, which predominantly want to maintain the status quo of the current trade system, as well as with the current design of the European Union's Common Agricultural Policy (Nischwitz et al., 2018). Secondly, our economic system pushes production, processing, consumption and a comparatively low appreciation of animal products, as it is based on providing cheap products and exporting them (Plank et al., 2021c). This is culturally supported by routines. For example, meat is seen as essential (Oleschuk et al., 2019) and lack of time contributes to food waste (Devaney & Davies, 2017; Plank et al., 2020b) (high agreement, strong literature base). Thirdly, labour conflicts are visible in the field of harvesting, the processing industry, supermarkets and food delivery, as well as through farm abandonment, which calls for the valorisation of human labour to ensure the social dimension of climate-friendly structures (Behr, 2013; Möhrs et al., 2013) (high agreement, medium literature base). Finally, research questions do not address the realities of farmers' lives (Laborde et al., 2020; Nature, 2020). Important research gaps are evident in the role of the processing industry, agriculture, upstream agribusiness and food retailing. These need to be better addressed in future research on the provision of structures for climate-friendly living in order to be able to make more concrete statements about their responsibilities (medium agreement, low literature base).

Transition paths towards a climate-friendly food system are controversially and often simplistically discussed in dichotomous terms: "bioeconomy" versus social-ecological transformation of production and consumption practices in an "ecoeconomy" (Ermann et al., 2018; Horlings & Marsden, 2011); agroecological versus industrial systems (IPES, 2016); food as a commodity versus food as a common good or human right (Jackson et al., 2021; SAPEA, 2020) (low agreement, weak literature base). Although such an either-or perspective may be analytically useful, change processes can gain from a "both/and" approach: technical AND social innovations, agro-ecological AND industrial approaches, centralised AND decentralised approaches, production-side AND consumption-side measures (Ermann et al., 2018). Reduction targets could be pushed through higher prices (e.g., local feeding or full pasture, higher animal welfare standards, organic) or taxes on climate-damaging foods such as meat. These would hit socially disadvantaged groups harder. However, there are great synergies here with health goals, as socially disadvantaged groups in particular are disproportionately affected by the diet-related health consequences of current dietary patterns with high meat content and highly processed foods (Brunner, 2020; Fekete & Weyers, 2016).

Climate-friendly nutrition aims at socially inclusive, inequality-reducing diets. The acceptance of changes towards a climate-friendly agri-food policy depends not least on an effective social policy and a balancing of territorial imbalances between urban and rural areas or agricultural areas with favourable or unfavourable conditions (SAPEA, 2020). A nutritional turnaround can be supported by more transparency regarding origin, environmental and animal welfare standards as well as legal restrictions on advertising or promotional offers for climate-damaging and unhealthy foods, as well as by expanded access to knowledge, for example through direct interactions between consumers and producers (Ermann et al., 2018; IPES, 2019; SAPEA, 2020). In public discourse, the linear, fossil fuel-driven production model of cheap mass-produced goods could be replaced by a circular economy with a focus on quality, waste reduction, nutrient cycling and carbon sequestration (SAPEA, 2020). Climate-related standards in trade agreements, effective emissions trading and international CO_2 pricing (including a carbon boarder tax adjustment) support national efforts (European Commission, 2020b; SAPEA, 2020). Climate-friendly and circular agri-food systems open up new business models and investment opportunities, for example in connection with the use of food waste, carbon sequestration, biorefineries, biofertilisers or bioenergy (European Commission, 2020b; Hörtenhuber et al., 2019; Zoboli et al., 2016). In order to be able to react flexibly to the uncertainties – inherent in the food system – adaptive, inclusive and cross-sectoral approaches that rely on decentralised self-organisation, entrepreneurship and social learning and are strongly promoted by governmental and financial policy incentives seem to be particularly promising (IPES, 2016, 2019; SAPEA, 2020) (high agreement, medium literature base). As technological innovations with a focus on eco-efficiency are not sufficient to achieve climate and environmental goals, these should be complemented by sufficiency approaches and measures to reduce energy and material turnover (Haberl et al., 2011, 2020; Theurl et al., 2020) (high agreement, low literature base).

Chapter 6: Mobility

In order to understand the structures of climate-friendly mobility, an integrative perspective on mobility systems is necessary. In the following, the literature on climate-friendly mobility, the actors involved and structural conditions is reviewed.

Transport and mobility is one of the biggest challenges both for Austria and globally in achieving climate goals (EASAC, 2019; Kurzweil et al., 2019) (high agreement, strong literature base). GHG emissions from the transport sector account for over 30 per cent of total emissions in Austria. In 2019, these reached 24.0 megatonnes CO_2 equivalent in road transport, caused by the increase in mileage (see Fig. TS.9).

In addition, there are around 3.0 megatonnes of CO_2 due to international air traffic (high agreement, strong literature base). The number of car trips and the degree of motorisation in Austria also continue to increase. The modal split share for car trips increased from 42 per cent in 1983 to 51 per cent in 1995 (Sammer, 1990; Herry et al., 2012) and to 58 per cent in 2014 (Follmer et al., 2016). The level of motorisation increased by more than 10 per cent between 2000 and 2019 to 562 cars per 1000 inhabitants (Statistik Austria, 2019a, 2019b). Energy use in transport (including fuel export in tanks, i.e., when trucks in particular tend to refuel in Austria due to the comparatively lower fuel prices in international transit) amounted to 401 petajoules (PJ) in 2018 and doubled compared to 1990 (Statistik Austria, 2021). 90 per cent of energy use is based on fossil fuels. Transport performance (= "transport expenditure") in passenger transport across all transport modes increased from 76.7 billion to 115.3 billion passenger kilometres (+50 per cent) between 1990 and 2019 (Anderl et al., 2021). Between 2000 and 2017, passenger transport in Austria grew by around 23 per cent, more than twice as fast as the population in the same period (Anderl et al., 2020). At the same time, the average occupancy rate across all routes for passenger cars fell from 1.40 to 1.14 persons per car since 1990 (Anderl et al., 2021) (high agreement, strong literature base).

In freight transport, transport performance is closely linked to economic performance and increased by 149 percent between the years 1990 and 2018 to 84.3 billion tonne-kilometres (tkm); 73 percent of transport performance was provided via road in 2019 (Anderl et al., 2021). Domestic truck mileage (light and heavy commercial vehicles) increased by about 91 per cent since 1990, and transport performance (in tkm) by 168 per cent (Anderl et al., 2020). In the same period, the relative share of rail in modal split of total freight transport fell from 34 percent to 27 percent (Anderl et al., 2021).

For passenger and freight transport, it should be noted that efficiency improvements in vehicle propulsion technology are offset by increasing mileage (= "driving effort") and the trend towards larger, heavier and more powerful vehicles (Helmers, 2015). It is also worth mentioning the share of fuel exports in GHG emissions from road transport, which was reported to be 5.8 megatonnes CO_2 equivalent in 2019, quadrupling since 1990 due to price differences with foreign countries (Anderl et al., 2021) (high agreement, strong literature base). The global goal is to gradually decarbonise mobility by 2050 (United Nations General Assembly, 2015) and in Austria by 2040 (BMK, 2021a). To achieve the European Green Deal targets, a 90 per cent reduction in transport-related GHG emissions by 2050 would be necessary (European Commission, 2020d) (high agreement, strong literature base).

GHG emissions in the mobility sectors 1990 -2019

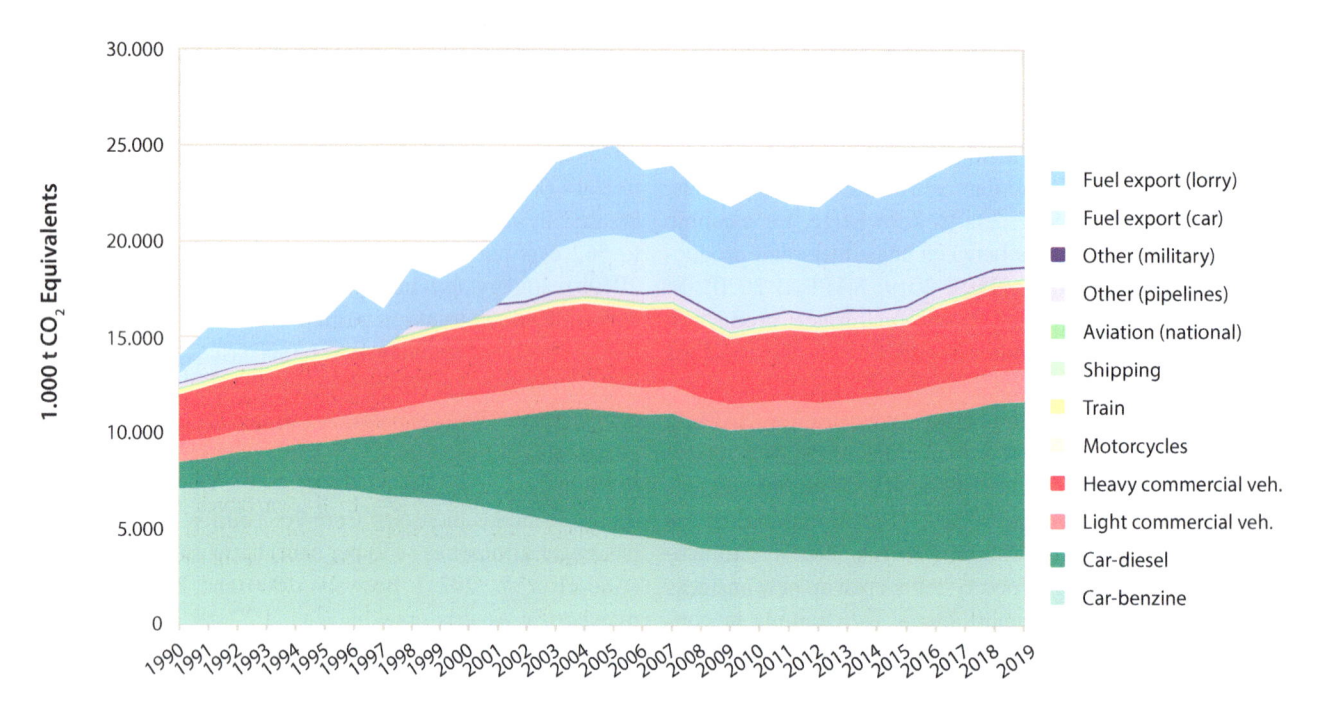

Fig. TS.9 GHG emissions of the transport sector (in 1000 tonnes CO_2 equivalent) (Umweltbundesamt, 2021d). Note: Mobile devices, machinery (tractor, building machines), and international aviation are not considered to be part of the transport sector. Classification according the Kyoto-CRF-Format. {Chap. 6}

These goals were explicitly stated in a series of (transport) political declarations of intent (BMNT, 2018; Heinfellner et al., 2019; BMK, 2021b; ÖVP & Grüne, 2020) and measures to achieve these goals were formulated. The proposed measures range from the expansion of walking and cycling, strengthening and expanding public transport to shifting freight transport to rail, using agricultural fuels and increasing e-mobility (Heinfellner et. al. 2019). Other sensible and effective measures mentioned include increasing fossil fuel and motor-related insurance tax, reducing the general speed limit on motorways and on rural roads to 100 and 80 km/h respectively, introducing city tolls, a quality offensive for walking, cycling and public transport, and including environmental and climate policy in spatial planning in the area of passenger transport (Heinfellner et. al. 2019) (high agreement, strong literature base). In freight transport, measures in the area of electrification, levying of a nationwide toll, measures for introducing true costs and digitalisation initiatives are identified as promising (Heinfellner et. al. 2019) (high agreement, medium literature base).

The scientific evidence (EASAC, 2019; Heinfellner et al., 2019; BMK, 2021b) shows that the goal of "zero GHG emissions" from motorised transport by 2040 is not achievable with the above-mentioned measures alone. Further measures influencing transport behaviour are needed (high agreement, strong literature base). Measures and concepts such as "the city of short distances", the redistribution and attractiveness of public space and new forms of traffic calming (e.g., superblocks) are mentioned. Furthermore, the internalisation of external costs, e.g., within the framework of an eco-social tax reform (CO_2-pricing) and a technically relatively easy-to-implement kilometre-based tax are proposed, adequately pricing costs of infrastructure, accident consequences, congestion, noise, CO_2 – and other external costs of motorised goods and individual transport (Kirchengast et al., 2019). This area-wide road user charge could be expanded to include time-of-day, road type and vehicle type-dependent components in order to have a targeted steering effect on transport demand.

Other effective measures mentioned are: (1) the abolition of "counterproductive" subsidies in the transport sector, e.g., commuter tax allowance, framework conditions for company cars, tax concessions for diesel, standard consumption tax, vehicle insurance tax law, fiscal trucks, etc. (Kletzan-Slamanig & Köppl, 2016a); (2) introducing traffic polluter-pay tax (Schopf & Brezina, 2015, p. 42 ff); (3) adjusting building regulations with regard to the number and spatial arrangements (keyword "equidistance") of car parking spaces at workplaces and residential complexes (Knoflacher, 2007); and (4) redistributing road space in favour of pedestrians and cyclists (Knoflacher, 2007) (high agreement, strong literature base). It should be noted that a social balance must be ensured when implementing transport policy measures presented above, as monetary measures in particular could place a greater burden on lower income groups if increased taxes and charges are not adequately redistributed (Dugan et al., 2022) (high agreement, strong literature base).

Structural measures in the field of transport, like changes in responsibilities of local authorities, implementation processes, construction of infrastructures and in overall objectives (e.g., ensuring access while remaining within planetary boundaries instead of satisfying the seemingly unlimited demand for motorised individual mobility), amendment and adaptation of laws, etc., require long time periods (5 to 20 or even 30 years) to become effective. Only when these structural changes have been implemented can behavioural changes be noticed – again with a time lag – in society and in the associated economic system (Emberger, 1999, p. 89 ff). Since Austria has committed itself in the context of the Paris Climate Agreement to keeping global warming to no more than 1.5 degrees, aiming for a decarbonised transport system by 2040, targeted, ambitious, and rapid action by all actors involved is necessary (high agreement, strong literature base).

Chapter 7: Employment

The chapter deals with structural conditions for climate-friendly employment. This includes on the one hand the employment as well as working conditions and how they allow for climate-friendly behaviour at the workplace. On the other hand, it deals with the question of how wage-labour must be shaped so that people can also live climate-friendly beyond their employment.

Wage-labour is central to people's lives. It is not only a source of individual subsistence and material security, but also enables social integration, the creation of meaning and the development of identity. At the same time, wage-labour is highly relevant for climate policy, as it involves countless activities and processes that are associated with energy and resource consumption (Table TS.2). There is a broad consensus in the literature that employment is a significant element of a climate-friendly transformation of the economy and society (Bohnenberger, 2022; Seidl & Zahrnt, 2019).

Large areas of wage-labour currently do not meet the requirements for climate-friendly living (Hoffmann & Spash, 2021). Therefore, structural conditions of employment need to change fundamentally (high agreement, strong literature base). Achieving the decarbonisation goals at the European and national level requires fundamental changes, especially in the production sector (Meinhart et al., 2022; Steininger et al., 2021; Streicher et al., 2020). Work in the service sector causes lower emissions on average compared to other sectors. However, the service sector is based on the upstream production of goods. In addition, emission-intensive services also exist, especially in transport (Hardt et al., 2020, 2021).

Employment is an important aspect in structuring daily lives and thus has a significant influence on the extent to which employees can live climate-friendly beyond work. The amount of work, stresses and strains, but also experiences of meaningfulness and social recognition related to employment have an impact on the actions and conduct of employees in their non-working time. Four conceptual approaches to employment-related climate policies can be identified in the literature: (1) Green Jobs (Janser, 2018); (2) Just Transition (ILO, 2015; TUDCN, 2019;) (3) Sustainable Work (Barth et al., 2016; Littig et al., 2018; UNDP, 2015); and (4) Post-Work (Frayne, 2016; Hoffmann & Paulsen, 2020).

In some sectors, climate-friendly work can be achieved through the conversion to renewable energy and other (technological) innovations. Other sectors require terminations or the conversion to more climate-friendly products and services (high agreement, strong literature base) (UNDP, 2015). Potential impacts on employment have been explored, for example, for the phase-out of the internal combustion engine (Sala et al., 2020; Wissen et al., 2020). In the transformation phase, the volume of paid work is likely to remain constant due to the necessary reconstruction of infrastructure (medium agreement, medium literature base) (Aiginger, 2016). In the longer term, a reduction in the volume of work might be necessary in order to prevent exceeding ecological limits (medium agreement, weak literature base) (Hoffmann & Spash, 2021; Seidl & Zahrnt, 2019).

In order for the necessary structural change to succeed, liberal democracies need to involve all major social forces and take into consideration different interests. Companies and their interest groups, as well as trade unions, can be both inhibiting and driving forces of structural change (high agreement, medium literature base). There is an awareness of the need for transformation both on the part of employees (including Littig, 2017; Niedermoser, 2017a; see also "AK Klimadialog": https://wien.abeiterkammer.at) and on the part of companies (e.g., BMK, 2021a; GLOBAL 2000, Greenpeace and WWF Austria, 2017). Structural change should be actively designed and combined with other measures. From the perspective of workers, safeguarding material security and the fair distribution of transformation costs are crucial (Laurent, 2021; ISW, 2019; ÖGB, 2021; Wissen et al., 2020) (high agreement, weak literature base).

Employment is an important driver of economic growth. Employment loss that originates from productivity increase can be avoided through economic growth (Antal, 2014; Seidl & Zahrnt, 2019). At the individual level, the interrelation between income, social security, recognition, participation and employment restricts the scope for shaping climate policy (high agreement, medium literature base) (Bohnenberger & Schultheiss, 2021; Hoffmann & Paulsen, 2020).

Technological developments such as digitalisation are ambivalent and can either support or hinder the social-

Table TS.2 Sectors with the highest CO_2 emissions in Austria (in absolute terms, 2016). CO_2 emissions, employees and gross value added by sector (2016). (Source: Statistics Austria, WIFO calculations, quoted from Meinhart et al. (2022: Annex), own presentation). {Chap. 7}

ÖNACE 2008 Classification		Employees	Gross Value Added (GVA) 2016	Total	CO_2 emissions (t) per employee	Per 1000 € GWA
Class	Name	Total	Mio. €			
C24	Metal production and processing	37,714	3916.2	22,847,738.72	605.82	5.83
D35	Energy supply	24,478	5725.0	14,566,354.29	595.08	2.54
C23	Manuf. of glassware, ceramics, etc.	31,383	2466.6	5,535,402.81	176.38	2.24
C19	Coke and refined petroleum products	1315	514.4	2,451,397.67	1864.18	4.77
H49	Land transport	121,982	7596.8	1,810,837.74	14.85	0.24
C20	Manuf. of chem. and chem. products	18,412	2877.3	1,601,497.85	86.98	0.56
C17	Manuf. of paper and paper products	16,536	1853.0	1,220,098.84	73.78	0.66
A01	Agriculture and hunting	109,163	2781.6	1,011,454.20	9.27	0.36
C10	Manuf. of food prod. a. animal feeds	72,420	4344.5	708,616.90	9.78	0.16
G46	Wholesale	210,106	18,228.9	520,280.79	2.48	0.03
C27	H.v. electrical equipment	45,861	3953.1	487,039.82	10.62	0.12
F43	Other Construction	204,066	10,423.3	462,420.85	2.27	0.04
C25	Manuf. of fabricated metal products	78,609	6017.1	380,285.53	4.84	0.06
C16	Manuf. of wood and wood products	32,230	2386.7	351,683.83	10.91	0.15
H51	Aviation	8597	702.8	345,887.10	40.23	0.49

ecological transformation (Kirchner, 2018; Santarius et al., 2020). In order for digitalisation to be harnessed for more climate-friendly and decent employment, political design is needed (medium agreement, weak literature base). The design of climate-friendly structures for employment is facilitated by the value change towards a work-life balance, changing demands for meaningful work (Aichholzer, 2019) and desires for shorter working hours (Csoka, 2018; FORBA & AK, 2021) (medium agreement, weak literature base).

To create climate-friendly employment opportunities, investments in environmentally friendly and circular production processes are necessary (high agreement, strong literature base). Investments in public infrastructures and services (services of general interest) can help to (1) strengthen climate-friendly employment, (2) meet societal needs and (3) ensure a socially acceptable transformation (medium agreement, medium literature base) (Krisch et al., 2020; Schultheiß et al., 2021). Furthermore, shifting the tax burden from labour to energy and resources could enhance employment and reduce environmental consumption (Köppl & Schratzenstaller, 2019). Workplace co-determination and participation are a prerequisite for implementing necessary changes together with employees. More participation, however, does not automatically lead to more climate-friendly conduct, but requires additional political and company measures (high agreement, medium literature base).

In order to manage structural change and enable climate-friendly employment, workers must have access to the necessary qualifications (high agreement, medium literature base). An action plan for key areas of the energy transition is being developed for Austria, as well as at the global level (IRENA & ILO, 2021). If economic activity and thus labour volume decline as a result of environmental policy, social goals can only be achieved if income and social security are (at least partially) decoupled from employment (Kubon-Gilke, 2019; Petschow et al., 2018). Proposals for this include an unconditional basic income (Mayrhofer & Wiese, 2020), the provision of universal basic services (Büchs, 2021; Coote & Percy, 2020) or greater self-sufficiency (Littig & Spitzer, 2011; Paech, 2012).

An important policy to enable climate-friendly employment is the reduction of working hours. This is considered a suitable measure to (1) facilitate a climate-friendly life outside of employment (medium agreement, weak literature base) (Schor, 2005, Knight et al., 2013) and to (2) distribute the volume of work, which might possibly decline in the long run, more evenly (high agreement, medium literature base) (Figerl et al., 2021).

Chapter 8: Caring for oneself, household, family and society

In the following, the literature on care work in the context of climate-friendly living is presented. Caring for oneself, the household, the family and society are indispensable even for survival, vital, but often invisible activities. On the one hand, they receive little attention in everyday life, and on the other hand, they are often ignored in economic and ecological analyses (high agreement, strong literature base). The relevance of this unpaid care work for a climate-friendly life depends on the extent to which goods, services and mobility are required and used for these activities and how emission-intensive they are provided (high agreement, strong literature base).

Making unpaid care and voluntary work visible is a prerequisite to prepare the necessary structural changes to enable a climate-friendly everyday life for all. Less time pressure, deceleration and reduced multiple burdens are important levers to ensure climate-friendly decisions in everyday life. Thus, framework conditions are needed that help to alleviate time pressure, reduce commuting and offer support in caring for children and family members (high agreement, medium literature base). The current unequal distribution of paid and unpaid work for necessary care (children, elderly, those in need of care) is still strongly influenced by a gender-specific division of labour. Time pressure due to paid work and unpaid care work and acceleration in working life and everyday life burden both quality of life and climate (high agreement, strong literature base). More gender and care justice also promotes climate justice (high agreement, strong literature base). The climate impact of unpaid care work often shows up as a synergy effect with other fields of action: The more time is available for necessary care work, the more likely climate-friendly practices can be developed (high agreement, weak literature base).

"Fair sharing" of unpaid and paid work as redistribution between genders, but also towards the public sector, leads to higher social balance and enables more climate-friendly modes of living. Reduced working hours and equitable distribution of paid and unpaid work reduce stress and make climate-friendly practices more attractive (high agreement, strong literature base). In households, shared and reduced consumption of goods and energy is an important factor in reducing emissions, along with dwelling size, energy mix, renovation levels and energy-saving technologies (high agreement, strong literature base) (see Table TZ.1). Sufficient time, good information and existing skills are necessary for climate-friendly shopping, food production and preparation, and sustainable choices when eating out (high agreement, strong literature base). Accessible and affordable mobility infrastructure for all is important to allow for more sustainable decisions when making the necessary journeys to care for other people, e.g., care visits, journeys to school, etc. (high agreement, strong literature base). If care work and thus also leisure time are distributed more equally, the emissions caused by time pressure are reduced, as are those caused by time and income prosperity (high agreement, strong literature base).

Acceleration (Rosa, 2005) and time pressure (Sullivan & Gershuny, 2018) are determinants of quality of life and climate impacts of everyday behaviour, especially in the area of unpaid care work and care (Schor, 2016; Shove et al., 2009).

Time cultures, e.g., the handling of speed and waiting times and the evaluation of the durability of products, are seen as important factors for sustainable resource use (Rau, 2015) and are also important factors in care and domestic work. Sufficient time is necessary to lead a healthy life with recreation, exercise and sport (APCC, 2018). Time well-wealth as an intangible form of well-being contributes to more climate-friendly choices (Großer et al., 2020; Rinderspacher, 1985; Rosa et al., 2015).

Unpaid care work is also an issue in approaches to "caring economics" (Biesecker, 2000; Biesecker & Hofmeister, 2006). In the recent debate on feminist post-growth ideas, the need to link the different strands of feminist and degrowth approaches is pointed out (Bauhardt, 2013; Dengler & Lang, 2019, 2022; Knobloch, 2019; Kuhl et al., 2011). The need for a feminist complement to the Green Deal is perceived in some countries (e.g., Cohen & MacGregor, 2020). Gender budgeting approaches also exist in Austria. If they aim to examine public spending for gender and climate justice, there is an opportunity to achieve emission savings in the care sector as well (Schalatek, 2012). Spatial, urban and transport planning must consider about care work if it wants to enable emission reductions. In a "city of short distances", neighbourhoods should be planned in such a way that there are short distances between the place of residence and, above all, kindergartens/schools as well as retailing and, if possible, employment opportunities, which can be covered on foot or by bicycle. According to this concept, public transport should be more strongly oriented towards the times and needs of care work and urban development and be conceptualized as advancing from the car-oriented city towards the people-oriented city (Bauhardt, 1995).

In addition to care work, there are also other activities that lie outside of economic considerations. Voluntary activities that serve to build and maintain community and society, but also all activities with the aim of self-sufficiency are part of caring for society and nature. These activities also contribute to building community, producing goods and services and possibly reducing climate impacts. For example, the trend towards growing one's own vegetables or "urban gardening" as low-emission food production helps to reduce CO_2 emissions (Cleveland et al., 2017). Spending time on voluntary and alternative subsistence activities, which is then not available for paid employment and market-based economic production, also contributes indirectly to emission savings and climate-friendly living; especially since large parts of paid employment in Austria do not meet the requirements for climate-friendly living (compare chapter on paid employment). Time banks, for example, show a possibility to relate care work and paid employment and thus create more socially and climate-friendly working time quotas (Bader et al., 2021; Schor, 2016).

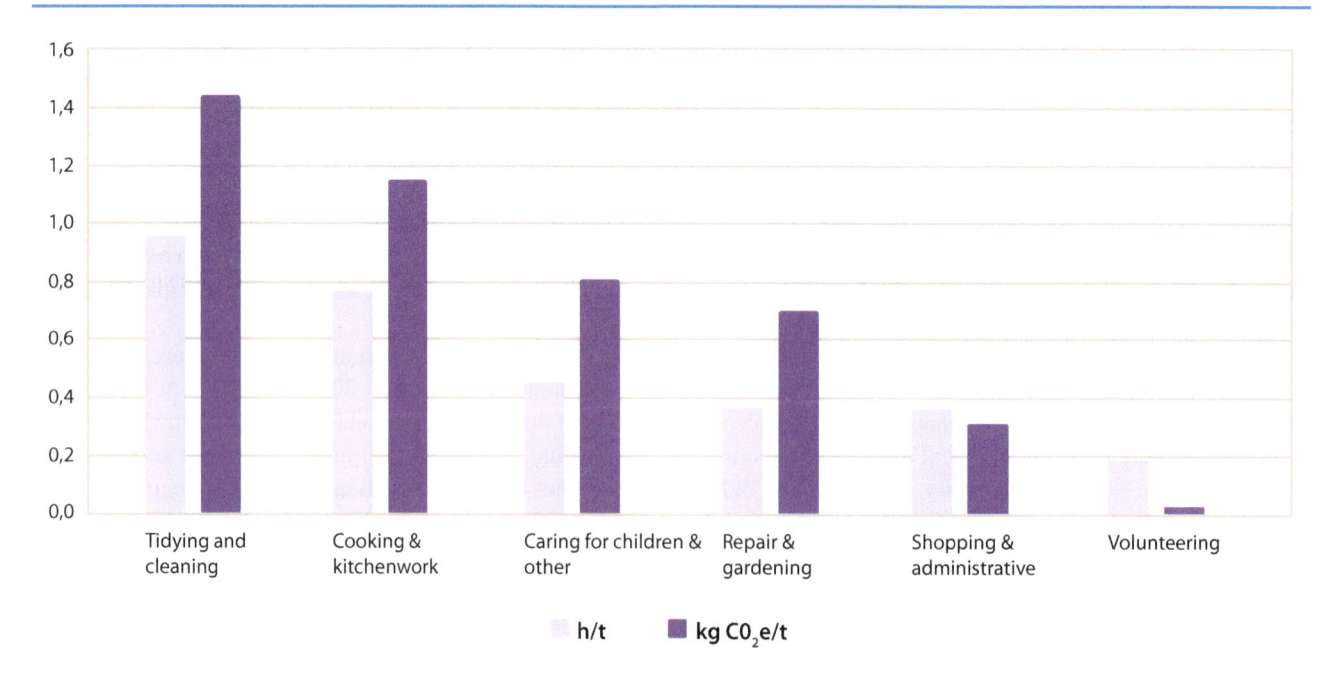

Fig. TS.10 Household activities by hours per day and kilograms of CO_2 equivalent per day, excluding emissions from mobility, for the year 2010 and the Austrian average. (Own illustration according to Smetschka et al. (2019)). {Chap. 8}

Care work and the quality of care work depend on human interaction and thus on time. Structural constraints lead to a shortage of time or a lack of time sovereignty. This requires – as far as financially possible – consumption with increased resources and energy use. At the same time, higher incomes lead to higher demands, e.g. in the household sector (kitchen equipment, higher hygiene standards, increasing wellness demands). Climate-friendly time policy (Reisch & Bietz, 2014) and care-oriented time policy (Heitkötter et al., 2009) focus on time as a lever for political design and combine the two concerns: If people have more time and care work is distributed more equitably (between genders), they could act in a more climate-friendly way (Hartard et al., 2006; Rau, 2015; Schor, 2016).

A time perspective helps to analyse social-ecological interactions and to redefine and expand the concept of work (Biesecker et al., 2012; Biesecker & Hofmeister, 2006). The re-evaluation of different forms of work, paid and unpaid, for production and reproduction of social subsystems of person, household, economy and society leads to more gender justice and a caring society. Better taking care for these subsystems reduces social inequalities and the related time pressure and overload for one part and (too) high consumption for another part of society: "If it were possible to create greater leeway in the use of time through time prosperity, it would be conceivable that resource-intensive practices would be substituted with time-intensive ones in many lifeworlds" (Buhl et al., 2017, original in German). Freed-up capacities can be used for more care for nature (Hofmeister & Mölders, 2021) and for building structures for a more just and climate-friendly life (Winker, 2021) and thus represent valuable co-benefits.

Chapter 9: Leisure and holidays

Chap. 9 provides an assessment of the literature on climate-friendly leisure and holiday activities in Austria. The climate-friendliness of leisure activities and holidays depends on how climate-friendly the mobility used for them, the premises chosen and their energy supply are, how emission-intensive the material goods and services used for leisure activities and holidays are provided and which specific activities are pursued (high agreement, strong literature base). The GHG emission footprint of leisure activities is unevenly distributed along income groups, as wealthier households tend to be more mobile and have a more consumption-intensive leisure and holiday pattern (high agreement, strong literature base). Emissions caused by information- and communication-technologies as well as digitalisation of leisure activities are continuously increasing. To assess the climate impacts of digital or non-digital options, it is necessary to systematically compare the entire product life cycle (high agreement, medium literature base). Outdoor leisure activities are already affected by climate change (high agreement, strong literature base).

Leisure and recreation serve regeneration purposes and are of great importance for quality of life in Austria. Therefore, it is important to find climate-friendly alternatives with recreational value to reduce resource- and energy-intensive activities for all income categories. The emission intensity of mobility dominates overall leisure emissions. However, goods and services are also crucial for the climate friendliness of recreational activities and holidays (high agreement, strong literature base) (Table TS.3). Services can be more

Table TS.3 CO_2 footprint of consumption by Austrian households in 2010 by consumption categories in the leisure sector. (Own representation according to Smetschka et al.). {Chap. 9}

Field of consumption	Thousand tons (kt) CO_2e/Year	Share of household footprint
Gastronomy	5139	6 %
Sport, leisure and cultural happenings	3798	4 %
Holiday	3547	4 %
Clothing (incl. shoes)	3061	4 %
Accomodation	2309	3 %
Electronics (entertainment, film, photo, information technology)	2156	2 %
Sports, hobbies, and leisure goods & household animals, gardening	1070	1 %
Printmedia, paper and stationary supplies	315	0 %
Large scale durables and freetime and sport activities	33	0 %

climate-friendly than material goods. However, this requires production networks, provision of service and energy supply to be climate-friendly. For their assessment, information from the life cycle analysis is necessary (high agreement, weak literature base). Everyday time pressure due to paid employment and care work, as well as the acceleration in everyday life can make climate-damaging leisure behaviour appear as more convenient (high agreement, strong literature base). Social norms are structuring leisure practices along the (often gender-specific) division of labour of paid work time and care work (high agreement, strong literature base).

Socially widespread practices of leisure are shaping what is considered "normal" or acceptable activities and how they are carried out, e.g., long-distance tourism versus local/regional recreation or cycling versus motorcycling as a hobby (high agreement, strong literature base). Leisure is an area of life with diverse individual options for action, which is nevertheless strongly subject to structural conditions. Hence, social norms and widespread practices or the available infrastructures and opportunities have a strong effect on individual choices. The main drivers of everyday time use patterns are the arrangements around paid and unpaid work and education as well as place of residence and existing (mobility) infrastructures and the spatio-temporal accessibility of leisure activities. The amount of hours worked and their timing as well as the operating hours of educational institutions and the time needed for commuting shape, limit and enable other time use activities.

Time scarcity due to operating hours, low work-life balance and double burden influence the CO_2 intensity of other activities through choices on transport use (individual transport versus public transport) and consumption patterns (e.g., fast food). Focusing on time well-being for all offers the opportunity to define climate-friendly living with the goal of *spending a lot of free time in a self-determined way and with climate-friendly activities* instead of emphasising that individuals abstain and dispose of the expertise in order to *consume less and differently* (Schor, 2016). Time policies (Reisch, 2015) can offer cross-sectoral solutions to social and economic problems. If they include environmental issues, they can also contribute to climate-friendly developments.

Efficient, high-quality, durable, shareable and repairable products are necessary for climate-friendly leisure. It is equally important to move away from business models based on accelerating product life cycles, e.g., *fast fashion* or rapid obsolescence in smartphones (high agreement, strong literature base). Time sovereignty and more leisure time could lead to less time pressure and more well-being with a lower GHG emissions footprint if these practices require little or zero-emission mobility, homes are operated without emissions and other products involved are efficient and used or repaired for a long time (high agreement, strong literature base). Providing infrastructure and services for recreation in public spaces that are free and within walking distance contributes to changes in recreation practices. Public services and communal infrastructure – e.g., green spaces, sports and recreational facilities with low costs and CO_2 emissions that are accessible by public transport in a short time – enable more CO_2-efficient recreational practices (Druckman & Jackson, 2009; Jalas & Juntunen, 2015; Rau, 2015).

Since the climate problem of leisure, holidays and other consumption, aside from mobility and housing, mainly arises indirectly through the production of goods and services, a combination of measures is needed. Clearly, the provision of goods and services and their production must be made more climate-friendly. A re-evaluation of work and leisure with a focus on deceleration and time prosperity makes it possible to decelerate leisure and to live less consumption-intensively, thus causing lower emissions and resource consumption (Creutzig et al., 2021). There is agreement in the literature that a mix of measures (true costs, emissions pricing, resource taxes, binding standards and requirements) is necessary to achieve these goals:

- structural changes that promote deceleration and a good life for all,
- a rapid decarbonisation of energy supply and mobility,

- a rapid decarbonisation of the globalised production of goods and services,
- increasing energy and resource efficiency of products,
- more products with decelerated and extended product life cycles and
- innovative products that (can) be repaired and used by several people.

Part 3: Structural conditions

Chapter 10: Integrated perspectives on structural conditions

Structures affect everyday actions in many ways and their adequate design is therefore necessary to enable climate-friendly behaviour in the long term. The structures discussed in part 3 significantly promote or hinder a transformation towards climate-friendly living and are relevant across all fields of action. The analysis pays special attention to the specific conditions in Austria and addresses different areas that are affected by structural changes: Law, governance, structures of public decision-making in discourse, in media, in education and knowledge production as well as economic activities including their technical dimensions and the associated innovation systems. Areas such as spatial inequality and spatial planning as well as social security systems are also considered. The part also looks at the supply of goods and services in general, but also places an emphasis on globalised commodity chains and monetary and financial systems in order to address interdependent structures beyond Austria's borders. The structuring role of the built environment is discussed in the concluding chapter on networked infrastructures.

Existing structures are not suitable for promoting climate-friendly living for all people in Austria. Internal dynamics, strong inertia, lock-in effects and path dependencies hinder necessary changes. In order to achieve climate goals, transforming or creating new structures is considered essential. Focusing on interactions between different structures across specific fields of action (Part 2), but also on interrelationships of structures with each other, enables action-relevant insights into how and with which measures existing structures can actually be shaped – in the sense of effective climate protection.

Transforming structural conditions enables actors to lead their lives (work, consumption, leisure) in an effective, sustainable and climate-friendly way without unreasonable effort. With regard to designing structural changes, the extent to which individual and collective actors (e.g., associations) are able to preserve or change current structures according to their power potential, resource endowment or organisational capacity must be taken into account. On the one hand, this part of the report deals with structures directly relevant to action (e.g., in law, network infrastructures, production, etc.) with their changes having a direct impact on possibilities for climate-friendly behaviour. On the other hand, structures that have an indirect effect and create the preconditions for the development of climate-friendly structures (e.g., governance, education and science, innovation system, etc.) are also dealt with. An important finding of this part of the report is that both directly and indirectly effective structures are of great importance for implementing climate-friendly living and shaping them through democratic and coordinated action is essential if the objectives of the Paris Climate Agreement and the corresponding goals of the Austrian Federal Government are to be achieved.

Chapter 11: Law

Measures for climate-friendly living are legally implemented and orchestrated in numerous fields of action. Law creates structures for climate-friendly living. However, law is characterised by diverse cross-connections and relationships of superordination and subordination, which in turn enable, restrict or render impossible decisions to design structures. Law thus has a structuring effect on climate-friendly living. Legal matters that are of structural importance for climate-friendly living go beyond environmental and climate protection law and include other areas of law, such as constitutional law, international trade law or housing law (Madner, 2015a; Schulev-Steindl, 2013) (high agreement, strong literature base).

Law relevant to climate-friendly living is shaped and enforced at several levels. It creates a structure that on the one hand offers opportunities for legislation and enforcement, but on the other hand also contains restrictions (Peel et al., 2012; Scott, 2011). In many cases, the legal framework sets limits to legislation, e.g., through fundamental rights (Kahl, 2021). Some design conditions can only be changed under more difficult legal conditions, e.g., the distribution of competences in the Austrian federal state, which can only be redesigned by amending the constitution. In general, competence delimitation complementarity and coordination from the international to the European and federal to the local level is needed (Schlacke, 2020; Ennöckl, 2020; Raschauer & Ennöckl, 2019; Ziehm, 2018; Horvath, 2014; Madner, 2010, 2005a) (high agreement, strong literature base).

There is no explicit fundamental right to environmental or climate protection in Austria, nor does the European Convention on Human Rights (ECHR), which has constitutional status in Austria, contain a fundamental right to protecting the environment "as such". However, environmentally relevant duties to protect can be derived from its guarantees (Grabenwarter & Pabel, 2021; Schnedl, 2018; Ennöckl & Painz, 2004; Wiederin, 2002) (high consensus, strong literature base). In some European countries, courts have upheld lawsuits concerning stronger climate targets, citing the guarantees of the European Convention on Human Rights (ECHR) or state objectives (see e.g., BVerfG 24.03.2021, 1 BvR 2656/18). Currently, several cases are pending before the European Court of Human Rights, which concern both the question of climate protection obligations of states and explicitly the question of a right to effective complaint in connection with the lack of climate protection measures (Duarte Agostinho u. a. v. Portugal u. a., pending; Verein KlimaSeniorinnen Schweiz u. a. v. Switzerland, pending; Mex M. v. Austria, pending).

Union law also strongly shapes the scope of action of national legislators in climate protection legislation. The use of market-based instruments is prescribed by EU law with emissions trading (ETS) for emissions- and energy-intensive industry and parts of the energy sector, also for Austria (Madner, 2005b; Schulev-Steindl, 2013). National scope for legislative action exists primarily in the non-ETS sector (waste management, agriculture and energy, as well as currently for the buildings and transport sectors, where inclusion in the emissions trading system is, however, planned in the medium term) (Fitz & Ennöckl, 2019) (high agreement, strong literature base).

The National Climate Change Act (KSG) is intended to coordinate climate policy in the non-ETS sector (waste management, agriculture and energy, and currently buildings and transport), but its steering and enforcement power is currently considered to be low. It is considered to be in need of updating. There is a broad consensus on the need for a climate protection law that contains strategic targets in line with Paris climate goals as well as effective sanction mechanisms (Ennöckl, 2020; Schulev-Steindl et al., 2020) (high agreement, medium literature base). An effective national climate protection law should also contain an improvement requirement to safeguard Austria's climate targets against regressions (Schulev-Steindl et al., 2020; Kirchengast & Steininger, 2020) (high agreement, medium literature base).

In the Austrian Federal Constitution there is no uniform competence with regard to the "environment" or "climate" (Horvath, 2014). Introducing a specific competence (Bedarfskompetenz) for climate protection at the federal level is considered a necessary structural condition to enable comprehensive regulations for climate protection and to create uniform climate protection standards (Schulev-Steindl et al., 2020) (high agreement, medium literature base). In the literature, measures in the area of financial-, tax- and subsidy law are also considered necessary structural levers; thus, in particular, an adequate CO_2 pricing, but also an ecological restructuring of tax and subsidy law (e.g., redesign of municipal tax), linking housing subsidies with ecological criteria and, in general, the orientation of fiscal transfers according to spatial and climate-relevant parameters are discussed (Mitterer, 2011, Madner & Grob, 2019a, Kanonier, 2019 jew mwN) (high agreement, medium literature base).

Internal departmental conflicts shape environmental and climate policy at European and national level (Hahn, 2017; Madner, 2007; Bohne, 1992). The "silo-shaped" design of the Austrian administration, which is structured according to the departmental principle, is seen as inhibiting handling of cross-cutting issues such as climate protection (Hahn, 2017). The European Commission has an important role in designing European climate protection law (e.g., European Green Deal) with the right of initiative to legislature. In relation to member states, the Commission's role in climate policy is characterized, for example, by its review rights when drawing up national climate protection plans, but also by its power to initiate infringement proceedings. At the same time, as guardian of the internal market and initiator of far-reaching liberalisations, the collegial body Commission is often perceived as promoter of interests running in opposition to climate protection (Bürgin, 2021) (high agreement, medium literature base).

Strengthening environmental organisations in environmentally relevant approval procedures is seen as particularly beneficial for climate protection, although the assessment in connection with projects for expanding renewable energy is differentiated (Berger, 2020; Schwarzer, 2018; Schmelz et al., 2018; Sander, 2017; Schmelz, 2017a). From the perspective of project operators, increased public participation by environmental organisations is often qualified as an obstacle in locational competition (Bergthaler, 2020; Schmelz, 2017a, 2017b; Niederhuber, 2016) (high agreement, strong literature base).

In the context of climate lawsuits, courts are also considered to have an important function for climate protection. Through their control function, they can identify deficient climate protection legislation and insufficient consideration of best available techniques and the state of the art in science, and can define existing obligations of the legislator more specifically (Schulev-Steindl, 2021; Schnedl, 2018; Krömer, 2021). This role of courts in climate change mitigation is dependent on fundamental rights or other enforceable rights and access to justice (Krömer, 2021; Peel & Osofsky, 2018; Colombo, 2018). With the separation of powers, such an attribution of roles is also partly viewed critically in the literature (Wegener, 2019, Saurer, 2018) (high agreement, strong literature base).

A fundamental right to climate protection would enable individuals (and, where appropriate, legal entities) to challenge decisions and measures conflicting with climate protection before the courts and thus hold decision-makers more accountable (Ennöckl, 2021). In order to achieve this, such a fundamental right would have to be combined with adequate provisions on access to justice (Krömer, 2021;

Schulev-Steindl, 2021). In addition to the fundamental right to climate protection, a fundamental duty to protect resources or the climate could limit the (growing) use of resources (Winter, 2017). Part of the literature understands the introduction of rights of nature as a necessary step to avoid the instrumentalisation of nature or even as an opportunity to completely rethink legal instruments (Epstein & Schoukens, 2021; Kauffman & Martin, 2021; Darpö, 2021; Krömer et al., 2021; Fischer-Lescano, 2020) (high agreement, medium literature base).

In the discussion on design options at national level, anchoring a fundamental right to climate protection (medium agreement, medium literature base), a separate competence "climate protection" (high agreement, medium literature base), an effective climate protection law (high agreement, medium literature base) and an ecological tax reform (high agreement, medium literature base) are highlighted as particularly relevant in accordance with the identified necessary structural conditions.

Climate protection measures taken at the international, EU and/or national level are often in tension with the trade liberalisation-oriented goals of WTO law (Du, 2021; Mayr, 2018; Müller & Wimmer, 2018) (high agreement, strong literature base). As a central concern of the European economic constitution, safeguarding competition shapes the orientation of the Austrian economic constitution and the scope for national legislation, including in the area of services of general interest (Madner, 2022; Müller & Wimmer, 2018; Griller, 2010; Hatje, 2009) (high agreement, strong literature base). In order to overcome fragmentation in international law and to place world trade law more strongly in the service of sustainability goals, global trade policy needs to be realigned with the overarching goals of social and economic stability and ecological sustainability (Ruppel, 2022; Neumayer, 2017; Vranes, 2009; Bernasconi-Osterwalder et al., 2005; Weinstein & Charnovitz, 2001) (high agreement, medium literature base).

A number of civil society actors and broad civil society alliances (e.g., the Seattle to Brussels network), think tanks (e.g. the International Institute for Sustainable Development (IISD), cf. International Institute for Sustainable Development, 2021) but also the United Nations Conference on Trade and Development ("Geneva Principles for a Global Green New Deal", cf. Gallagher & Kozul-Wright, 2019) have put forward proposals for fundamentally transforming international and European trade policy, which are considered necessary to tackle the environmental and climate crisis and to counteract the adverse effects of globalisation (eg. Gallagher & Kozul-Wright, 2019) (high agreement, medium literature base).

The following options are highlighted as particularly important: Ensuring the right to use state regulation to protect health, social and environmental issues ("right to regulate"); establishing binding corporate obligations to respect human rights; ensuring space for local and regional economies; and strengthening social-ecological public procurement (Krajewski, 2021a; Schacherer, 2021; Eberhardt, 2020; Petersmann, 2020; Schill & Vidigal, 2020; Strickner, 2017; Attac, 2016; Kube & Petersmann, 2018; Schmidt, 2021; Bernasconi-Osterwalder & Brauch, 2019) (high agreement, medium literature base).

Chapter 12: Governance and political participation

This chapter assesses the literature on the governance of climate crisis in Austria. It examines which actors and structures shape climate policy in Austria. Both state and non-state aspects of social governance are relevant. In Austria, there is a special feature at the interfaces between state, economy and society that exists in a similar form only in a few countries: the social partnership as a central component of a corporatist system of government. Chap. 12 of the report analyses how the state and social partnership actors shaped Austrian climate policy until 2019, what role the EU played and the changes occurred since 2019.

The climate policy of the federal governments was put forward in three climate strategies (2002, 2007 and 2018), a climate protection law and corresponding amendments (2011, 2012, 2017) and two programmes of measures for 2013/2014 and 2015 to 2018. Although these are different approaches to coordinating and implementing climate policy measures, none of these approaches succeeded in reducing greenhouse gas emissions in line with the objectives of the federal government. As Fig. TS.11 shows, with one pandemic-related exception, all climate targets have been missed so far. Thus, Austria is also one of the few northern countries in Europe not having reduced domestic emissions since 1990 (Steurer & Clar, 2015; Clar & Scherhaufer, 2021) (high agreement, strong literature base).

This climate policy failure in Austria is also due to the federal structure, the social partnership and a long time passive civil society, failing to oppose the prevailing priority setting until 2019 (high agreement, strong literature base).

Austria's federal system shows a high degree of divergence in terms of target and decision-making structures, scope of action and time horizons. The distribution of competences for spatial planning, transport and buildings makes federal decision-making and thus goal-oriented decarbonisation more difficult. The federal states have important competences for spatial planning, transport and buildings, but are not themselves bound by the climate targets agreed between the federal government and the EU. This is another reason why climate protection often has only a low priority for the state governments (Steurer et al., 2020).

GHG and CO$_2$ Emissions and binding Goals for Austria

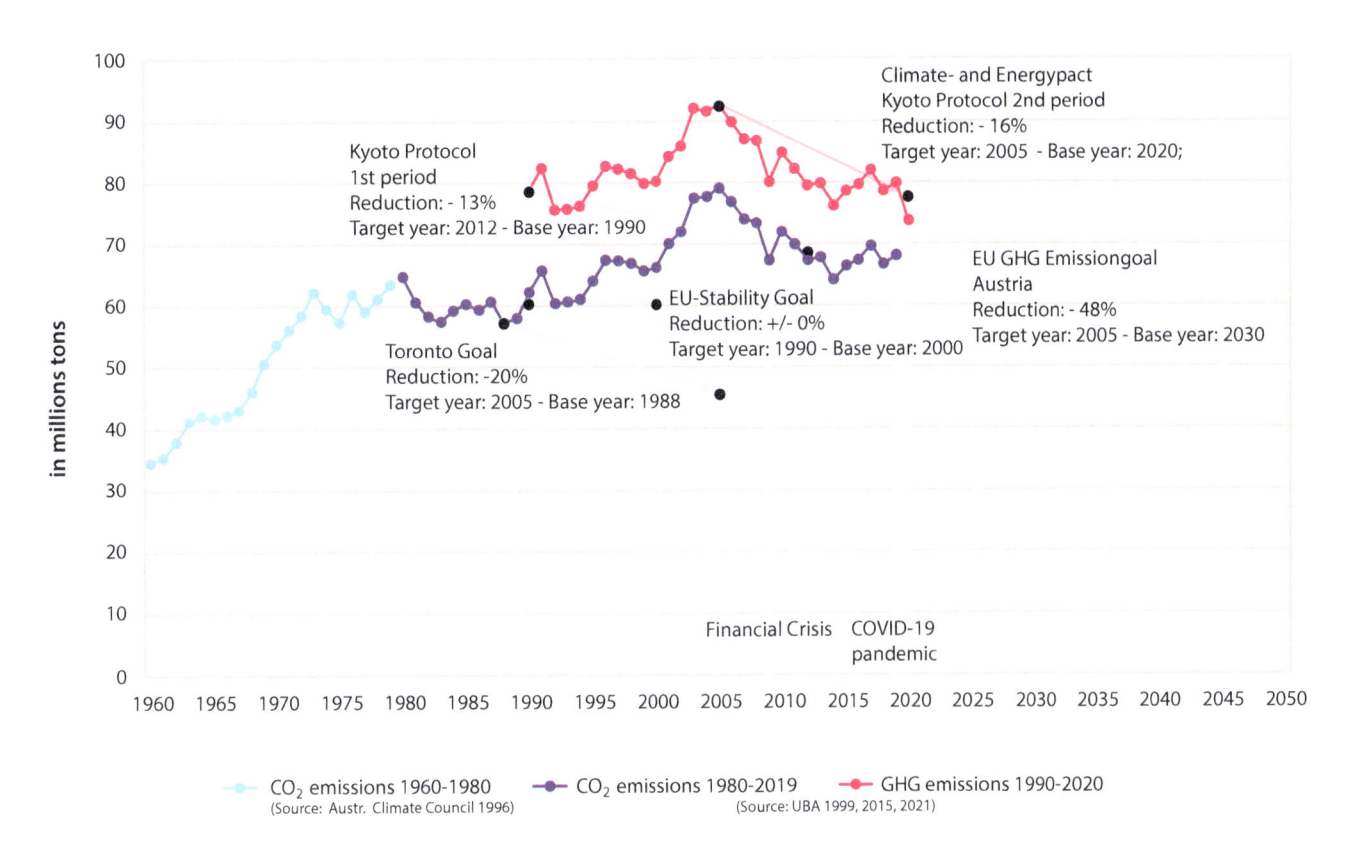

Fig. TS.11 CO$_2$ emissions (*blue* and *purple*) and greenhouse gas emissions GHG emissions (*magenta*) compared to reduction targets of the German government (*dots* mark base and target years). (Hochgerner et al., 2016, p. 6, updated by Willi Haas, 2021). {Chap. 12}

The four social partners, including especially the Chamber of Commerce as well as the Federation of Austrian Industries, have repeatedly weakened, delayed or completely prevented climate policy progress (Pesendorfer, 2007; Steurer & Clar, 2015; Niedermoser, 2017; Brand & Niedermoser, 2019; Clar & Scherhaufer, 2021). Even in the 1970s, environmental policy was usually only possible without significant resistance if it served economic interests in the sense of ecological modernisation (Pesendorfer, 2007).[1] This environmental policy tradition still dominates the policy field of climate today (Steurer & Clar, 2015; Clar & Scherhaufer, 2021). Only the Chamber of Labour and the trade unions have shown a slow process of rethinking in recent years, which is, however, quite controversial within the trade unions (Brand & Niedermoser, 2019; Niedermoser, 2017; Segert, 2016; Soder et al., 2018; cf. Chap. 14).

Since 2019, two aspects of governance have changed: Social movements such as Fridays for Future have brought a new dynamic to the policy field of climate in 2019. Encouraged by this momentum, a climate change ministry was established in 2020, trying to push forward goal-oriented climate policies, but often encountering internal governmental, social partnership and/or federal resistance (high agreement, weak literature base; Clar & Scherhaufer, 2021).

The structurally shaped interplay of restraining climate policy forces has resulted in Austria losing its role as an environmental policy pioneer. Since Austria's accession to the EU in 1995, environmental progress has been possible mainly due to EU requirements or in cases where short term economic benefits were expected. Since climate protection was not associated with economic benefits for a long time, all federal governments have deliberately accepted the failure to meet climate policy targets (Pesendorfer, 2007; Pfoser, 2014). Austria had to pay almost 700 million euros for missing the Kyoto target (Steurer & Clar, 2014). Missing the target for the 2030 trajectory would likely cost many times more, given the expected high CO$_2$ prices. While there were similar developments in many other countries (Nash & Steurer, 2019), hardly any country in the EU had targets and actual emissions diverging as drastically as in Austria (Rechnungshof, 2021).

Appropriate climate policy in Austria has only begun in a few areas (e.g., the expansion of renewable energy sup-

---
[1] Studies on Germany show that this is not specific to Austria (Bohnenberger et al., 2021).

Paris Climate Goal Path

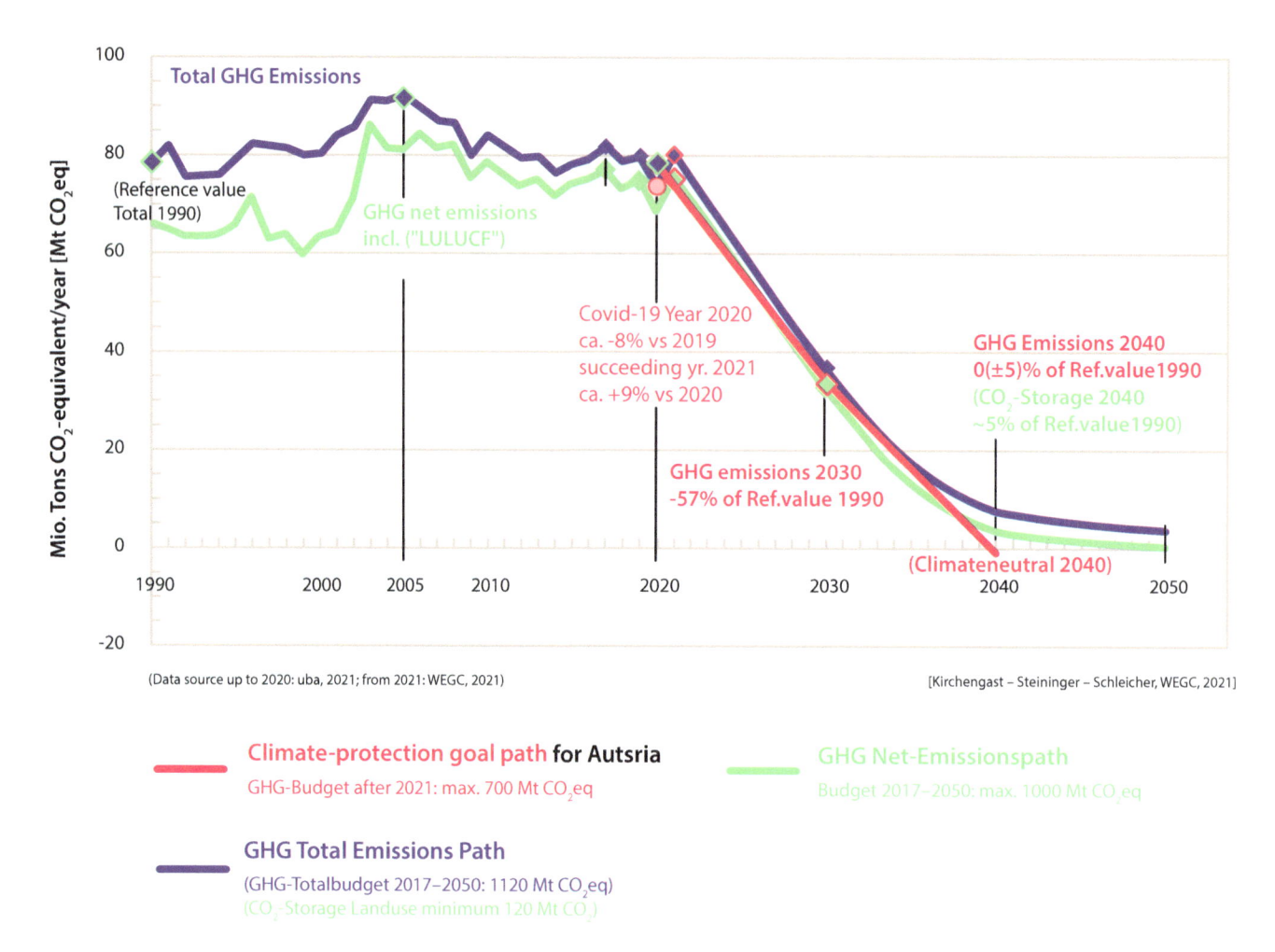

Fig. TS.12 Emission reduction pathway to achieve the Paris climate target in Austria. (https://wegcwww.uni-graz.at/publ/downloads/RefNEKP-TreibhausgasbudgetUpdate_WEGC-Statement_Okt2020.pdf, 30 April 2021). {Chap. 12}

ply). Thus, Austria still deviates far from the targeted vision it has set itself of becoming climate neutral by 2040 (cf. Fig. TS.12). The challenge of a societal transformation that now lies ahead will only succeed if the "vicious circle of inaction" that has prevailed until 2019 is permanently transformed into a "virtuous circle of climate action" (Climate Outreach, 2020).

Chapter 13: Innovation system and policy

Structural and political-institutional conditions for innovation form the framework for the ability of our society to produce technological, organisational, and social innovations, guide itself along them, and enable their dissemination. They are thus of central importance for transforming our society towards a sustainable way of life and economy. The following is a review of the literature on innovation policy for a climate-friendly innovation system.

The innovation system comprises actors, their relationships and institutional and structural conditions that shape their innovation behaviour. Innovation policy plays an important role, understood here in a broad sense as the sum of policy fields that influence research and innovation needs and opportunities. With regard to system change through innovation, a variety of other sectoral and cross-sectoral policies are therefore addressed beyond research, technology and innovation policy in a narrower sense.

New technological and non-technological developments and related socio-technical innovations play a central role in achieving transformations towards a more climate-friendly society (Schot & Steinmueller, 2018; Joly, 2017). With regard to societal goals to be pursued with the help of innovation, a shift can be observed in the scientific debate moving away from an almost exclusive emphasis on economic goals towards more directional, directive goals in line with UN Sustainable Development Goals (Daimer et al., 2012; Diercks et al., 2019). Particularly in highly climate-relevant areas such as mobility, energy production, supply and use, or food supply and nutrition, linking new technological options with organisational and social innovations and behavioural changes is essential to initiate and enable societal changes to overcome climate crises. Only with interaction between these different dimensions of innovation are system changes possible (Wanzenböck et al., 2020; Wittmayer et al., 2022). This shift has also been apparent in Austrian research and innovation policy for several years. Embedded in a programmatic further development of European policy goals (European Commission, 2019d, 2020), the first steps at the Austrian level are manifested in the introduction of new programmatic, instrumental and governance elements in research and innovation policy, as an expression of transformative policy goals and corresponding mission-oriented policy concepts. In this context, with the 2030 climate targets of the Austrian federal government in mind, implementation-oriented measures are currently emphasized, including supply- and demand-side elements (Federal Chancellery, 2020; BMBWF et al., 2021). Despite these changes, non-directed R&I policies continue to dominate public funding for research and innovation (BMBWF et al., 2021; OECD, 2018) (high agreement, strong literature basis).

Tensions still exist between sustainability goals and a growth-oriented approach in innovation policy (Schot & Steinmueller, 2018; Lundin & Schwaag-Serger, 2018). Due to current crises (e.g., COVID-19, Ukraine war), there are also new policy goals (e.g., crisis resilience, sovereignty, defence). Besides innovation, conditions for exiting unsustainable practices ("exnovation") play an important role in overcoming the climate crisis ("destabilisation of the dominant socio-technical regime"). These two aspects have so far only played a minor role in the discussion on innovation systems and policies (David, 2017; Sengers et al., 2021). The typical characteristics of innovations, such as uncertainty and complexity, pose considerable difficulties in estimating and ex ante evaluating innovations. Radical and systemic innovations in particular can only be estimated very inadequately ("Collingridge dilemma"); a problem that is also exacerbated by rebound effects and other complexity phenomena ("wicked problems") (Polimeni et al., 2009; Collingridge, 1980; Tuomi, 2012). Innovation, meaning the introduction of new solutions, is the first step towards climate-friendly system change. Only the diffusion, scaling and replication-adaptation of these new solutions in all their dimensions ("generalisation") makes system change possible (Sengers et al., 2021). Thus, mobilising established actors with their resources and capacities is important (high agreement, medium literature base).

Anchoring an expanded understanding of innovation is one of the central challenges of innovation policy in the context of climate change, i.e., the expansion to social, institutional and system innovations as well as their generalisation (Howaldt et al., 2017; Wittmayer et al., 2022). Measures such as (tertiary) education, new curricula, higher recognition for inter- and transdisciplinary research at universities, recruiting and human resource development, incentive systems for more risk- and innovation-friendly behaviour are called for (high agreement, strong literature base).

Changes are also needed in governance structures and processes based on systemic changes – first and foremost, the coherent interaction of actors and instruments from different policy fields and levels ("policy coordination", "alignment"), through which effective impulses for systemic change can be achieved (Kuittinen et al., 2018; OECD, 2019, 2021). The silo-structures of political responsibilities and public administration or the lack of overarching competences (e.g., policy competence for innovation and system change), lack of coordination processes (currently first attempts in the framework of the RTI Strategy 2030 and the EU Missions Working Group) as well as the complex interplay between nation-state and federal state levels are key obstacles on the path to well-coordinated and climate-friendly governance. A shift towards experimental approaches embedded in longer-term monitoring/assessment and forward-looking learning processes offers opportunities for testing and broad implementation of new systemic approaches under conditions of uncertainty. These experimental practices and learning processes also extend to institutional conditions for innovation (Sengers et al., 2021; Veseli et al., 2021) (high agreement, medium literature base).

This goes hand in hand with a necessary change in understanding the role of politics, whose priority task lies in moderating and setting the direction and framework for innovation and system change. However, the assumption of such roles requires corresponding capabilities and resources in public administration ("Capacities & Capabilities") (Borrás & Edler, 2020; Kattel & Mazzucato, 2018) in the sense of further development of New Public Management towards "agile innovation policy" and reversal of the erosion of public administration in terms of personnel. Opening up discursive spaces for normative questions and controversies in connection with innovation and system change can also contribute to greater coherence and common orientation for various actors in the innovation system (i.e., in a broad sense, civil society as well as research, business and politics) (Schlaile et al., 2017; Stirling, 2007) by involving citizens' councils and upgrading parliament as a place of normative discourse. If it is made possible to establish transformative systemic failure as a basis of legitimacy for state action also in other innovation- and transformation-relevant policy areas, the range of instruments for political co-design of systemic transformations could be expanded. By taking directional elements into account in fundamentally non-directional innovation policy instruments (especially structural measures, open-topic programmes and tax incentives for R&D), their climate effectiveness could be increased (high agreement, medium literature base).

Demand-side instruments such as public procurement and regulation are available but have so far only been used and become effective to a limited extent. A broader use of public procurement initiatives in particular could induce more climate-friendly innovation impulses. Clear strategic orientations from policy-makers, supportive structural and institutional conditions and early involvement of stakeholders concerned would reduce uncertainties in future investments and support a long-term and coherent orientation of innovation strategies of companies, research organisations and other innovation actors towards climate-friendly solutions. In the public sphere of influence, the multi-year performance agreements could be adapted in this regard. The currently discussed proposals for transformative and mission-oriented policies (e.g., with regard to the five EU missions) further strengthen the need for coordination between policy fields and levels and extend well beyond the area of RTI policy. Further development of policy coordination in terms of transformative and mission-oriented approaches can contribute to intensifying interministerial cooperation for climate-friendly strategies (medium agreement, medium literature base).

In order to establish more agile organisational structures and processes within the framework of transformative innovation policy, institutional innovations could be tested experimentally, both with regard to operational handling of policy measures and in upstream strategic decision-making processes. By building appropriate competencies and capacities in the areas of foresight, formative monitoring, evaluation and adaptation of policy strategies, conditions could be created to accompany and readjust comprehensive transformation processes, both at the level of individual measures and systems (e.g., energy transition, mobility transition, etc.) (high level of agreement, strong literature base).

Chapter 14: The provision of goods and services

Chap. 14 takes a comprehensive look at the provision of goods and services and various economic actors involved in its design and implementation in Austria. GHG emissions can occur both in the use of goods and services and along the entire value creation process from resource extraction and energy generation to the provision and ongoing maintenance of goods. The possibilities of a climate-friendly living are thus directly linked to the footprints of goods and services required for such a life. The focus of this chapter is on that part of provision that is produced in Austria. Austrian production that is exported (about 50 percent) and consumption that is imported (about 30 percent) will be discussed in the next chapter.

Comprehensive changes in national structures of provision are necessary to achieve climate goals. This requires profound transformations in dominant business models and value creation processes with a reorientation along central needs such as health or nutrition (high agreement, strong literature base) (Köppl & Schleicher, 2019; Schleicher & Steininger, 2017). A comprehensive transformation of energy systems through a complete switch to renewable energies, increases in energy productivity and reduction in direct energy demand in building, mobility, industry and agriculture sectors can make a significant contribution to reducing GHG emissions (high agreement, strong literature base). As Fig. TS.13 illustrates, achieving climate targets is also very likely to require changes along the circular economy as well as a more extensive shift to resource sharing or common use models (high agreement, medium literature base) (Cantzler et al., 2020; Eisenmenger et al., 2020; Jacobi et al., 2018; Kirchengast et al., 2019; Köppl & Schleicher, 2019; Meyer et al., 2018; Schleicher & Steininger, 2017).

The failure to date of a comprehensive transformation to climate-friendly supply structures can be attributed primarily to a poorly consistent design of the economic policy framework from a climate perspective (high agreement, medium literature base) (Niedertscheider et al., 2018; Plank et al., 2021b; Steurer & Clar, 2015). A climate policy focus on "soft" policy instruments to scale up or increase market penetration of more climate-friendly technologies, products and services contrasts with "hard" financial and regulatory frameworks in Austria generating only little pressure to change and sometimes even encourage climate-damaging activities (high agreement, strong literature base) (Hausknost et al., 2017; Kletzan-Slamanig & Köppl, 2016a; Köppl & Schratzenstaller, 2015; Schaffrin et al., 2015; Schnabl et al., 2021; Wurzel et al., 2019). These climate policy-unfavourable frameworks are underpinned by corporatist and federal governance structures that have given short-term economic interests opposing a consistent climate policy great influence (high agreement, medium literature base) (Brand & Pawloff, 2014; Niedertscheider et al., 2018; Seebauer et al., 2019; Steurer et al., 2020; Steurer & Clar, 2015, 2017; Tobin, 2017; Wissen et al., 2020).

Only with respect to energy efficiency, a rising share of renewable energies and an expansion of waste management could aid significant progress in decarbonising structures of provision in Austria over the last three decades (high agreement, strong literature base) (Anderl et al., 2020). This has facilitated a more climate-friendly life, especially in the provision of energy. In the same period, a dynamic economic sector for environmentally oriented goods and services was

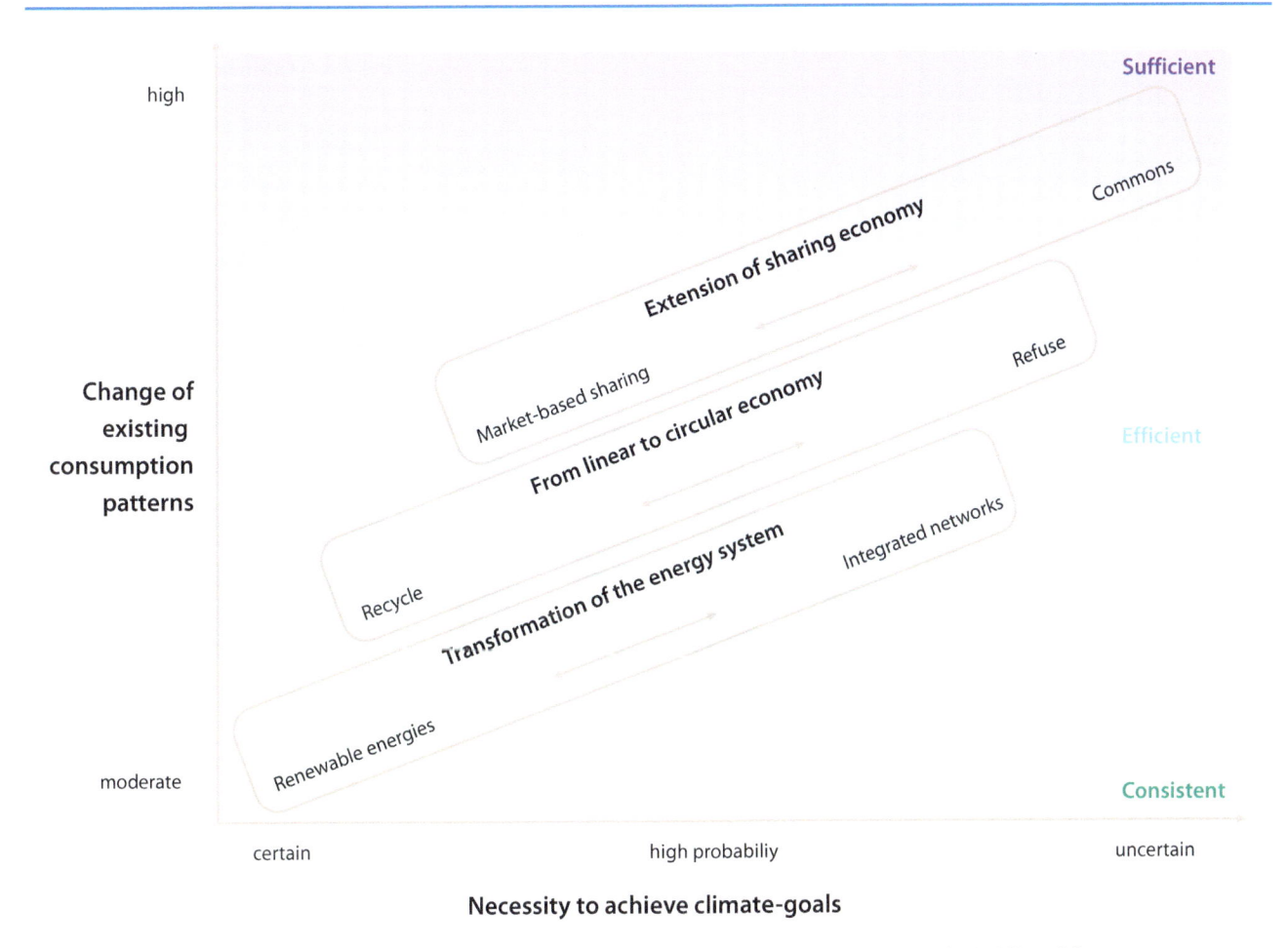

Fig. TS.13 Models of climate-friendly supply structures and the need for change. (Source: own representation). {Chap. 14}

able to emerge in Austria, which is gaining importance both domestically and abroad (high agreement, strong literature base) (Gözet, 2020; Schneider et al., 2020) (see Fig. TS.14).

These successes are contrasted by opposing trends in transport and industry as well as insufficient implementation of more climate-friendly processes in the majority of companies operating in Austria (high agreement, strong literature base) (Anderl et al., 2020; Dorr et al., 2021; European Commission, 2016, 2020c; Kiesnere & Baumgartner, 2019; Kofler et al., 2021; Schöggl et al., 2022). While companies are relatively advanced in areas such as waste management and operational energy consumption, more profound changes in business models and the range of products and services have only been implemented by a minority so far (high agreement, strong literature base) (ibid.).

In order to achieve the climate targets, a significant expansion of the range of measures beyond previous climate policy focus on the promotion of new products and services is required (high level of agreement, strong literature base) (Bachner et al., 2021; Dugan et al., 2022; Großmann et al., 2020; Kirchengast et al., 2019; Stagl et al., 2014; Steininger et al., 2021; Weishaar et al., 2017). Instruments to set market-based framework conditions, such as tax reform consistently aligned with climate goals, the abolition of climate-damaging subsidies and the introduction of environmental standards for production processes, products and public procurement, can make a significant contribution to achieving climate goals (high agreement, medium literature base) (Bittschi & Sellner, 2020; Goers & Schneider, 2019; Großmann et al., 2020; Kettner-Marx et al., 2018; Kirchner et al., 2019; Kletzan-Slamanig & Köppl, 2016a; Mayer et al., 2021; Schleicher & Steininger, 2017; Steininger et al., 2021). Appropriate climate policies should be accompanied by social compensation measures if social acceptance for such measures is to be maintained (high agreement, medium literature base) (Feigl & Vrtikapa, 2021; Großmann et al., 2020; Högelsberger & Maneka, 2020; Keil, 2021; Kettner-Marx et al., 2018; Kirchner et al., 2019; Mayer et al., 2021; Pichler et al., 2021). To ensure long-term compliance with planetary boundaries, the promotion of alternative modes of supply and the setting of upper limits may be necessary (medium agreement, weak literature base) (Bärnthaler et al., 2020; Brand et al., 2021; Brand & Wissen, 2017; Exner & Kratzwald, 2021; Novy, 2020; Spash, 2020a).

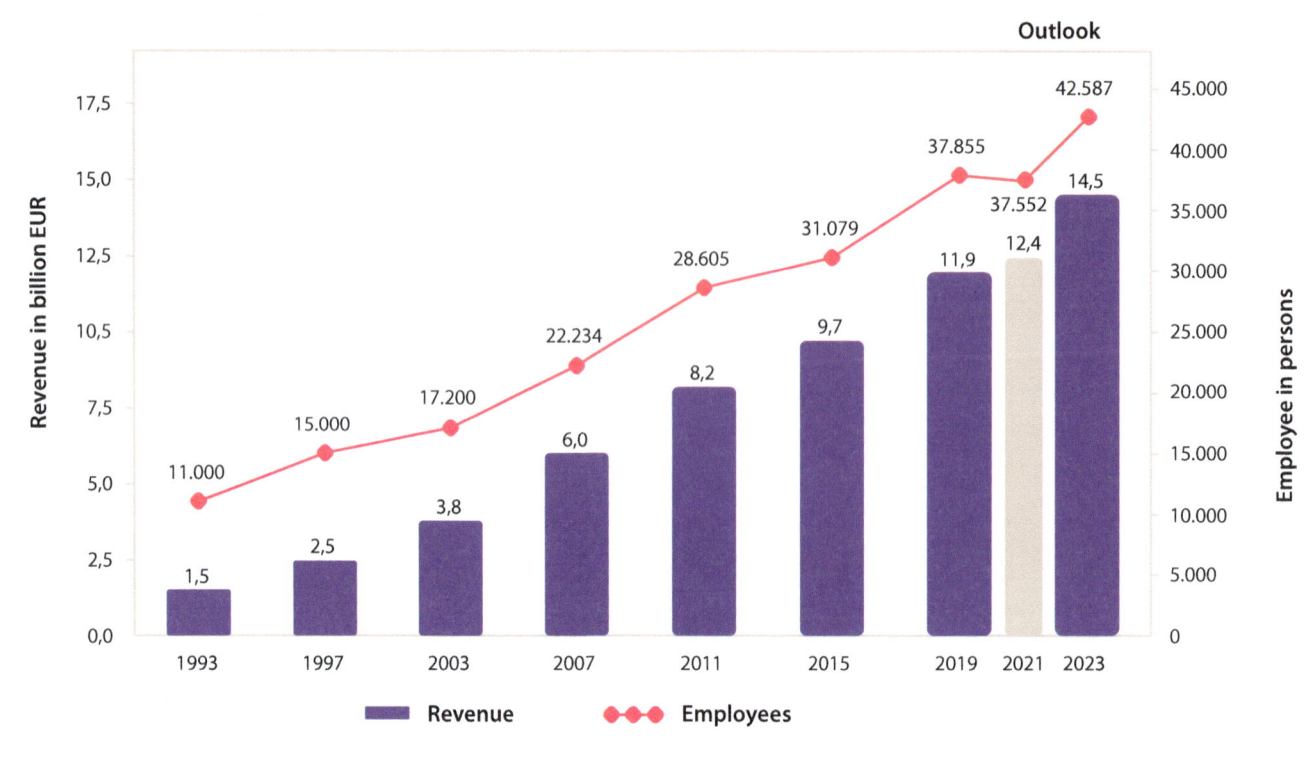

Fig. TS.14 Development of turnover, exports and employment figures in the Austrian environmental technology industry since 1993. (Source: Schneider et al., 2020). {Chap. 14}

Chapter 15: Globalisation: Global commodity chains and division of labour

To understand Austria's role in the climate crisis, its embeddedness in global economic structures needs to be analyzed (high agreement, medium literature base). This chapter provides this analysis by means of the "global commodity chains" concept (Fischer et al., 2021). The chapter presents a literature-based analysis of the ways in which Austria is involved in global commodity chains in terms of its production locations and final consumption. As far as possible with the available data, the chapter assesses the resulting environmental impacts. The chapter evaluates, on the basis of scientific literature and policy proposals being discussed at the international, European and national levels, new ways of organizing global commodity chains to promote a climate-friendly restructuring of transnational production networks.

As an open economy, Austria is deeply integrated in transnational commodity chains both in terms of production and final consumption (OECD-WTO, 2015; WTO, n. d.; Kulmer et al., 2015; Giljum et al., 2017; Stöllinger et al., 2018; Eisenmenger et al., 2020) (high agreement, medium literature base). The structure of transnational commodity chains partially separates places of production and final consumption. This means that GHGs of goods and services produced and consumed in Austria, are to a great extent emitted in other places. As is the case for other high-income countries, Austrian imports of goods and services create high emissions in economies that are on average poorer than Austria (Jakob & Marschinski, 2013; Chancel & Piketty, 2015; Eisenmenger et al., 2020; Jakob, 2021; IPCC, 2022b; Dorninger et al., 2021; Duan et al., 2021) (high agreement, strong literature base). In order to achieve the climate goals, a cross-border, sector-wide approach to Austrian production and consumption patterns [Chap. 1] is thus needed (Plank et al., 2021a) (high agreement, medium literature base).

The chapter distinguishes between several strategies to promote climate-friendly transformation of global commodity chains. These include responsible consumption and resource-efficient lifestyles. However, individual lifestyle changes are not sufficient to reduce the negative consequences of global production and consumption patterns to the required extent [Chap. 1] (Akenji, 2014) (medium agreement, medium literature base). Other possible measures include "rescaling" economic activities towards lower spatial levels (New Economics Foundation, 2010; Bärnthaler et al., 2021; Raza et al., 2021a; Raza et al., 2021b) and resource-efficient production processes involving the entire commodity chain (Eder & Schneider, 2018; Pianta & Lucchese, 2020; Pichler et al., 2021; Denkena et al., 2022). This requires sector-wide, in some cases cross-sectoral, transnationally oriented restructuring and conversion strategies that do not only focus on Austria (high agreement, medium literature base). So far, there has hardly been any applied research on this.

Several cross-border initiatives with direct and indirect effects on the structure and organisation of global commodity chains have been implemented at the EU level. Examples include the Emissions Trading System ETS as well as measures within the framework of the European Green Deal such as the EU Industrial Strategy, the Bioeconomy Strategy and the Circular Economy Action Plan (European Commission 2019a, 2019b, 2019c, 2020a, 2020b, 2021). In this context, commitments/pledges to transform global commodity chains according to ecological/climate criteria have either been subordinate or non-existent (high agreement, medium literature base). In Austria, the Federal Ministry of Digital and Economic Affairs has set up a working group on "Sustainability and Value Chains" as part of the development of the "Standortstrategie 2040" ("Locational Strategy 2040") (BMDW, 2021). In the field of bioeconomy and circular economy, the strategy aims at setting up national platforms to coordinate actors, but – at least for now – the ministry has no strategies of its own. The approach is predominantly market- and innovation-oriented, and the national industrial policy is less ambitious in terms of climate policy than that of the EU (high agreement, weak literature base).

In order to achieve the climate goals, market and innovation-oriented measures are not sufficient (Beckmann & Fisahn, 2009; Plank et al., 2021a) (high agreement, strong literature base). Proposed measures include binding rules for market activities, bans on extremely environmentally harmful products and production processes (Pichler et al., 2021) and greening public provision systems (Bärnthaler et al., 2021) (high agreement, medium literature base). Existing EU initiatives in the field of carbon pricing and industrial strategies offer the opportunity for improvements (Landesmann & Stöllinger, 2020; Pianta & Lucchese, 2020; Polt et al., 2021; Paul & Gebrial, 2021) (high agreement, medium literature base). Current proposals among others demand more ambitious regulation within the current EU ETS and the EU carbon border adjustment mechanism (Krenek et al., 2018; Stöllinger, 2020) (medium agreement, medium literature base). Climate-friendly regulation of global commodity chains can also be achieved through supply chain laws that impose legally binding environmental due diligence obligations on transnationally operating corporations (De Schutter, 2020; Kunz & Wagnsonner, 2021) (high agreement, high literature base). However, monitoring and sanctioning environmental harm requires the development of new legal remedies (Krebs et al., 2020; Schilling-Vacaflor, 2021) (high agreement, weak literature base). Currently, a directive proposal of the EU Commission for a supply chain law is being discussed (European Commission, 2022). To avoid unfair competitive conditions for companies as well as rebound effects (Barker et al., 2009; Wei & Liu, 2017) and carbon leakage (Birdsall & Wheeler, 1993; Jakob & Marschinski, 2013; Jakob, 2021; IPCC, 2022b), the suggested measures should be implemented at the international level (high agreement, strong literature base). Furthermore, in high-income countries like Austria, consumption will most likely have to sink in absolute terms in order to achieve global and national climate goals (Brand et al., 2021) (high agreement, strong literature base).

The interventions described above point to additional complementary measures for the path towards a just transition (Steffen & Stafford Smith, 2013). Social and economic compensation mechanisms need to be considered both at the national and global level ("global climate justice"), as an increase in inequality between poor and rich countries hampers climate efforts (Sovacool & Scarpaci, 2016; Baranzini et al., 2017; O'Neill et al., 2018; Korhonen et al., 2018; van den Bergh et al., 2020; Eicke et al., 2021; Paul & Gebrial, 2021; IPCC, 2022b) (high agreement, strong literature base).

Due to the complexity of global commodity chains, a large number of different actors is involved in forming and structuring them, both nationally and internationally (Fischer et al., 2021) (high agreement, strong literature base). On the one hand, this makes it possible to formulate several leverage points for climate-friendly action; on the other hand, it makes it very difficult to establish a broad and stable consensus. In addition, the actors involved in Austria (and beyond) have different power resources. Lines of conflict also exist within the different groups of actors. This applies, for example, to public institutions, the corporate sector and workers and their interest groups (high agreement, weak literature base). In this complex situation, it is key to recognize that the interests of these different actors – for different reasons – can come together in an "alliance for a climate-friendly life" to work towards a joint goal. Other actors must, however, shift interests and attitudes towards a more climate-friendly way of production and living.

In general, (re)regulation and ecological restructuring of global commodity chains requires a coordinated multi-level strategy (national, regional, European, international), whereby each level faces its own challenges (Dieidemy & Knierzinger, 2021) (high agreement, medium literature base). In addition to currently prevailing market- and innovation-oriented strategies, public provision systems (Bärnthaler et al., 2021) and raising awareness in society for changing of everyday routines (Göpel, 2016) form complementary strategies for achieving climate goals (medium agreement, strong literature base). Overall, the literature-based review shows that much more accompanying research is needed to provide information on the impact of existing initiatives and to plan future strategies. Furthermore, there is a lack of broader research exploring opportunities for transforming global commodity chains.

Chapter 16: Monetary and financial system

This chapter assesses the extent to which incentive structures of the monetary and financial system favour or hinder the transformation to a climate-friendly and sustainable mode of living in Austria. It also makes a literature-based assessment of the larger economic and social structures in which the monetary and financial system in Austria is embedded. Already initiated and potential future reforms of the financial system and changes to the existing monetary system are reviewed to understand the extent to which they can mobilise capital flows necessary for financing structures for a climate-friendly way of life.

The design of incentive structures of the monetary and financial system reflects guiding social patterns of thought and action, the given social institutions as well as the existing physical capital stock (Aglietta, 2018; Eisenstein, 2021; Graeber, 2014; J. Lent, 2017; Schulmeister, 2018) (low agreement, medium literature base). Money was long considered neutral, that is, having no repercussions on real, often physical, economic production – this paradigm has been transformed since the 2008/09 financial crisis (Ball, 2009; Malkiel, 2003; Maloumian, 2022). The primary aim of monetary policy was to prevent high rates of inflation. Until the discursive shift, it was not considered to make a significant contribution to addressing the climate crisis (Aglietta, 2018; Dikau & Volz, 2018, 2021) (low agreement, strong literature base). In the sense of a green finance paradigm, financing climate-friendly investments is now to take place primarily via financial markets and asset owners – and be motivated with corresponding incentives (Alessi et al., 2019; Breitenfellner et al., 2020; Factscheck Green Finance, 2019; Monasterolo, 2020; Sustainable Finance Advisory Council, 2021; UNCTAD, 2019) (medium agreement, strong literature base). The green finance paradigm is widely seen as dominant, and deeper, structural problems of the financialised growth paradigm are increasingly prioritised in other strands of literature – partly due to insufficient climate-friendly investments in recent decades (Hache, 2019a, 2019b; Jäger, 2020; Jäger & Schmidt, 2020; J. Lent, 2017; Reyes, 2020).

Long-term, secure and profitable returns for financing investments in emission-neutral or low-emission capital stock (i.e. "green investments") are central for the certainty of investors' expectations, while returns on other (e.g., fossil-based) financial products should decrease. There should be clarity that the CO_2 price will rise steadily, substantially and in the long term (Aglietta, 2018; Edenhofer et al., 2019; IEA, 2021; IPCC, 2018; Pahle et al., 2022; Schulmeister, 2018) (high agreement, strong literature base). From an innovation perspective, more public (funding) resources as well as financial innovations are needed to finance innovative research for climate-friendly technologies (Balint et al., 2017; Mazzucato, 2014; Shiller, 2009) (medium agreement, medium literature base). Another strand of literature explains the move away from financialisation, i.e., increased decoupling of finance and the real economy, and a stronger focus on investment in climate-friendly provision as necessary for climate-friendly living (Aglietta, 2018; Crotty, 2019; Keynes, 1936; Malm, 2013, 2016; Schulmeister, 2018) (low agreement, strong literature base). Degrowth and a stronger use-value orientation are at the forefront (Eisenstein, 2021; Georgescu-Roegen, 1971; Hickel, 2021; Hickel & Hallegatte, 2021; Hickel & Kallis, 2020; Kallis et al., 2012, 2018; Keyßer & Lenzen, 2021; Meadows et al., 1972; Schröder & Storm, 2020) (low agreement, strong literature base).

The state will be a central actor to exercise power to effectively redesign incentive structures in financial markets in an emissions-reducing way (Aglietta, 2018; Breitenfellner et al., 2021; DiEM25, 2020; Edenhofer et al., 2019; Kelton, 2019; Novy, 2020; Pahle et al., 2022; Schulmeister, 2018) (medium agreement, strong literature base). The Oesterreichische Nationalbank (OeNB) as part of the European central banking system and the Austrian Financial Market Authority (FMA) as the regulating authority for financial markets can create structures for climate-friendly living (Battiston et al., 2020; Breitenfellner et al., 2019; NGFS, 2021; Pointner, 2020; Pointner & Ritzberger-Grünwald, 2019). On the one hand, they can reduce climate-finance risk through regulation and monetary policy, which endangers financial market stability through insufficient pricing of climate-related physical and transition risks. On the other hand, they can help ensure the emissions effectiveness of green and sustainable finance. This can be done, for example, through appropriate self-investment (green investment strategies of the central bank itself), the design of banks' capital ratios and through macroprudential measures (Battiston, Dafermos, et al., 2021; Battiston et al., 2020; Battiston, Monasterolo, et al., 2021; Bolton et al., 2020; Breitenfellner et al., 2019; Dörig et al., 2020; Monasterolo, 2020; NGFS, 2021; Pointner, 2020; Pointner & Ritzberger-Grünwald, 2019; Rattay et al., 2020) (high agreement, strong literature base). Green Growth – enabled by green and sustainable financing – will be the key approach in this regard. Relevant initiatives include the EU Green Deal, Sustainable Finance (Taxonomy) and Green Recovery, sovereign venture capital for innovative green investments, and divestment strategies (Alessi et al., 2019; Breitenfellner et al., 2020; Green Finance Fact Check, 2019; Monasterolo, 2020; Sustainable Finance Advisory Council, 2021; UNCTAD, 2019). If these measures are to be effective, "greenwashing" must be avoided (Alessi et al., 2019; The GLOBAL 2000 Banking Check, 2021; Hache, 2019a, 2019b; Reyes, 2020) (medium agreement, strong literature base). Deep and effective reform of financial incentive structures and taxation to establish true costs in production and consumption will be crucial. Profound tax reform and accompanying green industrial policy would include effective CO_2 taxes, financial transaction taxes, property taxes and credit steering towards green investment (Aglietta, 2018; DiEM25, 2020; Edenhofer et al., 2019; Novy, 2020; Pahle et al., 2022; Pettifor, 2019; Piketty, 2014; Schulmeister, 2018; UNCTAD, 2019) (high agreement, strong literature base).

An other strand of literature emphasises that commodification and monetisation of nature is not a sustainable solution as long as financialised economies seek to balance social tensions by means of growth based on exploitation of nature for systemic reasons – when financial markets are characterised by structural bubble development, instability and growth expectations (Bracking, 2020; Hache, 2019b; Harvey, 2011; Kemp-Benedict & Kartha, 2019; Maechler & Graz, 2020; Spash, 2020a, 2020b; Sullivan, 2013) (low agreement, strong literature base). If planetary, biophysical limits are to be respected, restricting growth or economic shrinkage (degrowth) in economies with high incomes and (especially) with high consumption levels is an essential condition in this perspective (Eisenstein, 2021; Georgescu-Roegen, 1971; Hickel, 2021; Hickel & Hallegatte, 2021; Hickel & Kallis, 2020; Kallis et al., 2012, 2018; Keyßer & Lenzen, 2021; Meadows et al., 1972; Schröder & Storm, 2020; Spash, 2020a) (low agreement, strong literature base). De-commodification, de-monetarisation as well as strengthening of use value in the context of degrowth are about unfolding people as a social beings, enabled and promoted by restructuring of our value, social and economic system to respect biophysical limits. This unfolding would expand and transcend a materialist value system and enable a good life for all aside from current monetarisation tendencies inherent in modern capitalism (Eisenstein, 2011, 2021; Hickel, 2021; Hickel & Hallegatte, 2021; Hickel & Kallis, 2020; Kallis et al., 2012, 2018; J. Lent, 2017; J. R. Lent, 2021; C. L. Spash, 2020a, 2020b) (low agreement, medium literature base).

According to this latter perspective, if financial markets are to be made serviceable for climate-friendly living, it will be necessary to initiate a de-commodification and de-monetarisation of economic activity (Harvey, 2011; O'Connor, 1998; Polanyi, 1944; Smessaert et al., 2020) and to recognise the nature of money as a commons through a democratisation of financial markets and monetary system (Eisenstein, 2011, 2021; Hockett, 2019; Mellor, 2019) (low consensus, strong literature base). The climate crisis could become a pivot for the monetary and financial system around which a new international monetary cooperation is formed, tying the creation and deployment of international finance to addressing the climate crisis (Aglietta, 2018; Eisenstein, 2011, 2021; Schulmeister, 2018) (low agreement, medium literature base). In this view, monetary systems and financial markets would need to be regulated via increased national and international democratisation in order to democratically establish and regulate money in its actual status as a common good (Eisenstein, 2011, 2021; Hockett, 2019; Mellor, 2019) (low agreement, medium literature base).

In summary, the structural social and economic changes proposed here would aim at creating, directing and deploying money flows for the purpose of financing the socio-ecological transformation for the common good (Aglietta, 2018; Cahen-Fourot, 2020; Eisenstein, 2011, 2021; Felber, 2018; Hache, 2019b; J. Lent, 2017; J. R. Lent, 2021) (low agreement, medium literature base).

Chapter 17: Social and spatial inequality

Chap. 17 assesses the literature on the link between social and spatial inequality and climate-friendly living and identifies existing structural conditions of inequality that obstruct climate-friendly living. The chapter focuses on mobility and housing as fields of action and suggests changes necessary to enable a "good" life for all within the ecosocial limits of the planet.

Income and wealth are the most powerful factors influencing household emissions behaviour. As income and wealth are increasingly unequally distributed, emissions behaviour is also characterised by strong inequality (high agreement, strong literature base). In this context, climate-damaging consumption by high-wealth and high-income groups poses a particular problem for addressing the climate crisis (Rehm, 2021; Wiedmann et al., 2020) (medium agreement, high literature base). Low-income groups are more financially burdened by climate protection measures and are often unable to finance them. Burdens are increased or alleviated depending on where they live (Chancel, 2020; Laurent, 2014) (high agreement, medium literature base). Monetary redistribution alone would not solve this problem, however, as income and related consumption would only be redistributed and not reduced. An expanded concept of income that includes the societal provision of and access to social and material infrastructure is necessary to even out social and spatial inequalities and enable climate-friendly living for all people regardless of their monetary income and place of residence (low agreement, medium literature base).

Mobility (30 percent) and housing (including heating, cooking, utilities) (27 percent) are among those sectors that are responsible for a large share of the total CO_2 emissions in Austria (Munoz et al., 2020). Structural conditions for the promotion of climate-friendly action are mainly dependent on these fields of action (high agreement, strong literature base). Socio-spatial differences in mobility behaviour (e.g. increased car ownership and use in rural areas and in upper income groups) play a significant role in emission reduction measures. In order to ensure and promote climate-friendly mobility for all, public transport services that are accessible and attractive for all (eg. a "mobility guarantee") and targeted financial tax or redistribution measures (eco-social tax reform in the transport sector, eco/mobility bonus, etc.) are needed. International best practice examples can be found, among others, in Switzerland (ecological commuter fund from parking revenues), Belgium (kilometre allowance for cycling) or Canada (socially graduated eco-bonus) (Commuter Fund, n. d.; VCÖ, 2014, 2018, 2021; Frommeyer, 2020; Harrison, 2019) (high agreement, medium literature base).

In the housing sector, energy consumption related to housing type and living environment is a key driver of GHG emissions and is a structural feature that can massively promote or restrict climate-friendly living. The energy efficiency of buildings is largely determined by the respective heating system. Relevant trends are the above-average use of coal as an energy source in the first two income deciles and the significant increase of alternative energy sources with higher incomes (Lechinger & Matzinger, 2020). Heating costs are unequally distributed in Austria: Low-income households (household income < 60 percent of the median) spend four percent of their income on heating; high-income households (> 180 percent of the median) only two percent. Hence, the avoidance of a large financial burden for lower income deciles entailed by the departure from coal, oil and gas poses a central challenge for the path to climate neutrality (Plumhans, 2021) (high agreement, medium literature base).

For mobility as a field of action, the following actors can be identified emblematically: (1) Public and civil society institutions and organisations, such as the Austrian Conference on Spatial Planning (ÖROK). The planning of a nationwide public transport system for all and its legal anchoring is an essential lever for promoting climate-friendly mobility behaviour. (2) Interest groups such as the car lobby and transport clubs (ÖAMTC, ARBÖ, VCÖ) or the bicycle lobby (radlobby, ARGUS). While representatives of the automotive industry do not support the dismantling and restructuring of fossil-based transport structures, other public interest-oriented transport and cycling clubs actively promote and expand sustainable mobility (Haas & Sander, 2019). (3) Public and private transport service providers and transport companies (ÖBB, Wiener Linien, bike rental companies, etc.) as well as transport associations (e.g. VOR) are among those that can practically implement climate-friendly mobility concepts (medium agreement, weak literature base). For housing as a field of action, the relationship between owners and tenants plays an important role: tenants have little to no influence on their heating system (Allinger et al., 2021). Ownership limits the ability to act in favour of climate-friendly housing and represents a socially unevenly distributed structural feature of climate-friendly living (Friesenecker & Kazepov, 2021). The Tenancy Act (Mietrechtsgesetz) and especially the Non-Profit Housing Act (Wohnungsgemeinnützigkeitsgesetz, WGG) are said to have the potential to make housing in Austria more sustainable and inclusive through ecological and social standards (Litschauer et al., 2021). However, mechanisms enshrined in the WGG, such as high down payments, can act as a barrier for low-income households and have a marginalising effect, structuring the possibilities of climate-friendly living along social dividing lines (Kadi, 2015; Friesenecker & Kazepov, 2021). Finally, project developers and construction companies, social partners (especially the Chamber of Labour), tenants' associations, trade unions and NGOs can be mentioned as relevant actors (medium agreement, medium literature base).

Monetary incentives and costs in the form of taxes, tax concessions and charges on climate-damaging activities (e.g. CO_2 tax, petroleum tax, motorway tolls, tax concessions on bicycle purchases, etc.) represent a way of internalising externalities. However, these measures have distributional consequences. If the consumption of high-income households is supposed to be reduced and the participation in social life maintained for low-income households, it is important to consider these distributional effects (Humer et al., 2021; Köppl & Schratzenstaller 2021) (medium agreement, high literature base). The expansion of social-ecological infrastructure can reduce environmentally harmful emissions and at the same time generate progressive distribution effects. Higher income and wealth taxes could therefore be earmarked for the expansion of social-ecological infrastructure rather than monetary transfers in order to create structures for climate-friendly living (Froud & Williams, 2019; Gough, 2017; Lechinger & Matzinger 2020) (high agreement, medium literature base).

Innovations in the energy, transport and construction sectors can support market-based measures and public provision of social-ecological infrastructure to guarantee minimum social standards for all people. "Mission-oriented" innovation policy is an approach to break down "wicked problems" of the eco-social crisis into smaller problems to which private and public research institutions contribute solutions (high agreement, medium literature base). Social acceptance of these proposals can be achieved through far-reaching societal changes that need to be supported and clearly communicated by policy makers. For example, to decouple individual notions of freedom from the satisfaction of unlimited "wants" and to proceed to an understanding of social justice where all people can satisfy their basic needs requires a profound but necessary societal shift which enables a "good" life for all within the ecosocial limits of the planet (Gough, 2017;

O'Neill et al., 2018; Wiedmann et al., 2020) (medium agreement, high literature base).

Chapter 18: Welfare state and climate change

Social protection and social cohesion act as structural preconditions for the transformation towards a climate-friendly society. Chap. 18 reviews and evaluates the literature that sees welfare state structures and activities as interdependent with climate change and climate policy. There are links with respect to the welfare state's services, production and financing. They form starting points for the climate-friendly design of the health and social system, which avoid negative trade-offs between climate and social policy and create synergies in the sense of an eco-social policy.

Welfare state services are directly challenged by climate change. Climate change causes health and economic damages that are unequally distributed (Austrian Panel on Climate Change (APCC), 2018; BMSGPK, 2021; Steininger et al., 2020) (high agreement, strong literature base). The potential for harm is greater for population groups that are more exposed to climate impacts and have more limited response options (Austrian Panel on Climate Change (APCC), 2018; BMSGPK, 2021; Papathoma-Köhle & Fuchs, 2020) (high agreement, strong literature base). Individual vulnerability characteristics, which partly overlap, include pre-existing conditions and health restrictions in everyday activities, being affected by (multidimensional) poverty and social exclusion, a low level of education or single parent status (BMSGPK, 2021; Papathoma-Köhle & Fuchs, 2020) (high agreement, strong literature base). The consequences of increasing risks and vulnerability of the Austrian population to climate change are high and further increasing burdens on social and health care systems (see e.g. Aigner & Lichtenberger, 2021; Schoierer et al., 2020; Steininger et al., 2020) (high agreement, medium literature base). Combating climate change, especially climate-damaging emissions, therefore benefits the Austrian social and health care system (Steininger et al., 2020). However, negative side effects of specific climate policy measures on welfare are possible and can be observed. Depending on the chosen instrument and its design, this justifies additional need for social policy action (BMSGPK, 2021; Lamb et al., 2020) (high agreement, medium literature base).

Analogously, social policy can generally support climate policy, but this is not automatically the case for all measures. The Austrian welfare state ensures the acceptance of climate policy measures through the benefits it provides (see e.g. Fritz & Koch, 2019; Koch & Fritz, 2014; Otto & Gugushvili, 2020) (high agreement, medium literature base). The country comparison as well as the comparison of different ideal-typical welfare state systems prove that potential synergies between the two policy fields are used to varying degrees (Zimmermann & Graziano, 2020). This shows that institutional conditions are essential for making societies less vulnerable to climate impacts. The institutional resilience of the Austrian welfare state to the impacts of climate change and its contribution to climate-friendly living can be increased in particular by the following measures:

- preventive policy is strengthened, especially in relation to health, new demands on the labour market and extreme natural events and weather conditions,
- the CO_2 footprint of the health and social sector is fully recorded and consistently reduced by means of climate-friendly provision processes,
- the interfaces of social with climate policy are systematically recorded and – building on this – measures from both policy fields are better bundled into eco-social programmes,
- the different actors cooperate in an evidence-based manner across federal levels, regional action areas and policy fields.

The budgetary framework for health promotion and health prevention in Austria is currently tight. Prevention accounts for about nine per cent of current public health expenditure, which mainly finances preventive measures for people with already manifest health problems (BMASGK, 2019). Strengthening care in the community-based sector can avoid more emission- and cost-intensive treatments in hospitals (Renner, 2020). Overall, health promotion and health prevention are structurally underfunded, and it is expedient in terms of climate and social policy to allocate more funds to health policy as an interministerial field of action (Haas, 2021; Weisz et al., 2019) (high agreement, weak literature base). The level and distribution of the economic and social consequences of unavoidable, extreme natural events depend on how the disaster fund is financially equipped, whether financial compensation is systematically provided in a socially differentiated manner and whether the funds are used sustainably, in the sense of avoiding consequential damage (Papathoma-Köhle et al., 2021; Papathoma-Köhle & Fuchs, 2020).

The health and social sector is an economically important sector. How climate-friendly production and employment are in this sector can therefore have a noticeable influence on climate change and its mitigation. So far, the CO_2 footprint is only known for the health sector, but not for the social sector. According to this, the Austrian health sector's share of 6.7 percent of national CO_2 emissions is above average in international comparison (Pichler et al., 2019; Weisz et al., 2019). The Austrian health sector could reduce its CO_2 footprint by optimising the spatial supply structure, procurements, use of medicines and equipment and treatment routines (Alshqaqeeq et al., 2019; Renner, 2020; Weisz et al., 2019) (high agreement, medium literature base). The use of digital technologies also offers opportunities to avoid climate-damaging emissions, e.g. telecare in mobile care (AWO Bundesverband e. V., 2022; Care about Care, 2022) (high agreement, weak literature base). A consistent ecologically oriented procurement policy in the entire health and social sector can accelerate the use and development of sustainable production methods among providers of the required goods and services (Peñasco et al., 2021), e.g. through climate-friendly and at the same time health-promoting food offers in canteens of youth, old people's and nursing homes, day care centres or social administration (illustrated for Sweden: Lindström et al., 2020) or electrification of the vehicle fleets of mobile social services (Bach et al., 2020) (high agreement, weak literature base). Also related to its role as a major employer, the health and social care sector can be a pacesetter to implement climate-friendly working models (Bohnenberger, 2022) (high agreement, medium literature base).

With regard to the interfaces between climate and social policy and the need for integrated, eco-social packages of measures, CO_2 pricing, a weakened labour-centredness of social security and climate-friendly investment of pension assets are discussed. There are a number of recent findings on CO_2 pricing that refer to Austria (Kirchner et al., 2019; Six & Lechinger, 2021; Mayer et al., 2021). A CO_2 tax can have a positive effect on both social and climate policy goals (Kirchner et al., 2019; Six & Lechinger, 2021; Mayer et al., 2021) (medium agreement, medium literature base). Whether and which concrete compensation measures (refunds in the form of flat-rate or income-oriented cash benefits, reductions in other taxes, reduced social security contributions) are meaningful and particularly effective in achieving goals is assessed differently depending on the scenario and the research approach (Kirchner et al., 2019; Six & Lechinger, 2021; Mayer et al., 2021) (medium agreement, medium literature base). The strong employment-centredness of the Austrian social system is a structural barrier to the transition to a climate-friendly society. Climate policy aims at an equal distribution of employment and care work (with less employment overall), less resource-intensive lifestyles (renunciation of high earnings and status consumption) and re-qualification of employees in climate-damaging fields of activity. If this is to be flanked by social policy, access to benefits and the level of benefits would have to be improved in individual branches of social security for people who are not, or not continuously, in full-time employment (Bohnenberger, 2022). Whether, for example, an ecological basic income, a maximum income or universal benefits in kind can be used effectively in Austria, cannot be answered at present due to existing research gaps.

Institutional investors in the Austrian social security system still contribute significantly to climate change through their investments (and thus increase their climate-related investment risks) (Semieniuk et al., 2021). At just under 44 billion euros, a substantial sum is invested by Austrian occupational pension funds and occupational employee provision funds. In 2019, at least 30 per cent of the investments of Austria's inter-company pension funds (€ 25 billion in 2021) were in five sectors that are considered to be particularly GHG intensive (European Insurance and Occupational Pensions Authority, 2019). For Europe as a whole, there is a significant need for additional investment to achieve the ambitious emission reduction targets, which is difficult to meet from public funds alone (Brühl, 2021; van der Zwan et al., 2019). Institutional investors in the Austrian social security system could contribute by shifting from emission-intensive to climate-friendly investments ("divest-invest") (high agreement, weak literature base).

If social and climate policies are to be coordinated, it is necessary to institutionalise cooperation or to rethink tasks and the corresponding responsibilities (e.g. in disaster control) (BMSGPK, 2021; Papathoma-Köhle et al., 2021). Overall, there is a great need for research on how ecosocial policy in Austria can be designed effectively and efficiently in terms of institutions and instruments. Some systematic reviews are available that summarise the results of international scientific studies with a focus on this issue (Alshqaqeeq et al., 2019; Lamb et al., 2020; MacNeill & Vibert, 2019; Mayrhuber et al., 2018; Peñasco et al., 2021). However, Austrian interventions are often not included in these reviews or only as part of multi-country studies. There can be three main reasons for this: (1) either no ecosocial interventions are yet implemented in the relevant fields of action (policy action gap), (2) measures in the field of ecosocial policy have not yet been researched across the board and according to the usual scientific quality standards (research gap), and/or (3) the available evidence is not publicly accessible (transparency gap). If evidence-based ecosocial policy is to be pursued that achieves rapid learning effects, these gaps must be reduced (evaluation culture in the political and administrative system, investment in data infrastructure, data access for independent scientific research, targeted research funding programmes, public access to commissioned and already available studies).

Chapter 19: Spatial planning

This chapter assesses the extent to which spatial planning and land use planning facilitate or hinder the transformation to a climate-friendly mode of living in Austria. A literature-based assessment is made regarding the effectiveness of spatial planning instruments and necessary changes towards climate-friendly living.

In Austria, spatial development in many places hinders climate-friendly living. Land consumption is high in international comparison. Urban sprawl and fragmentation of the landscape – the drifting apart of housing, work, supply, leisure and mobility – are becoming increasingly visible and noticeable. Patchy settlement areas, fraying settlement edges, trade and commercial agglomerations with large-scale car parks at town and city borders, as well as remote tourism facilities lead to long journeys mainly made by car. Sealing of land and overbuilding contribute to overheating and increased surface runoff and thus to the risk of flooding. Even if growth rates in land use and motorised private transport have decreased noticeably in recent years – Austria's built structure and transport situation continue to exacerbate the climate crisis (Kurzweil et al., 2019; Österreichische Raumordnungskonferenz, 2021; Umweltbundesamt, 2020a, 2021a, 2021b; ; Zech, 2021c) (high agreement, strong literature base).

Despite numerous efforts, spatial planning praxis and spatial development in cities and municipalities, as well as through (voluntary) inter-municipal cooperation, does not sufficiently succeed in creating a spatial framework for climate-friendly behaviour in the built environment, the economy, in services of general interest and in mobility. In many cases, political will to steer and problem awareness of public and private developers and infrastructure providers are lacking for consistently counteract or reverse climate-hostile spatial developments. In contrast to other countries (e.g., Switzerland, Germany), the Austrian constitution does not provide a "framework competence" for spatial planning at federal level; nor are expert and funding agencies appropriately equipped for spatial planning and spatial development at national level. These factors make it difficult to enforce overarching climate goals in planning (Dollinger, 2010; Ertl, 2010; Franck et al., 2013; Kanonier & Schindelegger, 2018a; Österreichische Raumordnungskonferenz, 2021) (high agreement, medium literature base). Although in the (non-binding) Austrian Spatial Development Concept (ÖREK) and in the planning and building laws of the federal states, the principles and objectives of spatial planning and spatial development in terms of climate protection and climate change adaptation are formulated or at least open to interpretation, their steering effect is limited. The federal states exercise their influence and control instruments for spatial development (state and regional planning) differently and often only hesitantly. Although current regional development programmes and concepts can be understood as thoroughly climate-conscious guiding principles and declarations of intent, they hardly contain any binding specifications (Kanonier & Schindelegger, 2018b; Österreichische Raumordnungskonferenz, 2021; Svanda & et al., 2020) (medium agreement, medium literature base).

As a cross-sectional matter, spatial planning and development is constantly challenged with steering problems in coordinating and integrating divergent interests. For example, a multitude of material issues influence settlement development, such as transport, mining, water law, commercial law and tourism. Compared to sectoral goals, interests and technical standards, overall, integrated and thus less concrete qualitative requirements of spatial planning and spatial development can only partially prevail and thus ensure climate-friendly decisions (Dollinger, 2010; Kanonier & Schindelegger, 2018b). Coordinated and integrative spatial development requires political will to steer and at the same time openness and resources for participatory planning processes in order to raise awareness and define and create spatial framework conditions for climate-friendly behaviour of residents, companies and planning authorities when they make decisions on location, use of space and mobility. Spatial planning needs to be strengthened in its core competencies of regulatory planning, setting the framework for location, development and design of settlement areas, business locations and landscapes and green spaces in a climate-conscious manner, integrated into cooperative and participatory planning processes (Baasch & Bauriedl, 2012; Dollinger, 2010; Schindegger, 2012; Svanda et al., 2020) (medium agreement, medium literature base).

Spatial planning and land use planning enable and promote climate-friendly modes of living in a sustainable manner if

- settlement and commercial areas in cities and municipalities are compact and greened (space-saving building density, low sealing, climate-impacting planting);
- Living, working, utilities, leisure facilities and green spaces are close to each other (functional mix).
- and conveniently accessible by foot, bicycle or public transport (city and place of short distances).

Climate-friendly living in regions is possible if

- the train system forms the backbone of settlement development and is attractively linked with other means of public transport,
- Business, cultural, educational, consumer and administrative facilities are distributed and interconnected in the most suitable locations that can be reached in a climate-friendly manner and are shared by communities, residents and businesses of the region, and
- Landscape and green spaces as well as water bodies – green and blue infrastructure – are attractive for local recreation and contribute to biodiversity, production of healthy regional food, generation of renewable energy and climate change adaptation (temperature compensation,

flood retention) (Austrian Conference on Spatial Planning, 2021) (high agreement, medium literature base).

Ways and means for an urgently needed trend reversal from climate-damaging to climate-friendly spatial structures that enable and promote climate-friendly living are shown. Essential success factors are:

- Taking existing spatial planning instruments seriously, i.e., zoning and development plans, local and regional development concepts, spatial concepts and plans of the states ("Länder") and the Austrian Spatial Development Concept with the associated land strategy as well as land policy instruments, use them and make them more climate-friendly (Kanonier & Schindelegger, 2018b; Österreichische Raumordnungskonferenz, 2021),
- a cooperative planning culture, i.e., increased use of governance approaches in instruments (guiding principles, strategies) and in the process design (interaction of interest groups, citizen participation) (Heinig, 2022; Madner, 2015a; Selle, 2005; Zech, 2015),
- integrated development planning that communicates with different sectors and disciplines (Einig, 2011; Österreichische Raumordnungskonferenz, 2021),
- obligation of sectoral planning – especially in transport planning – to contribute to climate-friendly spatial structures (Danielzyk & Münter, 2018; Stöglehner, 2019; Zech et al., 2016), and
- targeted use of fiscal instruments to reform taxes (such as real estate income tax, property tax, etc.) or subsidies (such as housing subsidies, economic subsidies, commuter allowances, etc.) that have so far been levied in a mostly "spatially blind" manner – without taking into account their possible positive (e.g., use for inner development) but also negative spatial effects (e.g., urban sprawl) or subsidies (such as housing subsidies, economic subsidies, commuter allowances, etc.) and to provide comprehensible and easy-to-use tools for inter-municipal fiscal transfer (Bröthaler, 2020; Mitterer et al., 2016; Mitterer & Pichler, 2020; ÖROK, 2017; Zech et al., 2016) (high agreement, medium literature base).

Chapter 20: Media discourses and media structures

Media (both traditional mass media and social media) are central forums in which climate crisis, including need for transformation to a climate-friendly life, is discursively constructed and negotiated (Reisigl, 2020). Due to their effect on recipients, which will only be discussed to a limited extent in this chapter, media are central to creating imaginary spaces and actions dealing with climate crisis (e.g., Arlt et al., 2010; Gavin, 2018; Kannengießer, 2021; Neverla et al., 2019; Wiest et al., 2015). Media construction of those problem areas is an important factor for successfully implementing many transformation needs that are elaborated in other chapters of this report. Two media-analytical sub-areas are addressed in the following: Media discourses (both in mass media and on social media) and media structures, including both media technologies (e.g., Kannengießer, 2020b) and underlying political-economic and cultural institutions (Fuchs, 2017; Knoche, 2014).

Scientific literature at the intersection of media and climate crisis, often contains studies on journalistically produced content, with the role of online and social media receiving increasing attention (e.g., Kirilenko & Stepchenkova, 2014; Newman, 2017; Veltri & Atanasova, 2017; Pianta & Sisco, 2020). Overall, very few studies are available for the Austrian context. Scientific literature at international level shows that media attention on different aspects of the climate crisis has clearly increased over the last three decades, but at the same time remains at a low to medium level (own calculations based on M. Boykoff et al., 2022; Daly et al., 2022). Established media practices such as occasion-based reporting (M. T. Boykoff & Roberts, 2007; Brüggemann et al., 2018; Grundmann & Scott, 2014; M. S. Schäfer et al., 2014) as well as competition with other topics (Barkemeyer et al., 2017; M. T. Boykoff et al., 2021; Lyytimäki et al., 2020; Pearman et al., 2020) and the ideological orientation of media houses play a central role (high agreement, strong literature base) (Barkemeyer et al., 2017; Bohr, 2020; M. T. Boykoff, 2008; M. T. Boykoff & Mansfield, 2008; Brüggemann et al., 2018; Pianta & Sisco, 2020; M. S. Schäfer et al., 2014; Schmidt et al., 2013). As a long-term, global, highly complex process with few possibilities for personalisation and not being directly perceptible via individual senses, the climate crisis does not offer an ideal object for journalistic reporting. Only events that fulfil a "news value" and can be linked to the climate crisis – be they political, scientific or weather- and nature-related – provide occasions for reporting (Brüggemann & Engesser, 2017; Neverla & Trümper, 2012).

On a discursive level, a broad consensus for the existence of the human-made climate crisis can be found in journalistic media (high agreement, strong literature base) (Brüggemann & Engesser, 2014; Brüggemann et al., 2018; Grundmann & Scott, 2014). In some contexts (especially when certain media houses are ideologically close to right-wing conservative political elites or also in social media), the persistence of climate crisis-sceptical positions is quite relevant (high agreement, medium literature base) (Elsasser & Dunlap, 2013; Forchtner et al., 2018; Kaiser & Rhomberg, 2016; McKnight, 2010a, 2010b; Painter & Gavin, 2016; Petersen et al., 2019; Ruiu, 2021; Schmid-Petri & Arlt, 2016; Schmid-Petri, 2017). An analysis for Austria shows in this context that the online blog unzensuriert.at as well as the media outlets Zur Zeit and Die Aula, all three of which are close to the Austrian Freedom Party, predominantly disseminate climate crisis-sceptical positions (Forchtner, 2019).

Reporting tends to be dominated by market and innovation perspectives and measures embedded therein to avert the climate crisis (high agreement, medium literature base) (Diprose et al., 2018; Koteyko, 2012; Lewis, 2000; Shanagher, 2020; Yacoumis, 2018). For example, previous research shows that market-centred policies, technocratic solutions, corporate social responsibility and sustainable consumption are at the forefront of news coverage – regardless of the ideological orientations of newspapers (high agreement, medium literature base) (Diprose et al., 2018; Koteyko, 2012; Lewis, 2000; Yacoumis, 2018). Transformative perspectives tend to play a minor role (high agreement, medium literature base) (Carvalho, 2019; Diprose et al., 2018; Dusyk et al., 2018; Lehotský et al., 2019; Lohs, 2020; Schmidt & Schäfer, 2015; Vu et al., 2019).

Studies on the role of online and social media in climate crisis discourse are on the rise. Due to available data, there is a clear focus on the microblogging service Twitter (Pearce et al., 2014, 2019). Social media are forums for negotiating climate crisis discourses, especially for detailed scientific questions, (lay) discussions and emerging issues (Brüggemann et al., 2018; Lörcher & Neverla, 2015). Research also points to the relevance of social media for agenda-setting and public mobilisation of civil society actors, such as NGOs and activists (Askanius & Uldam, 2011; Greenwalt, 2016; Holmberg & Hellsten, 2016; M. S. Schäfer, 2012). Research on the dynamics of online discussions (in social media and on online blogs) suggests that affirmation of social group identity is often paramount, leading to polarisation of positions, echo chambers and fragmentation of debates (Brüggemann et al., 2018; Pearce et al., 2019; Treen et al., 2020).

At the level of media content, there are transformation requirements, especially with regard to challenging hegemonic growth- and technology-optimistic as well as market centred positions. At the same time, a stronger focus on alternatives to the current organisation of economics, positive scenarios and transformative approaches to solutions that make the notion of a climate-friendly way of life tangible and imaginable is necessary (high agreement, medium literature base) (D. Holmes & Star, 2018; M. S. Schäfer & Painter, 2020).

At the level of media structures the following issues are in the foreground of requirements of a transformation: the restructuring of inhibiting factors such as journalistic practices (Brüggemann & Engesser, 2017; Krüger, 2021; M. S. Schäfer & Painter, 2020), business models and advertising market dependence (Beattie, 2020; D. Holmes & Star, 2018; M. S. Schäfer & Painter, 2020) – also of public advertising (Kaltenbrunner, 2021) –, ownership (Lee et al., 2013; McKnight, 2010a) and regulatory frameworks of the media sector (M. T. Boykoff & Roberts, 2007; Kääpä, 2020) (high agreement, medium literature base).

There are calls to reduce the high dependency of strategic communication from "elite sources", as these tend to justify existing power relations as well as production and consumption patterns and thus tend to oppose a profound transformation (Bacon & Nash, 2012; Bohr, 2020; Brüggemann & Engesser, 2017; Schmid-Petri & Arlt, 2016). As this dependency tends to increase with the crisis and transformation of the media sector, there is also a need to review existing media funding regimes and requirements (Friedman, 2015; Gibson, 2017; M. S. Schäfer & Painter, 2020; A. Williams, 2015). Moreover, the media sector as a relevant CO_2 emitter requires emission reduction pathways (also due to growing digital infrastructure), which have not been sufficiently formulated so far (high agreement, weak literature base) (Kannengießer, 2020a; van der Velden, 2018). The production of media content is embedded in context-specific, institutional structural conditions that inhibit a proactive role of the media for a transformation towards climate-friendly living (Fuchs, 2020; Fuchs & Mosco, 2012; Pürer, 2008).

There is little research on relevant actors in the Austrian context. Therefore, the role of central actors in the Austrian media landscape in terms of their contributions to bring about a climate-friendly mode of living is unclear. Some actors in the Austrian media sector have little to no discernible activities on the climate crisis so far; others can be classified as tending to promote it (low agreement, weak literature base). Our research on possible facilitating actors indicates that climate crisis specialised research networks and new forms of journalism are highly relevant for the discursive construction of the climate crisis that is conducive to a climate-friendly way of life. Options for design and action can be located in the following areas: alternative approaches to journalism (Howarth & Anderson, 2019; Neverla, 2020) that contribute to discourses of climate-friendly living (e.g., transformative journalism (Krüger, 2021)); changing approaches to science, environmental and climate journalism in newsrooms (Drok & Hermans, 2016; Le Masurier, 2016); media regulation (targeting media funding) (Pickard, 2020); moving away from fossilistic advertising markets; devising new funding models (Kiefer, 2011; Meier, 2012); and restructuring ownership (Lee et al., 2013; McKnight, 2010a) (medium agreement, weak literature base).

Chapter 21: Education and science for climate-friendly living

This chapter builds on literature on education and science (ES) for sustainable development and climate change. It focuses on concepts that put education at the forefront. Science is seen as the interplay between research and education. In this respect, aspects of research for climate-friendly living are also taken up, although this is deliberately not the focus of the chapter. The assessment of what dimension can be attributed to the role of ES structures for climate-friendly living also remains unresolved. In particular, it seems to be the "structures in the heads" of involved people that ultimately generate patterns of thought and action hindering or favoring sustainability and climate friendliness.

Education and science (ES) in their current objectives and structures do not contribute enough to sustainable development and thus also to climate-friendly living (high agreement, strong literature base). The high urgency to respond to systemic crises of the Anthropocene – first and foremost the climate and biodiversity crises – is still opposed by forces of inertia and ES remain relatively unchanged in their content (especially teaching content), objectives, concepts and basic systemic structures (Elkana & Klöpper, 2012; Imdorf et al., 2019; Kläy et al., 2015; O'Brien, 2012; WBGU, 2011).

Inter- and transdisciplinarity (ITD), i.e. cross-disciplinary cooperation as well as cooperation between science and societal actors, are underrepresented in ES. The call for an expansion of ITD is becoming louder in context of sustainable development and climate change in particular (Future Earth, 2014; ProClim Forum for Climate and Global Change, Swiss Academy of Science, 1997; Scholz & Steiner, 2015; WBGU, 2011, 2014). Focusing on the reproduction of existing knowledge in the education system (Davidson, 2017; R. M. Ryan & Deci, 2016) stands in the way of independent, responsible learning oriented towards sustainability values and thus co-production of new knowledge (Botkin et al., 1979; UNESCO, 2017a) (high agreement, strong literature base).

If ES is to be aligned with challenges of sustainable development as well as climate-friendly living, the assumption of social responsibility and a fundamental paradigm shift towards holistic, integrated and transformative approaches is required (among others: International Commission on the Futures of Education, 2021; Sachs et al., 2019; Wayne et al., 2006; WBGU, 2011) (high agreement, strong literature base). This requires new objectives (e.g., orientation towards the Sustainable Development Goals (SDGs) of the United Nations, addressing real-world socially relevant problems, improving the quality of life for all) and comprehensive structural reforms (e.g., education plans, curricula, education concepts for sustainable development, career models, research funding) (high agreement, strong literature base) (Coelen et al., 2015; Leiringer & Cardellino, 2011; Martens et al., 2010; J. Ryan, 2011; Sachs et al., 2019; Saltmarsh & Hartley, 2011).

Sustainability and climate-friendly concepts in ES (e.g., Education for Sustainable Development (ESD) (UNESCO, 2021), climate change education and research, ITD (Future Earth, 2014; ProClim Forum for Climate and Global Change, Swiss Academy of Science, 1997; Scholz & Steiner, 2015; WBGU, 2011), transformative ESD (WBGU, 2011, 2014)) support the facilitation of knowledge acquisition and the development of values and competences to achieve climate-friendly and sustainable modes of living (high agreement, strong literature base). Appropriate approaches exist, however they need to be further developed and implemented on a broad basis in ES (high agreement, strong literature base).

Options for action draw on international examples and pilot projects in Austria that show how corresponding changes could be initiated in ES. The impact of individual options must remain open, as corresponding research is not available. If the scientific literature base on the effects of novel approaches in ES is to be increased, accompanying research for and evaluation of climate research and education programmes are necessary (high agreement, strong literature base).

Some policy papers already underline the need for sustainability and climate friendliness in the Austrian ES system: e.g., Memorandum of Understanding of the initiative "Mit der Gesellschaft im Dialog" – Responsible Science (Alliance for Responsible Science, 2015); Policy Decree Environmental Education for Sustainable Development (BMBF, 2014); Teaching Principle Civic Education, Policy Decree 2015 (BMBF, 2015); System Goal 7 of the Overall Austrian University Development Plan (BMBWF, 2020b); Austrian Strategy "Education for Sustainable Development" (BMLFUW et al., 2008); Action Plan for a Competitive Research Area (BMWFW, 2015); Uniko Manifesto for Sustainability (Austrian University Conference, 2020); for further initiatives, see also BMBWF (2019). At the same time, they are contrasted by only selective and in no way fundamental and systemic changes. If a fundamental paradigm shift in ES to support climate-friendly living and sustainable development is to be achieved, the transdisciplinary elaboration and practical implementation of comprehensive ES concepts that map the above-mentioned needs for change is a priority (high agreement, strong literature base).

If competences necessary for a climate-friendly life are to be promoted extensively, climate change education and ESD should form the basis of curricula and education plans at all levels of the formal education system (school and university), in particular also curricula of teacher training, and should be strengthened as a task of actors in informal and non-formal education (such as municipalities, museums, libraries, etc.) (UNESCO, 2021) (high agreement, strong literature base).

If science for climate-friendly and sustainable living is to be promoted, the creation of specific cooperative structures for inter- and transdisciplinarity in ES is necessary (e.g., the establishment of corresponding professorships, institutes, research centres, career positions, study programmes, textbooks, journals, societies, research networks), in addition to a fundamental discussion of prevailing goals, contents and structures (e.g., incentive systems, tender criteria) and resulting power and competition relations (Climate Change Centre Austria – Klimaforschungsnetzwerk Österreich, 2018; Hugé et al., 2016; Kahle et al., 2018; UNESCO, 2017b; Yarime et al., 2012, p. 201) (high agreement, strong literature base).

If sustainability and climate friendliness are to be comprehensively and structurally anchored (UNESCO, 2012, p. 71) in all areas (e.g., Bormann et al., 2020; Kohl & Hopkins, 2021; UNESCO, 2014) at ES institutions in the sense of a holistic approach (Whole-Institution Approach), they need support in the form of strategic instruments (e.g., framework strategies) as well as corresponding performance assessment systems and incentives (high agreement, strong literature base).

When ES institutions implement GHG emission reduction measures at operational level, they can serve as living labs and pioneers of social-ecological transformation (Bassen et al., 2018; Bohunovsky et al., 2020) (high agreement, strong literature base).

This chapter has started to look at ES in the context of sustainable and climate-friendly living. The resultant discussion on this should be continued with scientists and social actors.

Chapter 22: Networked infrastructures

This chapter assesses the literature on networked infrastructure systems, such as electricity, data, road or rail networks, water or gas pipelines, and their contribution to the transformation towards a climate-friendly mode of living in Austria. Networked infrastructures form the central basis for everyday life and economic activity (European Commission, 2021). They structure behaviour in the long term and thus set the course for a climate-friendly mode of living. Due to European law, an organisational and economic unbundling has been established for networked infrastructure systems in Austria (with a few exceptions such as heating grids and smaller municipal utilities) between the operation of infrastructures (e.g., APG as electricity grid operator, ÖBB Infrastruktur as rail network operator) and the provision of concrete services (e.g., electricity supply, public transport) as market-related activities of services of general interest. In particular, European legislation solidified that energy supply, transport and telecommunication services of general interest are subject to specific public service obligations imposed by the Member States (high agreement, strong literature base).

Infrastructure systems are characterised by path dependencies and inertial forces (e.g., long life-span, institutional agreements, complex organisational structures, high investment costs, technical developments, monopoly positions of existing networks), which often make it difficult to build or change socio-technical infrastructures (Ambrosius & Franke, 2015; Tietz & Hühner, 2011; Frantzeskaki & Loorbach, 2010; Bos & Brown, 2012). As long as the use and maintenance of networked infrastructures is dependent to fossil fuels (e.g., energy input for vehicles, distribution and use of natural gas, etc.), resulting actions cannot be climate-friendly (high agreement, strong literature base).

There is consensus that without appropriate steering measures, further expansion of networked infrastructures through use of fossil energies will lead to more GHG emissions (high agreement, strong literature base). For example, two-thirds of energy supply is currently based on fossil fuels (BMK, 2020), but also expansion of road-based transport infrastructure with a simultaneous decline in rail-based transport infrastructure is in many cases associated with a negative impact on GHG emissions (Winker et al., 2019; Kropp, 2017; Banko et al., 2022). Regulatory frameworks indisputably have a major influence on the design of organisational structures of infrastructure systems. In particular, there is consensus that liberalisation of markets within the framework of the EU shapes the status quo (high agreement, strong literature base).

The share of grey energy (indirect energy for production, transport and distribution as well as destruction processes) is a substantial factor in infrastructure systems that has a direct impact on how emission-intensive the expansion of networked infrastructures is. This has been proven by studies, for example on rail infrastructure and residential construction (Latsch et al., 2013; Kanton Zürich, 2012; Bußwald, 2011). Since settlement density in particular has a major influence on infrastructure, spatial planning decisions in terms of climate-friendly living are of great importance (high agreement, medium literature base).

Profound changes in networked infrastructure, accompanied by changes in actor networks of infrastructure systems, are necessary to promote and enable climate-friendly living (Berggren et al., 2015; Geels, 2014). Sector coupling between different infrastructure systems (especially power-to-heat, power-to-gas, power-to-mobility) plays an increasingly important role (van Laak, 2020; Büscher et al., 2020). In innovation research, it is often pointed out that, building on new legal foundations (e.g., Renewable Expansion Act 2021), new organisational and actor models should be developed and tested within the framework of regulatory experiments and sandboxes (medium agreement, weak literature base).

In Austria, the shaping role of the public sector as majority owner of central infrastructure providers is particularly important at national and municipal level. The influence of the public sector on public service obligation of the operators of networked infrastructures in energy and mobility clearly exists due to responsibilities regarding services of general interest. On this basis and as the majority owner of central infrastructure providers such as ÖBB, ASFINAG, APG,

Wiener Netze and many other operators in the federal states, the public sector has a wide range of creative possibilities (including investment decisions and specifications of strategic objectives) (high agreement, medium literature base).

Independent regulators increasingly have the legal mandate to contribute to the transformation of networked infrastructure systems and to maintain a balance between interests of consumers, other market participants and stakeholders, in addition to their previous predominantly competition law tasks, while additional tasks to achieve climate policy objectives fall upon them (Bolton & Foxon, 2015). It remains to be seen how this will affect the future design of rules of the game for actors (e.g., in the energy sector, possibilities for citizens to actively contribute to energy transitions) (high agreement, medium literature base).

With regard to climate-friendly transformation of networked infrastructures, the public sector in particular, as legislator, but also as procurer, has significant design options. Through its framework-setting influence, it can influence the design of networked infrastructures and actively steer investments and financing of new construction, conversion or decommissioning of infrastructures. Changes in objectives and tasks of public agencies (e.g., E-Control) can also create additional scope for shaping networked infrastructures in line with climate-friendly living. It is also undisputed that the public sector can make decisive contributions to a change towards climate-friendly living as part of its activities in administration (high agreement, medium literature base).

In order to take into account the necessary orientation of technical infrastructures towards climate neutrality and increasing interconnectedness (e.g., energy-ICT, transport-ICT, energy-water, etc.), the public sector has the opportunity to shape procurement towards innovative solutions for achieving sustainable missions. In scientific RTI policy discourse, there is a broad consensus on the importance of functional tendering (Directive 2014/24/EU), in which the procurer defines functions and suppliers propose suitable technical or other solutions (high agreement, weak literature base) (Edquist et al., 2018; Edquist & Zabala-Iturriagagoitia, 2021).

There is broad consensus that long-term strategies, sound investment plans, reliable legal frameworks, international and national coordination, but also regional and local spatial planning instruments as well as mission-oriented research and development are necessary to change networked infrastructures towards climate friendliness (high agreement, weak literature base). In this context, socio-cultural innovations play a major role, which go beyond a purely technology-centred solution to also consider social conditions and their architectural and infrastructural contexts of emergence (Kropp et al., 2021). This goes hand in hand with a necessary change in planning culture (Frantzeskaki & Loorbach, 2010) in order to develop sustainable strategies in spatial planning that integrate an understanding of diverse interrelationships between built environment, human activity and social life (Næss, 2016).

The complexity associated with the design of networked infrastructure systems requires a high degree of coordination between public, private and civil society actors. In research on egalitarian governance approaches, horizontal and vertical multi-level governance mechanisms are considered important instruments to align strategy, planning processes and measures with climate-friendly living and in using sectoral and spatial intersections (high agreement, strong literature base) (Markard et al., 2020; Thaler et al., 2021).

Part 4: Pathways to transformation

Chapter 23: Pathways to transform structural conditions for climate-friendly living

Design options in relation to transformation pathways

Based on an extensive literature review and with reference to the perspectives presented in Chap. 2, four transformation paths relevant for Austria were derived:

1. Guard rails for a climate-friendly market economy (pricing of emissions and resource consumption; abolition of climate-damaging subsidies, openness to technology)
2. Climate protection through coordinated technology development (state-coordinated technological innovation policy to increase efficiency)
3. Climate protection as public provision (state-coordinated measures to enable climate-friendly living, e.g., through spatial planning, investment in public transport; legal regulations to restrict climate-damaging practices).
4. Climate-friendly quality of life through social innovation (social reorientation, regional economic cycles and sufficiency)

The design options of Chaps. 3 to 22 were analysed and evaluated with regard to their correspondence with the four pathways. There is a very high level of agreement with the "public provision" pathway and with the "social innovation" pathway. The correspondence with the technology pathway is somewhat lower, and some incompatibilities arise for the market pathway.

Analysis of the systemic penetration depth

With the help of a "leverage points" analysis (Abson et al., 2017), an assessment can be made how far-reaching the envisaged measures are, i.e., whether they are aimed at small incremental changes or comprehensive system change. This shows that the design options contained in the present

	Path / Dominant elements	1 Guard rails for a climate-friendly market economy	2 Climate protection through coordinated technology development	3 Climate protection as public provision	4. Climate-friendly quality of life through social innovation
Actors	State	●	●	●	○
	Social partners	○	○	●	○
	Economy	●	●	●	
	Consumer	●	○	○	∘
	Civil society			●	●
	Science	∘	●	∘	●
Affected structural conditions	Taxes	●	○	○	○
	True cost Pricing	●	∘	○	∘
	Consumer information	●	∘	○	○
	Subsidies		○	●	○
	Legal regulations	○	○	●	○
	Infrastructure and institutions	∘	∘	●	∘
	Business models	○	○	●	∘
	Technological Innovation promotion	○	●	○	
	Social innovations		∘	○	●
	Sufficiency oriented strucural conditions			∘	●
	Societal cohesion			∘	●
	Local self-sufficiency			○	●

Fig. TS.15 Characterisation of the pathways based on the relevance of actors and characteristic design options for them, *dots* – very relevant, *circles* – moderately relevant, *small circles* – little relevant, *no dot* – not relevant (own representation). {Chap. 23}

Assessment Report would bring about more far-reaching systemic changes than, for example, those measures listed in the current National Climate and Energy Plan (NEKP).

The literature reviewed clearly shows that a transformation towards climate-friendly living can only be successful if the implemented measures address all dimensions of a system. Low-penetration measures can be implemented quickly and can prepare the ground for deeper system changes. Given the pressure to act, it will be necessary to take the vast majority of available design options immediately and in a well-coordinated manner if the set climate goals are to be achieved (Kirchengast et al., 2019). In any case, effective climate policy requires an expansion of current measures to include those with greater systemic penetration.

Synergies and tensions between different transformation paths

The design options of this report correspond in particular with the pathway "Public provision" and, somewhat less strongly, with the pathway "Social innovation". However, it can be seen that the majority of the design options are at least not completely incompatible with the other paths. This means that regardless of which path is favoured, a large number of design options that also address different system dimensions can be used without leading to profound conflicts between fundamentally different transformation paradigms. This should ease the political decision-making process.

Some design options prove to be conflictual and fraught with tension in relation to the path "guard rails for a climate-friendly market economy". In this case, a clear political positioning is necessary to avoid frictions in the establishment and implementation of the design options.

From the discussion of the presented transformation pathways, it can be deduced that the development of a new "mixed pathway" promises a high degree of effectiveness, as synergies between the pathways can be used and weaknesses of individual pathways can be avoided. Only in the case of contested design options are path-shaping political decisions necessary if the socio-economic system is to be aligned with the achievement of the climate goals.

Addressing a wide range of actors

In the presented transformation paths, actors take on different roles at different spatial levels. Due to the strong focus on institutional and material structures, the state has a key role: In the market path and the technology path, the role of the state is that of the framework-setting institution, which in particular sets clear planning horizons. The state thus acts as an active shaper of innovation-promoting research, technology and innovation policy. In the path of public provision, the state assumes an even stronger provisioning and enabling role, while in the path of social innovation it offers free spaces and niches for social innovations and supports their upscaling and broadening at the regime level.

At the same time, it becomes clear that all four pathways are significantly shaped by different actors in different roles and in different interactions, in addition to the state in its respective key role: In view of the necessity to apply as many available design options as possbie to all four system dimensions in a coordinated manner, it is indispensable to bring a large number of different actors (e.g., social partners, companies, NGOs, civil society movements, etc.) on board, to ask for their possible contributions and at the same time to integrate them in an appreciative manner. When developing a transformation path to achieve the climate goals, not only the effectiveness of structural changes in the socio-economic system must be considered, but also the acceptance of design options at the societal and political level. The various political parties understandably have a closeness to those transformation paths that best correspond to their basic political orientation. The urgency of the need for action requires finding transformation paths that, on the one hand, achieve the desired climate goals according to scientific assessment and, on the other hand, can be agreed to by a large number of societal actors in order to generate the momentum that the upcoming far-reaching transformation requires.

References

Abson, David J., Joern Fischer, Julia Leventon, Jens Newig, Thomas Schomerus, Ulli Vilsmaier, Henrik von Wehrden, Paivi Abernethy, Christopher D. Ives, Nicolas W. Jager, und Daniel J. Lang. (2017). "Leverage points for sustainability transformation". Ambio 46(1): 30–39. https://doi.org/10.1007/s13280-016-0800-y.

ACRP. (2019). Austrian Climate Research Programme 2019. Klima- und Energiefonds. https://www.klimafonds.gv.at/call/austrian-climate-research-programme-5/.

Aglietta, M. (2018). Money: 5,000 Years of Debt and Power. Verso Books.

Aichholzer, J., Friesl, C., Hajdinjak, S., & Kritzinger, S. (Hrsg.). (2019). Quo vadis, Österreich? Wertewandel zwischen 1990 und 2018. Czernin Verlag.

Aiginger, K. (2016). New Dynamics for Europa: Reaping the benefits of socio-ecological transition. (WWWforEurope). https://www.wifo.ac.at/jart/prj3/wifo/resources/person_dokument/person_dokument.jart?publikationsid=58791&mime_type=application/pdf

Aigner, E., & Lichtenberger, H. (2021). Pflege: Sorglos? Klimasoziale Antworten auf die Pflegekrise. In Beigewurm, Attac, & Armutskonferenz (Hrsg.), Klimasoziale Politik: Eine gerechte und emissionsfreie Gesellschaft gestalten (S. 175–183). bahoe books.

Akenji, L. (2014). Consumer Scapegoatism and Limits to Green Consumerism. Journal of Cleaner Production, 63, 13–23. https://doi.org/10.1016/j.jclepro.2013.05.022

Akerlof, G. et al. (2019). Economists' Statement on Carbon Dividends. Climate Leadership Council. https://clcouncil.org/economists-statement/

Alessi, L., Battiston, S., Melo, A. S., & Roncoroni, A. (2019). The EU sustainability taxonomy: A financial impact assessment. [JRC Technical Report]. Publications Office of the European Union.

Allesch, A., Laner, D., Roithner, C., Fazeni-Fraist, K., Lindorfer, J., Moser, S., & Schwarz, M. (2019). Energie- und Ressourceneinsparung durch Urban Mining-Ansätze. http://www.nachhaltigwirtschaften.at

Allianz für Responsible Science. (2015). Memorandum of Understanding zwischen dem Bundesministerium für Wissenschaft, Forschung und Wirtschaft, der Republik Österreich und Partnerinstitutionen aus Wissenschaft, Forschung, Bildung und Praxis über die Initiative „Mit der Gesellschaft im Dialog – Responsible Science". Bundesministerium für Wissenschaft, Forschung und Wirtschaft. http://144.65.132.57/wp-content/uploads/2015/08/MoU_Responsible-Science.pdf

Allianz Nachhaltiger Hochschulen (2021): Von den Optionen zur Transformation. Optionen von Koch, A.; Kreissl, K.; Jany, A.; Bukowski, M. In: Allianz Nachhaltige Universitäten in Österreich (2021): UniNEtZ-Optionenbericht: Österreichs Handlungsoptionen zur Umsetzung der UN-Agenda 2030 für eine lebenswerte Zukunft. Uni NEtZ – Universitäten und Nachhaltige Entwicklungsziele. Allianz Nachhaltige Universitäten in Österreich, Wien, ISBN 978-3-901182-71-6.

Allinger, L., Moder, C., Rybaczek-Schwarz, R., & Schenk, M. (2021). Armut durch Klimapolitik überwinden. In Armutskonferenz, Attac, & Beigewum (Hrsg.), Klimasoziale Politik (S. 107–118). Bahoe Books.

Alshqaqeeq, F., Esmaeili, M. A., Overcash, M., & Twomeya, J. (2019). Quantifying hospital services by carbon footprint: A systematic literature review of patient care alternatives. Resources, Conservation and Recycling, 152(104560), Article 104560. https://doi.org/10.1016/j.resconrec.2019.104560

Amann, W. (2019). Maßnahmenpaket Dekarbonisierung des Wohnungssektors. https://www.oegut.at/downloads/pdf/MassnahmenpaketDekarbonisierungWohnungssektor.pdf?m=1561621272

Amann, W., & Mundt, A. (2019). Rahmenbedingungen und Handlungsoptionen für qualitätsvolles, dauerhaftes, leistbares und inklusives Wohnen. IIBW, Bundesministerium für Arbeit, Soziales, Gesundheit und Konsumentenschutz (BMASGK).

Ambrosius, G., & Franke, C. H. (2015). Pfadabhängigkeiten internationaler Infrastrukturnetze. Jahrbuch für Wirtschaftsgeschichte / Economic History Yearbook, 56(1), 291–312. https://doi.org/10.1515/jbwg-2015-0012

Anderl, M., Bartel, A., Geiger, K., Gugele, B., Gössl, M., Haider, S., Heinfellner, H., Heller, C., Köther, T., & Krutzler, T. (2021). Klimaschutzbericht 2021. Umweltbundesamt.

Anderl, M., Geiger, K., Gugele, B., Gössl, M., Haider, S., Heller, C., Köther, T., Krutzler, T., Kuschel, V., Lampert, C., Neier, H., Padzernik, K., Perl, D., Poupa, S., Purzner, M., Rigler, E., Schieder, W., Schmidt, G., Schodl, B., ... Zechmeister, A. (2020). Klimaschutzbericht 2020 (Klimaschutzbericht REP-0738). Umweltbundesamt.

Antal, M. (2014). Green goals and full employment: Are they compatible? Ecological Economics, 107, 276–286. https://doi.org/10.1016/j.ecolecon.2014.08.014

APCC. (2018). Österreichischer Special Report Gesundheit, Demographie und Klimawandel. Austrian Special Report 2018 (ASR18). Austrian Panel on Climate Change (APCC). Verlag der Österreichischen Akademie der Wissenschaften. https://verlag.oeaw.ac.at/oesterreichischer-special-report-gesundheit-demographie-klimawandel

Archer, M. S. (1995). Realist social theory: The morphogenetic approach. Cambridge University Press.

Arlt, D., Hoppe, I., & Wolling, J. (2010). Klimawandel und Mediennutzung. Wirkungen auf Problembewusstsein und Handlungsabsichten. Medien & Kommunikationswissenschaft, 58(1), 3–25. https://doi.org/10.5771/1615-634x-2010-1-3

Armutskonferenz. (2019). Aktuelle Armutszahlen. http://www.armutskonferenz.at/armut-in-oesterreich/aktuelle-armuts-und-verteilungszahlen.html

Armutskonferenz. (2020). Aktuelle Armutszahlen. http://www.armutskonferenz.at/armut-in-oesterreich/aktuelle-armuts-und-verteilungszahlen.html

Arnold, Annika, Martin David, Gerolf Hanke, und Marco Sonnberger, Hrsg. 2015. Innovation – Exnovation: über Prozesse des Abschaffens und Erneuerns in der Nachhaltigkeitstransformation. Marburg: Metropolis-Verlag.

Askanius, T., & Uldam, J. (2011). Online social media for radical politics: Climate change activism on YouTube. International Journal of Electronic Governance, 4(1/2), 69. https://doi.org/10.1504/IJEG.2011.041708

Attac. (2016). Konzernmacht brechen! Von der Herrschaft des Kapitals zum guten Leben für Alle. https://www.mandelbaum.at/docs/attac_konzermachtbrechen.pdf

Avelino, Flor, Julia M. Wittmayer, René Kemp, und Alex Haxeltine. 2017. "Game-changers and transformative social innovation". Ecology and Society 22(4):41.

AWO Bundesverband e. V. (Hrsg.). (2022). Kliamfreundlich Pflegen. website. https://klimafreundlich-pflegen.de/

Baasch, S., & Bauriedl, S. (2012). Klimaanpassung auf regionaler Ebene: Herausforderungen einer regionalen Klimawandel-Governance. Raumforschung und Raumordnung, 70. https://doi.org/10.1007/s13147-012-0155-1

Bach, S., Bär, H., Bohnenberger, K., Dullien, S., Kemfert, C., Rehm, M., Rietzler, K., Runkel, M., Schmalz, S., Tober, S., & Truger, A. (2020). Sozial-ökologisch ausgerichtete Konjunkturpolitik in und nach der Corona-Krise: Forschungsvorhaben im Auftrag des Bundesministeriums für Umwelt, Naturschutz und nukleare Sicherheit (DIW Berlin: Politikberatung kompakt Nr. 152). Deutsches Institut für Wirtschaftsforschung (DIW). http://hdl.handle.net/10419/222848

Bachner, G., Mayer, J., Fischer, L., Steininger, K. W., Sommer, M., Köppl, A., & Schleicher, S. (2021). Application of the Concept of "Functionalities" in Macroeconomic Modelling Frameworks – Insights for Austria and Methodological Lessons (Nr. 636; WIFO Working Papers). Österreichisches Institut für Wirtschaftsforschung.

Bacon, W., & Nash, C. (2012). Playing the media game: The relative (in)visibility of coal industry interests in media reporting of coal as a climate change issue in Australia. Journalism Studies, 13(2), 243–258. https://doi.org/10.1080/1461670X.2011.646401

Bader, C., Moser, S., Neubert, S. F., Hanbury, H. A., & Lannen, A. (2021). Free Days for Future? Centre for Development and Environment, University of Bern, Switzerland. https://doi.org/10.48350/157757

Balint, T., Lamperti, F., Mandel, A., Napoletano, M., Roventini, A., & Sapio, A. (2017). Complexity and the Economics of Climate Change: A Survey and a Look Forward. Ecological Economics, 138, 252–265. https://doi.org/10.1016/j.ecolecon.2017.03.032

Ball, R. (2009). The Global Financial Crisis and the Efficient Market Hypothesis: What Have We Learned? Journal of Applied Corporate Finance, 21(4), 8–16. https://doi.org/10.1111/j.1745-6622.2009.00246.x

Banko, G., Birli, B., Fellendorf, M., Heinfellner, H., Huber, S., Kudrnovsky, H., Lichtblau, G., Margelik, E., Plutzar, C., & Tulipan, M. (2022). Evaluierung hochrangiger Strassenbauvorhaben (REP-0791). Umweltbundesamt.

Baranzini, A., van den Bergh, J. C. J. M., Carattini, S., Howarth, R. B., Padilla, E., & Roca, J. (2017). Carbon pricing in climate policy: Seven reasons, complementary instruments, and political economy considerations. WIREs Climate Change, 8(4). https://doi.org/10.1002/wcc.462

Barkemeyer, R., Figge, F., Hoepner, A., Holt, D., Kraak, J. M., & Yu, P.-S. (2017). Media coverage of climate change: An international comparison. Environment and Planning C: Politics and Space, 35(6), 1029–1054. https://doi.org/10.1177/0263774X16680818

Barker, T., Dagoumas, A., & Rubin, J. (2009). The macroeconomic rebound effect and the world economy. Energy Efficiency, 2(4), 411–427. https://doi.org/10.1007/s12053-009-9053-y

Bärnthaler, R., Novy, A., & Plank, L. (2021). The Foundational Economy as a Cornerstone for a Social-Ecological Transformation. Sustainability, 13(18), 10460. https://doi.org/10.3390/su131810460

Bärnthaler, R., Novy, A., & Stadelmann, B. (2020). A Polanyi-inspired perspective on social-ecological transformations of cities. Journal of Urban Affairs, 1–25. https://doi.org/10.1080/07352166.2020.1834404

Barth, T., Jochum, G., & Littig, B. (Hrsg.). (2016). Nachhaltige Arbeit. Soziologische Beiträge zur Neubestimmung der gesellschaftlichen Naturverhältnisse. Campus Verlag.

Bashkar, Roy. 2010. Interdisciplinarity and Climate Change: Transforming Knowledge and Pra. Abingdon, Oxon, New York: Routledge.

Bassen, A., Schmitt, C. T., Stecker, C., & Rüth, C. (2018). Nachhaltigkeit im Hochschulbetrieb (Betaversion). BMBF-Projekt „Nachhaltigkeit an Hochschulen: entwickeln – vernetzen – berichten (HOCHN)". https://www.hochn.uni-hamburg.de/downloads/handlungsfelder/betrieb/hoch-n-leitfaden-nachhaltiger-hochschulbetrieb.pdf

Battiston, S., Dafermos, Y., & Monasterolo, I. (2021a). Climate risks and financial stability. Journal of Financial Stability, 100867. https://doi.org/10.1016/j.jfs.2021.100867

Battiston, S., Guth, M., Monasterolo, I., Neudorfer, B., & Pointner, W. (2020). Austrian banks' exposure to climate-related transition risk. Financial Stability Report, Oesterreichische Nationalbank (Austrian Central Bank), 40, 31–44.

Battiston, S., Monasterolo, I., Riahi, K., & Ruijven, B. J. van. (2021b). Accounting for finance is key for climate mitigation pathways. Science. https://www.science.org/doi/abs/10.1126/science.abf3877

Bauer, K.-J. (2015). Entdämmt euch! Eine Streitschrift.

Bauhardt, C. (1995). Stadtentwicklung und Verkehrspolitik: Eine Analyse aus feministischer Sicht. Birkhäuser.

Bauhardt, C. (2013). Wege aus der Krise? Green New Deal – Postwachstumsgesellschaft – Solidarische Ökonomie: Alternativen zur Wachstumsökonomie aus feministischer Sicht. GENDER – Zeitschrift für Geschlecht, Kultur und Gesellschaft, 5(2), 9–26.

Baumol, W. J., & Oates, W. E. (1975). The Theory of Environmental Policy. Cambridge University Press.

Bayliss, Kate, und Ben Fine. 2020. A Guide to the Systems of Provision Approach: Who Gets What, How and Why. Cham: Springer International Publishing.

Beattie, G. (2020). Advertising and media capture: The case of climate change. Journal of Public Economics, 188, 104219. https://doi.org/10.1016/j.jpubeco.2020.104219

Becker, Egon, und Thomas Jahn, Hrsg. 2006. Soziale Ökologie: Grundzüge einer Wissenschaft von den gesellschaftlichen Naturverhältnissen. Frankfurt am Main, New York: Campus.

Beckmann, M. A., & Fisahn, A. (2009). Probleme des Handels mit Verschmutzungsrechten – eine Bewertung ordnungsrechtlicher und marktgesteuerter Instrumente in der Umweltpolitik. Zeitschrift für Umweltrecht, 6, 299–307.

Behr, D. (2013). Landwirtschaft – Migration – Supermärkte. Ausbeutung und Widerstand entlang der Wertschöpfungskette von Obst und Gemüse [Dissertation, Universität Wien. Fakultät für Sozialwissenschaften]. https://docplayer.org/108523487-Dissertation-landwirtschaft-migration-supermaerkte-ausbeutung-und-widerstand-entlang-der-wertschoepfungskette-von-obst-und-gemuese.html

Berger, W. (2020). Das Aarhus-Beteiligungsgesetz: Neue Beteiligungs- und Mitspracherechte von Umweltorganisationen. In E. Furherr (Hrsg.), Umweltverfahren und Standortpolitik: Neue Wege zur Genehmigung (1. Aufl., S. 67–102). Facultas.

Berggren, C., Magnusson, T., & Sushandoyo, D. (2015). Transition pathways revisited: Established firms as multi-level actors in the heavy vehicle industry. Research Policy, 44(5), 1017–1028. https://doi.org/10.1016/j.respol.2014.11.009

van den Bergh, J. C. J. M., Angelsen, A., Baranzini, A., Botzen, W. J. W., Carattini, S., Drews, S., Dunlop, T., Galbraith, E., Gsottbauer, E., Howarth, R. B., Padilla, E., Roca, J., & Schmidt, R. C. (2020). A dual-track transition to global carbon pricing. Climate Policy, 20(9), 1057–1069. https://doi.org/10.1080/14693062.2020.1797618

Bergthaler, W. (2020). Wes Herz schlägt grüner? Recht der Umwelt – Beilage Umwelt und Technik, 73.

Bernasconi-Osterwalder, N., & Brauch, M. D. (2019). Redesigning the Energy Charter Treaty to Advance the Low-Carbon Transition. https://www.iisd.org/system/files/publications/tv16-1-article08.pdf

Bernasconi-Osterwalder, N., Magraw, D., Oliva, M. J., Tuerk, E., & Orellana, M. (2005). Environment and Trade: A Guide to WTO Jurisprudence. Routledge. https://doi.org/10.4324/9781849771153

Bhaskar, R., Archer, M., Collier, A., Lawson, T., & Norrie, A. (Hrsg.). (1998). Critical Realism: Essential Readings. Routledge.

Biesecker, A. (Hrsg.). (2000). Vorsorgendes Wirtschaften: Auf dem Weg zu einer Ökonomie des guten Lebens ; eine Publikation aus dem Netzwerk Vorsorgendes Wirtschaften. Kleine.

Biesecker, A., & Hofmeister, S. (2006). Die Neuerfindung des Ökonomischen. Ein (re)produktionstheoretischer Beitrag zur Sozialökologischen Forschung. oekom.

Biesecker, A., Wichterich, C., & v. Winterfeld, U. (2012). Feministische Perspektiven zum Themenbereich Wachstum, Wohlstand, Lebensqualität (S. 44) [Hintergrundpapier]. https://www.rosalux.de/fileadmin/rls_uploads/pdfs/sonst_publikationen/Biesecker_Wichterich_Winterfeld_2012_FeministischePerspe.pdf

Birdsall, N., & Wheeler, D. (1993). Trade Policy and Industrial Pollution in Latin America: Where Are the Pollution Havens? The Journal of Environment & Development, 2(1), 137–149. https://doi.org/10.1177/107049659300200107

Bittschi, B., & Sellner, R. (2020). Gelenkter technologischer Wandel: FTI-Politik im Kontext des Klimawandels. Was ist ein geeigneter Policy-Mix für eine nachhaltige Transformation? (Nr. 17; IHS Policy Brief).

BMASGK, B. für A., Soziales, Gesundheit und Konsumentenschutz. (2019). Öffentliche Ausgaben für Gesundheitsförderung und Prävention in Österreich 2016. Bundesministerium für Arbeit, Soziales, Gesundheit und Konsumentenschutz.

BMBF. (2014). Grundsatzerlass Umweltbildung für nachhaltige Entwicklung. Bundesministerium für Bildung und Frauen. https://www.bmbwf.gv.at/Themen/schule/schulrecht/rs/1997-2017/2014_20.html

BMBF. (2015). Unterrichtsprinzip Politische Bildung, Grundsatzerlass 2015. Bundesministerium für Bildung und Frauen. https://www.bmbwf.gv.at/Themen/schule/schulrecht/rs/1997-2017/2015_12.html

BMBWF u. a. (mehrere Jahrgänge). Österreichischer Forschungs- und Technologiebericht. BMBWF/BMK/BMDW, Wien.

BMBWF. (2019). Bildung für Nachhaltige Entwicklung. https://www.bmbwf.gv.at/Themen/schule/schulpraxis/ba/bine.html

BMBWF. (2020). Der Gesamtösterreichische Universitätsentwicklungsplan 2022–2027 (GUEP). Bundesministerium für Bildung, Wissenschaft und Forschung. https://www.bmbwf.gv.at/dam/jcr:b7701597-4219-42f3-9499-264dec94506e/GUEP%202022-2027_Aktualisiert_um_Statistik_final_bf.pdf

BMDW. (2021). Chancenreich Österreich. https://www.bmdw.gv.at/Themen/Wirtschaftsstandort-Oesterreich/Standortstrategie.html

BMK. (2020). Energie in Österreich – Zahlen, Daten, Fakten. Bundesministerium für Klimaschutz, Umwelt, Energie, Mobilität, Innovation und Technologie (BMK).

BMK. (2021b). Mobilitätsmasterplan 2030 für Österreich: Der neue Klimaschutz-Rahmen für den Verkehrssektor. Nachhaltig – resilient – digital (p. 72). Bundesministerium für Klimaschutz, Umwelt, Energie, Mobilität, Innovation und Technologie.

BMK. (2021a). Große Namen für ein gemeinsames Ziel: Mehr Klimaschutz. BMK. https://www.klimaaktiv.at/partner/pakt/massnahmen.html

BMLFUW, BMUKK, & BMWF. (2008). Österreichische Strategie „Bildung für nachhaltige Entwicklung". Bundesministerium für Land- und Forstwirtschaft, Umwelt und Wasserwirtschaft; Bundesministerium für Unterricht, Kunst und Kultur; Bundesministerium für Wissenschaft und Forschung. https://www.ubz-stmk.at/fileadmin/ubz/upload/Downloads/nachhaltigkeit/Oesterr-BINE-Strategie.pdf

BMNT. (2018). #mission2030 – Die Klima- und Energiestrategie der Bundesregierung.

BMSGPK. (2021). Soziale Folgen des Klimawandels in Österreich. Bundesministerium für Soziales, Gesundheit, Pflege und Konsumentenschutz. https://www.sozialministerium.at/dam/jcr:514d6040-e834-4161-a867-4944c68c05c4/SozialeFolgen-Endbericht.pdf

BMWFW. (2015). Aktionsplan für einen wettbewerbsfähigen Forschungsraum. Bundesministerium für Wissenschaft, Forschung und Wirtschaft. https://era.gv.at/public/documents/2424/0_20150225_Forschungsaktionsplan.pdf

Bohne, E. (1992). Das Umweltrecht – Ein „irregulare aliquod corpus et monstro simile". In H.-J. Koch (Hrsg.), Auf dem Weg zum Umweltgesetzbuch: Symposium über den Entwurf eines AT-UGB (1. Aufl., S. 181–233). Nomos.

Bohnenberger, K. (2022). Greening work: Labor market policies for the environment. Empirica. https://doi.org/10.1007/s10663-021-09530-9

Bohnenberger, K., & Schultheiss, J. (2021). Sozialpolitik für eine klimagerechte Gesellschaft. In Die Armutskonferenz, Attac, Beigewum (Hrsg.), Klimasoziale Politik. Eine gerechte und emissionsfreie Gesellschaft gestalten (S. 71–84). Bahoe Books.

Bohnenberger, K; Fritz, M., Mundt, I. & Riousset, P. (2021): Die Vertretung ökologischer Interessen in der Sozialpolitik: Konflikt- oder Kooperationspotential in einer Transformation zur Nachhaltigkeit?, in: Zeitschrift für Sozialreform, 67/2, 89–121.

Bohr, J. (2020). "Reporting on climate change: A computational analysis of U.S. newspapers and sources of bias, 1997–2017". Global Environmental Change, 61, 102038. https://doi.org/10.1016/j.gloenvcha.2020.102038

Bohunovsky, L., Weiger, T. M., Höltl, A., & Muhr, M. (2020). Handbuch zur Erstellung von Nachhaltigkeitskonzepten für Universitäten. aktualisiert und grundlegend überarbeitet von der Arbeitsgruppe „Strategien" der Allianz Nachhaltige Universitäten in Österreich. https://nachhaltigeuniversitaeten.at/wp-content/uploads/2020/12/Handbuch_NH-Strategien_2020_AG.pdf

Bolton, R., & Foxon, T. J. (2015). Infrastructure transformation as a socio-technical process – Implications for the governance of energy distribution networks in the UK. Technological Forecasting and Social Change, 90, 538–550. https://doi.org/10.1016/j.techfore.2014.02.017

Bolton, P., Després, M., Silva, L. A. P. da, Samama, F., & Svartzman, R. (2020). The green swan: Central banking and financial stability in the age of climate change. Bank for International Settlements. https://www.bis.org/publ/othp31.htm

Bormann, I., Rieckmann, M., Bauer, M., Kummer, B., Niedlich, S., Doneliene, M., Jaeger, L., & Rietzke, D. (2020). Nachhaltigkeitsgovernance an Hochschulen. BMBF-Projekt „Nachhaltigkeit an Hochschulen: entwickeln – vernetzen – berichten (HOCHN)". https://www.hochn.uni-hamburg.de/-downloads/handlungsfelder/governance/leitfaden-nachhaltigkeitsgovernance-an-hochschulen-neuauflage-2020.pdf

Borrás, S., Edler, J. (2020). The roles of the state in the governance of socio-technical systems' transformation. Research Policy, 49(5), 103971.

van Bortel, G., & Gruis, V. (2019). Innovative Arrangements between Public and Private Actors in Affordable Housing Provision: Examples from Austria, England and Italy. Urban Science, 3(2), 52. https://doi.org/10.3390/urbansci3020052

Bos, J. J., & Brown, R. R. (2012). Governance experimentation and factors of success in socio-technical transitions in the urban water sector. Technological Forecasting and Social Change, 79(7), 1340–1353. https://doi.org/10.1016/j.techfore.2012.04.006

Botkin, J. W., Elmandjra, M., & Malitza, M. (1979). No limits to learning: Bridging the human gap: A report to the club of rome (1st Edition). Pergamon Press. https://www.elsevier.com/books/no-limits-to-learning/9780080247045

Boykoff, M. T. (2008). The cultural politics of climate change discourse in UK tabloids. Political Geography, 27(5), 549–569. https://doi.org/10.1016/j.polgeo.2008.05.002

Boykoff, M. T., & Mansfield, M. (2008). "Ye Olde Hot Aire": Reporting on human contributions to climate change in the UK tabloid press. Environmental Research Letters, 3(2), 024002. https://doi.org/10.1088/1748-9326/3/2/024002

Boykoff, M. T., & Roberts, J. T. (2007). Media Coverage of Climate Change: Current Trends, Strengths, Weaknesses (HDOCPA-2007-03; Human Development Occasional Papers (1992–2007)). Human Development Report Office (HDRO), United Nations Development Programme (UNDP). https://ideas.repec.org/p/hdr/hdocpa/hdocpa-2007-03.html

Boykoff, M., Pearman, O., McAllister, L., & Nacu-Schmidt, A. (2022). German Newspaper Coverage of Climate Change or Global Warming, 2004–2022 – March 2022 [Data set]. University of Colorado Boulder. https://doi.org/10.25810/RXTV-EB29.48

Boykoff, M. T., Church, P., Katzung, A., Nacu-Schmidt, A., & Pearman, O. (2021). A Review of Media Coverage of Climate Change and Global Warming in 2020 (Media and Climate Change Observatory). Cooperative Institute for Research in Environmental Sciences. https://scholar.colorado.edu/concern/articles/3j333318h

Bracking, S. (2020, February 5). Financialization and the Environmental Frontier. The Routledge International Handbook of Financialization; Routledge. https://doi.org/10.4324/9781315142876-18

Brand, Karl-Werner. 2017. Die sozial-ökologische Transformation der Welt – Ein Handbuch. Frankfurt/New York: Campus.

Brand, U., & Niedermoser, K. (2019). The role of trade unions in social-ecological transformation: Overcoming the impasse of the current growth model and the imperial mode of living. Journal of Cleaner Production, 225, 173–180.

Brand, U., & Pawloff, A. (2014). Selectivities at Work: Climate Concerns in the Midst of Corporatist Interests. The Case of Austria. Journal of Environmental Protection, 2014. https://doi.org/10.4236/jep.2014.59080

Brand, U., & Wissen, M. (2017). Imperiale Lebensweise. Zur Ausbeutung von Mensch und Natur im globalen Kapitalismus. Oekom Verlag.

Brand, U., Muraca, B., Pineault, E., Sahakian, M., & et al. (2021). From Planetary to Societal Boundaries: An argument for collectively defined self-limitation. Sustainability. Science, Practice and Policy, 17(1), 264–291.

Breitenfellner, A., Hasenhüttl, S., Lehmann, G., & Tschulik, A. (2020). Green finance – opportunities for the Austrian financial sector. Financial Stability Report, 40. https://ideas.repec.org/a/onb/oenbfs/y2020i40b2.html

Breitenfellner, A., Lahnsteiner, M., & Reininger, T. (2021). Österreichs Klimapolitik: Vom Vorbild zum Nachzügler in der EU. OeNB Konjunktur Aktuell, Dezember 2021. https://www.oenb.at/Publikationen/Volkswirtschaft/konjunktur-aktuell.html

Breitenfellner, A., Pointner, W., & Schuberth, H. (2019). The potential contribution of central banks to green finance. Vierteljahrshefte zur Wirtschaftsforschung, 88(2), 55–72.

Bröthaler, J. (2020). Fiskalische Effekte des Bodenverbrauchs. Oktober, 6.

Brüggemann, M., & Engesser, S. (2014). Between Consensus and Denial: Climate Journalists as Interpretive Community. Science Communication, 36(4), 399–427. https://doi.org/10.1177/1075547014533662

Brüggemann, M., & Engesser, S. (2017). Beyond false balance: How interpretive journalism shapes media coverage of climate change. Global Environmental Change, 42, 58–67. https://doi.org/10.1016/j.gloenvcha.2016.11.004

Brüggemann, M., Neverla, I., Hoppe, I., & Walter, S. (2018). Klimawandel in den Medien. In H. von Storch, I. Meinke, & M. Claußen (Hrsg.), Hamburger Klimabericht – Wissen über Klima, Klimawandel und Auswirkungen in Hamburg und Norddeutschland (S. 243–254). Springer Berlin Heidelberg. https://doi.org/10.1007/978-3-662-55379-4_12

Brühl, V. (2021). Green Finance in Europe – Strategy, Regulation and Instruments. SSRN Electronic Journal. https://doi.org/10.2139/ssrn.3934042

Brunner, K.-M. (2020). Sozial-ökologische Transformation und Ernährungskommunikation. In J. Godemann & T. Bartelmeß (Hrsg.), Ernährungskommunikation. Interdisziplinäre Perspektiven – Kontexte – Methodische Ansätze. Springer VS. https://doi.org/10.1007/978-3-658-27315-6_7-1

Brunner, P. H. (2011). Urban Mining A Contribution to Reindustrializing the City. Journal of Industrial Ecology, 15(3), 339–341.

Büchs, M. (2021). Sustainable welfare: How do universal basic income and universal basic services compare? Ecological Economics, 189, 107152. https://doi.org/10.1016/j.ecolecon.2021.107152

Buhl, J., Schipperges, M., & Liedtke, C. (2017). Die Ressourcenintensität der Zeit und ihre Bedeutung für nachhaltige Lebensstile. In P. Kenning, A. Oehler, L. A. Reisch, & C. Grugel (Hrsg.), Verbraucherwissenschaften (S. 295–311). Springer Fachmedien Wiesbaden. https://doi.org/10.1007/978-3-658-10926-4_16

Bundeskanzleramt (2020). Regierungsprogramm 2020–2024. Österreichisches Bundeskanzleramt, Wien.

Bürgin, A. (2021). The European Commission. In A. Jordan & V. Gravey (Hrsg.), Environmental Policy in the EU: Actors, Institutions and Processes (4. Aufl., S. 93–109). Routledge. https://www.routledge.com/Environmental-Policy-in-the-EU-Actors-Institutions-and-Processes/Jordan-Gravey/p/book/9781138392168

Büscher, C., Ornetzeder, M., & Droste-Franke, B. (2020). Amplified socio-technical problems in converging infrastructures. TATup, 29(2), 11–16.

Bußwald, P. (2011). Projekt ZERsiedelt: Zu EnergieRelevanten Apsekten der Entstehung und Zukunft von Siedlungsstrukturen und Wohngebäudetypen in Österreich. Neue Energien 2020-2. Ausschreibung.

Cahen-Fourot, L. (2020). Contemporary capitalisms and their social relation to the environment. Ecological Economics, 172, 106634. https://doi.org/10.1016/j.ecolecon.2020.106634

Cantzler, J., Creutzig, F., Ayargarnchanakul, E., Javaid, A., Wong, L., & Haas, W. (2020). Saving resources and the climate? A systematic review of the circular economy and its mitigation potential. Environmental Research Letters 15(12):123001.

Care about Care (Hrsg.). (2022). New Ways in care communication. Remote CARE assist & care APP. https://www.careaboutcare.eu/

Carvalho, A. (2019). Media and Climate Justice: What Space for Alternative Discourses? In K.-K. Bhavnani, J. Foran, P. A. Kurian, & D. Munshi (Hrsg.), Climate Futures: Re-Imagining Global Climate Justice (S. 120–126). Zed Books Ltd. https://doi.org/10.5040/9781350219236

Chancel, L. (2020). Unsustainable Inequalities. The Belknap Press of harvard university Press.

Chancel, L., & Piketty, T. (2015). Carbon and inequality: From Kyoto to Paris Trends in the global inequality of carbon emissions (1998–2013) & prospects for an equitable adaptation (PSE Working Papers). https://halshs.archives-ouvertes.fr/halshs-02655266v1

Clar, C., Scherhaufer, P. (2021): Klimapolitik auf Österreichisch: „Ja, aber …". in: Klimasoziale Politik. Armutskonferenz, Attac und Beigewum (Hrsg).

Cleveland, D. A., Phares, N., Nightingale, K. D., Weatherby, R. L., Radis, W., Ballard, J., Campagna, M., Kurtz, D., Livingston, K., Riechers, G., & Wilkins, K. (2017). The potential for urban household vegetable gardens to reduce greenhouse gas emissions. Landscape and Urban Planning, 157, 365–374. https://doi.org/10.1016/j.landurbplan.2016.07.008

Climate Change Centre Austria – Klimaforschungsnetzwerk Österreich (Hrsg.). (2018). Science plan on the strategic development of climate research in Austria. https://ccca.ac.at/fileadmin/00_DokumenteHauptmenue/03_Aktivitaeten/Science_Plan/CCCA_Science_Plan_2_Auflage_20180326.pdf

Climate Outreach. (2020). Theory of Change: Creating a social mandate for climate action. https://climateoutreach.org/reports/theory-of-change/.

Coelen, T., Heinrich, A. J., & Million, A. (Hrsg.). (2015). Stadtbaustein Bildung. VS Verlag für Sozialwissenschaften. https://doi.org/10.1007/978-3-658-07314-5

Cohen, M., & MacGregor, S. (2020). Towards a feminist green new deal for the UK: A PAPER FOR THE WBG COMMISSION ON A GENDER-EQUAL ECONOMY. Women's Budget Group. https://www.research.manchester.ac.uk/portal/files/170845257/Cohen_and_MacGregor_Feminist_Green_New_Deal_2020.pdf

Collingridge, D. (1980). The social control of technology. Pinter.

Colombo, E. (2018). (Un)comfortably Numb: The Role of National Courts for Access to Justice in Climate Matters. In J. Jendroska & M. Bar (Hrsg.), Procedural Environmental Rights: Principle X in Theory and Practice (Bd. 4, S. 437–464). Intersentia. https://doi.org/10.1017/9781780686998.022

Coote, A., & Percy, A. (2020). The Case for Universal Basic Services. Polity.

Creutzig, F., Callaghan, M., Ramakrishnan, A., Javaid, A., Niamir, L., Minx, J., Müller-Hansen, F., Sovacool, B., Afroz, Z., Andor, M., Antal, M., Court, V., Das, N., Díaz-José, J., Döbbe, F., Figueroa, M. J., Gouldson, A., Haberl, H., Hook, A., … Wilson, C. (2021). Reviewing the scope and thematic focus of 100 000 publications on energy consumption, services and social aspects of climate change: A big data approach to demand-side mitigation *. Environmental Research Letters, 16(3), 033001. https://doi.org/10.1088/1748-9326/abd78b.

Crippa, M., Solazzo, E., Guizzardi, D., Monforti-Ferrario, F., Tubiello, F. N., & Leip, A. (2021). Food systems are responsible for a third of global anthropogenic GHG emissions. Nature Food, 2(3), 198–209. https://doi.org/10.1038/s43016-021-00225-9

Crotty, J. (2019). Keynes Against Capitalism: His Economic Case for Liberal Socialism. Routledge & CRC Press. https://www.routledge.com/Keynes-Against-Capitalism-His-Economic-Case-for-Liberal-Socialism/Crotty/p/book/9781138612846

Csoka, B. (2018, März 20). 31 Stunden sind genug [A&W blog]. https://awblog.at/31-stunden-sind-genug

Daimer, S., Hufnagl, M., Warnke, P. (2012). Challenge-Oriented Policy-Making, and Innovation Systems Theory: Reconsidering Systemic Instruments. In Fraunhofer ISI (ed.), Innovation system revisited – Experiences from 40 years of Fraunhofer ISI research (217–234). Fraunhofer Verlag.

Daly, M., Doi, K., Kjerulf Petersen, L., Fernández Reyes, R., Boykoff, M., Simonsen, A. H., Hawley, E., Aoyagi, M., Osborne-Gowey, J., Oonk, D., Gammelgaard Ballantyne, A., Nacu-Schmidt, A., Ytterstad, A., Moccata, G., McAllister, L., Lyytimäki, J., Jiménez Gómez, I., Mervaala, E., Benham, A., & Pearman, O. (2022). World Newspaper Coverage of Climate Change or Global Warming, 2004–2022 – January 2022 [Data set]. University of Colorado Boulder. https://doi.org/10.25810/4C3B-B819

Danielzyk, R., & Münter, A. (2018). Raumplanung. In ARL – Akademie für Raumforschung und Landesplanung (Hrsg.): Handwörterbuch der Stadt- und Raumentwicklung (S. 1931 bis 1942).

Darpö, J. (2021). Can Nature Get it Right? A Study on Rights of Nature. https://www.europarl.europa.eu/RegData/etudes/STUD/2021/689328/IPOL_STU(2021)689328_EN.pdf

Daube, Marc, und David Ulph. 2016. "Moral Behaviour, Altruism and Environmental Policy". Environmental and Resource Economics 63(2):505–22. https://doi.org/10.1007/s10640-014-9836-2.

David, M. (2017). Moving beyond the heuristic of creative destruction: Targeting exnovation with policy mixes for energy transitions. Energy Research & Social Science, 33, 138–146.

Davidson, C. N. (2017). The new education: How to revolutionize the university to prepare students for a world in flux (1. Edition). Basic Books.

References

Dengler, C., & Lang, M. (2019). Feminism meets Degrowth. Sorgearbeit in einer Postwchstumsgesellschaft. In U. Knobloch (Hrsg.), Ökonomie des Versorgens. Feministisch-kritische Wirtschaftstheorien im deutschsprachigen Raum (S. 305–330). Beltz Juventa.

Dengler, C., & Lang, M. (2022). Commoning Care: Feminist Degrowth Visions for a Socio-Ecological Transformation. Feminist Economics, 28(1), 1–28. https://doi.org/10.1080/13545701.2021.1942511

Denkena, B., Wichmann, M., Kettelmann, S., Matthies, J., & Reuter, L. (2022). Ecological Planning of Manufacturing Process Chains. Sustainability, 14(5), 2681. https://doi.org/10.3390/su14052681

Der GLOBAL 2000 Banken-Check: 10 von 11 Banken finanzieren fossile Energien. (2021). GLOBAL 2000. https://www.global2000.at/presse/der-global-2000-banken-check-10-von-11-banken-finanzieren-fossile-energien

Der Rechnungshof. (2021). Klimaschutz in Österreich – Maßnahmen und Zielerreichung 2020. https://www.rechnungshof.gv.at/rh/home/news/Klimaschutz_wird_in_Oesterreich_nicht_zentral_koordiniert.html

Devaney, L., & Davies, A. R. (2017). Disrupting household food consumption through experimental HomeLabs: Outcomes, connections, contexts. Journal of consumer culture, 17(3), 823–844. https://doi.org/10.1177/1469540516631153

Die Armutskonferenz, ATTAC, & Beigewum (Hrsg.). (2021). Klimasoziale Politik: Eine gerechte und emissionsfreie Gesellschaft gestalten (1. Auflage). bahoe books.

DiEM25. (2020). Roadmap für Europas sozial-ökologische Wende (Green New Deal for Europe). DiEM 25. https://report.gndforeurope.com/edition-de/

Diercks, G., Larsen, H., Steward, F. (2019). Transformative innovation policy: Addressing variety in an emerging policy paradigm. Research Policy, 48(4), 880–894.

Dikau, S., & Volz, U. (2018, September). Central Banking, Climate Change and Green Finance [Monographs and Working Papers]. Asian Development Bank Institute. https://eprints.soas.ac.uk/26445/

Dikau, S., & Volz, U. (2021). Central bank mandates, sustainability objectives and the promotion of green finance. Ecological Economics, 184, 107022. https://doi.org/10.1016/j.ecolecon.2021.107022

Diprose, K., Fern, R., Vanderbeck, R. M., Chen, L., Valentine, G., Liu, C., & McQuaid, K. (2018). Corporations, Consumerism and Culpability: Sustainability in the British Press. Environmental Communication, 12(5), 672–685. https://doi.org/10.1080/17524032.2017.1400455

Dollinger, F. (2010). Klimawandel und Raumentwicklung Ist die Raumordnungspolitik der Schlüssel zu einer erfolgreichen Klimapolitik? SIR-Mitteilungen und Berichte, 34, S. 7–26.

Dörig, P., Lutz, V., Rattay, W., Stadelmann, M., Jorisch, D., Kunesch, S., & Glas, N. (2020). Kohlenstoffrisiken für den österreichischen Finanzmarkt (Carbon exposure. The Austrian state of the market.) (No. 4; Working Paper, p. 136). RiskFinPorto. https://www.anpassung.at/riskfinporto/media/RiskFinPorto_B769997_WP4_Financial-Carbon-Risk-Exposure_v3.pdf

Dorninger, C., Hornborg, A., Abson, D. J., von Wehrden, H., Schaffartzik, A., Giljum, S., Engler, J.-O., Feller, R. L., Hubacek, K., & Wieland, H. (2021). Global patterns of ecologically unequal exchange: Implications for sustainability in the 21st century. Ecological Economics, 179, 106824. https://doi.org/10.1016/j.ecolecon.2020.106824

Dorr, A., Heckl, E., & Hosner, D. (2021). Ein-Personen-Unternehmen (EPU) in Österreich 2020 – Schwerpunkt Regionalität und Nachhaltigkeit [Unveröffentliche Studie im Auftrag der Wirtschaftskammer Österreich]. KMU Forschung Austria.

Dosi, G., Arcangeli, F., David, P., Engelman, F., Freeman, C., Moggi, M., Nelson, R., Orsenigo, L., & Rosenberg, N. (1988). Sources, Procedures, and Microeconomic Effects of Innovation. Journal of Economic Literature, 26(3), 1120–1171.

Dreidemy, L., & Knierzinger, J. (2021). Der „New Scramble for Africa" aus europäischer Sicht: Eine Krise der Chain Governance wie in den 1970er Jahren? (Working Paper Nr. 14). Institut für Internationale Entwicklung. https://ie.univie.ac.at/fileadmin/user_upload/p_ie/INSTITUT/Publikationen/IE_Publications/ieWorkingPaper/ieWP_14_Knierzinger_Dreidemy_final.pdf

Drok, N., & Hermans, L. (2016). Is there a future for slow journalism?: The perspective of younger users. Journalism Practice, 10(4), 539–554. https://doi.org/10.1080/17512786.2015.1102604

Druckman, A., & Jackson, T. (2009). The carbon footprint of UK households 1990–2004: A socio-economically disaggregated, quasi-multi-regional input-output model. Ecological Economics, 68(7), 2066–2077.

Du, M. (2021). Voluntary Ecolabels in International Trade Law: A Case Study of the EU Ecolabel. Journal of Environmental Law, 33(1), 167–193. https://doi.org/10.1093/jel/eqaa022

Duan, Y., Ji, T., & Yu, T. (2021). Reassessing pollution haven effect in global value chains. Journal of Cleaner Production, 284, 124705. https://doi.org/10.1016/j.jclepro.2020.124705

Dugan, A., Mayer, J., Thaller, A., Bachner, G., & Steininger, K. W. (2022). Developing policy packages for low-carbon passenger transport: A mixed methods analysis of trade-offs and synergies. Ecological Economics, 193, 107304. https://doi.org/10.1016/j.ecolecon.2021.107304

Dusyk, N., Axsen, J., & Dullemond, K. (2018). Who cares about climate change? The mass media and socio-political acceptance of Canada's oil sands and Northern Gateway Pipeline. Energy Research & Social Science, 37, 12–21. https://doi.org/10.1016/j.erss.2017.07.005

EASAC. (2019). Decarbonisation of transport: Options and challenges (European Academies' Science Advisory Council, Ed.). German National Academy of Sciences Leopoldina.

Eberhardt, P. (2020). Klagen ohne Scham: Die Profiteure der Pandemie. Blätter für deutsche und internationale Politik, 11, 29–32.

Ebinger, F., Stieß, I., Schultz, I., Ankele, K., Buchert, M., Jenseit, W., Fürst, H., Schmitz, M., & Steinfeld, M. (2001). Leitfaden für die Wohnungswirtschaft. Projektverbund Nachhaltiges Sanieren im Bestand.

Edenhofer, O., Flachsland, C., Kalkuhl, M., Knopf, B., & Pahle, M. (2019). Optionen für eine CO2-Preisreform (Working Paper No. 04/2019). Arbeitspapier. https://www.econstor.eu/handle/10419/201374

Eder, J., & Schneider, E. (2018). Progressive Industrial Policy – A Remedy for Europe!? Journal Für Entwicklungspolitik, 34(3/4), 108–142. https://doi.org/10.20446/JEP-2414-3197-34-3-108

Edquist, C., & Zabala-Iturriagagoitia, J. M. (2021). Functional procurement for innovation, welfare, and the environment. Science and Public Policy, 47(5), 595–603. https://doi.org/10.1093/scipol/scaa046

Edquist, C., Zabala-Iturriagagoitia, J. M., Buchinger, E., & Whyles, G. (2018). Mutual Learning Exercise: MLE on Innovation-related Procurement.

Eicke, L., Weko, S., Apergi, M., & Marian, A. (2021). Pulling up the carbon ladder? Decarbonization, dependence, and third-country risks from the European carbon border adjustment mechanism. Energy Research & Social Science, 80. https://doi.org/10.1016/j.erss.2021.102240

Einig, K. (2011). Koordination infrastruktureller Fachplanungen durch die Raumordnung. Forschungs- und Sitzungsberichte der ARL 235, 24.

Eisenmenger, N., Plank, B., Milota, E., & Gierlinger, S. (2020). Ressourcennutzung in Österreich 2020. Band 3. Bundesministerium für Klimaschutz, Umwelt, Energie, Mobilität, Innovation und Technologie (BMK). https://www.bmk.gv.at/dam/jcr:37bda35d-bf65-4230-bd51-64370feb5096/RENU20_LF_DE_web.pdf

Eisenstein, C. (2011). Sacred economics: Money, gift, and society in the age of transition. North Atlantic Books.

Eisenstein, C. (2021). Sacred Economics, Revised. North Atlantic Books. https://www.penguinrandomhouse.com/books/659305/sacred-economics-revised-by-charles-eisenstein/

Elkana, Y., & Klöpper, H. (2012). Die Universität im 21. Jahrhundert: Für eine neue Einheit von Lehre, Forschung und Gesellschaft. Edition Körber.

Elsasser, S. W., & Dunlap, R. E. (2013). Leading Voices in the Denier Choir: Conservative Columnists' Dismissal of Global Warming and Denigration of Climate Science. American Behavioral Scientist, 57(6), 754–776. https://doi.org/10.1177/0002764212469800

Emberger, G. (1999a). Interdisziplinäre Betrachtung der Auswirkungen verkehrlicher Maßnahmen auf sozioökonomische Systeme.

Energieinstitut Vorarlberg. (2020). Klimarelevanz der Materialwahl bei Wohnbauten in Vorarlberg. https://www.energieinstitut.at/wp-content/uploads/2020/10/2020_KliMat-Studie-Vorarlberg_Projektbericht.pdf

Ennöckl, D. (2020). Wie kann das Recht das Klima schützen? Österreichische Juristen-Zeitung, 41(7), 302–309.

Ennöckl, D. (2021). Kurzstudie „Möglichkeiten einer verfassungsrechtlichen Verankerung eines Grundrechts auf Klimaschutz" (III-365 der Beilagen XXVII. GP; S. 33). Parlament Österreich. https://www.parlament.gv.at/PAKT/VHG/XXVII/III/III_00365/imfname_987168.pdf

Ennöckl, D., & Painz, B. (2004). Gewährt die EMRK ein Recht auf Umweltschutz? juridikum, 4, 163–169.

Enthoven, L., & Van den Broeck, G. (2021). Local food systems: Reviewing two decades of research. Agricultural systems, 193, 103226. https://doi.org/10.1016/j.agsy.2021.103226

Epstein, Y., & Schoukens, H. (2021). A positivist approach to rights of nature in the European Union. Journal of Human Rights and the Environment, 12(2), 205–227. https://doi.org/10.4337/jhre.2021.02.03

Ermann, U., Langthaler, E., Penker, M., & Schermer, M. (2018). Agro-Food Studies: Eine Einführung. (1. Aufl.). Böhlau Verlag.

Ertl, K. (2010). Der Beitrag der Raumordnung im Umgang mit dem Klimawandel unter besonderer Berücksichtigung der Situation in Bayern. Fachgebiet Raumordnung und Landesplanung der Univ. Augsburg.

Europäische Kommission. (2016). Flash Eurobarometer 441: European SMEs and the Circular Economy. Europäische Kommission.

Europäische Kommission. (2019a). Der europäische Grüne Deal. https://eur-lex.europa.eu/resource.html?uri=cellar:b828d165-1c22-11ea-8c1f-01aa75ed71a1.0021.02/DOC_1&format=PDF

Europäische Kommission. (2019b). Fahrplan Green Deal – konkrete Maßnahmen. Aktionsplan. https://eur-lex.europa.eu/legal-content/DE/TXT/?qid=1596443911913&uri=CELEX:52019DC0640#document2

Europäische Kommission. (2019c). Masterplan for a Competitive Transformation of EU Energy-intensive Industries Enabling a Climate-neutral, Circular Economy by 2050. Publications Office of the European Union. https://doi.org/10.2873/723505

Europäische Kommission. (2019d). The European Green Deal, Communication from the Commission, COM(2019) 640 final, Brussels.

Europäische Kommission. (2020a). Circular Economy Action Plan. Publications Office of the European Union. https://ec.europa.eu/environment/strategy/circular-economy-action-plan_de

Europäische Kommission. (2020b). Communication from the Commission to the European Parliament, the Council, the European Economic and Social Committee and the Committee of the Regions. A Farm to Fork Strategy. 381 final. https://ec.europa.eu/food/horizontal-topics/farm-fork-strategy_de

Europäische Kommission. (2020c). Europäische Industriestrategie. https://eur-lex.europa.eu/legal-content/DE/TXT/PDF/?uri=CELEX:52020DC0102&from=DE

Europäische Kommission. (2020d). Strategie für nachhaltige und intelligente Mobilität: Den Verkehr in Europa auf Zukunftskurs bringen. https://eur-lex.europa.eu/resource.html?uri=cellar:5e601657-3b06-11eb-b27b-01aa75ed71a1.0003.02/DOC_1&format=PDF

Europäische Kommission. (2021). Updating the 2020 New Industrial Strategy: Building a stronger Single Market for Europe's recovery. https://ec.europa.eu/info/sites/default/files/communication-industrial-strategy-update-2020_en.pdf

Europäische Kommission. (2022). Proposal for a Directive on corporate sustainability due diligence. https://ec.europa.eu/info/publications/proposal-directive-corporate-sustainable-due-diligence-and-annex_en

European Commission. (2021). Commission Notice Technical guidance on the climate proofing of infrastructure in the period 2021–2027.

European Environment Agency. (2019). More national climate policies expected, but how effective are the existing ones? Publications Office. https://data.europa.eu/doi/10.2800/241300

European Insurance and Occupational Pensions Authority, E. (2019). 2019 Institutions for Occupational Retirement Provision (IORPs) Stress Test Report (EIOPA-19/673; Nummer EIOPA-19/673). EIOPA. https://www.eiopa.europa.eu/sites/default/files/financial_stability/occupational_pensions_stress_test/2019/eiopa_2019-iorp-stress-test-report.pdf

Exner, A., & Kratzwald, B. (2021). Solidarische Ökonomie & Commons. Mandelbaum.

Faktencheck Green Finance. (2019). Klima- und Energiefonds. https://faktencheck-energiewende.at/faktencheck/green-finance/

FEC (Foundational Economy Collective) (2020). What comes after the Pandemic? A Ten-Point Platform for Foundational Renewal.

FEC. (2018). Foundational Economy: The infrastructure of everyday life. Manchester University Press.

Feigl, G., & Vrtikapa, K. (2021). Budget- und Steuerpolitik klimasozial umbauen. In Die Armutskonferenz, Attac, & Beigewum (Hrsg.), Klimasoziale Politik: Eine gerechte und emissionsfreie Gesellschaft gestalten (S. 195–206). bahoe books.

Fekete, C., & Weyers, S. (2016). Soziale Ungleichheit im Ernährungsverhalten: Befundlage, Ursachen und Interventionen. Bundesgesundheitsblatt, Gesundheitsforschung, Gesundheitsschutz, 59(2), 197–205. https://doi.org/10.1007/s00103-015-2279-2

Felber, C. (2018). Die Gemeinwohl-Ökonomie. Deuticke Verlag. https://www.hanser-literaturverlage.de/buch/die-gemeinwohloekonomie/978-3-552-06385-3/

Figerl, J., Tamesberger, D., & Theurl, S. (2021). Umverteilung von Arbeit(-szeit). Eine (Netto)Kostenschätzung für ein staatlich gefördertes Arbeitszeitverkürzungsmodell. Momentum Quarterly – Zeitschrift für sozialen Fortschritt, 10(1), 1–65. https://doi.org/10.15203/momentumquarterly.vol10.no1.p3-19

Fischer, K., Reiner, C., & Staritz, C. (2021). Globale Warenketten und Produktionsnetzwerke: Konzepte, Kritik, Weiterentwicklungen. In K. Fischer, C. Reiner, & C. Staritz (Hrsg.), Globale Warenketten und ungleiche Entwicklung: Arbeit, Kapazität, Konsum, Natur (1. Auflage, S. 33–50). Mandelbaum Verlag.

Fischer-Kowalski, Marina, und Karl-Heinz Erb. 2016. "Core Concepts and Heuristics". S. 29–61 in Social Ecology: Society-Nature Relations across Time and Space, herausgegeben von H. Haberl, M. Fischer-Kowalski, F. Krausmann, und V. Winiwarter. Cham: Springer International Publishing.

Fischer-Lescano, A. (2020). Nature as a Legal Person: Proxy Constellations in Law. Law & Literature, 32(2), 237–262. https://doi.org/10.1080/1535685X.2020.1763596

Fitz, J., & Ennöckl, D. (2019). Klimaschutzrecht. In D. Ennöckl, N. Raschauer, & W. Wessely (Hrsg.), Handbuch Umweltrecht (3. Aufl., S. 757–801). Facultas.

Follmer, R., Gruschwitz, D., Kleudgen, M., Kiatipis, Z. A., Blome, A., Josef, F., Gensasz, S., Körber, K., Kasper, S., Herry, M., Steinacher, I., Tomschy, R., Gruber, C., Röschel, G., Sammer, G., Beyer Bartana, I., Klementschitz, R., Raser, E., Riegler, S., & Roider, O. (2016). Ergebnisbericht zur österreichweiten Mobilitätserhebung „Österreich unterwegs 2013/2014" (p. 340). Bundesministerium für Verkehr, Innovation und Technologie.

FORBA (Forschungs- und Beratungsstelle Arbeitswelt) & AK (Arbeiterkammer) (2021). Arbeitszeiten im Fokus – Daten, Gestaltung, Bedarfe. https://www.forba.at/wp-content/uploads/2021/01/210129_AK-Arbeitszeiten_im_Fokus2021.pdf

Forchtner, B. (2019). Articulations of climate change by the Austrian far right: A discourse-historical perspective on what is "allegedly manmade". In R. Wodak & P. Bevelander (Hrsg.), "Europe at the Cross-road": Confronting Populist, Nationalist and Global Challenges (S. 159–179). Nordic Academic Press.

Forchtner, B., Kroneder, A., & Wetzel, D. (2018). Being Skeptical? Exploring Far-Right Climate-Change Communication in Germany. Environmental Communication, 12(5), 589–604. https://doi.org/10.1080/17524032.2018.1470546

Foster, John Bellamy. 1999. "Marx's Theory of Metabolic Rift". American Journal of Sociology 105(2):366–405. https://doi.org/10.1086/210315.

Franck, E., Fleischhauer, M., Frommer, B., & Büscher, D. (2013). Klimaanpassung durch strategische Regionalplanung? In Raumentwicklung im Klimawandel – Herausforderungen für die räumliche Planung. Forschungsbericht der ARL Hannover.

Frantzeskaki, N., & Loorbach, D. (2010). Towards governing infrasystem transitions: Reinforcing lock-in or facilitating change? Technological Forecasting and Social Change, 77, 1292–1301. https://doi.org/10.1016/j.techfore.2010.05.004

Fraser, N. (2014). Can society be commodities all the way down? Post-Polanyian reflections on capitalist crisis. Economy and Society, 43(4), 541–558. https://doi.org/10.1080/03085147.2014.898822

Frayne, D. (2016). Stepping outside the circle: The ecological promise of shorter working hours. Green Letters, 20(2), 197–212. https://doi.org/10.1080/14688417.2016.1160793

Freeman, C., & Perez, C. (2000). Structural crises of adjustment, business cycles and investment behavior. In Technology, Organizations and Innovation: Theories, concepts and paradigms (Bd. 2, S. 871). Taylor & Francis.

Friedlingstein, P., Jones, M. W., O'Sullivan, et al. (2021) Global Carbon Budget 2021. Earth Syst. Sci. Data Discuss., 2021, 1–191. https://essd.copernicus.org/preprints/essd-2021-386/essd-2021-386.pdf

Friedman, S. M. (2015). The Changing Face of Environmental Journalism in The United States. In The Routledge Handbook Of Environment And Communication. Routledge. https://doi.org/10.4324/9781315887586.ch11

Friesenecker, M., & Kazepov, Y. (2021). Housing Vienna: The Socio-Spatial Effects of Inclusionary and Exclusionary Mechanisms of Housing Provision. Social Inclusion, 9(2), 77–90.

Fritz, M., & Koch, M. (2019). Public Support for Sustainable Welfare Compared: Links between Attitudes towards Climate and Welfare Policies. Sustainability, 11(15), Article 15. https://doi.org/10.3390/su11154146

Frommeyer, L. (2020, Januar 10). Debatte über Radfahrprämie: Drahtesel? Goldesel! Der Spiegel. https://www.spiegel.de/auto/radfahrpraemie-statt-pendlerpauschale-drahtesel-goldesel-a-e2a1196f-8840-4f7c-8ea9-3023518db391

Froud, J., & Williams, K. 2019. "Social Licensing for the Common Good". Renewal. Abgerufen 4. Mai 2021. https://renewal.org.uk/social-licensing-for-the-common-good/

Fuchs, C. (2017). Die Kritik der Politischen Ökonomie der Medien/Kommunikation: Ein hochaktueller Ansatz. Publizistik, 62(3), 255–272. https://doi.org/10.1007/s11616-017-0341-9

Fuchs, C. (2020). Kommunikation und Kapitalismus: Eine kritische Theorie. UVK Verlag.

Fuchs, C., & Mosco, V. (2012). Introduction: Marx is Back – The Importance of Marxist Theory and Research for Critical Communication Studies Today. TripleC: Communication, Capitalism & Critique. Open Access Journal for a Global Sustainable Information Society, 10(2), 127–140. https://doi.org/10.31269/triplec.v10i2.421

Future Earth. (2014). Future earth 2025 vision. https://futureearth.org/wp-content/uploads/2019/09/future-earth_10-year-vision_web.pdf

Gallagher, K. P., & Kozul-Wright, R. (2019). A New Multilateralism for Shared Prosperity: Geneva Principles for a Global Green New Deal, Boston University Global Development Center/UNCTAD. https://unctad.org/system/files/official-document/gp_ggnd_2019_en.pdf

Gavin, N. T. (2018). Media definitely do matter: Brexit, immigration, climate change and beyond. The British Journal of Politics and International Relations, 20(4), 827–845. https://doi.org/10.1177/1369148118799260

Geels, F. (2014). Regime Resistance against Low-Carbon Transitions: Introducing Politics and Power into the Multi-Level Perspective. Theory, Culture and Society, 31(5), 21–40.

Georgescu-Roegen, N. (1971). The Entropy Law and the Economic Process. In The Entropy Law and the Economic Process. Harvard University Press. https://doi.org/10.4159/harvard.9780674281653

Gibson, T. A. (2017). Economic, Technological, and Organizational Factors Influencing News Coverage of Climate Change. In T. A. Gibson, Oxford Research Encyclopedia of Climate Science (b). Oxford University Press. https://doi.org/10.1093/acrefore/9780190228620.013.355

Giere, R. N. (2006). Scientific perspectivism. University of Chicago Press.

Giljum, S., Bruckner, M., & Wieland, Hanspeter. (2017). Die Rohstoffnutzung der österreichischen Wirtschaft (Modul 1). Wirtschaftsuniversität Wien.

Global 2000, Greenpeace, & WWF Österreich. (2017). Betreff: Appell der Wirtschaft für Energiewende und Klimaschutz. https://www.global2000.at/sites/global/files/Appell_Brief.pdf

Global 2000. (2021). Wohnbaucheck in den Bundesländern. https://www.global2000.at/wohnbaucheck

Godin, Benoît. 2015. Innovation Contested: The Idea of Innovation Over the Centuries. Routledge.

Goers, S., & Schneider, F. (2019). Austria's Path to a Climate-Friendly Society and Economy – Contributions of an Environmental Tax Reform. Modern Economy, 10(05), 1369–1384. https://doi.org/10.4236/me.2019.105092

Göpel, M. (2016). The Great Mindshift: How a New Economic Paradigm and Sustainability Transformations Go Hand in Hand (Bd. 2). Springer. https://doi.org/10.1007/978-3-319-43766-8

Görg, Christoph. 1999. Gesellschaftliche Naturverhältnisse. Münster: Westfälisches Dampfboot.

Görg, C. (2011). Societal relationships with nature: A dialectical approach to environmental politics. In A. Biro (Hrsg.), Critical Ecologies (S. 43–72). University of Toronto Press.

Gough, I. (2017). Heat, greed and human need: Climate change, capitalism and sustainable wellbeing. Edward Elgar.

Gözet, B. (2020). Eco-Innovation in Austria: EIO Country Profile 2018–2019. Eco-Innovation Observatory.

Grabenwarter, C., & Pabel, K. (2021). Europäische Menschenrechtskonvention (7. Aufl.). C.H. Beck. https://www.beck-elibrary.de/10.17104/9783406759673/europaeische-menschenrechtskonvention

Graeber, D. (2014). Debt: The first 5,000 years (Updated and expanded edition). Melville House.

Greenwalt, D. A. (2016). The Promise of Nuclear Anxieties in Earth Day 1970 and the Problem of Quick-Fix Solutions. Southern Communication Journal, 81(5), 330–345. https://doi.org/10.1080/1041794X.2016.1219386

Griller, S. (2010). Wirtschaftsverfassung und Binnenmarkt. In S. Griller, B. Kneihs, V. Madner, & M. Potacs (Hrsg.), Wirtschaftsverfassung und Binnenmarkt: Festschrift für Heinz-Peter Rill zum 70. Geburtstag (1. Aufl., S. 1–47). Springer.

Grin, John, Jan Rotmans, Johan Schot, Frank W. Geels, und Derk Loorbach. 2011. Transitions to Sustainable Development: New Directions in the Study of Long Term Transformative Change. First issued in paperback. New York London: Routledge.

Großer, E., Jorck, G. von, Kludas, S., Mundt, I., & Sharp, H. (2020). Sozial-ökologische Infrastrukturen – Rahmenbedingungen für Zeitwohlstand und neue Formen von Arbeit. Ökologisches Wirtschaften – Fachzeitschrift, 4, 14–16. https://doi.org/10.14512/OEW350414

Großmann, A., Wolter, M. I., Hinterberger, F., & Püls, L. (2020). Die Auswirkungen von klimapolitischen Maßnahmen auf den österreichischen Arbeitsmarkt. ExpertInnenbericht (GWS Specialists in Empirical Economic Research). GWS. https://downloads.gws-os.com/Gro%c3%9fmannEtAl2020_ExpertInnenbericht.pdf

Gruchy, A. G. (1987). The Reconstruction of Economics: An Analysis of the Fundamentals of Institutional Economics. Greenwood Press.

Grundmann, R., & Scott, M. (2014). Disputed climate science in the media: Do countries matter? Public Understanding of Science, 23(2), 220–235. https://doi.org/10.1177/0963662512467732

Haas, W. (2021). Gesundheit für Alle. In A. Armutskonferenz BEIGEWUM (Hrsg.), Klimasoziale Politik. Eine gerechte und emissionsfreie Gesellschaft gestalten (S. 131–141). bahoe books.

Haas, T., & Sander, H. (2019). DIE EUROPÄISCHE AUTOLOBBY (S. 33). Rosa Luxemburg Stiftung, Brussels Office.

Haberl, H., Fischer-Kowalski, M., Krausmann, F., Martinez-Alier, J., & Winiwarter, V. (2011). A socio-metabolic transition towards sustainability? Challenges for another Great Transformation. Sustainable development, 19(1), 1–14. https://doi.org/10.1002/sd.410

Haberl, Helmut, Marina Fischer-Kowalski, Fridolin Krausmann, und Verena Winiwarter, Hrsg. 2016. Social Ecology: Society-Nature Relations across Time and Space. 1. Aufl. Cham: Springer International Publishing.

Haberl, H., Wiedenhofer, D., Virág, D., Kalt, G., Plank, B., Brockway, P., Fishman, T., Hausknost, D., Krausmann, F., Leon-Gruchalski, B., Mayer, A., Pichler, M., Schaffartzik, A., Sousa, T., Streeck, J., & Creutzig, F. (2020). A systematic review of the evidence on decoupling of GDP, resource use and GHG emissions, part II: synthesizing the insights. Environmental Research Letters, 15(6), 65003. https://doi.org/10.1088/1748-9326/ab842a

Hache, F. (2019a). 50 shades of green: The rise of natural capital markets and sustainable finance. PART I. CARBON [Policy Report]. Green Finance Observatory. https://greenfinanceobservatory.org/2019/03/11/50-shades/

Hache, F. (2019b). 50 Shades of Green Part II: The Fallacy of Environmental Markets (SSRN Scholarly Paper ID 3547414). Social Science Research Network. https://doi.org/10.2139/ssrn.3547414

Hahn, H. (2017). Umwelt- und zukunftsverträgliche Entscheidungsfindung des Staates: Die staatliche Verantwortung für Umweltschutz, dessen Stand bei Interessenkonflikten, die gerechte Durchsetzung mittels gesteuerter Abwägung und das Potential der wissenschaftlichen Politikberatung (S. XXVI, 541 Seiten). Mohr Siebeck.

Hardt, L., Barrett, J., Taylor, P. G., & Foxon, T. J. (2020). Structural Change for a Post-Growth Economy: Investigating the Relationship between Embodied Energy Intensity and Labour Productivity. Sustainability, 12(3), 962. https://doi.org/10.3390/su12030962

Hardt, L., Barrett, J., Taylor, P. G., & Foxon, T. J. (2021). What structural change is needed for a post-growth economy: A framework of analysis and empirical evidence. Ecological Economics, 179. https://doi.org/10.1016/j.ecolecon.2020.106845

Harrison, K. (2019). Lessons from British Columbia's carbon tax. Policy Options. https://policyoptions.irpp.org/magazines/july-2019/lessons-from-british-columbias-carbon-tax/

Hartard, S., Schaffer, A., & Stahmer, C. (2006). Die Halbtagsgesellschaft. Konkrete Utopie für eine zukunftsfähige Gesellschaft. Nomos Verlag.

Harvey, D. (2011). The Future of the Commons. Radical History Review, 109, 101–107. https://doi.org/10.1215/01636545-2010-017

Hatje, A. (2009). Wirtschaftsverfassung im Binnenmarkt. In A. von Bogdandy & J. Bast (Hrsg.), Europäisches Verfassungsrecht: Theoretische und dogmatische Grundzüge (2. Aufl., S. 801–853). Springer. https://link.springer.com/book/10.1007/978-3-540-73810-7?page=2#toc

Hausknost, D., & Haas, W. (2019). The Politics of Selection: Towards a Transformative Model of Environmental Innovation. Sustainability, 11(2), 506. https://doi.org/10.3390/su11020506

Hausknost, D., Schriefl, E., Lauk, C., & Kalt, G. (2017). A Transition to Which Bioeconomy? An Exploration of Diverging Techno-Political Choices. Sustainability, 9(4), 669. https://doi.org/10.3390/su9040669

Heinfellner, H., Ibesich, N., Lichtblau, G., Stranner, G., Svehla-Stix, S., Vogel, J., Michael Wedler, & Winter, R. (2019). Sachstandsbericht Mobilität – Mögliche Zielpfade zur Erreichung der Klimaziele 2050 mit dem Zwischenziel 2030 – Kurzfassung.

Heinig, S. (2022). Integrierte Stadtentwicklungsplanung. transcript.

Heitkötter, M., Jurczyk, K., & Lange, A. (Hrsg.). (2009). Zeit für Beziehungen? Zeit und Zeitpolitik für Familien. B. Budrich.

Helmers, E. (2015). Die Modellentwicklung in der deutschen Autoindustrie: Gewicht contra Effizienz (p. 29). Fachbereich Umweltplanung/Umwelttechnik, Umwelt-Campus Birkenfeld der Hochschule Trier.

Herry, M., Sedlacek, N., & Steinacher, I. (2012). Verkehr in Zahlen – Österreich – Ausgabe 2011. Bundesministerium für Verkehr, Innovation und Technologie.

Hickel, J. (2021). Less is More. How Degrowth will save the world. Pinguin Random House. https://www.penguin.co.uk/books/1119823/less-is-more/9781786091215

Hickel, J., & Hallegatte, S. (2021). Can we live within environmental limits and still reduce poverty? Degrowth or decoupling? Development Policy Review, 00, 1–24. https://doi.org/10.1111/dpr.12584

Hickel, J., & Kallis, G. (2020). Is Green Growth Possible? New Political Economy, 24(4), 469–486. https://doi.org/10.1080/13563467.2019.1598964

Hochgerner, J. et al. (2016). Grundlagen zur Entwicklung einer Low Carbon Development Strategy in Österreich: Synthesereport. Wien.

Hockett, R. C. (2019). Finance without Financiers. Politics & Society, 47(4), 491–527. https://doi.org/10.1177/0032329219882190

Hodgson, G. M. (1989). Economics and institutions – A manifesto for a modern institutional economics. Polity Press.

Hoffmann, M., & Paulsen, R. (2020). Resolving the "jobs-environment-dilemma"? The case for critiques of work in sustainability research. Environmental Sociology, 6(4), 343–354. https://doi.org/10.1080/23251042.2020.1790718

Hoffmann, M., & Spash, C. L. (2021). The impacts of climate change mitigation on work for the Austrian economy (Social-ecological Research in Economics (SRE) Discussion Paper 10/2021). http://www-sre.wu.ac.at/sre-disc/sre-disc-2021_10.pdf

Hofmeister, S., & Mölders, T. (Hrsg.). (2021). Für Natur sorgen? Dilemmata feministischer Positionierungen zwischen Sorge- und Herrschaftsverhältnissen. Verlag Barbara Budrich. https://doi.org/10.3224/84742424

Högelsberger, H., & Maneka, D. (2020). Konversion der österreichischen Auto(zuliefer)industrie: Perspektiven für einen sozial-

References

ökologischen Umbau. In A. Brunnengräber & T. Haas (Hrsg.), Baustelle Elektromobilität: Sozialwissenschaftliche Perspektiven auf die Transformation der (Auto-)Mobilität (S. 409–439). transcript.

Holmberg, K., & Hellsten, I. (2016). Twitter Campaigns Around the Fifth IPCC Report: Campaign Spreading, Shared Hashtags, and Separate Communities. SAGE Open, 6(3), 215824401665911. https://doi.org/10.1177/2158244016659117

Holmes, D., & Star, C. (2018). Climate Change Communication in Australia: The Politics, Mainstream Media and Fossil Fuel Industry Nexus. In W. Leal Filho, E. Manolas, A. M. Azul, U. M. Azeiteiro, & H. McGhie (Hrsg.), Handbook of Climate Change Communication: Vol. 1 (S. 151–170). Springer International Publishing. https://doi.org/10.1007/978-3-319-69838-0_10

Horlings, L. G., & Marsden, T. K. (2011). Towards the real green revolution? Exploring the conceptual dimensions of a new ecological modernisation of agriculture that could "feed the world". Global Environmental Change, 21(2), 441–452. https://doi.org/10.1016/j.gloenvcha.2011.01.004

Hörtenhuber, S. J., Lindenthal, T., Amon, B., Markut, T., Kirner, L., & Zollitsch, W. (2010). Greenhouse gas emissions from selected Austrian dairy production systems – Model calculations considering the effects of land use change. Renewable Agriculture and Food Systems, 25(4), 316–329. https://doi.org/10.1017/S1742170510000025

Hörtenhuber, S. J., Theurl, M. C., & Möller, K. (2019). Comparison of the environmental performance of different treatment scenarios for the main phosphorus recycling sources. Renewable Agriculture and Food Systems, 34(4), 349–362. https://doi.org/10.1017/S1742170517000515

Horvath, T. (2014). Klimaschutz und Kompetenzverteilung. Jan Sramek. https://www.jan-sramek-verlag.at/Buchdetails.399.1.html?buchID=187&cHash=ddfb8ab13e

Howaldt, J. u. a. (2017). Towards a General Theory and Typology of Social Innovation, SI-DRIVE Deliverable 1.6. TU Dortmund.

Howarth, C., & Anderson, A. (2019). Increasing Local Salience of Climate Change: The Un-tapped Impact of the Media-science Interface. Environmental Communication, 13(6), 713–722. https://doi.org/10.1080/17524032.2019.1611615

Hugé, J., Block, T., Waas, T., Wright, T., & Dahdouh-Guebas, F. (2016). How to walk the talk? Developing actions for sustainability in academic research. Journal of Cleaner Production, 137, 83–92. https://doi.org/10.1016/j.jclepro.2016.07.010

Humer, S., Lechinger, V., & Six, E. (2021). Ökosoziale Steuerreform: Aufkommens- und Verteilungswirkungen. In Working Paper Reihe der AK Wien – Materialien zu Wirtschaft und Gesellschaft (Nr. 207; Working Paper Reihe Der AK Wien – Materialien Zu Wirtschaft Und Gesellschaft). Kammer für Arbeiter und Angestellte für Wien.

IEA (2021). Net Zero by 2050 – A Roadmap for the Global Energy Sector. International Energy Agency (IEA). https://www.iea.org/reports/net-zero-by-2050

IIBW, Umweltbundesamt. (2020). Definition und Messung der thermisch-energetischen Sanierungsrate in Österreich.

ILO (International Labour Organization) (2015). Guidelines for a just transition towards environmentally sustainable economies and societies for all. ILO – International Labour Organization.

Imdorf, C., Leemann, R. J., & Gonon, P. (Hrsg.). (2019). Bildung und Konventionen: Die „Economie des conventions" in der Bildungsforschung. Springer Fachmedien Wiesbaden. https://doi.org/10.1007/978-3-658-23301-3

International Commission on the Futures of Education. (2021). Progress update of the international commission on the futures of education. https://unesdoc.unesco.org/ark:/48223/pf0000375746/

International Institute for Sustainable Development. (2021). Investor-State Disputes in the Fossil Fuel Industry (IISD Report). https://www.iisd.org/system/files/2022-01/investor%E2%80%93state-disputes-fossil-fuel-industry.pdf

IPCC. (2018). Global Warming of 1,5 C. Summary for Policymakers.

IPCC. (2022a): Summary for Policymakers [H.-O. Pörtner, D.C. Roberts, E.S. Poloczanska, K. Mintenbeck, M. Tignor, A. Alegría, M. Craig, S. Langsdorf, S. Löschke, V. Möller, A. Okem (eds.)]. In: Climate Change 2022: Impacts, Adaptation, and Vulnerability. Contribution of Working Group II to the Sixth Assessment Report of the Intergovernmental Panel on Climate Change [H.-O. Pörtner, D.C. Roberts, M. Tignor, E.S. Poloczanska, K. Mintenbeck, A. Alegría, M. Craig, S. Langsdorf, S. Löschke, V. Möller, A. Okem, B. Rama (eds.)]. Cambridge University Press, Cambridge, UK and New York, NY, USA, pp. 3-33, https://doi.org/10.1017/9781009325844.001

IPCC. (2022b). "Summary for Policymakers". in Climate Change 2022: Mitigation of Climate Change. Contribution of Working Group III to the Sixth Assessment Report of the Intergovernmental Panel on Climate Change, herausgegeben von P. R. Shukla, J. Skea, R. Slade, A. A. Khourdajie, R. van Diemen, D. McCollum, M. Pathak, S. Some, P. Vyas, R. Fradera, M. Belkacemi, A. Hasija, G. Lisboa, S. Luz, und J. Malley. Cambridge: Cambridge University Press.

IPES. (2016). From uniformity to diversity: A paradigm shift from industrial agriculture to diversified agroecological systems. International Panel of Experts on Sustainable Food Systems. https://ipes-food.org/_img/upload/files/UniformityToDiversity_FULL.pdf

IPES. (2019). Towards a common food policy for the European Union. The policy reform and realignment that is required to build sustainable food systems in Europe. International Panel of Experts on Sustainable Food Systems. https://ipes-food.org/_img/upload/files/CFP_FullReport.pdf

IRENA, & ILO (2021). Renewable Energy and Jobs – Annual Review 2021. International Renewable Energy Agency, International Labour Organization. https://www.irena.org/publications/2021/Oct/Renewable-Energy-and-Jobs-Annual-Review-2021

ISW (2019). ISW-Betriebsrätebefragung 2019. Institut für Sozial- und Wirtschaftswissenschaften. https://www.isw-linz.at/forschung/isw-betriebsraetebefragung-2019

Ivanova, D., Barrett, J., Wiedenhofer, D., Macura, B., Callaghan, M., & Creutzig, F. (2020). Quantifying the potential for climate change mitigation of consumption options. Environmental Research Letters, 15(9), 093001. https://doi.org/10.1088/1748-9326/ab8589

Ivanova, D., Vita, G., Wood, R., Lausselet, C., Dumitru, A., Krause, K., Macsinga, I., & Hertwich, E. G. (2018). Carbon mitigation in domains of high consumer lock-in. Global Environmental Change, 52, 117–130. https://doi.org/10.1016/j.gloenvcha.2018.06.006

Jackson, P., Rivera Ferre, M. G., Candel, J., Davies, A., Derani, C., de Vries, H., Dragović-Uzelac, V., Hoel, A. H., Holm, L., Mathijs, E., Morone, P., Penker, M., Śpiewak, R., Termeer, K., & Thøgersen, J. (2021). Food as a commodity, human right or common good. Nature Food, 2, 132–134. https://doi.org/10.1038/s43016-021-00245-5

Jacobi, N., Haas, W., Wiedenhofer, D., & Mayer, A. (2018). Providing an economy-wide monitoring framework for the circular economy in Austria: Status quo and challenges. Resources, Conservation and Recycling, 137, 156–166. https://doi.org/10.1016/j.resconrec.2018.05.022

Jäger, J. (2020). Hoffnungsträger Green Finance? Kurswechsel, 4, 91–96.

Jäger, J., & Schmidt, L. (2020). The Global Political Economy of Green Finance: A Regulationist Perspective. Journal Für Entwicklungspolitik, 36(4), 31–50. https://doi.org/10.20446/JEP-2414-3197-36-4-31

Jakob, M. (2021). Why carbon leakage matters and what can be done against it. One Earth, 4(5), 609–614. https://doi.org/10.1016/j.oneear.2021.04.010

Jakob, M., & Marschinski, R. (2013). Interpreting trade-related CO2 emission transfers. Nature Climate Change, 3(1), 19–23. https://doi.org/10.1038/nclimate1630

Jalas, M., & Juntunen, J. K. (2015). Energy intensive lifestyles: Time use, the activity patterns of consumers, and related energy demands in Finland. Ecological Economics, 113, 51–59. https://doi.org/10.1016/j.ecolecon.2015.02.016

Janser, M. (2018). The greening of jobs in Germany: First evidence from a text mining based index and employment register data (Nr. 14; IAB Discussion Paper). IAB. https://www.greengrowthknowledge.org/sites/default/files/uploads/Markus%20Janser%20%E2%80%93%20The%20greening%20of%20jobs%20in%20Germany_0.pdf

Jany, A. (2019). Experiment Wohnbau: Die partizipative Architektur des Modell Steiermark. Jovis.

Joly, P.-B. (2017). Beyond the Competitiveness Framework? Models of Innovation Revisited. Journal of Innovation Economics and Management, 22(1), 79–96.

Jones, Roger, A. Patwardhan, S. Cohen, S. Dessai, A. Lammel, R. Lempert, M. M. Q. Mirza, und H. von Storch. 2014. "Foundations for Decision Making". S. 195–228 in Climate Change 2014: Impacts, Adaptation, and Vulnerability. Part A: Global and Sectoral Aspects. Working Group II contribution to the Fifth Assessment Report of the Intergovernmental Panel on Climate Change, herausgegeben von C. B. Field, V. Barros, D. J. Dokken, K. J. Mach, M. D. Mastrandrea, T. E. Bilir, M. Chatterjee, K. L. Ebi, Y. O. Estrada, R. C. Genova, B. Girma, E. S. Kissel, A. Levy, S. MacCracken, P. R. Mastrandrea, und L. L. White. New York: Cambridge University Press.

Kääpä, P. (2020). Environmental management of the media: Policy, industry, practice (1. Aufl.). Routledge.

Kadi, J. (2015). Recommodifying Housing in Formerly "Red" Vienna? Housing, Theory and Society, 32(3), 247–265.

Kadi, J., Banabak, S., & Plank, L. (2020). Die Rückkehr der Wohnungsfrage. 3.

Kahl, W. (2021). Klimaschutz und Grundrechte. JURA – Juristische Ausbildung, 43(2), 117–129. https://doi.org/10.1515/jura-2020-2727

Kahle, J., Jahn, S., Lang, D. J., Vogt, M., Weber, C. F., Lütke-Spatz, L., & Winkler, J. (2018). Nachhaltigkeit in der Hochschulforschung (Betaversion). BMBF-Projekt „Nachhaltigkeit an Hochschulen: entwickeln – vernetzen – berichten (HOCHN)". https://www.hochn.uni-hamburg.de/-downloads/handlungsfelder/forschung/hoch-n-leitfaden-nachhaltigkeit-in-der-hochschulforschung.pdf

Kaiser, J., & Rhomberg, M. (2016). Questioning the Doubt: Climate Skepticism in German Newspaper Reporting on COP17. Environmental Communication, 10(5), 556–574. https://doi.org/10.1080/17524032.2015.1050435

Kakkos, E., Heisel, F., Hebel, D. E., & Hischier, R. (2020). Towards Urban Mining – Estimating the Potential Environmental Benefits by Applying an Alternative Construction Practice. A Case Study from Switzerland. Sustainability, 12(12), 5041. https://doi.org/10.3390/su12125041

Kallis, G., Kerschner, C., & Martinez-Alier, J. (2012). The economics of degrowth. Ecological Economics, 84, 172–180. https://doi.org/10.1016/j.ecolecon.2012.08.017

Kallis, G., Kostakis, V., Lange, S., Muraca, B., Paulson, S., & Schmelzer, M. (2018). Research On Degrowth. Annual Review of Environment and Resources, 43(1), 291–316. https://doi.org/10.1146/annurev-environ-102017-025941

Kaltenbrunner, A. (2021). Scheinbar transparent. Inserate und Presseförderung der österreichischen Bundesregierung. delta X.

Kaltenbrunner, R., & Schnur, O. (2014). Kommodifizierung der Quartiersentwicklung. Zur Vermarktung neuer Wohnquartiere als Lifestyle-Produkte. Informationen zur Raumentwicklung, 2014(4), 373.

Kannengießer, S. (2020a). Fair media technologies: Innovative media devices for social change and the good life. The Journal of Media Innovations, 6(1), 38–49.

Kannengießer, S. (2020b). Nachhaltigkeit und das „gute Leben". Publizistik, 65(1), 7–20. https://doi.org/10.1007/s11616-019-00536-9

Kannengießer, S. (2021). Media Reception, Media Effects and Media Practices in Sustainability Communication: State of Research and Research Gaps. In F. Weder, L. Krainer, & M. Karmasin (Hrsg.), The Sustainability Communication Reader (S. 323–338). Springer Fachmedien Wiesbaden. https://doi.org/10.1007/978-3-658-31883-3_18

Kanonier, A. (2019). Studie Stärkung der Stadt- und Ortskerne in den Landesmaterien. In Österreichische Raumordnungskonferenz (Hrsg.), Stärkung von Orts- und Stadtkernen in Österreich – Materialienband (Bd. 205, S. 82–126). Geschäftsstelle der Österreichischen Raumordnungskonferenz (ÖROK).

Kanonier, A., & Schindelegger, A. (2018a). Kompetenzverteilung und Planungsebenen. In Raumordnung in Österreich und Bezüge zur Raumenwicklung und Regionalpolitik (Bd. 202).

Kanonier, A., & Schindelegger, A. (2018b). Planungsinstrumente. In Österreichische Raumordnungskonferenz (Hrsg.), Raumordnung in Österreich und Bezüge zur Raumentwicklung und Regionalpolitik (Bd. 202, S. 76–123). Geschäftsstelle der Österreichischen Raumordnungskonferenz (ÖROK).

Kanton Zürich, R. (2012). Energieplanungsbericht 2012. Amt für Abfall, Wasser, Energie und Luft (AWEL), Abteilung Energie, 8090 Zürich. n.a.

Kattel, R., Mazzucato, M. (2018). Mission-oriented innovation policy and dynamic capabilities in the public sector. Industrial and Corporate Change, 27(5), 787–801.

Kauffman, C. M., & Martin, P. L. (2021). The Politics of Rights of Nature: Strategies for Building a More Sustainable Future. MIT Press.

Kaufman, N., Barron, A. R., Krawczyk, W., Marsters, P., & McJeon, H. (2020). A near-term to net zero alternative to the social cost of carbon for setting carbon prices. Nature Climate Change, 10(11), 1010–1014. https://doi.org/10.1038/s41558-020-0880-3

Keil, A. K. (2021). Just Transition Strategies for the Austrian and German Automotive Industry in the Course of Vehicle Electrification. Materialien zu Wirtschaft und Gesellschaft, 213.

Kelton, S. (2019). The Deficit Myth – Modern Monetary Theory and the Birth of the People's Economy. https://www.publicaffairsbooks.com/titles/stephanie-kelton/the-deficit-myth/9781541736184/

Kemp-Benedict, E., & Kartha, S. (2019). Environmental financialization: What could go wrong? Real-World Economics Review, 87, 69–89.

Kettner-Marx, C., Kirchner, M., Kletzan-Slamanig, D., Sommer, M., Kratena, K., Weishaar, S. E., & Burgers, I. (2018). CATs – Options and Considerations for a Carbon Tax in Austria. Policy Brief. WIFO. https://www.wifo.ac.at/jart/prj3/wifo/resources/person_dokument/person_dokument.jart?publikationsid=60998&mime_type=application/pdf

Keynes, J. M. (1936). The General Theory of Employment, Interest and Money. Palgrave Macmillan.

Keyßer, L. T., & Lenzen, M. (2021). 1.5 °C degrowth scenarios suggest the need for new mitigation pathways. Nature Communications, 12(1), 2676. https://doi.org/10.1038/s41467-021-22884-9

Kiefer, M. L. (2011). Die schwierige Finanzierung des Journalismus. Medien & Kommunikationswissenschaft, 59(1), 5–22. https://doi.org/10.5771/1615-634x-2011-1-5

Kiesnere, A. L., & Baumgartner, R. J. (2019). Sustainability Management in Practice: Organizational Change for Sustainability in Smaller Large-Sized Companies in Austria. Sustainability, 11(3), 572. https://doi.org/10.3390/su11030572

Kirchengast, G., & Steininger, K. (2020). Wegener Center Statement 9.10.2020 – Ein Update zu Ref-NEKP der Wissenschaft: Treibhausgasbudget für Österreich auf dem Weg zur Klimaneutralität 2040 (Wegener Center für Klima und Globalen Wandel, Universität Graz, Hrsg.). Wegener Center für Klima und Globalen Wandel Universität Graz. https://wegcwww.uni-graz.at/publ/downloads/RefNEKP-TreibhausgasbudgetUpdate_WEGC-Statement_Okt2020.pdf

Kirchengast, G., Kromp-Kolb, H., Steininger, K., Stagl, S., Kirchner, M., Ambach, C., Grohs, J., Gutsohn, A., Peisker, J., Strunk, B., & (KIOES), C. for I. E. S. (2019). Referenzplan als Grundlage für einen wissenschaftlich fundierten und mit den Pariser Klimazielen in Einklang stehenden Nationalen Energie- und Klimaplan für Österreich (Ref-NEKP) Gesamtband (S. 204). Verlag der Österreichischen Akademie der Wissenschaften. https://epub.oeaw.ac.at/8497-3

Kirchner, M. (2018). Mögliche Auswirkungen der Digitalisierung auf Umwelt und Energieverbrauch. WIFO-Monatsberichte, 91, 899–908.

Kirchner, M., Sommer, M., Kratena, K., Kletzan-Slamanig, D., & Kettner-Marx, C. (2019). CO2 taxes, equity and the double dividend – Macroeconomic model simulations for Austria. Energy Policy, 126, 295–314. https://doi.org/10.1016/j.enpol.2018.11.030

Kirilenko, A. P., & Stepchenkova, S. O. (2014). Public microblogging on climate change: One year of Twitter worldwide. Global Environmental Change, 26, 171–182. https://doi.org/10.1016/j.gloenvcha.2014.02.008

Kivimaa, Paula, Senja Laakso, Annika Lonkila, und Minna Kaljonen. 2021. "Moving beyond Disruptive Innovation: A Review of Disruption in Sustainability Transitions". Environmental Innovation and Societal Transitions 38:110–126.

Kläy, A., Zimmermann, A. B., & Schneider, F. (2015). Rethinking science for sustainable development: Reflexive interaction for a paradigm transformation. Futures, 65, 72–85. https://doi.org/10.1016/j.futures.2014.10.012

Kletzan-Slamanig, D., & Köppl, A. (2016a). Subventionen und Steuern mit Umweltrelevanz in den Bereichen Energie und Verkehr (S. 99). Österreichisches Institut für Wirtschaftsforschung. https://www.wifo.ac.at/jart/prj3/wifo/main.jart?content-id=1454619331110&publikation_id=58641&detail-view=yes

Knight, K. W., Rosa, E. A., & Schor, J. B. (2013). Could working less reduce pressures on the environment? A cross-national panel analysis of OECD countries, 1970–2007. Global Environmental Change, 23(4), 691–700. https://doi.org/10.1016/j.gloenvcha.2013.02.017

Knobloch, U. (Hrsg.). (2019). Ökonomie des Versorgens: Feministisch-kritische Wirtschaftstheorien im deutschsprachigen Raum (1. Auflage). Beltz Juventa.

Knoche, M. (2014). Befreiung von kapitalistischen Geschäftsmodellen Entkapitalisierung von Journalismus und Kommunikationswissenschaft aus Sicht einer Kritik der politischen Ökonomie der Medien. In F. Lobigs, & G. von Nordheim, Journalismus ist kein Geschäftsmodell Aktuelle Studien zur Ökonomie und Nicht-Ökonomie des Journalismus (S. 241–266). Nomos Verlag.

Knoflacher, H. (2007). Grundlagen der Verkehrs- und Siedlungsplanung. Böhlau Verlag.

Koch, A. (2020). Wohnen in der Stadt Salzburg. Zum Verhältnis der Wohnung als Ware und dem Wohnen als soziale Infrastruktur. Salzburger Jahrbuch für Politik, 232–269.

Koch, M., & Fritz, M. (2014). Building the Eco-social State: Do Welfare Regimes Matter? Journal of Social Policy, 43(4), 679–703. https://doi.org/10.1017/S004727941400035X

Kofler, J., Kaufmann, J., & Kaufmann, P. (2021). Wirkungsmonitoring der FFG Förderungen 2020: Unternehmen und Forschungseinrichtungen. KMU Forschung Austria.

Kohl, K., & Hopkins, C. (2021). A whole-institution approach towards sustainability: A crucial aspect of higher education's individual and collective engagement with the SDGs and beyond. International Journal of Sustainability in Higher Education, ahead-of-print(ahead-of-print). https://doi.org/10.1108/IJSHE-10-2020-0398

Köhler, J. (2012). A comparison of the neo-Schumpeterian theory of Kondratiev waves and the multi-level perspective on transitions. Environmental Innovation and Societal Transitions, 3, 1–15. https://doi.org/10.1016/j.eist.2012.04.001

Köhler, J., Geels, F. W., Kern, F., Markard, J., Onsongo, E., Wieczorek, A., Alkemade, F., Avelino, F., Bergek, A., Boons, F., Fünfschilling, L., Hess, D., Holtz, G., Hyysalo, S., Jenkins, K., Kivimaa, P., Martiskainen, M., McMeekin, A., Mühlemeier, M. S., ... Wells, P. (2019). An agenda for sustainability transitions research: State of the art and future directions. Environmental Innovation and Societal Transitions, 31, 1–32. https://doi.org/10.1016/j.eist.2019.01.004

ILA Kollektiv, Thomas Kopp, Ulrich Brand, und Markus Wissen. (2017). Auf Kosten anderer? : Wie die imperiale Lebensweise ein gutes Leben für alle verhindert / I.L.A. Kollektiv. München: oekom.

Köppl, A., & Schleicher, S. (2019). Material Use: The Next Challenge to Climate Policy. Intereconomics, 54(6), 338–341. https://doi.org/10.1007/s10272-019-0850-z

Köppl, A., & Schratzenstaller, M. (2015). Das österreichische Abgabensystem – Status Quo. Österreichisches Institut für Wirtschaftsforschung.

Köppl, A., & Schratzenstaller, M. (2019). Ein Abgabensystem, das (Erwerbs-)Arbeit fördert. In I. Seidl & A. Zahrnt (Hrsg.), Tätigsein in der Postwachstumsgesellschaft (S. 207–225). Metropolis.

Köppl, A., & Schratzenstaller, M. (2021). Effects of Environmental and Carbon Taxation. A Literature Review. WIFO Working Papers.

Korhonen, J., Honkasalo, A., & Seppälä, J. (2018). Circular Economy: The Concept and its Limitations. Ecological Economics, 143, 37–46. https://doi.org/10.1016/j.ecolecon.2017.06.041

Koteyko, N. (2012). Managing carbon emissions: A discursive presentation of "market-driven sustainability" in the British media. Language & Communication, 32(1), 24–35. https://doi.org/10.1016/j.langcom.2011.11.001

Krajewski, M. (2021). Wirtschaftsvölkerrecht (5. Aufl.). C.F. Müller. https://www.beck-shop.de/krajewski-start-rechtsgebiet-wirtschaftsvoelkerrecht/product/32420624

Kral, U., Fellner, J., Heuss-Aßbichler, S., Müller, F., Laner, D., Simoni, M. U., Rechberger, H., Weber, L., Wellmer, F.-W., & Winterstetter, A. (2018). Vorratsklassifikation von anthropogenen Ressourcen: Historischer Kontext, Kurzvorstellung und Ausblick. https://www.researchgate.net/publication/328465894_Vorratsklassifikation_von_anthropogenen_Ressourcen_Historischer_Kontext_Kurzvorstellung_und_Ausblick

Krebs, D., Klinger, R., Gailhofer, P., & Scherf, C.-S. (2020). Von der menschenrechtlichen zur umweltbezogenen Sorgfaltspflicht. Aspekte zur Integration von Umweltbelangen in ein Gesetz für globale Wertschöpfungsketten (Teilbericht im Auftrag des Umweltbundesamtes Nr. 49). Umweltbundesamt. https://www.umweltbundesamt.de/sites/default/files/medien/1410/publikationen/2020-03-10_texte_49-2020_sorgfaltspflicht.pdf

Krenek, A., Sommer, M., & Schratzenstaller, M. (2018). Sustainability-oriented Future EU Funding: A European border carbon adjustment (FairTax Working Paper No. 15; S. 31). Austrian Institute of Economic Research. http://umu.diva-portal.org/smash/get/diva2:1178081/FULLTEXT01.pdf

Krisch, A., Novy, A., Plank, L., Schmidt, A. E., & Blaas, W. (2020). Die Leistungsträgerinnen des Alltagslebens. Covid-19 als Brennglas für die notwendige Neubewertung von Wirtschaft, Arbeit und Leistung. The Foundational Economy Collective. https://foundationaleconomy.com/

Krömer, M. (2021). Mit Recht gegen das Rechtsschutzdefizit im Klimaschutz. Nachhaltigkeitsrecht, 1(2), 178–184. https://doi.org/10.33196/nr202102017801

Kropp, C. (2017). Infrastrukturen als Gemeinschaftswerk. In Nachhaltige Stadtentwicklung: Infrastrukturen, Akteure, Diskurse (Bd. 22). Campus Verlag.

Kropp, C., Ley, A., Ottenburger, S. S., & Ufer, U. (2021). Making intelligent cities in Europe climate-neutral – About the necessity to integrate technical and socio-cultural innovations. TATup, 30(1), 11–16.

Krüger, U. (2021). Geburtshelfer für öko-soziale Innovationen: Konstruktiver Journalismus als Entwicklungskommunikation für westlich-kapitalistische Gesellschaften in der Krise. In N. S. Borchers, S. Güney, U. Krüger, & K. Schamberger (Hrsg.), Transformation der Medien – Medien der Transformation. Verhandlungen des Netzwerks Kritische Kommunikationswissenschaft (S. 358–380). Westend sowie Universität Leipzig.

Kube, V., & Petersmann, E.-U. (2018). Human Rights Law in International Investment Arbitration. In A. Gattini, A. Tanzi, & F. Fontanelli (Hrsg.), General Principles of Law and International Investment Arbitration (1. Aufl., Bd. 12, S. 221–268). Brill, Nijhoff. https://brill.com/view/book/edcoll/9789004368385/BP000016.xml

Kubon-Gilke, G. (2019). Soziale Sicherung in der Postwachstumsgesellschaft. In I. Seidl & A. Zahrnt (Hrsg.), Tätigsein in der Postwachstumsgesellschaft (S. 193–206). Metropolis.

Kuhl, M., Maier, F., & Mill, H., T. (2011). The gender dimensions of the green new deal – A study commissioned by the Greens/EFA. https://www.greens-efa.eu/en/article/document/the-gender-dimensions-of-the-green-new-deal

Kuittinen, H., Polt, W., Weber, K.M. (2018). Mission Europe? A revival of mission-oriented policy in the European Union. in RFTE – Council for Research and Technology Development (ed.), RE:THINKING EUROPE. Positions on Shaping an Idea (191–207). Holzhausen, Vienna.

Kulmer, V., Kernitzkyi, M., Köberl, J., & Niederl, A. (2015). Global Value Chains: Implications for the Austrian economy (Nr. R189). Joanneum Research Policies – Zentrum für Wirtschafts- und Innovationsforschung. https://www.fiw.ac.at/fileadmin/Documents/Publikationen/Studien_2014/03_Kulmer%20et%20al_FIW-Research%20Report.pdf

Kunz, C., & Wagnsonner, T. (2021). Globale Lieferketten, globale Rechte? Herausforderungen der Absicherung globaler Lieferketten mittels Due Diligence (Sorgfaltspflichten) von Unternehmen in internationalen Liefer- und Produktionsketten [Beitrag beim Momentum Kongress Arbeit]. https://www.momentum-kongress.org/system/files/congress_files/2021/herausforderungen-globaler-lieferketten_v1.0_18092021.pdf

Kurzweil, A., Brandl, K., Deweis, M., Erler, P., Vogel, J., Wiesenberger, H., Wolf-Ott, F., & Zechmann, I. (2019). Zwölfter Umweltkontrollbericht – Umweltsituation in Österreich: Vol. REP-0684. Umweltbundesamt GmbH.

van Laak, Dirk. (2020). Infrastrukturen (Dokserver des Zentrums für Zeithistorische Forschung Potsdam e. V.). Version 1.0. https://zeitgeschichte-digital.de/doks/frontdoor/deliver/index/docId/2053/file/docupedia_laak_infrastrukturen_v1_de_2020.pdf. https://doi.org/10.14765/ZZF.DOK-2053

Laborde, D., Parent, M., & Smaller, C. (2020). Ending Hunger, Increasing Incomes, and Protecting the Climate: What would it cost donors? (Ceres2030). International Institute for Sustainable Development (IISD) and International Food Policy Research Institute (IFRI). https://hdl.handle.net/1813/72864

Lamb, W. F., Antal, M., Bohnenberger, K., Brand-Correa, L. I., Müller-Hansen, F., Jakob, M., Minx, J. C., Raiser, K., Williams, L., & Sovacool, B. K. (2020). What are the social outcomes of climate policies? A systematic map and review of the ex-post literature. Environmental Research Letters, 15(11), 113006. https://doi.org/10.1088/1748-9326/abc11f

Land Tirol. (2016). Raumordnungsgesetz 2016 – TROG 2016. https://www.ris.bka.gv.at/GeltendeFassung.wxe?Abfrage=LrT&Gesetzesnummer=20000647

Landesmann, M., & Stöllinger, R. (2020). The European Union's Industrial Policy: What are the Main Challenges? (Nr. 36; wiiw Policy Notes). The Vienna Institute for International Economic Studies, wiiw. https://wiiw.ac.at/the-european-union-s-industrial-policy-what-are-the-main-challenges-dlp-5211.pdf

Lang, R., & Stoeger, H. (2018). The role of the local institutional context in understanding collaborative housing models: Empirical evidence from Austria. International Journal of Housing Policy, 18(1), 35–54. https://doi.org/10.1080/19491247.2016.1265265

Latour, B. (2019). Eine neue Soziologie für eine neue Gesellschaft: Einführung in die Akteur-Netzwerk-Theorie (G. Roßler, Übers.; 5. Auflage). Suhrkamp.

Latsch, A., Anken, T., & Hasselmann, F. (2013). Energieverbrauch der Schweizer Landwirtschaft – Graue Energie schlägt zunehmend zu Buche. Agrarforschung Schweiz, 4(5), 244–247.

Laurent, E. (2014). Inequality as pollution, pollution as inequality: The social-ecological nexus. In Sciences Po publications. Sciences Po. https://ideas.repec.org/p/spo/wpmain/infohdl2441-f6h8764enu2lskk9p4a36i6c0.html

Laurent, E. (2021). From welfare to farewell: The European socialecological state beyond economic growth (Working Paper 2021.04.; Nummer Working Paper 2021.04.). European Trade Union Institute (ETUI).

Le Masurier, M. (2016). Slow Journalism: An introduction to a new research paradigm. Journalism Practice, 10(4), 439–447. https://doi.org/10.1080/17512786.2016.1139902

Lechinger, V., & Matzinger, S. (2020). So heizt Österreich. Heizungsarten und Energieträger in österreichischen Haushalten im sozialen Kontext (Nr. 1/2020; Wirtschaftspolitik Standpunkte). Arbeiterkammer Wien.

Lee, J., Hong, Y., Kim, H., Hong, Y., & Lee, W. (2013). Trends in Reports on Climate Change in 2009–2011in the Korean Press Based on Daily Newspapers' Ownership Structure. Journal of Preventive Medicine & Public Health, 46(2), 105–110. https://doi.org/10.3961/jpmph.2013.46.2.105

Lehotský, L., Černoch, F., Osička, J., & Ocelík, P. (2019). When climate change is missing: Media discourse on coal mining in the Czech Republic. Energy Policy, 129, 774–786. https://doi.org/10.1016/j.enpol.2019.02.065

Leiringer, R., & Cardellino, P. (2011). Schools for the twenty-first century: School design and educational transformation. British Educational Research Journal, 37(6), 915–934. https://doi.org/10.1080/01411926.2010.508512

Lent, J. (2017). The Patterning Instinct: A History of Humanity's Search for Meaning. Prometheus Books. https://www.jeremylent.com/the-patterning-instinct.html

Lent, J. R. (2021). The Web of Meaning: Integrating Science and Traditional Wisdom to Find Our Place In the Universe. Profile Books Ltd. https://www.jeremylent.com/the-web-of-meaning.html

Lewis, T. L. (2000). Media Representations of "Sustainable Development": Sustaining the Status Quo? Science Communication, 21(3), 244–273. https://doi.org/10.1177/1075547000021003003

Lindström, H., Lundberg, S., & Marklund, P.-O. (2020). How Green Public Procurement can drive conversion of farmland: An empirical analysis of an organic food policy. Ecological Economics, 172, 106622. https://doi.org/10.1016/j.ecolecon.2020.106622

Litschauer, K., Grabner, D., & Smet, K. (2021). Wohnen: Inklusiv, leistbar, emissionsfrei. In Klimasoziale Politik. Eine gerechte und emissionsfreie Zukunft gestalten. bahoe books.

Littig, B. (2017). Umweltschutz und Gewerkschaften – eine langsame, aber stetige Annäherung. In U. Brand & K. Niedermoser (Hrsg.), Gewerkschaften und die Gestaltung einer sozial-ökologischen Gesellschaft (S. 195–204). ÖGB Verlag.

Littig, B., & Spitzer, M. (2011). Arbeit neu. Erweiterte Arbeitskonzepte im Vergleich [Arbeitspapier 229 der Hans-Böckler-Stiftung]. Hans-Böckler-Stiftung. https://www.boeckler.de/pdf/p_arbp_229.pdf

Littig, B., Barth, T., & Jochum, G. (2018). Nachhaltige Arbeit ist mehr als green jobs. ArbeitnehmerInnenvertretungen und die sozial-ökologische Transformation der gegenwärtigen Arbeitsgesellschaft. WISO – Wirtschafts- und sozialpolitische Zeitschrift, 41(4), 63–77.

Lohs, A. (2020). (Post-)Wachstum in der Tagesschau? Eine Untersuchung der Berichterstattung der Nachrichtensendung Tagesschau über Wirtschaftswachstum vor dem Hintergrund der (Post-)Wachstumsdebatte. In U. Roos (Hrsg.), Nachhaltigkeit, Postwachstum, Transformation (S. 241–268). Springer Fachmedien Wiesbaden. https://doi.org/10.1007/978-3-658-29973-6_9

Lörcher, I., & Neverla, I. (2015). The Dynamics of Issue Attention in Online Communication on Climate Change. Media and Communication, 3(1), 17–33. https://doi.org/10.17645/mac.v3i1.253

Lundin, N., Schwaag-Serger, S. (2018). Agenda 2030 and A Transformative Innovation Policy Conceptualizing and experimenting with transformative changes towards sustainability, Working Paper 2018-01.KTH, Stockholm.

Lyytimäki, J., Kangas, H.-L., Mervaala, E., & Vikström, S. (2020). Muted by a Crisis? COVID-19 and the Long-Term Evolution of Climate Change Newspaper Coverage. Sustainability, 12(20), 8575. https://doi.org/10.3390/su12208575

MacGregor, Sherilyn. 2021. "Making Matter Great Again? Ecofeminism, New Materialism and the Everyday Turn in Environmental Politics". Environmental Politics 30(1–2):41–60. https://doi.org/10.1080/09644016.2020.1846954.

MacNeill, T., & Vibert, A. (2019). Universal Basic Income and the Natural Environment: Theory and Policy. Basic Income Studies, 14(1), Article 1. http://dx.doi.org/10.1515/bis-2018-0026

Madner, V. (2005a). Das Subsidiaritätsprinzip angewendet auf das Modell des österreichischen Föderalismus. Welche Ebene soll worüber entscheiden? In D. Graf & F. Breiner (Hrsg.), Projekt Österreich: In welcher Verfassung ist die Republik? (S. 72–82).

Madner, V. (2005b). Europäisches Umweltrecht. In Institut für Umweltrecht & Österreichischer Wasser- und Abfallwirtschaftsverband (Hrsg.), Jahrbuch des österreichischen und europäischen Umweltrechts 2005 (1. Aufl., Bd. 16, S. 1–21). Wien.

Madner, V. (2007). Umsetzung und Anwendung des europäischen Umweltrechts in Österreich. Eine Bestandsaufnahme. In A. Wagner & V. Wedl (Hrsg.), Bilanz und Perspektiven zum europäischen Recht. Eine Nachdenkschrift anlässlich 50 Jahre Römische Verträge (1. Aufl., S. 385–401). ÖGB Verlag.

Madner, V. (2010). Wirtschaftsverfassung und Bundesstaat – Staatliche Kompetenzverteilung und Gemeinschaftsrecht. In S. Griller, B. Kneihs, V. Madner, & M. Potacs (Hrsg.), Wirtschaftsverfassung und Binnenmarkt: Festschrift für Heinz-Peter Rill zum 70. Geburtstag (1. Aufl., S. 137–159). Springer.

Madner, V. (2015a). Europäisches Klimaschutzrecht. Vom Zusammentreffen von „alten" und „neuen" Instrumenten im Umweltrecht. Zeitschrift für Verwaltung, 30(1a), 201–209.

Madner, V. (2022). Europäisierung der Wirtschaftsverfassung. In M. Holoubek, A. Kahl, & S. Schwarzer (Hrsg.), Wirtschaftsverfassungsrecht (1. Aufl.). Verlag Österreich. https://shop.lexisnexis.at/wirtschaftsverfassungsrecht-9783704688507.html

Madner, V., & Grob, L.-M. (2019). Maßnahmen zur Stärkung von Orts- und Stadtkernen auf Bundesebene (Nr. 205; ÖROK-Schriftenreihe, S. 41–80). https://www.oerok.gv.at/fileadmin/user_upload/Bilder/2.Reiter-Raum_u._Region/1.OEREK/OEREK_2011/PS_Orts_Stadtkerne/Studie_Massnahmen_auf_Bundesebene_Schriftenreihe_205.pdf

Maechler, S., & Graz, J.-C. (2020). Is the sky or the earth the limit? Risk, uncertainty and nature. Review of International Political Economy, 0(0), 1–22. https://doi.org/10.1080/09692290.2020.1831573

Malerba, F., & Orsenigo, L. (1995). Schumpeterian patterns of innovation. Cambridge Journal of Economics, 19(1). https://doi.org/10.1093/oxfordjournals.cje.a035308

Malkiel, B. G. (2003). The Efficient Market Hypothesis and Its Critics. Journal of Economic Perspectives, 17(1), 59–82. https://doi.org/10.1257/089533003321164958

Malm, A. (2013). The Origins of Fossil Capital: From Water to Steam in the British Cotton Industry*. Historical Materialism, 21(1), 15–68. https://doi.org/10.1163/1569206X-12341279

Malm, A. (2016). Fossil Capital: The Rise of Steam Power and the Roots of Global Warming. Verso.

Maloumian, N. (2022). Unaccounted forms of complexity: A path away from the efficient market hypothesis paradigm. Social Sciences & Humanities Open, 5(1), 100244. https://doi.org/10.1016/j.ssaho.2021.100244

Markard, J., Geels, F. W., & Raven, R. (2020). Challenges in the acceleration of sustainability transitions. Environmental Research Letters, 15(8), 081001. https://doi.org/10.1088/1748-9326/ab9468

Martens, K., Nagel, A.-K., Windzio, M., & Weymann, A. (Hrsg.). (2010). Transformation of education policy. Palgrave Macmillan UK.

Mayer, J., Dugan, A., Bachner, G., & Steininger, K. W. (2021). Is carbon pricing regressive? Insights from a recursive-dynamic CGE analysis with heterogeneous households for Austria. Energy Economics. https://doi.org/10.1016/j.eneco.2021.105661

Mayr, S. (2018). Rechtsfragen der Rekommunalisierung: Wirtschaftsverfassung, Binnenmarkt, Freihandel (Bd. 183). Verlag Österreich. https://elibrary.verlagoesterreich.at/book/99.105005/9783704681720

Mayrhofer, J., & Wiese, K. (2020). Escaping the growth and jobs treadmill: A new policy agenda for postcoronavirus Europe. https://eeb.org/wp-content/uploads/2020/11/EEB-REPORT-JOBTREADMILL.pdf

Mayrhuber, E. A.-S., Dückers, M. L. A., Wallner, P., Arnberger, A., Allex, B., Wiesböck, L., Wanka, A., Kolland, F., Eder, R., Hutter, H.-P., & Kutalek, R. (2018). Vulnerability to heatwaves and implications for public health interventions – A scoping review. Environmental Research, 166, 42–54. https://doi.org/10.1016/j.envres.2018.05.021

Mazzucato, M. (2014). The entrepreneurial state: Debunking public vs. private sector myths (Revised edition). Anthem Press.

McKnight, D. (2010a). Rupert Murdoch's News Corporation: A Media Institution with A Mission. Historical Journal of Film, Radio and Television, 30(3), 303–316. https://doi.org/10.1080/01439685.2010.505021

McKnight, D. (2010b). A change in the climate? The journalism of opinion at News Corporation. Journalism, 11(6), 693–706. https://doi.org/10.1177/1464884910379704

McNeill, John Robert. 2000. Something New under the Sun: An Environmental History of the Twentieth-Century World. London: Lane, The Penguin Press.

McNeill, John Robert, und Peter Engelke. 2016. The Great Acceleration. An Environmental History of the Anthropocene since 1945, Cambridge, Massachusetts, London, England. The Belknap Press of Harvard University Press.

Meadows, D. H., Meadows, D. L., Randers, J., & Behrens, W. B. I. (1972). The Limits to Growth. Club of Rome. Universe Books.

Mechler, Reinhard, und Jeroen Aerts. 2014. "Managing unnatural disaster risk from climate extremes". 725–53.

Meier, W. A. (2012). Öffentlich und staatlich finanzierte Medien aus schweizerischer Sicht. In O. Jarren, M. Künzler, & M. Puppis (Hrsg.), Medienwandel oder Medienkrise? (S. 127–145). Nomos Verlagsgesellschaft mbH & Co. KG. https://doi.org/10.5771/9783845236735-127

Meinhart, B., Gabelberger, F., Sinabell, F., & Streicher, G. (2022). Transformation und „Just Transition" in Österreich. Österreichisches Institut für Wirtschaftsforschung. https://www.wifo.ac.at/jart/prj3/wifo/resources/person_dokument/person_dokument.jart?publikationsid=68029&mime_type=application/pdf

Mellor, M. (2019). Democratizing Finance or Democratizing Money? Politics & Society, 47(4), 635–650. https://doi.org/10.1177/0032329219878992

Meyer, L., & Steininger, K. (2017). Das Treibhausgas-Budget für Österreich (Wissenschaftlicher Bericht Nr. 72–2017). https://wegcwww.uni-graz.at/publ/wegcreports/2017/WCV-WissBer-Nr72-LMeyerKSteininger-Okt2017.pdf

Meyer, I., Sommer, M., & Kratena, K. (2018). Energy Scenarios 2050 for Austria [WIFO Studies]. WIFO. https://econpapers.repec.org/bookchap/wfowstudy/61089.htm

Millward-Hopkins, Joel, Julia K. Steinberger, Narasimha D. Rao, und Yannick Oswald. 2020. "Providing decent living with minimum energy: A global scenario". Global Environmental Change 65:102168. doi: https://doi.org/10.1016/j.gloenvcha.2020.102168.

Mitterer, K. (2011). Der aufgabenorientierte Gemeinde-Finanzausgleich. Diskussionspapier zum Österreichischen Städtetag 2011 Arbeitskreis Aufgabenorientierung im Finanzausgleich (KDZ Zentrum für Verwaltungsforschung, Hrsg.). https://www.kdz.eu/de/wissen/studien/der-aufgabenorientierte-gemeinde-finanzausgleich

Mitterer, K., & Pichler, D. (2020). FINANZAUSGLEICH KOMPAKT Fact Sheets 2020 zum Finanzausgleich mit Fokus auf Gemeinden.

Mitterer, K., Bröthaler, J., Getzner, M., & Kramar, H. (2016). Zur Berücksichtigung regionaler Versorgungsfunktionen in einem aufgabenorientierten Finanzausgleich Österreichs (S. 45–65).

Möhrs, K., Forster, F., Kumnig, S., Rauth, L., & members of SoliLA Collective. (2013). The politics of land and food in cities in the North: Reclaiming urban agriculture and the struggle Solidarisch Landwirtschaften! (SoliLa!) in Austria. In Land concentration, land grabbing and people's struggles in Europe (S. 96–127). Transnational Institute (TNI) for European Coordination Via Compesina and Heads off the Land network. https://www.semanticscholar.org/paper/The-politics-of-land-and-food-in-cities-in-the-and-M%C3%B6hrs-Forster/67d7feba301d28cae08aa78fb4a2550010f1e9c5

Monasterolo, I. (2020). Embedding Finance in the Macroeconomics of Climate Change: Research Challenges and Opportunities Ahead. CESifo Forum, 21(4), 25–32.

Müller, T., & Wimmer, N. (2018). Wirtschaftsrecht: International – Europäisch – National (3. Aufl.). Verlag Österreich.

Muñoz, P., Zwick, S., & Mirzabaev, A. (2020). The impact of urbanization on Austria's carbon footprint. Journal of Cleaner Production, 263, 121326. https://doi.org/10.1016/j.jclepro.2020.121326

Nabernegg, S. (2021). Emission distribution and incidence of national mitigation policies among households in Austria (Graz Economics Paper Nr. 2021–12). University of Graz, Department of Economics. https://econpapers.repec.org/paper/grzwpaper/2021-12.htm

Nabernegg, S., Steininger, K. W., Lackner, T. (2023). Consumption- and production-based emissions: Updates for Austria, June 2023. Wegener Center Scientific Report 100-2023, Wegener Center Verlag, University of Graz, Austria.

Nash, S. L., & Steurer, R. (2019). Taking stock of Climate Change Acts in Europe: Living policy processes or symbolic gestures? Climate Policy, 19(8), 1052–1065. https://doi.org/10.1080/14693062.2019.1623164

Nature. (2020). Ending hunger: Science must stop neglecting smallholder farmers. Nature, 586, 336. https://doi.org/10.1038/d41586-020-02849-6

Neumayer, E. (2017). Greening Trade and Investment: Environmental Protection Without Protectionism. Routledge. https://doi.org/10.4324/9781315093383

Neverla, I. (2020). Der mediatisierte Klimawandel. Wie Wissenschaft Klimawandel kommuniziert, Journalismus Klimawandel (re-)konstruiert, und Online-Kommunikation Proteste mobilisiert. In M. Reisigl (Hrsg.), Klima in der Krise – Kontroversen, Widersprüche und Herausforderungen in Diskursen über Klimawandel (S. 139–165). Universitätsverlag Rhein-Ruhr.

Neverla, I., & Trümper, S. (2012). Journalisten und das Thema Klimawandel: Typik und Probleme der journalistischen Konstruktionen von Klimawandel. In I. Neverla & M. S. Schäfer (Hrsg.), Das Medien-Klima (S. 95–118). VS Verlag für Sozialwissenschaften. https://doi.org/10.1007/978-3-531-94217-9_5

Neverla, I., Taddicken, M., Lörcher, I., & Hoppe, I. (Hrsg.). (2019). Klimawandel im Kopf: Studien zur Wirkung, Aneignung und Online-Kommunikation. Springer Fachmedien Wiesbaden. https://doi.org/10.1007/978-3-658-22145-4

New Economics Foundation. (2010). The Great Transition. A tale how it turned out right. New Economics Foundation. https://neweconomics.org/uploads/files/d28ebb6d4df943cdc9_oum6b1kwv.pdf

Newman, T. P. (2017). Tracking the release of IPCC AR5 on Twitter: Users, comments, and sources following the release of the Working Group I Summary for Policymakers. Public Understanding of Science, 26(7), 815–825. https://doi.org/10.1177/0963662516628477

NGFS. (2021). A call for action. Climate change as a source of financial risk. Network for Greening the Financial System. https://www.mainstreamingclimate.org/publication/ngfs-a-call-for-action-climate-change-as-a-source-of-financial-risk/

Niederhuber, M. (2016). Erweiterte Beschwerderechte für Projektgegner: Anmerkungen zum Präklusionsurteil des EuGH C-137/14, Kommission/Deutschland. Österreichische Zeitschrift für Wirtschaftsrecht, 2, 72–77.

Niedermoser, K. (2017a). Gewerkschaften und die ökologische Frage – historische Entwicklungen und aktuelle Herausforderungen. In U. Brand & K. Niedermoser (Hrsg.), Gewerkschaften und die Gestaltung einer sozial-ökologischen Gesellschaft. ÖGB Verlag.

Niedertscheider, M., Haas, W., & Görg, C. (2018). Austrian climate policies and GHG-emissions since 1990: What is the role of climate policy integration? Environmental Science & Policy, 81, 10–17. https://doi.org/10.1016/j.envsci.2017.12.007

Niggli, U. (2021). Alle satt? Ernährung sichern für 10 Milliarden Menschen (2.). Residenz Verlag.

Nischwitz, G., Bartelt, A., Kaczmarek, M., Steuwer, S., & Institut für ökologische Wirtschaftsforschung (IÖW). (2018). Lobbyverflechtungen in der deutschen Landwirtschaft. Beratungswesen, Kammern, Agorbusiness. Naturschutzbund Deutschland e. V. (NABU). https://www.ioew.de/publikation/lobbyverflechtungen_in_der_deutschen_landwirtschaft

Novy, A. (2019). Transformative social innovation, critical realism and the good life for all. In Social Innovation as Political Transformation. Thoughts For A Better World. (S. 122–127). Edward Elgar.

Novy, A. (2020). The political trilemma of contemporary social-ecological transformation – lessons from Karl Polanyi's The Great Transformation. Globalizations, 0(0), 1–22. https://doi.org/10.1080/14747731.2020.1850073

Næss, P. (2016). Built environment, causality and urban planning. Planning Theory & Practice, 17(1), 52–71. https://doi.org/10.1080/14649357.2015.1127994

O'Brien, K. (2012). Global environmental change II: From adaptation to deliberate transformation. Progress in Human Geography, 36(5), 667–676. https://doi.org/10.1177/0309132511425767

O'Connor, J. R. (1998). Natural Causes: Essays in Ecological Marxism. Guilford Press.

OECD (2018). OECD Reviews of National Innovation Policy: Austria. Organisation for Economic Cooperation and Development, Paris.

OECD (2019). OECD Skills Studies Supporting Entrepreneurship and Innovation in Higher Education in Austria. Organisation for Economic Cooperation and Development, Paris.

OECD (2021). The design and implementation of mission-oriented innovation policies. Organisation for Economic Cooperation and Development, Paris.

OECD-WTO. (2015). Trade in value added: Austria. https://www.oecd.org/sti/ind/tiva/CN_2015_Austria.pdf

ÖGB (Österreichischer Gewerkschaftsbund) (2021). Klimapolitik aus ArbeitnehmerInnen-Perspektive. Positionspapier des ÖGB. https://www.oegb.at/themen/klimapolitik/raus-aus-der-klimakrise/oegb-beschliesst-positionspapier-fuer-einen-gerechten-wandel-

Oksala, Johanna. 2018. "Feminism, Capitalism, and Ecology". Hypatia 33(2):216–34. doi: https://doi.org/10.1111/hypa.12395.

Oleschuk, M., Johnston, J., & Baumann, S. (2019). Maintaining Meat: Cultural Repertoires and the Meat Paradox in a Diverse Sociocultural Context. Sociological Forum, 34(2), 337–360. https://doi.org/10.1111/socf.12500

O'Neill, D. W., Fanning, A. L., Lamb, W. F., & Steinberger, J. K. (2018). A good life for all within planetary boundaries. Nature Sustainability, 1(2), 88–95.

ÖROK. (2017). ÖROK-EMPFEHLUNG NR. 56 „Flächensparen, Flächenmanagement & aktive Bodenpolitik".

Österreichische Raumordnungskonferenz. (2021). ÖREK 2030 Österreichisches Raumentwicklungskonzept Raum für Wandel.

Österreichische Universitätenkonferenz. (2020). Uniko-Manifest für Nachhaltigkeit. https://uniko.ac.at/modules/download.php?key=21707_DE_O&f=1&jt=7906&cs=02F6

Otto, A., & Gugushvili, D. (2020). Eco-Social Divides in Europe: Public Attitudes towards Welfare and Climate Change Policies. Sustainability, 12(1), Article 1. https://doi.org/10.3390/su12010404

ÖVP, & Grüne. (2020). Regierungsprogramm 2020–2024.

Paciarotti, C., & Torregiani, F. (2021). The logistics of the short food supply chain: A literature review. Sustainable Production and Consumption, 26(ISSN: 2352-5509), 442. https://doi.org/10.1016/j.spc.2020.10.002

Paech, N. (2012). Befreiung vom Überfluss: Auf dem Weg in die Postwachstumsökonomie. Oekom Verlag.

Pahle, M., Tietjen, O., Osorio, S., Egli, F., Steffen, B., Schmidt, T. S., & Edenhofer, O. (2022). Safeguarding the energy transition against political backlash to carbon markets. Nature Energy, 1–7. https://doi.org/10.1038/s41560-022-00984-0

Painter, J., & Gavin, N. T. (2016). Climate Skepticism in British Newspapers, 2007–2011. Environmental Communication, 10(4), 432–452. https://doi.org/10.1080/17524032.2014.995193

Papathoma-Köhle, M., & Fuchs, S. (2020). Vulnerabilität. In T. Glade, M. Mergili, & K. Sattler (Hrsg.), ExtremA 2019: Aktueller Wissensstand zu Extremereignissen alpiner Naturgefahren in Österreich (1. Auflage, S. 677–716). Vandenhoeck & Ruprecht unipress.

Papathoma-Köhle, M., Thaler, T., & Fuchs, S. (2021). An institutional approach to vulnerability: Evidence from natural hazard management in Europe. Environmental Research Letters, 16(4), 044056. https://doi.org/10.1088/1748-9326/abe88c

Paul, H. K., & Gebrial, D. (2021). Climate Justice in a Global Green New Deal. In D. Gebrial & H. K. Paul (Hrsg.), Perspectives on a global green new deal (S. 7 13). Rosa Luxemburg Stiftung London Office. https://red-green-new-deal.eu/perspectives-on-a-global-green-new-deal/

Pearce, W., Holmberg, K., Hellsten, I., & Nerlich, B. (2014). Climate Change on Twitter: Topics, Communities and Conversations about the 2013 IPCC Working Group 1 Report. PLoS ONE, 9(4), e94785. https://doi.org/10.1371/journal.pone.0094785

Pearce, W., Niederer, S., Özkula, S. M., & Sánchez Querubín, N. (2019). The social media life of climate change: Platforms, publics, and future imaginaries. Wiley Interdisciplinary Reviews: Climate Change, 10(2). https://doi.org/10.1002/wcc.569

Pearman, O., Katzung, J., Boykoff, M., Nacu-Schmidt, A., & Church, P. (2020). The state of the planet is broken. Media and Climate Change Observatory Monthly Summary, 48. https://doi.org/10.25810/pb3j-3288

Peel, J., & Osofsky, H. M. (2018). A Rights Turn in Climate Change Litigation? Transnational Environmental Law, 7(1), 37–67. https://doi.org/10.1017/S2047102517000292

Peel, J., Godden, L., & Keenan, R. J. (2012). Climate Change Law in an Era of Multi-Level Governance. Transnational Environmental Law, 1(2), 245–280. https://doi.org/10.1017/S2047102512000052

Peñasco, C., Anadón, L. D., & Verdolini, E. (2021). Systematic review of the outcomes and trade-offs of ten types of decarbonization policy instruments. Nature Climate Change, 11(3), 257–265. https://doi.org/10.1038/s41558-020-00971-x

Pendlerfonds. (n. d.). Abgerufen 24. August 2021, von https://www.mobilitaet.bs.ch/gesamtverkehr/mobilitaetsstrategie/pendlerfonds.html

Pesendorfer, D. (2007). Paradigmenwechsel in der Umweltpolitik: Von den Anfängen der Umwelt zu einer Nachhaltigkeitspolitik: Modellfall Österreich? VS Verlag für Sozialwissenschaften. http://public.ebookcentral.proquest.com/choice/publicfullrecord.aspx?p=750632

Petersen, A. M., Vincent, E. M., & Westerling, A. L. (2019). Discrepancy in scientific authority and media visibility of climate change scientists and contrarians. Nature Communications, 10(1), 3502. https://doi.org/10.1038/s41467-019-09959-4

Petersmann, E.-U. (2020). Economic Disintegration? Political, Economic, and Legal Drivers and the Need for "Greening Embedded Trade Liberalism". Journal of International Economic Law, 23(2), 347–370. https://doi.org/10.1093/jiel/jgaa005

Petschow, U., Lange, S., Hofmann, D., Pissarskoi, E., aus dem Moore, N., Korfhage, T., & Schoofs, A. (2018). Gesellschaftliches Wohlergehen innerhalb planetarer Grenzen. Der Ansatz einer vorsorgeorientierten Postwachstumsposition. Umweltbundesamt. https://www.umweltbundesamt.de/sites/default/files/medien/1410/publikationen/uba_texte_89_2018_vorsorgeorientierte_postwachstumsposition.pdf

Pettifor, A. (2019). The Case for the Green New Deal. Verso.

Pfoser, R. (2014): "Contrarians" – their role in the debate on climate change (global warming) and their influence on the Austrian policy making process. Publizierbarer Endbericht des ACRP-Projekts K10AC1K00051.

Pianta, M., & Lucchese, M. (2020). Rethinking the European Green Deal: An Industrial Policy for a Just Transition in Europe. Review of Radical Political Economics, 52(4), 633–641. https://doi.org/10.1177/0486613420938207

Pianta, S., & Sisco, M. R. (2020). A hot topic in hot times: How media coverage of climate change is affected by temperature abnormalities. Environmental Research Letters, 15(11), 114038. https://doi.org/10.1088/1748-9326/abb732

Pichler, M., Schaffartzik, A., Haberl, H., & Görg, C. (2017). "Drivers of Society-Nature Relations in the Anthropocene and Their Implications for Sustainability Transformations". Current Opinion in Environmental Sustainability 26–27:32–36. https://doi.org/10.1016/j.cosust.2017.01.017.

Pichler, M., Krenmayr, N., Schneider, E., & Brand, U. (2021). EU industrial policy: Between modernization and transformation of the automotive industry. Environmental Innovation and Societal Transitions, 38, 140–152. https://doi.org/10.1016/j.eist.2020.12.002

Pichler, P.-P., Jaccard, I. S., Weisz, U., & Weisz, H. (2019). International comparison of health care carbon footprints. Environmental Research Letters, 14(6), 064004. https://doi.org/10.1088/1748-9326/ab19e1

Pickard, V. (2020). Restructuring Democratic Infrastructures: A Policy Approach to the Journalism Crisis. Digital Journalism, 8(6), 704–719. https://doi.org/10.1080/21670811.2020.1733433

Piketty, T. (2014). Capital in the Twenty-First Century. Harvard University Press.

Pirgmaier, Elke, und Julia Steinberger. 2019. "Roots, Riots, and Radical Change – A Road Less Travelled for Ecological Economics". Sustainability 11(7):2001. https://doi.org/10.3390/su11072001.

Plank, C., Haas, W., Schreuer, A., Irshaid, J., Barben, D., & Görg, C. (2021a). Climate policy integration viewed through the stakeholders' eyes: A co-production of knowledge in social-ecological transformation research. Environmental Policy and Governance, 31(4), 387–399. https://doi.org/10.1002/eet.1938

Plank, C., Hafner, R., & Stotten, R. (2020b). Analyzing values-based modes of production and consumption: Community-supported agriculture in the Austrian Third Food Regime. Österreichische Zeitschrift Für Soziologie, 45(1), 49–68. https://doi.org/10.1007/s11614-020-00393-1

Plank, C., Liehr, S., Hummel, D., Wiedenhofer, D., Haberl, H., & Görg, C. (2021b). Doing more with less: Provisioning systems and the transformation of the stock-flow-service nexus. Ecological Economics, 187, 107093. https://doi.org/10.1016/j.ecolecon.2021.107093

Plank, C., Penker, M., & Brunner, K.-M. (2021c). Ernährung klimasozial gestalten. In Die Armutskonferenz, ATTAC, & Beirat für Gesellschafts-, Wirtschafts- und Umweltpolitische Alternativen (Hrsg.), Klimasoziale Politik. Eine gerechte und emissionsfreie Gesellschaft gestalten (1. Auflage). bahoe books. https://permalink.obvsg.at/bok/AC16232174

Plumhans, L.-A. (2021). Operationalizing eco-social policies: A mapping of energy poverty measures in EU member states. Materialien zu Wirtschaft und Gesellschaft Nr. 212.

Pointner, W. (2020). Notenbanken und Green Finance. Kurswechsel, 4, 97–100.

Pointner, W., & Ritzberger-Grünwald, D. (2019). Climate change as a risk to financial stability [In: Financial Stability Report 38, OeNB Oesterreichische Nationalbank]. https://www.oenb.at/Publikationen/Finanzmarkt/Finanzmarktstabilitaetsbericht.html

Polanyi, K. (1944). The great transformation. Farrar & Rinehart.

Polimeni, J.M., Mayumi, K., Giampietro, M., Alcott, B. (2009). The Myth of Resource Efficiency: The Jevons Paradox. Earthscan.

Polt, W., Linshalm, E., & Peneder, M. (2021). Important Projects of CommonEuropean Interest (IPCEI) im Kontext der österreichischen Industrie-, Technologie- und Innovationspolitik (Joanneum Research Policies). JOANNEUM RESEARCH Forschungsgesellschaft mbH; Institut für Wirtschafts- und Innovationsforschung. https://doi.org/10.13140/RG.2.2.15233.12649

ProClim Forum for Climate and Global Change, Swiss Academy of Science. (1997). Research on sustainability and global change – Visions in science policy by Swiss researchers. https://scnat.ch/de/id/Yzz6d

Pürer, H. (2008). Medien und Journalismus zwischen Macht und Verantwortung. Medienimpulse, 64, 10–15.

Raschauer, B., & Ennöckl, D. (2019). Umweltrecht Allgemeiner Teil. In D. Ennöckl, N. Raschauer, & W. Wessely (Hrsg.), Handbuch Umweltrecht (3. Aufl., S. 19–54). Facultas.

Rattay, W., Günsberg, G., Jorisch, D., Treis, M., Stadelmann, M., & Schanda, R. (2020). Consequences of the Paris Agreement and its implementation for the financial sector in Austria (Working Paper No. 2). RiskFinPorto. https://www.anpassung.at/riskfinporto/

Rau, H. (2015). Time use and resource consumption. In International Encyclopedia of the Social and Behavioural Sciences. Elsevier.

Raza, W., Grumiller, J., Grohs, H., Essletzbichler, J., & Pintar, N. (2021b). Post Covid-19 value chains: Options for reshoring production back to Europe in a globalised economy [Study requested by the INTA committee]. European Parliament. Directorate General for External Policies of the Union. https://data.europa.eu/doi/10.2861/118324

Raza, W. G., Grumiller, J., Grohs, H., Madner, V., Mayr, S., & Sauca, I. (2021a). Assessing the Opportunities and Limits of a Regionalization of Economic Activity (Working Paper Reihe der AK Wien – Materialien zu Wirtschaft und Gesellschaft Nr. 215; S. 56). Kammer für Arbeiter und Angestellte für Wien, Abteilung Wirtschaftswissenschaft und Statistik. https://econpapers.repec.org/paper/clrmwugar/215.htm

Rehm, Y. (2021). Measuring and Taxing the Carbon Content of Wealth. Paris School of Economics.

Reinhardt, J., Veith, C., Lempik, J., Knappe, F., Mellwig, P., Giegrich, J., Muchow, N., Schmitz, T., & Vo., I. (2020). Ganzheitliche Bewertung von verschiedenen Dämmstoffalternativen (ifeu-Institut gGmbH und natureplus e.V., gefördert von der Deutschen Bundesstiftung Umwelt und dem Ministerium für Umwelt, Klima und Energiewirtschaft Baden Württemberg).

Reisch, L. A. (2015). Time Policies for a Sustainable Society. Springer International Publishing. http://link.springer.com/10.1007/978-3-319-15198-4

Reisch, L. A., & Bietz, S. (2014). Zeit für Nachhaltigkeit – Zeiten der Transformation: Mit Zeitpolitik gesellschaftliche Veränderungsprozesse steuern. oekom.

Reisigl, M. (2020). Diskurse über Klimawandel – nichts als Geschichten? Ein sprachwissenschaftlicher Blick. In M. Reisigl (Hrsg.), Klima in der Krise – Kontroversen, Widersprüche und Herausforderungen in Diskursen über Klimawandel (S. 39–76). Universitätsverlag Rhein-Ruhr.

Renner, A.-T. (2020). Inefficiencies in a healthcare system with a regulatory split of power: A spatial panel data analysis of avoidable hospitalisations in Austria. The European Journal of Health Economics, 21(1), 85–104. https://doi.org/10.1007/s10198-019-01113-7

Reyes, O. (2020). Change Finance, not the Climate. Transnational Institute (TNI) and the Institute for Policy Studies (IPS). https://www.tni.org/en/changefinance

Rinderspacher, J. P. (1985). Gesellschaft ohne Zeit: Individuelle Zeitverwendung und soziale Organisation der Arbeit. Campus.

Ringhofer, L., & Fischer-Kowalski, M. (2016). Method Précis: Functional Time Use Analysis. In H. Haberl, M. Fischer-Kowalski, F. Krausmann, & V. Winiwarter (Hrsg.), Social Ecology. Society-Nature Relations across Time and Space (Bd. 5, S. 519–522). Springer International Publishing. https://doi.org/10.1007/978-3-319-33326-7_26

Røpke, I. (1999). The dynamics of willingness to consume. Ecological Economics, 28(3), 399–420.

Røpke, I. (2015). Sustainable consumption: Transitions, systems and practices. In J. Martinez-Alier (Hrsg.), Handbook of Ecological Economics (S. 332–359). Edward Elgar Publishing. https://doi.org/10.4337/9781783471416.00018

Rosa, H. (2005). Beschleunigung: Die Veränderung der Zeitstrukturen in der Moderne (1. Aufl). Suhrkamp.

Rosa, H., Paech, N., Habermann, F., Haug, F., Wittmann, F., Kirschenmann, L., & Konzeptwerk Neue Ökonomie (Hrsg.). (2015). Zeitwohlstand: Wie wir anders arbeiten, nachhaltig wirtschaften und besser leben (2. Auflage). Oekom Verlag.

Ruiu, M. L. (2021). Persistence of Scepticism in Media Reporting on Climate Change: The Case of British Newspapers. Environmental Communication, 15(1), 12–26. https://doi.org/10.1080/17524032.2020.1775672

Ruppel, O. C. (2022). Soil protection and legal aspects of international trade in agriculture in times of climate change: The WTO dimension. Soil Security, 6, 100038. https://doi.org/10.1016/j.soisec.2022.100038

Ryan, J. (Hrsg.). (2011). China's higher education reform and internationalisation (Nr. 3). Routledge.

Ryan, R. M., & Deci, E. L. (2016). Handbook of motivation at school. In K. R. Wentzel & D. B. Miele (Hrsg.), Facilitating and Hindering Motivation, Learning, and Well-Being in Schools: Research and

Observations from Self-Determination (2nd Edition, S. 108–131). Routledge. https://doi.org/10.4324/9781315773384-12

Sachs, J. D., Schmidt-Traub, G., Mazzucato, M., Messner, D., Nakicenovic, N., & Rockström, J. (2019). Six transformations to achieve the sustainable development goals. Nature Sustainability, 2(9), 805–814. https://doi.org/10.1038/s41893-019-0352-9

Sala, A., Lütkemeyer, M., Birkmaier, A., & et al. (2020). E-MAPP 2. E-Mobility – Austrian Prouction Potential, Qualification and Traning needs. https://www.klimafonds.gv.at/wp-content/uploads/sites/16/2020_E-MAPP2_-FhA_TU_SMP_v2.3.pdf

Saltmarsh, J., & Hartley, M. (Hrsg.). (2011). "To serve a larger purpose": Engagement for democracy and the transformation of higher education. Temple University Press.

Salzburger Raumordnungsgesetz – ROG 2009, (2008). https://www.ris.bka.gv.at/GeltendeFassung.wxe?Abfrage=LrSbg&Gesetzesnummer=20000615

Sammer, G. (1990). Mobilität in Österreich 1983–2011. rsg. Österreichischer Automobil-, Motorrad- und Touring Club, Wien. https://permalink.catalogplus.tuwien.at/AC00078179

Sander, P. (2017). Gedanken zum „Mysterium" des Art 9 Abs 2 der Aarhus-Konvention. In Institut für Umweltrecht der JKU Linz (Hrsg.), Jahrbuch des österreichischen und europäischen Umweltrechts 2017 – Herausforderung Umweltverfahren: Effizienz, Rechts(un)sicherheit, Öffentlichkeitsbeteiligung (S. 181–187).

Santarius, T., Pohl, J., & Lange, S. (2020). Digitalization and the Decoupling Debate: Can ICT Help to Reduce Environmental Impacts While the Economy Keeps Growing? Sustainability, 12(18), 7496. https://doi.org/10.3390/su12187496

SAPEA. (2020). A Sustainable Food System for the European Union (Nr. 978-3-9820301-3-5). Science Advice for Policy by European Academies (SAPEA). https://doi.org/10.26356/sustainablefood

Sass, H. von (Hrsg.). (2019). Perspektivismus: Neue Beiträge aus der Erkenntnistheorie, Hermeneutik und Ethik. Meiner.

Saurer, J. (2018). Strukturen gerichtlicher Kontrolle im Klimaschutzrecht – Eine rechtsvergleichende Analyse. Zeitschrift für Umweltrecht, 29(12), 679–686.

Schacherer, S. (2021). Die Finanzierung der Nachhaltigkeitsziele: Welche Rolle spielen ausländische Investitionen und internationale Investitionsabkommen? Nachhaltigkeitsrecht, 1(4), 443–451. https://doi.org/10.33196/nr202104044301

Schäfer, M. S. (2012). „Hacktivism"? Online-Medien und Social Media als Instrumente der Klimakommunikation zivilgesellschaftlicher Akteure. Forschungsjournal Neue Soziale Bewegungen, 25(2), 70–79.

Schäfer, M. S., & Painter, J. (2020). Climate journalism in a changing media ecosystem: Assessing the production of climate change-related news around the world, WIREs Climate Change, 12(1). https://doi.org/10.1002/wcc.675

Schäfer, M. S., Ivanova, A., & Schmidt, A. (2014). What drives media attention for climate change? Explaining issue attention in Australian, German and Indian print media from 1996to 2010 International Communication Gazette, 76(2), 152–176. https://doi.org/10.1177/1748048513504169

Schaffartzik, A., Pichler, M., Pineault, E., Wiedenhofer, D., Gross, R., & Haberl, H. (2021). The transformation of provisioning systems from an integrated perspective of social metabolism and political economy: A conceptual framework. Sustainability Science, 16(5), 1405–1421. https://doi.org/10.1007/s11625-021-00952-9

Schaffrin, A., Sewerin, S., & Seubert, S. (2015). Toward a Comparative Measure of Climate Policy Output. Policy Studies Journal, 43(2), 257–282. https://doi.org/10.1111/psj.12095

Schalatek, L. (2012). Gender und Klimafinanzierung: Doppeltes Mainstreaming für Nachhaltige Entwicklung. In G. Çağlar, M. do Mar Castro Varela, & H. Schwenken (Hrsg.), Geschlecht – Macht – Klima. Feministische Perspektiven auf Klima, gesellschaftliche Naturverhältnisse und Gerechtigkeit (Bd. 23, S. 137–167). Barbara Budrich.

Schill, S. W., & Vidigal, G. (2020). Designing Investment Dispute Settlement à la Carte: Insights from Comparative Institutional Design Analysis. The Law & Practice of International Courts and Tribunals, 18(3), 314–344. https://doi.org/10.1163/15718034-12341407

Schilling-Vacaflor, A. (2021). Integrating Human Rights and the Environment in Supply Chain Regulations. Sustainability, 13(17), 9666. https://doi.org/10.3390/su13179666

Schindegger, F. (2012). Krise der Raumplanung – aus der Sicht der Praxis in Österreich. Mitteilungen der Österreichischen Geographischen Gesellschaft, 151, 159–170. https://doi.org/10.1553/moegg151s159

Schinko, Thomas, Reinhard Mechler, und Stefan Hochrainer-Stigler. 2017. "A Methodological Framework to Operationalize Climate Risk Management: Managing Sovereign Climate-Related Extreme Event Risk in Austria". Mitigation and Adaptation Strategies for Global Change 22(7):1063–86. https://doi.org/10.1007/s11027-016-9713-0.

Schlacke, S. (2020). Klimaschutzrecht im Mehrebenensystem. Internationale Klimaschutzpolitik und aktuelle Entwicklungen in der Europäischen Union und in Deutschland. Zeitschrift für das gesamte Recht der Energiewirtschaft, 10, 355–363.

Schlaile, M.P., Urmetzer, S., Blok V., Andersen, A.D., Timmermans, J., Mueller, M., Fagerberg, J., Pyka, A. (2017). Innovation Systems for Transformations towards Sustainability? Taking the Normative Dimension Seriously. Sustainability, 9(12), 2253

Schlatzer, M., Lindenthal, T., Kromp, B., & Roth, K. (2017). Nachhaltige Lebensmittelversorgung für die Gemeinschaftsverpflegung der Stadt Wien. Wiener Umweltschutzabteilung – MA 22. https://docplayer.org/72116244-Nachhaltige-lebensmittelversorgung-fuer-die-gemeinschaftsverpflegung-der-stadt-wien.html

Schleicher, S. P., & Steininger, K. W. (2017). Wirtschaft stärken und Klimaziele erreichen: Wege zu einem nahezu treibhausgasemissionsfreien Österreich. Scientific Report, 73–2017.

Schmelz, C. (2017a). Baustellen des Umweltverfahrens. In Institut für Umweltrecht der JKU Linz (Hrsg.), Jahrbuch des österreichischen und europäischen Umweltrechts 2017 – Herausforderung Umweltverfahren: Effizienz, Rechts(un)sicherheit, Öffentlichkeitsbeteiligung (1. Aufl., Bd. 47, S. 123–133). Manz.

Schmelz, C. (2017b). Die UVP-G-Novelle im „Verwaltungsreformgesetz BMLFUW". Ein Zwischenschritt zur dringend nötigen Reform des UVP-G. In E. Furherr (Hrsg.), Verwaltungsreform im Anlagenrecht: Praxisanalyse der Novellen zur GewO und zum UVP-G (1. Aufl., S. 11–30). Facultas.

Schmelz, C., Cudlik, C., & Holzer, C. (2018). Von Aarhus über Luxemburg nach Österreich – Eine Orientierung. ecolex, 567–572.

Schmid Petri, H. (2017). Do Conservative Media Provide a Forum for Skeptical Voices? The Link Between Ideology and the Coverage of Climate Change in British, German, and Swiss Newspapers. Environmental Communication, 11(4), 554–567. https://doi.org/10.1080/17524032.2017.1280518

Schmid-Petri, H., & Arlt, D. (2016). Constructing an illusion of scientific uncertainty? Framing climate change in German and British print media. Communications, 41(3). https://doi.org/10.1515/commun-2016-0011

Schmidt, N. (2021, April 1). The treaty that threatens to derail Europe's Green Deal. International Politics and Society. https://www.ips-journal.eu/topics/economy-and-ecology/the-treaty-that-threatens-to-derail-europes-green-deal-5087/

Schmidt, A., & Schäfer, M. S. (2015). Constructions of climate justice in German, Indian and US media. Climatic Change, 133(3), 535–549. https://doi.org/10.1007/s10584-015-1488-x

Schmidt, A., Ivanova, A., & Schäfer, M. S. (2013). Media attention for climate change around the world: A comparative analysis of newspaper coverage in 27 countries. Global Environmental Change, 23(5), 1233–1248. https://doi.org/10.1016/j.gloenvcha.2013.07.020

Schnabl, A., Gust, S., Mateeva, L., Plank, K., Wimmer, L., & Zenz, H. (2021). CO2-relevante Besteuerung und Abgabenleistung der Sektoren in Österreich. Materialien zu Wirtschaft und Gesellschaft, 219.

Schnedl, G. (2018). Die Rolle der Gerichte im Klimaschutz. In G. Kirchengast, E. Schulev-Steindl, & G. Schnedl (Hrsg.), Klimaschutzrecht zwischen Wunsch und Wirklickeit (Bd. 112, S. 128–168). Böhlau Verlag.

Schneider, M. (2019). Nachfrage und Angebot am österreichischen Wohnimmobilienmarkt. In Österreichischer Verband gemeinnütziger Bauvereinigungen (Hrsg.). Wohnungsgemeinnützigkeit in Recht, Wirtschaft und Gesellschaft (S. 215–236).

Schneider, H. W., Pöchhacker-Tröscher, G., Demirol, D., Luptáčik, P., & Wagner, K. (2020). Österreichische Umwelttechnik-Wirtschaft: Export, Innovationen, Startups und Förderungen. Im Auftrag des Bundesministeriums für Klimaschutz, Umwelt, Energie, Mobilität, Innovation und Technologie (BMK), des Bundesministeriums für Digitalisierung und Wirtschaftsstandort (BMDW) und der Wirtschaftskammer Österreich (WKÖ).

Schöggl, J.-P., Stumpf, L., Rusch, M., & Baumgartner, R. J. (2022). Die Umsetzung der Kreislaufwirtschaft in österreichischen Unternehmen – Praktiken, Strategien und Auswirkungen auf den Unternehmenserfolg. Österreichische Wasser- und Abfallwirtschaft, 74(1), 51–63. https://doi.org/10.1007/s00506-021-00828-3

Schoierer, J., Wershofen, B., Böse-O'Reilly, S., & Mertes, H. (2020). Hitzewellen und Klimawandel: Eine Herausforderung für Gesundheitsberufe. Public Health Forum, 28(1), 54–57.

Scholz, R., & Steiner, G. (2015). The real type and ideal type of transdisciplinary processes: Part II – What constraints and obstacles do we meet in practice? Sustainability Science, 10(4), 653–671. https://doi.org/10.1007/s11625-015-0327-3

Schopf, J. M., & Brezina, T. (2015). Umweltfreundliches Parkraummanagement. Leitfaden für Länder, Städte, Gemeinden, Betriebe und Bauträger.

Schor, J. (1991). The overworked American: The unexpected decline of leisure. Basic Books.

Schor, J. B. (2005). Sustainable Consumption and Worktime Reduction. Journal of Industrial Ecology, 9(1–2), 37–50.

Schor, J. B. (2016). Wahrer Wohlstand: Mit weniger Arbeit besser leben (K. Petersen, Übers.; Deutsche Erstausgabe). oekom verlag.

Schot, J., Steinmueller, W.E. (2018). Three frames for innovation policy: R&D, systems of innovation and transformative change. Research Policy. 47(9), 1554–1567.

Schröder, E., & Storm, S. (2020). Economic Growth and Carbon Emissions: The Road to "Hothouse Earth" is Paved with Good Intentions. International Journal of Political Economy, 49(2), 153–173. https://doi.org/10.1080/08911916.2020.1778866

Schulev-Steindl, E. (2013). Instrumente des Umweltrechts – Wirksamkeit und Grenzen. In D. Ennöckl, N. Raschauer, E. Schulev-Steindl, & W. Wessely (Hrsg.), Festschrift für Bernhard Raschauer zum 65. Geburtstag (S. 527–552). Jan Sramek.

Schulev-Steindl, E. (2021). Klimaklagen: Ein Trend erreicht Österreich. ecolex, 7(1), 17–19.

Schulev-Steindl, E., Hofer, M., & Franke, L. (2020). Evaluierung des Klimaschutzgesetzes (Gutachten). Universität Graz. https://www.google.com/url?sa=t&rct=j&q=&esrc=s&source=web&cd=&ved=2ahUKEwjkrpCpptjvAhVQr6QKHTZdDJ8QFjAAegQIAhAD&url=https%3A%2F%2Fwww.bmk.gv.at%2Fdam%2Fjcr%3A0e6aead9-19f5-4004-9764-4309b089196d%2FKSG_Evaluierung_ClimLawGraz_ua.pdf&usg=AOvVaw1RFzEmrNv6SQo5idHmk7oU

Schulmeister, S. (2018). Der Weg zur Prosperität. Auflage. Salzburg München: Ecowin.

Schultheiß, J., Feigl, G., Pirklbauer, S., & Wukovitsch, F. (2021). AK-Wohlstandsbericht 2021. Analyse des gesellschaftlichen Fortschritts in Österreich 2017–2022. Materialien zu Wirtschaft und Gesellschaft (Nr. 226; Working Paper-Reihe der AK Wien). AK Wien. https://www.arbeiterkammer.at/interessenvertretung/wirtschaft/verteilungsgerechtigkeit/AK-Wohlstandsbericht_2021.pdf

De Schutter, O. (2020). Towards Mandatory Due Diligence in Global Supply Chains. International Trade Union Confederation (ITUC). https://www.ituc-csi.org/IMG/pdf/de_schutte_mandatory_due_diligence.pdf

Schwarzbauer, W., Thomas, T., & Koch, P. (2019). Bezahlbaren Wohnraum erreichen. Ökonomische Überlegungen zur Wirksamkeit wohnungspolitischer Maßnahmen [Policy Note No. 30]. EcoAustria Institut für Wirtschaftsforschung. Österreich. http://ecoaustria.ac.at/wp-content/uploads/2019/08/20190223-EcoAustria-Policy-Note-Mieten.pdf

Schwarzer, S. (2018). Verbandsbeschwerden gegen Genehmigungen von Kleinprojekten? Österreichische Zeitschrift für Wirtschaftsrecht, 2018(2), 109–112.

Scott, J. (2011). The Multi-Level Governance of Climate Change. Carbon & Climate Law Review, 5(1), 25–33.

Seebauer, S., Friesenecker, M., & Eisfeld, K. (2019). Integrating climate and social housing policy to alleviate energy poverty: An analysis of targets and instruments in Austria. Energy Sources, Part B: Economics, Planning, and Policy, 14(7–9), 304–326. https://doi.org/10.1080/15567249.2019.1693665

Segert, A. (2016). Gewerkschaften und nachhaltige Mobilität (Bd. 60). Kammer für Arbeiter und Angestellte für Wien. https://trid.trb.org/view/1471160

Seidl, I., & Zahrnt, A. (Hrsg.). (2019). Tätigsein in der Postwachstumsgesellschaft. Metropolis-Verlag.

Selle, K. (2005). Planen. Steuern. Entwickeln: Über den Beitrag öffentlicher Akteure zur Entwicklung von Stadt und Land.

Semieniuk, G., Holden, P. B., Mercure, J. F., Salas, P., Hector Pollitt, Jobson, K., Vercoulen, P., Chewpreecha, U., Edwards, Neil, & Vinuales, Jorge. (2021). PERI – Stranded Fossil-Fuel Assets Translate into Major Losses for Investors in Advanced Economies (Working Paper Nr. 549; PERI Working Paper, Nummer 549). University of Massachusetts Amherst, Political Economy Research Institute (PERI). https://peri.umass.edu/publication/item/1529-stranded-fossil-fuel-assets-translate-into-major-losses-for-investors-in-advanced-economies

Sengers, F., Turnheim, B., Berghout, F. (2021). Beyond experiments: Embedding outcomes in climate governance. Environment and Planning C: Politics and Space, 39(6), 1148–1171.

Seufert, V., & Ramankutty, N. (2017). Many shades of gray – The context-dependent performance of organic agriculture. Science Advances, 3, e1602638. https://doi.org/10.1126/sciadv.1602638

Shanagher, S. (2020). Responding to the climate crisis: Green consumerism or the Green New Deal? Irish Journal of Sociology, 28(1), 97–104. https://doi.org/10.1177/0791603520911301

Shiller, R. J. (2009). The New Financial Order: Risk in the 21st Century. In The New Financial Order. Princeton University Press. https://doi.org/10.1515/9781400825479

Shove, Elizabeth, und Gordon Walker. 2014. "What Is Energy For? Social Practice and Energy Demand". Theory, Culture & Society 5(31):41–58.

Shove, E., Trentmann, F., & Wilk, R. R. (Hrsg.). (2009). Time, consumption and everyday life: Practice, materiality and culture. Berg.

Six, E. & Lechinger. (2021). Die soziale Gestaltung einer ökologischen Steuerreform? : Das Beste aus mehreren Welten. Wirtschaft und Gesellschaft, 47(2), 171–196.

Smessaert, J., Missemer, A., & Levrel, H. (2020). The commodification of nature, a review in social sciences. Ecological Economics, 172, 106624. https://doi.org/10.1016/j.ecolecon.2020.106624

Smetschka, B., Wiedenhofer, D., Egger, C., Haselsteiner, E., Moran, D., & Gaube, V. (2019). Time Matters: The Carbon Footprint of Everyday Activities in Austria. Ecological Economics, 164, 106357. https://doi.org/10.1016/j.ecolecon.2019.106357

Soder, M., Niedermoser, K., & Theine, H. (2018). Beyond growth: New alliances for socio-ecological transformation in Austria. Globalizations, 15(4), 520–535. https://doi.org/10.1080/14747731.2018.1454680

Sovacool, B., & Scarpaci, J. (2016). Energy Justice and the Contested Petroleum Politics of Stranded Assets. Policy Insights from the Yasuní-ITT Initiative in Ecuador. Energy Policy, 95, 158–171. https://doi.org/10.1016/j.enpol.2016.04.045

Spash, C. L. (2020a). The capitalist passive environmental revolution. The Ecological Citizen, 4(1), 63–71.

Spash, C. L. (2020b). "The economy" as if people mattered: Revisiting critiques of economic growth in a time of crisis. Globalizations, 0(0), 1–18. https://doi.org/10.1080/14747731.2020.1761612

Stagl, S., Schulz, N., Köppl, A., Kratena, K., Mechler, R., Pirgmaier, E., Radunsky, K., Rezai, A., Mehdi, B., & Fuss, S. (2014). Band 3 Kapitel 6: Transformationspfade Volume 3 Chapter 6: Transformation Paths. 52.

Star, S. L., & Griesemer, J. R. (1989). Institutional Ecology, "Translations" and Boundary Objects: Amateurs and Professionals in Berkeley's Museum of Vertebrate Zoology, 1907–39. Social Studies of Science, 19(3), 387–420. https://doi.org/10.1177/030631289019003001

Statistik Austria. (2013). Gebäude und Wohnungen 2011 nach überwiegender Gebäudeeigenschaft und Bundesland. https://www.statistik.at/web_de/statistiken/menschen_und_gesellschaft/wohnen/wohnungs_und_gebaeudebestand/022981.html

Statistik Austria. (2019a). Statistik zum Kfz-Bestand zum Stichtag 31. Dezember 2018. Statistik Austria.

Statistik Austria. (2019b). Statistik zur Bevölkerung zu Jahresbeginn seit 1952 nach Bundesland. Statistik Austria.

Statistik Austria. (2019c). Wohnen 2018. Mikrozensus – Wohnungserhebung und EU-SILC. https://www.statistik.at/web_de/statistiken/menschen_und_gesellschaft/wohnen/index.html

Statistik Austria. (2021). Gesamtenergiebilanz Österreich 1970 bis 2020. https://www.statistik.at/wcm/idc/idcplg?IdcService=GET_NATIVE_FILE&RevisionSelectionMethod=LatestReleased&dDocName=029955

Steffen, W., & Stafford Smith, M. (2013). Planetary boundaries, equity and global sustainability: Why wealthy countries could benefit from more equity. Current Opinion in Environmental Sustainability, 5(3), 403–408. https://doi.org/10.1016/j.cosust.2013.04.007

Steininger, K., Bednar-Friedl, B., Knittel, N., Kirchengast, G., Nabernegg, S., Williges, K., Mestel, R., Hutter, H.-P., & Kenner, L. (2020). Klimapolitik in Österreich: Innovationschance Coronakrise und die Kosten des Nicht-Handelns (S. 57 pages) [Pdf]. Wegener Center Verlag. https://doi.org/10.25364/23.2020.1

Steininger, K., Mayer, J., & Bachner, G. (2021). The Economic Effects of Achieving the 2030 EU Climate Targets in the Context of the Corona Crisis. An Austrian Perspective (Nr. 91; Wegener Center Scientific Report). https://wegccloud.uni-graz.at/s/yLBxEP9KgFe3ZwX

Steininger, K. W., Lininger, C., Meyer, L. H., Muñoz, P., & Schinko, T. (2016). Multiple carbon accounting to support just and effective climate policies. Nature Climate Change, 6(1), 35–41. https://doi.org/10.1038/nclimate2867

Steininger, K. W., Munoz, P., Karstensen, J., Peters, G. P., Strohmaier, R., & Velázquez, E. (2018). Austria's consumption-based greenhouse gas emissions: Identifying sectoral sources and destinations. Global Environmental Change, 48, 226–242. https://doi.org/10.1016/j.gloenvcha.2017.11.011

Steininger, K. W., Williges, K., Meyer, L. H., Maczek, F., & Riahi, K. (2022). Sharing the effort of the European Green Deal among countries. Nature Communications, 13(1), 3673. https://doi.org/10.1038/s41467-022-31204-8

Steurer, R. & Clar, C. (2014): Politikintegration in einem föderalen Staat: Klimaschutz im Gebäudesektor auf Österreichisch, in: der moderne Staat, 7/2, 331–352.

Steurer, R., & Clar, C. (2015). Is decentralisation always good for climate change mitigation? How federalism has complicated the greening of building policies in Austria. Policy Sciences, 48(1), 85–107. https://doi.org/10.1007/s11077-014-9206-5

Steurer, R., & Clar, C. (2017). The ambiguity of federalism in climate policy-making: How the political system in Austria hinders mitigation and facilitates adaptation. Journal of Environmental Policy & Planning, 20, 1–14. https://doi.org/10.1080/1523908X.2017.1411253

Steurer, R.; Casado-Asensio, J. & Clar, C. (2020): Climate change mitigation in Austria and Switzerland: The pitfalls of federalism in greening decentralized building policies, in: Natural Resources Forum, 44/1, 89–108.

Stirling, A. (2007). "Opening Up" and "Closing Down": Power, Participation, and Pluralism in the Social Appraisal of Technology. Science, Technology, & Human Values, 33(2), 262–294.

Stoddard, I., Anderson, K., Capstick, S., Carton, W., Depledge, J., Facer, K., Gough, C., Hache, F., Hoolohan, C., Hultman, M., Hällström, N., Kartha, S., Klinsky, S., Kuchler, M., Lövbrand, E., Nasiritousi, N., Newell, P., Peters, G. P., Sokona, Y., ... Williams, M. (2021). Three Decades of Climate Mitigation: Why Haven't We Bent the Global Emissions Curve? Annual Review of Environment and Resources, 46(1), null. https://doi.org/10.1146/annurev-environ-012220-011104

Stöglehner, G. (2019). Grundlagen der Raumplanung 1. facultas.

Stöllinger, R. (2020). Getting Serious About the European Green Deal with a Carbon Border Tax (Nr. 39; wiiw Policy Notes and Reports). Wiener Institut für Internationale Wirtschaftsvergleiche. https://wiiw.ac.at/getting-serious-about-the-european-green-deal-with-a-carbon-border-tax-dlp-5390.pdf

Stöllinger, R., Hanzl-Weiss, D., Leitner, S., & Stehrer, R. (2018). Global and Regional Value Chains: How Important, How Different? (Research Report Nr. 427). Wiener Institut für Internationale Wirtschaftsvergleiche. https://wiiw.ac.at/global-and-regional-value-chains-how-important-how-different--dlp-4522.pdf

Streicher, G., Kettner-Marx, C., Peneder, M., & Gabelberger, F. (2020). Landkarte der „(De-)Karbonisierung" für den produzierenden Bereich in Österreich – Eine Grundlage für die Folgenabschätzung eines klimapolitisch bedingten Strukturwandels des Produktionssektors auf Beschäftigung, Branchen und Regionen. AK. https://www.wifo.ac.at/jart/prj3/wifo/resources/person_dokument/person_dokument.jart?publikationsid=66573&mime_type=application/pdf

Strickner, A. (2017, Mai 9). Das Alternative Handelsmandat: Eckpunkte einer gerechten EU Handels- und Investitionspolitik. Arbeit & Wirtschaft Blog. https://awblog.at/das-alternative-handelsmandateckpunkte-einer-gerechten-eu-handels-und-investitionspolitik/

Sullivan, S. (2013). Banking Nature? The Spectacular Financialisation of Environmental Conservation. Antipode, 45(1), 198–217. https://doi.org/10.1111/j.1467-8330.2012.00989.x

Sullivan, O., & Gershuny, J. (2018). Speed-Up Society? Evidence from the UK 2000 and 2015 Time Use Diary Surveys. Sociology, 52(1), 20–38. https://doi.org/10.1177/0038038517712914

Sustainable-finance-Beirat. (2021). Shifting the Trillions – Ein nachhaltiges Finanzsystem für die Große Transformation. Sustainable-Finance-Beirat der deutschen Bundesregierung. https://sustainable-finance-beirat.de/wp-content/uploads/2021/02/210224_SFB_-Abschlussbericht-2021.pdf

Svanda, N., & et al. (2020). Wir sind die planners4future, Positionen zum Umgang mit der Klimakrise. In 50 Jahre Raumplanung in Wien studieren – lehren – forschen (Bd. 8). NWV Verlag.

Tagliapietra, S. (2021, Juli 14). Fit for 55 marks Europe's climate moment of truth | Bruegel. Bruegel Blog. https://www.bruegel.org/2021/07/fit-for-55-marks-europes-climate-moment-of-truth/

Thaler, Richard H., und Cass Robert Sunstein. 2008. Nudge: Improving decisions about health, wealth and happiness. Yale University Press: Penguin.

Thaler, T., Witte, P. A., Hartmann, T., & Geertman, S. C. M. (2021). Smart Urban Governance for Climate Change Adaptation. Urban Planning, 6(3), 223–226. https://doi.org/10.17645/up.v6i3.4613

Theurl, M. C., Lauk, C., Kalt, G., Mayer, A., Kaltenegger, K., Morais, T. G., Teixeira, R. F. M., Domingos, T., Winiwarter, W., Erb, K.-H., & Haberl, H. (2020). Food systems in a zero-deforestation world: Dietary change is more important than intensification for climate targets in 2050. Science of The Total Environment, 735, 139353. https://doi.org/10.1016/j.scitotenv.2020.139353

Tietz, H.-P., & Hühner, T. (Hrsg.). (2011). Zukunftsfähige Infrastruktur und Raumentwicklung: Handlungserfordernisse für Ver- und Entsorgungssysteme. Verl. der ARL.

Tobin, P. (2017). Leaders and Laggards: Climate Policy Ambition in Developed States. Global Environmental Politics, 17(4), 28–47. https://doi.org/10.1162/GLEP_a_00433

European Commission, Directorate-General for Justice and Consumers, British Institute of International and Comparative Law, Civic Consulting, The London School of Economics and Political Science, Torres-Cortés, F., Salinier, C., Deringer, H., Bright, C., Baeza-Breinbauer, D., Smit, L., Tejero Tobed, H., Bauer, M., Kara, S., Alleweldt, F., & McCorquodale, R. (2020). Study on due diligence requirements through the supply chain: Final report. Publications Office of the European Union. https://data.europa.eu/doi/10.2838/39830

Treen, K. M. d'I., Williams, H. T. P., & O'Neill, S. J. (2020). Online misinformation about climate change. WIREs Climate Change, 11(5). https://doi.org/10.1002/wcc.665

TUDCN – Trade Union Development Cooperation Network. (2019). The Contribution of Social Dialogue to the 2030 Agenda: Promoting a Just Transition towards sustainable economies and societies for all. TUDCN. https://www.ituc-csi.org/social-dialogue-for-sdgs-promoting-just-transition

Tuomi, I. (2012). Foresight in an unpredictable world. Technology Analysis & Strategic Management, 24(8), 735–751.

Umweltbundesamt. (2019a). Austria's Annual Greenhouse Gas Inventory 1990–2017. Umweltbundesamt.

Umweltbundesamt. (2020a). Klimaschutzbericht 2020. Wien: Umweltbundesamt (UBA).

Umweltbundesamt. (2020b). Austria's National Inventory Report 2020 (Band 0724; S. 780). Umweltbundesamt. https://www.umweltbundesamt.at/fileadmin/site/publikationen/rep0724.pdf

Umweltbundesamt. (2021a). Bodenverbrauch in Österreich. https://www.umweltbundesamt.at/news210624

Umweltbundesamt. (2021b). Flächeninanspruchnahme. https://www.umweltbundesamt.at/umweltthemen/boden/flaecheninanspruchnahme

Umweltbundesamt. (2021c). Klimaschutzbericht 2021. https://www.umweltbundesamt.at/fileadmin/site/publikationen/rep0776.pdf

Umweltbundesamt. (2021d). Ergebnisse der Österreichischen Luftschadstoffinventur 1990–2019.

Umweltbundesamt. (2022). Erneuerbare Energie. https://www.umweltbundesamt.at/energie/erneuerbare-energie

UNCTAD. (2019). Trade and Development Report 2019. Financing a global green new deal. United Nations Conference on Trade and Development (UNCTAD). https://unctad.org/webflyer/trade-and-development-report-2019

UNDP – Deutsche Gesellschaft für die Vereinten Nationen (Hrsg.). (2015). Arbeit und menschliche Entwicklung (Deutsche Ausgabe). Berliner Wissenschafts-Verlag GmbH.

UNESCO (Hrsg.). (2012). Shaping the education of tomorrow: 2012 full length report on the UN Decade of Education for Sustainable Development. https://www.desd.in/UNESCO%20report.pdf

UNESCO (Hrsg.). (2014). Roadmap for implementing the global action programme on education for sustainable development. https://unesdoc.unesco.org/ark:/48223/pf0000230514

UNESCO (Hrsg.). (2017a). Education for sustainable development goals. Learning objectives. https://www.unesco.de/sites/default/files/2018-08/unesco_education_for_sustainable_development_goals.pdf

UNESCO (Hrsg.). (2017b). Guidelines on sustainability science in research and education. https://unesdoc.unesco.org/ark:/48223/pf0000260600

UNESCO (Hrsg.). (2021). Learn for our planet: A global review of how environmental issues are integrated in education. https://unesdoc.unesco.org/ark:/48223/pf0000377362

United Nations General Assembly. (2015). Transforming our world: The 2030 agenda for sustainable development (A/RES/70/1). https://www.un.org/en/development/desa/population/migration/generalassembly/docs/globalcompact/A_RES_70_1_E.pdf

University of Graz, Department of Geography and Regional Science, Höflehner, T., Simić, D., University of Graz, Department of Geography and Regional Science, Siebenbrunner, A., & University of Graz, Department of Geography and Regional Science. (2019). No Shot in the Dark – Factors for a Successful Implementation of Collaborative Housing Projects. Turisztikai és Vidékfejlesztési Tanulmányok, 4(0). https://doi.org/10.15170/TVT.2019.04.ksz1-2.5

Van-Hametner, A., Smigiel, C., Kautzschmann, K., & Zeller, C. (2019). Die Wohnungsfrage abseits der Metropolen: Wohnen in Salzburg zwischen touristischer Nachfrage und Finanzanlagen. Geographica Helvetica, 74(2), 235–248.

Vatn, A. (2005). Institutions And The Environment. Edward Elgar Publishing.

VCÖ. (2014). Infrastrukturen für zukunftsfähige Mobilität. (Nr. 3/2014; VCÖ-Schriftenreihe „Mobilität mit Zukunft").

VCÖ. (2018). Mobilität als soziale Frage (Nr. 1/2018; VCÖ-Schriftenreihe „Mobilität mit Zukunft").

VCÖ. (2021). Verkehrswende – Good Practice aus anderen Ländern (Nr. 2; Mobilität mit Zukunft). Verkehrsclub Österreich. https://www.vcoe.at/good-practice

van der Velden, M. (2018). ICT and Sustainability: Looking Beyond the Anthropocene. In D. Kreps, C. Ess, L. Leenen, & K. Kimppa (Hrsg.), This Changes Everything – ICT and Climate Change: What Can We Do? (Bd. 537, S. 166–180). Springer International Publishing. https://doi.org/10.1007/978-3-319-99605-9_12

Veltri, G. A., & Atanasova, D. (2017). Climate change on Twitter: Content, media ecology and information sharing behaviour. Public Understanding of Science, 26(6), 721–737. https://doi.org/10.1177/0963662515613702

Veseli, A., Moser, S., Kubeczko, K., Madner, V., Wang, A., & Wolfsgruber, K. (2021). Practical necessity and legal options for introducing energy regulatory sandboxes in Austria. Utilities Policy, 73. https://doi.org/10.1016/j.jup.2021.101296

Vogel, Jefim, Julia K. Steinberger, Daniel W. O'Neill, William F. Lamb, und Jaya Krishnakumar. 2021. "Socio-Economic Conditions for Satisfying Human Needs at Low Energy Use: An International Analysis of Social Provisioning". Global Environmental Change 69:102287. https://doi.org/10.1016/j.gloenvcha.2021.102287.

Vranes, E. (2009). Trade and the Environment: Fundamental Issues in International Law, WTO Law, and Legal Theory. Oxford University Press.

Vu, H. T., Liu, Y., & Tran, D. V. (2019). Nationalizing a global phenomenon: A study of how the press in 45 countries and territories portrays climate change. Global Environmental Change, 58, 101942. https://doi.org/10.1016/j.gloenvcha.2019.101942

Wanzenböck, I., Wesseling, J., Frenken, K., Hekkert, M.P., Weber, K.M (2020). A framework for mission-oriented innovation policy: Alternative pathways through the problem-solution space. Science and Public Policy, 47(4), 474–489.

Wayne, J., Bogo, M., & Raskin, M. (2006). Field notes: The need for radical change in field education. Journal of Social Work Education, 42(1), 161–169. https://doi.org/10.5175/JSWE.2006.200400447

WBGU (Hrsg.). (2011). Welt im Wandel: Gesellschaftsvertrag für eine Große Transformation: Zusammenfassung für Entscheidungsträger. Wissenschaftlicher Beirat der Bundesregierung Globale Umweltveränderungen WBGU. https://www.wbgu.de/fileadmin/user_upload/wbgu/publikationen/hauptgutachten/hg2011/pdf/wbgu_jg2011.pdf

WBGU (Hrsg.). (2014). Klimaschutz als Weltbürgerbewegung. Sondergutachten. Wissenschaftlicher Beirat der Bundesregierung Globale Umweltveränderungen. https://www.wbgu.de/fileadmin/user_upload/wbgu/publikationen/sondergutachten/sg2014/wbgu_sg2014.pdf

Wegener, B. W. (2019). Urgenda – Weltrettung per Gerichtsbeschluss? Klimaklagen testen die Grenzen des Rechtsschutzes. Zeitschrift für Umweltrecht, 30(1), 3–13.

Wei, T., & Liu, Y. (2017). Estimation of global rebound effect caused by energy efficiency improvement. Energy Economics, 66, 27–34. https://doi.org/10.1016/j.eneco.2017.05.030

Weinstein, M. M., & Charnovitz, S. (2001). The Greening of the WTO. Foreign Affairs, 80(6), 147–156. https://doi.org/10.2307/20050334

Weishaar, S. E., Kreiser, L., Milne, J. E., Ashiabor, H., & Mehling, M. (2017). The Green Market Transition: Carbon Taxes, Energy Subsidies and Smart Instrument Mixes. Edward Elgar.

Weißermel, S., & Wehrhahn, R. (2020). Klimagerechtes Wohnen? Energetische Gebäudesanierung in einkommensschwachen Quartieren: Kommentar zu Lisa Vollmer und Boris Michel „Wohnen in der Klimakrise. Die Wohnungsfrage als ökologische Frage". sub\urban. zeitschrift für kritische stadtforschung, 8(1/2), 211–218. https://doi.org/10.36900/suburban.v8i1/2.567

Weisz, U., Pichler, P.-P., Jaccard, I. S., Haas, W., Matej, Sarah, S., Nowak, P., Bachner, F., Lepuschütz, L., Windsperger, A., Windsperger, B., & Weisz, H. (2019). Der Carbon Fußabdruck des österreichischen Gesundheitssektors. Endbericht. Klima- und Energiefonds, Austrian Climate Research Programme.

Wiedenhofer, D., Smetschka, B., Akenji, L., Jalas, M., & Haberl, H. (2018). Household time use, carbon footprints, and urban form: A review of the potential contributions of everyday living to the 1.5 °C climate target. Current Opinion in Environmental Sustainability, 30, 7–17. https://doi.org/10.1016/j.cosust.2018.02.007

Wiederin, E. (2002). Artikel 8 EMRK. In K Korinek & M. Holoubek (Hrsg.), Österreichisches Bundesverfassungsrecht Textsammlung und Kommentar (5. Lieferung, S. 95). Verlag Österreich. https://www.verlagoesterreich.at/oesterreichisches-bundesverfassungsrecht/abo-99.105005-9783704662477

Wiedmann, T., Lenzen, M., Keyßer, L. T., & Steinberger, J. K. (2020). Scientists' warning on affluence. Nature Communications, 11(1), 3107.

Wiest, S. L., Raymond, L., & Clawson, R. A. (2015). Framing, partisan predispositions, and public opinion on climate change. Global Environmental Change, 31, 187–198. https://doi.org/10.1016/j.gloenvcha.2014.12.006

Willett, W., Rockström, J., Loken, B., Springmann, M., Lang, T., Vermeulen, S., Garnett, T., Tilman, D., DeClerck, F., Wood, A., Jonell, M., Clark, M., Gordon, L. J., Fanzo, J., Hawkes, C., Zurayk, R., Rivera, J. A., Vries, W. D., Sibanda, L. M., … Murray, C. J. L. (2019). Food in the Anthropocene: The EAT-Lancet Commission on healthy diets from sustainable food systems. The Lancet, 393(10170), 447–492. https://doi.org/10.1016/S0140-6736(18)31788-4

Williams, A. (2015). Environmental news journalism, public relations, and news sources. In A. Hansen & R. Cox (Hrsg.), The Routledge Handbook of Environment and Communication (S. 197–206). Routledge.

Williges, K., Meyer, L. H., Steininger, K. W., & Kirchengast, G. (2022). Fairness critically conditions the carbon budget allocation across countries. Global Environmental Change, 74, 102481. https://doi.org/10.1016/j.gloenvcha.2022.102481

Winker, G. (2021). Solidarische Care-Ökonomie. Revolutionäre Realpolitik für Care und Klima. Transcript.

Winker, M., Frick-Trzebitzky, F., Matzinger, A., Schramm, E., & Stieß, I. (2019). Die Kopplungsmöglichkeiten von grünen, grauen und blauen Infrastrukturen mittels raumbezogener Bausteine (Heft 34; netWORKS-Papers). Forschungsverbund netWORKS.

Winter, G. (2017). Rechtsprobleme im Anthropozän: Vom Umweltschutz zur Selbstbegrenzung. Zeitschrift für Umweltrecht, 5, 267–277.

Wissen, M., Pichler, M., Maneka, D., Krenmayr, N., Högelsberger, H., & Brand, U. (2020). Zwischen Modernisierung und sozial-ökologischer Konversion. Konflikte um die Zukunft der österreichischen Automobilindustrie. In K. Dörre, M. Holzschuh, J. Köster, & J. Sittel (Hrsg.), Abschied von Kohle und Auto? Sozialökologische Transformationskonflikte um Energie und Mobilität (S. 223–266). Campus.

Wittmayer, J.M., Hielscher, S., Fraaije, M., Avelino, F., Rogge, K. (2022). A typology for unpacking the diversity of social innovation in energy transitions. Energy Research & Social Science, 88, 102513.

WTO. (n. d.). Austria – Trade in Value Added and Global Value Chains. https://www.wto.org/english/res_e/statis_e/miwi_e/AT_e.pdf

Wurzel, R., Zito, A., & Jordan, A. (2019). Smart (and Not-So-Smart) Mixes of New Environmental Policy Instruments. In A. Nollkaemper, J. van Erp, M. Faure, & N. Philipsen (Hrsg.), Smart Mixes for Transboundary Environmental Harm (S. 69–94). Cambridge University Press. https://doi.org/10.1017/9781108653183.004

Yacoumis, P. (2018). Making Progress? Reproducing Hegemony Through Discourses of "Sustainable Development" in the Australian News Media. Environmental Communication, 12(6), 840–853. https://doi.org/10.1080/17524032.2017.1308405

Yarime, M., Trencher, G., Mino, T., Scholz, R. W., Olsson, L., Ness, B., Frantzeskaki, N., & Rotmans, J. (2012). Establishing sustainability science in higher education institutions: Towards an integration of academic development, institutionalization, and stakeholder collaborations. Sustainability Science, 7(S1), 101–113. https://doi.org/10.1007/s11625-012-0157-5

Zech, S. (2015). BürgerInnenbeteiligung in der Stadt- und Raumplanung – ein Werkstattbericht. In Demokratie – Zustand und Perspektiven Kritik und Fortschritt im Rechtsstaat. Linde.

Zech, S. (2021). Betrachtungen zum Thema „Boden g'scheit nutzen". In Boden g'scheit nutzen – LandLuft Baukultur-Gemeinde-Preis 2021 (S. 14–18).

Zech, S., Schaffer, H., Svanda, N., Hirschler, P., Kolerovic, R., Hamedinger, A., Plakolm, M.-S., Gutheil-Knopp-Kirchwald, G., Bröthaler, J., ÖREK-Partnerschaft „Kooperationsplattform Stadtregion", Österreichische Raumordnungskonferenz, & Österreichische Raumordnungskonferenz (Hrsg.). (2016). Agenda Stadtregionen in Österreich: Empfehlungen der ÖREK-Partnerschaft „Kooperationsplattform Stadtregion" und Materialienband. Geschäftsstelle der Österreichischen Raumordnungskonferenz (ÖROK).

Ziehm, C. (2018). Klimaschutz im Mehrebenensystem – Kyoto, Paris, europäischer Emissionshandel und nationale CO2-Grenzwerte. Zeitschrift für Umweltrecht, 6, 339–346.

Zimmermann, K., & Graziano, P. (2020). Mapping Different Worlds of Eco-Welfare States. Sustainability, 12(5), 1819. https://doi.org/10.3390/su12051819

Zoboli, O., Zessner, M., & Rechberger, H. (2016). Supporting phosphorus management in Austria: Potential, priorities and limitations. Science of The Total Environment, 565, 313–323. https://doi.org/10.1016/j.scitotenv.2016.04.171

van der Zwan, N., Anderson, K., & Wiß, T. (2019). Pension Funds and Sustainable Investment Comparing Regulation in the Netherlands, Denmark, and Germany (DP 05/2019-023; Netspar Academic Series). Network for Studies on Pensions. Aging and Retirement (Netspar). https://www.netspar.nl/publicatie/pension-funds-and-sustainable-investment-comparing-regulation-in-the-netherlands-denmark-and-germany/

Teil 1: Einleitung

Kapitel 1. Einleitung: Strukturen für ein klimafreundliches Leben

Koordinierende Leitautor_innen
Ernest Aigner, Christoph Görg, Verena Madner, Andreas Novy und Karl W. Steininger.

Leitautor_innen
Stefan Naberneg und Dominik Wiedenhofer

Beitragende Autor_innen
Andreas Muhar und Alfred Posch

Revieweditor
Tommy Wiedmann

Zitierhinweis
Aigner, E., C. Görg, V. Madner, A. Novy, K. W. Steininger, S. Nabernegg und D. Wiedenhofer (2023): Einleitung: Strukturen für ein klimafreundliches Leben. In: APCC Special Report: Strukturen für ein klimafreundliches Leben (APCC SR Klimafreundliches Leben) [Görg, C., V. Madner, A. Muhar, A. Novy, A. Posch, K. W. Steininger und E. Aigner (Hrsg.)]. Springer Spektrum: Berlin/Heidelberg.

Kernaussagen des Kapitels

- **Klimafreundliches Leben sichert dauerhaft ein Klima, das ein gutes Leben innerhalb planetarer Grenzen ermöglicht.** Es geht mit einer möglichst raschen Reduktion der Treibhausgasemissionen einher und belastet daher das Klima nicht. Klimafreundliches Leben strebt danach, dass eine hohe Lebensqualität bei Einhaltung planetarer Grenzen für alle Menschen erreicht werden kann. Es geht dabei um ein gutes Leben, nicht nur für einige Menschen, sondern für alle, in Österreich und global.
- **Wenn es zu keinen weitreichenden Veränderungen gegenwärtiger Strukturen kommt, können klimafreundliches Leben in Österreich sowie die gesetzten klimapolitischen Ziele der Bundesregierung nicht erreicht werden.** Die Literatur verweist auf zahlreiche Gestaltungsoptionen für eine am Allgemeinwohl orientierte, gezielte und koordinierte, demokratisch-rechtsstaatlich legitimierte Gestaltung von Strukturen für ein klimafreundliches Leben.
- **Die gegenwärtig bereits gesetzten emissionsreduzierenden Maßnahmen reichen weder in Österreich noch in der EU oder global betrachtet aus, um die Ziele des Pariser Abkommens oder Österreichs Klimaneutralität bis 2040 zu erreichen** (hohe Übereinstimmung, starke Literaturbasis).
- **Wir sprechen mit Strukturen diejenigen Rahmenbedingungen und Verhältnisse an, unter denen Menschen im Alltag handeln und die ein klimafreundliches Leben verhindern, erschweren, erleichtern oder sicherstellen können.** Der Bericht befasst sich mit immateriellen (z. B. Normen und Diskursen) und materiellen (z. B. technischen und biophysischen) Strukturen.
- **Dem Verhalten von Einzelpersonen sind in der Erreichung klimafreundlichen Lebens innerhalb der gegebenen Strukturen klare Grenzen gesetzt, wenn und weil gegenwärtige Strukturen klimafreundliches Leben nicht ermöglichen.**

1.1 Hintergrund und Zielsetzung

Der Weltklimarat der Vereinten Nationen (IPCC) kam 2018 in seinem Sonderbericht „1,5 °C globale Erwärmung" zum Schluss, dass „nie dagewesene, rapide Veränderungen aller gesellschaftlicher Bereiche" erforderlich sind, um die Ziele des Pariser Klimaabkommens zu erreichen und einen Klimawandel mit weltweit katastrophalen Auswirkungen zu vermeiden (IPCC, 2018).

Für die Erreichung klimapolitischer Ziele, wie das im österreichischen Regierungsprogramm 2020–2024 festgelegte Ziel der Klimaneutralität bis 2040, die EU-Klimaziele oder die Treibhausgasemissionsreduktionszusagen im Rahmen des Pariser Klimavertrags, ist die Umgestaltung der Strukturen zentral, sodass diese ein klimafreundliches Leben begünstigen. Denn falls aktuelle Emissionstrends weiter bestehen und keine umfassenderen Maßnahmen ergriffen werden, werden diese angestrebten Ziele verfehlt (European Environment Agency, 2019; IPCC, 2021; Kirchengast & Steininger, 2020; Tagliapietra, 2021; Umweltbundesamt, 2020). Dann kann klimafreundliches Leben im besten Fall von Einzelpersonen angestrebt und von diesen vielleicht auch erreicht werden (vergleiche Abschn. 1.2). Klimafreundliches Leben bleibt dann im besten Fall der Lebensstil eines kleinen Teils der Bevölkerung, im schlimmsten Fall verhindern Strukturen (das heißt die jeweiligen Rahmenbedingungen und Verhältnisse) selbst dies. Jedenfalls würden die bestehenden Klimaziele jedoch klar verfehlt werden, da eben klimafreundliches Leben weder attraktiv noch sichergestellt wäre.

Der Jahresbericht des Umweltprogramms der Vereinten Nation (UNEP) zur Treibhausgasentwicklung unter dem Pariser Klimavertrag (UNEP, 2021) bestätigt, dass auch die aktuellen staatlichen Verpflichtungen bis 2030 die G20-Mitgliedsländer nicht auf den Weg bringen werden, ihre Klimazusagen zu erreichen, geschweige denn Netto-Null-Zusagen zu erfüllen. Dies wird auch vom kürzlich veröffentlichten Bericht IPCC (2022) bestätigt. Vielmehr setzen die bis 2021 getroffenen Klimazusagen die Welt dem Risiko eines globalen Temperaturanstiegs von 2,7 °C bis zum Ende des Jahrhunderts aus. Schon im Jahr davor zeigte UNEP auf, dass technologische Innovationen (z. B. bei Antriebssystemen im Verkehrssektor) nicht zur erforderlichen Dekarbonisierung und Reduktion der Treibhausgasemissionen im erforderlichen Ausmaß führen werden sondern vielmehr umfangreiche soziale und ökonomische Veränderungen nötig sein werden (UNEP, 2020).

Die Arbeit des IPCC stellt einen wissenschaftlichen Konsens dar, der politisch von Staats- und Regierungschefs anerkannt wird: Die menschliche Inanspruchnahme von natürlichen Ressourcen und die damit einhergehenden klimaschädlichen Emissionen haben das Erdsystem an Grenzen des Bereichs gebracht, in dem es besonders stabil und günstig für Menschen war, und lassen ein Kippen in einen instabileren, dem menschlichen Leben weniger zuträglichen Systemzustand befürchten. In Folge sind menschliches Wohlbefinden und planetare Gesundheit wie auch darauf beruhende menschliche Zivilisationen durch die Klimakrise bedroht (IPCC, 2022, SPM-WGII).

Das Austrian Climate Research Programme (ACRP, 2019) hat vor diesem Hintergrund beschlossen, einen Sachstandsbericht über Strukturen für ein klimafreundliches Leben in Österreich zu beauftragen. Ziel dieses Sachstandsberichts ist es, den hierfür relevanten Stand der Wissenschaft zu erfassen und zu reflektieren, welche strukturellen Veränderungen für ein klimafreundliches Leben in Österreich erforderlich sind. Im Fokus steht dabei die Frage, welche Strukturen in Österreich nach dem aktuellen Stand der Forschung verändert und wie sie gestaltet werden müssen, um klimafreundliches Leben rasch und dauerhaft möglich und selbstverständlich zu machen.

Allgemein verstehen wir unter Strukturen diejenigen Rahmenbedingungen und Verhältnisse, unter denen sich Menschen mehr oder weniger klimafreundlich verhalten. Strukturen können klimafreundliches Leben erleichtern, erschweren oder verhindern (siehe Abschn. 1.3). Hierzu sichten und bewerten die Autor_innen die aktuelle wissenschaftliche Literatur und orientieren sich dabei an in der folgenden Box genannten vier aufeinander aufbauenden berichtsbegleitenden Fragen aus folgenden Bereichen: (1) Status quo und Bezug zur Klimakrise, (2) notwendige Änderungen, (3) relevante Kräfte, Strukturen und Akteur_innen sowie (4) Handlungsmöglichkeiten und Gestaltungsoptionen. Die in diesem Kapitel sehr allgemein formulierten Fragen werden in den nachfolgenden Kapiteln von den jeweiligen Autor_innen entsprechend den spezifischen Anforderungen angepasst.

Berichtsbegleitende Fragen

Hauptfrage
Welche Strukturen braucht Österreich, um rasch und dauerhaft ein klimafreundliches Leben möglich und selbstverständlich zu machen, und wie können diese gestaltet werden?

Unterfragen

1. Wie beschreibt die für das Kapitel relevante Literatur den **Status quo** sowie die **Dynamiken** gegenwärtigen Wandels und welche speziellen **Ziele** und **Herausforderungen** ergeben sich nach der Literatur aufgrund der **Klimakrise**?
2. Welche **Veränderungen** werden in der für das Kapitel relevanten Literatur als (unbedingt) **notwendig** angesehen, um eine klimafreundliche Lebensweise zu ermöglichen?
3. Wer bzw. was sind laut der für das Kapitel relevanten Literatur treibende und hemmende **Kräfte**, **Strukturen** oder **Akteur_innen** für und gegen die notwendigen Veränderungen für ein klimafreundliches Leben? Welche **Konflikte** werden genannt?
4. Welche **Handlungsmöglichkeiten** bzw. **Gestaltungsoptionen** finden sich in der für das Kapitel relevanten Literatur für die Durchsetzung notwendiger Veränderungen für eine klimafreundliche Lebensweise?

Der Sachstandsbericht soll zu einer fundierten öffentlichen Diskussion beitragen. Seine Ergebnisse werden der breiten Öffentlichkeit und Entscheidungsträger_innen aus Politik, Verwaltung, Zivilgesellschaft sowie Unternehmen zur Verfügung gestellt. Dieses einleitende Kapitel dient vor allem der Begriffsklärung.

Im Folgenden wird zunächst erläutert, welches Verständnis von klimafreundlichem Leben dem Bericht zugrundeliegt. In der Folge werden die Begriffe Strukturen und Akteur_innen erläutert. Ferner wird zwischen Verhalten innerhalb gegebener Strukturen und dem Gestalten von Strukturen durch koordiniertes und zielorientiertes Handeln unterschieden. Abschn. 1.4 gibt einen Überblick über aktuelle Entwicklungen im Bereich der Emissionen. Abschn. 1.5 erläutert zuerst das Wesen von Sachstandsberichten, die Erstellung des Berichtes, und die Vorgehensweise bei der Bewertung. Abschließend gibt Abschn. 1.6 einen Überblick über den Aufbau des Berichtes.

In dieser Einleitung handelt es sich nur in der Abschn. 1.4 um eine Bewertung des Stands der Wissenschaft (Assessment). Die anderen Sektionen dienen dem allgemeinen Verständnis des Zuganges des Berichtes. Auch in diesen werden jedoch intensive Bezüge zu den Aussagen der bewertenden Teile des Berichts sowie zur internationalen Literatur hergestellt.

1.2 Klimafreundliches Leben

Dem Bericht liegt folgendes Verständnis von klimafreundlichem Leben zugrunde:

Klimafreundliches Leben sichert dauerhaft ein Klima, das wiederum ein gutes menschliches und nicht-menschliches Leben innerhalb planetarer Grenzen ermöglicht. Es führt zu einer raschen Reduktion der direkten und indirekten Treibhausgasemissionen und belastet daher das Klima langfristig nicht. Klimafreundliches Leben strebt danach, dass eine hohe Lebensqualität bei Einhaltung planetarer Grenzen für alle Menschen erreicht werden kann. Es geht um ein gutes Leben nicht nur für einige Menschen, sondern für alle, in Österreich und global. In diesem Sinne sind Gerechtigkeitsabwägungen und -überlegungen zentral.

Viele negative Folgen des Klimawandels sind aktuell bereits eingetreten und werden teilweise unumkehrbar wirksam (IPCC, 2021). Neben Klimaschutzmaßnahmen sind daher Maßnahmen zur Klimawandelanpassung unabdingbar. Klimafreundliches Leben erfordert insoweit auch, bestehende Strukturen möglichst klimaschonend so umzugestalten, dass ein qualitätsvolles Leben auch unter geänderten Lebensumständen (z. B. bei häufigerem Auftreten von Unwettern oder Hitzeperioden) möglich ist.

Der Sachstandsbericht zielt nicht nur auf Klimafragen im engeren Sinn (z. B. Klimaneutralität), sondern bezieht auch die breit gefächerten Nachhaltigkeitsziele (Sustainable Development Goals – SDGs) der Vereinten Nationen (UN) mit ein (vergleiche Kap. 4, 19, 23). Die Gestaltung von Strukturen für ein klimafreundliches Leben betrifft daher alle gesellschaftlichen Bereiche (IPCC, 2018). Klimafreundliches Leben hat vielfältige, insbesondere auch soziale Dimensionen und berührt intensiv Fragen der Lebensqualität, der Klimagerechtigkeit sowie der notwendigen Rücksichtnahme auf unterschiedliche Möglichkeiten und Betroffenheiten (IPCC, 2022).

Dementsprechend erfassen die Autor_innen nicht nur Literatur, die sich mit der Reduktion von Treibhausgasemissionen beschäftigt. Der Bericht analysiert vielmehr auch Literaturquellen, die sich mit planetaren Grenzen, Gerechtigkeitskonzepten sowie mit Maßnahmen und Handlungsoptionen für ein gutes Leben befassen.

Die Verknüpfung von klimafreundlichem und gutem Leben macht es notwendig, sich mit dem Verständnis und der Messung von Lebensqualität und Wohlbefinden (bzw. Wellbeing) auseinanderzusetzen. In der wissenschaftlichen und öffentlichen Diskussion werden hier ganz unterschiedliche Zugänge und Maßzahlen erörtert (IPCC, 2022). Der IPCC selbst definiert Wohlbefinden als einen „Existenzzustand, der verschiedene menschliche Bedürfnisse erfüllt, einschließlich materieller Lebensbedingungen, bedeutsamer sozialer und gemeinschaftlicher Beziehungen und hohe Lebensqualität sowie der Fähigkeit, seine Ziele zu verfolgen, zu gedeihen und mit seinem Leben zufrieden zu sein". Teil der Diskussion zur Vereinbarkeit von klimafreundlichem und gutem Leben, ist auch die kontroverse Auseinandersetzung zum Zusammenhang zwischen Wirtschaftswachstum und Treibhausgasemissionen und daraus abgeleiteten klima- und gesellschaftspolitischen Herausforderungen (IPCC, 2022).

Klimafreundliches Leben setzt sich aus verschiedenen Formen von Handeln zusammen. Im Bericht unterscheiden wir zwischen Verhalten als dem Handeln und Entscheiden innerhalb gegebener Strukturen und Gestalten als einer bestimmten Form des Handelns, die am Allgemeinwohl orientiert, gezielt und koordiniert erfolgt und demokratisch-rechtsstaatlich legitimierte Änderungen von Strukturen für ein klimafreundliches Leben ermöglicht (siehe Abschn. 1.3). Im Bericht geht es daher um das Ausloten von Möglichkeiten des Gestaltens, um wirksam klimafreundliches Leben möglich und selbstverständlich zu machen.

Mit Blick auf Klimagerechtigkeit wird in der wissenschaftlichen Diskussion darüber reflektiert, wer von Änderungen klimaschädlicher Strukturen (z. B. Ölheizsystemen) in Bezug auf einen gerechten Wandel nachteilig betroffen ist, wer von Veränderungen profitiert, wer welche Möglichkeiten zum Hintanhalten klimaschädlicher Entwicklungen hat und welcher sozialen Ausgleichs- und Reformmaßnahmen es bedarf (Lamb et al., 2020; Gough, 2013, 2017; vergleiche Kap. 17). Im globalen Kontext wird unter Gerechtigkeitserwägungen insbesondere eine geteilte globale Verantwortung für den Klimawandel erörtert, die in Rechnung stellt, dass der Großteil der bisher angefallenen Treibhausgasemissionen aus Industrieländern stammt (zur Messung und Entwicklung der Emissionen in Österreich siehe Abschn. 1.4) bzw. die Folgen des Klimawandels besonders von den global unteren Einkommensschichten getragen werden (IPCC 2022). Beide, die globale und nationale Betrachtung spielen eine Rolle im Bericht.

Im Bericht geht es um das alltägliche Leben in Freizeit, Beruf, Familie und anderen sozialen Kontexten. Klimafreundliches Leben ergibt sich wesentlich aus Praktiken, Routinen, Lebensweisen und -formen, umfasst aber auch das Gestalten, das heißt koordiniertes Handeln mit anderen (z. B. durch zivilgesellschaftliches Engagement). Alle diese Handlungen und Entscheidungen werden durch materielle und immaterielle Strukturen geprägt. Strukturen sind daher wesentliche Rahmenbedingungen, die klimafreundliches Leben erleichtern oder hemmen können (siehe Abschn. 1.3). Ein klimafreundliches Leben umfasst deshalb auch das koordinierte und zielgerichtete Handeln, um Strukturen zu verändern. Dies definieren wir als Gestalten. Gestalten von Strukturen ist notwendig, um klimafreundliches Leben zu erreichen.

Der Sachstandsbericht hat das Ziel, zu erfassen und zu bewerten, wie Strukturen für ein klimafreundliches Leben in Österreich in der wissenschaftlichen Literatur behandelt werden. Wenn klimafreundliches Leben eine gesellschaftlich attraktive Zielvorstellung sein soll, ist die Verbindung von klimafreundlichem Leben mit Fragen von Lebensqualität, allgemeinen Nachhaltigkeitszielen und der politischen Organisation demokratischer Gemeinwesen wesentlich (vergleiche auch IPCC, 2022). Dieses breite Verständnis von klimafreundlichem Leben ist unabdingbar, um den vielfältigen gesellschaftlichen Interessen und Werthaltungen gerecht zu werden und Machtverhältnisse zu erkennen, die Handlungsspielräume einschränken und erweitern können. Dies bringt zugleich Herausforderungen mit sich.

Eine besondere Herausforderung ist es, die Fülle an Handlungsfeldern und Strukturen in ihrer konkreten Relevanz für das klimafreundliche Leben zu erfassen und gegebenenfalls auch aufzuzeigen, wenn dieser Bezug in der Literatur nicht vollständig reflektiert ist. Die große Bandbreite und Vielfalt der Themen, die im Zusammenhang mit dem „klimafreundlichen Leben" stehen, kann für Leser_innen faszinierend und zugleich abschreckend wirken: Wie – so ein Stakeholder – soll man etwas „in den Griff bekommen können" das so vielschichtig zusammenhängt?

Das zentrale Verdienst des hier geprägten Begriffs von klimafreundlichem Leben sowie dessen Zweckmäßigkeit ersieht man darin, dass Zielkonflikte, Widersprüche und mögliche Verlagerungseffekte sichtbar gemacht werden. Das gilt z. B. für das Verhältnis von langfristig entstandenen Siedlungsstrukturen und notwendigen raschen Adaptierungsmaßnahmen, von Lebensgewohnheiten (z. B. hohe Zahl an Kurzstreckenflügen) und globalem Klimaschutz sowie von wirtschaftlicher Wachstumsdynamik und Reduktion von CO_2-Emissionen. Der Begriff fungiert daher als Vermittler zwischen verschiedenen Milieus, Diskursen, Werthaltungen und Disziplinen mit dem Ziel, einen fruchtbaren Austausch zu ermöglichen. Es handelt sich also um ein sogenanntes „boundary object" (siehe Star & Griesemer, 1989).

Klimafreundliches Leben, wie es in diesem Kapitel begrifflich breit gefasst wird, soll mittels demokratisch-rechtsstaatlicher Veränderungen von Strukturen erreicht werden. Widersprüche, Konflikte und unterschiedliche Sichtweisen – was in diesem Bericht als „Perspektiven" zusammengefasst wird – sind hierbei unvermeidbar und begleiten die Gestaltung von Strukturen für ein klimafreundliches Leben. Der Bericht geht davon aus, dass Interessen und Werthaltungen in einer demokratischen Gesellschaft auch in der Klimapolitik am besten durch eine Herangehensweise verstanden und bearbeitet werden können, wenn verschiedene Perspektiven berücksichtigt werden (vergleiche Kap. 2).

1.3 Strukturen und Gestaltung

1.3.1 Verständnis von Strukturen

Der Sachstandsbericht befasst sich mit Strukturen für ein klimafreundliches Leben, da diese zentral für die Entstehung und Vermeidung von Treibhausgasemissionen sind (vergleiche Kap. 3–9). Strukturen sind folglich für den Bericht von zentraler Bedeutung, da diese sowohl klimafreundliches Verhalten als auch Gestalten ermöglichen oder verhindern. Der Strukturbegriff wird in unterschiedlichen Diskursen unterschiedlich verstanden und definiert. Zu seiner Eingrenzung gibt es umfassende und langwährende sozialwissenschaftliche Diskussionen (vergleiche Archer, 1995; Bhaskar et al., 1998). Im vorliegenden Bericht wird keineswegs der Versuch unternommen, hier Einigkeit zu erreichen. Dies ist auch nicht erforderlich, denn es werden im Sinne des Perspektivismus bewusst unterschiedliche Perspektiven, die mit Theorien, Modellen und Heuristiken, Disziplinen und Schulen einhergehen, eingenommen (vergleiche Kap. 2).

Im vorliegenden Bericht, der Theorien und Erkenntnisse verschiedener Disziplinen zusammenfasst und beurteilt, wird ein weiter Begriff von Struktur verwendet: Wir sprechen damit diejenigen Rahmenbedingungen und Verhältnisse an, in denen sich Menschen im Alltag mehr oder weniger klimafreundlich verhalten und die klimafreundliches Leben erleichtern, erschweren oder verhindern können. Der verwendete Strukturbegriff umfasst immaterielle und materiel-

1.3 Strukturen und Gestaltung

le Strukturen. Immaterielle Strukturen sind beispielsweise Rechtsnormen und andere Institutionen wie Normen und Gewohnheiten (Gruchy, 1987; Hodgson, 1989; Vatn, 2005), technische Regelwerke, aber auch Werte, und Denkmuster und das Verhältnis dieser Institutionen und Regelwerke zueinander. Zu den materiellen Strukturen zählen z. B. allgemein die biophysische und im Speziellen die gebaute Umwelt in ihren Siedlungsformen, Mobilitätsinfrastrukturen wie Straßen, Eisenbahntrassen und deren räumliche Organisation und Beziehung zueinander, Energieversorgungsinfrastruktur oder Mobilfunknetze.

Strukturtheorien verwenden eigene Konzepte und Methoden, um Strukturen zu identifizieren, zu analysieren und ihre Wirkungen zu bewerten (vergleiche Bhaskar et al., 1998). Auch in der Literatur zum klimafreundlichen Leben findet sich eine Vielzahl an Theorien und Mechanismen, wie Strukturen auf Handeln wirken, wie sie fortbestehen und sich verändern (Røpke, 1999; Schor, 1991; Shove, Trentmann, & Wilk, 2009; Stoddard et al., 2021). Strukturen sind tendenziell dauerhaft angelegte und langfristig wirksame Phänomene. Sie werden zwar durch soziale Handlungen aufrechterhalten, haben aber eine eigenständige Existenz, das heißt sie bleiben vielfach auch unabhängig davon bestehen (z. B. unabhängig davon, ob Einzelne mit Gas heizen, gibt es Pipelines). Strukturen sind über die Zeit relativ stabil, wie zum Beispiel das auf fossilen Energieträgern beruhende Energiesystem (siehe Kapitel Netzgebundene Infrastrukturen). Dies wird auch als Pfadabhängigkeit und Lock-in-Effekt (Seto et al., 2016) bezeichnet: Einmal geschaffene Strukturen verbleiben meist für eine längere Zeit bestehen und sind nur aufwendig und schwierig zu verändern; neue Strukturen bauen auf bestehenden auf und können diese verfestigen. So gehen mit der intendierten Nutzung bestehender und geplanter globaler Infrastrukturen bereits heute mehr Emissionen einher als zur Erreichung des 1,5-Grad-Ziels emittiert werden können (IPCC 2022, AR6).

Die Möglichkeit, Strukturen zu verändern, besteht nicht immer und für alle im gleichen Ausmaß (vergleiche Kap. 17). Je nach kontextuellen Entwicklungen ergeben sich förderliche oder hinderliche Situationen, um Strukturen zu verändern (vergleiche Kap. 12). Strukturen zu verändern ist insoweit besonders in Krisensituationen wichtig, in denen ein vorausschauendes Handeln unter hoher Unsicherheit erforderlich wird und sich Möglichkeiten für grundlegenden Wandel eröffnen. Sowohl die COVID-19-Pandemie als auch der Krieg in der Ukraine haben diese Unsicherheiten weiter erhöht. Jedoch werden auch unter diesen Gegebenheiten andauernd wirksame Pfade für die Zukunft gelegt, wie etwa bei Investitionen in langlebige Infrastrukturen (z. B. Gasleitungen, Straßen) (Seto et al., 2016) oder auch durch das Setzen langfristiger rechtsstaatlicher Rahmenbedingungen (z. B. Verfassungsänderungen die eine 2/3 Mehrheit benötigen).

Wie im Bericht immer wieder ausgeführt wird, werden einzelne Strukturen wechselseitig auch von anderen Strukturen verfestigt, geprägt und verändert und sind insofern jeweils füreinander Umweltbedingungen. Beispielsweise sind Arbeitnehmer_innen besonders dort auf das Pendlerpauschale angewiesen, wo es an leistungsfähigen öffentlichen Verkehrsverbindungen fehlt (siehe Kap. 17). Zugleich wird das Pendlerpauschale in seiner aktuellen Ausgestaltung als eine den Autoverkehr und damit einhergehend auch den Straßenausbau fördernde und damit wenig klimafreundliche Maßnahme beurteilt (siehe Kap. 6). Daher wurden die Autor_innen des Berichts dazu angeregt, ein besonderes Augenmerk auf Querverbindungen zu anderen Handlungsfeldern und Strukturen zu legen.

Im Alltag agieren und entscheiden Menschen innerhalb existierender Strukturen. Als Einzelperson, unabhängig von anderen, verfügen Menschen nur über eingeschränkte Handlungsspielräume (vergleiche Abschn. 1.3.2). Es ist wenig zielführend, von Pendler_innen zu verlangen, mit dem Zug zu fahren, wenn es keine Zugverbindung gibt (siehe Kap. 6), oder von Mieter_innen einzumahnen, klimaschonend zu heizen, wenn die Heizanlage von den Vermieter_innen verwaltet wird (siehe Kap. 4). Diese Beispiele zeigen, dass dem Verhalten und den Wahlentscheidungen von Einzelpersonen klare Grenzen gesetzt sein können, wenn die bestehenden Strukturen gar kein klimafreundliches Leben ermöglichen.

Strukturen wirken auf vielfältige Weise zusammen. So wird das individuelle Mobilitätsverhalten aufgrund unterschiedlicher geografischer Strukturen (z. B. Stadt und Land), sozioökonomischer Strukturen (z. B. Pendlerpauschale und Ticketpreise) oder physischer Infrastrukturen (z. B. Schiene oder Straße) zu einer schwer zu beeinflussenden kulturellen Praktik (vergleiche Kap. 22). Einzelne Entscheidungen und Verhaltensweisen können dann oft nicht auf eine einzelne Ursache zurückgeführt werden und hängen je nach betroffenen Akteur_innen und Situationen mehr oder weniger von Veränderungen anderer Strukturen ab (vergleiche Abschn. 1.3.1). Dies führt auch zu einem der zentralen Ergebnisse des Berichtes, dass es nicht am Verhalten von Einzelpersonen liegt, klimafreundliches Leben zu erreichen, sondern, dass Gestalten von Strukturen notwendig ist.

Verschiedene Akteur_innen und ihre jeweiligen Lebenssituationen sind in unterschiedlicher Weise von Strukturen betroffen. So sind Einkommen, Alter oder Geschlecht wichtige Einflussfaktoren (Røpke, 1999). Strukturen wirken beispielsweise auf Arbeitslose anders als auf jene, die einer Erwerbsarbeit nachgehen (siehe Kap. 17). Energiearmut ist bei wohlhabenden Haushalten kein Thema, da der Anteil der Energieausgaben an den gesamten Ausgaben gering ist (siehe Kap. 4). Eine „Stadt der kurzen Wege" erleichtert tendenziell ein klimafreundliches Mobilitätsverhalten (siehe Kap. 6), insbesondere für Frauen, da diese einen Großteil der Sorgearbeit leisten (siehe Kap. 8). Bei juristischen Personen kann die Rechtsform entscheidend dafür sein, von welchen Steuerregelungen oder Haftungsbedingungen sie betroffen sind.

1.3.2 Akteure_innen und die Gestaltung von Strukturen

Im Zentrum des Berichts steht das Gestalten klimafreundlicher Strukturen. Gestalten ist, der Definition dieses Berichts folgend, das koordinierte und zielgerichtete Handeln mit anderen innerhalb rechtsstaatlich-demokratischer Bedingungen.

Ohne Anspruch auf Vollständigkeit können dabei verschiedene Akteur_innen unterschieden werden: Wesentlich sind zunächst staatliche Entscheidungsträger_innen (manchmal auch umgangssprachlich als „öffentliche Hand" bezeichnet), denen Kompetenz zum Gestalten in der Verfassung zugesprochen wird und die dazu über Ressourcen (insbesondere Personal und Geld) verfügen. Die Legislative (Gesetzgebung) kann auf Landes- und Bundesebene Gesetze erlassen und Budgets beschließen. Die Exekutive (Bundes- und Landesverwaltungen einschließlich der Bezirksverwaltungen, Gemeindeselbstverwaltung) kann im Rahmen der Verfassung und aufgrund der Gesetze Strukturen gestalten. Auch das Handeln der öffentlichen Hand im Rahmen der Privatwirtschaftsverwaltung ist von großer Bedeutung für die Gestaltung klimafreundlichen Lebens (z. B. Umweltförderung, Wohnbauförderung wie etwa im Kapitel Wohnen angesprochen wird). Dazu kommt das Handeln von Selbstverwaltungskörpern (Kammern, Sozialversicherung, vergleiche Kap. 18), autonomen Einrichtungen und Behörden (z. B. Regulierungsbehörden oder Universitäten wie im Kap. 20 angesprochen). Auf der EU-Ebene haben, jeweils mit ihren in den Gründungsverträgen grundgelegten Kompetenzen, der Rat und das Europäische Parlament in der Gesetzgebung sowie in der Exekutive (insbesondere die Europäische Kommission, aber auch Agenturen wie z. B. die European Food Safety Authority – EFSA) eine wichtige und die Handlungsoptionen staatlicher Akteure bestimmende Rolle für die Gestaltung von Strukturen klimafreundlichen Lebens (siehe Kap. 11). Auf internationaler Ebene kommt Institutionen wie Vertragsstaatenkonferenzen (z. B. die Conferences of the Parties – COPs) oder der Welthandelsorganisation (World Trade Organization – WTO) eine gestaltende Rolle zu (siehe Kap. 11). Eine wichtige und kontroversielle Rolle bei der Gestaltung klimafreundlichen Lebens nehmen auch internationale und nationale Gerichte ein (z. B. Gerichtshof der Europäischen Union, Europäischer Gerichtshof für Menschenrechte, nationale Höchstgerichte; siehe dazu im Kontext von Klimaklagen Kap. 11).

Für das Gestalten klimafreundlichen Lebens sind private Akteur_innen unabdingbar. Das geht über die für die Gestaltung von Strukturen essenzielle Rolle von Privaten als Wahlbürger_innen auf europäischer, nationaler und kommunaler Ebene hinaus (vergleiche Kap. 12). Eine wesentliche Rolle für das Gestalten von Strukturen für ein klimafreundliches Leben haben Verbände und Organisationen der Wirtschaft und der Zivilgesellschaft. Dazu zählen Interessensvertretungen wie die Sozialpartner, etablierte Non-Profit-Organisationen wie Alpenverein, Religionsgemeinschaften, Umweltschutzorganisationen oder Automobilclubs, aber auch Protestbewegungen wie „Fridays For Future" sowie soziale Bewegungen, die selbstorganisiert klimafreundliches Leben erleichtern (z. B. in Commons in denen die Regeln des Zusammenlebens durch die Gemeinschaft selbst beschlossen werden). All diese zivilgesellschaftlichen Akteur_innen wirken an der Agendasetzung mit, problematisieren Fehlentwicklungen und machen Druck für oder gegen bestimmte Maßnahmen zur Gestaltung von Strukturen (vergleiche Kap. 12).

Wenn hier der Fokus auf Verbände und Organisationen gelegt wird, wird nicht übersehen, dass Private mit ihren Kaufentscheidungen bzw. (transnationale) Unternehmen und Konzerne mit ihren Investitionsentscheidungen mitunter massive klimarelevante Wirkungen entfalten (vergleiche Kap. 14). Wenn es um das Gestalten von Strukturen geht, ist jedoch das gemeinsame, koordinierte und zielgerichtete Handeln von Akteur_innen im Fokus.

Staatliche und nichtstaatliche Akteure, die Strukturen für ein klimafreundliches Leben gestalten, interagieren in unterschiedlicher Weise (das heißt in verschiedenen Governance-Strukturen) miteinander: unter anderem in Stakeholdernetzwerken (z. B. klimaaktiv), Dialogplattformen (z. B. ÖGUT) oder Innovationssystemen (vergleiche Kap. 13). Akteur_innen haben jeweils unterschiedliche Möglichkeiten, Strukturen zu gestalten. Nicht für jede Akteurin, jeden Akteur und nicht in jeder Situation sind Veränderungen gleichermaßen möglich, wirksam und nachhaltig. Besonders eingeschränkt sind die Handlungsmöglichkeiten von sozial, ökonomisch oder politisch schlechter gestellten Gruppen (vergleiche Kap. 17). Im Zeitverlauf ergeben sich, teils unvermittelt und unerwartet, förderliche oder hinderliche Bedingungen, um Strukturen zu verändern (IPCC 2022). Daher sollten Zeitfenster und Möglichkeitsräume (sogenannte „political windows of opportunities" (Seto et al., 2016)) genutzt werden, um Strukturveränderungen für ein klimafreundliches Leben zu erreichen.

Strukturen für ein klimafreundliches Leben zu gestalten, erfordert im Vorfeld auch die Problematisierung bestehender Strukturen, die klimaschädliches Leben fördern und klimafreundliches behindern (vergleiche Kap. 2 und 12 sowie Abschn. 1.5). Insbesondere vor dem Hintergrund der Normvorstellung eines klimafreundlichen Lebens für alle Menschen, wie sie z. B. durch die SDGs gesetzt werden und im IPCC (2022) als „climate-resilient development" konzipiert wird, ist eine Reflexion über mögliche und notwendige Rahmenbedingungen eine wesentliche Gestaltungsvoraussetzung (siehe auch Kap. 2 und Abschn. 1.5). Strukturen gestalten umfasst auch „kollektives experimentelles Tätigsein" (Jahn et al., 2020), das möglichst wirksam langfristig klimafreundliches Leben ermöglicht. Klimafreundliche Strukturen zu schaffen, erfordert koordiniertes Handeln (vergleiche Kap. 12). Selbst wenn es um grundlegende langfristige Transformationen geht, ist dies etwas, „was bereits heute geschieht, und nicht das, was erst morgen begonnen wird" (Jahn et al., 2020, S. 97).

Der Bericht systematisiert die bewertete Literatur mit ihren jeweils unterschiedlichen Zugängen zu wissenschaftlichem Arbeiten und den damit verbundenen Formen des Handelns, insbesondere des Gestaltens. In den Wissenschaften existieren unterschiedliche Perspektiven auf Strukturen (siehe Kap. 2 sowie Kap. 24–28). Daraus resultieren diverse, teilweise sich widersprechende Vorschläge zur Gestaltung von Strukturen klimafreundlichen Lebens. Diese hängen von den jeweiligen Zeithorizonten, Forschungsobjekten, Grundannahmen, Werthaltungen, Methoden und Wissensformen ab. Im Bericht unterscheiden wir zwischen vier Perspektiven: der Markt-, Bereitstellungs-, Innovations- und Gesellschaft-Natur-Perspektive.

Das Gestalten von Strukturen für ein klimafreundliches Leben ist koordiniert und intendiert, kann aber neben den geplanten Ergebnissen auch nicht intendierte nachteilige Auswirkungen auf die Erreichung anderer gesellschaftlicher Ziele haben (vergleiche Kap. 23). Der Bericht untersucht daher auch, ob und inwieweit sich Änderungen von Strukturen nachteilig auf andere gesellschaftliche Ziele auswirken. Wie auch im IPCC (2022) dienen die SDGs als umfassende Nachhaltigkeitsziele als zentraler Referenzrahmen. Die Auswirkungen auf andere gesellschaftliche Ziele können vielfältig sein. Ein Beispiel ist Energiearmut, die durch die öffentliche Bereitstellung von thermisch saniertem Wohnraum gelindert oder durch die Besteuerung von Treibhausgasen ohne Ausgleichsmechanismus sogar verstärkt werden kann (siehe Kap. 4). Aktuelle Forschung zu Synergien zwischen verschiedenen SDGs kann deshalb einen wesentlichen Beitrag zur Erreichung der Klimaziele leisten (IPCC, 2022). Die im Rahmen dieses Assessments untersuchten Theorien des Wandels kommen aus unterschiedlichen Perspektiven zum selben Ergebnis: Strukturen beeinflussen wesentlich, ob klimafreundlich gelebt wird (vgl. Kap. 2 und Abschn. 1.5). Um klimafreundliches Leben in der Gesellschaft zu ermöglichen, muss daher bei möglichst allen Entscheidungen bedacht werden, welche Strukturen wie in Richtung Klimafreundlichkeit verändert werden können. Da, wie oben erläutert, einmal geschaffene Strukturen längerfristig Bestand haben, müssen Veränderungen rasch begonnen werden (IPCC 2022). Besonderes Augenmerk soll auf Entscheidungen gelegt werden, die eine langfristige Wirkung auf das systemische Zusammenwirken von unterschiedlichen Strukturen und Akteur_innen erwarten lassen (vergleiche Kap. 23).

Aufgrund der umfassenden Herausforderung ist allerdings kontinuierliches Verändern und Umgestalten von Strukturen über die nächsten Jahrzehnte hinweg notwendig (IPCC 2022). Dieses muss in vielen Fällen ein Bündel an integrierten Maßnahmen umfassen, um die erwünschten Ergebnisse zu erreichen (Plank et al., 2021). Es handelt sich – wie in der Literatur dargestellt – nicht um ein schlichtes Auswählen oder Fördern von Alternativen oder das Warten auf konfliktfreie Lösungen (vergleiche Abschn. 1.3.2), sondern um verbindliche Entscheidungen, die etwaige klimaschädliche Strukturen und entsprechende Routinen und Praktiken auch aktiv ausschließen (Hausknost & Haas, 2019).

1.4 Situation und Dynamiken klimaschädlicher Emissionen

Wesentlich für das klimafreundliche Leben ist die Vermeidung von klimaschädlichen Emissionen. Obwohl meist relativ klar und einfach nachvollziehbar ist, wo die jeweiligen Emissionen konkret anfallen, ist die Frage, in welchen Strukturen oder Handlungen genau die Ursachen und durch Veränderung welcher davon die primäre Beeinflussbarkeit für die jeweiligen Emissionen liegen, meist nicht eindeutig zu beantworten (Steininger et al., 2016). Gerade weil – wie oben ausgeführt – das klimafreundliche Leben zahlreiche Teile des alltäglichen Lebens und entsprechende Strukturen umfasst, ist ein gutes Verständnis von Emissionsarten, deren Verteilung und etwaigen Treibern wichtig, um ein klimafreundliches Leben zu erreichen (IPCC, 2022). Im Folgenden wird hierzu ein Überblick gegeben.

Auf diesen Überblick greifen die jeweiligen Fachkapitel zurück, um für sie jeweils relevante Metriken aufzugreifen. Zum Beispiel wird in den Handlungsfeldern immer wieder die Relevanz der hier erläuterten unterschiedlichen Emissionsbilanzierungsarten, insbesondere von konsumbasierten Emissionsberechnungen herausgestrichen, um vollständig alle Emissionen, die mit klimaschädlichem Konsum in Österreich einhergehen, identifizieren und quantifizieren zu können (vergleiche z. B. Kap. 9). Ansätze der Emissionszurechnung, die an den Aktivitäten und nicht an den Gütern ansetzen, helfen, die Klimaintensität von Aktivitäten wie etwa Pflege einzuschätzen (vergleiche Kap. 8). Erwerbsarbeitsbezogene Emissionen können beispielsweise mithilfe von produktionsbasierten Emissionsberechnungen untersucht werden, wenn es um die Emissionsintensität der Arbeit geht, oder mithilfe von Fußabdruck-Metriken, sofern Emissionen von Interesse sind, die z. B. auf Mehrkonsum durch Vielarbeit zurückgeführt werden können (vergleiche Kap. 7). Export- und Importemissionen sind auch bedeutsam im Kontext globaler Wertschöpfungsketten, wie im Kapitel zur globalen Wirtschaft diskutiert wird (vergleiche Kap. 16), aber auch um besser zu verstehen, wie viele der innerhalb der geografischen Grenzen Österreichs emittierten Emissionen auch auf österreichische Endnachfrage zurückgeführt werden können (vergleiche Kap. 14). Diese Beispiele zeigen die Bedeutung verschiedener Metriken und deren Eignung für unterschiedliche Aspekte und Fragestellungen klimafreundlichen Lebens.

Klimaschädliche Emissionen fallen als Teil der global vernetzten Produktion und in Konsumprozessen an, hauptsächlich durch die Extraktion, Verarbeitung und Verbrennung von fossilen Energieträgern (Öl, Kohle, Gas) in der Energieversorgung, der Industrie, im Transport und für das Wohnen, direkt in Industrieprozessen (z. B. Stahl- oder Zementproduktion) sowie in der Land- und Forstwirtschaft (z. B. durch die Nutztierhaltung, Landnutzung und deren Veränderungen sowie durch Düngemitteleinsatz) (Lamb et al., 2021).

Jedes Klimagas wirkt pro Molekül unterschiedlich stark auf den Strahlungshaushalt der Erde ein. Die Umrechnung in Treibhausgasäquivalente (oft auch kurz CO_2-eq) dient als einheitliche Metrik, um die Klimaschädlichkeit unterschiedlicher Treibhausgase und damit der sie auslösenden Aktivitäten oder Prozesse einzuordnen. Um das Limit von 1,5 °C Erwärmung (gegenüber vorindustrieller Zeit) nicht zu überschreiten, dürfen global ab 2017 (das heißt ab Inkrafttreten des Pariser Klimaabkommens der Vereinten Nationen) maximal noch 1000 Gigatonnen CO_2-eq emittiert werden (IPCC, 2018; Meyer & Steininger, 2017; zur Einhaltung des Ziels zum Ende des Jahrhunderts mit 50 Prozent Wahrscheinlichkeit). Wird dieses global verfügbare Treibhausgasbudget anteilig pro Kopf auf alle Länder umgelegt, stehen Österreich noch maximal 1000 Megatonnen CO_2-eq zur Verfügung (Anderl et al., 2022). In dieser einfachsten aller Zuteilungen werden allerdings weder historische Emissionen noch das überdurchschnittliche Einkommensniveau (und damit die überdurchschnittliche Kapazität zur Emissionsreduktion) berücksichtigt (Meyer & Steininger, 2017). Wenn diese auch mitbedacht werden, hat Österreich ein jedenfalls kleineres Budget und je nach Stärke der Berücksichtigung allenfalls sein Pro-Kopf-Budget bereits aufgebraucht (Williges et al., 2022). Wird die Zielerreichung mit höherer Wahrscheinlichkeit angestrebt, ist das noch verfügbare Treibhausgasbudget ebenfalls geringer. Betrachtet man nur CO_2 und werden zudem die seit Inkrafttreten des Pariser Klimaabkommens global bereits emittierten Mengen abgezogen, so beträgt das global ab 2020 verfügbare Budget für eine Nicht-Überschreitung der 1,5 Grad maximaler Erwärmung mit einer Wahrscheinlichkeit von 50 Prozent noch 480 bis 500 Gigatonnen CO_2 (IPCC, 2022, WGI; Nabernegg, 2021a; Rogelj et al., 2019). Zur Einhaltung des 1,5-Grad-Ziels mit einer Zwei-Drittel-Wahrscheinlichkeit stünde noch ein Budget von 400 Gigatonnen CO_2 zur Verfügung (IPCC, 2022, AR6).

In der EU sind die Emissionen von Großanlagen (Stromerzeugung, Großindustrie) auf Ebene der EU geregelt, konkret im Europäischen Emissionshandel (EU Emission Trading System – EU ETS). Die Menge der ausgegebenen Zertifikate wird aktuell jährlich um 2,2 Prozent verringert. Mit dem Ziel des Green Deals soll diese Verringerung auf 4,4 Prozent pro Jahr erhöht werden (Vorschlag der Europäischen Kommission, Juli 2021). Für die Emissionen außerhalb dieses Emissionshandels (das heißt für kleinere Industrieanlagen und Gewerbe, Verkehr, Raumwärme, Landwirtschaft und Abfall) hat sich Österreich auf europäischer Ebene verpflichtet, bis 2030 seine Treibhausgasemissionen um 36 Prozent gegenüber 2005 zu verringern. Im Rahmen der Implementierung des ambitionierteren Ziels des EU Green Deals hat die Europäische Kommission im Juli 2021 vorgeschlagen, dieses Reduktionsziel Österreichs auf 48 Prozent anzuheben. Im Regierungsprogramm 2020–2024 hat sich Österreich das Ziel gegeben, diese Emissionen bis 2040 auf Netto-Null zu reduzieren. Netto-Null-Emissionen bedeuten, dass die gleiche Restmenge an ausgestoßenen Emissionen durch die zusätzliche Aufnahme von CO_2 in Wäldern, Mooren, Böden oder anderen CO_2-Speichern wieder gebunden wird und damit die in diesen Biosystemen gespeicherte Menge erhöht wird. Entsprechend tiefgreifende Reduktionsraten waren bisher nur kurzfristig in großen gesellschaftlichen Krisen beobachtbar, z. B. durch die Maßnahmen zur Einschränkung der COVID-19-Pandemie, der globalen Finanzkrise 2009 oder den Zusammenbruch der Sowjetunion (Forster et al., 2020; Haberl et al., 2020; Wiedenhofer et al., 2020). Dies unterstreicht das Ausmaß der Herausforderung, die ein klimaneutrales Österreich bis 2040 darstellt.

Historisch und aktuell anfallende klimaschädliche Emissionen können je nach Bilanzierungsansatz verschiedenen gesellschaftlichen Gruppen oder Akteur_innen zugerechnet werden (Steininger et al., 2016; Williges et al., 2022, Steininger et al, 2022). Dies lenkt den Blick auf jeweils andere Handlungen, Akteur_innen und Strukturen. Aufgrund der vielen Dimensionen klimafreundlichen Lebens ist es notwendig, von einem möglichst breiten Verständnis bei der Zuordnung von Emissionen auszugehen. Es folgt daraus, dass nicht nur der direkte Energieverbrauch von Akteur_innen und daraus vor Ort entstehende Emissionen relevant sind, sondern auch die indirekten Emissionen aus der Herstellung der in Österreich konsumierten Güter und Dienstleistungen. Diese indirekten Emissionen fallen teils national, teils jenseits der nationalen Grenzen an. Ihre Berücksichtigung weitet speziell für Länder mit hohem Bruttoinlandsprodukt und starker Außenhandelsorientierung (hoher Export- und Importanteil) wie Österreich deutlich die Emissionsmenge aus, für die österreichischer Handlungsspielraum besteht (Steininger et al., 2018; Nabernegg 2021a). Es zeigt zudem auf, welche Hebel für die Vermeidung welcher Emissionsmengen wirksam gemacht werden können.

1.4 Situation und Dynamiken klimaschädlicher Emissionen

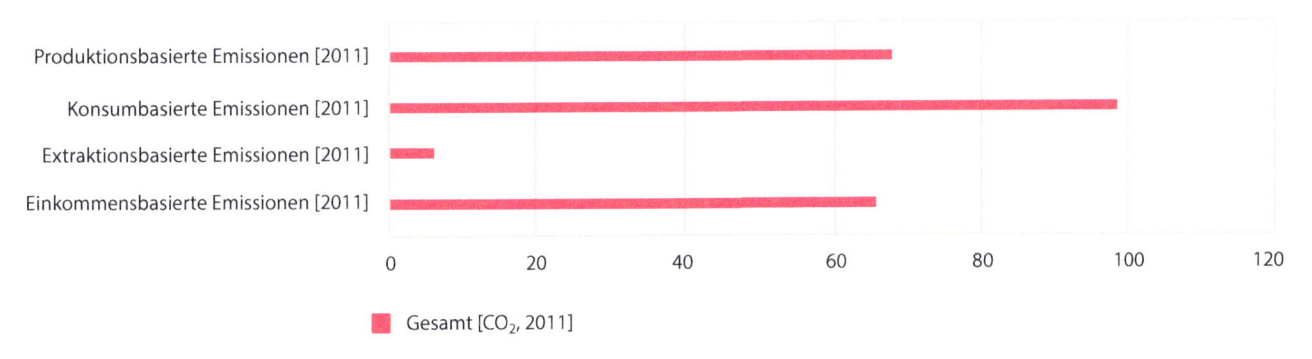

Abb. 1.1 Emissionen in Österreich nach den vier Berechnungsmethoden. (Steininger et al., 2016)

Diese Bilanzierungssysteme greifen als Datenbasis auf zwei Berichterstattungssysteme zurück. Erstens werden Energieverbrauch, Prozessemissionen in der Industrie und landnutzungsbezogene Emissionen für Länder, Sektoren und sonstige Verursacher nach international harmonisierten Prinzipien der United Nations Framework Convention on Climate Change (UNFCCC) erhoben. Sowohl für komplexe Bereiche wie Landnutzungsveränderungen in der Methodik als auch durch Aktualisierungen der Faktoren werden regelmäßig Verbesserungen durchgeführt (IPCC, 2021; Lamb et al., 2021). Zweitens beruhen diese Bilanzierungssysteme auf volkswirtschaftlichen Konzepten und deren Implementierung in nationalen Statistiken (System of Environmental-Economic Accounting, Umweltökonomische Gesamtrechnung), welche genauso stetiger internationaler Weiterentwicklungen unterliegen. Zwar konnten in den letzten zehn Jahren die Möglichkeiten und die Robustheit der Erfassung von Emissionen, welche entlang globaler Produktions- und Lieferketten entstehen, umfassend weiterentwickelt werden (Steininger et al., 2016; Tukker, Pollitt, & Henkemans, 2020; Wiedmann und Lenzen, 2018; Wood et al., 2019), jedoch besteht weiterer Verbesserungsbedarf, insbesondere in Hinblick auf Standards, verbesserte Validierung, Datenverfügbarkeit, Detailgrad und Robustheit (Lamb et al., 2021; Tukker et al., 2020).

In der Literatur werden Emissionen nach vier verschiedenen Zurechnungsarten und damit einhergehenden Verantwortlichkeiten unterschieden (Steininger et al., 2016). Vergleichbare Zahlen für alle vier Methoden für Österreich liegen nur für das Jahr 2011 vor (siehe Abb. 1.1). Die für klimapolitische Verhandlungen im Rahmen der UN-Klimakonvention herangezogene Berechnungsmethode ist die territoriale bzw. produktionsbasierte Bilanzierung. Hierbei werden die Emissionen jenem Land zugerechnet, wo auch die Emissionen physikalisch anfallen. In Österreich liegen diese im Jahr 2020 bei 73,6 Megatonnen CO_2-eq, bzw. im letzten Vor-Corona Jahr (2019) bei 79,8 Megatonnen CO_2-eq (Anderl et al., 2022). Bei den produktionsbasierten Emissionen fielen 2014 rund 20 Prozent direkt bei den Haushalten an, 30 Prozent können Gütern zugeordnet werden, die in Österreich konsumiert werden, und 50 Prozent entstehen für Güter, die Österreich exportiert (siehe Abb. 1.3). Weniger verbreitet sind extraktionsbasierte und einkommensbasierte Zurechnungsmethoden. Bei der extraktionsbasierten Methode werden die Emissionen jenen Ländern zugeordnet, in denen die Extraktion der (fossilen) Rohstoffe erfolgt, bei deren Verarbeitung oder Einsatz in weiterer Folge und meist andernorts Treibhausgase entstehen (etwa beim Einsatz von Erdöl in der Raumwärme und Mobilität). Dementsprechend weisen Länder mit großer Förderung fossiler Energieträger, wie Russland, Saudi-Arabien, aber auch Australien, Norwegen und Kanada, relativ zur Bevölkerung sehr hohe extraktionsbasierte Emissionen auf. Bei einkommensbasierten Methoden werden die Emissionen, die in der Produktion von Gütern in deren ganzer Wertschöpfungskette entstehen, jenen Einheiten zugerechnet, die aus dieser Wertschöpfungskette Einkommen generieren, und zwar anteilig nach Einkommensanteil und unabhängig davon, wo die Güter produziert oder konsumiert werden (Marques et al., 2012).

Nach der konsumbasierten Bilanzierungsmethode werden die Emissionen dem Endkonsum zugerechnet, unabhängig davon, wo die jeweiligen Güter produziert wurden bzw. wo dadurch örtlich die Emissionen in der Herstellung angefallen sind. Bei dieser Methode rückt der sogenannte Endverbrauch ins Zentrum der Betrachtung, dessen Bestimmung und Abgrenzung in der Volkswirtschaftlichen Gesamtrechnung erfolgt. Zum Endverbrauch zählen der private Konsum, der öffentliche Konsum sowie die Investitionen der Unternehmen und der öffentlichen Hand. Bei dieser endverbrauchs- oder konsumbasierten Berechnung lagen die Emissionen 2014 bei ca. 112,5 Megatonnen CO_2-eq und damit um 47 Prozent höher als die produktionsbasierten Emissionen. Rund 40 Megatonnen CO_2-eq fallen für Güter an, die in Österreich produziert und nachgefragt werden oder durch direkte Verbrennung von Energieträgern bei den Haushalten entstehen. Darüber hinaus werden Güter und Dienstleistungen, deren Produktion 72 Megatonnen CO_2-eq Emissionen verursacht, nach Österreich importiert und hier konsumiert.

Nach allen vier Methoden ermittelt sind für Österreich nur für das Jahr 2011 Emissionsdaten verfügbar (siehe Abb. 1.1).

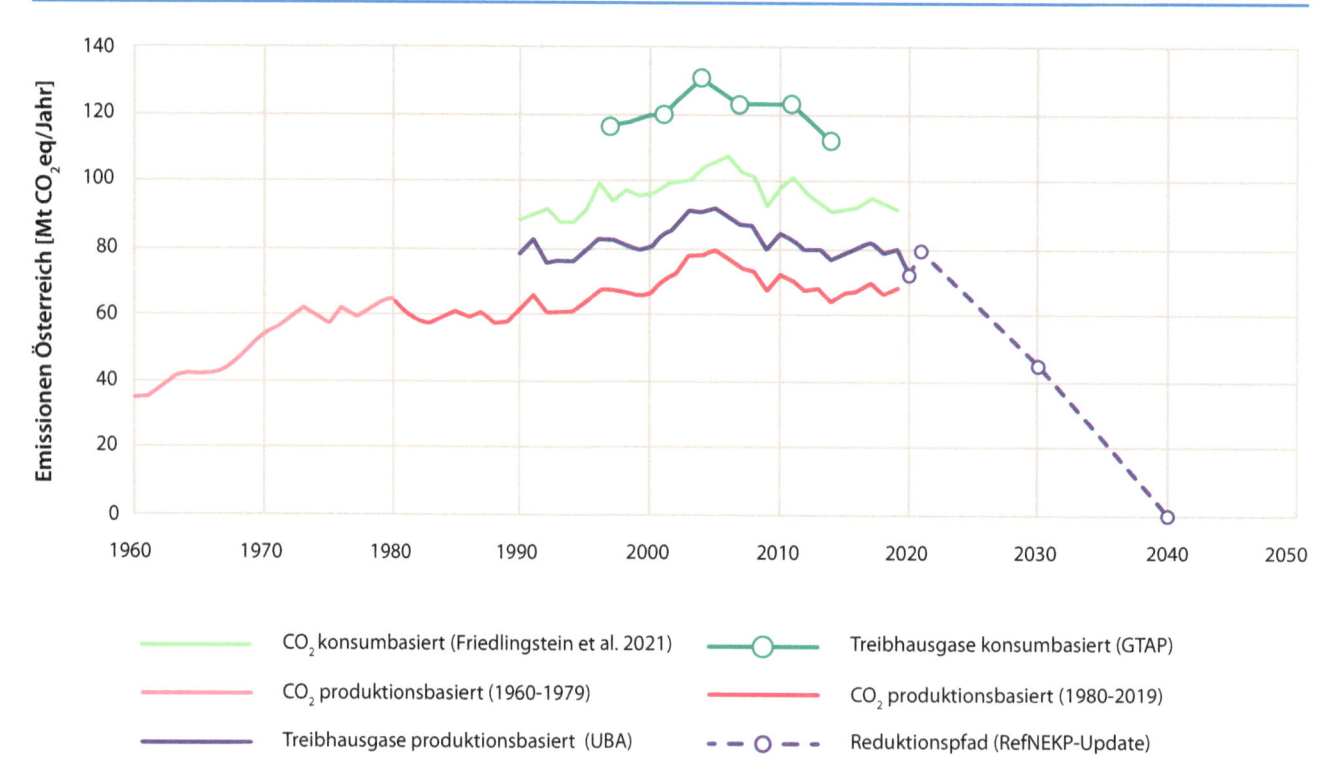

Abb. 1.2 Dynamiken klimaschädlicher Emissionen Österreichs in territorialer (produktionsbasierter) als auch nach konsumbasierter Methode („Fußabdruck"). (Meyer und Steininger 2017; Anderl et al., 2021.; Nabernegg et al., 2023; Steininger et al., 2018, Friedlingstein et al., 2021)

Zu diesem Zeitpunkt lagen die produktions-, extraktions-, einkommens- und konsumbasierten Treibhausgasemissionen bei jeweils 67,8, 6,3, 66,0, und 98,3 Megatonnen CO_2 im Jahr (Steininger et al., 2016). Eine Lücke in der Forschung ist die Verteilung der einkommensbasierten Emissionen nach den Produktionsfaktoren Kapital und Arbeit. Auch Unterschiede in den Einkommen und den Arbeitszeiten könnten von Relevanz für das klimafreundliche Leben sein. Zu den Sektoren gibt es internationale Berechnungen, doch die Ergebnisse für Österreich sind nicht zugänglich (siehe Liang et al., 2017).

Auswertungen über die Zeit liegen aktuell nur für produktions- und konsumbasierte Berechnungen vor (siehe Abb. 1.2). Nach der territorialen oder produktionsbasierten Perspektive entstanden in Österreich 2019 rund 80 Megatonnen CO_2-eq, was knapp über dem Emissionswert des Jahres 1990 liegt (Anderl et al., 2022). Während der COVID-19-bedingten Lockdowns sanken die Emissionen um etwa 9 Prozent, jedoch nicht aufgrund struktureller Änderungen. Deswegen ist nicht davon auszugehen, dass dieses geringe Niveau für spätere Jahre wieder ohne weitere Maßnahmen realisierbar sein wird (Umweltbundesamt, 2021). Der Höhepunkt der territorialen bzw. produktionsbedingten Emissionen lag in der Mitte der 2000er Jahre bei ca. 90 Megatonnen CO_2-eq. Für den Anteil, der allein CO_2-Emissionen betrifft, liegen längere Datenreihen vor. Bei diesen kann in den 1960er Jahren ein starker Anstieg von zunächst 35 auf knapp 60 Megatonnen beobachtet werden. Danach verlangsamte sich die Entwicklung und das Emissionsniveau stieg auf 80 Megatonnen in der Mitte der 2000er Jahre. 2019 lagen diese Emissionen bei 68 Megatonnen. Die CO_2-Emissionen verlaufen weitgehend parallel zu den Treibhausgasemissionen in Österreich. Auch das Verhältnis von konsumbasierten zu produktionsbasierten Treibhausgasemissionen war für Österreich in den letzten beiden Jahrzehnten relativ stabil.

Treibhausgasemissionen in Österreich sind unterschiedlich auf wirtschaftliche Bereiche verteilt (siehe Abb. 1.3). Berechnungen liegen hierfür für die produktions- und die konsumbasierte Methode vor. Nach produktionsbasierter Bilanzierung werden sie dem Wirtschaftsbereich zugerechnet, in dem sie emittiert werden; nach konsumbasierter Bilanzierung hingegen dem Gut der Endnachfrage, in dessen Produktion oder Vorkette sie anfallen. Nach beiden Bilanzierungsmethoden auf gleiche Weise erfasst sind zudem die direkten Emissionen der Haushalte, die durch den Einsatz fossiler Brennstoffe z. B. beim Heizen oder im PKW-Betrieb entstehen. Die Zuordnungen zu Wirtschaftsbereichen (produktionsbasiert) oder zu Gütern (konsumbasiert) resultiert jedoch in einem deutlich anderen Bild: Emissionen aus der Stahl- und Zementproduktion in Österreich werden beispielsweise in der produktionsbasierten Methode dem Stahl- bzw. Zementsektor zugewiesen, in der konsumbasierten Methode jedoch zu einem großen Teil der Nachfrage nach „Bau- und Wohnungswesen" (sofern der Stahl und Zement vom Bauwesen aus dem Inland nachgefragt wird). Emissionen aus der Produktion von Gütern, die exportiert werden, wer-

1.4 Situation und Dynamiken klimaschädlicher Emissionen

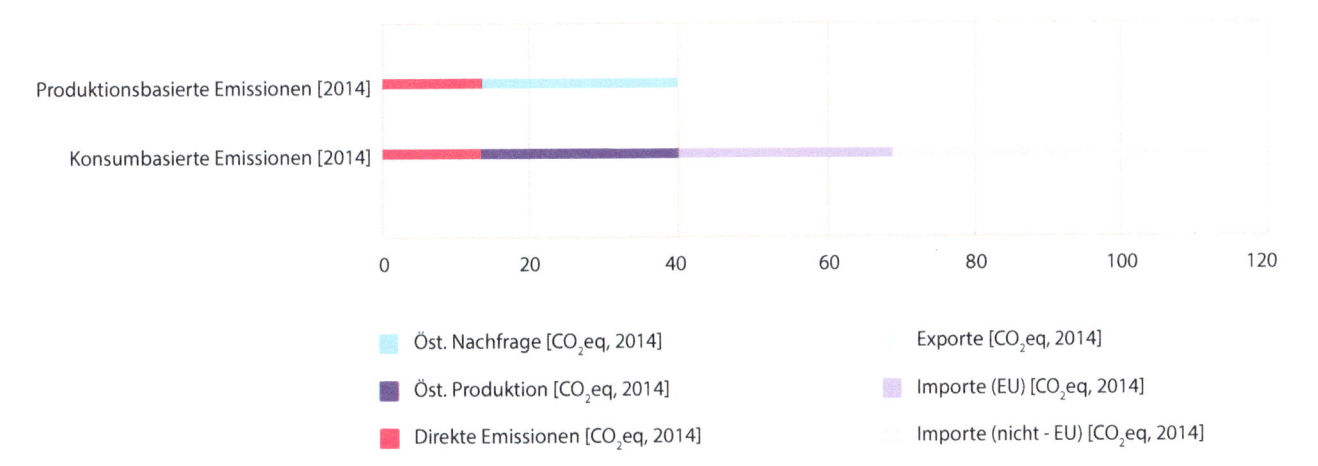

Abb. 1.3 Direkte Emissionen, Österreichische Nachfrage sowie Import und Export klimaschädlicher Emissionen nach bzw. aus Österreich. *Oben* Produktionsbasierte Emissionen (österreichische Nachfrage und Export). *Unten* Konsumbasierte Emissionen (österreichische Produktion, Importe EU, Importe Nicht-EU). (Nabernegg et al., 2023, Steininger et al., 2018)

den nur in der produktionsbasierten Bilanzierung sichtbar, jene aus der Produktion von importierten Gütern nur in der konsumbasierten Bilanzierung.

Bei der produktionsbasierten Zurechnung fallen gesamt im Jahr 2014 in Österreich 76 Megatonnen CO_2-eq an (Abb. 1.3). Davon fällt etwa ein Drittel der Emissionen in der produzierenden Industrie an (25 Megatonnen CO_2-eq). Mehr als die Hälfte davon können der Stahlindustrie und Metallverarbeitung (14 Megatonnen CO_2-eq) zugeordnet werden, allerdings haben auch die Herstellung von Zement (4 Megatonnen CO_2-eq) und von Computer- und elektronischen Produkten (4 Megatonnen CO_2-eq) einen wesentlichen Anteil (Abb. 1.4). Weitere wesentliche Sektoren sind der Verkehr (11 Megatonnen CO_2-eq) sowie die Land- und Forstwirtschaft (9 Megatonnen CO_2-eq). Kleine Anteile bei den produktionsbasierten Emissionen betreffen Bergbau, Bau- und Wohnungswesen, Handel sowie private und öffentliche Dienstleistungen. Im Bereich der Stahlindustrie und Metallverarbeitung fällt ein großer Teil der Emissionen für die Produktion von Gütern an, die exportiert werden. Einen überproportional hohen Anteil an exportierten Emissionen haben auch die Warenproduktion, Computer- und Elektrische-Güter-Produktion sowie der dabei anfallende Transport und die Logistik im Verkehrsbereich.

Werden die konsumbasierten Emissionen betrachtet, fielen im Jahr 2014 gesamt 113 Megatonnen CO_2-eq für Österreich an (Abb. 1.3). Nach Güterart betrachtet (Abb. 1.4), fallen Emissionen in erster Linie in der Warenproduktion (41 Megatonnen CO_2-eq), dem Bau- und Wohnungswesen (14 Megatonnen CO_2-eq), für private Dienstleistungen (12 Megatonnen CO_2-eq), öffentliche Dienstleistungen (9 Megatonnen CO_2-eq) und Verkehr (8 Megatonnen CO_2-eq) an. Ein wesentlicher Teil dieser Emissionen fällt allerdings im Ausland an. Bei Gütern aus der Warenproduktion und bei Computer- und elektronischen Produkten liegt der Anteil, der im Ausland anfällt, bei mehr als 80 Prozent, im Handel bei mehr als 70 Prozent und in den Bereichen Wohn- und Bauwesen sowie Dienstleistungen (privat und öffentlich) bei ca. zwei Drittel.

Die konsumbasierten Emissionen sind ungleich auf die Akteure verteilt, was sich sowohl durch die Menge als auch durch die Zusammensetzung der Nachfrage erklärt (siehe Abb. 1.5). Erfasst sind hier global anfallende direkte und indirekte Emissionen durch fossile Energie und Industrieprozesse im Jahr 2014. Auf den Konsum der Haushalte entfallen dabei knapp zwei Drittel (62 Prozent) des Emissions-Fußabdrucks Österreichs (Nabernegg, 2021a, 2021b; Muñoz et al., 2020; Steininger et al., 2018). Weitere 11 Prozent entfallen auf die Beschaffung und die Aktivitäten des Staats sowie 26 Prozent auf Investitionen von Unternehmen und den Infrastrukturausbau. Die Emissionen der Haushalte verteilen sich auf Mobilität (20 Prozent), Wohnen (17 Prozent), Ernährung (9 Prozent) und den restlichen Konsum (16 Prozent) (siehe Abb. 1.5 links). Zu Land- und Forstwirtschaft ist anzumerken, dass globale Emissionen durch Landnutzung und deren Veränderungen schwierig zu erfassen sind und daher die meisten konsumbasierten Berechnungen diese Emissionen unterschätzen (Bhan et al., 2021; Lamb et al., 2021). Einen wesentlichen Einfluss auf die Höhe der Emissionen hat das Einkommen der jeweiligen Haushalte (siehe Abb. 1.5 rechts). So sind die Pro-Kopf-Emissionen der 10 Prozent einkommensstärksten Haushalte (18 Tonnen CO_2) mehr als doppelt so hoch wie jene der 10 Prozent einkommensschwächsten Haushalte (7 Tonnen CO_2). Bei gleichem Einkommen zeigt sich, dass die konsumbasierten Emissionen im städtischen Umland besonders hoch sind, gefolgt von den ländlichen Regionen. Bei selbem Einkommen sind diese in städtischen Gebieten am geringsten (Muñoz et al., 2020). Weitere in der Literatur besprochene, aber weniger tiefgreifende Einflussfaktoren auf die Pro-Kopf-Emissionen umfassen Wohnform und Größe, Geschlecht, Alter, Bildung, Arbeitsverhältnis und Vermögen (Ivanova

Emissionen, produktionsbasiert (PBE)
2014 [Mt CO₂eq/Jahr]

Emissionen, konsumbasiert (CBE)
2014 [Mt CO₂eq/Jahr]

- Land- & Forstwirtschaft, Fischerei
- Bergbau
- Zementindustrie
- Stahlindustrie & Metalverarbeitung
- Warenproduktion
- Computer & elektronische Produkte
- Energie- & Wasserversorgung
- Bau- und Wohnungswesen
- Handel
- Verkehr
- Dienstleistungen
- Öffentliche Dienstleistungen

■ PBE: Heimische Nachfrage
  PBE: Exporte

■ CBE: Heimische Produktion (AUT)
■ CBE: Importe (EU)   CBE: Importe (nicht-EU)

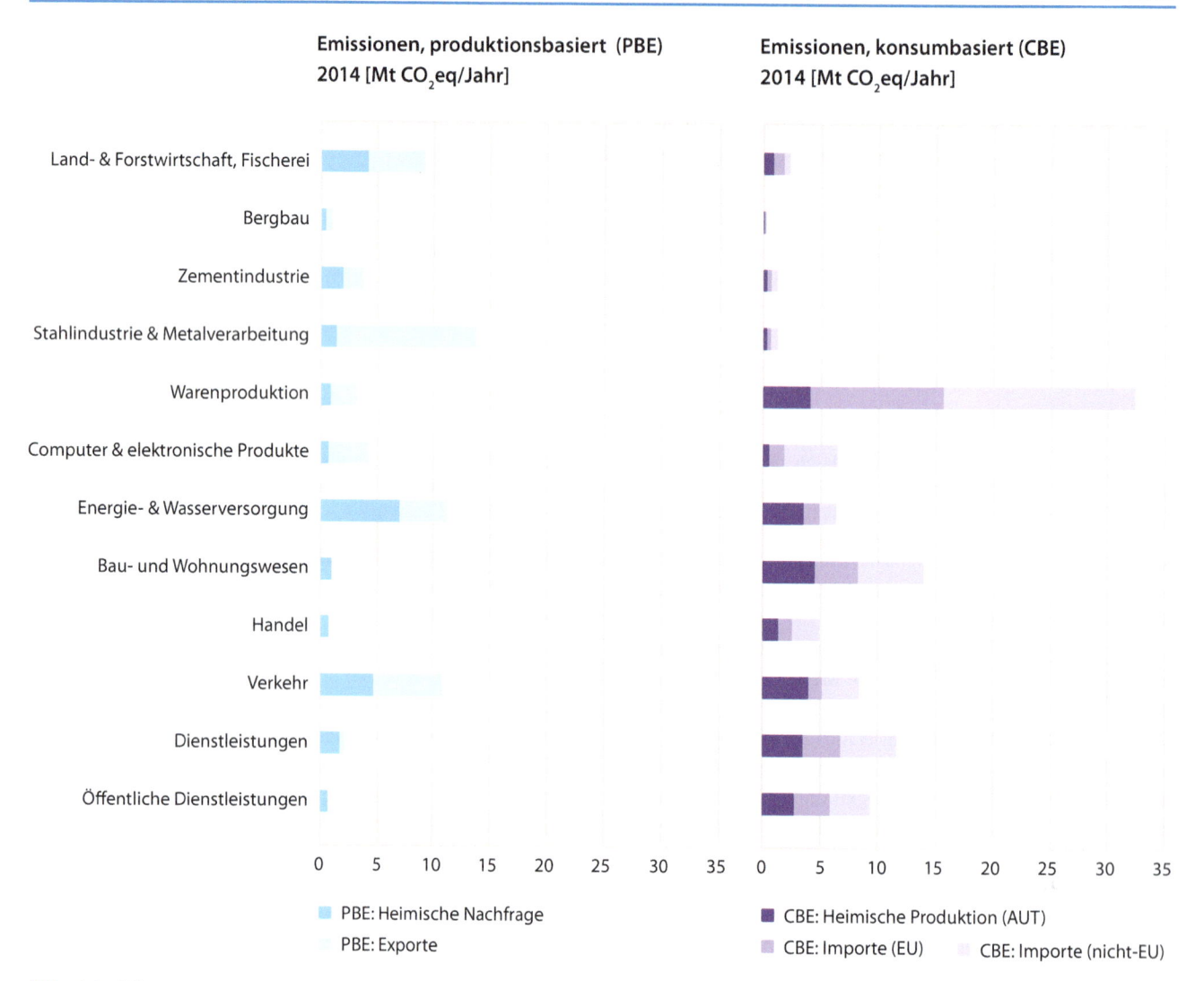

Abb. 1.4 Klimaschädliche Emissionen nach Wirtschaftsbereichen in Österreich. *Links* Produktionsbasierte Emissionen (österreichische Nachfrage und Export). *Rechts* Konsumbasierte Emissionen nach Sektoren (österreichische Produktion, Importe EU, Importe Nicht-EU). (Nabernegg et al., 2023, Steininger et al., 2018)

et al., 2017; Wiedenhofer et al., 2018). Zugleich zeigen diese Aufgliederungen, dass die Treibhausgase aller gesellschaftlichen Gruppen rasch und nachhaltig zu reduzieren sind, um ein klimafreundliches Leben in Österreich sicherzustellen.

Alltägliches Handeln kann zudem entlang von Zeit, die wir für bestimmte Handlungsfelder aufwenden, analysiert werden. Insbesondere, da Gesellschaften über *Zeit als Struktur* spürbar wird (Nassehi, 2008). Eine funktionale Zeitnutzungsperspektive auf Konsum und Emissionen unterscheidet zwischen Zeiten, die zur Reproduktion und Produktion der Subsysteme Person, Haushalt und Familie, Gesellschaft und Wirtschaft verwendet werden (Wiedenhofer et al., 2018). In einer Untersuchung des CO_2-Fußabdrucks alltäglicher Tätigkeiten wurden Daten aus der österreichischen Zeitbudgeterhebung und der österreichischen Haushaltsbudgeterhebung mit dem Eora-MRIO für die Jahre 2009–2010 verknüpft (Smetschka et al., 2019): Die durchschnittliche CO_2-Intensität von Aktivitäten pro Stunde unterscheidet sich primär nach der dafür notwendigen Mobilität sowie der Klimafreundlichkeit des genutzten Wohnraums, der Intensität des sonstigen Konsums von weiteren Gütern und Dienstleistungen sowie der Klimafreundlichkeit der Bereitstellung aller Güter und Dienstleistungen (siehe Abb. 1.6). Durchschnittlich ist die Zeit, die für die eigene Person und für gesellschaftliches Engagement verwendet wird, relativ emissionsärmer, während sowohl Haushalts- als auch Freizeitaktivitäten große Unterschiede im Hinblick auf den CO_2-Fußabdruck/Stunde aufweisen (Smetschka et al., 2019). Diskutierte Einflussfaktoren sind die geschlechtsspezifische Arbeitsteilung, welche die Zeitnutzungsmuster von Frauen und Männern prägen, Haushaltsgröße, Einkommen sowie Nähe und Verfügbarkeit von Infrastrukturen, um mögliche Wege zu einem kohlenstoffarmen Alltag abschätzen zu können (Druckman et al., 2012; Smetschka et al., 2019; Wiedenhofer et al., 2018). Mit der Analyse der Zeitnutzung können die Klimarelevanz des Alltagslebens besser verstanden und

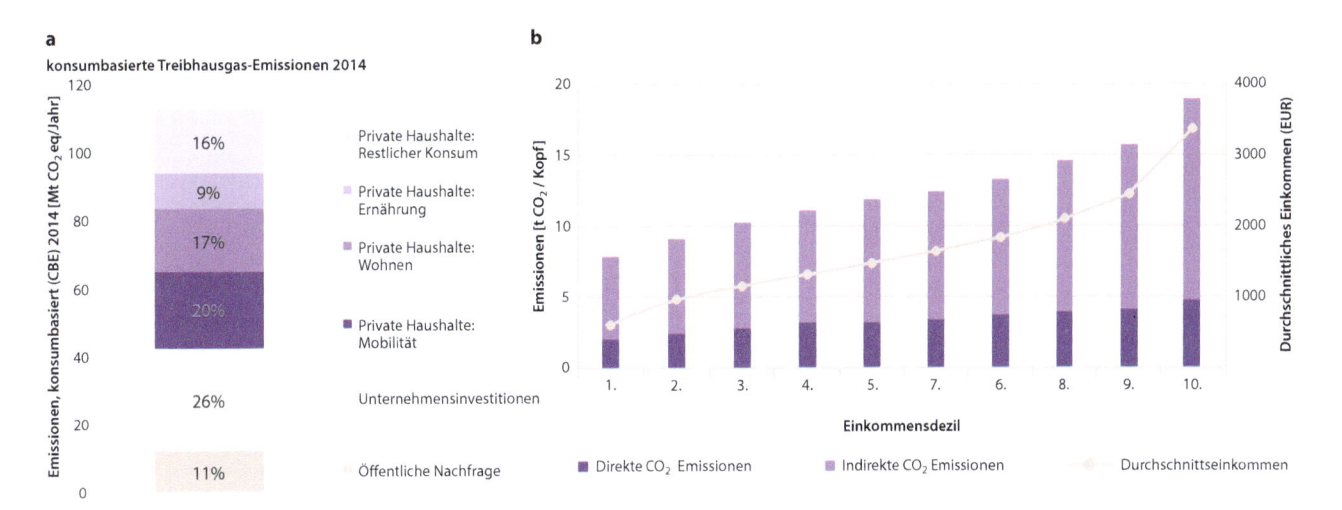

Abb. 1.5 Konsumbasierte CO_2-Emissionen Österreichs. **a** Verteilung konsumbasierter Emissionen (CO_2eq) aus Fossilenergie und Industrieprozessen nach Sektor (Privat, Unternehmen, Öffentlich) und Bereichen (Mobilität, Wohnen, restlicher Konsum, Ernährung) für das Jahr 2014 (Nabernegg et al., 2023). **b** Pro-Kopf-CO_2-Emissions-Fußabdruck im jeweiligen Einkommensdezil des monatlichen Durchschnittseinkommens für das Jahr 2004/5 (Muñoz et al., 2020). In den zugrundeliegenden Daten sind Emissionen aus der globalen Landnutzung untererfasst, was zu einer Unterschätzung der Klimarelevanz der Ernährung und von Bioenergie führt

Potenziale und Grenzen für zeit- und nachfrageseitige Beiträge zur Dekarbonisierung erfasst werden (Creutzig et al., 2021; Jalas & Juntunen, 2015; Wiedenhofer et al., 2018).

1.5 Einordnung des Berichtes

1.5.1 Sachstandsberichte als Informationsgrundlage

Der vorliegende Bericht ist ein „Assessment Report" (dt.: Sachstandsbericht), das heißt ein Instrument an der Schnittstelle zwischen Wissenschaft und Politik (am Science-Policy Interface) bzw. zwischen Wissenschaft und Gesellschaft. Ziel des Sachstandberichtes ist es, den aktuellen Stand des Wissens zu einer bestimmten Fragestellung bewertend zusammenzufassen und neben der Einschätzung von Aussagen zu dem jeweiligen Themenfeld auch Forschungslücken aufzuzeigen.

Ein Sachstandsbericht stellt weder das Ergebnis eines wissenschaftlichen Forschungsprojekts dar, noch ist er ein Gutachten, das von der Politik in Auftrag gegeben wird. Damit der Bericht seine Informationsfunktion adäquat erfüllen kann, müssen bei seiner Erstellung der Informationsbedarf und die Entscheidungsprobleme der Adressat_innen angemessen reflektiert werden. Der Bericht muss auch sprachlich so gestaltet werden, dass er seine Informationsfunktion erfüllen und den Stand der Wissenschaft angemessen und lesbar vermittelt.

Im Umweltbereich verkörpern die Sachstandsberichte des Weltklimarats den „Goldstandard". Der Weltklimarat hat das Mandat eines Sachstandsberichts grundlegend charakterisiert: Politikrelevant sein, ohne der Politik Vorschriften oder Vorgaben zu machen („being policy relevant but not prescriptive"). Zudem hat der Weltklimarat auch Standards hinsichtlich der Durchführung von Assessment Reports gesetzt, insbesondere zur Autor_innenschaft, zur Begutachtung (den Review-Prozessen), zum Umgang mit Unsicherheit bzw. dem Grad der Übereinstimmung in der Wissenschaft und Ähnliches (Beck, 2011). Unbestritten hat der Weltklimarat erheblich zur Wahrnehmung des Klimaproblems in Politik und Öffentlichkeit beigetragen. Für diesen Erfolg in der Kommunikation des Problems wurde ihm 2007 der Friedensnobelpreis verliehen. Als wichtigste Errungenschaft wird vermerkt, dass es ihm gelungen ist, die Wissenschaft gegenüber der Öffentlichkeit mit einer Stimme auftreten zu lassen und damit in der öffentlichen Wahrnehmung der Realität eines anthropogenen Klimawandels Glaubwürdigkeit zu verleihen. Wissenschafter_innen und Disziplinen können evidenzbasiert zu unterschiedlichen Einsichten gelangen. Eine Stimme bedeutet daher, dass man gegenseitig die Einsichten anerkennt und bewertet, wie robust diese in Hinblick auf gewisse Aussagen sind (siehe unten). Aber auch wenn die Sachstandsberichte des Weltklimarats Vorbild für Assessmentprozesse darstellten, gilt es zu beachten, dass sich diese im Laufe ihrer Geschichte selbst verändert haben, um auf neue Herausforderungen zu reagieren. Heute ist er keineswegs das einzige Assessment-Modell auf internationaler Ebene, insbesondere im Hinblick auf die Sicherung der politischen Relevanz der Wissenschaft. Ging es in den 1990er Jahren noch vorrangig darum, die Existenz eines menschengemachten Klimawandels zu beweisen (IPCC, 1996), so hat sich der Schwerpunkt spätestens seit den 2000er Jahren in Richtung notwendiger Anpassungsmaßnahmen an den Klimawandel verschoben (IPCC, 2007). „Lifting the taboo on adaptation" nannten dies Beobachter_innen (Pielke et al., 2007).

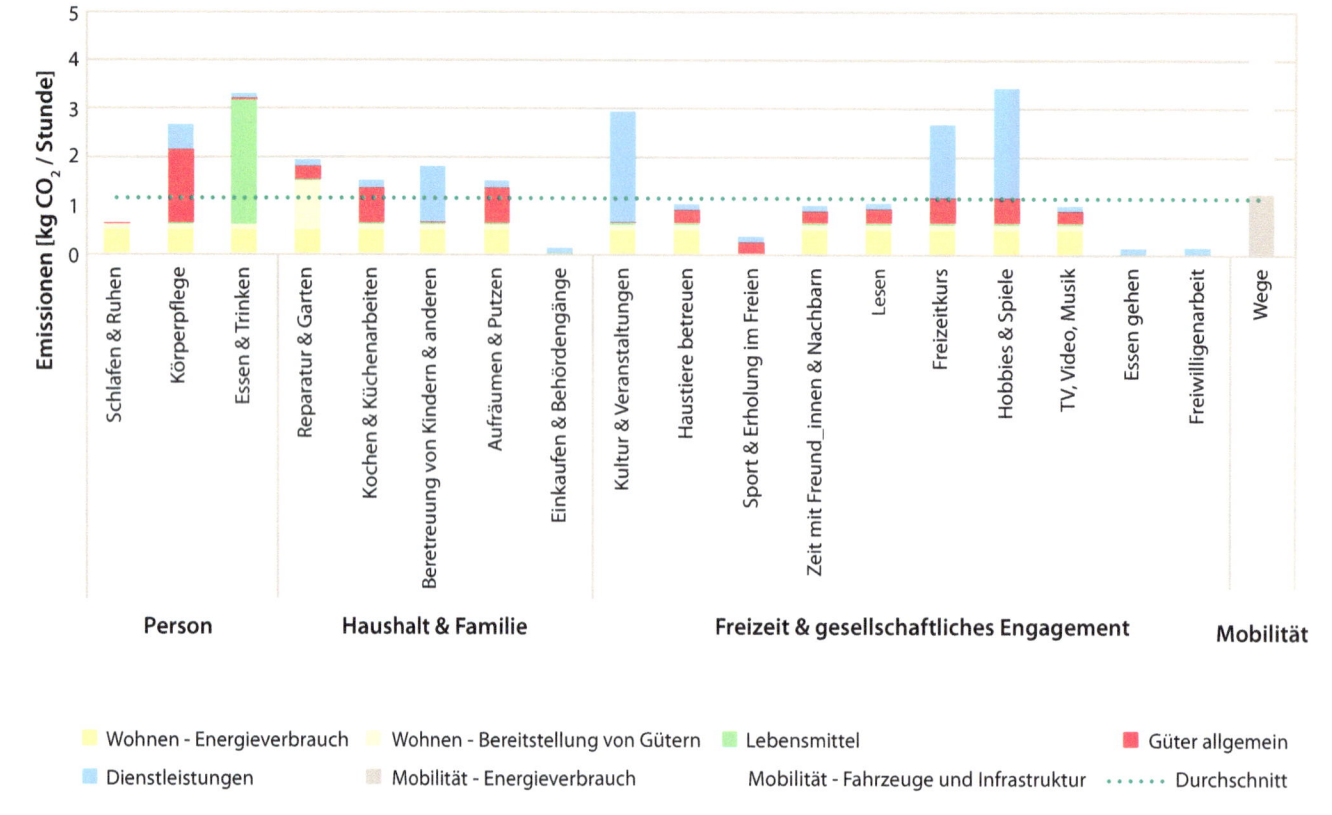

Abb. 1.6 Der CO_2-Fußabdruck unbezahlter Zeit setzt sich aus den direkten und indirekten CO_2-Intensitäten dieser Tätigkeiten zusammen, das heißt dadurch, wie klimafreundlich alle involvierten Güter und Dienstleistungen bereitgestellt werden. (Smetschka et al., 2019)

Mit der größeren zeitlichen Dringlichkeit von Klimaschutzmaßnahmen haben sich die Aktivitäten in den letzten Jahren stärker auf die wissenschaftliche Begleitung des Verhandlungsprozesses im Rahmen der Klimarahmenkonvention und des Kyoto-Protokolls bzw. des Paris-Abkommens konzentriert, wozu verschiedene „Special Reports" (Sonderberichte) durchgeführt wurden (Beck, 2012). Auch in Österreich hat die Untersuchung besonderer Themen neben den weiterhin regelmäßig erstellten Gesamtberichten an Bedeutung gewonnen (z. B. als Sonderberichte zu Gesundheit, Tourismus und Landnutzung).

Auf internationaler Ebene gilt der Weltklimarat als Vorbild für andere Themenfelder. So wurde ein „Weltklimarat für Biodiversität" (Loreau et al., 2006) gefordert, um diesem globalen Problemfeld eine größere Aufmerksamkeit zu verschaffen. Faktisch hat sich in diesen Debatten aber herausgestellt, dass die Anforderungen und auch die Strategien für Assessment Reports in den verschiedenen Bereichen durchaus unterschiedlich sind. Aufgrund der Bedeutung der Biodiversität in verschiedenen Gesellschaften und Kulturen hat der Weltbiodiversitätsrat („Intergovernmental Science-Policy Platform on Biodiversity and Ecosystem Services – IPBES", siehe Ipbes.net) seine Wissensbasis erweitert und dem nichtwissenschaftlichen Praxiswissen sowie dem traditionellen und indigenen Wissen („Traditional and Indigenous Knowledge – TIK") eine höhere Bedeutung zugesprochen sowie einen konzeptionellen Rahmen entwickelt, der die Notwendigkeit der Übersetzung zwischen verschiedenen Wissenskulturen betont (zur Etablierung des IPBES: Beck et al., 2014; Görg et al., 2007; Görg et al., 2010; Paulsch et al., 2010; zum konzeptionellen Ansatz: Díaz et al., 2015). In den Forschungen zur Interaktion von Wissenschaft und Politik (Science-Policy Interface) wird zudem hervorgehoben, dass man nicht nur die einzelnen Produkte, die Berichte, betrachten sollte, sondern auch den Prozess ihrer Erstellung. Dabei muss dem Zusammenspiel zwischen Wissenschaftler_innen, anderen Wissensträger_innen bzw. Wissenskulturen und den verschiedenen Entscheidungskontexten Rechnung getragen werden (Hulme, 2014). Teil dieser Herausforderungen ist auch die Zusammenarbeit innerhalb der Wissenschaften und zwischen ihren unterschiedlichen Disziplinen. So wird in der Literatur ein Bias für Erdwissenschaften und Industrieländer im IPCC thematisiert (Vasileiadou et al., 2011). Die schwache Einbindung der Sozialwissenschaften ist zwar durch multi- und interdisziplinäre Zugänge adressiert worden, aber die Zusammenarbeit auf Augenhöhe ist eine Herausforderung (Conrad, 2010; Shackley & Skodvin, 1995). Nach wie vor wird die starke Orientierung an einzelne theoretischen Strömungen der Ökonomik als Herausforderung thematisiert (Stoddard et al., 2021). Allgemein wird daher schon länger argumentiert, dass ein reflexiver Ansatz erforderlich sei, der

1.5 Einordnung des Berichtes

eine lernfähige Vorgehensweise ermöglicht (Beck et al., 2014).

Werden solche Überlegungen von der Frage angetrieben, wie die politische Relevanz von Sachstandsberichten gesteigert oder zumindest erhalten werden kann, ohne die Selbstbegrenzung der Wissenschaft zu verlassen („without being prescriptive", Beck, 2012; Hulme et al., 2011), so wurde in der Forderung nach einer transformativen Wissenschaft (Schneidewind, 2015) diese Selbstbegrenzung explizit in Frage gestellt. Es wird argumentiert, dass angesichts der zunehmenden Zuspitzung der Klimakrise sowie anderer Überschreitungen von planetaren Grenzen die Wissenschaft sich nicht auf die Analyse oder Feststellung des Problems beschränken dürfe, sondern selbst direkt zur Einleitung und Umsetzung transformativer Maßnahmen beitragen sollte (Grunwald, 2015; Schneidewind, 2015; Wissel, 2015). Während diese Forderung von anderer Seite genau deshalb in Frage gestellt wurde, weil damit der Bereich der Wissenschaft verlassen und ihre Glaubwürdigkeit in Frage gestellt wird (Rohe, 2015; Strohschneider, 2014; Strunz & Gawel, 2017), lässt sich dieser Gefahr durch eine Orientierung an der im Bereich der Nachhaltigkeitsforschung gut etablierten Unterscheidung von System-, Orientierungs- und Transformationswissen in einem inter- und transdisziplinärem (id&td) Forschungsansatz begegnen (Hirsch Hadorn, 2008; Hirsch Hadorn et al., 2006; Jahn et al., 2012; Jahn & Keil, 2015; Pohl & Hadorn, 2008).

Zwischen den Diskussionen um die Politikrelevanz von Science-Policy Interface, transformativer sowie id&td-Forschung vermittelt das Idiom der Ko-Produktion von Wissen, das heißt der gemeinsamen Erzeugung neuen Wissens durch die Zusammenarbeit verschiedener Wissenskulturen und -akteur_innen. Wie Miller und Wyborn (2020) gezeigt haben, speist sich die Diskussion um Ko-Produktion von Wissen aus unterschiedlichen Quellen, von der institutionalistischen Ressourcenökonomie (Ostrom, 1990) über die Wissenschafts- und Technikforschung (STS) (Jasanoff, 1996, 2004) bis zur Nachhaltigkeitsforschung (Berkes, 2009; Kates et al., 2001) und hier insbesondere der transdisziplinären Forschung (Jahn et al., 2012). Über diese verschiedenen Entwicklungs- bzw. Anwendungsstränge hinweg teilt das Idiom der Ko-Produktion nach Miller und Wyborn (2020) einige Gemeinsamkeiten, nämlich die Annahme, dass die gemeinsame Generierung neuen Wissens über die etablierten Grenzziehungen in der Wissenschaft sowie zwischen Wissenschaft und Nicht-Wissenschaft hinweg bei aller Kooperation zwischen verschiedenen Wissensformen nicht konfliktfrei verläuft. Demnach stellt die Wissenschaft un-

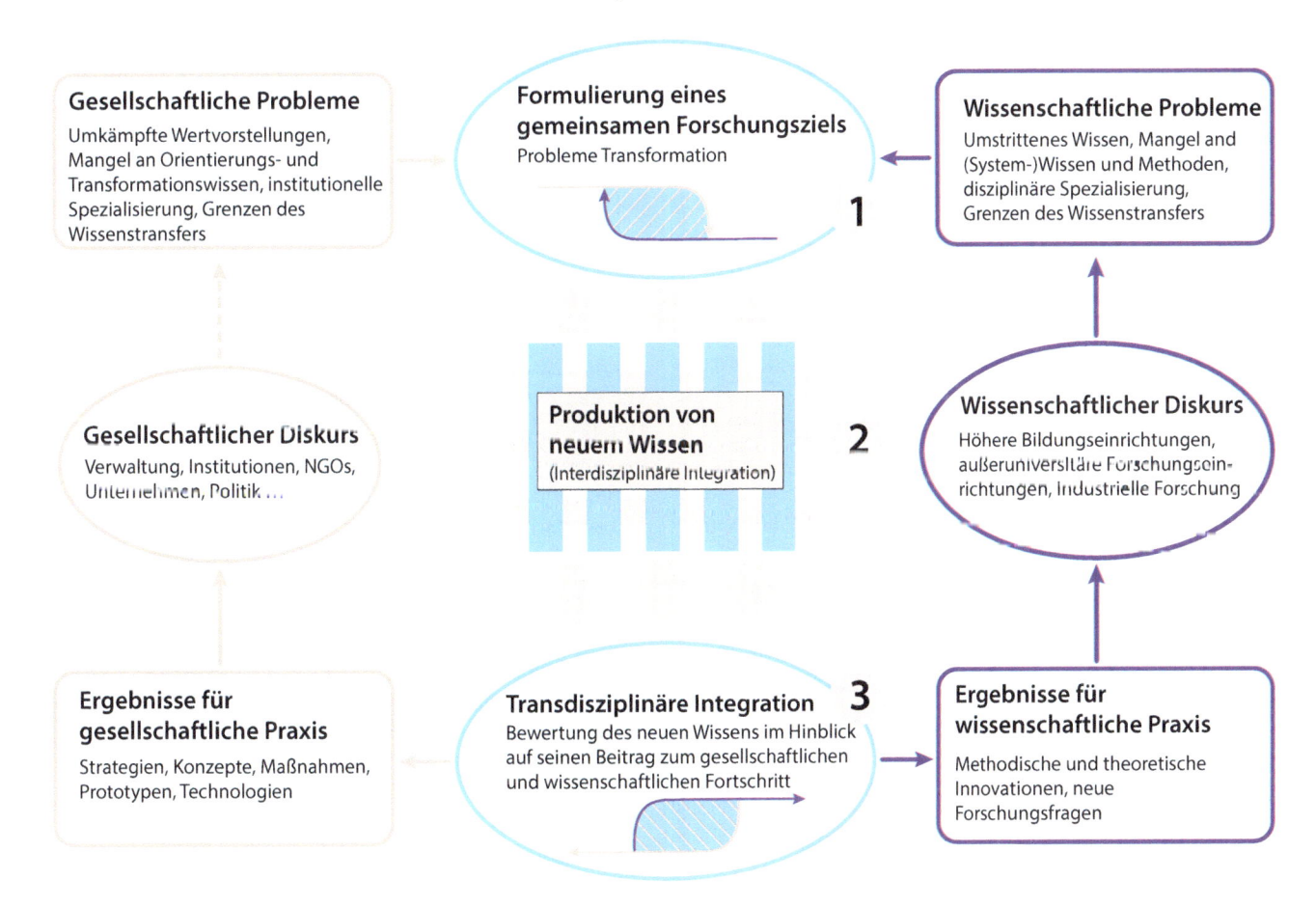

Abb. 1.7 Konzeptuelles Modell der Transdisziplinarität. (Jahn et al., 2012)

verzichtbares Systemwissen zur Verfügung, muss aber hinsichtlich des Wohin (Orientierungs- oder Zielwissen) und des Wie (Transformationswissen, erworben durch Erfahrungs- oder Praxiswissen von gesellschaftlichen Akteur_innen) ergänzt werden. Neben Wissensgeneration und -integration können Transdisziplinäre Projekte auch zu sozialem Lernen durch gemeinsames Handeln beitragen und Kompetenzen für verantwortungsbewusstes Führungsverhalten schaffen (Schneider et al., 2019). Dabei spielen Grenzbegriffe bzw. -objekte (boundary concepts/objects, Star & Griesemer, 1989; Jasanoff, 1996, 2004), die diese Übersetzung zwischen verschiedenen Disziplinen und Wissenskulturen vermitteln, eine große Rolle. Die Kooperation kann in einem dreistufigen Schema der Abfolge von Ko-Design, Ko-Produktion und Ko-Evaluierung (siehe Abb. 1.7) dargestellt werden.

1.5.2 Erstellungsprozess und Stakeholderbeteiligung

Das Thema des vorliegenden Sachstandsberichts „Strukturen für ein klimafreundliches Leben" kann nur zum Teil durch eine Zusammenfassung der aktuellen wissenschaftlichen Literatur behandelt werden. Da ein Sachstandsbericht keine eigenständige Forschung durchführt, fällt die Option einer transformativen Forschung im vorliegenden Fall weg. Entsprechend wurde der Bericht in der Erstellung bereits seit Beginn von einem Stakeholderprozess begleitet, der insbesondere dazu diente, den Informations- und Entscheidungsbedarf bei Adressat_innen möglichst früh abzufragen. Zugleich sind diesem Bericht klare Grenzen im Bereich des Wohin und des Wie gesetzt, insbesondere da der Bericht nur den aktuellen Stand des Wissens umfassen kann. Dies verhindert auch, dass der Bericht in transformative Forschungsprozesse integriert wird. Daher wurde der Sachstandsbericht (Abb. 1.8: Blau) von einem Stakeholderprozess (Abb. 1.8: Grau) begleitet, der allerdings in der letzten Phase eigene Ergebnisse entwickelte, die außerhalb dieses Berichtes veröffentlicht werden.

Die wissenschaftliche Qualität des Berichtes wird durch einen dreistufigen Reviewprozess gesichert. Im November 2020 wurden die jeweiligen Kapitel und Unterkapitel des Zero-Order-Draft (eine notizenhafte Sammlung der Inhalte der jeweiligen Kapitel und Unterkapitel) von den Autor_innen des Berichtes kommentiert. Die ungefähr 800 Kommentare wurden von den Co-Chairs eingeordnet, von den Autor_innen je nach Einschätzung eingearbeitet und eine kurze Replik verfasst. Allgemeine Einschätzungen der Co-Chairs wurden weiters mit den Autor_innen bei einem dreistündigen Online-Workshop im Jänner 2021 besprochen. Der Fokus lag hier auf der Sprache im Bericht, dem Assessment-Charakter, Querschnittsthemen und zusätzlichen Unterkapiteln. Nach dem Workshop wurden die Kapitel „Versorgung", „Soziale und räumliche Ungleichheit" sowie „Raumplanung" neu in den Bericht aufgenommen. Im Mai 2021 wurde der First-Order-Draft, eine erste Version der jeweiligen Kapitel, von 63 Expert_innen ca. 1200-mal kommentiert. Die Kommentare wurden von den Herausgeber_innen gesichtet, eingeordnet und gemeinsam mit einer umfassenden Einschätzung an die Autor_innen weitergegeben. Entsprechend den Rückmeldungen wurde ein weiteres Kapitel zu netzgebundenen Infrastrukturen aufgenommen. Des Weiteren wurden zwei Workshops durchgeführt, die auf die Identifikation von Transformationspfaden sowie eine bessere Abstimmung der Kapitel untereinander abzielten. Im November 2021 wurde der Second-Order-Draft von Stakeholder_innen und Reviewer_innen kommentiert. Weiters gaben die Co-Chairs noch umfassendes schriftliches und mündliches Feedback zu den jeweiligen Kapiteln. Weiters gab es einen Online-Workshop zur Besprechung offener Fragen. Die Kommentare wurden bis Ende März 2022 eingearbeitet und entsprechend beantwortet. Im Frühjahr 2022 überprüften Revieweditor_innen die Einarbeitung der Kommentare. In einzelnen Kapiteln gab es weiters Treffen zwischen Co-Chairs, Autor_innen und Revieweditor_innen, um offene Punkte zu besprechen. Der Bericht wurde in einer *Zusammenfassung für Entscheidungstragende* und einer *Technischen Zusammenfassung* zusammengefaßt, diese wurden allerdings (wie vom APCC vorgesehen und im Unterschied zum IPCC Prozess) nicht mit der Regierung abgestimmt. Danach wurde der Bericht im Juli 2022 freigegeben und an den Verlag zum Druck übergeben.

Der vorliegende Bericht wurde durch einen erweiterten Beteiligungsprozess ergänzt, der über den wissenschaftli-

Abb. 1.8 Entwicklungsprozess des Sachstandsberichts und Stakeholderprozess. (Eigene Darstellung)

chen Standard hinaus Stakeholder_innen ermöglicht, die drei Versionen des Berichtes zu kommentieren (Zero-, First- und Second-Order-Draft). Die Kommentare werden von den Autor_innen gesichtet und je nach eigener Einschätzung eingearbeitet. Im Unterschied zu den wissenschaftlichen Kommentaren müssen die Autor_innen nur in der letzten Runde (dem Second-Order-Draft) auf die Kommentare von Stakeholdern antworten. Der Austausch zwischen Addressat_innen und Autor_innen erfolgte allerdings auch im Rahmen des Co-Design-Workshops (dieser Workshop war zugleich der erste Schritt des Stakeholderprozesses). 30 Stakeholder_innen kommentierten die Zusammenfassung des Zero-Order-Drafts hinsicht Relevanz und fehlender Themen. Es wurde ein 60-seitiges Protokoll erstellt. Dieses wurde von den Autor_innen kommentiert, um den Stakeholder_innen eine erste wissenschaftliche Einschätzung zurückzumelden. Zugleich oblag es den jeweiligen Autor_innen einzuschätzen, inwiefern die Anmerkungen im Sinne der Wissenschaftlichkeit des Berichtes eingearbeitet wurden. Nach dem Co-Design-Workshop wurde der Stakeholderprozess mit dem Ziel, einen eigenen Beitrag zu leisten, parallel zum Bericht weitergeführt.

1.5.3 Vorgehensweise bei der Bewertung der Literatur

Bei einem Sachstandsbericht handelt es sich um eine bewertende Zusammenfassung des aktuellen Wissensstands zu einer bestimmten Fragestellung auf Basis der aktuellen und relevanten Literatur. In diesem Bericht wurde hierzu Literatur mit einem Bezug zum klimafreundlichen Leben in Österreich sowie dem jeweiligen Themenbereich des Kapitels aufgenommen. Es konnte jegliche Literatur, die wissenschaftlichen Qualitätsstandards gerecht wird und bis Abgabe des Second-Order Drafts im November 2021 veröffentlicht wurde, aufgenommen werden. Spätere Literatur konnte nur aufgenommen werden, sofern bereits zuvor darauf verwiesen wurde, dass ein Dokument, das noch nicht veröffentlicht war, aufgenommen werden wird, oder falls Reviewer_innen die Aufnahme einer Quelle einforderten.

Eine genaue Spezifikation von grauer Literatur wurde nicht vorgenommen, vielmehr obliegt es den Autor_innen unter Rücksichtnahme auf Reviewkommentare, die Qualität der grauen Literatur einzuordnen und nur jene, die wissenschaftlichen Qualitätsstandards gerecht wird, aufzunehmen. Dies liegt auch an der sozialwissenschaftlichen Ausrichtung des Berichtes (siehe unten). In diesem Sinne wurde auch nicht in allen Kapiteln ein Suchbegriff, wie in einem systematischen Reviewprotokoll üblich, entwickelt. Eine solche Herangehensweise wäre für einen Bericht mit engem geographischem Fokus nicht praktikabel. Damit die vollständige relevante Literatur aufgegriffen wird, begleitete ein mehrstufiger Reviewprozess (mit Kommentaren von Stakeholder_innen und Wissenschaftler_innen) die Berichtsentwicklung. Teil dessen waren Anmerkungen zu fehlender Literatur. Der Reviewprozess unterstützt daher die Autor_innen, die gesamte relevante Literatur aufzunehmen.

Eine Besonderheit des österreichischen Sachstandsberichts (im Vergleich zu dem des IPCC) ist, dass neben begutachteter Literatur (sogenannte Peer-Review-Literatur) auch „graue Literatur" (wie beispielsweise Berichte, Buchkapitel oder noch nicht wissenschaftlich veröffentlichte Working Papers) herangezogen wurde. Dies deswegen, weil es wenig Peer-Review-Literatur gibt, die sich direkt auf Österreich bezieht. Literatur, die sich nicht direkt auf Österreich bezieht, musste im Rahmen des Assessments mit Österreich in Bezug gesetzt werden.

Der Sachstandsbericht bewertet sozialwissenschaftliche Literatur, wobei Sozialwissenschaften sehr breit definiert sind und unter anderem Forschungsergebnisse der Politik-, Wirtschafts- und Kulturwissenschaften, der Soziologie und der Rechtswissenschaft umfassen (vergleiche Kap. 2). Der Bericht als solches anerkennt die empirisch messbare multiparadigmatische Ausrichtung der Wissenschaften (Evans, 2016; Evans, Gomez, & McFarland, 2016) und ist von den Erkenntnissen des Perspektivismus getragen (Giere, 2006; Sass, 2019). Diesem folgend gehen mit unterschiedlichen wissenschaftlichen Disziplinen auch unterschiedliche Perspektiven einher. Die Ergebnisse der jeweiligen Forschung sind daher nur bedingt vergleichbar bzw. sogar oftmals gar nicht vergleichbar, wenn Ergebnissen keine gemeinsame Metrik (bzw. kein gemeinsamer Wertmaßstab) zugrunde liegt (Shove, 2010). Dies liegt auch an fundamentalen Unsicherheiten, mit denen Forscher_innen konfrontiert sind. Grundlegende Elemente des Interessensobjektes können unterschiedlich interpretiert werden: So ist Wirtschaft im Konzept der schwachen Nachhaltigkeit neben Natur und Gesellschaft ein eigener Kapitaltyp, im Konzept der starken Nachhaltigkeit aber eingebettet in und daher abhängig von Gesellschaft und biophysischen Prozessen (Hinterberger, Luks, & Schmidt-Bleek, 1997; Novy, Bärnthaler, & Heimerl, 2020). Die Forschung selbst ist auch von den Werten der Forscher_innen nur eingeschränkt trennbar (Davydova & Sharrock, 2003). Grundsätzlich streben alle Autor_innen danach, ein und dieselbe Realität entsprechend wissenschaftlicher Standards zu beschreiben (Danermark, 2002). In diesem Bericht anerkennen die Autor_innen jedoch unterschiedliche Blickwinkel. Der Bericht vertritt in diesem Sinne eine in fundamentaler Unsicherheit begründete plurale Sichtweise wissenschaftlicher Praxis (Dobusch & Kapeller, 2012) und fördert auch im Assessment ein interessiertes und kritisches Nebeneinander von Theorien und damit verbundenen Erklärungen.

Zugleich verfolgt der Bericht den Anspruch, möglichst einheitliche Standards in der Bewertung des Standes des Wissens festzulegen. Die Autor_innen waren nicht nur da-

Bewertung des Wissensstands

		Literaturbasis Schwach	Literaturbasis Mittel	Literaturbasis Stark
Übereinstimmung Zu Aussagen in den Quellen	Hoch	Hohe Übereinstimmung, Schwache Literaturbasis	Hohe Übereinstimmung, Mittlere Literaturbasis	Hohe Übereinstimmung, Starke Literaturbasis
	Mittel	Mittlere Übereinstimmung, Schwache Literaturbasis	Mittlere Übereinstimmung, Mittlere Literaturbasis	Mittlere Übereinstimmung, Starke Literaturbasis
	Gering	Geringe Übereinstimmung, Schwache Literaturbasis	Geringe Übereinstimmung, Mittlere Literaturbasis	Geringe Übereinstimmung, Starke Literaturbasis

Literaturbasis
Umfang und Qualität der Quellen

Farbskala Vertrauensbewertung: Sehr Geringes Vertrauen | Geringes Vertrauen | Mittleres Vertrauen | Hohes Vertrauen | Sehr Hohes Vertrauen

Abb. 1.9 Beurteilung des Wissensstandes im Sachstandsbericht. (Adaptiert von APCC, 2018)

zu aufgerufen, möglichst die gesamte relevante Literatur, die aus unterschiedlichen Disziplinen stammt, ins Assessment mit einzubeziehen, sondern auch Aussagen, die sich aus diesen ergeben, zu bewerten.

Die Bewertung von Aussagen im Bericht wurde entlang von zwei Maßstäben vorgenommen (Abb. 1.9): (1) ob die relevante Literatur in ihren Einschätzungen einer Aussage übereinstimmt (niedrige, mittlere, hohe Übereinstimmung) und (2) wie umfangreich und qualitativ hochwertig die Literaturbasis, die für die Bewertung der Aussage herangezogen wird, ist (schwache, mittlere, starke Literaturbasis). In diesem Bericht wird statt des bisher üblichen Begriffs „Beweislage" der Begriff „Literaturbasis" verwendet, da dieser mit allen in diesem Bericht vertretenen Perspektiven kompatibel ist. Die Literaturbasis umfasst nicht nur die Quantität der Literatur, sondern es wird – bezogen auf die Beweislage – auch die Qualität der jeweiligen Literatur bewertet. Aus der Kombination der beiden Kriterien ergibt sich das Vertrauen in eine Aussage (sehr geringes, geringes, mittleres, hohes und sehr hohes Vertrauen).

1.6 Aufbau des Berichtes

Nach der Einleitung in Kap. 1 stellt Kap. 2 vier sozialwissenschaftliche Perspektiven vor. In Teil 2 wird das klimafreundliche Leben in sechs verschiedenen Handlungsfeldern untersucht, in Teil 3 Strukturen für ein klimafreundliches Leben und in Teil 4 in Kap. 23 der aktuelle Forschungsstand zu Transformationspfaden sowie Szenarien zusammengefasst und die Ergebnisse dieses Berichtes entlang von Transformationspfaden und Ansatzpunkten systematisiert. In Teil 5 geben vier Kapitel einen vertieften Überblick über Theorien des Wandels, auf deren Basis die Perspektiven von Kap. 2 entwickelt wurden.

Kap. 1 klärt grundlegende Begriffe wie klimafreundliches Leben, Handlung, Strukturen und Gestaltbarkeit. Weiters gibt dieses Kapitel einen Überblick über aktuelle Entwicklungen der klimaschädlichen Emissionen, die in Widerspruch zum klimafreundlichen Leben stehen. Auch wird der aktuelle Stand des Wissens zur Verteilung von Emissionen auf unterschiedliche Sektoren, Haushaltsgruppen und Tätigkeiten dargelegt. Letztlich wird ein Überblick über die Berichtentwicklung und den Reviewprozess gegeben.

Kap. 2 sammelt und verdichtet Theorien des Wandels mit Bezug auf klimafreundliches Leben. Um die Breite von sozialwissenschaftlichen Theorien zusammenzufassen, werden diese entlang von vier Perspektiven strukturiert: Die Marktperspektive, die Innovationsperspektive, die Bereitstellungsperspektive sowie die Gesellschaft-Natur-Perspektive. Jede der besprochenen Perspektiven trägt unterschiedliche Dimensionen zur Gestaltbarkeit und Veränderbarkeit von Strukturen für ein klimafreundliches Leben bei. Allen voran beziehen sich verschiedene Akteur_innen auf unterschiedliche Weise darauf. Verschiedene Perspektiven setzen auf unterschiedliche Formen des Gestaltens von Strukturen klimafreundlichen Lebens und präferieren deshalb auch jeweils unterschiedliche klimapolitische Instrumente.

Die Kapitel in Teil 2 besprechen klimafreundliches Leben in sechs verschiedenen Handlungsfeldern: Wohnen; Ernährung; Mobilität; Erwerbsarbeit; Sorgearbeit für die eigene Person, Haushalt, Familie und Gesellschaft; Freizeit und Urlaub. Jedes dieser Kapitel behandelt die jeweiligen Handlungsfelder entlang der vier berichtbegleitenden Fragen. Auch werden hier aktuelle Entwicklungen klimaschädlicher Emissionen im Detail dargelegt.

Die Kapitel in Teil 3 diskutieren, quer zu den Handlungsfeldern, Strukturen mit Bezug auf klimafreundliches Leben. Die Literatur zu folgenden zwölf Strukturen wird analysiert: Recht; Governance und politische Beteiligung; Innovationssystem und -politik; Die Versorgung mit Gütern und Dienstleistungen; Globalisierung: globale Warenketten und Arbeitsteilung; Geld- und Finanzsystem; Soziale und räumliche Ungleichheit; Sozialstaat und Klimawandel; Raumplanung; Mediendiskurse und -Strukturen; Bildung und Wissenschaft für ein klimafreundliches Leben und Netzgebundene Infrastrukturen.

In Teil 4 gibt Kap. 23 einen Überblick über in der Literatur diskutierte Szenarien, die Rolle von Narrativen für ein klimafreundliches Leben und ordnet die Gestaltungsoptionen des Berichts grundsätzlich unterschiedlichen Transformationspfaden zu. Aus einer Diskussion von Synergien und Konflikten der Handlungsmöglichkeiten dieser Pfade wird ein Transformationspfad als Option zur Förderung klimafreundlichen Lebens und damit zur Erreichung der Klimaziele skizziert. Weiters werden die Interventionspunkte diskutiert und bewertet.

Die Kapitel in Teil 5 erarbeiten und erläutern Theorien des Wandels im Detail. Es werden verschiedene sozialwissenschaftliche Zugänge zu Wandel und Transformation erläutert und entlang der berichtbegleitenden Fragen dargelegt. Dieses Kapitel vertieft zur Nachvollziehbarkeit Grundannahmen, Konzepte und Theorien der internationalen wissenschaftlichen Debatte.

1.7 Quellenverzeichnis

ACRP. (2019). *Austrian Climate Research Programme 2019*. Klima- und Energiefonds. https://www.klimafonds.gv.at/call/austrian-climate-research-programme-5/

Anderl, M., Gangl, M., Kuschel, V., Lampert, C., Mandl, N., Matthews, B., Moldaschl, E., Simone Mayer, Pazdernik, K., Poupa, S., Purzner, M., schaub, A. K. R., Schieder, W., Schmid, C., Schmidt, G., Schodl, B., Schwaiger, E., Schwarzl, B., Stranner, G., ... Zechmeister, A. (2022). *Austria's Annual Greenhouse Gas Inventory 1990–2020*. Umweltbundesamt (UBA). https://www.umweltbundesamt.at/fileadmin/site/publikationen/rep0798.pdf

Anderl, M., Friedrich, A., Gangl, M., Haider, S., Köther, T., Martin Kriech, Verena Kuschel, Christoph Lampert, Nicole Mandl, Bradley Matthews, Katja Pazdernik, Marion Pinterits, Stephan Poupa, Maria Purzner, Wolfgang Schieder, Carmen Schmid, Günther Schmidt, Barbara Schodl, Elisabeth Schwaiger, ... Andreas Zechmeiste. (2021). *Austria's National Inventory Report 2021* (Nr. 0761). Umwelbundesamt GmbH. Abgerufen 3. Mai 2022, von https://www.umweltbundesamt.at/fileadmin/site/publikationen/rep0761.pdf

Archer, M. S. (1995). *Realist social theory: The morphogenetic approach*. Cambridge University Press.

Austrian Panel on Climate Change (APCC). (2018). *Österreichischer Special Report Gesundheit, Demographie und Klimawandel (ASR18)*. Verlag der Österreichische Akademie der Wissenschaften.

Beck, S. (2011). Moving beyond the linear model of expertise? IPCC and the test of adaptation. *Regional Environmental Change*, 11(2), 297–306. https://doi.org/10.1007/s10113-010-0136-2

Beck, S. (2012). 5. Der Weltklimarat (IPCC): Das Modell für Politikberatung auf internationaler Ebene? In J. Halfmann & M. Morisse-Schilbach (Hrsg.), *Wissen, Wissenschaft und Global Commons* (S. 153–179). Nomos Verlagsgesellschaft mbH & Co. KG. https://doi.org/10.5771/9783845239323-153

Beck, S., Borie, M., Chilvers, J., Esguerra, A., Heubach, K., Hulme, M., Lidskog, R., Lövbrand, E., Marquard, E., Miller, C., Nadim, T., Neßhöver, C., Settele, J., Turnhout, E., Vasileiadou, E., & Görg, C. (2014). Towards a Reflexive Turn in the Governance of Global Environmental Expertise. The Cases of the IPCC and the IPBES. *GAIA – Ecological Perspectives for Science and Society*, 23(2), 80–87. https://doi.org/10.14512/gaia.23.2.4

Berkes, F. (2009). Indigenous ways of knowing and the study of environmental change. *Journal of the Royal Society of New Zealand*, 39(4), 151–156. https://doi.org/10.1080/03014220909510568

Bhan, M., Gingrich, S., Roux, N., Le Noë, J., Kastner, T., Matej, S., Schwarzmueller, F., & Erb, K.-H. (2021). Quantifying and attributing land use-induced carbon emissions to biomass consumption: A critical assessment of existing approaches. *Journal of Environmental Management*, 286, 112228. https://doi.org/10.1016/j.jenvman.2021.112228

Bhaskar, R., Archer, M., Collier, A., Lawson, T., & Norrie, A. (Hrsg.). (1998). *Critical Realism: Essential Readings*. Routledge.

Conrad, J. (2010). Sozialwissenschaftliche Analyse von Klimaforschung, -diskurs und -politik am Beispiel des IPCC. In M. Voss (Hrsg.), *Der Klimawandel: Sozialwissenschaftliche Perspektiven* (S. 101–115). VS Verlag für Sozialwissenschaften. https://doi.org/10.1007/978-3-531-92258-4_6

Creutzig, F., Callaghan, M., Ramakrishnan, A., Javaid, A., Niamir, L., Minx, J., Müller-Hansen, F., Sovacool, B., Afroz, Z., Andor, M., Antal, M., Court, V., Das, N., Díaz-José, J., Döbbe, F., Figueroa, M. J., Gouldson, A., Haberl, H., Hook, A., ... Wilson, C. (2021). Reviewing the scope and thematic focus of 100 000 publications on energy consumption, services and social aspects of climate change: A big data approach to demand-side mitigation *. *Environmental Research Letters*, 16(3), 033001. https://doi.org/10.1088/1748-9326/abd78b

Danermark, B. (2002). *Explaining society: Critical realism in the social sciences*. Routledge.

Davydova, I., & Sharrock, W. (2003). The Rise and Fall of the Fact/Value Distinction. *The Sociological Review*, 51(3), 357–375. https://doi.org/10.1111/1467-954X.00425

Díaz, S., Demissew, S., Carabias, J., Joly, C., Lonsdale, M., Ash, N., Larigauderie, A., Adhikari, J. R., Arico, S., Báldi, A., Bartuska, A., Baste, I. A., Bilgin, A., Brondizio, E., Chan, K. M., Figueroa, V. E., Duraiappah, A., Fischer, M., Hill, R., ... Zlatanova, D. (2015). The IPBES Conceptual Framework – Connecting nature and people. *Current Opinion in Environmental Sustainability*, 14, 1–16. https://doi.org/10.1016/j.cosust.2014.11.002

Dobusch, L., & Kapeller, J. (2012). Heterodox United vs. Mainstream City? Sketching a Framework for Interested Pluralism in Economics. *Journal of Economic Issues*, 46(4), 1035–1058. https://doi.org/10.2753/JEI0021-3624460410

Druckman, A., Buck, I., Hayward, B., & Jackson, T. (2012). Time, gender and carbon: A study of the carbon implications of British adults' use of time. *Ecological Economics*, *84*, 153–163. https://doi.org/10.1016/j.ecolecon.2012.09.008

European Environment Agency. (2019). *More national climate policies expected, but how effective are the existing ones?* Publications Office. https://data.europa.eu/doi/10.2800/241300

Evans, E. D. (2016). Measuring Interdisciplinarity Using Text. *Socius: Sociological Research for a Dynamic World*, *2*, 237802311665414. https://doi.org/10.1177/2378023116654147

Evans, E. D., Gomez, C. J., & McFarland, D. A. (2016). Measuring Paradigmaticness of Disciplines Using Text. *Sociological Science*, *3*, 757–778. https://doi.org/10.15195/v3.a32

Forster, P. M., Forster, H. I., Evans, M. J., Gidden, M. J., Jones, C. D., Keller, C. A., Lamboll, R. D., Quéré, C. L., Rogelj, J., Rosen, D., Schleussner, C.-F., Richardson, T. B., Smith, C. J., & Turnock, S. T. (2020). Current and future global climate impacts resulting from COVID-19. *Nature Climate Change*, *10*(10), 913–919. https://doi.org/10.1038/s41558-020-0883-0

Friedlingstein, P., Jones, M. W., O'Sullivan, et al. (2021) Global Carbon Budget 2021. *Earth Syst. Sci. Data Discuss.*, *2021*, 1–191. https://essd.copernicus.org/preprints/essd-2021-386/essd-2021-386.pdf

Giere, R. N. (2006). *Scientific perspectivism*. University of Chicago Press.

Görg, C., Beck, S., Berghöfer, A., van den Hove, S., Koetz, T., Korn, H., Leiner, S., Neßhöver, C., Rauschmayer, F., Sharman, M., Wittmer, H., & Zaunberger, K. (2007). International Science-Policy Interfaces for Biodiversity Governance – Needs, Challenges, Experiences. A Contribution to the IMoSEB Consultative Process. *UFZ Discussion Papers*, *10/06*.

Görg, C., Neßhöver, C., & Paulsch, A. (2010). A New Link Between Biodiversity Science and Policy. *GAIA – Ecological Perspectives for Science and Society*, *19*(3), 183–186. https://doi.org/10.14512/gaia.19.3.7

Gough, I. (2013). Carbon Mitigation Policies, Distributional Dilemmas and Social Policies. *Journal of Social Policy*, *42*(02), 191–213. https://doi.org/10.1017/S0047279412001018

Gough, I. (2017). *Heat, Greed and Human Need: Climate Change, Capitalism and Sustainable Wellbeing*. Edward Elgar Publishing.

Gruchy, A. G. (1987). *The Reconstruction of Economics: An Analysis of the Fundamentals of Institutional Economics*. Greenwood Press.

Grunwald, A. (2015). Transformative Wissenschaft – eine neue Ordnung im Wissenschaftsbetrieb? *GAIA – Ecological Perspectives for Science and Society*, *24*(1), 17–20. https://doi.org/10.14512/gaia.24.1.5

Haberl, H., Wiedenhofer, D., Virág, D., Kalt, G., Plank, B., Brockway, P., Fishman, T., Hausknost, D., Krausmann, F., Leon-Gruchalski, B., Mayer, A., Pichler, M., Schaffartzik, A., Sousa, T., Streeck, J., & Creutzig, F. (2020). A systematic review of the evidence on decoupling of GDP, resource use and GHG emissions, part II: Synthesizing the insights. *Environmental Research Letters*, *15*(6), 065003. https://doi.org/10.1088/1748-9326/ab842a

Hausknost, D., & Haas, W. (2019). The Politics of Selection: Towards a Transformative Model of Environmental Innovation. *Sustainability*, *11*(2), 506. https://doi.org/10.3390/su11020506

Hinterberger, F., Luks, F., & Schmidt-Bleek, F. (1997). Material flows vs. Natural capital – What makes an economy sustainable? *Ecological Economics*, *23*(1), 1–14. https://doi.org/10.1016/S0921-8009(96)00555-1

Hirsch Hadorn, G. (2008). *Handbook of transdisciplinary research*. Springer.

Hirsch Hadorn, G., Bradley, D., Pohl, C., Rist, S., & Wiesmann, U. (2006). Implications of transdisciplinarity for sustainability research. *Ecological Economics*, *60*(1), 119–128. https://doi.org/10.1016/j.ecolecon.2005.12.002

Hodgson, G. M. (1989). *Economics and institutions – A manifesto for a modern institutional economics*. Polity Press.

Hulme, M. (2014). *Can science fix climate change? A case against climate engineering*. Polity Press.

Hulme, M., Mahony, M., Beck, S., Gorg, C., Hansjurgens, B., Hauck, J., Nesshover, C., Paulsch, A., Vandewalle, M., Wittmer, H., Boschen, S., Bridgewater, P., Diaw, M. C., Fabre, P., Figueroa, A., Heong, K. L., Korn, H., Leemans, R., Lovbrand, E., ... van der Sluijs, J. P. (2011). Science-Policy Interface: Beyond Assessments. *Science*, *333*(6043), 697–698. https://doi.org/10.1126/science.333.6043.697

IPCC. (1996). *Climate Change 1995: A report of the Intergovernmental Panel on Climate Change, Second Assessment Report of the Intergovernmental Panel on Climate Change*. IPCC.

IPCC. (2007). *Climate Change 2007: Synthesis Report. Contribution of Working Groups I, II and III to the Fourth Assessment Report of the Intergovernmental Panel on Climate Change [Core Writing Team, Pachauri, R.K and Reisinger, A. (eds.)]* (S. 104). IPCC.

IPCC. (2018). *Summary for Policymakers of IPCC Special Report on Global Warming of 1.5°C approved by governments*.

IPCC. (2021). *Climate change 2021: The physical science basis: Working Group I contribution to the sixth assessment report of the Intergovernmental Panel on climate change [Masson-Delmotte, V., P. Zhai, A. Pirani, S.L. Connors, C. Péan, S. Berger, N. Caud, Y. Chen, L. Goldfarb, M.I. Gomis, M. Huang, K. Leitzell, E. Lonnoy, J.B.R. Matthews, T.K. Maycock, T. Waterfield, O. Yelekçi, R. Yu, and B. Zhou (eds.)]*. /z-wcorg/. https://www.ipcc.ch/report/ar6/wg1/downloads/report/IPCC_AR6_WGI_Full_Report.pdf

IPCC. (2022). Summary for Policymakers. In P. R. Shukla, J. Skea, R. Slade, A. A. Khourdajie, R. van Diemen, D. McCollum, M. Pathak, S. Some, P. Vyas, R. Fradera, M. Belkacemi, A. Hasija, G. Lisboa, S. Luz, & J. Malley (Hrsg.), *Climate Change 2022: Mitigation of Climate Change. Contribution of Working Group III to the Sixth Assessment Report of the Intergovernmental Panel on Climate Change*. Cambridge University Press. https://www.ipcc.ch/report/ar6/wg3/

Ivanova, D., Vita, G., Steen-Olsen, K., Stadler, K., Melo, P. C., Wood, R., & Hertwich, E. G. (2017). Mapping the carbon footprint of EU regions. *Environmental Research Letters*, *12*(5), 054013. https://doi.org/10.1088/1748-9326/aa6da9

Jahn, T., Bergmann, M., & Keil, F. (2012). Transdisciplinarity: Between mainstreaming and marginalization. *Ecological Economics*, *79*, 1–10. https://doi.org/10.1016/j.ecolecon.2012.04.017

Jahn, T., Hummel, D., Drees, L., Liehr, S., Lux, A., Mehring, M., Stieß, I., Völker, C., Winker, M., & Zimmermann, M. (2020). Sozial-ökologische Gestaltung im Anthropozän. *GAIA – Ecological Perspectives for Science and Society*, *29*(2), 93–97. https://doi.org/10.14512/gaia.29.2.6

Jahn, T., & Keil, F. (2015). An actor-specific guideline for quality assurance in transdisciplinary research. *Futures*, *65*, 195–208. https://doi.org/10.1016/j.futures.2014.10.015

Jalas, M., & Juntunen, J. K. (2015). Energy intensive lifestyles: Time use, the activity patterns of consumers, and related energy demands in Finland. *Ecological Economics*, *113*, 51–59. https://doi.org/10.1016/j.ecolecon.2015.02.016

Jasanoff, S. (1996). Beyond Epistemology: Relativism and Engagement in the Politics of Science. *Social Studies of Science*, *26*(2), 393–418. https://doi.org/10.1177/030631296026002008

Jasanoff, S. (Hrsg.). (2004). *States of knowledge: The co-production of science and social order*. Routledge.

Kates, R. W., Clark, W. C., Corell, R., Hall, J. M., Jaeger, C. C., Lowe, I., McCarthy, J. J., Schellnhuber, H. J., Bolin, B., Dickson, N. M., Faucheux, S., Gallopin, G. C., Grübler, A., Huntley, B., Jäger, J., Jodha, N. S., Kasperson, R. E., Mabogunje, A., Matson, P., ... Svedin, U. (2001). Sustainability science. *Science*, *292*(5517), 641–642. https://doi.org/10.1126/science.1059386

Kirchengast, G., & Steininger, K. (2020). *Wegener Center Statement 9.10.2020 – Ein Update zum Ref-NEKP der Wissenschaft: Treibhausgasbudget für Österreich auf dem Weg zur Klimaneutra-

lität 2040. https://wegcwww.uni-graz.at/publ/downloads/RefNEKP-TreibhausgasbudgetUpdate_WEGC-Statement_Okt2020.pdf

Lamb, W. F., Antal, M., Bohnenberger, K., Brand-Correa, L. I., Müller-Hansen, F., Jakob, M., Minx, J. C., Raiser, K., Williams, L., & Sovacool, B. K. (2020). What are the social outcomes of climate policies? A systematic map and review of the ex-post literature. *Environmental Research Letters*. https://doi.org/10.1088/1748-9326/abc11f

Lamb, W. F., Wiedmann, T., Pongratz, J., Andrew, R., Crippa, M., Olivier, J. G. J., Wiedenhofer, D., Mattioli, G., Khourdajie, A. A., House, J., Pachauri, S., Figueroa, M., Saheb, Y., Slade, R., Hubacek, K., Sun, L., Ribeiro, S. K., Khennas, S., de la Rue du Can, S., ... Minx, J. (2021). A review of trends and drivers of greenhouse gas emissions by sector from 1990 to 2018. *Environmental Research Letters*, *16*(7), 073005. https://doi.org/10.1088/1748-9326/abee4e

Liang, S., Qu, S., Zhu, Z., Guan, D., & Xu, M. (2017). Income-Based Greenhouse Gas Emissions of Nations. *Environmental Science & Technology*, *51*(1), 346–355. https://doi.org/10.1021/acs.est.6b02510

Loreau, M., Oteng-Yeboah, A., Arroyo, M. T. K., Babin, D., Barbault, R., Donoghue, M., Gadgil, M., Häuser, C., Heip, C., Larigauderie, A., Ma, K., Mace, G., Mooney, H. A., Perrings, C., Raven, P., Sarukhan, J., Schei, P., Scholes, R. J., & Watson., R. T. (2006). Diversity without representation. *Nature*, *442*(7100), 245–246. https://doi.org/10.1038/442245a

Marques, A., Rodrigues, J., Lenzen, M., & Domingos, T. (2012). Income-based environmental responsibility. *Ecological Economics*, *84*, 57–65. https://doi.org/10.1016/j.ecolecon.2012.09.010

Meyer, L., & Steininger, K. (2017). *Das Treibhausgas-Budget für Österreich* (Wissenschaftlicher Bericht Nr. 72–2017). https://wegcwww.uni-graz.at/publ/wegcreports/2017/WCV-WissBer-Nr72-LMeyerKSteininger-Okt2017.pdf

Miller, C. A., & Wyborn, C. (2020). Co-production in global sustainability: Histories and theories. *Environmental Science & Policy*, *113*, 88–95. https://doi.org/10.1016/j.envsci.2018.01.016

Muñoz, P., Zwick, S., & Mirzabaev, A. (2020). The impact of urbanization on Austria's carbon footprint. *Journal of Cleaner Production*, *263*, 121326. https://doi.org/10.1016/j.jclepro.2020.121326

Nabernegg, S. (2021a). Emissionen hin oder her: Wer stößt sie aus und wieviel ist zuviel? In Beigewurm, Attac, & Armutskonferenz (Hrsg.), *Klimasoziale Politik: Eine gerechte und emissionsfreie Gesellschaft gestalten* (S. 175–183). bahoe books.

Nabernegg, S. (2021b). *Emission distribution and incidence of national mitigation policies among households in Austria* (Graz Economics Paper Nr. 2021-12). University of Graz, Department of Economics. https://econpapers.repec.org/paper/grzwpaper/2021-12.htm

Nabernegg, S., Steininger, K. W., Lackner, T. (2023). *Consumption- and production-based emissions: Updates for Austria, June 2023*. Wegener Center Scientific Report 100-2023, Wegener Center Verlag, University of Graz, Austria.

Nassehi, A. (2008). *Die Zeit der Gesellschaft: Auf dem Weg zu einer soziologischen Theorie der Zeit*. VS Verlag für Sozialwissenschaften.

Novy, A., Bärnthaler, R., & Heimerl, V. (2020). *Zukunftsfähiges Wirtschaften* (1.). Beltz.

Ostrom, E. (1990). *Governing the Commons: The Evolution of Institutions for Collective Action*. Cambridge University Press.

Paulsch, A., Görg, C., & Neßhöver, C. (2010). Intergovernmental Science-Policy Platform on Biodiversity and Ecosystem Services (IPBES) – Auf dem Weg zu einem weltweiten Biodiversitätsrat. *Local Land & Soil News*, *34/35*, 15–16.

Pielke, R., Prins, G., Rayner, S., & Sarewitz, D. (2007). Lifting the taboo on adaptation. *Nature*, *445*(7128), 597–598. https://doi.org/10.1038/445597a

Plank, C., Haas, W., Schreuer, A., Irshaid, J., Barben, D., & Görg, C. (2021). Climate policy integration viewed through the stakeholders' eyes: A co-production of knowledge in social-ecological transformation research. *Environmental Policy and Governance*, eet.1938. https://doi.org/10.1002/eet.1938

Pohl, C., & Hadorn, G. H. (2008). Methodological challenges of transdisciplinary research. *Natures Sciences Sociétés*, *16*(2), 111–121. https://doi.org/10.1051/nss:2008035

Rogelj, J., Forster, P. M., Kriegler, E., Smith, C. J., & Séférian, R. (2019). Estimating and tracking the remaining carbon budget for stringent climate targets. *Nature*, *571*(7765), 335–342. https://doi.org/10.1038/s41586-019-1368-z

Rohe, W. (2015). Vom Nutzen der Wissenschaft für die Gesellschaft: Eine Kritik zum Anspruch der transformativen Wissenschaft. *GAIA – Ecological Perspectives for Science and Society*, *24*(3), 156–159. https://doi.org/10.14512/gaia.24.3.5

Røpke, I. (1999). The dynamics of willingness to consume. *Ecological Economics*, *28*(3), 399–420.

Sass, H. von (Hrsg.). (2019). *Perspektivismus: Neue Beiträge aus der Erkenntnistheorie, Hermeneutik und Ethik*. Meiner.

Schneider, F., Giger, M., Harari, N., Moser, S., Oberlack, C., Providoli, I., Schmid, L., Tribaldos, T., & Zimmermann, A. (2019). Transdisciplinary co-production of knowledge and sustainability transformations: Three generic mechanisms of impact generation. *Environmental Science & Policy*, *102*, 26–35. https://doi.org/10.1016/j.envsci.2019.08.017

Schneidewind, U. (2015). Transformative Wissenschaft – Motor für gute Wissenschaft und lebendige Demokratie. *GAIA – Ecological Perspectives for Science and Society*, *24*(2), 88–91. https://doi.org/10.14512/gaia.24.2.5

Schor, J. B. (1991). The insidious cycle of work-and-spend. In *The overworked American: The unexpected decline of leisure*. Basic Books.

Seto, K. C., Davis, S. J., Mitchell, R. B., Stokes, E. C., Unruh, G., & Ürge-Vorsatz, D. (2016). Carbon Lock-In: Types, Causes, and Policy Implications. *Annual Review of Environment and Resources*, *41*(1), 425–452. https://doi.org/10.1146/annurev-environ-110615-085934

Shackley, S., & Skodvin, T. (1995). IPCC gazing and the interpretative social sciences: A comment on Sonja Boehmer-Christiansen's: "Global climate protection policy: the limits of scientific advice". *Global Environmental Change*, *5*(3), 175–180. https://doi.org/10.1016/0959-3780(95)00021-F

Shove, E. (2010). Beyond the ABC: Climate Change Policy and Theories of Social Change. *Environment and Planning A*, *42*, 1273–1285. https://doi.org/10.1068/a42282

Shove, E., Trentmann, F., & Wilk, R. R. (Hrsg.). (2009). *Time, consumption and everyday life: Practice, materiality and culture*. Berg.

Smetschka, B., Wiedenhofer, D., Egger, C., Haselsteiner, E., Moran, D., & Gaube, V. (2019). Time Matters: The Carbon Footprint of Everyday Activities in Austria. *Ecological Economics*, *164*, 106357. https://doi.org/10.1016/j.ecolecon.2019.106357

Star, S. L., & Griesemer, J. R. (1989). Institutional Ecology, "Translations" and Boundary Objects: Amateurs and Professionals in Berkeley's Museum of Vertebrate Zoology, 1907-39. *Social Studies of Science*, *19*(3), 387–420. https://doi.org/10.1177/030631289019003001

Steininger, K. W., Lininger, C., Meyer, L. H., Muñoz, P., & Schinko, T. (2016). Multiple carbon accounting to support just and effective climate policies. *Nature Climate Change*, *6*(1), 35–41. https://doi.org/10.1038/nclimate2867

Steininger, K. W., Munoz, P., Karstensen, J., Peters, G. P., Strohmaier, R., & Velázquez, E. (2018). Austria's consumption-based greenhouse gas emissions: Identifying sectoral sources and destinations. *Global Environmental Change*, *48*, 226–242. https://doi.org/10.1016/j.gloenvcha.2017.11.011

Steininger, K. W., Williges, K., Meyer, L. H., Maczek, F., & Riahi, K. (2022). Sharing the effort of the European Green Deal among countries. *Nature Communications*, *13*(1), 3673. https://doi.org/10.1038/s41467-022-31204-8

Stoddard, I., Anderson, K., Capstick, S., Carton, W., Depledge, J., Facer, K., Gough, C., Hache, F., Hoolohan, C., Hultman, M., Hällström, N., Kartha, S., Klinsky, S., Kuchler, M., Lövbrand, E., Nasiritousi, N., Newell, P., Peters, G. P., Sokona, Y., ... Williams, M. (2021). Three Decades of Climate Mitigation: Why Haven't We Bent the Global Emissions Curve? *Annual Review of Environment and Resources*, *46*(1), 653–689. https://doi.org/10.1146/annurev-environ-012220-011104

Strohschneider, P. (2014). Zur Politik der Transformativen Wissenschaft. In A. Brodocz, D. Herrmann, R. Schmidt, D. Schulz, & J. Schulze Wessel (Hrsg.), *Die Verfassung des Politischen* (S. 175–192). Springer Fachmedien Wiesbaden. https://doi.org/10.1007/978-3-658-04784-9_10

Strunz, S., & Gawel, E. (2017). Transformative Wissenschaft: Eine kritische Bestandsaufnahme der Debatte. *GAIA – Ecological Perspectives for Science and Society*, *26*(4), 321–325. https://doi.org/10.14512/gaia.26.4.8

Tagliapietra, S. (2021, Juli 14). Fit for 55 marks Europe's climate moment of truth | Bruegel. *Bruegel Blog*. https://www.bruegel.org/2021/07/fit-for-55-marks-europes-climate-moment-of-truth/

Tukker, A., Pollitt, H., & Henkemans, M. (2020). Consumption-based carbon accounting: Sense and sensibility. *Climate Policy*, *20*(sup1), S1–S13. https://doi.org/10.1080/14693062.2020.1728208

Umweltbundesamt. (2020). *Klimaschutzbericht 2020*. Umweltbundesamt (UBA). https://www.umweltbundesamt.at/fileadmin/site/publikationen/rep0738.pdf

Umweltbundesamt. (2021). *Treibhausgas-Bilanz Österreichs 2019*. https://www.umweltbundesamt.at/news210119

UNEP. (2020). *Emissions Gap Report 2020*. Nairobi.

UNEP. (2021). *Emissions Gap Report 2021*. Neirobi.

Vasileiadou, E., Heimeriks, G., & Petersen, A. C. (2011). Exploring the impact of the IPCC Assessment Reports on science. *Environmental Science & Policy*, *14*(8), 1052–1061. https://doi.org/10.1016/j.envsci.2011.07.002

Vatn, A. (2005). *Institutions And The Environment*. Edward Elgar Pub.

Wiedenhofer, D., Smetschka, B., Akenji, L., Jalas, M., & Haberl, H. (2018). Household time use, carbon footprints, and urban form: A review of the potential contributions of everyday living to the 1.5 °C climate target. *Current Opinion in Environmental Sustainability*, *30*, 7–17. https://doi.org/10.1016/j.cosust.2018.02.007

Wiedenhofer, D., Virág, D., Kalt, G., Plank, B., Streeck, J., Pichler, M., Mayer, A., Krausmann, F., Brockway, P., Schaffartzik, A., Fishman, T., Hausknost, D., Leon-Gruchalski, B., Sousa, T., Creutzig, F., & Haberl, H. (2020). A systematic review of the evidence on decoupling of GDP, resource use and GHG emissions, part I: Bibliometric and conceptual mapping. *Environmental Research Letters*, *15*(6), 063002. https://doi.org/10.1088/1748-9326/ab8429

Wiedmann, T., Lenzen, M. (2018) Environmental and social footprints of international trade. *Nature Geosci 11*, 314–321. https://doi.org/10.1038/s41561-018-0113-9

Williges, K., Meyer, L. H., Steininger, K. W., & Kirchengast, G. (2022). Fairness critically conditions the carbon budget allocation across countries. *Global Environmental Change*, *74*, 102481. https://doi.org/10.1016/j.gloenvcha.2022.102481

Wissel, C. von. (2015). Die Eigenlogik der Wissenschaft neu verhandeln: Implikationen einer transformativen Wissenschaft. *GAIA – Ecological Perspectives for Science and Society*, *24*(3), 152–155. https://doi.org/10.14512/gaia.24.3.4

Wood, R., Moran, D. D., Rodrigues, J. F. D. and Stadler, K. (2019) Variation in trends of consumption based carbon accounts. *Scientific Data*, *6*, 99. https://doi.org/10.1038/s41597-019-0102-x

Kapitel 2. Perspektiven zur Analyse und Gestaltung von Strukturen klimafreundlichen Lebens

Koordinierende Leitautor_innen
Andreas Novy, Margaret Haderer und Klaus Kubeczko.

Leitautor_innen
Ernest Aigner, Richard Bärnthaler, Ulrich Brand, Thomas Brudermann, Antje Daniel, Andreas Exner, Julia Fankhauser, Michael Getzner, Christoph Görg, Michael Jonas, Markus Ohndorf, Michael Ornetzeder, Leonhard Plank, Thomas Schinko, Nicolas Schlitz, Anke Strüver und Franz Tödtling.

Beitragende Autor_innen
Joanne Linnerooth-Bayer, Alina Brad, Veronica Karabaczek und Mathias Krams.

Revieweditor
Thomas Jahn

Zitierhinweis
Novy, A., M. Haderer, K. Kubeczko, E. Aigner, R. Bärnthaler, U. Brand, T. Brudermann, A. Daniel, A. Exner, J. Fankhauser, M. Getzner, C. Görg, M. Jonas, M. Ohndorf, M. Ornetzeder, L. Plank, T. Schinko, N. Schlitz, A. Strüver und F. Tödtling (2023): Perspektiven zur Analyse und Gestaltung von Strukturen klimafreundlichen Lebens. In: APCC Special Report. Strukturen für ein klimafreundliches Leben (APCC SR Klimafreundliches Leben) [Görg, C., V. Madner, A. Muhar, A. Novy, A. Posch, K. W. Steininger, E. Aigner (Hrsg.)]. Springer Spektrum: Berlin/Heidelberg.

Kernaussagen des Kapitels
- Problemdiagnosen, Zielhorizonte und Gestaltungsoptionen mit Blick auf die Klimakrise sind vielfältig, dennoch lassen sich vor dem Hintergrund wirtschafts-, sozial-, und kulturwissenschaftlicher Debatten vier Hauptperspektiven identifizieren: Markt-, Innovations-, Bereitstellungs- und Gesellschaft-Natur-Perspektive (mittlere Übereinstimmung, starke Literaturbasis).
- Aus der Marktperspektive sind Preissignale, die klimafreundliche Konsum- und Investitionsentscheidungen fördern, zentral für klimafreundliches Leben. Wenn es passende Rahmenbedingungen gibt, die Märkte klimafreundlich regulieren, dann tragen Verursacherprinzip und Kostenwahrheit zur Dekarbonisierung bei (hohe Übereinstimmung, starke Literaturbasis).
- Aus der Innovationsperspektive ist die soziotechnische Erneuerung von Produktions- und Konsumptionssystemen wesentlich für ein klimafreundliches Leben. Wenn Innovationen nicht nur unternehmerischen, sondern auch gesellschaftlichen Interessen dienen – z. B. der Bearbeitung der Klimakrise –, verbessern sie die Rahmenbedingungen klimafreundlichen Lebens (hohe Übereinstimmung, mittlere Literaturbasis).
- Aus der Bereitstellungsperspektive sind Bereitstellungsysteme, die suffiziente und resiliente Praktiken und Lebensformen erleichtern und damit selbstverständlich machen, zentral für klimafreundliches Leben. Wenn staatliche Institutionen und andere Akteur_innen dauerhaft klimafreundliche Infrastrukturen, Institutionen und rechtliche Regelungen schaffen, können sich klimafreundliche Gewohnheiten rascher durchsetzen (hohe Übereinstimmung, mittlere Literaturbasis).
- Aus der Gesellschaft-Natur-Perspektive ist das Wissen über zentrale Treiber der Klimakrise (z. B. Mensch-Natur-Dualismen, Kapitalakkumulation, soziale Ungleichheit) wesentlich für klimafreundliches Leben. Nur wenn bei klimapolitischen Lösungen auch der Bezug zu den Treibern der Klimakrise mitreflektiert wird (z. B. Kapitalakkumu-

lation, westliche Naturbeherrschung), ist eine tiefenwirksame Bearbeitung der Klimakrise möglich (hohe Übereinstimmung, mittlere Literaturbasis).
- Wenn bloß von einer Perspektive ausgegangen wird (z. B. von der gesellschaftlich am anschlussfähigsten – derzeit die Marktperspektive), dann kommen nur bestimmte Problemdiagnosen, Zielhorizonte und Gestaltungsoptionen zur Anwendung (mittlere Übereinstimmung, mittlere Literaturbasis).
- Für die Gestaltung klimafreundlichen Lebens gilt: Wenn mehrere Perspektiven berücksichtigt werden, dann ist die Wahrscheinlichkeit am höchsten, dass Problemdiagnosen, Zielhorizonte und Gestaltungsoptionen differenziert verstanden, Prioritäten informiert gesetzt und Inkompatibilitäten sowie Synergien identifiziert werden können (hohe Übereinstimmung, mittlere Literaturbasis).

2.1 Einleitung

Kap. 2 systematisiert entlang von vier Perspektiven in den Sozialwissenschaften weit verbreitete Theorien zur Analyse und Gestaltung von Strukturen klimafreundlichen Lebens. Der vorliegende Sachstandsbericht geht hierbei von einem weiten Verständnis von Sozialwissenschaften aus, die unter anderem Politik-, Wirtschafts- und Kulturwissenschaften und die Soziologie umfassen. Viele Beiträge nehmen auch Bezug auf naturwissenschaftliche Theorien.

Das Kapitel möchte Leser_innen des Berichtes bewusst machen, mit wie grundlegend unterschiedlichen Zugängen Forscher_innen Strukturen klimafreundlichen Lebens analysieren. Dies ist wichtig, um zu verstehen, dass es nie nur eine, sondern immer mehrere Perspektiven auf Strukturen klimafreundlichen Lebens gibt. Dieses Bewusstsein hilft, die Komplexität der Sozialwissenschaften und damit die Komplexität der Aufgabe – Strukturen für ein klimafreundliches Leben zu gestalten – zu erfassen. Unterschiedliche Zugänge zu sehen, bedeutet auch, ein besseres Verständnis von konfligierenden Problemdiagnosen, Zielhorizonten und Gestaltungsoptionen zu entwickeln und – idealerweise – damit umgehen zu können.

Es gibt keine Theorien, Modelle und Heuristiken, die alle Dimensionen eines Wandels in Richtung Strukturen klimafreundlichen Lebens sowie deren Gegenspieler adäquat erfassen. So sind manche in diesem Bericht aufgegriffenen Theorien stärker im Erklären von Beharrungskräften, die Wandel ausbremsen [siehe dazu insbesondere Teil 5, Kap. 27], andere wiederum im „Ausbuchstabieren" von klimafreundlichen Strukturen (siehe dazu insbesondere Teil 5, Kap. 26) und Transformationspfaden [siehe dazu insbesondere Teil 5, Kap. 24, 25 und teilweise 26]. Nur wenige der Theorien, auf denen die hier vorgestellten Perspektiven fußen, beschäftigten sich von Beginn an mit der Klimakrise. Jedoch öffneten sich in den letzten Jahren zahlreiche sozialwissenschaftliche Ansätze für die Analyse klimaunfreundlichen Lebens, insbesondere Praxistheorie, Innovationstheorien und Theorien von Bereitstellungssystemen, und für Fragen der Gestaltung klimafreundlichen Lebens. Daher bietet der Bericht die Chance, wissenschaftliche Erkenntnisse aus verschiedenen Disziplinen mit unterschiedlichen Schwerpunkten, Annahmen, Werkzeugen und Wertvorstellungen gegenüberzustellen. So können möglichst viele Dimensionen von Strukturen klimaunfreundlichen Lebens sowie deren Transformation erfasst werden.

Die Auswahl der für diesen Bericht analysierten Theorien, Modelle und Heuristiken, sogenannte „Theorien des Wandels", die klimaunfreundliche Strukturen und deren Gestaltung in Richtung klimafreundlicher Strukturen untersuchen, ergab sich aus einem Bottom-up-Prozess und spiegelt die Kompetenzen der Autor_innen wider. Damit konnte umfangreiche Literatur zum Thema aufgearbeitet werden, die in Teil 5 ausgeführt und hier einzig zusammengefasst wird. Aufgrund dieses forschungspragmatischen Zugangs kann daher kein Anspruch auf Vollständigkeit erhoben werden. Etwaige Lücken sind der Tatsache geschuldet, dass sich nicht für alle relevanten Ansätze Autor_innen finden ließen.

Bestimmte Theorien des Wandels weisen wesentliche „Familienähnlichkeiten", also Gemeinsamkeiten in Bezug auf Problemdiagnosen, Zielhorizonte und Gestaltungsoptionen auf, inklusive ihren zugrundeliegenden Annahmen, Begriffen und Methoden. In der Wissenschaft spricht man auch von Denkstilen, Paradigmen, Brillen, Forschungsprogrammen und „epistemic communities" – Begriffe, die im Detail Unterschiedliches meinen (Fleck, 1935; Haas, 1992; Kuhn, 1976), denen aber im Groben das Abstecken von Gemeinsamkeiten gemein ist. Die vier Perspektiven sind als Idealtypen (Weber, 1904) zu verstehen, die unterschiedliche Problemanalysen, Zielhorizonte und Gestaltungsoptionen ordnen und ihre jeweiligen Spezifika sichtbar machen. Die Perspektiven sind, wie Wissenschaft an sich, nicht objektiv, sondern immer auch Ausdruck von Normen, Werten und Interessen (Fleck, 1935; Haas, 1992; Kuhn, 1976). Da wissenschaftlicher und gesellschaftlicher Diskurs nicht strikt voneinander getrennt sind (Habermas, 2008), gibt es zudem Querverbindungen zwischen Theorien und Alltagsdenken sowie zwischen Theorien und den Interessen verschiedener gesellschaftlicher Akteuren_innen (Foucault, 1983, 1994; Novy, Bärnthaler, & Heimerl, 2020; Rouse, 2005).

Einzelne Theorien können in der einen oder anderen Dimension durchaus mehreren Perspektiven zugeordnet werden oder sind nur teilweise einer einzigen Perspektive zuordenbar. Entsprechend ist die Zuteilung einzelner Theorien des Wandels zu einer spezifischen Perspektive im strengen

Sinne nicht immer eindeutig. Insbesondere in den Ausführungen in Teil 5 wird ausdrücklich auf Unschärfen und Überlappungen hingewiesen.

Die in diesem Kapitel vorgestellten Perspektiven erfüllen in diesem Sinne folgende Zwecke: (1) Sie schärfen den Blick für verschiedene Verständnisse von klimaunfreundlichen Strukturen („Problemdiagnosen") sowie deren Veränderung hin zu Strukturen klimafreundlichen Lebens („Gestaltungsoptionen" und damit verbundenen „Zielhorizonten"). (2) Sie dienen einer Sensibilisierung für die jeweiligen Stärken und Schwächen von einzelnen Theorien und Perspektiven sowie für Spannungsverhältnissen zwischen ihnen. (3) Sie liefern Orientierung für die Analysen in den späteren Kapiteln im Bericht und fördern dadurch eine Sensibilisierung dafür, dass Formulierungen von Problemdiagnosen, Zielhorizonten und Gestaltungsoptionen nicht neutral sind, sondern (oft wenig reflektierten) Standpunkten verhaftet sind (Giere, 2006; Sass, 2019). Perspektivismus ist eine zentrale Erkenntnis von Kap. 2 – eine Erkenntnis, die die Autor_innen (und in der Folge die Leser_innen) der Folgekapitel dafür sensibilisieren soll, dass es nicht nur eine, sondern immer mehrere Perspektiven auf ein Handlungsfeld gibt.

Im Folgenden werden vier Perspektiven vorgestellt, nach denen die Forschungen zu Klimakrise und deren Bearbeitung geordnet und systematisiert werden: Marktperspektive, Innovationsperspektive, Bereitstellungsperspektive und Gesellschaft-Natur-Perspektive. Diese vier Perspektiven erfassen vielfältige Dimensionen von Strukturen klimafreundlichen Lebens, inklusive der dafür relevanten Barrieren. Manchmal ergänzen sich Perspektiven, manchmal sind sie gegensätzlich und inkompatibel. Zentral ist dabei: Aus den Perspektiven zeigen sich jeweils unterschiedliche Problemdiagnosen, Zielhorizonte und Gestaltungsoptionen. Beispielsweise wird Naturbeherrschung nur in der Gesellschaft-Natur-Perspektive als Problem identifiziert; die Daseinsvorsorge nur in der Bereitstellungsperspektive als zentraler Zielhorizont definiert; und Marktregulierungen nur in der Marktperspektive als zentraler Transformationsweg theoretisiert. In einem Umfeld, in dem eine Priorisierung und damit politische Entscheidung („Entweder-oder") unumgänglich ist, hilft Multiperspektivität, tiefliegende Unvereinbarkeiten im Zugang zu Klimakrise, zu Gesellschaft und Natur offenzulegen und so besser mit Konflikten, die mit einer Transformation einhergehen, umzugehen. Multiperspektivität ist auch die Voraussetzung, um Strategien eines „Sowohl-als-auch" zu identifizieren, da sich manche Zielhorizonte und Gestaltungsoptionen sinnvoll ergänzen.

2.2 Vier Perspektiven zur Analyse und Gestaltung von Strukturen klimafreundlichen Lebens

In den folgenden Kurzbeschreibungen werden Unterschiede in Bezug auf ihr Verständnis von (1) Strukturen, (2) Gestalten als intendiertes und koordiniertes Handeln, (3) klimafreundlichem Leben, (4) wesentlichen Akteur_innen, (5) notwendigen Veränderungen (6) und damit verbundenen Problemen und Konflikten, (7) präferierten politischen Maßnahmen und Instrumenten sowie (8) konkreten, diese Perspektive einnehmenden Theorien des Wandels herausgearbeitet.

2.2.1 Marktperspektive

Theorien in der Marktperspektive erachten Märkte (das heißt individuelle, dezentrale Entscheidungen der Wirtschaftssubjekte innerhalb gegebener Rahmenbedingungen) als zentrale Institutionen und Preisrelationen als zentrale Hebel für klimafreundliches Leben (Anderson & Leal, 1991). **Strukturen** werden als Regeln für das Handeln auf Märkten verstanden; zudem sind Märkte unter anderem in rechtliche und gesellschaftliche Rahmenbedingungen (Hodgson, 2017) und Institutionen (z. B. Verfügungsrechte, Vertragsrechte) eingebettet (Tietenberg & Lewis, 2018). Preisstrukturen drücken sich in Preisverhältnissen aus, die sich aus Angebot und Nachfrage und deren Bestimmungsgründen (z. B. Präferenzen, Technologien, staatliche Regulierungen) ergeben. Eine Einflussnahme auf Marktstrukturen ist legitim, um Marktverzerrungen (z. B. unerwünschte Monopolbildungen) zu vermeiden (Stiglitz & Rosengard, 2015) oder wenn zeitlich beschränkte Monopole oder Oligopole (z. B. Patentrecht, Lizenzvergaben) erwünscht sind (Hanley, Shogren, & White 2019).

Die Marktperspektive fokussiert auf individuelle klimafreundliche Konsum- und Investitionsentscheidungen und deren politisch gesetzte Rahmenbedingungen. Gestalten als koordiniertes Handeln ist in dieser Perspektive das Setzen klimafreundlicher wirtschaftspolitischer Rahmenbedingungen, insbesondere durch Anreizsysteme (Baumol & Oates, 1975). Unterschiedliche Marktregulierungen, die durch Gesetze und Regulierungsbehörden implementiert werden, wie z. B. das Wettbewerbsrecht sowie vertragsrechtliche Bestimmungen, aber auch finanzpolitische Instrumente (z. B. emissionsbezogene Steuern), wirken im Rahmen des individuellen Entscheidungskalküls als Spielregeln, die unter anderem Anreize für Konsum- und Investitionsverhalten liefern und damit das alltägliche Handeln beeinflussen. Gesellschaftlich akkordierte Zielvorstellungen (z. B. die Ziele des Pariser Übereinkommens) werden durch geeignete Rahmenbedingungen zur Beeinflussung von Preisen operationalisiert, die wiederum das Nachfrageverhalten hin zu einem klimafreundlichen Leben verändern (Tietenberg & Lewis, 2018).

Auch die verhaltensökonomische Forschung betont die zentrale Bedeutung passender Rahmenbedingungen, das heißt Strukturen für klimafreundliche Wahlentscheidungen. Diese sollen Anreize zu Veränderungen in Richtung eines klimafreundlichen Lebens setzen, indem sie emissionsärmere Verhaltensweisen vorzugswürdiger machen (Thaler & Sunstein, 2008) oder diese überhaupt als Ausgangszustand („Default") herstellen (Ölander & Thøgersen, 2014). Weitergehende Änderungen der Rahmenbedingungen ergeben sich daher durch geänderte Entscheidungsarchitekturen (wie beispielsweise auch Verbote) (Shafir, 2013), die die Verfügbarkeit und Hierarchie von Optionen verändern (z. B. durch längerfristige Ausstiegspläne für fossile Produkte bzw. Produktionen). Sie schränken die für individuelles Handeln verfügbaren Optionen ein oder lenken sie in eine klimafreundliche Richtung. Allein auf freiwillige Verhaltensänderungen zu setzen und dies mit der Souveränität von Konsument_innen zu begründen, lässt sich aus der Marktperspektive nicht begründen (Thaler & Sunstein, 2008).

Klimafreundliches Handeln in der Marktperspektive basiert auf alltäglichen Konsum- und Investitionsverhalten durch den Erwerb und die Nutzung nachhaltiger und emissionsarmer Produkte und Dienstleistungen (Baumol & Oates, 1975). Das Individuum nimmt Trade-offs zwischen unterschiedlichen Konsummöglichkeiten und den damit verbundenen Umwelteffekten wahr und wägt ab, z. B. zwischen Umweltbewusstsein und Bequemlichkeit, Arbeit und Freizeit, Qualität und Preis. Klimafreundliches Handeln wird erleichtert, wenn die relativen Preise von emissionsärmeren Handlungsoptionen sinken (Croson & Treich 2014). Preissignale sollen Knappheiten widerspiegeln und zu Kostenwahrheit führen (Verursacherprinzip) oder zumindest durch Preisanreize umweltpolitische Ziele (Baumol & Oates, 1975; Tietenberg & Lewis, 2018) erreichen.

Akteur_innen sind einerseits Konsument_innen und Produzent_innen, die am Markt Wahlentscheidungen treffen (Taylor & Mankiw, 2017). Andererseits gestalten politische Entscheidungsträger_innen und öffentliche Verwaltungen Regulierungen sowie fiskalpolitische Maßnahmen, um Kostenwahrheit herzustellen oder zumindest Anreize für ein klimafreundliches Leben zu bieten (Tietenberg & Lewis, 2018). Das Individuum wird in dieser Perspektive oft als „homo oeconomicus" definiert, das rationale Entscheidungen entsprechend seiner Präferenzen trifft (Taylor & Mankiw, 2017). Märkte stellen dabei sicher, dass Individuen knappe Ressourcen optimal einsetzen (Taylor & Mankiw, 2017). Dieses rationale Entscheidungsmodell wird vermehrt ergänzt und teilweise ersetzt durch Ansätze der Verhaltensökonomik, die vom empirisch feststellbaren Verhalten von Individuen ausgehen (Thaler & Sunstein, 2008). An die Stelle der theoretischen Annahme eines rational entscheidenden und vollständig informierten homo oeconomicus treten nun Menschen, deren Entscheidungen durch oft unvollständige Informationen, Werthaltungen, Bequemlichkeiten und Gewohnheiten geprägt sind. Anstatt als Eigennutzen optimierende Individuen werden Menschen als Akteur_innen gesehen, die in ihren Wahlentscheidungen auch auf andere Rücksicht nehmen bzw. Umweltwissen in das Nutzenkalkül mit einbeziehen (Daube & Ulph, 2016). All dies führt zu weniger eindeutigen Vorhersagen über Marktergebnisse.

Die freie individuelle Wahlentscheidung (Konsumentensouveränität) gilt in dieser Perspektive als ein wichtiger Grundwert der Wirtschaftsordnung (Taylor & Mankiw, 2017). Strukturveränderungen im Sinne von Eingriffen in diese Wahlentscheidungen müssen begründet werden, beispielsweise mit der Verbesserung der Effizienz und der Beseitigung von Marktversagen (Baumol & Oates, 1975) oder der Verantwortung der Gesellschaft für eine sozial gerechte und ökologisch nachhaltige Entwicklung (Common & Stagl, 2005).

Wichtigste **notwendige Veränderung** sind wirtschaftspolitische Rahmenbedingungen, die für Individuen Handlungsanleitungen und -anreize für ein klimafreundlicheres Leben liefern. Es ist, so eine Grundthese dieser Perspektive, klimapolitisch vorteilhaft, individuelle ökonomische Interessen (z. B. Gewinn oder -Nutzenmaximierung) für ein klimafreundliches Verhalten zu nutzen (Gsottbauer & van den Bergh, 2011). Ökonomische Anreize führen unter sonst gleichen Bedingungen zu gesamtwirtschaftlich kostengünstigeren Emissionsreduktionen als der Einsatz gleichförmiger ordnungsrechtlicher Instrumente (Tietenberg & Lewis, 2018). Es geht darum, möglichst „richtige", das heißt optimale Wahlentscheidungen zu ermöglichen um z. B. ein E-Auto statt eines Autos mit Verbrennungsmotor zu erwerben oder weniger zu fliegen oder weniger Fleisch zu kaufen. Entscheiden sich souveräne Konsument_innen nicht klimafreundlich (bei Mobilität, Essen, Energienutzung ...), drücken sie damit ihre unter den gegebenen Rahmenbedingungen subjektiven Präferenzen aus, was wiederum als Votum der Bevölkerung gegen konkrete klimapolitische Maßnahmen interpretiert werden könnte, doch zugleich immer die Rahmenbedingungen spiegelt.

Forderungen nach nachhaltigem Konsum als Kernbestandteil klimafreundlichen Lebens stützen sich auf diese Perspektive ebenso wie Forderungen zur Internalisierung externer Effekte und nach einer ökosozialen Steuerreform („*to get the prices right*") (wie beispielsweise Akerlof et al. (2019) zur CO_2-Bepreisung. Auch zeigen Studien, dass Anpassungen des Preissystems (Kostenwahrheit) durch dynamische Anreize zu Innovationen führen (z. B. Fried, 2018) oder – sobald Investitionen in emissionsärmere Technologien und eine Änderung der Konsummuster aus Sicht individueller Entscheidungsträger_innen vorteilhaft sind – es durch Substitution klimaschädlicher Technologien und gesamtwirtschaftlicher Effizienzsteigerungen zur Dekarbonisierung kommt (Kaufman et al., 2020). Richtige Bepreisung ermöglicht nach dieser Perspektive auch eine Entkoppelung von CO_2-Emissionen und Wirtschaftswachstum.

Als Problem wird gesehen, dass Marktversagen (durch beispielsweise unvollständige Information, Monopolbildung oder einen Mangel an Kostenwahrheit; siehe Stiglitz & Rosengard, 2015) zu Fehlallokationen führen kann oder dass die bestehenden Anreize nicht ausreichen, um eine intergenerationell gerechte Allokation von natürlichen Ressourcen herzustellen. Auch können Effizienzsteigerungen (z. B. Verringerung des Energieverbrauchs) durch verschiedene Rebound-Effekte aufgewogen werden, weshalb insgesamt technologische Innovationen alleine nicht zu einer Reduktion des Energieverbrauchs führen (Pietzcker, Osorio, & Rodrigues, 2021). Weiters ist die den Wahlentscheidungen zugrundeliegende Wissensbasis immer durch asymmetrische und unvollständige Information beeinflusst (Stiglitz & Rosengard, 2015). Wissenschaftsbasierte und daher korrekte Information steht nämlich in Konkurrenz zu anderen Informationsquellen, bei denen rationale und emotionale Argumente verknüpft (z. B. Werbung) oder schlichtweg Falschinformationen (Fake News) verbreitet werden.

Präferierte klimapolitische Maßnahmen sind klimafreundliche Marktregulierungen (z. B. CO_2-Bepreisung), die zu klimafreundlichen Technologien und Produkten führen (z. B. Elektroauto, Fleischersatz). Wirksame Maßnahmen sind daher Ökosteuern und handelbare Emissionszertifikate. Der CO_2-Preis bzw. Emissionssteuern spiegeln sich dann im Preis des Endprodukts bzw. einer Dienstleistung wider. Dies soll das Konsument_innenverhalten in Richtung CO_2-ärmerer Konsumgüter lenken (OECD, 2017). Ökologische Kosten müssen so genau wie möglich monetarisiert (in Geld ausgedrückt) werden (Baumol & Oates, 1975), um unter anderem Umweltsteuern mit einer entsprechenden Anreizwirkung zu implementieren.

Maßnahmen der Informations- und Aufklärungspolitik (z. B. Markt- und Produkttransparenz mittels Produktkennzeichnung) sowie der Bewusstseinsbildung (insbesondere Werbung für nachhaltigen Konsum) werden oft mit der Marktperspektive begründet (Anderson & Leal, 1991). Die empirische Evidenz legt jedoch eine generell geringe Wirksamkeit von auf freiwillige individuelle Verhaltensänderung abzielenden Maßnahmen nahe, da Wissen über klimafreundliches Leben allein nicht zu klimafreundlichem Handeln führt (dies gilt für Bürger_innen wie politische Entscheidungsträger_innen gleichermaßen; siehe z. B.: Sörqvist & Langeborg, 2019). Weiters weisen verhaltensökonomische Ansätze darauf hin, dass diese Wirkungen durch Information, Kommunikation und andere, unter den Begriff „Nudging" fallende Instrumente verbessert werden können (Thaler & Sunstein, 2008).

Wichtige **Theorien des Wandels** aus einer Marktperspektive, die in Teil 5 in Kap. 25 ausführlicher behandelt werden, sind die Umwelt- und Verhaltensökonomie, die Umwelt-, Klima- und Wirtschaftspsychologie sowie die Politische Institutionentheorie und Public Choice.

2.2.2 Innovationsperspektive

Die Innovationsperspektive umfasst Theorien, bei denen die Anwendung, Verbreitung und Wirkungen von Innovation im Vordergrund stehen. Sie widmet sich neuen Themenstellungen (z. B. Klimawandel und Digitalisierung) und untersucht die Rolle von soziotechnischen Innovationen, also technologischen und nichttechnologischen Entwicklungen, hin zu einer klimafreundlichen Gesellschaft (Joly, 2017; Schot & Steinmueller, 2018).

Strukturen in diesen Ansätzen umfassen beispielsweise Gesetze, Standards, Infrastrukturen, Governancestrukturen, Akteurskonstellationen (Edquist, 2011; Köhler et al., 2019), die entlang von soziotechnischen Regimen und Landscape-Entwicklungen systematisiert werden. Die Ansätze untersuchen primär, wie sich Innovationen auf Strukturen auswirken, aber auch wie Innovationssysteme Innovationen für nachhaltige Entwicklung ermöglichen. In weiterer Folge untersuchen die Ansätze auch, wie Innovationen auf die soziale und wirtschaftliche Praxis und damit einhergehende Umwelteinflüsse wirken (Avelino et al., 2017; Kivimaa et al., 2021; Köhler et al., 2019; Shove & Walker, 2014). Dabei gewonnene Erkenntnisse dienen dem besseren Verständnis von einem Wandel hin zum klimafreundlichen Leben.

Ausgangspunkte der Theorien in der Innovationsperspektive sind Innovationstheorien und Theorien des technologischem Wandels: Techno-ökonomisches Paradigma, technologische Systeme, radikaler und inkrementeller Innovation und auch Akteur-Netzwerk-Theorie (Dosi et al., 1988; Freeman & Perez, 1988; Köhler et al., 2019; Latour, 2019; Malerba & Orsenigo, 1995). Sie beschreiben, welche Akteure Innovationen entwickeln (Unternehmertum, angewandte Forschung in Großunternehmen), wie sich Innovationen als neue Produkte, Prozesse und Dienstleistungen durchsetzen und unterstreichen oft, dass „kreative Zerstörung" (Schumpeter, 1911; Smelser, 2005) zu strukturellen Veränderungen (insbesondere von Marktstrukturen, die von Monopolen dominiert werden) führen kann. Im Zusammenhang mit den heutigen gesellschaftlichen Herausforderungen hat eine Verlagerung im wissenschaftlichen Diskurs stattgefunden: weg von einer nahezu ausschließlichen Betonung von wirtschaftlichen Zielen hin zu stärker richtungsgebenden, direktionalen Zielsetzungen im Sinne der UN-Nachhaltigkeitsziele (Daimer et al., 2012; Diercks et al., 2019).

Gegenwärtige Innovationstheorien gehen über wirtschaftliche und technologische Fragestellungen hinaus. Sie untersuchen, welche Rolle unterschiedliche Akteur_innen haben, inwiefern soziale Entwicklungen für Innovationen von Bedeutung sind und auch umgekehrt, wie Innovationen auf soziale und auf Umweltaspekte wirken (Köhler et al., 2019). Diese Theorien werden auch als Mehrebenen-Theorien bezeichnet werden. Sie systematisieren Strukturen in der Regel entlang von drei Ebenen (Geels & Kemp, 2007; Köhler et al., 2019): (1) die inneren Strukturen der soziotechnischen Produktions- und Konsumptionssysteme (soziotechnische Regime), (2) die Strukturen im ökonomischen, sozialen und ökologischen Umfeld (Landschaft) und (3) Nischen, innerhalb derer neue Lösungen zunächst auch ohne eine Veränderung struktureller Rahmenbedingungen experimentell entwickelt werden können.

Innovation hat das Potenzial – intendiert oder unbeabsichtigt – Preisstrukturen, Marktstrukturen, Infrastrukturen bis hin zu Akteurskonstellationen, Governancestrukturen, Organisationsstrukturen oder ganzen soziotechnischen Produktions- und Konsumptionssystemen zu verändern (siehe dazu Teil 5). Damit umfasst diese Perspektive Ansätze zu technologischer, unternehmerischer, organisatorischer, Produkt-, Prozess-, Marketing- und Systeminnovation ebenso wie soziale Innovation, Umweltinnovation, Nachhaltigkeitsinnovation und Exnovation. Theorien der Exnovation (Arnold et al., 2015) sind ein Sonderfall, weil sie weniger die Schaffung von etwas Neuem, sondern das Beenden von nichtnachhaltigen Lösungen in den Mittelpunkt rücken.

Gestalten bedeutet in der Innovationsperspektive, Wandel mittels Innovationen bewusst herbeizuführen (Godin, 2015). Ausgehend von Problemanalysen geht es um neue Lösungen, die zu einer geänderten sozialen oder wirtschaftlichen Praxis des alltäglichen Handelns (des Tuns) und damit zu einem klimafreundlichen Leben führen. Gestalten bedeutet die Veränderung des strukturellen Umfelds (z. B. Raumordnung, klimapolitische Maßnahmen etc.) oder auch das Schaffen und Unterstützen von soziotechnischen Nischen. In diesen Theorien wird argumentiert, dass sowohl soziotechnische oder soziale Innovationen, mentale Modelle wie etwa Zukunftsbilder (Grin et al., 2011; Schot & Steinmueller, 2018), rechtliche Rahmenbedingungen und Infrastrukturen (Bolton & Foxon, 2015), Akteur_innennetzwerken (Latour, 2019) und Governanceprozesse (Köhler et al., 2019) gestaltet werden können.

Wenn strukturelle Rahmenbedingungen der Entwicklung radikaler Innnovationen (Chen & Yin, 2019) in etablierten Regimen entgegenstehen, kann versucht werden, in soziotechnischen Nischen Raum für Experimentieren zu bieten (Sengers et al., 2019). Die sogenannte Mehrebenen-Betrachtung geht davon aus, dass auf der Nischenebene transformativ wirkende Innovationen – gerade in hoch klimarelevanten Bereichen wie Mobilität, Energieerzeugung, -versorgung und -nutzung oder Nahrungsmittelversorgung und Ernährung – geschaffen und angewendet werden können, ohne auf den etablierten Rahmenbedingungen des Regimes in diesen Bereichen aufbauen zu müssen (Geels, 2014). Dabei ist die Verknüpfung neuer technologischer Optionen mit organisatorischen und sozialen Innovationen und Verhaltensänderungen zentral, um gesellschaftliche Veränderungen im Sinne der Bewältigung der Klimakrise anzustoßen und zu ermöglichen. Erst im Zusammenwirken dieser verschiedenen Dimensionen von Innovation sind Systemveränderungen möglich (Wanzenböck et al., 2020; Wittmayer et al., 2022).

Klimafreundliches Leben basiert auf klimafreundlichen sozialen und wirtschaftlichen Praktiken. Sozialinnovationen etablieren innovative Praktiken wie neue Nutzungsformen (Ökonomie des Teilens). Sie werden zumeist von zivilgesellschaftlichen Akteur_innen, Organisationen der Sozialwirtschaft, der Solidarökonomie und (Social) Entrepreneurs initiiert, die „von unten" und oftmals selbstorganisiert Veränderungen anstoßen (European Commission, 2021; Galego et al., 2021). Damit ermöglichen sie in Nischen die Entwicklung neuartiger bzw. vom Mainstream abweichender Formen von Arbeiten und Leben, z. B. als „Ökotopien" (Daniel & Exner, 2020).

Wesentliche **Akteur_innen** sind Menschen und Organisationen (als private, öffentliche, genossenschaftliche wirtschaftliche Akteure_innen und Nutzer_innen) in ihrem alltäglichen Handeln ebenso wie staatliche, zivilgesellschaftliche und wissenschaftliche Akteure_innen, die Rahmenbedingungen gestalten können bzw. am Schaffen neuer Lösungen beteiligt sind. Staatliche Akteure_innen haben über Beschaffungsprozesse einen besonders starken Hebel. Sie können als Teil der Daseinsvorsorge ökonomische Anreize schaffen oder auch innovationsorientierte Infrastrukturpolitikmaßnahmen setzen (Kap. 22).

Notwendige Veränderungen aus der Innovationsperspektive sind unter anderem die Schaffung neuer Governancemechanismen (Köhler et al., 2019), die koordiniertes Handeln über und zwischen mehreren Verwaltungsebenen ermöglichen und verschiedene Akteursgruppen und Akteursnetzwerke einbeziehen (z. B. durch Beteiligungsprozesse, Roadmapping), um Rahmenbedingungen für Wandel zu schaffen. Ebenso wird die Bedeutung radikaler Innovationen in Bezug auf Funktionalität (z. B. durch verbesserte Materialien) oder Bedeutung (z. B. Elektroauto als Prestigeobjekt) und deren Wirkungen auf nachhaltigen Wandel unterstrichen (Hommels, Peters, & Bijker, 2007; Verganti, 2008). Damit einhergehende Verhaltensänderungen im alltäglichen Handeln, im Sinne von sozialer Praxis (Shove & Walker, 2014) und wirtschaftlichem Handeln, werden als wesentliche thematisiert [siehe dazu auch Bereitstellungsperspektive].

Besondere Herausforderungen, Probleme und Konflikte beim Erreichen klimafreundlichen Lebens sind aus Sicht der Theorien dieser Perspektive unter anderem der Widerstand von – durch langfristige Kooperationen aufgebauten – Akteursnetzen entlang von Wertschöpfungsketten, in denen etablierte bzw. nichtnachhaltige Interessen dominieren. In der öffentlichen Debatte ist der Begriff „Innovation" positiv konnotiert (Godin, 2015), das wird jedoch nicht von allen hier besprochenen Theorien vorausgesetzt. Es wird also auch thematisiert und analysiert, ob Innovationen einen Beitrag zur Verbesserung von Umwelt- und Klimabedingungen leisten (Bergh, 2013) oder ob, wie im Exnovation-Ansatz, Innovationen bewusst zurückgenommen werden (Arnold et al., 2015) oder im Konversionsansatz eine Umwandlung von bestehenden Strukturen in Richtung auf neue Zielsetzungen entwickelt werden sollen (Högelsberger & Maneka, 2020).

Der Politikdiskurs zur Schaffung nationaler, sektoraler und regionaler Innovationssysteme zeigte in den letzten Jahrzehnten das Bestreben, Rahmenbedingungen für erfolgreiche unternehmerische Innovationen und damit implizit auch für wirtschaftliche Entwicklung zu schaffen. Hier wird meist auf inkrementelle Innovationsaktivität aus unternehmerischer Sicht und auf technologische Entwicklungen fokussiert (Dosi et al., 1988). Die Wirkungen von Innovationen über den wirtschaftlichen Bereich hinaus zu beleuchten, wird in dieser Literatur ebenso wenig ermöglicht wie Fragen der Anwendung und Auswirkungen von Innovationen und Systeminnovationen. Ausnahmen bilden erste konzeptionelle Ansätze zu herausforderungsgetriebenen Innovationssystemen, wie „Technological Innovation Systems – TIS" (Markard & Truffer, 2008) und „Challenge-oriented Regional Innovation Systems" (Tödtling, Trippl & Desch, 2021).

Präferierte Maßnahmen der Klimapolitik orientieren sich an einer transformativen Innovationspolitik, indem Innovationspolitik vermehrt auf notwendige Systeminnovationen und deren soziale Auswirkungen ausgerichtet wird. Missionsorientierte Fördermaßnahmen (Kap. 13) bauen auf einem breiteren Verständnis von Innovation, einschließlich sozialer Innovation und Exnovation auf. Strategisches Nischenmanagement (Geels & Raven, 2006) sowie die Förderung des Experimentierens über Politikbereiche hinweg (z. B. regulatorisches Experimentieren) können radikale Innovation fördern. Ebenso sollen Maßnahmen gesetzt werden, die eine gemeinsame Orientierung aller Akteursgruppen fördern und Innovationssysteme neu ausrichten.

Wichtige Theorien des Wandels, die sich an dieser Perspektive orientieren und in Teil 5 genauer dargestellt werden, sind der Mehrebenen-Ansatz, Ansätze zu sozialer Innovation, Strategisches Nischenmanagement und Transitionsmanagement, (herausforderungsorientierte) Regionale Innovationssysteme, Technologische Innovationssysteme, Konversion und Exnovation.

2.2.3 Bereitstellungsperspektive

Der Bereitstellungsperspektive liegt ein weites Wirtschaftsverständnis zugrunde, wonach Wirtschaften die gemeinsame Organisation der Lebensgrundlagen betrifft (Polanyi, 2001). Demnach beschränkt sich Wirtschaftswissenschaft (Ökonomik) nicht wie in der Marktperspektive auf die Untersuchung individueller Wahl- bzw. Konsumentscheidungen unter Bedingungen der Knappheit, sondern versteht sich als die Wissenschaft gesellschaftlicher Bereitstellung (Gruchy, 1987; Nelson, 1993; Todorova & Jo, 2019), als feministisch inspirierte Ökonomie des Versorgens (Knobloch, 2019).

Theorien in der Bereitstellungsperspektive untersuchen daher geeignete Strukturen klimafreundlichen Lebens ausgehend von Bereitstellungssystemen, die suffiziente und resiliente Lebensformen, das heißt Bündel an Praktiken (Jaeggi, 2014), erleichtern und damit selbstverständlich machen. Bereitstellungssysteme regeln – oftmals entlang globaler Wertschöpfungsketten und immer in wirtschaftlich, kulturell, politisch und materiell spezifischer Weise (Bayliss & Fine, 2020; Schafran, Smith, & Hall, 2020; Kap. 15) – Produktion, Verteilung und Konsum von Energie, Mobilität, Ernährung, Gesundheit, Bildung, Sorge und anderen Gütern und Dienstleistungen (Fine, 2002; Todorova & Jo, 2019). Als soziotechnische Systeme bestehen Bereitstellungssysteme aus physischen (z. B. materiellen und technischen Infrastrukturen, Landnutzungsmustern und Lieferketten) und sozialen Elementen (z. B. Institutionen wie etwa Widmungskategorien, Gesetze, Machtverhältnisse, kulturelle Normen) (O'Neill et al., 2018, Fanning, O'Neill, & Büchs, 2020). Ein Beispiel: Ein Mobilitätssystem besteht aus Märkten und Wirtschaftszweigen (z. B. für Pkws), aber auch aus rechtlichen Regelungen [Kap. 11, 19], kulturellen Normen (z. B. Freiheit, Status, Unabhängigkeit und Maskulinität im Kontext des Autofahrens), netzgebundenen Infrastrukturen [Kap. 22] und den damit verbundenen Landnutzungsformen (z. B. Verstädterung, Zersiedelung) (Mattioli et al., 2020).

Da Theorien der Bereitstellungsperspektive materielle mit kulturellen Dimensionen (Bayliss & Fine, 2020), soziale Metabolismen mit politökonomischen Zugängen (Schaffartzik et al., 2021) sowie biophysische mit sozialen Prozessen (O'Neill et al., 2018; Plank et al., 2021) verbinden, schaffen sie Wissen über die sozialen (z. B. Ungleichheit, Exklusion) und ökologischen (z. B. hinsichtlich CO_2-Emissionen, Bodenverbrauch und Biodiversität) Konsequenzen vorherrschender Bereitstellungsformen von bestimmten Gütern und Dienstleistungen. Ziel ist, dass langfristiger Klimaschutz und langfristige Klimawandelanpassung mit der Sicherung der Grundversorgung, das heißt der universellen Befriedigung menschlicher Bedürfnisse, und dem Schutz vor Naturgefahren vereinbar sind (Jones et al., 2014; Mechler & Aerts 2014; Schinko, Mechler, & Hochrainer-Stigler, 2017).

In den hier zusammengefassten Theorien konstituieren Strukturen bei Bereitstellungssystemen den Kontext, der die Art und Weise, wie Güter und Dienstleistungen bereitgestellt werden, bestimmt (Bayliss & Fine, 2020, vii). Strukturen sind in diesem Verständnis mehrförmig. Sie können organisatorisch (z. B. kapitalgesellschaftliche Unternehmensführung, gemeinnützige Unternehmensformen), institutionell und rechtlich (z. B. Governancestrukturen, Klimarisikomanagement, Raumordnung und -planung, Marktordnungen, Eigentumsrechte), gesellschaftlich (z. B. Klassen- und Geschlechterverhältnisse, gesellschaftliche Arbeitsteilung im Haushalt, Machtverhältnisse im internationalen Handel) sowie formal und informal sein (Bayliss & Fine, 2020, vii; Mattioli et al., 2020). Auch Infrastrukturen sind zentrale Strukturdimensionen, die mit anderen Strukturen zusammenwirken und gesellschaftlich geregelt werden (Barlösius, 2019; Bärnthaler, Novy, & Stadelmann, 2020; Shove & Trentmann, 2018). Das Zusammenspiel verschiedener Strukturdimensionen, die bestimmten Bereitstellungssystemen zugrunde liegen, strukturiert somit das Alltagsleben und die Möglichkeitsbedingungen „kollektiver Lebensführung" (Jaeggi 2014, S. 77) bzw. die damit verbundenen Lebensformen. Bei Lebensformen (Jaeggi, 2014), wie dem oftmals synonym verwendeten Begriff der Lebensweisen (Brand & Wissen, 2017), handelt es sich um Organisationsformen des Alltags und Zusammenlebens. Ihre Strukturen konstituieren sich aus dem Beharrungsvermögen verschiedener verbundener Praktiken (Jaeggi, 2014), die wiederum als Bündel sozial und kulturell konstruierter Aktivitäten sowohl von Bereitstellungssystemstrukturen abhängen (Jaeggi, 2014, S. 40: daher sind Lebensformen „immer schon politisch instituiert") als auch bestimmte Kompetenzen für ihre Ausübung erfordern (z. B. Fähigkeiten und internalisierte soziale Standards für „richtiges" Verhalten; Reckwitz, 2002; Schatzki, 2002; Shove, Pantzar, & Watson, 2012). Fehlen z. B. geeignete sozialökologische Infrastrukturen und Zeit, um neue Kompetenzen zu erlernen, dann ist es für einzelne Individuen schwer, klimafreundliche Praktiken zu übernehmen und diese in Gewohnheiten zu verwandeln. So gibt es in peripheren Regionen eine Autoabhängigkeit (Mattioli et al., 2020) oder in städtischen Regionen oftmals eine Abhängigkeit von Gas [Kap. 4].

Die Bereitstellungsperspektive geht, angelehnt an Giddens (1984), von den gegenseitigen Bedingungen von Struktur und Handeln aus: Strukturen beschränken und ermöglichen soziale Praktiken, z. B. Auto- und Fahrradfahren (Shove & Walker, 2014) oder den Umgang mit wetter- und klimabedingten Extremereignissen [siehe Klimarisikomanagement], welche wiederum Strukturen reproduzieren oder verändern können. Lebensformen als Bündel sozialer Praktiken weisen größere Beharrungskraft und Verbreitung auf als Lebensstile, die eher in den Einzugsbereich „von Phänomenen wie dem der Mode oder des Modischen" fallen (Jaeggi, 2014, S. 72). Lebensformen bündeln mehrere Praktiken und sind daher Praktiken zweiter Ordnung: Beispiele sind die „imperiale" (Brand & Wissen, 2017) oder „westliche" Lebensweise (Novy, 2019) als eine auf Massenkonsum basierende Konsumnorm (Aglietta, 2015), die verschiedene nichtnachhaltige soziale Praktiken des Wohnens (z. B. suburbanes Eigenheim), des Essens (z. B. Fleischkonsum), des Fortbewegens (z. B. Autofahren) und der Energienutzung (z. B. Ölheizung) umfassen und verbinden. Gemein ist den einzelnen Praktiken dieser Lebensform, dass Wohlstand durch exzessiven Ressourcenverbrauch geschaffen wird, der nur auf Kosten anderer, insbesondere des Globalen Südens, möglich wird (Brunner, Jonas, & Littig, 2022).

Die Bereitstellungsperspektive zeigt, wie Bereitstellungssysteme mit bestehenden Praktiken soziale Ordnungen schaffen, und identifiziert Barrieren sowie Veränderungsmöglichkeiten (Novy et al., 2023; Plank et al. 2021; Schaffartzik et al. 2021). Aus Sicht der hier versammelten Theorien zielt Gestalten darauf, Bereitstellungssysteme zu schaffen, die „ein gutes Leben für alle innerhalb planetarer Grenzen" ermöglichen und damit innerhalb eines „safe and just space" operieren (O'Neill et al., 2018; Fanning et al., 2020; Raworth, 2017). Es braucht klimafreundliche Bereitstellungsysteme, die gleichzeitig die Grundversorgung vor Ort sichern, ohne die Versorgung in anderen Weltteilen zu gefährden (Kap. 14, 15). Ein Beispiel ist der Ansatz der Alltagsökonomie, der der gesicherten, das heißt auch möglichst klimafreundlichen Bereitstellung von Daseinsvorsorge und Nahversorgung Vorrang gibt vor Geschäftspraktiken der kurzfristigen Gewinnmaximierung (Foundational Economy Collective, 2018; Krisch et al., 2020). Klimapolitisch bedeutsam ist darüber hinaus, dass Praktiken nicht zu als intolerabel definierten Risiken führen, z. B. eine Gefährdung des sauberen Trinkwassers durch landwirtschaftliche Nutzungen (Schinko et al., 2017).

Klimafreundliches Handeln in der Bereitstellungs- und der Gesellschaft-Natur-Perspektive ist suffizient und resilient. Suffizienz, die Mindeststandards eines „Genug" definiert (Frankfurt, 2015), und reflexive Resilienz, die mit Einfallsreichtum Vulnerabilitäten und Alltagspraktiken krisensicherer macht (Connolly, 2018), sollen in dieser Perspektive zu einem „guten Leben" führen (Schneidewind, 2017), in dem klimafreundliche Praktiken selbstverständlich werden.

In der Bereitstellungsperspektive sind Menschen nicht vorrangig autonome Individuen, die Konsumentscheidungen treffen und Lebensstile wählen, sondern soziale und politische Wesen, die in gesellschaftliche und biophysische Zusammenhänge eingebettet sind und koordiniert handeln müssen, wenn sie Strukturen verändern wollen (Brand & Wissen, 2017; Bärnthaler et al., 2021; Schaffartzik et al., 2021). Aufgrund ihrer rechtlichen Zuständigkeit sowie ihrer Ressourcenausstattung sind staatliche Akteur_innen wesentlich für die Ausgestaltung von Daseinsvorsorge, Klimaschutz und Klimawandelanpassung. Wichtige Akteur_innen aus dieser Perspektive sind daher politische Entscheidungsträger_innen, die Regeln der Bereitstellung in einem politischen Territorium festlegen, sowie öffentliche Einrichtungen, Verwaltungen und (öffentliche) Unternehmen, die klimafreundliche Geschäftsmodelle entwickeln oder in der Grundversorgung und Sozialwirtschaft tätig sind. Weiters haben gemeinwirtschaftliche Akteur_innen in der Zivilgesellschaft und in sozialen Bewegungen durch Druck auf Regierung und Gesetzgebung Einfluss auf die Bereitstellung öffentlicher Güter sowie die Ausgestaltung von Lieferketten (Bayliss, 2017). Deshalb braucht es Teilhabe sowie neue Governancestrukturen auf mehreren Ebenen.

Notwendige Veränderungen, damit klimafreundliche Praktiken selbstverständlich werden, sind die Schaffung und Förderung von Bereitstellungssystemen, die kollektiven Konsum fördern (Foundational Economy Collective, 2018) sowie klimafreundliche Praktiken rechtlich möglich, kulturell akzeptiert und ökonomisch leistbar machen, z. B. ein dekarbonisiertes öffentliches Mobilitätssystem für Stadt und Land (ILA Kollektiv et al., 2017). Dies erfordert unter anderem die Ausweitung der öffentlichen Daseinsvorsorge, größere Einkommensgleichheit und inklusiven Zugang zu Elektrizität sowie ein Schrumpfen von extraktions-, renten- und wachstumsorientierten Bereitstellungsfaktoren (Vogel et al., 2021) bzw. Wirtschaftsbereichen (Krisch et al., 2020). Die Qualität demokratischer Strukturen zu erhöhen sowie Betroffene bei der Veränderung von Strukturen zu beteiligen, erleichtert es, neue, klimafreundlichere Gewohnheiten rascher zu institutionalisieren (Jahn et al., 2020; Vogel et al., 2021; Plank et al., 2021). Entsprechend sind Veränderungen notwendig, die nicht bloß inkrementell, sondern transformativ sind, das heißt grundlegende Eigenschaften soziotechnischer Systeme verändern. Bezogen auf Klimarisiken bedeutet dies auch, dass Naturgefahrenmanagement durch Klimawandelanpassung eine andere Organisation der Bereitstellung von Infrastrukturen, Gütern und Dienstleistungen erfordert (Schinko et al., 2017).

Bereitstellungssysteme zu verändern, ist auch eine Machtfrage und geht mit Konflikten einher (Brand & Wissen, 2017; Bärnthaler et al., 2020; Schaffartzik et al., 2021). Nutznießer_innen bestehender Bereitstellungssysteme, die z. B. abhängig von fossilen Infrastrukturen (Mattioli et al., 2020; Shove et al., 2015) sowie Formen des ungleichen Zugangs zu Gütern und Diensten sind (Millward Hopkins et al., 2020), leisten oftmals Widerstand gegen deren Veränderung. Besonders groß ist der Widerstand, wenn global ungleiche Verantwortung für die Klimakrise sowie global ungleiche Nutzung von Ressourcen und Land (z. B. via Landraub) problematisiert wird (Schaffartzik et al., 2021). Umkämpft ist weiters die Finanzierung klimafreundlicher und für alle leistbarer Bereitstellungssysteme (Bärnthaler et al., 2021).

Präferierte Maßnahmen der Klimapolitik inkludieren die Ausgestaltung von Bereitstellungsystemen, um Grundbedürfnisse zu befriedigen, ohne planetare Grenzen zu überschreiten (O'Neill et al., 2018; Millward-Hopkins et al., 2020). Soziale und ökologische Zielsetzungen gleichermaßen zu integrieren (Raworth, 2012) ist Voraussetzung für die Bildung von Allianzen zwischen verschiedenen Milieus (Novy et al., 2023; Bärnthaler et al., 2020), insbesondere auch mit denjenigen, die gegenüber Klimapolitik skeptisch sind (Kleinhückelkotten, Neitzke, & Moser, 2016; Moser & Kleinhückelkotten, 2018; Reckwitz, 2017). Wenn die Reduktion von CO_2-Emissionen und von Materialverbrauch nicht zulasten der Grundbedürfnisbefriedigung aller gehen soll, muss zwischen verschiedenen Wirtschaftsbereichen unterschieden werden (Krisch et al., 2020; Kap. 18). Dieser Perspektive folgend müssen Daseinsvorsorge (Krisch et al., 2020; Vogel et al., 2021), Alltagsökonomie (Foundational Economy Collective, 2020), Universal Basic Services (Coote & Percy, 2020) und sozialökologische Infrastrukturen (Novy et al., 2023; Armutskonferenz, 2020) gestärkt und klimafreundlicher gestaltet werden, während nichtnachhaltige Infrastrukturen und Wirtschaftsbereiche rückgebaut werden müssen (Millward-Hopkins et al., 2020; O'Neill et al., 2018).

Konkrete Instrumente sind Steuer- und Förderpolitik (z. B. durch Konsumkorridore; siehe dazu Fuchs et al., 2021; Pirgmaier, 2020), (Raum/Verkehrs-)Planung sowie Klimarisikomanagement (durch die Integration von Naturgefahrenmanagement und Klimawandelanpassung, unter Berücksichtigung der zentralen Rolle des Klimaschutz zur Risikoprävention; siehe Schinko et al., 2017). Sie erleichtern klimafreundliches Handeln, machen bestimmte Handlungen überhaupt erst möglich (z. B. durch leistbare öffentliche Verkehrsmittel am Land) oder verbieten diese (z. B. durch Flächenwidmungen) (Kap. 19). Wichtige, über die staatliche bzw. kommunale Bereitstellung durch öffentliche Einrichtungen hinausgehende innovative Bereitstellungsformen umfassen auch intermediäre Organisationen, z. B. Wasser- und Wohnbaugenossenschaften, und Formen der klimafreundlichen Selbstorganisation, z. B. in der Sozialwirtschaft oder als „Ökotopien" mit Hilfe von sozialen Innovationen und Commons (Daniel & Exner, 2020).

Wichtige Theorien des Wandels, die von der Bereitstellungsperspektive ausgehen und in Teil 5 ausführlicher behandelt werden, sind Bereitstellungssysteme und Alltagsökonomie, praxistheoretische Ansätze, Lebensformen, umfassendes Klimarisikomanagement, Suffizienz und Resilienz.

2.2.4 Gesellschaft-Natur-Perspektive

Theorien in der Gesellschaft-Natur-Perspektive betrachten das Soziale und die (biophysische) Natur nicht als unabhängig voneinander, sondern als eng miteinander verzahnt (Becker & Jahn, 2006; Brand, 2017; Foster, 1999; Görg, 1999; Haberl et al., 2016; MacGregor, 2021; Oksala, 2018; Pichler et al., 2017). Sie verdeutlicht, dass jede Herausforderung soziale und biophysische Implikationen hat (z. B. Agrarland wird zu bebauter Umwelt). Umgekehrt wird betont, dass biophysische Natur auch auf Soziales wirkt (z. B. Hochwasserereignisse werden durch gewisse Bebauungsformen wie Flächenversiegelung begünstigt und unterminieren Alltagshandeln).

Eine gesellschaftliche Perspektive bedeutet zudem, Macht- und Herrschaftsverhältnisse, die in Natur-Mensch-Beziehungen eingelassen sind, sichtbar zu machen und zu reflektieren. Westliche Vorstellungen und Praktiken der Naturbeherrschung umfassen nie nur die biophysische, nichtmenschliche Natur, sondern auch soziale Verhältnisse, wie z. B. Kolonialismus, Sklaverei und Geschlechterhierarchien (Bonneuil & Fressoz, 2006; Chakrabarty, 2018, 2021; Davis & Todd, 2017; Di Chiro, 2017; Hultman & Pulé, 2019; Saldanha, 2020; Yusoff, 2018). Soziale Ungleichheit manifestiert sich unter anderem in Form von ungleicher Betroffenheit von der Klimakrise, z. B. entlang sozioökonomischer Kriterien sowie globaler und lokaler „color lines" und Geschlechterdifferenzen (siehe z. B. Schlosberg & Collins, 2014).

Eine gesellschaftliche Perspektive einzunehmen, bedeutet außerdem, Merkmale von Mensch-Natur-Beziehungen zu identifizieren, die nicht nur in Österreich bedeutsam sind, sondern allgemein für kapitalistische, industrialisierte, von der europäischen Moderne geprägte Kontexte gelten. Sie impliziert eine gewisse Distanz zu kurzfristigen Entwicklungen und ad hoc wahrgenommenen Notwendigkeiten. Diese Distanz erlaubt, historisch entstandene, lang- und längerfristige, wirkmächtige Treiber der Klimakrise in den Blick zu bekommen (z. B. Kapitalakkumulation und/oder soziale Ungleichheit (siehe z. B. Fraser, 2014a; Malm, 2016; Moore, 2016; Steffen & Stafford Smith, 2013) und damit verbundene klimaunfreundliche Strukturen und ihre alltäglichen Wirkungsweisen (z. B. Lebensweisen, die auf der Nutzung von fossiler Energie beruhen, siehe z. B. Mitchell, 2013)). Anders ausgedrückt: Die Gesellschaft-Natur-Perspektive abstrahiert von unmittelbaren Gegebenheiten, um tiefliegende und übergreifende Merkmale moderner Gesellschaften zu fassen. Abstraktion in diesem Kontext dienen also keineswegs dem Ausblenden von kurzfristigen Entwicklungen und unmittelbaren Betroffenheiten – im Gegenteil: Sie versucht, das Kurzfristige und unmittelbar Gegebene im Länger- und Langfristigen und Tiefenwirksamen – also innerhalb von Strukturen – zu verorten. Um ein Beispiel zu nennen: Gewisse Formen der Lohnarbeit, z. B. die Pflegearbeit, sind im Vergleich zu anderen Lohnarbeitsformen weniger gut entlohnt. Das hat damit zu tun, dass Pflegearbeit – obwohl oft ressourcenextensiver und gesellschaftlich relevant – weniger Spielraum für Wirtschaftswachstum und Kapitalakkumulation erlauben als z. B. die metallverarbeitende Industrie und/oder der IT-Sektor (Kap. 7, aber auch Bauhardt, 2019, S. 468; Biesecker & Hofmeister, 2010). Wie wir arbeiten, wie Arbeit bewertet und entlohnt wird und welche Auswirkungen dies auf die menschliche und nichtmenschliche Natur hat, hängt also unmittelbar mit lang- und längerfristigen Strukturen zusammen, die die Gesellschaft-Natur-Perspektive sichtbar machen (Kap. 7 sowie Teil 5, Kap. 28).

Zu den **Strukturen**, die die Gesellschaft-Natur-Perspektive sichtbar macht, zählen tradierte, in die Wissenschaft, aber auch in den Alltag eingelassene Denkweisen. Zu diesen, mittlerweile vor allem von der sozialen Ökologie problematisierten Denkweisen (siehe Teil 5, Kap. 28) zählen Natur-Gesellschaft-Dualismen und Naturbeherrschung. Während sich Natur-Gesellschafts-Dualismen unter anderem in der in der Wissenschaft noch immer verbreiteten disziplinären Trennung von den Natur- und Gesellschaftswissenschaften ausdrückt (siehe z. B. Becker & Jahn, 2006), drückt sich Naturbeherrschung unter anderem in Vorschlägen aus, Krisen wie die Klimakrise durch Technik (z. B. Geoengineering) zu lösen – Vorschläge, die weder historisch vielversprechend waren, noch zukünftig vielversprechend sind (siehe z. B. McNeill, 2001; K. W. Brand, 2017; Chakrabarty, 2021), da Natur-Gesellschafts-Beziehungen dynamisch und nicht beherrschbar sind (Fischer-Kowalski & Erb, 2016). Zu den Strukturen, die die Gesellschaft-Natur-Perspektive sichtbar macht, zählen ökonomische Logiken und Ordnungsprinzipien, die modernen, kapitalistischen Gesellschaften zugrunde liegen. Dazu gehören Kapitalakkumulation und Wachstumszwang, die beide mit nichtregenerativem Naturverbrauch sowie sozialer Ungleichheit einhergehen (Foster, 1999; McNeill, 2001; Görg, 1999, 2011; Fraser, 2014a; Malm, 2016; Moore, 2017; Yusoff, 2018). Dazu zählen zudem moderne Institutionen, wie (liberale) Staatlichkeit, deren Legitimität vor allem ab dem 20. Jahrhundert, aber auch schon lange davor (Mitchell, 2013; Malm, 2016) wesentlich mit nichtregenerativem Naturverbrauch verbunden ist (siehe auch Brand & Wissen, 2017; Hausknost, 2020; McNeill & Engelke, 2016) sowie mit einem individualistischen Freiheitsverständnis (Blühdorn, 2021), das häufig mit einem Leben auf Kosten anderer einhergeht (Lessenich, 2016; Brand & Wissen, 2017).

Allgemein ist anzumerken, dass gesellschaftliche Strukturen auf Mechanismen fußen, die nicht immer unmittelbar sichtbar sind, aber dennoch konkret wirken und daher vor allem mittelbar beobachtbar sind. Kapitalakkumulation wirkt in diversen Handlungsbereichen und bedingt beispielsweise in der Nahrungsmittelproduktion das Ausblenden von ökologischen, sozialen und tierethischen „Kosten" in der Produktion [Kap. 5]. Nur so können Lebensmittel kostengünstig – und auch klimaunfreundlich – angeboten werden [Kap. 5]. Günstig zu konsumieren, impliziert zumeist das Auslagern von sozialen und ökologischen „Kosten" und

Konsequenzen auf andere (Kap. 5). Dies macht eine akkumulationsorientierte Wirtschaftsweise zu einer Struktur, die nicht nur spezifisch für Österreich, sondern typisch für moderne, kapitalistische Gesellschaften ist. Dass klimaunfreundliche gesellschaftliche Strukturen über die Grenzen Österreichs hinausgehen, heißt aber nicht, dass sie nur global bearbeitet werden können. Sie können auch innerhalb Österreichs gestaltet werden, z. B. durch Gesetze [Kap. 11]. Allerdings wird es hierbei immer auch zu Auswirkungen außerhalb von Österreich kommen [Kap. 1 zu Emissionsexporten].

Keine der unter der Gesellschaft-Natur-Perspektive aufgegriffenen Theoriestränge geht davon aus, dass sich klimaunfreundliche Strukturen durch koordiniertes Handeln „einfach" **gestalten** ließen [siehe Teil 5, Kap. 28]. Im Gegenteil, sie erachten Konflikte – und den produktiven Umgang mit ihnen – als Teil dieser Gestaltung (siehe z. B. Brand, 2017). Die Relevanz der gesellschaftlichen Perspektive für das Gestalten klimafreundlicher Strukturen liegt daher in der Analyse und Beurteilungen von Verhältnissen und angebotenen Lösungen, vor allem mit Hinblick auf deren Implikationen und Reichweite (Becker & Jahn, 2006; Fischer-Kowalski & Erb, 2016; Fraser, 2014a; Görg, 2011; McNeill, 2001; McNeill & Engelke, 2016). Sie hat zudem das Potenzial, die Reflexivität von Akteur_innen zu erhöhen (siehe z. B. Bashkar, 2010), vor allem mit Blick auf tiefliegende Treiber der Klimakrise. Gestaltungsoptionen, die gesellschaftliche Strukturen außer Acht lassen, laufen Gefahr, klimaunfreundliche Strukturen zu stabilisieren und/oder oberflächlich, aber nicht tiefenwirksam mit Blick auf die biophysische Natur sowie mit Blick auf Soziales (z. B. Ungleichheit entlang globaler, aber auch lokaler Klassen-, Geschlechter-, rassifizierter Linien [siehe dazu Teil 5, Kap. 28, 2 und 4]) zu bearbeiten. Sie sensibilisiert auch für eine differenzierte Betrachtung von Akteur_innen des Wandels, wie z. B. den Staat, indem sie aufzeigt, dass der Staat eine Doppelrolle hat: Er stabilisiert klimaunfreundliche Strukturen (Hausknost, 2020; Malm, 2016; Mitchell, 2013; Moore, 2017) (z. B. indem er sich von fossiler Energie abhängig macht und/oder die rechtlichen Rahmenbedingungen für Wirtschaftswachstum schafft (siehe z. B. Mitchell, 2013; Malm, 2016; Moore, 2017; Hausknost, 2020)), kann aber auch Strukturen klimafreundlicher gestalten, um den Ausstieg aus fossilen Energieträgern zu lindern oder Abhängigkeiten von Wirtschaftswachstum und Kapitalakkumulation zu schwächen (siehe z. B. Kreinin & Aigner, 2021).

Klimafreundliches Leben hat aus Sicht der Theorien der Gesellschaft-Natur-Perspektive viele Dimensionen. Es geht darum, der Befriedigung von Grundbedürfnissen innerhalb planetarer Grenzen einen höheren Stellenwert einzuräumen als z. B. der Kapitalakkumulation (siehe z. B. Brand et al., 2021); die Lebensqualität von Wachstum zu entkoppeln (Fuchs et al., 2021; Raworth, 2017); eine Neubewertung von ressourcenextensiverer reproduktiver Arbeit gegenüber der ressourcenintensiven produktiven Arbeit vorzunehmen (siehe z. B. Biesecker & Hofmeister, 2010; Teil 5, Abschn. 28.4); Interdependenzen zwischen Natur und Gesellschaft anzuerkennen und dementsprechend zu handeln (siehe z. B. Foster, 1999; Görg, 1999; Becker & Jahn, 2006; Fischer-Kowalski & Erb, 2016; Teil 5, Abschn. 28.1); der sozialen Ungleichheit in Bezug auf die Verursachung der Klimakrise bzw. die Betroffenheit von der Klimakrise Rechnung zu tragen (siehe z. B. Chakrabarty, 2018) und auf Konflikte vorbereitet zu sein und damit umgehen zu können (Brand, 2017).

In der Gesellschaft-Natur-Perspektive werden **Akteur_innen** immer im Kontext der jeweiligen Machtverhältnisse und somit ihrer Handlungsfähigkeit betrachtet. Akteur_innen werden nie als nur klimafreundlich oder unfreundlich reflektiert. Eine wesentliche Rolle wird der Wissenschaft zugeschrieben: Sie zeigt Missstände auf und problematisiert diese. Ähnlich wird die Rolle zivilgesellschaftlicher Akteur_innen (soziale Bewegungen, Verbände, NGOs) und Medien gesehen. Der Begriff „Gesellschaft" wird im Alltag oft mit Zivilgesellschaft gleichgesetzt, doch die Gesellschaft-Natur-Perspektive beschränkt sich im Kontext dieses Berichts nicht auf die Zivilgesellschaft, sondern bezieht auch öffentliche Institutionen (Regierung, Verwaltung, Legislative) und Parteien ein. Sie sind wichtige Akteur_innen, die aber als Teil des Staatsgefüges zugleich auch zu klimaunfreundlichem Leben beitragen können. Aufgrund von Kapitalakkumulationsdynamiken wird die Möglichkeit von wirtschaftlichen Akteur_innen, klimafreundlich zu agieren, als sehr eingeschränkt wahrgenommen. Sie werden zwar als mächtig, aber zugleich kritisch betrachtet (siehe Teil 5, Abschn. 28.8).

Zu den aus dieser Perspektive **notwendigen Veränderungen** zählen

- die Überwindung von Natur-Gesellschafts-Dualismen (siehe z. B. Görg, 1999; Becker & Jahn, 2006; Fischer-Kowalski & Erb, 2016);
- die Überwindung/Reduktion des Wachstumszwangs und des damit verbundenen hohen Naturverbrauchs und von sozialer Ungleichheit (siehe z. B. Brand et al., 2021; Steffen & Stafford Smith, 2013);
- die Einbettung von Ökonomie innerhalb ökologischer Grenzen mittels politischer Instrumente (siehe z. B. Fraser, 2014b), die sich mehr an qualitativer Verbesserung der Lebensumstände (Lebensqualität) als an quantitativem Wachstum (BIP) orientieren (siehe z. B. Fuchs et al., 2021; Raworth, 2017);
- die bessere Verknüpfung von naturwissenschaftlichen mit sozialwissenschaftlichen Debatten (Görg, 1999, 2011; Becker & Jahn, 2006; Fischer-Kowalski & Erb, 2016);

- die Verabschiedung von der zum Teil noch immer prominenten (westlichen) Vorstellung, dass Natur beherrschbar sei (McNeill & Engelke, 2016; Chakrabarty, 2021);
- sich auf Konflikte einstellen und damit umgehen (K. W. Brand, 2017) und klimafreundliche Praktiken in konkreten Utopien erproben.

Barrieren für das Schaffen klimafreundlicher Strukturen sind allgemein die Beharrungskräfte von Strukturen, die oft nicht auf den ersten Blick erkennbar sind – die aber v. a. die Gesellschaft-Natur-Perspektive sichtbar macht (mehr als konkrete klimapolitische Maßnahmen). Dazu gehören komplexe Verstrickungen von Macht- und Herrschaftsverhältnissen: So wird Klimaungerechtigkeit nicht nur von Eliten, sondern weiten Teilen der Bevölkerung akzeptiert und zum Teil auch verteidigt, z. B. in Form von Freiheits- und Selbstbestimmungsrechten, die primär individuell und/oder national verstanden werden (siehe z. B. Blühdorn, 2021); konsumtiver Lebensformen (siehe z. B. Gössling, Kees, & Litman, 2022; Gössling & Schweiggart, 2022); Geschlechterunterschieden (Fraser, 2014a); Nord-Süd-Gefällen oder Rassismus (Di Chiro, 2017; Yusoff, 2018). Auch andere Zielkonflikte sind relevant. Es ist in keiner parlamentarischen Demokratie zwangsläufig gegeben, dass die Bearbeitung einer dringlichen Krise – wie der Klimakrise – Vorrang vor anderen politischen Herausforderungen hat bzw. auf eine Art und Weise bearbeitet wird, die tatsächlich auf ein gutes Leben für alle – also auf einen inklusiven und nicht exklusiven Zielhorizont – abzielt (siehe Teil 5, Kap. 28). Andererseits sind auch die positiven Seiten der gegenwärtigen Verhältnisse zu nennen. Dazu zählt, dass die Industrialisierung und der damit verbundene hohe Naturverbrauch vielen Menschen ein besseres Leben unter anderem durch Einkommenszuwächse und öffentliche Daseinsvorsorge ermöglichte (McNeill, 2001, K. W. Brand, 2017). Allerdings geschah dies auf Kosten anderer (Brand & Wissen, 2017; Lessenich, 2016). Dies schürt – vor dem Hintergrund der Klimakrise und damit verbundener als notwendig diskutierter gesellschaftlicher Veränderungen – Verlust- und Abstiegsängste (Nachtwey, 2018), besonders vor dem Hintergrund möglicher Einkommensverluste oder eines Rückbaus öffentlich finanzierter Daseinsvorsorge (Gesundheit, Bildung, Pensionen). Dies zeigt wiederum die Doppelrolle staatlicher Institutionen, die zum einen dazu aufgerufen werden, klimafreundliches Leben zu ermöglichen, gleichzeitig aber auch Treiber der Nicht-Nachhaltigkeit sind (Blühdorn et al., 2020).

Gesellschaftlicher Wandel findet laufend statt, kann aber – so eine Grundannahme der Gesellschaft-Natur-Perspektive – auch gestaltet werden, indem klimaunfreundliche Strukturen geschwächt und klimafreundliche Strukturen gestärkt werden. Wissensproduktion, Medialisierung, Problematisierung und Protest, Ökotopien, aber auch Gesetze sind zentrale Bestandteile von klimapolitischen Maßnahmen, rufen aber oft starken Widerstand hervor (K. W. Brand, 2017). Das Interesse am Festhalten sowie Verteidigen des Status quo ist groß (Blühdorn et al., 2020).

Wichtige Theorien des Wandels, die sich an dieser Perspektive orientieren und in Teil 5 genauer dargestellt werden, sind: der Sozialen und Politischen Ökologie, den Debatten um Anthropozän und planetare Grenzen; intersektionalen Gerechtigkeitsdebatten; Polanyischen Transformationstheorien; Staatstheorien; der politischen Ökonomie des Wachstumszwangs, Postwachstum und Degrowth und „cultural theory" (siehe Teil 5, Kap. 28).

2.3 Perspektivistische Herangehensweise zur Analyse und Gestaltung von Strukturen

Dieser Bericht setzt auf Perspektivismus, um aktuelle Herausforderungen in ihrer Diversität bezüglich der Problemdiagnosen von klimaunfreundlichen Strukturen sowie Zielhorizonten und Gestaltungsoptionen von Transformationspfaden zu berücksichtigen. Wir anerkennen damit, dass Erkenntnis immer abhängig von Bezugssystemen (wie z. B. Marktlogiken, Innovationsdiskursen, gesellschaftstheoretischen Diskursen) ist (Giere, 2006; Sass, 2019). Die vier vorgestellten Perspektiven stellen eine erste Bestandsaufnahme von „Theorien des Wandels" dar. Sie werden in den folgenden Kapiteln in der Analyse von Handlungsfeldern und der Gestaltung von Strukturen aufgegriffen. Perspektivismus eröffnet einen differenzierten Blick auf klimaunfreundliche sowie klimafreundliche Strukturen. Er macht unterschiedliche, zum Teil konfligierende Problemdiagnosen, Zielhorizonte und Gestaltungsoptionen sichtbar. Er ermöglicht dort, wo Annahmen, Wertvorstellungen und Methoden einander ausschließen, zwischen Perspektiven abzuwägen, um bestimmte Strukturen sowie Gestaltungsmöglichkeiten in den Vordergrund zu rücken und andere hintanzustellen. Perspektivismus im Kontext dieses Berichts suggeriert nicht, dass alle Perspektiven – ihre Problemdiagnosen, Zielhorizonte und Gestaltungsoptionen – gleichermaßen überzeugend bzw. tiefenwirksam zum Verständnis von Strukturveränderungen beitragen. Er lädt eher dazu ein, die „Kunst des Abwägens" zu üben (Novy et al., 2020), da er erlaubt, zwischen Optionen abzuwägen und deren jeweilige Implikationen aus unterschiedlichen Blickwinkeln zu reflektieren. Er eröffnet zudem Einsichten in einander potenziell ergänzende, aber auch inkompatible Verständnisse von und Zugänge zu klimafreundlichem Leben. Entscheider_innen erlaubt Multiperspektivität, Gestaltungsmöglichkeiten abzuwägen und Prioritäten zu setzen.

Jede der vier Perspektiven hat Stärken und Schwächen. Diese gilt es zu erkennen und zu benennen. Alle vier Perspektiven thematisieren Strukturen. Eine Stärke der Marktperspektive ist, dass sie aufgrund der Prominenz von Marktlogiken gesellschaftlich besonders anschlussfähig ist. Eine ihrer Schwächen ist ihr Vertrauen in individuelles Handeln sowie in Bepreisung. Aus einer Bereitstellungs- und Gesellschaft-Natur-Perspektive ist hingegen sowohl der Fokus auf das Individuum als auch der Fokus auf Marktlogiken eher Treiber der Klimakrise als deren Lösung (Pirgmaier & Steinberger, 2019).

Auch die Innovationsperspektive ist gesellschaftlich anschlussfähig. Eine der Stärken der in diesem Sachstandsbericht vorgestellten Innovationsperspektive ist, dass sie den Innovationsbegriff weder rein technologisch noch primär marktorientiert versteht, sondern Innovationen immer an ihrem sozialökologischen Mehrwert misst. Eine ihrer Schwachstellen ist, dass sie wenig klare Ansagen darüber macht, von wem und wie Entscheidungen über den Erfolg oder Misserfolg von Innovationen getroffen werden. Dass Letzteres immer (auch) ein politischer Prozess ist, wird in dieser Perspektive nur bedingt berücksichtigt.

Die Bereitstellungsperspektive rückt das Schaffen von klimafreundlichen sozial-ökologischen Bereitstellungssystemen, Lebensformen und Infrastrukturen in den Vordergrund, die den Rahmen für Wahlentscheidungen dauerhaft verändern und somit nachhaltigere Praktiken und Gewohnheiten fördern. Weniger auf individuelle Wahlentscheidungen zu setzen als auf Infrastrukturen, die zu sozial-ökologischeren Wahlentscheidungen führen (und damit Konsument_innen entlasten), ist klimapolitisch vielversprechend. Diese Perspektive weist zwei Schwächen auf: Erstens die bis vor kurzem fehlenden empirischen Arbeiten, die Soziales und Ökologisches, Versorgung und Klimarisiken integriert analysieren. Zweitens die offene Frage, wie demokratische Mehrheiten für klimafreundliche und gerechte Bereitstellung möglich werden.

Die Gesellschaft-Natur-Perspektive bietet die Möglichkeit, historisch entstandene, für die westliche Moderne typische ökonomische, technologische, kulturelle und soziale Strukturen zu identifizieren, die Natur-Gesellschafts-Beziehungen ausmachen, liefert aber weniger unmittelbar umsetzbare Gestaltungsoptionen.

Basierend auf dem durch eine perspektivische Herangehensweise gewonnenen „verbesserten Sehen" (das heißt einem besseren Verständnis der Klimakrise) gelangt man zu einem verbesserten transformativen Wissen für ein „wirksameres Tun". Dieses Tun umfasst die Problematisierung, Transformation und Abschaffung klimaschädlicher Strukturen ebenso wie die Schaffung und Stärkung klimafreundlicher Strukturen (siehe Kap. 1). Die Gestaltung von Strukturen klimafreundlichen Lebens erfordert vor allem, Grundsatzentscheidungen zu treffen, die der Dringlichkeit der Klimakrise gerecht werden, wobei Grundsatzentscheidungen immer mit Konflikten verbunden sind – aufgrund unterschiedlicher Problemdiagnosen, Zielhorizonte und Transformationswege, aber auch aufgrund unterschiedlicher Interessen und Machtverhältnisse. Gestalten kann sowohl durch inkrementelle als auch grundlegende Veränderungen erfolgen. Beide Veränderungstypen ergänzen sich, wenn das Machbare (dies der Fokus der Markt-, Innovations- und Bereitstellungsperspektive) nicht vom Grundlegenden (dem Fokus der Gesellschaft-Natur-Perspektive) entkoppelt wird, das heißt kleine Veränderungsschritte zu einer grundlegenden Veränderung des Gesamtsystems beitragen. Wenn angesichts des vom IPCC konstatierten kurzen Zeitfensters für grundlegende Weichenstellungen in den kommenden Jahren eine „Zeit der Entscheidung" (Hausknost, 2021) angebrochen ist, dann muss klimaschädliche durch klimafreundliche Pfadabhängigkeiten ersetzt werden, um klimafreundliches Leben zu erleichtern (z. B. Rück- bzw. Umbau von klimaschädlichen Infrastrukturen und Ausbau sozial-ökologischer Infrastrukturen).

Der in diesem Bericht angewandte multiperspektivische Zugang soll nicht nur zu einer verbesserten Problemanalyse beitragen und einen breiteren Mix an möglichen Instrumenten anbieten als gemeinhin üblich. Multiperspektivität ist nicht nur in der Wissenschaft, sondern auch in der Gesellschaft unumgänglich. Denn sie trägt dem Umstand Rechnung, dass Gruppen und Milieus in pluralistischen Gesellschaften ein unterschiedliches Verständnis darüber haben, wie mit der Klimakrise umzugehen ist. Die jeweiligen Weltbilder und Denkstile unterscheiden sich und sind zum Teil inkompatibel. Deshalb braucht es in demokratischen Gesellschaften eine Bereitschaft für beides: Toleranz für Konflikte und Bereitschaft zu Kompromissen. Multiperspektivität kann hierbei zweierlei beitragen. Zum einen kann sie tiefliegende Unvereinbarkeiten im Zugang zu Klimakrise, zu Gesellschaft und Natur offenlegen, die sich aus unterschiedlichen Perspektiven ergeben. Zum anderen kann sie Potenziale identifizieren, wie mehrere Perspektiven nicht mittels „kleinsten gemeinsamen Nenners" befriedet, sondern durch Strategien eines „Sowohl-als-auch" bereichert werden können.

Tab. 1 Überblick über zentrale Dimensionen der Perspektiven zur Analyse und Gestaltung von Strukturen. (Quelle: Eigene Darstellung)

Perspektive	Markt	Innovation	Bereitstellung	Gesellschafts-Natur
Verständnis von Strukturen	Regeln für das Handeln auf Märkten (Regulierungen, Eigentums- und Vertragsrecht)	Produktions- und Konsumptionssysteme	Bereitstellungssysteme und Lebensformen, die mit Praktiken einhergehen	Klimaschädliche Kernmerkmale moderner, westlicher, kapitalistischer Natur-Mensch-Verhältnisse (dualistische Verständnisse von biophysischer Natur und Gesellschaft, Naturbeherrschung, Kapitalakkumulation, Wachstumszwang, soziale Ungleichheit)
Verständnis von Gestalten als koordiniertes Handeln	Setzen klimafreundlicher wirtschaftspolitischer Rahmenbedingungen, insbesondere durch Anreizsysteme, Gesetze, Regulierungsbehörden	Soziale, technologische, organisatorische, frugale Innovationen und Exnovation	Schaffen suffizienter, resilienter, inklusiver und klimafreundlicher Bereitstellungssysteme	Wissensproduktion und -vermittlung, Mobilisierung und Protest, Institutionen (z. B. Recht, Staat) für klimafreundliches Leben in Stellung bringen, Neues erproben mittels konkreter Utopien
Verständnis von klimafreundlichem Leben	**Individuelles Konsum- und Investitionsverhalten**	Dekarbonisierte Produktions- und Konsumptionssysteme	Lebensformen, die auf suffizienten und resilienten Praktiken aufbauen	Klimafreundliche gesellschaftliche Reproduktion
Dominante Akteur_innen (von denen Veränderung ausgeht)	Konsument_innen und Produzent_innen sowie politische Entscheidungsträger_innen	Umfassende Beteiligung von Stakeholder_innen (Unternehmen, staatliche Akteur_innen, Zivilgesellschaft, Nutzer_innen, Wissenschaft; auch etablierte Akteur_innen mit Widerstand gegen Wandel)	Staatliche Akteur_innen (öffentliche Einrichtungen, Verwaltungen und öffentliche Unternehmen), aber auch Unternehmen und Zivilgesellschaft, Sozialwirtschaft	Wissenschaft und soziale Bewegungen, NGOs, Medien, zum Teil (lokaler) Staat
Notwendige Veränderungen …	Wirtschaftspolitische Rahmenbedingungen wie Verursacherprinzip und Kostenwahrheit	Neuausrichtung soziotechnischer Systeme, effektive Governanceprozesse, herausforderungsorientierte Innovationsprozesse	Bereitstellungssysteme, die klimafreundliches Leben **rechtlich möglich, kulturell akzeptiert und ökonomisch leistbar machen**	Klimaschädliche Kernmerkmale moderner Gesellschaften reduzieren/überwinden
… und damit verbundene Probleme und Konflikte	Marktversagen, Rebound-Effekte	Widerstand von etablierten Akteur_innen und Akteursnetzen, Trägheit demokratischer Entscheidungsprozesse bei erhöhter Dringlichkeit	Widerstand gegen klimafreundliche, für alle leistbare, global organisierte Bereitstellungssysteme	Klimaschädliches Wirtschaftswachstum und soziale Errungenschaften hängen eng zusammen; Errungenschaften werden – trotz ihrer Klimaschädlichkeit – verteidigt
Präferierte politische Maßnahmen/Instrumente	Klimafreundliche Marktregulierungen (Ökosteuern, handelbare Emissionszertifikate), Informations- und Aufklärungspolitik; Nudging	(Missionsorientierte) Forschungs- und Technologieförderung für Systeminnovation; Governance von Veränderungsprozessen	Soziale und ökologische Zielsetzungen integrieren, Daseinsvorsorge, Alltagsökonomie und sozial-ökologische Infrastrukturen stärken, klimafreundliche Planung, Konsumkorridore	Wissensproduktion und Outreach zu Gesellschaft und Medien, Protest, Schaffen von Alternativen und Koalitionen
Theoriestränge im Kontext dieser Perspektive (Theorien, die diese Perspektive einnehmen bzw. kritisch weiterentwickeln)	Umwelt-, Verhaltensökonomik; Umwelt-, Klima- und Wirtschaftspsychologie; Politische Institutionentheorie und Public Choice	Regionale Innovationssysteme, Soziotechnisches System und Nachhaltigkeitstransition, Strategisches Nischenmanagement und Transitionsmanagement, Theorien sozialer Innovation, Exnovation, Konversion und Minimalismus	Bereitstellungssysteme und Alltagsökonomie, praxistheoretische Ansätze, Lebensformen, Klimarisikomanagement, Suffizienz und Resilienz	Soziale und politische Ökologie, Anthropozän- und Planetarische-Grenzen-Ansätze, Gerechtigkeitsperspektiven auf sozial-ökologische Sorgebeziehungen, Ökotopien, Politische Ökonomie des Wachstumszwangs, Polanyische Transformationstheorien, Cultural-Theory-Ansätze, Theorien zu Staat und Governance

2.4 Quellenverzeichnis

Aglietta, M. (2000). Shareholder, value and corporate governance: Some tricky questions. *Economy and Society, 29*(1), 146–159.

Aglietta, M. (2015). *A theory of Capitalist Regulation. The US Experience*. Verso.

Akerlof, G., & et al. (2019). *Economists' Statement on Carbon Dividends*. Climate Leadership Council. https://clcouncil.org/economists-statement/

Anderson, T. L., & Leal, D. R. (1991). *Free Market Environmentalism Pacific studies in public policy*. Avalon Publishing.

Armutskonferenz. (2020). *Aktuelle Armutszahlen*. http://www.armutskonferenz.at/armut-in-oesterreich/aktuelle-armuts-und-verteilungszahlen.html

Arnold, A., David, M., Hanke, G., & Sonnberger, M. (Hrsg.). (2015). *Innovation – Exnovation: Über Prozesse des Abschaffens und Erneuerns in der Nachhaltigkeitstransformation*. Metropolis-Verlag.

Avelino, F., Wittmayer, J. M., Kemp, R., & Haxeltine, A. (2017). Game-changers and transformative social innovation. *Ecology and Society, 22*(4). JSTOR. https://www.jstor.org/stable/26798984

Barlösius, E. (2019). *Infrastrukturen als soziale Ordnungsdienste*. Campus.

Bärnthaler, R., Novy, A., & Stadelmann, B. (2020). A Polanyi-inspired perspective on social-ecological transformations of cities. *Journal of Urban Affairs, 45*(2), 1–25. https://doi.org/10.1080/07352166.2020.1834404

Bärnthaler, R., Novy, A., & Plank, L. (2021). The Foundational Economy as a Cornerstone for a Social-Ecological Transformation. *Sustainability, 13*(18), 10460. https://doi.org/10.3390/su131810460

Bashkar, R. (2010). *Interdisciplinarity and Climate Change: Transforming Knowledge and Practice*. Routledge. https://www.routledge.com/Interdisciplinarity-and-Climate-Change-Transforming-Knowledge-and-Practice/Bhaskar-Frank-Hoyer-Naess-Parker/p/book/9780415573887

Bauhardt, C. (2019). Ökofeminismus und Queer Ecologies: Feministische Analyse gesellschaftlicher Naturverhältnisse. In B. Kortendiek, B. Riegraf, & K. Sabisch (Hrsg.), *Handbuch Interdisziplinäre Geschlechterforschung* (S. 467–477). Springer Fachmedien. https://doi.org/10.1007/978-3-658-12496-0_159

Baumol, W. J., & Oates, W. E. (1975). *The Theory of Environmental Policy*. Cambridge University Press.

Bayliss, K. (2017). Material cultures of water financialisation in England and Wales. *New political economy, 22*(4), 383–397.

Bayliss, K., & Fine, B. (2020). *A Guide to the Systems of Provision Approach: Who Gets What, How and Why*. Springer International Publishing. https://doi.org/10.1007/978-3-030-54143-9

Becker, E., & Jahn, T. (Hrsg.). (2006). *Soziale Ökologie: Grundzüge einer Wissenschaft von den gesellschaftlichen Naturverhältnissen*. Campus.

Bergh, J. C. J. M. van den. (2013). Environmental and climate innovation: Limitations, policies and prices. *Technological Forecasting and Social Change, 80*(1), 11–23. https://doi.org/10.1016/j.techfore.2012.08.004

Biesecker, A., & Hofmeister, S. (2010). Focus: (Re)productivity: Sustainable relations both between society and nature and between the genders. *Ecological Economics, 69*(8), 1703–1711. https://doi.org/10.1016/j.ecolecon.2010.03.025

Blättel-Mink, B., Schmitz, L. S., Eversberg, D., Hardering, F., & Vetter, A. (2021). Postwachstumsprojekte im Spannungsfeld von kollektiven und einzelnen Sinnzusammenhängen. *Gesellschaft unter Spannung. Verhandlungen des 40. Kongresses der Deutschen Gesellschaft für Soziologie 2020, 40*. https://publikationen.soziologie.de/index.php/kongressband_2020/article/view/1436

Bloch, E. (1959). *Das Prinzip Hoffnung*. Suhrkamp.

Block, F. (2018). Karl Polanyi and Human Freedom. In M. Brie & C. Thomasberger (Hrsg.), *Karl Polanyi's Vision of a Socialist Transformation* (S. 168–184). Black Roses.

Block, F., & Somers, M. (2014). *The Power of Market Fundamentalism. Karl Polanyi's Critique*. Harvard University Press.

Blühdorn, I. (2021). Liberation and limitation: Emancipatory politics, socio-ecological transformation and the grammar of the autocratic-authoritarian turn. *European Journal of Social Theory, 25*(1), 26–52. https://doi.org/10.1177/13684310211027088

Blühdorn, I., Butzlaff, F., Deflorian, M., Hausknost, D., & Mock, M. (2020). *Nachhaltige Nicht-Nachhaltigkeit: Warum die ökologische Transformation der Gesellschaft nicht stattfindet*. transcript Verlag.

Bolton, R., & Foxon, T. J. (2015). Infrastructure transformation as a socio-technical process – Implications for the governance of energy distribution networks in the UK. *Technological Forecasting and Social Change, 90*, 538–550. https://doi.org/10.1016/j.techfore.2014.02.017

Bonneuil, C., & Fressoz, J.-B. (2006). The Shock of the Anthropocene. *Journal of the History of Ideas, 67*(2), 357–400.

Bookchin, M. (1991). Libertarian Municipalism: An Overview. *Green Perspektives, 24*, 1–12. http://theanarchistlibrary.org/library/murray-bookchin-libertarian-municipalism-an-overview

Bowman, A., Erturk, I., Folkman, P., Froud, J., Haslam, C., Johal, S., Leaver, A., Moran, M., Tsitsianis, N., & Williams, K. (2015). *What a waste: Outsourcing and how it goes wrong*. Manchester University Press. https://www.research.ed.ac.uk/en/publications/what-a-waste-outsourcing-and-how-it-goes-wrong

Brand, K.-W. (2017). *Die sozial-ökologische Transformation der Welt – Ein Handbuch*. Campus.

Brand, U. (2016). "Transformation" as a New Critical Orthodoxy: The Strategic Use of the Term "Transformation" Does Not Prevent Multiple Crises. *GAIA – Ecological Perspectives for Science and Society, 25*(1), 23–27. https://doi.org/10.14512/gaia.25.1.7

Brand, U., Muraca, B., Pineault, E., Sahakian, M., & et al. (2021). From Planetary to Societal Boundaries: An argument for collectively defined self-limitation. *Sustainability. Science, Practice and Policy, 17*(1), 264–291.

Brand, U., & Wissen, M. (2017). *Imperiale Lebensweise*. oekom. https://www.oekom.de/buch/imperiale-lebensweise-9783865818430

Brunner, K.-M., Jonas, M., & Littig, B. (2022). Capitalism, consumerism and democracy in contemporary societies. In *The Routledge Handbook of Democracy and Sustainability*. Routledge.

Chakrabarty, D. (2018). Anthropocene Time. *History and Theory, 57*(1), 5–32. https://doi.org/10.1111/hith.12044

Chakrabarty, D. (2021). Afterword On Scale and Deep History in the Anthropocene. In G. Dürbeck & P. Hüpkes (Hrsg.), *Narratives of Scale in the Anthropocene: Imagining Human Responsibility in an Age of Scalar Complexity* (S. 196). Routledge.

Chen, J., & Yin, X. (2019). Connotation and types of innovation. In J. Chen, A. Brem, E. Viardot, & P. K. Wong (Hrsg.), *The Routledge Companion to Innovation Management* (1. Aufl., S. 26–54). Routledge. https://doi.org/10.4324/9781315276670-3

Common, M., & Stagl, S. (2005). *Ecological Economics: An Introduction*. Cambridge University Press.

Connolly, J. J. (2018). From Systems Thinking to Systemic Action: Social Vulnerability and the Institutional Challenge of Urban Resilience. *City & Community, 17*(1), 8–11. https://doi.org/10.1111/cico.12282

Coote, A., & Percy, A. (2020). *The case for universal basic services*. Polity.

Croson, R., & Treich, N. (2014). Behavioral Environmental Economics: Promises and Challenges. *Environmental and Resource Economics, 58*, 335–351. https://doi.org/10.1007/s10640-014-9783-y

Daimer, S., Hufnagl, M., & Warnke, P. (2012). Challenge-oriented policy-making and innovation systems theory. In K. Koschatzky (Hrsg.), *Innovation system revisited. Experiences from 40 years of Fraunhofer ISI research*. Fraunhofer Verlag. https://publica.fraunhofer.de/entities/publication/ed76f79d-c25f-4991-90b2-31d5b475ea5f/details

Daniel, A., & Exner, A. (2020). Kartographie gelebter Ökotopien. *Forschungsjournal Soziale Bewegungen*, *33*(4), 785–800. https://doi.org/10.1515/fjsb-2020-0070

Daube, M., & Ulph, D. (2016). Moral Behaviour, Altruism and Environmental Policy. *Environmental and Resource Economics*, *63*(2), 505–522. https://doi.org/10.1007/s10640-014-9836-2

Davis, H., & Todd, Z. (2017). On the Importance of a Date, or Decolonizing the Anthropocene. *ACME: An International Journal for Critical Geographies*, *16*(4), 761–780.

Di Chiro, G. (2017). Welcome to the White (M)Anthropocene?: A feminist-environmentalist critique. In S. MacGregor (Hrsg.), *Routledge Handbook of Gender and Environment* (S. 487–505). Routledge.

Diercks, G., Larsen, H., & Steward, F. (2019). Transformative innovation policy: Addressing variety in an emerging policy paradigm. *Research Policy*, *48*(4), 880–894. https://doi.org/10.1016/j.respol.2018.10.028

Dosi, G., Arcangeli, F., David, P., Engelman, F., Freeman, C., Moggi, M., Nelson, R., Orsenigo, L., & Rosenberg, N. (1988). Sources, Procedures, and Microeconomic Effects of Innovation. *Journal of Economic Literature*, *26*(3), 1120–1171.

Edquist, C. (Hrsg.). (2011). *Systems of innovation: Technologies, institutions and organizations* (First issued in paperback 2011). Routledge.

European Commission. (2021). *Social Economy Action Plan*. Publications Office of the European Union. https://ec.europa.eu/social/main.jsp?catId=1537&langId=en

Fanning, A. L., O'Neill, D. W., & Büchs, M. (2020). Provisioning systems for a good life within planetary boundaries. *Global Environmental Change*, *64*, 102135. https://doi.org/10.1016/j.gloenvcha.2020.102135

Fine, B. (2002). *The World of Consumption: The Material and Cultural Revisited*. Psychology Press.

Fischer-Kowalski, M., & Erb, K.-H. (2016). Core Concepts and Heuristics. In H. Haberl, M. Fischer-Kowalski, F. Krausmann, & V. Winiwarter (Hrsg.), *Social Ecology: Society-Nature Relations across Time and Space* (S. 29–61). Springer International Publishing. https://doi.org/10.1007/978-3-319-33326-7_2

Fleck, L. (1935). *Entstehung und Entwicklung einer wissenschaftlichen Tatsache*.

Foster, J. B. (1999). Marx's Theory of Metabolic Rift. *American Journal of Sociology*, *105*(2), 366–405. https://doi.org/10.1086/210315

Foucault, M. (1983). *Der Wille zum Wissen. Sexualität und Wahrheit 1*. Suhrkamp.

Foucault, M. (1994). *Überwachen und Strafen. Die Geburt des Gefängnisses*. Suhrkamp.

Foundational Economy Collective. (2018). *Foundational Economy: The infrastructure of everyday life*. Manchester University Press.

Foundational Economy Collective. (2020). *What comes after the Pandemic? A Ten-Point Platform for Foundational Renewal*.

Frankfurt, H. (2015). *On Inequality*. https://press.princeton.edu/books/hardcover/9780691167145/on-inequality

Fraser, N. (2014a). Behind Marx's Hidden Abode. *New Left Review*, *86*, 55–72.

Fraser, N. (2014b). Can society be commodities all the way down? Post-Polanyian reflections on capitalist crisis. *Economy and Society*, *43*(4), 541–558. https://doi.org/10.1080/03085147.2014.898822

Freeman, C., & Perez, C. (1988). Structural crises of adjustment, business cycles and investment behavior. In G. Dosi, C. Freeman, R. Nelson, G. Silverberg and L. Soete (eds) *Technical Change and Economic Theory* (S. 38–66). Taylor & Francis.

Fried, S. (2018) Climate policy and innovation: A quantitative macroeconomic analysis. *American Economic Journal: Macroeconomics*, *10*(1), 90–118.

Fuchs, D., Sahakian, M., Gumbert, T., Di Giulio, A., Maniates, M., Lorek, S., & Graf, A. (2021). *Consumption Corridors: Living a Good Life within Sustainable Limits*. Routledge. https://doi.org/10.4324/9780367748746

Galego, D., Moulaert, F., Brans, M., & Santinha, G. (2021). Social innovation & governance: A scoping review. *Innovation-The European Journal Of Social Science Research*. https://doi.org/10.1080/13511610.2021.1879630

Geels. (2014). Regime Resistance against Low-Carbon Transitions: Introducing Politics and Power into the Multi-Level Perspective. *Theory, Culture and Society*, *31*(5), 21–40.

Geels, F. W., & Kemp, R. (2007). Dynamics in socio-technical systems: Typology of change processes and contrasting case studies. *Technology in Society*, *29*(4), 441–455. https://doi.org/10.1016/j.techsoc.2007.08.009

Geels, F. W., & Raven, R. (2006). Non-linearity and Expectations in Niche-Development Trajectories: Ups and Downs in Dutch Biogas Development (1973–2003). *Technology Analysis & Strategic Management*, *18*(3–4), 375–392. https://doi.org/10.1080/09537320600777143

Giddens, A. (1984). *The constitution of society: Outline of the theory of structuration*. University of California Press.

Giere, R. N. (2006). *Scientific perspectivism*. University of Chicago Press.

Godin, B. (2015). *Innovation Contested: The Idea of Innovation Over the Centuries*. Routledge.

Görg, C. (1999). *Gesellschaftliche Naturverhältnisse*. Westfälisches Dampfboot.

Görg, C. (2011). Societal relationships with nature: A dialectical approach to environmental politics. In *Critical Ecologies* (S. 43–72). https://doi.org/10.3138/9781442661660-004

Gössling, S., Kees, J., & Litman, T. (2022). The lifetime cost of driving a car. *Ecological Economics*. https://doi.org/10.1016/j.ecolecon.2021.107335

Gössling, S., & Schweiggart, N. (2022). Two years of COVID-19 and tourism: What we learned, and what we should have learned. *Journal of Sustainable Tourism*, *30*(4), 915–931. https://doi.org/10.1080/09669582.2022.2029872

Grin, J., Rotmans, J., Schot, J., Geels, F. W., & Loorbach, D. (2011). *Transitions to sustainable development: New directions in the study of long term transformative change* (First issued in paperback). Routledge.

Gruchy, A. G. (1987). *The Reconstruction of Economics: An Analysis of the Fundamentals of Institutional Economics*. Greenwood Press.

Gsottbauer, E., & van den Bergh, J. C. J. M. (2011). Environmental Policy Theory Given Bounded Rationality and Other-regarding Preferences. *Environmental and Resource Economics*, *49*(2), 263–304. https://doi.org/10.1007/s10640-010-9433-y

Haas, P. M. (1992). Introduction: Epistemic Communities and International Policy Coordination. *International Organization*, *46*(1,), 1–35.

Haberl, H., Fischer-Kowalski, M., Krausmann, F., & Winiwarter, V. (Hrsg.). (2016). *Social Ecology: Society-Nature Relations across Time and Space* (1. Aufl.). Springer International Publishing. https://doi.org/10.1007/978-3-319-33326-7

Habermas, J. (2008). *Erkenntnis und Interesse: Im Anhang: „Nach dreißig Jahren. Bemerkungen zu Erkenntnis und Interesse"*. Meiner. https://www.zvab.com/9783787318629/Erkenntnis-Interesse-Anhang-drei%C3%9Fig-Jahren-3787318623/plp

Hanley, N., Shogren, J., & White, B. (2019). *Introduction to Environmental Economics*. Oxford University Press.

Hausknost, D. (2020). The environmental state and the glass ceiling of transformation. *Environmental Politics*, *29*(1), 17–37. https://doi.org/10.1080/09644016.2019.1680062

Hausknost, D. (2021). Die Zeit der Entscheidung. Warum weder individuelles Konsumverhalten noch technologischer Fortschritt die Klimakrise lösen werden. In *Glaube – Klima – Hoffnung. Religion und Klimawandel als Herausforderung für die politische Bildung* (S. 15–23). https://doi.org/10.46499/1817

Hodgson, G. M. (2020). How mythical markets mislead analysis: an institutionalist critique of market universalism. *Socio-Economic Review*, *18*(4), 1153–1174.

Högelsberger, H., & Maneka, D. (2020). Konversion der österreichischen Auto(zuliefer)industrie? In A. Brunnengräber & T. Haas (Hrsg.), *Baustelle Elektromobilität: Sozialwissenschaftliche Perspektiven auf die Transformation der (Auto-)Mobilität* (S. 409–440). transcript-Verlag. https://www.degruyter.com/document/doi/10.14361/9783839451656-018/html

Hommels, A., Peters, P., & Bijker, W. E. (2007). Techno therapy or nurtured niches? Technology studies and the evaluation of radical innovations. *Research policy*, *36*(7), 1088–1099.

Hultman, M., & Pulé, P. (2019). Ecological masculinities: A response to the Manthropocene question? In L. Gottzén, U. Mellström, & T. Shefer (Hrsg.), *Routledge International Handbook of Masculinity Studies* (S. 11). Routledge.

I.L.A. Kollektiv. (2017). *Auf Kosten anderer? Wie die imperiale Lebensweise ein gutes Leben für alle verhindert.* oekom. https://www.oekom.de/buch/auf-kosten-anderer-9783960060253

Jaeggi, R. (2014). *Kritik von Lebensformen*. suhrkamp.

Jahn, T., Hummel, D., Drees, L., Liehr, S., Lux, A., Mehring, M., Stieß, I., Völker, C., Winker, M., & Zimmermann, M. (2020). Sozial-ökologische Gestaltung im Anthropozän. *GAIA - Ecological Perspectives for Science and Society*, *29*(2), 93–97. https://doi.org/10.14512/gaia.29.2.6

Joly, P.-B. (2017). Beyond the Competitiveness Framework? Models of Innovation Revisited: *Journal of Innovation Economics & Management*, n° *22*(1), 79–96. https://doi.org/10.3917/jie.pr1.0005

Jones, R., Patwardhan, A., Cohen, S., Dessai, S., Lammel, A., Lempert, R., Mirza, M. M. Q., & von Storch, H. (2014). Foundations for Decision Making. In C. B. Field, V. Barros, D. J. Dokken, K. J. Mach, M. D. Mastrandrea, T. E. Bilir, M. Chatterjee, K. L. Ebi, Y. O. Estrada, R. C. Genova, B. Girma, E. S. Kissel, A. Levy, S. MacCracken, P. R. Mastrandrea, & L. L. White (Hrsg.), *Climate Change 2014: Impacts, Adaptation, and Vulnerability. Part A: Global and Sectoral Aspects. Working Group II contribution to the Fifth Assessment Report of the Intergovernmental Panel on Climate Change* (S. 195–228). Cambridge University Press. https://doi.org/10.1017/CBO9781107415379.007

Kaufman, N., Barron, A. R., Krawczyk, W., Marsters, P., & McJeon, H. (2020). A near-term to net zero alternative to the social cost of carbon for setting carbon prices. *Nature Climate Change*, *10*(11), 1010–1014. https://doi.org/10.1038/s41558-020-0880-3

Kivimaa, P., Laakso, S., Lonkila, A., & Kaljonen, M. (2021). Moving beyond disruptive innovation: A review of disruption in sustainability transitions. *Environmental Innovation and Societal Transitions*, *38*, 110–126. https://doi.org/Dosi

Kleinhückelkotten, S., Neitzke, H.-P., & Moser, S. (2016). *Repräsentative Erhebung von Pro-Kopf-Verbräuchen natürlicher Ressourcen in Deutschland (nach Bevölkerungsgruppen)* (Nr. 39/2016; Texte, S. 143). Umweltbundesamt.

Knobloch, U. (Hrsg.). (2019). *Ökonomie des Versorgens: Feministisch-kritische Wirtschaftstheorien im deutschsprachigen Raum* (1. Auflage). Beltz Juventa.

Köhler, J., Geels, F. W., Kern, F., Markard, J., Onsongo, E., Wieczorek, A., Alkemade, F., Avelino, F., Bergek, A., Boons, F., Fünfschilling, L., Hess, D., Holtz, G., Hyysalo, S., Jenkins, K., Kivimaa, P., Martiskainen, M., McMeekin, A., Mühlemeier, M. S., … Wells, P. (2019). An agenda for sustainability transitions research: State of the art and future directions. *Environmental Innovation and Societal Transitions*, *31*, 1–32. https://doi.org/10.1016/j.eist.2019.01.004

Kreinin, H., & Aigner, E. (2021). From "Decent work and economic growth" to "Sustainable work and economic degrowth": A new framework for SDG 8. *Empirica*. https://doi.org/10.1007/s10663-021-09526-5

Krisch, A., Novy, A., Plank, L., Schmidt, A. E., & Blaas, W. (2020). *Die Leistungsträgerinnen des Alltagslebens. Covid-19 als Brennglas für die notwendige Neubewertung von Wirtschaft, Arbeit und Leistung*. The Foundational Economy Collective. https://foundationaleconomy.com/

Kuhn, T. S. (1976). *Die Struktur wissenschaftlicher Revolutionen von Thomas S. Kuhn.*

Latour, B. (2007). *Elend der Kritik. Vom Krieg um Fakten zu Dingen von Belang.*

Latour, B. (2019). *Eine neue Soziologie für eine neue Gesellschaft: Einführung in die Akteur-Netzwerk-Theorie* (G. Roßler, Übers.; 5. Auflage). Suhrkamp.

Lessenich, S. (2016). *Neben uns die Sintflut. Die Externalisierungsgesellschaft und ihr Preis*. Hanser.

MacGregor, S. (2021). Making matter great again? Ecofeminism, new materialism and the everyday turn in environmental politics. *Environmental Politics*, *30*(1–2), 41–60. https://doi.org/10.1080/09644016.2020.1846954

Malerba, F., & Orsenigo, L. (1995). Schumpeterian patterns of innovation. *Cambridge Journal of Economics*, *19*(1), 47–65. https://doi.org/10.1093/oxfordjournals.cje.a035308

Malm, A. (2016). *Fossil Capital: The Rise of Steam Power and the Roots of Global Warming*. Verso.

Markard, J., & Truffer, B. (2008). Technological innovation systems and the multi-level perspective: Towards an integrated framework. *Research Policy*, *37*(4), 596–615.

Mattioli, G., Roberts, C., Steinberger, J. K., & Brown, A. (2020). The political economy of car dependence: A systems of provision approach. *Energy Research & Social Science*, *66*, 101486. https://doi.org/10.1016/j.erss.2020.101486

McNeill, J. R. (2001). *Something new under the sun: An environmental history of the twentieth-century world* (the global century series). WW Norton & Company.

McNeill, J. R., & Engelke, P. (2016). *The Great Acceleration. An Environmental History of the Anthropocene since 1945*. The Belknap Press of Harvard University Press. https://www.hup.harvard.edu/catalog.php?isbn=9780674545038

Mechler, R., & Aerts, J. (2014). *Managing unnatural disaster risk from climate extremes*. 725–753.

Millward-Hopkins, J., Steinberger, J. K., Rao, N. D., & Oswald, Y. (2020). Providing decent living with minimum energy: A global scenario, *Global Environmental Change*, *65*, 102168. https://doi.org/10.1016/j.gloenvcha.2020.102168

Mitchell, T. (2013). *Carbon democracy. Political power in the age of oil*. Verso.

Moore, J. W. (2016). *Capitalism in the Web of Life: Ecology and the Accumulation of Capital* (Bd. 37). Verso Books.

Moore, J. W. (2017). The Capitalocene, Part I: On the nature and origins of our ecological crisis. *The Journal of Peasant Studies*, *44*(3), 594–630. https://doi.org/10.1080/03066150.2016.1235036

Moser, S., & Kleinhückelkotten, S. (2018). Good Intents, but Low Impacts: Diverging Importance of Motivational and Socioeconomic Determinants Explaining Pro-Environmental Behavior, Energy Use, and Carbon Footprint. *Environment and Behaviour*, *50*(6), 626–656. https://journals.sagepub.com/doi/abs/10.1177/0013916517710685

Nachtwey, O. (2018). *Die Abstiegsgesellschaft: Über das Aufbegehren in der regressiven Moderne* (8. Auflage). Suhrkamp Verlag.

Nelson, J. A. (1993). 1. The Study of Choice or the Study of Provisioning? Gender and the Definition of Economics. In *Beyond Economic Man* (S. 23–36). University of Chicago Press. https://www.degruyter.com/document/doi/10.7208/9780226242088-003/html

Novy, A. (2019). Transformative social innovation, critical realism and the good life for all. In *Social Innovation as Political Transformation. Thoughts For A Better World*. (S. 122–127). Edward Elgar.

Novy, A., Bärnthaler, R., & Heimerl, V. (2020). *Zukunftsfähiges Wirtschaften* (1.). Beltz.

Novy, A., Bärnthaler, R., & Prieler, M. (2023). *Zukunftsfähiges Wirtschaften*. Beltz.

OECD. (2017). *Behavioural Insights and Public Policy: Lessons from Around the World* [Text]. https://www.oecd-ilibrary.org/governance/behavioural-insights-and-public-policy_9789264270480-en

Oksala, J. (2018). Feminism, Capitalism, and Ecology. *Hypatia*, *33*(2), 216–234. https://doi.org/10.1111/hypa.12395

Ölander, F., & Thøgersen, J. (2014). Informing Versus Nudging in Environmental Policy. *Journal of Consumer Policy*, *37*(3), 341–356. https://doi.org/10.1007/s10603-014-9256-2

O'Neill, D. W., Fanning, A. L., Lamb, W. F., & Steinberger, J. K. (2018). A good life for all within planetary boundaries. *Nature Sustainability*, *1*(2), 88–95. https://doi.org/10.1038/s41893-018-0021-4

Pichler, M., Schaffartzik, A., Haberl, H., & Görg, C. (2017). Drivers of society-nature relations in the Anthropocene and their implications for sustainability transformations. *Current Opinion in Environmental Sustainability*, *26–27*, 32–36. https://doi.org/10.1016/j.cosust.2017.01.017

Pietzcker, R. C., Osorio, S., & Rodrigues, R. (2021). Tightening EU ETS targets in line with the European Green Deal: Impacts on the decarbonization of the EU power sector. *Applied Energy*, *293*, 116914. https://doi.org/10.1016/j.apenergy.2021.116914

Pirgmaier, E. (2020). Consumption corridors, capitalism and social change. *Sustainability: Science, Practice and Policy*, *16*(1), 274–285. https://doi.org/10.1080/15487733.2020.1829846

Pirgmaier, E., & Steinberger, J. (2019). Roots, Riots, and Radical Change – A Road Less Travelled for Ecological Economics. *Sustainability*, *11*(7), 2001. https://doi.org/10.3390/su11072001

Plank, C., Liehr, S., Hummel, D., Wiedenhofer, D., Haberl, H., & Görg, C. (2021). Doing more with less: Provisioning systems and the transformation of the stock-flow-service nexus. *Ecological Economics*, *187*, 107093. https://doi.org/10.1016/j.ecolecon.2021.107093

Polanyi, K. (2001). *The Great Transformation. The Political and Economic Origins of Our Times*. Beacon Press.

Raworth, K. (2012). *A Safe and Just Space for Humanity: Can We Live within the Doughnut?* [Data set]. Oxfam. https://doi.org/10.1163/2210-7975_HRD-9824-0069

Raworth, K. (2017). *Doughnut Economics: Seven Ways to Think Like a 21st-Century Economist*. Chelsea Green Publishing.

Reckwitz, A. (2002). Toward a Theory of Social Practices: A Development in Culturalist Theorizing. *European Journal of Social Theory*, *5*(2), 243–263. https://doi.org/10.1177/13684310222225432

Reckwitz, A. (2017). *Die Gesellschaft der Singularitäten*. Suhrkamp.

Rouse, J. (2005). Power/Knowledge. In G. Gutting (Hrsg.), *The Cambridge Companion to Foucault* (2. Aufl., S. 95–122). Cambridge University Press. https://doi.org/10.1017/CCOL0521840821.005

Saldanha, A. (2020). A date with destiny: Racial capitalism and the beginnings of the Anthropocene. *Environment and Planning D: Society and Space*, *38*(1), 12–34. https://doi.org/10.1177/0263775819871964

Sass, H. von (Hrsg.). (2019). *Perspektivismus: Neue Beiträge aus der Erkenntnistheorie, Hermeneutik und Ethik*. Meiner.

Schaffartzik, A., Pichler, M., Pineault, E., Wiedenhofer, D., Gross, R., & Haberl, H. (2021). The transformation of provisioning systems from an integrated perspective of social metabolism and political economy: A conceptual framework. *Sustainability Science*, *16*(5), 1405–1421. https://doi.org/10.1007/s11625-021-00952-9

Schafran, A., Smith, M. N., & Hall, S. (2020). The spatial contract: A new politics of provision for an urbanized planet. In *The spatial contract*. Manchester University Press. https://manchesteruniversitypress.co.uk/9781526143372/

Schatzki, T. (2002). *The Site of the Social: A Philosophical Account of the Constitution of Social Life and Change*. The Pennsylvania State University Press. https://ndpr.nd.edu/reviews/the-site-of-the-social-a-philosophical-account-of-the-constitution-of-social-life-and-change/

Schinko, T., Mechler, R., & Hochrainer-Stigler, S. (2017). A methodological framework to operationalize climate risk management: Managing sovereign climate-related extreme event risk in Austria. *Mitigation and Adaptation Strategies for Global Change*, *22*(7), 1063–1086. https://doi.org/10.1007/s11027-016-9713-0

Schlosberg, D., & Collins, L. B. (2014). From environmental to climate justice: Climate change and the discourse of environmental justice. *Wiley Interdisciplinary Reviews: Climate Change*, *5*(3), 359–374. https://doi.org/10.1002/wcc.275

Schneidewind, U. (2017). Einfacher gut leben: Suffizienz und Postwachstum. *Politische Ökologie*, *1*(148), 98–103.

Schot, J., & Steinmueller, W. E. (2018). Three frames for innovation policy: R&D, systems of innovation and transformative change. *Research Policy*, *47*(9), 1554–1567. https://doi.org/10.1016/j.respol.2018.08.011

Schumpeter, J. (1911). *Theorie der wirtschaftlichen Entwicklung*. Duncker & Humblot, Berlin.

Sengers, F., Wieczorek, A. J., & Raven, R. (2019). Experimenting for sustainability transitions: A systematic literature review. *Technological Forecasting and Social Change*, *145*, 153–164. https://doi.org/10.1016/j.techfore.2016.08.031

Shafir, E. (Ed.). (2013). *The behavioral foundations of public policy*. Princeton University Press.

Shove, E., & Trentmann, F. (2018). *Infrastructures in Practice: The Dynamics of Demand in Networked Societies*. Routledge. https://www.routledge.com/Infrastructures-in-Practice-The-Dynamics-of-Demand-in-Networked-Societies/Shove-Trentmann/p/book/9781138476165

Shove, E., & Walker, G. (2014). What Is Energy For? Social Practice and Energy Demand. *Theory, Culture & Society*, *31*, 41–58.

Shove, E., Pantzar, M., & Watson, M. (2012). *The Dynamics of Social Practice*. Sage. https://us.sagepub.com/en-us/nam/the-dynamics-of-social-practice/book235021

Shove, E., Watson, M., & Spurling, N. (2015). Conceptualizing connections: Energy demand, infrastructures and social practices. *European journal of social theory*, *18*(3), 274–287.

Smelser, N. J. (Hrsg.). (2005). *The Handbook of Economic Sociology* (STU-Student edition). Princeton University Press. https://www.jstor.org/stable/j.ctt2tt8hg

Sörqvist, P., & Langeborg, L. (2019). Why People Harm the Environment Although They Try to Treat It Well: An Evolutionary-Cognitive Perspective on Climate Compensation. *Frontiers in Psychology*, *10*. https://doi.org/10.3389/fpsyg.2019.00348

Steffen, W., & Stafford Smith, M. (2013). Planetary boundaries, equity and global sustainability: Why wealthy countries could benefit from more equity. *Current Opinion in Environmental Sustainability*, *5*(3), 403–408. https://doi.org/10.1016/j.cosust.2013.04.007

Stiglitz, J. E., & Rosengard, J. K. (2015). *Economics of the public sector: Fourth international student edition*. WW Norton & Company.

Taylor, M. P., & Mankiw, N. G. (2017). *Economics* (4th edition). Cengage Learning Emea.

Thaler, R. H., & Sunstein, C. R. (2008). *Nudge: Improving decisions about health, wealth and happiness*. Penguin.

Tietenberg, T. H., & Lewis, L. (2018). *Environmental & natural resource economics* (11th Edition). Pearson.

Todorova, Z., & Jo, T.-H. (2019). Social provisioning process: A heterodox view of the economy. In T.-H. Jo, L. Chester, & C. D'Ippoliti (Hrsg.), *The Routledge Handbook of Heterodox Economics: Theorizing, Analyzing, and Transforming Capitalism* (S. 29–40). Routledge.

Tödtling, F., Trippl, M., & Desch, V. (2021). New directions for RIS studies and policies in the face of grand societal challenges. *European Planning Studies*, 30(11), 2139–2156. https://doi.org/10.1080/09654313.2021.1951177

Verganti, R. (2008). Design, meanings, and radical innovation: A metamodel and a research agenda. *Journal of product innovation management*, 25(5), 436–456.

Vogel, J., Steinberger, J. K., O'Neill, D. W., Lamb, W. F., & Krishnakumar, J. (2021). Socio-economic conditions for satisfying human needs at low energy use: An international analysis of social provisioning. *Global Environmental Change*, 69, 102287. https://doi.org/10.1016/j.gloenvcha.2021.102287

Wanzenböck, I., Wesseling, J. H., Frenken, K., Hekkert, M. P., & Weber, K. M. (2020). A framework for mission-oriented innovation policy: Alternative pathways through the problem-solution space. *Science and Public Policy*, 47(4), 474–489.

Weber, M. (1904). Die „Objektivität" sozialwissenschaftlicher und sozialpolitischer Erkenntnis. *Archiv für Sozialwissenschaft und Sozialpolitik*, 19(1), 22–87.

Wittmayer, J. M., Hielscher, S., Fraaije, M., Avelino, F., & Rogge, K. (2022). A typology for unpacking the diversity of social innovation in energy transitions. *Energy Research & Social Science*, 88, 102513.

Yusoff, K. (2018). *A Billion Black Anthropocenes or None*. U of Minnesota Press.

Teil 2: Handlungsfelder

Kapitel 3. Überblick Handlungsfelder

Koordinierende Leitautor_innen
Barbara Smetschka, Johanna Hofbauer, Marianne Penker, Andrea Jany und Harald Frey.

Leitautor_in
Dominik Wiedenhofer

Beitragende_r Autor_in
Max Callaghan

Revieweditor
Roger Keil

Zitierhinweis
Smetschka, B., J. Hofbauer, M. Penker, A. Jany, H. Frey und D. Wiedenhofer (2023): Überblick Handlungsfelder. In: APCC Special Report: Strukturen für ein klimafreundliches Leben (APCC SR Klimafreundliches Leben) [Görg, C., V. Madner, A. Muhar, A. Novy, A. Posch, K. W. Steininger und E. Aigner (Hrsg.)]. Springer Spektrum: Berlin/Heidelberg.

Kernaussagen des Kapitels
Status quo und notwendige Veränderungen

- Um die Klimaziele zu erreichen, müssen Veränderungen im Alltag der Menschen und in ihrem täglichen Handeln und Verhalten stattfinden. Diese Veränderungen können nicht nur durch Appelle an die individuelle Verantwortung angestoßen werden, das zeigt die Erfahrung der Vergangenheit. Regulierung, steuerliche Anreize, infrastrukturelle Veränderungen und Verbote können Aktivitäten mit hohen Emissionen einschränken bzw. solche mit niedrigen Emissionen verstärken. Nur wenn adäquate **Strukturbedingungen** geschaffen werden, kann klimafreundliches Handeln leicht in den Alltag integriert werden und eine attraktive Option gegenüber der bisherigen Praxis bilden. (hohe Übereinstimmung, starke Literaturbasis)

Strukturen/Kräfte/Barrieren

- Gegenwärtig existieren Strukturbedingungen, die Menschen auf unterschiedlichen Ebenen daran hindern, im Einklang mit den klimapolitischen Zielen zu leben. Daher genügt es nicht, einzelne **Barrieren** zu beseitigen. Nur die Beachtung des **Zusammenspiels** von hemmenden Faktoren ermöglicht einen entsprechend breiten Eingriff in die **strukturellen Zusammenhänge** innerhalb der **Handlungsfelder**. (hohe Übereinstimmung, starke Literaturbasis)

Gestaltungsoptionen und Handlungsfelder

- Entscheidend ist weiter die **Abstimmung von Maßnahmen zwischen den Handlungsfeldern**, d. h. es bedarf eines integrativen und systemisch konzipierten Vorgehens. Widersprüchliche Maßnahmen, die Konflikte oder Nachteile in einem oder mehreren Handlungsfeldern schaffen, gefährden das Erreichen klimapolitischer Ziele. So genügt es beispielsweise nicht, lediglich die räumliche Infrastruktur zu verbessern. Um den Umstieg vom Individualverkehr auf den öffentlichen Verkehr zu erleichtern, müssen z. B. die räumliche Verteilung der Mobilitätsziele und die Zeitökonomie im Alltag und verschiedener Mobilitätsmodi berücksichtigt werden. (hohe Übereinstimmung, starke Literaturbasis)
- Verschiedene Bevölkerungsgruppen (nach Geschlecht, Alter, Einkommen) sind vom Klimawandel unterschiedlich betroffen und tragen in unterschiedlichem Ausmaß durch ihre Tätigkeiten

mit Treibhausgasemissionen zum Klimawandel bei. Ein gutes Leben für alle kann nur ermöglicht werden, wenn Maßnahmen zur Minimierung von **Ungleichheiten** ergriffen werden. Die Neugestaltung der Zeitstrukturen der Handlungsfelder im Hinblick auf eine **gerechte Teilhabe aller am gesellschaftlichen Leben** ist eine zentrale politische Herausforderung. (hohe Übereinstimmung, starke Literaturbasis)

- **Gutes Leben** mit hoher Lebensqualität und weniger Ressourcenbedarf zu erreichen, ist in allen Handlungsfeldern Teil der Gestaltungsoptionen. Die unterschiedlichen Wege dahin setzen daher beispielsweise bei Konzepten von Nutzen statt Besitzen oder Reparieren statt Wegwerfen an und stellen das Teilen von Services anstelle von Anhäufen von Material und Abfällen in den Vordergrund. (hohe Übereinstimmung, starke Literaturbasis)

- Das Bewusstsein der Bevölkerung für die Notwendigkeit umfassender klimapolitischer Maßnahmen steigt. Eine aktive öffentliche Debatte, zivilgesellschaftliche Bewegungen sowie Aufklärungs- und Bildungsarbeit bilden die Grundlage einer demokratischen Öffentlichkeit, und damit die Voraussetzung für das Ziel einer klimagerechten Transformation. Es ist davon auszugehen, dass Klimapolitik ein Anliegen mit hoher Zustimmung ist und dass man einen Großteil der Bevölkerung für **klimapolitische Transformationen** gewinnen kann. Für eine hohe Akzeptanz und positive Klimawirkung ist daher entscheidend, dass diese Transformationen **keine neuen Ungleichheiten** schaffen bzw. dass Nachteile und Verluste für manche Teile der Bevölkerung sozial(politisch) entsprechend ausgeglichen werden. (hohe Übereinstimmung, starke Literaturbasis)

3.1 Einleitung

In diesem Überblick zu den Handlungsfeldern skizzieren wir übergreifende Kernaussagen der folgenden Kapitel (Kap. 4 bis 9). Der hier vorangestellte Überblick beschreibt die Klimarelevanz der Handlungsfelder aus konsumbasierter- sowie alltäglicher Zeitverwendungs-Perspektive. Diese Darstellungen erlauben eine erste, datenbasierte und systemische Betrachtung quer über alle Handlungsfelder hinweg. Die Strukturbedingungen und die für die jeweiligen Handlungsfelder relevanten institutionellen Zusammenhänge werden dann in den Kapiteln selbst besprochen. Danach begründen wir die Auswahl der Handlungsfelder. Hier werden auch Zusammenhänge und Interaktionen zwischen den Handlungsfeldern exemplarisch dargestellt. Darüber hinaus stellen wir die theoretische Breite dar, die ein differenziertes Assessment der Forschungslage ermöglicht. Dazu gehört eine Darstellung des Spektrums politischer Entscheidungsebenen, auf denen Strukturbedingungen für klimafreundliches Handeln definiert werden.

3.2 Klimarelevanz der Handlungsfelder

In der sozialwissenschaftlichen Klimaforschung stehen meist Mobilität, Wohnen und Ernährung im Zentrum als wichtige und gut analysierte Bereiche, wo das Zusammenspiel aus Handlung(en) und Struktur(en) jeweils hoch relevant ist (Creutzig et al., 2021). Eine weitere Betrachtung fokussiert auf die raumrelevanten Daseinsgrundfunktionen der Menschen in der Funktionsgesellschaft (Maier, 1977; Partzsch, 1970). Diese sind in sieben (Grund-)Bedürfnisse bzw. Daseinsgrundfunktionen strukturiert: „Wohnen", „Arbeiten", „Sich-Versorgen", „Sich-Bilden", „Sich-Erholen", „Verkehrsteilnahme" und „In-Gemeinschaft-Leben". Die funktionale Zeitverwendungsperspektive (Ringhofer & Fischer-Kowalski, 2016) ermöglicht es, alle Bereiche des alltäglichen Lebens über die gesamte Zeitspanne eines Lebens (Kinderversorgung bis Altenbetreuung) zu erfassen und erlaubt damit einen noch umfassenderen Blick.

In Teil 2 betrachten wir die Bewertung der Klimawirkungen von Gütern und Dienstleistungen des alltäglichen Lebens nach sechs Handlungsfeldern und analysieren Wohnen, Ernährung, Mobilität, Erwerbsarbeit, Sorgearbeit und Freizeit (Tab. 3.2). Hier erläutern wir die Klimaauswirkungen und notwendige Änderungen von Strukturbedingungen mit möglichen Gestaltungsoptionen je Handlungsfeld. Individualistische und rationalistische Theorien des Handelns fokussieren auf das autonome und stetig abwägende Individuum. Dabei werden die dahinterliegenden, individuell nicht oder kaum gestaltbaren Strukturen weitgehend ausgeblendet. Es gibt eine wachsende Zahl von Arbeiten, die die Rolle von Gewohnheiten und die hohe Relevanz des sozialen und infrastrukturellen Kontexts ins Zentrum stellen. Dabei wird skizziert, welche Änderungen von Praktiken für ein klimafreundlicheres Leben anzudenken sind (zu Praxistheorie und nachhaltiger Entwicklung z. B. (Ropke, 2015) [Kap. 2 Perspektiven]). Praktiken sind mehr als tägliche Routinen, sie sind geprägt von der Kompetenz (Können; z. B.: Wie leihe ich ein Buch aus?), der Möglichkeit (vorhandene Struktur, z. B. öffentliche Bibliothek, leistbar und erreichbar) und der Zeit, sie auszuführen (Zeitwohlstand, Zeitsouveränität). Die vorhandenen und zu ändernden Strukturen werden in den Kapiteln je Handlungsfeld erläutert und in Teil 3 je Struktur mit Blick auf Möglichkeiten der Änderung analysiert.

3.2 Klimarelevanz der Handlungsfelder

Tab. 3.1 CO_2e-Fußabdruck einzelner Konsumbereiche der österreichischen Haushalte im Jahr 2010. Exklusive Staatsausgaben und Investitionen. (Smetschka et al., 2019)

Konsumbereiche	Megatonnen CO_2e-Fußabdruck/Jahr	% CO_2e-Fußabdruck der Haushalte
Wohnen, Heizen, Energie, Wasser	30.922	35 %
Güter	15.337	18 %
Transport	14.185	16 %
Urlaub, Gastronomie, Beherbergung	10.995	13 %
Ernährung	10.294	12 %
Dienstleistungen	5628	6 %
	87.360	

Tab. 3.2 Systeme, Zeitkategorien, Tätigkeiten und CO_2e-Fußabdruck nach funktionaler Zeitverwendungsanalyse. (Eigene Darstellung nach (Ringhofer & Fischer-Kowalski, 2016; Wiedenhofer et al., 2018))

Re-/Produktion im System	Kategorie der funktionalen Zeitverwendung	Umfasst diese Aktivitäten aus Zeitverwendungsstudien	Und CO_2e-Fußabdruck von … (beispielhaft)	% CO_2e-Fußabdruck Haushalt
Person	Persönliche Zeit	Schlafen, Essen, Körperpflege	Nahrung, Warmwasser, Heizen, Hygieneprodukte …	**39 %**
Haushalt	Gebundene Zeit	Hausarbeit; Versorgung anderer Menschen	Kochen, Waschen, Putzen, Möbel, Reparaturen …	**14 %**
Ökonomie	Vertraglich vereinbarte Zeit	Erwerbsarbeit, Ausbildung	*In Erwerbsarbeit werden Waren und Dienstleistungen produziert und Einkommen generiert, mit denen alle anderen Aktivitäten ermöglicht und finanziert werden*	–
Gemeinschaft	Freie Zeit	Freizeit, Erholung	Kultur, Unterhaltung, Sport, Hobbys …	**31 %**
Mobilität Diese Zeit ermöglicht andere Aktivitäten, die Menschen an unterschiedlichen Orten ausführen		Verschiedene Formen der Fortbewegung	Direkte Emissionen von Treibstoffen, indirekte Emissionen von Transportmitteln und Infrastruktur	**16 %**

Tab. 3.1 zeigt alle direkten und indirekten Treibhausgasemissionen, welche entlang globaler Produktions- und Lieferketten entstehen, also den sogenannten CO_2e-Fußabdruck der österreichischen Haushalte für die einzelnen Konsumbereiche. Nationale Treibhausgasemissionen in Österreich nach direkten Verursachern werden jährlich vom Umweltbundesamt ermittelt (UBA, 2020), erlauben jedoch keine direkte Zuordnung zu Endverbraucher_innen. Dafür benötigt man die Modellierung des sogenannten Fußabdrucks, welcher nicht nur nationale Emissionen nach direkten Verursachern beschreibt, sondern auch die globalen Emissionen erfasst, welche direkt und indirekt durch Konsum und Aktivitäten entstehen.

Wir versuchen, mit den Handlungsfeldern in diesem Teil eine umfassende Perspektive auf alle Lebensbereiche zu eröffnen, und zeigen daher neben Wohnen, Mobilität und Ernährung auch die Handlungsfelder der bezahlten Erwerbsarbeit, der Versorgung, Betreuung und Pflege der eigenen Person, von Familie und Haushalt sowie der freien Zeit, die für individuelle Erholung und gesellschaftliche Aktivitäten genutzt werden kann. Aus der Perspektive der funktionalen Zeitverwendung werden Tätigkeiten und der damit verbundene Energie- und Materialbedarf von Gütern und Dienstleistungen den Bereichen der Produktion und Reproduktion folgender Systeme zugerechnet: Person, Haushalt, Ökonomie und Gesellschaft (siehe Tab. 3.2).

Dieses Erfassungssystem ermöglicht es, in einem ersten Schritt die durchschnittliche Emissionsintensität von Aktivitäten pro Stunde, für einen durchschnittlichen Tag und für die durchschnittliche Frau bzw. den durchschnittlichen Mann in Österreich zu untersuchen (Smetschka et al., 2019). Wir stellen fest, dass die persönliche Zeit relativ kohlenstoffarm ist, während sowohl Haushalts- als auch Freizeitaktivitäten große Unterschiede in Bezug auf den CO_2e-Fußabdruck/Stunde aufweisen (Tab. 3.2, sowie Abb. 1.6, Kap. 1 Einleitung). Die traditionelle geschlechtsspezifische Arbeitsteilung prägt die Zeitnutzungsmuster von Frauen und Männern, was sich auf ihre CO_2e-Fußabdrücke auswirkt. Da in einer konsumbasierten „Fußabdruck-Perspektive" alle direkten und indirekten Emissionen dem Endkonsum zugewiesen werden, weist Erwerbsarbeit keine Emissionen auf, da diese Teil der Produktion und Lieferketten des Endkonsums sind. In einer produktionsbasierten Perspektive würde man beispielsweise den Großteil der Emissionen als durch Erwerbsarbeit entstehend klassifizieren und den Haushalten selbst nur noch Emissionen aus der direkten Nutzung von Energieträgern, z. B. Benzin und Gas, zuweisen.

In einem systematischen Review wurden die internationalen Emissionsvermeidungs- und verringerungspotenziale von 60 Konsumoptionen aus Primärstudien und mehreren Reviews aus unterschiedlichen Ländern zusammengefasst (Ivanova et al., 2020). Alle Optionen beinhalten sowohl direkte als auch indirekte Emissionen in der Produktion und Bereitstellung von Gütern und Dienstleistungen („Fußabdruck"). Da die konkreten Vermeidungspotenziale immer auch von den lokalen bis nationalen Rahmenbedingungen geprägt sind sowie davon, wie die Ausgangssituation angenommen wurde, ergeben sich erstens eine Reihung von 60 Optionen nach Potenzialen sowie zweitens Bandbreiten an Vermeidungspotenzialen (Abb. 3.1). Diese Ergebnisse berücksichtigen keine potenziellen Rebound-Effekte und Problemverlagerungen in andere Bereiche, wie z. B. mehr Lieferdienste bei einem Umstieg auf ein autofreies Leben oder gespartes Geld durch Energieeffizienzmaßnahmen im Wohnen und im Haushalt, welches in zusätzliche Anschaffungen und neue Aktivitäten verlagert wird. Ebenfalls ausgeklammert bleiben systemische Rückkoppelungen und strukturelle Veränderungen in der globalen Wirtschaft, welche bei breit angelegten bzw. umgesetzten Umstellungen zu erwarten wären. Die Beschreibung der Bandbreiten von Emissionsreduktionspotenzialen liefern wichtige Einblicke dazu, welche Optionen beispielsweise auch negative Auswirkungen haben könnten (wenn z. B. ein Haushalt ein Elektroauto anschafft, das mit Kohlestrom betankt wird, und jener Haushalt nun mehr Auto fährt, weil Elektroautos „grüne" Technologie zu sein scheinen) oder wo substanzielle Einsparungen gewisser Optionen nicht so klar gegeben sind, weil beispielsweise die Klimaeffizienz der Bereitstellungen stark variieren kann.

Es zeigt sich, dass einige wenige Optionen im Bereich Mobilität, Ernährung und Wohnen sehr hohe bis mittlere Potenziale haben (Abb. 3.1). Klassisches „umweltfreundliches Verhalten", wie beispielsweise Mülltrennung, weniger Papierverbrauch oder optimierte Nutzung von Haushaltsendgeräten, zeigen eher geringe Vermeidungspotenziale, wenn man sie etwa mit der Nutzung selbst produzierten Öko-Stroms oder dem Verzicht auf Haustiere vergleicht.

Die Mobilität weist das größte Potenzial für Emissionsreduktionen auf. Insgesamt belegt Platz eins ein autofreies Leben, gefolgt vom Wechsel zu Elektromobilität und von der Vermeidung von Langstreckenflügen. Sowohl Automobilität als auch Flugreisen steigen stark mit einem höheren Einkommen, daher sind diese Optionen besonders wichtig in einem reichen Land wie Österreich. Im Bereich der Ernährung zeigen sich klar die Vorteile von veganer bis vegetarischer Ernährung bzw. einer sehr starken Reduktion des Fleischkonsums. Im Bereich Wohnen zeigen Investitionen in den Ausbau erneuerbarer Energien das größte Potenzial, gefolgt von der Renovierung und Sanierung von Wohngebäuden, wo wiederum Rahmenbedingungen und Standards entscheidend sind.

Das Review betont auch ganz klar, dass für Konsumoptionen mit hohem Vermeidungspotenzial strukturelle Maßnahmen notwendig sind und infrastrukturelle, institutionelle und verhaltensbezogene Barrieren beseitigt werden müssen, damit die Realisierung der Vermeidungspotenziale strukturell ermöglicht und bevorzugt wird (Ivanova et al., 2020).

> **Exkurs zu den Herausforderungen der Bewertung von Klimafreundlichkeit**
>
> In der Bewertung und Interpretation der Klimafreundlichkeit von Handlungs- und Konsumoptionen sind eine Reihe von Herausforderungen zu beachten, die sich dadurch ergeben, dass ein Großteil des Energie- und Ressourcenverbrauchs und somit der klimaschädlichen Emissionen indirekt in der Produktion und bei der Bereitstellung von Gütern und Dienstleistungen anfällt [QV Abschn. 1.3] (Ivanova et al., 2017; Steininger et al., 2018). Dies macht die notwendige komparative Bewertung von Alternativen methodisch äußerst komplex und hat zu einer Ausdifferenzierung verschiedener Methoden und wissenschaftlicher Communities geführt (Guinée et al., 2011; Heinonen et al., 2020; Ivanova et al., 2020; Matuštík & Kočí, 2021). Die wissenschaftliche Bewertung der Klimafreundlichkeit konkreter Optionen und vor allem der systemischen Konsequenzen transformativer Interventionen ist schwierig, da diese Frage mehrere Forschungsfelder betrifft und eine Vielzahl interdisziplinärer Forschungslücken und blinder Flecken etablierter Ansätze sichtbar werden (Asefi-Najafabady et al., 2021; Creutzig et al., 2021; Keen, 2021; Pauliuk et al., 2017).
>
> **Grundsätzlich zu beachten sind folgende potenziell kritische Aspekte:**
>
> 1. Man benötigt vollständige Informationen über die global entstehenden Emissionen verschiedener Treibhausgase nach Wirtschaftsbereichen und Produktkategorien (siehe Abschn. 1.3). Dies ist umso herausfordernder, je detaillierter diese Informationen, z. B. zur Bewertung spezifischer Handlungsmöglichkeiten oder Sachgüter und Dienstleistungen, benötigt werden (Lamb et al., 2021; Wiedmann & Lenzen, 2018). Das gilt besonders für hochverarbeitete Produkte (z. B. IKT) und alle biomassebasierten Produkte (z. B. Ernährung, Bekleidung, Möbel, Bio-Energie) aufgrund der Komplexität der Emissionen aus der Landnutzung (Bhan et al., 2021;

3.2 Klimarelevanz der Handlungsfelder

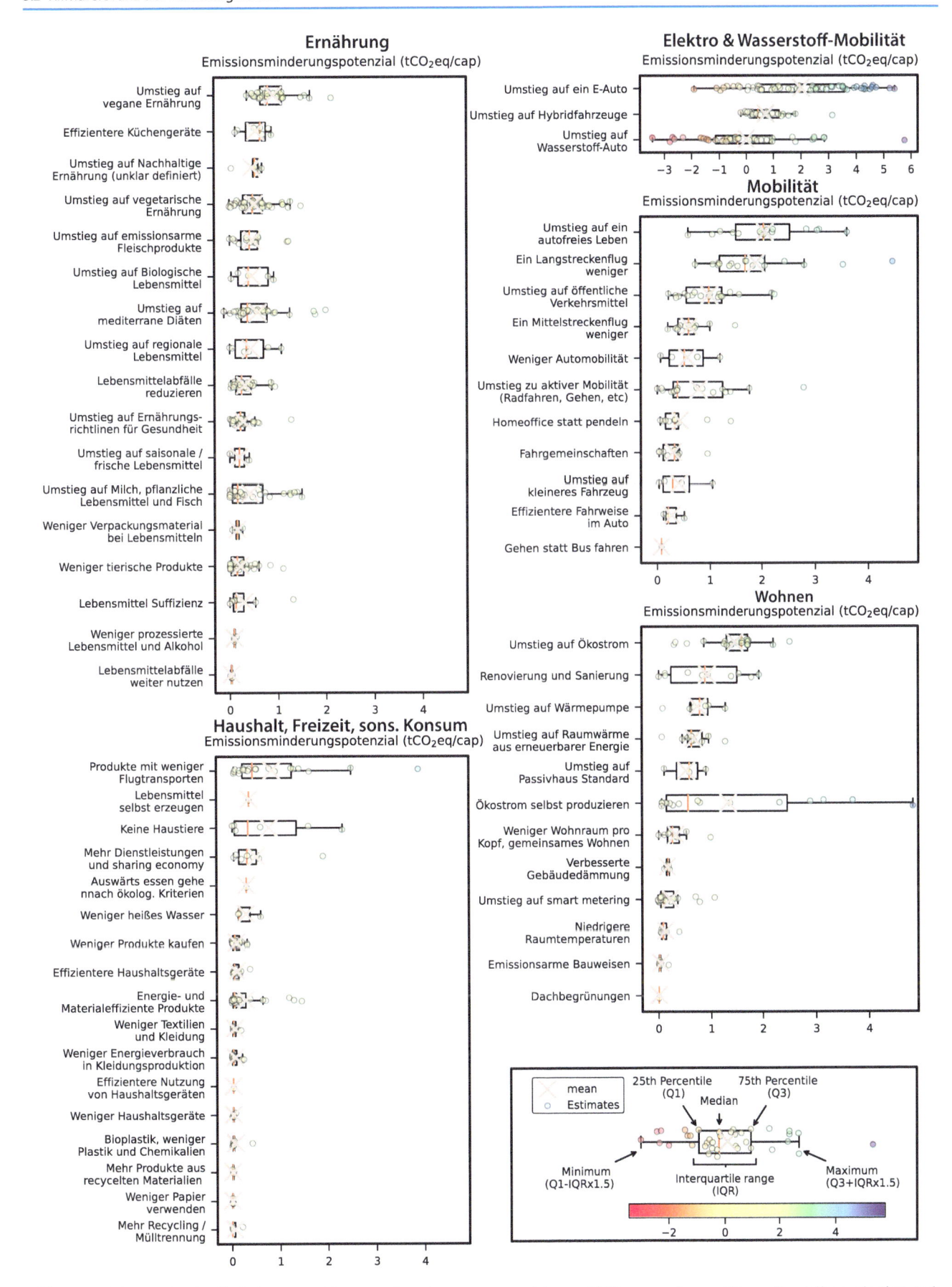

Abb. 3.1 Die internationalen Emissionsvermeidungs- und verringerungspotenziale von 60 Konsumoptionen. (Eigene Darstellung adaptiert nach Ivanova et al. (2020))

Court & Sorrell, 2020; Heinonen et al., 2020; Wiedmann & Lenzen, 2018). Es gibt zwar eine lange Tradition an Studien, die dazu die Methode der Lebenszyklusanalyse nutzen, jedoch gibt es hier eine Vielzahl ungelöster methodischer Probleme und unterschiedliche konkrete Umsetzungen, welche eine direkte Vergleichbarkeit der Ergebnisse stark einschränkt, unter anderem was Aussagen zu den systemischen Konsequenzen von Handlungen und Maßnahmen betrifft (Hertwich, 2005; Majeau-Bettez et al., 2011; Reap et al., 2008).

2. Die eindeutige Abgrenzung und Zuweisung einzelner Aktivitäten und ihrer jeweiligen Alternativen sowie des direkten und indirekten Konsums und der involvierten Produktions- und Lieferketten ist methodisch schwierig und nicht immer eindeutig und doppelzählungsfrei möglich, speziell wenn ein hoher Detailgrad gefragt ist (Heinonen et al., 2020; Wiedmann & Lenzen, 2018).

3. Die Verknüpfung von Emissionen des Infrastrukturausbaus, des Staats und von unternehmerischen Investitionen ist komplex, da deren Nutzung über Jahre bzw. Jahrzehnte erfolgt, was in den meisten Studien entweder komplett exkludiert oder sehr unterschiedlich implementiert wird (Chen et al., 2020).

4. Die Bewertung der Klimafreundlichkeit von transformativen, strukturellen Veränderungen benötigt die dynamische Modellierungen global vernetzter Volkswirtschaften – ein Forschungsbereich, der hoch komplex ist und intensiv kontroversiell wissenschaftlich diskutiert wird (Asefi-Najafabady et al., 2021; Earles & Halog, 2011; Keen, 2021; Pauliuk et al., 2017; Plevin et al., 2014).

5. Einsparungen von Zeit und/oder Geld durch alternative Handlungsoptionen führen oft zu Rebound-Effekten („Jevons Paradoxon"): Wird eingespartes Geld oder Zeit emissionsintensiv verwendet, führt das zu einer direkten oder indirekten Problemverlagerung sowie zu geringeren Emissionseinsparungen als erwartet. Solche Rebound-Effekte sind bei groß angelegten strukturellen Maßnahmen zu bedenken (Earles & Halog, 2011; Gillingham et al., 2016; Sorrell et al., 2020).

3.3 Systemische und Alltagsbetrachtung

Der Bericht ist entlang von Handlungsfeldern und damit entlang zentraler alltäglicher Bedürfnisse heutiger und zukünftiger Generationen strukturiert: Wohnen, Ernährung, Mobilität, bezahlte Arbeit, unbezahlte Arbeit und Freizeit (Mogalle, 2000). Mit Fokus auf Österreich soll der Stand des Wissens systemisch dargestellt werden, um der Komplexität des Alltagslebens gerecht zu werden.

Wir greifen Literatur auf, die vermeintliche Gegensätze – wie Handeln und Strukturen, Produktion und Konsum, Arbeit und Freizeit, Natur und Technik, Stadt und Land, Umwelt und Gesellschaft – in ihrer gegenseitigen Bedingtheit betrachten. Damit nehmen wir eine kritische Distanz zu dichotomen Denkfiguren in der Wissenschaft, im Alltag und in der öffentlichen Diskussion ein. Oft ist ein Begriff gar nicht ohne die Abgrenzung vom Gegenbegriff denkbar – wie etwa bei der zeitlichen Abgrenzung von Arbeit und Freizeit oder einer räumlichen Abgrenzung zwischen Stadt und Land.

Die systemische Betrachtung verdeutlicht, dass vermeintliche Gegensätze zwar durchaus wirkmächtig sein können, aber dennoch nur gedankliche Differenzierungen sind und die Realität nur im Ganzen zu verstehen ist. Entlang der Handlungsfelder können wir die Literatur zur kollektiven und individuellen Handlungsebene und zu unterschiedlichen theoretischen Perspektiven [Kap. 2: Perspektiven] verknüpfen, aber auch bezüglich der unterschiedlichen Akteursgruppen, Technologiebereiche, Barrieren und Handlungsoptionen nachvollziehbar strukturieren.

Die Handlungsfelder liegen quer zu Disziplinen und damit auch zu den üblichen Grenzen des wissenschaftlichen Denkens und Zuordnens. Erkenntnisse aus den Sozialwissenschaften werden daher im Folgenden mit natur-, human-, technik- und kulturwissenschaftlichen Ergebnissen zusammengeführt. Orientierung am Alltag heißt auch, dass die Beiträge im vorliegenden Bericht auch ohne fachspezifisches Vorwissen verständlich sein sollen, aber zugleich viele Verweise auf einschlägige Fachdiskussionen und entsprechende Literatur bieten.

3.4 Auswahl und Grenzziehung zwischen den Handlungsfeldern

Die Konzeption dieses Berichts sieht eine Gliederung von Handlungsfeldern in insgesamt sechs Kapitel vor. Das ermöglicht einen Fokus auf die üblichen Bereiche klimapolitischer Expertise [Kap. 4 Wohnen, Kap. 5 Ernährung und Kap. 6 Mobilität] und auf darüberhinausgehende Handlungsfelder des täglichen Lebens [Kap. 7 bezahlte Arbeit/Erwerbsarbeit, Kap. 8 unbezahlte Arbeit/Sorgearbeit und Kap. 9 Freizeit].

In der Darstellung eines österreichischen Durchschnittstags (AT 2010, Durchschnittsösterreicher_in) sehen wir alle alltäglichen Aktivitäten in ihrem zeitlichen Ausmaß (Stunden) (Smetschka et al., 2019) (Abb. 3.2). Im Innenkreis werden die Bereiche der funktionalen Zeitverwendung dargestellt, unterschieden nach persönlicher, gebundener, ver-

3.4 Auswahl und Grenzziehung zwischen den Handlungsfeldern

Alltag in Österreich nach Zeitverwendung

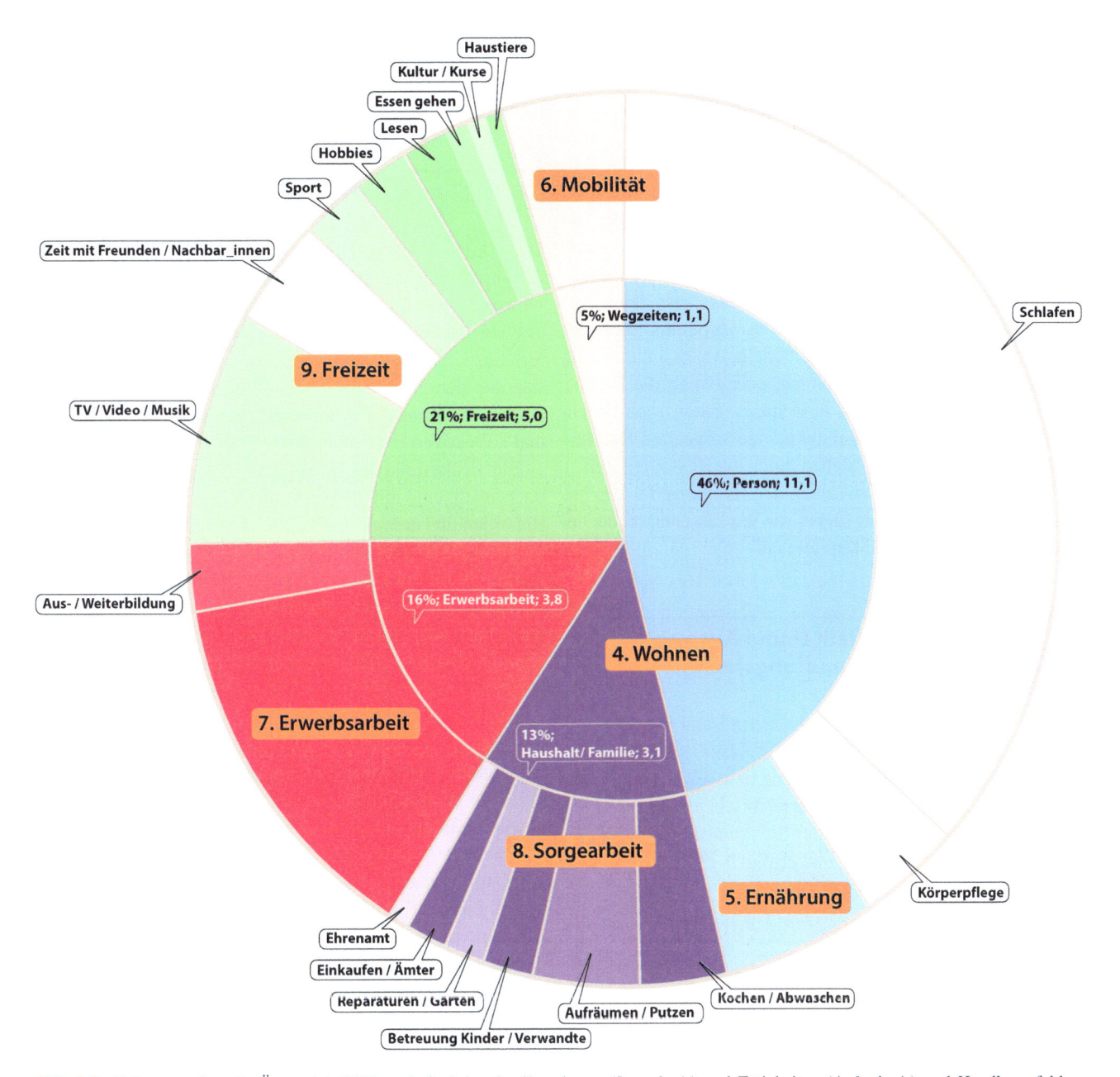

Abb. 3.2 Zeitverwendung in Österreich 2010 nach funktionaler Zuordnung (*Innenkreis*) und Tätigkeiten (*Außenkreis*) und Handlungsfeldern (*orange Kästchen*). (Darstellung geändert nach Smetschka et al., 2019)

traglich vereinbarter und freier Zeit. Im äußeren Kreis sind die einzelnen Tätigkeiten aus Zeitverwendungsstudien zu sehen. Die orangen Kästchen zeigen die Handlungsfelder, die in diesem Teil beschrieben werden, und ordnen sie den alltäglichen Tätigkeiten zu.

Trotz getrennter Darstellung und Einschätzung dieser Felder sind die Handlungsfelder sowohl systemisch als auch im Alltagshandeln zum Teil eng miteinander verschränkt. Daher ist auch die Teilung des Handlungsfelds „Arbeiten" in die Kapitel „Erwerbsarbeit/bezahlte Arbeit" und „Sorge-

arbeit/unbezahlte Arbeit" nicht als kategorische Trennung zu verstehen. Vielmehr gehen wir davon aus, dass die Bedingungen der Erwerbsarbeit einen wesentlichen Teil der Bedingungen definieren, die unbezahlte Sorge- und Hausarbeit strukturieren. Umgekehrt schafft die private Sorge- und Hausarbeit eine zentrale Voraussetzung für Arbeitsprozesse im Erwerbsarbeitsleben. Im sechsten Handlungsfeld werden jene Tätigkeiten analysiert, die als freie Zeit gestaltet werden und Freizeit, Urlaub und weiteren Konsum umfassen.

Das Handlungsfeld Ernährung ist ganz offensichtlich eng mit dem Handlungsfeld Sorge- und Hausarbeit verbunden und Praktiken des Lebensmitteleinkaufs orientieren sich an den zeitlichen Strukturen der Erwerbsarbeit (Backhaus et al., 2015). Ähnliche bedeutsame Interaktionen bestehen beim Thema Wohnen und Mobilität [Kap. 4: Wohnen; Kap. 6: Mobilität]. Das übergeordnete Ziel der Entwicklung von klimafreundlichen Wohn-, Mobilitäts-, Versorgungs- und Arbeitsmodellen für alle Bevölkerungsgruppen, die neben einer Sicherung der Daseinsvorsorge und der Sicherung einer resilienten Versorgung auf einen geringen CO_2e-Fußabdruck zielen, wird durch klimafreundliche Wohnstrukturen maßgeblich unterstützt. Wir gehen davon aus, dass raumordnungsbezogene Strukturen und deren Verhältnis zueinander, deren räumliche Dichte, funktionelle Ausgestaltung und Ausprägung in Form von Wohnen, maßgeblich die Bedingungen für Alltagsmobilität bestimmen. Diese räumlichen Strukturen wirken ebenso auf die private Sorge- und Hausarbeit wie das Erwerbsarbeitsleben durch die Ressource Zeit.

Um die Interaktionen zwischen den Handlungsfeldern im Text deutlich zu machen, fügen wir jeweils entsprechende Querverweise zu anderen Kapiteln ein.

3.5 Theoretische Pluralität und Auswahl der Literatur zu den Handlungsfeldern

Jedes Kapitel zu den Handlungsfeldern präsentiert den in der Literatur dokumentierten Stand des Wissens, wobei der Fokus auf Literatur mit Österreichbezug bzw. auf Erkenntnisse gelegt wird, die sich auf den österreichischen Kontext übertragen lassen. Die Darstellung der Literatur orientiert sich an den berichtsleitenden Fragen und erfolgt in drei Subkapiteln:

1. Status quo und Klimaherausforderungen (berichtsbegleitende Fragen 1 und 2)
2. Barrieren (berichtsbegleitende Frage 3)
3. Handlungsoptionen (berichtsbegleitende Frage 4)

Dabei erheben die Kapitel keinen Anspruch auf Vollständigkeit. Vielmehr sollen möglichst vielfältige Perspektiven und die Bandbreite des wissenschaftlichen Diskurses dargestellt werden [Kap. 2 Perspektiven]. In der Literatur zu einzelnen Handlungsfeldern wurden Handlungsoptionen bereits zu Transformationspfaden mit heterogenen theoretischen Orientierungen verknüpft und vergleichend diskutiert (allerdings mit einer von Kap. 2 mitunter abweichenden Terminologie). In der Literatur zu anderen Handlungsfeldern sind bestimmte „theoretische Gestaltungsperspektiven" – Markt-, Innovations-, Bereitstellungs- und Gesellschaft-Natur-Perspektive – gar nicht abgedeckt. Dem Charakter eines Sachstandberichts entsprechend haben wir uns auf die vorhandene Literatur zu beschränken. Die einzelnen Kapiteln zu den Handlungsfeldern verknüpfen die dargestellten Perspektiven aus der Fachliteratur mit den in Kap. 2 vorgestellten theoretischen Gestaltungsperspektiven über Querverweise und das Aufzeigen von gemeinsamen Denktraditionen.

3.6 Politiken und Handlungsebenen

Teil 2 knüpft mit der Analyse auf Ebene der Handlungsfelder an Abschn. 2.2 „Formen des Handelns" an, gleichzeitig verweisen wir für die Perspektive der notwendigen, strukturellen Änderungen auf Teil 3 „Integrierte Perspektive der Strukturbedingungen". Der in diesem Bericht gewählte Ansatz der Handlungsfelder verspricht intuitive Anknüpfungspunkte am Alltagsleben und damit auch an der individuellen und kollektiven Handlungsebene.

Für strukturelle Veränderungen sind die Erkenntnisse jedoch auch eng mit den jeweiligen Handlungsebenen von Behörden und demokratischen Entscheidungszentren zu verknüpfen (Muhar et al., 2006). Das Handlungsfeld der Ernährung wird etwa durch Gesundheits-, Agrar-, Sozial- und Handelspolitiken sowie durch die Agrar- und Ernährungswirtschaft oder durch mediale Diskurse und die Werbung geprägt (SAPEA, 2020). Auch in den anderen Handlungsfeldern sind – neben der Zivilgesellschaft und den Unternehmen – unterschiedliche Zuständigkeiten von Kommunen, Bundesländern, Bundes- und EU-Behörden mitzudenken. Die Kombination von Multi-Level-Governance und direkter Beteiligung nichtstaatlicher Akteur_innen an Entscheidungsprozessen bildet den Kern des Konzepts der polyzentrischen Governance (Newig & Koontz, 2014). Dieses ursprünglich von Ostrom et al. (1961) geprägte Konzept richtet den Blick der folgenden Kapitel auf die Interaktionen zwischen einer Vielzahl von – voneinander unabhängig agierenden und sich dennoch gegenseitig beeinflussenden – Entscheidungszentren und Akteursgruppen, darunter Zivilgesellschaft, Unternehmen und Regierungsbehörden.

3.7 Quellenverzeichnis

Asefi-Najafabady, S., Villegas-Ortiz, L., & Morgan, J. (2021). The failure of Integrated Assessment Models as a response to "climate emergency" and ecological breakdown: The Emperor has no clothes. *Globalizations*, *18*(7), 1178–1188. https://doi.org/10.1080/14747731.2020.1853958

Backhaus, J., Wieser, H., & Kemp, R. (2015). Disentangling practices, carriers, and production-consumption systems: A mixed-method study of (sustainable) food consumption. In E. Huddart Kennedy, M. J. Cohen, & N. Krogman (Hrsg.), *Putting Sustainability into Practice: Applications and Advances in Research on Sustainable Consumption* (S. 109–133). Edward Elgar. https://doi.org/10.4337/9781784710606.00016

Bhan, M., Gingrich, S., Roux, N., Le Noë, J., Kastner, T., Matej, S., Schwarzmueller, F., & Erb, K.-H. (2021). Quantifying and attributing land use-induced carbon emissions to biomass consumption: A critical assessment of existing approaches. *Journal of Environmental Management*, *286*, 112228. https://doi.org/10.1016/j.jenvman.2021.112228

Chen, J., Gao, M., Cheng, S., Hou, W., Song, M., Liu, X., Liu, Y., & Shan, Y. (2020). County-level CO2 emissions and sequestration in China during 1997–2017. *Scientific Data*, *7*(1), 391. https://doi.org/10.1038/s41597-020-00736-3

Court, V., & Sorrell, S. (2020). Digitalisation of goods: A systematic review of the determinants and magnitude of the impacts on energy consumption. *Environmental Research Letters*, *15*(4), 043001. https://doi.org/10.1088/1748-9326/ab6788

Creutzig, F., Callaghan, M., Ramakrishnan, A., Javaid, A., Niamir, L., Minx, J., Müller-Hansen, F., Sovacool, B., Afroz, Z., Andor, M., Antal, M., Court, V., Das, N., Díaz-José, J., Döbbe, F., Figueroa, M. J., Gouldson, A., Haberl, H., Hook, A., ... Wilson, C. (2021). Reviewing the scope and thematic focus of 100 000 publications on energy consumption, services and social aspects of climate change: A big data approach to demand-side mitigation. *Environmental Research Letters*, *16*(3), 033001. https://doi.org/10.1088/1748-9326/abd78b

Earles, J. M., & Halog, A. (2011). Consequential life cycle assessment: A review. *International Journal of Life Cycle Assessment*, *16*, 445–453.

Gillingham, K., Rapson, D., & Wagner, G. (2016). The Rebound Effect and Energy Efficiency Policy. *Review of Environmental Economics and Policy*, *10*(1), 68–88. https://doi.org/10.1093/reep/rev017

Guinée, J. B., Heijungs, R., Huppes, G., Zamagni, A., Masoni, P., Buonamici, R., Ekvall, T., & Rydberg, T. (2011). Life Cycle Assessment: Past, Present, and Future. *Environmental Science & Technology*, *45*(1), 90–96. https://doi.org/10.1021/es101316v

Heinonen, J., Ottelin, J., Ala-Mantila, S., Wiedmann, T., Clarke, J., & Junnila, S. (2020). Spatial consumption-based carbon footprint assessments – A review of recent developments in the field. *Journal of Cleaner Production*, *256*, 120335. https://doi.org/10.1016/j.jclepro.2020.120335

Hertwich, E. G. (2005). Life Cycle Approaches to Sustainable Consumption: A Critical Review. *Environmental Science & Technology*, *39*(13), 4673–4684. https://doi.org/10.1021/es0497375

Ivanova, D., Barrett, J., Wiedenhofer, D., Macura, B., Callaghan, M., & Creutzig, F. (2020). Quantifying the potential for climate change mitigation of consumption options. *Environmental Research Letters*, *15*(9), 093001. https://doi.org/10.1088/1748-9326/ab8589

Ivanova, D., Vita, G., Steen-Olsen, K., Stadler, K., Melo, P. C., Wood, R., & Hertwich, E. G. (2017). Mapping the carbon footprint of EU regions. *Environmental Research Letters*, *12*(5), 054013. https://doi.org/10.1088/1748-9326/aa6da9

Keen, S. (2021). The appallingly bad neoclassical economics of climate change. *Globalizations*, *18*(7), 1149–1177. https://doi.org/10.1080/14747731.2020.1807856

Lamb, W. F., Wiedmann, T., Pongratz, J., Andrew, R., Crippa, M., Olivier, J. G. J., Wiedenhofer, D., Mattioli, G., Khourdajie, A. A., House, J., Pachauri, S., Figueroa, M., Saheb, Y., Slade, R., Hubacek, K., Sun, L., Ribeiro, S. K., Khennas, S., de la Rue du Can, S., ... Minx, J. (2021). A review of trends and drivers of greenhouse gas emissions by sector from 1990 to 2018. *Environmental Research Letters*, *16*(7), 073005. https://doi.org/10.1088/1748-9326/abee4e

Maier, J. (Hrsg.). (1977). *Sozialgeographie* (1. Aufl). Westermann.

Majeau-Bettez, G., Strømman, A. H., & Hertwich, E. G. (2011). Evaluation of Process- and Input-Output-based Life Cycle Inventory Data with Regard to Truncation and Aggregation Issues. *Environmental Science & Technology*, *45*(23), 10170–10177. https://doi.org/10.1021/es201308x

Matuštík, J., & Kočí, V. (2021). What is a footprint? A conceptual analysis of environmental footprint indicators. *Journal of Cleaner Production*, *285*, 124833. https://doi.org/10.1016/j.jclepro.2020.124833

Mogalle, M. (2000). Der Bedürfnisfeld-Ansatz: Ein handlungsorientierter Forschungsansatz für eine transdisziplinäre Nachhaltigkeitsforschung. *GAIA – Ecological Perspectives for Science and Society*, *9*(3), 204–210. https://doi.org/10.14512/gaia.9.3.9

Muhar, A., Vilsmaier, U., & Freyer, B. (2006). The Polarity Field Concept – A New Approach for Integrated Regional Planning and Sustainability Processes. *GAIA – Ecological Perspectives for Science and Society*, *15*(3), 200–205. https://doi.org/10.14512/gaia.15.3.16

Newig, J., & Koontz, T. M. (2014). Multi-level governance, policy implementation and participation: The EU's mandated participatory planning approach to implementing environmental policy. *Journal of European Public Policy*, *21*(2), 248–267. https://doi.org/10.1080/13501763.2013.834070

Ostrom, V., Tiebout, C. M., & Warren, R. (1961). The Organization of Government in Metropolitan Areas: A Theoretical Inquiry. *American Political Science Review*, *55*(4), 831–842. https://doi.org/10.2307/1952530

Partzsch, D. (1970). Daseinsgrundfunktionen, I. Die Raumansprüche der Funktionsgesellschaft. In *Handwörterbuch der Raumforschung + Raumordnung* (Bd. 1, S. 424–430).

Pauliuk, S., Arvesen, A., Stadler, K., & Hertwich, E. G. (2017). Industrial ecology in integrated assessment models. *Nature Climate Change*, *7*(1), 13–20. https://doi.org/10.1038/nclimate3148

Plevin, R. J., Delucchi, M. A., & Creutzig, F. (2014). Using Attributional Life Cycle Assessment to Estimate Climate-Change Mitigation Benefits Misleads Policy Makers: Attributional LCA Can Mislead Policy Makers. *Journal of Industrial Ecology*, *18*(1), 73–83. https://doi.org/10.1111/jiec.12074

Reap, J., Roman, F., Duncan, S., & Bras, B. (2008). A survey of unresolved problems in life cycle assessment: Part 1: goal and scope and inventory analysis. *The International Journal of Life Cycle Assessment*, *13*(4), 290–300. https://doi.org/10.1007/s11367-008-0008-x

Ringhofer, L., & Fischer-Kowalski, M. (2016). Method Précis: Functional Time Use Analysis. In H. Haberl, M. Fischer-Kowalski, F. Krausmann, & V. Winiwarter (Hrsg.), *Social Ecology. Society-Nature Relations across Time and Space* (Bd. 5, S. 519–522). Springer International Publishing. https://doi.org/10.1007/978-3-319-33326-7_26

Ropke, I. (2015). Sustainable consumption: Transitions, systems and practices. In J. Martinez-Alier (Hrsg.), *Handbook of Ecological Economics* (S. 332–359). Edward Elgar Publishing. https://doi.org/10.4337/9781783471416.00018

SAPEA. (2020). *A Sustainable Food System for the European Union* (Nr. 978-3-9820301-3-5). Science Advice for Policy by European Academies (SAPEA). https://doi.org/10.26356/sustainablefood

Smetschka, B., Wiedenhofer, D., Egger, C., Haselsteiner, E., Moran, D., & Gaube, V. (2019). Time Matters: The Carbon Footprint of Everyday Activities in Austria. *Ecological Economics*, *164*, 106357. https://doi.org/10.1016/j.ecolecon.2019.106357

Sorrell, S., Gatersleben, B., & Druckman, A. (2020). The limits of energy sufficiency: A review of the evidence for rebound effects and negative spillovers from behavioural change. *Energy Research & Social Science*, *64*, 101439. https://doi.org/10.1016/j.erss.2020.101439

Steininger, K. W., Munoz, P., Karstensen, J., Peters, G. P., Strohmaier, R., & Velázquez, E. (2018). Austria's consumption-based greenhouse gas emissions: Identifying sectoral sources and destinations. *Global Environmental Change*, *48*, 226–242. https://doi.org/10.1016/j.gloenvcha.2017.11.011

UBA. (2020). *Klimaschutzbericht 2020* (Klimaschutzbericht REP-0738). Umweltbundesamt GmbH. https://www.umweltbundesamt.at/fileadmin/site/publikationen/rep0738.pdf

Wiedenhofer, D., Smetschka, B., Akenji, L., Jalas, M., & Haberl, H. (2018). Household time use, carbon footprints, and urban form: A review of the potential contributions of everyday living to the 1.5 °C climate target. *Current Opinion in Environmental Sustainability*, *30*, 7–17. https://doi.org/10.1016/j.cosust.2018.02.007

Wiedmann, T., & Lenzen, M. (2018). Environmental and social footprints of international trade. *Nature Geoscience*, *11*(5), 314–321. https://doi.org/10.1038/s41561-018-0113-9

Kapitel 4. Wohnen

Koordinierende_r Leitautor_in
Andrea Jany

Leitautor_innen
Meike Bukowski, Gabu Heindl und Katharina Kreissl.

Revieweditor
Roger Keil

Zitierhinweis
Jany, A., M. Bukowski, G. Heindl und K. Kreissl (2023): Wohnen. In: APCC Special Report: Strukturen für ein klimafreundliches Leben (APCC SR Klimafreundliches Leben) [Görg, C., V. Madner, A. Muhar, A. Novy, A. Posch, K. W. Steininger und E. Aigner (Hrsg.)]. Springer Spektrum: Berlin/Heidelberg.

Kernaussagen des Kapitels
Status quo und Dynamik

- Das Menschenrecht auf angemessenes Wohnen (kurz: Recht auf Wohnen) ist in der Allgemeinen Erklärung der Menschenrechte (AEMR) und im UN-Sozialpakt verankert. Um es im Rahmen einer sozialökologischen Transformation einlösen zu können, braucht es Änderungen der Strukturen der Wohnpolitik. (hohe Übereinstimmung, mittlere Literaturbasis)
- Steigende Energie- und Wohnkosten im Allgemeinen und Wohnen in energetisch nicht angemessen sanierten Bestandsgebäuden – mit dementsprechenden Energieverlusten, Mehrbedarfen und somit höheren Energiekosten – im Besonderen stellen eine finanzielle Belastung dar, die insbesondere Haushalte mit geringem Einkommen trifft. (hohe Übereinstimmung, starke Literaturbasis)

- Wenn Gebäude im Rahmen der voranschreitenden Kommodifizierung des Wohnbausektors thermisch saniert werden, geht häufig leistbarer Wohnraum zugunsten von hochpreisigem Wohnen verloren. (mittlere Übereinstimmung, mittlere Literaturbasis)
- Raumwärme ist mit Abstand der größte CO_2-Emittent im Gebäudesektor und zweitgrößter Energieverbraucher bezogen auf die Emissionen im Betrieb. Der Ausstieg aus Öl und Gas und die Umstellung der Heizsysteme auf erneuerbare Energieträger (Bsp. Erdwärme, Biomasse, oder Biogas) bzw. klimafreundliche Fernwärme ist daher ein Schlüsselfaktor für klimafreundliches Wohnen. (hohe Übereinstimmung, starke Literaturbasis)
- Der ressourcenschonende Umgang mit Grund und Boden ist die Basis für klimafreundlichen Wohnbau. Dafür braucht es überregionale sozialökologische Kriterien für angemessene Wohnraumversorgung bei gleichzeitiger Reduktion von Zersiedelung und Versiegelung. (hohe Übereinstimmung, starke Literaturbasis)

Notwendige Veränderungen

- Es braucht einen Paradigmenwechsel in Richtung Bestandsnutzung und Energieraumplanung, um den hohen Boden- und Ressourcenverbrauch durch Neubautätigkeit im Wohnungsbau, die ausufernde Verkehrs- und Siedlungsentwicklung und den hohen Versiegelungsgrad abzuwenden. (hohe Übereinstimmung, starke Literaturbasis)
- Die Stadt- und Raumplanung hat eine sozial- (inkl. gender-), umwelt- und klimagerechte Verteilung zu berücksichtigen und den Zugang zu klimafreundlicher und -gerechter Wohninfrastruktur für alle Bevölkerungsgruppen zu gewährleisten. Damit kann sie einen Beitrag zum gesellschaftlichen

Wohlergehen leisten, insbesondere in Hinblick auf gemeinschaftliche Bedürfnisse im Zusammenhang mit steigenden Umwelt- und Klimabelastungen wie z. B. Biodiversitätsverlust und steigender Hitzebelastung. (hohe Übereinstimmung, starke Literaturbasis)

- Eine Re-Kommunalisierung in Verbindung mit der Förderung von dekarbonisiertem und bezahlbarem Wohnraum eröffnet kommunale Handlungsspielräume mit Verfügungs- und Optionsmöglichkeiten für sozialökologisch gerechten Wohnbau. Alternative Wohnkonzepte, wie z. B. Baugruppen oder Genossenschaftsmodelle, stellen einen wertvollen, bereits praktizierten Ansatzpunkt für ein klimafreundliches Leben dar. (hohe Übereinstimmung, starke Literaturbasis)
- Eine klimafreundlichere Raumplanung und Bauweise mit nachwachsenden Rohstoffen, eine klimagerechte Verteilung von bestehendem Wohnraum sowie eine verstärkte Förderung von Sanierung und/oder Adaption für Weiter- und Umnutzung reduziert den hohen Ressourcenverbrauch im Neubau. (hohe Übereinstimmung, starke Literaturbasis)
- Ohne die Zuständigkeiten auf Bundes- und Länderebene noch stärker zu fragmentieren, ist den unterschiedlichen regionalen Ausgangslagen und Handlungsoptionen entsprechend differenzierend zu begegnen: der Abwanderung und dem Leerstand im ländlichen Raum, dem Wunsch nach Einfamilienhausbau in den suburbanen Siedlungen und dem Zuzug mit stetig steigenden Wohnpreisen in urbanen Regionen. (hohe Übereinstimmung, schwache Literaturbasis)

Gestaltungsoptionen

- Förderungen mit ihrem lenkenden Einfluss könnten noch stärker auf einen ressourcenschonenden und klimafreundlichen Wohnbau ausgerichtet werden: durch gezielte und verstärkte Wohnbauförderung im gemeinnützigen Wohnbausektor, Priorisierung von Umbau vor Neubau, Förderung von kollektiven Wohnformen und Förderung der Verwendung klimafreundlicher Konstruktionsweisen, Materialien und Wärmesysteme. Auch die Wiedereinführung der Zweckwidmung der Wohnbaufördermittel könnte hierbei unterstützen. (hohe Übereinstimmung, mittlere Literaturbasis)

Die vorliegende Ausarbeitung orientiert sich durch die zeitliche Parallelität an der Bearbeitung der 17 SDGs im Uninetz-Projekt und hat die Themen im Austausch und in Abstimmung mit den dort handelnden Personen zum Thema Wohnen und speziell dem SDG 1 und 11 entwickelt.

4.1 Einleitung

Wohnen ist durch die im Rahmen der Vereinten Nationen unterzeichnete Erklärung und die Europäische Menschenrechtskonvention ein Menschenrecht sowie in vielen Staaten – jedoch nicht in Österreich – ein Grundrecht und zählt zu den Grund- und Existenzbedürfnissen. Wohnraum als begrenzter Raum und Ort sowie Wohnen als Tätigkeit, welche sich über den eigenen Wohnraum hinaus in die Nachbarschaft und Freiräume erstreckt, bestehen aus einem multiplen Beziehungsgeflecht ökologischer, ökonomischer, sozialer und kultureller Aspekte. Die Wechselwirkungen zwischen gebauten Wohnstrukturen, der Konzeptionierung und Planung dieser und die Auswirkungen auf Verhalten und Lebensqualität der Bewohner_innen sind in der Ausgestaltung eines klimafreundlichen Lebens zu berücksichtigen.

Nach der Anzahl der Gebäude zeigt sich in Österreich aktuell folgendes Bild: Quantitativ umfassen Wohngebäude 82 Prozent des gesamten österreichischen Gebäudebestands (Statistik Austria, 2019). Der Großteil der Wohngebäude sind Einfamilienhäuser mit einem Anteil von 65,8 Prozent (Statistik Austria, 2013).

Die Haushaltsebene umfasst in Österreich 48 Prozent Eigentumswohnungen, davon 37 Prozent als Hauseigentum und 11 Prozent als Wohnungseigentum. In Mietobjekten leben etwa 42 Prozent der Haushalte sowie etwa 10 Prozent in sonstigen Rechtsverhältnissen. Das Mietrecht und die Mietvertragsverhältnisse werden über den Bund geregelt, die Wohnbauförderung auf Länderebene.

Bezogen auf die Personenebene wohnen etwa 55 Prozent der Menschen im Wohnungseigentum (Statistik Austria, 2019). In einem Betrachtungszeitraum von 1985 bis 2020 stieg die Zahl der Privathaushalte um 42,4 Prozent. Mit steigendem Alter leben immer mehr Menschen allein. Insgesamt lebten 2020 33,1 Prozent der Personen ab 65 Jahren allein in einem Haushalt (Statistik Austria, 2021d).

Qualitativ definiert sich Wohnraum als angemessen, wenn weder Überbelag noch Gesundheitsbelastung vorliegen und der Wohnraum über eine adäquate und energieeffiziente Heiz-, Wasch- und Duschmöglichkeit verfügt (APCC, 2018; BAWO – Bundesarbeitsgemeinschaft Wohnungslosenhilfe, 2017).

CO_2-Emissionen im Bereich Wohnen beruhen auf direkten und indirekten Ursachen. Abb. 4.1 veranschaulicht den klimarelevanten Status quo des Gebäudesektors im Vergleich zu anderen Sektoren, Abb. 4.2 die einzelnen Komponenten der Kohlenstoffdioxid-Emissionen aus den Privathaushalten.

4.1 Einleitung

Anteil der Sektoren an den gesamten THG-Emissionen 2019

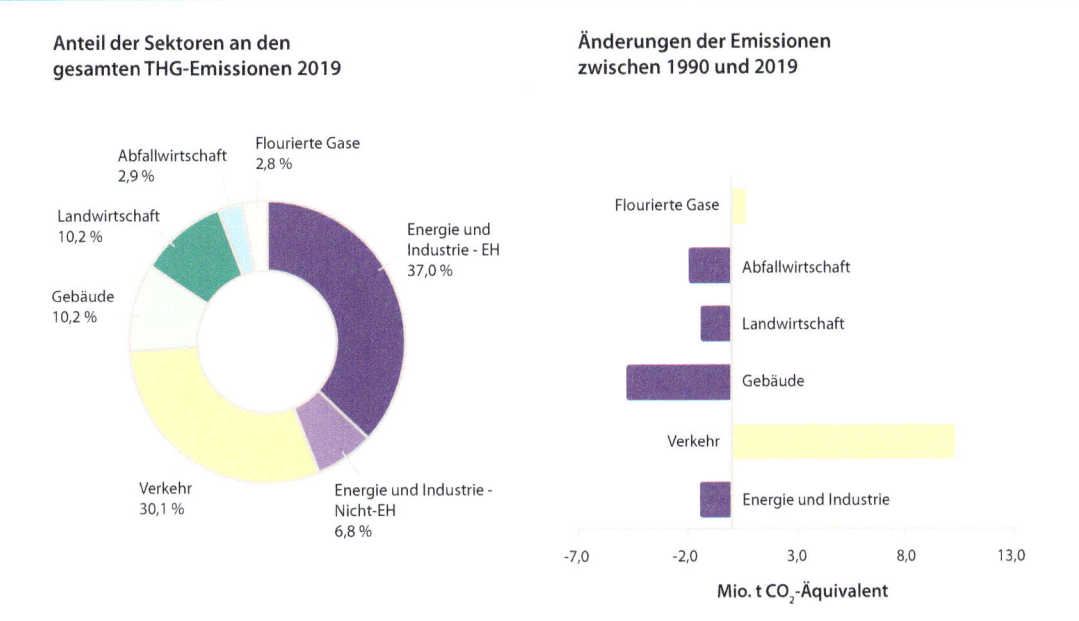

- Abfallwirtschaft 2,9 %
- Flourierte Gase 2,8 %
- Landwirtschaft 10,2 %
- Gebäude 10,2 %
- Verkehr 30,1 %
- Energie und Industrie - Nicht-EH 6,8 %
- Energie und Industrie - EH 37,0 %

Änderungen der Emissionen zwischen 1990 und 2019

Mio. t CO_2-Äquivalent

Abb. 4.1 Treibhausgasbilanz nach Emissionen 2019. (Umweltbundesamt, 2021b)

Komponentenzerlegung CO_2-Emissionen der Privathaushalte

Basisjahr = 100 Prozent

- Heizgradtage
- Biomasseanteil
- Fossile Kohlenstoffintensität
- Anteil Umgebungswärme etc.
- Anteil Fernwärme
- Anteil Strom
- Endenergie für Wärme pro m²
- durchschnittliche Wohnnutzfläche
- Anzahl der Wohnungen (Hauptwohnsitze)
- **Gesamt**

1990 – 2017: −32
1990 – 2005: −13
2005 – 2017: −21

Abb. 4.2 Komponentenzerlegung der Kohlenstoffdioxidemissionen aus Privathaushalten. (Umweltbundesamt, 2019)

Der Sektor Gebäude verursachte im Jahr 2019 rund 8,1 Millionen Tonnen an Treibhausgasemissionen. Dies entspricht einem Anteil des Gebäudesektors von 10,2 Prozent aller Treibhausgasemissionen in Österreich im Jahr 2019 (Umweltbundesamt, 2021b), wobei Wohngebäude einen Treibhausgasemissionsanteil von 8,2 Prozent aufweisen (Statistik Austria, 2019). Eine Reduktion der Treibhausgasemissionen im Gebäudesektor konnte bereits von 1990 bis 2014 beobachtet werden, doch stiegen diese Emissionen zwischen 2014 und 2017 wieder an (Umweltbundesamt, 2021b).

Die durchschnittliche Wohnfläche pro Person in einer Hauptwohnsitzwohnung in Österreich liegt bei 45,3 m^2/Person. Allerdings ist diese regional ungleich verteilt. So steht beispielsweise Menschen in Wien eine durchschnittliche Wohnfläche von 36,1 m^2/Person zur Verfügung, im Burgenland hingegen 54 m^2/Person (Statistik Austria, 2019). Auch die Betrachtung der Herkunft von Personen zeigt eine Ungleichverteilung: So wohnen beispielsweise Menschen aus der Türkei auf durchschnittlich 23 m^2/Person, gefolgt von Personen aus dem ehemaligen Jugoslawien (außerhalb der EU) mit 27 m^2/Person (Statistik Austria, 2019).

Der Zuwachs an Bodenverbrauch für Wohn- und Geschäftsgebiete liegt in Österreich im Jahr 2020 bei 23 km^2 (Umweltbundesamt, 2021a). Die Siedlungsformen des Wohnens sind für die Ökobilanz relevant – sowohl für den CO_2-Ausstoß der Gebäude selbst als auch für den des Verkehrs, der mit seiner Treibhausgasbilanz von 30 Prozent drei Mal so viel Emissionen produziert wie der Gebäudesektor und dessen Emissionen zudem im Unterschied zum Gebäudesektor seit 1990 stark steigen. Je nach Siedlungsform und funktionalen Verflechtungen, wie beispielsweise Wohnen und Arbeiten, produziert das Wohnen viel oder weniger Verkehr, insbesondere motorisierten Individualverkehr. Damit wird indirekt ein großer Teil der Treibhausgasemissionen vom Wohnen mitbestimmt. Ergebnisse der Gebäudeanalyse verdeutlichen zudem, wie wesentlich die Kompaktheit des Gebäudes für die Ökobilanz ist: Einfamilienhäuser weisen im Vergleich zu Wohnsiedlungen und Geschoßwohnbau eine deutlich schlechtere Bilanz auf. Die „graue Energie" eines Gebäudes ist für die Richtwertanalyse, die Kompaktheit des Gebäudes wie auch für die Belegungsdichte von Relevanz (Mair am Tinkhof et al., 2017). Graue Emissionen, also die gesamten Energien, die bei Herstellung, Einbau und Abbruch von tragwerksrelevanten Bauelementen benötigt werden, werden vermehrt beforscht, ebenso wie entsprechende Grenzwerte und Maßnahmen der Vermeidung in frühen Planungsphasen (u. a. Weidner et al., 2021).

4.2 Status quo

Im Folgenden wird der Status quo des Wohnens in Österreich aus drei verschiedenen Blickwinkeln thematisiert. Vorweg wird das „Ob" thematisiert – diese Frage fokussiert auf die Notwendigkeit von Neubauten unter Berücksichtigung von Wohnungsbestand, Leerstand, Beschaffenheit und Sanierungsmöglichkeiten. Das „Wie" bezieht sich auf die technische und bauliche Gestaltung neuer Wohnraumproduktion. Die Frage „Wer und für wen" konzentriert sich auf die Bauträgerschaft und die Bewohnerschaft der Wohngebäude.

Die Frage nach dem „Wo", die das Augenmerk auf die zur Verfügung stehenden Flächen legt, wird im Rahmen des Kapitels zur Raumplanung diskutiert (Verweis Kap. 19).

4.2.1 Muss neu gebaut werden? Entscheidungen im Wohnbau unter Berücksichtigung von Bestand, Leerstand, Beschaffenheit und Sanierungsmöglichkeiten

Die Frage, ob überhaupt gebaut werden muss, ist ein zentraler Punkt in der Diskussion um klimafreundliches Wohnen. Der Wohnraum in Österreich unterliegt unterschiedlichen regionalen Entwicklungen: Ländliche Regionen sind oftmals von Abwanderung und Leerstand betroffen, in den urbanen Regionen führt der Zuzug sowie Wohnungskäufe aufgrund von Finanzspekulationen und Kapitalanlagen (was vielfach zu Leerstand führt) zur Wohnraumverknappung und zu steigenden Preisen.

Der bauwirtschaftliche Fokus auf Neubau lässt vermuten, dass hier höhere Gewinne durch höhere Preise und effizientere Prozesse zu erwirtschaften sind. Im Neubau lassen sich neue technische Lösungen einfacher umsetzen (Amann & Mundt, 2019). Das belegt unter anderem auch der Sozialbericht zum Thema Wohnen des BMASGK (2019), der auf die sehr viel größere Herausforderung der Dekarbonisierung bestehender Gebäude hinweist und auf die Notwendigkeit von sektorspezifisch differenzierten Bündeln von Rahmenbedingungen und Handlungsoptionen für qualitätsvolles, dauerhaftes, leistbares und inklusives Wohnen (Amann & Mundt, 2019). Es sind allerdings nicht allein die Dekarbonisierungsmaßnahmen kostentreibend, sondern vor allem die Dynamiken des Immobilienmarkts wie z. B. eine erhöhte Nachfrage nach Wohnimmobilien oder Investitionen in sogenanntes Betongold (Kranzl et al., 2019). Doch besonders die Nutzung von Leerstand könnte helfen, den Neubau von Einfamilienhäusern einzudämmen. Die Dominanz des Einfamilienhauses wirkt sich negativ auf das Klima aus, da es als Wohnform den höchsten Flächenverbrauch aufweist sowie umfangreicher Infrastrukturmaßnahmen, speziell im Bereich des Verkehrs, und die energetische Ertüchtigung der Bauvolumen bedarf. Zum Thema Leerstand in Österreich wurden zwar lokal einzelne Studien durchgeführt (SIR 2015), eine vollständige und regionenübergreifende Leerstandserhebung für Österreich liegt derzeit nicht vor (Schneider, 2019). Eine solche Erhebung könnte die Notwendigkeit von Neubautätigkeiten relativieren und den Fokus vermehrt auf den Bestand und dessen Aktivierung bzw. Gebäudeertüchtigung lenken.

Um die Klimaziele zu erreichen, ist die klimaadäquate Beschaffenheit und Niedrigemissionsfähigkeit von bestehendem Wohnraum relevant. Eine aktive Dekarbonisierung ist sowohl durch Energiebedarfssenkung als auch mittels alternativer, nicht fossiler Energiebereitstellung zu erreichen.

Die Sanierung des Gebäudebestands in Österreich, der zu 45 Prozent vor 1990 errichtet wurde und zu 60 Prozent einen energetischen Sanierungsbedarf aufweist (Statistik Austria, 2020), hat großes Potenzial für eine Senkung des Energiebedarfs, ebenso wie die Sanierung und Dekarbonisierung der Eigenheime und Einfamilienhäuser aufgrund ihrer Anzahl und Gesamtenergiebilanz (IIBW Amann, Furhmann, Stingl, 2019). Das Potenzial zur Einsparung von CO_2-Emissionen ist im Gebäudebestand aus den Bauperioden vor 1970 am höchsten, da diese Gebäude einen Anteil von rund 45 Prozent an der gesamten Wohnnutzfläche aufweisen (Umweltbundesamt, 2020) und zudem aufgrund ihrer Bauweise ein hohes Einsparpotenzial besitzen. Laut einer aktuellen Studie in Vorarlberg ließe sich bei der energetisch effizienten Gebäudeertüchtigung von Gebäuden aus den 1970er Jahren mit ökologischen Materialien im Vergleich zu einer reinen Instandhaltung ohne thermische Sanierung das globale Erwärmungspotenzial um 72 Prozent reduzieren (Energieinstitut Vorarlberg, 2020).

Eine der größten Herausforderung in Zusammenhang mit der notwendigen Dekarbonisierung des Wohnungssektors und der hieraus erwachsenden Energieeffizienz des gesamten Wohngebäudebestandes liegt in der geringen Sanierungsrate (Amann, 2019; Forum Wohnbaupolitik, 2020). In Österreich gibt es für private Wohngebäude, die älter als 20 Jahre sind, die Möglichkeit eines Sanierungschecks, womit umfassende Sanierungen nach klimaaktiv-Standard gefördert werden, wie z. B. Außenwände und/oder Geschoßdecken dämmen oder Fenster und Außentüren erneuern. Dennoch liegt die für die Energiebedarfssenkung relevante thermische Sanierung von Wohnbauten derzeit weit unter den Zielvorgaben. Die Sanierungsrate hat sich seit 2010 nicht wie geplant um die Hälfte erhöht, sondern ist sogar um etwa ein Viertel zurückgegangen (Global 2000, 2021). Im Betrachtungszeitraum 2008 bis 2018 liegt die Rate der vollständigen thermischen Sanierungen bei 0,7 Prozent ($\pm 0,1\%$) pro Jahr und die mittlere Rate der umfassenden thermisch-energetischen Gebäudesanierungen bei etwa 0,9 Prozent (Umweltbundesamt, 2021, S. 159 f.). Bei gemeinsamer Betrachtung von umfassenden Sanierungen und Einzelmaßnahmen zeigt sich, dass die Sanierungsrate in Österreich von ca. 2,2 Prozent im Jahr 2010 (für Hauptwohnsitze) auf 1,4 Prozent im Jahr 2018 gefallen ist (IIBW, Umweltbundesamt, 2020).

Der Zielwert für Sanierungen wurde laut Energie- und Klimaplan mit 2 Prozent p. a. festgelegt (Amann, 2019). Für eine im aktuellen Regierungsprogramm angestrebte Sanierungsrate zur Dekarbonisierung des Gebäudebestands von jährlich 3 Prozent ist der Handlungsbedarf entsprechend groß (IIBW, Umweltbundesamt, 2020), um den hieraus erwachsenden Herausforderungen, wie z. B. vorhandene Marktkapazitäten, Fachpersonal, steigende Preise, zu begegnen. Expert_innen erklären das Phänomen der rückläufigen Sanierungsraten im Wohnsektor zum einen mit dem Ausbleiben von Energiepreiserhöhungen, zum anderen mit den stetig steigenden Miet- und Bodenpreisen, die in bestimmten Regionen auch ohne energetische Sanierungen eine Profitsteigerung von Wohneigentum mit sich bringt (Weißermel & Wehrhahn, 2020).

Der zweite Aspekt der Dekarbonisierung im Wohnsektor betrifft die Energiebereitstellung, u. a. für Heizen, Kühlen, Bereitung von Warmwasser und Haushaltsstrom. Ein hohes Dekarbonisierungspotenzial liegt in der Umstellung von Heizsystemen mit fossilen Energieträgern auf Betriebsweisen mit einem niedrigeren Kohlenstoffumsatz. Mit der Förderungsaktion des Bundes „raus aus Öl und Gas" wird der Austausch fossiler Heizungssysteme durch klimafreundliche Technologien im privaten Wohnbau gefördert (BMK, 2021). Im Bereich der Raumwärme und der Brauchwassererwärmung in Wohn- und Servicegebäuden wird vermehrt Umweltwärme genutzt. Die Anzahl an Wärmepumpen ist deutlich gestiegen (siehe Abb. 4.3), während sich die Entwicklung solarthermischer Anlagen zögerlicher zeigt (Zentrum für Energiewirtschaft und Umwelt, 2018).

Auch die Ökologisierung der Fernwärme durch einen Umstieg auf erneuerbare Energieträger wird gefordert. Der Anteil erneuerbarer Energieträger an der Fernwärmeerzeugung und am -verbrauch lag laut Umweltbundesamt im Jahr 2018 bei nur 48 Prozent (Umweltbundesamt, 2022). Die Effizienz der Verteilung und die CO_2-Neutralität der Fernwärme selbst werden in diesem Zusammenhang differenziert betrachtet.

Schließlich ist die sozialökologische Herausforderung bei der Dekarbonisierung von Wohnraum in Bestandsgebäuden zu beachten: Die Effektivität von umwelt- und klimafreundlichen Heizsystemen hängt von entsprechenden Sanierungsmaßnahmen ab, die kostenintensiv sein können (Rechnungshof, 2020; Statistik Austria, 2019). In Bestandsgebäuden wohnen überwiegend mittlere oder niedrige Einkommensgruppen, die von den höheren energetischen Sanierungskosten finanziell besonders betroffen wären. Der Ausweg, in energetisch bereits angemessene Neubauwohneinheiten zu übersiedeln, ist für diese Einkommensschichten meist keine Option, da diese höhere Miet- und Kaufpreise aufweisen (Amann und Mundt 2019).

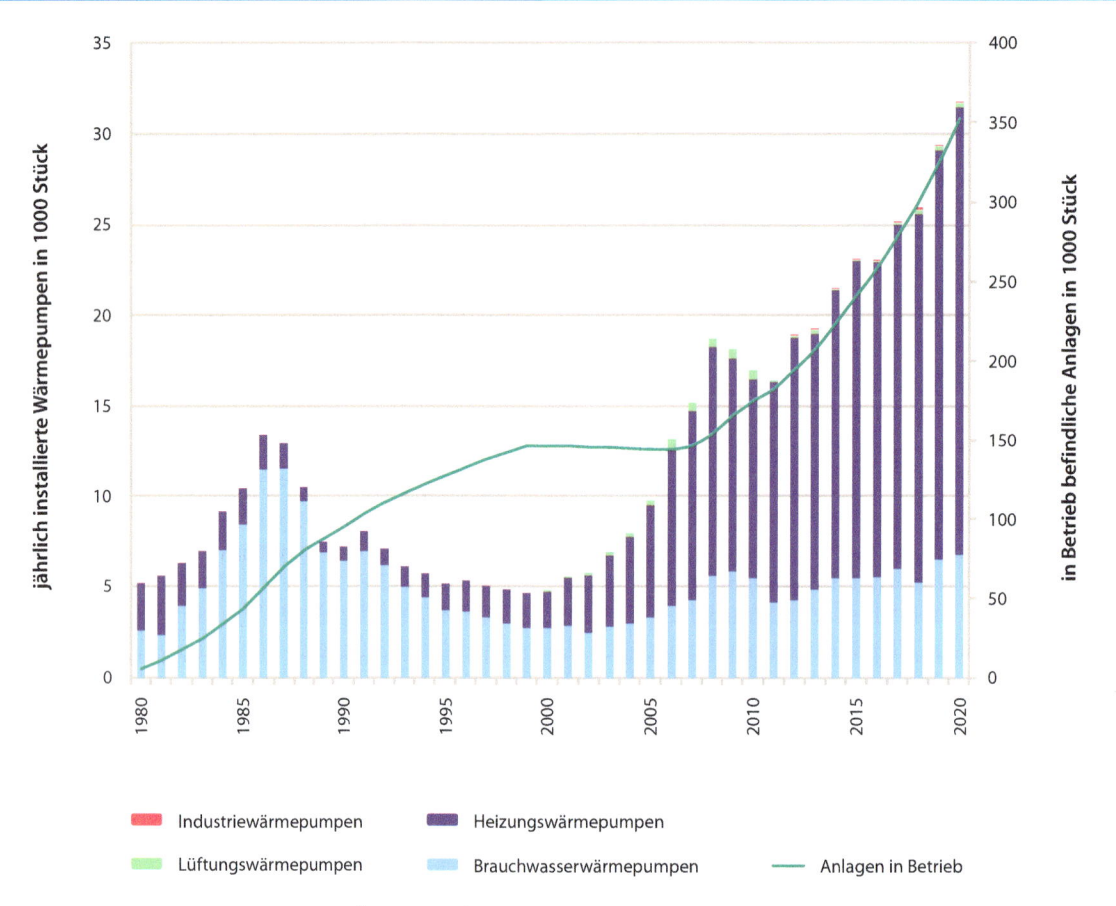

Abb. 4.3 Anzahl und Art von Wärmepumpen in Österreich 1975 bis 2017. (Quelle: Erneuerbare Energien in Zahlen 2018, Zentrum für Energiewirtschaft und Umwelt, e-think)

4.2.2 Wie wird gebaut? Wohnungsneubau angesichts von Ressourcen- und Bodenknappheit

Durch den Föderalismus liegen in Österreich für den Wohnbau derzeit stark fragmentierte Zuständigkeiten auf Entscheidungs- und Wissensebenen vor. Die neun Bundesländer entscheiden über Gesetzgebung, Regelungen und Förderungen im Wohnbausektor weitgehend autonom. Im Förderbereich zu den Themen Energie und Umwelt stimmen sich Bundes- und Länderstellen ab, allerdings werden Wohnbauförderungen auf Landesebene und Genehmigungsverfahren auf kommunaler Ebene geregelt. Infolgedessen wirken sich nationale oder internationale politische Ziele meist zeitverzögert und indirekt in der Praxis aus (Kranzl et al., 2019).

Mindeststandards für den Wohnbau werden maßgeblich durch die neun Bauordnungen der Bundesländer vorgegeben. Dort gibt es Möglichkeiten, Erfordernisse einzuschreiben, etwa Grünflächenfaktor, Versiegelungsfaktor etc. Wenig berücksichtigt wird dabei das Verhältnis von Siedlungsstrukturen und Wohnformen zum Energieverbrauch (Quan & Li, 2021). Gegenwärtig liegt der Fokus der Vereinheitlichung von Bauordnungen verstärkt auf Energieeffizienzstandards wie z. B. Passivhausdefinition, da Abstimmungs- und Harmonisierungsprozesse im Gebäudebereich in Bezug zu Klimaschutzstandards, etwa in Form von 15a-B-VG-Vereinbarungen zu Klimaschutz im Wohnbau, über technische Anforderungen verhandelt werden. Der nationale Plan für Österreich für die Energieeffizienz bei Gebäuden wurde 2018 vom Österreichischen Institut für Bautechnik erarbeitet. Somit müssen alle Wohngebäude ab 01.01.2021 die Mindestanforderung an ein Niedrigstenergiegebäude im Sinne des Artikels 2, Ziffer 2 der Richtlinie 2010/31/EU erfüllen. Die Verankerung in den Bauordnungen ist bereits in allen neun Bundesländern erfolgt (Österreichisches Institut für Bautechnik, 2018).

Die Ökologisierung des Wohnbausektors betrifft die Baubiologie (z. B. Giftstoffe in Baumaterialien) und die Bauökologie (Land-, Ressourcen- und Energieverbrauch im Bau, im laufenden Betrieb und im Recycling). Aktuell wird der Großteil der Gebäude aus Stahl und Beton gebaut, mit besonders hohen anfallenden CO_2-Emissionswerten bei der Produktion von Primärstahl und Zement. Im Jahr 2014 stammten global 1,32 Milliarden Tonnen CO_2-Emissionen aus der Zementproduktion und 1,74 Milliarden Tonnen aus der Stahlproduktion (Sonter et al., 2017). Beide Industriezweige arbeiten zwar an emissionsärmeren Produktionsverfahren, dennoch wird dem erwarteten Wachstum von Städten vor allem durch emissionsärmere Bauweisen in der Neuerrichtung von Wohnraum und Infrastruktur und zugleich einer Steigerung der Umnutzung von Leerstand zu begegnen sein.

Für die CO_2-Bilanz bei der Herstellung von Baumaterial zeigt die Forschung, dass der Baustoff Holz deutliche Vorteile im Vergleich zu den hohen CO_2-Emissionen der Zementindustrie für Stahlbeton und der Stahlproduktion aufweist (Schadauer et al., 2020; Lukić et al. 2020). Es wird aber auch auf die noch mangelhafte Prüfung von Herkunft und Nachhaltigkeit der Bewirtschaftungsform des verwendeten Holzes hingewiesen (Windsperger & Windsperger, 2015).

In Bezug auf Nachhaltigkeit und Kreislaufwirtschaft von Baustoffen und Materialkomponenten von Bauteilen fordert die Baumaterialforschung eine CO_2-Bilanzierung der Bauprodukte sowie neue Indikatoren zur Bewertung der Umweltwirkung von Bauprodukten und Bauweisen (Fischer & Schulter, 2014). So wären etwa Öko-Indikatoren geeignet, um nachhaltiges Bauen in den einschlägigen europäischen Normen stärker zu verankern. Ein wichtiges Ziel ist, die Zertifizierung ökologischer Baustoffe voranzubringen. Denn z. B. strohgedämmte Häuser haben ein großes Potenzial für CO_2-Speicherung (Best-Practice-Beispiele: „ASBN – Strohballenbau in Österreich" und konkrete Forschungsprojekte im Rahmen der Förderungsstruktur „Haus der Zukunft"). Der Verwendung von neuen – teils Lowtech und insofern alten – Bauweisen stehen oft kostenintensive Genehmigungs- und Prüfverfahren im Weg. Während es für etablierte Industriebaustoffe und -bauteile frei zugängliche zertifizierte Prüfzeugnisse gibt, fehlen diese teils bei ökologischen Baustoffen. Wenn die Ressourcen fehlen, um Prüfprozesse für alternative Baumaterialien und -elemente einzuleiten, führt das zu Verunsicherung und Verzögerungen im Einsatz. Dadurch verfestigt sich der Einsatz von Industrieprodukten ungeachtet der ökologischen Qualitäten – vgl. die Diskussion um die Vorherrschaft von Polystyrol (EPS- oder XPS-Dämmplatten) in Wärmedämmverbundsystemen (Bauer, 2015; Reinhardt et al., 2020) inklusive des Problems ihrer Entsorgung.

Im Kontext der Kreislaufwirtschaft (Circular Economy) versteht das neue Forschungs- und Anwendungsgebiet „Social Urban Mining" Städte als integrierte Recycling-Systeme (Brunner, 2011) wiederverwertbarer und wertvoller Ressourcen. In Österreich organisiert seit Kurzem das BauKarussell den koordinierten Rückbau großer Gebäude und die Wiederverwendung brauchbarer Materialien.

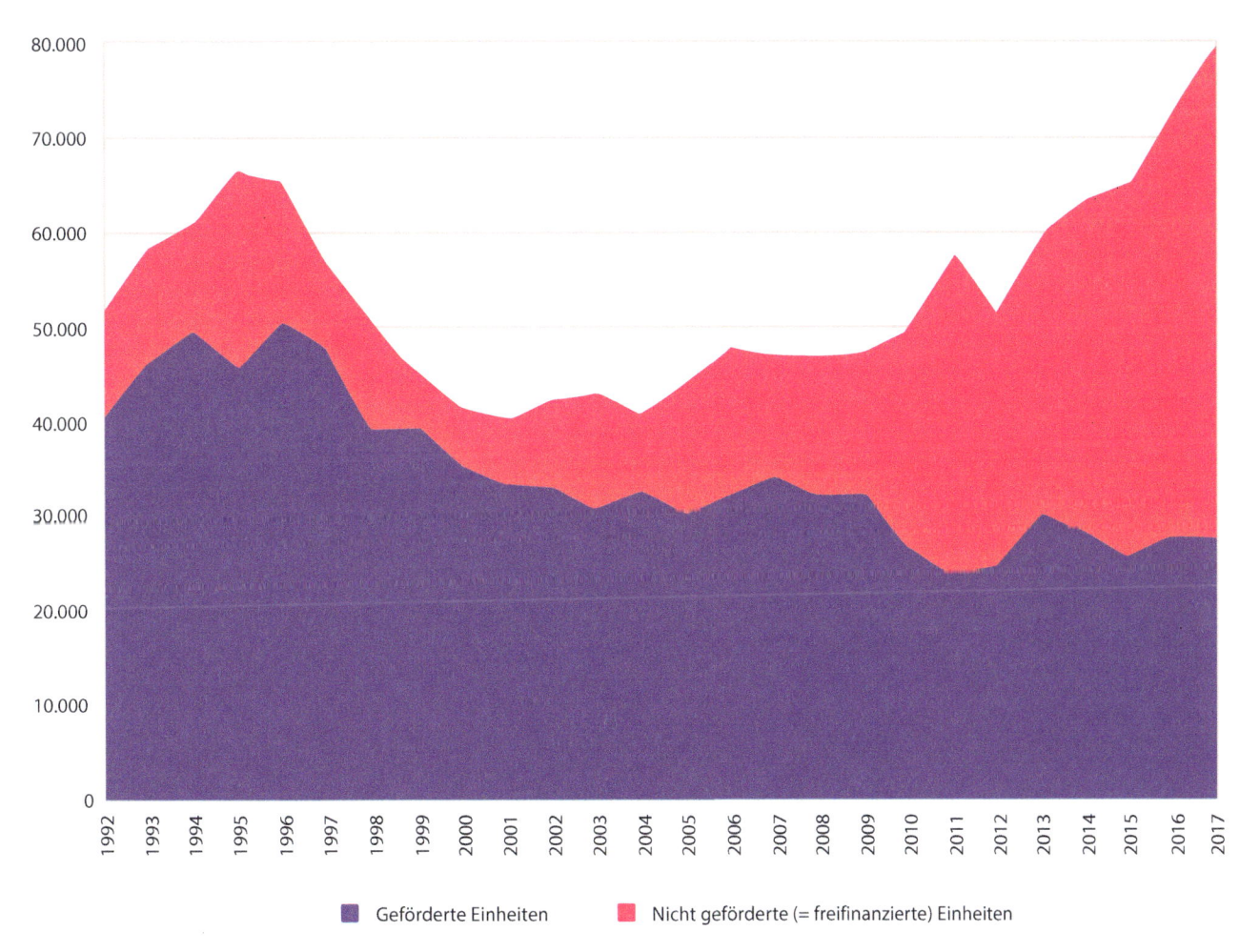

Abb. 4.4 Geförderter und nichtgeförderter (= freifinanzierter) Neubau in Österreich 1992–2017. (Kadi et al., 2020)

4.2.3 Wer baut und für wen wird gebaut? Bauträgerschaft und Bewohnerschaft von Wohngebäuden vor dem Problem steigender Kosten

Neben dem „Wie" ist die Frage „Wer baut und für wen wird gebaut?" mit dem Fokus auf die Bauträgerschaft und die Bewohnerschaft ein weiterer wichtiger Punkt in der Diskussion. In Österreich zeigen sich in den vergangenen Jahren Verschiebungen im Bereich Bauträgerschaft. Seit den 1980er Jahren unterliegt das Wohnungs- und Sozialsystem einem Strukturwandel hin zu einem marktorientierten System. Eine ausreichende Versorgung mit Wohnraum für untere und mittlere Einkommensgruppen in urbanen Regionen wird zunehmend schwieriger (Kadi et al., 2020). Die Steuerungsmacht des Staates im Rahmen geförderter Wohneinheiten und somit der Vorgaben von Rahmenbedingungen wurde seit den 1990er Jahren zugunsten freifinanzierter Wohneinheiten abgebaut (vgl. Abb. 4.4; Kadi et al., 2020).

Mit dem verstärkten Bau von freifinanzierten Wohnimmobilien stiegen gleichzeitig die Wohnimmobilienpreise von einem Ausgangsniveau im Jahr 2010 von 76,8 Prozent zum Basiswert von 2015 mit 100 Prozent bis 2019 auf 126,6 Prozent an. Österreich zählt – bei einer moderaten Ausgangslage – zu den Ländern mit den größten Preissteigerungen am Wohnungsmarkt im europäischen Vergleich zwischen 2010 und 2019 nach Estland, Ungarn, Lettland und Luxemburg (vgl. Abb. 4.5; Eurostat, 2012).

Neben der real steigenden Nachfrage nach Wohnungen durch städtischen Zuzug steigt seit Jahren parallel die Nachfrage nach Wohnungen als Finanzanlage (Kadi et al., 2020). Ende 2019 lag der Fundamentalpreis-Indikator für Wohnimmobilien für Gesamtösterreich bei 14 Prozent. Das wurde von der Nationalbank als erstes Anzeichen für eine Überhitzung des Marktes und eine potenzielle Blasenbildung gedeutet (Österreichische Nationalbank, 2019). Für das Jahr 2021 wurde eine Überschussproduktion von 35.000 Wohneinheiten prognostiziert (Österreichische Nationalbank, 2019) bei gleichzeitig weiter steigendem Bedarf an bezahlbarem, ökologisch angemessenem Wohnraum (Allianz Nachhaltiger Hochschulen, 2021). Das bedeutet, dass trotz Überschussproduktion nicht genügend leistbare, ökologisch angemessene Wohneinheiten in nachgefragten, urbanen bzw. suburbanen Standorten zur Verfügung stehen. Angemessene Instrumente zur klima- und sozialgerechten Verteilung von Wohneinheiten zu finden, ist angesichts der derzeitigen Preisentwicklungen am Wohnungsmarkt eine Herausforderung, um die Klimaziele gesamtgesellschaftlich und sozialverträglich zu erreichen.

Aktuell setzt sich der Trend steigender Preise für Wohnimmobilien fort mit einem deutlichen Anstieg um 9,5 Prozent im 3. Quartal 2020 (ÖNB, 2020). Speziell die unteren und mittleren Einkommensgruppen können kaum einen Bei-

Preisentwicklung Wohnimmobilien im EU-27 Vergleich

Abb. 4.5 Wohnimmobilienpreisentwicklung Österreich im Vergleich mit EU 27 zwischen 2010 und 2019. (Eurostat, 2021)

trag zur klimafreundlichen Gesellschaft leisten, da sie zur Wohnversorgung auf billigere Immobilien mit schlechterer Bauqualität und daher schlechterer Energieeffizienz in minderversorgten Wohngegenden zurückgreifen müssen, was wiederum eine erhöhte Mobilität und somit mehr Verkehr mit sich bringt (Weißermel & Wehrhahn, 2020).

4.2.4 Soziale Aspekte beim Zugang zu klimafreundlicher Wohninfrastruktur

Auch wenn der thermischen Sanierungsrate im gemeinnützigen Wohnbau Steigerungen bescheinigt werden, sind diese Wohnsegmente nur unter bestimmten Bedingungen zugänglich. Obwohl rund 20 Prozent aller Österreicher_innen und rund 45 Prozent der Wiener_innen heute bereits in einer Gemeinde- oder Genossenschaftswohnung wohnen (Schwarzbauer et al., 2019; Van-Hametner et al., 2019), werden Wohnsegmente aus dem sozialen Wohnungsbau trotzdem nicht dem steigenden Bedarf an bezahlbarem und umwelt- bzw. klimafreundlichem Wohnraum gerecht (Van-Hametner et al., 2019). Die Kommodifizierung und Renditisierung, also die Privatisierung bzw. Kapitalisierung von vormals öffentlichen und/oder gemeinnützigen Gütern der Wohnungswirtschaft, birgt dabei die Gefahr, soziale Belange gegen Klimaschutz und andere ökologische Anliegen auszuspielen (Weißermel & Wehrhahn, 2020).

Laut Statistik Austria (Statistik Austria, 2021c) leben ca. 52 Prozent der energiearmen Haushalte in Wohneinheiten, die noch vor 1960 gebaut wurden. Die vorerst letzten Erhebungen zu Österreich aus dem Jahr 2016 beziffern 117.100 Haushalte, die von Energiearmut betroffen sind. Vertreter_innen der Armutskonferenz vermuten weit höhere Zahlen (Armutskonferenz, 2019, 2020).

4.3 Barrieren und Konflikte im Bereich klimafreundliches Wohnen

Potenzielle Konflikte und Systemwiderstände sind aufgrund der gegenwärtigen autonomen Handlungsspielräume in den fragmentierten Zuständigkeiten im Hinblick auf Steuerungs- und Machtverluste zu erwarten. Durch das unzureichend akkumulierte Wissen für Gesamtösterreich wie z. B. statistische Daten zum Leerstand, qualitative Erhebungen zu Wohnbedürfnissen, Evaluation bestehender Wohnbaualternativen mangelt es an Argumentationsmöglichkeiten. Außerdem muss man damit rechnen, dass der freifinanzierte bzw. gewerbliche Wohnbausektor, welcher auf die Errichtung und Vermarktung von Wohnraum mit dem Ziel der Gewinnmaximierung speziell im Neubau ausgerichtet ist, Druck ausübt. Konkrete Konflikte werden im Bereich notwendiger gesetzlicher Regelungen und Vorgaben gesehen, z. B. bei der Verhinderung der Ausweisung von neuem Bauland.

Komplementär zur Stärkung der nationalen Ebene sowie zur Förderung ganzheitlicher und vielfältiger Wohnkonzepte liegt ein Potenzial in der verbindlichen Koordination und Kooperation urbaner und ländlicher Regionalplanung. Eine große Barriere stellt die in den 1960er Jahren an die Bürgermeister_innen der Gemeinden erteilten Kompetenzen als Baubehörde erster Instanz dar. Das Zusammenführen der Zuständigkeiten auf Bundesebene in Form einer Koordinations- und Monitoringstelle für Österreich für das Thema Wohnen würde eine adäquate Grundlage zur Gesetzgebung inklusive klimafreundlicher sowie gerechter städtischer und ländlicher Raumentwicklung liefern.

Anreizsysteme zur Steigerung der Sanierungsrate könnten ihr Ziel verfehlen, wenn diese finanziell zu gering ausfallen. Weitere Barrieren für die Sanierung sind die derzeit fehlenden Kapazitäten am Arbeitsmarkt und in diesem Zusammenhang das Fehlen einer politischen Strategie, die Planungssicherheit bietet, um notwendige Investitionen, z. B. in neue Betriebsanlagen oder zusätzliche Mitarbeiter_innen, zu gewährleisten. Eine wissenschaftliche Spezifikation oder Analyse hierzu konnte derzeit nicht ermittelt werden. Ein ebenfalls noch zu diskutierender Punkt stellt die Umlage der Sanierungskosten auf bestehende Mieter_innen dar. Das verhindert vermutlich effiziente Energielösungen im Bestand. Ebenso existiert derzeit kein nationales Monitoringsystem zur Erfassung der gesamten aktuellen Sanierungsaktivitäten, welches alle thermisch-energetisch relevanten Maßnahmen berücksichtigt (Umweltbundesamt, 2020).

Derzeit hat das Thema Sanierung einen geringen politischen Stellenwert und damit einhergehend fehlt ein ausreichend konkretisierter politischer Wille (Amann, 2019). Bedingt durch strukturelle Hindernisse sind übergeordnete Strategien im Bereich Sanierung für ein geschlossenes Vorgehen in Österreich ausständig. Das derzeitige Kompetenzgefüge zur Umsetzung und Implementierung weitreichender Reformen müsste eine koordinierte Vorgehensweise zwischen verschiedenen Ministerien und den einzelnen Ländern herstellen (Amann, 2019).

4.4 Gestaltungsoptionen für klimafreundliche Strukturen im Bereich Wohnbau

Im Folgenden werden Gestaltungsoptionen für klimafreundliche Strukturen für den Wohnbau diskutiert. Es gibt vielfältige Handlungsoptionen, die explizit, aber auch implizit den Wohnbau betreffen und ein geschlossenes Vorgehen für ein klimafreundliches Wohnen in Österreich befördern können. Zentrale Themen sind die Institutionalisierung des Themas Wohnen für Österreich, die Aktivierung und Attraktivierung des Wohngebäudebestandes, die Dekommodifizierung und die verstärkte Förderung gemeinnütziger Wohnbauten und alternativer Konzepte sowie der fairen Nutzung von Commons als natürliche Ressource.

Basis und Hintergrund der Handlungsoptionen stellt die Forderung einer Zusammenführung der derzeit mehrdimensionalen Zuständigkeiten auf Bundesebene in Form einer Koordinationsstelle für Österreich für das Thema Wohnen in Form einer Institutionalisierung dar (Allianz Nachhaltiger Hochschulen, 2021). Forschung zu den bundesländerspezifischen Gegebenheiten sowie deren Abgleich und Zusammenführung zu einem österreichischen Leitbild des Wohnbaus wären hier anzusiedeln, ebenso die Etablierung einer interdisziplinären Wohnbauforschung, die der Komplexität des Wohnens und der Wohnraumversorgung mit speziellem Fokus auf klimafreundliche Strukturen gerecht wird. Das Zusammenwirken aller Entscheidungsträger_innen und Wissenschaftsdisziplinen im Wohnbausektor und die Auswirkungen verschiedener Maßnahmen auf die Gesellschaft wären langfristig sicher- und darzustellen (Allianz Nachhaltiger Hochschulen, 2021). In Anlehnung an die österreichische Wohnbauforschung der Jahre 1968 bis 1988 (Bundesministerium für Bauten und Technik, 1968 bis 1999) sowie aktuelle Überlegungen in Deutschland (Schönig & Vollmer, 2020) wäre eine institutionalisierte Koordinationsstelle zum Thema Wohnen für Österreich nützlich, welche die gesellschaftlichen Bedingungen und Möglichkeiten zur Wohnraumversorgung ins Zentrum ihres Interesses rückt. Nach einer institutionellen Etablierung auf Bundesebene bedarf es einer Forcierung von zukunftsfähigen, nachhaltigen und sozial gerechten Wohnformen sowie deren wissenschaftlicher Begleitung für ein neues Leitbild des klimafreundlichen Wohnens auf Basis der Bedürfnisse der Menschen in den heutigen und zukünftigen sozialen Strukturen (Weißermel & Wehrhahn, 2020).

Die weiteren genannten Maßnahmen bedürfen zusätzlich einer Änderung der Finanzierungsgrundlagen, die stärker an nachhaltige und soziale Erfordernisse zu binden ist. Dazu dient unter anderem das Konzept der Objektförderung, welches nachhaltige Investition in die gebaute Umwelt bedeutet und Wohnen im Rahmen der öffentlichen Infrastruktur positioniert (Allianz Nachhaltiger Hochschulen, 2021). Im Gegensatz zur Subjektförderung, die Personen fördert und somit Einzelinteressen dient, kann die Objektförderung als öffentliches Investmentinstrument für den Wohnbau als soziale Infrastruktur verstanden werden (Allianz Nachhaltiger Hochschulen, 2021; Koch 2020a). Klimaschutz im Bereich Wohnen ist im objektgeförderten Wohnbau eine öffentliche Aufgabe für das Gemeinwohl. Dafür wäre die Wohnbauförderung und deren Zweckbindung im Rahmen des Finanzausgleichs – nachdem diese 2008 aufgelöst wurde – wiederum zweckzubinden und mit verstärkten ökologischen Auflagen zu koppeln.

Für ressourcenschonende Wohnbaupolitik ist eine flächendeckende Leerstandserhebung für Österreich ein wichtige Voraussetzung (Schneider, 2019). Der Leerstand in ländlichen und städtischen Regionen und dessen Veränderung ist eine relevante Kennzahl für den gesamtösterreichischen Wohnungsmarkt. Eine Leerstandskennzahl würde die Notwendigkeit für Neubau in beiden Regionen relativieren. Die Reduzierung des Neubaus sorgt für eine Verringerung der Bodenversiegelung und schützt somit den Naturraum und das Klima. Leerstand im ländlichen Raum kann als bauliche Ressource betrachtet werden, deren graue Energie genutzt werden kann. Mit verringerten Energieaufwänden in der Gesamtbilanz (zusammengesetzt aus grauer Energie des Bestandes plus dem Energieaufwand für den Betrieb) kann im Vergleich zum Neubau eine Um- und Weiternutzung klimaschonender umgesetzt werden. Die Erhebung des Leerstandes in Kombination mit einer Bestandsaktivierung bzw. -mobilisierung wäre daher dem Neubau vorzuziehen (Koch, 2020). Aus der Leerstandserhebung ließen sich mit Berücksichtigung der österreichweiten Binnenmigration sowie einer Fokussierung auf die menschlichen Bedürfnisse die Wohnrealitäten und deren Abweichungen auf regionaler Ebene ermitteln. Anknüpfend daran ließen sich regional abgestimmte und detaillierte Maßnahmen zur Deckung des Wohnbedarfs für alle Bevölkerungsgruppen ableiten. Auf dieser Basis könnten Abgaben und Sanktionen für spekulativen Leerstand umgesetzt werden (Allianz Nachhaltige Universitäten in Österreich, 2021).

Es braucht Ausschreibungen zur Entwicklung und Erforschung nachhaltiger und zukunftsfähiger Wohnformen. In gezielten Forschungsförderungsausschreibungen würden für die Bundesländer regional spezifische Themenfelder in Abstimmung mit dem übergeordneten Forschungsprogramm ausgerichtet auf die Themen (1) Aktivierung und Attraktivierung des Wohnbaubestandes, (2) Restrukturierung der Flächenverbräuche und Dekommodifizierung des Wohnraums, (3) Ausbau des gemeinnützigen Wohnbaus und Förderung alternativer Wohn- und Wohnbaukonzepte sowie (4) die Nutzung von Commons.

4.4.1 Aktivierung und Attraktivierung des Wohnbaubestandes

In der Bereitstellungsperspektive wird zunächst das Feld der Aktivierung und Attraktivierung des Wohnbaubestandes in den Fokus genommen. Das achtsame Erhalten, Reparieren und Weiterdenken durch städtebaulich übergreifende Ansätze und gemeinwohlorientierte Kooperationen sowie Beteiligungskonzepte haben in Kombination mit Lebenszyklusbetrachtungen und zirkulären, ökologischen Materialeinsätzen klimafreundliche Potenziale. Die Aktivierung und Attraktivierung des Wohnbaubestandes senkt die Neubautätigkeiten und beugt der weiteren Ausbreitung der Siedlungsflächen in Form von zunehmender Versiegelung des Bodens vor (Ebinger et al., 2001).

Die Sanierung von privaten Mietwohnungen könnte durch eine verkürzte Absetzung von Sanierungskosten oder alternativ mit Investitionsprämien unterstützt werden (Amann, 2019). Diese Vorgangsweise würde auf die Bereitschaft vieler Haus- und Wohnungseigentümer, in die eigene Immobilie zu investieren, treffen. Klassische steuerliche Förderungen bevorzugen reichere Haushalte. Dieser Effekt würde mit dem Förderungsmodell dann neutralisiert, wenn die anerkennbaren Kosten gedeckelt und Niedrigverdiener alternativ eine Negativsteuer in Anspruch nehmen könnten. Der Mechanismus der Weitergabe der steuerlichen Vorteile ist zu einem signifikanten Anteil notwendig, um die Einsparungen auch bei Mieter_innen wirksam werden zu lassen. Um Häuser einer aktiven Nutzung zuzuführen, ist es sinnvoll, den Bestandsschutz mit einer besseren Rechtslage gegen Abbruch und Leerstand auszustatten. Der Forschungsansatz der Convivial Conservation analysiert die Relevanz der Nutzung für eine Bestandspflege sowohl im großen naturräumlichen Zusammenhang als auch im gebauten Gefüge (Büscher & Fletcher, 2019).

Mit dem verstärkten Blick auf den Bestand und somit auf die Sanierungen wird eine Verschiebung im fachlich-technischen wie auch im handwerklichen Bereich des Baugewerbes einsetzen, samt adäquater Instrumente der Umschulung sowie Fördermechanismen ebenso wie eine Verlagerung der Wirtschaftsleistung (Amann, 2019). Für den Einsatz neuer ökologischer Materialien sind Änderungen der Bauordnungen sowie Förderungs- und Anreizmaßnahmen ebenso notwendig wie eine adaptierte Ausbildung der Professionist_innen. Im Rahmen der sozioökologischen Transformation der Bauwirtschaft muss auch den Arbeitsbedingungen, der Entlohnung und dem Status von Bauarbeiter_innen begegnet werden (QV Arbeit). Vor allem stellt die hochwertige und kostengünstige Sanierung während voller Bewohnung die Planung wie die Umsetzungsphase vor neue Herausforderungen.

4.4.2 Restrukturierung des Flächenverbrauchs und Dekommodifizierung des Wohnraums

Wenn durch Verteilungsgerechtigkeit anstelle immer kleinerer Wohnungen für niedrige Einkommen das Reduktionspotenzial am oberen Ende des Flächenspektrums eingelöst werden kann, dann muss die Frage, wie viel Wohnfläche pro Person angemessen ist, in Zukunft demokratisch verhandelt werden. Denn: Jeder Quadratmeter Wohnraum, der nicht neu gebaut werden muss, trägt zur Emissionsreduktion bei.

Wenn man den Forschungen im Rahmen der Gesellschaft-Natur-Perspektive folgt, kann Ziel und Maßstab für die Bewertung wohnungspolitischer Programme und Regelungen die Dekommodifizierung sein, also das Herauslösen der Wohnungsversorgung aus den Logiken des Marktes (Holm, 2019). Mit dieser Maßnahme wird anerkannt, dass die Wohnung keine marktförmige Ware zur Erzielung von Kapitalprofiten ist. Die bestehende Planungspraxis weist den Kommunen hoheitsrechtliche Befugnisse der Wohn- und Gewerbebebauung in ihrem Gemeindegebiet zu. Komplementär zur Stärkung dieser lokalen Ebene ist eine verbindliche Koordination wohnungspolitischer Strategien der Regionalplanung laut Expert_innen sinnvoll (Weißermel & Wehrhahn, 2020; vgl. Allianz Nachhaltiger Hochschulen, 2021). Allein der Anschein, dass die politischen Maßnahmen zur weiteren Renditesteigerungen im Immobiliensektor dienen und in weitere Verknappung von leistbarem Wohnraum münden, kann zu einer wachsenden Skepsis und Abwehrverhalten gegenüber klimarelevanten Maßnahmen bis hin zum Scheitern derselben führen (Weißermel & Wehrhahn, 2020). Die Handlungsoption der Dekommodifizierung und Restrukturierung der Flächenverbräuche zielt daher auf die Entkoppelung vom freien bzw. gewerblichen Wohnungsmarkt ab. Die territoriale Verteilung von bestehendem Wohnraum kleinmaßstäblich zu erfassen und Verdrängung sowie Segregation der Menschen durch steigende Immobilienpreise und die damit verbundene Ungleichheit und Schwächung der sozialen Inklusion und Armut abzubilden, stellt einen wesentlichen Punkt im Zusammenhang mit Wohnraum, Energiearmut und gesamtgesellschaftlich klimafreundlichen Lebensweisen dar. Finanzielle Umlagen von energetischen Sanierungsmaßnahmen und Investitionen können dabei zu einem Instrument der Miet- und Renditesteigerung werden und als ungerechte Aufteilung klimapolitischer Kosten verstanden werden, insbesondere für einkommensschwächere Bevölkerungsgruppen (Weißermel & Wehrhahn, 2020). Um Verteilungs- und Umweltkonflikte zu lösen oder zu vermeiden, ist es unerlässlich, Klima- und Umweltgerechtigkeitsfragen mit einzubeziehen, um leistbares und klimafreundliches Wohnen zu ermöglichen. Die Kommodifizierung und Renditisierung der Wohnungswirtschaft birgt dabei die Gefahr, soziale Belange gegen Klimaschutz und andere ökologische Anliegen auszuspielen (Weißermel & Wehrhahn, 2020).

Effektives kommunales Handeln im Bereich des dekarbonisierten und gemeinnützigen Wohnens hängt von einer entsprechenden Verfügbarkeit von kommunalem Boden und Wohnungsbeständen ab und kombiniert die Bereitstellungs- und Marktperspektive. Da vor allem der Bodenpreis ein zentraler Faktor für die Preisgestaltung von Wohnraum ist, sollte sich die Dekommodifizierungspolitik nicht allein auf Wohnungen beschränken, sondern auch den Boden als endliche Ressource mit einschließen. Eine Reihe bereits bestehender Instrumente können von der Planungspolitik und der öffentlichen Verwaltung verstärkt genutzt werden, um der voranschreitenden Kommodifizierung des Wohnraums und zunehmenden Flächenverbräuchen entgegenzuwirken (Heindl, Kittl, 2019, Architekturzentrum Wien, 2020). Die Bodenvergabe für Wohnbauzwecke ist über gemeinnützige Organisationsformen wie dem Erbbaurecht weiterzuentwickeln (Kaltenbrunner & Schnur, 2014). In diesem Zusammenhang ist auch die Stärkung ökologischer Ziele in der Vertragsraumordnung sinnvoll.

Die Anwendung bestehender Instrumente in Raumordnung und Stadtplanung, wie z. B. Widmung auf Zeit, Rückwidmung, Enteignung, Baulandumlegung etc., harren einer verstärkten Nutzung in der Praxis. Die österreichische Raumordnungskonferenz (ÖROK) empfiehlt, Umwidmungen nur noch so sparsam wie möglich vorzunehmen und – wenn eine Umwidmung nötig ist – die Bodenflächen nur auf Zeit zu widmen und dies mit einem Vorkaufsrecht der Gemeinde zu koppeln (ÖROK-Empfehlung Nr. 56: „Flächensparen, Flächenmanagement & aktive Bodenpolitik", 2017). In Bezug auf die generelle Versiegelungsproblematik – der Versiegelungsgrad (versiegelte Fläche/Flächeninanspruchnahme) produktiver Böden liegt 2019 in Österreich bei 7 Prozent der Landesfläche und 18 Prozent des Dauersiedlungsraumes (Umweltbundesamt, 2020) – ist auf rasche Umsetzung des Vorhabens der Bundesregierung zu hoffen, eine umfassende bundesweite Bodenschutzstrategie zu erarbeiten, um den Flächenverbrauch zu bremsen. (Verweis Kap. 19)

Die Widmungskategorie „Geförderter Wohnbau" in Wien ist beispielgebend für eine soziale Gestaltung des boden- und ressourcenverbrauchenden Neubaus und kombiniert die Gesellschafts- und Marktperspektive. Wenn in (Um-)Widmungsverfahren diese Kategorie beschlossen wird, muss laut Wiener Bauordnung „überwiegend" geförderter Wohnbau errichtet werden, die Planungsgrundlagen präzisieren „überwiegend" mit zwei Drittel Anteil geförderter Wohnbau. Auch ein Anteil von 75 Prozent oder sogar 100 Prozent geförderter Wohnbau kann im einzelnen Widmungsverfahren vorkommen, ist aber kein Grundsatz. Diese Regelung kommt nicht nur bei Neuausweisungen, sondern auch bei Erhöhung der zulässigen Dichte im Bestand (ab 5000 m²) zur Anwendung. Geförderter Wohnbau ist gekoppelt an einen maximalen Bodenpreis pro erreichbarer Brutto-Grundfläche (BGF-)Wohnnutzfläche, der weit unter dem freien Marktpreis liegt. Von diesem Instrument erhofft man, die Spekulation am Bodenmarkt zu reduzieren und durch Kostenreduktion bei Grund und Boden den Weg für ökologische Investitionen zu öffnen. In abgeänderter Form wird im Land Salzburg mittels „Vorbehaltsflächen zur Sicherung von Flächen für die Errichtung von förderbaren Miet-, Mietkauf- oder Eigentumswohnungen" (Land Salzburg, 2008) und in Tirol mittels „Vorbehaltsflächen für den geförderten Wohnbau" (Land Tirol, 2016) aktive Bodenpolitik betrieben. In allen Fällen könnte der Klimabezug noch deutlicher hergestellt werden. Entsprechend wären neue Instrumente, wie z. B. ein Grünflächenfaktor zur Ökologisierung, weiterzuentwickeln und verbindlich zu machen (Hliwa, 2015). Bodenpolitische Förderungen könnten verstärkt qualitätssichernd genutzt werden zur klimafreundlichen Ausgestaltung und zur Hemmung von Energiearmut und Umweltbelastungen.

Eine stärkere Integration von Stadt und Umland (Koch, 2020; Schwarzbauer et al., 2019) und verstärkte Koordinierung der Raumordnung, der Flächenwidmungs- und Bebauungsplanung sind im Sinne der Dekarbonisierung dienlich. Durch engere Zusammenarbeit und vermindertes Konkurrenzdenken zwischen urbanen und ländlichen Gebieten können klimatechnisch synergetische Effekte, wie etwa eine gemeinsame dezentrale klimafreundliche Energiegewinnung, und verbesserte infrastrukturelle Erschließung entstehen, inklusive der Schaffung attraktiver Angebote im öffentlichen Verkehr, wodurch Pendlerbewegungen und Individualverkehr reduziert werden können. Ferner kann eine Entlastung der stark nachgefragten urbanen Räumen auch zu einer Abfederung der unweigerlich steigenden Mietpreise und Segregationsprozesse einhergehen, die beispielsweise für energetisch sanierte Wohnsegmente anfallen (Schwarzbauer et al., 2019) und sozialräumlich zu einer Art Klima-Gentrifizierung führen können.

Auf Bundesebene gibt es mehrere staatlich gestützte Initiativen zur Förderung von Klima- und Umweltschutz im Baubereich: Umweltförderung, Klima- und Energiefonds, klimaaktiv oder Solarwärme. Das Förderprogramm „klimaaktiv mobil" des Bundesministeriums für Klimaschutz, Umwelt, Energie, Mobilität, Innovation und Technologie (BMK, 2021) bietet Unterstützung für Unternehmen, Gebietskörperschaften und Vereine bei der Umsetzung klimafreundlicher Mobilitätslösungen, die sich auch auf die Raumgestaltung beziehen. Die angebotenen Unterstützungen und Förderungen beziehen jedoch den Aspekt der sozialen Benachteiligung und Armut, der insbesondere für das Thema des leistbaren Wohnraums wichtig ist, so gut wie gar nicht mit ein.

Die Minimierung des Flächenverbrauchs im Wohnsektor hat positive Auswirkungen auf den Schutz der Biodiversität und Ökosysteme, da Flächenversiegelungen vor allem für Offenlandökosysteme einen wesentlichen Gefährdungsfaktor darstellen und somit auch auf die Ökobilanz wirken. Die Minimierung der Flächenverbräuche und -versiegelungen durch Gebäude ist auch eine wichtige Maßnahme zur Sicherung der lokalen Ernährungssouveränität (QV Ernährung). Die Erweiterung des Nichtwohnnutzungsbestands, z. B. die Aufstockung von Handelsimmobilien, unterstützt ebenfalls den Effekt der Flächeneinsparung. Um neue Finanzierungsmodelle, die den Umwelt- und Klimaschutz in den Mittelpunkt stellen, zu entwickeln, wäre die steuerliche Bevorteilung von Gemeinden bei Maßnahmen zur Reduktion der Flächenverbräuche und Intakthaltung der bestehenden Gebäudesubstanz denkbar. Die Minimierung der Flächenverbräuche durch verdichtete Siedlungsformen und ortszentrumsnahe Gebäude (QV Raumplanung) oder die generelle Vermeidung von weiter suburbanisierenden Neubauten bieten außerdem die große Chance, den Straßenausbau ebenso wie den motorisierten Individualverkehr zu reduzieren (QV Mobilität).

4.4.3 Ausbau gemeinnütziger Wohnbau und Förderung alternativer und klimafreundlicher Wohn- und Wohnbaukonzepte

Die Förderung von dekarbonisiertem und leistbarem Wohnraum mittels Re-Kommunalisierung bringt die Rückgewinnung kommunaler Handlungsspielräume, Verfügungs- und Optionsmöglichkeiten für sozialökologisch-gerechten Wohnbau mit sich und fokussiert auf die Innovationsperspektive. Sie kann als Voraussetzung angesehen werden, angemessene Fördermöglichkeiten und Wohnbausegmente zu schaffen. Dafür braucht es:

- eine konsequente Durchsetzung des öffentlichen (kommunalen) Vorkaufsrechts für Boden und Wohnungen (gegebenenfalls mithilfe zinsloser Kredite);
- höhere Umverteilungsabgaben für umgewidmete Flächen (Anregung zur Refinanzierung weiterer Flächen) mit Vorrang für klimafreundliche und sozialverträgliche Ausgestaltung der gemeinnützigen oder genossenschaftlichen Bauplanung (in diesem Kontext ist in Österreich die Frage nach der Doppelbesteuerung zu klären);
- eine stärkere Vernetzung und Kooperation von urbanen Regionen und ländlichen Gegenden und Stärkung der regionalplanerischen Ebene als Abstimmungsorgan;
- eine Reform kommunaler Einnahmen (z. B. durch Loslösung von Einkommens- und Gewerbesteuer oder einem regionalen Finanzausgleich) sowie
- die rechtliche Verortung hoheitlicher Flächenwidmungs- und Bebauungsplanung auf der überregionalen Planungsebene.

Die Reduktion sozialökologischer Ungleichheiten, das Zusammendenken von klimaneutraler und klimagerechter Wohnversorgung sind auf den gesellschaftlichen Mehrwert und das Gemeinwohl ausgerichtet und beruhen auf Verteilungsmechanismen, z. B. Formen der Gemeinnützigkeit. Eine Intensivierung des kommunalen Wohnbaus bzw. sozialer Wohnbauförderung stellt ein aktives (staatliches) Steuerungsinstrument für erschwingliche Mietpreise und gesellschaftlichen Zusammenhalt im Sinne einer sozialen Durchmischung dar. Wichtig ist ein niederschwelliger, inklusiver Zugang ohne hemmende Anforderungen wie Melde- oder Arbeitsdauer. Die Vergabe von geförderten Wohnungen ist eine wichtige Ressource zur Wohnversorgung von Menschen mit niedrigem Einkommen und Menschen mit besonderen Bedarfslagen. Die geförderten sozialen Wohnsegmente, die es bereits gibt, sind für Menschen mit niedrigem Einkommen oft nicht leistbar (Koch, 2020). Dabei ist es wesentlich, gesellschaftspolitische Zielorientierungen wie Inklusion und De-Institutionalisierung[1] im Vergabeprozess stärker zu berücksichtigen und Zugänge für Menschen mit Behinderungen zu vereinfachen.

4.4.3.1 Verbesserung der Vergabeinstrumente von gefördertem Wohnraum

Auch eine Verbesserung der Vergabeinstrumente von gefördertem Wohnraum kann als Hebel dienen, um Klimaschutzmaßnahmen im Wohnsegment sozial- und umweltgerechter zu verteilen. In diesem Zusammenhang sind soziale Zielgruppenorientierung und nichtdiskriminierende Zugänge zur Vergabe von gefördertem Wohnraum sowie ökologisch angemessene Verfügbarkeit desselben zu berücksichtigen. Dafür bedarf es der Abschaffung diskriminierender Vorgaben, z. B. Mindestwohn- (hier Meldedauer-) oder Arbeitsdauer als Vorbedingung zur Vergabe von sozialem Wohnraum. Das würde derzeitigen Arbeitsrealitäten mit zunehmenden prekären Arbeitsverhältnissen, wechselnden Arbeitgeber_innen und Wohnorten Rechnung tragen; andernfalls wären viele systemrelevante Arbeitskräfte mit oft niedrigerem Einkommen stark benachteiligt. Die Gesellschaft-Natur-Perspektive fordert, dass die Vergabe transparenter und treffsicherer werden soll, besonders im Sinne einer klimagerechten Teilhabe[2] für Personen mit besonderen Bedarfslagen (BAWO, 2017; Dollinger, 2010; EcoAustria, 2018).

4.4.3.2 Abbau von Hindernissen in Normen – weitere Fördermechanismen zur sozialgerechten Teilhabe am klima- und umweltfreundlichen Wohnen

Der österreichische Rechnungshof stuft Österreichs bisherige Ansätze und Klimaschutzmaßnahmen besonders im Hinblick auf die Themen „Energiearmut" und „Teilhabe an klimafreundlichem Wohnen" als unzureichend ein und empfiehlt die Etablierung einer nationalen Gesamtstrategie gegen Energiearmut, welche über die rein finanzielle Unterstützung hinausgeht und notwendige flankierende Maßnah-

---

[1] „De-Institutionalisierung' ist ein Begriff, der vor allem im Zusammenhang mit dem Wohnen von Menschen mit Behinderungen bzw. unterschiedlicher Bedarfslagen verwendet wird. Damit gemeint ist der Prozess der Umwandlung von Unterstützungsangeboten: Statt in Heimen und Wohneinrichtungen sollen Menschen mit Behinderungen so wohnen wie alle anderen Menschen auch." (https://www.institut-fuer-menschenrechte.de/monitoring-stelle-un-brk/themen/deinstitutionalisierung/, abgerufen 05.10.2019).
[2] Das bedeutet hier: Teilhabe an klimafreundlichem Wohnen für alle Menschen ermöglichen, evaluiert anhand wissenschaftlicher Gerechtigkeitsdimensionen (distributiv, prozedural, bedarfsorientiert und legitimiert etc.).

men mitdenkt und plant (Rechnungshof, 2020). In diesem Zusammenhang werden auch Überlegungen zu staatlichen Regelungen für Energieversorger für eine sozial angemessene Energieversorgung und Preisgestaltung bedacht, die die Not energiearmer Haushalte lindern könnte, wie beispielsweise Abschaltverbote im Winter, einkommensgestaffelte Energietarife, sozialverträgliche Ratenzahlungen etc. (Rechnungshof, 2020). Um eine weitere Säule zur Bekämpfung von Energiearmut zu etablieren, wäre die Einrichtung von Energie- und Klimahilfsfonds denkbar, die betroffenen Haushalten unbürokratische Hilfen (kurz-, mittel-, langfristig) bieten. Dafür werden von der EU-Kommission sowie der Arbeiterkammer Vorschläge zu Energie- und Klimahilfsfonds eingebracht, die auch als Kompetenzzentrum oder interministeriale Stabsstelle (Arbeiterkammer (AK), 2019) für die Erarbeitung angemessener Maßnahmen, Strategien und Fördermechanismen zur Bekämpfung von Energiearmut gedacht werden (Armutskonferenz, 2019, 2020; EU-Kommission, 2020; Weißermel & Wehrhahn, 2020). Konkret könnten mit öffentlicher Unterstützung z. B. ineffiziente Elektro-Altgeräte in einkommensschwachen Haushalten durch energieeffiziente Geräte ersetzt werden.

4.4.3.3 Gemeinwohlorientierung

Aus einer Gesellschaft-Natur-Perspektive ist der Einfluss des Finanzsektors im Wohnungsgemeinnützigkeitsgesetz unter genauere Beobachtung zu stellen: Mittlerweile sind bereits über 40 Prozent des Gesamtbestandes der gemeinnützigen Wohnungen vom Einfluss des Finanzsektors betroffen (Orner, 2020). Das betrifft die direkte sowie indirekte Beteiligung von Banken und Versicherungen an Kapitalgesellschaften sowie Genossenschaften, die über Verträge mit Kapitalgesellschaften verbunden sind. Weiters ermöglicht die gesetzliche Eigentumsoption bei gemeinnützigen Wohnbauvereinigungen Mieter_innen, ihre Wohnung bereits nach fünf Jahren privat zu kaufen (Wohnungsgemeinnützigkeitsgesetz § 15b), was letztlich eine Privatisierung von gemeinnützigem Wohnungsbestand bedeutet. Um das Gemeinwohl zu stützen, ist es sinnvoll, dass bei freiwilligem Weiterverkauf im Rahmen der gesetzlichen Möglichkeiten diese verkauften Wohnungen dauerhaft gleichen Mietzinsbeschränkungen unterliegen wie jene der gemeinnützigen Wohnbauvereinigungen, da derzeit die WGG-Novelle 2019 lediglich ein 15-Jahre-Limit der Mietobergrenzen vorsieht.

Die Stützung des Gemeinwohls, insbesondere mit Blick auf Klimaschutz und klimagerechte Maßnahmen, kann nur als Gemeinschaftsaufgabe gelingen. Ein verengter Blick auf vorrangig eigene Lokalinteressen von Wohnungs- oder Gewerbeneubau drängt die Gemeinden in einen Wettbewerb um die Ansiedelung von möglichst einkommens- und umsatzstarken Einwohner_innen und Unternehmer_innen ungeachtet ökologischer, klimarelevanter und sozialer Notwendigkeiten. Eine weitere Idee für eine Maßnahme, die als Hebel für eine bessere Versorgung mit bezahlbarem Wohnraum sorgen könnte, ist die stärkere planerische und raumordnerische Vernetzung und Zusammenarbeit zwischen städtischen und ländlichen Gebieten. Im Sinne von „Leave no one behind" (LNOB) beinhalten die oben genannten Maßnahmen auch eine Wohnumfeldförderung zur klimafreundlichen Ausgestaltung und zur Hemmung von Energiearmut, Enge und Umweltbelastungen.

4.4.3.4 Nachverdichtung

Der gemeinnützige Wohnbau, wie er derzeit in Österreich praktiziert wird, steht mit privaten Konkurrent_innen um bezahlbares Bauland im Wettbewerb. Obwohl heute bereits rund 20 Prozent aller Österreicher_innen und rund 45 Prozent der Wiener_innen in einer Gemeinde- oder Genossenschaftswohnung wohnen (Schwarzbauer et al., 2019; Van-Hametner et al., 2019), werden Wohnsegmente aus dem sozialen Wohnungsbau trotzdem nicht dem steigenden Bedarf an leistbarem und umwelt- bzw. klimafreundlichem Wohnraum gerecht (Van-Hametner et al., 2019). Um den zukünftigen Anforderungen Rechnung zu tragen, empfehlen Expert_innen, dass bestehende Strukturen zur Baulandmobilisierung nachverdichtet werden, vor allem in Gebieten mit großen, zusammenhängenden Wohnsiedlungen durch den Überbau von Garagen oder Parkplätzen sowie Neubau oder Dachausbau (Gruber et al., 2018). Zusätzlich ist anzudenken, dass private Projektentwickler_innen und Investor_innen bei Nachverdichtung verpflichtend einen Teil der Wohnungen langfristig als Sozialwohnungen realisieren und kostengünstig vermieten. Eine systematische Untersuchung der Nachverdichtung und inwiefern gesteckte Ziele erreicht wurden liegt derzeit nicht vor (Gruber et al., 2018). Zuständigkeiten liegen hier beim Bund und bei den Ländern.

4.4.3.5 Innovative Wohnformen fördern

Durch die Förderung von innovativen Wohnformen und -konzepten, gekoppelt mit kooperativer Baulandentwicklung und Konzeptverfahren kann sich ein multidimensionales Potenzial entfalten, welches die Innovationsperspektive unterstützt. Dies kann gefördert werden durch Modellprojekte und Best-Practice-Beispiele, die bei Erfolg Vorbildfunktionen entfalten.

Alternative Wohnbaukonzepte, z. B. in Form von Baugruppen, Eco Villages, Mietshäusersyndikaten etc., können neuartige und inklusive Zugänge in ökonomischer, ökologischer und sozialer Hinsicht für den Wohnbau befördern. Die Etablierung eines österreichweiten Förderfonds sowie die Beforschung und Abschätzung der wesentlichen Übertragbarkeit in den geförderten Wohnbausektor wären nützlich, ebenso öffentlich finanzierte Informations- und Beratungsstellen. Exemplarisch sei erwähnt, dass die Etablierung von Plattformen für Liegenschaftseigentümer_innen, die ihre Grundstücke gemeinnützigen Wohnformen zuführen möchten, anstatt sie an gewerbliche Bauträger bzw. Entwicklungsfonds zu verkaufen, hier angesiedelt werden könnte.

Eine Unterstützung für alternative Wohnformen bieten z. B. gezielte Projektförderungen von Co-Wohnformen (Social Cohousing), in denen sich Wohngemeinschaften (auch im Mehrgenerationenkontext) zusammenfinden und beispielsweise Wohngebäude gemeinschaftlich nutzen mittels eigener kleiner Genossenschaften und Stiftungen (PT.RWTH, 2012). Die Entwicklung neuer Genossenschaften mit Bezug zu sozialökologischen Wohnkonzepten könnten neue Möglichkeiten der Teilnahme eröffnen. Alternative Wohnkonzepte als Nische beziehen sich auf unkonventionelle, nicht etablierte Wohnformen wie z. B. mobiles und modulares Wohnen, Ökodörfer, Baugruppen in verschiedenen regionalen Settings, gemeinschaftliche Boden- und Wohnraumnutzungen, Cohousing etc. Darüber hinaus können alternative Wohnformen und Communities helfen, den Mangel an leistbarem Wohnraum zu verringern. Hierzu sind vereinfachte Freigaben und Bestimmungen sowie gezielte Förderungen bestimmter Gebiete und Flächen für alternative Wohnkonzepte, mobiler experimenteller Wohnbau gekoppelt mit ökologischer Ausrichtung zu entwickeln. Ein vereinfachtes Genehmigungsverfahren für die Nutzung mobiler Wohnobjekte wäre eine klimagerechte Teillösung, die einerseits der Problematik des knappen sozialverträglichen Wohnraumangebots gerecht wird und andererseits keine Versiegelung von neuen Flächen oder Rodungen mit sich bringt. Studien aus verschiedenen Ländern haben gezeigt, dass alternative Wohnformen auch zu einem ressourcenreduzierten Lebensstil beitragen und im Vergleich zu herkömmlichen Wohngebäuden auch im Bereich der Energiebilanz positiv auffallen (Ford & Gomez-Lanier, 2017; Jackson et al., 2020; PT.RWTH, 2012).

Der Zusammenhang zwischen Klima und alternativen Wohnkonzepten findet in der gegenwärtigen Forschungslandschaft in Österreich geringe Berücksichtigung. Eine vertiefte wissenschaftliche Auseinandersetzung mit den in Österreich realisierten Wohnprojekten würde einen mehrfachen Erkenntnisgewinn in ökonomischer, ökologischer und sozialer Nachhaltigkeitsdimension bedeuten. Expert_innen stufen das Herausarbeiten der Übertragbarkeit in den allgemeinen Wohnungsbau und hier speziell in den geförderten Wohnbau in den Forschungsprojekten als wesentlich ein (Lang & Stoeger, 2018; Höflehner et al., 2019; Jany, 2019; van Bortel & Gruis, 2019).

4.4.3.6 Nutzung von Commons und Ressourcen

Dieser Abschnitt bezieht sich auf Handlungsoptionen und Akteur_innen im Hinblick auf die Nutzung von Commons und Ressourcen, die für den Wohnbau relevant sind. Im Kontext sozialökologischer Bauwirtschaft stellt sich die Frage der Verteilungsgerechtigkeit in Bezug auf das „Anzapfen" von Ressourcen.

Urban Mining bzw. städtischer Bergbau ist ein Mittel zur Steigerung von Ressourceneffizienz von Städten und fördert eine Rückgewinnung von Sekundärrohstoffen im Sinne einer Kreislaufwirtschaft im Bauwesen. Der Verbrauch von Primärrohstoffen kann somit gesenkt werden. Dies ermöglicht auch eine weitgehende Unabhängigkeit vom Import. Dafür benötigt es die Erstellung eines Ressourcenkatasters zur Identifikation anthropogener Lager und die Vernetzung von Akteur_innen entlang der Wertschöpfungsgrenze (Allesch et al., 2019; Kral et al., 2018).

Ressourceneffizienz im urbanen Raum wird verbessert durch die Nutzung von Recycling-Baumaterial einerseits und materialbewusster Konstruktion im Rahmen kreislaufbewussten Bauens und späterer Materialwiederverwendung andererseits (Kakkos et al., 2020). Die Möglichkeiten, die sich aus kreislauffähigem Bauen ergeben, sind auch im sozialen Wohnbau vielfältig. Neben der Bestandsnutzung und Bestandsumnutzung finden sich Möglichkeiten der Ressourcenschonung in Materialbörsen, im Recycling von Aushub- und Mutterboden und deren Verbringung auf Eigengrund u. v. m.

Weitere Ressourcen stellen die Umweltenergien dar, wie unter anderem Solarenergie, Grundwasser, Erdwärme, Windenergie. Deren „Anzapfen" stellt die noch ungelöste Frage der Zugriffsrechte auf das Gemeingut. Ein Beispiel liefern einige Neubauprojekte entlang des Wiener Donaukanals, die das Flusswasser zur Kühlung der Gebäudestruktur nutzen. Für die begrenzte Nutzungsmöglichkeit dieser Ressource ist eine gesellschaftspolitische Diskussion nötig. Denn Umweltenergien sind bislang kostenlos, es kann sie jedoch nicht jede_r in gleicher Form nutzen, nachdem die technischen Ernteeinrichtungen nicht kostenlos und die Ressourcen für deren Herstellung zumeist nicht kostenwahr und sozialfair abgebildet werden. So können öffentliche Förderungen für Photovoltaik(PV)-Anlagen nur abgerufen werden, wenn eine Fläche zur Abholung der Sonnenenergie vorhanden ist. Bei der Konsumation von Umweltenergien, deren Quelle sich regenerieren muss wie etwa bei Erdsonden, ist der Einsatz von Regenerationstechnologie wichtig (Hofer et al., 2020).

Besondere Verteilungsfragen birgt der Zugang zur vermeintlich kostenlosen Ressource der Sonnenenergie in sich, deren Nutzen jedoch abhängig ist von der Zugriffsmöglichkeit auf Dach-, Wand- und Bodenflächen, die jedoch höchst ungleich verteilt ist. Photovoltaikanlagen stehen zudem immer wieder im Konflikt mit dem kollektiven Gut des Orts- und Landschaftsbildes. Hier besteht sowohl im städtischen als auch im ländlichen Gebiet dringender Handlungsbedarf, besonders in Gemeinden, die aufgrund aktueller Planungsvorhaben großflächiger Photovoltaikanlagen in der Naturlandschaft unter Entscheidungsdruck stehen.

Resümierend lässt sich festhalten, dass die Verknappung des Wohnraums und die zunehmende Flächenversiegelung geprägt sind durch Finanzialisierung und Bodenspekulation. Von öffentlicher Seite ist es aufgrund einer Austeritätspolitik, aber auch aufgrund der knappen Ressource von Grund und Boden schwierig, neuen Wohnraum in angemessener Qualität und in ausreichendem Umfang unter Berücksichtigung klimarelevanter Faktoren zu schaffen (Jackson et al. 2020; PT.RWTH, 2012). Der Verkauf kommunaler Flächen und Wohneinheiten, beispielsweise im Zuge von Finanzkrisen (z. B. 2008) und weiterer Marktliberalisierung, ist für die Gestaltung von sozial, ökologisch und ökonomisch angemessenem Wohn- und Lebensraum problematisch. Um dekarbonisierten, sozialökologisch gerechten Wohnbau im Sinne des Gemeinwohls zu ermöglichen, müssen staatliche und kommunale Stellen vermehrt Verfügungs- und Handlungsspielräume zurückgewinnen, wobei verschiedene Maßnahmen aufzugreifen sind. Das beinhaltet unter anderem die konsequente Nutzung des Bestands, kreislaufwirtschaftliche Ressourcennutzung, sozialverträgliche Zugänge zu Wohnraum sowie die Änderung bestehender Regelungen zugunsten eines gemeinwohlorientierten Klimaschutzes.

4.5 Quellenverzeichnis

Allesch, A., Laner, D., Roithner, C., Fazeni-Fraist, K., Lindorfer, J., Moser, S., & Schwarz, M. (2019). *Energie- und Ressourceneinsparung durch Urban Mining-Ansätze*. http://www.nachhaltigwirtschaften.at

Allianz Nachhaltiger Hochschulen (2021): *Von den Optionen zur Transformation*. Optionen von Koch, A.; Kreissl, K.; Jany, A.; Bukowski, M. In: Allianz Nachhaltige Universitäten in Österreich (2021): UniNEtZ-Optionenbericht: Österreichs Handlungsoptionen zur Umsetzung der UN-Agenda 2030 für eine lebenswerte Zukunft. UniNEtZ – Universitäten und Nachhaltige Entwicklungsziele. Allianz Nachhaltige Universitäten in Österreich, Wien, ISBN 978-3-901182-71-6.

Amann, W. (2019). *Maßnahmenpaket Dekarbonisierung des Wohnungssektors*. https://www.oegut.at/downloads/pdf/MassnahmenpaketDekarbonisierungWohnungssektor.pdf?m=1561621272

Amann, W., & Mundt, A. (2019). *Rahmenbedingungen und Handlungsoptionen für qualitätsvolles, dauerhaftes, leistbares und inklusives Wohnen*. IIBW, Bundesministerium für Arbeit, Soziales, Gesundheit und Konsumentenschutz (BMASGK).

APCC. (2018). Österreichischer Special Report Gesundheit, Demographie und Klimawandel. Austrian Special Report 2018 (ASR18). Austrian Panel on Climate Change (APCC). Verlag der Österreichischen Akademie der Wissenschaften.

Arbeiterkammer (AK). (2019). *AK Klimadialog: Vielschichtiges Problem Energiearmut*. https://www.arbeiterkammer.at/service/presse/AK_Klimadialog__Vielschichtiges_Problem_Energiearmut.html

Architekturzentrum Wien, Fitz, A., Mayer, K., & Ritter, K. (2020). *Boden für Alle*. Park Books.

Armutskonferenz. (2019). *Aktuelle Armutszahlen*. http://www.armutskonferenz.at/armut-in-oesterreich/aktuelle-armuts-und-verteilungszahlen.html

Armutskonferenz. (2020). *Aktuelle Armutszahlen*. http://www.armutskonferenz.at/armut-in-oesterreich/aktuelle-armuts-und-verteilungszahlen.html

Bauer, K.-J. (2015). Entdämmt euch! Eine Streitschrift.

BAWO (Bundesarbeitsgemeinschaft Wohnungslosenhilfe). (2017). *Wohnen für alle. Leistbar. Dauerhaft. Inklusiv*. https://bawo.at/101/wp-content/uploads/2019/11/BAWO_2017_Wohnen_fuer_alle_FINAL_Langversion.pdf

BMASGK (Bundesministerium für Arbeit, Soziales, Gesundheit und Konsumentenschutz). (2019). *Sozialbericht 2019, Entwicklungen und Maßnahmen in den Bereichen Arbeit, Soziales, Gesundheit und Konsumentenschutz*. BMASGK, Wien. https://broschuerenservice.sozialministerium.at/Home/Download?publicationId=713

BMK / Bundesministerium für Klimaschutz, Umwelt, Energie, Mobilität, Innovation und Technologie. (2021). *Umweltinvestitionen des Bundes. Klima- und Umweltschutzmaßnahmen 2020*, Wien.

Brunner, P. H. (2011). Urban Mining A Contribution to Reindustrializing the City. *Journal of Industrial Ecology*, 15(3), 339–341.

Büscher, B., & Fletcher, R. (2019). Towards Convivial Conservation. *Conservation and Society*, 17, 283–296. https://doi.org/10.4103/cs.cs_19_75

Dollinger, F. (2010). Klimawandel und Raumentwicklung Ist die Raumordnungspolitik der Schlüssel zu einer erfolgreichen Klimapolitik? *SIR-Mitteilungen und Berichte*, 34, 7–26.

Ebinger, F., Stieß, I., Schultz, I., Ankele, K., Buchert, M., Jenseit, W., Fürst, H., Schmitz, M., & Steinfeld, M. (2001). *Leitfaden für die Wohnungswirtschaft. Projektverbund Nachhaltiges Sanieren im Bestand*. https://www.ioew.de/fileadmin/_migrated/tx_ukioewdb/Leitdaden_nachhaltiges_Sanieren.pdf

EcoAustria. (2018). Effizienzpotenziale im Bereich der Länder und Gemeinden heben. Ergebnisse des EcoAustria Bundesländer-Benchmarking 2018. Policy Note No. 28.

Energieinstitut Vorarlberg. (2020). *Klimarelevanz der Materialwahl bei Wohnbauten in Vorarlberg*. https://www.energieinstitut.at/wp-content/uploads/2020/10/2020_KliMat-Studie-Vorarlberg_Projektbericht.pdf

EU Kommission. (2020). Amtsblatt der Europäischen Union. Empfehlungen (EU) 2020/1563 der Kommission vom 14. Oktober 2020 zu Energiearmut. https://eur-lex.europa.eu/legal-content/DE/TXT/PDF/?uri=CELEX:32020H1563&from=EN

Eurostat. (2012). *Income inequality statistics*. https://ec.europa.eu/eurostat/statistics-explained/index.php?title=Archive:Income_inequality_statistics,_data_2012

Eurostat. (2021). *Housing in Europe. Housing cost*. https://ec.europa.eu/eurostat/cache/digpub/housing/bloc-2a.html?lang=en

Fischer, G. F., Schulter, D. (2014). Ökoindikatoren-Bau Neue Indikatoren zur Bewertung der Umweltwirkung von Bauprodukten und Bauweisen. TU Graz.

Ford, J., & Gomez-Lanier, L. (2017). Are Tiny Homes Here to Stay? A Review of Literature on the Tiny House Movement. *Family and Consumer Sciences Research Journal*, 45(4), 394–405. https://doi.org/10.1111/fcsr.12205

Forum Wohnbaupolitik. (2020). *Agenda für ein neues Wohnrecht. Wohnrechtskonvent 2019/2020*. http://forumwohnbaupolitik.at/wp-content/uploads/2020/02/Agenda-für-ein-neues-Wohnrecht.pdf

Global 2000. (2021). *Wohnbaucheck in den Bundesländern*. https://www.global2000.at/wohnbaucheck

Gruber, E., Gutmann, R., Huber, M., & Oberhuemer, L. (2018). *Leistbaren Wohnraum schaffen – Stadt weiter bauen, Potenziale der Nachverdichtung in einer wachsenden Stadt: Herausforderungen und Bausteine einer sozialverträglichen Umsetzung*. https://wien.arbeiterkammer.at/service/studien/stadtpunkte/Stadtpunkte_25.pdf

Heindl, G., Kittl, E. (2019). Bodenpolitik. Für leistbares städtisches Wohnen. Sammlung bodenpolitischer Argumente und Instrumente mit Schwerpunkt Wien. GBW Wien.

Hliwa M.T. (2015). Der Grünflächenfaktor. Masterarbeit an der Universität für Bodenkultur. BOKU, Wien.

4.5 Quellenverzeichnis

Hofer, G., Hüttler, W., Lampersberger, P., Rammerstorfer, J., Holzer, P., Bartlmä, N., Schmid, A., Cerveny, M., Schöfmann, P., & Hollaus, M. (2020). *„Entwicklung einer ‚Merit-Order' bei Regenerationswärme für Erdsondenfelder in urbanen Wohngebieten". Berichte aus Energie- und Umweltforschung. Nachhaltig Wirtschaften*. Bundesministerium für Klimaschutz, Umwelt, Energie, Mobilität, Innovation und Technologie, Wien.

Höflehner, T., Simic, D., & Siebenbrunner, A. (2019). No Shot in the Dark – Factors for a Successful Implementation of Collaborative Housing Projects. *Turisztikai és Vidékfejlesztési Tanulmányok, 4*(különszám). https://doi.org/10.15170/TVT.2019.04.ksz1-2.5

Holm, A. (2019). Wiederkehr der Wohnungsfrage. In Bundeszentrale für politische Bildung, Gesucht! Gefunden? Alte und neue Wohnungsfragen (S. 98–111).

IIBW, Umweltbundesamt. (2020). Definition und Messung der thermisch-energetischen Sanierungsraten Österreich.

Jackson, A., Callea, B., Stampar, N., Sanders, A., Rios, A., & Pierce, J. (2020). Exploring Tiny Homes as an Affordable Housing Strategy to Ameliorate Homelessness: A Case Study of the Dwellings in Tallahassee, FL. *International Journal of Environmental Research and Public Health, 17*(2), 661. https://doi.org/10.3390/ijerph17020661

Jany, A. (2019). Experiment Wohnbau: Die partizipative Architektur des Modell Steiermark. Jovis.

Kadi, J., Banabak, S., & Plank, L. (2020). *Die Rückkehr der Wohnungsfrage*. http://www.beigewum.at/wp-content/uploads/Factsheet-Wohnen.pdf

Kakkos, E., Heisel, F., Hebel, D. E., & Hischier, R. (2020). Towards Urban Mining – Estimating the Potential Environmental Benefits by Applying an Alternative Construction Practice. A Case Study from Switzerland. *Sustainability, 12*(12), 5041. https://doi.org/10.3390/su12125041

Kaltenbrunner, R., & Schnur, O. (2014). Kommodifizierung der Quartiersentwicklung. Zur Vermarktung neuer Wohnquartiere als Lifestyle-Produkte. *Informationen zur Raumentwicklung, 4*, 373–382.

Koch, M. (2020). The state in the transformation to a sustainable post-growth economy. *Environmental Politics, 29*(1), 115–133. https://doi.org/10.1080/09644016.2019.1684738

Koch, A. (2020a): Wohnen in der Stadt Salzburg. Zum Verhältnis der Wohnung als Ware und dem Wohnen als soziale Infrastruktur. In: Dirninger, C.; Heinisch, R.; Kriechbaumer, R.; Wieser, F. (Hrsg.): Salzburger Jahrbuch für Politik 2020. Böhlau Verlag, Wien Köln Weimar, S. 232–269.

Kral, U., Fellner, J., Heuss-Aßbichler, S., Müller, F., Laner, D., Simoni, M. U., Rechberger, H., Weber, L., Wellmer, F.-W., & Winterstetter, A. (2018). *Vorratsklassifikation von anthropogenen Ressourcen: Historischer Kontext, Kurzvorstellung und Ausblick* https://www.researchgate.net/publication/328465894_Vorratsklassifikation_von_anthropogenen_Ressourcen_Historischer_Kontext_Kurzvorstellung_und_Ausblick

Kranzl, K., Müller, M., Schipfer, F., Büchele, R., Smet, K., Grabner, D., Litschauer, K., Hafner-Auinger, M., Kautnig, T., & Leubolt, B. (2019). *Transitioning buildings to full reliance on renewable energy and assuring inclusive and affordable housing (Decarb_Inclusive). Interdisciplinary framework and constraints in housing transition* [Working Paper]. www.eeg.tuwien.ac.at/decarb_inclusive

Land Salzburg. (2008). Salzburger Raumordnungsgesetz – ROG 2009 https://www.ris.bka.gv.at/GeltendeFassung.wxe?Abfrage=LrSbg&Gesetzesnummer=20000615

Land Tirol. (2016). Raumordnungsgesetz 2016 – TROG 2016 https://www.ris.bka.gv.at/GeltendeFassung.wxe?Abfrage=LrT&Gesetzesnummer=20000647

Lang, R., & Stoeger, H. (2018). The role of the local institutional context in understanding collaborative housing models: Empirical evidence from Austria. *International Journal of Housing Policy, 18*(1), 35–54.

Lukić, I., Premrov, M., Leskovar, Ž. V., Passer, A. (2020), Assessment of the environmental impact of timber and its potential to mitigate embodied GHG emissions, IOP Conf. Series: Earth and Environmental Science 588 (2020) 022068 https://doi.org/10.1088/1755-1315/588/2/022068

Mair am Tinkhof, O., Strasser, H., Prinz, T., Herbst, S., Schuster, M., Tomschy, R., Figl, H., Fellner, M., Ploß, M., & Roßkopf, T. (2017). *Richt- und Zielwerte für Siedlungen zur integralen Bewertung der Klimaverträglichkeit von Gebäuden und Mobilitätsinfrastruktur in Neubausiedlungen* (Berichte aus Energie- und Umweltforschung Nr. 39; Nachhaltig Wirtschaften). Bundesministerium für Verkehr, Innovation und Technologie.

ÖNB. (2020). *Immobilien aktuell – Österreich Q4/20*. https://www.oenb.at/Publikationen/Volkswirtschaft/immobilien-aktuell.html

Orner, M. (2020). *Wohnen – Wie gemeinnützig ist die Finanzwirtschaft?* https://awblog.at/wohnen-wie-gemeinnuetzig-ist-die-finanzwirtschaft/

ÖROK. (2017). ÖROK-Empfehlung Nr. 56: „Flächensparen, Flächenmanagement & aktive Bodenpolitik". https://www.oerok.gv.at/fileadmin/user_upload/Bilder/2.Reiter-Raum_u._Region/1.OEREK/OEREK_2011/PS_Flachensparen/OeROK-Empfehlung_56_Flaechensparen_Internet.pdf

Österreichische Nationalbank. (2019). *Immobilien aktuell – Österreich* (Nr. Q4). Österreichische Nationalbank.

Österreichisches Institut für Bautechnik. (2018). *OIB-Richtlinie 6. Energieeinsparung und Wärmeschutz, Nationaler Plan*. https://www.oib.or.at/sites/default/files/nationaler_plan_20.02.18_1.pdf

PT.RWTH. (2012). *IBA Berlin 2020 Studie: Besondere Wohnformen. Kurzüberblick/Projektrecherche „Besondere Wohnformen"*. Rheinisch-Westfälische Technische Hochschule Aachen. Senatsverwaltung für Stadtentwicklung und Umwelt. https://www.stadtentwicklung.berlin.de/staedtebau/baukultur/iba/download/studien/IBA-Studie_Besondere_Wohnformen.pdf

Quan, S. J., & Li, C. (2021). Urban form and building energy use: A systematic review of measures, mechanisms, and methodologies. *Renewable and Sustainable Energy Reviews, 139*, 110662. https://doi.org/10.1016/j.rser.2020.110662

Rechnungshof. (2020). *Energiewirtschaftliche Maßnahmen gegen Energiearmut* (Nr. 23; . . III-157 der Beilagen XXVII. GP-Bericht – Hauptdokument). Rechnungshof Österreich.

Reinhardt, J., Veith, C., Lempik, J., Knappe, F., Mellwig, P., Giegrich, J., Muchow, N., Schmitz, T., & Vo., I. (2020). *Ganzheitliche Bewertung von verschiedenen Dämmstoffalternativen* (ifeu-Institut gGmbH und natureplus e.V., gefördert von der Deutschen Bundesstiftung Umwelt und dem Ministerium für Umwelt, Klima und Energiewirtschaft Baden-Württemberg).

Schadauer, K., Freudenschuß, A., Ledermann, T., & Bundesforschungszentrum für Wald. (2020, Jänner). *CO2-Einsparung durch den waldbasierten Sektor aus dem CARE FOR PARIS PROJEKT*. BFW Praxistag: Wald der Zukunft.

Schneider, M. (2019). Nachfrage und Angebot am österreichischen Wohnimmobilienmarkt. In Österreichischer Verband gemeinnütziger Bauvereinigungen (Hrsg.). Wohnungsgemeinnützigkeit in Recht, Wirtschaft und Gesellschaft (S. 215–236).

Schönig, B., & Vollmer, L. (2020). Wohnungsfragen ohne Ende?! Ressourcen für eine soziale Wohnraumversorgung.

SIR Salzburger Institut für Raumordnung & Wohnen, SIR (2015). Wohnungsleerstand in der Stadt. Salzburg. https://www.salzburg.gv.at/bauenwohnen_/Documents/endbericht_wohnungsleerstand_final.pdf

Schwarzbauer, W., Thomas, T., & Koch, P. (2019). *Bezahlbaren Wohnraum erreichen – Ökonomische Überlegungen zur Wirksamkeit wohnungspolitischer Maßnahmen* [Policy Note No.

30]. EcoAustria Institut für Wirtschaftsforschung. Österreich. http:// ecoaustria.ac.at/wp-content/uploads/2019/0 8/ 20190223-EcoAustria-Policy-Note-Mieten.pdf

Sonter, L. J., Herrera, D., Barrett, D. J., Galford, G. L., Moran, C. J., & Soares-Filho, B. S. (2017). Mining drives extensive deforestation in the Brazilian Amazon. *Nature Communications*, 8(1), 1013. https://doi.org/10.1038/s41467-017-00557-w

Statistik Austria. (2013). *Gebäude und Wohnungen 2011 nach überwiegender Gebäudeeigenschaft und Bundesland*. https://www.statistik.at/web_de/statistiken/menschen_und_gesellschaft/wohnen/wohnungs_und_gebaeudebestand/022981.html

Statistik Austria. (2019). *Wohnen 2018. Mikrozensus – Wohnungserhebung und EU-SILC*. https://www.statistik.at/web_de/statistiken/menschen_und_gesellschaft/wohnen/index.html

Statistik Austria. (2020). *Wohnen 2019*.

Statistik Austria. (2021c). Erweiterte Betrachtung der Energiearmut in Österreich. Hohe Energiekosten bzw. Nicht-Leistbarkeit von Energie für Wohnen. Statistik Austria.

Statistik Austria. (2021d). WOHNEN. Zahlen, Daten und Indikatoren der Wohnstatistik.

Umweltbundesamt. (2019). *Klimaschutzbericht 2019*. https://www.umweltbundesamt.at/fileadmin/site/publikationen/rep0702.pdf

Umweltbundesamt. (2020). *Klimaschutzbericht 2020*. Umweltbundesamt (UBA). https://www.umweltbundesamt.at/fileadmin/site/publikationen/rep0738.pdf

Umweltbundesamt. (2021a). *Flächeninanspruchnahme*. https://www.umweltbundesamt.at/umweltthemen/boden/flaecheninanspruchnahme

Umweltbundesamt. (2021b). *Klimaschutzbericht 2021*. https://www.umweltbundesamt.at/fileadmin/site/publikationen/rep0776.pdf

Umweltbundesamt. (2022). *Erneuerbare Energie*. https://www.umweltbundesamt.at/energie/erneuerbare-energie

van Bortel, G., & Gruis, V. (2019). Innovative Arrangements between Public and Private Actors in Affordable Housing Provision: Examples from Austria, England and Italy. *Urban Science*, 3(2), 52. https://doi.org/10.3390/urbansci3020052

Van-Hametner, A., Smigiel, C., Kautzschmann, K., & Zeller, C. (2019). Die Wohnungsfrage abseits der Metropolen: Wohnen in Salzburg zwischen touristischer Nachfrage und Finanzanlagen. *Geographica Helvetica*, 74(2), 235–248.

Weidner, S., Mrzigod, A., Bechmann, R. & Sobek, W. (2021). Graue Emissionen im Bauwesen – Bestandsaufnahme und Optimierungsstrategien. *Beton- und Stahlbetonbau*, 116: 969–977. https://doi.org/10.1002/best.202100065

Weißermel, S. & Wehrhahn, R. (2020). Kommentar zu Lisa Vollmer und Boris Michel „Wohnen in der Klimakrise. Die Wohnungsfrage als ökologische Frage". *sub\urban. zeitschrift für kritische stadtforschung*, 8(1/2), 211–218. https://doi.org/10.36900/suburban.v8i1/2.567

Windsperger, A., Windsperger, B. (2015). *CO2-Bilanzierung von Bauprodukten*. Aktuelle Praxis der Klimabewertung von Holz- und Massivbaustoffen – Überlegungen zu neuen methodischen Ansätzen der Bilanzierung, Institut für Industrielle Ökologie, St. Pölten

Wohnungsgemeinnützigkeitsgesetz (1979). *Gemeinnützigkeit im Wohnungswesen* (Wohnungsgemeinnützigkeitsgesetz – WGG). https://www.ris.bka.gv.at/GeltendeFassung.wxe?Abfrage=Bundesnormen&Gesetzesnummer=10011509

Zentrum für Energiewirtschaft und Umwelt, e-think. (2018) *Erneuerbare Energien in Zahlen*, Wien. https://www.bmk.gv.at/dam/jcr:818ea79a-0284-4029-95a1-5c335a3add99/Erneuerbare_Energie2018.pdf

Kapitel 5. Ernährung

Koordinierende_r Leitautor_in
Marianne Penker

Leitautor_innen
Karl-Michael Brunner und Christina Plank

Beitragende Autor_innen
Christian Fikar und Karin Schanes

Revieweditor
Roger Keil

Zitierhinweis
Penker, M., K.-M. Brunner und C. Plank (2023): Ernährung. In: APCC Special Report: Strukturen für ein klimafreundliches Leben (APCC SR Klimafreundliches Leben) [Görg, C., V. Madner, A. Muhar, A. Novy, A. Posch, K. W. Steininger und E. Aigner (Hrsg.)]. Springer Spektrum: Berlin/Heidelberg.

Kernaussagen des Kapitels
Status quo und Herausforderungen

- Die Literatur diskutiert eine Reduktion von Treibhausgasemissionen in der Agrar-Ernährungswirtschaft. Dies findet jedoch wenig Resonanz in bisherigen klimapolitischen Strategien. Das größte Potenzial zur Reduktion der Emission von Treibhausgasen liegt in der Produktion, Distribution sowie im Konsum von tierischen Produkten. (hohe Übereinstimmung, starke Literaturbasis)
- Die Verarbeitungsindustrie und der Handel sind machtvolle Akteure in der Wertschöpfungskette. Ihre Rolle wurde bisher wissenschaftlich wenig untersucht. Aus einer Marktperspektive tragen diese Akteure punktuell zu einer klimafreundlichen Ernährung bei (z. B. durch Produktangebote), gleichzeitig werden aber klimaschädliche Strukturen weiterbefördert. (hohe Übereinstimmung, schwache Literaturbasis)
- Abhängig von der Kulturart und den Kontextfaktoren können die Produktion, die Distribution und der Konsum biologisch produzierter Lebensmittel einen gewissen Beitrag zu einer klimafreundlichen Ernährung leisten und Co-Benefits mit sich bringen (unter anderem Biodiversität, Tierwohl, bäuerliche Einkommen). Bestehende klimaschutzbezogene Nachteile müssen aber in Rechnung gestellt werden. (geringe Übereinstimmung; schwache Literaturbasis)

Notwendige Veränderungen, Barrieren und Konflikte

- Eine auf Klimaziele ausgerichtete integrative Ernährungspolitik wird von zivilgesellschaftlichen Akteur_innen und der Wissenschaft gefordert und kann verschiedene Politikbereiche verbinden. Sie steht im Konflikt mit Interessen, die den Status quo aufrechterhalten wollen, dem gegenwärtigen Handelssystem sowie der aktuellen Ausgestaltung der Gemeinsamen Agrarpolitik der Europäischen Union (GAP). (hohe Übereinstimmung, mittlere Literaturbasis)
- Unser Wirtschaftssystem forciert Produktion, Weiterverarbeitung, Konsum und die Geringschätzung tierischer Produkte, da es darauf beruht, dass billige Erzeugnisse zur Verfügung gestellt und exportiert werden. Unterstützt wird dies kulturell durch Routinen und traditionelle Geschlechterverhältnisse. (hohe Übereinstimmung, starke Literaturbasis)
- Arbeitskonflikte werden sichtbar im Bereich der Erntearbeit, der Verarbeitungsindustrie, der Supermärkte und der Essenszustellung wie auch durch die Aufgabe von Höfen. Sie verlangen nach einer

Aufwertung der menschlichen Arbeit, um die soziale Dimension klimafreundlicher Strukturen zu gewährleisten. (hohe Übereinstimmung, mittlere Literaturbasis)

Gestaltungsoptionen

- Aufgrund der Komplexität des Ernährungssystems und der Diversität betroffener Interessen werden Übergangspfade zu einem klimafreundlichen Ernährungssystem in der Wissenschaft kontrovers diskutiert. (geringe Übereinstimmung, schwache Literaturbasis)
- Um flexibel auf die – dem Ernährungssystem inhärenten – Unsicherheiten reagieren zu können, scheinen adaptive, inklusive und sektorübergreifende Ansätze, die auf dezentrale Selbstorganisation, Entrepreneurship und soziales Lernen setzen und durch staatliche und finanzpolitische Anreize stark gefördert werden, vielversprechend. (hohe Übereinstimmung, mittlere Literaturbasis)
- Ohne grundlegende strukturelle Änderungen, die vor allem auch die Industrie und den Handel miteinbeziehen, können technologische Innovationen und individuelle Ansätze alleine nicht zu einem klimafreundlichen Ernährungssystem führen. (hohe Übereinstimmung, schwache Literaturbasis)

5.1 Einleitung

Essen ist ein Grundbedürfnis aller Menschen, weshalb der Ausgestaltung von Ernährungssystemen eine große Bedeutung zukommt (vgl. z. B. Béné et al., 2019; Herren & Haerlin, 2020; SAPEA, 2020; Schrode et al., 2019; Sonnino et al., 2019). Ernährungssysteme können als unterschiedlich ausgeprägte Netzwerke von Akteur_innen, Aktivitäten und Institutionen entlang der Wertschöpfungskette (von der Produktion bis zu den Lebensmittelabfällen) aufgefasst werden, die in ökologische, soziale, politische, kulturelle und ökonomische Umwelten eingebettet und durch bestimmte strukturelle Bedingungen gekennzeichnet sind (Gaitán-Cremaschi et al., 2019; Parsons et al., 2019; Schrode et al., 2019).

5.2 Status quo und Herausforderungen

Weltweit sind Ernährungssysteme für ca. ein Drittel aller anthropogenen Treibhausgasemissionen verantwortlich (Crippa et al., 2021). Diese Emissionen verteilen sich auf unterschiedliche Prozesse des Ernährungssystems. Etwa ein Drittel aller globalen ernährungsbedingten Emissionen entfallen auf Landnutzungsänderungen (z. B. Rodung von Regenwald für den Futtermittelanbau), ein Drittel auf direkte Emissionen aus der Landwirtschaft und ein Drittel auf alle restlichen Prozesse (Verarbeitung, Verpackung, Transport, Einzelhandel, Endkonsument und Entsorgung) (Crippa et al., 2021).

5.2.1 Produktion

Die Landwirtschaft trägt mit etwa 10,2 Prozent zu den nationalen Treibhausgasemissionen bei (Umweltbundesamt, 2021), ist aber auch stark von ihren Auswirkungen betroffen. Eine Reduktion der Treibhausgasemissionen in diesem Sektor wäre zur Erreichung der klimapolitischen Ziele notwendig. Auch wenn die Emissionen des Sektors Landwirtschaft seit 1990 um 14,3 Prozent gesunken sind, wurden die Höchstmengen gemäß den Emissionszielen der EU-Mitgliedsstaaten und dem nationalen Klimaschutzgesetz überschritten (Umweltbundesamt, 2021).

Transformationspolitisch wurde dieser Handlungsbedarf bisher nicht erkannt: In der nationalen Klima- und Energiestrategie ist Landwirtschaft bisher nur marginal vertreten, auch im Regierungsprogramm sind keine Klimaziele formuliert (BKA, 2020). Der Geltungszeitraum des Klimaschutzgesetzes endet 2020, ein neues Gesetz soll 2022 verabschiedet werden. Neben klimaschutzorientierten Maßnahmen des Agrarumweltprogramms ist in Österreich eine wachsende Vielfalt an landwirtschaftlichen Initiativen zu beobachten (z. B. Initiativen für klimaschonende Bodenbewirtschaftung, Direktvermarktung, Solidarische Landwirtschaft, Heumilch, Wiesenmilch), die eine klimafreundlichere Produktion befördern bzw. auf eine Reduzierung der Distanz zwischen Produktion und Konsum ausgerichtet sind (Milestad et al., 2017; Plank et al., 2020).

Die Tierhaltung verfügt im Sektor Landwirtschaft über das größte Potenzial zur Reduktion von Treibhausgasen (Havlík et al., 2014; Poore & Nemecek, 2018; Springmann et al., 2018; Valin et al., 2013; Willett et al., 2019). Rund 70 Prozent der agrarischen Emissionen stammen aus der Tierhaltung (Europäische Kommission, 2020). Einige Studien zeigen noch strittige Unterschiede zwischen Nutztierarten und eine große Abhängigkeit von der Düngung, Fütterung und Haltungsform. Aufgrund der Nahrungskonkurrenz zwischen Nutztieren und Menschen, etwa bei Soja und Getreide, dürfte ein besonderes Potenzial in der Verwertung von Gras, Nebenprodukten aus der Agrar-Ernährungswirtschaft und Lebensmittelabfällen, etwa über Insekten, liegen (Baumann & Schönhart, 2016; Derler et al., 2021; Scherhaufer et al., 2020; van Hal et al., 2019). Die Potenziale zur Reduktion von Treibhausgasemissionen sind je nach Tierart unterschiedlich (Willett et al., 2019). Der hohe Anteil von gentechnikfreien

Abb. 5.1 Schematisches Modell des Ernährungssystems mit seinen Subsystemen. (Grafik basierend auf Europäische Kommission, 2020)

Futtermitteln dürfte eine der Erklärungen dafür sein, warum Österreich im EU-Vergleich die niedrigsten Emissionen pro Kilogramm Rindfleisch aufweist (European Union, 2014). Ein höherer Grasanteil in der Futterration könnte die Kohlenstoffbindung im Boden verbessern (Knudsen et al., 2019). Dies könnte auch den Bedarf an Futtermittelimporten und damit die Externalisierung von Umweltbelastungen begrenzen (Thaler et al., 2015; Westhoek et al., 2014; Zessner et al., 2011).

Bezüglich der Biolandwirtschaft liegt Österreich weltweit im Spitzenfeld und trägt mit 26,1 Prozent Biofläche wesentlich mehr als andere EU-Mitgliedsländer zur Erreichung des bis 2030 angepeilten EU-Ziels von 25 Prozent der landwirtschaftlichen Nutzfläche bei (BMNT, 2020; Europäische Kommission, 2020). Die Biolandwirtschaft wird in der Regel mit großen Vorteilen für die Biodiversität sowie für das Mensch- und Tierwohl verbunden, aber oftmals auch mit niedrigeren Erträgen. Die Evidenz zu den Treibhausgasemissionen pro Produktionseinheit zeigt jedoch eine hohe Variabilität der Ergebnisse (Seufert & Ramankutty, 2017). Da die Emissionsvorteile pro Kilogramm Bioprodukt unsicher und sehr von der Kulturart und von Kontextfaktoren abhängen dürften, wird ein Mehr an Bio oftmals in Zusammenhang mit veränderten Ernährungsmustern mit reduzierten Fleischanteilen gebracht (z. B. Hörtenhuber et al., 2010;

Niggli, 2021; Schlatzer et al., 2017; Theurl et al., 2020). Durch günstige Akteurskonstellationen und politische Fördermaßnahmen konnte die Vorreiterstellung Österreichs in der Bioproduktion erreicht werden (Darnhofer et al., 2019). Eine Ausweitung der Biofläche wird angestrebt (BKA, 2020; Kirchengast et al., 2019).

5.2.2 Verarbeitung, Handel und Distribution

Der Verarbeitungsgrad von Lebensmitteln nimmt zu. Das rückt die Klimarelevanz der Lebensmittelindustrie in den Fokus. Die Quantifizierung von Emissionen in diesem Sektor steht erst am Anfang (Tubiello et al., 2021). In einer Studie wird für Deutschland der Anteil des Verarbeitungssektors an den Treibhausgasemissionen mit 3 Prozent angegeben (WBAE et al., 2020), andere Studien gehen von höheren Anteilen aus (Crippa et al., 2021; Ladha-Sabur et al., 2019; Tubiello et al., 2021). Generell wird ein Anstieg der Treibhausgasemissionen des Energiesektors in der Lebensmittelverarbeitung konstatiert, was mit der Zunahme an Convenience-Produkten und „ultra processed foods" (Seferidi et al., 2020) in Verbindung steht.

Im Lebensmittelhandel nehmen neben anderen Distributionsformen (z. B. Wochenmärkte, Ab-Hof-Verkauf) Supermärkte als neue „Lebensmittelautoritäten" (Dixon, 2007) eine zunehmend dominante Stellung in der Wertschöpfungskette ein. Diese sind nicht nur die „Mittler" zwischen Produktion und Konsum, sondern nehmen aufgrund ihrer durch Konzentrationsprozesse erlangten Marktmacht sowohl Einfluss auf die Produktion/Verarbeitung (z. B. durch Preisdruck, Produktpolitik, Einführung von Qualitätsstandards, Listungspraktiken, Eigenproduktion und -marken) als auch auf den Konsum (z. B. Produktentwicklung, Marketing, Kommunikation, Erweiterung angebotener Dienstleistungen, Schaffung von „food environments") und auf die regulatorischen Rahmenbedingungen (Burch et al., 2013; Caspi et al., 2012; Clapp & Scrinis, 2017; Kalfagianni & Fuchs, 2015; Oosterveer, 2012). Der Lebensmittelhandel ist mit 23 Milliarden Umsatz die größte und wichtigste Einzelhandelsbranche in Österreich, gleichzeitig ist der Sektor durch sehr hohe Konzentration gekennzeichnet: 2020 decken vier große Lebensmittel-Einzelhandelsunternehmen 91 Prozent des gesamten Marktes ab, wobei die Wettbewerbsintensität hoch ist (Regiodata, 2020) und der Wettbewerb auch über Expansion ausgetragen wird, teilweise verbunden mit klimaschädlichen flächenversiegelnden und verkehrsfördernden Standortentscheidungen [Kap. 6, 4]. Der Lebensmittelhandel spielt bei der Förderung klimafreundlicher Ernährungsweisen eine ambivalente Rolle: Durch Marketing und Sortimentspolitik trägt der Handel zur Förderung eines (vermeintlich) gesellschaftlich erwünschten Angebotes bei (vor allem in Bezug auf Bio und Regionalität/Saisonalität, teilweise auch in Bezug auf Tierwohlstandards) (Vogel, 2022), allerdings ohne Einbeziehung der Betroffenen und ohne klimaschädliche Angebote aus den Regalen zu entfernen oder „Bio" an Regionalität/Saisonalität zu binden. Billigfleischaktionen fördern den Fleischkonsum und ethisch wie klimabezogen besonders bedenkliche Lebensmittelabfälle, mangelnde Herkunftskennzeichnungen und Austauschbarkeit der Lieferant_innen bei Eigenmarken sowie verarbeiteten Produkten verhindern Transparenz und informierte Konsumentscheidungen (Clapp & Scrinis, 2017; Kalfagianni & Fuchs, 2015). Einschätzungen zur Rolle des Handels sind schwierig, da zwar selektive Informationen durch Marktforschungsinstitute verfügbar gemacht werden, insgesamt aber wenig Daten und Forschung zu Praktiken und Entwicklungen im Lebensmittelhandel verfügbar sind. Wie im gesamten Ernährungssystem erweist sich die Digitalisierung als zweischneidiges Schwert: Der Erhöhung partieller Transparenz auf Konsumseite (z. B. Rückverfolgbarkeit) steht die (bisher wenig diskutierte) Datengenerierung durch diverse Kundenbindungsprogramme entgegen, die den Unternehmen detaillierte, private Einblicke in Konsumpraktiken gewähren (Carolan, 2018; Prause et al., 2020).

Supermärkte haben zwar eine dominante Stellung in der Distribution von Lebensmitteln, in Österreich sind aber auch unterschiedliche Formen der Direktvermarktung von Bedeutung. 27 Prozent der landwirtschaftlichen Betriebe in Österreich gaben 2016 an, dass sie einen Teil ihrer Produkte direkt vermarkten (KeyQUEST Marktforschung GmbH, 2016). Abhängig davon, ob Lebensmittel vom regionalen Bauernhof bezogen werden (Hofladen, Online-Bauernmarkt mit Zustellung oder Regionalbox) oder ob Lebensmittel entlang globaler Wertschöpfungsketten durch viele Hände gehen und Betriebe auf unterschiedlichen Kontinenten verbinden, fallen unterschiedliche Transportwege und Transportemissionen an. Allerdings wird in der Literatur mit hoher Übereinstimmung festgestellt, das „food miles" bei der Treibhausgasbilanz der Ernährung eine untergeordnete Rolle spielen (Enthoven & Van den Broeck, 2021; Majewski et al., 2020; Paciarotti & Torregiani, 2021; Ritchie, 2020; Schmitt et al., 2017; Stein & Santini, 2021) – mit Ausnahme der seltenen Lufttransporte (Striebig et al., 2019). Gerade das im öffentlichen Diskurs am häufigsten verwendete Klimaschutzargument für lokal produzierte Lebensmittel, nämlich kürzere Transportwege, ist durch Studien nicht gedeckt. Lokale Produktion kann die Emissionsintensität verringern, aber nicht in allen Produktgruppen gleichermaßen. Wenn regionale Produktion mit Saisonalität gekoppelt wird, ist die Klimabilanz besser (Reinhardt et al., 2020). Allerdings können lokal produzierte Lebensmittel eine Reihe anderer Vorteile bringen (unter anderem Erhaltung der Biodiversität – abhängig von den Produktionsverfahren –, Schaffung und Sicherung regionaler Arbeitsplätze, höhere Zahlungsbereitschaft der Konsument_innen, soziale Anerkennung bäuerlicher Arbeit, regionale Identitätsbildung) (Enthoven & Van den Broeck, 2021; Ermann et al., 2018; Schmitt et al., 2017; Stein & Santini, 2021) [Kap. 15]. Eine wichtige Rolle bei der transportbezogenen Klimabilanz spielt auch die Lebensmittellogistik. Aspekte der klimaschonenden Lebensmittellogistik sind im Folgenden zusammengefasst.

Klimaschonende Lebensmittellogistik (von Christian Fikar) [Kap. 6: Mobilität, Kap. 15: Globalisierung]
Um die Bereitstellung und Zustellung von Lebensmitteln klimaschonender zu gestalten, konzentrieren sich Forschungsarbeiten im logistischen Bereich derzeit überwiegend auf die Beurteilung innovativer Distributionskonzepte und auf Maßnahmen zur Reduzierung von Lebensmittelabfällen. Für konventionelle Lebensmittel sind vor allem der Energiebedarf und Qualitätsverluste durch eine steigende Anzahl an Kühltransporten eine große Herausforderung (Castelein et al., 2020). In regionalen Lebensmittellieferketten („Short Food Supply Chains") erschweren hingegen viele Planungsunsicherheiten, geringere Mengen sowie mangelnde Transportkapazitäten nachhaltige Strukturen (Paciarotti & Torregiani, 2021). Wich-

tige Akteur_innen im Bereich Logistik sind sowohl Produzent_innen und Konsument_innen als auch – falls vorhanden – Einzelhändler_innen und Logistikdienstleister_innen. Die Forcierung von Kooperationen wird häufig als vielversprechendste Lösung angesehen, um Prozesse effizienter und nachhaltiger zu gestalten. So zeigt beispielsweise eine Untersuchung von Lieferkonzepten für Food Coops in Ostösterreich erhebliche Einsparungen in Bezug auf Transportkosten, wenn Lieferkapazitäten geteilt werden (Fikar & Leithner, 2020). Ebenso führt eine vertikale Kooperation, ein engerer Austausch zwischen Konsument_innen und Produzent_innen, zu einer Steigerung der Servicequalität von regionalen Systemen und somit zu mehr Wachstum (Kump & Fikar, 2021). Welches Distributionsnetzwerk hingegen gewählt werden sollte, ist aufgrund der Vielfalt und der individuellen Produktanforderungen umstrittener. So weist beispielsweise eine Studie im Raum Linz auf die Stärken eines dezentralen Liefernetzwerkes unter Zuhilfenahme von Crowd Deliveries zur Erreichung einer besseren Nachhaltigkeit hin (Melkonyan et al., 2020). Vor allem im Hinblick auf die derzeitigen Trends im Lebensmittelsektor, wie Digitalisierung, Transparenzanforderungen und Kreislaufwirtschaft, besteht somit eine Vielzahl an komplexen und hoch relevanten offenen Fragen für zukünftige Forschungsvorhaben. Zusätzlich geben neue Technologien und Konzepte wie Elektromobilität, Food-Sharing-Plattformen und vermehrte Zustellungen per Lastenfahrräder Hoffnung auf klimaschonendere Lebensmitteltransporte in der Zukunft.

5.2.3 Konsum

Die Ernährung ist ein gewichtiger Treiber des Klimawandels. Allerdings liegen hinsichtlich Ernährungspraktiken in Österreich nur wenige Forschungsbefunde vor (z. B. Brunner et al., 2007). Fallweise Einstellungserhebungen zu Ernährung sind unterkomplex und kontextfrei (BMNT, 2018). Eine ernährungswissenschaftliche Perspektive findet sich z. B. im Ernährungsbericht (Rust et al., 2017). Demnach gilt die Ernährungsweise der Österreicher_innen gemessen an der österreichischen Ernährungspyramide als nicht sehr gesund: unter anderem sehr viel Fleisch (ca. 65 Kilo mit leicht sinkender Tendenz) und Milchprodukte, zu wenig Gemüse (leicht steigende Tendenz), zu viel Zucker, verbunden mit einem hohen Anteil der Bevölkerung mit Übergewicht bzw. Adipositas. Auch wenn der „österreichische Ernährungsstil" dem anderer hochindustrialisierter Länder in vielen Dimensionen ähnlich sein dürfte (steigender Außerhauskonsum, vermehrter Konsum von Convenience-Produkten usw.), konsumieren die Österreicher_innen durchschnittlich 29 Prozent mehr Fleischgerichte, 27 Prozent mehr Zucker und 80 Prozent mehr tierische Fette als der EU-Durchschnitt (de Schutter et al., 2015). Das Potenzial, Treibhausgasreduktionen durch die Vermeidung von Lebensmittelabfällen [Abschn. 5.2.4] und Ernährungsumstellungen, insbesondere durch eine Reduktion des Konsums tierischer Produkte, zu erreichen, wird deshalb als besonders hoch eingeschätzt (APCC, 2014, 2018; Kirchengast et al., 2019; WBGU, 2011). Würde der Konsum auf ein gesundheitsverträgliches Niveau gesenkt (z. B. auf 30 Prozent des aktuellen Verbrauchs bei Fleisch bei gleichzeitiger Erhöhung des Konsums pflanzlicher Lebensmittel), würden die Emissionen um 22 Prozent sinken (de Schutter et al., 2015). Demgegenüber ist das Reduktionspotenzial durch Bio-Produkte und regionale Produkte deutlich geringer (APCC, 2018; Schrode et al., 2019; Willett et al., 2019).

Für die deutsche Agrar- und Ernährungspolitik wird konstatiert, dass Strategieprogramme zur Senkung von Treibhausgasemissionen die Verringerung des Konsums tierischer Produkte nicht thematisieren (Lemken et al., 2018). Dieser Befund gilt auch für die EU (Cordts et al., 2016) und für Österreich. In Bezug auf das Fleischthema lassen sich in Österreich Veränderungen in Richtung Veganismus, Vegetarismus und Flexitariertum feststellen (Ploll et al., 2020; Ploll & Stern, 2020). Der „Peak Meat" (Spiller & Nitzko, 2015) scheint erreicht, allerdings sind nur geringfügige, teilweise schwankende Reduktionen feststellbar. Der Anteil an Vegetarier_innen liegt in Österreich gegenwärtig (je nach Studie) zwischen 4 und 9 Prozent, der Anteil an Flexitarier_innen ist mit 16 Prozent im Jahr 2018 (RollAMA, 2018) höher. Diese Zahlen müssen allerdings mit einiger Skepsis betrachtet werden, bleibt doch der Gesamtfleischkonsum relativ konstant. Zwar scheinen Jugendliche und junge Erwachsene in einigen sozialen Milieus eine Distanz zu tierischen Produkten zu entwickeln (Heinrich-Böll-Stiftung, 2021), ähnlich wie in der Schweiz (Mann & Necula, 2020) ändert dies aber wenig am Gesamtkonsum. Z. B. spielen Fleischprodukte beim (steigenden) Außer-Haus-Essen immer noch eine zentrale Rolle, da öffentliches Essen und Fleischkonsum kulturell stark miteinander verbunden sind (Biermann & Rau, 2020). Im Tourismusland Österreich ist auch die Klimawirkung fleischlastiger kulinarischer Traditionen in Gastronomie und Hotellerie nicht zu unterschätzen [zu Tourismus siehe Kap. 9 bzw. die dortige Box mit der Synthese aus dem APCC SR Tourismus & Klimawandel].

Produkte aus biologischem Landbau stoßen bei Konsument_innen in Österreich zunehmend auf Resonanz. 2020 erreichte der Bioanteil im Handel erstmals 10 Prozent (ohne Brot und Gebäck), motiviert allerdings weniger aus Klimaschutzerwägungen, sondern damit verbundenen positiven Gesundheitsfolgen. In bestimmten Produktkategorien erreichen Bioprodukte mehr als 20 Prozent Marktanteil. Im Rückblick betrachtet ist dieser „Biotrend" allerdings von vielen Voraussetzungen abhängig und kein Selbstläufer (Dubuisson-Quellier & Gojard, 2016; Brunner & Littig, 2017). Trotz vieler günstiger Bedingungen hat sich seit den frühen 1990er Jahren der Anteil am gesamten Lebensmittelkonsum nur um ca. 6 bis 7 Prozent erhöht. Neben dem höheren Preis konstatieren Studien Informationsprobleme und damit verbundene Vertrauensdefizite bei Konsument_innen (Schwindenhammer, 2016). Neben Informationsproblemen können konkurrierende Marketingstrategien (Schermer, 2015), ernährungspolitische Ausrichtungen und kulturelle Faktoren einer Ausweitung des Biokonsums im Wege stehen oder sogar zu einem Rückgang des Biokonsums führen (Vittersø & Tangeland, 2015). Auch der höhere Preis von Biolebensmitteln kann als Barriere wirken.

Untersuchungen zum Biokonsum bleiben häufig selbstbezüglich auf das Segment des Biomarktes beschränkt und vermitteln einen oftmals täuschenden Eindruck eines extrem expandierenden Marktes. Vor dem Hintergrund des gesamten Lebensmittelmarktes, der noch immer von konventionell produzierten Lebensmittel dominiert wird, relativieren sich diese Steigerungen aber großteils.

Soziale Ungleichheitsstrukturen in einer Gesellschaft wirken sich auch auf Ernährungspraktiken aus. Ein geringes Haushaltseinkommen und inadäquate Mindesteinkommenspolitiken können die Möglichkeit für gesundes Essen erschweren (Penne & Goedemé, 2021) und Ernährungsarmut zur Folge haben. Dieses Thema steht in Österreich weder wissenschaftlich noch politisch auf der Agenda. Im österreichischen Ernährungsbericht wird das Thema nicht erwähnt (Rust et al., 2017), da die Ernährungswissenschaft vertikale Ungleichheitsfaktoren nicht erfasst (Brunner, 2020). Im Fortschrittsbericht zu den Sustainable Development Goals (SDGs) der Vereinten Nationen (UN) wird das Ziel 2 (Beendigung von Hunger) als für Österreich erreicht bezeichnet (BKA, 2020) [bezüglich internationaler Verflechtungen siehe Kap. 15]. Eine erste Zusammenschau vorhandener Daten zeigt aber, dass ein nicht geringer Anteil der in Österreich lebenden Bevölkerung (ca. 500.000) unter Ernährungsunsicherheit bzw. -armut leidet (Miller, 2019), also zumindest fallweise Hungererfahrungen macht und nur beschränkten Zugang zu gesellschaftlich üblichen Lebensmitteln hat. Durch die Coronakrise dürfte die Ernährungsunsicherheit gestiegen sein (Gundersen et al., 2021; Pereira & Oliveira, 2020). Ernährungsarmut wird in öffentlichen Diskursen oft als Argument gegen teurere, klimaschonendere Produkte und für den Status quo niedriger Lebensmittelpreise ins Feld geführt. Eine sozial inklusive Klimapolitik sollte jedoch den vermeintlichen Widerspruch von Armut und Klimafreundlichkeit der Ernährung durch andere Maßnahmen auflösen als durch eine Sozialpolitik mit Billiglebensmitteln.

Die soziale Ungleichheit einer Gesellschaft zeigt sich nicht nur bei der mangelnden Leistbarkeit von Lebensmitteln, auch die Qualität des Essens kann darunter leiden. Einkommensschwächere und bildungsfernere soziale Gruppen konsumieren tendenziell vermehrt als ungesund klassifizierte Lebensmittel, ernähren sich weniger ausgewogen und sind häufiger übergewichtig oder adipös als soziale Gruppen in den höheren Rankings der sozialen Stufenleiter (Bonaccio et al., 2012; Fekete & Weyers, 2016). Oftmals sind stark zucker- und fetthaltige Convenience-Lebensmittel – vorgefertigte Produkte, die stark verarbeitet und haltbar gemacht wurden – im Vergleich zu gesünderen Alternativen günstiger, leichter verfügbar und außerdem ständig in der Werbung thematisiert (Plank, Penker, et al., 2021). Solche Lebensmittel können unter belastenden Lebensbedingungen die Ernährung erleichtern und den Alltag „versüßen". Dies kann zu einseitiger Ernährung führen, Übergewicht zur Folge haben und damit gesundheitliche Ungleichheiten, die durch sozial ungleiche Einkommens-, Lebens- und Arbeitsverhältnisse verursacht werden, verstärken.

Weltweit übersteigt die Zahl der an Übergewicht leidenden Menschen jene mit chronischer Unterernährung bereits deutlich (Ermann et al., 2018). 2017 war die Hälfte der österreichischen Erwachsenen übergewichtig (Eurostat, 2020). Fettleibigkeit kann im Vergleich zu Normalgewicht mit bis zu 20 Prozent höheren Treibhausgasemissionen verbunden sein. 1,6 Prozent der globalen Treibhausgasemissionen werden mit Fettleibigkeit in Verbindung gebracht, wobei vor allem der gesteigerte Konsum von Lebensmitteln und Getränken und der erhöhte Gewichtsaufwand für Auto- und Flugtransporte relevant sind (Magkos et al., 2019, 2020). Der Kaloriengehalt von Lebensmitteln scheint eine wesentliche Determinante für deren ökologischen Fußabdruck (unter anderem Treibhausgasemissionen) zu sein (Pradhan et al., 2013). Kalorienreiche und nährstoffarme Lebensmittel sind mit einem sehr hohen Umwelt-Impact verbunden, der noch vor jenem von frischem Fleisch und Milchprodukten liegt (Fardet & Rock, 2020; Ridoutt et al., 2021). Gerade solche Lebensmittel (wie z. B. Pizza, verarbeitetes Fleisch, gesüßte Getränke) werden in industrialisierten Ländern aber häufig konsumiert, sind Teil der „Western Diet", die nicht nur eine hohe Klimarelevanz hat, sondern auch zu Übergewicht führen kann (Vega Mejía et al., 2018; Wang et al., 2021). Eine klimafreundlichere Ernährung kann also nicht nur die Treibhausgasemissionen reduzieren, sondern auch gesundheitsförderlicher sein (Austrian Panel on Climate Change (APCC), 2018; Willett et al., 2019). Eine deutliche Verringerung von Übergewicht und Fettleibigkeit würde auch eine substanzielle Reduktion der weltweiten Treibhausgasemissionen bedeuten (Springmann et al., 2018).

Ernährungsarmut und Übergewicht bedeuten oft eine Verstärkung sozialer und gesundheitlicher Ungleichheit, die Erhöhung der Vulnerabilität in prekären Lebensverhältnissen lebender Bevölkerungsgruppen und gesellschaftliche Stigmatisierungserfahrungen (Spahlholz et al., 2016), was einer sozial gerechten Transformation zu einem klimafreundlichen Leben widerspricht. Eine „klimasoziale Politik" (Die Armutskonferenz et al., 2021) zielt auf soziale Sensibilität, damit soziale Ungleichheiten und Abgrenzungen in einer Gesellschaft nicht durch klimapolitische Strategien verstärkt, sondern reduziert werden.

5.2.4 Lebensmittelabfälle und -verluste

Lebensmittelabfälle und -verluste (von Karin Schanes)
In Österreich fallen jährlich 1.074.300 Tonnen vermeidbare Lebensmittelabfälle und -verluste pro Jahr an. Mengenmäßig machen mit rund 521.000 Tonnen pro Jahr die Lebensmittelabfälle im Haushalt den größten Teil der Lebensmittelverluste aus. In Österreich gehen 49 Prozent aller weggeworfenen Lebensmittel auf das Konto der privaten Haushalte, 16 Prozent fallen in der Landwirtschaft an, 11 Prozent landen bei den Herstellern im Müll, 16 Prozent in der Gastronomie und 8 Prozent im Einzelhandel (Obersteiner & Luck, 2020). Durch Reduzierung von vermeidbaren Lebensmittelabfällen könnten in Europa pro Kopf rund 0,3 Tonnen CO_2 reduziert werden (Ivanova et al., 2020; Zur Lage in Europa: Caldeira et al., 2019; Sanchez Lopez et al., 2020).

Die Ursachen für Lebensmittelabfälle auf der Haushaltsebene sind vielfältig und reichen von zu viel gekauften Lebensmitteln, mangelnder Einkaufsplanung über fehlende Zeit und nicht sachgerechter Lagerung bis hin zu missverstandenen Mindesthaltbarkeitsangaben. Weiters ist Lebensmittelverschwendung auf einen inneren Konflikt zurückzuführen, der daraus resultiert, dass Konsument_innen zwar einerseits Abfälle vermeiden möchten, aber andererseits den Wunsch hegen, gute Versorger_innen zu sein, die gesunde und damit auch leicht verderbliche Lebensmittel zur Verfügung stellen. Die Vermeidung von Lebensmittelabfällen steht auch im Gegensatz zu anderen Wünschen und Bedürfnissen, wie Lebensmittelsicherheit sowie Geschmack und Frische von Lebensmitteln (Schanes et al., 2018).

Neben Bewusstseinsbildung über die Auswirkung von Lebensmittelabfällen auf die Umwelt und die Haltbarkeit von Lebensmitteln bzw. ihre bestmögliche Lagerung, braucht es vor allem Aufklärung über das Mindesthaltbarkeitsdatum. Maßnahmen zur Eindämmung der Lebensmittelverschwendung sollen jedoch nicht nur auf Bewusstseinsbildung abzielen und die Verantwortung für Lebensmittelabfälle individualisieren, sondern die gesamte Wertschöpfungskette miteinbeziehen. Durch den Kauf von der Norm abweichender Produkte (z. B. unter der Marke „Wunderlinge"; REWE International AG) können Konsument_innen dazu beitragen, dass Lebensmittelabfälle in der Produktion verringert werden. Weiters kann zum Beispiel durch weniger Aktionsangebote des Einzelhandels („Kauf 3, zahl 2") verhindert werden, dass zu viele Lebensmittel eingekauft werden. Kleinere Teller bewirken, dass weniger Lebensmittelabfälle anfallen, und könnten zum Beispiel in der Gastronomie eingesetzt werden (Wansink & van Ittersum, 2013). Technologien wie smarte Kühlschränke oder intelligente Verpackungen sind ebenfalls wirksame Instrumente, um Abfälle zu vermeiden (Vanderroost et al., 2014). Ein weiteres Instrument findet sich in manchen Ländern (z. B. Schweden, Kanada, Japan), wo die Gebühren für Abfälle auf dem „Pay-As-You-Throw" (PAYT)-Prinzip basieren, das heißt man zahlt so viel, wie man tatsächlich wegwirft (Dahlén & Lagerkvist, 2010; UNEP, 2014, S. 2014).

Neben den Haushalten besteht ein großes Potenzial zur Vermeidung von Lebensmittelabfällen und -verlusten in der Gastronomie, speziell in Verbindung mit dem Tourismus (Gössling & Lund-Durlacher, 2021; Lund-Durlacher et al., 2021). Ähnliches gilt für die Gemeinschaftsverpflegung in öffentlichen Einrichtungen und Betrieben, auf deren Potenzial bereits umgesetzte Maßnahmen z. B. im städtischen Bereich verweisen (Gusenbauer et al., 2018; Schlatzer et al., 2017).

5.3 Notwendige Veränderungen, Barrieren und Konflikte im Bereich klimafreundlicher Ernährung

Aus dem oben genannten Status quo ergeben sich eine Reihe von notwendigen Veränderungen, die auf Barrieren stoßen und mit Konflikten einhergehen. Diese sind einerseits im Land selbst sichtbar, werden jedoch auch andernorts ausgetragen. Aus der Perspektive der Food-Regime-Theorie ist zu beachten, dass das österreichische Ernährungssystem in das globale WTO-zentrierte Nahrungsregime eingebettet ist (Ermann et al., 2018; Krausmann & Langthaler, 2019; McMichael, 2009). Durch den EU-Beitritt wurde Öster-

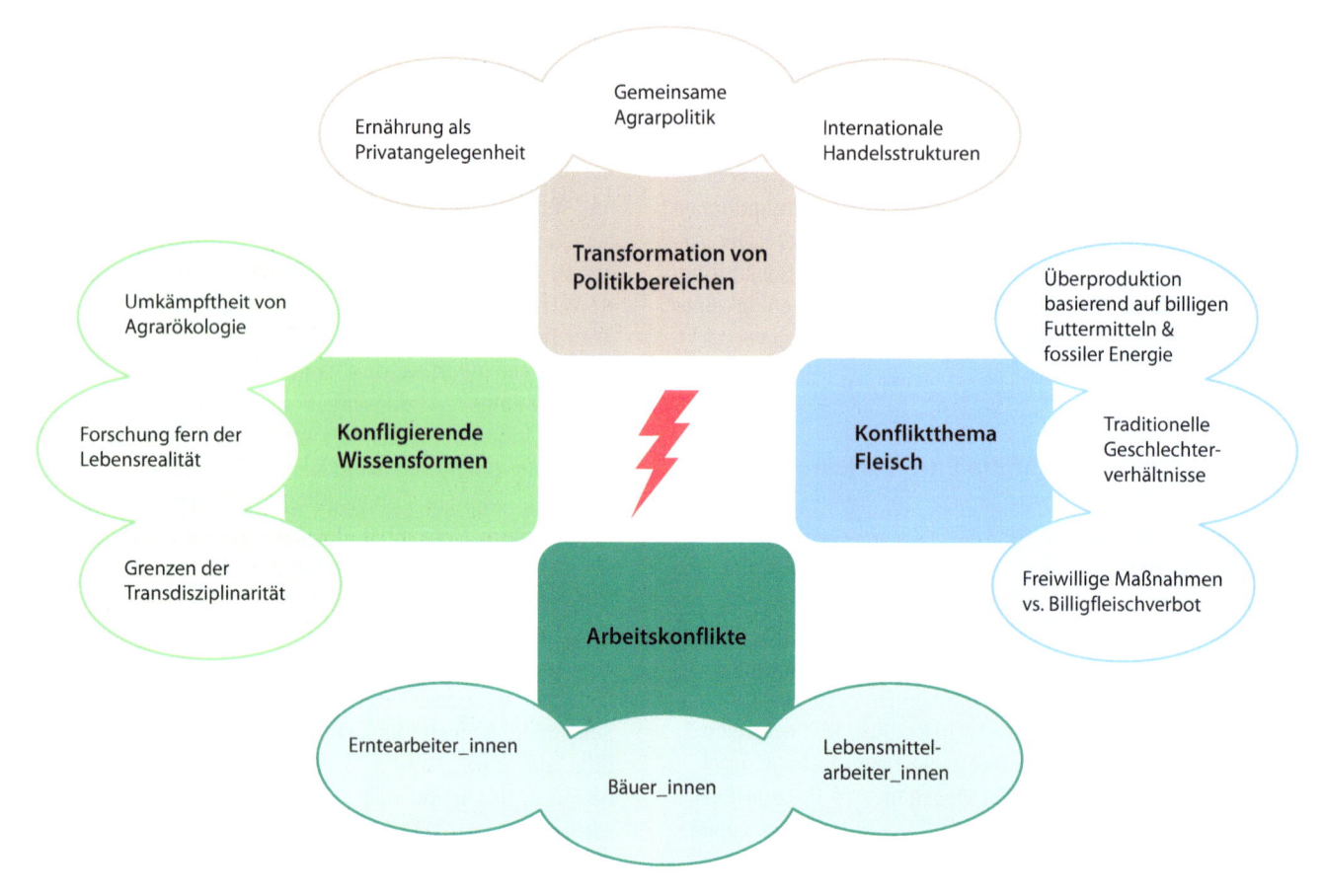

Abb. 5.2 Konflikte um eine klimafreundliche Lebensweise. (Eigene Darstellung)

reichs Integration in den Weltmarkt seit den 1990er Jahren vorangetrieben (Schermer, 2015). Dadurch wurde einerseits die Produktion und der Konsum von „food from nowhere" (McMichael, 2009) forciert [Kap. 15]. Andererseits wurde zeitgleich der Biolandbau, „Konsumpatriotismus" und die Direktvermarktung als eine Strategie („food from somewhere" (Campbell, 2009)) unterstützt, um die kleinen und mittleren Betriebe der österreichischen Landwirtschaft zu schützen (Schermer, 2015).

5.3.1 Umkämpfte Transformation verschiedener Politikbereiche um Ernährung

Ernährung stellt ein Querschnittsthema dar, das sich aktuell über verschiedene Politikbereiche erstreckt (unter anderem Umwelt und Klima, Gesundheit, Landwirtschaft, Konsument_innenschutz) und in Österreich von mehreren Ressorts verantwortet wird, wobei die Kooperation unterentwickelt ist (Plank, Haas, et al., 2021). In Bezug auf Umweltprobleme sind Agrarinteressen oftmals auf die Aufrechterhaltung des Status quo ausgerichtet und werden mit Lobbyarbeit agrarwirtschaftlicher und agrarindustrieller Interessenverbände durchgesetzt (Nischwitz et al., 2018). Die langjährige Ressortierung von Umwelt und Landwirtschaft in einem Ministerium hat zur Einebnung möglicher Interessenkonflikte beigetragen.

Auch in der österreichischen Klimapolitik ist eine Klientelpolitik sichtbar, die eine Integration der Klimapolitik mit beispielsweise der Landwirtschaftspolitik erschwert (Plank, Haas, et al., 2021). Ernährungspolitik findet bzw. fand vorwiegend als Gesundheitspolitik statt mit starkem Fokus auf Aufklärungs- und Informationsinstrumenten, die sich allerdings angesichts der oben skizzierten Ernährungsprobleme, als nicht sehr wirksam erweisen. Ernährungsroutinen sind schwer zu brechen (Warde, 2016). Die Verantwortung für klimafreundliches Handeln wird den Konsument_innen zugeschrieben (H. K. Bruckner & Kowasch, 2019; Brunner & Christanell, 2014; Jackson et al., 2021), die gesteuert von Nährwertangaben, freiwilligen Nachhaltigkeitslabels und durch die Gestaltung entsprechender Genussumgebungen in Einkaufsstraßen zu klimafreundlichen Kauf- und Ernährungspraktiken motiviert werden sollen.

Ernährung wird als „privat" interpretiert, in die sich der Staat nicht einmischen solle. Doch angesichts der Herausforderung der Klimakrise erweist sich dieser Zugang als ungenügend. Die Notwendigkeit einer gemeinsamen Ernährungspolitik wird auf europäischer als auch auf nationaler

Ebene diskutiert (IPES, 2019; SAPEA, 2020) ebenso wie die Notwendigkeit, alle Steuerungsinstrumente im Bereich der Ernährung einzusetzen (SAPEA, 2020; WBAE et al., 2020). Eine horizontale wie auch vertikale Integration von Politikbereichen bzw. -ebenen in Verbindung mit der österreichischen Klimapolitik bringt jedoch eine Reihe von Herausforderungen mit sich, die beispielsweise für die Landwirtschaft noch nicht hinreichend bearbeitet werden (Plank, Haas, et al., 2021).

Durch die Einbindung in das globale WTO-zentrierte Nahrungsregime gibt es eine starke Verbindung von Wirtschafts-, Agrar-, Handels- und Geopolitiken auf nationaler wie auf europäischer Ebene. Der Bereich der Agrarpolitik wird in Österreich von der Gemeinsamen Agrarpolitik (GAP) und der EU-Außenhandelspolitik bestimmt [Kap. 15]. Die GAP, die national unter anderem über das breit aufgestellte und finanziell vergleichsweise gut dotierte Agrar-Umweltprogramm ÖPUL ausgestaltet wird, geht allerdings noch nicht weit genug in puncto Klima und Nachhaltigkeit (Pe'er et al., 2020). Kritik wird auch geübt wegen des relativ großen Biodiversitätsfußabdrucks der Landwirtschaft (Gattringer, 2014; Marques et al., 2021) oder der geringen Wirksamkeit bei der Erhaltung von Grünlandflächen im Berggebiet (Darnhofer et al., 2017). Die Bewirtschaftungsaufgabe von extensiven Standorten vor allem im Grünland, stellt – trotz massivem Gegensteuern der Agrarpolitik – seit vielen Jahrzehnten ein Problem dar, da sich deren Bewirtschaftung aufgrund der geringen Preise, welche für die dort produzierten tierischen Lebensmittel unter WTO-Handelsbedingungen erzielt werden können, ökonomisch nicht rechnet (Schuh et al., 2020). Die flächenbezogenen Förderungen der aktuellen Agrarpolitik führen zu steigenden Pacht- und Kaufpreisen, wovon vor allem auch die (ehemaligen) Eigentümer_innen von Land profitieren (Feichtinger & Salhofer, 2013, 2016; Kilian et al., 2012). Daher werden nationale und europäische Politiken und Förderstrukturen in Frage gestellt (Nowack et al., 2019) und Veränderungen der GAP gefordert, um diese Probleme besser zu berücksichtigen (Höltl et al., 2020, Österreichischer Biodiversitätsrat, 2020). Neueste Entwicklungen zielen auf eine Umgestaltung der GAP im Sinne eines Europäischen Grünen Deals ab, unter anderem über die „Vom-Hof-auf-den-Tisch-Strategie" (Europäische Kommission, 2020). Während für die Landwirtschaft zahlreiche quantitative Ziele und Maßnahmen formuliert wurden, sieht sie für die Industrie, Verpflegungsdienstleister_innen und den Einzelhandel freiwillige Maßnahmen ohne verbindliche Zielangaben vor. Ungewiss ist, ob eine Ernährungswende gelingen kann, wenn die angesichts der realen Machtverhältnisse bedeutendsten Akteur_innen nicht in die Pflicht genommen werden (Jackson et al., 2021).

Österreichs Agrar-Ernährungspolitik ist in internationale Handelsstrukturen eingebettet, die dem Wettbewerbsparadigma unterliegen. Österreichs Außenhandel zeigte 2020 weiterhin eine steigende Tendenz. Die Exporte stiegen stärker als die Importe und damit hat sich das Außenhandelsdefizit weiter auf eine Deckungsquote von 99,9 Prozent verbessert (BMNT, 2021). Insbesondere bei Obst, Gemüse, Fisch, Fetten, Ölen und Ölsaaten (unter anderem Soja) ist Österreich auf Importe angewiesen (BMNT, 2021). Ölsaaten werden auch zunehmend in der Bioökonomie verwendet (Kalt et al., 2021). Der globale Wettbewerb wird von einflussreichen Akteuren wie globalen Saatgut-, Agrar- und Lebensmittelkonzernen bestimmt, die durch Freihandelsabkommen gestärkt werden (Cifuentes & Frumkin, 2007; Davis, 2003; Otero, 2012) [Kap. 15]. Sozial-ökologische Konflikte werden dabei in die Produktionsorte im Ausland ausgelagert; die Produktion treibt dort die Kommodifizierung der Flächen und damit den ungleichen Zugang zu Land voran (Backhouse, 2015; Brad et al., 2015; Plank, 2016). Um mit dem globalen Wettbewerbsparadigma zu brechen, wird die Notwendigkeit einer dezentralen Versorgung sowie eines fairen Handels thematisiert (Novy et al., 2020). Inwiefern eine selektive ökonomische Deglobalisierung sinnvoll ist und wie sie umgesetzt werden kann, steht vor allem seit der COVID-19-Krise wieder verstärkt zur Diskussion (Schmalz, 2020).

5.3.2 Konfliktthema Fleisch

Etwa die Hälfte der landwirtschaftlichen Fläche Österreichs ist Grünland, auf dem vor allem in alpinen Lagen kein Getreide oder Gemüse angebaut werden kann. Das erklärt aber nur teilweise, warum es in Österreich pro 1000 Einwohner_innen 270 – wegen ihrer Methanemissionen besonders klimarelevante – Rinder gibt und einen Selbstversorgungsgrad von ca. 177 Prozent bei Konsummilch, 145 Prozent bei Rind-/Kalbfleisch und 112 Prozent bei Fleisch insgesamt (Statistik Austria, 2021). Während Wiederkäuer für Menschen unverdauliches Gras in hochwertiges Eiweiß verwandeln, verfügen Schweine- und Geflügelfleisch über eine bessere Treibhausgaseffizienz (Willett et al., 2019). Seit den 1950er Jahren ermöglichten Industrialisierung, Spezialisierung, Rationalisierung, Digitalisierung (Roboter, Sensoren, Just-in-time-Logistik) und ein gestiegener Import von Futtermitteln und fossilen Ressourcen eine beispiellose Produktivitätssteigerung (Ermann et al., 2018). Wenngleich der Status quo zeigt, dass aus klima- wie auch aus gesundheitspolitischer Perspektive die Reduktion der Fleischproduktion und des Fleischkonsums angebracht wäre, stößt die Umsetzung dieses Ziels auf eine Reihe von Barrieren und manifesten Konflikten außerhalb Österreichs sowie latenten innerhalb des Landes. Niedrige Fleischpreise, Fleischmarketing, ein steigender Anteil des Außer-Haus-Konsums, kulinarische Sozialisationsprozesse, Kochtraditionen und Menükompositionen, Geschmackspräferenzen, genderspezifische Normen einer „richtigen Mahlzeit", eine schwache klimapolitische Ernährungskommunikation sowie fehlende politische Maßnahmen für eine Fleischreduktion sind nur einige Gründe für den hohen Fleischkonsum (Brunner & Littig, 2017) und den gemessen an den konstatierten potenziellen Winwin-Konstellationen für das Klima und die Gesundheit gering ausgeprägten Konsumveränderungen (Austgulen et al., 2018; Graca et al., 2019; Sanchez-Sabate & Sabaté, 2019).

Studien, die auf das Treibhausgaspotenzial einer Fleischreduktion hinweisen, sind allerdings transformationspolitisch oft zu optimistisch, setzen auf Kommunikations- und Aufklärungsmaßnahmen, freiwillige Maßnahmen von Unternehmen und/oder staatliche Rahmensetzung (WBGU, 2011). Schwierigkeiten einer Umstellung solchen Ausmaßes werden in den verschiedenen Studien unterschätzt (vgl. z. B. Mylan, 2018; Oleschuk et al., 2019). Obwohl eine Fleischreduktion – je nach Nutztierart/-rasse, Fütterung und Haltung unterschiedliche – insgesamt sehr hohe Treibhausgasreduktionen zur Folge hätte und auch gesundheitsförderlich wäre, wird dieses Thema agrar-/klimapolitisch (außer von Wissenschaft und Zivilgesellschaft) nicht aufgegriffen bzw. bearbeitet. Deutschland etwa hat das Fleischthema auf die klimapolitische Agenda gesetzt (vgl. z. B. WBAE, 2020). Fleisch ist ein relativ arbeitsintensives Produkt und kann nur dann niedrigpreisig sein, wenn entlang der gesamten Wertschöpfungskette prekäre Arbeitsbedingungen und niedrige Löhne herrschen (Barth et al., 2019). Das WTO-zentrierte produktivistische und auf billige Massenware ausgerichtete Nahrungsregime beruht auf der Ausbeutung von Mensch, Tier und natürlichen Ressourcen. Dies zeigt sich auch am Anbau von Soja, das als Futtermittel für die Fleischproduktion verwendet wird (Hafner, 2018; ILA Kollektiv, 2017; Langthaler, 2019). Darüber hinaus ist auch von Bedeutung, wie die Marktmacht der Supermärkte und die Kaufvorstellungen der Konsument_innen das Angebot und die Nachfrage bestimmen. Insbesondere die Bio-Eigenmarken der Supermärkte haben zu einem Machtgewinn dieser geführt, die Produzent_innen unsichtbar machen und so deren Handlungsspielraum einschränken (Grünewald, 2013).

Ernährungsphysiologisch und -ökologisch begründete Reduktionsszenarien beim Fleischkonsum zeichnen oft aus der Marktperspektive ein normativ verengtes Bild von Ernährungspraktiken, indem sie sowohl deren soziale, kulturelle, infrastrukturelle und technische Einbettung ausblenden als auch die Verbindung mit anderen Teilen der Wertschöpfungskette bzw. anderen sozialen Praktiken wie z. B. die Bereitstellungsperspektive hervorhebt (Brunner, 2020). So sind Geschlechterverhältnisse und Ernährungspraktiken eng verbunden: Frauen ernähren sich tendenziell klimafreundlicher, bekommen aber immer noch in hohem Maße die Verantwortung für die (unbezahlte) Ernährungsarbeit im Haushalt zugeschrieben (Brunner et al., 2007) [Kap. 8]. (Verarbeitete) Fleischprodukte reduzieren den Kochaufwand und viele Männer sind so sozialisiert, dass Fleischkonsum Teil ihrer männlichen Identität darstellt (Rosenfeld & Tomiyama, 2021). Generell wird durch den Fokus auf „dietary choices" die Verantwortung für verändertes Ernährungshandeln individualisiert, der systemische Charakter der Ernährung ausgeblendet und die Handlungslast auf die Schultern der Konsument_innen verlagert. Zwar orientieren sich mehr Menschen als noch vor zehn Jahren in ihrem Ernährungsalltag neben anderen auch an Kriterien der Nachhaltigkeit und Gesundheit (Jackson et al., 2021), aber diese Ansprüche müssen mit der alltäglichen Lebensführung und den verfügbaren Ressourcen (unter anderem Geld, Zeit, Ernährungsinteresse und -wissen, sozialen Beziehungen) vereinbar gemacht werden. Daraus resultieren auch bei nachhaltigkeitsorientierten Konsument_innen alltagspraktisch erzwungene Kompromisse bei der Nahrungswahl [Kap. 7].

5.3.3 Arbeitskonflikte

Ein Ernährungssystem, das auf saisonalen und regionalen Produkten beruht und das weniger energieintensiv und damit klimaschonend wirkt, berücksichtigt auch die sozialen Arbeitsbedingungen (Plank, Penker, et al., 2021). Die Agrar-Ernährungswirtschaft – inklusive Verarbeitungsindustrie, Lebensmitteleinzelhandel, Lebensmittelzustellung und Gastronomie – ist ein Sektor, in dem die Arbeitskraft unter den herrschenden Rahmenbedingungen nur niedrig entlohnt werden kann. Um klimafreundlich zu leben, sind jedoch die gesellschaftlich notwendigen Arbeitsplätze attraktiv zu gestalten und deren Energieintensivität wie auch deren Treibhausgasemissionen zu verringern (Keil, 2021). Das österreichische Nahrungssystem ist auf Erntearbeiter_innen angewiesen, die oftmals ihre Rechte nicht kennen, geringen Lohn erhalten sowie unter schlechten Arbeitsbedingungen leiden (Behr, 2013; Bolyos et al., 2016; Gétaz, 2004; Mende, 2006). Sie werden für arbeitsintensive nichtmechanisierbare Prozesse beispielsweise in der Gemüseproduktion eingesetzt (Becker, 2010). Diese Beschäftigungsbedingungen beruhen auf Lohnunterschieden zwischen den Herkunftsländern und dem Arbeitsland sowie auf Situationen, in denen Arbeitsschutzbestimmungen nicht greifen. Konflikte äußern sich in Form von Protesten osteuropäischer Erntearbeiter_innen, die einen Großteil der Erntearbeiter_innen ausmachen (Schmidt, 2015). Ihre Arbeits- und Lebensbedingungen unterscheiden sich von jenen der Bäuerinnen und Bauern. Diese wiederum sind zunehmend dem globalen Wettbewerb ausgesetzt und somit von der Konzentration von Land und dem Höfesterben (Möhrs et al., 2013) sowie der Dominanz der Supermärkte betroffen und geben diesen Wettbewerbsdruck an die Erntearbeiter_innen weiter (Behr, 2013). Berechnungen zeigen, dass der Anteil der Wertschöpfung der Landwirt_innen am österreichischen Lebensmittelhandel, konkret den Konsumausgaben für Lebensmittel, in vier Jahrzehnten von 40 Prozent auf knapp über 20 Prozent gesunken ist. Daraus lässt sich schließen, dass eine Entwertung der Arbeit von Bäuerinnen und Bauern erfolgte, die sich in einem geringeren Einkommen aus der Landwirtschaft niederschlägt (Quendler & Sinabell, 2016). Zivilgesellschaftliche Organisationen fordern in diesem Zusammenhang im Zuge der GAP-Reform die Förderung von standardisierter Arbeitszeit anstelle von Flächenförderungen (BirdLife Österreich et al., 2021).

Durch die COVID-19-Krise wurden systemrelevante Menschen, die im Bereich der Aufrechterhaltung der sogenannten kritischen Infrastruktur tätig sind, sichtbar gemacht. Arbeiter_innen in der Fleischindustrie (Winterberg, 2020) standen neben Personen, die im Supermarkt oder bei der Essenszustellung arbeiten, im Zentrum der Aufmerksamkeit. Hier besteht, wie auch bei der Verarbeitungsindustrie (Weis, 2013), noch Forschungsbedarf, um ihre Rolle in einem klimafreundlichen Ernährungssystem besser zu verstehen.

5.3.4 Konfligierende Wissensformen

Es wurden erhebliche wissenschaftliche Fortschritte beim Versuch erzielt, die Auswirkungen der Lebensmittelproduktion und des Lebensmittelkonsums besser zu verstehen. Dieses Wissen wurde jedoch noch nicht entsprechend für eine Ernährungswende mobilisiert. Da Triple- (oder auch Quadriple- oder Quintuple-)Helix-Partnerschaften mit dem Fokus auf Industrie, Regierung und Forschungseinrichtungen nicht notwendigerweise zivilgesellschaftliche Interessen aufgreifen (Pant, 2019), wird in Agrar- und Ernährungsfragen auch auf Transdisziplinarität gesetzt (Schermer et al., 2018; Schunko et al., 2012; Vogl et al., 2016; Winter et al., 2011). Diese transdisziplinären Aktivitäten finden oftmals auf lokaler Ebene statt, um kontextbezogenes Wissen, Werte und Präferenzen mit wissenschaftlichen Erkenntnissen zu integrieren. Die meisten Herausforderungen der Ernährung können jedoch nicht allein auf lokaler Ebene gemeistert werden und erfordern umfassendere Konsultationsprozesse auf nationaler oder sogar transnationaler Ebene, die nicht durch vordefinierte Ziele zur Unterstützung des derzeitigen Ernährungsregimes und enge Einladungslisten von Akteur_innen behindert werden (McInnes, 2019). Kritisiert wird zudem, dass die Agrarforschung nicht an der Praxis orientiert und in weiten Bereichen für Bauern und Bäuerinnen nicht relevant sei (Laborde et al., 2020; Nature, 2020). Agrarökologische Zugänge stellen ein Beispiel dar, wie Wissen zu nachhaltigen Anbauweisen entwickelt und weitergegeben werden kann (Anderson et al., 2020). Agrarökologie kann man als Praxis, Wissenschaft und als soziale Bewegung verstehen (Wezel et al., 2009), wobei der Begriff der Agrarökologie zwischen sozialen Bewegungen und politischen Institutionen zunehmend umkämpft ist (Giraldo & Rosset, 2018).

5.4 Gestaltungsoptionen für ein klimafreundlicheres Ernährungssystem

Angesichts der Komplexität und des lückenhaften Wissens zu klimafreundlichen Ernährungssystemen verwundert es nicht, dass Übergangspfade zu einer klimafreundlichen Ernährung in der wissenschaftlichen Literatur kontrovers diskutiert werden. Sie werden stark vereinfachend oftmals als Gegensatz dargestellt:

- „Bioökonomie" (mit Fokus auf technologische Innovationen bei weitgehend gleichbleibenden Produktions- und Konsummustern) versus sozialökologische Transformation der Produktions- und Konsumpraktiken in einer „Ökoökonomie" (Ermann et al., 2018; Horlings & Marsden, 2011);
- diversifizierte agrarökologische versus spezialisierte industrielle Systeme (IPES, 2016);
- Steuerung durch Agribusiness, Datenplattformen und E-Commerce-Giganten versus Selbstorganisation durch Zivilgesellschaft und soziale Bewegungen, die Finanzströme, Governance-Strukturen und Ernährungssysteme von Grund auf verändern (IPES Food & ETC Group, 2021);
- „climate smart" (technische Korrekturen auf Produktionsebene ohne Fragen zu Macht und Ungleichheit zu adressieren) versus „climate wise" (mit Fokus auf politische Dimensionen von Ernährung und Landwirtschaft in Zeiten des Klimawandels) (Taylor, 2017);
- Gegenüberstellung verschiedener Framings: Lebensmittel als Ware versus Lebensmittel als Gemeinschaftsgut oder als Menschenrecht (Jackson et al., 2021; SAPEA, 2020).

Analytisch kann es sinnvoll sein, gegensätzliche Entwicklungspfade zu diskutieren. Für eine tiefgreifende Ernährungswende mag es jedoch weniger um ein Entweder-oder, sondern vielmehr um ein Sowohl-als-auch gehen: technische und soziale Innovationen, agrarökologische und industrielle Ansätze, zentrale und dezentrale Ansätze, produktions- und konsumseitige Maßnahmen (Ermann et al., 2018). Abb. 5.3 gibt einen Überblick darüber, bei welchen strukturellen Rahmenbedingungen Gestaltungsoptionen ansetzen können.

5.4.1 Recht

Anpassungen im Rechtssystem sind insbesondere dort gefragt, wo widersprüchliche Agrar-, Gesundheits-, Raumordnungs-, Sozial- und Umweltpolitiken zu koordinieren, kontraproduktive oder gar schädliche Zuschüsse zu beenden oder Steuersysteme auf ökologische und soziale Prioritäten auszurichten sind (SAPEA, 2020). Reduktionsziele ließen sich über höhere Standards (z. B. Klimaschutz,

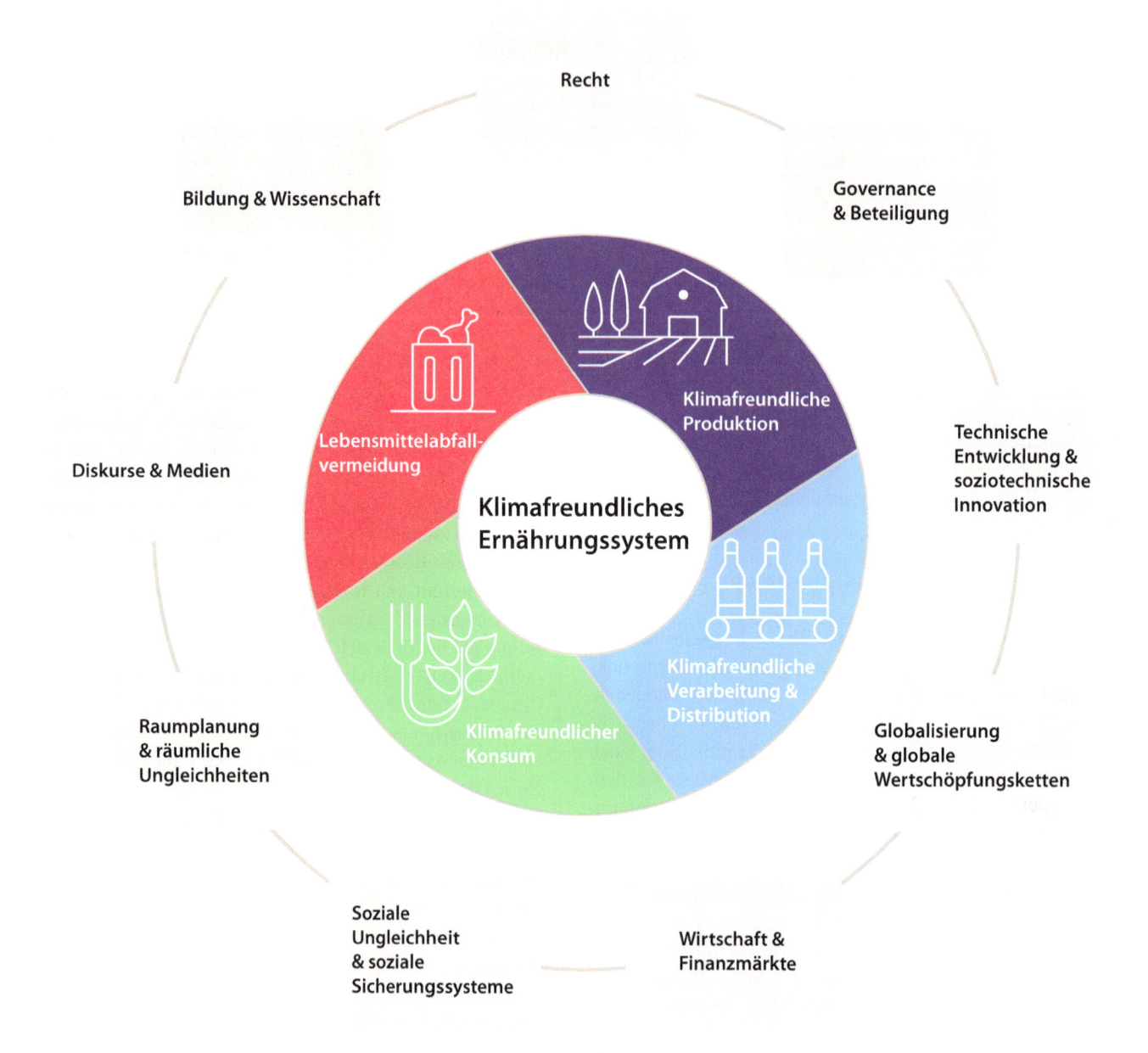

Abb. 5.3 Gestaltungsoptionen für ein klimafreundliches Ernährungssystem. (Grafik basierend auf Europäische Kommission, 2020)

Fütterung, Tierschutz, Bio) bzw. Steuern auf klimaschädliche Lebensmittel wie Fleisch forcieren. Anpassungen bei den Mehrwertsteuersätzen für Fleisch versprechen gemeinsam mit einer steuerlichen Entlastung von gesunden Lebensmitteln wie unverarbeitetem Obst und Gemüse Lenkungseffekte für Klima und Gesundheit (WBAE et al., 2020; Wirsenius et al., 2010). Damit ressourcen- und energieintensiv produzierte Lebensmittel nicht im Müll landen, braucht es eine Koordinationsstelle über die unterschiedlichen Politikbereiche hinweg (Klima, Gesundheit, Wirtschaft, Landwirtschaft, Tourismus), solide Datengrundlagen und effektive Maßnahmen (z. B. Prüfung von Marktschranken für Frischware, Mindesthaltbarkeitsdatum, unlautere Handelspraktiken, Rechtssicherheit zur Lebensmittelweitergabe) sowie verpflichtende Reduktionsziele pro Sektor (Rechnungshof Österreich, 2021). Zur Reduzierung von Lebensmittelabfall im Handel hat Frankreich bereits mehrjährige Erfahrung (Albizzati et al., 2019).

Kennzeichnungspflichten für Handel, Gemeinschaftsverpflegung und Gastronomie können die Voraussetzung dafür schaffen, dass Informationen zu Herkunft und Umweltrelevanz in Produktions- und Konsumentscheidungen einfließen (Bastian & Zentes, 2013). Die geschützte Ursprungsbezeichnung (g. U.) und die geschützte geografische Angabe (g. g. A.) sind die einzigen EU-rechtlich geschützten und extern kontrollierten Labels zur regionalen Herkunft. Dieser rechtliche Schutz fördert die kontinuierliche Arbeit an vielfältigen regionsspezifischen Produktqualitäten, die allerdings oftmals noch um Umweltstandards zu ergänzen wären (Edelmann, Quiñones-Ruiz, Penker, et al., 2020; Marescotti et al., 2020). Die Position landwirtschaftlicher Betriebe entlang der Wertschöpfungskette ließe sich durch die Forcierung betrieblicher Kooperationen, durch Herkunftsbezeichnungen, faire Handelsbedingungen und Maßnahmen im Wettbewerbsrecht stärken (siehe dazu auch Europäische Kommission, 2020). Ein wesentlicher staatlicher Hebel wird in rechtlichen Rahmenbedingungen der Beschaffung gesehen, damit Städte, Gemeinden und öffentliche Einrichtungen Weichenstellungen für ein klimafreundliches, gesundes, frisches und auf die regionale Saison ausgerichtetes Essen in Schulen, Krankenhäusern und öffentlichen Einrichtungen vornehmen können (IPES, 2019; SAPEA, 2020).

5.4.2 Governance und politische Beteiligung

In Bezug auf die Gemeinsame Agrarpolitik (GAP) wird eine weitere Verschiebung von flächenbezogenen Direktzahlungen zu Umweltleistungen empfohlen, auch weil die gesellschaftliche Bedeutung von Umweltleistungen jene von Agrarprodukten in manchen Fällen inzwischen übertrifft (Schaller et al., 2018). Diese Gelder braucht es insbesondere für Anpassungen in der Tierhaltung, eine klimafreundliche und biodiversitätsschonende Bodennutzung, für Maßnahmen zur Kohlenstoffbindung oder zur Schließung von Nährstoffkreisläufen zwischen Tierhaltung und Ackerbau. Erfahrungen aus dem Biolandbau (z. B. Kreislauf- und Humuswirtschaft) bieten Anhaltspunkte für Maßnahmen, um auch die konventionelle Landwirtschaft, die beinahe drei Viertel der landwirtschaftlichen Nutzfläche Österreichs bewirtschaftet, von einem linearen Input-Output-Modell schrittweise zu einem Kreislaufmodell überzuführen (SAPEA, 2020). Unter dem Motto „weniger, aber besser" (WBAE et al., 2020) können Weichenstellungen in Richtung eines maßvollen Genusses mit höherer Qualität bezüglich Fütterung (Reststoffe, Gras) und Tierwohl vorgenommen werden (Derler et al., 2021; Knudsen et al., 2019; Scherhaufer et al., 2020). Aus betriebswirtschaftlicher Sicht könnten Umstellungen in Richtung „low-Input" und agrarökologische Systeme unter bestimmten Bedingungen einkommensneutral erfolgen (Kirner, 2012; Scollan et al., 2017; van der Ploeg et al., 2019). Aus einer globalen Betrachtung werden aber auch Produktivitätszuwächse in der weltweiten Tierhaltung empfohlen (Valin et al., 2013).

Bottom-up-Ansätze versprechen Transformationen in den Ernährungspraktiken (Schäfer et al., 2018) und stellen Reallabore für klimafreundlichere Ernährungspraktiken dar. Daher haben etwa Lebensmittelkooperativen, solidarische Landwirtschaft, Gemeinschaftsgärten und alternative Lebensmittelnetzwerke in Zusammenhang mit der Nachhaltigkeitsdebatte an Beachtung gewonnen (M. Bruckner et al., 2019; El Bilali, 2019; Göttl & Penker, 2020; Karner, 2009; Plieninger et al., 2018; Schermer, 2015). Unterstützen ließen sich auch neue Praktiken wie kollektiv getragene Ernährungsstile (Paris Lifestyle, Veganismus, Vegetarismus) (Jungmeier et al., 2017; Ploll et al., 2020; Ploll & Stern, 2020). Zudem gestalten Bürger_innen und Stakeholder_innen aktiv Ernährungssysteme in Ernährungsräten oder Open Food Labs mit (Berner et al., 2019). Wie Frankreich, Deutschland oder skandinavische Länder könnte auch Österreich eine nationale Ernährungsstrategie erarbeiten, um die Aktivitäten der Zivilgesellschaft, der unterschiedlichen Ministerien, Bundesländer und Kommunen sektorübergreifend zu koordinieren und Gesundheits-, Klima- und Umweltziele mit sozioökonomischen Zielen besser in Einklang zu bringen (SAPEA, 2020). Neue Wertvorstellungen über den gesellschaftlich akzeptablen und wirtschaftlich machbaren Umgang mit Lebensmitteln ließen sich partizipativ aushandeln. Damit verbunden wäre ein Rollenwechsel von Produzent_in bzw. Konsument_in hin zu Bürger_in und ein Bedeutungszuwachs der Zivilgesellschaft im Sinne einer „Food Citizenship" (Renting et al., 2012).

5.4.3 Technische Entwicklung und soziotechnische Innovation

Biotechnologie, Gentechnologie und Digitalisierung versprechen einen effizienteren Einsatz klimaschädlicher Ressourcen oder disruptive Veränderungen bei Fleischersatz, der auf pflanzlichem Eiweiß, Insekten oder der Vermehrung von Stammzellen im Labor basiert (Baumann & Schönhart, 2016; Derler et al., 2021; Eichhorn & Meixner, 2020; Klammsteiner et al., 2019; Melkonyan et al., 2020; Painter et al., 2020; Treich, 2021). Das Internet der Dinge, Big Data, Augmented Reality, Robotik, Sensoren, 3D-Druck, künstliche Intelligenz, digitale Zwillinge und Blockchain sind nur einige der Technologien, die – unter anderem auch unter Begriffen wie Precision Farming, Smart Farming oder Landwirtschaft 4.0 – als unverzichtbares Werkzeug für eine gerechte Lebensmittelversorgung der Weltbevölkerung und die Gesundheit des Planeten gesehen werden (Araújo et al., 2021; Mondejar et al., 2021). Anders als in anderen Teilen der Welt wird die grüne Gentechnik im europäischen Kontext kontrovers diskutiert und es fehlen Plattformen für einen offenen Diskurs. Produktionstechnischen Chancen angesichts der Klimakrise werden Risiken für Natur und Mensch, Abhängigkeiten vom Agrotech Business oder dem Verlust von Verkaufsargumenten der Gentechnikfreiheit oder „Natürlichkeit" gegenübergestellt (z. B. Niggli, 2021; Quist et al., 2013). Ermann et al. (2018) zeigen, dass die Produktion, Verarbeitung und Lagerung von Essen schon seit vielen Jahrtausenden von technologischen Entwicklungen der Züchtung, Mechanisierung und Konservierung profitieren und eine Abgrenzung zwischen Natur und Technik nicht leichtfällt. Abgesehen von technologischen Innovationen werden auch soziale Innovationen (z. B. Nose-to-tail-Gastronomie, verpackungsfreie Supermärkte) oder agrarische Innovationen (z. B. unbeheizter Wintergemüseanbau, Market Gardening, Futtermittelzusätze) diskutiert (C. Gugerell & Penker, 2020; Roque et al., 2021; Theurl et al., 2017).

Trotz erheblicher systemischer Spannungen zwischen neuen Agrartechnologien und agrarökologischen Ansätzen schließen sich diese nicht aus. Kombinationen von sozialen und digitalen Innovationen bieten etwa Online-Bauernmärkte, Cow Sharing, die außerfamiliäre Hofübergabe oder Food Sharing (Ganglbauer et al., 2014; K. Gugerell et al., 2019; Schanes & Stagl, 2019). Allerdings mangelt es an gesichertem Wissen zur Skalierbarkeit verschiedener Nachhaltigkeitsinnovationen mit digitaler Unterstützung, um wirtschaftlich selbsttragend und großflächig zu einer Transformation beitragen zu können. Es fehlt an Wissen, wie digitale Technologien agrarökologische Systeme konkret unterstützen können (Rotz et al., 2019). Systematische Reviews zeigen Forschungsbedarf zu digital unterstützten Übergangspfaden (Klerkx et al., 2019). Oftmals stoßen Nachhaltigkeitsinnovationen an rechtliche und infrastrukturelle Barrieren (z. B. Informationspflichten, Hygienestandards, Zulassungsverfahren, inkompatible technologische Standards oder Infrastrukturen) oder es mangelt an leistbaren landwirtschaftlichen Flächen (z. B. bereitgestellt von Bodengenossenschaften/-stiftungen) (Derler et al., 2021; Eisenberger et al., 2017; C. Gugerell & Penker, 2020).

Der Gesetzgeber kann Risiken und Chancen einer technologisierten, automatisierten und digitalisierten Landwirtschaft gegeneinander abwägen und mögliches Konfliktpotenzial rechtzeitig kanalisieren (Eisenberger et al., 2017; Pascher, 2016). Die Reichweite und der kommerzielle Erfolg unternehmerischer Ökoinnovationen lassen sich durch eine „social license to operate" und eine transparente Beteiligung der Stakeholder_innen stärken (Provasnek et al., 2017). Technologische Innovationen implizieren oftmals Verschiebungen der Machtverhältnisse sowie Investitions- und Wachstumszwänge, denen nicht jedes Unternehmen gewachsen ist. Zudem gibt es warnende Stimmen, dass technologische Innovationen mit Fokus auf Ökoeffizienz zur Erreichung von Klima- und Umweltzielen nicht ausreichen und um Ansätze der Suffizienz und Maßnahmen zur Reduktion des Energie- und Materialumsatzes zu ergänzen sind (Haberl et al., 2011, 2020; Theurl et al., 2020).

5.4.4 Globalisierung, globale Arbeitsteilung und Wertschöpfungsketten

Auch wenn der Handlungsspielraum auf nationaler Ebene beträchtlich scheint, kann eine Ernährungswende nicht entkoppelt von wirtschafts-, handels-, wettbewerbs- und finanzpolitischen Änderungen auf europäischer und internationaler Ebene gedacht werden. Eine Verlagerung der Produktion und damit zusammenhängender Umweltprobleme in andere Regionen der Welt schmälert die Anstrengungen in Österreich und in anderen EU-Mitgliedsländern (Europäische Kommission, 2021). Klimabezogene und sozial-ökologische Standards in bilateralen und multilateralen Handelsabkommen, ein effektiver Emissionshandel und eine internationale CO_2-Bepreisung (inklusive CO_2-Grenzabgabe) können daher nationale Anstrengungen in Bezug auf eine klimafreundliche Produktion, Direktvermarktung regionaler Qualitätsprodukte, Bio-/Slow-Food-Regionen sehr unterstützen (Europäische Kommission, 2020; SAPEA, 2020). Damit klimafreundliches Verhalten auch im globalen Handel zum Wettbewerbsvorteil werden kann, bedarf es einer guten Abstimmung zwischen CO_2-Bepreisung, Agrar-/Umweltpolitiken und WTO-Handelsregeln (Kirchner & Schmid, 2013). Zu beachten ist zudem, dass – wie bereits erwähnt – regional nicht per se klimafreundlicher ist, sondern dies immer von den konkreten Produktionsprozessen, Jahreszeiten und Logistiksystemen abhängt (Ermann et al., 2018; Theurl et al., 2014). Der Fokus auf kurze Wertschöpfungsketten und eine Produktion in Österreich (z. B. bei Fisch, Feingemüse, Ölsaaten oder Futtermitteln) könnte einer Verlagerung von unerwünschten Klimaeffekten in andere Erdteile entgegenwirken, welche sich durch erhöhte CO_2-Preise noch beschleunigen könnte (Frank et al., 2015).

5.4.5 Wirtschaft, Finanzmärkte, Investitionen und Geldsysteme

Klimaschonende und kreislauforientierte Agrar-Ernährungssysteme eröffnen neue Geschäftsmodelle und Investitionsmöglichkeiten, beispielsweise im Zusammenhang mit der Nutzung von Lebensmittelabfällen, der CO_2-Bindung durch die Landwirtschaft, Bioraffinerien, Biodünger, Eiweißfuttermittel, Phosphorrückgewinnung, Bioenergie und Biochemikalien (Europäische Kommission, 2020; Hörtenhuber et al., 2019; Zoboli et al., 2016). Entsprechende private und öffentliche Investitionen können die Ernährungswende beschleunigen. Abhängig vom gewählten Transformationspfad reicht die Bandbreite von institutionellen Investoren mit Fokus auf kapitalintensive Innovationen globaler Player der Biotechnologie, Fleischersatzprodukte und Digitalisierung einerseits bis zu regionalen Crowd-Funding- oder Crowd-Farming-Modellen engagierter Bürger_innen andererseits. Angesichts der sich rasch ändernden klimatischen, politischen und gesellschaftlichen Rahmenbedingungen werden bei Investitionsentscheidungen – neben Fragen der kurzfristig orientierten Effizienz – in Zukunft wohl insbesondere die langfristige Anpassungsfähigkeit und Resilienz sowie die regionalen Kontexte an Fokus gewinnen (z. B. durch Diversifizierung, regional maßgeschneiderte und sektorübergreifende Maßnahmen der Klimawandelanpassung oder Eindämmung von Schadorganismen) (Darnhofer, 2010, 2014, 2021; Darnhofer, Bellon, et al., 2010; Darnhofer, Fairweather, et al., 2010; Grüneis et al., 2018; Knickel et al., 2018; Kohler et al., 2017; Mitter et al., 2019; Schermer et al., 2018; Wilson et al., 2018; Wüstemann et al., 2017; Zulka & Götzl, 2015). Handlungsbedarf besteht auch bei agrarischen Investitionsförderungen, um unerwünschte Nebeneffekte von Investitionen auf die Umwelt, den Strukturwandel, eine resilienzreduzierende Spezialisierung oder die Verschuldung der Betriebe zu vermeiden (Kirchweger et al., 2015; Kirchweger & Kantelhardt, 2015).

5.4.6 Soziale Ungleichheit, soziale Sicherungssysteme und sozial-ökologische Infrastrukturen

Klimafreundliche Ernährungssysteme können – in Verbindung mit einer verstärkten Förderung von Biotreibstoffen (Oliveira et al., 2017) – zu einem Anstieg der Lebensmittelpreise führen (z. B. Stürmer et al., 2013). Konsument_innen in Österreich – insbesondere jene, die bei Discountern kaufen – reagieren sensibel auf höhere Fleisch- und Milchpreise (Widenhorn & Salhofer, 2014a, 2014b). Reduktionsziele ließen sich also über höhere Preise bzw. Steuern auf klimaschädliche Lebensmittel (siehe oben) forcieren, was aber sozial benachteiligte Gruppen stärker treffen würde. Diese Gruppen sind auch von ernährungsbedingten Gesundheitsfolgen aktueller Ernährungsmuster mit hohen Anteilen an Fleisch und hoch verarbeiteten Lebensmitteln betroffen (Brunner, 2020; Fekete & Weyers, 2016). Hier stellt sich die grundsätzliche Frage, wie der Übergang sozial verträglich gestaltet werden kann und ob die Sozialpolitik über billige Lebensmittelpreise zu organisieren ist oder ob es dafür treffsicherere Maßnahmen gäbe (z. B. Anhebung der Sätze für Lebensmittel in der Sozialhilfe). So wird in der Diskussion um ein Menschenrecht auf Nahrung der Zugang zu Lebensmitteln wesentlich weiter gefasst als die Verfügbarkeit von billigen Lebensmitteln (Jackson et al., 2021). Die Handlungsmöglichkeiten reichen von einem staatlich garantierten Menschenrecht auf Zugang zu gesellschaftlich angepasster und gesunder Ernährung in öffentlichen Einrichtungen bis hin zur Unterstützung von Corporate-Social-Responsibility-Aktivitäten oder zivilgesellschaftlichem Engagement für die Bereitstellung von Essen für Bedürftige.

Die Wende zu einem klimafreundlichen und nachhaltigen Ernährungssystem kann nicht ohne soziale Absicherung, faire Arbeitsbedingungen und Anerkennung der bäuerlichen Haushalte und all jener, die in der Lebensmittelproduktion, Essenszubereitung und -zustellung arbeiten, erfolgen (SAPEA, 2020). Neben einer steuerlichen Entlastung von Arbeit und der Senkungen von Sozialversicherungsabgaben für Personen mit geringem Einkommen wird auch die Ausgestaltung des Fördersystems reflektiert. Kirner et al. (2009) haben Unterschiede in der landwirtschaftlichen Arbeitsbelastung diskutiert und dargelegt, dass eine Verschiebung von flächengebundenen Direktzahlungen zu einer Förderung der Arbeitszeit vor allem arbeitsintensiven Betrieben in Berggebieten zugutekäme. Konsumseitig könnten Versorgungsarbeiten wie Einkaufen und Kochen, aber auch Aktivitäten der Selbstversorgung (Gartenarbeit, Haltbarmachung, Lagerung von Lebensmitteln) durch eine Reduktion der Wochenarbeitszeit profitieren, zumal Strukturen der Erwerbsarbeit eng mit den Ernährungspraktiken und der verfügbaren Zeit für Sorgearbeit verbunden sind (Backhaus et al., 2015) [Kap. 7, 8]. Nicht nur, aber besonders am Land können Partizipation und gendersensible Politiken dazu beitragen, soziale Praktiken nachhaltig zu ändern (Oedl-Wieser, 2020).

5.4.7 Raumplanung und räumliche Ungleichheiten

Gerade die Bioökonomie und die Energiewende, aber auch die Kohlenstoffbindung im Boden erfordern den qualitativen und quantitativen Erhalt fruchtbarer Böden (z. B. raumplanerische Instrumente der Innenverdichtung, Entsiegelungsbörse). Weitere raumplanerische und ausgleichende Handlungsmöglichkeiten sind weiter hinten im Bericht angeführt [Kap. 19, 17]. Die seit den 1950er Jahren erwirkten beispiellosen Produktivitätssteigerungen haben das Wohlergehen von Menschen, die ihren Lebensunterhalt im Agrar-Ernährungssektor erwirtschaften, nicht wesentlich verbessert, unabhängig davon, ob sie auf landwirtschaftlichen Betrieben, in Schlachthöfen, in der Gastronomie oder im Transportwesen arbeiten. Die Akzeptanz von Veränderungen in der Agrar-Ernährungspolitik hängt nicht zuletzt vom Ausgleich territorialer Ungleichgewichte zwischen den Regionen, zwischen agrarischen Gunst- und Ungunstlagen sowie zwischen verschiedenen gesellschaftlichen Gruppen und Sektoren ab (SAPEA, 2020).

5.4.8 Diskurse und Medien

Im allgemeinen Nachhaltigkeitsdiskurs fehlt es an attraktiven Bildern und Zukunftsgeschichten [Kap. 20]. Mit positiv besetzten Framings ließe sich allenfalls das lineare und durch fossile Energieinputs getriebene Produktionsmodell der niedrigpreisigen Massenware durch ein Bild der Kreislaufwirtschaft mit Fokus auf Qualität, Genuss, Wohlbefinden von Mensch und Tier sowie Wertschätzung für Lebensmittel ersetzen (SAPEA, 2020). Bezugnehmend auf den Sachstandsbericht zu einem nachhaltigen Ernährungssystem in Europa (SAPEA, 2020) argumentieren die Chefberater_innen der Europäischen Kommission, dass für eine Ernährungswende ein neues Framing von Lebensmitteln nicht bloß als Ware, sondern auch als Gemeingut nötig wäre (GCSA, 2020). Die Medien tragen nicht nur zu diesem Metadiskurs bei, sondern spielen auch eine zentrale Rolle bei der Vermittlung von Informationen und Wissen. Durch die Entfremdung von der Landwirtschaft verfügt der größte Teil der Bevölkerung über keine direkten Einblicke in die Lebensmittelproduktion (Ermann et al., 2018).

5.4.9 Bildung und Wissenschaft

Wie die äußerst beschränkte Wirksamkeit von bewusstseinsbildenden Maßnahmen zur Sensibilisierung für gesunde Ernährung zeigt (GBD 2015 Obesity Collaborators, 2017), kann Wissen allein kaum das Einkaufs- oder Ernährungsverhalten erklären, das zudem massiv von Werbung gesteuert wird. Ernährungspraktiken sind komplex und brauchen eine Vielzahl an Maßnahmen, die unter anderem auch bei handlungsbasierten Kompetenzen ansetzen (Brunner et al., 2007; Gotschi et al., 2009). Vielversprechend scheint ein erfahrungsnaher Wissensaustausch zwischen Produktion und Konsum, z. B. Direktvermarktung, Tag der offenen Bauernhöfe, solidarische Landwirtschaft, aber auch internationaler Direkthandel, der auf langfristige Beziehungen setzt (Edelmann, Quiñones-Ruiz, & Penker, 2020; Edelmann, Quiñones-Ruiz, Penker, et al., 2020; Milestad et al., 2010; Plank et al., 2020; Schermer, 2015). Beratungsleistungen für Bäuerinnen und Bauern zur Kommunikation mit der Gesellschaft werden bisher vorwiegend von größeren Betrieben nachgefragt (Kirner, 2017).

Es gibt also eine Reihe von regulativen, bewusstseinsbildenden, finanzpolitischen und technologischen Hebeln für eine breite Unterstützung einer klimafreundlichen Ernährung. Um die unterschiedlichen Framings von Lebensmitteln, die diversen Motivationen, Produktions- und Konsumstile gleichermaßen ansprechen zu können, braucht es einen Politikmix. Zu beachten ist, dass für Produzent_innen und Konsument_innen nicht nur der Preis und finanzielle Anreize zählen, sondern auch soziale Anerkennung, Stolz auf eine gesunde Herde oder ein sinnvoller Beitrag zur Zukunft (Braito et al., 2020; Hampl & Loock, 2013; Maurer, 2021; Walder & Kantelhardt, 2018). Ernährung als Querschnittsthema ruft nach einer sektorübergreifenden und demokratischen Gestaltung im Rahmen einer integrativen Ernährungspolitik. Da die Verarbeitungsindustrie und der Handel nicht nur den Konsum, sondern auch die Produktion mitbestimmen, sind diese Machtverhältnisse für eine Transformation zu berücksichtigen. Ohne grundlegende strukturelle Änderungen, die auch die Industrie und den Handel miteinbeziehen, können technologische Innovationen und individuelle Ansätze alleine nicht zu einem klimafreundlichen Ernährungssystem führen.

5.5 Quellenverzeichnis

Albizzati, P. F., Tonini, D., Chammard, C. B., & Astrup, T. F. (2019). Valorisation of surplus food in the French retail sector: Environmental and economic impacts. Waste Management, 90, 141–151. https://doi.org/10.1016/j.wasman.2019.04.034

Anderson, C. R., Bruil, J., Chappell, M. J., Kiss, C., & Pimbert, M. P. (2020). Agroecology Now: Transformations Towards More Just and Sustainable Food Systems (ISBN: 9783030613143). Springer International Publishing AG.

APCC. (2014). Österreichischer Sachstandsbericht Klimawandel 2014. Austrian Assessment Report 2014 (AAR14). Austrian Panel on Climate Change (APCC). Verlag der Österreichischen Akademie der Wissenschaften. https://ccca.ac.at/wissenstransfer/apcc/aar14

APCC. (2018). Österreichischer Special Report Gesundheit, Demographie und Klimawandel. Austrian Assessment Report 2018 (ASR18). Austrian Panel on Climate Change (APCC). Verlag der Österreichischen Akademie der Wissenschaften.

Araújo, S. O., Peres, R. S., Barata, J., Lidon, F., & Ramalho, J. C. (2021). Characterising the Agriculture 4.0 Landscape – Emerging Trends, Challenges and Opportunities. Agronomy, 11(4), 667. http://dx.doi.org/10.3390/agronomy11040667

Austgulen, M. H., Skuland, S. E., Schjoll, A., & Alfnes, F. (2018). Consumer Readiness to Reduce Meat Consumption for the Purpose of Environmental Sustainability: Insights from Norway. Sustainability, 10(9), 3058. https://doi.org/10.3390/su10093058

Backhaus, J., Wieser, H., & Kemp, R. (2015). Disentangling practices, carriers, and production-consumption systems: A mixed-method study of (sustainable) food consumption. In E. Huddart Kennedy, M. J. Cohen, & N. Krogman (Hrsg.), Putting Sustainability into Practice: Applications and Advances in Research on Sustainable Consumption (S. 109–133). Edward Elgar. https://doi.org/10.4337/9781784710606.00016

Backhouse, M. (2015). Green Grabbing. The Case of palm oil expansion in so-called degraded areas in the eastern Brazilian Amazon. In K. Dietz (Hrsg.), The Political Ecology of the Agrofuels (S. 167–185). Routledge.

Barth, T., Jochum, G., & Littig, B. (2019). Transformation of what? Or: The socio-ecological transformation of working society (IHS Working Paper, S. 1–24). Institute for Advanced Studies (IHS). https://www.ssoar.info/ssoar/bitstream/handle/document/61641/ssoar-2019-barth_et_al-Transformation_of_what_Or_The.pdf?sequence=1&isAllowed=y&lnkname=ssoar-2019-barth_et_al-Transformation_of_what_Or_The.pdf

Bastian, J., & Zentes, J. (2013). Supply chain transparency as a key prerequisite for sustainable agri-food supply chain management. International Review of Retail, Distribution and Consumer Research, 23(5), 553–570. https://doi.org/10.1080/09593969.2013.834836

Baumann, V., & Schönhart, M. (2016). Das Potential von auf biogenen Abfällen produzierten Soldatenfliegenlarven als Proteinquelle in der Fütterung von Nutztieren in Österreich. Journal of the Austrian Society of Agricultural Economics, 26, 259–268. https://doi.org/10.24989/OEGA.JB.26

Becker, J. (2010). Erdbeerpflücker, Spargelstecher, Erntehelfer: Polnische Saisonarbeiter in Deutschland – temporäre Arbeitsmigration im neuen Europa. transcript Verlag. https://doi.org/10.14361/9783839409466

Behr, D. (2013). Landwirtschaft – Migration – Supermärkte. Ausbeutung und Widerstand entlang der Wertschöpfungskette von Obst und Gemüse [Dissertation, Universität Wien. Fakultät für Sozialwissenschaften]. https://docplayer.org/108523487-Dissertation-landwirtschaft-migration-supermaerkte-ausbeutung-und-widerstand-entlang-der-wertschoepfungskette-von-obst-und-gemuese.html

Béné, C., Oosterveer, P., Lamotte, L., Brouwer, I. D., de Haan, S., Prager, S. D., Talsma, E. F., & Khoury, C. K. (2019). When food systems meet sustainability – Current narratives and implications for actions. World Development, 113, 116–130. https://doi.org/10.1016/j.worlddev.2018.08.011

Berner, S., Derler, H., Rehorska, R., Pabst, S., & Seebacher, U. (2019). Roadmapping to Enhance Local Food Supply: Case Study of a City-Region in Austria. Sustainability, 11(14), 3876. https://doi.org/10.3390/su11143876

Biermann, G., & Rau, H. (2020). The meaning of meat: (Un)sustainable eating practices at home and out of home. Appetite, 153, 104730. https://doi.org/10.1016/j.appet.2020.104730

BirdLife Österreich, Global 2000, & ÖBV-Via Campesina Austria (Hrsg.). (2021). Fit für den Green Deal? Der GAP-Strategieplan am Prüfstand. https://www.global2000.at/sites/global/files/GAP-Check.pdf

BKA. (2020). Aus Verantwortung für Österreich. Regierungsprogramm 2020–2024. Bundeskanzleramt (BKA). https://www.bundeskanzleramt.gv.at/bundeskanzleramt/die-bundesregierung/regierungsdokumente.html

BMNT. (2018). Lebensmittel in Österreich 2018. Wirtschaft, Produktion, Sicherheit und Qualität. Bundesministerium für Nachhaltigkeit und Tourismus. https://info.bmlrt.gv.at/dam/jcr:a79a38e3-face-445c-a78a-9d338bf6136b/Lebensmittel%20in%20Österreich%202018.pdf

BMNT. (2020). Grüner Bericht 2020. Bundesministerium für Landwirtschaft, Regionen und Tourismus. https://gruenerbericht.at/cm4/jdownload/send/2-gr-bericht-terreich/2167-gb2020

BMNT. (2021). Grüner Bericht 2021. Bundesministerium für Landwirtschaft, Regionen und Tourismus. https://gruenerbericht.at/cm4/

Bolyos, L., Haslinger, S., Reisenberger, B., Schindler, R., Stern, S., Behr, D. A., Sezonieri-Kampagne für die Rechte von Erntehelfer_innen in Österreich, & Europäisches BürgerInnenforum. (2016). Willkommen bei der Erdbeerernte! Ihr Mindestlohn beträgt … Gewerkschaftliche Organisierung in der migrantischen Landarbeit – Ein internationaler Vergleich. Österreichischer Gewerkschaftsbund, Gewerkschaft PRO-GE.

Bonaccio, M., Bonanni, A. E., Di Castelnuovo, A., De Lucia, F., Donati, M. B., de Gaetano, G., & Iacoviello, L. (2012). Low income is associated with poor adherence to a Mediterranean diet and a higher prevalence of obesity: Cross-sectional results from the Moli-sani study. BMJ Open, 2(6). http://dx.doi.org/10.1136/bmjopen-2012-001685

Brad, A., Schaffartzik, A., Pichler, M., & Plank, C. (2015). Contested territorialization and biophysical expansion of oil palm plantations in Indonesia. Geoforum, 64, 100–111. https://doi.org/10.1016/j.geoforum.2015.06.007

Braito, M., Leonhardt, H., Penker, M., Schauppenlehner-Kloyber, E., Thaler, G., & Flint, C. G. (2020). The plurality of farmers' views on soil management calls for a policy mix. Land use policy, 99, 104876. https://doi.org/10.1016/j.landusepol.2020.104876

Bruckner, H. K., & Kowasch, M. (2019). Moralizing meat consumption: Bringing food and feeling into education for sustainable development. Policy Futures in Education, 17(7), 785–804. https://doi.org/10.1177/1478210318776173

Bruckner, M., Wood, R., Moran, D., Kuschnig, N., Wieland, H., Maus, V., & Börner, J. (2019). FABIO – The Construction of the Food and Agriculture Biomass Input – Output Model. Environmental Science & Technology, 53(19), 11302–11312. https://doi.org/10.1021/acs.est.9b03554

Brunner, K.-M. (2020). Sozial-ökologische Transformation und Ernährungskommunikation. In J. Godemann & T. Bartelmeß (Hrsg.), Ernährungskommunikation. Interdisziplinäre Perspektiven – Kontexte – Methodische Ansätze. Springer VS. https://doi.org/10.1007/978-3-658-27315-6_7-1

Brunner, K.-M., & Christanell, A. (2014). KonsumentInnenverantwortung für Nachhaltigkeit? Am Beispiel Energiearmut. In N. Tomaschek & A. Streinzer (Hrsg.), Verantwortung. Über das Handeln in einer komplexen Welt (S. 43–58). Waxmann.

Brunner, K.-M., & Littig, B. (2017). Nachhaltige Produktion, nachhaltiger Konsum, nachhaltige Arbeit. The Greening of Capitalism? In K.-W. Brand (Hrsg.), Die sozial-ökologische Transformation der Welt. Ein Handbuch (S. 215–242). Campus Verlag.

Brunner, K.-M., Geyer, S., Jelenko, M., Weiss, W., & Astleithner, F. (2007). Ernährungsalltag im Wandel. Chancen für Nachhaltigkeit (1. Auflage). Springer Vienna. https://doi.org/10.1007/978-3-211-48606-1

Burch, D., Dixon, J., & Lawrence, G. (2013). Introduction to symposium on the changing role of supermarkets in global supply chains: From seedling to supermarket: Agri-food supply chains in transition. Agriculture and Human Values, 30(2), 215–224. https://doi.org/10.1007/s10460-012-9410-x

Caldeira, C., De Laurentiis, V., Corrado, S., van Holsteijn, F., & Sala, S. (2019). Quantification of food waste per product group along the food supply chain in the European Union: A mass flow analysis. Resources, Conservation and Recycling, 149, 479–488. https://doi.org/10.1016/j.resconrec.2019.06.011

Campbell, H. (2009). Breaking new ground in food regime theory: Corporate environmentalism, ecological feedbacks and the "food from somewhere" regime? Agriculture and human values, 26(4), 309–319. https://doi.org/10.1007/s10460-009-9215-8

Carolan, M. (2018). Big data and food retail: Nudging out citizens by creating dependent consumers. Geoforum, 90, 142–150. https://doi.org/10.1016/j.geoforum.2018.02.006

Caspi, C. E., Sorensen, G., Subramanian, S. V., & Kawachi, I. (2012). The local food environment and diet: A systematic review. Health & Place, 18(5), 1172–1187. https://doi.org/10.1016/j.healthplace.2012.05.006

Castelein, B., Geerlings, H., & Van Duin, R. (2020). The reefer container market and academic research: A review study. Journal of Cleaner Production, 256, 120654. https://doi.org/10.1016/j.jclepro.2020.120654

Cifuentes, E., & Frumkin, H. (2007). Environmental injustice: Case studies from the South. Environmental research letters, 2(4), 045034. https://doi.org/10.1088/1748-9326/2/4/045034

Clapp, J., & Scrinis, G. (2017). Big Food, Nutritionism, and Corporate Power. Globalizations, 14(4), 578–595. https://doi.org/10.1080/14747731.2016.1239806

Cordts, A., Nitzko, S., & Spiller, A. (2016). Flexitarier als neuer Konsumtyp bei Fleisch: Eine Chance für einen nachhaltigen Fleischkonsum? In K. Jantke, F. Lottermoser, J. Reinhardt, D. Rothe, & J. Stöver (Hrsg.), Nachhaltiger Konsum. Institutionen, Instrumente, Initiativen (1. Auflage, ISBN: 9783848732227, S. 313–333). Nomos.

Crippa, M., Solazzo, E., Guizzardi, D., Monforti-Ferrario, F., Tubiello, F. N., & Leip, A. (2021). Food systems are responsible for a third of global anthropogenic GHG emissions. Nature Food, 2(3), 198–209. https://doi.org/10.1038/s43016-021-00225-9

Dahlén, L., & Lagerkvist, A. (2010). Pay as you throw: Strengths and weaknesses of weight-based billing in household waste collection systems in Sweden. Waste Management, 30(1), 23–31. https://doi.org/10.1016/j.wasman.2009.09.022

Darnhofer, I. (2010). Strategies of family farms to strengthen their resilience. Environmental policy and governance, 20(4), 212–222. https://doi.org/10.1002/eet.547

Darnhofer, I. (2014). Resilience and why it matters for farm management. European review of agricultural economics, 41(3), 461–484. https://doi.org/10.1093/erae/jbu012

Darnhofer, I. (2021). Resilience or how do we enable agricultural systems to ride the waves of unexpected change? Agricultural Systems, 187, 102997. https://doi.org/10.1016/j.agsy.2020.102997

Darnhofer, I., Bellon, S., Dedieu, B., & Milestad, R. (2010). Adaptiveness to enhance the sustainability of farming systems. A review. Agronomy for Sustainable Development, 30(3), 545–555. https://doi.org/10.1051/agro/2009053

Darnhofer, I., D'Amico, S., & Fouilleux, E. (2019). A relational perspective on the dynamics of the organic sector in Austria, Italy, and France. Journal of Rural Studies, 68, 200–212. https://doi.org/10.1016/j.jrurstud.2018.12.002

Darnhofer, I., Fairweather, J., & Moller, H. (2010). Assessing a farm's sustainability: Insights from resilience thinking. International Journal of Agricultural Sustainability, 8(3), 186–198. https://doi.org/10.3763/ijas.2010.0480

Darnhofer, I., Schermer, M., Steinbacher, M., Gabillet, M., & Daugstad, K. (2017). Preserving permanent mountain grasslands in Western Europe: Why are promising approaches not implemented more widely? Land Use Policy, 68, 306–315. https://doi.org/10.1016/j.landusepol.2017.08.005

Davis, C. L. (2003). Food fights over free trade: How international institutions promote agricultural trade liberalization. Princeton Univ. Press.

de Schutter, L., Bruckner, M., & Giljum, S. (2015). Achtung: Heiß und fettig – Klima & Ernährung in Österreich. Auswirkungen der österreichischen Ernährung auf das Klima. WWF Österreich. https://www.wwf.at/wp-content/cms_documents/wwf-ernaehrungsstudie_langfassung.pdf

Derler, H., Lienhard, A., Berner, S., Grasser, M., Posch, A., & Rehorska, R. (2021). Use Them for What They Are Good at: Mealworms in Circular Food Systems. Insects (Basel, Switzerland), 12(1), 40. https://doi.org/10.3390/insects12010040

Die Armutskonferenz, ATTAC, & Beirat für Gesellschafts-, Wirtschafts- und Umweltpolitische Alternativen (Hrsg.). (2021). Klimasoziale Politik: Eine gerechte und emissionsfreie Gesellschaft gestalten (1. Auflage). bahoe books.

Dixon, J. (2007). Supermarkets as New Food Authorities. In D. Burch (Hrsg.), Supermarkets and agri-food supply chains: Transformations in the production and consumption of foods (S. 29–50). Edward Elgar.

Dubuisson-Quellier, S., & Gojard, S. (2016). Why are Food Practices not (More) Environmentally Friendly in France? The role of collective standards and symbolic boundaries in food practices. Environmental Policy and Governance, 26(2), 89–100. https://doi.org/10.1002/eet.1703

Edelmann, H., Quiñones-Ruiz, X. F., & Penker, M. (2020). Analytic Framework to Determine Proximity in Relationship Coffee Models. Sociologia Ruralis, 60(2), 458–481. https://doi.org/10.1111/soru.12278

Edelmann, H., Quiñones-Ruiz, X. F., Penker, M., Scaramuzzi, S., Broscha, K., Jeanneaux, P., Belletti, G., & Marescotti, A. (2020). Social learning in food quality governance – Evidences from geographical indications amendments. International Journal of the Commons, 14(1), 108–122. https://doi.org/10.5334/ijc.968

Eichhorn, T., & Meixner, O. (2020). Factors influencing the willingness to pay for aquaponic products in a developed food market: A structural equation modeling approach. Sustainability (Switzerland), 12(8), 3475. https://doi.org/10.3390/SU12083475

Eisenberger, I., Hödl, E., Huber, A., Lachmayer, K., & Mittermüller, B. (2017). „Smart Farming" – Rechtliche Perspektiven. In R. Norer & G. Holzer (Hrsg.), Agrarrecht. Jahrbuch 2017. Perspektiven des Agrarrechts. Festgabe für Manfried Welan (S. 207–223). NWV Verlag.

El Bilali, H. (2019). Research on agro-food sustainability transitions: A systematic review of research themes and an analysis of research gaps. Journal of Cleaner Production, 221, 353–364. https://doi.org/10.1016/j.jclepro.2019.02.232

Enthoven, L., & Van den Broeck, G. (2021). Local food systems: Reviewing two decades of research. Agricultural systems, 193, 103226. https://doi.org/10.1016/j.agsy.2021.103226

Ermann, U., Langthaler, E., Penker, M., & Schermer, M. (2018). Agro-Food Studies: Eine Einführung. (1. Aufl.). Böhlau Verlag.

Europäische Kommission. (2020). Communication from the Commission to the European Parliament, the Council, the European Economic and Social Committee and the Committee of the Regions. A Farm to Fork Strategy. 381 final. https://ec.europa.eu/food/horizontal-topics/farm-fork-strategy_de

Europäische Kommission. (2021). Evaluation of the impact of the Common Agricultural Policy on climate change and greenhouse gas emissions. https://op.europa.eu/en/publication-detail/-/publication/7307349a-ba1a-11eb-8aca-01aa75ed71a1

European Union. (2014). Evaluation of the livestock sectors contribution to the EU greenhouse gas emissions (GGELS): Final report. Publications Office of the European Union. http://op.europa.eu/en/publication-detail/-/publication/38abd8e0-9fe1-4870-81da-2455f9fd75ad

Eurostat. (2020). Fettleibigkeitsrate nach Body Mass Index (BMI), % der Bevölkerung im Alter von 18 Jahren und älter. https://ec.europa.eu/eurostat/databrowser/view/sdg_02_10/default/table?lang=de.

Fardet, A., & Rock, E. (2020). Ultra-Processed Foods and Food System Sustainability: What Are the Links? Sustainability, 12, 6280. http://dx.doi.org/10.3390/su12156280

Feichtinger, P., & Salhofer, K. (2013). What do we know about the influence of agricultural support on agricultural land prices? German Journal of Agricultural Economics, 62(2), 71–85. https://doi.org/10.22004/ag.econ.232333

Feichtinger, P., & Salhofer, K. (2016). The Fischler Reform of the Common Agricultural Policy and Agricultural Land Prices. Land Economics, 92(3), 411–432. https://doi.org/10.3368/le.92.3.411

Fekete, C., & Weyers, S. (2016). Soziale Ungleichheit im Ernährungsverhalten: Befundlage, Ursachen und Interventionen. Bundesgesundheitsblatt, Gesundheitsforschung, Gesundheitsschutz, 59(2), 197–205. https://doi.org/10.1007/s00103-015-2279-2

Fikar, C., & Leithner, M. (2020). A decision support system to facilitate collaborative supply of food cooperatives. Production Planning and Control, 32(14). https://doi.org/10.1080/09537287.2020.1796135

Frank, S., Schmid, E., Havlík, P., Schneider, U. A., Böttcher, H., Balkovič, J., & Obersteiner, M. (2015). The dynamic soil organic carbon mitigation potential of European cropland. Global environmental change, 35, 269–278. https://doi.org/10.1016/j.gloenvcha.2015.08.004

Gaitán-Cremaschi, D., Klerkx, L., Duncan, J., Trienekens, J. H., Huenchuleo, C., Dogliotti, S., Contesse, M. E., & Rossing, W. A. (2019). Characterizing diversity of food systems in view of sustainability transitions. A review. Agronomy for Sustainable Development, 39(1), 1–22. https://doi.org/10.1007/s13593-018-0550-2

Ganglbauer, E., Fitzpatrick, G., Subasi, Ö., & Güldenpfennig, F. (2014). Think globally, act locally: A case study of a free food sharing community and social networking. Proceedings of the 17th ACM conference on Computer supported cooperative work & social computing, 911–921. https://doi.org/10.1145/2531602.2531664

Gattringer, J.-P. (2014). Land-use legacies on agrobiodiversity in Austria [Masterarbeit, Universität Wien. Fakultät für Lebenswissenschaften]. http://othes.univie.ac.at/31317/

GBD 2015 Obesity Collaborators. (2017). Health Effects of Overweight and Obesity in 195 Countries over 25 Years. The New

England Journal of Medicine, 377(1), 13–27. https://doi.org/10.1056/NEJMoa1614362
GCSA. (2020). Towards a Sustainable Food System. Moving from food as a commodity to food as more of a common good (Scientific Opinion No. 8). Group of Chief Scientific Advisors to the European Commission. https://op.europa.eu/en/web/eu-law-and-publications/publication-detail/-/publication/ca8ffeda-99bb-11ea-aac4-01aa75ed71a1
Gétaz, R. (2004). Bittere Ernte. Die moderne Sklaverei in der industriellen Landwirtschaft Europas. Europäisches Bürgerforum, CEDRI.
Giraldo, O. F., & Rosset, P. M. (2018). Agroecology as a territory in dispute: Between institutionality and social movements. The Journal of Peasant Studies, 45(3), 545–564. https://doi.org/10.1080/03066150.2017.1353496
Gössling, S., & Lund-Durlacher, D. (2021). Tourist accommodation, climate change and mitigation: An assessment for Austria. Journal of Outdoor Recreation and Tourism, 100367. https://doi.org/10.1016/j.jort.2021.100367
Gotschi, E., Vogel, S., Lindenthal, T., & Larcher, M. (2009). The Role of Knowledge, Social Norms, and Attitudes Toward Organic Products and Shopping Behavior: Survey Results from High School Students in Vienna. The Journal of Environmental Education, 41(2), 88–100. https://doi.org/10.1080/00958960903295225
Göttl, I., & Penker, M. (2020). Institutions for collective gardening: A comparative analysis of 51 urban community gardens in anglophone and German-speaking countries. International Journal of the Commons, 14(1), 30–43. https://doi.org/10.5334/ijc.961
Graca, J., Godinho, C., & Truninger, M. (2019). Reducing meat consumption and following plant-based diets: Current evidence and future directions to inform integrated transitions. Trends in Food Science & Technology, 91, 380–390. https://doi.org/10.1016/j.tifs.2019.07.046
Grüneis, H., Penker, M., Höferl, K.-M., Schermer, M., & Scherhaufer, P. (2018). Why do we not pick the low-hanging fruit? Governing adaptation to climate change and resilience in Tyrolean mountain agriculture (grueneis_resiliencetyroleanagriculture_2018.pdf, Übers.). Land Use Policy, 79, 386–396. https://doi.org/10.1016/j.landusepol.2018.08.025
Grünewald, A. (2013). Von der Zertifizierung der Natur und der Natur der Zertifizierung. Wie Standards die biologische Landwirtschaft in Österreich verändert haben. [Dissertation]. Universität Wien.
Gugerell, C., & Penker, M. (2020). Change Agents' Perspectives on Spatial-Relational Proximities and Urban Food Niches. Sustainability, 12(6), 2333. https://doi.org/10.3390/su12062333
Gugerell, K., Penker, M., & Kieninger, P. (2019). What are participants of cow sharing arrangements actually sharing? A property rights analysis on cow sharing arrangements in the European Alps. Land Use Policy, 87, 104039. https://doi.org/10.1016/j.landusepol.2019.104039
Gundersen, C., Hake, M., Dewey, A., & Engelhard, E. (2021). Food Insecurity during COVID-19. Applied Economic Perspectives and Policy, 43(1), 153–161. https://doi.org/10.1002/aepp.13100
Gusenbauer, I., Markut, T., Hörtenhuber, S. J., Kummer, S., & Bartel-Kratochvil, R. (2018). Gemeinschaftsverpflegung als Motor für die österreichische biologische Landwirtschaft. Forschungsinstitut für biologischen Landbau (FiBL). https://greenpeace.at/assets/uploads/pdf/presse/Gemeinschaftsverpflegung_als_Motor_für_öst_Bio-Landwirtschaft_FiBL_20180529.pdf
Haberl, H., Fischer-Kowalski, M., Krausmann, F., Martinez-Alier, J., & Winiwarter, V. (2011). A socio-metabolic transition towards sustainability? Challenges for another Great Transformation. Sustainable development, 19(1), 1–14. https://doi.org/10.1002/sd.410
Haberl, H., Wiedenhofer, D., Virág, D., Kalt, G., Plank, B., Brockway, P., Fishman, T., Hausknost, D., Krausmann, F., Leon-Gruchalski, B., Mayer, A., Pichler, M., Schaffartzik, A., Sousa, T., Streeck, J., & Creutzig, F. (2020). A systematic review of the evidence on decoupling of GDP, resource use and GHG emissions, part II: synthesizing the insights. Environmental Research Letters, 15(6), 65003. https://doi.org/10.1088/1748-9326/ab842a
Hafner, R. (2018). Environmental justice and soy agribusiness (1. Auflage). Routledge, Taylor & Francis Group.
Hampl, N., & Loock, M. (2013). Sustainable Development in Retailing: What is the Impact on Store Choice? Business Strategy and the Environment, 22(3), 202–216. https://doi.org/10.1002/bse.1748
Havlík, P., Valin, H., Herrero, M., Obersteiner, M., Schmid, E., Rufino, M. C., Mosnier, A., Thornton, P. K., Böttcher, H., Conant, R. T., Frank, S., Fritz, S., Fuss, S., & Kraxner, F. (2014). Climate change mitigation through livestock system transitions. Proceedings of the National Academy of Sciences – PNAS, 111(10), 3709–3714. https://doi.org/10.1073/pnas.1308044111
Heinrich-Böll-Stiftung. (2021). Fleischatlas 2021. Heinrich-Böll-Stiftung. https://www.boell.de/de/de/fleischatlas-2021-jugend-klima-ernaehrung
Herren, H. R., & Haerlin, B. (2020). Transformation of our food systems. The making of a paradigmen shift (IAASTD+10 Advisory Group, Hrsg.). International Assessment of Agricultural Knowledge, Science and Technology for Development (IAASTD).
Höltl, A., Steiner, G., Lumetsberger, T., Weinhäupl, H., Greilhuber, I., Wrbka, T., Vadrot, A., Essl, F., Tribsch, A., Sturmbauer, C., & Gratzer, G. (2020). Ein Netzwerk für die Biodiversität in Österreich. Inter- und transdisziplinäres Netzwerk zu Biodiversität & Ökosystemleistungen. GAIA – Ecological Perspectives for Science and Society, 29(2), 126–128. https://doi.org/10.14512/gaia.29.2.12
Horlings, L. G., & Marsden, T. K. (2011). Towards the real green revolution? Exploring the conceptual dimensions of a new ecological modernisation of agriculture that could "feed the world". Global Environmental Change, 21(2), 441–452. https://doi.org/10.1016/j.gloenvcha.2011.01.004
Hörtenhuber, S. J., Lindenthal, T., Amon, B., Markut, T., Kirner, L., & Zollitsch, W. (2010). Greenhouse gas emissions from selected Austrian dairy production systems – Model calculations considering the effects of land use change. Renewable Agriculture and Food Systems, 25(4), 316–329. https://doi.org/10.1017/S1742170510000025
Hörtenhuber, S. J., Theurl, M. C., & Möller, K. (2019). Comparison of the environmental performance of different treatment scenarios for the main phosphorus recycling sources. Renewable Agriculture and Food Systems, 34(4), 349–362. https://doi.org/10.1017/S1742170517000515
ILA Kollektiv. (2017). Auf Kosten anderer? : Wie die imperiale Lebensweise ein gutes Leben für alle verhindert / I.L.A. Kollektiv. oekom.
IPES. (2016). From uniformity to diversity: A paradigm shift from industrial agriculture to diversified agroecological systems. International Panel of Experts on Sustainable Food Systems. https://ipes-food.org/_img/upload/files/UniformityToDiversity_FULL.pdf
IPES. (2019). Towards a common food policy for the European Union. The policy reform and realignment that is required to build sustainable food systems in Europe. International Panel of Experts on Sustainable Food Systems. https://ipes-food.org/_img/upload/files/CFP_FullReport.pdf
IPES Food & ETC Group. (2021). A Long Food Movement: Transforming Food Systems by 2045. http://www.ipes-food.org/_img/upload/files/LFMExecSummaryEN.pdf
Ivanova, D., Barrett, J., Wiedenhofer, D., Macura, B., Callaghan, M., & Creutzig, F. (2020). Quantifying the potential for climate change mitigation of consumption options. Environmental Research Letters, 15(9), 093001. https://doi.org/10.1088/1748-9326/ab8589
Jackson, P., Rivera Ferre, M. G., Candel, J., Davies, A., Derani, C., de Vries, H., Dragović-Uzelac, V., Hoel, A. H., Holm, L., Mathijs, E., Morone, P., Penker, M., Śpiewak, R., Termeer, K., & Thøgersen, J.

(2021). Food as a commodity, human right or common good. Nature Food, 2, 132–134. https://doi.org/10.1038/s43016-021-00245-5

Jungmeier, G., Lettmayer, G., Bird, N., & Schwarzinger, S. (2017). The paris-lifestyle – Analysis and assessment of biomass use for low carbon lifestyles to reach the climate targets 2050. 2017, 1537–1539. https://www.scopus.com/inward/record.uri?eid=2-s2.0-85043782306&partnerID=40&md5=f7b00d0c1d4b453d62650e10e940f9c0

Kalfagianni, A., & Fuchs, D. (2015). Private agri-food governance and the challanges of sustainability. In G. M. Robinson & D. A. Carson (Hrsg.), Handbook on the Globalisation of Agriculture (S. 274–290). Edward Elgar.

Kalt, G., Kaufmann, L., Kastner, T., & Krausmann, F. (2021). Tracing Austria's biomass consumption to source countries: A product-level comparison between bioenergy, food and material. Ecological Economics, 188, 107129. https://doi.org/10.1016/j.ecolecon.2021.107129

Karner, S. (2009). "ALMO": A bottom-up approach in agricultural innovation. In K. Millar, P. H. West, & B. Nerlich (Hrsg.), Ethical Futures: Bioscience and Food Horizons (1. Auflage, S. 222–225). Wageningen Academic Publishers. https://www.scopus.com/inward/record.uri?eid=2-s2.0-84899164509&doi=10.3920%2f978-90-8686-673-1&partnerID=40&md5=6c805009cdfb1844e92d99e68463c9b2

Keil, A. K. (2021). Lohnarbeit sozial und ökologisch nachhaltig gestalten. In Die Armutskonferenz, ATTAC, & Beigewum (Hrsg.), Klimasoziale Politik. Eine gerechte und emissionsfreie Gesellschaft gestalten (1. Auflage, ISBN: 9783903290655, S. 185–193). bahoe books. https://permalink.obvsg.at/bok/AC16232174

KeyQUEST Marktforschung GmbH. (2016). Landwirte-Befragung zum Thema Direktvermarktung. https://www.gutesvombauernhof.at/uploads/pics/Oesterreich/ChanceDV/PB_Chance_DV-Studie_Berichtsband-Charts_20160606.pdf

Kilian, S., Antón, J., Salhofer, K., & Röder, N. (2012). Impacts of 2003 CAP reform on land rental prices and capitalization. Land Use Policy, 29(4), 789–797. https://doi.org/10.1016/j.landusepol.2011.12.004

Kirchengast, G., Kromp-Kolb, H., Steininger, K., Stagl, S., Kirchner, M., Ambach, C., Grohs, J., Gutsohn, A., Peisker, J., & Strunk, B. (2019). Referenzplan als Grundlage für einen wissenschaftlich fundierten und mit den Pariser Klimazielen in Einklang stehenden Nationalen Energie- und Klimaplan für Österreich (Ref-NEKP) – Vision 2050 und Umsetzungspfade: Österreich im Einklang mit den Pariser Klimazielen und der Weg dorthin. Österreichische Akademie der Wissenschaften (ÖAW).

Kirchner, M., & Schmid, E. (2013). Integrated regional impact assessment of agricultural trade and domestic environmental policies. Land Use Policy, 35, 359–378. https://doi.org/10.1016/j.landusepol.2013.06.008

Kirchweger, S., & Kantelhardt, J. (2015). The dynamic effects of government-supported farm-investment activities on structural change in Austrian agriculture. Land Use Policy, 48, 73–93. https://doi.org/10.1016/j.landusepol.2015.05.005

Kirchweger, S., Kantelhardt, J., & Leisch, F. (2015). Impacts of the government-supported investments on the economic farm performance in Austria. Agricultural Economics (Praha), 61(8), 343–355. https://doi.org/10.17221/250/2014-AGRICECON

Kirner, L. (2012). Wettbewerbsfähigkeit von Vollweidesystemen in der Milchproduktion im alpinen Grünland Österreichs. Die Bodenkultur, 63(2–3), 17–27.

Kirner, L. (2017). Welche Weiterbildungsangebote und Beratungsleistungen im Bereich der Unternehmensführung benötigen Landwirtinnen und Landwirte in Österreich? Berichte über Landwirtschaft – Zeitschrift für Agrarpolitik und Landwirtschaft, 95(2). https://doi.org/10.12767/buel.v95i2.142

Kirner, L., Hovorka, G., & Handler, F. (2009). Der Standardarbeitszeitbedarf als ein Kriterium für die Ermittlung von Direktzahlungen in der Landwirtschaft. Journal of the Austrian Society of Agricultural Economics, 18(1), 71–80.

Klammsteiner, T., Walter, A., Pan, H., Gassner, M., Heussler, C. D., Schermer, M., & Insam, H. (2019). On Everyone's lips: Insects for food and feed. Proceedings of Science, 366, ASCS2019_006. https://doi.org/10.22323/1.366.0006

Klerkx, L., Jakku, E., & Labarthe, P. (2019). A review of social science on digital agriculture, smart farming and agriculture 4.0: New contributions and a future research agenda. NJAS – Wageningen Journal of Life Sciences, 90–91, 100315. https://doi.org/10.1016/j.njas.2019.100315

Knickel, K., Redman, M., Darnhofer, I., Ashkenazy, A., Calvão Chebach, T., Šūmane, S., Tisenkopfs, T., Zemeckis, R., Atkociuniene, V., Rivera, M., Strauss, A., Kristensen, L. S., Schiller, S., Koopmans, M. E., & Rogge, E. (2018). Between aspirations and reality: Making farming, food systems and rural areas more resilient, sustainable and equitable. Journal of Rural Studies, 59, 197–210. https://doi.org/10.1016/j.jrurstud.2017.04.012

Knudsen, M. T., Dorca-Preda, T., Djomo, S. N., Peña, N., Padel, S., Smith, L. G., Zollitsch, W., Hörtenhuber, S., & Hermansen, J. E. (2019). The importance of including soil carbon changes, ecotoxicity and biodiversity impacts in environmental life cycle assessments of organic and conventional milk in Western Europe. Journal of Cleaner Production, 215, 433–443. https://doi.org/10.1016/j.jclepro.2018.12.273

Kohler, M., Stotten, R., Steinbacher, M., Leitinger, G., Tasser, E., Schirpke, U., Tappeiner, U., & Schermer, M. (2017). Participative Spatial Scenario Analysis for Alpine Ecosystems. Environmental Management (New York), 60(4), 679–692. https://doi.org/10.1007/s00267-017-0903-7

Krausmann, F., & Langthaler, E. (2019). Food regimes and their trade links: A socio-ecological perspective. Ecological Economics, 160, 87–95. https://doi.org/10.1016/j.ecolecon.2019.02.011

Kump, B., & Fikar, C. (2021). Challenges of maintaining and diffusing grassroots innovations in alternative food networks: A systems thinking approach. Journal of Cleaner Production, 317, 128407. https://doi.org/10.1016/j.jclepro.2021.128407

Laborde, D., Parent, M., & Smaller, C. (2020). Ending Hunger, Increasing Incomes, and Protecting the Climate: What would it cost donors? (Ceres2030). International Institute for Sustainable Development (IISD) and International Food Policy Research Institute (IFRI). https://hdl.handle.net/1813/72864

Ladha-Sabur, A., Bakalis, S., Fryer, P. J., & Lopez-Quiroga, E. (2019). Mapping energy consumption in food manufacturing. Trends in Food Science & Technology, 86, 270–280. https://doi.org/10.1016/j.tifs.2019.02.034

Langthaler, E. (2019). Ausweitung und Vertiefung: Sojaexpansionen als regionale Schauplätze der Globalisierung. Österreichische Zeitschrift für Geschichtswissenschaften, 30(3), 115–147. https://doi.org/10.25365/oezg-2019-30-3-6

Lemken, D., Kraus, K., Nitzko, S., & Spiller, A. (2018). Staatliche Eingriffe in die Lebensmittelwahl. GAIA – Ecological Perspectives for Science and Society, 27(4), 363–372. https://doi.org/10.14512/gaia.27.4.8

Lund-Durlacher, D., Gössling, S., Antonschmidt, H., Obersteiner, G., & Smeral, E. (2021). Gastronomie und Kulinarik. In U. Pröbstl-Haider, D. Lund-Durlacher, M. Olefs, & F. Prettenthaler (Hrsg.), Tourismus und Klimawandel (S. 93–105). Springer Spektrum. https://www.springerprofessional.de/gastronomie-und-kulinarik/18643720

Magkos, F., Tetens, I., Bügel, S. G., Felby, C., Schacht, S. R., Hill, J. O., Ravussin, E., & Astrup, A. (2019). The Environmental Foodprint of Obesity. Obesity, 28(1), 73–79. https://doi.org/10.1002/oby.22657

Magkos, F., Tetens, I., Bügel, S. G., Felby, C., Schacht, S. R., Hill, J. O., Ravussin, E., & Astrup, A. (2020). A Perspective on the Transition to Plant-Based Diets: A Diet Change May Attenuate Climate Change, but Can It Also Attenuate Obesity and Chronic Disease Risk? Advances in Nutrition, 11(1), 1–9. https://doi.org/10.1093/advances/nmz090

Majewski, E., Komerska, A., Kwiatkowski, J., Malak-Rawlikowska, A., Wąs, A., Sulewski, P., Gołaś, M., Pogodzińska, K., Lecoeur, J.-L., Tocco, B., Török, Á., Donati, M., & Vittersø, G. (2020). Are Short Food Supply Chains More Environmentally Sustainable than Long Chains? A Life Cycle Assessment (LCA) of the Eco-Efficiency of Food Chains in Selected EU Countries. Energies, 13(18), 4853. http://dx.doi.org/10.3390/en13184853

Mann, S., & Necula, R. (2020). Are vegetarianism and veganism just half the story? Empirical insights from Switzerland. British Food Journal, 122(4), 1056–1067. https://doi.org/10.1108/BFJ-07-2019-0499

Marescotti, A., Quiñones-Ruiz, X. F., Edelmann, H., Belletti, G., Broscha, K., Altenbuchner, C., Penker, M., & Scaramuzzi, S. (2020). Are protected geographical indications evolving due to environmentally related justifications? An analysis of amendments in the fruit and vegetable sector in the European Union. Sustainability (Switzerland), 12(9), Article 9. https://doi.org/10.3390/SU12093571

Marques, A., Robuchon M., Hellweg, S., Newbold, T., Beher J., Bekker, S., Essl F., Ehrlich D., Hill, S., Jung, M., Marquardt, S., Rosa, F., Rugani B., Suárez-Castro, A. F., Silva, A. P., Williams, D. R., Dubois G., & Sala S. (2021). A research perspective towards a more complete biodiversity footprint: A report from the World Biodiversity Forum. The International Journal of Life Cycle Assessment, 26(2), 238–243. Natural Science Collection. https://doi.org/10.1007/s11367-020-01846-1

Maurer, L. (2021). Resource, collaborator, or individual cow? Applying Q methodology to investigate Austrian farmers' viewpoints on motivational aspects of improving animal welfare. Frontiers in Veterinary Science, 7, 607925. https://doi.org/10.3389/fvets.2020.607925

McInnes, A. (2019). Integrating sustainability transitions and food systems research to examine consultation failures in Canadian food policymaking. Journal of Environmental Policy & Planning, 21(4), 407–426. https://doi.org/10.1080/1523908X.2019.1623656

McMichael, P. (2009). A food regime genealogy. The Journal of Peasant Studies, 36(1), 139–169. https://doi.org/10.1080/03066150902820354

Melkonyan, A., Gruchmann, T., Lohmar, F., Kamath, V., & Spinler, S. (2020). Sustainability assessment of last-mile logistics and distribution strategies: The case of local food networks. International Journal of Production Economics, 228, 107746. https://doi.org/10.1016/j.ijpe.2020.107746

Mende, I. (2006). Die Lage polnischer Erntehelfer/Innen und befristet Beschäftigter in Österreich [Diplomarbeit]. Universität Wien. Fakultät für Sozialwissenschaften.

Milestad, R., Bartel-Kratochvil, R., Leitner, H., & Axmann, P. (2010). Being close: The quality of social relationships in a local organic cereal and bread network in Lower Austria. Journal of Rural Studies, 26(3), 228–240. https://doi.org/10.1016/j.jrurstud.2010.01.004

Milestad, R., Kummer, S., & Hirner, P. (2017). Does scale matter? Investigating the growth of a local organic box scheme in Austria. Journal of Rural Studies, 54, 304–313. https://doi.org/10.1016/j.jrurstud.2017.06.013

Miller, L. (2019). Zwischen Überfluss und Mangel: Ernährungsarmut und ihre Folgen in Österreich. In Kooperation mit der Wiener Tafel (AC15547180) [Masterarbeit]. Wirtschaftsuniversität Wien.

Mitter, H., Larcher, M., Schönhart, M., Stöttinger, M., & Schmid, E. (2019). Exploring Farmers' Climate Change Perceptions and Adaptation Intentions: Empirical Evidence from Austria. Environmental Management (New York), 63(6), 804–821. https://doi.org/10.1007/s00267-019-01158-7

Möhrs, K., Forster, F., Kumnig, S., Rauth, L., & members of SoliLA Collective. (2013). The politics of land and food in cities in the North: Reclaiming urban agriculture and the struggle Solidarisch Landwirtschaften! (SoliLa!) in Austria. In Land concentration, land grabbing and people's struggles in Europe (S. 96–127). Transnational Institute (TNI) for European Coordination Via Compesina and Heads off the Land network. https://www.semanticscholar.org/paper/The-politics-of-land-and-food-in-cities-in-the-and-M%C3%B6hrs-Forster/67d7feba301d28cae08aa78fb4a2550010f1e9c5

Mondejar, M. E., Avtar, R., Diaz, H., lellani B., Dubey, R. K., Esteban, J., Gómez-Morales, A., Hallam, B., Mbungu, N. T., Okolo, C. C., Prasad, K. A., She, Q., & Garcia-Segura, S. (2021). Digitalization to achieve sustainable development goals: Steps towards a Smart Green Planet. Science of The Total Environment, 794, 148539. https://doi.org/10.1016/j.scitotenv.2021.148539

Mylan, J. (2018). Sustainable consumption in everyday life: A qualitative study of UK consumer experiences of meat reduction. Sustainability (Basel, Switzerland), 10(7), 2307. https://doi.org/10.3390/su10072307

Nature. (2020). Ending hunger: Science must stop neglecting smallholder farmers. Nature, 586, 336. https://doi.org/10.1038/d41586-020-02849-6

Niggli, U. (2021). Alle satt? Ernährung sichern für 10 Milliarden Menschen (2. Auflage). Residenz Verlag.

Nischwitz, G., Bartelt, A., Kaczmarek, M., & Steuwer, S. (2018). Lobbyverflechtungen in der deutschen Landwirtschaft. Beratungswesen, Kammern, Agrobusiness. Naturschutzbund Deutschland e. V. (NABU) & Institut für ökologische Wirtschaftsforschung (IÖW). https://www.ioew.de/publikation/lobbyverflechtungen_in_der_deutschen_landwirtschaft

Novy, A., Bärnthaler, R., & Heimerl, V. (2020). Zukunftsfähiges Wirtschaften (1. Auflage). Beltz.

Nowack, W., Schmid, J. C., & Grethe, H. (2019). Wachsen oder weichen!? Eine Analyse der agrarstrukturellen Debatte im Kontext der EU-Agrarpolitik nach 2020. GAIA – Ecological Perspectives for Science and Society, 28(4), 356–364. https://doi.org/10.14512/gaia.28.4.7

Obersteiner, G., & Luck, S. (2020). Lebensmittelabfälle in Österreichischen Haushalten: Status Quo. Institut für Abfallwirtschaft (Universität für Bodenkultur). https://www.wwf.at/de/lebensmittelverschwendung-im-haushalt/

Oedl-Wieser, T. (2020). Gender und Diversity als Impetus für Soziale Innovationen in der Ländlichen Entwicklung – eine institutionensoziologische Analyse von LEADER. ÖZS. Österreichische Zeitschrift für Soziologie, 45(1), 7–27. https://doi.org/10.1007/s11614-020-00392-2

Oleschuk, M., Johnston, J., & Baumann, S. (2019). Maintaining Meat: Cultural Repertoires and the Meat Paradox in a Diverse Sociocultural Context. Sociological Forum, 34(2), 337–360. https://doi.org/10.1111/socf.12500

Oliveira, G. de L. T., McKay, B., & Plank, C. (2017). How biofuel policies backfire: Misguided goals, inefficient mechanisms, and political-ecological blind spots. Energy Policy, 108, 765–775. https://doi.org/10.1016/j.enpol.2017.03.036

Oosterveer, P. (2012). Restructuring Food Supply. Sustainability and Supermarkets. In G. Spaargaren, P. Oosterveer, & A. Loeber (Hrsg.), Food Practices in Transition: Changing Food Consumption, Retail and Production in the Age of Reflexive Modernity (1. Auflage, S. 153–176). Routledge.

Österreichischer Biodiversitätsrat. (2020). Biodiversitäts- und Klimakrise mit gleicher Vehemenz bekämpfen wie COVID-19 Pandemie. Perspektivenpapier des Österreichischen Biodiversitätsrats. Österreichischer Biodiversitätsrat. https://www.

oeaw.ac.at/fileadmin/kommissionen/kioes/pdf/Publications/Perspektivenpapier_OEsterreichischer_Biodiversitaetsrat_Mai_2020.pdf

Otero, G. (2012). The neoliberal food regime in Latin America: State, agribusiness transnational corporations and biotechnology. Canadian Journal of Development Studies/Revue Canadienne d'études Du Développement, 33(3), 282–294. https://doi.org/10.1080/02255189.2012.711747

Paciarotti, C., & Torregiani, F. (2021). The logistics of the short food supply chain: A literature review. Sustainable Production and Consumption, 26(ISSN: 2352-5509), 442. https://doi.org/10.1016/j.spc.2020.10.002

Painter, J., Brennen, J. S., & Kristiansen, S. (2020). The coverage of cultured meat in the US and UK traditional media, 2013–2019: Drivers, sources, and competing narratives. Climatic Change, 162(4), 2379–2396. https://doi.org/10.1007/s10584-020-02813-3

Pant, L. P. (2019). Responsible innovation through conscious contestation at the interface of agricultural science, policy, and civil society. Agriculture and Human Values, 36(2), 183–197. https://doi.org/10.1007/s10460-019-09909-2

Parsons, K., Hawkes, C., & Wells, R. (2019). Brief 2. What is the food system? A Food policy perspective. In Rethinking Food Policy: A Fresh Approach to Policy and Practice. Center for Food Policy.

Pascher, K. (2016). Spread of volunteer and feral maize plants in Central Europe: Recent data from Austria. Environmental Sciences Europe, 28(1), 1–8. https://doi.org/10.1186/s12302-016-0098-1

Pe'er, G., Bonn, A., Bruelheide, H., Dieker, P., Eisenhauer, N., Feindt, P. H., Hagedorn, G., Hansjürgens, B., Herzon, I., Lomba, Â., Marquard, E., Moreira, F., Nitsch, H., Oppermann, R., Perino, A., Röder, N., Schleyer, C., Schindler, S., Wolf, C., … Lakner, S. (2020). Action needed for the EU Common Agricultural Policy to address sustainability challenges. People and Nature, 2(2), 305–316. https://doi.org/10.1002/pan3.10080

Penne, T., & Goedemé, T. (2021). Can low-income households afford a healthy diet? Insufficient income as a driver of food insecurity in Europe. Food Policy, 99, 101978. https://doi.org/10.1016/j.foodpol.2020.101978

Pereira, M., & Oliveira, A. M. (2020). Poverty and food insecurity may increase as the threat of COVID-19 spreads. Public Health Nutrition, 23(17), 3236–3240. https://doi.org/10.1017/S1368980020003493

Plank, C. (2016). The agrofuels project in Ukraine: How oligarchs and the EU foster agrarian injustice. In M. Pichler, W. Raza, K. Küblböck, F. Ruiz Peyré, & C. Staritz (Hrsg.), Fairness and Justice in Natural Resource Politics (S. 218–236). Routledge.

Plank, C., Haas, W., Schreuer, A., Irshaid, J., Barben, D., & Görg, C. (2021). Climate policy integration viewed through the stakeholders' eyes: A co-production of knowledge in social-ecological transformation research. Environmental Policy and Governance, 1938. https://doi.org/10.1002/eet.1938

Plank, C., Hafner, R., & Stotten, R. (2020). Analyzing values-based modes of production and consumption: Community-supported agriculture in the Austrian Third Food Regime. Österreichische Zeitschrift für Soziologie, 45(1), 49–68. https://doi.org/10.1007/s11614-020-00393-1

Plank, C., Penker, M., & Brunner, K.-M. (2021). Ernährung klimasozial gestalten. In Die Armutskonferenz, ATTAC, & Beirat für Gesellschafts-, Wirtschafts- und Umweltpolitische Alternativen (Hrsg.), Klimasoziale Politik. Eine gerechte und emissionsfreie Gesellschaft gestalten (1. Auflage). bahoe books.

Plieninger, T., Kohsaka, R., Bieling, C., Hashimoto, S., Kamiyama, C., Kizos, T., Penker, M., Kieninger, P., Shaw, B. J., Sioen, G. B., Yoshida, Y., & Saito, O. (2018). Fostering biocultural diversity in landscapes through place-based food networks: A "solution scan" of European and Japanese models. Sustainability Science, 13(1), 219–233. https://doi.org/10.1007/s11625-017-0455-z

Ploll, U., Petritz, H., & Stern, T. (2020). A social innovation perspective on dietary transitions: Diffusion of vegetarianism and veganism in Austria. Environmental Innovation and Societal Transitions, 36, 164–176. https://doi.org/10.1016/j.eist.2020.07.001

Ploll, U., & Stern, T. (2020). From diet to behaviour: Exploring environmental- and animal-conscious behaviour among Austrian vegetarians and vegans. British Food Journal, 122(11), 3249–3265. https://doi.org/10.1108/BFJ-06-2019-0418

Poore, J., & Nemecek, T. (2018). Reducing food's environmental impacts through producers and consumers. Science, 360(6392), 987. https://doi.org/10.1126/science.aaq0216

Pradhan, P., Reusser, D. E., & Kropp, J. P. (2013). Embodied Greenhouse Gas Emissions in Diets. PLoS One, 8(5). http://dx.doi.org/10.1371/journal.pone.0062228

Prause, L., Hackfort, S., & Lindgren, M. (2020). Digitalization and the third food regime. Agriculture and Human Values, 1–15. https://doi.org/10.1007/s10460-020-10161-2

Provasnek, A. K., Sentic, A., & Schmid, E. (2017). Integrating Eco-Innovations and Stakeholder Engagement for Sustainable Development and a Social License to Operate. Corporate Social-Responsibility and Environmental Management, 24(3), 173–185. https://doi.org/10.1002/csr.1406

Quendler, E., & Sinabell, F. (2016). Wie viel von den Ausgaben der VerbraucherInnen für Lebensmittel in Österreich verbleibt in der Landwirtschaft? Journal of the Austrian Society of Agricultural Economics, 26, 209–218.

Quist, D. A., Heinemann, J. A., Myhr, A. I., Aslaksen, I., & Funtowicz, S. O. (2013). Hungry for innovation: Pathways from GM crops to agroecology. In European Environment Agency/EEA 2013: Late lessons from early warnings: Science, precaution, innovation (S. 490–517). Publications Office of the European Union.

Rechnungshof Österreich. (2021). Verringerung der Lebensmittelverschwendung – Umsetzung des Unterziels 12.3 der Agenda 2030. Bericht des Rechnungshofes (BUND 2021/19).

Regiodata. (2020, September 9). Regiodata-Studie: Der Lebensmittelhandel baut sich um. https://www.regiodata.eu/attachments/article/1189/PRA_Lebensmittelhandel_Oesterreich_090920.pdf

Reinhardt, G., Gärtner, S., & Wagner, T. (2020). Ökologische Fußabdrücke von Lebensmitteln und Gerichten in Deutschland. ifeu. https://www.ifeu.de/fileadmin/uploads/Reinhardt-Gaertner-Wagner-2020-Oekologische-Fu\T1\ssabdruecke-von-Lebensmitteln-und-Gerichten-in-Deutschland-ifeu-2020.pdf

Renting, H., Schermer, M., & Rossi, A. (2012). Building Food Democracy: Exploring Civic Food Networks and Newly Emerging Forms of Food Citizenship. International Journal of the Sociology of Agriculture and Food, 19, 289–307. https://doi.org/10.48416/ijsaf.v19i3.206

Ridoutt, B. G., Baird, D., & Hendrie, G. A. (2021). Diets within planetary boundaries: What is the potential of dietary change alone? Sustainable Production and Consumption, 28, 802–810. https://doi.org/10.1016/j.spc.2021.07.009

Ritchie, H. (2020). You want to reduce the carbon footprint of your food – focus on what you eat not whether your food is local. https://climatecommentary.com/2021/01/23/you-want-to-reduce-the-carbon-footprint-of-your-food-focus-on-what-you-eat-not-whether-your-food-is-local/

RollAMA. (2018). Marktentwicklung.

Roque, B. M., Venegas, M., Kinley, R. D., de Nys, R., Duarte, T. L., Yang, X., & Kebreab, E. (2021). Red seaweed (Asparagopsis taxiformis) supplementation reduces enteric methane by over 80 percent in beef steers. PLoS One, 16(3). http://dx.doi.org/10.1371/journal.pone.0247820

Rosenfeld, D. L., & Tomiyama, A. J. (2021). Gender differences in meat consumption and openness to vegetarianism. Appetite, 166, 105475. https://doi.org/10.1016/j.appet.2021.105475

Rotz, S., Duncan, E., Small, M., Botschner, J., Dara, R., Mosby, I., Reed, M., & Fraser, E. D. G. (2019). The Politics of Digital Agricultural Technologies: A Preliminary Review. Sociologia Ruralis, 59(2), 203–229. https://doi.org/10.1111/soru.12233

Rust, P., Hasenegger, V., & König, J. (2017). Österreichischer Ernährungsbericht 2017 (S. 169). Bundesministerium für Gesundheit und Frauen. 978-3-903099-32-6

Sanchez Lopez, J., Patinha Caldeira, C., De Laurentiis, V., Sala, S., & Avraamides, M. (2020). Brief on food waste in the European Union. Europäische Kommission.

Sanchez-Sabate, R., & Sabaté, J. (2019). Consumer Attitudes Towards Environmental Concerns of Meat Consumption: A Systematic Review. International Journal of Environmental Research and Public Health, 16(7), 1220. PubMed. https://doi.org/10.3390/ijerph16071220

SAPEA. (2020). A Sustainable Food System for the European Union (978-3-9820301-3-5). Science Advice for Policy by European Academies (SAPEA). https://doi.org/10.26356/sustainablefood

Schäfer, M., Hielscher, S., Haas, W., Hausknost, D., Leitner, M., Kunze, I., & Mandl, S. (2018). Facilitating Low-Carbon Living? A Comparison of Intervention Measures in Different Community-Based Initiatives. Sustainability, 10(4). https://doi.org/10.3390/su10041047

Schaller, L., Targetti, S., Villanueva, A. J., Zasada, I., Kantelhardt, J., Arriaza, M., Bal, T., Fedrigotti, V. B., Giray, F. H., Häfner, K., Majewski, E., Malak-Rawlikowska, A., Nikolov, D., Paoli, J.-C., Piorr, A., Rodríguez-Entrena, M., Ungaro, F., Verburg, P. H., van Zanten, B., & Viaggi, D. (2018). Agricultural landscapes, ecosystem services and regional competitiveness – Assessing drivers and mechanisms in nine European case study areas. Land Use Policy, 76, 735–745. https://doi.org/10.1016/j.landusepol.2018.03.001

Schanes, K., Dobernig, K., & Gözet, B. (2018). Food waste matters – A systematic review of household food waste practices and their policy implications. Journal of Cleaner Production, 182, 978–991. https://doi.org/10.1016/j.jclepro.2018.02.030

Schanes, K., & Stagl, S. (2019). Food waste fighters: What motivates people to engage in food sharing? Journal of Cleaner Production, 211, 1491–1501. https://doi.org/10.1016/j.jclepro.2018.11.162

Scherhaufer, S., Davis, J., Metcalfe, P., Gollnow, S., Colin, F., De Menna, F., Vittuari, M., & Östergren, K. (2020). Environmental assessment of the valorisation and recycling of selected food production side flows. Resources, Conservation and Recycling, 161, 104921. https://doi.org/10.1016/j.resconrec.2020.104921

Schermer, M. (2015). From "Food from Nowhere" to "Food from Here:" changing producer-consumer relations in Austria. Agriculture and Human Values, 32(1), 121–132. https://doi.org/10.1007/s10460-014-9529-z

Schermer, M., Stotten, R., Strasser, U., Meißl, G., Marke, T., Förster, K., & Formayer, H. (2018). The Role of Transdisciplinary Research for Agricultural Climate Change Adaptation Strategies. Agronomy, 8(11), 237. https://doi.org/10.3390/agronomy8110237

Schlatzer, M., Lindenthal, T., Kromp, B., & Roth, K. (2017). Nachhaltige Lebensmittelversorgung für die Gemeinschaftsverpflegung der Stadt Wien. Wiener Umweltschutzabteilung – MA 22. https://docplayer.org/72116244-Nachhaltige-lebensmittelversorgung-fuer-die-gemeinschaftsverpflegung-der-stadt-wien.html

Schmalz, S. (2020). Plädoyer für selektive De-Globalisierung. Luxemburg online. https://www.zeitschrift-luxemburg.de/selektive-de-globalisierung/

Schmidt, B. (2015). Ernährung, Landwirtschaft und Migration: Der Protest osteuropäischer Erntehelfer*innen in den Gemüsefeldern Nordtirols [Masterarbeit]. Universität Wien. Fakultät für Sozialwissenschaften.

Schmitt, E., Galli, F., Menozzi, D., Maye, D., Touzard, J.-M., Marescotti, A., Six, J., & Brunori, G. (2017). Comparing the sustainability of local and global food products in Europe. Journal of Cleaner Production, 165, 346–359. https://doi.org/10.1016/j.jclepro.2017.07.039

Schrode, A., Mueller, L. M., Wilke, A., Fesenfeld, L. P., Ernst, J., Jacob, K., Graaf, L., Mahlkow, N., Späth, P., & Peters, D. (2019). Transformation des Ernährungssystems: Grundlagen und Perspektiven. Umweltbundesamt. https://www.umweltbundesamt.de/publikationen/transformation-des-ernaehrungssystems-grundlagen

Schuh, B., Dax, T., Andronic, C., Derszniak-Noirjean, M., Gaupp-Berghausen, M., Hsiung, C. H., Münch, A., Machold, I., Schroll, K., & Brkanovic, S. (2020). The challenge of land bandonment after 2020 and options for mitigating measures. European Parliament, Policy Department for Structural and Cohesion Policies.

Schunko, C., Grasser, S., & Vogl, C. R. (2012). Intracultural variation of knowledge about wild plant uses in the Biosphere Reserve Grosses Walsertal (Austria). Journal of Ethnobiology and Ethnomedicine, 8(1), 23. https://doi.org/10.1186/1746-4269-8-23

Schwindenhammer, S. (2016). Siegelklarheit oder Laber-Hypertrophie? Potenzial und Grenzen von Standards für den Konsum von Bio-Lebensmitteln im europäischen und deutschen Kontext. In K. Jantke, F. Lottermoser, J. Reinhardt, D. Rothe, & J. Stöver (Hrsg.), Nachhaltiger Konsum: Institutionen, Instrumente, Initiativen (AC13420745; 1. Auflage). Nomos.

Scollan, N., Padel, S., Halberg, N., Hermansen, J., Nicholas, P., Rinne, M., Zanoli, R., Zollitsch, W., & Lauwers, L. (2017). Organic and Low-Input Dairy Farming: Avenues to Enhance Sustainability and Competitiveness in the EU. EuroChoices, 16(3), 40–45. https://doi.org/10.1111/1746-692X.12162

Seferidi, P., Scrinis, G., Huybrechts, I., Woods, J., Vineis, P., & Millett, C. (2020). The neglected environmental impacts of ultra-processed foods. The Lancet Planetary Health, 4(10), 437–438. https://doi.org/10.1016/S2542-5196(20)30177-7

Seufert, V., & Ramankutty, N. (2017). Many shades of gray – The context-dependent performance of organic agriculture. Science Advances, 3, e1602638. https://doi.org/10.1126/sciadv.1602638

Sonnino, R., Tegoni, C. L. S., & De Cunto, A. (2019). The challenge of systemic food change: Insights from cities. Cities, 85, 110–116. https://doi.org/10.1016/j.cities.2018.08.008

Spahlholz, J., Baer, N., König, H.-H., Riedel-Heller, S. G., & Luck-Sikorski, C. (2016). Obesity and discrimination – a systematic review and meta-analysis of observational studies. Obesity Reviews, 17(1), 43–55. https://doi.org/10.1111/obr.12343

Spiller, A., & Nitzko, S. (2015). Peak meat: The role of meat in sustainable consumption. In L. A. Reisch & J. Thogersen (Hrsg.), Handbook of Research on Sustainable Consumption (S. 192–208). Edward Elgar.

Springmann, M., Clark, M., Mason-D'Croz, D., Wiebe, K., Bodirsky, B. L., Lassaletta, L., de Vries, W., Vermeulen, S. J., Herrero, M., Carlson, K. M., Jonell, M., Troell, M., DeClerck, F., Gordon, L. J., Zurayk, R., Scarborough, P., Rayner, M., Loken, B., Fanzo, J., … Willett, W. (2018). Options for keeping the food system within environmental limits. Nature, 562(7728), 519–525. http://dx.doi.org/10.1038/s41586-018-0594-0

Statistik Austria. (2021). Versorgungsbilanzen. https://www.statistik.at/web_de/statistiken/wirtschaft/land_und_forstwirtschaft/preise_bilanzen/versorgungsbilanzen/index.html

Stein, A. J., & Santini, F. (2021). The sustainability of "local" food: A review for policy-makers. Review of Agricultural, Food and Environmental Studies, 1–13. https://doi.org/10.1007/s41130-021-00148-w

Striebig, B., Smitts, E., & Morton, S. (2019). Impact of Transportation on Carbon Dioxide Emissions from Locally vs. Non-locally Sourced Food. Emerging Science Journal, 3(4), 222–234. https://doi.org/10.28991/esj-2019-01184

Stürmer, B., Schmidt, J., Schmid, E., & Sinabell, F. (2013). Implications of agricultural bioenergy crop production in a land constrained economy – The example of Austria. Land Use Policy, 30(1), 570–581. https://doi.org/10.1016/j.landusepol.2012.04.020

Taylor, M. (2017). Climate Smart Agriculture: What is it Good For? Journal of Peasant Studies, 45(1), 89–107. https://doi.org/10.1080/03066150.2017.1312355

Thaler, S., Zessner, M., Weigl, M., Rechberger, H., Schilling, K., & Kroiss, H. (2015). Possible implications of dietary changes on nutrient fluxes, environment and land use in Austria. Agricultural Systems, 136, 14–29. https://doi.org/10.1016/j.agsy.2015.01.006

Theurl, M. C., Haberl, H., Erb, K.-H., & Lindenthal, T. (2014). Contrasted greenhouse gas emissions from local versus long-range tomato production. Agronomy for Sustainable Development, 34(3), 593–602. https://doi.org/10.1007/s13593-013-0171-8

Theurl, M. C., Hörtenhuber, S. J., Lindenthal, T., & Palme, W. (2017). Unheated soil-grown winter vegetables in Austria: Greenhouse gas emissions and socio-economic factors of diffusion potential. Journal of Cleaner Production, 151, 134–144. https://doi.org/10.1016/j.jclepro.2017.03.016

Theurl, M. C., Lauk, C., Kalt, G., Mayer, A., Kaltenegger, K., Morais, T. G., Teixeira, R. F. M., Domingos, T., Winiwarter, W., Erb, K.-H., & Haberl, H. (2020). Food systems in a zero-deforestation world: Dietary change is more important than intensification for climate targets in 2050. Science of The Total Environment, 735, 139353. https://doi.org/10.1016/j.scitotenv.2020.139353

Treich, N. (2021). Cultured Meat: Promises and Challenges. Environmental & Resource Economics, 1–29. https://doi.org/10.1007/s10640-021-00551-3

Tubiello, F. N., Rosenzweig, C., Conchedda, G., Karl, K., Gütschow, J., Xueyao, P., Obli-Laryea, G., Wanner, N., Qiu, S. Y., Barros, J. D., Flammini, A., Mencos-Contreras, E., Souza, L., Quadrelli, R., Heiðarsdóttir, H. H., Benoit, P., Hayek, M., & Sandalow, D. (2021). Greenhouse gas emissions from food systems: Building the evidence base. Environmental Research Letters, 16(6), 65007. https://doi.org/10.1088/1748-9326/ac018e

Umweltbundesamt. (2021). Klimaschutzbericht 2021. Umweltbundesamt (UBA). https://www.umweltbundesamt.at/fileadmin/site/publikationen/rep0776.pdf

UNEP. (2014). Prevention and reduction of food and drink waste in businesses and households. Guidance for governments, local authorities, businesses and other organisations. https://ec.europa.eu/food/system/files/2019-05/fw_lib_fwp-guide_unep-fao-wrap-2014.pdf

Valin, H., Havlík, P., Mosnier, A., Herrero, M., Schmid, E., & Obersteiner, M. (2013). Agricultural productivity and greenhouse gas emissions: Trade-offs or synergies between mitigation and food security? Environmental Research Letters, 8(3), 35019. https://doi.org/10.1088/1748-9326/8/3/035019

van der Ploeg, J. D., Barjolle, D., Bruil, J., Brunori, G., Costa Madureira, L. M., Dessein, J., Drąg, Z., Fink-Kessler, A., Gasselin, P., Gonzalez de Molina, M., Gorlach, K., Jürgens, K., Kinsella, J., Kirwan, J., Knickel, K., Lucas, V., Marsden, T., Maye, D., Migliorini, P., … Wezel, A. (2019). The economic potential of agroecology: Empirical evidence from Europe. Journal of Rural Studies, 71, 46–61. https://doi.org/10.1016/j.jrurstud.2019.09.003

van Hal, O., Boer, I. J. M., Müller, A., De Vries, S., Erb, K.-H., Schader, C., Gerrits, W., & Zanten, H. (2019). Upcycling food leftovers and grass resources through livestock: Impact of livestock system and productivity. Journal of Cleaner Production, 219. https://doi.org/10.1016/j.jclepro.2019.01.329

Vanderroost, M., Ragaert, P., Devlieghere, F., & De Meulenaer, B. (2014). Intelligent food packaging: The next generation. Trends in Food Science & Technology, 39(1), 47–62. https://doi.org/10.1016/j.tifs.2014.06.009

Vega Mejía, N., Ponce Reyes, R., Martinez, Y., Carrasco, O., & Cerritos, R. (2018). Implications of the Western Diet for Agricultural Production, Health and Climate Change. Frontiers in Sustainable Food Systems, 2, 88. https://doi.org/10.3389/fsufs.2018.00088

Vittersø, G., & Tangeland, T. (2015). The role of consumers in transitions towards sustainable food consumption. The case of organic food in Norway. Journal of Cleaner Production, 92, 91–99. https://doi.org/10.1016/j.jclepro.2014.12.055

Vogel, C. (2022). Nachhaltige Lieferkettengestaltung im Lebensmitteleinzelhandel. ifo Schnelldienst, 75(1), 69–72.

Vogl, C. R., Vogl-Lukasser, B., & Walkenhorst, M. (2016). Local knowledge held by farmers in Eastern Tyrol (Austria) about the use of plants to maintain and improve animal health and welfare. Journal of Ethnobiology and Ethnomedicine, 12(1), Article 1. https://doi.org/10.1186/s13002-016-0104-0

Walder, P., & Kantelhardt, J. (2018). The Environmental Behaviour of Farmers – Capturing the Diversity of Perspectives with a Q Methodological Approach. Ecological Economics, 143, 55–63. https://doi.org/10.1016/j.ecolecon.2017.06.018

Wang, L., Cui, S., Hu, Y., O'Connor, P., Gao, B., Huang, W., Zhang, Y., & Xu, S. (2021). The co-benefits for food carbon footprint and overweight and obesity from dietary adjustments in China. Journal of Cleaner Production, 289, 125675. https://doi.org/10.1016/j.jclepro.2020.125675

Wansink, B., & van Ittersum, K. (2013). Portion size me: Plate-size induced consumption norms and win-win solutions for reducing food intake and waste. Journal of Experimental Psychology: Applied, 19(4), 320–332. https://doi.org/10.1037/a0035053

Warde, A. (2016). The Practice of Eating (1. Aufl.). Polity.

WBAE, Renner, B., Voget-Kleschin, L., Arens-Azevedo, U., Balmann, A., Biesalski, H. K., Birner, R., Bokelmann, W., Christen†, O., Gauly, M., Grethe, H., Latacz-Lohmann, U., Martínez, J., Nieberg, H., Pischetsrieder, M., Qaim, M., Schmid, J. C., Taube, F., & Weingarten, P. (2020). Politik für eine nachhaltigere Ernährung: Eine integrierte Ernährungspolitik entwickeln und faire Ernährungsbedingungen gestalten. Gutachten des Wissenschaftlichen Beirats für Agrarpolitik, Ernährung und gesundheitlichen Verbraucherschutz (WBAE) beim BMEL. Wissenschaftlicher Beirat für Agrarpolitik, Ernährung und gesundheitlichen Verbraucherschutz beim BMEL. https://buel.bmel.de/index.php/buel/article/view/308

WBGU (Hrsg.). (2011). Welt im Wandel: Gesellschaftsvertrag für eine Große Transformation ; Zusammenfassung für Entscheidungsträger. Wiss. Beirat der Bundesregierung Globale Umweltveränderungen (WBGU).

Weis, T. (2013). The meat of the global food crisis. The Journal of Peasant Studies, 40(1), 65–85. https://doi.org/10.1080/03066150.2012.752357

Westhoek, H., Lesschen, J. P., Rood, T., Wagner, S., De Marco, A., Murphy-Bokern, D., Leip, A., van Grinsven, H., Sutton, M. A., & Oenema, O. (2014). Food choices, health and environment: Effects of cutting Europe's meat and dairy intake. Global Environmental Change, 26, 196–205. https://doi.org/10.1016/j.gloenvcha.2014.02.004

Wezel, A., Bellon, S., Doré, T., Francis, C., Vallod, D., & David, C. (2009). Agroecology as a science, a movement and a practice. A review. Agronomy for Sustainable Development, 29(4), 503–515. https://doi.org/10.1051/agro/2009004

Widenhorn, A., & Salhofer, K. (2014a). Price Sensitivity Within and Across Retail Formats. Agribusiness (New York, N.Y.), 30(2), 184–194. https://doi.org/10.1002/agr.21352

Widenhorn, A., & Salhofer, K. (2014b). Using a Generalized Differenced Demand Model to Estimate Price and Expenditure Elasticities for Milk and Meat in Austria. German Journal of Agricultural Economics, 63(2), 109–124. https://doi.org/10.22004/ag.econ.253154

Willett, W., Rockström, J., Loken, B., Springmann, M., Lang, T., Vermeulen, S., Garnett, T., Tilman, D., DeClerck, F., Wood, A., Jonell, M., Clark, M., Gordon, L. J., Fanzo, J., Hawkes, C., Zurayk, R., Rivera, J. A., Vries, W. D., Sibanda, L. M., ... Murray, C. J. L. (2019). Food in the Anthropocene: The EAT-Lancet Commission on healthy diets from sustainable food systems. The Lancet, 393(10170), 447–492. https://doi.org/10.1016/S0140-6736(18)31788-4

Wilson, G. A., Schermer, M., & Stotten, R. (2018). The resilience and vulnerability of remote mountain communities: The case of Vent, Austrian Alps. Land Use Policy, 71, 372–383. https://doi.org/10.1016/j.landusepol.2017.12.022

Winter, S., Penker, M., & Kriechbaum, M. (2011). Integrating farmers' knowledge on toxic plants and grassland management: A case study on Colchicum autumnale in Austria. Biodiversity and Conservation, 20(8), 1763–1787. https://doi.org/10.1007/s10531-011-0060-x

Winterberg, L. (2020). Fragile Ernährungskulturen im Spiegel der Corona-Pandemie. In M. Volkmer & K. Werner (Hrsg.), Die Corona-Gesellschaft: Analysen zur Lage und Perspektiven für die Zukunft (AC15722502). transcript. https://doi.org/10.14361/9783839454329

Wirsenius, S., Hedenus, F., & Mohlin, K. (2010). Greenhouse gas taxes on animal food products: Rationale, tax scheme and climate mitigation effects. Climatic change, 108(ISSN: 0165-0009), 159–184. https://doi.org/10.1007/s10584-010-9971-x

Wüstemann, H., Bonn, A., Albert, C., Bertram, C., Biber-Freudenberger, L., Dehnhardt, A., Döring, R., Elsasser, P., Hartje, V., Mehl, D., Kantelhardt, J., Rehdanz, K., Schaller, L., Scholz, M., Thrän, D., Witing, F., & Hansjürgens, B. (2017). Synergies and trade-offs between nature conservation and climate policy: Insights from the "Natural Capital Germany – TEEB DE" study. Ecosystem Services, 24, 187–199.

Zessner, M., Helmich, K., Thaler, S., Weigl, M., Wagner, K. H., Haider, T., Mayer, M. M., & Heigl, S. (2011). Ernährung und Flächennutzung in Österreich. Österreichische Wasser- und Abfallwirtschaft, 63(5–6), 95–104. https://doi.org/10.1007/s00506-011-0293-7

Zoboli, O., Zessner, M., & Rechberger, H. (2016). Supporting phosphorus management in Austria: Potential, priorities and limitations. Science of The Total Environment, 565, 313–323. https://doi.org/10.1016/j.scitotenv.2016.04.171

Zulka, K. P., & Götzl, M. (2015). Ecosystem Services: Pest Control and Pollination. In K. W. Steininger (Hrsg.), Economic evaluation of climate change impacts: Development of a cross-sectoral framework and results for Austria (S. 169–190). Springer.

Kapitel 6. Mobilität

Koordinierende_r Leitautor_in
Harald Frey

Leitautor_innen
Tadej Brezina und Günter Emberger

Revieweditor
Roger Keil

Zitierhinweis
Frey, H., T. Brezina und G. Emberger (2023): Mobilität. In: APCC Special Report: Strukturen für ein klimafreundliches Leben (APCC SR Klimafreundliches Leben) [Görg, C., V. Madner, A. Muhar, A. Novy, A. Posch, K. W. Steininger und E. Aigner (Hrsg.)]. Springer Spektrum: Berlin/Heidelberg.

Kernaussagen des Kapitels
- Die Pkw-Nutzung, gemessen in durchschnittlicher zurückgelegter Tagesentfernungen, sowie der Motorisierungsgrad (Pkw/1000 Einwohner_innen) nehmen in ruralen und suburbanen Regionen weiter zu. Trendverlangsamungen bzw. Trendumkehren sind nur in einigen Landeshauptstädten feststellbar. (hohe Übereinstimmung, starke Literaturbasis)
- Der Verkehrssektor verursacht als einziger Sektor noch immer steigende Treibhausgasemissionen. (hohe Übereinstimmung, starke Literaturbasis)
- Technische, die Effizienz erhöhende Maßnahmen, wie zum Beispiel der Umstieg auf E-Mobilität oder alternative Treibstoffe, reichen nicht aus, um die Klimaziele im Verkehrssektor zu erreichen. (hohe Übereinstimmung, starke Literaturbasis)
- Das Verhalten der Verkehrsteilnehmer_innen wird maßgeblich von den bereitgestellten Strukturen (Infrastrukturen, ordnungspolitischen und monetären Strukturen) beeinflusst. (hohe Übereinstimmung, starke Literaturbasis)
- Das Verkehrsverhalten beeinflussende Maßnahmen, wie die Einführung von Kostenwahrheit für alle Verkehrsträger, Infrastrukturumgestaltung für den Umweltverbund zulasten des Autoverkehrs, Tempolimits, flächendeckende Parkraumbewirtschaftung etc., sind für eine flächendeckende Trendumkehr bezüglich Treibhausgasemissionen notwendig. (hohe Übereinstimmung, starke Literaturbasis)
- Eine zielgerichtete Planung, Beschluss, Umsetzung und Monitoring nachweislich effizienzgeprüfter Maßnahmen auf allen Verwaltungsebene (EU, Bund, Länder und Gemeinden) ist Voraussetzung für eine Dekarbonisierung der Mobilität. (hohe Übereinstimmung, starke Literaturbasis)

6.1 Status quo, Herausforderungen und notwendige Veränderungen

Räumliche Mobilität war und ist immer mit Energieaufwand verbunden. Mit der Nutzung externer Energiequellen und neuen Antriebstechnologien erhöhten sich die Systemgeschwindigkeiten und damit die zurückgelegten Entfernungen im Verkehrssystem (Knoflacher, 1996) (hohe Übereinstimmung & starke Beweislage). Räumliche Funktionstrennung und Aspekte wie Zersiedelung waren und sind die Folge (Knoflacher, 1997) (mittlere Übereinstimmung & starke Beweislage). Maßgeblich für die Veränderung der Verkehrsmittelwahl und dem Anstieg des Verkehrsaufwandes weg vom so genannten Umweltverbund (Fuß, Rad, öffentlicher Verkehr) hin zum motorisierten Individualverkehr ist die massiv ausgebaute Infrastruktur für den Kfz-Verkehr (Knoflacher, 2007) (Goodwin & Noland, 2003) (Noland & Lem, 2002) (hohe Übereinstimmung & starke Beweislage).

Der Verkehr ist eine der größten Herausforderungen für die österreichische Klima- und Energiepolitik (EASAC, 2019; Kurzweil et al., 2019) (hohe Übereinstimmung & starke Beweislage). Die Treibhausgasemissionen aus dem Verkehrssektor machen einen signifikanten Anteil an den gesamten Treibhausgasemissionen aus (rund 30 Prozent im Jahr 2019) (Anderl et al., 2021). Seit 1990 ist in diesem Sektor eine Zunahme der Treibhausgase um rund 74,4 Prozent zu verzeichnen (Anderl et al., 2021). Im Jahr 2019 erreichten diese, im Wesentlichen verursacht durch den Anstieg der Fahrleistung im Straßenverkehr, mit 24,0 Megatonnen CO_2-Äquivalent beinahe wieder den bisherigen Höchstwert aus dem Jahr 2005 (Umweltbundesamt, 2021b). Hinzu kommen rund 3,0 Megatonnen CO_2 durch den internationalen Flugverkehr, welcher trotz hoher Bedeutung nicht in der österreichischen Klimabilanz aufscheint (Anderl et al., 2021).[1] Die sektorale Höchstmenge nach dem Klimaschutzgesetz für das Jahr 2019 wurde im Verkehr, so wie bereits in den Jahren zuvor, überschritten (Anderl et al., 2021). Als emissionsstärkster Sektor mit einem Anteil der Gesamtemissionen von 47,3 Prozent außerhalb des Emissionshandels (Anderl et al., 2020) stellen Maßnahmen in diesem Sektor einen wichtigen Schritt für die Erreichung der Ziele des Pariser Klimaabkommens und einer Dekarbonisierung dar (Kirchengast et al., 2019).

Hauptemittent ist der Straßenverkehr, der rund 99 Prozent der Treibhausgasemissionen des gesamten Verkehrssektors ausmacht. Etwa 63 Prozent der Treibhausgasemissionen des gesamten Straßenverkehrs sind dem Pkw-Verkehr zuzuordnen, wobei dessen Emissionen zwischen 1990 und 2019 um 60 Prozent angestiegen sind. Besonders die Entwicklung der Diesel-Pkw zeigt einen sehr starken Anstieg: Von 1990 bis 2019 sind die Treibhausgasemissionen um rund 578 Prozent gestiegen (Anderl et al., 2021).

Der Anteil des Personenverkehrs auf der Straße (Pkw, Busse, Mofas, Motorräder) an den gesamten nationalen Treibhausgasemissionen beträgt knapp 19 Prozent; der des Straßengüterverkehrs rund 11 Prozent. Die restlichen Treibhausgasemissionen des Verkehrssektors verteilen sich auf Emissionen von Bahn-, Schiff- und nationalem Flugverkehr sowie aus mobilen militärischen Geräten (Anderl et al., 2021).

Die Treibhausgasemissionen im Straßengüterverkehr sind zwischen 1990 und 2019 um 112 Prozent gestiegen. 37 Prozent der Emissionen entfielen auf den Güterverkehr, der schwere und leichte Nutzfahrzeuge umfasst (Anderl et al., 2021).

6.1.1 PKW-Wege und Motorisierungsgrad nehmen zu

Im Personenverkehr wurden im Jahr 2014 an Werktagen 58 Prozent aller Wege im Pkw zurückgelegt (Follmer et al., 2016), im Jahr 1995 rund 51 Prozent und 1983 rund 42 Prozent (Sammer, 1990) (Herry et al., 2012). Ist am Arbeitsort ein Abstellplatz vorhanden, werden 82 Prozent aller Arbeitswege mit dem Pkw zurückgelegt (Follmer et al., 2016). Die Tagesweglänge hat seit 1995 um 21 Prozent zugenommen (Follmer et al., 2016). Dies ist unter anderem auf die Entwicklung dezentraler Siedlungsstrukturen und die funktionale Entmischung von Wohnen, Einkaufen, Arbeiten, Ausbildung und Freizeit zurückzuführen (Follmer et al., 2016; Herry et al., 2012). Der Motorisierungsgrad hat seit 2000 um mehr als 10 Prozent auf 562 Pkw je 1000 Einwohner_innen zugenommen (Statistik Austria, 2019a, 2019b).

Bei der Motorisierung zeigt sich eine weitgehend proportionale Zunahme der CO_2-Emissionen mit der steigenden Fahrzeugleistung. Zwar sinkt der Anteil neuer Diesel-Pkw seit dem Jahr 2017 und die Neuzulassungen reinelektrischer Pkw (BEV) steigen kontinuierlich an (Anderl et al., 2021). Mit Dezember 2021 gab es in Österreich 76.539 elektrisch betriebene Pkw bei mehr als 5,1 Millionen zugelassenen Pkw (Statistik Austria, 2022). Auch die durchschnittliche Motorleistung bei neu zugelassenen Fahrzeugen steigt seit dem Jahr 2000 an (Anderl, Gössl, et al., 2019). Gemäß CO_2-Monitoring stiegen die CO_2-Emissionen von in Österreich im Jahr 2019 neu zugelassenen Pkw von 123,1 Gramm/Kilometer auf 125,5 Gramm/Kilometer zum dritten Mal in Folge (Anderl et al., 2021). Über die gesamte Pkw-Flotte gerechnet lagen die realen durchschnittlichen CO_2-Emissionen je Kilometer im Jahr 2019 bei 166,98 Gramm (Anderl et al., 2021).

6.1.2 Energieaufwand und Verkehrsleistung steigen

Im Jahr 2018 betrug der Energieeinsatz im Verkehr (inklusive Kraftstoffexport) 401 Petajoule (PJ) und hat sich demnach gegenüber dem Jahr 1990 beinahe verdoppelt (Statistik Austria, 2021). Mehr als 90 Prozent des Energieeinsatzes ist dabei von Erdöl abhängig (Statistik Austria, 2021).

Die gesamte Verkehrsleistung im Personenverkehr über alle Verkehrsmodi hat zwischen den Jahren 1990 bis 2019

---

[1] Die nach internationalen Berichtspflichten berechneten Flugemissionen enthalten keine klimarelevanten Auswirkungen, die in Abhängigkeit von den äußeren Umständen in großer Höhe (ab neun Kilometern über dem Meeresspiegel) aufgrund physikalischen und chemischen Zusammenwirkens mit der Atmosphäre wissenschaftlich belegbar sind. Diese Klimawirksamkeit hängt neben der Flughöhe auch vom Zustand der Atmosphäre zum Durchflugszeitpunkt ab und könnte – vereinfacht gesagt – mit einem Faktor als Aufschlag auf die direkten Flugverkehrsemissionen eingerechnet werden. Dieser Faktor beschreibt eine zusätzliche CO_2-Wirksamkeit als Änderung der Energiebilanz im System Erde–Atmosphäre, verursacht durch eine Störung, wie beispielsweise Treibhausgasemissionen des Flugverkehrs eine solche darstellen. Innerhalb einer Spannbreite, beginnend bei 1 (nicht berücksichtigte Auswirkungen) über 2,7 (IPCC-gemittelter Schätzwert für alle Kurz- und Langstreckenflüge) bis hin zu 4 (obere Grenze nach IPCC) werden unterschiedliche Faktoren mit unterschiedlichen Überlegungen, Unsicherheiten und Begründungen angenommen (IPCC, 1999) (Fischer et al., 2009).

THG-Emissionen des Verkehrssektors 1990–2019

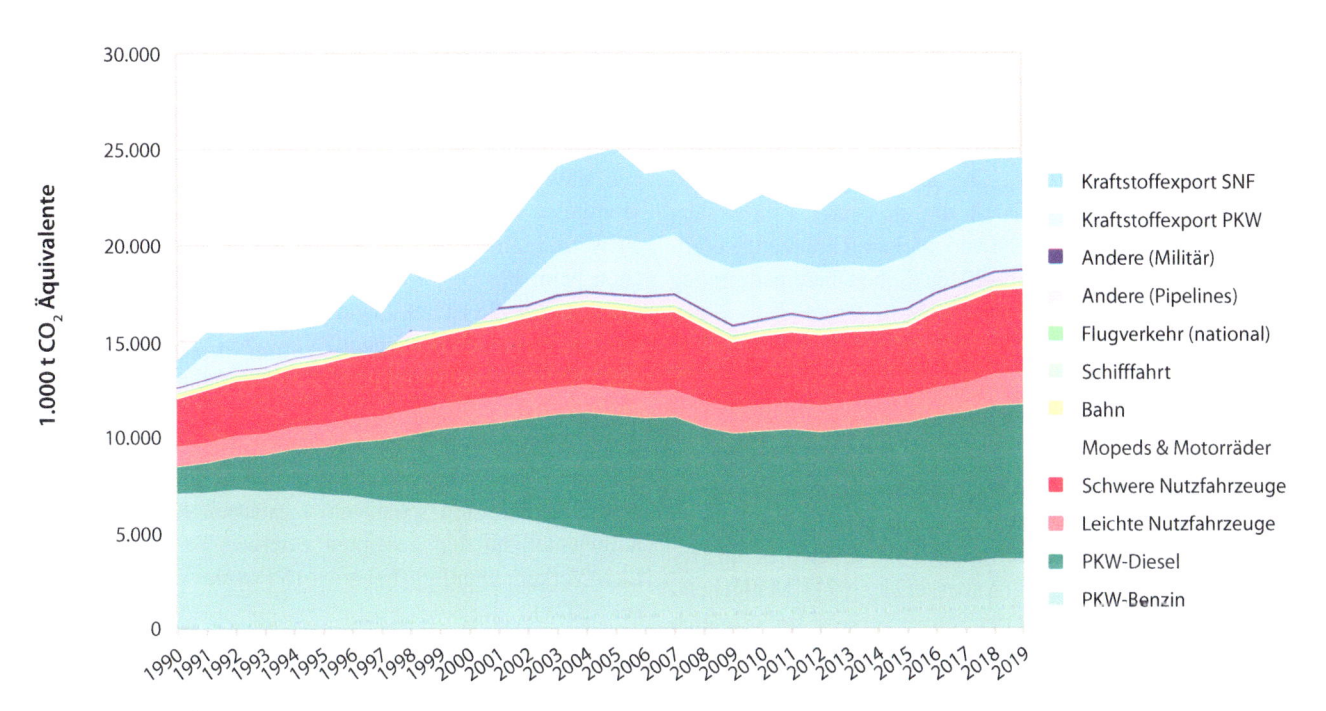

Abb. 6.1 THG-Emissionen des Verkehrssektors (in 1000 Tonnen CO_2-Äquivalent) (Umweltbundesamt, 2021b). Anmerkung: Nicht dem Transportsektor zugerechnet sind Emissionen aus mobilen Geräten und Maschinen (Traktoren, Baumaschinen) sowie der internationale Luftverkehr. (Quelle: Umweltbundesamt, 2021b. Einteilung entsprechend CRF-Format des Kyoto-Protokolls)

Tab. 6.1 Hauptverursacher der Treibhausgasemissionen des Verkehrssektors (in 1000 Tonnen CO_2-Äquivalent). (Anderl et al., 2021)

Hauptverursacher	1990	2005	2018	2019	Veränderung 2018–2019 %	Veränderung 1990–2019 %	Anteil an den gesamten Emissionen 2019 %
Straßenverkehr	13.466	24.262	23.560	23.654	+0,4	+75,7	+29,6
Davon Güterverkehr (schwere und leichte Nutzfahrzeuge)	4125	9656	8644	8743	+1,2	+112,0	11,0
Davon Personenverkehr (Pkw, Mofas, Busse, Motorräder)	9341	14.606	14.917	14.911	−0,04	+59,6	18,7

von 76,7 auf 115,3 Milliarden Personenkilometer (plus 50 Prozent) zugenommen (Anderl et al., 2021). Sowohl 1990 als auch 2019 wurde der Großteil (rund 70 Prozent) der Personenkilometer mit dem Pkw zurückgelegt (Anderl et al., 2021). Zwischen 2000 und 2017 ist die Personenverkehrsleistung in Österreich um rund 23 Prozent und damit mehr als doppelt so schnell wie die Bevölkerung im selben Zeitraum gewachsen (Anderl et al., 2020). Zudem ist der durchschnittliche Besetzungsgrad für Pkw über alle Wege seit dem Jahr 1990 von 1,4 auf 1,14 Personen gesunken (Anderl et al., 2021). Während die Fahrleistung und somit auch der Energieeinsatz und die Treibhausgasemissionen der mit Benzin betriebenen Pkw seit 1990 zurückgegangen sind, ist die Fahrleistung der Diesel-Pkw im Vergleich zum Jahr 1990 fast siebenmal so hoch (Anderl, Geiger, et al., 2019). Dabei sind die CO_2-Äquivalent-Emissionen (in Gramm/Personenkilometer) des Pkw-Verkehrs insgesamt 17-mal höher als die der Bahn (inklusive direkter und vorgelagerter Emissionen; durchschnittlicher Besetzungsgrade, österreichischer Strommix) (Umweltbundesamt, 2021a).

Die Transportleistung im Güterverkehr ist stark an die Wirtschaftsleistung gekoppelt und stieg zwischen den Jahren 1990 und 2018 um 149 Prozent auf 84,3 Milliarden Tonnenkilometer (Tkm) an (Anderl et al., 2021). 73 Prozent dieser Transportleistung wurden 2019 auf der Straße erbracht (Anderl et al., 2021). Die Lkw-Fahrleistung im Inland (leichte und schwere Nutzfahrzeuge) stieg seit 1990 um rund 91 Prozent, die Transportleistung (Tkm) um 168 Prozent (Anderl et al., 2020). Im gleichen Zeitraum hat sich der relative Anteil der Bahn am Modal Split des gesamten Gütertransportes von 34 Prozent auf 27 Prozent reduziert (Anderl et al., 2021).

6.1.3 Steigende Fahrleistung kompensiert Effizienzgewinne

Der erforderliche Energieeinsatz je Kilometer hat sich zwischen 2005 und 2017 im Segment der Pkw um 7 Prozent und bei den schweren Nutzfahrzeugen um 4 Prozent reduziert (Umweltbundesamt, 2019). Die technologische Effizienzsteigerung wird jedoch durch die steigende Fahrleistung sowie den Trend zu größeren und stärkeren Fahrzeugen teilweise kompensiert (Helmers, 2015) (hohe Übereinstimmung & starke Beweislage).

6.1.4 Kraftstoffexporte

Im Jahr 2019 wurden 24 Prozent der Treibhausgasemissionen aus dem Straßenverkehr dem Kraftstoffexport in Fahrzeugtanks zugewiesen (im Jahr 2019 waren dies 5,8 Megatonnen CO_2-Äquivalent) (Anderl et al., 2021). Maßgebend für den Kraftstoffexport ist der Schwerverkehr. Im Vergleich zu 1990 sind die Treibhausgasemissionen des Kraftstoffexports aufgrund zunehmender Preisdifferenzen zum Ausland heute ca. um den Faktor 4 höher (Anderl et al., 2021).

6.1.5 Alternative Antriebe

Im Verkehrssektor ist der Technologieumstieg ein Baustein zur Erreichung der Klimaziele (hohe Übereinstimmung & starke Beweislage). Die Zahl der Neuzulassungen von alternativ angetriebenen Pkw steigt deutlich an. Im Jahr 2020 waren 6,4 Prozent aller neu zugelassenen Pkw (Fahrzeugklasse M1) batterieelektrische Fahrzeuge (BEV) und damit lokal CO_2-frei (Anderl et al., 2021). Der Einsatz von alternativen Antrieben ist auch bei der Bahn Thema (Wasserstoffzug) und wird für zukünftige Entwicklungen (z. B. Entwicklung des Bahn-Zielnetzes) berücksichtigt (ÖBB, 2020).

6.1.6 Externe Kosten – keine Kostengerechtigkeit, Internalisierung

Als externe Kosten gelten die bei gesamtwirtschaftlicher Betrachtung einzubeziehenden Kosten durch Verkehr, die nicht von der Verursacherin/vom Verursacher bezahlt werden, sondern der Gesellschaft oder Dritten aufgebürdet werden. Dazu zählen die gesellschaftlich anfallenden Kosten durch Umweltschäden wie auch durch Verkehrsstau. Gegengerechnet werden nur solche Beiträge, Abgaben und zweckgebundene Steuern der Verursacher_innen, die für die Beseitigung und Vermeidung der verursachten externen Kosten verwendet werden (Sammer & Snizek, 2021). Die Folgeschäden des Verkehrs in Österreich belaufen sich auf 19,2 Milliarden Euro jährlich (Straße: 18,3 Milliarden Euro, Schiene: 0,85 Milliarden Euro, Wasser: 0,044 Milliarden Euro) (van Essen et al., 2020).

Die spezifischen externen Kosten der Verkehrsmittel für den Personenverkehr in Österreich (Bezugsjahr 2016) zeigen, dass der Pkw dreimal so hohe Kosten wie der Bus und viermal so hohe Kosten wie die elektrisch betriebene Bahn aufweist (Sammer & Snizek, 2021). Die Klimakosten machen beim Pkw etwa 15 Prozent der externen Kosten aus. Dies gilt für die EU28, länderweise liegen keine Ergebnisse vor. Die elektrisch betriebene Bahn weist keine Klimakosten auf. Die Fahrzeugherstellung ist nicht beinhaltet (Sammer & Snizek, 2021).

Im Güterverkehr schneidet die Schifffahrt mit niedrigen Kosten je Tonnenkilometer am besten ab, der Lkw-Verkehr weist die höchsten spezifischen externen Kosten auf. Der Klimaanteil an den gesamten externen Kosten liegt beim Lkw-Verkehr ebenfalls bei etwa 15 Prozent (Sammer & Snizek, 2021).

Eine verursachergerechte Zuordnung der tatsächlich anfallenden Kosten für alle Verkehrsträger ist dringend notwendig, damit der Verkehr mit dem jeweils kostengünstigsten und ressourcenschonendsten Verkehrsmittel stattfindet (FSV, 2021) (hohe Übereinstimmung & starke Beweislage).

6.1.7 Flugverkehr

Derzeit werden nur inländische Flüge mit Start und Landung in Österreich den gesamten nationalen Treibhausgasemissionen zugerechnet. Deshalb betragen die nationalen Flugbewegungen nur einen Bruchteil an den gesamten Treibhausgasemissionen Österreichs (rund 0,1 Prozent bzw. 0,05 Megatonnen CO_2-Äquivalent im Jahr 2019) (Anderl et al., 2021). Die Emissionen der innereuropäischen Flüge sind seit 2012 über den Europäischen Emissionshandel (ETS) geregelt (Deutsche Emissionshandelsstelle (DEHSt), 2022). In der ersten Phase wurden 85 Prozent der Zertifikate gratis ausgegeben („Grandfathering"). Die Treibhausgasemissionen grenzüberschreitender Flüge mit Start oder Landung in Österreich sind seit 1990 von 0,9 Millionen Tonnen auf rund 3,0 Millionen Tonnen gestiegen und damit am stärksten von allen Verkehrsträgern (Anderl et al., 2021). Darüber hinaus ist die Klimawirkung aller Emissionen aus dem Flugverkehr rund dreimal so hoch wie jene des CO_2 (ERF effective radiative forcing) (Lee et al., 2021) (hohe Übereinstimmung & starke Beweislage).

Rund 40 Prozent aller Flüge vom Flughafen Wien-Schwechat waren im Jahr 2016 kürzer als 800 Kilometer (VCÖ, 2020). Im Flugverkehr besteht keine Mineralölsteuer für Kerosin und auch keine Energieabgabe (Kirchengast et al., 2019). Seit dem Jahr 2011 gibt es in Österreich eine

Tab. 6.2 Vergleich spezifischer Kosten der Verkehrsmittel für den Personenverkehr in Euro-Cent (€-ct) je Personenkilometer (Pkm) nach Klimakosten und gesamten externen Kosten in Österreich. (Sammer & Snizek, 2021)

	Pkw	Bus	Bahn elektrisch	Bahn Diesel	Flugzeug
	€-ct/Pkm	€-ct/Pkm	€-ct/Pkm	€-ct/Pkm	€-ct/Pkm
EU28 Klimakosten	1,2	0,5	–	0,3	2,1
Österreich Externe Kosten	12,8	3,8	2,9	8,4	3,4

Tab. 6.3 Vergleich spezifischer Kosten der Verkehrsmittel für den Güterverkehr in Euro-Cent (€-ct) je Tonnenkilometer (Tkm) nach Klimakosten und gesamten externen Kosten in Österreich. (Sammer & Snizek, 2021)

	Lkw	Bahn	Binnenschifffahrt
	€-ct/Tkm	€-ct/Tkm	€-ct/Tkm
EU28 Klimakosten	0,5	0,3	0,3
Österreich Externe Kosten	4,3	3,2	2,5

Flugabgabe. Seit 2020 beträgt diese im Regelfall 12 Euro je Passagier (Flugabgabegesetz, 2022).

6.1.8 Ziele

Die schrittweise Dekarbonisierung des Verkehrs bis zum Jahr 2050 folgt dem Pariser Klimaziel und soll mit der Erreichung der UN Sustainable Development Goals (SDG) bis 2030 vorbereitet werden (United Nations General Assembly, 2015). Besonders sichtbar ist das Verbesserungspotenzial des Verkehrs beim SDG 11 „Nachhaltige Städte und Gemeinden", in dem Verkehrssicherheit, Luftqualität, integrierte Siedlungsplanung und der Zugang zu leistbaren, öffentlich zugänglichen Verkehrsangeboten thematisiert werden (BKA, 2020). Diese Zielsetzungen erfordern eine tiefgreifende Mobilitätswende sowohl im Personen- als auch im Güterverkehr (Kurzweil et al., 2019). Um die EU-Green-New-Deal-Ziele zu erreichen, ist eine Reduktion der verkehrsbedingten Treibhausgasemissionen um 90 Prozent bis zum Jahr 2050 notwendig (Europäische Kommission, 2020). Demnach muss Österreich gemäß Lastenteilungsverordnung seine (verkehrsbedingten) CO_2-Emissionen bis 2030 um 48 Prozent und bis 2040 auf nahezu null Tonnen CO_2-Äquivalent reduzieren (BMK, 2021). Der Mobilitätsmasterplan 2030 für Österreich benennt dazu die verkehrsrelevanten Reduktions- und Verlagerungspotenziale und mögliche Reduktionspfade (BMK, 2021).

6.2 Barrieren und Herausforderungen

Die Barrieren und Herausforderungen für den Sektor Mobilität werden anhand von sechs Dimensionen exemplarisch beschrieben: Politik, Planung und Zeit, Ökonomie, Recht, Fahrzeugantrieb sowie das Verhalten.

6.2.1 Dimension Politik

In Österreich sind Maßnahmen zur Verringerung der klimaschädlichen Wirkungen des Verkehrs schon seit Jahren Inhalt von nationalen wie von lokalen Konzeptpapieren (z. B.: BMU, 1995; Koch, 2006; Koller et al., 1987; Land Salzburg, 2006; Strele, 2010; Telepak et al., 2015; Winkler & Oblak, 2003). Die nationalen Verkehrsmasterpläne der vergangenen Jahrzehnte sind dabei vom klassischen Dreischritt „Vermeiden, Verlagern und Verbessern" dominiert (BMVIT, 2012; BMWV, 1991; Einem, 1998), der auch international für verkehrspolitische Argumentationen herangezogen werden (EASAC, 2019). Wie das vorangegangene Unterkapitel gezeigt hat, konnte sich keiner der drei Policy-Begriffe in den verkehrsbezogenen Parameter-Zeitreihen trendwirksam niederschlagen. Weder wurden motorisierte Wege vermieden, noch konnten sie in großem Maßstab auf umweltfreundlichere und emissionsärmere Modi verlagert werden. Und auch die Verbesserung, z. B. in Form des Austausches der fossilen Antriebsaggregate von Fahrzeugen durch hybride, batterieelektrische oder wasserstoffgetriebene Modelle hinkt den ambitionierten Planfassungen hinterher. Zu beobachten ist eine zyklische Wiederkehr von Konzepten mit bestenfalls geringer Umsetzungsrate der darin ausformulierten Grundsätze und Vorhaben. Die Konzepte werden auch zyklisch evaluiert (Niedertscheider et al., 2018; Thaler et al., 2011) und ajouriert, können aber in Sachen Umsetzungsfortschritt oft nicht an den eigenen Vorgaben gemessen werden. Dafür ist über Jahrzehnte in verkehrspolitischen Veröffentlichungen ein mantraartiges Wiederholen von Schlagwörtern wie der „Verlagerung von der Straße auf die Schiene" zu beobachten. Der jüngst erschienene Mobilitätsmasterplan 2030 (BMK, 2021) weicht von bisheriger Praxis ab und verwendet den Ansatz eines Backcastings vom gewünschten Zustand im Zieljahr 2040 – Klimaneutralität des Verkehrssektors – in die Gegenwart. Der oben benannte Dreischritt „Vermeiden, Verlagern und Verbessern" wird in zwei Dimensionen adaptiert: Erstens werden die Begriffe pyramidal aufeinander aufbauend verstanden – Vermeidung ist bedeutender als Verlagerung ist bedeutender als Verbesserung. Zweitens verbleibt der bisherige Dreischritt, wird jedoch mit sprachlichen Beifügungen ergänzt: „Vermeiden ohne Verzicht!", „Verlagern dort, wo's geht!" und „Verbessern und effizient gestalten!". Zudem werden (1) für die Entkopplung von BIP-Wachstum und Güterverkehrsleistung, (2) für die Verlagerung auf den Umweltverbund und (3) in Sachen Elektroantriebe konkrete Zielwerte benannt (BMK, 2021). Der Mobilitätsmasterplan 2030 lässt jedoch offen, mit welchen Maßnahmen und Kontrollmechanismen der vorgegebene Zielpfad erreicht werden soll und ob die sprachlichen Ergänzungen des Dreischrittes damit konsistent sind (hohe Übereinstimmung & starke Beweislage).

Bereits davor wurde die klimatische Wirksamkeit von Verkehrsmaßnahmen abgeschätzt. Kammerlander et al. (2018) schätzen Maßnahmen in unterschiedlichen Sektoren nach deren klimatischer Wirksamkeit, der monetären Effektivität, der gleichmäßigen sozialen Belastung bei Einführung, der Machbarkeit und der Flexibilität ein. Die Machbarkeit leitet sich dabei aus der Abwägung von Zustimmung und Ablehnung ab. Die Flexibilität bezieht sich auf die Möglichkeit, unter sich ändernden Rahmenbedingungen die Maßnahme selbst zu ändern. Ein gutes Drittel der evaluierten Maßnahmen hat dabei einen verkehrlichen Hintergrund. Verpflichtende Mobilitätspläne und ein Mobilitätsmanagement ab einer Unternehmensgröße von 50 Arbeitnehmer_innen wird als sehr wirksam und moderat kosteneffektiv eingeschätzt, bei gleichzeitig neutraler Umsetzbarkeit (Koppelung an eine umsetzungsbegleitende Subvention) und moderater Flexibilität (Kammerlander et al., 2018, S. 32–33). Investitionen in Park-&-Ride-Infrastrukturen werden als moderat machbar eingeschätzt, was in Verbindung mit der hohen politischen Popularität von Infrastrukturbauten (z. B. Eröffnungen, Artefakte des politischen Wirkens) zu sehen ist. Begleitende Maßnahmen wie die Preisreduktion von ÖV-Tickets oder Congestion-Charges sollen die Machbarkeit verbessern. Die Flexibilität (neu) gebauter Infrastrukturen wird gering eingeschätzt (Kammerlander et al., 2018, S. 36–37). Die Zertifizierung von Online-Einkaufsmöglichkeiten mit klimafreundlichen Lieferoptionen wird als neutral wirksam und kosteneffektiv eingeschätzt, was im Gegensatz zu besonders leichter Machbarkeit und großer Flexibilität steht (Kammerlander et al., 2018, S. 39–40). Schlussendlich wird die Machbarkeit von verstärkter finanzieller Stützung von Ankauf und Nutzung von Lastenrädern entlang von Lieferketten als neutral eingeschätzt, während die Flexibilität als moderat gegeben angesehen wird. Neutrale Machbarkeit versteht sich als das Zusammenspiel von leicht umsetzbarer Fortführung bzw. Ausweitung einer bestehenden Förderung in Zusammenhang mit noch nicht vorhandener, aber notwendiger Förderung von Infrastrukturen. Die Maßnahme selbst wird als moderat wirksam und neutral kosteneffektiv betrachtet (Kammerlander et al., 2018, S. 40–41).

Scheiber (2020) untersucht die Auswirkungen des politischen Vorhabens „Ausruf des Klimanotstandes" in sieben österreichischen Gebietskörperschaften und dessen Auswirkung auf Maßnahmen und Verbindlichkeiten im Bereich des Verkehrs und der Infrastruktur. Der Klimanotstand wurde nur in zwei von sieben Gebietskörperschaften aus der Überzeugung ausgerufen, dass mehr Klimaschutzmaßnahmen notwendig sind. Die Befragten dieser Gebietskörperschaften meinten, dass große Unterschiede zu Gebietskörperschaften ohne Klimanotstand bestünden und dass klimarelevante Maßnahmen gesetzt werden müssen. Bei der Mehrheit der Befragten dominiert jedoch die Ansicht, dass der Klimanotstand hauptsächlich der Sensibilisierung der Bevölkerung dient. Wir folgern daraus, dass das Ausrufen des Klimanotstandes weder an Maßnahmenumsetzungen noch an eine merkliche Veränderung der Alltagspolitik gebunden ist (mittlere Übereinstimmung & starke Beweislage).

Im Effekt scheint die Sensibilisierung bislang wenig Niederschlag zu finden, weder in der Bevölkerung noch bei politischen Entscheidungsträger_innen. Im Flugverkehr z. B. führt dies bislang zu politischen (und auch juristischen) Entscheidungen für wiederholte Fluglinien-Bailouts, zu zusätzlichen Flughafenkapazitäten oder zur Aufrechterhaltung von Kurzstreckenflügen, obwohl auf einem Gutteil der Destinationen (häufige und schnelle) Bahnverbindungen nachgewiesen werden können (Macoun & Leth, 2017). Eine soziale Entwicklung der jüngsten Vergangenheit ist die „Flugscham", ein Begriff, der von der jugendlichen Klimaaktivist_innenbewegung rund um Greta Thunberg geprägt wurde. Aber obwohl nordische Fluglinien einen Rückgang von Passagierzahlen verzeichneten, hat in einer Untersuchung die Mehrzahl der Befragten angegeben, den Begriff „Flugscham" nicht zu kennen (Popa, 2020) beziehungsweise zeigten sich Befragte in einer anderen Untersuchung weiterhin hochgradig bereit, die eigenen Flugreisen zu rechtfertigen (Korkea-Aho, 2019) (hohe Übereinstimmung & mittlere Beweislage).

Im [Kap. 12] wird im Detail auf die Landschaft österreichischer Beharrungskräfte der letzten Jahrzehnte eingegangen.

6.2.2 Dimension Planung und Zeit

Generell werden Infrastrukturmaßnahmen von Kammerlander et al. (2018) als wirkmächtig, aber unflexibel eingestuft. Zu diesem Mangel an Flexibilität tragen großteils die langen Zeitvorläufe für Planung und Bau bei. Einmal getätigte Investition und Baumaßnahmen bleiben allein aufgrund von Opportunitätsüberlegungen viele Jahre erhalten bzw. in Betrieb. Sie tragen damit, zumindest lokal und sektoral begrenzt, zu einem technologischen Lock-in bei (Müller et al., 2012). Als Lock-in wird die zunehmende Abhängigkeit eines Regelhandelns unter falschen Zielprämissen verstanden (Haselsteiner et al., 2020).

Neben dem technologischen Lock-in ist aber auch ein planerischer Lock-in feststellbar. Selbst bei der Infrastruktur für schnelle, mechanische Verkehrsmittel, die aus Warte der CO_2-Emissionen und dieses Berichts eher in die Domäne der Probleme denn der Lösungen einzuordnen ist, konstatiert der Rechnungshof einen planerischen Lock-in in Form von nicht vorhandener, die Verkehrsträger übergreifender Planung und Koordination (Haselsteiner et al., 2020; Rechnungshof, 2018) (hohe Übereinstimmung & starke Beweislage).

In Sachen konsistenter Planung und konsequenter Umsetzung von Verbesserungen für klimafreundliche Verkehrsarten ist eine Diskrepanz zu den gefassten Plänen auszumachen. Obwohl in Gesamtkonzepten hehre Ziele gefasst und Maßnahmen bereitgestellt werden, werden z. B. Anlagen des Radverkehrs weder in ausreichender Menge und Güte geplant noch umgesetzt (Brezina et al., 2020). Während Vertreter_innen der Verwaltung mehrheitlich der Meinung waren, dass durch ihre Aktivitäten Umsetzungsbarrieren bewusst überwunden werden konnten, stellten Planer_innen und zivilgesellschaftliche Vertreter_innen fest, dass es einen zunehmenden sozialen Druck von außen gebraucht hat, um Bewegung in die wesensgerechte Umsetzung von Radverkehrsinfrastruktur zu bringen (Brezina et al., 2020, S. 86). 35 Prozent der befragten Vertreter_innen von Gebietskörperschaften gaben an, bereits jetzt dem Radverkehr die höchst mögliche Priorität zu geben; 23 Prozent gaben an, dass es fehlende strategische Entscheidungen wären, die sie an einem beherzteren Vorgehen hindern würden (Brezina et al., 2020, S. 84) (mittlere Übereinstimmung & mittlere Beweislage).

Haselsteiner et al. (2020, S. 10) stellen fest, dass innovative Ansätze für eine Mobilitätswende von lokalen und regionalen Akteur_innen zwar vorangetrieben werden, diese aber im selbstverstärkenden, etablierten Regime meistens als Nischenlösungen ohne entsprechende Breitenwirksamkeit verbleiben. Die Nischenlösungen werden nicht institutionalisiert und nicht kodifiziert – in rechtliche und finanzielle Strukturen übernommen – und verbleiben so abseits der soziotechnischen Verbreitungspfade. Weiterhin kodifiziert ist die traditionelle Vorgehensweise in Form von Gesetzen (z. B. StVO) und Richtlinien (z. B. RVS), quasi den „Genen" bzw. den Bauanleitungen des nichtnachhaltigen Bestandssystems (Haselsteiner et al., 2020, S. 10).

Kurzfristige ökonomische Interessen in Kombination mit veralteten Zielparametern wie der Geschwindigkeit oder Reaktionsautomatismen wie Straßenkapazitätserweiterungen stehen Transformationsprozessen hin zu ökologischer Nachhaltigkeit und Ressourcenschonung im Weg (Haselsteiner et al., 2020, S. 11). In der Kurzfristigkeit der Interessenlagen – von den ökonomischen zu den politischen Zeithorizonten – und in Kombination mit den langen Zeitverzögerungen zwischen gesetzter Maßnahme und messbarer Wirkung ist wohl auch ein Grund für die Unterschätzung der Intensität der notwendigen Maßnahmen zu suchen. Planungspolitisch dominiert der sachlich ungenügende Zugang der kleinen Trippelschritte (Haselsteiner et al., 2020, S. 12), umrahmt von einem vielfältigen Mix des Leugnens, Bagatellisierens und Uminterpretierens (Seebauer, 2011) (mittlere Übereinstimmung & starke Beweislage).

Im [Kap. 12] wird auf den Faktor Zeit und die durch Arbeits- und Wirtschaftsbedenken verursachten Verzögerungen in der Klimaschutzpolitik eingegangen.

6.2.3 Dimension Ökonomie

Bestärkt wird dieses stark vom individuellen motorisierten Transport auf der Straße geprägte System durch infrastrukturelle (z. B. Ausbau der Straßeninfrastruktur) und fiskalische Rahmenbedingungen, die unter anderem ein Ungleichgewicht in den Mobilitätskosten zur Folge haben und die Attraktivität des straßengebundenen Personen- und Güterverkehrs weiter steigern. Die ökonomische Dimension ist geprägt durch kontraproduktive Fördersysteme für eine CO_2-intensive Form der Mobilität. Dazu zählen im Verkehrsbereich vor allem:

(1) die Pendler_innenförderung, die Zersiedelung stark vorantreibt (Su & DeSalvo, 2008) und in einem überproportionalen Ausmaß den Bezieher_innen hoher Einkommen zugutekommt (Kletzan-Slamanig et al., 2016) (hohe Übereinstimmung & starke Beweislage),
(2) die derzeitigen Rahmenbedingungen von Firmenautos (z. B. pauschale Besteuerung, Abschreibung), die motorisierten Individualverkehr attraktiver machen, die öfter genutzt werden und größer und CO_2-intensiver als private Pkw sind (Kletzan-Slamanig et al., 2016; van Ommeren & Gutiérrez-i-Puigarnau, 2011) (hohe Übereinstimmung & mittlere Beweislage),
(3) die relativ günstige Mineralölsteuer (gegenüber Nachbarstaaten) und die Mineralölsteuerbegünstigung für Diesel sowie die Mineralölsteuerbefreiung für Kerosin und Binnenschifffahrt (Kettner-Marx & Kletzan-Slamanig, 2018) (mittlere Übereinstimmung & starke Beweislage).

Kammerlander et al. (2018, S. 34–35) bewerteten die Wirksamkeit und Effektivität von höheren Steuern auf emissionsintensive Fahrzeuge als hoch, deren Flexibilität als moderat und die Machbarkeit als unmöglich. Die Nichtmachbarkeit wurde mit einer langjährigen ablehnenden Haltung der Gesellschaft gegen alle finanziellen Belastungen von Fahrzeugen argumentiert. Im Gegensatz dazu zeichnet die Analyse von Klenert et al. (2018) ein mit der Bevölkerung verträglicheres Bild, wenn die Besteuerung von fossilen Treibstoffen in Form von „Revenue Recycling" zu einer Kompensation der Belastungen und zu einem Transfer zu ärmeren Bevölkerungsschichten beiträgt. Da die Normverbrauchsabgabe tatsächlich im Juli 2021 erhöht wurde und ab 1. Juli 2022 die CO_2-Bepreisung von Treibstoffen geplant ist, erscheinen steuerliche Belastungen von fossilen Antrieben nun leichter umsetzbar, als noch vor wenigen Jahren bewertet wurde. Die geplante Höhe der CO_2-Bepreisung (Herndler, 2022) in Form einer Steigerung von 30 Euro/Tonne (2022) auf 55 Euro/Tonne (2025) wird jedoch als am unteren Ende einer wirksamen Höhe angesehen (Kaufman et al., 2020) (hohe Übereinstimmung & starke Beweislage).

Eine sozial verträgliche Ausgestaltung der Besteuerung schlagen Sammer & Snizek (2021) vor, indem sie eine Zweckwidmung der Mehreinnahmen aus den nach Fahrzeugbesitz und Fahrzeugbetrieb unterschiedenen Steuern und Abgaben unterbreiten: Erstens für Investitionen in ein klimaneutrales Verkehrssystem und dessen Betrieb und zweitens als Stimulierung für diejenigen, die es benutzen.

Auf Verkehrsmaßnahmen, die Ungleichheit verringern sollen, geht das [Kap. 17] näher ein.

6.2.4 Dimension Recht

Die starke Fragmentierung der rechtlichen Zuständigkeiten zwischen Bund und Ländern sowie die oftmals zuwiderlaufenden Interessenlagen werden als Grund für die geringe Konsistenz in der Umsetzung von Klimaschutzmaßnahmen genannt (Niedertscheider et al., 2018). Die enge Verwobenheit und starke Wirkmächtigkeit der Normierungsmaterien Bauen und Raumplanung, die ursächlich für den Bedarf an Raumveränderung verantwortlich sind, wird von Niedertscheider et al. (2018) explizit hervorgehoben. Das Resultat dieser beiden Materien ist gebaute Umwelt, die Anordnung von Gebäuden und Nutzungen, letztendlich die gesamte Infrastruktur.

Die Bauordnungen haben ein wesentliches verkehrswirksames Element: das Regulativ zur Abstellung von Fahrzeugen. Die Wissenschaft zeigt große Übereinstimmung, dass Art und Ausmaß des Pkw-Stellplatz-Angebots starken Einfluss auf die Verkehrsmittelwahl haben (Blees et al., 2019; Knoflacher, 2006; Notz, 2018; Sammer et al., 2005). Es liegt in der Natur der Sache, der Zuständigkeit der einzelnen Bundesländer – und oft genannter, regionaler Vorlieben und Traditionen –, dass diese Stellplatzregulative weder gleiche Regelungen noch ähnlich Regulierungstiefen vorweisen. In unterschiedlichen Bundesländern sind unterschiedliche Vorschreibungen bei gleichen Bauvorhaben und Rahmenbedingungen die Regel und nicht die Ausnahme. In manchen Bundesländern werden große Teile der Vorschreibung an die Gemeinden als Baubehörden delegiert. Dieses heterogene Bild wird durch den Umstand vervollständigt, dass Regelungen für Mobilitätsalternativen zu Pkw (öffentlichen Verkehr oder Radfahren) entweder gar nicht geregelt sind, Empfehlungscharakter haben oder deutlich weniger detailliert ausfallen als für Pkw. Beispielsweise ist eine minimale Versorgungsdichte mit Haltestellen des öffentlichen Verkehrs im Raumordnungs- und Baurecht nicht vorgesehen (Brezina et al., 2015; Brezina & Schopf, 2012). Zudem sind die Regulative für das Widmen und Bauen von Stellplätzen auf eine Bewältigung des Ist-Bedarfs und eines vermeintlichen, zukünftigen Bedarfs ausgelegt. Eine Nutzung der Stellplatzregulative als steuerndes Element für die Erreichung von extern gefassten Zielen beim Mobilitätsverhalten ist nicht vorgesehen (Brezina & Schopf, 2017), obwohl autofreie Haushalte in Österreich um die Hälfte geringere CO_2-Emissionen haben (Ornetzeder et al., 2008) (hohe Übereinstimmung & starke Beweislage).

Auf das Raumordnungsrecht und die Notwendigkeit einer neuen Governancekultur in räumlichen Planungsprozessen geht [Kap. 19] näher ein.

In die Clean Vehicles Directive (CVD) und die nationale Umsetzung als Straßenfahrzeug-Beschaffungsgesetz (SFBG) werden große Erwartungen gesetzt – Evidenz zur Wirkung ist wegen ihrer Neuheiten (seit August 2021 in Kraft) jedoch noch nicht gegeben (Fruhmann & Ziniel, 2021). Die hohen Erwartungen resultieren aus der Rolle der öffentlichen Hand als Vorbild und als Nachfragestimulation für saubere Fahrzeuge durch die öffentliche Hand. Wann ein Fahrzeug als sauber gewertet wird, regelt das SFBG anhand von EU-Verordnungen mit Emissionen geringer als 1 gCO_2/km oder 1 gCO_2/kWh. Zudem verpflichtet das SFBG Gebietskörperschaften und deren Aufgabenträger unter festgelegten Bedingungen beim Ankauf von Fahrzeugen und der Ausschreibung von Dienstleistungsaufträgen in fünfjährigen Bezugsräumen einen Mindestflottenanteil an sauberen Fahrzeugen zu erfüllen. Im öffentlichen Verkehr zum Beispiel sind Lose von mindestens einer Million Euro oder 300.000 Fahrzeugkilometer Jahresvolumen davon betroffen. Dort muss der Mindestanteil an sauberen Bussen im Bezugszeitraum bis Ende 2025 45 Prozent und in den folgenden Bezugszeiträumen 65 Prozent betragen – von diesen 65 Prozent müssen die Hälfte tatsächliche Nullemissionsfahrzeuge sein (Fruhmann & Ziniel, 2021). Der öffentlichen Verkehr macht 6,7 Prozent der Personenverkehrskilometer in Österreich aus (Anderl et al., 2021) und ca. 1,9 Prozent der Straßenverkehrsemissionen stammen von Bussen (Anderl, Geiger, et al., 2019). Für die Umstellung des öffentlichen Busverkehrs auf ein emissionsfreies Angebot werden in den Förderprogrammen zur Flottenumrüstung EBIN und ENIN die Anschaffung emissionsfreier Busse bzw. Nutzfahrzeuge inklusive deren Infrastruktur gefördert. Diese Maßnahmen werden aus Mitteln des Recovery und Resilience Fonds unterstützt und sind Teil des Österreichischen Aufbau- und Resilienzplans 2020–2026 (BMF, 2021).

6.2.5 Dimension Kraftfahrzeuge

Als weitere Herausforderung für Emissionsreduktionen im Verkehr wird der Unterschied zwischen den nach normierten Tests ermittelten Herstellerangaben und den Emissionen im Realbetrieb gesehen (Lichtblau & Schodl, 2015).

Die angestiegenen Emissionskennwerte der neuen Fahrzeuge der letzten zwei Jahrzehnte in Europa sind großteils der rasanten Zunahme der Pkw-Größen und -Massen zuzuschreiben. Im Schnitt sind die Neuwagen zwischen 2000 und 2016 um 124 Kilogramm schwerer geworden und haben damit die durchschnittlichen Emissionen um 10 Gramm/Kilometer ansteigen lassen – im Schnitt auf 132 Gramm/Kilometer bei SUVs (Todts, 2018, S. 2).

Bei den Einzelfahrzeugemissionen wurde in den letzten 20 Jahren laufend eine große Diskrepanz zwischen der Typprüfung und dem Realbetrieb festgestellt, die zum Teil beachtliche Größenordnungen von 20 bis zu 50 Prozent Überschreitung erreicht hat, abhängig von der vergleichenden Institution bzw. vom Datensatz (Heinfellner et al., 2015). Bei Pkw wurden 31 Prozent Abweichung ermittelt, bei Firmenwagen konnten bis zu 45 Prozent höhere Emissionen festgestellt werden (Heinfellner et al., 2015). Die Hersteller erreichen bei der Emissionsprüfung mit ihren Fahrzeugen zwar größtteils die verbindlichen Vorgaben der EU-Kommission, aber diese Emissionsprüfung (neuer europäischer Fahrzyklus, NEFZ) bildete die realen Fahrbedingungen nicht ausreichend ab (Fontaras et al., 2017; Heinfellner et al., 2015). Und obwohl der seit 2018 geltende Testzyklus – Worldwide Harmonized Light Vehicle Test Cycle – eine Annäherung an das Realverhalten gebracht hat, wird festgehalten, dass damit in Europa die Lücke zu den realen CO_2-Emissionen zwar geringer wurde (von 40 Prozent auf 14 Prozent), aber noch nicht geschlossen werden konnte (Dornoff et al., 2020) (hohe Übereinstimmung & starke Beweislage).

6.2.6 Dimension Verhalten

Trotz emissionsfördernder Siedlungs- und Infrastrukturen ist ein merkbarer Anteil der Menschen bemüht, klimafreundliches Mobilitätsverhalten an den Tag zu legen. In Summe 31 Prozent verzichten oft oder immer bewusst auf die Nutzung eines eigenen Pkw, um den eigenen ökologischen Fußabdruck zu verringern. Bei der Urlaubsmobilität sind dies 36 Prozent: Sie vermeiden bewusst die Anreise mit dem Flugzeug und wählen ihre Destinationen entsprechend, um Treibhausgasemissionen zu reduzieren. In beiden Fällen hat es im Vergleich vom Jahr 2019 zum Jahr 2020 einen leichten Anstieg gegeben, von 28 Prozent bei der Pkw-Nutzung und von 33 Prozent bei der Flugzeugnutzung – eine Auswirkung der Einflüsse durch die COVID-19-Pandemie auf die Verkehrsmittelwahl wird jedoch nicht abgeschätzt (Hampl et al., 2021) (mittlere Übereinstimmung & mittlere Beweislage).

Bei der Diskussion von Dekarbonisierungspfaden im Verkehr ist festzustellen, dass sich die Debatten mehrheitlich um die Beharrungskräfte existenter Mobilitätsmuster (Verkehrsmittel, Wegeweiten etc.) und einer gleichzeitigen Dekarbonisierung der Fahrzeugemissionen drehen, der Mobilitätsmasterplan weist dem geänderten Mobilitätsverhalten einen Reduktionsbeitrag von 3 Megatonnen CO_2-Äquivalent zu, während geänderte Fahrzeugtechnik 9 $MtCO_2eq$ (PKW) und 5 Megatonnen CO_2-Äquivalent beitragen sollen (BMK, 2021). Eine (drastische) Veränderung der emissionsrelevanten Mobilitätsmuster der Automobilabhängigkeit („car dependance") und der sie evozierenden Siedlungsstrukturen findet sehr verhalten statt (Mattioli et al., 2020) (niedrige Übereinstimmung & starke Beweislage).

Im [Kap. 20] wird die Beobachtung gemacht, dass „keine Grundsatzkritik klimaschädlicher Strukturen" stattfindet und dass die „Klimaunverträglichkeit westlicher Lebensweise" nicht breit diskutiert wird. Daran schließt sich das [Kap. 13] mit der Einschätzung an, dass soziotechnische Innovation „zu schmal verstanden" wird.

6.3 Handlungs- bzw. Gestaltungsoptionen

Im Jahr 2018 wurde in der österreichischen Klima- und Energiestrategie „#mission2030 – Die österreichische Klima- und Energiestrategie" (BMNT & BMVIT, 2018) darauf hingewiesen, dass es gilt, Verkehr „zu vermeiden, zu verlagern und zu verbessern". Dies soll durch eine Anpassung der Infrastruktur und durch die Einführung innovativer Verkehrstechnologien, wie z. B. die Bereitstellung kundenorientierter sauberer Mobilitätsangebote, die Begleitung der Österreicher_innen hin zu einem umweltverträglichen Mobilitätsverhalten und eine ökologische Steuerreform erreicht werden.

Im „Sachstandsbericht Mobilität" (Heinfellner et al., 2018, S. 2) werden eine Reihe von Handlungsempfehlungen zur Erreichung der Klimaziele vorgestellt. Als wichtigstes Instrument wird die Erstellung eines „Gesamtmobilitätskonzeptes" genannt, welches neben einer Vision vor allem konkrete Maßnahmen und Zuständigkeiten definieren soll.

Im Sommer 2021 wurde der „Mobilitätsmasterplan 2030 für Österreich" (BMK, 2021) vom BMK veröffentlicht. Im Masterplan wird das Ziel der Klimaneutralität im Verkehrsbereich um zehn Jahre in das Jahr 2040 vorverlegt. Die im

Masterplan enthaltenen Zielsetzungen und Maßnahmen sollen eine Systemumstellung mit möglichst geringen sozialen und wirtschaftlichen Konsequenzen ermöglichen und werden die Lebensbereiche eines jeden/jeder Einzelnen betreffen (hohe Übereinstimmung & starke Beweislage). Weiters wird festgehalten, dass die Gebietskörperschaften – Bund, Land, Gemeinde – sowie unterschiedliche Wirtschaftssektoren und die Zivilgesellschaft für eine erfolgreiche Umsetzung gemeinsam Lösungen entwickeln und umsetzen müssen (hohe Übereinstimmung & starke Beweislage). Eine der Maßnahmen ist eine zielorientierte Neuevaluierung der in Planung befindlichen Bundesstraßenprojekte (Banko, Gebhard et al., 2021). Die im November 2021 vorgestellten Ergebnisse der Neuevaluierung führten zur Einstellung einiger Straßenneubauprojekte. Obwohl die Einstellungen juristisch noch nicht endgültig ausjudiziert sind, ist ein Umdenken der Verkehrspolitik hin zu mehr Klimaschutz feststellbar.

Im „Sachstandsbericht Mobilität" wird festgehalten, dass eine klimaneutrale Mobilität adäquate Infrastrukturen braucht, welche auch entsprechende Investitionen benötigen. Als wichtig wird im „Sachstandsbericht Mobilität" (Heinfellner et al., 2018, S. 2) hervorgehoben, dass es gilt, positive Wirtschaftseffekte der Mobilitätswende zu maximieren und kontraproduktive Fehlinvestitionen zu vermeiden, und dass die Digitalisierung und Ökologisierung des Verkehrssystems Chancen für den Wirtschaftsstandort Österreich bieten.

Im „Sachstandesbericht Mobilität" wurden 50 Maßnahmen genauer analysiert (Heinfellner et al., 2018). Die Einsparungen der simulierten Maßnahmen wurden in der Studie mit folgenden Werten beziffert:

- 0,25 bis 0,36 Megatonnen CO_2-Äquivalent durch die Ausweitung des Fußgeher_innen- und Radverkehrs,
- 0,17 Megatonnen CO_2-Äquivalent durch die Stärkung und den Ausbau des öffentlichen Verkehrs,
- 0,24 bis 0,37 Megatonnen CO_2-Äquivalent durch die Verlagerung des Güterverkehrs auf die Schiene und
- die Erhöhung des Anteils von erneuerbarer Energie im Verkehr auf mindestens 14 Prozent bis ins Jahr 2030 durch den Einsatz von Agrartreibstoffen und der Steigerung des E-Mobilitätsanteils.

Konkret sind eine Anpassung (= Erhöhung) der mineralöl- und motorbezogenen Versicherungssteuer, die Reduktion der generellen Höchstgeschwindigkeiten auf Autobahnen und im Freiland auf 100 bzw. 80 km/h, die Einführung von Citymauten, eine Qualitätsoffensive für das Zu-Fuß-Gehen, Radfahren und für den öffentlichen Verkehr sowie eine Einbeziehung der Umwelt- und Klimapolitik in die Raumplanung im Bereich Personenverkehr am effektivsten (hohe Übereinstimmung & starke Beweislage). Im Güterverkehr werden Maßnahmen im Bereich Elektrifizierung, die Einhebung einer flächendeckenden Maut, weitere Maßnahmen zur Einführung von Kostenwahrheit und Digitalisierungsinitiativen als erfolgversprechend ausgewiesen (Heinfellner et al., 2018) (hohe Übereinstimmung & mittlere Beweislage).

Die wissenschaftliche Evidenz in der internationalen Literatur (siehe z. B. EASAC (2019)), aber auch der Sachstandsbericht Mobilität des Umweltbundesamtes (Heinfellner et al., 2018) und der Mobilitätsmasterplan (BMK, 2021) zeigen auf, dass die Zielerreichung der „Null-Treibhausgas-Emission" des motorisierten Verkehrs bis 2050 (Sachstandsbericht Mobilität (Heinfellner et al., 2018)) bzw. 2040 (Mobilitätsmasterplan 2030 (BMK, 2021)) und auch das für Österreich definierte Zwischenziel für 2030 mit den oben genannten Maßnahmen nicht erreichbar ist und es weitere, das Verkehrsverhalten beeinflussende Maßnahmen benötigt (hohe Übereinstimmung & starke Beweislage). Hierzu werden unter anderem Maßnahmen und Konzepte, wie „die Stadt der kurzen Wege", die Neuverteilung und Attraktivierung des öffentlichen Raums sowie neue Formen der Verkehrsberuhigung (z. B. Superblocks) angeführt.

Um die notwendige Forschung und Wissensgenerierung für eine klimaschonende Mobilitätswende weiterhin zu unterstützen, hat das BMK im Herbst 2020 seine „FTI-Strategie Mobilität" vorgestellt (BMK, 2020). Mit dieser Strategie wird das erfolgreiche, aber auslaufende FTI-Programm „Mobilität der Zukunft" (2012–2020) ersetzt und Forschungsaktivitäten im Bereich klimaschonende Mobilität werden organisatorisch und finanziell unterstützt.

Im Ref-NEKP Bericht (Kirchengast et al., 2019) findet sich ein umfassenderes Maßnahmenprogramm auf Bundes- und Länderebene, welches in der Lage zu sein scheint, die Klimaziele nachweislich zu erreichen (hohe Übereinstimmung & mittlere Beweislage). Die vorgeschlagenen Maßnahmen beinhalten unter anderem die Internalisierung externer Kosten z. B. im Rahmen einer ökosozialen Steuerreform (CO_2-Bepreisung) oder durch eine technisch relativ einfach umsetzbare kilometerabhängige Abgabe, welche die Infrastruktur-, Unfallfolge-, Stau-, Lärm-, Feinstaub-, CO_2- und weitere externe Kosten des motorisierten Güter- und Individualverkehrs adäquat bepreist. Diese flächendeckende Straßenbenutzungsgebühr könnte um tageszeit-, straßentyp- und fahrzeugtypabhängige Komponenten erweitert werden, um zielgerichtet steuernd auf die Verkehrsnachfrage einzuwirken.

Weiters wird in der Literatur (Kletzan-Slamanig et al., 2016) empfohlen, „kontraproduktive" Subventionen im Verkehrssektor ehestmöglich abzuschaffen. Darunter fallen unter anderem die derzeitige Form der Pendlerpauschale, die derzeitigen Rahmenbedingungen für Firmenautos, die Steuerbegünstigung von Diesel, die Normverbrauchsabgabe, Kfz-Versicherungssteuergesetz, Fiskal-Lkw etc. (Kletzan-Slamanig et al., 2016) (hohe Übereinstimmung & starke Beweislage).

Um Pkw-Verkehr im Bereich Raum- und Siedlungsplanung einzusparen, wird eine Ökologisierung der Erschließungsabgabe, die Einführung einer Verkehrserregerabgabe (Schopf & Brezina, 2015, S. 42 ff.), eine Anpassung der Bauordnungen hinsichtlich der Anzahl und räumlichen Anordnungen (Stichwort Äquidistanz) von Pkw-Stellplätzen bei Arbeitsstätten und Wohnanlagen und eine Neuverteilung des Straßenraumflächen zugunsten der Zufußgehenden und Radfahrenden empfohlen (Knoflacher, 2007), für eine Förderung hin zu einer umweltverträglicheren Siedlungsentwicklung (mittlere Übereinstimmung & starke Beweislage).

Gegenwärtig wird die Automatisierung und Digitalisierung im Verkehrssektor als zukunftsträchtig angesehen. Um jedoch unerwünschte Verlagerungen hin zu motorisierten Verkehrsmitteln auf Kosten des Zu-Fuß-Gehens und des Radfahrens hintanzuhalten, sind adäquate Begleitmaßnahmen, wie zum Beispiel Fahrverbotszonen für autonome Fahrzeuge, adaptierte Parkraumbewirtschaftung, Regulatorien wie bzw. wo autonome Fahrzeuge geparkt werden dürfen, etc. zu implementieren (Emberger & Pfaffenbichler, 2020) (mittlere Übereinstimmung & mittlere Beweislage).

Generell wird in der Fachliteratur (siehe unter anderen (Brezina & Schopf, 2017; Gehl, 2010; Knoflacher, 2007, 2012)) empfohlen, Maßnahmen (legistisch, infrastrukturell, fiskal etc.), die das Zu-Fuß-Gehen, Radfahren und den öffentlichen Verkehr bevorzugen, flächendeckend einzusetzen, da sie zur Erhöhung der Klimafreundlichkeit und der Ressourcenschonung beitragen. Unter anderem werden Maßnahmen wie die Bevorzug von Fußgänger_innen und Radfahrer_innen in der StVO, die Errichtung von Fußgängerzonen und Begegnungszonen, separierte Radwege, Einrichtung von Fahrradstraßen, die Bewirtschaftung aller öffentlichen Pkw-Stellplätz und vieles anderes mehr als geeignet angesehen (hohe Übereinstimmung & starke Beweislage).

Im Personenfernverkehr wurden in der Vergangenheit Rahmenbedingungen geschaffen, die eine Kostenwahrheit verunmöglichen. Speziell im Flugverkehr existieren wettbewerbsverzerrende Privilegien. Hier wird die Abschaffung der Flugbenzinsteuerbefreiung und die MWSt-Befreiung für internationale Flüge sowie die Einführung von wirksamen Ticketabgaben empfohlen, um dämpfend auf die Flug- und generell auf die Fernverkehrsnachfrage einzuwirken (Kirchengast et al., 2019, S. 62). Eine weitere treibhausgaseinsparende Maßnahme ist das Verbot von Kurzstreckenflügen, wie es aktuell in Frankreich (im Mai 2021) gesetzlich verankert worden ist.

Das Mobilitätsverhalten kann durch eine klimagerechte Siedlungs- und Raumstruktur mittel- und langfristig nachhaltig beeinflusst werden (Stichwort „Nutzendurchmischung"). Durch die bereits oben angesprochene sukzessive Einführung von Kostenwahrheit und durch adäquate ökonomische Anreize im Verkehrssystem kann ein nachhaltiges Verkehrsverhalten aller Teilnehmer_innen (Güter- wie Personenverkehr) erreicht werden (Emberger, 1999).

Festzuhalten ist, dass auf eine soziale Ausgewogenheit bei der Implementation der oben vorgestellten verkehrspolitischen Maßnahmen zu achten ist, da ja vor allem durch monetäre Maßnahmen untere Einkommensschichten mehr belastet werden (Dugan et al., 2022) (hohe Übereinstimmung & starke Beweislage). Hierzu wird auch auf das [Kap. 17] verwiesen.

Interessant ist ein Vergleich der letzten beiden österreichischen Regierungsprogramme in Bezug auf Verkehrspolitik. Während die Regierungsvereinbarung 2017–2022 (ÖVP & FPÖ, 2017, S. 148 ff.) eher wirtschaftliche Aspekte in den Vordergrund rückte (z. B. mit der Aussage „Standort Österreich entwickeln" oder „Seidenstraße soll nicht an Österreich vorbeilaufen" (ÖVP & FPÖ, 2017, S. 148)), werden im Regierungsprogramm 2020–2024 Klima- und Umweltschutz (ÖVP & Grüne, 2020, S. 103 ff.), Kostenwahrheit (ÖVP & Grüne, 2020, S. 69, 77 ff.) und Digitalisierung und Innovation hin zu einer umweltfreundlichen und sozial leistbaren Mobilität als Leitprinzipien (ÖVP & Grüne, 2020, S. 120 ff.) genannt.

Durch die COVID-19-Krise 2020 wurden die Umsetzungen der angesprochenen Maßnahmen verzögert. Eine quantitativ messbare Klimawirkung z. B. des KlimaTickets Österreich (umgesetzt im November 2021) oder der ökosozialen Steuerreform (umgesetzt im Frühjahr 2022) ist daher frühestens in drei bis fünf Jahren möglich (mittlere Übereinstimmung & schwache Beweislage).

Generell ist festzuhalten, dass strukturelle Maßnahmen im Bereich Verkehr, seien es Veränderungen in den Zuständigkeiten von Gebietskörperschaften, Änderungen in den Umsetzungsprozessen von Infrastrukturvorhaben, den Bau von Infrastrukturen, die Änderungen von Oberzielen (z. B. Klimaschutz anstatt der Befriedigung der scheinbar unlimitierten Nachfrage an motorisierter individueller Mobilität), die Änderungen von Gesetzen etc. längere Zeiträume (5 bis 20, 30 Jahre) beanspruchen. Und erst wenn diese strukturellen Änderungen umgesetzt sind, sind – wiederum zeitverzögert – Verhaltensänderungen in der Gesellschaft und im dazugehörigen Wirtschaftssystem zu bemerken (Emberger, 1999, S. 89 ff.). Da sich Österreich zum 1,5-Grad-Limit verpflichtet hat, ist ein zielgerichtetes, ambitioniertes und rasches Handeln aller involvierten Akteur_innen notwendig (hohe Übereinstimmung & starke Beweislage).

6.4 Quellenverzeichnis

Anderl, M., Bartel, A., Geiger, K., Gugele, B., Gössl, M., Haider, S., Heinfellner, H., Heller, C., Köther, T., Krutzler, T., Kuschel, V., Lampert, C., Neier, H., Pazdernik, K., Perl, D., Poupa, S., Prutsch, A., Purzner, M., Rigler, E., ... Zechmeister, A. (2021). *Klimaschutzbericht 2021* (REP-0776). Umweltbundesamt.

Anderl, M., Geiger, K., Gugele, B., Gössl, M., Haider, S., Heller, C., Ibesich, N., Köther, T., Krutzler, T., Kuschel, V., Lampert, C., Neier,

H., Pazdernik, K., Perl, D., Poupa, S., Purzner, M., Rigler, E., Schieder, W., Schmidt, G.,... Zechmeister, A. (2019). *Klimaschutzbericht 2019 – Analyse der Treibhausgas-Emissionen bis 2017.* Umweltbundesamt.

Anderl, M., Geiger, K., Gugele, B., Gössl, M., Haider, S., Heller, C., Köther, T., Krutzler, T., Kuschel, V., Lampert, C., Neier, H., Padzernik, K., Perl, D., Poupa, S., Purzner, M., Rigler, E., Schieder, W., Schmidt, G., Schodl, B., ... Zechmeister, A. (2020). *Klimaschutzbericht 2020* (Klimaschutzbericht REP-0738). Umweltbundesamt GmbH. https://www.umweltbundesamt.at/fileadmin/site/publikationen/rep0738.pdf

Anderl, M., Gössl, M., Haider, S., Kampel, E., Krutzler, T., & Lampert, C. (2019). *GHG Projections and Assessment of Policies and Measures in Austria.* Umweltbundesamt (UBA).

Banko, Gebhard, Birli, Barbara, Fellendorf, Martin, Heinfellner, Holger, Huber, Sigbert, Kudrnovsky, Helmut, Lichtblau, Günther, Margelik, Eva, Plutzar, Christoph, & Tulipan, Monika. (2021). *Evaluierung hochrangiger Straßenbauvorhaben in Österreich – Fachliche Würdigung des Bewertungsansatzes sowie generelle Umwelt- und Planungsaspekte im Zusammenhang mit aktuellen Vorhaben – Langfassung* (Nr. 0791; S. 92). Umweltbundesamt. https://www.umweltbundesamt.at/fileadmin/site/publikationen/rep0791.pdf

BKA. (2020). *Österreich und die Agenda 2030. Freiwilliger Nationaler Bericht zur Umsetzung der Nachhaltigen Entwicklungsziele/ SDGs (FNU).* Bundeskanzleramt (BKA).

Blees, V., Molter, U., & Steinhauser, I. (2019). Modifizierung der Stellplatzsatzung als Beitrag zu nachhaltigerem Verkehr. *Internationales Verkehrswesen, 71*(3), 71–30.

BMF. (2021). *Österreichischer Aufbau- und Resilienzplan 2020–2026* (S. 78). Bundesministerium für Finanzen.

Flugabgabegesetz, (2022). https://www.ris.bka.gv.at/GeltendeFassung.wxe?Abfrage=Bundesnormen&Gesetzesnummer=20007051

BMK. (2021). *Mobilitätsmasterplan 2030 für Österreich: Der neue Klimaschutz-Rahmen für den Verkehrssektor. Nachhaltig – resilient – digital* (S. 72). Bundesministerium für Klimaschutz, Umwelt, Energie, Mobilität, Innovation und Technologie.

BMNT, & BMVIT (Hrsg.). (2018). *#mission2030. Die Klima- und Energiestrategie der Bundesregierung.*

BMU. (1995). *NUP – National Environmental Plan.* Bundesministerium für Umwelt.

BMVIT. (2012). *Gesamtverkehrsplan für Österreich.* Bundesministerium für Verkehr, Innovation und Technologie.

BMWV. (1991). *Mensch, Umwelt, Verkehr: Das Österreichische Gesamtverkehrskonzept 1991 (GVK-Ö 1991).* Bundesministerium für Öffentliche Wirtschaft und Verkehr.

Brezina, T., Leth, U., & Lemmerer, H. (2020). Mental barriers in planning for cycling. In P. Cox & T. Koglin (Hrsg.), *The Politics of Cycling Infrastructure in Europe: Spaces and (in)Equality* (S. 73–93). Policy Press.

Brezina, T., & Schopf, J. M. (2012). *Status quo of Austrian parking ordinances – implications, innovative solutions and and need of improvements.* EURA 2012.

Brezina, T., & Schopf, J. M. (2017). From Regional Austrian Parking Ordinances to Sound Guidelines. In H. Knoflacher & E. Öcalir-Akünal (Hrsg.), *Engineering Tools and Solutions for Sustainable Transportation Planning* (S. 177–203). IGI Global.

Brezina, T., Schopf, J. M., & Winkler, C. (2015). *Parking in the city – The implications, innovations and needs for improved policies* (V. Bogdanovic, V. Basaric, V. Ilin, & N. Garunovic, Hrsg.; S. 325–330). University of Novi Sad.

Bundesministerium für Klimaschutz, Umwelt, Energie, Mobilität, Innovation und Technologie (BMK) (Hrsg.). (2020). *FTI-Strategie Mobilität. Innovationen in und aus Österreich für ein klimaneutrales Mobilitätssystem in Europa. Langfassung* (S. 42).

Deutsche Emissionshandelsstelle (DEHSt). (2022). *Daten und Fakten zum Luftverkehr im EU-ETS.* https://www.dehst.de/DE/Europaeischer-Emissionshandel/Luftfahrzeugbetreiber/Emissionshandel/emissionshandel-im-luftverkehr_node.html

Dornoff, J., Tietge, U., & Mock, P. (2020). *On the way to "real-world" CO_2 values: The European passenger car market in its first year after introducing the WLTP* (White Paper, S. 30). The international council on clean transportation (ICCT). https://theicct.org/wp-content/uploads/2021/06/On-the-way-to-real-world-WLTP_May2020.pdf

Dugan, A., Mayer, J., Thaller, A., Bachner, G., & Steininger, K. W. (2022). Developing policy packages for low-carbon passenger transport: A mixed methods analysis of trade-offs and synergies. *Ecological Economics, 193,* 107304. https://doi.org/10.1016/j.ecolecon.2021.107304

EASAC. (2019). *Decarbonisation of transport: Options and challenges* (European Academies' Science Advisory Council, Hrsg.). German National Academy of Sciences Leopoldina.

Einem, C. (1998). *Bericht des Bundesministers für Wissenschaft und Verkehr über den Österreichischen Bundesverkehrswegeplan (BVWP) und über den Masterplan* (S. 5). Parlament.

Emberger, G. (1999). *Interdisziplinäre Betrachtung der Auswirkungen verkehrlicher Maßnahmen auf sozioökonomische Systeme.*

Emberger, G., & Pfaffenbichler, P. (2020). A quantitative analysis of potential impacts of automated vehicles in Austria using a dynamic integrated land use and transport interaction model. *Transport Policy, 98,* 57–67. https://doi.org/10.1016/j.tranpol.2020.06.014

Europäische Kommission. (2020). *Strategie für nachhaltige und intelligente Mobilität: Den Verkehr in Europa auf Zukunftskurs bringen.* https://eur-lex.europa.eu/resource.html?uri=cellar:5e601657-3b06-11eb-b27b-01aa75ed71a1.0003.02/DOC_1&format=PDF

Fischer, A., Sausen, R., & Brunner, D. (2009). *Aviation and Climate Protection Flugverkehr und Klimaschutz – Ein Überblick über die Erfassung und Regulierung der Klimawirkungen des Flugverkehrs.* GAIA – Ecological Perspectives for Science and Society, Volume 18, Number 1, 2009, pp. 32–40(9). https://www.ingentaconnect.com/content/oekom/gaia/2009/00000018/00000001/art00011

Follmer, R., Gruschwitz, D., Kleudgen, M., Kiatipis, Z. A., Blome, A., Josef, F., Gensasz, S., Körber, K., Kasper, S., Herry, M., Steinacher, I., Tomschy, R., Gruber, C., Röschel, G., Sammer, G., Beyer Bartana, I., Klementschitz, R., Raser, E., Riegler, S., & Roider, O. (2016). *Ergebnisbericht zur österreichweiten Mobilitätserhebung „Österreich unterwegs 2013/2014"* (S. 340). Bundesministerium für Verkehr, Innovation und Technologie.

Fontaras, G., Zacharof, N.-G., & Ciuffo, B. (2017). Fuel consumption and CO_2 emissions from passenger cars in Europe – Laboratory versus real-world emissions. *Progress in Energy and Combustion Science, 60,* 97–131. https://doi.org/10.1016/j.pecs.2016.12.004

Fruhmann, M., & Ziniel, T. (2021). Verpflichtung zur Beschaffung und zum Einsatz sauberer Straßenfahrzeuge nach dem Straßenfahrzeug-Beschaffungsgesetz. *Nachhaltigkeitsrecht – Zeitschrift für das Recht der nachhaltigen Entwicklung, 1*(3), 371–379. https://doi.org/10.33196/nr202103037101

FSV. (2021). *Ökosoziale Steuerreform als Schlüsselmaßnahme für den Verkehrssektor. Berichte aus der Österreichischen Monitoring-Gruppe Klimaübereinkommen und Verkehr* (Berichte aus der Österreichischen Monitoring-Gruppe Klimaübereinkommen und Verkehr, S. 6). Österreichische Forschungsgesellschaft Straße – Schiene – Verkehr.

Gehl, J. (2010). *Cities for people.* Island Press; /z-wcorg/. http://site.ebrary.com/id/10437880

Goodwin, P., & Noland, R. B. (2003). Building new roads really does create extra traffic: A response to Prakash et al. *Applied Economics, 35*(13), 1451–1457. https://doi.org/10.1080/0003684032000089872

Hampl, N., Sposato, R., Marterbauer, G., Nowshad, A., Strebl, M., & Salmhofer, A. (2021). *Erneuerbare Energien in Österreich – Der jährliche Stimmungsbarometer der österreichischen Bevölkerung zu erneuerbaren Energien* (S. 47). Alpen-Adria-Universität Klagenfurt WU Wien Deloitte Österreich Wien Energie.

Haselsteiner, E., Frey, H., Laa, B., Tschugg, B., Danzer, L., Wetzel, P., Bergmann, N., Biegelbauer, P., & Friessnegg, T. (2020). *CHANGE! Mobilitätswende in den Köpfen – Transitionsprozesse nutzerorientiert managen lernen!* Bundesministerium für Klimaschutz, Umwelt, Energie, Mobilität, Innovation und Technologie (BMK). http://www.mobilitytransition.at/wp-content/uploads/CHANGE-Endbericht-Anhang.pdf

Heinfellner, H., Ibesich, N., Lichtblau, G., Nagl, C., Schodl, B., & Stranner, G. (2015). *Pkw-Emissionen zwischen Norm- und Realverbrauch* (Bd. 189). AK Wien.

Heinfellner, H., Ibesich, N., Lichtblau, G., Stranner, G., Svehla-Stix, S., Vogel, J., Michael Wedler, & Winter, R. (2018). *Sachstandsbericht Mobilität. Mögliche Zielpfade zur Erreichung der Klimaziele 2050 mit dem Zwischenziel 2030 – Kurzbericht* (REP-0667; S. 76). https://www.umweltbundesamt.at/fileadmin/site/publikationen/REP0667.pdf

Helmers, E. (2015). *Die Modellentwicklung in der deutschen Autoindustrie: Gewicht contra Effizienz* (S. 29). Fachbereich Umweltplanung/Umwelttechnik, Umwelt-Campus Birkenfeld der Hochschule Trier.

Herndler, D. (2022, Januar 5). *CO2-Preis – CO2-Steuern in Österreich 2022* [Website].

Herry, M., Sedlacek, N., & Steinacher, I. (2012). *Verkehr in Zahlen – Österreich – Ausgabe 2011*. Bundesministerium für Verkehr, Innovation und Technologie.

IPCC. (1999). *Aviation and the global atmosphere. A Special Report of IPCC Working Groups I and III*. Intergovernmental Panel on Climate Change. https://archive.ipcc.ch/ipccreports/sres/aviation/index.php?idp=0

Kammerlander, M., Omann, I., Titz, M., & Vogel, J. (2018). *Which national policy Instruments can reduce Consumption-based Greenhouse Gas Emissions?* (REP-0663; S. 56). Umweltbundesamt.

Kaufman, N., Barron, A. R., Krawczyk, W., Marsters, P., & McJeon, H. (2020). A near-term to net zero alternative to the social cost of carbon for setting carbon prices. *Nature Climate Change*, *10*(11), 1010–1014. https://doi.org/10.1038/s41558-020-0880-3

Kettner-Marx, C., & Kletzan-Slamanig, D. (2018). *Energy and Carbon Taxes in the EU Empirical Evidence with Focus on the Transport Sector* (WIFO Working Papers, S. 20). Österreichisches Institut für Wirtschaftsforschung.

Kirchengast, G., Kromp-Kolb, H., Steininger, K. W., Stagl, S., Kirchner, M., Ambach, C., Grohs, J., Gutsohn, A., Peisker, J., & Strunk, B. (2019). *Referenzplan als Grundlage für einen wissenschaftlich fundierten und mit den Pariser Klimazielen in Einklang stehenden Nationalen Energie- und Klimaplan für Österreich (Ref-NEKP)*. Verlag der ÖAW.

Klenert, D., Mattauch, L., Combet, E., Edenhofer, O., Hepburn, C., Rafaty, R., & Stern, N. (2018). Making carbon pricing work for citizens. *Nature Climate Change*, *8*(8), 669–677. https://doi.org/10.1038/s41558-018-0201-2

Kletzan-Slamanig, D., Köppl, A., & Köberl, K. (2016). *Subventionen und Steuern mit Umweltrelevanz in den Bereichen Energie und Verkehr* (S. 99). Österreichisches Institut für Wirtschaftsforschung.

Knoflacher, H. (1996). *Zur Harmonie von Stadt und Verkehr: Freiheit vom Zwang zum Autofahren*. Böhlau.

Knoflacher, H. (2006). A new way to organize parking: The key to a successful sustainable transport system for the future. *Environment and Urbanization*, *18*(2), 387–400. https://doi.org/10.1177/0956247806069621

Knoflacher, H. (2007). *Grundlagen der Verkehrs- und Siedlungsplanung*. Böhlau Verlag.

Knoflacher, H. (2012). *Grundlagen der Verkehrs- und Siedlungsplanung*. Böhlau Verlag; /z-wcorg/.

Knoflacher, Hermann. (1997). *Landschaft ohne Autobahnen: Für eine zukunftsorientierte Verkehrsplanung*. Böhlau Verlag; /z-wcorg/.

Koch, H. (2006). *Masterplan Radfahren – Strategie zur Förderung des Radverkehrs in Österreich*. BM für Land- und Forstwirtschaft, Umwelt und Wasserwirtschaft.

Koller, K., Luser, J., & Sammer, G. (1987). *Gesamtverkehrskonzept für Graz: Verkehrspolitische Leitlinien und generelles Maßnahmenkonzept*. dbv-Verlag.

Korkea-Aho, E. (2019). *Flight Shame: Shame as a Tool to Change Consumer Behavior* [Bachelor]. Tampere University of Applied Sciences.

Kurzweil, A., Brandl, K., Deweis, M., Erler, P., Vogel, J., Wiesenberger, H., Wolf-Ott, F., & Zechmann, I. (2019). *Zwölfter Umweltkontrollbericht – Umweltsituation in Österreich: Bd. REP-0684*. Umweltbundesamt GmbH.

Land Salzburg. (2006). *Salzburger Landesmobilitätskonzept 2006–2015*.

Lee, D. S., Fahey, D. W., Skowron, A., Allen, M. R., Burkhardt, U., Chen, Q., Doherty, S. J., Freeman, S., Forster, P. M., Fuglestvedt, J., Gettelman, A., De León, R. R., Lim, L. L., Lund, M. T., Millar, R. J., Owen, B., Penner, J. E., Pitari, G., Prather, M. J., … Wilcox, L. J. (2021). The contribution of global aviation to anthropogenic climate forcing for 2000 to 2018. *Atmospheric Environment*, *244*, 117834. https://doi.org/10.1016/j.atmosenv.2020.117834

Lichtblau, G., & Schodl, B. (2015). *Pkw-Emissionen aus Umwelt- und Verbrauchersicht* (Bd. 196). AK Wien.

Macoun, T., & Leth, U. (2017). Die Bahn als Lösungsansatz – Alternativen zu Ausbaumaßnahmen der 3. Startpiste Wien-Schwechat. *ETR – Eisenbahntechnische Rundschau mit ETR Austria*, *66*(9), 72–77.

Mattioli, G., Roberts, C., Steinberger, J. K., & Brown, A. (2020). The political economy of car dependence: A systems of provision approach. *Energy Research & Social Science*, *66*, 101486. https://doi.org/10.1016/j.erss.2020.101486

Müller, A., Redl, C., Haas, R., Türk, A., Liebmann, L., Steininger, K., Brezina, T., Mayerthaler, A., Schopf, J. M., Werner, A., Kreuzer, D., Steiner, A., Mollay, U., & Neugebauer, W. (2012). *EISERN – Energy Investment Strategies And Long Term Emission Reduction Needs (Strategien für Energie-Technologie-Investitionen und langfristige Anforderung zur Emissionsreduktion) – Projektendbericht* (S. 255) [Projektsendbericht]. Klima- und Energiefonds.

Niedertscheider, M., Haas, W., & Görg, C. (2018). Austrian climate policies and GHG-emissions since 1990: What is the role of climate policy integration? *Environmental Science & Policy*, *81*, 10–17. https://doi.org/10.1016/j.envsci.2017.12.007

Noland, R. B., & Lem, L. L. (2002). A review of the evidence for induced travel and changes in transportation and environmental policy in the US and the UK. *Transportation Research Part D: Transport and Environment*, *7*(1), 1–26. https://doi.org/10.1016/S1361-9209(01)00009-8

Notz, J. N. (2018). Parkraumregulierung als Hemmnis oder Instrument einer stadtgerechten Verkehrs- udn Raumplanung. *Infrastruktur-Recht*, *15*(1), 21–24.

ÖBB. (2020). *ÖBB testen erstmals Wasserstoffzug im Fahrgastbetrieb*. https://presse.oebb.at/de/presseinformationen/20200911-oebb-testen-erstmals-wasserstoffzug-im-fahrgastbetrieb

Ornetzeder, M., Hertwich, E. G., Hubacek, K., Korytarova, K., & Haas, W. (2008). The environmental effect of car-free housing: A case in Vienna. *Ecological Economics*, *65*(3), 516–530. http://dx.doi.org/10.1016/j.ecolecon.2007.07.022

ÖVP, & FPÖ. (2017). *Regierungsprogramm 2017–2022*.

ÖVP, & Grüne. (2020). *Regierungsprogramm 2020–2024*.

Popa, M. P. (2020). *The consequences of Flight Shame on tourists' behavior and their transportation preferences* [Bachelor]. Haaga-Helia University of Applied Sciences.

Rechnungshof. (2018). *Bericht des Rechnungshofes: Verkehrsinfrastruktur des Bundes – Strategien, Planung, Finanzierung* (S. 113). Rechnungshof Österreich.

Sammer, G. (1990). *Mobilität in Österreich 1983–2011*. rsg. Österreichischer Automobil-, Motorrad- und Touring Club, Wien. https://permalink.catalogplus.tuwien.at/AC00078179

Sammer, G., & Snizek, S. (2021). *Ökosoziale Reform der Steuern, Gebühren und staatlichen Ausgaben für den Verkehrs- und Mobilitätssektor in Österreich*. (FSV-Schriftenreihe 023). Österreichische Forschungsgesellschaft Straße, Schiene, Verkehr (FSV).

Sammer, G., Stark, J., Klementschitz, R., Weber, G., Stöglehner, G., & Bittner, L. (2005). *IN-STELLA. Instrumente zur Steuerung des Stellplatzangebotes für den Zielverkehr. Teil 1: Analyse nationaler und internationaler Umsetzungsbeispiele* (01.1/2005; S. 76). Universität für Bodenkultur, Department für Raum, Landschaft und Infrastruktur.

Scheiber, C. (2020). *Klimanotstand – Zum Stand der Maßnahmen im Verkehr auf Ebene der Gebietskörperschaften* [Diplomarbeit]. Technische Universität Wien.

Schopf, J. M., & Brezina, T. (2015). *Umweltfreundliches Parkraummanagement. Leitfaden für Länder, Städte, Gemeinden, Betriebe und Bauträger*.

Seebauer, S. (2011). *Individuelles Mobilitätsverhalten in Großstädten: Erklärungsmodell und Veränderungsmöglichkeiten für die Nutzung öffentlicher Verkehrsmittel* [Dissertation]. Karl-Franzens Universität Graz.

Statistik Austria. (2019a). *Statistik zum Kfz-Bestand zum Stichtag 31. Dezember 2018*. Statistik Austria.

Statistik Austria. (2019b). *Statistik zur Bevölkerung zu Jahresbeginn seit 1952 nach Bundesland*. Statistik Austria.

Statistik Austria. (2021). *Energiebilanz Österreich 1970 bis 2020*. https://www.statistik.at/wcm/idc/idcplg?IdcService=GET_NATIVE_FILE&RevisionSelectionMethod=LatestReleased&dDocName=029955

Statistik Austria. (2022). *Fahrzeug-Bestand am 31.12.2021 nach Fahrzeugarten*. https://www.statistik.at/wcm/idc/idcplg?IdcService=GET_PDF_FILE&RevisionSelectionMethod=LatestReleased&dDocName=127672

Strele, M. (2010, April 16). *Landrad – Neue Mobilität für den Alltagsverkehr in Vorarlberg*. 4. NÖ Radgipfel.

Su, Q., & DeSalvo, J. S. (2008). The effect of transportation subsidies on urban sprawl. *Journal of Regional Science*, 48(3), 567–594. https://doi.org/10.1111/j.1467-9787.2008.00564.x

Telepak, G., Winkler, A., Stratil-Sauer, G., Käfer, A., Posch, H., Gerlich, W., Trisko, A., Rischer, M., Fürst, B., Klimmer-Pölleritzer, A., Semela, H., Frank, J., Rauscher, B., & Keller, T. (2015). *STEP 2025 – Fachkonzept Mobilität*. Magistratsabteilung 18.

Thaler, R., Eder, M., Koch, H., Reinberg, S., Teufelsbrucker, D., & Niegl, M. (2011). *Masterplan Radfahren – Umsetzungserfolge und neue Schwerpunkte 2011–2015*. BM für Land- und Forstwirtschaft, Umwelt und Wasserwirtschaft.

Todts, W. (Ed.) (2018). *CO_2 Emissions from Cars: The Facts*. European Federation for Transport and Environment AISBL. https://www.transportenvironment.org/sites/te/files/publications/2018_04_CO2_emissions_cars_The_facts_report_final_0_0.pdf

Umweltbundesamt. (2019). *Austria's Annual Greenhouse Gas Inventory 1990–2017*. Umweltbundesamt.

Umweltbundesamt. (2021a). *Emissionsfaktoren bezogen auf Personen/Tonnenkilometer*. https://www.umweltbundesamt.at/fileadmin/site/themen/mobilitaet/daten/ekz_pkm_tkm_verkehrsmittel.pdf

Umweltbundesamt. (2021b). *Ergebnisse der Österreichischen Luftschadstoffinventur 1990–2019*.

United Nations General Assembly. (2015). *Transforming our world: The 2030 agenda for sustainable development* (A/RES/70/1). https://www.un.org/en/development/desa/population/migration/generalassembly/docs/globalcompact/A_RES_70_1_E.pdf

van Essen, H., van Wijngaarden, L., Schroten, A., Sutter, D., Bieler, C., Maffii, S., Brambilla, M., Fiorello, D., Fermi, F., Parolin, R., & El Beyrouty, K. (2020). *Handbook on the external costs of transport. Version 2019 – 1.1* (CE Delft & European Union, Hrsg.). Publications Office of the European Union. https://doi.org/10.2832/51388

van Ommeren, J. N., & Gutiérrez-i-Puigarnau, E. (2011). Are workers with a long commute less productive? An empirical analysis of absenteeism. *Regional Science and Urban Economics*, 41(1), 1–8. https://doi.org/10.1016/j.regsciurbeco.2010.07.005

VCÖ. (2020). *Klimafaktor Reisen. Schriftenreihe Mobiliät mit Zukunft*. https://www.vcoe.at/reisen

Winkler, A., & Oblak, S. (2003). *Masterplan Verkehr Wien 2003 – Kurzfassung* (S. 55). MA 18 – Stadtentwicklung und Stadtplanung.

Kapitel 7. Erwerbsarbeit

Koordinierende_r Leitautor_in
Johanna Hofbauer

Leitautor_innen
Stefanie Gerold, Dominik Klaus und Florian Wukovitsch.

Beitragende_r Autor_in
Michaela Neumann

Revieweditorin
Ines Weller

Zitierhinweis
Hofbauer, J., S. Gerold, D. Klaus und F. Wukovitsch (2023): Erwerbsarbeit. In: APCC Special Report: Strukturen für ein klimafreundliches Leben (APCC SR Klimafreundliches Leben) [Görg, C., V. Madner, A. Muhar, A. Novy, A. Posch, K. W. Steininger und E. Aigner (Hrsg.)]. Springer Spektrum: Berlin/Heidelberg.

Kernaussagen des Kapitels

Status quo

- Weite Bereiche der Erwerbsarbeit erfüllen gegenwärtig nicht die Voraussetzungen für ein klimafreundliches Leben. Daher sind grundlegende Veränderungen der Strukturbedingungen von Erwerbsarbeit erforderlich (hohe Übereinstimmung, starke Literaturbasis).

Notwendige Veränderungen

- Um die Klimaziele zu erreichen, ist eine weitgehende Dekarbonisierung erforderlich. Dazu tragen in vielen Wirtschaftsbereichen die Umstellung auf erneuerbare Energien und andere (technologische) Innovationen bei. Andere Bereiche erfordern Stilllegungen oder die Konversion zu klimafreundlicheren Produkten und Dienstleistungen (z. B. Ausstieg aus dem Verbrennungsmotor) (hohe Übereinstimmung, starke Literaturbasis).
- In der Transformationsphase wird aufgrund des notwendigen Umbaus der Infrastruktur das Arbeitsvolumen voraussichtlich zumindest konstant bleiben (mittlere Übereinstimmung, mittlere Beweislage). Längerfristig könnte eine Reduktion des Arbeitsvolumens erforderlich sein, um die ökologischen Grenzen nicht zu überschreiten (mittlere Übereinstimmung, schwache Literaturbasis).
- Damit der notwendige Strukturwandel überhaupt gelingen kann, ist in liberalen Demokratien die Einbindung aller wesentlichen gesellschaftlichen Kräfte und die Berücksichtigung unterschiedlicher Interessen erforderlich. Grundlegend sind die Gewährleistung materieller Absicherung sowie die gerechte Verteilung von Transformationskosten (hohe Übereinstimmung, schwache Literaturbasis).

Strukturen, Kräfte, Akteur_innen und Barrieren des Wandels

- Erwerbsarbeit spielt eine zentrale Rolle in der Kontroverse über die Vereinbarkeit von Wirtschaftswachstum und Klimaschutz. Die Koppelung von Einkommen, sozialer Sicherung, Anerkennung und gesellschaftlicher Teilhabe an Erwerbsarbeit schränkt klimapolitische Gestaltungsspielräume ein (hohe Übereinstimmung, mittlere Literaturbasis).
- Unternehmen und ihre Interessenvertretungen sowie Gewerkschaften können sowohl hemmende als auch treibende Kräfte des Strukturwandels sein (hohe Übereinstimmung, mittlere Literaturbasis).

- Technologische Entwicklungen wie die Digitalisierung sind ambivalent und können die sozialökologische Transformation entweder unterstützen oder behindern. Damit Digitalisierung für eine klimafreundlichere und gute Erwerbsarbeit nutzbar gemacht werden kann, bedarf es politischer Gestaltung (mittlere Übereinstimmung, schwache Literaturbasis).
- Der Wertewandel hin zu einer ausgewogenen Work-Life-Balance und neue Sinnansprüche an Arbeit können die Gestaltung klimafreundlicher Strukturbedingungen von Erwerbsarbeit erleichtern (mittlere Übereinstimmung, schwache Literaturbasis).

Gestaltungsoptionen

- Arbeitszeitverkürzung ist eine geeignete Maßnahme, um (1) ein klimafreundliches Leben außerhalb der Erwerbsarbeit zu erleichtern (mittlere Übereinstimmung, schwache Beweislage) und um (2) ein möglicherweise längerfristig sinkendes Erwerbsarbeitsvolumen gleichmäßiger zu verteilen (hohe Übereinstimmung, mittlere Literaturbasis).
- Betriebliche Mitbestimmung und Partizipation sind eine Voraussetzung, um gemeinsam mit den Beschäftigten notwendige Veränderungen umsetzen zu können. Mehr Partizipation führt nicht automatisch zu klimafreundlicherem Verhalten, sondern erfordert entsprechende Begleitmaßnahmen in Betrieben sowie seitens der Politik (hohe Übereinstimmung, mittlere Literaturbasis).
- Investitionen in umweltfreundliche und kreislaufwirtschaftliche Produktionsverfahren sind notwendig, um klimafreundliche Beschäftigungsmöglichkeiten zu schaffen (hohe Übereinstimmung, hohe Literaturbasis).
- Investitionen in öffentliche Infrastrukturen und Dienstleistungen (Daseinsvorsorge) sind notwendig, um drei zentrale Ziele zu erreichen: (1) klimafreundliche Beschäftigung zu stärken, (2) gesellschaftliche Bedürfnisse zu befriedigen und (3) eine sozialverträgliche Transformation zu gewährleisten (mittlere Übereinstimmung, mittlere Literaturbasis).
- Um den Strukturwandel zu bewältigen und damit Arbeitnehmer_innen in klimafreundlicher Erwerbsarbeit tätig sein können, müssen sie Zugang zu den erforderlichen Qualifikationen erhalten (hohe Übereinstimmung, mittlere Literaturbasis).

7.1 Einleitung

In den Industrienationen des globalen Nordens hat Erwerbsarbeit eine zentrale Bedeutung erlangt. Sie ist Quelle individueller Daseinsvorsorge und materieller Existenzsicherung. Durch Erwerbsarbeit erhalten Menschen Zugang zu Sozialkontakten, Anerkennung und anderen immateriellen Ressourcen, die für ihre Identitätsentwicklung und soziale Einbindung wesentlich sind (Gini, 1998; Holtgrewe et al, 2000; Voswinkel, 2013, 2016). Erwerbsarbeit strukturiert den Alltag und setzt den zeitlichen Rahmen für unbezahlte Arbeit und Aktivitäten in anderen Lebensbereichen [Kap. 8, 9]. Darüber hinaus ist Erwerbsarbeit in vielen Wohlfahrtsstaaten, so auch in Österreich, eine wichtige Finanzierungsquelle und Voraussetzung für den Anspruch auf Sozialversicherungsleistungen [Kap. 18].

Erwerbsarbeit hat zugleich eine enorme klimapolitische Bedeutung. Als Produktionsfaktor in einem kapitalistischen Wirtschaftssystem beinhaltet Erwerbsarbeit unzählige Tätigkeiten und Abläufe, die mit Energie- und Ressourcenverbrauch verbunden sind. Produktivitätssteigerungen beruhen über Jahrzehnte auf einem steigenden Ressourcenverbrauch und dem Einsatz von immer neuen Technologien, die fossile Energie verwenden (Ayres & Warr, 2009). Erwerbsarbeit ist daher zwangsläufig an der Produktion klimaschädlicher Emissionen beteiligt (Fischer-Kowalski & Haas, 2016; Fischer-Kowalski & Schaffartzik, 2008), wenn auch variierend nach Branche bzw. Wirtschaftsbereich [Kap. 14].

Zudem ist Erwerbsarbeit ein wichtiger Treiber von Wirtschaftswachstum: Bei steigender Arbeitsproduktivität ist Wirtschaftswachstum notwendig, um Beschäftigungsverluste zu vermeiden. Gleichzeitig geht Wirtschaftswachstum mit steigender Umweltbelastung einher. Daher besteht ein Zielkonflikt zwischen Umwelt-, Beschäftigungs- und Wirtschaftspolitik (Antal, 2014; Seidl & Zahrnt, 2019).

In der Literatur herrscht breiter Konsens darüber, dass Erwerbsarbeit ein bedeutendes Element des klimapolitischen Umbaus von Wirtschaft und Gesellschaft ist (Bohnenberger, 2022; Seidl & Zahrnt, 2019). Die Auffassungen über die erforderliche Reichweite und Form dieses Umbaus gehen jedoch auseinander.

Auf der einen Seite des Ideenspektrums [Kap. 2] sind Ansätze zu verorten, die eine (1) „Marktperspektive" einnehmen. Konzepte der Green Economy etwa setzen auf technische Innovationen und korrekte Preissignale (unter anderem durch die Bepreisung von Emissionen). Sie schlagen einen modernisierungspolitischen Pfad ein, im Vertrauen auf die ordnenden Kräfte des Marktes, rationale Entscheidungen der Marktteilnehmer_innen und die individuelle Verantwortung der Bürger_innen (Loiseau et al, 2016; OECD, 2020; UN, 2015; UNEP, 2008, 2019).

Aus einer (2) „Innovationsperspektive" steht die Frage der Ermöglichung von Veränderungsprozessen im Vordergrund.

Die Forschung widmet sich nicht nur der Beschäftigungsentwicklung im Umwelt- und Umwelttechniksektor (unter anderem BMK, 2022; IRENA & ILO, 2021). Sie legt auch einen starken Fokus auf Möglichkeiten der Digitalisierung für die Entwicklung neuer Formen der Arbeitsorganisation, für ortsunabhängiges Arbeiten oder die Entwicklung neuer Berufe in Wirtschaftszweigen, die weniger klimaschädlich produzieren (unter anderem OECD, 2019, S. 67 ff.; Schörpf et al., 2020; Steininger et al., 2021).

Dagegen betonen Ansätze aus einer (3) „Bereitstellungsperspektive" zum einen die Verfügbarkeit von klimafreundlichen Arbeitsplätzen für jene, die zur Existenzsicherung auf Lohnarbeit angewiesen sind (unter anderem AK/ÖGB, 2017; Eder, 2021; Wukovitsch, 2021). Zum anderen geht es um die Frage, in welchen Wirtschaftsbereichen Erwerbsarbeit einen Beitrag zur (klimafreundlichen) Bedürfnisbefriedigung leistet (Krisch et al., 2020) und inwiefern Erwerbsarbeit auch in Zukunft die zentrale Quelle der Daseinsvorsorge sein soll.

Ein wesentlicher Bestandteil des Ideenspektrums ist schließlich einer (4) „Gesellschaft-Natur-Perspektive" zuzuordnen. Ausgehend von der Diagnose, dass die Klimaziele weder unter Beibehaltung von Wirtschaftswachstum noch durch inkrementelle Veränderungen erreicht werden können (unter anderem Antal, 2014; Haberl et al., 2020), wird nach Wegen für tiefgreifende Veränderungen der Strukturbedingungen von Wirtschaft und Gesellschaft gesucht. Dabei erörtert man Themen wie Arbeitszeitverkürzung oder die Neubewertung und Umverteilung gesellschaftlich notwendiger Arbeit (Littig & Spitzer, 2011; Seidl & Zahrnt, 2019).

Das Kapitel geht folgenden Fragen nach:

1. **Wie muss Erwerbsarbeit gestaltet werden, damit sich Menschen im Rahmen ihrer Berufstätigkeit klimafreundlich verhalten können?** Die Frage bezieht sich zum einen auf die Klimafreundlichkeit der Herstellungsprozesse von Produkten und Dienstleistungen. Zum anderen geht es um die Frage, ob die im Rahmen von Erwerbsarbeit hergestellten Produkte und Dienstleistungen anderen Menschen (Konsument_innen) ein klimafreundliches Leben ermöglichen. Damit ist auch die Frage verbunden, welche Entscheidungs- und Partizipationsmöglichkeiten Beschäftigte haben, um im Rahmen von Erwerbsarbeit im Einklang mit klimapolitischen Anforderungen handeln zu können.
2. **Wie muss Erwerbsarbeit gestaltet sein, damit Menschen außerhalb ihrer Erwerbsarbeit ein klimafreundliches Leben führen können?** Arbeitsumfang, Belastungen, aber auch Erfahrungen von Sinn und sozialer Anerkennung im Rahmen der Erwerbsarbeit haben Auswirkungen auf das Handeln von Erwerbstätigen in der erwerbsfreien Zeit. Die Frage nach Strukturbedingungen für ein klimafreundliches Leben schließt daher die Frage ein, welche Spielräume die Erwerbsarbeit für ein klimafreundliches Handeln im Alltag schafft. Damit ist auch das Verhältnis von bezahlter und unbezahlter Arbeit angesprochen [Kap. 8].

Das Kapitel beginnt mit einer Darstellung des Status quo für klimafreundliches Leben *innerhalb* und *außerhalb* der Erwerbsarbeit und stellt verschiedene Konzepte erwerbsarbeitsbezogener Klimapolitik vor. Anschließend geht das Kapitel auf Barrieren und treibende Kräfte eines Strukturwandels ein. Der dritte Abschnitt stellt Gestaltungsoptionen dar und fragt, wie Bedingungen für ein klimafreundliches Leben *innerhalb* wie auch *außerhalb* der Erwerbsarbeit geschaffen werden können.

7.2 Status quo

7.2.1 Bedingungen für klimafreundliches Handeln innerhalb der Erwerbsarbeit

Das Potenzial, innerhalb der Erwerbstätigkeit klimafreundlich zu handeln, ist von den Bedingungen abhängig, die der Arbeitsplatz bzw. -ort bietet. Allgemein ist festzuhalten, dass weite Bereiche der Erwerbsarbeit gegenwärtig nicht die Voraussetzungen für ein klimafreundliches Leben erfüllen (Hoffmann & Spash, 2021). Der Produktionssektor verursacht zwar gemeinhin mehr CO_2-Emissionen als der Dienstleistungssektor, unternehmensbezogene Dienstleistungen wie Werbung sind aber über die Wertschöpfungskette vielfach eng mit emissionsintensiven Produktionsprozessen oder klimaschädlichem Konsum verbunden. Und auch innerhalb des produzierenden Bereichs bestehen erhebliche Unterschiede. Besonders emissionsintensiv ist die Beschäftigung in den Bereichen Kokerei und Mineralölverarbeitung, Metallerzeugung und -bearbeitung sowie Energieversorgung. Bei einer Betrachtung der Sektoren mit den höchsten CO_2-Emissionen – über alle Tätigkeitsbereiche hinweg – fällt auf, dass deren Gewicht auf dem Arbeitsmarkt sehr unterschiedlich ist [Tab. 7.1; siehe auch Kap. 14].

Im Jahr 2019 hatten die Bereiche Energie und Industrie einen Anteil von knapp 44 Prozent an den nationalen Treibhausgasemissionen, der größte Teil davon (85 Prozent) ist vom EU-Emissionshandelssystem (EU-ETS) erfasst (Meinhart et al., 2022). Das ermöglicht eine räumliche Zuordnung der Anlagen mit besonders hoher Emissionsintensität der Beschäftigung (Streicher et al, 2020; Abb. 7.1). Auch hier ist zwar zu beachten, dass diese Daten keine direkten Rückschlüsse auf die quantitative Bedeutung des jeweiligen Tätigkeitsbereichs für den regionalen oder gesamtösterreichischen Arbeitsmarkt zulassen. Dennoch geben derartige Auswertungen Hinweise auf Regionen, die im Zuge der Dekarbonisierung mit besonderen Herausforderungen konfrontiert sind.

Tab. 7.1 Sektoren mit den höchsten CO$_2$-Emissionen in Österreich (absolut, 2016). CO$_2$-Emissionen, Beschäftigte und Bruttowertschöpfung nach Sektoren (2016). (Quelle: Statistik Austria, WIFO-Berechnungen, zit. nach Meinhart et al. (2022, Anhang), eigene Darstellung)

ÖNACE 2008 Abteilungen		Beschäftigte	Bruttowert-schöpfung (BWS) 2016	Insgesamt	CO$_2$-Emissionen (t) je Beschäftigten	Je 1000 € BWS
Klasse	Titel	Anzahl	Mio. €			
C24	Metallerzeugung und -bearbeitung	37.714	3916,2	22.847.738,72	605,82	5,83
D35	Energieversorgung	24.478	5725,0	14.566.354,29	595,08	2,54
C23	H.v. Glas/-waren, Keramik u. Ä.	31.383	2466,6	5.535.402,81	176,38	2,24
C19	Kokerei und Mineralölverarbeitung	1315	514,4	2.451.397,67	1864,18	4,77
H49	Landverkehr	121.982	7596,8	1.810.837,74	14,85	0,24
C20	H.v. chemischen Erzeugnissen	18.412	2877,3	1.601.497,85	86,98	0,56
C17	H.v. Papier/Pappe und Waren daraus	16.536	1853,0	1.220.098,84	73,78	0,66
A01	Landwirtschaft und Jagd	109.163	2781,6	1.011.454,20	9,27	0,36
C10	H.v. Nahrungs- und Futtermitteln	72.420	4344,5	708.616,90	9,78	0,16
G46	Großhandel	210.106	18.228,9	520.280,79	2,48	0,03
C27	H.v. elektrischen Ausrüstungen	45.861	3953,1	487.039,82	10,62	0,12
F43	Sonst. Bautätigkeiten	204.066	10.423,3	462.420,85	2,27	0,04
C25	H.v. Metallerzeugnissen	78.609	6017,1	380.285,53	4,84	0,06
C16	H.v. Holzwaren	32.230	2386,7	351.683,83	10,91	0,15
H51	Luftfahrt	8597	702,8	345.887,10	40,23	0,49

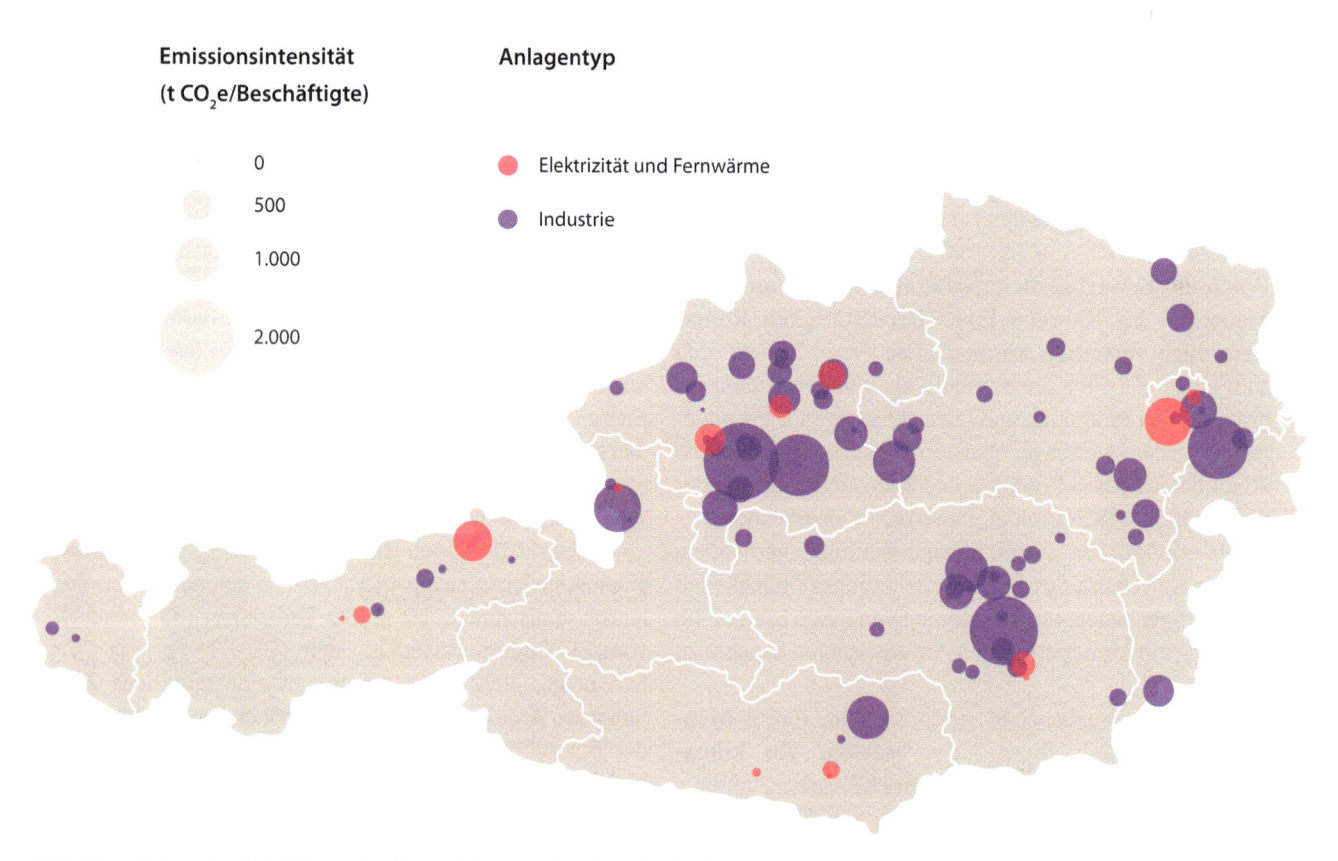

Abb. 7.1 Aktive EU-ETS-Anlagen in Österreich, Emissionsintensität der Beschäftigung. Direkte Emissionsintensität der Beschäftigung (t Co$_2$e/Beschäftigung), räumliche Verteilung in Österreich. (Quelle: EUTL und Amadeus-Datenbank; WIFO-Berechnungen (zit. nach Streicher et al., 2020, S. 12))

Angesichts ambitionierter Dekarbonisierungspläne auf europäischer und nationaler Ebene erhalten die Herausforderungen, denen die Erwerbsarbeit im Produktionssektor (und darüber hinaus) gegenübersteht, zunehmend Aufmerksamkeit (beispielsweise Streicher et al, 2020; Steininger et al, 2021; Meinhart et al, 2022). Zur Diskussion steht ein breites Spektrum an möglichen Entwicklungen, das von der Stilllegung ganzer Produktionszweige („phasing out") über die (grundlegende) Umstellung bzw. technologische Erneuerung von Produktionsprozessen (UNDP, 2015) bis zur Verlagerung von Produktion in Drittstatten („Carbon Leakage") reicht [Kap. 14, 15]. Auch Beschäftigte in Branchen, die aufgrund sonstiger klimapolitischer Vorgaben umgestaltet werden müssen (z. B. Ausstieg aus dem Verbrennungsmotor) sowie jene, die in verbundenen Wertschöpfungsketten tätig sind, werden von den Maßnahmen zur Dekarbonisierung betroffen sein. Gleichzeitig sind neue Beschäftigungsmöglichkeiten in Bereichen zu erwarten, die weniger Emissionen verursachen bzw. eine klimafreundlichere Wirtschaft unterstützen (z. B. Ausbau erneuerbarer Energieträger, E-Mobilität, Kreislaufwirtschaft; Sala et al., 2020; Großmann et al., 2020).

Dieser ökologische Umbau der Wirtschaft erzeugt einen erheblichen Qualifizierungs- und Umschulungsbedarf, etwa im Bereich der Ausbildung für neue IT-Systemtechniken, Beratungs- und Sanierungsleistungen für Energieeffizienz oder Berufe in der Kreislaufwirtschaft. Um den notwendigen Bedarf an Fachkräften zu decken, ist eine langfristige und weitreichende Qualifizierungsstrategie notwendig, die die Zeitdauer von Aus- und Weiterbildungen und bereits existierende Kompetenzen berücksichtigt (Steininger et al., 2021). Für Deutschland liegen Policy Papers und Studien vor, die den sozial-ökologischen Umbau der Industrie, Arbeitsmarktchancen der erneuerbaren Energien und Aus- und Weiterbildungen für grüne Kompetenzen analysieren (unter anderem Blöcker, 2014; IRENA & ILO, 2021; Mertineit, 2013). Die britische Campaign Against Climate Change Trade Union Group bemüht sich in ihrem Policy Paper um die Auflösung des „Job-Environment Dilemma" und entwickelt Strategien, um Arbeitsplätze, die Treibhausgasemissionen senken, in der Energiewirtschaft, im Bausektor, im Verkehr und in der Landwirtschaft voranzutreiben (Campaign Against Climate Change, 2021). Für Österreich wird außerdem aktuell ein Aktionsplan für zentrale Bereiche der Energiewende entwickelt (BMK, 2022). Eine weitere Herausforderung besteht in regionalpolitischer Hinsicht, zumal neue bzw. weniger klimaschädliche Jobs nicht unbedingt dort entstehen, wo Arbeitskräfte entlassen werden (zur räumlichen Dimension siehe Abb. 7.1).

Erwerbsarbeit im Dienstleistungssektor geht im Durchschnitt mit einem geringeren Ausstoß an Emissionen einher als in der Güterproduktion. Allerdings ist zu berücksichtigen, dass viele dieser Tätigkeiten auf der vorgelagerten Herstellung von Gütern beruhen und dass auch emissionsintensive Dienstleistungen existieren, beispielsweise im Verkehr (Hardt et al., 2020; Streicher et al., 2020) [Kap. 5, 9]. Erwerbsarbeitsbedingte Emissionen umfassen darüber hinaus Mobilität, die im Rahmen der Erwerbsarbeit passiert [Kap. 6]. Die Zahl der Geschäftsreisen in Österreich hat im Jahr 2019 einen Höchststand erreicht[1]. Bahn- und Busreisen gewinnen zwar an Bedeutung, dennoch ist das Auto immer noch das meistgenutzte Verkehrsmittel. Im Verhältnis zu 2018 wurde ein überproportionales Wachstum der Flug-Geschäftsreisen festgestellt (Mohr, 2021).

Setzt man allerdings den Energieverbrauch ins Verhältnis zur geleisteten Arbeitszeit, zeigt sich für Deutschland, dass die Energieintensität pro Arbeitsstunde in Dienstleistungssektoren (ausgenommen Transport) deutlich geringer ist als in der Produktion. Dies gilt auch, wenn der Energieverbrauch aus vorgelagerter Produktion berücksichtigt wird (Hardt et al., 2020, 2021). Insbesondere die sektorale Verschiebung von Beschäftigung in Dienstleistungsbereiche wie Bildung, soziale Dienste und Gesundheitswesen wird als Option diskutiert, um klimafreundliche Erwerbsarbeit zu schaffen und Beschäftigungsverluste damit auszugleichen (Krisch et al., 2020; Jackson & Victor, 2011; Pirklbauer, 2020).

Neben Herausforderungen wie der Re-Qualifizierung und dem regionalen Matching von Job-Angeboten und -Nachfrage besteht im Rahmen der sektoralen Verschiebung von Beschäftigung ein weiteres Problem: In vielen Bereichen des tertiären Sektors ist Erwerbsarbeit geringer entlohnt als in den Bereichen des produzierenden Gewerbes, die besonders von der Dekarbonisierung betroffen sind. Im Dienstleistungssektor besteht auch ein hoher Anteil an atypischer Beschäftigung. Darunter sind viele Arbeitsplätze, die unsicher, nicht existenzsichernd und ohne Perspektive auf berufliche oder qualifikatorische Weiterentwicklung sind (Geisberger & Knittler, 2010; Knittler, 2018).

In diesem Zusammenhang wird deutlich, dass klimafreundliche Investitions- und Beschäftigungspolitik unterschiedliche Zielsetzungen verfolgen kann. In der Literatur zeichnen sich vier konzeptionelle Zugänge ab: Green Jobs, Just Transition, Sustainable Work und Post-Work (siehe Box).

Konzepte erwerbsarbeitsbezogener Klimapolitik
Green Jobs ist ein Konzept aus der marktorientierten Strategie des „grünen Wachstums" (Green Growth) bzw. einer „grünen Wirtschaft" (Green Economy). Zu ihrer Abgrenzung bestehen verschiedene Heran-

---

[1] Nicht inbegriffen ist hier Pendelverkehr, also regelmäßig zwischen Wohnort und Arbeitsstätte zurückgelegte Strecken. Die Rolle des Pendelverkehrs wird im nächsten Abschnitt zu „Bedingungen für klimafreundliches Handeln *außerhalb* der Erwerbsarbeit" behandelt.

gehensweisen (Janser, 2018). Der verbreitetste Ansatz basiert auf dem Konzept der Umweltwirtschaft, dem sogenannten „Environmental Goods and Services Sector (EGSS)". Umfasst sind Tätigkeiten zur Messung, Vermeidung, Verringerung, Beschränkung oder Behebung von Umweltschäden sowie zum schonenden Umgang mit Ressourcen. 2019 waren in Österreich rund 183.000 Beschäftigte (in Vollzeitäquivalenten) in Green Jobs tätig. Im Vergleich: Die gesamte österreichische Tourismusindustrie beschäftigt rund 200.000 Arbeitskräfte in Vollzeitäquivalenten (Statistik Austria, 2021, 2022).

Während diese Definition von Green Jobs nur auf Beschäftigungspotenziale in „grünen" Branchen eingeht, berücksichtigt das Konzept der Internationalen Arbeitsorganisation (IAO) auch die Arbeitsbedingungen beziehungsweise Arbeitsqualität. Neben der Erstellung grüner Produkte oder Dienstleistungen bzw. der Beschäftigung in umweltfreundlichen Prozessen geht es also auch um das Ziel, gute Arbeitsplätze (Decent Work: https://ilo.org) bereitzustellen.

Just Transition: Im Zentrum steht die Forderung, dass im ökologisch notwendigen Strukturwandel das Interesse der Arbeitnehmer_innen an Mitbestimmung, guter Beschäftigung und sozialer Absicherung umfassend berücksichtigt und gewahrt werden muss. Spätestens mit der Forderung der internationalen Gewerkschaftsbewegung nach einer Berücksichtigung von Just Transition im Rahmen der internationalen Klimaverhandlungen erlangte das Konzept global Aufmerksamkeit. Heute wird es von unterschiedlichen Akteursgruppen und mit unterschiedlichen Stoßrichtungen genutzt. Diese reichen von räumlich beschränkten Förderinstrumenten wie dem EU-Fonds für einen gerechten Übergang (Europäische Kommission, 2020a) bis zu relativ weitreichenden Positionspapieren im Umfeld der Interessensvertretungen der Arbeitnehmer_innen (ILO, 2015; Initiative Wege aus der Krise, 2019; TUDCN, 2019). Darin werden wirtschaftspolitische Maßnahmen zur Gestaltung des Strukturwandels, soziale Sicherheit, aktive Arbeitsmarktpolitik und die umfassende Beteiligung der Beschäftigten und ihrer Vertretungen gefordert. Just Transition bleibt aber umkämpft, wie man am Beispiel des Kohleausstiegs in Deutschland sieht. Die Debatte zwischen Befürworter_innen und Gegner_innen tendiert dazu, ökologische, beschäftigungspolitische und wirtschaftliche Interessen gegeneinander auszuspielen, was den Ausstieg verlangsamt (Kalt, 2021). Für Österreich entstehen analoge Herausforderungen beim Ausstieg aus der Produktion von Verbrennungsmotoren in der Automobilindustrie (Wissen et al., 2020) sowie vermutlich auch bei der Ökologisierung des Wintertourismus (Steiger et al., 2021) oder der Fleischproduktion (Barth et al., 2019). Am Beispiel des Automobil- und Energiesektors ist zu erkennen, wie ökologische Gewerkschaftspolitik auf nationaler Ebene in Konflikt mit dem Kampf um Beschäftigung auf betrieblicher Ebene geraten kann (Galgóczi, 2020).

Sustainable Work: Darunter wird Arbeit verstanden, die die menschliche Entwicklung fördert und gleichzeitig ökologische Nebenwirkungen minimiert (UNDP, 2015). Die Definition des UN-Entwicklungsprogramms umfasst auch unbezahlte Tätigkeiten wie Hausarbeit oder ehrenamtliche Tätigkeiten. Der Mehrwert des Konzepts liegt darin, dass es explizit das Problem von ökologisch nicht nachhaltiger Arbeit thematisiert. Daraus folgt, dass sich Berufsbilder verändern und manche Tätigkeiten zur Gänze verschwinden müssen, um die Klimaziele zu erreichen (UNDP, 2015). Im deutschsprachigen Raum wird „nachhaltige Arbeit" noch breiter gefasst. Hier rückt die Arbeitsgesellschaft insgesamt ins Zentrum der Analyse von Grenzen und Möglichkeiten einer tiefgreifenden sozial-ökologischen Transformation. Ausgangspunkt der Überlegungen ist, dass gesellschaftliche Naturverhältnisse in konkreten Arbeitsprozessen geprägt werden (Barth et al., 2016; Littig et al., 2018). Nachhaltigkeit bezieht sich nicht nur auf die ökologische, sondern auch auf die soziale Dimension von Arbeit, wobei unbezahlte Haus- und Sorgearbeit einbezogen wird (Jürgens, 2008). In diesem Kontext werden oft auch erweiterte Arbeitskonzepte vorgebracht. Diese plädieren für einen Arbeitsbegriff, der neben Erwerbsarbeit Tätigkeiten wie Hausarbeit, Eigenarbeit oder zivilgesellschaftliches Engagement umfasst. In Anlehnung an die feministische Arbeitsforschung wird die mangelnde gesellschaftliche Anerkennung unbezahlter Versorgungs- und Betreuungsarbeit problematisiert. Diese gesellschaftlich notwendigen Tätigkeiten sollten umverteilt und neu bewertet werden. Die Reduktion von Erwerbsarbeit und mehr Eigenarbeit sollen einen nachhaltigen Lebensstil ermöglichen (Littig & Spitzer, 2011).

Post-Work: Debatten um eine Post-Work-Gesellschaft haben ihre Wurzeln in arbeitskritischen Strömungen marxistischer und feministischer Theorie. Sie sind relevant für jene Teile der klimapolitischen Forschung, die eine Reduktion von Erwerbsarbeit als Voraussetzung für die Erreichung der Klimaziele erachtet (Frayne, 2016; Hoffmann & Paulsen, 2020). Post-Work kritisiert die zentrale Rolle von Erwerbsarbeit in modernen Gesellschaften. Da Arbeit meist unhinterfragt als wichtigste Quelle von Einkommen, Sinnstiftung, persönlichem Erfolg und sozialer Anerkennung gilt (Frayne, 2015), sind Individuen davon abhängig, einer bezahlten Arbeit nachzugehen – auch wenn es sich dabei um prekäre, unterbezahlte oder gesundheitsbelastende Jobs handelt. Post-Work kritisiert zudem mangelnde Mitsprache- und Entscheidungsrechte von Beschäftigten in Erwerbsarbeitsverhältnissen. Dies betrifft vor allem die Frage, welche Produkte und Dienstleistungen hergestellt werden. Zudem wird in der Post-Work-Debatte die kulturelle Bedeutung von Arbeit hinterfragt. Die moderne Arbeitsethik sieht Arbeit als moralische Verpflichtung, unabhängig von der ökonomischen oder gesellschaftlichen Notwendigkeit (Weeks, 2011). Neben der kritischen Analyse handelt es sich bei Post-Work auch um ein emanzipatorisches Projekt. André Gorz (2000) forderte beispielsweise eine breite gesellschaftliche Debatte über den Zweck von Arbeit und eine Reduktion fremdbestimmter, dem Produktionsprozess unterworfener Lebens- und Arbeitszeit. Konkrete Forderungen umfassen eine radikale Arbeitszeitverkürzung und -umverteilung. Durch ein bedingungsloses Grundeinkommen oder eine öffentliche Daseinsvorsorge könnten eine Entkopplung von Erwerbsarbeit und materieller Sicherung sowie mehr Raum für selbstbestimmte Tätigkeiten erreicht werden.

Die erheblichen Unterschiede der genannten Konzepte verweisen auf eine Grundsatzdebatte in der Literatur – gemeint ist das Spannungsverhältnis zwischen Wirtschaftswachstum, Beschäftigungssicherung und klimapolitischen Zielsetzungen. Ansätze für einen grünen Strukturwandel unter Beibehaltung des Wachstumspfads (Capasso et al., 2019) stehen Studien gegenüber, wonach Wirtschaftswachstum nicht mit ökologischen Zielen vereinbar ist (unter anderem Diab, 2020; Haberl et al., 2020; Wiedenhofer et al., 2020). Daher argumentiert ein Teil der Literatur für die Entkopplung von Beschäftigung und Wachstum, die unter anderem durch eine Arbeitszeitverkürzung erreicht werden könnte (Mayrhofer & Wiese, 2020; Seidl & Zahrnt, 2019).

Neben makroökonomischen Fragen widmet sich die Literatur den Bedingungen für klimafreundliches Handeln auf betrieblicher Ebene (von Jorck & Schrader, 2019). Forschung zu „arbeitsökologischer Innovation" (Becke, 2019) betont die positive Rolle von umweltorientierten Arbeitnehmer_innen bei Nachhaltigkeitstransformationen von Unternehmen (Galpin & Lee Whittington, 2012; Lacy et al., 2009). Süßbauer & Schäfer (2019) unterscheiden zwischen drei Aspekten, wie Beschäftigte zu betrieblichen Nachhaltigkeitsprozessen beitragen können: (1) Verbesserung von Produkten und Dienstleistungen sowie Entwicklung von ökologischen Innovationen (Buhl et al., 2016; Ramus, 2018); (2) Optimierung von Arbeitsprozessen und -routinen im Sinne nachhaltigerer Produktionsprozesse (Wolf, 2013); sowie (3) Förderung nachhaltigen Konsumverhaltens am Arbeitsplatz, etwa bei der Nutzung von Betriebskantinen (Süßbauer & Schäfer, 2018) [Kap. 5].

Die Literatur über betriebliche Mitbestimmungs- bzw. Partizipationsbeziehungen weist hingegen auf die beschränkten Handlungsspielräume von Beschäftigten hin: Ein Befund lautet, dass Beschäftigte heute zwar stärker den Ablauf von Arbeitsprozessen gestalten können. Sie sind aber kaum je in Entscheidungen darüber eingebunden, welche Produkte und Dienstleistungen ein Unternehmen her- bzw. bereitstellt (Schmidt-Keilich et al., 2022; Höijer et al., 2020; QV Kapitel „Ernährung"; Dörre, 2002; Gorz, 2000), welchen sozialen Nutzen diese haben bzw. wie klimafreundlich sie hergestellt oder erbracht werden. Diese Entscheidungen treffen primär Eigentümer_innen bzw. das Management.

Dass nicht alle Arbeitsplätze zwangsläufig einen wertvollen Beitrag für unsere Gesellschaft leisten, zeigt das Phänomen sogenannter „Bullshit Jobs" (Graeber, 2018). Im Gegensatz dazu stehen Tätigkeiten in Pflege, Transport oder Nahversorgung, deren Systemrelevanz im Zuge der COVID-19-Krise besonders deutlich wurde (Krisch et al., 2020; Pirklbauer, 2020).

7.2.2 Bedingungen für klimafreundliches Handeln außerhalb der Erwerbsarbeit

Strukturbedingungen der Erwerbsarbeit beeinflussen maßgeblich, inwiefern Arbeitnehmer_innen außerhalb ihrer Beschäftigung ein klimafreundliches Leben führen können. So bestimmen nicht nur Stundenlohn, sondern auch die Anzahl der gearbeiteten Stunden die Höhe des Erwerbsarbeitseinkommens. Die Einkommenshöhe ist wiederum der wichtigste Faktor, um den ökologischen Fußabdruck von Menschen vorherzusagen (Moser & Kleinhückelkotten, 2018; Theine et al., 2017) [Kap. 17].

Die Länge der Arbeitszeiten definiert auch das Ausmaß an verfügbarer Zeit außerhalb von Erwerbsarbeit. Es besteht die Annahme, dass kürzere Arbeitszeiten zu einem nachhaltigeren Lebensstil führen können, da umweltschonende Aktivitäten oft relativ zeitintensiv sind (Knight et al., 2013). Dies lässt sich exemplarisch am Bereich Mobilität zeigen. Fliegen kann im Vergleich zu einer Zugfahrt eine Zeitersparnis bringen, verursacht aber auch eine deutlich höhere Umweltbelastung. Ähnlich greifen viele Pendler_innen nicht nur aus Gewohnheit zum privaten Pkw, sondern weil der klimaschonendere öffentliche Personenverkehr zeitaufwendiger ist. Die durch Arbeitszeitverkürzung frei gewordene Zeit kann allerdings auch für ressourcenintensive Tätigkeiten verwendet werden, was sogenannte Zeit-Rebound-Effekte zur Folge hat (Buhl & Acosta, 2016).

Neben der rein zeitlichen Beanspruchung durch Erwerbsarbeit ist die mentale und körperliche Belastung zu berücksichtigen. Arbeitsstress und Leistungsdruck, mangelndes Sinnerleben oder Entfremdungserfahrungen können dazu beitragen, dass Beschäftige versuchen, über Konsum einen Ausgleich zu erreichen (Agger, 1979; Schor, 1992). In diesem Zusammenhang ist auch das Phänomen „work-and-spend-cycle" in wohlhabenden Ländern zu nennen, welches beschreibt, dass Menschen in einer Spirale langer Arbeitszeiten und daraus folgender hoher Einkommen gefangen sind, die wiederum ein steigendes Konsumniveau begünstigen (Schor, 1999). Zudem erfordert Erwerbstätigkeit bestimmte Formen von Konsum. Neben Berufskleidung oder Essen „to go" ist hier vor allem Mobilität in Form von Pendelverkehr zu nennen [Kap. 6].

Zudem können kürzere Arbeitszeiten auch mehr Wohlbefinden schaffen, zu geschlechtergerechter Aufteilung der Sorgearbeit und zu besserer Gesundheit beitragen (Pullinger, 2014; Sirianni & Negrey, 2000; Winker, 2015; Wirtz et al., 2009). Laut EU-Arbeitskräfteerhebung 2019 wünschen sich 23 Prozent der Vollzeitbeschäftigten in Österreich explizit kürzere Arbeitszeiten (FORBA & AK, 2021). Expert_innen erklären den europaweit vergleichsweisen hohen Prozentsatz mit dem relativ hohen Anteil an überlangen Arbeitszeiten (siehe Abb. 7.2). Vollzeitbeschäftigte nennen 2019 eine Wunscharbeitszeit von 34 Stunden (FORBA & AK, 2021). Die Europäische Erhebung zur Lebensqualität 2016 gibt für Österreich eine noch geringere Wunscharbeitszeit von 31 Wochenstunden an (Csoka, 2018).

Allerdings können Verkürzungen von Erwerbsarbeitszeit auch auf Widerstände stoßen, vor allem, wenn diese mit Einkommenseinbußen und damit auch mit Einschnitten bei sozialen Sicherungsleistungen einhergehen. Weiters ist zu bedenken, dass ein Teil der erwerbsfähigen Bevölkerung strukturell unterbeschäftigt ist, das heißt gerne mehr Stunden arbeiten würde. Dieses Problem betrifft vor allem Teilzeitbeschäftigte (FORBA & AK, 2021), aber auch Arbeitssuchende und „Entmutigte", also Menschen, die erwerbstätig sein wollen, aber die Jobsuche aufgegeben haben (Bell & Blanchflower, 2018: 29). Im Jahr 2020 lag die Unterbeschäf-

Durchschnittliche, normalerweise geleistete Wochenstunden von Vollzeitbeschäftigten im Hauptjob, 2019

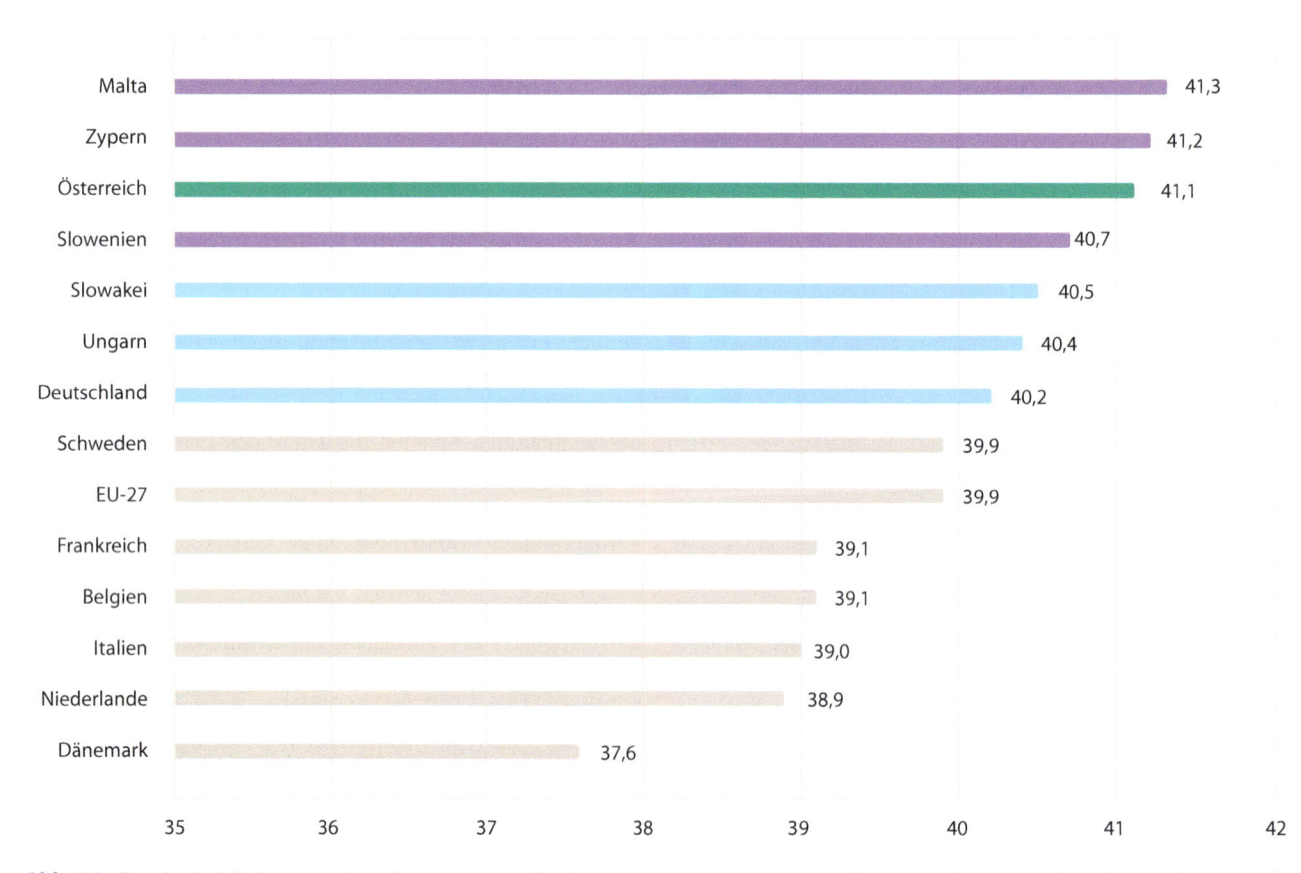

Malta	41,3
Zypern	41,2
Österreich	41,1
Slowenien	40,7
Slowakei	40,5
Ungarn	40,4
Deutschland	40,2
Schweden	39,9
EU-27	39,9
Frankreich	39,1
Belgien	39,1
Italien	39,0
Niederlande	38,9
Dänemark	37,6

Abb. 7.2 Durchschnittliche, normalerweise gearbeitete Wochenstunden von Vollzeitbeschäftigten im Hauptjob, 2019. (Quelle: Eurostat, EU-Arbeitskräfteerhebung 2019 (zit. nach FORBA & AK Wien, 2021, S. 5))

tigungsquote in Österreich bei 15,5 Prozent (in Prozent der Erwerbspersonen) (Schultheiß et al., 2021, S. 34).

7.3 Treibende Kräfte und Barrieren des Strukturwandels

Strukturelle Rahmenbedingungen des Wirtschaftssystems

Erwerbsarbeit spielt eine zentrale Rolle in der Kontroverse über die Vereinbarkeit von Wirtschaftswachstum und ökologischer Nachhaltigkeit (unter anderem Daly, 1996; Jackson, 2009; Meadows et al., 1972). Seidl und Zahrnt (2019, S. 9) beschreiben das gegenwärtige Wirtschaftssystem als paradox: Während Produktivitätsfortschritte prinzipiell eine Reduktion des Arbeitsvolumens ermöglichen, ermöglicht Wirtschaftswachstum, dass es zu keinem Abbau der Beschäftigung kommt. Gemeinsam mit Produktivitätsfortschritten trägt Wirtschaftswachstum dazu bei, dass die Einkommen von Jahr zu Jahr steigen und Beschäftigungsziele der Wirtschaftspolitik weitgehend erreicht werden. Da auch die Finanzierung der europäischen Sozial- und Abgabensysteme größtenteils an Erwerbseinkommen hängt, ist ein Ausstieg aus der Wachstumslogik weiterhin schwer vorstellbar.

Wachstumsfreundliche Positionen berufen sich auf Modelle, die eine Entkopplung von Wirtschaftswachstum und Ressourcenverbrauch bzw. Treibhausgasemissionen für möglich halten (z. B. Bleischwitz et al., 2012). Sie betonen etwa die Potenziale der Kreislaufwirtschaft oder Erfolge im Bereich der österreichischen Umwelttechnikwirtschaft (BMK, 2022) [Kap. 14]. Wachstum könnte damit auch in einem von massiver Ungleichheit gekennzeichneten kapitalistischen Wirtschaftssystem (Piketty, 2014; Atkinson, 2015) dazu beitragen, die Folgen der Verteilungsschieflage abzumildern. Allerdings drückt sich die globale Ungleichverteilung von Ressourcen und Macht in einer strukturellen Ausbeutung von Mensch und Natur aus, insbesondere im Globalen Süden (Brand & Wissen, 2017). Eine wachsende Anzahl wissenschaftlicher Studien deutet außerdem darauf hin, dass Wirtschaftswachstum langfristig nicht mit ökologischen Zielen zu vereinbaren ist (Hickel & Kallis, 2020; Haberl et al., 2020; Parrique et al., 2019). So konnten Haberl et al. (2020) in einem systematischen Review von 835 empirischen Studien zeigen, dass bisherige Entkopplungsraten nicht ausreichen, um eine rasche und weitreichende Verringerung von Treibhausgasemissionen zu erzielen. Nimmt man dieses Argument ernst, muss langfristig nicht nur das bestehende Arbeitsvolumen anders verteilt bzw. reduziert werden. Auch die Finanzierung der westlichen Sozialstaaten ist im Lichte der klima-, beschäftigungs- und verteilungspolitischen Herausforderungen neu zu gestalten; sie beruht derzeit zu stark auf der Besteuerung von Arbeit bzw. Masseneinkommen und in einem zu geringen Ausmaß auf der Besteuerung von Vermögen sowie Ressourcen- und Energieverbrauch (Aiginger, 2016; Köppl & Schratzenstaller, 2019). Neben der Dominanz der erwerbsarbeitsbezogenen Finanzierung der Sozialversicherungsträger beruht in Österreich ein Drittel des Steueraufkommens auf Lohnsteuern (rund 30 Milliarden Euro; Statistik Austria, 2019).

Institutionen und Akteur_innen

Bei der Umsetzung von notwendigen strukturellen Änderungen können Unternehmen und ihre Interessenvertretungen ebenso wie Gewerkschaften als potenziell hemmende Kräfte des Strukturwandels auftreten [Kap. 12, 14]. Die strukturkonservative Position von Unternehmen wird gemeinhin auf kurzfristige Gewinninteressen und den ökonomischen Kosten- und Wettbewerbsdruck zurückgeführt. Einblick in die Position von Gewerkschaften liefern Untersuchungen auf europäischer Ebene am Beispiel der Stahlindustrie-Gewerkschaften beim Emissionshandel (z. B. Thomas, 2021). Grundsätzlich ist hier zu berücksichtigen, dass Interessenvertretungen der Arbeitnehmer_innen ebenso wie jene der Industrie in erster Linie ihren Mitgliedern verpflichtet sind („Lock-in-Effekt"). Die österreichischen Sozialpartner verhandeln daher seit vielen Jahren gemeinsame Positionen, wie sie energie- und klimapolitische Ziele erreichen wollen (Die Sozialpartner Österreich, 2014, 2016, 2017).

Auch Machtbeziehungen in Unternehmen, beispielsweise in Form eingeschränkter betrieblicher Mitbestimmung, können Barrieren darstellen. Denn Nicht-Teilhabe an Transformationsentscheidungen führt mit großer Wahrscheinlichkeit zu Abwehrhaltungen bei Beschäftigten, insbesondere, wenn Einkommensverluste oder der Verlust des Arbeitsplatzes drohen. Fallstudien zeigen, dass man die Akzeptanz und Veränderungsbereitschaft der Beschäftigten durch betriebliche Mitbestimmung und die Einbeziehung des Betriebsrats bei der Entwicklung von Transformationsplänen fördern kann (Becke, 2019; Gerold et al., 2017). Eine partizipative Kultur ist im Allgemeinen auch förderlich für Prozesse der Ideenfindung, etwa für Produkt- oder Prozessinnovationen, die für Dekarbonisierung erforderlich sind (ISW, 2019; Wissen et al., 2020).

Werden strukturelle Veränderungen angestrebt, müssen diese aus interessenpolitischer Sicht in ein Bündel an Maßnahmen eingebettet werden (unter anderem ÖGB, 2021; ETUC, 2021). Dass die Interessenvertretungen der Arbeitnehmer_innen in Österreich positive Signale für einen Wandel setzen, zeigt das Forschungsprojekt TRAFO LABOUR (Littig, 2017; Niedermoser, 2017). Die Arbeiterkammer positioniert sich seit einigen Jahren mit Formaten wie dem AK Wohlstandsbericht (Feigl & Wukovitsch, 2018; Schultheiß et al., 2021 etc.) oder dem AK Klimadialog explizit als Akteurin eines sozial-ökologischen Wandels (siehe auch Pickshaus, 2019; Schröder & Urban, 2019).

Eine zunehmende Zahl an Initiativen für einen ambitionierteren Klimaschutz entsteht ebenso auf Seite der Arbeitgeber_innen (z. B. BMK, 2021; GLOBAL 2000, Greenpeace & WWF Österreich, 2017). Treibende Faktoren für Strukturveränderungen kann man auch in zivilgesellschaftlichen Initiativen erkennen (unter anderem Daniel et al., 2021). Diese Initiativen können den öffentlichen Diskurs insgesamt positiv beeinflussen und ein Bewusstsein für die Notwendigkeit klimafreundlicher Erwerbsarbeit schaffen (unter anderem Fridays for Future, System Change not Climate Change); auch hier sind die Interessenvertretungen der Arbeitnehmer_innen vielfach beteiligt (Workers for Future, Gewerkschaftsjugend etc.; siehe auch Pirklbauer & Wukovitsch, 2019).

Werte und Normen
Kulturelle Normen und Werte können den Status quo der Wirtschafts- und Gesellschaftsordnung legitimieren und damit Transformationsprozesse behindern. Dies ist erkennbar an der umfassenden Rolle und Bedeutung von Erwerbsarbeit in der Gesellschaft. Unabhängig von ökonomischer oder gesellschaftlicher Notwendigkeit gilt Arbeit als moralische Verpflichtung (Weeks, 2011). Erwerbsarbeit wird im Gegensatz zu nicht bezahlten, aber oft gesellschaftlich notwendigen Tätigkeiten als produktiv und wertschaffend erachtet (Mazzucato, 2019). Die politische Ideologie des Neoliberalismus sieht in Erwerbsarbeit ein Mittel schlechthin, um Leistungsorientierung zu zeigen und gesellschaftlichen Status zu rechtfertigen (Lessenich, 2013). Insbesondere aus einer Gesellschaft-Natur-Perspektive [Kap. 2] stehen diese kulturellen Normen einem Umdenken im Wege, das für grundlegende sozial-ökologische Transformationsprozesse erforderlich ist.

Doch im Gefüge der überlieferten gesellschaftlichen Arbeits- und Leistungsnormen sind Brüche zu erkennen. Nicht nur etabliert sich seit mehreren Jahren ein Diskurs über die Bedeutung einer ausgewogenen Work-Life-Balance, auch empirische Wertestudien (beispielsweise die „European Value Study") lassen auf veränderte Einstellungen schließen. In Österreich nimmt die zentrale Bedeutung von Arbeit gegenüber anderen Lebensbereichen seit 1990 deutlich ab, während Freizeit, Freund_innen und Bekannte stärker in den Vordergrund rücken (Aichholzer et al., 2019). Eine internationale Studie zeigt, dass Menschen wegen ihrer Erfahrungen mit der COVID-19-Pandemie die Bedeutung von Erwerbsarbeit im Leben relativieren (Pizzinelli & Shibata, 2022). Bereits vor der Pandemie haben sich neue Anspruchshaltungen und Normalitätsvorstellungen hinsichtlich Wunscharbeitszeiten und Zeitsouveränität entwickelt (Ahrendt et al., 2017; Csoka, 2018; FORBA & AK, 2021; Pongratz, 2020).

Digitalisierung
Neben bedeutenden, auf Dekarbonisierung zielenden Innovationen im Bereich industrieller Verfahrens- und Prozesstechnologien (unter anderem Blöcker, 2014; Dinges et al., 2017; Steininger et al., 2021) gilt die Digitalisierung als zentraler Treiber des Strukturwandels. Sie eröffnet Handlungs- und Gestaltungsspielräume, die in unterschiedliche Richtungen genützt werden können. So kann Arbeitsproduktivität durch Digitalisierung steigen, was eine Reduktion des Gesamtarbeitsvolumens zur Folge haben und den Abbau von Beschäftigung unter Verschärfung von Ungleichheit bedeuten kann (Frey & Osborne, 2017; Goos et al., 2014; Haiss et al., 2021; Nagl et al., 2017). Digitalisierung kann aber auch Handlungsspielräume für eine Verkürzung der Arbeitszeiten schaffen und für Maßnahmen der Umverteilung genützt werden.

Digitalisierung ist ein ressourcen- und energieintensiver Prozess (Produktion und Gebrauch von Endgeräten, Servern, etc.; The Shift Project, 2019). Zwar wird ihr ein Dekarbonisierungspotenzial zugeschrieben; die Nettoeffekte sind aber aufgrund der Komplexität und hohen Unsicherheit bei der Ausgestaltung von Digitalisierungsprozessen ungewiss (Kirchner, 2018; Santarius et al., 2020)[2]. In der Literatur wird zudem Kritik an der Handelspolitik großer Technologiekonzerne geäußert, die eine Einschränkung der Gestaltungsspielräume nationaler Regierungen bewirkt (James, 2020).

Auch bezüglich der Arbeitsqualität wird Digitalisierung ambivalent beurteilt. Einerseits erleichtert sie eine größtmögliche Überwachung und Kontrolle am Arbeitsplatz (Christl, 2021; Riesenecker-Caba & Astleithner, 2021). Andererseits können Digitalisierungsprozesse zur Flexibilisierung von Arbeit im Interesse der Beschäftigten beitragen. Sie bieten insbesondere auch Chancen, verkehrsbedingte Emissionen zu reduzieren. Durch die Umstellung auf Homeoffice kann etwa Pendelverkehr reduziert werden. Zudem sinkt durch den Einsatz von digitalen Kommunikationsmitteln die Notwendigkeit von Geschäftsreisen. Das WIFO geht aktuell von einem Homeoffice-Potenzial von 45 Prozent aller unselbstständig Beschäftigten aus (Bock-Schappelwein, 2020).

7.4 Gestaltungsoptionen

7.4.1 Ermöglichung klimafreundlichen Handelns im Rahmen der Erwerbsarbeit

Die Entwicklung von Strukturbedingungen für klimafreundliche Erwerbsarbeit kann auf ein breites Spektrum von Gestaltungsoptionen zurückgreifen. Sie lassen sich modellhaft der Markt-, Innovations-, Bereitstellungs- oder Gesellschaft-Natur-Perspektive zuordnen [Kap. 2]. Die Zuordnung zu

---

[2] Die Auswirkungen der Digitalisierung auf den Energieverbrauch und den Klimawandel werden in einem laufenden Projekt des Klimafonds untersucht (Energy Transition 2021).

den Perspektiven betont, wie verschiedenartig transformationspolitische Maßnahmen sein können und dass man sie auf allen Strukturebenen ansiedeln kann. Sie reichen von nationalen und EU-weiten Politikmaßnahmen bis zur betrieblichen Ebene, von technologischen Innovationen bis zu Arbeitszeitpolitik und Ideen für einen grundlegenden gesellschaftlichen Wandel.

Politisch-regulatorische Eingriffe
Umfassende politische Strategien für einen Strukturwandel werden aktuell unter anderem als European Green Deal oder Green New Deal diskutiert, wobei die Kernziele von einer ambitionierten Dekarbonisierung und Ressourcenschonung (Rifkin, 2019; Europäische Kommission, 2019a, 2019b, 2020a, 2020b) bis zu einer breiteren sozialökologischen Umgestaltung reichen können (Klein, 2019; Pettifor, 2019).

Um den Druck auf Beschäftigte in Europa zu reduzieren, der sich aufgrund veränderter Wettbewerbsbedingungen bildete, und um darüber hinaus die Voraussetzungen für gute Arbeit international zu fördern, thematisieren diese Strategien vielfach auch die Veränderung der Spielregeln der internationalen Ökonomie, nicht zuletzt der Handelspolitik (AK Europa, 2020; Fritz, 2019; Jochum et al., 2019).

Zur globalen Durchsetzung ökologischer und sozialer Standards bereitet die Europäische Kommission aktuell auch ein Lieferkettengesetz vor, das unternehmerische Sorgfaltspflichten über die gesamte Lieferkette vorschreiben soll. Sie greift damit eine gewerkschaftliche Forderung auf (Baghdady & Ourny, 2021).

Die Maßnahmenvorschläge stehen vielfach im Einklang mit Vorstellungen der Markt- und Innovationsperspektive. Man setzt – beispielsweise im Rahmen der EU-Taxonomie für ein nachhaltiges Finanzwesen – auf die Schaffung geeigneter Rahmenbedingungen für neue Investitionsprioritäten (Europäische Kommission, 2018; Rifkin, 2019) oder auf direkte regulatorische Eingriffe (Beispiel EU-Flottenverbrauchsziele). Auch Preissignale haben einen großen Stellenwert. Eine stärkere Besteuerung von Energieverbrauch und Emissionen würde eine Verschiebung der Steuerlast von Arbeit zu Energie und Ressourcen ermöglichen. Damit könnten neue Arbeitsplätze geschaffen und öffentliche Dienstleistungen und Infrastrukturen ausgebaut werden. Gleichzeitig würde die stärkere Besteuerung von Ressourcen und (fossiler) Energie Investitionen in energieeffiziente Technologien fördern und eine Verschiebung hin zu arbeitsintensiven, weniger umweltschädigenden Tätigkeitsbereichen anregen (Kettner-Marx et al., 2018; Köppl & Schratzenstaller, 2019). Da untere Einkommen wegen des Grundfreibetrags ohnehin wenig Lohnsteuer zahlen, müssten für eine Entlastung der Arbeitseinkommen zusätzlich die Sozialversicherungsbeiträge im unteren und mittleren Einkommensbereich reduziert werden. Um den Einnahmeausfall zu kompensieren, wird eine stärkere Besteuerung von Vermögen sowie der Kapital- und Höchsteinkommen vorgeschlagen (Humer et al., 2021; Kikuchi et al., 2020; Köppl & Schratzenstaller, 2019; Kubon-Gilke, 2019) [Kap. 17].

Aus einer Marktperspektive ist der Abbau klimaschädlicher Subventionen relevant, etwa die Abschaffung steuerlicher Privilegien für Diesel oder Dienstwagen sowie die Steuerbefreiung von Kerosin (Kletzan-Slamanig & Köppl 2016; Nerudová et al., 2018). Gleichzeitig können durch Subventionen bzw. öffentliche Investitionen positive Anreize gesetzt werden, um die Energieeffizienz zu steigern, die Umstellung auf alternative Produktionstechnologien und Energieträger zu fördern und den Ausbau der Infrastruktur für die Energie- und Mobilitätswende voranzutreiben. Diese können auch eine wichtige Rolle spielen, um Beschäftigungsverluste abzufedern, die durch den Umbau nichtnachhaltiger Branchen und Produktionsprozesse entstehen.

Über Innovationen im Bereich der „linearen" Wirtschaft hinaus sehen Policy-Maker und Forschung das Modell der Kreislaufwirtschaft (Europäische Kommission, 2020b, 2020c) als Möglichkeit, Wachstum und Umweltverträglichkeit zu vereinbaren (Merli et al., 2018). Die EU forciert das Konzept als Lösungsstrategie für Probleme wie Abfallwirtschaft, Ressourcenknappheit und ökonomische Verwertung (Lieder & Rashid, 2016). Zum Konzept gehören auch eine Reihe von Maßnahmen, die auf die Verringerung der Umweltauswirkungen bestehender Unternehmen abzielen (etwa durch reduzierte Transportwege und wiederverwertbare Verpackungen; Camilleri, 2020) oder Reparaturbetriebe zur Verlängerung der Lebensdauer von Produkten. Die Profitabilität von kreislaufwirtschaftlichen Aktivitäten ermöglicht es, ökonomische Anreize für Unternehmen zu setzen und neue Geschäftsmodelle zu fördern. Durch arbeitsintensive, aber ressourcenschonende Reparaturen anstatt Neuanschaffungen können zudem neue Arbeitsmöglichkeiten geschaffen werden (Klaus & Moder, 2021) – der EU-Policy-Plan für die Kreislaufwirtschaft rechnet mit 700.000 neuen Jobs bis 2030 (Camilleri, 2020).

Beschäftigungseffekte und Qualifizierungsbedarf im Zuge des „grünen Strukturwandels"
Eine Reihe von Studien untersucht explizit die Beschäftigungswirkungen eines „grünen Strukturwandels", wenn auch mit unterschiedlichen Schwerpunkten. Für Österreich bzw. die EU werden die quantitativen Beschäftigungseffekte bis 2030 als weitgehend neutral bis positiv (bis zu plus 2 Prozent) prognostiziert (Großmann et al., 2020; Steininger et al., 2021; Jacobson et al., 2017; eine Übersicht bieten auch Soder & Berger, 2021; zum Beispiel Schweiz: Füllemann et al., 2020). Viele Studien betrachten jedoch lediglich Beschäftigungseffekte, die sich durch die Dekarbonisierung einzelner Sektoren ergeben, wie zum Beispiel in der Bereitstellung von

Raumwärme (Kranzl et al., 2018) oder in der Energieversorgung (Goers et al., 2020). Der notwendige Rückbau anderer Sektoren und damit womöglich einhergehende Arbeitsplatzverluste werden dabei nicht abgedeckt. Unterschiede ergeben sich freilich auch je nach Ambitionsniveau der Klimapolitik. So findet eine Simulationsstudie für Österreich, dass durch gezielte Investitionsprogramme zur Erreichung der alten EU-Klimaziele (40 Prozent Treibhausgasreduktion bis 2030) die Beschäftigung im Zeitraum zwischen 2020 und 2050 um 1,9 Prozent wachsen würde. Das ambitioniertere neue Klimaziel (55 Prozent Reduktion bis 2030) würde hingegen dazu beitragen, dass die Beschäftigung um das Jahr 2025 um zusätzliche 2,5 Prozentpunkte steigt. Zwischen 2030 und 2035 würde das Beschäftigungsniveau etwa 1 Prozent unter dem weniger ambitionierten Klimaziel liegen, ab 2040 aber wieder darüber (Steininger et al., 2021, S. 94 f.).

Unabhängig von quantitativen Beschäftigungseffekten kommt es voraussichtlich zu maßgeblichen Veränderungen bei Berufsbildern und notwendigen Qualifizierungen. Ein Schwerpunkt ist daher die Sicherung von Beschäftigung durch Qualifizierung der Arbeitnehmer_innen für neue Tätigkeitsbereiche. In enger Abstimmung mit dem Arbeitsmarktservice und den Interessenvertretungen der Arbeitnehmer_innen entwickelte das österreichische Klimaministerium jüngst einen Aktionsplan zur Aus- und Weiterbildung in zentralen Bereichen der Energiewende (BMK, 2022[3]). Um das notwendige Angebot an Fachkräften sicherzustellen, müssen bestehende Aus- und Weiterbildungen mit Fokus auf nachhaltigere Tätigkeiten weiterentwickelt und neue Berufsbilder gestaltet werden (Sala et al., 2020). Aktuelle Studien zu Beschäftigungs- und Ausbildungstrends in der österreichischen Umweltwirtschaft fokussieren immer noch auf Ausbildungsmöglichkeiten im tertiären Bildungssektor und im technischen Bereich (Haberfellner & Sturm, 2021). Daraus ergibt sich die Notwendigkeit, (Re-)Qualifizierungsstrategien für Berufe mit anderen Bildungsabschlüssen sowie für weitere klimafreundliche Branchen wie den Pflege-, Gesundheits- und Bildungssektor zu erarbeiten.

Arbeitsökologische Innovationen
Die Literatur zu „arbeitsökologischen Innovationen" (Becke, 2019) widmet sich der betrieblichen Ebene und hebt die Rolle von Arbeitnehmer_innen bei der Nachhaltigkeitstransformation hervor. Eine Befragung unter Beschäftigten mit ausgeprägter Umweltorientierung, die sich eigenen Angaben nach stark in Öko-Innovationen am Arbeitsplatz einbringen, zeigt, dass sich die von den Beschäftigten angestoßenen Innovationen weiterhin hauptsächlich auf nachhaltigeres Konsumverhalten am Arbeitsplatz beschränken (Schmidt-Keilich et al., 2022).

Mehrere Studien deuten auf Spillover-Effekte hin, wonach im privaten Kontext angewandte nachhaltige Verhaltensweisen, wie Mülltrennen oder Stromsparen, auch in den Arbeitskontext eingebracht werden (Dittmer & Blazejewski, 2016; Smith & O'Sullivan, 2012; Tudor et al., 2007). Umgekehrt können Betriebe nachhaltiges Konsumverhalten am Arbeitsplatz fördern, etwa durch Verbesserung von Angeboten beim Kantinenessen. Studien belegen allerdings, dass Ernährungsgewohnheiten nicht durch ein verändertes betriebliches Kantinenangebot allein gesteuert werden, sondern durch Einstellungen, betriebliche Pausenregelungen und Versorgungsstrukturen des Alltags beeinflusst werden (Stern et al., 2021; Rückert-John, 2007). Veränderungen von Routinen und Praktiken erfordern demnach erweiterte Handlungsspielräume und Strukturen der Bereitstellung [Kap. 5]. Ähnliches gilt für die betriebliche Förderung „grüner" Mobilitätsformen, etwa im Rahmen der E-Mobilitätsoffensive 2022 (https://www.umweltfoerderung.at).

Sektorale Verschiebung und Dekarbonisierung der Industrie
Die Bereitstellungsperspektive fasst Gestaltungsoptionen ins Auge, die klimafreundliche Arbeitsplätze für jene verfügbar machen, die zur Existenzsicherung auf Lohnarbeit angewiesen sind. Da der Dienstleistungssektor im Vergleich zum Produktionssektor deutlich material- und energieschonender ist und gleichzeitig geringere Produktivitätsfortschritte aufweist (Hardt et al., 2020, 2021), wird die sektorale Verschiebung von Beschäftigung in Dienstleistungsbereiche als wichtige Option gesehen, um Klima- und Beschäftigungsziele gemeinsam zu erreichen (Jackson & Victor, 2011; Reuter 2010). Allerdings sind viele Bereiche unternehmensbezogener Dienstleistungen (Wirtschaftsberatung, Finanzdienstleistungen, Werbung etc.) in der Wertschöpfungskette mit emissionsintensiven Tätigkeiten in der Industrie verbunden. Gleichzeitig ist die Herstellung klimafreundlicher Technik kurzfristig zwar energie- und ressourcenintensiv, spart in der Nutzung jedoch mittel- und langfristig Energie. Zudem ist zu problematisieren, dass gerade die Verlagerung der Beschäftigung in unternehmensbezogene Dienstleistungen oftmals nur deshalb möglich ist, weil industrielle Produktion in andere Länder ausgelagert wird (Peters et al., 2011; siehe auch die Arbeiten des Global Carbon Project, https://www.globalcarbonproject.org). Daher haben Länder mit einem hohen Anteil von Beschäftigten im Dienstleistungssektor und damit einhergehenden niedrigen produktionsbasierten Emissionen nicht zwingend einen niedrigeren ökologischen Fußabdruck (Zhang et al., 2015). Demgegenüber soll die Stärkung der europäischen Industrie in zentralen Bereichen der Dekarbonisierung (z. B. erneuerbare Energie, nachhaltige und intelligente Mobilität etc.) dazu beitragen, Beschäftigungs- und Klimaschutzziele gleichzeitig zu erreichen (Europäische Kommission, 2020c).

---
[3] Die Ergebnisse sind zum Zeitpunkt der Abgabe des Berichts noch nicht publiziert, können hier daher noch nicht berücksichtigt werden.

Klimaschonende Bedürfnisbefriedigung

Aus einer Bereitstellungsperspektive stellt sich zudem die Frage, welche Wirtschaftsbereiche – und damit welche Formen der Erwerbsarbeit – zur Befriedigung grundlegender menschlicher Bedürfnisse beitragen. In Anlehnung an den grundversorgungsorientierten Ansatz der Alltagsökonomie („Foundational Economy") kann zwischen verschiedenen Wirtschaftsbereichen unterschieden werden: der Grundversorgungsökonomie, der Marktwirtschaft und der Rentenökonomie. Um allen Menschen ein gutes Leben innerhalb planetarer Grenzen zu ermöglichen, müssten ressourcenintensive Teile der Marktwirtschaft sowie die Rentenökonomie schrumpfen, so die Forderung. Gleichzeitig müsste die Grundversorgungsökonomie, dazu zählen Daseinsvorsorge und Nahversorgung, ausgebaut werden. Um eine kollektive Bereitstellung notwendiger Güter, Dienstleistungen und Infrastrukturen sicherzustellen, ist ausreichend öffentliche Finanzierung notwendig (Krisch et al., 2020).

Ob ein entsprechend großes Arbeitsvolumen in jenen Dienstleistungsbereichen entsteht, die direkt der Deckung von gesellschaftlichen Bedürfnissen dienen (z. B. Erziehung und Pflege), hängt aber von zwei Faktoren ab: (1) von der Entwicklung des gesellschaftlichen Bedarfs, etwa dem Bedarf an sozialen und Gesundheitsdienstleistungen im Zusammenhang mit der Alterung von Gesellschaft (unter anderem Hagedorn, 2019); (2) von der Bereitschaft zur öffentlichen Finanzierung des Sektors und der Aufwertung und besseren Entlohnung von Dienstleistungsarbeit (zu steuerpolitischen Weichenstellungen auch Bohnenberger & Schultheiß, 2021, S. 77 f.) [Kap. 18].

Insbesondere für langzeitarbeitslose Personen, die kaum mehr Chancen auf einen Job auf dem ersten Arbeitsmarkt haben, kann eine öffentlich finanzierte Jobgarantie eine Perspektive bieten (Picek, 2020; Tcherneva, 2020; zu Degrowth und Jobgarantie auch Alcott, 2013). Das von der AK entwickelte Modell „Chance 45" sieht beispielsweise vor, bis zu 45.000 neue Jobs für Langzeitarbeitslose zu schaffen. Die Idee ist, auf lokaler und regionaler Ebene soziale und ökologische Beschäftigungsformen zu fördern, für die es zwar Nachfrage gibt, die aber vom Markt nicht bereitgestellt werden (Schultheiß et al., 2021).[4] Darüber hinaus kann eine Jobgarantie die Zahl armutsgefährdeter Personen substanziell senken, Einkommensungleichheit reduzieren und im Gegenzug gesellschaftliche Teilhabe fördern. Das zeigt eine aktuelle Studie, die die Nettokosten und Auswirkungen einer solchen Jobgarantie in Österreich berechnet (Premrov et al., 2021). Klimaschonende Bedürfnisbefriedigung und sozialpolitische Ziele ließen sich auf diese Weise vereinbaren.

Arbeitszeitverkürzung

Studien deuten darauf hin, dass eine alleinige sektorale Verschiebung von Beschäftigung in den Dienstleistungsbereich nicht ausreichen dürfte, um die Klimaziele zu erreichen (Hardt et al., 2020; Petschow et al., 2018). Daher schlagen eine Reihe von Autor_innen (zusätzlich) eine Verkürzung der Arbeitszeit vor (z. B. Antal, 2014; Jackson & Victor, 2011; Reuter, 2010). Empirische Analysen zeigen, dass längere Arbeitszeiten auf gesamtwirtschaftlicher Ebene mit höherem Umweltverbrauch einhergehen (Fitzgerald et al., 2015, 2018; Hayden & Shandra, 2009; Knight et al., 2013; Rosnick & Weisbrot, 2007; Shao & Rodríguez-Labajos, 2016). Dieser Zusammenhang erklärt sich dadurch, dass ein höheres Arbeitsvolumen makroökonomisch mit mehr Produktion und Einkommen verbunden ist und diese bedeuten eine höhere Umweltbelastung. Um ein nachhaltiges CO_2-Budget von 1610 Kilogramm CO_2-Äquivalenten pro Kopf und Jahr (O'Neill et al., 2018) zu erreichen, müsste die Arbeitszeit (bei konstanter Arbeitsproduktivität und Kohlenstoffintensität) in OECD-Ländern auf durchschnittlich sechs Stunden pro Woche sinken (Frey, 2019). Obwohl es sich hierbei um eine recht statische Berechnung handelt, gibt diese Aufschluss darüber, wie drastisch Wirtschaftsaktivität und damit Erwerbsarbeit reduziert werden müssten, um die Einhaltung planetarer Grenzen zu erreichen. Auf Basis österreichischer Daten kommen Hoffmann und Spash (2021) zum Schluss, dass Erwerbsarbeit in allen Branchen deutlich reduziert werden müsste. Die ökologischen Effekte einer Arbeitszeitverkürzung unterscheiden sich allerdings danach, in welchen Sektoren Wirtschaftsaktivität und Arbeitsvolumen reduziert werden und inwiefern es in Folge von Arbeitszeitverkürzungen zu Produktivitätssteigerungen bzw. zu einer Erhöhung der Kapitalintensität kommt.

Zudem gilt eine Reduktion der Arbeitszeit als wichtige Maßnahme, um den Wachstumsdruck zu reduzieren (Antal, 2014). Bei steigender Arbeitsproduktivität ist Wirtschaftswachstum notwendig, um eine Zunahme der Arbeitslosenzahlen zu vermeiden. Alternativ könnte die Anzahl der Beschäftigungsverhältnisse durch eine Arbeitszeitverkürzung konstant gehalten werden, ohne dass zusätzliches Wachstum notwendig wäre. Simulationsstudien für die kanadische Wirtschaft zeigen, wie eine Arbeitszeitverkürzung dazu beitragen kann, stabile Beschäftigungszahlen trotz geringem bzw. negativem Wirtschaftswachstum zu erreichen. Gleichzeitig sinkt der Umweltverbrauch in diesen Szenarien (Jackson & Victor, 2020; Victor, 2012).

Entwicklung des Arbeitsvolumens

Inwiefern und in welchem Ausmaß eine Arbeitszeitverkürzung (auf gesamtwirtschaftlicher Ebene) für erforderlich erachtet wird, hängt stark von den Annah-

---

[4] Siehe auch das „Modellprojekt Arbeitsplatzgarantie Marienthal (MAGMA)" für langzeitarbeitslose Personen des AMS Niederösterreich.

men über die zukünftige Entwicklung des Arbeitsvolumens ab. Studien zum „grünen Strukturwandel" finden vielfach positive Netto-Beschäftigungseffekte für Österreich, allerdings sind diese meist auf einen Zeithorizont von einigen Jahren (z. B. 2030) beschränkt (für eine Übersicht siehe Soder & Berger, 2021). Um Beschäftigungsverluste im emissionsintensiven Produktionssektor auszugleichen, schlagen andere Autor_innen eine sektorale Verschiebung hin zu Dienstleistungen vor (Jackson & Victor, 2011; Reuter, 2010). Da diese Strategie womöglich nicht ausreicht, um die Klimaziele zu erreichen (Hardt et al., 2020), wird in der wachstumskritischen Literatur oft zusätzlich eine Reduktion wirtschaftlicher Aktivität – und damit eine Verringerung des Erwerbsarbeitsvolumens – als notwendig erachtet (Jackson & Victor, 2011, 2020; Seidl & Zahrnt, 2019).

Auch unter der Annahme, dass die Wachstumsraten in Zukunft ohnehin sinken werden (Stichwort „säkulare Stagnation": Aiginger, 2016), erscheint eine Arbeitszeitverkürzung erforderlich (Reuter, 2010). Eine solche steht auch im Mittelpunkt erweiterter Arbeitskonzepte und verfolgt hier das Ziel, mehr Raum für unbezahlte Tätigkeiten zu schaffen (Littig & Spitzer, 2011). Aus einer Post-Work-Perspektive wird ebenfalls eine drastische Reduktion des Erwerbsarbeitsvolumens gefordert, mit dem Argument, dass viele Jobs derzeit keinen gesellschaftlichen Nutzen stiften (Stichwort „Bullshit Jobs"; Frayne, 2015; Graeber, 2018).

Gegen eine allgemeine Arbeitszeitverkürzung spricht allerdings, dass das Arbeitskräfteangebot in den nächsten Jahren durch den demografischen Wandel in manchen Regionen sinken wird (Huber, 2010) und gewisse Sektoren bereits jetzt von einem Fachkräftemangel betroffen sind (Ertl & Marterbauer, 2021; Fink et al., 2015). Da eine hohe Arbeitsproduktivität oft mit hohem Energie- und Materialeinsatz einhergeht, argumentieren einige Autor_innen für eine Senkung der Arbeitsproduktivität bzw. für die Reduktion kontinuierlicher Produktivitätssteigerungen (Jackson & Victor, 2011; Mair et al., 2020), was möglicherweise ein höheres Arbeitsvolumen zur Folge hätte. Die Entwicklung des Erwerbsarbeitsvolumens hängt schließlich stark davon ab, welche Tätigkeiten in Zukunft als bezahlte bzw. unbezahlte Arbeit organisiert werden.

Aus klimapolitischen Überlegungen erscheint folgendes Szenario denkbar: Aufgrund des hohen Investitionsbedarfs in den sozial-ökologischen Umbau der Wirtschaft, aber auch aufgrund weiterer Herausforderungen wie Arbeitslosigkeit, Ungleichheit und hoher öffentlicher Schuldenstand, ist in den nächsten Jahren in den europäischen Volkswirtschaften mit einem weiteren Wachstumskurs zu rechnen. Langfristig ist jedoch davon auszugehen, dass die Wachstumsraten in den entwickelten Volkswirtschaften sinken werden, womit auch die Zusammenhänge zwischen Wirtschaftswachstum und Beschäftigung bzw. Arbeitszeit entkoppelt werden müssten (Aiginger, 2016).

Just Transition

Just Transition bezeichnet keine spezifische Gestaltungsoption, sondern eine politische Stoßrichtung, die im Sinne der Bereitstellungsperspektive auf eine sozialverträgliche Gestaltung des ökologischen Umbaus der Erwerbsarbeit zielt (Confédération européenne des syndicats (CES)/European Trade Union Confederation ETUC, o.J.; Europäische Kommission, 2020a; Reuter, 2014; Schröder & Urban, 2019; Urban, 2019; siehe auch Box im Abschnitt „Status quo"). Wesentlich stärker als im Falle der Modernisierungspolitik betont Just Transition die Bedeutung der Einbindung der Beschäftigten und ihrer Interessenvertretungen bzw. die Bedeutung breiter gesellschaftlicher Allianzen sowie eines handlungsfähigen öffentlichen Sektors, leistungsfähiger sozialer Sicherungssysteme und aktiver Arbeitsmarkt-, Beschäftigungs- und Industriepolitik für die Gestaltung einer gerechten und zielführenden Transformation (AK Europa, 2020; DGB, 2021; Eder, 2021; Initiative Wege aus der Krise, 2019; Klein, 2019; Soder, 2021; Schultheiß et al., 2021).

Da die Politik den Strukturwandel maßgeblich verantwortet, obliegt ihr die Gestaltung des arbeitsmarktpolitischen Rahmens im Interesse der Betroffenen. In Österreich geschieht dies etwa in Form der Einrichtung von Arbeitsstiftungen[5] (Kopf, 2021). Im Frühjahr 2022 startete in Österreich erstmals bundesweit eine sogenannte „Umweltstiftung" (Neier et al., 2022). Das Ziel ist, insgesamt 1000 Menschen, die maximal über einen Pflichtschulabschluss verfügen, betriebsnahe zu qualifizieren und anschließend eine Beschäftigung zuzusichern. Beschäftigte frühzeitig in Veränderungsprozesse einzubinden, etwa durch Weiterbildungs- und Umschulungsmaßnahmen, erhöht außerdem die soziale Akzeptanz für Maßnahmen des Strukturwandels bzw. ermöglicht Strukturwandel „von innen" (Bohnenberger, 2022, S. 13) [Kap. 21].

---

[5] „Arbeitsstiftung" ist eine arbeitsmarktpolitische Maßnahme, die arbeitslos gewordenen Arbeitnehmer_innen zielgerichtete Schulungsmaßnahmen anbietet (siehe https://www.wko.at/service/arbeitsrecht-sozialrecht/Arbeitsstiftung.html; 22.02.2022).

7.4 Gestaltungsoptionen

Erweiterte Mitbestimmung und demokratisch geführte Unternehmen

Über politische Forderungen nach Just Transition hinaus reichen Konzepte zur weitgehenden Teilhabe bzw. Mitbestimmung der Arbeitsinhalte durch Beschäftigte, oder umfassendere Möglichkeiten der Gestaltung im Sinne von Worker Cooperatives und anderen Formen der Wirtschaftsdemokratie (Demirovic & Rosa Luxemburg Stiftung, 2018; Johanisova & Wolf, 2012; Mayrhofer & Wiese, 2020; Müller et al., 2019). Demokratisch geführte Unternehmen legen in ihren Statuten fest, die Interessen der Gemeinschaft zu priorisieren und im Rahmen kollektiver Prozesse über die Ausrichtung der Produktion zu entscheiden (Johanisova & Franková, 2013; Johanisova et al., 2013).

Diese Form der Governance ermöglicht den Beschäftigten, die Klima- und Umweltauswirkungen von Tätigkeiten zu reflektieren und sich auf dieser Grundlage für eine klimafreundlichere Form der Erwerbsarbeit einzusetzen (Gibson-Graham et al., 2013). Weil von Arbeitnehmer_innen geführte Unternehmen keinen externen Stakeholdern verpflichtet sind und einen Fokus auf die Bedürfnisbefriedigung ihrer Beschäftigten sowie der lokalen Community legen können, ist es diesen Unternehmen eher möglich, aus der Wachstumslogik konventioneller Unternehmen auszusteigen (Johanisova & Franková, 2013; Johanisova et al., 2013). Im Rahmen industrieller Produktion (Becke & Warsewa, 2018; Süßbauer et al., 2019) sowie neuen Formen des Arbeitens entstehen hier spezifische Bottom-up-Initiativen. Weiterhin besteht Forschungsbedarf zur Frage, in welchen Bereichen und mit welchen Organisationsformen (z. B. Genossenschaften) Beschäftigte bestmöglich ökologische Verantwortung wahrnehmen können (Johanisova et al., 2013).

Postwachstumsorganisationen

Bereits heute gibt es viele Klein- und Mittelbetriebe, die keinen Wachstumskurs verfolgen (Gebauer & Sagebiel, 2015) und die als Bündnispartner_innen für das Bestreben um eine sozial gerechte Transformation in Betracht kommen (Gebauer et al., 2017).

Eine aktuelle Studie zeigt, dass eine Reihe an Leuchtturmprojekten in Wien existiert, die in Form von sogenannten Postwachstumsorganisationen neue Arbeits- und Organisationsformen verwirklicht haben (Eichmann et al., 2020). So verfolgen beispielsweise Foodcoops oder Reparaturcafés ökologische Ziele mit regionaler Nahrungsversorgung oder der längeren Nutzung bestehender Konsumgüter. Sie sind vornehmlich an der Versorgung des lokalen Markts bzw. ihrer Mitglieder orientiert. Einige dieser Postwachstumsorganisationen in der Kreislaufwirtschaft sind als Soziale Unternehmen[6] organisiert und bieten damit Beschäftigungsalternativen abseits des ersten Arbeitsmarktes. Die Skalierbarkeit dieser Projekte bleibt fraglich; allerdings zeigen sie konkrete Möglichkeiten, Arbeit anders zu organisieren und dabei ökologische und soziale Ziele eng verschränkt zu verfolgen.

7.4.2 Ermöglichung klimafreundlichen Handelns außerhalb von Erwerbsarbeit

Die Strukturierung der Erwerbsarbeit beeinflusst maßgeblich die Möglichkeiten für eine nachhaltige Lebensführung. Arbeitszeit ist eine wesentliche Stellschraube; daher liegt der Schwerpunkt zahlreicher Untersuchungen auf der Frage, wie Arbeitszeitpolitik die Bedingungen für klimafreundliches Handeln außerhalb von Erwerbsarbeit verändern bzw. verbessern kann.

Besonderes Augenmerk erhält in diesem Zusammenhang eine Verkürzung der Erwerbsarbeitszeit. Sinkt dabei das Einkommen, ist zu erwarten, dass weniger konsumiert wird und damit auch der ökologische Fußabdruck schrumpft (Moser & Kleinhückelkotten, 2018; Theine et al., 2017) [Kap. 17]. Neben diesem Einkommenseffekt können positive Umweltwirkungen auch dadurch entstehen, dass Beschäftigte mehr Zeit für umweltschonende Aktivitäten zur Verfügung haben. Kürzere Arbeitszeiten führen allerdings nicht automatisch zu einer Umweltentlastung, da die freigewordene Zeit auch für ressourcenintensive Aktivitäten verwendet werden kann.

Die bisherige Literatur zeigt, dass solche Zeit-Rebound-Effekte tatsächlich auftreten können, allerdings mindern sie die positiven Umwelteffekte aus reduziertem Einkommen nur minimal. Eine Studie auf Basis schwedischer Haushaltsdaten zeigt etwa, dass eine Arbeitszeitreduktion um 1 Prozent zu einer Senkung der CO_2-Emissionen um 0,82 Prozent durch den Einkommenseffekt führt, während die Emissionen durch den Zeiteffekt um 0,02 Prozent steigen, was eine Gesamtelastizität von 0,8 bedeutet (Nässén & Larsson, 2015). Andere Studien zu den USA (Fremstad et al., 2019) oder Deutschland (Buhl & Acosta, 2016) finden eine geringere Gesamtelastizität von 0,3.

Geht eine Arbeitszeitverkürzung mit einer Einkommensreduktion einher, sind insgesamt positive Umweltwirkungen zu erwarten. Was die ohnehin geringeren Effekte durch freigewordene Zeit betrifft, ist die Aussagekraft der bisherigen Studien durch ein systematisches Review kürzlich in Zweifel gezogen worden (Antal et al., 2021). Ein Grund dafür ist wohl, dass diese Effekte maßgeblich von der Art der Arbeitszeitverkürzung abhängen (Pullinger, 2014). Im Gegensatz zu einer Verkürzung der täglichen Arbeitszeit könnte eine Vier-Tage-Woche prinzipiell einen Anreiz bieten, etwa eine

---

[6] Einen Überblick über das Feld Sozialer Unternehmen in Österreich bietet das Netzwerk „arbeit plus – Soziale Unternehmen Österreich" unter der gleichnamigen Website: arbeit plus – Soziale Unternehmen Österreich.

Kurzreise mit dem Flugzeug zu unternehmen. Eine repräsentative Umfrage in Deutschland hat erhoben, wofür Menschen eine zusätzliche Stunde pro Tag verwenden würden. Mit Abstand am häufigsten genannt wurden Begriffe wie schlafen, ausruhen und entspannen, gefolgt von Sport, lesen und Familie (Gerold & Geiger, 2020). Diese Ergebnisse lassen vermuten, dass eine Verkürzung der täglichen Arbeitszeit kaum nennenswerte Zeit-Rebound-Effekte nach sich ziehen würde. Treibhausgasemissionen, die durch Pendelverkehr entstehen, sinken jedoch stärker bei einer Vier-Tage-Woche als bei einem Sechs-Stunden-Tag, wie eine Studie für das UK zeigt (King & van den Bergh, 2017).

Eine fremdbestimmte Reduktion von Erwerbsarbeitszeit kann auf Widerstände der Beschäftigten stoßen, vor allem dann, wenn diese mit Einkommenseinbußen und damit mit Einschnitten bei sozialen Sicherungsleistungen einhergeht. Eine mögliche Lösung wäre hier, den Lohnausgleich nach Einkommenshöhe zu differenzieren: Niedrigverdiener_innen erhalten einen vollen Lohnausgleich, für mittlere Einkommen ist ein teilweiser Lohnausgleich denkbar, während hohe Einkommensgruppen keinen Lohnausgleich erhalten (Krull et al., 2009). Ein solche Umsetzung wäre auch aus verteilungspolitischer Perspektive sinnvoll, weil dies die Ungleichheit der Stundenlöhne reduzieren würde. Da vor allem Besserverdienende einen hohen ökologischen Fußabdruck aufweisen, wäre dieses Vorgehen auch ökologisch sinnvoll. Ein sozial gestaffelter Lohnausgleich könnte zudem durch staatliche Subventionen abgefedert werden (Figerl et al., 2021).

Darüber hinaus lässt sich zeigen, dass Menschen eher dazu bereit sind, auf zukünftige Einkommenssteigerungen zu verzichten, als eine Reduktion des gegenwärtigen Einkommens zu akzeptieren (Schor, 2005). Werden Produktivitätsgewinne durch mehr Freizeit anstelle von Lohnsteigerungen abgegolten, könnte man die Akzeptanz bei den Beschäftigten erhöhen. Die seit 2013 in mehreren österreichischen Kollektivverträgen verankerte Freizeitoption funktioniert genau nach diesem Prinzip: Beschäftigte können zwischen der kollektivvertraglichen Einkommenserhöhung oder zusätzlicher Freizeit wählen. Da ein Unterschreiten des kollektivvertraglichen Mindestlohns nicht möglich ist, bleibt dieses Instrument allerdings bislang auf Hochlohnbranchen beschränkt (Gerold, 2017; Stadler & Adam, 2020).

Nicht nur mögliche Einkommenseinbußen, auch die oftmals erforderliche Neuorganisation der Arbeitszeiten (z. B. durch veränderte Schichtmodelle oder Öffnungszeiten) kann Widerstände vonseiten der Beschäftigten hervorrufen. Für eine erfolgreiche Umsetzung ist es daher wichtig, Beschäftigte und Betriebsräte in den Änderungsprozess miteinzubeziehen (Gerold et al., 2017). Zudem kann eine Arbeitszeitverkürzung zu einer Intensivierung der Arbeit führen, wodurch Stress und Arbeitsbelastung steigen. Die Gefahr einer Arbeitsverdichtung besteht vor allem dann, wenn es zu keinen Neueinstellungen kommt. Modelle wie das Solidaritätsprämienmodell in Österreich, die explizit die Neueinstellung von zusätzlichen Beschäftigten vorsehen, können einer Intensivierung vorbeugen und zudem zu einer gerechteren Verteilung des Arbeitsvolumens in der Gesellschaft beitragen (Figerl et al., 2021).

Aus Markt- und Innovationsperspektive bietet insbesondere die Digitalisierung neue Möglichkeiten für ortsunabhängiges Arbeiten, die den Pendelverkehr reduzieren können. Dadurch können insbesondere verkehrsbedingte Emissionen reduziert werden. Um Emissionen durch Pendelverkehr zu senken, ist darüber hinaus ein Wechsel zu nachhaltigen Mobilitätsformen notwendig. Hier kommt insbesondere dem Ausbau des öffentlichen Nahverkehrs oder der Förderung von Radverkehr eine tragende Rolle zu. Maßnahmen wie Jobtickets, Shuttlebusse zum nächstgelegenen Bahnhof, Diensträder oder Förderungen für private E-Bikes können dazu beitragen, den Arbeitsweg nachhaltiger zu gestalten. Neben der Bereitstellung von Infrastrukturen des öffentlichen Personenverkehrs ist es notwendig, Subventionen für klimaschädliches Verhalten abzubauen. Dazu zählt insbesondere die Pendlerpauschale und die Bereitstellung von Dienstwagen (Kletzan-Slamanig & Köppl, 2016) [Kap. 6].

Bei einem deutlichen Rückgang der Erwerbsarbeitszeit infolge ökologisch induzierter Wachstumseinbußen stellt sich aus einer Bereitstellungs- und Gesellschaft-Natur-Perspektive die Frage, wie Einkommen, sozialstaatliche Absicherung und gesellschaftliche Teilhabe weiterhin sichergestellt werden können. Hier geht es insbesondere darum, die Abhängigkeit von Erwerbsarbeitseinkommen zu reduzieren. Eine Möglichkeit wäre ein bedingungsloses Grundeinkommen, wonach jede_r Bürger_in, unabhängig von individuellem Bedarf und von der Bereitschaft eine Gegenleistung zu erbringen, ein staatliches Einkommen erhält (Bregman, 2017; Kovce & Priddat, 2019; Parijs & Vanderborght, 2017). Ein weiteres, möglicherweise komplementäres, Konzept besteht in der Bereitstellung einer öffentlichen Daseinsvorsorge in Form öffentlicher Güter (Büchs, 2021; Coote & Percy, 2020; IGP et al., 2017).

Andere Ansätze betonen die Potenziale einer verstärkten Eigenversorgung. Wenn Menschen ihre Bedürfnisse wieder verstärkt durch Eigenarbeit, lokale Versorgung und soziale Netzwerke befriedigen, würde die Abhängigkeit von Marktgütern und damit Erwerbsarbeitseinkommen sinken (Paech, 2012). Auch erweiterte Arbeitskonzepte und feministische Ansätze sehen vor, dass Erwerbsarbeit zugunsten von unbezahlter Sorge-, Eigen- und Gemeinschaftsarbeit reduziert wird. Gleichzeitig sollten gesellschaftlich notwendige Tätigkeiten umverteilt und aufgewertet werden (Biesecker, 2014; HBS, 2000; Littig & Spitzer, 2011) [Kap. 8]. Arbeitskritische Strömungen betonen in diesem Kontext den emanzipatorischen Aspekt einer reduzierten Abhängigkeit von Erwerbseinkommen. So würde die Rückaneignung fremdbestimmter, dem Produktionsprozess unterworfener, Zeit Menschen eine größere Freiheit in Form selbstbestimmter Tätigkeiten und Selbstverwirklichung ermöglichen (Gorz, 2000; Weeks, 2011; Frayne, 2015).

7.5 Quellenverzeichnis

Agger, B. (1979). Western Marxism, an Introduction: Classical and Contemporary Sources (1st Edition). Goodyear Pub. Co.

Ahrendt, D., Anderson, R., Dubois, H., Jungblut, J.-M., Leončikas, T., Pöntinen, L., & Sandor, E. (2017). European quality of life survey 2016: Quality of life, quality of public services, and quality of society: overview report (Eurofound, Hrsg.). Publications Office of the European Union. http://publications.europa.eu/publication/manifestation_identifier/PUB_TJ0617486ENN

Aichholzer, J., Friesl, C., Hajdinjak, S., & Kritzinger, S. (Hrsg.). (2019). Quo vadis, Österreich? Wertewandel zwischen 1990 und 2018. Czernin Verlag.

Aiginger, K. (2016). New Dynamics for Europa: Reaping the benefits of socio-ecological transition. (WWWforEurope). https://www.wifo.ac.at/jart/prj3/wifo/resources/person_dokument/person_dokument.jart?publikationsid=58791&mime_type=application/pdf

AK Europa. (2020). Mitteilung zum Europäischen Grünen Deal, Investitionsplan für ein zukunftsfähiges Europa. Positionspapier März 2020. AK Europa. https://www.akeuropa.eu/sites/default/files/2020-03/DE_Der%20europ%C3%A4ische%20Gr%C3%BCne%20Deal.pdf

AK (Arbeiterkammer) & ÖGB (Österreichischer Gewerkschaftsbund) (2017). Wohlstand der Zukunft: Investitionen für eine sozialökologische Wende. Verlag des ÖGB GmbH.

Alcott, B. (2013). Should degrowth embrace the Job Guarantee? Journal of Cleaner Production, 38, 56–60. https://doi.org/10.1016/j.jclepro.2011.06.007

Antal, M. (2014). Green goals and full employment: Are they compatible? Ecological Economics, 107, 276–286. https://doi.org/10.1016/j.ecolecon.2014.08.014

Antal, M., Plank, B., Mokos, J., & Wiedenhofer, D. (2021). Is working less really good for the environment? A systematic review of the empirical evidence for resource use, greenhouse gas emissions and the ecological footprint. Environmental Research Letters, 16(1), 013002. https://doi.org/10.1088/1748-9326/abceec

Atkinson, A. B. (2015). Inequality What Can Be Done? Harvard University Press.

Ayres, R. U., & Warr, B. (2009). The Economic Growth Engine: How Energy and Work Drive Material Prosperity. Edward Elgar Publishing.

Baghdady, M., & Ourny, I. (2021). Ein Lieferkettengesetz für Gesundheit und Umweltschutz. Wirtschaft&Umwelt. Zeitschrift für Umweltpolitik und Nachhaltigkeit, 1, 14–16.

Barth, T., Jochum, G., & Littig, B. (Hrsg.). (2016). Nachhaltige Arbeit. Soziologische Beiträge zur Neubestimmung der gesellschaftlichen Naturverhältnisse. Campus Verlag.

Barth, T., Jochum, G., & Littig, B. (2019). Machtanalytische Perspektiven auf (nicht-)nachhaltige Arbeit. WSI-Mitteilungen, 72(1), 3–12. https://doi.org/10.5771/0342-300X-2019-1-3

Becke, G. (2019). Arbeitsökologische Innovation. Konzept und zentrale Erkenntnisse. In G. Becke (Hrsg.), Gute Arbeit und ökologische Innovation. Perspektiven nachhaltiger Arbeit in Unternehmen und Wertschöpfungsketten (S. 35–61). Oekom Verlag.

Becke, G., & Warsewa, G. (2018). Neue Chancen für nachhaltige Arbeitsgestaltung; Wie Arbeitnehmer(innen) Nachhaltigkeit im Betrieb vorantreiben können. GAIA – Ecological Perspectives for Science and Society, 27(1), 122–126. https://doi.org/10.14512/gaia.27.1.6

Bell, D. N. F., & Blanchflower, D. (2018). *Underemployment in the US and Europe* (Working Paper Nr. 24927). National Bureau of Economic Research. https://doi.org/10.3386/w24927

Biesecker, A. (2014). Die ganze Arbeit im Blick. Gutes Leben braucht Vorsorgen. Kurswechsel, 2, 60–66.

Bleischwitz, R., Meyer, B., Giljum, S., Acosta, J., Diestelkamp, M., Meyer, M., Pirkmaier, E., Schütz, H., & Ritsche, D. (2012). Die absolute Entkopplung ist möglich. Ökologisches Wirtschaften, 2, 30–33. https://doi.org/10.14512/oew.v27i2.1205

Blöcker, A. (2014). Arbeit und Innovationen für den sozialökologischen Umbau in Industriebetrieben. Hans-Böckler-Stiftung.

BMK. (2021). Große Namen für ein gemeinsames Ziel: Mehr Klimaschutz. BMK. https://www.klimaaktiv.at/partner/pakt/massnahmen.html

BMK. (2022). Green Tech „made in Austria". https://www.bmk.gv.at/themen/klima_umwelt/nachhaltigkeit/green_jobs/umwelttechnologien/madeinaustria.html

Bock-Schappelwein, J. (2020). Welches Home-Office-Potential birgt der österreichische Arbeitsmarkt? (Nr. 4; Wifo Research Briefs, S. 5). Wifo. https://www.wifo.ac.at/jart/prj3/wifo/resources/person_dokument/person_dokument.jart?publikationsid=65899&mime_type=application/pdf

Bohnenberger, K. (2022). Greening work: Labor market policies for the environment. Empirica. https://doi.org/10.1007/s10663-021-09530-9

Bohnenberger, K., & Schultheis, J. (2021). Sozialpolitik für eine klimagerechte Gesellschaft. In Die Armutskonferenz, Attac, Beigewum (Hrsg.), Klimasoziale Politik. Eine gerechte und emissionsfreie Gesellschaft gestalten (S. 71–84). Bahoe Books.

Brand, U., & Wissen, M. (2017). Imperiale Lebensweise. Zur Ausbeutung von Mensch und Natur im globalen Kapitalismus. Oekom Verlag.

Bregman, R. (2017). Utopien für Realisten. Die Zeit ist reif für die 15-Stunden-Woche, offene Grenzen und das bedingungslose Grundeinkommen (2. Aufl.). Rowohlt.

Büchs, M. (2021). Sustainable welfare: How do universal basic income and universal basic services compare? Ecological Economics, 189. https://doi.org/10.1016/j.ecolecon.2021.107152

Buhl, J., & Acosta, J. (2016). Work Less, do Less? Working Time Reductions and Rebound Effects. Sustainability Science, 11(2), 261–276. https://doi.org/10.1007/s11625-015-0322-8

Buhl, A., Blazejewski, S., & Dittmer, F. (2016). The More, the Merrier: Why and How Employee-Driven Eco-Innovation Enhances Environmental and Competitive Advantage. Sustainability, 8(9), 946. https://doi.org/10.3390/su8090946

Camilleri, M. A. (2020). European environment policy for the circular economy: Implications for business and industry stakeholders. Sustainable Development, 28(6), 1804–1812. https://doi.org/10.1002/sd.2113

Campaign Against Climate Change. (2021). Climate jobs. Building a workforce for the climate emergency. https://www.cacctu.org.uk/sites/data/files/sites/data/files/Docs/climatejobs-2021-web.pdf

Capasso, M., Hansen, T., Heiberg, J., Klitkou, A., & Steen, M. (2019). Green growth – A synthesis of scientific findings. Technological Forecasting and Social Change, 146, 390–402. https://doi.org/10.1016/j.techfore.2019.06.013

Christl, W. (2021). Digitale Überwachung und Kontrolle am Arbeitsplatz. Von der Ausweitung betrieblicher Datenerfassung zum algorithmischen Management? Cracked Labs – Institut für Kritische Digitale Kultur. https://crackedlabs.org/dl/CrackedLabs_Christl_UeberwachungKontrolleArbeitsplatz.pdf

Conféderation Syndicat Européen (CSE)/European Trade Union (ETU). (o. J.). Involving trade unions in climate action to build a just transition. A guide for trade unions. Conféderation Syndicat Europeén/European Trade Union. https://www.etuc.org/sites/default/files/publication/file/2018-09/Final%20FUPA%20Guide_EN.pdf

Coote, A., & Percy, A. (2020). The Case for Universal Basic Services. Polity Press.

Csoka, B. (2018, März 20). 31 Stunden sind genug [A&W blog]. https://awblog.at/31-stunden-sind-genug

Daly, H. (1996). Beyond growth. The economics of sustainable development. Beacon Press.

Daniel, A., Frey, I., & Strickner, A. (2021). Klimaaktivismus in Österreich. In A. Armutskonferenz BEIGEWUM (Hrsg.), Klimasoziale Politik. Eine gerechte und emissionsfreie Gesellschaft gestalten (S. 19–31). bahoe books.

Demirović, A., & Rosa Luxemburg Stiftung (Hrsg.). (2018). Wirtschaftsdemokratie neu denken (1. Auflage). Westfälisches Dampfboot.

DGB-Bundesvorstand. (2021). DGB Transformations-Charta. DGB-Bundesvorstand. https://www.dgb.de/themen/++co++3eabfa72-0402-11ec-8468-001a4a160123

Diab, K. (2020). Escaping the growth and jobs treadmill: A new policy agenda for post-coronavirus Europe. European Environmental Bureau (EEB), European Youth Forum (YFJ). https://eeb.org/library/escaping-the-growth-and-jobs-treadmill/

Die Sozialpartner Österreich. (2014). Wirtschafts- und Beschäftigungswachstum für Österreich und Europa. Industriepolitik vor dem Hintergrund klima- und energiepolitischer Zielsetzungen (Bad Ischler Dialog). https://www.sozialpartner.at/wp-content/uploads/2015/08/Presseunterlage_Bad_Ischler_Dialog_2014.pdf

Die Sozialpartner Österreich. (2016). Zukunft gemeinsam gestalten. Deklaration der österreichischen Sozialpartner. https://news.wko.at/news/oesterreich/Sozialpartnerdeklaration-2016-Bad_Ischler_Dialog.pdf

Die Sozialpartner Österreich. (2017). Investitionen in eine nachhaltige Zukunft. Chancen einer klimaverträglichen und nachhaltigen Energieversorgung, Wirtschafts-, Beschäftigungs- und Umweltpolitik. https://www.sozialpartner.at/wp-content/uploads/2017/08/Sozialpartnerpapier-2017_Investitionen-in-eine-nachhaltige-Zukunft.pdf

Dinges, M., Leitner, K.-H., Dachs, B., Rhomberg, W., Wepner, B., Bock-Schappelwein, J., Fuchs, S., Horvath, T., Hold, P., & Schmid, A. (2017). Beschäftigung und Industrie 4.0. Bundesministerium für Verkehr, Innovation und Technologie. https://www.wifo.ac.at/publikationen/publikationssuche?detail-view=yes&publikation_id=60906

Dittmer, F., & Blazejewski, S. (2016). Sustainable at home – sustainable at work? The impact of pro-environmental life-work spillover effects on sustainable intra- or entrepreneurship. In K. Nicolopoulou, M. Karatas-Ozkan, F. Janssen, & J. M. Jermier (Hrsg.), Sustainable Entrepreneurship and Social Innovation (S. 73–100). Routledge.

Dörre, Klaus. (2002). Kampf um Beteiligung. Arbeit, Partizipation und industrielle Beziehungen im flexiblen Kapitalismus. Westdeutscher Verlag.

Eder, J. (2021). Industriepolitik – Produktion zukunftsfähig machen. In Beigewum, Attac, & Armutskonferenz (Hrsg.), Klimasoziale Politik. Eine gerechte und emissionsfreie Gesellschaft gestalten. bahoe books.

Eichmann, H., Adam, G., Fraundorfer, K., & Stadler, B. (2020). „Im Endeffekt sind wir ein kleines Dorf." Fallstudien zu kollaborativen Organisationsmodellen in Wien zwischen Erwerbsarbeit und Selbstversorgung (FORBA-Forschungsbericht). FORBA. https://www.forba.at/bericht/im-endeffekt-sind-wir-ein-kleines-dorf-fallstudien-zu-kollaborativen-organisationsmodellen-in-wien-zwischen-erwerbsarbeit-und-selbstversorgung/

Energy Transition 2020. (2021). DigAT-2040 Auswirkungen der Digitalisierung auf Energieverbrauch und Klima in Österreich.

Ertl, M., & Marterbauer, M. (2021, Oktober 8). Lob einer beginnenden Arbeitskräfteknappheit. Zur neuen WIFO-Prognose. A&W blog. https://awblog.at/lob-einer-beginnenden-arbeitskraefteknappheit/

ETUC (European Trade Union) (2021). ETUC position: A Just Transition Legal Framework to complement the Fit for 55 package. https://www.etuc.org/sites/default/files/document/file/2021-12/ETUC%20position%20for%20a%20Just%20Transition%20Legal%20Framework%20to%20Complement%20the%20Fit%20for%2055%20Package_1.pdf

Europäische Kommission. (2018). Aktionsplan: Finanzierung nachhaltigen Wachstums. Mitteilung der Kommission, COM(2018) 97 final. https://www.parlament.gv.at/PAKT/EU/XXVI/EU/01/40/EU_14076/imfname_10792586.pdf

Europäische Kommission. (2019a). A European Green Deal – Striving to be the first climate-neutral continent. https://ec.europa.eu/info/strategy/priorities-2019-2024/european-green-deal_en

Europäische Kommission. (2019b). Der europäische Grüne Deal. Mitteilung der Kommission, COM(2019) 640 final. https://eur-lex.europa.eu/legal-content/DE/TXT/?uri=COM%3A2019%3A640%3AFIN

Europäische Kommission. (2020a). Änderung unserer Produktions- und Verbrauchsmuster: Neuer Aktionsplan für Kreislaufwirtschaft ebnet Weg zu klimaneutraler und wettbewerbsfähiger Wirtschaft mit mündigen Verbrauchern. https://ec.europa.eu/commission/presscorner/detail/de/ip_20_420, 18.10.2020

Europäische Kommission. (2020b). Ein neuer Aktionsplan für die Kreislaufwirtschaft: Für ein saubereres und wettbewerbsfähigeres Europa. https://eur-lex.europa.eu/resource.html?uri=cellar:9903b325-6388-11ea-b735-01aa75ed71a1.0016.02/DOC_1&format=PDF, 25.7.2022

Europäische Kommission. (2020c). Eine neue Industriestrategie für Europa. Mitteilung der Kommission, COM(2020) 102 final. https://eur-lex.europa.eu/legal-content/DE/TXT/?uri=CELEX:52020DC0102

Feigl, G., & Wukovitsch, F. (Hrsg.). (2018). AK Wohlstandsbericht 2018. AK Wien. https://emedien.arbeiterkammer.at/viewer/resolver?urn=urn:nbn:at:at-akw:g-2251600

Figerl, J., Tamesberger, D., & Theurl, S. (2021). Umverteilung von Arbeit(-szeit). Eine (Netto)Kostenschätzung für ein staatlich gefördertes Arbeitszeitverkürzungsmodell. Momentum Quarterly – Zeitschrift für sozialen Fortschritt, 10(1), 1–65. https://doi.org/10.15203/momentumquarterly.vol10.no1.p3-19

Fink, M., Tielbach, G., Vogtenhuber, S., & Hofer, H. (2015). Gibt es in Österreich einen Fachkräftemangel? Analyse anhand von ökonomischen Knappheitsindikatoren. Institut für Höhere Studien (IHS). https://irihs.ihs.ac.at/id/eprint/3891/1/IHS_Fachkr%C3%A4ftemangel_Endbericht_09122015_final.pdf

Fischer-Kowalski, M., & Haas, W. (2016). Toward a Socioecological Concept of Human Labor. In H. Haberl, M. Fischer-Kowalski, F. Krausmann, & V. Winiwarter (Hrsg.), Social Ecology: Society-Nature Relations across Time and Space (1. Aufl., S. 169–196). Springer International Publishing. http://dx.doi.org/10.1007/978-3-319-33326-7_7

Fischer-Kowalski, M., & Schaffartzik, A. (2008). Arbeit, gesellschaftlicher Stoffwechsel und nachhaltige Entwicklung. In M. Füllsack (Hrsg.), Verwerfungen moderner Arbeit. Zum Formwandel des Produktiven (S. 65–82). Transcript.

Fitzgerald, J. B., Jorgenson, A. K., & Clark, B. (2015). Energy consumption and working hours: A longitudinal study of developed and developing nations, 1990–2008. Environmental Sociology, 1(3), 213–223. https://doi.org/10.1080/23251042.2015.1046584

Fitzgerald, J. B., Schor, J., & Jorgenson, A. K. (2018). Working Hours and Carbon Dioxide Emissions in the United States, 2007–2013. Social Forces, 96(4), 1851–1874. https://doi.org/10.1093/sf/soy014

FORBA (Forschungs- und Beratungsstelle Arbeitswelt) & AK (Arbeiterkammer) (2021). Arbeitszeiten im Fokus – Daten, Gestaltung, Bedarfe. https://www.forba.at/wp-content/uploads/2021/01/210129_AK-Arbeitszeiten_im_Fokus2021.pdf

Frayne, D. (2015). The Refusal of Work: The Theory and Practice of Resistance to Work. Zed Books.

Frayne, D. (2016). Stepping outside the circle: The ecological promise of shorter working hours. Green Letters, 20(2), 197–212. https://doi.org/10.1080/14688417.2016.1160793

Fremstad, A., Paul, M., & Underwood, A. (2019). Work Hours and CO2 Emissions: Evidence from U.S. Households. Review of Political Economy, 31(1), 42–59. https://doi.org/10.1080/09538259.2019.1592950

Frey, C. B., & Osborne, M. A. (2017). The future of employment: How susceptible are jobs to computerisation? Technological Forecasting and Social Change, 114, 254–280. https://doi.org/10.1016/j.techfore.2016.08.019

Frey, P. (2019). The Ecological Limits of Work: On carbon emissions, carbon budgets and working time. Autonomy. http://autonomy.work/wp-content/uploads/2019/05/The-Ecological-Limits-of-Work-final.pdf

Fritz, T. (2019). Umweltschutz in den Nachhaltigkeitskapiteln der EU-Handelsabkommen. PowerShift – Verein für eine ökologisch-solidarische Energie- & Weltwirtschaft e. V., Bund für Umwelt und Naturschutz e. V. https://power-shift.de/wp-content/uploads/2019/08/Umweltschutz-in-den-Nachhaltigkeitskapiteln-der-EU-Handelsabkommen.pdf

Füllemann, Y., Moreau, V., Vielle, M., & Vuille, F. (2020). Hire fast, fire slow: The employment benefits of energy transitions. Economic Systems Research, 32(2), 202–220. https://doi.org/10.1080/09535314.2019.1695584

Galgóczi, B. (2020). Just transition on the ground: Challenges and opportunities for social dialogue. European Journal of Industrial Relations, 26(4), 367–382. https://doi.org/10.1177/0959680120951704

Galpin, T., & Lee Whittington, J. (2012). Sustainability leadership: From strategy to results. Journal of Business Strategy, 33(4), 40–48. https://doi.org/10.1108/02756661211242690

Gebauer, J., Lange, S., & Posse, D. (2017). Wirtschaftspolitik für Postwachstum auf Unternehmensebene. Drei Ansätze zur Gestaltung. In F. Adler & U. Schachtschneider (Hrsg.), Postwachstumspolitiken: Wege zur wachstumsunabhängigen Gesellschaft (S. 239–252). Oekom Verlag.

Gebauer, J., & Sagebiel, J. (2015). Wie wichtig ist Wachstum für KMU? Ergebnisse einer Befragung von kleinen und mittleren Unternehmen (Nr. 208/15; IÖW-Schriftenreihe/Diskussionspapier). IÖW. https://www.ioew.de/fileadmin/user_upload/DOKUMENTE/Publikationen/Schriftenreihe/IOEW-SR_208_Relevanz_Wachstum_KMU.pdf

Geisberger, T., & Knittler, K. (2010). Niedriglöhne und atypische Beschäftigung in Österreich. Statistische Nachrichten, 6, 448–461.

Gerold, S. (2017). Die Freizeitoption: Perspektiven von Gewerkschaften und Beschäftigten auf ein neues Arbeitszeitinstrument. Österreichische Zeitschrift für Soziologie, 42(2), 195–204. https://doi.org/10.1007/s11614-017-0265-7

Gerold, S., & Geiger, S. (2020). Arbeit, Zeitwohlstand und Nachhaltiger Konsum während der Corona-Pandemie. Arbeitspapier des Fachgebiets Arbeitslehre/Ökonomie und Nachhaltiger Konsum Nr. 2. https://www.rezeitkon.de/wordpress/wp-content/uploads/2020/11/WP_Gerold_Geiger_Corona.pdf

Gerold, S., Soder, M., & Schwendinger, M. (2017). Arbeitszeitverkürzung in der Praxis. Innovative Modelle in österreichischen Betrieben. Wirtschaft und Gesellschaft, 43(2), 169–196.

Gibson-Graham, J. K., Cameron, J., & Healy, S. (2013). Take back the economy: An ethical guide for transforming our communities. University of Minnesota Press.

Gini, A. (1998). Work, identify and self: How we are formed by the work we do. Journal of Business Ethics, 17(7), 707–714.

Global 2000, Greenpeace, & WWF Österreich. (2017). Betreff: Appell der Wirtschaft für Energiewende und Klimaschutz. https://www.global2000.at/sites/global/files/Appell_Brief.pdf

Goers, S., Schneider, F., Steinmüller, H., & Tichler, R. (2020). Wirtschaftswachstum und Beschäftigung durch Investitionen in Erneuerbare Energien. Volkswirtschaftliche Effekte durch Investitionen in ausgewählte Produktions- und Speichertechnologien. Energieinstitut an der Johannes Kepler Universität Linz. https://energieinstitut-linz.at/wp-content/uploads/2020/10/Energieinstitut-VWL-Effekte-durch-Investitionen-in-EE-Langfassung.pdf

Goos, M., Manning, A., & Salomons, A. (2014). Explaining Job Polarization: Routine-Biased Technological Change and Offshoring. American Economic Review, 104(8), 2509–2526. https://doi.org/10.1257/aer.104.8.2509

Gorz, A. (2000). Arbeit zwischen Misere und Utopie. Suhrkamp Verlag.

Graeber, D. (2018). Bullshit Jobs: Vom wahren Sinn der Arbeit (S. Vogel, Übers.; 3. Aufl.). Klett-Cotta.

Großmann, A., Wolter, M. I., Hinterberger, F., & Püls, L. (2020). Die Auswirkungen von klimapolitischen Maßnahmen auf den österreichischen Arbeitsmarkt. ExpertInnenbericht (GWS Specialists in Empirical Economic Research). GWS. https://downloads.gws-os.com/Gro%c3%9fmannEtAl2020_ExpertInnenbericht.pdf

Haberfellner, R., & Sturm, R. (2021). Beschäftigungs- und Ausbildungstrends in der österreichischen Umweltwirtschaft (Nr. 156). AMS Report. Arbeitsmarktservice Österreich.

Haberl, H., Wiedenhofer, D., Virág, D., Kalt, G., Plank, B., Brockway, P., Fishman, T., Hausknost, D., Krausmann, F., Leon-Gruchalski, B., Mayer, A., Pichler, M., Schaffartzik, A., Sousa, T., Streeck, J., & Creutzig, F. (2020). A systematic review of the evidence on decoupling of GDP, resource use and GHG emissions, part II: synthesizing the insights. Environmental Research Letters, 15(6), 65003. https://doi.org/10.1088/1748-9326/ab842a

Hagedorn, J. (2019). Formelle und informelle Sorgearbeit. In I. Seidl & A. Zahrnt (Hrsg.), Tätigsein in der Postwachstumsgesellschaft (S. 141–160). Metropolis-Verlag.

Haiss, P., Mahlberg, B., & Michlits, D. (2021). Industry 4.0 – The future of Austrian jobs. Empirica – Journal of European Economics, 48(1), 5–36. https://doi.org/10.1007/s10663-020-09497-z

Hardt, L., Barrett, J., Taylor, P. G., & Foxon, T. J. (2020). Structural Change for a Post-Growth Economy: Investigating the Relationship between Embodied Energy Intensity and Labour Productivity. Sustainability, 12(3), 962. https://doi.org/10.3390/su12030962

Hardt, L., Barrett, J., Taylor, P. G., & Foxon, T. J. (2021). What structural change is needed for a post-growth economy: A framework of analysis and empirical evidence. Ecological Economics, 179. https://doi.org/10.1016/j.ecolecon.2020.106845

Hayden, A., & Shandra, J. M. (2009). Hours of work and the ecological footprint of nations. An exploratory analysis. Local Environment: The International Journal of Justice and Sustainability, 14(6), 575–600. https://doi.org/10.1080/13549830902904185

HBS (Hans-Böckler-Stiftung) (Hrsg.). (2000). Wege in eine nachhaltige Zukunft. Ergebnisse aus dem Verbundprojekt Arbeit und Ökologie. HBS (Hans-Böckler-Stiftung).

Hickel, J., & Kallis, G. (2020). Is Green Growth Possible? New Political Economy, 24(4), 469–486. https://doi.org/10.1080/13563467.2019.1598964

Hoffmann, M., & Paulsen, R. (2020). Resolving the "jobs-environment-dilemma"? The case for critiques of work in sustainability research. Environmental Sociology, 6(4), 343–354. https://doi.org/10.1080/23251042.2020.1790718

Hoffmann, M., & Spash, C. L. (2021). The impacts of climate change mitigation on work for the Austrian economy (Social-ecological Research in Economics (SRE) Discussion Paper 10/2021). http://www-sre.wu.ac.at/sre-disc/sre-disc-2021_10.pdf

Höijer, K., Lindö, C., Mustafa, A., Nyberg, M., Olsson, V., Rothenberg, E., Sepp, H., & Wendin, K. (2020). Health and Sustainability in Public Meals – An Explorative Review. *International Journal of Environmental Research and Public Health*, *17*(2), 621. https://doi.org/10.3390/ijerph17020621

Holtgrewe, U., Voswinkel, S., & Wagner, G. (Hrsg.). (2000). Anerkennung und Arbeit. UVK.

Huber, P. (2010). Demographischer Wandel als Herausforderung für Österreich und seine Regionen. Teilbericht 2: Auswirkungen auf das Arbeitskräfteangebot und den Arbeitsmarkt. Österreichisches Institut für Wirtschaftsforschung. https://www.wifo.ac.at/jart/prj3/wifo/resources/person_dokument/person_dokument.jart?publikationsid=41127&mime_type=application/pdf

Humer, S., Lechinger, V., & Six, E. (2021). Ökosoziale Steuerreform: Aufkommens- und Verteilungswirkungen. Materialien zu Wirtschaft und Gesellschaft (Nr. 207; Working Paper Reihe der AK Wien). AK Wien. https://ideas.repec.org/p/clr/mwugar/207.html

IGP, Portes, J., Reed, H., & Percy, A. (2017). Social prosperity for the future: A proposal for Universal Basic Services. Institute for Global Prosperity (IGP), University College London (UCL). https://www.ucl.ac.uk/bartlett/igp/sites/bartlett/files/universal_basic_services_-_the_institute_for_global_prosperity_.pdf

ILO (International Labour Organization) (2015). Guidelines for a just transition towards environmentally sustainable economies and societies for all. ILO – International Labour Organization.

Initiative Wege aus der Krise (2019). Just Transition: Klimaschutz demokratisch gestalten. https://www.wege-aus-der-krise.at/images/Just_Transition_final.pdf

IRENA, & ILO (2021). Renewable Energy and Jobs – Annual Review 2021. International Renewable Energy Agency, International Labour Organization. https://www.irena.org/publications/2021/Oct/Renewable-Energy-and-Jobs-Annual-Review-2021

ISW (2019). ISW-Betriebsrätebefragung 2019. Institut für Sozial- und Wirtschaftswissenschaften. https://www.isw-linz.at/forschung/isw-betriebsraetebefragung-2019

Jackson, T. (2009). Prosperity without Growth. Economics for a Finite Plane. Earthscan.

Jackson, T., & Victor, P. (2011). Productivity and work in the "green economy". Environmental Innovation and Societal Transitions, 1(1), 101–108. https://doi.org/10.1016/j.eist.2011.04.005

Jackson, T., & Victor, P. A. (2020). The Transition to a Sustainable Prosperity – A Stock-Flow-Consistent Ecological Macroeconomic Model for Canada. Ecological Economics, 177, 106787. https://doi.org/10.1016/j.ecolecon.2020.106787

Jacobson, M. Z., Delucchi, M. A., Bauer, Z. A. F., Goodman, S. C., Chapman, W. E., Cameron, M. A., Bozonnat, C., Chobadi, L., Clonts, H. A., Enevoldsen, P., Erwin, J. R., Fobi, S. N., Goldstrom, O. K., Hennessy, E. M., Liu, J., Lo, J., Meyer, C. B., Morris, S. B., et al (2017). 100 % Clean and Renewable Wind, Water, and Sunlight All-Sector Energy Roadmaps for 139 Countries of the World. Joule, 1(1), 108–121. https://doi.org/10.1016/j.joule.2017.07.005

James, D. (2020). Digital trade rules: A desastrous new constitution for the global economy, by and for Big Tech. Rosa Luxemburg Stiftung. https://cepr.net/wp-content/uploads/2020/07/digital-trade-2020-07.pdf

Janser, M. (2018). The greening of jobs in Germany: First evidence from a text mining based index and employment register data (Nr. 14; IAB Discussion Paper). IAB. https://www.greengrowthknowledge.org/sites/default/files/uploads/Markus%20Janser%20%E2%80%93%20The%20greening%20of%20jobs%20in%20Germany_0.pdf

Jochum, G., Barth, T., Brandl, S., Cardenas Tomazic, A., Hofmeister, S., Littig, B., Matuschek, I., Stephan, U., & Warsewa, G. (2019). Nachhaltige Arbeit – Die sozialökologische Transformation der Arbeitsgesellschaft. Positionspapier der Arbeitsgruppe „Nachhaltige Arbeit" im Deutschen Komitee für Nachhaltigkeitsforschung in Future Earth. Deutsches Komitee für Nachhaltigkeitsforschung. https://www.dkn-future-earth.org/imperia/md/content/dkn/190820_dkn_working_paper_19_1_ag_nh_arbeit.pdf

Johanisova, N., Crabtree, T., & Fraňková, E. (2013). Social enterprises and non-market capitals: A path to degrowth? Journal of Cleaner Production, 38, 7–16. https://doi.org/10.1016/j.jclepro.2012.01.004

Johanisova, N., & Fraňková, E. (2013). Eco-social Enterprises in Practice and Theory – A Radical vs. Mainstream View. In M. Anastasiadis (Hrsg.), ECO-WISE – Social Enterprises as Sustainable Actors: Concepts, Performances, Impacts (S. 110–129). Europäischer Hochschulverlag.

Johanisova, N., & Wolf, S. (2012). Economic democracy: A path for the future? Futures, 44(6), 562–570. https://doi.org/10.1016/j.futures.2012.03.017

Jorck, G. von, & Schrader, U. (2019). Unternehmen als Gestalter nachhaltiger Arbeit. In I. Seidl & A. Zahrnt (Hrsg.), Tätigsein in der Postwachstumsgesellschaft (S. 95–110). Metropolis-Verlag.

Jürgens, K. (2008). Reproduktionshandeln als Gewährleistungsarbeit. Der Erhalt von Arbeits- und Lebenskraft als Voraussetzung und Grenze eines „entgrenzten" Kapitalismus. In K.-S. Rehberg (Hrsg.), Die Natur der Gesellschaft: Verhandlungen des 33. Kongresses der Deutschen Gesellschaft für Soziologie in Kassel 2006 (S. 1468–1478). Campus Verlag. https://nbn-resolving.org/urn:nbn:de:0168-ssoar-152651

Kalt, T. (2021). Jobs vs. climate justice? Contentious narratives of labor and climate movements in the coal transition in Germany. Environmental Politics, 1–20. https://doi.org/10.1080/09644016.2021.1892979

Kettner-Marx, C., Kirchner, M., Kletzan-Slamanig, D., Sommer, M., Kratena, K., Weishaar, S. E., & Burgers, I. (2018). CATs – Options and Considerations for a Carbon Tax in Austria. Policy Brief. WIFO. https://www.wifo.ac.at/jart/prj3/wifo/resources/person_dokument/person_dokument.jart?publikationsid=60998&mime_type=application/pdf

Kikuchi, L., Hildyard, L., Kay, R., & Stronge, W. (2020). Paying for Covid: Capping excessive salaries to save industries. Autonomy. https://autonomy.work/wp-content/uploads/2020/10/2020OCT_SalaryCap_Ameneded.pdf

King, L. C., & van den Bergh, J. C. J. M. (2017). Worktime Reduction as a Solution to Climate Change: Five Scenarios Compared for the UK. Ecological Economics, 132, 124–134. https://doi.org/10.1016/j.ecolecon.2016.10.011

Kirchner, M. (2018). Mögliche Auswirkungen der Digitalisierung auf Umwelt und Energieverbrauch. WIFO-Monatsberichte, 91, 899–908.

Klaus, D., & Moder, C. (2021, April 15). Die Kreislaufwirtschaft als Weg zu nachhaltiger Erwerbsarbeit. A&W blog. https://awblog.at/die-kreislaufwirtschaft-als-weg-zu-nachhaltiger-erwerbsarbeit/

Klein, N. (2019). On Fire: The (Burning) Case for a Green New Deal. Allen Lane.

Kletzan-Slamanig, D., & Köppl, A. (2016). Subventionen und Steuern mit Umweltrelevanz in den Bereichen Energie und Verkehr. Österreichisches Institut für Wirtschaftsforschung. https://www.wifo.ac.at/jart/prj3/wifo/main.jart?content-id=1454619331110&publikation_id=58641&detail-view=yes

Knight, K. W., Rosa, E. A., & Schor, J. B. (2013). Could working less reduce pressures on the environment? A cross-national panel analysis of OECD countries, 1970–2007. Global Environmental Change, 23(4), 691–700. https://doi.org/10.1016/j.gloenvcha.2013.02.017

Knittler, K. (2018). Atypische Beschäftigung 2017 – allgemein und im Familienkontext. Statistische Nachrichten, 9, 744–753.

Kopf, J. (2021). Die Extraportion Mut für den Klimaschutz. https://www.derstandard.at/story/2000126748307/die-extraportion-mut-fuer-den-klimaschutz

7.5 Quellenverzeichnis

Köppl, A., & Schratzenstaller, M. (2019). Ein Abgabensystem, das (Erwerbs-)Arbeit fördert. In I. Seidl & A. Zahrnt (Hrsg.), Tätigsein in der Postwachstumsgesellschaft (S. 207–225). Metropolis.

Kovce, P., & Priddat, B. P. (Hrsg.). (2019). Bedingungsloses Grundeinkommen: Grundlagentexte (1. Aufl.). Suhrkamp.

Kranzl, L., Müller, A., Maia, I., Büchele, R., & Hartner, M. (2018). Wärmezukunft 2050. Erfordernisse und Konsequenzen der Dekarbonisierung von Raumwärme und Warmwasserbereitstellung in Österreich. Kurzfassung. Technische Universität Wien, Energy Economics Group. https://eeg.tuwien.ac.at/fileadmin/user_upload/projects/import-downloads/PR_469_Waermezukunft_2050_Kurzfassung.pdf

Krisch, A., Novy, A., Plank, L., Schmidt, A. E., & Blaas, W. (2020). Die Leistungsträgerinnen des Alltagslebens. Covid-19 als Brennglas für die notwendige Neubewertung von Wirtschaft, Arbeit und Leistung. The Foundational Economy Collective. https://foundationaleconomy.com/

Krull, S., Massarrat, M., & Steinrücke, M. (Hrsg.). (2009). Schritte aus der Krise: Arbeitszeitverkürzung, Mindestlohn, Grundeinkommen: Drei Projekte, die zusammengehören. VSA Verlag.

Kubon-Gilke, G. (2019). Soziale Sicherung in der Postwachstumsgesellschaft. In I. Seidl & A. Zahrnt (Hrsg.), Tätigsein in der Postwachstumsgesellschaft (S. 193–206). Metropolis.

Lacy, P., Arnott, J., & Lowitt, E. (2009). The challenge of integrating sustainability into talent and organization strategies: Investing in the knowledge, skills and attitudes to achieve high performance. Corporate Governance: The international journal of business in society, 9(4), 484–494. https://doi.org/10.1108/14720700910985025

Lessenich, S. (2013). Die Neuerfindung des Sozialen: Der Sozialstaat im flexiblen Kapitalismus. Transcript Verlag.

Lieder, M., & Rashid, A. (2016). Towards circular economy implementation: A comprehensive review in context of manufacturing industry. Journal of Cleaner Production, 115, 36–51. https://doi.org/10.1016/j.jclepro.2015.12.042

Littig, B. (2017). Umweltschutz und Gewerkschaften – eine langsame, aber stetige Annäherung. In U. Brand & K. Niedermoser (Hrsg.), Gewerkschaften und die Gestaltung einer sozial-ökologischen Gesellschaft (S. 195–204). ÖGB Verlag.

Littig, B., Barth, T., & Jochum, G. (2018). Nachhaltige Arbeit ist mehr als green jobs. ArbeitnehmerInnenvertretungen und die sozial-ökologische Transformation der gegenwärtigen Arbeitsgesellschaft. WISO – Wirtschafts- und sozialpolitische Zeitschrift, 41(4), 63–77.

Littig, B., & Spitzer, M. (2011). Arbeit neu. Erweiterte Arbeitskonzepte im Vergleich [Arbeitspapier 229 der Hans-Böckler-Stiftung]. Hans-Böckler-Stiftung. https://www.boeckler.de/pdf/p_arbp_229.pdf

Loiseau, E., Saikku, L., Antikainen, R., Droste, N., Hansjürgens, B., Pitkänen, K., Leskinen, P., Kuikman, P., & Thomsen, M. (2016). Green economy and related concepts. An overview. Journal of Cleaner Production, 139, 361–371. https://doi.org/10.1016/j.jclepro.2016.08.024

Mair, S., Druckman, A., & Jackson, T. (2020). A tale of two utopias: Work in a post-growth world. Ecological Economics, 173. https://doi.org/10.1016/j.ecolecon.2020.106653

Mayrhofer, J., & Wiese, K. (2020). Escaping the growth and jobs treadmill: A new policy agenda for postcoronavirus Europe. https://eeb.org/wp-content/uploads/2020/11/EEB-REPORT-JOBTREADMILL.pdf

Mazzucato, M. (2019). The value of everything: Making and taking in the global economy. Penguin Books.

Meadows, D. H., Meadows, D. L., Randers, J., & Behrens, W. W. (1972). The Limits to Growth. A report for the Club of Rome's Project on the Predicament of Mankind. Universe Books. https://doi.org/10.1349/ddlp.1

Meinhart, B., Gabelberger, F., Sinabell, F., & Streicher, G. (2022). Transformation und „Just Transition" in Österreich. Österreichisches Institut für Wirtschaftsforschung. https://www.wifo.ac.at/jart/prj3/wifo/resources/person_dokument/person_dokument.jart?publikationsid=68029&mime_type=application/pdf

Merli, R., Preziosi, M., & Acampora, A. (2018). How do scholars approach the circular economy? A systematic literature review. Journal of Cleaner Production, 178, 703–722. https://doi.org/10.1016/j.jclepro.2017.12.112

Merteneit, K.-D. (2013). Berufsbildung für die grüne Wirtschaft. Deutsche Gesellschaft für Internationale Zusammenarbeit (GIZ) GmbH. https://www.bibb.de/dokumente/pdf/Berufsbildung_gruene_Wirtschaft_GlobalesPartnertreffen_Leipzig.pdf

Mohr, M. (2021). Anzahl der Geschäftsreisen der Österreicher ins In- und Ausland nach verwendeten Verkehrsmitteln im Jahr 2020 [Statista]. Statista. https://de.statista.com/statistik/daten/studie/428432/umfrage/geschaeftsreisen-der-oesterreicher-ins-aus-und-inland-nach-verkehrsmittel/#statisticContainer

Moser, S., & Kleinhückelkotten, S. (2018). Good Intents, but Low Impacts: Diverging Importance of Motivational and Socioeconomic Determinants Explaining Pro-Environmental Behavior, Energy Use, and Carbon Footprint. Environment and Behavior, 50(6), 626–656. https://doi.org/10.1177/0013916517710685

Müller, A., Krucsay, B., Keil, C., Pimminger, F., Glowinska, I., Brandl, J., Brangs, J., Mühlbauer, J., Koll, J., Heuwieser, M., Muhr, M., Fartacek, R., Kotik, T., & Besse, V. (2019). Von A wie Arbeit bis Z wie Zukunft. Arbeiten und Wirtschaften in der Klimakrise. Periskop/I.L.A. Kollektiv.

Nagl, W., Titelbach, G., & Valkova, K. (2017). Digitalisierung der Arbeit. Substituierbarkeit von Berufen im Zuge der Automatisierung durch Industrie 4.0. Institut für Höhere Studien (IHS). https://www.ihs.ac.at/fileadmin/public/2016_Files/Documents/20170412_IHS-Bericht_2017_Digitalisierung_Endbericht.pdf

Nässén, J., & Larsson, J. (2015). Would shorter working time reduce greenhouse gas emissions? An analysis of time use and consumption in Swedish households. Environment and Planning C: Government and Policy 2015, 33(4), 726–745. https://doi.org/10.1068/c12239

Neier, T., Kreinin, H., Heyne, S., Laa, E., & Bohnenberger, K. (2022). Sozial-ökologische Arbeitsmarktpolitik. Kammer für Arbeiter und Angestellte Wien. https://wien.arbeiterkammer.at/service/studien/Arbeitsmarkt/Sozial-oekologische_Arbeitsmarktpolitik.pdf, 12.6.2023.

Nerudová, D., Dobranschi, M., Solilová, V., & Schratzenstaller, M. (2018). Sustainability-oriented Future EU Funding: A Fuel Tax Surcharge [FairTax Working Paper 21]. http://www.diva-portal.org/smash/get/diva2:1270205/FULLTEXT01.pdf

Niedermoser, K. (2017). Gewerkschaften und die ökologische Frage – historische Entwicklungen und aktuelle Herausforderungen. In U. Brand & K. Niedermoser (Hrsg.), Gewerkschaften und die Gestaltung einer sozial-ökologischen Gesellschaft. ÖGB Verlag.

OECD (2019). Going Digital: Shaping Policies, Improving Lives. OECD. https://doi.org/10.1787/9789264312012-en

OECD (2020). Green growth and sustainable development. http://www.oecd.org/greengrowth/

ÖGB (Österreichischer Gewerkschaftsbund) (2021). Klimapolitik aus ArbeitnehmerInnen-Perspektive. Positionspapier des ÖGB. https://www.oegb.at/themen/klimapolitik/raus-aus-der-klimakrise/oegb-beschliesst-positionspapier-fuer-einen-gerechten-wandel-

O'Neill, D. W., Fanning, A. L., Lamb, W. F., & Steinberger, J. K. (2018). A good life for all within planetary boundaries. Nature Sustainability, 1(2), 88–95. https://doi.org/10.1038/s41893-018-0021-4

Paech, N. (2012). Befreiung vom Überfluss: Auf dem Weg in die Postwachstumsökonomie. Oekom Verlag.

Parijs, P. V., & Vanderborght, Y. (2017). Basic Income: A Radical Proposal for a Free Society and a Sane Economy. Harvard University Press.

Parrique, T., Barth, J., Briens, F., Kerschner, C., Kraus-Polk, A., Kuokkanen, A., & Spangenberg, J. H. (2019). Decoupling debunked: Evidence and arguments against green growth as a sole strategy for sustainability. European Environmental Bureau. https://eeb.org/library/decoupling-debunked/

Peters, G. P., Minx, J. C., Weber, C. L., & Edenhofer, O. (2011). Growth in emission transfers via international trade from 1990 to 2008. Proceedings of the National Academy of Sciences, 108(21), 8903–8908. https://doi.org/10.1073/pnas.1006388108

Petschow, U., Lange, S., Hofmann, D., Pissarskoi, E., aus dem Moore, N., Korfhage, T., & Schoofs, A. (2018). Gesellschaftliches Wohlergehen innerhalb planetarer Grenzen. Der Ansatz einer vorsorgeorientierten Postwachstumsposition. Umweltbundesamt. https://www.umweltbundesamt.de/sites/default/files/medien/1410/publikationen/uba_texte_89_2018_vorsorgeorientierte_postwachstumsposition.pdf

Pettifor, A. (2019). The Case for the Green New Deal. Verso.

Picek, O. (2020). Eine Jobgarantie für Österreichs Langzeitarbeitslose. Momentum Quarterly – Zeitschrift für sozialen Fortschritt, 9(2), 103–126. https://doi.org/10.15203/momentumquarterly.vol9.no2.p103-126

Pickshaus, K. (2019). Gute Arbeit und Ökologie der Arbeit. Kontextbedingungen und Strategieprobleme. WSI-Mitteilungen, 72(1), 52–58. https://doi.org/10.5771/0342-300X-2019-1-52

Piketty, T. (2014). Das Kapital im 21. Jahrhundert. Beck.

Pirklbauer, S. (2020, Mai 29). Gerechtigkeit für die wahren Leistungsträger*innen. A&W blog. https://awblog.at/gerechtigkeit-fuer-die-wahren-leistungstraegerinnen/

Pirklbauer, S., & Wukovitsch, F. (2019). Nachhaltige Arbeit – ein interessenpolitischer Blick aus der Arbeiterkammer (Österreich). WSI-Mitteilungen, 72(1), 59–63.

Pizzinelli, C., & Shibata, I. (2022). Has COVID-19 Induced Labor Market Mismatch? Evidence from the US and the UK (WP/22/5). International Monetary Fund. https://www.imf.org/-/media/Files/Publications/WP/2022/English/wpiea2022005-print-pdf.ashx

Pongratz, H. J. (2020). Die Soloselbstständigen – was sie trennt und verbindet. WISO – Wirtschafts- und Sozialpolitische Zeitschrift, 43(2), 12–27.

Premrov, T., Geyer, L., & Prinz, N. (2021). Arbeit für alle? Kosten und Verteilungswirkung einer Jobgarantie für Langzeitbeschäftigungslose in Österreich. Kammer für Arbeiter und Angestellte für Wien. urn:nbn:at:at-akw:g-3835144

Pullinger, M. (2014). Working time reduction policy in a sustainable economy: Criteria and options for its design. Ecological Economics, 103, 11–19. https://doi.org/10.1016/j.ecolecon.2014.04.009

Ramus, C. A. (2018). Employee Environmental Innovation in Firms: Organizational and Managerial Factors. Routledge.

Reuter, N. (2010). Der Arbeitsmarkt im Spannungsfeld von Wachstum, Ökologie und Verteilung. In I. Seidl & A. Zahrnt (Hrsg.), Postwachstumsgesellschaft. Konzepte für die Zukunft (S. 85–102). Metropolis.

Reuter, N. (2014). Die Degrowth-Bewegung und die Gewerkschaften. WSI Mitteilungen, 7, 555–559.

Riesenecker-Caba, T., & Astleithner, F. (2021). Verarbeitung personenbezogener Beschäftigtendaten und Grenzen betrieblicher Mitbestimmung in einer digitalisierten Arbeitswelt. FORBA (Forschungs- und Beratungsstelle Arbeitswelt). https://www.forba.at/wp-content/uploads/2021/06/Verarbeitung-persbez-Daten-und-MitbestimmungFORBA-Bericht2021_DigiFonds.pdf

Rifkin, J. (2019). The Green New Deal: Why the Fossil Fuel Civilization Will Collapse by 2028, and the Bold Economic Plan to Save Life on Earth. St. Martin's Publishing Group.

Rosnick, D., & Weisbrot, M. (2007). Are shorter work hours good for the environment? A comparison of U.S. and European energy consumption. International Journal of Health Services: Planning, Administration, Evaluation, 37(3), 405–417. https://doi.org/10.2190/D842-1505-1K86-9882

Rückert-John, J. (2007). Natürlich Essen. Kantinen und Restaurants auf dem Weg zu nachhaltiger Ernährung. Campus.

Sala, A., Lütkemeyer, M., & Birkmeier, A. (2020). E-MAPP 2. E-Mobility – Austrian Production Potential, Qualification and Training needs. https://www.klimafonds.gv.at/wp-content/uploads/sites/16/2020_E-MAPP2_-FhA_TU_SMP_v2.3.pdf

Santarius, T., Pohl, J., & Lange, S. (2020). Digitalization and the Decoupling Debate: Can ICT Help to Reduce Environmental Impacts While the Economy Keeps Growing? Sustainability, 12(18), 7496. https://doi.org/10.3390/su12187496

Schmidt-Keilich, M., Buhl, A., & Süßbauer, E. (2022). Innovative green employees: the drivers of corporate eco-innovation? International Journal of Innovation and Sustainable Development, 17(1–2), 182–204.

Schor, J. B. (1992). The Overworked American: The Unexpected Decline of Leisure. Basic Books.

Schor, J. B. (1999). The overspent American: Why we want what we don't need. Harper Perennial.

Schor, J. B. (2005). Sustainable Consumption and Worktime Reduction. Journal of Industrial Ecology, 9(1–2), 37–50.

Schörpf, P., Astleithner, F., Schönauer, A., & Flecker, J. (2020). Entwicklungstrends digitaler Arbeit II. FORBA, AK. https://wien.arbeiterkammer.at/service/studien/digitalwandel/Entwicklungstrends_digitaler_Arbeit_II.pdf

Schröder, L., & Urban, H.-J. (Hrsg.). (2019). Gute Arbeit. Transformation der Arbeit – Ein Blick zurück nach vorn. Bund Verlag.

Schultheiß, J., Feigl, G., Pirklbauer, S., & Wukovitsch, F. (2021). AK-Wohlstandsbericht 2021. Analyse des gesellschaftlichen Fortschritts in Österreich 2017–2022. Materialien zu Wirtschaft und Gesellschaft (Nr. 226; Working Paper-Reihe der AK Wien). AK Wien. https://www.arbeiterkammer.at/interessenvertretung/wirtschaft/verteilungsgerechtigkeit/AK-Wohlstandsbericht_2021.pdf

Seidl, I., & Zahrnt, A. (Hrsg.). (2019). Tätigsein in der Postwachstumsgesellschaft. Metropolis-Verlag.

Shao, Q., & Rodríguez-Labajos, B. (2016). Does decreasing working time reduce environmental pressures? New evidence based on dynamic panel approach. Journal of Cleaner Production, 125, 227–235. https://doi.org/10.1016/j.jclepro.2016.03.037

Sirianni, C., & Negrey, C. (2000). Working Time as a Gendered Time. Feminist Economics, 6(1), 59–76. https://doi.org/10.1080/135457000337679

Smith, A. M., & O'Sullivan, T. (2012). Environmentally responsible behaviour in the workplace: An internal social marketing approach. Journal of Marketing Management, 28(3–4), 469–493. https://doi.org/10.1080/0267257X.2012.658837

Soder, M. (2021, Juli 6). Just Transition und die Anforderungen an einen arbeitsmarktpolitisch gerechten Strukturwandel. A&W blog. https://awblog.at/just-transition-und-arbeitsmarktpolitisch-gerechter-strukturwandel/

Soder, M., & Berger, C. (2021, April 19). Strukturwandel und Beschäftigung in der Klimakrise: Den Weg in die Zukunft demokratisch, fair und gerecht gestalten! A&W blog. https://awblog.at/strukturwandel-und-beschaeftigung-in-der-klimakrise/

Stadler, B., & Adam, G. (2020). Ist Zeit das neue Geld? Arbeitszeitverkürzung in österreichischen Kollektivverträgen. Materialien zu Wirtschaft und Gesellschaft (Nr. 199; Working Paper-Reihe der AK Wien. https://ideas.repec.org/p/clr/mwugar/199.html

Statistik Austria (2019). Lohnsteuerstatistik 2019. Statistik Austria. https://www.statistik.at/web_de/statistiken/wirtschaft/oeffentliche_finanzen_und_steuern/steuerstatistiken/lohnsteuerstatistik/124759.html

Statistik Austria (2021). Überblick über die Umweltwirtschaft 2008 bis 2019 mit Abschätzung des öffentlichen Verkehrs. Statistik Austria. http://www.statistik-austria.com/web_de/statistiken/wohlstand_und_fortschritt/wie_gehts_oesterreich/umwelt/05/043770.html

Statistik Austria (2022). Umweltorientierte Produktion und Dienstleistung – EGSS. Statistik Austria. http://www.statistik.at/web_de/statistiken/energie_umwelt_innovation_mobilitaet/energie_und_umwelt/umwelt/umweltorientierte_produktion_und_dienstleistung/index.html

Steiger, R., Damm, A., Prettenthaler, F., & Pröbstl-Haider, U. (2021). Climate change and winter outdoor activities in Austria. Journal of Outdoor Recreation and Tourism, 34. https://doi.org/10.1016/j.jort.2020.100330

Steininger, K., Mayer, J., & Bachner, G. (2021). The Economic Effects of Achieving the 2030 EU Climate Targets in the Context of the Corona Crisis. An Austrian Perspective (Nr. 91; Wegener Center Scientific Report). https://wegccloud.uni-graz.at/s/yLBxEP9KgFe3ZwX

Stern, D., Blanco, I., Olmos, L. A., Valdivia, J. J., Shrestha, A., Mattei, J., & Spiegelman, D. (2021). Facilitators and barriers to healthy eating in a worksite cafeteria: A qualitative study. BMC Public Health, 21(1), 973. https://doi.org/10.1186/s12889-021-11004-3

Streicher, G., Kettner-Marx, C., Peneder, M., & Gabelberger, F. (2020). Landkarte der „(De-)Karbonisierung" für den produzierenden Bereich in Österreich – Eine Grundlage für die Folgenabschätzung eines klimapolitisch bedingten Strukturwandels des Produktionssektors auf Beschäftigung, Branchen und Regionen. AK. https://www.wifo.ac.at/jart/prj3/wifo/resources/person_dokument/person_dokument.jart?publikationsid=66573&mime_type=application/pdf

Süßbauer, E., Buhl, A., & Muster, V. (2019). Die Alltagsdimension der Innovation. Organisationale Bedingungen für das Aufgreifen von Konsumerfahrungen Beschäftigter. In G. Becke (Hrsg.), Gute Arbeit und ökologische Innovationen. Perspektiven nachhaltiger Arbeit in Unternehmen und Wertschöpfungsketten (S. 119–140). Oekom Verlag.

Süßbauer, E., & Schäfer, M. (2018). Greening the workplace: Conceptualising workplaces as settings for enabling sustainable consumption. https://doi.org/10.14279/DEPOSITONCE-8355

Süßbauer, E., & Schäfer, M. (2019). Corporate strategies for greening the workplace: Findings from sustainability-oriented companies in Germany. Journal of Cleaner Production, 226, 564–577. https://doi.org/10.1016/j.jclepro.2019.04.009

Tcherneva, P. R. (2020). The Case for a Job Guarantee. Wiley.

The Shift Project. (2019). Lean ICT. Towards digital sobriety. https://theshiftproject.org/wp-content/uploads/2019/03/Lean-ICT-Report_The-Shift-Project_2019.pdf

Theine, H., Schnetzer, M., & Wukovitsch, F. (2017, Oktober 8). Was treibt die Treibhausgase? Ein Blick auf Konsum und Verteilung. A&W blog. https://awblog.at/was-treibt-die-treibhausgase-ein-blick-auf-konsum-und-verteilung/

Thomas, A. (2021). "Heart of steel": How trade unions lobby the European Union over emissions trading. Environmental Politics, 1–20. https://doi.org/10.1080/09644016.2021.1871812

TUDCN – Trade Union Development Cooperation Network. (2019). The Contribution of Social Dialogue to the 2030 Agenda: Promoting a Just Transition towards sustainable economies and societies for all. TUDCN. https://www.ituc-csi.org/social-dialogue-for-sdgs-promoting-just-transition

Tudor, T., Barr, S., & Gilg, A. (2007). A Tale of Two Locational Settings: Is There a Link Between Pro-Environmental Behaviour at Work and at Home? Local Environment, 12(4), 409–421. https://doi.org/10.1080/13549830701412513

UN (2015). UN Sustainability Goals 2030. https://worldtop20.org/global-movement?gclid=CjwKCAjwz6_8BRBkEiwA3p02Vci8J3H5G6Jh47XtvNRUyH_zicnHtzeXkIturtO1VVKz-dFYyYiuBhoC3sIQAvD_BwE

UNDP – Deutsche Gesellschaft für die Vereinten Nationen (Hrsg.). (2015). Arbeit und menschliche Entwicklung (Deutsche Ausgabe). Berliner Wissenschafts-Verlag GmbH.

UNEP (United Nations Environment Programme) (2008). Green Jobs: Towards decent work in a sustainable, low-carbon world. United Nations Environment Programme. https://www.ilo.org/wcmsp5/groups/public/---ed_emp/---emp_ent/documents/publication/wcms_158727.pdf

UNEP (United Nations Environment Programme) (2019). Emissions Gap Report 2019. Executive summary. United Nations Environment Programme. https://wedocs.unep.org/bitstream/handle/20.500.11822/30797/EGR2019.pdf?sequence=1&isAllowed=y

Urban, H.-J. (2019). Gute Arbeit in der Transformation. Über eingreifende Politik im digitalisierten Kapitalismus. VSA Verlag.

Victor, P. A. (2012). Growth, degrowth and climate change: A scenario analysis. Ecological Economics, 84, 206–212. https://doi.org/10.1016/j.ecolecon.2011.04.013

Voswinkel, S. (2013). Anerkennung und Identität im Wandel der Arbeitswelt. In L. Billmann & J. Held (Hrsg.), Solidarität in der Krise (S. 211–235). Springer VS. https://doi.org/10.1007/978-3-658-00912-0_10

Voswinkel, S. (2016). Sinnvolle Arbeit leisten – Arbeit sinnvoll leisten / Doing meaningful work – Working in a meaningful way. Arbeit, 24(1–2). https://doi.org/10.1515/arbeit-2016-0004

Weeks, K. (2011). The Problem with Work: Feminism, Marxism, Antiwork Politics, and Postwork Imaginaries. Duke University Press.

Wiedenhofer, D., Virág, D., Kalt, G., Plank, B., Streeck, J., Pichler, M., Mayer, A., Krausmann, F., Brockway, P., Schaffartzik, A., Fishman, T., Hausknost, D., Leon-Gruchalski, B., Sousa, T., Creutzig, F., & Haberl, H. (2020). A systematic review of the evidence on decoupling of GDP, resource use and GHG emissions, part I: Bibliometric and conceptual mapping. Environmental Research Letters, 15(6). https://doi.org/10.1088/1748-9326/ab8429

Winker, G. (2015). Care Revolution. Schritte in eine solidarische Gesellschaft. Transcript Verlag.

Wirtz, A., Nachreiner, F., Beermann, B., Brenscheidt, F., & Siefer, A. (2009). Lange Arbeitszeiten und Gesundheit. Bundesanstalt für Arbeitsschutz und Arbeitsmedizin. https://www.baua.de/DE/Angebote/Publikationen/Fokus/artikel20.html

Wissen, M., Pichler, M., Maneka, D., Krenmayr, N., Högelsberger, H., & Brand, U. (2020). Zwischen Modernisierung und sozialökologischer Konversion. Konflikte um die Zukunft der österreichischen Automobilindustrie. In K. Dörre, M. Holzschuh, J. Köster, & J. Sittel (Hrsg.), Abschied von Kohle und Auto? Sozialökologische Transformationskonflikte um Energie und Mobilität (S. 223–266). Campus.

Wolf, J. (2013). Improving the Sustainable Development of Firms: The Role of Employees. Business Strategy and the Environment, 22(2), 92–108. https://doi.org/10.1002/bse.1731

Wukovitsch, F. (2021, Juli 16). Fit for 55! Hebt der europäische Grüne Deal nun ab? A&W blog. https://awblog.at/fit-for-55-hebt-der-europaeische-gruene-deal-nun-ab/

Zhang, W., Peng, S., & Sun, C. (2015). CO_2 emissions in the global supply chains of services: An analysis based on a multi-regional input – output model. Energy Policy, 86, 93–103. https://doi.org/10.1016/j.enpol.2015.06.029

Kapitel 8. Sorgearbeit für die eigene Person, Haushalt, Familie und Gesellschaft

Koordinierende_r Leitautor_in
Barbara Smetschka

Leitautor_innen
Katharina Mader, Ruth Simsa und Dominik Wiedenhofer.

Revieweditorin
Ines Weller

Zitierhinweis
Smetschka, B., K. Mader, R. Simsa und D. Wiedenhofer (2023): Sorgearbeit für die eigene Person, Haushalt, Familie und Gesellschaft. In: APCC Special Report: Strukturen für ein klimafreundliches Leben (APCC SR Klimafreundliches Leben) [Görg, C., V. Madner, A. Muhar, A. Novy, A. Posch, K. W. Steininger und E. Aigner (Hrsg.)]. Springer Spektrum: Berlin/Heidelberg.

Kernaussagen des Kapitels
Status quo

- Die Fürsorge für und die Versorgung der eigenen Person, des Haushalts und der Familie sind unverzichtbare, (über-)lebensnotwendige, aber oft unsichtbare Tätigkeiten, die meist zu wenig Beachtung finden. (hohe Übereinstimmung, starke Literaturbasis)
- Die Klimarelevanz unbezahlter Sorgearbeit hängt davon ab, in welchem Umfang Güter, Dienstleistungen und Mobilität für diese Tätigkeiten erforderlich sind und eingesetzt werden und wie emissionsintensiv diese bereitgestellt werden. (hohe Übereinstimmung, starke Literaturbasis)

Notwendige Veränderungen

- Weniger Zeitdruck, Entschleunigung und verringerte Mehrfachbelastungen ermöglichen klimafreundlichere Entscheidungen im Alltag. Strukturelle Maßnahmen, die den Zeitdruck mindern, Wege verringern und Betreuungsangebote erweitern, wären daher sinnvoll. (hohe Übereinstimmung, mittlere Literaturbasis)

Strukturen, Kräfte und Barrieren

- Die Verteilung von bezahlter und unbezahlter Arbeit für die notwendige Versorgung anderer Menschen (Kinder, Ältere, Pflegebedürftige) ist stark von geschlechtlicher Arbeitsteilung geprägt und steht daher im Widerspruch zu erwünschter Geschlechter-, Sorge- und Klimagerechtigkeit. (hohe Übereinstimmung, starke Literaturbasis)
- Zeitdruck durch Erwerbs- und unbezahlte Sorgearbeit und Beschleunigung in Arbeitsleben und Alltag belasten Lebensqualität und Klima. (hohe Übereinstimmung, schwache Literaturbasis)

Gestaltungsoptionen und Querverbindungen zu anderen Handlungsfeldern

- Die Klimawirksamkeit von unbezahlter Sorgearbeit zeigt sich als Synergieeffekt mit anderen Handlungsfeldern: Je mehr Zeit für notwendige Sorgearbeit zur Verfügung steht, desto eher können klimafreundliche Praktiken entwickelt werden. (hohe Übereinstimmung, schwache Literaturbasis)
- **„Fairteilen" von unbezahlter und bezahlter Arbeit** als Umverteilung zwischen den Geschlechtern, aber auch hin zum öffentlichen Sektor führt zu sozialem Ausgleich und ermöglicht klimafreundlichere Lebensweisen. Arbeitszeitverkürzung sowie gerechte Verteilung von bezahlter und unbezahlter Arbeit reduzieren Stress und machen klimafreundliche Praktiken attraktiver. Die Emissionsintensität

von unbezahlter Sorgearbeit hat daher starke Querverbindungen zum Bereich Erwerbsarbeit. (hohe Übereinstimmung, starke Literaturbasis)
- In Haushalten führen folgende Faktoren zu einer Emissionsminderung: der **gemeinsame und reduzierte Verbrauch** von Gütern und Energie, eine kompakte Wohnungsgröße, ein klimafreundlicher Energiemix, thermische Sanierung und energiesparenden Technologien. Die Emissionsintensität von unbezahlter Sorgearbeit hat starke Querverbindungen zum Bereich Wohnen. (hohe Übereinstimmung, starke Literaturbasis)
- **Zeit, Informationen und Kompetenzen** sind notwendig für den klimagerechten Einkauf, die Produktion und Zubereitung von **Lebensmitteln** und nachhaltige Entscheidungen beim Essen außer Haus. Die Emissionsintensität von unbezahlter Sorgearbeit hat starke Querverbindungen zum Bereich Ernährung. (hohe Übereinstimmung, starke Literaturbasis)
- **Hochwertige und leistbare Infrastruktur** ist wichtig, um **notwendige Wege zur Versorgung** anderer Menschen, z. B. Pflegebesuche, Schulwege etc., nachhaltig zu gestalten. Die Emissionsintensität von unbezahlter Sorgearbeit hat starke Querverbindungen zum Bereich Mobilität. (hohe Übereinstimmung, starke Literaturbasis)
- Wenn Sorgearbeit und Freizeit gerechter verteilt werden, mindern sich jene Emissionen, die durch Zeitdruck entstehen, ebenso wie solche, die aus Einkommenswohlstand entstehen. Die Emissionsintensität von unbezahlter Sorgearbeit hat starke Querverbindungen zum Bereich Freizeit. (hohe Übereinstimmung, starke Literaturbasis)

8.1 Einleitung

In diesem Kapitel widmen wir uns dem Handlungsfeld „unbezahlte Sorgearbeit". Wir stellen den Status quo dar und zeigen Klimaherausforderungen, strukturelle Barrieren und mögliche Handlungsoptionen und Akteur_innen des Wandels in Richtung höhere Klimafreundlichkeit auf. Der Begriff „Sorgearbeit" wird hier im Sinne einer frühen umfassenden Definition von „Care" verwendet: „Everything that we do to maintain, continue, and repair our ‚world' so that we can live in it as well as possible." (Tronto & Fisher, 1990) Wie beschäftigen uns mit aktuellen Erkenntnissen zu den Fragen: Sind existierende Sorgearrangements klimafreundlich bzw. nachhaltig oder nicht und wie könnten sie nachhaltig gemacht werden? Wie hängen Geschlechtergerechtigkeit und Klimagerechtigkeit zusammen? (Hofmeister & Mölders, 2021).

Wirtschaftsbereiche					
unbezahlt	Monetär erfasst in der Volkswirtschaftlichen Gesamtrechnung				
unbezahlter Sektor - private Haushalte	Alltagsökonomie			Export orientierte Marktökonomie	Rentenökonomie
	Grundversorgungsökonomie		erweiterte Nahversorgung		
	Daseinsvorsorge	Grundlegende Nahversorgung			
Beispiele					
unbezahlte Pflege von Angehörigen	Gesundheitsversorgung, Energie	Lebensmittel	Gastronomie, Frisiersalon	Autozulieferindustrie	Aktien-/ Immobilienmarkt
Zukunftsfähige Politikmaßnahmen					
Aufwertung	Ausbau	Ausbau	Ausbau	Umbau	Rückbau

Abb. 8.1 Unbezahlte und bezahlte Wirtschaftsbereiche. (Krisch, 2020)

Unbezahlte Sorgearbeit umfasst alle Tätigkeiten, die für die Reproduktion der eigenen Person (Personensystem) und der unmittelbaren Umgebung (Haushaltssystem) notwendig sind [siehe Überblick in Tab. 3.2 von Kap. 3 Überblick zu den Handlungsfeldern]. Ehrenamtliche Tätigkeiten und gesellschaftliches Engagement dienen der Reproduktion von Gesellschaft, manchmal auch der Sorge für die Natur. Diese Bereiche werden ebenso in diesem Kapitel dargestellt. Bezahlte Sorgearbeit (z. B. im Bereich der Pflege- und Erziehungsarbeit) wird im Kap. 7 „Erwerbsarbeit" behandelt.

Wie unbezahlte Sorgearbeit mit bezahlten Wirtschaftsbereichen zusammenhängt, jedoch oft unsichtbar bleibt, zeigt Abb. 8.1. Der unbezahlte Bereich ist Gegenstand dieses Kapitels und umfasst neben unbezahlter Pflege auch alle anderen Tätigkeiten der täglichen Versorgung von Personen, Familien, Haushalten und der ehrenamtlichen Betreuung in Nachbarschaften und Kommunen.

Veränderungen von Praktiken und Routinen im Hinblick auf klimafreundliches Handeln erfordern, dass Menschen bereit sind, diese Veränderungen zu akzeptieren. Klimafreundliche Sorgearbeit setzt voraus, dass sich Menschen anders als gewohnt organisieren und aufgrund geänderter Zeitverwendung einen niedrigeren Ressourcenverbrauch und positive Klimawirkungen erzielen. Gerechtigkeits- und Bewertungsfragen von bezahlter und unbezahlter Arbeit und zur Übernahme von individuell und gesellschaftlich notwendigen Versorgungsleistungen müssen thematisiert werden. Strukturelle Änderungen bei geschlechtsspezifischer Arbeitsteilung sind dafür genauso zu überlegen wie Angebote von Dienstleistungen (Services) und die Bereitstellung von unterstützender und fördernder Infrastruktur.

8.2 Status quo – Klimaherausforderungen

In den letzten 50 Jahren haben Frauen in allen OECD-Ländern ihre unbezahlte Arbeitszeit verringert und ihre bezahlte Arbeitszeit erhöht. Männer leisten seither mehr Hausarbeit und Kinderbetreuung, dennoch sind die Ungleichheiten zwischen den Geschlechtern bei der Zeitnutzung in allen Ländern immer noch groß (siehe Abb. 8.2). So auch in Österreich, wo die Zahlen aus der bisher letzten Zeitverwendungserhebung in 2008/09 (Statistik Austria 2009) zeigen: Im Durchschnitt wendeten Frauen täglich 47 Minuten, Männer 21 Minuten für unbezahlte Sorgearbeit für Familienmitglieder auf. Frauen übernahmen 170 Minuten Routinehaushaltstätigkeiten, Männer 79 Minuten. Frauen verbringen im Schnitt täglich 101 Minuten, Männer 117 Minuten vor dem Fernseher oder Radio. Für Sport haben Frauen 30, Männer 34 Minuten zur Verfügung. Frauen schlafen durchschnittlich 501, Männer 496 Minuten (OECD, 2014).

Die Summe der notwendigen Zeit, die für die materielle Existenzsicherung im Sinne von Erwerbsarbeit aufgewendet werden muss, und der für die unbezahlte Sorgearbeit notwendigen Zeit bestimmt das Ausmaß an Zeitknappheit oder Zeitwohlstand. Wie viel Zeit für Existenzsicherung und Sorgearbeit notwendig ist, unterscheidet sich nach Einkommen und Lebensstil und den davon beeinflussten Entscheidungen zur Aufteilung von bezahlter und unbezahlter Sorgearbeit. Bei Zeitwohlstand geht es nicht nur um die verfügbare Zeit, sondern auch um genügend Zeit pro Zeitverwendung (Tempo), ausreichende Planbarkeit, zufriedenstellende Abstimmung unterschiedlicher zeitlicher Anforderungen (Synchronisierung) und selbstbestimmte Bedingungen (Zeitsouveränität) (Geiger et al., 2021; von Jorck et al., 2019). Für all diese Tätigkeiten sind meist auch Wege- und Pendelzeiten notwendig [zu deren Klimawirksamkeit siehe Kap. 6 Mobilität].

Die Zeit, die für Sorge aufgewendet wird, ist wiederum zu unterscheiden in Zeit für die persönliche Reproduktion (Schlafen, Essen, Körperpflege) und Zeit für die Fürsorge und Versorgung anderer Menschen. Die persönliche Reproduktion kann nicht unter ein Minimum komprimiert oder ersetzt werden. Für notwendige Tätigkeiten wie Essen oder Körperpflege braucht es entsprechend emissionsarme Alternativen. Fürsorge für und die Versorgung anderer Menschen können auch durch die Bereitstellung von Dienstleistungen aus der Daseinsvorsorge verändert werden. Damit kann möglicherweise Zeit eingespart werden, die eventuell klimafreundlicher verwendet werden kann. Die Klimawirkung von bereitgestellten Dienstleistungen muss jedenfalls analysiert werden. Weitere Forschung zu den Klimawirkungen geänderter struktureller Rahmenbedingungen (Arbeitsteilung, Bewertung von Arbeit, Arbeitszeit, Grundsicherung, Daseinsvorsorge, zivilgesellschaftliches Engagement) ist daher notwendig.

8.2.1 Selbstfürsorge – persönliche Reproduktion

Tätigkeiten für die persönliche Reproduktion (Schlafen, Essen, Körperpflege) können nicht an Dritte delegiert oder durch Dienstleistungen oder Produkte ersetzt werden. Die Klimawirkung der dafür benötigten Unterstützungsleistungen und Produkte muss analysiert werden. Die Zeit für die persönliche Reproduktion kann nicht ohne nachteilige Auswirkungen auf die Einzelnen über einen längeren Zeitraum unter ein bestimmtes Maß komprimiert werden und bestimmt damit die Zeit, die für andere Aktivitäten zur Verfügung steht.

Die Emissionsintensität dieser Tätigkeiten entsteht durch den direkten und indirekten Energie- und Materialverbrauch des dabei anfallenden Konsums, mit starken Querverbindungen zu Wohnen und Ernährung (Smetschka et al., 2019).

	Care for household members		Routine housework		TV or radio at home		Sports		Sleeping	
Canada (2010)	44	21	133	83	99	123	21	32	507	493
Finland (2009 - 10)	31	13	137	91	111	147	30	37	514	507
France (2009)	35	15	158	98	103	124	24	37	513	506
Italy (2008 - 09)	23	10	204	57	106	123	25	37	526	520
Japan (2011)	26	07	199	24	140	127	14	17	456	472
Korea (2009)	48	10	138	21	120	125	23	31	462	461
Mexico (2009)	53	15	280	75	71	86	08	15	488	496
New Zealand (2009 - 10)	44	16	142	76	118	132	15	19	529	522
Spain (2009 - 10)	42	20	127	76	139	166	12	24	514	510
United States (2010)	41	19	126	82	136	152	12	25	522	509
OECD 26	40	16	168	74	112	133	18	26	505	496

Abb. 8.2 OECD-Vergleich der Verteilung von unbezahlter Sorgearbeit, persönlicher Reproduktion und Freizeit („Balancing paid work, unpaid work and leisure"). (OECD, 2014)

Abb. 8.3 Persönliche Reproduktion nach Stunden pro Tag und Kilogramm CO_2-Äquivalent pro Tag für das Jahr 2010 und den österreichischen Durchschnitt. (Eigene Darstellung nach Smetschka et al. (2019))

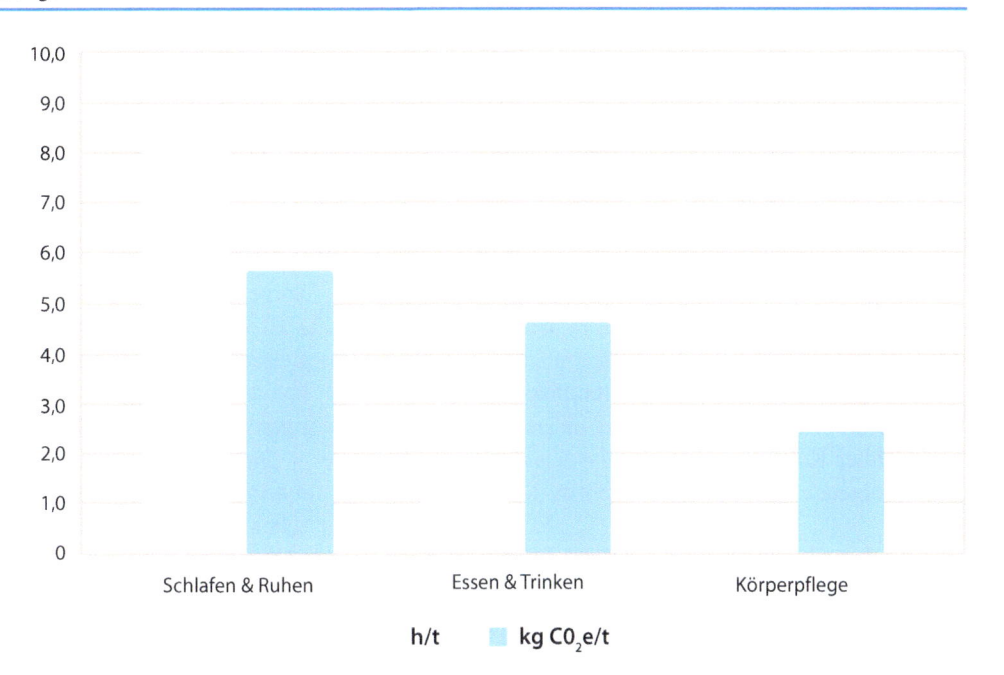

Die Konsumgüter, die für diese Alltagshandlungen notwendig sind, werden hier nach Ausmaß ihres CO_2-Fußabdruckes gereiht:

- Heizen/Kühlen/Warmwasser [siehe auch Kap. 4 Wohnen]
- Ernährung [siehe auch Kap. 5 Ernährung]
- Möbel/Ausstattung [siehe auch Kap. 9 Freizeit]
- Kleidung [siehe auch Kap. 9 Freizeit]
- Kosmetik- und Hygieneprodukte [siehe auch Kap. 9 Freizeit]

Die Zuordnung von Emissionen zu Tätigkeiten der persönlichen Reproduktion (Abb. 8.3) zeigt, dass wir einen hohen Anteil unserer täglichen 24 Stunden für die Reproduktion unserer Person aufwenden. Der Vergleich mit dem Anteil am CO_2-Fußabdruck zeigt, dass nur Schlafen einen geringeren Emissionsanteil als zeitlichen Anteil hat, obwohl auch dafür die Emissionen des Wohnens (inklusive Heizen) mitgerechnet werden. Da ein klimafreundliches Leben aber nicht nur aus mehr Schlafen und Ruhen bestehen kann, gilt es für die anderen Tätigkeiten klimafreundlichere Alternativen zu finden (Smetschka et al., 2019).

Für den CO_2-Fußabdruck dieser Tätigkeiten ist die Menge des Konsums an Produkten und Dienstleistungen relevant, welche dafür verwendet werden, gefolgt von der Zusammensetzung des Konsumprofils (Smetschka et al., 2019; Wiedenhofer et al., 2018). Es kommt also darauf an, wie energie- und emissionsintensiv die (globale) Produktion der konsumierten Güter und Dienstleistungen ist [siehe auch Kap. 15 Globalisierung]. Nach internationalen Studien sind die wichtigsten Einflussfaktoren für die Kohlenstoffintensität der Aktivitäten in dieser Kategorie auf der Nachfrageseite das Einkommen, die Wohnfläche pro Kopf, die Anzahl der Personen im Haushalt, die sich Wohnfläche und Haushaltsgeräte teilen, und die Klimazone (Ala-Mantila et al., 2016; Ivanova et al., 2017; Ivanova & Büchs, 2020; Lenzen et al., 2006; Muñoz et al., 2020; Underwood & Zahran, 2015). Weiters spielt der Grad des Parallelkonsums, z. B. die Nutzung von Zweitwohnungen (Heinonen et al., 2013a) eine Rolle [siehe auch Kap. 4 Wohnen]. Der Zeitpunkt, zu dem Energie für Sorgearbeit benötigt wird, trägt zu täglichen Spitzenauslastungen beim Stromverbrauch bei und ist bei Energieeinsparungen und beim Umstieg auf erneuerbare Energien zu berücksichtigen.

Einen Unterschied machen die in Wohnungen verfügbare Heiz- und Kühltechnologie (Art der Bereitstellung, Zeitpunkt der Dienstleistungen) und die routinisierte und soziokulturell als „normal" empfundene Raumtemperatur (6 Prozent weniger Energiebedarf je Grad Heizung) (Eon et al., 2018; Wolff et al., 2017). Auch andere Entwicklungen, wie z. B. Änderungen der Waschroutinen oder ausgeklügelte Technik in Badezimmern (Shove et al., 2009), tragen zu einem höheren CO_2-Fußabdruck bei.

8.2.2 Sorge für andere – unbezahlte Sorgearbeit als Reproduktion von Haushalt und Familie

Die meisten Menschen wenden einen bestimmten Teil ihrer Zeit auf, um ihren Haushalt und andere Personen, bei denen es sich meist um Familienangehörige in ihrem Haushalt und außerhalb davon handelt, zu versorgen. Außerhäusliche Dienstleistungen und Produkte (z. B. Zubereitung von Mahlzeiten, Reinigung, Betreuung von Kindern, kranken und alten Menschen) können viele dieser Tätigkeiten ersetzen, sofern sie dem Dritt-Personen-Kriterium unterliegen, also von einer dritten Person ausgeführt werden können (Hawrylshyn, 1977; Hill, 1979; Reid, 1934). Trotz technologischen Wandels und Auslagerung ist unbezahlte Haus- und Sorgearbeit immer noch eine relevante Tätigkeit, hat sich doch die dafür aufgebrachte Zeit in den letzten 30 Jahren nicht maßgeblich verändert (Grisold & Mader, 2013). Dies wird vor allem auf die Lebensnotwendigkeit, den Beziehungsaspekt und Nicht- bzw. schwere Rationalisierbarkeit der Tätigkeiten zurückgeführt [siehe auch Kap. 14 Wirtschaft: Güter und Dienstleistungen und Kap. 2, Teilkapitel zu „Sozioökologische Sorgebeziehungen" und „Anthropozän"].

Sorgearbeit – unabhängig davon, ob sie im bezahlten oder unbezahlten Kontext geleistet wird – zeichnet sich vor allem durch folgende Spezifika aus (Madörin, 2006):

- Die Beziehung zwischen der Sorgearbeit leistenden Person und der Person, an und mit der die Sorgearbeit geleistet wird, sowie ihre Kommunikation sind Teil der Qualität der Arbeitsleistung (Subjekt-Subjekt-Verhältnis). Emotionen und zwischenmenschliche Beziehungen sind Teil der Care-Tätigkeiten sowie Teil der Qualität und der tatsächlichen Leistung.
- Die in marktwirtschaftlichen Theorien vorgesehene Trennung zwischen Produkt, Produzent_in und Bezieher_in des Produkts respektive der Leistung ist schwierig.
- Wann wie viel Sorgearbeit anfällt, ist nur zum Teil vorhersehbar und planbar. Der Bedarf muss laufend neu beurteilt werden, die Aufteilbarkeit von zeitlichen Abläufen ist begrenzt und deren plan- und bewertbare Komplexität schwierig.
- Durch die direkte Leistung der Sorgearbeit an und mit der Person müssen beide Personen am selben Ort sein. Der Ort der Sorgearbeit ist nicht oder nur schwer verlagerbar, daher gibt es starke Querverbindungen zu Mobilität und Wohnen und den Emissionen aus diesen Bereichen.
- Produktivitätssteigerungen von Sorgearbeit und die Idee der Effizienzsteigerung sind nur bedingt möglich; sie können – je nach Perspektive – zu eingesparter Zeit führen und damit eventuell einen Zugewinn an Lebensqualität bringen oder zu Qualitätsverlust führen, weil persönliche Interaktion netto reduziert wird.
- Eine zu umfassende Substitution des Produktionsfaktors Arbeit durch Kapital – Technik – kann zu Qualitätseinbußen führen und das „Sorgen" auf reine Versorgung reduzieren.
- Geschlechterverhältnisse sind Machtverhältnisse, die sich bei Sorgearbeit besonders in der geschlechtshierarchischen Arbeitsteilung bei der unbezahlten Sorgearbeit in den Haushalten zeigen und die in der Erwerbsarbeit fortwirken.
- Menschliches Leben ist zumindest phasenweise an Sorgearbeit gebunden, die meisten Menschen sind zeitweilig abhängig von anderen und verantwortlich für andere.

Die Sorgearbeit wird ergänzt um die Organisation von Sorge und psychische Sorgetätigkeiten. Diese als „mental load" bezeichnete Summe der Last der alltäglichen Verantwortung für Haushalt und Familie, die Beziehungspflege sowie das Auffangen persönlicher Bedürfnisse und Befindlichkeiten wird gemeinhin als „nicht der Rede wert" erachtet und ist weitgehend unsichtbar – noch unsichtbarer als die unbezahlte Sorgearbeit (Chung, 2020). Dies findet auch disloziert statt, z. B. in transnationalen Care-Beziehungen von 24-Stunden-Betreuer_innen in Österreich, aber auch Migrant_innen, die hier leben und für ihre in anderen Ländern lebenden Angehörigen Sorge tragen (Soom Ammann et al., 2013).

Das Thema „unbezahlte Arbeit" steht seit den 1960er Jahren im Fokus der Frauenforschung und feministischen Forschung; seit rund dreißig Jahren thematisiert die Forschung unbezahlte Arbeit als Teil der Produktion von Wohlfahrt und Lebensstandard. Im Zentrum steht die Unsichtbarkeit der unbezahlten (Frauen-)Arbeit sowie die Besonderheiten und Charakteristika dieser Tätigkeiten, die damit verbundene „weibliche Sozialisation und die Frage, wie es dazu kommt, dass Frauen so viel mehr Arbeit unbezahlt verrichten als Männer" (Madörin, 2010, S. 81). Seit den 1990er Jahren sehen wir eine verstärkte Beschäftigung mit „Care" und „Care-Arbeit", also Sorge bzw. Sorgearbeit.

„Caring" ist als Prozess mit vier Phasen zu verstehen: „Caring about, taking care of, caregiving, and care-receiving" (Tronto & Fisher, 1990, S. 40). „Caring about" bedeutet, auf die (Um-)Welt Wert zu legen und sich bewusst zu sein, dass sie Pflege und Wiederherstellung bedarf. „Taking care of" bezeichnet das Übernehmen von Verantwortung für Aktivitäten, die diese Pflege und Wiederherstellung ermöglichen. „Caregiving" sind die konkreten Tätigkeiten und Aktivitäten der Pflege und Wiederherstellung, „the hands-on work of maintenance and repair". „Care-receiving" ist Reaktion bzw. Resonanz des- oder derjenigen, an denen bzw. mit denen das „caregiving" verrichtet wird bzw. die davon profitieren. „Caring" ist hier vorrangig bezogen auf Menschen. Die vier Caring-Phasen können von einer Person ausgeführt werden oder zwischen mehreren verteilt werden, „to make matters more complex, caring is also a practice involving certain ability factors, specific preconditions of caring activities. The most important of these ability factors are time, material resources, knowledge and skill" (Tronto & Fisher, 1990, S. 41).

Die Verschiebung des Forschungsschwerpunktes der feministischen Ökonomie von unbezahlter Arbeit zu „Care" und „Care-Arbeit" reflektiert eine veränderte Schwerpunktsetzung innerhalb der feministischen Theorie im Allgemeinen hin zu einer verstärkten Auseinandersetzung mittels der Analysekategorie Gender, den sozial konstruierten geschlechtsspezifischen Rollenzuschreibungen und Erwartungen, die das Leben von Frauen und Männern wesentlich strukturieren. Es geht nicht mehr nur um die „Frauenarbeit", sondern umfassender um die Geschlechterverhältnisse. Für

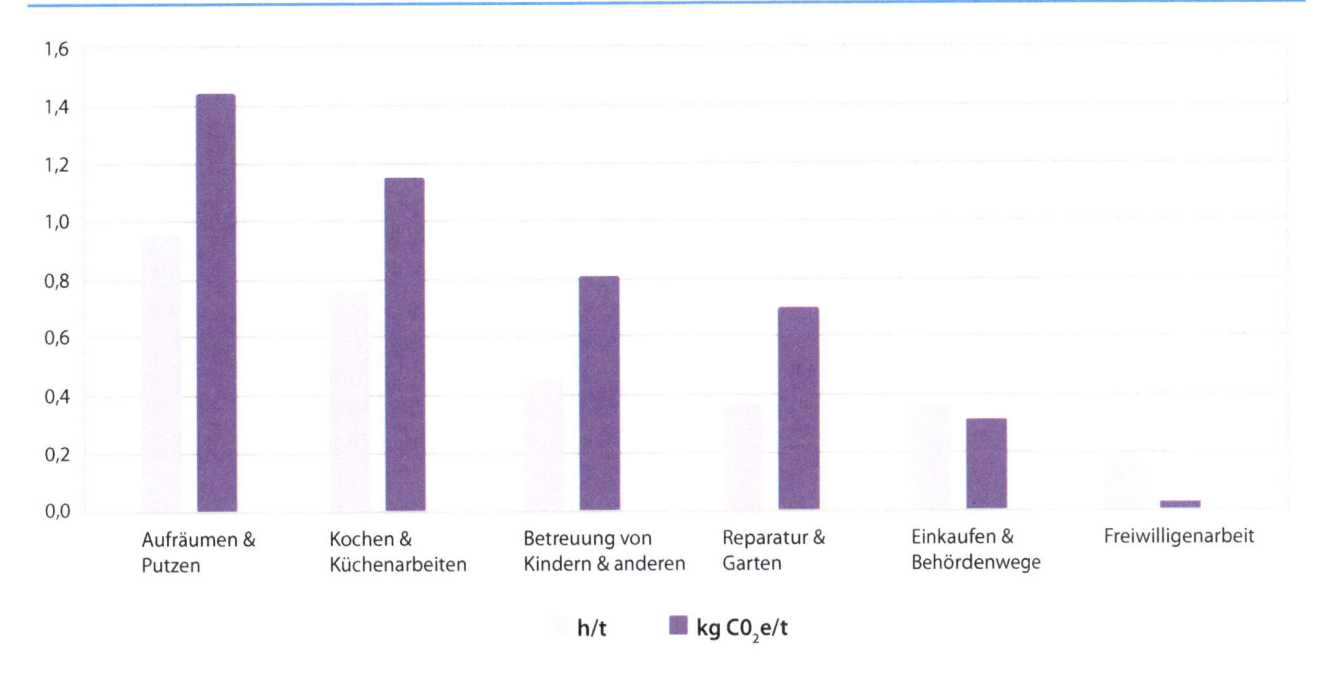

Abb. 8.4 Haushaltsaktivitäten nach Stunden pro Tag und Kilogramm CO_2-Äquivalent pro Tag, ohne Emissionen der Mobilität, für das Jahr 2010 und den österreichischen Durchschnitt. (Eigene Darstellung nach Smetschka et al. (2019))

diese „ist nicht nur charakteristisch, dass Frauen wesentlich mehr unbezahlte Arbeit verrichten als Männer und Männer wesentlich mehr und vergleichsweise besser bezahlte Arbeit als Frauen. Außerdem besteht eine ausgeprägte Asymmetrie darin, welchen Tätigkeiten Frauen und Männer sowohl unbezahlt als auch bezahlt nachgehen. Ob bezahlt oder unbezahlt, Frauen sind vor allem im Bereich der personenbezogenen Dienstleistungen tätig, zu der die Care-Arbeit gehört" (Madörin, 2010, S. 82, Fußnote 3).

Unbezahlte Sorgearbeit wurde im Zuge des Entwicklungsprozesses der Moderne insgesamt als reproduktiv abgewertet und als „natürliche" Tätigkeit den Frauen zugewiesen (Biesecker & Hofmeister, 2006; Rulffes, 2021; Werlhof et al., 1988) [Vergleich Kap. 2 und 27]. Die Abwertung der Frau und der Natur durch die modernen kapitalistischen Gesellschaften wird in der Forschung zu Vorsorgendem Wirtschaften und zu sozial-ökologischen Naturverhältnissen als gleich ursächlich beschrieben und kann nur zusammen aufgelöst werden (Wege Vorsorgenden Wirtschaftens 2014, Becker & Jahn, 2006). Unbezahlte Arbeiten mit emotionalen Beziehungsaspekten (also mit Aspekten von „care" und „caring") werden dabei am wenigsten als Arbeit wahrgenommen, vor allem wenn sie an Erwerbsarbeit gemessen werden: „The availability of market substitutes and the use of domestic technology that resulted in those activities most easily recognized as work taking a decreasing amount of household time, have not continued to produce a decline in the total time domestic life demands. The caring aspects of domestic life, which are less easily recognized as work and therefore their calls on domestic time are less apparent, continue to need as much if not more attention than they ever did." (Himmelweit, 2000)

Die durchschnittliche Emissionsintensität dieser Tätigkeiten (siehe Abb. 8.4) durch den dafür notwendigen Energie- und Materialverbrauch wurde auf Basis der Zeitverwendungserhebung, der Konsumerhebung in Österreich 2009 (Statistik Austria, 2009, 2011) und einem globalen, emissionserweiterten multiregionalen Input-Output-Modell berechnet (Smetschka et al., 2019). Die Werte entsprechen den Ergebnissen von vergleichbaren Studien in UK und Finnland (Druckman et al., 2012; Jalas, 2002). Die Größe von Wohnraum, Lebensstil und Einkommen beeinflussen, wie viele Geräte, Produkte und wie viel Energie wir zur Instandhaltung brauchen (Wiedenhofer et al., 2018) [siehe auch Kap. 4 Wohnen]. Der Zeitaufwand für notwendige Wege verstärkt oder vermindert Zeitdruck und beeinflusst die Möglichkeit, mehr Zeit mit emissionsärmeren Tätigkeiten zu verbringen (beispielsweise Handarbeit statt Maschinenarbeit) (Buhl et al. 2017) [siehe auch Kap. 6 Mobilität und Kap. 9 Freizeit sowie zu Kap. 14 Wirtschaft: Güter und Dienstleistungen].

Die Emissionen von bezahlten Sorgeleistungen (Care-Arrangements) sind Thema im Kap. 7 Erwerbsarbeit.

Es besteht noch großer Forschungsbedarf, wie sich Emissionsintensitäten von Tätigkeiten für verschiedene sozioökonomische Gruppen und Lebensumstände unterscheiden, da bisher in der Literatur nur nationale Durchschnitte oder spezifische Bereiche untersucht wurden.

Die CO_2-Emissionen in Küche und Haushalt haben sich in den letzten Jahrzehnten aufgrund der Verfügbarkeit neuer Technologien (z. B. Geschirrspüler, Waschmaschinen, Haushaltsroboter) (Shove, 2003) und parallel zu den wachsenden Beschäftigungsquoten von Frauen in den westlichen Industrieländern erheblich erhöht. Energiesparende Geräte und

Nutzung von Dienstleistungen statt Besitz (nutzen statt kaufen) können diesen Effekt wieder verringern (Überblick für Österreich in Vollmann et al., 2021). Einkauf und Zubereitung von Essen wird zumindest in Ballungsräumen mehr und mehr von Fertigprodukten und Lieferdiensten geprägt. Die Klimawirkungen von neuen Routinen müssen noch systematisch untersucht werden [siehe auch Kap. 5 Ernährung und Kap. 9 Freizeit]. Wenn Tätigkeiten ausgelagert werden, führt dies entweder zu einem höheren CO_2-Fußabdruck oder aber zu einem geteilten Fußabdruck durch gemeinsame Nutzung. Die Auslagerung ist abhängig von der Verfügbarkeit öffentlicher Dienstleistungen (z. B. Pflege- und Bildungseinrichtungen; Lieferdienste). Der Begriff Zeit-Rebound-Effekt verweist darauf, dass Zeiteinsparungen nicht automatisch zu Ressourceneinsparungen führen müssen [siehe auch Abschn. 9.1]. In welchem Ausmaß eingesparte Zeit zu tatsächlichen Ressourcenentlastungen führt, hängt u. a. auch vom Einkommen, Parallelkonsum und Lebensstilen ab (Heinonen et al., 2013b, 2013c; Ropke, 1999).

Die COVID-19-Pandemie hat in diesem Zusammenhang – vor allem durch Schul- und Kindergartenschließungen – eine massive Erhöhung der in Privathaushalten notwendigen unbezahlten Arbeiten gebracht (Farré et al., 2020; Fodor et al., 2021; Hupkau & Petrongolo, 2020; Jenkins & Smith, 2021; Jessen et al., 2021; Derndorfer et al., 2021; Richardson & Deniss, 2020; Sevilla & Smith, 2020; Xue & McMunn, 2021; Yerkes et al., 2020). Forschungen zu den Auswirkungen auf den CO_2-Fußabdruck fehlen bislang weitgehend (Gerold & Geiger, 2020; Godin & Langlois, 2021).

Notwendige Sorgearbeit führt aufgrund ihrer geschlechtsspezifischen Zuschreibung vor allem für Frauen zu einer individuellen Zeitknappheit. Ihnen fehlt damit Zeit für andere Aktivitäten – Erwerbsarbeit, Freizeit oder ehrenamtliche Tätigkeiten – und bestimmte Konsumentscheidungen (Marktgüter anstelle von Heimproduktion, zeitsparendere elektrische Einrichtungen, Fertiggerichte usw.). Die individuelle Zeitknappheit oder Zeitsouveränität unterscheidet sich nicht nur nach dem Geschlecht, sondern es spielt auch eine Rolle, ob qualitätsvolle Angebote an bezahlter Sorgearbeit leistbar sind (Derndorfer et al., 2021). Zeitwohlstand und Zeitknappheit prägen die Muster des täglichen Lebens oft ebenso stark wie verfügbares Einkommen (Adam, 1998; Reisch, 2015; Rinderspacher, 2002; Southerton & Tomlinson, 2005; Sullivan & Gershuny, 2018; von Jorck & Geiger, 2020).

8.2.3 Sorge für das Gemeinwohl – Ehrenamt und gesellschaftliches Engagement als Reproduktion von Gesellschaft

Gesellschaftliches Engagement in Form von Freiwilligenarbeit ist relativ hoch in Österreich. Fast die Hälfte der Bevölkerung (46 Prozent) betätigt sich unbezahlt, 31 Prozent leisten formelle Freiwilligenarbeit im Rahmen von Nonprofit-Organisationen (BMSGPK, 2019). Eine Mehrheit der österreichischen NPOs arbeitet ausschließlich mit ehrenamtlichen Mitarbeiter_innen (Neumayr et al., 2017). Die wichtigsten Tätigkeitsbereiche von Freiwilligenarbeit sind Kultur, Katastrophenhilfe und Sport (Pennerstorfer et al., 2013).

Die Beteiligung an ehrenamtlicher Arbeit hängt von Geschlecht, Wohlstand, Bildung und sozialen Netzwerken ab, wobei das Ausmaß, in dem soziale Ungleichheit die Freiwilligenarbeit beeinflusst, in einzelnen Bereichen unterschiedlich ist: In den Bereichen Sport und Politik spielt der berufliche Status eine große Rolle, während in den Bereichen Religion und Soziales der Bildungsstatus wichtiger ist (Meyer & Rameder, 2021).

Freiwilliges Engagement hat sich in den letzten Jahren verändert. Quantitative Änderungen der Freiwilligenarbeit in Österreich lassen sich mangels Längsschnitterhebungen sowie methodischer Unterschiede bisheriger Befragungen (Badelt & Hollerweger, 2001; BMASK, 2013; Rameder & More-Hollerweger, 2009) empirisch nicht abgesichert ableiten.

In qualitativer Hinsicht wurde die Freiwilligenarbeit in den letzten beiden Jahrzenten von gesellschaftlichen Entwicklungen wie Individualisierung, Flexibilisierung und Technologisierung geprägt. Traditionelle Formen der Freiwilligenarbeit und klassische „Ehrenämter" sind rückläufig (More-Hollerweger & Heimgartner, 2009). Freiwilliges Engagement ist vielfältiger geworden, projektförmiger, weniger stabil und es wird verstärkt in Zusammenhang mit persönlichen oder beruflichen Entwicklungszielen gesehen. Neue Formen wie episodisches, virtuelles und selbstorganisiertes Volunteering werden in Zukunft vermutlich an Bedeutung gewinnen (Simsa et al., 2019).

Auch zeigt sich ein Motiv- und Wertewandel. Als Motiv für Freiwilligenarbeit wird bei Erhebungen der eigenorientierte „Spaß an der Tätigkeit" zunehmend am häufigsten genannt, gefolgt vom eher altruistischen Wunsch „anderen zu helfen" und dem Bedürfnis nach Sozialkontakten, also „Menschen zu treffen", „Freunde zu gewinnen" und „gemeinsam etwas zu bewegen" (BMASK, 2009; Gensicke & Geiss, 2010; Stadelmann-Steffen, 2010). Die Bedeutung des Engagements für die individuelle Lebensqualität und die eigene Biografie werden stärker wahrgenommen.

Die Freiwilligenarbeit hat sich während der COVID-19-Pandemie stark verändert. Viele Tätigkeiten waren aufgrund der Kontaktbeschränkungen nicht möglich. Formelle Freiwilligenarbeit im Rahmen von NPOs ging daher eher zurück (Millner et al., 2020; Ramos et al., 2020). Allerdings hat bis Mitte 2020 informelle Freiwilligenarbeit in Form von Nachbarschaftshilfe zugenommen (Ramos et al., 2020). Mit Verlauf der Pandemie ging dieses Engagement wieder zurück. Quantitative Erhebungen zeigen eine Tendenz der Entsolidarisierung der Gesellschaft mit zunehmendem Verlauf der Pandemie (Kittel, 2020). Die Klimabewegung selbst hatte –

qualitativen Befunden zufolge – während der Pandemie zunehmende Probleme der Mobilisierung (Simsa et al., 2021).

Die Emissionsintensität von Ehrenamt und gesellschaftlichem Engagement hängt von den Institutionen und Orten, an denen sie ausgeführt werden, ab. Der CO_2-Fußabdruck im Haushalt ist sehr gering (siehe Freiwilligenarbeit in Abb. 8.4).

8.3 Sorgegerechtigkeit für alle – Barrieren und Widersprüche

8.3.1 Widersprüche zwischen Geschlechtergerechtigkeit, einem guten Leben für alle und Klimazielen

Zu einer Reduktion der unbezahlten Sorgearbeit von Frauen kommt es meist durch Auslagerung in den bezahlten Bereich oder durch Automatisierung bzw. Technologisierung innerhalb der Haushalte und nicht durch eine Umverteilung zwischen den Geschlechtern im Haushalt. Der Zuwachs an Technologie nützt somit zwar den Sorgearbeit leistenden Frauen und damit der Geschlechtergerechtigkeit, bringt aber durch erhöhte Energie- und Materialbedarfe Widersprüche zu den Klimazielen mit sich.

Die Literatur zeigt keine einheitliche Bewertung zur Frage der unterschiedlichen Energie- und Materialbedarfe beim Kochen in Einzelhaushalten oder Kantinen bzw. Gemeinschaftsküchen (Duchin, 2005; Goggins & Rau, 2016). Sorge für medizinisch Pflegebedürftige benötigt mehr Ressourcen als die alltägliche Versorgung von Kindern und älteren Personen mit Unterstützungsbedarf. Letztere hängt ähnlich wie die Selbstsorge von Größe, Ausstattung und Energiebedarf des Wohnraums ab [siehe auch Kap. 4 Wohnen].

Geschlechtergerechtigkeit als Ziel ist um Sorgegerechtigkeit im Sinne von Gerechtigkeit für alle, die Sorgeverantwortung übernehmen, zu erweitern. Sorgegerechtigkeit betrifft nicht nur Frauen, sondern auch Männer und queere Personen, die für Kinder bzw. pflege- oder unterstützungsbedürftige Angehörige Verantwortung übernehmen (Scholz & Heilmann, 2019).

Gesellschaftlich notwendige Sorgearbeit kann auf vier Arten geleistet werden:

1. Unbezahlte Sorgearbeit wird von einem Teil der Menschen unbenannt und „unsichtbar" geleistet.
2. Sorgearbeit wird vom öffentlichen Sektor oder Markt übernommen.
3. Sorgearbeit wird gerecht verteilt und also solche benannt, sichtbar gemacht und besser bewertet.
4. Sorgearbeit wird ehrenamtlich von Freiwilligen geleistet.

Alle Varianten und die jeweiligen Mischformen von Sorgearrangements wirken – durchaus unterschiedlich – auf die Geschlechterverhältnisse und auf die Möglichkeit, ein klimafreundliches Leben zu führen. Wenn die Tätigkeiten im Haushalt bleiben, brauchen sie Zeit und verringern damit Zeit für andere Tätigkeiten. Wird unbezahlte Sorgearbeit an Betreuungsinstitutionen ausgelagert, wird sie Teil der bezahlten Wirtschaft und in der Volkswirtschaftliche Gesamtrechnung (VGR) und dem Bruttoinlandsprodukt (BIP) relevant. Die Arbeitsbedingungen in der bezahlten Sorgearbeit sind nicht erst seit der COVID-19-Pandemie in den Fokus gerückt. Schlechte Bezahlung und überfordernde Arbeitsbedingungen werden oft noch durch schwierige Bedingungen für Langzeit- und Langstrecken-Pendler_innen – siehe 24-Stunden-Betreuer_innen – oder für unsichtbare „schwarz" beschäftigte Personen verschärft (Aulenbacher et al., 2021; Dowling, 2021).

Die Widersprüche zwischen Geschlechtergerechtigkeit und Ressourceneinsparung finden sich auch in anderen Bereichen des Alltags (Appel, 2010). So hatten bis vor wenigen Jahrzehnten Frauen z. B. auch in den westlichen Industrieländern weniger Autos, weniger Geld und weniger Zeit für Konsum. Es geht hier um Fragen der Verallgemeinerung. Ähnlich zur Diskriminierung von anderen Gruppen wurde auch bei Frauen Emanzipation erreicht, indem Zugang zu jenen Dingen ermöglicht wurde, zu denen dominierende Gruppen bereits Zugang hatten und die zugleich sehr CO_2-intensiv waren. Es kann insofern von einer problematischen Verallgemeinerung gesprochen werden – nicht wegen der Verallgemeinerung an sich, sondern dem, was verallgemeinert wurde. Wäre umgekehrt die Sorgetätigkeit der Frauen auf alle verallgemeinert, könnte dies zu weniger negativen Klimawirkungen und höherer Geschlechtergerechtigkeit führen (Appel, 2010; Biesecker & Hofmeister, 2006) – eine Zukunftsvorstellung, die als „Halbtagsgesellschaft" beschrieben wird (Hartard et al., 2006). Es kommt also darauf an, was und warum verallgemeinert wird und inwiefern diese Verallgemeinerung zu besseren Lebensumständen für alle führt. Dort, wo sich Geschlechterunterschiede oder andere Ungleichheiten auflösen, werden Unterschiede nach Einkommen wirksam. Ungleichheiten müssen daher bei Überlegungen zu Strukturen eines klimafreundlichen Lebens thematisiert werden. Es geht dabei um die Frage nach der Berechtigung von Privilegien, die möglicherweise in Frage gestellt oder eingeschränkt werden müssen, um alle gleichermaßen teilhaben zu lassen (Knobloch, 2019). Beim Aufbau klimafreundlicher Strukturen muss darauf geachtet werden, keine weiteren Ungleichheiten aufzubauen und bestehende Ungleichheiten abzubauen (Klatzer & Seebacher, 2021).

8.3.2 Unsichtbarkeit von unbezahlter Sorgearbeit

Unbezahlte Sorgearbeit zeichnet sich vor allem durch ihre Unsichtbarkeit aus. Oftmals wird von der „anderen Ökonomie" (Donath, 2000) oder der „unsichtbaren Ökonomie" (van Staveren, 2005) gesprochen: „the care economy is a largely invisible economy in which people, in majority women, produce goods and services for the wellbeing of others and themselves, unpaid, and outside the realms of the market and the state. Care has therefore been referred to in economics as (a specific type of) unpaid labour, household labour, the reproductive sector, or as economic activity transacted through gifts and personal relationships, either voluntary or socially imposed." (van Staveren, 2005)

8.3.3 Geschlechtliche Arbeitsteilung – Zeitdilemma, Doppelbelastungen

Die moralische Wertung von unbezahlter familiärer Sorgearbeit verfestigt geschlechtliche Arbeitsteilung und trägt stark zur Mehrfachbelastung von Frauen als Mütter und Töchter bei. Entnaturalisierung, Entbiologisierung, Entstereotypisierung und Entmoralisierung von unbezahlter Sorgearbeit als Frauenarbeit sind notwendige Voraussetzung dafür, dass die strukturelle zeitliche Überlastung von Frauen verringert werden kann und sie damit im Alltag klimafreundlichere Entscheidungen treffen können (Badgett & Folbre 1999; Druckman et al., 2012; Ropke, 2015; Sullivan & Gershuny, 2018).

Allerdings ist es auch nicht möglich und wünschenswert, Sorgearbeit von Emotionen zu befreien. Es sollte viel stärker darum gehen, die Qualitäten, die mit familiärer Sorge verbunden werden, herauszuarbeiten (z. B. Eingehen auf individuelle Bedürfnisse oder Prozessorientierung), um diese auch in institutionellen Kontexten umsetzen zu können, ohne gleichzeitig deren Beschränkungen (Ausgeliefertsein in familiären Machtverhältnissen) zu übernehmen (Tronto, 2010). Neue Formen der Verteilung von Sorgearbeit und Erwerbsarbeit zwischen den Geschlechtern können gefördert werden. Zu klimafreundlichen oder emissionsintensiveren Entscheidungen aufgrund von zeitlichen Entlastungen besteht Forschungsbedarf. Es ist wichtig, in aktuellen Forschungsprojekten die Genderdimension zu analysieren (Bader et al., 2020).

8.3.4 Care-Krise und Gesellschaft der Langlebigkeit

Feministische Forschung spricht in den letzten Jahren dezidiert von einer „Care-Krise": „Angeblich nicht mehr finanzierbare Gesundheitssysteme im globalen Norden bzw. mangelnde Gesundheitsversorgung im globalen Süden, Mehrfachjobs, die Kinderversorgung nahezu verunmöglichen, und staatlich geduldete Schwarzarbeit im Pflegebereich sind nur einige Beispiele von vielen, die eine solche Krise bestätigen" (Klawatsch-Treitl, 2009, 149). Wichterich (2009) nennt eine solche Care-Krise die „Zweitrundeneffekte" von Wirtschaftskrisen: Sie geht davon aus, dass staatliche Sozialausgaben wegen der Verschuldung und private Ausgaben wegen sinkender Beschäftigung und Entlohnung zurückgehen werden. Das hat eine „neue Welle des Kleinhackens von Beschäftigung in Teilzeit-, Leih- und prekäre Arbeit" und Lohnabbau und Entlassungen durch „Abspecken des öffentlichen Sektors" zur Folge. Frauen und ihre Care-Tätigkeiten werden „als soziale Air Bags gefragt sein, die mit Mehrarbeit (Aslanbeigui & Summerfield, 2000; Benería, 2003, 2008; Klawatsch-Treitl, 2009; Thiessen, 2004; Wichterich, 2009; Young, 2003) im Haushalt Lohnkürzungen und Kündigung der Männer auffangen, mit zwei Mini-Jobs die eigene Entlassung ausgleichen, mit ehrenamtlicher Arbeit oder Selbsthilfe das Schrumpfen öffentlicher Leistungen abfedern" (Wichterich, 2009, S. 25). Auch Fraser (2016) legt dar, wie einerseits unbezahlte Care-Arbeit zur Kapitalakkumulation genutzt wird, während die Kapitalakkumulation gleichzeitig die Care-Arbeit unterminiert und so zu deren Krise führt (Fraser, 2016).

Es gibt viele Untersuchungen zu früheren Wirtschaftskrisen, insbesondere zu Krisen und den Folgen, die durch Strukturanpassungsprogramme (SAPs) in Ländern des Südens auftraten (Aslanbeigui & Summerfield, 2000; Benería, 2008, 2003; Young, 2003). Sie zeigen, dass vor allem Frauen als Erwerbstätige und Verantwortliche für die Familie, also als bezahlt und unbezahlt Sorgearbeit Leistende, besonders von der Krise betroffen sind. Auch deshalb, weil die doppelte Bedeutung von Sorgearbeit gleichzeitig die Achillesverse weiblicher Sorgearbeit ist: „Die Rücknahme öffentlicher Angebote in Zeiten knapper Kassen bedeutet einen doppelten Verlust: Verhinderung weiblicher Erwerbsintegration und Reduzierung von Frauenarbeitsplätzen" (Thiessen, 2004, S. 69).

Die demografische Entwicklung – auch als „alternde Gesellschaft" oder „Gesellschaft der Langlebigkeit" thematisiert – stellt eine große Herausforderung im Bereich der Sorgearbeit, aber auch bei Entwicklungen in der Mobilität (Dangschat, 2020) und im Gesundheitssektor (Balas et al., 2019) dar. Es sind unterschiedliche Entwicklungen denkbar, inwieweit eine Gesellschaft der Langlebigkeit tatsächlich mit dramatischen Anstiegen der ungedeckten Unterstützungsbedarfe verbunden sein muss oder durch verlängerte Phasen des „healthy ageing" Menschen länger ohne Unterstützungsbedarf älter werden und sogar selbst Care erbringen bringen können (Chłoń-Domińczak, 2021; Fonds Gesundes Österreich, 2018; Lundgren & Ljuslinder, 2011; Rerrich & et. al, 2013).

Zur Überwindung der Care-Krise fordert Winker (2015) eine „Care Revolution". Weiters wird gefordert, Sorgearbeit bei sozialen Sicherungssystemen stärker zu berücksichtigen (Seidl & Zahrnt, 2019) [siehe auch Kap. 18 Soziale Sicherungssysteme]. Ob und wie die Überwindung der Care-Krise zu einem klimafreundlichen Leben beitragen kann, wird im folgenden Abschnitt erörtert.

8.4 Klimafreundliche Optionen und veränderte Strukturen

8.4.1 Wie kann unbezahlte Sorgearbeit sichtbar und neu bewertet werden? Wie kann Sorgegerechtigkeit zu einem klimafreundlicheren Leben beitragen?

Überlegungen zu einer Gesellschaft, die Sorgearbeit aufwertet, können dazu beitragen, Sorgetätigkeiten mit ausreichend Zeit und damit auch klimafreundlicher zu gestalten, indem emissionsintensive Tätigkeiten durch emissionsarme ersetzt werden.

Nach Madörin (2006) kann Sorgegerechtigkeit auf folgende Arten erlangt werden: „1. durch technischen Fortschritt im Haushalt; 2. indem Männer einen Teil der unbezahlten Arbeit übernehmen; 3. indem gewisse Leistungen nicht mehr erbracht werden; 4. indem bisherige Haushalts-/Familienleistungen vom Staat übernommen werden; 5. indem bisherige Haushalts-/Familienleistungen vom Markt angeboten werden".

Als zivilgesellschaftlicher Beitrag zu mehr Sorgegerechtigkeit können aktuelle Initiativen zur Schaffung und Nutzung lokaler, gemeinschaftlich nutzbarer Infrastrukturen für Selbstversorgung und Reparatur gezählt werden (Jonas et al., 2021; Schor, 2016).

Im Folgenden stellen wir den möglichen Beitrag zur Sorgegerechtigkeit und Entlastung von Frauen je Option dar und wie die Klimawirksamkeit dieser Optionen einzuschätzen ist:

Ad 1: Klimafreundliche Sorgearrangements durch technischen Fortschritt

Technischer Fortschritt bedeutet häufig Arbeitseinsparung durch einen höheren Material- und Energiebedarf. Neuerungen, die bereits eingeführte technische Lösungen energieeffizienter machen, können dem entgegenwirken (Shove et al., 2009). Insgesamt ist Handarbeit emissionsärmer und zeitintensiver als Maschinenarbeit. Im Zusammenhang mit Sorgearbeit sind technische Lösungen oftmals nicht bzw. nur schwer möglich.

Ad 2: Klimafreundliche Sorgearrangements durch Arbeitszeitverkürzung und Veränderung von Geschlechterrollen

Arbeitszeitverkürzung und Veränderung von Geschlechterrollen können zu weniger Zeitdruck bei Frauen und weniger Geld bei Männern (durch weniger Zeit/Möglichkeit/steuerlichen Anreiz für bezahlte Erwerbsarbeit und Überstunden) führen.

Arbeitszeitverkürzungen werden als wichtige Maßnahme für eine nachhaltige Entwicklung breit diskutiert. Drei mögliche Dividenden der Arbeitszeitverkürzung wurden identifiziert: (1) Weniger zu arbeiten und weniger Einkommen zu haben, führt zu geringerem Konsum und damit zu einem kleineren CO_2-Fußabdruck; (2) die Zeit kann mit Aktivitäten verbracht werden, die der Lebenszufriedenheit zuträglich sind; (3) die Aufteilung der Arbeitszeit auf mehr Menschen und mehr Zeit für Gemeinschaftsaktivitäten führt zu mehr Gleichheit und sichereren und inklusiven Städten (Buhl & Acosta, 2016). Eine vierte Dividende wäre ein höherer Grad an Geschlechtergleichheit (Hartard et al., 2006).

Diese Dividenden werden kontrovers diskutiert. Die Form der Arbeitszeitverkürzung muss auf ihre sozialen Effekte hin untersucht werden (Hielscher & Hildebrandt, 1999). Die 4 Dividenden können nur dann eintreten, wenn Mindestlöhne ein angemessenes Einkommensniveau sichern, Arbeitsplätze zur Verfügung stehen (vorzugsweise in kurzer Pendelentfernung) und (Aus-)Bildung sowie Betreuungsdienste angeboten werden (Hayden, 1999; Knight et al., 2013; Nassen et al., 2009; Pullinger, 2014; Schor, 2005; Shao & Rodríguez-Labajos, 2016). Entsprechende Mechanismen für Lohnausgleich müssen daher auch in Hinblick auf mögliche Klimawirkungen und ihren Beitrag zu sozialer Gerechtigkeit diskutiert werden (Beispiele: Deutschland, Frankreich, Spanien, Finnland). Makroökonomische Feedbacks sind hoch relevant und kritisch dafür, wie klimafreundlich Arbeitszeitreduktion wirkt. Der Preis von Arbeit erzeugt Druck auf Innovation bzw. Einsparungen sowie Auslagerung bzw. Importen in bestimmten Bereichen. Arbeitszeitreduktion macht Arbeit erstmal teurer – die Klimawirkung muss daher auch je Erwerbssektor untersucht werden (Antal et al., 2020; Wiedenhofer et al., 2018).

Für Geschlechtergerechtigkeit braucht es zudem weitere Sensibilisierungsmaßnahmen – wie die Maßnahme „Ganze Männer machen halbe-halbe" zur Verteilung von unbezahlter Arbeit in Österreich aus dem Jahr 1995 von der damaligen Frauenministerin Helga Konrad. Im Rahmen des Forschungsprojekts „Selbstbestimmte Optionszeiten im Erwerbsverlauf" wurde für Deutschland ein Optionszeitmodell entwickelt. Forschende des Deutschen Jugendinstituts (DJI) und der Universität Bremen empfehlen damit, dass alle Menschen ein Recht auf eine etwa neunjährige Auszeit im Berufsleben bekommen, um Kinder zu betreuen, Menschen mit Betreuungsbedarf zu pflegen oder sich selbst fortzubilden (Jurczyk & Mückenberger, 2020). Für Österreich stellten die Arbeiterkammer und der ÖGB ein „Familienarbeitszeitmodell" vor, das die finanziellen Einbußen abfedern soll, wenn beide Elternteile nach der Karenz ihre Arbeitszeit auf 28 bis 32 Wochenstunden reduzieren bzw. erhöhen und diese

Teilzeit jeweils mindestens 4 Monate dauert (Mader & Reiff, 2021). Solche Modelle müssen weiterentwickelt und diskutiert werden, vor allem ist zu prüfen, inwieweit die Modelle die Bedeutung und das Ausmaß von Care-Arbeit angemessen reflektieren und zu einem klimafreundlicheren Leben beitragen können.

Weitere Forschung ist nötig, die prüft, inwieweit Rebound-Effekten, die aus einem Anstieg an Freizeitaktivitäten mit hohem CO_2-Fußabdruck entstehen, durch gerechtere Verteilung von Zeitbelastung und Einkommen entgegengewirkt werden kann.

Ad 3: Klimafreundliche Sorgearrangements durch reduzierte Leistungen

Diese lediglich als Denkmodell gedachte Option soll der Diskussion dienen und die Relevanz von Sorgearrangements aufzeigen: Welche Leistungen könnten von wem eingestellt werden? Was passiert dann mit unserer Gesellschaft?

Dazu folgende Beispiele: Wenn Mütter (bzw. zunehmend auch Väter) ihre Kinder am Nachmittag nicht zu verschiedenen Freizeitaktivitäten transportieren müssen, sondern es Ganztagesschulen mit entsprechendem Angebot für die Kinder gibt, erspart dies auch CO_2-Emissionen durch reduzierte Mobilität. Oder wenn Fenster nicht wie früher oft üblich wöchentlich, sondern nur zweimal jährlich geputzt werden, erspart dies Putzmittel und Energie für Warmwasser.

Die Klimawirkung kann nur daran gemessen werden, welche Tätigkeiten anstelle der reduzierten Leistungen ausgeübt werden. Umfragen verweisen darauf, dass viele Personen gerne mehr Zeit für Freund_innen und Familie verwenden möchten (Stadler & Mairhuber, 2017; Windisch & Ennser-Jedenastik, 2020). Im oben genannten Beispiel des reduzierten Fensterputzens wollten Bäuerinnen die Zeit für sich nutzen, zum Lesen oder Musik machen (Smetschka et al., 2016). Empirische Untersuchungen dazu stehen noch aus.

Ad 4: Klimafreundliche Sorgearrangements durch öffentliche Haushalts-/Familienleistungen

Bessere Betreuungsangebote haben positive Effekte auf Geschlechter- und Sorgegerechtigkeit. Die Klimawirksamkeit von besseren Betreuungsangeboten resultiert zuallererst aus weniger Zeitdruck bei den betreuenden Personen. Politische Anstrengungen können dazu führen, dass auch direkt CO_2-Emissionen gesenkt werden können, z. B. durch weniger Notwendigkeit, die Wohnräume dauerhaft zu beheizen oder durch kollektive und gemeinschaftlich genutzte Material- und Energieaufwände statt Einzelaufwänden.

Abb. 8.5 zeigt die Betreuungsmöglichkeiten für Kinder, Betreuungs- und Pflegebedürftige in Österreich, nach Alter und im EU-Vergleich. Österreich ist in beiden Care-Bereichen unter dem EU-Durchschnitt und braucht Ausbau der Betreuungseinrichtungen, Verbesserung der Arbeitsbedingungen und Unterstützung bei häuslicher Betreuung (Aigner & Lichtenberger, 2021). Besonders die De-facto-Schließungen von Schulen und Kindergärten im Zuge der COVID-19-Pandemie haben die Notwendigkeit öffentlich organisierter bezahlter Sorgearbeit sichtbar gemacht (Derndorfer et al., 2021).

Geringere vermeintliche Produktivitätsfortschritte verteuern Care-Arbeit gegenüber dem Produktionssektor. Weil die Gesamtausgaben für Care-Arbeit kontinuierlich steigen, geraten sie in den Fokus neoliberaler Sparpolitik (Winker, 2008, S. 51). Die Frage einer nachhaltigen Care-Ökonomie muss in diesem Zusammenhang diskutiert werden: Wie kann die Herausforderung steigender Staatsquoten progressiv bzw. emanzipatorisch und klimagerecht gelöst werden?

Ad 5: Klimafreundliche Sorgearrangements durch am Markt angebotene Haushalts-/Familienleistungen

Eine vollständige Übernahme von Leistungen durch den Markt würde in Form von Erwerbsarbeit erfolgen. Die Klimawirkungen von Erwerbsarbeit werden im Kap. 7 diskutiert. Zwischenformen bzw. hybride Formen von Sorgearbeit und Sorgearrangements müssen erst erforscht werden (Jochum et al., 2019). Die Forschung zur „Alltäglichen Lebensführung" betrachtet Sorgearbeit und Sorgearrangements nicht nur unter ökologischen, sondern unter sozialökologischen Perspektiven (Brandl & Hildebrandt, 2002). Da es kaum gesichertes Wissen zu ökologischen Wirkungen gibt, sind folgende Fragen zu untersuchen: Welche Potenziale für Klimawirkung und Sorgegerechtigkeit haben neue Arrangements von Sorgearbeit, die zwischen Familie und Markt geteilt werden? Wie unterscheiden sich diese von neuen Formen gemeinschaftlicher Infrastrukturen? Wie unterscheiden sie sich von öffentlichen Dienstleistungen? Wie sehen Beschäftigungsverhältnisse am Markt im Unterschied zum Staat aus? Wo ist Schwarzarbeit möglich oder häufig? Warum gibt es die Konstruktionen der Scheinselbstständigkeit bei 24-Stunden-Betreuer_innen? Unterscheidet sich die Höhe von Emissionen, wenn auf den Markt, auf Ehrenamt oder zum Staat ausgelagert wird?

Zu den Strukturen der Bereitstellung sozialer Dienstleistungen verweisen wir auf Kap. 18 Soziale Sicherungssysteme.

8.4.2 Wie kann gesellschaftliches Engagement breiter und inklusiver werden? Wie entwickelt sich gesellschaftliches Engagement für klimafreundliches Leben?

Freiwilligenarbeit kann wichtige gesellschaftliche Leistungen erbringen, aber es ist für eine Gesellschaft prekär, wenn

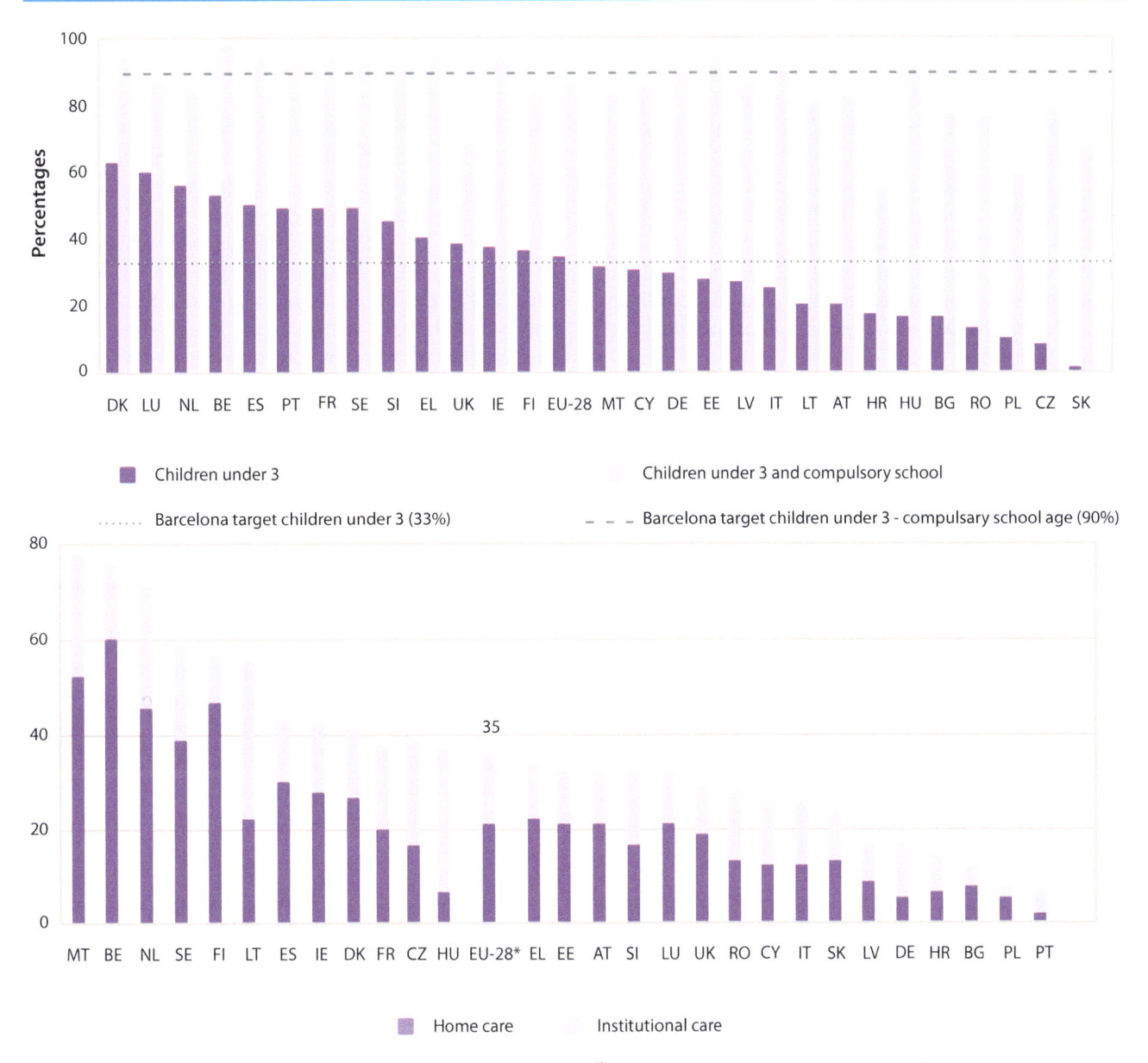

8.4 Klimafreundliche Optionen und veränderte Strukturen

Abb. 8.5 Betreuungsmöglichkeiten für Kinder und Pflegebedürftige in Österreich, nach Alter und im EU-Vergleich. (European Institute for Gender Equality, 2021)

staatliche Aufgaben der sozialen Absicherung, Integration, Bildung etc. dem Wollen und Können zivilgesellschaftlicher Akteur_innen überlassen werden (Simsa & Rameder, 2017). Es braucht eine sozialstaatliche Absicherung und Daseinsvorsorge als Basis für gemeinwohlorientierte Freiwilligenarbeit, für breitere Beteiligung und für eine Stärkung von Advocacy und politischer (Protest-)Arbeit.

Versteckte bzw. unfreiwillige Freiwilligenarbeit wird in der Literatur auch kritisch gesehen (Charitsis, 2016; Flecker et al., 2016; Ross, 2013). So wird diese Form der unbezahlten Arbeit z. B. in Zusammenhang mit „Prosumption" geleistet, in der Konsument_innen oder Nutzer_innen in den Prozess der Wertschöpfung einbezogen werden und zugunsten von Wirtschaftsorganisationen unbezahlte Arbeit leisten (Fraysse & O'Neil, 2015). Ein Graubereich zwischen Ausbildung und unbezahlter Arbeit sind Praktika (Eichmann & Saupe, 2011; Jacobson & Shade, 2018). Mikl-Horke (2007) bezeichnet sie als „Gratisarbeit für das System".

Freiwilligenarbeit wird eher von Menschen geleistet, die sozial bessergestellt und gut in soziale Netzwerke eingebunden sind (Rameder, 2015). Analog zur Erwerbsarbeit bestehen explizite wie implizite Zugangsbarrieren zu Freiwilligenarbeit, die an soziale und ökonomische Merkmale gekoppelt sind (Meyer & Rameder, 2021). Für das Engagement im Bereich Umwelt/Natur/Tierschutz, aber auch für Freiwilligenarbeit für politische Parteien spielen unter anderem Geschlecht, Bildungsgrad, Erwerbstätigkeit und finanzielle Absicherung eine wichtige Rolle. Um vor allem die Besetzung von Leitungspositionen in der organisierten Freiwilligenarbeit inklusiver zu machen, braucht es Weiterbildungsmaßnahmen, Initiativen in Bezug auf Freiwilligenmanagement sowie Freiwilligenbörsen mit speziellem Fokus auf Inklusion.

Für die Arbeitsbedingungen der formellen Freiwilligenarbeit ist die Situation von NPOs entscheidend. Da der öffentliche Sektor in den deutschsprachigen Ländern wichtigster Auftrag- und Geldgeber für NPOs ist, sind damit wohlfahrtsstaatliche Politik und das Verhältnis der öffentlichen Hand zu NPOs eine wesentliche Rahmenbedingung für Freiwilligenarbeit.

Mehr Zeit für gesellschaftliches Engagement begünstigt Gleichberechtigung und verstärkt Chancen für alle, an gesellschaftlicher Entwicklung zu partizipieren – Zeitwohlstand und partizipative Governancestrukturen führen dazu, dass Menschen mehr Zeit für Freiwilligenarbeit und Gemeinschaftsentwicklung aufwenden, mit weniger CO_2-Fußabdruck und nützlichen Ideen für eine nachhaltige Entwicklung (Haug, 2011; Schor, 2010). Auch eine andere Art der Vergesellschaftung von Sorgearbeit kann zu Inklusion und Nachhaltigkeit beitragen (Dengler & Lang, 2019; Zechner, 2021).

8.5 Fazit – Perspektiven für mehr Sorge- und Klimagerechtigkeit

Beschleunigung (Rosa, 2005) und Zeitdruck (Sullivan & Gershuny, 2018) sind besonders im Bereich der unbezahlten Sorgearbeit und Fürsorge bestimmend für Lebensqualität und Klimawirkungen von alltäglichen Handlungen (Schor, 2016; Shove et al., 2009). Zeitkulturen, z. B. auch der Umgang mit Tempo und Wartezeiten und die Bewertung von Kurz- oder Langlebigkeit von Produkten, werden als wichtige Faktoren für nachhaltige Ressourcennutzung gesehen (Rau, 2015). Sie sind auch bei Sorge- und Hausarbeit wichtige Faktoren. Ausreichend Zeit ist notwendig, um ein gesundes Leben mit Erholung, Bewegung und Sport führen zu können (Austrian Panel on Climate Change (APCC), 2018) [siehe auch Kap. 9 Freizeit]. Zeitwohlstand als immaterielle Form von Wohlstand trägt zu klimafreundlicheren Entscheidungen bei (Großer et al., 2020; Rinderspacher, 1985; Rosa et al., 2015). Die Klimawirkungen von Sorgearbeit werden in diesem Report auch in Kap. 2 und 18 Soziale Sicherungssysteme diskutiert.

Feministische Forschung beschäftigt sich verstärkt mit unbezahlter Care-Arbeit, auch im Zusammenhang mit dem Thema „Vorsorgendes Wirtschaften" (Biesecker, 2000; Biesecker & Hofmeister, 2006). In der neueren Debatte zu feministischen Postwachstumsideen wird auf die Notwendigkeit, die verschiedenen Stränge der feministischen und Degrowth-Ansätze zu verknüpfen, hingewiesen (Bauhardt, 2013; Dengler & Lang, 2019, 2022; Knobloch, 2019; Kuhl et al., 2011). Der Bedarf an einer feministischen Ergänzung zum Green New Deal wird in einigen Ländern wahrgenommen (z. B. Cohen & MacGregor, 2020). Gender-Budgeting-Ansätze gibt es auch in Österreich. Wenn sie das Ziel haben, öffentliche Ausgaben auf Geschlechter- und Klimagerechtigkeit hin zu untersuchen, eröffnet das Möglichkeiten, auch im Sorgebereich Emissionseinsparungen zu erreichen (Schalatek, 2012). Die Raum-, Stadt- und Verkehrsplanung muss Sorgearbeit ebenfalls mitdenken, um Emissionsminderungen zu ermöglichen. In einer „Stadt der kurzen Wege" sollen Quartiere so geplant werden, dass zwischen Wohnort und Kindergärten/Schulen, Einkaufs- und Erwerbsmöglichkeiten möglichst kurze Wege liegen, die zu Fuß oder mit dem Rad zurückgelegt werden können. Öffentliche Verkehrsmittel sollten sich stärker an den Zeiten und Bedarfen der Sorgearbeit ausrichten. Die feministische Forschung fordert eine Entwicklung weg von der autogerechten hin zur menschengerechten Stadt (Bauhardt, 1995) [siehe auch Kap. 6 Mobilität].

Neben Sorgearbeit gibt es auch weitere Tätigkeiten, die außerhalb der ökonomischen Betrachtung liegen. Ehrenamtliche Tätigkeiten, die dazu dienen, Gemeinschaft und Gesellschaft zu bilden und zu pflegen, aber auch alle Aktivitäten mit dem Ziel der Selbstversorgung sind Teil einer Sorge für Gesellschaft und Natur. Diese Tätigkeiten tragen zum Aufbau von Gemeinschaft, zur Produktion von Gütern und Dienstleistungen und möglicherweise zur Reduktion von negativen Klimawirkungen bei. So trägt beispielsweise der Trend zu eigener Gemüseproduktion (z. B. „urban gardening") als emissionsarme Produktion von Lebensmitteln dazu bei, CO_2-Emissionen zu verringern (Cleveland et al., 2017). Wenn für ehrenamtliche und alternative Aktivitäten zur Subsistenzsicherung Zeit aufgewendet wird, die dann nicht für Erwerbsarbeit und wirtschaftliche Produktion zur Verfügung steht, trägt das indirekt zu Emissionseinsparung und einem klimafreundlichen Leben bei. Zeitbanken zeigen z. B. eine Möglichkeit, Sorge- und Betreuungsarbeit und Erwerbsarbeit in Beziehung zu setzen und so sozial- und klimagerechtere Arbeitszeitkontingente zu schaffen (Bader et al., 2021; Schor, 2016).

Die Qualität von Sorgearbeit ist abhängig von Interaktion und damit von Zeit. Strukturelle Zwänge führen zu Zeitknappheit bzw. mangelnder Zeitsouveränität. Dies bedingt – sofern finanziell möglich – einen Konsum mit erhöhtem Ressourcen- und Energieverbrauch. Gleichzeitig wachsen mit höheren Einkommen auch die Ansprüche z. B. im Haushaltsbereich (Küchenausstattung, höhere Hygienenormen, steigende Wellness-Ansprüche). Klimafreundliche Zeitpolitik (Reisch & Bietz, 2014) und sorgegerechte Zeitpolitik (Heitkötter et al., 2009) fokussieren auf Zeit als Hebel für politische Gestaltung und verbinden die beiden Anliegen: Wenn Menschen mehr Zeit haben und Sorgearbeit gerechter (zwischen den Geschlechtern) verteilt wird, könnten sie klimafreundlicher handeln (Hartard et al., 2006; Rau, 2015; Schor, 2016).

Um dieses Argument zu verfolgen, bedarf es weitere Forschung zu Bedingungen von Konsum und zu Fragen der Lebensstile. Folgende Forschungsfragen sind zu untersuchen: Unter welchen Bedingungen nutzen Menschen Zeit für konsumfreie Praxis? Welche Bedingungen braucht es für die Bereitstellung klimafreundlicher Produkte und Dienstleistungen? Hier findet sich die Querverbindung zum Kap. 7 Erwerbsarbeit: Ausmaß und Bedingungen der Erwerbsarbeit haben einen starken Einfluss darauf, wie Sorgearbeit gestaltet wird und umgekehrt. Die Verteilung von bezahlter und unbezahlter Arbeit nach Geschlechterrollen und anderen Differenzen wie ethnische Zugehörigkeit, Migrationsstatus, Bildungsstand spielen ebenfalls eine wesentliche Rolle für die Entstehung von prekären Arbeitsverhältnissen und Gehaltsdifferenzen. Daraus resultierende prekäre Arbeitsverhältnisse und große Gehaltsdifferenzen verstärken gesellschaftliche Ungleichheit und Zeitdruck [siehe auch Kap. 7 Erwerbsarbeit].

Durch neue Dienstleistungen wie z. B. Liefer- und Onlinediensten, Arbeitsbedingungen (Homeoffice) und Angeboten der sharing economy ändert sich der Mix an unbezahlter/bezahlter Arbeit, Eigen-/Fremdleistung im Sorgebereich. [siehe auch Kap. 7 Erwerbsarbeit und Kap. 9 Freizeit]. Die Frage wie sich solche Änderungen auf den Ressourcenverbrauch und hinsichtlich der Klimafolgen der Sorgearbeit auswirken muss erst in bisherige Konzepte Eingang finden und erforscht werden.

Eine Zeitperspektive hilft dabei, sozial-ökologische Interaktionen zu analysieren und den Arbeitsbegriff neu zu definieren und zu erweitern (Biesecker et al., 2012; Biesecker & Hofmeister, 2006). Eine Neubewertung von verschiedenen Formen von Arbeit, bezahlt und unbezahlt, für Produktion und Reproduktion von den gesellschaftlichen Subsystemen Person, Haushalt, Wirtschaft und Gesellschaft führt zu mehr Geschlechtergerechtigkeit und einer vorsorgenden Gesellschaft. Eine besser verteilte Sorge für diese Subsysteme verringert soziale Ungleichheiten und damit einhergehenden Zeitdruck und Überlastung bei einem Teil und (zu) hohen Konsum bei einem anderen Teil der Gesellschaft. „Gelänge es größere Spielräume in der Zeitverwendung durch Zeitwohlstand zu schaffen, so wäre es denkbar, dass in vielen Lebenswelten ressourcenintensive Praktiken mit zeitintensiven substituiert werden" (Buhl et al., 2017). Freiwerdende Kapazitäten können für mehr Sorge für die Natur (Hofmeister & Mölders, 2021) und zum Aufbau von Strukturen für ein gerechtes und klimafreundlicheres Leben verwendet werden (Winker, 2021) und stellen damit wertvolle co-benefits dar.

8.6 Quellenverzeichnis

Adam, B. (1998). *Timescapes of modernity: The environment and invisible hazards.* Routledge.

Aigner, E., & Lichtenberger, H. (2021). Pflege: Sorglos? Klimasoziale Antworten auf die Pflegekrise. In Beigewurm, Attac, & Armutskonferenz (Hrsg.), *Klimasoziale Politik: Eine gerechte und emissionsfreie Gesellschaft gestalten* (S. 175–183). bahoe books.

Ala-Mantila, S., Ottelin, J., Heinonen, J., & Junnila, S. (2016). To each their own? The greenhouse gas impacts of intra-household sharing in different urban zones. *Journal of Cleaner Production, 135*, 356–367. https://doi.org/10.1016/j.jclepro.2016.05.156

Antal, M., Plank, B., Mokos, J., & Wiedenhofer, D. (2020). Is working less really good for the environment? A systematic review of the empirical evidence for resource use, greenhouse gas emissions and the ecological footprint. *Environmental Research Letters, 16*(1), 013002. https://doi.org/10.1088/1748-9326/abceec

Appel, A. (2010). Die Genderbilanz des Klimadiskurses Von der Schieflage einer Debatte. *Kurswechsel, 2*, 52–62.

Aslanbeigui, N., & Summerfield, G. (2000). The Asian Crisis, Gender, and the International Financial Architecture. *Feminist Economics, 6*(3), 81–103. https://doi.org/10.1080/135457000750020146

Aulenbacher, B., Lutz, H., & Schwiter, K. (2021). *Gute Sorge ohne gute Arbeit? Live-in-Care in Deutschland, Österreich und der Schweiz* (1. Auflage). Beltz Juventa.

Austrian Panel on Climate Change (APCC). (2018). *Österreichischer Special Report Gesundheit, Demographie und Klimawandel (ASR18).* Verlag der Österreichische Akademie der Wissenschaften.

Badelt, C., & Hollerweger, E. (2001). *Das Volumen ehrenamtlicher Arbeit in Österreich.* Working Papers, Institut für Sozialpolitik, WU Vienna University of Economics and Business, Vienna. https://epub.wu.ac.at/762/1/document.pdf

Bader, C., Hanbury, H., Neubert, S., & Moser, S. (2020). *Weniger ist Mehr – Der dreifache Gewinn einer Reduktion der Erwerbsarbeitszeit. Weniger arbeiten als Transformationsstrategie für eine ökologischere, gerechtere und zufriedenere Gesellschaft – Implikationen für die Schweiz* [Application/pdf]. https://doi.org/10.7892/BORIS.144160

Bader, C., Moser, S., Neubert, S. F., Hanbury, H. A., & Lannen, A. (2021). *Free Days for Future?* Centre for Development and Environment, University of Bern, Switzerland. https://doi.org/10.48350/157757

Badgett, M. V. L., & Folbre, N. (1999). Assigning care: Gender norms and economic outcomes. *International Labour Review, 138*(3), 311–326. https://doi.org/10.1111/j.1564-913X.1999.tb00390.x

Balas, M., Weisz, U., Groß, R., Nowak, P., Wallner, P., Allerberger, F., Becker, D., Bürkner, M., Dietl, A., Haas, W., Knittel, N., Marić, G., Pollhamer, C., Radlherr, M., Raml, D., Raunig, K., Thaler, T., Widhalm, T., & Zuvela-Aliose, M. (2019). Kapitel 4: Maßnahmen mit Relevanz für Gesundheit und Klima. In *APCC Special Report „Gesundheit, Demographie und Klimawandel" (ASR18)*. Österreichische Akademie der Wissenschaften. http://austriaca.at/0xc1aa5576%200x003ab240.pdf

Bauhardt, C. (1995). *Stadtentwicklung und Verkehrspolitik: Eine Analyse aus feministischer Sicht.* Birkhäuser.

Bauhardt, C. (2013). Wege aus der Krise? Green New Deal – Postwachstumsgesellschaft – Solidarische Ökonomie: Alternativen zur Wachstumsökonomie aus feministischer Sicht. *GENDER – Zeitschrift für Geschlecht, Kultur und Gesellschaft, 5*(2), 9–26.

Becker, E., Jahn, T. (Eds.). (2006). *Soziale Ökologie: Grundzüge einer Wissenschaft von den gesellschaftlichen Naturverhältnissen.* Campus, Frankfurt am Main, New York.

Benería, L. (2003). *Gender, Development and Globalisation. Economics as if all people mattered.* Routledge.

Benería, L. (2008). The crisis of care, international migration, and public policy. *Feminist Economics*, *14*(3), 1–21. https://doi.org/10.1080/13545700802081984

Biesecker, A. (Hrsg.). (2000). *Vorsorgendes Wirtschaften: Auf dem Weg zu einer Ökonomie des guten Lebens ; eine Publikation aus dem Netzwerk Vorsorgendes Wirtschaften*. Kleine.

Biesecker, A., & Hofmeister, S. (2006). *Die Neuerfindung des Ökonomischen. Ein (re)produktionstheoretischer Beitrag zur Sozialökologischen Forschung*. oekom.

Biesecker, A., Wichterich, C., & v. Winterfeld, U. (2012). *Feministische Perspektiven zum Themenbereich Wachstum, Wohlstand, Lebensqualität* (S. 44) [Hintergrundpapier]. https://www.rosalux.de/fileadmin/rls_uploads/pdfs/sonst_publikationen/Biesecker_Wichterich_Winterfeld_2012_FeministischePerspe.pdf

BMASK. (2009). *Freiwilliges Engagement in Österreich. 1. Freiwilligenbericht*. Bundesministerium für Arbeit, Soziales und Konsumentenschutz.

BMASK. (2013). *Freiwilliges Engagement in Österreich. Bundesweite Bevölkerungsbefragung 2012* [Studienbericht]. BMASK.

BMSGPK. (2019). *3. Bericht zum freiwilligen Engagement in Österreich. Freiwilligenbericht 2019*. Bundesministerium für Soziales, Gesundheit, Pflege und Konsumentenschutz. https://www.freiwilligenweb.at/wp-content/uploads/2020/05/Frewilligenbericht-2019.pdf

Brandl, S., & Hildebrandt, E. (2002). *Zukunft der Arbeit und soziale Nachhaltigkeit: Zur Transformation der Arbeitsgesellschaft vor dem Hintergrund der Nachhaltigkeitsdebatte* (Bd. 8). Leske + Budrich.

Buhl, J., & Acosta, J. (2016). Work Less, do Less? Working Time Reductions and Rebound Effects. *Sustainability Science*, *11*(2), 261–276. https://doi.org/10.1007/s11625-015-0322-8

Buhl, J., Schipperges, M., & Liedtke, C. (2017). Die Ressourcenintensität der Zeit und ihre Bedeutung für nachhaltige Lebensstile. In P. Kenning, A. Oehler, L. A. Reisch, & C. Grugel (Hrsg.), *Verbraucherwissenschaften* (S. 295–311). Springer Fachmedien Wiesbaden. https://doi.org/10.1007/978-3-658-10926-4_16

Charitsis, V. (2016). Prosuming (the) self. *Ephemera*, *16*(3), 37–59.

Chłoń-Domińczak, A. (2021). Population Ageing and Financing Consumption of the Older Generation in the European Union. In A. Chłoń-Domińczak, *Europe's Income, Wealth, Consumption, and Inequality* (S. 395–427). Oxford University Press. https://doi.org/10.1093/oso/9780197545706.003.0011

Chung, H. (2020). Return of the 1950s Housewife? How to Stop Coronavirus Lockdown Reinforcing Sexist Gender Roles. *The Conversation*. https://theconversation.com/return-of-the-1950s-housewife-how-to-stop-coronavirus-lockdown-reinforcing-sexist-gender-roles-134851

Cleveland, D. A., Phares, N., Nightingale, K. D., Weatherby, R. L., Radis, W., Ballard, J., Campagna, M., Kurtz, D., Livingston, K., Riechers, G., & Wilkins, K. (2017). The potential for urban household vegetable gardens to reduce greenhouse gas emissions. *Landscape and Urban Planning*, *157*, 365–374. https://doi.org/10.1016/j.landurbplan.2016.07.008

Cohen, M., & MacGregor, S. (2020). *Towards a feminist green new deal for the UK: A PAPER FOR THE WBG COMMISSION ON A GENDER-EQUAL ECONOMY*. Women's Budget Group. https://www.research.manchester.ac.uk/portal/files/170845257/Cohen_and_MacGregor_Feminist_Green_New_Deal_2020.pdf

Dangschat, J. (2020). Gesellschaftlicher Wandel, Raumbezug und Mobilität. In Reutter, U. Holz-Rau, C. Albrecht, J. Hülz, & Martina (Hrsg.), *Wechselwirkungen von Mobilität und Raumentwicklung im Kontext gesellschaftlichen Wandels* (S. 32–75). Verlag der ARL – Akademie für Raumentwicklung in der Leibniz-Gemeinschaft. http://hdl.handle.net/10419/224887

Dengler, C., & Lang, M. (2019). Feminism meets Degrowth. Sorgearbeit in einer Postwchstumsgesellschaft. In U. Knobloch (Hrsg.), *Ökonomie des Versorgens. Feministisch-kritische Wirtschaftstheorien im deutschsprachigen Raum* (S. 305–330). Beltz Juventa.

Dengler, C., & Lang, M. (2022). Commoning Care: Feminist Degrowth Visions for a Socio-Ecological Transformation. *Feminist Economics*, *28*(1), 1–28. https://doi.org/10.1080/13545701.2021.1942511

Derndorfer, J., Disslbacher, F., Lechinger, V., Mader, K., & Six, E. (2021). Home, Sweet Home? The Impact of Working from Home on the Division of Unpaid Work during the COVID-19 Lockdown. *SSRN Electronic Journal*. https://doi.org/10.2139/ssrn.3831914

Donath, S. (2000). The Other Economy: A Suggestion for a Distinctively Feminist Economics. *Feminist Economics*, *6*(1), 115–123. https://doi.org/10.1080/135457000337723

Dowling, E. (2021). *The care crisis: What caused it and how can we end it?* (First edition paperback). Verso.

Druckman, A., Buck, I., Hayward, B., & Jackson, T. (2012). Time, gender and carbon: A study of the carbon implications of British adults' use of time. *Ecological Economics*, *84*, 153–163. https://doi.org/10.1016/j.ecolecon.2012.09.008

Duchin, F. (2005). Sustainable consumption of food: A framework for analyzing scenarios about changes in diets. *Journal of Industrial Ecology*, *9*(1–2), 99–114.

Eichmann, H., & Saupe, M. B. (2011). *Praktika und Praktikanten/Praktikantinnen in Österreich. Empirische Analyse von Praktika sowie der Situation von Praktikanten/Praktikantinnen* [FORBA-Forschungsbericht 4/2011]. FORBA. https://www.forba.at/wp-content/uploads/2018/11/659-FB-04-2011_Praktika.pdf

Eon, C., Morrison, G. M., & Byrne, J. (2018). The influence of design and everyday practices on individual heating and cooling behaviour in residential homes. *Energy Efficiency*, *11*(2), 273–293. https://doi.org/10.1007/s12053-017-9563-y

European Institute for Gender Equality. (2021). *Gender inequalities in care and consequences for the labour market*. European Institute for Gender Equality (EIGE). /docman/rosasec/c5f562/18309.pdf

Farré, L., Fawaz, Y., González, L., & Graves, J. (2020). How the COVID-19 lockdown affected gender inequality in paid and unpaid work in Spain. *IZA Institute of Labor Economics*, *IZA DP No. 13434*, 1–36.

Flecker, J., Schönauer, A., & Riesenecker-Caba, T. (2016). *Digitalisierung der Arbeit: Welche Revolution?* (Nr. 4; S. 18–34). WISO.

Fodor, É., Gregor, A., Koltai, J., & Kováts, E. (2021). The impact of COVID-19 on the gender division of childcare work in Hungary. *European Societies*, *23*(sup1), S95–S110. https://doi.org/10.1080/14616696.2020.1817522

Fonds Gesundes Österreich (Hrsg.). (2018). *Faire Chancen gesund zu altern. Beiträge zur Förderung gesundheitlicher Chancengleichheit älterer Menschen*. Wien. https://fgoe.org/sites/fgoe.org/files/2018-07/Sammelband_Faire_Chancen_gesund_zu_altern.pdf

Fraser, N. (2016). Capitalism's Crisis of Care. *Dissent*, *63*(4), 30–37. https://doi.org/10.1353/dss.2016.0071

Fraysse, O., & O'Neil, M. (Hrsg.). (2015). *Digital labour and prosumer capitalism: The US matrix*. Palgrave Macmillan.

Geiger, S. M., Freudenstein, J.-P., von Jorck, G., Gerold, S., & Schrader, U. (2021). Time wealth: Measurement, drivers and consequences. *Current Research in Ecological and Social Psychology*, *2*, 100015. https://doi.org/10.1016/j.cresp.2021.100015

Gensicke, T., & Geiss, S. (2010). *Hauptbericht des Freiwilligensurveys 2009. Zivilgesellschaft, soziales Kapital und freiwilliges Engagement in Deutschland 1999–2004–2009*. Bundesministeriums für Familie, Senioren, Frauen und Jugend, Deutschland.

Gerold, S., & Geiger, S. (2020). *Arbeit, Zeitwohlstand und Nachhaltiger Konsum während der Corona-Pandemie* (Nr. 2; Arbeitspapier des Fachgebiets Arbeitslehre/Ökonomie und Nachhaltiger Konsum). TU Berlin. https://www.rezeitkon.de/wordpress/wp-content/uploads/2020/11/WP_Gerold_Geiger_Corona.pdf

Godin, L., & Langlois, J. (2021). *Care, Gender and Change in the Study of Sustainable Consumption: A Critical Review of the Literature.* https://doi.org/10.3389/frsus.2021.725753

Goggins, G., & Rau, H. (2016). Beyond calorie counting: Assessing the sustainability of food provided for public consumption. *Journal of Cleaner Production, 112,* 257–266. https://doi.org/10.1016/j.jclepro.2015.06.035

Grisold, A., & Mader, K. (2013). Veränderungen und Stillstand von Frauenarbeit im Längsschnittvergleich. Das Beispiel Österreich. In I. Ebbers (Hrsg.), *Gender und ökonomischer Wandel* (S. 47–73). Metropolis Verlag.

Großer, E., Jorck, G. von, Kludas, S., Mundt, I., & Sharp, H. (2020). Sozial-ökologische Infrastrukturen – Rahmenbedingungen für Zeitwohlstand und neue Formen von Arbeit. *Ökologisches Wirtschaften – Fachzeitschrift, 4,* 14–16. https://doi.org/10.14512/OEW350414

Hartard, S., Schaffer, A., & Stahmer, C. (2006). *Die Halbtagsgesellschaft. Konkrete Utopie für eine zukunftsfähige Gesellschaft.* Nomos Verlag.

Haug, F. (2011). *Die Vier-in-einem-Perspektive: Politik von Frauen für eine neue Linke* (3. Aufl.). Argument.

Hawrylyshyn, O. (1977). TOWARDS A DEFINITION OF NON-MARKET ACTIVITIES*. *Review of Income and Wealth, 23*(1), 79–96. https://doi.org/10.1111/j.1475-4991.1977.tb00005.x

Hayden, A. (1999). *Sharing the work, sparing the planet: Work time, consumption, and ecology.* Zed Books.

Heinonen, J., Jalas, M., Juntunen, J. K., Ala-Mantila, S., & Junnila, S. (2013a). Situated lifestyles: I. How lifestyles change along with the level of urbanization and what the greenhouse gas implications are – a study of Finland. *Environmental Research Letters, 8*(2), 025003. https://doi.org/10.1088/1748-9326/8/2/025003

Heinonen, J., Jalas, M., Juntunen, J. K., Ala-Mantila, S., & Junnila, S. (2013b). Situated lifestyles: I. How lifestyles change along with the level of urbanization and what the greenhouse gas implications are – a study of Finland. *Environmental Research Letters, 8*(2), 025003. https://doi.org/10.1088/1748-9326/8/2/025003

Heinonen, J., Jalas, M., Juntunen, J. K., Ala-Mantila, S., & Junnila, S. (2013c). Situated lifestyles: II. The impacts of urban density, housing type and motorization on the greenhouse gas emissions of the middle-income consumers in Finland. *Environmental Research Letters, 8*(3), 035050. https://doi.org/10.1088/1748-9326/8/3/035050

Heitkötter, M., Jurczyk, K., & Lange, A. (Hrsg.). (2009). *Zeit für Beziehungen? Zeit und Zeitpolitik für Familien.* B. Budrich.

Hielscher, V., & Hildebrandt, E. (1999). *Zeit für Lebensqualität: Auswirkungen verkürzter und flexibilisierter Arbeitszeiten auf die Lebensführung.* Edition Sigma.

Hill, T. P. (1979). DO-IT-YOURSELF AND GDP*. *Review of Income and Wealth, 25*(1), 31–39. https://doi.org/10.1111/j.1475-4991.1979.tb00075.x

Himmelweit, S. (Hrsg.). (2000). *Inside the household: From labour to care.* Macmillan [u. a.].

Hofmeister, S., & Mölders, T. (Hrsg.). (2021). *Für Natur sorgen? Dilemmata feministischer Positionierungen zwischen Sorge- und Herrschaftsverhältnissen.* Verlag Barbara Budrich. https://doi.org/10.3224/84742424

Hupkau, C., & Petrongolo, B. (2020). Work, Care and Gender during the COVID-19 Crisis. *IZA Institute of Labor Economics, IZA DP No. 13762.* https://www.iza.org/publications/dp/13762/work-care-and-gender-during-the-covid-19-crisis

Ivanova, D., & Büchs, M. (2020). Household Sharing for Carbon and Energy Reductions: The Case of EU Countries. *Energies, 13*(8), 1909. https://doi.org/10.3390/en13081909

Ivanova, D., Vita, G., Steen-Olsen, K., Stadler, K., Melo, P. C., Wood, R., & Hertwich, E. G. (2017). Mapping the carbon footprint of EU regions. *Environmental Research Letters, 12*(5), 054013. https://doi.org/10.1088/1748-9326/aa6da9

Jacobson, J., & Shade, L. R. (2018). *Stringern*: Springboarding or stringing along young interns' careers? *Journal of Education and Work, 31*(3), 320–337. https://doi.org/10.1080/13639080.2018.1473559

Jalas, M. (2002). A time use perspective on the materials intensity of consumption. *Ecological Economics, 41*(1), 109–123. https://doi.org/10.1016/S0921-8009(02)00018-6

Jenkins, F., & Smith, J. (2021). Work-from-home during COVID-19: Accounting for the care economy to build back better. *The Economic and Labour Relations Review, 32*(1), 22–38. https://doi.org/10.1177/1035304620983608

Jessen, J., Spieß, C. K., & Wrohlich, K. (2021). Sorgearbeit während der Corona-Pandemie: Mütter übernehmen größeren Anteil – vor allem bei schon zuvor ungleicher Aufteilung. *DIW Wochenbericht.* https://doi.org/10.18723/DIW_WB:2021-9-1

Jochum, G., Barth, T., Brandl, S., Cardenas Tomazic, A., Hofmeister, S., Littig, B., Matuschek, I., Stephan, U., & Warsewa, G. (2019). *Nachhaltige Arbeit – Die sozialökologische Transformation der Arbeitsgesellschaft. Positionspapier der Arbeitsgruppe „Nachhaltige Arbeit" im Deutschen Komitee für Nachhaltigkeitsforschung in Future Earth.* Deutsches Komitee für Nachhaltigkeitsforschung. https://www.dkn-future-earth.org/imperia/md/content/dkn/190820_dkn_working_paper_19_1_ag_nh_arbeit.pdf

Jonas, M., Nessel, S., & Tröger, N. (Hrsg.). (2021). *Reparieren, Selbermachen und Kreislaufwirtschaften: Alternative Praktiken für nachhaltigen Konsum.* Springer VS.

Jurczyk, K., & Mückenberger, U. (2020). *„Selbstbestimmte Optionszeiten im Erwerbsverlauf". Forschungsprojekt im Rahmen des „Fördernetzwerks Interdisziplinäre Sozialpolitikforschung" (FIS)* [Abschlussbericht]. Deutsches Jugendinstitut, Universität Bremen. https://www.fis-netzwerk.de/fileadmin/fis-netwerk/Optionszeiten_Abschlussbericht_DJIBroschuere_Endg.pdf

Kittel, B. (2020). *Die Entsolidarisierung der Gesellschaft: Vom ersten in den zweiten Lockdown.* Universität Wien, Austrian Corona Panel Project. https://viecer.univie.ac.at/fileadmin/user_upload/z_viecer/Corona-Dynamiken_11_-_Die_Entsolidarisierung_der_Gesellschaft__Vom_ersten_in_den_zweiten_Lockdown.pdf

Klatzer, E., & Seebacher, L. M. (2021). Geschlechtergerechtigkeit: Unverzichtbar auf dem Weg zu Klimagerechtigkeit. In *Die Armutskonferenz, Attac, Beigewum (Hrsg): Klimasoziale Politik: Eine gerechte und emissionsfreie Gesellschaft gestalten* (1. Auflage, S. 85–96). bahoe books.

Klawatsch-Treitl, E. (2009). Care in Babylon. Überlegungen zur WIDE-Jahreskonferenz „We Care" 2009. *Olypme, 30,* 37–40.

Knight, K. W., Rosa, E. A., & Schor, J. B. (2013). Could working less reduce pressures on the environment? A cross-national panel analysis of OECD countries, 1970–2007. *Global Environmental Change, 23*(4), 691–700. https://doi.org/10.1016/j.gloenvcha.2013.02.017

Knobloch, U. (Hrsg.). (2019). *Ökonomie des Versorgens: Feministisch-kritische Wirtschaftstheorien im deutschsprachigen Raum* (1. Auflage). Beltz Juventa.

Krisch, A. (2020, Dezember 18). Die LeistungsträgerInnen des Alltagslebens aufwerten – A&W-Blog. *Arbeit&Wirtschaft Blog.* https://awblog.at/leistungstraegerinnen-des-alltagslebens-aufwerten/

Kuhl, M., Maier, F., & Mill, H., T. (2011). *The gender dimensions of the green new deal – A study commissioned by the Greens/EFA.* https://www.greens-efa.eu/en/article/document/the-gender-dimensions-of-the-green-new-deal

Lenzen, M., Wier, M., Cohen, C., Hayami, H., Pachauri, S., & Schaeffer, R. (2006). A comparative multivariate analysis of household energy requirements in Australia, Brazil, Denmark, India and Japan. *Energy, 31*(2–3), 181–207. https://doi.org/10.1016/j.energy.2005.01.009

Lundgren, A. S., & Ljuslinder, K. (2011). Problematic Demography: Representations of Population Ageing in the Swedish Daily Press. *Journal of Population Ageing*, *4*(3), 165–183. https://doi.org/10.1007/s12062-011-9048-2

Mader, K., & Reiff, C. (2021, August 17). Familienarbeitszeitmodell: Mehr Zeit für Väter, mehr Geld für Mütter. *A&W blog*. https://awblog.at/familienarbeitszeitmodell/

Madörin, M. (2006). Plädoyer für eine eigenständige Theorie der Care-Ökonomie. In T. Niechoj & M. Tullney (Hrsg.), *Geschlechterverhältnisse in der Ökonomie*. Metropolis Verlag.

Madörin, M. (2010). Care Ökonomie – eine Herausforderung für die Wirtschaftswissenschaften. In C. Bauhardt & G. Çağlar (Hrsg.), *Gender and Economics* (S. 81–104). VS Verlag für Sozialwissenschaften. https://doi.org/10.1007/978-3-531-92347-5_4

Meyer, M., & Rameder, P. (2021). Who Is in Charge? Social Inequality in Different Fields of Volunteering. *VOLUNTAS: International Journal of Voluntary and Nonprofit Organizations*. https://doi.org/10.1007/s11266-020-00313-7

Mikl-Horke, G. (2007). *Industrie- und Arbeitssoziologie* (6., vollständig überarbeitete Aufl). R. Oldenbourg.

Millner, R., Mittelberger, C., Mehrwald, M., Weissinger, L., Vandor, P., & Meyer, M. (2020). Auswirkungen der COVID-19 Pandemie auf die soziale Infrastruktur in Österreich. [In BMSGPK (Ed.), COVID-19: Analyse der sozialen Lage in Österreich.]. BMSGPK.

More-Hollerweger, E., & Heimgartner, A. (2009). *Freiwilliges Engagement in Österreich. 1. Freiwilligenbericht* (S. 238). Institut für interdisziplinäre Nonprofit Forschung an der Wirtschaftsuniversität Wien (NPO-Institut).

Muñoz, P., Zwick, S., & Mirzabaev, A. (2020). The impact of urbanization on Austria's carbon footprint. *Journal of Cleaner Production*, *263*, 121326. https://doi.org/10.1016/j.jclepro.2020.121326

Nassen, J., Larsson, J., & Holmberg, J. (2009). The effect of work hours on energy use. A micro-analysis of time and income effects. *Act! Innovate! Deliver! Reducing energy demand sustainably*, 1801–1809.

Neumayr, M., Pennerstorfer, A., Vandor, P., & Meyer, M. (2017). Country Report: Austria. In *Civil Society in Central and Eastern Europe: Challenges and Opportunities, Hrsg. Peter Vandor, Nicole Traxler, Reinhard Millner* (S. 282–297). ERSTE Foundation.

OECD. (2014, März 7). *Balancing paid work, unpaid work and leisure*. OECD better policies for better lives. https://www.oecd.org/gender/data/balancingpaidworkunpaidworkandleisure.htm

Pennerstorfer, A., Schneider, U., & Badelt, C. (2013). Der Nonprofit Sektor in Österreich. In *R. Simsa, M. Meyer & C. Badelt (Eds.), Handbuch der Nonprofit Organisationen. Strukturen und Management* (5. Aufl., S. 55–75). Schäffer-Poeschel Verlag.

Pullinger, M. (2014). Working time reduction policy in a sustainable economy: Criteria and options for its design. *Ecological Economics*, *103*, 11–19. https://doi.org/10.1016/j.ecolecon.2014.04.009

Rameder, P. (2015). *Die Reproduktion sozialer Ungleichheiten in der Freiwilligenarbeit*. Peter Lang D. https://doi.org/10.3726/978-3-653-05595-5

Rameder, P., & More-Hollerweger, E. (2009). *Beteiligung am freiwilligen Engagement in Österreich* (BMASK (Ed.), Freiwilliges Engagement in Österreich. 1. Freiwilligenbericht; S. 49–73). BMASK.

Ramos, R., Renn Andrews, M., & Stamm, T. (2020, August 7). Physisch, aber nicht sozial distanziert: Freiwilligenarbeit in Zeiten von COVID-19. *Corona Blog*. https://viecer.univie.ac.at/corona-blog/corona-blog-beitraege/blog72/.

Rau, H. (2015). Time use and resource consumption. In *International Encyclopedia of the Social and Behavioural Sciences*. Elsevier.

Reid, M., G. (1934). *Economics of Household Production*. J. Wiley & Sons, Incorporated, 1934.

Reisch, L. A. (2015). *Time Policies for a Sustainable Society*. Springer International Publishing. http://link.springer.com/10.1007/978-3-319-15198-4

Reisch, L. A., & Bietz, S. (2014). *Zeit für Nachhaltigkeit – Zeiten der Transformation: Mit Zeitpolitik gesellschaftliche Veränderungsprozesse steuern*. oekom.

Rerrich, M. S., & et. al. (2013). *Care.Macht.Mehr: Von der Care-Krise zur Care-Gerechtigkeit*. https://care-macht-mehr.com/wp-content/uploads/2021/11/Care_Manifest_2013.pdf

Richardson, D., & Deniss, R. (2020). Gender experiences during the COVID-19 lockdown – Women lose from COVID-19, men to gain from stimulus. *The Australia Institute*. https://australiainstitute.org.au/wp-content/uploads/2020/12/Gender-experience-during-the-COVID-19-lockdown.pdf

Rinderspacher, J. P. (1985). *Gesellschaft ohne Zeit: Individuelle Zeitverwendung und soziale Organisation der Arbeit*. Campus.

Rinderspacher, J. P. (Hrsg.). (2002). *Zeitwohlstand: Ein Konzept für einen anderen Wohlstand der Nation*. Edition Sigma.

Ropke, I. (1999). The dynamics of willingness to consume. *Ecological Economics*, *28*(3), 399–420.

Ropke, I. (2015). Sustainable consumption: Transitions, systems and practices. In J. Martinez-Alier (Hrsg.), *Handbook of Ecological Economics* (S. 332–359). Edward Elgar Publishing. https://doi.org/10.4337/9781783471416.00018

Rosa, H. (2005). *Beschleunigung. Die Veränderung der Zeitstruktur in der Moderne* (1. Aufl.).

Rosa, H., Paech, N., Habermann, F., Haug, F., Wittmann, F., Kirschenmann, L., & Konzeptwerk Neue Ökonomie (Hrsg.). (2015). *Zeitwohlstand: Wie wir anders arbeiten, nachhaltig wirtschaften und besser leben* (2. Auflage). Oekom Verlag.

Ross, A. (2013). In search of the lost paycheck. In *T. Scholz (Ed.): Digital Labor: The Internet as Playground and Factory* (S. 13–32).

Rulffes, E. (2021). *Die Erfindung der Hausfrau: Geschichte einer Entwertung* (1. Auflage, Originalausgabe). HarperCollins.

Schalatek, L. (2012). Gender und Klimafinanzierung: Doppeltes Mainstreaming für Nachhaltige Entwicklung. In G. Çağlar, M. do Mar Castro Varela, & H. Schwenken (Hrsg.), *Geschlecht – Macht – Klima. Feministische Perspektiven auf Klima, gesellschaftliche Naturverhältnisse und Gerechtigkeit* (Bd. 23, S. 137–167). Barbara Budrich.

Scholz, S., & Heilmann, A. (2019). *Caring masculinities? Männlichkeiten in der Transformation kapitalistischer Wachstumsgesellschaften*. Oekom.

Schor, J. B. (2005). Sustainable Consumption and Worktime Reduction. *Journal of Industrial Ecology*, *9*(1–2), 37–50.

Schor, J. B. (2010). *Plenitude: The New Economics of True Wealth*. Penguin Press.

Schor, J. B. (2016). *Wahrer Wohlstand: Mit weniger Arbeit besser leben* (K. Petersen, Übers.; Deutsche Erstausgabe). oekom verlag.

Seidl, I., & Zahrnt, A. (Hrsg.). (2019). *Tätigsein in der Postwachstumsgesellschaft*. Metropolis-Verlag.

Sevilla, A., & Smith, S. (2020). Baby Steps: The Gender Division of Childcare during the COVID-19 Pandemic. *IZA Institute of Labor Economics*, *IZA DP No. 13302*. http://ftp.iza.org/dp13302.pdf

Shao, Q., & Rodríguez-Labajos, B. (2016). Does decreasing working time reduce environmental pressures? New evidence based on dynamic panel approach. *Journal of Cleaner Production*, *125*, 227–235. https://doi.org/10.1016/j.jclepro.2016.03.037

Shove, E. (2003). Users, Technologies and Expectations of Comfort, Cleanliness and Convenience. *Innovation: The European Journal of Social Science Research*, *16*(2), 193–206. https://doi.org/10.1080/13511610304521

Shove, E., Trentmann, F., & Wilk, R. R. (Hrsg.). (2009). *Time, consumption and everyday life: Practice, materiality and culture*. Berg.

Simsa, R., Mayer, F., Muckenuber, S., & Schweinschwaller, T. (2021). *Rahmenbedingungen für die Zivilgesellschaft in Österreich*. [Projektbericht]. https://www.wu.ac.at/fileadmin/wu/d/i/sozio/Dateien_

zu_News/Rahmenbedingungen_f%C3%BCr_die_Zivilgesellschaft_in_%C3%96sterreich_2021.pdf

Simsa, R., & Rameder, P. (2017). Die kritischen Seiten der Freiwilligenarbeit. *WISO, 40*(3), 143–158.

Simsa, R., Rameder, P., Aghamanoukjan, A., & Totter, M. (2019). Spontaneous Volunteering in Social Crises: Self-Organization and Coordination. *Nonprofit and Voluntary Sector Quarterly, 48*(2_suppl), 103S–122S. https://doi.org/10.1177/0899764018785472

Smetschka, B., Gaube, V., & Lutz, J. (2016). Time Use, Gender and Sustainable Agriculture in Austria. In H. Haberl, M. Fischer-Kowalski, F. Krausmann, & V. Winiwarter (Hrsg.), *Social Ecology. Society-Nature Relations across Time and Space*. Springer International Publishing.

Smetschka, B., Wiedenhofer, D., Egger, C., Haselsteiner, E., Moran, D., & Gaube, V. (2019). Time Matters: The Carbon Footprint of Everyday Activities in Austria. *Ecological Economics, 164*, 106357. https://doi.org/10.1016/j.ecolecon.2019.106357

Soom Ammann, E., van Holten, K., & Baghdadi, N. (2013). Familiale Unterstützungs- und Pflegearrangements im transnationalen Kontext – Eine Zwei-Generationen-Perspektive. In T. Geisen, T. Studer, & E. Yildiz (Hrsg.), *Migration, Familie und soziale Lage* (S. 273–293). VS Verlag für Sozialwissenschaften. https://doi.org/10.1007/978-3-531-94127-1_14

Southerton, D., & Tomlinson, M. (2005). "Pressed for Time" – the Differential Impacts of a "Time Squeeze". *The Sociological Review, 53*(2), 215–239. https://doi.org/10.1111/j.1467-954X.2005.00511.x

Stadelmann-Steffen, I. (Hrsg.). (2010). *Freiwilligen-Monitor Schweiz 2010*. Seismo.

Stadler, B., & Mairhuber, I. (2017). *Arbeitszeiten von Paaren aktuelle Verteilungen und Arbeitszeitwünsche*.

Statistik Austria. (2009). *Zeitverwendung 2008/09. Ein Überblick über geschlechtsspezifische Unterschiede* [Endbericht.]. Bundesanstalt Statistik Österreich (STATISTIK AUSTRIA). https://www.statistik.at/wcm/idc/idcplg?IdcService=GET_PDF_FILE&dDocName=052108

Statistik Austria. (2011). *Verbrauchsausgaben 2009 / Hauptergebnisse der Konsumerhebung*. Statistik Austria.

Sullivan, O., & Gershuny, J. (2018). Speed-Up Society? Evidence from the UK 2000 and 2015 Time Use Diary Surveys. *Sociology, 52*(1), 20–38. https://doi.org/10.1177/0038038517712914

Thiessen, B. (2004). *Re-Formulierung des Privaten: Professionalisierung personenbezogener, haushaltsnaher Dienstleistungsarbeit* (1. Aufl). VS, Verl. für Sozialwiss.

Tronto, J. C. (2010). Creating Caring Institutions: Politics, Plurality, and Purpose. *Ethics and Social Welfare, 4*(2), 158–171. https://doi.org/10.1080/17496535.2010.484259

Tronto, J. C., & Fisher, B. (1990). Toward a Feminist Theory of Caring. In E. Abel, & M. Nelson (Eds.), *Circles of Care* (S. 36–54). SUNY Press.

Underwood, A., & Zahran, S. (2015). The carbon implications of declining household scale economics. *Ecological Economics, 116*, 182–190. https://doi.org/10.1016/j.ecolecon.2015.04.028

van Staveren, I. (2005). Modelling care. *Review of Social Economy, 63*(4), 567–586. https://doi.org/10.1080/00346760500364429

Vollmann, A. R., Zanini-Freitag, D., & Hackl, J. (2021). Potenziale alternativer Konsummodelle für nachhaltige Entwicklung: Erfahrungswissen der Praxis in Wechselwirkung mit nationalen und europäischen Strategien. In M. Jonas, S. Nessel, & N. Tröger (Hrsg.), *Reparieren, Selbermachen und Kreislaufwirtschaften* (S. 217–236). Springer Fachmedien Wiesbaden. https://doi.org/10.1007/978-3-658-31569-6_11

von Jorck, G., & Geiger, S. (2020). Zeit-Rebounds im Arbeitsleben – Transformative Forschung zu zeitpolitischen Innovationen. In E. Schilling & M. O'Neill (Hrsg.), *Frontiers in Time Research – Einführung in die interdisziplinäre Zeitforschung* (S. 355–378). Springer Fachmedien Wiesbaden. https://doi.org/10.1007/978-3-658-31252-7_16

von Jorck, G., Gerold, S., Geiger, S., & Schrader, U. (2019). *Zeitwohlstand – Arbeitspapier zur Definition von Zeitwohlstand im Forschungsprojekt ReZeitKon*. TU Berlin. https://www.rezeitkon.de/wordpress/wp-content/uploads/2019/11/Jorck_etal_2019_ReZeitKon_Zeitwohlstand_Arbeitspapier.pdf

Werlhof, C. von, Mies, M., & Bennholdt-Thomsen, V. (Hrsg.). (1988). *Frauen, die letzte Kolonie: Zur Hausfrauisierung der Arbeit* (Orig.-Ausg., 8.–15. Tsd). Rowohlt.

Wichterich, C. (2009). Frauen als soziale Airbags. Ein feministischer Blick auf die globalen Krisen. *Lunapark 21, Heft 6*.

Wiedenhofer, D., Smetschka, B., Akenji, L., Jalas, M., & Haberl, H. (2018). Household time use, carbon footprints, and urban form: A review of the potential contributions of everyday living to the 1.5 °C climate target. *Current Opinion in Environmental Sustainability, 30*, 7–17. https://doi.org/10.1016/j.cosust.2018.02.007

Windisch, F., & Ennser-Jedenastik, L. (2020, August 4). Kürzer arbeiten auch nach der Krise? *Corona Blog*. https://viecer.univie.ac.at/corona-blog/corona-blog-beitraege/blog71/

Winker, G. (2008). Neoliberale Regulierung von Care Work und deren demografische Mystifikationen. In S. Buchen & M. S. Maier (Hrsg.), *Älterwerden neu denken: Interdisziplinäre Perspektiven auf den demografischen Wandel* (S. 47–62). VS Verlag für Sozialwissenschaften. https://doi.org/10.1007/978-3-531-91109-0_3

Winker, G. (2015). *Care Revolution. Schritte in eine solidarische Gesellschaft*. Transcript Verlag.

Winker, G. (2021). *Solidarische Care-Ökonomie. Revolutionäre Realpolitik für Care und Klima*. Transcript.

Wolff, A., Schubert, J., & Gill, B. (2017). Risiko energetische Sanierung? In K. Großmann, A. Schaffrin, & C. Smigiel (Hrsg.), *Energie und soziale Ungleichheit* (S. 611–634). Springer Fachmedien Wiesbaden. https://doi.org/10.1007/978-3-658-11723-8_23

Xue, B., & McMunn, A. (2021). Gender differences in unpaid care work and psychological distress in the UK Covid-19 lockdown. *PLOS ONE, 16*(3), e0247959. https://doi.org/10.1371/journal.pone.0247959

Yerkes, M. A., André, S. C. H., Besamusca, J. W., Kruyen, P. M., Remery, C. L. H. S., van der Zwan, R., Beckers, D. G. J., & Geurts, S. A. E. (2020). "Intelligent" lockdown, intelligent effects? Results from a survey on gender (in)equality in paid work, the division of childcare and household work, and quality of life among parents in the Netherlands during the Covid-19 lockdown. *PLOS ONE, 15*(11), e0242249. https://doi.org/10.1371/journal.pone.0242249

Young, B. (2003). Financial Crises and Social Reproduction: Asia, Argentina and Brazil. In I. Bakker & S. Gill (Hrsg.), *Power, Production and Social Reproduction* (S. 103–123). Palgrave Macmillan UK. https://doi.org/10.1057/9780230522404_6

Zechner, M. (2021). *Commoning Care & Collective Power. Childcare Commons and the Micropolitics of Municipalism in Barcelona*. Wien, Linz: European Institute for Progressive Cultural Policies. https://www.transversal.at/media/commoningcare.pdf

Kapitel 9. Freizeit und Urlaub

Koordinierende_r Leitautor_in
Barbara Smetschka

Leitautor_in
Dominik Wiedenhofer

Beitragende_r Autor_in
Ulrike Pröbstl-Haider

Revieweditorin
Ines Weller

Zitierhinweis
Smetschka, B. und D. Wiedenhofer (2023): Freizeit und Urlaub. In: APCC Special Report: Strukturen für ein klimafreundliches Leben (APCC SR Klimafreundliches Leben) [Görg, C., V. Madner, A. Muhar, A. Novy, A. Posch, K. W. Steininger und E. Aigner (Hrsg.)]. Springer Spektrum: Berlin/Heidelberg.

Kernaussagen des Kapitels
Status quo

- Die Klimafreundlichkeit von Freizeitaktivitäten und Urlaub hängt davon ab, wie klimafreundlich die dafür genutzten Verkehrsmittel, die gewählten Räumlichkeiten und ihre Energieversorgung sind, wie emissionsintensiv die dafür genutzten Sachgüter und Dienstleistungen bereitgestellt werden und welchen konkreten Tätigkeiten nachgegangen wird. (QV Mobilität und Wohnen) (hohe Übereinstimmung, starke Literaturbasis)
- Der Treibhausgasfußabdruck von Freizeitaktivitäten ist in Bezug auf Einkommensgruppen ungleich verteilt. Wohlhabendere Haushalte sind tendenziell mobiler und haben eine konsumintensivere Freizeit- und Urlaubsgestaltung. (hohe Übereinstimmung, starke Literaturbasis)

- Die Digitalisierung von Freizeitaktivitäten nimmt zu. Die durch Internet- und Kommunikationstechnologien verursachten Klimaemissionen steigen. Für einen Vergleich von digitalen und nichtdigitalen Optionen muss man den gesamten Produktlebenszyklus und die Bereitstellung systematisch vergleichen. (hohe Übereinstimmung, mittlere Literaturbasis)
- Freizeitaktivitäten in der Landschaft sind durch den Klimawandel bereits betroffen. (hohe Übereinstimmung, starke Literaturbasis)

Notwendige Veränderungen

- Freizeit und Erholung dienen der Regeneration und haben eine hohe Bedeutung für die wahrgenommene Lebensqualität der Menschen. Es ist wichtig, besonders ressourcen- und energieintensive Aktivitäten mit Erholungswert zu reduzieren und ressourcen- und energieschonende Aktivitäten zu wählen. Die Emissionsintensität von Mobilität stellt die stärkste Belastung für das Klima dar. Aber auch Güter und Dienstleistungen sind ausschlaggebend für die Klimafreundlichkeit von Freizeitaktivitäten und Urlaub. (hohe Übereinstimmung, starke Literaturbasis)
- Dienstleistungen können klimafreundlicher als Sachgüter sein, wenn die dahinterliegenden Produktionsnetzwerke und die Bereitstellung der Dienstleistung klimafreundlich erfolgen. Für Individuen ist die Klimafreundlichkeit einer Dienstleistung oft nicht einschätzbar. Daher braucht es Informationen und Lebenszyklusperspektiven im Design und klimafreundliche Energieversorgung. (hohe Übereinstimmung, schwache Literaturbasis)

Strukturen/Kräfte/Barrieren

- Zeitdruck durch Erwerbs- und Sorgearbeit und Beschleunigung in Arbeitsleben und Alltag können klimaschädliches Freizeitverhalten als einfacheren und schnelleren Weg erscheinen lassen. (hohe Übereinstimmung, starke Literaturbasis)
- Gesellschaftliche Normen strukturieren Freizeitpraktiken entlang der Aufteilung von bezahlter Arbeitszeit und Sorgearbeit (oft genderspezifisch) und damit einhergehenden Doppelbelastungen bzw. der Bewertung von Work-Life-Balance. (hohe Übereinstimmung, starke Literaturbasis)
- Gesellschaftlich verbreitete Praktiken zu Freizeitgestaltungen sind zentral dafür, was als „normale" bzw. akzeptable Tätigkeiten betrachtet wird und wie diese durchgeführt werden, z. B. Ferntourismus versus lokale/regionale Erholung oder Radfahren versus Motorradfahren als Hobby. (hohe Übereinstimmung, starke Literaturbasis)

Gestaltungsoptionen und Verbindungen zu anderen Handlungsfeldern

- Effiziente, qualitativ hochwertige und langlebige Produkte, die man auch teilen und reparieren kann, sind für eine klimafreundliche Freizeit ebenso notwendig wie die Abkehr von Geschäftsmodellen, welche auf der Beschleunigung von Produktlebenszyklen basieren, wie beispielsweise „Fast Fashion" oder die rasche Obsoleszenz von Smartphones. (hohe Übereinstimmung, starke Literaturbasis)
- Zeitsouveränität und mehr Freizeit könnte zu weniger Zeitdruck und mehr Wohlbefinden bei einem niedrigeren Treibhausgasfußabdruck führen, wenn diese Praktiken wenig bzw. emissionsfreie Mobilität benötigen, Wohnräume emissionsfrei betrieben werden und die sonstigen involvierten Produkte effizient sind und lange genutzt bzw. repariert werden. (hohe Übereinstimmung, starke Literaturbasis)

9.1 Einleitung

Für den vorliegenden Bericht betrachten wir pragmatisch alle Freizeitaktivitäten, welche Erholung, Unterhaltung, Hobbys, Sport, Geselligkeit, Teilnahme an Kulturveranstaltungen, Gartenarbeit, Haustiere, die Nutzung von Informations- und Kommunikations-Technologien (IKT) und digitalen Dienstleistungen umfassen. Urlaube beschreiben wir als besondere Freizeit, welche hoch klimarelevant sein kann. Zum Thema Urlaub gibt es einen eigenen APCC Special Report „Tourismus und Klimawandel in Österreich" (Pröbstl-Haider, Lund-Durlacher, et al., 2021), daher geben wir an dieser Stelle eine konzise Zusammenfassung der wichtigsten Erkenntnisse zur klimafreundlicheren Urlaubsgestaltung komplementiert mit aktueller Review-Literatur. Im Kapitel Sorgearbeit wurde ausgeführt, dass der Kauf von Kleidung, Einrichtungs- und Haushaltsgegenständen sowie von Körperpflegeprodukten notwendig sind für die Versorgung und Pflege von Personen. In diesem Kapitel fokussieren wir auf alle Tätigkeiten, die der Erholung dienen und damit auch wichtig für die persönliche Entwicklung und Reproduktion, für die körperliche und psychische Gesundheit, für die persönliche Horizonterweiterung und den Kulturaustausch sowie für den gesellschaftlichen Zusammenhalt und die gemeinschaftliche Entwicklung einer Gesellschaft sind. Wir fassen zusammen, wie die Literatur die Klimaschädlichkeit von Freizeitaktivitäten sowie von Urlauben beschreibt, und arbeiten heraus, welche Strukturen und Handlungsmöglichkeiten für klimafreundliche Freizeit- und Urlaubsgestaltung identifiziert werden können. Wir beschreiben anhand des aktuellen Standes der Forschungsliteratur die Herausforderungen, Barrieren und Handlungsoptionen für klimafreundliche Freizeitgestaltung und Urlaube.

Die Gestaltung von Freizeit und Urlauben werden stark durch andere Lebensbereiche mitbestimmt, welche in den bisherigen Kapiteln ausführlich diskutiert wurden. Zentrale Herausforderungen und Möglichkeiten für ein klimafreundliches Freizeit-, Urlaubs- und Konsumverhalten finden sich somit auch bei den strukturellen Bedingungen der involvierten Mobilität und Transporte [siehe Kap. 6 Mobilität], der genutzten Räumlichkeiten [Kap. 4 Wohnen] sowie der noch vorhandenen und verfügbaren Zeit nach bezahlter [Kap. 7 Erwerbsarbeit] und unbezahlter [Kap. 8 Sorgearbeit] Arbeit. Die Handlungsfelder werden in ihrer Zuordnung zu Zeitverwendungskategorien und ihren Querverbindungen im Überblick dargestellt [Vergleiche Abb. 3.2 in Kap. 3 Überblick Handlungsfelder].

Die konkreten Mobilitätsinfrastrukturen und Freizeitoptionen im zeitlich, finanziell und räumlich erreichbaren Umfeld der Haushalte sind ebenso wie das noch verbleibende Einkommen für all diese Aktivitäten ausschlaggebend dafür, wie klimafreundlich in Freizeit und Urlaub gelebt werden kann. Der Grad der Verpflichtung bestimmt auch die täglichen Entscheidungen zur Zeitverwendung (siehe Abb. 9.1). Dabei sind auch soziale und kulturelle Faktoren (Normen, Moden, gesellschaftliche Trends und Lebensstile) für eine mehr oder wenige klimafreundliche Gestaltung von Freizeitaktivitäten bestimmend. Daraus ergeben sich erhebliche Unterschiede zwischen gesellschaftlichen Gruppen. So haben beispielsweise berufstätige Frauen, auch durch die bestehenden sozialen Normen, vielfach mehr Sorgearbeit zu erledigen

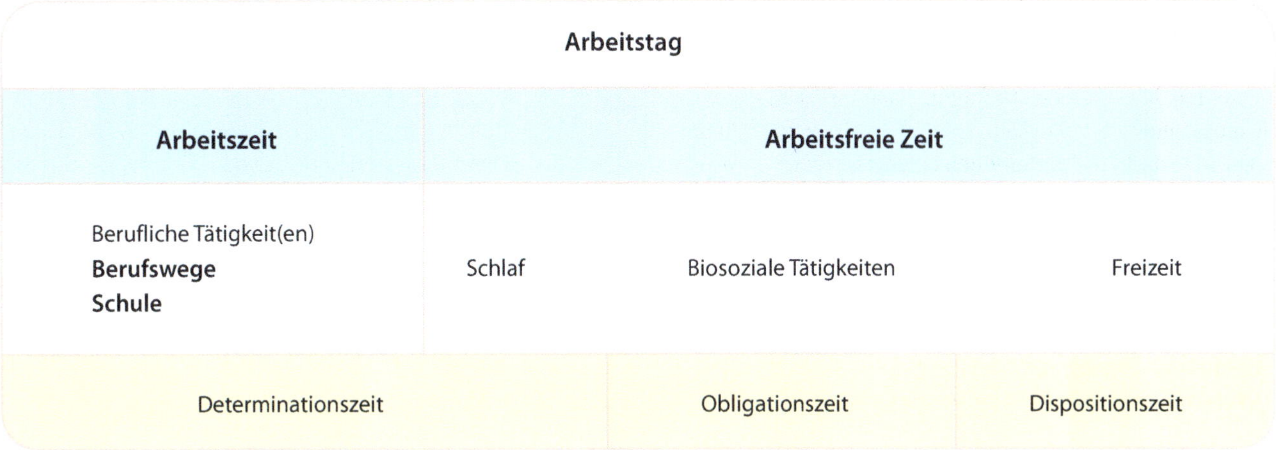

Arbeitstag			
Arbeitszeit	**Arbeitsfreie Zeit**		
Berufliche Tätigkeit(en) **Berufswege** **Schule**	Schlaf	Biosoziale Tätigkeiten	Freizeit
Determinationszeit	Obligationszeit		Dispositionszeit

Abb. 9.1 Zeit nach Verfügungsgrad. Nach den Verpflichtungen zu bezahlten und unbezahlten Arbeitstätigkeiten, wie Kochen, Körperhygiene und Versorgung Dritter, bleibt zur freien Disposition unterschiedlich viel Freizeit übrig. (Verändert nach (Ammer & Pröbstl, 1991))

und damit weniger Dispositionszeit, d. h. weniger Freizeit (Smetschka et al., 2019; Unbehaun, 2017) [QV Kap. 8 Sorgearbeit und Kap. 7 Erwerbsarbeit]

Die Bewertung der Klimafreundlichkeit von Freizeit und Urlauben bringt eine Reihe von wissenschaftlichen Herausforderungen mit sich, die sich dadurch ergeben, dass ein Großteil des Energie- und Ressourcenverbrauchs und somit der klimaschädlichen Emissionen indirekt in der Produktion und bei der Bereitstellung von Gütern und Dienstleistungen anfällt [vergleiche Abschn. 1.3, Ivanova, 2017]. Dies macht die notwendige komparative Bewertung von Alternativen methodisch äußerst komplex und Ergebnisse verschiedener Studien und Methoden sind meist nicht direkt vergleichbar (siehe Abschn. 3.1 Einleitung Exkurs Box). Zu berücksichtigen ist jedenfalls, dass Einsparungen von Zeit und/oder Geld oft zu Rebound-Effekten führen („Jevons Paradoxon"). Dies bedeutet, dass eingespartes Geld oder eingesparte Zeit emissionsintensiv verwendet werden kann und damit direkte oder indirekte Problemverlagerungen sowie geringere Emissionseinsparungen als erwartet entstehen können (Gillingham et al., 2016; Sorrell et al., 2020). Dies macht die wissenschaftliche Bewertung der Klimafreundlichkeit konkreter Optionen und vor allem der systemischen Konsequenzen transformativer Interventionen äußerst schwierig, da diese Frage mehrere Forschungsfelder betrifft und eine Vielzahl interdisziplinärer Forschungslücken und blinder Flecken etablierter Ansätze sichtbar werden (Asefi-Najafabady et al., 2021; Creutzig et al., 2021; Keen, 2021; Pauliuk et al., 2017).

9.2 Status quo und Klimaherausforderungen

Die Freizeitforschung zeigt, dass die Aktivitäten in der Freizeit vor allem durch passive Mediennutzung und Telefonie geprägt sind, mit großer Bedeutung von Mobiltelefonie (87 Prozent mehrfach in der Woche) und Fernsehen (84 Prozent mehrfach in der Woche). Bis zur Pandemie konnte auch eine Zunahme von Lokalbesuchen und Essengehen als Aktivitäten in der freien Zeit festgestellt werden. Sportliche Aktivitäten und Radfahren bleiben (mit ihrem Anteil von rund 30 Prozent mehrfach in der Woche) dagegen über die Jahre unverändert. Die Teilnahme an kulturellen Veranstaltungen (Theater, Kino, Konzert, Oper, Museum zwei bis sechs Prozent) nimmt einen sehr geringen Anteil ein, der im langjährigen Vergleich auch tendenziell abgenommen hat (Zellmann & Mayrhofer, 2019).

Freizeitaktivitäten können im Hinblick auf ein klimafreundliches Leben von sehr hoher Relevanz sein, da diese beispielsweise mit sehr hoher oder sehr geringer Emissionsintensität verbracht werden können. Offensichtliche Beispiele sind der Wochenend-Städtetrip mit dem Flugzeug versus Geselligkeit mit Freund_innen und Familie im autofrei erreichbaren Umfeld der Wohnung. Die CO_2-Intensität der Freizeit entsteht dabei aus der Kombination der konsumierten Sachgüter und Dienstleistungen, den damit verbundenen globalen Produktionsketten und deren Ressourcenverbrauch (Plank et al., 2020; Steininger et al., 2018), der involvierten Mobilität und dem sonstigen Energieverbrauch, z. B. Strom und Raumwärme. Der Treibhausgasfußabdruck österreichischer Haushalte im Bereich Freizeit, Urlaub und sonstiger Konsum macht etwa 24 Prozent des gesamten Haushalts-Treibhausgasfußabdrucks für das Jahr 2010 aus (Smetschka et al., 2019). Die Konsumbereiche Gastronomie, Sport-, Freizeit- und Kultur-Veranstaltungen sowie Urlaube, Bekleidung und Schuhe machen dabei den Großteil des Fußabdrucks aus (Tab. 9.1). Bekleidung und Schuhe könnten neben dem Konsum in diesem Kapitel auch der notwendigen Versorgung im Abschn. 3.6 zugeordnet werden – eine Unterscheidung nach notwendigen und zusätzlichen Produkten ist methodisch nicht möglich.

Die Klimafreundlichkeit einzelner Freizeitaktivitäten ist in Dimension und Intensität von Konsum- bzw. CO_2-

Tab. 9.1 CO_2-Fußabdruck des Konsums österreichischer Haushalte im Jahr 2010 nach Konsumkategorien im Freizeitbereich. (Eigene Darstellung nach (Smetschka et al., 2019))

Konsumbereich	Tausend Tonnen (kt) CO_2e/Jahr	Anteil am gesamten Haushalts-Fußabdruck
Gastronomie	5139	6 %
Sport-, Freizeit- und Kulturveranstaltungen	3798	4 %
Urlaub	3547	4 %
Bekleidung, Schuhe	3061	4 %
Beherbergung	2309	3 %
Unterhaltungselektronik, Film-, Foto- und EDV-Geräte	2156	2 %
Sonstige Sport-, Hobby- und Freizeitartikel; Haustiere; Garten	1070	1 %
Printmedien, Papier- und Schreibwaren	315	0 %
Größere Gebrauchsgüter für Freizeit und Sport	33	0 %

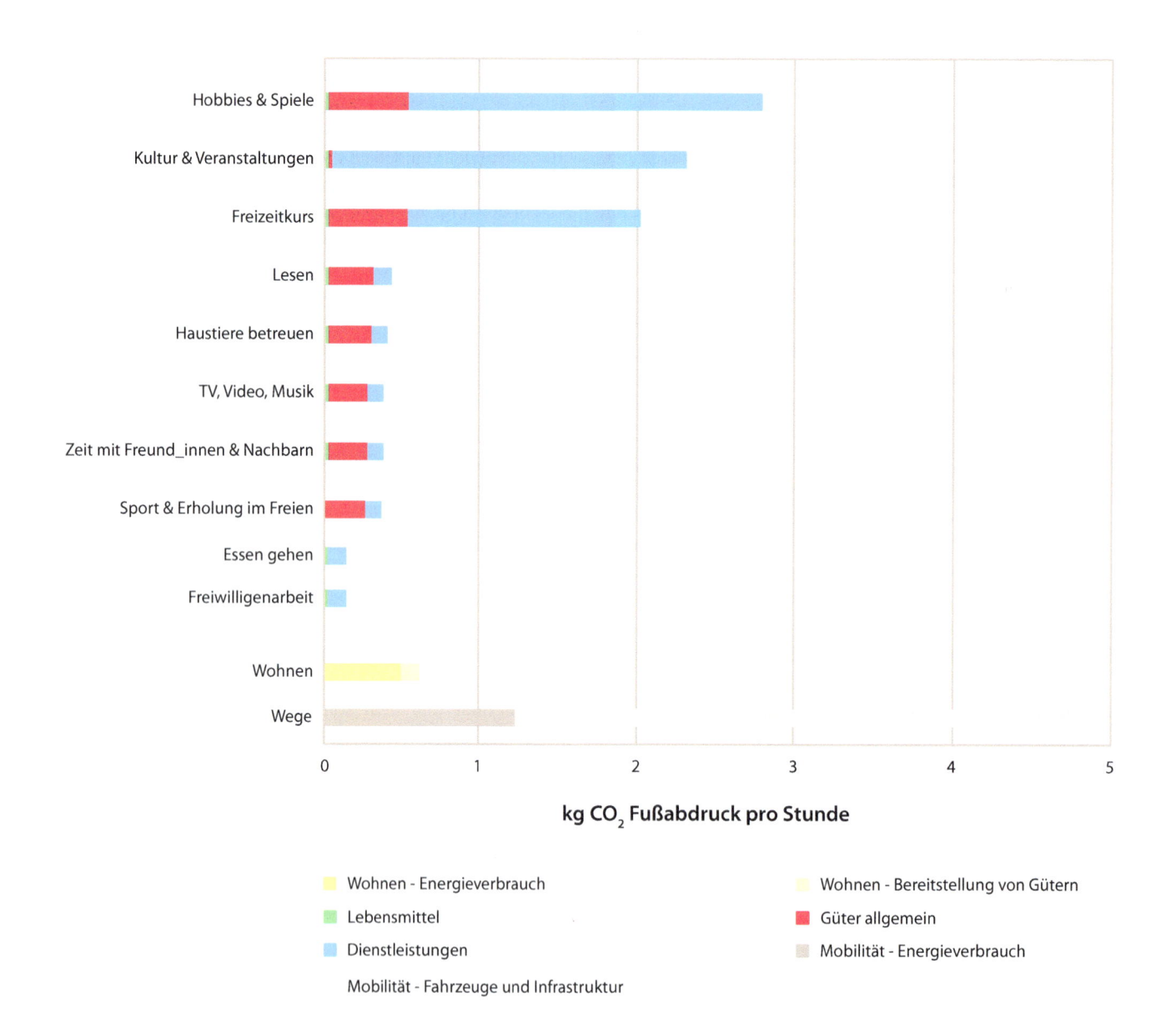

Abb. 9.2 Durchschnittlicher CO_2-Fußabdruck verschiedener Gruppierungen von Freizeitaktivitäten österreichischer Haushalte für das Jahr 2010 in kg CO_2e/Stunde. Je nachdem ob Aktivitäten zu Hause oder woanders stattfinden, kommen Emissionen für das Wohnen bzw. Mobilität dazu. (Eigene Darstellung nach (Smetschka et al., 2019))

Fußabdruck sehr variabel (Abb. 9.2). Für österreichische Haushalte wurde für das Jahr 2010 berechnet, dass der konsumbasierte CO_2-Fußabdruck der Alltagsfreizeit sehr unterschiedlich ausfallen kann (Smetschka et al., 2019). Ein vergleichbares Bild zeigt sich auch in der spärlichen internationalen Literatur, die sowohl Zeit als auch Emissionsfußabdruck untersucht (Brenčič & Young, 2009; De Lauretis et al., 2017; Druckman et al., 2012; Jalas, 2002; Jalas & Juntunen, 2015; Schipper et al., 1989; Yu et al., 2019). In der Studie für Österreich wurde der gesamte Haushaltskonsum und dessen globale CO_2-Fußabdrücke des Jahres 2010 doppelzählungsfrei verschiedenen Zeitverwendungen zugewiesen; nicht erfasst sind hier jedoch Ausgaben für beispielsweise Geräte oder auch Infrastrukturen aus Vorjahren, genauso wie staatliche Leistungen und indirekt anfallende Investitionstätigkeiten exkludiert sind. Inkludiert sind bei der Berechnung der CO_2-Intensität je Stunde alle globalen Emissionen, welche österreichischen Haushalten in einer konsumbasierten Perspektive im Jahr 2010 direkt und indirekt zugewiesen werden können. Der Fußabdruck des Wohnens wurde allen Tätigkeiten, welche zu Hause erfolgen, anteilsmäßig zugeordnet. Emissionen für Mobilität werden hier nicht dargestellt.

Der durchschnittliche CO_2-Fußabdruck pro Stunde verschiedener Aktivitäten durchschnittlicher Österreicher_innen wird somit durch die dafür notwendige Mobilität, den dabei anfallenden Energieverbrauch (z. B. Strom für Geräte) sowie die direkt und indirekt konsumierten Güter und Dienstleistungen bestimmt (z. B. Kauf von Geräten, Kleidung, Nutzung von bestehenden Infrastrukturen, Konsum von freizeitbezogenen Dienstleistungen etc.). Im österreichischen Durchschnitt des Jahres 2010 ergibt sich die Reihung von Freizeitaktivitätsbereichen nach deren durchschnittlicher CO_2-Intensität pro Stunde [QV Kap. 3 Überblick Handlungsfelder]: Hobbys und Spiele; (Kultur-)/Veranstaltungen; Lesen; Haustiere; TV, Video, Musik; Zeit mit Freund_innen und Nachbar_innen; Sport/Erholung im Freien, Essengehen. Je nach durchschnittlicher Zeit für diese Tätigkeiten pro Tag ergibt sich ein sehr unterschiedlicher Anteil des CO_2-Fußabdrucks. Der prozentuelle Anteil des CO_2-Fußabdrucks ist bei Hobbys, Essengehen und (Kultur-)Veranstaltungen viel höher als ihr zeitlicher Anteil (Abb. 9.2). Die insgesamt dafür verwendete Zeit ist jedoch relativ gering. Grundsätzlich zeigt sich hier eine große Forschungslücke, da ein starker Einfluss sozioökonomischer, demografischer und infrastruktureller Faktoren zu erwarten ist und für manche Bereiche somit substanzielle Bandbreiten an Emissionsintensitäten pro Aktivitäten möglich sind.

Viele der beschriebenen Aktivitäten erfordern Zeit von Einzelpersonen, um sich zwischen den Orten, an denen diese Aktivitäten stattfinden, zu bewegen. Mobilität ist in der Regel kein Ziel an sich, außer beispielsweise beim Radfahren, Wandern oder Joggen, sondern dient meist dem Zugang und der Teilhabe am gesellschaftlichen Leben. Während Mobilität einen vergleichsweise geringen Anteil am Zeitbudget hat, verursacht sie einen sehr hohen CO_2-Fußabdruck pro Stunde (Smetschka et al., 2019). Klimafreundliche Mobilität ist daher auch für Freizeit und Urlaube zentral, worauf wir in Abschn. 3.3 gesondert eingehen [QV Kap. 6 Mobilität]. Die erforderliche Mobilität, um beispielsweise eine Freizeitaktivität wie Spazierengehen im Park auszuüben, ist geringer, wenn die Versorgung mit Grünstrukturen, aber auch mit freizeitrelevanten Strukturen gleichmäßig über den Siedlungsraum verteilt ist. Im Zusammenhang mit der COVID-19-Pandemie ist vor allem die Versorgung mit Grünflächen als zentraler Beitrag zu Lebensqualität, Freizeitnutzung und Kinderspiel erkannt worden.

Klimafreundliches Wohnen und Energieversorgung, vor allem Strom und Raumwärme, sind weitere zentrale Punkte für eine klimafreundliche Freizeit. Freie Zeit wird überwiegend zu Hause bzw. in Gebäuden verbracht und deren Betrieb, Erhaltung und Bau verursacht substanzielle Emissionen (Smetschka et al., 2019). Auf klimafreundliches Wohnen wird im Abschn. 3.2 gesondert eingegangen [QV Kap. 4 Wohnen].

9.3 Barrieren und Herausforderungen

Wir diskutieren hier aktuelle Literatur, die sich mit Barrieren und Herausforderungen für klimafreundlicheres Alltagsleben und Konsum in verschiedenen freizeitrelevanten Bereichen beschäftigt. Einkaufen und Nutzung vor allem von Bekleidung, Elektronik und Ähnlichem ist für viele Menschen ein wichtiger und teilweise essenzieller Teil ihrer Freizeitbeschäftigung. Zahlen zum Ausmaß variieren aber sehr stark, da die Unterscheidung zwischen „notwendigem" Einkauf und Einkaufen als Freizeiterlebnis methodisch nicht einfach und eine sehr subjektive Bewertung ist (Statistik Austria, 2009; Zellmann & Mayrhofer, 2019). Die in Abb. 9.2 gezeigten CO_2-Fußabdrücke verschiedener Freizeitaktivitäten zeigen einen österreichischen Durchschnitt; je nach konkreter Ausgestaltung der Aktivitäten und deren Konsumintensität sind hohe Bandbreiten an Emissionsintensitäten zu erwarten, welche jedoch bisher nicht systematisch bzw. ganzheitlich untersucht wurden. Die weitere Diskussion von Barrieren und Herausforderungen erfolgt daher nach ausgewählten Konsumbereichen und der Inhalte der jeweils spezifischen Literatur.

9.3.1 Digitalisierung, IKT und TV, Video und Musik

Nachdem im Freizeitbereich die Nutzung von Informations- und Kommunikationstechnik (IKT) erheblich an Bedeutung gewonnen hat, beginnt auch eine Diskussion ihrer

Klimafreundlichkeit. Insbesondere die Digitalisierung von Freizeitaktivitäten macht dieses Thema zu einem dynamischen und komplexen Forschungsfeld. Es müssen sowohl hochkomplexe globale Produktions- und Lieferketten, globale Kommunikationsinfrastrukturen, unterschiedlich voranschreitende Dekarbonisierung der nationalen Energieversorgungen und ein rasantes Nachfragewachstum bewertet werden (Belkhir & Elmeligi, 2018). Was IKT-Produkte betrifft, zeigt sich in der Literatur, dass (1) der Betrieb von Datenzentren und Kommunikationsinfrastrukturen, (2) die Produktion von IKT-Produkten und (3) speziell der rasant wachsende Markt für Smartphones zentrale Herausforderungen sind (Belkhir & Elmeligi, 2018; Clément et al., 2020; Cordella et al., 2021). Kurze Produktlebenszyklen und geringe Reparaturfähigkeit sind generell und speziell bei Smartphones ein zentrales Problem, welches zum Teil durch die Geschäftsmodelle der Netzbetreiber verstärkt und stabilisiert wird (Belkhir & Elmeligi, 2018; Cordella et al., 2021). Generell benötigt es also eine rasche Dekarbonisierung der Energieversorgung sowie höhere Standards bezüglich Energieeffizienz, Langlebigkeit, Reparaturfähigkeit und eine Eindämmung von Geschäftsmodellen, welche auf der Beschleunigung von Produktlebenszyklen aufbauen.

Die Digitalisierung einzelner Freizeitaktivitäten ist in Bezug auf ihre Klimafreundlichkeit nicht klar bewertbar, da die Bereitstellung nichtdigitaler Optionen genauso Emissionen verursacht. Die vorhandenen quantitativen Studien nutzen vor allem die Methode der Lebenszyklusanalyse, um den Energiefußabdruck zu vergleichen (siehe QV Kap. 3 Überblick Handlungsfelder für einen kurzen Aufriss der methodischen Limitationen). In einem Review dieser Studien (Court & Sorrell, 2020) wurden folgende fünf Bereiche unterschieden: „e-publications" (e-books, e-magazines and e-journals), „e-news", „e-business", „e-music" und „e-videos and games". Potenzielle direkte Energieeinsparungen werden bei e-publications, e-news und e-music gefunden, geringere Potenziale bei e-business und e-videos and games. Zentrale, aber notwendige Annahmen für die Bewertung beeinflussen die Ergebnisse dieser Studien substanziell und können auch Nettoerhöhungen des Energieverbrauchs durch Digitalisierung ergeben („backfire"). Diese Annahmen umfassen die Lebensdauer der Produkte, deren Energieeffizienz, die partielle Substitution von Mobilität sowie die Anzahl der Nutzer_innen, welche sich Dienstleistungen und Sachgüter teilen. Alle begutachteten Studien ignorieren außerdem Rebound-Effekte, was bedeutet, dass potenzielle Energieeinsparungen durch Digitalisierung meist überschätzt sind (Sorrell et al., 2020). Ein direkter Rebound-Effekt für digitalen Medienkonsum wäre beispielsweise, dass Streaming-Dienste aufgrund ihrer Preisgestaltung (Abo statt Einzelkauf) und aufgrund ihrer Effizienz und großen Auswahl viel intensiver und häufiger genutzt werden, als das bei DVDs, CDs, Radio und Kino der Fall war. So kann z. B. Streaming von Internet-Inhalten dazu führen, dass zwar weniger DVDs und CDs produziert werden und eventuell auch etwas Individualverkehr für Einkäufe oder Kinobesuche eingespart wird, jedoch die Menge an konsumierten bzw. gestreamten Medieninhalten massiv zunimmt. Ein indirekter Rebound-Effekt könnte dann beispielsweise sein, dass zusätzlich regelmäßig leistungsfähigere Streaming-Geräte, z. B. in Form eines Heimkinos oder eine Vielzahl von Smartphones und Tablets, gekauft werden (Santarius et al., 2016). Für die Klimafreundlichkeit von Digitalisierung und IKT sind daher die zentralen Faktoren (1) klimafreundliche Energie- bzw. Stromversorgung sowohl der Produktion der Güter und Dienstleistungen als auch von IKT-Infrastrukturen des Internets, (2) die Entschleunigung von Produktlebenszyklen durch Reparaturfähigkeit und Upgrade- und Support-Garantien sowie (3) das Volumen der konsumierten Güter und Dienstleistungen ausschlaggebend (Court & Sorrell, 2020; Reisch et al., 2021).

Der steigende **Zeitanteil mit Mediennutzung in der Freizeit in Österreich** gehört zu den Herausforderungen des Energieaufwandes im Freizeitbereich. Der Bedarf an Kapazitäten zur Datenverarbeitung ist stetig gewachsen. Die Rundfunk und Telekom Regulierung Österreichs (RTR) berichtet über jährlich starke Anstiege im Datenvolumen. So hat sich das Datenvolumen von 2016 auf 2017 verdreifacht und macht 2020 bereits die 12-fache Menge von 2016 aus (GfK, 2020). Dies zeigt auch der Umfang der Mediennutzung in der Freizeit. Der zunehmende Anteil von Streaming-Diensten und die rasanten Entwicklung und Verbreitung von immer größeren und leistungsstärkeren Endgeräten hat Folgen im Hinblick auf den Energieverbrauch und die Emissionen. Das Video-Streaming nimmt mit einem Anteil von ca. 80 Prozent am Gesamtvolumen des Datenverkehrs die Spitzenposition ein (Cisco, 2019; Cook, 2017). Erhebliche Unterschiede in der Art der Nutzung und dem Verbrauch ergeben sich nach Altersgruppen: Die Altersgruppe der 14- bis 29-Jährigen in Deutschland schaut mehr Filme und Videos über das Internet (64,4 Prozent) als im Fernsehen (31,9 Prozent), während sich die 30- bis 49-Jährigen 59,3 Prozent der Filme und Sendungen im Fernsehen ansehen (GfK, 2021).

9.3.2 Urlaub

Die Klimafreundlichkeit von **Urlauben** wird in der Literatur vor allem aufgrund der dabei anfallenden Mobilität bewertet, daneben auch anhand der direkten und indirekten Emissionen des Gastgewerbes, der konsumierten Lebensmittel sowie sonstiger gekaufter Güter, Dienstleistungen und der genutzten Infrastrukturen (Lenzen et al., 2018). Urlaube zeigen global eine sehr hohe Wachstumsdynamik und werden hauptsächlich durch Menschen aus wohlhabenden Ländern bzw. der sich entwickelnden globalen Mittelschicht konsumiert. Der globale Treibhausgas-Fußabdruck des Tourismus wurde erstmals für das Jahr 2013 mit acht Prozent der globalen Emissionen berechnet, wobei Mobilität inkludiert ist (Lenzen et al., 2018). In der Literatur hat sich inzwischen ein Spektrum an Emissionsstatistiken und Bewertungsmethoden entwickelt (Sun et al., 2020).

Spezifische Urlaubsformen können besonders emissionsintensiv sein, beispielsweise Kreuzfahrten (Eijgelaar et al., 2010; Wondirad, 2019), Flugreisen oder der beginnende Weltraumtourismus (Spector & Higham, 2019). In der Literatur zeigt sich, dass Langstreckenflugreisen hauptsächlich bei wohlhabenden Stadtbewohner_innen bzw. in den oberen Einkommensgruppen konsumiert werden, welche zwar im Alltag klimafreundlich mobil sein können, aber dafür klimaschädliche Urlaube überproportional viel konsumieren (Czepkiewicz et al., 2018). Erklärungsansätze gibt es unter anderem im Rebound-Effekt, beispielsweise durch Geldersparnisse durch automobilarme Alltagsmobilität und dem leichten Zugang zu Flughäfen. Es wird auch eine Kompensationshypothese diskutiert, wo beispielsweise vermeintlich klimafreundlicheres oder „grüneres" Verhalten im Alltag mit einem urbanen und oft international ausgerichteten Lebensstil kombiniert ist, was dann Langstreckenreisen rechtfertigt (Jourdan & Wertin, 2020; Kim et al., 2020; Sharpley, 2020).

Die **Beschleunigung und Verkürzung von Urlauben in Österreich** und global steigender Wohlstand bei gleichzeitig wahrgenommenem Zeitdruck intensivieren die Konsum- und Emissionsintensität von Urlauben. Wichtige Segmente des Tourismus sind neben Erholung vor allem Kongress-, Kultur- und Gesundheitstourismus. Diese Bereiche, die mit Alter und Wohlstand der Bevölkerung wachsen, werden mit ihrer Klimawirkung und möglichen Maßnahmen zur Verringerung von Emissionen erst kürzlich intensiver untersucht (Zheng et al., 2022). Verzerrte Preise der Mobilität und geförderte Tourismusindustrie bzw. Abhängigkeit ganzer Regionen machen Veränderungen schwierig (Gao & Zhang, 2021; Shaheen et al., 2019). In der Literatur wird eine Reihe von Phänomenen thematisiert, welche für die Klimawirkung von Urlauben besonders problematisch sein können, z. B. „last chance tourism" zu rapide abschmelzenden Antarktis-Gletschern (Eijgelaar et al., 2010) oder anderen schwindenden Naturschauspielen, sowie „overtourism" an global beworbenen Orten (Rico et al., 2019). Bedenklich ist, dass klimafreundliches Alltagsverhalten im Urlaub teilweise auch schon einmal „pausiert" wird, da lokales Wissen um Möglichkeiten fehlt und auch Urlaub von der Alltagsdisziplin gesucht wird (Barr et al., 2010). Tourismusspezifische Infrastrukturen und dezidierte Siedlungsgebiete bzw. Wohnformen (Hotelanlagen, Ferienhaussiedlungen etc.) können hier strukturell klimarelevant werden, je nachdem wie die lokalen Rahmenbedingungen (Energieversorgung, Baunormen, Raumplanung, Mobilität etc.) gestaltet sind (Gössling & Lund-Durlacher, 2021). Es zeigt sich insgesamt, dass neben Mobilität auch die Beschleunigung bzw. Intensivierung von Urlauben, d. h. kürzere Aufenthaltsdauern, eine Herausforderung für Klimafreundlichkeit sind.

Der APCC Special Report „Tourismus und Klimawandel in Österreich" fokussierte auf die Situation in Österreich und die Rolle der Aktivitäten im Sommer und Winter sowie von Events und Veranstaltungen (Pröbstl-Haider, Lund-Durlacher, et al., 2021). Lund-Durlacher et al. (2021) betrachteten dabei auch die Rolle der gastronomischen Services. Gössling & Lund-Durlacher (2021) haben darüber hinaus auch die Bedeutung der Unterbringung in diesem Zusammenhang für Österreich untersucht und erhebliches Energieeinsparungspotenzial aufgezeigt. Generell zeigt sich auch in Österreich, dass die durchschnittliche Aufenthaltsdauer von 4,9 Nächten im Jahr 1990 auf 3,3 Nächte im Jahr 2018 gesunken ist, also um 32 Prozent (Statistik Austria, 2019). Wenn die Bettenauslastung aus wirtschaftlichen Gründen gleichbleiben soll, bedeutet das, dass mehr Menschen anreisen müssen, um eine gleichbleibende Wertschöpfung zu erzielen. Eine wesentliche Ursache dafür, dass die Situation im Tourismus in Österreich als wenig zufriedenstellend eingeschätzt wird, liegt daran, dass es aktuell für die Branche noch kaum verbindliche Vorgaben für eine sukzessive Emissionsreduktion gibt (Prettenthaler et al., 2021).

Neben dem Tourismus sind auch viele **Freizeitaktivitäten in der Landschaft** durch den Klimawandel betroffen. Wesentliche Betroffenheiten lassen sich wie folgt zusammenfassen (Pröbstl-Haider, Lund-Durlacher, et al., 2021): Die Auswirkungen von kleinräumigen Extremwetterereignissen (Stürmen, Starkregen, Sturzfluten, Überschwemmungen, Hangrutschungen und Murenabgängen) stellen eine unmittelbare Gefahr für die Infrastruktur für Freizeit und Tourismus dar. Weiterhin wurde festgestellt, dass Outdoor-Aktivitäten im Sommer und Winter besonders betroffen sind. So besteht eine hohe Abhängigkeit des wintertouristischen Angebots von Schnee und Eis. Anpassungsmaßnahmen durch Beschneiung sind zukünftig nur eingeschränkt möglich, weil die Zeiträume, in denen die Technik effizient eingesetzt werden kann, kürzer werden. Die Forschungsergebnisse zeigen zudem, dass die Zunahme des Risikos bei sommertouristischen Aktivitäten für den Gast unzureichend erforscht sind. Eine Zunahme an Risiken werden im Bereich Klettern und Hochtouren durch Rückgang des Permafrosts, bei allen Flugsportarten durch kleinräumige Extremereignisse, veränderte Windverhältnisse und Thermik sowie im Bereich der Wassersportarten aufgrund niedriger Wasserstände erwartet. Spezifische Informationen für Gäste sind derzeit nicht verfügbar. Vorsorge- und Rettungseinrichtungen erfordern ebenfalls eine Überprüfung, um den zukünftigen Herausforderungen begegnen zu können.

Belastungen für den Gast ergeben sich auch durch eine Veränderung der biologischen Verhältnisse, insbesondere durch Zunahme von Schadinsekten, Zunahme von Algenwuchs in erwärmten Gewässern sowie durch die Ausbreitung von Neophyten und allergenen Pflanzen. Bei allen Aktivitäten in der freien Landschaft können erhebliche gesundheitliche Belastungen durch Hitze ausgelöst werden. Dies betrifft in besonderem Maße auch den Städtetourismus und Events im Sommer.

9.3.3 Gastronomie

Zu Freizeitaktivitäten rund um das Essen, Essengehen und kulturelle Veranstaltungen zeigt sich: Während sich die internationale freizeitbezogene Energieforschung vor allem im englischsprachigen Raum in den letzten zehn Jahren mit den Folgen des Auswärtsessens („trend to eating-out") beschäftigte, setzt sich die aktuelle Forschung mit den Konsequenzen des zunehmenden Essenslieferservices und dessen Umweltauswirkungen auseinander. Forschungsarbeiten aus Japan (Kanemoto et al., 2019) zeigen, dass durch das Essengehen mehr Emissionen entstehen als durch den Fleischkonsum selbst (770 kg versus 280 kg Treibhausgas-Fußabdruck pro Jahr). Der Trend, einen Lieferservice in Anspruch zu nehmen, hat durch die Pandemie erheblich zugenommen und ist Teil eines urbanen Lebensstils, dessen Wirkungen vielfach unbekannt sind. Laut einer Forsa-Umfrage kaufen in Deutschland zwei Drittel der Menschen unter 30 Jahren mindestens einmal im Monat Essen zum Mitnehmen in Einwegverpackungen in Restaurants oder bei Lieferservices (Forsa, 2021).

Der Beitrag der Gastronomie zu nachhaltiger gesellschaftlicher Entwicklung aufgrund der Forderung an Unternehmen, Verantwortung für die sozialen und ökologischen Bedingungen entlang der Wertschöpfungskette zu übernehmen, wird in einem Leitbild beschrieben (Göbel et al., 2017).

9.3.4 Bekleidung

Bekleidung und speziell die rasante Entwicklung von Fast-Fashion-Geschäftsmodellen in Österreich und international verursachen etwa zwei Prozent des globalen Ressourcenverbrauchs und der klimaschädlichen Emissionen, speziell in den produzierenden Ländern des globalen Südens (Niinimäki et al., 2020; Peters et al., 2021). Über verschiedene methodische Ansätze und Publikationen hinweg zeigt sich, dass der eindeutige Großteil der Emissionen und des Ressourcenverbrauchs während der Produktion von Bekleidung anfällt; Transporte und Abfallmanagement fallen bisher wenig ins Gewicht, während das Waschen und Trocknen durch Haushalte einen mittleren Anteil hat (Niinimäki et al., 2020; Peters et al., 2021). Während die Energie- und Materialeffizienz in globalen Produktionsketten substanziell gesteigert werden konnte, ist der Verbrauch bzw. Konsum von Bekleidung viel stärker gewachsen (Niinimäki et al., 2020; Peters et al., 2021). Hierbei spielt speziell das Phänomen „Fast Fashion" eine zentrale Rolle, da wachsender Konsum und immer kürzere Lebenszeiten von Bekleidungsprodukten bei geringer Haltbarkeit und Reparierbarkeit das Volumen der Produktion und somit der anfallenden Emissionen insgesamt antreibt (Niinimäki et al., 2020; Peters et al., 2021). Dies bedeutet, dass für klimafreundliche Bekleidung eine Dekarbonisierung der Energieversorgung in der Produktion, die weitere Steigerung der Produktionseffizienz, eine Vermeidung von Flugtransporten und Abkehr von Fast-Fashion-Geschäftsmodellen sowie Schwerpunktsetzungen auf weniger, aber dafür qualitativ hochwertigere und langlebigere Bekleidungsprodukte zentral sind.

9.3.5 Haustiere

Haustiere erfreuen sich einer hohen Beliebtheit, können jedoch einen substanziellen CO_2-Fußabdruck verursachen. In der Literatur wurden bisher hauptsächlich der „Umwelt- und Klima-Pfotenabdruck" („pawprint") von Katzen und Hunde für wenige ausgewählte Länder sowie global untersucht. Es zeigt sich, dass die Emissionen aufgrund der Menge an gefüttertem Fleisch der zentrale Faktor für Klima, Land, Wasser und Umwelt sind (Alexander et al., 2020; Martens et al., 2019; Okin, 2017; Su et al., 2018). So können speziell größere Hunde, die viel Fleisch gefüttert bekommen, ähnlich hohe Emissionen verursachen, wie der eigene Umstieg auf vegetarische bzw. vegane Ernährung oder der Verzicht auf einen Mittelstreckenflug sparen würde (Ivanova et al., 2020) [Kap. 3, Abb. 3.1)]. Studien spezifisch für Österreich fehlen bzw. sind diese auch für Mitteleuropa rar. Informationen zu Haustierfutter werden bei Weitem nicht in derselben Qualität erhoben wie für andere Bereiche der Landnutzung und Lebensmittelproduktion und des Konsums (Alexander et al., 2020). Die Klimawirkung anderer Ausgaben für Haustiere, wie beispielsweise für tierische Gesundheit, wurde kaum untersucht, dürfte aber eine kleinere Rolle spielen. Einige wenige Studien untersuchen auch die durch Hunde induzierte Mobilität, beispielsweise um mit dem Auto zu einem hundefreundlichen Park zu gelangen (MacKenzie & Cho, 2020). Ein wachsendes Forschungsfeld beschäftigt sich mit den positiven Effekten auf mentale und körperliche Gesundheit bzw. mehr aktivere Bewegung von Hunde- und Haustierbesitzer_innen im Vergleich zu Nicht-Haustierbesitzer_innen (Christian et al., 2013; Zijlema et al., 2019). Beide Aspekte, mehr Mobilität und mehr Bewegung, dürften bei Hundebesitzer_innen eine gewisse verstärkende Rolle spielen; jedoch ist die Literatur hier meist nicht auf Klimafragen bezogen bzw. nicht für Österreich spezifisch. Für ein klimafreundliches Leben wird in der Literatur hauptsächlich diskutiert (Alexander et al.,

2020; Martens et al., 2019; Okin, 2017; Su et al., 2018), wie die positiven Aspekte von Haustieren mit weniger Fleischfutter erreicht werden können, beispielsweise über weniger und/oder kleinere Hunde und Katzen bzw. Haustiere, die pflanzlich ernährt werden können. Weitere Möglichkeiten ergeben sich durch alternative Proteinquellen statt Fleisch, die Reduktion von weit verbreiteter Überfütterung sowie verstärkte Adoption von bereits lebenden Haustieren statt Neuzüchtungen. Dafür benötigt es Maßnahmen, die sowohl Produzent_innen als auch Haustierbesitzer_innen adressieren.

9.3.6 Sport und Hobbys

Der Bereich Sport und Hobbys ist vielfältig und die Bewertung der Klimafreundlichkeit zerfällt in verschiedenste Forschungsbereiche, wobei oft die Verbindungen mit Tourismus bzw. Alltagsmobilität untersucht wurden (Mascarenhas et al., 2021). Eine aktuelle Studie für Deutschland untersuchte beispielsweise Emissionen aufgrund des Mobilitätsverhalten von Hobby-Sportler_innen und fand eine hohe Korrelation zwischen höherem Einkommen und mehr Emissionen sowie substanziell höhere Emissionen von Individualsportler_innen sowie naturbezogenen Sportarten im Vergleich zu Teamsport (Wicker, 2019). Studien zu den bei Sport und Hobbys genutzten Gütern und Dienstleistungen sind teilweise produktspezifisch auffindbar, eine systemische Betrachtung der Klimafreundlichkeit verschiedener Hobbys und Sportarten, welche auch die gesamten Implikationen für Emissionen erfassen, fehlen bisher. Da sich ein Großteil des CO_2-Fußabdrucks der gesamten Zeit, die mit Hobbys und Sport verbracht wird, bei Dienstleistungen findet (Abb. 9.2; Smetschka et al., 2019), ist hier die Frage nach Konsumintensität und Klimafreundlichkeit der Bereitstellung zu stellen bzw. zu beforschen.

9.3.7 Veranstaltungen

Die Möglichkeiten zur Einsparung von Treibhausgasemissionen bei Veranstaltungen werden vielfach unternehmerisch wahrgenommen und müssen auf dieser Ebene diskutiert werden (Holzbaur, 2020). Für Kund_innen zentral sind die dafür notwendige Mobilität sowie etwaige zusätzliche Besuche in Gastronomie und Hotels. Direkt bei Veranstaltungen können Labels und Standards zu „Green Events" informieren und etwaige Besuchsentscheidungen beeinflussen. Zu den Wegen zur Klimafreundlichkeit von Veranstaltungen und Freizeitevents, deren Angebot, Organisation und Nachfrage und deren Analyse bezüglich Klimawirksamkeit siehe APCC Special Report Tourismus (Pröbstl-Haider, Lund-Durlacher, et al., 2021) und die folgende Zusammenfassung.

Zusammenfassung aus dem APCC Special Report Tourismus & Klimawandel: Barrieren, Herausforderungen und Anpassungsoptionen (Pröbstl-Haider, Lund-Durlacher, et al., 2021; Pröbstl-Haider, Wanner, et al., 2021)

Um das Pariser Klimaziel einer Beschränkung der globalen Erwärmung von zumindest weniger als zwei Grad Celsius im Vergleich zum vorindustriellen Zeitalter einzuhalten, sind weitreichende Maßnahmen erforderlich.

- In Österreich trägt vor allem der An- und Abreiseverkehr mit einem hohem Anteil an PKW- und Flugverkehr zur Belastung bei. Klimaschonende Anreiseoptionen in ausreichendem Umfang zum Beispiel mit Bahn oder Bus bestehen derzeit nicht.
- Der Energieverbrauch für Klimatisierung und Komfort in Beherbergungsbetrieben steigt. Daher kommt energiesparenden Lösungen für Heizung und Kühlung, aber auch der Gebäudeisolierung eine besondere Bedeutung zu.
- Eine umfassende Förderung der zumeist kleinen und mittleren Betriebe kann die rasche Umsetzung energieproduzierender und -einsparender Technologien sowie bautechnischer Lösungen begünstigen. Eine Darstellung der erreichten, geringen Emissionsbelastungen auf Buchungsplattformen und Zertifizierungen können die Umsetzung fördern.
- Aufgrund der hohen Nachfrage nach Wellness-Angeboten kommt der Umsetzung technischer Möglichkeiten, um Energie- und Wärmeverluste von Indoor-Anlagen zu minimieren, aber auch um den Wasserverbrauch und Strombedarf zu reduzieren, ebenfalls eine hohe Bedeutung zu.
- Die Gastronomie hat insbesondere auch durch den Einsatz landwirtschaftlicher Produkte einen erheblichen Einfluss auf den Klimawandel. Neben den in der Lebensmittelproduktion in unterschiedlicher Intensität anfallenden Treibhausgasemissionen entstehen auch bei der Lebensmittelverarbeitung, Transport, Kühlung, Lagerung, bei der Speisenzubereitung und durch Lebensmittelabfälle Treibhausgase. Daher bestehen vielfältige Handlungsoptionen im Bereich des Einkaufs, einer energieeffizienten Küchentechnik, Einsparung von Abfall und Verpackung, aber auch in einer Anpassung des Speisenangebotes.
- Energieeinsparungen im Bereich Beherbergung und Gastronomie setzen in vielen Fällen eine aktive Beteiligung des Gastes voraus. Möglichkeiten, diese Beteiligung ohne negative Auswirkungen auf das Erlebnis zu erreichen, erfordern zusätzliche ver-

haltensökonomische Forschungsarbeiten und neue Ansatzpunkte in der Kommunikation.

9.4 Handlungsoptionen: veränderte Strukturen und nachhaltiger Konsum

Strukturelle Änderungen für den Freizeitbereich können über (1) ein verändertes Angebot, (2) Regulation, Standards und Verbote, (3) finanzielle Anreize und (4) Information und Werte befördert werden. Optionen für klimafreundliche Freizeitaktivitäten können idealerweise über ein Zusammenspiel aus Veränderungen in Angebot und Nachfrage entwickelt werden. Mögliche Wege dorthin werden im Folgenden aus den vier vorgestellten Perspektiven [QV Kap. 2] diskutiert. Sowohl unterschiedliche Lebensstile und individuelle Präferenzen als auch vorhandene Informationen und Wissen, relative Kosten und Einkommensentwicklungen sowie gesellschaftliche Normen und Trends spielen eine wichtige Rolle bei der Nachfrage und der Entscheidung, welchen Aktivitäten nachgegangen und wie der dabei anfallende Konsum gestaltet wird (O'Rourke & Lollo, 2015). Spezifischer Konsum und konkrete Aktivitäten signalisieren und reproduzieren sozialen Status und Identitäten, was sowohl hinderlich als auch förderlich für ein klimafreundliches Leben sein kann (O'Rourke & Lollo, 2015).

Die Diskussion um nachhaltigeren Konsum spielt bei Freizeitaktivitäten eine wichtige Rolle, da hier individuelle Entscheidungen als zentral erachtet werden: „Nachhaltiger Konsum bezeichnet ein Verbraucherverhalten, welches gezielt ökologische und soziale Auswirkungen bei Kaufentscheidungen einbezieht. Hierzu zählt sowohl die Reduzierung des eigenen Konsums als auch der Kauf von Sachgütern und Dienstleistungen, welche über eine höhere Nachhaltigkeitsleistung verfügen. Aufgrund der Einheit von Konsum und Produktion zählt nachhaltiger Konsum theoretisch zu den stärksten Stellhebeln für eine nachhaltige Entwicklung. Mit ihrem Einkaufsverhalten beeinflussen Konsumierende nicht nur, welche Produkte im Markt bereitgestellt werden, sondern auch, unter welchen (ökologischen und sozialen) Bedingungen die Produktion erfolgt." (Definition Online Lexikon, Lin-Hi, 2021). Die Tatsache, dass Konsument_innen in Befragungen regelmäßig angeben, dass ihnen ökologische und soziale Faktoren beim Einkauf wichtig sind, zeigt sich bedingt auch im faktischen Kaufverhalten und wird als Value-Action Gap oder Knowledge-Action Gap untersucht (Barr, 2006) [QV Kap. 21 Bildung]. Laut einer neuen Studie in Österreich wurden Personen am ehesten „durch intrapersonelle Faktoren (wie die eigene Bequemlichkeit oder Gewohnheiten) und strukturelle Rahmenbedingungen (wie Zeit- und Kostenfaktoren, fehlendes Angebot)" davon abgehalten, klimafreundlicher zu handeln (Klösch, 2019).

In den letzten Jahren etablieren sich auch verstärkt Forschungsbereiche, die die klimafreundlichere Gestaltung von Rahmenbedingungen ins Zentrum stellen, was eine wichtige Verbreiterung über die Perspektive auf nachhaltigen Konsum und das Individuum hinaus bedeutet und näher an die Frage nach klimafreundlichen Strukturen heranreicht (Creutzig et al., 2021; O'Rourke & Lollo, 2015; Shove, 2010; Wiedenhofer et al., 2018). Zentraler Ausgangspunkt dieser Forschungen ist, dass Menschen nicht nur als individuelle Konsument_innen bzw. als Sündenböcke für die Klimakrise betrachtet werden dürfen (Akenji, 2014; Shove, 2010). Aus diesen Arbeiten lässt sich zusammenfassen, dass es für die klimafreundliche Änderung von Freizeitverhalten Veränderungen in Infrastrukturen, Regulierungen, Normen und Werten sowie klimafreundlichere Angebote, andere soziale Praktiken, veränderte Zeitnutzung sowie auch finanzielle Möglichkeiten und Wissen benötigt.

9.4.1 Bereitstellungsperspektive – öffentliche Angebote

Die Bereitstellung von Infrastruktur und Services für Erholung im öffentlichen Raum, die kostenlos und zu Fuß erreichbar sind, gilt als wichtiger Faktor für die Änderung der Praktiken bei der Freizeitgestaltung. Öffentliche Dienstleistungen und kommunale Infrastruktur – z. B. Grünflächen, Sport- und Freizeiteinrichtungen mit geringen Kosten und CO_2-Emissionen, die mit öffentlichen Verkehrsmitteln in kurzer Zeit erreichbar sind – erleichtern es, Freizeitpraktiken CO_2-arm zu machen (Druckman & Jackson, 2009; Jalas & Juntunen, 2015; Rau, 2015).

Die öffentliche Bereitstellung von Freizeitmöglichkeiten ist jedoch nicht per se klimafreundlicher als Freizeitdienstleistungen, welche durch Unternehmen bereitgestellt werden. Hier ist weitere Forschung zu Produkt- und Konsumzyklen bzw. zum Ressourcenverbrauch verschiedener Bereitstellungsmodelle empirisch zu erforschen und zu fragen, ob Inwertsetzung ein Problem für Klimafreundlichkeit darstellt. Direkte und indirekte Rebound-Effekte können auch entstehen, wenn Freizeitangebote öffentlich zur Verfügung gestellt werden und somit mehr Einkommen für andere Aktivitäten verfügbar wird (Ottelin et al., 2018). Laut einem aktuellen systematischen Review (Reimers et al., 2021) gibt es keine eindeutigen Trends bei diesen Rebound-Effekten. Wir brauchen dazu weitere mikroökonomische Studien. Ebenso fehlen qualitative Erhebungen zum Phänomen „moralische Lizenz", welches es Personen erleichtert, aufgrund von vorherigen als nachhaltig gut eingestuften Handlungen das Recht auf folgende klimaschädigende Handlungen für sich in Anspruch zu nehmen.

9.4.2 Marktperspektive – grüner Konsum von souveränen Konsument_innen

9.4.2.1 Verhalten und Werte: Nudge and boost (Überreden und Verstärken)

Für die Überwindung von Barrieren bei notwendige Verhaltensänderungen zur Eindämmung des Klimawandels in Haushalten nennt ein aktuelles Review als wichtigste Punkte: mehr Bildung und Information sowie die Verbindung von klimafreundlichem Leben mit Gesundheitsthemen (Stankuniene et al., 2020). Die Bedeutung von sozialen Normen und gesellschaftlichen Werten und deren Auswirkungen auf klimafreundliches Verhalten wird auch in weiteren Reviews hervorgehoben (Farrow et al., 2017; Tolppanen & Kang, 2021). Konsument_innen brauchen Unterstützung dabei, klimafreundliche Entscheidungen zu treffen. Wichtig ist es, klimafreundliches Verhalten zu einem einfachen und attraktiven Verhalten zu machen. Dies kann gefördert werden durch eine Spiegelung des Fußabdrucks in den Preisen, ein Angebot an klimafreundlichen Produkten, die attraktiver sind als vergleichbare klimaschädliche Produkte, und eine Kennzeichnung des CO_2-Fußabdrucks (Thøgersen, 2021).

Sogenannte Nudges sind verhaltensökonomische Strategien, die den Entscheidungskontext gestalten und die Auswahl beeinflussen sollen (Enste & Potthoff, 2021). Mit Boosts soll klimafreundliches Verhalten weiter verstärkt werden (Thøgersen, 2021). Umweltpolitik wird dabei von Verhaltensökonomie beraten [QV Verhaltensökonomische Ansätze] und entwickelt Instrumente, die Verbraucher_innen zu klimafreundlichem Verhalten bewegen sollen, als „Green Nudges" (Carlsson et al., 2021). In einer kritischen Bewertung wird darauf hingewiesen, dass Nudges nur ergänzend zu Anreizen und Regulierung zu denken sind und dass Nudges schon längst eingesetzt werden, um gewisses Kaufverhalten zu verstärken: „Eine grundlegende Transparenz und die Bedingung, dass sie zuverlässig dauerhafte Verhaltensänderungen bewirken, sind die wichtigsten Voraussetzungen dafür, Green Nudges wirksam und ethisch vertretbar zu machen." (Schubert, 2017)

Der Veblen-Effekt, auch als „Güterverbrauch aus Geltungsdrang (conspicuous consumption)" bezeichnet, erklärt, dass Produkte weniger wegen ihres Nutzens denn wegen einer Statuserhöhung durch ihren Erwerb gekauft werden (Bourdieu, 1986; Eaton & Matheson, 2013; Veblen, 1899). In der Klima- und Umweltdiskussion wird verstärkt das Zusammentreffen von hoher Ungleichheit und der Vorbildwirkung von Individuen mit hohem Status untersucht (Nielsen et al., 2021). In einem systematischen Review zur Bedeutung von Status bei Energiekonsum zeigt sich eine Forschungslücke bei statusbezogenen Entscheidungen zum Konsum von Produkten mit hohem CO_2-Fußabdruck (Ramakrishnan & Creutzig, 2021). Das Review zeigt, dass Status bis zu 20 Prozent der Veränderungen im Verbrauchsniveau oder der Zahlungsbereitschaft für einen kohlenstoffreduzierten Verbrauch erklären kann. Demnach wäre es eine vielversprechende Strategie zur Emissionsreduzierung, energiesparendes Verhalten mit hohem Status zu verbinden. Die Autor_innen folgern: „Eine progressive Besteuerung von Statusfaktoren kann die externen Effekte abfangen und soziale Unerwünschtheit signalisieren, aber auch Emissionen reduzieren" (Ramakrishnan & Creutzig, 2021) [QV Verhaltensökonomische Ansätze, QV Kap. 15 Globalisierung].

9.4.2.2 Regelungen und Standards: Label und Information

Freizeitaktivitäten verursachen hauptsächlich indirekte Emissionen durch Konsum von Gütern und Dienstleistungen. Direkte strukturelle Eingriffe für ein klimafreundliches Freizeitverhalten können kritisch gesehen werden, weil hier individuelle Freiheiten der Nachfrage angegriffen werden. Solche Regelungen können aber analog zu Regelungen, die Sicherheit und Gesundheit betreffen, als gesellschaftlich notwendig erachtet werden. Die „upstream emissions" der indirekten Emissionen sollten jedenfalls strukturell geregelt werden, und zwar durch Dekarbonisierung des Energiesystems, Produkteffizienzstandards, Auflagen für Betriebe und Kostenwahrheit (Schubert, 2017).

Komplementär dazu zeigt sich, dass einfache, präzise Informationen zur Energieeffizienz von Produkten die Kaufentscheidung der Verbraucher_innen positiv beeinflussen, dass „die Kund_innen, obwohl sie die Etiketten nicht genau verstehen, dennoch nahezu optimale Entscheidungen auf der Grundlage der groben Signale der Etiketten treffen. Dies ist aus politischer Sicht ermutigend, da die Etiketten den Entscheidungsprozess vereinfachen und die wirtschaftliche Effizienz nicht beeinträchtigen" (d'Adda et al., 2021).

9.4.3 Innovationsperspektive – Freizeit neu erfinden

Innovative Wege umfassen die Entwicklung von langlebigen und reparaturfähigen Produkten ebenso wie die Möglichkeiten, Freizeitaktivitäten mit einem klimafreundlichen Umgang mit Produkten neu zu erfinden, und zwar immer auf Basis einer klimaneutralen Energieversorgung bzw. Mobilität [Kap. 14 Wirtschaft, Kap. 6 Mobilität].

Die Lebensdauer von Produkten ist ausschlaggebend für die Bewertung der Klimafreundlichkeit. Ein Vergleich der Reduzierungspotenziale von Treibhausgasemissionen bei der Nutzung von Kühlschränken und Smartphones zeigt, dass es wichtig ist, Produkte einzeln und über ihre Lebensdauer (Produktion, Nutzung, Entsorgung) zu analysieren (Glöser-Chahoud et al., 2021). Laut diesem Berechnungsmodell ist es bei Kühlschränken emissionssparender, die Geräte länger zu nutzen, als neue energiesparende Geräte zu kaufen.

Bei Smartphones hingegen ist der größte Effekt mit einer Verkürzung der ungenutzten Zeit zwischen 1. und 2. Nutzung (Hibernation) am zielführendsten. Wenn Smartphones schneller in Zweitnutzung gehen, sinkt der Bedarf an neuproduzierten Geräten und senkt die hohen Emissionen, die bei der Produktion anfallen.

Sowohl die Reparaturfähigkeit von Produkten als auch die Bereitschaft und Kompetenz zum Reparieren oder Selbermachen sind wichtige Faktoren zur Reduktion von Treibhausgasemissionen. Sharing-Initiativen von Freizeitgeräten und Freizeitorten werden aktuell von lokalen Gruppen und Initiativen entwickelt. Urban Gardening, Leihshops, Näh- und Repair-Cafés sind Ansätze „von unten" für Teilen und Subsistenzproduktion und bieten damit gleichermaßen Beispiele für eine neue Nutzung von freier Zeit und die Neuerfindung von gemeinschaftsorientierter Freizeit (Jonas et al., 2021; Schor, 2016) [QV zu ehrenamtlichen Tätigkeiten im Kap. 8 Sorgearbeit]. Die daraus entstandenen Geschäftsideen der Sharing Economy müssen sowohl auf ihre sozialen als auch auf ihre klimarelevanten Wirkungen weiter untersucht werden (Frenken & Schor, 2017) [QV zu kritischer Bewertung des Trends zur Prosumption in Kap. 8 Sorgearbeit; QV Kap. 14 Wirtschaft].

Innovative Konzepte entstehen auch im Tourismusbereich (Pröbstl-Haider et al., 2021a, 2021b, siehe Infokasten). So wird die Transformation von Destinationen zu Lebensräumen bzw. von Destinationsmanagementorganisationen zu Lebensraummanagementorganisationen als notwendig erachtet (Pechlaner, 2019). Die Zukunft von Events benötigt hohe Aufmerksamkeit und innovative Ideen um klimafreundliche Urlaube zu ermöglichen (Fritz et al., 2019) und die damit verbundene Flächenversiegelung zu begrenzen (Bätzing, 2017). Der Masterplan für den österreichischen Tourismus (BMNT, 2019) beinhaltet das Thema Klimawandel im Rahmen des Handlungsfelds 6 „Lebensgrundlage nachhaltig sichern" und skizziert neben Anpassungs- auch Minderungsmaßnahmen für touristische Betriebe. Die Verbindung von Gesundheitstourismus mit Fragen des Klimawandels kann nicht nur zu Klimawandelkommunikation genutzt werden, sondern auch neue Ideen für naturnahen und Resonanztourismus ermöglichen (Schmude, 2021).

9.4.4 Gesellschaft-Natur-Perspektive – Freizeit und Arbeit neu denken

Freizeit neu zu erfinden bedeutet auch eine Neubewertung von Arbeit. Ansätze zur Arbeitszeitreduktion und Aufwertung von Sorgearbeit und Ehrenamt werden in Kap. 7 Erwerbsarbeit und in Kap. 8 Sorgearbeit diskutiert. Klima- und Verteilungsgerechtigkeit können ebenso wie mehr Wohlbefinden und höhere Gesundheit als Co-Benefits dieser Ziele verstanden werden.

In einem systematischen Review der sozialen Effekte bestehender politischer Maßnahmen zur Dekarbonisierung fanden die Autor_innen wenig Übereinstimmung bei den Ergebnissen. Sie weisen darauf hin, dass Verteilungsgerechtigkeit in der Gestaltung der Maßnahmen vorab eingeplant und unterstützt werden muss und ein Politikmix aus steuerlichen und preislichen Instrumenten vorteilhaft ist (Peñasco et al., 2021).

Initiativen auf kommunaler Ebene werden eine Schlüsselrolle bei der Erreichung der Treibhausgasreduktionsziele spielen. In einer Studie zur Förderung von Verhaltensänderungen auf lokaler Ebene in der Stadt York (Großbritannien) wurden Erfahrungen gesammelt. Gemeindeteams erhielten über einen Zeitraum von sechs Monaten Informationen, Ratschläge und Anleitung zur Verringerung ihres CO_2-Fußabdrucks. Es wurde eine statistisch signifikante Reduzierung der Kohlenstoffemissionen erreicht. Jede_r Teilnehmer_in erreichte eine durchschnittliche Verringerung ihres/seines CO_2-Fußabdrucks um 2,0 Tonnen CO_2e pro Jahr. Die größten Einsparungen wurden in den Bereichen Einkaufen und Hausenergie erzielt (Haq et al., 2013). Solche sozialen Innovationen werden z. B. in Ökodörfern (Hausknost et al., 2018) und lokalen Initiativen untersucht (Jonas et al., 2021).

Insgesamt sehen wir, dass es eine Vielzahl an Hebeln gibt, die strukturell, verhaltensökonomisch, finanziell, technologisch, regulativ und bewusstseinsbildend in Richtung emissionsarmes Freizeitverhalten und emissionsarmer Konsum wirken. Für die Förderung von klimafreundlichem Freizeitverhalten in Österreich braucht es eine passende Mischung an Maßnahmen für strukturelle Änderungen und eine gute Datenlage für das Monitoring dieser Maßnahmen.

Synthese aus dem APCC SR Tourismus & Klimawandel: Handlungsoptionen (Pröbstl-Haider et al., 2021a, 2021b)
Tourismus kann als Chance für einen neuen Lebensstil („Paris Lifestyle") genutzt werden.

- Um die Klimaziele, die in Paris vereinbart wurden, erreichen zu können, ist ein veränderter Lebensstil erforderlich. Bezogen auf den Tourismus betrifft dies unter anderem bei den Gästen eine Berücksichtigung des Klimawandels bei der Buchung, der Anreise sowie bei Unterkunft- und Verpflegungsarrangements und bei den Anbietern eine entsprechende Angebotsentwicklung.
- Will man die Pariser Klimaziele erreichen, ist es notwendig, dass die Politik aktiv regulierend eingreift, insbesondere im Bereich der Mobilität und der Unternehmensförderung. Darüber hinaus brauchen die Destinationen Unterstützung auf dem Weg

zu einer proaktiven und systematisch klimaschonenden Angebotsentwicklung.
- Eine hohe Wirksamkeit von Maßnahmen kann dann erreicht werden, wenn die Handlungsoptionen und Anpassungsstrategien auf nationaler Ebene, auf Destinationsebene und auf betrieblicher Ebene sektorenübergreifend aufeinander abgestimmt werden. Eine zusätzliche Unterstützung könnte dadurch erreicht werden, dass der Gast aktiv in die Adaptionsprozesse eingebunden wird.

9.5 Fazit – klimafreundliche Erholung für alle

Freizeit ist ein Lebensbereich mit sehr vielfältigen individuellen Handlungsoptionen, der aber stark strukturellen Bedingungen unterliegt. So wirken etwa gesellschaftliche Normierungen und verbreitete Praktiken oder die vorhandenen Infrastrukturen und Möglichkeiten auf individuelle Entscheidungen. Die Hauptantriebskräfte der Zeitnutzungsmuster sind die Arrangements rund um bezahlte und unbezahlte Arbeit, Bildung, Wohnort und die vorhandene (Mobilitäts-)Infrastrukturen sowie die räumlich-zeitliche Erreichbarkeit von Freizeitmöglichkeiten. Die Menge der Arbeitsstunden und ihre zeitliche Gestaltung sowie die Betriebszeiten von Bildungseinrichtungen und die für das Pendeln benötigte Zeit formen, beschränken und ermöglichen andere Zeitnutzungsaktivitäten.

Zeitknappheit aufgrund von Betriebszeiten, niedrige Work-Life-Balance und Doppelbelastungen (hauptsächlich von Frauen) beeinflussen die CO_2-Intensität aller anderen Aktivitäten durch Entscheidungen über Verkehrsmittel (Individualverkehr versus öffentlicher Verkehr) und Konsummuster (z. B. Fast Food). Ein Fokus auf Zeitwohlstand für alle bietet die Chance, klimafreundliches Leben mit dem Ziel „viel Freizeit selbstbestimmt und mit klimafreundlichen Tätigkeiten verbringen" zu definieren anstatt die Forderung an Individuen nach Verzicht und Konsumexpertise im Sinne von „weniger und anders konsumieren" in den Vordergrund zu stellen (Schor, 2016). Zeitpolitische Maßnahmen (Reisch, 2015) wurden als transsektoraler Rahmen positioniert, um Lösungen für soziale und wirtschaftliche Probleme zu finden. Wenn sie Umweltfragen miteinschließen, können sie auch ein Beitrag zu einer klimafreundlichen Entwicklung sein.

Die Bereitstellung von Infrastruktur und Services für Erholung im öffentlichen Raum, die kostenlos und zu Fuß erreichbar sind, trägt zu Änderungen der Praktiken bei der Freizeitgestaltung bei. Öffentliche Dienstleistungen und kommunale Infrastruktur – z. B. Grünflächen, Sport- und Freizeiteinrichtungen mit geringen Kosten und CO_2-Emissionen, die mit öffentlichen Verkehrsmitteln in kurzer Zeit erreichbar sind – ermöglichen CO_2-leichtere Freizeitpraktiken (Druckman & Jackson, 2009; Jalas & Juntunen, 2015; Rau, 2015).

Da die Klimaproblematik der Freizeit, der Urlaube und des sonstigen Konsums abseits von Mobilität und Wohnen hauptsächlich indirekt durch die Produktion von Gütern und Dienstleistungen entsteht, welche von einer wachsenden Nachfrage angetrieben werden, benötigt es eine Kombination aus Maßnahmen. Ganz klar muss die Bereitstellung von Gütern und Dienstleistungen und deren Produktion klimafreundlicher gestaltet werden. Es benötigt auch Schritte hin zu einer Neubewertung von Arbeit und Freizeit mit dem Fokus auf Entschleunigung und Zeitwohlstand, mit dem Ziel, die Nachfrage bzw. Freizeit zu entschleunigen und Möglichkeiten zu schaffen, die Freizeit weniger konsumintensiv zu leben und dadurch weniger Emissionen zu produzieren und Ressourcen zu verbrauchen (Creutzig et al., 2021). Einigkeit gibt es in der in diesem Kapitel vorgestellten Literatur darüber, dass ein Mix an Maßnahmen (Kostenwahrheit, Emissionsbepreisung, Ressourcensteuern, verbindliche Standards und Auflagen) zur Erreichung dieser Ziele notwendig ist:

- strukturellen Änderungen, die Entschleunigung und ein gutes Leben für alle fördern,
- eine rasche Dekarbonisierung der Energieversorgung und der Mobilität,
- eine rasche Dekarbonisierung der globalisierten Produktion von Gütern und Dienstleistungen,
- die Steigerung der Energie- und Ressourceneffizienz von Produkten,
- mehr Produkte mit entschleunigten und verlängerten Produktlebenszyklen und
- innovative Produkte, die häufiger repariert werden und deren Nutzung von mehreren Personen geteilt wird.

9.6 Quellenverzeichnis

Akenji, L. (2014). Consumer Scapegoatism and Limits to Green Consumerism. *Journal of Cleaner Production, 63*, 13–23. https://doi.org/10.1016/j.jclepro.2013.05.022

Alexander, P., Berri, A., Moran, D., Reay, D., & Rounsevell, M. D. A. (2020). The global environmental paw print of pet food. *Global Environmental Change, 65*, 102153. https://doi.org/10.1016/j.gloenvcha.2020.102153

Ammer, U., & Pröbstl, U. (1991). *Freizeit und Natur: Probleme und Lösungsmöglichkeiten einer ökologisch verträglichen Freizeitnutzung.* P. Parey.

Asefi-Najafabady, S., Villegas-Ortiz, L., & Morgan, J. (2021). The failure of Integrated Assessment Models as a response to "climate emergency" and ecological breakdown: The Emperor has no clothes. *Globalizations, 18*(7), 1178–1188. https://doi.org/10.1080/14747731.2020.1853958

Barr, S. (2006). Environmental Action in the Home: Investigating the "Value-Action" Gap. *Geography, 91*(1), 43–54. https://doi.org/10.1080/00167487.2006.12094149

Barr, S., Shaw, G., Coles, T., & Prillwitz, J. (2010). "A holiday is a holiday": Practicing sustainability, home and away. *Journal of Transport Geography*, *18*(3), 474–481. https://doi.org/10.1016/j.jtrangeo.2009.08.007

Bätzing, W. (2017). Orte guten Lebens: Visionen für einen Alpentourismus zwischen Wildnis und Freizeitpark. In K. Luger, & F. Rest (Hrsg.), *Alpenreisen: Erlebnis, Raumtransformationen, Imagination* (S. 215–236). StudienVerlag, Innsbruck, Österreich.

Belkhir, L., & Elmeligi, A. (2018). Assessing ICT global emissions footprint: Trends to 2040 & recommendations. *Journal of Cleaner Production*, *177*, 448–463. https://doi.org/10.1016/j.jclepro.2017.12.239

BMNT. (2019). *Plan T – Masterplan für Tourismus*. Bundesministerium für Nachhaltigkeit und Tourismus (BMNT), Wien, Österreich. https://www.bmnt.gv.at/tourismus/masterplan_tourismus.html

Bourdieu, P. (1986). The Forms of Capital. In *Handbook of theory and research for the sociology of education* (edited by J.G. Richardson, S. 241–258). Greenwood.

Brenčič, V., & Young, D. (2009). Time-saving innovations, time allocation, and energy use: Evidence from Canadian households. *Ecological Economics*, *68*(11), 2859–2867. https://doi.org/10.1016/j.ecolecon.2009.06.005

Carlsson, F., Gravert, C., Johansson-Stenman, O., & Kurz, V. (2021). The Use of Green Nudges as an Environmental Policy Instrument. *Review of Environmental Economics and Policy*, *15*(2), 216–237. https://doi.org/10.1086/715524

Christian, H. E., Westgarth, C., Bauman, A., Richards, E. A., Rhodes, R. E., Evenson, K. R., Mayer, J. A., & Thorpe, R. J. (2013). Dog Ownership and Physical Activity: A Review of the Evidence. *Journal of Physical Activity and Health*, *10*(5), 750–759. https://doi.org/10.1123/jpah.10.5.750

Clément, L.-P. P.-V. P., Jacquemotte, Q. E. S., & Hilty, L. M. (2020). Sources of variation in life cycle assessments of smartphones and tablet computers. *Environmental Impact Assessment Review*, *84*, 106416. https://doi.org/10.1016/j.eiar.2020.106416

Cisco. (2019). *Cisco Visual Networking Index: Forecast and Trends, 2017–2022*. White paper. Cisco. https://www.cisco.com/c/en/us/solutions/collateral/executive-perspectives/annual-internet-report/white-paper-c11-741490.html

Cook, G. (2017). *Clicking Clean: Who is winning the race to build a green internet?* Greenpeace, Washington, DC. http://www.clickclean.org/downloads/ClickClean2016%20HiRes.pdf

Cordella, M., Alfieri, F., & Sanfelix, J. (2021). Reducing the carbon footprint of ICT products through material efficiency strategies: A life cycle analysis of smartphones. *Journal of Industrial Ecology*, *25*(2), 448–464. https://doi.org/10.1111/jiec.13119

Court, V., & Sorrell, S. (2020). Digitalisation of goods: A systematic review of the determinants and magnitude of the impacts on energy consumption. *Environmental Research Letters*, *15*(4), 043001. https://doi.org/10.1088/1748-9326/ab6788

Creutzig, F., Callaghan, M., Ramakrishnan, A., Javaid, A., Niamir, L., Minx, J., Müller-Hansen, F., Sovacool, B., Afroz, Z., Andor, M., Antal, M., Court, V., Das, N., Díaz-José, J., Döbbe, F., Figueroa, M. J., Gouldson, A., Haberl, H., Hook, A., … Wilson, C. (2021). Reviewing the scope and thematic focus of 100 000 publications on energy consumption, services and social aspects of climate change: A big data approach to demand-side mitigation *. *Environmental Research Letters*, *16*(3), 033001. https://doi.org/10.1088/1748-9326/abd78b

Czepkiewicz, M., Heinonen, J., & Ottelin, J. (2018). Why do urbanites travel more than do others? A review of associations between urban form and long-distance leisure travel. *Environmental Research Letters*, *13*(7), 073001. https://doi.org/10.1088/1748-9326/aac9d2

d'Adda, G., Gao, Y., & Tavoni, M. (2021). *Are energy labels good enough for consumers? Experimental evidence on online appliance purchases* [Preprint]. In Review. https://doi.org/10.21203/rs.3.rs-285900/v1

De Lauretis, S., Ghersi, F., & Cayla, J.-M. (2017). Energy consumption and activity patterns: An analysis extended to total time and energy use for French households. *Applied Energy*, *206*, 634–648. https://doi.org/10.1016/j.apenergy.2017.08.180

Druckman, A., Buck, I., Hayward, B., & Jackson, T. (2012). Time, gender and carbon: A study of the carbon implications of British adults' use of time. *Ecological Economics*, *84*, 153–163. https://doi.org/10.1016/j.ecolecon.2012.09.008

Druckman, A., & Jackson, T. (2009). The carbon footprint of UK households 1990–2004: A socio-economically disaggregated, quasi-multi-regional input-output model. *Ecological Economics*, *68*(7), 2066–2077.

Eaton, B. C., & Matheson, J. A. (2013). Resource allocation, affluence and deadweight loss when relative consumption matters. *Journal of Economic Behavior & Organization*, *91*, 159–178. https://doi.org/10.1016/j.jebo.2013.04.011

Eijgelaar, E., Thaper, C., & Peeters, P. (2010). Antarctic cruise tourism: The paradoxes of ambassadorship, "last chance tourism" and greenhouse gas emissions. *Journal of Sustainable Tourism*, *18*(3), 337–354. https://doi.org/10.1080/09669581003653534

Enste, D., & Potthoff, J. (2021). *Behavioral economics and climate protection: Better regulation and green nudges for more sustainability*. IW Medien.

Farrow, K., Grolleau, G., & Ibanez, L. (2017). Social Norms and Pro-environmental Behavior: A Review of the Evidence. *Ecological Economics*, *140*, 1–13. https://doi.org/10.1016/j.ecolecon.2017.04.017

Forsa. (2021). *Ernährungsreport 2021*. https://www.bmel.de/SharedDocs/Downloads/DE/_Ernaehrung/forsa-ernaehrungsreport-2021-tabellen.pdf?__blob=publicationFile&v=2

Frenken, K., & Schor, J. (2017). Putting the sharing economy into perspective. *Environmental Innovation and Societal Transitions*, *23*, 3–10. https://doi.org/10.1016/j.eist.2017.01.003

Fritz, O., Laimer, P., Ostertag-Sydler, J., & Weiß, J. (2019). Bericht über die Bedeutung, Entwicklung und Struktur der österreichischen Tourismus- und Freizeitwirtschaft im Jahr 2018. Österreichisches Institut für Wirtschaftsforschung & Statistik Austria (Hrsg.), Wien, Österreich. https://www.wifo.ac.at/wwa/pubid/61799

Gao, J., & Zhang, L. (2021). Exploring the dynamic linkages between tourism growth and environmental pollution: New evidence from the Mediterranean countries. *Current Issues in Tourism*, *24*(1), 49–65. https://doi.org/10.1080/13683500.2019.1688767

Gillingham, K., Rapson, D., & Wagner, G. (2016). The Rebound Effect and Energy Efficiency Policy. *Review of Environmental Economics and Policy*, *10*(1), 68–88. https://doi.org/10.1093/reep/rev017

GfK. (2020). *Bewegtbildstudie 2020*. GfK Austria, Wien. https://www.rtr.at/medien/aktuelles/publikationen/Publikationen/Bewegtbildstudie2020.de.html

GfK. (2021). *Bewegtbildstudie 2021*. GfK Austria, Wien. https://www.rtr.at/medien/aktuelles/publikationen/Publikationen/Bewegtbildstudie2021.de.html

Glöser-Chahoud, S., Pfaff, M., & Schultmann, F. (2021). The link between product service lifetime and GHG emissions: A comparative study for different consumer products. *Journal of Industrial Ecology*, *25*(2), 465–478. https://doi.org/10.1111/jiec.13123

Göbel, C., Scheiper, M.-L., Friedrich, S., Teitscheid, P., Rohn, H., Speck, M., & Langen, N. (2017). Entwicklung eines Leitbilds zur „Nachhaltigkeit in der Außer-Haus-Gastronomie". In W. Leal Filho (Hrsg.), *Innovation in der Nachhaltigkeitsforschung* (S. 1–21). Springer Berlin Heidelberg. https://doi.org/10.1007/978-3-662-54359-7_1

Gössling, S., & Lund-Durlacher, D. (2021). Tourist accommodation, climate change and mitigation: An assessment for Austria. *Journal of*

Outdoor Recreation and Tourism, 100367. https://doi.org/10.1016/j.jort.2021.100367

Haq, G., Cambridge, H., & Owen, A. (2013). A targeted social marketing approach for community pro-environmental behavioural change. *Local Environment*, *18*(10), 1134–1152. https://doi.org/10.1080/13549839.2013.787974

Hausknost, D., Haas, W., Hielscher, S., Schäfer, M., Leitner, M., Kunze, I., & Mandl, S. (2018). Investigating patterns of local climate governance: How low-carbon municipalities and intentional communities intervene in social practices. *Environmental Policy and Governance*, *28*(6), 371–382. https://doi.org/10.1002/eet.1804

Holzbaur, U. (2020). *Nachhaltige Events: Erfolgreiche Veranstaltungen durch gesellschaftliche Verantwortung* (2. Auflage). Springer Gabler. https://doi.org/10.1007/978-3-658-32443-8

Ivanova, D., Barrett, J., Wiedenhofer, D., Macura, B., Callaghan, M., & Creutzig, F. (2020). Quantifying the potential for climate change mitigation of consumption options. *Environmental Research Letters*, *15*(9), 093001. https://doi.org/10.1088/1748-9326/ab8589

Ivanova, D., Vita, G., Steen-Olsen, K., Stadler, K., Melo, P. C., Wood, R., & Hertwich, E. G. (2017). Mapping the carbon footprint of EU regions. *Environmental Research Letters*, *12*(5), 054013. https://doi.org/10.1088/1748-9326/aa6da9

Jalas, M. (2002). A time use perspective on the materials intensity of consumption. *Ecological Economics*, *41*(1), 109–123. https://doi.org/10.1016/S0921-8009(02)00018-6

Jalas, M., & Juntunen, J. K. (2015). Energy intensive lifestyles: Time use, the activity patterns of consumers, and related energy demands in Finland. *Ecological Economics*, *113*, 51–59. https://doi.org/10.1016/j.ecolecon.2015.02.016

Jonas, M., Nessel, S., & Tröger, N. (Hrsg.). (2021). *Reparieren, Selbermachen und Kreislaufwirtschaften: Alternative Praktiken für nachhaltigen Konsum*. Springer VS.

Jourdan, D., & Wertin, J. (2020). Intergenerational rights to a sustainable future: Insights for climate justice and tourism. *Journal of Sustainable Tourism*, *28*(8), 1245–1254. https://doi.org/10.1080/09669582.2020.1732992

Kanemoto, K., Moran, D., Shigetomi, Y., Reynolds, C., & Kondo, Y. (2019). Meat Consumption Does Not Explain Differences in Household Food Carbon Footprints in Japan. *One Earth*, *1*(4), 464–471. https://doi.org/10.1016/j.oneear.2019.12.004

Keen, S. (2021). The appallingly bad neoclassical economics of climate change. *Globalizations*, *18*(7), 1149–1177. https://doi.org/10.1080/14747731.2020.1807856

Kim, S., Filimonau, V., & Dickinson, J. E. (2020). The technology-evoked time use rebound effect and its impact on pro-environmental consumer behaviour in tourism. *Journal of Sustainable Tourism*, *28*(2), 164–184. https://doi.org/10.1080/09669582.2019.1643870

Klösch, B. (2019). *Der ökologische Value – Intention – Action Gap Eine empirische Untersuchung zu Diskrepanzen im Umweltverhalten in der österreichischen Bevölkerung* [Masterarbeit, Karl-Franzens-Universität Graz]. https://unipub.uni-graz.at/obvugrhs/download/pdf/4769308?originalFilename=true

Lenzen, M., Sun, Y.-Y., Faturay, F., Ting, Y.-P., Geschke, A., & Malik, A. (2018). The carbon footprint of global tourism. *Nature Climate Change*, *8*(6), 522–528. https://doi.org/10.1038/s41558-018-0141-x

Lin-Hi, N. (2021). *Nachhaltiger Konsum*. https://wirtschaftslexikon.gabler.de/definition/nachhaltiger-konsum-54524/version-384780

Lund-Durlacher, D., Gössling, S., Antonschmidt, H., Obersteiner, G., & Smeral, E. (2021). Gastronomie und Kulinarik. In U. Pröbstl-Haider, D. Lund-Durlacher, M. Olefs, & F. Prettenthaler (Hrsg.), *Tourismus und Klimawandel* (S. 93–105). Springer Spektrum. https://www.springerprofessional.de/gastronomie-und-kulinarik/18643720

MacKenzie, D., & Cho, H. (2020). Travel Demand and Emissions from Driving Dogs to Dog Parks. *Transportation Research Record: Journal of the Transportation Research Board*, *2674*(6), 291–296. https://doi.org/10.1177/0361198120918870

Martens, P., Su, B., & Deblomme, S. (2019). The Ecological Paw Print of Companion Dogs and Cats. *BioScience*, *69*(6), 467–474. https://doi.org/10.1093/biosci/biz044

Mascarenhas, M., Pereira, E., Rosado, A., & Martins, R. (2021). How has science highlighted sports tourism in recent investigation on sports' environmental sustainability? A systematic review. *Journal of Sport & Tourism*, *25*(1), 42–65. https://doi.org/10.1080/14775085.2021.1883461

Nielsen, K. S., Nicholas, K. A., Creutzig, F., Dietz, T., & Stern, P. C. (2021). The role of high-socioeconomic-status people in locking in or rapidly reducing energy-driven greenhouse gas emissions. *Nature Energy*, *6*(11), 1011–1016. https://doi.org/10.1038/s41560-021-00900-y

Niinimäki, K., Peters, G., Dahlbo, H., Perry, P., Rissanen, T., & Gwilt, A. (2020). The environmental price of fast fashion. *Nature Reviews Earth & Environment*, *1*(4), 189–200. https://doi.org/10.1038/s43017-020-0039-9

Okin, G. S. (2017). Environmental impacts of food consumption by dogs and cats. *PLOS ONE*, *12*(8), e0181301. https://doi.org/10.1371/journal.pone.0181301

O'Rourke, D., & Lollo, N. (2015). Transforming Consumption: From Decoupling, to Behavior Change, to System Changes for Sustainable Consumption. *Annual Review of Environment and Resources*, *40*(1), 233–259. https://doi.org/10.1146/annurev-environ-102014-021224

Ottelin, J., Heinonen, J., & Junnila, S. (2018). Carbon and material footprints of a welfare state: Why and how governments should enhance green investments. *Environmental Science & Policy*, *86*, 1–10. https://doi.org/10.1016/j.envsci.2018.04.011

Pauliuk, S., Arvesen, A., Stadler, K., & Hertwich, E. G. (2017). Industrial ecology in integrated assessment models. *Nature Climate Change*, *7*(1), 13–20. https://doi.org/10.1038/nclimate3148

Pechlaner, H. (2019). Destination und Lebensraum: Perspektiven touristischer Entwicklung: 20 Jahre Tourismusforschung von Eurac Research. Springer Fachmedien, Wiesbaden.

Peñasco, C., Anadón, L. D., & Verdolini, E. (2021). Systematic review of the outcomes and trade-offs of ten types of decarbonization policy instruments. *Nature Climate Change*, *11*(3), 257–265. https://doi.org/10.1038/s41558-020-00971-x

Peters, G., Li, M., & Lenzen, M. (2021). The need to decelerate fast fashion in a hot climate – A global sustainability perspective on the garment industry. *Journal of Cleaner Production*, *295*, 126390. https://doi.org/10.1016/j.jclepro.2021.126390

Plank, B., Eisenmenger, N., & Schaffartzik, A. (2020). Do material efficiency improvements backfire?: Insights from an index decomposition analysis about the link between CO_2 emissions and material use for Austria. *Journal of Industrial Ecology*, jiec.13076. https://doi.org/10.1111/jiec.13076

Prettenthaler, F., Damm, A., Gössling, S., Neger, C., Schwarzinger, S., & Haas, W. (2021). Nationale Verpflichtungen auf Grundlage des Pariser Klimaabkommens. In U. Pröbstl-Haider, D. Lund-Durlacher, M. Olefs, & F. Prettenthaler (Hrsg.), *Tourismus und Klimawandel* (S. 209–223). Springer Berlin Heidelberg. https://doi.org/10.1007/978-3-662-61522-5_12

Pröbstl-Haider, U., Lund-Durlacher, D., Olefs, M., & Prettenthaler, F. (Hrsg.). (2021a). *Tourismus und Klimawandel*. Springer Berlin Heidelberg. https://doi.org/10.1007/978-3-662-61522-5

Pröbstl-Haider, U., Wanner, A., Feilhammer, M., & Damm, A. (2021b). Tourism and climate change – An integrated look at the Austrian case. *Journal of Outdoor Recreation and Tourism*, *34*, 100361. https://doi.org/10.1016/j.jort.2020.100361

Ramakrishnan, A., & Creutzig, F. (2021). Status consciousness in energy consumption: A systematic review. *Environmental Research Letters*, *16*(5), 053010. https://doi.org/10.1088/1748-9326/abf003

Rau, H. (2015). Time use and resource consumption. In *International Encyclopedia of the Social and Behavioural Sciences*. Elsevier.

Reimers, H., Jacksohn, A., Appenfeller, D., Lasarov, W., Hüttel, A., Rehdanz, K., Balderjahn, I., & Hoffmann, S. (2021). Indirect rebound effects on the consumer level: A state-of-the-art literature review. *Cleaner and Responsible Consumption*, *3*, 100032. https://doi.org/10.1016/j.clrc.2021.100032

Reisch, L. A. (2015). *Time Policies for a Sustainable Society*. Springer International Publishing. http://link.springer.com/10.1007/978-3-319-15198-4

Reisch, L. A., Joppa, L., Howson, P., Gil, A., Alevizou, P., Michaelidou, N., Appiah-Campbell, R., Santarius, T., Köhler, S., Pizzol, M., Schweizer, P.-J., Srinivasan, D., Kaack, L. H., Donti, P. L., & Rolnick, D. (2021). Digitizing a sustainable future. *One Earth*, *4*(6), 768–771. https://doi.org/10.1016/j.oneear.2021.05.012

Rico, A., Martínez-Blanco, J., Montlleó, M., Rodríguez, G., Tavares, N., Arias, A., & Oliver-Solà, J. (2019). Carbon footprint of tourism in Barcelona. *Tourism Management*, *70*, 491–504. https://doi.org/10.1016/j.tourman.2018.09.012

Santarius, T., Aall, C., & Walnum, H. J. (Hrsg.). (2016). *Rethinking Climate and Energy Policies: New Perspectives on the Rebound Phenomenon* (1st ed. 2016). Springer International Publishing : Imprint: Springer. https://doi.org/10.1007/978-3-319-38807-6

Schipper, L., Bartlett, S., Hawk, D., & Vine, E. (1989). Linking Life-Styles and Energy Use: A Matter of Time? *Annual Review of Energy*, *14*(1), 273–320. https://doi.org/10.1146/annurev.eg.14.110189.001421

Schor, J. B. (2016). *Wahrer Wohlstand: Mit weniger Arbeit besser leben* (K. Petersen, Übers.; Deutsche Erstausgabe). oekom verlag.

Schubert, C. (2017). Green nudges: Do they work? Are they ethical? *Ecological Economics*, *132*, 329–342. https://doi.org/10.1016/j.ecolecon.2016.11.009

Schmude, J., Bischof, M., & Pillmayer, M. (2021). Klimawandel und Gesundheitstourismus. Heilbäder und Kurorte: Klimawandel als Einflussfaktor auf ein sich änderndes Nachfrageverhalten. *Geographische Rundschau*, *2021*(3), 38-43.

Shaheen, K., Zaman, K., Batool, R., Khurshid, M. A., Aamir, A., Shoukry, A. M., Sharkawy, M. A., Aldeek, F., Khader, J., & Gani, S. (2019). Dynamic linkages between tourism, energy, environment, and economic growth: Evidence from top 10 tourism-induced countries. *Environmental Science and Pollution Research*, *26*(30), 31273–31283. https://doi.org/10.1007/s11356-019-06252-1

Sharpley, R. (2020). Tourism, sustainable development and the theoretical divide: 20 years on. *Journal of Sustainable Tourism*, *28*(11), 1932–1946. https://doi.org/10.1080/09669582.2020.1779732

Shove, E. (2010). Beyond the ABC: Climate Change Policy and Theories of Social Change. *Environment and Planning A*, *42*, 1273–1285. https://doi.org/10.1068/a42282

Smetschka, B., Wiedenhofer, D., Egger, C., Haselsteiner, E., Moran, D., & Gaube, V. (2019). Time Matters: The Carbon Footprint of Everyday Activities in Austria. *Ecological Economics*, *164*, 106357. https://doi.org/10.1016/j.ecolecon.2019.106357

Sorrell, S., Gatersleben, B., & Druckman, A. (2020). The limits of energy sufficiency: A review of the evidence for rebound effects and negative spillovers from behavioural change. *Energy Research & Social Science*, *64*, 101439. https://doi.org/10.1016/j.erss.2020.101439

Spector, S., & Higham, J. E. S. (2019). Space tourism in the Anthropocene. *Annals of Tourism Research*, *79*, 102772. https://doi.org/10.1016/j.annals.2019.102772

Stankuniene, G., Streimikiene, D., & Kyriakopoulos, G. L. (2020). Systematic Literature Review on Behavioral Barriers of Climate Change Mitigation in Households. *Sustainability*, *12*(18), 7369. https://doi.org/10.3390/su12187369

Statistik Austria. (2009). *Zeitverwendung 2008/09. Ein Überblick über geschlechtsspezifische Unterschiede* [Endbericht.]. Bundesanstalt Statistik Österreich (STATISTIK AUSTRIA). https://www.statistik.at/wcm/idc/idcplg?IdcService=GET_PDF_FILE&dDocName=052108

Statistik Austria. (2019). *Tourismus in Österreich 2018*. Statistik Austria.

Steininger, K. W., Munoz, P., Karstensen, J., Peters, G. P., Strohmaier, R., & Velázquez, E. (2018). Austria's consumption-based greenhouse gas emissions: Identifying sectoral sources and destinations. *Global Environmental Change*, *48*, 226–242. https://doi.org/10.1016/j.gloenvcha.2017.11.011

Su, B., Martens, P., & Enders-Slegers, M.-J. (2018). A neglected predictor of environmental damage: The ecological paw print and carbon emissions of food consumption by companion dogs and cats in China. *Journal of Cleaner Production*, *194*, 1–11. https://doi.org/10.1016/j.jclepro.2018.05.113

Sun, Y.-Y., Cadarso, M. A., & Driml, S. (2020). Tourism carbon footprint inventories: A review of the environmentally extended input-output approach. *Annals of Tourism Research*, *82*, 102928. https://doi.org/10.1016/j.annals.2020.102928

Thøgersen, J. (2021). Consumer behavior and climate change: Consumers need considerable assistance. *Current Opinion in Behavioral Sciences*, *42*, 9–14. https://doi.org/10.1016/j.cobeha.2021.02.008

Tolppanen, S., & Kang, J. (2021). The effect of values on carbon footprint and attitudes towards pro-environmental behavior. *Journal of Cleaner Production*, *282*, 124524. https://doi.org/10.1016/j.jclepro.2020.124524

Unbehaun, W. (2017). *Mobilität im ländlichen Raum im Kontext von Betreuung und Erwerbstätigkeit*. Dissertation BOKU.

Veblen, T. (1899). *The Theory of the Leisure Class; An Economic Study of Institutions*. The Macmillan Company. https://ia804501.us.archive.org/13/items/theoryofleisurec00vebliala/theoryofleisurec00vebliala.pdf

Wicker, P. (2019). The carbon footprint of active sport participants. *Sport Management Review*, *22*(4), 513–526. https://doi.org/10.1016/j.smr.2018.07.001

Wiedenhofer, D., Smetschka, B., Akenji, L., Jalas, M., & Haberl, H. (2018). Household time use, carbon footprints, and urban form: A review of the potential contributions of everyday living to the 1.5 °C climate target. *Current Opinion in Environmental Sustainability*, *30*, 7–17. https://doi.org/10.1016/j.cosust.2018.02.007

Wondirad, A. (2019). Retracing the past, comprehending the present and contemplating the future of cruise tourism through a meta-analysis of journal publications. *Marine Policy*, *108*, 103618. https://doi.org/10.1016/j.marpol.2019.103618

Yu, B., Zhang, J., & Wei, Y.-M. (2019). Time use and carbon dioxide emissions accounting: An empirical analysis from China. *Journal of Cleaner Production*, *215*, 582–599. https://doi.org/10.1016/j.jclepro.2019.01.047

Zellmann, P., & Mayrhofer, S. (2019). *Freizeitmonitor 2019* (Nr. 7/19; IFT Forschungstelegramm). IFT Institut für Freizeit- und Tourismusforschung. https://www.freizeitforschung.at/data/forschungsarchiv/2019/179.%20FT%207-2019_Freizeitmonitor.pdf

Zheng, H., Long, Y., Wood, R., Moran, D., Zhang, Z., Meng, J., Feng, K., Hertwich, E., & Guan, D. (2022). Ageing society in developed countries challenges carbon mitigation. *Nature Climate Change*, *12*(3), 241–248. https://doi.org/10.1038/s41558-022-01302-y

Zijlema, W. L., Christian, H., Triguero-Mas, M., Cirach, M., van den Berg, M., Maas, J., Gidlow, C. J., Kruize, H., Wendel-Vos, W., Andrušaitytė, S., Grazuleviciene, R., Litt, J., & Nieuwenhuijsen, M. J. (2019). Dog ownership, the natural outdoor environment and health: A cross-sectional study. *BMJ Open*, *9*(5), e023000. https://doi.org/10.1136/bmjopen-2018-023000

Teil 3: Strukturbedingungen

Kapitel 10. Integrierte Perspektiven auf Strukturbedingungen

Koordinierende Leitautor_innen
Michael Ornetzeder, Melanie Pichler, Verena Madner und Christoph Görg.

Leitautor_innen
Lisa Bohunovsky, Birgit Hollaus, Jürgen Essletzbichler, Karin Fischer, Peter Kaufmann, Lars Keller, Astrid Krisch, Klaus Kubeczko, Michael Miess, Ulrike Schneider, Eva Schulev-Steindl, Reinhard Steurer, Nina Svanda, Hendrik Theine, Matthias Weber, Harald Wieser und Sibylla Zech.

Beitragende Autor_innen
Aron Buzogány, Christoph Clar, Victor Daniel Perez Delgado, Julia Eder, Xenia Miklin, Sarah L. Nash, Michaela Neumann, Livia Regen, Claus Reitan, Michael Ornetzeder, Anke Schaffartzik, Patrick Scherhaufer, Hans Volmary und Julia Wallner.

Revieweditor
Olver Ruppel

Zitierhinweis
Ornetzeder, M., M. Pichler, V. Madner, C. Görg, L. Bohunovsky, B. Hollaus, J. Essletzbichler, K. Fischer, P. Kaufmann, L. Keller, A. Krisch, K. Kubeczko, M. Miess, U. Schneider, E. Schulev-Steindl, R. Steurer, N. Svanda, H. Theine, M. Weber, H. Wieser und S. Zech (2023): Integrierte Perspektiven auf Strukturbedingungen. In: APCC Special Report: Strukturen für ein klimafreundliches Leben (APCC SR Klimafreundliches Leben) [Görg, C., V. Madner, A. Muhar, A. Novy, A. Posch, K. W. Steininger und E. Aigner (Hrsg.)]. Springer Spektrum: Berlin/Heidelberg.

Kernaussagen des Kapitels
- Strukturen wirken auf vielfältige Weise auf alltägliches Handeln, soziale Praktiken oder Investitionsentscheidungen und sind daher von zentraler Bedeutung für ein klimafreundliches Leben.
- Die bestehenden Strukturen in Österreich erschweren ein klimafreundliches Leben.
- Um die Klimaziele zu erreichen, müssen bestehende Strukturen verändert und zum Teil neue Strukturen aufgebaut werden.
- Die für ein klimafreundliches Leben hinderlichen Strukturmerkmale wie auch die als relevant erachteten Strukturveränderungen werden in den nachfolgenden Kapiteln im Detail ausgeführt. Wechselwirkungen zwischen den Bereichen werden durch entsprechende Querverweise sichtbar gemacht.
- In Bezug auf die Gestaltung und Veränderung von Strukturen ist zu berücksichtigen, in welchem Ausmaß individuelle und kollektive Akteur_innen (z. B. Verbände) gemäß ihres Machtpotenzials, ihrer Ressourcenausstattung oder Organisationsfähigkeit in der Lage sind, gegenwärtige Strukturen zu bewahren oder zu verändern.

10.1 Einleitung

In Teil 3 behandeln wir Strukturen, die eine Transformation in Richtung klimafreundliches Leben maßgeblich fördern oder behindern, wobei wir so weit wie möglich auf die besonderen Bedingungen in Österreich eingehen. Der Teil hat damit zentrale Themen zum Inhalt, die für den Gesamtbericht quer über alle Handlungsfelder (Teil 2) von Relevanz sind.

Ziel des Teils ist die umfassende Diskussion von Strukturen in Österreich, die ein klimafreundliches Leben fördern oder behindern bzw. für den Aufbau klimafreundlicher Strukturen als relevant erachtet werden. Strukturen, die beispielsweise im Recht, im politischen System, in der Wirtschaft oder der Raumordnung verankert sind, wirken auf verschiedene Sektoren und gesellschaftliche Aktivitäten gleichzeitig – wenn auch in unterschiedlicher Weise. Das Gemeinsame der folgenden Kapitel ist die Perspektive mit Fokus auf die oft unterschätzte Wirkmächtigkeit von Strukturen. Damit soll der Bericht in diesem Teil einen zusätzlichen Erkenntnisgewinn vor allem in Bezug auf die Umgestaltung und den Aufbau neuer Strukturen ermöglichen und handlungsrelevante Erkenntnisse zu Tage fördern, wie und mit welchen Maßnahmen bestehende Strukturen – im Sinne eines wirkungsvollen Klimaschutzes – verändert werden können.

Der Teil gliedert sich in 12 Kapitel, die Strukturen in unterschiedlichen Bereichen thematisieren. Entsprechende Strukturen betreffen die Bereiche **Recht und Governance**, Strukturen der öffentlichen Willensbildung in **Diskursen und Medien** sowie in **Bildung und Wissensproduktion**, wirtschaftliche Aktivitäten einschließlich ihrer technischen Dimensionen und der zugehörigen **Innovationssysteme** und andere Bereiche wie **räumliche Ungleichheiten** und **Raumplanung** sowie **soziale Sicherungssysteme**. Im Hinblick auf wirtschaftliche Aktivitäten behandelt der Bericht die **Versorgung mit Gütern und Dienstleistungen** generell, legt aber auch einen besonderen Akzent auf **globalisierte Warenketten**, um deutlich zu machen, dass die Verantwortung Österreichs nicht an den nationalen Grenzen endet, und hebt die zunehmende Bedeutung der **Finanzmärkte** hervor. Um auf die strukturierende Rolle der gebauten Umwelt hinzuweisen, werden in einem weiteren Kapitel die **netzgebundenen Infrastrukturen** aus einer strukturellen Perspektive näher betrachtet.

Die Darstellungen in Teil 3 deuten darauf hin, dass sich etablierte Strukturen aufgrund interner Dynamiken durch ein starkes Beharrungsvermögen, durch Lock-in-Effekte und Pfadabhängigkeiten auszeichnen und relevante Veränderungen daher mit politischen Konflikten und sozialen Auseinandersetzungen einhergehen. Gleichzeitig wird eine Umgestaltung von Strukturbedingungen als essenziell betrachtet, um es individuellen und kollektiven Akteur_innen zu ermöglichen, ihr Leben (Arbeit, Konsum, Freizeit) wirksam, dauerhaft und ohne unzumutbaren Aufwand klimafreundlich zu gestalten.

Teil 3 untersucht Strukturen, die enge Wechselbezüge aufweisen, in separaten Kapiteln. Ein Beispiel dafür sind die Kapitel Globalisierung, Versorgungsstrukturen und Finanzsystem. Die vielfältigen Querbezüge und Wechselwirkungen zwischen diesen Strukturen werden aufgezeigt und durch Querverweise sichtbar gemacht. Eine Folge der Herangehensweise in Teil 3 ist es, dass bestimmte strukturelle Aspekte und Gestaltungsoptionen in den folgenden Kapiteln mehrfach aus verschiedenen fachlichen Perspektiven und auf unterschiedlichen Betrachtungsebenen thematisiert werden. Ein Beispiel dafür ist die Besteuerung oder Bepreisung von Treibhausgasemissionen. Solche Überscheidungen werden bewusst in Kauf genommen, denn sie verweisen in der Regel auf einen als besonders dringend erachteten Veränderungsbedarf.

Teil 3 thematisiert sowohl Strukturen, die ein klimafreundliches Leben direkt fördern, als auch Strukturen, die indirekt dazu notwendig sind, einen tiefgreifenden Wandel in Richtung klimafreundliches Leben anzustoßen und in Folge weiter zu fördern. Unmittelbar handlungsrelevante Strukturen findet man etwa im Recht, bei den netzgebundenen Infrastrukturen, bei der Versorgung mit Gütern und Dienstleistungen oder den Finanzmärkten. Werden diese Strukturen entsprechend verändert, erhöht sich auch die Wahrscheinlichkeit für dauerhafte klimafreundliche Verhaltensweisen. In anderen Bereichen schaffen geänderte Strukturen hingegen erst die Voraussetzung für den Aufbau von klimafreundlichen Strukturen, z. B. im Bereich des öffentlichen Rechts und dadurch geleitete politische Entscheidungsprozesse (Governance im föderalen System). Strukturelle Veränderungen im Bereich der Bildung und Wissenschaft, der Medien oder des Innovationssystems sind weitere Beispiele für diese zweite Form von Strukturen, die in Hinblick auf die übergeordneten klimapolitischen Ziele verändert werden müssen. Eine wichtige Erkenntnis dieses Teils liegt darin, dass sowohl direkt als auch indirekt wirksame Strukturen für die Durchsetzung eines klimafreundlichen Lebens von großer Bedeutung sind.

Strukturen für ein klimafreundliches Leben stellen den Kern des gesamten Berichts dar und werden auch in den anderen Teilen diskutiert. Teil 3 bearbeitet auf dieser Grundlage jedoch übergreifende Strukturbedingungen für ein klimafreundliches Leben und fokussiert dabei auf folgende Fragen:

- **Status quo und Herausforderungen:** Welche Strukturbedingungen prägen den Status quo sowie die Dynamiken gegenwärtigen Wandels in Österreich? Welche speziellen Ziele und Herausforderungen ergeben sich daraus für die Bearbeitung der Klimakrise?

- **Notwendigkeiten:** Welche Strukturbedingungen sind notwendig, um ein klimafreundliches Leben zu ermöglichen? Welche Beispiele aus den Handlungsfeldern (Teil 2) sowie internationale Vorbilder können dafür angeführt werden?
- **Akteur_innen und Institutionen:** Wer bzw. was fördert oder hemmt die notwendigen Veränderungen für ein klimafreundliches Leben? Welche Konflikte ergeben sich in diesem Bereich?
- **Gestaltungsoptionen:** Welche Möglichkeiten gibt es, Strukturen für ein klimafreundliches Leben zu gestalten?

Die Ausführungen in diesem Teil zeigen nicht nur das beträchtliche Ausmaß an bereits vorhandenem Wissen über die Wirkungen und das Veränderungspotenzial sozialer, rechtlicher, politischer, wirtschaftlicher oder netzgebundener Infrastrukturen, sondern sie verweisen auch auf Wissenslücken und offene Forschungsfragen. Notwendigkeiten und Gestaltungsoptionen werden in der Literatur zwar diskutiert, Einschätzungen über ihre tatsächlichen Wirkungen bleiben jedoch aufgrund fehlender Forschung und Praxis meist noch vorläufig und unpräzise. Die folgenden Kapitel liefern daher neben zum Teil bereits konkreten Ansatzpunkten für die Veränderung bestehender Strukturen auch zahlreiche wertvolle Hinweise für die weitere Forschung und Reflexion in Wissenschaft und Politik.

Kapitel 11. Recht

Koordinierende Leitautor_innen
Birgit Hollaus und Verena Madner

Leitautor_in
Eva Schulev-Steindl

Beitragende_r Autor_in
Julia Wallner

Koordination der Strukturkapitel
Michael Ornetzeder

Revieweditor
Oliver Ruppel

Zitierhinweis
Hollaus, B., V. Madner und E. Schulev-Steindl (2023): Recht. In: APCC Special Report: Strukturen für ein klimafreundliches Leben (APCC SR Klimafreundliches Leben) [Görg, C., V. Madner, A. Muhar, A. Novy, A. Posch, K. W. Steininger und E. Aigner (Hrsg.)]. Springer Spektrum: Berlin/Heidelberg.

> **Kernaussagen des Kapitels**
> **Status quo und Dynamik**
>
> - Klimaschutz ist ein Querschnittsthema, was sich auch in den rechtlichen Bestimmungen widerspiegelt, die dem Klimaschutzrecht zugeordnet werden (hohe Übereinstimmung, starke Literaturbasis). Das Klimaschutzrecht erfasst einerseits Bestimmungen, die unmittelbar dem Schutz des Klimas dienen, wie Bestimmungen zur Reduktion von klimaschädlichen Treibhausgasen. Andererseits sind auch Bestimmungen, die indirekt Auswirkungen auf den Klimaschutz haben, wie Bestimmungen über den Boden- oder Gewässerschutz, erfasst (Klimaschutzgesetzgebung). Darüber hinaus sind auch Bestimmungen in anderen Rechtsmaterien (sonstiger Rechtsrahmen) von struktureller Bedeutung für ein klimafreundliches Leben.
> - Klimaschutzrecht wird auf mehreren Ebenen gestaltet und vollzogen. Dabei bestehen Kompetenzabgrenzungs-, Abstimmungs- und Koordinierungserfordernisse von der internationalen über die europäische und bundesstaatliche bis zur lokalen Ebene (hohe Übereinstimmung, starke Literaturbasis).
> - Es gibt in Österreich kein explizites Grundrecht auf Umwelt- bzw. Klimaschutz. In einzelnen europäischen Ländern haben Gerichte Klagen betreffend stärkerer Klimaziele stattgegeben und dafür die Garantien der Europäischen Menschenrechtskonvention (EMRK) bzw. Staatsziele herangezogen (hohe Übereinstimmung, starke Literaturbasis).
> - Unionsrechtliche Regelungen bestimmen den rechtlichen Rahmen, den Österreich für klimarelevantes Leben setzen kann, stark mit (hohe Übereinstimmung, starke Literaturbasis). Der Einsatz marktbasierter Instrumente ist mit dem Emissionshandel (ETS) für die emissions- und energieintensive Industrie und Teile des Energiesektors auch für Österreich EU-rechtlich vorgegeben. Nationale Handlungsspielräume bestehen vorwiegend im Non-ETS-Bereich (Abfallwirtschaft, Landwirtschaft und Energie sowie derzeit noch Gebäude und Verkehr).
> - Das nationale Klimaschutzgesetz (KSG) soll die Klimapolitik im Non-ETS-Bereich koordinieren; es gilt als aktualisierungsbedürftig, seine Steuerungs- und Durchsetzungskraft wird als gering eingeschätzt (hohe Übereinstimmung, mittlere Literaturbasis).

Strukturelle Veränderungen

- Die Einführung einer eigenen Bedarfskompetenz „Klimaschutz" auf Bundesebene wird als notwendig erachtet, um umfassende Regelungen für den Klimaschutz zu ermöglichen und einheitliche Klimaschutzstandards zu schaffen (hohe Übereinstimmung, mittlere Literaturbasis).
- Weitgehender Konsens herrscht über die Notwendigkeit eines Klimaschutzgesetzes, das strategische Zielvorgaben im Einklang mit den Zielen des Pariser Übereinkommens sowie effektive Sanktionsmechanismen zur Sicherstellung der Zieleinhaltung beinhaltet (hohe Übereinstimmung, mittlere Literaturbasis).
- Eine ökologische Umgestaltung des Steuer- und Beihilfenrechts und insbesondere eine adäquate CO_2-Bepreisung werden in der Literatur als zentral für das österreichische Klimaschutzrecht gesehen (hohe Übereinstimmung, starke Literaturbasis).
- Die Erweiterung von nationalen Handlungsspielräumen in der öffentlichen Daseinsvorsorge, die für den Klimaschutz genutzt werden können, wird von Teilen der Literatur als wesentlich gesehen (hohe Übereinstimmung, mittlere Literaturbasis).

Akteur_innen und Institutionen

- Eine Vielzahl von Akteur_innen prägt die Gestaltung des Klimaschutzrechts. Verwaltungsinterne Ressortgegensätze prägen dabei auch die Gestaltung der Klimapolitik auf europäischer und nationaler Ebene (mittlere Übereinstimmung, mittlere Literaturbasis).
- In umweltrelevanten Genehmigungsverfahren hat die Aarhus-Konvention die Rechte von Umweltorganisationen wesentlich gestärkt (hohe Übereinstimmung, starke Literaturbasis). Diese Stärkung wird als für den Klimaschutz besonders förderlich angesehen, wenngleich die Beurteilung im Zusammenhang mit Projekten zum Ausbau erneuerbarer Energie differenziert ausfällt (hohe Übereinstimmung, mittlere Literaturbasis). Aus der Perspektive von Projektbetreiber_innen wird verstärkte Öffentlichkeitsbeteiligung von Umweltorganisationen oft grundsätzlich als Hemmnis für den Wirtschaftsstandort qualifiziert (hohe Übereinstimmung, starke Literaturbasis).

Gestaltungsoptionen

- In der Diskussion um Gestaltungsoptionen auf der nationalen Ebene werden in der Literatur die Verankerung eines Grundrechts auf Klimaschutz (mittlere Übereinstimmung, mittlere Literaturbasis), ein eigener Kompetenztatbestand „Klimaschutz" (hohe Übereinstimmung, mittlere Literaturbasis), ein effektives Klimaschutzgesetz (hohe Übereinstimmung, mittlere Literaturbasis) und eine ökologische Steuerreform als besonders relevant hervorgehoben (hohe Übereinstimmung, starke Literaturbasis).
- Eine grundlegende Neugestaltung des Rechtsrahmens für die internationale und europäische Handels- und Investitionspolitik wird von zahlreichen Stimmen im Schrifttum als wesentliche Strukturbedingung für ein klimafreundliches Leben betrachtet. Als besonders wichtig werden dabei folgende Optionen genannt: Die Sicherstellung des Rechts, staatliche Regulierung zum Schutz von Gesundheit, Sozialem und Umwelt einzusetzen („right to regulate"), die Festlegung von verbindlichen Unternehmenspflichten für die Einhaltung von Menschrechten, die Sicherstellung von Freiräumen für die lokale und regionale Wirtschaft sowie die Stärkung sozial-ökologischer öffentlicher Auftragsvergabe (hohe Übereinstimmung, starke Literaturbasis).

11.1 Einleitung, Gegenstand

Strukturen für ein klimafreundliches Leben in Österreich sind in mehrfacher Hinsicht Gegenstand rechtswissenschaftlicher bzw. sozialwissenschaftlicher Betrachtung. Der vorliegende Beitrag ist primär aus rechtswissenschaftlicher Perspektive verfasst.

Dem Bericht liegt ein weites Verständnis von klimafreundlichem Leben zugrunde (siehe Kap. 1). Über das Umwelt- und Klimaschutzrecht hinaus werden daher im vorliegenden Abschnitt auch weitere Rechtsmaterien betrachtet, die von struktureller Bedeutung für ein klimafreundliches Leben sind. Dies betrifft so unterschiedliche Bereiche wie z. B. das Finanzverfassungsrecht, das Welthandelsrecht oder das Wohnrecht.

Maßnahmen für ein klimafreundliches Leben werden in zahlreichen Handlungsfeldern rechtlich umgesetzt und instrumentiert. Für die Rechtswissenschaft resultiert daraus zunächst eine Fülle von Interpretationsfragen, die ein weites Feld umspannen: vom Völkerrecht (z. B. WTO-Vertrag, Pariser Übereinkommen oder Energiecharta-Vertrag) über das europäische Recht (z. B. EU-Binnenmarktregeln, Emissionshandels-Richtlinie, Energieeffizienz-Richtlinie) bis zum nationalen Bundesrecht (z. B. Staatsziel Umweltschutz, Klimaschutzgesetz, Wohnrecht) und zum Landesrecht (z. B. Bau- und Raumordnungsgesetze, Wohnbauförderungsrecht). Diese Auslegungsfragen werden in der rechtswissenschaftlichen Literatur traditionellerweise als Rechtsgrundlagen des Umwelt- und Klimaschutzes, als Rechtsfragen der Energiewende oder – weiter gefasst – als Rechtsfragen der Nachhaltigkeit erörtert (Schlacke, 2021b; Epiney, 2019; Ennöckl et al., 2019; Reinhold et al., 2016; Meßerschmidt, 2010). Die Analysen dieser Rechtsgrundlagen bzw. Rechtsfragen zielen darauf ab, die Bedeutung rechtlicher Anordnungen zu erfassen, sie in den Kontext von Rechtsprechung und Vollziehung zu stellen oder zu systematisieren. Eine solche umfassend systematisierende rechtsdogmatische Darstellung ist hier nicht beabsichtigt. Der Beitrag greift aber auf die unzähligen Einzel- und Systemdarstellungen des Umwelt- und Klimaschutzrechts zurück, um daraus Aussagen zum rechtlich geprägten Status quo, notwendigen strukturellen Bedingungen und möglichen Gestaltungsoptionen für die Zukunft abzuleiten. Er bezieht darüber hinaus auch sozialwissenschaftliche Literatur mit ein, die sich aus der Perspektive künftiger Rechtsgestaltung, also unter rechtspolitischen Gesichtspunkten, mit dem Feld beschäftigt.

Dazu kommt Folgendes: Kap. 4 des Berichts stellt Strukturen in den Mittelpunkt. Das Recht ist ein System von Normen mit vielfältigen Querverbindungen und Über- und Unterordnungsbeziehungen; es verfügt über eine Fülle von Koordinierungs-, Über- und Unterordnungsregeln (Griller, 2011). Kompetenzregeln setzen den Rahmen für die Rechtsetzungstätigkeit der Gesetzgebung. Grundrechte beschränken den Handlungsspielraum von Gesetzgebung und Vollziehung. Vorrang-, Konflikt- und Koordinationsregeln ordnen das Verhältnis von internationaler, europäischer und nationaler Gesetzgebung. Dabei setzen Gestaltungsentscheidungen, die auf einer rechtlich übergeordneten oder nebenan stehenden Ebene getroffen wurden, häufig einen nur unter erschwerten Bedingungen veränderbaren inhaltlichen Rahmen für die Gestaltungsentscheidungen nachgeordneter Ebenen. Einige grob geschnittene Beispiele sollen dies illustrieren: Das rechtliche Können der europäischen und nationalen Gesetzgebung zum Thema CO_2-Grenzausgleich wird wesentlich auch durch das WTO-Recht geprägt. Ob ein EU-Handelsvertrag Bestimmungen über den Investitionsschutz beinhalten kann, wird von den Regelungskompetenzen der EU in der Handelspolitik mitbestimmt, auf die sich die EU-Mitgliedstaaten im Vertrag von Lissabon verständigt haben. Ob der nationale Gesetzgeber über das EU-Recht hinaus strengere Umweltstandards vorsehen oder den Einsatz von gentechnisch veränderten Organismen verbieten darf, wird von der Kompetenzordnung und den Binnenmarktregeln der EU-Wirtschaftsverfassung bestimmt etc.

Gesamt- und Einzeldarstellungen des Umwelt- und Klimaschutzrechts berücksichtigen und thematisieren selbstverständlich diese Hierarchieverhältnisse und Querverbindungen im System des Rechts. Der folgende Beitrag soll, dem Anliegen des Kapitels entsprechend, jedoch gerade auf diese Wechselbezüge und ihre langfristig strukturprägende Wirkung besonderes Augenmerk legen. Dazu wird auf Literatur zurückgegriffen, die sich mit dem Recht als Instrument des Umweltschutzes befasst (Madner, 2015a; Schulev-Steindl, 2013) und insbesondere auch auf die noch nicht allzu zahlreichen rechtswissenschaftliche Untersuchungen, die sich vom normativen Fluchtpunkt der Nachhaltigkeit oder vom Topos des Anthropozäns her mit den Aufgaben und Wirkungen des Rechts befassen (Kotzé & Kim, 2020; Winter, 2017; Kotzé, 2016; Ruppel, 2013; Ekardt, 2011; Appel, 2005; Calliess, 2001).

11.2 Status quo und Dynamik

Dieser Abschnitt analysiert auf der Basis der Literatur den Status quo der rechtlichen Rahmenbedingungen für ein klimafreundliches Leben. Die Schwerpunktsetzung soll die speziellen Dynamiken und Herausforderungen sichtbar machen, an denen die Reformdiskussion anschließt.

11.2.1 Klimaschutz im Mehrebenensystem

Das Klimaschutzrecht ist insgesamt durch die Verteilung rechtlicher Regelungen auf mehrere Rechtsetzungsebenen gekennzeichnet (Gärditz, 2008). Rechtsvorschriften mit Relevanz für den Klimaschutz werden sowohl auf internationaler Ebene als auch auf Ebene der Europäischen Union (EU) geschaffen (Peel et al., 2012). Sie bilden einen Rahmen, der für die nationale Rechtsetzung und Vollziehung einerseits Möglichkeiten bietet, andererseits aber auch Einschränkungen enthält (J. Scott, 2011).

Unter dem Schlagwort „Fragmentierung" diskutiert die rechtswissenschaftliche Literatur den Umstand, dass für den internationalen Umwelt- und Klimaschutz eine Vielzahl von wenig kohärenten bilateralen, regionalen und multilateralen Abkommen relevant ist: Verträge, die speziell auf den Klimaschutz abzielen, Verträge zu anderen Themen aus dem Sachbereich Umwelt (K. N. Scott, 2011), wie z. B. die Biodiversitätskonvention, und schließlich insbesondere auch Verträge aus dem Bereich der Wirtschaftsregulierung (Van Asselt, 2013; Kulovesi, 2013; Young, 2011). Es handelt sich dabei jeweils um eigenständige Übereinkommen, die einander teilweise überlappen, die aber nur in wenigen Fällen aufeinander abgestimmt sind. Da diese Verträge vielfach in verschiedenen Foren ausgehandelt wurden und von unterschiedlichen Wertungen getragen sind, entstehen sohin auch Wertungswidersprüche hinsichtlich klimaschutzrelevanter Aspekte (Markus, 2016).

11.2.2 Internationaler Handel, Investitionen und Klimaschutz

11.2.2.1 WTO-Recht und Klimaschutz

Die vielfältigen Maßnahmen, die in der Nachhaltigkeits- und Klimapolitik auf allen Ebenen gesetzt werden (von der internationalen Staatengemeinschaft, von der EU oder auch von Österreich), stehen oftmals in einem Spannungsverhältnis zu den auf Handelsliberalisierung ausgerichteten Zielen des WTO-Rechts. Das betrifft nicht nur Regeln über Zölle oder Einfuhrverbote, sondern vor allem auch sogenannte nicht-tarifäre Handelshemmnisse im grenzüberschreitenden Waren- und Dienstleistungsverkehr, also Sozialstandards, Sicherheits- und Qualitätsstandards bzw. Kennzeichnungsregeln im Gesundheits-, Umwelt- und Konsumentenschutz (Du, 2021; Mayr, 2018; Müller & Wimmer, 2018).

11.2.2.2 Handelsverträge, Investitionsschutz

Seit dem Scheitern der Doha-Runde werden eine Reihe bilateraler und megaregionaler Handelsabkommen verhandelt, die zum Teil deutlich über bestehende WTO-Verpflichtungen hinausgehen (Stoll et al., 2014). Diese Abkommen legen weitere Vorgaben zum Abbau sogenannter nichttarifärer Handelshemmnisse für die öffentliche Beschaffung, für Subventionen und für die Wettbewerbspolitik fest. Sie enthalten zudem Bestimmungen zur regulatorischen Kooperation, Anforderungen an die innerstaatliche Regulierung („domestic regulation") und zum Investor_innenschutz (Mayr, 2018; Müller & Wimmer, 2018). In der europäischen Handelspolitik hat diese Entwicklung vor allem im Kontext der Verhandlungen der transatlantischen Abkommen mit den USA bzw. mit Kanada (engl. TTIP, CETA) und in jüngerer Zeit besonders zum Energiecharta-Vertrag intensive Diskussionen ausgelöst (Eberhardt et al., 2016; Bernasconi-Osterwalder et al., 2005 siehe dazu unten, Abschn. 11.3.7 und 11.5.2).

11.2.2.3 Handel und Menschenrechte

Der Zusammenhang zwischen Klimawandel und Menschenrechten ist auf UN-Ebene vielfach analysiert worden und war Gegenstand verschiedener Sonderberichte, Empfehlungen und Resolutionen (Center for International Environmental Law & The Global Initiative for Economic, Social and Cultural Rights, 2022; Knox, 2009). Im Oktober 2021 verabschiedete der UN Menschenrechtsrat eine Resolution (Human Rights Council, 2021), mit der das Recht auf ein Leben in einer sauberen und gesunden Umwelt als grundlegendes Menschenrecht anerkannt wurde.

Internationale Menschenrechte beziehen sich grundsätzlich auf staatliches Handeln. Die wirtschaftlichen Aktivitäten von Unternehmen, allen voran auch die Tätigkeit transnationaler Unternehmen entlang globaler Wertschöpfungsketten, gehen aber mit hohen menschenrechtlichen Risiken einher. Auf internationaler, europäischer und nationaler Ebene wird dazu seit langem eine intensive rechtsdogmatische und rechtspolitische Debatte über menschenrechtliche Pflichten und Verantwortlichkeiten von Unternehmen geführt. Im Fokus der Diskussion steht dabei die unmittelbare Bindung von Unternehmen an die Einhaltung menschenrechtlicher Standards und die Reichweite solcher Pflichten (Heinz & Sydow, 2021; Augenstein, 2018; Klinger et al., 2016; Augenstein et al., 2010, siehe dazu auch unten, Abschn. 11.3 und das nachfolgende Kapitel Governance).

Auf internationaler Ebene wurde das Prinzip menschenrechtlicher Sorgfalt von Unternehmen (Human Rights Due Diligence) in den Leitprinzipien der Vereinten Nationen für Unternehmen und Menschenrechte (UN, 2011) lediglich als Soft-Law-Prinzip festgeschrieben (Augenstein, 2018; Ruggie, 2018; Bartels, 2017; McBrearty, 2016; Augenstein et al., 2010). Verhandlungen zu einem verbindlichen Instrument auf internationaler Ebene laufen seit 2014 und haben bisher zu keinem Ergebnis geführt (United Nations Human Rights Council, 2021).

11.2.3 Europäische Wirtschaftsverfassung und klimafreundliches Leben

Der Schutz des Wettbewerbs prägt als ein zentrales Anliegen der Europäischen Wirtschaftsverfassung die Ausrichtung der österreichischen Wirtschaftsverfassung und die Spielräume nationaler Gesetzgebung. Der nationalen Gesetzgebung sind durch das Unionsrecht Beschränkungsverbote zum Nachteil des Binnenmarkts auferlegt (Schneider, 2021). Die marktwirtschaftlichen Garantien des Unionsrechts (Grundfreiheiten, Beihilfeverbot) wirken dabei nach herrschender Einschätzung der Literatur im Sinne eines Regel-Ausnahme-Verhältnisses: Entscheidungen des nationalen Gesetzgebers im Bereich der (ökosozialen) Wirtschaftsregulierung sind mit Blick auf die Garantien des Binnenmarkts in weiten Bereichen und am Maßstab einer Verhältnismäßigkeitsprüfung rechtfertigungsbedürftig (Madner, 2022; Müller & Wimmer, 2018; Griller, 2010; Hatje, 2009). Daran hat auch die mit dem Vertrag von Lissabon neu geordnete Zielhierarchie der Union nichts geändert, die Offenheit für eine vielfältige Ausgestaltung der Wirtschaftspolitik signalisiert und die als Stärkung sozial-ökologischer Ziele und geänderte „Finalität" (Madner, 2022; Müller, 2014) oder als eine bloße Akzentverschiebung gesehen wird (Hatje, 2009; Ruffert, 2009).

Die nationale Budget- und Finanzpolitik wird durch EU-Vorgaben zur Staatsverschuldung und Maßnahmen haushaltspolitischer Überwachung mitgeprägt (Wutscher, 2021; Müller, 2014). Der Rechtfertigungsdruck im Binnenmarkt und der ökonomische Druck auf die Haushalte werden als Begrenzung der sozial- und wirtschaftspolitischen Handlungsspielräume der Mitgliedstaaten thematisiert (Griller, 2016; Scharpf, 2015).

Die öffentliche Daseinsvorsorge, verstanden als die Bereitstellung von bestimmten wirtschaftlichen, sozialen und kulturellen Infrastrukturleistungen durch den Staat bzw. durch im weitesten Sinn öffentliche Einrichtungen (Holoubek & Segalla, 2002), ist mit dem EU-Beitritt Österreichs in Umbruch gekommen (Müller & Wimmer, 2018). Diese bis heute andauernde Entwicklung betrifft auch vielfältige Bereiche klimafreundlichen Lebens, wie Mobilität, Energieversorgung, Bildung oder Gesundheit.

Das Unionsrecht räumt dem nationalen Gesetzgeber bei der Entscheidung darüber, welche Leistungen als öffentliche Leistungen erbracht werden sollen und wie die Organisation und Erbringung der Daseinsvorsorge organisiert ist, grundsätzlich einen Gestaltungsspielraum ein; zugleich erzeugen jedoch die Marktöffnungs- und Marktransparenzregeln im Binnenmarkt – insbesondere das Beihilfen- und Vergaberecht – einen Liberalisierungs-, Deregulierungs- und Wettbewerbsdruck (Müller & Wimmer, 2018). Diese Rahmenbedingungen und die von der Europäischen Kommission durch verschiedene Richtlinien vorangetriebene Liberalisierung weiter Bereiche der (Netz-)Infrastruktur, z. B. im Bereich Bahn, Post, Telekomunikation oder Energie, haben die österreichische öffentliche Wirtschaft einschließlich der Kommunalwirtschaft in den letzten Jahrzehnten grundlegend umgestaltet und zur Abschaffung von Monopolstellungen, zu Privatisierungen und Ausgliederungen geführt (Potacs, 2021; Mayr, 2018; Müller & Wimmer, 2018; A. Kahl & Müller, 2015; A. Kahl, 2012; Storr, 2012; Griller, 2010; A. Kahl & Müller, 2009).

Mit öffentlicher Daseinsvorsorge sind häufig solche Dienstleistungen angesprochen, die „der Markt" nicht oder nicht in gewünschter Weise erbringt (z. B. die Versorgung entlegener Gebiete mit Verkehrsdienstleistungen). An die Erbringung solcher Dienstleistungen kann der Staat daher Qualitätsanforderungen knüpfen, die auf Versorgungssicherheit, universellen Zugang oder Erfüllung sozial-ökologischer Standards abstellen (Mayr, 2018; Damjanovic, 2013; Krajewski, 2011). Da die Erbringung von Dienstleistungen von allgemeinem wirtschaftlichen Interesse (sogenannte DAWI) oft nicht rentabel ist, werden dafür auch staatliche Ausgleichszahlungen geleistet, was komplexe beihilfenrechtliche Fragen aufwirft (Müller & Wimmer, 2018; A. Kahl & Müller, 2012). Mit der sogenannten Altmark-Judikatur bzw. dem sogenannten Almunia-Paket wurden Maßstäbe entwickelt, wonach Ausgleichszahlungen als Gegenleistung für die Erbringung von Daseinsvorsorgeleistungen unter bestimmten Voraussetzungen beihilferechtlich unbedenklich sind (Mayr, 2018; Müller & Wimmer, 2018; Damjanovic, 2013; A. Kahl, 2012; Krajewski, 2011).

Das europäische Vergaberecht unterwirft die öffentliche Hand bei der Beschaffung von Waren und Leistungen weitreichenden Vorgaben bei der Auswahl der Vertragspartner (siehe dazu unten, Abschn. 11.5.2.1). Aus einer Marktperspektive trägt dies zur sparsamen Mittelverwendung und zur (kosten-)optimalen Bedarfsdeckung bei. Sozial-ökologische Ziele („nachhaltige Beschaffung") finden im europäischen Beihilferecht zwar in den letzten Jahren verstärkt Beachtung (Mayr, 2018). Nach wie vor wird das Beihilfenrecht jedoch als hemmend gesehen, wenn es darum geht, Waren und Dienstleistungen unter Berücksichtigung von Kriterien sozialer und ökologischer Nachhaltigkeit oder Regionalitätsgesichtspunkten zu beschaffen (Windbichler, 2021).

11.2.4 Kompetenzen für den europäischen und nationalen Klimaschutz

Die europäische Union und die Mitgliedstaaten (MS) teilen sich die Kompetenz für die Gestaltung des Umwelt- und Klimaschutzrechts in der EU (Franzius, 2015). Sobald die EU Maßnahmen setzt, dürfen die MS aber nicht mehr abweichend tätig werden (Calliess, 2016), außer, um das Schutzniveau der Maßnahmen zu erhöhen (Epiney, 2019); sie dürfen EU-Maßnahmen, die die Umwelt bzw. das Klima schützen also „verstärken" (Klinski, 2015). Ob diese Schutzverstärkung für die MS auch bei energiepolitischen Maßnahmen möglich ist, ist strittig (Franzius, 2015). Striktere Umweltschutzmaßnahmen der MS müssen in jedem Fall dem bestehenden Unionsrecht Rechnung tragen (Reins, 2020). Der verstärkende Handlungsspielraum der Mitgliedstaaten ist aus diesem Grund gerade mit Blick auf handelsrelevante Maßnahmen eingeschränkt (Franzius, 2015; Klamert, 2015). Umgekehrt können aber bereits auf der Ebene des EU-Rechts handelsbezogene Maßnahmen mit Umwelt- und Klimaschutzanliegen verknüpft werden (van Calster, 2020). Die MS haben auch dann die Möglichkeit, strengere Maßnahmen zum Schutz des Klimas auf nationaler Ebene umzusetzen.

Im Energiebereich kann die EU nur eingeschränkt tätig werden. So können beispielsweise Regelungen, die die Wahl der MS zwischen verschiedenen Energiequellen betreffen, grundsätzlich nur mit Zustimmung aller MS erlassen werden (Tegner Anker, 2020). Dieses Erfordernis, der sogenannte Souveränitätsvorbehalt, schränkt die EU in ihrer Klimaschutzaktivität ein (Schlacke, 2020b). Die Erneuerbare-Energien-Richtlinie enthält deshalb auch kein MS-spezifisches, sondern ein gemeinsames, EU-weites Ziel für den Anteil erneuerbarer Energieträger am Energiemix (Monti & Romera, 2020). Die Richtlinie stellt vorwiegend Anforderungen für die Berechnung dieses Anteils auf Ebene der MS auf und legt so indirekt generelle Leitlinien für die Erreichung dieses gemeinsamen Zieles fest (Fitz & Ennöckl, 2019). Die konkreten Umsetzungsmaßnahmen bleiben wieder den MS überlassen, was ihnen vergleichsweise viel

Handlungsspielraum lässt, auch für verstärkende Maßnahmen (Peeters, 2016; Klinski, 2015). Mit der Governance-Verordnung hat die EU aber einen strategischen Rahmen für die Umsetzung des Pariser Übereinkommens geschaffen, der auch die mitgliedsstaatlichen Maßnahmen im klimarelevanten Energiebereich erfasst (Dederer, 2021b).

In der österreichischen Bundesverfassung fehlt ein einheitlicher Kompetenztatbestand „Umwelt" oder „Klima". Bestehende Kompetenztatbestände, wie z. B. „Luftreinhaltung", können für den Klimaschutz fruchtbar gemacht werden, bieten jedoch keine umfassende Kompetenzgrundlage (Horvath, 2014). Klimaschutz ist – so wie Umweltschutz – vielmehr eine klassische Querschnittsmaterie, die je nach Sachgebiet unterschiedliche Bundes- oder Landeskompetenzen berührt. Die starke Zersplitterung des nationalen Rechtsbestandes führt dazu, dass die Umsetzung unionsrechtlicher Vorgaben nicht selten mittels sogenannter Neun-plus-eins-Umsetzung, das heißt mit neun Landesgesetzen und einem Bundesgesetz erfolgt, was, z. B. in Bezug auf Verträglichkeitsprüfungen, den integrierten Umweltschutz bei Industrieanlagen oder in der Umwelthaftung, mitunter zu Rechtsunsicherheit, Verzögerungen und Lücken bei der Umsetzung führt (Raschauer & Ennöckl, 2019; Madner, 2010, 2005).

In der besonders klimarelevanten Raumplanung stehen der allgemeinen Raumplanungskompetenz zahlreiche Fachplanungskompetenzen des Bundes gegenüber (Klaushofer, 2012). Das Nebeneinander von allgemeiner Raumplanungskompetenz der Länder und Gemeinden einerseits und der Fachplanungskompetenzen des Bundes (z. B. im Verkehrswesen oder bei der Starkstromwegeinfrastruktur) andererseits erschweren eine abgestimmte und nachhaltige Raumentwicklung (Parapatics, 2021). Dazu kommen Defizite bei der Ausübung der Fachplanungskompetenz des Bundes (z. B. fehlende verbindliche Infrastrukturpläne). Das Berücksichtigungsgebot und das Instrument der Art. 15a B-VG-Vereinbarung werden nur bedingt als geeignet angesehen, diese Mängel zu überwinden; Ansätze zu einer umfassenden Kompetenzreform (z. B. Erlassung eines Bundesraumordnungsgesetzes) wurden breit diskutiert (Rill & Schindegger, 1991). Nach dem Scheitern des Österreich-Konvents wird jedoch kaum Bereitschaft zu umfassenden Kompetenzreformen wahrgenommen (Madner & Grob, 2019a; Kanonier & Schindelegger, 2018).

Im Baurecht erlassen die Länder jeweils eigene Gesetze (Raschauer & Ennöckl, 2019). Eine länderübergreifende Harmonisierung – z. B. zu energietechnischen Standards – wird über private Normung (sogenannte OIB-Richtlinien) verfolgt, die zum Teil für rechtlich verbindlich erklärt werden. Zugleich ergibt sich z. B. im Bereich Wohnen aufgrund der Kompetenz des Bundes ein mangelnder Gestaltungsspielraum für Kommunen (IIBW – Institut für Immobilien, Bauen und Wohnen GmbH, 2008).

11.2.5 Klimaschutzgesetzgebung

11.2.5.1 Internationale Ebene

Das Klimaschutzrecht ist auf internationaler Ebene durch vorwiegend prozedurale Verpflichtungen geprägt (Rajamani, 2016; Bodle et al., 2016). Das Übereinkommen von Paris (Pariser Übereinkommen) wurde als rechtlich verbindlicher Vertrag geschlossen (Bodansky, 2016b). Zentrale Zielsetzung ist die Begrenzung des Anstiegs der durchschnittlichen Oberflächentemperatur bis 2100 auf deutlich unter plus 2 Grad Celsius über dem vorindustriellen Niveau. Zudem sollen Anstrengungen unternommen werden, den Temperaturanstieg auf plus 1,5 Grad Celsius zu begrenzen (Karimi-Schmidt, 2018; Böhringer, 2016). Zu diesem Ziel trägt jede Vertragspartei im Wege von sogenannten nationalen Klimaschutzbeiträgen („nationally determined contributions" – NDC) bei, die vorzulegen und alle fünf Jahre nachzuschärfen sind (B. Mayer, 2018a; Schlacke, 2016; Doelle, 2016). Zwar sind die Vertragsparteien verpflichtet, Maßnahmen zur Umsetzung ihrer Klimaschutzbeiträge zu setzen und darüber zu berichten (B. Mayer, 2018b; Primosch, 2016). Sie sind aber nicht verpflichtet, ihre Klimaschutzbeiträge tatsächlich zu erreichen (Stäsche, 2016). Dennoch dient das verbindliche Temperaturziel als Kompass für die Ausrichtung nationaler Klimaschutzmaßnahmen (Preston, 2020; Mace, 2016) und wirkt damit als wesentlicher Treiber für die nationale Klimapolitik (Skjærseth, 2021; Doelle, 2017).

Die aktuell vorgelegten Klimaschutzbeiträge sind zu gering und damit zu wenig ambitioniert, um das Temperaturziel zu erreichen (IPCC, 2021; UNEP, 2021 siehe dazu, Kap. 1). Das Pariser Übereinkommen fordert klar eine gewisse Ambition ein und verlangt, dass die Ambition auch mit jedem weiter vorzulegenden Klimaschutzbeitrag steigt (Voigt, 2016b; Zahar, 2020). Auf der zuletzt abgehaltenen Vertragsstaatenkonferenz (COP 26) wurde diese Forderung nach Ambition wiederholt und Maßnahmen für 2030 eingefordert (Conference of the Parties to the UNFCCC, 2022) sowie ein gemeinsamer Zeitrahmen für die Klimaschutzbeiträge festgelegt (Conference of the Parties serving as the meeting of the Parties to the Paris Agreement, 2022).

11.2.5.2 Europäische Ebene

Auf europäischer Ebene ist das EU-Recht Hauptmotor der Klimaschutzgesetzgebung. Die EU und ihre Mitgliedstaaten haben im Rahmen des Pariser Übereinkommens einen gemeinsamen Klimaschutzbeitrag festgelegt (Stoczkiewicz, 2018). Erst durch unionsrechtliche Regelungen ergibt sich, wie dieses gesamtwirtschaftliche Reduktionsziel operationalisiert wird und wie es auf die Mitgliedstaaten, und damit auch auf Österreich, verbindlich verteilt wird (Hofmann, 2020). Im Zuge der klima- und energiepolitischen Initiative „Green Deal" strebt die EU derzeit ein höheres Ambitionsniveau für ihren Klimaschutzbeitrag und ihre interne

Klimapolitik an (Pallitsch et al., 2021). Mit dem mittlerweile angenommenen Europäischen Klimaschutzgesetz wurde das Ziel der Klimaneutralität der EU bis 2050 verankert und das Treibhausgasemissionsreduktionsziel für 2030 auf zumindest minus 55 Prozent (gegenüber 1990) erhöht (Stangl, 2021; Fleming & Mauger, 2021). Zudem wird die Europäische Kommission (EK) verpflichtet, ein Zwischenziel für 2040 vorzuschlagen, das mit indikativen Treibhausgasbudgets sowie mit indikativen und freiwilligen Sektoren-Reduktionspfaden versehen werden soll. Die Kommission soll mit Überprüfungen im Fünf-Jahres-Rhythmus den Fortschritt auf EU-Ebene und auf Ebene der Mitgliedstaaten auf die gemeinsame Zielerreichung hinwirken (McDonnell et al., 2021). Effektiv wird das Europäische Klimaschutzgesetz erst durch eine Reihe von EU-Klimaschutz-Rechtsakten (insbesondere zum Emissionshandel und zur Lastenteilung), die zu diesem Zweck aktuell überarbeitet werden (Europäische Kommission, 2021a).

Die EU-Umweltpolitik hat sich seit Beginn der 1990er Jahre, zunächst programmatisch, zur Erweiterung des Spektrums von Instrumenten und insbesondere zur Entwicklung „marktorientierter" Instrumente bekannt (Madner, 2005; Schulev-Steindl, 2013). Ein Eckpfeiler der europäischen Klimaschutzgesetzgebung ist das Emissionshandelssystem („emission trading system" – ETS), das auf Marktmechanismen („cap and trade") setzt. Das System wurde bei seiner Einführung in der Literatur differenziert betrachtet (Schwarzer & Niederhuber, 2018) und vielfach auch sehr kritisch beurteilt (Winter, 2009; Wegener, 2009; Beckmann & Fisahn, 2009). Zu den Kritikpunkten zählen die, vor allem in den Anfangsjahren, deutlich unzureichenden Preissignale wegen der hohen Menge an im Umlauf befindlichen Zertifikaten und die kostenlose Überlassung von Zertifikaten; zudem der hohe bürokratische Aufwand sowie die Betrugsanfälligkeit des Systems. Manche dieser Kritikpunkte konnten durch Reformen (z. B. striktere und zentrale Allokation, Benchmarks für kostenlose Zuteilung) abgemildert werden. Das realisierte Handelssystem bleibt jedoch jedenfalls hinter umweltökonomischen Modellvorstellungen zurück (Madner, 2015a), denn die Ausgestaltung des Systems, insbesondere die Festlegung der Menge der zugeteilten handelbaren Zertifikate, ist letztlich eine umweltpolitische Entscheidung, die vielfältige Interessensgegensätze zu verarbeiten hat.

Das Emissionshandelssystem lässt in seinem Anwendungsbereich wenig Spielraum für nationale schutzverstärkende ordnungsrechtliche Maßnahmen zur Begrenzung von Treibhausgasemissionen, z. B. durch die Begrenzung indirekter Treibhausgasemissionen oder durch zusätzliche Energieeffizienzanforderungen nach dem Stand der Technik (Ennöckl, 2020; Madner, 2015a).

Mehr Gestaltungsmöglichkeiten haben die Mitgliedstaaten demgegenüber in den nicht vom Emissionshandel erfassten (Non-ETS-)Sektoren Gebäude, Landwirtschaft, Abfallwirtschaft, Verkehr und – soweit nicht Teil des Emissionshandelssystems – auch im Sektor Energie (Fitz & Ennöckl, 2019). Die Lastenteilungsverordnung gibt hier verbindliche Gesamtreduktionsziele und -pfade für jeden Mitgliedstaat vor, die jedoch nicht nach einzelnen Sektoren aufgeschlüsselt sind (Romppanen, 2020). Konkrete Maßnahmen, wie diese Reduktionsziele erreicht werden sollen, sind unionsrechtlich nur zum Teil vorgegeben: Strategiedokumente (z. B. Europäische Kommission, 2020b, 2020d) und vor allem europäische Rechtsvorschriften zur Energieeffizienz (z. B. Gebäuderichtlinie), Verordnungen über Emissionsnormen für Kraftfahrzeuge oder das Kreislaufwirtschaftsrecht geben konkrete Maßnahmen vor.

Im Bereich Landnutzung und Forstwirtschaft („Land Use, Land-Use Change and Forestry" – LULUCF) sind erst seit Kurzem rechtsverbindliche EU-Vorgaben für die Mitgliedstaaten wirksam (Kulovesi & Oberthür, 2020). Diese sehen primär vor, nicht mehr CO_2-Emissionen zu produzieren, als durch die erfassten CO_2-Senken abgebaut werden. Dies belässt den Mitgliedstaaten viel Spielraum in der Umsetzung (Hofmann, 2020). Ein unmittelbarer Schutz von CO_2-Senken ergibt sich aus der LULUCF-Verordnung nicht. Die europäische Waldstrategie soll diese Schutzrichtung stärken (Europäische Kommission, 2021b).

Die Governance-VO zieht eine Klammer über diese einzelnen klima- und energierelevanten Rechtsakte. Im Rahmen von sogenannten nationalen Klima- und Energieplänen (NEKP) müssen die Mitgliedstaaten jene Maßnahmen darlegen, die sie zur Erreichung der EU-Klimaschutzziele setzen (Steinhäusler, 2019). Die Kommission prüft diese Pläne und fordert gegebenenfalls Nachbesserungen im Lichte der EU-Klimaschutzziele ein. Auf diese Weise will die EU auf die Umsetzung des Pariser Übereinkommens hinwirken können (Dederer, 2021b).

11.2.5.3 Nationale Ebene

Die österreichische Klimaschutzgesetzgebung war bislang im Wesentlichen durch die EU-Vorgaben getrieben und, gemessen an diesen Vorgaben, tendenziell wenig ambitioniert. Dies illustriert etwa der nach der EU-Governance-Verordnung zu erstellende NEKP Österreichs (Bundesministerium für Nachhaltigkeit und Tourismus, 2019), dessen Entwurf 2019 von der Kommission als defizitär beanstandet wurde. Eine Gruppe unabhängiger Klima- und Umweltwissenschaftler_innen haben diesem Entwurf modellhaft einen ambitionierteren „Referenz-NEKP" gegenübergestellt (Kirchengast et al., 2019). Auch beim endgültigen NEKP Österreichs erkannte die Kommission noch Verbesserungspotenzial, insbesondere auch beim Ambitionsniveau (Europäische Kommission, 2020c).

11.2.5.3.1 Staatsziele und Grundrechte, Klimaklagen

Mit dem BVG Nachhaltigkeit ist im österreichischen Verfassungsrecht ein „Bekenntnis" des Staates zum „umfassenden

Umweltschutz" und damit auch zum Klimaschutz verankert (Lueger, 2020). Dieses Bekenntnis hat nicht den Charakter eines Grundrechts (Hattenberger, 1993), sondern stellt eine bloße Staatszielbestimmung dar (Sander & Schlatter, 2014). In der Judikatur wurde das Staatsziel wiederholt herangezogen, um das öffentliche Interesse an grundrechtsbeschränkenden Umweltschutzregelungen (z. B. ein Fahrverbot für Motorboote aus Umweltschutzgründen) zu bekräftigen und Grundrechtseingriffe zu legitimieren. Mit der Entscheidung des Verfassungsgerichtshofs (VfGH) zur dritten Piste des Wiener Flughafens (*Dritte Piste Flughafen Wien*, 2017) wurde in Frage gestellt, dass Umwelt- und Klimaschutz im Lichte des Staatsziels als „öffentliches Interesse" für die Auslegung des Luftfahrtgesetzes herangezogen werden kann (Merli, 2017; Madner & Schulev-Steindl, 2017; E. M. Wagner, 2017). Ähnlich wie die Staatszielbestimmung wirkt auf der europäischen Ebene Art. 37 der Grundrechtecharta als bloße Grundsatzbestimmung und nicht als Grundrecht (Madner, 2019a).

Die Europäische Menschenrechtskonvention (EMRK), die Teil des österreichischen Verfassungsrechts ist, enthält kein explizites Grundrecht auf Umweltschutz, jedoch können aus ihren Garantien bestimmte umweltrelevante Schutzpflichten abgeleitet werden (Grabenwarter & Pabel, 2021; Schnedl, 2018; Ennöckl & Painz, 2004; Wiederin, 2002). So wird in der Judikatur aus Art. 8 EMRK die Verpflichtung abgeleitet, im Interesse des Privat- und Familienlebens dem Einzelnen Schutz vor schwerwiegenden Beeinträchtigungen durch Lärm oder Umweltverschmutzungen zu gewährleisten, Umweltinformationen bereitzustellen und Umweltprüfungen durchzuführen (Grabenwarter & Pabel, 2021). Nach dem aktuellen Stand der Rechtsprechung gewährt Art. 8 EMRK dabei jedoch keinen Anspruch auf den Schutz der Umwelt „also solcher", da der Europäische Gerichtshof für Menschenrechte (EGMR) insoweit die mit dem Privat- und Familienleben grundrechtlich geschützte Sphäre des Einzelnen nicht berührt sieht (Braig & Ehlers-Hofherr, 2020). In der Literatur wird der Schutz, den Art. 8 EMRK für die Umwelt gewährt, deshalb auch als bloß indirekter oder anthropozentrischer Schutz bezeichnet (Müllerová, 2015). Zudem verlangt Art. 13 EMRK, dass die nationale Rechtsordnung schon die mögliche Verletzung eines Konventionsrechts überprüfbar machen muss (Grabenwarter & Pabel, 2021). Dieses Recht auf eine wirksame Beschwerde hat der EGMR explizit auch für die mögliche Verletzung von Art. 8 EMRK in umweltrelevanten Fällen bestätigt (*Hatton u. a. gegen Vereinigtes Königreich*, 2003). Aktuell sind mehrere Fälle beim EGMR anhängig, die sowohl die Frage nach Klimaschutzpflichten von Staaten (*Duarte Agostinho u. a. gegen Portugal u. a.*, anhängig; dazu Braumann, 2021) als auch explizit die Frage nach einem Recht auf wirksame Beschwerde im Zusammenhang mit fehlenden oder zu wenig ambitionierten Klimaschutzmaßnahmen betreffen (*Mex M. gegen Österreich*, anhängig; *Verein KlimaSeniorinnen Schweiz u. a. gegen Schweiz*, anhängig).

Ob und inwieweit aus grundrechtlichen Schutzpflichten ein Anspruch auf konkrete Klimaschutzmaßnahmen abgeleitet werden kann, wird in der Literatur differenziert beurteilt (Binder & Huremagić, 2021; Buser, 2020; Groß, 2020; S. Meyer, 2020). Geht man vom Bestehen klimaschutzrelevanter Schutzpflichten aus, so kommt den Grundrechten im Kontext des Klimawandels eine doppelte Rolle zu (W. Kahl, 2021): Während die Grundrechten inhärenten Schutzpflichten, beispielsweise im Zusammenhang mit dem Grundrecht auf Leben oder dem Grundrecht auf Eigentum, den Staat zum Schutz der Umwelt und des Klimas verpflichten, schützen klassische Abwehrrechte die Rechtsposition des Einzelnen, in die durch Klimaschutzmaßnahmen häufig eingegriffen wird (Hofer, 2021). In der Literatur werden in diesem Zusammenhang insbesondere das Eigentumsgrundrecht und die Erwerbsfreiheit herausgegriffen (T. Weber, 2019), die relevant werden, wenn Klimaschutzmaßnahmen auf die Beschränkung bestimmter klimaschädlicher Aktivitäten sowie auf Nutzungseinschränkungen und Verbote (z. B. Dieselfahrverbot) abzielen (Hattinger, 2019). Umgekehrt hat das deutsche Bundesverfassungsgericht (BVerfG) jüngst (*1 BvR 2656/18, 1 BvR 78/20, 1 BvR 96/20, 1 BvR 288/20*, 2021) den drastischen Klimaschutzmaßnahmen, die erforderlich werden, wenn gegenwärtige Klimaschutzmaßnahmen wenig weitreichend sind, eine eingriffsähnliche Vorwirkung auf praktisch jegliche grundrechtlich geschützte Freiheit zugemessen (Aust, 2021; Saiger, 2021). Im Interesse der Schonung künftiger Freiheit hätte der Gesetzgeber Vorkehrungen dafür treffen müssen, dass die Entwicklung zur Klimaneutralität rechtzeitig und vorausschauend eingeleitet wird (Schlacke, 2021a). In diesem Sinne hat das BVerfG den Gesetzgeber dazu verpflichtet, die Fortschreibung der Minderungsziele der Treibhausgasemissionen für Zeiträume nach 2030 näher zu regeln.

Der aus dem verfassungsrechtlichen Gleichheitssatz abgeleitete Vertrauensschutz schützt in eng begrenztem Maße auch das Vertrauen des Einzelnen in den unveränderten Fortbestand der bestehenden Rechtslage und schränkt insoweit den Gestaltungsspielraum des Gesetzgebers ein (Holoubek, 1997). Dies betrifft z. B. rückwirkende nachteilige Gesetzesänderungen oder Konstellationen, in denen die Erwartung auf den Fortbestand der Rechtslage geweckt und zugleich zu entsprechenden wirtschaftlichen Dispositionen ermuntert wurde (siehe auch Lutz-Bachmann, 2021). Die Rechtsprechung hat unter diesem Gesichtspunkt beispielsweise das In-Aussicht-Stellen einer Ausnahme von einem Nachtfahrverbot für lärmarme LKW und anschließende Einbeziehung in das Verbot als problematisch erachtet (*VfSlg 12944*, 1991). Fragen des Vertrauensschutzes werden z. B. im Zusammenhang mit energetischen Sanierungspflichten im Gebäudebestand (Klima, 2016) oder in Bezug auf Reduktion von Treibhausgasemissionen diskutiert (Hofer, 2021; für Deutschland, Altenschmidt, 2021).

Im internationalen und europäischen Kontext steigt die Zahl sogenannter Klimaklagen (United Nations Environment Programme & Sabin Center for Climate Change Law, 2017, 2020), im Rahmen derer Einzelne oder Nichtregierungsorganisationen (NGOs) auf verschiedene Weise versuchen (E. M. Wagner, 2018), die Klimakrise vor Gerichten zu thematisieren (Fitz, 2019). Der niederländische Fall Urgenda gilt dabei im europäischen Kontext als besonders wesentlich, hat darin doch ein Gericht den niederländischen Staat im Sinne der staatlichen Fürsorgepflicht zu einer Steigerung der Klimaschutzzielsetzungen verpflichtet (Antonopoulos, 2020; Pedersen, 2020; Spier, 2020). Diese Entscheidung wurde letztlich auch vom Höchstgericht bestätigt (*Urgenda*, 2019). Die Tatsache, dass ein Gericht in diesem Zusammenhang die neue Zielsetzung direkt selbst vorgeschrieben hat, wird in der Literatur auch kritisch diskutiert (Wegener, 2019). Der Fall Urgenda hat Vorbildwirkung für Klimaschutzklagen in anderen europäischen Ländern (Wewerinke-Singh & McCoach, 2021; Barritt, 2020; Saurer & Purnhagen, 2016), die teilweise auch erfolgreich waren (Schomerus, 2020).

Immer wieder sind Klimaklagen aber aktuell mit zahlreichen materiellen und prozessualen Herausforderungen und offenen Fragen verbunden (Schulev-Steindl, 2021; E. M. Wagner, 2021a). So ist – nicht zuletzt im österreichischen Kontext – schon der Zugang zu Gerichten in vielen Fällen insofern begrenzt, als dass Kläger_innen dafür eine spezifische Betroffenheit durch den Klimawandel geltend machen müssen (Schulev-Steindl, 2021). Im Rahmen einer europäischen Klimaklage (*Carvalho u. a./Parlament und Rat*, 2019), aber auch bei einer österreichischen Klimaklage (*G 144-145/2020-13, V 332/2020-13*, 2020; dazu Rockenschaub, 2021) konnte diese spezifische Betroffenheit beispielsweise nicht nachgewiesen werden (jeweils kritisch Horner, 2021; Schulev-Steindl, 2020; Winter, 2019), wobei im österreichischen Fall das Verfahren vor den EGMR noch nicht abgeschlossen ist (Pflugl, 2021). Das deutsche Bundesverfassungsgericht (*1 BvR 2656/18, 1 BvR 78/20, 1 BvR 96/20, 1 BvR 288/20*, 2021) hat jüngst die Beschwerdebefugnis natürlicher Personen (einschließlich in Bangladesch und Nepal lebender Beschwerdeführer_innen) wegen einer möglichen Verletzung staatlicher Schutzpflichten aus dem Grundrecht auf Leben und Gesundheit bzw. dem Eigentumsgrundrecht bejaht.

Im Zusammenhang mit zivilrechtlichen Klimaklagen, beispielsweise gegen Unternehmen (Antretter, 2021; E. M. Wagner, 2021b), stellen Fragen der Rechtswidrigkeit und der Kausalität weitere Herausforderungen dar (E. M. Wagner, 2021a; Spitzer, 2017). Verstößt eine Handlung nicht gegen bestehendes Recht, ist fraglich, wie die Rechtswidrigkeit – als Voraussetzung für Schadenersatzansprüche – begründet werden kann. Diese Frage stellt sich beispielsweise dort, wo Produktionsanlagen dem Emissionshandelssystem unterliegen und dessen Vorgaben von der Anlage erfüllt werden (Spitzer & Burtscher, 2017). Unter dem Stichwort „Kausalität" erweist sich die Herstellung eines kausalen Zusammenhangs zwischen einem bestimmten Ereignis (z. B. einer Naturkatastrophe oder einer Hitzewelle) und dem voranschreitenden globalen Klimawandel oft als schwierig (Schulev-Steindl, 2021). Am Beispiel internationaler Klimaklagen zeigt die Literatur auf, dass diese Problematik abgeschwächt werden kann, wenn bei der Geltendmachung staatlicher Verpflichtungen der Kausalitätsnachweis nur teilweise erbracht werden muss (Orator, 2021; Buser, 2020; Backes & Veen, 2020; Verschuuren, 2019).

11.2.5.3.2 Klimaschutzgesetz

Das nationale Klimaschutzgesetz (KSG) bezieht sich auf den Non-ETS-Bereich, das sind die Sektoren Abfallwirtschaft, Gebäude, Landwirtschaft, Verkehr und (teilweise) Energie und Industrie. Für diese Sektoren schreibt das KSG jährliche Höchstmengen an Treibhausgasemissionen vor (Fitz & Ennöckl, 2019). In seiner aktuell gültigen Fassung sind solche Höchstmengen bis zum Jahr 2020 vorgesehen, für den Zeitraum danach fehlt es an einer Festlegung. Eine Novellierung des KSG ist aktuell noch nicht eingeleitet worden.

In den vergangenen Jahren konnte das KSG die Einhaltung der Zielvorgaben aufgrund diverser struktureller Schwächen nicht bzw. nur unter umfangreichen Zertifikatszukäufen gewährleisten (Ennöckl, 2020). Als eine solche Schwäche wird zentral das Fehlen eines substanziellen Governance- und Verantwortlichkeitsmechanismus genannt: Zwar sieht das KSG den Abschluss eines Gliedstaatsvertrages (Art. 15a B-VG) vor, um im Falle der Verfehlung der Klimaziele die (Kosten-)Verantwortlichkeit zwischen Bund und Ländern zu regeln (Schwarzer, 2012). Ein solcher Vertrag wurde jedoch nie abgeschlossen (Fitz & Ennöckl, 2019). Stattdessen wurde für den Fall eines notwendigen Zertifikatzukaufs eine Kostentragungsregelung im Finanzausgleichsgesetz 2017 vorgesehen (§§ 28 f), der zufolge diese Kosten im Verhältnis 80:20 zwischen Bund und Ländern aufgeteilt werden (Ennöckl, 2020). Diese fixe Aufteilung, die den tatsächlich Beitrag zu den Treibhausgasreduktionen nicht berücksichtigt und damit wenig Anreizwirkung hat, wurde kürzlich vom Rechnungshof kritisiert (Rechnungshof Österreich, 2021). Zudem ergibt sich aus der Kostentragungsregelung nur bedingt ein Anreiz zur Einhaltung der Emissionsgrenzen, da sich die Kostentragungsregelung nicht auf die sektorenspezifischen Emissionsgrenzen bezieht, sondern auf die insgesamt vorgesehenen Höchstmengen von Treibhausgasemissionen (Habjan, 2018). Überdies kritisiert eine Evaluierungsstudie, dass die Klimamaßnahmenplanung, wie sie im KSG grundgelegt ist, ohne regelmäßige Evaluierung und ausreichende Einbindung der Wissenschaft erfolgt und die vorgesehenen Fristen für die Erarbeitung und Umsetzung von Klimaschutzmaßnahmen zu wenig straff sind; zudem besteht kein Säumnisschutz für den Fall, dass keine Klimamaßnahmen geplant werden, und es fehlt ein externer Kontrollmechanismus (Schulev-Steindl et al., 2020).

11.2.5.3.3 Erneuerbaren-Ausbaugesetz und Energieeffizienzgesetz

Als wesentliche klimarelevante Bereiche des nationalen Energierechts gelten die Regelung zur Förderung erneuerbarer Energien und die Steigerung der Energieeffizienz (Pirstner-Ebner, 2020). Das sogenannte Erneuerbaren-Ausbau-Gesetz (EAG) schafft einen neuen Rahmen für den Ausbau erneuerbarer Energien, um den Anteil erneuerbarer Energien zu steigern (2030: 32 Prozent) und auf Österreichs Klimaneutralität bis 2040 hinzuwirken (§ 4). Zu diesem Zweck errichtet das EAG einen neuen Förderrahmen für die Erzeugung von Strom aus erneuerbaren Quellen sowie für erneuerbares Gas. Für beide Bereiche sind Investitionszuschüsse und Marktprämien vorgesehen (Nigmatullin, 2021; Laimgruber, 2021), das dahinterstehende Fördervolumen wird aber teilweise als zu gering eingeschätzt (Katalan & Reitinger, 2021). Die dem Fördersystem unterliegenden, nunmehr sozial-ökologischen Kriterien wurden im Vorfeld insbesondere aus Naturschutzüberlegungen kritisiert (Holzleitner & Veseli, 2021; Schlatter, 2021). Das EAG bietet überdies eine Grundlage für die Bildung von Energiegemeinschaften (Cejka, 2021; Hartlieb & Kitzmüller, 2021) sowie die Errichtung regulatorischer Freiräume („Sandboxes") für Forschungs- und Demonstrationsprojekte im Bereich erneuerbare Energien (Ennser, 2021).

Die Überarbeitung des Energieeffizienzgesetzes wurde noch nicht in den parlamentarischen Prozess eingebracht. In seiner aktuellen Fassung verpflichtet das Gesetz im Wesentlichen die Energielieferanten dazu, Effizienzmaßnahmen bei sich selbst, ihren Endkunden oder anderen Endenergieverbrauchern zu setzen. Andernfalls ist von Energielieferanten eine Ausgleichsabgabe zu entrichten (Schwarzer, 2016a; E. Wagner, 2016). Die dabei früher eingeräumten weiten Spielräume hinsichtlich der Höhe der Ausgleichsabgabe (Steinmüller, 2015) sind nunmehr mit einem Verweis auf die durchschnittlichen Grenzkosten der umzusetzenden Energieeffizienzmaßnahmen begrenzt.

11.2.5.3.4 Anlagen- und Infrastrukturrecht

Der Rechtsrahmen für die Genehmigung von Anlagen und Infrastrukturprojekten unterscheidet sich mit Blick auf Klimaschutzaspekte deutlich, je nachdem, ob für ein Projekt eine Umweltverträglichkeitsprüfung (UVP) erforderlich ist oder nicht. Bei der Genehmigung kleinerer und mittlerer Projekte werden Klimaschutzaspekte nach Maßgabe der relevanten Rechtsgrundlagen, z. B. im Naturschutzgesetz, im Wesentlichen im Rahmen von Interessenabwägungen berücksichtigt. Solche Interessenabwägungen verweisen zumeist allgemein auf „öffentliche Interessen" und konkretisieren oft auch das Gewicht, das diesen Interessen zuzumessen ist, nicht näher (Sander, 2019). Behörden und überprüfenden Gerichten bleibt hier ein recht weiter Spielraum, um eine (politische) Wertentscheidung zu treffen (Fuchs, 2014, 2017; Ranacher, 2017). Während Teile der Literatur hier eine Möglichkeit sehen, Klimaschutzinteressen zu stärken (Romirer & Geringer, 2021; Schwarzer, 2016b), sehen andere Vertreter_innen der Wirtschaft in der Praxis der Anlagengenehmigung eine ungerechtfertigte Privilegierung von Umweltinteressen gegenüber wirtschaftlichen Interessen (Schmelz, 2017a). Als besonders schwierig erweist sich in der Praxis die Interessenabwägung bei Anlagen und Infrastrukturprojekten, die zwar einen Beitrag zum Klimaschutz leisten können, beispielsweise Energieerzeugungsanlagen für erneuerbare Energien, aber negative Auswirkungen auf andere Umweltgüter haben (Schumacher, 2022; Berl & Gaiswinkler, 2021). Für den Bereich Naturschutz hat der Verwaltungsgerichtshof (VwGH) klargestellt, dass an Maßnahmen, die zum Klimaschutz beitragen, nicht in jedem Fall ein höheres öffentliches Interesse besteht (*2009/10/0020*, 2010). Vielmehr muss dieses Interesse im Einzelfall, unter Berücksichtigung von Sparsamkeit, Wirtschaftlichkeit und Zweckmäßigkeit der Maßnahme, beurteilt werden. Ausschlaggebend für ein Überwiegen ist, welche Bedeutung die Verwirklichung der Maßnahme für den Klimaschutz hat und wie gravierend die negativen Auswirkungen auf andere Umweltschutzgüter, beispielsweise den Naturhaushalt, sind (*2010/10/0127*, 2013). Selbst für den Fall, dass das Interesse am Klimaschutz überwiegt, beinhalten die Naturschutzgesetze der Länder aber vielfach eine Pflicht, die negativen Auswirkungen einer Maßnahme auf die Natur zu minimieren. Diese Pflicht berechtigt die Behörde dazu, die Genehmigung nur unter Vorschreibung von Auflagen zum Naturschutz, wie der Errichtung von Ersatzflächen eines Lebensraumtyps, zu genehmigen (Hollaus, 2021). Eine diesem Eingriffs-/Ausgleichssystem nachgebildete Regelung für den Klimaschutz besteht derzeit nicht. Vereinzelt werden auf Landesebene aber Solitärbäume und Baumgruppen durch Gesetz geschützt (Baumgesetze), was auch als Schutz von klimarelevanten CO_2-Speichern verstanden werden kann. Ähnlich wie für Wälder, die nach dem Forstgesetz geschützt sind (Lindner & Weigel, 2019), sind Ausgleichsmaßnahmen in Form von Ersatzpflanzungen vorgesehen, wenn diese Bäume entfernt werden (Hollaus, 2021).

Bei größeren Infrastrukturprojekten, wie großen Wasserkraftanlagen oder Verkehrsprojekten, sind im Rahmen der UVP die Auswirkungen auf das Mikro- und Makroklima zu erheben und zu bewerten (Reichel, 2019). In der Vollzugspraxis ist die Darstellung und Bewertung dieser Auswirkungen mit Herausforderungen verbunden (Jiricka-Pürrer et al., 2018). Als Ultima Ratio sieht das UVP-Gesetz explizit vor, dass die Genehmigung mit Blick auf das öffentliche Interesse am Umweltschutz auch versagt werden kann, wenn im Falle einer Gesamtbewertung von schweren Umweltbelastungen auszugehen ist (Madner, 2019b; Schmelz & Schwarzer, 2011). Darüber, in welchen Konstellationen die Möglichkeit besteht, eine Genehmigung angesichts schwerer Umweltbelastungen zu versagen, äußert sich die Literatur kontrovers (Sander, 2019; Fitz, 2019). Die verwaltungsgerichtliche Judikatur hat hier bislang keine Klarheit über solche Anwendungsszenarien geschaffen (VwGH, *Ro 2018/03/0031-0038, Ro 2019/03/0007-0009-6*, 2019; dazu Kirchengast et al., 2020; *VwSlg 18189 A/2011*, 2011).

11.2.6 Finanzausgleich, Steuer- und Förderrecht

Maßnahmen im Bereich des Finanz-, Steuer- und Förderrechts werden als bedeutsame rechtspolitische Hebel für klimafreundliche Strukturen betrachtet (Meickmann, 2021; Madner & Grob, 2019a). Studien weisen für europäische Länder eine Vielzahl von umweltschädlichen bzw. klimaschädlichen Subventionen aus (Burger & Bretschneider, 2021; Mormann, 2021). Als besonders relevant in Österreich gilt hier der Verkehrssektor, mit Subventionen wie dem Pendlerpauschale oder der Mineralölsteuervergünstigung für Dieselkraftstoff (Kletzan-Slamanig & Köppl, 2016). Die Europäische Kommission hat kürzlich im Rahmen der Evaluierung der Nationalen Energie- und Klimapläne (NEKP) den Abbau von Subventionen für fossile Energieträger auch in Österreich eingefordert (Europäische Kommission, 2020a, 2019).

Zur Erreichung der Klimaziele ist eine gebietskörperschaftsübergreifende Koordination und Abstimmung der Aktivitäten der öffentlichen Hand essenziell. Nicht zuletzt über den Finanzausgleich kann sichergestellt werden, dass alle Ebenen der öffentlichen Hand einen angemessenen Beitrag zum Klimaschutz leisten, insbesondere auch in Bereichen geteilter Zuständigkeiten (Brait et al., 2020). Die Verteilung der Finanzmittel im Rahmen des österreichischen Finanzausgleichs erfolgt in Österreich im Wesentlichen nach der Einwohner_innenzahl. Die Orientierung an den von den Gemeinden zu tragenden Aufgabenlasten (Aufgabenorientierung) bzw. allgemein an qualitativen, auch raum- und klimarelevanten Parametern (z. B. ihren örtlichen und regionalen Funktionen) spielt demgegenüber aktuell kaum eine Rolle (Mitterer, 2011). Dies wird in der Literatur als ein Anreiz für eine wenig klimafreundliche räumliche Entwicklung in Österreich diskutiert (Madner & Grob, 2019a).

Die Ausgestaltung der Kommunalsteuer, wonach die Erträge zur Gänze jener Gemeinde zufließen, in deren Gebiet eine Betriebsstätte liegt, wird als wesentlicher Treiber für den Standortwettlauf zwischen Nachbargemeinden um Ansiedelungen auf der grünen Wiese angesehen und daher als Ursache für eine klimaschädliche Raum- und Verkehrsstruktur eingestuft (Kanonier, 2019; Madner & Grob, 2019a). Interkommunale und regionale Kooperationen, z. B. über einen interkommunalen Finanzausgleich, werden dementsprechend als wichtige Herausforderung wahrgenommen, die derzeit in der Praxis jedoch noch nicht angenommen wird (Bauer et al., 2017). Wegen der kommunalsteuergetriebenen Standortkonkurrenz zwischen Gemeinden nutzen die Kommunen auch die Ermächtigung zur Einhebung einer Verkehrsanschlussabgabe nicht, mit der ein Beitrag zu den Kosten der Anbindung größerer Betriebsansiedlungen (z. B. Einkaufszentren) an den öffentlichen Nahverkehr erhoben werden könnte (Madner & Grob, 2019a).

Reformen von abgabenrechtlichen Anreizen, die – wie z. B. das Pendlerpauschale oder das Dieselprivileg – dem Ziel der Eindämmung des treibhausgasintensiven Individualverkehrs entgegenlaufen, werden in der Literatur seit langem diskutiert und eingemahnt; zugleich wird konstatiert, dass die dazu erforderliche Auflösung des Spannungsfelds von ökologischen und sozialen Zielen offenbar eine große politische Herausforderung für Reformschritte darstellt (Madner & Grob, 2019a).

Die Verknüpfung der Wohnbauförderung mit ökologischen Kriterien ist (erst) in Ansätzen ausgebaut. In Bezug auf klimarelevante ökonomische Anreize im Bereich der Mobilität (z. B. Verkehrserregerabgaben, Parkraumabgaben, dazu Schulev-Steindl et al., 2021, 2022) oder im Bereich des Wohnens (z. B. Leerstandsabgabe) wird auf komplexe Fragen der Kompetenzverteilung und das Verbot des Missbrauchs der Abgabenkompetenz bei Lenkungsabgaben hingewiesen (Madner & Grob, 2019a). So ist z. B. der Versuch einer landesgesetzlichen Leerstandsabgabe, soweit damit Wohnraumbewirtschaftung für „Volkswohnungen", das heißt Klein- und Mittelwohnungen, bewirkt werden sollte, unter anderem an der Kompetenzverteilung gescheitert (*VfSlg 10403*, 1985 zum Wr. Wohnungsabgabengesetz). Für die konkrete Ausgestaltung von Lenkungsabgaben werden in der Literatur die Anforderungen, die sich aus dem Grundrecht auf Eigentum, dem Gleichheitssatz (Sachlichkeitsgebot, Vertrauensschutz) und insbesondere auch aus dem Verhältnismäßigkeitsgrundsatz ergeben, als zu bewältigende Herausforderungen genannt (Rill, 1992).

11.3 Strukturelle Bedingungen

Der folgende Abschnitt stellt dar, welche strukturellen Bedingungen nach dem aktuellen Stand der wissenschaftlichen Diskussion als notwendig angesehen werden, um klimafreundliches Leben zu ermöglichen. Diese Darstellung macht dabei – aufbauend auf dem Befund zum Status quo – jeweils treibende und hemmende Faktoren sichtbar.

11.3.1 Zielverstärkung, Konkretisierung, Verbindlichkeit

Auf der internationalen Ebene wird die Frage nach mehr Verbindlichkeit für Bestimmungen des Pariser Übereinkommens aufgeworfen: Dass die Vertragsparteien nicht verpflichtet sind, ihre Klimaschutzbeiträge zu erreichen, wird teilweise als wesentliche Schwäche des Vertrags bezeichnet (E. M. Wagner, 2018; Stäsche, 2016). Diese Teile der Literatur sehen Potenzial in einer Stärkung der Rechtsverbindlichkeit der Klimaschutzbeiträge (Lawrence & Wong, 2017).

Zentrale Begriffe und Anforderungen des Pariser Übereinkommens müssen konkretisiert werden, um die Vertragsparteien in die Lage zu versetzen, ihre nationalen Klimaschutzmaßnahmen effektiv zu gestalten. Das Pariser Übereinkommen lässt offen, wie die Anforderung an einen „ambitionierten" Klimaschutzbeitrag, der auch kontinuierlich ambitionierter werden soll, zu verstehen ist (Zahar, 2020; Rajamani, 2016). Diese Tatsache lässt Teile der Literatur an der Steuerungswirkung des Pariser Übereinkommens zweifeln (Bodle et al., 2016; Ekardt & Wieding, 2016). Andere Teile der Literatur argumentieren, dass sich die Anforderungen an Klimaschutzbeiträge indirekt aus den Bestimmungen des Pariser Übereinkommens ableiten lassen, wodurch sich ein flexibler Maßstab ergäbe, um die unterschiedlichen Situationen der Vertragsparteien zu berücksichtigen (B. Mayer, 2018a; Voigt, 2016b; Voigt & Ferreira, 2016). Doch auch diese Literatur erkennt an, dass der Maßstab insgesamt weiterer Konkretisierung bedarf (Doelle, 2016). Auf der Vertragsstaatenkonferenz im Jahr 2021 (COP 26) konnten sich die Vertragsstaaten zuletzt unter anderem auf einen gemeinsamen Zeitrahmen für die Klimaschutzbeiträge einigen (Conference of the Parties serving as the meeting of the Parties to the Paris Agreement, 2022). Damit wurde auch das gemeinsame Regelwerk, das sogenannte Paris Rulebook, vervollständigt, das gemeinsame Anforderungen an Klimaschutzbeiträge formuliert, was deren Vergleichbarkeit und Ambition sicherstellen soll (Rajamani & Bodansky, 2019).

Auch auf der europäischen Ebene stellt mehr Rechtsverbindlichkeit für die Ziele der Klimapolitik einen Mehrwert dar (Franzius, 2021). Aktuell werden die Ziele der Klima- und Energiepolitik mit ihrer „Zieltrias" (Stäsche, 2016) – Senkung der Treibhausgasemissionen, Ausbau der erneuerbaren Energien und Steigerung der Energieeffizienz – lediglich in politischen Dokumenten festgeschrieben (Fitz & Ennöckl, 2019). Das EU-Klimagesetz schreibt nun das Treibhausgasneutralitätsziel bis 2050 und das Treibhausgasreduktionsziel bis 2030 rechtsverbindlich vor (Markus & Köck, 2020). Diese Zielsetzungen binden die EU-Institutionen und können künftig dazu dienen, die Verantwortung der EU-Institutionen, politisch und rechtlich, stärker einzufordern (Weishaar, 2020). Gleichzeitig wird im EU-Klimaschutzgesetz die Europäische Kommission dazu ermächtigt, übergreifende Zielpfade für die Treibhausgasreduktionen verbindlich festzulegen. Auf diese Weise können die Anstrengungen politikbereichsübergreifend gesteuert werden (Reese, 2020; Schlacke, 2020b). Laufende Berichtspflichten der Mitgliedstaaten mit Blick auf die Zielpfade sowie Überprüfungsrechte der Kommission können dazu beitragen, die Anstrengungen der Mitgliedstaaten stärker auf die übergeordneten Zielsetzungen auszurichten (Kulovesi & Oberthür, 2020).

Auf der nationalen Ebene werden die Themen Zielverstärkung, Konkretisierung und Verbindlichkeit als wesentlich für eine Überarbeitung des Klimaschutzgesetzes angesehen (siehe dazu unten, Abschn. 11.3.3). Diese Überarbeitung ist schon alleine deshalb angezeigt, weil die maximalen Treibhausgasemissionsmengen, die das KSG festlegt, nur bis 2020 reichen (Fitz & Ennöckl, 2019). Ein Vorschlag für diese Überarbeitung wurde bis dato noch nicht in den parlamentarischen Prozess eingebracht.

11.3.2 Reform von Zuteilungs- und Flexibilisierungsmechanismen

Der europäische Emissionshandel versteht das Gut Klimasystem als eine nutzbare Ressource und übersetzt diese Ressource in Emissionsberechtigungen, die einen ökonomischen Wert haben. Diese Logik des Emissionshandels stand von Beginn an grundlegend in der Kritik (Winter, 2009): Einerseits fehle es an lückenlosen Kenntnissen, um die maximal zur Verfügung stehenden Emissionsberechtigungen mit Sicherheit richtig festlegen zu können, insbesondere im Zeitverlauf. Andererseits schaffe die Verknüpfung einer Ressource mit einem ökonomischen Wert den Anreiz, diese Ressource auch vollständig in Anspruch zu nehmen. In der Literatur wird daher wiederholt die Frage aufgeworfen, ob das marktbasierte Instrument Emissionshandel tatsächlich geeignet ist, Treibhausgasemissionen effektiv zu reduzieren (Peeters & Weishaar, 2009; Yeoh, 2008) und die notwendige Transformation der Wirtschaft anzustoßen (Street, 2007). Im Sinne dieser Kritik an den Grundannahmen des Emissionshandels fordern Teile der Literatur eine Alternative (Moreno et al., 2016), die auch der zunehmenden Finanzialisierung der Natur entgegenwirken kann (Fatheuer et al., 2015). Dennoch halten die EU-Institutionen am Emissionshandel fest und sehen ihn auch als wesentlichen Bestandteil der künftigen EU-Klimapolitik (Europäische Kommission, 2021a; Generalsekretariat des Rates, 2021). Dies zeigt sich unter anderem auch daran, dass die Kommission im Juli 2021 die Ausweitung des Emissionshandels auf weitere Sektoren, Gebäude und Verkehr, vorgeschlagen hat (COM(2021) 551 final, 2021). Aus Sicht der Kommission soll die Ambition im Emissionshandel erhöht und so seine Klimawirksamkeit gesteigert werden (COM(2021) 551 final, 2021). Um das Paris-Ziel der EU erreichen zu können, müsse der Emissionshandel darauf ausgerichtet werden, die ihm unterliegenden Treibhausgasemissionen bis 2030 um 61 Prozent gegenüber dem Stand von 2005 zu reduzieren. Aktuell sei der EU-Emissionshandel nur auf eine Treibhausgasreduktion von minus 43 Prozent ausgerichtet (COM(2021) 551 final, 2021). Vielfach wird in der Literatur aber darauf hingewiesen, dass der Emissionshandel auch von bestehenden Schwächen befreit werden müsse (Borghesi & Montini, 2016), was wichtige Potenziale für seine Klimawirksamkeit erschließen würde (Schwarzer & Niederhuber, 2018; Ziehm, 2018; Franzius, 2015).

In der Anfangsphase des Emissionshandels konnten die Mitgliedstaaten die von ihnen benötigte Anzahl an Zertifikaten selbst festlegen und so gemeinsam die Gesamtmenge der im Emissionshandelssystem verfügbaren Zertifikate bestimmen. Daraus resultiere eine Überallokation (Winter, 2009), die auch heute noch gegeben ist. Als Folge der Überallokation blieb unter anderem der Zertifikatspreis vergleichsweise niedrig (Andor et al., 2015). Vielfach wird darauf hingewiesen, dass der Zertifikatspreis gar zu niedrig gewesen sei, um einen Anreiz für Marktteilnehmer_innen darzustellen, in technische Lösungen für die Emissionsreduktion anstatt in den Zertifikatserwerb zu investieren (Böhler, 2013; Betz & Sato, 2006). Die Einführung von diversen Instrumenten, mit denen die Menge an zur Verfügung stehenden Zertifikaten wiederkehrend oder anlassbezogen reduziert wird, zentral die Marktstabilitätsreserve ab 2019, hat nach der Literatur einen ersten Beitrag zur Auflösung dieser Problemlage geleistet (Brosset & Maljean-Dubois, 2020; Ennöckl, 2020). Zwar werden diese Instrumente für den Zeitraum ab 2021 fortgeführt und teilweise auch verstärkt (Vollmer, 2018). Die Gratiszuteilung von Emissionszertifikaten an Anlagenbetreiber_innen und Fluggesellschaften soll aber beibehalten werden und bleibt einer der zentralen Kritikpunkte an der Systematik des Emissionshandels (Kreuter-Kirchhof, 2017; Madner, 2015a).

Für die Politikbereiche außerhalb des Emissionshandels (Non-ETS) müssen bestehende Flexibilisierungsmechanismen überdacht werden: Während maximale Emissionshöchstgrenzen im Non-ETS-Sektor von den MS gewisse Anstrengungen erfordern würden, bestehen gleichzeitig Möglichkeiten, Einsparungen aus dem LULUCF-Bereich oder nicht verbrauchte Emissionszertifikate auf diese Emissionshöchstgrenzen anzurechnen (Romppanen, 2020). Damit schwächen diese Flexibilisierungsmöglichkeiten die Wirksamkeit der Lastenteilung ab. Ähnliche Argumente werden auch für die Flexibilisierungsmöglichkeiten im LULUCF-Bereich präsentiert, in dem ebenfalls eine Anrechnung von Emissionszuweisungen aus der Lastenteilung möglich ist (Romppanen, 2020). Die Kommission hat zudem im Juli 2021 die Einführung eines Emissionshandelssystems für ausgewählte Sektoren vorschlagen, die aktuell der Lastenteilung unterliegen: Gebäude und Verkehr (COM(2021) 551 final, 2021). Dieses System soll dem Muster des bestehenden Emissionshandels folgen und mit ihm eng verbunden sein. Der derzeit erst im Entwurf vorliegende Bericht des Europäischen Parlaments weist aber beispielsweise darauf hin, dass alleine ein Emissionshandel für den Verkehrssektor nicht reichen wird, um die dort generierten Treibhausgasemissionen zu reduzieren (Committee on the Environment, Public Health and Food Safety, 2022).

11.3.3 Kompetenzrechtliche Neuordnung und Klimaschutzgesetzgebung

Die Ausübung von Bundesfachplanungskompetenzen für eine verbindliche und abgestimmte Verkehrs- und Netzinfrastrukturplanung wird in der Literatur seit langem als notwendig thematisiert (Kanonier, 2019; Madner & Grob, 2019a; Rill & Schindegger, 1991).

Als notwendige Strukturbedingung für eine ambitionierte Klimaschutzpolitik wird nicht zuletzt eine kompetenzrechtliche Neuordnung der Querschnittsmaterien Klimaschutz bzw. Raumplanung, etwa durch die Einführung einer Bedarfskompetenz des Bundes für diese Agenden, angesehen. Bei Vorliegen einer Bedarfskompetenz ist der Bundesgesetzgeber dazu ermächtigt, bundesrechtlich einheitliche Regelungen zu erlassen, sobald er einen entsprechenden Bedarf annimmt oder ein solcher objektiv gegeben ist – ansonsten bleibt es bei der bestehenden Zuständigkeitsverteilung (Berka, 2018). Art. 11 Abs 5 B-VG beinhaltet eine solche Bedarfskompetenz für die Festlegung von Emissionsgrenzwerten für Luftschadstoffe, worunter auch Treibhausgasemissionen fallen würden (Funk, 1989). Durch ihren Zuschnitt auf die einheitliche Festlegung solcher Grenzwerte für Emittenten ist diese Bedarfskompetenz aber vergleichsweise eng und würde mit dem Kriterium der Einheitlichkeit die Praxis vor große Herausforderungen stellen (Horvath, 2014). Entsprechend legen Studien die Einführung einer eigenen Bedarfskompetenz Klimaschutz nahe (Schulev-Steindl et al., 2020; Österreich, 2008; Redaktion, 2008): Eine solche Bedarfskompetenz könnte es ermöglichen, dass der Bund zeitraumbezogene Höchstmengen von Treibhausgasemissionen oder Mindestanteile erneuerbarer Energieträger an der gesamten Energieerzeugung sowie Maßnahmen zur Bekämpfung des Klimawandels durch einfaches Bundesgesetz festlegt. Eine solche Bedarfskompetenz war im Entwurf zum ersten Klimaschutzgesetz aus dem Jahr 2008 vorgesehen, der im Parlament nur begutachtet, nicht aber angenommen wurde (Schulev-Steindl et al., 2020; Schwarzer, 2012). Zusammen mit einem geeigneten Sanktionsmechanismus würde eine Bedarfskompetenz des Bundes auf Ebene der Länder zu einer stärkeren Berücksichtigung von Klimaschutzbelangen etwa auf Ebene des Baurechts und des Raumordnungsrechts führen. Dieser Anreiz ergäbe sich insbesondere dann, wenn die Sanktionen für die

Nichterfüllung der Klimaziele höher sind als die Kosten für entsprechende Klimaschutzmaßnahmen (Horvath, 2009).

Ein ambitioniertes, wissenschaftsbasiertes und sanktionsbewährtes Klimaschutzgesetz gilt als wesentliche Strukturbedingung für die Klimaschutzpolitik. Das deutsche Bundes-Klimaschutzgesetz 2019 (dt. KSG) kann als internationales Beispiel für die Ausgestaltung eines solchen Klimaschutzgesetzes herangezogen werden: Das dt. KSG legt jährliche Emissionsreduktionsziele für einzelne Sektoren fest, um die nationalen Klimaschutzziele zu erreichen (Albrecht, 2020; Schlacke, 2020a; Saurer, 2020; Groß, 2011). Dabei werden für Deutschland gegenüber den europarechtlichen Vorgaben ambitioniertere Ziele festgelegt, wie die Reduktion der Treibhausgasemissionen bis 2030 um zumindest minus 55 Prozent gegenüber 1990. Diese Ziele dürfen in der Zukunft lediglich erhöht, nicht aber abgesenkt werden. Damit wird ein Ambitionsniveau erkennbar (Wickel, 2021), das beispielsweise das österreichische KSG nicht aufweist (Schulev-Steindl et al., 2020). Allerdings hat das deutsche Bundesverfassungsgericht erst kürzlich festgestellt (dazu auch beim Punkt Klimaklagen, Abschn. 11.2.5.3.1), dass auch die aktuell vorgesehenen deutschen Ziele mit Blick auf die ab 2031 erforderlichen Reduktionsmaßnahmen zu wenig konkret sind (*1 BvR 2656/18, 1 BvR 78/20, 1 BvR 96/20, 1 BvR 288/20*, 2021). Infolge dieses Beschlusses wurde eine Novelle vom dt. KSG angenommen, die unter anderem das Treibhausgasreduktionsziel für 2040 auf minus 88 Prozent gegenüber dem Stand von 1990 festlegt und die Sektorenreduktionsziele anhebt (Erstes Gesetz zur Änderung des Bundes-Klimaschutzgesetzes, 2021; dazu Frenz, 2021). Die deutsche Literatur betrachtet diese Herangehensweise allerdings differenziert (Winter, 2021). Im österreichischen Schrifttum wird hingegen auch diesbezüglich im dt. KSG Vorbildwirkung für das österreichische KSG gesehen (Fitz & Rathmayer, 2021).

Das dt. KSG verfügt auch über einen effektiven Überprüfungsmechanismus: Die Überprüfung der Einhaltung der Ziele erfolgt durch Berichte des Umweltbundesamtes und deren anschließende Beurteilung durch einen Expert_innenrat für Klimafragen. Wurden die jährlichen Reduktionsziele in einem Sektor nicht erreicht, erlässt der zuständige Bundesminister binnen drei Monaten ein Sofortprogramm für den jeweiligen Sektor, um die Einhaltung der Emissionsziele in den kommenden Jahren sicherzustellen (§ 8 dt. KSG, Bundes-Klimaschutzgesetz, BGBl. I S. 2513 i.d.F. BGBl. I S. 3905, 2021). Dieser Sofortmechanismus sieht neben der Einbindung unterschiedlicher Akteur_innen (Expert_innen sowie politische Verantwortliche) auch Fristen vor, die so ausgestaltet sind, dass sie ein rasches und effizientes Handeln bei Zielverfehlung sicherstellen können (Saurer, 2020). Weder die nationalen Klimaschutzziele noch die sektoralen Emissionsreduktionsziele begründen subjektive Rechte oder klagbare Rechtspositionen. In der Literatur wurde jedoch ein Klagerecht von Umweltschutzverbänden bei Nichteinhaltung bejaht, wodurch eine zivilgesellschaftliche Kontrollmöglichkeit bestünde (Winter, 2021; Klinger, 2020).

11.3.4 Grundrecht auf Klimaschutz, Rechte der Natur

Die Einführung eines Grundrechts auf Klimaschutz oder, umfassender, eines Grundrechts auf eine gesunde Umwelt (Schöpfer, 2019) wird seit langem in der Literatur diskutiert (K. Weber, 2009; M. Meyer, 1993; Kloepfer, 1978; Steiger, 1975). International wurden ähnliche Grundrechte vielfach dazu verwendet, Umwelt- und Klimaschutzmaßnahmen gerichtlich vom Staat einzufordern (Schulev-Steindl, 2021; Oexle & Lammers, 2020), wobei diesem Anliegen nicht immer nachgekommen wurde (Peel & Osofsky, 2018). In Österreich wurde ein Grundrecht auf Klimaschutz kürzlich im Rahmen des Klimavolksbegehrens gefordert, um insbesondere den Schutz dieses Rechts gegenüber Behörden und Gerichten einfordern zu können (zu Klimaklagen allgemein siehe oben, Abschn. 11.2.5.3.1; zu Menschenrechten und Wirtschaftsunternehmen siehe unten, Abschn. 11.3.5). Im Vergleich zu bestehenden Grundrechten mit Klimaschutzbezug (siehe dazu oben, Abschn. 11.2.5.3.1) könnte ein solches durchsetzbares Grundrecht auf Klimaschutz einen wirksameren Grundrechtsschutz bedeuten (Ennöckl, 2021). Tatsächlich hat der Nationalrat in einer Entschließung ein Grundrecht auf Klimaschutz in Aussicht gestellt (Nationalrat, 2021b). In der Literatur wird die Einführung eines solchen Grundrechts auf Klimaschutz aber auch kritisch gesehen (differenziert Calliess, 2021b), weil ein solches neues Grundrecht beispielsweise zur Schwächung bisher vorhandener Grundrechte führen könnte (Schneider, 2021).

In der Grundrechtsdiskussion wird auch die Frage nach Rechten der Natur selbst aufgeworfen (Epstein & Schoukens, 2021; Stone, 2010). Einige Länder (z. B. Ecuador, Bolivien, Neuseeland) haben solche Rechte der Natur bereits verankert (Schimmöller, 2020; Calzadilla & Kotzé, 2018). Sie sprechen dabei entweder der Natur als solches das Recht zu, in ihrem Bestehen und ihren Funktionen respektiert zu werden, oder konkretisieren bestimmte Rechte der Natur, wie das Recht auf Wasser oder ein schadstofffreies Leben (Darpö, 2021; Krömer et al., 2021). Die Natur selbst ist in diesem Fall Grundrechtsträgerin, sie wird aber bei der Wahrnehmung dieser Rechte vertreten. Die Frage, wer konkret zur Bewahrung oder zum Schutz dieser Rechte agieren soll, wird unterschiedlich beantwortet und beurteilt (Darpö, 2021; Fischer-Lescano, 2020). Vor allem im älteren rechtswissenschaftlichen Schrifttum gibt es Stimmen, die Rechte der Natur kategorisch ablehnen und darin eine Ablenkung von stringenter Umweltpolitik sehen (Elder, 1984).

Auch in der jüngeren Literatur wird die Einräumung von Eigenrechten der Natur insbesondere mit Blick auf die effektive Umsetzung teilweise kritisch beurteilt (Darpö, 2021), demgegenüber werden Rechte der Natur jedoch als wichtig erachtet, um den intrinsischen Wert der Natur angemessen zu erfassen und als notwendiger Paradigmenwechsel und Voraussetzung für die Bewältigung der ökologischen Krise angesehen (Kersten, 2017). Aktuell ist die Einführung eines Grundrechts der Natur beispielsweise im Freistaat Bayern Gegenstand eines Volksbegehrens (Im Namen der Natur, 2021).

Im Kontext solcher Grundrechtsdiskussionen wird in der Literatur auch die Frage aufgeworfen, inwiefern künftige Generationen von einem Grundrecht auf Klima- bzw. Umweltschutz geschützt werden sollen und können (Lachmayer, 2016). Neben der Berechtigung zur Geltendmachung des Grundrechts, beispielsweise durch Kinder und Jugendliche, bestimmt diese Frage auch die ableitbare Schutzpflicht mit (Bogojević, 2020). Das deutsche Bundesverfassungsgericht hat kürzlich (*1 BvR 2656/18, 1 BvR 78/20, 1 BvR 96/20, 1 BvR 288/20*, 2021) aus der im deutschen Grundgesetz (Art. 20a) verankerten Staatszielbestimmung Umweltschutz einen verfassungsrechtlich verbindlichen und gerichtlich überprüfbaren Auftrag zum Klimaschutz abgeleitet (Aust, 2021) und sieht im Ergebnis die Gesetzgebung verpflichtet, Klimaschutzmaßnahmen unter Berücksichtigung der Freiheitschancen der jüngeren Generation zu gestalten (Goldmann, 2021; Saiger, 2021). Die dogmatische Herleitung dieser Verpflichtung wird in der Literatur vereinzelt auch kritisch beleuchtet (Meßerschmidt, 2021; Stohlmann, 2021; Ruttloff & Freihoff, 2021; Calliess, 2021a).

11.3.5 Menschenrechte und Wirtschaftsunternehmen

Die Rolle von (multinationalen) Unternehmen und deren Beitrag zur Erreichung von Nachhaltigkeits- und Umwelt- bzw. Klimaschutzzielen wird zunehmend auch aus rechtswissenschaftlicher Sicht diskutiert. Im Fokus der Diskussion steht die unmittelbare Bindung von Unternehmen an die Einhaltung menschenrechtlicher Standards und die Reichweite solcher Pflichten (Heinz & Sydow, 2021; Augenstein, 2018; Klinger et al., 2016; Augenstein et al., 2010).

Der Stand der Umsetzung bloß freiwilliger menschenrechtlicher Sorgfaltspflichten (dazu oben, Abschn. 11.2.2.3) wird in verschiedenen Benchmarkstudien als unzureichend ausgewiesen (World Banchmarking Alliance, 2022; European Commission, Directorate-General for Justice and Consumers et al., 2020; International Peace Information Service (IPIS), 2014).

Die Forderung, verbindliche menschenrechtliche Sorgfaltspflichten einzuführen (dazu Peter, 2021), die von einer breiten Allianz zivilgesellschaftlicher Organisationen vorgetragen wurde, hat in Europa unter anderem in Frankreich bzw. in Deutschland zur Einführung von Lieferkettengesetzen geführt (z. B. Initiative Lieferkettengesetz, 2021; Eckel & Rünz, 2021; Verheyen, 2021). Im Februar 2022 hat auch die Europäische Kommission einen ersten Vorschlag für ein EU-Lieferkettengesetz vorgelegt (COM(2022) 71 final, 2022; siehe dazu näher im nachfolgenden Kapitel Globalisierung, Kap. 15).

11.3.6 Ökozid

Seit längerem wird in der rechtspolitischen Diskussion unter dem Schlagwort „Ökozid" diskutiert, ob umwelt- bzw. klimaschädliches Verhalten, je nach Schweregrad, als (internationales) Verbrechen verstanden und sanktioniert werden kann (Greene, 2019; Gray, 1996). Ein Entwurf zur Einführung eines Straftatbestands Ökozid auf internationaler Ebene wurde bereits 2010 vorgelegt (Gauger et al., 2013; Higgins et al., 2013). Dieser Entwurf erfasst als „Ökozid" Handlungen oder Unterlassungen, die unter anderem Klimaschäden oder den Verlust von ganzen Ökosystemen bewirken. 2021 haben Völkerrechtsexpert_innen einen neuen Entwurf vorgelegt, in dem Ökozid allgemeiner definiert wird. Als Ökozid werden dort rechtswidrige und mutwillige Handlungen oder Unterlassungen bezeichnet, die im Wissen um mögliche schwerwiegende großflächige oder langanhaltende Umweltschäden vorgenommen wurden. Schäden, die ganze Tier- oder Pflanzenarten oder Ökosysteme betreffen, oder auch eine große Anzahl an Menschen, gelten per Definition als „großflächig" (Stop Ecocide Foundation & Independent Expert Panel for the Legal Definition of Ecocide, 2021). Selbst dann muss die sie bewirkende Handlung oder Unterlassung aber rechtswidrig oder mutwillig sein, sodass nicht, bspw., jeglicher Arten- oder Biodiversitätsverlust vom (künftigen) Straftatbestand Ökozid erfasst wäre. Das Europäische Parlament hat die EU und die MS wiederholt dazu aufgefordert, die Anerkennung von Ökozid als internationales Verbrechen im Rom-Statut zu unterstützen (*P9_TA(2021)0014*, 2021; Europäisches Parlament, 2022). Auf nationaler Ebene wurde beispielsweise kürzlich der Straftatbestand Ökozid in das französische Umweltgesetz aufgenommen (LOI n° 2021-1104 du 22 août 2021 portant lutte contre le dérèglement climatique et renforcement de la résilience face à ses effets, 2021)

Die Kommission hat 2021 die Überarbeitung der Umweltstrafrechts-RL vorgeschlagen, im Rahmen derer nun bestimmte Handlungen einen Straftatbestand darstellen sollen. Zu diesen Handlungen zählt unter anderem die Einleitung von Stoffen in Luft, Boden und Wasser, wenn sie erhebliche Schäden an Tieren und Pflanzen bewirkt, oder ein schädigendes Verhalten, das zu erheblichen Schäden in einem Natura-2000-Schutzgebiet führt (COM(2021) 851 final, 2021).

11.3.7 Internationaler und europäischer Handel

11.3.7.1 WTO-Recht und Klimaschutz

Aus der Perspektive der Welthandelsordnung werden sozial- und umwelt- oder klimapolitische Regelungen zunächst als potenzielle Handelshemmnisse eingeordnet (Krajewski, 2021b; Müller & Wimmer, 2018; Vranes, 2009; Senti, 2006). Das führt zu komplexen Auseinandersetzungen um die WTO-Konformität von umwelt- oder klimapolitischen Maßnahmen und verzögert mitunter geplante Rechtsetzungsvorhaben bzw. mündet in Streitschlichtungsverfahren (Berrisch, 2020). Beispielhaft kann auf die Diskussionen um die WTO-Konformität eines CO_2-Grenzsteuerausgleichs (Border-Tax-Adjustment, Mehling et al., 2019), auf den Streit zwischen EU und USA um Importbeschränkungen für sogenanntes Hormonfleisch oder die Auseinandersetzung zwischen der EU und Indonesien bzw. Malysia um Palmöl als Bestandteil von Biodiesel (Mayr et al., 2021; Janik, 2021) verwiesen werden. Auch Umweltkennzeichnungsvorschriften, die das Verbraucher_innenverhalten lenken sollen, werfen schwierige Auslegungsfragen auf (Du, 2021; Vranes, 2011).

Das Welthandelsrecht kennt zwar seit langem Rechtfertigungsmöglichkeiten für handelsbeschränkende Maßnahmen zum Schutz der Umwelt (Weinstein & Charnovitz, 2001). Diese Rechtfertigungsmöglichkeiten stellen aber sehr hohe Anforderungen an die Gestaltung handelsrelevanter Maßnahmen (Mayr et al., 2021), die nicht immer erfüllt werden können bzw. die auch die ökologische Wirkung von Umweltschutzmaßnahmen verzerren können (Mavroidis & Neven, 2019). Vor allem aber entzündet sich Kritik daran, dass der Rechtfertigungsbedarf für umweltpolitische Maßnahmen das Regel-Ausnahme-Verhältnis zwischen den Zielen und Prinzipien der Welthandelsordnung einerseits und Sozial-, Umwelt- und Nachhaltigkeitsanliegen andererseits nicht adäquat auflösen kann (Krajewski, 2021b mwN; Müller & Wimmer, 2018 mwN).

11.3.7.2 Europäische Handelspolitik, Investitionsschutz

Die Diskussionen um die umfassenden europäischen Handelsabkommen einer neueren Generation (siehe dazu oben, Abschn. 11.2.2.1) spiegeln sich auch in der (rechtswissenschaftlichen) Literatur mit entgegengesetzten Positionen wider. So gibt es Stimmen, die in diesem Kontext vor allem Wohlfahrtsgewinne durch die Handelsabkommen betonen (siehe z. B. Tietje & Crow, 2017). Demgegenüber steht eine breite Literatur, die deutlich kritisch die drohende Absenkung von Verbraucher_innenschutz-, Umwelt- und Sozialstandards durch Investor_innenklagen im Rahmen von Investor-Staat-Streitbeilegungsverfahren (ISDS) thematisiert („regulatory chill") sowie allgemeine Gefahren für Demokratie und Rechtsstaat thematisiert (Schacherer, 2021; Van Harten, 2020; Eberhardt et al., 2016; Mayr, 2016; Sinclair, 2014). Die Umgestaltung der Handelspolitik wird dem entsprechend in breiten Teilen der Literatur und von zahlreichen zivilgesellschaftlichen Akteur_innen als eine wesentliche Strukturbedingung für die Überwindung der Klimakrise und für die Erfüllung von Nachhaltigkeitszielen thematisiert (dazu unten, Abschn. 11.5.2.1).

11.3.7.3 Europäische Wirtschaftsverfassung

Auf der Ebene der europäischen Wirtschaftsverfassung wird in der rechtspolitischen Diskussion, teils ohne explizite Bezugnahme auf die Strukturbedingungen für eine Transformation zur Nachhaltigkeit, die Stärkung der sozialen und ökologischen Ziele der Union gegenüber dem gegenwärtigen Primat der Wettbewerbsverfassung thematisiert (Müller, 2014; Damjanovic, 2013). Ein Teil der (wirtschaftsrechtlichen) Literatur (Classen & Nettesheim, 2021) sieht demgegenüber die Ausrichtung der Union an anderen Regulierungszielen als der „Öffnung und Ordnung der Märkte" als Gefährdung der mit dem Binnenmarkt erzielten Wohlfahrtsgewinne.

Seit längerem gibt es in der rechtswissenschaftlichen bzw. rechtspolitischen Diskussion dazu die Forderung nach mehr Handlungsspielräumen für die nationale (und insbesondere auch die kommunale) Daseinsvorsorge (Prausmüller & Wagner, 2014; Damjanovic, 2013; A. Kahl, 2012; Krajewski, 2011). Die mit dem Pariser Übereinkommen und dem European Green Deal anvisierten Ziele lassen Diskussionen über mehr Handlungsspielräume der Mitgliedstaaten unter anderem in der Technologie-, Industrie- und Beihilfenpolitik erwarten und notwendig erscheinen (W. Raza, 2020).

11.3.8 Ökosoziale Steuerreform

In der Literatur wird eine ökosoziale Steuerreform als „unverzichtbar und überfällig" diskutiert, wenn es um die Erreichung der Klimaziele bzw. die Erfüllung des Pariser Übereinkommens geht (Kopetz, 2020). In der ökonomischen Literatur werden unterschiedliche Fragen der Ausgestaltung und der notwendigen sozialen Begleitmaßnahmen (Eisner et al., 2021; Kirchner et al., 2018; J. Mayer et al., 2021) diskutiert (siehe dazu Abschn. 4.4 Wirtschaft und Finanzmärkte, Investitionen und Geldsysteme). Unter rechtlichen Gesichtspunkten diskutierte die Literatur im Zusammenhang mit der Einführung einer CO_2-Steuer als Teil einer ökosozialen Steuerreform auf nationaler Ebene unter anderem Fragen der Kompetenzverteilung (Unger, 2020) oder der Vereinbarkeit mit dem EU-Emissionshandel (Damberger & Thummet, 2022; Damberger, 2020).

Auf europäischer Ebene wird seit geraumer Zeit über die Bepreisung von CO_2- und anderen Treibhausgasemissionen mittels einer Steuer diskutiert. 2021 hat die Europäische Kommission nun einen Vorschlag für die Einführung eines CO_2-Grenzausgleichsmechanismus vorgelegt (COM(2021) 564 final, 2021; dazu Damberger & Thummet, 2022). Dazu werden WTO-rechtliche Fragen in Bezug auf seine Machbarkeit diskutiert (Evans et al., 2021; Mehling et al., 2019; Vranes, 2016).

Auf nationaler Ebene wurde 2022 ein CO_2-Preis für fossile Mineralöle, Kraft- und Heizstoffe, Erdgase und Kohle eingeführt, der die Umsetzung des von der EU geplanten Emissionshandels für die Sektoren Gebäude und Verkehr vorbereiten soll. Das sogenannte Nationale Emissionszertifikatehandelsgesetz (NEHG) setzt den Zertifikatspreis für 2022 mit 30 Euro fest (NEHG 2022, 2022). In der rechtspolitischen Debatte wird die als zu gering angesetzte Höhe des CO_2-Preises (Wiener Zeitung Online, 2021; Mosshammer, 2021; Tech & Nature, 2021) kritisch gesehen. Aufgrund der zwischenzeitlich gestiegenen Preise für die erfassten Energieträger plädieren Wirtschaftsvertreter nun für ein Aussetzen des CO_2-Preises (derstandard.at, 2022). Die Konsequenzen des CO_2-Preises für Privathaushalte soll ein sogenannter regionaler Klimabonus abfedern, der mit dem Klimabonusgesetz eingeführt wurde (KliBG, 2022). Dabei wurde die unterschiedliche Behandlung nach Regionen und die Behandlung von einkommensschwächeren Haushalten stark diskutiert (Österreichisches Parlament, 2021).

11.3.9 Berücksichtigung und Bewertung der Klimarelevanz im Anlagen- und Infrastrukturrecht

Im Zusammenhang mit Anlagen- und Infrastrukturprojekten wird die systematische Berücksichtigung ihrer Klimarelevanz im Genehmigungsverfahren diskutiert. Neben der Bewertung der Klimaauswirkungen eines Anlagen- und Infrastrukturprojektes verweist die Literatur auch darauf, dass die Bedarfsfrage, das heißt ob überhaupt Bedarf an einem solchen Projekt besteht, verstärkt in Genehmigungsverfahren aufgegriffen werden könnte (Winter, 2017). Konflikte über den Bau von Starkstromwegen, Abfall- und Verkehrsprojekten können – auch im Rahmen von Umweltverträglichkeitsprüfungen – oft nicht aufgelöst werden, weil Fragen des Bedarfs und der Standortwahl im Genehmigungsverfahren rechtlich kaum mehr thematisiert werden können. Für eine frühzeitige und effektive Einbeziehung von Klimaschutzbelangen werden daher eine Stärkung strategischer Planung und darauf bezogene strategische Umweltprüfungen (SUP) in den Bereichen Energie, Verkehr und Abfallwirtschaft als wesentlich angesehen (Alge et al., 2019; Madner, 2009). Eine solche strategische Planung würde auch den Rahmen für eine frühzeitige Beteiligung der Öffentlichkeit bieten (siehe dazu unten, Abschn. 11.3.11 und 11.4.6).

Sachverstand aus verschiedenen Fachgebieten (insbesondere Technik, Medizin, Ökologie) ist nicht nur für die Politikgestaltung ein wichtiges Element (Head, 2016; Parkhurst, 2017; zu Fragen der Wissensproduktion in der Gestaltung der Klimapolitik siehe Kapitel Diskurse, Bildung), sondern auch für die Genehmigung von konkreten Infrastrukturprojekten (Ennöckl, 2013). Die fachliche Kompetenz und die Unabhängigkeit von Sachverständigen sind zentral für die Qualität der Informationen, die als Basis für behördliche Entscheidungen dienen. Das Recht stellt strenge Anforderungen an Sachverständige (Bergthaler, 2017) und schützt zugleich den Sachverständigenbeweis insoweit, als er nur unter sehr hohen Anforderungen widerlegt werden kann. Dies stellt für Vertreter_innen der Öffentlichkeit oft eine Herausforderung dar (Ennöckl, 2013). Als wesentliches Defizit des Status quo wird einhellig gewertet, dass Behörden oft nur unzureichend mit Sachverständigen ausgestattet sind. Dieser Mangel an personellen Ressourcen gilt als ein wesentliches Hemmnis für eine rasche und zugleich effektive Verfahrensführung (Onz, 2015; Schulev-Steindl, 2012).

11.3.10 Raumordnung, insbesondere Stärkung von Orts- und Stadtkernen

Speziell im Raumordnungsrecht, das einen wesentlichen Beitrag zur Erreichung der Klimaziele leisten kann (Häusler, 2021a, 2021b; Madner & Parapatics, 2016), aber auch mit der Umgestaltung des Steuer- und Beihilfenrechts wird in der Literatur gefordert, „starke Ortskerne" und eine „Stadt der kurzen Wege" im Sinne einer nachhaltigen Mobilität bzw. einer klimafreundlichen Lebensweise zu forcieren (Faßbender & Köck, 2021; Madner & Grob, 2019b), zählt doch der Verkehrssektor zu den Hauptverursachern der Treibhausgasemissionen. Besonderes Augenmerk wurde in der rechtspolitischen Diskussion (Madner & Grob, 2019a) für die Entwicklung von Orts- und Stadtkernen als potenzielle Arbeits-, Wohn-, und Lebensorte für verschiedene Zielgruppen gefordert, die den Wandel der Arbeitswelt (Digitalisierung, Industrie 4.0), die Pluralisierung der Lebensstile und die Gefahren wachsender Ungleichheit vorausschauend berücksichtigen. Die Auseinandersetzung mit passenden Rechtsformen für kooperatives Wohnen und Wirtschaften (Baugruppen, Co-Working-Spaces, Energiegenossenschaften) und die Befassung mit den Potenzialen und Auswirkungen der Plattformökonomie (Airbnb, Uber etc.) auf Umwelt, lokale Wirtschaft und Gesellschaft sowie ihrer möglichen Regulierung werden dabei als wichtige rechtspolitische Themen vorgestellt.

11.3.11 Ausbau partizipativer und reflexiver Instrumente

Im aktuellen Diskurs über zivilgesellschaftliche Bewegungen und Öffentlichkeitsbeteiligung gibt es vielfältige Erklärungsansätze zur Entwicklung und Funktion von Partizipation (Feindt & Newig, 2005). Sozial- und politikwissenschaftliche Literatur deutet darauf hin, dass alternative Formen der Öffentlichkeitsbeteiligung an der Behandlung von nachhaltigkeitsrelevanten Fragen besser geeignet sind, den Komplexitäten der diversen Sachfragen zum Klimaschutzschutz Rechnung zu tragen (Leggewie, 2014; Newig et al., 2011). „Echte" Partizipation könne aber nur stattfinden, wenn sie einerseits ergebnisoffen ist und andererseits möglichst inklusiv erfolgt (Ekardt, 2018). Andernfalls müsse insbesondere die von Partizipation gewinnbare Legitimität für die zu treffende Entscheidung in Frage gestellt werden (Dalton, 2017; Schäfer & Schoen, 2013). Literatur weist auf die Gefahr hin (Madner, 2015b), „Partizipation mit Stakeholder-Management im Dienst der Akzeptanzbeschaffung gleichzusetzen bzw. mit einer starken Output-Orientierung und mit dem Fokus auf Effizienz von Verwaltungsentscheidungen nur auf eine elitäre Stakeholdereinbeziehung abzustellen". Solche Partizipationsansätze wären damit zugleich auch „Teil des Problems, das mit der Diagnose einer ‚Postdemokratie' oder Postpolitik adressiert wird" (Madner, 2015b). Das Potenzial des Nachhaltigkeitsparadigmas, für mehr Partizipation und Demokratie zu wirken, wird unterschiedlich und durchaus nicht uneingeschränkt optimistisch eingeschätzt (vorsichtig optimistisch Heinrichs, 2005; siehe auch Heinrichs et al., 2011; überaus skeptisch Blühdorn, 2014).

In der rechtswissenschaftlichen Literatur wurde unter anderem der Bürger_innen-Rat, als Ergänzung zu direktdemokratischen Instrumenten, als ein mögliches partizipatives Instrument im Zusammenhang mit legislativen, aber auch exekutiven Fragen diskutiert (Drexel, 2013). 2021 hat der Nationalrat im Rahmen einer Entschließung die Bundesregierung und das Klimaschutzministerium zur Einrichtung eines nationalen Klimabürger_innen-Rats aufgefordert, der konkrete Vorschläge für die notwendigen Klimaschutzmaßnahmen zur Erreichung der Klimaneutralität bis 2040 diskutieren und ausarbeiten soll (Nationalrat, 2021a). Der Klimarat hat im Jänner 2022 seine Arbeit zu ausgewählten Handlungsfeldern aufgenommen (Bundesministerium für Klimaschutz, Umwelt, Energie, Mobilität, Innovation und Technologie, 2022). Die Ergebnisse sollen im Juni 2022 an die Bundesregierung übergeben werden. In Deutschland wurde 2021 bereits ein Klimarat mit 160 Teilnehmer_innen abgehalten, der in 84 Empfehlungen an die Bundesregierung mündete. Diese Empfehlungen wurden dabei jeweils mit ca. 90 Prozent Zustimmung von den Teilnehmer_innen angenommen (*Unsere Empfehlungen für die deutsche Klimapolitik*, 2021).

Losgelöst von konkreten partizipativen Instrumenten unterstreicht die rechtswissenschaftliche Literatur zudem, dass es eine breitere Anerkennung des Mehrwerts von Bürgerpartizipation für die Gestaltung von Recht, aber auch für Anwendung von Recht, z. B. der Planung und Genehmigung von Infrastrukturprojekten, braucht (Bachl, 2018).

Die Diskussion über adäquate Experimentierräume für die Suche nach Wegen aus der Klimakrise hat in der rechtspolitischen Diskussion – unter anderem im Rahmen der sogenannten Energiewende – Niederschlag gefunden. Dabei werden regulatorische Freiräume und Reallabore zur Erprobung neuer (dezentraler) Speicher- und Energietechnologien (Schock, 2021) oder zur differenzierten Umsetzung von „Bürger-Energiegemeinschaften" bzw. „Erneuerbaren-Energie-Gemeinschaften" diskutiert (Rajal & Orator-Saghy, 2021) und für die Erprobung empfohlen (Veseli et al., 2021; Kubeczko et al., 2020; Bauknecht et al., 2015). Wiewohl die Bedeutung von Frei-, Lern- und Experimentierräumen für eine Transformation generell gut dokumentiert ist (Sengers et al., 2019), wird sie außerhalb des Energie- und Verkehrssektors in der rechtspolitischen Nachhaltigkeitsdiskussion kaum beleuchtet. Einen speziellen Ansatz für die Verstärkung einer klimafreundlichen Lebensweise stellen die österreichischen Klima- und Energieregionen dar, eine durch ein Förderprogramm des Klima- und Energiefonds institutionalisierte Zusammenarbeit zwischen Gemeinden (zu Forschungsförderung und -stellen siehe Kapitel Innovation), die als Ansatz in Richtung Aufbau eines reflexiven und kooperativen Lernraums wirken können (Klima- und Energiefonds, 2022).

11.4 Akteur_innen und Institutionen

Dieser Abschnitt stellt einige Institutionen, Akteur_innen und Akteursbeziehungen in den Mittelpunkt, die aus rechtswissenschaftlicher und rechtspolitischer Perspektive als besonders treibend oder hemmend für die Gestaltung von Strukturen für ein klimafreundliches Leben gelten. Die Darstellung ist dabei auf eine Auswahl begrenzt. Im Übrigen kann insbesondere auf das nachfolgende Kapitel zu Governance (Kap. 12) verwiesen werden.

11.4.1 Staatengemeinschaft und Vertragsorgane

Der erweiterte Transparenzrahmen, der im Pariser Übereinkommen vorgesehen ist, hat Potenzial, die Vertragsparteien bei der Gestaltung und tatsächlichen Erfüllung ihrer Klimaschutzbeiträge zu unterstützen. Ein ständiger und unabhängiger Expert_innen-Ausschuss analysiert dabei die Informationen der Vertragsparteien zur Umsetzung der nationalen Klimaschutzbeiträge und soll insbesondere Bereiche identifizieren, in denen Verbesserungspotenzial besteht (Böhringer, 2016). Diese Analyse wird der jeweiligen Vertragspartei zur Verfügung gestellt, wodurch die Vertragspartei in die Lage versetzt wird, aktuelle und künftige Anstrengungen zu verbessern (Mace, 2016; van Asselt, 2016). Gleichzeitig werden die Ergebnisse dieses Prozesses auch allgemein veröffentlicht. Darin verortet die Literatur insofern Potenzial, als dass sich Vertragsparteien zur Sicherung ihres guten Rufs und ihrer Stellung in der Vertragsgemeinschaft angehalten sehen können, ihre Anstrengungen zu verbessern (Kosa, 2020; Lawrence & Wong, 2017; Bodansky, 2016a; Voigt & Gao, 2020). Überdies kann die Öffentlichkeit diese Informationen aktiv auf der nationalen Ebene verwenden, um sie in dortige Politikgestaltungsprozesse einzubringen (Karlsson-Vinkhuyzen et al., 2018; Saurer, 2017).

Ähnliches Potenzial sieht die Literatur auch im sogenannten Compliance-Mechanismus des Pariser Übereinkommens. Der mit unabhängigen Expert_innen besetzte Ausschuss, der den Mechanismus verantwortet (Zihua et al., 2019), hat verschiedene Kompetenzen, um anlässlich eines von einer Vertragspartei oder des Ausschusses selbst eingeleiteten Verfahrens die Vertragsparteien bei der Umsetzung und Einhaltung des Pariser Übereinkommens zu unterstützen (Voigt, 2016a). Explizit ausgeklammert wurde die Kompetenz des Ausschusses, den Inhalt eines Klimaschutzbeitrags zu bewerten (Conference of the Parties serving as the meeting of the Parties to the Paris Agreement, 2018 Abs. 23; Voigt, 2016a). Jedoch hat der Ausschuss ein sehr offen formuliertes Mandat hinsichtlich Aspekte „systemischer Natur", die sich bei der Umsetzung und Einhaltung des Übereinkommens ergeben (Conference of the Parties serving as the meeting of the Parties to the Paris Agreement, 2018 Abs. 23). Dieses Mandat könnte dem Ausschuss die Möglichkeit bieten, wenig konkretisierte Anforderungen im Pariser Übereinkommen, beispielsweise die erwartete Ambition, näher zu bestimmen und so den Vertragsparteien mehr Anleitung an die Hand zu geben (Zihua et al., 2019; Dagnet & Northrop, 2017).

11.4.2 EU-Institutionen

Auf der europäischen Ebene hat die Europäischen Kommission als Kollegialorgan das Initiativrecht zur Legislative und dadurch eine wichtige Rolle auch bei der Gestaltung der europäischen Klimapolitik. Gegenüber den Mitgliedstaaten hat die Europäische Kommission verschiedene Möglichkeiten, darauf einzuwirken, dass die Klimaschutzmaßnahmen der Mitgliedstaaten den europäischen Zielvorgaben entsprechen. Zentral ist hier die Verpflichtung der Mitgliedstaaten, einen NEKP zu erstellen, der die nationalen Maßnahmen im Anwendungsbereich der zentralen klimarelevanten Unionsrechtsakte darlegt (Frenz, 2020). Bezogen auf diesen NEKP hat die Kommission ein Überprüfungsrecht und ist berechtigt, Schwächen und Nachbesserungsbedarf an die Mitgliedstaaten zu kommunizieren (Monti & Romera, 2020), die vom Mitgliedstaat aufzugreifen sind (Brosset & Maljean-Dubois, 2020). Zusätzlich zu solchen dialogorientierten Ansätzen steht der Kommission letzten Endes immer auch die Einleitung eines Vertragsverletzungsverfahrens offen, wenn Pflichten des Sekundärrechts, wie die Erreichung eines Reduktionsziels, nicht eingehalten werden (Kulovesi & Oberthür, 2020). Maßstab hierfür bleibt allerdings die Vorgabe des Sekundärrechts (Smith, 2020). Ein „Übererfüllen" des sekundärrechtlichen Standards kann auf diese Weise nicht erzwungen werden (Andersen, 2012).

In der Rolle als Hüterin des Binnenmarkts und als Initiatorin weitreichender Liberalisierungen wird das Kollegialorgan Kommission (jedenfalls aber ihre unmittelbar für den Binnenmarkt zuständigen Mitglieder) oft auch als Promotorin von dem Klimaschutz gegenläufigen Interessen wahrgenommen (Bürgin, 2021). Zuletzt wurde dies von Stakeholdern am Beispiel der EU-Taxonomie (Klimscha & Lehner, 2021) aufgezeigt, für die die Kommission im Februar 2022 Durchführungsbestimmungen vorgelegt hat, die unter anderem Aktivitäten im Bereich Erdgas und Kernenergie als nachhaltig einstuft (Ernhede, 2022). Dabei weist die Kommission selbst auf konfligierende Positionen zum Thema hin (C(2022) 631/3, 2022).

Das Zustandekommen von europäischen Rechtsakten braucht im Allgemeinen neben der Zustimmung des Rates auch die Zustimmung des Europäischen Parlaments, womit dem Parlament eine wesentliche Rolle in der Umwelt- und Klimapolitik zukommt (Burns, 2021). In der Vergangenheit hat das Europäische Parlament in klimarelevanten Rechtsetzungsprozessen wiederkehrend strengere bzw. ambitioniertere Klimaschutzvorschriften eingefordert, als von der Kommission vorgeschlagen waren; so zuletzt auch im Kontext des Europäischen Klimaschutzgesetzes (Europäisches Parlament, 2020). Auch in der Handelspolitik hat das Europäische Parlament seit dem Vertrag von Lissabon mehr Mitentscheidungsbefugnisse, was unter anderem in der Entwicklung der europäischen Handelspolitik sichtbar wurde (Van den Putte et al., 2015).

11.4.3 Ministerien, Ressortprinzip

Klimaschutz und Strukturen für ein klimafreundliches Leben verweisen grundsätzlich auf nahezu alle staatlichen Aufgabenfelder. Die „siloförmige" Ausgestaltung der nach dem Ressortprinzip gegliederten Verwaltung wird jedoch als hemmend für die Bearbeitung von Querschnittsthemen wie Nachhaltigkeit oder Klimaschutz angesehen (Hahn, 2017). Der Versuch, dieser Fragmentierung durch einen sogenannten Mainstreaming-Ansatz zu entgehen, hat im Kontext der

Umsetzung der UN-Nachhaltigkeitsziele (Sustainable Development Goals – SDGs) Kritik vom Rechnungshof erfahren. Nach dem Mainstreaming-Ansatz sollten die Ministerien in ihrem jeweiligen Zuständigkeitsbereich die SDGs berücksichtigen und umsetzen (Bundeskanzleramt, 2020). Der Rechnungshof bemängelte aber die fehlende politische Prioritätensetzung im Ansatz sowie fehlende zentrale Steuerung und Inkohärenzen (Rechnungshof, 2018).

Der bzw. dem jeweils mit Aufgaben des Umweltschutzes betrauten Ministerin bzw. Minister kommt eine zentrale Rolle bei der Gestaltung der Klimapolitik zu. Die Zahl der Bundesministerien und ihre Wirkungsbereiche werden durch das Bundesministeriengesetz festgelegt. Der Zuschnitt des Ressorts bestimmt wesentlich mit, ob und inwieweit Interessensgegensätze unter der Leitung einer Bundesministerin bzw. eines Bundesministers gebündelt werden. Mit dem Bundesministerium für Klimaschutz, Umwelt, Energie, Mobilität, Innovation und Technologie (kurz Klimaschutzministerium) wurde 2019 ein Ressort gebildet, das auch für Energie- und Verkehrsinfrastrukturpolitik zuständig ist und explizit die Bezeichnung Klimaschutz führt; eine Neugestaltung der Klimaschutzkompetenzen im Bundesstaat war damit allerdings nicht verbunden (zu Defiziten der Kompetenzverteilung siehe oben Abschn. 11.3.3).

Zur Umsetzung der politischen Agenda steht als ein wichtiges Instrument der Ministerialentwurf zur Verfügung, mit dem Entwürfe für Gesetzesinitiativen an den Ministerrat herangetragen werden. Bei Annahme im Ministerrat wird ein solcher Entwurf in Form einer Regierungsvorlage in den parlamentarischen Prozess eingebracht. Die Literatur zeigt am Beispiel von Diskussionen über frühere Rechtssetzungsinitiativen auf, dass gegenläufige Ressortinteressen Vorhaben der Umweltgesetzgebung verzögern, inhaltlich „aufweichen" oder verunmöglichen können (Bohne, 1992; Madner, 2007). Einvernehmensklauseln können diese Dynamik nur bedingt durchbrechen bzw. verstärken sie womöglich.

11.4.4 Sozialpartner, Interessenverbände

Wirtschafts- und Arbeitnehmer_innenvertreter_innen nehmen im parlamentarischen Gesetzgebungsprozess eine wichtige Rolle ein, indem sie bei der Agendasetzung und über Stellungnahmemöglichkeiten ihren jeweiligen Sachverstand zur Verfügung stellen und ihre Interessen einbringen. Für eine nähere Darstellung darf auf das nachfolgende Kapitel Governance (Kap. 12) verwiesen werden.

11.4.5 Gerichte

Die Gestaltung von Klimapolitik ist primär Aufgabe des demokratisch legitimierten Gesetzgebers (T. Weber, 2019; Berka, 2018). Insbesondere im Kontext sogenannter Klimaklagen wird zunehmend auch Gerichten eine wichtige Funktion im Kontext dieser Politikgestaltung zugeschrieben. Es wird argumentiert, dass durch die Kontrollfunktion der Gerichte eine defizitäre Klimaschutzgesetzgebung und ungenügende Berücksichtigung der Wissenschaft identifiziert und bestehende Pflichten des Gesetzgebers konkreter gefasst werden könnten (Schulev-Steindl, 2021; Schnedl, 2018; Krömer, 2021). Gerade mit Blick auf die Gewaltenteilung zwischen Politik und Justiz wird eine solche Rollenzuschreibung teilweise auch kritisch gesehen (Burgers, 2020; Saurer, 2018; Wegener, 2019). Aus diesen Überlegungen heraus haben sich etwa in den USA Gerichte auf Basis der „political question doctrine" mehrfach einer inhaltlichen Entscheidung entzogen (Nolan & Doyle, 2015).

In Europa haben Höchstgerichte zuletzt in Klimaschutzfragen richtungsweisende Entscheidungen für die Gestaltung der Klimapolitik getroffen. Der niederländische Fall Urgenda gilt als Beispiel hierfür (*Urgenda*, 2019), hat darin doch ein Gericht die niederländische Regierung verpflichtet, das nationale Treibhausgasreduktionsziel für 2020 auf minus 25 Prozent gegenüber dem Stand von 1990 zu erhöhen (Spier, 2020). Auch der Beschluss des dt. BVerfG, das im Interesse der Freiheit künftiger Generationen vom Gesetzgeber frühzeitige und transparente Klimaschutzgesetzgebung einfordert (Dederer, 2021a), wird als historisch und als Beispiel für einen sensiblen Umgang mit politischer Entscheidungsfreiheit gewürdigt (Aust, 2021; Buser, 2021; Goldmann, 2021; Saiger, 2021); vereinzelt aber auch als zwar ausgleichend, aber dogmatisch fragwürdig qualifiziert (Stohlmann, 2021). Möglich war die Befassung der Gerichte in diesen und anderen Fällen aufgrund des Bestehens von Grundrechten, deren mögliche Verletzung durch mangelnde bzw. mangelhafte Klimaschutzmaßnahmen die Gerichte prüfen konnten (Bogojević, 2020). Insofern ist die Rolle der Gerichte für den Klimaschutz auch wesentlich von Grundrechten und dem Zugang zu Gerichten abhängig (Krömer, 2021; Peel & Osofsky, 2018; Colombo, 2018).

11.4.6 Umweltorganisationen, Bürgerinitiativen, Zivilgesellschaft

Die Rolle von Umweltorganisationen wurde durch den Einfluss des Völker- und Unionsrechts (Aarhus-Konvention, Öffentlichkeitsbeteiligungsrichtlinie) maßgeblich gestärkt. Im Kontext der Vorbereitung umweltrelevanter Politiken und Rechtsinstrumente ermöglichen die derzeit vorgesehenen Maßnahmen jedoch noch nicht die notwendige effektive Öffentlichkeitsbeteiligung (Epiney et al., 2018, Teil 7–8), da sie zu spät im Prozess ansetzen bzw. zu wenig institutionalisiert sind (Donat et al., 2013; Neger, 2009).

Im Kontext von Genehmigungsverfahren wurden die Mitwirkungs- und Überprüfungsrechte für Umweltorganisationen, trotz Vorgaben im Völker- und Unionsrecht (Schulev-Steindl & Goby, 2009), erst unter dem Einfluss der Judikatur des Europäischen Gerichtshofs (z. B. Fall Protect) deutlich ausgebaut (Wagner-Reitinger & Tscherner, 2020; Alge, 2017). Neben dem UVP-Genehmigungsverfahren sind nun auch in weiteren umweltrelevanten Sachbereichen Mitwirkungs- und Überprüfungsrechte für Umweltorganisationen vorgesehen (Schamschula, 2021), die es ermöglichen, die Einhaltung von Umweltschutzvorschriften geltend zu machen. Die Literatur identifiziert hier noch weitere defizitäre Bereiche (Schulev-Steindl, 2019; Hollaus, 2019). Die Umsetzung der erforderlichen Mitwirkungs- und Überprüfungsrechte wurde mit der Einführung restriktiver Kriterien verbunden: Umweltorganisation auf Bundesebene müssen nun über eine bestimmte Mindestanzahl an Mitgliedern verfügen, um für die Zwecke von Genehmigungsverfahren als Umweltorganisation zu gelten (Berger, 2020). Aufgrund dieser Neudefinition hat sich die Zahl der anerkannten Umweltorganisationen insgesamt verringert (Bundesministerium für Klimaschutz, Umwelt, Energie, Mobilität, Innovation und Technologie, 2021). Kleinere Umweltorganisationen profitieren insoweit nicht bzw. nur als Mitglied von größeren Dachorganisationen von der gestärkten Rolle von Umweltorganisationen.

Die Stärkung der Rolle von Umweltorganisationen wurde teilweise stark kritisiert, da erweiterte Mitwirkungs- und Rechtsschutzmöglichkeiten die Verfahren verkomplizieren und verzögern würden (Berger, 2020; Schwarzer, 2018; Schmelz et al., 2018; Sander, 2017; Schmelz, 2017a). Die zuletzt genannten Aspekte würden nach Teilen der Literatur den Standort Österreich für wirtschaftliche Unternehmungen unattraktiv machen, sodass es hier eine Art Gegengewicht brauche, sei es durch Straffung der Verfahren (Bergthaler, 2020; Niederhuber, 2016) oder die Institutionalisierung wirtschaftlicher Interessen (Schmelz, 2017a, 2017b). Gegen diese Argumentation wurde unter anderem auf Defizite in der vorausschauenden Fachplanung, bei der Festlegung von Umweltschutzstandards, bei der Koordination im Bundesstaat und bei der Ausstattung der Behördenapparate hingewiesen (Hochreiter, 2019; Schamschula, 2018; Kneihs, 2009; M. Meyer, 2009). Die Gesetzgebung hat mit der Erlassung eines Standortentwicklungsgesetzes und mit der Einrichtung eines Standortanwalts reagiert, der im Rahmen von UVP-Genehmigungsverfahren berechtigt ist, die Einhaltung von Vorschriften über öffentliche Interessen geltend zu machen, die für die Verwirklichung des Vorhabens sprechen (Schwarzer, 2020). Dies sollen im Wesentlichen die Auswirkungen auf die wirtschaftliche Entwicklung, den Arbeitsmarkt, das Steueraufkommen oder die Versorgungssicherheit sein (Furherr, 2019). Bis dato wurde noch von keinem Projektwerber bzw. keiner Projektwerberin eine Genehmigung nach dem Standortentwicklungsgesetz beantragt (Rehm, 2021).

Die Bürgerinitiative wurde im Gefolge der Konflikte um das Donaukraftwerk Hainburg als Verfahrenspartei in das UVP-Gesetz aufgenommen (Madner, 2019b). Das ermöglicht der lokalen Bevölkerung, sich als Verfahrenspartei an UVP-Genehmigungsverfahren zu beteiligen, um ebenso wie anerkannte Umweltorganisationen die Einhaltung von objektiven Umweltschutzvorschriften als subjektive und damit durchsetzbare Rechte geltend zu machen (Leitl-Staudinger, 2018; M. Meyer, 2018; Schulev-Steindl, 2011). Zudem können Bürgerinitiativen den gesamten Rechtsweg beschreiten (Pürgy, 2008). Die Differenzierung der Verfahrensbeteiligung der Bürgerinitiative nach bestimmten Verfahrensarten wurde unter völker- und unionsrechtlichen Gesichtspunkten (Bachl, 2015) als nicht zulässig erachtet, was die Rolle der Bürgerinitiative im UVP-Genehmigungsverfahren weiter gestärkt hat (M. Meyer, 2019). Aus der Perspektive von Rechtsvertreter_innen der Wirtschaft wurde wiederholt die Möglichkeit aufgeworfen, das Institut der Bürgerinitiative zu überdenken (Huber-Medek, 2020; Berl, 2019; Schmelz, 2015).

In jüngerer Vergangenheit ist besonders das zivilgesellschaftliche Engagement außerhalb von Genehmigungsverfahren in den Vordergrund getreten (Gunningham, 2020): Die Bewegung Fridays for Future, welche unter anderem die Einhaltung des Pariser Übereinkommens fordert (Fridays for Future Austria, 2021), trägt neben ihren Protesten unter anderem durch die öffentliche Unterstützung des österreichischen Klimavolksbegehrens (Friedrich, 2020) zum Agenda-Setting in der Klimapolitik bei und verfolgt dabei insbesondere auch Änderungen des Klimaschutzrechts.

11.4.7 Umweltanwaltschaften

Ein Spezifikum des österreichischen Rechts ist die Institution der Umweltanwaltschaften (H. Mayer, 1982). Eingerichtet bei den jeweiligen Landesregierungen haben diese weisungsfreien Organe eine mehrfache Funktion. Einerseits fungieren sie als zentrale Informations- und Beratungsstelle für Bürger_innen in den Belangen des Umweltschutzes (Schmidlechner, 2019). Andererseits sind sie über Stellungnahmerechte und Konsultationsmöglichkeiten aktiv in die Gestaltung nationaler und europäischer Umweltpolitik eingebunden. Die Umweltanwält_innen können zudem als Verfahrenspartei an bestimmten Genehmigungsverfahren (M. Meyer, 2003), dem UVP-Genehmigungsverfahren (Grassl & Lampert, 2015; Randl, 2008; Raschhofer, 2004) und ausgewählten Verfahren auf Ebene der Länder (Bußjäger, 2001) mitwirken, um die Einhaltung von Umweltschutzvorschriften geltend zu machen (Pointinger & Weber, 2015). In der Praxis fungieren Umweltanwält_innen oft auch als Vertreter_innen von Bürger_innenanliegen. Insgesamt werden Umweltanwaltschaften auch als institutionalisierter Umweltschutz bezeichnet.

Anlässlich der Stärkung der Rolle von Umweltorganisationen und Bürgerinitiativen in Genehmigungsverfahren wurde aus der Perspektive von Wirtschaftsinteressen auch mit Blick auf Umweltanwält_innen eine Überrepräsentation des Umweltschutzes im Vergleich zu wirtschaftlichen Interessen kritisiert (Schmelz, 2017a). Da die Einrichtung von Umweltanwaltschaften weder völker- noch unionsrechtlich zwingend erforderlich ist, wurde der (rechtliche) Mehrwert von Umweltanwaltschaften im Schrifttum aus der Perspektive von Wirtschaftsinteressen vereinzelt hinterfragt (Schwarzer, 2018). Dem gegenüber wird den Umweltanwaltschaften von anderer Seite das Potenzial zugeschrieben, als Institution die Rechte künftiger Generationen im Umweltschutz zu vertreten (Lachmayer, 2016).

11.5 Gestaltungsoptionen

Dieser Abschnitt stellt – anschließend an die Analyse notwendiger struktureller Veränderungen – einige Gestaltungsoptionen für rechtliche Strukturen für ein klimafreundliches Leben dar, die in der Literatur als besonders zentral diskutiert werden.

11.5.1 Klimaschutzgesetzgebung

Aus der Literatur kann für alle Ebenen der Klimaschutzgesetzgebung – international, EU und national – eine Forderung nach mehr Verbindlichkeit und mehr Ambition abgeleitet werden:

Für die internationale Ebene wird insbesondere eine Pflicht zur Erfüllung der Klimaschutzbeiträge des Pariser Übereinkommens gefordert. Gestaltet werden könnte diese Pflicht beispielsweise als eine Selbstverpflichtung der Vertragsparteien mittels eines Beschlusses der Vertragsstaatenkonferenz, dem alle Vertragsparteien zustimmen (Lawrence & Wong, 2017). Sogar eine bloße Selbstverpflichtung wird in der Literatur aber unter Verweis auf den spezifischen Regelungsansatz des Pariser Übereinkommens auch abgelehnt: Das Vorgängerinstrument, das Kyoto-Protokoll, sei gerade deswegen gescheitert, weil verbindliche Reduktionsverpflichtungen, die es für Industriestaaten festlegte, keine Zustimmung mehr unter den Vertragsparteien fanden (Doelle, 2016). Der Neuanfang, der mit dem Pariser Übereinkommen unternommen wurde, solle deshalb nicht mit der zuvor gescheiterten Regelungstechnik vermischt werden (Savaresi & Sindico, 2016). Die Literatur fordert auch eine Konkretisierung der Anforderungen, die das Pariser Übereinkommen an „ambitionierte" Klimaschutzbeiträge stellt (Zahar, 2020; Rajamani, 2016; Proelß, 2016; Oberthür & Bodle, 2016; Doelle, 2016). Das sogenannte Paris Rulebook, dem sich die Vertragsstaaten 2018 verpflichtet haben (Stäsche, 2019; Voland & Engel, 2019) gilt nach der Literatur als ein praktikables Instrument für solche Konkretisierungen (Rajamani & Bodansky, 2019). Auf der letzten Vertragsstaatenkonferenz (COP26) wurde das Paris Rulebook fertiggestellt und so von allen Vertragsparteien gemeinsame Anforderungen an Klimaschutzbeiträge vereinbart.

Auf Ebene der Europäischen Union ist mit der Annahme des Europäischen Klimaschutzgesetzes ein erster Schritt gesetzt worden, um die Ziele der EU-Klimapolitik für die EU-Institutionen verbindlicher zu gestalten (Weishaar, 2020). Die Ergänzung von EU-weiten Gesamtzielen um indikative Reduktionspfade und Überprüfungsrechte der Kommission hinsichtlich der Fortschritte in den Mitgliedstaaten wird als Möglichkeit verstanden, auf die Zielerreichung hinzuwirken (Kulovesi & Oberthür, 2020; Reese, 2020; Schlacke, 2020b). Um die Zielerreichung zu ermöglichen, ist es erforderlich, die Instrumente der EU-Klimapolitik, die sich aktuell in Überarbeitung befinden, ambitioniert zu gestalten. So wird in der Literatur für den Emissionshandel im Wesentlichen gefordert, die Gratiszuteilung von Emissionszertifikaten zu reformieren, wenn nicht gar stufenweise auslaufen zu lassen (Europäischer Rechnungshof, 2020; Kreuter-Kirchhof, 2017; Madner, 2015a; Rubini & Jegou, 2012). Dieses Reformanliegen gewinnt insofern an Brisanz, als es andernfalls mit der Einführung eines CO_2-Grenzausgleichssystems zu Konflikten mit dem WTO-Recht kommen kann (Omuko-Jung, 2020; Kulovesi & Oberthür, 2020; Merkel, 2020). Für die Sektoren außerhalb des Emissionshandels, Non-ETS und LULUCF, geht es nach der Literatur im Wesentlichen darum, die Anrechnung von CO_2-Einsparungen aus anderen Bereichen auf die Reduktionsziele des Non-ETS-Sektors bzw. des LULUCF zu unterbinden, damit stärkere Anreize bestehen, in diesen Sektoren Maßnahmen zu setzen (Romppanen, 2020).

Über diese laufenden Reformen im europäischen Klimaschutzrecht hinaus wird in der Literatur und insbesondere auch von Seiten sozialpartnerschaftlicher und zivilgesellschaftlicher Organisationen angemahnt, bei der Reform des EU-Klimaschutzrechts grundsätzlicher die Querbezüge zum Recht des internationalen Handels und zu Grund- und Menschenrechten zu bearbeiten.

Auf der nationalen Ebene konzentriert sich die Diskussion in der Literatur zunächst auf die stärkere Verbindlichkeit von Zielen und Zielpfaden für die österreichische Klimapolitik. So fordern Teile der Literatur einerseits, dass das Ziel der Klimaneutralität Österreichs bis 2040 und das für Österreich im Lichte der Pariser Klimaziele noch zur Verfügung stehende Treibhausgasbudget gesetzlich verankert wird. Nach dem Vorbild des Pariser Übereinkommens und dem dt. KSG soll zudem ein Verbesserungsgebot vorgesehen werden, um die österreichischen Klimaziele gegen Rückschritte abzusichern (Kirchengast & Steininger, 2020).

Auch das KSG soll nach der Literatur verbindlicher gestaltet werden: Einerseits müsste eine Verpflichtung bestehen, bei Überschreitung sektorspezifischer jährlicher Höchstmengen ein Sofortprogramm zu erstellen. Andererseits wäre der Verantwortlichkeitsmechanismus des KSG zu stärken, etwa indem im Finanzausgleich bei Säumnis mit der Umsetzung von Maßnahmen fiskalische Konsequenzen wie Budgetkürzung (zugunsten des Klima- und Energiefonds) vorgesehen werden. Teilweise werden sogenannte Default-Gesetze ins Spiel gebracht, die bestimmte klimarelevante Maßnahmen, wie z. B. die Senkung von Tempolimits auf Autobahnen oder die Erhöhung eines allfälligen CO_2-Preises, beinhalten und bei Überschreitung von Emissionshöchstmengen automatisch in Kraft treten (Schulev-Steindl et al., 2020).

In der Debatte zur stärkeren Verbindlichkeit des österreichischen Klimaschutzrechts wird in der Literatur auch die Einführung eines Grundrechts auf Klimaschutz als Option diskutiert (Ennöckl, 2021; Österreichisches Parlament, 2020): Ein solches Grundrecht würde es Einzelnen (und gegebenenfalls auch juristischen Personen) ermöglichen, Entscheidungen und Maßnahmen, die in Konflikt mit dem Klimaschutz stehen, vor Gerichten anzufechten und so Entscheidungsträger_innen stärker in die Pflicht zu nehmen. Um dies leisten zu können, müsse ein solches Grundrecht mit adäquaten Bestimmungen über den Zugang zu Gerichten verbunden werden. In Ergänzung zum Grundrecht auf Klimaschutz wird in der Literatur die Einführung einer Grundpflicht zum Ressourcen- bzw. Klimaschutz diskutiert, um die (wachsende) Inanspruchnahme von Ressourcen zu begrenzen (Winter, 2017).

11.5.2 Sonstiger klimarelevanter Rechtsrahmen

Über die Klimaschutzgesetzgebung hinaus identifiziert die Literatur Gestaltungsoptionen für den sonstigen klimarelevanten Rechtsrahmen. Schwerpunktmäßig diskutiert die Literatur dabei wiederkehrend die fehlenden Querverbindungen zwischen Umwelt- bzw. Klimaschutzrecht und klimarelevanten Rechtsbereichen.

11.5.2.1 (Internationaler) Handel, Investitionen und Klimaschutz

Um die Fragmentierung im internationalen Recht zu überwinden und das Welthandelsrecht stärker in den Dienst von Nachhaltigkeitszielen zu stellen, wird eine bessere Koordinierung und stärkere Integration von Umwelt- und Handelsrecht angemahnt. Im Verhältnis zur WTO werden hier unter dem englischen Slogan „Greening the WTO" Möglichkeiten diskutiert, dem Umwelt- und Klimaschutz mehr Gewicht zu verleihen und auszuloten, wie das WTO-Recht dazu beitragen kann, Ziele nachhaltiger Entwicklung (SDGs) zu erreichen (Ruppel, 2022; Neumayer, 2017; Vranes, 2009; Bernasconi-Osterwalder et al., 2005; Weinstein & Charnovitz, 2001). Die Governance-Krise der WTO hat in jüngerer Zeit diese Diskussion neu entfacht (European Union, 2021). Insbesondere von Verbänden der Zivilgesellschaft wird eine vertiefte und transparente, grundlegende Debatte über den Nutzen bzw. die Gewinner_innen und Verlierer_innen multilateralen Handels sowie eine Auseinandersetzung mit der wachsenden Bedeutung von Geoökonomie angemahnt (Narlikar, 2020; Narlikar & van Houten, 2010).

Dass eine Integration von Handels- und Umweltpolitik auf internationaler Ebene nicht leicht gelingen kann, wird in der sozialwissenschaftlichen Literatur mit Blick auf das national und global stark vertretene wirtschaftliche Interesse an weiterer Handelsliberalisierung betont. Teile der Literatur legen daher den Fokus auch auf eine Strategie der De-Konstitutionalisierung der internationalen Handelsverträge und auf die Rückgewinnung nationaler Handlungsspielräume und Regionalisierungspotenziale (W. G. Raza et al., 2021; W. Raza, 2016; Gill, 1998).

Eine Reihe zivilgesellschaftlicher Akteur_innen und breite zivilgesellschaftlichen Allianzen (z. B. das Netzwerk Seattle to Brussels), Thinktanks (z. B. das International Institute for Sustainable Development (IISD), siehe International Institute for Sustainable Development, 2021), aber auch die Konferenz der Vereinten Nationen für Handel und Entwicklung („Geneva Principles for a Global Green New Deal", siehe Gallagher & Kozul-Wright, 2019) haben Vorschläge für eine grundlegende Umgestaltung der internationalen und europäischen Handelspolitik vorgelegt, die als notwendig erachtet werden, um die Umwelt- und Klimakrise zu bewältigen und den nachteiligen Folgen der Globalisierung zu begegnen (z. B. Gallagher & Kozul-Wright, 2019). Als wesentlich werden dabei folgende Bereiche genannt: Die Neuausrichtung der globalen Handelspolitik an den übergreifenden Zielen sozialer und wirtschaftlicher Stabilität und ökologischer Nachhaltigkeit, der Schutz vor Vereinnahmung der Handelspolitik durch mächtige Akteure und die Sicherstellung des Rechts, staatliche Regulierung zum Schutz von Gesundheit, Sozialem und Umwelt einzusetzen. An dieser Stelle setzt auch eine breite Diskussion um die Reform der Investitionsschiedsgerichtsbarkeit an (Krajewski, 2021a; Schacherer, 2021; Eberhardt, 2020; Petersmann, 2020; Schill & Vidigal, 2020; Strickner, 2017; Attac, 2016). Vorschläge der EU zur Einrichtung eines Multilateralen Gerichtshofs bzw. Vorschläge zur Modernisierung bestehender Investitionsschutzverträge (Kube & Petersmann, 2018) stehen hier Vorschlägen für eine grundlegende Neuausrichtung und Alternativen zum ISDS gegenüber (Kelsey, 2019).

In jüngerer Zeit ist durch eine Reihe von Investor_innenklagen (siehe dazu oben, Abschn. 11.3.7) eine intensive Diskussion zum Energiecharta-Vertrag entbrannt (International Institute for Sustainable Development, 2021; Schmidt, 2021; Investigate Europe, 2021; Cross, 2020; Bernasconi-Osterwalder & Brauch, 2019; Corporate Europe Observatory & Transnational Institute, o. J.): Seit 2020 verhandelt die EU-Kommission im Namen der 27 Unionsmitglieder mit den anderen Vertragsstaaten über eine Modernisierung des Energiecharta-Vertrags. Die Kommission will, dass neue Investitionen in Kohle- und Ölprojekte nicht mehr geschützt sind. Zivilgesellschaftliche Gruppen fordern demgegenüber einen Rückzug aus dem Vertrag (Climate Action Network (CAN) Europe, 2020). Allerdings sieht der Vertrag vor, dass auch nach einem Austritt noch 20 Jahre lang Investorenklagen möglich sind.

Als weitere wesentliche Gestaltungsoptionen für eine nachhaltige und klimafreundliche Handelspolitik werden weiters verbindliche Unternehmenspflichten für die Einhaltung von Menschrechten (dazu oben, Abschn. 11.3.5) genannt. Auch größere Freiräume für lokale und regionale Wirtschaft in der Daseinsvorsorge und bei der Vergabe öffentlicher Aufträge nach Maßgabe ökologischer und sozialer Kriterien werden als zentral erachtet (dazu oben, Abschn. 11.3.7).

Die Aufnahme von Nachhaltigkeits- und Umweltkapiteln in internationale Handelsverträge wird als Gestaltungsoption zur Integration von Umwelt-, Sozial- und Nachhaltigkeitsaspekten in das Handelssystem zurückhaltend betrachtet (Douma, 2017; Orbie, 2021; Orbie et al., 2016).

11.5.2.2 Grundrechte, Rechte der Natur
Losgelöst vom Handelskontext werden Grundrechte allgemein als Möglichkeit verstanden, den Rechtsrahmen für klimafreundliches Leben zu stärken. Neben einem Grundrecht auf Klimaschutz (siehe dazu oben, Abschn. 11.5.1) werden insbesondere Rechte der Natur als notwendiger Schritt hin zur Abkehr von der Instrumentalisierung der Natur bzw. als Chance verstanden, Rechtsinstrumente gänzlich neu zu denken (Kauffman & Martin, 2021; Bétaille, 2019; Boyd, 2017; Voigt, 2013).

Für Handelsverträge wird die flächendeckende Aufnahme sogenannter Nachhaltigkeitskapitel, die sich auch auf die Einhaltung von Grund- und Menschenrechten beziehen, gefordert. Auf diese Weise kann die Verletzung von Grund- und Menschenrechten als Teil von Handelsbeziehungen sanktionierbar werden, zugleich wird aber Skepsis über die Effektivität dieses Instruments geäußert (Orbie, 2021; Orbie et al., 2016). Mit Blick auf transnationale Wirtschaftsunternehmen und Investor_innenklagerechte wird stattdessen eine grundlegende Reform des Systems der Investitionsschiedsgerichtsbarkeit eingemahnt (dazu oben, Abschn. 11.5.2.1) bzw. ein verbindlicher Vertrag, der solche Unternehmen an Grund- und Menschenrechtsstandards bindet und ihre Verantwortung klarstellt, als wichtige Gestaltungsoption gesehen (siehe dazu oben, Abschn. 11.3.5 und das Kapitel Globalisierung, Kap. 15).

11.5.2.3 Reformen im Subventionsrecht, Ökosoziale Steuerreform
Als wichtiges Handlungsfeld wird in der Literatur der Bereich des Finanz-, Steuer- und Förderrechts festgemacht. Zu den Handlungsoptionen zählen hier strukturelle Reformen wie z. B. die Ökologisierung der Wohnbauförderung, die Reform des Pendlerpauschales oder der Gewerbesteuer (dazu jeweils oben, Abschn. 11.3.10). Ganz zentral wurde seit langem eine ökosoziale Steuerreform diskutiert, die unter anderem eine adäquate CO_2-Bepreisung in Form einer CO_2- und/oder Umweltsteuer beinhaltet (Kirchengast et al., 2019). Neben der ökonomischen Ausgestaltung einer solchen CO_2-Bepreisung wird aus rechtlicher Sicht das Verhältnis zwischen einer nationalen CO_2-Bepreisung und den unionsrechtlichen Vorgaben für jene Sektoren, die dem Emissionshandel unterliegen, diskutiert (Damberger, 2021). Dieses Verhältnis wird auch durch den aktuell in Verhandlung stehenden europäischen CO_2-Grenzausgleichsmechanismus berührt werden (COM(2021) 564 final, 2021; dazu Damberger & Thummet, 2022). Zahlreiche zivilgesellschaftliche Akteur_innen sowie die Kommission und das Europäische Parlament weisen aber darauf hin, dass eine CO_2-Bepreisung nur ein Instrument unter mehreren sein kann, also von anderen Instrumente ergänzt werden muss, um die notwendigen CO_2-Einsparungen zu erzielen (Committee on the Environment, Public Health and Food Safety, 2022; European Environmental Bureau (EEB), 2022).

11.6 Quellenverzeichnis

1 BvR 2656/18, 1 BvR 78/20, 1 BvR 96/20, 1 BvR 288/20, 1 BvR 2656/18, 1 BvR 78/20, 1 BvR 96/20, 1 BvR 288/20 (Bundesverfassungsgericht 24. März 2021).

Albrecht, J. (2020). Das Klimaschutzgesetz des Bundes – Hintergrund, Regelungsstruktur und wesentliche Inhalte. *Natur und Recht*, *42*(6), 370–378. https://doi.org/10.1007/s10357-020-3692-3

Alge, T. (2017). Gerichtliche Kontrolle: Aarhus und seine Konsequenzen aus Sicht der Umweltorganisationen. In Institut für Umweltrecht der JKU Linz (Hrsg.), *Jahrbuch des österreichischen und europäischen Umweltrechts 2017. Herausforderung Umweltverfahren: Effizienz, Rechts(un)sicherheit, Öffentlichkeitsbeteiligung* (Bd. 47, S. 169–179). Manz.

Alge, T., Kroiss, F., & Schmidthuber, B. (2019). Strategische Umweltprüfung (SUP). In D. Ennöckl, N. Raschauer, & W. Wessely (Hrsg.), *Handbuch Umweltrecht* (3. Aufl., S. 666–701). Facultas.

Altenschmidt, S. (2021). Kohleausstieg und Vertrauensschutz. *Natur und Recht*, *43*(8), 531–537. https://doi.org/10.1007/s10357-021-3880-9

Andersen, S. (2012). The Enforcement of EU Law: The Role of the European Commission. In *The Enforcement of EU Law* (1. Aufl.). Oxford University Press. https://oxford.universitypressscholarship.com/view/10.1093/acprof:oso/9780199645442.001.0001

Andor, M. A., Frondel, M., & Sommer, S. (2015). Reform des EU-Emissionshandels: Eine Alternative zu Mindestpreisen für Zertifikate und der Marktstabilitätsreserve. *Zeitschrift für Wirtschaftspolitik*, *64*(2), 171–188. https://doi.org/10.1515/zfwp-2015-0203

Antonopoulos, I. (2020). The future of climate policymaking in light of Urgenda Foundation v the Netherlands. *Environmental Law Review*, *22*(2), 119–124. https://doi.org/10.1177/1461452920927896

Antretter, N. (2021). Zivilrechtliche Individualansprüche gegen CO2-Emittenten – Zum aktuellen Stand des Verfahrens eines peruanischen Landwirts gegen den deutschen Energiekonzern RWE vor dem OLG Hamm. *Nachhaltigkeitsrecht*, *1*(2), 235–237. https://doi.org/10.33196/nr202102023501

Appel, I. (2005). *Staatliche Zukunfts- und Entwicklungsvorsorge* (1. Aufl., Bd. 125, S. XVIII, 618). Mohr Siebeck.

Attac. (2016). *Konzernmacht brechen! Von der Herrschaft des Kapitals zum guten Leben für Alle.* https://www.mandelbaum.at/docs/attac_konzermachtbrechen.pdf

Augenstein, D. (2018). Managing Global Interdependencies through Law and Governance: The European Approach to Business and Human Rights. In A. Bonfanti (Hrsg.), *Business and Human Rights in Europe* (1. Aufl., S. 24–34). Taylor and Francis.

Augenstein, D., Boyle, A., & Galeigh, N. S. (2010). *Study of the legal framework on human rights and the environment applicable to European enterprises operating outside the European Union* (S. 81). The University of Edinburgh. https://en.frankbold.org/sites/default/files/tema/101025_ec_study_final_report_en_0.pdf

Aust, H. P. (2021). Klimaschutz aus Karlsruhe. *Verfassungsblog*. https://verfassungsblog.de/klimaschutz-aus-karlsruhe-was-verlangt-das-urteil-vom-gesetzgeber/

Bachl, B. (2015). *Die (betroffene) Öffentlichkeit im UVP-Verfahren* (Bd. 42). Manz.

Bachl, B. (2018). Sinn, Zweck und Reichweite der Öffentlichkeitsbeteiligung im Umgang mit natürlichen Risiken. In A. Kanonier & F. Rudolf-Miklau (Hrsg.), *Regionale Risiko Governance: Recht, Politik und Praxis* (S. 247–269). Verlag Österreich.

Backes, C. W. (Chris), & Veen, G. A. (Gerrit) van der. (2020). Urgenda: The Final Judgment of the Dutch Supreme Court. *Journal for European Environmental & Planning Law*, *17*(3), 307–321. https://doi.org/10.1163/18760104-01703004

Barritt, E. (2020). Consciously transnational: Urgenda and the shape of climate change litigation: The State of the Netherlands (Ministry of Economic Affairs and Climate Policy) v Urgenda Foundation. *Environmental Law Review*, *22*(4), 296–305. https://doi.org/10.1177/1461452920974493

Bartels, L. (2017). Human Rights, Labour Standards, and Environmental Standards in CETA. In S. Griller, W. Obwexer, & E. Vranes (Hrsg.), *Mega-Regional Trade Agreements: CETA, TTIP, and TiSA* (S. 202–215). Oxford University Press. https://doi.org/10.1093/oso/9780198808893.003.0009

Bauer, H., Biwald, P., Mitterer, K., & Thöni, E. (2017). Zusammenfassung unter dem Aspekt der Reform der föderalen Politik. In H. Bauer, P. Biwald, K. Mitterer, & E. Thöni (Hrsg.), *Finanzausgleich 2017: Ein Handbuch – Mit Kommentar zum FAG 2017* (Bd. 19, S. 518–530). NWV.

Bauknecht, D., Heinemann, C., Stronzik, M., & Schmitt, S. (2015). *Konzept für das Instrument der Regulatorischen Innovationszone. Diskussionspapier mit Ergänzungen aus dem Workshop am 31.10.2014 in Stuttgart* (S. 27). Öko-Institut e. V., wik Wissenschaftliches Institut für Infrastruktur und Kommunikationsdienste GmbH. https://um.baden-wuerttemberg.de/fileadmin/redaktion/m-um/intern/Dateien/Dokumente/5_Energie/Versorgungssicherheit/Smart_Grids/Oeko-Institut_Konzept_RIZ.pdf

Beckmann, M. A., & Fisahn, A. (2009). Probleme des Handels mit Verschmutzungsrechten – eine Bewertung ordnungsrechtlicher und marktgesteuerter Instrumente in der Umweltpolitik. *Zeitschrift für Umweltrecht*, *20*(6), 299–307.

Berger, W. (2020). Das Aarhus-Beteiligungsgesetz: Neue Beteiligungs- und Mitspracherechte von Umweltorganisationen. In E. Furherr (Hrsg.), *Umweltverfahren und Standortpolitik: Neue Wege zur Genehmigung* (1. Aufl., S. 67–102). Facultas.

Bergthaler, W. (2017). Sachverständigenbeweis – Verfahrensrechtliche und praktische Herausforderungen. In Institut für Umweltrecht der JKU Linz (Hrsg.), *Jahrbuch des österreichischen und europäischen Umweltrechts 2017. Herausforderung Umweltverfahren: Effizienz, Rechts(un)sicherheit, Öffentlichkeitsbeteiligung* (S. 193–197). MANZ.

Bergthaler, W. (2020). Das Standort-Entwicklungsgesetz: Verfahrensbeschleunigung und Vorsorgeprinzip. In E. Furherr (Hrsg.), *Umweltverfahren und Standortpolitik: Neue Wege zur Genehmigung* (1. Aufl., S. 47–56). Facultas.

Berka, W. (2018). *Verfassungsrecht. Grundzüge des österreichischen Verfassungsrechts für das juristische Studium* (7. Aufl.). Verlag Österreich.

Berl, F. (2019). Bürgerinitiativen in UVP-Verfahren – Quo vadis? *Österreichische Zeitschrift für Wirtschaftsrecht*, *2*, 62–65.

Berl, F., & Gaiswinkler, J. (2021). Artenschutzrechtliche Ausnahmen für die Energiewende. *Recht der Umwelt – Beilage Umwelt und Technik* (4), 43–49.

Bernasconi-Osterwalder, N., & Brauch, M. D. (2019). *Redesigning the Energy Charter Treaty to Advance the Low-Carbon Transition.* https://www.iisd.org/system/files/publications/tv16-1-article08.pdf

Bernasconi-Osterwalder, N., Magraw, D., Oliva, M. J., Tuerk, E., & Orellana, M. (2005). *Environment and Trade: A Guide to WTO Jurisprudence.* Routledge. https://doi.org/10.4324/9781849771153

Berrisch, G. M. (2020). Klimaschutz als Stresstest für die WTO. *Europäische Zeitschrift für Wirtschaftsrecht*, *31*(7), 249–250.

Bétaille, J. (2019). Rights of Nature: Why it Might Not Save the Entire World. *Journal for European Environmental & Planning Law*, *16*(1), 35–64. https://doi.org/10.1163/18760104-01601004

Betz, R., & Sato, M. (2006). Emissions trading: Lessons learnt from the 1st phase of the EU ETS and prospects for the 2nd phase. *Climate Policy*, *6*(4), 351–359. https://doi.org/10.1080/14693062.2006.9685607

Binder, C., & Huremagić, H. (2021). Menschenrechtsverpflichtung zur Reduzierung von Treibhausgasemissionen. *Nachhaltigkeitsrecht*, *1*(1), 109–113. https://doi.org/10.33196/nr202101010901

Blühdorn, I. (2014). A massive escalation of truly disruptive action…? Bürger protest und Nachhaltigkeit in der postdemokratischen Konstellation. *Forschungsjournal Soziale Bewegungen*, *27*(1), 27–36.

Bodansky, D. (2016a). The Legal Character of the Paris Agreement. *Review of European, Comparative & International Environmental Law*, *25*(2), 142–150. https://doi.org/10.1111/reel.12154

Bodansky, D. (2016b). The Paris Climate Change Agreement: A New Hope? *American Journal of International Law*, *110*(2), 288–319. https://doi.org/10.5305/amerjintelaw.110.2.0288

Bodle, R., Donat, L., & Duwe, M. (2016). The Paris Agreement: Analysis, Assessment and Outlook. *Carbon & Climate Law Review*, *10*(1), 5–22.

Bogojević, S. (2020). Human rights of minors and future generations: Global trends and EU environmental law particularities. *Review of European, Comparative & International Environmental Law*, *29*(2), 191–200. https://doi.org/10.1111/reel.12345

Böhler, D. (2013). The EU Emission Trading Scheme – Fixing a broken promise. *Environmental Law Review*, *15*(2), 95–103. https://doi.org/10.1350/enlr.2013.15.2.179

Bohne, E. (1992). Das Umweltrecht – Ein „irregulare aliquod corpus et monstro simile". In H.-J. Koch (Hrsg.), *Auf dem Weg zum Umweltgesetzbuch: Symposium über den Entwurf eines AT-UGB* (1. Aufl., S. 181–233). Nomos.

Böhringer, A.-M. (2016). Das neue Pariser Klimaübereinkommen: Eine Kompromisslösung mit Symbolkraft und Verhaltenssteuerungspotential. *Zeitschrift für ausländisches öffentliches Recht und Völkerrecht, 76*, 753–795.

Borghesi, S., & Montini, M. (2016). The Best (and Worst) of GHG Emission Trading Systems: Comparing the EU ETS with Its Followers. *Frontiers in Energy Research, 4*, 1–19. https://doi.org/10.3389/fenrg.2016.00027

Boyd, D. R. (2017). *The Rights Of Nature: A Legal Revolution That Could Save the World*. Ingram Publisher Services.

Braig, K. F., & Ehlers-Hofherr, A. (2020). Diese andere Potenzielle Katastrophe: Wie kann der EGMR dazu beitragen, die Klimakrise einzudämmen? *Natur und Recht, 42*(9), 589–595. https://doi.org/10.1007/s10357-020-3724-z

Brait, R., Mitterer, K., & Schratzenstaller-Altzinger, M. (2020, Februar 10). Fünf Maßnahmen für mehr Klimaschutz in den Gemeinden. *A&W blog*. https://awblog.at/mehr-klimaschutz-in-den-gemeinden/

Braumann, C. (2021). „Portuguese Youth Case": Erste EMRK-Beschwerde gegen Treibhausgasemissionen ist anhängig. *Nachhaltigkeitsrecht, 1*(2), 221–223. https://doi.org/10.33196/nr202102022101

Brosset, E., & Maljean-Dubois, S. (2020). The Paris Agreement, EU Climate Law and the Energy Union. In M. Peeters & M. Eliantonio (Hrsg.), *Research Handbook on EU Environmental Law* (S. 412–427). Edward Elgar Publishing.

Bundeskanzleramt. (2020). *Österreich und die Agenda 2030. Freiwilliger Nationaler Bericht zur Umsetzung der Nachhaltigen Entwicklungsziele/SDGs (FNU)* (S. 1–116).

Bundes-Klimaschutzgesetz, BGBl. I S. 2513 i.d.F. BGBl. I S. 3905 (2021). https://www.gesetze-im-internet.de/ksg/index.html

Bundesministerium für Klimaschutz, Umwelt, Energie, Mobilität, Innovation und Technologie. (2021). *Liste der anerkannten Umweltorganisationen*. https://www.bmk.gv.at/themen/klima_umwelt/betrieblich_umweltschutz/uvp/anerkennung_org.html

Bundesministerium für Klimaschutz, Umwelt, Energie, Mobilität, Innovation und Technologie. (2022). *Der Klimarat: Dokumentation*. Der Klimarat. https://klimarat.org/dokumentation/

Bundesministerium für Nachhaltigkeit und Tourismus. (2019). *Integrierter nationaler Energie- und Klimaplan für Österreich*. https://www.bmk.gv.at/dam/jcr:032d507a-b7fe-4cef-865e-a408c2f0e356/Oe_nat_Energie_Klimaplan.pdf

Burger, A., & Bretschneider, W. (2021). *Umweltschädliche Subventionen in Deutschland* (Nr. 143; S. 161). Umweltbundesamt. https://www.umweltbundesamt.de/publikationen/umweltschaedliche-subventionen-in-deutschland-0

Bürgerrat Klima (Hrsg.). (2021). *Unsere Empfehlungen für die deutsche Klimapolitik* (S. 101). BürgerBegehren Klimaschutz e. V. https://buergerrat-klima.de/content/pdfs/BK_210707_Empfehlungen_Digital.pdf

Burgers, L. (2020). Should Judges Make Climate Change Law? *Transnational Environmental Law, 9*(1), 55–75. https://doi.org/10.1017/S2047102519000360

Bürgin, A. (2021). The European Commission. In A. Jordan & V. Gravey (Hrsg.), *Environmental Policy in the EU: Actors, Institutions and Processes* (4. Aufl., S. 93–109). Routledge. https://www.routledge.com/Environmental-Policy-in-the-EU-Actors-Institutions-and-Processes/Jordan-Gravey/p/book/9781138392168

Burns, C. (2021). The European Parliament. In A. Jordan & V. Gravey (Hrsg.), *Environmental Policy in the EU: Actors, Institutions and Processes* (4. Aufl., S. 128–146). Routledge. https://www.routledge.com/Environmental-Policy-in-the-EU-Actors-Institutions-and-Processes/Jordan-Gravey/p/book/9781138392168

Buser, A. (2020). Ein Grundrecht auf Klimaschutz? Möglichkeiten und Grenzen grundrechtlicher Klimaklagen in Deutschland. *Deutsches Verwaltungsblatt, 135*(21), 1389–1396.

Buser, A. (2021). Die Freiheit der Zukunft. *Verfassungsblog*. https://verfassungsblog.de/die-freiheit-der-zukunft/

Bußjäger, P. (2001). *Österreichisches Naturschutzrecht*. NWV.

Calliess, C. (2001). *Rechtsstaat und Umweltstaat* (1. Aufl., Bd. 71, S. XXI, 685). Mohr Siebeck.

Calliess, C. (2016). AEUV Art. 2 [Arten von Zuständigkeiten]. In C. Calliess & M. Ruffert (Hrsg.), *EUV/AEUV* (5. Aufl., S. 495–504). C.H. Beck.

Calliess, C. (2021a). Das „Klimaurteil" des Bundesverfassungsgerichts: „Versubjektivierung" des Art. GG Artikel 20 a GG? *Zeitschrift für Umweltrecht, 6*, 355–358.

Calliess, C. (2021b). Klimapolitik und Grundrechtsschutz – Brauchen wir ein Grundrecht auf Umweltschutz? *Zeitschrift für Umweltrecht, 6*, 323–332.

Calzadilla, P. V., & Kotzé, L. J. (2018). Living in Harmony with Nature? A Critical Appraisal of the Rights of Mother Earth in Bolivia. *Transnational Environmental Law, 7*(3), 397–424. https://doi.org/10.1017/S2047102518000201

Cejka, S. (2021). Privatrechtliche Aspekte der österreichischen Umsetzung von Energiegemeinschaften im EAG-Paket. *ecolex* (1), 11–14.

Center for International Environmental Law & The Global Initiative for Economic, Social and Cultural Rights. (2022). *States' Human Rights Obligations in the Context of Climate Change: Guidance Provided by the UN Human Rights Treaty Bodies*. https://www.ciel.org/wp-content/uploads/2022/03/States-Human-Rights-Obligations-in-the-Context-of-Climate-Change_2022.pdf

Classen, C. D., & Nettesheim, M. (2021). § 18. Wirtschaftsverfassung und Wirtschaftspolitik. In T. Oppermann, C. D. Classen, & M. Nettesheim (Hrsg.), *Europarecht* (9. Aufl., S. 320–340). C.H. Beck. https://beck-online.beck.de/Bcid/Y-400-W-OpClaNeKoEUR-GL-sect18

Climate Action Network (CAN) Europe. (2020). *CAN Europe Policy Briefing on the Energy Charta Treaty*. https://caneurope.org/content/uploads/2020/11/Policy-briefing-on-the-Energy-Charter-Treaty-ECT.pdf

Colombo, E. (2018). (Un)comfortably Numb: The Role of National Courts for Access to Justice in Climate Matters. In J. Jendroska & M. Bar (Hrsg.), *Procedural Environmental Rights: Principle X in Theory and Practice* (Bd. 4, S. 437–464). Intersentia. https://doi.org/10.1017/9781780686998.022

Committee on the Environment, Public Health and Food Safety. (2022). *Draft report on the proposal for a directive of the European Parliament and of the Council amending Directive 2003/87/EC establishing a system for greenhouse gas emission allowance trading within the Union, Decision (EU) 2015/1814 concerning the establishment and operation of a market stability reserve for the Union greenhouse gas emission trading scheme and Regulation (EU) 2015/757* (PE703.068). https://www.europarl.europa.eu/doceo/document/ENVI-PR-703068_EN.pdf

Conference of the Parties serving as the meeting of the Parties to the Paris Agreement. (2018). *Beschluss 20/CMA.1*. https://unfccc.int/sites/default/files/resource/cma2018_3_add2_new_advance.pdf

Conference of the Parties serving as the meeting of the Parties to the Paris Agreement. (2022). *Decision 6/CMA.3 on common time frames for nationally determined contributions referred to in Article 4, paragraph 10, of the Paris Agreement*. https://unfccc.int/sites/default/files/resource/cma2021_10_add3_adv.pdf

Conference of the Parties to the UNFCCC. (2022). *Report of the Conference of the Parties on its twenty-sixth session, held in Glasgow from 31 October to 12 November 2021. Addendum*. https://unfccc.int/sites/default/files/resource/cp2021_12_add1_adv.pdf

Corporate Europe Observatory & Transnational Institute. (o. J.). *To European governments, parliaments and EU institutions: Pull out of the Energy Charter Treaty and stop its expansion to other countries! ECT's dirty secret*. https://energy-charter-dirty-secrets.org/

Cross, C. (2020). *Beyond Control, Beyond Reform: The EU's Energy Charter Treaty Dilemma*. https://left.eu/content/uploads/2020/09/beyond-reform-EN-web-1.pdf

Dagnet, Y., & Northrop, E. (2017). Facilitating implementation and promoting compliance (Article 15). In D. Klein, M. P. Carazo, M. Doelle, J. Bulmer, & A. Higham (Hrsg.), *The Paris Agreement on climate change: Analysis and commentary* (1. Aufl., S. 338–351). Oxford University Press.

Dalton, R. J. (2017). *The Participation Gap: Social Status and Political Inequality*. Oxford University Press. https://doi.org/10.1093/oso/9780198733607.001.0001

Damberger, R. (2020). CO2-Steuern – Welche Optionen stehen zur Verfügung? In G. Kirchengast, G. Schnedl, E. Schulev-Steindl, & K. Steininger (Hrsg.), *CO2- und Umweltsteuern. Wege zu einer umwelt-, sozial- und wirtschaftsgerechten Steuerreform* (1. Aufl., Bd. 116, S. 80–121). Böhlau Verlag. https://www.vr-elibrary.de/doi/book/10.7767/9783205211013

Damberger, R. (2021). Österreich auf dem Weg zur CO2-Bepreisung? *Recht der Umwelt* (4), 149–153.

Damberger, R., & Thummet, F. (2022). Die (offene) Zukunft der CO2-Bepreisung in der EU. *Recht der Umwelt* (2), 53–61.

Damjanovic, D. (2013). The EU market rules as social market rules: Why the EU can be a social market economy. *Common Market Law Review*, 50(6), 1685–1717.

Darpö, J. (2021). *Can Nature Get it Right? A Study on Rights of Nature*. https://www.europarl.europa.eu/RegData/etudes/STUD/2021/689328/IPOL_STU(2021)689328_EN.pdf

Dederer, H.-G. (2021a). BVerfG entscheidet über teilweise Verfassungswidrigkeit des deutschen Klimaschutzgesetzes. *Nachhaltigkeitsrecht*, 1(2), 232–234. https://doi.org/10.33196/nr202102023201

Dederer, H.-G. (2021b). Die Governance-Verordnung der Union. *Nachhaltigkeitsrecht*, 1(1), 25–33. https://doi.org/10.33196/nr202101002501

derstandard.at. (2022, März 7). Wirtschaftskammer fordert Verschiebung des CO2-Preises um ein bis zwei Jahre. *DER STANDARD*. https://www.derstandard.at/story/2000133892668/wirtschaftskammer-stellt-co2-bepreisung-im-juli-2022-infrage

Doelle, M. (2016). The Paris Agreement: Historic Breakthrough or High Stakes Experiment. *Climate Law*, 6(1), 1–20. https://doi.org/10.1163/18786561-00601001

Doelle, M. (2017). Assessment of Strengths and Weaknesses. In D. Klein, M. P. Carazo, M. Doelle, J. Bulmer, & A. Higham (Hrsg.), *The Paris Agreement on Climate Change: Analysis and commentary* (1. Aufl., S. 375–388). Oxford University Press.

Donat, M., Frühstück, H., Kostenzer, J., Lins, K., Pöllinger, U., Rossmann, H., Schnattinger, A., & Wiener, W. (2013). Stellungnahme zum dritten Österreichischen Umsetzungsbericht zur Aarhus-Konvention. *Recht der Umwelt*, 5, 196–198.

Douma, W. Th. (2017). The Promotion of Sustainable Development through EU Trade Instruments. *European Business Law Review*, 28(2), 197–216.

Drexel, C. (2013). Neue Wege der politischen Partizipation: Instrumente der direkten und partizipativen Demokratie in der Vorarlberger Landesverfassung unter Berücksichtigung des neu eingeführten Art 1 Abs 4. *Spektrum des Rechtswissenschaft*, 165–204.

Dritte Piste Flughafen Wien, E875/2017 ua (Verfassungsgerichtshof 29. Juni 2017). https://www.ris.bka.gv.at/Dokument.wxe?Abfrage=Vfgh&Dokumentnummer=JFT_20170629_17E00875_00

Du, M. (2021). Voluntary Ecolabels in International Trade Law: A Case Study of the EU Ecolabel. *Journal of Environmental Law*, 33(1), 167–193. https://doi.org/10.1093/jel/eqaa022

Duarte Agostinho ua gegen Portugal ua, Nr. 39371/20 (EGMR anhängig). http://climatecasechart.com/climate-change-litigation/non-us-case/youth-for-climate-justice-v-austria-et-al/

Eberhardt, P. (2020). Klagen ohne Scham: Die Profiteure der Pandemie. *Blätter für deutsche und internationale Politik*, 11, 29–32.

Eberhardt, P., Redlin, B., Olivet, C., Verheecke, L., Harris, S., & Ainger, K. (2016). *Trading Away Democracy. How CETA's investor protection rules could result in a boom of investor claims against Canada and the EU*.

Eckel, M., & Rünz, S. (2021). Die Verantwortlichkeit für Menschenrechts- und Umweltschutzverletzungen in der Lieferkette als neue Gesetzesvorhaben in Deutschland und auf EU-Ebene. *Nachhaltigkeitsrecht*, 1(2), 255–258. https://doi.org/10.33196/nr202102025501

Eisner, A., Kulmer, V., & Kortschak, D. (2021). Distributional effects of carbon pricing when considering household heterogeneity: An EASI application for Austria. *Energy Policy*, 156, 112478. https://doi.org/10.1016/j.enpol.2021.112478

Ekardt, F. (2011). *Theorie der Nachhaltigkeit* (1. Aufl.). Nomos. https://doi.org/10.5771/9783845232201

Ekardt, F. (2018). Grenzen der Partizipation auf Politik- und Konsumentenebene. In L. Holstenkamp & J. Radtke (Hrsg.), *Handbuch Energiewende und Partizipation* (S. 453–461). Springer VS. https://doi.org/10.1007/978-3-658-09416-4_27

Ekardt, F., & Wieding, J. (2016). Rechtlicher Aussagegehalt des Paris-Abkommen – eine Analyse der einzelnen Artikel. *Zeitschrift für Umweltpolitik & Umweltrecht*, 39, 36–57.

Elder, P. (1984). Legal Rights for Nature: The Wrong Answer to the Right(s) Question. *Osgoode Hall Law Journal*, 22(2), 285–295.

Ennöckl, D. (2013). Sachverstand im Umweltrecht. In WiR – Studiengesellschaft für Wirtschaft und Recht & Eilmansberger, Thomas (Hrsg.), *Sachverstand im Wirtschaftsrecht* (S. 211–225). Linde.

Ennöckl, D. (2020). Wie kann das Recht das Klima schützen? *Österreichische Juristen-Zeitung* (7), 302–309.

Ennöckl, D. (2021). *Kurzstudie „Möglichkeiten einer verfassungsrechtlichen Verankerung eines Grundrechts auf Klimaschutz"* (III-365 der Beilagen XXVII. GP; S. 33). Parlament Österreich. https://www.parlament.gv.at/PAKT/VHG/XXVII/III/III_00365/imfname_987168.pdf

Ennöckl, D., & Painz, B. (2004). Gewährt die EMRK ein Recht auf Umweltschutz? *juridikum*, 4, 163–169.

Ennöckl, D., Raschauer, N., & Wessely, W. (2019). *Handbuch Umweltrecht* (3. Aufl.). facultas. https://www.facultas.at/item/Handbuch_Umweltrecht/Daniel_Ennoeckl/Nicolas_Raschauer/Wolfgang_Wessely/18386413

Ennser, B. (2021). Das Erneuerbaren-Ausbau-Gesetz: Ein neuer Rechtsrahmen für die Energiewende. *Recht der Umwelt – Beilage Umwelt und Technik* (5), 82–87.

Entschließung zum Thema „Menschenrechte und Demokratie in der Welt und die Politik der Europäischen Union in diesem Bereich – Jahresbericht 2019". (2021). https://www.europarl.europa.eu/doceo/document/TA-9-2021-0014_DE.pdf

Epiney, A. (2019). *Umweltrecht der Europäischen Union* (4. Aufl.). Nomos, Facultas.

Epiney, A., Diezig, S., Pirker, B., & Reitemeyer, S. (2018). *Aarhus-Konvention: Handkommentar* (1. Aufl.). Nomos, Manz, Helbing Lichtenhahn.

Epstein, Y., & Schoukens, H. (2021). A positivist approach to rights of nature in the European Union. *Journal of Human Rights and the Environment*, 12(2), 205–227. https://doi.org/10.4337/jhre.2021.02.03

Ernhede, C. (2022, Februar 2). Taxonomy: MEPs in hot seat after Commission publishes delegated act. *ENDS Europe*. https://www.endseurope.com/article/1739156?utm_source=website&utm_medium=social

Erstes Gesetz zur Änderung des Bundes-Klimaschutzgesetzes, § I. Nr 59 (2021). http://www.bgbl.de/xaver/bgbl/start.xav?startbk=Bundesanzeiger_BGBl&jumpTo=bgbl121s3905.pdf

Carvalho u. a. / Parlament und Rat, T-330/18 (EuG 8. Mai 2019). http://climatecasechart.com/climate-change-litigation/non-us-case/armando-ferrao-carvalho-and-others-v-the-european-parliament-and-the-council/

Europäische Kommission. (2019). *Vereint für Energieunion und Klimaschutz – die Grundlage für eine erfolgreiche Energiewende schaffen.* https://eur-lex.europa.eu/legal-content/de/ALL/?uri=COM%3A2019%3A0285%3AFIN

Europäische Kommission. (2020a). *Eine EU-weite Bewertung der nationalen Energie- und Klimapläne.* https://eur-lex.europa.eu/legal-content/DE/TXT/HTML/?uri=CELEX:52020DC0564&from=EN

Europäische Kommission. (2020b). *Ein neuer Aktionsplan für die Kreislaufwirtschaft: Für ein saubereres und wettbewerbsfähigeres Europa.* https://eur-lex.europa.eu/legal-content/DE/TXT/?uri=COM%3A2020%3A98%3AFIN

Europäische Kommission. (2020c). *Arbeitsunterlage der Kommissionsdienststellen: Bewertung des endgültigen nationalen Energie- und Klimaplans Österreichs.* https://www.parlament.gv.at/PAKT/EU/XXVII/EU/04/45/EU_44541/index.shtml

Europäische Kommission. (2020d). *Strategie für nachhaltige und intelligente Mobilität: Den Verkehr in Europa auf Zukunftskurs bringen.* https://eur-lex.europa.eu/legal-content/de/TXT/?uri=CELEX%3A52020DC0789

Europäische Kommission. (2021a). *„Fit für 55": Auf dem Weg zur Klimaneutralität – Umsetzung des EU-Klimaziels für 2030.* https://eur-lex.europa.eu/legal-content/EN/TXT/?uri=CELEX%3A52021DC0550

Europäische Kommission. (2021b). *Neue EU-Waldstrategie für 2030.* https://eur-lex.europa.eu/legal-content/de/ALL/?uri=COM%3A2021%3A572%3AFIN

Vorschlag für eine Richtlinie über die Sorgfaltspflichten von Unternehmen im Hinblick auf Nachhaltigkeit und zur Änderung der Richtlinie (EU) 2019/1937, Nr. COM(2022) 71 final (2022). https://eur-lex.europa.eu/legal-content/de/TXT/?uri=CELEX%3A52022PC0071

Europäischer Rechnungshof. (2020). *Das Emissionshandelssystem der EU: kostenlose Zuteilung von Zertifikaten sollte gezielter erfolgen* (Sonderbericht 18/2020; S. 57). https://www.eca.europa.eu/Lists/ECADocuments/SR20_18/SR_EU-ETS_DE.pdf

Europäisches Parlament. (2020). *Bericht über den Vorschlag für eine Verordnung des Europäischen Parlaments und des Rates zur Schaffung des Rahmens für die Verwirklichung der Klimaneutralität* (Nr. A9-0162/2020; S. 282).

Europäisches Parlament. (2022). *Entschließung zum Thema „Menschenrechte und Demokratie in der Welt und die Politik der Europäischen Union in diesem Bereich – Jahresbericht 2021".* https://www.europarl.europa.eu/doceo/document/TA-9-2022-0041_DE.html

European Commission, Directorate-General for Justice and Consumers, British Institute of International and Comparative Law, Civic Consulting, The London School of Economics and Political Science, Torres-Cortés, F., Salinier, C., Deringer, H., Bright, C., Baeza-Breinbauer, D., Smit, L., Tejero Tobed, H., Bauer, M., Kara, S., Alleweldt, F., & McCorquodale, R. (2020). *Study on due diligence requirements through the supply chain: Final report.* Publications Office of the European Union. https://data.europa.eu/doi/10.2838/39830

European Environmental Bureau (EEB). (2022). *Lessons from the German Emissions Trading System for buildings and road transport.* https://eeb.org/wp-content/uploads/2022/03/German-Emissions-Trading-System-for-buildings-and-transport.pdf

European Union. (2021). *Reforming the WTO: Towards a Sustainable and Effective Multilateral Trading System.* https://trade.ec.europa.eu/doclib/docs/2021/april/tradoc_159544.1329_EN_02.pdf

Evans, S., Mehling, M. A., Ritz, R. A., & Sammon, P. (2021). Border carbon adjustments and industrial competitiveness in a European Green Deal. *Climate Policy*, *21*(3), 307–317. https://doi.org/10.1080/14693062.2020.1856637

Faßbender, K., & Köck, W. (2021). *Rechtliche Herausforderungen und Ansätze für eine umweltgerechte und nachhaltige Stadtentwicklung.* https://www.nomos-shop.de/academia/titel/rechtliche-herausforderungen-und-ansaetze-fuer-eine-umweltgerechte-und-nachhaltige-stadtentwicklung-id-98639/

Fatheuer, T., Fuhr, L., & Unmüßig, B. (2015). *Kritik der Grünen Ökonomie.* München. https://www.oekom.de/buch/kritik-der-gruenen-oekonomie-9783865817488

Feindt, P. H., & Newig, J. (Hrsg.). (2005). *Partizipation, Öffentlichkeitsbeteiligung, Nachhaltigkeit: Perspektiven der politischen Ökonomie* (Bd. 62). Metropolis. https://www.metropolis-verlag.de/Partizipation,-Oeffentlichkeitsbeteiligung,-Nachhaltigkeit/517/book.do

Fischer-Lescano, A. (2020). Nature as a Legal Person: Proxy Constellations in Law. *Law & Literature*, *32*(2), 237–262. https://doi.org/10.1080/1535685X.2020.1763596

Fitz, J. (2019). Klimakrise vor Gericht. *juridikum* (4), 104–113.

Fitz, J., & Ennöckl, D. (2019). Klimaschutzrecht. In D. Ennöckl, N. Raschauer, & W. Wessely (Hrsg.), *Handbuch Umweltrecht* (3. Aufl., S. 757–801). Facultas.

Fitz, J., & Rathmayer, F. (2021). Heute für Morgen: Über die Entdeckung der Generationengerechtigkeit im deutschen Grundgesetz. *Recht der Umwelt – Beilage Umwelt und Technik*, *3*, 32–37.

Fleming, R. C., & Mauger, R. (2021). Green and Just? An Update on the "European Green Deal". *Journal for European Environmental & Planning Law*, *18*(1), 164–180. https://doi.org/10.1163/18760104-18010010

Franzius, C. (2015). Regulierung und Innovation im Mehrebenensystem. Was kann und muss europäisches Energie- und Klimaschutzrecht leisten und welche Handlungsfreiheiten brauchen die Mitgliedstaaten? *Die Verwaltung*, *48*(2), 175–201. https://doi.org/10.3790/verw.48.2.175

Franzius, C. (2021). Ziele des Klimaschutzrechts. *Zeitschrift für Umweltrecht*, *32*(3), 131–140.

Frenz, W. (2020). Klimaeuroparecht zwischen Green Deal und Corona. *Europarecht*, *55*(6), 605–621. https://doi.org/doi.org/10.5771/0531-2485

Frenz, W. (2021). Das novellierte Klimaschutzgesetz. *Natur und Recht*, *43*(9), 583–588. https://doi.org/10.1007/s10357-021-3888-1

Fridays for Future Austria. (2021). *Unsere Forderungen an die Politik.* https://fridaysforfuture.at/media/pages/forderungen/0a6fa6dac0-1598813834/nationale_forderungen.pdf

Friedrich, R. (2020). Fridays for Future: Öffentlich-rechtliche Schlaglichter – Oder: Von Schulpflicht, Staatsziel und Kinderrechten. In G. Baumgartner (Hrsg.), *Öffentliches Recht. Jahrbuch 2020* (S. 209–238). Neuer Wissenschaftlicher Verlag.

Fuchs, C. (2014). Verwaltungsermessen und Verwaltungsgerichtsbarkeit: Rückblick und Ausblick. In M. Holoubek & M. Lang (Hrsg.), *Das Verfahren vor dem Bundesverwaltungsgericht und dem Bundesfinanzgericht* (S. 231–265).

Fuchs, C. (2017). Interessenabwägung, Ermessen, dritte Piste Flughafen Wien: Anmerkungen zu VfGH 29. 6. 2017, E 875/2017, E 886/2017 und BVwG 2. 2. 2017, W109 2000179-1/291E. *Österreichische Zeitschrift für Wirtschaftsrecht*, *4*, 192–195.

Funk, B.-C. (1989). Die neuen Umweltschutzkompetenzen des Bundes. In R. Walter (Hrsg.), *Verfassungsänderungen 1988* (S. 63). Manz.

Furherr, E. (2019). Die UVP-G-Novelle 2018 – Ein wichtiger Schritt zum strukturierten Verfahren. *Österreichische Zeitschrift für Wirtschaftsrecht*, *1*, 8–13.

G 144-145/2020-13, V 332/2020-13, G 144-145/2020-13, V 332/2020-13 (Verfassungsgerichtshof 30. September 2020).

Gallagher, K. P., & Kozul-Wright, R. (2019). *A New Multilateralism for Shared Prosperity: Geneva Principles for a Global Green New Deal.* Boston University Global Development Center/UNCTAD. https://unctad.org/system/files/official-document/gp_ggnd_2019_en.pdf

Gärditz, K. F. (2008). Einführung in das Klimaschutzrecht. *Juristische Schulung*, *48*(4), 324–329.

Gauger, A., Rabatel-Fernel, M. P., Kulbicki, L., Short, D., & Higgins, P. (2013). *The Ecocide Project "Ecocide is the missing 5th Crime Against Peace"* (S. 13). Human Rights Consortium. https://sas-space.sas.ac.uk/4830/1/Ecocide_research_report_19_July_13.pdf

Generalsekretariat des Rates. (2021). *Fit for 55 package – Exchange of Views*.

Gill, S. (1998). New constitutionalism, democratisation and global political economy. *Pacifica Review: Peace, Security & Global Change, 10*(1), 23–38. https://doi.org/10.1080/14781159808412845

Goldmann, M. (2021). Judges for Future The Climate Action Judgment as a Postcolonial Turn in Constitutional Law? *Verfassungsblog*. https://doi.org/10.17176/20210430-231520-0

Grabenwarter, C., & Pabel, K. (2021). *Europäische Menschenrechtskonvention* (7. Aufl.). C.H. Beck. https://www.beck-elibrary.de/10.17104/9783406759673/europaeische-menschenrechtskonvention

Grassl, G., & Lampert, S. (2015). Aktuelle Entwicklungen zur Parteistellung des Umweltanwalts in UVP-Verfahren. *Zeitschrift der Verwaltungsgerichtsbarkeit* (6), 500–504.

Gray, M. A. (1996). The International Crime of Ecocide. *California Western International Law Journal, 26*(2), 215–271. https://doi.org/10.4324/9781315092591-12

Greene, A. (2019). The Campaign to Make Ecocide an International Crime: Quixotic Quest or Moral Imperative? *Fordham Environmental Law Review, 30*(3), 1–48.

Griller, S. (2010). Wirtschaftsverfassung und Binnenmarkt. In S. Griller, B. Kneihs, V. Madner, & M. Potacs (Hrsg.), *Wirtschaftsverfassung und Binnenmarkt: Festschrift für Heinz-Peter Rill zum 70. Geburtstag* (1. Aufl., S. 1–47). Springer.

Griller, S. (2011). Der Rechtsbegriff bei Ronald Dworkin. In S. Griller & H.-P. Rill (Hrsg.), *Rechtstheorie: Rechtsbegriff – Dynamik – Auslegung* (Bd. 136, S. 57–80). Springer. https://shop.lexisnexis.at/rechtstheorie-rechtsbegriff-dynamik-auslegung-9783704658838.html

Griller, S. (2016). Die Wirtschafts- und Währungsunion vor, in und nach der Krise. In S. Griller, A. Kahl, B. Kneihs, & W. Obwexer (Hrsg.), *20 Jahre EU-Mitgliedschaft Österreichs* (S. 791–858). Verlag Österreich. https://www.verlagoesterreich.at/20-jahre-eu-mitgliedschaft-oesterreichs/99.105005-9783704672865

Groß, T. (2011). Klimaschutzgesetze im europäischen Vergleich. *Zeitschrift für Umweltrecht, 22*(4), 171–177.

Groß, T. (2020). Die Ableitung von Klimaschutzmaßnahmen aus grundrechtlichen Schutzpflichten. *Neue Zeitschrift für Verwaltungsrecht, 39*(6), 337–342.

Gunningham, N. (2020). Can climate activism deliver transformative change? Extinction Rebellion, business and people power. *Journal of Human Rights and the Environment, 11*(3), 10–31. https://doi.org/10.4337/jhre.2020.03.01

Habjan, T. (2018). Das österreichische Klimaschutzgesetz. In G. Kirchengast, E. Schulev-Steindl, & G. Schnedl (Hrsg.), *Klimaschutzrecht zwischen Wunsch und Wirklichkeit* (1. Aufl., Bd. 112, S. 98–110). Böhlau Verlag. https://www.vr-elibrary.de/doi/10.7767/9783205206064

Hahn, H. (2017). *Umwelt- und zukunftsverträgliche Entscheidungsfindung des Staates: Die staatliche Verantwortung für Umweltschutz, dessen Stand bei Interessenkonflikten, die gerechte Durchsetzung mittels gesteuerter Abwägung und das Potential der wissenschaftlichen Politikberatung* (S. XXVI, 541 Seiten). Mohr Siebeck.

Hartlieb, J., & Kitzmüller, K. (2021). Erneuerbare-Energie-Gemeinschaften: Zivilrechtliche Stolpersteine und regulatorische Rahmenbedingungen. *Recht der Umwelt – Beilage Umwelt und Technik* (5), 56–61.

Hatje, A. (2009). Wirtschaftsverfassung im Binnenmarkt. In A. von Bogdandy & J. Bast (Hrsg.), *Europäisches Verfassungsrecht: Theoretische und dogmatische Grundzüge* (2. Aufl., S. 801–853). Springer. https://link.springer.com/book/10.1007/978-3-540-73810-7?page=2#toc

Hattenberger, D. (1993). *Der Umweltschutz als Staatsaufgabe. Möglichkeiten und Grenzen einer verfassungsrechtlichen Verankerung des Umweltschutzes* (Bd. 101). Springer.

Hattinger, N. (2019, Februar 23). Diesel-Fahrverbote – Dürfen die das? *Wiener Zeitung*. https://www.wienerzeitung.at/meinung/gastkommentare/1019147-Diesel-Fahrverbote-duerfen-die-das.html

Hatton ua gegen Vereinigtes Königreich, Nr. 36022/97 (EGMR 8. Juli 2003). https://hudoc.echr.coe.int/fre?i=001-61188

Häusler, K. (2021a). Raumentwicklung und Bodenschutz in den jüngsten Novellen der Landesgesetzgeber (Teil I). Vom großen Ganzen, kleinen Schritten und (neuen) Spannungsfeldern. *Recht der Umwelt* (3), 117–122.

Häusler, K. (2021b). Raumentwicklung und Bodenschutz in den jüngsten Novellen der Landesgesetzgeber (Teil II): Vom großen Ganzen, kleinen Schritten und (neuen) Spannungsfeldern. *Recht der Umwelt* (4), 161–168.

Head, B. W. (2016). Toward More "Evidence-Informed" Policy Making? *Public Administration Review, 76*(3), 472–484. https://doi.org/10.1111/puar.12475

Heinrichs, H. (2005). Herausforderung Nachhaltigkeit: Transformation durch Partizipation? In P. H. Feindt & J. Newig (Hrsg.), *Partizipation, Öffentlichkeitsbeteiligung, Nachhaltigkeit: Perspektiven der Ökonomie* (S. 43–64). Metropolis. https://www.metropolis-verlag.de/Partizipation,-Oeffentlichkeitsbeteiligung,-Nachhaltigkeit/517/book.do

Heinrichs, H., Kuhn, K., & Newig, J. (Hrsg.). (2011). *Nachhaltige Gesellschaft: Welche Rolle für Partizipation und Kooperation?* (1. Aufl.). VS Verlag für Sozialwissenschaften.

Heinz, R., & Sydow, J. (2021). *Über die Notwendigkeit und Wirkung umweltbezogener Sorgfaltspflichten*. https://www.germanwatch.org/sites/default/files/Diskussionspapier%20umweltbezogene%20Sorgfaltspflichten_3.pdf

Higgins, P., Short, D., & South, N. (2013). Protecting the planet: A proposal for a law of ecocide. *Crime, Law and Social Change, 59*(3), 251–266. https://doi.org/10.1007/s10611-013-9413-6

Hochreiter, W. (2019). Standortentwicklungsgesetz die Zweite – Mehr als Symbolik? Rechtspolitische Anmerkungen. *Recht der Umwelt*, (2), 52–65.

Hofer, M. (2021). *Die staatliche Verantwortung für den Umwelt- und Klimaschutz*. Karl-Franzens-Universität Graz.

Hofmann, E. (2020). Klimawandel – Perspektiven eines zukünftigen Umweltrechts. *Zeitschrift für Europäisches Umwelt- und Planungsrecht, 18*(4), 394–410.

Hollaus, B. (2019). Was lange währt wird endlich gut? Zur dezentralen Umsetzung der Aarhus Konvention in Österreich. *Zeitschrift für Europäisches Umwelt- und Planungsrecht, 17*(2), 169–184.

Hollaus, B. (2021). Naturschutzgesetze der Länder. In D. Altenburger (Hrsg.), *Kommentar zum Umweltrecht: Band 2* (2. Aufl., S. 535–602). https://shop.lexisnexis.at/kommentar-zum-umweltrecht-band-2-9783700776048.html

Holoubek, M. (1997). Verfassungsrechtlicher Vertrauensschutz gegenüber dem Gesetzgeber. In R. Machacek, W. Pahr, & G. Stadler (Hrsg.), *Grund- und Menschenrechte in Österreich, Band III: Wesen und Werte* (S. 795). N.P. Engel.

Holoubek, M., & Segalla, P. (2002). Daseinsvorsorge in Österreich. In R. Hrbek & M. Nettesheim (Hrsg.), *Europäische Union und mitgliedstaatliche Daseinsvorsorge* (Bd. 25, S. 199). Nomos. https://www.nomos-shop.de/nomos/titel/europaeische-union-und-mitgliedstaatliche-daseinsvorsorge-id-92890/

Holzleitner, M.-T., & Veseli, A. (2021). Stellungnahme zum Erneuerbaren-Ausbau-Gesetzespaket – EAG-Paket. *Nachhaltigkeitsrecht, 1*(1), 121–123. https://doi.org/10.33196/nr202101012101

Horner, R. (2021). EuGH bestätigt EuG-Entscheidung und weist People's Climate Case aufgrund mangelnder Aktivlegitimation zurück. *Nachhaltigkeitsrecht, 1*(4), 459–463. https://doi.org/10.33196/nr202104045901

Horvath, T. (2009). Die geplante Neuordnung des Klimaschutzrechts. Die Änderungen laut Entwurf des BMLFUW im Überblick. *Recht & Finanzen für Gemeinden* (1), 39–46.

Horvath, T. (2014). *Klimaschutz und Kompetenzverteilung.* Jan Sramek. https://www.jan-sramek-verlag.at/Buchdetails.399.1.html?buchID=187&cHash=ddfb8ab13e

Huber-Medek, K. (2020). Unterschriftenliste mit Parteistellung. Die Bürgerinitiative im UVP-Verfahren. In E. Furherr (Hrsg.), *Umweltverfahren und Standortpolitik: Neue Wege zur Genehmigung* (1. Aufl., S. 57–66). Facultas.

Human Rights Council. (2021). *Resolution adopted by the Human Rights Council on 8 October 2021.* https://documents-dds-ny.un.org/doc/UNDOC/GEN/G21/289/50/PDF/G2128950.pdf?OpenElement

IIBW – Institut für Immobilien, Bauen und Wohnen GmbH. (2008). *Kompetenzgefüge im österreichischen Wohnungswesen* (Wirtschaftsministerium, Hrsg.). http://iibw.at/documents/2008%20IIBW.%20Kompetenzgefuege%20Wohnungswesen.pdf

Im Namen der Natur. (2021). Rechte der Natur. Das Volksbegehren – Bayern. *Im Namen der Natur.* https://gibdernaturrecht.muc-mib.de/vb_bayern

Initiative Lieferkettengesetz. (2021). *Initiative Lieferkettengesetz.* Initiative Lieferkettengesetz. https://lieferkettengesetz.de/

International Institute for Sustainable Development. (2021). *Investor-State Disputes in the Fossil Fuel Industry* (IISD Report). https://www.iisd.org/system/files/2022-01/investor%E2%80%93state-disputes-fossil-fuel-industry.pdf

International Peace Information Service (IPIS). (2014). *The Adverse Human Rights Risks and Impacts of European Companies: Getting a glimpse of the picture.* https://ipisresearch.be/publication/adverse-human-rights-risks-impacts-european-companies-getting-glimpse-picture-2/

Investigate Europe. (2021, Februar 23). Explainer: How the Energy Charter Treaty works. *Investigate Europe.* https://www.investigate-europe.eu/en/2021/the-energy-charter-treaty-how-it-works/

IPCC. (2021). Summary for Policymakers. In V. Masson-Delmotte, P. Zhai, A. Pirani, S. L. Connors, C. Péan, S. Berger, N. Chaud, Y. Chen, L. Goldfarb, M. I. Gomis, M. Huang, K. Leitzell, E. Lonnoy, J. B. R. Matthews, T. Waterfield, O. Yelekçi, R. Yu, & B. Zhou (Hrsg.), *Climate Change 2021: The Physical Science Basis. Contribution of Working Group I to the Sixth Assessment Report of the Intergovernmental Panel on Climate Change* (In Press). Cambridge University Press. https://www.ipcc.ch/report/ar6/wg1/downloads/report/IPCC_AR6_WGI_Full_Report_smaller.pdf

Janik, R. (2021). Malaysia legt bei der WTO Beschwerde gegen EU-Palmölmaßnahmen ein. *Nachhaltigkeitsrecht, 1*(3), 339–342. https://doi.org/10.33196/nr202103033901

Jiricka-Pürrer, A., Czachs, C., Formayer, H., Wachter, T. F., Margelik, E., Leitner, M., & Fischer, T. B. (2018). Climate change adaptation and EIA in Austria and Germany – Current consideration and potential future entry points. *Environmental Impact Assessment Review, 71,* 26–40. https://doi.org/10.1016/j.eiar.2018.04.002

Kahl, A. (2012). Die Metamorphose der kommunalen Daseinsvorsorge unter dem Einfluss des EU-Rechts. In A. Kahl (Hrsg.), *Offen in eine gemeinsame Zukunft: Festschrift 50 Jahre Gemeindeverfassungsnovelle* (S. 161–190). Manz.

Kahl, A., & Müller, T. (2009). Fünf Jahre nach Altmark – Was bleib von den „Daseinsvorsorge-Kriterien"? In T. Jäger (Hrsg.), *Beihilferecht. Jahrbuch 2009* (S. 351–364). European Academic Press, Neuer Wissenschaftlicher Verlag.

Kahl, A., & Müller, T. (2012). Die aktuelle DAWI-Debatte. In T. Jaeger & B. Haslinger (Hrsg.), *Jahrbuch Beihilfenrecht* (S. 455).

Kahl, A., & Müller, T. (2015). *Gemeinden und Länder im Binnenmarkt: Politische Handlungsspielräume in der EU-Wirtschaftsverfassung.* Verlag Österreich. https://www.verlagoesterreich.at/gemeinden-und-laender-im-binnenmarkt/99.105005-9783704667694

Kahl, W. (2021). Klimaschutz und Grundrechte. *JURA – Juristische Ausbildung, 43*(2), 117–129. https://doi.org/10.1515/jura-2020-2727

Kanonier, A. (2019). Studie Stärkung der Stadt- und Ortskerne in den Landesmaterien. In Österreichische Raumordnungskonferenz (Hrsg.), *Stärkung von Orts- und Stadtkernen in Österreich – Materialienband* (Bd. 205, S. 82–126). Geschäftsstelle der Österreichischen Raumordnungskonferenz (ÖROK).

Kanonier, A., & Schindelegger, A. (2018). Planungsinstrumente. In Österreichische Raumordnungskonferenz (Hrsg.), *Raumordnung in Österreich und Bezüge zur Raumentwicklung und Regionalpolitik* (Bd. 202, S. 76–123). Geschäftsstelle der Österreichischen Raumordnungskonferenz (ÖROK).

Karimi-Schmidt, Y. (2018). Internationales Klimaschutzrecht nach dem UN-Klimagipfel in Paris 2015. In G. Kirchengast, E. Schulev-Steindl, & G. Schnedl (Hrsg.), *Klimaschutzrecht zwischen Wunsch und Wirklichkeit* (1. Aufl., Bd. 112, S. 53–76). Böhlau.

Karlsson-Vinkhuyzen, S. I., Groff, M., Tamás, P. A., Dahl, A. L., Harder, M., & Hassall, G. (2018). Entry into force and then? The Paris agreement and state accountability. *Climate Policy, 18*(5), 593–599. https://doi.org/10.1080/14693062.2017.1331904

Katalan, T., & Reitinger, M. S. (2021). Die Ökostrom-Förderung nach dem Erneuerbaren-Ausbau-Gesetzespaket. *Recht & Finanzen für Gemeinden* (3), 118–126.

Kauffman, C. M., & Martin, P. L. (2021). *The Politics of Rights of Nature: Strategies for Building a More Sustainable Future.* MIT Press.

Kelsey, J. (2019, Oktober 2). UNCITRAL Working Group III: Promoting alternatives to investor-state arbitration as ISDS reform. *Investment Treaty News.* https://mainwebsite-1470244667.us-west-2.elb.amazonaws.com/itn/en/2019/10/02/uncitral-working-group-iii-promoting-alternatives-to-investor-state-arbitration-as-isds-reform-jane-kelsey/

Kersten, J. (2017). Who Needs Rights of Nature? [Application/pdf]. In A. L. Tabios Hillebrecht & M. V. Berros (Hrsg.), *Can Nature Have Rights? Legal and Political Insights* (S. 9–13). Rachel Carson Center for Environment and Society, Munich, Germany. http://www.environmentandsociety.org/node/8209/

Kirchengast, G., Kromp-Kolb, H., Steininger, K., Stagl, S., Kirchner, M., Ambach, C., Grohs, J., Gutsohn, A., Peisker, J., & Strunk, B. (2019). *Referenzplan als Grundlage für einen wissenschaftlich fundierten und mit den Pariser Klimazielen in Einklang stehenden Nationalen Energie- und Klimaplan für Österreich (Ref-NEKP) – Vision 2050 und Umsetzungspfade: Österreich im Einklang mit den Pariser Klimazielen und der Weg dorthin.* Österreichische Akademie der Wissenschaften (ÖAK).

Kirchengast, G., Madner, V., Schulev-Steindl, E., Steininger, K., Hofer, M., & Hollaus, B. (2020). VwGH zur „Dritten Piste": „Cruise-Emissionen" im UVP-Verfahren trotz Relevanz des Klimaschutzes nicht zurechenbar. *Recht der Umwelt* (2), 72–78.

Kirchengast, G., & Steininger, K. (2020). *Wegener Center Statement 9.10.2020 – Ein Update zum Ref-NEKP der Wissenschaft: Treibhausgasbudget für Österreich auf dem Weg zur Klimaneutralität 2040.* https://wegcwww.uni-graz.at/publ/downloads/RefNEKP-TreibhausgasbudgetUpdate_WEGC-Statement_Okt2020.pdf

Kirchner, M., Sommer, M., Kettner-Marx, C., Kletzan-Slamanig, D., Köberl, K., & Kratena, K. (2018). *CO2 tax scenarios for Austria Impacts on household income groups, CO2 emissions, and the economy* (Österreichisches Institut für Wirtschaftsforschung, Hrsg.). https://www.wifo.ac.at/publikationen/working_papers?detail-view=yes&publikation_id=60975

Klamert, M. (2015). Altes und Neues zur Harmonisierung im Binnenmarkt. *Europäische Zeitschrift für Wirtschaftsrecht, 26*(7), 265–268.

Klaushofer, R. (2012). Raumordnungsrecht. In E. Pürgy (Hrsg.), *Das Recht der Länder: Band II/2* (S. 827–865). Sramek.

Kletzan-Slamanig, D., & Köppl, A. (2016). Umweltschädliche Subventionen in den Bereichen Energie und Verkehr. *WIFO-Monatsberichte, 89(8)*, 605–615.

Klima, E. (2016). *Klimaschutz und Gebäudebestand: Rechtliche Instrumente zur Verfolgung von energiebezogenen Zielsetzungen.*

Klima- und Energiefonds. (2022). *120 Klima- und Energie-Modellregionen (KEM) in 1060 Gemeinden setzen Klimaschutzprojekte um.* klimaundenergiemodellregionen.at

Klimabonusgesetz, BGBl I 11/2022 (2022). https://www.ris.bka.gv.at/GeltendeFassung.wxe?Abfrage=Bundesnormen&Gesetzesnummer=20011819&FassungVom=2022-07-01

Klimscha, F., & Lehner, M. (2021). EU-Taxonomie. *Nachhaltigkeitsrecht, 1*(3), 302–313. https://doi.org/10.33196/nr202103030201

Klinger, R. (2020). Klagerechte zur Durchsetzung des Bundes-Klimaschutzgesetzes. *Zeitschrift für Umweltrecht, 31*(5), 259–262.

Klinger, R., Krajewski, M., Krebs, D., & Hartmann, C. (2016). *Verankerung menschenrechtlicher Sorgfaltspflichten von Unternehmen im deutschen Recht: Gutachten.* Amnesty International.

Klinski, S. (2015). Klimaschutz versus Kohlekraftwerke – Spielräume für gezielte Rechtsinstrumente. *Neue Zeitschrift für Verwaltungsrecht, 34*(21), 1473–1480.

Kloepfer, M. (1978). *Zum Grundrecht auf Umweltschutz* (Bd. 56). De Gruyter.

Kneihs, B. (2009). Anlagengenehmigungsverfahren als Dauerthema von Reformen – Zwischenbilanz Österreich. In F. Merli & S. Greimel (Hrsg.), *Optimierungspotentiale bei Behördenverfahren: Das Beispiel Anlagengenehmigungen* (S. 15–28).

Knox, J. H. (2009). Linking Human Rights and Climate Change at the United Nations. *Harvard Environmental Law Review, 33*, 477–498.

Kopetz, H. (2020). Ökosozialer Steuerumbau in Österreich – Unverzichtbar zur Erreichung der Ziele des Pariser Abkommens. In G. Kirchengast, G. Schnedl, E. Schulev-Steindl, & K. Steininger (Hrsg.), *CO2- und Umweltsteuer. Wege zu einer umwelt-, sozial- und wirtschaftsgerechten Steuerreform* (Bd. 116, S. 122–136). Böhlau Verlag.

Kosa, E. S. (2020). Das Übereinkommen von Paris zum Klimaschutz: Einbindung und Rolle nicht-staatlicher Akteure. *Zeitschrift für Europäisches Umwelt- und Planungsrecht, 18*(1), 17–25.

Kotzé, L. J. (2016). *Global Environmental Constitutionalism in the Anthropocene* (1. Aufl.). Hart Publishing. https://www.bloomsbury.com/uk/global-environmental-constitutionalism-in-the-anthropocene-9781509907588/

Kotzé, L. J., & Kim, R. E. (2020). Exploring the Analytical, Normative and Transformative Dimensions of Earth System Law. *Environmental Policy and Law, 50*(6), 457–470. https://doi.org/10.3233/EPL-201055

Krajewski, M. (2011). *Grundstrukturen des Rechts öffentlicher Dienstleistungen.* Springer. https://link.springer.com/book/10.1007/978-3-642-16855-0?page=1#toc

Krajewski, M. (2021a). *Stellungnahme zum Gesetzentwurf der Fraktion der FDP „Entwurf eines Gesetzes zum umfassenden Wirtschafts- und Handelsabkommen (CETA) vom 30. Oktober 2016 zwischen Kanada einerseits und der Europäischen Union und ihren Mitgliedstaaten andererseits".* https://www.bundestag.de/resource/blob/816664/11b27363b0a358ae5aac744260ca0c21/19-9-925_Stellungnahme_Krajewski-data.pdf

Krajewski, M. (2021b). *Wirtschaftsvölkerrecht* (5. Aufl.). C.F. Müller. https://www.beck-shop.de/krajewski-start-rechtsgebiet-wirtschaftsvoelkerrecht/product/32420624

Kreuter-Kirchhof, C. (2017). Klimaschutz durch Emissionshandel? Die jüngste Reform des europäischen Emissionshandelssystems. *Europäische Zeitschrift für Wirtschaftsrecht, 28*(11), 412–418.

Krömer, M. (2021). Mit Recht gegen das Rechtsschutzdefizit im Klimaschutz. *Nachhaltigkeitsrecht, 1*(2), 178–184. https://doi.org/10.33196/nr202102017801

Krömer, M., Wagner, E. M., Bergthaler, W., & Grabmair, L. (2021). *Eigenrechtsfähigkeit der Natur* (S. 150). https://www.ooe-umweltanwaltschaft.at/Mediendateien/1Eigenrecht_NaturHP.pdf

Kube, V., & Petersmann, E.-U. (2018). Human Rights Law in International Investment Arbitration. In A. Gattini, A. Tanzi, & F. Fontanelli (Hrsg.), *General Principles of Law and International Investment Arbitration* (1. Aufl., Bd. 12, S. 221–268). Brill, Nijhoff. https://brill.com/view/book/edcoll/9789004368385/BP000016.xml

Kubeczko, K., Wang, A., Schmidt, R.-R., Friedl, W., Biegelbauer, P., Veseli, A., Moser, S., Steinmüller, H., Madner, V., & Wolfsgruber, K. (2020). *F.R.E.SCH. Freiraum für Regulatorisches Experimentieren Schaffen (Projektendbericht)* (S. 88). BMK, FFG. https://www.bmk.gv.at/themen/klima_umwelt/energiewende/energiefreiraum/endbericht.html

Kulovesi, K. (2013). Climate Change and Trade: At the Intersection of Two International Legal Regimes. In E. J. Hollo, K. Kulovesi, & M. Mehling (Hrsg.), *Climate Change and the Law* (Bd. 21, S. 419–445). Springer. https://link.springer.com/book/10.1007/978-94-007-5440-9?page=2#toc

Kulovesi, K., & Oberthür, S. (2020). Assessing the EU's 2030 Climate and Energy Policy Framework: Incremental change toward radical transformation? *Review of European, Comparative & International Environmental Law, 29*(2), 151–166. https://doi.org/10.1111/reel.12358

Lachmayer, K. (2016). Der Schutz zukünftiger Generationen in Österreich. Möglichkeiten der Institutionalisierung. *Recht der Umwelt* (4), 137–142.

Laimgruber, M. (2021). Anlagenrechtliche Implikationen des neuen EAG-Regimes. *Recht der Umwelt – Beilage Umwelt und Technik* (5), 67–72.

Lawrence, P., & Wong, D. (2017). Soft law in the Paris Climate Agreement: Strength or weakness? *Review of European, Comparative & International Environmental Law, 26*(3), 276–286. https://doi.org/10.1111/reel.12210

Leggewie, C. (2014). Wie viel Klimawandel erträgt die Demokratie? (Und wie viel Demokratie erlaubt der Klimaschutz?). In I. Härtel (Hrsg.), *Nachhaltigkeit, Energiewende, Klimawandel, Welternährung – Politische und rechtliche Herausforderungen des 21. Jahrhunderts* (1. Aufl., Bd. 1, S. 321–337). Nomos.

Leitl-Staudinger, B. (2018). BürgerInnenpartizipation im Verwaltungsverfahren. In K. Pabel (Hrsg.), *50 Jahre JKU. Eine Vortragsreihe der Rechtswissenschaftlichen Fakultät* (S. 157–164). Verlag Österreich.

Lindner, B., & Weigel, G. (2019). Forstgesetz. In D. Altenburger (Hrsg.), *Kommentar zum Umweltrecht: Band 1* (2. Aufl., S. 151–200). https://shop.lexisnexis.at/kommentar-zum-umweltrecht-band-2-9783700776048.html

LOI n° 2021-1104 du 22 août 2021 portant lutte contre le dérèglement climatique et renforcement de la résilience face à ses effets, 2021-1104 (2021).

Lueger, P. (2020). Recht auf Umweltschutz und Recht der Umwelt auf Schutz. Ansätze zur rechtlichen Sicherstellung einer langfristig intakten Umwelt. *juridikum, 2*, 260–269. https://doi.org/10.33196/juridikum202002026001

Lutz-Bachmann, S. (2021). BVerfG: Investitionsvertrauensschutz im deutschen Energierecht. *Nachhaltigkeitsrecht, 1*(2), 223–231. https://doi.org/10.33196/nr202102022301

Mace, M. J. (2016). Mitigation Commitments under the Paris Agreement and the Way Forward. *Climate Law, 6*(1–2), 21–39.

Madner, V. (2005). Europäisches Umweltrecht. In Institut für Umweltrecht & Österreichischer Wasser- und Abfallwirtschaftsverband (Hrsg.), *Jahrbuch des österreichischen und europäischen Umweltrechts 2005* (1. Aufl., Bd. 16, S. 1–21). Wien.

Madner, V. (2007). Umsetzung und Anwendung des europäischen Umweltrechts in Österreich. Eine Bestandsaufnahme. In A. Wagner & V. Wedl (Hrsg.), *Bilanz und Perspektiven zum europäischen Recht. Eine Nachdenkschrift anlässlich 50 Jahre Römische Verträge* (1. Aufl., S. 385–401). ÖGB Verlag.

Madner, V. (2009). Umweltverträglichkeitsprüfung. In Merli, Franz & Greimel, Stefan (Hrsg.), *Optimierungspotentiale bei Behördenverfahren. Das Beispiel Anlagengenehmigung* (S. 79–98). Linde. https://shop.lexisnexis.at/optimierungspotentiale-bei-behoerdenverfahren-9783707314014.html

Madner, V. (2010). Wirtschaftsverfassung und Bundesstaat – Staatliche Kompetenzverteilung und Gemeinschaftsrecht. In S. Griller, B. Kneihs, V. Madner, & M. Potacs (Hrsg.), *Wirtschaftsverfassung und Binnenmarkt: Festschrift für Heinz-Peter Rill zum 70. Geburtstag* (1. Aufl., S. 137–159). Springer.

Madner, V. (2015a). Europäisches Klimaschutzrecht. Vom Zusammentreffen von „alten" und „neuen" Instrumenten im Umweltrecht. *Zeitschrift für Verwaltung* (1), 201–209.

Madner, V. (2015b). Öffentlichkeitsbeteiligung und Verwaltung: Instrumente der Öffentlichkeitsbeteiligung – Vielfalt, Funktionen, Grenzen. In R. Müller (Hrsg.), *Demokratie – Zustand und Perspektiven. Gedenkschrift Rudolf Machacek* (Bd. 44, S. 227–242). Linde. https://www.lindeverlag.at/buch/demokratie-zustand-und-perspektiven-6165

Madner, V. (2019a). Artikel 37. In M. Holoubek & G. Lienbacher (Hrsg.), *Charta der Grundrechte der Europäischen Union: GRC-Kommentar* (2. Aufl., S. 655–668). Manz.

Madner, V. (2019b). Umweltverträglichkeitsprüfung. In M. Holoubek & M. Potacs (Hrsg.), *Öffentliches Wirtschaftsrecht, Band 1 und 2* (4. Aufl., S. 1213–1282). Verlag Österreich.

Madner, V. (2022). Europäisierung der Wirtschaftsverfassung. In M. Holoubek, A. Kahl, & S. Schwarzer (Hrsg.), *Wirtschaftsverfassungsrecht* (1. Aufl.). Verlag Österreich. https://shop.lexisnexis.at/wirtschaftsverfassungsrecht-9783704688507.html

Madner, V., & Grob, L.-M. (2019a). *Maßnahmen zur Stärkung von Orts- und Stadtkernen auf Bundesebene* (Nr. 205; ÖROK-Schriftenreihe, S. 41–80). https://www.oerok.gv.at/fileadmin/user_upload/Bilder/2.Reiter-Raum_u._Region/1.OEREK/OEREK_2011/PS_Orts_Stadtkerne/Studie_Massnahmen_auf_Bundesebene_Schriftenreihe_205.pdf

Madner, V., & Grob, L.-M. (2019b). Potentiale der Raumplanung für eine klimafreundliche Mobilität. *juridikum* (4), 521–532. https://doi.org/10.33196/juridikum201904052101

Madner, V., & Parapatics, K. (2016). Raumordnungsrecht als Instrument der Klima- und Energiepolitik. *Österreichische Zeitschrift für Wirtschaftsrecht*, 4, 130–139.

Madner, V., & Schulev-Steindl, E. (2017). Dritte Piste – Klimaschutz als Willkür? *Zeitschrift für öffentliches Recht*, 72(3), 589–601.

Markus, T. (2016). Die Problemwirksamkeit des internationalen Klimaschutzrechts – Ein Beitrag zur Diskussion um die Effektuierung völkerrechtlicher Verträge. *Zeitschrift für für ausländisches öffentliches Recht und Völkerrecht*, 76, 715–752.

Markus, T., & Köck, W. (2020). Der europäische „Green Deal" – Auf dem Weg zu einem EU-„Klimagesetz". *Zeitschrift für Umweltrecht*, 31(5), 257–259.

Mavroidis, P. C., & Neven, D. J. (2019). Greening the WTO Environmental Goods Agreement, Tariff Concessions, and Policy Likeness. *Journal of International Economic Law*, 22(3), 373–388. https://doi.org/10.1093/jiel/jgz018

Mayer, B. (2018a). Obligations of conduct in the international law on climate change: A defence. *Review of European, Comparative & International Environmental Law*, 27(2), 130–140. https://doi.org/10.1111/reel.12237

Mayer, B. (2018b). International Law Obligations Arising in relation to Nationally Determined Contributions. *Transnational Environmental Law*, 7(2), 251–275. https://doi.org/10.1017/S2047102518000110

Mayer, H. (1982). Ein „Umweltanwalt" im österreichischen Recht? *Juristische Blätter* (5–6), 113–120.

Mayer, J., Dugan, A., Bachner, G., & Steininger, K. W. (2021). Is carbon pricing regressive? Insights from a recursive-dynamic CGE analysis with heterogeneous households for Austria. *Energy Economics*, 104, 105661. https://doi.org/10.1016/j.eneco.2021.105661

Mayr, S. (2016). Same same but different? Öffentliche Dienstleistungen und das neue Investment Court System der EU. *juridikum*, 2, 231–239.

Mayr, S. (2018). *Rechtsfragen der Rekommunalisierung: Wirtschaftsverfassung, Binnenmarkt, Freihandel* (Bd. 183). Verlag Österreich. https://elibrary.verlagoesterreich.at/book/99.105005/9783704681720

Mayr, S., Hollaus, B., & Madner, V. (2021). Palm oil, the RED II and WTO law: EU sustainable biofuel policy tangled up in green? *Review of European, Comparative & International Environmental Law*, 30(2), 233–248. https://doi.org/10.1111/reel.12386

McBrearty, S. (2016). The Proposed Business and Human Rights Treaty: Four Challenges and an Opportunity. *Harvard International Law Journal*, 57, 11–14.

McDonnell, A., Ackermann, T., Azoulai, L., Cremona, M., Dougan, M., Hillion, C., Monti, G., Shuibhne, N. N., Smulders, B., & van den Bogaert, S. (Hrsg.). (2021). Editorial Comments. The European Climate Law: Making The Social Market Economy Fit For 55? *Common Market Law Review*, 58(5), 1321–1340.

Mehling, M. A., Asselt, H. van, Das, K., Droege, S., & Verkuijl, C. (2019). Designing Border Carbon Adjustments for Enhanced Climate Action. *American Journal of International Law*, 113(3), 433–481. https://doi.org/10.1017/ajil.2019.22

Meickmann, T. V. (2021). Tax Policy and Climate Change – Steuerpolitik und Klimawandel. *Nachhaltigkeitsrecht*, 1(2), 242–244. https://doi.org/10.33196/nr202102024201

Merkel, T. (2020). Rechtliche Fragen einer Carbon Border Tax – Überlegungen zur Umsetzbarkeit im Lichte des Welthandelsrechts. *Zeitschrift für Umweltrecht*, 31(12), 658–666.

Merli, F. (2017). Ein seltsamer Fall von Willkür: Die VfGH-Entscheidung zur dritten Piste des Flughafens Wien. *Wirtschaftsrechtliche Blätter*, 31(12), 682–686.

Meßerschmidt, K. (2010). *Europäisches Umweltrecht* (1. Aufl.). C.H. Beck. https://shop.manz.at/shop/products/9783406598784

Meßerschmidt, K. (2021). Der Karlsruher Klimaschutzbeschluss – Kein Vorbild! *Österreichische Zeitschrift für Wirtschaftsrecht* (3), 109–120.

Mex M. gegen Österreich, (EGMR anhängig). https://klimaklage.fridaysforfuture.at/en

Meyer, M. (1993). *Grundrecht auf Gesundheit: Schutz vor umweltvermittelten Gesundheitsbeeinträchtigungen*. Manz.

Meyer, M. (2003). Die Landesumweltanwaltschaften. *Recht der Umwelt* (1), 4.

Meyer, M. (2009). Schwachstellen und Verbesserungsmöglichkeiten aus der Sicht von Nachbarn und Nachbarinnen und von Bürgerinitiativen. In F. Merli & S. Greimel (Hrsg.), *Optimierungspotentiale bei Behördenverfahren: Das Beispiel Anlagengenehmigungen* (S. 69–78).

Meyer, M. (2018). Der Bürgerinitiativenfonds der Grünen im Parlament. In *Das österreichische Jahrbuch für Politik 2017* (S. 309).

Meyer, M. (2019). Bürgerinitiativen und Umweltorganisationen im UVP-Verfahren. *juridikum*, 1, 96–102.

Meyer, S. (2020). Grundrechtsschutz in Sachen Klimawandel? *Neue Juristische Wochenschrift*, 73(13), 894–900.

Mitterer, K. (2011). *Der aufgabenorientierte Gemeinde-Finanzausgleich. Diskussionspapier zum Österreichischen Städtetag 2011 Arbeitskreis Aufgabenorientierung im Finanzausgleich* (KDZ Zentrum für Verwaltungsforschung, Hrsg.). https://www.kdz.eu/de/wissen/studien/der-aufgabenorientierte-gemeinde-finanzausgleich

Monti, A., & Romera, B. M. (2020). Fifty shades of binding: Appraising the enforcement toolkit for the EU's 2030 renewable energy targets. *Review of European, Comparative & International Environmental Law*, 29(2), 221–231. https://doi.org/10.1111/reel.12330

Moreno, C., Chassé Speich, D., & Fuhr, L. (2016). *CO2 als Maß aller Dinge – Die unheimliche Macht von Zahlen in der globalen Umweltpolitik* (Heinrich-Böll-Stiftung, Hrsg.; Bd. 42). https://www.boell.de/sites/default/files/2016-6-co2-als-mass-aller-dinge.pdf

Mormann, F. (2021). Of Markets and Subsidies: Counter-intuitive Trends for Clean Energy Policy in the European Union and the United States. *Transnational Environmental Law*, 10(2), 321–337. https://doi.org/10.1017/S2047102520000394

Mosshammer, L. (2021, Oktober 6). Ein niedriger CO2-Preis kommt allen teuer. *derstandard.at*. https://www.derstandard.at/story/2000130200775/ein-niedriger-co2-preis-kommt-allen-teuer

Müller, T. (2014). *Wettbewerb und Unionsverfassung* (1. Aufl., Bd. 233). Mohr Siebeck.

Müller, T., & Wimmer, N. (2018). *Wirtschaftsrecht: International – Europäisch – National* (3. Aufl.). Verlag Österreich.

Müllerová, H. (2015). Environment Playing Short-handed: Margin of Appreciation in Environmental Jurisprudence of the European Court of Human Rights. *Review of European Comparative & International Environmental Law*, 24(1), 83–92. https://doi.org/10.1111/reel.12101

Narlikar, A. (2020, Januar 17). Reforming the World Trade Organization. *Heinrich-Böll-Stiftung*. https://www.boell.de/en/2020/01/17/reforming-world-trade-organization

Narlikar, A., & van Houten, P. (2010). Know the enemy: Uncertainty and deadlock in the WTO. In A. Narlikar (Hrsg.), *Deadlocks in Multilateral Negotiations: Causes and Solutions* (S. 142–163). Cambridge University Press. https://doi.org/10.1017/CBO9780511804809.007

Nationales Emissionszertifikatehandelsgesetz 2022, BGBl I 10/2022 (2022). https://www.ris.bka.gv.at/GeltendeFassung.wxe?Abfrage=Bundesnormen&Gesetzesnummer=20011818&FassungVom=2022-07-01

Nationalrat. (2021a). *Entschließung des Nationalrates vom 26. März 2021 betreffend Maßnahmen im Zusammenhang mit dem Klimavolksbegehren*. https://www.parlament.gv.at/PAKT/VHG/XXVII/E/E_00160/index.shtml

Nationalrat. (2021b). *Entschließung des Nationalrates vom 26. März 2021 betreffend Maßnahmen im Zusammenhang mit dem Klimavolksbegehren 160/E XXVII. GP*. https://www.parlament.gv.at/PAKT/VHG/XXVII/E/E_00160/index.shtml

Neger, T. (2009). 10 Jahre Aarhus-Konvention: Defizite bei der Umsetzung in das österreichische Recht. *Recht der Umwelt* (4), 112–117.

Neumayer, E. (2017). *Greening Trade and Investment: Environmental Protection Without Protectionism*. Routledge. https://doi.org/10.4324/9781315093383

Newig, J., Kuhn, K., & Heinrichs, H. (2011). Nachhaltige Entwicklung durch gesellschaftliche Partizipation und Kooperation? – Eine kritische Revision zentraler Theorien und Konzepte. In H. Heinrichs, K. Kuhn, & J. Newig (Hrsg.), *Nachhaltige Gesellschaft: Welche Rolle für Partizipation und Kooperation?* (S. 27–45). VS Verlag für Sozialwissenschaften. https://doi.org/10.1007/978-3-531-93020-6_3

Niederhuber, M. (2016). Erweiterte Beschwerderechte für Projektgegner: Anmerkungen zum Präklusionsurteil des EuGH C-137/14, Kommission/Deutschland. *Österreichische Zeitschrift für Wirtschaftsrecht*, 2, 72–77.

Nigmatullin, E. (2021). Unions- und verfassungsrechtliche Überlegungen zur Marktprämienförderung bei Energiegemeinschaften. *Recht der Umwelt – Beilage Umwelt und Technik* (5), 62–67.

Nolan, A., & Doyle, K. R. (2015). *Constitutional Inquiries: The Doctrine of Constitutional Avoidance and the Political Question Doctrine* (K. R. Doyle, Hrsg.). Nova Science Publishers. https://web.p.ebscohost.com/ehost/detail/detail?vid=0&sid=7968da84-b652-45b9-bdc8-7be3dbfadbab%40redis&bdata=JnNpdGU9ZWhvc3QtbGl2ZQ%3d%3d#AN=1023412&db=nlebk

Oberthür, S., & Bodle, R. (2016). Legal Form and Nature of the Paris Outcome. *Climate Law*, 6(1–2), 46–57.

Oexle, A., & Lammers, T. (2020). Klimapolitik vor den Verwaltungsgerichten – Herausforderungen der „climate change litigation". *Neue Zeitschrift für Verwaltungsrecht*, 39(23), 1723–1727.

Omuko-Jung, L. (2020). Designing Carbon Added Tax within the World Trade Organisation and European Union Legal Systems. In G. Kirchengast, G. Schnedl, E. Schulev-Steindl, & K. Steininger (Hrsg.), *CO2- und Umweltsteuern: Wege zu einer umwelt-, sozial- und wirtschaftsgerechten Steuerreform* (1. Aufl., Bd. 116, S. 139–170). Böhlau. https://www.vr-elibrary.de/doi/book/10.7767/9783205211013

Onz, C. (2015). Praxis der Bürgerbeteiligung in Großverfahren. In R. Müller (Hrsg.), *Demokratie – Zustand und Perspektiven. Gedenkschrift Rudolf Machacek* (Bd. 44, S. 262–275). Linde.

Orator, A. (2021). Schadenersatz für Abweichungen vom Klimazielpfad: Erfolg für die französische Klimaklage „L'Affaire du Siècle". *Nachhaltigkeitsrecht*, 1(2), 238–241. https://doi.org/10.33196/nr202102023801

Orbie, J. (2021). EU Trade Policy Meets Geopolitics: What About Trade Justice? *European Foreign Affairs Review*, 26(2), 197–202. https://kluwerlawonline.com/journalarticle/European+Foreign+Affairs+Review/26.2/EERR2021015

Orbie, J., Martens, D., Oehri, M., & Van den Putte, L. (2016). Promoting sustainable development or legitimising free trade? Civil society mechanisms in EU trade agreements. *Third World Thematics: A TWQ Journal*, 1(4), 526–546. https://doi.org/10.1080/23802014.2016.1294032

Österreich. (2008, April 14). Gutachter fordern Bundeskompetenz für Klimaschutz. *Österreich*. https://www.ots.at/presseaussendung/OTS_20080414_OTS0267/oesterreich-gutachter-fordern-bundeskompetenz-fuer-klimaschutz

Österreichisches Parlament. (2020, Dezember 16). Umweltausschuss berät über Für und Wider eines Grundrechts auf Klimaschutz in der Verfassung () | Parlament Österreich. *Parlamentskorrespondenz Nr 1441/2020*. https://www.parlament.gv.at/PAKT/PR/JAHR_2020/PK1441/#XXVII_I_00348

Österreichisches Parlament. (2021, November 5). Budgethearing: CO2-Bepreisung und Klimabonus auf dem Prüfstand der ExpertInnen. *Parlamentskorrespondenz Nr. 1226*. https://www.parlament.gv.at/PAKT/PR/JAHR_2021/PK1226/index.shtml

Pallitsch, J., Reisinger, S., & Ullreich, S. M. (2021). Der European Green Deal – Ein gewaltiger Sprung für Europa. *Nachhaltigkeitsrecht*, 1(1), 117–120. https://doi.org/10.33196/nr202101011701

Parapatics, K. (2021). *Das Recht der Energieraumplanung*. Verlag Österreich. https://www.verlagoesterreich.at/das-recht-der-energieraumplanung/99,105005-9783704688071

Parkhurst, J. (2017). *The Politics of Evidence. From evidence-based policy to the good governance of evidence* (1. Aufl.). Routledge.

Pedersen, O. W. (2020). The networks of human rights and climate change: The State of the Netherlands v Stichting Urgenda, Supreme Court of the Netherlands, 20 December 2019 (19/00135). *Environmental Law Review*, 22(3), 227–234. https://doi.org/10.1177/1461452920953655

Peel, J., Godden, L., & Keenan, R. J. (2012). Climate Change Law in an Era of Multi-Level Governance. *Transnational Environmental Law*, 1(2), 245–280. https://doi.org/10.1017/S2047102512000052

Peel, J., & Osofsky, H. M. (2018). A Rights Turn in Climate Change Litigation? *Transnational Environmental Law*, 7(1), 37–67. https://doi.org/10.1017/S2047102517000292

Peeters, M. (2016). An EU Law Perspective on the Paris Agreement: Will the EU Consider Strengthening Its Mitigation Effort. *Climate Law*, 6(1–2), 182–196.

Peeters, M., & Weishaar, S. (2009). Exploring Uncertainties in the EU ETS: Learning by Doing Continues beyond 2012. *Carbon & Climate Law Review*, *3*(1), 88–101. https://doi.org/10.21552/CCLR/2009/1/73

Peter, A. (2021). Vorschläge zur Bekämpfung von „Greenwashing" in internationalen Lieferketten. *Nachhaltigkeitsrecht*, *1*(2), 249–254. https://doi.org/10.33196/nr202102024901

Petersmann, E.-U. (2020). Economic Disintegration? Political, Economic, and Legal Drivers and the Need for "Greening Embedded Trade Liberalism". *Journal of International Economic Law*, *23*(2), 347–370. https://doi.org/10.1093/jiel/jgaa005

Pflügl, J. (2021, März 1). Österreichs Klimapolitik wird vor dem Menschenrechtsgerichtshof verklagt. *DerStandard*. https://www.derstandard.at/story/2000124538762/oesterreichs-klimapolitik-vor-dem-gerichtshof-fuer-menschenrechte

Pirstner-Ebner, R. (2020). *Energierecht*. Facultas.

Pointinger, M., & Weber, T. (2015). Der Umweltanwalt – Das unbekannte Wesen? Zur (Formal-)Parteistellung des Umweltanwalts im UVP-Verfahren. *Recht der Umwelt* (6), 233–240.

Potacs, M. (2021). Öffentliche Unternehmen. In B. Raschauer, D. Ennöckl, & N. Raschauer (Hrsg.), *Grundriss des österreichischen Wirtschaftsrechts* (4. Aufl., Bd. 16, S. 591–626). MANZ. https://shop.lexisnexis.at/grundriss-des-oesterreichischen-wirtschaftsrechts-9783214109349.html

Prausmüller, O., & Wagner, A. (Hrsg.). (2014). *Reclaim Public Services*. https://www.vsa-verlag.de/nc/detail/artikel/reclaim-public-services/

Preston, B. J. (2020). The Influence of the Paris Agreement on Climate Litigation: Legal Obligations and Norms (Part I). *Journal of Environmental Law*, *33*(1), 1–32. https://doi.org/10.1093/jel/eqaa020

Primosch, E. (2016). „Nationally Determined Contributions" im Bereich des völkerrechtlichen Klimaschutzes. *Recht der Umwelt* (5), 188–191.

Proelß, A. (2016). Klimaschutz im Völkerrecht nach dem Paris Agreement: Durchbruch oder Stillstand? *Zeitschrift für Umweltpolitik*, *39*(Sonderausgabe), 58–71.

Proposal for a Commission Delegated Regulation amending Delegated Regulation (EU) 2021/2139 as regards economic activities in certain energy sectors and Delegated Regulation (EU) 2021/2178 as regards specific public disclosures for those economic activities, Nr. C(2022) 631 / 3 (2022). https://ec.europa.eu/finance/docs/level-2-measures/taxonomy-regulation-delegated-act-2022-631_en.pdf

Pürgy, E. (2008). Die Bürgerinitiativen im UVP-Verfahren. In D. Ennöckl & N. Raschauer (Hrsg.), *Rechtsfragen des UVP-Verfahrens vor dem Umweltsenat* (1. Aufl., S. 121–145). Verlag Österreich.

Rajal, B., & Orator-Saghy, S. (2021). Die Rolle der Energiegemeinschaften im österreichischen Energierecht. *Nachhaltigkeitsrecht*, *1*(1), 34–42. https://doi.org/10.33196/nr202101003401

Rajamani, L. (2016). The 2015 Paris Agreement: Interplay Between Hard, Soft and Non-Obligations. *Journal of Environmental Law*, *28*(2), 337–358. https://doi.org/10.1093/jel/eqw015

Rajamani, L., & Bodansky, D. (2019). The Paris Rulebook: Balancing International Prescriptiveness with National Discretion. *International & Comparative Law Quarterly*, *68*(4), 1023–1040. https://doi.org/10.1017/S0020589319000320

Rancher, C. (2017). Ermessen der Verwaltung und Ermessen der Verwaltungsgerichte. In M. Holoubek & M. Lang (Hrsg.), *Grundfragen der Verwaltungs- und Finanzgerichtsbarkeit* (S. 189–207).

Randl, H. (2008). Der Umweltanwalt im UVP-Verfahren. In D. Ennöckl & N. Raschauer (Hrsg.), *Rechtsfragen des UVP-Verfahrens vor dem Umweltsenat* (1. Aufl., S. 147–180). Verlag Österreich.

Raschauer, B., & Ennöckl, D. (2019). Umweltrecht Allgemeiner Teil. In D. Ennöckl, N. Raschauer, & W. Wessely (Hrsg.), *Handbuch Umweltrecht* (3. Aufl., S. 19–54). Facultas.

Raschhofer, C. (2004). Die Rechtsstellung des Umweltanwalts am Beispiel des UVP-G 2000. *Recht der Umwelt* (3), 90.

Raza, W. (2016). Politics of scale and strategic selectivity in the liberalisation of public services – the role of trade in services. *New Political Economy*, *21*(2), 204–219. https://doi.org/10.1080/13563467.2015.1079172

Raza, W. (2020). Der European Green Deal: Einstieg in die soziale-ökologische Transformation? *Kurswechsel*, *1/2020*. https://www.oefse.at/publikationen/detail/publication/show/Publication/der-european-green-deal-einstieg-in-die-soziale-oekologische-transformation/

Raza, W. G., Grumiller, J., Grohs, H., Madner, V., Mayr, S., & Sauca, I. (2021). *Assessing the Opportunities and Limits of a Regionalization of Economic Activity* (Working Paper Reihe der AK Wien – Materialien zu Wirtschaft und Gesellschaft Nr. 215; S. 56). Kammer für Arbeiter und Angestellte für Wien, Abteilung Wirtschaftswissenschaft und Statistik. https://econpapers.repec.org/paper/clrmwugar/215.htm

Rechnungshof Österreich. (2018). *Bericht des Rechnungshofes: Nachhaltige Entwicklungsziele der Vereinten Nationen, Umsetzung der Agenda 2030 in Österreich* (GZ 004.556/012–1B1/18; Reihe BUND 2018/34, S. 84). Rechnungshof Österreich. https://www.parlament.gv.at/PAKT/VHG/XXVII/III/III_00008/index.shtml

Rechnungshof Österreich. (2021). *Klimaschutz in Österreich – Maßnahmen und Zielerreichung 2020* (Nr. 2021/16; Reihe BUND, S. 128). Rechnungshof Österreich. https://www.rechnungshof.gv.at/rh/home/home/Bund_2021_16_Klimaschutz_in_Oesterreich.pdf

Redaktion. (2008, April 15). Sanktionen für Klimasünder: Länder lehnen Pröll-Idee ab. *DER STANDARD*. https://www.derstandard.at/story/3302042/sanktionen-fuer-klimasuender-laender-lehnen-proell-idee-ab

Reese, M. (2020). Das EU-Klimagesetz – Nachhaltigkeit durch Umweltpolitikplanungsrecht? *Zeitschrift für Umweltrecht*, *31*(12), 641–643.

Rehm, W. (2021, Januar 18). *Standort-Entwicklungsgesetz seit zwei Jahren totes Recht* [Extrajournal]. https://extrajournal.net/2021/01/18/standort-entwicklungsgesetz-seit-zwei-jahren-totes-recht/

Reichel, P. (2019). Klimaschutz als Gegenstand von Verwaltungsverfahren und gerichtlichen Verfahren. *Newsletter Menschenrechte*, *6*, 467–770.

Reinhold, C., Kerschner, F., & Wagner, E. M. (2016). *Rechtsrahmen für eine Energiewende Österreichs (REWÖ)* (Bd. 46). MANZ. https://shop.manz.at/shop/products/9783214094041

Reins, L. (2020). Where eagles dare: How much further may EU member states go under Article 193 TFEU? In M. Peeters & M. Eliantonio (Hrsg.), *Research Handbook on EU Environmental Law* (S. 22–35). Edward Elgar Publishing.

Rill, H.-P. (1992). Eigentumsschutz, Sozialbindung und Enteignung bei der Nutzung von Boden und Umwelt. In Vereinigung der Deutschen Staatsrechtslehrer (Hrsg.), *Der Rechtsstaat und die Aufarbeitung der vor-rechtsstaatlichen Vergangenheit: Eigentumsschutz, Sozialbindung und Enteignung bei der Nutzung von Boden und Umwelt* (Bd. 51, S. 177–347). De Gruyter. https://doi.org/10.1515/9783110869668

Rill, H.-P., & Schindegger, F. (1991). *Zwischen Altlasten und Neuen Ufern, Teil 3. Vorschlag für ein Bundesraumordnungsgesetz* (Schriften zur Regionalpolitik und Raumplanung). Bundeskanzleramt.

Ro 2018/03/0031-0038, Ro 2019/03/0007-0009-6, Ro 2018/03/0031-0038, Ro 2019/03/0007-0009-6 (VwGH 6. März 2019).

Rockenschaub, C. (2021). Die erste Klimaklage vor dem österreichischen Verfassungsgerichtshof. *Nachhaltigkeitsrecht*, *1*(2), 205–209. https://doi.org/10.33196/nr202102020501

Romirer, C., & Geringer, D. (2021). Fahrverbote und Umweltzonen aus Klimaschutzgründen: Gangbarer Weg oder rechtliche Sackgasse? *Zeitschrift für Verkehrsrecht*, *5*, 168–173.

Romppanen, S. (2020). The EU Effort Sharing and LULUCF Regulations: The Complementary yet Crucial Components of the EU's Climate Policy beyond 2030. In M. Peeters & M. Eliantonio (Hrsg.), *Research Handbook on EU Environmental Law* (S. 428–442). Edward Elgar Publishing.

Rubini, L., & Jegou, I. (2012). Who'll Stop the Rain? Allocating Emissions Allowances for Free: Environmental Policy, Economics, and WTO Subsidy Law. *Transnational Environmental Law*, *1*(2), 325–354. https://doi.org/10.1017/S2047102512000143

Ruffert, M. (2009). Zur Leistungsfähigkeit der Wirtschaftsverfassung. *Archiv des öffentlichen Rechts*, *134*(2), 197–239.

Ruggie, J. G. (2018). Multinationals as global institution: Power, authority and relative autonomy: Multinationals as global institution. *Regulation & Governance*, *12*(3), 317–333. https://doi.org/10.1111/rego.12154

Ruppel, O. C. (2013). Intersections of Law and Cooperative Global Climate Governance – Challenges in the Anthropocene. In O. C. Ruppel, C. Roschmann, & K. Ruppel-Schlichting (Hrsg.), *Climate Change: International Law and Global Governance* (S. 33–100). Nomos Verlagsgesellschaft mbH & Co. KG. https://doi.org/10.5771/9783845242774_33

Ruppel, O. C. (2022). Soil protection and legal aspects of international trade in agriculture in times of climate change: The WTO dimension. *Soil Security*, *6*, 100038. https://doi.org/10.1016/j.soisec.2022.100038

Ruttloff, M., & Freihoff, L. (2021). Intertemporale Freiheitssicherung oder doch besser „intertemporale Systemgerechtigkeit"? – Auf Konturensuche. *Neue Zeitschrift für Verwaltungsrecht*, *40*(13), 917–922.

Saiger, A. J. (2021). The Constitution speaks in the Future Tense. *Verfassungsblog*. https://doi.org/10.17176/20210429-221250-0

Sander, P. (2017). Gedanken zum „Mysterium" des Art 9 Abs 2 der Aarhus-Konvention. In Institut für Umweltrecht der JKU Linz (Hrsg.), *Jahrbuch des österreichischen und europäischen Umweltrechts 2017 – Herausforderung Umweltverfahren: Effizienz, Rechts(un)sicherheit, Öffentlichkeitsbeteiligung* (S. 181–187).

Sander, P. (2019). Die Rolle des Klimaschutzes im Genehmigungsverfahren – Eine Untersuchung aus Anlass des Genehmigungsverfahrens zur „3. Piste" des Flughafen Wien/Schwechat. *Zeitschrift für Technikrecht*, *1*, 8–17.

Sander, P., & Schlatter, B. (2014). Das Bundesverfassungsgesetz über die Nachhaltigkeit, den Tierschutz, den umfassenden Umweltschutz, die Sicherstellung der Wasser- und Lebensmittelversorgung und die Forschung. In G. Baumgartner (Hrsg.), *Jahrbuch Öffentliches Recht 2014* (S. 235–254). NWV Verlag. https://360.lexisnexis.at/tocnav?node=lnat:taxo_source_77c48d&origin=nv

Saurer, J. (2017). Klimaschutz global, europäisch, national – Was ist rechtlich verbindlich? *Neue Zeitschrift für Verwaltungsrecht*, *36*(21), 1574–1579.

Saurer, J. (2018). Strukturen gerichtlicher Kontrolle im Klimaschutzrecht – Eine rechtsvergleichende Analyse. *Zeitschrift für Umweltrecht*, *29*(12), 679–686.

Saurer, J. (2020). Grundstrukturen des Bundes-Klimaschutzgesetzes. *Natur und Recht*, *42*(7), 433–439. https://doi.org/10.1007/s10357-020-3703-4

Saurer, J., & Purnhagen, K. (2016). Klimawandel vor Gericht – Der Rechtsstreit der Nichtregierungsorganisation „Urgenda" gegen die Niederlande und seine Bedeutung für Deutschland. *Zeitschrift für Umweltrecht*, *27*(1), 16–23.

Savaresi, A., & Sindico, F. (2016). The role of law in a bottom-up international climate governance architecture: Early reflections on the Paris Agreement. *Questions of International Law: Zoom-In*, *26*, 1–4.

Schacherer, S. (2021). Die Finanzierung der Nachhaltigkeitsziele: Welche Rolle spielen ausländische Investitionen und internationale Investitionsabkommen? *Nachhaltigkeitsrecht*, *1*(4), 443–451. https://doi.org/10.33196/nr202104044301

Schäfer, A., & Schoen, H. (2013). Mehr Demokratie, aber nur für wenige? Der Zielkonflikt zwischen mehr Beteiligung und politischer Gleichheit. *Leviathan*, *41*(1), 94–120.

Schamschula, G. (2018). Standort vor Rechtsstaat. *juridikum* (3), 281–284.

Schamschula, G. (2021). Umsetzung der Aarhus Konvention in den Landesgesetzen nach der Entscheidung Protect. In D. Ennöckl & M. Niederhuber (Hrsg.), *Umweltrecht. Jahrbuch 2020* (S. 192–205). Neuer Wissenschaftlicher Verlag.

Scharpf, F. W. (2015). After the Crash: A Perspective on Multilevel European Democracy. *European Law Journal*, *21*(3), 384–405. https://doi.org/10.1111/eulj.12127

Schill, S. W., & Vidigal, G. (2020). Designing Investment Dispute Settlement à la Carte: Insights from Comparative Institutional Design Analysis. *The Law & Practice of International Courts and Tribunals*, *18*(3), 314–344. https://doi.org/10.1163/15718034-12341407

Schimmöller, L. (2020). Paving the Way for Rights of Nature in Germany: Lessons Learnt from Legal Reform in New Zealand and Ecuador. *Transnational Environmental Law*, *9*(3), 569–592. https://doi.org/10.1017/S2047102520000126

Schlacke, S. (2016). Die Pariser Klimavereinbarung – ein Durchbruch? Ja (!), aber .... *Zeitschrift für Umweltrecht*, *27*(2), 65–67.

Schlacke, S. (2020a). Bundes-Klimaschutzgesetz: Klimaschutzziele und -pläne als Herausforderung des Verwaltungsrechts. *Zeitschrift für Europäisches Umwelt- und Planungsrecht*, *18*(3), 338–345.

Schlacke, S. (2020b). Klimaschutzrecht im Mehrebenensystem. Internationale Klimaschutzpolitik und aktuelle Entwicklungen in der Europäischen Union und in Deutschland. *Zeitschrift für das gesamte Recht der Energiewirtschaft*, *9*(10), 355–363.

Schlacke, S. (2021a). Klimaschutzrecht – Ein Grundrecht auf intertemporale Freiheitssicherung. *Neue Zeitschrift für Verwaltungsrecht*, *40*(13), 912–917.

Schlacke, S. (2021b). *Umweltrecht* (8. Aufl.). Nomos. https://www.beck-shop.de/schlacke-nomoslehrbuch-umweltrecht/product/32388959

Schlatter, B. (2021). Alles neu bei den Erneuerbaren. *ecolex* (1), 8–10.

Schmelz, C. (2015). Zu wenig und zu viel Rechtsschutz – aus der Sicht der Projektwerber. In Institut für Umweltrecht der JKU Linz (Hrsg.), *Jahrbuch des österreichischen und europäischen Umweltrechts 2015. Rechtsschutz im Umweltrecht: Neue Herausforderungen* (1. Aufl., S. 167–170). MANZ.

Schmelz, C. (2017a). Baustellen des Umweltverfahrens. In Institut für Umweltrecht der JKU Linz (Hrsg.), *Jahrbuch des österreichischen und europäischen Umweltrechts 2017 – Herausforderung Umweltverfahren: Effizienz, Rechts(un)sicherheit, Öffentlichkeitsbeteiligung* (1. Aufl., Bd. 47, S. 123–133). Manz.

Schmelz, C. (2017b). Die UVP-G-Novelle im „Verwaltungsreformgesetz BMLFUW". Ein Zwischenschritt zur dringend nötigen Reform des UVP-G. In E. Furherr (Hrsg.), *Verwaltungsreform im Anlagenrecht: Praxisanalyse der Novellen zur GewO und zum UVP-G* (1. Aufl., S. 11–30). Facultas.

Schmelz, C., Cudlik, C., & Holzer, C. (2018). Von Aarhus über Luxemburg nach Österreich – Eine Orientierung. *ecolex* (6), 567–572.

Schmelz, C., & Schwarzer, S. (2011). § 17 UVP-G. Entscheidung. In *UVP-G-ON 1.00. Umweltverträglichkeitsprüfungsgesetz 2000*. Manz. https://rdb.manz.at/document/1151_uvpg_p0017?execution=e2s5

Schmidlechner, G. (2019). *Rechtsschutzergänzende Einrichtungen in Österreich* (Bd. 23). Verlag Österreich.

Schmidt, N. (2021, April 1). The treaty that threatens to derail Europe's Green Deal. *International Politics and Society*. https://www.ips-journal.eu/topics/economy-and-ecology/the-treaty-that-threatens-to-derail-europes-green-deal-5087/?utm_source=taboola&utm_medium=referral&tblci=GiDbPV9YTo0VW91NWZX0mEr4I41VMF8nAbzQCcpNTaZvhiCHiUMo76idwMHGodw2

Schnedl, G. (2018). Die Rolle der Gerichte im Klimaschutz. In G. Kirchengast, E. Schulev-Steindl, & G. Schnedl (Hrsg.), *Klimaschutzrecht zwischen Wunsch und Wirklickeit* (Bd. 112, S. 128–168). Böhlau Verlag.

Schneider, C. F. (2021). Verfassungs- und europarechtliche Grundlagen und Schranken einer österreichischen Klimaschutzpolitik: Grundrechtliche Schutzpflichten, Klimaklagen, Klimaschutz, Umweltschutz. *Österreichische Zeitschrift für Wirtschaftsrecht* (3), 95–108.

Schock, S. (2021). Die Regulatory Sandbox und das Verfassungsrecht. *ecolex* (4), 367–370.

Schomerus, T. (2020). Climate Change Litigation: German Family Farmers and Urgenda – Similar Cases, Differing Judgments. *Journal for European Environmental & Planning Law*, *17*(3), 322–332. https://doi.org/10.1163/18760104-01703005

Schöpfer, E. C. (2019). Gedanken zur Verankerung eines Grund- bzw. Menschenrechts auf eine gesunde Umwelt. *Newsletter Menschenrechte* (3), 183–188.

Schulev-Steindl, E. (2011). Vom Wesen und Wert der Parteistellung. In C. Jabloner, G. Kucsko-Stadlmayer, G. Muzak, B. Perthold-Stoitzner, & K. Stöger (Hrsg.), *Vom praktischen Wert der Methode. Festschrift Heinz Mayer zum 65. Geburtstag* (S. 683–700). Manz.

Schulev-Steindl, E. (2012). Risiken und Chancen der Verwaltungsreform und Deregulierung – Verwaltungsverfahrensrecht. In G. Lienbacher & E. Pürgy (Hrsg.), *Risiken und Chancen der Verwaltungsreform und Deregulierung* (S. 93–117). Sramek.

Schulev-Steindl, E. (2013). Instrumente des Umweltrechts – Wirksamkeit und Grenzen. In D. Ennöckl, N. Raschauer, E. Schulev-Steindl, & W. Wessely (Hrsg.), *Festschrift für Bernhard Raschauer zum 65. Geburtstag* (S. 527–552). Jan Sramek.

Schulev-Steindl, E. (2019). Das Aarhus-Beteiligungsgesetz – Ende gut, alles gut? *Österreichische Zeitschrift für Wirtschaftsrecht*, *1*, 14–25.

Schulev-Steindl, E. (2020). Klimaklage: VfGH weist Individualantrag gegen steuerliche Begünstigung der Luftfahrt zurück. *Recht der Umwelt* (6), 251–256.

Schulev-Steindl, E. (2021). Klimaklagen: Ein Trend erreicht Österreich. *ecolex* (1), 17–19.

Schulev-Steindl, E., & Goby, B. (2009). *Rechtliche Optionen zur Verbesserung des Zugangs zu Gerichten im österreichischen Umweltrecht gemäß der Aarhus-Konvention (Artikel 9 Absatz 3). Endbericht*. Bundesministerium für Land- und Forstwirtschaft, Umwelt und Wasserwirtschaft.

Schulev-Steindl, E., Hofer, M., & Franke, L. (2020). *Evaluierung des Klimaschutzgesetzes (Gutachten)*. Universität Graz. https://www.google.com/url?sa=t&rct=j&q=&esrc=s&source=web&cd=&ved=2ahUKEwjkrpCpptjvAhVQr6QKHTZdDJ8QFjAAegQIAhAD&url=https%3A%2F%2Fwww.bmk.gv.at%2Fdam%2Fjcr%3A0e6aead9-19f5-4004-9764-4309b089196d%2FKSG_Evaluierung_ClimLawGraz_ua.pdf&usg=AOvVaw1RFzEmrNv6SQo5idHmk7oU

Schulev-Steindl, E., Romirer, C., & Liebenberger, L. (2021). Mobilitätswende: Klimaschutz im Verkehr auf dem rechtlichen Prüfstand (Teil I). *Recht der Umwelt* (6), 237–244.

Schulev-Steindl, E., Romirer, C., & Liebenberger, L. (2022). Mobilitätswende: Klimaschutz im Verkehr auf dem rechtlichen Prüfstand (Teil II). *Recht der Umwelt* (1), 5–12.

Schumacher, J. (2022). Klimawandel und Schutz der Biodiversität: Gibt es einen Vorrang für erneuerbare Energien? *Recht der Umwelt* (2), 49–52.

Schwarzer, S. (2012). Zielvereinbarungen zwischen politischen Akteuren als Steuerungsinstrument im neuen Klimaschutzgesetz. *Recht der Umwelt* (2), 49–55.

Schwarzer, S. (2016a). *Bundes-Energieeffizienzgesetz: Kurzkommentar*. Manz.

Schwarzer, S. (2016b). In der Wurzel eins? Betrachtungen zum Verhältnis zwischen Umwelt- und Wirtschaftsrecht. *Österreichische Zeitschrift für Wirtschaftsrecht*, *2*, 46–59.

Schwarzer, S. (2018). Verbandsbeschwerden gegen Genehmigungen von Kleinprojekten? *Österreichische Zeitschrift für Wirtschaftsrecht* (2), 109–112.

Schwarzer, S. (2020). Die Rolle des Standortanwalts im UVP-Verfahren: Ausgewogene Interessenabwägung. In E. Furherr (Hrsg.), *Umweltverfahren und Standortpolitik: Neue Wege zur Genehmigung* (1. Aufl., S. 29–46). Facultas.

Schwarzer, S., & Niederhuber, M. (2018). Emissionshandel als Flaggschiff des Europäischen Klimaschutzrechts? In G. Kirchengast, E. Schulev-Steindl, & G. Schnedl (Hrsg.), *Klimaschutzrecht zwischen Wunsch und Wirklichkeit* (Bd. 112, S. 77–97). Böhlau.

Scott, J. (2011). The Multi-Level Governance of Climate Change. *Carbon & Climate Law Review*, *5*(1), 25–33.

Scott, K. N. (2011). International Environmental Governance: Managing Fragmentation through Institutional Connection. *Melbourne Journal of International Law*, *12*(1), 177–216.

Sengers, F., Wieczorek, A. J., & Raven, R. (2019). Experimenting for sustainability transitions: A systematic literature review. *Technological Forecasting and Social Change*, *145*, 153–164. https://doi.org/10.1016/j.techfore.2016.08.031

Senti, R. (2006). *Die WTO im Spannungsfeld zwischen Handel, Gesundheit, Arbeit und Umwelt* (Bd. 32). Nomos. https://www.nomos-shop.de/nomos/titel/die-wto-im-spannungsfeld-zwischen-handel-gesundheit-arbeit-und-umwelt-id-80638/

Sinclair, S. (2014). Trade agreements, the new constitutionalism and public services. In C. A. Cutler & S. Gill (Hrsg.), *New Constitutionalism and World Order* (S. 179–196). Cambridge University Press. https://doi.org/10.1017/CBO9781107284142.016

Skjærseth, J. B. (2021). Towards a European Green Deal: The evolution of EU climate and energy policy mixes. *International Environmental Agreements: Politics, Law and Economics*, *21*(1), 25–41. https://doi.org/10.1007/s10784-021-09529-4

Smith, M. (2020). Enforcing Environmental Law through Infringements and Sanctioning: Steering not Rowing. In M. Peeters & M. Eliantonio (Hrsg.), *Research Handbook on EU Environmental Law* (S. 213–229). Edward Elgar Publishing. https://www.e-elgar.com/shop/gbp/research-handbook-on-eu-environmental-law-9781788970662.html

Spier, J. (2020). "The 'Strongest' Climate Ruling Yet": The Dutch Supreme Court's Urgenda Judgment. *Netherlands International Law Review*, *67*(2), 319–391. https://doi.org/10.1007/s40802-020-00172-5

Spitzer, M. (2017). Der Klimawandel als juristische Kategorie – Internationale Perspektiven. In C. Huber, M. Neumayr, & W. Reisinger (Hrsg.), *Festschrift Karl-Heinz Danzl zum 65. Geburtstag* (S. 655–667). Manz.

Spitzer, M., & Burtscher, B. (2017). Haftung für Klimaschäden. *Österreichische Juristen-Zeitung* (21), 945–953.

Stangl, F. (2021). Zur Genese des Europäischen Klimagesetzes. *Nachhaltigkeitsrecht*, *1*(1), 14–24. https://doi.org/10.33196/nr202101001401

Stäsche, U. (2016). Entwicklungen des Klimaschutzrechts und der Klimaschutzpolitik 2015/16: Internationale und europäische Ebene (Teil 1) einschließlich Pariser Klimaschutzabkommen. *Zeitschrift für das gesamte Recht der Energiewirtschaft*, *5*(7), 303–309.

Stäsche, U. (2019). Entwicklungen des Klimaschutzrechts und der Klimaschutzpolitik 2018/19: Internationale und europäische Ebene (Teil 1). *Zeitschrift für das gesamte Recht der Energiewirtschaft*, *7*(7), 248–262.

Steiger, H. (1975). *Mensch und Umwelt: Zur Frage der Einführung eines Umweltgrundrechts*. Schmidt.

Steinhäusler, M. (2019). Charakterisierung der Energy Governance Verordnung der EU – VO 2018/1999/EU. *Zeitschrift für Technikrecht, 2*, 77–80.

Steinmüller, H. (2015). Die Monitoringstelle des EEffG. In A. Hauer, F. Schneider, & H. Steinmüller (Hrsg.), *Energiewirtschaft Jahrbuch 2015* (S. 14–32). NWV.

Stoczkiewicz, M. (2018). The Climate Policy of the European Union from the Framework Convention to the Paris Agreement. *Journal for European Environmental & Planning Law, 15*(1), 42–68. https://doi.org/10.1163/18760104-01501004

Stohlmann, B. (2021). Keine Schutzpflicht vor zukünftigen Freiheitsbeschränkungen – warum eigentlich? *Verfassungsblog*. https://doi.org/10.17176/20210504-175934-0

Stoll, T., Krüger, H., & Xu, J. (2014). Freihandelsabkommen und ihre Umweltschutzregelungen. *Zeitschrift für Umweltrecht, 25*(7–8), 387–395.

Stone, C. D. (2010). *Should Trees Have Standing? Law, Morality, and the Environment* (3. Aufl.). Oxford University Press.

Stop Ecocide Foundation & Independent Expert Panel for the Legal Definition of Ecocide. (2021). *Commentary and Core Text of the Legal Definition of Ecocide*. https://static1.squarespace.com/static/5ca2608ab914493c64ef1f6d/t/60d7479cf8e7e5461534dd07/1624721314430/SE+Foundation+Commentary+and+core+text+revised+%281%29.pdf

Storr, S. (2012). Wohnungsgemeinnützigkeit im Binnenmarkt. *Journal für Rechtspolitik, 20*(4), 397–409. https://doi.org/10.1007/s00730-012-0082-z

Street, P. (2007). Trading in pollution: Creating markets for carbon and waste. *Environmental Law Review, 9*(4), 260–278. https://journals.sagepub.com/doi/10.1350/enlr.2007.9.4.260

Strickner, A. (2017, Mai 9). Das Alternative Handelsmandat: Eckpunkte einer gerechten EU Handels- und Investitionspolitik. *Arbeit & Wirtschaft Blog*. https://awblog.at/das-alternative-handelsmandat-eckpunkte-einer-gerechten-eu-handels-und-investitionspolitik/

Tech & Nature. (2021, Oktober 7). Klimaforschende: „CO2-Preis deutlich zu niedrig angesetzt". *Tech & Nature*. https://www.techandnature.com/co2-preis-deutlich-zu-niedrig/

Tegner Anker, H. (2020). Competences for EU Environmental Legislation: About Blurry Boundaries and Ample Opportunities. In M. Peeters & M. Eliantonio (Hrsg.), *Research Handbook on EU Environmental Law* (S. 7–21). Edward Elgar Publishing.

Tietje, C., & Crow, K. (2017). The Reform of Investment Protection Rules in CETA, TTIP, and Other Recent EU FTAs: Convincing? In S. Griller, W. Obwexer, & E. Vranes (Hrsg.), *Mega-Regional Trade Agreements: CETA, TTIP, and TiSA* (S. 87–110). Oxford University Press.

UN. (2011). *Guiding Principles on Business and Human Rights*. New York und Genf.

UNEP. (2021). *Emissions Gap Report 2021*. Nairobi.

Unger, H. (2020). Verfassungsrechtliche Vorgaben für CO2- und Umweltsteuern in Österreich. In Kirchengast, Gottfried, Schnedl, Gerhard, Schulev-Steindl, Eva, & Steininger, Karl W. (Hrsg.), *CO2- und Umweltsteuern. Wege zu einer umwelt-, sozial- und wirtschaftsgerechten Steuerreform* (Bd. 116, S. 172–194). Böhlau Verlag.

United Nations Environment Programme & Sabin Center for Climate Change Law. (2017). *The Status of Climate Change Litigation – A Global Review* (S. 40). UN Environment Programme, Law Division. https://wedocs.unep.org/xmlui/handle/20.500.11822/20767

United Nations Environment Programme & Sabin Center for Climate Change Law. (2020). *Global Climate Litigation Report: 2020 Status Review*. https://www.unep.org/resources/report/global-climate-litigation-report-2020-status-review#:~:text=It%20finds%20that%20a%20rapid,cases%20filed%20in%2038%20countries.

United Nations Human Rights Council. (2021). Open-ended intergovernmental working group on transnational corporations and other business enterprises with respect to human rights. *United Nations Human Rights Council*. https://www.ohchr.org/en/hr-bodies/hrc/wg-trans-corp/igwg-on-tnc

Urgenda, Nr. 19/00135 (Supreme Court of the Netherlands 20. Dezember 2019). https://www.urgenda.nl/en/themas/climate-case/

Van Asselt, H. (2013). Managing the Fragmentation of International Climate Law. In E. J. Hollo, K. Kulovesi, & M. Mehling (Hrsg.), *Climate Change and the Law* (1. Aufl., S. 329–357). Springer. https://doi.org/10.1007/978-94-007-5440-9

van Asselt, H. (2016). The Role of Non-State Actors in Reviewing Ambition, Implementation, and Compliance under the Paris Agreement. *Climate Law, 6*(1–2), 91–108. https://doi.org/10.1163/18786561-00601006

van Calster, G. (2020). Environment and Trade Law in the EU: seeing the bees for the balance sheet. In M. Peeters & M. Eliantonio (Hrsg.), *Research Handbook on EU Environmental Law* (S. 86–100). Edward Elgar Publishing.

Van den Putte, L., De Ville, F., & Orbie, J. (2015). The European Parliament as an international actor in trade: From power to impact. In S. Stavridis & D. Irrera (Hrsg.), *The European Parliament and its International Relations* (1. Aufl., S. 52–69). Routledge. https://doi.org/10.4324/9781315713984

Van Harten, G. (2020). *The Trouble with Foreign Investor Protection*. Oxford University Press.

Verein KlimaSeniorinnen Schweiz ua gegen Schweiz, Nr. 53600/20 (EGMR anhängig). https://www.klimaseniorinnen.ch/

Verheyen, P. G. (2021). Klimaschutzbezogene Sorgfaltspflichten: Perspektiven der gesetzlichen Regelung in einem Lieferkettengesetz. *Zeitschrift für Umweltrecht, 32*(7–8), 402–413.

Verschuuren, J. (2019). The State of the Netherlands v Urgenda Foundation: The Hague Court of Appeal upholds judgment requiring the Netherlands to further reduce its greenhouse gas emissions. *Review of European, Comparative & International Environmental Law, 28*(1), 94–98. https://doi.org/10.1111/reel.12280

Veseli, A., Moser, S., Kubeczko, K., Madner, V., Wang, A., & Wolfsgruber, K. (2021). Practical necessity and legal options for introducing energy regulatory sandboxes in Austria. *Utilities Policy, 73*. https://doi.org/10.1016/j.jup.2021.101296

VfSlg 10403, G2/85 (VfGH 12. März 1985).

VfSlg 12944, V210/91; V211/91; V212/91; V213/91; V214/91; V215/91; V216/91; V217/91; V218/91; V219/91; V220/91; V221/91; V222/91 (VfGH 12. Dezember 1991).

Voigt, C. (Hrsg.). (2013). *Rule of Law for Nature: New Dimensions and Ideas in Environmental Law*. Cambridge University Press. https://doi.org/10.1017/CBO9781107337961

Voigt, C. (2016a). The Compliance and Implementation Mechanism of the Paris Agreement. *Review of European, Comparative & International Environmental Law, 25*(2), 161–173. https://doi.org/10.1111/reel.12155

Voigt, C. (2016b). The Paris Agreement: What is the standard of conduct for parties? *Questions of International Law: Zoom-In, 26*, 17–28.

Voigt, C., & Ferreira, F. (2016). Differentiation in the Paris Agreement. *Climate Law, 6*(1–2), 58–74. https://doi.org/10.1163/18786561-00601004

Voigt, C., & Gao, X. (2020). Accountability in the Paris Agreement: The Interplay between Transparency and Compliance. *Nordic Environmental Law Journal* (1), 31–57.

Voland, T., & Engel, W. S. (2019). Regeln für das Weltklima: Inhalt und Rechtsnatur von Pariser Übereinkommen und „Regelbuch". *Neue Zeitschrift für Verwaltungsrecht, 38*(24), 1785–1790.

Vollmer, M. (2018). Aller guten Dinge sind vier? Der europäische Rechtsrahmen für die vierte Handelsperiode des Emissionshandels von 2021 bis 2030. *Natur und Recht, 40*(6), 365–368. https://doi.org/10.1007/s10357-018-3348-8

Vorschlag für eine RICHTLINIE DES EUROPÄISCHEN PARLAMENTS UND DES RATES über den strafrechtlichen Schutz der Umwelt und zur Ersetzung der Richtlinie 2008/99/EG, Nr. COM(2021) 851 final (2021). https://eur-lex.europa.eu/legal-content/de/ALL/?uri=COM:2021:851:FIN

Vorschlag für eine Richtlinie zur Änderung der Richtlinie 2003/87/EG über ein System für den Handel mit Treibhausgasemissionszertifikaten in der Union, des Beschlusses (EU) 2015/1814 über die Einrichtung und Anwendung einer Marktstabilitätsreserve für das System für den Handel mit Treibhausgasemissionszertifikaten in der Union und der Verordnung (EU) 2015/757, Nr. COM(2021) 551 final (2021). https://eur-lex.europa.eu/legal-content/de/TXT/?uri=CELEX:52021PC0551

Vorschlag für eine Verordnung zur Schaffung eines CO2-Grenzausgleichssystems, Nr. COM(2021) 564 final (2021).

Vranes, E. (2009). *Trade and the Environment: Fundamental Issues in International Law, WTO Law, and Legal Theory*. Oxford University Press.

Vranes, E. (2011). Climate Labelling and the WTO: The 2010 EU Ecolabelling Programme as a Test Case Under WTO Law. In C. Herrmann & J. P. Terhechte (Hrsg.), *European Yearbook of International Economic Law 2011* (S. 205–237). Springer. https://doi.org/10.1007/978-3-642-14432-5_9

Vranes, E. (2016). Carbon taxes, PPMs and the GATT. In P. Delimatsis (Hrsg.), *Research Handbook on Climate Change and Trade Law* (S. 77–108). Edward Elgar Publishing. https://doi.org/10.4337/9781783478446.00014

2009/10/0020, Nr. 2009/10/0020 (VwGH 13. Dezember 2010). https://www.ris.bka.gv.at/Dokument.wxe?Abfrage=Vwgh&Dokumentnummer=JWT_2009100020_20101213X00

2010/10/0127, (VwGH 22. Oktober 2013). https://www.ris.bka.gv.at/Dokument.wxe?Abfrage=Vwgh&Dokumentnummer=JWT_2010100127_20131022X00

VwSlg 18189 A/2011, Nr. 2010/06/0002 (VwGH 24. August 2011). https://www.ris.bka.gv.at/Dokument.wxe?Abfrage=Vwgh&Dokumentnummer=JWT_2010060002_20110824X00

Wagner, E. (2016). Energieeffizienzgesetz. In C. Reinhold, F. Kerschner, & E. M. Wagner (Hrsg.), *Rechtsrahmen für eine Energiewende Österreichs (REWÖ)* (Bd. 46, S. 59–116). Manz.

Wagner, E. M. (2017). Was bislang geschah: Staatszieldebatte/VfGH hebt Urteil Dritte Piste auf. *Recht der Umwelt*, 110(4), 149–151.

Wagner, E. M. (2018). Weltklimavertrag und neue Dynamik im Klimaschutzrecht: Klimaklagen. In K. Pabel (Hrsg.), *50 Jahre JKU. Eine Vortragsreihe der Rechtswissenschaftlichen Fakultät* (S. 11–35). Verlag Österreich.

Wagner, E. M. (2021a). Allgemeiner Teil. In E. M. Wagner (Hrsg.), *Umwelt- und Anlagenrecht – Band 1: Interdisziplinäre Grundlagen* (2. Aufl., S. 59–170). NWV.

Wagner, E. M. (2021b). Das „Shell Urteil": Der gerichtlich einklagbare Klimaschutz trifft nun auch Unternehmen. *Nachhaltigkeitsrecht*, 1(3), 347–351. https://doi.org/10.33196/nr202103034701

Wagner-Reitinger, M. S., & Tscherner, E. M. (2020). Die Aarhus-Konvention. In G. Eisenberger & K. Bayer (Hrsg.), *Die Aarhus-Konvention* (2. Aufl., S. 7–27). Linde Verlag. https://www.lindedigital.at/#readstack

Weber, K. (2009). Grundrecht auf Umweltschutz. In G. Heißl (Hrsg.), *Handbuch Menschenrechte* (S. 496–515). facultas.

Weber, T. (2019). Staatsziele – Grundrechte – Umwelt- und Klimaschutz. *juridikum* (4), 514–520. https://doi.org/10.33196/juridikum201904051401

Wegener, B. W. (2009). Die Novelle des EU-Emissionshandelssystems. *Zeitschrift für Umweltrecht*, 20(6), 283–288.

Wegener, B. W. (2019). Urgenda – Weltrettung per Gerichtsbeschluss? Klimaklagen testen die Grenzen des Rechtsschutzes. *Zeitschrift für Umweltrecht*, 30(1), 3–13.

Weinstein, M. M., & Charnovitz, S. (2001). The Greening of the WTO. *Foreign Affairs*, 80(6), 147–156. https://doi.org/10.2307/20050334

Weishaar, S. E. (2020). EU Emissions Trading – Its Regulatory Evolution and the Role of the Court. In M. Peeters & M. Eliantonio (Hrsg.), *Research Handbook on EU Environmental Law* (S. 443–457). Edward Elgar Publishing.

Wewerinke-Singh, M., & McCoach, A. (2021). The State of the Netherlands v Urgenda Foundation: Distilling best practice and lessons learnt for future rights-based climate litigation. *Review of European, Comparative & International Environmental Law*, 30(2), 275–283. https://doi.org/10.1111/reel.12388

Wickel, M. (2021). Das Bundes-Klimaschutzgesetz und seine rechtlichen Auswirkungen. *Zeitschrift für Umweltrecht*, 6, 332–339.

Wiederin, E. (2002). Artikel 8 EMRK. In K. Korinek & M. Holoubek (Hrsg.), *Österreichisches Bundesverfassungsrecht. Textsammlung und Kommentar* (5. Lieferung, S. 95). Verlag Österreich. https://www.verlagoesterreich.at/oesterreichisches-bundesverfassungsrecht/abo-99.105005-9783704662477

Wiener Zeitung Online. (2021, Oktober 3). Ökosoziale Steuerreform – NGOs ist der CO2-Preis nicht hoch genug. *Wiener Zeitung*. https://www.wienerzeitung.at/nachrichten/politik/oesterreich/2123523-NGOs-ist-der-CO2-Preis-nicht-hoch-genug.html

Windbichler, M. (2021). „Geschlossene Lieferkette" als unzulässiges Zuschlagskriterium? *Nachhaltigkeitsrecht*, 1(3), 342–346. https://doi.org/10.33196/nr202103034201

Winter, G. (2009). Das Klima ist keine Ware – Eine Zwischenbilanz des Emissionshandelssystems. *Zeitschrift für Umweltrecht*, 20(6), 289–298.

Winter, G. (2017). Rechtsprobleme im Anthropozän: Vom Umweltschutz zur Selbstbegrenzung. *Zeitschrift für Umweltrecht*, 28(5), 267–277.

Winter, G. (2019). Armando Carvalho et alii versus Europäische Union: Rechtsdogmatische und staatstheoretische Probleme einer Klimaklage vor dem Europäischen Gericht. *Zeitschrift für Umweltrecht*, 30(5), 259–271.

Winter, G. (2021). The Intergenerational Effect of Fundamental Rights: A Contribution of the German Federal Constitutional Court to Climate Protection. *Journal of Environmental Law*, 34(1), 1–13. https://doi.org/10.1093/jel/eqab035

World Banchmarking Alliance. (2022). *Social Transformation Baseline Assessment 2022*. https://assets.worldbenchmarkingalliance.org/app/uploads/2022/01/2022_Social_Transformation_Baseline_Assessment_online.pdf

Wutscher, C. (2021). *Budgethoheit: Eine systematische Untersuchung der verfassungsrechtlichen Grundlagen des Budgetrechts des Bundes unter Berücksichtigung des Völker- und Europarechts*.

Yeoh, P. (2008). Is carbon finance the answer to climate control? *International Journal of Law and Management*, 50(4), 189–206.

Young, M. A. (2011). Climate Change Law and Regime Interaction Thematic Focus: Climate Change Governance – The International Regime Complex. *Carbon & Climate Law Review*, 5(2), 147–157.

Zahar, A. (2020). Collective Obligation and Individual Ambition in the Paris Agreement. *Transnational Environmental Law*, 9(1), 165–188. https://doi.org/10.1017/S2047102519000281

Ziehm, C. (2018). Klimaschutz im Mehrebenensystem – Kyoto, Paris, europäischer Emissionshandel und nationale CO2-Grenzwerte. *Zeitschrift für Umweltrecht*, 29(6), 339–346.

Zihua, G., Voigt, C., & Werksman, J. (2019). Facilitating Implementation and Promoting Compliance With the Paris Agreement Under Article 15: Conceptual Challenges and Pragmatic Choices. *Climate Law*, 9(1–2), 65–100. https://doi.org/10.1163/18786561-00901005

Kapitel 12. Governance und politische Beteiligung

Koordinierender Leitautor
Reinhard Steurer

Leitautor_innen
Aron Buzogány, Patrick Scherhaufer, Christoph Clar und Sarah L. Nash.

Koordination der Strukturkapitel
Michael Ornetzeder

Revieweditor
Olver Ruppel

Zitierhinweis
Steurer, R., A. Buzogány, P. Scherhaufer, C. Clar, und S. L. Nash (2023): Governance und politische Beteiligung. In: APCC Special Report: Strukturen für ein klimafreundliches Leben (APCC SR Klimafreundliches Leben) [Görg, C., V. Madner, A. Muhar, A. Novy, A. Posch, K. W. Steininger und E. Aigner (Hrsg.)]. Springer Spektrum: Berlin/Heidelberg.

Kernaussagen des Kapitels

- Die Governance zur Klimakrise in Österreich ist traditionell geprägt von einer Bundesregierung, die Emissionsreduktionen im Inland nicht zielorientiert verfolgt, von einer Sozialpartnerschaft, die vorwiegend ökonomische sowie soziale Interessen vertritt und damit ökologische Fortschritte oft blockiert, von einer für Klimapolitik oft hinderlichen föderalen Kompetenzstruktur und von einer Zivilgesellschaft, die diesen strukturellen Hemmnissen lange Zeit nichts entgegenzusetzen hatte (starke Literaturbasis, hohe Übereinstimmung).
- Seit 2019 haben sich nur zwei dieser vier Governance-Aspekte verändert: Gesellschaftliche Bewegungen wie Fridays for Future haben im Jahr 2019 eine neue Dynamik in das Politikfeld Klima gebracht. Im Zuge dieser Dynamik wurde 2020 ein Klimaschutzministerium eingerichtet, das zielorientierte Klimapolitik voranzutreiben versucht, allerdings nach wie vor oft an regierungsinternen, sozialpartnerschaftlichen und/oder föderalen Widerständen scheitert. (hohe Übereinstimmung, schwache Literaturbasis)
- Das Scheitern der staatlichen Governance zur Klimakrise in Österreich fand ihren Ausdruck in drei Klimastrategien (2002, 2007 und 2018), einem Klimaschutzgesetz und entsprechenden Novellen (2011, 2012, 2017) sowie zwei Maßnahmenprogrammen für die Jahre 2013/2014 und 2015 bis 2018. Obwohl es sich dabei um verschiedene Ansätze zur Koordination und Umsetzung von klimapolitischen Maßnahmen handelt, haben diese eines gemeinsam: Aus den oben genannten Gründen konnten diese Instrumente die Klimapolitik in Österreich zu keinem Zeitpunkt zielorientiert gestalten, sondern lediglich Zielverfehlungen möglichst kosteneffizient verwalten (hohe Übereinstimmung, starke Literaturbasis).
- Die vier Sozialpartner, darunter besonders die Wirtschaftskammer, sowie die Industriellenvereinigung haben klimapolitische Fortschritte wiederholt abgeschwächt, verzögert oder gänzlich verhindert. (hohe Übereinstimmung, mittlere Literaturbasis).
- Neben dem Einfluss der Sozialpartner erweist sich auch das föderale System Österreichs als klimapolitisches Hindernis. Bundesländer haben wichtige Kompetenzen für Raumordnung, Verkehr sowie Gebäude und verhindern in diesen Bereichen laufend Projekte bzw. Maßnahmen, die für eine zielorientierte Dekarbonisierung dieser Sektoren nötig wären (hohe Übereinstimmung, mittlere Literaturbasis).

- Das strukturell geprägte Zusammenspiel der bremsenden klimapolitischen Kräfte hatte zur Folge, dass sich Österreich von einem umweltpolitischen Vorreiter in einen Opportunisten verwandelt hat. Umweltpolitische Fortschritte waren etwa seit dem EU-Beitritt im Jahr 1995 nur dann möglich, wenn auch kurzfristig wirtschaftliche Vorteile zu erwarten waren. Da diese zentrale Voraussetzung für den Schutz des Klimas in vielen Bereichen nicht unmittelbar gegeben war bzw. ist, werden potenziell wirksame Maßnahmen bis heute hintangestellt und die Verfehlung von klimapolitischen Zielen bewusst in Kauf genommen (hohe Übereinstimmung, starke Literaturbasis).
- Der geringe Stellenwert von Klimapolitik in Österreich ist auch darauf zurückzuführen, dass zivilgesellschaftliches Engagement zum Thema lange Zeit schwach ausgeprägt war. Deutlich sichtbare Folgen der Klimaerhitzung haben allerdings dazu beigetragen, dass sich beides im Jahr 2019 zumindest vorübergehend verändert hat. Seit dem Aufkommen der „Fridays-for-Future-Bewegung", der Wahl zum Nationalrat im Herbst 2019 und der Koalition zwischen ÖVP und Grünen ist die Klimapolitik in Österreich zumindest ansatzweise im Umbruch (hohe Übereinstimmung, schwache Literaturbasis).

12.1 Einleitung

Im Laufe der 1990er-Jahre ist das Konzept Governance in den Fokus der Politikwissenschaft gerückt (Rhodes, 1997). Damit wird die Steuerung einer Gesellschaft über den Staat hinausgehend thematisiert. Governance umfasst neben staatlicher Regulierung also auch Selbstregulierung und politische Einflussnahme („Lobbying") durch wirtschaftliche Akteur_innen einerseits, sowie die politischen Einflussmöglichkeiten zivilgesellschaftlicher Akteur_innen (allen voran Nicht-Regierungs-Organisationen/Non-Governmental Organisations, kurz NGOs) andererseits. Das Governance-Konzept stellt somit eine Weiterentwicklung des klassischen Konzepts der „politischen Steuerung" dar, wobei das Zusammenspiel zwischen staatlichen, wirtschaftlichen und zivilgesellschaftlichen Akteur_innen eine zentrale Rolle spielt (Rosenau, 1992; Kooiman, 1993, 2003; Pierre, 2000). Das Governance-Konzept thematisiert also grundsätzlich „the ways in which governing is carried out, without making any assumption as to which institutions or agents do the steering" (Gamble, 2000, S. 110).

Im Fall von Österreich kommt an den Schnittstellen zwischen Staat, Wirtschaft und Gesellschaft eine Besonderheit hinzu, die es in ähnlicher Form nur in wenigen Ländern gibt: die Sozialpartnerschaft als zentraler Bestandteil eines korporatistischen Regierungssystems. Während letzteres durch Zusammenarbeit und Konsensfindung geprägt ist und in ähnlicher Form auch in Deutschland oder den Niederlanden vorzufinden ist, geht die Sozialpartnerschaft darüber hinaus. In Österreich zeichnet sich diese durch eine enge Zusammenarbeit von Regierung, Arbeitgeber- und Arbeitnehmer_innenvertretungen in allen wirtschaftlich relevanten Politikbereichen, also auch in der Umwelt- und Klimapolitik, aus. Dabei hängt der politische Einfluss der Sozialpartner auch von der Zusammensetzung der Regierungskoalition ab. Während Wirtschaftskammer und Landwirtschaftskammer ihren Einfluss am besten geltend machen können, wenn die ihr traditionell nahestehende Österreichische Volkspartei (ÖVP) in der Regierung vertreten ist, gilt dies für die Arbeiterkammer, wenn die Sozialdemokratische Partei Österreichs (SPÖ) in einer Koalition vertreten ist. Alle anderen Parteien haben eine traditionell schwächere Verbindung zu den Sozialpartnern (Ucakar & Gschiegl, 2014; Gärtner & Hayek, 2022).

Dieser Abschnitt analysiert, wie vor allem staatliche sowie sozialpartnerschaftliche Akteur_innen die österreichische Klimapolitik bis 2019 geprägt haben, welche Rolle die EU dabei spielte und was sich seit 2019 verändert hat. Der Abschnitt fokussiert deshalb auf institutionalisierte Formen der Governance, weil informelle Ansätze wie zivilgesellschaftliches Engagement bis 2019 kaum eine Rolle gespielt haben. Seit dem Aufkommen der „Fridays-for-Future-Bewegung" im Jahr 2019, der Wahl zum Nationalrat im Herbst jenes Jahres und der Koalition zwischen ÖVP und Grünen seit Anfang 2020 ist die Klimapolitik in Österreich im Umbruch. Da diese neueren Entwicklungen erst ansatzweise erforscht sind, stehen in diesem Kapitel die Entwicklungen bis 2019 im Vordergrund. Abschließend werden verschiedene Governance-Optionen diskutiert, die dabei hilfreich sein können, das übergeordnete Ziel der österreichischen Bundesregierung zu erreichen: Österreich bis 2040 klimaneutral zu machen.

12.2 Status quo und Herausforderungen der Governance zur Klimakrise

Klimapolitik kann weder einem bestimmten Sektor noch einer bestimmten politischen Ebene zugeordnet werden. Es handelt sich um eine so genannte Querschnittsmaterie, die sämtliche Bereiche und Ebenen staatlichen Handelns betrifft, besonders in einem föderal organisierten Staat wie Österreich. Bis 2019 waren die zentralen Akteure der Klimapolitik in Österreich die unter verschiedenen Namen firmierenden Bundesministerien für Umwelt, Verkehr und Innovation, Wirtschaft und Energie sowie Finanzen. Seit 2020 wurden die Agenden für Umwelt, Verkehr, Innovation und Energie in einem umfassenden Klimaministerium gebündelt. Da keines dieser Ministerien über richtungsweisende Kompetenzen im Gebäudesektor sowie in der Raumplanung verfügt, wird die Klimapolitik in Österreich auch durch die neun Landesregierungen geprägt. Dabei spielen vor allem deren Abteilungen für Wohnbauförderung, Raumordnung und Energie eine wichtige Rolle. Zudem liegt die Kompetenz der Flächenwidmung bei Städten und Gemeinden, was sich besonders beim Ausbau der Windenergie und bei der stetig zunehmenden Bodenversiegelung als problematisch erwiesen hat. Der Nationalrat und insbesondere der Bundesrat (der die Bundesländer im Gesetzgebungsprozess des Bundes repräsentiert) sind zwar gesetzgebende Organe, aber aufgrund des Klubzwangs der im Parlament vertretenen Parteien politisch vergleichsweise schwache politische Akteure, die auch in der Klimapolitik eine geringere Rolle spielen, als in der Bundesverfassung eigentlich vorgesehen. Während das Parlament in der Verfassung als gesetzgebende Gewalt mehr oder weniger unabhängig von der Regierung verankert ist, so ist der Clubzwang als zentraler Bestandteil der Realverfassung Österreichs meist ein Garant für die parlamentarische Mehrheit der Regierung (Broukal et al., 2009).

Um Politiken über Sektoren und Ebenen hinweg besser aufeinander abzustimmen, haben die meisten EU-Länder seit den späten 1990er Jahren zunächst mehrere Klimastrategien beschlossen, in denen unzählige klimapolitische Maßnahmen dokumentiert und zur Umsetzung vorgeschlagen werden (Casado-Asensio & Steurer, 2016). Seit 2008 haben einige Staaten zudem Klimaschutzgesetze verabschiedet, mit dem Ziel, staatliche Governance zur Klimapolitik zielgerichteter und verbindlicher zu machen (Nash & Steurer, 2019).

Auch in Österreich stand die staatliche Governance zur Klimakrise in den letzten 20 Jahren ganz im Zeichen mehrerer Klimastrategien und einem mehrfach novellierten Klimaschutzgesetz. In Summe wurden in Österreich bislang drei Klimastrategien (2002, 2007 und 2018), ein Klimaschutzgesetz (2012) mit zwei Maßnahmenprogrammen für die Jahre 2013/2014 und 2015 bis 2018 sowie zwei Novellen des Gesetzes in den Jahren 2012 und 2017 verabschiedet. Obwohl es sich bei Strategien, Gesetzen und Maßnahmenprogrammen um unterschiedliche Ansätze zur besseren Koordination und Umsetzung von klimapolitischen Maßnahmen handelt, haben diese allesamt eine Gemeinsamkeit.

Wie Abb. 12.1 zeigt, wurde Klimapolitik in Österreich bis 2020 zu keinem Zeitpunkt zielorientiert gestaltet, sondern lediglich wenig wirksam verwaltet: Emissionen haben sich in Österreich, von der durch die Pandemie bedingten Ausnahme 2020 abgesehen, stets weit entfernt von politischen Zielsetzungen bewegt, weil letztere nie eine lenkende Größenordnung waren. Das Toronto-Ziel wurde von der Bundesregierung Ende der 1980er Jahre noch vor der EU-Mitgliedschaft Österreichs auf freiwilliger Basis eingegangen und im Jahr 2005 beinahe um den Faktor 2 verfehlt. Die anderen klimapolitischen Zielsetzungen hat Österreich aufgrund von EU-Verpflichtungen („effort sharing") übernommen und ebenfalls weit verfehlt. Während das EU-Stabilisierungsziel unverbindlich war und dessen Verfehlung keinerlei Konsequenzen hatte, musste die Lücke zwischen dem sich aus dem UN-Kyoto-Protokoll ergebenden Kyoto-Ziel für 2012 und den weit darüber liegenden Emissionen mit dem Kauf von Emissionszertifikaten im Ausland geschlossen werden. Das Ziel der 2. Kyoto-Periode für den Zeitraum 2013 bis 2020 wurde zufällig aufgrund stark sinkender Emissionen während dem ersten Jahr der Corona-Pandemie erreicht. Die österreichische Bundesregierung ist also wiederholt Klimaschutz-Ziele eingegangen, ohne diese zielorientiert bzw. mit angemessenen politischen Maßnahmen zu verfolgen. Die aus Abb. 12.1 klar ersichtliche Diskrepanz zwischen politischen Zielsetzungen und tatsächlichen Emissionen lässt sich mit einer qualitativen Analyse folgendermaßen empirisch erklären.

Die 2002 verabschiedete Klimastrategie von Bund und Ländern definierte Ziele und Maßnahmen zur Emissionsreduktion für sieben Sektoren (Lebensministerium, 2002). Obwohl die Strategie für mehrere Jahre der einzige Versuch blieb, dem Klimaschutz in Ländern und Gemeinden einen bundesweiten Rahmen zu geben (Wunder, 2004, S. 27), verlor sie bald an politischer Relevanz, weil die damalige Koalition aus ÖVP und FPÖ auf Bundesebene andere Prioritäten setzte (Steurer & Clar, 2014; Bednar-Friedl et al., 2014).

Nach einer kritischen Evaluation der Klimastrategie 2002 im Jahr 2005 (AEA/Umweltbundesamt, 2005) initiierte das damalige Umweltministerium eine Überarbeitung, die 2007 von der Bundesregierung ohne Zustimmung der Länder beschlossen wurde (Lebensministerium, 2007). Die Länder verweigerten ihre Zustimmung, weil sie die Zielsetzungen für den Gebäudesektor nicht mittragen wollten, obwohl diese im Vergleich zu 2002 deutlich abgeschwächt wurden und sich der Gebäudesektor vergleichsweise positiv entwickelt hat (Lebensministerium, 2002, S. 8; Lebensministerium, 2007, S. 24). Aufgrund der fehlenden Unterstützung der Länder hatte die zweite Klimastrategie sogar weniger politisches Gewicht als die erste Strategie aus dem Jahr 2002 (Steurer & Clar, 2014; siehe auch Bednar-Friedl et al., 2014; Warnstorff, 2011, S. 29).

Beide Klimastrategien konnten keinen nennenswerten Beitrag zur Erreichung der Klimaschutzziele Österreichs im Rahmen des Kyoto-Protokolls leisten. Während sich Österreich im Rahmen der EU dazu verpflichtet hat, die jährlichen Emissionen für die Periode 2008 bis 2012 im Vergleich zum Basisjahr 1990 um 13 Prozent zu reduzieren (von 78,2 auf

THG und CO$_2$ Emissionen und verbindliche Ziele für Österreich

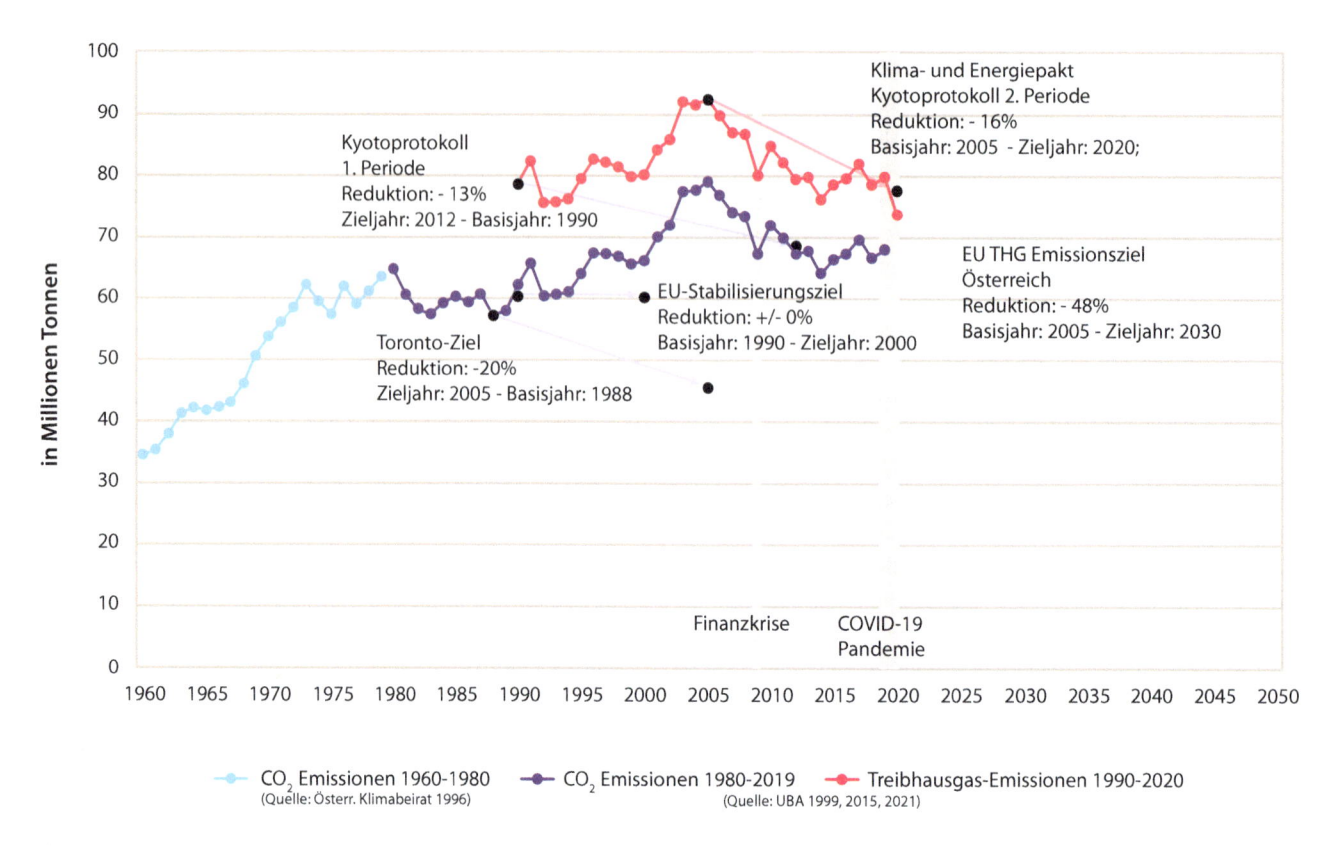

Abb. 12.1 CO$_2$-Emissionen (*blau* und *violett*) und Treibhausgasemissionen THG-Emissionen (*Magenta*) im Vergleich zu Reduktionszielen der Bundesregierung (*Punkte* markieren Basis- und Zieljahre). (Hochgerner et al., 2016, S. 6, aktualisiert von Willi Haas 2021)

68,8 Millionen Tonnen CO$_2$-Äquivalent; Umweltbundesamt, 2012a, S. 49), stiegen die Emissionen um 2,5 Prozent auf 80,1 Millionen Tonnen CO$_2$-Äquivalent (Umweltbundesamt, 2014, S. 5). Die Verfehlung des Ziels betrug somit 15,5 Prozent. In Westeuropa gab es mit Spanien und Italien nur zwei weitere Länder, die ihre Kyoto-Ziele ähnlich deutlich verfehlt haben (EEA, 2012, S. 28).

Der damals für Umweltpolitik zuständige Bundesminister verkündete 2012, dass die Zielabweichung durch den Kauf günstiger Emissionszertifikate geschlossen wurde. Dieser Zertifikatskauf, für den in Summe 700 Millionen Euro aufgewendet wurde, erwies sich als die bedeutendste „klimapolitische Maßnahme" Österreichs während der Kyoto-Periode (Steurer & Clar, 2014). Dabei ist zu erwähnen, dass nur hinter einem Teil der Zertifikate verifizierbare Emissionsreduktionen stehen und Österreich sein Kyoto-Ziel somit am Papier nur scheinbar erreicht hat (Moderegger, 2019).

Da sich diese Zielverfehlung bereits lange vor 2012 abgezeichnet hat, wurde im Regierungsprogramm 2008 die Ausarbeitung eines Klimaschutzgesetzes vereinbart (Bundeskanzleramt, 2008, S. 77 f.). In Ergänzung zu den von den Klimastrategien bereits bekannten Reduktionszielen für einzelne Sektoren sollte darin auch ein Verantwortlichkeitsmechanismus zwischen Bund und Länder verankert werden, um die Kosten für verfehlte Klimaschutz-Ziele zwischen den Gebietskörperschaften aufzuteilen. Die Verhandlungen mit den Landesregierungen dauerten drei Jahre. Das Ergebnis präsentierte der dafür verantwortliche Minister im Oktober 2011 mit den Worten, dass „[i]m Bereich des Klimaschutzes [...] aus dem bisherigen ‚Kann' jetzt ein ‚Muss'" werde, und dass Österreich damit europaweit nach Großbritannien zum Vorreiter avanciere, „weil wir koordiniert, verbindlich, gemeinsam Klimaschutz machen" (Steurer & Clar, 2014, S. 340). Da das Gesetz weder Reduktionsziele für Sektoren oder Gebietskörperschaften, noch konkrete Konsequenzen für Zielverfehlungen vorsah (Klimaschutzgesetz, BGBl. I Nr. 106/2011), musste dieser Anspruch erst in weiteren Verhandlungen in sektoralen Arbeitsgruppen umgesetzt werden. In einer Novelle des Klimaschutzgesetzes wurden 2013 einerseits detaillierte Pfade für Emissionsreduktionen in sechs Sektoren bis 2020 festgeschrieben (Novelle Klimaschutzgesetz BGBl. I Nr. 94/2013). Andererseits konnten sich Bund und Länder auf ein Maßnahmenprogramm für die Jahre 2013/2014 einigen (Lebensministerium, 2013).

Selbst diese Novelle des Klimaschutzgesetzes blieb jedoch ohne nennenswerte Wirkung, weil neben den Sozialpartnern auch die Länder abermals ihre Zustimmung verweigerten. Zum einen lehnten die Länder das Reduktionsziel für den Gebäudesektor erneut als zu anspruchsvoll ab. Zum anderen konnte keine Einigung zum Verantwortlichkeitsmechanismus erzielt werden. Auf eine Kostenteilung für verfehlte Ziele im Verhältnis 80 zu 20 konnten sich Bund und Länder erst im Zuge des Finanzausgleichs 2017 einigen (Rechnungshof Österreich, 2021, S. 62).

Da bis 2017 weder Länder noch Bundesministerien Konsequenzen bei Zielverfehlungen zu befürchten hatten und das alte Muster fehlender Verantwortlichkeit auch danach fortgeführt wurde, hatte das Klimaschutzgesetz bis zum Ende seiner Gültigkeit im Jahr 2020 einen weitgehend symbolischen Charakter. Besonders im internationalen Vergleich werden zwei große Mängel des Gesetzes deutlich. Erstens nennt das Klimaschutzgesetz nur ein Ziel für 2020. Jenes für 2030 oder das Ziel der Dekarbonisierung bis 2050 wurden auf Wunsch der Wirtschaftskammer ausgeklammert. Im Gegensatz dazu haben zum Beispiel Großbritannien und Schweden in ihren Klimaschutzgesetzen Dekarbonisierungs-Ziele für 2050 bzw. 2045 verankert, die sogar über die EU-Ziele hinausgehen. Zweitens enthält das Gesetz kaum Details dazu, wie die Erreichung der Ziele zu gewährleisten ist. Während die österreichischen Maßnahmenprogramme gesetzlich unverbindlich sind, schreibt das Klimaschutzgesetz in Großbritannien 5-jährige CO_2-Budgets vor, die lange im Voraus festgelegt und mit Hilfe von vergleichsweise strikten Planungsmechanismen verfolgt werden (Nash & Steurer, 2019). Vor diesem Hintergrund hat der Rechnungshof 2021 einmal mehr kritisiert, dass sich die Bundesregierung nicht einmal an die im Gesetz definierten Mechanismen der Umsetzung von Maßnahmenprogrammen gehalten hat: Evaluationen haben zu lange gedauert, Korrekturen bei sich abzeichnenden Zielverfehlungen wurden zu spät eingeleitet, Maßnahmen zu spät beschlossen und oft nur rückblickend erfasst (Rechnungshof Österreich, 2021, S. 32 f).

Die fehlende Umsetzung der Klimastrategien und des Klimaschutzgesetzes wurde von mehrfach wechselnden jedoch durchwegs weitgehend wirkungslosen Gremien begleitet, in denen die Klimapolitik Österreichs besprochen, bestenfalls verwaltet, jedoch zu keinem Zeitpunkt zielorientiert gestaltet worden wäre. Das durch das Klimaschutzgesetz etablierte Klimaschutzkomitee, in dem Repräsentant_innen aller im Nationalrat vertretener Parteien, sämtlicher Ministerien, der Länder sowie der Sozialpartner wesentliche Grundsatzfragen der österreichischen Klimapolitik klären hätten sollen, ist weder ein politisch relevantes Koordinationsgremium, noch ein von der Regierung unabhängiges Beratungsgremium. Es handelt sich um eine „Info-Drehscheibe", wo Standpunkte unter Ausschluss der Öffentlichkeit diskutiert werden. Die meisten anderen Klimaschutzgesetze in Europa etablierten zumindest ein unabhängiges Beratungsgremium, das die Klimapolitik der Regierung kritisch beleuchtet (Nash & Steurer, 2019). In diesem Sinne kritisierte auch der Rechnungshof das Klimaschutzkomitee scharf: „Seine Funktion war unklar und nicht hinreichend definiert, ein eindeutiges Aufgabenprofil lag nicht vor, Beschlüsse wurden in diesem Gremium nicht gefasst" (Rechnungshof Österreich, 2021, S. 15). Auch eine gesamthafte Verantwortung für die Umsetzung des Klimaschutzgesetzes gab es laut Rechnungshof nicht. Für eine Rahmengesetzgebung, deren Hauptzweck es ist, politische Verantwortlichkeiten und Koordination zu verbessern, ist das ein vernichtendes Urteil.

Die Tatsache, dass das Klimaschutzziel für 2020 trotzdem erreicht wurde, kann nicht auf die nationale Klimapolitik zurückgeführt werden. Es liegt zum einen daran, dass das Ziel für Österreich aufgrund des glücklich gewählten Basisjahres 2005 einen Rückschritt im Vergleich zum ambitionierteren Kyoto-Ziel von 2012 darstellt. Während Österreich damals die Emissionen um 13 Prozent im Vergleich zu 1990 reduzieren hätte müssen, hat das 2020-Ziel nur eine Stabilisierung der Emissionen auf dem Niveau von 1990 erfordert. Dies wurde schließlich vor allem deshalb erreicht, weil die Emissionen im Zuge der COVID-19-Pandemie im Jahr 2020 um knapp 10 Prozent deutlich gefallen sind (siehe Abb. 12.1).[1]

Der überwiegend niedrige Stellenwert von Klimapolitik in Österreich hat auch mit dem über lange Zeit schwach ausgeprägten zivilgesellschaftlichen Engagement für das Thema Klimaschutz zu tun. Deutlich sichtbare Folgen der Klimaerhitzung haben dazu beigetragen, dass sich beides im Jahr 2019 verändert hat. Umfragedaten zeigen, dass das Interesse der österreichischen Bevölkerung für den Klimawandel allgemein zwar hoch war und ist. So erachten Österreicher_innen seit 2007 den Treibhauseffekt und die Klimaveränderung als das vordringlichste Umweltproblem (Statistik Austria, 2009, 2013, 2017, 2020).[2] Dennoch hat sich das ausgeprägte „Klimabewusstsein" bis 2019 nie als konkrete Handlungsbereitschaft bzw. im Ausüben von politischem Druck niedergeschlagen. So waren es in den 1990er und 2000er Jahren vor allem traditionelle zivilgesellschaftliche Organisationen wie Greenpeace, Global 2000 oder der WWF Österreich, die im Rahmen ihres umweltpolitischen Engagements auch klimapolitisch relevante Lobbyarbeit leisteten (Dolezal & Hutter, 2007). Im Jahr 2015 entstand mit „System Change, not Climate Change" (SCnCC)

---

[1] Vgl. https://www.wienerzeitung.at/nachrichten/wirtschaft/oesterreich/2117189-Treibhausgas-Emissionen-2020-um-77-Prozent-gesunken.html; https://orf.at/stories/3225582/, 20. Januar 2022.
[2] Nur im Erhebungsjahr 2011 wurde das Thema „Treibhauseffekt und Klimaveränderung" knapp mit 0,5 % Vorsprung vom Thema „steigendes Verkehrsaufkommen" als das vordringlichste Umweltproblem überholt.

ein neuer zivilgesellschaftlicher Akteur, der mit seinem Fokus auf Klimagerechtigkeit die später einsetzende Klimabewegung in kleinem Rahmen vorweggenommen hat und sämtliche Bewegungen wie die Österreichische Klein- und Bergbäuer_innen-Vereinigung (ÖVB-Via Campesina) oder Attac Österreich (eine Kapitalismus-kritische NGO) bündeln konnte. Trotz dieser Bemühungen gelang es bis 2019 nicht, jene politische Beachtung zu generieren, die der von der Wissenschaft festgestellten Dringlichkeit und Krisenhaftigkeit des Problems längst angemessen gewesen wäre (Kirchengast et al., 2020). Wie in den meisten anderen Ländern gelang dies auch in Österreich erst 2019 mit der weltweiten Verbreitung der Bewegung „Fridays for Future" (FFF).

Für diesen beispiellosen zivilgesellschaftlichen Erfolg wirkten in kürzester Zeit mehrere Faktoren (wie z. B. längst sichtbare Folgen der Klimakrise und Impulse aus dem Ausland) zusammen. Der erste österreichische Klimastreik fand im Dezember 2018 auf Initiative von drei Student_innen statt, die Greta Thunberg bei der 24. Weltklimakonferenz (COP24) in Katowice trafen (Bohl & Daniel, 2020). Beim ersten Global Earth Strike im März 2019 protestierten bereits 20.000 Schüler_innen in Wien und auch die nachfolgenden Streiks zählen zu den größeren Protestereignissen der letzten Jahrzehnte (Buzogány & Mikecz, 2019). Getragen von der globalen Begeisterung und den emotionalen Botschaften von Greta Thunberg, aber auch durch die Polarisierung der politischen und gesellschaftlichen Diskussion um das „Schulschwänzen", schenkten die Medien den Klimaprotesten viel Aufmerksamkeit. Gleichzeitig konnte FFF österreichweit auf lokale Strukturen bereits existierender Netzwerke aufbauen und sich durch ihre mit sozialen Medien aufgewachsene Anhängerschaft sehr effizient landesweit organisieren (Narodoslawsky, 2020). Weiter verstärkt wurde die Wirkung der Klimaproteste durch den Bruch der ÖVP-FPÖ-Regierung, die kurzfristig anberaumten Neuwahlen und den von der Klimakrise dominierten Wahlkampf. Bei der Nationalratswahl im September 2019, die nur zwei Tage nach dem größten aller bisherigen *Global Earth Strikes* in Österreich stattfand, sind die zuvor für eine Legislaturperiode nicht im Parlament vertretenen Grünen wieder in dieses eingezogen, und zwar mit dem besten Wahlergebnis ihrer Geschichte. Dieser Erfolg war eine notwendige Voraussetzung dafür, dass die Grünen darauffolgend zum ersten Mal als Koalitionspartner der ÖVP in einer Bundesregierung vertreten waren (Daniel, Deutschmann, Buzogány, & Scherhaufer, 2020).

Die Herausforderungen für die österreichische Klimapolitik sind besonders in den nächsten Jahren enorm groß. Im Koalitionsabkommen 2020 hat die Bundesregierung vereinbart, Klimaneutralität in Österreich bereits bis 2040, also zehn Jahre vor der EU erreichen zu wollen. Um dieses Ziel zu realisieren, müssten die Emissionen laut Berechnungen des Wegener Center für Klima und Globalen Wandel der Universität Graz bis 2030 um 57 Prozent im Vergleich zu 1990 reduziert werden (siehe Abb. 12.2).[3] Da das Ziel der Klimaneutralität für 2040 von der Bundesregierung im Alleingang ohne internationale Verpflichtungen gesetzt wurde, die EU hingegen Klimaneutralität bis 2050 anstrebt, beträgt das offizielle „effort sharing"-Ziel für Österreich lediglich −47 Prozent bis 2030 im Vergleich zum Basisjahr 2005.[4] Während also das österreichische Ziel auf eine Halbierung der CO_2-Verschmutzung innerhalb von nicht einmal 10 Jahren hinauslaufen würde, erfordert das gegenüber der EU verpflichtende Ziel eine vergleichsweise weniger ambitionierte aber nichts desto trotz schwer erreichbare Reduktion. Die Vergangenheit hat gezeigt, dass derart ambitionierte Zielsetzungen nur mit sehr weitreichenden, verbindlichen politischen Eingriffen zu erreichen wären, die es in Österreich bislang nie gegeben hat (weshalb alle Zielsetzungen mit einer durch die Pandemie bedingten Ausnahme verfehlt wurden). Was müsste geschehen, um mit dieser „klimapolitischen Tradition" zu brechen?

12.3 Notwendigkeiten und Bedingungen für eine erfolgreiche Klima-Governance

Wenn die Treibhausgasemissionen bis 2030 tatsächlich um rund 50 Prozent im Vergleich zu 1990 reduziert werden sollen, braucht es eine dramatische Kehrtwende in der Klimapolitik Österreichs, weg von Rhetorik und Symbolik hin zu steuerungswirksamer politischer Substanz. Was Klima-Governance in Österreich allgemein betrifft, wären dafür ein weiterhin stark ausgeprägtes zivilgesellschaftliches Engagement, ein durchsetzungsfähiges Klimaschutzministerium, ein deutlich ambitionierteres Klimaschutzgesetz und eine für ambitionierte Klimapolitik unterstützend wirkende Sozialpartnerschaft von zentraler Bedeutung. Im Folgenden sollen diese Voraussetzungen für eine zielorientierte Klimapolitik näher erörtert werden.

Eine wesentliche Voraussetzung für ernsthafte Klimapolitik wurde 2019 mit der sich global ausbreitenden FFF-Bewegung sichtbar. Das erstmals vorhandene breite zivilgesellschaftliche Engagement verwandelte den politischen Teufelskreis („vicious circle") einer überwiegend symbolischen Klimapolitik ohne angemessene Wirkung in eine positive Dynamik („virtuous circle") des substanziellen Klimaschutzes (Climate Outreach, 2020). Erfahrungen aus den Jahren 2007 bis 2010, als Klimaschutz ebenfalls zunächst an Dynamik gewonnen hat und dann von der Finanz- und Wirtschaftskrise ausgebremst wurde, legen eines nahe: Wie sich

---
[3] https://wegcwww.uni-graz.at/publ/downloads/RefNEKP-TreibhausgasbudgetUpdate_WEGC-Statement_Okt2020.pdf, 30. April 2021.
[4] https://eur-lex.europa.eu/resource.html?uri=cellar:bb3257a0-e4ee-11eb-a1a5-01aa75ed71a1.0001.02/DOC_2&format=PDF, 5 March 2022.

12.3 Notwendigkeiten und Bedingungen für eine erfolgreiche Klima-Governance

Pariser Klimazielweg

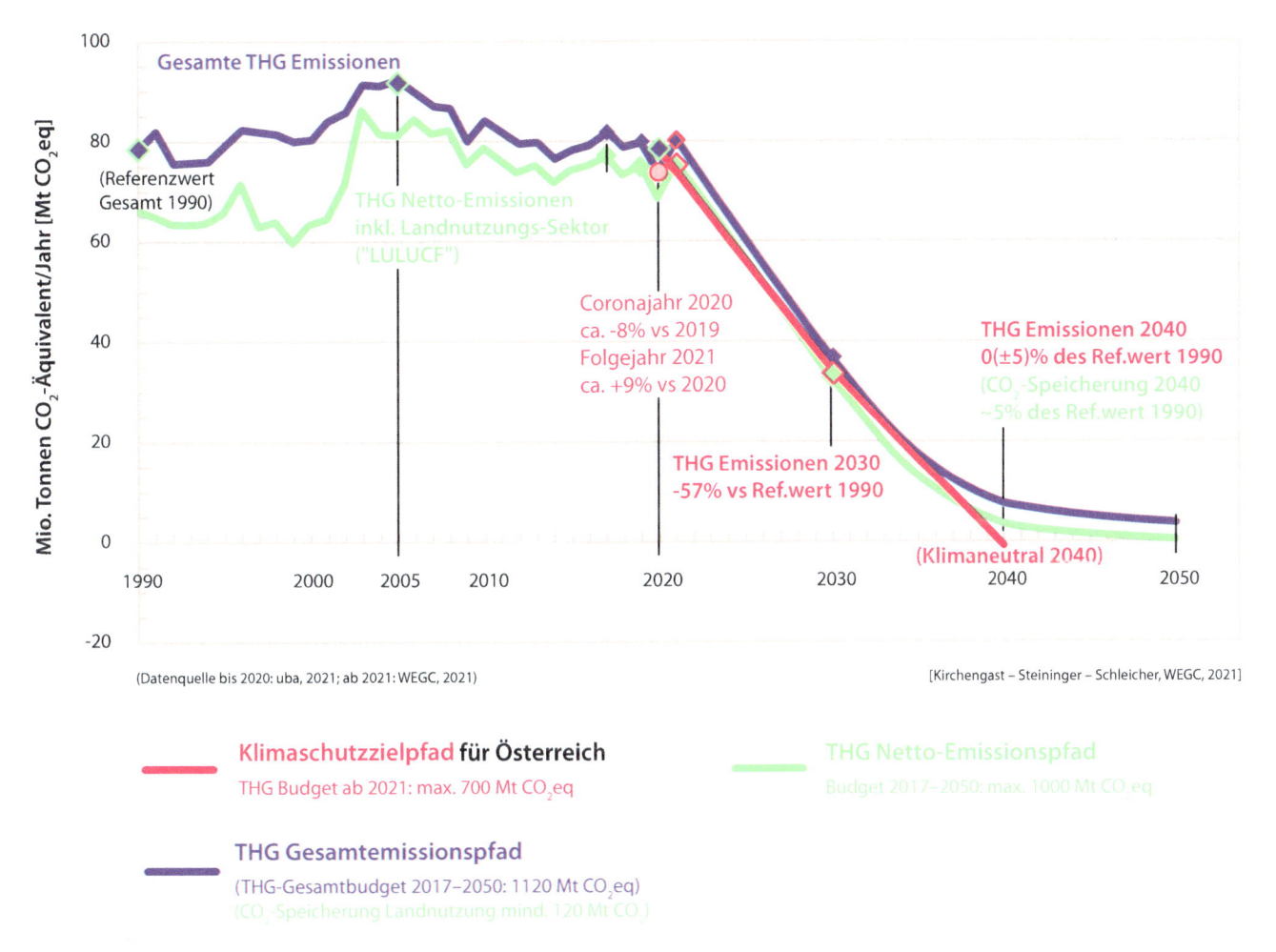

[Diagramm: Emissionsreduktionspfad Österreich, Mio. Tonnen CO₂-Äquivalent/Jahr [Mt CO₂eq], 1990–2050]

- Gesamte THG Emissionen (Referenzwert Gesamt 1990)
- THG Netto-Emissionen inkl. Landnutzungs-Sektor ("LULUCF")
- Coronajahr 2020 ca. -8% vs 2019
- Folgejahr 2021 ca. +9% vs 2020
- THG Emissionen 2030 -57% vs Ref.wert 1990
- THG Emissionen 2040 0(±5)% des Ref.wert 1990 (CO₂-Speicherung 2040 ~5% des Ref.wert 1990)
- (Klimaneutral 2040)

(Datenquelle bis 2020: uba, 2021; ab 2021: WEGC, 2021) [Kirchengast – Steininger – Schleicher, WEGC, 2021]

— **Klimaschutzzielpfad** für Österreich
THG Budget ab 2021: max. 700 Mt CO₂eq

— **THG Netto-Emissionspfad**
Budget 2017–2050: max. 1000 Mt CO₂eq

— **THG Gesamtemissionspfad**
(THG-Gesamtbudget 2017–2050: 1120 Mt CO₂eq)
(CO₂-Speicherung Landnutzung mind. 120 Mt CO₂)

Abb. 12.2 Emissionsreduktionspfad zur Erreichung des Pariser Klimaziels in Österreich. (https://wegcwww.uni-graz.at/publ/downloads/RefNEKP-TreibhausgasbudgetUpdate_WEGC-Statement_Okt2020.pdf, 30. April, 2021)

diese politische Dynamik entwickeln wird, hängt auch davon ab, wie stark die zivilgesellschaftliche Bewegung nach der COVID-19-Pandemie sein wird. Die 2019 von der Zivilgesellschaft ausgehende Dynamik im Klimaschutz müsste nun neuerdings an Schwung gewinnen, um die Zielsetzungen für 2030 und 2040 erreichen zu können (Porta, 2021, Pleyers, 2020).

Als wesentliche strukturelle Voraussetzung für substanzielle Klimapolitik wurde bereits bei Antritt der neuen Bundesregierung im Jänner 2020 ein umfassendes Ministerium für Klimaschutz geschaffen, in dem einige für die Lösung des Problems relevanten Kompetenzen des Bundes zusammengeführt wurden. Ein neues Klimaschutzgesetz, das die gravierenden Schwächen des bereits 2020 ausgelaufenen Gesetzes verbessert, war im Sommer 2022 nach wie vor in geheimen Verhandlungen ohne öffentlichen Diskurs. Dabei zeigte eine vergleichende Studie zu den Entstehungsprozessen von Klimaschutzgesetzen in Schottland, Österreich, Dänemark und Schweden, dass sowohl öffentliche Diskurse als auch parlamentarische Deliberationen zu deutlich ambitionierten Klimaschutzgesetzen beigetragen haben (Nash & Steurer, 2021).

Auch der stark verspätete Beschluss eines neuen Klimaschutzgesetzes ist für die Erreichung der politischen Ziele für 2030 grundsätzlich problematisch. Studien zeigen, dass Klimaschutzgesetze dann zu sinkenden Emissionen beitragen können, wenn sie zeitgerecht beschlossen werden (Dubash, 2020). Deren Wirksamkeit ist unter anderem darauf zurückzuführen, dass Klimaschutzgesetze die politischen Prioritäten in Richtung Klimaschutz verschieben und zu einer besseren sektorübergreifenden Integration von Klimapolitik beitragen können (Matti et al., 2021).

Das 2011 in Österreich beschlossene und 2020 ausgelaufene Klimaschutzgesetz konnte dieses Potential nicht realisieren weil es im internationalen Vergleich sehr schwach ausgeprägt war (Nash & Steurer, 2019; Nash & Steurer, 2021). Empirische Analysen zu Klimaschutzgesetzen in anderen Ländern (so z. B. in Großbritannien, Schweden, Dänemark, Finnland, Norwegen und Irland) zeigen, dass diese vor allem dann nennenswerte Wirkung zeigen, wenn sie folgende Mindestanforderungen erfüllen: Erstens sollten mittel- und langfristige Ziele (zum Beispiel für 2030 und 2040) gesetzlich verankert werden. Zudem wäre eine verfassungsrechtliche Verankerung des Rechts auf Klimaschutz im Einklang mit dem Pariser Klimaschutz-Abkommen überlegenswert. Zweitens sollten diese Ziele in verbindliche CO_2-Budgets für Sektoren übersetzt und Umsetzungsprozesse fixiert werden, ergänzt um einen Revisionsmechanismus, der im Fall von überschrittenen CO_2-Budgets automatisch in Kraft tritt. Das würde Verantwortlichkeiten klären und Planungssicherheit verbessern. Drittens sollte das im Moment sehr intransparente und politisch weitgehend irrelevante Klimaschutzkomitee abgeschafft und anstelle dessen ein politisch relevantes Koordinations-Gremium („Klima-Kabinett") sowie ein transparent agierendes Beratungsgremium von unabhängigen Wissenschafter_innen etabliert werden (Nash & Steurer, 2019, 2022).

Dass der Beschluss eines Klimaschutzgesetzes allein nicht ausreicht, zeigt das Beispiel Großbritannien. Dort wurde bereits 2008 das erste nationalstaatliche und noch dazu vergleichsweise anspruchsvolle Klimaschutzgesetz weltweit beschlossen, als das Thema hoch auf der politischen Agenda stand. In den Krisenjahren nach 2010 wurde dieses jedoch auf ein politisches Minimalprogramm reduziert, ohne formal gegen gesetzlich verankerte Auflagen zu verstoßen. Das Beispiel zeigt eindrucksvoll, dass die klimapolitische Praxis weniger von den gesetzlichen Vorgaben, sondern vielmehr vom öffentlichen Diskurs, von Wähler_innenpräferenzen, dem sich daraus ergebenden Stellenwert von Klimapolitik in der Parteienkonkurrenz bzw. der Regierungspolitik bestimmt wird (Carter & Jacobs, 2014; Carter, 2014). Somit schließt sich auch hier wieder der Kreis zum Stellenwert von Klimaschutz in der Zivilgesellschaft bzw. in der Wähler_innenschaft.

Bei den zahlreichen Wechselwirkungen zwischen Regierungspolitik und gesellschaftlichem Diskurs sind Klimaschutzgesetze allerdings nicht nur das Ergebnis von verschiedenen Einflussfaktoren. Sie geben zivilgesellschaftlichen Akteur_innen umgekehrt auch Möglichkeiten, darin verankerte Zielsetzungen bzw. angemessene politische Maßnahmen im Einklang mit dem Gesetz oder mit internationalen Verpflichtungen einzufordern und so den politischen Druck zu erhöhen (Nash et al., 2021). In Deutschland und Irland konnten zivilgesellschaftliche Akteur_innen den politischen Druck auch juristisch erhöhen. Die Regierungen der beiden Länder wurden von Gerichten aufgrund von zivilgesellschaftlichen Klagen dazu angehalten, deren Klimapolitik deutlich nachzubessern. So wurde in Irland ein Regierungsplan (National Mitigation Plan) vom Gericht verworfen, weil dieser nicht mit den im Klimaschutzgesetz festgelegten Zielen vereinbar war (O'Neill & Alblas, 2020). In Deutschland haben Aktivist_innen die Bundesregierung vor dem Bundesverfassungsgericht geklagt, weil das deutsche Klimaschutzgesetz internationalen Verpflichtungen zum Klimaschutz nicht gerecht wurde. Das Bundesverfassungsgericht gab den Kläger_innen recht und die deutsche Bundesregierung wurde dazu verpflichtet, die im Klimaschutzgesetz enthaltenen Ziele nachzubessern. Die Bundesregierung kam diesem Spruch innerhalb von wenigen Wochen nach.[5]

12.4 Akteure und Institutionen

Für die Klimapolitik bis 2019 war die Akteurskonstellation sehr einseitig. Abgesehen von etablierten Umwelt-NGOs wie Greenpeace, kleinen Protestgruppen wie „System Change not Climate Change" und Oppositionsparteien wie den Grünen (später auch den Neos) gab es über Jahrzehnte hinweg keine nennenswerten politischen Kräfte, die sich für mehr Klimaschutz eingesetzt haben. Somit waren sich seit den 1990er Jahren alle Regierungen wechselnder Zusammensetzung mit den Bundesländern, den Sozialpartnern und großen Teilen der Wähler_innenschaft darin einig, dass Klimaschutz in erster Linie auf Freiwilligkeit beruhen bzw. möglichst wenig kosten sollte. Am deutlichsten wurde dies in dem in Bezug auf CO_2-Emissionen kaum regulierten Sektor Verkehr. Während so gut wie alle ÖVP-Umweltminister_innen das Prinzip der Freiwilligkeit in der österreichischen Klimapolitik seit 1990 wiederholt betont haben, gab es nur in wenigen Ausnahmen den Anspruch, verbindliche Maßnahmen umzusetzen, die zugleich ein nennenswertes Potential zu Emissionsminderungen aufwiesen. Diese Ambitionen sind jedoch meist am Widerstand anderer Ministerien (vor allem jenen für Wirtschaft und Finanz), der Bundesländer und/oder der Sozialpartner (vor allem am Widerstand der Wirtschaftskammer, zum Teil auch an jenem der Industriellenvereinigung) gescheitert (Pesendorfer, 2007; Steurer & Clar, 2014; Steurer et al., 2020; Nash & Steurer, 2021; Rechnungshof Österreich, 2021).

Die Rolle der Bundesländer in der österreichischen Klimapolitik wird im Sektor Raumwärme am deutlichsten, weil dieser überwiegend in deren Verantwortung liegt. In diesem Sektor haben sich die Emissionen zwar besser entwickelt als in anderen Sektoren. Dennoch wurden Verbesserungen der Energieeffizienz von Gebäuden durch Baustandards nicht nur in Österreich durch die Bundesländer, sondern auch in der Schweiz durch die Kantone wiederholt behindert bzw. verzögert. Am deutlichsten wird die klimapolitisch brem-

---

[5] https://www.bundesverfassungsgericht.de/SharedDocs/Pressemitteilungen/DE/2021/bvg21-031.html; https://www.zeit.de/politik/deutschland/2021-05/klimaschutz-bundesregierung-klimaziele-co2-ausstoss-treibhausgase, 6. März 2022.

sende Rolle der Länder in einem Beispiel für Multi-Level Governance, in der auch EU-Vorgaben eine Rolle spielen. Trotz deren Zuständigkeit für Baustandards haben die Bundesländer eine EU-Richtlinie zur Energieeffizienz von Gebäuden mehrere Jahre lang ignoriert. Ein Vertragsverletzungsverfahren der EU konnte schließlich nur durch eine verspätet abgeschlossene Vereinbarung zwischen Bund und Ländern nach Artikel 15a der Bundesverfassung abgewendet werden (Steurer et al., 2020). Aufgrund dieses und ähnlicher Beispiele zur Gebäudepolitik sowie ähnlichen Beispielen aus anderen föderal organisierten Bereichen der Klimapolitik (wie z. B. der Wohnbauförderung oder der Raumplanung) liegt der Schluss nahe, dass Föderalismus bei nationalen oder globalen Herausforderungen wie Klimaschutz eher eine verhindernde bzw. verzögernde Rolle spielt. Anders scheint es nur dann zu sein, wenn Bundesregierungen oder Präsidenten (wie z. B. in den USA unter Präsident Trump) klimapolitische Verpflichtung radikal ablehnen. In diesen Fällen können föderale Strukturen ein klimapolitisches Vakuum auf der nationalen Ebene zumindest teilweise kompensieren (Steurer et al., 2020).

Städte und Gemeinden schöpfen ihre Möglichkeiten im Klimaschutz in Österreich sehr unterschiedlich aus. Während es zahlreiche ambitionierte Ankündigungen und Zielsetzungen aber nur einige wenige Vorreiter-Initiativen der Dekabonisierung in ausgewählten Sektoren gibt, hält sich die große Mehrheit der Kommunen eher zurück und schöpft ihre beschränkten aber für die Erreichung nationaler Zielsetzungen dennoch relevanten Möglichkeiten zur Emissionsminderung bei weitem nicht aus. Diese Zurückhaltung sowie die eingeschränkten kommunalen Kompetenzen erklären die Tatsache, dass Städte und Gemeinden das bis 2019 vorherrschende klimapolitische Vakuum des Bundes nur ansatzweise und punktuell kompensieren konnten (Feichtinger et al., 2021; Cittadino et al., forthcoming).

Neben den Ländern haben auch die im korporatistischen politischen System Österreichs wichtigen Sozialpartner klimapolitische Fortschritte wiederholt verhindert oder verwässert. Sie haben damit eine Tradition fortgesetzt, die bis zu den Anfängen der Umweltpolitik in den 1970er Jahren zurückverfolgt werden kann. Umweltpolitik war schon damals meist nur dann ohne nennenswerten Widerstand möglich, wenn er im Sinne einer ökologischen Modernisierung wirtschaftlichen Interessen dienlich war (Pesendorfer, 2007).[6] Diese umweltpolitische Tradition dominiert das Politikfeld Klima bis heute (Steurer & Clar, 2014; Clar & Scherhaufer, 2021). Alle Sozialpartner und die nicht zu den Sozialpartnern zählende Industriellenvereinigung haben sich bis vor wenigen Jahren regelmäßig gegen anspruchsvolle klimapolitische Zielsetzungen sowie Maßnahmen geäußert, die nicht mit einem unmittelbaren wirtschaftlichen Vorteil verbunden sind. Damit konnten sie wiederholt die Politik verschiedener Regierungen maßgeblich beeinflussen (Niedermoser, 2017, S. 133–136; Pfoser, 2014). Brand & Pawloff (2014) führen dieses nach wie vor dominante Governance-Muster auch auf interessensgeleitete Selektionsmechanismen zurück, die gerade in neo-korporatistischen Systemen darüber entscheiden, was überhaupt auf die politische Agenda kommt. Dabei funktioniert die Sozialpartnerschaft „wie ein Filtersystem, das mit wirtschaftlichen Interessen nicht konforme Positionen und Maßnahmenvorschläge aussortiert, bevor sie in einem parlamentarischen Rahmen diskutiert werden können" (vgl. Kap. 14).

Aktuelle Wortmeldungen und Lobbying-Initiativen zeigen, dass besonders die Wirtschaftskammer unverändert entschlossen am Zeitalter fossiler Energien festhält. Wie schon vor Jahrzehnten (Pesendorfer, 2007), werden klimapolitische Maßnahmen noch heute oft als „wirtschaftsfeindlich" bzw. als „Arbeitsplatzvernichtung" kritisiert.[7] Aufgrund ihrer inhaltlichen (Pesendorfer, 2007; Abstiens et al., 2021; Pernicka, 2020) und institutionell-personellen Nähe zur Langzeit-Regierungspartei ÖVP (Pernicka, 2020; Paster, 2020) verhindert die Wirtschaftskammer nach wie vor klimapolitische Maßnahmen in den meisten relevanten Sektoren (Pesendorfer, 2007; Niedermoser, 2017; Steurer & Clar, 2014; Clar & Scherhaufer, 2021). Zuletzt rühmte sich ihr Präsident beispielsweise damit, die aus klimapolitischer Sicht längst überfällige Abschaffung des so genannten Dieselprivilegs (d. h. die steuerliche Begünstigung von Diesel gegenüber Benzin) im Zuge der Steuerreform 2021 erfolgreich „wegverhandelt" zu haben.[8] Parallel dazu zeigt sich bei Arbeiterkammer und Gewerkschaften in den letzten Jahren ein langsamer Prozess des Umdenkens, der innerhalb der Gewerkschaften allerdings durchaus umstritten ist (Brand & Niedermoser, 2019; Niedermoser, 2017; Segert, 2016; Soder et al., 2018; vgl. Kap. 14).

Das institutionell sowie strukturell geprägte Zusammenspiel dieser politischen Kräfte hatte zur Folge, dass sich Österreich seit dem EU-Beitritt im Jahr 1995 von einem umweltpolitischen Vorreiter in einen Opportunisten verwandelt hat (Steurer & Clar, 2014; Clar & Scherhaufer, 2021; Steurer et al., 2020). Progressive Umweltpolitik war seither am

---

[6] Untersuchungen zu Deutschland zeigen, dass dies kein österreichisches Spezifikum darstellt (Bohnenberger et al., 2021).

[7] https://www.derstandard.at/story/2000112505212/vertraulicher-klimaplan-der-regierung-ging-an-konzerne#posting-1048230266; https://www.derstandard.at/story/2000122329635/wirtschaft-vs-wirtschaft-im-klimaschutz-wko-und-unternehmen-sind-uneins; https://www.falter.at/zeitung/20161109/klima-der-irrweg-der-kammer/a528317b65; https://www.falter.at/zeitung/20210203/die-durch-die-finger-schauen/_597b52d60d; 8. Mai 2021.

[8] https://kurier.at/politik/inland/mahrer-wir-haben-die-abschaffung-des-dieselprivilegs-wegverhandelt/401759742, 22. Oktober 2021. Zum Naheverhältnis zwischen ÖVP und WKO, siehe auch https://www.derstandard.at/story/2000112505212/vertraulicher-klimaplan-der-regierung-ging-an-konzerne, 8. Mai 2021.

ehesten in jenen Bereichen möglich, wo auch auf kurze Sicht wirtschaftliche Vorteile zu erwarten waren, so z. B. beim weiteren Ausbau der Wasserkraft, der ökologischen Landwirtschaft als Nischenstrategie und bei der Gewässerreinhaltung als Beitrag zu qualitativ hochwertigem Tourismus. Diese Art der Umweltpolitik spiegelt jenes Natur- bzw. das Umweltschutzverständnis der Industrie und der Wirtschaftskammer 1:1 wider, das Pesendorfer (2007, S. 51) in seinem Buch „Paradigmenwechsel der Umweltpolitik" wie folgt auf den Punkt bringt: „Wir müssen die natürlichen Ressourcen schützen, also die natürlichen Ressourcen als ein Produktionsmittel (Luft, Wasser) – das ist die Nachhaltigkeit" (Pesendorfer, 2007, S. 51). Da ein stabiles Klima von weiten Teilen der Gesellschaft im Allgemeinen und von den Sozialpartnern (allen voran von der Wirtschaftskammer) im Speziellen lange Zeit nicht als wirtschaftlich relevantes Produktionsmittel erkannt wurde, war diese zentrale Voraussetzung für eine den eigenen Zielsetzungen gerecht werdende Klimapolitik nicht gegeben. Das erklärt, warum sich Wirtschaftskammer und Volkspartei bis heute wiederholt gegen potenziell wirksame Maßnahmen im Politikfeld Klima stellen und warum Österreich bisher sämtliche Ziele im Klimaschutz verfehlt hat. Das erklärt auch, warum für die 2012 zu Ende gegangene Kyoto-Periode wirksamer Klimaschutz im Inland durch kosteneffiziente Zertifikatskäufe im Ausland opportunistisch ersetzt wurde (Steurer & Clar, 2014, S. 346). Angesichts stark steigender Preise für eine Tonne CO_2 am Zertifikatsmarkt sieht es derzeit allerdings nicht so aus, als könnte diese Strategie bis 2030 fortgeführt werden.

Aufgrund der kaum wirksamen Governance und Politik zur Klimakrise in Österreich waren kleine klimapolitische Fortschritte bis 2020 durchwegs auf EU-Vorgaben zurückzuführen (Steurer & Clar, 2014). Dies ist insofern bemerkenswert, als Österreich vor dem EU-Beitritt ein umweltpolitischer Vorreiter war und befürchtet wurde, dass die damals vergleichsweise hohen Umweltschutzstandards in Österreich durch die EU unter Druck geraten werden (Pesendorfer, 2007). Allerdings sind auch die durch die EU-Mitgliedschaft bedingten klimapolitischen Fortschritte in Österreich vergleichsweise klein ausgefallen. Dies gilt sowohl für die vom EU-Emissionshandel (ETS) erfassten Emissionen aus den Sektoren Industrie und Energieerzeugung, als auch für alle anderen Non-ETS-Sektoren. Fortschritte in den ETS-Sektoren Industrie und Energie fielen bis 2020 klein aus, weil der Preis für CO_2-Emissionen unwirksam gering war. Das ETS fungierte bis Ende der 2010er-Jahre als „trojainsches Pferd des Klimaschutzes": es schützte die erfassten Sektoren vor ambitioniertem Klimaschutz, auch in Österreich (Markard & Rosenbloom, 2020). In den Non-ETS-Sektoren (wie z. B. Gebäude, Verkehr oder Landwirtschaft) gab es immer wieder verpflichtend umzusetzende EU-Richtlinien, die die Klimapolitik in Österreich geringfügig verbessert haben (z. B. zur Energieeffizienz allgemein oder zur Energieeffizienz von Gebäuden). Darüberhinaus hatten internationale Verpflichtungen der EU, die mittels „effort sharing" an die einzelnen Mitgliedstaaten weitergegeben wurden, keine nennenswerte Lenkungswirkung auf die Klimapolitik Österreichs. Der Grund dafür ist in einem Schlupfloch der UN-Klimaschutz-Architektur zu finden.

Laut UN-Abkommen können international vereinbarte Emissionsreduktionen durch Maßnahmen im Inland und Ausland abgedeckt werden, wobei letztere durch Zertifikatskäufe einem Land angerechnet werden. Um Klimaschutz im Inland nicht gänzlich durch Zertifikatskäufe vermeiden zu können, haben sich die Vertragsparteien dazu verpflichtet, weniger als die Hälfte der nötigen Emissionsreduktionen im Ausland zuzukaufen. Wie war es dann trotzdem möglich, dass Österreich das Klimaschutzziel der bis 2012 dauernden Kyoto-Periode vollständig durch Zertifikatskäufe im Ausland geschlossen hat? Österreich konnte sich nur deshalb aus der Kyoto-Periode „freikaufen", weil die EU als Ganzes Vertragspartei des UN-Klimaschutzabkommens ist. Somit galt die Regel für Klimaschutz im Inland für Österreich nicht. Im Unterschied dazu musste etwa die Schweiz als nationalstaatliche Vertragspartei im Kyoto-Protokoll die zugesagten Emissionsminderungen „überwiegend im Inland" statt durch Zertifikatskäufe im Ausland erfüllen (UNFCCC, 1992). Österreich konnte also dank EU-Mitgliedschaft Emissionsreduktionen im Inland in opportunistischer Weise vermeiden (Steurer et al., 2020).

Sofern das Ziel der Bundesregierung, bereits 2040 (also 10 Jahre vor der EU) klimaneutral zu werden, mehr als symbolische Politik sein soll, wird die EU-Mitgliedschaft im Unterschied zur Kyoto-Periode eine besondere Herausforderung mit sich bringen. Das EU-Emissionshandelssystem ETS, das in Österreich etwa 56 Prozent aller CO_2- und 37 Prozent aller Treibhausgas-Emissionen abdeckt, strebt Klimaneutralität erst im Jahr 2050 an. Das ist eine problematische „Mehrebenen-Diskrepanz", die auf vier Arten aufgelöst werden kann: (1) die EU zieht Klimaneutralität für den ETS-Bereich ebenfalls auf 2040 vor; (2) Österreich reguliert die heimische Industrie in Ergänzung zum ETS im Alleingang; (3) zu hohe Industrie-Emissionen werden in anderen Bereichen (wie z. B. Landwirtschaft) kompensiert; (4) Österreich revidiert die Zielsetzung für 2040 und strebt Klimaneutralität nur mehr für Emissionen außerhalb des ETS an. Aus heutiger Sicht erscheinen nur die erste und die letzte Möglichkeit als politisch machbar, wobei Letzteres nicht mehr als eine „halbe Klimaneutralität" wäre. Da Klimaneutralität bis 2040 mehr als eine Halbierung der Emissionen schon bis 2030 erfordern würde, Österreich von diesem Zielpfad allerdings nach wie vor deutlich abweicht und bislang auch keine entsprechenden Kurskorrekturen eingeleitet wurden (Umweltbundesamt, 2021), ist derzeit allerdings nicht davon auszugehen, dass es sich dabei um mehr als symbolische Politik handelt.

12.5 Gestaltungsoptionen

Wenn wir die österreichische „Klimaschutz-Ordnung" mit der Straßenverkehrsordnung vergleichen, dann haben wir nach wie vor nur unverbindliche Tempolimits (also Sektor-Ziele, die lediglich „Geschwindigkeits-Empfehlungen" sind) und Radarkontrollen für einzelne Sektoren (Emissionsmessungen), aber Kosten für Übertretungen werden kollektiv vom Steuerzahler beglichen. Für die Übertretung des Kyoto-Ziels waren dies knapp 700 Millionen Euro (Steurer & Clar, 2014, S. 332). Ein Verfehlen des Ziels für 2030 würde angesichts hoher CO_2-Preise voraussichtlich ein Vielfaches an Kosten verursachen. Metaphorisch gesprochen funktioniert die österreichische Klimapolitik bislang also wie eine auf Empfehlungen aufbauende „Straßenverkehrs-Unordnung", in der für Übertretungen keine individuellen Strafen oder andere korrigierenden Eingriffe vorgesehen sind. Dies ist in vielen anderen Ländern zwar ähnlich (Nash & Steurer, 2019), allerdings klafften Zielsetzungen und tatsächliche Emissionen in kaum einem Land der EU so drastisch auseinander, wie in Österreich (Rechnungshof Österreich, 2021, S. 22 f.).

Wenn die Bundesregierung sicherstellen will, dass Länder und Sektoren ihre CO_2-Ziele bzw. -Budgets einhalten, dann müsste ein verbindliches Klimaschutzgesetz einen entsprechend starken Anreiz dafür geben, z. B. indem der Kostenteilungsschlüssel an den Grad der Zielverfehlung angepasst und auf Bundesministerien ausgeweitet wird, oder indem bei Verfehlungen Kompetenzen verlagert, Budgets gekürzt oder zu wenig wirksame Maßnahmen rasch nachgebessert werden (Nash & Steurer, 2019; Rechnungshof Österreich, 2021). Wenn die Bundesregierung die Ziele für 2030 und 2040 im Inland erreichen will, dann wird das, analog zu einer funktionierenden Straßenverkehrsordnung, nur möglich sein, wenn eine verbindliche, kontrollierte und mit Sanktionen versehene „Emissions-Ordnung" etabliert wird, deren Einhaltung für die verantwortlichen Akteure auch budgetär günstiger ist als deren Nichteinhaltung. Auf dieser Governance-Grundlage wären Policies wie z. B. klima-positive Wohnbaustandards im Neubau leichter durchsetzbar (siehe auch Abschn. 4.1).

Die nach wie vor bestehende „Emissions-Unordnung" in eine Paris-konforme „Emissions-Ordnung" zu überführen, ist allerdings ein sehr voraussetzungsvolles Vorhaben. Es müsste nicht nur von mehreren Bundesregierungen in Folge geschlossen getragen werden. Sowohl die Sozialpartner als auch die Bevölkerung spielen dabei ebenfalls eine entscheidende Rolle. Um zu verhindern, dass sich einflussreiche Sozialpartner weiterhin regelmäßig gegen Paris-konforme Klimapolitik stellen, wäre eine Reform dieser Institution hilfreich. Zum einen könnte der gesetzliche Auftrag der bestehenden Sozialpartner so formuliert werden, dass Lobbying gegen klimapolitische Maßnahmen (wie z. B. Lobbying gegen ein Verbot von Öl- und Gasheizungen) nicht mehr möglich wäre. Zum anderen ist zu bedenken, dass die Sozialpartnerschaft nur soziale und ökonomische Interessen repräsentiert und die ökologische Dimension nachhaltiger Entwicklung vernachlässigt. Sie spiegelt somit die gesellschaftliche Problemlage des 19. und frühen 20. Jahrhunderts wider. Um den Herausforderungen des 21. Jahrhunderts angemessen begegnen zu können, müsste die Institution Sozialpartnerschaft um eine gleichwertige Umweltkammer ergänzt werden (Hochgerner et al., 2016, S. 37).

Wie in der Vergangenheit wird die Wähler_innenschaft auch in Zukunft den Kurs der österreichischen Klimapolitik maßgeblich mitbestimmen. Vor diesem Hintergrund wird deutlich, wie wichtig EU-Ziele und -Verpflichtungen sowie breites gesellschaftliches und mediales Engagement für Klimaschutz sind. Im Jahr 2019 haben es Fridays for Future und andere Klimabewegungen geschafft, den Diskurs in Politik und Gesellschaft für mehrere Monate zu prägen und Regierungen von der Legitimität klimapolitischer Anliegen zu überzeugen (Daniel et al., 2020). Zudem zeigte das im Jahr 2020 durchgeführte Klimavolksbegehren eindrücklich, dass nicht immer die Zahl der Unterschriften bzw. Beteiligten ausschlaggebend für politischen Einfluss ist. Die von der Bundesregierung gesetzten Initiativen zur Überarbeitung des Klimaschutzgesetzes sind maßgeblich auf dieses direktdemokratische Mittel zurückzuführen. Damit die Governance der Bewältigung der Klimakrise mehr gerecht werden kann, wird auch in Zukunft zivilgesellschaftlicher Druck sowohl über konventionelle (z. B. Wahlen, Volksabstimmungen, Volksbegehren und Petitionen) als auch über unkonventionelle Partizipationsmethoden (z. B. Demonstrationen, Proteste), aber auch stärker strukturierte Beteiligungsmethoden wie Planungszellen, Zukunftsräte und Bürger_innenräte notwendig sein (Newig & Kvarda, 2012; Poier, 2015; Nanz & Leggewie, 2016; Biegelbauer & Kapeller, 2017; Kapeller & Biegelbauer, 2020; Scherhaufer et al., 2021).

In Österreich, wie auch weltweit, sind in den letzten Jahren Forderungen nach der Einrichtung von Bürger_innenräten laut geworden (Nanz & Leggewie, 2016; Ehs, 2020). Verbunden damit ist nicht nur die Hoffnung, den Klimadiskurs weiterzuentwickeln, sondern auch die repräsentative Demokratie mit neuen, partizipativen und deliberativen Elementen zu ergänzen. Durch deliberative Mini-Öffentlichkeiten kann ein repräsentativer und zufällig ausgewählter Querschnitt der Bevölkerung Lösungsansätze für komplexe Probleme erarbeiten. Die Literatur zur deliberativen und partizipativen Demokratietheorie zeigt, dass derartige Verfahren bei einer guten Planung und Prozessgestaltung die demokratische Qualität der Entscheidungsfindung erhöht, die Emanzipation der Bürger_innen durch Mit- bzw. Selbstbestimmung steigert, soziales Lernen sowie gelebte Verantwortung ermöglicht (Dryzek, 2000; Pateman, 1970; Schmidt, 1995; Barnes & Kaase, 1979; Renn et al., 1995; Newig, 2011; kritisch dazu Schäfer & Schön, 2013). Die Erfahrungen bereits durchgeführter Bürger_innenräte in Irland, Frankreich, Schottland oder Dänemark weisen darauf hinzeigen, dass neben essenziellen prozeduralen Faktoren wie Auswahlkriterien, Ablaufregeln, Transparenz und Unterstützung durch Expert_innen auch auf eine enge Verbindung zu den etablierten repräsentativ-demokratischen Teilen des politischen Systems zu achten ist (Devaney et al., 2020; OECD, 2020). Vor diesem Hintergrund ist die im März 2021 erfolgte Ankündigung der Bundesregierung, einen Bürger_innenrat zum Klimaschutz in Österreich einzurichten, ein sinnvoller Schritt, repräsentative Demokratie durch mehr Partizipation und Deliberation funktional zu ergänzen. Wie das Vorarlberger Modell zeigt, können diese Governance-Innovationen auch dauerhaft im politischen System verankert werden (Trettel et al., 2017). Eine Fortführung und Institutionalisierung partizipativer und deliberativer Elemente ist auch im Zusammenhang mit dem von Jänner bis Juni 2021 erstmals auf Bundesebene durchgeführten Klimarat (https://klimarat.org) zu wünschen (Clar et al., 2023; Scherhaufer et al., forthcoming). Anregungen und Beispiele der Verstätigung derartiger partizipativer Instrumente zum Beispiel mit Hilfe von permanenten Foren deliberativer Demokratie oder auch in verschränkter Form mit bestehenden Parlamenten können unter anderem bereits auf regionaler Ebene in Belgien gefunden werden (Macq & Jacquet, 2022).

Allerdings wäre es kurzsichtig, alleine vom Ausbau partizipativer und deliberativer Elemente eine grundlegende politische Wende zu erwarten. Diese muss gleichzeitig an mehreren Stellen ansetzen. Neben den weiter oben genannten Protesten, zivilgesellschaftlichen Engagement und Formen der direkten Demokratie sollten auch Parlamente dabei eine wichtige Rolle spielen. Hier kann sich Österreich etwa an das finnische Parlament orientieren wo Belange „zukünftiger Generationen" in einem eigenen Ausschuss behandelt werden (Koskimaa und Raunio, 2020; Smith, 2021). Auch in Deutschland wurde mit dem Parlamentarischen Beirat für nachhaltige Entwicklung (PBnE) eine neue Form von parlamentarischer Teilnahme an der Klima- und Nachhaltigkeitspolitik etabliert (Kinski und Whiteside, 2022).

Eine der Klimakrise einigermaßen angemessene Klimapolitik hat in Österreich erst 2020 in wenigen Bereichen (wie z. B. dem Ziel, die gesamte Stromversorgung bis 2030 emissionsfrei zu machen) bzw. nur ansatzweise begonnen. Folglich weicht Österreich nach wie vor weit von jenem Zielpfad ab, der sich aus der selbst gesteckten Vision, bis 2040 klimaneutral werden zu wollen, ergeben würde. Wie die Erfahrungen des Jahres 2019 gezeigt haben, wurden die kleinen Fortschritte nicht durch bessere Governance „von oben", sondern durch eine gesellschaftspolitische Dynamik „von unten" ermöglicht. Die nun anstehende gesellschaftliche Herausforderung besteht darin, diese Dynamik nach der COVID-19-Pandemie neuerdings in Gang zu setzen und in der Folge auf nationale, europäische und internationale Klimapolitik zu übertragen. In Kombination mit entschlossenem klimapolitischem Leadership, könnte der „vicious circle of inaction" dauerhaft in einen „virtuous circle of climate action" verwandelt werden (Climate Outreach, 2020). Ohne gesellschaftliche Dynamik und/oder politisches Leadership wird die nun anstehende Transformation zu einer klimaneutralen Gesellschaft nicht oder nur stark verzögert gelingen.

12.6 Quellenverzeichnis

Abstiens, K.; Gangl, K.; Karmasin, S.; Kimmich, C.; Kirchler, E.; Spitzer, F. & Walter, A. (2021): Die Klimawandel-Landkarte Österreichs: Treibende Kräfte und nächste Schritte, https://irihs.ihs.ac.at/id/eprint/5895/1/2021-abstiens-gangl-karmasin-et-al-die-klimawandel-landkarte-oesterreichs.pdf

AEA Austrian Energy Agency & Umweltbundesamt (2005): Evaluierungsbericht zur Klimastrategie Österreichs. Evaluierungsbericht gem. EZG, im Auftrag des Lebensministeriums, Wien.

Barnes, Samuel H., Kaase, Max (1979): Political Action: Mass Participation in Five Western Democracies. Beverly Hills: Sage Publ.

Bednar-Friedl, B.; Radunsky, K. et al. (2014): Emissionsminderung und Anpassung an den Klimawandel [Mitigation and Adaptation to Climate Change]; in: Kromp-Kolb, H.; Nakicenovic, N. et al. (Hg.); Österreichischer Sachstandsbericht Klimawandel 2014 [Austrian Assessment Report 2014]. Wien: Verlag der Österreichischen Akademie der Wissenschaften, 707–769.

Biegelbauer, P., & Kapeller S. (2017): Mitentscheiden oder Mitgestalten: direkte Demokratie versus dialogorientierte Verfahren in lokalen Entscheidungsfindungsprozessen. SWS Rundschau, 57(1), 32–55.

Bohnenberger, K; Fritz, M., Mundt, I. & Riousset, P. (2021): Die Vertretung ökologischer Interessen in der Sozialpolitik: Konflikt- oder Kooperationspotential in einer Transformation zur Nachhaltigkeit?, in: Zeitschrift für Sozialreform, 67/2, 89–121.

Bohl, C., & Daniel, A. (2020). Klimaproteste in Wien. Motive und Emotionen der Fridays for Future. Kurswechsel, 1(2020), 62–74.

Brand, U., & Niedermoser, K. (2019). The role of trade unions in social-ecological transformation: Overcoming the impasse of the current growth model and the imperial mode of living. Journal of Cleaner Production, 225, 173–180.

Brand, U., & Pawloff, A. (2014). Selectivities at Work: Climate Concerns in the Midst of Corporatist Interests. The Case of Austria. Journal of Environmental Protection, 2014(5), 780–795.

Broukal, J. F./Hammerl, E./Hämmerle, K./Niederwieser, E./Plaikner, P./Ulram, P.A./Winkler, H. (Eds.), (2009): Politik auf Österreichisch: Zwischen Wunsch und Realität, Wien: Goldegg Verlag.

Bundeskanzleramt, 2008: Regierungsprogramm 2008–2013. Gemeinsam für Österreich. Wien.

Buzogány, A. & Mikecz, D. (2019): Austria, in: Wahlström, M.; Kocyba, P.; De Vydt, M. & de Moor, J. (eds.), Protest for a future: Composition, mobilization and motives of the participants in Fridays For Future climate protests on 15 March, 2019 in 13 European cities. https://osf.io/m7awb/.

Carter, N. (2014): The politics of climate change in the UK, in: WIREs Climate Change, 5/3, 423–433.

Carter, N., & Jacobs, M. (2014). Explaining radical policy change: The case of climate change and energy policy under the British Labour Government 2006–2010. Public Administration, 92(1), 125–141.

Casado-Asensio, J, & Steurer, R. (2016): Bookkeeping rather than climate policy making: national mitigation strategies in Western Europe, in: Climate Policy, 16/1, 88–108.

Cittadino, F.; Parks, L.; Bertuzzi, N. (forthcoming): Climate Change Integration in the Multilevel Governance of Italy and Austria. Leiden: Brill Publishing.

Clar, C., Scherhaufer, P. (2021): Klimapolitik auf Österreichisch: „Ja, aber ...“; in: Armutskonferenz, Attac, Beigewum (Hg.): Klimasoziale Politik. Eine gerechte und emmissionsfreie Gesellschaft gestalten, bahoe books, 31–40.

Clar, C., Omann, I., & Scherhaufer, P. (2023): Der österreichische Klimarat – ein Beitrag zur Weiterentwicklung von Demokratie und Politik? SWS Rundschau, 63(3), 103-119.

Climate Outreach (2020): Theory of Change: Creating a social mandate for climate action. https://climateoutreach.org/reports/theory-of-change/.

Daniel, A., Deutschmann, A., Buzogány, A., & Scherhaufer, P. (2020). Die Klimakrise deuten und Veränderungen einfordern: Eine Framing-Analyse der Fridays for Future. SWS-Rundschau, 60(4), 365–384.

Devaney, L., Torney, D., Brereton, P., & Coleman, M. (2020). Deepening public engagement on climate change: Lessons from the citizens' assembly. Dublin: Environmental Protection Agency.

Dolezal, M., Hutter, S. (2007). Konsensdemokratie unter Druck. Politischer Protest in Österreich 1975–2005. Österreichische Zeitschrift für Politikwissenschaft, 36(3), 337–352.

Dryzek, John S. (2000): Deliberative democracy and beyond. Oxford: Oxford University Press.

Dubash, N. K. (2020). Climate laws help reduce emissions. Nature Climate Change, 10(8), 709–710. https://doi.org/10.1038/s41558-020-0853-6

EEA European Environment Agency (2012): Greenhouse gas emission trends and projections in Europe 2012. EEA Report No 6/2012.

Ehs, Tamara (2020): Krisenfeste Demokratie? Mehr Partizipation und breitere Deliberation! In: Köhler/ Mertens (Hrsg.): Jahrbuch für politische Beratung 2019/2020, Wien, edition mezzogiorno, 86–

Feichtinger, J.; Stickler, T.; Schuch, K. & Lexer, W. (2021): Sustainable development and climate change mitigation at the rural municipal level in Austria. Tracing policy diffusion, process dynamics and political change GAIA 30/3, 189–197.

Gamble, A. (2000). Economic Governance, In: Pierre, J. (ed.), Debating Governance: Authority, Steering and Democracy. Oxford: Oxford University Press, 110-137.

Gärtner, R. & Hayek, L. (2022): Das politische System Österreichs: Zwischen Konsens und Konflikt. Wien: new academic press.

Hochgerner, J. et al. (2016): Grundlagen zur Entwicklung einer Low Carbon Development Strategy in Österreich: Synthesereport. Wien.

Kapeller, S. & Biegelbauer, P. (2020): How (Not) to Solve Local Conflicts Around Alternative Energy Production: Six Cases of Siting Decisions of Austrian Wind Power Parks, in: Utilities Policy, 65, 101062.

Kinski, L. & Whiteside, K., 2022. Of parliament and presentism: electoral representation and future generations in Germany. Environmental Politics, https://doi.org/10.1080/09644016.2022.2031441.

Kirchengast, Gottfried et al. (2020): Referenzplan als Grundlage für einen wissenschaftlich fundierten und mit den Pariser Klimazielen in Einklang stehenden Nationalen Energie- und Klimaplan für Österreich.

Kooiman, J. (2003): Governing as Governance. London: Sage.

Kooiman, J. (ed.) (1993): Modern Governance. London: Sage.

Koskimaa, V. & Raunio, T. (2020). Encouraging a longer time horizon: the Committee for the Future in the Finnish Eduskunta. The Journal of Legislative Studies, 26(2), 159–179. https://doi.org/10.1080/13572334.2020.1738670

Lebensministerium. (2002). Strategie Österreichs zur Erreichung des Kyoto-Ziels. Klimastrategie 2008/2012. Vom Ministerrat angenommen am 18. Juni 2002, Wien.

Lebensministerium (2007). Anpassung der Klimastrategie Österreichs zur Erreichung des Kyoto-Ziels 2008–2013. Vorlage zur Annahme im Ministerrat am 21. März 2007, Wien.

Macq, H. / Jacquet, V. (2022): Institutionalising participatory and deliberative procedures: The origins of the first permanent citizens' assembly. European Journal of Political Research. https://doi.org/10.1111/1475-6765.12499

Markard, J. & Rosenbloom, D. (2020): Political conflict and climate policy: the European emission trading system as a Trojan Horse for the low-carbon transition?, in: Climate Policy, 20/9, 1092–1111.

Matti, S., Petersson, C., & Söderberg, C. (2021). The Swedish climate policy framework as a means for climate policy integration: an assessment. Climate Policy, 21(9), 1146–1158.

Moderegger, M. E. (2019): Wie Österreich Klimaschutz im Inland vermeidet: Flexible Mechanismen in der Kyoto-Periode. Diplomarbeit an der BOKU Wien. Wien.

Nanz, P. & Leggewie, C. (2016): Die Konsultative – mehr Demokratie durch Bürgerbeteiligung. Berlin: Klaus Wagenbach.

Narodoslawsky, B. (2020): Inside Fridays for Future: Die faszinierende Geschichte der Klimabewegung in Österreich. Wien: Falter Verlag.

Nash, S.L. & Steurer, R. (2019): Taking stock of Climate Change Acts in Europe: living policy processes or symbolic gestures?, in: Climate Policy, 19/8, 1052–1065.

Nash, S. L., & Steurer, R. (2021). Climate Change Acts in Scotland, Austria, Denmark and Sweden: the role of discourse and deliberation. Climate Policy, 21(9), 1–12.

Nash, S. L., & Steurer, R. (2022). From symbolism to substance: what the renewal of the Danish climate change act tells us about the driving forces behind policy change. Environmental Politics, 31(3), 453–477.

Nash, S. L., Torney, D., & Matti, S. (2021). Climate Change Acts: Origins, Dynamics, and Consequences. Climate Policy, 21(9), 1111–1119.

Newig, Jens (2011): Partizipation und neue Formen der Governance. In: Matthias Groß (Hg.): Handbuch Umweltsoziologie. Wiesbaden: VS Verlag für Sozialwissenschaften, 485–502.

Newig, Jens; Kvarda, Eva (2012): Participation in Environmental Governance: Legitimate and Effective? In: Karl Hogl, Eva Kvarda, Ralf Nordbeck und Michael Pregernig (Hg.): Environmental Governance: Edward Elgar Publishing.

Niedermoser, K. (2017). Wenn wir nicht mehr wachsen, wie verteilen wir dann um? Österreichische Zeitschrift für Soziologie, 42(2), 129–145.

O'Neill, S., & Alblas, E. (2020). Climate litigation, politics and policy change: Lessons from Urgenda and Climate Case Ireland. In D. Robbins, D. Torney, & P. Brereton (Eds.), Ireland and the Climate Crisis (pp. 57–72): Palgrave Macmillan.

OECD. (2020). Innovative Citizen Participation and New Democratic Institutions. Paris.

Österreich (Ref-NEKP). Vision 2050 und Umsetzungspfade: Österreich im Einklang mit den Pariser Klimazielen und der Weg dorthin, verfügbar unter: https://tinyurl.com/y3gys55m.

Pateman, C. (1970): Participation and Democratic Theory. Cambridge: Cambridge University Press.

Pernicka, S. (Hg.) (2020): Kontinuität und Wandel der Sozialpartnerschaft in Österreich. Aktuelle Befunde. Working Paper 1/2020. Linz: Johannes Kepler Universität. https://www.jku.at/fileadmin/gruppen/119/WOS/Dokumente_Mitarbeiter/Ausgewaehlte_Publikationen/WP_Kontinuitaet_und_Wandel_der_Sozialpartnerschaft.pdf.

Paster, T. (2020): Sozialpartnerschaft und Arbeitgeber*innenverbände in Österreich, in: Pernicka, S. (Hg.): Kontinuität und Wandel der Sozialpartnerschaft in Österreich. Aktuelle Befunde. Working Paper 01/2020. Linz: Johannes Kepler Universität, https://www.jku.at/fileadmin/gruppen/119/WOS/Dokumente_Mitarbeiter/

Ausgewaehlte_Publikationen/WP_Kontinuitaet_und_Wandel_der_Sozialpartnerschaft.pdf

Pesendorfer, D. (2007): Paradigmenwechsel in der Umweltpolitik: Von den Anfängen der Umwelt- zu einer Nachhaltigkeitspolitik: Modellfall Österreich? Wiesbaden: VS Verlag für Sozialwissenschaften.

Pfoser, R. (2014): "Contrarians" – their role in the debate on climate change (global warming) and their influence on the Austrian policy making process. Publizierbarer Endbericht des ACRP-Projekts K10AC1K00051.

Pierre, J. (ed.) (2000): Debating Governance: Authority, Steering and Democracy. Oxford: Oxford University Press.

Poier, Klaus (2015): Gegensatz, Ergänzung, Korrektiv: Welche Funktionen der direkten Demokratie sollen gestärkt werden? In: Öhlinger/Poier (Hrsg.): Direkte Demokratie und Parlamentarismus. Wie kommen wir zu den besten Entscheidungen? Wien/Köln/Graz: Studien zur Politik und Verwaltung, Böhlau, S. 201–226.

Porta, Donatella della (2021): Progressive Social Movements, Democracy and the Pandemic; in: Delanty, G. (ed), Pandemics, Politics, and Society. Berlin: De Gruyter, 209–226.

Pleyers, G. (2020): The Pandemic is a battlefield. Social movements in the COVID-19 lockdown, in: Journal of Civil Society, 16/4, 295–312.

Rechnungshof Österreich. (2021). *Klimaschutz in Österreich – Maßnahmen und Zielerreichung 2020*. Wien: Rechnungshof.

Renn, O.; Webler, T.; Wiedemann, P. (Hg.) (1995): Fairness and Competence in Citizen Participation: Evaluating Models for Environmental Discourse. Dordrecht: Springer Netherlands.

Rhodes, R.A.W. (1997): Understanding governance: Policy networks, governance and accountability. Buckingham: Open University Press.

Rosenau, J. (1992): Governance, order, and change in world politics; in: Rosenau, J. & Czempiel, E. (eds.), Governance without Government: Order and Change in World Politics. Cambridge: Cambridge University Press, 1–29.

Schäfer, A. & Schön, H. (2013): Mehr Demokratie, aber nur für wenige? Der Zielkonflikt zwischen mehr Beteiligung und politischer Gleichheit. In: Leviathan 41(1), 94–120.

Scherhaufer, P.; Klittich, P. & Buzogány, A. (2021): Between illegal protests and legitimate resistance. Civil disobedience against energy infrastructures. In: Utilities Policy 72, 101249.

Scherhaufer, P., Plöchl, J., & Buzogány, A. (forthcoming): Der erste österreichweite Klimarat der Bürger:innen: Partizipative Deliberation gescheitert oder gelungen? In: Fritz, J., & Tomaschek, N. (eds.): Partizipation: Das Zusammenwirken der Vielen für Umwelt, Wirtschaft und Demokratie, Band 12, Reihe: University – Society – Industry. Beiträge zum lebensbegleitenden Lernen und Wissenstransfer. Waxmann: Münster/New York.

Schmidt, Manfred G. (1995): Demokratietheorien. Eine Einführung. 1. Aufl. Opladen: Leske + Budrich.

Segert, A. (2016). Gewerkschaften und nachhaltige Mobilität (Bd. 60). Kammer für Arbeiter und Angestellte für Wien. https://trid.trb.org/view/1471160.

Smith, Graham, (2021). Can democracy safeguard the future? Cambridge: Polity.

Soder, M., Niedermoser, K., & Theine, H. (2018). Beyond growth: New alliances for socio-ecological transformation in Austria. Globalizations, 15(4), 520–535.

Statistik Austria / Lebensministerium (2009): Umweltbedingungen, Umweltverhalten 2007. Ergebnisse des Mikrozensus, Wien.

Statistik Austria / Lebensministerium (2013): Umweltbedingungen, Umweltverhalten 2011. Ergebnisse des Mikrozensus, Wien.

Statistik Austria / Ministerium für ein Lebenswertes Österreich (2017): Umweltbedingungen, Umweltverhalten 2015. Ergebnisse des Mikrozensus, Wien.

Statistik Austria / Ministerium für Klimaschutz, Umwelt, Energie, Mobilität, Innovationen und Technologie (2020): Umweltbedingungen, Umweltverhalten 2019. Ergebnisse des Mikrozensus, Wien.

Steurer, R.; Casado-Asensio, J. & Clar, C. (2020): Climate change mitigation in Austria and Switzerland: The pitfalls of federalism in greening decentralized building policies, in: Natural Resources Forum, 44/1, 89–108.

Steurer, R. & Clar, C. (2014): Politikintegration in einem föderalen Staat: Klimaschutz im Gebäudesektor auf Österreichisch, in: der moderne Staat, 7/2, 331–352.

Trettel, M.; Valdesalici, A.; Alber, E.; Kress, A.; Meier, A.; Ohnewein, V. & Klotz, G. (2017): Demokratische Innovation und partizipative Demokratie im Alpenraum: vergleichender Bericht, Eurac Research, Bozen.

Ucakar, K. & Gschiegl, S. (2014): Das politische System Österreichs und die EU. Wien: Facultas.Uehlinger, Hans-Martin (1988): Politische Partizipation in der Bundesrepublik. Strukturen und Erklärungsmodelle. 1. Aufl. VS Verlag für Sozialwissenschaften (Beiträge zur sozialwissenschaftlichen Forschung, 96).

United Nations (1992): United Nations Framework Convention on Climate Change. New York: United Nations.

Umweltbundesamt (2012): Klimaschutzbericht 2012. Wien: Umweltbundesamt.

Umweltbundesamt (2014): Klimaschutzbericht 2014. Wien: Umweltbundesamt.

Umweltbundesamt (2021): Klimaschutzbericht 2021. Wien: Umweltbundesamt.

Warnstorff, J., 2011: Climate protection in federal countries: Vertical coordination between federation and states in Austria, Germany and Switzerland. Master Thesis, University of Natural Resources and Life Sciences, Vienna.

Wunder, B., 2004: Österreichische und europäische Initiativen im Bereich der Emittentengruppe Raumwärme zur Unterstützung der Klimapolitik, Diplomarbeit, Graz.

Kapitel 13. Innovationssystem und -politik

Koordinierende_r Leitautor_in
Matthias Weber

Leitautor_in
Klaus Kubeczko

Koordination der Strukturkapitel
Michael Ornetzeder

Revieweditor
Gerhard De Haan

Zitierhinweis
Weber, M. und K. Kubeczko (2023): Innovationssystem und -politik. In: APCC Special Report: Strukturen für ein klimafreundliches Leben (APCC SR Klimafreundliches Leben) [Görg, C., V. Madner, A. Muhar, A. Novy, A. Posch, K. W. Steininger und E. Aigner (Hrsg.)]. Springer Spektrum: Berlin/Heidelberg.

Kernaussagen des Kapitels
Status quo und Dynamik

- In der wissenschaftlichen Debatte werden Innovationen inzwischen weitgehend als soziotechnische Phänomene behandelt. In der Politik beginnt sich dieses soziotechnische Verständnis ebenfalls durchzusetzen, auch wenn traditionelle technologiezentrierte Ansätze („Technology Push") nach wie vor häufig anzutreffen sind. (hohe Übereinstimmung, starke Literaturbasis)
- In Österreich lassen sich erste gelungene Beispiele einer neuen Generation transformativ angelegter Politikstrategien und ihrer Implementierung in Form konkreter Maßnahmen und Programmen feststellen. (hohe Übereinstimmung, mittlere Literaturbasis)

Notwendige Veränderungen

- Das Zusammenwirken von technologischen und sozialen, organisatorischen und institutionellen Innovationen wird als zentral für einen Systemwandel angesehen. Wenn es gelingt, dieses soziotechnische Verständnis, das angebotsseitige (z. B. Forschung und Entwicklung) und nachfrageseitige (z. B. gesellschaftliche Bedarfe) Impulse gleichberechtigt als Determinanten von Innovation betrachtet, im Rahmen einer stärker transformativen und klimafreundlichen Politik zu verankern, dann erweitert sich der Handlungsraum auf dem Weg hin zu einer klimafreundlichen Gesellschaft beträchtlich. (mittlere Übereinstimmung, mittlere Literaturbasis)

Strukturen und Akteur_innen

- Der verbreitete Einsatz von klimafreundlichen soziotechnischen Innovationen in der Praxis ist entscheidend dafür, ob sie eine positive Wirkung im Hinblick auf eine klimafreundliche Gesellschaft haben werden. (hohe Übereinstimmung, starke Literaturbasis)
- Zu den zentralen Hindernissen auf dem Weg zu einer klimafreundlicheren Governance zählen die Versäulung politischer Verantwortlichkeiten mit ihren jeweiligen Eigenlogiken und der Mangel an längerfristigem und strategisch adaptivem Politiklernen. (mittlere Übereinstimmung, mittlere Literaturbasis)

Gestaltungsoptionen

- Die mit soziotechnischen Innovationen und ihrer Anwendung verbundenen komplexen Dynamiken und Ungewissheiten hinsichtlich ihrer Wirkungen erfordern neuartige Governance-Konzepte,

insbesondere hinsichtlich (1) des Zusammenwirkens von Innovationspolitik und Sektorpolitiken sowie (2) der Einbeziehung breiterer Gruppen von Stakeholdern in Politikprozesse. (hohe Übereinstimmung, mittlere Literaturbasis)
- Damit einher geht ein Wandel des staatlichen Rollenverständnisses in Bezug auf komplexe Prozesse soziotechnischer Transformationen. Statt mechanistischer Planung und Steuerung von Transformationsprozessen wird verlässliche und richtungsgebende („direktionale") Orientierung im Hinblick auf klimafreundliche soziotechnische Innovationen sowie eine moderierende und mobilisierende Rolle des Staates in Bezug auf private wie öffentliche Akteur_innen nahegelegt (z. B. durch zukunftsgerichtete Prozesse der Visionsentwicklung und Orchestrierung, Roadmapping mit partizipativem Foresight etc.). (mittlere Übereinstimmung, mittlere Literaturbasis)
- Eine Mischung aus verschiedenen angebots- und nachfrageseitigen Politikinstrumenten ist geeignet, um Prozesse des Systemwandels anzustoßen und zu begleiten. Die Instrumente können dabei von der Forschungs- und Innovationsförderung bis hin zur Regulierung und Beschaffung (z. B. grüne und innovationsorientierte Beschaffung, vorwettbewerbliche Prozesse) reichen. (mittlere Übereinstimmung, mittlere Literaturbasis)
- Dabei besteht häufig die Notwendigkeit einer experimentellen Erprobung des Zusammenwirkens von unterschiedlichen angebots- und nachfrageseitigen Politikinstrumenten (z. B. mit Hilfe von Reallaboren, regulatorischen Experimenten, Pilotregulierungen, Regulatory Sandboxes etc.), die durch entsprechende Monitoring-, Lern- und (begleitende) Evaluierungsprozesse über längere Zeiträume begleitet werden. (hohe Übereinstimmung, starke Literaturbasis)

13.1 Der Wandel des Innovationsverständnisses in Wissenschaft und Politik

Neue technologische und nichttechnologische Entwicklungen und damit zusammenhängende soziotechnische Innovationen spielen eine wichtige Rolle, um Transformationen hin zu einer klimafreundlicheren Gesellschaft zu erreichen. Gerade in hoch klimarelevanten Bereichen wie Mobilität, Energieerzeugung, -versorgung und -nutzung oder Nahrungsmittelversorgung und Ernährung ist die Verknüpfung neuer technologischer Optionen mit organisatorischen Innovationen und Verhaltensänderungen zentral, um gesellschaftliche Veränderungen im Sinne der Bewältigung der Klimakrise anzustoßen und zu ermöglichen. Die soziale Dimension von Innovation ist sowohl für deren Gehalt als auch für deren Aufgreifen in der Breite von hoher Relevanz.

Das Potenzial von soziotechnischen Innovationen wird von der Politik zunehmend erkannt, der Begriff der Innovation ist daher meist positiv konnotiert (Godin, 2015). Diese Erkenntnis hat im Laufe der vergangenen rund zehn Jahre zu einem normativen Wandel in der Forschungs- und Innovationspolitik geführt (Daimer et al., 2012; Biegelbauer & Weber, 2018; Uyarra et al., 2019), der sich in neuen Begründungsmustern, Governance-Prozessen und Instrumentarien der F&I-Politik manifestiert (Weber & Rohracher, 2012). Dieser Wandel zeigt sich insbesondere darin, dass komplementär zur traditionellen Betonung von wirtschaftlichen Zielen – wie der Steigerung von Wettbewerbsfähigkeit und Beschäftigung, für die die strukturelle Innovationsfähigkeit einer Volkswirtschaft eine wichtige Rolle spielt – auch zunehmend richtungsgebende, direktionale Zielsetzungen in der F&I-Politik betont werden (Schot & Steinmueller, 2018; Wanzenböck et al., 2020). Die direktionale Ausrichtung von Forschungs- und Innovationspolitik zielt auf die Bewältigung verschiedener gesellschaftlicher Herausforderungen ab und orientiert sich auch an den UN-Nachhaltigkeitszielen. Sie ist eingebettet in eine programmatische Weiterentwicklung der europäischen Politikziele, die sich in Strategien wie dem European Green Deal (European Commission 2019; European Commission 2021a) oder der industriepolitischen Strategie der digitalen und grünen Twin Transition (European Commission 2020) widerspiegeln.

In Bezug auf Forschungs- und Innovationspolitik wird diese Veränderung vor allem in den Rahmenprogrammen für Forschung und Innovation sichtbar, wo mit dem vergangenen Horizon-2020-Rahmenprogramm explizit direktional ausgerichtete Ziele aufgenommen und nun mit dem neuen Rahmenprogramm Horizon Europe auch in Form neuer Instrumentarien wie den EU-Missionen (European Commission 2021b) konkretisiert wurden. Vier der fünf von der EU-Kommission gemeinsam mit Rat und Parlament beschlossenen Missionen in Horizon Europe besitzen eine hohe Klimarelevanz.[1] Die neuen Instrumentarien in Horizon Europe, wie Missionen und bestimmte Arten Europäischer Partnerschaften (European Commission, 2021c; European Commission, 2021d), sind auch eine Reaktion auf die unbefriedigende Übersetzung der programmatischen Ambitionen von Horizon 2020 in operative Instrumentarien und Arbeitsprogramme (European Commission, 2017).

---

[1] Diese vier Missionen beziehen sich auf die Missionsfelder „Climate-Neutral and Smart Cities", „Soil Health and Food", „Climate Adaptation, including Societal Transformation" und „Healthy Oceans, Seas, Coastal and Inland Waters".

In Österreich ist es – aufbauend auf einer langjährigen Tradition thematisch ausgerichteter Forschungs-, Technologie- und Innovationsförderprogramme – in den letzten Jahren ebenfalls zu Veränderungen im institutionellen Umfeld für soziotechnische Innovationen gekommen. Im Zuge der seit Mitte der 1990er Jahre in Österreich eingeführten thematischen FTI-Förderprogramme in Bereichen wie Energie, Verkehr/Mobilität oder Bauen wurde das Argument der sogenannten „Doppeldividende" vertreten, dass darauf abzielt, mithilfe dieser Programme sowohl industrie- als auch umweltpolitische Ziele und Wirkungen zu verfolgen (Meyer et al., 2009). Das große Augenmerk, das die aktuelle Bundesregierung auf die Klimaziele bis 2030 legt (Bundeskanzleramt, 2020), hat nicht nur die Aufmerksamkeit für direktionale Maßnahmen, die klimafreundliche Innovationen bevorzugt unterstützen sollen, erhöht, sondern vor allem auch für umsetzungsorientierte Maßnahmen, die rasche Wirkungen auf die österreichische Emissionsbilanz bis 2030 erwarten lassen. In dieser Hinsicht spielen insbesondere die Maßnahmen des Klima- und Energiefonds wie beispielsweise die Vorzeigeregionen eine wichtige Rolle (UBA, 2021).

Im internationalen Vergleich zeichnet sich die österreichische öffentliche Forschungsfinanzierungs- und Förderlandschaft durch einen hohen Anteil nicht direktionaler Mittel aus (OECD, 2018; Buchinger et al., 2017). Dies lässt sich auf drei Faktoren zurückführen:[2] (1) einen hohen Anteil universitärer Grundfinanzierung (OECD, 2018), (2) die hohe und in den letzten Jahren weiter gestiegene Bedeutung ungerichteter steuerlicher Anreize für private Forschungs- und Entwicklungs(F&E)-Investitionen wie der Forschungsprämie (OECD, 2018) und (3) den hohen Anteil themenoffener Förderprogramme, insbesondere im angewandten Bereich (z. B. Basisprogramme der FFG, Kompetenzzentrenprogramm COMET). Mehr als 60 Prozent der F&E-Ausgaben in Österreich werden von privaten in- und ausländischen Unternehmen getätigt (BMBWF, BMK, BMDW, 2021; OECD, 2018). Zu den zentralen Empfehlungen des OECD Innovation Policy Review für Österreich zählt daher, dass eine stärkere Ausrichtung auf Themen (1) mit Bezug zu gesellschaftlichen Herausforderungen, (2) mit Relevanz für Prioritäten des EU-Rahmenprogramms Horizon Europe und (3) mit entsprechenden internationalen Partnern verfolgt werden soll (OECD, 2018).

In den vergangenen 20 Jahren haben sich die F&E-Ausgaben in Österreich dynamisch entwickelt. Die F&E-Quote zählt inzwischen mit 3,23 Prozent (2020) zu den höchsten in Europa (vgl. OECD, 2018; BMBWF, BMK, BMDW, 2021). Das verweist auf eine deutliche Stärkung der Forschungs- und Innovationsfähigkeit Österreichs. Während dies grundsätzliche eine positive Entwicklung ist, stellt sich die Frage, ob sie neben der Stärkung der Forschungs- und Innovationsleistung von Universitäten, Forschungseinrichtungen und Unternehmen auch hinreichend zur Bekämpfung des Klimawandels wirksam wird bzw. ob stärker direktionale (und nicht vorherrschend strukturelle) Innovationsimpulse vonnöten wären, wie dies beispielsweise auch im Rahmen der Innovation Policy Review durch die OECD nahegelegt wurde (OECD, 2018). Wichtig ist im Hinblick auf den hohen Anteil privater F&E-Finanzierung die Signal- und Mobilisierungswirkung öffentlicher Politik auf die Forschungs- und Innovationsaktivitäten von Unternehmen. Diese hängt auch von den strategischen Impulsen der Politik auf nationaler und europäischer Ebene ab – es kommt darauf an, ob die Politik eine glaubhafte Umorientierung auf einen Systemwandel hin zu einer klimafreundlicheren Politik vermittelt oder nicht.

In jüngster Zeit lassen sich erste Schritte hin zu einer stärkeren Betonung direktionaler Maßnahmen feststellen, und zwar auch in dem Sinne, dass strukturell ausgerichtete Politikmaßnahmen mit einer direktionalen Komponente versehen werden. Jüngstes Beispiel dafür ist die Ausgestaltung der COVID-19-Investitionsprämie, bei der Investitionen in den Bereichen Nachhaltigkeit, Digitalisierung und Lebenswissenschaften mit einer höheren Prämie unterstützt werden (14 Prozent) als andere Investitionen (7 Prozent). Diese kommt auch Investitionen in Forschung und Innovation zugute (Dachs & Weber, 2022). Für andere mögliche direktional wirksame Ansatzpunkte wie die Unterstützung sozialer Innovationen oder die Nutzung der Potenziale geistes-, sozial- und kulturwissenschaftlicher Forschung lassen sich in Österreich derzeit nur wenige Beispiele finden. Verwiesen sei diesbezüglich auf das Förderprogramm Mobilität der Zukunft, das seit einigen Jahren soziale und organisatorische Innovationen explizit neben technologischen in den Vordergrund rückt (BMK, 2020). Insgesamt spielt die soziale Dimension von Innovation in der österreichischen Förderpolitik aber nach wie vor eine untergeordnete Rolle.

Mit dieser Entwicklung geht die Erkenntnis einher, dass für Systemveränderungen über soziotechnische Innovationen hinaus insbesondere deren „Generalisierung", das heißt ihre Diffusion, Skalierung, Replikation und Adaption sowie ihre gesellschaftliche und kulturelle Einbettung, von zentraler Bedeutung für ihre klimarelevanten Wirkungen sind. Sowohl in Bezug auf soziotechnische Innovationen als auch in Bezug auf ihre Generalisierung existieren jedoch erhebliche Barrieren und es mangelt an geeigneten Beschleunigungsmechanismen, um historisch gewachsene Pfadabhängigkeiten zu überwinden. Hier sind häufig über Jahrzehnte gewachsene zentralisierte Infrastrukturen [vgl. Kap. 22 Netzgebundene Infrastrukturen], aber auch regulative Barrieren zu nennen. Als Beispiel sei hier auf neue Formen dezentraler Energieer-

---

[2] Vergleiche hierzu im Detail die österreichischen Forschungs- und Technologieberichte der vergangenen Jahre, in denen wiederholt die Aufteilung der öffentlichen Forschungs- und Innovationsförderung untersucht wurde.

zeugung verwiesen (z. B. Energiegemeinschaften), die sich erst seit wenigen Jahren durchzusetzen beginnen, nachdem das in diesem Bereich bestehende Systemversagen durch regulative Anpassungen behoben wurde. Zugleich gilt es die Möglichkeiten, die neue technologische Entwicklungen für ein gutes und zugleich klimafreundlicheres Leben bieten, frühzeitig zu erkennen, zu unterstützen und ihre Umsetzbarkeit im Systemkontext zu ermöglichen. Strukturelle und institutionelle Bedingungen spielen hierbei eine zentrale Rolle.

13.2 Notwendige Veränderungen struktureller und institutioneller Bedingungen für soziotechnische Innovationen und ihre Generalisierung

Um die Möglichkeiten für ein gutes klimafreundliches Leben zu schaffen, gilt es nicht nur die strukturellen und institutionellen Bedingungen für die Entstehung und Genese soziotechnischer Innovationen zu überdenken, sondern auch jene, die für deren Generalisierung und gesellschaftliche Einbettung erforderlich sind. Neben diesen beiden Facetten gehen wir im Folgenden auch auf wichtige dynamische Phänomene ein, die bei der Gestaltung dieser Bedingungen beachtet werden müssen.

13.2.1 Genese soziotechnischer Innovationen

Innovationen wurden und werden nach wie vor häufig im Sinne technologischer Innovationen verstanden, die insbesondere durch Impulse aus Forschungs- und Entwicklungstätigkeiten vorangetrieben werden. Dieses auch als lineares „science and technology-push" bezeichnete Modell von Innovation wird zwar seit Jahrzehnten als realitätsfern kritisiert,[3] spiegelt sich aber dennoch in den strukturellen und institutionellen Bedingungen sowie den zugehörigen Politikmaßnahmen unseres Forschungs- und Innovationssystems wider. Das traditionelle Verständnis, dass Forschung- und Technologieentwicklung als wichtiger Treiber von Innovation angesehen wird, soll nicht gänzlich verworfen werden – man denke nur an die Auswirkungen der Digitalisierung auf nahezu alle Lebensbereiche –, es wird aber zunehmend anerkannt, dass (1) die Nutzung der Möglichkeiten neuer Technologien erst durch komplementäre soziale, organisatorische und institutionelle Innovationen möglich wird und dementsprechend auch in einem direktionalen Sinne gelenkt werden kann (z. B. vor dem Hintergrund ethischer Prinzipien) und (2) dass die soziale Dimension von Innovationen im Hinblick auf ihre klimafreundlichen Effekte zunehmend in den Vordergrund rückt[4] und neue technologische Möglichkeiten dabei eine eher instrumentelle Rolle einnehmen (van der Have & Rubalcaba, 2016; Wittmayer et al., 2022). Dementsprechend wird auch die häufig als positiv betrachtete Verknüpfung von (technologischer) Innovation mit Wettbewerbsfähigkeit und Wachstum zunehmend hinterfragt und zumindest durch das Anstreben gleich- oder höherrangiger direktionaler Ziele wie den Nachhaltigkeitszielen der UN ergänzt (Kastrinos & Weber, 2020; Schlaile et al., 2017; Tödtling & Trippl, 2018). Offene Reflexionsprozesse können dazu beitragen, den kontinuierlichen Wandel gesellschaftlicher Zielorientierungen unter den Bedingungen von Komplexität, Ungewissheit und Ambivalenz transparent zu begleiten (Funtowicz & Ravetz, 1999; Stirling, 2007).

Ein entsprechender Wandel des Innovationsverständnisses und der politischen Programmatik könnte auch zu Veränderungen der institutionellen Bedingungen und Anreize führen. Für eine Transformation zu einem guten klimafreundlichen Leben müsste man die komplementären sozialen und organisatorischen Innovationsdimensionen institutionell verankern (z. B. durch die Ausrichtung von Fördermaßnahmen auf umfassende und nicht nur technologisch definierte Innovationskonzepte), damit neue, nicht zuletzt auch technologisch inspirierte Innovationen in der Praxis wirksam werden können. Derzeit ist der Stellenwert sozialer und organisatorischer Innovationen in der Forschungs- und Innovationsförderung in Österreich allerdings gering, besonders im Vergleich mit Deutschland und einigen anderen europäischen Ländern.[5] Darüber hinaus gilt es beispielsweise bei der Innovationsförderung nichttechnologischen Innovationen einen eigenständigen Raum neben den technologischen zuzuweisen bzw. nutzer- und bedarfsseitigen Impulsen („demand-/society-pull") einen angemessenen Stellenwert als eigenständige Triebkräfte von Innovation zuzuweisen (Franke, 2014). Dazu kann auch zählen, einen ressourcenschonenderen Einsatz von neuen und existieren-

---

[3] Die Kritik am linearen Science-and-technology-push-Modell von Innovation lässt zumindest bis in die frühen 1980er Jahre zurückverfolgen. Die Entstehung evolutionärer Ansätze in der Innovationsökonomie ist eng mit dieser Kritik verbunden (Nelson & Winter, 1982; Dosi et al., 1988). Sie findet sich aber auch in wissenschafts- und techniksoziologischen Forschungsansätzen, die etwa zur gleichen Zeit unter dem Leitbegriff des „social shaping of technology" die soziale Gestaltung und Gestaltbarkeit von Technologien betonten (MacKenzie & Wajcman, 1985; Bijker et al., 1987).

[4] Siehe hierzu die entsprechenden Kapitel zu den Handlungsfeldern Wohnen, Ernährung, Mobilität, Erwerbsarbeit und Sorgearbeit, für die soziale Innovationen eine große Rolle spielen, um ein gutes und klimafreundliches Leben zu ermöglichen [vgl. Kap. 4, 5, 6, 7 und 8].

[5] Die Förderung sozialer Innovationen ist explizites Ziel der deutschen Hightech-Strategie 2025 und spiegelt sich in der Formulierung von deren Zukunftsthemen wider (BMBF 2018). Die neue Generation von Forschungs- und Innovationsförderprogrammen der schwedischen Agentur VINNOVA (z. B. Challenge-Driven Innovation) adressiert ebenfalls explizit soziale Innovationen als Teil eines umfassenden Innovationskonzepts (Lundin & Schwaag-Serger, 2018; Mollas-Gallart et al., 2021).

den Technologien durch entsprechende Verhaltensänderungen und gegebenenfalls auch suffizienzorientierte Konzepte zu ermöglichen.

Parallel zu dieser Verankerung eines erweiterten Innovationsverständnisses sind auch die Bedingungen für einen Ausstieg aus nicht nachhaltigen Praktiken („Exnovation") zu beachten (David, 2017). So spielt das Eröffnen von Ausstiegsoptionen aus nichtnachhaltigen und klimaschädlichen Praktiken eine wichtige Rolle, um Widerständen gegen alternative, klimafreundlichere Optionen zu überwinden. Diese Debatte hat in Österreich bereits in einigen Bereichen Widerhall gefunden (z. B. beim Phase-out von Ölkesselheizungen, bei der offenen Debatte über den Ausstieg aus der Gasversorgung für den Wiener Altbaubestand und – perspektivisch – bei Plänen zur Umstellung der Stahlerzeugung von Koks und Gas auf Wasserstoff, aber auch im ökologischen Landbau), während in Deutschland häufig auf die breitgefächerten Aushandlungsprozesse im Zusammenhang mit dem Kohleausstieg verwiesen wird.

Vor diesem Hintergrund sind soziotechnische oder Systeminnovationen als Kombinationen von Veränderungen entlang mehrerer der genannten Innovationsdimensionen zu verstehen. Diese können sowohl inkrementeller als auch radikaler Natur sein und im Falle der technologischen Dimension Hightech-Lösungen ebenso umfassen wie Lowtech-Varianten. Die Reichweite und der Beitrag unterschiedlicher Innovationsdimensionen in Bezug auf eine klimafreundliche Gesellschaft lassen sich daher nur in ihrem Zusammenspiel adäquat erfassen. Zwar sind Abschätzungen des Potenzials von technologischen Innovationen insbesondere in stabilen Entwicklungsphasen möglich, ihre gesellschaftliche Wirkung zeigt sich aber erst durch die Verbindung mit veränderten sozialen Praktiken und organisatorischen oder institutionellen Veränderungen.

Deutlich schwieriger ist die Situation bei radikalen oder potenziell disruptiven Entwicklungen, bei denen bereits die Abschätzung technologischer oder wirtschaftlicher Parameter mit großen Unsicherheiten verknüpft ist, z. B. bei der kostengünstigen Bereitstellung von grünem Wasserstoff. Hinzu kommt, dass Innovationen, und zwar unabhängig davon, ob sie technologischer oder sozialer Natur sind, in hohem Maße der Ungewissheit unterliegen (vgl. u. a. Grunwald, 2018). Es bedürfen nicht nur bestimmte Parameter und Varianten einer Innovation der Klärung, sondern sie eröffnen komplett neue, bis dato unbekannte Möglichkeitsräume. Diese Ungewissheit verstärkt sich, wenn im Falle soziotechnischer Innovationen sowohl technologische als auch organisatorische und soziale Veränderungen erprobt werden sollen (bzw. auch ergänzt durch institutionelle Innovationen). Seit den 1990er Jahren wurde insbesondere in den Niederlanden versucht, dieser Problematik durch Verfahren des Constructive Technology Assessment und der Entwicklung sozio-technischer Szenarien zu begegnen (Rip, 2018; Schot & Rip, 1997), letztlich lässt sich das Problem der Ungewissheit dadurch aber nur mildern. In der Praxis wird seit einigen Jahren versucht, durch sogenannte Reallabore bewusst Kontexte zu schaffen, um frühzeitig das Zusammenwirken der verschiedenen Aspekte von Innovation zu testen und dabei systematisch über geeignete Ausgestaltungsmöglichkeiten zu lernen.[6] Reallabore gehen über klassische Test- und Demonstrationsumgebungen hinaus und sollen die notwendigen Übersetzungs- und Aushandlungsprozesse bis hin zur Bereitstellung von Forschungsinfrastruktur ermöglichen. Sie füllen damit eine Lücke im Innovationssystem, um über soziotechnische Innovationen hinauszugehen und transformative Veränderungen anzustoßen. Dies kann beispielsweise im Sinne eines klimaverträglichen Zusammenwirkens von neuen Technologien und Verhaltensänderungen geschehen sowie im Hinblick auf die organisatorischen und regulativen Rahmenbedingungen, die hierfür notwendig wären (An et al., 2019). Seit Herbst 2020 liegen in Österreich nun auch die rechtlichen Voraussetzungen für „Regulatory Sandboxes" vor, mit deren Hilfe die regulativen und organisatorischen Rahmenbedingungen erprobt werden können, wie jüngst am Beispiel von Energiegemeinschaften in Österreich (Veseli et al., 2021).

Hinzu kommt das aus vielen Bereichen bekannte Phänomen der Rebound-Effekte, aufgrund derer die Nachhaltigkeits- oder auch klimabezogenen Potenziale von Innovationen durch Verhaltensänderungen überkompensiert werden (Polimeni et al., 2009). Es gilt Rahmenbedingungen zu schaffen, die das Auftreten negativer Rebounds reduzieren und sicherstellen, dass sowohl die technologischen als auch die verhaltensseitigen Veränderungen den Anforderungen eines guten klimafreundlichen Lebens entsprechen. Ähnliche Rebound-Effekte können daneben auch im Hinblick auf raumstrukturelle Faktoren auftreten. Diese zeigen sich beispielsweise in Bezug auf das Mobilitätsverhalten (Seebauer et al., 2018). Ein Beispiel hierfür ist die Beobachtung, dass eine Reduktion des Zeiteinsatzes für das tägliche Pendeln zur Arbeit (z. B. aufgrund von Telearbeit) durch einen zumindest teilweise höheren Zeiteinsatz für Freizeitmobilität kompensiert wird. Auch erhöht sich im Sinne eines Rebound-Effekts die Bereitschaft für längere Pendelzeiten und eine größere Entfernung zwischen Wohn- und Arbeitsort, wenn nicht mehr täglich, sondern nur noch an einzelnen Tagen Präsenz im Büro erforderlich ist (Rietveld, 2011). Diese Art von Phänomenen gilt es bei der Entwicklung von neuen innovativen Lösungen zu antizipieren und zu berücksichtigen.

Im Zusammenhang mit soziotechnischen Innovationen bestehen Probleme bei der Ex-ante-Wirkungsabschätzung von Innovationen, deren Eigenschaften und mögliche Verwendung häufig noch gar nicht bekannt sind. Dies mag ein ver-

---

[6] Als Beispiele sei hier auf die Vorzeigeregionen des KLIEN und die Mobilitätslabore im Rahmen des Förderprogramms Mobilität der Zukunft verwiesen.

gleichsweise geringes Problem bei inkrementellen Innovationen sein, aber eine massive Herausforderung in der Frühphase radikaler Neuerungen und bei sehr raschen Entwicklungen wie beispielsweise im Bereich der Digitalisierung. Im Sinne des Collingridge-Dilemmas lassen sich die möglichen Wirkungen von Innovationen und damit ihre Bewertung (ökonomisch, ökologisch, sozial) erst im Zuge ihrer Umsetzung beobachten, was aber zugleich bedeutet, dass sie in ihrer Einbettung häufig bereits so weit fortgeschritten sind, dass ihre Entwicklungsrichtung und Direktionalität nur noch eingeschränkt veränderbar ist (Collingridge, 1980). Die angesprochenen Reallabore können dieses Dilemma nicht vollständig auflösen. Eine engmaschige Begleitung und Wirkungsbewertung im Zuge der Praxisumsetzung von soziotechnischen Innovationen ist daher eine wichtige Ergänzung, gegebenenfalls im Rahmen szenariobasierter Verfahren der Wirkungsabschätzung. Es lässt sich in Österreich zwar ein wachsendes Bewusstsein für die Notwendigkeit einer Weiterentwicklung der Assessment-, Monitoring- und Evaluierungspraktiken feststellen, was sich bislang aber noch nicht hinreichend in der Ausgestaltung begleitend-formativer Evaluierungsprozesse von Programmen und Strategien niederschlägt.

13.2.2 Generalisierung soziotechnischer Innovationen und gesellschaftlicher Wandel

Die Generalisierung und Einbettung von Innovationen sind entscheidend dafür, ob sie eine Wirkung im Hinblick auf eine klimafreundliche Gesellschaft entfalten können oder nicht. Generalisierungsprozesse von Innovationen sind zum einen im Sinne einer konzeptionellen Verallgemeinerung zu verstehen (z. B. im Sinne der Ableitung von allgemeinen Prinzipien, Modellen und Praktiken) und zum anderen im Sinne einer breiteren Wirksamkeit durch die Diffusion, Skalierung, Replikation (gegebenenfalls ergänzt durch Adaption) oder Institutionalisierung von neuen Lösungen. Durch die Generalisierung von Innovationen können generell wichtige richtungsgebende Impulse gegeben werden, die auch Signalwirkung für die Ausgestaltung zukünftiger Innovationsprozesse haben. Die gestalterischen Möglichkeiten im Zuge dieser Generalisierungsprozesse bedürften generell größerer Aufmerksamkeit und entsprechender institutioneller Verankerung.

Sengers et al. (2021) unterscheiden vier verschiedene Generalisierungspfade, um ausgehend von Innovationsexperimenten eine breitere Einbettung der dabei entwickelten neuen Lösungen zu ermöglichen:

- Replizieren und Verbreiten („Replication & Proliferation"): Durch die Übertragung und Anpassung von neuen experimentellen Lösungsansätzen an andere Standorte kommt es zur Verbreitung dieser neuen Ansätze.
- Expandieren und Konsolidieren („Expansion & Consolidation"): Durch das Wachsen einer neuen experimentellen Lösung konsolidiert sich ihre Rolle und gegebenenfalls ihr Marktanteil, bis sie unter Umständen eine dominierende Rolle in einem System einnimmt und dieses nachhaltig verändert.
- Infragestellen und Umdeuten („Challenging & Reframing"): Es werden die vorherrschenden Spielregeln und institutionellen Bedingungen in Frage gestellt, um auf diese Weise transformativ wirkende Veränderungen in den institutionellen und Governance-Arrangements anzustoßen.
- Zirkulieren und Verankern („Circulation & Anchoring"): Im Gegensatz zum Infragestellen und Umdeuten von außen kommt es hierbei zu einer internen Weiterentwicklung aufgrund der Verbreitung und Verankerung von neuem Wissen.

Für Generalisierungsprozesse sind nachfrageseitige Impulse sehr wichtig (Edler & Georghiou, 2007; Boon & Edler, 2018). So spielen Marktmechanismen, Skaleneffekte (z. B. Kostendegression durch hohe Stückzahlen und gemeinsame Standards) und Netzwerkeffekte (z. B. Synergien bei einer großen Anzahl von Nutzer_innen) eine große Rolle für die Beschleunigung von Generalisierungsprozessen bei Innovationen. Insofern sind auch nachfrageseitige Instrumente wie CO_2-Steuern ein geeignetes Anreizinstrument für das Aufgreifen und die Einbettung klimafreundlicher Innovationen. Die in Österreich im Jahr 2022 eingeführte ökologische Steuerreform weist direktionale Elemente auf und kann durch ihre nachfrageseitigen Effekte eine beschleunigende Wirkung auf die Generalisierung soziotechnischer Innovationen ausüben. Soziale und organisatorische Innovationen sind häufig weniger durch Skaleneffekte und ihre Wirkung auf Preise getrieben, weshalb Marktmechanismen bei derartigen Innovationen in ihrer Generalisierungswirkung beschränkt sind (Howaldt et al., 2017). Es ist nach wie vor eine offene Forschungsfrage, wie Generalisierungsmechanismen im Falle sozialer Innovationen ausgestaltet werden können. Erste Ansätze dafür werden in einigen wenigen österreichischen Förderprogrammen erprobt, wo beispielsweise durch Aufbau von Communities of Practice oder den Einsatz von Innovationslaboren versucht wird, soziale Innovationen nicht nur anzustoßen, sondern ihnen auch zu einer breiteren Wirksamkeit zu verhelfen. Ein weiterer Ansatzpunkt ist im Ausbau innovationsorientierter Beschaffungsprozesse zu sehen, die neben Regulierung und Standardisierung sowie Informationen und Anreizen für das Konsum- und Investitionsverhalten einen vierten wichtigen Baustein nachfrageseitiger Generalisierungsmechanismen darstellen (Edquist et al., 2015; Edquist & Zabala-Iturriagagoitia, 2020). In Österreich sind in den vergangenen Jahren die Möglichkeiten für die Unterstützung von innovativen Lösungsansätzen durch den Einsatz öffentlicher Beschaffung verbessert worden. So wurde die innovationsorientierte Beschaffung strukturell und institutionell in der Bundesbeschaffungsbehörde verankert. Bislang wird dieses Instrument allerdings nur in bescheidenem Maße eingesetzt (Buchinger, 2017).

Die jüngere Literatur zu transformativer und missionsorientierter Innovationspolitik betont, dass durch das Zusammenwirken angebotsseitiger (z. B. durch Forschungs- und Innovationsförderung) und nachfrageseitiger (z. B. Beschaffung, Regulierung) Impulse ein Regime- und Systemwandel zur Bewältigung gesellschaftlicher Herausforderungen angestoßen werden kann (OECD, 2021; Wanzenböck et al., 2020; Diercks et al., 2019; Kattel & Mazzucato, 2018). Zu den zentralen institutionellen Herausforderungen zählt in diesem Zusammenhang das kohärente und abgestimmte Vorgehen verschiedener Politikbereiche und – in manchen Feldern – Politikebenen. Die effektive Verzahnung der verschiedenen Politikfelder gilt als eine der zentralen institutionellen Voraussetzungen für das Anstoßen von Systemtransformationen. Die jüngeren Debatten über transformative Missionen (vgl. Kuittinen et al., 2018; Polt et al., 2021; Wanzenböck et al., 2020) betonen daher den Bedarf an verbesserter Politikkoordination, und zwar sowohl in horizontaler (zwischen Politikfeldern), vertikaler (zwischen Politikebenen) und in zeitlicher (in Bezug auf das Timing von Interventionen) Hinsicht. Mit den jüngeren Strategien wie Mission Innovation im Energiebereich und der FTI-Strategie Mobilität[7] wurden Schritte gesetzt, um die bisherigen thematischen Förderprogramme in diesen Bereichen stärker im Sinne transformativer Missionen auszurichten und enger mit den Strategien der jeweiligen sektoralen Politiken abzustimmen.

Die von der EU-Kommission angestoßenen Missionen haben ebenfalls dazu beigetragen, die Aufmerksamkeit für das Problem der Politikkoordination zu erhöhen. Die fünf Missionen in Horizon Europe haben dazu geführt, dass auf nationaler Ebene komplementäre Governance-Strukturen aufgebaut werden, um die EU-Missionen effektiv zu unterstutzen und zugleich bestmöglich nutzen zu können. Im Rahmen der österreichischen FTI-Strategie 2030 wurde im September 2021 die Arbeitsgruppe „EU-Missionen" etabliert, um im Zusammenwirken verschiedener Ministerien, Agenturen und forschungs- und innovationstreibender Organisationen die Aktivitäten in Österreich in Bezug auf die fünf EU-Missionen besser abzustimmen und auszurichten. In einer längerfristigen Perspektive sind für die Generalisierung soziotechnischer Innovationen im Sinne eines guten klimafreundlichen Lebens auch weitere Politikbereiche (über die jeweils relevanten sektoralen Politikbereiche hinaus) für einen Regime- und Systemwandel von Bedeutung (z. B. Bildungspolitik, Handelspolitik, Wettbewerbspolitik). Insbesondere der Bereich der Bildung spielt in diesem Zusammenhang eine wichtige Rolle. Neben den strukturellen und politischen Maßnahmen zur Förderung von Innovationen und deren Anwendung in der Gesellschaft ist auch die Bildung von zukünftigen Innovatoren (z. B. auf universitärer Ebene) wichtig, um neue Denkmuster zu etablieren und dadurch einen kulturellen Wandel anzustoßen (OECD, 2019).

Der Fokus auf Generalisierungsprozesse zeigt, dass ein breiteres Set von institutionellen Rahmenbedingungen betrachtet werden muss, um soziotechnische Innovationen im Sinne eines Systemwandels effektiv nutzen zu können. Dafür müssen auch das Rollenverständnis des Staates (Borrás & Edler, 2020) und die Legitimationsmuster für staatliche Interventionen in Innovationsprozessen (Weber & Rohracher, 2012) weiterentwickelt werden. Aspekte der Direktionalität und der Klimawirksamkeit sind dabei stärker zu berücksichtigen.

13.2.3 Innovations- und Transformationsdynamik unter den Bedingungen von „wickedness"

Soziotechnische Innovationen und damit zusammenhängende Transformationen sind Prozesse, bei denen Komplexitätsphänomene unterschiedlicher Art auftreten. Die Entstehung von Pfadabhängigkeiten und die Herausbildung von sogenannten dominanten Designs (also von Designs, an denen sich alle Wettbewerber und Innovatoren in einem Markt orientieren müssen, um Erfolg zu haben, vgl. Abernathy & Utterback, 1978) zählen ebenso dazu wie die Ungewissheit, die untrennbar mit Innovationen verbunden ist. Im Falle einer Transformation hin zu einem guten klimafreundlichen Leben verschärfen sich diese Problematiken zu sogenannten „wicked problems".[8] Zu diesen tragen die Spannungsfelder und Tradeoffs zwischen der Befriedigung gesellschaftlicher Bedürfnisse einerseits und klimafreundlicher Anforderungen anderseits bei.

Die zentrale Herausforderung besteht darin, die Dynamik soziotechnischer Innovationen im Sinne der Schaffung neuer und der Überwindung überkommener Entwicklungspfade zu nutzen, und dies angesichts der vielfältigen Facetten von Ungewissheit, Komplexität und Ambivalenz dieser Pfade.

Besonders anschaulich zeigt sich diese Problematik im Bereich der digitalen Plattformen, die eine rasche Verbreitung neuer sozialer Praktiken auf der Basis vernetzter Infrastrukturen ermöglicht haben,[9] deren Effekte häufig unklar

---

[7] Vgl. Mission Innovation (http://mission-innovation.net/) und FTI-Strategie Mobilität (https://mobilitaetderzukunft.at/de/fti-strategie-mobilitaet/fti-strategie-mobilitaet.php).

[8] „Wicked problems are societal problems that are complex, unpredictable, and have poorly defined boundaries, while the so-called tame problems are inherently different by resembling more typical scientific and technical problems." (Rittel & Webber, 1973).

[9] Tuomi (2012) spricht in diesem Zusammenhang von „ontological expansion", also der Erweiterung des vorstellbaren Möglichkeitsraums von Innovationen.

sind, die sich zugleich aber deutlich schneller entwickeln, als staatliche Akteure zeitgerecht und gestaltend eingreifen könnten. Dabei können noch unbekannte, in manchen Fällen auch schlichtweg übersehene oder vernachlässigte Rebound-Effekte beim Einsatz von neuen technologischen Möglichkeiten in ihrem Zusammenwirken mit sozialem Verhalten auftreten.

Im Hinblick auf institutionelle Rahmenbedingungen für ein gutes klimafreundliches Leben bedeutet dies, dass die Fähigkeit zur direktionalen Gestaltung von Transformationspfaden und zur Wirkungsabschätzung soziotechnischer Innovationen sehr eingeschränkt ist und eine sehr engmaschige Begleitung dieser Veränderungsprozesse in Echtzeit notwendig wäre. Die skizzierten institutionellen Veränderungsprozesse stellen sehr hohe Governance-Anforderungen, die zwischen Gestaltungs- und Orientierungsanspruch der Politik einerseits und der Anerkennung der Autonomie und Selbstorganisation der Akteur_innen im Innovationssystem andererseits eine geeignete Balance finden muss. Diesbezüglich stoßen wir an die Grenzen des derzeitigen Wissensstandes, was die Notwendigkeit nach sich zieht, neue Ansätze gesellschaftlicher und politischer Gestaltung struktureller und institutioneller Bedingungen in demokratischen Gesellschaften zu entwickeln.

13.3 Handlungsmöglichkeiten und Gestaltungsoptionen

Die skizzierten Entwicklungen legen eine Reihe von Ansatzpunkten und Handlungsoptionen für die weitere Gestaltung struktureller und institutioneller Bedingungen nahe, mit deren Hilfe klimarelevante Innovationsaktivitäten und deren Generalisierung vorangetrieben werden könnten:

- Markt- und strukturelles Systemversagen bilden die etablierten Begründungen für staatliche Intervention in Innovationssysteme. Das Argument transformativen Systemversagens hat zumindest im Bereich der FTI-Politik zunehmend Gehör gefunden. Wenn es gelingt, transformatives Systemversagen als Legitimationsgrundlage für staatliches Handeln auch in anderen innovations- und transformationsrelevanten Politikbereichen zu etablieren, kann das Instrumentarium zur politischen Mitgestaltung von Systemtransformationen ausgeweitet werden.
- Richtungsgebung bzw. Direktionalität wurde im Bereich der FTI-Politik bislang im Wesentlichen mit Hilfe von thematischen Förderprogrammen verfolgt. Sie spielt derzeit vor allem im Rahmen der Bemühungen um eine missionsorientierte Innovationspolitik eine große Rolle. Nur in Einzelfällen (wie jüngst bei der gestaffelten Umsetzung der steuerlichen Investitionsprämie aus dem österreichischen Corona-Maßnahmenpaket) sind bislang auch strukturelle Maßnahmen richtungsgebend ausgestaltet worden. Durch die Berücksichtigung direktionaler Elemente bei der Ausgestaltung struktureller Instrumente, themenoffener Programme und steuerlicher Anreize für F&E könnte die Klimawirksamkeit ihrer Wirkung erhöht werden.
- Soziale, organisatorische und institutionelle Dimensionen von Innovation werden in der Literatur als zunehmend wichtig anerkannt, und zwar sowohl als wichtige Ergänzung technologischer Innovationen als auch im Sinne eines Anstoßes für diese. Dies gilt speziell auch mit Blick auf die Verbreitung und Einbettung von neuen Lösungen. Bislang werden soziale Innovationen nur in geringem Ausmaß in den verschiedenen Förderinstrumentarien berücksichtigt, auch wenn es einzelne Vorreiterinitiativen wie Innovationslabore, Regulatory Sandboxes (z. B. Energie.Frei.Raum Programm; vgl. FFG (2021)) oder Vorzeigeregionen Energie gibt. Das komplexe Zusammenwirken der verschiedenen Innovationsdimensionen macht einen experimentellen Zugang bei der Innovationsförderung notwendig. Ein Ausbau des FTI-politischen Instrumentariums um soziale und organisatorische Dimensionen könnte daher neue Anstöße für klimafreundliche Innovationen geben.
- Eine angemessene Balance zwischen themenoffener Grundlagen- und angewandter Forschung sowie zwischen strukturellen und thematisch ausgerichteten F&I-Fördermaßnahmen gilt als wichtige Voraussetzung für ein leistungsfähiges und klimafreundliches Innovationssystem. Durch eine Stärkung des Beitrags sozial- und gesellschaftswissenschaftlicher Forschung und Innovation könnten auch die sozialen, organisatorischen und institutionellen Dimensionen von Innovation besser angesprochen werden.
- Nachfrageseitige Instrumentarien wie öffentliche Beschaffung und Regulierung bilden einen wichtigen Bestandteil eines Policy Mix, mit dessen Hilfe die Verbreitung und Generalisierung klimafreundlicher Innovationen vorangetrieben werden kann. Die hierfür notwendigen Instrumentarien sind grundsätzlich vorhanden, werden aber bislang nur begrenzt eingesetzt und wirksam. Durch einen breiteren Einsatz speziell von öffentlichen Beschaffungsinitiativen könnten verstärkt klimafreundliche Innovationsimpulse induziert werden.
- Systemtransformationen bedürfen eines abgestimmten Vorgehens unterschiedlicher Akteur_innen des öffentlichen, privaten und dritten Sektors. Klare strategische Orientierungen seitens der Politik, unterstützende strukturelle und institutionelle Bedingungen und eine frühzeitige Einbindung der betroffenen Stakeholder können dazu beitragen, die Unsicherheiten in Bezug auf Zukunftsinvestitionen zu reduzieren und somit auch eine langfristige Ausrichtung der Innovationsstrategien von Unternehmen, Forschungsorganisationen und anderen Innovationsakteu-

ren auf klimafreundliche Lösungen zu unterstützen. Im öffentlichen Einflussbereich könnten in diesem Sinne auch die mehrjährigen Leistungsvereinbarungen angepasst werden.

- Die Kohärenz der politischen Innovationsimpulse – von der FTI-Politik über die sektoralen Politiken bis hin zu generischen Politikfeldern – wird bestimmt von den Governance-Strukturen und Prozessen zur horizontalen und vertikalen Politikkoordination. Die derzeit diskutierten Vorschläge für transformative und missionsorientierte Politik (z. B. im Hinblick auf die fünf EU-Missionen) verstärken den Abstimmungsbedarf zwischen Politikfeldern und reichen über den Bereich der FTI-Politik hinaus. Eine Weiterentwicklung der Governance im Sinne transformativer und missionsorientierter Ansätze könnte dazu beitragen, die ressortübergreifende Zusammenarbeit im Sinne übergreifender klimafreundlicher Strategien zu intensivieren.
- Umfassendere Governance-Konzepte mit höheren Anforderungen an die Politikkoordination (horizontal, vertikal, zeitlich und im Mehrebenensystem) erfordern entsprechende Kapazitäten und Fähigkeiten in Politik und öffentlicher Verwaltung. Sie bergen auch das Risiko aufwendiger und schwerfälliger Abstimmungsprozesse in sich, die die Handlungsfähigkeit des Staates eher schwächen als stärken könnten. Um agilere Organisationsstrukturen und -prozesse im Rahmen einer transformativen Innovationspolitik zu etablieren, könnten institutionelle Innovationen experimentell erprobt werden, und zwar sowohl im Hinblick auf die operative Abwicklung von Politikmaßnahmen als auch bei den vorgelagerten strategischen Entscheidungsprozessen.
- Angesichts der wachsenden Komplexität von Innovations- und Transformationsprozessen, die durch vielfältige Ungewissheiten und Rebound-Effekte gekennzeichnet sind, spielen Prozesse des Politiklernens eine immer wichtigere Rolle. Durch den Aufbau geeigneter Kompetenzen in den Bereichen Vorausschau, formative Begleitung, Evaluierung und Anpassung von Politikstrategien könnten die Voraussetzungen geschaffen werden, um umfassende Transformationsprozesse zu begleiten und nachzujustieren, und zwar sowohl auf der Ebene einzelner Maßnahmen als auch auf der Ebene von Systemen (z. B. Energiewende, Mobilitätswende etc.).

13.4 Quellenverzeichnis

Abernathy, W., Utterback, J. M. (1978). Patterns of industrial innovation. Technology Review, 80, 97–107.

An, A., Bauknecht, D., Gianinoni, I., Heeter, J., Kerkhof-Damen, N., Pascoe, O., Peyker, U., Poplavskaya, K. (2019). Innovative Regulatory Approaches with Focus on Experimental Sandboxes. Casebook. Australia, Austria, Germany, Italy, the Netherlands, the United Kingdom and the United States. ISGAN Annex 2 Smart Grid Case Studies. International Energy Agency.

Biegelbauer, P., Weber, M. (2018). EU research, technological development and innovation policy. In H. Heinelt und S. Münch (eds.), Handbook of European Policies: Interpretive Approaches to the EU (241–259). Edward Elgar.

Bijker, W.E., Hughes, T.O., Pinch, T. (eds.)(1987). The Social Construction of Technological Systems. New Directions in the Sociology and History of Technology. Academic Press.

BMBF (2018). Forschung und Innovation für die Menschen. Die Hightech-Strategie 2025. Bundesministerium für Bildung und Forschung, Berlin.

BMBWF, BMK, BMDW (2021). Österreichischer Forschungs- und Technologiebericht. BMBWF/BMK/BMDW, Wien.

BMK (2020). Mobilität der Zukunft. Das Forschungs-, Technologie- und Innovationsförderprogramm für Mobilität 2012–2020. Bundesministerium für Verkehr, Innovation und Technologie, Wien.

Boon, W., Edler, J. (2018). Demand, challenges, and innovation. Making sense of new trends in innovation policy. Science and Public Policy, 45(4), 435–447.

Borrás, S., Edler, J. (2020). The roles of the state in the governance of socio-technical systems' transformation. Research Policy, 49(5), 103971

Buchinger, E., Dachs, B., Leitner, K.-H., Wang, A., Polt, W., Unger, M., Streicher, J., Janger, J., Schmidt, N., Weingärtner, S., Stampfer, M., Strassnig, M., Nagl, E., Lasinger, D. (2017). Background Report OECD Review of Innovation Policies: Austria. AIT/Joanneum Research/WIFO/WWTF, Vienna.

Buchinger E. (2017). Strategische öffentliche Beschaffung in Österreich: Eine Bestandsaufnahme, Rat für Forschung und Technologieentwicklung. AIT, Wien.

Bundeskanzleramt (2020). Regierungsprogramm 2020–2024. Österreichisches Bundeskanzleramt, Wien.

Collingridge, D. (1980). The social control of technology. Pinter.

Dachs, B., Weber, M. (2022): National recovery packages, innovation, and transformation, Studie im Auftrag des Rats für Forschung und Technologieentwicklung. AIT, Wien.

Daimer, S., Hufnagl, M., Warnke, P. (2012). Challenge-Oriented Policy-Making, and Innovation Systems Theory: Reconsidering Systemic Instruments. In Fraunhofer ISI (ed.), Innovation system revisited – Experiences from 40 years of Fraunhofer ISI research (217–234). Fraunhofer Verlag.

David, M. (2017). Moving beyond the heuristic of creative destruction: Targeting exnovation with policy mixes for energy transitions. Energy Research & Social Science, 33, 138–146.

Diercks, G., Larsen, H., Steward, F. (2019). Transformative innovation policy: Addressing variety in an emerging policy paradigm. Research Policy, 48(4), 880–894.

Dosi, G., Freeman, C., Nelson, R., Silverberg, G., Soete, L. (eds.). (1988). Technical Change and Economic Theory. Pinter.

Edler, J., Georghiou, L. (2007). Public procurement and innovation – Resurrecting the demand side. Research Policy, 36(7), 949–963.

Edquist, C., Vonortas, N.S., Zabala-Iturriagagoitia, J.M., Edler, J. (eds.). (2015). Public Procurement for Innovation. Edward Elgar.

Edquist, C., Zabala-Iturriagagoitia, J.M. (2020). Functional procurement for innovation, welfare, and the environment. Science and Public Policy, 47(5), 595–603.

European Commission (2017). LAB – FAB – APP Investing in the European future we want. Report of the independent High Level Group on maximising the impact of EU Research & Innovation Programmes. European Commission, Brussels.

European Commission (2019). The European Green Deal, Communication from the Commission, COM(2019) 640 final, Brussels

European Commission (2020). A New Industrial Strategy for Europe, Communication from the Commission. European Commission, Brussels.

European Commission (2021a). European Green Deal. Delivering on our targets. European Commission, Brussels.

European Commission (2021b). European Missions, Communication from the Commission. European Commission, Brussels.

European Commission (2021c). Horizon Europe. Strategic Plan 2021–2024. European Commission, Brussels.

European Commission (2021d). A robust and harmonized framework for reporting and monitoring European Partnerships in Horizon Europe. First interim report, Independent Expert Group on support for the Strategic Coordinating Process for Partnerships. European Commission, Brussels.

FFG (2021). *Energie.Frei.Raum: Förderprogramm des Bundesministeriums für Klimaschutz, Umwelt, Energie, Mobilität, Innovation und Technologie (BMK) Ausschreibungsleitfaden: 2. Ausschreibung.* BMK.

Franke, N. (2014). User-Driven Innovation, In Dodgson, M., Gann, D.M., & Phillips, N. (eds.). *The Oxford Handbook of Innovation Management* (83–101). Oxford University Press.

Godin, B. (2015). Innovation Contested: The Idea of Innovation Over the Centuries. Routledge.

Grunwald, A. (2018). Diverging pathways to overcoming the environmental crisis: A critique of eco-modernism from a technology assessment perspective. Journal of Cleaner Production, 197, 1854–1862.

Howaldt, J. u. a. (2017). Towards a General Theory and Typology of Social Innovation, SI-DRIVE Deliverable 1.6. TU Dortmund.

Kastrinos, N., Weber, K.M. (2020). Sustainable development goals in the research and innovation policy of the European Union, Technological Forecasting and Social Change, 157, 120056

Kattel, R., Mazzucato, M. (2018). Mission-oriented innovation policy and dynamic capabilities in the public sector. Industrial and Corporate Change, 27(5), 787–801.

Kuittinen, H., Polt, W., Weber, K.M. (2018). Mission Europe? A revival of mission-oriented policy in the European Union. in RFTE – Council for Research and Technology Development (ed.), RE:THINKING EUROPE. Positions on Shaping an Idea (191–207). Holzhausen Verlag, Vienna.

Lundin, N., Schwaag-Serger, S. (2018). Agenda 2030 and A Transformative Innovation Policy Conceptualizing and experimenting with transformative changes towards sustainability. TIPC Working Paper 2018-01, Transformative Innovation Policy Consortium. University of Sussex, Brighton.

MacKenzie, D., Wajcman, J. (eds.). (1985). The Social Shaping of Technology. Open University Press.

Meyer, S., Fischl, I., Ruhland, S., Sheikh, S., Kehm, B., Leo, H., Löther, A., Sturn, F. (2009). Das Angebot der direkten FTI-Förderung in Österreich. Teilbericht 5 der Systemevaluierung der österreichischen Forschungsförderung und -finanzierung. KMU Forschung Austria, Wien.

Mollas-Gallart, J., Boni, A., Giachi, S, Schot, J. (2021). A formative approach to the evaluation of Transformative Innovation Policies. Research Evaluation, 30(4), 431–442.

Nelson, R.R., Winter, S.G. (1982.). An Evolutionary Theory of Economic Change. Harvard University Press.

OECD (2018). OECD Reviews of National Innovation Policy: Austria. Organisation for Economic Cooperation and Development, Paris.

OECD (2019). Supporting Entrepreneurship and Innovation in Higher Education in Austria. OECD Skills Studies. Organisation for Economic Cooperation and Development, Paris.

OECD (2021). The design and implementation of mission-oriented innovation policies. Organisation for Economic Cooperation and Development, Paris.

Polimeni, J.M., Mayumi, K., Giampietro, M., Alcott, B. (2009). The Myth of Resource Efficiency: The Jevons Paradox. Earthscan.

Polt, W., Ploder, M., Breitfuss, M., Daimer, S., Jackwerth, T., Zielinski, A. (2021): Politikstile und Politikinstrumente in der F&I-Politik, Studien zum deutschen Innovationssystem Nr. 7/2021. Expertenkommission Forschung und Innovation, Berlin.

Ravetz, A., Funtowicz, A. (1999). Post-Normal Science – an insight now maturing. Futures, 31, 641–646.

Rip, A. (2018). Futures of Science and Technology in Society. Springer, Wiesbaden.

Rietveld, P. (2011). Telework and the transition to lower energy use in transport: On the relevance of rebound effects. Environmental Innovation and Societal Transitions, 1(1), 146–151.

Rittel, H. W. J., Webber, M. M. (1973). Dilemmas in a General Theory of Planning. Policy Sciences, 4, 155–69.

Schlaile, M.P., Urmetzer, S., Blok V., Andersen, A.D., Timmermans, J., Mueller, M., Fagerberg, J., Pyka, A. (2017). Innovation Systems for Transformations towards Sustainability? Taking the Normative Dimension Seriously. Sustainability, 9(12), 2253.

Schot, J., Rip, A. (1997). The past and the future of constructive technology assessment, Technological Forecasting and Social Change. 54(2/3) 251–268.

Schot, J., Steinmueller, W.E. (2018). Three frames for innovation policy: R&D, systems of innovation and transformative change. Research Policy. 47(9), 1554–1567.

Seebauer, S., Fruhmann, C., Kulmer, V., Soteropoulos, A., Berger, M., Getzner, M., Böhm, M. (2018). Dynamik und Prävention von Rebound-Effekten bei Mobilitätsinnovationen. Bericht an das BMVIT im Rahmen des Programms Mobilität der Zukunft. Joanneum Research /TU Wien.

Sengers, F., Turnheim, B., Berghout, F. (2021). Beyond experiments: Embedding outcomes in climate governance. Environment and Planning C: Politics and Space, 39(6), 1148–1171.

Stirling, A. (2007). "Opening Up" and "Closing Down": Power, Participation, and Pluralism in the Social Appraisal of Technology. Science, Technology, & Human Values, 33(2), 262–294.

Tödtling, F., Trippl, M. (2018). Regional innovation policies for new path development – beyond neo-liberal and traditional systemic views. European Planning Studies, 26(9), 1779–1795.

Tuomi, I. (2012). Foresight in an unpredictable world. Technology Analysis & Strategic Management, 24(8), 735–751.

UBA (2021). Ex-ante-Evaluierung des Jahresprogrammes 2021 des Klima- und Energiefonds. Umweltbundesamt, Wien.

Uyarra, E., Ribeiro, B., Dale-Clough, L. (2019). Exploring the normative turn in regional innovation policy: responsibility and the quest for public value. European Planning Studies, 27(12), 2359–2375.

Van der Have, R.P., Rubalcaba, L. (2016). Social innovation research: An emerging area of innovation studies?. Research Policy, 45(9), 1923–1935.

Veseli, A., Moser, S., Kubeczko, K., Madner, V., Wang, A., Wolfsgruber, K. (2021). Practical necessity and legal options for introducing energy regulatory sandboxes in Austria. Utilities Policy, 73, 101296.

Wanzenböck, I., Wesseling, J., Frenken, K., Hekkert, M.P., Weber, K.M (2020). A framework for mission-oriented innovation policy: Alternative pathways through the problem-solution space. Science and Public Policy, 47(4), 474–489.

Weber, K.M., Rohracher, H. (2012). Legitimizing Research, Technology and Innovation Policies for Transformative Change: Combining Insights from Innovation Systems and Multi-Level Perspective in a Comprehensive "Failures" Framework. Research Policy. 41(6), 1037–1047.

Wittmayer, J.M., Hielscher, S., Fraaije, M., Avelino, F., Rogge, K. (2022). A typology for unpacking the diversity of social innovation in energy transitions. Energy Research & Social Science, 88, 102513.

Kapitel 14. Die Versorgung mit Gütern und Dienstleistungen

Koordinierende_r Leitautor_in
Harald Wieser

Leitautor_in
Peter Kaufmann

Koordination der Strukturkapitel
Michael Ornetzeder

Revieweditor
Matthias Schmelzer

Zitierhinweis
Wieser, H. und P. Kaufmann (2023): Die Versorgung mit Gütern und Dienstleistungen. In: APCC Special Report: Strukturen für ein klimafreundliches Leben (APCC SR Klimafreundliches Leben) [Görg, C., V. Madner, A. Muhar, A. Novy, A. Posch, K. W. Steininger und E. Aigner (Hrsg.)]. Springer Spektrum: Berlin/Heidelberg.

Kernaussagen des Kapitels
Status quo und Dynamik in den Versorgungsstrukturen

- Österreich verfügt über einen im internationalen Vergleich großen und dynamischen umweltorientierten Produktions- und Dienstleistungssektor mit Schwerpunkten im Management von Energieressourcen und der Abfallwirtschaft (hohe Übereinstimmung, hohe Literaturbasis).
- In der Gesamtheit der Versorgungsstrukturen konnten klimafreundlichere Prozesse jedoch nur unzureichend umgesetzt werden (hohe Übereinstimmung, mittlere Literaturbasis).
- Trotz bestehender Stärkefelder und deutlicher Fortschritte in der Dekarbonisierung der Energieversorgung während der letzten 30 Jahre blieben die Treibhausgasemissionen aufgrund umgekehrter Entwicklungen in den Bereichen Verkehr und Industrie auf unverändert hohem Niveau (hohe Übereinstimmung, hohe Literaturbasis).

Notwendige Veränderungen für ein klimafreundliches Leben

- Für die Erreichung der Klimaziele bedarf es tiefgreifender Veränderungen der Geschäftsmodelle und Wertschöpfungsprozesse, bei einer Neuausrichtung entlang zentraler Bedürfnisse wie Gesundheit oder Ernährung (hohe Übereinstimmung, hohe Literaturbasis).
- Eine umfassende Transformation der Energiesysteme wird als notwendig für die Einhaltung der Klimaziele erachtet (hohe Übereinstimmung, hohe Literaturbasis).
- Eine weitreichende Transformation nach dem Modell einer Kreislaufwirtschaft und ein partieller Ausbau der gemeinsamen Nutzung von Ressourcen sind für die Einhaltung der Klimaziele mit hoher Wahrscheinlichkeit erforderlich (hohe Übereinstimmung, mittlere Literaturbasis).

Stabilisierende Strukturen

- Der Status quo lässt sich vor allem auf eine aus Klimasicht wenig konsistente Gestaltung der wirtschaftspolitischen Rahmenbedingungen zurückführen (hohe Übereinstimmung, mittlere Literaturbasis).
- Klimapolitische Maßnahmen zur Veränderung von Versorgungsstrukturen beruhen großteils auf Förderungen zur Skalierung von klimafreundlichen Produkten und Dienstleistungen (mittlere Übereinstimmung, mittlere Literaturbasis).

- Finanzielle und regulative Rahmenbedingungen schaffen hingegen wenig Anreize zur Veränderung und begünstigen klimaschädliche Tätigkeiten mitunter (hohe Übereinstimmung, hohe Literaturbasis).

Gestaltungsoptionen für klimafreundliche Versorgungsstrukturen

- Die Erreichung des 1,5-Grad-Ziels ist nur auf Basis einer Kombination sektorübergreifender und sektorspezifischer klimapolitischer Maßnahmen möglich. Dies erfordert eine deutliche Ausweitung des bestehenden Maßnahmenspektrums (hohe Übereinstimmung, hohe Literaturbasis).
- Neben Forschungs- und Investitionsförderungen bedarf es einer konsequent an den Klimazielen orientierten Festlegung der finanziellen und regulativen Rahmenbedingungen für marktwirtschaftliches Handeln (hohe Übereinstimmung, mittlere Literaturbasis).
- Um die langfristige Einhaltung der planetarischen Grenzen zu gewährleisten, kann die Förderung von alternativen Versorgungsweisen sowie die Festlegung von Obergrenzen erforderlich sein (mittlere Übereinstimmung, niedrigere Literaturbasis).

14.1 Hintergrund und Ziele

Dieses Kapitel geht der Frage nach, inwieweit die bestehende Versorgung mit Gütern und Dienstleistungen durch österreichische Wirtschaftsakteur_innen ein klimafreundliches Leben fördert oder verhindert und welche Gestaltungsoptionen sich daraus für die Erreichung der Klimaziele ergeben. Ein klimafreundliches Leben erfordert Zugang zu Gütern und Dienstleistungen, die sowohl einen geringen CO_2-Fußabdruck aufweisen als auch in ihrer Nutzung möglichst wenig Treibhausgase emittieren. Personen, die ihren eigenen Fußabdruck minimieren oder zumindest reduzieren möchten, sehen sich laufend der Herausforderung gegenüber, entsprechende Produkte oder Dienstleistungen aus dem oft unübersichtlichen Angebot herauszufiltern oder erst identifizieren zu müssen. Zugleich bleiben viele klimafreundlichere Alternativen unzugänglich für weite Teile der Bevölkerung, weil sie entweder nicht leistbar oder schlicht nicht verfügbar sind. Sowohl die *Möglichkeiten* als auch die konkreten *Ausprägungen* von individuellen Konsummustern sind damit eng an die Ausgestaltung von Versorgungsstrukturen geknüpft.

Der Begriff der Versorgungsstrukturen bezieht sich in diesem Kapitel auf alle sozialen und technischen Prozesse, die für den Konsum von Gütern und Dienstleistungen erforderlich sind: von der Ressourcen- und Energiegewinnung über die Produktion und Distribution bis zur Bereitstellung sowie fortlaufenden Pflege, Instandhaltung und Reparatur (vgl. Gruchy, 1987; Narotzky, 2012; Rief, 2019). Neben der Produktion als klassisches Gegenstück zum Konsum berücksichtigt dieses Kapitel auch die Distribution sowie weitere Tätigkeiten, die zwar oft unbezahlt, aber für gewöhnlich unerlässlich für die Ermöglichung des Konsums sind: Dazu gehören insbesondere die Anschaffung (z. B. Ausleihen), die Zu- oder Aufbereitung von Gütern (z. B. Kochen) und Tätigkeiten der Instandhaltung und Reparatur. Dieses Kapitel schließt damit an den Beitrag zur Sorgearbeit (Kap. 8) an und bettet die darin thematisierten Aktivitäten in die erweiterten Versorgungsstrukturen mit den zugrundeliegenden Wertschöpfungsketten ein. Eine Betrachtung der Versorgungsstrukturen lädt darüber hinaus zu einem breiteren Verständnis von „Wirtschaft" ein, das neben den Tätigkeiten gewinnorientierter Unternehmen auch jene anderer wirtschaftlicher Organisationsformen wie der Vereine, des Staates oder der Haushalte einschließt. Das Konzept der Versorgungsstrukturen ersetzt damit nicht klassische Begriffe aus den Wirtschaftswissenschaften, sondern dient in diesem Kapitel als ein Analyserahmen, der zu einer umfassenden Auseinandersetzung mit wirtschaftlichen Aktivitäten ausgehend von den für ein klimafreundliches Leben erforderlichen Gütern und Dienstleistungen einladen soll.

Etwa 80 Prozent der für den Konsum in Österreich anfallenden CO_2-Emissionen können den Versorgungsstrukturen zugerechnet werden (Eisenmenger et al., 2020, S. 56), wovon nur ein geringfügiger Anteil dem direkten Einfluss von Endverbraucher_innen unterliegt. Dies gilt umso mehr in einer stark globalisierten Welt, in der Wertschöpfungsketten weit über Ländergrenzen hinweg reichen. Dieses Kapitel konzentriert sich vor allem auf die Versorgung in Österreich und die inländisch produzierten Treibhausgasemissionen.[1] Die inländische Versorgung trägt etwa 70 Prozent zum Herstellungswert der Güter und Dienstleistungen für den Konsum in Österreich bei, wobei die restlichen 30 Prozent auf Importe entfallen. Die Exportquote ist in den vergangenen Jahrzehnten stark angestiegen und beläuft sich mittlerweile auf mehr als 50 Prozent (Statistik Austria, 2022b). Dieser hohe Exportanteil wird von einer verhältnismäßig kleinen Anzahl von Unternehmen getragen, der nur etwa 10 Prozent der in

---

[1] Aufgrund der enormen Bedeutung internationaler Warenketten und den damit verbundenen Konflikten der internationalen Wettbewerbs- und Wirtschaftsstandortpolitik einerseits und der Finanzmärkte und -institutionen andererseits wird auf diese Bereiche in den darauffolgenden Kap. 15 und 16 gesondert eingegangen. Querverweise zu den Kapiteln zeigen wichtige Anknüpfungspunkte zu diesen Themenfeldern auf.

Österreich tätigen Unternehmen ausmacht (Statistik Austria, 2022a). Aus einer Klimaperspektive fällt zunächst auf, dass die CO_2-Intensität der inländischen Wirtschaft aufgrund des hohen Anteils erneuerbarer Energien und energieeffizienter Technologien im internationalen Vergleich relativ niedrig ausfällt, woraus sich Chancen zur Verknüpfung von Klimaschutz auf der einen Seite und Standortpolitik auf der anderen Seite ergeben können (Windsperger et al., 2017). Andererseits hat sich die CO_2-Intensität im Inland (im Gegensatz zu den Importen) über die vergangenen zwei Jahrzehnte merkbar erhöht und damit zu einem weiterhin hohen absoluten Niveau der Treibhausgasemissionen beigetragen (B. Plank et al., 2020).[2] Außerdem wird die höhere inländische CO_2-Intensität durch den hohen Anteil von besonders emissionsintensiven Produkten und Dienstleistungen am Export großteils kompensiert.[3] Der klimapolitische Handlungsbedarf in Bezug auf die inländischen Versorgungsstrukturen bleibt daher nach wie vor sehr hoch.

Das Kapitel nähert sich vor diesem Hintergrund den österreichischen Versorgungsstrukturen aus unterschiedlichen theoretischen Perspektiven an (siehe Kap. 2). Neben den Rollen von Unternehmen werden, soweit es die Literatur zulässt, auch andere in die Versorgungsstrukturen eingebundene Akteur_innen sowie die entsprechenden Rahmenbedingungen beleuchtet. Die Argumentation erfolgt entlang der Leitfragen von Kap. 10. Abschn. 14.2 zeigt mit Blick auf den Status quo auf, dass Österreich zwar über einen recht gut etablierten und fortschrittlichen Sektor für umweltorientierte Produkte und Dienstleistungen wie energieeffiziente Technologien oder Recyclingverfahren verfügt, dieser aber nur einen kleinen Ausschnitt der Versorgungsstrukturen abbildet. In der breiten Masse der in der Versorgung tätigen Organisationen wurden klimafreundliche Prozesse bisher nur unzureichend umgesetzt. Abschn. 14.3 geht darauffolgend auf die grundlegenden Veränderungen ein, die in abnehmender Dringlichkeit als notwendig erachtet werden: eine Transformation der Energiesysteme, eine Transformation zu einer Kreislaufwirtschaft und der Ausbau von Ökonomien des Teilens. Abschn. 14.4 fasst die wirtschaftspolitischen Rahmenbedingungen und Zielkonflikte zusammen, die als kritisch für die Ausgestaltung der Versorgungsstrukturen gelten. Es zeigt sich, dass die Förderstrukturen für unternehmerische Tätigkeiten recht großzügig sind, zugleich aber wenig Handlungsdruck in Richtung klimafreundlicherer Versorgungsstrukturen von Seiten der öffentlichen Hand ausgeht. Abschn. 14.5 befasst sich abschließend mit den klimapolitischen Gestaltungsoptionen.

14.2 Status quo und Dynamik in den Versorgungsstrukturen

Eine Auseinandersetzung mit dem Status quo der Versorgungsstrukturen kommt zunächst zum ernüchternden Ergebnis, dass es keine systematische oder auch nur überblicksartige Erfassung des Vorgangs gibt, wie Österreicher_innen mit Gütern und Dienstleistungen versorgt werden und welche Beiträge sie selbst dazu leisten. Besonders in Bezug auf die Selbstversorgung durch Haushalte gibt es wenige evidenzbasierte Anhaltspunkte. In absteigender Reihenfolge fallen dort insbesondere das Aufräumen und Putzen, Kochen, die Betreuung von Kindern und anderen, Reparatur- und Gartenarbeiten sowie das Einkaufen hinsichtlich CO_2-Fußabdruck ins Gewicht (Smetschka et al., 2019; siehe auch Kap. 8). Alle diese Tätigkeiten unterlagen in den vergangenen Jahrzehnten einschneidenden Veränderungsprozessen, in Verbindung mit bedeutsamen Trends wie dem Aufkommen des Online-Shoppings (Ziniel, 2021), Verlagerungen der Handelszentren an die Siedlungsränder (Seebauer et al., 2016), der ausweitenden Einbindung von Haushalten in die Mülltrennung (Wheeler & Glucksmann, 2016) oder die zunehmenden Schwierigkeiten und Fehlanreize, Dinge zu reparieren anstatt zu kaufen (Jonas et al., 2021). Zu den Klimawirkungen solcher Dynamiken lassen sich auf Basis des gegenwärtigen Forschungsstands jedoch kaum zuverlässige Aussagen treffen.

Neben den Aktivitäten der Haushalte werden Versorgungsstrukturen allen voran von gewinnorientierten Unternehmen (zwei Drittel der Bruttowertschöpfung), aber auch wesentlich vom Staat (15 Prozent) und in einem geringeren Ausmaß von nicht gewinnorientierten Organisationen (NGOs) wie Kirchen oder Vereinen (2,2 Prozent) geprägt (Statistik Austria, 2020).[4] Die Bedeutung von gewinnorientierten Unternehmen für die bisherige Klimabilanz ist allerdings noch höher einzuschätzen als ihre volkswirtschaftliche Relevanz, was vor allem auf eine unterschiedliche Zusammensetzung der angebotenen Güter und Dienstleistungen zurückgeführt werden kann (Giljum, 2016; Ottelin et al., 2018). Informationen zu den Tätigkeiten von Unternehmen bilden folglich eine wichtige Grundlage zur Einschätzung des Status quo und der bisherigen Dynamiken in den österreichischen Versorgungsstrukturen.

Bei Betrachtung der Leistungen der Unternehmen fällt zunächst der im internationalen Vergleich beachtliche Sektor der „umweltorientierten Produktion und Dienstleistung" (kurz Umweltwirtschaft) auf, der sich in den vergangenen Jahrzehnten in Österreich herausbilden konnte. Neben diversen Bereichen wie dem Gewässer-, Lärm- oder Artenschutz

---

[2] In Bezug auf die CO_2-Intensität der inländischen Versorgungsstrukturen im Vergleich zum Ausland sind auch starke sektorale Variationen zu beachten, wie beispielsweise in der Industrie (Diendorfer et al., 2021).
[3] Eine nach inländischem Verbrauch und Export sowie nach Sektoren aufgeschlüsselte Angabe der produktionsbasierten Emissionen kann dem Kap. 1 entnommen werden.

[4] Die Angaben zu Anteilen der Bruttowertschöpfung beruhen auf den Herstellungspreisen und beziehen sich auf das Jahr 2019, also vor Ausbruch der COVID-19-Pandemie.

fallen in diese statistische Kategorie weitere wichtige klimapolitische Handlungsfelder wie das nachhaltige Management von Energieressourcen und die Abfallwirtschaft. Die letztgenannten, als die beiden wirtschaftlich bedeutendsten Bereiche im Umweltsektor, erwirtschafteten im Jahr 2019 eine Bruttowertschöpfung von 7,16 Milliarden Euro beziehungsweise 2,03 Milliarden Euro. Wirtschaftliche Tätigkeiten wie der Einbau von Filteranlagen, die zur unmittelbaren Reduktion von Treibhausgasemissionen beitragen, bilden bei einer Bruttowertschöpfung von 1,54 Milliarden Euro ebenfalls einen der größten Sektoren (Statistik Austria, 2021).

Alle drei Bereiche verzeichneten in den vergangenen Jahren überdurchschnittlich hohe Wachstumsraten. Ihre zunehmende Bedeutung in der österreichischen Wirtschaft beruht auf einer besonders hohen Innovations- und Exportstärke, was sich im Bereich der „Öko-Innovationen"[5] in einer Positionierung Österreichs im internationalen Spitzenfeld niederschlägt (Gözet, 2020). Die regelmäßig durchgeführten Untersuchungen der Umwelttechnik-Industrie[6], eines für den Klimaschutz bedeutsamen Teilbereichs der Umweltwirtschaft, erlauben einen detaillierteren Blick auf die bisherige Dynamik. Wie Abb. 14.1 veranschaulicht, konnte dieser Wirtschaftssektor Umsatz- und Exportvolumen seit 1993 mehr als versechsfachen. In derselben Zeitperiode stieg der Anteil dieses Industriesektors an der Sachgütererzeugung gemessen an den Umsätzen von 2 auf 5,8 Prozent stetig an (Schneider et al., 2020).

Unternehmensgründungen spielen eine tragende Rolle in der Herausbildung einer innovationskräftigen österreichischen Umweltwirtschaft. Dem jüngsten „Austrian Startup Monitor" (Leitner et al., 2021) zufolge erachten 27 Prozent der in Österreich tätigen Start-ups ökologische Ziele als vorrangig. Weitere 36 Prozent stufen ökologische Ziele als wichtig, wenn auch nicht als primär ein. In den Bereichen Konsumgüter, Energie und Mobilität sowie Tourismus haben ökologische Ziele für überdurchschnittlich viele Gründer_innen einen hohen Stellenwert. Demgegenüber sind diese Ziele in den Bereichen Softwareentwicklung, Finanzwesen, Bildung sowie Life Sciences weniger präsent. In Summe weisen diese Zahlen aber auf eine deutlich höhere Priorisierung von ökologischen Kriterien in Start-ups im Vergleich zur herkömmlichen Unternehmensstruktur hin, wie ein Blick auf die Tätigkeiten von österreichischen Klein- und Mittelunternehmen (KMU) mit weniger als 250 Beschäftigten zeigt.

Denn der Fokus auf die vergleichsweise stark ausgeprägte Umweltwirtschaft bildet nur einen relativ kleinen Ausschnitt der in Österreich vorhandenen Versorgungsstrukturen ab. So trug selbst die gesamte Umweltwirtschaft im Vorkrisenjahr 2019 lediglich 4,3 Prozent zum Bruttoinlandsprodukt in Österreich bei (Statistik Austria, 2021). Von größerer Relevanz ist daher die Frage, inwieweit klimafreundlichere Prozesse in der breiten Masse der in der Versorgung von Gütern und Dienstleistungen tätigen Organisationen bereits umgesetzt werden. KMU, die in Österreich 99,9 Prozent der marktorientierten Unternehmen ausmachen und 60 Prozent der Bruttowertschöpfung beitragen (KMU Forschung Austria, 2021), nehmen in diesem Zusammenhang eine wichtige Rolle ein.

Der hohe Anteil an KMU in der österreichischen Wirtschaft wird aufgrund der im Vergleich zu größeren Unternehmen relativ geringeren Innovationstätigkeiten als eine Barriere in der Forcierung von Öko-Innovationen erachtet (Gözet, 2020). Zugleich ist die Implementierung von Maßnahmen im Sinne des Umwelt- und Klimaschutzes in vielen KMU kaum etabliert. Der Anteil an Organisationen, die bereits entsprechende Maßnahmen umsetzen, fällt daher unter KMU im Vergleich zu Großunternehmen deutlich geringer aus (European Commission, 2018).

Abb. 14.2 verschafft auf Basis von Umfragedaten einen Überblick der jeweiligen Anteile an österreichischen KMU, die entsprechende Maßnahmen bereits implementieren, und vergleicht diese mit dem EU-Schnitt. Demnach geben mehr als die Hälfte der KMU an, auf die ein oder andere Weise Energie oder Material zu sparen und die anfallenden Abfälle zu minimieren. Je tiefgreifender Änderungen sind, desto weniger werden diese jedoch umgesetzt. Österreichische KMU gehören zwar zu den europäischen Vorreitern in der Bereitstellung von grünen Produkten oder Dienstleistungen und im Bezug von erneuerbaren Energien, die klare Mehrheit bietet allerdings unter bestehenden Rahmenbedingungen keine entsprechenden Produkte oder Dienstleistungen an und bezieht vorrangig nichterneuerbare Energien.

Vergleichbare Umfragen aus den vergangenen Jahren lassen darauf schließen, dass Unternehmen in Österreich unabhängig von der Größe zwar in Bereichen wie Abfallmanagement und betrieblichem Energieverbrauch relativ fortgeschritten sind, tiefergreifendere Veränderungen in Geschäftsmodellen und dem Angebot an Produkten und Dienstleistungen aber lediglich von einer Minderheit implementiert werden (Dorr et al., 2021; Europäische Kommission, 2016, 2020; Kiesnere & Baumgartner, 2019; Kofler et al., 2021; Schöggl et al., 2022). Selbst unter den im Bereich Forschung und Entwicklung besonders aktiven Unternehmen hat nur eines von zehn umfassende Maßnahmen zur Änderung des Geschäftsmodells implementiert (Kofler et al., 2021).

---

[5] Unter „Öko-Innovationen" versteht das europäische Eco-Innovation Observatory „any innovation that reduces the use of natural resources and decreases the release of harmful substances across the whole life-cycle" (siehe https://www.eco-innovation.eu/, abgerufen am 14.03.2022).
[6] Die Analyse der Umwelttechnikindustrie umfasst die folgenden Produktsegmente: erneuerbare Energietechnologien, Energieeffizienztechnologien, Abfalltechnologien, Recycling und Kreislaufwirtschaft, Wasser- und Abwassertechnologien, Luftreinhaltung sowie Lärmschutz, Mess-, Steuer- und Regeltechnik und Umweltbeobachtung (Schneider et al., 2020).

14.2 Status quo und Dynamik in den Versorgungsstrukturen

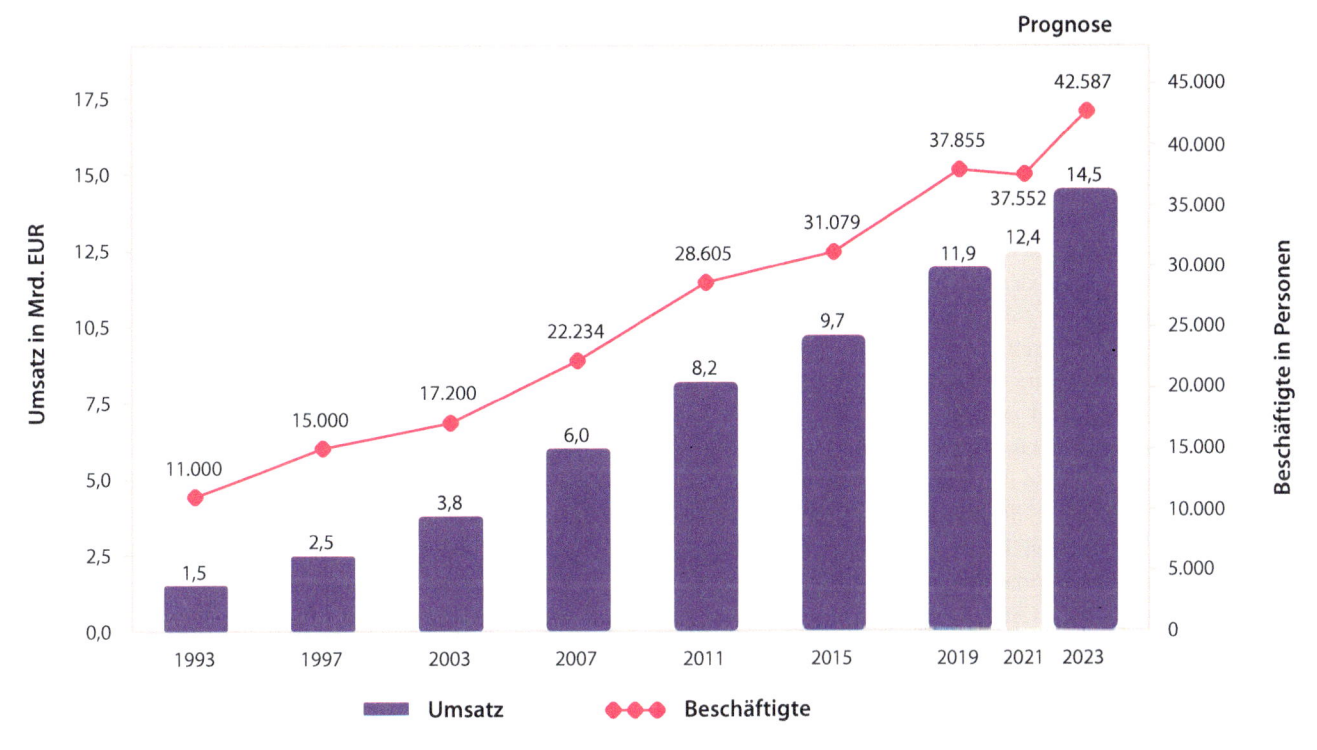

Abb. 14.1 Entwicklung von Umsatz, Exporten und Beschäftigungszahlen in der österreichischen Umwelttechnik-Industrie seit 1993. (Quelle: Schneider et al. (2020))

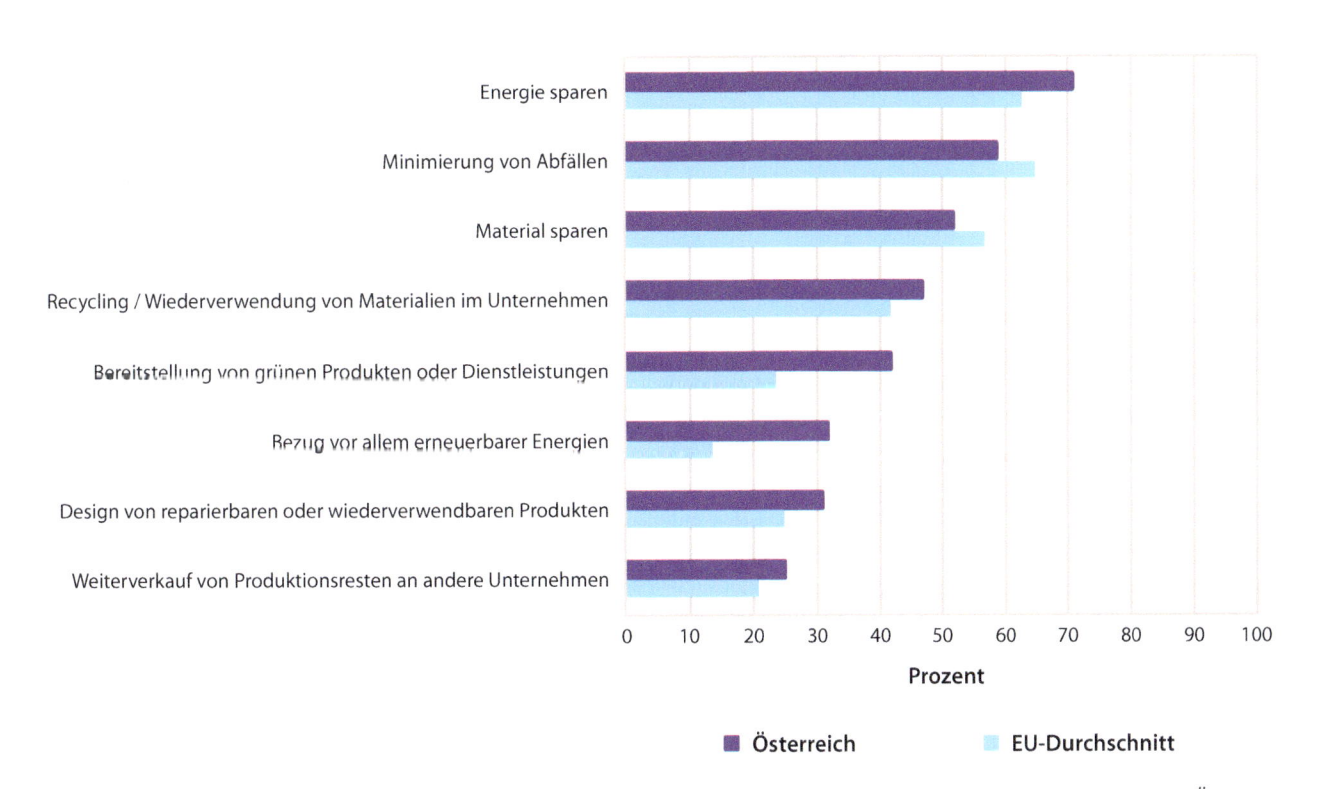

Abb. 14.2 Anteil von Klein- und Mittelunternehmen, die klimabezogene Maßnahmen bereits umsetzen (in Prozent; $N = 500$ aus Österreich). (Quelle: Eigene Darstellung basierend auf einer Erhebung im Rahmen des Eurobarometer-Surveys (European Commission, 2018))

In Summe zeigt der Blick auf die bestehenden Versorgungsstrukturen, dass Österreich zwar im Unternehmenssektor über eine relativ gut etablierte und wirtschaftlich dynamische Umweltwirtschaft verfügt, wovon auch die Klimabilanzen anderer Versorgungseinrichtungen profitieren, diesem aber eine unzureichende Umsetzung klimafreundlicherer Prozesse in den Versorgungsstrukturen in ihrer Gesamtheit gegenübersteht. Diese Diskrepanz spiegelt sich auch in der Entwicklung der in Österreich entstandenen (das heißt produktionsbasiert bilanzierten) Treibhausgasemissionen wider. So konnten seit 1990 deutliche Emissionsrückgänge im Zusammenhang mit Energieeffizienzzuwächsen, einem steigenden Anteil erneuerbarer Energien und eines Ausbaus der Abfallwirtschaft erzielt werden. Diese wurden allerdings nahezu vollständig durch Steigerungen der Emissionen im Verkehr und in der Industrie kompensiert (Anderl et al., 2021). Trotz vielfältiger Bestrebungen blieben die Treibhausgasemissionen damit seit den 1990er Jahren auf einem stabilen Niveau (Anderl et al., 2021). Der Bedarf an notwendigen Veränderungen ist daher nach wie vor sehr hoch.

14.3 Notwendige Veränderungen für ein klimafreundliches Leben

Ungeachtet der weiterhin bestehenden Vielfalt an Lösungsansätzen und Visionen für die Gestaltung einer zukunftsfähigen Wirtschaft entwickelte sich in den vergangenen Jahrzehnten, wohl auch vor dem Hintergrund einer sich zuspitzenden Situation, zunehmend ein wissenschaftlicher Konsens, dass es „extrem tiefgreifender Veränderungen" (Schleicher & Steininger, 2017) in den Versorgungsstrukturen bedarf. Die Liste an Veränderungen, die von der Mehrheit der Wissenschaftler_innen als „notwendig" eingeschätzt werden, hat sich dementsprechend erweitert.

Die Entwicklung der klimapolitischen Analysen und Strategieempfehlungen, wie von Köppl & Schleicher (2019) anhand ihrer eigenen Erfahrungen in Forschung und Politikberatung nachgezeichnet, steht exemplarisch für eine solche kumulative Erweiterung (vgl. Steininger et al., 2021). Demnach stand für sie zunächst die Umstellung von fossilen auf erneuerbare Energien im Vordergrund, ein Ansatz, den sie in einer zweiten Phase um die Thematik der Energieeffizienz erweiterten. Basierend auf der Erkenntnis, dass isolierte Verbesserungen der Energieeffizienz nicht ausreichen würden und viel ungenütztes Potenzial in anderen Bereichen unberührt ließen, forcierten sie anschließend einen systemischeren Ansatz, der alle Komponenten von Energiesystemen miteinschließt. Mittlerweile plädieren Köppl & Schleicher (2019) jedoch für noch umfassendere Veränderungen im Sinne einer Kreislaufwirtschaft, die auch die in Ressourcen und Produkten gebündelte Energie berücksichtigen.

Diese Erweiterung der problematisierten Bereiche ist insofern bedeutsam, als damit eine zunehmende Einbindung und Koordinierung unterschiedlicher Akteur_innen wie auch weitreichendere Veränderungen in den bestehenden Konsummustern einhergehen. Während der Wechsel auf erneuerbare Energien oder die Implementierung einzelner Energieeffizienzmaßnahmen, wie bereits von vielen Unternehmen umgesetzt (siehe Abschn. 14.2), die weiterführenden Versorgungsstrukturen und bestehende Konsummuster nur geringfügig berühren, lassen sich darüberhinausgehende Maßnahmen oft nicht ohne Weiteres umsetzen. Wie Köppl & Schleicher (2019) hervorheben, erfordern Transitionen in Energiesystemen sowie jene zu einer Kreislaufwirtschaft tiefgreifende Veränderungen von Geschäftsmodellen und in der Organisation ganzer Wertschöpfungsketten.

Tatsächlich ist die Notwendigkeit einer weitreichenden Transformation der Energiesysteme heute wissenschaftlich unbestritten (Kirchengast et al., 2019; Köppl & Schleicher, 2021; Meyer et al., 2018; Schleicher & Steininger, 2017). Auch eine darüberhinausgehende Umgestaltung nach dem Vorbild einer Kreislaufwirtschaft hat sich als notwendige Veränderung in der Wissenschaft weitgehend konsensfähig erwiesen (Cantzler et al., 2020; de Wit et al., 2019; Eisenmenger et al., 2020; Jacobi et al., 2018; Kirchengast et al., 2019). Fortschritte in der Dekarbonisierung der österreichischen Versorgungsstrukturen müssen daran gemessen werden, inwieweit sich entsprechende Maßnahmen in einer flächendeckenden Neuausrichtung von Unternehmen und anderen Versorgungseinrichtungen niederschlagen. In der Folge werden die bereits genannten Lösungsansätze – Transformation der Energiesysteme und jene zu einer Kreislaufwirtschaft – kurz skizziert. Einige Wissenschaftler_innen halten darüber hinaus Veränderungen für erforderlich, die hier unter dem Begriff der „Ökonomie des Teilens" zusammengefasst werden. Diese werden abschließend kurz vorgestellt.

14.3.1 Transformation der Energiesysteme

Aus Perspektive der Haushalte erfolgt die Energieversorgung sowohl direkt über Energiegüter wie Treibstoffe wie auch indirekt über die Energie, die zur Bereitstellung unterschiedlicher Güter und Dienstleistungen erforderlich ist. Trotz deutlicher Fortschritte in der Reduktion der in wesentlichen Bereichen des Energiesektors emittierten Treibhausgase, ist es Köppl & Schleicher (2021, S. 151) zufolge bisher „nicht gelungen, das österreichische Energiesystem so umzugestalten, wie es für die Erreichung der Energie- und Klimaziele notwendig wäre". Das Energiesystem wird dabei bewusst breit gefasst und inkludiert alle Prozesse, in denen durch die Verwendung von (hauptsächlich fossilen) Energieträgern Treibhausgasemissionen freigesetzt werden, also auch den im österreichischen Kontext so kritischen Verkehr. In Summe gehen noch immer rund zwei Drittel der national produzierten Treibhausgasemissionen auf solche für energetische Zwecke ausgerichtete Prozesse zurück (Schleicher & Steininger, 2017). Zur Erreichung der Klimaziele bedarf es daher verstärkter Anstrengungen entlang mehrerer Strategien: von der Steigerung der Energieproduktivität über eine Reduzierung der Nachfrage, eine vollständige Umstellung auf erneuerbare Energien bis hin zur Minimierung von Verlusten im Energiesystem, die in Prozessen der Transformation, Verteilung und Verwendung auftreten.

Schleicher et al. (2018) schlagen eine Aufteilung in drei Handlungsfelder vor, die in der Transformation der Energiesysteme als prioritär behandelt werden sollten: multifunktionale Gebäude, verschränkte Mobilität und integrierte Netze. Das erstgenannte Handlungsfeld denkt Gebäude neu, indem diese einerseits für möglichst unterschiedliche Nutzungszwecke gestaltet und andererseits in Infrastrukturen zur Bereitstellung und Speicherung von Energie verwandelt werden. Wesentliche Bausteine für die Schaffung klimafreundlicher Gebäude sind neben einer intensiveren Nutzung der Räume unter anderem die thermische Bauqualität, die Einbindung in lokale Energienetzwerke und ein optimiertes Energiemanagement auf der Ebene einzelner Quartiere (Kap. 4). Im zweiten Handlungsfeld der verschränkten Mobilität gilt es, den Verkehr nach den Prinzipien vermeiden, verlagern, verbessern (in absteigender Priorität) umzugestalten. Neben dem Umstieg auf voll-elektrische Antriebe und der Forcierung multimodaler Ansätze gilt es insbesondere den motorisierten Individualverkehr auf klimafreundliche (das heißt öffentlichere und aktivere) Verkehrsmittel zu verlagern und den Mobilitätsbedarf durch eine klimafreundliche Raumplanung (Kap. 19) zu verringern (Kap. 6). Das dritte Handlungsfeld der integrierten Netze sieht eine möglichst synergetische Integration unterschiedlicher Netze bzw. Sektoren („Sektorkopplung"), insbesondere der Wärmeversorgung und Elektrizität, aber auch der Netze für Gas und Telekommunikation, vor (Buscher et al., 2020; Ornetzeder & Sinozic, 2020; Ramsebner et al., 2021). Damit können die Flexibilität und Sicherheit der Energieversorgung erhöht werden.

Neben der Energieversorgung, die Mitte des vergangenen Jahrzehnts 68 Prozent der Treibhausgasemissionen produzierte, spielen allerdings auch Produktionsprozesse (21 Prozent) und die Landwirtschaft (9 Prozent) eine bedeutende Rolle (Schleicher & Steininger, 2017).[7] Trotz des erheblichen Gewichts der Energieversorgung wird eine Konzentration der Bemühungen auf diesen Bereich deshalb nicht ausreichen, wie Schleicher & Steininger (2017) ausführen:

„Mit tiefgreifenden, in der einschlägigen Fachliteratur als radikal bezeichneten, strukturellen Veränderungen im Umgang mit Energie könnten bis 2050 die Treibhausgasemissionen aus energetischer Nutzung gegenüber 2005 um 90 Prozent reduziert werden (die Treibhausgasemissionen insgesamt um 70 Prozent) und das Emissionsbudget würde bis 2042 reichen. Erst darüberhinausgehende, nach heutigem Wissensstand als insgesamt extrem aufwendig zu bezeichnende, und daher hinsichtlich der Realisierbarkeit noch offene zusätzliche Verminderungen bei den Emissionen aus industriellen Prozessen und der Landwirtschaft sowie beim Abfall würden es erlauben mit dem Emissionsbudget bis 2050 auszukommen, und zwar falls es gelingt, die Emissionen bis 2050 um insgesamt zumindest 90 Prozent zu vermindern." (2017, S. 1)[8]

14.3.2 Von der „linearen" zur „Kreislaufwirtschaft"

Die Transformation in Richtung einer Kreislaufwirtschaft verspricht, auch die Bereiche der Produktionsprozesse, Landwirtschaft und Abfallbehandlung zu adressieren. Im Zentrum steht der Umgang mit energetischen wie auch *nicht-energetischen* Ressourcen und Produkten. Die Berücksichtigung von Produkten markiert dabei eine klare Abwendung des bisher dominanten Fokus auf die sachgemäße Behandlung und Wiederverwendung von Ressourcen (Blomsma & Tennant, 2020). Während eine Abfallwirtschaft im traditionellen Sinn, wie in Österreich bereits weitgehend etabliert, sich in erster Linie auf das Ende des Produktlebenszyklus konzentriert und damit die bestehenden Produktions- und Konsumptionsprozesse weitgehend unberührt lässt oder sogar zu ihrer Beschleunigung und Legitimierung beiträgt (Wieser, 2016), sieht eine Kreislaufwirtschaft umfassende Veränderungen entlang des gesamten Lebenszyklus von Ressourcen und Produkten vor. Demnach gilt es, Stoffkreisläufe sowohl zu etablieren bzw. zu *schließen* als auch zu *verlangsamen* und zu *verringern* (Bocken et al., 2016).

Zur Erreichung einer erhöhten Ressourceneffizienz und damit Reduktion der Treibhausgasemissionen bedarf es einer Vielzahl an Maßnahmen, die vom Recycling von Ressourcen über die Verlängerung der Nutzungsdauer von Produkten (beispielsweise durch Reparatur, Instandhaltung und Wiederaufbereitung) bis zur Vermeidung unnötigen Konsums im Sinne einer Suffizienz reichen. Eine Kreislaufwirtschaft wird über die Einhaltung unterschiedlicher Handlungsprinzi-

---

[7] Das Umweltbundesamt schlüsselt die Emissionen für das Jahr 2019 wie folgt auf: Energie und Industrie (43,8 Prozent), Verkehr (30,1 Prozent), Landwirtschaft (10,2 Prozent), Gebäude (10,2 Prozent), Abfallwirtschaft (2,9 Prozent) und fluorierte Gase (2,8 Prozent) (Anderl et al., 2021).

[8] Diese Ergebnisse basieren auf Modellierungen, in denen ein höheres Treibhausgasbudget angenommen wurde, als es das 1,5-Grad-Ziel zulassen würde. Die erforderlichen Emissionsreduktionen liegen daher sogar über 90 Prozent.

pien bzw. Strategien definiert, wobei sich eine hierarchische Gliederung weitgehend durchgesetzt hat (Kirchherr et al., 2017). Demzufolge ist aus einer Sicht der Ressourceneffizienz die Vermeidung („Refuse") gegenüber der Reduktion („Reduce"), Wiederverwendung („Reuse") und Zurückführung („Recycle") oder gar einer Wiederaufbereitung („Recover") vorzuziehen.[9] Je höher in der Hierarchie, desto tiefgreifender sind allerdings die erforderlichen Veränderungen in den Versorgungsstrukturen. Zudem bleibt weitgehend unklar, bis auf welche Ebene der Hierarchie entsprechende Schritte in Österreich notwendig sind, um die Klimaziele erreichen zu können. In Praxis wie Wissenschaft werden daher unterschiedliche Schwerpunkte gelegt, was mitunter zu erheblichen Differenzen in der Ausgestaltung einer Kreislaufwirtschaft führt.

Berechnungen der Kreislauforientierung bzw. „Zirkularität" der österreichischen Wirtschaft geben Aufschluss darüber, wie groß der Handlungsbedarf ist. Demnach werden derzeit nur 9,1 Prozent der Materialien im Produktionssystem aus Sekundärrohstoffen bezogen, womit sich Österreich ziemlich genau im globalen Durchschnitt befindet (de Wit et al., 2019; basierend auf Jacobi et al., 2018). In anderen Worten erfolgt die Versorgung primär nach einem „linearen" Muster, indem neue Rohstoffe extrahiert, verarbeitet, verbraucht und letztendlich entsorgt werden. Eine nationale Umstellung von fossilen auf erneuerbare Energien hätte auf Basis dieser Berechnung allerdings nur eine sehr geringe Wirkung in Bezug auf die Emissionen aus der Güterproduktion, da der überwiegende Teil an fossilen Energieträgern in der ausländischen Produktion von Gütern für den österreichischen Markt zur Anwendung kommt. Dies unterstreicht die klimapolitische Bedeutung einer Berücksichtigung von Produkten und ihrer Herkunft (Kap. 1, 15). Weitaus effektiver wären den Autor_innen von Circle Economy zufolge Maßnahmen zur Erhöhung der Recyclingraten, Erhaltung bestehender (baulicher) Infrastrukturen und Forcierung recycelbarer und langlebiger Produkte (siehe auch Eisenmenger et al., 2020).

In Bezug auf die industriellen Produktionsprozesse, als den bedeutendsten Bereich jenseits der Energieversorgung, bringt eine Umgestaltung im Sinne einer Kreislaufwirtschaft erhebliche Veränderungen mit sich. Eine Dekarbonisierung sollte sich schwerpunktmäßig auf die Branchen „Papier und Druck", „chemische und pharmazeutische Erzeugung", „Metallerzeugung und -verarbeitung" sowie die „Verarbeitung mineralischer Rohstoffe" konzentrieren, die zusammen mehr als die Hälfte der mit Industrie und Gewerbe verbundenen Treibhausgasemissionen erzeugen (Anderl et al., 2021; Geyer et al., 2019). Geyer et al. (2019) sehen neben dem Einsatz von Breakthrough-Technologien (z. B. wasserstoffbasierte Technologien) eine hocheffiziente Nutzung eingesetzter Energien und Ressourcen, möglichst in kaskadischer Form und unter Bezugnahme biobasierter Rohstoffe, als einen wichtigen Ansatz in der Dekarbonisierung der Industrie (siehe auch Diendorfer et al., 2021). Darüber hinaus hebt die Literatur das Potenzial tiefergreifender Veränderungen der Geschäftsmodelle, insbesondere einer Umstellung auf sogenannte Produkt-Dienstleistungssysteme, für die Industrie hervor (Hinterberger et al., 2006; Wimmer et al., 2008). Damit werden Leistungen mit einem hohen Dienstleistungsgrad verstanden, bei denen nicht der Verkauf von Produkten oder Rohstoffen, sondern die Bereitstellung von Nutzungsmöglichkeiten und Ergebnissen im Vordergrund stehen (Tukker, 2004).

14.3.3 Ausbau von Ökonomien des Teilens

Das Konzept der Produkt-Dienstleistungssysteme nimmt eine zentrale Stellung in der Kreislaufwirtschaft ein, stellt aber zugleich fundamental in Frage, inwiefern Produkte verkauft und in den Besitz einzelner Personen oder Haushalte übergehen sollten. Damit schafft es eine Brücke zu allgemeineren, über die Kreislaufwirtschaft hinausgehenden Möglichkeiten der Gestaltung von Versorgungsstrukturen. So ist das Konzept auch in der Ökonomie des Teilens („Sharing Economy") prominent vertreten und hat durchaus Ähnlichkeiten mit der dienstleistungsorientierten Versorgung durch NGOs und die öffentliche Hand. Im Gegensatz zur Kreislaufwirtschaft, wo der Fokus auf die individuelle Bedürfnisbefriedigung aufrechterhalten bleibt, soll durch den Ausbau von Ökonomien des Teilens die gemeinsame Nutzung von Ressourcen gefördert und damit auch ein leistbarer Zugang für alle ermöglicht werden (Acquier et al., 2017; Curtis & Lehner, 2019; Heinrichs, 2013; Penz et al., 2018).[10]

Eine Ökonomie des Teilens kann sowohl auf Marktmechanismen wie auch auf sogenannten Commons oder Gemeingütern beruhen (Dobusch, 2019). Marktbasierte Formen der Ökonomie des Teilens sind heute vor allem mit digitalen Plattformen verbunden, die es sowohl Unternehmen wie auch Privatpersonen ermöglichen, ihre Besitztümer zu teilen bzw. diese (gegen Entgelt) anderen Personen oder Organisationen zeitlich begrenzt zur Verfügung zu stellen. In Österreich sind dutzende solcher Plattformen aktiv, wobei sich das genaue Ausmaß und ihre volkswirtschaftliche Bedeutung nur äußerst schwer abschätzen lassen (Heiling & Schumich, 2018). Im Verkehrssektor können solche Plattfor-

---

[9] Es besteht noch kein einheitliches Gerüst an „R-Strategien". Eine detailliertere Aufgliederung findet sich beispielsweise in Potting et al. (2017), in absteigender Reihenfolge: Refuse, Rethink, Reduce, Reuse, Repair, Refurbish, Remanufacture, Repurpose, Recycle und Recover.

[10] Zur Abgrenzung der Kreislaufwirtschaft von der Sharing Economy siehe Wieser (2019) und Henry et al. (2021). So fallen beispielsweise die Weitergabe und der Weiterverkauf von Gütern unter beide Konzepte.

men zur Abkehr vom Individualverkehr beitragen. In Strategien zur Reduktion der Treibhausgasemissionen in diesem Sektor spielen sie allerdings eine untergeordnete Rolle (siehe Angelini et al., 2020; Heinfellner et al., 2018). Insgesamt ist umstritten, ob marktbasierte Sharing-Modelle positive Klimawirkungen erzielen können, da damit beispielsweise auch klimafreundliche Strukturen wie öffentliche Verkehrsmittel anstatt des Individualverkehrs verdrängt werden können (Frenken & Schor, 2017; Zhu & Liu, 2021).

Neben marktbasierten Formen der Ökonomie des Teilens heben einige Wissenschaftler_innen die Vorteile von Commons als klimapolitische Lösungsansätze jenseits von Markt und Staat hervor (Bollier & Helfrich, 2014; Exner & Kratzwald, 2021). Dazu zählen im weitesten Sinne alle Ressourcen, die einer Gruppe von Menschen auf Basis kollektiv bestimmter Nutzungsberechtigungen zugänglich gemacht werden. Ein solcher Ansatz, beispielsweise in der Form von gemeinschaftlich genutzten Produktionsgütern, könnte demnach den Weg in Richtung klimafreundlicherer Versorgungsstrukturen ebnen, indem potenziell destruktiven Dynamiken der Konkurrenz entgegengewirkt und zugleich allen Menschen die Möglichkeit zur Teilhabe gegeben wird. Energiegemeinschaften, die von Bürger_innen, Gemeinden, Unternehmen und diversen weiteren Organisationen gegründet werden können und eine gemeinsame Nutzung und wirtschaftliche Verwertung von erneuerbaren Energien vorsehen, wird ein großes Potenzial zur Förderung der sozialen Akzeptanz und Einbindung der Bevölkerung im Ausbau von erneuerbaren Energien zugeschrieben (Azarova et al., 2019; Monsberger et al., 2021; Schmidt et al., 2021). Obgleich es auch darüber hinaus gewichtige theoretische Gründe für positive Klimawirkungen gibt, steht eine umfassende Evaluierung des konkreten Potenzials von Commons zur Ermöglichung eines klimafreundlichen Lebens noch aus.

14.3.4 Notwendigkeit und Implikationen für bestehende Konsummuster

Die vorangegangenen Abschnitte fassten unterschiedliche Modelle zusammen, nach deren Vorbild die Versorgungsstrukturen in Österreich umgestaltet werden könnten, beginnend mit jenen, die am wenigsten in bestehende Konsummuster eingreifen und von weiten Teilen der Wissenschaft als dringend erforderlich angesehen werden (siehe Abb. 14.3). Die hohe Zustimmung trifft uneingeschränkt

Abb. 14.3 Modelle klimafreundlicher Versorgungsstrukturen und Notwendigkeit der Veränderungen. (Quelle: eigene Darstellung)

auf die Notwendigkeit einer radikalen Transformation der Energiesysteme zu. Wie oben aufgezeigt, würde dies jedoch selbst unter sehr optimistischen Annahmen nicht für die Einhaltung der Klimaziele reichen. Die Notwendigkeit einer Transformation zu einer Kreislaufwirtschaft wird vor diesem Hintergrund weitgehend als unverzichtbar erachtet. Energie- und Materialströme wären in den entsprechenden Versorgungsstrukturen der Zukunft in hohen Maß „konsistent" mit den Stoffwechselprozessen der Natur und weitgehend so gestaltet, dass die Nutzung von Energie und Rohstoffen in Hinblick auf die Erfüllung von Konsumbedürfnissen möglichst „effizient" erfolgt.

Bedeutende Unsicherheiten ergeben sich in Bezug auf die konkrete Ausgestaltung einer Kreislaufwirtschaft, vor allem was die Notwendigkeit der Implementierung von besonders ambitionierten Strategien im Sinne des neben der „Konsistenz" und „Effizienz" dritten Prinzips ökologischer Nachhaltigkeit, der „Suffizienz"[11], anbelangt. Die Wissenschaft erwartet insgesamt deutliche Impulse für das nationale Wirtschaftswachstum durch einen Übergang zu nachhaltigen Energiesystemen und kreislauforientierten Versorgungsstrukturen (McCarthy et al., 2018; Meyer et al., 2018; Steininger et al., 2021). Denselben Modellierungen zufolge lässt sich dies auch mit der Erreichung der Klimaziele vereinbaren. Die historische Unvereinbarkeit von positiven Klimawirkungen und Wirtschaftswachstum lässt viele Wissenschaftler_innen aber an ihrer langfristigen Kompatibilität zweifeln (Haberl et al., 2020; B. Plank et al., 2020; Steinberger et al., 2013; Vogel et al., 2021; Wenzlik et al., 2015).

Mit der Berücksichtigung von Strategien wie dem Vermeiden (Refuse) oder Reduzieren (Reduce) von Konsumpraktiken schlägt die Kreislaufwirtschaft auch eine Brücke zur Suffizienz, die nicht zuletzt in der Ökonomie des Teilens von zentraler Bedeutung ist. Suffizienz-Strategien setzen direkt bei den Konsummustern an und können bei erfolgreicher Umsetzung daher mit größerer Sicherheit Beiträge zu einem klimafreundlichen Leben leisten, konterkarieren umgekehrt allerdings in vielen Fällen eine Beschleunigung des Wirtschaftswachstums. Wissenschaftliche Untersuchungen zu Suffizienz heben demgegenüber diverse positive Effekte für die soziale Nachhaltigkeit hervor, die bei entsprechender Gestaltung der Versorgungsstrukturen realisiert werden können (Brunner, 2021; Dietz & O'Neill, 2013; Princen, 2005; Schneidewind & Zahrnt, 2013; Vogel et al., 2021).

Selbst wenn es bei einer Transformation der Energiesysteme und lediglich teilweisen Umsetzung von Prinzipien der Kreislaufwirtschaft bliebe, wären damit im Vergleich zum bereits skizzierten Status quo erhebliche Veränderungen in den bestehenden Versorgungsstrukturen verbunden. Der folgende Abschn. 14.4 verschafft einen Überblick des Wissensstands zu den wirtschaftlichen Strukturen, die zum Status quo der österreichischen Versorgungsstrukturen bisher beigetragen haben. Davon ausgehend gehen wir abschließend auf die Gestaltungsoptionen ein.

14.4 Stabilisierende Strukturen

Neben der Existenz von diversen handlungsfeldspezifischen Barrieren, wie sie im Teil 2 dieses Sachstandsberichts aufgezeigt werden, lassen wissenschaftliche Erkenntnisse auf querliegende Strukturen schließen, die zur Stabilisierung des Status quo beitragen und damit einen Wandel in Richtung der aufgezeigten Wirtschaftsmodelle entgegenstehen. Eine wesentliche Grundlage dafür bilden bestehende Umfragen unter Unternehmer_innen zu Beweggründen für eine (potenzielle) klimafreundlichere Ausrichtung ihrer Organisationen und der wahrgenommenen Barrieren in der Umsetzung. Aufgrund mangelnder Forschungsarbeiten zu den Perspektiven anderer Akteur_innen aus den Versorgungsstrukturen konzentrieren wir uns in der Folge auf die Ergebnisse solcher Umfragen.

Zwei Erhebungen im Rahmen von Eurobarometer-Umfragen (Europäische Kommission, 2016; European Commission, 2018) geben Aufschluss über die zentralen Faktoren für KMU im Kontext der Kreislaufwirtschaft. Demnach sind in Bezug auf KMU, die eine äußerst heterogene Gruppe darstellen, die Barrieren erwartungsgemäß sehr divers, wobei im österreichischen Kontext administrative und rechtliche Hürden sowie die Kosten der Einhaltung bestehender Vorgaben und Standards oft im Vordergrund stehen. Ein unzureichender Zugang zu Finanzierungsmöglichkeiten sowie mangelnde Expertise und Humanressourcen stellen dagegen seltener ein Problem dar. Tatsächlich wird selbst der Zugang zu Kapital von privaten Investoren und Crowdfunding im Vergleich zu anderen europäischen Ländern von KMU als besonders hoch eingeschätzt. Dasselbe gilt für öffentlich bereitgestellte Finanzierung für Aktivitäten, die im weitesten Sinne in den Bereich der Kreislaufwirtschaft fallen.

In einer weiteren, großangelegten Umfrage unter fast 2200 Ein-Personen-Unternehmen (Dorr et al., 2021), eine Kategorie, in die rund 60 Prozent aller Unternehmen in Österreich fallen, wurden eine Inkompatibilität mit dem Geschäftsmodell (55 Prozent eher oder sehr zutreffend), ein Mangel an steuerlichen Anreizen und Förderungen (50 Prozent), wirtschaftliche Rahmenbedingungen (50 Prozent), mangelnde Ressourcen (48 Prozent) und eine negative Kosten-Nutzen-Relation (48 Prozent) als die hinderlichsten Faktoren für die Umsetzung von Umweltaktivitäten angegeben. Die überwiegende Mehrheit der Unternehmer_innen (87 Prozent) führen ihre eigenen ethisch-moralischen Überzeugungen als Beweggründe für Umweltaktivitäten an, gefolgt von der Vorbildwirkung bzw. Vorreiterrolle des Unter-

---

[11] Zu den drei Prinzipien bzw. Leitstrategien siehe Behrendt, Göll & Korte (2018).

nehmens (59 Prozent) und den wahrgenommenen Anforderungen der Kund_innen bzw. der Gesellschaft (25 Prozent). Gesetzliche Regulierungen, öffentliche Förderungen oder die Vorgaben der Geschäftspartner_innen werden hingegen von jeweils weniger als 10 Prozent der Befragten als Beweggründe angegeben. Ein ähnliches Bild ergibt sich abschließend aus einer Umfrage unter 51 Großunternehmen (Kiesnere & Baumgartner, 2019). Demnach werden die Hauptgründe für den unternehmerischen Wandel vorrangig in der eigenen Organisation und in der Kundennachfrage verortet. Die Gesetzgebung, staatliche Anreize und andere Partnerunternehmen spielen auch hier aus Sicht der Befragten eine untergeordnete Rolle.

Zusammengefasst zeichnen die bestehenden Evidenzen aus Unternehmensumfragen also ein Bild, wonach in Österreich ein relativ leichter Zugang zu finanzieller Unterstützung vorhanden ist, zugleich aber insbesondere von Seiten der Politik kein großer Druck zur Veränderung ausgeht. Etwas zugespitzt formuliert wird die Politik von Unternehmer_innen mehr als Barriere denn als treibende Kraft in der Transformation zu einer umwelt- und klimafreundlicheren Wirtschaft wahrgenommen (vgl. Kiesnere & Baumgartner, 2019). Die Ergebnisse wissenschaftlicher Untersuchungen der wirtschaftspolitischen Rahmenbedingungen verhalten sich größteils komplementär zu dieser Einschätzung.

14.4.1 Wirtschaftspolitische Rahmenbedingungen

Ein Blick auf die Wirkungen bisheriger wirtschaftspolitischer Maßnahmen weist zunächst auf einige Achtungserfolge hin. Bestehende Analysen zeigen, dass politische Maßnahmen vor allem im Energiesektor, wo bislang die mit Abstand größten Reduktionen in den Treibhausgasemissionen erzielt werden konnten (siehe Abschn. 14.2), einen entscheidenden Beitrag leisteten (Baumgartner & Schmidt, 2018; Madlener 2007). Auch wenn sektorspezifische Förderungen als ökonomisch suboptimal gelten, konnten in Österreich damit nachweislich wichtige Beiträge, wie beispielsweise zur Unterstützung erneuerbarer Energien (Baumgartner & Schmidt, 2018; Gass et al., 2013; Madlener, 2007; Wurster & Hagemann, 2020), geleistet werden. Standards und Gütezeichen hingegen waren insbesondere bei der Energieeffizienz von Geräten wirksam (Schäppi et al., 2012). Neben Steuern und Förderungen besteht außerdem ein Emissionshandelssystem, das 2005 auf europäischer Ebene eingeführt wurde und in Österreich mehr als ein Drittel der Treibhausgasemissionen erfasst (Anderl et al., 2021).

Auch die Herausbildung der Umwelttechnikindustrie, wie in Abschn. 14.2 aufgezeigt, profitierte nach Einschätzung von Schneider et al. (2020) bisher stark von der Unterstützung durch die öffentliche Hand. So nimmt laut ihrer Erhebung knapp die Hälfte der Unternehmen aus dieser Branche Förderungen für Forschungs- und Entwicklungsvorhaben in Anspruch. Beinahe eines von fünf Unternehmen greift auf Förderungen für Exportaktivitäten zurück. Auch in der Unterstützung von umweltorientierten Start-ups spielen öffentliche Förderungen als zweitwichtigste Finanzierungsquelle nach den Eigenmitteln der Gründer_innen eine wesentliche Rolle (Leitner et al., 2021).

Eine gesamtheitlichere Betrachtung der wirtschaftspolitischen Anreize ergibt allerdings ein weitgehend konträres, mit den Erfahrungen der Unternehmer_innen übereinstimmendes Bild. Denn jenseits von überwiegend marktbasierten und auf Freiwilligkeit beruhenden „weichen" Instrumenten im Klimaschutz wurden nur geringfügige Änderungen an den verbindlichen („harten") Rahmenbedingungen für wirtschaftliches Handeln vorgenommen (Schaffrin et al., 2015; Wurzel et al., 2019). So gibt es beispielsweise nach wie vor kaum verbindliche Vorgaben für Unternehmen in Bezug auf die Berichtlegung über klimarelevante Aktivitäten. Mit Ausnahme weniger Großunternehmen basiert die Berichtlegung in Österreich auf freiwilliger Basis und wird in erster Linie von intermediären Organisationen geleistet. Berichte zu Corporate Social Responsibility (CSR), wie auch andere zertifizierte Umweltmanagementinstrumente, konnten sich vor diesem Hintergrund bis heute nicht aus der Nische befreien (Forster et al., 2021; Keinert-Kisin, 2015). Erst eine deutliche Ausweitung der Berichtspflichten auf weitere Unternehmen und die Einführung europäischer Standards, wie derzeit von der Europäischen Kommission[12] vorgesehen, verspricht hier Verbesserungen. Damit dürfte künftig auch aus wissenschaftlicher Sicht leichter zu klären sein, welche Bedeutung die Praxis der Berichtlegung für die Erreichung der Klimaziele hat.

Von unmittelbarer Relevanz für die Ausgestaltung der Versorgungsstrukturen sind die Preise für Energie und materielle Ressourcen, die in Österreich durch ein komplexes System an CO_2-Zertifikaten, Steuern und Förderungen beeinflusst werden. Während die Steuerbelastung für Unternehmen aus internationaler Perspektive relativ hoch ausfällt, machen Umweltsteuern[13] in Österreich bei leicht rückläufiger Tendenz nur etwa 6 Prozent des Steueraufkommens aus, ein im europäischen Vergleich deutlich unterdurchschnittlicher Wert (Delgado et al., 2022; Kletzan-Slamanig & Köppl,

---

[12] Proposal for a DIRECTIVE OF THE EUROPEAN PARLIAMENT AND OF THE COUNCIL amending Directive 2013/34/EU, Directive 2004/109/EC, Directive 2006/43/EC and Regulation (EU) No 537/2014, as regards corporate sustainability reporting, 2021.
[13] Umwelt- bzw. Ökosteuern umfassen alle Steuern auf Produkte und Prozesse, die entweder die Umwelt verschmutzen oder zum Verbrauch nicht erneuerbarer Energien beitragen. Darunter fallen nach etablierter Klassifikation Energiesteuern, Transportsteuern, Ressourcensteuern und Umweltverschmutzungssteuern. Eine detailliertere Aufschlüsselung kann der Umweltgesamtrechnung (siehe Aichinger, 2021) entnommen werden.

2016a; Köppl & Schratzenstaller, 2015). Diese sind in der Höhe zudem auffällig stark entkoppelt von den aus dem Verbrauch entstehenden Treibhausgasemissionen. So wurden Energiesteuern, die es bereits seit Jahrzehnten gibt, bisher vor allem aus fiskalischen Erwägungen eingeführt (Kettner-Marx et al., 2018). Im Verkehrssektor, wo die Treibhausgasemissionen bedeutend zunehmen (siehe Abschn. 14.2 Kap. 6), befinden sich insbesondere die Dieselsteuern auf einem international geringen Niveau.

Solche Diskrepanzen zwischen Treibhausgasemissionen auf der einen und den dafür anfallenden Kosten auf der anderen Seite, lassen sich über alle Wirtschaftssektoren hinweg beobachten. Unter Berücksichtigung aller CO_2-relevanten Steuern und Abgaben kommen Schnabl et al. (2021) in einer aktuellen Untersuchung zum Schluss, dass der Preis pro Tonne CO_2 je nach Sektor zwischen 2,21 Euro (Energiesektor) und 316,14 Euro (Dienstleistungen ohne Verkehr) schwankt. Die Preise im Energiesektor werden dabei durch direkte Förderungen und Befreiungen deutlich stärker kompensiert (zu 90,46 Prozent), als es in anderen Sektoren derzeit der Fall ist (z. B. 17,05 Prozent im Bau). Im Vergleich zu privaten Haushalten werden Unternehmen deutlich weniger belastet. So tragen private Haushalte eine deutlich höhere Steuerlast in Bezug auf CO_2-Emissionen (237,91 Euro gegenüber 54,25 Euro pro Tonne) und erhalten zugleich weniger Förderungen als Unternehmen. Die Anreize zur Tätigung von entsprechenden unternehmerischen Investitionen zur Senkung der Steuerlast und CO_2-Intensität fallen dementsprechend deutlich geringer aus, als wenn Unternehmen einen vergleichbaren oder höheren CO_2-Preis zahlen müssten wie Haushalte. In Summe weisen bestehende Untersuchungen auf klimapolitisch problematische Verzerrungen der Preise für Energie und Ressourcen hin, wodurch erforderliche Investitionsanreize teilweise deutlich geschwächt werden.

Darüber hinaus werden in der österreichischen Forschungslandschaft auch strukturelle Wachstumszwänge als hinderliche Rahmenbedingungen relativ prominent thematisiert (Brand et al., 2021; Brand & Wissen, 2017; Kreinin & Aigner, 2021; Spash, 2020, 2021). Das strukturelle Erfordernis, wirtschaftliches Wachstum zu erzielen, ist auf vielfältige und interdependente Weise in Institutionen wie dem marktwirtschaftlichen Wettbewerb, technologischen Fortschritt, Kreditwesen, internationalen Wettbewerb und der Sozialpolitik verankert (siehe Richters & Siemoneit, 2019). Insbesondere dem Verhältnis zwischen Arbeitsproduktivität auf der einen und Energie- bzw. Ressourcenproduktivität auf der anderen Seite wird im österreichischen Kontext große Beachtung geschenkt (z. B. Aiginger & Scheiblecker, 2016; Goers & Schneider, 2019; Kreinin & Aigner, 2021; Stagl, 2014; Zwickl et al., 2016). Der Wachstumszwang ergibt sich hier aus der nach wie vor dominanten politischen Zielsetzung, eine steigende Arbeitsproduktivität (z. B. durch Innovationen im Prozessmanagement) mit der Schaffung von (Vollzeit-)Arbeitsplätzen verbinden zu müssen. Dies kann unter solchen Vorzeichen nur gelingen, wenn Produktivitätszuwächse durch die Ausweitung der Produktionskapazitäten kompensiert werden. Der Druck nach schnellerem Wachstum wird durch die im Vergleich zu Energie und Ressourcen relativ hohen Kosten von Arbeit verstärkt, die Arbeitgeber_innen einen Anreiz für die Steigerung der Arbeitsproduktivität bieten. Zugleich fehlen aufgrund der Konzentration auf die Arbeitsproduktivität die Kapazitäten, die zur Steigerung der Ressourcenproduktivität erforderlich wären.

14.4.2 Bestehende Prioritäten und Konfliktlinien in der Wirtschaftspolitik

Die mangelnde Orientierung an den Klimazielen der im vorangegangenen Abschn. 14.4.1 umrissenen wirtschaftspolitischen Rahmenbedingungen wurde in der wissenschaftlichen Literatur bereits umfassend thematisiert. Bisherige klimarelevante Erfolge in der Umgestaltung der Versorgungsstrukturen in Österreich werden vor allem als Ergebnisse eines eher opportunistischen Ansatzes verstanden, der sich aus der Verknüpfung klimafreundlicher Versorgungsweisen auf der einen Seite mit kurzfristigen wirtschaftlichen Vorteilen sowie den spezifischen lokal-regionalen Gegebenheiten auf der anderen Seite ergibt (Kap. 12). In den vergangenen Jahrzehnten wurde die österreichische Klimapolitik maßgeblich von den auf internationaler Ebene definierten Zielen und Instrumenten definiert, während es auf nationaler Ebene an einer konsistenten Strategie mit entsprechendem Durchsetzungswillen mangelt (Niedertscheider et al., 2018; C. Plank et al., 2021; Steurer & Clar, 2015). Wie Steurer & Clar (2015) anmerken, profitiert Österreich im Bereich erneuerbarer Energien von günstigen geografischen Bedingungen (siehe dazu auch die Analyse von Wurster & Hagemann, 2020). Zugleich tragen die wirtschaftliche Bedeutung der heimischen Industrie mit ihrem hohen Energiebedarf und die breite gesellschaftliche Abneigung gegenüber der Nuklearenergie zu einer starken Nachfrage nach alternativen Energien und Steigerungen der Energieeffizienz bei (Woerter et al., 2017).

Wissenschaftliche Erklärungsansätze für diesen opportunistischen Ansatz und das damit einhergehende Scheitern einer umfassenderen Transformation zu einer klimafreundlichen Versorgungsstruktur führen dies häufig auf die in Österreich stark korporatistisch und föderalistisch geprägte Governancestruktur (Kap. 12) zurück, wodurch Entscheidungsfindungen verlangsamt und die Einführung wirksamer Maßnahmen verhindert werden (Niedertscheider et al., 2018; Seebauer et al., 2019a; Steurer et al., 2020; Steurer & Clar, 2015, 2017). Ein über unterschiedliche Wirtschaftssektoren wiederkehrendes Problem ist, dass diese nicht mit bestehenden Aufteilungen politischer Verantwortlichkeiten übereinstimmen (z. B. Sedlacek et al., 2020; Segert, 2016). In Bezug auf die Rollen von wirtschaftlichen Interessen und ihre institutionellen Vertretungsorgane wird in der Literatur kritisch angemerkt, dass Klimapolitik sowohl auf Seiten der Arbeitgeber_innen wie auch Arbeiternehmer_innen in weiten Teilen in Konflikt mit der Beschäftigungspolitik gesehen wird (Brand & Pawloff, 2014; Högelsberger & Maneka, 2020; Pichler et al., 2021; Wissen et al., 2020). Die Autozulieferindustrie steht exemplarisch für einen wirtschaftlich bedeutsamen Sektor, an dem viele gut bezahlte Arbeitsplätze in geografisch konzentrierten Regionen gebunden sind. Mögliche alternative Wirtschaftssektoren können derzeit aus einer Arbeitnehmer_innensicht nur unzureichend mithalten. So geht die Produktion von Elektroautos mit einer deutlich geringeren Nachfrage nach Arbeitskräften einher und obwohl in Österreich das grundlegende technische Know-how und gut entwickelte, alternative Wirtschaftszweige (z. B. Bahn, öffentlicher Personennahverkehr) vorhanden sind, gelten die Arbeitsbedingungen und Entlohnungen in anderen relevanten Industrien und Dienstleistungssektoren unter den Arbeitnehmer_innen als relativ unattraktiv (Högelsberger & Maneka, 2020).

Die Interessen von dominanten Wirtschaftsakteur_innen werden auf institutioneller Ebene durch die Sozialpartnerschaft gefestigt. Für Brand & Pawloff (2014) funktioniert die Sozialpartnerschaft wie ein Filtersystem, das mit wirtschaftlichen Interessen nicht konforme Positionen und Maßnahmenvorschläge aussortiert, bevor sie in einem parlamentarischen Rahmen diskutiert werden können. Die politische Durchsetzbarkeit von radikal anmutenden klimabezogenen Maßnahmen wird damit selten getestet. In den vergangenen Jahren wurden zwar auf Seiten der Gewerkschaften Anzeichen einer thematischen Öffnung in Bezug auf umweltbezogene Problemstellungen konstatiert (Segert, 2016; Soder et al., 2018), eine merkbare Verschiebung konnte die Wissenschaft bisher nicht ausmachen. In der bereits genannten Autozulieferindustrie zeigen jüngste Untersuchungen, dass Betriebsrät_innen und politische Institutionen die Bedeutung und Erwünschtheit eines Umstiegs auf Elektroautos teilweise anzweifeln und tiefergreifendere Veränderungen im Mobilitätssektor erst gar nicht in Erwägung ziehen (Högelsberger & Maneka, 2020; Pichler et al., 2021).

Bestehende wirtschaftliche Interessen spiegeln sich auch in der Formulierung von Alternativen und der Ausgestaltung klimabezogener Maßnahmen wider. Die Unterstützung von alternativen, „grünen" Wirtschaftszweigen, unter anderem auf Basis recht ambitionierter Förderungen im Bereich der Forschung und Entwicklung (Kap. 13), nimmt dabei eine zentrale Rolle ein. Hier zeigt sich auch ein steigendes Interesse in der Politik an der Mobilisierung von Privatkapital bzw. „Green Finance" für die Skalierung von nachhaltigeren Produkten und Dienstleistungen (Kap. 16). In Bezug auf die Kreislaufwirtschaft, zum Beispiel, wird sowohl auf österreichischer wie europäischer Ebene der Fokus vor allem auf die Förderung von neuen Technologien und Geschäftsmodellen gelegt, obwohl in der Literatur zur Kreislaufwirtschaft ein breiter wissenschaftlicher Konsens besteht, dass eine deutlich umfassende Transformationsstrategie erforderlich ist (Friant et al., 2021; Hausknost et al., 2017; Wieser, 2021; vgl. Analysen zur Industriepolitik und Berücksichtigung von Suffizienz Pichler et al., 2021; Zell-Ziegler et al., 2021).

Insgesamt halten wir auf Basis bisheriger Forschungsarbeiten fest, dass es in Österreich zwar diverse finanzielle Unterstützungen für klimabezogene Anstrengungen gibt, diesen aber wirtschaftspolitische Rahmenbedingungen gegenüberstehen, die nicht nur wenig Handlungsdruck erzeugen, sondern klimaschädliche Tätigkeiten mitunter sogar begünstigen. Neben dem Mangel einer ambitionierteren nationalen Klimapolitik, die über das Ausschöpfen von Effizienzpotenzialen und die Forcierung von Innovationen hinausgeht, lässt sich bisher keine koordinierte und konsistent an Klimazielen orientierte Ausgestaltung der wirtschaftspolitischen Rahmenbedingungen erkennen. Vor diesem Hintergrund werden in der Literatur diverse Gestaltungsoptionen diskutiert, auf die im abschließenden Abschn. 14.5.3 eingegangen wird.

14.5 Gestaltungsoptionen für klimafreundliche Versorgungsstrukturen

Für den Übergang zu einer klimafreundlichen Versorgung mit Gütern und Dienstleistungen kommen eine Reihe von Maßnahmen in Frage, wobei je nach theoretischer Perspektive (siehe Kap. 2) unterschiedliche Gestaltungsoptionen in den Blick genommen werden. Grundsätzlich kann vorab konstatiert werden, dass es in der Forschungsgemeinschaft einen breiten Konsens gibt, dass es einer Kombination von einer Vielzahl an Maßnahmen bedarf (z. B. Bachner et al., 2021; Dugan et al., 2022; Großmann et al., 2020; Kirchengast et al., 2019; Stagl et al., 2014; Steininger et al., 2021; Weishaar et al., 2017). Klar ist darüber hinaus, dass bestehende klimaorientierte Maßnahmen bei weitem nicht ausreichen würden, um die Klimaziele zu erreichen (Anderl et al., 2021). Anstelle des bisherigen Fokus auf die Skalierung bzw. Marktdurchdringung von neuen Technologien, Produkten, Dienstleistungen und Geschäftsmodellen durch öffentlich geförderte und mit Privatkapital finanzierte Forschungs- und Investitionstätigkeiten bedarf es demnach einer Mobilisierung eines breiteren Spektrums an Maßnahmen.

Im Mobilitätssektor sind beispielsweise Modellierungen zufolge zusätzliche Maßnahmen selbst dann erforderlich, wenn technologische Optionen vollständig ausgeschöpft werden (Heinfellner et al., 2018). Die Modellierungen des Umweltbundesamts (Krutzler et al., 2017) erlauben auch

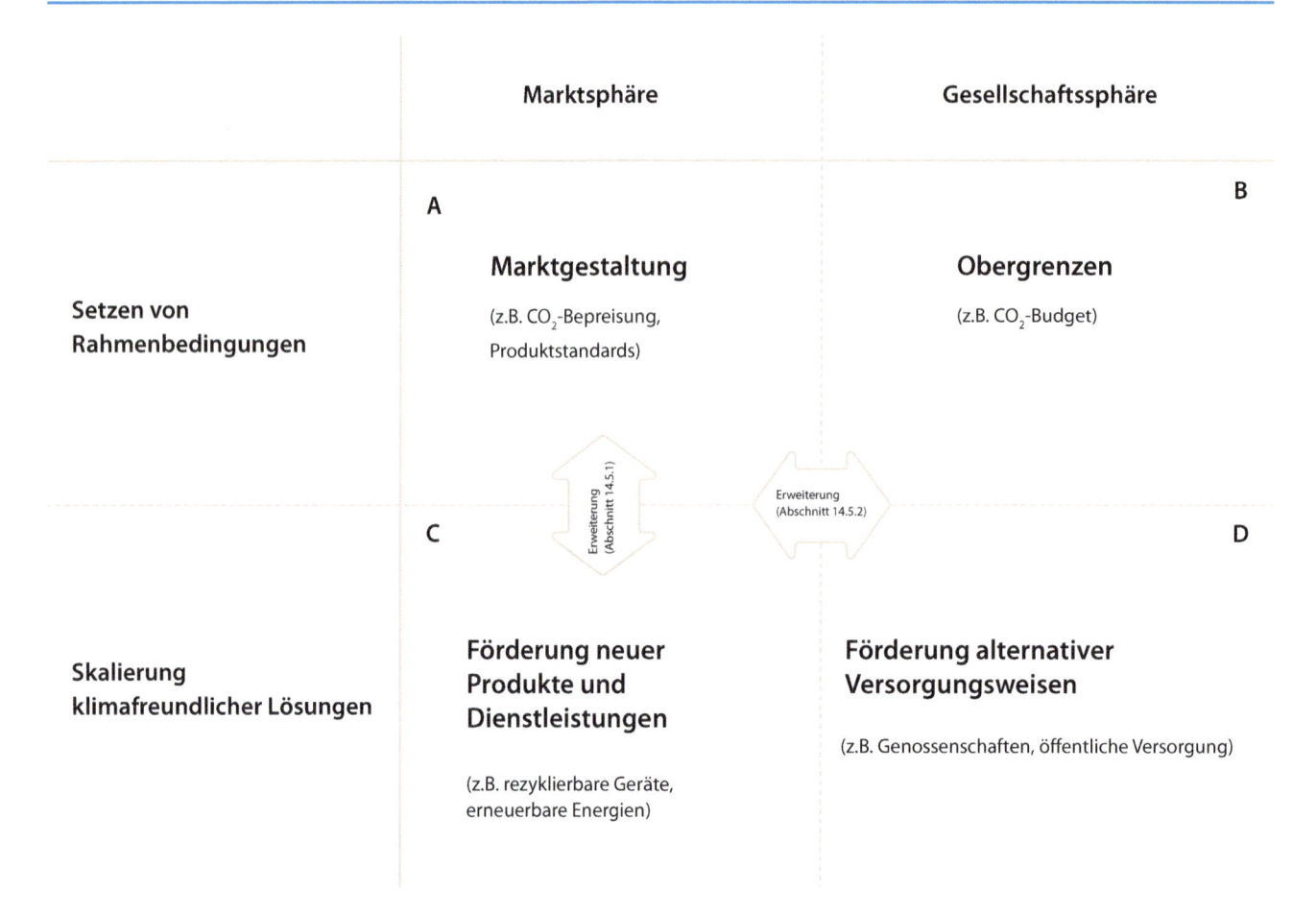

	Marktsphäre	Gesellschaftssphäre
Setzen von Rahmenbedingungen	**A** Marktgestaltung (z.B. CO_2-Bepreisung, Produktstandards)	**B** Obergrenzen (z.B. CO_2-Budget)
Skalierung klimafreundlicher Lösungen	**C** Förderung neuer Produkte und Dienstleistungen (z.B. rezyklierbare Geräte, erneuerbare Energien)	**D** Förderung alternativer Versorgungsweisen (z.B. Genossenschaften, öffentliche Versorgung)

Abb. 14.4 Erweiterungen des Maßnahmenspektrums für den Übergang zu klimafreundlichen Versorgungsstrukturen. (Quelle: eigene Darstellung)

eine grobe Abschätzung der Zusammensetzung von Maßnahmen, die für eine Reduktion der nationalen Treibhausgasemissionen bis 2050 um 80 Prozent gegenüber dem Referenzjahr 1990 erforderlich wären. Darunter fallen eine ganze Reihe weitreichender Maßnahmen wie beispielsweise eine sozial-ökologische Steuerreform, die Abschaffung kontraproduktiver Förderungen, eine stringentere Umsetzung des Emissionshandels, der Umstieg von Gütern auf Dienstleistungen („Nutzen statt Besitzen") oder Richtlinien zur Gestaltung klimafreundlicher Produkte. Wenngleich unterschiedliche Transformationspfade zum Ziel führen können (siehe Kirchengast et al., 2019 und Kap. 23), spielen die meisten der genannten Maßnahmen in fast allen Pfaden eine herausragende Rolle.

Anstelle einer detaillierten Aufschlüsselung möglicher Gestaltungsoptionen, wie sie dem aktuellen UniNEtZ-Optionenbericht (Hinterberger et al., 2021) entnommen werden kann, konzentrieren wir uns in der Folge auf die zentralen Stoßrichtungen, die zur Erweiterung des Maßnahmenspektrums vorgeschlagen werden. Im wissenschaftlichen Diskurs zu den Versorgungsstrukturen lassen sich zwei grundsätzliche Stoßrichtungen ausmachen (siehe Abb. 14.4). Die erste Stoßrichtung sieht eine prominentere Rolle von klimapolitisch orientierten und stringenten Rahmenbedingungen für Marktakteur_innen (Feld A) vor. Im Gegensatz zu Skalierungsmaßnahmen (Feld C) werden die Lösungen hier grundsätzlich offengelassen, solange sie sich in einem vordefinierten und für alle Akteur_innen gültigen Rahmen bewegen (Kap. 24). Auf diese Stoßrichtung, für die es eine hohe Übereinstimmung in der österreichischen Wissenschaftsgemeinschaft gibt, gehen wir in Abschn. 14.5.1 ein. Für die Wirksamkeit entsprechender Maßnahmen gibt es solide wissenschaftliche Befunde. Inwieweit optimierte marktwirtschaftliche Rahmenbedingungen neben der Skalierung von innovativen Produkten und Dienstleistungen ausreichend für die Erreichung der Klimaziele sind, konnte bisher nicht eindeutig geklärt werden. Die Beweislage für diese Stoßrichtung kann daher insgesamt als mittelmäßig beurteilt werden.

Insbesondere unter Berücksichtigung eines über die derzeitigen politischen Klimaziele hinausreichenden Zeitraums könnte ein marktzentrierter Ansatz an planetarische, das heißt ökologische und physikalische, Grenzen stoßen, wenn mögliche Effizienzgewinne durch ein größeres Volumen an Gütern und Dienstleistungen kompensiert werden. Eine weitere Ausdehnung von Märkten als dominante Organisationsform von Versorgungsstrukturen wird auch hinsichtlich möglicher unerwünschter sozialer Auswirkungen von einigen Wissenschaftler_innen als problematisch eingestuft. Eine zweite Stoßrichtung sieht daher auch Maßnahmen vor, die über die Mobilisierung und Gestaltung von Märkten hinausgehen oder dieser entgegenstehen. Die Rahmenbedingungen werden hier unter Berücksichtigung des gesamten gesellschaftlichen Fußabdrucks entsprechend der planetarischen Grenzen (Brand et al., 2021) gesetzt (Feld B). Bezüglich Lösungen steht die Förderung von alternativen bzw. an den Prinzipien der Reziprozität und Redistribution orientierten Versorgungsstrukturen im Vordergrund (Feld D). Diese Stoßrichtung, die vor allem aus einer Bereitstellungsperspektive und Gesellschaft-Natur-Perspektive abgeleitet werden kann, wird in Abschn. 14.5.2 kurz aufgegriffen. Zumindest in Ansätzen werden entsprechende Maßnahmen von weiten Teilen der Wissenschaft als notwendig erachtet. Diesem als mittlere Übereinstimmung bewerteten Sachstand steht allerdings eine eher schwache Beweislage gegenüber, die auf mangelnde Evidenzen bezüglich der Klimafreundlichkeit alternativer Versorgungsweisen zurückgeführt werden kann.

14.5.1 Marktgestaltung: Rahmenbedingungen für Marktakteur_innen

Märkte haben sich sowohl historisch wie geographisch als äußerst flexibel und formbar erwiesen. Viele klimapolitische Empfehlungen setzen bei dieser Formbarkeit an und schreiben der Gestaltung von Märkten eine zentrale Rolle im Übergang zu klimafreundlichen Versorgungsstrukturen zu. Die am meisten diskutierten, sektorenübergreifenden Maßnahmen für die Transformation der Versorgungsstrukturen sind mit dem Stichwort „Kostenwahrheit"[14] verbunden (siehe Kap. 2 „Marktperspektive"). Kostenwahrheit liegt demnach dann vor, wenn die Kosten vollständig von ihren Verursacher_innen getragen werden. Um dies zu erreichen, gilt es Güter wie Energie oder Ressourcen so zu bepreisen, dass die aus ihrem Verbrauch entstehenden Kosten finanziell kompensiert werden können. Wie im vorangegangen Abschn. 14.4 beschrieben, wird das in Österreich bestehende System aus klimarelevanten Steuern und CO_2-Zertifikaten als unzureichend und ungleich verteilt erachtet. In der österreichischen Forschungsgemeinschaft wird daher eine einheitliche und an den Treibhausgasemissionen orientierte Besteuerung gefordert (Kirchner et al., 2019; Schnabl et al., 2021).

Durch welches marktbasierte Instrument eine solche Kostenwahrheit am besten erreicht werden kann, lässt sich nicht eindeutig bestimmen und bleibt nach wie vor Gegenstand einschlägiger Analysen (z. B. Berger et al., 2020). Unter den Förderungen für klimaschädliche Tätigkeiten verorten Kletzan-Slamanig & Köppl (2016b) großes Potenzial in den Sektoren Energie, Verkehr und Wohnen, wo etwa zwei Drittel aller klimaschädlichen Förderungen auf nationaler Basis verändert bzw. abgeschafft werden sollten. Die größten Anteile sehen sie dabei in der Dieselbegünstigung, der Pendlerpauschale und der Energieabgabenvergütung. Mit einer Aufhebung kontraproduktiver Förderungen könnte nicht zuletzt das derzeit stark belastete Staatsbudget entlastet werden, womit möglichen Zielkonflikten zwischen der Finanzierung klimapolitischer Maßnahmen und einer stringenteren Budgetpolitik entgegengewirkt werden könnte (Feigl & Vrtikapa, 2021; Steininger et al., 2021).

Neben klimaschädlichen Förderungen finden in der Forschung zur österreichischen Wirtschaft vor allem CO_2-Steuern Beachtung, da Emissionshandelssysteme auf internationaler Ebene operieren und viele bedeutende Sektoren davon weithin unberührt bleiben. Analysen der möglichen Wirkungen einer Einführung einer CO_2-Steuer für Österreich zeigen, dass dies insbesondere in den Sektoren Verkehr und Dienstleistungen, aber auch darüber hinaus zu signifikanten (wenngleich unzureichenden) Reduktionen in den CO_2-Emissionen führen könnte (Goers & Schneider, 2019; Kettner-Marx et al., 2018; Kirchner et al., 2019; Mayer et al., 2021; Steininger, 2020). Heinfellner et al. (2018) bestätigen dies für den Mobilitätssektor. Mit der Implementierung einer sogenannten sozial-ökologischen Steuerreform, die höhere Steuern auf Energie und Ressourcen mit entsprechenden Umverteilungen der Einnahmen verbindet, hat die österreichische Bundesregierung Anfang 2022 einen zentralen Vorschlag klimabezogener Wirtschaftsforschung in die Praxis übersetzt. Der Startpreis von 30 Euro pro Tonne CO_2 liegt allerdings deutlich unter dem von der Wissenschaft vorgeschlagenen Mindestpreis von 50 Euro (Graßl et al., 2020). So würde aus einem ökologischen Blickwinkel selbst eine Steuer von 100 Euro pro CO_2 (in nicht-ETS-Sektoren) ohne begleitende Maßnahmen und bedeutsame Kostenreduktionen von klimaneutralen Technologien die Emissionen im Jahr 2030 um lediglich 3,5 bis 5 Prozent reduzieren (Steininger, 2020).

Selbst unter Berücksichtigung unterschiedlicher Optionen zur Umverteilung und Reinvestition der Steuereinnahmen würde eine hohe CO_2-Steuer nach derzeitigem Wissensstand nicht für die Erreichung der Klimaziele ausreichen (Großmann et al., 2020; Kirchner et al., 2019; Mayer et al., 2021; Steininger, 2020). Die Wissenschaft weist daher auch ordnungspolitischen Instrumenten, wie sie vor allem im Energiesektor bereits etabliert sind, eine bedeutende Rolle zu. Angesichts ihrer kontextspezifischen Ausgestaltung und damit einhergehenden Vielfalt der Gestaltungsoptionen kann in diesem Rahmen nicht ausführlich darauf eingegangen wer-

---
[14] Was damit gemeint ist bzw. welche Kosten im österreichischen Kontext zu berücksichtigen sind, wird in der Stellungnahme von Graßl et al. (2020) diskutiert.

den (dazu siehe Abschn. 14.2). Es sei lediglich angemerkt, dass regulatorische Markteingriffe heute auch jenseits des Energiesektors prominent diskutiert werden. Nachdem die Energieeffizienz von Geräten wesentlich von Produktstandards profitierte, fordern Wissenschaftler_innen die Einführung ähnlicher Standards in Bezug auf die Materialeffizienz, insbesondere Reparierbarkeit, Haltbarkeit und Rezyklierbarkeit (Eisenmenger et al., 2020; Schanes et al., 2018). Eine vielfach eingebrachte Forderung ist zudem, dass solche und ähnliche Mindeststandards in der öffentlichen Beschaffung stärker berücksichtigt werden. Bei einem jährlichen Beschaffungsvolumen, das 14 Prozent des Bruttoinlandsprodukts entspricht, könnte eine beachtliche Hebelwirkung erzeugt werden (z. B. Köppl et al., 2020; siehe auch Kap. 16). Aus einer Innovationsperspektive sollten dabei vor allem jene Sektoren gefördert werden, in denen nicht nur ein hoher Bedarf, sondern auch ein hohes Forschungs- und Innovationspotenzial vorhanden ist (Bittschi & Sellner, 2020; Steininger et al., 2021).

Die bisher angeführten finanziellen und regulativen Optionen zur Setzung marktwirtschaftlicher Rahmenbedingungen werden in der Wissenschaft vor allem in Verbindung mit der Transformation der Energiesysteme (Abschn. 14.3.1) und jener zu einer Kreislaufwirtschaft (Abschn. 14.3.2) als wesentlich erachtet (Domenech & Bahn-Walkowiak, 2019; Friant et al., 2021; Hartley et al., 2020; Hausknost et al., 2017; Irshaid et al., 2021; Milios, 2018; Vence & López Pérez, 2021). Bemerkenswert ist in diesem Zusammenhang, dass informationsbasierten Maßnahmen zur Herstellung von Transparenz wie Umweltzeichen oder freiwilligen Produktionsstandards, die in der österreichischen Umweltpolitik in den vergangenen drei Jahrzehnten an Gewicht gewonnen haben (Wurzel et al., 2019), als sektorübergreifende Gestaltungsoptionen nur wenig Beachtung in der Wissenschaft geschenkt wird. Die Auswahl der von der Wissenschaft vorgeschlagenen Gestaltungsoptionen spiegelt damit eine klare Befürwortung verbindlicher und unmittelbar wirksamer Maßnahmen wider.

Die diversen Instrumente zur Gestaltung von Märkten können alle zu einer klimapolitisch erwünschten Disruption der Sektoren mit den höchsten Treibhausgasemissionen beitragen. Obgleich eine solche Disruption nicht unbedingt mit dem Verlust von Arbeitsplätzen in traditionellen Sektoren einhergehen muss und etwa marktbasierte Instrumente in der Theorie so gestaltet werden können, dass sie auch etablierten Akteur_innen genügend Anpassungszeit lassen, können deutliche Verschiebungen am Arbeitsmarkt erwartet werden (Kap. 7). Streicher et al. (2020) zeigen auf Basis einer Dekarbonisierungslandkarte für Österreich auf, welche Unternehmen am meisten CO_2 emittieren und damit am stärksten von klimapolitischen Maßnahmen betroffen wären. Unternehmen in den Sektoren Eisen und Stahl, Verbrennungsanlagen, Zement und Kalk sowie Raffinerien emittieren demnach am meisten. Großmann et al. (2020) gehen bei einer Dekarbonisierung der österreichischen Wirtschaft von Jobverlusten im Verkehrssektor und bei Hersteller_innen von Metallerzeugnissen aus. Wie bereits aufgezeigt, besteht im Widerstand gegen solche Verschiebungen ein zentrales Hemmnis für klimaorientierte Wirtschafts- und Industriepolitik. Zudem ist zu erwarten, dass eine Steigerung der Kosten für Anbieter_innen insbesondere in regionalen Versorgungsstrukturen zu einer Erhöhung der Preise für Endverbraucher_innen zur Folge hätte (Berger et al., 2020). Aufgrund der einheitlichen Kosten würde dies vor allem einkommensschwache Haushalte betreffen und damit zu ökonomischer Ungleichheit beitragen, wobei die Verteilungswirkungen stark von besteuerten Ressourcen abhängen (Humer et al., 2021).

Angesichts solcher und weiterer möglicher Konsequenzen besteht in der Wissenschaft ein breiter Konsens, dass klimapolitische Änderungen in den marktwirtschaftlichen Rahmenbedingungen einer genauen Prüfung der Implikationen aus einer Sicht der sozialen Gerechtigkeit bedürfen (Kap. 17). In Bezug auf die Besteuerung von CO_2 wird empfohlen, diese zumindest aufkommensneutral zu gestalten, sodass gewonnene Steuereinkünfte wieder über steuerliche Erleichterungen oder andere Unterstützungen an anderen Stellen zurückfließen. Auch wenn ein solches System aus Sicht mancher ökonomischer Theorien als ineffizient beurteilt werden kann, hat sich ein solcher Kompensationsmechanismus in anderen Ländern als zentral für die Akzeptanz bei Stakeholder_innen erwiesen (Kettner-Marx et al., 2018).

Für die aufkommensneutrale Verwendung von Steuereinnahmen bieten sich drei sich potenziell ergänzende Optionen an (Graßl et al., 2020; Kirchengast et al., 2019), die je nach Perspektive unterschiedlich gewichtet werden können. Wenn die Verteilungswirkung im Vordergrund steht, wird als geeignetes Instrument die Auszahlung eines Öko- oder Klimabonus für besonders betroffene Haushalte gesehen (Kap. 17). Aus einer innovations- und industriepolitischen Perspektive bietet sich eine zielgerichtetere Verwendung der Mittel zum Aufbau von alternativen, klimafreundlicheren Versorgungsstrukturen an. Begleitende Maßnahmen wie Garantien für Jobs und Pensionen in den betroffenen Wirtschaftssektoren, finanzielle Kompensationen und Förderungen für Umzüge und Ausbildung sowie frühere Pensionsantritte könnten wichtige Beiträge zur Ermöglichung einer solchen Umstrukturierung der Wirtschaft leisten (Högelsberger & Maneka, 2020; Keil, 2021; Pichler et al., 2021). Eine dritte Option besteht in der Entlastung des Faktors Arbeit, wodurch der Druck zur Steigerung der Arbeitsproduktivität und damit eine zentrale Ursache für die Wachstumsabhängigkeit der Volkswirtschaft (siehe Abschn. 14.4.1) verringert werden könnte.

Die Literatur weist darauf hin, dass neben sozialen Kompensationsstrategien mögliche klimarelevante Folgeeffekte oder „Externalitäten" von marktbasierten Lösungen beachtet werden müssen. Ein bekanntes Problem ergibt sich, wenn Unternehmen als Antwort auf erhöhte Kosten ihre Produktion in andere Länder verlagern, wo geringere Auflagen zu beachten sind und damit mehr Treibhausgasemissionen produziert werden können. Entsprechend sind im Emissionshandelssystem der EU Ausnahmen für Sektoren vorgesehen, die von solchem „Carbon Leakage" betroffen sind, wobei mittlerweile auch alternative Maßnahmen in der Form von CO_2-Grenzausgleichmechanismen diskutiert werden (Krenek et al., 2020). Ein weiteres Problem kann entstehen, wenn marktorientierte Instrumente von klimapolitisch problematischen Verhaltensänderungen im Konsum begleitet werden. Zum Beispiel reduzieren Förderungen von Elektrofahrzeugen zur Verbreitung dieser Technologie nicht nur die Anschaffungskosten, sondern indirekt auch die Kosten pro gefahrenen Kilometer, was zu einer höheren Verkehrsbelastung führen kann (Seebauer et al., 2019b). Für Seebauer et al. (2019b) können diese am besten vermieden werden, indem klimabezogene Werte und Einstellungen unter Konsument_innen gestärkt werden (siehe auch Kap. 21). Die Gestaltung von klimafreundlichen Märkten ist unter diesen Gesichtspunkten als ein kontinuierlicher Prozess zu verstehen, in dem die Wirkungen regelmäßig evaluiert und bei Auftreten von nicht intendierten oder erwarteten Effekten entsprechende Gegenmaßnahmen getroffen werden.

Das Auftreten von in Märkten nicht berücksichtigten bzw. externalisierten Problemen verweist auf die allgemeine Problematik, dass marktwirtschaftlicher Wettbewerb Dynamiken begünstigt, die einerseits bei entsprechender Marktgestaltung für den Wandel zu klimafreundlicheren Produkten und Dienstleistungen und die Realisierung höherer Wachstumsraten der Wirtschaft mobilisiert werden kann, andererseits eine stete Suche nach Möglichkeiten zur Externalisierung von Kosten antreibt, die einer erfolgreichen Klimapolitik entgegenwirken kann (siehe Kap. 25). Inwieweit solche Externalitäten tatsächlich auftreten und von der Gesellschaft im Sinne von Klimaschutz und -anpassung korrigiert bzw. kompensiert werden können, insbesondere über einen Zeithorizont von mehreren Jahrzehnten oder länger, ist von hoher Bedeutung für die Wirksamkeit der bisher vorgestellten klimapolitischen Maßnahmen.[15] Zu berücksichtigen ist auch, dass trotz der Dominanz von Märkten nach wie vor wesentliche Bereiche der Versorgung mit Gütern und Dienstleistungen außerhalb von Märkten stattfindet (siehe Abschn. 14.1 Kap. 2), die durch marktwirtschaftliche Instrumente unberührt blieben. Solche Defizite einer Fokussierung auf Märkte können eine klimapolitische Legitimationsgrundlage für tiefergreifendere Gestaltungsoptionen bilden.

14.5.2 Gesellschaftliche Grenzen und alternative Versorgungsweisen

Dem Maßnahmenspektrum für die Schaffung und Gestaltung von klimafreundlichen Märkten entsprechend können Maßnahmen auch in einem weiteren gesellschaftlichen Rahmen sowohl an der Skalierung von konkreten Lösungen als auch an den Rahmenbedingungen ansetzen (siehe Abb. 14.4). Aus einer Bereitstellungsperspektive rücken neben Märkten auch staatlich, haushaltlich, kommunal oder kooperativ (oder hybrid) organisierte Versorgungsweisen in den Blickpunkt, die sich an alternativen Prinzipien wie Reziprozität oder Reproduktion anstelle des Tauschs orientieren (siehe Rief, 2019 und Kap. 27). Solche Versorgungsweisen, die wichtigen Infrastrukturen wie beispielsweise Straßen oder Parkanlagen und Tätigkeiten wie dem Einkaufen oder Kochen unterliegen, spielen eine herausragende Rolle in der Strukturierung des Lebensalltags vieler Menschen und sind daher für die Umstellung von etablierten Routinen und sozialen Praktiken von zentraler Bedeutung. Daneben existieren im Kleinen bereits zahlreiche alternative Versorgungsstrukturen wie Energiegemeinschaften oder Lebensmittelkooperativen („food coops"), die eine klimafreundlichere Versorgung versprechen. Viele der untersuchten und diskutierten Lösungsansätze zeichnen sich durch ein hohes Maß an sozialer Inklusion und Partizipation aus, wodurch sowohl ein Beitrag zur sozialen Gerechtigkeit wie auch zur breiten Akzeptanz klimafreundlicher Produkte und Dienstleistungen geleistet werden soll (Bärnthaler et al., 2021; Novy et al., 2020; Wieser, 2021). Die Aufgabe zur finanziellen Unterstützung solcher Lösungsansätze wird vor allem der öffentlichen Hand zugeschrieben. Kapital- und Finanzmärkte, denen wie bereits angemerkt in der Skalierung von neuen Produkten und Dienstleistungen in der Politik eine bedeutende Rolle zugeschrieben wird (siehe Abschn. 14.4), beruhen dieser Auslegung zufolge vorwiegend auf der Extrahierung von ökonomischen Renten anstatt der Produktion von Wert und sollten daher zurückgebildet werden (Bärnthaler et al., 2021)

Wissenschaftliche Arbeiten zu alternativen Versorgungsweisen verorten erhebliches Potenzial zur Vereinbarung von Klimafreundlichkeit und sozialer Gerechtigkeit (z. B. Dengler & Lang, 2022; Die Armutskonferenz et al., 2021; Exner & Kratzwald, 2021; Novy, 2020; Seebauer et al., 2019a). Eine systematische Aufarbeitung und Darlegung der Bedingungen, unter denen alternative Versorgungsweisen aus Sicht von Klimaschutz und -anpassung bessere Ergebnisse als Märkte erzielen, konnte bisher nicht geleistet werden. Wenngleich es neben einer großen Anzahl von lokalen Fallstudien auch vereinzelt vergleichende Analysen[16] gibt, begründet

---

[15] Die Problematik ist eng mit der bereits in Abschn. 14.3.4 erwähnten Debatte zu den Möglichkeiten und Grenzen einer Entkoppelung des Wirtschaftswachstums von negativen Klimawirkungen verwoben.

[16] Zum Beispiel konnte in einigen Studien auf aggregierter Ebene nachgewiesen werden, dass die Dienstleistungen des öffentlichen Sektors

sich ihre klimapolitische Bedeutung auch heute noch vorrangig aus theoretischen Erwägungen (für einen Überblick siehe Bliss & Egler, 2020). Eine mögliche Handlungsorientierung in der Gestaltung von Versorgungsstrukturen ist die Unterstützung von möglichst kollektiv genutzten und günstigen Infrastrukturen wie Grünräumen, die weder unmittelbar zum Wirtschaftswachstum beitragen, noch bestehende Abhängigkeiten verstärken (Kirchner & Strunk, 2021). Eine solche Gestaltungsoption bietet sich angesichts der Breite der erforderlichen Güter und Dienstleistungen nur begrenzt an und aus einer Gesellschaft-Natur-Perspektive blieben die Rahmenbedingungen, die unabhängig von der dominanten Versorgungsweise ein Wachstum der Wirtschaftsleistung erfordern, davon unberührt.

Aus dieser Sicht bedarf es daher entsprechender Rahmenbedingungen, die sich an den planetarischen Grenzen orientieren bzw. diese respektieren (Brand et al., 2021). Neben am Prinzip der Suffizienz (siehe Abschn. 14.3.4) orientierten Konsumgrenzen wie Tempolimits oder CO_2-Budgets kommen eine Reihe von Gestaltungsoptionen in Frage, die an den Versorgungsstrukturen ansetzen. Dazu gehört zum einen ein möglichst verbindlicher rechtlicher Rahmen, der das noch verfügbare Treibhausgasbudget für einen definierten Zeitraum vorgibt, worüber in der Klimaforschung weitgehend Konsens herrscht (Kap. 11). Das deutsche Bundes-Klimaschutzgesetz, auf das in Kap. 11 näher eingegangen wird, sieht beispielsweise Reduktionsziele für die Treibhausgasemissionen sowie entsprechende Überprüfungsmechanismen und Sofortmechanismen zur Einhaltung der Ziele in konkreten Sektoren wie der Energiewirtschaft, Industrie oder Landwirtschaft vor. Vergleichbare Obergrenzen ließen sich auch auf konkrete Anwendungsbereiche einführen. Im Bereich der Gebäude fordern Wissenschaftler_innen beispielsweise die regulative Festlegung einer verbindlichen Obergrenze für die Treibhausgasemissionen, die einem Quadratmeter Fläche eines neu errichteten oder renovierten Gebäudes zugerechnet werden können (EASAC, 2021).

Weitere Gestaltungsoptionen setzen bei der bereits problematisierten Wachstumsdynamik an. In Bezug auf den bereits erwähnten Wachstumszwang, der sich unter anderem aus dem Bestreben nach einer Vereinbarung von Arbeitsproduktivitätszuwächsen und der Schaffung von Arbeitsplätzen ergeben kann (Abschn. 14.4.1), führen Wissenschaftler_innen neben der bereits erwähnten steuerlichen Entlastung von Arbeit eine Reihe von weiteren Maßnahmen an, die eine signifikante Reduktion von Treibhausemissionen bei gleichbleibendem Beschäftigungsniveau erlauben sollen, allen voran durch Arbeitszeitreduktionen und Arbeitsteilung

(Gerold, 2017; Zwickl et al., 2016; siehe auch Kap. 7). Damit wird in Frage gestellt, dass der Mehrwert aus Arbeitsproduktivitätszuwächsen sich zwingend in größeren Produktions- und Konsumvolumen ausdrücken muss. Stocker et al. (2014) zeigen auf Basis eines makroökonomischen Modells auf, wie die Beschäftigung durch eine Kombination aus sozial-ökologischer Steuerreform und Arbeitszeitreduktion auch bei „Nullwachstum" stabil gehalten werden kann. In diesem Zusammenhang wird auch das Bruttoinlandsprodukt als zentrale Messgröße für den Wohlstand einer Gesellschaft hinterfragt (z. B. Bachner et al., 2021; Kettner et al., 2014; Kreinin & Aigner, 2021), da durch diese Messgröße wesentliche Bereiche der nichtmonetären Versorgung (z. B. durch Haushalte) ausgeklammert (Kap. 8) und zugleich Anreize zur weiteren Monetarisierung der Natur gesetzt werden (Kap. 16).

Letztlich können aus einer Gesellschaft-Natur-Perspektive klimapolitisch problematische Wachstumsdynamiken nicht ohne Berücksichtigung der Einbettung von Versorgungsstrukturen in Prozesse der Finanzialisierung und des internationalen Wettbewerbs hinreichend adressiert werden. Entsprechende tiefergreifendere Gestaltungsoptionen greifen wir daher in den Kap. 15 und 16 auf. Bezüglich der Frage, wie tiefgreifend Veränderungen sein sollen, damit die planetarischen Grenzen eingehalten werden können, gehen die Ansichten in der Wissenschaft noch weit auseinander (z. B. Blühdorn et al., 2020; Brand & Wissen, 2017; Spash, 2021).

14.5.3 Schlussbemerkungen

Die vorliegende Analyse wissenschaftlicher Erkenntnisse weist nicht nur auf eine große Bandbreite möglicher Veränderungen in den bestehenden Versorgungsstrukturen und entsprechender politischer Gestaltungsoptionen hin, sondern zeigt insbesondere auf, dass diese in der Wissenschaft weitgehend als sich ergänzend gesehen werden und bereits ein Konsens bezüglich vieler Maßnahmen besteht. Entscheidender als die Frage, welche Maßnahmen als priorität zu behandeln sind, erscheint daher, wie weit Veränderungen in den Versorgungsstrukturen gehen müssen, damit die Klimaziele eingehalten werden können (entlang der horizontalen Achse in Abb. 14.3). Je weitreichender die Veränderungen, desto stärker werden auch die vorherrschenden Konsummuster in Frage gestellt. Selbst wenn diese Konsummuster in wesentlichen Teilen beibehalten werden sollen, bedarf es schon jetzt einschneidender Veränderungen in betrieblichen Geschäftsmodellen und Wertschöpfungsprozessen, die weit über bisherige Tätigkeiten hinausgehen und nicht von einer dynamischen Umweltwirtschaft alleine gestemmt werden können. Dies erfordert zum einen geeignete wirtschaftspolitische Rahmenbedingungen, die ein „level playing field" und die erforderliche Planungssicherheit für alle involvierten Ak-

---

mit weniger Energie- und Materialverbrauch sowie einem geringeren CO_2-Fußabdruck verbunden sind als die Leistungen anderer Sektoren (Giljum, 2016; Ottelin et al., 2018; Vogel et al., 2021).

teur_innen schaffen. Zum anderen bedeutet dies angesichts der kleinstrukturierten Versorgung mit Gütern und Dienstleistungen in Österreich eine intensivere Auseinandersetzung mit den Herausforderungen unterschiedlicher Versorgungseinrichtungen und Versorgungsweisen in der Transformation. Insbesondere in Bezug auf KMU und gemeinnützige Organisationen sowie alternative, nichtmarktliche Versorgungsweisen gibt es diesbezüglich großen Nachholbedarf in Wissenschaft und Praxis.

14.6 Quellenverzeichnis

Acquier, A., Daudigeos, T., & Pinkse, J. (2017). Promises and paradoxes of the sharing economy: An organizing framework. *Technological Forecasting and Social Change, 125*, 1–10. https://doi.org/10.1016/j.techfore.2017.07.006

Aichinger, A. (2021). *Umweltgesamtrechnungen – Modul – Öko-Steuern 2020*. Statistik Austria.

Aiginger, K., & Scheiblecker, M. (2016). *Österreich 2025: Eine Agenda für mehr Dynamik, sozialen Ausgleich und ökologische Nachhaltigkeit*. Österreichisches Institut für Wirtschaftsforschung.

Anderl, M., Bartel, A., Geiger, K., Gugele, B., Gössl, M., Haider, S., Heinfellner, H., Heller, C., Köther, T., Krutzler, T., Kuschel, V., Lampert, C., Neier, H., Pazdernik, K., Perl, D., Poupa, S., Prutsch, A., Purzner, M., Rigler, E., … Zechmeister, A. (2021). *Klimaschutzbericht 2021* (REP-0776). Umweltbundesamt.

Angelini, A., Heinfellner, H., Krutzler, T., Vogel, J., & Winter, R. (2020). *Pathways to a Zero Carbon Transport Sector*. Umweltbundesamt.

Azarova, V., Cohen, J., Friedl, C., & Reichl, J. (2019). Designing local renewable energy communities to increase social acceptance: Evidence from a choice experiment in Austria, Germany, Italy, and Switzerland. *Energy Policy, 132*, 1176–1183. https://doi.org/10.1016/j.enpol.2019.06.067

Bachner, G., Mayer, J., Fischer, L., Steininger, K. W., Sommer, M., Köppl, A., & Schleicher, S. (2021). *Application of the Concept of "Functionalities" in Macroeconomic Modelling Frameworks – Insights for Austria and Methodological Lessons* (Nr. 636; WIFO Working Papers). Österreichisches Institut für Wirtschaftsforschung.

Bärnthaler, R., Novy, A., & Plank, L. (2021). The Foundational Economy as a Cornerstone for a Social-Ecological Transformation. *Sustainability, 13*(18), 10460. https://doi.org/10.3390/su131810460

Baumgartner, J., & Schmidt, J. (2018). *Die Neugestaltung des österreichischen Fördersystems für erneuerbaren Strom*. Kammer für Arbeiter und Angestellte für Wien, Abteilung Wirtschaftswissenschaft und Statistik.

Behrendt, S., Göll, E., & Korte, F. (2018). *Effizienz, Konsistenz, Suffizienz: Strategieanalytische Betrachtung für eine Green Economy* (Nr. 1–2018; IZT-Text). Institut für Zukunftsstudien und Technologiebewertung.

Berger, J., Strohner, L., & Thomas, T. (2020). *Klimainstrumente im Vergleich: Herausforderungen in Hinblick auf ökologische, ökonomische und soziale Nachhaltigkeit* (Research Report Nr. 39). Policy Note. https://www.econstor.eu/handle/10419/227419

Bittschi, B., & Sellner, R. (2020). *Gelenkter technologischer Wandel: FTI-Politik im Kontext des Klimawandels. Was ist ein geeigneter Policy-Mix für eine nachhaltige Transformation?* (Nr. 17; IHS Policy Brief).

Bliss, S., & Egler, M. (2020). Ecological Economics Beyond Markets. *Ecological Economics, 178*, 106806. https://doi.org/10.1016/j.ecolecon.2020.106806

Blomsma, F., & Tennant, M. (2020). Circular economy: Preserving materials or products? Introducing the Resource States framework. *Resources, Conservation and Recycling, 156*, 104698. https://doi.org/10.1016/j.resconrec.2020.104698

Blühdorn, I., Butzlaff, F., Deflorian, M., Hausknost, D., & Mock, M. (2020). *Nachhaltige Nicht-Nachhaltigkeit – Warum die ökologische Transformation der Gesellschaft nicht stattfindet*. Transcript Verlag.

Bocken, N. M. P., Pauw, I. de, Bakker, C., & Grinten, B. van der. (2016). Product design and business model strategies for a circular economy. *Journal of Industrial and Production Engineering, 33*(5), 308–320. https://doi.org/10.1080/21681015.2016.1172124

Bollier, D., & Helfrich, S. (2014). *The Wealth of the Commons: A World Beyond Market and State*. Levellers Press.

Brand, U., Muraca, B., Pineault, E., Sahakian, M., & et al. (2021). From Planetary to Societal Boundaries: An argument for collectively defined self-limitation. *Sustainability. Science, Practice and Policy, 17*(1), 265–292.

Brand, U., & Pawloff, A. (2014). Selectivities at Work: Climate Concerns in the Midst of Corporatist Interests. The Case of Austria. *Journal of Environmental Protection, 2014*. https://doi.org/10.4236/jep.2014.59080

Brand, U., & Wissen, M. (2017). *Imperiale Lebensweise. Zur Ausbeutung von Mensch und Natur im globalen Kapitalismus*. Oekom Verlag.

Brunner, K.-M. (2021). Suffizienz in der Konsumgesellschaft – Über die gesellschaftliche Organisation der Konsumreduktion. In *Transformation und Wachstum. Alternative Formen des Zusammenspiels von Wirtschaft und Gesellschaft* (S. 161–176). Springer Gabler.

Büscher, C., Ornetzeder, M., & Droste-Franke, B. (2020). Amplified socio-technical problems in converging infrastructures. *TATup: Zeitschrift für Technologiefolgenabschätzung in Theorie und Praxis, 29*(2), 11–16.

Cantzler, J., Creutzig, F., Ayargarnchanakul, E., Javaid, A., Wong, L., & Haas, W. (2020). Saving resources and the climate? A systematic review of the circular economy and its mitigation potential. *Environmental Research Letters, 15*, 123001.

Curtis, S. K., & Lehner, M. (2019). Defining the Sharing Economy for Sustainability. *Sustainability, 11*(3), 567. https://doi.org/10.3390/su11030567

de Wit, M., Haas, W., Steenmeijer, M., Virág, D., van Barneveld, J., & Verstraeten-Jochemsen, J. (2019). *The Circularity Gap Report Austria*. Circle Economy und Altstoff Recycling Austria (ARA).

Delgado, F. J., Freire-González, J., & Presno, M. J. (2022). Environmental taxation in the European Union: Are there common trends? *Economic Analysis and Policy, 73*, 670–682. https://doi.org/10.1016/j.eap.2021.12.019

Dengler, C., & Lang, M. (2022). Commoning Care: Feminist Degrowth Visions for a Socio-Ecological Transformation. *Feminist Economics, 28*(1), 1–28. https://doi.org/10.1080/13545701.2021.1942511

Die Armutskonferenz, ATTAC, & Beirat für Gesellschafts-, Wirtschafts- und Umweltpolitische Alternativen (Hrsg.). (2021). *Klimasoziale Politik: Eine gerechte und emissionsfreie Gesellschaft gestalten* (1. Auflage). bahoe books.

Diendorfer, C., Gahleitner, B., Dachs, B., Kienberger, T., Nagovnak, P., Böhm, H., Moser, S., Thenius, G., & Knaus, K. (2021). *Klimaneutralität Österreichs bis 2040: Beitrag der österreichischen Industrie*. Austrian Institute of Technology; EnergieVerbundTechnik, energieinstitut, Austrian Energy Agency.

Dietz, R., & O'Neill, D. (2013). *Enough Is Enough: Building a Sustainable Economy in a World of Finite Resources*. Routledge. https://www.routledge.com/Enough-Is-Enough-Building-a-Sustainable-Economy-in-a-World-of-Finite-Resources/Dietz-ONeill/p/book/9780415820950

Dobusch, L. (2019). Dynamiken der „Sharing Economy" zwischen Commons und Kommodifizierung. *Momentum Quarterly – Zeit-*

schrift für sozialen Fortschritt, 8(2), 109–115. https://doi.org/10.15203/momentumquarterly.vol8.no2.p109-115

Domenech, T., & Bahn-Walkowiak, B. (2019). Transition Towards a Resource Efficient Circular Economy in Europe: Policy Lessons From the EU and the Member States. *Ecological Economics*, *155*, 7–19. https://doi.org/10.1016/j.ecolecon.2017.11.001

Dorr, A., Heckl, E., & Hosner, D. (2021). *Ein-Personen-Unternehmen (EPU) in Österreich 2020 – Schwerpunkt Regionalität und Nachhaltigkeit* [Unveröffentliche Studie im Auftrag der Wirtschaftskammer Österreich]. KMU Forschung Austria.

Dugan, A., Mayer, J., Thaller, A., Bachner, G., & Steininger, K. W. (2022). Developing policy packages for low-carbon passenger transport: A mixed methods analysis of trade-offs and synergies. *Ecological Economics*, *193*, 107304. https://doi.org/10.1016/j.ecolecon.2021.107304

EASAC. (2021). *Decarbonisation of buildings: For climate, health and jobs*. German National Academy of Sciences Leopoldina.

Eisenmenger, N., Plank, B., Milota, E., & Gierlinger, S. (2020). *Ressourcennutzung in Österreich 2020. Band 3*. Bundesministerium für Klimaschutz, Umwelt, Energie, Mobilität, Innovation und Technologie (BMK). https://www.bmk.gv.at/dam/jcr:37bda35d-bf65-4230-bd51-64370feb5096/RENU20_LF_DE_web.pdf

Europäische Kommission. (2016). *Flash Eurobarometer 441: European SMEs and the Circular Economy*. Europäische Kommission.

Europäische Kommission. (2020). *Flash Eurobarometer 486: SMEs, start-ups, scale-ups and entrepreneurship*. Europäische Kommission.

European Commission. (2018). *Flash Eurobarometer 456: SMEs, resource efficiency and green markets*. European Commission.

Exner, A., & Kratzwald, B. (2021). *Solidarische Ökonomie & Commons*. Mandelbaum.

Feigl, G., & Vrtikapa, K. (2021). Budget- und Steuerpolitik klimasozial umbauen. In Die Armutskonferenz, Attac, & Beigewum (Hrsg.), *Klimasoziale Politik: Eine gerechte und emissionsfreie Gesellschaft gestalten* (S. 195–206). bahoe books.

Forster, F., Knieling, D., Martinuzzi, A., & Schönherr, N. (2021). Corporate Social Responsibility in Austria. In S. O. Idowu (Hrsg.), *Current Global Practices of Corporate Social Responsibility: In the Era of Sustainable Development Goals* (S. 21–43). Springer International Publishing. https://doi.org/10.1007/978-3-030-68386-3_2

Frenken, K., & Schor, J. (2017). Putting the sharing economy into perspective. *Environmental Innovation and Societal Transitions*, *23*, 3–10. https://doi.org/10.1016/j.eist.2017.01.003

Friant, M. C., Vermeulen, W. J. V., & Salomone, R. (2021). Analysing European Union circular economy policies: Words versus actions. *Sustainable Production and Consumption*, *27*, 337–353. https://doi.org/10.1016/j.spc.2020.11.001

Gass, V., Schmidt, J., Strauss, F., & Schmid, E. (2013). Assessing the economic wind power potential in Austria. *Energy Policy*, *53*, 323–330. https://doi.org/10.1016/j.enpol.2012.10.079

Gerold, S. (2017). Die Freizeitoption: Perspektiven von Gewerkschaften und Beschäftigten auf ein neues Arbeitszeitinstrument. *Österreichische Zeitschrift für Soziologie*, *42*(2), 195–204. https://doi.org/10.1007/s11614-017-0265-7

Geyer, R., Knöttner, S., Diendorfer, C., & Drexler-Schmid, G. (2019). *IndustRiES. Energieinfrastruktur für 100 % Erneuerbare Energie in der Industrie* (S. 216). AIT Austrian Institute of Technology GmbH.

Giljum, S. (2016). *Government Footprint: Der Materialverbrauch des öffentlichen Konsums und Ansatzpunkte zu dessen Senkung* [Bericht im Auftrag des Bundesministeriums für Land- und Forstwirtschaft, Umwelt und Wasserwirtschaft].

Goers, S., & Schneider, F. (2019). *Österreichs Weg zu einer klimaverträglichen Gesellschaft und Wirtschaft. Beiträge einer ökologischen Steuerreform* [Studie]. Johannes Keppler Universität Linz.

Gözet, B. (2020). *Eco-Innovation in Austria: EIO Country Profile 2018–2019*. Eco-Innovation Observatory.

Graßl, H., Kirchner, M., Kromp-Kolb, H., Stagl, S., Steininger, K., Getzner, M., Kettner-Marx, C., Kirchengast, G., Köppl, A., Meyer, I., Sommer, M., & Uhl-Hädicke, I. (2020). *Stellungnahme von Expertinnen und Experten des CCCA zum Factsheet: „Kostenwahrheit CO2" des BMK*. Climate Change Centre Austria.

Großmann, A., Wolter, M. I., Hinterberger, F., & Püls, L. (2020). *Die Auswirkungen von klimapolitischen Maßnahmen auf den österreichischen Arbeitsmarkt. ExpertInnenbericht* (GWS Specialists in Empirical Economic Research). GWS. https://downloads.gws-os.com/Gro%c3%9fmannEtAl2020_ExpertInnenbericht.pdf

Gruchy, A. G. (1987). *The Reconstruction of Economics: An Analysis of the Fundamentals of Institutional Economics*. Greenwood Press.

Haberl, H., Wiedenhofer, D., Virág, D., Kalt, G., Plank, B., Brockway, P., Fishman, T., Hauknost, D., Krausmann, F., Leon-Gruchalski, B., Mayer, A., Pichler, M., Schaffartzik, A., Sousa, T., Streeck, J., & Creutzig, F. (2020). A systematic review of the evidence on decoupling of GDP, resource use and GHG emissions, part II: synthesizing the insights. *Environmental Research Letters*, *15*(6), 65003. https://doi.org/10.1088/1748-9326/ab842a

Hartley, K., van Santen, R., & Kirchherr, J. (2020). Policies for transitioning towards a circular economy: Expectations from the European Union (EU). *Resources, Conservation and Recycling*, *155*, 104634. https://doi.org/10.1016/j.resconrec.2019.104634

Hauknost, D., Schriefl, E., Lauk, C., & Kalt, G. (2017). A Transition to Which Bioeconomy? An Exploration of Diverging Techno-Political Choices. *Sustainability*, *9*(4), 669. https://doi.org/10.3390/su9040669

Heiling, M., & Schumich, S. (2018). Zwischen Teilhabe und Marktanteilen: Entwurf einer Landkarte für die „Sharing Economy". *Momentum Quarterly*, *7*(1), 17-28.

Heinfellner, H., Ibesich, N., Lichtblau, G., Stranner, G., Svehla-Stix, S., Vogel, J., Michael Wedler, & Winter, R. (2018). *Sachstandsbericht Mobilität. Mögliche Zielpfade zur Erreichung der Klimaziele 2050 mit dem Zwischenziel 2030 – Kurzbericht* (REP-0667; S. 76). https://www.umweltbundesamt.at/fileadmin/site/publikationen/REP0667.pdf

Heinrichs, H. (2013). Sharing Economy: A Potential New Pathway to Sustainability. *GAIA – Ecological Perspectives for Science and Society*, *22*(4), 228–231. https://doi.org/10.14512/gaia.22.4.5

Henry, M., Schraven, D., Bocken, N., Frenken, K., Hekkert, M., & Kirchherr, J. (2021). The battle of the buzzwords: A comparative review of the circular economy and the sharing economy concepts. *Environmental Innovation and Societal Transitions*, *38*, 1–21. https://doi.org/10.1016/j.eist.2020.10.008

Hinterberger, F., Jasch, C., Hammerl, B., & Wimmer, W. (2006). *Leuchttürme für industrielle Produkt-Dienstleistungssysteme. Potenzialerhebung in Europa und Anwendbarkeit in Österreich, BMVIT, Wien*.

Hinterberger, F., Kromp-Kolb, H., Kozina, C., Lang, R., & Spittler, N. (2021). Nachhaltige und gerechte Wirtschaft. In Allianz Nachhaltige Universitäten in Österreich (Hrsg.), *UniNEtZ-Optionenbericht: Österreichs Handlungsoptionen für die Umsetzung der UN-Agenda 2030 für eine lebenswerte Zukunft*. Allianz Nachhaltige Universitäten in Österreich.

Högelsberger, H., & Maneka, D. (2020). Konversion der österreichischen Auto(zuliefer)industrie: Perspektiven für einen sozial-ökologischen Umbau. In A. Brunnengräber & T. Haas (Hrsg.), *Baustelle Elektromobilität: Sozialwissenschaftliche Perspektiven auf die Transformation der (Auto-)Mobilität* (S. 409–439). transcript.

Humer, S., Lechinger, V., & Six, E. (2021). Ökosoziale Steuerreform: Aufkommens- und Verteilungswirkungen. In *Working Paper Reihe der AK Wien – Materialien zu Wirtschaft und Gesellschaft* (Nr. 207; Working Paper Reihe Der AK Wien – Materialien Zu Wirtschaft

Und Gesellschaft). Kammer für Arbeiter und Angestellte für Wien. https://ideas.repec.org/p/clr/mwugar/207.html

Irshaid, J., Mochizuki, J., & Schinko, T. (2021). Challenges to local innovation and implementation of low-carbon energy-transition measures: A tale of two Austrian regions. *Energy Policy*, *156*, 112432. https://doi.org/10.1016/j.enpol.2021.112432

Jacobi, N., Haas, W., Wiedenhofer, D., & Mayer, A. (2018). Providing an economy-wide monitoring framework for the circular economy in Austria: Status quo and challenges. *Resources, Conservation and Recycling*, *137*, 156–166. https://doi.org/10.1016/j.resconrec.2018.05.022

Jonas, M., Nessel, S., & Tröger, N. (2021). Reparieren, Selbermachen, Längernutzen. In M. Jonas, S. Nessel, & N. Tröger (Hrsg.), *Reparieren, Selbermachen und Kreislaufwirtschaften: Alternative Praktiken für nachhaltigen Konsum* (S. 1–24). Springer Fachmedien. https://doi.org/10.1007/978-3-658-31569-6_1

Keil, A. K. (2021). *Just Transition Strategies for the Austrian and German Automotive Industry in the Course of Vehicle Electrification*. Materialien zu Wirtschaft und Gesellschaft Nr. 213, Working Paper-Reihe der Arbeiterkammer Wien.

Keinert-Kisin, C. (2015). CSR in Austria: Exemplary Social and Environmental Practice or Compliance-Driven Corporate Responsibility? In S. O. Idowu, R. Schmidpeter, & M. S. Fifka (Hrsg.), *Corporate Social Responsibility in Europe: United in Sustainable Diversity* (S. 137–151). Springer International Publishing. https://doi.org/10.1007/978-3-319-13566-3_8

Kettner, C., Köppl, A., & Stagl, S. (2014). *Towards an operational measurement of socio-ecological performance* (Nr. 52; WWWforEurope Working Paper). Österreichisches Institut für Wirtschaftsforschung.

Kettner-Marx, C., Kletzan-Slamanig, C., Kirchner, M., Sommer, M., Kratena, K., Weishaar, S. E., & Burgers, I. (2018). *CATs – Carbon Taxes in Austria: Implementation Issues and Impacts*. Österreichisches Institut für Wirtschaftsforschung.

Kiesnere, A. L., & Baumgartner, R. J. (2019). Sustainability Management in Practice: Organizational Change for Sustainability in Smaller Large-Sized Companies in Austria. *Sustainability*, *11*(3), 572. https://doi.org/10.3390/su11030572

Kirchengast, G., Kromp-Kolb, H., Steininger, K., Stagl, S., Kirchner, M., Ambach, C., Grohs, J., Gutsohn, A., Peisker, J., Strunk, B., & (KIOES), C. for I. E. S. (2019). *Referenzplan als Grundlage für einen wissenschaftlich fundierten und mit den Pariser Klimazielen in Einklang stehenden Nationalen Energie- und Klimaplan für Österreich (Ref-NEKP) Gesamtband* (S. 204). Verlag der Österreichischen Akademie der Wissenschaften. https://epub.oeaw.ac.at/8497-3

Kirchherr, J., Reike, D., & Hekkert, M. (2017). Conceptualizing the circular economy: An analysis of 114 definitions. *Resources, Conservation and Recycling*, *127*, 221–232. https://doi.org/10.1016/j.resconrec.2017.09.005

Kirchner, M., & Strunk, B. (2021). Was kann Klimapolitik leisten? In Beigewum, Attac, Armutskonferenz (Hrsg.), *Klimasoziale Politik: Eine gerechte und emissionsfreie Gesellschaft gestalten* (S. 57–70). Bahoe Books, Wien.

Kirchner, M., Sommer, M., Kratena, K., Kletzan-Slamanig, D., & Kettner-Marx, C. (2019). CO2 taxes, equity and the double dividend – Macroeconomic model simulations for Austria. *Energy Policy*, *126*, 295–314. https://doi.org/10.1016/j.enpol.2018.11.030

Kletzan-Slamanig, D., & Köppl, A. (2016a). Umweltschädliche Subventionen in den Bereichen Energie und Verkehr. *WIFO-Monatsberichte*, *89 (8)*, 605–615.

Kletzan-Slamanig, D., & Köppl, A. (2016b). *Subventionen und Steuern mit Umweltrelevanz in den Bereichen Energie und Verkehr* (S. 99). Österreichisches Institut für Wirtschaftsforschung. https://www.wifo.ac.at/jart/prj3/wifo/main.jart?content-id=1454619331110&publikation_id=58641&detail-view=yes

KMU Forschung Austria. (2021). *KMU im Fokus 2020: Bericht über die Situation und Entwicklung kleiner und mittlerer Unternehmen der österreichischen Wirtschaft*. KMU Forschung Austria.

Kofler, J., Kaufmann, J., & Kaufmann, P. (2021). *Wirkungsmonitoring der FFG Förderungen 2020: Unternehmen und Forschungseinrichtungen*. KMU Forschung Austria.

Köppl, A., & Schleicher, S. (2019). Material Use: The Next Challenge to Climate Policy. *Intereconomics*, *54*(6), 338–341. https://doi.org/10.1007/s10272-019-0850-z

Köppl, A., & Schleicher, S. (2021). *Indikatoren zum österreichischen Energiesystem (Indicators of the Austrian Energy System)* (94(2); WIFO-Monatsberichte, S. 151–166). WIFO. https://www.wifo.ac.at/jart/prj3/wifo/main.jart?rel=de&reserve-mode=active&content-id=1354870251122&publikation_id=66923&detail-view=yes

Köppl, A., Schleicher, S., Mühlberger, M., & Steininger, K. W. (2020). *Klimabudget Wien: Klimaindikatoren im Rahmen eines Klimabudgets*. Österreichisches Institut für Wirtschaftsforschung.

Köppl, A., & Schratzenstaller, M. (2015). *Das österreichische Abgabensystem – Status Quo*. Österreichisches Institut für Wirtschaftsforschung.

Kreinin, H., & Aigner, E. (2021). From "Decent work and economic growth" to "Sustainable work and economic degrowth": A new framework for SDG 8. *Empirica*. https://doi.org/10.1007/s10663-021-09526-5

Krenek, A., Sommer, M., & Schratzenstaller, M. (2020). A WTO-compatible Border Tax Adjustment for the ETS to Finance the EU Budget. *WIFO Working Papers*, *596*.

Krutzler, T., Zechmeister, A., Stranner, G., Wiesenberger, H., Gallauner, T., Gössl, M., Heller, C., Heinfellner, H., Ibesich, N., Lichtblau, G., Schieder, W., Schneider, J., Schindler, I., Storch, A., & Winter, R. (2017). *Energie- und Treibhausgasszenarien im Hinblick auf 2030 und 2050 – Synthesebereicht 2017* (REP-0628; S. 95). Umweltbundesamt. https://www.umweltbundesamt.at/fileadmin/site/publikationen/REP0628.pdf

Leitner, K.-H., Zahradnik, G., Schartinger, D., Dömötör, R., Einsiedler, J., & Raunig, M. (2021). *Austrian Startup Monitor 2020*. Austrian Institute of Technology.

Madlener, R. (2007). Innovation diffusion, public policy, and local initiative: The case of wood-fuelled district heating systems in Austria. *Energy Policy*, *35*(3), 1992–2008. https://doi.org/10.1016/j.enpol.2006.06.010

Mayer, J., Dugan, A., Bachner, G., & Steininger, K. W. (2021). Is carbon pricing regressive? Insights from a recursive-dynamic CGE analysis with heterogeneous households for Austria. *Energy Economics*, *104*, 105661. https://doi.org/10.1016/j.eneco.2021.105661

McCarthy, A., Dellink, R., & Bibas, R. (2018). *The Macroeconomics of the Circular Economy Transition: A Critical Review of Modelling Approaches* (Nr. 130; OECD Environment Working Papers). OECD Publishing.

Meyer, I., Sommer, M., & Kratena, K. (2018). *Energy Scenarios 2050 for Austria* [WIFO Studies]. WIFO. https://econpapers.repec.org/bookchap/wfowstudy/61089.htm

Milios, L. (2018). Advancing to a Circular Economy: Three essential ingredients for a comprehensive policy mix. *Sustainability Science*, *13*(3), 861–878. https://doi.org/10.1007/s11625-017-0502-9

Monsberger, C., Fina, B., & Auer, H. (2021). Profitability of Energy Supply Contracting and Energy Sharing Concepts in a Neighborhood Energy Community: Business Cases for Austria. *Energies*, *14*(4), 921. https://doi.org/10.3390/en14040921

Narotzky, S. (2012). Provisioning. In J. G. Carrier (Hrsg.), *A Handbook of Economic Anthropology, Second Edition* (S. 78–93). Edward Elgar Publishing. https://www.elgaronline.com/view/edcoll/9781849809283/9781849809283.00012.xml

Niedertscheider, M., Haas, W., & Görg, C. (2018). Austrian climate policies and GHG-emissions since 1990: What is the role of climate policy integration? *Environmental Science & Policy*, *81*, 10–17. https://doi.org/10.1016/j.envsci.2017.12.007

Novy, A. (2020). The political trilemma of contemporary social-ecological transformation – lessons from Karl Polanyi's The Great Transformation. *Globalizations*, *0*(0), 1–22. https://doi.org/10.1080/14747731.2020.1850073

Novy, A., Bärnthaler, R., & Heimerl, V. (2020). *Zukunftsfähiges Wirtschaften* (1.). Beltz.

Ornetzeder, M., & Sinozic, T. (2020). Sector coupling of renewable energy in an experimental setting: Findings from a smart energy pilot project in Austria. *TATuP – Zeitschrift Für Technikfolgenabschätzung in Theorie Und Praxis*, *29*(2), 38–44. https://doi.org/10.14512/tatup.29.2.38

Ottelin, J., Heinonen, J., & Junnila, S. (2018). Carbon and material footprints of a welfare state: Why and how governments should enhance green investments. *Environmental Science & Policy*, *86*, 1–10. https://doi.org/10.1016/j.envsci.2018.04.011

Penz, E., Hartl, B., & Hofmann, E. (2018). Collectively Building a Sustainable Sharing Economy Based on Trust and Regulation. *Sustainability*, *10*(10), 3754. https://doi.org/10.3390/su10103754

Pichler, M., Krenmayr, N., Schneider, E., & Brand, U. (2021). EU industrial policy: Between modernization and transformation of the automotive industry. *Environmental Innovation and Societal Transitions*, *38*, 140–152. https://doi.org/10.1016/j.eist.2020.12.002

Plank, B., Eisenmenger, N., & Schaffartzik, A. (2020). Do material efficiency improvements backfire?: Insights from an index decomposition analysis about the link between CO_2 emissions and material use for Austria. *Journal of Industrial Ecology*, jiec.13076. https://doi.org/10.1111/jiec.13076

Plank, C., Haas, W., Schreuer, A., Irshaid, J., Barben, D., & Görg, C. (2021). Climate policy integration viewed through the stakeholders' eyes: A co-production of knowledge in social-ecological transformation research. *Environmental Policy and Governance*, eet.1938. https://doi.org/10.1002/eet.1938

Potting, J., Hekkert, M. P., Worrell, E., & Hanemaaijer, A. (2017). *Circular Economy: Measuring Innovation in the Product Chain*. PBL Netherlands Environmental Assessment Agency.

Princen, T. (2005). *The Logic of Sufficiency*. MIT Press.

Ramsebner, J., Haas, R., Ajanovic, A., & Wietschel, M. (2021). The sector coupling concept: A critical review. *WIREs Energy and Environment*, *10*(4), e396. https://doi.org/10.1002/wene.396

Richters, O., & Siemoneit, A. (2019). Growth imperatives: Substantiating a contested concept. *Structural Change and Economic Dynamics*, *51*, 126–137. https://doi.org/10.1016/j.strueco.2019.07.012

Rief, S. (2019). Jenseits der Trennung von Produktion und Konsum: Begriffliche Konzepte zur Analyse der gesellschaftlichen Institutionalisierung von Versorgungsweisen und Versorgungsprozessen. *Österreichische Zeitschrift für Geschichtswissenschaften*, *30*(1), 20-51-20–51. https://doi.org/10.25365/oezg-2019-30-1-2

Schaffrin, A., Sewerin, S., & Seubert, S. (2015). Toward a Comparative Measure of Climate Policy Output. *Policy Studies Journal*, *43*(2), 257–282. https://doi.org/10.1111/psj.12095

Schanes, K., Dobernig, K., & Gözet, B. (2018). Food waste matters – A systematic review of household food waste practices and their policy implications. *Journal of Cleaner Production*, *182*, 978–991. https://doi.org/10.1016/j.jclepro.2018.02.030

Schäppi, B., Bogner, T., Zach, F., Fresner, J., & Krenn, C. (2012). *Ecostandards & Labels: EU-Mindeststandards und Labels zur Forcierung der Energieeffizienz von energieverbrauchsrelevanten Produkten* (Nr. 14/2012; Blue Globe Foresight). Österreichische Energieagentur.

Schleicher, S. P., & Steininger, K. W. (2017). Wirtschaft stärken und Klimaziele erreichen: Wege zu einem nahezu treibhausgasemissionsfreien Österreich. *Scientific Report*, 73–2017.

Schleicher, S., Köppl, A., Sommer, M., Lienin, S., Treberspurg, M., Österreicher, D., Grünner, R., Lang, R., Mühlberger, M., Steininger, K. W., & Hofer, C. (2018). *Welche Zukunft für Energie und Klima? Folgenabschätzungen für Energie- und Klimastrategien – Zusammenfassende Projektaussagen*. Österreichisches Institut für Wirtschaftsforschung, Wien.

Schmidt, R.-R., Pardo-Garcia, N., Tötzer, T., Stollnberger, R., Wimmeder, S., Schoberleitner, W., Schmidhuber, J., Pletzer, G., Schläffer, A., Kößlbacher, L., Vitzthum, S., & Obenaus, S. (2021). *100 % Erneuerbarer Pinzgau: Szenarien und Maßnahmen zur Klimaneutralität 2040*. Austrian Institute of Technology; Ingenieurbüro mitPlan GmbH; Salzburg AG; KEM Oberpinzgau Energiereich; KEM Nachhaltiges Saalachtal; KEM Tourismus, Zell am See / Kaprun.

Schnabl, A., Gust, S., Mateeva, L., Plank, K., Wimmer, L., & Zenz, H. (2021). *CO_2-relevante Besteuerung und Abgabenleistung der Sektoren in Österreich*. Materialien zu Wirtschaft und Gesellschaft Nr. 219, Working Paper-Reihe der Arbeiterkammer Wien.

Schneider, H. W., Pöchhacker-Tröscher, G., Demirol, D., Luptáčik, P., & Wagner, K. (2020). *Österreichische Umwelttechnik-Wirtschaft: Export, Innovationen, Startups und Förderungen* (S. 327). Industriewissenschaftliches Institut in Kooperation mit Pöchhacker Innovation Consulting im Auftrag des Bundesministeriums für Klimaschutz, Umwelt, Energie, Mobilität, Innovation und Technologie (BMK), des Bundesministeriums für Digitalisierung und Wirtschaftsstandort (BMDW) und der Wirtschaftskammer Österreich (WKÖ). https://www.bmdw.gv.at/Themen/Wirtschaftsstandort-Oesterreich/Standortpolitik/%C3%96sterreichische-Umwelttechnik-Wirtschaft-.html

Schneidewind, U., & Zahrnt, A. (2013). *Damit gutes Leben einfacher wird. Perspektiven einer Suffizienzpolitik*. Oekom.

Schöggl, J.-P., Stumpf, L., Rusch, M., & Baumgartner, R. J. (2022). Die Umsetzung der Kreislaufwirtschaft in österreichischen Unternehmen – Praktiken, Strategien und Auswirkungen auf den Unternehmenserfolg. *Österreichische Wasser- und Abfallwirtschaft*, *74*(1), 51–63. https://doi.org/10.1007/s00506-021-00828-3

Sedlacek, S., Tötzer, T., & Lund-Durlacher, D. (2020). Collaborative governance in energy regions – Experiences from an Austrian region. *Journal of Cleaner Production*, *256*, 120256. https://doi.org/10.1016/j.jclepro.2020.120256

Seebauer, S., Kulmer, V., Bruckner, M., & Winkler, E. (2016). Carbon emissions of retail channels: The limits of available policy instruments to achieve absolute reductions. *Journal of Cleaner Production*, *132*, 192–203. https://doi.org/10.1016/j.jclepro.2015.02.028

Seebauer, S., Friesenecker, M., & Eisfeld, K. (2019a). Integrating climate and social housing policy to alleviate energy poverty: An analysis of targets and instruments in Austria. *Energy Sources, Part B: Economics, Planning, and Policy*, *14*(7–9), 304–326. https://doi.org/10.1080/15567249.2019.1693665

Seebauer, S., Kulmer, V., & Fruhmann, C. (2019b). Promoting adoption while avoiding rebound: Integrating disciplinary perspectives on market diffusion and carbon impacts of electric cars and building renovations in Austria. *Energy, Sustainability and Society*, *9*(1), 26. https://doi.org/10.1186/s13705-019-0212-5

Segert, A. (2016). *Gewerkschaften und nachhaltige Mobilität* (Bd. 60). Kammer für Arbeiter und Angestellte für Wien. https://trid.trb.org/view/1471160

Smetschka, B., Wiedenhofer, D., Egger, C., Haselsteiner, E., Moran, D., & Gaube, V. (2019). Time Matters: The Carbon Footprint of Everyday Activities in Austria. *Ecological Economics*, *164*, 106357. https://doi.org/10.1016/j.ecolecon.2019.106357

Soder, M., Niedermoser, K., & Theine, H. (2018). Beyond growth: New alliances for socio-ecological transformation in Austria. *Globalizations*, *15*(4), 520–535. https://doi.org/10.1080/14747731.2018.1454680

Spash, C. L. (2020). "The economy" as if people mattered: Revisiting critiques of economic growth in a time of crisis. *Globalizations*, *0*(0), 1–18. https://doi.org/10.1080/14747731.2020.1761612

Spash, C. L. (2021). Apologists for growth: Passive revolutionaries in a passive revolution. *Globalizations*, *18*(7), 1123–1148. https://doi.org/10.1080/14747731.2020.1824864

Stagl, S. (2014). Ecological macroeconomics: Reflections on labour markets. *European Journal of Economics and Economic Policies: Intervention*, *11*(2), 171–181.

Stagl, S., Schulz, N., Köppl, A., Kratena, K., Mechler, R., Pirgmaier, E., Radunsky, K., Rezai, A., Mehdi, B., & Fuss, S. (2014). *Band 3 Kapitel 6: Transformationspfade Volume 3 Chapter 6: Transformation Paths*. 52.

Statistik Austria. (2020). *Volkswirtschaftliche Gesamtrechnungen 1995-2019. Hauptergebnisse*. Statistik Austria. http://www.statistik.at/web_de/services/publikationen/20/index.html?includePage=detailedView&sectionName=Volkswirtschaftliche+Gesamtrechnungen&pubId=529

Statistik Austria. (2021). *Umweltorientierte Produktion und Dienstleistung – EGSS*. Statistik Austria. https://www.statistik.at/web_de/statistiken/energie_umwelt_innovation_mobilitaet/energie_und_umwelt/umwelt/umweltorientierte_produktion_und_dienstleistung/index.html

Statistik Austria. (2022a). *Außenhandel nach Unternehmensmerkmalen*. https://www.statistik.at/web_de/statistiken/wirtschaft/aussenhandel/aussenhandel_nach_unternehmensmerkmalen/index.html

Statistik Austria. (2022b). *Input-Output-Tabelle inklusive Aufkommens- und Verwendungstabelle*. Statistik Austria.

Steinberger, J. K., Krausmann, F., Getzner, M., Schandl, H., & West, J. (2013). Development and Dematerialization: An International Study. *PLOS ONE*, *8*(10), e70385. https://doi.org/10.1371/journal.pone.0070385

Steininger, K. W. (2020). *Policy shift for the low-carbon transition in a globally embedded economy* [Publizierbarer Endbericht]. Universität Graz: Wegener Center für Klima und Globalen Wandel.

Steininger, K. W., Mayer, J., & Bachner, G. (2021). *The Economic Effects of Achieving the 2030 EU Climate Targets in the Context of the Corona Crisis An Austrian Perspective*.

Steurer, R., & Clar, C. (2015). Is decentralisation always good for climate change mitigation? How federalism has complicated the greening of building policies in Austria. *Policy Sciences*, *48*(1), 85–107. https://doi.org/10.1007/s11077-014-9206-5

Steurer, R., & Clar, C. (2017). The ambiguity of federalism in climate policy-making: How the political system in Austria hinders mitigation and facilitates adaptation. *Journal of Environmental Policy & Planning*, *20*, 1–14. https://doi.org/10.1080/1523908X.2017.1411253

Steurer, R., Clar, C., & Casado-Asensio, J. (2020). Climate change mitigation in Austria and Switzerland: The pitfalls of federalism in greening decentralized building policies. *Natural Resources Forum*, *44*(1), 89–108. https://doi.org/10.1111/1477-8947.12166

Stocker, A., Großmann, A., Hinterberger, F., & Wolter, M. I. (2014). A low growth path in Austria: Potential causes, consequences and policy options. *Empirica*, *41*(3), 445–465.

Streicher, G., Kettner-Marx, C., Peneder, M., & Gabelberger, F. (2020). *Landkarte der „(De-)Karbonisierung" für den produzierenden Bereich in Österreich – Eine Grundlage für die Folgenabschätzung eines klimapolitisch bedingten Strukturwandels des Produktionssektors auf Beschäftigung, Branchen und Regionen*. AK. https://www.wifo.ac.at/jart/prj3/wifo/resources/person_dokument/person_dokument.jart?publikationsid=66573&mime_type=application/pdf

Tukker, A. (2004). Eight types of product-service system: Eight ways to sustainability? Experiences from SusProNet. *Business Strategy and the Environment*, *13*(4), 246–260. https://doi.org/10.1002/bse.414

Vence, X., & López Pérez, S. de J. (2021). Taxation for a Circular Economy: New Instruments, Reforms, and Architectural Changes in the Fiscal System. *Sustainability*, *13*(8), 4581. https://doi.org/10.3390/su13084581

Vogel, J., Steinberger, J. K., O'Neill, D. W., Lamb, W. F., & Krishnakumar, J. (2021). Socio-economic conditions for satisfying human needs at low energy use: An international analysis of social provisioning. *Global Environmental Change*, *69*, 102287. https://doi.org/10.1016/j.gloenvcha.2021.102287

Weishaar, S. E., Kreiser, L., Milne, J. E., Ashiabor, H., & Mehling, M. (2017). *The Green Market Transition: Carbon Taxes, Energy Subsidies and Smart Instrument Mixes*. Edward Elgar.

Wenzlik, M., Eisenmenger, N., & Schaffartzik, A. (2015). What Drives Austrian Raw Material Consumption?: A Structural Decomposition Analysis for the Years 1995 to 2007. *Journal of Industrial Ecology*, *19*(5), 814–824. https://doi.org/10.1111/jiec.12341

Wheeler, K., & Glucksmann, M. (2016). *Household Recycling and Consumption Work: Social and Moral Economies*. Springer.

Wieser, H. (2016). Beyond Planned Obsolescence: Product Lifespans and the Challenges to a Circular Economy. *GAIA – Ecological Perspectives for Science and Society*, *25*(3), 156–160. https://doi.org/10.14512/gaia.25.3.5

Wieser, H. (2019). *Consumption Work in the Circular and Sharing Economy: A Literature Review*. Sustainable Consumption Institute.

Wieser, H. (2021). Kreislaufwirtschaft und materielle Teilhabe: Bausteine für eine breitenwirksame Transformation aus einer Perspektive sozialer Inklusion. Endbericht von StartClim2020.C. In StartClim2020 (Hrsg.), *Planung, Bildung und Kunst für die österreichische Anpassung*. Im Auftrag von BMK, BMWFW, Klima- und Energiefonds, Land Oberösterreich.

Wimmer, R., Kang, M. J., Tischner, U., Verkuijl, M., Fresner, J., & Möller, M. (2008). *Erfolgsstrategien für Produkt-Dienstleistungssysteme*. Bundesministerium für Verkehr, Innovation und Technologie, bmvit.

Windsperger, A., Windsperger, B., Bird, D. N., Jungmeier, G., Schwaiger, H., Frischknecht, R., Nathani, C., Guhsl, R., & Buchegger, A. (2017). *Life cycle based modelling of greenhouse gas emissions of Austrian consumption. Final Report of the Research Project to the Austrian Climate and Energy Fund, Vienna* (Publizierbarer Endbericht – Austrian Climate Research Programme). Institut für Industrielle Ökologie.

Wissen, M., Pichler, M., Maneka, D., Krenmayr, N., Högelsberger, H., & Brand, U. (2020). Zwischen Modernisierung und sozialökologischer Konversion. Konflikte um die Zukunft der österreichischen Automobilindustrie. In K. Dörre, M. Holzschuh, I. Köster, & J. Sittel (Hrsg.), *Abschied von Kohle und Auto? Sozialökologische Transformationskonflikte um Energie und Mobilität* (S. 223–266). Campus.

Woerter, M., Stucki, T., Arvanitis, S., Rammer, C., & Peneder, M. (2017). The adoption of green energy technologies: The role of policies in Austria, Germany, and Switzerland. *International Journal of Green Energy*, *14*(14), 1192–1208. https://doi.org/10.1080/15435075.2017.1381612

Wurster, S., & Hagemann, C. (2020). Expansion of Renewable Energy in Federal Settings: Austria, Belgium, and Germany in Comparison. *The Journal of Environment & Development*, *29*(1), 147–168. https://doi.org/10.1177/1070496519887488

Wurzel, R., Zito, A., & Jordan, A. (2019). Smart (and Not-So-Smart) Mixes of New Environmental Policy Instruments. In A. Nollkaemper, J. van Erp, M. Faure, & N. Philipsen (Hrsg.), *Smart Mixes for Transboundary Environmental Harm* (S. 69–94). Cambridge University Press. https://doi.org/10.1017/9781108653183.004

Zell-Ziegler, C., Thema, J., Best, B., Wiese, F., Lage, J., Schmidt, A., Toulouse, E., & Stagl, S. (2021). Enough? The role of sufficiency in

European energy and climate plans. *Energy Policy*, *157*. https://doi.org/10.1016/j.enpol.2021.112483

Zhu, X., & Liu, K. (2021). A systematic review and future directions of the sharing economy: Business models, operational insights and environment-based utilities. *Journal of Cleaner Production*, *290*, 125209. https://doi.org/10.1016/j.jclepro.2020.125209

Ziniel, W. (2021). *eCommerce Studie Österreich – Konsumentenverhalten im Distanzhandel*. KMU Forschung Austria. https://www.handelsverband.at/publikationen/studien/ecommerce-studie-oesterreich/ecommerce-studie-oesterreich-2021/

Zwickl, K., Disslbacher, F., & Stagl, S. (2016). Work-sharing for a sustainable economy. *Ecological Economics*, *121*, 246–253. https://doi.org/10.1016/j.ecolecon.2015.06.009

Kapitel 15. Globalisierung: Globale Warenketten und Arbeitsteilung

Koordinierende_r Leitautor_in
Karin Fischer

Leitautor_innen
Julia Eder und Anke Schaffartzik

Koordination der Strukturkapitel
Michael Ornetzeder

Revieweditor
Matthias Schmelzer

Zitierhinweis
Fischer, K., J. Eder und A. Schaffartzik (2023): Globalisierung: Globale Warenketten und Arbeitsteilung. In: APCC Special Report: Strukturen für ein klimafreundliches Leben (APCC SR Klimafreundliches Leben) [Görg, C., V. Madner, A. Muhar, A. Novy, A. Posch, K. W. Steininger und E. Aigner (Hrsg.)]. Springer Spektrum: Berlin/Heidelberg.

Kernaussagen des Kapitels
Status quo

- Durch räumlich fragmentierte Produktionsprozesse werden für die österreichischen Importe an Gütern und Dienstleistungen, sei es für die Weiterverarbeitung in der heimischen Produktion oder für den Endkonsum, außerhalb Österreichs Treibhausgase emittiert und Umweltschäden verursacht, die auch als österreichischer Anteil an der Klimakrise interpretiert werden können. (hohe Übereinstimmung, starke Literaturbasis)
- Auf europäischer Ebene gibt es im Rahmen des European Green Deal zwar verschiedene Initiativen, die direkte und indirekte Effekte auf die Struktur und Organisation globaler Warenketten haben. Die Umgestaltung von globalen Warenketten nach ökologischen Gesichtspunkten ist dabei aber kein explizites Ziel. (hohe Übereinstimmung, mittlere Literaturbasis)
- EU-weite Strategien des European Green Deal im Bereich Kreislaufwirtschaft und Bioökonomie befinden sich in Österreich im Projektstadium. Österreichische Unternehmen beteiligen sich an industriepolitischen EU-Initiativen für eine klimafreundliche Produktion und erhalten industriepolitische Unterstützung auf nationaler Ebene. Die nationale Industriepolitik ist allerdings klimapolitisch weniger ambitioniert als jene auf EU-Ebene. (hohe Übereinstimmung, mittlere Literaturbasis)

Notwendige Veränderungen

- Um die Klimaziele zu erreichen, sind absolute Reduktionen im österreichischen Konsum inklusive der für seine Befriedigung erforderlichen Vorleistungen notwendig. (hohe Übereinstimmung, starke Literaturbasis)
- Der klimafreundliche Umbau von globalen Warenketten verlangt nach sektorweiten und sektorübergreifenden Maßnahmen, die in eine umfassende Industriestrategie integriert werden. Dazu, wie der Umbau gestaltet werden kann, braucht es weitere Forschung. (hohe Übereinstimmung, mittlere Literaturbasis)

Akteur_innen und Strukturen

- An der Gestaltung globaler Warenketten wirken unterschiedliche Akteur_innen mit ungleicher Machtausstattung mit. Sie sind durch widersprüchliche Interessen gekennzeichnet und in sich nicht homogen. Das trifft auf die involvierten Ministerien, Interessenverbände und die Unternehmen zu. (hohe Übereinstimmung, schwache Literaturbasis)

- Die österreichische Politik setzt die auf internationaler und europäischer Ebene vereinbarten Maßnahmen langsam und eher zögerlich um. (hohe Übereinstimmung, mittlere Literaturbasis)
- Der österreichische Unternehmenssektor inklusive seiner Interessenverbände reagiert auf die auf europäischer Ebene getroffenen Anreizstrukturen für klimafreundliche Produktion eher zurückhaltend. (hohe Übereinstimmung, schwache Literaturbasis)

Gestaltungsoptionen

- Individuelle Lebensstilveränderungen reichen nicht aus, um die negativen Konsequenzen globaler Warenketten im erforderlichen Ausmaß zu reduzieren. (mittlere Übereinstimmung, mittlere Literaturbasis)
- Die Bepreisung von Kohlenstoff zur Verminderung von Treibhausgasemissionen in Gestalt von Emissionshandelssystemen und CO_2-Steuer-Modellen können Warenketten emissionsärmer machen. Weltweit einheitliche Maßnahmen schaffen die Voraussetzung, unfaire Wettbewerbsbedingungen für Unternehmen, globale Rebound-Effekte und Carbon Leakage zu vermeiden. (hohe Übereinstimmung, starke Literaturbasis)
- Lieferkettengesetze (national, EU, global), die transnational tätigen Unternehmen rechtsverbindlich ökologische Sorgfaltspflichten entlang ihrer gesamten Lieferkette auferlegen, bilden ein wirksames Instrument für die Realisierung klimapolitischer Ziele. Für umweltbezogene Sorgfaltspflichten braucht es noch die Entwicklung rechtswirksamer Instrumente und operabler Lösungen. (hohe Übereinstimmung, starke Literaturbasis)
- Zirkuläre Wirtschaftsmodelle und regionalwirtschaftliche Ansätze können die Struktur und Organisation globaler Warenketten verändern. Für einen Um- und Rückbau („Rescaling") global fragmentierter Produktion nach ökologischen Kriterien und klimapolitischen Erfordernissen gibt es bislang für Österreich (und verbundene Standorte) keine konkreten Vorschläge. Dafür braucht es weitere Forschung. (hohe Übereinstimmung, starke Literaturbasis)
- In der Auseinandersetzung mit globalen Warenketten zeigt sich, dass Reduktionen im Ressourcenverbrauch und ein Rescaling unbedingt so umzusetzen sind, dass es dabei nicht zur Verschärfung von Ungleichheiten kommt, weder auf internationaler noch auf nationaler Ebene. Ansätze für eine Ökologisierung von globalen Warenketten sind immer dahingehend zu überprüfen, ob sie dem Leitbild global kooperativer Transformation folgen. (hohe Übereinstimmung, starke Literaturbasis)

15.1 Globale Warenketten: Status quo und Dynamiken des Wandels

Produktionsketten für Güter und Dienstleistungen sind häufig international fragmentiert, sodass notwendigerweise auch die Orte der Produktion und jene des Konsums auseinanderfallen. Das heißt auch, dass die mit der Produktion von Waren und Dienstleistungen für den Konsum in einem Land bzw. für einen spezifischen Lebensstil in Verbindung stehenden Umweltauswirkungen anderswo anfallen und andere Lebensstile betreffen („environmental burden shifting"). Konsummuster und Lebensstile in reichen Ländern – wie wir arbeiten, essen, reisen, wohnen – werden erst durch globale Warenketten möglich. Für die Klimakrise ist das internationale Auseinanderklaffen von Pro-Kopf-Emissionen und von Klimawandelauswirkungen (Chancel & Piketty, 2015) besonders relevant.

Grundsätzlich sind Globalisierung, globale Warenketten und multinationale Konzerne kein neues Phänomen (Fischer, 2021). Beginnend im 16. Jahrhundert schufen die westlichen Kolonialmächte ein Netz ungleichen Austauschs. Unter Einsatz von Gewalt und Zwang degradierten sie die Kolonien zu Rohstofflieferanten und gründeten ihren wirtschaftlichen Aufstieg auf die Aneignung und Ausbeutung der „Four Cheaps" (Moore, 2020): billige Arbeit, billige Nahrung, billige Energie und billige Rohstoffe. Doch die Ressourcenflüsse, auf denen internationale Machtverhältnisse aufbauen, sind durchaus variabel: War vormals Industrieproduktion in den Zentren selbst beheimatet, sind es heute Steuerungs- und Kontrollfunktionen in Gestalt von Unternehmensdienstleistungen sowie Patente, die die Überlegenheit zentraler Akteur_innen – Staaten und dort beheimateter Konzerne – in globalen Warenketten absichern (Fischer et al., 2021).

Ein Weltmarkt für (agro-)industrielle Massenprodukte und Dienstleistungen entstand ab den 1970er Jahren mit der Herausbildung einer neuen internationalen Arbeitsteilung. Seither werden an Standorten in sogenannten Billiglohnländern einfache und mittlerweile auch technologisch anspruchsvolle Waren für die Verbrauchermärkte im Globalen Norden gefertigt. Die Herstellung eines Endprodukts durchläuft dabei mehrere Stationen; sie wird entlang technisch und/oder funktional trennbarer Schnittstellen zerlegt und an verschiedene Standorte ausgelagert. Ein Zwischenprodukt, eine Komponente, eine Dienstleistung ist also das Vorprodukt für weitere Produktionsschritte und Dienstleistungsinputs an anderen Orten. Laut Weltbank erreicht der

Anteil des Handels in globalen Warenketten[1] am weltweiten monetären Gesamthandel gegenwärtig 50 Prozent (World Bank, 2020).

Eine Reihe von Entwicklungen haben die intensivierte Globalisierung, die wir seit den 1970er Jahren beobachten, begünstigt. Die Steuerung global fragmentierter Produktionsprozesse verlangt nach mobilen Informations- und Kommunikationstechnologien (Mikroprozessoren, Internet) sowie nach modernen Transportmöglichkeiten (Containerschifffahrt, Luftfracht), die auf der Nutzung fossiler Energie beruhen (UNEP, 2020). Mindestens genauso wichtig waren politische Veränderungen, die im Zuge der „neoliberalen Wende" seit den 1980er Jahren vorangetrieben wurden, insbesondere die Liberalisierung des Kapital- und Zahlungsverkehrs, des Außenhandels, der Energie- und Infrastrukturmärkte sowie eine unternehmensfreundliche Steuergesetzgebung. Die Liberalisierung der Gütermärkte und des Dienstleistungshandels, die in zahlreichen multi- und bilateralen Handels- und Investitionsabkommen festgeschrieben ist, machen „verlängerte Werkbänke" überhaupt erst profitabel [Kap. 16, 11].

Generell beanspruchen die Hocheinkommensländer durch ihre Handelsbilanzen mehr Ressourcen (Material, Energie, Land) und verursachen mehr Emissionen in anderen Ländern, als sie für den Weltmarkt zur Verfügung stellen bzw. innerhalb ihrer Grenzen zulassen. Anders ausgedrückt: Hocheinkommensländer sind „Externalisierungsgesellschaften" (Lessenich, 2016), das heißt, sie lagern die ökologischen Kosten und Lasten ihrer Lebensweise in andere Länder bzw. Gesellschaften aus. Der ökologisch ungleiche Tausch ermöglicht Ländern mit hohem Einkommen, sich Ressourcen anzueignen und gleichzeitig durch internationalen Handel Profite zu erwirtschaften (Dorninger et al., 2021). Sowohl extraktive Expansion als auch Massenkonsum sind ohne ökologisch ungleichen Tausch nicht denkbar; die Ungleichheit ist Voraussetzung für das globale Wachstum in der Ressourcennutzung mit all seinen Folgen für die globale Nachhaltigkeit. Jede national gesetzte Maßnahme, die ernsthaft auf Nachhaltigkeit abzielt, muss zwangsläufig Überlegungen zu ökologisch ungleichem Tausch einbeziehen.

Forschung zeigt: Je größer das Pro-Kopf-Einkommensgefälle zwischen Import- und Exportländern, desto schadstoffintensiver sind die Wertschöpfungsexporte (Duan et al., 2021). Die Autor_innen sprechen daher von „globalen Verschmutzungsketten" („global pollution chains"). Länder mit hohem Einkommen verlagern ihre Emissionen in Länder mit niedrigem Einkommen, indem sie die schmutzigen Produktionsstufen oder überhaupt die Produktion auslagern, während

gehobene Unternehmensdienstleistungen, Forschung & Entwicklung, Design, Marketing etc. im Inland verbleiben. Eine solche Hierarchisierung von Aktivitäten kann global, aber auch auf europäischer Ebene beobachtet werden, wenn man beispielsweise an die großflächige, monokulturelle Exportlandwirtschaft in Osteuropa und im Süden Europas oder an die Auftragsfertigung in der Elektronikindustrie in Mittel- und Osteuropa denkt. Emissionen und Abfälle der Produktion fallen insbesondere in sogenannten Verschmutzungsoasen („pollution havens") an, dort, wo die Umweltgesetzgebung weniger streng ist oder nicht konsequent umgesetzt werden kann (Birdsall & Wheeler, 1993).

Wie es auch für andere Hocheinkommensländer der Fall ist, werden für die österreichischen Importe an Gütern und Dienstleistungen in durchschnittlich ärmeren Volkswirtschaften hohe Emissionen erzeugt. Der österreichische Verbrauch verursacht global gesehen 30 Prozent mehr Ressourcenextraktion und mehr als 50 Prozent mehr Treibhausgasemissionen als in Österreich extrahiert bzw. emittiert wird. Dieser Unterschied wäre noch größer, wenn Österreich nicht als Exporteur in die globalen Warenketten eingebunden wäre: Es werden in Österreich sowohl Güter produziert (z. B. Stahl) als auch montiert (z. B. Kfz-Teile), deren CO_2-Fußabdruck dann wiederum den importierenden Ländern zugerechnet wird (Eisenmenger et al., 2020) [Kap. 1].

Wie kommt es dazu, dass Produktion dort intensiviert wird, wo sie auch mit höheren Umweltauswirkungen verbunden ist? Neben Überschneidungen von niedrigen Löhnen und hoher Emissionsintensität an Produktionsstandorten spielen hier zwei wissenschaftlich identifizierbare Zusammenhänge eine Rolle. Zum einen findet global gesehen die Produktion nicht vor allem dort statt, wo sie den niedrigsten CO_2-Fußabdruck hätte. Stattdessen tendieren Investitionen (und eine Ausdehnung der Produktion) dazu, ein existierendes fossiles Energiesystem vorauszusetzen und werden dadurch vor allem dort getätigt, wo die CO_2-Intensität hoch ist (Malm, 2016). Entscheidend für die Auslagerung sind neben naturräumlichen Bedingungen (z. B. bei Nahrungsmittelketten oder der Rohstoffextraktion) die in bilaterale Außenbeziehungen eingebetteten strategischen Entscheidungen der Unternehmen, für die häufig eine Reduktion der Lohn- und Lohnnebenkosten vorrangig ist (Statistik Austria, 2019). Zum anderen können klimapolitische Maßnahmen in einem Land dazu führen, dass emissionsintensive Produktionsschritte ausgelagert werden, was als „Carbon Leakage" bezeichnet wird. Strengere Umweltauflagen, die eigentlich zum Schutz des Klimas beitragen sollen, können zu Auslagerungen und global gesehen sogar zu einem Anstieg der CO_2-Emissionen führen, auch wenn heimische Emissionen stagnieren oder sogar zurückgehen (Jakob, 2021; Jakob & Marschinski, 2013).

Klimarelevante Umweltprobleme in globalen Warenketten hängen zum einen zusammen mit dem Energie-,

---

[1] Hinter den Begriffen globale Warenkette, Wertschöpfungskette, Lieferkette, Versorgungskette und globales Produktionsnetzwerk stehen zum Teil unterschiedliche theoretische Konzepte (siehe Fischer et al., 2021). In diesem Kapitel werden die Begriffe Warenkette, Lieferkette, Wertschöpfungskette und Produktionsnetzwerk synonym verwendet.

Material- und Landverbrauch für den Transport von Rohstoffen, Zwischengütern und Endprodukten (UNEP, 2020, S. 52–61) und mit dem damit verbundenen Ressourcen- und Abfallaufwand für Verpackung. Der internationale handelsbezogene Güterverkehr – als grober Anhaltspunkt für die Transportströme innerhalb der globalen Warenketten – ist laut Schätzungen für 30 Prozent der verkehrsbedingten und sieben Prozent aller globalen CO_2-Emissionen verantwortlich (OECD, 2017, S. 22–23, mit Bezug auf das International Transport Forum).[2] Zum anderen fallen an den Orten der Fertigung und der Rohstoffextraktion Ressourcenverbrauch (z. B. Wasser, Energie) und Umweltschäden (z. B. Rodung, Luftverschmutzung, Bodenkontamination) an. Ein Viertel bis ein Drittel aller globalen CO_2-Emissionen, 20 bis 25 Prozent der globalen Landnutzungsveränderungen und 35 Prozent aller konsumierten Energieressourcen werden dem internationalen Handel von Gütern und Dienstleistungen zugerechnet. Der Nahrungsmittelsektor inklusive der Düngemittelindustrie ist für 19 bis 29 Prozent der globalen Treibhausgasemissionen verantwortlich (Pendrill et al., 2019; Vermeulen et al., 2012). Solche Zahlen beruhen auf Schätzungen und unterschätzen die tatsächlichen Umweltfolgen. Selbst Fußabdruckberechnungen unterschätzen die tatsächlich entstehenden Biokapazitätsdefizite, weil sie Verluste z. B. durch Bodenerosion, Entwaldung und Erschöpfung des Grundwassers nicht berücksichtigen (Global Footprint Network research team, 2020).

15.1.1 Die Einbindung der österreichischen Volkswirtschaft in grenzüberschreitende Warenketten: Klimarelevante Folgen

Österreich ist als kleine, offene Volkswirtschaft hinsichtlich Produktion und Konsum stark in weltwirtschaftliche Produktions- und Austauschprozesse eingebunden. Knapp die Hälfte (48 Prozent) aller österreichischen Exporte in monetären Einheiten bemessen findet innerhalb von globalen Warenketten statt (WTO, o.J., Daten für 2015).[3] Damit weist Österreich im Vergleich mit anderen Ländern des Globalen Nordens und „emerging economies" im Globalen Süden eine überdurchschnittliche Beteiligung auf. Im Durchschnitt ist die Einbettung österreichischer Produktionsstandorte in globale Warenketten für die Herstellung von Investitions- und Vorleistungsgütern wesentlich höher als für Konsumgüter. Das ist typisch für Hocheinkommensländer.

Österreichische Standorte sind in Form von Rückwärts- und Vorwärtsintegration in globale Warenketten eingebunden. Rückwärtsintegration bedeutet, dass für Fertigungsschritte in Österreich Zwischengüter bzw. Wertschöpfungsanteile aus dem Ausland importiert und hierzulande weiterverarbeitet werden. Der ausländische Wertschöpfungsanteil in Österreichs Exporten lag 2015 bei 26,5 Prozent (OECD-WTO, 2015; WTO, o.J.). Chemische und Grundstoffindustrie, Maschinenbau, Elektro- und Fahrzeugindustrie greifen auf importierte Vorleistungen zurück; die Fahrzeug(zuliefer)industrie in Österreich weist mit fast 50 Prozent den höchsten Anteil an ausländischer Wertschöpfung auf. Die meisten Importe kommen aus Deutschland; diese sind allerdings rückläufig, genauso wie Vorleistungen aus der EU-12. Demgegenüber steigen die Wertschöpfungsimporte aus den BRIC-Staaten, vor allem aus China und Russland.[4] Während aus Russland vorrangig Bergbauprodukte kommen, werden aus chinesischen Produktionsstätten Metalle, Metallprodukte, Agrarerzeugnisse, elektrische Maschinen und elektrotechnische Waren bzw. Teile davon importiert (Kulmer et al., 2015, S. 39–40; Stöllinger et al., 2018).

Welche Materialien werden für die Produktion importiert? Der relativ höchste ausländische Wertschöpfungsanteil steckt in Grundstoffen (Koks, Holz, Metall, Bergbauprodukte, Papier, Zellstoff). Generell besteht eine ausgeprägte Abhängigkeit von Rohstoffimporten, der Großteil in jeder Rohstoffgruppe kommt aus nichteuropäischen Ländern. Metalle werden zu 71 Prozent, fossile Energieträger zu 58 Prozent und Mineralien zu 55 Prozent aus dem nichteuropäischen Ausland für die Weiterverarbeitung zu Zwischengütern (und anschließenden Export) eingeführt, wobei sich die Importe von Mineralien und fossilen Energieträgern seit 2000 erhöht haben (Giljum et al., 2017, jeweils ohne Endnachfrage, Zahlen für 2016). Auch 40 Prozent des Biomasseeinsatzes werden aus dem Ausland importiert (Eisenmenger et al., 2020, S. 35; nach Kalt et al., 2021 30 Prozent). Zusätzlich zur Entnahme auf österreichischen Landflächen werden ein Drittel der verarbeiteten Feldfrüchte und die Hälfte des verarbeiteten Holzes importiert (Eisenmenger et al., 2020).

Der Anteil der österreichischen Inputs in Exporten (Vorwärtsintegration) liegt bei 21,3 Prozent und besteht vor allem aus produktionsbezogenen Dienstleistungen, Investitionsgü-

---

[2] Die Simulationen der OECD zeigen, dass Transportkosten zwar die Bedeutung und Länge von Warenketten beeinflussen können, dass Transport aber gegenüber anderen Kosten wie z. B. Umweltauflagen in der Produktion oder geänderten Beschaffungsmethoden zur Risikostreuung geringer zu Buche schlägt (OECD, 2017, S. 23–24, 40–42, 46).

[3] Als Handel in Warenketten wird hier Handel verstanden, der mindestens zwei Mal eine nationale Grenze überschreitet, während direkter oder traditioneller Handel Handelsströme umfasst, die nur eine Grenze überschreiten (z. B. Waren und Dienstleistungen, die für den Endverbrauch exportiert oder als Vorleistungen in der Produktion verwendet und im ersten Importland verbraucht werden). Es sind natürlich auch andere Konzeptionalisierungen von Handel in Warenketten denkbar (z. B. unter Ausweitung der Systemgrenzen für indirekte Vorleistungen der Produktion), die zu anderen Ziffern als jenen von WTO oder OECD führen würden. Die jüngsten verfügbaren Zahlen der OECD-WTO TiVA database (Trade in value-added) sind aus dem Jahr 2015, https://www.oecd.org/sti/ind/measuring-trade-in-value-added.htm#access (06.05.2021).

[4] BRIC = Brasilien, Russland, Indien, China.

tern und Inputs für langlebige Konsumgüter (z. B. Maschinenteile, Fahrzeugteile). Alleine die gehobenen Unternehmensdienstleistungen sorgen für ein Drittel des heimischen Wertschöpfungsanteils an den Exporten. Auch die Wertschöpfung im österreichischen Groß- und Einzelhandel und Transportsektor fließt der ausländischen (End-)Nachfrage zu. Die inländische Wertschöpfung ist höher als jene, die in importierten Produkten enthalten ist. Das bedeutet, dass österreichische Unternehmen Vorleistungen mit niedrigerer Wertschöpfung importieren und diese „aufgewertet" exportieren. Das entspricht den Ergebnissen der Forschung zu Warenketten: Aktivitäten mit vergleichsweise weniger Wertschöpfung finden im Globalen Süden oder in Osteuropa statt, hochwertige Aktivitäten wie unternehmensbezogene Dienstleistungen in den Hocheinkommensländern (UNCTAD, 2020).

Österreich exportiert zwar den größten Teil seiner Wertschöpfung nach Deutschland, von dort gelangen Exporte dann aber vielfach nach China, Kanada und in die USA (Stöllinger et al., 2018, S. 30–31). Das verdeutlicht den Warenkettencharakter heutiger Produktionssysteme. Dass sich wirtschaftliche Beziehungen in der „Factory Europe" verdichten, soll nicht darüber hinwegtäuschen, dass sich die regionale Verdichtung von Fertigungsprozessen mit „global sourcing" – bei Rohstoffen, Maschinenteilen, Halbleitern etc. und der darin enthaltenen Arbeit – und globalen Exporten überlagert.

Daten zu monetären und materiellen Export- und Importflüssen geben zwar erste Anhaltspunkte für die Einbindung der österreichischen Volkswirtschaft in globale Warenketten, reichen jedoch nicht aus, um ein abschließendes Bild zu zeichnen. Denn über die Handelsflüsse hinaus sind – vor allem in der Abschätzung von Umweltfolgen der Produktion und des Konsums – sogenannte indirekte Vorleistungen, sowohl in Österreich als auch anderswo, von großer Bedeutung. Wenn in der österreichischen Viehwirtschaft Soja aus Brasilien verfüttert wird, dann geht der Fleischkonsum in Österreich mit gravierenden Landnutzungsveränderungen auf der anderen Seite des Atlantiks einher. Solche Zusammenhänge sind oftmals intuitiv eingängig, aber nicht direkt aus der internationalen Handelsstatistik abzulesen. Sie sind abbildbar mithilfe von monetären Input-Output-Tabellen, die Verflechtungen unterschiedlicher Wirtschaftssektoren national und international messen und indirekte Vorleistungen schätzen (Plank et al., 2021). Vor allem die Verflechtungen unterschiedlicher Sektoren werden jedoch in der Praxis viel zu wenig berücksichtigt: Gelingt beispielsweise in der Produktion eine Emissionsreduktion in einem Sektor, zum Beispiel in der Automobilzulieferindustrie in Österreich, können Emissionen in einem vor- oder nachgelagerten Sektor im Ausland hoch sein oder gar steigen. Energieeffiziente Fertigungsprozesse und „saubere" Dienstleistungsinputs in der Automobilzulieferindustrie in Österreich sind auf Rohmaterialen (z. B. Lithium, Kupfer, Bauxit, Magnesium) und Zwischengüter angewiesen, die anderswo unter hohem Ressourcenaufwand und Umweltverbrauch (z. B. Energie, Wasser, Flächenverbrauch) abgebaut bzw. hergestellt werden (Piñero et al., 2019).

Studien zum globalen Rebound-Effekt – dem Paradoxon, dass durch den Einsatz ressourcensparender Technologie und die Steigerung der Ressourceneffizienz Anreize geschaffen werden, mehr Energie zu verbrauchen – verdeutlichen, dass zum Beispiel Kosteneinsparungen durch Energieeffizienz den Output und Export (und damit Energieverbrauch und Emissionen) steigern können (Barker et al., 2009; Wei & Liu, 2017). Modellrechnungen zum globalen Rebound-Effekt sind vergleichsweise selten und fehlen für Österreich. Für Deutschland zeigt eine Studie, dass eine zehnprozentige Verbesserung der Energieeffizienz in der deutschen verarbeitenden Industrie mit einem globalen Rebound von 48 Prozent verbunden ist. Das bedeutet, dass fast die Hälfte der erwarteten Energieeinsparung durch verbesserte Energieeffizienz in der Produktion durch Rebound-Effekte aufgezehrt wird (Koesler et al., 2016).

Doch nicht nur emissionsseitig sind Warenketten entscheidend, wenn wir Österreichs Rolle in der Klimakrise verstehen wollen. Mit der erhöhten Klimavulnerabilität österreichischer Produktions- und Konsummuster setzt sich das Projekt COIN („Cost of inaction: Assessing the costs of climate change for Austria") auseinander. Durch Importe wasserintensiver Konsumgüter (wie z. B. Textilien) „spart" Österreich zwar Wasser in der inländischen Produktion, erreicht jedoch auch einen Importanteil von 93 Prozent für das Wasser, das es braucht, um den Endkonsum zu befriedigen. 34 Prozent davon stammen aus Ländern, in denen es bereits jetzt regionale Wasserknappheit gibt (China, Pakistan, Indien und Russland) und die sich mit der fortschreitenden Klimakrise weiter verschärfen wird (Coin-Int, 2019a). Auch wegen der besonderen Abhängigkeit von Wasserressourcen ist die Landwirtschaft in vielen Ländern schon jetzt stark von der Klimakrise betroffen, was – wegen der Einbindung in globale Warenketten – auch die Versorgung in Österreich betrifft: 66 Prozent des in Österreich konsumierten Getreides (für Tierfutter, Lebensmittelindustrie und industrielle Verwertung) stammt aus Importen. Dieser Anteil macht zugleich schon jetzt 98 Prozent der künstlichen Bewässerung aus, die global notwendig ist, um Österreichs Endkonsum zu decken (Coin-Int, 2019b).

Durch seine Integration in Warenketten verbindet Österreich also nicht nur Produktionsstandorte mit unterschiedlichen Emissionsintensitäten miteinander, sondern auch unterschiedlich klimavulnerable Regionen. Das bedeutet: Selbst wenn Österreich eine ausgeglichene Außenhandelsbilanz hätte – also genauso viele Ressourcen von globalen Märkten beziehen würde, wie es bereitstellt (Österreich ist aber Netto-Importeur) –, wäre diese Bilanz hinsichtlich der Umweltauswirkungen noch lange nicht ausgeglichen. Eine „Gegenrechnung" der Rückwärts- gegen die Vorwärtsintegration der österreichischen Wirtschaft ist aus klimapolitischer Sicht nicht aufschlussreich. Aus globaler Perspektive interessieren die *absoluten* Emissionen und die mit ihnen verbundenen Umweltauswirkungen, die es zu reduzieren gilt, egal wo in der Welt sie stattfinden.

15.1.2 Bestehende Ansätze internationaler und europäischer Klimapolitik und deren Umsetzung in Österreich

In der Europäischen Union (EU) und in Österreich gibt es verschiedene klimapolitische und industriepolitische Ansätze, die die Struktur von Warenketten beeinflussen (können). In der EU ist das wichtigste Instrument zur Regulierung von Emissionen aus großen Energie- und Industrieanlagen seit 2005 das **europäische Emissionshandelssystem** (European Union Emissions Trading System, EU-ETS, im Folgenden **ETS**). Dieses marktorientierte Instrument soll CO_2- und andere Treibhausgasemissionen reduzieren und dazu beitragen, das Emissionsreduktionsziel zu erreichen, zu dem sich die EU im Rahmen des Pariser Abkommens (COP16) verpflichtet hat, nämlich die Reduzierung seiner Treibhausgasemissionen um 40 Prozent bis 2030 (im Vergleich zu 1990). Dieses Ziel wurde im Rahmen des europäischen Green Deal (EGD) „auf mindestens 50 % und angestrebte 55 %" (Europäische Kommission, 2019a) angehoben. Am ETS müssen Energieanlagen und energieintensive Industrien teilnehmen, z. B. die Eisen- und Stahlverhüttung, Kokereien, Raffinerien und Cracker (Dampfspaltungsanlagen), Zement- und Kalkherstellung, Glas-, Keramik- und Ziegelindustrie, die Papier- und Zelluloseproduktion sowie der Flugverkehr und ab 2024 die Seeschifffahrt (Europäische Kommission, 2023a). Im November 2019 präsentierte die High Level Expert Group on Energy-intensive Industries (HLG EIIs) einen „Masterplan for a Competitive Transformation of EU Energy-intensive Industries" (Europäische Kommission, 2019c). EU-ETS II reguliert ab 2027 die Emissionen im Straßenverkehr und von Gebäuden.

Mit dem sogenannten Cap-and-Trade-System hebt das ETS weder eine Steuer auf Emissionen ein, noch legt es einen Preis für Emissionen fest. Vielmehr benötigen Firmen die Erlaubnis, in einem bestimmten Ausmaß CO_2 zu emittieren. Diese Erlaubnis erhält man durch den Erwerb von Emissionszertifikaten, sogenannten „allowances". Eine vorher festgelegte Menge dieser Zertifikate, die sich im Laufe der Zeit verringert, wird jedes Jahr ausgegeben. Es gibt eine maximale Menge an CO_2, die innerhalb der vom ETS abgedeckten Sektoren emittiert werden darf („cap"). Unternehmen steht es allerdings frei, Zertifikate zu kaufen, wenn sie nicht in der Lage sind, die Emissionen zu reduzieren („trade"). Zudem gibt es Gratiszuteilungen an Unternehmen, bei denen wegen der Kostenbelastung durch das ETS das Risiko besteht, dass sie zu Carbon Leakage beitragen, also die Produktion in Drittstaaten außerhalb der EU verlagern (WKO, 2020). Beschlüsse im Rahmen des „Fit für 55"-Pakets haben das ETS nachgeschärft. Die Zuteilung kostenloser Emissionszertifikate nimmt in höherem Tempo ab; bis 2040 soll es keine Gratiszuteilungen mehr geben. Die EU reagierte damit auf die Kritik, dass der Überschuss an (Gratis-)Zertifikaten Klimaschutzinvestitionen verzögert und den Unternehmen Extragewinne beschert hat. Zudem werden die Mitgliedstaaten verpflichtet, die Einnahmen aus der Versteigerung von Zertifikaten zur Gänze für Klimaschutzmaßnahmen auszugeben.

Einschätzungen über die Motive für die Einführung des ETS und dessen Wirksamkeit gehen in der Literatur auseinander. Während einige darin den Willen der EU zur globalen Führungsrolle in Sachen Nachhaltigkeit sehen und den Einfluss von Umwelt-NGOs erkennen (Fischer, 2009), werten Kritiker_innen das ETS als taktisches Mittel zur Verwässerung verbindlicher Reduktionsverpflichtungen und eine kosteneffiziente Maßnahme, die vor allem die internationale Konkurrenzfähigkeit nicht gefährdet. Es wird kritisiert, dass marktbasierte Lösungen zu hohe Erwartungen an technologische Innovationen knüpfen; diese dürfen verpflichtende Klimaziele nicht ersetzen. Darüber hinaus spielen beim ETS Importe keine Rolle, was angesichts der transnationalen Produktionsbeziehungen ein Problem darstellt (Beckmann & Fisahn, 2009; Corporate Europe Observatory, 2020; Krüger, 2015, Überblick über Positionen in Bailey et al., 2011).

Im Bereich der Industriepolitik existieren aktuell mehrere EU-Initiativen, die auch für klimafreundlichere Warenketten sorgen sollen. Ende 2019 präsentierte die Europäische Kommission (EK) den **European Green Deal (EGD)**, der Richtlinien und Vorgaben für die Mitgliedsländer beinhaltet. Dieser legt Klimaambitionen und einen vorläufigen Zeitplan fest und benennt Maßnahmen, die in verschiedenen Feldern getroffen werden sollen und die auch globale Warenketten betreffen (Europäische Kommission, 2019a, 2019b).

Laut EGD soll Nachhaltigkeit zu einem Querschnittthema aller EU-Politikbereiche werden. Im Bereich der Agrarpolitik wird eine „Vom-Hof-auf-den-Tisch-Strategie" („From Farm to Fork") vorgeschlagen. Um die Resilienz regionaler und lokaler Lebensmittelsysteme zu verbessern, hält die Kommission fest, kürzere Lieferketten unterstützen und die Abhängigkeit von Langstreckentransporten verringern zu wollen (Europäische Kommission, 2020c, S. 12–13) [Kap. 3]. Zumindest im Agrarbereich wird die Verkürzung von Warenketten explizit als Ziel genannt.

In seiner Gesamtheit weist der EGD jedoch in Richtung ökologische Modernisierung. Diese soll durch die Steigerung von Energie- und Materialeffizienz und durch technologische Innovationen die Klimakrise lösen. In seiner jetzigen

Form bleibt der EGD wachstums- und innovationsorientiert sowie EU-zentriert. Globale Überlegungen fokussieren auf die Stärkung der europäischen Wettbewerbfähigkeit am Weltmarkt, auf geopolitische Erwägungen und auf Fragen der Rohstoffsicherung (Europäische Kommission, 2019a, 2020b, 2020d).

Jäger & Schmidt (2020, S. 35, 44) betonen allerdings, dass eine effizientere Ressourcennutzung in der Vergangenheit nicht zu einem geringeren Ressourcenverbrauch geführt hat, weil der Wachstumsimperativ des kapitalistischen Wirtschaftssystems weiter fortbesteht. Sie gehen außerdem davon aus, dass auch bei grünem Wachstum in Zukunft vermehrt globale Ressourcenkonflikte zu erwarten sind und dass die Folgen des Klimawandels vor allem die ärmeren Länder, insbesondere die städtischen und ländlichen Arbeiter_innen in der globalen Peripherie, treffen werden. Corporate Europe Observatory (2020) bezeichnet den EGD gar als „Grey Deal", weil nach Einschätzung der Autor_innen die Lobby für fossile Energieträger ihren Einfluss auf die Formulierung des europäischen Green Deal geltend machen konnte.

Der EGD wurde im Februar 2023 durch den **Industrieplan zum Grünen Deal** ergänzt. Er ist der Beitrag der EU im globalen Wettlauf um grüne Subventionen und soll vor allem Entwicklung, Herstellung und Einsatz CO_2-neutraler Technologien und Produkte im europäischen Raum fördern. Das übergeordnete Ziel besteht darin, die Konkurrenzfähigkeit der europäischen Industrie am Weltmarkt zu erhalten bzw. diese in jenen Feldern aufzubauen, in denen sie verloren gegangen oder bisher nicht vorhanden ist. Im Gegensatz zu früheren industriepolitischen Publikationen kommt ein stärker interventionistisch orientierter Ansatz zum Tragen. Gleichzeitig bleibt eine der vier Säulen des Industrieplans offener Handel, der die notwendigen Lieferketten „reißfest" machen und diversifizieren soll. Teil des Industrieplans sind das **Netto-Null-Industrie-Gesetz** sowie das **Gesetz über kritische Rohstoffe** (Europäische Kommission, 2023b und 2023c). Während ersteres auf Investitionen in die Entwicklung und Produktion sauberer Technologien abzielt, soll zweiteres den Zugang zu kritischen Rohstoffen sichern. Um „sichere und widerstandsfähige Lieferketten" zu gewährleisten, sollen Rohstoffquellen diversifiziert und die Zusammenarbeit mit „verlässlichen Partnern" ausgebaut werden. Die geoökonomische und geopolitische Dimension der Rohstoffsicherung für die Energietransformation wird als „Klimakolonialismus" oder „grüner Imperialismus" kritisiert (Paul & Gebrial, 2021).

Zur Stärkung strategischer europäischer Wertschöpfungsketten werden von der EU seit 2014 **Important Projects of Common European Interest (IPCEI)** gefördert. Die Förderung grüner Technologien spielt eine Rolle, allerdings sind diese klar auf Innovationen ausgerichtet und streben keinen Bruch mit bestehenden Produktionspfaden an: „The dominance of innovation further emphasises this focus on *addition* to rather than *disruption* of existing unsustainable industries." (Pichler et al., 2021, S. 144, Hervorhebungen im Original)

Aktuell sind österreichische Unternehmen an drei IPCEI-Projekten in den Feldern Mikroelektronik (ME I), Batterieherstellung (EuBatIn) und Wasserstoff (Hy2Use und Hy2Tech) beteiligt (BMAW, 2023). Außerdem wird die Teilnahme am IPCEI Mikroelektronik II (ME II) angestrebt. Das IPCEI „Low CO_2 Emissions Industry (LCI)" schaffte es in Österreich nicht von der Phase I „Bedarfserhebung" in die Phase II „Interessenbekundung" (BMK, 2022a). Dieses sieht die Kooperation von Unternehmen in der EU entlang der gesamten Wertschöpfungskette nach Prinzipien der Kreislaufwirtschaft vor, um die Ressourcen- und Energieeffizienz zu erhöhen. Insgesamt sollen die bestehenden und geplanten IPCEI Innovationen fördern, wo diese marktgetrieben nicht (ausreichend) entstehen (Europäische Kommission, 2020b, S. 14). Ihr Hauptfokus liegt aktuell auf der Absicherung der europäischen Wettbewerbsfähigkeit sowie auf der Herstellung technologischer Souveränität bei strategischen Gütern. Ökologische Nachhaltigkeit spielt eine Rolle, ist diesen Zielen aber untergeordnet.

Auf nationaler Ebene veröffentlichte das Bundesministerium Digitalisierung und Wirtschaftsstandort (BMDW, 2021) Informationen zu der in Erarbeitung befindlichen **Standortstrategie 2040 „Chancenreich Österreich – digital, nachhaltig wirtschaften"**. Ein Schwerpunktbereich ist mit „Nachhaltigkeit und Wertschöpfungsketten" überschrieben. Ergebnisse wurden bislang allerdings keine präsentiert (Stand Juni 2023). Parallel initiierte das Bundesministerium für Klimaschutz, Umwelt, Energie, Mobilität, Innovation und Technologie (BMK) das Projekt „Grüne Industriepolitik", das drei Projektberichte und eine Begleitstudie vorlegte (Diendorfer et al., 2021). Das Ziel des Projekts bestand darin zu erheben, welche Unterstützung die österreichische Industrie für die Dekarbonisierung benötigt und wie Emissionen, z. B. durch eine Umgestaltung der Vorketten, reduziert werden können (BMK, 2022b). Inwieweit die erhobenen Daten Eingang in die Praxis finden, bleibt vorerst offen.

Ein weiteres klimarelevantes EU-Projekt, das bestehende Warenketten modifizieren könnte, ist die **Bioökonomie-Strategie** (2012, aktualisiert 2018, siehe Europäische Kommission, 2018). Der Ansatz ist eng verwoben mit jenem der Kreislaufwirtschaft und versucht vom Einsatz fossiler Rohstoffe zum Einsatz nachwachsender Ressourcen zu gelangen [zu Bioökonomie siehe auch Kap. 5; zur Kreislaufwirtschaft weiter unten und im Detail Kap. 14]. Österreich hat 2019 eine Strategie für Bioökonomie verabschiedet, einen Aktionsplan erstellt und mit „Bioeconomy Austria" eine Plattform gegründet, um die Bioökonomie in Österreich zu stärken (BMNT, BMBWF & BMVIT, 2019; BMNT, BMBWF & BMVIT, o.J.; Bioeconomy Austria, o.J.). Die Maßnahmen zielen auf Forschung, soziotechnische Innovationen und öffentliche Förderung. Gleichzeitig gilt die Bioökonomie als Wachstumsmotor in ländlichen Regionen und als Arbeitsplatzbeschaffer.

Bioökonomie-Strategien werden in der Literatur unterschiedlich bewertet (für einen Überblick siehe Kiresiewa et al., 2019). Die einen sehen darin einen wichtigen Beitrag zu Klimaschutz und nachhaltiger Entwicklung und heben das Innovationspotenzial der Biowissenschaften hervor. Kritiker_innen verweisen auf die in den Strategien vernachlässigte globale Dimension, wie z. B. die negativen Umweltauswirkungen in den Exportländern, die Inwertsetzung von Biodiversität im Globalen Süden oder die internationale Konkurrenz bei Forschung und Entwicklung. Der Wettbewerbsvorteil europäischer Unternehmen bei Umwelttechnologien könne ärmere Länder bei Erwerb und Anwendung vor Probleme stellen und bestehende Ungleichheiten weiter vertiefen (Backhouse et al., 2021; Backhouse & Lühmann, 2020).

Eine Bilanzierung der in Österreich verbrauchten Biomasse zeigt, dass diese zu 55 Prozent aus der heimischen Forst- und Landwirtschaft und zu 30 Prozent aus den Nachbarländern stammt; Biomasse aus Nicht-EU-Ländern (verwendet vor allem für Tierfutter) macht 7,6 Prozent des Biomassefußabdrucks aus (Kalt et al., 2021). Biomasse zur Energiegewinnung ist stark regional verankert. Dennoch braucht es nach Kalt et al. (2021), gerade weil es sich um einen globalen „Wachstumsmarkt" handelt, eine integrierte Analyse globaler Biomassestoffströme und des Fußabdrucks, den sie in den Exportländern hinterlassen [zu den Ziel- und Interessenkonflikten bei Bioökonomiestrategien siehe Kap. 5].

Neben der Bioökonomie hat in der EU das Konzept der **Kreislaufwirtschaft** während der letzten Jahre immer größere Bedeutung erlangt (Europäische Kommission, 2020a). Es zielt darauf ab, von einem linearen Modell der Produktion und des Konsums zu einem nachhaltigen, kreislaufartigen Modell zu gelangen [Kap. 14]. Zirkuläre Wirtschaftsmodelle würden die Struktur von Warenketten verändern. Die Europäische Investitionsbank hat im Jahr 2019 mit fünf nationalen Förderbanken aus Deutschland, Frankreich, Italien, Spanien und Polen die „Gemeinsame Initiative für die Kreislaufwirtschaft" gestartet. Bis 2023 sollen mindestens zehn Milliarden Euro investiert werden (EIB, 2020). In Österreich wurde auf Vorschlag des BMK Ende 2022 eine nationale Kreislaufwirtschaftsstrategie beschlossen. Darin werden neben einer Steigerung der Ressourcenproduktivität und des Recyclings auch absolute Reduktionsziele beim Ressourcenverbrauch formuliert (BMK, 2022c). Die Erstellung wurde vom Umweltbundesamt und der überparteilichen Plattform ÖGUT betreut; das Beratungsunternehmen Pöchhacker Innovation Consulting lieferte Analysen zu Förderinstrumenten und Initiativen, die in EU-Mitgliedsländern im Einsatz sind (z. B. Scherk & Pöchhacker-Tröscher, 2022). Mit „Circular Futures" besteht eine Multi-Stakeholder-Plattform, die sich als Think Tank und Katalysator „für mehr Kreislaufwirtschaft in Österreich" versteht (Circular Futures, o.J.).

Eine Zwischenposition zwischen linearen Warenketten und kreislaufförmigen Warenketten nehmen „closed-loop supply chains", „green supply chains" oder „environmental supply chains" ein, die als nachhaltig ausgerichtete Warenketten auch die Wiederverwertung oder Entsorgung eines Produktes nach Gebrauch miteinbeziehen. Farooque et al. (2019) kritisieren allerdings, dass diese Konzepte kreislaufwirtschaftliches Denken nicht systematisch integrieren. Sie führen daher eine umfassende Literaturstudie zu „Circular Supply Chain Management (CSCM)" durch, welches das Management von Warenketten mit dem Konzept der Kreislaufwirtschaft verbindet, und benennen Forschungslücken, die in dieser Hinsicht bestehen.

Das Konzept der Kreislaufwirtschaft stellt zwar auf globale Umweltrisiken ab und sucht diese zu minimieren; auch die Notwendigkeit der Kreislaufförmigkeit von globalen Warenketten wird als Bedingung für nachhaltige Produktion betrachtet (Geissdoerfer et al., 2017). Wie sich die Anwendung kreislaufwirtschaftlicher Konzepte auf Lieferketten auswirkt, muss jedoch im Einzelfall untersucht werden. Es gibt Hinweise, dass eine regional gut funktionierende Kreislaufwirtschaft Nachhaltigkeitsprobleme an anderen Orten verursachen kann: „There are many examples of efficiency, environmental and social gains in local and regional economies that have resulted, either directly or indirectly, through supply chains, value chains, product life cycles and their networks, into difficult problems in other locations" (Korhonen et al., 2018, S. 42). So kann beispielsweise eine hocheffiziente Nutzung von Energie und Ressourcen in der Papierindustrie hierzulande mit Holzeinschlag und Entwaldung andernorts einhergehen.

Jüngst gelangten globale Lieferketten im Zuge der COVID-19-Pandemie in die öffentliche Diskussion. Dies war allerdings weniger klimapolitischen Erwägungen geschuldet. Die Debatte kreise vielmehr um Fragen von Versorgungssicherheit bei „kritischen" oder „essenziellen" Gütern. **Re- oder Backshoring** – die Rückverlagerung von Teilen oder der gesamten Produktion in die großen Verbrauchermärkte – beinhaltet zumindest indirekt eine klimapolitische Dimension durch eine Verkürzung der Transportwege und (potenziell) strengere Umweltauflagen. Eine Studie zu den EU-Lieferketten ausgewählter Medizinprodukte, von Halbleitern und Solarpanelen stellte fest, dass es auf EU-Ebene keine Einigkeit über einzuschlagende Resilienzstrategien gibt (Raza et al., 2021a). Raza et al. (2021a, S. 74) gehen jedoch davon aus, dass die „grüne Wende" wahrscheinlich zu kürzeren und stärker regionalisierten Warenketten führen wird, da verschiedene geplante EU-Politiken wie die Einpreisung ökologischer Externalitäten, die Harmonisierung nationaler Regulierungsregime und die Förderung der Kreislaufwirtschaft Offshoring und Outsourcing in der Produktion weniger rentabel machen. Bislang klaffen politische Absichtserklärungen und Studien zu möglichen Reshoring-Projekten auf der einen und reale Unternehmensstrategien auf der anderen Seite allerdings auseinander (Kolev & Obst, 2022). Eher sind es geopolitische Konflikte, Probleme mit der Qualität oder die Abhängigkeit von einem einzigen Zulieferer, die Konzerne zur Veränderung ihrer Beschaffungsmodelle bewegen (Butollo, 2020).

Öffentliche Beschaffung ist eine weitere Möglichkeit, lokale und regionale Warenketten zu stärken und die Ökologisierung der Wirtschaft voranzutreiben. Die im Jahr 2014 verabschiedeten EU-Vergaberichtlinien ermöglichen bei öffentlichen Vergaben neben der Anwendung des Billigstbieterprinzips auch das Bestbieterprinzip sowie die Auswahl des Angebots mit den geringsten Kosten (gerechnet über den gesamten Lebenszyklus). Beim Bestbieterprinzip muss neben dem Angebotspreis mindestens ein weiteres Zuschlagskriterium angegeben werden. Die Kriterien müssen außerdem gewichtet werden. Hier bietet sich öffentlichen Einrichtungen die Möglichkeit für „strategische Beschaffung", die auch ökologische (und/oder soziale) Kriterien in die Ausschreibung miteinbezieht. Da das öffentliche Beschaffungsvolumen in den meisten europäischen Staaten hoch ist, hat die öffentliche Verwaltung eine relevante Nachfragemacht und kann somit nachfrageorientierte Industriepolitik betreiben (Salhofer, 2019).

In Österreich gab es bereits vor der Verabschiedung des neuen Bundesbeschaffungsgesetzes im Jahr 2018 die Möglichkeit, das Bestbieterprinzip anzuwenden. Etwas mehr als die Hälfte der Vergaben wurden laut einer WIFO-Studie zwischen 2009 und 2016 nach dem Bestbieterprinzip abgewickelt, allerdings wurde in 44 Prozent der Fälle der Preis mit mindestens 80 Prozent gewichtet und in 20 Prozent der Bestbieterverfahren gar mit 95 Prozent. Die Studienautor_innen Hölzl et al. (2017, S. 37) bemerken dazu: „Eine derart häufige äußerst geringe Gewichtung preisfremder Kriterien in Bestbieterverfahren wird von keinem anderen untersuchten Land [FR, UK, NL, FI, SE, DE, IT, SI, PL; Anm. d. A.] erreicht."

Der bereits zehn Jahre bestehende Aktionsplan nachhaltige öffentliche Beschaffung (naBe) wurde 2021 mit neuen Kriterien für die Beschaffung von 16 Produktgruppen erweitert. Es soll die regionale Wertschöpfung gefördert werden und „Bewusstsein für die Auswirkungen entlang der gesamten Lieferkette eines Produkts" geschaffen werden (naBe, 2021). In Österreich betonen zahlreiche Gemeinden, z. B. Wien und Linz, auf ökologische und nachhaltige Beschaffung zu achten (Stadt Linz, o.J.; Stadt Wien, o.J.). Die systematische Umgestaltung von Warenketten nach ökologischen Gesichtspunkten ist dabei aber kein Ziel.

Schließlich gibt es Initiativen, durch **Lieferkettengesetze** transnationalen Konzernen umweltbezogene Sorgfaltspflichten entlang ihrer Lieferketten aufzuerlegen. Seit 2015 tagt im Menschenrechtsrat der Vereinten Nationen eine zwischenstaatliche Arbeitsgruppe, um ein internationales Abkommen (UN-Treaty) auf den Weg zu bringen. Der vorliegende dritte Entwurf beinhaltet das Recht auf eine sichere, saubere, gesunde und nachhaltige Umwelt als Teil der Grundfreiheiten, ohne Umweltgesetze und Sanktionsmöglichkeiten bei Verletzung zu spezifizieren. Die EU-Kommission hat eine Richtlinie für ein EU-Lieferkettengesetz vorgelegt, die das EU-Parlament im Juni 2023 nachgebessert und beschlossen hat (Europäisches Parlament, 2023). In der EU ansässige Unternehmen ab 250 Beschäftigten und einem weltweiten Umsatz von über 40 Millionen Euro werden zu Sorgfaltspflichten entlang ihrer Lieferkette verpflichtet. Auch Unternehmen, die Teil eines Konzerns mit mindestens 500 Beschäftigten und 150 Millionen Umsatz sind, sollen einbezogen werden. Sie müssen Klimaschutzpläne umsetzen und negative Auswirkungen auf Umwelt oder auf Menschenrechte, die sie verursacht haben oder mit denen sie in Verbindung stehen, beseitigen. Zivilrechtliche Haftung, das heißt dass Betroffene vor einem EU-Gericht Klage einreichen und Entschädigung erwirken können, ist vorgesehen; Behörden können Sanktionen und Strafen verhängen. NGOs kritisieren die rechtlichen Hürden für Betroffene und Ausnahmen für den Finanzsektor. Trilog-Verhandlungen (Rat, Parlament, Kommission) entscheiden über den endgültigen Text [Stand Juni 2023; andere Initiativen im internationalen Klimaschutzrecht Kap. 11].

15.2 Notwendige Veränderungen aus globaler Perspektive

Die gegenwärtige Phase der Globalisierung ist durch eine starke wirtschaftliche Verflechtung gekennzeichnet. Die Bedeutung globaler Warenketten lässt sich daran bemessen, dass der Handel mit Zwischengütern, die zumindest eine weitere Verarbeitungsstufe in einem anderen Land durchlaufen, stark angestiegen ist. Er macht mittlerweile beinahe doppelt so viel wie der Handel mit Endprodukten aus. Weltweit expandieren sowohl das Handelsvolumen als auch die ausländischen Direktinvestitionen rascher als die Produktion (UNCTAD, 2020).

Ein selektives Freihandelsregime und Finanzialisierungsprozesse [Kap. 16] prägen die gegenwärtige Phase der Globalisierung und damit auch die Organisation globaler Warenketten. Weltwirtschaftliche Austauschprozesse sind einer weitgehend liberalisierten Regulierung unterworfen, die in zahlreichen multi- und bilateralen Handels- und Investitionsabkommen festgeschrieben ist. Ein Preiswettbewerb auf weitgehend offenen Märkten steht dem Schutz globaler Gemeingüter (z. B. Biodiversität, unterirdische Süßwasserreservoirs, Ackerböden, Weltmeere) und damit einem klimafreundlichen Leben entgegen.

In diese auch als „neoliberale Globalisierung" (Altvater & Mahnkopf, 1997) bezeichnete liberalisierte Weltwirtschaftsordnung sind auch die Gesellschaften des Globalen Südens einbezogen. Im Zuge der internationalen Schuldenkrise Anfang der 1980er Jahre wurden diese durch sogenannte Strukturanpassungsmaßnahmen auf umfassende Liberalisierungen und Weltmarktintegration verpflichtet. Die Auflagen für neue Kredite zur Schuldentilgung beinhalteten den Abbau von Schutzzöllen und anderen Importrestriktionen, das Setzen von Exportanreizen und die Rücknahme von Preisstützungen für Agrarprodukte (Bull et al., 2006). Die Folge war eine Ausweitung von Agrarexporten und die Ansiedlung von Lohnfertigungsindustrien für die Verbrauchermärkte des Globalen Nordens. Gerade arme Länder haben durch eine einseitige Exportorientierung die Fähigkeit zur Eigenversorgung verloren (UNDP, 2011, Kap. 1). Die weltwirtschaftliche Öffnung Chinas und der Zusammenbruch der Sowjetunion erweiterten Anfang der 1990er Jahre – ohne äußeren Druck – das Reservoir billiger und hinreichend qualifizierter Arbeitskräfte für die Massenproduktion für den Weltmarkt.

Österreich ist stark in nicht-nachhaltige globale Wertschöpfungsprozesse eingebunden. Die Gesellschaft profitiert zwar von der in globalen Warenketten organisierten Bereitstellung von Gütern und Dienstleistungen in vielerlei Hinsicht, etwa durch die Verfügbarkeit und Verbilligung von Produkten und den Zugang zu Energiedienstleistungen. Gleichzeitig zeigen die Forschungen zur Klimaveränderung, dass den „Preis" dafür Menschen an anderen Orten und die Umwelt zahlen (IPCC, 2022).

Für eine klimafreundliche Lebensweise in Österreich besteht die Herausforderung zum einen darin, die Rahmenbedingungen für individuelle Konsumentscheidungen und Alltagsroutinen zu verändern, zum anderen ein Wirtschaftsmodell zu gestalten, das die Befriedigung von Grundbedürfnissen priorisiert. Dieses muss die Her- bzw. Bereitstellung von umwelt- und sozialverträglichen Produkten und Dienstleistungen garantieren, ohne Überkonsum einerseits und materielle Armut andererseits (Bärnthaler et al., 2021).

Mit einem einzelnen Maßnahmenpaket – sei es markt- und innovationsorientiert oder auf öffentliche Bereitstellungssysteme zielend – kann eine solch weitreichende Transformation nicht gelingen. Dies vor allem deshalb, weil nicht nur die Umweltauswirkungen unserer Gesellschaft zu transformieren sind, sondern gleichzeitig „gutes Leben für alle" ermöglicht werden muss, was in der Praxis noch nirgends gelingt (O'Neill et al., 2018). Eine solche sozialökologische Transformation ist ein gesamtgesellschaftliches Unterfangen und kein Projekt, das von vereinzelt handelnden Individuen zu bewerkstelligen ist.

Notwendige Veränderungen, die bei der Organisation von globalen Warenketten ansetzen, betreffen zum einen ihre klimafreundliche Re-Regulierung. Dazu gehören erstens Gütesiegel und unternehmerische Selbstverpflichtungen, die verantwortungsvolle Konsumentscheidungen ermöglichen. Zweitens geben die auf EU-Ebene geschnürten und national umzusetzenden Klimapakete Regularien vor, die der Verwirklichung der im Europäischen Klimagesetz vereinbarten Ziele dienen. EU-Rechtsinstrumente zielen auf eine CO_2-Bepreisung, die aufgrund steigender CO_2-Emissionspreise die räumliche und organisatorische Gestaltung von Warenketten beeinflussen kann. Schließlich besitzen Lieferkettengesetze, die derzeit auf unterschiedlichen Ebenen (UN, EU, national) diskutiert und vorgelegt werden, das Potenzial, das Markthandeln von transnationalen Konzernen – und damit ihre globalen Produktionsnetzwerke – zu verändern. Neben solchen Regulierungsinitiativen kann es aus klimapolitischen Erwägungen Sinn machen, Warenketten zu kürzen und umzubauen. Angesprochen sind hier Konversionsstrategien und eine Ökologisierung industrieller Produktion, und zwar nicht nur an einem Standort oder in Österreich, sondern sektorübergreifend und in transnationaler Perspektive. Für solche Umbaupläne ist es nötig, genauer herauszuarbeiten, welches Vorgehen bei welcher Art von Warenkette am vielversprechendsten ist. Wissenschaftliche Forschung gibt es dazu bisher kaum. Während solche Regulierungen für den privaten Sektor einen Rahmen vorgeben würden, können striktere, staatlich vorgegebene Umweltstandards und zum Teil auch Verbote stärker in die Überlegungen einbezogen werden (Pichler et al., 2021). Der öffentliche Sektor kann zum Beispiel bei Beschaffung und Auftragsvergabe eine Vorbildrolle einnehmen.

Neben innovationsorientierten Maßnahmen und der Förderung von kreislauforientierten und regionalwirtschaftlichen Umbauplänen für globale Warenketten scheint es angesichts des „Klimanotstands" („climate emergency") unabwendbar, das absolute Ausmaß des Ressourcenkonsums und der Abfälle und Emissionen drastisch zu reduzieren. Diese gesellschaftliche Zielvorgabe obliegt zuallererst den Hocheinkommensländern, allerdings ohne dabei bestehende Ungleichheiten zu verschärfen [zu den verteilungspolitischen Auswirkungen Abschn. 17.2.3]. Eine „Just Transition" ist auch im globalen Maßstab bei der anstehenden Transformation zu berücksichtigen. Wenn die Lebensbedingungen weltweit und dauerhaft gewahrt werden sollen, braucht es vor Ort Weichenstellungen in Richtung klimafreundlicher Produktion und Lebensweise, die gleichzeitig mit entsprechenden globalen oder weltwirtschaftlichen „Leitplanken" flankiert sind, um Externalisierung und Standortkonkurrenz hintanzuhalten. Mögen Entkoppelungseffekte von Ressourcennutzung und Wohlstand für erfolgreiche Wirtschaften des Globalen Nordens einen Zielhorizont darstellen, geht es für arme Länder überhaupt erst darum, Bedingungen für eine sozial inklusive, die Grundbedürfnisse befriedigende und Ernährungssouveränität gewährleistende Entwicklung zu schaffen (Oberle et al., 2019). Während einige Autor_innen finanzielle Kompensationszahlungen für arme Länder vorschlagen, etwa als Kompensation für CO_2-Steuern (Baranzini et al., 2017), sprechen andere von „ökologischer Schuld" und „Klimakolonialismus" (Martinez, 2014), weil die für die sozialökologische Transformation im Globalen Norden notwendigen Rohstoffe – wie Lithium oder Seltene Erden – aus dem Globalen Süden extrahiert werden. Forderungen von Regierungen und transnationalen Umweltgerechtigkeitsbewegungen gehen in die Richtung, globale Gemeingüter zu definieren, Rohstoffe im Boden zu lassen und die betreffenden (armen) Länder dafür zu entschädigen (Sovacool & Scarpaci, 2016; Villamayor-Tomas & García-López, 2021).

Die globalisierten Produktions- und Konsummuster machen deutlich, dass Klimapolitik nur dann erfolgreich umgesetzt werden kann, wenn sie auf unterschiedlichen Ebenen, also lokal, national, europäisch und international ansetzt, wobei jede Ebene mit eigenen Herausforderungen konfrontiert ist und diese jeweils auf der darüberliegenden Ebene zunehmen (Dreidemy & Knierzinger, 2021).

15.3 Strukturbedingungen, Akteur_innen, Handlungsspielräume

Globale Warenketten werden meist von transnationalen Konzernen (TNK) gesteuert, die häufig in Ländern des Globalen Nordens ihre Zentrale haben. TNK können ihre Zulieferer auf ökologische Standards verpflichten. Allerdings zeigen Studien, dass solche Anreize oder Anforderungen weniger klimapolitisch als kostensparend motiviert sind (z. B. Einsparungen bei Energie, Müllentsorgung, Wasserverbrauch) und der Erschließung grüner Wachstumsmärkte dienen (Ponte, 2020). Während sich TNK – vor allem in Branchen mit hohem Reputationsrisiko – so ein grünes Image verschaffen, wälzen sie die Kosten dafür oft auf die Zulieferer ab. Integrierte ökologische Produktion entlang der Warenkette ist damit nicht gewährleistet.

Auf (transnationale) Unternehmenstätigkeit nehmen eine Reihe von politischen Akteur_innen und Regulierungsinstanzen Einfluss. Nationale und supranationale Staaten und ihre Organe sowie internationale Organisationen, etwa die WTO, die OECD und verschiedene UN-Organisationen, aber auch private Zertifizierungsagenturen entwerfen und implementieren klimarelevante Regulierungen auf (sub- und supra-)nationaler Ebene. Wichtige international koordinierte Politikbereiche sind etwa Handels- und Investitionspolitik, Forschungsförderung, Produktnormen und Steuerpolitik. (Supra-)nationale Staaten treten als gestaltende Regulierungsinstanz und als „facilitator" von unternehmerischer Tätigkeit auf. Sie treten auch als Produzenten in Erscheinung, besonders in strategischen Sektoren wie der Energiebereitstellung oder Grundstoffindustrie, oder als Konsumenten durch öffentliche Beschaffung.

Auch nationale und international koordinierte Interessenverbände, z. B. Unternehmervereinigungen, Gewerkschaften oder Verbraucherverbände, Klima-NGOs und soziale Bewegungen suchen auf das institutionelle Gefüge aus lokalen, nationalen und internationalen Regulierungen, in die globale Warenketten eingebettet sind, einzuwirken. Das reicht von direkter politischer Intervention bei politischen Mandatsträger_innen über öffentliche Kampagnen und Lobbying bis hin zu Beratungstätigkeiten. Auch Verbraucher_innen wirken durch ihre Konsumentscheidungen auf Warenketten ein (für einen Überblick Fischer et al., 2021). In Österreich bietet die institutionalisierte Sozialpartnerschaft ein weiteres Feld, in dem um Fragen der Klimapolitik gerungen wird [für eine Einschätzung der Akteurskonstellationen in Österreich und der EU siehe Kap. 11 und 12].

Klar ist, dass die beteiligten Akteur_innen mit unterschiedlichen Machtressourcen ausgestattet sind und ihre Möglichkeiten, auf die Gestaltung von globalen Unternehmenstätigkeiten einzuwirken, höchst ungleich verteilt sind. Auf internationaler Ebene sind UN-Initiativen wie die des Weltklimarats und des Umweltprogramms (UNEP) zwar hinsichtlich normativer Ziele wirkmächtig, in der Umsetzung aber relativ zahnlos, weil sie lediglich Empfehlungen für eine Bewertung und Evaluierung entsprechender Programme formulieren können. In „harten" Regulierungsinstanzen wie der EU hat die Kommission weitgehende Rechte; sie ist aber, anders als das Europäische Parlament, in Klimaschutzfragen eher defensiv eingestellt [Kap. 11]. Der (supranationale) Staat ist also kein homogener Akteur: Seine Organe und Institutionen können unterschiedliche Ziele vertreten und in unterschiedlichem Maß für klimapolitische Anliegen offen sein (Jessop, 2003).

Generell sollte hinsichtlich der priorisierten Gestaltungsperspektiven keine Dichotomie „TNK gegen den Rest" gezeichnet werden. Nationalregierungen können zwar die ökologische Regulierung von Warenketten vorantreiben. Genauso gut können sie aber auch für TNK förderliche Rahmenbedingungen durchsetzen, um die Position des eigenen Standorts in der internationalen Arbeitsteilung zu erhalten. Das gilt auch für Europa, wo es unterschiedliche und mit Klimapolitik inkompatible Entwicklungs- oder Wachstumsmodelle gibt. Im Kontext des europäischen Standortwettbewerbs sind zum Beispiel osteuropäische Regierungen zum Teil bemüht, Standorte mit niedrigen Faktorkosten, vor allem für Arbeit und Energie, sowie mit niedrigen Gewinnsteuern für fragmentierte Produktionsketten attraktiv zu machen.

Auch der private Unternehmenssektor ist nicht homogen. Unternehmen unterscheiden sich in ihren klimapolitischen Intentionen, aber auch hinsichtlich ihrer Handlungsspielräume je nach Unternehmensgröße, Art der Einbettung in Warenketten und Wirtschaftsbereich. Die österreichischen Niederlassungen von TNK mit dem Headquarter im Ausland haben wenig Spielraum für die Entwicklung eigener

Nachhaltigkeitsstrategien (Pichler et al., 2021). Einheimische KMU sind in den österreichischen Versorgungsstrukturen besonders wichtig [Kap. 14]. Viele von ihnen sind aber auch als Zulieferer spezialisierter Komponenten und Dienstleistungen in globale Warenketten eingebunden. Für diese stellt die nachhaltige Umstrukturierung ihres Geschäftsmodells eine noch größere Herausforderung dar als für TNK, auch wenn die Finanzierungsmöglichkeiten von KMU in Österreich als relativ gut beurteilt werden [Kap. 14]. Insbesondere bei der Umsetzung tiefgreifender Maßnahmen zum ökologischen Umbau von Warenketten zeigen sie Zurückhaltung [ebd.]. Die in Österreich zahlreich vertretenen, aber in der Öffentlichkeit wenig bekannten „Hidden Champions", z. B. die Lenzing AG, Engel Austria oder die Keba AG, wiederum verfügen wegen ihrer Eigenständigkeit einerseits über Handlungskompetenz, andererseits müssen sie sich in ihrem Nischensegment als europäischer Marktführer oder als einer der Top 3 ihrer Branche auf dem Weltmarkt behaupten, was den Handlungsspielraum wieder einschränkt. Auch innerhalb der Gewerkschaftsbewegung treten widersprüchliche Interessen zutage, je nachdem, ob in einem organisierten Bereich Exportorientierung und/oder Importabhängigkeit besteht oder ob dieser eher binnenorientiert ist.

Um globale Warenketten umbauen oder regulieren zu können, braucht es nicht nur regulatorische Maßnahmen, sondern auch soziale Träger_innen solcher Maßnahmen. Die Herausforderung besteht darin, viele verschiedene Akteur_innen zur Herausbildung einer Allianz zu bewegen, die sich auf einen Minimalkonsens hinsichtlich der Förderung ökologischer Warenketten einigen kann und die bei widersprüchlichen Interessen Kompromisse aushandeln kann. Dass nicht alle beteiligten Gruppen homogen sind, ist hier ein Vorteil, da so eine breitere Allianz quer über Interessengruppen hinweg entstehen kann. Bei den Gestaltungsoptionen muss deshalb im Zentrum stehen, wie bestehende einschränkende Strukturen durch konkretes Handeln aufgebrochen werden können.

15.4 Gestaltungsoptionen

Das klare, aber sehr anspruchsvolle Ziel eines klimafreundlichen Lebens berührt tendenziell alle Infrastruktur-, Produktions- und Konsumbereiche der Gesellschaft inklusive Werthaltungen, Normen und Routinen. Marktbasierte oder innovationsorientierte Instrumente alleine oder auch nur sektorale Lösungen sind deshalb genauso unzureichend wie auf das einzelne Individuum oder eine einzelne Regulierungsinstanz wie den Nationalstaat zu fokussieren. Gestaltungsoptionen betreffen de facto alle Skalenebenen („scales") der Weltgesellschaft.

Eine multiskalare und eine Warenketten- oder multisektorale Gestaltungsperspektive beinhaltet, die Wirkweise von Maßnahmen auf unterschiedlichen Ebenen (lokal, national, regional, global) und in verschiedenen Wirtschaftssektoren miteinander in Bezug zu setzen, um Probleme auf dem Weg zu einem klimafreundlichen Leben nicht zu verschieben, sondern möglichst ganzheitlich zu erfassen und komplementäre Maßnahmen entwerfen zu können.

Die Gestaltungsoptionen folgen einer multiskalaren und multisektoralen Perspektive. Wir beginnen beim Individuum und den Rahmenbedingungen für verantwortungsvollen Konsum, stellen dann Maßnahmen zur ökologischen Regulierung globaler Warenketten vor und diskutieren abschließend Transformationspfade, die eine grundlegende Neugestaltung von Warenketten zum Ziel haben.

15.4.1 Verantwortungsvoller Konsum und ressourcenleichte Lebensstile

Ein klimafreundlicher Lebensstil braucht Rahmenbedingungen, innerhalb derer verantwortungsvolle Konsumentscheidungen tatsächlich getroffen werden können. Unter den derzeitigen Bedingungen exponentiellen Wachstums ist Konsument_innen in der Regel nur die Möglichkeit gegeben, das geringere zweier Übel zu wählen. So können z. B. Produkte aus biologischer Landwirtschaft weniger klimabelastend sein als Produkte aus konventioneller Landwirtschaft (z. B. Hörtenhuber et al., 2010), doch darf auch die biologische Produktion nicht beliebig ausgeweitet (extensiviert) werden, wenn gleichzeitig Senken und Lebensräume erhalten werden sollen. Produkte aus biologischer Landwirtschaft können dann Teil eines klimafreundlichen Lebensstils sein, wenn die beanspruchten Ressourcen einen gerechten Anteil innerhalb planetarer Grenzen nicht übersteigen (Steffen & Stafford Smith, 2013). Solche Bedingungen – nicht nur für oftmals kurzkettigere landwirtschaftliche Güter, sondern noch viel mehr für verarbeitete Industriegüter – gehen weit über das hinaus, was individuelle Konsument_innen mit der Geldbörse bewirken können. Dass sie dennoch oftmals als die Hauptverantwortlichen für eine sozialökologische Transformation adressiert werden, wird in der wissenschaftlichen Literatur als „consumer scapegoatism" bezeichnet, also als das Zum-Sündenbock-Machen von Konsument_innen (Akenji, 2014).

Das schmälert nicht das bewusstseinsbildende Potenzial, das Initiativen für ein klimafreundlicheres Leben – z. B. Fairtrade oder Kampagnen wie Clean Clothes oder Fair-IT, die auf sozial und ökologisch verträgliche Lieferketten drängen – besitzen. Wenn es allerdings bei dem alleinigen Fokus auf Konsumentscheidungen bleibt, wird verschleiert, dass es verbindliche Regeln für Markthandeln und nachhaltige und inklusive Bereitstellungssysteme braucht, um Produktions- und Konsumnormen zu verändern und, vor allem in Österreich und anderen Ländern des Globalen Nordens, das absolute Ausmaß von Produktion und Konsum drastisch zu reduzieren. Alternative Konsumweisen können dann einen positiven Beitrag zur Nachhaltigkeit leisten, wenn sie die Reduktion von Umweltauswirkungen entlang globaler Warenketten ermöglichen. Wenn nachhaltiger Konsum jedoch zusätzlich zu und nicht anstelle von bereits bestehendem Konsum stattfindet, wird dadurch die Ressourcennutzung in einer Art Rebound-Effekt (Barker et al., 2009; Wei & Liu, 2017) ausgedehnt.

Neben der Politisierung sozioökologischer Ungleichheiten auf Haushaltsebene (Energiereichtum versus Energiearmut, Überkonsum versus Unterversorgung), ist auch das Sichtbarmachen von wirkmächtigen Ansatzpunkten und Alternativen notwendig. Dies beinhaltet, nicht nur für den nötigen klimafreundlichen Umbau von Energiesystemen und Infrastrukturen zu werben, sondern auch ein fundamentales Umdenken in den Gesellschaften des Globalen Nordens zu propagieren. Dies ist gleichbedeutend mit einer kulturellen Transformation (Göpel, 2016), die die Grundversorgung aller Menschen in den Vordergrund stellt und Wohlstand (auch) in nichtmateriellen Kategorien erfasst. Vorschläge zielen darauf, Versorgungssysteme umzugestalten und darauf auszurichten, allen ein komfortables, vom Überfluss befreites Leben zu ermöglichen. Zeitwohlstand, befriedigende soziale Beziehungen, (vor)sorgende Gemeinschaften, ein sich entfaltendes Geistes- und Seelenleben, Zugang zu intakter Natur und Erfahrungen von Selbstwirksamkeit und Sinn werden als „neue Währungen" benannt, in denen Wohlstand bemessen wird.

Die große kulturelle Herausforderung im Globalen Norden liegt darin, die Vision vom guten Leben, von Fortschritt und Zivilisation nicht mehr mit der Vorstellung von ökonomischem Wachstum und anderen Eckpfeilern unseres nichtnachhaltigen Wirtschaftssystems zu koppeln. Zweifelsohne geht es hierbei für die hochkonsumierenden Segmente der Bevölkerung darum, mit weniger Ressourcen auszukommen, aber eben gleichzeitig einen Zugewinn an Lebensqualität zu verzeichnen (Postwachstum bzw. Degrowth). Dadurch würde auch der Druck auf andere Segmente der Bevölkerung, weiterhin exponentielles globales Wachstum zu ermöglichen, reduziert werden („environmental justice"). Die inter- und intragenerationellen Ressourcennutzungsmuster weisen hohe Variabilität auf (O'Neill et al., 2018); nach welchen Gesichtspunkten sie umzugestalten sind, muss Gegenstand eines demokratischen, gesamtgesellschaftlichen Verhandlungsprozesses sein (Brand et al., 2021), in dem nicht der Erhalt einer Wirtschaftsform ex ante über der nachhaltigen Befriedigung von Grundbedürfnissen steht.

15.4.2 Globale Warenketten regulieren

Die **Bepreisung von Kohlenstoff** zur Verminderung von Treibhausgasemissionen – in Gestalt von Emissionshandelssystemen oder CO_2-Steuer-Modellen – bildet einen Eckpfeiler marktbasierter regulatorischer Maßnahmen in der Klimapolitik (für einen Überblick über außerhalb der EU bestehende CO_2-Bepreisungen siehe World Bank, 2021). Ein Hauptargument für die Einführung einer **CO_2-Bepreisung** lautet, dass es sich um eine Maßnahme mit hoher ökologischer Wirksamkeit zu relativ geringen Kosten handelt und dass technologische Innovationen stimuliert werden. Allerdings braucht es weltweit einheitliche Maßnahmen (Baranzini et al., 2017; van den Bergh et al., 2020). Erst das schaffe die nötigen Voraussetzungen, so die Autor_innen, unfaire Wettbewerbsbedingungen und Carbon Leakage – das Ausnützen von regulatorischen Unterschieden im Bereich der Umweltpolitik durch transnationale Konzerne – zu verhindern. Nur so könne der makroökonomische bzw. globale Rebound-Effekt begrenzt werden.

Baranzini et al. (2017, S. 9) schätzen die Herausforderung, auf internationaler Ebene eine einheitliche CO_2-Steuer zu erreichen, geringer ein als Verhandlungen über andere klimapolitische Maßnahmen. Eine globale CO_2-Steuer (gebunden an Pro-Kopf-Einkommen oder -Emissionen) würde von einem „self-enforcement mechanism" profitieren, weil Länder nicht danach trachten würden, einen niedrigen nationalen Kohlenstoffpreis auszuhandeln, und Anreize besser aufeinander abgestimmt werden können. Kompensationsmaßnahmen für arme Länder könnten, analog zu innerstaatlichen Korrekturen, unerwünschten Verteilungseffekte entgegenwirken [zu nationalen Verteilungswirkungen siehe Kap. 17]. Van den Bergh et al. (2020) schlagen eine Doppelstrategie vor, um eine global einheitliche CO_2-Bepreisung voranzutreiben: eine sich ständig erweiternde „carbon-pricing coalition", die Druck auf die Staatengemeinschaft ausübt, sowie Verhandlungen unter dem Dach der UNO im Kontext der Klimarahmenkonvention (ähnlich Felbermayr, 2021).

Da ein globales Emissionshandelssystem und globale Obergrenzen für Emissionen als politisch und institutionell als schwieriger eingeschätzt werden, ist es sinnvoll, zunächst mit regionalen Emissionshandelssystemen zu starten bzw. diese zu verbessern (Baranzini et al., 2017, S. 11). Die Reform des ETS enthält erhebliche klimapolitische Fortschritte. Für die Einhaltung der Ziele von Paris sind sie nach Einschätzung der Kritiker_innen dennoch nicht ausreichend. Umwelt-NGOs geht der Abbau der kostenlosen Zertifikate an Industrie und Energiewirtschaft zu langsam. Sie kritisieren die Zugeständnisse an die Großindustrie und fordern höhere Zertifikatpreise. Arme Haushalte würden hingegen im ETS II (Verkehr und Gebäude) nur unzureichend abgesichert. Der Klimasozialfonds sei zu gering dotiert, so die Kritik (Held et al., 2022).

Zum Paket „Fit für 55" gehört auch der **Kohlenstoff-Grenzausgleichsmechanismus** (Carbon Border Adjustment Mechanism/CBAM), der als Reaktion auf die Kritik am ETS im Juli 2021 beschlossen wurde. CBAM soll eine

Kohlenstoff-Grenzsteuer auf Importe und eine Erstattung der Kohlenstoffkosten, die die EU-Produzenten für ihre Exporte tragen, beinhalten. Der Mechanismus wird ab 2026 auf importierte Rohstoffe und Waren angewandt, die ein hohes Carbon-Leakage-Risiko aufweisen, bei deren Produktion im EU-Ausland also hohe Emissionen erzeugt werden (z. B. Zement, Düngemittel, Aluminium, Strom, Eisen und Stahl). Während die zweite Komponente einen Großteil des ökologischen Fortschritts, der durch ein EU-Kohlenstoffpreissystem erreicht werden soll, zunichtemachen könnte, könnte eine europäische Kohlenstoffsteuer (1) die ökologische Transformation unterstützen, (2) Carbon Leakage erschweren und (3) Mittel für Klimaschutzmaßnahmen im EU-Haushalt bereitstellen. Sie könnte Importe aus energieintensiven Industrien drosseln und zu einer kohlenstoffunabhängigen EU beitragen (null Importe von fossilen Energieträgern Öl, Gas, Kohle) (Landesmann & Stöllinger, 2020). Wird eine solche Abgabe als interne Steuer konzipiert, stünde sie keiner WTO-Regulierung entgegen (Stöllinger, 2020). Da es in komplexen Lieferketten faktisch unmöglich ist, die CO_2-Fußabdrücke für Endprodukte von den Leitunternehmen einzufordern, schlagen Krenek et al. (2018) vor, die im ETS für manche Sektoren errechneten Benchmarks als Zoll-Berechnungsgrundlage heranzuziehen.

Damit sie sozial verträglich ist, bräuchte eine solche Steuer entsprechende Begleitmaßnahmen, mit denen sichergestellt wird, dass bestehende ökonomische und soziale Ungleichheiten nicht verschärft werden. Die Auswirkungen des CBAM auf Produktionsstandorte und Handelspartner, insbesondere im Globalen Süden, sind allerdings in der Forschung (und in der politischen Debatte) unterrepräsentiert. Eine Risikoabschätzung zeigt, dass die Folgen einer solchen Steuer ungleich verteilt sind. Sie würde vor allem Länder in Afrika, Südosteuropa und Osteuropa (außerhalb der EU) und zum Teil in Asien aufgrund ihrer einseitigen Exportabhängigkeit und Spezialisierungsmuster bzw. Art der Einbindung in globale Warenketten treffen (Eicke et al., 2021). Forschung zu potenziellen und unbeabsichtigten Risiken für Länder des Globalen Südens könnten dazu beitragen, neue globale Spaltungstendenzen und eine Verschärfung von Ungleichheit zu vermeiden. Eicke et al. (2021) schlagen vor, die Einnahmen aus dem CBAM für globale Klimagerechtigkeit zu verwenden, etwa für Dekarbonisierungsprozesse und Emissionsreduzierung an den jeweiligen Produktionsstandorten in der globalen Peripherie.

Lieferkettengesetze zielen unmittelbar auf die Regulierung grenzüberschreitender Unternehmenstätigkeit. Um unfairen Wettbewerb zu verhindern, sind solche Regulierungen auf jeder Ebene und insbesondere auf globaler Ebene anzustreben (De Schutter, 2020). Umweltbezogene Sorgfaltspflichten haben in den vorliegenden Gesetzen (Deutschland, Frankreich; EU-Entwurf und UN-Treaty) vergleichsweise nur in geringem Umfang Aufnahme gefunden (Kunz & Wagnsonner, 2021; Schilling-Vacaflor, 2021). Anders als Menschenrechte, die in verschiedenen Rechtsakten kodifiziert sind, erfordert die komplexe Rechtslage in Bezug auf Umweltbelange und Klimaschutz (Rechtswahl, Geltungsanspruch, Haftung etc.) die Entwicklung rechtswirksamer Instrumente und operabler Lösungen. Krebs et al. (2020) schlagen angesichts der Vielzahl von Umweltrechtsakten Generalklauseln vor, die es erlauben, auf Verträge und Normen branchen- und risikobezogen Bezug zu nehmen. Regeln für Markthandeln können auch ökologisierte Bereitstellungssysteme ermöglichen, indem z. B. Unternehmen, die ökologische Standards in ihrer Lieferkette unterlaufen, von öffentlichen Aufträgen ausgeschlossen werden. Das sieht das derzeit gültige deutsche Lieferkettensorgfaltsgesetz vor.

15.4.3 Globale Warenketten kürzen oder umbauen

Der Um- oder Rückbau von global fragmentierten Warenketten erfordert Eingriffe staatlicher oder supernationaler Akteur_innen sowie von Unternehmen. Die Gestaltungsoptionen in diesem Bereich liegen zwischen zwei Polen: Beim einen Pol werden ausschließlich marktbasierte Anreize gesetzt, die Unternehmen zum eigenständigen Umbau der Produktion motivieren sollen. Am anderen Ende steht eine staatlich geplante sozial-ökologische Industrie- oder Transformationsstrategie, die sektorweite Umbaupläne in ein größeres Ganzes, mit flankierender Wirtschafts-, Klima- und Sozialpolitik, integriert. In Reinform tritt keines von beidem auf. Wissenschaftliche Positionen und die Akzentsetzungen einzelner Länder neigen aber stärker in Richtung des einen oder des anderen Pols.

Für Unternehmen zeigen Denkena et al. (2022), dass durch die **ökologische Planung von industriellen Fertigungsprozessen** die Energie- und Ressourceneffizienz in allen Produktionsphasen erhöht werden kann. Dies kann als Folge von einem „environmental impact assessment" für alle Produktionsstufen erreicht werden. Durch eine Optimierung der Ressourceneffizienz sind in ihrem Anwendungsfall Energieeinsparungen von bis zu 21 Prozent möglich. Mangels vorliegender Studien sollte untersucht werden, wie viele Unternehmen in Österreich bereits auf umfassendes „environmental impact assessment" jeder Produktionsstufe ihrer Warenketten setzen, ob die globalen Zusammenhänge (möglicher globaler Rebound-Effekt, mögliches Carbon Leakage etc.) dabei ausreichend berücksichtigt werden und ob dies zu systematischer ökologischer Planung des Produktionsprozesses führt.

Radikalere Ansätze ziehen dem Umbau von Warenketten durch einzelne Unternehmen eine **staatliche gelenkte sozial-ökologische Konversionsstrategie** vor. Diese soll einen Bruch mit den bestehenden Produktionsstrukturen

15.4 Gestaltungsoptionen

und den dazugehörigen Konsummustern einleiten (Eder & Schneider, 2018, S. 120–121). Für einzelne Sektoren sollen Umbau- oder Rückbaupläne entwickelt werden, die Bestandteile einer übergeordneten sozial-ökologischen Transformationsstrategie sein sollten, die auch einen sozial gerechten Übergang gewährleistet (Pichler et al., 2021, S. 148). Welche Auswirkungen dies auf globale Warenketten hätte, also ob beispielsweise Carbon Leakage befördert werden könnte, wird in der Debatte bisher nicht ausreichend berücksichtigt.

Im Folgenden werden Gestaltungsoptionen für einzelne politische Programme und Strategien aufgezeigt, die im Kapitel „Status quo" bereits eingeführt wurden. Der **europäische Green Deal (EGD)** befindet sich auf EU-Ebene in der Umsetzungsphase. Dieser regt den Umbau von Warenketten an, indem die Kreislaufwirtschaft ein zentrales Element darstellt, und spricht sich gleichzeitig für die Schaffung neuer innovativer Warenketten aus (Europäische Kommission, 2019b). Pianta & Lucchese (2020, S. 7) verweisen darauf, dass der EGD mit einer ambitionierten Industriepolitik verwoben werden sollte und dass der Handlungsspielraum für staatliche Eingriffe auf nationaler und auf EU-Ebene erhöht werden müsste. Nachhaltigkeit bezeichnen sie als politisches Projekt. Für sie wäre deshalb das geteilte Verständnis, dass Umweltprobleme nicht marktbasiert gelöst werden können, ein grundlegender Ausgangspunkt für radikalere Politik.

Auch das Potenzial von **IPCEI** könnte in ökologischer Hinsicht noch stärker ausgeschöpft werden. Laut Polt, Linshalm & Peneder (2021) werden IPCEI derzeit vorrangig als industriepolitisches Instrument eingesetzt. Eine stärkere Verbindung mit anderen Politikfeldern wie dem EGD sollte angestrebt werden. Die Beschreibung der IPCEI-Zielsetzungen lässt eine solche Verknüpfung auch zu (Polt et al., 2021, S. 30). Wichtig wäre es, bei neu geplanten IPCEI die Struktur der gesamten Warenkette nach ökologischen Kriterien zu analysieren.

Die Förderung der **Kreislaufwirtschaft** kann weiters eine Strategie darstellen, um global fragmentierte Produktion räumlich (wieder) einzuhegen. Die Beurteilung der konkreten kreislaufwirtschaftlichen Projekte muss aber immer mit all ihren Folgewirkungen entlang der Warenkette und somit auch an anderen Orten beurteilt werden. Hier besteht eine wichtige Forschungslücke. Schroeder et al. (2018) sprechen sich für die Schaffung einer transdisziplinären Forschungsagenda aus, die auf den Globalen Süden fokussiert und untersucht, „how the circular economy agenda can deliver opportunities for sustainable GVCs, contribute to the Sustainable Development Goals, and promote sustainable societies as well as addressing environmental degradation and pollution in the Global South" (Schroeder et al., 2018, S. 78). Auch österreichische Wissenschaftler_innen könnten in diesem Feld einen wichtigen Beitrag leisten.

Während der EGD die EU im Blick hat, gibt es auch Vorschläge für einen **Global Green New Deal (Global GND)**, zum Beispiel jenen, den Kevin P. Gallagher und Richard Kozul-Wright 2019 für die UNCTAD (UN-Konferenz für Handel und Entwicklung) ausgearbeitet haben (Gallagher & Kozul-Wright, 2019). Die Vorschläge verbinden internationale Klimapolitik mit fortschrittlicher Beschäftigungspolitik und einer neuen multilateralen Governance. Globale Warenketten werden als grundlegende Organisationsform globaler Produktion erwähnt, aber konkrete Überlegungen zu deren klimagerechten Umgestaltung gibt es wenige. Die Autoren werben vielmehr für eine Revision geltender internationaler Handels- und Investitionsabkommen. Mit einem temporären und genau zu definierenden „WTO climate waiver" sollen etwa nationale Maßnahmen für den Klimaschutz von den geltenden internationalen Handelsregeln ausgenommen werden. In einer Broschüre der Rosa-Luxemburg-Stiftung zum Global GND verweisen beispielsweise Paul & Gebrial (2021, S. 10) darauf, dass die Dekarbonisierung im Mobilitätssektor, insbesondere die Förderung von Elektromobilität, bestehende Warenketten signifikant umstrukturieren wird. Allerdings könne die Versorgung des Globalen Nordens mit grüner Energie auf Kosten der Menschen im Globalen Süden gehen (Stichwort „Klimakolonialismus"). Wie globale Warenketten, z. B. im Bereich Mobilität, sozial und ökologisch nachhaltig umgestaltet werden können, ist aber in keinem der Vorschläge ausreichend ausgearbeitet. Darauf sollten Politik und Wissenschaft in Zukunft größere Aufmerksamkeit legen.

Auf österreichischer Ebene deuten die bisher bekannten Schlagwörter zur **Standortstrategie 2040** darauf hin, dass sie dem Ideal der ökologischen Modernisierung verpflichtet bleibt und auf grünes Wachstum und technische Innovation abzielt, die sie durch gezielte Leuchtturmprojekte fördern will (BMDW, 2021). Das zeigt sich schon beim Framing als „Standortstrategie". Zum gegenwärtigen Zeitpunkt ist noch nicht entschieden, welche Interessen und Zielvorgaben sich letztendlich durchsetzen. Der Aushandlungsprozess verlief schleppend und es ist auffällig, dass in den genannten Strategien, Projekten und Programmen wenig Bezug zwischen grenzüberschreitenden Warenketten und Dekarbonisierung der Industrie hergestellt wird. Die Standortstrategie und das Projekt „Grüne Industriepolitik" wären eine gute Gelegenheit, eine systematische Analyse der wichtigsten Warenketten mit österreichischer Einbindung nach ökologischen Gesichtspunkten zu veranlassen. Erst auf Grundlage einer solchen Untersuchung können weitreichende Überlegungen zu deren Umbau erfolgen.

Eine andere Form, globale Warenketten umzubauen und dabei zu verkürzen, ist **Reshoring** oder **Nearshoring**, also die Rückverlagerung von Produktionsstätten in den Absatzmarkt oder in seine Nähe. Während der letzten Jahre, insbesondere im Zuge der COVID-19-Pandemie, wurde Reshoring in der EU vor allem in Zusammenhang mit Versorgungssicherheit bei strategischen Gütern diskutiert. Raza et al. (2021a, S. 24, S. 28–31, S. 74–76) streichen allerdings hervor, dass die Fertigungsorganisation nicht allein aus diesem Blickwinkel betrachtet werden sollte. Auch der Erhalt und Ausbau der für die sozial-ökologische Transformation notwendigen produktiven und technologischen Fertigkeiten sollte laut den Autoren bei den Überlegungen zum Reshoring eine Rolle spielen. Zudem betonen sie, dass in den meisten Fällen Reshoring EU-weit koordiniert werden müsste, um ökonomisch effizient zu sein, und dass das Potenzial von Reshoring sektorspezifisch untersucht werden muss.

Radikalere Ansätze zu **Deglobalisierung**, z. B. von Walden Bello (2009, S. 461–462), sprechen sich für eine Verankerung des Prinzips der ökonomischen Subsidiarität in der Produktionsweise aus. Das bedeutet, dass die Herstellung von Gütern und die Bereitstellung von Dienstleistungen immer auf der niedrigsten räumlichen Ebene („scale") stattfinden soll, auf der dies zu vertretbaren Kosten möglich ist. Dadurch wird die Marktlogik durch eine Gesellschaft-Natur- und Bereitstellungsperspektive ersetzt. Der Gebrauchswert gewinnt gegenüber dem Tauschwert an Relevanz und die Ökonomie des Alltags wird gestärkt [Kap. 14]. Anstatt Reoder Nearshoring steht bei diesem Lösungsansatz **Rescaling** nach ökologischen und/oder sozialen Kriterien im Zentrum, konkret die Verschiebung ökonomischer Aktivitäten hin zu niedrigeren räumlichen Ebenen (Bärnthaler et al., 2021; Raza et al., 2021b, S. 27). Die Priorisierung einer Ökonomie des Alltags und eine Orientierung an menschlichen Bedürfnissen („human needs") impliziert, dass bestimmte Wirtschaftssektoren schrumpfen (weil sie nicht der Befriedigung menschlicher Grundbedürfnisse dienen) oder transformiert werden (weil sie zwar wichtige Produkte oder Dienstleistungen zur Verfügung stellen, dies aber auf nicht nachhaltige Weise tun). Im „zonalen Übergangsprogramm" von Bärnthaler et al. (2021) schrumpfen demgemäß (globale) Börsen- und Immobilienmärkte, während die (global fragmentierte) Automobilproduktion gleichermaßen einer Konversion und Schrumpfung überantwortet wird. Einer Bereitstellungsperspektive folgend, sollen öffentliche Dienstleistungen und lokale Infrastrukturen – von Gesundheit über Bildung bis zur Energie- und Nahrungsmittelversorgung – gestärkt und ökologisiert werden (Bärnthaler et al., 2021, S. 11–13).

Ein Rescaling globalisierter Produktion kann durch politische Regulierungen und mithilfe von Instrumenten wie öffentlicher Beschaffung (siehe unten) erreicht werden. Ein Rescaling im Sinne einer Verkürzung von globalen Warenketten ist nicht in jeder Branche wirtschaftlich gleich sinnvoll, da das Produktionsvolumen für angemessene Skalenökonomien je nach Sparte variiert (New Economics Foundation, 2010, S. 61). In einer kombinierten Betrachtung von menschlichen Bedürfnissen, Skalenerträgen (Qualität, Effizienz, Preis) sowie Wohlfahrtseffekten (Arbeit) schlägt NEF vor, etwa Feldfrüchte und andere Nutzpflanzen im Landkreis, Baumaterial, verarbeitete Nahrungsmittel und erneuerbare Energie auf regionaler Ebene und Kleidung und Stahl auf nationaler Ebene bereitzustellen. Für die Autoproduktion gibt NEF den Kontinent als geeignete Marktgröße an, für die Herstellung pharmazeutischer Produkte ist es die globale Ebene. Persönliche Dienstleistungen sind selbstredend auf der niedrigsten (lokalen) Ebene angesiedelt, Wasserversorgung und universitäre Bildung sollten regional und Versicherungsdienstleistungen und Elektrizität national organisiert werden. Während Luftfahrt als kontinentales Unternehmen ausgewiesen wird, erreicht keine Dienstleistung die globale Ebene. Eine gesellschaftliche Orientierung an menschlichen Bedürfnissen impliziert, dass eine Reihe von Branchen schrumpft, z. B. Werbung, Textilindustrie und Finanzdienstleistungen. Die von der NEF ausgearbeitete Folie müsste aber noch über die österreichische Wirtschaftsstruktur gelegt werden, um Aussagen über konkrete Potenziale des Rescalings in Österreich oder innerhalb der EU machen zu können. Gleiches gilt für die Übergangsskizze von Bärnthaler et al. (2021, S. 12).

Eine Möglichkeit von staatlicher Seite, nachhaltige Warenketten zu stärken und ein Rescaling hin zu niedrigeren räumlichen Ebenen zu fördern, ist nachfrageorientierte Industriepolitik in Form von **öffentlicher Beschaffung** einzusetzen. Raza et al. (2021a, S. 75) schlagen vor, dass öffentliche Beschaffung als horizontale Politikform unter anderem dazu genutzt werden kann, Zulieferer zu fördern, die „commit to using domestic production capacities and sourcing from regional suppliers, respectively." Hölzl et al. (2017) kommen in ihrer Studie zum öffentlichen Vergabewesen in Österreich zu dem Schluss, dass die rechtlichen Rahmenbedingungen für die Verwendung des Bestbieterprinzips, das auch Nachhaltigkeitskriterien in Ausschreibungen aufnehmen und bei der Vergabe berücksichtigen kann, in Österreich bereits ausreichend gegeben sind. Sie benennen „weiche Faktoren" – fehlende Überzeugungsarbeit, Ressourcen, Kompetenzen und Anreize bei den ausscheidenden Stellen – als größte Hindernisse für die höhere Gewichtung preisfremder Kriterien. Hier sollte angesetzt werden, wenn der bestehende Spielraum im Bereich der öffentlichen Beschaffung zukünftig ausgeschöpft werden soll. Außerdem benötigt es zusätzliche Begleitforschung, die die Effektivität und den Wirkungsgrad ökologischer Beschaffungsmechanismen erhebt, da bisher „das Wissen und die Daten über Vergaben in Österreich sehr fragmentiert, kaum zugänglich und daher begrenzt [sind]. Informationen und Daten werden derzeit nicht systematisch gesammelt, auch weil die Vergabestellen nicht die Mittel haben ihre Vergabeaktivitäten systematisch zu evaluieren" (Hölzl et al., 2017, S. 56).

Unsere Analyse zeigt auf, dass die Vorschläge zum Umbau von Warenketten oft wenig konkret sind und erst an den österreichischen Kontext angepasst werden müssten. Zugleich wird offensichtlich, dass es eine Vielzahl von politischen Initiativen gibt, die es ermöglichen würden, auch den ökologischen Umbau oder die Kürzung globaler Warenketten miteinzubeziehen. Oftmals fehlt aber eine systematische

Herangehensweise an diese Thematik und auch die notwendige wissenschaftliche (Begleit-)Forschung.

15.5 Quellenverzeichnis

Akenji, L. (2014). Consumer Scapegoatism and Limits to Green Consumerism. *Journal of Cleaner Production*, *63*, 13–23. https://doi.org/10.1016/j.jclepro.2013.05.022

Altvater, E., & Mahnkopf, B. (1997). *Grenzen der Globalisierung: Ökonomie, Ökologie und Politik in der Weltgesellschaft*. Westfälisches Dampfboot.

Backhouse, M., Lehmann, R., Lorenzen, K., Lühmann, M., Puder, J., Rodríguez, F., & Tittor, A. (Hrsg.). (2021). *Bioeconomy and Global Inequalities: Socio-Ecological Perspectives on Biomass Sourcing and Production*. Palgrave Machmillian/Springer. https://doi.org/10.1007/978-3-030-68944-5

Backhouse, M., & Lühmann, M. (2020). Stoffströme und Wissensproduktion in der globalen Bioökonomie: Die Fortsetzung globaler Ungleichheiten. *PERIPHERIE*, *40*(159/160), 235–257. https://doi.org/10.3224/peripherie.v40i3-4.02

Bailey, I., Gouldson, A., & Newell, P. (2011). Ecological Modernisation and the Governance of Carbon: A Critical Analysis. *Antipode*, *43*(3), 682–703. https://doi.org/10.1111/j.1467-8330.2011.00880.x

Baranzini, A., van den Bergh, J. C. J. M., Carattini, S., Howarth, R. B., Padilla, E., & Roca, J. (2017). Carbon pricing in climate policy: Seven reasons, complementary instruments, and political economy considerations. *WIREs Climate Change*, *8*(4). https://doi.org/10.1002/wcc.462

Barker, T., Dagoumas, A., & Rubin, J. (2009). The macroeconomic rebound effect and the world economy. *Energy Efficiency*, *2*(4), 411–427. https://doi.org/10.1007/s12053-009-9053-y

Bärnthaler, R., Novy, A., & Plank, L. (2021). The Foundational Economy as a Cornerstone for a Social-Ecological Transformation. *Sustainability*, *13*(18). https://doi.org/10.3390/su131810460

Beckmann, M. A., & Fisahn, A. (2009). Probleme des Handels mit Verschmutzungsrechten – eine Bewertung ordnungsrechtlicher und marktgesteuerter Instrumente in der Umweltpolitik. *Zeitschrift für Umweltrecht*, *6*, 299–307.

Bello, W. (2009). Deglobalization: Ideas for a new world economy. In N. Yeates & C. Holden (Hrsg.), *The Global Social Policy Reader* (S. 457–465). The Policy Press.

Bioeconomy Austria. (o.J.). *Wer wir sind?* https://www.bioeconomy-austria.at/

Birdsall, N., & Wheeler, D. (1993). Trade Policy and Industrial Pollution in Latin America: Where Are the Pollution Havens? *The Journal of Environment & Development*, *2*(1), 137–149. https://doi.org/10.1177/107049659300200107

BMAW. (2023). *IPCEI – Important Projects of Common European Interest*. https://www.bmaw.gv.at/Themen/Wirtschaftsstandort-Oesterreich/IPCEI.html

BMDW. (2021). *Chancenreich Österreich*. https://www.bmdw.gv.at/Themen/Wirtschaftsstandort-Oesterreich/Standortstrategie.html

BMK. (2022a). *IPCEI – Important Projects of Common European Interest*. https://www.bmk.gv.at/themen/innovation/internationales/ipcei.html

BMK. (2022b). *Ziele und aktuelle Ergebnisse – Projekt „Grüne Industriepolitik"*. https://www.bmk.gv.at/themen/klima_umwelt/gruene-industriepolitik/ziele.html

BMK. (2022c). *Österreich auf dem Weg zu einer nachhaltigen und zirkulären Gesellschaft. Die österreichische Kreislaufwirtschaftsstrategie*. https://www.bmk.gv.at/dam/jcr:9377ecf9-7de5-49cb-a5cf-7dc3d9849e90/Kreislaufwirtschaftsstrategie_2022_230215.pdf

BMNT, BMBWF, & BMVIT. (2019). *Bioökonomie. Eine Strategie für Österreich*. https://www.bmk.gv.at/dam/jcr:131b0f28-fe8a-4fc4-88b2-9de638654250/Oe_Biooekonomie_Strategie.pdf

BMNT, BMBWF, & BMVIT. (o.J.). *Aktionsplan für Bioökonomie*. http://www.bioeco.at/

Brand, U., Muraca, B., Pineault, É., Sahakian, M., Schaffartzik, A., Novy, A., Streissler, C., Haberl, H., Asara, V., Dietz, K., Lang, M., Kothari, A., Smith, T., Spash, C., Brad, A., Pichler, M., Plank, C., Velegrakis, G., Jahn, T., ... Görg, C. (2021). From planetary to societal boundaries: An argument for collectively defined self-limitation. *Sustainability: Science, Practice and Policy*, *17*(1), 264–291. https://doi.org/10.1080/15487733.2021.1940754

Bull, B., Jerve, A. M., & Sigvaldsen, E. (2006). *The World Bank's and the IMF's use of Conditionality to Encourage Privatization and Liberalization: Current Issues and Practices* [Report prepared for the Norwegian Ministry of Foreign Affairs]. https://www.regjeringen.no/globalassets/upload/kilde/ud/rap/2006/0164/ddd/pdfv/300495-7final_conditionality_report.pdf

Butollo, F. (2020). Kein Ende globalisierter Wertschöpfung: Warum Erwartungen an eine Rückverlagerung der Fertigung sich nicht erfüllen werden. *PROKLA. Zeitschrift für kritische Sozialwissenschaft*, *50*(198), 125–131. https://doi.org/10.32387/prokla.v50i198.1855

Chancel, L., & Piketty, T. (2015). *Carbon and inequality: From Kyoto to Paris Trends in the global inequality of carbon emissions (1998–2013) & prospects for an equitable adaptation* (PSE Working Papers). https://halshs.archives-ouvertes.fr/halshs-02655266v1

Circular Futures. (o.J.). *Website. – Plattform Kreislaufwirtschaft Österreich*. https://www.circularfutures.at/

Coin-Int. (2019a). *Factsheet 2: Wasser (Klimarisiken durch internationalen Handel von Wasser); Globaler Handel der Umweltressource Wasser heute (Status quo)*. https://coin-int.ccca.ac.at/wp-content/uploads/2019/09/Factsheet_Wasser.pdf

Coin-Int. (2019b). *Factsheet 1: Landwirtschaft (Klimarisiken durch internationalen Handel von landwirtschaftlichen Gütern)*. https://coin-int.ccca.ac.at/wp-content/uploads/2019/09/Factsheet_Landwirtschaft.pdf

Corporate Europe Observatory. (2020, Juli 7). *A grey deal? Fossil fuel fingerprints on the European Green Deal*. https://corporateeurope.org/en/a-grey-deal

De Schutter, O. (2020). *Towards Mandatory Due Diligence in Global Supply Chains*. International Trade Union Confederation (ITUC). https://www.ituc-csi.org/IMG/pdf/de_schutte_mandatory_due_diligence.pdf

Denkena, B., Wichmann, M., Kettelmann, S., Matthies, J., & Reuter, L. (2022). Ecological Planning of Manufacturing Process Chains. *Sustainability*, *14*(5), 2681. https://doi.org/10.3390/su14052681

Diendorfer, C. et al. (2021). *Klimaneutralität Österreichs bis 2040. Beitrag der österreichischen Industrie*. https://www.bmk.gv.at/dam/jcr:0ac604d1-7928-492f-991a-4845dce/8c27/Begleitstudie_Endbericht.pdf

Dorninger, C., Hornborg, A., Abson, D. J., von Wehrden, H., Schaffartzik, A., Giljum, S., Engler, J.-O., Feller, R. L., Hubacek, K., & Wieland, H. (2021). Global patterns of ecologically unequal exchange: Implications for sustainability in the 21st century. *Ecological Economics*, *179*, 106824. https://doi.org/10.1016/j.ecolecon.2020.106824

Dreidemy, L., & Knierzinger, J. (2021). *Der „New Scramble for Africa" aus europäischer Sicht: Eine Krise der Chain Governance wie in den 1970er Jahren?* (Working Paper Nr. 14). Institut für Internationale Entwicklung. https://ie.univie.ac.at/fileadmin/user_upload/p_ie/INSTITUT/Publikationen/IE_Publications/ieWorkingPaper/ieWP_14_Knierzinger_Dreidemy_final.pdf

Duan, Y., Ji, T., & Yu, T. (2021). Reassessing pollution haven effect in global value chains. *Journal of Cleaner Production*, *284*, 124705. https://doi.org/10.1016/j.jclepro.2020.124705

Eder, J., & Schneider, E. (2018). Progressive Industrial Policy – A Remedy for Europe!? *Journal Für Entwicklungspolitik*, *34*(3/4), 108–142. https://doi.org/10.20446/JEP-2414-3197-34-3-108

EIB. (2020). *Gemeinsame Initiative für die Kreislaufwirtschaft erreicht mehr als ein Viertel ihres Fünfjahresziels und unterstützt wegweisende Kreislaufprojekte*. https://www.eib.org/de/press/all/2020-287-the-joint-initiative-on-circular-economy-reaches-over-a-quarter-of-its-five-year-target-and-supports-ground-breaking-circular-economy-projects

Eicke, L., Weko, S., Apergi, M., & Marian, A. (2021). Pulling up the carbon ladder? Decarbonization, dependence, and third-country risks from the European carbon border adjustment mechanism. *Energy Research & Social Science*, *80*. https://doi.org/10.1016/j.erss.2021.102240

Eisenmenger, N., Plank, B., Milota, E., & Gierlinger, S. (2020). *Ressourcennutzung in Österreich 2020*. Bundesministerium für Klimaschutz, Umwelt, Energie, Mobilität, Innovation und Technologie (BMK). https://www.bmk.gv.at/dam/jcr:37bda35d-bf65-4230-bd51-64370feb5096/RENU20_LF_DE_web.pdfc

Europäische Kommission. (2018). *A sustainable bioeconomy for Europe – Strengthening the connection between economy, society and the environment: updated bioeconomy strategy*. https://data.europa.eu/doi/10.2777/792130

Europäische Kommission. (2019a). *Ein europäischer Grüner Deal*. https://ec.europa.eu/info/strategy/priorities-2019-2024/european-green-deal_de

Europäische Kommission. (2019b). *Fahrplan Green Deal – konkrete Maßnahmen. Aktionsplan*. https://eur-lex.europa.eu/legal-content/DE/TXT/?qid=1596443911913&uri=CELEX:52019DC0640#document2

Europäische Kommission. (2019c). *Masterplan for a Competitive Transformation of EU Energy-intensive Industries Enabling a Climate-neutral, Circular Economy by 2050*. https://ec.europa.eu/docsroom/documents/38403

Europäische Kommission. (2020a). *Circular Economy Action Plan*. https://ec.europa.eu/environment/strategy/circular-economy-action-plan_de

Europäische Kommission. (2020b). *Europäische Industriestrategie*. https://ec.europa.eu/info/strategy/priorities-2019-2024/europe-fit-digital-age/european-industrial-strategy_de

Europäische Kommission. (2020c). *A Farm to Fork Strategy for a fair, healthy and environmentally-friendly food system*. https://eur-lex.europa.eu/resource.html?uri=cellar:ea0f9f73-9ab2-11ea-9d2d-01aa75ed71a1.0001.02/DOC_1&format=PDF

Europäische Kommission. (2020d). *Critical Raw Materials for Strategic Technologies and Sectors in the EU – A Foresight Study*. https://ec.europa.eu/docsroom/documents/42881

Europäische Kommission. (2023a). *EU-Emissionshandelssystem (EU-EHS)*. https://climate.ec.europa.eu/eu-action/eu-emissions-trading-system-eu-ets_de

Europäische Kommission. (2023b). *A Green Deal Industrial Plan for the Net-Zero Age*. https://commission.europa.eu/system/files/2023-02/COM_2023_62_2_EN_ACT_A%20Green%20Deal%20Industrial%20Plan%20for%20the%20Net-Zero%20Age.pdf

Europäische Kommission. (2023c). *Europäisches Gesetz zu kritischen Rohstoffen*. https://commission.europa.eu/strategy-and-policy/priorities-2019-2024/european-green-deal/green-deal-industrial-plan/european-critical-raw-materials-act_de

Europäisches Parlament. (2023). *Sorgfaltspflichten von Unternehmen im Hinblick auf Nachhaltigkeit. Angenommene Texte*. https://www.europarl.europa.eu/doceo/document/TA-9-2023-0209_DE.pdf

Farooque, M., Zhang, A., Thürer, M., Qu, T., & Huisingh, D. (2019). Circular supply chain management: A definition and structured literature review. *Journal of Cleaner Production*, *228*, 882–900. https://doi.org/10.1016/j.jclepro.2019.04.303

Felbermayr, G. (2021, April). *Towards a climate club*. https://borderlex.net/2021/04/06/towards-a-climate-club/

Fischer, K. (2021). Geschichte der Globalisierung. In AK Wien, Abteilung EU & Internationales (Hrsg.), *Globalisierungskompass. Orientierungshilfe für eine gerechte Weltwirtschaft* (S. 8–9). ÖGB Verlag.

Fischer, K., Reiner, C., & Staritz, C. (2021). Globale Warenketten und Produktionsnetzwerke: Konzepte, Kritik, Weiterentwicklungen. In K. Fischer, C. Reiner, & C. Staritz (Hrsg.), *Globale Warenketten und ungleiche Entwicklung: Arbeit, Kapazität, Konsum, Natur* (1. Auflage, S. 33–50). Mandelbaum Verlag.

Fischer, S. (2009). *Die Neugestaltung der EU-Klimapolitik: Systemreform mit Vorbildcharakter?* Friedrich-Ebert-Stiftung. https://library.fes.de/pdf-files/ipg/ipg-2009-2/09_a_fischer_d.pdf

Gallagher, K. P., & Kozul-Wright, R. (2019). *A New Multilateralism for Shared Prosperity: Geneva Principles for a Global Green New Deal*. Boston University Global Development Center/UNCTAD. https://unctad.org/system/files/official-document/gp_ggnd_2019_en.pdf

Geissdoerfer, M., Savaget, P., Bocken, N. M. P., & Hultink, E. J. (2017). The Circular Economy – A new sustainability paradigm? *Journal of Cleaner Production*, *143*, 757–768. https://doi.org/10.1016/j.jclepro.2016.12.048

Giljum, S., Bruckner, M., & Wieland, Hanspeter. (2017). *Die Rohstoffnutzung der österreichischen Wirtschaft* (Modul 1). Wirtschaftsuniversität Wien.

Global Footprint Network research team. (2020). *Ecological Footprint Accounting: Limitations and Criticism*. https://www.footprintnetwork.org/content/uploads/2020/12/Footprint-Limitations-and-Criticism.pdf

Göpel, M. (2016). *The Great Mindshift: How a New Economic Paradigm and Sustainability Transformations Go Hand in Hand* (Bd. 2). Springer. https://doi.org/10.1007/978-3-319-43766-8

Held, B., Leisinger, C., & Runkel, M. (2022). *Assessment of the EU Commission's Proposal on an EU ETS for buildings & road transport (EU ETS 2). Criteria for an effective and socially just EU ETS 2. Report 1/2022*. CAN-Europe, Germanwatch, Klima-Allianz Deutschland e.V., WWF Deutschland. https://www.wwf.de/fileadmin/user_upload/20220120_Study-Assessment-EU-ETS2_WWF.pdf

Hölzl, W., Böheim, M., Klien, M., & Pichler, E. (2017). *Das öffentliche Beschaffungswesen im Spannungsfeld zwischen Billigst- und Bestbieterprinzip (Public Procurement and the Tension Between the Economically Most Advantageous Tender and Lowest Price)*. WIFO. https://www.wifo.ac.at/jart/prj3/wifo/resources/person_dokument/person_dokument.jart?publikationsid=59256&mime_type=application/pdf

Hörtenhuber, S., Lindenthal, T., Amon, B., Markut, T., Kirner, L., & Zollitsch, W. (2010). Greenhouse gas emissions from selected Austrian dairy production systems – Model calculations considering the effects of land use change. *Renewable Agriculture and Food Systems*, *25*(4), 316–329. https://doi.org/10.1017/S1742170510000025

IPCC. (2022). *Climate Change 2022: Impacts, Adaptation and Vulnerability. Contribution of Working Group II to the Sixth Assessment Report of the Intergovernmental Panel on Climate Change*. Cambridge University Press. https://www.ipcc.ch/report/ar6/wg2/

Jäger, J., & Schmidt, L. (2020). The Global Political Economy of Green Finance: A Regulationist Perspective. *Journal Für Entwicklungspolitik*, *36*(4), 31–50. https://doi.org/10.20446/JEP-2414-3197-36-4-31

Jakob, M. (2021). Why carbon leakage matters and what can be done against it. *One Earth*, *4*(5), 609–614. https://doi.org/10.1016/j.oneear.2021.04.010

Jakob, M., & Marschinski, R. (2013). Interpreting trade-related CO2 emission transfers. *Nature Climate Change*, *3*(1), 19–23. https://doi.org/10.1038/nclimate1630

Jessop, B. (2003). Kapitalismus, Steuerung und Staat. In S. Buckel, R.-M. Dackweiler, & R. Noppe (Hrsg.), *Formen und Felder politischer Intervention: Zur Relevanz von Staat und Steuerung* (1. Auflage S. 30–49). Westfälisches Dampfboot.

Kalt, G., Kaufmann, L., Kastner, T., & Krausmann, F. (2021). Tracing Austria's biomass consumption to source countries: A product-level comparison between bioenergy, food and material. *Ecological Economics*, 188, 107–129. https://doi.org/10.1016/j.ecolecon.2021.107129

Kiresiewa, Z., Hasenheit, M., Wolff, F., Möller, M., Gesang, B., & Schröder, P. (2019). *Bioökonomiekonzepte und Diskursanalyse* (Teilbericht (AP1) des Projekts „Nachhaltige Ressourcennutzung – Anforderungen an eine nachhaltige Bioökonomie aus der Agenda 2030/SDG-Umsetzung" Nr. 78). Umweltbundesamt. https://www.umweltbundesamt.de/sites/default/files/medien/1410/publikationen/2019-07-18_texte_78-2019_sdg-biooekonomie.pdf

Koesler, S., Swales, K., & Turner, K. (2016). International spillover and rebound effects from increased energy efficiency in Germany. *Energy Economics*, 54, 444–452. https://doi.org/10.1016/j.eneco.2015.12.011

Kolev, G. V., & Obst, T. (2022). *Global value chains of the EU member states: Policy options in the current debate* (Nr. 4; IW-Report). Institut der deutschen Wirtschaft (IW). https://www.iwkoeln.de/en/studies/galina-kolev-thomas-obst-policy-options-in-the-current-debate.html

Korhonen, J., Honkasalo, A., & Seppälä, J. (2018). Circular Economy: The Concept and its Limitations. *Ecological Economics*, 143, 37–46. https://doi.org/10.1016/j.ecolecon.2017.06.041

Krebs, D., Klinger, R., Gailhofer, P., & Scherf, C.-S. (2020). *Von der menschenrechtlichen zur umweltbezogenen Sorgfaltspflicht. Aspekte zur Integration von Umweltbelangen in ein Gesetz für globale Wertschöpfungsketten* (Teilbericht im Auftrag des Umweltbundesamtes Nr. 49). UBA. https://www.umweltbundesamt.de/sites/default/files/medien/1410/publikationen/2020-03-10_texte_49-2020_sorgfaltspflicht.pdf

Krenek, A., Sommer, M., & Schratzenstaller, M. (2018). *Sustainability-oriented Future EU Funding: A European Border Carbon Adjustment*. FairTax Working Paper No. 15, Austrian Institute of Economic Research, January 2018. http://umu.diva-portal.org/smash/get/diva2:1178081/FULLTEXT01.pdf

Krüger, T. (2015). *Das Hegemonieprojekt der ökologischen Modernisierung: Die Konflikte um Carbon Capture and Storage (CCS) in der internationalen Klimapolitik*. Transcript.

Kulmer, V., Kernitzkyi, M., Köberl, J., & Niederl, A. (2015). *Global Value Chains: Implications for the Austrian economy* (Nr. R189). Joanneum Research Policies – Zentrum für Wirtschafts- und Innovationsforschung. https://www.fiw.ac.at/fileadmin/Documents/Publikationen/Studien_2014/03_Kulmer%20et%20al_FIW-Research%20Report.pdf

Kunz, C., & Wagsonner, T. (2021). *Globale Lieferketten, globale Rechte? Herausforderungen der Absicherung globaler Lieferketten mittels Due Diligence (Sorgfaltspflichten) von Unternehmen in internationalen Liefer- und Produktionsketten* [Beitrag beim Momentum Kongress Arbeit]. https://www.momentum-kongress.org/system/files/congress_files/2021/herausforderungen-globaler-lieferketten_v1.0_18092021.pdf

Landesmann, M., & Stöllinger, R. (2020). *The European Union's Industrial Policy: What are the Main Challenges?* (Nr. 36; wiiw Policy Notes). The Vienna Institute for International Economic Studies, wiiw. https://wiiw.ac.at/the-european-union-s-industrial-policy-what-are-the-main-challenges-dlp-5211.pdf

Lessenich, S. (2016). *Neben uns die Sintflut. Die Externalisierungsgesellschaft und ihr Preis*. Hanser.

Malm, A. (2016). *Fossil Capital: The Rise of Steam Power and the Roots of Global Warming*. Verso.

Martinez, D. E. (2014). The Right to Be Free of Fear: Indigeneity and the United Nations. *Wicazo Sa Review*, 29(2), 63–87. https://doi.org/10.5749/wicazosareview.29.2.0063

Moore, J. W. (2020). *Kapitalismus im Lebensnetz. Ökologie und die Akkumulation des Kapitals*. Matthes & Seitz.

naBe. (2021). *Aktionsplan nachhaltige öffentliche Beschaffung*. https://www.nabe.gv.at/

New Economics Foundation. (2010). *The Great Transition. A tale how it turned out right*. https://neweconomics.org/uploads/files/d28ebb6d4df943cdc9_oum6b1kwv.pdf

Oberle, B., Bringezu, S., Hatfield Dodds, S., Hellwig, S., Schandl, H., Clement, J., & United Nations Environment Programme. (2019). *Global resources outlook 2019 natural resources for the future we want*. https://wedocs.unep.org/handle/20.500.11822/27517

OECD. (2017). *The Future of Global Value Chains. Business as Usual or "A New Normal"?* (Nr. 41; OECD Science, Technology and Innovation Policy Papers). OECD. https://www.oecd-ilibrary.org/docserver/d8da8760-en.pdf?expires=1647683518&id=id&accname=guest&checksum=5A2B13F05A871D85A0CFD62CF2E1FFBB

OECD-WTO. (2015). *Trade in value added: Austria*. https://www.oecd.org/sti/ind/tiva/CN_2015_Austria.pdf

O'Neill, D. W., Fanning, A. L., Lamb, W. F., & Steinberger, J. K. (2018). A good life for all within planetary boundaries. *Nature Sustainability*, 1(2), 88–95. https://doi.org/10.1038/s41893-018-0021-4

Paul, H. K., & Gebrial, D. (2021). Climate Justice in a Global Green New Deal. In D. Gebrial & H. K. Paul (Hrsg.), *Perspectives on a global green new deal* (S. 7–13). Rosa Luxemburg Stiftung London Office. https://red-green-new-deal.eu/perspectives-on-a-global-green-new-deal/

Pendrill, F., Persson, U. M., Godar, J., Kastner, T., Moran, D., Schmidt, S., & Wood, R. (2019). Agricultural and forestry trade drives large share of tropical deforestation emissions. *Global Environmental Change*, 56, 1–10. https://doi.org/10.1016/j.gloenvcha.2019.03.002

Pianta, M., & Lucchese, M. (2020). Rethinking the European Green Deal: An Industrial Policy for a Just Transition in Europe. *Review of Radical Political Economics*, 52(4), 633–641. https://doi.org/10.1177/0486613420938207

Pichler, M., Krenmayr, N., Schneider, E., & Brand, U. (2021). EU industrial policy: Between modernization and transformation of the automotive industry. *Environmental Innovation and Societal Transitions*, 38, 140–152. https://doi.org/10.1016/j.eist.2020.12.002

Piñero, P., Bruckner, M., Wieland, H., Pongrácz, E., & Giljum, S. (2019). The raw material basis of global value chains: Allocating environmental responsibility based on value generation. *Economic Systems Research*, 31(2), 206–227. https://doi.org/10.1080/09535314.2018.1536038

Plank, B., Eisenmenger, N., & Schaffartzik, A. (2021). Do material efficiency improvements backfire? Insights from an index decomposition analysis about the link between CO2 emissions and material use for Austria. *Journal of Industrial Ecology*, 25(2), 511–522. https://doi.org/10.1111/jiec.13076

Polt, W., Linshalm, E., & Peneder, M. (2021). *Important Projects of Common European Interest (IPCEI) im Kontext der österreichischen Industrie-, Technologie- und Innovationspolitik* (Joanneum Research Policies). Institut für Wirtschafts- und Innovationsforschung. https://www.researchgate.net/publication/358571679_Important_Projects_of_Common_European_Interest_IPCEI_im_Kontext_der_osterreichischen_Industrie-_Technologie-und_Innovationspolitik_IPCEI_im_Kontext_der_osterreichischen_Industrie-_Technologie-und_Inno?channel=doi&linkId=6208e04f634ff774f4c8c9c4&showFulltext=true

Ponte, S. (2020). The hidden costs of environmental upgrading in global value chains. *Review of International Political Economy*, 1–26. https://doi.org/10.1080/09692290.2020.1816199

Raza, W., Grumiller, J., Grohs, H., Essletzbichler, J., & Pintar, N. (2021a). *Post Covid-19 value chains: Options for reshoring production back to Europe in a globalised economy* [Study requested by the INTA committee]. Policy Department for External Relations, Directorate General for External Policies of the Union. https://data.europa.eu/doi/10.2861/118324

Raza, W., Grumiller, J., Grohs, H., Madner, V., Mayr, S., & Sauca, I. (2021b). *Assessing the opportunities and limits of a regionalization of economic activity* (Final Report Work Package 1). Abteilung Wirtschaftswissenschaft und Statistik der Kammer für Arbeiter und Angestellte für Wien. https://emedien.arbeiterkammer.at/viewer/fulltext/AC16166392/55/

Salhofer, S. (2019). *Das Bestbieterprinzip im Vergaberecht* [Diplomarbeit]. Johannes Kepler Universität Linz. https://epub.jku.at/download/pdf/3588808?name=Das%20Bestbieterprinzip%20im%20Vergaberecht

Scherk, J., & Pöchhacker-Tröscher, G. (2022). *Circular Economy. Intermediäre Ansätze und Alternativen für einen beschleunigten Übergang in eine zirkuläre Gesellschaft und Wirtschaft*. Pöchhacker Innovation Consulting, April 2022. https://www.p-ic.at/wp-content/uploads/2022/06/220412-BMK-Circular-Economy-Intermediaere-Massnahmen-Oeffentliche-Kurzfassung-Final.pdf

Schilling-Vacaflor, A. (2021). Integrating Human Rights and the Environment in Supply Chain Regulations. *Sustainability*, *13*(17), 9666. https://doi.org/10.3390/su13179666

Schroeder, P., Dewick, P., Kusi-Sarpong, S., & Hofstetter, J. S. (2018). Circular economy and power relations in global value chains: Tensions and trade-offs for lower income countries. *Resources, Conservation and Recycling*, *136*, 77–78. https://doi.org/10.1016/j.resconrec.2018.04.003

Sovacool, B., & Scarpaci, J. (2016). Energy Justice and the Contested Petroleum Politics of Stranded Assets. Policy Insights from the Yasuní-ITT Initiative in Ecuador. *Energy Policy*, *95*, 158–171. https://doi.org/10.1016/j.enpol.2016.04.045

Stadt Linz. (o.J.). *Ökosoziale Beschaffung der Stadt Linz*. https://www.linz.at/umwelt/oekosoziale_beschaffung.php

Stadt Wien. (o.J.). *ÖkoKauf Wien – Programm für die ökologische Beschaffung der Stadt Wien*. https://www.wien.gv.at/umweltschutz/oekokauf/

Statistik Austria. (2019). *Auslagerung wirtschaftlicher Aktivitäten (Outsourcing-Piloterhebung)*. https://www.statistik.at/web_de/statistiken/wirtschaft/unternehmen_arbeitsstaetten/leistungs-_und_strukturdaten/outsourcing-piloterhebung/index.html

Steffen, W., & Stafford Smith, M. (2013). Planetary boundaries, equity and global sustainability: Why wealthy countries could benefit from more equity. *Current Opinion in Environmental Sustainability*, *5*(3), 403–408. https://doi.org/10.1016/j.cosust.2013.04.007

Stöllinger, R. (2020). *Getting Serious About the European Green Deal with a Carbon Border Tax* (Nr. 39; wiiw Policy Notes and Reports). Wiener Institut für Internationale Wirtschaftsvergleiche. https://wiiw.ac.at/getting-serious-about-the-european-green-deal-with-a-carbon-border-tax-dlp-5390.pdf

Stöllinger, R., Hanzl-Weiss, D., Leitner, S., & Stehrer, R. (2018). *Global and Regional Value Chains: How Important, How Different?* (Research Report Nr. 427). Wiener Institut für Internationale Wirtschaftsvergleiche. https://wiiw.ac.at/global-and-regional-value-chains-how-important-how-different--dlp-4522.pdf

UNCTAD. (2020). *World Investment Report 2020. International Production Beyond the Pandemic*. United Nations Publications. https://unctad.org/en/PublicationsLibrary/wir2020_en.pdf

UNDP. (2011). *Towards Human Resilience: Sustaining MDG Progress in an age of economic uncertainty*. UNDP. https://www.undp.org/sites/g/files/zskgke326/files/publications/Towards_SustainingMDGProgress_Cover_TOC.pdf

UNEP. (2020). *Emissions Gap Report 2020*. United Nations Environment Programme. https://www.unep.org/emissions-gap-report-2020

van den Bergh, J. C. J. M., Angelsen, A., Baranzini, A., Botzen, W. J. W., Carattini, S., Drews, S., Dunlop, T., Galbraith, E., Gsottbauer, E., Howarth, R. B., Padilla, E., Roca, J., & Schmidt, R. C. (2020). A dual-track transition to global carbon pricing. *Climate Policy*, *20*(9), 1057–1069. https://doi.org/10.1080/14693062.2020.1797618

Vermeulen, S. J., Campbell, B. M., & Ingram, J. S. I. (2012). Climate Change and Food Systems. *Annual Review of Environment and Resources*, *37*(1), 195–222. https://doi.org/10.1146/annurev-environ-020411-130608

Villamayor-Tomas, S., & García-López, G. A. (2021). Commons Movements: Old and New Trends in Rural and Urban Contexts. *Annual Review of Environment and Resources*, *46*, 511–543. https://doi.org/10.1146/annurev-environ-012220-102307

Wei, T., & Liu, Y. (2017). Estimation of global rebound effect caused by energy efficiency improvement. *Energy Economics*, *66*, 27–34. https://doi.org/10.1016/j.eneco.2017.05.030

WKO. (2020). *Klimaschutz im Unternehmen – Emissionshandel (ETS)*. https://www.wko.at/service/umwelt-energie/klimaschutz-unternehmen.html

World Bank. (2020). *World Development Report 2020: Trading for Development in the Age of Global Value Chains*. World Bank Publications. https://doi.org/10.1596/978-1-4648-1457-0

World Bank. (2021). *State and Trends of Carbon Pricing 2021*. World Bank. https://openknowledge.worldbank.org/handle/10986/35620

WTO. (o.J.). *Austria – Trade in Value Added and Global Value Chains*. https://www.wto.org/english/res_e/statis_e/miwi_e/AT_e.pdf

Kapitel 16. Geld- und Finanzsystem

Koordinierende_r Leitautor_in
Michael Miess

Koordination der Strukturkapitel
Michael Ornetzeder

Revieweditor
Matthias Binswanger

Zitierhinweis
Miess, M. (2023): Geld- und Finanzsystem. In: APCC Special Report: Strukturen für ein klimafreundliches Leben (APCC SR Klimafreundliches Leben) [Görg, C., V. Madner, A. Muhar, A. Novy, A. Posch, K. W. Steininger und E. Aigner (Hrsg.)]. Springer Spektrum: Berlin/Heidelberg.

Kernaussagen des Kapitels
Status quo – Geldpolitik im Wandel, Green-Finance-Paradigma, paradigmatischer Dissens

- Die Ausgestaltung der Anreizstrukturen des Geld- und Finanzsystems spiegelt die leitenden gesellschaftlichen Denk- und Handlungsmuster, die gegebenen sozialen Institutionen sowie den bestehenden physischen Kapitalstock wider. *(niedrige Übereinstimmung, mittlere Literaturbasis)*
- Das Paradigma, innerhalb dessen Geld lange Zeit als neutral galt, befindet sich seit der Finanz- und Wirtschaftskrise 2008/09 im Wandel. Aufgrund der theoretisch in diesem Paradigma zu befürchtenden Inflation wurde Geldpolitik bis zu diesem diskursiven Wandel kein wesentlicher Beitrag zur Bewältigung der Klimakrise zugeschrieben. *(niedrige Übereinstimmung, starke Literaturbasis)*
- Im Sinne eines Green-Finance-Paradigmas, dem ein großer Teil der Literatur folgt, sollte die Finanzierung klimafreundlicher Investitionen vor allem über Finanzmärkte sowie Vermögensbesitzer_innen erfolgen und mit entsprechenden Anreizen motiviert werden. *(mittlere Übereinstimmung, starke Literaturbasis)*
- In einem anderen Literaturstrang wird das Green-Finance-Paradigma als hegemonial angesehen und es werden – unter anderem aufgrund der in den letzten Jahrzehnten innerhalb bestehender Paradigmen ungenügenden klimafreundlichen Investitionen – tieferliegende, strukturelle Probleme des finanzialisierten Wachstumsparadigmas priorisiert. *(niedrige Übereinstimmung, starke Literaturbasis)*

Notwendige Veränderungen – Erwartungssicherheit und Abkehr von Finanzialisierung

- Für die Erwartungssicherheit von Investor_innen sind langfristige, sichere und profitable Renditen zur Finanzierung von Investitionen in emissionsneutralen oder -armen Kapitalstock (= „grüne Investitionen") zentral, während Renditen auf andere (z. B. fossil-basierte) Finanzprodukte sinken sollten. Es sollte Klarheit darüber herrschen, dass der CO_2-Preis stetig, substanziell und langfristig steigen wird. *(hohe Übereinstimmung, starke Literaturbasis)*
- Aus Sicht jener Literatur, die Innovationen priorisiert, braucht es mehr öffentliche (Förder-)Mittel sowie Finanzinnovationen zur Finanzierung innovativer Forschung für klimafreundliche Technologien. *(mittlere Übereinstimmung, mittlere Literaturbasis)*
- Ein anderer Teil der Literatur betont die für ein klimafreundliches Leben notwendige Abkehr von Finanzialisierung, d. h. eine verstärkte Entkopplung von Finanz- und Realwirtschaft, und setzt einen stärkeren Fokus auf Investitionen in klimafreundliche Bereitstellung. *(niedrige Übereinstimmung, starke Literaturbasis)*

- Degrowth und eine stärkere Gebrauchswertorientierung stehen bei einem weiteren Literaturstrang im Vordergrund. *(niedrige Übereinstimmung, starke Literaturbasis)*

Strukturen, Kräfte und Barrieren – zentrale Akteure

- Der Staat wird als Akteur zentral dafür sein, die Gestaltungsmacht auszuüben, um die Anreizstrukturen auf Finanzmärkten effektiv emissionsreduzierend umzugestalten. (mittlere Übereinstimmung, starke Literaturbasis)
- Die Oesterreichische Nationalbank als Teil des europäischen Zentralbankensystems und die österreichische Finanzmarktaufsicht (FMA) als die Finanzmärkte regulierende Behörde können dazu beitragen, Strukturen für ein klimafreundliches Leben zu schaffen. Einerseits können sie durch Regulierung und Geldpolitik Klima-Finanz-Risiko reduzieren, welches Finanzmarktstabilität durch unzureichende Einpreisung klimabezogener physischer und Transitions-Risiken gefährdet. Andererseits können sie dabei helfen, die Emissionswirksamkeit von grüner und nachhaltiger Finanzierung sicherzustellen. Dies kann beispielsweise über entsprechende Eigenveranlagung (grüne Investitionsstrategien der Notenbank selbst), die Ausgestaltung der Eigenkapitalquoten der Banken und über makroprudenzielle Maßnahmen geschehen. (hohe Übereinstimmung, starke Literaturbasis)

Gestaltungsoptionen – Reform finanzieller Anreizstrukturen, Ent-Monetarisierung

- Green Growth – ermöglicht durch grüne und nachhaltige Finanzierung – wird ein entscheidender Lösungsansatz aus Sicht des Green-Finance-Paradigmas sein. Entsprechende Initiativen sind z. B. der Green Deal der EU, Sustainable Finance (Taxonomie) und Green Recovery, staatliches Risikokapital für innovative grüne Investitionen sowie Divestmentstrategien. Wenn diese Maßnahmen wirksam sein sollen, dann muss „Greenwashing" vermieden werden. (mittlere Übereinstimmung, starke Literaturbasis)
- Eine tiefgreifende und effektive Reform finanzieller Anreizstrukturen und des Steuerwesens zur Herstellung von Kostenwahrheit in Produktion und Konsum wird entscheidend sein. Eine solche Steuerreform und begleitende grüne Industriepolitik würde zumindest effektive CO_2-Steuern, Finanztransaktionssteuern, Vermögenssteuern und eine Kreditlenkung in Richtung grüner Investitionen umfassen. (mittlere Übereinstimmung, starke Literaturbasis)
- Ein alternativer Literaturstrang betont, dass – um Finanzmärkte dienlich für ein klimafreundliches Leben zu machen – es zusätzlich notwendig sein wird, eine Ent-Kommodifizierung und Ent-Monetarisierung von wirtschaftlichem Handeln einzuleiten und durch eine weitere Demokratisierung der Finanzmärkte und des Geldwesens die Natur des Geldes als Gemeingut anzuerkennen. (niedrige Übereinstimmung, starke Literaturbasis)

Dieses Kapitel bewertet anhand eines breiten Überblicks an Literatur aus Marktperspektive, Innovationsperspektive, Bereitstellungsperspektive und Gesellschaft-Natur-Perspektive, inwiefern Anreizstrukturen des Geld- und Finanzsystems die Transformation zu einer klimafreundlichen und nachhaltigen Lebensweise in Österreich begünstigen oder behindern. Zudem trifft es eine literaturbasierte Einschätzung darüber, in welche größeren wirtschaftlichen und gesellschaftlichen Strukturen das Geld- und Finanzsystem in Österreich eingebettet ist. Bereits eingeleitete und potenzielle zukünftige Reformen des Finanzsystems und Änderungen des bestehenden Geldsystems werden dahingehend überprüft, inwiefern sie Kapitalströme mobilisieren können, die für die Finanzierung der Strukturen für eine klimafreundliche Lebensweise notwendig sein werden.

16.1 Status quo und Herausforderungen – strukturelle Bedingungen und Dynamiken

16.1.1 Finanzialisierung als globales Phänomen seit den 1980er Jahren

Die Finanzialisierung bestimmt seit den 1980er Jahren als wirtschaftliches Phänomen die strukturellen Bedingungen des Wandels weltweit und auch in Österreich: Die Finanzwirtschaft gewinnt gegenüber der Realwirtschaft an Bedeutung (Epstein, 2005; Graeber, 2012; Kindleberger & Aliber, 2005; H. Minsky, 1986; Schulmeister, 2018).[1] Nach der Markteffizienzhypothese (Fama, 1970; Fama & French, 1988, 1996), die vor allem aus Marktperspektive bis zur Finanz- und Wirtschaftskrise 2008/2009 ein prägendes Para-

---

[1] Der Begriff „Finanzialisierung" wird in der Literatur anhand dieser Leitlinien in der Regel sehr breit definiert: als die zunehmende Bedeutung finanzieller Motive von Finanzmärkten und -institutionen sowie der darin agierenden Akteur_innen für die nationale und internationale Wirtschaft (Epstein, 2005).

digma war (Ball, 2009; Malkiel, 2003; Maloumian, 2022), sind bereits alle Informationen in den Preisen finanzieller Assets enthalten. Und somit wäre der Finanzmarkt die effizienteste Art und Weise, gesellschaftliche Risiken wie z. B. externe Umweltkosten und klimabezogene Risiken in entsprechenden (Finanzasset-)Preisen abzubilden. Obwohl diese Theorie aufgrund ihrer starken Annahmen von vielen Stimmen kritisiert und die zugehörigen Modelle mit der Zeit teilweise verändert wurden (Malkiel, 2003; Shiller, 2000, 2003), war dieses Paradigma vor allem aus Gesellschaft-Natur- und Bereitstellungsperspektive sehr einflussreich auf die Bildung institutioneller Strukturen am Finanzmarkt (Aglietta, 2018; Epstein, 2005; Schulmeister, 2018). Daher war aus Marktsicht eine verstärkte Finanzialisierung bis zu der (noch andauernden) paradigmatischen Wende nach der Finanz- und Wirtschaftskrise 2008/2009 ein zu begrüßender Vorgang. Aus Innovationsperspektive werden und wurden ebenfalls große Hoffnungen in innovative Finanzierungsmodelle unter anderem zur Finanzierung der Infrastrukturen für ein klimafreundliches Leben gesetzt – auch von kritischeren Stimmen (Shiller, 2009). Hoffnungsträger für Finanzinnovationen inkludieren Crowdfunding (Maehle et al., 2020; Vasileiadou et al., 2016), sowie Krypto-Assets und andere Finanzinnovationen (Alonso & Marqués, 2019; Horsch & Richter, 2017; Venugopal, 2015).

Der der Markteffizienzhypothese zugrunde liegende Paradigmenwechsel in der Wirtschaftswissenschaft zur „rational expectations revolution" ab den 1970er Jahren (Barro, 1984; Begg, 1982; Hoover, 1992; Lucas, 1976; Mishkin, 2007; Taylor, 2001) war vor allem aus Gesellschaft-Natur- und Bereitstellungsperspektive wichtig, um die Liberalisierung der Finanzmärkte theoretisch zu untermauern und zu begründen (Aglietta, 2018; H. Minsky, 1986; Palley, 2013; Schulmeister, 2018). Der Zerfall des Bretton-Woods-Systems mit seiner auf fixen Wechselkursen beruhenden globalen Finanzarchitektur Anfang der 1970er Jahre leistete der Finanzmarktliberalisierung Vorschub, da sich durch das Aufbrechen fester Wechselkurse neuartige Profit- und Spekulationsmöglichkeiten eröffneten (Aglietta, 2018; Schulmeister, 2018) Gleichzeitig bewirkten niedrige realwirtschaftliche Wachstumsraten, dass Akteur_innen sowohl der Real- als auch der Finanzwirtschaft ihr Profitstreben zunehmend in die Finanzwirtschaft lenkten. Dies erzeugte nicht nur eine Vergrößerung des Volumens gehandelter Finanztitel, sondern auch verstärkte Innovationen auf Finanzmärkten – z. B. immer komplexer werdende Finanzprodukte, wie die Ketten an Kreditverbriefungen im Vorfeld der Finanz- und Wirtschaftskrise 2008/2009. In der Folge trat ein substanzieller Abfluss an Kapital von der Real- in die Finanzwirtschaft ein. Das zusätzliche Geld, das auf die Finanzmärkte strömte, vergrößerte mittels positiver Erwartungseffekte (spekulative Euphorien wie z. B. die Dotcom Bubble) die Profitabilität der Finanzwirtschaft gegenüber der Realwirtschaft. Der Abfluss von Realkapital bewirkte durch (relativ zur Finanzwirtschaft) verringerte realwirtschaftliche Profite in weiterer Folge eine geringere realwirtschaftliche Investitionstätigkeit – und trug somit zum weiteren Sinken realwirtschaftlichen Wachstums bei. Was hier zu beobachten ist, ist ein sich selbst verstärkender negativer Kreislauf. Dieser läuft von verringerter Profitabilität der Realwirtschaft zu dadurch verringerten realwirtschaftlichen Investitionen und vice versa, bei gleichzeitiger Vermehrung von finanziellen Assets (Guttmann, 1996; H. Minsky, 1986; H. P. Minsky, 1982; Schulmeister, 2018).

Ermöglicht wird und wurde dieser Prozess unter anderem durch eine konstante Ausweitung der Schuldenquote („Wachstum durch Schulden") sowie die vorherrschende Ausblendung unterliegender systemischer Risiken, wie z. B. vor der Finanz- und Wirtschaftskrise 2008/2009 für den Immobilienmarkt und Kreditverbriefungen (Subprime). Nationalstaaten haben dies ab den 1980er Jahren durch eine stark liberalisierte Gesetzgebung für Finanzmärkte befördert (Aglietta, 2018; Guttmann, 1996; Kindleberger & Aliber, 2005; H. Minsky, 1986; H. P. Minsky, 1982; Schulmeister, 2018). Die Einbettung Österreichs in globale Finanzmärkte ist hier zu betonen und dass aufgrund der fluiden internationalen Kapitalströme Österreich hier nicht isoliert betrachtet werden kann (Kindleberger & Aliber, 2005). International agierende Konzerne, die ihre Profite zunehmend auf Finanzmärkten erwirtschaften (Auvray & Rabinovich, 2019), entziehen sich oft einer nationalen Besteuerung und Regulierung (Alstadsæter et al., 2019; Zucman, 2021). Dadurch beförderte Kapitalakkumulation bestärkt bereits vorhandene Monopolisierungstendenzen des globalen Kapitalismus (Steindl, 1952), entsprechende Machtkonzentration (Kalecki, 1943) und somit Konzentrationstendenzen des internationalen Kapitals zusätzlich.

Diese Konstellation moderner Finanzmärkte ist aus allen Perspektiven problematisch, vor allem jedoch aus Gesellschaft-Natur- und Bereitstellungsperspektive, da große Teile von wirtschaftlicher Bereitstellung von volatilen Finanzmärkten abzuhängen beginnen (Guttmann, 1996; H. P. Minsky, 1982; Schulmeister, 2018). Aus Marktperspektive sind Instabilität und Monopolisierung ebenfalls nicht wünschenswert (Shiller, 2000) und aus Innovationsperspektive ist die auch aufgrund von Marktvolatilitäten ungerichtete Natur technologischer Innovation insbesondere in Bezug auf die Klimakrise zu kritisieren (Balint et al., 2017; Shiller, 2009). Die hier skizzierten Entwicklungen der Finanzialisierung zeigen auf, warum die Finanzierung der für die sozial-ökologische Transformation notwendigen Investitionen nicht unabhängig von den vorherrschenden theoretischen und wissenschaftlichen Paradigmen diskutiert werden kann. Wenn sich das Profitstreben verstärkt auf Finanzmärkte konzentriert, werden virtuelle Werte – steigende Aktienkurse, komplexe Finanzprodukte, Derivate etc., häufig als „fiktives

Kapital" (Guttmann, 1996) zusammengefasst – geschaffen, die sich oft nicht in realen Investitionen und somit auch nicht in einer Veränderung des produktiven Kapitalstocks niederschlagen. Das macht die Finanzierung der Transformation zu einem klimafreundlichen Leben schwieriger und schränkt nationale Spielräume ein. Dies vor allem, da die Einbindung in internationale Finanzmärkte nicht nur Instabilitäten für nationale Märkte bedingt, sondern auch finanzielle Motive der Profitsteigerung – Profitanforderungen an Investitionskapital (hohe Eigenkapitalrenditen, rasche Investitionsrentabilität) – gegenüber gesellschaftlichen Zielen wie der Finanzierung der (Infra-)Strukturen für ein klimafreundliches Leben bevorzugt.

16.1.2 Grüne und nachhaltige Finanzierung: Green-Finance-Paradigma und Taxonomie

Green Finance (grüne Finanzierung) ist ein wichtiger Schritt beim notwendigen Umbau unseres Finanzsystems. Sie soll im Sinne einer Marktperspektive helfen, die Finanzierungsströme so zu lenken, dass sozial akkordierte Investitionen zur Bewältigung der sozial-ökologischen Transformation möglich werden (Sustainable-finance-Beirat, 2021). Anhand des gegenwärtig mehrheitlich anerkannten Paradigmas stellt Green Finance die präferierte Lösung vieler privater und staatlicher Akteur_innen zur Umsetzung der sozial-ökologischen Transformation dar. Insbesondere wird innerhalb dieses Green-Finance-Paradigmas eine systemimmanente und zu großen Teilen markt- und (finanz-)innovationsbasierte Problemlösung zur Finanzierung der Ökologisierung des Wirtschaftssystems angestrebt. Aus Gesellschaft-Natur- und Bereitstellungsperspektive bezeichnen viele Stimmen den Green-Finance-Diskurs und das darunterliegende finanzialisierte Wachstumsparadigma allerdings als vom Finanzmarkt getrieben und mit dem Potenzial ausgestattet, hegemonial – also auf das Erreichen einer Vormachtstellung, hier im Sinne von „auf finanzielle Profite ausgerichtet" – zu sein. Die Problematik der Hegemonie des Diskurses liegt darin, dass unter Umständen Wirtschaftlichkeitsinteressen (im Sinne von Profitmaximierung) vor die Emissionswirksamkeit von Green-Finance-Maßnahmen gestellt und mit diesem hegemonialen Diskurs gerechtfertigt werden (Hache, 2019a, 2019b; J. Jäger, 2020; J. S. Jäger, 2020; J. Lent, 2017; Reyes, 2020).

Oft wird diese Schwierigkeit, die emissionsreduzierende Wirksamkeit oder allgemein umweltfreundliche Natur von Green-Finance-Produkten eindeutig festzumachen, als „Greenwashing"[2] bezeichnet. Greenwashing wird zumeist durch Marketing-Methoden bewerkstelligt, die einzelne, umweltfreundliche Eigenschaften von Produkten überbetonen, während andere, umweltschädlichere Eigenschaften unterschlagen werden. Im weitesten Ausmaß gedacht wird Greenwashing aus systemischen Gründen – beispielsweise anhand regulatorischer Vereinnahmung (siehe Abschn. 16.3.2 unten) – betrieben, indem klimabezogene Gesetze und Regulierungen bewusst ausgehöhlt oder abgeschwächt werden (Der GLOBAL 2000 Banken-Check, 2021).[3] Unter anderem werden im Green-Finance-Diskurs aus Marktperspektive oft Substitutionsmöglichkeiten und Carbon Offsetting[4] (Klimakompensation) als zulässige Instrumente angenommen, welche jedoch in der Literatur vor allem aus Gesellschaft-Natur- und Bereitstellungsperspektive kontrovers diskutiert werden (Cavanagh & Benjaminsen, 2014; Hyams & Fawcett, 2013).

Seit dem Jahr 2018 entwickelt die Europäische Kommission (EK) mit dem Aktionsplan „Financing Sustainable Growth" eine umfassende Strategie für ein nachhaltiges Finanzwesen.[5] Neue Initiativen der EK im Rahmen dieses Aktionsplans inkludieren das „Sustainable Finance Package"[6], welches durch neue „Sustainable Finance Disclosure Regulation (SFDR)", das heißt Offenlegungspflichten für grüne Finanzierung, die Umsetzung der bereits im Juli 2020 in Kraft getretenen „EU Green Finance Taxonomie"[7], garantieren soll. Insgesamt sollen durch diese Maßnahmenpakete veränderte Verhaltensmuster im Finanzsektor bewirkt, Greenwashing verhindert sowie verantwortliche und nachhaltige Investitionen befördert werden. Somit lässt sich feststellen, dass mit der Durchsetzung der EU-Taxonomie und dem Aktionsplan der EK bereits die Regulierung des Green-Finance-Marktes begonnen hat[8] und auch schon Debatten zu Inklusion und Exklusion gewisser „Brückentechnolo-

---

[2] Siehe auch https://redenwiruebergeld.fma.gv.at/wp-content/uploads/2021/04/04-Greenwashing-2.pdf für eine kurze Information der Finanzmarktaufsicht Österreich zu Greenwashing sowie (FMA, 2020). [Zuletzt abgerufen am 04.03.2022]

[3] Siehe dazu u. a. https://besser-nachhaltig.com/was-ist-greenwashing/. [Zuletzt abgerufen am 04.03.2022]
[4] „Carbon Offsetting" (Klimakompensation) bezeichnet ein Instrument, wo durch den Kauf von Wertpapieren die Emissionen von Treinhausgasen an einer Stelle durch eine andere Handlung, also die Erhöhung von Kohlenstoffsenken in verschiedenster Form von Aufforstung zu CO_2-Sequestrierung, ausgeglichen wird. Dieses Instrument ist in der Literatur höchst umstritten (Hyams & Fawcett, 2013).
[5] Siehe https://ec.europa.eu/info/business-economy-euro/banking-and-finance/sustainable-finance_de. [Zuletzt abgerufen am 04.03.2022]
[6] Siehe https://ec.europa.eu/info/publications/210421-sustainable-finance-communication_en. [Zuletzt abgerufen am 04.03.2022]
[7] Siehe https://ec.europa.eu/info/business-economy-euro/banking-and-finance/sustainable-finance/eu-taxonomy-sustainable-activities_de. [Zuletzt abgerufen am 04.03.2022]
[8] An dieser Stelle sei darauf hingewiesen, dass auch das österreichische Finanzministerium auf Basis der EU-Regulierungen eine österreichische Green-Finance-Agenda entwickelt hat, siehe https://www.bmf.gv.at/themen/finanzmarkt/finanzmaerkte-kapitalmaerkte-eu/sustainable-finance.html. [Zuletzt abgerufen am 04.03.2022] Der FMA-Nachhaltigkeitsleitfaden (FMA, 2020) bietet ebenfalls einen hervorragenden Überblick über österreichische Aktivitäten in diesem Bereich.

gien" wie Gas- und Atomkraft ausgelöst hat (siehe dazu Abschn. 16.4.1.2).

Grüne oder nachhaltige Finanzanlagen sind unter vielen verschiedenen Begriffen bekannt: grünes Geld, ethisches Investment, ethische Geldanlage, Sustainable and Responsible Investment, grüne Anleihen (Green Bonds) etc. (Faktencheck Green Finance, 2019). Gemeinhin als eher weit gefasst gilt der Begriff „nachhaltige Geldanlagen" („sustainable finance"), der als allgemeine Bezeichnung für nachhaltige, verantwortliche, ethische, soziale, ökologische Investitionen und allen diesen Kriterien entsprechenden Anlageformen gebräuchlich ist. Dabei wird bei nachhaltiger Finanzierung die Nachhaltigkeit oft nicht nur in Bezug auf Klimaveränderung verstanden. Neben unterschiedlichen Umweltthemen sind darin auch soziale (z. B. Menschenrechte) sowie Governance-Aspekte eingeschlossen (beispielsweise „verantwortungsorientierte Unternehmensführung") – zusammengefasst werden diese drei Kategorien häufig unter der englischen Abkürzung „ESG" (Environment, Social, Governance). Einen starken Trend gibt es bei sogenannten ESG-Anleihen und grünen Anleihen (Green Bonds). In der Regel ist das Vorteilhafte bei solchen grünen oder ESG-Anleihen: Die finanziellen Mittel werden direkt für Investitionen in ökologische oder sonstige als sozial wertvoll angesehene Projekte verwendet (Faktencheck Green Finance, 2019).

Der Markt für Green Finance in Österreich ist, vor allem im Vergleich zu Deutschland, noch relativ klein (FNG, 2020).[9] Laut neuestem Marktbericht des Forums für nachhaltige Geldanlagen (FNG, 2020) beläuft sich die Marktsumme an nachhaltigen Geldanlagen in Österreich 2019 auf 30,1 Milliarden Euro (Wachstum von 38 Prozent im Vergleich zu 2018), was nur in etwa 1,4 Prozent der gesamten finanziellen Vermögensbestände Österreichs ausmacht (Breitenfellner et al., 2020). Was die institutionellen Investitionen betrifft, so liegt der Anteil nachhaltiger Fonds am Gesamtmarkt bei 15,9 Prozent. Bei dem weiter gefassten Begriff der „verantwortlichen Investments" beträgt das Volumen mit 106,8 Milliarden Euro die dreifache Summe der nachhaltigen Geldanlagen (64 Prozent Wachstum im Vergleich zu 2018). Dieser Markt in Österreich wird von dem deutschen Markt in den Schatten gestellt, der mit über 1,6 Billionen Euro sehr hoch dotiert ist (Breitenfellner et al., 2020). Im Jahr 2018 wurden weltweit grüne Anleihen von mehr als 389 Milliarden US-Dollar emittiert (CBI, 2018). Grüne Anleihen sind in Österreich noch nicht weit verbreitet: 2019 betrug das Marktvolumen ca. 3 Milliarden Euro (Codagnone et al., 2020). Während der Markt für solche grünen Finanzprodukte in Österreich also noch Entwicklungspotenzial zu haben scheint, unterliegt er einer bedeutenden Wachstumsdynamik.

16.1.3 Geldsystem: Kreditvergabe durch Banken (Basel III), Geldpolitik

Obwohl nach der Krise 2008/2009 zahlreiche Regulierungen gesetzt wurden, die zukünftige Finanzkrisen verhindern sollen, z. B. Basel III, sind durch volatile Finanzmärkte und hohe Schuldenquoten induzierte Risiken noch vorhanden und die Regulierung wird von manchen Stimmen als unzureichend kritisiert (Allen et al., 2012; Goyfman, 2013; Siskos, 2019). Trotz dieser weiterhin vorhandenen Risiken auf Finanzmärkten wird verstärkt darauf gesetzt, die Kreditvergabe von Banken in Richtung Kredite für grüne Investitionen zu inzentivieren (Akomea-Frimpong et al., 2021; Nath et al., 2014). Solche Richtlinien werden anhand von EU-Verordnungen bereits teilweise umgesetzt, wo beispielsweise die Eigenmittelanforderungen für Kredite an Rechtsträger – die Anlagen zur Erbringung von öffentlichen Diensten betreiben und bewertet haben, ob damit zu Umweltzielen beigetragen wird – um 25 Prozent gesenkt werden.[10]

Da aus Sicht der Marktperspektive Geld lange Zeit als neutral galt und somit aus dieser Perspektive durch geldpolitische Interventionen in der Regel Inflation (oder Deflation) zu befürchten gewesen wäre, wurde der Diskurs zur Verantwortlichkeit von Zentralbanken und Finanzmarktaufsichtsbehörden für das Verwalten und die Reduktion von klimabezogenen Risiken erst in den Jahren nach der Finanz- und Wirtschaftskrise 2008/09 schrittweise intensiviert (Dikau & Volz, 2018, 2021). Aufgrund der zunehmend anerkannten strukturellen Notwendigkeiten regulatorischer und geldpolitischer Interventionen durch Zentralbanken und Finanzmarktaufsichtsbehörden übernehmen diese Institutionen in diesem Bereich zunehmend Verantwortung, siehe dazu Abschn. 16.2.2 und 16.3.1.3 unten sowie Battiston, Dafermos, et al. (2021); Bolton et al. (2020); Breitenfellner et al. (2019); Dörig et al. (2020); Monasterolo (2020); Pointner (2020); Pointner und Ritzberger-Grünwald (2019); Rattay et al. (2020).

16.1.4 Klimarisiken und dadurch induziertes Klima-Finanz Risiko, Divestment

Klimarisiken gefährden den produktiven und sonstigen Kapitalstock und somit auch die Existenz von Unternehmen verschiedenster Branchen. Unterschieden muss dabei werden zwischen (1) physischen Klimarisiken und (2) Transitionsrisiken (Carney, 2015; NGFS, 2021; Pointner & Ritzberger-Grünwald, 2019). Physische Klimarisiken sind jene, die aus extremen Wetterereignissen (z. B. Sturm, Hitzewellen, Über-

---

[9] Das österreichische Marksegment für den Green-Finance-Markt ist europaweit das kleinste (Breitenfellner u. a. 2020, S. 51).

[10] EU VO 575/2013 über Aufsichtsanforderungen an Kreditinstitute – seit Novelle 2019, VO 876/2019. Siehe dazu https://eur-lex.europa.eu/legal-content/DE/TXT/PDF/?uri=CELEX:32019R0876. [Zuletzt abgerufen am 18.03.2021].

schwemmungen etc.) oder auch langfristigen klimatischen Verschiebungen (z. B. veränderte Temperaturmuster sowie Niederschlagsmengen und dadurch induzierte Naturkatastrophen etc.) resultieren. Transitionsrisiken folgen aus der möglicherweise schockartigen Anpassung der Gesellschaft, beispielsweise durch gestrandete Vermögenswerte (Stranded Assets) (Battiston, Dafermos, et al., 2021; Battiston et al., 2017; Battiston, Monasterolo, et al., 2021).

Es gib strukturelle Probleme, die die Einpreisung dieser Klimarisiken durch das Finanzsystem erschweren (Carney, 2015; NGFS, 2021). Dies sind unter anderem (1) fundamentale (das heißt nicht abschätzbare oder noch unbekannte) Unsicherheiten bezüglich Auswirkungen des Klimawandels sowie (2) die Nicht-Linearität dieser Effekte, das heißt die Geschwindigkeit und Art der Veränderungen kann unvorhergesehen stark zunehmen oder keinen vorhersehbaren Mustern folgen (Battiston, Dafermos, et al., 2021; Battiston et al., 2017; Battiston, Monasterolo, et al., 2021). Die sogenannte Kohlenstoffblase (Carbon Bubble) beschreibt das Phänomen, dass Unternehmen, die fossile Brennstoffe fördern, verarbeiten, verkaufen und/oder transportieren, am Finanzmarkt überbewertet seien. Dies geschieht, wenn der Finanzmarkt physische und finanzielle Klimarisiken nicht korrekt einpreist (Bolton et al., 2020; Campiglio et al., 2018; Faktencheck Green Finance, 2019). So dürfen z. B. von der Öl-, Gas und Kohleindustrie nur mehr ein Bruchteil bestehender Kohle-, Erdöl- und Erdgasreserven verwendet werden, um das 1,5-Grad-Ziel bis 2050 zu erreichen.[11] Die Summe dieser klimabezogenen Risiken, die vom Geld- und Finanzsystem nur sehr schwer gefasst werden können und daher Finanzmarktstabilität potenziell gefährden, wird als das „Klima-Finanz-Risiko" bezeichnet.

Wenn die gesamten vorhandenen Reserven in den Vermögenswerten der Firmen integriert sind, könnten Stranded Assets im Wert von knapp 2 Billionen Euro entstehen, wenn diese Reserven nicht verwendet werden. Ähnliche Effekte könnten durch eine abrupte und einschneidende Einführung einer CO_2-Steuer entstehen (Battiston, Dafermos, et al., 2021; Battiston et al., 2017; Campiglio et al., 2018). Demzufolge bemessen gemäß einem Bericht von Carbon Disclosure Project (CDP, 2019) bereits 215 der 500 weltgrößten Konzerne ihre aus extremem Wetter, höheren Temperaturen und Treibhausgasemissionen entstehenden Geschäftsrisiken auf etwa 880 Milliarden Euro. Ungefähr 220 Milliarden Euro davon betreffen Wertminderungen oder Abschreibungen, die sowohl auf Transitions- als auch auf physische Klimarisiken zurückgehen (Klima- und Energiefonds, 2019, S. 13). In ih-

rer weltweiten Panel-Regression auf Firmenebene ermitteln Bolton & Kacperczyk (2021), dass es ein „Kohlenstoff-Premium" (Carbon Premium) gibt – das heißt höhere Renditen für Firmen mit höheren Emissionen. Sie finden dieses Carbon Premium in allen Ländern weltweit, zwar sowohl direkt durch die Firmen selbst als auch indirekt entlang der Lieferketten. Die Autor_innen interpretieren das bereits als eine Einpreisung des Finanzmarktes für Klimarisiken, die allerdings ihrer Ansicht nach volatilen Dynamiken unterliegt.

In ihrer Studie berechnen Günsberg et al. (2017) für Österreich die Carbon Exposure, das heißt direkt mit Finanzrisiko aufgrund der Kohlenstoffblase belastete Finanzmittel. Rund drei Viertel aller in der Studie untersuchten Fonds verfügen über Veranlagungen im Fossilbereich. Diese sind im Durchschnitt mit 5,9 Prozent ihres Vermögens direkt in Unternehmen des Kohle-, Öl- und Gassektors investiert und mit weiteren 1,9 Prozent in abhängige Zulieferbetriebe und Energieerzeuger. In einem Update ihrer Studie (Colard et al., 2018) ergibt sich für die Top 100 der Kapitalanlagegesellschaften in Österreich ein Carbon Exposure von 2 Milliarden Euro bzw. 7,1 Prozent des Gesamtvolumens dieser Fonds. In ihrer Studie zu den Auswirkungen des Pariser Klimaabkommens auf den österreichischen Finanzmarkt weisen Rattay et al. (2020) unter Bezugnahme auf die Studie von Arabella Advisors (2018)[12] unter anderem darauf hin, dass sich zu diesem Zeitpunkt bereits Fonds mit Mitteln von mehr als 6,2 Billionen US-Dollar dazu verpflichtet hatten, sich aus Investitionen in fossile Energieträger zurückzuziehen. Die Versicherungswirtschaft hat sich zu einem Divestment von Carbon Assets (Veräußerung kohlenstoffintensiver Wertpapiere) über mehr als drei Billionen verpflichtet.[13] Empirischen Studien für Österreich (Dörig et al., 2020) und den Weltmarkt (Hansen & Pollin, 2020) relativieren die Einpreisung von Klimarisiken in Österreich und der Welt stark; betonen jedoch die diskursiven Effekte der Divestment-Bewegung (Hansen & Pollin, 2020).

Die obige Diskussion der Literatur zeigt vor allem zweierlei, was für alle Perspektiven gleichermaßen relevant ist: (1) Systemische Risiken, die aus physischen und Transitionsrisiken entstehen, werden auf Finanzmärkten nicht ausreichend berücksichtigt. (2) Die Kohlenstoffblase existiert weiterhin, da die Klimarisiken weiterhin kaum eingepreist sind. Durch die Nicht-Linearität von Netzwerkeffekten können – bedingt durch Klimakatastrophen und langfristige klimatische Veränderungen – Kaskaden an Firmenbankrotten entstehen (Battiston, Dafermos, et al., 2021; Battiston

---

[11] Siehe die CO_2-Uhr des Mercator Research Institute on Global Commons and Climate Change (MCC) für eine laufende Extrapolation des verbleibenden CO_2-Budgets anhand der Werte aus dem IPCC 1,5 °C Special Report (IPCC, 2018): https://www.mcc-berlin.net/en/research/co2-budget.html. Derzeit sind nach dieser Uhr noch weniger als sieben Jahre Zeit. [Zuletzt abgerufen am 21.07.2022]

[12] Siehe https://www.arabellaadvisors.com/wp-content/uploads/2018/09/Global-Divestment-Report-2018.pdf. [Zuletzt abgerufen am 08.05.2021]
[13] Zusätzliche Initiativen, die hier zu nennen sind und über die Versicherungswirtschaft hinausgehen, wären die Netto-Null-Allianzen der Banken, siehe https://www.unepfi.org/net-zero-banking/, und der Asset Manager, siehe https://www.unepfi.org/net-zero-alliance/.

et al., 2017). Es ist die „Tragödie des Zeithorizonts" (Carney, 2015), dass die Klimakrise in unserem Zeitverständnis so „weit weg" ist und die Zusammenhänge so komplex sind, dass das Finanzsystem nicht in der Lage ist, mit diesem Risiko adäquat umzugehen. Zu den Bündeln an vorgeschlagenen Maßnahmen, um dem entgegenzuwirken, zählen geldpolitische, fiskalische und regulatorische mikro- wie makroprudenzielle Interventionen, siehe BIS (2021); NGSF (2021); TCFD (2021); UNEP (2021). Geldpolitische Interventionen wären beispielsweise entsprechende Eigenveranlagung, also eine grüne Investitionsstrategie der Notenbanken selbst. Eine regulatorische Intervention wäre beispielsweise die Ausgestaltung der Eigenkapitalquoten der Banken anhand klimafreundlicher Kriterien wie etwa niedrigere Eigenkapitalanforderungen bei Krediten für grüne Investitionen und entsprechende Garantien der Notenbank (BIS, 2021; NGSF, 2021; TCFD, 2021; UNEP, 2021). Fiskalische Interventionen sind in Abschn. 16.3.1.2 zur leitenden Rolle des Staates erläutert.

16.2 Finanzmarktstabilität als strukturelle Bedingung für klimafreundliches Leben

Das derzeitige globalisierte und finanzialisierte Wirtschaftssystem begrenzt (mit unterschiedlicher Argumentation aus allen vier Perspektiven) den nationalen wirtschaftspolitischen Handlungsspielraum (Aglietta, 2018; Novy, 2020; Rodrik, 2000). Internationale Kapitalflüsse beeinflussen das Funktionieren nationaler Ökonomien und befördern Blasenbildungen auf Finanzmärkten, die oft technologischen Innovationszyklen folgen (Kindleberger & Aliber, 2005). Internationales – kurzfristige Veranlagungen suchendes – Kapital investiert, wo die höchsten Renditen zu erzielen sind, was durch Investitions- und Handelsabkommen erleichtert wird [siehe Kap. 15]. Der daraus entstehende lokale Investitionsboom sowie die lokalen Finanzmarkt-Blasen führen oft zu Überhitzung des Marktes, das heißt zu kurzfristigem Wachstum mit darauffolgender Destabilisierung des nationalen oder internationalen Finanzsystems. Beispiele hierfür sind spekulative Blasen in Japan Anfang der 1990er, danach die Südostasien-Krise, dann die Dotcom Bubble, dann die Subprime-Krise 2007/08 und momentan unter anderem Krypto-Assets (Baur et al., 2018; Kindleberger & Aliber, 2005; H. P. Minsky, 1982; Schulmeister, 2018).

16.2.1 Systemische Finanzmarkt-Instabilität befördert Ressourcenverbrauch durch Wachstumsdrang

Das internationale wirtschaftliche Umfeld wird durch diese systemische Konfiguration des Geld- und Finanzsystems inhärent instabil. Es kann aber durch die von Finanzinvestitionen ausgelösten positiven Wachstumserwartungen und dem mit diesen Erwartungen zusammenhängenden realen Wachstum auf Zeit stabilisiert werden (Cahen-Fourot & Lavoie, 2016; Guttmann, 1996; Kimmich & Wenzlaff, 2021; Tokic, 2012). Der Profitdruck auf individuelle Firmen kann zudem im Aggregat nur langfristig für die meisten Firmen aufrechterhalten werden, wenn auch das BIP als aggregierte Größe nicht aufhört zu wachsen. Denn ansonsten müssen zahlreiche individuelle Firmen einen harten Überlebenskampf führen – dies erzeugt einen gesamtwirtschaftlichen Wachstumszwang (Binswanger, 2019). Diese Faktoren bedingen, dass aufgrund des Wachstumsdrangs durch wirtschaftliche Akteure auf Einhaltung hoher Renditen und rasche Rentabilität von Investitionen abgezielt wird – und nicht auf die Vermeidung von Emissionen, Verringerung von Ressourcenverbrauch, eine faire Entlohnung der Mitarbeiter_innen oder andere gesellschaftliche Zielgrößen (Aglietta, 2018; Hickel, 2021; Kimmich & Wenzlaff, 2021; Schulmeister, 2018; Victor, 2008). Die Rede ist dabei oft von der Maximierung von „Shareholder Value" (Aktionärswert) und Dividendenausschüttungen (Onaran et al., 2011), welche die Unternehmen dazu motivieren, Outsourcing zu betreiben und die Kostensenkungen zum Nachteil von Arbeitnehmer_innen und auch Ressourcenverbrauch durchzusetzen. Des Weiteren können inhärent instabile Finanzmärkte aufgrund der Verstärkung von Netzwerkeffekten bei Bankrotten einzelner Akteur_innen finanzielle Auswirkungen von Klimarisiken kaum abfedern. Zusätzlich bleibt die Erwartungshaltung von Finanzmärkten oft einer spekulativen Logik verhaftet, da nur wenig Vertrauen in die konsequente Umsetzung von Klimapolitik besteht (Battiston, Monasterolo, et al., 2021). In ihren Analysen diskutieren Lohmann (2012) und Sibanda (2013) die Verzahnung von Finanzialisierung, grünem Kapital, Kommodifizierung und CO_2-Emissionen. Eine empirische Analyse (Shoaib et al., 2020) zeigt, wie fortschreitende Finanzialisierung einer Wirtschaft (im Sinne von stärker ausgebauten Finanzmärkten) auch CO_2-Emissionen verstärkt. Weitere ökonometrische Analysen kommen zu dem Schluss, dass Kreditfinanzierung zu mehr Emissionen führt als die Finanzierung über Aktienmärkte („equity-based finance") – was ein Indiz dafür ist, dass marktbasierte Finanzierung sowie grüne Kreditlenkung hilft, die Emissionen zu reduzieren (De Haas & Popov, 2019).

16.2.2 Finanzmarktregulierung für sichere Renditen auf grüne Investitionen

Wie schon Keynes (1936) ausführt und Schulmeister (2018) betont, erhöht Finanzmarktinstabilität das Risiko langfristiger Investitionen, da kurzfristige Renditen oft höher erscheinen und langfristige Investitionen durch die sozial schlecht verwaltete fundamentale Unsicherheit der Zukunft großen „downside risks" (Risiko substanzieller Kursverluste der angeschafften Investitionsgüter) unterliegen. Diese Betrachtungsweise teilen alle Perspektiven. Aus diesen Gründen begünstigt Finanzmarktstabilität langfristige Investitionen zur Schaffung von Strukturen für ein klimafreundliches Leben durch eine stabile, verlässliche und ausreichende Renditenlage. Finanzialisierung, die Instabilitäten erhöht, kann daher aus Bereitstellungs- und Gesellschaft-Natur-Perspektive entgegengewirkt werden, indem langfristige Renditen für grüne Investitionen stabilisiert werden. Zusätzlich könnte eine Transformation des Finanzsystems zu einer „Dienstleisterin der Realwirtschaft" (Schulmeister, 2018) Investitionen zur Dekarbonisierung fördern. Wiewohl derartige Regulierungen großteils auf internationaler Ebene erfolgen müssen (siehe Abschn. 16.4.2.3), gibt es auch auf nationalstaatlicher Ebene Spielräume wie eine Bankenabgabe (Aglietta, 2018; Aglietta et al., 2015; H. Minsky, 1986; H. P. Minsky, 1982; Schulmeister, 2018). Für die gezielte langfristige Transformation sozialer Gegebenheiten schlägt schon Keynes (1936) eine partielle Sozialisierung von Investitionen zur Stärkung des Wirtschaftssystems vor (damals im Kontext der Weltwirtschaftskrise). Diesem Argument folgend, ist eine derartige (partielle) Sozialisierung von Investitionen auch für ein gemeinschaftliches Ziel wie die Bewältigung der Klimakrise in jedem Falle notwendig – wie die Schwierigkeit der letzten Jahrzehnte, Emissionen anhand von politisch vorgegebenen Zielen vor allem auf Basis von Marktprozessen stark zu reduzieren, eindrucksvoll demonstriert (Crotty, 2019; Malm, 2013, 2016; Schulmeister, 2018).

16.3 Akteur_innen und Institutionen: Industrie, Staat, Nationalbank und FMA

16.3.1 Akteur_innen und Aktivitäten, die Wandel fördern

16.3.1.1 Die Ambivalenz der Industrie
Markt- und Innovationsperspektive erhoffen, dass die (Finanz-)Märkte den für die Ökologisierung des Wirtschaftssystems notwendigen Umbau des produktiven wirtschaftlichen Systems in großem Maße aufgrund von Wirtschaftlichkeitskriterien finanzieren und umsetzen werden (IRENA, 2021; IRENA & ILO, 2021). Bereitstellungs- und Gesellschaft-Natur-Perspektive bezweifeln, ob dies in der durch den kurzen Zeithorizont bis zur notwendigen Dekarbonisierung gebotenen Geschwindigkeit geschehen wird (Aglietta, 2018; Schulmeister, 2018; Stern & Valero, 2021). Zusätzlich ist sowohl aus Markt- und Gesellschaft-Natur-Perspektive zu erwarten, dass die fossilen Industrien der sozial-ökologischen Transformation erhebliche Widerstände entgegensetzen werden. Man kann davon ausgehen, dass die Industrie nicht geschlossen als ein Akteur und Block auftreten wird, sondern in unterschiedlichen Sektoren verschiedene Wirtschaftlichkeitsinteressen bestimmend sein werden (Dunz et al., 2021; IEA, 2021). Staatliche Regierung ist erforderlich, um heterogene Interessen der Industrie für die zeitgerechte Dekarbonisierung zu nutzen.

16.3.1.2 Die leitende Rolle des Staates
In allen vier Perspektiven kommt dem Staat eine entscheidende Rolle zu, geeignete Rahmenbedingungen für das Geld- und Finanzsystem festzulegen. In der konkreten Ausgestaltung der Rahmenbedingungen unterscheiden sich die Perspektiven jedoch. Aus Markt- und Innovationsperspektive ist der Staat wesentlich für die Herstellung von Kostenwahrheit verantwortlich, um ökologisch nachhaltige Finanzierungen zu forcieren. Aus Sicht der Bereitstellungs- und Gesellschaft-Natur-Perspektive gilt es nicht nur, zu einem steigenden Klimabewusstsein beizutragen, sondern auch effektive Klimapolitik gegen die Interessen mächtiger Anspruchsgruppen durchzusetzen. Um den staatlichen Handlungsspielraum zu erweitern, ist eine verstärkte Elastizität der Staatsfinanzen bedeutsam, wohingegen staatliche Handlungsfähigkeit durch eine Sparpolitik, die öffentliche Investitionen reduziert, eingeschränkt wird (Kelton, 2019; Schulmeister, 2018). Der Staat braucht jedoch Handlungsspielräume, um angesichts der Verzahnung politischer und wirtschaftlicher Macht auf nationaler und EU-Ebene trotzdem wirksame Rahmenbedingungen zu gestalten (Aglietta, 2018; Novy, 2020; Rodrik, 2000; Schulmeister, 2018). Dies unter anderem, um Gemeinwohlinteressen trotz des engen, den Staat beschränkenden Machtgeflechts bei staatlichen Interventionen mehr in den Vordergrund rücken zu lassen. Somit nimmt der (National-)Staat eine spannungsgeladene und durch wechselseitige Abhängigkeiten geprägte Rolle ein (Novy, 2020; Rodrik, 2000). Interne Anspruchsgruppen wirken in Klimafragen oft verhindernd auf staatliche Regulierung ein (Breitenfellner, Lahnsteiner, Reininger, et al., 2021). Beispielsweise ist die trotz aller Diskussionen in Österreich nicht erfolgte Abschaffung des Dieselprivilegs hierfür ein klares Indiz (Breitenfellner, Lahnsteiner, & Reininger, 2021) – zu begrüßen hingegen ist die kürzlich in Österreich beschlossene CO_2-Bepreisung.[14] Hilfreich für die Finanzierung (Steuereinnahmen) und Durchsetzung (Verringerung von Kapitalakkumulation und Machtkonzentration) der gestaltenden Rolle des Staates ist aus Sicht von Bereitstellungs- und Gesellschaft-Natur-Perspektive ein Steuersystem, das Vermögen und Vermögenseinkommen stärker besteuert als bisher (Nabil et al., 2022; Piketty, 2014). Für die Einführung von Vermögenssteuern kann dabei auf wesentliche (empirische) Vorarbeiten

---

[14] Allerdings diskutierte zum Zeitpunkt der Erstellung dieses Texts die österreichische Politik, ob und bis wann die Einführung dieser CO_2-Bepreisung aufgrund hoher Energiepreise aufzuschieben wäre.

der OeNB und anderer Zentralbanken zur Ungleichheit von Vermögen in Österreich und Europa zurückgegriffen werden (Fessler et al., 2018; Lindner & Schürz, 2019; Waltl, 2022).

In der Eurozone wurde mit den „outright monetary transactions" (OMT) – durch die die EZB die Eurokrise ab dem Jahr 2012 abgefangen hat[15] – sowie durch expansive Geldpolitik („quantitative easing") gewährleistet, dass die staatliche Finanzierung nur mehr partiell und unter der Kontrolle der EZB direkt vom Finanzmarkt abhängt. Aber dieses System ist volatil, während Staatsschuldenausweitungen verhindernde europäische Regulierungen (EU Sixpack und dergleichen) staatliche Spielräume einschränken. Bedeutend ist in diesem Zusammenhang das von Dani Rodrik entwickelte Trilemma (Novy, 2020; Rodrik, 2000), das Spielanordnungen beschreibt, die im Zeitalter einer „Hyperglobalisierung" Einschränkungen von nationalen und/oder demokratischen Handlungsspielräumen mit sich bringt. Falls die Finanzierung von Staatsschuldenausweitungen vom Kapitalmarkt abhängt, können internationale Finanzmärkte nationale Spielräume auch für Klimapolitik stark einschränken. Wenn jedoch Zentralbanken („Lender of last resort" – Kreditgeber letzter Instanz) Staatsschulden richtig managen, dann stellen diese – aus der Sicht von Bereitstellungs- und Gesellschaft-Natur-Perspektive – kein Problem dar (Godley & Lavoie, 2007; Kelton, 2019; Lavoie, 2014; H. P. Minsky, 1982; Schulmeister, 2018; Wray, 2006). Demnach sind erhöhte Staatsausgaben, aber auch Staatsschulden für die Transition zu einer Nullemissionswirtschaft sinnvoll und ökonomisch fundiert begründbar (Aglietta, 2018; Schulmeister, 2018). Aus einer Innovations- und Bereitstellungsperspektive kann der Staat Unsicherheit reduzieren helfen, indem er für die großangelegte Umstrukturierung der Wirtschaft nicht nur mittels Marktmechanismen Finanzmittel in die für die Transformation relevanten Sektoren lenkt, sondern auch als „Entrepreneurial State" zusätzlich direkt öffentliches Risikokapital für dekarbonisierende Investitionen zur Verfügung stellt (Mazzucato, 2014).

Allerdings braucht es im Sinne einer Gesellschaft-Natur-Perspektive eine globale Finanzmarktregulierung (siehe dazu Abschn. 16.4.2.3), um das notwendige stabile Umfeld für unter anderem durch den Staat geleitete langfristige transformatorische Projekte hin zu einer Nullemissionswirtschaft zu schaffen.

16.3.1.3 Klima-Finanz-Risiko: Mandat von Zentralbanken und Finanzmarktaufsicht (FMA)

Strukturellen ökonomischen Notwendigkeiten entsprechend – die aus Markt-, Bereitstellungs- und Gesellschaft-Natur-Perspektive unterschiedlich, aber mit ähnlicher Konsequenz argumentiert werden können – haben Zentralbanken als Gläubiger letzter Instanz spätestens nach der Finanz- und Wirtschaftskrise 2008 eine führende Rolle übernommen, das Finanzsystem vorübergehend zu stabilisieren und zu führen (Bowman, 2013; Thiemann, 2011, 2014). Dies geschah unter anderem durch eine unkonventionelle Geldpolitik wie z. B. Quantitative Easing. Aus der Existenz systemischer Risiken (physisches und Transitionsrisiko) sowie der Kohlenstoffblase wird wie oben argumentiert das Klima-Finanz-Risiko abgeleitet (Carney, 2015) – und somit sind in Österreich als regulierende Institution der Finanzmärkte die Finanzmarktaufsicht sowie innerhalb ihres Zuständigkeitsbereichs auch die OeNB mit der Bekämpfung der Klimakrise befasst (Battiston, Dafermos, et al., 2021; Bolton et al., 2020; Breitenfellner et al., 2019; Dörig et al., 2020; Monasterolo, 2020; Pointner, 2020; Pointner & Ritzberger-Grünwald, 2019; Rattay et al., 2020). Zentralbanken und Finanzaufsichtsbehörden nehmen bei der Stabilisierung dieser immer komplexer werdenden Finanzmärkte somit eine immer bedeutendere – die Gesellschaft steuernde – Rolle ein (Thiemann, 2011, 2012, 2014). Manche sprechen dabei schon von einem „zentralbanken-geleiteten" Kapitalismus (Bowman, 2013; Pozsar, 2014). Dies hat auch mit der immer höher werdenden privaten Schuldenquote[16] zu tun, welche Finanzmarktfragilität systemisch steigert und zusammen mit der Liberalisierung von Finanzmärkten zu verstärkten Zyklen und Blasenbildungen auf Finanzmärkten führt.

Diese Blasenbildung kann nur partiell von Staaten und Zentralbanken beherrscht werden, da die Regulierungen den Innovationen auf Finanzmärkten systemisch hinterherhinken (H. Minsky, 1986; H. P. Minsky, 1982; Palley, 2013), siehe den nächsten Abschn. 16.3.2. Für Zentralbanken ist es in dieser fragilen Lage auf Finanzmärkten immer wichtiger, Preisstabilität von finanziellen Vermögenswerten durch bedeutende Interventionen (oft im Tandem mit staatlichen Beihilfen) im Krisenfall weltweit sicherzustellen – oft ohne die verantwortlichen Akteur_innen die Kosten von Finanzkrisen selbst tragen zu lassen. Automatisierte Handelssysteme steigern die Fragilität von Finanzmärkten weiter (Schulmeister, 2018), unter anderem durch sogenannte „Flash Crashs", die im Jahre 2010 die Kurse plötzlich innerhalb weniger Minuten um mehrere Prozent absinken ließen, worauf sofort eine plötzliche Erholung folgte (Menkveld & Yueshen, 2018). Die Klimakrise wird aufgrund der potenziellen Kohlenstoffblase als eines der größten Finanzrisiken gesehen, welches die bisher dargestellte Finanzmarktfragilität weiter steigert. Obwohl die Zentralbanken nicht hauptsächlich für Finanzmarktrisiken zuständig sind,[17] könnten sie kli-

---

[15] Die berühmten Worte Mario Draghis: „Whatever it takes", siehe dazu seine Ansprache am 26. Juli 2012 in London, https://www.ecb.europa.eu/press/key/date/2012/html/sp120726.en.html.

[16] Nicht wie oft angenommen mit der öffentlichen Schuldenquote – siehe (H. P. Minsky, 1982; Schulmeister, 2018).

[17] In der EU gibt es für die mikro-prudenzielle Aufsicht die „national competent authorities": im Euroraum der ECB Supervisory Board sowie ergänzend nationale Behörden wie in Österreich die FMA. Für

mafreundliche Investitionen fördern bzw. fordern und auch in ihrer eigenen Anlagestrategie verankern (sowohl bezogen auf das nicht-geldpolitische Anlageportefeuille als auch auf Unternehmensanleihen im geldpolitischen Anlageportefeuille). Das Network for Greening the Financial System (NGFS, 2021) als Zusammenschluss von Zentralbanken weltweit hat beispielsweise den Zweck, diese Aspekte von Klima-Finanz-Risiko-Management näher zu beleuchten und Handlungsspielräume für Zentralbanken auszuloten.

16.3.2 Akteur_innen und Aktivitäten, die Wandel hemmen: Regulatorische Vereinnahmung

Gesellschaftliche Strukturen werden auf höheren Ebenen (Regionen, Staaten, global) zu großen Teilen durch vorherrschende Diskurse hergestellt, stabilisiert und durchgesetzt. Dieser Sachverhalt folgt unmittelbar aus der Gesellschaft-Natur- und mittelbar aus der Bereitstellungsperspektive. Er zeigt insbesondere, wie sich – angelehnt an die der Markt- und Innovationsperspektive zugrunde liegenden Paradigmen – narrative Strukturen[18] formieren, die zu einer diskursiven Hegemonie von Markt- und Innovationslösungen führen. Diese narrativen Strukturen stellen Handlungsanweisungen dar, die unser tägliches Handeln steuern und mit Sinn belegen sowie die Ausformungen der unser Wirtschafts- und Gesellschaftssystem co-determinierenden Institutionen regulieren [siehe Kap. 20]. Zudem etablieren diskursive Hegemonien einen erheblichen Teil der Denkmuster, durch die Strukturen, Handlungen, Ereignisse, Institutionen und ethische Diskurse geschaffen, interpretiert, bewertet und gedeutet werden (Aglietta, 2018; Becker, 1973; Graeber, 2012, 2018; Hickel, 2021; J. Lent, 2017; J. R. Lent, 2021; H. Minsky, 1986; H. P. Minsky, 1982; Schulmeister, 2018). Die momentan vorherrschenden diskursiven Hegemonien bezüglich Geld und Finanzsystem erschweren es, Strukturen für ein klimafreundliches Leben zu schaffen (Hickel, 2021; J. Lent, 2017; J. R. Lent, 2021; Schulmeister, 2018). Kritik an der diskursiven Hegemonie der vorherrschende makroökonomische Theorie sowie der Narrative zur finanzialisierten Wachstumslogik kommen oft nur von wissenschaftlichen und gesellschaftlich (machtpolitisch) marginalisierten Gruppen im Rahmen der Bereitstellungs- und Gesellschaft-Natur-Perspektive (Aglietta, 2018; Eisenstein, 2021; Graeber, 2012; Hickel, 2021; J. Lent, 2017; J. R. Lent, 2021; Schulmeister, 2018).

Innerhalb solcher diskursiven, institutionellen und sozialen Strukturen sind bestimmte Finanzmarktakteur_innen erfolgreich bei der Vermeidung und Aufweichung von Regulierungen sowie bei diesen entweichenden Finanzmarktinnovationen – in der Literatur bekannt als „regulatory capture" (regulatorische Vereinnahmung). Aus Bereitstellungs- und Gesellschaft-Natur-Perspektive gibt es systemische Gründe dafür, dass Finanzmarktakteur_innen aufgrund von Profitmaximierung versuchen, nationale und internationale Regulierungen, z. B. Basel III, im Vorhinein abzuschwächen, zu unterlaufen oder zu verhindern (H. Minsky, 1986, 1986; Palley, 2013; Schulmeister, 2018). So wurde die in der EU lange diskutierte Finanztransaktionssteuer durch eine Studie von Goldman Sachs sehr kritisch analysiert (Goldman Sachs, 2013)[19] und danach nicht umgesetzt (Schulmeister, 2015).[20] Ein weiteres Beispiel, wie Finanzmärkte die Interessen der Realwirtschaft in ihre Richtung lenken, ist die Finanzialisierung realwirtschaftlicher Unternehmen (Auvray & Rabinovich, 2019): Wenn Unternehmen ihre Profite zunehmend auf Finanzmärkten erwirtschaften, steigt ihr Interesse, (Finanz-)Regulierungen zu unterbinden, obwohl diese für ihre realwirtschaftlichen Aktivitäten vorteilhaft wären (Schulmeister, 2018). Greenwashing im systemischen Sinn, wie oben in Abschn. 16.1.2 argumentiert, wäre auch unter regulatorischer Vereinnahmung einzuordnen (Der GLOBAL 2000 Banken-Check, 2021).

Der Machtzugewinn der globalen Vermögensbesitzenden seit den 1980er Jahren – der von Kalecki (1943) vorhergesehen wurde – schlägt sich in institutionellen Veränderungen nieder. Die Suche nach Renditen fördert die Entwicklung komplexer Finanzinnovationen, die zunehmend opak werden („Schattenbankensystem"), wodurch für die Politik das systemische Risiko steigt (Ban & Gabor, 2016; Carstens, 2021; Kindleberger & Aliber, 2005; Michell, 2016; Pozsar, 2014). Umso wichtiger wird Wachstum zur Stabilisierung

---

die makro-prudenzielle Aufsicht gibt es die „National Designated Authorities" (in AT die FMA, mit ergänzender Zuständigkeit von ECB Supervisory Board und Governing Council im Euroraum). In beiden Bereichen wirkt in Österreich FMA mit OeNB zusammen, im makroprudenziellen Bereich auch mit dem Finanzmarktstabilitätsgremium. Für die zugrundeliegende Gesetzgebung ist die EBA (European Banking Authority) zusammen mit europäischer Kommission sowie Rat und europäischem Parlament zuständig. Im EZB-Rechtsstreit zwischen der EU und dem deutschen Verfassungsgericht in Karlsruhe wird mitverhandelt, ob die mit der Klimakrise einhergehenden finanziellen Risiken zum Aufgabengebiet der EZB gehören oder nicht.

[18] Narrative Strukturen sind hier definiert als große, leitende gesellschaftliche Denkmuster und Erzählweisen über das Wesen von Natur und Umwelt sowie Sinn und Zweck menschlichen Daseins (Aglietta, 2018; Eisenstein, 2011, 2021; Hickel, 2021; J. Lent, 2017; J. R. Lent, 2021). Diese narrativen Strukturen bestimmen sowohl (1) direkt individuelles, gesellschaftliches und wirtschaftliches Handeln als auch (2) indirekt und mit zeitlicher Verzögerung die Ausgestaltung von Strukturen aller Art wesentlich – unter anderem Infrastrukturen, Institutionen des Geld- und Finanzwesens oder das (Sozial-)Staatswesen.

[19] Diese Studie (Goldman Sachs, 2013) ist mittlerweile nicht mehr auf offiziellen Seiten z. B. von Goldman Sachs aufzufinden, sondern nur auf dieser Studie eher kritisch gegenüberstehenden Plattformen wie z. B. steuer-gegen-armut.org. [Zuletzt abgerufen am 18.03.2022]

[20] Es gibt sicherlich gute Gründe, die Einführung einer Finanztransaktionssteuer in einem kritischen Licht zu betrachten. Der Fokus liegt hier auf der Art der Vorgehensweise, mit der die in (Goldman Sachs, 2013) erfolgte Analyse an Entscheidungsträger_innen kommuniziert wurde, und wie nach der Darstellung von (Schulmeister, 2015) dadurch Partikularinteressen des Finanzsektors verfolgt wurden.

des instabilen Finanzsystems, was wie oben argumentiert unter anderem durch nichtnachhaltigen Einsatz von Ressourcen oder Verringerung von Lohnquoten bewerkstelligt wird (Jackson, 2019). Aus der gleichzeitigen Erwartung von langfristig niedrigen realwirtschaftlichen Wachstumsraten (Summers, 2015) resultieren potenziell gravierende Probleme der empirisch belegten ungleichen Verteilung von Einkommen und Vermögen – innerhalb einzelner Länder wie in Österreich (Fessler et al., 2018; Lindner & Schürz, 2019; Waltl, 2022) und international sowie zwischen globalen sozialen „Klassen" (Jackson & Victor, 2016; Milanovic, 2019; Nabil et al., 2022; Piketty, 2014). Die gezielte Einflussnahme der Eliten auf Diskurse zur Deregulierung von Finanzmärkten hat diesen Entwicklungen den Weg geebnet und findet seine Fortsetzung. Das historisch beste Beispiel ist die sogenannte „Mont Pélerin Society" (Mirowski & Plehwe, 2009; Schulmeister, 2018), von der ausgehend gezielt das wirtschaftswissenschaftliche Paradigma in seine derzeitige Richtung mitgeformt wurde, mit oben skizzierten Folgen unter anderem auf Finanzmarktliberalisierung. Komplementär und begleitend wurde ein materialistisches Narrativ von Wohlstand vorherrschend im medialen Diskurs und in breiten Teilen der Bevölkerung propagiert, um den Wachstumskapitalismus der Nachkriegszeit als Erfolgsmodell aufrechtzuerhalten. Derzeit sind in den breiter rezipierten und geführten Diskursen keine anerkannten großen alternativen gesellschaftlichen Entwürfe dazu vorhanden (Eisenstein, 2021; Hickel, 2021; J. Lent, 2017; J. R. Lent, 2021; Schulmeister, 2018).

Diese strukturellen Gegebenheiten des gegenwärtigen Geld- und Finanzsystems erschweren die Regulierung der Finanzmärkte zur Finanzierung der Strukturen für ein klimafreundliches Leben bedeutend.

16.4 Handlungsmöglichkeiten und Gestaltungsoptionen aus allen Perspektiven

16.4.1 Markt- und Innovationsperspektive: Green Finance und Growth

Die im folgenden beschriebenen Maßnahmenbündel versuchen vor allem, durch Reform von Märkten (Marktperspektive) und gelenkter Technologieentwicklung (Innovationsperspektive) unser Wirtschaftssystem zu grünem Wachstum zu lenken sowie die Finanzierung dafür innerhalb bestehender Paradigmen (z. B. Green-Finance-Paradigma) bereitzustellen.

16.4.1.1 European Green Deal, Fit for 55 und andere Green-Growth- und Green-Reform-Optionen

Die erste Gruppe an Gestaltungsoptionen, hier zusammengefasst als Green-Growth- bzw. Green-Reform-Gestaltungsoptionen, konzentriert sich auf verschiedene öffentliche sowie öffentlich-private Finanzierungsformen für Investitionen in sozial-ökologische Infrastrukturen. Dazu zählen die Implementation eines Green Deals in Europa (EGD) sowie die grünen Anteile (ein Drittel) des Post-COVID-19-Recovery-Plans der EU („NextGenerationEU") – im Rahmen derer aus dem derzeitigen Siebenjahreshaushalt der EU insgesamt 1,8 Billionen Euro an Finanzmitteln vorgesehen sind.[21] Im Paket der EU „Fit for 55"[22], welches die EU an die Klimaneutralität bis 2050 heranführen soll und wovon der EGD ein Teil ist, sind zudem mehr als 144 Milliarden Euro für einen „Klima-Sozialfonds" vorgesehen, mit dem eine gerechte und sozialverträgliche Transition („just transition") gewährleistet werden soll. Die für hier genannte Zwecke umfangreiche und zum Teil vergemeinschaftlichte Schuldenaufnahme der EU kann aus der Sicht aller Perspektiven als positiv charakterisiert werden, da sie zusätzlich zu ihrer klimapolitischen Lenkungswirkung ein Modell für künftige Weiterentwicklungen von Eurozone und EU bildet, spekulative Angriffe auf einzelne nationale Schuldentitel von EU-Staaten verhindern hilft, sowie die Rigidität von EU-Fiskalrahmen und EU-Fiskalpolitik aufweicht. An dieser Stelle soll allerdings nicht unerwähnt bleiben, dass Österreich mit anderen Staaten im Verbund im Rahmen der sogenannten „Frugal4" dazu beigetragen hat, dass der europäische Rat den Just Transition Fund im Vergleich zum Vorschlag der EK erheblich verkleinert hat (Reininger, 2021). Da aber letztlich der EGD großteils innerhalb des Green-Finance-Paradigmas verbleibt, ist trotz der darin festgesetzten ambitionierten Ziele unklar, wieweit dies zur Umsetzung einer Nullemissionswirtschaft ausreichen wird. Ähnlich sind auch der gesamte Post-COVID-19-Recovery-Plan der EU[23] (Philipponnat, 2020) oder die Vorschläge in UNCTAD (2019) zu beurteilen.

16.4.1.2 Reform der Finanzmärkte: Green Finance und Taxonomie, Divestment

Die zweite Gruppe an Gestaltungsoptionen, insbesondere aus einer Marktperspektive, die sich teilweise bereits in Umsetzung befinden, fokussiert auf die Reform von Finanzmärkten, insbesondere des Green-Finance-Bereichs, sowie auf Divestment. Auf Ebene der EU wird stark auf nachhaltige und grüne Finanzierung gesetzt, insbesondere zur Finanzie-

---

[21] Für nähre Information zum EGD siehe unter anderem https://ec.europa.eu/info/strategy/priorities-2019-2024/european-green-deal_de. [Zuletzt abgerufen am 18.03.2022]
[22] Siehe beispielsweise https://www.bundeskanzleramt.gv.at/themen/europa-aktuell/fit-for-55-paket-eu-kommission-geht-herausforderungen-zum-klimaschutz-an.html [Zuletzt abgerufen am 18.03.2022]
[23] Siehe dazu unter anderem https://www.consilium.europa.eu/en/policies/eu-recovery-plan/ sowie den sehr hilfreichen Green Recovery Tracker: https://www.greenrecoverytracker.org/. [Alle zuletzt abgerufen am 18.03.2022]

rung der im Rahmen des European Green Deals und des EU Recovery Plans zur Bekämpfung der wirtschaftlichen Folgen von COVID-19 vorgesehenen Maßnahmen. Insgesamt werden laut der EK für die Umsetzung des Pariser Klimaabkommens[24] im Rahmen des Fit-for-55-Pakets rund 350 Milliarden Euro an zusätzlichen jährlichen Investitionen benötigt,[25] die die EK zu einem erheblichen Teil über die Finanzmärkte einbringen will, aber partiell auch über vergemeinschaftlichte EU-Schuldenaufnahme zur Finanzierung des EGD. In diesem Zusammenhang kann man Green Bonds ein besonderes Potenzial zusprechen, da sie explizit an emissionsreduzierende Projekte gebunden sind, für ein Zertifizierungs-Schema auf Firmenlevel siehe Ehlers et al. (2020).

Eine starke Beanspruchung von Green Finance, wie unter anderem in der EU-Strategie vorgesehen, kann in jedem Fall förderlich sein, da sie eine Win-win-Situation für alle Beteiligten verspricht (Sustainable-finance-Beirat, 2021). Allerdings ist fraglich, inwiefern Green Finance in der derzeitigen Form die Problematiken von Wachstumslogik und Finanzmarktinstabilität bearbeiten kann (Hache, 2019a; J. Jäger, 2020; J. S. Jäger, 2020; Reyes, 2020). Die EU-Taxonomie könnte wirksam sein, um Greenwashing zu vermeiden (Alessi et al., 2019) und einen Beitrag zu Finanzmarktstabilität zu leisten, aber ihre Effektivität wird sich noch zeigen müssen. Die Frage beispielsweise, wer unter welchen Umständen grüne Geldanlagen gemäß der EU-Taxonomie zertifizieren kann und ob dabei bedeutende Finanzmittel an Ratingagenturen fließen werden, wird sich in der Praxis klären müssen. Zudem hat die Inklusion von Nuklear- und Atomkraft als grüne „Brückentechnologien" durch die EU-Kommission in einem „ergänzenden delegierten Rechtsakt" in die Taxonomie heftige Diskussionen ausgelöst, unter anderem eine dezidiert ablehnende Stellungnahme der österreichischen Mitgliedstaaten-Expert_innen-Gruppe (MSEG, 2022).[26] Diese Diskussionen werden sich fortsetzen und während sie die Schwierigkeiten aufzeigen, eine marktbasierte und gleichzeitig konsensorientierte Förderung von grünen Investitionen mittels grüner Finanzierung voranzutreiben, zeigt sich in diesem Prozess und dem begleitenden Dissens auch die fortschreitende diskursbasierte Regulierung des Finanzmarkts in Richtung einer nachhaltigeren Wirtschaftsweise innerhalb bestehender Paradigmen.

Wie oben skizziert, hatten Divestmentstrategien zur Auflösung der Abhängigkeit von fossilen Anlageformen bisher kaum Auswirkungen auf den Preis von fossilen Anlagegütern – und somit scheint ein Fokus auf die technologische Substitution von fossilen Treibstoffen durch erneuerbare Energien die bessere Strategie zu sein (Hansen & Pollin, 2020).

16.4.2 Alle vier Perspektiven: Steuerreform und institutionelle Änderungen

Diese Maßnahmenoptionen befinden sich an der Schnittstelle von Standpunkten aller vier Perspektiven. Zwar sind sie durch ihren Schwerpunkt auf Änderungen von Regeln systematischer Bereitstellung etwas näher bei der Bereitstellungsperspektive, wirken jedoch teilweise auch transformativ auf Markt- und Innovationsstrukturen im Sinne einer Gesellschaft-Natur-Perspektive. Unter anderem ändern eine tiefe Reform von Steuergesetzgebung und Kreditlenkung sowie die Reform institutioneller Strukturen (Zentralbankmandat, internationale Finanzarchitektur, alternative Geldsysteme) durch die Transformation von Praktiken der Bereitstellung (über Märkte, von Technologien und durch den Staat) die Dynamik unseres Gesellschaftssystems möglicherweise bedeutend.

16.4.2.1 Kreditlenkung und Änderung des nationalen Steuersystems

Als Vertiefung von Green-Growth- und Green-Finance-Gestaltungsoptionen sind Interventionen zu sehen, die Finanzmärkte explizit in ihrer Tiefenstruktur umgestalten wollen, um an der Schnittstelle zwischen Green Growth und Green Finance die große Transformation zu einer Nullemissionswirtschaft zu bewältigen. Ambitionierte Pläne für Green New Deals in Europa wie beispielsweise DiEM25 (2020) gehen – vor allem was angedachte institutionellen Veränderungen betrifft – weit über die Pläne der EU hinaus und decken somit viele der hier angegebenen tiefergehenden Gestaltungsoptionen ab.[27]

An erster Stelle sind in dieser Kategorie an Gestaltungsoptionen Kreditkontrolle, -Lenkung und -Governance für die Finanzierung von sozial-ökologischen Infrastrukturen zu sehen (Pettifor, 2017). Diese Option ist vor allem an der Schnittstelle zwischen Bereitstellungs- und Marktperspektive zu verorten. Sie findet historische Parallelen in der Industrieentwicklungspolitik im Rahmen der industriellen Revolution, wo unter anderem durch Kreditlenkung gezielt Schlüsselindustrien aufgebaut wurden (Aglietta, 2018; Pettifor, 2019; Werner, 2003). Die Erfahrungen und institutionellen Strukturen aus dem 19. und 20. Jahrhundert können

---

[24] Siehe https://ec.europa.eu/transparency/regdoc/rep/1/2019/DE/COM-2019-285-F1-DE-MAIN-PART-1.PDF. [Zuletzt abgerufen am 18.03.2022]

[25] Siehe dazu https://eur-lex.europa.eu/legal-content/DE/TXT/PDF/?uri=CELEX:52020DC0564&from=EN. [Zuletzt abgerufen am 18.03.2022]

[26] Siehe dazu unter anderem https://www.bmk.gv.at/themen/klima_umwelt/klimaschutz/green_finance/taxonomie_vo.html. [Zuletzt abgerufen am 17.03.2021]

[27] Für weitere Informationen siehe https://diem25.org/campaign/green-new-deal-fuer-europa/. [Zuletzt abgerufen am 14.03.2021]

Lehren bereithalten, derartige soziale Mechanismen für die Herausforderungen der sozial-ökologischen Transformation weiterzuentwickeln. In ihrer Studie empfehlen De Haas und Popov (2019) beispielsweise verstärkte Richtlinien für die Vergabe grüner Kredite.

Eine substanzielle ökosoziale Steuerreform, auf die sich wohl alle vier Perspektiven in ihrer Bedeutung (wenn auch mit unterschiedlichen Schwerpunktsetzungen) einigen könnten, wäre jedenfalls Teil solcher Lösungen. Kernidee ist, die Rahmenbedingungen so zu gestalten, dass wirtschaftliche Handlungen zugunsten klimaneutraler Prozesse mit hohen finanziellen Anreizen ausgestattet sind, während klimaschädliche Aktivitäten hohen Steuern und Abgaben unterliegen. Es sollte Klarheit darüber herrschen, dass der CO_2-Preis stetig, substanziell und langfristig steigen wird *(hohe Übereinstimmung, starke Literaturbasis)*. Ein diesbezüglicher Vorschlag findet sich beispielsweise bei Schulmeister (2018, S. 330 ff.), der einen fixen und stark ansteigenden Mindest-Ölpreispfad vorschlägt, wo die Differenz zum (variablen) Weltpreis durch einen (variablen) Steueraufschlag[28] zustande käme und vor allem aus Marktperspektive, aber auch aus allen anderen Perspektiven ein zu begrüßender Vorschlag wäre. Dies würde Planbarkeit für grüne Investitionen sicherstellen und somit Unsicherheiten während des Transitionsprozesses verringern und gleichzeitig die Rentabilität grüner Investitionen garantieren, vgl. dazu auch Edenhofer et al. (2019). Ähnliche Konzepte werden auch von Pahle et al. (2022) thematisiert, die sich mit Marktrisiken von Kohlenstoffmärkten, daraus resultierenden potenziell stark ansteigenden Preispfaden und damit, wie die Politik mit diesen Risiken umgehen kann, befassen. Das Steuersystem umfassend zu reformieren, würde – neben einer ausreichenden CO_2-Steuer (aufbauend auf der in Österreich bestehenden CO_2-Steuer), (falls notwendig) einer direkten zusätzlichen Besteuerung fossiler Energieträger sowie einer Vermögensbestands- und Vermögenszuwachsbesteuerung – auch eine Finanztransaktionssteuer inkludieren (Aglietta, 2018; H. Minsky, 1986; H. P. Minsky, 1982; Palley, 2013; Piketty, 2014; Schulmeister, 2015, 2018).

16.4.2.2 Erweiterung des Mandats von Zentralbank und Finanzmarktaufsicht

In den Bereich der tiefenstrukturellen Gestaltungsoptionen würde auch ein explizites Mandat der Europäischen Zentralbank (EZB) bzw. der zuständigen nationalen Finanzaufsichtsbehörde (in Österreich der Finanzmarktaufsicht) fallen, das Klima-Finanz-Risiko zu minimieren. Viele Kommentator_innen schlagen hierzu z. B. einen emissionswirksamen (grünen) Fokus von „quantitative easing" (also unkonventionelle expansive Geldpolitik) vor, siehe dazu unter anderem Dafermos et al. (2018); Aglietta et al. (2015); Matikainen et al. (2017); UNEP (2017). Die Zentralbank wäre jene Akteurin, die Kreditlenkung für grüne Investitionen im großen Stil anleiten, kontrollieren, regulieren sowie gegebenenfalls auch direkt durchführen könnte. Momentan scheint dieser Diskurs dynamisch zu verlaufen, insbesondere wird ein Eingriff in Finanzmärkte für den Klimaschutz zunehmend über die Sicherstellung von Preis- und Finanzmarktstabilität begründet (Bolton et al., 2020; Bolton & Kacperczyk, 2021; Campiglio et al., 2018). Jüngste Argumentationen der EZB gehen auch in diese Richtung (ECB, 2021). Oben genannte Green-Finance-Initiativen, Offenlegungspflichten und die Green-Finance-Taxonomie liefern hier schon einen wichtigen Beitrag zur Finanzmarktstabilität, wenn auch keinen ausreichenden (Hache, 2019a). Zuletzt stark forciert wurden sogenannte Klima-Stresstests, mit denen Finanzmarktaufsichtsbehörden Banken bezüglich der in ihren Portfolios enthaltenen Klimarisiken präventiv prüfen und je nach Ergebnis des Stresstests Kapitalerhöhungen und/oder Beschränkungen von Gewinnausschüttungen fordern (Battiston et al., 2020; Guth et al., 2021; Königswieser et al., 2021).

16.4.2.3 Reform der internationalen Finanzarchitektur und des internationalen Steuersystems

Eine weitere wichtige Handlungsoption ist die Reform der internationalen Finanzarchitektur und des internationalen Steuersystems, was direkte Auswirkungen auf das österreichische Geld- und Finanzsystem hätte. Ein Nachfolger des Bretton-Woods-Systems wäre notwendig, um die nötige Stabilität auf Finanzmärkten zu garantieren und um die Finanzierung der Transformation zu einer Niedrigemissionswirtschaft zu gewährleisten (Aglietta, 2018; Schulmeister, 2018). Eine Regulierung globaler Spekulationstätigkeiten wäre in diesen Zusammenhang ein weiteres, wichtiges Steuerungsinstrument. Eine Finanztransaktionssteuer lässt sich (wenn auch mit gewissen Abstrichen) selbst aus einer Marktperspektive heraus hervorragend argumentieren, da sie Erwartungssicherheit steigern würde und somit dienlich für langfristige Investor_innensicherheit in Bezug auf grüne Investitionen wäre. Eine Finanztransaktionssteuer sollte europäisch oder im günstigsten Fall international akkordiert sein (Aglietta, 2018; H. Minsky, 1986; H. P. Minsky, 1982; Palley, 2013; Schulmeister, 2015, 2018). Eine wohl aus allen vier Perspektiven zu begrüßende Entwicklung ist die Einführung einer globalen Mindeststeuer auf Unternehmensgewinne von 15 Prozent, die im Herbst 2021 international akkordiert wurde (G20, 2021). Insgesamt zeigt sich somit, wie die Klimakrise ein Dreh- und Angelpunkt (Pivot) werden könnte, um den sich eine neue internationale monetäre Kooperation formt, die die Schaffung und den Einsatz internationaler Finanzmittel an die Bewältigung der Klimakrise bindet. *(niedrige Übereinstimmung, mittlere Literaturbasis)*

---

[28] Die Steuer wirkt in diesem System nur solange der Weltparkpreis unter dem Mindestpreis liegt – Refundierungen sind hier ausgeschlossen. Sollte der Weltmarktpreis den Mindestpreis übersteigen, wird dieser durch diese Steuer somit nicht mehr modifiziert.

16.4.2.4 Alternative Geldsysteme

Alternative Geldsysteme als Handlungsoption folgen insbesondere aus der Gesellschaft-Natur-Perspektive, aber auch aus der Bereitstellungsperspektive, da sie Praktiken gesellschaftlichen Handelns direkt ändern und somit die Art der Bereitstellung modifizieren können. Dieser Diskurs wird in der Literatur breit geführt, für eine kritische Sicht siehe Weber (2015). Komplementäre Geldsysteme bieten einen derzeit wenig oder nur als Randphänomen diskutierten Ansatz für die Finanzierung der sozial-ökologischen Transformation. Komplementär- oder Spezialwährungen (sogenannte „Special Purpose Monies" – SPMs) unterscheiden sich von einer Allzweckwährung („General Purpose Money" – GPM) in vielerlei Hinsicht. Eine Allzweckwährung ist Geld, das für Transaktionen mit legalen Gütern, Dienstleistungen, Vermögenswerten oder anderen juristischen Personen in Frage kommt und vom Staat garantiertes Zahlungsmittel ist (wie z. B. der Euro, der Dollar). SPMs haben im Unterschied dazu folgende Eigenschaften: (1) Sie werden eingesetzt, um Anreize zur Erfüllung eines bestimmten Zwecks zu setzen, und (2) Unternehmen sind gesetzlich nicht verpflichtet, sie als Zahlungsmittel zu akzeptieren (Alves & Santos, 2018; Lietaer et al., 2012; Polanyi, 1944). Besondere Ziele sind z. B. die Stärkung der regionalen Wirtschaft (Douthwaite, 1998), die Reduzierung von Treibhausgasen (Seyfang et al., 2009) oder die Bindung von Kund_innen an Unternehmen (Seyfang & Longhurst, 2013). Die Studie von Bohnenberger (2020) bescheinigt Regionalwährungen ein hohes Transformationspotenzial, da sie Umweltauswirkungen aufgrund der Regionalisierung von Konsum verringern. In ihrer Meta-Literaturanalyse stellen Michel und Hudon (2015) fest, dass Gemeinschaftswährungen stark zu sozialer Nachhaltigkeit beitragen, jedoch ihre transformative Kraft begrenzt war, da sie wenig bekannt und verbreitet sind.

Alternative Geldsysteme können durch ihre partielle Abkopplung von hierarchischen und institutionellen Strukturen, denen Allzweckwährungen unterliegen, einen Beitrag zur Dekarbonisierung leisten, da sie unter anderem durch Erwartungs- und Netzwerkeffekte als Katalysator für die sozial-ökologische Transformation wirken können. Beispielsweise schlägt Hornborg (2017) ein einfaches und innovatives politisches Instrument in Form eines alternativen Geldsystems vor, um die sozial-ökologische Transformation zu einer Nullemissionswirtschaft zu befördern: „Jedes Land legt eine Komplementärwährung für ausschließlich regionale Nutzung fest, die als Grundeinkommen an alle Einwohner_innen ausgegeben wird." (Hornborg, 2017, S. 627) Die dadurch erfolgte Stärkung regionaler Lieferketten und lokaler Wirtschaftsbeziehungen könnte Treibhausgase im Verkehrssektor verringern, die Verlagerung von CO_2-Emissionen ins Ausland durch dortige Produktion verhindern sowie die behördliche Kontrolle der Treibhausgasemissionen aus Verbrauch und Produktion sicherstellen (Hornborg, 2017, S. 627). So ein Währungssystem würde auch Problemstellungen wie dem Verlust demokratischer Souveränität durch die Globalisierung (Rodrik, 2000), verstärktem regionalen Identitätsverlust und damit verbundenem Wählerverhalten (Essletzbichler et al., 2018), niedrigen regionalen Wachstumsraten (Boik, 2014) sowie langfristig niedrigen Wachstumsraten (Summers, 2015) entgegenwirken. In eine ähnliche Kerbe wie Hornborg schlägt das Konzept ECO (ECO – Earth Carbon Obligation, 2021).[29] Diese und ähnliche Vorschläge könnten teilweise unter einfachen Änderungen der zugrundeliegenden Gesetzeslage zügig auf nationaler und europäischer Ebene implementiert werden (Lietaer et al., 2012).

Was an dieser Stelle ebenfalls Erwähnung finden muss, ist, dass bestehende „alternative"[30] Kryptowährungen – allen voran Bitcoin, aber auch die nächst bedeutendere Währung Ethereum und alle anderen Krypto-Formate wie z. B. Dogecoin[31] – in der Regel oft als Spekulationsobjekte verwendet werden und im Aggregat kaum zur Bewältigung der Klimakatastrophe dienlich gemacht werden. Unter anderem durch die ineffiziente Verwendung des unterliegenden Blockchain-Protokolls ist der Stromverbrauch sowohl von Bitcoin als auch von Ethereum immens. Er bewegt sich bei Bitcoin mittlerweile auf der Höhe ganzer Länder und liegt jährlich, je nach Modellschätzung (die genauen Zahlen sind leider unbekannt), zwischen dem Stromverbrauch von Griechenland, Tschechien, Italien oder (beinahe) Deutschland – im Mittel wird er in etwa knapp unter jenem von Polen geschätzt (Cambridge Bitcoin Electricity Consumption Index (CBECI), 2021; Jiang et al., 2021; MDR, 2021; Sander, 2021). Der zugehörige CO_2-Fußabdruck von Bitcoin scheint nach (weiteren und wohl weniger belastbaren) Schätzungen so groß wie jener Finnlands zu sein und so viel Elektroschrott wie Luxemburg zu verursachen; und die zweite große digitale Währung Ethereum scheint um nichts besser abzuschneiden (Bitcoin & Co, 2021; Digiconomist – Exposing the Unintended Consequences of Digital Trends, 2021). Angesichts der Herausforderungen durch die Klimakrise scheint diese Verwendung von Ressourcen und Ausstoß von Emissionen ohne klar erkennbaren gesellschaftlichen Nutzen aus Sicht aller Perspektiven entbehrlich.

---

[29] Siehe https://www.saveclimate.earth/ für weitere Informationen.
[30] Die Frage drängt sich auf, inwiefern diese Kryptowährungen alternative Verhaltensmuster eher befördern als das konventionelle Geldsystem. Derzeit scheinen sie das – wenn überhaupt – nur in eher geringem Ausmaß zu tun oder sogar gesellschaftlich abträglichere Verhaltensmuster zu induzieren wie Allzweck-Währungen (neben oben erwähnter Finanzspekulation z. B. Zahlungen für kriminelle Akte im Darknet, unter vielen anderen).
[31] Welches von seinem Entwickler Billy Markus ursprünglich als Spaß-Kryptowährung (!) gedacht war (Dogecoin, 2021).

16.4.3 Gesellschaft-Natur- und Bereitstellungsperspektive: Degrowth und Gebrauchswert

Hier vorgeschlagene Maßnahmenbündel nehmen eine darüberhinausgehende Position zu den vorherigen Ansätzen ein. Dies vor allem, da Praktiken aus Gesellschaft-Natur-Perspektive (Wandel von gesellschaftlichen Systemdynamiken) mit Elementen einer Bereitstellungsperspektive (Änderung von Bereitstellungspraktiken) sowie Markt- und Innovationsansätzen zu einer umfassenden Transformation in Richtung eines klimafreundlichen Lebens miteinander verwoben werden. Das erklärte Ziel dabei ist, die Tiefenstrukturen des Wirtschafts- und Finanzsystems so zu verändern, dass die Transformation zu einer Nullemissionswirtschaft innerhalb des oben bereits erwähnten – gezählt ab dem Jahr 2022 anhand der MCC Carbon Clock (MCC, 2022) – für soziale Prozesse extrem kurzen Zeitfensters von weniger als sieben Jahren (bei Einhaltung des 1,5-Grad-Ziels) bewerkstelligt werden kann. Diese Perspektive der unten rezipierten Literatur betont den Umstand, dass innerhalb der gegenwärtigen wirtschaftlichen, wissenschaftlichen und gesellschaftlichen Paradigmen, Infrastrukturen sowie soziokulturellen Strukturen die Hinwendung zu einer klimafreundlichen Lebensweise bisher nicht geglückt ist. Aus diesem Umstand wird die Notwendigkeit von tiefgreifendem systemischem Wandel der zugrundeliegenden gesellschaftlichen Strukturen (Denk- und Handlungsanweisungen sowie Infrastrukturen) abgeleitet. Diese Form von systemischem Wandel würde die derzeitige Grundlogik von Kommodifizierung, Monetarisierung und damit einhergehender Akkumulation von Kapital grundlegend ändern und/oder transzendieren, und somit den Wachstumsdrang des gegenwärtigen ökonomischen Systems eindämmen. Es wird somit auf die größten Hebelwirkungen aus einer systemischen Perspektive abgestellt [siehe Kap. 23]: gezielte Änderung und Überwindung von Konventionen und Weltanschauungen sowie wirkungsvoll gesetzte Änderungen der Ziele eines Systems.

16.4.3.1 Degrowth: Soziale Entfaltung des Menschen durch Einhaltung biophysischer Grenzen

Die Analyse der wirtschaftlichen Strukturen und Dynamiken in diesem Kapitel zeigte bisher aus Gesellschaft-Natur- und Bereitstellungsperspektive auf, dass es angesichts der vorhandenen institutionell verankerten Wachstumslogiken schwierig sein wird, innerhalb des Wachstumsparadigmas die Transformation zu einer Niedrigemissionswirtschaft zu bewältigen. Schon Anfang der 1970er wurde das Wachstumsparadigma aus wissenschaftlicher Sicht fundamental in Frage gestellt: der breit, aber nicht übereinstimmend rezipierte Bericht an den Club of Rome zu den Grenzen des Wachstums (Meadows et al., 1972) kam anhand einer weltweiten, empirisch fundierten systemdynamischen Analyse zu dem Ergebnis, dass exponentielles Wachstum mit den biophysischen Grenzen unseres Planeten langfristig nicht vereinbar ist. Seit dem grundlegenden – aber ebenfalls nicht übereinstimmend rezipierten – Beitrag von Georgescu-Roegen (1971) ist zusätzlich klar, dass langfristig exponentielles Wachstum, selbst unter sehr optimistischen Annahmen zu Energieeffizienz und Wiederverwertung (Recycling), mit biophysischen Grenzen aufgrund physikalischer Gesetze (Entropie, zweites Gesetz der Thermodynamik) nicht vereinbar ist. Empirisch wurde zudem weltweit bisher noch keine absolute Entkopplung von Treibhausgasen und Wachstum festgestellt (Hickel & Kallis, 2020; Schröder & Storm, 2020). Die Analyse von Hickel & Kallis (2020) folgert insbesondere, dass – obwohl es eine technische und theoretische Möglichkeit dafür geben mag, Emissionen und Wachstum zu entkoppeln – diese Entkopplung den empirischen Fakten nach weltweit nicht oder kaum passiert.

Sollen planetare, biophysische Grenzen eingehalten werden, ist somit eine Beschränkung von Wachstum oder ein ökonomisches Schrumpfen (Degrowth) in Ökonomien mit hohen Einkommen und (vor allem) mit hohem Konsumniveau eine wesentliche Bedingung *(niedrige Übereinstimmung, starke Literaturbasis)* (Alier, 2009; Bergh & Kallis, 2012; Cosme et al., 2017; Demaria et al., 2013; Hickel, 2021; Hickel & Hallegatte, 2021; Jackson, 2009, 2017, 2019; Kallis, 2011; Kallis et al., 2012; Kallis, 2017; Kallis et al., 2018; Lange, 2018; Sandberg et al., 2019; C. L. Spash, 2020; Victor, 2008, 2011).[32] In ihrer analytischen Szenario-Betrachtung zu Zielerreichungspfaden bezüglich des 1,5-Grad-Ziels zeigen Keyßer und Lenzen (2021), dass die Inklusion von Degrowth-Szenarien bei der Erreichung der 1,5-Grad-Ziele Schlüsselrisiken bezüglich Machbarkeit und Nachhaltigkeit gegenüber vor allem technologiegetriebenen Szenarien substanziell verringert. Dies unterstreicht die Bedeutung des politischen Diskurses zu Degrowth, insbesondere aus Gesellschaft-Natur- und Bereitstellungsperspektive.

Wesentlich für die Möglichkeit von Degrowth, wie unter anderem Tokic (2012) zeigt, ist jedoch, inhärent instabile Finanzmärkte zu stabilisieren – da wie in Abschn. 16.2 ausgeführt die Stabilität der Finanzmärkte wesentlich auf der Annahme und Erwartung von Wachstum und positiven Wachstumserwartungen beruht. Entscheidend ist dabei, dass in dieser Literatur das Degrowth-Konzept auf Dimensionen von Wohlstand jenseits materieller Absicherung und materiellem Überfluss (Kallis et al., 2018) fußt und nicht den Verzicht auf materielle Güter in den Vordergrund stellt (EEA, 2021). Eher geht es um die Entfaltung des Men-

---

[32] In sich entwickelnden Ökonomie stellt sich die Sachlage natürlicherweise anders dar: Hier wird für zahlreiche Länder wirtschaftliches Wachstum vonnöten sein, um die Grundbedürfnisse vieler Menschen abzudecken. Angesichts globaler Klimaziele erhöht das jedoch die Notwendigkeit von Degrowth in Ländern mit hohem Konsum- und Einkommensniveau zusätzlich.

schen als soziales Wesen, die durch die Umstrukturierung unseres Werte-, Gesellschaft-Natur- und Wirtschaftssystems zur Einhaltung biophysischer Grenzen ermöglicht und befördert wird. Diese Entfaltung würde eine materialistische Wertehaltung erweitern und transzendieren und ein gutes Leben für alle abseits von gegenwärtigen, dem modernen Kapitalismus inhärenten Monetarisierungstendenzen ermöglichen *(niedrige Übereinstimmung, mittlere Literaturbasis)* (EEA, 2021; Eisenstein, 2011, 2021; Hickel, 2021; Kallis, 2017; J. Lent, 2017; J. R. Lent, 2021). Dies wurde schon von Keynes (1930) visionär thematisiert. Für eine solche aus Gesellschaft-Natur- und Bereitstellungsperspektive anzustrebende Degrowth-Ökonomie ist eine Stärkung des Gebrauchswerts und eine weitgehende Abkehr von Finanzialisierung erforderlich.

16.4.3.1.1 Stärkung des Gebrauchswerts: Ent-Kommodifizierung und Ent-Monetarisierung des Wirtschaftssystems

Ein großes Problem bei der Aufrechterhaltung von Wirtschaftlichkeitsinteressen des Finanzsektors ergibt sich durch die Kommodifizierung und Finanzialisierung der Natur (Bracking, 2020; Hache, 2019b; Kemp-Benedict & Kartha, 2019; Maechler & Graz, 2020; Sullivan, 2013). Dies betrifft insbesondere die Inklusion von Biodiversität und Ökosystemdienstleistungen („ecosystem valuation", Biodiversitätsbanken) unter die Mechanismen der Finanzmärkte (Bingham et al., 1995; Carson & Bergstrom, 2003; Dasgupta, 2021; Morse-Jones et al., 2011; Turner et al., 2010). Der Begriff Kommodifizierung der Natur (Harvey, 2011; O'Connor, 1998; Polanyi, 1944; Smessaert et al., 2020) bezeichnet Arten und Weisen, wie Elemente und Prozesse der Natur durch Vermarktung austauschbar gemacht werden, sowie welche Implikationen sich dadurch ergeben. Der Begriff der Kommodifizierung hinterfragt somit klassische marktzentrierte Perspektiven der Umweltökonomie, die Vermarktung als Lösung für die Hinwendung zu einer klimafreundlichen Lebensweise ansehen. Die Umwelt ist dieser Literatur nach der zentrale Schauplatz des Konflikts zwischen den Befürworter_innen der Ausweitung von Marktnormen, -beziehungen und -modellen und denjenigen, die sich einer solchen Ausweitung widersetzen. Dieser Diskurs betont die Widersprüche und unerwünschten physischen und ethischen Folgen, die durch die Kommodifizierung natürlicher Ressourcen (als Produktionsmittel und Produkte) und Prozesse (Umweltdienstleistungen oder -bedingungen) entstehen. Monetarisierung der Natur bedeutet die Bewertung in Geldeinheiten (beispielsweise von Prozessen wie Arbeitseinsatz, von Inputs aus der Natur oder Schäden an der Umwelt) oder die Umwandlung von Werten in Geld (beispielsweise durch Verkauf, Vermietung oder Überlassung) (Baveye et al., 2013; Rea & Munns, 2017). Die Begriffe Kommodifizierung und Monetarisierung sind insofern intrinsisch eng miteinander verwoben, als in einer modernen Ökonomie anhand des gegenwärtig vorherrschenden Geld- und Finanzsystems Kommodifizierung und Monetarisierung durch Bepreisung am Markt im Vermarktungsprozess Hand in Hand gehen und durch Finanzialisierung verstärkt werden (Baveye et al., 2013; Eisenstein, 2011, 2021; J. Lent, 2017; J. R. Lent, 2021; McCauley, 2006, 2006; Rea & Munns, 2017).

Um Wirtschaftswachstum in seiner gängigen Definition als BIP-Wachstum zu erreichen, stellt eine Monetarisierung der Natur und/oder des menschlichen Gemeinwesens eine notwendige (aber nicht hinreichende Bedingung dar), da definitionsgemäß die Profitlogik von Märkten und Kapitalismus auf bis dahin nicht inbegriffene (das heißt bisher nicht kommodifizierte und monetarisierte) Bereiche ausgeweitet wird (Eisenstein, 2011, 2021; Hickel, 2021; J. Lent, 2017; J. R. Lent, 2021). Denn eine Ausweitung der in Geldwerten bemessenen Summe aller Güter und Dienstleistungen einer Volkswirtschaft (= BIP-Wachstum per Definition) ist notwendige Voraussetzung dafür, um BIP-Wachstum zu schaffen. Monetarisierung ist jedoch keine hinreichende Bedingung für Wachstum, da Monetarisierung auch zulasten von realwirtschaftlichem Wachstum gehen kann – siehe obigen Abschn. 16.1.1 zu Finanzialisierung. A priori ist der Kommodifizierungs- und Monetarisierungsprozess wertfrei zu betrachten, da die dadurch ermöglichte Arbeitsteilung zu Effizienzgewinnen führen kann.

Doch solange finanzialisierte Ökonomien aus systemischen Gründen – da Finanzmärkte durch strukturelle Blasenentwicklung, Instabilität und Wachstumserwartungen charakterisiert sind – mittels Wachstum auf Basis von Ausbeutung der Natur soziale Spannungsverhältnisse ausgleichen, stellt Kommodifizierung und Monetarisierung der Natur aus Sicht von Gesellschaft-Natur- und Bereitstellungsperspektive keine dauerhafte Lösung dar (Bracking, 2020; Hache, 2019b; Kemp-Benedict & Kartha, 2019; Maechler & Graz, 2020; McCauley, 2006; C. Spash, 2020; C. L. Spash, 2020; Sullivan, 2013). *(niedrige Übereinstimmung, starke Literaturbasis)* Von einigen Stimmen (Hache, 2019b; Sullivan, 2018) wird diesbezüglich Kritik an der Messbarmachung der Natur geäußert – wie in United Nations et al. (2021) methodisch vorgeschlagen und in Dasgupta (2021) theoretisch untermauert –, da damit die Menge an dem Markt zugänglichen Kapital erhöht wird und somit durch diesen Monetarisierungsprozess auch den Wirtschaftlichkeitsinteressen des Finanzkapitals zugänglich gemacht wird. Insbesondere bedeutet eine Monetarisierung der Natur eine gesteigerte Regulierung und potenzielle Ausbeutung der Natur durch gesellschaftliche Machverhältnisse, Strukturen und Hierarchien, die ihrerseits das Geld- und Finanzsystem regulieren. Solange diese inhärenten Instabilitäten, Ungleichheiten und daraus resultierenden Spannungsverhältnisse im Finanzkapitalismus nicht gesellschaftlich gesteuert werden, liegt es nahe, dass der Versuch unternommen wird, diesen Spannungsverhältnissen durch vergrößerte Ausbeutung (Nutzbarmachung, Kommodifizierung und Monetarisierung) der Natur und des Menschen als Teil davon – also menschlicher Arbeitskraft, vergrößerten Ressourcenverbrauch, Abfallproduktion und natürlich mehr Emissionen – zu begegnen (Bracking, 2020; Cavanagh & Benjaminsen, 2014; Eisenstein, 2011, 2021; J. R. Lent, 2021; Rosa, 2005, 2016; C. Spash, 2020; C. L. Spash, 2020). Es gibt Ansätze, die auf wirtschaftspolitische und finanzmarktsteuernde Instrumentarien zurückgreifen, um dieser Monetarisierung entgegenzuwirken. Beispielsweise schlägt Eisenstein (2011, 2021) vor, einen Negativzins – auch Umlaufsicherung genannt, siehe dazu Gesell (1916)[33] – auf Geld und Finanzmittel aller Art so einzuführen, dass die Akkumulation von Kapital reversiert wird und somit auch die Perspektive auf die langfristige Zukunft sich ändert (wenn Geld in der Zukunft an Wert verliert, ändert sich vor allem die psychologische Perspektive).[34] Ein solches oder ein vergleichbares Vorgehen wie hier vorgeschlagen würde jedenfalls der hier angesprochenen Finanzialisierung der Natur entschieden entgegenwirken.

Oft ist die Veränderung von gesellschaftlichen Normvorstellungen und institutionellen Strukturen dem Tempo des technologischen Fortschritts zeitlich nachgelagert (Rosa, 2005, 2016). Geldpolitische und finanzmarktbezogene Instrumente können sowohl aus Markt- als auch aus Gesellschaft-Natur-Perspektive anderen Änderungen vorauseilen, da sie immanent durch Narrative und Glaubensfragen begründet sind (Eisenstein, 2021; J. Lent, 2017; J. R. Lent, 2021; Lietaer et al., 2012). Dem gegenüber benötigt die Änderung von Kapitalstock, institutionellen Strukturen oder Bewusstseinsbildung – und somit von Praktiken der Bereitstellung – oft Jahrzehnte. Damit sich Institutionen verändern, um sich geänderten Umweltbedingungen anzupassen und auch die Geldströme entsprechend zu lenken, bedarf es flexibel reagierender sozialer Strukturen und auch der Bereitschaft, bestehende Hierarchien infrage zu stellen. Dafür braucht es aus Gesellschaft-Natur- und Bereitstellungsperspektive eine weiterführende Demokratisierung von Geld, Geldsystem und Geldpolitik und der dadurch co-determinierten Finanzmärkte sowie eine Anerkennung der Natur des Geldes als Gemeingut. Dies, um sicherzustellen, dass die Schöpfung und Lenkung von Geld noch mehr als bisher im Sinne von demokratisch legitimierten Zielen erfolgt. Dafür muss verhindert werden, dass oligopolistische, schwer veränderliche Strukturen (z. B. die Dominanz von einigen wenigen Konzernen oder Gesellschaften) ohne breite Legitimation durch die Bevölkerung kontrollieren, zu welchem Zweck welche Menge an Geld geschaffen wird und wohin dieses fließt. Ein Teil der Literatur weist in diesem Zusammenhang aus Gesellschaft-Natur- und Bereitstellungsperspektive auf die Analogie zwischen Geld und Klima als Gemeingüter hin. Geld wird durch die kollektiven Glaubensvorstellungen und das kollektive Handeln der wirtschaftlichen Akteur_innen in seinem Wert konstituiert (und ist somit ein Gemeingut), während Veränderungen im Klima die physische kollektive Konsequenz unseres (materiell fundierten) wirtschaftlichen Handelns darstellen (Aglietta, 2018; Svartzman et al., 2019). In dieser Sichtweise wären Geldwesen und Finanzmärkte über eine verstärkte nationale und internationale Demokratisierung zu regulieren, um Geld in seinem tatsächlichen Status als Gemeingut demokratisch zu begründen und zu regulieren (Hockett, 2019; Mellor, 2019).[35] *(niedrige Übereinstimmung, mittlere Literaturbasis)* Zusammengefasst hätten die hier vorgeschlagenen strukturellen gesellschaftlichen und wirtschaftlichen Veränderungen das Ziel, Geldströme zum Zwecke der Finanzierung der sozial-ökologischen Transformation und im Sinne des Gemeinwohls zu schaffen, zu lenken und einzusetzen (Aglietta, 2018; Cahen-Fourot, 2020; Eisenstein, 2011, 2021; Felber, 2018; Hache, 2019b; J. Lent, 2017; J. R. Lent, 2021). *(niedrige Übereinstimmung, mittlere Literaturbasis)*

16.5 Quellenverzeichnis

Aglietta, M. (2018). *Money: 5,000 Years of Debt and Power* (Illustrated Edition). Verso.

Aglietta, M., Espagne, E., & Fabert, B. (2015). *A proposal to finance low-carbon investment in Europe* (Note d'analyse No. 24,). France stratégie. https://doi.org/10.13140/RG.2.1.3132.3122

Akomea-Frimpong, I., Adeabah, D., Ofosu, D., & Tenakwah, E. J. (2021). A review of studies on green finance of banks, research gaps

---

[33] Auch John Maynard Keynes erkannte die Bedeutung des Vorschlags von Silvio Gesell – insbesondere in einem deflationären wirtschaftlichen Umfeld und zur Schaffung neuer Infrastruktur durch Senken des Zinssatzes auf Geld – und erwähnte ihn daher in Kap. 23 seiner General Theory explizit und ausführlich (Keynes, 1936).

[34] Ein gutes Beispiel wäre hier die Abholzung eines Waldes: Wird der Profit, der aus dem Verkauf des Waldes erwartet wird, mit einem positiven Zins belegt, liegt es nahe, den Wald abzuholzen (dies desto mehr, je höher der Zins), während ein Negativzins den Wald in der Zukunft wertvoller machen würde (da für den erwirtschafteten Geldbetrag ja Negativzinsen anfallen würden). Somit würde ein Negativzins die Chance erhöhen, den Wald nicht abzuholzen. Es soll an dieser Stelle nicht unerwähnt bleiben, dass auch im gegenwärtigen Geldsystem zur Vermeidung einer Deflation die Zentralbanken des Euroraums einen negativen Leitzinssatz anwenden (auf die Einlagen, die Banken bei ihnen halten) – und auch für diverse Kredite bzw. Wertpapiere negative Renditen ausgebildet haben. Dies soll allerdings dazu dienen, dass wirtschaftliche Aktivitäten nicht zu stark und sich selbst verstärkend schrumpfen – was im Gegensatz zu einem Degrowth-Konzept steht und die Versatilität und Kontext-Gebundenheit von Negativzins-Konzepten demonstriert.

[35] Diese Bestrebungen sind klar von klassischen Strukturen der Verstaatlichung abzugrenzen. Diese Literatur schlägt vor, dass der Souverän (die Bevölkerung Österreichs) mehr Kontrolle über Schaffung und Verteilung von Geld erhält, im Sinne demokratischer Prinzipien. Damit ist nicht Verstaatlichung gemeint wie sie z. B. in früheren Strukturen wie COMECON und dergleichen üblich waren.

and future directions. *Journal of Sustainable Finance & Investment*, *0*(0), 1–24. https://doi.org/10.1080/20430795.2020.1870202

Alessi, L., Battiston, S., Melo, A. S., & Roncoroni, A. (2019). *The EU sustainability taxonomy: A financial impact assessment*. [JRC Technical Report]. Publications Office of the European Union.

Alier, J. M. (2009). Socially Sustainable Economic De-growth. *Development and Change*, *40*(6), 1099–1119. https://doi.org/10.1111/j.1467-7660.2009.01618.x

Allen, B., Chan, K. K., Milne, A., & Thomas, S. (2012). Basel III: Is the cure worse than the disease? *International Review of Financial Analysis*, *25*, 159–166. https://doi.org/10.1016/j.irfa.2012.08.004

Alonso, A., & Marqués, J. M. (2019). *Financial Innovation for a Sustainable Economy* (SSRN Scholarly Paper ID 3471742). Social Science Research Network. https://doi.org/10.2139/ssrn.3471742

Alstadsæter, A., Johannesen, N., & Zucman, G. (2019). Tax Evasion and Inequality. *American Economic Review*, *109*(6), 2073–2103. https://doi.org/10.1257/aer.20172043

Alves, F. M., & Santos, R. F. (2018). IJCCR Publications: A literature review 2009-2016. *International Journal of Community Currency Research*, *23*, 4–15.

Arabella Advisors. (2018). *The Global Fossil Fuel Divestment and Clean Energy Investment Movement*. Arabella Advisors. https://www.arabellaadvisors.com/wp-content/uploads/2018/09/Global-Divestment-Report-2018.pdf

Auvray, T., & Rabinovich, J. (2019). The financialisation-offshoring nexus and the capital accumulation of US non-financial firms. *Cambridge Journal of Economics*, *43*(5), 1183–1218. https://doi.org/10.1093/cje/bey058

Balint, T., Lamperti, F., Mandel, A., Napoletano, M., Roventini, A., & Sapio, A. (2017). Complexity and the Economics of Climate Change: A Survey and a Look Forward. *Ecological Economics*, *138*, 252–265. https://doi.org/10.1016/j.ecolecon.2017.03.032

Ball, R. (2009). The Global Financial Crisis and the Efficient Market Hypothesis: What Have We Learned? *Journal of Applied Corporate Finance*, *21*(4), 8–16. https://doi.org/10.1111/j.1745-6622.2009.00246.x

Ban, C., & Gabor, D. (2016). The political economy of shadow banking. *Review of International Political Economy*, *23*(6), 901–914. https://doi.org/10.1080/09692290.2016.1264442

Barro, R. J. (1984). Rational Expectations and Macroeconomics in 1984. *The American Economic Review*, *74*(2), 179–182.

Battiston, S., Dafermos, Y., & Monasterolo, I. (2021). Climate risks and financial stability. *Journal of Financial Stability*, 100867. https://doi.org/10.1016/j.jfs.2021.100867

Battiston, S., Guth, M., Monasterolo, I., Neudorfer, B., & Pointner, W. (2020). Austrian banks' exposure to climate-related transition risk. *Financial Stability Report, Oesterreichische Nationalbank (Austrian Central Bank)*, *40*, 31–44.

Battiston, S., Mandel, A., Monasterolo, I., Schütze, F., & Visentin, G. (2017). A climate stress-test of the financial system. *Nature Climate Change*, *7*(4), 283–288. https://doi.org/10.1038/nclimate3255

Battiston, S., Monasterolo, I., Riahi, K., & Ruijven, B. J. van. (2021). Accounting for finance is key for climate mitigation pathways. *Science*. https://www.science.org/doi/abs/10.1126/science.abf3877

Baur, D. G., Hong, K., & Lee, A. D. (2018). Bitcoin: Medium of exchange or speculative assets? *Journal of International Financial Markets, Institutions and Money*, *54*, 177–189. https://doi.org/10.1016/j.intfin.2017.12.004

Baveye, P. C., Baveye, J., & Gowdy, J. (2013). Monetary valuation of ecosystem services: It matters to get the timeline right. *Ecological Economics*, *95*, 231–235. https://doi.org/10.1016/j.ecolecon.2013.09.009

Becker, E. (1973). *The Denial of Death* (First Edition). Simon and Schuster.

Begg, D. (1982). The Rational Expectations Revolution*. *Economic Outlook*, *6*(9), 23–30. https://doi.org/10.1111/j.1468-0319.1982.tb00817.x

Bergh, J. C. J. M. van den, & Kallis, G. (2012). Growth, A-Growth or Degrowth to Stay within Planetary Boundaries? *Journal of Economic Issues*, *46*(4), 909–920. https://doi.org/10.2753/JEI0021-3624460404

Bingham, G., Bishop, R., Brody, M., Bromley, D., Clark, E., Cooper, W., Costanza, R., Hale, T., Hayden, G., Kellert, S., Norgaard, R., Norton, B., Payne, J., Russell, C., & Suter, G. (1995). Issues in ecosystem valuation: Improving information for decision making. *Ecological Economics*, *14*(2), 73–90. https://doi.org/10.1016/0921-8009(95)00021-Z

Binswanger, M. (2019). *Der Wachstumszwang: Warum die Volkswirtschaft immer weiterwachsen muss, selbst wenn wir genug haben* (1st ed.). Wiley-VCH.

BIS. (2021). *Climate-related financial risks – Measurement methodologies*. Bank for International Settlements (BIS). https://www.bis.org/bcbs/publ/d518.htm

Bitcoin & Co: Kryptowährungen und ihr ökologischer Einfluß. (2021, April 12). Tech & Nature. https://www.techandnature.com/bitcoin-co-kryptowaehrungen-und-ihr-oekologischer-einfluss/

Bohnenberger, K. (2020). Money, Vouchers, Public Infrastructures? A Framework for Sustainable Welfare Benefits. *Sustainability*, *12*(2), 596. https://doi.org/10.3390/su12020596

Boik, J. C. (2014). *Economic Direct Democracy: A Framework to End Poverty and Maximize Well-Being*. SiteForChange.

Bolton, P., Després, M., Silva, L. A. P. da, Samama, F., & Svartzman, R. (2020). *The green swan: Central banking and financial stability in the age of climate change*. Bank for International Settlements. https://www.bis.org/publ/othp31.htm

Bolton, P., & Kacperczyk, M. (2021). *Global Pricing of Carbon-Transition Risk* (No. w28510). National Bureau of Economic Research. https://doi.org/10.3386/w28510

Bowman, A. (2013). Central Bank-Led Capitalism? *Seattle University Law Review*, *36*(2), 455.

Bracking, S. (2020, February 5). *Financialization and the Environmental Frontier*. The Routledge International Handbook of Financialization; Routledge. https://doi.org/10.4324/9781315142876-18

Breitenfellner, A., Hasenhüttl, S., Lehmann, G., & Tschulik, A. (2020). Green finance – opportunities for the Austrian financial sector. *Financial Stability Report*, 40. https://ideas.repec.org/a/onb/oenbfs/y2020i40b2.html

Breitenfellner, A., Lahnsteiner, M., & Reininger, T. (2021). Österreichs Klimapolitik: Vom Vorbild zum Nachzügler in der EU. *OeNB Konjunktur Aktuell, Dezember 2021*. https://www.oenb.at/Publikationen/Volkswirtschaft/konjunktur-aktuell.html

Breitenfellner, A., Lahnsteiner, M., Reininger, T., & Schriefl, J. (2021). Green transition: What have CESEE EU member states achieved so far? *Focus on European Economic Integration, Oesterreichische Nationalbank (Austrian Central Bank)*, *Q4/21*, 61–76.

Breitenfellner, A., Pointner, W., & Schuberth, H. (2019). The potential contribution of central banks to green finance. *Vierteljahrshefte zur Wirtschaftsforschung*, *88*(2), 55–72.

Cahen-Fourot, L. (2020). Contemporary capitalisms and their social relation to the environment. *Ecological Economics*, *172*, 106634. https://doi.org/10.1016/j.ecolecon.2020.106634

Cahen-Fourot, L., & Lavoie, M. (2016). Ecological monetary economics: A post-Keynesian critique. *Ecological Economics*, *126*, 163–168. https://doi.org/10.1016/j.ecolecon.2016.03.007

Cambridge Bitcoin Electricity Consumption Index (CBECI). (2021). https://cbeci.org/index

Campiglio, E., Dafermos, Y., Monnin, P., Ryan-Collins, J., Schotten, G., & Tanaka, M. (2018). Climate change challenges for central banks and financial regulators. *Nature Climate Change*, *8*(6), 462–468. https://doi.org/10.1038/s41558-018-0175-0

Carney, M. (2015). Breaking the Tragedy of the Horizon – Climate change and financial stability. *Speech given at Lloyd's of London*.

Carson, R. M., & Bergstrom, J. C. (2003). A Review Of Ecosystem Valuation Techniques. In *Faculty Series* (No. 16651; Faculty Series). University of Georgia, Department of Agricultural and Applied Economics. https://ideas.repec.org/p/ags/ugeofs/16651.html

Carstens, A. (2021). Non-bank financial sector: Systemic regulation needed. *BIS Quarterly Review, December 2021*, 1–6.

Cavanagh, C., & Benjaminsen, T. A. (2014). Virtual nature, violent accumulation: The "spectacular failure" of carbon offsetting at a Ugandan National Park. *Geoforum*, *56*, 55–65. https://doi.org/10.1016/j.geoforum.2014.06.013

CBI. (2018). *Bonds and Climate Change: The State of the Market 2018*. Climate Bonds Initiative (CBI). https://www.climatebonds.net/resources/reports/bonds-and-climate-change-state-market-2018

CDP. (2019). *Major risk or rosy opportunity – Climate Change Report 2019*. Carbon Disclosure Project (CDP). https://cdn.cdp.net/cdp-production/cms/reports/documents/000/004/588/original/CDP_Climate_Change_report_2019.pdf?1562321876

Codagnone, R., Wagner, J., & Chao Zhan, J. (2020). Nachhaltige Investmentzertifikate in Österreich. *Statistiken – Daten Und Analysen – Oesterreichische Nationalbank (OeNB)*, *Q2-20*. https://www.oenb.at/Publikationen/Statistik/Statistiken---Daten-und-Analysen/2020/statistiken-daten-und-analysen-q2-20.html

Colard, A., Frischer, C., Günsberg, G., Fucik, J., & Rattay, W. (2018). *Update 2018 zum Bericht „Carbon Bubble & Divestment": Analyse zu fossilen Investitionen im österreichischen Fondsmarkt* (p. 80) [Kurzbericht]. Günsberg Politik- und Strategieberatung, ESG Plus, Green Alpha.

Cosme, I., Santos, R., & O'Neill, D. W. (2017). Assessing the degrowth discourse: A review and analysis of academic degrowth policy proposals. *Journal of Cleaner Production*, *149*, 321–334. https://doi.org/10.1016/j.jclepro.2017.02.016

Crotty, J. (2019). *Keynes Against Capitalism: His Economic Case for Liberal Socialism*. Routledge & CRC Press. https://www.routledge.com/Keynes-Against-Capitalism-His-Economic-Case-for-Liberal-Socialism/Crotty/p/book/9781138612846

Dafermos, Y., Nikolaidi, M., & Galanis, G. (2018). Can Green Quantitative Easing (QE) Reduce Global Warming? *Policy Brief*. https://www.feps-europe.eu/component/attachments/attachments.html?task=attachment&id=112

Dasgupta, P. (2021). *Final Report – The Economics of Biodiversity: The Dasgupta Review*. HM Treasury. https://www.gov.uk/government/publications/final-report-the-economics-of-biodiversity-the-dasgupta-review

De Haas, R., & Popov, A. A. (2019). *Finance and Carbon Emissions* (ECB Working Paper No 2318 ID 3459987). European Central Bank. https://papers.ssrn.com/abstract=3459987

Demaria, F., Schneider, F., Sekulova, F., & Martinez-Alier, J. (2013). What is Degrowth? From an Activist Slogan to a Social Movement. *Environmental Values*, *22*(2), 191–215. https://doi.org/10.3197/096327113X13581561725194

Der GLOBAL 2000 Banken-Check: 10 von 11 Banken finanzieren fossile Energien. (2021). GLOBAL 2000. https://www.global2000.at/presse/der-global-2000-banken-check-10-von-11-banken-finanzieren-fossile-energien

DiEM25. (2020). *Roadmap für Europas sozial-ökologische Wende* (Green New Deal for Europe). DiEM 25. https://report.gndforeurope.com/edition-de/

Digiconomist – Exposing the Unintended Consequences of Digital Trends. (2021). Digiconomist. https://digiconomist.net/

Dikau, S., & Volz, U. (2018, September). *Central Banking, Climate Change and Green Finance* [Monographs and Working Papers]. Asian Development Bank Institute. https://eprints.soas.ac.uk/26445/

Dikau, S., & Volz, U. (2021). Central bank mandates, sustainability objectives and the promotion of green finance. *Ecological Economics*, *184*, 107022. https://doi.org/10.1016/j.ecolecon.2021.107022

Dogecoin. (2021). In *Wikipedia*. https://de.wikipedia.org/w/index.php?title=Dogecoin&oldid=216135742

Dörig, P., Lutz, V., Rattay, W., Stadelmann, M., Jorisch, D., Kunesch, S., & Glas, N. (2020). *Kohlenstoffrisiken für den österreichischen Finanzmarkt (Carbon exposure. The Austrian state of the market.)* (No. 4; Working Paper, p. 136). RiskFinPorto. https://www.anpassung.at/riskfinporto/media/RiskFinPorto_B769997_WP4_Financial-Carbon-Risk-Exposure_v3.pdf

Douthwaite, R. J. (1998). *Short Circuit: Strengthening Local Economics for Security in an Unstable World* (CA res. please inc. 7.25 % tax edition). Chelsea Green Pub Co.

Dunz, N., Naqvi, A., & Monasterolo, I. (2021). Climate sentiments, transition risk, and financial stability in a stock-flow consistent model. *Journal of Financial Stability*, *54*, 100872. https://doi.org/10.1016/j.jfs.2021.100872

ECB. (2021, July 8). *ECB presents action plan to include climate change considerations in its monetary policy strategy*. https://www.ecb.europa.eu/press/pr/date/2021/html/ecb.pr210708_1~f104919225.en.html

ECO – Earth Carbon Obligation. (2021). Klimakonzept. https://www.saveclimate.earth/klimakonzept/der-eco/

Edenhofer, O., Flachsland, C., Kalkuhl, M., Knopf, B., & Pahle, M. (2019). *Optionen für eine CO2-Preisreform* (Working Paper No. 04/2019). Arbeitspapier. https://www.econstor.eu/handle/10419/201374

EEA. (2021). *Growth without economic growth* [Briefing]. European Environment Agency (EEA). https://www.eea.europa.eu/publications/growth-without-economic-growth

Ehlers, T., Mojon, B., & Packer, F. (2020). Green bonds and carbon emissions: Exploring the case for a rating system at the firm level. *BIS Quarterly Review*. https://www.bis.org/publ/qtrpdf/r_qt2009c.htm

Eisenstein, C. (2011). *Sacred economics: Money, gift, and society in the age of transition*. North Atlantic Books.

Eisenstein, C. (2021). *Sacred Economics, Revised*. North Atlantic Books. https://www.penguinrandomhouse.com/books/659305/sacred-economics-revised-by-charles-eisenstein/

Epstein, G. A. (2005). *Financialization and the World Economy*. Edward Elgar.

Essletzbichler, J., Disslbacher, F., & Moser, M. (2018). The victims of neoliberal globalisation and the rise of the populist vote: A comparative analysis of three recent electoral decisions. *Cambridge Journal of Regions, Economy and Society*. https://doi.org/10.1093/cjres/rsx025

Fama, E. F. (1970). Efficient Capital Markets: A Review of Theory and Empirical Work. *The Journal of Finance*, *25*(2), 383–417. https://doi.org/10.2307/2325486

Fama, E. F., & French, K. R. (1988). Permanent and Temporary Components of Stock Prices. *Journal of Political Economy*, *96*(2), 246–273.

Fama, E. F., & French, K. R. (1996). Multifactor Explanations of Asset Pricing Anomalies. *The Journal of Finance*, *51*(1), 55–84. https://doi.org/10.1111/j.1540-6261.1996.tb05202.x

Felber, C. (2018). *Die Gemeinwohl-Ökonomie*. Deuticke Verlag. https://www.hanser-literaturverlage.de/buch/die-gemeinwohl-oekonomie/978-3-552-06385-3/

Fessler, P., Lindner, P., & Schürz, M. (2018). Eurosystem Household Finance and Consumption Survey 2017 for Austria. *Monetary Policy and the Economy Q4/18 – Oesterreichische Nationalbank (OeNB)*.

https://www.oenb.at/Publikationen/Volkswirtschaft/Geldpolitik-und-Wirtschaft/2018/monetary-policy-and-the-economy-q4-18.html

FMA. (2020). *FMA-Leitfaden zu Nachhaltigkeitsrisiken*. Finanzmarktaufsicht Österreich. https://www.fma.gv.at/download.php?d=4720

FNG. (2020). *Marktbericht Nachhaltige Geldanlagen 2021 – Deutschland, Österreich und die Schweiz* (FNG Marktbericht). Forum Nachhaltige Geldanlagen. https://fng-marktbericht.org/

G20. (2021). *G20 Rome Leaders' Declaration*. G20. https://www.g20.org/wp-content/uploads/2021/10/G20-ROME-LEADERS-DECLARATION.pdf

Georgescu-Roegen, N. (1971). The Entropy Law and the Economic Process. In *The Entropy Law and the Economic Process*. Harvard University Press. https://doi.org/10.4159/harvard.9780674281653

Gesell, S. (1916). *Die Natürliche Wirtschaftsordnung Durch Freiland Und Freigeld* (Erstausgabe). Selbstverlag, Les Hauts Geneveys.

Godley, W., & Lavoie, M. (2007). *Monetary Economics. An Integrated Approach to Credit, Money, Income, Production and Wealth*. Palgrave Macmillan, New York.

Goldman Sachs. (2013). *Financial Transaction Tax: How severe?* (p. 73). Goldman Sachs. https://www.steuer-gegen-armut.org/fileadmin/Dateien/Kampagnen-Seite/Unterstuetzung_Ausland/EU/2013/2013.05._GS_on_Fin_l_Transaction_tax__FTT__-_Bottom_Up_Analysis_Europe.pdf

Goyfman, E. (2013). Let's Be Frank: Are the Proposed US Rules Based on Basel III an Adequate Response to the Financial Debacle. *Fordham International Law Journal, 36*, 1062.

Graeber, D. (2012). *Debt: The first 5000 years*. Penguin UK.

Graeber, D. (2018). *Bullshit Jobs: A Theory*. Simon & Schuster.

Günsberg, G., Fucik, J., Colard, A., Frischer, C., & Rattay, W. (2017). *Carbon Bubble & Divestment: Grundlagen und Analyse zur Bewertung fossiler Investitionen im österreichischen Fondsmarkt* (p. 80) [Studie im Auftrag des Lebensministeriums]. Günsberg Politik- und Strategieberatung, ESG Plus, Green Alpha. http://sustainablealpha.eu/wp-content/uploads/CarbonBubbleDivestment_Analyse_Printversion.pdf

Guth, M., Hesse, J., Königswieser, C., Krenn, G., Lipp, C., Neudorfer, B., Schneider, M., & Weiss, P. (2021). OeNB climate risk stress test – modeling a carbon price shock for the Austrian banking sector. *Financial Stability Report, 42*, 27–45.

Guttmann, R. (1996). Die Transformation des Finanzkapitals. *PROKLA. Zeitschrift für kritische Sozialwissenschaft, 26*(103), 165–195. https://doi.org/10.32387/prokla.v26i103.924

Hache, F. (2019a). *50 shades of green: The rise of natural capital markets and sustainable finance. PART I. CARBON* [Policy Report]. Green Finance Observatory. https://greenfinanceobservatory.org/2019/03/11/50-shades/

Hache, F. (2019b). *50 Shades of Green Part II: The Fallacy of Environmental Markets* (SSRN Scholarly Paper ID 3547414). Social Science Research Network. https://doi.org/10.2139/ssrn.3547414

Hansen, T., & Pollin, R. (2020). Economics and climate justice activism: Assessing the financial impact of the fossil fuel divestment movement. *Review of Social Economy, 0*(0), 1–38. https://doi.org/10.1080/00346764.2020.1785539

Harvey, D. (2011). The Future of the Commons. *Radical History Review, 109*, 101–107. https://doi.org/10.1215/01636545-2010-017

Hickel, J. (2021). *Less is More. How Degrowth will save the world*. Pinguin Random House. https://www.penguin.co.uk/books/1119823/less-is-more/9781786091215

Hickel, J., & Hallegatte, S. (2021). Can we live within environmental limits and still reduce poverty? Degrowth or decoupling? *Development Policy Review, 00*, 1–24. https://doi.org/10.1111/dpr.12584

Hickel, J., & Kallis, G. (2020). Is Green Growth Possible? *New Political Economy, 25*(4), 469–486. https://doi.org/10.1080/13563467.2019.1598964

Hockett, R. C. (2019). Finance without Financiers. *Politics & Society, 47*(4), 491–527. https://doi.org/10.1177/0032329219882190

Hoover, K. D. (1992). The Rational Expectations Revolution: An Assessment. *Cato Journal, 12*, 81.

Hornborg, A. (2017). How to turn an ocean liner: A proposal for voluntary degrowth by redesigning money for sustainability, justice, and resilience. *Journal of Political Ecology, 24*(1), 623–632. https://doi.org/10.2458/v24i1.20900

Horsch, A., & Richter, S. (2017). Climate Change Driving Financial Innovation: The Case of Green Bonds. *The Journal of Structured Finance, 23*(1), 79. https://doi.org/10.3905/jsf.2017.23.1.079

Hyams, K., & Fawcett, T. (2013). The ethics of carbon offsetting. *WIREs Climate Change, 4*(2), 91–98. https://doi.org/10.1002/wcc.207

IEA. (2021). *Net Zero by 2050 – A Roadmap for the Global Energy Sector*. International Energy Agency (IEA). https://www.iea.org/reports/net-zero-by-2050

IPCC. (2018). *Global warming of 1.5 °C*. http://www.ipcc.ch/report/sr15/

IRENA. (2021). *World Energy Transitions Outlook: 1.5 °C Pathway (Preview)*. IRENA – International Renewable Energy Agency. https://www.irena.org/publications/2021/Jun/World-Energy-Transitions-Outlook

IRENA, & ILO. (2021). *Renewable Energy and Jobs – Annual Review 2021*. International Renewable Energy Agency, International Labour Organization. https://www.irena.org/publications/2021/Oct/Renewable-Energy-and-Jobs-Annual-Review-2021

Jackson, T. (2009). *Prosperity without Growth. Economics for a Finite Plane*. Earthscan.

Jackson, T. (2017). *Prosperity without growth – Foundations for the economy of tomorrow*. https://www.routledge.com/Prosperity-without-Growth-Foundations-for-the-Economy-of-Tomorrow-2nd/Jackson/p/book/9781138935419

Jackson, T. (2019). The Post-growth Challenge: Secular Stagnation, Inequality and the Limits to Growth. *Ecological Economics, 156*, 236–246. https://doi.org/10.1016/j.ecolecon.2018.10.010

Jackson, T., & Victor, P. A. (2016). Does slow growth lead to rising inequality? Some theoretical reflections and numerical simulations. *Ecological Economics, 121*, 206–219. https://doi.org/10.1016/j.ecolecon.2015.03.019

Jäger, J. (2020). Hoffnungsträger Green Finance? *Kurswechsel, 4*, 91–96.

Jäger, J. S. (2020). Global Green Finance and Sustainability: Insights for Progressive Strategies. *Journal Für Entwicklungspolitik, 36*(4), 4–30.

Jiang, S., Li, Y., Lu, Q., Hong, Y., Guan, D., Xiong, Y., & Wang, S. (2021). Policy assessments for the carbon emission flows and sustainability of Bitcoin blockchain operation in China. *Nature Communications, 12*(1), 1938. https://doi.org/10.1038/s41467-021-22256-3

Kalecki, M. (1943). Political Aspects of Full Employment. *The Political Quarterly, 14*(4), 322–330. https://doi.org/10.1111/j.1467-923X.1943.tb01016.x

Kallis, G. (2011). In defence of degrowth. *Ecological Economics, 70*(5), 873–880. https://doi.org/10.1016/j.ecolecon.2010.12.007

Kallis, G. (2017). Radical Dematerialization and Degrowth. *Philosophical Transactions of the Royal Society A*. https://doi.org/10.1098/rsta.2016.0383

Kallis, G., Kerschner, C., & Martinez-Alier, J. (2012). The economics of degrowth. *Ecological Economics, 84*, 172–180. https://doi.org/10.1016/j.ecolecon.2012.08.017

Kallis, G., Kostakis, V., Lange, S., Muraca, B., Paulson, S., & Schmelzer, M. (2018). Research On Degrowth. *Annual Review of Environment and Resources, 43*(1), 291–316. https://doi.org/10.1146/annurev-environ-102017-025941

Kelton, S. (2019). *The Deficit Myth – Modern Monetary Theory and the Birth of the People's Economy.* https://www.publicaffairsbooks.com/titles/stephanie-kelton/the-deficit-myth/9781541736184/

Kemp-Benedict, E., & Kartha, S. (2019). Environmental financialization: What could go wrong? *Real-World Economics Review, 87,* 69–89.

Keynes, J. M. (1930). The economic possibilities of our grandchildren. In J. M. Keynes, *Essays in persuasion.* Harcourt Brace, New York, 1932.

Keynes, J. M. (1936). *The General Theory of Employment, Interest and Money.* Palgrave Macmillan.

Keyßer, L. T., & Lenzen, M. (2021). 1.5 °C degrowth scenarios suggest the need for new mitigation pathways. *Nature Communications, 12*(1), 2676. https://doi.org/10.1038/s41467-021-22884-9

Kimmich, C., & Wenzlaff, F. (2021). The Structure-Agency Relation of Growth Imperative Hypotheses in a Credit Economy. *New Political Economy, 0*(0), 1–19. https://doi.org/10.1080/13563467.2021.1952557

Kindleberger, C. P., & Aliber, R. Z. (2005). *Manias, Panics, and Crashes: A History of Financial Crises* (Fifth). John Wiley and Sons Inc., New Jersey.

Klima- und Energiefonds. (2019). *Faktencheck Green Finance.* https://faktencheck-energiewende.at/faktencheck/green-finance/

Königswieser, C., Neudorfer, B., & Schneider, M. (2021). Supplement to "OeNB climate risk stress test – modeling a carbon price shock for the Austrian banking sector." *Financial Stability Report, 42.* https://ideas.repec.org/a/onb/oenbfs/y2021i42b2.html

Lange, S. (2018). *Macroeconomics Without Growth: Sustainable Economies in Neoclassical, Keynesian and Marxian Theories* (1. Edition). Metropolis.

Lavoie, M. (2014). *Lavoie, M: Post-Keynesian Economics: New Foundations.* Edward Elgar Publishing.

Lent, J. (2017). *The Patterning Instinct: A History of Humanity's Search for Meaning.* Prometheus Books. https://www.jeremylent.com/the-patterning-instinct.html

Lent, J. R. (2021). *The Web of Meaning: Integrating Science and Traditional Wisdom to Find Our Place In the Universe.* Profile Books Ltd. https://www.jeremylent.com/the-web-of-meaning.html

Lietaer, B., Arnsperger, C., Goerner, S., & Brunnhuber, S. (2012). *Money and Sustainability. The Missing Link.* Triarchy Press. Report from the Club of Rome – EU Chapter.

Lindner, P., & Schürz, M. (2019). The joint distribution of wealth, income and consumption in Austria: A cautionary note on heterogeneity. *Monetary Policy and the Economy Q4/19 – Oesterreichische Nationalbank (OeNB).* https://www.oenb.at/Publikationen/Volkswirtschaft/Geldpolitik-und-Wirtschaft/2019/monetary-policy-and-the-economy.html

Lohmann, L. (2012). Financialization, commodification and carbon. The contradictions of neoliberal climate policy. *Socialist Register, 48.* https://socialistregister.com/index.php/srv/article/view/15647

Lucas, R. (1976). Econometric Policy Evaluation: A Critique. In K. Brunner & A. Meltzer (Eds.), *The Phillips Curve and Labor Markets* (pp. 19–46). Carnegie-Rochester Conference Series on Public Policy 1. New York: American Elsevier.

Maechler, S., & Graz, J.-C. (2020). Is the sky or the earth the limit? Risk, uncertainty and nature. *Review of International Political Economy, 0*(0), 1–22. https://doi.org/10.1080/09692290.2020.1831573

Maehle, N., Otte, P. P., & Drozdova, N. (2020). Crowdfunding Sustainability. In R. Shneor, L. Zhao, & B.-T. Flåten (Eds.), *Advances in Crowdfunding: Research and Practice* (pp. 393–422). Springer International Publishing. https://doi.org/10.1007/978-3-030-46309-0_17

Malkiel, B. G. (2003). The Efficient Market Hypothesis and Its Critics. *Journal of Economic Perspectives, 17*(1), 59–82. https://doi.org/10.1257/089533003321164958

Malm, A. (2013). The Origins of Fossil Capital: From Water to Steam in the British Cotton Industry*. *Historical Materialism, 21*(1), 15–68. https://doi.org/10.1163/1569206X-12341279

Malm, A. (2016). *Fossil Capital: The Rise of Steam Power and the Roots of Global Warming.* Verso.

Maloumian, N. (2022). Unaccounted forms of complexity: A path away from the efficient market hypothesis paradigm. *Social Sciences & Humanities Open, 5*(1), 100244. https://doi.org/10.1016/j.ssaho.2021.100244

Matikainen, S., Campiglio, E., & Zenghelis, D. (2017). The climate impact of quantitative easing. *Policy Paper.* https://doi.org/10.13140/RG.2.2.24108.05763

Mazzucato, M. (2014). *The entrepreneurial state: Debunking public vs. private sector myths* (Revised edition). Anthem Press.

MCC. (2022). *MCC Carbon Clock: Remaining carbon budget – Mercator Research Institute on Global Commons and Climate Change (MCC).* https://www.mcc-berlin.net/en/research/co2-budget.html

McCauley, D. J. (2006). Selling out on nature. *Nature, 443*(7107), 27–28. https://doi.org/10.1038/443027a

MDR. (2021). *Mehr als ganz Italien: Stromverbrauch macht Bitcoin zum Klimakiller.* https://www.mdr.de/wissen/stromverbrauch-kryptowaehrung-bitcoin-100.html

Meadows, D. H., Meadows, D. L., Randers, J., & Behrens, W. B. I. (1972). *The Limits to Growth.* Club of Rome. Universe Books.

Mellor, M. (2019). Democratizing Finance or Democratizing Money? *Politics & Society, 47*(4), 635–650. https://doi.org/10.1177/0032329219878992

Menkveld, A. J., & Yueshen, B. Z. (2018). The Flash Crash: A Cautionary Tale About Highly Fragmented Markets. *Management Science, 65*(10), 4470–4488. https://doi.org/10.1287/mnsc.2018.3040

Michel, A., & Hudon, M. (2015). Community currencies and sustainable development: A systematic review. *Ecological Economics, 116,* 160–171. https://doi.org/10.1016/j.ecolecon.2015.04.023

Michell, J. (2016). Do shadow banks create money? "Financialisation" and the monetary circuit. *Post Keynesian Economics Study Group Working Paper, 1605.*

Milanovic, B. (2019). *Capitalism, Alone: The Future of the System That Rules the World.* Harvard University Press.

Minsky, H. (1986). *Stabilizing an Unstable Economy.* Yale University Press, New Haven and London.

Minsky, H. P. (1982). *Can "It" Happen Again? Essays on Instability and Finance.* M. E. Sharpe, Inc.

Mirowski, P., & Plehwe, D. (2009). *The Road from Mont Pèlerin.* Harvard University Press. https://www.jstor.org/stable/j.ctt13x0jdh

Mishkin, F. S. (2007). A Rational Expectations Approach to Macroeconometrics: Testing Policy Ineffectiveness and Efficient-Markets Models. In *A Rational Expectations Approach to Macroeconometrics.* University of Chicago Press. https://doi.org/10.7208/9780226531922

Monasterolo, I. (2020). Embedding Finance in the Macroeconomics of Climate Change: Research Challenges and Opportunities Ahead. *CESifo Forum, 21*(4), 25–32.

Morse-Jones, S., Luisetti, T., Turner, R. K., & Fisher, B. (2011). Ecosystem valuation: Some principles and a partial application. *Environmetrics, 22*(5), 675–685. https://doi.org/10.1002/env.1073

MSEG. (2022). *Österreichische Stellungnahme zur Taxonomie Verordnung* [Stellungnahme der österreichischen Mitgliedsstaaten Expert:innengruppe zur EU Taxonomie Verordnung]. https://www.bmk.gv.at/themen/klima_umwelt/klimaschutz/green_finance/taxonomie_vo.html

Nabil, A., Marriott, A., Dabi, N., Lowthers, M., Lawson, M., & Mugehera, L. (2022). *Inequality kills. The unparalleled action needed to combat unprecedented inequality in the wake of COVID-19.* Oxfam International. https://www.oxfam.org/en/research/inequality-kills

Nath, V., Nayak, N., & Goel, A. (2014). *Green Banking Practices – A Review* (SSRN Scholarly Paper ID 2425108). Social Science Research Network. https://papers.ssrn.com/abstract=2425108

NGFS. (2021). *A call for action. Climate change as a source of financial risk*. Network for Greening the Financial System. https://www.mainstreamingclimate.org/publication/ngfs-a-call-for-action-climate-change-as-a-source-of-financial-risk/

NGSF. (2021). *Progress report on bridging data gaps*. https://www.ngfs.net/en/progress-report-bridging-data-gaps

Novy, A. (2020). The political trilemma of contemporary social-ecological transformation – lessons from Karl Polanyi's The Great Transformation. *Globalizations*, 0(0), 1–22. https://doi.org/10.1080/14747731.2020.1850073

O'Connor, J. R. (1998). *Natural Causes: Essays in Ecological Marxism*. Guilford Press.

Onaran, O., Stockhammer, E., & Grafl, L. (2011). Financialisation, income distribution and aggregate demand in the USA. *Cambridge Journal of Economics*, 35, 637–661.

Pahle, M., Tietjen, O., Osorio, S., Egli, F., Steffen, B., Schmidt, T. S., & Edenhofer, O. (2022). Safeguarding the energy transition against political backlash to carbon markets. *Nature Energy*, 1–7. https://doi.org/10.1038/s41560-022-00984-0

Palley, T. I. (2013). A Theory of Minsky Super-cycles and Financial Crises. In T. I. Palley (Ed.), *Financialization: The Economics of Finance Capital Domination* (pp. 126–142). Palgrave Macmillan UK. https://doi.org/10.1057/9781137265821_8

Pettifor, A. (2017). *The Production of Money: How to Break the Power of Bankers* (Reprint Edition). Verso.

Pettifor, A. (2019). *The Case for the Green New Deal*. Verso.

Philipponnat, T. (2020). *10 Principles for a Sustainable Recovery*. Finance Watch. https://www.finance-watch.org/publication/10-principles-for-a-sustainable-recovery/

Piketty, T. (2014). *Capital in the Twenty-First Century*. Harvard University Press.

Pointner, W. (2020). Notenbanken und Green Finance. *Kurswechsel*, 4, 97–100.

Pointner, W., & Ritzberger-Grünwald, D. (2019). *Climate change as a risk to financial stability* [In: Financial Stability Report 38, OeNB Oesterreichische Nationalbank]. https://www.oenb.at/Publikationen/Finanzmarkt/Finanzmarktstabilitaetsbericht.html

Polanyi, K. (1944). *The great transformation*. Farrar & Rinehart.

Pozsar, Z. (2014). Shadow Banking: The Money View. *OFR (Office of Financial Research) Working Paper*, 14–04.

Rattay, W., Günsberg, G., Jorisch, D., Treis, M., Stadelmann, M., & Schanda, R. (2020). *Consequences of the Paris Agreement and its implementation for the financial sector in Austria* (Working Paper No. 2). RiskFinPorto. https://www.anpassung.at/riskfinporto/

Rea, A. W., & Munns, W. R. (2017). The Value of Nature: Economic, Intrinsic, or Both? *Integrated Environmental Assessment and Management*, 13(5), 953–955. https://doi.org/10.1002/ieam.1924

Reininger, T. (2021). *The EU Budgetary Package 2021 to 2027 Almost Finalised: An Assessment*. wiiw Policy Note/Policy Report No. 45. https://wiiw.ac.at/p-5627.html

Reyes, O. (2020). *Change Finance, not the Climate*. Transnational Institute (TNI) and the Institute for Policy Studies (IPS). https://www.tni.org/en/changefinance

Rodrik, D. (2000). How far will international economic integration go? *Journal of Economic Perspectives*, 14(1), 177–186.

Rosa, H. (2005). *Beschleunigung. Die Veränderung der Zeitstruktur in der Moderne* (1st ed.).

Rosa, H. (2016). *Resonanz: Eine Soziologie der Weltbeziehung*. Suhrkamp verlag.

Sandberg, M., Klockars, K., & Wilén, K. (2019). Green growth or degrowth? Assessing the normative justifications for environmental sustainability and economic growth through critical social theory. *Journal of Cleaner Production*, 206, 133–141. https://doi.org/10.1016/j.jclepro.2018.09.175

Sander, L. (2021, May 24). Emissionen durch Bitcoin-Nutzung: Die Kurve steigt und steigt. *Die Tageszeitung: taz*. https://taz.de/!5773789/

Schröder, E., & Storm, S. (2020). Economic Growth and Carbon Emissions: The Road to "Hothouse Earth" is Paved with Good Intentions. *International Journal of Political Economy*, 49(2), 153–173. https://doi.org/10.1080/08911916.2020.1778866

Schulmeister, S. (2015). The struggle over the Financial Transactions Tax. *Revue de l'OFCE*, 141(5), 15–55.

Schulmeister, S. (2018). *Der Weg zur Prosperität*. Ecowin.

Seyfang, G., & Longhurst, N. (2013). Growing green money? Mapping community currencies for sustainable development. *Ecological Economics*, 86, 65–77. https://doi.org/10.1016/j.ecolecon.2012.11.003

Seyfang, G., Lorenzoni, I., & Nye, M. (2009). *Personal Carbon Trading: A critical examination of proposals for the UK*. http://www.tyndall.ac.uk/sites/default/files/twp136.pdf

Shiller, R. J. (2000). Irrational Exuberance. In *Irrational Exuberance*. Princeton University Press. https://doi.org/10.1515/9781400865536

Shiller, R. J. (2003). From Efficient Markets Theory to Behavioral Finance. *Journal of Economic Perspectives*, 17(1), 83–104. https://doi.org/10.1257/089533003321164967

Shiller, R. J. (2009). The New Financial Order: Risk in the 21st Century. In *The New Financial Order*. Princeton University Press. https://doi.org/10.1515/9781400825479

Shoaib, H. M., Rafique, M. Z., Nadeem, A. M., & Huang, S. (2020). Impact of financial development on CO2 emissions: A comparative analysis of developing countries (D8) and developed countries (G8). *Environmental Science and Pollution Research*, 27(11), 12461–12475. https://doi.org/10.1007/s11356-019-06680-z

Sibanda, M. (2013). Financialization of Green Capital: A Panacea? *Mediterranean Journal of Social Sciences*, 4(6), 371.

Siskos, D. V. (2019). *What Is the Role of Basel III in Creating Sufficient Risk Management in the Banking Sector?* (SSRN Scholarly Paper ID 3439267). Social Science Research Network. https://doi.org/10.2139/ssrn.3439267

Smessaert, J., Missemer, A., & Levrel, H. (2020). The commodification of nature, a review in social sciences. *Ecological Economics*, 172, 106624. https://doi.org/10.1016/j.ecolecon.2020.106624

Spash, C. L. (2020). The capitalist passive environmental revolution. *The Ecological Citizen*, 4(1), 63–71.

Spash, C. L. (2020). "The economy" as if people mattered: Revisiting critiques of economic growth in a time of crisis. *Globalizations*, 0(0), 1–18. https://doi.org/10.1080/14747731.2020.1761612

Steindl, J. (1952). *Maturity and stagnation in American capitalism*. NYU Press.

Stern, N., & Valero, A. (2021). Innovation, growth and the transition to net-zero emissions. *Research Policy*, 50(9), 104293. https://doi.org/10.1016/j.respol.2021.104293

Sullivan, S. (2013). Banking Nature? The Spectacular Financialisation of Environmental Conservation. *Antipode*, 45(1), 198–217. https://doi.org/10.1111/j.1467-8330.2012.00989.x

Sullivan, S. (2018). Making Nature Investable: From Legibility to Leverageability in Fabricating "Nature" as "Natural-Capital." *Science & Technology Studies*, 31(3), 47–76. https://doi.org/10.23987/sts.58040

Summers, L. H. (2015). Demand Side Secular Stagnation. *American Economic Review*, 105(5), 60–65. https://doi.org/10.1257/aer.p20151103

Sustainable-finance-Beirat. (2021). *Shifting the Trillions – Ein nachhaltiges Finanzsystem für die Große Transformation*. Sustainable-Finance-Beirat der deutschen Bundesregierung. https://sustainable-finance-beirat.de/wp-content/uploads/2021/02/210224_SFB_-Abschlussbericht-2021.pdf

Svartzman, R., Dron, D., & Espagne, E. (2019). From ecological macroeconomics to a theory of endogenous money for a finite planet. *Ecological Economics*, *162*, 108–120.

Taylor, J. (2001). How the Rational Expectations Revolution has Changed Macroeconomic Policy Research. In J. Drèze (Ed.), *Advances in Macroeconomic Theory: International Economic Association* (pp. 79–96). Palgrave Macmillan UK. https://doi.org/10.1057/9780333992753_5

TCFD. (2021). *Task Force on Climate-Related Financial Disclosures – TCFD*. Task Force on Climate-Related Financial Disclosures. https://www.fsb-tcfd.org/

Thiemann, M. (2011). *Regulating the Off-balance Sheet Exposure of Banks: A Comparison Pre- and Post Crisis*. http://www.feps-europe.eu/assets/75a7d5a0-85ba-4954-b39f-48217e5024a1/mpifg-p11-43pdf.pdf

Thiemann, M. (2012). "Out of the Shadows?" Accounting for Special Purpose Entities in European Banking Systems. *Competition & Change*, *16*(1), 37–55. https://doi.org/10.1179/1024529411Z.0000000003

Thiemann, M. (2014). In the Shadow of Basel: How Competitive Politics Bred the Crisis. *Review of International Political Economy*, *21*(6), 1203–1239. https://doi.org/10.1080/09692290.2013.860612

Tokic, D. (2012). The economic and financial dimensions of degrowth. *Ecological Economics*, *84*, 49–56. https://doi.org/10.1016/j.ecolecon.2012.09.011

Turner, R. K., Morse-Jones, S., & Fisher, B. (2010). Ecosystem valuation. *Annals of the New York Academy of Sciences*, *1185*(1), 79–101. https://doi.org/10.1111/j.1749-6632.2009.05280.x

UNCTAD. (2019). *Trade and Development Report 2019. Financing a global green new deal*. United Nations Conference on Trade and Development (UNCTAD). https://unctad.org/webflyer/trade-and-development-report-2019

UNEP. (2017). *On the Role of Central Banks in Enhancing Green Finance* (p. 27). United Nations Environment Programme (UNEP). https://eprints.soas.ac.uk/23817/1/On_the_Role_of_Central_Banks_in_Enhancing_Green_Finance(1).pdf

UNEP. (2021). *The Climate Risk Landscape: Mapping Climate-related Financial Risk Assessment Methodologies – United Nations Environment – Finance Initiative*. United Nations Environment Programme – Finance Initiative (UNEP FI). https://www.unepfi.org/publications/banking-publications/the-climate-risk-landscape/

United Nations et al. (2021). *System of Environmental-Economic Accounting 2012 – Experimental Ecosystem Accounting* [White cover publication, pre-edited text subject to official editing.]. https://seea.un.org/ecosystem-accounting

Vasileiadou, E., Huijben, J. C. C. M., & Raven, R. P. J. M. (2016). Three is a crowd? Exploring the potential of crowdfunding for renewable energy in the Netherlands. *Journal of Cleaner Production*, *128*, 142–155. https://doi.org/10.1016/j.jclepro.2015.06.028

Venugopal, S. (2015). Mobilising Private Sector Climate Investment: Public-Private Financial Innovations. In K. Wendt (Ed.), *Responsible Investment Banking: Risk Management Frameworks, Sustainable Financial Innovation and Softlaw Standards* (pp. 301–324). Springer International Publishing. https://doi.org/10.1007/978-3-319-10311-2_18

Victor, P. A. (2008). *Managing without growth: Slower by design, not disaster*. Elgar.

Victor, P. A. (2011). Growth, degrowth and climate change: A scenario analysis. *Ecological Economics*. http://www.sciencedirect.com/science/article/pii/S0921800911001662

Waltl, S. R. (2022). Wealth Inequality: A Hybrid Approach Toward Multidimensional Distributional National Accounts In Europe. *Review of Income and Wealth*, *68*(1), 74–108. https://doi.org/10.1111/roiw.12519

Weber, B. (2015). Geldreform als Weg aus der Krise? Ein kritischer Überblick auf Bitcoin, Regionalgeld, Vollgeld und die Modern Money Theory. *PROKLA. Zeitschrift für kritische Sozialwissenschaft*, *45*(179), 217–236. https://doi.org/10.32387/prokla.v45i179.218

Werner, R. (2003). *Princes of the Yen: Japan's Central Bankers and the Transformation of the Economy*. Routledge.

Wray, L. R. (2006). *Understanding Modern Money*. Edward Elgar Publishing.

Zucman, G. (2021). The Hidden Wealth of Nations. In *The Hidden Wealth of Nations*. University of Chicago Press. https://www.degruyter.com/document/doi/10.7208/9780226245560/html

Kapitel 17. Soziale und räumliche Ungleichheit

Koordinierende Leitautor_innen
Jürgen Essletzbichler, Xenia Miklin und Hans Volmary.

Koordination der Strukturkapitel
Michael Ornetzeder

Revieweditor
Michael Opielka

Zitierhinweis
Essletzbichler, J., X. Miklin und H. Volmary (2023): Soziale und räumliche Ungleichheit. In: APCC Special Report: Strukturen für ein klimafreundliches Leben (APCC SR Klimafreundliches Leben) [Görg, C., V. Madner, A. Muhar, A. Novy, A. Posch, K. W. Steininger und E. Aigner (Hrsg.)]. Springer Spektrum: Berlin/Heidelberg.

Kernaussagen des Kapitels
Status quo

- Die Auswirkungen von Umwelt- und Klimaschäden und von Mitigations- und Adaptionsmaßnahmen sind sozial und räumlich ungleich verteilt. (hohe Beweislage; hohe Übereinstimmung)
- Die Verteilung von Löhnen, Einkommen, Vermögen oder dem Zugang zu sozial-ökologischer Infrastruktur beeinflusst die Möglichkeiten, klimafreundlich zu leben. (hohe Übereinstimmung, hohe Literaturbasis)
- Ungleichheit kann zu Statuswettbewerb und erhöhtem Konsum und dadurch zu negativen Auswirkungen auf das Klima führen. (mittlere Übereinstimmung, mittlere Literaturbasis)
- Klimaschützende Maßnahmen, die bestimmte Bevölkerungsschichten stärker benachteiligen, können die gesellschaftliche Akzeptanz dieser Maßnahmen reduzieren – vor allem in den betroffenen Bevölkerungsschichten. (mittlere Übereinstimmung, mittlere Literaturbasis)

Notwendige Veränderungen/Bedingungen

- In Österreich überschreitet selbst die einkommensschwächste Bevölkerungsgruppe die Emissionsgrenze zur Einhaltung der Pariser Klimaziele. Steuern und Geldtransfers allein reichen daher nicht aus, um klimafreundliche Lebensweisen gesamtgesellschaftlich durchsetzen zu können. Sie sollten von der Bereitstellung öffentlicher Güter, technologischer Innovationen und einer sich ändernden gesellschaftlichen Wahrnehmung von Konsum und Wohlstand begleitet werden. Dafür notwendige (infra-)strukturellen Bedingungen können vor allem in besonders ressourcenintensiven Handlungsfeldern, wie dem Verkehrs-, Wohn- und Energiesektor, geschaffen werden. (mittlere Übereinstimmung, mittlere Literaturbasis)

Gestaltungsoptionen

- Eine ökosoziale, progressive Steuerreform kann in Verbindung mit der Bereitstellung öffentlicher Güter ein Steuerungselement für die Schaffung sozial gerechter und klimafreundlicher Strukturen sein. (mittlere Übereinstimmung, mittlere Literaturbasis)
- Sachleistungen in Form von öffentlichen Gütern haben eine progressivere Auswirkung auf die Einkommensverteilung als Geldtransfers. Die Bereitstellung von umweltfreundlichen und lokalräumlich spezifischen Alternativen hat sowohl positive Klima- als auch Verteilungseffekte. (mittlere Übereinstimmung, mittlere Literaturbasis)

17.1 Einleitung

Die Verteilung von Löhnen, Einkommen, Vermögen oder dem Zugang zu sozial-ökologischer Infrastruktur beeinflusst die Möglichkeiten, klimafreundlich zu leben. Gleichzeitig wird die ungleiche Verteilung der produzierten und konsumierten Emissionen zunehmend als eine wesentliche Ursache angesehen, warum Klimaziele nicht erreicht werden (Knight et al., 2017; UNEP, 2021; Wiedmann et al., 2020). Der vorliegende Beitrag soll den Wirkungszusammenhang zwischen ungleicher Verteilung von Ressourcen und klima(un)freundlichem Verhalten genauer beleuchten. Dies soll anhand der Analyse sozialer und räumlicher Ungleichheit geschehen.

Der Begriff der **sozialen Ungleichheiten** wird hier vorwiegend als Einkommens- und/oder Vermögensungleichheit zwischen Personen oder Haushalten einer Region oder eines Staates gefasst, da Einkommen und Vermögen die wirkmächtigsten Einflussfaktoren produzierter und konsumierter Emissionen sind (Wiedmann et al., 2020). Durch diese Einschränkung ergibt sich eine Limitation des vorliegenden Beitrags, da andere relevante Ungleichheitsachsen wie Gender, Race oder Alter vernachlässigt werden [für nähere Ausführungen dazu, siehe Kap. 7 Erwerbsarbeit, 8 Sorgearbeit und 9 Freizeit und Urlaub]. Außerdem wird im Folgenden auf konsumbasierte CO_2-Emissionen fokussiert, die mittels Input-Output-Analysen eine ortsungebundene Analyse von Emissionsverhalten ermöglichen [siehe Kap. 7 Erwerbsarbeit und 14 Wirtschaft für die Zusammenhänge von Produktion und klima(un)freundlichem Verhalten].

Obwohl sich Einkommen aus mehreren Komponenten zusammensetzt (Atkinson, 2015), gehen die meisten Studien über den Zusammenhang von Klimawandel und Ungleichheit von verfügbaren Individual- und/oder Haushaltseinkommen (das heißt verbleibendes Einkommen nach Steuern und Transferzahlungen) aus. Einige wenige Studien befassen sich mit dem Zusammenhang von Vermögen und umweltschädlichem Verhalten (Chancel, 2022; Rehm, 2021; Theine & Taschwer, 2021). Wenig verbreitet, aber für den Diskurs über klimafreundliches Leben wichtig ist ein erweiterter Einkommensbegriff, der auch den Konsum von öffentlich bereitgestellten Gütern (kommunaler Wohnbau, öffentlicher Verkehr, Gesundheit, Bildung etc.) umfasst (Hoeller et al., 2012). Denn wenn diese Infrastrukturen allgemein zugänglich und sozial-ökologisch sind, hat dies sowohl positive Effekte auf das Klima als auch eine stark umverteilende Wirkung (Dabrowski et al., 2020; Hickel, 2021). Einkommen (im engeren Sinne) erhöht zwar das Bruttoinlandsprodukt, aber Einkommensniveaus müssen nicht unbedingt höheren Wohlstand signalisieren, wenn Güter wie Bildung oder Gesundheitsdienste privat zugekauft werden müssen (Hickel, 2020). Im Folgenden wird daher auf einen erweiterten Einkommensbegriff Bezug genommen, der sowohl den Zugang zu sozial-ökologischen Infrastrukturen und Bereitstellungssystemen als auch dessen räumliche Verteilung miteinbezieht.

Räumliche Ungleichheiten werden hier im engeren Sinne als geographische Unterschiede in Pro-Kopf-Einkommen verstanden, die für Einheiten wie Staaten, Regionen oder Regionstypen (Stadt, Land, Vorort) bzw. unterschiedliche räumliche Maßstäbe (global, national, regional) definiert werden können. Unterschiedliche räumliche Konfigurationen (z. B. zentral angebundener versus peripherer Raum) produzieren unterschiedliche Emissionsmuster, indem sie eine klimafreundliche Lebensführung begünstigen bzw. erschweren (Wagner, 2021). Es sind jedoch nicht nur Emissionsmuster, sondern auch negative Umweltauswirkungen und die Kosten von Mitigations- bzw. Adaptionsstrategien im Raum ungleich verteilt (Zwickl et al., 2014).

17.2 Status quo

Ausgehend von den oben eingeführten Definitionen und Einschränkungen werden im Folgenden der Status quo in Bezug auf soziale bzw. räumliche Ungleichheiten und deren Einfluss auf klima(un)freundliches Verhalten sowie die Verteilungseffekte klimaschützender Maßnahmen erörtert.

17.2.1 Soziale Ungleichheiten und die Klimakrise

Ergebnisse internationaler empirischer Untersuchungen liefern Belege für einen positiven Zusammenhang zwischen Reichtum, Einkommen, Konsum und daraus resultierenden klimaschädigenden Emissionen (Chancel, 2022; Gore, 2020, 2021; Kartha et al., 2020). Quantitative Studien bestätigen, dass Konsum den mit Abstand größten Einfluss auf diverse Umweltindikatoren (CO_2-Emissionen, Ressourcenverbrauch, Luftverschmutzung, Biodiversität, Stickstoffemissionen, Wasser- und Energieverbrauch) ausübt und den Einfluss anderer sozioökonomischer und demographischer Faktoren wie Alter, Haushaltsgröße, Bildung oder Baustruktur klein aussehen lässt (Chang et al., 2019; Mardani et al., 2019; Stern et al., 2017; Wiedenhofer et al., 2013). Es herrscht außerdem Konsens darüber, dass die reichsten Haushalte für einen Großteil der globalen CO_2-Emissionen der letzten 30 Jahre verantwortlich sind (Wiedmann et al., 2020) und Konsumnormen antreiben, die durch Statuswettbewerb und einhergehenden positionellen Konsum erklärt werden (Clark, 2018; Kallis, 2015; Oswald et al., 2020; Otto et al., 2019). Zwischen 1990 und 2015 verursachten die reichsten 10 Prozent 52 Prozent der globalen Gesamtemissionen, das reichste Prozent 15 Prozent (Gore, 2020). Zu beobachten ist zudem, dass das Konsumniveau und der damit verbundene Ressourcenverbrauch der wohlhabendsten Haushalte kontinuierlich steigen. Zwischen 1990 und 2019 waren das reichste Prozent für 21 Prozent und das reichste 0,1 Prozent für 10 Prozent des Emissionszuwachses verantwortlich (Chancel, 2022). Sommer & Kratena (2017) identifizieren zwar eine relative Entkopplung in höheren Einkommensquintilen, diese reicht jedoch nicht aus, um das deutlich höhere Konsumniveau auszugleichen. Gleichzeitig stagniert der wirtschaftliche Aufstieg der Ärmeren im selben Zeitraum auf gleichbleibend niedrigem Niveau, während die zu tragenden Kosten der Umweltverschmutzung weiter zunehmen (Kartha et al., 2020).

Während die globale Ungleichheit in CO_2-Emissionen 1990 noch zu zwei Dritteln durch Unterschiede in den durchschnittlichen Emissionen von Staaten erklärt werden konnte („Between-country-Komponente"), sind diese Ungleichheiten heute zu 63 Prozent auf Unterschiede innerhalb der Staaten („Within-country-Komponente") zurückzuführen (Chancel, 2022).

In diesen globalen und europäischen Vergleichen wird Österreich aufgrund des restriktiveren Zugangs zu relevanten Daten und seiner geringen Größe oft nicht inkludiert. Auch gibt es kaum spezifische Analysen zu Einkommen und Emissionen in Österreich. Eine von Greenpeace in Auftrag gegebene Studie zur ungleichen Verteilung von CO_2-Ausstoß nach Einkommensschichten in Österreich zeigt, dass die reichsten 10 Prozent der Haushalte mehr als viermal so viel CO_2 wie die ärmsten 10 Prozent der Haushalte und mehr als doppelt so viel CO_2 wie der Medianhaushalt in Österreich verursachen.[1] Die meisten konsumbedingten CO_2-Emissionen eines Durchschnitthaushalts wurden dabei im Bereich Wohnen und Energie (22 Prozent), Verkehr (20 Prozent) und für Lebensmittel und Getränke (16 Prozent) verbraucht (Frascati, 2020)[2]. Laut der World Income Inequality Database (World Inequality Database, 2021) emittieren die reichsten 10 Prozent der Östereicher_innen durchschnittlich 42 Tonnen CO_2-Äquvalent[3] im Jahr 2019[4].

Diese Zahlen müssen im Kontext relativ geringer Einkommensungleichheit gesehen werden. Einkommensanteile (vor Steuer und Transferzahlungen) der Top 10 Prozent machen in Österreich ungefähr 33 Prozent vom BIP aus, während der Einkommensanteil der unteren 50 Prozent ungefähr 23 Prozent des BIP ausmacht. Diese Verteilung ist ähnlich wie jene Frankreichs, aber um einiges gleicher als diejenige der USA (Jestl & List, 2020). Vermögen ist in Österreich jedoch sehr ungleich verteilt (Ferschli et al., 2018; Hofmann et al., 2020; Schürz, 2019). Das reichste Prozent besitzt knapp 40 Prozent des österreichischen Privatvermögens (Heck et al., 2020). Theine & Taschwer (2021) argumentieren, dass diese ungleiche Verteilung von Betriebs-, Finanz-, Grund- und Immobilien-, Stiftungs- und sonstigen Vermögen Ausdruck eines strukturellen Überreichtums sind, welcher eine sozial-ökologische Transformation der Gesellschaft verhindert – im Interesse einer kleinen Gruppe vermögender Menschen, die einen extrem klimaschädlichen Lebensstil beibehalten können. Am unteren Ende der Vermögensleiter bildet Mangel an Reichtum (z. B. Geldrücklagen, Ersparnisse etc.) eine Barriere, um klimafreundliche Innovationen (z. B. Heizsysteme, Isolierung etc.) einzuführen (Allinger et al., 2021).

17.2.2 Räumliche Ungleichheiten und die Klimakrise

Während Einkommen bzw. Ausgaben in der Literatur als der bestimmende sozioökonomische Faktor für Unterschiede im Niveau der Treibhausgasemissionen von Haushalten behandelt wird (Lenzen et al., 2006), wird seit geraumer Zeit auch dem räumlich ungleich verteilten Ausstoß von Treibhausgasen innerhalb eines Staatsgebietes Aufmerksamkeit geschenkt. Ein besonderes Augenmerk liegt hier auf einem etwaigen Stadt-Land-Gefälle (Ribeiro et al., 2019; Wiedenhofer et al., 2017), aber auch andere sozioökonomische Faktoren wie die Komposition und Größe von Haushalten (Ivanova et al., 2017; Ivanova & Wood, 2020; Ottelin et al., 2019) spielen eine Rolle. Hinzu kommen außerdem räumliche wie auch technologische Faktoren (Jones & Kammen, 2014). Ein großer Teil der internationalen Forschung in diesem Bereich untersucht Nicht-EU-Länder (Herendeen et al., 1981; Jones & Kammen, 2014; Lenzen & Murray, 2001; Wang & Chen, 2020; Wiedenhofer et al., 2013). Zuletzt wurde jedoch auch europäischen Ländern verstärkt Aufmerksamkeit geschenkt (Ala-Mantila et al., 2014; Baiocchi et al., 2015; Gill & Moeller, 2018; Millward-Hopkins et al., 2017; Ottelin et al., 2019; Wier et al., 2001). Methodisch eint den Großteil dieser Studien, dass sie sich in ihrer Datenanalyse Extended-Environmental-Input-Output-Tabellen bedienen, um den Effekt einzelner Konsumkategorien auf das Niveau der Emissionen von Haushalten zu ermitteln. Zwei Dinge sind hier entscheidend: Es werden sowohl direkte (z. B. Energieverbrauch durch Heizen, Mobilität) als auch

---

[1] In dieser Studie werden Emissionen aus Kapitalinvestitionen nicht mit einberechnet. Der Anteil der Reichen an den Gesamtemissionen in Österreich ist daher in dieser Studie mit hoher Wahrscheinlichkeit unterschätzt.

[2] Eine Studie von Munoz et al. (2020) kommt auf Grund alternativer sektoraler Aggregation und dem Heranziehen der Haushaltsbudgetumfrage von 2004/5 zu etwas abweichenden Ergebnissen. Allerdings sind in beiden Studien Wohnen und Mobilität die größten Treiber der konsumbasierten CO_2 Emissionen.

[3] Ein CO_2-Äquivalent (CO_2-eq) ist ein Vergleichsmaß, welches die Klimaauswirkungen verschiedener Treibhausgasemissionen (wie z. B. Methan oder Lachgas) in Relation zur Erwärmungswirkung von CO_2 darstellt. Die Wirkung unterschiedlicher Treibhausgasemissionen auf das Klima kann so vergleichbar und einheitlich dargestellt werden. Im Unterschied dazu bezieht sich die Maßzahl Tonnen CO_2 (tCO_2) rein auf die Menge an CO_2 – andere Treibhausgase werden hier nicht inkludiert.

[4] Der höhere Ausstoß geht wahrscheinlich darauf zurück, dass in der Datenbank auch Emissionen von Unternehmen, in die reiche Individuen investiert haben, inkludiert sind.

indirekte („embodied") Emissionen (z. B. Emissionen, die bei der Produktion, Transport, Verkauf von Konsumartikeln produziert und damit im Produkt enthalten sind) und keine produktionsbasierten, also territorial eingegrenzten Werte herangezogen (Baynes et al., 2011). Dementsprechend fokussieren sie auf konsumbasierte („consumption-based") Emissionen (Wiedenhofer et al., 2017; Wier et al., 2001).

Basierend auf den Einsichten der „new urban economics (NUE)" und „new geographical economics (NGE)" (Brakman et al., 2019; Glaeser, 2011; Glaeser et al., 2001; Storper, 2018) versuchen länderübergreifende vergleichende Studien (Ivanova et al., 2017; Ivanova & Wood, 2020; Ottelin et al., 2019; Sommer & Kratena, 2017) zu prüfen, ob ein mit Urbanisierung zusammenhängender Anstieg in der Bevölkerungsdichte durch Effizienzgewinne zu Nettoeinsparungen bei Treibhausgasemissionen pro Kopf führt und wir deshalb nur „mit einem urbanen Leben die Erde retten" (Wagner, 2021). Die Begründung dieser These ist laut Wiedenhofer et al. (2013), dass Unterschiede im Energiebedarf des städtischen und ländlichen Lebens vor allem auf unterschiedliche Ausgabenmuster und ungleiche Einkommen zurückzuführen sind. Suburbanes und ländliches Leben ist ungefähr 10 Prozent energieintensiver als urbanes Leben (Herendeen et al., 1981; Shammin et al., 2010). Die Einsparungen kommen hierbei größtenteils aus den Bereichen Wohnen und Mobilität und werden auch als Agglomerationseffekte („urban economies of scale") beschrieben (Fremstad et al., 2018).

Für die USA untersuchen Jones & Kammen (2014) konsumbasierte Durchschnittswerte von CO_2-Fußabdrücken von Haushalten und verbinden diese mit Daten zur Bevölkerungsdichte auf Nachbarschaftslevel. Ihre Ergebnisse zeigen ein bestimmtes geographisches Muster: Ringe von sehr hohen CO_2-Fußabdrücken in den Vororten, die sich um urbane Zentren mit relativ niedrigen CO_2-Fußabdrücken ziehen. Ein hohes Einkommen führt in dieser Studie zu größeren Konsumausgaben und ist auch der wirkmächtigste Faktor, allerdings dicht gefolgt von privatem Verkehr. Die Form der Urbanität ist entscheidend für räumliche Unterschiede in Emissionsmustern (Wiedenhofer et al., 2013). Suburbane Räume sind die klimaunfreundlichste Kombination von relativem Reichtum und relativ dünner Besiedelung (Wagner, 2021). Auch für Deutschland wird ein signifikanter „density-effect" festgestellt – die Emissionen pro Haushalt sind signifikant geringer in dichter besiedelten Räumen (Gill & Moeller, 2018). Die wichtigsten Einflussfaktoren sind auch hier privater Verkehr und privater Energieverbrauch, welche beide in ländlichen Gegenden deutlich höher sind. Nichtsdestotrotz zeigen ihre Ergebnisse ebenfalls, dass dies zum Teil durch höhere Konsumausgaben aufgrund von höherem verfügbarem Einkommen in urbanen Zentren aufgewogen wird. Außerdem ist der Konsum in Städten nicht nur aufgrund höherer indirekter Emissionen (z. B. in der Gastronomie) kohlenstoffintensiver (Ala-Mantila et al., 2014).

Zusätzlich werden Einsparungen von Emissionen durch die Nutzung von öffentlichen Nahverkehrssystemen durch erhöhtes Flugverhalten umgekehrt (Czepkiewicz et al., 2018).

Für Österreich und basierend auf der „Konsumerhebung 2004/05" zeigt sich, dass die direkten Pro-Kopf-Emissionen in Städten am geringsten und in suburbanen Räumen am höchsten sind. Erklärt wird dies durch (1) höhere Bevölkerungs-, Beschäftigungs-, Wohnungs- und Einzelhandelsdichte, (2) Konnektivität (z. B. effizienteres Straßendesign), (3) „accessibility" (z. B. kürzere Arbeitswege; Bereitstellung alternativer gering emittierender Verkehrsmittel) und (4) Bodennutzung (Integration von Wohn-, kommerziellen und Erholungsräumen, z. B. „Stadt der kurzen Wege"). Diese direkten Ersparnisse sind vor allem auf unterschiedliche Formen des Verkehrs, Heizens und Kochens mit unterschiedlichen Energieinputs zurückzuführen. Ersparnisse von direkten Emissionen werden durch höhere indirekte Emissionen in Form von höherem Konsum (höheres städtisches Durchschnittseinkommen) abgeschwächt, jedoch in einem zu geringen Ausmaß, als dass der Trend umgedreht würde (Muñoz et al., 2020, S. 8). Während die relativ geringeren Emissionen in zentralen Städten aus den meisten Studien klar hervorgehen, wird die Frage nach dem größten Einsparungspotenzial unseres Wissens nicht behandelt. Diese Studien wären aber wichtig, da Investitionen in Regionstypen mit dem höchsten Einsparungspotenzial schneller Wirkung zeigen würden.

17.2.3 Verteilungseffekte von klimaschützenden Maßnahmen

Obwohl es eine Reihe von implementierbaren klimaschützenden (markt- und nichtmarktbasierten) Maßnahmen gibt, bezieht sich die Literatur fast ausschließlich auf Verteilungseffekte von marktbasierten Maßnahmen und hier vor allem auf jene, die bei der Einführung einer CO_2-Steuer und/oder des Emissionshandels erwartet werden.

Köppl & Schratzenstaller (2021) bieten eine Übersicht über die wichtigsten Umweltpolitikinstrumente, die in der theoretischen und empirischen Literatur diskutiert werden, und evaluieren die Auswirkungen von Umweltsteuern unter anderem auch unter verteilungspolitischen Aspekten. Größtenteils werden hier, wie auch in diesem Kapitel, Verteilungseffekte für den Haushaltssektor und nicht für den Produktionssektor angesprochen, da davon ausgegangen wird, dass Kosten am Ende auf Konsument_innen abgewälzt werden können (in Abhängigkeit der Preiselastizität in den unterschiedlichen Produktionssektoren). Basierend auf ihrer Literaturanalyse kommen Köppl & Schratzenstaller (2021) zu folgenden Schlüssen: Ohne kompensierende Maßnahmen wäre die Einführung einer CO_2-Steuer regressiv, da Haushalte mit geringeren Einkommen einen höheren Anteil ihrer

17.2 Status quo

Konsumausgaben für energieintensive Produkte ausgeben (siehe auch (Chancel, 2022; Humer et al., 2021; Theine et al., 2022)).

Wenn man von einem Subsistenzniveau von kohlenstoffintensiven Produkten zur Befriedigung von Grundbedürfnissen (Wohnen, Essen, Heizen, soziale Teilnahme etc.) ausgeht, würde eine CO_2-Steuer Haushalte mit niedrigen Einkommen relativ stärker belasten (Köppl & Schratzenstaller, 2021). Es herrscht jedoch kein eindeutiger Konsens. Mayer et al. (2021) zeigen, dass eine CO_2-Steuer aufgrund stark sinkender Kapitaleinkommen (die eher reichere Haushalte betreffen) eine progressive Wirkung entfalten könnte. Außerdem sind die Verteilungseffekte einer CO_2-Steuer auch von Haushaltscharakteristika wie Wohnort, Haushaltstyp, demographischer Komposition etc. sowie räumlichen Faktoren abhängig. Die theoretische Literatur wird dabei von einer Vielzahl von empirischen Studien unterstützt. Deren Resultate hängen stark von den besteuerten Energiequellen und den verwendeten Indikatoren zur Messung von Verteilungseffekten ab (Kirchner et al., 2019). Einkommensbasierte Indikatoren reflektieren die Verteilung von Steuerbelastungen über Einkommensgruppen. Ausgabenbasierte Indikatoren messen die Last relativ zu Ausgaben. Empirische Studien basieren auf Haushaltskonsumausgaben oder Mikrosimulationen, statischen Input-Output Modellen mit Haushaltsdaten oder Mikrosimulationen oder Studien, die sich auf die Simulation von makroökonomischem Feedback in Form von General Equilibrium Models oder makroökonomischen Input-Output-Modellen stützen.

Es scheint relativer Konsens darüber zu herrschen, dass Benzinsteuern eine schwach regressive oder sogar progressive Verteilungswirkung haben (Köppl & Schratzenstaller, 2021; siehe allerdings Bernhofer & Brait [2011] für alternative Berechnungen für Österreich). Das liegt daran, dass der Anteil der Transportausgaben mit dem Einkommen ansteigt, während der Anteil von Haushaltsenergiekonsum (Strom und Heizen) mit steigendem Einkommen abnimmt. In Österreich geben die reichsten 20 Prozent fünfmal mehr für Verkehr aus als die ärmsten 20 Prozent – da Privatautobesitz in den unteren Dezilen stark unterrepräsentiert ist, hätte eine Benzinsteuer eine progressive Wirkung. Zusätzlich wirken sich Steuern unterschiedlich auf unterschiedliche Haushaltstypen und Regionen aus (siehe auch unten).

Für Österreich gibt es mehrere Modellrechnungen. Kernergebnisse dieser Studien zeigen, dass die Einführung einer CO_2-Steuer ohne entsprechende Rück- bzw. Umverteilungsmaßnahmen der generierten Einnahmen („Recycling") eine regressive Wirkung hätte (Humer et al., 2021; Kirchner et al., 2019; Mayer et al., 2019). Konkret zeigten Kirchner et al. (2019), dass die Einführung einer CO_2-Steuer (120 Euro/Tonne CO_2) ohne Recycling der Einnahmen regressiv ist, wenn die Steuerbelastung relativ zum Einkommen oder Veränderungen in den realen Ausgaben berechnet wird. Mittlere Einkommenshaushalte wären dabei am stärksten belastet. Basierend auf dem Mikrosimulationsmodell TAXSIM kann gezeigt werden, dass sowohl bei einem niedrigeren (50 Euro/Tonne CO_2) bzw. einem höheren (150 Euro/Tonne CO_2) CO_2-Preis eine steigende absolute Belastung für österreichische Haushalte entlang der Einkommensverteilung beobachtet werden kann (bei einem angenommenen Preis von 50 Euro/Tonne kann eine Steuerlast von 200 Millionen Euro im untersten und 260 Millionen im obersten Einkommensviertel berechnet werden). Die relative Last der CO_2-Steuer sinkt aber mit steigendem Einkommen (2,4 Prozent im untersten und 0,3 Prozent im obersten Einkommensviertel), da Emissionen gleicher verteilt sind als das verfügbare Haushaltseinkommen (Humer et al., 2021).

Kompensationsstrategien, wie Steuersenkungen oder Rückzahlungen, beeinflussen sowohl die Lenkungswirkung der CO_2-Steuer als auch deren potenzielle regressive Wirkung (Eisner et al., 2021; Humer et al., 2021; Kirchner et al., 2019; Mayer et al., 2019; Rengs et al., 2020; Tölgyes, 2021). So zeigen Mayer et al. (2019), dass ein Ökobonus in Kombination mit einer Umsatzsteuersenkung sowohl progressive Verteilungseffekte als auch eine etwas höhere CO_2-Reduktion bewirken könnte. Tölgyes (2021) hebt hervor, dass eine soziale Staffelung der Rückzahlung sowie eine Rücksichtnahme auf die Wohn- und Heizsituation dabei treffsicherer als eine allgemeine Steuersenkung oder ein pauschaler Ökobonus wäre und somit ein Trade-Off zwischen der Lenkungs- und der sozialen Ausgleichswirkung einer CO_2-Steuer verhindert werden könnte.

Während eine CO_2-Steuer, die mit einer progressiven Rückverteilung der Einnahmen (z. B. in Form eines (pauschalen) Ökobonus) durchaus mit CO_2-Emissionseinsparungen bei gleichzeitig progressiven oder neutralen Verteilungseffekten auf nationaler Ebene vereinbar wären, scheint die CO_2-Reduktion trotzdem unzureichend zu sein, um die Pariser Klimaziele zu erreichen (Mayer et al., 2019). Eine CO_2-Steuer muss daher durch andere, nicht marktbasierte, strukturelle Maßnahmen (Raumplanung, öffentliches Verkehrsangebot, Ausbau erneuerbarer Energiequellen etc.) unterstützt werden. Während die Mehrzahl der Studien die Verteilungswirkungen von CO_2-Steuern an Hand von historischen oder gegenwärtigen Konsummustern berechnen und komplexere Feedback- und Rebound-Effekt üblicherweise vernachlässigen, werden diese in der integrierten, modellbasierten Szenarioanalyse von Großmann et al. (2019) berücksichtigt, um die Auswirkungen einer Vielzahl notwendiger klimaschützender Maßnahmen für die Einhaltung der 1,5 Grad Celsius Zieles auf die SDGs zu evaluieren. Neben der Einführung der CO_2-Steuer wird vor allem die Notwendigkeit von Investitionen (bis zu 10 Milliarden Euro im Jahr) im Energie- und Transportsektor [vgl. Kap. 2, Innovationsperspektive] insbesondere der Ausbau erneuerbarer Energiequellen, Investitionen in Strom- und Gasnetzinfrastruktur sowie Lagerung und

Speicherung, hervorgehoben. Maßnahmen im Transportsektor betreffen die Reduktion von fossilen Antrieben, den Ausbau der Ladeinfrastruktur für E-Fahrzeuge, den Ausbau und die Modernisierung des Schienennetzes sowie von Rad- und Fußwegen, eine Reduktion von Ticketpreisen der öffentlichen Verkehrsmittel, die Verlagerung von Kurzstreckenflügen auf die Schiene (Hochgeschwindigkeits- und Nachtzüge), eine Raumordnung (z. B. „Stadt der kurzen Wege"), die den Verzicht auf den eigenen Pkw ermöglicht, die Verlagerung des Güterverkehrs von Straße auf Schiene, die Erhöhung der Besteuerung von Diesel sowie striktere Emissionsnormen für Neuzulassungen und ein flächendeckendes Road Pricing. Zusätzlich werden die thermische Sanierung des Gebäudebestands [siehe unten und Kap. 4 Wohnen], Transformation der Heizungssysteme und die Verdichtung von Siedlungsflächen sowie Mehrgeschoßbau für Mehrfamiliengebäude im Bereich des Wohnungssektors angesprochen [siehe Kap. 19 Raumplanung]. Laut Modellberechnungen würde sich aufgrund diskutierter Maßnahmen die Armutsgefährdungsquote von 14 Prozent auf 14,6 Prozent erhöhen. Welche konkreten Auswirkungen die Maßnahmen auf das Einkommen unterschiedlicher Haushaltgruppen haben, kommt dabei auf das Design der eingesetzten Fördermittel (z. B. Unterstützung zur Einführung von Solarpanels oder energieeffizienter Ausbau des sozialen Wohnbaus etc.) an (Großmann et al., 2019).

Während der **Fokus der Literatur auf den Verteilungseffekten einer Emissionssteuer** liegt, greift eine Reduktion von Klimapolitik auf Steuerpolitik zu kurz. Zusätzlich zu steuerlichen Maßnahmen wird daher die Schaffung alternativer Wohn-, Mobilitäts- und sozialer Leistungen gefordert, die es Menschen erlaubt, ihre Grundbedürfnisse durch klimafreundliche Alternativen zu befriedigen (Brand-Correa et al., 2020; Gough, 2017). Für Österreich zeigen Rocha-Akis et al. (2019), Dabrowski et al. (2020) und Jestl und List (2020), dass öffentlich bereitgestellte Sachleistungen (z. B. öffentlicher Verkehr, staatlicher Wohnbau, Parks, Fahrradwege, Gesundheits- und Bildungsleistungen etc.) eine stark progressive Wirkung auf die Einkommensverteilung haben [siehe dazu Kap. 2, Bereitstellungsperspektive]. Eine Vernachlässigung von Verteilungseffekten klimapolitischer Maßnahmen würde die Einführung notwendiger Maßnahmen zur Erreichung der Pariser Klimaziele dabei erheblich erschweren (Köppl & Schratzenstaller, 2021; Chancel, 2022).

Ausgehend von den hier diskutierten Problemstellungen lassen sich abschließend drei wesentliche Zusammenhänge zwischen klima(un)freundlichem Verhalten und sozialen und räumlichen Ungleichheiten zusammenfassen:

(a) Einkommen und Wohnort (und Relation zum Arbeitsort) beeinflussen die Höhe und Struktur des Konsums und strukturieren auf diese Weise klima(un)freundliches Verhalten (Boyce, 2007; Brocchi, 2019; Laurent, 2014).

(b) Der karbonintensive Konsum einkommens- und vermögensstarker Gruppen stellt ein zunehmendes Problem bei der Bewältigung der Klimakrise dar (Rehm, 2021; Wiedmann et al., 2020).

(c) Einkommensgruppen sind finanziell unterschiedlich von klimaschützenden Maßnahmen betroffen. Belastungen werden je nach Wohnort verstärkt oder gemildert (Chancel, 2020; Laurent, 2014).[5]

17.3 Notwendige Veränderungen struktureller Bedingungen

Mobilität und Wohnen zählen zu jenen Sektoren, welche für einen Großteil der in Österreich emittierten CO_2-Gesamtemissionen verantwortlich sind[6] (Frascati, 2020, Muñoz et al., 2020). Vor diesem Hintergrund und auf Basis österreichischer Literatur und Daten zu Konsum- und Ausgabenstrukturen im Allgemeinen sowie Wohn- und Mobilitätsverhalten der Österreicher_innen im Speziellen lassen sich Mobilität und Verkehr sowie Wohnen und Energie als die zwei wesentlichsten Handlungsfelder im Kontext dieses Kapitels festlegen. Hinsichtlich Mobilität und Verkehr liegt der Fokus insbesondere auf verteilungspolitischen Strategien zur Schaffung klimafreundlicher und soziräumlich zugänglicher Mobilitätsalternativen. Klar ist, dass es neben einer Verlagerung von klimaschädlicher auf ökologische Mobilität („modal shift") vor allem die Vermeidung und Reduktion von Verkehr braucht. Für eine weiterführende Diskussion dazu möchten wir auf Kap. 6 Mobilität verweisen.

17.3.1 Mobilität und Verkehr

Laut Daten der Konsumerhebung 2019/2020 von Statistik Austria ist Verkehr mit 13,9 Prozent (5,6 Prozent Kfz-Anschaffung, 7,3 Prozent Fahrzeuginstandhaltung, 1,1 Prozent öffentlicher Verkehr [ÖV]) nach Wohnen und Energie (24,4 Prozent) der zweitgrößte Ausgabenposten für private Haushalte in Österreich (Statistik Austria, 2021b). Eine Analyse der Konsumerhebung 2009/10 von Schönfelder et al. (2016) ergab, dass der Anteil der Mobilitätsausgaben[7] am verfügbaren Einkommen aller österreichischen Haushalte

---

[5] Außerdem sind ökonomisch benachteiligte Gruppen stärker von Umweltbelastungen und Konsequenzen der Klimaveränderung betroffen (Glatter-Götz et al., 2019; Preisendörfer, 2014; Wukovitsch, 2016; Zwickl et al., 2014). Dies hat in Österreich zwar Relevanz, jedoch nicht so stark wie auf globaler Ebene, weshalb in diesem Kapitel nicht weiter darauf eingegangen wird.
[6] Für konkrete Emissionskennzahlen zum Thema Mobilität und Verkehr sowie Wohnen und Energie siehe auch Kap. 4 Wohnen und Kap. 6 Mobilität.
[7] Inklusive Kauf und Betrieb von Privatfahrzeugen wie Pkw, Kraft- und Fahrräder etc.

durchschnittlich bei 15 Prozent lag, Haushalte mit Pkw gaben etwa 17 Prozent ihres Einkommens für Mobilität aus, jene ohne Pkw 3 Prozent. Allgemein liegt der österreichweite Verkehrsmittelwahlanteil („modal split") des motorisierten Individualverkehrs[8] bei 60 Prozent, der des öffentlichen, Rad- und Fußverkehrs bei rund 40 Prozent (Schönfelder et al., 2016).

Das Verkehrs- und Mobilitätsverhalten unterscheidet sich stark zwischen der ländlichen und urbanen Bevölkerung (BMVIT, 2016; Schönfelder et al., 2016, 2021). So konzentriert sich die Nutzung alternativer Mobilitätsangebote, wie des öffentlichen, Fuß- oder Radverkehrs sowie von (Car-)Sharing-Konzepten, hauptsächlich in urbanen Bereichen: Während in Wien rund 38 Prozent der Bewohner_innen ihre Wege mit öffentlichen Verkehrsmitteln zurücklegen, sind es in anderen österreichischen Großstädten 17 Prozent, in peripheren Bezirken sogar nur 8 Prozent. Der Anteil jener Bevölkerung, welche ihre Wege per motorisiertem Individualverkehr (Lenker_innen und Mitfahrer_innen) zurücklegen, ist in peripheren Bezirken am höchsten (79 Prozent) und in Wien (33 Prozent) am niedrigsten (BMVIT, 2016; Schönfelder et al., 2016). Die regionale Heterogenität im Mobilitätsverhalten lässt sich vor allem auf das unterschiedliche Angebot von ÖV-Dienstleistungen in urbanen und ländlichen Regionen zurückführen. So nimmt mit Zunahme der „Ländlichkeit", also mit sinkender Bevölkerungsdichte, der Anteil an unzureichender ÖV-Versorgung signifikant zu, wie eine Untersuchung von Schönfelder et al. (2021) zeigt.

Studien belegen zudem, dass sich das Mobilitätsverhalten der österreichischen Bevölkerung auch hinsichtlich sozioökonomischer Faktoren unterscheidet (Leodolter, 2016; ÖAMTC, 2018; Schönfelder et al., 2016; VCÖ, 2018). Im untersten Einkommensquartil besitzen rund 60 Prozent ein Kraftfahrzeug, im Quartil mit den höchsten Einkommen sind es knapp 90 Prozent. Kaum einkommensspezifische Unterschiede lassen sich hingegen beim Besitz einer Jahreskarte (z. B. für ÖV) feststellen (Leodolter, 2016). Durch das aktuelle Pendlerpauschale wird der Arbeitsweg mit dem Auto jedoch steuerlich stärker entlastet als das Pendeln mit ÖV, Besserverdiener_innen profitieren davon überdurchschnittlich (38 Prozent gehen an Haushalte im obersten Einkommensviertel, 3 Prozent an das unterste Einkommensviertel) (VCÖ, 2018). Zwar zeigt sich, dass einkommensschwache Haushalte (verfügbares Einkommen von max. 1480 Euro pro Person und Monat) mit 172 Euro wegen des vergleichsweise niedrigen Pkw-Besitzes nur etwa 60 Prozent des österreichischen Durchschnitts für Mobilität ausgeben – trotzdem ist der Anteil der Mobilitätsausgaben am verfügbaren Gesamteinkommen dieser Haushaltsgruppe mit 16,1 Prozent überdurchschnittlich hoch (Schönfelder et al., 2016). Zudem kann festgestellt werden: Je höher das Einkommen von Pkw-Besitzer_innen ist, desto besser ist die Abgasklasse ihres Pkw. Ein Pkw-Austausch (z. B. zu energieeffizienten E-Modellen) ist für niedrige Einkommensschichten oft nicht leistbar (ÖAMTC, 2018). Auch die Wahl zwischen Flug- oder Bahnverkehr (speziell bei Urlaubs- oder Geschäftsreisen) unterscheidet sich je nach sozioökonomischer Gruppe: Besonders bei internationalen Reisen ist die ökologisch verträglichere Zug-Alternative oftmals deutlich kosten- und zeitintensiver als die Reise mit dem Flugzeug. Klimafreundliches Reisen ist daher aus Zeit- und/oder Kostengründen für viele langfristig nicht umsetzbar[9] (VCÖ, 2020).

Angeführte sozialräumliche Unterschiede im Mobilitätsverhalten müssen bei umweltpolitischen Maßnahmen zur Verlagerung und Vermeidung klimaschädlichen Verkehrs berücksichtigt werden, wenn sich klimafreundliche Lebensweisen gesamtgesellschaftlich durchsetzen sollen. Im Folgenden sollen einige strukturelle Bedingungen, welche insbesondere für die Förderung klimafreundlicher und sozial wie räumlich zugänglicher Mobilitätsalternativen notwendig sind, diskutiert werden.

Wenn Mobilität und Verkehr zukunftsfähig, also sozial gerecht und ökologisch werden soll, dann benötigt es neben (1) der entsprechenden Infrastruktur auch (2) finanzielle und steuerpolitische Maßnahmen. Wesentlich sind hierbei nicht nur der weitreichende Ausbau eines finanziell und räumlich leicht zugänglichen öffentlichen Verkehrs- und Mobilitätssystems, sondern auch eine zielgerichtete Besteuerung von klimaschädlichem Mobilitätsverhalten sowie eine sinnvolle (Um-)Verteilung finanzieller Mittel, Förderungen und generierter Mehreinnahmen.

Laut analysierter Literatur lassen sich folgende zentrale (infra-)strukturelle Strategieoptionen zusammenfassen:

a) Integrierte und koordinierte Raum- und Verkehrsplanung anhand regionaler Entwicklungspläne,
b) verpflichtende Erschließungsstandards und Taktverdichtungen im öffentlichen Verkehr,
c) Schaffung attraktiver und bedarfsorientierter Lösungen und Mobilitätskonzepte jenseits des Pkw, speziell in dünn besiedelten Gebieten,
d) der allgemeine Ausbau des öffentlichen Personennahverkehrs sowie
e) von sicheren Geh- und Fahrradwegen, vor allem in urbanen Regionen, und
f) der Abbau von Zugangsbarrieren zu Infrastruktur und Information im Verkehr (Schönfelder et al., 2016; VCÖ, 2014, 2018, 2021).

---

[8] Pkw, Motorrad, Moped etc.

[9] Der folgende Abschnitt dieses Kapitels konzentriert sich vorrangig auf Alltagsmobilität hinsichtlich Straßen- und Schienenverkehrs innerhalb von Österreich, der Luftfahrtverkehr wird daher an dieser Stelle nicht näher behandelt.

Eine besondere Herausforderung ist die Reduktion des motorisierten Individualverkehrs und dem dafür notwendigen systematischen Aufbau alternativer Verkehrsoptionen in ländlichen Gebieten mit einer besonders dispersen Siedlungsstruktur (Stichwort: „Letzte Meile") (Friedwanger et al., 2018; Hiess & Schönegger, 2015; VCÖ, 2018). Kleinräumige und regionalspezifische Projekte wie die Einrichtung von Ortsbussystemen, die Flexibilisierung des liniengebundenen öffentlichen Verkehrs, Mikro-ÖV-Systeme, öffentlicher Car-Sharing-Modelle oder der Wiederaufbau lokaler Versorgungsinfrastruktur lassen sich zwar mittlerweile in einigen österreichischen Regionen finden (z. B. gMeinBus Trofaiach[10], Stadtbus Eisenstadt[11], ÖBB Post-Shuttle[12], ÖBB rail&drive[13], Dorfmobil und Dorfladen in der Gemeinde Klaus[14]), diese müssten aber flächendeckend verfügbar sein, um eine attraktive und reale Alternative zum motorisierten Individualverkehr darzustellen[15] (Hiess & Schönegger, 2015; VCÖ, 2018).

(1) Wenn soziale Gerechtigkeit hinsichtlich (klimafreundlicher) Mobilitätschancen gefördert werden soll, muss ein besonderes Augenmerk auch auf die finanzielle Zugänglichkeit zu und die Nutzungsgerechtigkeit von nachhaltiger Mobilität gelegt werden. Zielgerichtete staatliche Investitionen, welche zukunftsfähige Mobilitätsinfrastruktur unabhängig von persönlichem Einkommen und Besitz sicherstellen, sind dabei ebenso essenziell wie sinnvolle Steuer- und Umverteilungsmaßnahmen (Köppl et al., 2019; Sammer & Snizek, 2021; Schönfelder et al., 2016; VCÖ, 2014).

Wie Sammer & Snizek (2021) in einer aktuellen Studie betonen, könnte im Zuge einer ökosozialen Steuerreform im Verkehrssektor durch die Reduktion fahrzeugbezogener Steuern und Abgaben (Versicherungssteuer, Normalverbraucherabgabe etc.) die Nutzung umweltfreundlicher und möglichst fossilfreier Fahrzeuge für viele (Einkommensschwache) attraktiver werden. In Bezug auf verkehrsleistungsbezogene Steuern, Abgaben und Förderungen (Mineralölsteuer, Maut, Pendlerförderung etc.) braucht es Instrumente wie Umwelt- und Klimaabgaben für fossilen Treibstoff sowie eine fahrleistungsbezogene Maut, wenn das Benützen klimaunfreundlicher Fahrzeuge teurer und somit unattraktiver werden soll. Dabei sind die Zweckwidmung und Umverteilung staatlicher Mehreinnahmen für das Sicherstellen bzw. die Förderung von sozialer Gerechtigkeit eine wesentliche Bedingung. Mehreinnahmen, wie sie zum Beispiel durch den motorisierten Individualverkehr (z. B. Parkgebühren) oder die Internalisierung externer Umweltkosten (z. B. Umwelt- und Klimaabgaben für Treibstoff) entstehen, könnten für Investitionen in die weitere Ökologisierung des Verkehrssystems verwendet werden und zudem finanzielle Entlastung für jene bringen, welche sich umweltfreundlich verhalten oder einkommensschwach sind. Konkret könnten unterschiedliche Bonusmodelle, wie ein Mobilitätsbonus mit ökosozialer Pendler_innenförderung, zentrale Beispiele für sozial treffsichere und ökologisch effektive Lösungen sein (Köppl et al., 2019; Sammer & Snizek, 2021; Schönfelder et al., 2016; VCÖ, 2014).

Internationale Vorbilder und Best-Practice-Beispiele bereits implementierter Bonusmodelle lassen sich unter anderem in der Schweiz, Belgien oder Kanada finden. In Basel wird seit 2013 der Pendlerfonds aus 80 Prozent der Bruttoeinnahmen der Parkraumbewirtschaftung (jährlich etwa 2,5 Millionen Euro) gespeist. Der Fonds unterstützt Projekte, wie Park-/Bike-and-Ride-Anlagen, Quartierparkings oder neue ÖV-Angebote. Zudem können in der ganzen Schweiz alle Ausgaben für das Fahren mit öffentlichen Verkehrsmitteln steuerlich abgesetzt werden und Fahrrad-Pendler_innen haben Anspruch auf eine jährliche Pendlerpauschale von rund 600 Euro (Pendlerfonds, o.J.; VCÖ, 2014, 2021). Auch in Belgien wird das Pendeln mit dem Fahrrad entweder mit einem jährlichen einkommensabhängigen Pauschalbetrag oder einem fixen Kilometergeld (23 Cent pro Kilometer mit dem Fahrrad, 15 Cent, wenn zu Fuß gegangen wird) belohnt (Frommeyer, 2020; VCÖ, 2021). In British Columbia wurde 2008 ein sozial gestaffelter Ökobonus eingeführt. Die durch die Besteuerung fossiler Brennstoffe (Stand 2021: 30 Euro pro Tonne CO_2) generierten Einnahmen werden jährlich in Form von einkommensabhängigen Bonuszahlungen („Climate Action Credits") an Haushalte mit geringen bis mittleren Einkommen ausgezahlt. Zusätzlich fördert ein Teil der Steuereinnahmen besonders klimaeffiziente Unternehmen und Fonds zum Ausbau ökologischer Produktionsanlagen (Harrison, 2019; Strategy Ministry of Environment and Climate Change, 2021; VCÖ, 2021).

Eine kürzlich implementierte Maßnahme, welche die Nutzung öffentlicher Verkehrsmittel in ganz Österreich attraktiver und finanziell zugänglicher machen soll, ist die Einführung des sogenannten Klimatickets (vormals 1-2-3-Klimaticket). Das Tarifmodell soll es ermöglichen, zu einem Fixpreis (je nach Kategorie zwischen 800 und 1095 Euro) jeden Linienverkehr (öffentlicher und privater Schienenverkehr, Stadtverkehr und Verkehrsverbünde) österreichweit zu nutzen. Finanziert wird das Ticket zum Großteil vom Bund und den Ländern (BMK, 2021; KlimaticketNow, 2021). Wie groß die ökologischen und sozialen Lenkungseffekte dieser Maßnahme sind, wird sich erst zeigen. In Hinblick auf räumliche und soziale Nutzungsgerechtigkeit ist jedoch an-

---

[10] Für weitere Informationen siehe https://mobilitaetsprojekte.vcoe.at/gmeinbus-trofaiach.
[11] Für weitere Informationen siehe https://mobilitaetsprojekte.vcoe.at/stadtbus-eisenstadt-2017.
[12] Für weitere Informationen siehe https://www.postbus.at/de/unsere-leistungen/postbus-shuttle.
[13] Für weiter Informationen siehe https://www.railanddrive.at/de.
[14] Für weitere Informationen siehe https://www.bedarfsverkehr.at/content/Dorfmobil_Klaus.
[15] Weitere konkrete Maßnahmen werden auch in Kap. 6 Mobilität und 19 Raumplanung diskutiert.

zunehmen, dass es zusätzlich zu Maßnahmen wie dieser den verstärkten Ausbau des öffentlichen Verkehrsnetzes, speziell in peripheren Regionen, sowie gezielte Förderungen für Einkommensschwache brauchen wird.

17.3.2 Wohnen und Energie

Das Handlungsfeld Wohnen und Energie wurde auf Basis der Literaturrecherche als zweiter entscheidender Faktor für ungleiche Emissionsmuster identifiziert.

In Österreich beträgt der monatliche Wohnkostenanteil am Haushaltseinkommen durchschnittlich ca. 20 Prozent. Der Anteil für einkommensschwache Haushalte (Haushaltseinkommen < 60 Prozent des Medians) beträgt 44 Prozent. Haushalte mit hohem Einkommen (> 180 Prozent des Medians) verwenden dabei lediglich 8 Prozent ihres Einkommens für Wohnkosten (Statistik Austria, 2021a). Gleichzeitig geben letztere lediglich 2 Prozent ihres Haushaltseinkommens für Energiekosten aus, im Vergleich zu 4 Prozent, die von einkommensschwachen Haushalten aufgewendet werden (Statistik Austria, 2021a).

Im Bereich Wohnen und Energie sind ungleiche Einkommensverhältnisse deshalb relevant, da auch bei geringen Einkommen ein fixer Betrag, speziell fürs Heizen, umgesetzt wird. Dadurch steigt der relative Anteil der Energiekosten für Haushalte mit niedrigen Einkommen und stellt somit eine ungleich höhere Belastung dar, der sich die einkommensschwächeren Haushalte jedoch nicht entziehen können. Gleichzeitig emittieren einkommensstärkere Haushalte in absoluten Zahlen aufgrund größerer Wohnflächen und energieintensiverer Heizsysteme mehr (Wagner, 2021).

Der mit Wohnform und Wohnumfeld zusammenhängende Energieverbrauch ist ein entscheidender Treiber von Treibhausgasemissionen und stellt ein Strukturmerkmal dar, welches klimafreundliches Leben massiv fördern bzw. restringieren kann. Die Energieeffizienz von Gebäuden wird maßgeblich vom jeweiligen Heizsystem bestimmt. Mieter_innen haben hierauf keinerlei Einfluss (Allinger et al., 2021). Dieser Umstand hat aufgrund der hohen Mietquote von 42,8 Prozent (Statistik Austria, 2021a) in Österreich besondere Relevanz. Jedoch sind auch im Eigentum lebende private Haushalte aufgrund der erheblichen Kosten von z. B. thermischer Gebäudesanierung stark eingeschränkt (Schenk, 2016). In Österreich wird ca. zur Hälfte mit Hauszentralheizung geheizt, gefolgt von ca. einem Viertel Fernwärme, 11,8 Prozent Etagenheizung, 6,2 Prozent Einzelöfen, 3,9 Prozent Elektroheizung und 3 Prozent Gaskonvektoren. Die Energieträger sind dabei Gas (27,3 Prozent), Fernwärme (25 Prozent), Brennholz (16,2 Prozent), Heizöl (16 Prozent), Strom (6,7 Prozent), Holzpellets (5,1 Prozent), alternative Energieträger (3,3 Prozent) und Kohle (0,5 Prozent). Relevante Trends sind die überdurchschnittliche Nutzung von Kohle als Energieträger in den ersten beiden Einkommensdezilen und der deutliche Anstieg von alternativen Energieträgern mit höheren Einkommen. Insgesamt lässt sich auf eine generell geringe Relevanz von Kohle, selbst für niedrige Einkommensdezile, verweisen. Fernwärme ist vor allem in den Ostregionen (allen voran Wien) sowie Salzburg und Kärnten relevant, während die Nutzung von Gas und Heizöl eher im Westen verbreitet, insgesamt aber recht gleichmäßig über die Einkommensdezile verteilt ist. Wien bildet hier eine Ausnahme, da neben der großen Bedeutung von Fernwärme auch Gas eine wichtige Rolle spielt (Lechinger & Matzinger, 2020). Die Ziele der aktuellen Bundesregierung erscheinen in diesem Kontext ambitioniert. Um bis 2040 klimaneutral zu werden, soll ab 2035 nicht mehr mit Kohle oder Öl und ab 2040 auch nicht mehr mit Gas geheizt werden (Republik Österreich, 2020).

Die zentrale Herausforderung solcher Maßnahmen besteht darin, Zielkonflikte zwischen sozialen, ökologischen und ökonomischen Motiven zu moderieren, um einen möglichst breiten Konsens zu erreichen (Plumhans, 2021). Maßnahmen versuchen in diesem Kontext „ökologisch vorteilhaft" und „sozial gerecht" zu sein (Gough, 2017). In Österreich gelten thermische Gebäudesanierungen und ein Wechsel auf effizientere Heizsysteme gerade für einkommensschwache Haushalte als Chance, den überproportionalen Anteil der Energiekosten am Haushaltseinkommen zu senken (Energieagentur Steiermark, 2015). Maßnahmen der thermischen Gebäudesanierung erscheinen in diesem Kontext im Gegensatz zu erneuerbaren Energien oder Maßnahmen der Bewusstseinsbildung besonders geeignet, sozialökologische Ziele zu erreichen (Plumhans, 2021).

Des Weiteren ist die durchschnittliche Wohnfläche in Österreich seit 2009 um gut 5 Prozent auf 45,3 Quadratmeter pro Person gestiegen (Statista, 2021). Die sich verändernde Flächennutzung hat Relevanz, da jeder zusätzliche Quadratmeter beleuchtet, beheizt, möbliert etc. werden muss (Lehmphul, 2016). Außerdem haben wachsende Wohnflächen auch einen wichtigen indirekten Effekt. Aus Platzmangel in urbanen Räumen kann die gewünschte Steigerung der Wohnfläche besonders in dünn besiedelten, suburbanen oder ruralen Räumen stattfinden. Suburbanisierung und Zersiedelung sind die Folge, was sich in einem erhöhten Pendler_innenaufkommen widerspiegelt (Wagner, 2021). Es gibt jedoch auch die Möglichkeit, in urbanen Räumen neuen Wohnraum durch Nachverdichtung zu schaffen, was vor allem in Wien in den letzten Jahren verstärkt in der Form von Dachgeschossausbauten geschehen ist. Allerdings wurden diese Ausbauten bereits 2001 von der Bundesregierung vom Anwendungsbereich des Mietrechtsgesetzes (MRG) ausgenommen. Der neu entstandene Wohnraum stellt somit eine exklusive Form verdichteter Bauweise dar und kann Verdrängungseffekte und räumliche Ungleichheiten verstärken (Friesenecker & Kazepov, 2021; Dlabaja, 2017; Reinprecht.

2017). Eine wichtige Maßnahme, die sowohl soziale und räumliche Ungleichheiten als auch Gebäudeemissionen und Zersiedelung reduzieren könnte, sind verstärkte Investitionen in den sozialen Wohnbau. Hierzu verweisen wir auf das Kap. 4 Wohnen.

17.4 Fördernde und blockierende Dynamiken, Institutionen und Akteur_innen

Eine vollständige Darstellung der Akteur_innen und Institutionen, die von sozialer und räumlicher Ungleichheit tangiert sind oder diese beeinflussen, ist kaum möglich, da soziale und räumliche Ungleichheit durch eine Vielzahl von Akteur_innen beeinflusst wird (von z. B. der Europäischen Zentralbank auf der Makroebene bis zu individuellen Präferenzen für Umverteilung auf der Mikroebene). Konsens herrscht darüber, dass die Reduktion der oberen Einkommen auf globaler und nationaler Ebene eine Grundbedingung zur Senkung klimaschädlicher Emissionen darstellt (Chancel, 2022; Sayer, 2016; Wiedmann et al., 2020). Konsens besteht auch darüber, dass klimaschützende Maßnahmen nicht zu Lasten wenig emittierender und einkommensschwacher Bevölkerungsgruppen gehen sollten. Dies hängt je nach Maßnahme von einer Vielzahl von Akteur_innen und Institutionen ab. Im Folgenden soll dies exemplarisch für die Handlungsfelder Mobilität und Wohnen dargestellt werden.

Als erste wichtige Akteursgruppe können die **Konsument_innen von Mobilität**, also Nutzer_innen von Verkehrsmitteln, als wesentliche Akteur_innen identifiziert werden. Zusätzlich haben politische Entscheidungsträger_innen (z. B. im Verkehrs-, Klima- oder Finanzministerium, in der Gemeinde- und Stadtplanung oder der öffentlichen Verwaltung) eine tragende Rolle bei der Ausgestaltung und Implementierung umwelt- und sozialpolitischer Maßnahmen zur Förderung von zukunftsfähiger Mobilität und den dafür notwendigen (infra-)strukturellen Rahmenbedingungen (Fichert & Grandjot, 2016). Wie zuvor erläutert, ist die Wahl des primären Verkehrsmittels sozioökonomisch und räumlich beeinflusst. Verfügbarkeit und Leistbarkeit von Mobilität entscheiden darüber, welche primäre Mobilitätsform in unterschiedlichen räumlichen und sozialen Kontexten „ausgewählt" wird. Wenn klimafreundliche Mobilitätsalternativen zum herkömmlichen PKW nicht verfügbar oder leistbar sind, kann auch keine Änderung des Mobilitätsverhaltens durchgesetzt werden (Sammer & Snizek, 2021; VCÖ, 2018).

Eine weitere wichtige Akteursgruppe lässt sich im Zusammenhang mit **öffentlichen und zivilgesellschaftlichen Institutionen und Organisationen** identifizieren. Konkrete Beispiele sind neben rechtlichen Grundlagen und Regelungen (z. B. Österreichische Straßenverkehrsordnung (StVO)) öffentliche Institutionen wie die österreichische Raumordnung (z. B. Österreichische Raumordnungskonferenz – ÖROK, Siedlungsplanung). Von Bedeutung sind diese vor allem bei räumlichen Ungleichheiten in der Verfügbarkeit von Mobilitäts- und Versorgungsinfrastruktur. Die Planung eines flächendeckenden öffentlichen Verkehrssystems für alle sowie dessen rechtliche Verankerung in der österreichischen Raumordnung (Mobilitätsgarantie), ist ein wesentlicher Hebel zur Förderung klimafreundlichen Mobilitätsverhaltens [siehe dazu auch Kap. 6 Mobilität und Kap. 19 Raumplanung].

Interessenvertretungen in Politik und Gesellschaft, wie die Autolobby und Verkehrsclubs (z. B. ÖAMTC, ARBÖ, VCÖ) oder die Fahrradlobby (radlobby, ARGUS) können dabei Planungsentscheidungen hinsichtlich der Ausgestaltung (sozial-ökologischer) Bereitstellungssysteme im Verkehrssektor beeinflussen. Während Vertreter_innen der Automobil- und Betonindustrie den Ab- und Umbau fossiler Verkehrsstrukturen aus Eigeninteressen nicht unterstützen oder sogar blockieren, setzen sich andere, gemeinwohlorientierte Verkehrs- und Radclubs aktiv für die Förderung und den Ausbau zukunftsfähiger Mobilität ein (Haas & Sander, 2019).

Öffentliche und private Verkehrsdienstleister_innen und Verkehrsunternehmen (z. B. ÖBB, Wiener Linien, Verleihfirmen von Fahrrädern, Scootern und Anbieter_innen von Micro-ÖV-Systemen) sowie Verkehrsverbünde (z. B. VOR, OÖVV, SVV) zählen zu jenen fördernden Akteuren, welche klimafreundliche Mobilitätskonzepte praktisch umsetzen [siehe dazu auch Kap. 6 Mobilität].

Forschung und Wissenschaft bezüglich technologischer Innovationen zur Effizienzsteigerung im Verkehrs- und Energiesektor können die Umweltverträglichkeit dafür notwendiger Verkehrsmittel verbessern und so klimafreundliche Mobilität zusätzlich fördern [siehe dazu auch Kap. 13 Soziotechnische Innovationen].

Für das Handlungsfeld Wohnen[16] sind auf zunächst die **Haushalte**, also die **Bewohner_innen** zu betrachten. Es ist zwischen Eigentümer_innen und Mieter_innen zu unterscheiden. Wie bereits erwähnt, haben Bewohner_innen im Mietverhältnis kaum bis gar keinen Einfluss auf ihre Heizsysteme (Allinger et al., 2021). Ein gewisser Handlungsspielraum besteht zwar durch Selbstregulierung des eigenen Energieverbrauchs. Eigentumsverhältnisse beschränken jedoch die Handlungsfähigkeit, klimafreundlich zu wohnen. Sie stellen ein sozial ungleich verteiltes Strukturmerkmal klimafreundlichen Lebens dar (Friesenecker & Kazepov, 2021). Ohne entsprechende Fördermaßnahmen gibt es auch für die meisten Eigentümer_innen eine De-facto-Barriere bei der Sanierung des Eigenheims (IIBW, 2019). Bestehende Infrastrukturen vereinfachen einen Umstieg auf z. B. Fernwärme

---

[16] Aus den bereits genannten Gründen fokussieren wir hier auf den Bereich Wohnen und Heizen. Für eine umfassende Diskussion verweisen wir auf Kap. 4 Wohnen und Kap. 6 Mobilität.

oder alternative Energieträger. Hier kommt den Energieversorgern eine tragende Rolle zu. Ob es sich wie in den meisten Bundesländern um Aktiengesellschaften handelt (z. B. Energie AG Oberösterreich, EVN AG oder KELAG) oder, wie in Wien (Wien Energie), um kommunale Dienstleister, hat einen Einfluss auf die politische Steuerungsmöglichkeit (IIBW, 2019). Die Handlungsfähigkeit der Haushalte (*Mikroebene*) ist beim Thema Wohnen und Heizen daher stark eingeschränkt und verläuft entlang sozialer Trennlinien.

Eine weitere wichtige Dimension stellen die relevanten **Institutionen und die entsprechenden Gesetze** und die in diesem Zusammenhang relevanten Akteur_innen eingegangen werden. Das Mietrechtgesetz liegt in der Kompetenz des Bundes und legt gesetzlich fest, dass Gebäudesanierungen aus der Mietzinsreserve finanziert werden sollen. Allerdings fallen nach 1945 errichtete Wohngebäude sowie Ein- und Zweifamilienhäuser nur teilweise bzw. gar nicht in den Anwendungsbereich (Rosfika, 2020). Auf letztere entfallen jedoch ca. 70 Prozent aller Gebäudeemissionen in Österreich, was die Wirkung eines solchen Gesetzes stark einschränkt (IIBW, 2019). Dieselbe Problematik trifft auf das Wohneigentumsgesetz zu. Ebenfalls in den Geltungsbereich des Bundes fällt das Wohnungsgemeinnützigkeitsgesetz (WGG). Der gemeinnützige Sektor wird oft als vielversprechender Akteur dargestellt, um Wohnen ökologisch nachhaltiger und sozial inklusiver zu gestalten (Litschauer et al., 2021). Allerdings können im WGG verankerte Mechanismen, wie z. B. hohe Anzahlungen, als Barriere für einkommensschwache Haushalte wirken und eine marginalisierende Wirkung entfalten; die Möglichkeiten eines klimafreundlichen Lebens also wiederum entlang sozialer Trennlinien strukturieren (Friesenecker & Kazepov, 2021; Kadi, 2015). Schließlich regelt das Heizkostenabrechnungsgesetz (HeizKG) die Aufteilung von Heizkosten im mehrgeschoßigen Wohnbau. Laut Rosifka (2020) kommt es aufgrund von Intransparenz zu unklaren Rechtssituationen für Mieter_innen, welche sich räumlich (Mehrgeschoß hauptsächlich in Städten) und sozial (Mieter_innen grundsätzlich mit weniger verfügbarem Einkommen) entfaltet. Weitere wichtige Instrumente bzw. gesetzliche Vorgaben sind die Wohnbauförderung und die Bauordnung. Diese befinden sich in der Kompetenz der Bundesländer. Während die Wohnbauförderung das zentrale Instrument zur Schaffung von Neubau in Österreich ist (Kadi, 2019), werden Gebäudestandards und Sanierungsregelungen in der Bauordnung geregelt. Die Wohnbauförderung ist geeignet, über Standards für Fördermittel ökologisch nachhaltigen Neubau zu schaffen (Litschauer et al., 2021). Allerdings wird sie nicht als ideales Instrument gesehen, um den rasant steigenden Mieten im Neubau oder den explodierenden Eigentumspreisen Einhalt zu gewähren (Kadi, 2019). In der Bauordnung hingegen gelten nicht für alle Gebäudetypen und Eigentumsverhältnisse einheitliche Umweltstandards (Rosfika, 2020). Wichtige Akteure sind außerdem das Baugewerbe und insbesondere Projektentwickler_innen und Bauträger. Des Weiteren spielen auch die Sozialpartner (insbesondere die Arbeiterkammer), Mietervereinigungen, Gewerkschaften und NGOs eine wichtige Rolle. Während hier die Wohnungsfrage zumeist als „soziale Frage" gedacht wird, hat die Ökologisierung in der Vergangenheit an Bedeutung gewonnen (IIBW, 2019).

Schlussendlich stellen **(internationale) Investoren** eine wichtige Akteursgruppe dar. Wenn Wohnraum entsprechend den Bedürfnissen dieser Gruppe kommodifiziert wird, also nur mehr als Vehikel zur Akkumulation von Vermögen fungiert, verliert es seine eigentliche Funktion – die eines Rückzugraumes, als Schutz vor der Außenwelt, als Ort sozialer Reproduktion usw.[17] Kommodifizierter Wohnraum tendiert auch dazu, ökologisch weniger nachhaltig zu sein [siehe Kap. 4 Wohnen]. Selbst in Ländern, die von Wohnraumspekulation traditionell weniger betroffen waren, hat sich seit der globalen Finanzkrise eine Kapitalflucht ins „Betongold" gezeigt. Institutionelle Investoren ersetzen kommunale Wohnungsversorger und Privatpersonen als Vermieter_innen und werden so zu zentralen Akteuren der Wohnraumbereitstellung (Wijburg & Aalbers, 2017). Auch wenn dieser Trend in Österreich aufgrund eines konservativen Bankenwesens und der starken Rolle kommunaler und gemeinnütziger Wohnungsanbieter bislang abgefedert werden konnte, steigen Angebotsmieten und Eigentumspreise rasant (Springler & Wöhl, 2020). Die resultierenden Neubauprojekte sind zwar durchaus ökologisch ambitioniert und ermöglichen ihren Bewohner_innen ein klimafreundliches Leben. Allerdings sind solche Quartiere für Haushalte mit unterdurchschnittlichen Einkommen kaum zugänglich (Bärnthaler et al., 2020).

17.5 Gestaltungsoptionen und Handlungsmöglichkeiten

In diesem Kapitel gehen wir kurz auf unterschiedliche Gestaltungsoptionen klimafreundlicher Maßnahmen mit direktem Bezug zu sozialer und räumlicher Ungleichheit ein. Deren Verteilungswirkungen haben einen großen Einfluss auf soziale und politische Akzeptanz.

Allgemein (und unter Ceteris-paribus-Bedingungen) scheinen egalitäre Gesellschaften eher klimafreundlicher zu sein (Dorling, 2017), wobei die kausalen Zusammenhänge noch nicht ausreichend erforscht sind und auch vom durchschnittlichen Einkommensniveau abhängen (Grunewald et al., 2017). Statuswettbewerb ist in ungleichen Gesellschaften höher und, da Statuswettbewerb in kapitalistischen Gesellschaften vor allem durch Besitz von Gütern und Dienstleistungen ausgetragen wird, führt zu

---

[17] Ein extremes Beispiel hierfür ist der massive Leerstand in einigen österreichischen Orten des Wintersporttourismus.

höherem Konsum (Wiedmann et al., 2020; Wilkinson & Pickett, 2010). Außerdem scheint Ungleichheit zu einer Reihe von wohlfahrtsreduzierenden Effekten und damit erhöhten Sozialausgaben zu führen, die für Investitionen in klimaschützende Maßnahmen fehlen. Unter der Annahme, dass der Zusammenhang zwischen Ungleichheit und klimaschädigendem Verhalten existiert, würde eine Reduktion der Ungleichheit zu einer Verbesserung des Klimas führen. Ungleichheit kann reduziert werden, indem untere Einkommen erhöht und/oder hohe Einkommen reduziert werden. In Ländern, in denen der CO_2-Verbrauch auch in den untersten Einkommensdezilen 2,7 Tonnen CO_2 pro Jahr übersteigt (wie es in Österreich und den meisten anderen Ländern des Globalen Nordens der Fall ist), wird von vielen die Reduzierung der Top-Einkommen und des Reichtums als erster Schritt propagiert (Sayer, 2016; Schürz, 2019; Theine & Taschwer, 2021). Da hohe Einkommen vor allem auf Rentenabschöpfung basieren (Bivens & Mishel, 2013; Piketty, 2014; Stiglitz, 2012) wird eine höhere Besteuerung hoher Einkommen und Vermögen bei gleichzeitiger Schließung von Steuerschlupflöchern (z. B. sogenannter Steueroasen) keine oder geringe Auswirkungen auf die Makroökonomie haben (Piketty et al., 2014). Eine Reduktion sehr hoher Vermögen und/oder Einkommen verhindert, dass sehr vermögende Menschen extrem klimaschädlich agieren, da sie weder in Privatraketen, Privatjets, Privatyachten, Supercars, überdurchschnittlich große Immobilien, klimaschädliches Finanzkapital etc. investieren können.

Um die Reduktion von Emissionen durch Umverteilung von Reichtum zu erzielen, schlagen Theine und Taschwer (2021) zwei konkrete Maßnahmen vor: (1) Eine höhere Besteuerung extremer Vermögen: Hier wird vorgeschlagen, dass Österreicher_innen mit einem Nettovermögen von fünf Millionen Euro 10 Prozent, ab 100 Millionen Euro 30 Prozent und alles über einer Milliarde einen Beitrag von 60 Prozent leisten. Das würde die 10.000 reichsten Menschen in Österreich betreffen (oder etwas mehr als 0,1 Prozent der Bevölkerung). Unter der Annahme, dass Abwanderung in Steueroasen verhindert werden kann, würde das einmalig 70 bis 80 Milliarden Euro staatlicher Mehreinnahmen bedeuten, die zweckgebunden in erneuerbare Energiequellen, Umstellung der Heizungssysteme oder Ausbau des Schienenverkehrs investiert werden könnten.[18] Teilweise würden daher die Einnahmen wieder an jene Unternehmen (und deren Besitzer_innen) zurückfließen, die sich im internationalen, ökowirtschaftlichen Wettbewerb als innovativ und effizient erweisen, während jene, die weiterhin im umweltverschmutzenden Gewerbe agieren, verlieren würden [vgl. Kap. 2 Innovationsperspektive]. Maximale Obergrenzen für Vermögen können demnach eine gewichtige Rolle bei der Schaffung klimafreundlicher Strukturen spielen (Koch & Buch-Hansen, 2019; Schürz, 2019; Wiedmann et al., 2020). (2) Angesichts der Klimakrise sollte durch Reichtumsobergrenzen, die definieren, wie viel Vermögen eine Person besitzen kann, der Konsum permanent reduziert werden (Buch-Hansen & Koch, 2019; Theine & Taschwer, 2021).

Eine weitere Gestaltungsoption stellen sogenannte „pollution top-ups" dar (Chancel, 2022). Hier soll der Besitz von Assets in der Öl-, Gas- und Kohleindustrie zusätzlich besteuert werden, um die Finanzierung von alternativen Energiequellen und den Ausstieg aus fossilen Brennstoffindustrien zu fördern. Zusätzlich sollen neue fossile Brennstoffinvestitionen verboten und Subventionen des Sektors eliminiert werden. Das würde auch eine strikte Regulierung von stark verschmutzenden Konsumausgaben (SUV, Flugticketpreise) und die Einführung persönlicher Kohlenstoffbudgets beinhalten. In Kombination mit einer Vermögensteuer und Vermögensobergrenzen könnte dies zu einer Reduktion von Emissionen durch Konsumvermeidung, aber auch zu einer Verschiebung von Investitionen in umweltfreundlichere Aktivitäten und/oder zur Verbesserung von industriellen Prozessen durch Investitionen in neue Prozesstechnologien führen (siehe dazu Creutzig et al. (2018) zum „avoid-shift-improve framework").

Eine andere Möglichkeit der Umverteilung ist die Anhebung des Einkommensniveaus der unteren Einkommensschichten, um sozial nichtnachhaltigen Unterverbrauch („underconsumption") in verarmten Ländern und Nachbarschaften zu adressieren und Bewohner_innen ein Leben ohne Armut und über einer sozial definierten unteren Wohlstandsgrenze zu ermöglichen (Di Giulio & Fuchs, 2014; Spangenberg, 2014). Diese Maßnahme erscheint vor allem im Globalen Süden unerlässlich. Im Globalen Norden zeichnet sich jedoch ein aus klimapolitischer Sicht differenzierteres Bild. Während monetäre Kompensationszahlungen kurzfristig notwendig sein werden, um soziale Akzeptanz für klimafreundliche Politik (z. B. CO_2-Steuern) zu generieren, kann eine Erhöhung der Einkommen zu Rebound-Effekte durch erhöhten Konsum führen, die aufgrund der hohen Pro-Kopf-Einkommen (und damit Pro-Kopf-Emissionen) mittel- bis langfristig nicht nachhaltig sind. Im Fall einer CO_2-Steuer analysieren Humer et al. (2021) folgende mögliche Rückvergütungsszenarien und Entlastungsmaßnahmen: (1) ein einkommensabhängiger Ökobonus mit Kinderzuschlag, (2) die Senkung des Krankenversicherungs-Beitragssatzes, (3) die Senkung der Lohn- und Einkommenssteuer und eine Anhebung der Negativsteuer sowie (4) eine Ausweitung und Umgestaltung der Pendlerpauschale und (5) die Einführung eines bundesweiten Heizkostenzuschusses. Diese Maßnahmen sollen einerseits die notwendigen Lenkungseffekte verstärken und andererseits nicht durch eine fehlende soziale Abfederung gefährden. Aus verteilungspolitischer Sicht würden

---

[18] Für alternative Berechnungen zu Vermögenssteuermodellen in Österreich siehe Heck et al. (2020).

Optionen (1) und (5) (wenn der Heizkostenzuschuss auf jene Haushalte limitiert ist, die unter der Mindestsicherungsgrenze liegen) vor allem den ärmeren Haushalten zugutekommen, während die Optionen (2) und (3) vor allem höhere und mittlere Einkommen begünstigen. Möglichkeit (4) fördert vor allem mittlere und höhere Einkommen mit weiten Pendlerstrecken. Außerdem ist fraglich, ob bei einer Förderung langer Pendlerstrecken die erwünschten Anreizwirkungen einer ökosozialen Steuerreform noch gegeben sind (Humer et al., 2021). Die beiden Umverteilungsalternativen würden der „Floor-and-ceiling-Strategie" von nachhaltigen Konsumkorridoren entsprechen (Gough, 2017).

Es wird also vermehrt darauf hingewiesen, dass eine mögliche CO_2-Steuer von Förderungen und Anpassungsinvestitionen wie z. B. den Umstieg auf nichtfossile Fortbewegungsmittel, Umstellung von Heizsystemen etc. komplementiert werden sollte. Allerdings besteht die Gefahr, dass wohlhabendere Haushalte von diesen Subventionen (z. B. Elektroautos) stärker profitieren, obwohl sie diese Unterstützung vielleicht gar nicht benötigen (Bernhofer, 2019). Um sowohl negative Verteilungseffekte zu vermeiden als auch positive Lenkungseffekte zu erzielen, sind aus der Bereitstellungsperspektive Investitionen in die entsprechende Infrastruktur und der Ausbau und die Förderung von klimaverträglichen und leistbaren Alternativen, wie dem öffentlichen Verkehr oder effizienten Heizsystemen, notwendig (Bernhofer, 2019; Mayer et al., 2019; Rocha-Akis et al., 2019) [siehe auch Kap. 18 Soziale Sicherungssysteme]. Wesentliche (infra-)strukturelle Änderungen und Anpassungen zusätzlich zu einer CO_2-Bepreisung beinhalten unter anderem den Ausbau von multifunktionalen Gebäuden, Verschränkte Mobilität, Integrierte Netze und eine Circular Economy (Dabrowski et al., 2020). Diese Anpassungen werden einerseits durch neue Innovationen (selbstfahrende Fahrzeuge, IT, Recyclingprozesse etc.) ermöglicht und verbessert, führen aber durch „demand-pull" gleichzeitig zu erhöhter Innovationstätigkeit [siehe dazu Kap. 2 Innovationsperspektive] (Mowery & Rosenberg, 1979; Rosenberg, 1982).

Aufgrund der unterschiedlichen lokalen Bedingungen (Zugang zu unterschiedlichen lokalen nichtfossilen Energiequellen; (nicht-)vorhandene Verkehrsinfrastruktur; Quantität und Qualität des Wohnraumes und zur Verfügung stehende Heizsysteme) sollten Maßnahmen immer lokal abgestimmt werden (Essletzbichler, 2012). Hackschnitzelheizungen könnten in der Steiermark und Kärnten ausbaufähig sein (Späth & Rohracher, 2010, 2012), während der Anschluss an das Fernwärmesystem für Wiener Wohnungen eine bessere Option sein kann. Ein österreichweites Klimaticket kann Pendler_innen mit einem guten öffentlichen Transportanschluss vom privaten auf den öffentlichen Verkehr umlenken, aber für Bewohner_innen von Gegenden ohne Zugang zu öffentlichem Verkehr ist diese Maßnahme irrelevant. Dort könnten E-Car-Sharing-Systeme, öffentliche Ruftaxisysteme oder Subventionen von Elekträdern eine bessere Option der Emissionsreduktion darstellen. Zusätzlich müssen hier die Governance- und Raumordnungsstrukturen derart angepasst werden, dass klimafreundliches Leben auf allen Maßstabsebenen (von EU bis Gemeinde) effektiv gefördert werden kann und politisch durchsetzbar ist [siehe auch Kap. 12 Governance und politische Beteiligung und Kap. 19 Raumplanung].

Es zeigt sich außerdem, dass die gemeinsame Anwendung der Perspektiven von Markt (Steuer), Bereitstellung (zweckgebundene Investitionen der Einnahmen in öffentliche, klimafreundlichere Infrastruktur), Innovation (verstärkte Investitionen in neue Prozesstechnologien) und Gesellschaft (Änderung sozialer Normen, um Statuswettbewerb von Konsum zu entkoppeln) zu effektiveren und schneller greifenden Lösungen führen kann. Markt- und innovationsbasierte Maßnahmen sind dabei mit den vorherrschenden sozioökonomischen Rahmenbedingungen und daraus resultierenden individuellen Präferenzen und Verhaltensmustern gut kompatibel. Die Verschiebung von Steuereinnahmen von privatem Einkommen zu öffentlich bereitgestellter Infrastruktur und die Entkopplung der gedanklichen Assoziation von gutem Leben und Konsum verlangt jedoch einen langfristigen, gesellschaftlichen Wandel. Verzicht und Selbstlimitierung auf individueller Ebene zu akzeptieren und auf gesellschaftlicher Ebene politisch durchsetzen zu können, stellt hierbei eine besondere Herausforderung dar, da materielles Wachstum seit der Nachkriegszeit verstärkt in den Köpfen der Menschen verankert wurde (Horkheimer & Adorno, 1944). Um breite Akzeptanz zu erzeugen, müssten die positiven erweiterten Einkommenseffekte (z. B. durch das Wegfallen von Anschaffungs- und laufenden Kosten für ein Privatauto) klar kommuniziert werden. Dafür bedarf es einer Diskursverschiebung weg von vermeintlichen Vorteilen des Wachstums, primären Einkommen, Privatkonsum und der Erfüllung unlimitierter Wünsche hin zu universalen Grundbedürfnissen und einem Wohlstandskonzept, in dem Befähigungs- und Verwirklichungschancen für alle gegeben sind (Gough, 2017; Hickel, 2021; Hinkel et al., 2020; Nussbaum, 2011; O'Neill et al., 2018; Sen, 1999).

17.6 Quellenverzeichnis

Ala-Mantila, S., Heinonen, J., & Junnila, S. (2014). Relationship between urbanization, direct and indirect greenhouse gas emissions, and expenditures: A multivariate analysis. *Ecological Economics*, *104*, 129–139.

Allinger, L., Moder, C., Rybaczek-Schwarz, R., & Schenk, M. (2021). Armut durch Klimapolitik überwinden. In Armutskonferenz, Attac, & Beigewum (Hrsg.), *Klimasoziale Politik* (S. 107–118). Bahoe Books.

Atkinson, A. B. (2015). *Inequality What Can Be Done?* Harvard University Press.

Baiocchi, G., Creutzig, F., Minx, J., & Pichler, P.-P. (2015). A spatial typology of human settlements and their CO2 emissions in England. *Global Environmental Change*, *34*, 13–21.

Bärnthaler, R., Novy, A., & Stadelmann, B. (2020). A Polanyi-inspired perspective on social-ecological transformations of cities. *Journal of Urban Affairs*, *45*(2), 117–141.

Baynes, T., Lenzen, M., Steinberger, J. K., & Bai, X. (2011). Comparison of household consumption and regional production approaches to assess urban energy use and implications for policy. *Energy Policy*, *39*(11), 7298–7309.

Bernhofer, D. (2019, Dezember 6). Die blinden Flecken der CO2-Steuer. *Arbeit&Wirtschaft Blog*. https://awblog.at/blinde-flecken-der-co2-steuer/

Bernhofer, D., & Brait, R. (2011). Die Verteilungswirkungen der Mineralölsteuer in Österreich. *Wirtschaft Und Gesellschaft – WuG*, *37*(1), 69–93.

Bivens, J., & Mishel, L. (2013). The Pay of Corporate Executives and Financial Professionals as Evidence of Rents in Top 1 Percent Incomes. *Journal of Economic Perspectives*, *27*(3), 57–78.

BMK. (2021). *Klimaticket*. https://www.bmk.gv.at/themen/mobilitaet/1-2-3-ticket.html

BMVIT. (2016). *Österreich unterwegs 2013/14. Ergebnisbericht zur österreichweiten Mobilitätserhebung „Österreich unterwegs 2013/14"*. https://www.bmk.gv.at/themen/verkehrsplanung/statistik/oesterreich_unterwegs/berichte.html

Boyce, J. (2007). Is Inequality Bad for the Environment? Political Economy Research Institute, University of Massachusetts at Amherst, Working Papers, 15.

Brakman, S., Garretsen, H., & Marrewijk, C. van. (2019). *An introduction to geographical and urban economics*.

Brand-Correa, L. I., Mattioli, G., Lamb, W. F., & Steinberger, J. K. (2020). Understanding (and tackling) need satisfier escalation. *Sustainability: Science, Practice and Policy*, *16*(1), 309–325.

Brocchi, D. (2019). Nachhaltigkeit und soziale Ungleichheit: Warum es keine Nachhaltigkeit ohne soziale Gerechtigkeit geben kann. VS Verlag für Sozialwissenschaften.

Chancel, L. (2020). *Unsustainable Inequalities*. The Belknap Press of harvard university Press.

Chancel, L. (2022). Climate change & the global inequality of carbon emissions, 1990–2020. *Nature Sustainability*, *5*, 931–938.

Chang, C.-P., Dong, M., Sui, B., & Chu, Y. (2019). Driving forces of global carbon emissions: From time- and spatial-dynamic perspectives. *Economic Modelling*, *77*, 70–80.

Clark, A. E. (2018). Four Decades of the Economics of Happiness: Where Next? *Review of Income and Wealth*, *64*(2), 245–269.

Creutzig, F., Roy, J., Lamb, W. F., Azevedo, I. M. L., Bruine de Bruin, W., Dalkmann, H., Edelenbosch, O. Y., Geels, F. W., Grubler, A., Hepburn, C., Hertwich, E. G., Khosla, R., Mattauch, L., Minx, J. C., Ramakrishnan, A., Rao, N. D., Steinberger, J. K., Tavoni, M., Ürge-Vorsatz, D., & Weber, E. U. (2018). Towards demand-side solutions for mitigating climate change. *Nature Climate Change*, *8*(4), 260–263.

Czepkiewicz, M., Heinonen, J., & Ottelin, J. (2018). Why do urbanites travel more than do others? A review of associations between urban form and long-distance leisure travel. *Environmental Research Letters*, *13*(7), 073001.

Dabrowski, C., Lasser, R., Lechinger, V., & Rapp, S. (2020). *Vermögen in Wien. Ungleichheit und öffentliches Eigentum*. Economics of Inequality (INEQ), WU Wien.

Di Giulio, A., & Fuchs, D. (2014). Sustainable Consumption Corridors: Concept, Objections, and Responses. *Gaia: Okologische Perspektiven in Natur-, Geistes- und Wirtschaftswissenschaften*, *23*, 184. https://doi.org/10.14512/gaia.23.S1.6

Dlabaja, C. (2017). Abschottung von oben: Die Hierarchisierung der Stadt. *Handbuch Reichtum*, 435–447.

Dorling, D. (2017). *Is inequality bad for the environment?* The Guardian. http://www.theguardian.com/inequality/2017/jul/04/is-inequality-bad-for-the-environment

Eisner, A., Kulmer, V., & Kortschak, D. (2021). Distributional effects of carbon pricing when considering household heterogeneity: An EASI application for Austria. *Energy Policy*, *156*, 112478.

Energieagentur Steiermark. (2015). *Endbericht. Energieberatung einkommensschwacher Haushalte*. https://www.ea-stmk.at/documents/20181/25550/07_endbericht_ebeinkommensschwachehh_jun15_inkl_anhang.pdf/20f1deb5-1ed0-421f-96e8-3602468b81a2

Essletzbichler, J. (2012). Renewable Energy Technology and Path Creation: A Multi-scalar Approach to Energy Transition in the UK. *European Planning Studies*, *20*(5), 791–816.

Ferschli, B., Kapeller, J., Schütz, B., & Wildauer, R. (2018). *Bestände und Konzentration privater Vermögen. Simulation, Korrektur und Besteuerung*. [ICAE Working Paper Series – No. 72].

Fichert, F., & Grandjot, H.-H. (2016). Akteure, Ziele und Instrumente in der Verkehrspolitik. In O. Schwedes, W. Canzler, & A. Knie (Hrsg.), *Handbuch Verkehrspolitik* (S. 137–163). Springer Fachmedien.

Frascati, M. (2020). Klimaungerechtigkeit in Österreich. Eine Studie zur ungleichen Verteilung von CO2-Ausstoss nach Einkommensschichten. Greenpeace.

Fremstad, A., Underwood, A., & Zahran, S. (2018). The Environmental Impact of Sharing: Household and Urban Economies in CO2 Emissions. *Ecological Economics*, *145*, 137–147.

Friedwanger, A., Hahn, B., Langthaler, T., Schwillinsky, S., Weiss, L., Österreichische Raumordnungskonferenz, & Österreichische Raumordnungskonferenz (Hrsg.). (2018). *ÖROK-Erreichbarkeitsanalyse 2018: (Datenbasis 2016): Analysen zum ÖV und MIV*. Geschäftsstelle der Österreichischen Raumordnungskonferenz (ÖROK).

Friesenecker, M., & Kazepov, Y. (2021). Housing Vienna: The Socio-Spatial Effects of Inclusionary and Exclusionary Mechanisms of Housing Provision. *Social Inclusion*, *9*(2), 77–90.

Frommeyer, L. (2020, Januar 10). Debatte über Radfahrprämie: Drahtesel? Goldesel! *Der Spiegel*. https://www.spiegel.de/auto/radfahrpraemie-statt-pendlerpauschale-drahtesel-goldesel-a-e2a1196f-8840-4f7c-8ea9-3023518db391

Gill, B., & Moeller, S. (2018). GHG Emissions and the Rural-Urban Divide. A Carbon Footprint Analysis Based on the German Official Income and Expenditure Survey. *Ecological Economics*, *145*, 160–169.

Glaeser, E. L. (2011). *Triumph of the city*. Pan Books.

Glaeser, E. L., Kolko, J., & Saiz, A. (2001). Consumer city. *Journal of Economic Geography*, *1*(1), 27–50.

Glatter-Götz, H., Mohai, P., Haas, W., & Plutzar, C. (2019). Environmental inequality in Austria: Do inhabitants' socioeconomic characteristics differ depending on their proximity to industrial polluters? *Environmental Research Letters*, *14*(7), 074007.

Gore, T. (2020). *Confronting Carbon Inequality* (OXFAM UK). https://oxfamilibrary.openrepository.com/bitstream/handle/10546/621052/mb-confronting-carbon-inequality-210920-en.pdf

Gore, T. (2021). *Carbon Inequality in 2030: Per Capita Consumption Emissions and the 1.5°C goal*. Joint agency briefing report. Institute for European Environmental Policy and Oxfam. Oxfam UK. https://ieep.eu/wp-content/uploads/2022/12/Carbon-inequality-in-2030_IEEP_2021.pdf

Gough, I. (2017). Heat, greed and human need: Climate change, capitalism and sustainable wellbeing. Edward Elgar.

Großmann, A., Stocker, A., & Wolter, M. (2019). Evaluation von Klimaschutzmaßnahmen mit dem Modell e3.at meetPASS: Meeting the Paris Agreement and Supporting Sustainability Working Paper No. 5.

Grunewald, N., Klasen, S., Martínez-Zarzoso, I., & Muris, C. (2017). The Trade-off Between Income Inequality and Carbon Dioxide Emissions. *Ecological Economics*, *142*(C), 249–256.

Haas, T., & Sander, H. (2019). *DIE EUROPÄISCHE AUTOLOBBY* (S. 33). Rosa Luxemburg Stiftung, Brussels Office.

Harrison, K. (2019). *Lessons from British Columbia's carbon tax*. Policy Options. https://policyoptions.irpp.org/magazines/july-2019/lessons-from-british-columbias-carbon-tax/

Heck, I., Kapeller, J., & Wildauer, R. (2020). *Vermögenskonzentration in Österreich* (Nr. 206; Materialien zu Wirtschaft und Gesellschaft Nr. 206, Working Paper-Reihe der AK Wien). Kammer für Arbeiter und Angestellte für Wien.

Herendeen, R. A., Ford, C., & Hannon, B. (1981). Energy cost of living, 1972–1973. *Energy*, 6(12), 1433–1450.

Hickel, J. (2020). *Degrowth: A response to Branko Milanovic*. Jason Hickel. https://www.jasonhickel.org/blog/2017/11/19/why-branko-milanovic-is-wrong-about-de-growth

Hickel, J. (2021). Less is More. How Degrowth will save the world. Pinguin Random House.

Hiess, H., & Schönegger, C. (2015). Empfehlungen und Argumentarium der ÖREK Partnerschaft zu „Siedlungsentwicklung und ÖV-Erschließung". ÖREK.

Hinkel, J., Mangalagiu, D., Bisaro, A., & Tàbara, J. D. (2020). Transformative narratives for climate action. *Climatic Change*, 160(4), 495–506.

Hoeller, P., Joumard, I., Pisu, M., & Bloch, D. (2012). Less Income Inequality and More Growth – Are They Compatible? Part 1. Mapping Income Inequality Across the OECD. In *OECD Economics Department Working Papers* (Nr. 924; OECD Economics Department Working Papers). OECD Publishing.

Hofmann, J., Materbauer, M., & Schnetzer, M. (2020). Gerechtigkeitscheck: Wie fair findet Österreich die Verteilung von Einkommen und Vermögen?

Horkheimer, M., & Adorno, T. (1944). *Dialektik der Aufklärung*. Fischer.

Humer, S., Lechinger, V., & Six, E. (2021). Ökosoziale Steuerreform: Aufkommens- und Verteilungswirkungen. In *Working Paper Reihe der AK Wien – Materialien zu Wirtschaft und Gesellschaft* (Nr. 207; Working Paper Reihe Der AK Wien – Materialien Zu Wirtschaft Und Gesellschaft). Kammer für Arbeiter und Angestellte für Wien.

IIBW. (2019). Maßnahmepaket Dekarbonisierung des Wohnungssektors.

Ivanova, D., Vita, G., Steen-Olsen, K., Stadler, K., Melo, P. C., Wood, R., & Hertwich, E. G. (2017). Mapping the carbon footprint of EU regions. *Environmental Research Letters*, 12(5), 054013.

Ivanova, D., & Wood, R. (2020). The unequal distribution of household carbon footprints in Europe and its link to sustainability. *Global Sustainability*, 3, e18.

Jestl, S., & List, E. (2020). Distributional National Accounts (DINA) for Austria, 2004–2016. World Inequality Lab.

Jones, C., & Kammen, D. M. (2014). Spatial Distribution of U.S. Household Carbon Footprints Reveals Suburbanization Undermines Greenhouse Gas Benefits of Urban Population Density. *Environmental Science & Technology*, 48(2), 895–902.

Kadi, J. (2015). Recommodifying Housing in Formerly "Red" Vienna? *Housing, Theory and Society*, 32(3), 247–265.

Kadi, J. (2019). Wiener Wohnungspolitik: Möglichkeiten und Grenzen aktueller Reformansätze. *BEIGEWUM – Wien. Ein Modell im Zukunftstest*, 4/2019, 25–34.

Kallis, G. (2015). Social limits to growth. In *Degrowth. A Vocabulary for a new Era*. (1. Aufl.). Routledge, Taylor & Francis Group.

Kartha, S., Kemp-Benedict, E., Ghosh, E., & Nazareth, A. (2020). *The Carbon Inequality Era*.

Kirchner, M., Sommer, M., Kratena, K., Kletzan-Slamanig, D., & Kettner-Marx, C. (2019). CO2 taxes, equity and the double dividend – Macroeconomic model simulations for Austria. *Energy Policy*, 126, 295–314.

KlimaticketNow. (2021). *Klimaticket*. Klimaticket. https://www.klimaticket.at/de/

Knight, K. W., Schor, J. B., & Jorgenson, A. K. (2017). Wealth Inequality and Carbon Emissions in High-income Countries. *Social Currents*, 4(5), 403–412.

Koch, M., & Buch-Hansen, H. (2019, Juni 3). Einkommens- & Vermögensgrenzen aus Degrowth-Sicht. *Blog Postwachstum*. https://www.postwachstum.de/author/max-koch-und-hubert-buch-hansen

Köppl, A., Schleicher, S., & Schratzenstaller, M. (2019). *Policy Brief: Fragen und Fakten zur Bepreisung von Treibhausgasemissionen* (WIFO). https://www.wifo.ac.at/jart/prj3/wifo/resources/person_dokument/person_dokument.jart?publikationsid=62071&mime_type=application/pdf

Köppl, A., & Schratzenstaller, M. (2021). Effects of Environmental and Carbon Taxation. A Literature Review. WIFO Working Papers.

Laurent, E. (2014). Inequality as pollution, pollution as inequality: The social-ecological nexus. In *Sciences Po publications*. Sciences Po. https://ideas.repec.org/p/spo/wpmain/infohdl2441-f6h8764enu2lskk9p4a36i6c0.html

Lechinger, V., & Matzinger, S. (2020). *So heizt Österreich. Heizungsarten und Energieträger in österreichischen Haushalten im sozialen Kontext* (Nr. 1/2020; Wirtschaftspolitik Standpunkte). Arbeiterkammer Wien.

Lehmphul, K. (2016). *Repräsentative Erhebung von Pro-Kopf-Verbräuchen natürlicher Ressourcen in Deutschland (nach Bevölkerungsgruppen)*. Umweltbundesamt. https://www.umweltbundesamt.de/publikationen/repraesentative-erhebung-von-pro-kopf-verbraeuchen

Lenzen, M., & Murray, S. A. (2001). A modified ecological footprint method and its application to Australia. *Ecological Economics*, 37(2), 229–255.

Lenzen, M., Wier, M., Cohen, C., Hayami, H., Pachauri, S., & Schaeffer, R. (2006). A comparative multivariate analysis of household energy requirements in Australia, Brazil, Denmark, India and Japan. *Energy*, 31(2–3), 181–207.

Leodolter, S. (2016). Investitionen in den Öffentlichen Verkehr als Element einer sozial-ökologischen Erneuerung. *Arbeit&Wirtschaft Blog*. https://awblog.at/investitionen-in-den-oeffentlichen-verkehr-als-element-einer-sozial-oekologischen-erneuerung/

Litschauer, K., Grabner, D., & Smet, K. (2021). Wohnen: Inklusiv, leistbar, emissionsfrei. In *Klimasoziale Politik. Eine gerechte und emissionsfreie Zukunft gestalten*. bahoe books.

Mardani, A., Streimikiene, D., Cavallaro, F., Loganathan, N., & Khoshnoudi, M. (2019). Carbon dioxide (CO2) emissions and economic growth: A systematic review of two decades of research from 1995 to 2017. *Science of The Total Environment*, 649, 31–49. https://doi.org/10.1016/j.scitotenv.2018.08.229

Mayer, J., Dugan, A., Bachner, G., & Steininger, K. (2019). Volkswirtschaftliche Effekte und Verteilungswirkungen einer ökosozialen Steuerreform.

Mayer, J., Dugan, A., Bachner, G., & Steininger, K. W. (2021). Is carbon pricing regressive? Insights from a recursive-dynamic CGE analysis with heterogeneous households for Austria. *Energy Economics*, 104, 105661.

Millward-Hopkins, J., Gouldson, A., Scott, K., Barrett, J., & Sudmant, A. (2017). Uncovering blind spots in urban carbon management: The role of consumption-based carbon accounting in Bristol, UK. *Regional Environmental Change*, 17(5), 1467–1478.

Mowery, D., & Rosenberg, N. (1979). The influence of market demand upon innovation: A critical review of some recent empirical studies. *Research Policy*, 8(2), 102–153.

Muñoz, P., Zwick, S., & Mirzabaev, A. (2020). The impact of urbanization on Austria's carbon footprint. *Journal of Cleaner Production*, 263, 121326.

Nussbaum, M. (2011). Creating Capabilities: The Human Development Approach. Harvard University Press.

ÖAMTC. (2018). Expertenbericht Mobilität&Klimaschutz 2030.

O'Neill, D. W., Fanning, A. L., Lamb, W. F., & Steinberger, J. K. (2018). A good life for all within planetary boundaries. *Nature Sustainability*, *1*(2), 88–95.

Oswald, Y., Owen, A., & Steinberger, J. K. (2020). Large inequality in international and intranational energy footprints between income groups and across consumption categories. *Nature Energy*, *5*(3), 231–239.

Ottelin, J., Heinonen, J., Nässén, J., & Junnila, S. (2019). Household carbon footprint patterns by the degree of urbanisation in Europe. *Environmental Research Letters*, *14*(11), 114016.

Otto, I. M., Kim, K. M., Dubrovsky, N., & Lucht, W. (2019). Shift the focus from the super-poor to the super-rich. *Nature Climate Change*, *9*(2), 82–84.

Pendlerfonds. (o. J.). Abgerufen 24. August 2021, von https://www.mobilitaet.bs.ch/gesamtverkehr/mobilitaetsstrategie/pendlerfonds.html

Piketty, T. (2014). Capital in the twenty-first century. Harvard University Press, Cambridge, MA.

Piketty, T., Saez, E., & Stantcheva, S. (2014). Optimal Taxation of Top Labor Incomes: A Tale of Three Elasticities. *American Economic Journal: Economic Policy*, *6*(1), 230–271.

Plumhans, L.-A. (2021). Operationalizing eco-social policies: A mapping of energy poverty measures in EU member states. Materialien zu Wirtschaft und Gesellschaft Nr. 212.

Preisendörfer, P. (2014). Umweltgerechtigkeit. Von sozial-räumlicher Ungleichheit hin zu postulierter Ungerechtigkeit lokaler Umweltbelastungen. *Soziale Welt: Zeitschrift für Sozialwissenschaftliche Forschung und Praxis*, *65*, 25–45.

Rehm, Y. (2021). Measuring and Taxing the Carbon Content of Wealth. Paris School of Economics.

Reinprecht, C. (2017). Kommunale Strategien für bezahlbaren Wohnraum: Das Wiener Modell oder die Entzauberung einer Legende. In B. Schönig, J. Kadi, & S. Schipper (Hrsg.), *Wohnraum für alle?!* (S. 213–230). transcript Verlag.

Rengs, B., Scholz-Wäckerle, M., & van den Bergh, J. (2020). Evolutionary macroeconomic assessment of employment and innovation impacts of climate policy packages. *Journal of Economic Behavior & Organization*, *169*, 332–368.

Republik Österreich. (2020). Aus Verantwortung für Österreich. – Regierungsprogramm 2020–2024.

Ribeiro, H. V., Rybski, D., & Kropp, J. P. (2019). Effects of changing population or density on urban carbon dioxide emissions. *Nature Communications*, *10*(1), 3204.

Rocha-Akis, S., Bierbaumer-Polly, J., Bock-Schappelwein, J., Einsiedl, M., Klien, M., Leoni, T., Loretz, S., Lutz, H., & Mayrhuber, C. (2019). Umverteilung durch den Staat in Österreich 2015. In *WIFO Studies*. WIFO.

Rosenberg, N. (1982). *Inside the black box: Technology and economics*. Cambridge University Press.

Rosifka, W. (2020, Februar 18). Änderungen im Miet- und Wohnrecht zur Erreichung der Klimaziele. *A&W blog*. https://awblog.at/aenderungen-miet-und-wohnrecht-fuer-klimaziele/

Sammer, G., & Snizek, S. (2021). *Ökosoziale Reform der Steuern, Gebühren und staatlichen Ausgaben für den Verkehrs- und Mobilitätssektor in Österreich*. (FSV-Schriftenreihe 023). Österreichische Forschungsgesellschaft Straße, Schiene, Verkehr (FSV).

Sayer, R. A. (2016). *Why we can't afford the rich*. Policy Press.

Schenk, M. (2016). Umwelt und Gerechtigkeit. Wer verursacht Umweltbelastungen und wer leidet darunter?

Schönfelder, S., Brezina, T., Shibayama, T., Hammel, M., Damjanovic, D., & Peck, O. (2021). Ergebnisse AP2 Bestandsanalyse & State-of-the-Art: Wissensstand Mobilitäts-Daseinsvorsorge und Nachhaltige Mobilität.

Schönfelder, S., Sommer, M., Falk, R., Kratena, K., Clees, L., Kigilcim, B., Koch, H., Lembke, S., Obermayer, C., & Schrögenauer, R. (2016). *COSTS – Leistbarkeit von Mobilität in Österreich* (Nr. 8813). Österreichisches Institut für Wirtschaftsforschung. https://mobilitaetderzukunft.at/de/publikationen/personenmobilitaet/projektberichte/costs.php

Schürz, M. (2019). *Überreichtum*. Campus.

Sen, A. (1999). *Development as Freedom*. Oxford University Press.

Shammin, Md. R., Herendeen, R. A., Hanson, M. J., & Wilson, E. J. H. (2010). A multivariate analysis of the energy intensity of sprawl versus compact living in the U.S. for 2003. *Ecological Economics*, *69*(12), 2363–2373.

Sommer, M., & Kratena, K. (2017). The Carbon Footprint of European Households and Income Distribution. *Ecological Economics*, *136*, 62–72.

Spangenberg, J. H. (2014). Institutional change for strong sustainable consumption: Sustainable consumption and the degrowth economy. *Sustainability: Science, Practice and Policy*, *10*(1), 62–77.

Späth, P., & Rohracher, H. (2010). "Energy regions": The transformative power of regional discourses on socio-technical futures. *Research Policy*, *39*(4), 449–458.

Späth, P., & Rohracher, H. (2012). Local Demonstrations for Global Transitions – Dynamics across Governance Levels Fostering Socio-Technical Regime Change Towards Sustainability. *European Planning Studies*, *20*(3), 461–479.

Springler, E., & Wöhl, S. (2020). The Financialization of the Housing Market in Austria and Ireland. In S. Wöhl, E. Springler, M. Pachel, & B. Zeilinger (Hrsg.), *The State of the European Union* (S. 155–173). Springer Fachmedien Wiesbaden.

Statista. (2021). Durchschnittliche Wohnfläche pro Person in Hauptwohnsitzwohnungen in Österreich von 2009 bis 2019.

Statistik Austria. (2021a). WOHNEN. Zahlen, Daten und Indikatoren der Wohnstatistik.

Statistik Austria. (2021b, Juni 1). *Konsumerhebung 2019/20*.

Stern, D. I., Gerlagh, R., & Burke, P. J. (2017). Modeling the emissions-income relationship using long-run growth rates. *Environment and Development Economics*, *22*(6), 699–724.

Stiglitz, J. E. (2012). The price of inequality: How today's divided society endangers our future (1st ed). W.W. Norton & Co.

Storper, M. (2018). Separate Worlds? Explaining the current wave of regional economic polarization. *Journal of Economic Geography*, *18*(2), 247–270.

Strategy Ministry of Environment and Climate Change. (2021). *British Columbia's Carbon Tax – Province of British Columbia*. Gov.Bc.ca – The Official Website of the Government of British Columbia; Province of British Columbia. https://www2.gov.bc.ca/gov/content/environment/climate-change/clean-economy/carbon-tax?keyword=tax

Theine, H., & Taschwer, M. (2021). Ungleichheit. Warum wir uns die Reichen nicht mehr leisten können. In Armutskonferenz, Attac, & Beigewum (Hrsg.), *Klimasoziale Politik* (S. 119–130). Bahoe Books.

Theine, H., Humer, S., Moser, M., & Schnetzer, M. (2022). Emissions inequality: Disparities in income, expenditure and the carbon footprint in Austria. *Ecological Economics*, *197*, 107435. https://doi.org/10.1016/j.ecolecon.2022.107435

Tölgyes, J. (2021). *CO2-Steuer Teil 2: Rückverteilungsmaßnahmen*. Momentum Institut. https://www.momentum-institut.at/system/files/2021-08/studie-2021.04-0824-co2-steuer-rueckverteilung.pdf

United Nations Environment Programme. (2021). *Emissions Gap Report 2020*. United Nations.

VCÖ. (2014). *Infrastrukturen für zukunftsfähige Mobilität*. (Nr. 3/2014; VCÖ-Schriftenreihe „Mobilität mit Zukunft").

VCÖ. (2018). *Mobilität als soziale Frage* (Nr. 1/2018; VCÖ-Schriftenreihe „Mobilität mit Zukunft").

VCÖ. (2020). *Klimafaktor Reisen* (Nr. 2; Mobilität mit Zukunft). Verkehrsclub Österreich. https://www.vcoe.at/service/schriftenreihe-mobilitaet-mit-zukunft-pdf-und-print/klimafaktor-reisen-pdf

VCÖ. (2021). *Verkehrswende – Good Parctice aus anderen Ländern* (Nr. 2; Mobilität mit Zukunft). Verkehrsclub Österreich. https://www.vcoe.at/good-practice

Wagner, G. (2021). Stadt, Land, Klima Warum wir nur mit einem urbanen Leben die Erde retten. Brandstätter.

Wang, X., & Chen, S. (2020). Urban-rural carbon footprint disparity across China from essential household expenditure: Survey-based analysis, 2010–2014. *Journal of Environmental Management, 267*, 110570.

Wiedenhofer, D., Guan, D., Liu, Z., Meng, J., Zhang, N., & Wei, Y.-M. (2017). Unequal household carbon footprints in China. *Nature Climate Change, 7*(1), 75–80.

Wiedenhofer, D., Lenzen, M., & Steinberger, J. K. (2013). Energy requirements of consumption: Urban form, climatic and socio-economic factors, rebounds and their policy implications. *Energy Policy, 63*, 696–707.

Wiedmann, T., Lenzen, M., Keyßer, L. T., & Steinberger, J. K. (2020). Scientists' warning on affluence. *Nature Communications, 11*(1), 3107.

Wier, M., Lenzen, M., Munksgaard, J., & Smed, S. (2001). Effects of Household Consumption Patterns on CO_2 Requirements. *Economic Systems Research, 13*(3), 259–274.

Wijburg, G., & Aalbers, M. B. (2017). The alternative financialization of the German housing market. *Housing Studies, 32*(7), 968–989.

Wilkinson, R. G., & Pickett, K. (2010). *The spirit level: Why equality is better for everyone* (Publ. with rev). Penguin Books.

World Inequality Database. (2021). *World Inequality*. World Inequality Database.

Wukovitsch, F. (2016). *Umwelt, Gerechtigkeit und die Verteilungsfrage* (Umwelt und Gerechtigkeit. Wer verursacht Umweltbelastungen und wer leidet darunter?, S. 16–18). Armutskonferenz; AK Wien; Ökobüro.

Zwickl, K., Ash, M., & Boyce, J. K. (2014). Regional variation in environmental inequality: Industrial air toxics exposure in U.S. cities. *Ecological Economics, 107*(C), 494–509.

Kapitel 18. Sozialstaat und Klimawandel

Koordinierende_r Leitautor_in
Ulrike Schneider

Beitragende Autor_innen
Anita Susani und Tommaso Gimelli

Koordination der Strukturkapitel
Michael Ornetzeder

Revieweditor
Michael Opielka

Zitierhinweis
Schneider, U. (2023): Sozialstaat und Klimawandel. In: APCC Special Report: Strukturen für ein klimafreundliches Leben (APCC SR Klimafreundliches Leben) [Görg, C., V. Madner, A. Muhar, A. Novy, A. Posch, K. W. Steininger und E. Aigner (Hrsg.)]. Springer Spektrum: Berlin/Heidelberg.

Kernaussagen des Kapitels
Status quo und Dynamik

- Das österreichische Gesundheits- und Sozialsystem ist durch den Klimawandel deutlich und zunehmend belastet. (hohe Übereinstimmung, starke Literaturbasis)
- Der CO_2-Fußabdruck des österreichischen Gesundheitssystems ist näherungsweise bekannt und beachtlich. (hohe Übereinstimmung, mittlere Literaturbasis)
Für das Sozialwesen liegen noch keine Befunde vor.
- Energiepolitische Maßnahmen zur Bekämpfung des Klimawandels erhöhen teilweise Armutsrisiken, verschärfen Armutslagen und soziale Exklusion (Energiearmut, Herausforderung hinsichtlich der Leistbarkeit von Wohnraum und Mobilität). (mittlere Übereinstimmung, mittlere Literaturbasis)
- Institutionelle Anleger im System sozialer Sicherung (insbesondere Pensionsfonds, Abfertigungssysteme) halten klimaschädigende Anlagen, die von Wertverlust bedroht sind. (hohe Übereinstimmung, schwache Literaturbasis)
- Zur Klimafreundlichkeit des Designs der sozialen Sicherungssysteme besteht grundsätzlich empirischer Forschungsbedarf für Österreich.

Notwendige Veränderungen

- Um Synergien zwischen Klima- und Sozialpolitik auszuschöpfen sowie Trade-offs zu vermeiden, sind wechselseitige Bezüge beider Politikfelder bei Planung, Implementierung und Evaluierung von Maßnahmenbündeln konsequent zu berücksichtigen. Dazu gehört, klimabezogene Kriterien in Wirkungs- und Effizienzanalysen gesundheits- und sozialpolitischer Programme zu integrieren. (hohe Übereinstimmung, schwache Literaturbasis)
- Soll die Produktion bzw. Bereitstellung von sozialen Dienstleistungen, Gesundheitsdienstleistungen und Sachleistungen klimafreundlicher werden, erfordert dies Investitionen in die bauliche soziale Infrastruktur (z. B. Krankenhäuser), Investitionen in die Beschäftigten (z. B. digitale Kompetenz) und eine stärkere Berücksichtigung ökologischer Kriterien im Beschaffungswesen. (hohe Übereinstimmung, schwache Literaturbasis)
- Sollen negative Effekte der institutionellen Veranlagungen von Vorsorgevermögen auf klima- und sozialpolitische Ziele vermieden werden, müssen diese systematisch erfasst, für den Verlustfall Vorsorge getroffen und Desinvestition veranlasst werden. (hohe Übereinstimmung, schwache Literaturbasis)

Strukturen und Akteure

- Österreichische Sozialpolitik wird auf mehreren Regierungsebenen gestaltet (Multi-Level Governance) und von verschiedenen Akteuren (Multi-Actor Governance) getragen. Das schafft Experimentierfelder für ökosoziale Politik, erschwert aber auch deren flächendeckende und koordinierte Durchsetzung. (hohe Übereinstimmung, starke Literaturbasis)
- Klimafreundliche Anpassungen auf der Angebots- und Nachfrageseite des Wirtschaftssystems erfordern Änderungen in der Governance der sozialen Sicherungssysteme in Richtung institutionalisierter und evidenzbasierter Kooperation. (hohe Übereinstimmung, schwache Literaturbasis)
- Arbeitgeber_innen, darunter insbesondere große und öffentliche Gesundheits- und Sozialdienstleister, können über Mittel betrieblicher Sozialpolitik klimafreundliche Arbeitsplätze schaffen. (hohe Übereinstimmung, mittlere Literaturbasis)
- Zur Rolle der Sozialpartner und der institutionellen Einbindung der Zivilgesellschaft in die Gestaltung und Umsetzung ökosozialer Politik besteht Forschungsbedarf.

Gestaltungsoptionen

- Soll Gesundheits- und Sozialpolitik einen Beitrag zum Klimaschutz leisten, kann dies unter anderem durch verstärkte Prävention, grüne Beschaffungspolitik und die klimafreundliche Gestaltung der Arbeitsplätze im Gesundheits- und Sozialsektor erreicht werden. (hohe Übereinstimmung, mittlere Literaturbasis)
- Soll grünes Investment von Vorsorgevermögen gestärkt werden, wäre das Potenzial von Divestinvest-Strategien bei institutionellen Anlegern im österreichischen System (insbesondere betriebliche Pensionsfonds, Mitarbeitervorsorgekassen) besser auszuschöpfen (hohe Übereinstimmung, schwache Literaturbasis)
- Sollen wirksame ökosoziale Programme entwickelt werden, sind eine weitergehende Erfassung und ein Monitoring des CO_2-Fußabdrucks sowie eine Evaluierungskultur im Gesundheits- und Sozialsektor wesentlich. (hohe Übereinstimmung, schwache Literaturbasis)
- Soll Armutsgefährdung durch eine CO_2-Bepreisung vermieden werden, sind mögliche Maßnahmen, Investitionen in soziale Infrastrukturen zu tätigen oder monetäre Kompensation sozial differenziert vorzunehmen. (mittlere Übereinstimmung, mittlere Literaturbasis)
- Zur Ausgestaltung klimafreundlicher Arbeitspolitik und deren sozialpolitischer Flankierung besteht Forschungsbedarf (etwa zum Design eines ökologischen Grundeinkommens oder Garantieeinkommens, eines Maximaleinkommens oder der Wirkung der Solidaritätsprämie).
- Soll ökosoziale Politik institutionell verankert werden, bieten sich dazu regelmäßige und geregelte Formen der Kooperation, eigene Institutionen und Implacement-Stiftungen an. (hohe Übereinstimmung, schwache Literaturbasis)

18.1 Einleitung

Der Schutz vor existenzbedrohenden Lebensrisiken (z. B. Krankheit oder Arbeitslosigkeit) und vor Armut sowie Fragen der Verteilungs- und Chancengerechtigkeit sind im Diskurs um gute gesellschaftliche Lebensbedingungen und Lebensqualität an oberster Stelle verankert. So finden sich diese Anliegen in österreichischen Regierungsprogrammen ebenso wie in den Zielen nachhaltiger Entwicklung der Vereinten Nationen (https://sdgs.un.org).

Das vorliegende Kapitel diskutiert sozialen Schutz und Ausgleich als strukturelle Bedingungen der Transformation zu einer klimafreundlichen Gesellschaft und verfolgt dabei zwei Zielsetzungen: (1) Es gilt darzulegen, wie Klimawandel und Klimapolitik einerseits und sozialstaatlichen Strukturen und Aktivitäten andererseits wechselseitig aufeinander einwirken. (2) Darauf aufbauend soll aufgezeigt werden, wie sozialstaatliche und klimapolitische Ziele konfliktfrei und möglichst synergetisch verfolgt werden können.

Die Begriffe „Sozial- bzw. Wohlfahrtsstaat" und „soziale Sicherung(ssysteme)" werden in der Literatur unterschiedlich definiert und verwendet. Der Begriff „Wohlfahrtsstaat" (englisch „welfare state") ist in der wissenschaftlichen Literatur, besonders in der ländervergleichenden Forschung, verbreitet. Der Begriff „Sozialstaat" ist gleichbedeutend und im deutschen Sprachraum gebräuchlicher; daher wird er nachfolgend verwendet. Beide Bezeichnungen deuten eine starke Rolle des Staates in der sozialen Daseinsvorsorge und im sozialen Ausgleich an. Insgesamt tragen neben staatlichen auch nichtstaatliche Akteur_innen zu sozialem Schutz und sozialem Ausgleich bei. Soziale Sicherungssysteme dienen – einem breiten Verständnis folgend – sowohl der sozialen Absicherung als auch dem sozialen Ausgleich in einer Gesellschaft. Soziale Sicherungssysteme adressieren somit den größten Teil der Bevölkerung (etwa über die Pflichtversicherung für Erwerbstätige) und gehen über Hilfen für arme Haushalte deutlich hinaus (Garland, 2016). Demgegenüber sind mit sozialen Sicherungssystemen in einem engeren Begriffsverständnis vor allem Sozialversicherungslösungen gemeint, die die finanzielle Vorsorge für den Fall von Krankheit, Invalidität oder Arbeitslosigkeit und für das Alter leisten.

In diesem Kapitel wird der Begriff der sozialen Sicherungssysteme umfassend verstanden, da Klimawandel und Klimapolitik sowohl mit sozialen Risiken als auch mit sozialer Ungleichheit einhergehen. So treten extreme Naturereignisse häufiger auf und führen zu Gesundheitsgefahren und finanziellen Folgekosten, die selbst sozioökonomisch gut gestellte Individuen und Gruppen überfordern (Papathoma-Köhle & Fuchs, 2020, S. 691). Verknappen und verteuern sich klimabedingt Grundnahrungsmittel oder Wohnkosten, trifft das Haushalte mit geringen Einkommen – darunter häufig Haushalte von Alleinerziehenden oder von arbeitslosen Menschen – relativ härter, so dass die Gefahr sozialer Exklusion steigt (BMSGPK, 2021). Dies trifft auch auf andere negative Effekte des Klimawandels zu, so dass sozial benachteiligte Gruppen insgesamt stärker von den Folgen des Klimawandels betroffen sind.

In der in diesem Kapitel geführten Diskussion um die Wechselwirkungen von sozialstaatlicher Politik und Klimaschutz bezieht sich der Begriff „soziale Sicherungssysteme" auf (1) deren grundlegende Funktionen (Prävention, Versicherung, Verteilung und Ausgleich), (2) multiple Handlungsfelder (Gesundheit, Alter, Invalidität, Alter, Familie, Wohnen, Beschäftigung, Inklusion) und (3) Akteure (staatliche Einrichtungen, Sozialversicherungen, Organisationen, Unternehmen, Familien). Die Schnittstellen dieser Elemente sozialer Sicherungssysteme zu Klimawandel und Klimapolitik bilden Aktionsräume für ökosoziale Politik, die Strukturen für sozial nachhaltiges und klimafreundliches Leben gestaltet.

Die Nachhaltigkeit von sozialen Sicherungssystemen („sustainable welfare") wird in der sozialpolitischen Forschung und im gesellschaftlichen Diskurs bisher überwiegend unter ökonomischen Gesichtspunkten (nachhaltige Finanzierung bzw. begrenztes Wachstum des Sozialaufwands, produktivitätsfördernde, wettbewerbsorientierte Sozialpolitik, „social investment") betrachtet. Ökologische Gesichtspunkte finden erst in jüngerer Zeit wachsende Beachtung (siehe z. B. Bailey, 2015; Corlet Walker et al., 2021; Gough, 2017; Hirvilammi & Koch, 2020; Koch & Mont, 2017; Laurent, 2021). Aktuelle Befunde belegen wechselseitige Bezüge zwischen dem sozialen Sicherungssystem einerseits und Klimawandel und Klimapolitik andererseits. So sind die ökosoziale Leistungsfähigkeit von Staaten im Sinn synergetischer sozial- und klimapolitischer Ziele und Aktivitäten (Zimmermann & Graziano, 2020) sowie die Akzeptanz von Klimapolitik vom Design des Wohlfahrtsstaates mitbestimmt (Bohnenberger, 2020; Fritz & Koch, 2019; Koch & Fritz, 2014; Otto & Gugushvili, 2020). Klimapolitisch motivierte Vorschläge betreffen umgekehrt unmittelbar das österreichische soziale Sicherungssystem, teils positiv (z. B. Gesundheitsdividende emissionsreduzierender Maßnahmen), teils negativ (z. B. erhöhte Armutsrisiken aufgrund höherer Energiekosten durch CO_2-Bepreisung).

Vor diesem Hintergrund geht dieses Kapitel den leistungs-, produktions- und finanzierungseitigen Wechselbezügen von Klima- und Sozialpolitik nach [Abschn. 18.2], zeigt darauf bezogene notwendige strukturelle Änderungen sowie Akteure, Institutionen und Aspekte der Governance auf [Abschn. 18.3]. Abschließend werden Gestaltungsoptionen dargelegt, die darauf hinwirken, dass soziale Sicherung und sozialer Ausgleich zu einem klimafreundlichen Leben in Österreich beitragen können [Abschn. 18.4].

18.2 Status quo: Klimawandel, Klimapolitik und Sozialstaat

18.2.1 Klimawandel, Klimapolitik und die Leistungen des Sozialstaats

Um sichere Lebensbedingungen zu gewährleisten und sozialen Ausgleich zu erreichen, sind im österreichischen Sozialstaat zum einen sozialrechtliche Institutionen etabliert, die den gleichberechtigten Zugang zu Grundgütern und Lebenschancen gewährleisten sollen. Zum anderen wird ein breites Spektrum von Geldleistungen (Pensionszahlungen, Familienbeihilfe, Sozialhilfe etc.) und Sachleistungen (unter anderem soziale Dienstleistungen zur Beratung oder Betreuung bestimmter Gruppen, Gesundheitsleistungen) bereitgestellt. Viele dieser Leistungen zielen auf (potenziell) benachteiligte oder schutzbedürftige Gruppen (armutsgefährdete Menschen, Minderheiten, Kinder, Menschen mit physischen, psychischen oder kognitiven Einschränkungen). Doch Leistungen des Sozialstaates verbessern auch die Lebensbedingungen von Menschen, die weder schutzbedürftig noch benachteiligt sind, indem für Lebensrisiken (Alter, Krankheit und Pflegebedürftigkeit, Arbeitslosigkeit) vorgesorgt und persönliche Entwicklung (z. B. durch Bildungsdienstleistungen) ermöglicht wird (Althammer et al., 2021).

Der Klimawandel und klimapolitische Maßnahmen sind in dreifacher Hinsicht mit sozialer Absicherung und sozialem Ausgleich verbunden: (1) Der Klimawandel selbst erhöht unmittelbar gesundheitliche und soziale Risiken sowie gesundheitliche und soziale Ungleichheit. (2) Klimapolitische Maßnahmen können negative oder positive Neben- und Folgewirkungen auf die Erreichung sozialpolitischer Ziele haben. (3) Das Sozialsystem kann umgekehrt klimapolitische Maßnahmen flankieren oder ausbremsen. Diese drei Zusammenhänge werden nachfolgend näher betrachtet.

Es existieren bereits Maßnahmen, die sowohl der Erreichung klimapolitischer als auch sozialpolitischer Ziele dienen können. Die Diskussion darüber, wie eine solche Komplementarität gezielt genutzt werden kann (integrierte sozial-ökologische Politik), wird im Kontext der Gestaltungsoptionen [Abschn. 18.4] geführt.

Gesundheitliche und soziale Probleme als unmittelbare Folgen des Klimawandels
Neue gesundheitliche und soziale Risiken für die österreichische Bevölkerung, die der Klimawandel schafft, sind wissenschaftlich gut belegt und im Special Report „Gesundheit, Demographie und Klimawandel" des Austrian Panel on Climate Change ausführlich dargelegt (Austrian Panel on Climate Change (APCC), 2018). Die Häufung von Hitzetagen (mit Temperaturen über 30 Grad Celsius) erhöht unter anderem das Risiko von Schlaganfällen. Weiters verbessern sich die Bedingungen für Krankheitsüberträger, so dass das Risiko einer Infektionserkrankung zunimmt. Mit den steigenden Pollen-/Allergenbelastungen verstärken sich Allergiebeschwerden und das Risiko von Asthma; höhere Ozonbelastungen sind mit entzündlichen Atemwegserkrankungen assoziiert. Veränderte Wetterverhältnisse belasten wetterfühlige Menschen. Überschwemmungen und Murenabgänge nach starken Niederschlägen gefährden nicht nur Hab und Gut, sondern auch Leib und Leben. Zusätzlich können die Folgen des Klimawandels in anderen Weltregionen mit einer steigenden Zahl an Klimaflüchtenden einhergehen (Beine & Jeusette, 2021; Hoffmann et al., 2020; L. Mbaye, 2017; L. M. Mbaye & Zimmermann, 2016; Yar et al., 2020), die zu kleinen Teilen auch in Europa Asyl suchen (Schutte et al., 2021). Diese Immigration stellt die Gesundheits- und Sozialpolitik vor weitere Aufgaben. All dies führt zur verstärkten Nutzung von bestehenden Gesundheits- und Pflegeangeboten, erhöht den Bedarf an sozialer Absicherung finanzieller Schäden und verschärft bestehende sozioökonomische Benachteiligungen.

Sozial benachteiligte Gruppen sind von den negativen Folgen des Klimawandels oft unmittelbarer und härter betroffen (etwa aufgrund der Lage und Qualität ihrer Wohnungen), tragen aber an ihrem CO_2-Fußabdruck gemessen viel weniger zum Klimawandel bei (BMSGPK, 2021, S. 5). Armutsrisiken für Haushalte mit niedrigen Einkommen nehmen aufgrund von klimabedingt steigenden Lebenshaltungskosten (z. B. durch erhöhte Kosten der Herstellung von Nahrungsmitteln oder Mietsteigerungen aufgrund erforderlicher thermischer Sanierungen) zu. Extreme Wetterlagen (insbesondere Hitzewellen) oder die stärkere Verbreitung von Allergenen treffen Gruppen, die besonders schutzbedürftig oder vorbelastet sind (z. B. Kleinkinder und alte Menschen, Menschen mit Vorerkrankungen) (Haas, 2021). Extremwetterereignisse gehen mit ereignisspezifischen finanziellen Privatschäden einher, die oft nicht abgesichert sind und nur teilweise aus dem staatlichen Katastrophenfonds ersetzt werden (Papathoma-Köhle & Fuchs, 2020, S. 690). Bei erheblichen Wertverlusten können klimabedingte Extremereignisse zu finanziellen Notlagen bis hin zur Privatinsolvenz führen, wenn die Geschädigten über keine oder unzureichende finanzielle Reserven verfügen. Extreme Naturereignisse, die mobilitätsbeschränkend wirken (vermurte Straßen, gestörte Bahnverbindungen) und Absenzen am Arbeitsplatz zur Folge haben, berühren auch arbeitsrechtliche Aspekte wie z. B. Entgeltfortzahlung. Diese Beispiele zeigen, dass der Klimawandel zum einen ein kontinuierlich wirkender, gesundheitlicher und finanzieller Stressor ist. Zum anderen gehen soziale und gesundheitliche Risiken von Extremereignissen aus, die räumlich und zeitlich begrenzt auftreten. In beiden Fällen ist das Schadenspotenzial (die Vulnerabilität/Verwundbarkeit) für solche Bevölkerungsgruppen größer, die diesen Klimaeinwirkungen stärker ausgesetzt und in ihren Reaktionsmöglichkeiten beschränkt sind. Diese Gruppen können umgekehrt besonders von der Bekämpfung des Klimawandels profitieren.

Die wissenschaftliche Literatur unterscheidet physische, soziale und wirtschaftliche sowie institutionelle Vulnerabilität (Fuchs & Thaler, 2018; Papathoma-Köhle & Fuchs, 2020). Ingenieurs- und Naturwissenschaften fokussieren auf die physische Schadensanfälligkeit von Bauten und Strukturen (etwa bei Sturm, Hagel oder Überflutung). In den Sozialwissenschaften bezeichnet Vulnerabilität die vorgegebene Tendenz (Prädisposition) bzw. das Potenzial, geschädigt zu werden. Wie anfällig Individuen oder Haushalte für Schädigungen durch Klimawandel und daran anknüpfende Wert- oder Einkommensverluste sind, ist nicht nur durch Gefahren, sondern auch durch Verhaltensweisen und den sozialen Kontext bestimmt (Renn, 2018 zitiert nach Papathoma-Köhle & Fuchs 2020, S. 681). Die soziale und wirtschaftliche Vulnerabilität von erwerbsaktiven Personen hängt beispielsweise davon ab, wie häufig und wie intensiv sie am konkreten Arbeitsplatz und im Rahmen der spezifischen Tätigkeit klimainduzierten Belastungen ausgesetzt sind (z. B. bei Arbeit im Freien oder mobiler Arbeit). Insbesondere bei abhängiger Beschäftigung sind Exposition und die Belastung nur bedingt individuell zu beeinflussen. In anderen Kontexten kann der Einzelne eher selbst darüber entscheiden, sich den Risiken, die mit dem Klimawandel zunehmen, auszusetzen oder diesen auszuweichen (z. B. an Hitzetagen körperlich anstrengenden Freizeitaktivitäten nachgehen). Individuelle Entscheidungen zum Umgang mit Gefährdungen fallen aufgrund individueller Risikowahrnehmungen, aus Gewohnheit oder im Gefüge sozialer Gruppen. Institutionelle Vulnerabilität, als letztes Konzept, weist über individuelles Verhalten, Ressourcen oder Risikobereitschaft hinaus. Danach ist die Qualität von politischen Maßnahmen (Regulierung, Maßnahmenprogramme) inklusive deren Finanzierung, Trägerstrukturen und Implementierungsprozesse mitentscheidend für die gesellschaftliche Schadensanfälligkeit gegenüber dem Klimawandel (Papathoma-Köhle et al., 2021, S. 684; Papathoma-Köhle & Fuchs, 2020). Über diese Institutionen wird gesteuert, welche Ressourcen für welche Verwendungen und Personen(gruppen) verfügbar sind. Das prägt überindividuell die Möglichkeiten, Schäden in Folge des Klimawandels zu vermeiden oder abzuwehren [siehe dazu unten Abschn. 18.3 und 18.4].

Die sozialen Folgen des Klimawandels in Österreich auf besonders gefährdete Gruppen nimmt eine Auftragsstudie des Bundesministeriums für Soziales, Gesundheit, Pflege und Konsumentenschutz näher in den Blick (BMSGPK, 2021). Vulnerable Gruppen sind dort jeweils in Verbindung mit sechs spezifizierten Klimaeinwirkungen annähernd identifiziert und dimensioniert. Darüber hinaus wurden insgesamt 13 Faktoren, die potenziell risikobegründend sind, auf Basis der Daten des EU-SILC 2019 (EU Survey of Income and Living Conditions) und der Österreichischen Gesundheitsbefragung 2019 (ATHIS) analysiert. Zu diesen Faktoren gehören unter anderem die Zugehörigkeit zu den 20 Prozent der einkommensschwächsten Haushalte, Betroffenheit von (multidimensionaler) Armut und sozialer Ausgrenzung, Vorerkrankungen, Alleinerzieher_innen- oder Migrationsstatus. Für weiterführende Wirkungseinschätzungen wurden in der Studie die genannten Faktoren zu sieben „Vulnerabilitätsmerkmalen" verdichtet, für die sich Benachteiligungsprozesse plausibel erschließen und die empirisch gut belegt sind: Einkommensschwäche, Altersrandgruppe (weniger als 5 oder über 65 Jahre alt), gesundheitliche Einschränkungen bei Alltagstätigkeiten, Migrationshintergrund, weiblich, niedriger Bildungsstand. Diese Vulnerabilitätsmerkmale überschneiden sich teilweise („Intersektionalität") und sind nicht mit Personengruppen gleichzusetzen, die auf Grundlage nur eines Merkmals abgegrenzt werden. Nachfolgend werden Belastungen des Klimawandels kurz und exemplarisch für Hitzewellen und für alte Menschen in Österreich dargelegt (zu Hitzegefährdungen für Menschen mit Migrationshintergrund siehe z. B. Arnberger et al. (2021); auch wohnungslose Menschen leiden aus mehreren Gründen besonders unter extremen Wetterlagen).

Die Risiken des Klimawandels für alte Menschen sowie für Versorgungsinfrastrukturen, die auf diese Bevölkerungsgruppe fokussieren, sind mit Blick auf die gesellschaftliche Alterung von besonderem Interesse. In Österreich wird ein Anstieg des Anteils der Bevölkerungsgruppe 65+ von 19 Prozent im Jahr 2019 auf 29 Prozent im Jahr 2070 prognostiziert; alleine der Anteil der Menschen über 80 Jahren könnte von 5 auf 12 Prozent zunehmen (European Commission. Directorate General for Economic and Financial Affairs, 2021). In der Bevölkerung im Alter 65+ ist ein größerer Anteil von Personen vulnerabel gegenüber Hitzewellen, die durch den Klimawandel häufiger auftreten und länger andauern (Courtney-Wolfman, 2015; Wanka et al., 2014). Risikobegründende Faktoren bei Hitzewellen in der Bevölkerung 65+ sind ein niedriger sozioökonomischer Status, soziale Isolation und gesundheitliche bzw. funktionelle Einschränkungen (Wanka et al., 2014). Auch erhöhen spezifische Verhaltens- und Risikodispositionen sowie Informationslücken die Vulnerabilität alter Menschen bei extremer Hitze (Courtney-Wolfman, 2015). Demnach tendieren alte Menschen stärker dazu, in ihren (dann überhitzten) Wohnungen zu bleiben, nutzen andere Informationswege als andere Bevölkerungsgruppen, unterschätzen zum Teil ihre eigene Gebrechlichkeit und damit verbundene Gefährdung, können aufgrund ihrer psychischen oder mentalen Verfassung weniger entschlusskräftig handeln oder Fehleinschätzungen treffen.

Hitzetage sind unter anderem mit einer höheren Zahl an Schlaganfällen assoziiert. Dabei tragen Menschen über 65 Jahren ein erhöhtes Risiko. Schlaganfälle gehen häufig mit Lähmungen, Sprach-, Sprech- oder Sehstörungen einher (Sherratt, 2021). Bei der pflegerischen Versorgung alter Menschen steigt in Hitzeperioden die Belastung des Pflegepersonals (Schoierer et al., 2020), die Wirksamkeit von Medikamenten kann sich verändern oder nachlassen und deren Lagerung sich erschweren (Aigner & Lichtenberger, 2021). Dies illustriert, dass der Klimawandel nicht allein zu verstärkter Nutzung und damit zu höheren Aufwendungen im Gesundheits- und Pflegebereich führt, sondern auch die Versorgungsqualität beeinträchtigen kann. Dies rückt die Klimakompetenz der Angehörigen von Gesundheitsberufen in den Fokus und wie diese Kompetenz durch Aus-, Fort- und Weiterbildung in Österreich gestärkt werden kann (Brugger & Horváth, 2023). Dies wird auch für Deutschland beforscht, etwa bezogen auf mobile und stationäre Betreuungsangebote für ältere Menschen (Blättner et al., 2013, 2020, 2021; Grewe & Pfaffenberger, 2011).

Auf der Ebene der Städte und Gemeinden, die entsprechende soziale Versorgungsstrukturen bereithalten, sind aufgrund des Klimawandels Anpassungen der Sozialplanung und kommunalen Sozialpolitik notwendig, die sich in Folge personell und finanziell auswirken. Ein konzeptionelles Modell der Verbindungen zwischen Klimawandel und standortspezifischen Herausforderungen der Versorgung alter, gebrechlicher Menschen wurde von Oven et al. (2012) entwickelt und auf England bezogen. Für Österreich wurde eine konzeptionelle und empirische Analyse der Gefährdung alter Menschen in Wien durch Hitzewellen und darauf bezogene mögliche Handlungsstrategien durchgeführt (Courtney-Wolfman, 2015). Weiters liegt für 2020–2022 eine Analyse der Krankenhausaufenthalte im direkten Zusammenhang mit Hitze und Sonnenlicht vor (Brugger et al., 2022). Darüber hinaus liegt eine systematische Literaturstudie („scoping review") zu Maßnahmen der öffentlichen Gesundheitsförderung mit Fokus auf Hitzepläne vor (Mayrhuber et al., 2018). Die darin erfassten 23 Studien, die teils ländervergleichend sind, beziehen sich am häufigsten auf Interventionen in den Ländern USA (19) und Canada (9) sowie auf Westeuropa. Der Schwerpunkt des Reviews lag auf Befunden zu Zielgruppen, Effektivität und Effizienz der getroffenen Maßnahmen.

Die Ergebnisse der Literaturstudie von Mayrhuber et al. (2018) zeigen, dass die untersuchten Interventionen, die Hitzegefährdung identifizieren oder reduzieren möchten, von verschiedenen staatlichen Ebenen ausgehen. Sie waren auf eine Reihe von Zielgruppen konzipiert, legten aber meist ein besonderes Augenmerk auf alte Menschen und weitere vulnerable Gruppen (etwa Haushalte mit niedrigem sozioökonomischem Status, wohnungslose Menschen). Die im Review erfassten Studien sind hinsichtlich der zielgruppenspezifischen Anpassungen wenig informativ und bieten oft keine belastbaren Befunde dazu, ob Interventionen wirksam oder effizient waren (Mayrhuber et al., 2018, S. 51). Viele Interventionen zielen auf Verhaltensanpassungen bei vulnerablen Gruppen ab, indem diese besser über die Hitzegefährdung informiert werden. Diese Programmlogik ist sehr eng gesetzt und (auch in anderen sozialpolitischen Interventionsfeldern) kontrovers diskutiert.

Die systematische Datenbankrecherche der exemplarisch zitierten Literaturstudie zur Bekämpfung von Hitzegefährdung (Mayrhuber et al., 2018) identifizierte für den Veröffentlichungszeitraum 1995 bis 2017 keine österreichischen Interventionen. Das kann blinden Flecken in der Sozialplanung und/oder der österreichischen Evaluationsforschung geschuldet sein. Ein anderer möglicher Grund ist darin zu sehen, dass nicht alle Studien öffentlich zugänglich sind und/oder wissenschaftlichen Qualitätsstandards genügen. In beiden Fällen werden sie in der Folge nicht in die einschlägigen wissenschaftlichen Datenbanken aufgenommen. In diesen Datenbanken finden sich mithin besonders viele Studien aus Ländern, die eine ausgeprägte wissenschaftliche Evaluationskultur auszeichnet (Mayrhuber et al., 2018, S. 52). Insgesamt besteht in diesem Feld demnach einerseits deutlicher wissenschaftlicher Forschungsbedarf, andererseits mangelt es an einer Übersicht vorhandener Interventionen bzw. Aktionspläne für Österreich. Beides betrifft nicht nur Hitzegefährdungen, die mit dem Klimawandel einhergehen, sondern auch Maßnahmen zur Vermeidung, Reduzierung oder Abdeckung von physischen, sozialen und wirtschaftlichen Risiken anderer extremer Naturereignisse [siehe auch Abschn. 18.3.2 und 18.4].

Insgesamt bleibt festzuhalten, dass negative soziale und gesundheitliche Folgen des Klimawandels für Österreich wissenschaftlich nachgewiesen und teilweise in monetäre Größen übersetzt sind, um sozialpolitische Kosten klimapolitischer Inaktivität zu beziffern (BMSGPK, 2021). Die damit einhergehenden Belastungen der Sozial- und Gesundheitssysteme bedeuten, dass die Bekämpfung des Klimawandels, insbesondere der klimaschädigenden Emissionen, diesen Systemen potenziell zugutekommen (Farrow et al., 2020; Myllyvirta, 2020; Steininger et al., 2020; Vohra et al., 2021). Doch können klimapolitische Maßnahmen – unbeabsichtigt und abhängig vom gewählten Instrument und seiner Ausgestaltung – auch zusätzlichen sozialpolitischen Handlungsbedarf begründen (BMSGPK, 2021; Lamb et al., 2020). Dies wird nachfolgend kurz beleuchtet.

Effekte der Klimapolitik auf soziale Risiken und Problemlagen

Zu den Effekten von Klimapolitik auf soziapolitische Ziele liegt eine internationale systematische Literaturübersicht vor (Lamb et al., 2020), die Ex-post-Evaluierungen klimapolitischer Interventionen bis einschließlich 2018 erfasst. Die Autor_innen konzentrieren sich auf energiepolitische Maßnahmen (bezogen auf den Verbrauch fossiler Brennstoffe, Energienachfrage oder erneuerbare Energien), die explizit oder implizit klimaschützend sind. Sie analysieren sechs sozialpolitisch relevante Effekte (unter anderem Effekte auf Armut und Ungleichheit, Beschäftigung und soziale Kohäsion). Im Zuge der Recherche identifizierten Lamb et al. (2020) keine Ex-post-Evaluierungen zu österreichischen Interventionen. Potenzielle verteilungspolitische Nebenwirkungen von Strategien zur Dekarbonisierung sind auch Gegenstand des systematischen Reviews von Peñasco et al. (2021). Zu diesem Review haben die Autorinnen ein allgemein zugängliches, elektronisches „Decarbonisation Policy Evaluation Tool" (http://dpet.innopaths.eu/#/) angelegt. Dort können die Ergebnisse von 270 Evaluierungen in übersichtlicher Form (und unter anderem getrennt nach den Instrumentengruppen Regulierung, Incentivierung, Investitionen und marktanaloge Steuerung) abgerufen werden. Es zeigt sich, dass ein großer Teil der Evaluierungen von Politiken zur Dekarbonisierung negative verteilungspolitische Nebenwirkungen ausweist, wobei Unterschiede je nach Typus des eingesetzten Instruments bestehen. Die Autorinnen diskutieren keine speziell auf Österreich bezogene Studie (Österreich ist aber in 17 der Studien berücksichtigt). Daher werden die Befunde beider Reviews im Folgenden nicht vertieft. Statt dessen werden vorrangig Untersuchungen zu sozialen Nebenwirkungen von Klimapolitik, die auf Österreich fokussiert sind, betrachtet.

Fast 300 klimapolitische Maßnahmen von Bund und Ländern sind in einer Auftragsstudie für das Bundesministerium für Soziales, Gesundheit, Pflege und Konsumentenschutz (BMSGPK) erfasst und kategorisiert. Daraus werden 17 ausgewählte Strategien zum Schutz vor und Anpassung an den Klimawandel zunächst vergleichend gegenübergestellt. Elf Maßnahmen, die bereits umgesetzt sind oder vor der Umsetzung standen, sind in „Maßnahmensteckbriefen" beschrieben und werden mit Bezug auf potenzielle soziale Folgewirkungen bewertet. Die Zahl der so analysierten Maßnahmen ist klein, deckt aber die wesentlichen klimapolitischen Handlungsfelder (Wohnen, Raumplanung, Energie,

Konsum, Mobilität) und verschiedene Formen der Intervention (Regulierung, Förderungen, Steuern, Infrastrukturen, Bewusstseinsbildung) ab. Diskutiert werden unter anderem CO_2-Steuern auf Heiz- und Treibstoffe, die Ökostrompauschale oder die Förderung thermisch-energetischer Gebäudesanierungen. Die Autor_innen der Studie unterscheiden sieben sozialpolitisch relevante Prüfsteine: ob eigenes Kapital eingesetzt werden muss, ob Kosten-, Immissions- oder Hitzebelastungen der Haushalte sich erhöhen oder reduzieren, Wirkungen auf die soziale Inklusion, potenzielle Verdrängungseffekte und Effekte auf den Zugang zu Mobilität (BMSGPK, 2021).

Zwei klimapolitische Maßnahmen und ihre Verbindung zu sozialpolitischen Zielgrößen werden hier zur Illustration skizziert: (1) Energieberatungen und (2) die CO_2-Steuer auf Heiz- und Treibstoffe. Im Fall der Energieberatung zeigt sich eine weitgehende Synergie von klimapolitischen und sozialpolitischen Zielsetzungen. Die bislang untersuchten Modelle in den drei Bundesländern Wien, Vorarlberg und Steiermark belegen, dass Energieberatungen den Energieverbrauch und die Energiekosten von Haushalten reduzieren können. Dieser Effekt ist für einkommensschwache Haushalte relativ zum Einkommen größer. In Folge einer solchen Beratung konnten pro Haushalt Einsparungen von ca. 120 bis 200 Euro erzielt werden. Auch verringerte Immissionsbelastungen waren für vulnerable Gruppen festzustellen. Es zeigt sich aber, dass es eine Frage der konkreten Umsetzung ist, wie gut Energieberatungen potenziell benachteiligte Gruppen erreichen und wie nachhaltig diese aus klimapolitischer Sicht wirken. So macht es einen Unterschied für die soziale Inklusion vulnerabler Gruppen, ob für die Beratung Kosten anfallen (und in welcher Höhe), ob die Beratung aufsuchend ist oder selbst initiiert werden muss (relevant für mobilitätsbeschränkte oder bildungsferne Menschen) und welche Personen die Beratung übernehmen (relevant für z. B. für Migrant_innen). Klimapolitisch ist die Wirkung der Energieberatungen begrenzt, da sie kurzfristig nichts an der Energieeffizienz der Gebäude verändert (BMSGPK, 2021, S. 80).

Eine CO_2-Steuer auf Heiz- und Treibstoffe ist demgegenüber durch ein anderes Profil sozialer Wirkungen gekennzeichnet (BMSGPK, 2021, S. 87 ff.). Sie erhöht, wenn sie nicht kompensiert wird, die Kosten für Endverbraucher_innen. Relativ zu ihrem Einkommen sind einkommensschwächere Haushalte vom Anstieg der Kosten stärker betroffen (primär aufgrund steigender Heizkosten). Da es für diese Haushalte schwieriger ist, über Investitionen in emissionsärmere Heizungen oder Fahrzeuge auszuweichen, tragen sie die zusätzlichen Kosten zudem länger. Um sozialpolitisch kontraproduktive Effekte zu vermeiden, sind pauschale oder einkommensorientierte Rückvergütungen möglich, wie auch andere flankierende Maßnahmen (etwa Ausbau des öffentlichen Personenverkehrs und vergünstige Nutzung dieser Verkehrsmittel für einkommensschwächere Gruppen). Ob ein regressiver oder am Ende ein progressiver Effekt der Maßnahme eintritt und wie sich die Armutsgefährdung verändert, ist daher erneut eine Frage der konkreten Ausgestaltung. Zwei jüngere empirische Analysen für den österreichischen Kontext (Lechinger & Six, 2021; Mayer, Dugan, Bachner, & Steiniger, 2021) gelangen diesbezüglich zu teils ähnlichen und teils abweichenden Ergebnissen, was mit der Eingrenzung der untersuchten Bevölkerungsgruppe und weiteren methodischen Unterschieden zusammenhängt.

So ermitteln Mayer et al. (2021) auf der Grundlage eines allgemeinen Gleichgewichtsmodells einen progressiven Effekt der CO_2-Bepreisung. Das zugrundeliegende Modell berücksichtigt, dass die CO_2-Bepreisung nicht nur den Konsum, sondern auch die Faktoreinkommen der Haushalte betreffen. Darüber hinaus ist explizit aufgenommen, dass der Staat zusätzliche Güter und Dienstleistungen bereitstellen kann, die den verschiedenen Typen privater Haushalte in unterschiedlichem Ausmaß zugutekommen. Dies erklärt, warum nach ihren Ergebnissen eine CO_2-Bepreisung ohne Kompensation die Wohlfahrt stärker erhöht als eine CO_2-Bepreisung mit pauschaler Kompensation. Lechinger und Six (2021) fokussieren demgegenüber in einer Mikrosimulation die Effekte einer CO_2-Bepreisung auf die Armutsgefährdungsquote. Je nach Szenario (mit/ohne Kompensation; pauschale versus einkommensabhängige Kompensation) sowie abhängig von der betrachteten Haushaltskonfiguration weisen ihre Modellrechnungen armutsvermindernde oder armutserhöhende Wirkungen aus (BMSGPK, 2021; Lechinger & Six, 2021).

Die vorliegende Evidenz legt für Österreich insgesamt sehr robust dar, dass grundsätzlich eine CO_2-Steuer positiv sowohl auf sozial- als auch auf klimapolitische Ziele wirken kann (für die Schweiz wird dies durch die Befunde von Diekmann & Bruderer Enzler (2019) gestützt). Ob und welche Kompensationsmaßnahmen (Rückvergütungen in Form von pauschalen oder einkommensorientierten Geldleistungen, Ermäßigung anderer Steuern, verminderte Sozialabgaben) erforderlich sind, wird kontroverser diskutiert. Konsens besteht darüber, dass sowohl aus klima- als auch aus sozialpolitischer Sicht zusätzliche flankierende Maßnahmen (strukturverbessernde Investitionen zur thermischen Sanierung von Gebäudesanierung, Investitionen in den öffentlichen Verkehr, Zuschüsse und Ermäßigungen für einkommensschwache Haushalte) die Zielerreichung in beiden Feldern verbessern (z. B. BMSGPK, 2021; Lechinger & Six, 2021; Seebauer et al., 2019). Sozial-ökologische Gestaltungsoptionen einer CO_2-Bepreisung sind in Abschnitt [Abschn. 18.4] diskutiert.

In Summe kann eine wirksame Klimapolitik mittel- und langfristig das soziale Sicherungssystem von gesundheitlichen und sozialen Kosten, die mit dem Klimawandel verbunden sind (siehe oben), entlasten. Doch sind punktuell negative Nebenwirkungen einzelner klimapolitischer

Maßnahmen möglich. Abhängig von der konkreten Maßnahmengestaltung werden dann sozialpolitische Probleme, insbesondere Armut und Ungleichheit, verstärkt. Es liegen für Österreich weitere Einzelstudien zu den sozialen Folgen weiterer klimapolitischer Maßnahmen vor, wie etwa jene von Berger und Höltl (2019) zu thermischen Gebäudesanierungen und Energiearmut. Sie sind zum Teil in der Auftragsstudie des BMSGKP (2021) zitiert und können hier aus Platzgründen nicht behandelt werden. Wesentlich ist, dass Armut, Ungleichheit und andere soziale Benachteiligungen ihrerseits auf die Effektivität von Klimapolitik zurückwirken. So schwächt sich die Effektivität klimapolitischer Interventionen ab, wenn der Zugang zu Maßnahmen, Handlungsmöglichkeiten bestimmter Gruppen und die Bereitschaft, klimafreundlich zu handeln, aufgrund von Armut und sozialer Ungleichheit eingeschränkt sind (siehe die obige Illustration zur Maßnahme Energieberatung). Dies lenkt den Blick auf Wirkungen, die von Sozialpolitik auf Klimapolitik ausgehen.

Effekte sozialpolitischer Vorsorge- und Ausgleichsleistungen auf die Klimapolitik

Das Sozialsystem kann im Sinn des oben eingeführten Konzepts der institutionellen Vulnerabilität (Papathoma-Köhle et al., 2021) als ein institutioneller Baustein verstanden werden, der die gesellschaftliche Schadensanfälligkeit gegenüber Klimawandel beeinflusst. Es prägt wesentliche Rahmenbedingungen für die erforderlichen Anpassungen auf der gesellschaftlichen und der individuellen Ebene, positiv wie auch negativ: Auf der einen Seite vermindern effektive Politiken des sozialen Ausgleichs grundsätzlich die bestehende ungleiche Gefährdung durch schädliche Klimaeinträge und die ungleichen Möglichkeiten, auf sie (vorausschauend oder schadensbegrenzend) zu reagieren (Bailey, 2015, S. 805). Individuelles klimafreundliches Handeln wird zudem durch regulative Rahmenbedingungen für Eigenvorsorge und Information sowie dadurch ermöglicht, dass konkrete Geld-, Sach- und soziale Dienstleistungen bereitgestellt werden. Auf der anderen Seite ist das österreichische Sozialsystem sehr erwerbszentriert, indem etwa die Beiträge zur Sozialversicherung an die Erwerbseinkommen anknüpfen. Im Sozialsystem sind Anreize dafür gesetzt, umfassend bezahlter Arbeit nachzugehen. Ein hoher Beschäftigungsumfang, lange Erwerbsphasen und gut dotierte Jobs implizieren eine gute soziale Absicherung, während unbezahlte Arbeit nach wie vor mit sozialen Risiken verbunden ist [siehe Kap. 7 Erwerbsarbeit, Kap. 8 Sorgearbeit]. Ein „kommodifiziertes" soziales Sicherungssystem, das bezahlte (Vollzeit-)Erwerbsarbeit voraussetzt, trägt implizit zu Ungleichheit bei und erschwert klimafreundlichere Lebensstile (siehe dazu u. a. Bohnenberger, 2022). Das System der sozialen Sicherung ist daher eine wesentliche strukturelle Schaltstelle für effektive klimapolitische Maßnahmen.

Mit Bezug auf soziale Sicherungssysteme beleuchtet die Forschung (1) ob (und in welcher Weise) die Zustimmung zu Klimapolitik von konstituierenden Merkmalen des Sozialsystems mitbestimmt ist und (2) ob diese Zustimmung sich entlang sozialer und ökonomischer Ungleichheiten bewegt (Bohnenberger, 2020; Fritz & Koch, 2019; Koch & Fritz, 2014; Otto & Gugushvili, 2020; Zimmermann & Graziano, 2020). Eine Reihe grundlegender Merkmale kann herangezogen werden, um Sozialsysteme international vergleichend einzuordnen und vor diesem institutionellen Hintergrund zunächst die Akzeptanz und Leistungsfähigkeit von Klimapolitik zu bewerten. Dazu gehört die Frage, welche Rolle den Institutionen Markt, Staat und Familie in der sozialen Sicherung und für die Verteilung von Einkommen zugeordnet wird. Daraus ergibt sich, inwieweit die sozialstaatliche Aktivität bestehende Statusdifferenzen akzeptiert oder überwinden möchte und ob Eigenvorsorge gegenüber sozialen Risiken erwartet wird. Eigenvorsorge stützt sich auf eigene Einkommen und Vermögen sowie Ressourcen aus dem familiären oder weiteren sozialen Umfeld. Diese Überlegungen sind für die gängige Einteilung in liberale, sozialdemokratische und konservative Wohlfahrtsstaaten prägend.

Der österreichische Sozialstaat wird als konservativer Wohlfahrtsstaat betrachtet, der eher statussichernd angelegt ist. Unterstützung durch die Familie und informelle Ressourcen wird um staatliche Absicherung, insbesondere über beitragsfinanzierte Sozialversicherungen, ergänzt. In diesem Modell kommt dem Markt (Eigenvorsorge über Erwerbsaktivität, private Versicherungen, private Angebote von gesundheitlichen und sozialen Dienstleistungen) eine kleinere Rolle zu als in liberalen Systemen. Die Rolle des Staates ist im österreichischen Sozialstaat weniger ausgeprägt als in sozialdemokratischen Wohlfahrtsstaaten, die stärker steuerfinanziert und ausgleichsorientiert sind und dazu z. B. universelle soziale Dienstleistungen bereitstellen. Die ländervergleichende Untersuchung von Fritz und Koch (2019) kommt vor diesem Hintergrund zu dem Schluss, dass die Länder, deren Bevölkerung sowohl zu Sozial- als auch zu Klimapolitik eine positive Haltung einnimmt, sich aus der Gruppe der sozialdemokratischen und (teilweise) der Gruppe der konservativen Wohlfahrtsstaaten rekrutieren. Keiner der liberalen Wohlfahrtsstaaten unter den 23 untersuchten Ländern weist diese Synergie vor. Österreich zeichnet sich durch deutlich positive Haltungen gegenüber beiden Politikfeldern aus, was prinzipiell eine sehr gute Ausgangssituation dafür ist, ökosoziale Politik zu entwickeln und zu implementieren. Ein weiterer Befund aus der gleichen Studie (Fritz & Koch, 2019) belegt allerdings sozioökonomische Unterschiede in den Einstellungsmustern: Personen mit einem höheren Einkommen und höherem Bildungsstand befürworten sowohl Sozial- als auch Klimapolitik, während für Personen mit niedrigem Einkommen und Bildungsstand die Unterstützung eines der Felder mit der Ablehnung des anderen einhergeht.

Daraus lässt sich schließen, dass eine Politik des sozialen Ausgleichs, die den Zugang zu Einkommen- und Bildung erleichtert, sich auch auf die Zustimmung für integrierte ökosoziale Politik auswirkt.

Jenseits der Akzeptanz von ökosozialer Politik ist mit Blick auf die institutionelle Vulnerabilität wesentlich, ob die institutionelle Ausgestaltung des sozialen Sicherungssystems einen signifikanten Effekt auf die tatsächliche Effektivität bzw. den messbaren Erfolg von Klimapolitik besitzt. Nach der Synergiehypothese wäre davon auszugehen, dass ein gut ausgebauter Sozialstaat das Fundament legt, klimapolitische Maßnahmen zu setzen, und damit Klimaschutz und Anpassung an den Klimawandel voranzubringen. Die Ausgangsthese empirischer Untersuchungen ist, dass Sozialstaaten des sozialdemokratischen Typs (oft als „nordische Wohlfahrtsstaaten" bezeichnet) eine bessere ökosoziale Leistungsbilanz aufweisen als liberal oder konservativ verfasste Typen. Dies wird in der empirischen Forschung in dieser Deutlichkeit nicht uneingeschränkt gestützt. Sogenannte sozialdemokratische Wohlfahrtsstaaten schneiden gemessen an umweltpolitischen Indikatoren relativ gut ab (Koch & Fritz, 2014; Zimmermann & Graziano, 2020). Das Bild für konservative Wohlfahrtsstaaten ist gemischt und über die Zeit nicht stabil. So weisen Koch und Fritz (2014) darauf hin, dass Österreich 1995 gemeinsam mit Schweden sozial- und umweltpolitische Ziele am besten synergetisch (und beide überdurchschnittlich) realisieren konnten, Österreich 2010 aber gegenüber 1995 wieder höhere CO_2-Emmissionen und einen höheren ökologischen Fußabdruck vorwies. Auch Zimmermann und Graziano (2020) gelangen bei einem Vergleich von 27 Ländern zu dem Schluss, dass kein klarer Zusammenhang zwischen verschiedenen Typen von Sozialstaaten einerseits und dem Stand oder der Dynamik ökosozialer Politik besteht. Österreich wird nach den Ergebnissen auch dieser ländervergleichenden Untersuchung der Gruppe von Ländern zugeordnet, die sowohl soziale als auch ökologisch Ziele relativ gut erreichen, allerdings mit etwas Abstand zu Schweden, Dänemark, Finnland und Norwegen.

Der vorgenannte Forschungsstrang bewegt sich auf der Ebene des gesamten sozialen Sicherungssystems. Weniger systematisch und weitgreifend wird untersucht, wie (un)vereinbar bestimmte soziale Leistungen mit klimapolitischen Maßnahmen oder Zielsetzungen sind. Bezogen auf den deutschen Kontext führen z. B. Bach et al. (2020) an, dass finanzielle Anreize für klimafreundliches Verhalten (z. B. eine Prämie für den Umstieg auf öffentliche Verkehrsmittel) eventuell auf Sozialhilfeleistungen angerechnet werden. Damit würde die klimapolitische Maßnahme für diese einkommensschwache Bevölkerungsgruppe nicht wirksam. Zu solchen Effekten auf der Ebene von einzelnen sozial- oder klimapolitischen Maßnahmen liegen für Österreich keine systematischen Untersuchungen vor.

Der Frage, wie Sozialleistungen grundsätzlich nachhaltig ausgestaltet sein können, geht Bohnenberger (2020) in einem konzeptionellen Beitrag nach. Sie definiert sechs Kriterien der Nachhaltigkeit von sozialen Leistungen: (1) die Befriedigung von Bedürfnissen, (2) die Förderung sozialer Inklusion, (3) die Vereinbarkeit mit ökologischen Grenzen, (4) die Freiheit, den eigenen Lebensstil zu wählen, (5) die ökonomische Tragbarkeit sowie die Unabhängigkeit von Wirtschaftswachstum und (6) das Vorhandensein von Anreizen für eine Transformation zu gesellschaftlicher Nachhaltigkeit. Diese Kriterien legt sie an (insgesamt neun) Varianten sozialstaatlicher Unterstützung durch Geldleistungen, Sachleistungen und Gutscheinen an. Nach ihrer qualitativen Einschätzung ist keine Leistungsform im Hinblick auf die genannten Kriterien der Nachhaltigkeit klar dominant. Jede Leistungsform weist bei Erfüllung von zwei oder mehr der Kriterien (auch) negative Effekte auf. Das spricht dafür, in einem Handlungsfeld verschiedene Leistungsformen zu kombinieren. Für die Auswahl im konkreten Fall wird einerseits die Gewichtung der einzelnen Nachhaltigkeitskriterien und die Stärke der jeweiligen positiven und negativen Effekte ausschlaggebend sein. Die grundlegende Einordnung der Leistungsformen ist hilfreich, um die Optionen einerseits situativ angepasst, andererseits auch systematisch abzuwägen.

Im Fazit kann tentativ von positiven Effekten sozialstaatlicher Angebote auf die klimapolitischen Ziele ausgegangen werden, da Sozialpolitik die Akzeptanz klimapolitischer Maßnahmen absichern und auf individueller Ebene erforderliche Verhaltensänderungen beschleunigen kann. Das Potenzial dieses positiven Beitrags ist dabei in Österreich noch nicht ausgeschöpft. Das zeigt sich unter anderem daran, dass in international vergleichenden Analysen nordeuropäische Länder besser abschneiden. Auch ist mit Koch und Fritz (2014) zu schließen, dass eine „grüne" oder „ökologische" Gesellschaft sich nicht automatisch auf der Grundlage gut ausgebauter sozialer Sicherungssysteme entwickelt. Ergänzend zu der Literatur, die auf Basis der etablierten Wohlfahrtsstaatsklassifikation(en) die Wirkung des sozialen Sicherungssystems auf Klimapolitik betrachtet, besteht weiterer Forschungsbedarf. Zum Potenzial und den Chancen einer sozial-ökologische Politik insgesamt, bei der mittels durchdachter Maßnahmenpakete sozialpolitische und klimapolitische Ziele zueinander komplementär sind und so wirksam verfolgt werden können, siehe Abschnitt [Abschn. 18.4] und, vor dem Hintergrund der COVID-19-Pandemie, Bach et al. (2020) und Steininger et al. (2020).

Zusätzlich zu den Wirkungen sozialstaatlicher Leistungen auf die Klimapolitik müssen die unmittelbar klimawirksamen Effekte ihrer Produktion und Finanzierung berücksichtigt werden. Dies ist Gegenstand der beiden folgenden Abschnitte (Abschn. 18.2.2, 18.2.3).

18.2.2 Klimawandel und die Produktion des Sozial- und Gesundheitssektors

Der Sozial- und Gesundheitssektor erbringt Leistungen der Daseinsvorsorge. Damit verbessert er vor allem die Gesundheit der Bevölkerung, generiert Wertschöpfung und Beschäftigung, reduziert soziale Ungleichheit und verbessert die Lebensbedingungen. Dessen ungeachtet hinterlässt die Produktion von sozialen und gesundheitsbezogenen Dienstleistungen einen ökologischen Fußabdruck, der zum Klimawandel beiträgt (Gough & Meadowcroft, 2011; Ottelin et al., 2018; Pichler et al., 2019; Taylor & Mackie, 2017; Weisz et al., 2019). Dieser Abschnitt geht den Befunden zum CO_2-Fußabdruck des österreichischen Gesundheitssektors und Ansatzpunkten zu dessen Reduktion nach. Entsprechende Befunde zum CO_2-Fußabdruck der Bereitstellung sozialer Dienstleistungen liegen nicht vor.

Der CO_2-Fußabdruck des österreichischen Gesundheitswesens wurde erstmals für den Zeitraum 2000 bis 2014 und im Vergleich zu 36 Ländern (OECD, Indien und China) untersucht (Pichler et al., 2019; Weisz et al., 2019). Entsprechende Studien mit Fokus auf die österreichische Langzeitpflege oder andere soziale Einrichtungen in Österreich sind (noch) nicht identifiziert. Weisz et al. (2019) ermittelten die CO_2-Emissionen durch den direkten Energieeinsatz im Sektor wie auch durch den indirekten aufgrund von Zulieferungen aus anderen Sektoren (gebunden in Produkten und Dienstleistungen, die der Gesundheitssektor beansprucht) im Rahmen einer erweiterten multiregionalen Input-Output Analyse (MRIO). Um Länder und Sektoren vergleichen zu können, wird die sogenannte Eora-Gliederung der Wirtschaftsaktivitäten (Lenzen et al., 2013; worldmrio.com, 2022) herangezogen, hier mit einer Gliederungstiefe von 26 Produktionsbereichen (Eora-26).

Der Anteil des österreichischen Gesundheitssektors von 6,7 Prozent an den nationalen CO_2-Emissionen ist im internationalen Vergleich überdurchschnittlich (Pichler et al., 2019; Weisz et al., 2019). Der internationale Durchschnitt lag 2014 bei 5,5 Prozent, mit dem geringsten Wert von 3,3 Prozent für Mexiko und dem höchsten Wert von 8,1 Prozent für die Niederlande. Gemessen an seinem Anteil am nationalen CO_2-Fußabdruck belegte der österreichische Gesundheitssektor Rang 6 aus den insgesamt 34 Gesundheitssektoren der verglichenen Länder. Dabei ist zu berücksichtigen, dass Österreich relativ viel für Gesundheit aufwendet. Nach Daten der Weltgesundheitsorganisation (WHO Global Health Expenditure Database) lag allein der Anteil der laufenden (öffentlichen und privaten) Gesundheitsausgaben am Bruttoinlandsprodukt in 2014 bei 10,4 Prozent und damit auf Rang 9 der hier verglichenen Länder (WHO, 2022). Der im internationalen Vergleich überdurchschnittliche CO_2-Fußabdruck des österreichischen Gesundheitswesens kann daher einerseits auf den hohen Konsum von Gesundheitsleistungen, andererseits auf die Art und Weise von deren Produktion und Bereitstellung zurückgehen.

In der sektoralen Perspektive (Eora-26) nahm das Gesundheitswesen 2014 im Median der OECD-Länder als Verursacher von CO_2-Emissionen den 6. Rang (nach dem Transportsektor, Elektrizität-/Gas- und Wasserversorgung; Bauwesen, Elektronik/Maschinenbau, Petrochemie/nichtmetallische Mineralien und dem Nahrungsmittelsektor) und innerhalb des Dienstleistungssektors den 1. Rang (vor Finanzdienstleistungen) ein. Innerhalb des österreichischen Gesundheitssektors war 2014 der CO_2-Fußabdruck für Krankenhäuser (inklusive der dort abgegebenen Arzneimittel und sonstigen Medizinprodukte) mit einem Anteil von 32 Prozent am größten. Der ambulante Versorgungsbereich (ohne medizinischen Fachhandel) folgte mit deutlichem Abstand (18 Prozent). Den ambulant abgegebenen medizinischen Produkten und Arzneimitteln konnten 22 Prozent der CO_2-Emissionen des Gesundheitssektors zugerechnet werden. Als weiteren emissionsintensiven Bereich identifizierte die Studie den Verkehr, der durch den Gesundheitssektor induziert wird. Es ist für Österreich derzeit nicht möglich, den CO_2-Fußabdruck der medizinischen Produkte und Arzneimittel gesamthaft, das heißt unabhängig davon, ob diese ambulant oder stationär verabreicht werden, auszuweisen. Das kann ein Grund dafür sein, warum der Anteil des medizinischen Fachhandels am CO_2-Fußabdruck des österreichischen Gesundheitssektors kleiner und jener der Krankenhäuser größer ist als im Durchschnitt der verglichenen Länder (Pichler et al., 2019; Weisz et al., 2019).

Über den Untersuchungszeitraum hinweg verkleinerte sich insgesamt der CO_2-Fußabdruck des österreichischen Gesundheitswesens trotz steigender Gesundheitsausgaben, was Pichler et al. (2019) und Weisz et al. (2019) mit einer abnehmenden CO_2-Intensität der heimischen Energieproduktion und steigender Energieeffizienz in anderen Teilen der österreichischen Wirtschaft (wie auch in den Krankenhäusern) erklären. Die CO_2-Emissionen aufgrund von Verkehr, der mit Produktion und Konsum von Gesundheitsleistungen verbunden ist, reduzierten sich in Österreich demgegenüber nicht, sondern wuchsen kontinuierlich.

Insgesamt deuten die Unterschiede (1) zwischen den bislang untersuchten Ländern hinsichtlich des Anteils des Gesundheitswesens am nationalen CO_2-Fußabdruck und (2) der CO_2-Profile über Leistungsbereiche innerhalb des Gesundheitssektors darauf hin, dass das jeweilige Gesundheitssystem mit seinen rechtlichen und organisationalen Rahmenbedingungen Einfluss auf klimawirksame Emissionen nimmt (Pichler et al., 2019; Weisz et al., 2019). Es bestehen also in diesem Sektor Handlungs- und Gestaltungsspielräume, die für die Transformation in Richtung einer klimafreundlichen Gesellschaft genutzt werden können.

Studien zur Ermittlung des CO_2-Fußabdrucks sind nur ein erster Schritt, um auch bei der Versorgung der Bevölkerung mit Sozial- und Gesundheitsdienstleistungen einen Beitrag zum Klimaschutz zu leisten. Um sozial- und gesundheitspolitische Ziele synergetisch verfolgen zu können, sind die Wirkungs- und Kosten-Effektivitätsanalysen von Angeboten der sozialen Sicherung um deren klimarelevante Wirkungen zu ergänzen (Hensher, 2020; Taylor & Mackie, 2017, S. e357) – wie umgekehrt z. B. energiepolitische Bewertungen die sozialpolitischen Effekte berücksichtigen müssen. Zu den klimarelevanten Wirkungen der Leistungsbereitstellung im Sozialwesen besteht Forschungsbedarf.

18.2.3 Klimawandel und die Finanzierung sozialer Absicherung

Niveau der staatlichen Finanzierung des sozialen Sicherungssystems

Die Diskussion um die Finanzierung des Sozialstaats in der De-growth- und Post-growth-Literatur fokussierte lange Zeit auf die Höhe der Sozialausgaben, die in Österreich in den Jahren vor der COVID-19-Pandemie 29 bis 30 Prozent des Bruttoinlandsproduktes ausmachten (STATISTIK AUSTRIA, 2021b). Dieses Niveau und die Aussicht, dass in der alternden österreichischen Gesellschaft der Bedarf nach Gesundheits- und Pflegeleistungen sowie der Pensionsaufwand weiter steigen, wird in der De-growth-Literatur aus zwei wesentlichen Gründen als Hemmnis für Dekarbonisierung gesehen: (1) Aufgrund begrenzter Finanzmittel bestünde Budgetkonkurrenz zwischen Sozialpolitik und anderen Politikbereichen, so auch der Klimapolitik. (2) Implizit würde damit ein Wachstumsdruck erzeugt, um zusätzliche Steuereinnahmen zu generieren (oder Staatsschulden zu bedienen). Aus dieser Sicht wäre mehr Klimafreundlichkeit nur zu erreichen, wenn der Sozialaufwand reduziert würde. Dieser Schlussfolgerung wird mit drei Argumenten widersprochen: Würde sich der Staat aus der sozialen Sicherung zurückziehen, würde erstens ein Teil der Nachfrage auf die Angebote privater Anbieter umgeleitet, deren ökologischer Fußabdruck etwa im Gesundheitswesen größer ist als jener staatlicher Dienstleister (Bailey, 2015, S. 803). Zweitens ist zu berücksichtigen, dass Sozialpolitik unter klimapolitischen Gesichtspunkten notwendig und sinnvoll ist und umgekehrt wirksame Klimapolitik das Sozialbudget mittel- und langfristig entlastet. Drittens ist weder theoretisch noch empirisch eindeutig festgestellt, wo das optimale Niveau des Sozialaufwands liegt. Der erforderliche Ressourceneinsatz müsste ausgehend von den Zielsetzungen einer integrierten ökosozialen Politik bestimmt werden [siehe dazu Abschn. 18.4] (Bailey, 2015).

Klimawandel und die Finanzierungsoptionen sozialer Sicherung

Ein zweiter Aspekt der Finanzierung sozialer Sicherungssysteme in Verbindung mit Klimawandel ist der Finanzierungsmodus. Das österreichische Sozialsystem ist überwiegend beitragsfinanziert, wobei 2020 der Anteil der allgemeinen Steuermittel an der Finanzierung auf 39 Prozent anstieg und damit einen Höchststand erreichte (STATISTIK AUSTRIA, 2021a). Im ausgabenstärksten Sozialschutzsystem, der gesetzlichen Pensionsversicherung, das grundsätzlich beitragsfinanziert ist, erhöhte sich der Anteil der Steuerfinanzierung über die Zeit und liegt nun bei 24 Prozent. Die Finanzierung über Beiträge von Beschäftigten und deren Arbeitgeber_innen knüpft die Entwicklung sozialer Sicherung eng an die Entwicklung bezahlter Beschäftigung und der Verdienste (Corlet Walker et al., 2021). In dem Maß, in dem der Übergang in eine klimafreundliche Gesellschaft mit struktureller Arbeitslosigkeit einhergeht, impliziert das Einnahmenverluste. Auch die Transformationsstrategien, die darauf zielen, unbezahlte Arbeit aufzuwerten und besser abzusichern (siehe [Kap. 8] in diesem Bericht), schmälern (unter sonst gleichen Bedingungen) die Einnahmen der beitragsfinanzierten Sozialschutzsysteme. Sollen diese Ausfälle begrenzt oder ausgeglichen werden, wären Anpassungen der Beitragsfinanzierung (erweiterte Beitragsbasis und/oder veränderte Beitragsbemessungsgrenze) oder eine verstärkte Steuerfinanzierung erforderlich. Die damit verbundenen Verteilungswirkungen, die selbst wieder auf sozialpolitische und klimapolitische Ziele rückwirken, unterscheiden sich nach den genannten Finanzierungswegen. Für Österreich besteht Forschungsbedarf zum Finanzierungsmix des Sozialstaats aus klimapolitischer oder ökosozialer Sicht. So wäre etwa auf Basis makroökonomischer Modelle und Mikrosimulationen ein Finanzierungsmix zu bestimmen, welcher das angestrebte Niveau an sozialer Sicherung verlässlich absichert und zusätzlich verteilungs- und klimapolitische Ziele gewährleistet.

Eine weitere Strategie zur Finanzierung sozialer Sicherungssysteme sind Fondslösungen, hier im Sinn der verzinslichen Veranlagung von Sondervermögen oder von eingezahlten Beiträgen. Im österreichischen sozialen Sicherungssystem kommt kapitalgedeckter Vorsorge eine untergeordnete Rolle zu. Sie findet sich vor allem in der betrieblichen Pensionsvorsorge. In Schweden und Norwegen ergänzen staatliche Fonds das umlagefinanzierte Pensionssystem. In Deutschland wurde ein Pflegefonds als Sondervermögen bei der Bundesbank eingerichtet, der sich aus 0,1 Prozent der Beiträge in die soziale Pflegeversicherung speist (Wissenschaftlicher Dienst des Deutschen Bundestags, 2017). Die Zielsetzung bei Einrichtung dieser Fonds war es, Beitragssteigerungen zu vermeiden und die Staatsbudgets auf Sicht zu entlasten. Fondslösungen bzw. Sondervermögen in der sozialen Sicherung werden sozialpolitisch insbesondere mit Blick auf die Anlagerisiken, die Individualisierung solcher Risiken und verteilungspolitische Implikationen diskutiert (mit Bezug auf betriebliche Pensionsfonds z. B. Pavolini und Seeleib-Kaiser (2018), klimapolitisch mit Bezug auf Investitionen in klimafreundliche Bereiche bzw. Innovationen (Della Croce et al., 2011)). Proponent_innen einer grundlegenden sozialökologischen Transformation stehen der Finanzialisierung allgemein kritisch gegenüber [siehe dazu Kap. 16].

Für Österreich sind aktuell keine weiteren Fondslösungen oder Sondervermögen in den sozialen Sicherungssystemen geplant. Allerdings sind in der betrieblichen Altersvorsorge inzwischen sichtbare Vermögensbestände aufgelaufen und institutionell veranlagt. Es stellt sich damit die Frage, wie diese Veranlagungen vor dem Hintergrund von Klimawandel und Klimapolitik die Transformation in eine klimafreundliche Gesellschaft betreffen.

Klimawandel und vermögensbasierte soziale Absicherung
(Kleine) Teile des österreichischen sozialen Sicherungssystems stützen sich auf die Veranlagung von Kapital. In dem Maß, in dem Investitionen in Unternehmen getätigt wurden und werden, die fossile Energie bereitstellen oder in hoher Intensität nutzen, leistet dies dem Klimawandel Vorschub. Daraus ergeben sich zwei Konsequenzen: Einerseits sind diese klimaschädigenden Veranlagungen durch die Transformation zu einer klimafreundlichen Gesellschaft von einem erheblichen Wertverlust bedroht, was die vermögensbasierte soziale Absicherung kurz- und mittelfristig herausfordert. Andererseits kann umgekehrt durch einen Wechsel zu klimafreundlicher Veranlagung ein Impuls für die angestrebte gesellschaftliche Transformation gegeben werden. Dieser Abschnitt fokussiert auf die Dimension potenzieller Wertverluste in der vermögensbasierten sozialen Absicherung. Sogenanntes Green Investment, das Anfang 2022 im Zusammenhang mit der neuen EU-Taxonomie klimafreundlicher Wirtschaftsaktivitäten intensiver diskutiert wurde (Kletzan-Slamanig & Köppl, 2021; Trippel, 2020), wird im Abschnitt Gestaltungsoption [Abschn. 18.4] aufgegriffen.

Der Klimawandel wirft das Problem neuer Anlagerisiken, etwa durch „stranded assets" (Caldecott, 2017, 2018) auf, mit denen sich auch Anleger_innen im System der sozialen Sicherung konfrontiert sehen. Finanzanlagen sind gegenüber klimabezogenen Risiken in verschiedenen Sektoren, Regionen und Anlagekategorien (Aktien, Anleihen, Immobilien) exponiert. Dabei wird zwischen physischen Risiken etwa durch Naturgefahren und Risiken der Transition in eine klimafreundliche, dekarbonisierte Wirtschaft und Gesellschaft (etwa durch veränderte Marktbedingungen oder klimapolitische Eingriffe) unterschieden (Batten et al., 2018; Kaminker, 2018). Die Schadensanfälligkeit von Anlagen („stranded asset exposure") bezieht sich darauf, dass Anlagegüter aufgrund klimabedingter Schädigung nicht mit der erwarteten Intensität oder Dauer genutzt werden können. Wenn Anlagen in diesem Sinn „stranden", führt das zu Wertverlusten und vorzeitigen Abschreibungen (Barker, 2018). Die sozialen Sicherungssysteme sind mit diesen Risiken direkt konfrontiert, wenn sie kapitalgedeckt sind, das heißt Kapital zu Vorsorgezwecken angespart und veranlagt wird. In Österreich betrifft dies in erster Linie Teile der Pensionsvorsorge.

Während die öffentliche Altersvorsorge in Österreich umlagefinanziert ist, sind die betriebliche Altersvorsorge, die freiwillige private Altersvorsorge sowie die Abfertigung neu kapitalgedeckt, das heißt in diesen Bereichen werden Beitragseinnahmen am Kapitalmarkt veranlagt. Das Anlagevermögen der österreichischen Pensionskassen wird für 2021 vom Fachverband mit 27,3 Milliarden Euro beziffert, jenes der Vorsorgekassen (Abfertigung neu) auf 16,5 Milliarden Euro (Vorsorgeverband, 2022). Der Anteil der Menschen im erwerbsfähigen Alter (15 bis 64 Jahre), die ergänzend zur staatlichen Alterssicherung über betriebliche Pensionskassen oder freiwillige private Ansparlösungen vorsorgen, liegt in Österreich derzeit bei respektive 15 und 18 Prozent (OECD 2021). Ergänzend sei angemerkt, dass das kapitalgedeckte System „Abfertigung neu" inzwischen zwar einen hohen Anteil der Arbeitnehmer_innen erfasst, die damit zu erwerbenden Ansprüche im Verhältnis zu Pensionsanwartschaften aber kleiner sind.

Im Vergleich der OECD-Länder erreichen die gesamten Pensionsvermögen in Österreich (die betriebliche Altersvorsorge und Veranlagungen, die individuell initiiert sind) ein relativ geringes Niveau. Es bewegte sich 2020 bei 6,6 Prozent der Jahreswirtschaftsleistung (BIP), verglichen mit fast 100 Prozent des BIP im Durchschnitt der OECD-Länder; nur vier Länder, Ungarn (5,6 Prozent), Türkei (3,4 Prozent), Luxemburg (2,9 Prozent) und Griechenland (1 Prozent) weisen ein geringeres Pensionsvermögen im Verhältnis zum BIP aus. Am anderen Ende der Skala liegen Dänemark, die Niederlande und Island, wo 2020 die Höhe der Pensionsvermögen das BIP um mehr als das Doppelte überstiegen (OECD, 2021).

Der Anteil der Anlagen von Pensionsfonds, die mit Klimarisiken behaftet sind, wurde für die EU auf 16 Prozent geschätzt, wovon 8 Prozent auf Anlagen entfallen, die über Dritte (etwa Banken) in Sektoren mit Klimarisiken veranlagt wurden (Battiston et al., 2017). Erste Untersuchungen umreißen auch für Österreich die bestehenden Risiken und potenziellen Verluste.

Um klimabezogene Anlagerisiken näher zu spezifizieren („Klima-Stresstest"), gehen wissenschaftliche Analysen von plausiblen Szenarien zu physischen Vermögensschäden im Zuge des Klimawandels und darauf bezogenen regulatorischen Entwicklungen aus. Ausgehend von einem solchen Szenario schätzen Semieniuk et al. (2021b) potenzielle Vermögensverluste für eine Reihe von Ländern, darunter Österreich. Für Österreich (nach gesonderter schriftlicher Auskunft der Autoren) wird der auf 2022 bezogene Vermögensverlust auf ca. 3 Milliarden US-Dollar (2,65 Milliarden Euro) geschätzt, wobei künftige entgangene Gewinne mit 6 Prozent pro Jahr diskontiert werden. Von diesen potenziellen Verlusten entfallen 29 Prozent auf Staatsvermögen,

12 Prozent auf Fondsbesitzer, 1 Prozent auf direkte Aktieneigner_innen; die übrigen Verluste sind nicht zurechenbar (Semieniuk et al., 2021b). Insgesamt deuten sich substanzielle Verluste an, die insbesondere die Pensionsvorsorge oder auch die Abfertigung neu betreffen könnten.

Die Europäische Aufsichtsbehörde für das Versicherungswesen und die betriebliche Altersvorsorge (EIOPA) hat 2019 einen Stresstest der Einrichtungen zur betrieblichen Altersversorgung in den Ländern des Europäischen Wirtschaftsraums (EWR) durchgeführt, der erstmals Umwelt-, Sozial- und Governance-Aspekte der finanziellen Stabilität einbezog. Das reflektierte Vorgaben einer neuen EU-Richtlinie für Betriebspensionen („IOPR II"), die in Österreich mit der Novelle des Pensionskassengesetzes (PKG) vom 30. November 2018 (BGBl I Nr. 81/2018) umgesetzt wurde. Danach müssen die Einrichtungen der betrieblichen Altersvorsorge in ihrem Risikomanagement auch neue oder aufkommende Risiken im Zusammenhang mit dem Klimawandel abbilden. Der Stresstest 2019 der EIOPA zeigt näherungsweise, wie nachhaltig die Investitionen österreichischer Pensionskassen in Bezug auf Klimawandel und Treibhausgasemissionen derzeit sind. Alle fünf überbetrieblichen österreichischen Pensionskassen waren in die Analyse einbezogen. Nicht berücksichtigt waren die drei betrieblichen Pensionskassen (Bundespensionskasse AG, IBM Pensionskasse AG, Sozialversicherungspensionskasse AG) und die acht betrieblichen Vorsorgekassen Österreichs (Veranlagung der Beiträge zur „Abfertigung neu"). Die Stichprobe der Einrichtungen aus den jeweiligen Ländern repräsentierte jeweils mindestens 50 Prozent des in diesem Bereich veranlagten Vermögens. Die österreichischen Einrichtungen, die in den Stresstest einbezogen waren, repräsentierten 92 Prozent der Veranlagungen österreichischer Pensionskassen (European Insurance and Occupational Pensions Authority, 2019).

Das Ergebnis des Stresstests der EIOPA zeigt, dass Aktienanlagen der überbetrieblichen österreichischen Pensionskassen zu mindestens 30 Prozent in jenen fünf ökonomischen Bereichen getätigt werden, die als besonders treibhausgasintensiv gelten (der Berghausektor sowie die vier Sektoren, die absolut betrachtet die meisten Treibhausgase verantworten). Der damit verbundene CO_2-Fußabdruck von Aktienanlagen (ca. 0,35 Kilogramm pro Euro Wertschöpfung) ist kleiner als im Durchschnitt aller betrachteten Einrichtungen der betrieblichen Altersvorsorge aus 16 EWR-Ländern (0,37 Kilogramm pro Euro Wertschöpfung), liegt aber über dem EU-Durchschnitt für alle Wirtschaftsbereiche (0,26 Kilogramm pro Euro Wertschöpfung). Dieser Teil der Aktienanlagen österreichischer Pensionskassen ist besonders anfällig für finanzielle Risiken, die sich aus Initiativen zur Verminderung der Treibhausgasemissionen ergeben (European Insurance and Occupational Pensions Authority, 2019).

Zusammengefasst sind die klimabezogenen potenziellen Wertverluste im Bereich der sozialen Vorsorgevermögen in Österreich (noch) überschaubar, da kapitalgedeckte soziale Absicherung in Österreich relativ schwach ausgeprägt ist. Die meisten Personen in Österreich sind über das staatliche Umlagesystem pensionsversichert. Doch ist zu bedenken, dass aus „stranded assets" im Zuge der Transformation auch systemische Risiken entstehen können (Semieniuk et al., 2021a), die dann das Finanzwesen, die Realwirtschaft und damit sowohl den Sozialstaat als auch die Klimapolitik treffen können. Umgekehrt können die institutionellen Investoren, die soziale Sicherungsvermögen veranlagen, einen Beitrag zum Strukturwandel in Richtung Klimaneutralität leisten, indem Investitionen in klimaschädliche Bereiche zurückgeführt und Möglichkeiten für grüne Investitionen gesucht werden [siehe Abschn. 18.3.4]. Zur Schadensanfälligkeit der Anlagen, die im österreichischen sozialen Sicherungssystem getätigt werden, wie auch zu effektiver Regulierung in diesem Bereich besteht für Österreich weiterer Forschungsbedarf.

18.2.4 Fazit

Zusammenfassend kann über den Status quo der Beziehungen zwischen Klimawandel sowie Klimapolitik einerseits und sozialen Sicherungssystemen andererseits Folgendes festgehalten werden: Der Klimawandel erhöht (unter sonst gleichen Bedingungen) den Bedarf an sozialstaatlicher Aktivität, da er gesundheitliche und wirtschaftliche Schäden verursacht, die zudem ungleich verteilt sind. Klimapolitik wirkt grundsätzlich entlastend, doch sind kurzfristig negative Nebenwirkungen klimapolitischer Maßnahmen auf sozialpolitische Ziele möglich bzw. beobachtbar. Analog kann Sozialpolitik die Klimapolitik generell unterstützen, doch ist das nicht automatisch der Fall. Der Ländervergleich bzw. der Vergleich verschiedener idealtypischer Sozialstaatssysteme belegt, dass potenzielle Synergien zwischen beiden Politikfeldern unterschiedlich gut genutzt werden. Das bedeutet, dass die institutionellen Gegebenheiten wesentlich dafür sind, Sozial- und Klimapolitik wirksam zu integrieren und Gesellschaften weniger verwundbar gegenüber Klimafolgen zu machen (institutionelle Resilienz).

Österreich präsentiert sich in den vorliegenden internationalen Vergleichen zum Zusammenwirken von Sozial- und Klimapolitik auf den ersten Blick gut. Doch sind selbst jene Länder, die gemäß der vergleichenden Forschung bessere Voraussetzungen für ökosoziale Politik mitbringen, hinter ihren selbst gesteckten Klimazielen zurückgeblieben. Zudem bestehen deutliche empirische Forschungslücken, die evidenzbasierte ökosoziale Politik hierzulande erschweren. Insgesamt bleibt hinsichtlich der Pariser Klimaziele (United Nations, 2015) eine Handlungslücke bestehen, die durch strukturelle Änderungen im sozialen Sicherungssystem verringert werden kann und muss.

Der folgende Abschn. 18.3 konkretisiert Handlungserfordernisse für das österreichische soziale Sicherungssystem. Dabei wird zunächst der Anspruch präsentiert, den Sozialstaat bereits in seinem grundlegenden Design klimafreundlich zu gestalten. Anschließend werden notwendige Änderungen erneut für sozialstaatliche Leistungen, die Produktions- und Bereitstellungsaktivitäten und die Finanzierung sozialer Sicherung dargelegt.

18.3 Strukturelle Änderungen des sozialen Sicherungssystems als Voraussetzung klimafreundlichen Lebens

Aufbauend auf die Diskussion des Status quo [Abschn. 18.2] hebt dieses Teilkapitel vier Strukturmerkmale des sozialen Sicherungssystems heraus, an denen anzusetzen ist, wenn die Transformation zu einer klimafreundlichen Gesellschaft gezielt unterstützt werden soll. Handlungsnotwendigkeit im österreichischen sozialen Sicherungssystem besteht erstens dort, wo explizite oder implizite strukturelle Barrieren für den Übergang in eine klimafreundliche Gesellschaft bestehen [siehe dazu Abschn. 18.3.1]. Insbesondere setzt das Sozialsystem wichtige Rahmenbedingungen für die Handlungsfelder Erwerbsarbeit und Sorgearbeit, mit denen sich dieser Bericht an anderer Stelle befasst [Kap. 7, 8]. Zweitens sind Maßnahmen zu treffen, um die institutionelle Vulnerabilität gegenüber dem Klimawandel und daraus folgenden sozialen Risiken zu vermindern. Diese Verwundbarkeit ist gering, wenn Regulierungssysteme und verantwortliche Träger_innen verlässlich und effektiv vorsorgen bzw. unvermeidliche klimainduzierte Schäden und Lasten kompensieren. Beides erfordert leistungsseitige Änderungen der sozialen Sicherung, namentlich deutlich mehr Präventionsleistungen sowie eine harmonisierte, sozial treffsichere Kompensation von Schäden aufgrund extremer Naturereignisse [siehe dazu Abschn. 18.3.2]. Drittens gilt es, Potenziale zu identifizieren und auszuschöpfen, um die Produktionsprozesse gesundheitlicher und sozialer Dienstleistungen strukturell klimafreundlicher zu gestalten [siehe Abschn. 18.3.3]. Viertens besteht finanzierungsseitig Handlungsnotwendigkeit im Bereich der kapitalgedeckten Sicherung gegen soziale Risiken. Dort sind, wie oben [Abschn. 18.2.4] gezeigt, klimaschädigende Investitionen zu vermeiden bzw. könnten Kapitalanlagen verstärkt in den Dienst der klimafreundlichen Innovation gestellt werden.

Die genannten vier strukturellen Ansatzpunkte zur klimafreundlicheren Ausgestaltung des sozialen Sicherungssystems werden in diesem Teilkapitel behandelt, entsprechende Lösungsansätze im Abschnitt Gestaltungsoptionen [Abschn. 18.4]. Ein zusätzliches Strukturelement, das angepasst werden muss, ist das Zusammenspiel der unterschiedlichen Akteur_innen – sowohl innerhalb des sozialen Sicherungssystems als auch mit klimapolitischen Akteur_innen. Dieser Aspekt wird nur sehr kurz und gemeinsam mit den Gestaltungsoptionen im Abschnitt [Abschn. 18.4] betrachtet.

18.3.1 Änderungen auf der Ebene des Gesamtsystems für sozialen Schutz und Ausgleich

Das österreichische soziale Sicherungssystem ist stark erwerbszentriert [siehe Abschn. 18.2.1]. In vielen Bereichen wird ein guter Schutz vor sozialen Risiken nur durch bezahlte (Vollzeit-)Erwerbsarbeit erreicht, während z. B. Bildungsphasen oder unbezahlte Sorgearbeit [Kap. 8] vergleichsweise schlecht abgesichert sind. Die sozialpolitischen Folgen dieses Systemdesigns (etwa Altersarmut in Folge von Langzeitarbeitslosigkeit, erhöhte Armutsbetroffenheit von Alleinerzieher_innen, langfristige Nachteile aufgrund informeller Pflegetätigkeit) sind Thema öffentlicher Diskussionen. Zudem – und für die Diskussion in diesem Kapitel wesentlicher – ist es aus klimapolitischer Sicht kontraproduktiv, die Finanzierung und die Leistungen der sozialen Sicherung zu eng (oder zu undifferenziert) an bezahlte Arbeit anzuknüpfen. Politische Strategien zum Klimaschutz und zur Anpassung an den Klimawandel bedingen einen wirtschaftlichen Strukturwandel – mit der potenziellen Begleiterscheinung technologischer und struktureller Arbeitslosigkeit [siehe Kap. 14]. Es entstehen in dieser Transformation, die durch den European Green Deal (European Commission, 2019) unterstützt und katalysiert werden soll, zwar neue, „grüne" Jobs. Doch wird die Wende am Arbeitsmarkt den betroffenen Arbeitnehmer_innen berufliche Mobilität und eine (Re-)Qualifizierung abverlangen, die arbeitsmarkt- und sozialpolitisch zu flankieren ist (Bohnenberger, 2022; Janser, 2018).

Die enge Bindung sozialer Absicherung an Erwerbsarbeit kann in Österreich eine strukturelle Barriere für die Transformation zu einem klimafreundlichen Leben bilden. Klimapolitik strebt die gleichmäßigere Verteilung von Erwerbs- und Sorgearbeit (bei insgesamt weniger Erwerbsarbeit), weniger energie- und ressourcenintensive Lebensstile (verbunden mit dem Verzicht auf hohe Verdienste und Statuskonsum) und Re-Qualifizierung von Beschäftigten in klimaschädigenden Tätigkeitsfeldern (was oft erfordert, die Beschäftigung zu unterbrechen) an. Um dies sozialpolitisch zu flankieren, ist es notwendig, das soziale Sicherungssystem insgesamt stärker zu dekommodifizieren, das heißt den individuellen Zugang zu Sozialschutz weniger eng an eine bezahlte (Vollzeit-)Erwerbstätigkeit zu knüpfen (siehe dazu Bohnenberger, 2022). Ein Vorschlag dazu ist, steuerfinanzierte Lösungen zu verstärken oder (mittelfristig) das gesamte System in Richtung einer steuerfinanzierten Grundsicherung umzustellen [siehe dazu unten, Abschn. 18.4].

Auch manche Details in der Ausgestaltung oder Umsetzung von spezifischen sozialpolitischen Programmen laufen dem Übergang in eine klimafreundliche Gesellschaft strukturell entgegen. Dies lässt sich am Beispiel der Zumutbarkeitsregeln im Arbeitslosenversicherungsgesetz (1977) (AlVG § 9) illustrieren, die unter anderem überregionale Vermittlungen erleichtern. Wegzeiten (Hin- und Rückfahrt) von zwei Stunden bei Vollzeitbeschäftigung und eineinhalb Stunden bei Teilzeitbeschäftigung gelten als zumutbar. Unter besonderen Umständen können auch höhere Wegzeiten zumutbar sein, beispielsweise wenn der Dienstgeber eine Unterkunft vor Ort stellen kann, so dass nicht täglich gependelt werden muss, oder wenn die Stelle besonders gut bezahlt ist (siehe AMS, 2023). Es ist zwar im Vermittlungsprozess zu berücksichtigen, ob gesetzliche Betreuungspflichten gegeben sind (was die Ortsbindung der Arbeitssuchenden verstärken könnte), doch kann auch diese Anforderung über Angebote der Dienstgeber_innen gewährleistet sein. Weitere Sorgetätigkeiten bzw. deren faire Aufteilung im Haushalt, die klimarelevant sind [siehe Kap. 8] oder aber die klimarelevanten Folgen langer Anfahrtswege sind in dieser Regelung (AlVG § 9) nicht abgebildet.

Die Zumutbarkeitsregeln im Arbeitslosenversicherungsgesetz legen ferner fest, wann es zumutbar ist, außerhalb des erlernten Berufs zu arbeiten. Für Arbeitssuchende, die einen Berufswechsel anstreben, wären Vermittlungsangebote im erlernten (bzw. bislang ausgeübten) Beruf zumutbar, wenn sie bessere Aussicht bieten, rasch wieder in bezahlte Beschäftigung zu gelangen (etwa bei einer Wiedereinstellungszusage, siehe § 9 (4) AlVG). Dabei ist es unerheblich, ob das bisherige Berufsfeld mit klimaschädigenden Tätigkeiten oder Aktivitäten verbunden ist (was mittel- und längerfristig entsprechende Stellen gefährdet). Die Arbeitslosigkeit rasch zu beenden ist somit vorrangig gegenüber der Alternative, dem/der betroffenen Arbeitnehmer_in neue Berufsfelder zu eröffnen, die klimafreundlicher und damit langfristig sicherer sind (siehe dazu auch Bohnenberger, 2022). Im Sinn des Präventionsprinzips [siehe Abschn. 18.3.2] wäre anders zu verfahren.

18.3.2 Notwendige strukturelle Änderungen auf der Leistungsseite

Das soziale Sicherungssystem ist zumindest aus drei Gründen gefordert, leistungsseitig auf die erhöhten Risiken des Klimawandels zu reagieren und damit die Transformation in eine klimafreundliche Gesellschaft zu unterstützen. Wie oben [Abschn. 18.2.1] dargelegt, erhöht der Klimawandel erstens gesundheitliche und soziale Risiken denen u. a. durch verstärkte Präventionsanstrengungen begegnet werden kann. Der sichtbare CO_2-Fußabdruck, den der Gesundheits- und Sozialsektor hinterlässt [siehe Abschn. 18.2.2], ist ein zweites gewichtiges Argument dafür, Maßnahmen der Prävention im Leistungsmix zu stärken. Investitionen in die Vermeidung sozialer und gesundheitlicher Risiken reduzieren spätere, teurere Interventionen. Dort wo Schäden dennoch nicht (vollständig) abgewendet werden können, sind drittens kompensierende Leistungen insbesondere für vulnerable Gruppen erforderlich, die stärker klimabezogenen Gefährdungen ausgesetzt sind.

Die Rolle der Prävention wird im Folgenden kurz für die Gesundheits- und die Arbeitsmarktpolitik ausgeführt. Wirksame und sozial ausgleichende Prävention und Kompensation setzen voraus, dass die jeweiligen Maßnahmen nach Art und Dosierung auf die unterschiedlichen Gefährdungs- und Bedarfslagen abgestimmt sind. Das Beispiel der Kompensation von Schäden nach externen Naturereignissen aus dem Katastrophenfonds (Fuchs & Thaler, 2018; Thaler & Fuchs, 2020) zeigt, dass diesbezüglich Nachbesserungen im österreichischen Sicherungssystem angezeigt sind.

Prävention vor Reparatur

Die klimapolitisch notwendige, strukturelle Verschiebung weg von Reparaturleistungen hin zu Prävention ist für das österreichische Gesundheitswesen sehr gut zu demonstrieren. Fast ein Drittel des CO_2-Fußabdrucks im österreichischen Gesundheitswesen entfällt auf Krankenhäuser (Pichler et al., 2019; Weisz et al., 2019). Dabei besteht großes Potenzial, die Einweisungen in Krankenhäuser durch präventive und kurative Maßnahmen sowie strukturierte Behandlungsprogramme (Disease-Management Programme – DMPs) zu reduzieren, die ambulant oder im niedergelassenen Bereich verankert werden können (Renner, 2020). So liegt die Zahl der Krankenhausentlassungen und der Akutbetten pro 1000 Einwohner_innen in Österreich bei vergleichbarer Aufenthaltsdauer deutlich über dem EU-Durchschnitt. Würde die Zahl der niedergelassenen Ärzt_innen je 1000 Einwohner_innen erhöht, könnten Krankenhausfälle für ambulant behandelbare Erkrankungen (Ambulatory Care Sensitive Conditions – ACSCs) entfallen. Wäre z. B. in einem durchschnittlichen politischen Bezirk in Österreich der niedergelassene Bereich um eine Einheit verstärkt worden, hätte das nach Renner (2020) zwischen 2009 und 2013 geschätzte 590 Krankenhausfälle vermieden. Ergänzen sich niedergelassene Fachärzt_innen und Allgemeinmediziner_innen in einem Bezirk gut, reduziert sich die Zahl vermeidbarer Hospitalisierungen zusätzlich. Zielführend für eine gute Primärversorgung (und die Vermeidung teurer Folgebehandlungen) ist daher sowohl eine ausreichende Zahl niedergelassener Allgemeinmediziner_innen als auch eine gute geografische Verteilung von Fachärzt_innen (Renner, 2020).

Der Klimawandel trifft gesundheitlich vorbelastete Gruppen stärker, wobei die gesundheitlichen Einschränkungen teilweise mit sozialer Benachteiligung zusammenhängen. Prävention kann hier in dreifacher Weise ansetzen: (1) Soziale Ungleichheit wäre zu reduzieren [Kap. 17], (2) eine gute Primärversorgung für alle Bevölkerungsgruppen wäre zu gewährleisten (Renner, 2020) und (3) die Gesundheitsvorsorge inklusive der klimabezogenen Gesundheitskompetenz der Bevölkerung und des Gesundheitspersonals wäre zu verbessern (Haas, 2021; Brugger & Horváth, 2023). Gesundheitsvorsorge ist demnach in Zeiten des Klimawandels generell ein guter Ansatzpunkt und gefordert (Böckmann & Hornberg, 2020). Gesundheitsvorsorge wird etwa im Zusammenhang mit Hitzegefährdungen (Pollhammer, 2020), Flutrisiken (Wallner et al., 2020) sowie für die Handlungsfelder Ernährung (z. B. gesundheitsfördernde und klimaschützende Effekte von fleischarmer Ernährung) [Kap. 5] oder Mobilität (z. B. gesundheitsfördernde und klimaschützende Effekte von Radfahren und Zufußgehen) [Kap. 6] diskutiert.

Allerdings ist gegenwärtig der budgetäre Rahmen für Gesundheitsförderung und Prävention in Österreich eng gesteckt: Für Maßnahmen, die primär der Gesundheitsförderung und Prävention dienen, wurden 2016 (das letzte Jahr, für das diese Ausgaben systematisch erhoben wurden) von den öffentlichen Händen (Bund, Länder, Gemeinden, Fonds Gesundes Österreich, Sozialversicherungen) knapp 9 Prozent der laufenden Gesundheitsausgaben (280 Euro pro Kopf der Bevölkerung) ausgegeben (BMASGK, 2019). Präventive Maßnahmen für Personen mit bereits manifesten Gesundheitsproblemen (Tertiärprävention) ausgenommen, liegt dieser Anteil bei ca. 3,3 Prozent (bzw. 103 Euro pro Kopf der Bevölkerung) (BMASGK, 2019). Das Budget des Fonds Gesundes Österreich ist seit seiner Einrichtung in heutiger Form im Jahr 1998 nicht erhöht worden (damals 100 Millionen Schilling, im Jahr 2022 7.250.000 Euro) (Finanzausgleichsgesetz, 1997, 2017) und hat daher erheblich an Wert verloren. Prävention ist strukturell mangelfinanziert. Es ist klima- wie sozialpolitisch zielführend, Mittel im Gesundheitswesen umzuschichten und/oder zusätzliche Budgetmittel für dieses gesundheitspolitische (und ressortübergreifend wirkende) Handlungsfeld bereitzustellen.

Auch im Hinblick auf die mit dem Klimawandel zunehmenden Naturgefahren ist verstärkte Prävention bzw. Anpassung notwendig und möglich (vgl. dazu Fuchs & Thaler, 2018; Papathoma-Köhle & Fuchs, 2020). Das betrifft zunächst Aktivitäten, die nicht in den sozialpolitischen Verantwortungsbereich fallen, wie etwa die Raumplanung, Investitionen in bauliche Infrastrukturen (etwa Hochwasserschutz; Schutzmaßnahmen gegen Muren und Lawinen) oder Warnsysteme.

Das Angebot privater Versicherungspolicen zum Schutz vor den Folgen extremer Naturereignisse ist in Österreich überschaubar und wird darüber hinaus schlecht angenommen; gleichzeitig bieten die Katastrophenfonds der Länder Betroffenen nur einen begrenzten Schutz vor finanziellen Folgekosten. Eine Pflichtversicherung, die mit privaten Versicherungsangeboten kombiniert werden kann, wäre ein sozialpolitischer Weg, um die Vorsorge gegen finanzielle Schäden zu verbessern (vgl. Papathoma-Köhle & Fuchs, 2020, S. 687, 696).

Die Katastrophenfonds der Länder sind derzeit weder optimal mit sozialpolitischen Akteur_innen und Programmen abgestimmt, noch tragen sie systematisch präventiv zur Anpassung an den Klimawandel bei. So zeigte sich bei Analyse der Kompensation von Flutschäden in Österreich (Thaler & Fuchs, 2020), dass die Leistungen des Fonds sehr ungleich verteilt und nicht konsequent mit präventiven Maßnahmen, wie etwa Anreizen und Unterstützungen für geplante Umsiedlungen, verbunden sind. Die finanziellen Leistungen aus dem Katastrophenfonds wurden von betroffenen Haushalten teilweise an gleicher Stelle und wertsteigernd für die betroffene Immobilie reinvestiert. Dies ist weder nachhaltig und transformativ im Sinne der Vermeidung künftiger Schäden, noch werden die Mittel notwendigerweise im Sinn klimafreundlicher Baustandards und klimafreundlichen Wohnens [siehe Kap. 4] eingesetzt. Insgesamt könnten öffentliche Mittel aus dem Katastrophenfonds verstärkt für die Anpassung kollektiver baulicher und sozialer Infrastrukturen und damit stärker präventiv als kompensatorisch genutzt werden [siehe Abschn. 18.4].

Darüber hinaus zeigen die Befunde von Karabaczek et al. (2021), dass Haushalte aus gefährdeten Gebieten in Österreich nur punktuell und freiwillig absiedeln (etwa 2013 in Oberösterreich aus dem Eferdinger Becken). Für präventive Maßnahmen ist daher ein erhöhtes Bewusstsein der Bevölkerung für die durch den Klimawandel erhöhten Naturgefahren wesentlich. Die Wahrnehmung der Risiken ist Voraussetzung dafür, dass sich individuelles Verhalten und Entscheidungen so anzupassen, dass sich die Exposition (z. B. Wohnortwahl), Risiken für Leib und Leben sowie potenzielle finanzielle Schadensfolgen reduzieren (Papathoma-Köhle & Fuchs, 2020, S. 696–697).

Bäuerinnen und Bauern sind vom Klimawandel und Naturereignissen unmittelbar berührt und gleichzeitig kommt ihnen selbst eine Schlüsselrolle für die klimafreundliche Transformation im Handlungsfeld Ernährung [siehe Kap. 5] zu. Daher sind präventive Strategien für diese Gruppe besonders wichtig. Maßnahmen, die Bäuerinnen und Bauern im Fall extremer Naturereignisse schützen, sind strikt genommen ebenfalls (noch) kein expliziter Teil der (agrar-)sozialen Politik bzw. sind in der Regel nicht in den Sozialressorts verankert. Sie tragen allerdings implizit zur sozialen Absicherung dieser Bevölkerungsgruppe bei. Um die Prävention sowohl in sozialer als auch klimabezogener Hinsicht zu stärken, besteht Handlungsbedarf in Richtung einer besseren Abstimmung von Politikfeldern und verantwortlichen Akteur_innen.

Effektive und sozial treffgenaue Kompensation unvermeidbarer, klimainduzierter Schäden
Selbst bei verstärkter Prävention können nicht alle negativen Folgen des Klimawandels abgewendet werden, so dass Schäden systematisch und nach sozialer Vulnerabilität kom-

pensiert werden müssen. Unvermeidbare Verluste und Schäden („Schäden jenseits von Anpassung") etwa durch extreme Wetterereignisse, wurden für Österreich etwa von Karabaczek et al. (2021) untersucht (work in progress). Die Analyse bezieht die Schadensanfälligkeit von Vermögenswerten, unterschiedliche regionale Betroffenheiten und vulnerable Bevölkerungsgruppen (kranke und alte Menschen) nach Einschätzung von Expert_innen ein. In einem ersten Schritt (qualitative Analyse) wurden Interviews mit 26 österreichischen Expert_innen (aus Forschung, Verwaltung und Praxis) geführt und ausgewertet. Von diesem Kreis wurden insbesondere Gefährdungen durch extreme Hitze (insbesondere in Städten, aber auch mit Folgewirkungen für die Landwirtschaft) und extreme Niederschläge angeführt. Beides verursacht, da noch keine transformativen Anpassungsstrategien entwickelt sind, zu hohen nichtfinanziellen und finanziellen Schäden. Eine Illustration bieten die Folgekosten der schweren Unwetter im November 2019, die nach ersten Schätzungen alleine in Salzburg mit privaten Schäden von mindestens 20 Millionen Euro einhergingen, wovon nur etwa die Hälfte vom Salzburger Katastrophenfonds bedeckt wurden (Stangl et al., 2020, S. 16). Extreme Wetterereignisse gefährden unmittelbar Leben und Gesundheit sowie gewachsene Gemeinschaften sowie auch Realgüter (wie Immobilien).

Es besteht in dreifacher Hinsicht sozial- und arbeitsmarktpolitischer Bedarf, Maßnahmen systematisch auszubauen oder neu zu entwickeln, die die von extremen Naturereignissen betroffenen Menschen besser begleiten. Das betrifft erstens soziale und arbeitsmarktpolitische Dienstleistungen mit Brückenfunktion und soziale Infrastrukturen. Zu denken ist hier an Unterstützung bei der Bewältigung von Traumata, bei der Inanspruchnahme von staatlichen Hilfen, bei beruflicher und privater Neuorientierung (etwa nach klimainduziertem Verlust der Wohnung oder des Arbeitsplatzes), aufsuchende Sozialarbeit bei vulnerablen Gruppen. Auch (temporäre) Cooling-Center für ältere oder chronisch Kranke in extremen Hitzeperioden, wie sie etwa im Sommer 2021 vom Roten Kreuz in Wien eingerichtet wurden (Wiener Rotes Kreuz, 2021), illustrieren dieses Handlungsfeld. Zweitens sind finanzielle Hilfen über die Katastrophenfonds, ergänzende Leistungsprogramme wie z. B. Dürrehilfspakete (siehe Köstinger, 2018) oder neue Versicherungspflichten erforderlich. Dabei ist zu prüfen, wie staatliche Ad-hoc-Krisenhilfe, die verwaltungsaufwendig, verzögerungsanfällig und für Betroffene finanziell wie bezüglich der Leistungshöhe nicht gut einzuschätzen ist (Offermann & Forstner, 2019), reduziert werden kann.

Drittens berühren extreme Naturereignisse auch arbeitsrechtliche Fragen, wenn etwa der Arbeitsplatz nicht erreicht werden kann oder die Arbeitsbedingungen dort physisch nicht mehr tragbar sind. So ist es arbeitsrechtlich (abgesehen für Bauarbeiter_innen) derzeit nicht abgesichert, bei extremer Hitze den Arbeitsplatz zu verlassen; statt dessen greifen Maßnahmen des Arbeitsschutzes am Arbeitsplatz (Arbeiterkammer, 2022). Sozialpolitik muss sich daher mit neu dimensionierten Risiken und Schadenssummen, insbesondere aber mit breiter gestreuten Schadensfolgen, auseinandersetzen. Deren Bewältigung erfordert teils höher skalierte, teils neue Leistungsangebote (wie etwa die Unterstützung im Fall der Umsiedlung ganzer Ortschaften).

Ökosoziale Ausrichtung des sozialen Sicherungssystems
Wie oben [Abschn. 18.2.1] ausgeführt, sind leistungsseitig Wechselwirkungen bzw. potenzielle Synergien zwischen Sozial- und Klimapolitik verstärkt zu beachten. Sozialpolitische Maßnahmen oder Rahmensetzungen, die klimafreundliches Leben erschweren oder verhindern (etwa spezifische arbeitsmarktpolitische Zumutbarkeitsregeln, Einsatz von Mitteln aus dem Katastrophenfonds) müssen so ausgestaltet werden, dass sie zumindest klimaneutral sind. Umgekehrt gefährden etwaige unerwünschte Verteilungswirkungen von Klimapolitik soziale Ausgleichsziele. Dies kann in Folge die Akzeptanz und Durchsetzbarkeit der klimapolitischen Maßnahmen reduzieren. Daher sind sowohl tatsächliche als auch die in der Bevölkerung wahrgenommenen Verteilungswirkungen klimapolitischer Maßnahmen systematisch in den Blick zu nehmen. Soweit sich tatsächlich regressive Effekte von klimapolitischen Maßnahmen zeigen (bzw. absehbar sind), ist es erforderlich, sozialstaatlich gegenzusteuern. Dabei ist es notwendig, konsequenter als bislang schadensbegrenzende Leistungen und die Kompensation klimabezogener Schäden danach zu prüfen, ob sie sozial treffsicher sind, damit sie die maximale klimapolitische Hebelwirkung erreichen. Zudem bleiben damit die Ziele des sozialen Ausgleichs gewahrt. Dort, wo regressive Verteilungseffekte von klimapolitisch motivierten Eingriffen zwar nicht tatsächlich, aber in der Wahrnehmung der Bevölkerung auftreten (siehe z. B. Zhang et al., 2021), gilt es, Maßnahmen überzeugender zu vermitteln. Das kann z. B. gestützt auf Exante- und Ex-post Wirkungsanalysen der klimapolitischen und sozialpolitischen Effekte von Maßnahmen erfolgen (bezogen auf CO_2-Bepreisung siehe z. B. Carattini et al., 2018, S. 10–11). Insgesamt besteht eine transformative Strategie darin, Sozial- und Klimapolitik umfassender zu integrieren und wirksamer zu vermitteln [siehe Abschn. 18.4].

18.3.3 Notwendige strukturelle Änderungen auf der Produktionsseite

Der österreichische Gesundheits- und Sozialsektor ist ein Produktions- und Arbeitsbereich mit über einer halben Millionen Beschäftigten (11 Prozent der österreichischen unselbständig und selbständig Beschäftigten) (STATISTIK AUSTRIA, 2019), der so wie andere volkswirtschaftliche

Sektoren möglichst klimafreundlich operieren soll. Manche Produkte und Dienstleistungen anderer volkswirtschaftlicher Sektoren, die hochgradig klimaschädlich sind, werden grundsätzlich in Frage gestellt. Soziale und gesundheitliche Dienstleistungen hingegen sind unverzichtbar, auch um den in der Transition erforderlichen Strukturwandel begleiten zu können. So ist der Gesundheits- und Sozialsektor einer der Bereiche, die Arbeitsplätze bereitstellen, wo sie an anderer Stelle verloren gehen. Doch sind strukturelle Änderungen im Bereich der Produktions- und Bereitstellungsprozesse erforderlich.

Die Produktion und Bereitstellung von gesundheitlichen und sozialen Dienstleistungen wurde in Österreich noch nicht durchgängig auf ihren CO_2-Fußabdruck untersucht [siehe oben, Abschn. 18.2.1]. Es sind diesbezüglich Unterschiede zwischen unterschiedlichen Kategorien von Dienstleistungen zu erwarten, grob zwischen dem Gesundheits- und dem Sozialwesen (unterschiedliche Kapitalintensität), doch auch innerhalb des Sozialwesens. Wie bereits im Beitrag zur Sorgearbeit [Kap. 8] dargelegt, sind bei mobilen Dienstleistungen die damit verbundenen Wegstrecken ein wichtiger Ansatzpunkt zur Verminderung des CO_2-Fußabdrucks. Ein erstes Handlungserfordernis besteht darin, nach dem österreichischen Gesundheitswesen auch das CO_2-Profil des Sozialwesens detailliert zu erfassen und damit Potenziale und Schwerpunktsetzungen für Emissionsminderungen zu erkennen.

Der CO_2-Fußabdruck des Gesundheitswesens, speziell der Krankenhäuser ist in Österreich (Weisz et al., 2019) und auch für andere Länder gut erfasst. Im Rahmen eines systematischen Reviews identifizierten Alshqaqeeq et al. (2019) 48 Studien zur Verringerung des CO_2-Fußabdrucks von Krankenhäusern, die auf Basis ausreichender Datengrundlagen Handlungspotenzial und -optionen aufzeigten. Konkret wurden Studien berücksichtigt, die (1) verkehrsbezogenen Energieverbrauch, (2) den direkten Energieverbrauch und/oder (3) graue Energie (in Anlagen bzw. Ausrüstung gebundene Energie) in Krankenhäusern betrachteten. Der Review zeigt, dass Krankenhäuser (bzw. Pflegepersonal, Ärzt_innen und Administrator_innen von Kliniken) ihren CO_2-Fußabdruck verringern können, indem sie die räumliche Versorgungsstruktur, ihre Beschaffungen, den Einsatz von Medikamenten und Gerätschaften und die Behandlungsprotokolle optimieren. Dies ist auch für das österreichische Gesundheitswesen angezeigt [siehe Abschn. 18.4].

Zum Sektor Langzeitpflege liegen für Österreich keine entsprechenden Analysen vor; doch deuten Anhaltspunkte aus Deutschland auf Optimierungspotenzial hin. Die deutsche Arbeiterwohlfahrt (AWO), eine Trägerorganisation von 18.000 Einrichtungen, führte in den Jahren 2018 bis 2020 ein Pilotprojekt in Einrichtungen der stationären Pflege durch. Ziel war es, sich möglichen Einsparungen von Emissionen zumindest anzunähern. Auf Basis dieser Studie setzte sich die AWO im Projekt „Klimafreundlich Pflegen" zum Ziel, Emissionen in stationärer Pflege um 87 Prozent zu reduzieren (AWO Bundesverband e. V., 2022). Es ist mangels Einblicks in die konkreten Ergebnisse der Pilotstudie nicht einzuschätzen, für welchen Zeithorizont diese Zielsetzung realistisch ist. Doch setzt das Projekt der deutschen AWO ein Signal auch für die österreichische stationäre Langzeitpflege. Es ist erforderlich, dass speziell große Träger der Langzeitpflege strukturell und systematisch Schritte zu einer klimafreundlicheren Bereitstellung setzen, sowohl in der stationären als auch in der mobilen Langzeitpflege. Emissionen in der mobilen Pflege könnten durch eine zügige Elektrifizierung der Fahrzeugflotte (Bach et al., 2020, S. 14) oder digitale Technologien (etwa Telepflege) vermindert werden.

Im eigentlichen Einsatzbereich der mobilen Pflegedienste, den privaten Haushalten der zu pflegenden Menschen, sind Emissionsminderungen schwieriger zu leisten (Aigner & Lichtenberger, 2021, S. 177). Doch finden auch in der mobilen Pflege experimentelle Tests statt, die neben Verbesserungen der Pflege positive klimapolitische Effekte haben könnten. So sollen mithilfe neuer Technologien – im Konkreten durch den Einsatz von Mixed-reality-Brillen – in Pilot-Tests (Care about Care, 2022) in Österreich, Luxemburg und Belgien in den Jahren 2022 und 2023 Wegstrecken in der mobilen Pflege reduziert und die Dienstleistungsqualität verbessert werden. Pflege- und Betreuungspersonen können in den Haushalten ihrer Kund_innen über den Einsatz der smarten Brille Kontakt zu Pflege-Expert_innen aufnehmen, die die Situation auf ihren Bildschirmen so sehen könnten, als wären sie selbst vor Ort. Wegzeiten der Kfz-Flotte der mobilen Dienste der Langzeitpflege und der damit verbundene CO_2-Ausstoß könnte dadurch reduziert werden. Die „24-Stunden-Betreuung" in ihrer aktuellen Ausprägung mit internationaler Pendelmigration über große Distanzen wäre unter dem Aspekt der Klimafreundlichkeit kritisch zu prüfen.

Das Ziel einer klimafreundlichen Bereitstellung der Dienstleistungen wäre grundsätzlich in allen Bereichen des Gesundheits- und Sozialsektors durch Entscheidungsträger_innen als handlungsleitend anzunehmen, wenn dieser Sektor rasche und spürbare Beiträge zu den Pariser Klimazielen (United Nations, 2015) beisteuern soll. Die öffentliche Beschaffung ist ein Instrument, um die Produktion und den Konsum von klimafreundlichen Gütern und Dienstleistungen zu fördern. Bei Anbieter_innen der benötigten Güter und Dienstleistungen werden dadurch der Einsatz und Entwicklung nachhaltiger Produktionsweisen beschleunigt (Peñasco et al., 2021, S. 260). Auch bei den Endverbraucher_innen kann dadurch ein Schritt in Richtung der Akzeptanz und Nutzung klimafreundlicher Konsum- und Verhaltensweisen erreicht werden (kritisch bzw. einschränkend dazu aber Halonen, 2021; Lundberg et al., 2015, 2016). Zu denken ist etwa an klimafreundliche und zugleich gesundheitsfördernde Speiseangebote in Kantinen (illustriert für Schweden: Lindström et al., 2020) etwa der Alten- und Pflegeheime, Jugendheime, Kindertagesstätten. Auch die Behörden der Gesundheits- und Sozialverwaltung können über ihre Beschaffungspraktiken einen Beitrag für eine klimafreundliche Gesellschaft leisten. Dort, wo der Staat unmittelbar die Leistung erbringt, kann er als Produzent und Arbeitgeber unmittelbar für klimafreundliche Produktion unter anderem durch grüne Beschaffungspolitik sorgen. Sofern er sich bei der Bereitstellung gesundheitsbezogener und sozialer Dienstleistungen auf private Akteur_innen (meist Nonprofit-Organisationen) stützt, ist es erforderlich, Förder- oder Leistungsverträge mit den Anbieterorganisationen systematisch in diese Richtung zu nutzen, um entsprechende Maßnahmen zu skalieren.

Der Gesundheits- und Sozialsektor ist beschäftigungsstark und inkludiert einige sehr große Arbeitgeber. Speziell öffentlichen Arbeitgebern wird eine Vorbildfunktion zugeschrieben. Abgesehen vom Anspruch, die eigentlichen Dienstleistungen klimafreundlich bereitzustellen, können diese Arbeitgeber sowohl Arbeitsverträge als auch Beschäftigungsbedingungen klimafreundlich ausgestalten. Bohnenberger (2022) nennt eine Reihe von kleinen Ansatzpunkten, die von der Gestaltung der Speisepläne in den Betriebskantinen über attraktive Teilzeit- und Karenzierungsangebote bis hin zu kostenfreien Fahrradreparaturen während der Dienstzeit (so praktiziert in einem niederländischen Hospital) reichen. Angesichts des Arbeitskräftemangels in vielen Teilen des Gesundheits- und Sozialsektors, die dessen Versorgungsfunktion treffen, sind solche Maßnahmen sowohl klima- als auch sozialpolitisch sinnvoll.

Insgesamt zeigt sich, dass Potenzial besteht, die Produktion- und Bereitstellung von sozialen Dienstleistungen klimafreundlich zu gestalten. Erforderlich sind Investitionen in Gebäude, Betriebsmittel und Beschäftigte (digitale Kompetenz). Dies erhöht zunächst den mittelfristigen Finanzbedarf im sozialen Sektor, geht jedoch längerfristig mit einem selbstfinanzierenden Effekt einher. Der negative Zirkel von hohen Treibhausgasemissionen, erhöhten Gesundheitskosten und damit wiederrum erhöhten Emissionen wird durchbrochen bzw. in sich wechselseitig verstärkende Einsparungen verkehrt.

18.3.4 Notwendige strukturelle Änderungen auf der Finanzierungsseite

Notwendige Anpassungen der Finanzierungsseite des Sozialsystems sind in diesem Beitrag bereits an anderer Stelle angesprochen [Abschn. 18.2.4 und 18.3.1]. Dazu gehört, die Finanzierung über lohnbezogene Entgelte abzuschwächen, um so soziale Absicherung weniger stark an Erwerbsarbeit zu koppeln. Darüber hinaus wurde dargelegt, dass institutionelle Anleger im sozialen Sicherungssystem, insbesondere betriebliche Pensionskassen sowie private Finanzinstitute, die Altersvorsorgeprodukte anbieten, gefordert sind, Anlagen aus klimaschädigenden Bereichen nicht nur zurückzuziehen, sondern in klimafreundliche Sektoren umzuschichten („divest-invest").

Pensionsfonds sind das am häufigsten zitierte Beispiel der Forschung, die auf die Schnittstelle von Finanzmärkten, Wohlfahrtsstaaten und der Transformation in eine klimafreundliche Gesellschaft fokussiert. Eine Untersuchung der 1000 größten europäischen Pensionsfonds von Egli et al. (2022) ergab, dass beginnend mit 2014 bislang 13 Prozent (129) dieser institutionellen Investoren Anlagen aus Industrien mit hohem Einsatz fossiler Energieträger („braune" Industrien) zurückgezogen haben. Ein großer Teil der entsprechenden Ankündigungen fiel in das Jahr des Pariser Klimaabkommens (2015). Der Umfang und die Qualität der angekündigten Desinvestitionen waren sehr unterschiedlich: elf der untersuchten 1000 Pensionsfonds beschränkten sich darauf, künftige Investitionen in braune Industrien auszuschließen und knapp 60 Prozent der Ankündigungen betrafen ausschließlich den fossilen Energieträger Kohle. Ob Divestments in der Folge gezielt klimafreundlich investiert wurden, blieb in dieser Studie offen. Aus Österreich waren sechs Pensionsfonds in die Untersuchung einbezogen, von denen bis September 2020 (Ende des Untersuchungszeitraums) zwei Fonds angekündigt hatten, Investitionen in fossile Energieträger zu reduzieren. Diese Divestments betrafen ein Drittel des in Österreich von Pensionsfonds verwalteten Vermögens (Egli et al., 2022).

Die Bedenken, dass bei einer „Divest-invest-Strategie" keine ausreichende Verzinsung zu erreichen ist, um einen angemessenen Beitrag zur Alterssicherung zu erwirtschaften, werden durch eine weitere Studie etwas entkräftet. Martí-Ballester (2020) untersuchte 1546 Pensionsfonds weltweit danach, wie die Fokussierung auf bestimmte nachhaltige Investments die (risikobereinigten) Renditen beeinflusst. Danach waren Pensionsfonds, die zwischen 2007 und 2018 Sustainable Investment (SI) betrieben bzw. gemäß ESG-Kriterien (Environmental, Social, Governance) investierten, zumindest vereinzelt in der Lage, eine höhere Rendite zu erwirtschaften als konventionell veranlagende Pensionsfonds (Martí-Ballester, 2020). Dennoch, so etwa die Befunde von Rempel und Gupta (2020) und van der Zwan et al. (2019), sind Pensionsfonds bislang nicht vollständig bereit, fossile Investitionen zu beenden.

Aus diesem knappen Überblick erschließt sich, dass Vermögensanlagen, die der sozialen Sicherung dienen, verstärkt auf Basis von klimapolitischen Kriterien getätigt werden. Der Umschichtungsprozess hat allerdings erst begonnen und erfolgt teilweise in kleinen Schritten. Sollen die bereits veranlagten (und etwaige künftig zu veranlagende) Vermögen zu größeren Teilen für klimafreundliche Investitionen nutzbar gemacht werden, sind weitere Anstrengungen sowohl der institutionellen Anleger als auch der Politik [siehe Abschn. 18.4] gefragt. Investor_innen stehen vor der Aufgabe, neue Risiken und Restrukturierungsoptionen [siehe dazu unten, Abschn. 18.3.4] zu prüfen. Die Politik könnte die bestehende Regulierung der Pensions- und Vorsorgekassen (z. B. das Pensionskassengesetz) mit klimapolitischer Perspektive nachschärfen, da die Regulierung hier weniger streng gehandhabt ist als im Bankwesen (Semieniuk et al., 2021b). Die genannten Schritte von Investor_innen und Regulatoren betreffen in weiterer Folge unmittelbar die Routinen und den Auftrag der Finanzmarktaufsicht im Bereich der kapitalgedeckten sozialen Vorsorge. Nicht zuletzt bedarf es verbesserter Datengrundlagen, um ein besseres Bild von den Verlusten, die bislang für Österreich nicht bestimmten Anleger_innen zugeordnet werden können, zu erhalten.

18.4 Gestaltungsoptionen

Es gibt eine Fülle an Ansatzpunkten, um das österreichische soziale Sicherungssystem an die zahlreichen Herausforderungen des Klimawandels anzupassen und klimapolitische Anstrengungen zu unterstützen. Die institutionelle Resilienz des Gesamtsystems der sozialen Sicherung und dessen Beitrag zum klimafreundlichen Leben können insbesondere erhöht werden, indem

- präventive Politik, speziell bezogen auf Gesundheit, neue Anforderungen am Arbeitsmarkt sowie extreme Naturereignisse und Extremwetterlagen gestärkt wird,
- der CO_2-Fußabdruck des Gesundheits- und Sozialsektors lückenlos erfasst wird und mittels klimafreundlicher Bereitstellungsprozesse konsequent reduziert wird,
- die Schnittstellen zur Klimapolitik systematisch erfasst sowie – darauf aufbauend – Maßnahmen aus beiden Politikfeldern besser zu ökosozialen Programmen gebündelt werden,
- die unterschiedlichen Akteur_innen (staatliche und nichtstaatliche) über föderale Ebenen, regionale Aktionsräume und Politikfelder hinweg und evidenzbasiert zusammenarbeiten.

Stärkung der Präventionspolitik

Die Stoßrichtung „Prävention" wurde bereits im Abschnitt [Abschn. 18.3.2] mit Blick auf die Versorgungsstruktur Gesundheitswesen angerissen. Die dort zitierten Befunde von Renner (2020) sprechen für eine Stärkung der Primärversorgung im niedergelassenen Bereich, um (emissionsintensivere) Behandlungen in Krankenhäusern zu vermeiden. Weitere präventiv wirksame Schritte bestehen z. B. in der Vermittlung klimabezogener Gesundheitskompetenz (Eigenschutz bei Extremwetterlagen) (Haas, 2021) oder in Form von Hitzeplänen (Gemeinden, Betriebe, Pflegeeinrichtungen) (siehe z. B. Blättner et al., 2021; Courtney-Wolfman, 2015). Bohnenberger (2022) regt an, dass die Gesundheitsversicherung finanzielle Anreize für Beschäftigte setzt, zu Fuß oder per Rad zur Arbeit zu kommen, was gleichzeitig gesundheitsfördernd und klimafreundlich ist.

Mit Bezug auf die klimabezogenen Herausforderungen am Arbeitsmarkt kommt arbeitsmarktpolitischen Qualifizierungsmaßnahmen steigende präventive Bedeutung zu. Bei Berufsberatung, Qualifizierung sowie Vermittlung in den Arbeitsmarkt kann systematisch(er) darauf Bezug genommen werden, welche Berufsfelder klimafreundlich und damit zukunftsfähiger sind und welche klimaschädigend sind und dadurch unter Druck geraten. Auf Sicht könnten Qualifizierungsangebote auf Berufe und Sektoren beschränkt werden, die „grün" sind. Angebote für Re-Qualifizierungen zur Arbeit in klimafreundlichen Berufen und Sektoren könnten auch für jene Arbeitnehmer_innen geöffnet werden, die noch beschäftigt sind; dies gegebenenfalls mit der Auflage, die bisherige Stelle in einem klimaschädlichen Feld nach Ende der Qualifizierung zu kündigen (Bohnenberger, 2022).

Weiters wäre das sozialpolitische Leistungsspektrum um eine effektivere Vorsorge gegen extreme Naturereignisse zu ergänzen. Um den erhöhten Risiken im Bereich der Naturgefahren (z. B. Überflutungen, Erdrutsche), die auch mit sozialer Vulnerabilität verbunden sind [siehe Abschn. 18.2.1], besser begegnen zu können, wäre (1) das Risikobewusstsein der Bevölkerung zu erhöhen, (2) eine Versicherungspflicht oder eine Pflichtversicherung gegen Naturschäden in Betracht zu ziehen und – da nicht alle Naturgefahren grundsätzlich versicherbar sind (unbekannte Höhe des zu versichernden Schadens) – (3) der Katastrophenfonds nachzubessern. Letzterer wird derzeit als nicht hinreichend wirksam (verbleibende schadensbedingte Armutsrisiken), effizient (Kürzung von Entschädigung bei Selbstversicherung) oder fair betrachtet (Papathoma-Köhle & Fuchs, 2020; Thaler & Fuchs, 2020).

Grüne Beschaffungspolitik im österreichischen Gesundheits- und Sozialsektor

Wie in den Abschnitten [Abschn. 18.2.1] und [Abschn. 18.3.3] dargelegt, besteht Potenzial, die Produktion und Bereitstellung von sozialen Dienstleistungen klimafreundlich zu gestalten. Diesen Bemühungen wäre eine konsequente Politik der Prävention [Abschn. 18.3.2] vorauszustellen, um unnötige Produktion zu vermeiden. Weitere Anstrengungen betreffen klimafreundliche Produktions- und Bereitstellungsprozesse und klimafreundliche Beschaffung. Letztere ist ein Baustein, um die eigene Produktion ökologisch zu modernisieren und strahlt gleichzeitig positiv auf klimafreundliche Anbieter_innen in anderen Sektoren ab. Dies ist angesichts des hohen Beschaffungsvolumens im

18.4 Gestaltungsoptionen

Gesundheits- und Sozialwesen selbst bei Verbrauchsgütern der Fall, die außerhalb der eigentlichen Kernprozesse eingesetzt werden.

Im Hinblick auf grüne Beschaffungspolitik wurde Österreich im europäischen Vergleich bereits vor zehn Jahren ein gutes Zeugnis ausgestellt (Renda et al., 2012, S. v). Allerdings bestand bislang ein Spannungsverhältnis zwischen wettbewerbsorientierter, diskriminierungsfreier Beschaffungspolitik und der Möglichkeit für die EU-Mitgliedstaaten, höhere Umweltstandards als die im EU-Recht festgelegten einzufordern. Dies ist im Kontext der ökologischen Krise unbefriedigend und es gibt mittlerweile eine juristische Debatte, Veröffentlichungen von Urteilen und Klarstellungen, um Spielräume für eine grüne Beschaffungspolitik zu schaffen (Mélon, 2020; Pouikli, 2021). Dies ist für Österreich relevant, da es höhere umweltbezogene Standards als andere Mitgliedsstaaten setzen möchte. Eine weitere relevante Debatte dreht sich um die Frage, ob freiwillige oder verbindliche Standards eingeführt werden sollen. Letztere werden zunehmend als effektiver angesehen und es gibt Bewegung in diese Richtung. Der jüngste „Green Deal" der EU enthält Vorschläge zur Änderung der Vorschriften für das umweltfreundliche öffentliche Beschaffungswesen von einer freiwilligen zu einer verbindlichen Regelung (Halonen, 2021).

Der Gesundheits- und Sozialsektor erbringt einen erheblichen Teil seiner Dienstleistungen in Kindergärten, Schulen, Tageszentren und sonstigen ambulanten Einrichtungen sowie in stationären Einrichtungen. Für diese Einrichtungen (aber auch Kantinen der Gesundheits- und Sozialverwaltung) sind unter anderem regelmäßig Nahrungsmittel zu beschaffen. Dies bietet einen großen gesundheits- und klimapolitischen Hebel (Lindström et al., 2020; Smith et al., 2016; siehe auch [Kap. 5] in diesem Bericht). So können klimaneutrale Speisepläne in den Kantinen der sozialen Infrastruktureinrichtungen die Nachfrage nach ökologisch angebauten Agrarprodukten unmittelbar und mittelbar (durch Verhaltensänderungen bei den versorgten Personen) erhöhen, wie etwa Befunde aus Schweden dokumentieren (Lindström et al., 2020). Es liegen zur öffentlichen Beschaffungspolitik für Nahrungsmittel Fallstudien aus einer Reihe von Ländern vor. Die Studien von Smith et al. (2016) und Testa et al. (2012) analysieren die Interessen der verschiedenen Stakeholder, die Entwicklung politischer Narrative, Multi-Level-Governance und Kompetenzfragen sowie den Grad der Sensibilisierung in öffentlichen Einrichtungen. Auch die dokumentierte Best-Practice-Lösung aus Slowenien (Best-ReMaP) bietet eine gute Orientierung und Impulse für grüne Beschaffung im österreichischen Gesundheits- und Sozialwesen.

„Grüne Veranlagung" durch institutionelle Investoren im sozialen Sicherungssystem

Im österreichischen sozialen Sicherungssystem spielt die kapitalgedeckte Vorsorge nur eine untergeordnete Rolle (siehe oben [Abschn. 18.2.3]). Dennoch ist inzwischen mit knapp 44 Milliarden Euro eine substanzielle Summe durch betriebliche Pensionsfonds und betriebliche Mitarbeitervorsorgekassen veranlagt. Für Europa insgesamt besteht erheblicher Bedarf an zusätzlichen Investitionen, um die ambitionierten Zielwerte für Emissionsminderungen zu erreichen (Brühl, 2021; van der Zwan et al., 2019). Ein guter Teil der erforderlichen Investitionen (geschätzte 2,5 Trillionen Euro bis 2030 im 1,5-Grad-Szenario) muss aus dem privaten Sektor lukriert werden. Bislang ist es bei weitem nicht gelungen, ausreichende Mittel für grüne Investitionen, die der Anpassung an den Klimawandel dienen, zu mobilisieren (Brühl, 2021; van der Zwan et al., 2019). Die institutionellen Anleger im österreichischen sozialen Sicherungssystem könnten durch Umschichtung von emissionsintensiven zu klimafreundlichen Anlagen („divest-invest") einen Beitrag leisten, diese Lücke zu verringern (siehe oben, [Abschn. 18.3.4]).

Eine Studie zu den Desinvestment Entscheidungen der größten 1000 europäischen Pensionsfonds (Egli et al., 2022) zeigt, dass große öffentliche Pensionsfonds eher zu solchen Entscheidungen bereit sind als private Fonds. Auch waren offene private Pensionsfonds diesbezüglich beweglicher als geschlossene betrieblichen Pensionsfonds. Letztere sind die in Österreich relevanten Pensionsfonds. Strengere klimapolitische Anforderungen wirken auf die Entscheidungen zu desinvestieren wie auch auf klimafreundliche Wiederveranlagung ein (Egli et al., 2022; Kaminker, 2018; Kletzan-Slamanig & Köppl, 2021; van der Zwan et al., 2019). Ähnlich wie im Fall der grünen Beschaffungspolitik sind auf EU-Ebene Schritte gesetzt worden (EU Sustainable Finance Strategy), den regulatorischen Rahmen für grüne Veranlagen zu verbessern und zu innovieren (Brühl, 2021; Kletzan-Slamanig & Köppl, 2021; Trippel, 2020). Dazu gehört, Investitionsentscheidungen durch eine grundlegende Taxonomie nachhaltiger Investitionen zu regeln („EU-Taxonomy"), nichtfinanzielle Berichtspflichten von Unternehmen zu erhöhen und die Finanzaufsicht zu stärken. Die Kontroverse um die Einordnung von Investitionen in Atomenergie und Erdgas in die EU-Taxonomie war ein beherrschendes mediales Thema zu Jahresbeginn 2022. Präzisierungen oder alternative Taxonomien sind zu erwarten. Die jüngsten EU-Initiativen sind im internationalen Vergleich zwar weitgehend, umfassen jenseits der Berichtslegung allerdings kaum verbindliche Elemente (Brühl, 2022) für die institutionellen Anleger.

Die vorgenannten Gestaltungsmöglichkeiten im Bereich „green finance" liegen nicht bzw. nur bedingt im Bereich der Akteur_innen des sozialen Sicherungssystems. Allerdings kann bei der Rekrutierung der verantwortlichen Vorständ_innen und in der Vertragsgestaltung mit diesen Personen darauf hingewirkt werden, dass das Management der Pensionsfonds grüne Veranlagung aktiv angeht. Brühl (2021, S. 11) regt an, die variablen Teile der Vorstandsvergütung stärker bzw. effektiver als bisher an grüne Veranlagungserfolge zu binden. Die regulatorischen Pflichten bilden Minimalziele ab, die auch überschritten werden können. Darüber hinaus können die Beschäftigten bzw. Haushalte, die betriebliche oder private Pensionsvorsorge betreiben, stärker für dieses Thema sensibilisiert werden. Sozialpolitisch wird das Thema „gestrandeter" Vorsorgevermögen weiters ein Thema, wenn für kleinere Einkommen finanzielle Verluste kompensiert werden sollen. Die dafür erforderlichen Summen wären nach Schätzung von Semieniuk et al. (2023) tragbar, da untere Einkommensgruppen nur kleine Teile der denkbaren Vermögensverluste tragen.

Integrierte sozial-ökologische Politik
Entgegen den Erkenntnissen zu Wechselwirkungen zwischen den beiden Politikfeldern [siehe Abschn. 18.2.1 und 18.3] sind klimapolitische und sozialpolitische Maßnahmen in Planung und Umsetzung bis dato eher punktuell als strategisch und institutionell integriert. Blinde Flecken in der Betrachtung klimarelevanter Aspekte sozialer Sicherung und die geringe Koordination zwischen Sozial- und Klimapolitik können die Effektivität des Handelns in beiden Politikfeldern vermindern. Nachfolgend wird für zwei konkrete Maßnahmenbereiche näher ausgeführt, welche Möglichkeiten bestehen, durch die Kombination von Instrumenten sozial- und klimapolitische Ziele komplementär zu verfolgen. Das erste Beispiel, die CO_2-Bepreisung, korrespondiert mit dem oben [Abschn. 18.2.1] angesprochenen Problem (potenziell) negativer Nebenwirkungen von Klima- auf Sozialpolitik. Das zweite Beispiel, Abschwächung des Erwerbsbezugs sozialer Sicherung, vermittelt, wie auf der Ebene des Gesamtsystems der sozialen Sicherung explizit klimapolitische Ziele berücksichtigt werden können.

Die CO_2-Bepreisung gilt als klimapolitisch wirksames Instrument, das, wie in Abschnitt [Abschn. 18.2] dargelegt, Nebenwirkungen auf sozialpolitische Ziele haben kann (siehe dazu u. a. BMSGPK, 2021; Lechinger & Six, 2021; Peñasco et al., 2021). Im Sinn sozial-ökologischer Politik, bei der sich die klimapolitische Maßnahme aufgrund verbesserter Akzeptanz mittel- und langfristig selbst verstärkt, bestehen Möglichkeiten, negative Nebenwirkungen abzufangen. Insbesondere können (zunächst) Einnahmen aus der CO_2-Bepreisung so eingesetzt werden, dass unerwünschte Verteilungswirkungen ausgeglichen werden. Die Einnahmen aus CO_2-Steuern nehmen allerdings über die Zeit mit der gewünschten Lenkungswirkung ab. Vulnerable Gruppen, die ihr Verhalten nicht bzw. nicht so rasch anpassen können, wären dann gegebenenfalls aus anderen Mitteln zu kompensieren. Da Klimapolitik klimainduzierte Kosten im sozialen Sicherungssystem verringert (durch Vermeidung gesundheitlicher Schäden, siehe [Abschn. 18.2.1]), entstehen dafür grundsätzlich budgetäre Spielräume.

Es bestehen verschiedene Gestaltungsmöglichkeiten, um die ökologischen Lenkungseffekte der CO_2-Bepreisung ohne (oder mit verminderten) verteilungspolitischen Trade-offs zu erreichen. Den Verteilungswirkungen von CO_2-Steuern kann etwa durch pauschale Rückvergütungen (wie dem „Ökobonus" für Privathaushalte), verringerte Steuern oder verringerte Sozialabgaben auf Erwerbseinkünfte entgegnet werden. Ein nach Einkommen differenzierter Transfer kann sozioökonomisch schwächeren Bevölkerungsteilen, die weniger oder keine Steuern zahlen, wirksam abfangen. Öffentliche Investitionen in soziale Infrastruktur bilden eine weitere Möglichkeit der Kompensation. Wird etwa im Sozialen Wohnungsbau in energieeffizientere Wohngebäude investiert, ist das klimapolitisch wirksam und kann Energiearmut vermeiden bzw. reduzieren (Seebauer et al., 2019).

Mayer et al. (2021) bewerten solche alternativen Möglichkeiten zur Verwendung der durch eine CO_2-Bepreisung generierten Einnahmen. Die größte Wirkung auf die Reduktion der Emissionen ist nach ihrer Simulation dann gegeben, wenn die höhere Bepreisung von CO_2 nicht gezielt kompensiert wird. Aus den zusätzlichen Steuereinnahmen könnten zusätzliche öffentliche Güter (klimafreundliche Infrastrukturen) für private Haushalte finanziert werden, die ebenfalls entlastend auf private Budgets wirken. Unter der Annahme, dass solche öffentlichen Infrastrukturangebote allen Haushalten in gleicher Weise zugute kommen, ist das von Mayer et al. (2021) simulierte Ergebnis für die Gruppe der einkommensschwächeren Haushalte vorteilhafter als ein voraussetzungsfrei gewährter Pro-Kopf-Klimabonus. Ein Verzicht auf gezielte Kompensation scheint nach diesem Befund verteilungspolitisch akzeptabel. Die Ergebnisse der auf Österreich bezogenen Simulationsstudie von Kirchner et al. (2019) unterstützen dagegen nach Einkommen differenzierte Transfers.

Die Simulationsstudie von Lechinger und Six (2021) geht von einer hypothetischen CO_2-Steuer in Höhe von 50 Euro pro Tonne CO_2 aus. Je nach Szenario (mit/ohne Kompensation; pauschale versus einkommensabhängige Kompensation) sowie abhängig von der betrachteten Haushaltskonfiguration weisen ihre Modellrechnungen armutsvermindernde oder armutserhöhende Wirkungen aus. Ohne Kompensation wirkt die CO_2-Bepreisung regressiv. Der Anteil armutsgefährdeter Haushalte steigt um 13 Prozent an. Im Szenario mit pauschaler Rückvergütung mit Kinderzuschlag wird ein sozial kontraproduktiver Effekt auf die Armutsgefährdung zwar weitgehend, aber nicht für alle Haushaltstypen vermieden. Bei einer einkommensabhängigen Rückvergütung (und Kinderzuschlag) treten sowohl die gewünschten Lenkungswirkungen der CO_2-Bepreisung auf den Energieverbrauch als auch eine Verbesserung der Armutsgefährdungsquote ein (BMSGPK, 2021; Lechinger & Six, 2021).

Eine weitere rezente (simulative) Studie zur sozialökologischen Ausgestaltung von CO_2-Steuern aus Österreich (Eisner et al., 2021) weist in eine ähnliche Richtung. Sie nimmt darauf Bedacht, dass Haushalte abhängig von einer

Reihe von Merkmalen (und je nachdem auf welche energieintensiven Güter die CO_2-Steuer zielt) sehr unterschiedlich durch CO_2-Bepreisung betroffen sein können. Unter den verglichenen Kompensationsmöglichkeiten sind demnach alle geeignet, verteilungspolitische Nebenwirkungen zu mildern. Die besten Ergebnisse erzielen Kompensationsmaßnahmen, die nach dem Einkommen und weiteren mit der Vulnerabilität verbundenen Haushaltsmerkmalen (z. B. Wohnsitzregion, Heizungssystem) differenzieren. Insgesamt ist die Befundlage für Österreich noch ausbaufähig. Zudem wäre zu prüfen, welcher Weg, die Einnahmen aus der CO_2-Bepreisung zu recyceln der Bevölkerung zu vermitteln ist. Zum letzteren Punkt besteht Forschungsbedarf.

Auf der Ebene des Gesamtsystems sozialer Sicherung ist in Österreich die Abschwächung des ausgeprägten Erwerbsbezugs beim Zugang zu sozialen Sicherungsleistungen sozial- und klimapolitisch von Interesse. Vorschläge aus der De-growth-Literatur, die auf nachhaltige Arbeit bezogen sind (etwa Arbeitszeitverkürzung und Ausbau von Teilzeitarbeit (Bohnenberger, 2022) oder eine Aufwertung unbezahlter Arbeit) würden im gegebenen erwerbszentrierten sozialen Sicherungssystem mit Sicherungslücken für die daran partizipierenden Gruppen einhergehen. Damit stellt sich die Frage nach Möglichkeiten, Grundbedürfnisse (teilweise) unabhängig von Erwerbsarbeit zu decken [siehe oben Abschn. 18.3.1]. Dieser Aspekt wird als „Dekommodifizierung" bezeichnet. Als diesbezügliche Gestaltungsoptionen stehen zum einen die Transformation begleitende, temporäre Lösungen wie z. B. ein Übergangsgeld oder Kurzarbeitsmodelle (z. B. ähnlich jenen, die zur Bewältigung der COVID-19-Pandemie entwickelt wurden) und unterschiedlichste Konzepte eines steuerfinanzierten Grundeinkommens im Raum (siehe etwa Howard et al., 2019; MacNeill & Vibert, 2019). Zum anderen könnte die Bindung der sozialen Absicherung an Erwerbsarbeit durch den universellen Zugang zu wesentlichen Leistungen der Daseinsvorsorge („universal services") oder Einführung eines Maximaleinkommens abgeschwächt werden (siehe Bohnenberger, 2020 und die dort zitierte Literatur; Howard et al., 2019).

Die Idee eines (bedingungslosen) Grundeinkommens reicht bis in die 1970er Jahre zurück (vgl. Howard et al., 2019), wird intensiv beforscht (MacNeill & Vibert, 2019, S. 2 f.) und kontrovers diskutiert (Van Parijs & Vanderborght, 2017). Ursprünglich war die Entwicklung der Grundeinkommensmodelle verteilungspolitisch motiviert und nahm keinen Bezug auf die Bekämpfung des Klimawandels. Es ist daher nicht automatisch gewährleistet, dass bisher vorliegende Konzepte eines Grundeinkommens automatisch klimapolitische Ziele unterstützen (Howard et al., 2019, S. 116). Als Element eines klimafreundlichen Sozialsystems kämen nur die Varianten eines Grundeinkommens in Frage, die dekarbonisierend wirken. Dann wird von einem Postwachstums-Grundeinkommen („degrowth basic income"), einem ökologischen Grundeinkommen („green oriented basic income") (Howard et al., 2019, S. 119–120) oder einem grünen Grundeinkommen („green basic income") (MacNeill & Vibert, 2019, S. 1) gesprochen.

Das Problem liegt darin, dass der Forschungsstand theoretisch wie empirisch noch unzureichend ist, um eine konkrete Gestaltungsempfehlung für ein ökologisches Grundeinkommen zu präsentieren. Nach den Ergebnissen einer systematischen Literaturrecherche von Mac Neill & Vibert (2019, S. 3) nahmen bis 2018 weniger als 1 Prozent der zu unterschiedlichen Konzepten des Grundeinkommens in englischer Sprache publizierten Fachaufsätze Bezug auf die natürliche Umwelt. Die insgesamt acht identifizierten Studien, die die ökologische Komponente explizit adressierten, wurden in ein und derselben Sonderausgabe der Zeitschrift „Basic Income" im Jahr 2010 publiziert. Darüber hinaus liegen einige Monographien und Buchbeiträge mit diesem Fokus vor, z. B. bereits Anfang der 1990er Jahre Offe (1992). Aus der vorliegenden Literatur können einige grundlegende Argumente zur klimapolitischen Sinnhaftigkeit und zur Ausgestaltung von Grundeinkommensmodellen mitgenommen werden.

Aus klimapolitischer Sicht sprechen folgende Aspekte für ein Grundeinkommen (siehe Howard et al., 2019; MacNeill & Vibert, 2019; Malmaeus et al., 2020, S. 3 f.): Ein bedingungsloses Grundeinkommen könnte den Wachstums- und Konsumdruck verringern. Individuen, so ein Argument, könnten sich ökonomisch abgesichert verstärkt Aktivitäten widmen, die einen geringeren ökologischen Fußabdruck hinterlassen, darunter unbezahlte Arbeit sowie bestimmte Freizeitaktivitäten (Howard et al., 2019, S. 112). Mit einem angemessenen Mindesteinkommen wären insbesondere die Sorgearbeit oder lokale Selbstversorgung besser abgesichert, die klimafreundlicher ist als Erwerbsarbeit. Emissionen könnten konkret dann sinken, wenn die arbeitsbezogene Mobilität abnimmt [siehe Kap. 6 in diesem Bericht] und wenn sich mit veränderten Strukturen der Zeitverwendung klimafreundlichere Ernährungs-, Konsum- und Freizeitgewohnheiten [siehe Kap. 5 und 9 in diesem Bericht] etablieren (siehe MacNeill & Vibert, 2019, S. 3, 6 und die dort zitierte Literatur). Zweitens könnte der Übergang zu einer klimafreundlichen Produktion flankiert (und damit politisch durchsetzbarer) werden, da ein Grundeinkommen auch strukturelle Arbeitslosigkeit materiell absichern würde. Drittens ist denkbar, dass sich Statuskonsum verringert.

Gegen ein Grundeinkommen als Mittel zur klimapolitisch angestrebten, stärkeren Entkopplung von (Vollzeit-)Erwerbsarbeit und Sozialschutz spricht, dass ein Grundeinkommen auch konsumsteigernde Wirkung haben könnte. Die Aktivitäten, die die Erwerbsaktivitäten (teilweise) ersetzen, sind nicht notwendigerweise emissionsärmer [siehe Kap. 9 in diesem Bericht]. Darüber hinaus kann das Grundeinkommen klimaschädigenden Konsum der einkommensschwächeren Teile der Bevölkerung erhöhen. Selbst die direkte Umverteilung zulasten der wohlhabendsten und zugunsten der ärmsten Gruppen, die die Pro-Kopf-Einkommen nicht verändern würde, brächte diesen Effekt mit sich, da einkommensschwächere Gruppen einen größeren Anteil ihres Einkommens auf Konsum verwenden (MacNeill & Vibert, 2019, S. 4–6).

Wie hoch ein ökologisches Grundeinkommen zu bemessen ist, lässt sich daher bislang theoretisch und empirisch nur andeuten (Howard et al., 2019; MacNeill & Vibert, 2019; Malmaeus et al., 2020). Das Niveau eines ökologischen Grundeinkommens müsste einerseits so hoch sein, dass Individuen bezahlte Erwerbsarbeit zugunsten von Aktivitäten mit geringerem CO_2-Fußabdruck aussetzen, deutlich reduzieren oder aufgeben können und wollen (Howard et al., 2019, S. 119). Nur das Subsistenzniveau abzusichern, würde dem verteilungspolitischen Ziel des Grundeinkommens nicht ganz gerecht werden (MacNeill & Vibert, 2019). Andererseits dürfte ein Grundeinkommen nicht zu hoch bemessen sein, um den konsumerhöhenden Effekt zu vermeiden (MacNeill & Vibert, 2019). Ein großzügiges universelles Grundeinkommen, das andere Programme der Einkommenssicherung weitgehend ablöst, könnte nicht kurzfristig und in einem Schritt eingeführt werden, da Ansprüche an bestehende Systeme erworben wurden. Im Übergang könnte daher der Finanzierungsaufwand für die soziale Sicherung steigen (Howard et al., 2019, S. 126; Malmaeus et al., 2020). Andere Vorschläge gehen umgekehrt dahin, ein universelles Grundeinkommen über die Zeit (mit den Fortschritten im Umstieg auf eine klimafreundliche Produktion bzw. klimafreundliche Lebensstile) abzusenken (MacNeill & Vibert, 2019, S. 2). Damit würde man von einem universellen, für alle garantierten Grundeinkommen zu einem garantierten Mindesteinkommen für ausgewählte Bevölkerungsteile oder für bestimmte Lebensphasen übergehen. Es gäbe eine Form von Grundeinkommen während der Phase der Transition in eine klimafreundliche Gesellschaft und eine andere Form von Grundeinkommen, nachdem die Transformation abgeschlossen ist.

Um klima- und sozialpolitische Ziele eines Grundeinkommens effektiv verbinden zu können, wird zudem empfohlen, ein ökologisches Grundeinkommen mit anderen Maßnahmen zu kombinieren (Howard et al., 2019; MacNeill & Vibert, 2019). Eine Möglichkeit könnte sein, alternative Zeitverwendungen (Bildung, Sorgearbeit) attraktiver auszugestalten, indem ein Teil des Grundeinkommens nur bei Nachweis solcher Aktivitäten ausgezahlt wird (MacNeill & Vibert, 2019). Neue Modelle zur Verkürzung von Arbeitszeiten könnten implementiert werden, was in Österreich eine Aufgabe der Sozialpartnerschaft wäre (siehe Bohnenberger, 2022; Gerold, 2017; Howard et al., 2019, S. 126). Es wird außerdem vorgeschlagen, das universelle Grundeinkommen (teilweise) durch Gutscheine zu ersetzen („universal basic vouchers"), die nur für klimafreundliche Konsumaktivitäten nutzbar sind oder auf universellen Zugang zu Leistungen der Daseinsvorsorge zu setzen („universal basic services") (Bohnenberger, 2020). Klima- und verteilungspolitisch wird schließlich alternativ zu einem ökologischen Grundeinkommen ein maximales Einkommen als effektiver betrachtet, Statuskonsum zu reduzieren (Alexander, 2014; Howard et al., 2019, S. 123 f.).

Insgesamt ist festzuhalten, dass die Klimafreundlichkeit eines steuerfinanzierten Grundeinkommens von dessen spezifischer Ausgestaltung abhängig ist. Ein so genanntes ökologischen Grundeinkommen stellt den Anspruch das soziale Sicherungssystem sozial- *und* klimaverträglich zu dekommodifizieren. Die Bedingungen, unter denen speziell die großzügige Variante eines universellen und bedingungslosen Grundeinkommens dies leisten kann, sind bislang weder für Österreich noch für andere Länder bzw. Kontexte ausreichend konkretisiert. Auch hinsichtlich der Gestaltungsoptionen „Maximaleinkommen" und „universelle Sachleistungen" bestehen zumindest für Österreich Forschungslücken.

Unabhängig von der Einführung eines steuerfinanzierten, bedingungslosen Grundeinkommens, das die Struktur des sozialen Sicherungssystems grundlegend verändern würde, können die dahinterstehenden Ziele über kleinere Schritte im gegebenen Rahmen verfolgt werden. Dazu wäre in einzelnen Zweigen der sozialen Sicherung der Zugang zu Leistungen und die Höhe der Leistungen für Personen zu verbessern, die nicht bzw. nicht durchgängig vollzeiterwerbstätig sind und die Beitragsbelastung abzuschwächen. Ein Modell darüber hinaus existiert ein Spektrum von Möglichkeiten, die Arbeitswelt klimafreundlich zu gestalten. Dies setzt Innovationen in der staatlichen Sozialpolitik und in der Arbeitsmarktpolitik (einschließlich arbeitsrechtlicher Neuerungen) sowie Maßnahmen der betrieblichen Sozialpolitik und Aktivitäten der Sozialpartner voraus (Bohnenberger, 2022). Im Abschnitt [Abschn. 18.3.2], wurde bereits auf möglichen Anpassungsbedarf bei den Zumutbarkeitsregeln im Arbeitslosenversicherungsgesetz hingewiesen. Mit Bezug auf Politiken zur Verkürzung von Arbeitszeiten wäre eine der genannten Gestaltungsoptionen, die Arbeitgeber_innenbeiträge zur Sozialversicherung abhängig vom zeitlichen Beschäftigungsumfang der Arbeitnehmer_innen zu setzen; etwa mit den geringsten Beitragssätzen für einen Beschäftigungsumfang von 25 Stunden pro Woche (Bohnenberger, 2022). Die „Solidaritätsprämie" ist ein Konzept, bei dem Arbeitnehmer_innen mit Förderung des Arbeitsmarktservice ihre Arbeitszeit verkürzen können, vorausgesetzt, die Arbeitgeber_innen stellen im Gegenzug arbeitslose Personen ein (Figerl, Jürgen et al., 2021). Weitere Möglichkeiten der Arbeitszeitverkürzung, auch ohne staatliches Zutun, sind für Österreich in einigen Betriebsfallstudien aufbereitet worden (Astleithner & Stadler, 2021).

Institutionelle Verankerung ökosozialer Politik
Die Vielzahl der Akteuer_innen im sozialen Sicherungssystem ist groß. Soziale Sicherung und sozial-ökologische

Infrastrukturen werden im föderalen System vom Bund, von den Ländern und Gemeinden gestaltet (Multi-Level-Governance). Dabei sind Rahmensetzungen und Ressourcen der Europäischen Union, einem supranationalen Träger, wirksam. Dazu kommen selbstverwaltete Sozialversicherungsträger, Arbeitgeberverbände und Gewerkschaften, Träger der betrieblichen Vorsorge, soziale Dienstleister aus dem For-profit- und Nonprofit-Sektor sowie private Pensions-, Lebens- und Krankenversicherer (Multi-Actor-Governance). Speziell Armuts- und Verteilungsfragen und die klimabezogenen Herausforderungen sind Querschnittsaufgaben, die viele Akteur_innen und Ressorts tangieren. Daher sind Institutionen, die Promotoren ökosozialer Politik sein können, sowie Strukturen für eine stabile Kooperation wesentlich, um institutionelle Vulnerabilität gegenüber dem Klimawandel zu vermindern (Papathoma-Köhle et al., 2021).

Der Bericht zu den sozialen Folgen des Klimawandels in Österreich stellt diesbezüglich fest: „Es besteht hohe Bereitschaft an einer engeren Kooperation zwischen Klima- und Sozialpolitik. In der vertikalen Politikintegration zwischen Bundes-, Landes- und Gemeindeebene werden klare Zielvorgaben, Umsetzungspläne und Rahmenbedingungen gewünscht. In der horizontalen Politikintegration zwischen Fachabteilungen besteht bereits informeller Austausch, der durch Abstimmungstreffen oder koordinierende Stellen vertieft und institutionalisiert werden könnte." (BMSGPK, 2021, S. 5–6)

Im Juni 2023 wurde mit einer Novelle des Energieeffizienzgesetzes eine „Koordinierungsstelle zur Bekämpfung von Energiearmut" beim Klima- und Energiefonds gesetzlich verankert. Hier sollen Aktivitäten von Behörden, Gebietskörperschaften, die Energiewirtschaft und die Sozialwirtschaft abgestimmt und ein verbesserter Zugang zu Maßnahmen erreicht werden. Die Implementierung der Koordinationsstelle und ihre Effekte bleiben abzuwarten. Doch deutet sie institutionelle Innovation in die beschriebene Richtung an.

Für die intersektorale Kooperation zwischen Landesregierungen, dem Arbeitsmarktservice und Betrieben wurden in der Steiermark die (Implacement) Klimastiftung Steiermark eingerichtet (move-ment, 2020). In dieser institutionalisierten Kooperation werden arbeitslose Menschen für Arbeitsstellen qualifiziert, die in den beteiligten Betrieben aus dem Sektor Klima, Energie und Umwelt zu besetzen sind. Die Stiftungsmittel sichern ein Einkommen während der Qualifizierung. In einem vergleichbaren Konstrukt in Oberösterreich (Pflegestiftung) wurden vom Stellenabbau betroffene Beschäftigte des Luftfahrtzulieferers FACC aus ihrem technischen Beruf für eine Re-Qualifizierung zur Tätigkeit in der Pflege rekrutiert. Mit einem umfassenderen Auftrag, ökosoziale Programme zu entwickeln und zu evaluieren sowie fallspezifisch die dazu passenden Akteur_innen einzubinden, könnte eine eigene Institution dauerhaft eingerichtet werden.

Ein produktives Zusammenspiel der verschiedenen Ebenen und Akteur_innen setzt voraus, dass Sach- und Wertkonflikte ausverhandelt werden können. Sachkonflikte lösen sich auf der Grundlage harmonisierter und vollständiger Datengrundlagen, etwa zum CO_2-Fußabdruck von sozialen Einrichtungen und Programmen. Auf dieser Datenbasis können klimabezogene Kriterien in Wirkungs- und Effizienzanalysen gesundheits- und sozialpolitischer Programme integriert werden. Die Evaluierungen dienen erstens dazu, Operation und Umsetzung vereinbarter Programme einem Realitätscheck zu unterziehen (formative Prozessevaluierung). Zweitens geht es darum, ihre Wirksamkeit mit Blick auf die Erreichung sozial- und klimapolitischer Ziele zu prüfen (Outcome-Evaluierung).

Anders als bei herkömmlichen Wirkungsanalysen oder Kosten-Effektivitäts-Abschätzungen wäre in der Evaluierung ökosozialer Politik ein besonderes Augenmerk auf die Einbindung der Zielgruppen und die Verteilungswirkungen der Maßnahmen zu legen. Auf diese Weise wird die unterschiedliche Vulnerabilität verschiedener Bevölkerungsgruppen gegenüber dem Klimawandel (siehe dazu [Abschn. 18.2.1]) abgebildet. Die wissenschaftliche Evaluierung ökosozialer Politik unter Einbindung aller maßgeblichen Stakeholder ist eine wesentliche Voraussetzung dafür, soziale und klimapolitische Anliegen im österreichischen sozialen Sicherungssystem wirksam zu verbinden.

Im föderalen Kontext können unterschiedliche Lösungen in unterschiedlichen Bundesländern realisiert werden. Das schafft Experimentierfelder für ökosoziale Politik, erschwert aber auch deren flächendeckende und koordinierte Durchsetzung. Ein Lerngewinn für alle setzt voraus, dass die jeweils erzielten Ergebnisse konsequent vergleichend evaluiert werden. Damit dies möglich ist, müssen politisch verantwortliche Entscheidungsträger_innen evidenzbasierte Politik zulassen und aktiv unterstützen (Investitionen in Datengrundlagen; Datenzugang, Offenlegung und Diskussion von Evaluierungsergebnissen, Deliberation).

Um institutionalisierte ökosoziale Politik an Evidenz zu orientieren, ist ein guter Austausch zwischen den Akteur_innen in Politik und Exekutive auf der einen Seite und der Wissenschaft auf der anderen Seite erforderlich. Dazu, wie das Design sozialer Sicherungssysteme (Trägermix, Instrumente, Finanzierungsgrundlagen) mit Blick auf klimafreundliches Leben optimiert werden kann, besteht insgesamt noch erheblicher empirischer Forschungsbedarf für Österreich. Bezüglich der Forschung zu ökosozialer Politik ist festzustellen, dass Beiträge aus unterschiedlichen, oft getrennten Forschungssträngen stammen (Ökologische Ökonomie, Sozialpolitikforschung, Gesundheitswissenschaft, Technikwissenschaft). Zwischen den Forschungssträngen könnten über entsprechend ausgestaltete Programme der Forschungsförderung Verbindungen hergestellt werden.

18.5 Quellenverzeichnis

Aigner, E., & Lichtenberger, H. (2021). Pflege: Sorglos? Klimasoziale Antworten auf die Pflegekrise. In A. Armutskonferenz BEIGEWUM (Hrsg.), *Klimasoziale Politik. Eine gerechte und emissionsfreie Gesellschaft gestalten* (1. Auflage, S. 175–183). bahoe books.

Alexander, S. (2014). Basic and maximum income. In G. D'Alisa, F. Demaria, & G. Kallis (Hrsg.), *Degrowth. A Vocabulary for a New Era* (1st edition, S. 146–149). Routledge. https://doi.org/10.4324/9780203796146

Alshqaqeeq, F., Esmaeili, M. A., Overcash, M., & Twomeya, J. (2019). Quantifying hospital services by carbon footprint: A systematic literature review of patient care alternatives. *Resources, Conservation and Recycling*, *152*(104560), Article 104560. https://doi.org/10.1016/j.resconrec.2019.104560

Althammer, J., Lampert, H., & Sommer, M. (2021). *Althammer, Jörg, Heinz Lampert, und Maximilian Sommer. 2021. Lehrbuch der Sozialpolitik. 10 .Auflage. Berlin, Heidelberg: Springer* (10 .Auflage). Springer.

AMS. (2023). Arbeitsmarktservice Österreich (6. Juli 2023). *Wichtige Informationen zu AMS Leistungen. Was gilt als zumutbare Arbeit?* https://www.ams.at/arbeitsuchende/arbeitslos-was-tun/wichtige-informationen-zu-ams-leistungen#wasgiltalszumutbarearbeit

Arbeiterkammer. (2022). *Arbeiten bei Hitze* [AK Portal – Portal der Arbeiterkammern]. https://www.arbeiterkammer.at/hitze

Arbeitslosenversicherungsgesetz. (1977). Arbeitslosenversicherungsgesetz 1977 (AlVG), BGBl. Nr. 609/1977, Fassung vom 06.07.2023. https://www.ris.bka.gv.at/GeltendeFassung.wxe?Abfrage=Bundesnormen&Gesetzesnummer=10008407

Arnberger, A., Allex, B., Eder, R., Wanka, A., Kolland, F., Wiesböck, L., Mayrhuber, E. A.-S., Kutalek, R., Wallner, P., & Hutter, H.-P. (2021). Changes in recreation use in response to urban heat differ between migrant and non-migrant green space users in Vienna, Austria. *Urban Forestry & Urban Greening*, *63*, 127–193. https://doi.org/10.1016/j.ufug.2021.127193

Astleithner, F., & Stadler, B. (2021). Arbeitszeitverkürzung in Betrieben – Modelle und Praxis: Betriebe als Treiber kürzerer Arbeitszeiten? *Wirtschaft und Gesellschaft*, *47*(4), 469–510.

Austrian Panel on Climate Change (APCC). (2018). *Österreichischer Special Report Gesundheit, Demographie und Klimawandel (ASR18)*. Verlag der Österreichische Akademie der Wissenschaften.

AWO Bundesverband e. V. (Hrsg.). (2022). *Kliamfreundlich Pflegen*. website. https://klimafreundlich-pflegen.de/

Bach, S., Bär, H., Bohnenberger, K., Dullien, S., Kemfert, C., Rehm, M., Rietzler, K., Runkel, M., Schmalz, S., Tober, S., & Truger, A. (2020). *Sozial-ökologisch ausgerichtete Konjunkturpolitik in und nach der Corona-Krise: Forschungsvorhaben im Auftrag des Bundesministeriums für Umwelt, Naturschutz und nukleare Sicherheit* (DIW Berlin: Politikberatung kompakt Nr. 152). Deutsches Institut für Wirtschaftsforschung (DIW). http://hdl.handle.net/10419/222848

Bailey, D. (2015). The Environmental Paradox of the Welfare State: The Dynamics of Sustainability. *New Political Economy*, *20*(6), 793–811. https://doi.org/10.1080/13563467.2015.1079169

Barker, S. (2018). An introduction to directors' duties in relation to stranded asset. In B. Caldecott (Hrsg.), *Stranded Assets and the Environment Risk, Resilience and Opportunity* (S. 199–249). Routledge.

Batten, S., Sowerbutts, R., & Tanaka, M. (2018). Climate change. What implications for central banks and financial regulators? In B. Caldecott (Hrsg.), *Stranded assets and the environment* (1st edition, S. 250–281). Routledge.

Battiston, S., Mandel, A., Monasterolo, I., Schütze, F., & Visentin, G. (2017). A climate stress-test of the financial system. *Nature Climate Change*, *7*(4), 283–288. https://doi.org/10.1038/nclimate3255

Beine, M., & Jeusette, L. (2021). A meta-analysis of the literature on climate change and migration. *Journal of Demographic Economics*, *87*(3), 293–344. Cambridge Core. https://doi.org/10.1017/dem.2019.22

Berger, T., & Höltl, A. (2019). Thermal insulation of rental residential housing: Do energy poor households benefit? A case study in Krems, Austria. *Energy Policy*, *127*, 341–349. https://doi.org/10.1016/j.enpol.2018.12.018

Blättner, B., Georgy, S., & Grewe, H. A. (2013). Sicherstellung ambulanter Pflege in ländlichen Regionen bei Extremwetterereignissen. In A. Roßnagel (Hrsg.), *Regionale Klimaanpassung Herausforderungen – Lösungen – Hemmnisse – Umsetzungen am Beispiel Nordhessens* (Bd. 5, S. 267–296). http://nbn-resolving.de/urn:nbn:de:0002-36615

Blättner, B., Grewe, H. A., & Janson, D. (2021). Blättner B, Grewe HA, Janson D (2021): Hitzeaktionspläne für Kliniken und Pflegeheime. Pflege Zeitschrift (4): 14–17. *Pflege Zeitschrift*, *74*(4), 14–17.

Blättner, B., Janson, D., Roth, A., Grewe, H. A., & Mücke, H.-G. (2020). Gesundheitsschutz bei Hitzeextremen in Deutschland: Was wird in Ländern und Kommunen bisher unternommen? *Bundesgesundheitsblatt – Gesundheitsforschung – Gesundheitsschutz*, *63*(8), 1013–1019. https://doi.org/10.1007/s00103-020-03189-6

BMASGK, B. für A., Soziales, Gesundheit und Konsumentenschutz. (2019). *Öffentliche Ausgaben für Gesundheitsförderung und Prävention in Österreich 2016*. Bundesministerium für Arbeit, Soziales, Gesundheit und Konsumentenschutz , Wien.

BMSGPK. (2021). *Soziale Folgen des Klimawandels in Österreich*. Bundesministerium für Soziales, Gesundheit, Pflege und Konsumentenschutz. https://www.sozialministerium.at/dam/jcr:514d6040-e834-4161-a867-4944c68c05c4/SozialeFolgen-Endbericht.pdf

Böckmann, M., & Hornberg, C. (2020). Klimawandel und Gesundheit: Neue Herausforderungen für Public Health. *Public Health Forum*, *28*(1), 81–83. https://doi.org/10.1515/pubhef-2019-0131

Bohnenberger. (2020). Money, Vouchers, Public Infrastructures? A Framework for Sustainable Welfare Benefits. *Sustainability*, *12*(2), Article 2. https://doi.org/10.3390/su12020596

Bohnenberger, K. (2022). Greening work: Labor market policies for the environment. *Empirica*. https://doi.org/10.1007/s10663-021-09530-9

Brugger, K., Schmidt, A. E., Delcour, J. (2022). *Krankenhausaufenthalte im direkten Zusammenhang mit Hitze und Sonnenlicht in Österreich (2002–2020)*. Factsheet. Gesundheit Österreich, Wien.

Brugger, K., Horváth, I. (2023). *Klimakompetenz von Angehörigen der Gesundheitsberufe*. Ergebnisbericht. Gesundheit Österreich, Wien. https://jasmin.goeg.at/2775/

Brühl, V. (2021). Green Finance in Europe – Strategy, Regulation and Instruments. *SSRN Electronic Journal*. https://doi.org/10.2139/ssrn.3934042

Brühl, V. (2022). Green Financial Products in the EU – a critical review of the status quo. *SSRN Electronic Journal*. https://doi.org/10.2139/ssrn.4065919

Caldecott, B. (2017). Introduction to special issue: Stranded assets and the environment. *Journal of Sustainable Finance & Investment*, *7*(1), 1–13. https://doi.org/10.1080/20430795.2016.1266748

Caldecott, B. (Hrsg.). (2018). *Stranded Assets and the Environment: Risk, Resilience and Opportunity*. Routledge. https://doi.org/10.4324/9781315651606

Carattini, S., Carvalho, M., & Fankhauser, S. (2018). Overcoming public resistance to carbon taxes. *Wiley Interdisciplinary Reviews: Climate Change*, *9*(5), E531., *9*(5), e531. https://doi.org/10.1002/wcc.531

Care about Care (Hrsg.). (2022). *New Ways in care communication. Remote CARE assist & care APP*. https://www.careaboutcare.eu/

Corlet Walker, C., Druckman, A., & Jackson, T. (2021). Welfare systems without economic growth: A review of challenges and next steps in the field. *Ecological Economics*, *186*(107066), Article 107066. https://doi.org/10.1016/j.ecolecon.2021.107066

Courtney-Wolfman, L. B. (2015). *Heat wave vulnerability and Vienna's aging population* [Master thesis]. WU – Vienna University of Economics and Business.

Della Croce, R., Kaminker, C., & Stewart, F. (2011). *The Role of Pension Funds in Financing Green Growth Initiatives* (OECD Working Papers on Finance, Insurance and Private Pensions Nr. 10; OECD Working Papers on Finance, Insurance and Private Pensions, Bd. 10). https://doi.org/10.1787/5kg58j1lwdjd-en

Diekmann, A., & Bruderer Enzler, H. (2019). Eine CO_2-Abgabe mit Rückerstattung hilft dem Klimaschutz und ist sozial gerecht. *GAIA – Ecological Perspectives for Science and Society*, *28*(3), 271–274. https://doi.org/10.14512/gaia.28.3.7

Egli, F., Schärer, D., & Steffen, B. (2022). Determinants of fossil fuel divestment in European pension funds. *Ecological Economics*, *191*, 107237. https://doi.org/10.1016/j.ecolecon.2021.107237

Eisner, A., Kulmer, V., & Kortschak, D. (2021). Distributional effects of carbon pricing when considering household heterogeneity: An EASI application for Austria. *Energy Policy*, *156*, 112478. https://doi.org/10.1016/j.enpol.2021.112478

European Commission. (2019). *Communication from the Commission to the European Parliament, the European Council, the Council, the European Economic and Social Committee and the Committee of the Regions "The European Green Deal" COM(2019) 640, 11.12.2019*. European Commission. https://eur-lex.europa.eu/legal-content/EN/TXT/?uri=CELEX:52019DC0640

European Commission. Directorate General for Economic and Financial Affairs. (2021). *The 2021 Ageing Report: Economic & Budgetary Projections for the EU Member States (2019 2070)* (Institutional Paper Nr. 148; Nummer 148). Publications Office of the European Union. https://data.europa.eu/doi/10.2765/84455

European Insurance and Occupational Pensions Authority, E. (2019). *2019 Institutions for Occupational Retirement Provision (IORPs) Stress Test Report* (EIOPA-19/673; Nummer EIOPA-19/673). EIOPA. https://www.eiopa.europa.eu/sites/default/files/financial_stability/occupational_pensions_stress_test/2019/eiopa_2019-iorp-stress-test-report.pdf

Farrow, A., Miller, K. A., & Myllyvirta, L. (2020). *Toxic air: The price of fossil fuels*. Greenpeace Southeast Asia. Seoul. https://www.greenpeace.org/static/planet4-southeastasia-stateless/2020/02/21b480fa-toxic-air-report-110220.pdf

Figerl, Jürgen, Tamesberger, Dennis, & Theurl, Simon. (2021). *Umverteilung von Arbeit(-szeit): Eine (Netto)Kostenschätzung für ein staatlich gefördertes Arbeitszeitverkürzungsmodell*. https://doi.org/10.15203/MOMENTUMQUARTERLY.VOL10.NO1.P3-19

Finanzausgleichsgesetz. (1997). Bundesgesetz, mit dem der Finanzausgleich für die Jahre 1997 bis 2000 geregelt wird und sonstige finanzausgleichsrechtliche Bestimmungen getroffen werden, (Finanzausgleichsgesetz 1997 – FAG 1997), BGBl. Nr. 201/1996, Fassung vom 18.06.1998. https://www.ris.bka.gv.at/GeltendeFassung.wxe?Abfrage=Bundesnormen&Gesetzesnummer=10005032&FassungVom=1998-06-18

Finanzausgleichsgesetz. (2017). Bundesgesetz, mit dem der Finanzausgleich für die Jahre 2017 bis 2023 geregelt wird und sonstige finanzausgleichsrechtliche Bestimmungen getroffen werden (Finanzausgleichsgesetz 2017 – FAG 2017), BGBl. I Nr. 116/2016, Fassung vom 18.03.2022. https://www.ris.bka.gv.at/GeltendeFassung.wxe?Abfrage=Bundesnormen&Gesetzesnummer=20009764&FassungVom=2017-03-18

Fritz, M., & Koch, M. (2019). Public Support for Sustainable Welfare Compared: Links between Attitudes towards Climate and Welfare Policies. *Sustainability*, *11*(15), Article 15. https://doi.org/10.3390/su11154146

Fuchs, S., & Thaler, T. (2018). Synthesis and conclusion. In S. Fuchs & T. Thaler (Hrsg.), *Vulnerability and resilience to natural hazards* (S. 271–280). Cambridge University Press.

Garland, D. (2016). *The Welfare State. A very short introduction* (1. Auflage). Oxford University Press.

Gerold, S. (2017). Die Freizeitoption: Perspektiven von Gewerkschaften und Beschäftigten auf ein neues Arbeitszeitinstrument. *Österreichische Zeitschrift für Soziologie*, *42*(2), 195–204. https://doi.org/10.1007/s11614-017-0265-7

Gough, I. (2017). *Heat, greed and human need: Climate change, capitalism and sustainable wellbeing*. Edward Elgar.

Gough, I., & Meadowcroft, J. (2011). In *Decarbonizing the Welfare State*. Oxford University Press. https://doi.org/10.1093/oxfordhb/9780199566600.003.0033

Grewe, H. A., & Pfaffenberger, D. (2011). Prävention hitzebedingter Gesundheitsgefährdungen in der stationären Altenpflege. *Prävention und Gesundheitsförderung*, *6*(3), 192–198. https://doi.org/10.1007/s11553-011-0295-0

Haas, W. (2021). Gesundheit für Alle. In A. Armutskonferenz BEIGEWUM (Hrsg.), *Klimasoziale Politik. Eine gerechte und emissionsfreie Gesellschaft gestalten* (S. 131–141). bahoe books.

Halonen, K.-M. (2021). Is public procurement fit for reaching sustainability goals? A law and economics approach to green public procurement. *Maastricht Journal of European and Comparative Law*, *28*(4), 535–555. https://doi.org/10.1177/1023263X211016756

Hensher, M. (2020). Incorporating environmental impacts into the economic evaluation of health care systems: Perspectives from ecological economics. *Resources, Conservation and Recycling*, *154*, 104623. https://doi.org/10.1016/j.resconrec.2019.104623

Hirvilammi, T., & Koch, M. (2020). Sustainable Welfare beyond Growth. *Sustainability*, *12*(5), 1824. https://doi.org/10.3390/su12051824

Hoffmann, R., Dimitrova, A., Muttarak, R., Crespo Cuaresma, J., & Peisker, J. (2020). A meta-analysis of country-level studies on environmental change and migration. *Nature Climate Change*, *10*(10), 904–912. https://doi.org/10.1038/s41558-020-0898-6

Howard, M. W., Pinto, J., & Schachtschneider, U. (2019). Ecological Effects of Basic Income. In M. Torry (Hrsg.), *The Palgrave International Handbook of Basic Income* (S. 111–132). Springer International Publishing. https://doi.org/10.1007/978-3-030-23614-4_7

Janser, M. (2018). *The greening of jobs in Germany: First evidence from a text mining based index and employment register data* (Nr. 14/2018; IAB-Discussion Paper.). https://www.econstor.eu/bitstream/10419/182154/1/dp1418.pdf

Kaminker, C. R. (2018). Diversifying stranded asset risks by investing in "green": Mobilising institutional investment in green infrastructure. In B. Caldecott (Hrsg.), *Stranded Assets and the Environment Risk, Resilience and Opportunity* (1st edition, S. 282–316). Routledge.

Karabaczek, V., Schinko, T., Kienberger, S., Menk, L., Mechler, R., Haindl, M., & Worliczek, E. (2021). *Loss and Damage from Climate Change and Limits to Adaptation in Austria. Paper presented at the 21, Österreichischer Klimatag. Clash of Cultures? Klimaforschung trifft Industrie!*, Online.

Kirchner, M., Sommer, M., Kratena, K., Kletzan-Slamanig, D., & Kettner-Marx, C. (2019). CO2 taxes, equity and the double dividend – Macroeconomic model simulations for Austria. *Energy Policy*, *126*, 295–314. https://doi.org/10.1016/j.enpol.2018.11.030

Kletzan-Slamanig, D., & Köppl, A. (2021). *The Evolution of the Green Finance Agenda – Institutional Anchoring and a Survey-based Assessment for Austria* (Nr. 640; WIFO Working Papers). Österreichisches Institut für Wirtschaftsforschung – Internationales

Institut für Angewandte Systemanalyse – Wirtschaftsuniversität Wien im Auftrag des Klima- und Energiefonds. https://www.wifo.ac.at/publikationen/working_papers?detail-view=yes&publikation_id=69235

Koch, M., & Fritz, M. (2014). Building the Eco-social State: Do Welfare Regimes Matter? *Journal of Social Policy*, *43*(4), 679–703. http://dx.doi.org/10.1017/S004727941400035X

Koch, M., & Mont, O. (Hrsg.). (2017). *Sustainability and the political economy of welfare*. Routledge.

Köstinger, E. (2018, Mai 23). *Maßnahmenpaket für die Land- und Forstwirtschaft*. Vortrag 19/17 an den Ministerrat. BMNT-IL.99.1.1/0067-II/2018, Wien. https://www.bundeskanzleramt.gv.at/dam/jcr:03ede842-f6d0-4ca5-97cb-fd545a91dc87/19_17_mrv.pdf

Lamb, W. F., Antal, M., Bohnenberger, K., Brand-Correa, L. I., Müller-Hansen, F., Jakob, M., Minx, J. C., Raiser, K., Williams, L., & Sovacool, B. K. (2020). What are the social outcomes of climate policies? A systematic map and review of the ex-post literature. *Environmental Research Letters*, *15*(11), 113006. https://doi.org/10.1088/1748-9326/abc11f

Laurent, E. (2021). *From welfare to farewell: The European social-ecological state beyond economic growth* (Working Paper 2021.04.; Nummer Working Paper 2021.04.). European Trade Union Institute (ETUI).

Lechinger, V., & Six, E. (2021). Die soziale Gestaltung einer ökologischen Steuerreform? : Das Beste aus mehreren Welten. *Wirtschaft und Gesellschaft*, *47*(2), 171–196.

Lenzen, M., Moran, D., Kanemoto, K., & Geschke, A. (2013). Building Eora: A global multi- region input-output database at high country and sector resolution. *Economic Systems Research*, *25*(1), 20–49. https://doi.org/0.1080/09535314.2013.769938

Lindström, H., Lundberg, S., & Marklund, P.-O. (2020). How Green Public Procurement can drive conversion of farmland: An empirical analysis of an organic food policy. *Ecological Economics*, *172*, 106622. https://doi.org/10.1016/j.ecolecon.2020.106622

Lundberg, S., Marklund, P.-O., & Strömbäck, E. (2016). Is Environmental Policy by Public Procurement Effective? *Public Finance Review*, *44*(4), 478–499. https://doi.org/10.1177/1091142115588977

Lundberg, S., Marklund, P.-O., Strömbäck, E., & Sundström, D. (2015). Using public procurement to implement environmental policy: An empirical analysis. *Environmental Economics and Policy Studies*, *17*(4), 487–520. https://doi.org/10.1007/s10018-015-0102-9

MacNeill, T., & Vibert, A. (2019). Universal Basic Income and the Natural Environment: Theory and Policy. *Basic Income Studies*, *14*(1), Article 1. http://dx.doi.org/10.1515/bis-2018-0026

Malmaeus, M., Alfredsson, E., & Birnbaum, S. (2020). Basic Income and Social Sustainability in Post-Growth Economies. *Basic Income Studies*, *15*(1), Article 1. ABI/INFORM Global. https://doi.org/10.1515/bis-2019-0029

Martí-Ballester, C. P. (2020). Examining the financial performance of pension funds focused on sectors related to sustainable development goals. *International Journal of Sustainable Development & World Ecology*, *27*(2), 179–191. https://doi.org/10.1080/13504509.2019.1678532

Mayer, J., Dugan, A., Bachner, G., & Steininger, K. W. (2021). Is carbon pricing regressive? Insights from a recursive-dynamic CGE analysis with heterogeneous households for Austria. *Energy Economics*. https://doi.org/10.1016/j.eneco.2021.105661

Mayrhuber, E. A.-S., Dückers, M. L. A., Wallner, P., Arnberger, A., Allex, B., Wiesböck, L., Wanka, A., Kolland, F., Eder, R., Hutter, H.-P., & Kutalek, R. (2018). Vulnerability to heatwaves and implications for public health interventions – A scoping review. *Environmental Research*, *166*, 42–54. https://doi.org/10.1016/j.envres.2018.05.021

Mbaye, L. (2017). Climate change, natural disasters, and migration. *IZA World of Labor*. https://doi.org/10.15185/izawol.346

Mbaye, L. M., & Zimmermann, K. F. (2016). Natural Disasters and Human Mobility. *International Review of Environmental and Resource Economics*, *10*(1), 37–56. https://doi.org/10.1561/101.00000082

Mélon, L. (2020). More Than a Nudge? Arguments and Tools for Mandating Green Public Procurement in the EU. *Sustainability*, *12*(3), 988. https://doi.org/10.3390/su12030988

move-ment (Hrsg.). (2020). *Implacementstiftung zur Unterstützung der Klima- und Energiestrategie Steiermark 2030*. https://move-ment.at/uploads/files/site/350/contentgruppe2_text2/Folder_Klimastiftung_Web.pdf

Myllyvirta. (2020). *Quantifying the Economic Costs of Air Pollution from Fossil Fuels*. Centre for Research on Energy and Clean Air (CREA). https://energyandcleanair.org/wp/wp-content/uploads/2020/02/Cost-of-fossil-fuels-briefing.pdf

OECD. (2021). *Pensions at a Glance 2021: OECD and G20 Indicators*. OECD. https://doi.org/10.1787/ca401ebd-en

Offe, C. (1992). A non-productivist design for social policies. In P. Van Parijs (Hrsg.), *Arguing for basic income: Ethical foundations for a radical reform*. (S. 61–80). verso.

Offermann, F., & Forstner, B. (2019). *Bewertung unterschiedlicher Vorschläge für eine steuerliche Risikoausgleichsrücklage. Johann Heinrich von Thünen-Insitut, Bundesforschungsinstitut für Ländliche Räume, Wald und Fischerei*. Braunschweig [Thünen Working Paper 127]. https://literatur.thuenen.de/digbib_extern/dn061179.pdf

Ottelin, J., Heinonen, J., & Junnila, S. (2018). Carbon and material footprints of a welfare state: Why and how governments should enhance green investments. *Environmental Science & Policy*, *86*, 1–10. https://doi.org/10.1016/j.envsci.2018.04.011

Otto, A., & Gugushvili, D. (2020). Eco-Social Divides in Europe: Public Attitudes towards Welfare and Climate Change Policies. *Sustainability*, *12*(1), Article 1. https://doi.org/10.3390/su12010404

Oven, K. J., Curtis, S. E., Reaney, S., Riva, M., Stewart, M. G., Ohlemueller, R., Dunn, C. E., Nodwell, S., Dominelli, L., & Holden, R. (2012). Climate change and health and social care: Defining future hazard, vulnerability and risk for infrastructure systems supporting older people's health care in England. *Applied Geography*, *33*(1, SI), 16–24. https://doi.org/10.1016/j.apgeog.2011.05.012

Papathoma-Köhle, M., & Fuchs, S. (2020). Vulnerabilität. In T. Glade, M. Mergili, & K. Sattler (Hrsg.), *ExtremA 2019: Aktueller Wissensstand zu Extremereignissen alpiner Naturgefahren in Österreich* (1. Auflage, S. 677–716). Vandenhoeck & Ruprecht unipress.

Papathoma-Köhle, M., Thaler, T., & Fuchs, S. (2021). An institutional approach to vulnerability: Evidence from natural hazard management in Europe. *Environmental Research Letters*, *16*(4), 044056. https://doi.org/10.1088/1748-9326/abe88c

Pavolini, E., & Seeleib-Kaiser, M. (2018). Comparing occupational welfare in Europe: The case of occupational pensions. *Social Policy & Administration*, *52*(2), 477–490. https://doi.org/10.1111/spol.12378

Peñasco, C., Anadón, L. D., & Verdolini, E. (2021). Systematic review of the outcomes and trade-offs of ten types of decarbonization policy instruments. *Nature Climate Change*, *11*(3), 257–265. https://doi.org/10.1038/s41558-020-00971-x

Pichler, P.-P., Jaccard, I. S., Weisz, U., & Weisz, H. (2019). International comparison of health care carbon footprints. *Environmental Research Letters*, *14*(6), 064004. https://doi.org/10.1088/1748-9326/ab19e1

Pollhammer, C. (2020). Hitzeschutzplan Steiermark/Österreich – Klimawandelanpassung in der Praxis. *Public Health Forum*, *28*(1), 43–45. https://doi.org/10.1515/pubhef-2019-0112

Pouikli, K. (2021). Towards mandatory Green Public Procurement (GPP) requirements under the EU Green Deal: Reconsidering the role of public procurement as an environmental policy tool. *ERA Forum*, *21*(4), 699–721. https://doi.org/10.1007/s12027-020-00635-5

Rempel, A., & Gupta, J. (2020). Conflicting commitments? Examining pension funds, fossil fuel assets and climate policy in the organisation for economic co-operation and development (OECD). *Energy Research & Social Science*, *69*, 101736. https://doi.org/10.1016/j.erss.2020.101736

Renda, A., Pelkmans, J., Egenhofer, C., Schrefler, L., Luchetta, G., Selçuki, C., Ballesteros, J., & Zirnhelt, A.-C. (2012). The uptake of green public procurement in the EU27. *Study prepared for DG Environment, European Commission, CEPS in collaboration with the College of Europe, Brussels*. https://ec.europa.eu/environment/gpp/pdf/CEPS-CoE-GPP%20MAIN%20REPORT.pdf

Renn, O. (2018). Concepts of Risk: An Interdisciplinary Review Part 1: Disciplinary Risk Concepts. *GAIA – Ecological Perspectives for Science and Society*, *17*(1), 50–66. https://doi.org/DOI:10.14512/gaia.17.1.13

Renner, A.-T. (2020). Inefficiencies in a healthcare system with a regulatory split of power: A spatial panel data analysis of avoidable hospitalisations in Austria. *The European Journal of Health Economics*, *21*(1), 85–104. https://doi.org/10.1007/s10198-019-01113-7

Schoierer, J., Wershofen, B., Böse-O'Reilly, S., & Mertes, H. (2020). Hitzewellen und Klimawandel: Eine Herausforderung für Gesundheitsberufe. *Public Health Forum*, *28*(1), 54–57.

Schutte, S., Vestby, J., Carling, J., & Buhaug, H. (2021). Climatic conditions are weak predictors of asylum migration. *Nature Communications*, *12*(1), 2067. https://doi.org/10.1038/s41467-021-22255-4

Seebauer, S., Friesenecker, M., & Eisfeld, K. (2019). Integrating climate and social housing policy to alleviate energy poverty: An analysis of targets and instruments in Austria. *Energy Sources, Part B: Economics, Planning, and Policy*, *14*(7–9), 304–326.

Semieniuk, G., Campiglio, E., Mercure, J.-F., Volz, U., & Edwards, N. R. (2021a). Low-carbon transition risks for finance. *WIREs Climate Change*, *12*(1), e678. https://doi.org/10.1002/wcc.678

Semieniuk, G., Holden, P. B., Mercure, J. F., Salas, P., Hector Pollitt, Jobson, K., Vercoulen, P., Chewpreecha, U., Edwards, Neil, & Vinuales, Jorge. (2021b). *PERI – Stranded Fossil-Fuel Assets Translate into Major Losses for Investors in Advanced Economies* (Working Paper Nr. 549; PERI Working Paper, Nummer 549). University of Massachusetts Amherst, Political Economy Research Institute (PERI). https://peri.umass.edu/publication/item/1529-stranded-fossil-fuel-assets-translate-into-major-losses-for-investors-in-advanced-economies

Semieniuk, G., Chancel, L., Saïsset, E., Holden, P. B., Mercure, J. F., & Edwards, N. R. (2023). Potential pension fund losses should not deter high-income countries from bold climate action. *Joule*. https://doi.org/10.1016/j.joule.2023.05.023

Sherratt, S. (2021). What are the implications of climate change for speech and language therapists? *International Journal of Language & Communication Disorders*, *56*(1), 215–227. https://doi.org/10.1111/1460-6984.12587

Smith, J., Andersson, G., Gourlay, R., Karner, S., Mikkelsen, B. E., Sonnino, R., & Barling, D. (2016). Balancing competing policy demands: The case of sustainable public sector food procurement. *Journal of Cleaner Production*, *112*, 249–256. https://doi.org/10.1016/j.jclepro.2015.07.065

Stangl, M., Formayer, H., Höfler, A., Andre, K., Kalcher, M., Hiebl, J., Hofstädter, M., Orlik, A., & Michl, C. (2020). *Klimastatusbericht Österreich 2019*. https://www.klimafonds.gv.at/wp-content/uploads/sites/16/web_Klimastatusbericht_%C3%96_2019.pdf

STATISTIK AUSTRIA. (2019). *Abgestimmte Erwerbsstatistik 2019, Arbeitsstättenzählung 2019, Stichtag 31.10. Erstellt am 28.06.2021*. https://pic.statistik.at/web_de/statistiken/wirtschaft/unternehmen_arbeitsstaetten/arbeitsstaetten_ab_az_2011/126306.html

STATISTIK AUSTRIA (Hrsg.). (2021a). *Finanzierung der Sozialausgaben*. https://www.statistik.at/web_de/statistiken/menschen_und_gesellschaft/soziales/sozialschutz_nach_eu_konzept/finanzierung_der_sozialausgaben/index.html

STATISTIK AUSTRIA. (2021b). *Sozialquote 1980–2020. Sozialquote (ESSOSS)*. https://www.statistik.at/web_de/statistiken/menschen_und_gesellschaft/soziales/sozialschutz_nach_eu_konzept/sozialquote/020180.html

Steininger, K., Bednar-Friedl, B., Knittel, N., Kirchengast, G., Nabernegg, S., Williges, K., Mestel, R., Hutter, H.-P., & Kenner, L. (2020). *Klimapolitik in Österreich: Innovationschance Coronakrise und die Kosten des Nicht-Handelns* (S. 57 pages) [Pdf]. Wegener Center Verlag. https://doi.org/10.25364/23.2020.1

Taylor, T., & Mackie, P. (2017). Carbon footprinting in health systems: One small step towards planetary health. *Lancet Planet. Health*, *1*(9), e357–e358.

Testa, F., Iraldo, F., Frey, M., & Daddi, T. (2012). What factors influence the uptake of GPP (green public procurement) practices? New evidence from an Italian survey. *Ecological Economics*, *82*, 88–96. https://doi.org/10.1016/j.ecolecon.2012.07.011

Thaler, T., & Fuchs, S. (2020). Financial recovery schemes in Austria: How planned relocation is used as an answer to future flood events. *Environmental Hazards*, *19*(3), 268–284. https://doi.org/10.1080/17477891.2019.1665982

Trippel, E. (2020). How green is green enough? The changing landscape of financing a sustainable European economy. *ERA Forum*, *21*(2), 155–170. https://doi.org/10.1007/s12027-020-00611-z

United Nations (Hrsg.). (2015). *The Paris Agreement*. United NAtions Framework Convention on Climate Change (UNFCCC). https://unfccc.int/sites/default/files/resource/parisagreement_publication.pdf

van der Zwan, N., Anderson, K., & Wiß, T. (2019). *Pension Funds and Sustainable Investment Comparing Regulation in the Netherlands, Denmark, and Germany* (DP 05/2019–023; Netspar Academic Series). Network for Studies on Pensions. Aging and Retirement (Netspar). https://www.netspar.nl/publicatie/pension-funds-and-sustainable-investment-comparing-regulation-in-the-netherlands-denmark-and-germany/

Van Parijs, P., & Vanderborght, Y. (2017). *Basic Income: A Radical Proposal for a Free Society and a Sane Economy*. Harvard University Press. https://doi.org/10.4159/9780674978072

Vohra, K., Vodonos, A., Schwartz, J., Marais, E. A., Sulprizio, M. P., & Mickley, L. J. (2021). Global mortality from outdoor fine particle pollution generated by fossil fuel combustion: Results from GEOS-Chem. *Environmental Research*, *195*(110754), Article 110754. https://doi.org/10.1016/j.envres.2021.110754

Vorsorgeverband. (2022). *Vorsorgereport 1/2022. Quartalsbericht der Pensions- und Vorsorgekassen*. Vorsorgeverband. Fachverband der österreichischen Pensions- und Vorsorgekassen. https://www.wko.at/pdf/gen?url=https%3A//www.wko.at/branchen/bank-versicherung/vorsorgeverband/vorsorgereport-1-2022.html&key=b0e4f44f142909c9e32fcfa231ee4bcd&pdfoptions=%7B%22header-html%22%3A%22https%3A%5C/%5C/www.wko.at%5C/service%5C/templates%5C/header_html.php%22%2C%22footer-html%22%3A%22https%3A%5C/%5C/www.wko.at%5C/service%5C/templates%5C/footer_html.php%3Furl%3Dhttps%253A%252F%252Fwww.wko.at%252Fbranchen%252Fbank-versicherung%252Fvorsorgeverband%252Fvorsorgereport-1-2022.html%22%2C%22print-media-type%22%3A%22%22%2C%22title%22%3A%22Vorsorgereport+1%5C/2022%22%7D

Wallner, P., Lemmerer, K., & Hutter, H.-P. (2020). Anpassungsmaßnahmen zur Reduktion von Klimawandel-induzierten Gesundheitsrisiken in Österreich: Schwerpunkt Überschwemmungen: *Public Health Forum*, *28*(1), 62–64. https://doi.org/10.1515/pubhef-2019-0102

Wanka, A., Arnberger, A., Allex, B., Eder, R., Hutter, H.-P., & Wallner, P. (2014). The challenges posed by climate change to successful ageing. *Zeitschrift Für Gerontologie Und Geriatrie*, *47*(6), 468–474. https://doi.org/10.1007/s00391-014-0674-1

Weisz, U., Pichler, P.-P., Jaccard, I. S., Haas, W., Matej, Sarah, S., Nowak, P., Bachner, F., Lepuschütz, L., Windsperger, A., Windsperger, B., & Weisz, H. (2019). *Der Carbon Fußabdruck des österreichischen Gesundheitssektors. Endbericht*. Klima- und Energiefonds, Austrian Climate Research Programme.

WHO. (2022, Februar 15). *WHO Global Health Expenditure Database*. WHO Global Health Expenditure Database. https://apps.who.int/nha/database

Wiener Rotes Kreuz. (2021). Cooling Center: Erste Öffnung für Sommer 2021. *Wiener Rotes Kreiz. Website*. https://www.roteskreuz.at/wien/news/aktuelles/cooling-center-erste-oeffnung-fuer-sommer-2021

Wissenschaftlicher Dienst des Deutschen Bundestags. (2017). *Zur Umnutzung der Mittel im Pflegevorsorgefonds* (WD 9-3000-045/17; Sachstand). Deutscher Bundestag.

worldmrio.com. (2022, Februar 15). *The Eora Global Supply Chain Database*. Https://Worldmrio.Com/. https://worldmrio.com/

Yar, A. W. A., Lazarou, S., Vita, V., & Ekonomou, L. (2020). Critical review of climate change induced migration: An emerging challenge for contemporary society. *Engineering World*, *2*, 47–57.

Zhang, Y., Abbas, M., & Iqbal, W. (2021). Analyzing sentiments and attitudes toward carbon taxation in Europe, USA, South Africa, Canada and Australia. *Sustainable Production and Consumption*, *28*, 241–253. https://doi.org/10.1016/j.spc.2021.04.010

Zimmermann, K., & Graziano, P. (2020). Mapping Different Worlds of Eco-Welfare States. *Sustainability*, *12*(5), 1819. https://doi.org/10.3390/su12051819

Kapitel 19. Raumplanung

Koordinierende_r Leitautor_in
Nina Svanda

Leitautor_in
Sibylla Zech

Koordination der Strukturkapitel
Michael Ornetzeder

Revieweditor
Jens Libbe

Zitierhinweis
Svanda, N. und S. Zech (2023): Raumplanung. In: APCC Special Report: Strukturen für ein klimafreundliches Leben (APCC SR Klimafreundliches Leben) [Görg, C., V. Madner, A. Muhar, A. Novy, A. Posch, K. W. Steininger und E. Aigner (Hrsg.)]. Springer Spektrum: Berlin/Heidelberg.

Kernaussagen des Kapitels
Status quo

Österreich ist geprägt von räumlichen Strukturen, die viel Boden in Anspruch nehmen, die Landschaft fragmentieren und lange Wege verursachen, die zu einem hohen Anteil mit dem Auto zurückgelegt werden. Diese Strukturen nehmen aufgrund der fortschreitenden Inanspruchnahme von Flächen weiter zu. Im europäischen Vergleich findet in Österreich eine überdurchschnittliche Flächeninanspruchnahme für Siedlungs- und Verkehrszwecke statt. Im Zuge des Umstiegs auf erneuerbare Energien ergeben sich zusätzliche Flächenbedarfe und Flächenkonkurrenzen.

Räumliche Strukturen, die ein klimafreundliches Leben erschweren, sind insbesondere:

- Zersiedelnde, suburbanisierte Wohnbebauungen mit geringer Dichte, Siedlungsentwicklung abseits des öffentlichen Verkehrs,
- Leerstand und sinkende Attraktivität in den Stadt- und Ortskernen durch Verlagerung von Funktionen (Wohnen, Arbeiten, Freizeit, Geschäfte, Dienstleistungen, öffentliche Einrichtungen etc.) an die Peripherie,
- Einkaufs- und Gewerbeagglomerationen, Logistikcenter und großflächige Parkplätze an Stadt- und Ortseinfahrten („draußen am Kreisverkehr") und außerhalb der Siedlungsränder („draußen auf der grünen Wiese") und
- fehlende Flächen und Standorte für die Versorgung von Wohnen und Wirtschaft mit erneuerbarer Energie (hohe Übereinstimmung, starke Literaturbasis).

Notwendige Veränderungen

Klimafreundlich sind räumliche Strukturen, wenn …

- kompakt mit höherer Dichte gebaut wird (höhere Bebauungsdichte und zugleich höherer Durchgrünungsgrad),
- Arbeiten, Wohnen, Gesundheit, Bildung und Erholung nahe beieinander liegen (Funktionsmischung),
- der öffentliche Verkehr attraktiv und leistungsfähig ist und das Rückgrat der Siedlungsentwicklung bildet (Erreichbarkeit),
- Arbeitsmöglichkeiten sowie Bildungs-, Versorgungs- und Freizeiteinrichtungen an umweltfreundlich erreichbaren Standorten angesiedelt sind (polyzentrische Struktur) und
- erneuerbare Energien unter besonderer Beachtung von Natur-, Landschafts- und Ortsbildschutz und hochwertiger landwirtschaftlicher Böden verfügbar sind.

Denn dann ...

- sind Alltags-, Wirtschafts- und Freizeitwege kurz und können zu Fuß, mit dem Fahrrad bzw. öffentlichen Verkehrsmitteln zurückgelegt werden („Stadt und Region der kurzen Wege"),
- sinken das Autoverkehrsaufkommen und der Flächenbedarf für Verkehrsinfrastrukturen (zugunsten von Aufenthalts- und Begegnungsräumen),
- werden weniger Flächen für Bebauung in Anspruch genommen und damit weniger Boden versiegelt und
- können der Umstieg auf erneuerbare Energien ermöglicht und Emissionen und Treibhausgase vermieden werden (hohe Übereinstimmung, starke Literaturbasis).

Strukturen, Kräfte, Barrieren

Die Raumplanung verfügt derzeit über kein ausreichendes Instrumentarium, um klimafeindlichen räumlichen Entwicklungen wirksam entgegenzutreten bzw. diese umzukehren. Es braucht eine Stärkung der Raumplanung in ihren Kernkompetenzen, die den Rahmen für die Situierung, Entwicklung und Gestaltung des Siedlungsraumes, von Wirtschaftsstandorten und von Landschafts- und Grünräumen setzt. Die Nutzung des Raumes ist durch eine Planung, die Sektorplanungen integriert und Gebietskörperschaften übergreifende Planung besser abzustimmen.

Klimafreundliche räumliche Strukturen besser zu planen und umzusetzen, macht primär folgende Veränderungen notwendig:

- das vorhandene Raumplanungsinstrumentarium zur Nutzungs- und Standortplanung konsequent zielorientiert einzusetzen;
- unterschiedliche Akteur_innen (Politik, Verwaltung, Wirtschaft und Zivilgesellschaft) und Bürger_innen über informelle Instrumente und Planungsprozesse breit einzubinden;
- die Koordinationsaufgaben der Raumplanung zu forcieren;
- die Sektoralplanungen (insbesondere Verkehrssystemplanung, Tourismus, Wasserbau, Energie) und Förderungen (insbesondere Wohnbauförderung und Wirtschaftsförderung) zu verpflichten, die räumlichen und damit mittelbaren klimarelevanten Wirkungen zu berücksichtigen;
- in Kombination mit einer integrierten Energieraumplanung die Umstellung auf erneuerbare Energieträger und den raumverträglichen Ausbau der erneuerbaren Energieversorgung sicherzustellen (hohe Übereinstimmung, starke Literaturbasis).

Gestaltungsoptionen

Die Trendumkehr hin zu klimafreundlichen räumlichen Strukturen erfordert ein neues öffentliches Bewusstsein, politischen Willen und legistische und institutionelle Voraussetzungen:

- das örtliche Raumplanungsinstrumentarium zur Nutzungs- und Standortplanung auf die Ebene von Regionen zu heben;
- eine neue Governancekultur in räumlichen Planungsprozessen etablieren;
- Sektoralplanungen verpflichten, zu klimafreundlichen räumlichen Strukturen beizutragen;
- bislang „raumblinde", aber raumwirksame fiskalische Instrumente zu reformieren (z. B. Finanzausgleich), klimaschädliche Subventionen abschaffen (z. B. Pendlerpauschale) und klimanützliche Abgaben (z. B. Leerstandsabgabe, Abschöpfung von Widmungsgewinnen) und Anreize (z. B. Entsiegelungsprämie) einzuführen (hohe Übereinstimmung, starke Literaturbasis).

19.1 Begriff und Gegenstand der Betrachtung

In der Raumplanung und Raumordnung geht es vor allem darum, wo und wie welche Nutzungen sinnvoll und möglich sind: Wohnen, Gewerbe und Industrie, Handel, Verkehr, Ver- und Entsorgung, Freizeit und Erholung, Landwirtschaft, Naturschutz usw. Wo und wie die Nutzungen gestaltet, einander räumlich zugeordnet und miteinander verknüpft sind, ist maßgeblich für die Möglichkeit, den Lebensalltag klimafreundlich zu gestalten: boden- und energiesparend zu wohnen und zu wirtschaften und klimaschonend in einer Stadt und Region der kurzen Wege mobil zu sein (Österreichische Raumordnungskonferenz, 2021).

Raumplanung/Raumordnung kann wesentlich dazu beitragen, die einschneidenden Veränderungen im Raum, die der Klimawandel bewirken wird, zu erkennen, zu bewerten, entsprechende Anpassungsoptionen zu identifizieren und einen Rahmen für deren Umsetzung zu geben (Franck et al., 2013). Der Raumplanung/Raumordnung wird in zahlreichen Forschungsberichten und wissenschaftlichen Fachpublikationen eine wichtige Rolle im Klimaschutz und in der Klimawandelanpassung zugeschrieben (Birkmann et al., 2013; Bundesministerium für Verkehr, Bau und Stadtentwicklung, 2013; Campbell, 2006; EspaceSuisse, 2021; Fleischhauer & Bornefeld, 2006; Giffinger et al., 2021; Giffinger & Zech, 2013; Hiess, 2010; Lexer et al., 2020; Madner & Grob, 2019b; Österreichische Raumordnungskonferenz, 2021; Pütz et al., 2011; Stöglehner & Grossauer, 2009; Svanda & et al, 2020; Umweltbundesamt, 2012). Es werden aber auch Zweifel an ihrer Wirksamkeit sowie Umsetzungsdefizite konstatiert:

„Wenn Raumplanung/Raumordnung zukünftig eine tragende Rolle im Kampf gegen die Klimakrise spielen soll, braucht es (...) ein NeuDenken der Planung: in größeren räumlichen Einheiten, unkonventionellen Planungsansätzen und neuen Formen und Modellen der Zusammenarbeit auf vielen Ebenen. Die bisher verwendeten integrierten Ansätze müssen weitergedacht und auch bezüglich der zu integrierenden Disziplinen weiterentwickelt werden." (Svanda & et al, 2020, S. 184)

In diesem Beitrag wird Raumplanung/Raumordnung als „öffentliche Aufgabe einer überfachlichen, querschnittsorientierten, integrierenden raumbezogenen Planung auf unterschiedlichen Ebenen" verstanden, „um die unterschiedlichen, zum Teil konkurrierenden Nutzungsansprüche an den Raum zu koordinieren" (Danielzyk & Münter, 2018, S. 1932). Für die Begriffe Raumplanung und Raumordnung gibt es in Österreich kein einheitliches Begriffsverständnis – weder im wissenschaftlichen Schrifttum noch in der praktischen Anwendung. Sie werden oft vermengt oder synonym gebraucht (Kanonier & Schindelegger, 2018a). In diesem Beitrag verwenden wir aus einer gesamtösterreichischen Perspektive Raumplanung/Raumordnung als zusammengehörige Begriffe. Der Begriff „Raumordnung" umfasst sowohl ein beschreibendes bzw. normatives Bild als auch die Aufgabe, das Instrument und die Tätigkeit der Steuerung des Ordnens. Der Begriff „Raumplanung" meint das Instrument, also den „Plan", sowie die Tätigkeit und den Prozess des Planens – von der generellen Konzeption, der konkreten Planung bis hin zu einer prozessorientierten Umsetzung – und ergänzt bzw. überlappt teilweise den Begriff „Raumordnung".

„Analog zu den drei durch die bundesstaatliche Kompetenzverteilung etablierten Ebenen (Bund, Länder, Gemeinden) gibt es auch in der Raumplanung/Raumordnung grundsätzlich drei Planungsebenen. Der Bund besorgt – infolge der fehlenden generellen Raumplanungs-/Raumordnungskompetenz – Fachplanungen [z. B. für hochrangige Straßen, Eisenbahnen, Starkstromwege, Wasserbau etc.], während die Bundesländer Fachplanungen [z. B. für regionale Straßen, Naturschutz] und die überörtliche Raumplanung/Raumordnung [auch als Landes- und Regionalplanung bezeichnet] betreiben. Die Gemeinden sind für die örtliche Raumplanung [insbesondere die Flächenwidmungs- und Bebauungsplanung] zuständig. Die überörtliche Planungsebene wird in einzelnen Ländern noch in eine regionale Ebene unterteilt, auf der Planungen für Landesteile erstellt werden." (Kanonier & Schindelegger, 2018b, S. 65)

„Mit Raumplanung/Raumordnung im engeren Sinne ist die Planung und Ordnung sowohl des physischen als auch des gesellschaftlichen Raums angesprochen, während der Begriff der Raumentwicklung alle Politiken umfasst, die mittelbar oder unmittelbar raumbedeutsam sind. Die Raumplanung/Raumordnung erfüllt grundsätzlich Ordnungs-, Entwicklungs-, Ausgleichs- und Schutzfunktionen. Ihre primäre Aufgabe ist die Ordnungsfunktion, die Sicherstellung einer geordneten Raumstruktur. Als Teil der Politik der Raumentwicklung steht die Raumplanung/Raumordnung aber auch immer im Spannungsfeld von Entwicklungsfunktion auf der einen und von Ausgleichsfunktion auf der anderen Seite, denn die Entwicklung von Teilräumen kann auch zulasten der Ausgleichsfunktion gehen. Schutzfunktionen werden vor allem durch sektorale Planungen (z. B. Naturschutz) gewährleistet; die Raumordnung muss aber diese Schutzbelange zumindest in ihren Plänen ersichtlich machen und in die Abwägung mit einbeziehen." (Diller, 2018, S. 1890)

Kanonier & Schindelegger (2018c) beschreiben unterschiedliche Formen von Institutionalisierung und Verbindlichkeit der freiwilligen interkommunalen kooperativen Planung in Abstimmung mit den Ländern:

„Das Spektrum an Instrumenten und Maßnahmen zur Steuerung der räumlichen Entwicklung ist im österreichweiten Vergleich vielfältig und in den letzten Jahren deutlich differenzierter geworden. Neben hoheitlichen Instrumenten, die ordnungspolitische oder entwicklungsstrategische Ausrichtungen haben können, kommen auf den verschiedenen Planungsebenen verstärkt konzeptive und informelle Instrumente (Konzepte, Strategien, Leitbilder u. Ä.) sowie Kooperations- und Konsensinstrumente (Beteiligungsverfahren, Mediation und Moderation oder Arbeitsgruppen und Bürger_innenräte) zur Anwendung." (Kanonier & Schindelegger, 2018c, S. 76)

Zudem beeinflusst und fördert die EU im Sinne von Multi-Level Governance mit ihrer Regionalpolitik – beispielsweise über Leader-Aktionsprogramme, Interreg-Projekte und das IWB/EFRE Programm (z. B. für stadtregionale Strategien) regionale Planungskooperationen (Gruber & Pohn-Weidinger, 2018).

Zur Koordination von Raumordnung und Regionalentwicklung auf gesamtstaatlicher Ebene dient die von Bund, Ländern und Städten und Gemeinden getragene Österreichische Raumordnungskonferenz (ÖROK). Das alle zehn Jahre von der ÖROK erstellte Österreichische Raumentwicklungskonzept (ÖREK) hat aber nur einen empfehlenden Charakter für die Planungsträger (Gruber et al., 2018). Das aktuelle ÖREK 2030 postuliert, dass weichenstellende Entscheidungen getroffen und Maßnahmen gesetzt werden müssen, um die vereinbarten Klimaziele bis 2030 zu erreichen (Österreichische Raumordnungskonferenz, 2021, S. 4).

Für den Umgang mit der Klimakrise ist die Fülle von verschiedenen unkoordinierten Planungen eine große Herausforderung: die starke Rolle der Gemeinden in der kommunalen Raumplanung/Raumordnung, die höchst unterschiedlich aufgesetzten Prozesse und Instrumente regionaler Kooperation und Planung mit meist wenig Verbindlichkeit, das Fehlen einer Rahmenkompetenz für Raumplanung/Raumordnung auf Bundesebene [Kap. 11] und die kaum an die Berücksichtigung raumplanerischer Kriterien geknüpften Fachplanungen des Bundes und der Länder. Die Entwicklung des Raumes und die Entwicklung von Infrastruktur – insbesondere für Energieversorgung, Mobilitätszwecke, Gebäude, Industrie, Gewerbe und Wasserwirtschaft – greifen immer ineinander [Kap. 22, 11]. Infrastrukturen verursachen hohe Investitions- und Instandhaltungskosten und aufgrund ihrer Langlebigkeit können unerwünschte Entwicklungen, beispielsweise die induzierte Zersiedelung und Fragmentierung des Raumes, nur mit sehr hohem Aufwand korrigiert werden (Kurzweil et al., 2019).

Raumplanung/Raumordnung hat die Aufgabe, das Raumverhalten von Personen, Haushalten und Unternehmen gemeinwohlorientiert zu steuern (Österreichische Raumordnungskonferenz, 2021, S. 33). Nach Schindegger (2016) ist Raumplanung/Raumordnung räumliche Gemeinwohlvorsorge und „Raumordnungspolitik ... ein Korrektiv im Interesse des Gemeinwohls für eine ansonsten aus dem Ruder laufende Entwicklung" (Schindegger, 1999, S. 34). Konflikte zwischen lokalen und übergeordneten Interessen – Schindegger (2016) spricht hier von „mehreren Gemeinwohlen" – sind vorprogrammiert. Das öffentliche Interesse am Raum auf verschiedenen Ebenen zu konkretisieren, wird überlagert von Interessenskonflikten innerhalb der jeweiligen Ebene (z. B. Baulandausweitungen für Einfamilienhausgebiete oder Handelsagglomerationen vs. kompakte, klimafreundliche Siedlungsstrukturen und Freiraumschutz) oder die Ebenen überspringenden Interessen (z. B. globale/europäische Klimaziele vs. regionale Wirtschaftsinteressen, z. B. im Tourismus). Interessenskonflikte werden durch die Verräumlichung (z. B. Definition von Grenzen in der Plandarstellung) sichtbar und wirksam.

Bezüglich der unterschiedlichen Dimensionen sozialräumlicher Zusammenhänge (ausdrückbar als „territory, place, scale, and networks") sei hier auf Jessop et al. (2008) verwiesen. Raumplanung/Raumordnung ist vor dem Hintergrund der Multiperspektivität [Kap. 2] Druck und Zwängen ausgesetzt, welche gemeinwohlorientierte Zielsetzungen teilweise untergraben. Als Beispiele seien hier erwähnt: (1) unter der Marktperspektive der quantitative Wachstumszwang vs. eine qualitative Entwicklung, (2) unter der Innovationsperspektive die Prioritätensetzung für schnelllebige technologische Innovationen (Digitalisierung) vs. nachhaltige soziale Innovationen der Kooperation und Partizipation sowie eine auf Bestandssanierung ausgerichtete Ökonomie (Neubau vs. Bestand), (3) unter der Bereitstellungsperspektive die Auswirkungen exogener Großprojekte vs. die Aktivierungen endogener, fein verteilter regionaler und lokaler Potenziale (ARL – Akademie für Raumentwicklung in der Leibniz-Gemeinschaft, 2021; Lamker & Terfrüchte, 2021) und (4) aus der Gesellschaft-Natur-Perspektive das Postulat der gleichwertigen (im Unterschied zu gleichen) Lebensverhältnisse und damit die Fragen der gerechten Verteilung von räumlichen Nutzen und Lasten (Davy, 2021; Terfrüchte, 2019) [Kap. 17].

In diesen Spannungsfeldern werden die Bedeutung, aber auch die Grenzen und Schwächen des Beitrags der Raumplanung/Raumordnung zur Bewältigung und ihre Rolle als Mitverursacherin der Klimakrise sichtbar. Das Fazit für die Situation in Deutschland (Franck et al., 2013) lässt sich auf Österreich übertragen: Bislang weist die formelle Raumplanung systemimmanente Schwächen auf, die notwendigen Regelungen für die Anpassung an den Klimawandel entgegenstehen. So ist die überörtliche Raumordnung nicht umsetzungsorientiert und verfügt im Gegensatz zu den Fachplanungen über keine eigenen investiven Mittel. Zudem ist die Raumplanung auf zukünftige Entwicklung ausgelegt und hat kaum Möglichkeiten, auf den vorhandenen baulichen Bestand einzuwirken. Doch gerade der Bestand wird von den Folgen des Klimawandels betroffen sein (Knieling, 2011, S. 249). Eine rein operative projektorientierte Planung ohne Langfristperspektive kann keine Lösung sein:

„Eine erfolgreiche Anpassung an die Folgewirkungen des Klimawandels ist als ‚Flickenteppich' punktueller Einzelmaßnahmen nicht denkbar. Die Anpassung der Raumnutzungen und Siedlungsstrukturen sollte also ganzheitlich gelingen. (...) Dieser zielorientierte Ansatz ist maßgeblich dafür, dass nicht nur einzelne Flächen, sondern ganze Regionen ihre Entwicklungsperspektive und Leistungsfähigkeit erhalten können." (Ertl, 2010, S. 39; Overbeck et al., 2009, S. 380) (Franck et al., 2013)

19.2 Status quo und Herausforderungen

Die räumlichen, rechtlichen, institutionellen, instrumentellen und mentalen Strukturen stehen mit dem Raumverhalten in einer Wechselbeziehung. Als Raumverhalten werden die langfristigen, periodischen und kurzfristigen Entscheidungen von Personen und Hauhalten hinsichtlich ihrer Wohn-, Arbeits-, Einkaufs- und Freizeitorte sowie von Unternehmen bezüglich ihrer Betriebsstandorte und Beschaffungs- und Absatzmärkte bezeichnet (Österreichische Raumordnungskonferenz, 2021). Diese Entscheidungen erfolgen innerhalb der bestehenden Strukturen, die auch das Ergebnis raumplanerischer Entscheidungen sind.

„Die Standortentscheidungen lösen wiederum Mobilität, Transporte und Kommunikation zwischen den Standorten aus. Jede Einzelentscheidung durchläuft komplexe Auswahlprozesse, die wiederum eingebettet sind in eine Vielzahl an begrenzenden Rahmenbedingungen. Dazu zählen technologische Möglichkeiten (Verkehr, Transport, Nachrichtenübertragung, Energieverfügbarkeit, etc.) genauso wie Preise und Kosten (Bodenpreise, Transportkosten, Transaktionskos-

19.2 Status quo und Herausforderungen

ten) oder rechtliche und fiskalische Rahmenbedingungen." (Österreichische Raumordnungskonferenz, 2021, S. 33)

Suffizienzorientierte Poliitk kann ressourcenschonende und energiesparende soziale Praktiken durch veränderte Rahmenbedingen rechtlicher, institutioneller oder baulicher Art, fördern (Christ & Lage, 2020). Gesellschaftliche Entwicklungen, Bedürfnisse und Lebensstile, wie Wohnlage und Wohnform, sowie wirtschaftspolitische Entwicklungen und Notwendigkeiten, wie die Sicherung des Wirtschaftsstandortes, prägen die Raumnutzung in Österreich. Damit verbunden ist eine Vielzahl von direkten und indirekten raumwirksamen Effekten wie Flächeninanspruchnahme und Energiebedarf für Wohnen, Mobilität, Ver- und Entsorgung sowie die zunehmende Fragmentierung der Landschaft durch den Bau von Straßen und anderer Infrastruktur (Kurzweil et al., 2019). In diesem Prozess entstehen unterschiedliche räumliche Konfigurationen, die ein klimafreundliches Leben ermöglichen oder erschweren [Kap. 17].

In Österreich wird im europäischen Vergleich überdurchschnittlich viel Fläche durch Verbauung für Siedlungs- und Verkehrszwecke sowie für weitere Intensivnutzungen neu beansprucht (Ehrlich et al., 2018). Rund 322.000 Hektar gewidmetes Bauland in Österreich entsprechen 359,6 Quadratmetern Bauland je Einwohner_in. Zum Vergleich: In der Schweiz ist dieser Wert mit 291 Quadratmetern Bauland je Einwohner_in deutlich geringer (Zech, 2021). Die Entwicklung der Flächeninanspruchnahme ist ein wesentlicher Indikator für die räumliche Entwicklung Österreichs (Kurzweil et al., 2019). Als Flächeninanspruchnahme wird der dauerhafte Verlust biologisch produktiven Bodens durch Verbauung für Siedlungs- und Verkehrszwecke, aber auch für intensive Erholungsnutzungen, Deponien, Abbauflächen, Kraftwerksanlagen und ähnliche Intensivnutzungen bezeichnet. Bis zum Jahr 2020 wurden in Österreich insgesamt 5768 km^2 Boden (rund 7 Prozent der Landesfläche bzw. 18 Prozent des Dauersiedlungsraumes) in Anspruch genommen. Die jährliche Flächeninanspruchnahme in den letzten 20 Jahren bewegte sich zwischen 38 und 104 km^2 pro Jahr. Der Jahresmittelwert der letzten drei Jahre betrug 42 km^2. Dieser entspricht etwa der Größe von Eisenstadt. Den größten Anteil an der Flächeninanspruchnahme haben Betriebsflächen, mit einer Schwankungsbreite von 10,6 bis 31 km^2 Zuwachs pro Jahr, wobei seit 2015 ein Rückgang zu beobachten ist. Bei den Wohn- und Geschäftsgebieten ist der Zuwachs mit 17 km^2 pro Jahr (Schwankungsbreite plus/minus 2 km^2) bis zum Jahr 2018 einigermaßen konstant, 2019 zeigte jedoch einen erheblichen Anstieg auf 26 km^2 pro Jahr. Auch im Jahr 2020 liegt der Zuwachs mit etwa 23 km^2 deutlich über dem langjährigen Schnitt. Der Straßenbau beansprucht seit 2013 rund 4 bis 13,5 km^2 pro Jahr. Mehr als 40 Prozent der neu in Anspruch genommenen Flächen gehen durch Versiegelung, der Abdeckung des Bodens mit einer wasserundurchlässigen Schicht, dauerhaft verloren. Der Boden kann dadurch wichtige Funktionen wie die Speicherung und Verdunstung von Wasser, die Filterung von Schadstoffen und das Binden von Kohlenstoff nicht mehr erfüllen (Umweltbundesamt, 2020, 2021a, 2021b).

Im Bereich der Betriebsflächen, der Erholungs- und Abbauflächen, der Straßen und der Bahn ist in den letzten etwa fünf Jahren ein Rückgang des jährlichen Zuwachses zu beobachten. Das in der Österreichischen Strategie Nachhaltige Entwicklung (BMLFUW, 2010) und im aktuellen Regierungsprogramm 2020–24 formulierte Ziel von einer maximalen Flächeninanspruchnahme von 2,5 Hektar pro Tag (Die neue Volkspartei & Die Grünen – Die Grüne Alternative, 2020) wird jedoch deutlich verfehlt. In den letzten drei Jahren liegt die durchschnittliche Flächeninanspruchnahme in Österreich bei 11,5 Hektar pro Tag (Umweltbundesamt, 2021b).

Aufgrund der Bedeutung für die Beschreibung der räumlichen Entwicklung beobachtet die Österreichische Raumordnungskonferenz (ÖROK) seit 2016 im Rahmen des ÖROK-Atlas das gewidmete Bauland für ganz Österreich. Im Zeitraum von 2017 bis 2019 wurden in Österreich 2162 Hektar Bauland gewidmet. Das ist ein Zuwachs von 0,9 Prozent, wobei die höchsten absoluten Zuwächse in Oberösterreich und Niederösterreich zu verzeichnen waren. In Österreich standen im Jahr 2020 etwa 362 Quadratmeter gewidmete Fläche je Einwohner_in für vorrangig bauliche Nutzungsformen zur Verfügung (ÖROK, o.J.).

Nicht alle als Bauland gewidmeten Flächen sind bebaut. Flächen, die zwar eine rechtsgültige Widmung als Bauland aufweisen, jedoch nicht mit einem Gebäude mit mindestens 50 Quadratmeter Grundfläche bebaut sind, werden als Baulandreserve bezeichnet. Der Anteil des gewidmeten, nicht bebauten Baulandes am Bauland beträgt in Österreich (im Jahr 2016) durchschnittlich 26,5 Prozent, wobei die Schwankungsbreite zwischen den Bundesländern mit maximal 37,9 Prozent im Burgenland und minimal 20,3 Prozent in Salzburg bzw. 4,3 Prozent in Wien sehr groß ist (Banko & Weiß, 2016). Dieser Baulandüberhang erschwert die Steuerung der Siedlungsentwicklung und damit eine flächenschonende Siedlungspolitik mit effizienter Infrastruktur (Kurzweil et al., 2019). Mit der Anwendung unterschiedlicher Maßnahmen der Baulandmobilisierung (z. B. Baulandbefristung, Baulandumlegung, Infrastrukturkostenbeiträge, Vertragsraumordnung) soll eine Bebauung von Baulandreserven insbesondere in Ortskern- und Zentrennähe (Innenentwicklung) ermöglicht und bei Neuwidmungen von Bauland eine Bebauung innerhalb eines festgelegten Zeitraumes sichergestellt werden (Doan, 2019; ÖROK, 2017).

Eine weitere Herausforderung für die Raumplanung ist der steigende Energiebedarf, insbesondere in Kombination mit der Umstellung auf erneuerbare Energieträger und dem raumverträglichen Ausbau der erneuerbaren Energieversorgung (Birkmann et al., 2013). Für Österreich wird bis 2040 eine Zunahme des Endenergieverbrauchs inklusive Energieeffizienzmaßnahmen um 7 Prozent prognostiziert, wobei der Stromverbrauch mit einem Wachstum von 20 Prozent besonders stark steigen wird (BMNT, 2019). Gemäß dem Integrierten nationalen Energie- und Klimaplan für Österreich 2021–2030 muss zur Dekarbonisierung eine massive Steigerung der Stromproduktion aus erneuerbaren Energieträgern erfolgen: Wasserkraft plus 19 Prozent, Biomasse plus 20 Prozent, Windkraft plus 220 Prozent, Photovoltaik plus 400 Prozent (Lamport, 2019). Die sich dadurch verschärfende Flächenkonkurrenz von erneuerbaren Energien mit Siedlungsflächen, Landwirtschaftsflächen und Flächen für den Natur- und Landschaftsschutz erfordert die Aushandlung von tragfähigen Lösungen (Hiess et al., 2021). Denn auch der Bedarf an Siedlungs- und Verkehrsflächen wächst weiter, insbesondere die Ballungsräume sind einem hohen Siedlungsdruck ausgesetzt. Gemäß aktuellen Prognosen wird sich bis 2050 die Zahl der Einwohner_innen in Österreich um ca. 9 Prozent und die Zahl der Haushalte um ca. 15 Prozent erhöhen (Hanika, 2019; Hiess et al., 2021).

Nicht nur Räume mit einer dynamisch wachsenden Bevölkerungs- und Wirtschaftsentwicklung stellen eine Herausforderung für die Steuerung der räumlichen Entwicklung dar. Während in den Zentralräumen und Tourismusgebieten die Nachfrage nach Bauflächen und Flächen für Infrastrukturen, beispielsweise Freizeiteinrichtungen, den Druck auf Freiräume und damit auf den Boden erhöht, kommt es andernorts – in peripheren Gebieten – zu Abwanderung und Nutzungsaufgabe. Das Phänomen der „inneren Entdichtung" betrifft Städte, Gemeinden und Ortschaften sowohl in Wachstumsregionen als auch in schrumpfenden Gebieten. Die Verlagerung von Geschäften, Dienstleistern und öffentlichen Einrichtungen wie Schulen und Kindergärten an die Siedlungsränder und die Entstehung von Handelsagglomerationen an den Orts- und Stadteinfahrten bewirkt eine Zentrifugalkraft, die die Orts- und Stadtzentren schwächt – Leerstand, Abwanderung, Funktionsverlust und geringere Attraktivität und Aufenthaltsqualität sind damit verbunden.

Vielerorts werden seitens der Gemeinden, der Geschäftsleute und engagierter Bürger_innengruppen Anstrengungen unternommen, diesem sogenannten Donut-Effekte entgegenzutreten (Bednar & Österreichische Raumordnungskonferenz, 2019; Feller et al., 2019). Seitens der Bundesländer, des Bundes und der Verbände von Städten und Gemeinden und in deren Zusammenarbeit etwa im Rahmen der Österreichischen Raumordnungskonferenz sind Strategien und Maßnahmen zur Innenentwicklung wie beispielsweise ein Baukulturförderprogramm für Städte und Gemeinden formuliert, teilweise mit finanziellen Mitteln ausgestattet und in Umsetzung (Bednar & Österreichische Raumordnungskonferenz, 2019; ÖROK, 2019; Plattform Baukulturpolitik & Forschungsinstitut für Urban Management und Governance, 2021). Für eine flächendeckende Steuerungswirkung ist das bestehende Instrumentarium jedoch zu schwach (Bednar & Österreichische Raumordnungskonferenz, 2019). Die Revitalisierung des Bestandes und eine flächenschonende Nachverdichtung stellen insbesondere für die ausgedehnten, oft älteren Einfamilienhausgebiete ein großes räumliches Potenzial dar, das jedoch auch mit Hindernissen wie restriktiven Baureglementen, die beispielsweise eine Aufstockung der Baukörper verhindern, verknüpft ist. Oft stehen Verdichtungsplänen auch Widerstände in den Quartieren entgegen, da beispielsweise Nachbar_innen bei einer vertikalen Verdichtung an der Grenze zum eigenen Grundstück eine Beeinträchtigung der Privatsphäre und eine Reduktion des Immobilienwertes befürchten (Hartmann, 2020).

Megatrends wie die Digitalisierung, die Globalisierung, der demografische Wandel, der gesellschaftliche Wandel und die Multilokalität, die Wissensgesellschaft, die Urbanisierung und der steigende Energiebedarf mit dem sich ändernden Raumverhalten der Menschen bilden in Kombination mit dem Klimawandel und der Klimakrise eine große Herausforderung für die Raumplanung. Auch wenn viele der einzelnen Problematiken und Herausforderungen nicht neu sind, so hat ihre Dringlichkeit aufgrund der Klimakrise stark zugenommen. Für den Umgang mit einigen neuen Herausforderungen wie der Digitalisierung oder dem demografischen und gesellschaftlichen Wandel müssen neue Lösungen gefunden werden. Dabei sind die Risiken und Chancen für einzelne Räume unterschiedlich verteilt und erfordern eine raumtypenspezifische Herangehensweise. Wesentlich ist die Kombination von überregionalen Strategien mit Konzepten zur Umsetzung auf der regionalen und lokalen Ebene (Hiess et al., 2021).

19.3 Notwendige strukturelle Bedingungen

Klimaschutz muss in der Raumentwicklung und Raumplanung stärker verankert werden und räumliche Strukturen sind so zu gestalten, dass sie das langfristige Ziel der Klimaneutralität unterstützen. Gleichzeitig müssen die Raum- und Siedlungsstruktur an nicht mehr zu verhindernde Veränderungen infolge des Klimawandels angepasst und durch präventive Maßnahmen Risiken minimiert und notwendige Schutzmaßnahmen umgesetzt werden. Dazu ist es notwendig, Klimaschutz und Klimawandelanpassung in den rechtlichen Rahmenbedingungen stärker zu verankern und sie verpflichtend in Entwicklungskonzepte und Pläne aufzunehmen und umzusetzen. Das ist nur mit einer institutionen- und sektorübergreifenden Zusammenarbeit möglich (Österreichische Raumordnungskonferenz, 2021).

Die Raumplanung kann insbesondere in den Bereichen Entwicklung von klimaverträglichen Siedlungsstrukturen (siehe folgender Abschnitt), Schutz von Freiflächen und Flächenvorsorge für erneuerbare Energieträger einen wesentlichen Beitrag zum Klimaschutz und zur Umsetzung von Vermeidungsstrategien leisten (Akademie für Raumforschung und Landesplanung, 2009; Dollinger, 2010; Gruehn et al., 2010).

19.3.1 Erhaltung und Entwicklung von klimafreundlichen räumlichen Strukturen

Klimaverträgliche Siedlungsstrukturen sind boden- und energiesparende räumliche Strukturen, welche die Flächeninanspruchnahme, den notwendigen Verkehr und insbesondere den motorisierten Individualverkehr sowie den Energieverbrauch im Verkehrsbereich und im Siedlungs- und Gebäudebereich minimieren (Dollinger, 2010; Gruehn et al., 2010) [Kap. 6].

Die Flächeninanspruchnahme kann nur durch kompaktes Bauen reduziert werden. Nahezu drei Viertel der Flächeninanspruchnahme in Österreich gehen auf Bauflächen und Straßen zurück (VCÖ Wien, 2020b). Kompakte Siedlungsstrukturen ermöglichen eine Erhöhung des Anteils des öffentlichen Personennahverkehrs (ÖPNV) und der bewegungsaktiven Mobilität im Modal Split der Verkehrsträger und können damit in Kombination mit energieeffizienten Bebauungsstrukturen und Bauweisen erheblich zur Einsparung von Energie und damit zur Reduktion von Treibhausgasemissionen beitragen (Akademie für Raumforschung und Landesplanung, 2009).

Das Österreichische Raumentwicklungskonzept (ÖREK) 2030 definiert die folgenden räumlichen Ziele als Beitrag zur notwendigen Transformation hin zu einer klimaneutralen, nachhaltigen, gerechten und am Gemeinwohl orientierten Raumstruktur:

- *„Klimaschutz in der Raumentwicklung und Raumordnung verankern – räumliche Strukturen an den Klimawandel anpassen [. . .]*
- *Energiewende gestalten – den Ausbau erneuerbarer Energien und Netze räumlich steuern [. . .]*
- *Kompakte Siedlungsstrukturen mit qualitätsorientierter Nutzungsmischung entwickeln und fördern [. . .]*
- *Die Lebensqualität und gleichwertige Lebensbedingungen für alle Menschen in allen Regionen bedarfsorientiert verbessern [. . .]*
- *Polyzentrische Strukturen für eine hohe Versorgungsqualität mit Gütern und Dienstleistungen stärken [. . .]*
- *Leistungsfähige Achsen und Knoten des öffentlichen Verkehrs als Rückgrat für die Siedlungsentwicklung nutzen [. . .]*
- *In regionalen und funktionalen Lebensräumen denken, planen und handeln [. . .]*
- *Die regionale Resilienz stärken [. . .]*
- *An den lokalen und regionalen Stärken ansetzen und bestehende Potenziale fördern*
- *Freiräume mit ihren vielfältigen Funktionen schützen und ressourcenschonend entwickeln [. . .]*
- *Eine lebenswerte Kulturlandschaft und schützenswerte Kulturgüter erhalten und entwickeln"* (Österreichische Raumordnungskonferenz, 2021, S. 18–21)

Im Folgenden beschreiben wir die räumlichen Strukturen, die ein klimafreundliches Leben ermöglichen.

19.3.2 Kompakte Siedlungsstrukturen mit qualitätsorientierter Nutzungsmischung

Kompakte Siedlungsstrukturen mit einer qualitätsvollen Nutzungsmischung und damit eine Reduktion der Flächeninanspruchnahme spielen vor dem Hintergrund eines weiter wachsenden Bedarfs an Siedlungs- und Verkehrsflächen durch eine prognostizierte Erhöhung der Zahl der Einwohner_innen (ca. 9 Prozent bis 2050) und Haushalte (ca. 15 Prozent bis 2050) (Hanika, 2019; Hiess et al., 2021) bei der Vermeidung der Klimakrise eine zentrale Rolle. Die wissens- und dienstleistungsorientierte Wirtschaft mit emissionsarmen Produktionsbetrieben ermöglicht die Rückkehr zu einer starken Nutzungsmischung und einer Wiederbelebung der Orts- und Stadtzentren. Multifunktionalität ermöglicht eine enge räumliche Nähe der Daseinsgrundfunktionen wie Arbeiten, Wohnen, Gesundheit, Bildung und Erholung. Damit werden Wege kürzer und eine stärkere Nutzung der Verkehrsträger des Umweltverbundes (Fußgänger- und Radverkehr, öffentlicher Verkehr) ermöglicht (Kurzweil et al., 2019; Österreichische Raumordnungskonferenz, 2021; VCÖ Wien, 2020a) [Kap. 6].

19.3.3 Leistungsfähige Achsen und Knoten des öffentlichen Verkehrs als Rückgrat für die Siedlungsentwicklung

Die Orientierung der Siedlungsentwicklung am öffentlichen Verkehrssystem leistet einen wesentlichen Beitrag im Kampf gegen die Klimakrise. Die Siedlungsentwicklung soll an der Erschließung mit attraktiven öffentlichen Verkehrsangeboten, insbesondere an leistungsfähigen Achsen und Knoten des öffentlichen Verkehrs (Bahnhöfen und Haltestellen) konzentriert werden. In bestehenden Siedlungsgebieten außerhalb des Einzugsbereichs von öffentlichen Verkehrsmitteln müssen Erreichbarkeitschancen für Menschen ohne eigenes Kraftfahrzeug durch den Ausbau bedarfsorientierter

Verkehre sichergestellt werden (Österreichische Raumordnungskonferenz, 2021; VCÖ, 2021a) [Kap. 6, 17].

19.3.4 Polyzentrische Strukturen für eine hohe Versorgungsqualität an Gütern und Dienstleistungen

Durch ein Netz von Zentren unterschiedlicher Größe und damit mit unterschiedlichen Funktionen (Groß-, Mittel- und Kleinstädte, zentrale Orte, lokale Zentren) soll eine möglichst wohnortnahe Versorgung der Bevölkerung mit Gütern und Dienstleistungen, die auch in Zukunft physisch gebraucht werden, gewährleistet werden. Klein- und Mittelzentren bilden dabei wichtige Ankerpunkte für die lokale und regionale Versorgung, während überregionale und internationale Zentren die Versorgung mit Einrichtungen, die an vielfältige Interaktionen und eine hohe Nachfrage gebunden sind, gewährleisten (Österreichische Raumordnungskonferenz, 2021).

19.3.5 Schutz und ressourcenschonende Entwickelung von Freiräumen mit ihren vielfältigen Funktionen (Landschaft, Landwirtschaft, Biodiversität, CO_2-Senken)

Eine wesentliche Aufgabe der Raumplanung ist die Erhaltung der Vielfalt von Freiräumen für Erholung, Ökologie, Klimaresilienz und multifunktionale Land- und Forstwirtschaft und damit die Absicherung ihrer Freiraumfunktionen und Ökosystemleistungen, um einem Verlust an Biodiversität oder dem Rückgang landwirtschaftlicher Nutzflächen durch die Flächeninanspruchnahme für Siedlungen und Infrastruktur vorzubeugen. Wesentliche raumplanerische Maßnahmen dafür sind die verbindliche Festlegung von landwirtschaftlichen Vorrangzonen auf überörtlicher Ebene und die klare Definition der Siedlungsränder bzw. die Festlegung von regionalen Baulandkontingenten.

Neben dem Schutz von Nationalparks, Naturschutz- und Landschaftsschutzgebieten, Natura-2000-Schutzgebieten und Naturparks zur Erhaltung der Biodiversität und für die Vernetzung der Ökosysteme ist in städtischen Gebieten die Schaffung von hochqualitativer grüner Infrastruktur durch die Sicherung und Ausweitung von Grünräumen mit ihrer Erholungsfunktion und der großen Bedeutung für das Mikroklima wesentlich (Österreichische Raumordnungskonferenz, 2021; Pitha et al., 2013). Die Raumplanung muss – in Unterstützung von Naturschutz und Landschaftspflege – Senken für klimawirksame Gase durch den Schutz von Flächen mit hohem CO_2-Bindungspotenzial (z. B. Moore, Böden, Wälder, Grünflächen) langfristig sichern (Dollinger, 2010).

19.3.6 Räumliche Steuerung des Ausbaus erneuerbarer Energien und Netze – Gestaltung der Energiewende/Flächenvorsorge für erneuerbare Energieträger

Um die Ziele der Energiewende zu erreichen, ist die Raumplanung mit beträchtlichen Flächenbedarfen und damit Flächenkonkurrenzen zu anderen Nutzungen konfrontiert. Der Flächenbedarf für erneuerbare Energien wie Biomasse, Wasserkraft, Solarenergie und Windenergie umfasst die Energieproduktion, Energiespeicherung und Energietransporte und -verteilung. Je nach Energieträger ist er mit unterschiedlichen Flächeninanspruchnahmen und Umweltwirkungen verknüpft. So bringen aktuell großflächige Photovoltaik-Freilandanlagen eine besonders hohe Flächennachfrage nach meist landwirtschaftlichen Flächen mit sich, der weitere Ausbau der Wasserkraft ist mit kritischen Eingriffen in hochwertige Fluss- und Bachökosysteme verbunden und Windkraftanlagen verändern das Landschaftsbild wesentlich.

Erneuerbare Energieträger und ihre begleitenden Infrastrukturen wie Anlagen und Versorgungsnetze sind unmittelbar raumrelevant und erzeugen neuen Druck auf räumliche Ressourcen. Zur optimalen Nutzung der Potenziale zur Energieerzeugung wie auch zur Minimierung von Nutzungskonflikten ist eine langfristige planerische Steuerung und Sicherung von Flächen notwendig. Die Auswahl optimaler Standorte muss zur langfristigen Sicherung der Potenziale und Reduktion negativer Umweltfolgen auf überörtlicher Ebene erfolgen, auch wenn die Umsetzung zumeist auf der lokalen Ebene erfolgt. Bei der räumlichen Steuerung des Ausbaus erneuerbarer Energien und ihrer Netze steht die Raumplanung vor der Herausforderung, die Flächen und Standorte mit der besten Eignung zu ermitteln und auszuwählen, die benötigten Flächen für Produktions- und Speicherstandorte sicherzustellen sowie bei Nutzungskonflikten zu vermitteln und zwischen unterschiedlichen Flächenansprüchen auszugleichen (Akademie für Raumforschung und Landesplanung, 2009; Dollinger, 2010; Hiess et al., 2021). Zur Minimierung der Nutzungskonflikte haben „Etagenwirtschaften" erneuerbarer Energien besonderes Potenzial, etwa in der Kombination aus Windkraft, Biomasse, Geothermie und Solarenergie (Dumke, 2020).

19.4 Akteur_innen und Institutionen

Raumordnungspolitik und Klimapolitik leiden unter einer ähnlichen Problematik bei ihrer Umsetzung: Trotz empirischer Fakten über die Kosten und insbesondere langfristigen Folgekosten von Entscheidungen, wie beispielsweise Zersiedlung, finden diese keinen oder nur geringen Niederschlag bei den politischen Entscheidungsträger_innen. Flächensparende Bauweisen werden zumeist nur bei bereits extremer

Flächenknappheit und damit einhergehenden hohen Baulandkosten angewendet. Man kann diesbezüglich von einer „evidence-ignoring policy" sprechen (Dollinger, 2010; Schindegger, 2012). Es braucht einen verstärkten Druck aus der kritischen Öffentlichkeit auf die Politik, um eine größere Akzeptanz der notwendigen Maßnahmen der Raumplanung in der Politik zu erreichen. Dazu ist – im Zuge von Bewusstseinsbildung und Öffentlichkeitsarbeit – die Aufbereitung von Forschungsergebnissen notwendig (Dollinger, 2010; Schindegger, 2012). Darüber hinaus muss sich Raumplanung als *„Mittel zur selektiven, aber gezielten Durchsetzung mehrheitsfähiger allgemeiner Grundsätze verstehen und darstellen"* (Schindegger, 2012, S. 167).

Damit die Raumplanung in der Lage ist, klimaverträgliche räumliche Strukturen zu schaffen und die Anpassung an den Klimawandel zu unterstützen, müssen Klimaaspekte in der Planung integral berücksichtigt werden. Die Kernkompetenzen der Raumplanung wie die interdisziplinären Herangehensweisen, die Integration unterschiedlicher Sektoren und ebenenübergreifende Zusammenarbeit gewinnen unter dem Aspekt des Klimawandels an Bedeutung (Bundesamt für Raumentwicklung ARE, 2013).

19.4.1 Das vorhandene Raumplanungsinstrumentarium zur Nutzungs- und Standortplanung konsequent zielorientiert einsetzen

Die Österreichischen Raumordnungskonferenz (ÖROK) sieht für das Österreichische Raumentwicklungskonzept (ÖREK) 2030 die Verpflichtung, „Klimaschutz und Klimawandelanpassung als Priorität für die Raumentwicklung und Raumordnung der nächsten Jahre zu sehen. Die Bewältigung der Klimakrise stellt eine Transformationsaufgabe dar, die alle politischen und administrativen Ebenen, alle Sektoren und alle Räume betrifft" (Österreichische Raumordnungskonferenz, 2021, S. 42).

Die ÖROK selbst hat keine Umsetzungsinstrumente. Diese liegen im Kompetenzbereich des Bundes (im Rahmen seiner Fachplanungskompetenz), der Länder, der Regionen und Gemeinden. Darüber hinaus setzen sich räumliche Wirkungen aus einer Vielzahl von Einzelentscheidungen zusammen, die oft erst nach längerer Zeit in ihrer Summe spürbar werden. Dann ist es jedoch nur mehr schwer möglich, unerwünschte räumliche Entwicklungen rückgängig zu machen und die Konsequenzen kostenaufwendig zu kompensieren. Eine klimaverträgliche Raumentwicklung muss also eine langfristige, generationenübergreifende Perspektive verfolgen (Österreichische Raumordnungskonferenz, 2021).

Der Klimawandel als Querschnittsaufgabe soll in Planungsprozesse, Planungsinstrumente und räumliche Strategien auf allen Planungsebenen aufgenommen werden. Mit Climate Proofing sollen räumliche Festlegungen auf ihre Wirksamkeit und Reaktionsfähigkeit bezüglich Klimawandel überprüft werden (Pitha et al., 2013). Aufgrund der großen Unsicherheit der Auswirkungen des Klimawandels ist es wesentlich, resiliente Raumstrukturen zu entwickeln, die sich unter verschiedenen Rahmenbedingungen bewähren, wie beispielsweise Außenräume in Siedlungsgebieten, die sowohl bei Kälte als auch bei Hitze eine gute Aufenthaltsqualität bieten. Die Widerstands- und Anpassungsfähigkeit von Strukturen, Prozessen und Systemen ist zu fördern. No-regret-Strategien, strategische Planungen, die weder jetzt noch zukünftig negative Auswirkungen erzeugen, spielen eine wichtige Rolle (Bundesamt für Raumentwicklung ARE, 2013).

Lernfähige, flexible Planungsprozesse, die gut auf Veränderungen reagieren können, sind im Umgang mit der Unsicherheit in Bezug auf den Klimawandel wesentlich. Dabei ist das kontinuierliche Lernen aus Ereignissen und eine ausreichende Flexibilität für Veränderungen notwendig. Planungsgrundlagen und Planungsaussagen müssen regelmäßig überprüft und wenn notwendig angepasst werden. Die Raumplanung muss mehr als schrittweise vorgehender, anpassungsfähiger Prozess angelegt werden und verschiedene mögliche langfristige Entwicklungen berücksichtigen (Bundesamt für Raumentwicklung ARE, 2013).

Gemäß der Empfehlung der ÖROK zu „Flächensparen, Flächenmanagement & aktive Bodenpolitik" ist es für eine wirkungsvolle örtliche Raumplanung wesentlich, die für die Planungspraxis zentralen Instrumente des Flächenmanagements in der örtlichen Raumplanung – örtliche Entwicklungskonzepte und Flächenwidmungspläne – zu konkretisieren und zu verdichten. Für die langfristigen Vorgaben im örtlichen Entwicklungskonzept bedeutet dies eine Festlegung von Mindestinhalten wie eine verpflichtende Baulandbedarfsabschätzung nach standardisierten und in den regionalen Kontext eingebetteten Modellen, an den Zielen des Flächensparens orientierte Aussagen zur Entwicklung des Siedlungs- und Freiraums, die Festlegung von Bereichen, die von jeglicher Bebauung freizuhalten sind, wie z. B. landwirtschaftliche oder ökologische Vorrangflächen, sowie strategische Festlegungen über Bebauungsstrukturen und die baukulturelle Entwicklung [Kap. 4].

Im Bereich der Flächenwidmungsplanung wird die Anwendung von restriktiven Kriterien im Umgang mit Neuwidmungen gefordert und im Sinne von kompakten Baulandwidmungen die räumliche Anbindung von neuem Bauland an bestehende Siedlungsgebiete. Baulandausweisungen sollen nur erfolgen, wenn keine geeigneten und verfügbaren innerörtlichen Baulandreserven bestehen. Zur Reduktion des Baulandüberhanges sollen für unbebautes Bauland Regelungen geschaffen werden, die nach einem bestimmten Zeitraum Rückwidmungen, die durch kommunale Planungsinteressen begründet sind, ermöglichen bzw. baulandmobilisierende Maßnahmen vorschreiben. Weiters sollte in Flächenwidmungsplänen die Festlegung von Freihaltegebieten im Grünland, die ein Bauverbot bewirken, ermöglicht werden (Kanonier & Schindelegger, 2018c; ÖROK, 2017).

Bodenpolitische Instrumente zur Baulandmobilisierung, wie z. B. Raumordnungsverträge, befristete Widmungen, Investitionsabgaben oder vorgezogene Aufschließungs- und Erhaltungsbeiträge, finden sich in unterschiedlichen Ausprägungen in allen jüngeren Novellen der Raumordnungsgesetze (Zech, 2021). Zum Bremsen der Zentrifugalwirkung von Handelsagglomeration, Gewerbezonen, Freizeittempeln und Logistikzentren für den Onlinehandel am Ortsrand ist auch eine Novellierung der Raumordnungsgesetze, wie beispielsweise in Tirol und Vorarlberg, zur Unterstützung notwendig (*RIS – Raumordnungsgesetz 2016 – TROG 2016, Tiroler – Landesrecht konsolidiert Tirol, Fassung vom 28.10.2021*, o.J.). Die Errichtung von Einkaufszentren und Supermärkten soll nur in Stadt- und Ortskernen oder als Nachnutzung von bestehenden Einkaufszentren möglich sein und die dazugehörigen Parkplätze nicht ebenerdig, sondern unterirdisch oder gestapelt zugelassen werden (Zech, 2021).

Im Rahmen der überörtlichen Raumordnung der Länder sind verstärkt langfristige Planungsstrategien, in denen ordnungs- und entwicklungspolitische Maßnahmen zum Flächensparen wirkungsvoll und in Kooperation mit den Gemeinden kombiniert werden, umzusetzen. Beispiele dafür sind die Konkretisierung übergeordneter Raumordnungsziele zum Flächensparen, die österreichweite Festlegung von Baulandgrenzen für Gebiete mit hohem Baulandwidmungsdruck in regionalen Raumplänen, die Entwicklung von Modellen für die regionale Verteilung des Flächenbedarfes sowie die überörtliche Festlegung von Mindestdichten und Mindestanteilen an flächensparenden Bauformen für eine qualitativ hochwertige Verdichtung (ÖROK, 2017) [Kap. 11, 4].

19.4.2 Unterschiedliche Akteur_innen (Politik, Verwaltung, Wirtschaft und Zivilgesellschaft) und Bürger_innen über informelle Instrumente und Planungsprozesse einbinden

Die Umsetzung einer klimaverträglichen Raumplanung erfordert ein gemeinsames Handeln unterschiedlicher Akteure_innen und Politiken. Dabei kommt der Raumplanung in fach- und ebenenübergreifenden Gremien und politischen Prozessen eine wichtige Rolle zu. Politik, Verwaltung und die Öffentlichkeit müssen umfassend informiert und sensibilisiert werden, um das Problembewusstsein für den Klimawandel und die Akzeptanz von Maßnahmen zu erhöhen (Bundesamt für Raumentwicklung ARE, 2013).

Jeder hat im Alltagshandeln Einfluss auf die Entwicklung des Raumes. Alle, die im Raum agieren, Investor_innen, Unternehmer_innen, Dienstleister_innen, Infrastrukturanbieter_innen und die verschiedenen zivilgesellschaftlichen Gruppen, beeinflussen seine Entwicklung ebenso wie die öffentlichen Akteur_innen EU, Bund, Länder, Gemeinden. Eine integrierte räumliche Entwicklungsplanung erfordert dementsprechend zusätzlich zu einer breiten fachlichen Integration die Integration vielfältiger Akteur_innen in den Prozess (Heinig, 2022; Selle, 2005). Für eine erfolgreiche Beteiligung ist ein Trialog zwischen Politik, Verwaltung und Öffentlichkeit notwendig. Dadurch können die Interessen und Zielkonflikte unterschiedlicher Akteursgruppen transparent gemacht und gemeinsame Lösungsmöglichkeiten und ein Interessenausgleich ausgehandelt werden (Heinig, 2022). Partizipation kann unterschiedlich ausgestaltet sein. Sie reicht von Information über Konsultation und Mitwirkung bis zu Mitentscheidung (Heinig, 2022; Madner, 2015; Zech, 2015).

In diesem breiten Spektrum von einer kommunikationsorientierten bis zu einer kooperativen Planung sind der „Kern qualitätsvoller Partizipation ... ernst gemeinte, offene und lebendige Prozesse, die transparent und fair aufgesetzt sind und Interessierte und Betroffene zu Beteiligten werden lassen" (Zech, 2015, S. 253). Prozesse mit einer klimapolitischen Zielsetzung, die grundlegende strukturelle Veränderungen notwendig machen, müssen so gestaltet sein, dass sie auf Kooperation und Mitbestimmung ausgerichtet sind (Madner, 2015). Dazu müssen den Beteiligten die Komplexität der jeweiligen Aufgabe zugemutet und auch Widersprüche thematisiert werden, um eine Auseinandersetzung mit der Realität zu ermöglichen (Selle, 2017). Ein Schlüssel für eine integrierte räumliche Entwicklung ist die Koproduktion, also das koordinierte und gleichberechtigte Handeln von öffentlichen, privatwirtschaftlichen und zivilgesellschaftlichen Akteur_innen. In der Umsetzung ist Koproduktion oft ein Balanceakt bei der Verknüpfung ihrer Prinzipien mit der repräsentativen Demokratie und der hierarchisch organisierten Verwaltung. Denn Koproduktion bedeutet, Verantwortung für den Raum auf Basis vereinbarter Ziele zu teilen und wahrzunehmen (Heinig, 2022) [Kap. 11].

19.4.3 Die Koordinationsaufgaben der Raumplanung forcieren

Zur Umsetzung von klimafreundlichen räumlichen Strukturen ist die Abstimmung zwischen sektoralen Zielen von Fachplanungen und räumlichen Zielen sowie Zielen für den Klima- und Biodiversitätsschutz und die Anpassung an den Klimawandel notwendig. Da es in Österreich keine Rahmengesetzgebung des Bundes und keine Bundesraumordnung gibt, muss diese Koordination durch die Raumplanung auf Ebene der Länder, Regionen und Gemeinden erfolgen (Österreichische Raumordnungskonferenz, 2021).

Das Ziel, klimafreundliche Strukturen zu schaffen, ist nicht in allen raumrelevanten Fachplanung gleichermaßen stark verankert. Fachplanungen sind häufig einzelobjektbezogen, sie dienen primär der Planung und Errichtung eines konkreten Objektes. Wenn sich unterschiedliche Fachplanungen auf den gleichen Raum beziehen, können Nutzungskonflikte entstehen. Nahezu jede Fachplanung erzeugt Spillover-Effekte, also Wirkungen, die außerhalb des Gebietes der planenden Instanz anfallen. Negative Spillover-Effekte sind insbesondere problematisch, wenn Fachplanungen nur auf das fachliche Eigeninteresse ausgerichtet sind und Wirkungen auf andere Raumnutzungsinteressen, andere Fachplanungen und Gebietskörperschaften ausblenden.

Die Raumplanung ist gefordert, ihre Koordinationsaufgaben verstärkt wahrzunehmen, einen Ausgleich zwischen den konkurrierenden Ansprüchen an den Raum herzustellen und Fachplanungen überfachlich zu steuern. Zur Erfüllung der Koordinationsfunktion muss die Raumplanung Konfliktfelder frühzeitig erkennen, diese zur Sensibilisierung der Politik sichtbar machen und Vorschläge und Konzepte zur Lösung der Konfliktsituationen in einer integrierte Raumentwicklungskonzeption erarbeiten (Einig, 2011).

In der sektorübergreifenden Koordination ist es wichtig, die Raumwirksamkeit sektoraler Strategien und Planungen zu prüfen und räumliche Ziele frühzeitig zu integrieren. Umgekehrt sind die Anliegen der Fachplanungen in die Verfahren und Pläne der Raumplanung aufzunehmen (Österreichische Raumordnungskonferenz, 2021).

19.4.4 Die Sektoralplanungen (insbesondere Verkehrssystemplanung, Tourismus, Wasserbau) und Förderungen (insbesondere Wohnbauförderung und Wirtschaftsförderung) verpflichten, die räumlichen und damit mittelbaren klimarelevanten Wirkungen zu berücksichtigen

Wesentliche raumwirksame Fachplanungen fallen in Gesetzgebung und Vollziehung in die Zuständigkeit des Bundes. Fachplanungen des Bundes sind grundsätzlich durch die Bundesverwaltung, also die jeweils zuständigen Ministerien zu besorgen (Kanonier & Schindelegger, 2018c). In der aktuellen Regierungsperiode sind das insbesondere das Bundesministerium für Landwirtschaft, Regionen und Tourismus, das Bundesministerium für Klimaschutz, Umwelt, Energie, Mobilität, Innovation und Technologie, das Bundesministerium für Digitalisierung und Wirtschaftsstandort sowie das Bundesministerium für Finanzen (*RIS – Bundesministeriengesetz 1986 – Bundesrecht konsolidiert, Fassung vom 10.03.2022*, o.J.). Eine Vielzahl an Aufgaben ist jedoch in Gesellschaften im Eigentum des Bundes ausgelagert. Beispiele dafür sind die ASFINAG zur Planung, Finanzierung, Bau, Betrieb, Erhaltung und Bemautung der Bundesstraßen und die Via Donau zur Planung, Vergabe und Kontrolle der Wasserbauprojekte an den österreichischen Wasserstraßen (Kanonier & Schindelegger, 2018c).

Die Landesregierungen und Ämtern der Landesregierungen sind sowohl für die nominelle als auch für Teile der funktionellen Raumordnung verantwortlich, wobei hier insbesondere das Landesstraßenrecht und das Naturschutzrecht aus Sicht der Raumplanung von Interesse sind (Kanonier & Schindelegger, 2018c; Stöglehner, 2019). Besonders raumwirksame Sektorpolitiken des Bundes (z. B. Verkehr, Energie, Wasserbau, Rohstoffgewinnung, Umwelt- und Ressourcenschutz) (Stöglehner, 2019) sollten in einem „Raumverträglichkeitsscreening" kritisch geprüft werden, inwiefern sie eine klimaverträgliche Raumentwicklung durch den Einsatz ihrer Steuerungsinstrumente fördern oder behindern (Zech et al., 2016).

In Österreich ist eine Reihe von sektoralen Förderschienen (z. B. Wohnbauförderung, Pendlerpauschale, Wirtschaftsförderung, Tourismusförderung, Gemeindebedarfszuweisung) implizit raumwirksam, setzt sich jedoch nicht explizit mit dem Raum oder den räumlichen Auswirkungen der Förderungen auseinander. Dadurch bleibt nicht nur die Möglichkeit der räumlichen Steuerungswirkung durch finanzielle Anreize ungenutzt, es kann sogar zu einer Aufhebung der Effekte der einzelnen sektoralen Förderungen durch Querförderungen kommen. In einem Raumverträglichkeitscheck sollte die Raumwirksamkeit sektoraler Förderprogramme untersucht und dargestellt werden (Zech et al., 2016).

In der Wohnbauförderung gibt es erste Ansätze, die Qualität des Standortes in die Förderpolitik miteinzubeziehen. Seit der Reform der Salzburger Wohnbauförderung im Jahr 2015 ist die Höhe der Wohnbauförderung erstmals auch von Kriterien zur Standortqualität abhängig, die für die Gesamtenergieeffizienz der Gebäude relevant sind. Die Kriterien beziehen sich auf die Infrastruktur im Wohnumfeld der Bevölkerung, konkret auf die Anbindung an den öffentlichen Verkehr, den Nahbereich eines Lebensmitteleinzelhandlers und den Nahbereich einer Schule, einer Kinderbetreuungseinrichtung, einer Arztpraxis oder einer Apotheke, die im Umkreis von 1000 Metern Luftlinie vom Bauvorhaben vorhanden sein müssen, und auch an Qualitätskriterien der Infrastruktur, wie beispielsweise die Frequenztaktung im öffentlichen Verkehr, geknüpft sind (Madner & Grob, 2019a; Prinz et al., 2017; *RIS – Salzburger Wohnbauförderungsgesetz 2015 – Landesrecht konsolidiert Salzburg, Fassung vom 02.11.2021*, o.J.). Die Wohnbauförderung Tirol gewährt bei einem niedrigeren Grundverbrauch einen höheren Fixbetrag pro Quadratmeter förderbarer Nutzfläche (Land Tirol, 2021a, 2021b) [Kap. 4, 6]. Auch in bestehenden Fördermodellregionen wie beispielsweise KLAR! oder KEM bzw. LEADER-Strategien sind Aspekte der Raumentwicklung in Abstimmung mit den Ländern zu berücksichtigen (ÖREK 2030).

19.5 Handlungsmöglichkeiten und Gestaltungsoptionen

19.5.1 Das örtliche Raumplanungsinstrumentarium zur Nutzungs- und Standortplanung auf die Ebene von Regionen heben

„Damit die regionale Ebene im Bereich raumwirksamer Politikbereiche des Bundes stärker als bisher wirksam werden kann, braucht es eine intensivere Einbeziehung und Mitsprache sowie eine bessere institutionelle Verankerung und Ressourcenausstattung für die (Stadt-)Regionen." (Österreichische Raumordnungskonferenz, 2021, S. 128)

Die Region ist der wichtigste Bezugsraum der Menschen. Darum ist es wichtig, in regionalen Lebensräumen zu denken, zu planen und zu handeln und die regionale Ebene zu stärken. Die Herausforderungen des Klimawandels lassen sich nicht innerhalb von Gemeindegrenzen lösen. Insbesondere in den sich zumeist dynamisch entwickelnden Stadtregionen ist eine gleichberechtigte Kooperation der regionalen Zentren mit den Umlandgemeinden notwendig (Svanda & Hirschler, 2021).

Die überörtliche Raumplanung im Sinne einer abgestimmten räumlichen Entwicklung des gesamten Landes oder von Landesteilen fällt in den Aufgabenbereich der Länder, in einzelnen Ländern wie beispielsweise Salzburg auch ausdrücklich in den von Planungsregionen. Die Landespolitik nutzt ihre Steuerungskompetenz jedoch nur eingeschränkt, denn raumordnerische Vorgaben und Entscheidungen werden häufig auf die Gemeinden bzw. geförderte Gemeindekooperationen verlagert. Zum Handeln in regionalen Lebensräumen ist es wesentlich, Stadtregionen auf Ebene der Landesplanung (überörtliche Raumplanung der Länder – Landesraumordnungsprogramme/Landesentwicklungskonzepte) als Handlungsräume zu fixieren. Dazu gehören die räumliche Definition und die Festlegung von Entwicklungszielen und Maßnahmen (Zech et al., 2016).

In der stadtregionalen Kooperation werden in der Ausstattung mit planerischen Ressourcen (Personen, Planungswerkzeuge, Planungsbudgets) Ungleichgewichte zwischen der Kernstadt und den Umlandgemeinden deutlich. Für eine abgestimmte Planung „auf städtischem Niveau", wie es die räumlichen Qualitäten und Herausforderungen in der Stadtregion erfordern, ist die Bildung von Planungs- und Verwaltungsgemeinschaften sinnvoll (Zech et al., 2016).

Die Unterstützung von interkommunalen und regionalen Planungsaktivitäten durch die Länder durch eine anteilige oder gänzliche Übernahme der Planungskosten oder die Bereitstellung von Planungsexpertise aus der Landesverwaltung leistet einen wichtigen Beitrag, um stadtregionale Planungsaufgaben grenzüberschreitend zu bearbeiten. Planungs- und Verwaltungsgemeinschaften wie beispielsweise eine gemeinsame Bauverwaltung können Fachkompetenzen bündeln (Zech et al., 2016).

19.5.2 Eine neue Governancekultur in räumlichen Planungsprozessen etablieren

Klimawandelanpassung erfordert eine Mischung aus hoheitlichen Instrumenten und Governance-Strukturen. Sie lässt sich nicht „von oben" verordnen und es gibt auch keine Patentrezepte. Der notwendige rechtliche Rahmen muss sowohl den Anspruch auf Rechtssicherheit erfüllen als auch ausreichende Flexibilität ermöglichen, um adäquat und zeitnah auf Veränderungen reagieren zu können. Weiters müssen bestehende Regelungen und Prozesse bezüglich ihrer Wirkung auf Klimawandelanpassungsmaßnahmen geprüft und dementsprechend angepasst werden. Die Vielschichtigkeit und Komplexität der Klimawandelanpassung benötigt an den Kontext angepasste Lösungen, die nur mit der Beteiligung lokaler Akteur_innen entwickelt und umgesetzt werden können (Baasch & Bauriedl, 2012).

Das Handlungsprogramm des ÖREK 2030 sieht als eine wesentliche Säule zur Umsetzung seiner Ziele die Weiterentwicklung der vertikalen und horizontalen Governance. Die konkrete Ausgestaltung der Grundsätze der Klimaverträglichkeit und Nachhaltigkeit, der Gemeinwohlorientierung und der Gerechtigkeit erfordern Abwägungs- und Aushandlungsprozesse. Dabei kommt auch der Mitwirkung an europäischen Strategien und Prozessen eine wichtige Rolle zu. Auf horizontaler Ebene ist eine Abstimmung zwischen räumlichen und sektoralen Planungen notwendig, da es in Österreich keine Rahmengesetzgebung des Bundes bzw. keine Bundesraumordnung zur Koordination gibt. Bei der vertikalen Abstimmung zwischen den Gebietskörperschaften Bund – Länder – Gemeinden liegt ein besonderes Augenmerk auf der (stadt-)regionalen Handlungsebene, da die aktuellen Herausforderungen der Raumentwicklung immer weniger auf der lokalen Ebene bewältigt werden können. Die Bedeutung der raumordnungsrechtlich und institutionell lange schwach verankerten (stadt-)regionalen Handlungsebene hat sich im letzten Jahrzehnt stark vergrößert und ihre Professionalisierung verbessert (Österreichische Raumordnungskonferenz, 2021).

Österreichs Stadtregionen nutzen bereits eine Reihe von Planungsinstrumenten und Plattformen, die auf räumliche Entwicklung und interkommunale/regionale Kooperation ausgerichtet sind. Der Trend geht von formalisierten Plänen und Verfahren hin zu kommunikations- und prozessorientierten Arbeitsweisen mit dementsprechend unterschiedlichen Verbindlichkeiten der Planungsergebnisse von Verordnungen über Beschlüsse, Kooperationsvereinbarungen und Absichtserklärungen bis zu Kenntnisnahmen mit geringer Verbindlichkeit. Für die Vorgehensweise und Spielregeln stadtregionaler Zusammenarbeit gibt es kein einheitliches Patentrezept. In den Stadtregionen gibt es in zahlreichen Bereichen gute Erfahrungen mit informellen Planungsprozessen. Bei „harten" Themenbereichen (z. B. Betriebsansiedlung, Baulandkontingente, Verkehrserzeugung) und sehr unterschiedlichen Ausgangspositionen zeigen sich jedoch die Grenzen der freiwilligen Zusammenarbeit (Zech et al., 2016) [Kap. 12].

19.5.3 Sektoralplanungen verpflichten, zu klimafreundlichen räumlichen Strukturen beizutragen

Sektoralplanungen (Fachplanungen) sind raumwirksam, wenn durch sie Raum in Anspruch genommen oder die räumliche Entwicklung oder Funktion eines Gebiets beeinflusst wird (Runkel, 2018). Dies betrifft den Großteil der auch als „funktionelle Raumplanung/Raumordnung" (Kanonier & Schindelegger, 2018c) bezeichneten Planungsagenden des Bundes und der Länder: Bundes- und Landesstraßen, Eisenbahnen, Luftfahrt, Starkstromwege, Rohrleitungen, Abfallwirtschaft, Wasserrecht, Forstwesen, Landwirtschaft, Naturschutz, Tourismus u. a. m.

„Viele Fachplanungen, beispielsweise die Verkehrsplanung, sind nicht nur mit umfangreichen Haushaltsmitteln ausgestattet, sondern haben auch eine größere politische Macht. Das Verhältnis zwischen der Raumplanung und den raumbedeutsamen Fachplanungen ist daher äußerst komplex. So kann grundsätzlich als längerfristiger Trend eine wachsende Eigenständigkeit der Fachplanungen konstatiert werden, die sich gegen den Koordinierungsanspruch der Raumplanung als sektorübergreifende Gesamtplanung wehren, sodass viele horizontale Koordinierungsprobleme im Raum ungelöst bleiben." (Danielzyk & Münter, 2018, S. 1937)

So lässt sich aus der Perspektive der Verkehrsplanungslehre zwar sagen, dass sich die Verkehrsplanung von einer sektoralen Fachplanung, verstanden als nachfrageorientierte Anpassungsplanung zur Konzeption und Dimensionierung von Verkehrsanlagen und -angeboten, hin zu einer komplexen zielorientierten integrierten Verkehrsplanung entwickelt hat. Dieser theoretische Anspruch schlägt sich aber nicht immer in der Praxis nieder, „da traditionelle sektorale Sichtweisen in Linienorganisationen der Verwaltungen und die Präferenzen der politischen Entscheidungsträger häufiger zu einseitigen Ergebnissen aus fachtechnischer und/oder politischer Sicht führen" (Ahrens, 2018, S. 2806). Während in den österreichischen Raumplanungsdokumenten die Fachplanungen des Bundes und der Länder (z. B. Trassenkorridore) ersichtlich zu machen sind, ist umgekehrt die Möglichkeit, auf Fachplanungen einzuwirken, gering. Die in Deutschland in vielen Fachplanungsgesetzen enthaltenen „Raumplanungsklauseln, denen zufolge die Fachplanungen Ziele und Grundsätze der Raumordnung zu beachten bzw. zu berücksichtigen haben" (Danielzyk & Münter, 2018, S. 1937), sind in Österreich nicht vorzufinden. Als Kompensation für die fehlende Rahmengesetzgebung des Bundes bzw. koordinierende Bundes-Raumordnung braucht es „eine intensive Abstimmung zwischen räumlichen und sektoralen Planungen" (Österreichische Raumordnungskonferenz, 2021, S. 123). Dabei kommt der „Abstimmung zwischen Sektorzielen, räumlichen Zielen und Zielen für den Klima- und Biodiversitätsschutz sowie die Anpassung an den Klimawandel" eine besondere Rolle zu (Österreichische Raumordnungskonferenz, 2021, S. 123) [Kap. 11].

Über ein Berücksichtigungs- und Abstimmungsgebot hinaus geht die Forderung, Sektoralplanungen dazu zu verpflichten, zu klimafreundlichen räumlichen Strukturen beizutragen. Als Vorbild sei hier das Schweizer Programm „Agglomerationsverkehr" genannt: Die Mitfinanzierung bei Infrastrukturen durch den Bund erfolgt nur dann, wenn die Maßnahmen die Qualität des Verkehrssystem verbessern, die Siedlungsentwicklung nach innen fördern, die Verkehrssicherheit erhöhen und die Umweltbelastung und den Ressourcenverbrauch vermindern (Eidgenössisches Departement für Umwelt, Verkehr, Energie und Kommunikation UVEK & Bundesamt für Raumentwicklung ARE, 2020).

19.5.4 Ein Förderprogramm für Energieraumplanung österreichweit einzuführen

Österreich hat sich im aktuellen Regierungsprogramm das Ziel gesetzt, die Produktionskapazitäten für erneuerbare Energie bis zum Jahr 2030 um insgesamt 27 Terawattstunden (TWh) auszubauen. Davon soll ein Anteil von 40 Prozent auf Photovoltaik entfallen (*RIS – Erneuerbaren-Ausbau-Gesetz – Bundesrecht konsolidiert, Fassung vom 02.11.2021*, o.J.). Weder das Regierungsprogramm noch das Erneuerbaren-Ausbau-Gesetz (EAG) geben Auskunft über die quantitative Aufteilung zwischen gebäudegebunden Anlagen und Freiflächenanlagen. Aktuelle Studien gehen von einem Freiflächenanteil von etwa 50 Prozent aus, was einem Flächenbedarf von 75 bis 100 km^2 für den Ausbau von Photovoltaikanlagen auf Freiflächen bis zum Jahr 2030 entspricht. Eine verbindliche Aufteilung des Ausbaukontingents auf die Bundesländer existiert nicht. Diese Unschärfen der nationalen Strategie lassen Nutzungskonflikte befürchten. Wesentlich wäre es, die Energieausbauziele auf Landesebene verbindlich zu machen, da eine fehlende räumliche Zuordnung auf die einzelnen Planungsträger (Länder und Gemeinden) die Steuerung auch durch das Raumordnungsinstrumentarium schwieriger macht (Koscher, 2021b).

Die Wirkungen von Photovoltaik-Freiflächenanlagen auf Fläche und Raum können standortbezogen über die Art der Ausgestaltung und die Größe der Anlage sowie über Ausgleichs- und Begleitmaßnahmen mit einem geeigneten Instrumentarium gut gesteuert werden. Dazu braucht es ein umfassendes, stringentes Instrumentarium von der strategischen Ebene bis zur Gestaltung des Einzelobjektes. Zur Optimierung der Entwicklung von Photovoltaik-Freiflächenanlagen unter sozialen, ökologischen, technischen und ökonomischen Gesichtspunkten ist ein dreigliedriger Steuerungsansatz – Mengensteuerung, Standortsteuerung und qualitative Steuerung – notwendig. Ausgehend von einer quantifizierten Zielsetzung und Zuteilung auf die Planungsträger können Regularien zu Auswahl und Bewertung geeigneter Standorte sowie standort- und anlagenspezifische qualitative Standards für eine raumverträgliche Umsetzung festgelegt werden (Koscher, 2021a).

Auch für die räumliche Verteilung von Windkraftanlagen erscheint, angesichts der unterschiedlichen gesetzlichen Regelungen in den einzelnen Bundesländern, ein verbindliches Windkraftkonzept auf Bundesebene im Sinne einer Rahmenplanung sinnvoll, um den „energy sprawl" durch vertikale und horizontale Nachverdichtung der Windkraftanlagen zu reduzieren (Dumke, 2020).

Im Bereich der Energieraumplanung, die als „jener integraler Bestandteil der Raumplanung, der sich mit der räumlichen Dimension von Energieverbrauch und Energieversorgung umfassend beschäftigt" (Stöglehner et al., 2014, S. 9) definiert wird, hat die ÖREK-Partnerschaft „Energieraumplanung" als eine prioritäre Handlungsempfehlung die stufenweise Integration von räumlichen Energie- und Mobilitätskonzepten in die überörtlichen und örtlichen Planungsinstrumente vorgeschlagen (Stöglehner et al., 2014). Die Energierichtplanung in der Schweiz bietet ein Beispiel für die Integration von Raumplanung und Energieplanung. Die Energieplanung weist geeignete Gebiete in Plänen aus, die als Entscheidungsgrundlage für die Raumplanung dienen (Madner & Parapatics, 2016). In Österreich kommt den Bundesländern eine Schlüsselrolle bei der Integration der Energieraumplanung in bestehende Prozesse der Raumplanung zu. In Wien, der Steiermark und Salzburg bestehen bereits etablierte Prozesse zur Berücksichtigung von energie- und klimaschutzbezogenen Fragestellungen in hoheitlichen Planungsprozessen (Madner & Parapatics, 2016; Rehbogen et al., 2021). Ein österreichweites Förderprogramm für Energieraumplanung fehlt.

19.5.5 Fiskalische Instrumente reformieren (z. B. Finanzausgleich), klimaschädliche Subventionen abschaffen (z. B. Pendlerpauschale) und klimanützliche Abgaben (z. B. Leerstandsabgabe) und Anreize (z. B. Entsiegelungsprämie) einführen

„Auch wenn die Raumordnung bedeutende Instrumente und Maßnahmen zum sorgsamen Umgang mit Grund und Boden vorsieht, sind wesentliche Steuerungsmöglichkeiten durch andere Materien geregelt (z. B. Finanzverfassung, Wohnbauförderung, Grundverkehr, Infrastrukturplanung). Dementsprechend sind in allen planungsrelevanten Fach- und Rechtsmaterien die Ziele des Flächensparens durchgängig zu berücksichtigen." (ÖROK, 2017, S. 14)

Raumstrukturen werden – über das Raumordnungs- und Baurecht hinaus – von vielen unterschiedlichen Rechtsmaterien, Vorschriften, Abgaben, Förderungen und Anreizen gestaltet. In diesen Materien werden bei (Neu-)Regelungen negative Wirkungen auf die Raumstruktur oft nicht ausreichend bedacht („Raumblindheit") oder sogar in Kauf genommen und somit kontraproduktive Rahmenbedingungen geschaffen. Beispiele dafür sind die Kommunalsteuer, die den Wettbewerb der Gemeinden um Ansiedlungen (auf der grünen Wiese) fördert, das Pendlerpauschale mit seiner Anreizwirkung zur flächenhaften Zersiedelung sowie die Wohnbauförderung, die ihre Förderkriterien zu wenig auf sparsame Flächeninanspruchnahme und Sanierung des Bestandes ausrichtet (Plattform Baukulturpolitik & Forschungsinstitut für Urban Management und Governance, 2021).

Der Finanzausgleich gemäß Finanzausgleichsgesetz sowie die diversen länderinternen Transfers und Umlagen berücksichtigen Wechselwirkungen mit der räumlichen Entwicklung nicht oder nur unzureichend, der Finanzausgleich wird daher als „raumblind" bezeichnet (Bröthaler, 2020; Mitterer & Pichler, 2020; Zech et al., 2016).

Zur Reduktion der Raumblindheit im Finanzausgleich werden vom KDZ Zentrum für Verwaltungsforschung eine stärkere Berücksichtigung von raumpolitischen Zielsetzungen im Finanzausgleich sowie das Mitbedenken von Raumwirkungszielen bei der Ausgestaltung der Finanzströme (z. B. Wohnbau, Verkehr, Bildung, Soziales) als mögliche Lösungen vorgeschlagen. Weiters sollte eine Steuerungsebene „Kleinregionen" implementiert (z. B. Stärkung kleinregionaler Zentren im ländlichen Raum, Abstimmen und Sicherstellen der Dienstleistungen und Infrastrukturen innerhalb der Region), interkommunale Kooperationen und Gemeindezusammenlegungen gefördert und Anreize für Kooperationen im Stadt-Umland-Bereich geschaffen werden. Bei einem raumbezogenen Lastenausgleich, mit dem auf besondere Aufgabenbedarfe aufgrund unterschiedlicher externer Rahmenbedingungen (z. B. zentralörtliche Funktion, soziodemografische oder geografisch-topografische Rahmenbedingungen) reagiert werden kann, können beispielsweise regionale Versorgungsfunktionen von Zentren berücksichtigt werden. Mit dem Ressourcenausgleich soll die Finanzkraft besonders finanzschwacher Gemeinden gestärkt und finanzkräftiger Gemeinden teilweise abgeschöpft werden (Mitterer et al., 2016; Mitterer & Pichler, 2020).

In Österreich ist rein rechnerisch auf Jahrzehnte hin genügend Bauland vorhanden, der Großteil ist jedoch nicht verfügbar. Baugrund wird als Wertanlage gehortet, zunehmend auch großflächig etwa von Industriellenfamilien und Immobilienanlegern. Für rund 800.000 Wohnungen in Österreich ist kein Hauptwohnsitz gemeldet, der dauerhafte

Leerstand bzw. Leerstand über den Großteil des Jahres (Nebenwohnsitze) ist beträchtlich (Statistik Austria, o.J.). Der Druck auf die Gemeinden, neues Bauland auszuweisen, steigt und für die Gemeinden ist es zunehmend schwieriger, aktive Bodenpolitik zu betreiben (durch Kauf, Tausch von Grundstücken). In den Bundesländern werden zwar eine Reihe von Maßnahmen zur Baulandmobilisierung genutzt, meist jedoch nur im Zusammenhang mit Neuwidmungen. Der bestehende Baulandüberhang bleibt unangetastet [Kap. 4]. Möglichkeiten über das Raumordnungsrecht sind mit Anpassungen in den Grundverkehrsgesetzen zu verknüpfen, aber auch mit finanzpolitischen Maßnahmen (z. B. Infrastrukturkostenbeitrag, Zweitwohnsitzsteuer, Leerstandsabgabe) (Doan, 2019). Insbesondere bei einem hohen Wohnungsdefizit sollen die gesetzlichen Möglichkeiten einer Leerstandsabgabe hinsichtlich Auswirkungen und Umsetzbarkeit geprüft werden (ÖROK, 2017). Die Einhebung einer Verkehrsanschlussabgabe von großen Verkehrserzeugern (z. B. Einkaufszentren, großen Betrieben) ist den Gemeinden bereits seit 1999 möglich (Eder, 2004), aufgrund rechtlicher Bedenken und der Standortkonkurrenz zwischen Gemeinden wird das jedoch nicht umgesetzt. Diese Abgabe würde die Möglichkeit bieten, Erschließungskosten mit Verkehrsträgern des Umweltverbundes zu finanzieren. Flächendeckende und verbindliche Regulierung auf (stadt-)regionaler Ebene können eine Steuerungswirkung entfalten. Die Abgabe könnte einmalig für die Errichtungskosten und laufend für die Betriebs- und Erhaltungskosten der Erschließung eingehoben werden (Zech et al., 2016).

Die Mehrwertabgabe als bodenpolitisches Instrument hat die Abschöpfung von Widmungsgewinnen, die durch raumplanerische Maßnahmen wie die Änderung von Flächenwidmungs- und Bebauungsplänen entstehen, zum Ziel. Die Wertsteigerung von Grundstücken durch erhöhte Nutzungsmöglichkeiten verbleibt in Österreich derzeit vollständig bei den Grundstückseigentümer_innen. Durch die Mehrwertabgabe kann ein Teil der widmungsbedingten Mehrwerte an die Allgemeinheit zurückgeführt und finanzielle Mittel, die für öffentliche Belange im Bereich der Raumplanung oder leistbares Wohnen zweckgebunden werden können, generiert werden (Mayr, 2018, 2020; Scholl, 2018).

Das deutsche Umweltbundesamt hat in einem Modellversuch mit 87 Kommunen vier Jahre lang den Handel mit Flächenzertifikaten getestet. Dabei wurde jeder Gemeinde nach Einwohner_innenzahl jährlich ein Kontingent an Zertifikaten für Neuwidmungen zugeteilt, die genutzt, gespart oder auf der Flächenbörse zwischen den Gemeinden gehandelt werden konnten. Ergebnis dieses Modellversuchs war eine deutlich stärkere Bautätigkeit in den Ortszentren, denn dafür waren keine Zertifikate notwendig, und eine Reduktion der Umwidmungen außerhalb der Zentren um die Hälfte (Umweltbundesamt, 2019). In Österreich ist ein Flächenzertifikatehandel nur mit Beteiligung aller Bundesländer sinnvoll. Ebenso ist übergeordnet darauf zu achten, dass in puncto Siedlungs- und Bevölkerungsentwicklung die richtigen Flächen bebaut werden (Sator, 2021). In Bayern erhalten Gemeinden im Rahmen der Förderinitiative „Flächenentsiegelung" mit einer Entsiegelungsprämie Unterstützung bei der dauerhaften Entsiegelung befestigter oder brachliegender Flächen und Aktivierung für neue Nutzungen (Bayerische Staatskanzlei, 2019).

In Österreich gibt es vereinzelte Projekte zur Flächenentsiegelung, beispielsweise durch die Schaffung von Grünstreifen beim Rückbau von Straßen (Anninger, 2022). Das Land Niederösterreich unterstützt Entsiegelungsmaßnahmen auf privaten Grundstücken und Parkplätzen mit einem Informationsangebot (Umwelt Gemeinde Service Niederösterreich, 2020). Der VCÖ – Mobilität mit Zukunft (vormals Verkehrsclub Österreich) sieht in den Verkehrsflächen das größte Potential zur Entsiegelung, da in Österreich ca. 1240 Quadratkilometer Verkehrsflächen versiegelt sind (VCÖ, 2021b). Um von einzelnen Best-Practice-Projekten zu einer flächendeckenden Umsetzung zu kommen, ist laut Raumplanerin Sibylla Zech ein Entsiegelungsprogramm auf Bundesebene inklusive einer entsprechenden Kampagne notwendig (Anninger, 2022).

19.6 Conclusio

Die Analyse von wissenschaftlichen Beiträgen, Fachpublikationen, Leitfäden und Konzepten der Raumplanung/Raumordnung macht deutlich, was evident ist: Eine von Bund, Ländern und Gemeinden ernst genommene, steuerungsfreudige Raumplanung/Raumordnung und neue Formen von Planungs- und Beteiligungsprozessen könnten maßgeblich zur Trendumkehr von klimaschädigenden zu klimafreundlichen Lebens- und Wirtschaftsweisen beitragen. Damit soll erreicht werden, dass kompakt und zugleich durchgrünt gebaut wird, um in der „Stadt und Region der kurzen Wege" klimaschonend unterwegs zu sein, um Leben in Stadt- und Ortskerne zu bringen und um Boden zu entsiegeln und rückzugewinnen. Es braucht (1) die Stärkung der Raumplanung in ihrer gemeinwohlorientierten Ordnungsfunktion: Wo sind Wohnen, Industrie und Gewerbe, Versorgung, Erholung und Freizeit sinnvoll und möglich und wie – dicht bebaut, durchgrünt, in welchem Nutzungsmix, mit welchen Mobilitätsangeboten etc. ausgestattet – sind sie auszugestalten. Und es braucht (2) eine Verpflichtung und neue Praxis der Sektoralplanungen und anderer raumbedeutsamen Politiken, um zu klimafreundlichen räumlichen Strukturen beizutragen bzw. solche nicht zu konterkarieren.

Besonders im Verkehrs- und Energiesektor mit ihrem hohen Raumbedarf gibt es großes Potenzial, um räumliche Strukturen im Sinne der Raumplanungs-/Raumordnungsgrundsätze und Raumordnungsziele so zu gestalten, dass damit ein klimafreundliches Raumverhalten von Personen, Haushalten und Unternehmen ermöglicht und gefördert wird (und nicht umgekehrt zu einem weiteren ressourcenverbrauchenden und Verkehr erzeugenden Auseinanderdriften der Nutzungen beigetragen wird).

Hinzu kommt die Empfehlung, bisher weitgehend „raumblinde" fiskalische Instrumente zu reformieren. Beispiele sind der Finanzausgleich, Bedarfszuweisungen, Pendlerpauschale, Immobilienertragssteuer, Wohnbauförderung und Wirtschaftsförderungen etc.

In der Praxis stößt man in der planenden Verwaltung der Länder, der Städte und Gemeinden und in regionalen Kooperationen sowie bei deren Auftragnehmer_innen (Planungsbüros) auf einen breiten Grundkonsens, dass Handlungsbedarf besteht. Das Spektrum der Lösungsansätze ist in verschiedenen Handreichungen (Leitfäden, Handbücher, Maßnahmenkatalogen und anschaulichen Materialien, wie beispielsweise im „KlimaKonkret Plan" (*KlimaKonkret – Unsere Städte und Gemeinden klimafit machen!*, o.J.)) verfügbar, wird aber im wissenschaftlichen Schrifttum wenig gewürdigt bzw. lediglich als „graue Literatur" eingeordnet. Auffällig ist bei der Recherche, dass die deutsch- und englischsprachigen wissenschaftlichen und Fachpublikationen, die Raumplanung/Raumordnung mit den Herausforderungen des Klimawandels verknüpfen, in den Jahren 2005 bis ca. 2013 sehr zahlreich waren, dann vor allem Strategiepapiere zum Klimaschutz und zur Klimawandelanpassung auffindbar sind und erst seit ca. 2019 der Literaturfundus wieder breiter wird. Entsprechende Literatur findet in manchen Planungsdokumenten, wie z. B. dem aktuellen Österreichischen Raumentwicklungskonzept mit dem Fokus „Den Wandel klimaverträglich und nachhaltig zu gestalten", Niederschlag (Österreichische Raumordnungskonferenz, 2021). Insgesamt wird das Potenzial der wissenschaftlichen Auswertung der grauen Planungsliteratur sowie des Standes der Planungspraxis noch wenig genutzt.

19.7 Quellenverzeichnis

Ahrens, G.-A. (2018). Verkehrsplanung. In *Handwörterbuch der Stadt- und Raumentwicklung* (S. 14).
Akademie für Raumforschung und Landesplanung. (2009). *Klimawandel als Aufgabe der Regionalplanung – Umwelt, Energie, Klimawandel.* https://shop.arl-net.de/mobilitat-energie-klima/klimawandel-als-aufgabe-der-regionalplanung.html
Anninger, L. (2022). *Entsiegelung: Wie aus Straßen und Parkplätzen wieder Natur wird.* DER STANDARD. https://www.derstandard.at/story/2000132518507/entsiegelung-wie-aus-strassen-und-parkplaetzen-wieder-natur-wird
ARL – Akademie für Raumentwicklung in der Leibniz-Gemeinschaft. (2021). *POSTWACHSTUM UND RAUMENTWICKLUNG Denkanstöße für Wissenschaft und Praxis* (Bd. 122).
Baasch, S., & Bauriedl, S. (2012). Klimaanpassung auf regionaler Ebene: Herausforderungen einer regionalen Klimawandel-Governance. *Raumforschung und Raumordnung*, 70. https://doi.org/10.1007/s13147-012-0155-1
Banko, G., & Weiß, M. (2016). *Gewidmetes, nicht bebautes Bauland.* 61.
Bayerische Staatskanzlei. (2019). *Förderung der Innenentwicklung und Flächenentsiegelung im Rahmen der Städtebauförderung – Bayerisches Landesportal.* https://www.bayern.de/foerderung-der-innenentwicklung-und-flaechenentsiegelung-im-rahmen-der-staedtebaufoerderung/
Bednar, A., & Österreichische Raumordnungskonferenz (Hrsg.). (2019). *Stärkung von Orts- und Stadtkernen in Österreich: Materialienband.* Geschäftsstelle der Österreichischen Raumordnungskonferenz.
Birkmann, J., Vollmer, M., Schanze, J., & Akademie für Raumforschung und Landesplanung (Hrsg.). (2013). *Raumentwicklung im Klimawandel: Herausforderungen für die räumliche Planung.* ARL, Akademie für Raumforschung und Landesplanung, Leibniz-Forum für Raumwissenschaften.
Bröthaler, J. (2020). Fiskalische Effekte des Bodenverbrauchs... *Oktober*, 6.
Bundesamt für Raumentwicklung ARE. (2013). *Klimawandel und Raumentwicklung: Eine Arbeitshilfe für Planerinnen und Planer.*
Bundesministerium für Land- und Forstwirtschaft, Umwelt und Wasserwirtschaft. (2010). *Österreichische Strategie Nachhaltige Entwicklung (ÖSTRAT) – ein Handlungsrahmen für Bund und Länder.*
Bundesministerium für Nachhaltigkeit und Tourismus. (2019). *Integrierter Nationaler Energie- und Klimaplan für Österreich 2021–2030.*
Bundesministerium für Verkehr, Bau und Stadtentwicklung. (2013). *Methodenhandbuch zur regionalen Klimafolgenbewertung in der räumlichen Planung.*
Campbell, H. (2006). Is the Issue of Climate Change too Big for Spatial Planning? *Planning Theory & Practice*, 7(2), 201–230. https://doi.org/10.1080/14649350600681875
Christ, M., & Lage, J. (2020). Umkämpfte Räume. Suffizienzpolitik als Lösung sozialökologischer Probleme in der Stadt. In *Postwachstumsstadt. Konturen einer solidarischen Stadtpolitik* (S. 184–203). oekom.
Danielzyk, R., & Münter, A. (2018). Raumplanung. In *ARL – Akademie für Raumforschung und Landesplanung (Hrsg.): Handwörterbuch der Stadt- und Raumentwicklung* (S. 1931 bis 1942).
Davy, B. (2021). *Raumplanung und räumliche Ungerechtigkeit.*
Die neue Volkspartei, & Die Grünen – Die Grüne Alternative. (2020). *Aus Verantwortung für Österreich. Regierungsprogramm 2020–2024.*
Diller, C. (2018). Raumordnung. In *Handwörterbuch der Stadt- und Raumentwicklung.*
Doan, N. (2019). Evaluierung des Einsatzes von Baulandmobilisierungsmaßnahmen in den österreichischen Bundesländern. *Der öffentliche Sektor*, 45(2), Article 2. https://doi.org/10.34749/oes.2019.3349
Dollinger, F. (2010). Klimawandel und Raumentwicklung Ist die Raumordnungspolitik der Schlüssel zu einer erfolgreichen Klimapolitik? *SIR-Mitteilungen und Berichte*, 34, S. 7–26.
Dumke, H. (2020). *Erneuerbare Energien für Regionen; Flächenbedarfe und Flächenkonkurrenzen.* TU Wien Academic Press. https://doi.org/10.34727/2020/isbn.978-3-85448-041-9
Eder, Ö. S., Boris. (2004, Januar 8). *DIE VERKEHRSANSCHLUSSABGABE NACH DEM ÖPNRV-G 1999.* Österreichischer Städtebund. http://www.staedtebund.gv.at/index.php?id=9141&tx_ttnews[tt_news]=106431&cHash=1635863513
Ehrlich, M. V., Hilber, C. A. L., & Schöni, O. (2018). Institutional settings and urban sprawl: Evidence from Europe. *Journal of Housing Economics*, 42, 4–18. https://doi.org/10.1016/j.jhe.2017.12.002

19.7 Quellenverzeichnis

Eidgenössisches Departement für Umwelt, Verkehr, Energie und Kommunikation UVEK & Bundesamt für Raumentwicklung ARE. (2020). *Richtlinien Programm Agglomerationsverkehr (RPAV)*.

Einig, K. (2011). Koordination infrastruktureller Fachplanungen durch die Raumordnung. *Forschungs- und Sitzungsberichte der ARL 235*, 24.

Ertl, K. (2010). *Der Beitrag der Raumordnung im Umgang mit dem Klimawandel unter besonderer Berücksichtigung der Situation in Bayern*. Fachgebiet Raumordnung und Landesplanung der Univ. Augsburg.

EspaceSuisse. (2021, Juni 24). *Raumplanung ist Klimaschutz*. EspaceSuisse. https://www.espacesuisse.ch/de/medienmitteilung/raumplanung-ist-klimaschutz

Feller, B., Gruber, R., Spindler, S., Gangoly, H., & Sollgruber, E. (2019). *Das Wachküssen der Innenstadt*.

Fleischhauer, M., & Bornefeld, B. (2006). Klimawandel und Raumplanung. *Raumforschung und Raumordnung, 64*(3), 161–171. https://doi.org/10.1007/BF03182977

Franck, E., Fleischhauer, M., Frommer, B., Büscher, D., & Sommerfeldt, P. (2013). Klimaanpassung durch strategische Regionalplanung? In *Raumentwicklung im Klimawandel – Herausforderungen für die räumliche Planung*. Hannover.

Giffinger, R., Berger, M., Weninger, K., & Zech, S. (2021). *Energieraumplanung – Ein zentraler Faktor zum Gelingen der Energiewende*. TU Wien. https://repositum.tuwien.at/handle/20.500.12708/16856

Giffinger, R., & Zech, S. (2013). Energiebewusste Raumentwicklung. In *Energie und Raum* (Bd. 20). Lit-Verlag.

Gruber, M., Kanonier, A., Pohn-Weidinger, S., & Schindelegger, A. (2018). *Raumordnung in Österreich und Bezüge zur Raumentwicklung und Regionalpolitik*. Geschäftsstelle der Österreichischen Raumordnungskonferenz (ÖROK).

Gruber, M., & Pohn-Weidinger, S. (2018). Europäische Dimension der Raumentwicklung. In *Raumordnung in Österreich und Bezüge zur Raumentwicklung und Regionalpolitik* (Bd. 202).

Gruehn, D., Gruehn, D., Deutschland, & Deutschland (Hrsg.). (2010). *Klimawandel als Handlungsfeld der Raumordnung: Ergebnisse der Vorstudie zu den Modellvorhaben „Raumentwicklungsstrategien zum Klimawandel"; ein Projekt des Forschungsprogramms „Modellvorhaben der Raumordnung" (MORO) des Bundesministeriums für Verkehr, Bau und Stadtentwicklung (BMVBS), betreut vom Bundesinstitut für Bau-, Stadt- und Raumforschung (BBSR) im Bundesamt für Bauwesen und Raumordnung (BBR)*. Bundesamt für Bauwesen und Raumordnung.

Hanika, M. A. (2019). *Kleinräumige Bevölkerungsprognose für Österreich 2018 bis 2040 mit einer Projektion bis 2060 und Modellfortschreibung bis 2075 (ÖROK-Prognose)*. 80.

Hartmann, S. (2020). *(K)ein Idyll - Das Einfamilienhaus*. Triest Verlag.

Heinig, S. (2022). *Integrierte Stadtentwicklungsplanung*. transcript.

Hiess, H. (2010). *Raumplanung im Klimawandel. Ein Hintergrundbericht der CIPRA* (Nr. 02/2010; CIPRA compact). CIPRA International. https://www.cipra.org/de/publikationen/4418

Hiess, H., Schönegger, C., Stix, E., Pfefferkorn, W., & Purker, L. (2021). *Österreichisches Raumentwicklungskonzept ÖREK 2030. Raum für Wandel. Version 03 – Beratungsunterlage für die StUA-Sitzung am 20. Und 21. April 2021*.

Jessop, B., Brenner, N., & Jones, M. (2008). Theorizing Socio-Spatial Relations. *Environment and Planning D: Society and Space, 26*(3), 389–401. https://doi.org/10.1068/d9107

Kanonier, A., & Schindelegger, A. (2018a). Begriffe und Ziele der Raumplanung. In *Raumordnung in Österreich und Bezüge zur Raumentwicklung und Regionalpolitik* (Bd. 202).

Kanonier, A., & Schindelegger, A. (2018b). Kompetenzverteilung und Planungsebenen. In *Raumordnung in Österreich und Bezüge zur Raumentwicklung und Regionalpolitik* (Bd. 202).

Kanonier, A., & Schindelegger, A. (2018c). Planungsinstrumente. In Österreichische Raumordnungskonferenz (Hrsg.), *Raumordnung in Österreich und Bezüge zur Raumentwicklung und Regionalpolitik* (Bd. 202, S. 76–123). Geschäftsstelle der Österreichischen Raumordnungskonferenz (ÖROK).

KlimaKonkret – Unsere Städte und Gemeinden klimafit machen! (o. J.). KlimaKonkret. Abgerufen 3. August 2021, von https://www.klimakonkret.at/

Knieling, J. (2011). Planerisch-organisatorische Anpassungspotenziale an den Klimawandel. In H. von Storch & M. Claussen (Hrsg.), *Klimabericht für die Metropolregion Hamburg* (S. 231–270). Springer Berlin Heidelberg. https://doi.org/10.1007/978-3-642-16035-6_10

Koscher, R. (2021a). *Photovoltaik-Freiflächenanlagen in der Raumplanung: Steuerungsansätze zwischen Energiewende und nachhaltiger Raumentwicklung* [Thesis, Wien]. https://repositum.tuwien.at/handle/20.500.12708/17107

Koscher, R. (2021b). Raumplanerische Steuerungsansätze für Photovoltaik-Freiflächenanlagen. In *REAL CORP 2021 Proceedings/Tagungsband 7–10 September 2021*. https://www.corp.at

Kurzweil, A., Brandl, K., Deweis, M., Erler, P., Vogel, J., Wiesenberger, H., Wolf-Ott, F., & Zechmann, I. (2019). *Zwölfter Umweltkontrollbericht – Umweltsituation in Österreich: Bd. REP-0684*. Umweltbundesamt GmbH.

Lamker, C., & Terfrüchte, T. (2021). Postwachstum nach der Pandemie. *RaumPlanung, 212*, 7.

Lamport, C. (2019). *Integrierter nationaler Energie- und Klimaplan für Österreich*. 272.

Land Tirol. (2021a). *Verdichtete Bauweise Wohnbauförderung. Informationsblatt*.

Land Tirol. (2021b). *Wohnbauförderungsrichtlinie*. 37.

Lexer, W., Stickler, T., Buschmann, D., Steurer, R., & Feichtinger, J. (2020). *Klimawandelanpassung in österreichischen Gemeinden: Von der Thematisierung zur langfristigen Umsetzung*. https://www.klimawandelanpassung.at/goal

Madner, V. (2015). Öffentlichkeitsbeteiligung und Verwaltung. Instrumente der Öffentlichkeitsbeteiligung – Vielfalt, Funktionen, Grenzen. In *Demokratie – Zustand und Perspektiven Kritik und Fortschritt im Rechtsstaat*. Linde.

Madner, V., & Grob, L.-M. (2019a). Maßnahmen zur Stärkung von Orts- und Stadtkernen auf Bundesebene. In *Stärkung von Orts- und Stadtkernen in Österreich: Materialienband*.

Madner, V., & Grob, L.-M. (2019b). Potentiale der Raumplanung für eine klimafreundliche Mobilität. *juridikum, 2019*(4), 521–532. https://doi.org/10.33196/juridikum201904052101

Madner, V., & Parapatics, K. (2016). *Energieraumplanung in Wien* (Bd. 169).

Mayr, L. S. (2018). *Die Mehrwertabgabe in der Raumplanung. Abschöpfung von Widmungsgewinnen als potentielles Instrument in Österreich*.

Mayr, L. S. (2020). *Die Abschöpfung von Umwidmungsgewinnen als raumplanerisches Instrument für Österreich – die Mehrwertabgabe*. 8.

Mitterer, K., Bröthaler, J., Getzner, M., & Kramar, H. (2016). *Zur Berücksichtigung regionaler Versorgungsfunktionen in einem aufgabenorientierten Finanzausgleich Österreichs* (S. 45–65).

Mitterer, K., & Pichler, D. (2020). *FINANZAUSGLEICH KOMPAKT. Fact Sheets 2020 zum Finanzausgleich mit Fokus auf Gemeinden*.

ÖROK. (o. J.). *ÖROK Atlas Flächenwidmung – Bauland*.

ÖROK. (2017). *ÖROK-EMPFEHLUNG NR. 56 „Flächensparen, Flächenmanagement & aktive Bodenpolitik"*.

ÖROK. (2019). *Fachempfehlungen zur Stärkung der Orts- und Stadtkerne in Österreich*.

Österreichische Raumordnungskonferenz. (2021). *ÖREK 2030 Österreichisches Raumentwicklungskonzept Raum für Wandel*.

Overbeck, G., Sommerfeldt, P., Köhler, S., & Birkmann, J. (2009). Klimawandel und Regionalplanung. *Raumforschung und Raumordnung, 67*, 193–203. https://doi.org/10.1007/BF03185706

Pitha, U., Scharf, B., Enzi, V., Mursch-Radlgruber, E., Trimmel, H., Seher, W., Eder, E., Haslsteiner, J., Allabashi, R., & Oberhuber, A. (2013). *Grüne Bauweisen für Städte der Zukunft* [Ergebnisse aus dem Forschungsprojekt GrünStadtKlima]. http://gruenstadtklima.at/download.htm

Plattform Baukulturpolitik, & Forschungsinstitut für Urban Management und Governance. (2021). *Vierter Baukultur Report – Baukulturpolitik konkret: Der Weg zur Agentur für Baukultur*.

Prinz, T., Castellazzi, B., Lahnsteiner, D., & Spitzer, W. (2017). *Standardisierte Erfassung der Standortqualität für die Wohnbauförderung NEU*. 19.

Pütz, M., Kruse, S., & Butterling, M. (2011). *CLISP Climate Change Fitness Checklist. ETC Alpine Space Project CLISP*.

Rehbogen, A., Strasser, H., Weninger, K., & Zech, S. (2021). Energie und Klimaschutz in hoheitlichen Planungsprozessen berücksichtigen – Bedarf, Anwendungsfälle und Lösungsansätze aus der Praxis. In *Energieraumplanung – Ein zentraler Faktor zum Gelingen der Energiewende*. TU Wien. https://repositum.tuwien.at/handle/20.500.12708/16856

RIS – Bundesministeriengesetz 1986 – Bundesrecht konsolidiert, Fassung vom 10.03.2022. (o. J.). Abgerufen 10. März 2022, von https://www.ris.bka.gv.at/GeltendeFassung.wxe?Abfrage=Bundesnormen&Gesetzesnummer=10000873

RIS – Erneuerbaren-Ausbau-Gesetz – Bundesrecht konsolidiert, Fassung vom 02.11.2021. (o. J.). Abgerufen 2. November 2021, von https://www.ris.bka.gv.at/GeltendeFassung.wxe?Abfrage=Bundesnormen&Gesetzesnummer=20011619

RIS – Raumordnungsgesetz 2016 – TROG 2016, Tiroler – Landesrecht konsolidiert Tirol, Fassung vom 28.10.2021. (o. J.). Abgerufen 28. Oktober 2021, von https://www.ris.bka.gv.at/GeltendeFassung.wxe?Abfrage=LrT&Gesetzesnummer=20000647

RIS – Salzburger Wohnbauförderungsgesetz 2015 – Landesrecht konsolidiert Salzburg, Fassung vom 02.11.2021. (o. J.). Abgerufen 2. November 2021, von https://www.ris.bka.gv.at/GeltendeFassung.wxe?Abfrage=LrSbg&Gesetzesnummer=20000941

Runkel, P. (2018). Fachplanungen, raumwirksame. In *Handwörterbuch der Stadt- und Raumentwicklung* (S. 14).

Sator, A. (2021). *Österreich braucht eine Lösung für sein größtes Umweltproblem. Das könnte eine sein!* DER STANDARD. https://www.derstandard.at/story/2000127232435/oesterreich-braucht-eine-loesung-fuer-sein-groesstes-umweltproblem-das-koennte

Schindegger, F. (1999). *Raum, Planung, Politik: Ein Handbuch zur Raumplanung in Österreich*. Böhlau.

Schindegger, F. (2012). Krise der Raumplanung – aus der Sicht der Praxis in Österreich. *Mitteilungen der Österreichischen Geographischen Gesellschaft, 151*, 159–170. https://doi.org/10.1553/moegg151s159

Schindegger, F. (2016). Ethische Dimensionen in der Raumplanung - eine Annäherung. In *Raumplanung. Jahrbuch des Departments für Raumplanung der TU Wien* (Bd. 4). 113-130. NWV Verlag.

Scholl, B. (2018). Planungsmehrwert. In *Handwörterbuch der Stadt- und Raumentwicklung*.

Selle, K. (2005). *Planen. Steuern. Entwickeln: Über den Beitrag öffentlicher Akteure zur Entwicklung von Stadt und Land*.

Selle, K. (2017). Partizipation 8.0. *Informationen zur Raumentwicklung, 6/2017*, 12.

Statistik Austria. (o. J.). *Wohnungen 1981 bis 2011 nach Wohnsitzangabe und Bundesland*.

Stöglehner, G. (2019). *Grundlagen der Raumplanung 1*. facultas.

Stöglehner, G., Erker, S., & Neugebauer, G. (Hrsg.). (2014). *Energieraumplanung: Ergebnisse der ÖREK-Partnerschaft; Materialienband*. Geschäftsstelle der Österr. Raumordnungskonferenz (ÖROK).

Stöglehner, G., & Grossauer, F. (2009). Raumordnung und Klima. Die Bedeutung der Raumplanung für Klimaschutz und Energiewende. In *Verbaute Zukunft? Forum Wissenschaft & Umwelt*.

Svanda, N., & et al. (2020). Wir sind die planners4future, Positionen zum Umgang mit der Klimakrise. In *50 Jahre Raumplanung in Wien studieren – lehren – forschen* (Bd. 8). NWV Verlag.

Svanda, N., & Hirschler, P. (2021). Beyond the City Limits – Smart Suburban Regions in Austria. In *Smart and Sustainable Planning for Cities and Regions*. Springer Nature Switzerland AG. https://www.springerprofessional.de/beyond-the-city-limits-smart-suburban-regions-in-austria/18991268

Terfrüchte, T. (2019). Gleichwertige Lebensverhältnisse zwischen Raumordnung und Regionalpolitik. *Wirtschaftsdienst, 2019*(13), 24–30.

Umwelt Gemeinde Service Niederösterreich. (2020, Februar 10). *Entsiegelung von Freiflächen*. https://www.umweltgemeinde.at/entsiegelung-von-freiflaechen

Umweltbundesamt. (2012). *Klimaschutz in der räumlichen Planung*.

Umweltbundesamt. (2019). *Modellversuch Flächenzertifikatehandel*.

Umweltbundesamt. (2020). *Austria's National Inventory Report 2020* (Band 0724; S. 780). Umweltbundesamt. https://www.umweltbundesamt.at/fileadmin/site/publikationen/rep0724.pdf

Umweltbundesamt. (2021a). *Bodenverbrauch in Österreich*. https://www.umweltbundesamt.at/news210624

Umweltbundesamt. (2021b). *Flächeninanspruchnahme*. https://www.umweltbundesamt.at/umweltthemen/boden/flaecheninanspruchnahme

VCÖ. (2021a). *Öffentlicher Verkehr – Mobilität und Klimaschutz*.

VCÖ. (2021b). *VCÖ: Mehr als 1.200 Quadratkilometer Österreichs durch Verkehrsflächen versiegelt – Mobilität mit Zukunft*. https://www.vcoe.at/presse/presseaussendungen/detail/vcoe-mehr-als-1-200-quadratkilometer-oesterreichs-durch-verkehrsflaechen-versiegelt

VCÖ Wien. (2020a). *Mobilitätsfaktoren Wohnen und Siedlungsentwicklung – Mobilität mit Zukunft*. https://www.vcoe.at/wohnen-und-siedlungsentwicklung

VCÖ Wien. (2020b). *Mobilitätsfaktoren Wohnen und Siedlungsentwicklung – PDF – Mobilität mit Zukunft*. https://www.vcoe.at/service/schriftenreihe-mobilitaet-mit-zukunft-pdf-und-print/mobilit%C3%A4tsfaktoren-wohnen-und-siedlungsentwicklung-pdf

Zech, S. (2015). BürgerInnenbeteiligung in der Stadt- und Raumplanung – ein Werkstattbericht. In *Demokratie – Zustand und Perspektiven Kritik und Fortschritt im Rechtsstaat*. Linde.

Zech, S. (2021). Betrachtungen zum Thema „Boden g'scheit nutzen". In *Boden g'scheit nutzen – LandLuft Baukultur-Gemeinde-Preis 2021* (S. 14–18).

Zech, S., Schaffer, H., Svanda, N., Hirschler, P., Kolerovic, R., Hamedinger, A., Plakolm, M.-S., Gutheil-Knopp-Kirchwald, G., Bröthaler, J., ÖREK-Partnerschaft „Kooperationsplattform Stadtregion", Österreichische Raumordnungskonferenz, & Österreichische Raumordnungskonferenz (Hrsg.). (2016). *Agenda Stadtregionen in Österreich: Empfehlungen der ÖREK-Partnerschaft „Kooperationsplattform Stadtregion" und Materialienband*. Geschäftsstelle der Österreichischen Raumordnungskonferenz (ÖROK).

Kapitel 20. Mediendiskurse und -strukturen

Koordinierende Leitautor_innen
Hendrik Theine und Livia Regen

Beitragende Autor_innen
Victor Daniel Perez Delgado und Claus Reitan

Koordination der Strukturkapitel
Michael Ornetzeder

Revieweditor
Wolfgang Hofkirchner

Zitierhinweis
Theine, H. und L. Regen (2023): Mediendiskurse und -strukturen. In: APCC Special Report: Strukturen für ein klimafreundliches Leben (APCC SR Klimafreundliches Leben) [Görg, C., V. Madner, A. Muhar, A. Novy, A. Posch, K. W. Steininger und E. Aigner (Hrsg.)]. Springer Spektrum: Berlin/Heidelberg.

Kernaussagen des Kapitels
Status quo und Herausforderungen

- In der wissenschaftlichen Literatur finden sich am Schnittpunkt von Medien und Klimakrise vielfach Studien zu journalistisch produzierten Inhalten, wobei die Rolle der Online- und sozialen Medien immer stärkere Beachtung findet. Für den österreichischen Kontext liegen sehr wenige Studien vor.
- Auf internationaler Ebene zeigt sich, dass die mediale Aufmerksamkeit zu unterschiedlichen Aspekten der Klimakrise in den letzten drei Jahrzehnten eindeutig zugenommen hat; gleichzeitig teilwiese auf niedrigem bis mittlerem Niveau verweilt (hohe Übereinstimmung, starke Literaturbasis). Etablierte Medienpraktiken wie anlassbezogene Berichterstattung und Fokussierung auf den Nachrichtenwert sowie die Konkurrenz mit anderen Themen und die ideologische Ausrichtung von Medienhäusern spielen eine zentrale Rolle (hohe Übereinstimmung, starke Literaturbasis).
- Auf diskursiver Ebene lässt sich in journalistischen Medien ein breiter Konsens für die Existenz der menschengemachten Klimakrise feststellen (hohe Übereinstimmung, starke Literaturbasis). In manchen Kontexten (insbesondere bei ideologischer Nähe von bestimmten Medienhäusern zu rechts-konservativen politischen Eliten oder auch in sozialen Medien) ist die Persistenz klimakrisenskeptischer Positionen durchaus relevant (hohe Übereinstimmung, mittlere Literaturbasis). Die Berichterstattung ist tendenziell von Markt- und Innovationsperspektiven und darin eingebetteten Maßnahmen zur Abwendung der Klimakrise geprägt (hohe Übereinstimmung, mittlere Literaturbasis); transformative Perspektiven (wie die Gesellschaft-Natur-Perspektive) spielen eher eine geringe Rolle in medialen Klimakrisendiskursen (hohe Übereinstimmung, schwache Literaturbasis).
- Studien zur Rolle von Online- und sozialen Medien im Klimakrisendiskurs nehmen zu. Hier zeigt sich, dass soziale Medien Foren für die Verhandlung von Klimakrisendiskursen insbesondere für wissenschaftliche Detailfragen, (Laien-)Diskussionen und Nischenthemen sind. Untersuchungen weisen zudem auf die Relevanz sozialer Medien für das Agenda-Setting und öffentliche Mobilisierung von NGOs und Aktivist_innen hin. Klimakrisenleugnende Positionen spielen in bestimmten Kontexten eine ausgeprägte Rolle (hohe Übereinstimmung, mittlere Literaturbasis).

Notwendigkeiten

- Auf der Ebene der Medieninhalte ergeben sich Transformationserfordernisse insbesondere hinsichtlich der Infragestellung hegemonialer wachstums- und technikoptimistischer sowie marktzentrierter Grundpositionen. Gleichzeitig ist eine stärkere Fokussierung auf Alternativen zur strukturellen Organisation von Ökonomien, positive Szenarien und transformative Lösungsansätze, die den Begriff einer klimafreundlichen Lebensweise in der Vorstellung erfahrbar machen, notwendig (hohe Übereinstimmung, mittlere Literaturbasis).
- Auf Ebene der Medienstrukturen stehen die Restrukturierung hemmender Faktoren wie journalistischer Praktiken, Geschäftsmodelle, Eigentumsverhältnisse, Werbemarktabhängigkeit sowie regulativer Rahmenbedingungen des Mediensektors im Vordergrund der Transformationsnotwendigkeiten (hohe Übereinstimmung, mittlere Literaturbasis).
- Zudem bedarf der Mediensektor als relevanter CO_2-Emittent auch aufgrund der wachsenden digitalen Infrastruktur klarer Treibhausgasreduktionspfade, welche bisher nicht ausreichend formuliert sind (hohe Übereinstimmung, schwache Literaturbasis).

Akteur_innen und Institutionen

- Die Produktion von Medieninhalten ist in kontextspezifische, institutionelle Strukturbedingungen eingebettet, die hemmend auf eine proaktive Rolle der Medien für eine Transformation zum klimafreundlichen Leben wirken. Dies umfasst insbesondere journalistische Praktiken, die Ausrichtung der Geschäftsmodelle von Medienunternehmen, zunehmender Wettbewerbsdruck, die Abhängigkeit vom Werbemarkt sowie Eigentumsverhältnisse und regulative Rahmenbedingungen (hohe Übereinstimmung, schwache Literaturbasis).
- Auf Ebene der Akteur_innen ist für den österreichischen Kontext nur wenig gesicherte Forschung vorhanden. Viele etablierte Akteur_innen im österreichischen Mediensektor haben bisher wenig bis keine erkennbaren Aktivitäten zur Klimakrise zu verzeichnen; andere lassen sich als tendenziell fördernd einstufen (schwache Übereinstimmung, schwache Literaturbasis).

Gestaltungsoptionen

- Gestaltungs- und Handlungsoptionen lassen sich insbesondere im Bereich alternativer Journalismusformen, die zu Diskursen einer klimafreundlichen Lebensweise beitragen (z. B. transformativer Journalismus), der Stärkung des Stellenwerts von Wissenschafts-, Umwelt- und Klimajournalismus in Redaktionen, auf der Ebene der Medienregulierung (Ausrichtung der Medienförderung), der Abkehr von fossilistischen Werbemärkten, der Erarbeitung neuer Finanzierungsmodelle sowie der Restrukturierung von Eigentumsverhältnissen verorten (mittlere Übereinstimmung, schwache Literaturbasis).

20.1 Einleitung

Medien (sowohl klassische Massenmedien als auch soziale Medien) sind zentrale Foren, in denen die Klimakrise inklusive der Transformationsnotwendigkeiten zu einem klimafreundlichen Leben diskursiv[1] konstruiert und verhandelt wird. Unter anderem durch die Wirkung auf Rezipient_innen, auf welche wir im vorliegenden Kapitel nur begrenzt eingehen werden, sind Medien zentral für die Schaffung von Vorstellungsräumen und sich daraus ableitenden Handlungen im Umgang mit der Klimakrise (z. B. Arlt et al., 2010; Gavin, 2018; Kannengießer, 2021; Neverla et al., 2019; Wiest et al., 2015). Für die erfolgreiche Umsetzung vieler Transformationsnotwendigkeiten, die in anderen Kapiteln dieses Berichts herausgearbeitet werden, ist die mediale Konstruktion jener Problemfelder ein wichtiger Faktor. Aufgabe einer kommunikations- und medienwissenschaftlichen Perspektive ist es zu erforschen, wie die Klimakrise inklusive potenzieller Lösungsmöglichkeiten als soziales Problem konstruiert wird und welche Prozesse sozialer Deutungsproduktion damit einhergehen (Kannengießer, 2020b).

Mit Rückgriff auf gängige Konzeptualisierungen (Kannengießer, 2020b; Shoemaker & Reese, 2014; Weischenberg, 1995) unterscheiden wir zwischen zwei zentralen medienanalytischen Teilbereichen: Mediendiskurse (sowohl in Massenmedien als auch auf sozialen Medien) und Medienstrukturen, wobei wir unter zweiterem sowohl Medientechnologien (vgl. Kannengießer, 2020b) als auch die zugrundeliegenden polit-ökonomischen und kulturellen Institutionen verstehen (Fuchs, 2017b; Knoche, 2014). Damit werden sowohl die gut erforschte inhaltliche Ebene als auch Medienstrukturen explizit zum Analysegegenstand.

Bezüglich der Mediendiskurse legen wir einen Fokus auf journalistisch produzierte Inhalte, da diese einen großen Teil der Forschung zu Medien und Klimakrise aus-

---

[1] „Diskurs" verstehen wir als historisch gewordenen, überindividuellen sozialen Wissensvorrat, welcher kollektives Handeln und Gestalten prägt und damit Macht ausübt (siehe z. B. Reisigl, 2009, 2020).

machen. Gleichzeitig beziehen wir uns, wo möglich, auch auf Unterhaltungsmedien, da kommunikationswissenschaftliche Rezeptionsforschung gezeigt hat, dass Spielfilme (und Dokumentationen) aufgrund ihrer emotionalen Konnotation durchaus handlungsrelevant sind (Lörcher, 2019). Allerdings liegt wenig Forschung zu Spielfilmen und zur Filmindustrie mit Bezug zur Klimakrise vor. Letztlich nehmen wir auch die Rolle von sozialen Medien und Online-Blogs in den Blick, um aktuelle Diskursdynamiken wie die Rolle von Aktivist_innen und Polarisierungstendenzen von Meinungen abzudecken.

Bevor wir auf die Rolle von Medien(-diskursen) in der Klimakrise eingehen, skizzieren wir kurz relevante Tendenzen in der österreichischen Medienlandschaft, die den Kontext für Medienproduktion bilden. In der Typologisierung von Hallin und Mancini (2004) gilt das österreichische Mediensystem als demokratisch-korporatistisch, da es sich durch ein ausgeprägtes Zeitungswesen, relativ stabiles Vertrauen in den öffentlich-rechtlichen Rundfunk mit hohen Reichweiten sowie eine ausgeprägte Rolle des Staates auszeichnet (Saurwein et al., 2019; Seethaler & Beaufort, 2020). Diese staatliche Rolle wird immer wieder problematisiert – zum einen aufgrund der institutionellen Abhängigkeit des öffentlich-rechtlichen Rundfunks von den jeweiligen Regierungskoalitionen; zum anderen aufgrund der fehlgesteuerten Presseförderung und öffentlichen Inseratenschaltungen (Kaltenbrunner, 2021; Trappel, 2019). Seit einigen Jahren durchläuft das österreichische Mediensystem einen weitreichenden Transformationsprozess und einige international stark ausgeprägte Tendenzen machen sich auch in Österreich zunehmend bemerkbar. Unter anderem haben sich folgende Veränderungen ergeben: (1) Das 2001 eingeführte duale System aus öffentlich-rechtlichen und privaten Sendern hat zu einem Rückgang der Zuschaueranteile des öffentlich-rechtlichen ORF zugunsten privater (teilweise deutscher) TV-Sender geführt (Rhomberg, 2016; Seethaler & Beaufort, 2020; Trappel, 2019); (2) zwar ist die Nutzung von Printmedien im internationalen Vergleich noch recht hoch, sie hat jedoch in den letzten Jahren deutlich zugunsten von Online-Medien abgenommen (Gadringer et al., 2020; Grisold & Grabner, 2017; Kaltenbrunner et al., 2020); (3) hinzu kommt die zunehmende Tabloidisierung und Boulevardisierung der österreichischen Zeitungen unter anderem durch die zunehmenden Marktanteile von Gratis-Tageszeitungen (Grisold & Grabner, 2017; Hayek et al., 2020; Magin, 2019; Trappel, 2019); (4) auch die Nutzung und Rolle von digitalen und sozialen Medien nimmt stark zu (Gadringer et al., 2020); (5) privatwirtschaftliche Werbung als zentrale Einnahmequelle gerät für die traditionellen Massenmedien aufgrund der steigenden digitalen Konkurrenz zunehmend in Gefahr, was tendenziell zu einer zunehmenden Abhängigkeit von öffentlichen Inseraten führt (FOCUS Marketing Research, 2020; Grisold & Grabner, 2017; Murschetz, 2020; Trappel, 2019); (6) mit steigendem Wettbewerbsdruck und der Krise der Geschäftsmodelle traditioneller Medienunternehmen gehen eine steigende Arbeitsbelastung von Journalist_innen sowie Kosteneinsparungen in Redaktionen (insbesondere in Print- und Lokalmedien) und damit potenziell ein steigender Einfluss von PR und Interessengruppen einher (Kaltenbrunner et al., 2020; Seethaler, 2019).

Für Österreich gibt es wenig explizite Forschung zur Frage der Rolle der Medien in der Klimakrise und in Bezug auf die diskursive Rolle von Medien in Bezug auf eine klimafreundliche Lebensweise. Entsprechend ziehen wir in diesem Kapitel internationale Literatur heran (teilweise auch zu Mediensystemen, die sich strukturell vom österreichischen unterscheiden) und treffen Einschätzungen, wie sich dieser Forschungsstand zum österreichischen Kontext verhält.

20.2 Status quo und Herausforderungen

20.2.1 Journalistisch produzierte Inhalte und soziale Medien

Hinsichtlich der Frage, wie journalistisch produzierende Medien die Klimakrise und Vorschläge für ein klimafreundliches Leben aufgreifen, verarbeiten und darstellen, zeigt ein erster Befund, dass für den österreichischen Kontext nur sehr wenige Studien vorliegen. Auf internationaler Ebene existieren hingegen eine Vielzahl an wissenschaftlichen Untersuchungen, die sich mit der Medienberichterstattung zur Klimakrise in unterschiedlichen Aspekten befassen. Folgende Erkenntnisse gelten als gesichert.

Grundsätzlich bietet die Klimakrise als langfristiger, globaler, hochkomplexer Prozess mit wenigen Personalisierungsmöglichkeiten und über die Sinne individuell nicht unmittelbar wahrnehmbar kein ideales Objekt der journalistischen Berichterstattung. Erst Ereignisse, die einen „Nachrichtenwert" erfüllen und sich mit der Klimakrise verbinden lassen – seien sie politischer, wissenschaftlicher oder wetterbezogener Natur – bieten Anlässe der Berichterstattung (Neverla & Trümper, 2012). Trotz dieser ungünstigen Ausgangslage hat die mediale Aufmerksamkeit zu unterschiedlichen Aspekten der Klimakrise in den letzten drei Jahrzehnten mäßig bis sehr stark zugenommen. Dieser grundsätzliche Trend der steigenden Aufmerksamkeit hängt stark von geografischen und weiteren Kontextbedingungen, wie der Ausrichtung der jeweiligen Medien, ab (Bohr, 2020; Brüggemann et al., 2018; Daly et al., 2019; Pianta & Sisco, 2020; M. S. Schäfer et al., 2014; Schmidt et al., 2013). Eine (schwach positive) Determinante für die zunehmende mediale Aufmerksamkeit ist die direkte Betroffenheit eines Landes von den Auswirkungen der Klimakrise (Barkemeyer et al., 2017). Gleichzeitig zeigen langfristige Analysen, dass sich die mediale Aufmerksamkeit – trotz Zunahme – noch auf einem niedrigen bis mittleren Niveau befindet. Beispielsweise sind zwischen 2004 bis 2021 im Durchschnitt 1–3 Artikel pro Tag in deutschen und US-amerikanischen Tageszeitungen zur Klimakrise erschienen (eigene Berechnungen basierend auf M. Boykoff et al., 2022; Daly et al., 2022). Dies sind – gegeben die umfassenden und vielschichtigen Transformationsnotwendigkeiten von Ökonomie und Gesellschaft [Kap. 2] – vergleichsweise wenig Artikel.

Für Österreich existieren keine begutachteten Untersuchungen für diesen Aspekt. Zwei Abschlussarbeiten (Holzner, 2008; Kathrein, 2014) sowie die Analyse von Narodoslawsky (2020) lassen aber auf vergleichbare Trends schließen. Diese zeigen, dass die Klimakrise vor allem seit Mitte der 2000er Jahre zu einem relevanten medialen Thema in Österreich geworden ist. Die Abschlussarbeit von Pikl (2012) weist darüber hinaus darauf hin, dass Boulevardzeitungen die Klimakrise tendenziell in einem alarmistischen, sensationalistischen Ton behandeln, während Qualitätszeitungen stärker auf klimapolitische Maßnahmen fokussieren (siehe auch M. T. Boykoff, 2008; M. T. Boykoff & Mansfield, 2008 für vergleichbare Ergebnisse für Boulevardzeitungen in Großbritannien).

Die mediale Aufmerksamkeit für die Klimakrise steigt besonders stark im Zusammenhang mit spezifischen Ereignissen an, wie internationalen Klimakonferenzen, Veröffentlichungen des Weltklimarates, der Veröffentlichung von Filmen wie „An Inconvenient Truth" sowie mit Extremwetterereignissen (M. T. Boykoff & Roberts, 2007; Brüggemann et al., 2018; Grundmann & Scott, 2014; M. S. Schäfer et al., 2014). Eine international vergleichende Studie, in der auch Österreich untersucht wird, zeigt, dass in der Online-Medienberichterstattung weniger über wissenschaftliche Berichte und langfristige klimatische Veränderungen, sondern vor allem über kurzfristigere Extremwetterphänomene berichtet wird (Pianta & Sisco, 2020). Außerdem zeigen Studien, dass die Klimakrise mit anderen Themen (z. B. Arbeitslosigkeit, Wirtschafts- und Finanzkrisen und der COVID-19-Pandemie) um mediale Aufmerksamkeit konkurriert (Barkemeyer et al., 2017; M. T. Boykoff et al., 2021; Gustafsson, 2013; Lyytimäki et al., 2020; Pearman et al., 2020). Letztlich untersucht eine Studie im DACH-Raum die visuellen Darstellungen der Klimakrise und ihrer Auswirkungen und zeigt, dass vor allem auf dramatische Bildsprache und „Wirkung" gesetzt wird und so Luftaufnahmen von Überschwemmungen und Verwüstungen gewählt werden. Dies kann durchaus eine überwältigende und passivierende Wirkung auf die Rezipient_innen haben, da die Klimakrise so wie eine gewaltige natürliche Entwicklung erscheint, die nicht aufzuhalten ist (Metag et al., 2016; O'Neill, 2013, 2020; siehe dazu auch: Wessler et al., 2016). Medien reagieren also durchaus auf globale ökologische Entwicklungen, wobei die Verarbeitung im Rahmen von medienspezifischen Praktiken wie der anlassbezogenen Berichterstattung und dem Nachrichtenwert klar erkennbar ist.

Auf diskursiver Ebene lassen sich auf Basis der internationalen wissenschaftlichen Literatur insbesondere zwei Schwerpunkte der Medienberichterstattung herausarbeiten, die durchaus „grenzüberschreitend" (Brüggemann et al., 2018, S. 244) bzw. auf globaler Ebene den Klimadiskurs prägen. Erstens gibt es einen breiten medialen Konsens dazu, dass die Klimakrise in anthropogenen Treibhausgasemissionen wurzelt sowie für die damit in Verbindung stehenden Probleme und hohen Risiken verantwortlich ist (Brüggemann et al., 2018). Dies lässt sich unter anderem auf die Zentralität von Journalist_innen mit hoher Expertise (meist aus den Umwelt- und Wissenschaftsressorts) zurückführen, die sich intensiv mit Klimakrise und Klimapolitik beschäftigen und einen relevanten Teil der Berichterstattung bestreiten (Brüggemann & Engesser, 2014). Zweitens spielen Wissenschaftler_innen für die Interpretation und Aufbereitung des wissenschaftlichen Klimakrisendiskurses in den Medien eine wichtige Rolle (Brüggemann et al., 2018; Grundmann & Scott, 2014), wobei hier auch immer wieder in der Literatur auf die Prominenz von Klimaskeptiker_innen hingewiesen wird. In diesem Kontext zeigen Hermann et al. (2017) für Österreich, dass drei Typen von Wissenschaftler_innen den Klimakrisendiskurs in österreichischen Zeitungen prägen: (1) jene, die vor den anthropogenen Folgen des Klimawandels warnen (Warner_innen), (2) jene, die den wissenschaftlichen Konsens zum Klimawandel in Zweifel zu ziehen versuchen (Klimaskeptiker_innen) und (3) jene, die sowohl die anthropogenen als auch die natürlichen Ursachen des Klimawandels betonen (Objektivist_innen), wobei die hohe Dominanz des ersten Typs mit Ergebnissen aus anderen Ländern korrespondiert (Grundmann & Scott, 2014).

Damit liefern journalistisch produzierte Medieninhalte eine zentrale Voraussetzung dafür, dass die Klimakrise als gravierendes Problem verstanden wird, und bereiten so eine wichtige Grundlage für Diskussionen um ein klimafreundliches Leben und die Notwendigkeit der tiefgreifenden Transformation, welche in den weiteren Kapiteln dieses Berichts herausgearbeitet worden sind. Gleichzeitig zeigt sich aber auch, dass in einigen Ländern – insbesondere Großbritannien, USA und Australien (McKnight, 2010b; Painter, 2012), aber auch in Deutschland (Schmid-Petri & Arlt, 2016) – und in bestimmten Zeiträumen eine relativ hohe Prominenz klimakrisenskeptischer Positionen in der Klimaberichterstattung vorhanden ist (Brüggemann et al., 2018; Elsasser & Dunlap, 2013; Petersen et al., 2019; Ruiu, 2021). Es lassen sich mindestens drei verschiedene Typen klimakrisenskeptischer Positionen identifizieren: (1) „Trend-Skeptizismus" stellt die Existenz der Klimakrise grundlegend infrage, (2) „Attribution-Skeptizismus" stellt den anthropogenen Beitrag zur Klimakrise infrage und beschreibt diese als natürliche Entwicklung und (3) subtiler Skeptizismus erkennt zwar das Phänomen der Klimakrise an, stellt es jedoch nicht als Problem dar und hebt positive Nebeneffekte hervor (Schmid-Petri & Arlt, 2016). Während die ersten beiden Formen von Skeptizismus 2012 und 2013 insbesondere im britischen Kontext zu finden waren, so zeigte sich sowohl in Großbritannien als auch und insbesondere in Deutschland die dritte, subtilere Form von Skeptizismus in hohem Maße (Schmid-Petri & Arlt, 2016).

Es liegen unterschiedliche Erklärungsansätze für die Präsenz klimakrisenskeptischer Positionen in journalistischen Beiträgen vor: Während lange Zeit journalistische Normen wie die der scheinbar ausgewogenen Berichterstattung („balance as bias") als zentral galt (Bohr, 2020; M. T. Boykoff & Boykoff, 2004), so werden mittlerweile andere Faktoren als ausschlaggebend betrachtet: die ideologische Ausrichtung und Nähe bestimmter Medien zu rechts-konservativen bis rechtsextremen politischen Eliten, Think Tanks und Milieus (Forchtner et al., 2018; McKnight, 2010a, 2010b; Painter & Gavin, 2016; Plehwe, 2014; Schmid-Petri, 2017; Schmid-Petri et al., 2017), Praktiken des interpretativen Journalismus (Brüggemann & Engesser, 2017) sowie der Grad, zu welchem der öffentliche Diskurs zur Klimakrise primär wissenschaftlich oder politisch geprägt ist (Schmid-Petri & Arlt, 2016). Eine Untersuchung der Berichterstattung in deutschen Medien über die UN-Klimakonferenz (COP17) in Durban zeigt entsprechend, dass klimakrisenskeptische Diskurse, die die Existenz der anthropogenen Klimakrise fundamental in Frage stellen, eine eher untergeordnete, wenn auch vorhandene Rolle spielen; vermehrt zu finden sind diese nur in einschlägig rechten und rechtspopulistischen Medien (Kaiser & Rhomberg, 2016). Weiters haben bisherige Analysen gezeigt, dass es in der medialen Berichterstattung eine Tendenz gibt, auf Kontextualisierungen zu verzichten und die Klimakrisendarstellung teilweise stark zu vereinfachen – insbesondere hinsichtlich existierender Unsicherheiten als Teil von Forschungsergebnissen und Szenarien (Brüggemann et al., 2018; Maurer, 2011).

Hinsichtlich ökonomischer und sozioökonomischer Aspekte in der Klimakrisenberichterstattung belegen inhalts- und diskursanalytische Untersuchungen, dass (negative) ökonomische Konsequenzen von Maßnahmen zur Abwendung der Klimakrise stark im Vordergrund stehen. Damit wird zwar die Existenz der anthropogenen Klimakrise anerkannt, aber vor allem der negative wirtschaftliche Effekt von Klimaschutzmaßnahmen betont (Brüggemann et al., 2018; Shehata & Hopmann, 2012; Vu et al., 2019). Aktuelle Arbeiten zeigen hier aber auch, dass sich derartige Frames, also die (strategische) Hervorhebung einiger Schlüsselaspekte der komplexen Realität im Kommunikationsprozess (Entman, 1993), durchaus im Wandel befinden: In ihrer Analyse US-amerikanischer Zeitungen von 1988 bis 2014 zeigen Stecula und Merkley (2019), dass zwar die negativen Konsequenzen von Klimaschutzmaßnahmen weiter im Vordergrund stehen, aber die Betonung wirtschaftlicher Vorteile zwischen 2006 und 2014 durchaus zugenommen hat.

Es deutet auch einiges darauf hin, dass Markt- und Innovationsperspektiven [Kap. 2] zur Abwendung der Klimakrise sehr wahrscheinlich in den Medien im Vordergrund stehen (Shanagher, 2020). So zeigen bisherige Untersuchungen der britischen Presseberichterstattung über Nachhaltigkeit und nachhaltige Entwicklung, dass marktliberale Maßnahmen, technokratische Lösungen, die soziale Verantwortung von Unternehmen und nachhaltiger Konsum die vorherrschenden Frames sind – auch unabhängig von den ideologischen Ausrichtungen der Zeitungen (Diprose et al., 2018; Hellsten et al., 2014; Koteyko, 2012; Lewis, 2000; für ähnliche Untersuchungen siehe Yacoumis, 2018). Die Rolle und Notwendigkeit des Wirtschaftswachstums wird in der Berichterstattung großteils unkritisch als anzustrebendes politisches Handlungsziel weiter reproduziert (Knauß, 2016; Lohs, 2020), was potenziell auf die Dominanz marktzentrierter ökonomischer Perspektiven und Expertisen zurückzuführen ist (Kapeller et al., 2021; Krüger et al., 2021; Krüger & Pfeiffer, 2019; Maesse et al., 2021; Theine, 2021; Wehrheim, 2021). Eine Studie, die das Informationsmagazin „konkret" im ORF2 diskursanalytisch untersucht, zeigt, dass der Fokus stark auf wirtschaftlichen und verbraucherorientierten Fragen liegt und Kosten-Nutzen-Erwägungen, die ökologische Überlegungen marginalisieren, im Vordergrund stehen (Sedlaczek, 2017). Marktmechanismen zur Koordinierung von Interessen werden insgesamt selten in Frage gestellt (Carvalho, 2019; Schmidt & Schäfer, 2015).

Demgegenüber sind die Bereitstellungs- und Gesellschaft-Natur-Perspektive [Kap. 2] wahrscheinlich eher unterrepräsentiert. So werden beispielsweise Fragen des sozialen Fortschritts, der sozialen Gerechtigkeit und der Klimagerechtigkeit im Zusammenhang mit der Klimakrise bisher eher randständig behandelt (Diprose et al., 2018; Vu et al., 2019). Beispielsweise werden die kapitalismuskritischen Frames der Divestment-Kampagne von Bill McKibben und 350.org zwar von unterschiedlichen Medien aufgegriffen und diskutiert, verlieren aber im Laufe der Zeit schnell wieder an Relevanz; gleichzeitig bleiben marktliberale politische Ideen und Akteur_innen tendenziell längerfristig relevant (Schifeling & Hoffman, 2019). Zudem zeigt sich, dass die Berichterstattung zur Klimakrise sehr wahrscheinlich nicht ausreichend mit sozialen und ökonomischen Systemfragen, die für eine klimafreundliche Lebensweise relevant sind, verknüpft werden: Sowohl in der medialen Debatte um den Kohleabbau in Tschechien als auch um die Öl-Pipelines in Kanada spielen zwar ökologische Auswirkungen eine relevante Rolle, gleichzeitig findet die Verknüpfung zwischen der Klimakrise und dem (nationalen) Klimabudget in nur sehr geringem Ausmaß statt (Dusyk et al., 2018; Lehotský et al., 2019).

Aktuelle Dynamiken des Wandels sind vor allem auf der Ebene der diskursiven Rahmung zu erkennen: Ausgangspunkt ist der Guardian, welcher 2019 die internen redaktionellen Richtlinien überarbeitete, um das Ausmaß der Klimakrise im gewählten Vokabular adäquat zu reflektieren. Teil des angepassten Vokabulars ist es, Begriffe wie „Klimaskeptiker_in" durch „Klimawissenschaftsleugner_in" zu ersetzen sowie die empfohlene Verwendung von „Klimakrise/Notstand/Zusammenbruch" und die Ersetzung von „globale Erwärmung" durch „globale Erhitzung". Auch die visuelle Kommunikation wurde in diesem Zusammenhang überarbeitet (Carrington, 2019; Shields, 2019; The Guardian, 2019). Wissenschaftlich begleitet durch Torsten Schäfer, Professor für Journalismus, wurden vergleichbare Richtlinien bei der tageszeitung (taz) umgesetzt, weitere Redaktionen könnten in Zukunft folgen (Milman, 2019; Schöneberg, 2020). Diese Entwicklung scheint in Österreich auch in Ansätzen vorhanden zu sein (Narodoslawsky, 2020).

Eine weitere aktuelle Dynamik betrifft die Wichtigkeit von Online-Blogs und sozialer Medien, welche zunehmend relevante Kommunikationsmedien für Fragen der Klimakrise und der klimafreundlichen Lebensweise werden (Pearce et al., 2014, 2019). Aufgrund der Datenverfügbarkeit ist bei sozialen Medien ein deutlicher Fokus auf den Mikroblogging-Dienst Twitter zu erkennen (Pearce et al., 2014). Durchgeführte Studien deuten auf eine gewisse „Funktionsteilung" zwischen Massenmedien und der Kommunikation auf sozialen Medien hin, wobei erstere eher thematische Fokusse setzen und bestimmte Frames bedienen und zweitere von wissenschaftlichen Detailfragen, (Laien-)Diskussionen und Nischenthemen geprägt sind (Brüggemann et al., 2018; Lörcher & Neverla, 2015). Einige Untersuchungen zeigen die Relevanz sozialer Medien für NGOs und Aktivist_innen auf, um Themen auf die öffentliche Agenda zu setzen, auf Kampagnen aufmerksam zu machen, Inhalte einer breiteren Öffentlichkeit zugänglich zu machen und für Aktionen zu mobilisieren (Askanius & Uldam, 2011; Greenwalt, 2016; Holmberg & Hellsten, 2016; M. S. Schäfer, 2012). Gleichzeitig zeigt sich auch, dass auf sozialen Medien geteilte Quellen und Links sehr häufig auf traditionelle Massenmedien zurückführen; diese formen damit auch den Klimakrisendiskurs in sozialen Medien (Kirilenko & Stepchenkova, 2014; Newman, 2017; Veltri & Atanasova, 2017).

Untersuchungen zur Dynamik von Online-Diskussionen (in sozialen Medien und auf Online-Blogs) legen nahe, dass die Bestätigung der sozialen Gruppenidentität häufig im Vordergrund steht, was zu einer Polarisierung von Positionen, zu Echokammern und zur Fragmentierung von Debatten führt. Die Ausrichtung von Algorithmen vieler sozialer Medien auf Popularität und gemeinsame Interessen ist ein weiterer Faktor, der zur Polarisierung beiträgt (Treen et al., 2020). In diesem Zusammenhang wird auch auf die Rolle von sozialen Medien und Online-Blogs für die Verbreitung von klimakrisenskeptischen Positionen hingewiesen (Auer et al., 2014; Forchtner et al., 2018; Jang & Hart, 2015; M. S. Schäfer, 2012; Sharman, 2014; Vraga et al., 2015). Das Center for Countering Digital Hate (2022) identifizierte Ende 2021 die sogenannten „Toxic Ten" – zehn Nachrichtenmedien, die für 69 Prozent aller Interaktionen mit klimaskeptischen Inhalten auf Facebook verantwortlich sind. Eine Analyse für Österreich zeigt, dass der Online-Blog unzensuriert.at sowie die Medien Zur Zeit und Die Aula, welche alle drei der Freiheitlichen Partei Österreichs nahestehen, überwiegend klimakrisenskeptische Positionen verbreiten (Forchtner, 2019).

Um eine klimafreundliche Lebensweise in Österreich zu ermöglichen, bedarf es einer breiten Wissensbasis, klimasensibler Einstellungen, (politischer) Handlungsbereitschaft und konkreter Visionen eines klimafreundlichen Lebens. Voraussetzung dafür sind ein geeignetes Agenda-Setting und Framing seitens der Medien. Ob dies in der österreichischen Medienlandschaft gegeben ist, kann mangels ausreichender empirischer Basis nicht belegt werden, da kaum begutachtete, wissenschaftliche Untersuchungen vorliegen, die sich mit der medialen Konstruktion der Klimakrise, inklusive ihrer sozioökonomischen und politischen Implikationen, auseinandersetzen. Damit steht die empirische Überprüfung der oben diskutierten internationalen Evidenz für Österreich großteils noch aus. Gleichzeitig lässt sich aufgrund der grenzüberschreitenden Tendenz einiger Diskurse sowie der Vergleichbarkeit des österreichischen Mediensystems mit anderen Mediensystemen, für die breitere Evidenz vorliegt, erwarten, dass einige der diskutierten Tendenzen auch für Österreich zutreffen.

20.2.2 Mediale Strukturbedingungen

Die identifizierten diskursiven Trends sind immer eingebettet in spezifische kontext- und zeitabhängige, medienspezifische sowie politische Strukturbedingungen. Für die Frage der Klimakrise und des klimafreundlichen Lebens in den Medien sind insbesondere folgende Strukturbedingungen bisher als relevant identifiziert worden: Einige Untersuchungen problematisieren vorherrschende journalistische Praktiken, insbesondere den Umgang mit Quellen (Bohr, 2020), insbesondere mit PR-Quellen (T. Holmes, 2009), interpretativen Journalismus und die Orientierung am Nachrichtenwert (Brüggemann & Engesser, 2017; Neverla & Trümper, 2012) sowie subtil klimakrisenskeptische Positionen durch marktliberales Framing der Klimakrise und verwandter Politikmaßnahmen (Schmid-Petri et al., 2017). Untersuchungen für den US-amerikanischen Kontext zeigen, dass die Ausrichtung der Geschäftsmodelle von Medienunternehmen auf Boulevard und konservative Leser_innen zusätzlich klimakrisenskeptische Positionen fördert (Elsasser & Dunlap, 2013; Feldman et al., 2012). Weiters zeigen Untersuchungen den Einfluss von Eigentumsverhältnissen und Medieneigentümer_innen auf das Framing der Klimakrise (Carvalho, 2007; Lee et al., 2013; McKnight, 2010a; Wagner & Collins, 2014), wobei weitere Studien notwendig sind, um die Korrelation genauer zu beschreiben.

Hinsichtlich der Strukturbedingungen des Mediensystems, welche die Dominanz marktliberaler, konsumzentrierter und technologischer Diskurse fördern, ist bisher nur wenig gesicherte Forschung vorhanden. Einige Untersuchungen deuten auf die hohe Relevanz und den privilegierten Zugang von PR und strategischer Kommunikation mächtiger multinationaler Unternehmen, Regierungen, Lobbygruppen und marktliberaler Expert_innen hin (Bacon & Nash, 2012; M. S. Schäfer & Painter, 2020). Auch Umwelt-NGOs haben PR-Abteilungen, welche Medienarbeit ebenfalls effektiv betreiben, und sind in der Lage, über soziale Medien Themen in den Diskurs einzubringen oder hervorheben und damit Debatten zu beeinflussen. Gleichzeitig sind hier Mittel und Ressourcen oft beschränkt oder nur zeitlich begrenzt verfügbar. Auch die enge Verzahnung von Medien mit der politischen Ökonomie kapitalistischen Wirtschaftens und insbesondere der werbenden Wirtschaft ist sowohl theoretisch als auch empirisch untersucht worden, allerdings ist dies noch ausbaufähig für spezifische Aspekte im Zusammenhang mit der Klimakrise und dem klimafreundlichen Leben (Bacon & Nash, 2012; Beattie, 2020; D. Holmes & Star, 2018; M. S. Schäfer & Painter, 2020). Auch die Auswirkungen der (Print-)Medienkrise auf die mediale Repräsentation der Klimakrise und klimafreundlichen Lebens wurden in Einzelfällen als hoch problematisch eingestuft (Gibson, 2017; M. S. Schäfer & Painter, 2020), verlangen aber zusätzliche Forschung auch für den österreichischen Kontext.

Um eine klimafreundliche Lebensweise in Österreich zu ermöglichen und zu gewährleisten, ist eine tiefgreifende Transformation bestehender Wirtschafts- und Produktionsstrukturen sowie Konsummuster erforderlich. Viele Wirtschaftszweige stehen vor grundlegenden Veränderungen, um klimafreundliche Produktionsweisen sicherzustellen. Dies trifft auch auf die Medieninfrastruktur zu. Zur Klimabilanz der Medieninfrastrukturen selbst liegen keine Untersuchungen vor. Bisherige Analysen des Sektors der Informations- und Kommunikationstechnologie zeigen, dass dieser ca. 3 Prozent der weltweiten Treibhausgasemissionen ausmacht. Aktuelle Szenarien deuten darauf hin, dass die Treibhausgasemissionen bis 2040 bei ausbleibenden Reduktionsmaßnahmen auf einen Anteil von 6 Prozent bzw. 14 Prozent der globalen Treibhausgasemissionen ansteigen könnten, was sich unter anderem aus der steigenden Relevanz der Internetnutzung (z. B. Streaming und Suchmaschinen) ergibt (Belkhir & Elmeligi, 2018; Malmodin et al., 2010), wobei die Unsicherheit der Berechnungen und Datengrundlagen hier recht hoch scheint (Kamiya, 2020). Spezifische Berechnungen für Nachrichtenmedien, einschließlich der Infrastruktur, des Drucks und des journalistischen Reisens, stehen noch aus. Untersuchungen der (US-amerikanischen) Filmindustrie zeigen einen hohen CO_2-Fußabdruck, welcher einem klimafreundlichen kulturellen Leben entgegensteht (Bozak, 2012; Rust et al., 2013; Vaughan, 2019). Eine Reihe von Untersuchungen liegen vor, die analysieren, wie sich die Digitalisierung des Mediensektors auf den CO_2-Ausstoß auswirkt (Lange & Santarius, 2018; Sühlmann-Faul & Rammler, 2018). Dies führt zu Veränderungen sowohl auf der Ebene der Nutzer_innen (Verschiebung zwischen Offline- und Online-Medienkonsum) als auch der Produktion (Wegfall von CO_2-intensiven Produktionsprozessen wie der Druckerpresse und Verringerung der notwendigen Vertriebswege bei gleichzeitig massiv gestiegenem Bedarf an elektronischen Endgeräten, Servern und ICT-Infrastruktur).

20.3 Notwendigkeiten

Aus der Analyse des Status quo sowie der existierenden Herausforderungen lassen sich Transformationserfordernisse sowohl auf der Ebene der Medieninhalte als auch auf der Ebene der Medienstrukturen ableiten.

Neben einer Verstetigung der medialen Aufmerksamkeit ergeben sich auf der Diskursebene Notwendigkeiten besonders in Bezug auf die Infragestellung der Hegemonie wachstumszentrierter und technikoptimistischer Grundpositionen in der medialen Repräsentation der Klimakrise und zugehörigen Visionen einer klimafreundlichen Lebensweise [Kap. 24, 25]. Dies ist insbesondere vor dem Hintergrund notwendig, dass – wie von Haberl et al. (2020) festgestellt – Wirtschaftswachstum sich nicht absolut von Emissionen und Ressourcenverbrauch entkoppeln lässt und damit im Widerspruch zu einer klimafreundlichen Lebensweise steht. Damit einher geht die Notwendigkeit einer stärkeren Fokussierung auf Alternativen zur aktuellen Organisation von Ökonomien, positive Szenarien und transformative Lösungsansätze, die den Begriff einer klimafreundlichen Lebensweise in der Vorstellung erfahrbar machen [Kap. 26, 27].

Mit einer derartigen Veränderung der Berichterstattung einher gehen potenzielle Reputationsrisiken und ein möglicher Imageverlust aufgrund noch unpopulärer, nicht von der Allgemeinheit akzeptierter Rollenselbstverständnisse der Journalist_innen. Gleichzeitig bietet eine Neuorientierung Chancen, da so neue Zielgruppen erschlossen werden können (Luks, 2008; M. S. Schäfer & Painter, 2020). Eine konfliktfreie Neuorientierung, welche momentane Machtverhältnisse und diskursive Dominanzen nicht gleichzeitig grundlegend infrage stellt, ist jedoch eher unwahrscheinlich. Deshalb können Neuorientierungen auf Inhaltsebene nicht von den Strukturbedingungen, in welchen die Inhalte entstehen, entkoppelt werden. Transformationsnotwendigkeiten, die im Zusammenhang mit der Inhaltsebene existieren, setzen daher auch recht wahrscheinlich Veränderungen auf struktureller Ebene voraus (z. B. Besitzverhältnisse, Abhängigkeit von der werbenden Wirtschaft, Abhängigkeit von der fehlgesteuerten Presseförderung, politisch gesteuerte Anzeigenvergabe und publizistische Vielfalt inklusive Alternativen zum medialen Mainstream) (M. T. Boykoff & Roberts, 2007). Veränderungen in Bezug auf Medienstrukturen schließen außerdem die Produktion fairer und sozial und ökologisch nachhaltiger Medientechnologien mit ein (Kannengießer, 2020a; van der Velden, 2018).

Einige dieser strukturellen Transformationserfordernisse wurden in der bestehenden Literatur bereits explizit identifiziert und problematisiert (sowohl in der wissenschaftlichen Literatur als auch in der Wissenschaftskommunikation in das journalistische Feld hinein, siehe z. B. Kannengießer, 2019). Als gesichert gilt die Notwendigkeit der Abkehr von journalistischen Praktiken, die zu (subtilem) Klimakrisenskeptizismus beitragen. Hierzu gehört der Umgang mit journalistischen Quellen, die Hervorhebung positiver Nebeneffekte der Klimakrise sowie die Infragestellung von politischen Antworten auf die Klimakrise, oft gekoppelt mit der Polarisierung von ökologischen und ökonomischen Interessen (Bohr, 2020; Brüggemann & Engesser, 2017; Schmid-Petri et al., 2017). Diskutiert wird außerdem, dass vorhandene dominante Praktiken, wie das (vermeintlich) objektive, distanzierte „Berichten, was ist" (Hanitzsch et al., 2019), hinterfragt und überdacht werden müssen. So fordert zum Beispiel Krüger (2021) einen „transformativen" Journalismus, der eine klare Werteentscheidung zugunsten der großen Transformation beinhaltet und gleichzeitig „zentrale journalistische Qualitätskriterien wie Unabhängigkeit, Kritik und Objektivität" erfüllt. Im Hinblick auf den Aspekt der „Objektivität" argumentieren Brüggemann et al. (2022), dass die Kriterien der wahrheitsgemäßen und relevanten Berichterstattung weiter Gültigkeit besitzen, transformativer Journalismus gleichzeitig nicht neutral und ausgewogen sein kann.

Aktuelle Forschung deutet darauf hin, dass diese Praktiken zum Teil bereits hinterfragt werden; dies bedarf aber jenseits erster Analysen einer breiteren Diskussion und Anpassung auf aktuelle Fragestellungen (Brüggemann & Engesser, 2017; M. S. Schäfer & Painter, 2020). Das verlangt beispielsweise eine breite Neuinterpretation etablierter journalistischer Praktiken und Rollenverständnisse in Bezug auf wissenschaftlich etablierte Befunde wie der Klimakrise sowie einer innerredaktionellen Stärkung der Umwelt- und Wissenschaftsressorts. Dunwoody und Konieczna (2013) argumentieren in diesem Zusammenhang, dass es eine notwendige journalistische Verpflichtung sein sollte, sowohl a) die Berichterstattung mit der wissenschaftlichen Beweislage zur Klimakrise in Einklang zu bringen, als auch b) die notwendigen Schritte zu setzen, die hergestellte Öffentlichkeit zur Klimakrise durch regelmäßige Berichterstattung, die über reine Momentanberichterstattung zu Extremwetterereignisse ohne weitere Einbettung hinausgeht, zu pflegen. Schäfer und Painter (2020) zeigen, dass Klimakrisenjournalismus durchaus in unterschiedlichen Ressorts stattfindet. Gleichzeitig ist eine weitere Intensivierung der Berichterstattung und eine weitere Integration über Ressorts hinweg vor dem Hintergrund der weitreichenden Transformationserfordernisse ökonomischer, sozialer, politischer und gesellschaftlicher Strukturen und Prozesse unabdingbar. Erste Schritte in diese Richtung hat beispielsweise die APA mit der Einführung eines ressortübergreifenden Klimateams unternommen (APA-OTS, 2021). Ein weiterer Ansatzpunkt für die Neuorientierung journalistischer Praktiken sind Recherchenetzwerke, die wir im nächsten Abschnitt (Abschn. 20.4) näher beleuchten.

Für Österreich steht die Analyse der Relevanz journalistischer Normen und Rollenbilder im Kontext der Klimakrise noch aus. Eine repräsentative Umfrage unter Journalist_innen in Österreich deutet zumindest auf die Relevanz dieser Aspekte hin. So sehen sich 20 Prozent der Befragten dem Idealbild der distanzierten und objektiven Berichterstattung verpflichtet; weitere 18 Prozent lassen sich der Typologie der Pragmatiker_innen zuordnen, die möglichst schnell informieren wollen und für eine Fokussierung auf Themen stehen, welche jeweils tagesaktuell im allgemeinen Interesse sind. Weiters stimmen 93 Prozent der Befragten der Aussage voll und ganz oder überwiegend zu, „das Publikum möglichst neutral und präzise zu informieren" (Kaltenbrunner et al., 2020, S. 164). Gleichzeitig stimmen ca. 20 Prozent der Befragten zu, dass es zur Aufgabe des Journalismus gehört, Kritik an existierenden Missständen zu üben sowie Wirtschaft, Gesellschaft und Politik kritisch zu beleuchten (Kaltenbrunner et al., 2020). Die Mehrheit der Befragten stimmt der Frage zu, dass Journalist_innen bei dem Thema Klimakrise/Klimaschutz „Partei ergreifen sollten". Außerdem zeigt eine soziodemografische Auswertung, dass Journalist_innen überproportional in die grüne Wählergruppe fallen, was eine gewisse Vertrautheit mit der Klimakrisenthematik suggeriert (Kaltenbrunner et al., 2020, S. 263).

Aus der obigen Status-quo-Analyse ergibt sich, dass die hohe Abhängigkeit von strategischer Kommunikation durch etablierte Quellen („elite sources") zu reduzieren ist, da diese dazu tendieren, existierende Machtverhältnisse sowie Produktions- und Konsumbedingungen zu rechtfertigen, und damit einer tiefgreifenden Transformation tendenziell entgegenstehen (D. Holmes & Star, 2018; M. S. Schäfer & Painter, 2020). Da diese Abhängigkeit mit der Krise und Transformation der Medienbranche eher zunimmt (Gibson, 2017), bedarf es auch einer Überprüfung existierender Medienförderungsregime und -erfordernisse. Vor dem Hintergrund, dass eher eine gegenteilige Entwicklung förderlich wäre

– nämlich ein qualitativ hochwertiger, systemisch analytischer Journalismus –, sind die aktuellen Geschäftsmodelle mit kurzfristiger Profitorientierung, insbesondere im Bereich der Massenmedien, zu überprüfen (Friedman, 2015; Gibson, 2017; M. S. Schäfer & Painter, 2020). Dies bezieht sich auch auf die Notwendigkeit der (weitgehenden) Abkopplung von der fossilistischen Werbewirtschaft, da diese Status-quo-fördernd wirkt und tendenziell im Widerspruch steht zur zentralen Rolle der kritischen Beobachtung wirtschaftlicher, staatlicher, politischer und gesellschaftlicher Akteur_innen (Beattie, 2020; D. Holmes & Star, 2018; Pürer, 2008; M. S. Schäfer & Painter, 2020). International gibt es bereits ein paar Beispiele, die als Vorreiter betrachtet werden können: Die britische Tageszeitung The Guardian akzeptiert seit Anfang 2020 keine Werbegelder mehr aus dem Fossilsektor (Regen, 2021; Waterson, 2020). Die schwedische Tageszeitung Dagens Nyheter hat zum einen Regeln für eine klimafreundlichere Werbepraxis definiert, und zum anderen folgt sie The Guardian und schaltet darüber hinausgehend auch keine Auto- und Flugwerbungen mehr (badvertising, 2021).

Auf der Ebene der Medieninfrastruktur schätzen wir klare und weitreichende Treibhausgasreduktionsszenarien sowohl für traditionelle Massenmedienunternehmen als auch für digitale und soziale Medien für sehr relevant ein. Sowohl international als auch für Österreich gibt es hierzu keine explizite Forschung. Darüber hinaus haben Recherchen für dieses Kapitel gezeigt, dass bei den österreichischen Medienunternehmen große Leerstellen hinsichtlich der betrieblichen Treibhausgasreduktionsszenarien zu erkennen sind. Nur wenige der großen österreichischen Medienunternehmen veröffentlichen regelmäßige Nachhaltigkeitsberichte. Zu den Ausnahmen gehören der ORF und eingeschränkt ProSieben, Sat1, Puls4 und Sky Österreich – bei den beiden letztgenannten veröffentlichen die jeweiligen Mutterkonzerne regelmäßig Nachhaltigkeitsberichte. Der Nachhaltigkeitsbericht des ORF ist vergleichsweise ausführlich und benennt konkrete Ziele, Maßnahmen und Zeitpläne, an denen sich nachhaltigkeitsorientierte Aktivitäten bewerten und messen lassen (ORF, 2020). Eine Abschlussarbeit über die Styria Media Group zeigt, dass unter den Führungskräften des Unternehmens zwar die Notwendigkeit klimafreundlicher Produktion anerkannt wird und die Übereinstimmung zwischen Nachhaltigkeit und christlichen Werten betont wird, es aber gleichzeitig innerhalb der „journalistischen Verantwortung der Redaktionen [liegt], wie mit diesem Thema umgegangen wird" (Lichtenegger, 2016, S. 98). Weder im Bereich der journalistischen Auseinandersetzung noch auf der Ebene der Unternehmensinfrastruktur gab es zur Zeit der Auswertung weitreichende Ziele und integrierte Maßnahmen (mit Ausnahme des Neubaus des „Styria Headquarters"), um die Klimakrise zu adressieren (Lichtenegger, 2016).

20.4 Akteur_innen und Institutionen

Strukturen und Akteur_innen im Bereich Medien, die eine Transformation zu klimafreundlichem Leben hemmen bzw. diese fördern, lassen sich auf mehreren Ebenen identifizieren: auf der makroökonomischen Systemebene, auf politischer Ebene, auf der Ebene der inneren Organisation des Mediensektors der Redaktionen sowie der journalistischen Berufskultur und im Bereich der Kommunikations- und Medienwissenschaften.

20.4.1 Der makroökonomische und politische Kontext

Auf makroökonomischer Ebene stellen die Wettbewerbszwänge und die Profitorientierung sowie die enge Verzahnung der Medienindustrie mit anderen Wirtschaftssektoren und die damit einhergehenden ökonomischen Fluktuationen in Wachstumsökonomien wahrscheinlich eine hemmende Struktur dar (Fuchs & Mosco, 2012; Fuchs, 2020; Knoche, 1999). Dies steht im tendenziellen Widerspruch zur demokratiepolitisch dauerhaft zentralen Rolle der Medien in der kritischen Beobachtung des Staates sowie wirtschaftlicher, politischer und gesellschaftlicher Akteur_innen (Pürer, 2008).

Dabei ist insbesondere die Abhängigkeit vom Werbemarkt als „notwendiges Lebenselixier" für Medienunternehmen (Knoche, 2005) mit hoher Wahrscheinlichkeit eine hemmende Struktur. Durch die digitale Transformation hat diese Abhängigkeit auch in der österreichischen Medienlandschaft merkbar zugenommen (Grisold, 2015; Seufert, 2016). Die Relevanz von Werbeeinnahmen ist so stark ausgeprägt, dass „ein entsprechender Rückgang bedrohlich [ist]" (Siegert, 2020). Befragungen von Journalist_innen und Chefredakteur_innen zeigen, dass Medienschaffende immer wieder von Druck aus der Werbebranche berichten; nicht selten geht es dabei um Drohungen bzw. die Gefahr von Anzeigenentzug bei unerwünschter Berichterstattung (Siegert, 2020). Ähnliches findet sich für den österreichischen Kontext, in dem mehr als 70 Prozent der befragten Journalist_innen von einer Zunahme des Werbedrucks sprechen (Seethaler, 2019; Seethaler & Beaufort, 2020). Explizit nachweisen für den Klimakrisenkontext kann dies Beattie (2020) für die USA: In Antizipation von Werbekampagnen in der Automobilbranche zeigt sich, dass Zeitungen Klimaberichterstattung zum einen skeptischer und zum anderen quantitativ reduziert ausfallen lassen, um potenzielle Werbegelder anzuziehen. Auch außerhalb des Klimakrise-Kontextes zeigen Studien, dass Werbung (sowohl von privaten als auch öffentlichen Akteur_innen) die Berichterstattung beeinflusst (z. B. Gambaro & Puglisi, 2015; Tella & Franceschelli, 2011). Umgekehrt zeigt sich auch, dass Werbeausgaben von Konzernen auf Medienberichterstattung reagieren: im US-amerikanischen Kontext korrelieren beispielsweise Werbeausgaben von Ölkonzernen mit der Intensität an Klimaberichterstattung (Brulle et al., 2020).

Die (national) politische Ebene (bzw. die Ebene der regulatorischen Rahmenbedingungen) wird in ihrer aktuellen Konstellation in Österreich aufgrund ihrer Inaktivität als potenziell hemmende Struktur eingestuft. Während in den 1990ern eine starke Euphorie in Bezug auf Klimamaßnahmen vorhanden war, ist in den letzten Jahren auf nationaler Ebene tendenziell eine Verschleppung weitreichender Maßnahmen zu verzeichnen (Brand & Pawloff, 2014; Niedertscheider et al., 2018; Soder et al., 2018). Folglich ist davon auszugehen, dass die Bundesregierung bisher auch in Bezug auf Medien ihren potenziellen Einfluss auf die Herbeiführung einer klimafreundlichen Lebensweise nicht geltend macht (z. B. im ORF über den stark politisch besetzten Stiftungsrat: Seethaler und Beaufort (2020); oder mittels Presseförderung: Haas (2012)). Inwiefern sich die Beteiligung der Grünen in der Bundesregierung mittel- und längerfristig auf regulatorische Bemühungen im Mediensektor auswirkt, bleibt abzuwarten. Eine eng verzahnte Beziehung zwischen Medien und Politik unter anderem durch öffentliche Inserate (Eberl et al., 2018; Grisold & Grabner, 2017; Kaltenbrunner, 2021; Kaltenbrunner et al., 2020) sowie tendenzielles Misstrauen gegenüber staatlicher Medienregulierung (Kääpä, 2020) sowohl aus Rezipient_innensicht als auch aus der Perspektive von Medienschaffenden könnten zusätzlich hemmende Aspekte für eine klimafreundliche Medienregulierung darstellen. Diese Aspekte bedürfen der expliziten empirischen Überprüfung und sind auch im internationalen Kontext bisher wenig beleuchtet worden.

20.4.2 Tendenzen im Mediensektor und die Rolle zentraler Akteur_innen

Die innere Organisation des Mediensektors betreffend, werden ausgeprägte Konzentrations- und Einsparungstendenzen sowie aktuelle Eigentumsverhältnisse und profit-zentrierte Geschäftsmodelle als hemmende Strukturen verortet und zentrale Akteur_innen innerhalb der österreichischen Medienlandschaft als tendenziell hemmend eingestuft. Mit steigendem Wettbewerbsdruck waren unter anderem in den letzten Jahren eine zunehmende Arbeitsbelastung sowie ein Rückgang der Anzahl an Journalist_innen beobachtbar [siehe Abschn. 20.1 Einleitung].

Diese Faktoren können als eine potenzielle Herausforderung für die zukünftige Entwicklung des Journalismus betrachtet werden (Kaltenbrunner et al., 2020; Seethaler & Beaufort, 2020) und bergen die Gefahr von Perspektivenverengung. Konzentrations- und Einsparungstendenzen bewirken tendenziell eine verstärkte Abhängigkeit von PR-Quellen (Jackson & Moloney, 2016; Saridou et al., 2017). Im internationalen Kontext gibt es wissenschaftliche Belege zur Abhängigkeit von Wirtschaftsressorts von PR-basiertem Nachrichtenmaterial, unter anderem aus der Kohle- und Erdölindustrie (Bacon & Nash, 2012). Eine Umfrage unter deutschen Journalist_innen und PR-Praktizierenden weist auf gegenseitige finanzielle Abhängigkeit hin (Koch et al., 2020). Für die Klimaberichterstattung kann die zunehmende Abhängigkeit von grünen PR-Quellen (von professionellen Umweltkommunikator_innen aufbereitete Textbausteine) und die damit einhergehende Machtverschiebung zuungunsten von Journalist_innen als Gefahr für qualitativ hochwertigen, unabhängigen Umweltjournalismus in den Mainstream-Nachrichtenmedien eingestuft werden (Williams, 2015).

Medienkonzentrationstendenzen in Österreich, insbesondere auf Bundesländerebene, gehen mit einem hohen Stellenwert der Boulevardpresse einher [siehe Abschn. 20.1 Einleitung]. Dies kann aufgrund der sensationalistischen und alarmistischen Ausrichtung (Pikl, 2012) tendenziell als hemmender struktureller Faktor auf dem Weg zu einer klimafreundlichen Lebensweise eingestuft werden. Ebenso werden Medieneigentümer_innen – je nach politischer Ausrichtung – potenziell als hemmende Akteur_innen eingeschätzt aufgrund des Interesses, den Status quo und damit bestehende Besitz- und Machtverhältnisse aufrechtzuerhalten und daher potenziell – je nach politischer Orientierung – Klimakrisenberichterstattung und ökologisch relevante betriebswirtschaftliche Entscheidungen hemmend zu beeinflussen, wofür es auf internationaler Ebene Befunde gibt (Lee et al., 2013; McKnight, 2010a; Wagner & Collins, 2014). Zu beachten ist für den österreichischen Kontext, dass keine expliziten regulatorischen Maßnahmen vorhanden sind, die sicherstellen, dass Entscheidungen über die Ernennung und Entlassung von Chefredakteur_innen unabhängig von kommerziellen oder politischen Interessen der Eigentümer_innen getroffen werden (Seethaler & Beaufort, 2020). Insbesondere bei privatwirtschaftlich organisierten Medien mit Familien und Einzelpersonen als Besitzer_innen (eine Eigentumsform, die in Österreich durchaus relevant ist (Theine & Grabner, 2020)) besteht die hemmende Gefahr der politischen Ausrichtung der Medien auf eine Weise, die einer klimafreundlichen Lebensweise nicht zuträglich ist, wie im englischsprachigen Kontext an der Murdoch-Familie und News Corp ersichtlich (McKnight, 2010a). Zentral ist hierbei auch die Rolle konservativer, klimakrisenskeptischer Netzwerke und ihrer engen Verbindungen zu konservativen Medienhäusern [siehe Abschn. 20.2 Status quo und Herausforderungen]. Eine Einschätzung für Österreich liegt für die Medien unzensuriert.at, Zur Zeit und Die Aula vor, die klimakrisenleugnenden Diskursen prominenten Raum geben und eng mit der FPÖ vernetzt sind. Für weitere Parteien und Akteur_innen liegen bisher keine Einschätzungen vor.

20.4 Akteur_innen und Institutionen

Die Rolle zentraler institutioneller Akteur_innen in der österreichischen Medienlandschaft ist unklar aufgrund fehlender Studien zum Thema. Unseren Recherchen nach weist der Verband österreichischer Zeitungen (VÖZ) als Interessenvertretung von Tageszeitungen, Wochenzeitungen und Magazinen bisher sehr geringe Aktivität zur Klimakrise auf. Ähnliches trifft auf den Verein zur Selbstkontrolle der österreichischen Presse (Österreichischer Presserat) zu, welcher keine erkennbaren Aktivitäten oder Schwerpunkte zur Klimakrise aufweist. So wird in den Zusatzrichtlinien zur Finanz- und Wirtschaftsberichterstattung des Pressekodex keine Verbindung zur Klimakrise hergestellt. Einzig enthält der Pressekodex den Hinweis, dass im redaktionellen Spezialbereich „Autoteil" „Umwelt-, Verkehrs- und energiepolitischen Zusammenhängen [...] auch Rechnung getragen werden [soll]" (Österreichischer Presserat, 2019).

Unsere Recherche möglicher förderlicher Akteur_innen hat ergeben, dass klimakrisenspezialisierte Recherchenetzwerke und neue Formen des Journalismus hohe Relevanz für die Neuorientierung von Berichterstattungspraktiken haben. In Deutschland haben sich über die letzten Jahre hinweg klimakrisenspezialisierte Recherchenetzwerke gebildet wie beispielsweise Riffreporter und Grüner Journalismus sowie klimabewusste Medienmacher_innengruppen wie klimareporter.de, Grüner drehen, Netzwerk Degrowth-Journalismus, das Netzwerk Klimajournalismus Deutschland (Netzwerk Klimajournalismus Deutschland, o. J.) und das EU-weite Arena Climate Network (o.J.). Eine ähnlich positive Rolle könnten Institutionen wie das Netzwerk Weitblick spielen. Als potenzielle Vorreiter_innen im Bereich des konstruktiven, investigativen und „slow" Journalismus lassen sich beispielsweise Perspective Daily, The Correspondent oder Correctiv identifizieren. Auch im Bereich des Fernsehens gibt es im internationalen Kontext erste Initiativen, die einer klimafreundlichen Lebensweise zuträglich sind, wie die Einführung täglicher Formate (z. B. „The Daily Climate Show" auf Sky News). Für den deutschsprachigen Raum fordert die Initiative „KLIMA° vor acht" tägliche Klimaberichterstattung zur höchstfrequentierten Sendezeit (Klima vor Acht, 2021) – ein weiteres gutes Beispiel für tagesaktuelle Klimakrisenberichterstattung ist das „Klima Update" auf RTL (Niemeier, 2021). In sozialen Medien gibt es erste niederschwellige Formate wie Instagram-Kanäle (z. B. der @klima.neutral-Kanal des öffentlich-rechtlichen Rundfunksenders ARD), die über eine klimafreundliche Lebensweise oder die Klimakrise wissenschaftlich fundiert, aber zugänglich berichten und die unserer Einschätzung nach das Potenzial haben, den Klimakrisendiskurs auch in nicht printmediennahen bzw. nicht massenmedienaffinen Gruppen zu fördern. Im österreichischen Kontext gibt es bisher wenige vergleichbare Beispiele bis auf Datum, ein Magazin, das man als „Slow Journalism" („entschleunigter Journalismus") klassifizieren könnte, oder auch Dossier, das erste österreichische Magazin, welches sich vom Werbemarkt emanzipiert hat. Beide stellen interessante Experimentierobjekte im Kontext des österreichischen Mediensektors dar.

Trotz noch nicht vorhandener Forschung zum Thema ist es unserer Einschätzung nach wahrscheinlich, dass progressive Medienhäuser wie DerStandard und der FALTER als tendenziell fördernde Akteur_innen für den Diskurs zu einer klimafreundlichen Lebensweise in Österreich wirken, zum einen durch spezialisierte Aussendungen wie der Klimaklartext-Newsletter von DerStandard bzw. dem FALTER.natur-Newsletter, zum anderen durch die Einführung spezialisierter Ressorts wie das kürzlich gegründete Ressort für Natur im Falter (Falter.at, 2021). Weitere aktuelle Bespiele für fördernde Aktivitäten sind der Blog „Klima in Bewegung" im Online-Format auf derStandard.at, welcher Analysen aus Klimagerechtigkeitsperspektive veröffentlicht, der Profil-Podcast „Tauwetter" sowie folgende Initiativen: der K3-Preis für Klimakommunikation (K3 Klimakongress, 2022), der Österreichische Umweltjournalismus Preis (Umweltjournalismus-Preis, 2021) und die Gründung des Netzwerks Klimajournalismus (2021), welches auf Leerstellen im Zusammenhang zur Klimakrise im österreichischen Mediensystem und Journalismus hinweist und versucht diese zu adressieren.

Offen bleibt auch, inwiefern der öffentlich-rechtliche Rundfunk ein potenziell fördernder Akteur werden könnte. Aufgrund der relativ stabilen finanziellen Basis, der hohen Reichweite und des ihm entgegengebrachten hohen öffentlichen Vertrauens könnte der ORF eine Vorreiterrolle für den Diskurs um eine klimafreundliche Lebensweise einnehmen, wenngleich er auch einer hohen Werbeabhängigkeit (Saurwein et al., 2019) und relativ starken politischen Abhängigkeiten unterliegt (Seethaler & Beaufort, 2020). Einige klimakrisenrelevante Formate sind aktuell bereits im ORF-Programm vorhanden (z. B. der Ö1 Podcast „Klima – was tun?" (Ö1, 2021) oder die jährlichen „Mutter-Erde"-Themenschwerpunkte (Mutter Erde, 2021)). Gleichzeitig scheinen diese im Lichte des Ausmaßes der Klimakrise noch ausbaufähig.

20.4.3 Journalistische Praktiken und Rollenverständnisse und Rolle der Kommunikationswissenschaft

Auf journalistischer Ebene sind existierende Praktiken und Normen, die aufgrund ihres Beitrags zur Verzerrung des wissenschaftlichen Konsenses zur Klimakrise im öffentlichen Diskurs (wie zu Beginn unter „Mediale Strukturbedingungen" ausgeführt) mit hoher Wahrscheinlichkeit als Hemmnisse für die Kommunikation zu einer klimafreundlichen Lebensweise einzustufen. Zum anderen spielen makroökonomisch bedingte, sich auf Mikroebene äußernde kontextuelle Faktoren wie Zeitdruck, Überbelastungen in Redaktionen und mangelnde Expertise von Journalist_innen zur Klimakrise mit mittlerer Wahrscheinlichkeit eine zentrale Rolle (Lauerer & Keel, 2019).

Das journalistische Rollenverständnis der distanzierten Informationsbereitstellung ist auch in Österreich relevant [siehe Abschn. 20.3 Notwendigkeiten]. Gleichzeitig zeigt die repräsentative Umfrage von Kaltenbrunner et al. (2020), dass ca. 20 Prozent der Befragten Missstände aufdecken wollen und die Mehrheit der Befragten beim Thema Klimakrise/Klimaschutz „Partei ergreifen" wollen. Diese journalistischen Selbstverständnisse können potenziell als förderlich eingestuft werden. Weiterbildungen und Recherchenetzwerke können dies weiter unterstützen.

Schließlich ist die Kommunikationswissenschaft selbst zum Betrachtungsgegenstand im Zusammenhang mit hemmenden Strukturen geworden (geringe Übereinstimmung) (Kannengießer, 2020b; Krüger & Meyen, 2018). Zum einen bleibt eine Kritik der politischen Ökonomie der Medien (z. B. Knoche, 2001; McChesney, 2000) insbesondere im deutschsprachigen Raum randständig, welche die Verzahnungen zwischen Medien und kapitalistischer Akkumulation explizit in den Blick nimmt (Fuchs, 2017; Garland & Harper, 2015). Zum anderen wird problematisiert, dass sich die Medien- und Kommunikationswissenschaft bisher nicht im gebührenden Ausmaß mit ökologischen Fragestellungen beschäftigt. Kannengießer (2020b) plädiert für Forschung zu den sozial-ökologischen Auswirkungen von Medieninfrastruktur in der Herstellung, Verwendung und Entsorgung sowie zu einhergehendem Energie- und Materialverbrauch und betont die Notwendigkeit einer Neuorientierung der Medien- und Kommunikationswissenschaft. Krüger und Meyen (2018) fordern eine transformative Kommunikationswissenschaft, welche „die mit öffentlicher Kommunikation verbundenen Aspekte der Transformation in eine nachhaltig wirtschaftende, demokratisch und gerecht organisierte Postwachstumsgesellschaft" (Krüger & Meyen, 2018, S. 351) beleuchtet. Genannte wissenschaftliche Akteur_innen, die sich mit Medien und einem guten Leben befassen, haben das Potenzial, neue wissenschaftliche Strukturen und Wissenschaftsdiskurse im Sinne einer sozial-ökologischen Transformation mitzugestalten, welche letzten Endes zu fördernden Strukturen im Wissenschafts-Öffentlichkeits-Diskurs werden können.

20.5 Gestaltungsoptionen

Zur Adressierung oder Überwindung der momentan hemmenden Strukturen lassen sich Gestaltungsoptionen auf der Ebene der Medieninhalte und im Bereich der Medienstrukturen ableiten, die im Folgenden ausgeführt werden. Wie bereits angemerkt, ist die Forschungslage insgesamt relativ dünn, insbesondere hinsichtlich der strukturellen Gestaltungsoptionen im Mediensektor.

Konkrete Handlungs- und Gestaltungsmöglichkeiten zur Überwindung der vorherrschenden journalistischen Praktiken und Rollenbilder (Abschn. 20.4.3) liegen im Bereich der neuen Formen des Journalismus. Hier scheinen der sich momentan herausbildende konstruktive, lösungsorientierte Journalismus sowie der transformative Journalismus vielversprechende neue Leitbilder zu sein. Der konstruktive, lösungsorientierte Journalismus betont die Notwendigkeit zukunftsorientierter Berichterstattung. Gleichzeitig stehen mit dem Fokus auf lösungsorientierte, handlungsorientierte Perspektiven tendenziell individuelle Handlungsoptionen im Vordergrund. Strukturelle Zusammenhänge werden weniger stark betont (Atanasova, 2021; Hermans & Drok, 2018; Krüger, 2016). Hier setzt der transformative Journalismus an, der eine Überwindung des Negativ-Bias der Medien durch die Hervorhebung von systemimmanenten und lokalen Lösungsansätzen für globale Problemstellungen als unzureichend erachtet (Krüger, 2021). Ein notwendiger Aspekt einer klimakrisenadäquaten Form von Journalismus sind ein globales Bewusstsein für die Klimakrise sowie eine tiefgreifende Problemanalyse, welche die derzeitige Organisation von Wirtschaft und Gesellschaft grundlegend in Frage stellt (Krüger, 2021). Transformativer Journalismus beleuchtet zum einen explizit Zukunftsszenarien, welche im Einklang mit ökologischen Grenzen stehen und eine fundamentale Reorganisation von ökonomischen und sozialen Systemen voraussetzen, und nutzt zum anderen neue Erzählformen, wie Selbsterfahrungen, Briefe und Zukunftsvisionen (Marshall, 2014; Neverla, 2020; T. Schäfer, 2016). Damit wären unter anderem beispielsweise Postwachstumsökonomien Gegenstand der Betrachtung, welche auf den transformativen Werten der ökologischen Nachhaltigkeit, Demokratie und sozialen Gerechtigkeit basieren (Brüggemann et al., 2022; Krüger, 2021; Krüger & Meyen, 2018, S. 351). Nach unserer Perspektive beinhaltet der transformative Journalismus ein gesteigertes Selbstverständnis der journalistischen Rolle. Transformativer Journalismus sieht sich als eine kritische Beobachtung öffentlicher, privatwirtschaftlicher und zivilgesellschaftlicher Aktivitäten und die damit einhergehende Einforderung klimawirksamer Maßnahmen. Dies beinhaltet unter anderem die Entlarvung und Dekonstruktion klimakrisenskeptischer und klimamaßnahmenverzögernder Diskursstrategien, wie sie zum Beispiel von Lamb et al. (2020) konzeptualisiert worden sind.

Eine erste Studie von Atanasova (2019), die Nachhaltigkeitsberichterstattung von „Positive News", einer Webseite und Zeitschrift, die sich auf in konstruktiven, lösungsorientierten Journalismus spezialisiert hat, arbeitet folgende zentrale Eigenschaften der Berichterstattung heraus: ein starker Fokus auf Lösungen und ein optimistisches Framing derselben, eine Vielzahl an Quellen und die Verwendung von konsum- und wachstumskritischen Frames. An diesem Fallbeispiel zeigt sich, dass konstruktive, lösungsorientierte Medien wie „Positive News" dazu beitragen können, eine positive und alternative Zukunftsvorstellung zu kreieren und zu unterstützen, was das Repertoire kulturell akzeptierter Diskurse erweitern kann. Ähnliche Analysen für den sich gerade erst definierenden transformativen Journalismus stehen noch aus.

Für eine weitere Verbreitung des transformativen bzw. des konstruktiven, lösungsorientierten Journalismus braucht es Möglichkeiten der Weiterbildung im Rahmen existierender Arbeitsverhältnisse bzw. einer entsprechenden journalistischen Ausbildung. Neue Journalismusformen und verwandte Organisationen wie das Solutions Journalism Network (NY) sowie das Constructive Institute an der Universität Aarhus könnten hierfür als erste Wegweiser dienen. Um eine tiefergreifende Auseinandersetzung mit transformativen Gesellschaftsfragen in den Medien zu ermöglichen, müssten sich jedoch auch die Rahmenbedingungen, unter welchen momentan Inhalte produziert werden, verändern. Ein Weg hierfür wäre eine Restrukturierung der Medien hin zu „slow media", das heißt die Verringerung des Outputdrucks und die damit einhergehende zunehmende Relevanz von tiefgreifenden Recherchen (Drok & Hermans, 2016; Le Masurier, 2016). Eine derartig tiefgreifende Veränderung erfordert jedoch nach unserer Einschätzung zum einen ein neues medienkulturelles Verständnis, welches sich nur längerfristig ausbilden kann, zum anderen eine weitreichende Abkehr von existierenden Geschäftsmodellen inklusive der Verringerung von Profit-, Wachstums- und Wettbewerbsdruck [siehe auch letzter Absatz dieses Unterkapitels].

Eine weitere konkrete Handlungsmöglichkeit ist eine verstärkte Zusammenarbeit zwischen Wissenschaft und Lokaljournalismus (Anderson, 2014; Howarth & Anderson, 2019). Diese könnte zu einer besseren Übersetzung von klimawissenschaftlichen Erkenntnissen für die Öffentlichkeit und zu deren Sensibilisierung für Themen der lokalen Klimakrisenauswirkungen beitragen. Dies ist insbesondere relevant, da so die Vermittlung des Langzeithorizonts und die Komplexität der Klimakrise potenziell besser gelingen kann. Weitere Gestaltungsmöglichkeiten lassen sich auf der Ebene der Klimakrisenberichterstattung verorten und wurden bereits im 4. Absatz des Abschn. 20.3 [Verweis auf Abschn. 20.3] im Detail erläutert.

Die organisationsinterne Selbstregulierung von Medienunternehmen (wie etwa durch CSR oder ethische Richtlinien) ist dem bisherigen Erkenntnisstand nach sehr wahrscheinlich nicht ausreichend, um die Klimakrise adäquat zu adressieren (Besio & Pronzini, 2014). Entsprechend sind medienregulative Maßnahmen in Bezug auf die Klimakrise (möglicherweise gekoppelt an das Medienförderwesen) wissenschaftlich genauer zu untersuchen. Victor Pickard (2020) schlägt zur Überwindung der strukturellen Krise der Medien eine weitreichende Reform und Neuorientierung der staatlichen Medienpolitik (bei gleichzeitiger Berücksichtigung möglicher Interessenkonflikte und der Gefahr staatlicher Einflussnahme) im Bereich der Finanzierung, Medieninfrastruktur, Governance und Einbindung von lokalen Gemeinschaften vor (siehe dazu auch: Zollmann, 2021). Neben einer weitreichenden staatlichen Medienpolitik, die jedoch mediale Unabhängigkeit nicht gefährdet, bedarf es Forschung zu den Potenzialen von alternativen Finanzierungsmodellen (z. B. durch gemischte Finanzierungsmodelle (Meier, 2012) oder öffentliche Finanzierung bei gleichzeitiger Unabhängigkeit von staatlicher Einflussnahme (Kiefer, 2011)). Zudem sollten im Zusammenhang mit Klimakrisenjournalismus mögliche Förderungen für Alternativmedien untersucht werden, welche laut Literatur eine wichtige Rolle spielen könnten, um hegemoniale Berichterstattungsmuster aufzubrechen (Hackett & Gunster, 2017).

Auf der Ebene der Medienstrukturen ergeben sich damit aus der Literatur folgende Transformationspfade für den österreichischen Mediensektor: eine effektive Emissionsreduktion, die Abkehr von fossilistischen Werbemärkten sowie die Restrukturierung von Eigentumsverhältnissen und Finanzierungsmodellen. Was die Emissionsreduktion des Mediensektors betrifft, so bräuchte der Sektor klare, rechtlich bindende Vorgaben zur Erreichung von Klimaneutralität bis 2040 im Einklang mit den Verpflichtungen der österreichischen Bundesregierung und dem Übereinkommen von Paris. Forschung dazu ist jedoch noch ausständig. Aus anderen geografischen Kontexten, besonders in der anglo-amerikanischen Welt, zeigen sich bereits Beispiele für Medienunternehmen, die ihren Emissionsfußabdruck berechnen und aktive Schritte zur Reduktion setzen wie z. B. The Guardian, der CO_2-Neutralität bis 2030 anstrebt (The Guardian, 2019). Kääpä (2020) betont die Notwendigkeit von Medienregulierung vor dem Hintergrund der ökologischen Auswirkungen der Medieninfrastruktur und schlägt regulative Gestaltungsoptionen auf drei Ebenen vor: Regulierung auf internationaler und nationalstaatlicher Ebene, Regulierung auf Betriebsebene (in Bezug auf Produktion und Entsorgung) sowie die Förderung der Zusammenarbeit mit anderen Industrieakteur_innen für gegenseitige Lernprozesse im Bereich der nachhaltigen Betriebsumstrukturierungen.

Darüber hinaus schätzen wir konkrete Maßnahmen und Gestaltungsoptionen zur Entkoppelung des Mediensektors von der fossilistischen Werbeindustrie als notwendige Voraussetzung für eine konsequente Antwort auf die Klimakrise ein. Dies hat besonders an Relevanz gewonnen, da sich die „Grüne" Werbung professionell ausdifferenziert und zu neuen Einnahmequellen führen könnte, wobei gleichzeitig die Gefahr des Greenwashing besteht (Wonneberger & Matthes, 2016). Eine mögliche Orientierung für konkrete Maßnahmen könnte das weitreichende Verbot von bestimmter Werbung (wie in Bezug auf die Tabakindustrie) sein. Schließlich halten wir die Restrukturierung von Eigentumsverhältnissen für eine zentrale Gestaltungsoption, wobei es auch hierzu noch wenig Forschung gibt. Eine kürzlich veröffentlichte Studie weist darauf hin, dass alternative Besitzverhältnisse (z. B. Genossenschaften) potenziell ökonomisch nachhaltiger sind und mit höherer öffentlicher Verantwortung einhergehen, gleichzeitig unter gegebenen Marktbedingungen jedoch sehr vulnerabel sind. Damit alternative Besitzverhältnisse sich mittel- und langfristig etablieren können, bedarf es sehr wahrscheinlich medienregulativer Unterstützung (Schneider, 2021).

20.6 Fazit und Forschungsnotwendigkeit

Wie bereits im Verlauf der Analyse aufgeworfen, besteht Forschungsbedarf zur potenziellen Rolle alternativer Berichterstattungsmuster (wie lösungsorientierter, konstruktiver und transformativer Journalismus) im Zusammenhang mit wirkungsstärkerer Klimakrisenkommunikation sowie zu neuen Kommunikationsformationen (wie der erzählerischen Berichterstattung). Zudem bedarf es Forschung zu den ökologischen Auswirkungen der Medieninfrastrukturen, insbesondere in der Unterhaltungsindustrie und für Social Media in Zeiten der Digitalisierung (z. B. durch die Erstellung von Fußabdruckanalysen). Auch betreffend die Gestaltungsoptionen des Mediensektors ist Forschung notwendig: Erstens sollten die Potenziale neuer Eigentumsformen untersucht werden; zweitens sollten neue Finanzierungsmodelle des Journalismus zur Entkopplung von der Fossilwerbeindustrie detaillierter untersucht werden (z. B. das Potenzial gemischter Finanzierungsregime) (nach Meier, 2012) oder die Neustrukturierung von Journalismus im Sinne einer öffentlich finanzierten, demokratischen Institution bei gleichzeitiger Unabhängigkeit von staatlicher Einflussnahme (Kiefer, 2011); schließlich besteht Forschungsbedarf zum Potenzial von Medienregulierung in Zeiten der Klimakrise (durch Steuererleichterung, Förderung bei Kriterienerfüllung oder gesetzlich verankerte Ge- und Verbote). All das könnte dazu beitragen, Wege ausfindig zu machen, welche die Wahrscheinlichkeit erhöhen, dass Medien zu einer klimafreundlichen Lebensweise besser als in ihrer aktuellen Form beitragen können. Außerdem besteht Forschungsbedarf zur Rolle sozialer Medien jenseits des Mikroblogging-Diensts Twitter, der bisher stark im Vordergrund der Forschungsliteratur steht (Pearce et al., 2014), um zu einem besseren Verständnis von Diskurskonstruktion einer klimafreundlichen Lebensweise und bremsenden Diskursen in digitalen sozialen Netzwerken beizutragen.

Zusammenfassend lässt sich sagen, dass es zwar über die letzten Jahre hinweg zunehmende Forschung im Bereich Medien und Klimakrise gibt, jedoch beschränkt sich diese vor allem auf Medien als Informationsträger und betrachtet die Rolle von Medien als Infrastrukturen und als ökonomische Institutionen nur zweitrangig. Während es im englischsprachigen Raum zahlreiche Studien zu Mediendiskursen gibt sowie zum Teil zu journalistischen Praktiken und Rollenbildern, so sind die Studien für den deutschsprachigen Raum zum einen weniger, zum anderen primär auf Medieninhalte fokussiert. Forschung zu journalistisch produzierten Inhalten sind primär auf Tageszeitungen fokussiert, während Radio, Fernsehen sowie soziale Medien in Bezug auf die Klimakrise kaum untersucht worden sind. Traditionell scheint der Fokus auf Massenmedien zu liegen, jedoch nimmt Forschung zu sozialen Medien in den letzten Jahren zu. Forschung zu Medien als Infrastrukturen mit sozial-ökologischen Auswirkungen bleibt vielfach noch ausständig, gleichzeitig stufen wir diese als sehr relevant ein. Ähnlich verlangt ein holistischer Zugang zu Medien- und Kommunikationsforschung im Kontext der Klimakrise einen transformativen Ansatz, welcher den ökonomischen, politischen und ideellen Kontext als Produktionsbedingung für Medieninhalte berücksichtigt und insbesondere die ökonomischen Wachstumszwänge und gesellschaftlich-hegemoniale Betrachtungsweisen des Status quo thematisiert.

20.7 Quellenverzeichnis

Anderson, A. G. (2014). *Media, Environment and the Network Society*. Palgrave Macmillan UK. https://doi.org/10.1057/9781137314086

APA-OTS. (2021, November 9). *APA baut Klimaberichterstattung aus*. https://www.ots.at/presseaussendung/OTS_20211109_OTS0078/apa-baut-klimaberichterstattung-aus-bild

Arena for Journalism in Europe. (o. J.). *The Arena Climate Network*. Arena for Journalism in Europe. Abgerufen 29. September 2021, von https://journalismarena.eu/the-networks/the-climate-and-energy-network/

Arlt, D., Hoppe, I., & Wolling, J. (2010). Klimawandel und Mediennutzung. Wirkungen auf Problembewusstsein und Handlungsabsichten. *Medien & Kommunikationswissenschaft*, *58*(1), 3–25. https://doi.org/10.5771/1615-634x-2010-1-3

Askanius, T., & Uldam, J. (2011). Online social media for radical politics: Climate change activism on YouTube. *International Journal of Electronic Governance*, *4*(1/2), 69. https://doi.org/10.1504/IJEG.2011.041708

Atanasova, D. (2019). Moving Society to a Sustainable Future: The Framing of Sustainability in a Constructive Media Outlet. *Environmental Communication*, *13*(5), 700–711. https://doi.org/10.1080/17524032.2019.1583262

Atanasova, D. (2021). How Constructive News Outlets Reported the Synergistic Effects of Climate Change and Covid-19 Through Metaphors. *Journalism Practice*, 1–20. https://doi.org/10.1080/17512786.2021.1968311

Auer, M. R., Zhang, Y., & Lee, P. (2014). The potential of microblogs for the study of public perceptions of climate change: Microblogs and perceptions of climate change. *Wiley Interdisciplinary Reviews: Climate Change*, *5*(3), 291–296. https://doi.org/10.1002/wcc.273

Bacon, W., & Nash, C. (2012). Playing the media game: The relative (in)visibility of coal industry interests in media reporting of coal as a climate change issue in Australia. *Journalism Studies*, *13*(2), 243–258. https://doi.org/10.1080/1461670X.2011.646401

badvertising. (2021, März 25). *National Newspaper drops high-carbon Adverts for Fossil Fuels, Flights & Cars*. badvertising.org. https://www.badverts.org/latest/national-newspaper-drops-high-carbon-adverts-for-fossil-fuels-flights-cars

Barkemeyer, R., Figge, F., Hoepner, A., Holt, D., Kraak, J. M., & Yu, P.-S. (2017). Media coverage of climate change: An international comparison. *Environment and Planning C: Politics and Space, 35*(6), 1029–1054. https://doi.org/10.1177/0263774X16680818

Beattie, G. (2020). Advertising and media capture: The case of climate change. *Journal of Public Economics, 188*, 104219. https://doi.org/10.1016/j.jpubeco.2020.104219

Belkhir, L., & Elmeligi, A. (2018). Assessing ICT global emissions footprint: Trends to 2040 & recommendations. *Journal of Cleaner Production, 177*, 448–463. https://doi.org/10.1016/j.jclepro.2017.12.239

Besio, C., & Pronzini, A. (2014). Morality, Ethics, and Values Outside and Inside Organizations: An Example of the Discourse on Climate Change. *Journal of Business Ethics, 119*(3), 287–300. https://doi.org/10.1007/s10551-013-1641-2

Bohr, J. (2020). "Reporting on climate change: A computational analysis of U.S. newspapers and sources of bias, 1997–2017". *Global Environmental Change, 61*, 102038. https://doi.org/10.1016/j.gloenvcha.2020.102038

Boykoff, M., Pearman, O., McAllister, L., & Nacu-Schmidt, A. (2022). *German Newspaper Coverage of Climate Change or Global Warming, 2004–2022 – March 2022* [Data set]. University of Colorado Boulder. https://doi.org/10.25810/RXTV-EB29.48

Boykoff, M. T. (2008). The cultural politics of climate change discourse in UK tabloids. *Political Geography, 27*(5), 549–569. https://doi.org/10.1016/j.polgeo.2008.05.002

Boykoff, M. T., & Boykoff, J. M. (2004). Balance as bias: Global warming and the US prestige press. *Global Environmental Change, 14*(2), 125–136. https://doi.org/10.1016/j.gloenvcha.2003.10.001

Boykoff, M. T., Church, P., Katzung, A., Nacu-Schmidt, A., & Pearman, O. (2021). *A Review of Media Coverage of Climate Change and Global Warming in 2020* (Media and Climate Change Observatory). Cooperative Institute for Research in Environmental Sciences. https://scholar.colorado.edu/concern/articles/3j333318h

Boykoff, M. T., & Mansfield, M. (2008). "Ye Olde Hot Aire": Reporting on human contributions to climate change in the UK tabloid press. *Environmental Research Letters, 3*(2), 024002. https://doi.org/10.1088/1748-9326/3/2/024002

Boykoff, M. T., & Roberts, J. T. (2007). *Media Coverage of Climate Change: Current Trends, Strengths, Weaknesses* (HDOCPA-2007-03; Human Development Occasional Papers (1992–2007)). Human Development Report Office (HDRO), United Nations Development Programme (UNDP). https://ideas.repec.org/p/hdr/hdocpa/hdocpa-2007-03.html

Bozak, N. (2012). *The Cinematic Footprint: Lights, Camera, Natural Resources*. Rutgers University Press. https://www.jstor.org/stable/j.ctt5hjf37

Brand, U., & Pawloff, A. (2014). Selectivities at Work: Climate Concerns in the Midst of Corporatist Interests. The Case of Austria. *Journal of Environmental Protection, 2014*. https://doi.org/10.4236/jep.2014.59080

Brüggemann, M., & Engesser, S. (2014). Between Consensus and Denial: Climate Journalists as Interpretive Community. *Science Communication, 36*(4), 399–427. https://doi.org/10.1177/1075547014533662

Brüggemann, M., & Engesser, S. (2017). Beyond false balance: How interpretive journalism shapes media coverage of climate change. *Global Environmental Change, 42*, 58–67. https://doi.org/10.1016/j.gloenvcha.2016.11.004

Brüggemann, M., Frech, J., & Schäfer, T. (2022). Transformative Journalisms: How the ecological crisis is transforming journalism. In A. Hansen, *The Routledge Handbook of Environment and Communication* (2. Aufl.). Routledge. https://doi.org/10.31219/osf.io/mqv5w

Brüggemann, M., Neverla, I., Hoppe, I., & Walter, S. (2018). Klimawandel in den Medien. In H. von Storch, I. Meinke, & M. Claußen (Hrsg.), *Hamburger Klimabericht – Wissen über Klima, Klimawandel und Auswirkungen in Hamburg und Norddeutschland* (S. 243–254). Springer Berlin Heidelberg. https://doi.org/10.1007/978-3-662-55379-4_12

Brulle, R. J., Aronczyk, M., & Carmichael, J. (2020). Corporate promotion and climate change: An analysis of key variables affecting advertising spending by major oil corporations, 1986–2015. *Climatic Change, 159*(1), 87–101. https://doi.org/10.1007/s10584-019-02582-8

Carrington, D. (2019, Mai 17). Why the Guardian is changing the language it uses about the environment. *The Guardian*. https://www.theguardian.com/environment/2019/may/17/why-the-guardian-is-changing-the-language-it-uses-about-the-environment

Carvalho, A. (2007). Ideological cultures and media discourses on scientific knowledge: Re-reading news on climate change. *Public Understanding of Science, 16*(2), 223–243. https://doi.org/10.1177/0963662506066775

Carvalho, A. (2019). Media and Climate Justice: What Space for Alternative Discourses? In K.-K. Bhavnani, J. Foran, P. A. Kurian, & D. Munshi (Hrsg.), *Climate Futures: Re-Imagining Global Climate Justice* (S. 120–126). Zed Books Ltd. https://doi.org/10.5040/9781350219236

Center for Countering Digital Hate. (2022). *The Toxic Ten*. Counterhate. https://www.counterhate.com/toxicten

Daly, M., Doi, K., Kjerulf Petersen, L., Fernández Reyes, R., Boykoff, M., Simonsen, A. H., Hawley, E., Aoyagi, M., Osborne-Gowey, J., Oonk, D., Gammelgaard Ballantyne, A., Nacu-Schmidt, A., Ytterstad, A., Moccata, G., McAllister, L., Lyytimäki, J., Jiménez Gómez, I., Mervaala, E., Benham, A., & Pearman, O. (2019). *World Newspaper Coverage of Climate Change or Global Warming, 2004–2022 – January 2022* [Data set]. University of Colorado Boulder. https://doi.org/10.25810/4C3B-B819

Daly, M., Nacu-Schmidt, A., Boykoff, M., & McNatt, M. (2022). *United States Newspaper Coverage of Climate Change or Global Warming, 2000–2022 – [UPDATE MONTH] 2022* [Data set]. University of Colorado Boulder. https://doi.org/10.25810/JCK1-HF50.48

Diprose, K., Fern, R., Vanderbeck, R. M., Chen, L., Valentine, G., Liu, C., & McQuaid, K. (2018). Corporations, Consumerism and Culpability: Sustainability in the British Press. *Environmental Communication, 12*(5), 672–685. https://doi.org/10.1080/17524032.2017.1400455

Drok, N., & Hermans, L. (2016). Is there a future for slow journalism?: The perspective of younger users. *Journalism Practice, 10*(4), 539–554. https://doi.org/10.1080/17512786.2015.1102604

Dunwoody, S., & Konieczna, M. (2013). The role of global media in telling the climate change story. In S. J. A. Ward (Hrsg.), *Global media ethics: Problems and perspectives* (S. 171–190). Blackwell Publishing.

Dusyk, N., Axsen, J., & Dullemond, K. (2018). Who cares about climate change? The mass media and socio-political acceptance of Canada's oil sands and Northern Gateway Pipeline. *Energy Research & Social Science, 37*, 12–21. https://doi.org/10.1016/j.erss.2017.07.005

Eberl, J.-M., Wagner, M., & Boomgaarden, H. G. (2018). Party Advertising in Newspapers: A source of media bias? *Journalism Studies, 19*(6), 782–802. https://doi.org/10.1080/1461670X.2016.1234356

Elsasser, S. W., & Dunlap, R. E. (2013). Leading Voices in the Denier Choir: Conservative Columnists' Dismissal of Global Warming and Denigration of Climate Science. *American Behavioral Scientist, 57*(6), 754–776. https://doi.org/10.1177/0002764212469800

Entman, R. M. (1993). Framing: Toward Clarification of a Fractured Paradigm. *Journal of Communication*, *43*(4), 51–58. https://doi.org/10.1111/j.1460-2466.1993.tb01304.x

Falter.at. (2021, März 23). Falter gründet das Ressort „Natur". *Falter*. https://www.falter.at/zeitung/20210323/falter-gruendet-das-ressort-natur

Feldman, L., Maibach, E. W., Roser-Renouf, C., & Leiserowitz, A. (2012). Climate on Cable: The Nature and Impact of Global Warming Coverage on Fox News, CNN, and MSNBC. *The International Journal of Press/Politics*, *17*(1), 3–31. https://doi.org/10.1177/1940161211425410

FOCUS Marketing Research. (2020). *Werbebilanz 2020 und -Prognose 2021*. Focus. https://www.focusmr.com/de/werbebilanz-2020-und-prognose-2021/

Forchtner, B. (2019). Articulations of climate change by the Austrian far right: A discourse-historical perspective on what is "allegedly manmade". In R. Wodak & P. Bevelander (Hrsg.), *"Europe at the Cross-road": Confronting Populist, Nationalist and Global Challenges* (S. 159–179). Nordic Academic Press.

Forchtner, B., Kroneder, A., & Wetzel, D. (2018). Being Skeptical? Exploring Far-Right Climate-Change Communication in Germany. *Environmental Communication*, *12*(5), 589–604. https://doi.org/10.1080/17524032.2018.1470546

Friedman, S. M. (2015). The Changing Face of Environmental Journalism in The United States. In *The Routledge Handbook Of Environment And Communication*. Routledge. https://doi.org/10.4324/9781315887586.ch11

Fuchs, C. (2017). Die Kritik der Politischen Ökonomie der Medien/Kommunikation: Ein hochaktueller Ansatz. *Publizistik*, *62*(3), 255–272. https://doi.org/10.1007/s11616-017-0341-9

Fuchs, C., & Mosco, V. (2012). Introduction: Marx is Back – The Importance of Marxist Theory and Research for Critical Communication Studies Today. *TripleC: Communication, Capitalism & Critique. Open Access Journal for a Global Sustainable Information Society*, *10*(2), 127–140. https://doi.org/10.31269/triplec.v10i2.421

Fuchs, C.. (2020). *Kommunikation und Kapitalismus: Eine kritische Theorie*. UVK Verlag.

Gadringer, S., Holzinger, R., Sparviero, S., Trappel, J., & Gómez Neumann, A. M. (2020). *Digital News Report Austria 2020. Detailergebnisse für Österreich*. Universität Salzburg. https://doi.org/10.5281/ZENODO.3859821

Gambaro, M., & Puglisi, R. (2015). What do ads buy? Daily coverage of listed companies on the Italian press. *European Journal of Political Economy*, *39*, 41–57. https://doi.org/10.1016/j.ejpoleco.2015.03.008

Garland, C., & Harper, S. (2015). *Did Somebook-body Say Neoliberalism? On the Uses and Limitations of a Critical Concept in Media and Communication Studies*. Brill. https://doi.org/10.1163/9789004291416_008

Gavin, N. T. (2018). Media definitely do matter: Brexit, immigration, climate change and beyond. *The British Journal of Politics and International Relations*, *20*(4), 827–845. https://doi.org/10.1177/1369148118799260

Gibson, T. A. (2017). Economic, Technological, and Organizational Factors Influencing News Coverage of Climate Change. In T. A. Gibson, *Oxford Research Encyclopedia of Climate Science* (b). Oxford University Press. https://doi.org/10.1093/acrefore/9780190228620.013.355

Greenwalt, D. A. (2016). The Promise of Nuclear Anxieties in Earth Day 1970 and the Problem of Quick-Fix Solutions. *Southern Communication Journal*, *81*(5), 330–345. https://doi.org/10.1080/1041794X.2016.1219386

Grisold, A. (2015). "Radio was great, but it's out of date. TV is the thing this year". Zur multiplen Krise der Massenmedien. *Kurswechsel*, *3*, 25–34.

Grisold, A., & Grabner, D. (2017). Maturity and Decline in Press Markets of Small Countries. The Case of Austria. *Recherches en Communication*, *44*. https://doi.org/10.14428/rec.v44i44.48013

Grundmann, R., & Scott, M. (2014). Disputed climate science in the media: Do countries matter? *Public Understanding of Science*, *23*(2), 220–235. https://doi.org/10.1177/0963662512467732

Gustafsson, A. W. (2013). The metaphor challenge of future economics: Growth and sustainable development in Swedish media discourse. In M. Benner (Hrsg.), *Before and Beyond the Global Economic Crisis* (S. 197–217). Edward Elgar Publishing. https://EconPapers.repec.org/RePEc:elg:eechap:15082_10

Haas, H. (2012). *Evaluierung der Presseförderung in Österreich. Status, Bewertung, internationaler Vergleich und Innovationspotenziale* (Eine Studie im Auftrag des Bundeskanzleramtes Österreich).

Haberl, H., Wiedenhofer, D., Virág, D., Kalt, G., Plank, B., Brockway, P., Fishman, T., Hausknost, D., Krausmann, F., Leon-Gruchalski, B., Mayer, A., Pichler, M., Schaffartzik, A., Sousa, T., Streeck, J., & Creutzig, F. (2020). A systematic review of the evidence on decoupling of GDP, resource use and GHG emissions, part II: synthesizing the insights. *Environmental Research Letters*, *15*(6), 65003. https://doi.org/10.1088/1748-9326/ab842a

Hackett, R. A., & Gunster, S. (2017). Journalism, Climate Communication and Media Alternatives. In B. Brevini & G. Murdock (Hrsg.), *Carbon Capitalism and Communication: Confronting Climate Crisis* (S. 173–186). Springer International Publishing. https://doi.org/10.1007/978-3-319-57876-7_14

Hallin, D. C., & Mancini, P. (2004). *Comparing Media Systems: Three Models of Media and Politics* (1. Aufl.). Cambridge University Press. https://doi.org/10.1017/CBO9780511790867

Hanitzsch, T., Hanusch, F., Ramaprasad, J., & De Beer, A. S. (Hrsg.). (2019). *Worlds of journalism: Journalistic cultures around the globe*. Columbia University Press.

Hayek, L., Mayrl, M., & Russmann, U. (2020). The Citizen as Contributor – Letters to the Editor in the Austrian Tabloid Paper Kronen Zeitung (2008–2017). *Journalism Studies*, *21*(8), 1127–1145. https://doi.org/10.1080/1461670X.2019.1702476

Hellsten, I., Porter, A. J., & Nerlich, B. (2014). Imagining the Future at the Global and National Scale: A Comparative Study of British and Dutch Press Coverage of Rio 1992 and Rio 2012. *Environmental Communication*, *8*(4), 468–488. https://doi.org/10.1080/17524032.2014.911197

Hermann, A. T., Bauer, A., & Pikl, M. (2017). Alerters, Critics, and Objectivists: Researchers in Austrian Newspaper Coverage of Climate Change. *Österreichische Zeitschrift für Politikwissenschaft*, *46*(4), 13. https://doi.org/10.15203/ozp.2388.vol46iss4

Hermans, L., & Drok, N. (2018). Placing Constructive Journalism in Context. *Journalism Practice*, *12*(6), 679–694. https://doi.org/10.1080/17512786.2018.1470900

Holmberg, K., & Hellsten, I. (2016). Twitter Campaigns Around the Fifth IPCC Report: Campaign Spreading, Shared Hashtags, and Separate Communities. *SAGE Open*, *6*(3), 215824401665911. https://doi.org/10.1177/2158244016659117

Holmes, D., & Star, C. (2018). Climate Change Communication in Australia: The Politics, Mainstream Media and Fossil Fuel Industry Nexus. In W. Leal Filho, E. Manolas, A. M. Azul, U. M. Azeiteiro, & H. McGhie (Hrsg.), *Handbook of Climate Change Communication: Vol. 1* (S. 151–170). Springer International Publishing. https://doi.org/10.1007/978-3-319-69838-0_10

Holmes, T. (2009). Balancing Acts: PR, "Impartiality", and Power in Mass Media Coverage of Climate Change. In T. Boyce & J. Lewis (Hrsg.), *Climate change and the media* (S. 92–100). Peter Lang Ltd. International Academic Publishers.

Holzner, J. (2008). *Wenn der Klimawandel zum Thema wird. Betrachtung der Berichterstattung ausgewählter österreichischer Printmedien 2001–2007* [Masterarbeit]. Karl-Franzens-Universität Graz.

Howarth, C., & Anderson, A. (2019). Increasing Local Salience of Climate Change: The Un-tapped Impact of the Media-science Interface. *Environmental Communication, 13*(6), 713–722. https://doi.org/10.1080/17524032.2019.1611615

Jackson, D., & Moloney, K. (2016). Inside Churnalism. *Journalism Studies, 17*(6), 763–780. https://doi.org/10.1080/1461670X.2015.1017597

Jang, S. M., & Hart, P. S. (2015). Polarized frames on "climate change" and "global warming" across countries and states: Evidence from Twitter big data. *Global Environmental Change, 32*, 11–17. https://doi.org/10.1016/j.gloenvcha.2015.02.010

K3 Klimakongress. (2022). *K3-Preis für Klimakommunikation*. k3-klimakongress.org. https://k3-klimakongress.org/k3-preis/

Kääpä, P. (2020). *Environmental management of the media: Policy, industry, practice* (1. Aufl.). Routledge.

Kaiser, J., & Rhomberg, M. (2016). Questioning the Doubt: Climate Skepticism in German Newspaper Reporting on COP17. *Environmental Communication, 10*(5), 556–574. https://doi.org/10.1080/17524032.2015.1050435

Kaltenbrunner, A. (2021). *Scheinbar transparent. Inserate und Presseförderung der österreichischen Bundesregierung*. delta X.

Kaltenbrunner, A., Lugschitz, R., Karmasin, M., Luef, S., & Kraus, D. (2020). *Der österreichische Journalismus-Report eine empirische Erhebung und eine repräsentative Befragung*. Facultas.

Kamiya, G. (2020). *The carbon footprint of streaming video: Fact-checking the headlines*. IEA. https://www.iea.org/commentaries/the-carbon-footprint-of-streaming-video-fact-checking-the-headlines

Kannengießer, S. (2019, August 20). Nachhaltigkeit geht alle (Ressorts) an. *Medienwoche. Magazin für Medien, Journalismus, Kommunikation & Marketing*. https://medienwoche.ch/2019/08/20/nachhaltigkeit-geht-alle-ressorts-an/

Kannengießer, S. (2020a). Fair media technologies: Innovative media devices for social change and the good life. *The Journal of Media Innovations, 6*(1), 38–49.

Kannengießer, S. (2020b). Nachhaltigkeit und das „gute Leben". *Publizistik, 65*(1), 7–20. https://doi.org/10.1007/s11616-019-00536-9

Kannengießer, S. (2021). Media Reception, Media Effects and Media Practices in Sustainability Communication: State of Research and Research Gaps. In F. Weder, L. Krainer, & M. Karmasin (Hrsg.), *The Sustainability Communication Reader* (S. 323–338). Springer Fachmedien Wiesbaden. https://doi.org/10.1007/978-3-658-31883-3_18

Kapeller, J., Puehringer, S., & Grimm, C. (2021). Paradigms and policies: The state of economics in the German-speaking countries. *Review of International Political Economy*, 1–27. https://doi.org/10.1080/09692290.2021.1904269

Kathrein, S. (2014). *Medienpräsenz von Umweltproblemen in Österreich* [Masterarbeit, Karl-Franzens-Universität Graz]. http://unipub.uni-graz.at/obvugrhs/309919

Kiefer, M. L. (2011). Die schwierige Finanzierung des Journalismus. *Medien & Kommunikationswissenschaft, 59*(1), 5–22. https://doi.org/10.5771/1615-634x-2011-1-5

Kirilenko, A. P., & Stepchenkova, S. O. (2014). Public microblogging on climate change: One year of Twitter worldwide. *Global Environmental Change, 26*, 171–182. https://doi.org/10.1016/j.gloenvcha.2014.02.008

Klima vor Acht. (2021). *Offener Brief an die ARD*. klimavoracht.de. https://klimavoracht.de/brief

Knauß, F. (2016). *Wachstum über alles? Wie der Journalismus zum Sprachrohr der Ökonomen wurde*. Oekom Verlag, Gesellschaft für ökologische Kommunikation mbH.

Knoche, M. (1999). Das Kapital als Strukturwandler der Medienindustrie – und der Staat als sein Agent? Lehrstücke der Medienökonomie im Zeitalter digitaler Kommunikation. In M. Knoche & G. Siegert, *Strukturwandel der Medienwirtschaft im Zeitalter digitaler Kommunikation* (S. 149–193). Verlag Reinhard Fischer München.

Knoche, M. (2001). Kapitalisierung der Medienindustrie aus politökonomischer Perspektive. *Medien & Kommunikationswissenschaft, 49*(2), 177–194. https://doi.org/10.5771/1615-634x-2001-2-177

Knoche, M. (2005). Werbung – Ein Notwendiges „Lebenselixier" Für Den Kapitalismus: Zur Kritik Der Politischen Ökonomie Der Werbung. In W. Seufert & J. Müller-Lietzkow (Hrsg.), *Theorie und Praxis der Werbung in den Massenmedien* (1. Aufl, S. 239–255). Nomos Verl.-Ges.

Knoche, M. (2014). Befreiung von kapitalistischen Geschäftsmodellen Entkapitalisierung von Journalismus und Kommunikationswissenschaft aus Sicht einer Kritik der politischen Ökonomie der Medien. In F. Lobigs, & G. von Nordheim, *Journalismus ist kein Geschäftsmodell Aktuelle Studien zur Ökonomie und Nicht-Ökonomie des Journalismus* (S. 241–266). Nomos Verlag.

Koch, T., Obermaier, M., & Riesmeyer, C. (2020). Powered by public relations? Mutual perceptions of PR practitioners' bases of power over journalism. *Journalism, 21*(10), 1573–1589. https://doi.org/10.1177/1464884917726421

Koteyko, N. (2012). Managing carbon emissions: A discursive presentation of "market-driven sustainability" in the British media. *Language & Communication, 32*(1), 24–35. https://doi.org/10.1016/j.langcom.2011.11.001

Krüger, U. (2016). Solutions Journalism. In Deutscher Fachjournalisten-Verband (Hrsg.), *Journalistische Genres* (S. 95–114). UVK-Verlag.

Krüger, U. (2021). Geburtshelfer für öko-soziale Innovationen: Konstruktiver Journalismus als Entwicklungskommunikation für westlich-kapitalistische Gesellschaften in der Krise. In N. S. Borchers, S. Güney, U. Krüger, & K. Schamberger (Hrsg.), *Transformation der Medien – Medien der Transformation. Verhandlungen des Netzwerks Kritische Kommunikationswissenschaft* (S. 358–380). Westend sowie Universität Leipzig.

Krüger, U., & Meyen, M. (2018). Auf dem Weg in die Postwachstumsgesellschaft. Plädoyer für eine transformative Kommunikationswissenschaft: Ein Beitrag zur Selbstverständnisdebatte im „Forum" (Publizistik, Heft 3, 2015; Heft 3 und 4, 2016; Heft 3 und 4, 2017; Heft 1, 2018). *Publizistik, 63*(3), 341–357. https://doi.org/10.1007/s11616-018-0424-2

Krüger, U., & Pfeiffer, J. (2019). Die Neoklassische Ökonomik und der Romantische Konsumismus: Ideologische Bremsklötze einer „Großen Transformation" zur Nachhaltigkeit. *Ideologie, Kritik, Öffentlichkeit: Verhandlungen des Netzwerks Kritische Kommunikationswissenschaft*, 200–225. https://doi.org/10.36730/ideologiekritik.2019.10

Krüger, U., Pötzsch, H., & Theine, H. (2021). Wie neoliberal sind die Medien? In S. Russ-Mohl & C. Hoffmann (Hrsg.), *Zerreißproben: Leitmedien, Liberalismus und Liberalität* (S. 113–125). Herbert von Halem.

Lamb, W. F., Mattioli, G., Levi, S., Roberts, J. T., Capstick, S., Creutzig, F., Minx, J. C., Müller-Hansen, F., Culhane, T., & Steinberger, J. K. (2020). Discourses of climate delay. *Global Sustainability, 3*, e17. https://doi.org/10.1017/sus.2020.13

Lange, S., & Santarius, T. (2018). *Smarte grüne Welt? Digitalisierung zwischen Überwachung, Konsum und Nachhaltigkeit*. Oekom Verlag.

Lauerer, C., & Keel, G. (2019). Journalismus zwischen Unabhängigkeit und Einfluss. In T. Hanitzsch, J. Seethaler, & V. Wyss (Hrsg.), *Journalismus in Deutschland, Österreich und der Schweiz* (S. 103–134). Springer Fachmedien Wiesbaden. https://doi.org/10.1007/978-3-658-27910-3_5

Le Masurier, M. (2016). Slow Journalism: An introduction to a new research paradigm. *Journalism Practice, 10*(4), 439–447. https://doi.org/10.1080/17512786.2016.1139902

Lee, J., Hong, Y., Kim, H., Hong, Y., & Lee, W. (2013). Trends in Reports on Climate Change in 2009–2011 in the Korean Press Based on Daily Newspapers' Ownership Structure. *Journal of Preventive Medicine & Public Health*, *46*(2), 105–110. https://doi.org/10.3961/jpmph.2013.46.2.105

Lehotský, L., Černoch, F., Osička, J., & Ocelík, P. (2019). When climate change is missing: Media discourse on coal mining in the Czech Republic. *Energy Policy*, *129*, 774–786. https://doi.org/10.1016/j.enpol.2019.02.065

Lewis, T. L. (2000). Media Representations of "Sustainable Development": Sustaining the Status Quo? *Science Communication*, *21*(3), 244–273. https://doi.org/10.1177/1075547000021003003

Lichtenegger, J. (2016). *Die ökologische Nachhaltigkeit innerhalb der österreichischen Medienbranche unter besonderer Berücksichtigung der Styria Media Group AG* [Masterarbeit]. Karl-Franzens-Universität Graz.

Lohs, A. (2020). (Post-)Wachstum in der Tagesschau? Eine Untersuchung der Berichterstattung der Nachrichtensendung Tagesschau über Wirtschaftswachstum vor dem Hintergrund der (Post-)Wachstumsdebatte. In U. Roos (Hrsg.), *Nachhaltigkeit, Postwachstum, Transformation* (S. 241–268). Springer Fachmedien Wiesbaden. https://doi.org/10.1007/978-3-658-29973-6_9

Lörcher, I. (2019). Al Gore, Eltern oder Nachrichten?: Die langfristige Aneignung des Themas Klimawandel über kommunikative und direkte Erfahrungen. In I. Neverla, M. Taddicken, I. Lörcher, & I. Hoppe (Hrsg.), *Klimawandel im Kopf* (S. 77–128). Springer Fachmedien Wiesbaden. https://doi.org/10.1007/978-3-658-22145-4_4

Lörcher, I., & Neverla, I. (2015). The Dynamics of Issue Attention in Online Communication on Climate Change. *Media and Communication*, *3*(1), 17–33. https://doi.org/10.17645/mac.v3i1.253

Luks, F. (2008). Der Diskurs über das Klima und das Klima des Diskurses. *GAIA-Ecological Perspectives for Science and Society*, *17*(2), 186–188.

Lyytimäki, J., Kangas, H.-L., Mervaala, E., & Vikström, S. (2020). Muted by a Crisis? COVID-19 and the Long-Term Evolution of Climate Change Newspaper Coverage. *Sustainability*, *12*(20), 8575. https://doi.org/10.3390/su12208575

Maesse, J., Pühringer, S., Rossier, T., & Benz, P. (Hrsg.). (2021). *Power and Influence of Economists: Contributions to the Social Studies of Economics* (1. Aufl.). Routledge. https://doi.org/10.4324/9780367817084

Magin, M. (2019). Attention, please! Structural influences on tabloidization of campaign coverage in German and Austrian elite newspapers (1949–2009). *Journalism*, *20*(12), 1704–1724. https://doi.org/10.1177/1464884917707843

Malmodin, J., Moberg, Å., Lundén, D., Finnveden, G., & Lövehagen, N. (2010). Greenhouse Gas Emissions and Operational Electricity Use in the ICT and Entertainment & Media Sectors. *Journal of Industrial Ecology*, *14*(5), 770–790. https://doi.org/10.1111/j.1530-9290.2010.00278.x

Marshall, G. (2014). *Don't even think about it: Why our brains are wired to ignore climate change* (1. Aufl.). Bloomsbury USA.

Maurer, M. (2011). Wie Journalisten mit Ungewissheit umgehen. Eine Untersuchung am Beispiel der Berichterstattung u?ber die Folgen des Klimawandels. *Medien & Kommunikationswissenschaft*, *59*(1), 60–74. https://doi.org/10.5771/1615-634x-2011-1-60

McChesney, R. W. (2000). The political economy of communication and the future of the field. *Media, Culture & Society*, *22*(1), 109–116. https://doi.org/10.1177/016344300022001006

McKnight, D. (2010a). Rupert Murdoch's News Corporation: A Media Institution with A Mission. *Historical Journal of Film, Radio and Television*, *30*(3), 303–316. https://doi.org/10.1080/01439685.2010.505021

McKnight, D. (2010b). A change in the climate? The journalism of opinion at News Corporation. *Journalism*, *11*(6), 693–706. https://doi.org/10.1177/1464884910379704

Meier, W. A. (2012). Öffentlich und staatlich finanzierte Medien aus schweizerischer Sicht. In O. Jarren, M. Künzler, & M. Puppis (Hrsg.), *Medienwandel oder Medienkrise?* (S. 127–145). Nomos Verlagsgesellschaft mbH & Co. KG. https://doi.org/10.5771/9783845236735-127

Metag, J., Schäfer, M. S., Füchslin, T., Barsuhn, T., & Kleinen-von Königslöw, K. (2016). Perceptions of Climate Change Imagery: Evoked Salience and Self-Efficacy in Germany, Switzerland, and Austria. *Science Communication*, *38*(2), 197–227. https://doi.org/10.1177/1075547016635181

Milman, O. (2019, Mai 24). Guardian spurs media outlets to consider stronger climate language. *The Guardian*. https://www.theguardian.com/environment/2019/may/24/media-outlets-guardian-reconsider-language-climate

Murschetz, P. C. (2020). Staatliche Medienförderung: Begriffsverständnis, theoretische Zugänge und Praxen in der DACH-Region. In J. Krone & T. Pellegrini (Hrsg.), *Handbuch Medienökonomie* (S. 1465–1492). Springer Fachmedien Wiesbaden. https://doi.org/10.1007/978-3-658-09560-4_71

Mutter Erde. (2021). *Gemeinsam für MUTTER ERDE*. https://www.muttererde.at/ueber-uns/

Narodoslawsky, B. (2020). *Inside Fridays for Future: Die faszinierende Geschichte der Klimabewegung in Österreich*. Falter Verlag.

Netzwerk Klimajournalismus Deutschland. (o. J.). *Klimajournalismus*. Klimajournalismus. https://klimajournalismus.de/

Netzwerk Klimajournalismus Österreich. (2021, April 9). *Willkommen beim Netzwerk Klimajournalismus!* Netzwerk Klimajournalismus. https://netzwerkklimajournalismus.substack.com/p/wilkommen

Neverla, I. (2020). Der mediatisierte Klimawandel. Wie Wissenschaft Klimawandel kommuniziert, Journalismus Klimawandel (re-)konstruiert, und Online-Kommunikation Proteste mobilisiert. In M. Reisigl (Hrsg.), *Klima in der Krise – Kontroversen, Widersprüche und Herausforderungen in Diskursen über Klimawandel* (S. 139–165). Universitätsverlag Rhein-Ruhr.

Neverla, I., Taddicken, M., Lörcher, I., & Hoppe, I. (Hrsg.). (2019). *Klimawandel im Kopf: Studien zur Wirkung, Aneignung und Online-Kommunikation*. Springer Fachmedien Wiesbaden. https://doi.org/10.1007/978-3-658-22145-4

Neverla, I., & Trümper, S. (2012). Journalisten und das Thema Klimawandel: Typik und Probleme der journalistischen Konstruktionen von Klimawandel. In I. Neverla & M. S. Schäfer (Hrsg.), *Das Medien-Klima* (S. 95–118). VS Verlag für Sozialwissenschaften. https://doi.org/10.1007/978-3-531-94217-9_5

Newman, T. P. (2017). Tracking the release of IPCC AR5 on Twitter: Users, comments, and sources following the release of the Working Group I Summary for Policymakers. *Public Understanding of Science*, *26*(7), 815–825. https://doi.org/10.1177/0963662516628477

Niedertscheider, M., Haas, W., & Görg, C. (2018). Austrian climate policies and GHG-emissions since 1990: What is the role of climate policy integration? *Environmental Science & Policy*, *81*, 10–17. https://doi.org/10.1016/j.envsci.2017.12.007

Niemeier, T. (2021, Juli 8). „Klima Update" bei RTL: „Zeichen der Zeit erkannt". *DWDL.de*. https://www.dwdl.de/magazin/83534/klima_update_bei_rtl_zeichen_der_zeit_erkannt/

Ö1. (2021). *Podcast: Klima was tun?* ORF Radiothek. https://oe1.orf.at/artikel/680784/Klima-Was-tun

O'Neill, S. J. (2013). Image matters: Climate change imagery in US, UK and Australian newspapers. *Geoforum*, *49*, 10–19. https://doi.org/10.1016/j.geoforum.2013.04.030

O'Neill, S. J. (2020). More than meets the eye: A longitudinal analysis of climate change imagery in the print media. *Climatic Change*, *163*(1), 9–26. https://doi.org/10.1007/s10584-019-02504-8

ORF. (2020). *Nachhaltigkeit im ORF 2019/2020* [Nachhaltigkeitsbericht]. ORF. https://der.orf.at/unternehmen/recht-grundlagen/nachhaltigkeitsbericht/index.html

Österreichischer Presserat. (2019). *Grundsätze für die publizistische Arbeit*. Ehrenkodex für die österreichische Presse. https://www.presserat.at/show_content.php?sid=3

Painter, J. (2012). Communicating Uncertainties: Climate skeptics in the international media. In J. L. Piñuel Raigada, J. C. Águila Coghlan, G. Teso Alonso, M. Vincente Marino, & J. A. Gaitán Moya (Hrsg.), *Communication, controversies and uncertainty facing the scientific consensus on climate change* (S. 187–218). Sociedad Latina de Comunicación Social.

Painter, J., & Gavin, N. T. (2016). Climate Skepticism in British Newspapers, 2007–2011. *Environmental Communication*, *10*(4), 432–452. https://doi.org/10.1080/17524032.2014.995193

Pearce, W., Holmberg, K., Hellsten, I., & Nerlich, B. (2014). Climate Change on Twitter: Topics, Communities and Conversations about the 2013 IPCC Working Group 1 Report. *PLoS ONE*, *9*(4), e94785. https://doi.org/10.1371/journal.pone.0094785

Pearce, W., Niederer, S., Özkula, S. M., & Sánchez Querubín, N. (2019). The social media life of climate change: Platforms, publics, and future imaginaries. *Wiley Interdisciplinary Reviews: Climate Change*, *10*(2). https://doi.org/10.1002/wcc.569

Pearman, O., Katzung, J., Boykoff, M., Nacu-Schmidt, A., & Church, P. (2020). The state of the planet is broken. *Media and Climate Change Observatory Monthly Summary*, *48*. https://doi.org/10.25810/pb3j-3288

Petersen, A. M., Vincent, E. M., & Westerling, A. L. (2019). Discrepancy in scientific authority and media visibility of climate change scientists and contrarians. *Nature Communications*, *10*(1), 3502. https://doi.org/10.1038/s41467-019-09959-4

Pianta, S., & Sisco, M. R. (2020). A hot topic in hot times: How media coverage of climate change is affected by temperature abnormalities. *Environmental Research Letters*, *15*(11), 114038. https://doi.org/10.1088/1748-9326/abb732

Pickard, V. (2020). Restructuring Democratic Infrastructures: A Policy Approach to the Journalism Crisis. *Digital Journalism*, *8*(6), 704–719. https://doi.org/10.1080/21670811.2020.1733433

Pikl, M. (2012). *Klimawandel und Klimawissenschaft in der Berichterstattung österreichischer Tageszeitungen* [Masterarbeit]. Universität für Bodenkultur.

Plehwe, D. (2014). Think tank networks and the knowledge-interest nexus: The case of climate change. *Critical Policy Studies*, *8*(1), 101–115. https://doi.org/10.1080/19460171.2014.883859

Pürer, H. (2008). Medien und Journalismus zwischen Macht und Verantwortung. *Medienimpulse*, *64*, 10–15.

Regen, L. (2021). *Between carbon capitalism, ethics and science: Coverage and operational responses to the climate crisis by selected English language news media* [Masterarbeit, Wirtschaftsuniversität Wien]. https://permalink.obvsg.at/wuw/AC16231692

Reisigl, M. (2009). *Zur Medienforschung der „Kritischen Diskursanalyse"*. https://doi.org/10.25969/MEDIAREP/564

Reisigl, M. (2020). Diskurse über Klimawandel – nichts als Geschichten? Ein sprachwissenschaftlicher Blick. In M. Reisigl (Hrsg.), *Klima in der Krise – Kontroversen, Widersprüche und Herausforderungen in Diskursen über Klimawandel* (S. 39–76). Universitätsverlag Rhein-Ruhr.

Rhomberg, M. (2016). Climate Change Communication in Austria. In M. Rhomberg, *Oxford Research Encyclopedia of Climate Science*. Oxford University Press. https://doi.org/10.1093/acrefore/9780190228620.013.449

Ruiu, M. L. (2021). Persistence of Scepticism in Media Reporting on Climate Change: The Case of British Newspapers. *Environmental Communication*, *15*(1), 12–26. https://doi.org/10.1080/17524032.2020.1775672

Rust, S., Monani, S., & Cubitt, S. (Hrsg.). (2013). *Ecocinema theory and practice* (1. Aufl.). Routledge.

Saridou, T., Spyridou, L.-P., & Veglis, A. (2017). Churnalism on the Rise? *Digital Journalism*, *5*(8), 1006–1024. https://doi.org/10.1080/21670811.2017.1342209

Saurwein, F., Eberwein, T., & Karmasin, M. (2019). Public Service Media in Europe: Exploring the Relationship between Funding and Audience Performance. *Javnost – The Public*, *26*(3), 291–308. https://doi.org/10.1080/13183222.2019.1602812

Schäfer, M. S. (2012). „Hacktivism"? Online-Medien und Social Media als Instrumente der Klimakommunikation zivilgesellschaftlicher Akteure. *Forschungsjournal Neue Soziale Bewegungen*, *25*(2), 70–79.

Schäfer, M. S., Ivanova, A., & Schmidt, A. (2014). What drives media attention for climate change? Explaining issue attention in Australian, German and Indian print media from 1996 to 2010. *International Communication Gazette*, *76*(2), 152–176. https://doi.org/10.1177/1748048513504169

Schäfer, M. S., & Painter, J. (2020). Climate journalism in a changing media ecosystem: Assessing the production of climate change-related news around the world. *WIREs Climate Change*, *12*(1). https://doi.org/10.1002/wcc.675

Schäfer, T. (2016, Juni 15). Storytelling und Klimakrise: Klimageschichten statt Statisik. *Fachjournalist*. https://www.fachjournalist.de/storytelling-und-klimawandel-klimageschichten-statt-statistik/

Schifeling, T., & Hoffman, A. J. (2019). Bill McKibben's Influence on U.S. Climate Change Discourse: Shifting Field-Level Debates Through Radical Flank Effects. *Organization & Environment*, *32*(3), 213–233. https://doi.org/10.1177/1086026617744278

Schmid-Petri, H. (2017). Do Conservative Media Provide a Forum for Skeptical Voices? The Link Between Ideology and the Coverage of Climate Change in British, German, and Swiss Newspapers. *Environmental Communication*, *11*(4), 554–567. https://doi.org/10.1080/17524032.2017.1280518

Schmid-Petri, H., Adam, S., Schmucki, I., & Häussler, T. (2017). A changing climate of skepticism: The factors shaping climate change coverage in the US press. *Public Understanding of Science*, *26*(4), 498–513. https://doi.org/10.1177/0963662515612276

Schmid-Petri, H., & Arlt, D. (2016). Constructing an illusion of scientific uncertainty? Framing climate change in German and British print media. *Communications*, *41*(3). https://doi.org/10.1515/commun-2016-0011

Schmidt, A., Ivanova, A., & Schäfer, M. S. (2013). Media attention for climate change around the world: A comparative analysis of newspaper coverage in 27 countries. *Global Environmental Change*, *23*(5), 1233–1248. https://doi.org/10.1016/j.gloenvcha.2013.07.020

Schmidt, A., & Schäfer, M. S. (2015). Constructions of climate justice in German, Indian and US media. *Climatic Change*, *133*(3), 535–549. https://doi.org/10.1007/s10584-015-1488-x

Schneider, N. (2021). Broad-Based Stakeholder Ownership in Journalism. Co-ops, ESOPs, Blockchains. *Media Industries Journal*, *7*(2). https://doi.org/10.3998/mij.15031809.0007.203

Schöneberg, K. (2020, Juni 9). Neue Empfehlungen für die taz: Besser übers Klima schreiben. *TAZ*. https://taz.de/Neue-Empfehlungen-fuer-die-taz/!5708300/

Sedlaczek, A. S. (2017). The field-specific representation of climate change in factual television: A multimodal critical discourse analysis. *Critical Discourse Studies*, *14*(5), 480–496. https://doi.org/10.1080/17405904.2017.1352003

Seethaler, J. (2019). Journalismus im Wandel. In T. Hanitzsch, J. Seethaler, & V. Wyss (Hrsg.), *Journalismus in Deutschland, Österreich und der Schweiz* (S. 213–236). Springer Fachmedien Wiesbaden.

Seethaler, J., & Beaufort, M. (2020). *Monitoring Media Pluralism in the Digital Era: Application of the Media Pluralism Monitor in the European Union, Albania and Turkey in the years 2018–2019* (Country report: Austria). European University Institute: Centre for Media Pluralism and Media Freedom.

Seufert, W. (2016). Werbung – Wirtschaft – Medien. In G. Siegert, W. Wirth, P. Weber, & J. A. Lischka (Hrsg.), *Handbuch Werbeforschung* (S. 25–56). Springer Fachmedien Wiesbaden. https://doi.org/10.1007/978-3-531-18916-1_2

Shanagher, S. (2020). Responding to the climate crisis: Green consumerism or the Green New Deal? *Irish Journal of Sociology*, *28*(1), 97–104. https://doi.org/10.1177/0791603520911301

Sharman, A. (2014). Mapping the climate sceptical blogosphere. *Global Environmental Change*, *26*, 159–170. https://doi.org/10.1016/j.gloenvcha.2014.03.003

Shehata, A., & Hopmann, D. N. (2012). Framing Climate Change: A study of US and Swedish press coverage of global warming. *Journalism Studies*, *13*(2), 175–192. https://doi.org/10.1080/1461670X.2011.646396

Shields, F. (2019, Oktober 18). Why We're Rethinking the Images We Use for Our Climate Journalism. *The Guardian*. https://www.theguardian.com/environment/2019/oct/18/guardian-climate-pledge-2019-images-pictures-guidelines

Shoemaker, P. J., & Reese, S. D. (2014). *Mediating the message in the 21st century: A media sociology perspective* (Third edition). Routledge/Taylor & Francis Group.

Siegert, G. (2020). Werbung als medienökonomischer Faktor. In J. Krone & T. Pellegrini (Hrsg.), *Handbuch Medienökonomie* (S. 421–444). Springer Fachmedien Wiesbaden. https://doi.org/10.1007/978-3-658-09560-4_25

Soder, M., Niedermoser, K., & Theine, H. (2018). Beyond growth: New alliances for socio-ecological transformation in Austria. *Globalizations*, *15*(4), 520–535. https://doi.org/10.1080/14747731.2018.1454680

Stecula, D. A., & Merkley, E. (2019). Framing Climate Change: Economics, Ideology, and Uncertainty in American News Media Content From 1988 to 2014. *Frontiers in Communication*, *4*, 6. https://doi.org/10.3389/fcomm.2019.00006

Sühlmann-Faul, F., & Rammler, S. (2018). *Der blinde Fleck der Digitalisierung: Wie sich Nachhaltigkeit und digitale Transformation in Einklang bringen lassen*. oekom verlag.

Tella, R. D., & Franceschelli, I. (2011). Government Advertising and Media Coverage of Corruption Scandals. *American Economic Journal: Applied Economics*, *3*(4), 119–151. https://doi.org/10.1257/app.3.4.119

The Guardian. (2019, Oktober 15). The Guardian's Climate Pledge 2019. *The Guardian*. https://www.theguardian.com/environment/ng-interactive/2019/oct/16/the-guardians-climate-pledge-2019

Theine, H. (2021). Economists in public discourses. The case of wealth and inheritance taxation in the German press. In J. Maesse, S. Pühringer, T. Rossier, & P. Benz (Hrsg.), *Power and Influence of Economists: Contributions to the Social Studies of Economics* (1. Aufl., S. 188–206). Routledge. https://doi.org/10.4324/9780367817084

Theine, H., & Grabner, D. (2020). Trends in Economic Inequality and News Mediascape. In A. Grisold & P. Preston, *Economic Inequality and News Media* (S. 21–47). Oxford University Press. https://doi.org/10.1093/oso/9780190053901.003.0002

Trappel, J. (2019). Medienkonzentration – trotz Internet kein Ende in Sicht. In M. Karmasin & C. Oggolder (Hrsg.), *Österreichische Mediengeschichte* (S. 199–226). Springer Fachmedien Wiesbaden. https://doi.org/10.1007/978-3-658-23421-8_10

Treen, K. M. d'I., Williams, H. T. P., & O'Neill, S. J. (2020). Online misinformation about climate change. *WIREs Climate Change*, *11*(5). https://doi.org/10.1002/wcc.665

Umweltjournalismus-Preis. (2021). *Österreichischer Umweltjournalismuspreis*. Umweltjournalismus-Preis.at. https://www.umweltjournalismus-preis.at/

van der Velden, M. (2018). ICT and Sustainability: Looking Beyond the Anthropocene. In D. Kreps, C. Ess, L. Leenen, & K. Kimppa (Hrsg.), *This Changes Everything – ICT and Climate Change: What Can We Do?* (Bd. 537, S. 166–180). Springer International Publishing. https://doi.org/10.1007/978-3-319-99605-9_12

Vaughan, H. (2019). *Hollywood's Dirtiest Secret: The Hidden Environmental Costs of the Movies*. Columbia University Press. https://doi.org/10.7312/vaug18240

Veltri, G. A., & Atanasova, D. (2017). Climate change on Twitter: Content, media ecology and information sharing behaviour. *Public Understanding of Science*, *26*(6), 721–737. https://doi.org/10.1177/0963662515613702

Vraga, E. K., Anderson, A. A., Kotcher, J. E., & Maibach, E. W. (2015). Issue-Specific Engagement: How Facebook Contributes to Opinion Leadership and Efficacy on Energy and Climate Issues. *Journal of Information Technology & Politics*, *12*(2), 200–218. https://doi.org/10.1080/19331681.2015.1034910

Vu, H. T., Liu, Y., & Tran, D. V. (2019). Nationalizing a global phenomenon: A study of how the press in 45 countries and territories portrays climate change. *Global Environmental Change*, *58*, 101942. https://doi.org/10.1016/j.gloenvcha.2019.101942

Wagner, M. W., & Collins, T. P. (2014). Does Ownership Matter?: The case of Rupert Murdoch's purchase of the Wall Street Journal. *Journalism Practice*, *8*(6), 758–771. https://doi.org/10.1080/17512786.2014.882063

Waterson, J. (2020, Januar 29). Guardian to Ban Advertising from Fossil Fuel Firms. *The Guardian*. https://www.theguardian.com/media/2020/jan/29/guardian-to-ban-advertising-from-fossil-fuel-firms-climate-crisis

Wehrheim, L. (2021). *The Sound of Silence. On the (In)visibility of Economists in the Media*. https://doi.org/10.18452/22794

Weischenberg, S. (1995). *Journalistik. Theorie und Praxis aktueller Medienkommunikation. Band 2: Medientechnik, Medienfunktionen, Medienakteure*. Westdt. Verl.

Wessler, H., Wozniak, A., Hofer, L., & Lück, J. (2016). Global Multimodal News Frames on Climate Change: A Comparison of Five Democracies around the World. *The International Journal of Press/Politics*, *21*(4), 423–445. https://doi.org/10.1177/1940161216661848

Wiest, S. L., Raymond, L., & Clawson, R. A. (2015). Framing, partisan predispositions, and public opinion on climate change. *Global Environmental Change*, *31*, 187–198. https://doi.org/10.1016/j.gloenvcha.2014.12.006

Williams, A. (2015). Environmental news journalism, public relations, and news sources. In A. Hansen & R. Cox (Hrsg.), *The Routledge Handbook of Environment and Communication* (S. 197–206). Routledge.

Wonneberger, A., & Matthes, J. (2016). Grüne Werbung. In G. Siegert, W. Wirth, P. Weber, & J. A. Lischka (Hrsg.), *Handbuch Werbeforschung* (S. 741–760). Springer Fachmedien. https://doi.org/10.1007/978-3-531-18916-1_32

Yacoumis, P. (2018). Making Progress? Reproducing Hegemony Through Discourses of "Sustainable Development" in the Australian News Media. *Environmental Communication*, *12*(6), 840–853. https://doi.org/10.1080/17524032.2017.1308405

Zollmann, F. (2021). Gegen die Zwänge des Marktes: Konturen eines demokratischeren Mediensystems. In N. S. Borchers, S. Güney, U. Krüger, & K. Schamgerger (Hrsg.), *Transformation der Medien – Medien der Transformation: Verhandlungen des Netzwerks Kritische Kommunikationswissenschaft* (S. 447–471). Westend Verlag.

Kapitel 21. Bildung und Wissenschaft für ein klimafreundliches Leben

Koordinierende Leitautor_innen
Lisa Bohunovsky und Lars Keller

Beitragende Autor_innen
Gerd Michelsen, Gerald Steiner und Michaela Zint

Koordination der Strukturkapitel
Michael Ornetzeder

Revieweditor
Gerhard De Haan

Zitierhinweis
Bohunovsky, L. und L. Keller (2023): Bildung und Wissenschaft für ein klimafreundliches Leben. In: APCC Special Report: Strukturen für ein klimafreundliches Leben (APCC SR Klimafreundliches Leben) [Görg, C., V. Madner, A. Muhar, A. Novy, A. Posch, K. W. Steininger und E. Aigner (Hrsg.)]. Springer Spektrum: Berlin/Heidelberg.

Kernaussagen des Kapitels
Status Quo

- Bildung und Wissenschaft (BUW) tragen in ihren jetzigen Zielsetzungen und Strukturen nicht im nötigen Umfang zu einer nachhaltigen Entwicklung und damit auch nicht zu einem klimafreundlichen Leben bei (hohe Übereinstimmung, starke Literaturbasis).
- BUW tragen zur Verfestigung aktueller gesellschaftlicher Verhältnisse bei und fokussieren nicht auf Zukunftskompetenzen und Nachhaltigkeit sowie Klimafreundlichkeit von Lebensstilen (hohe Übereinstimmung, mittlere Literaturbasis).
- Interdisziplinäre Zusammenarbeit wie auch die transdisziplinäre Kooperation zwischen Wissenschaft und gesellschaftlichen Akteur_innen, die im Kontext nachhaltiger Entwicklung und insbesondere des Klimawandels notwendig sind, werden in BUW durch vorherrschende disziplinäre Strukturen benachteiligt (hohe Übereinstimmung, mittlere Literaturbasis).
- Der Fokus auf die Reproduktion von bestehendem Wissen im Bildungssystem steht eigenständigem, mündigem, an Werten von Nachhaltigkeit ausgerichtetem Lernen und damit der Koproduktion von neuem Wissen entgegen (hohe Übereinstimmung, mittlere Literaturbasis).

Notwendigen Veränderungen

- Wenn BUW auf die Herausforderungen einer nachhaltigen Entwicklung sowie eines klimafreundlichen Lebens ausgerichtet werden sollen, ist die Übernahme von gesellschaftlicher Verantwortung und ein grundlegender Paradigmenwechsel in Richtung holistischer, integrierter und transformativer Herangehensweisen erforderlich (hohe Übereinstimmung, mittlere Literaturbasis).
- Wenn BUW zu einer nachhaltigen Entwicklung und damit auch zu einem klimafreundlichen Leben beitragen sollen, braucht es neue Zielsetzungen (z. B. Orientierung an SDGs, Auseinandersetzung mit realweltlichen gesellschaftsrelevanten Problemstellungen, Verbesserung der Lebensqualität für alle) und umfassende Strukturreformen (z. B. Bildungspläne, Curricula, Bildungskonzepte für nachhaltige Entwicklung, Karrieremodelle, Forschungsförderung) (hohe Übereinstimmung, starke Literaturbasis).
- Auf Nachhaltigkeit und Klimafreundlichkeit ausgerichtete Konzepte in BUW (z. B. Bildung für nachhaltige Entwicklung (BNE), Klimawandelbildung und -forschung, Inter- und Transdisziplinarität

(ITD), transformative BUW) unterstützen die Ermöglichung von Wissenserwerb und die Entwicklung von Werten und Kompetenzen, um klimafreundliche und nachhaltige Lebensstile erreichen zu können (hohes Vertrauen). Entsprechende Ansätze existieren, sie sind aber weiterzuentwickeln und auf breiter Basis in BUW umzusetzen (hohe Übereinstimmung, starke Literaturbasis).

Möglichkeiten/Optionen

- Wenn ein grundlegender Paradigmenwechsel in BUW zur Unterstützung eines klimafreundlichen Lebens und einer nachhaltigen Entwicklung erreicht werden soll, ist die transdisziplinäre Erarbeitung und praktische Umsetzung von umfassenden BUW-Konzepten, welche die oben genannten Veränderungsnotwendigkeiten abbilden, eine vorrangige Handlungsoption (hohe Übereinstimmung, mittlere Literaturbasis).
- Wenn Kompetenzen, die für ein klimafreundliches Leben notwendig sind, umfangreich gefördert werden sollen, sind Klimawandelbildung und BNE den Lehr- und Bildungsplänen aller Stufen des formalen Bildungssystems (Schule und Hochschule), insbesondere auch den Lehrplänen der Lehrendenbildung zugrunde zu legen sowie als Aufgabe der Akteur_innen informeller und nonformaler Bildung (wie Kommunen, Museen, Bibliotheken etc.) zu stärken (hohe Übereinstimmung, starke Literaturbasis).
- Wenn Wissenschaft für klimafreundliches und nachhaltiges Leben gefördert werden soll, ist neben einer grundlegenden Diskussion vorherrschender Ziele, Inhalte und Strukturen (z. B. Anreizsysteme, Ausschreibungskriterien) und daraus resultierenden Macht- und Konkurrenzverhältnissen die Schaffung von spezifischen kooperativen Strukturen für Inter- und Transdisziplinarität in BUW notwendig (z. B. die Einrichtung entsprechender Professuren, Institute, Forschungszentren, Laufbahnstellen, Studienprogramme, Lehrbücher, Fachzeitschriften, Gesellschaften, Forschungsnetzwerke) (hohe Übereinstimmung, starke Literaturbasis).
- Wenn Nachhaltigkeit und Klimafreundlichkeit im Sinne eines ganzheitlichen Ansatzes (Whole-Institution Approach) an BUW-Einrichtungen umfassend strukturell verankert werden sollen, brauchen diese Unterstützung in Form von strategischen Instrumenten (z. B. Rahmenstrategien) sowie entsprechende Leistungsbeurteilungssysteme und -anreize (hohe Übereinstimmung, starke Literaturbasis).
- Wenn BUW-Einrichtungen auf betrieblicher Ebene Maßnahmen zur Reduktion von Treibhausgasemissionen umsetzen, können sie als Living Labs und Vorreiter einer sozial-ökologischen Transformation dienen (hohe Übereinstimmung, starke Literaturbasis).
- Wenn die wissenschaftliche Beweislage über die Wirkungen neuartiger Ansätze in BUW erhöht werden soll, sind Begleitforschung für und Evaluation von Klimaforschungs- und -bildungsprogrammen notwendig (hohe Übereinstimmung, starke Literaturbasis).

21.1 Status quo

Das Zeitalter des Anthropozäns, speziell seit Beginn der Phase der „Großen Beschleunigung" ab 1950 (Steffen et al., 2007, 2015), wird hauptsächlich vom intensiven Einfluss des Menschen auf die Umwelt geprägt (Allenby, 2004; Crutzen & Stoermer, 2000). Die Folgen menschlichen Handelns (vor allem der Bewohner_innen des Globalen Nordens) in den verschiedenen Erdsphären bedrohen mittlerweile die Resilienz des Erdsystems und folglich die Existenz der Menschheit selbst (Badiru & Agustiady, 2021; Rockström et al., 2016; Steffen et al., 2018; Waters et al., 2016). Eine wesentliche Herausforderung ist dabei der anthropogene Klimawandel (IPCC, 2021; WCRP Joint Scientific Committee, 2019). Bildung und Wissenschaft (BUW) stehen heute in der Verantwortung, menschliches Denken und Handeln auf dem Weg in eine nachhaltige und klimafreundliche Zukunft positiv zu verändern und damit selbst Antrieb und Teil einer existenziell bedeutsamen Transformation zu werden.

Vorweg ist festzuhalten: Was bislang als zivilisatorischer Fortschritt gegolten und damit zugleich mit zur Entstehung der großen globalen Probleme und Herausforderungen unserer Zeit geführt hat, ist wesentlich über BUW und deren Zielsetzungen und Systeme erreicht worden (Independent Group of Scientists appointed by the Secretary-General, 2019; Meyer & Newman, 2020; Steffen et al., 2015). BUW setzen sich spätestens seit dem Bericht des Club of Rome (Meadows et al., 1972) inhaltlich stets intensiver mit „Grenzen des Wachstums" auseinander und tragen maßgeblich zur Entstehung der wichtigen Nachhaltigkeits- und Klimaschutz-Dokumente unserer Zeit bei (z. B. Paris Agreement, 2015; United Nations General Assembly, 2015). Zugleich bleiben sie selbst ein Teil des Problems (Cebrián et al., 2013), indem kapitalistische und wirtschaftsliberale Strukturen tief in BUW verankert wurden (Baier, 2017; Fazey et al., 2020; Hofbauer et al., 2017; Hölscher, 2016; Huckle & Wals, 2015; Münch et al., 2020; Richter & Hostettler, 2015; Slaughter & Rhoades, 2009) und akademische Strukturen nachhaltigem, klimafreundlichem Verhalten entgegenstehen. Beispiele hierfür sind der Besuch internationaler Konferenzen mit dem dafür notwendigen Flugverkehr, der für wissenschaftliche Karrieren als notwendig empfunden wird (Nursey-Bray et al., 2019; Schrems & Upham, 2020), eine wirtschaftlich-technologische Verwertungsorientierung (Schneidewind, 2009) oder der hohe Druck auf Wissenschaftler_innen von Anbeginn ihrer Karriere, sich über quantitative Metriken (z. B. H-Index) und den Austausch in wenigen High-Impact Journals zu finden und nicht über eine tiefgängige Reflexion über Qualität und Ziel der eigenen (nachhaltigkeits-, klima- und gesellschaftsrelevanten) Forschungsarbeit (Fochler et al., 2016).

Der hohen Dringlichkeit, auf systemische Krisen des Anthropozäns, allen voran die Klima- und Biodiversitätskrise zu reagieren, stehen noch immer die Kräfte der Beharrung entgegen. BUW bleiben in ihren Inhalten (vor allem Lehrinhalten), Zielen, Konzepten und systemischen Grundstrukturen relativ unverändert (Elkana & Klöpper, 2012; Imdorf et al., 2019; Kläy et al., 2015; O'Brien, 2012a; WBGU, 2011). Hinsichtlich der Strukturen werden zum Beispiel Lehrer_innen bis heute großteils disziplinär ausgebildet und Schüler_innen in voneinander abgegrenzten Fächern unterrichtet. Die Wissenschaft und ihre Lehre ist in kleinteilige Fachgebiete aufgespalten, zunehmende Spezialisierung ist ein sich weiter verstärkendes Phänomen (Aram, 2004; Giesenbauer & Müller-Christ, 2020; Posch & Steiner, 2006). Entsprechend wird die Forderung nach Aufbau und Intensivierung von Inter- und Transdisziplinarität (ITD), also von disziplinenübergreifender Zusammenarbeit wie auch der Kooperation zwischen Wissenschaft und gesellschaftlichen Akteur_innen, im Kontext nachhaltiger Entwicklung und insbesondere des Klimawandels immer lauter (Carson, 1962; Future Earth, 2014; ProClim Forum for Climate and Global Change, Swiss Academy of Science, 1997; R. Scholz & Steiner, 2015; WBGU, 2011, 2014a).

Selbst die Freiheit der Wissenschaft und ihrer Lehre (Staatsgrundgesetz über die allgemeinen Rechte der Bürger, 1867; § 2 Abs. 1 UG, 2002) als Grundpfeiler des BUW-Systems gerät unter Druck (z. B. Münch et al., 2020). Die Implikationen dieser Freiheit werden bislang wenig diskutiert: Die Notwendigkeit, dass Individuen und Institutionen moralisch und ethisch motivierte Selbstverantwortung übernehmen, die durch Wissenschaftstheorie und -ethik, durch Verstand und Vernunft gestützt ist (Kläy et al., 2015), bleibt in entsprechenden Diskussionen weitgehend außen vor (Fuchs, 2014). Es gilt jedoch, diese Philosophie im Lichte der Probleme und Herausforderungen des 21. Jahrhunderts zu reflektieren und das Verständnis von Freiheit in diesem Zusammenhang dahingehend zu überprüfen, wie künftig BUW Mitverantwortung für die gesamtgesellschaftliche Transformation übernehmen und zu einer nachhaltigen klimafreundlichen Entwicklung beitragen können (Dickel et al., 2020; Independent Group of Scientists appointed by the Secretary-General, 2019; Schneider et al., 2019; Schneidewind, 2009; UNESCO, 2015).

Darüber hinaus sind beinahe zahllose weitere Probleme in österreichischen BUW-Systemen zu nennen, welche eine nichtnachhaltige Entwicklung widerspiegeln. Traditionell geprägte Strukturen, z. B. eine frühe Trennung der Kinder in unterschiedliche Schularten und damit auch eine frühe Festlegung ihres weiteren Bildungsverlaufs, verstärken sozial geprägte Zugangschancen zum BUW-System (Gerhartz-Reiter, 2017; Oberwimmer et al., 2019) und damit auch zu relevanten wissenschaftlichen Erkenntnissen über und Teilhabe an klimafreundlichen Entscheidungen und Handlungen. Ebenso ist der hohe Anteil von Reproduktion und Verstetigung aktuellen (System-)Wissens sowie klassischer Lehrmethoden an Schulen und Hochschulen (Davidson, 2017; R. M. Ryan & Deci, 2016) zu nennen, die eigenständigem, mündigem, an Werten von Nachhaltigkeit ausgerichtetem Lernen entgegenstehen (Botkin et al., 1979; UNESCO, 2017a). Innerhalb der Hochschulen hat die – insbesondere für Nachhaltigkeitsbewusstsein und klimafreundliches Leben hochrelevante – Lehre einen traditionell geringeren Stellenwert als Forschung und bedarf selbst einer Transformation (Egger & Merkt, 2016; Elkana & Klöpper, 2012). Forschung(sförderung) hängt häufig von der Wirtschaft und deren Zielsetzungen ab (Kirchhof, 2018). Sowohl Bildungs- als auch Forschungsvorhaben sind oft kurzfristig ausgerichtet und stehen damit der Langfristigkeit von Nachhaltigkeitsprozessen entgegen. Der Austausch innerhalb von BUW sowie der Austausch von BUW mit der Gesellschaft findet eher selten statt (Rachel, 2020). So ist der Beitrag einer breiten Öffentlichkeit am wissenschaftlichen Erkenntnisfortschritt heute weder erkennbar noch erwünscht (Dickel et al., 2020) und Institutionen des Bildungssystems bis hin zu den (Fach-)Hochschulen leiden großteils an Partizipations- und Demokratiedefiziten (Bultmann, 2011; Dickel et al., 2020; Fischer & Vogel, 2021; Gerhartz-Reiter & Reisenauer, 2020; Staack, 2016; Steiger-Sackmann, 2011). Selbstbestimmung, Emanzipation, Mündigkeit, Miteinander und eine konstruktivistische Auffassung von Lernen scheinen in BUW keine für das Gelingen bedingende Grundlagen zu sein (z. B. Langemeyer, 2011).

Diese tradierten Muster zeigen die Beharrlichkeit von BUW-Systemen, auch in Österreich, auf. Um zu einer gesellschaftlichen Transformation zu klimafreundlichem und nachhaltigem Leben beitragen zu können, stehen BUW vor der Herausforderung, sich zunächst selbst grundlegend zu transformieren (u. a. International Commission on the Futures of Education, 2021; Sachs et al., 2019; Wayne et al.,

2006; WBGU, 2011). Deren Strukturen und Systeme grundlegend zu verändern, benötigt jedoch sehr viel Einsicht für dessen Notwendigkeit – selbst von denen, die in den BUW-Einrichtungen über die Probleme durch Klimawandel(folgen) und fehlende Nachhaltigkeit lehren bzw. diese wissenschaftlich erforschen (z. B. Le Quéré et al., 2015; Rosenberg & Starr, 2021).

Um neues Wissens und neue Kompetenzen für klimafreundliches Leben und nachhaltige Entwicklung zu schaffen, spielt das Zusammenwirken von BUW sowie von Schule und Hochschule, aber auch von formalisierten und nichtformalisierten Lernprozessen eine wichtige Rolle (Otto et al., 2020). Dieses Kapitel fokussiert daher auf Konzepte, die Bildung in den Vordergrund stellen, und betont die potenziell starke Rolle von Unterricht und Lehre für klimafreundliches und nachhaltiges Leben. Wissenschaft wird als Zusammenspiel von Forschung und Lehre gesehen. Es wird bewusst kein Schwerpunkt auf universitäre und außeruniversitäre Forschung gelegt.

Wenngleich nachfolgend im Kontext Lehre und Bildung häufig verkürzend auf „Schule und Hochschule" Bezug genommen wird, sind die verschiedenen Ebenen des Bildungssystems ebenso eingeschlossen, z. B. Kindergarten, Volksschule, allgemein- und berufsbildende mittlere und höhere Schulen der Sekundarstufen I und II, Postsekundar- und Tertiärstufe mit Schulen und Lehrgängen der beruflichen Aus- und Weiterbildung, Fachhochschulen, Pädagogischen Hochschulen und Universitäten etc. Nachhaltigkeits- und Klimafragen lassen sich in der Regel nicht voneinander trennen, weshalb sie meist beide genannt (oder zumindest gemeint) sind.

BUW für ein klimafreundliches Leben nehmen im Rahmen des vorliegenden Special Reports eine gewisse Sonderstellung ein. Standards und Assessment-Maßnahmen sind hier in evolutionärer Entwicklung und ständiger Bewegung. Auch die Bewertung der Frage, welche Dimension der Rolle von Strukturen im Kontext von BUW für ein klimafreundliches Leben zugeschrieben werden kann, bleibt ungeklärt. Insbesondere scheinen es die „Strukturen in den Köpfen" der beteiligten Menschen zu sein, die letztlich Denk- und Handlungsmuster erzeugen, die Nachhaltigkeit und Klimafreundlichkeit behindern oder begünstigen. Dennoch sollen die Strukturen von BUW auch in diesem Kapitel im Vordergrund stehen.

21.2 Notwendige Veränderungen

Angesichts der Forderung, BUW deutlich stärker als bisher zu einer gesellschaftlichen Transformation in Richtung Nachhaltigkeit und Klimafreundlichkeit beitragen zu lassen, wird in der Literatur die Notwendigkeit eines grundlegenden Umbaus der bestehenden BUW-Systeme und deren Ziele und Strukturen diskutiert (Coelen et al., 2015; Leiringer & Cardellino, 2011; Martens et al., 2010; J. Ryan, 2011; Sachs et al., 2019; Saltmarsh & Hartley, 2011). Auch wenn Wirkungen im Voraus nicht eindeutig zu beschreiben sind (z. B. Apple, 2012), werden Zusammenhänge zwischen Bildung und gesellschaftlicher Transformation, Bildung und Lebensqualität, Bildung und Nachhaltigkeit in zahllosen Quellen hergestellt (Baker, 2014; Bowling & Windsor, 2001; Carnoy & Samoff, 2016; Desjardins, 2015; Hart, 2009; Keller, 2009; Kogan et al., 2011; Nussbaum & Sen, 1993; Ross & Van Willigen, 1997; Russell, 1926; R. W. Scholz, 2011). Ebenso sind Wissenschaft, Forschung und Technologieentwicklung mächtige Instrumente für gesellschaftliche Transformationsprozesse – im Positiven wie im Negativen (Independent Group of Scientists appointed by the Secretary-General, 2019).

Um eine solche Transformation einzuleiten, müssen in erster Linie überzeugende neue Ziele für BUW definiert, Bewusstsein und Verständnis über neue Formen von Wissen, Können und Lernen, von Leistung und entsprechenden Leistungsanreizen neu geschaffen sowie entsprechende Diskussions- und Umsetzungsprozesse in Gang gesetzt werden (Fazey et al., 2020). Klimafreundliche Bildung und Wissenschaft sind also nicht nur durch Veränderungen äußerer Strukturen zu erreichen, sondern vor allem auch durch neue Denk- und Verhaltens-Strukturen der beteiligten Menschen.

Vor diesem Hintergrund spielen fünf Aspekte eine zentrale Rolle, die der Intensität der Veränderungen sowie der Komplexität der Herausforderungen besser als das aktuelle BUW-System gerecht werden und aktiv zu einer gesellschaftlichen Transformation beitragen können: (1) Übernahme von Verantwortung, (2) Anerkennung unterschiedlicher Wissensformen, (3) eine verstärkte Anbindung von BUW an reale Bedingungen und gesellschaftliche Herausforderungen durch ITD, (4) Bildungskonzepte für nachhaltige Entwicklung und klimafreundliches Leben sowie (5) eine ganzheitliche Transformation von BUW im Sinne eines Whole-Institution-Ansatzes.

21.2.1 Übernahme von Verantwortung

Bildung ist seit der Mitte des 20. Jahrhunderts ein international anerkanntes Menschenrecht. Sie dient laut Menschenrechtscharta der Vereinten Nationen vornehmlich dazu, dass jeder Mensch – unter Achtung der Rechte und Freiheiten anderer – seine individuelle Persönlichkeit bestmöglich entfalten kann (United Nations General Assembly, 1948). Darüber hinaus wird Bildung weltweit auch als Voraussetzung für Wohlstand, Lebensqualität und damit Kontinuität von Gesellschaften gesehen (Phillips & Siegel, 2013). Bedenkt man die hohe Intensität, Wechselwirkung und Komplexität der durch den Menschen verursachten Veränderungen im Erdsystem, wird klar, dass zukünftige individuelle Persönlichkeitsentfaltung sowie Resilienz von Gesellschaften nur dann verwirklicht werden können, wenn Menschen und menschengemachte Systeme zu kontinuierlicher Fortentwicklung und Veränderung, ja umfassender Transformation zu einem klimafreundlichen und nachhaltigen Leben, letztlich zur aktiven und solidarischen Umsetzung aller im Einvernehmen mit der Weltgemeinschaft verabschiedeten Nachhaltigkeitsziele (SDGs) (United Nations General Assembly, 2015) bereit und befähigt sind (Sen, 2012).

Verantwortliche Bildung („Responsible Education") versteht sich daher als Bildung, die sich an gesellschaftlich zu vereinbarenden Normen orientiert (Curren, 2007; Gutek, 2014; Noddings, 2015; Pavlova & Lomakina, 2016), die moralische und ethische Wertvorstellungen berücksichtigt (Hasslöf & Malmberg, 2015) und die das künftige Wohlergehen des gesamten Planeten ins Auge fasst. Bildungsziele drücken daher Wunschenswertes im Sinne eines klimafreundlichen und nachhaltigen Lebens aus, wie den Aufbau gewisser Kompetenzen und Werte, um menschliches Handeln nicht nur objektiv zu analysieren, sondern dieses im Sinne einer gesellschaftlichen Transformation zu inspirieren und zu motivieren (Firth & Smith, 2017; Pavlova & Lomakina, 2016; Sharma & Monteiro, 2016). Um dabei ihre Verantwortung dauerhaft wahrzunehmen, bedeutet dies für Bildung nicht, bestimmtes Wissen, spezifische Normen, vordefinierte Werthaltungen oder standardisierte Kompetenzen weiterzugeben, sondern diese in einem dialogischen Ansatz (Freire, 2000) stetig reflektierend weiterzuentwickeln (O'Brien et al., 2009), im Idealfall das Gute zu reproduzieren und das Schlechte zu transformieren (Desjardins, 2015). Lernen leistet dann einen aktiven und solidarischen Beitrag zur positiven Zukunftsgestaltung (Speth, 2008) und Erreichung möglichst hoher Lebensqualität für alle (Keller, 2017). Lernende werden zu wichtigen gesellschaftlichen Change Agents und sind doch frei in ihrer Persönlichkeitsentwicklung (O'Brien, 2012a). Bildung für nachhaltige Entwicklung (BNE) und Klimawandelbildung respektieren damit gleichermaßen ihre Verantwortung für das Individuum als auch die Gesellschaft, obwohl dies ein herausfordernder „Balanceakt" bleiben wird (Hasslöf & Malmberg, 2015). Nur so kann Bildung dazu beitragen, nachhaltige und klimafreundliche Gesellschaften zu gestalten (Cars & West, 2015) und politische Teilhabe der Bürger_innen an demokratischen Prozessen zu ermöglichen (Biesta & Lawy, 2006).

Die Ziele und Ausrichtung von Wissenschaft brauchen einen ähnlichen Dialog- und Reflexionsprozess. Eine wachsende Zahl an Hochschulen stärkt die eigene Rolle als aktive Akteur_innen einer gesellschaftlichen Transformation. In den letzten Jahrzehnten sind zahlreiche Konzepte einer Verantwortlichen Wissenschaft („Responsible Science") (z. B. Kourany, 2010; Molina, 2012; Onwu, 2017; Resnik & Elliot, 2016) diskutiert und praktiziert worden, die sowohl die Komplexität der Herausforderungen berücksichtigen als auch das Verhältnis von Wissenschaft und Gesellschaft neu definieren (Förderverein der Scientists4Future für wissenschaftsbasierte Klimapolitik, o.J.). Sie versuchen, mit politisch und gesellschaftlich relevanten (nicht präskriptiven) Ergebnissen einen positiven Beitrag zur Lebensqualität von Individuen wie Gesellschaften zu leisten (Schneider et al., 2019; WBGU, 2011). Auch individuelle Wissenschaftler_innen übernehmen z. B. als „Scientists for Future" vermehrt Verantwortung und sind zugleich Treiber_innen von strukturellen Veränderungen.

Die Notwendigkeit, entsprechende BUW-Konzepte stärker ins Zentrum zu stellen und intensiv zu fördern, ist im Kontext der Nachhaltigkeit und Klimafreundlichkeit unumstritten (Independent Group of Scientists appointed by the Secretary-General, 2019).

21.2.2 Diversität von Wissen anerkennen und fördern

Das klassische Produkt wissenschaftlicher Tätigkeit – auch in der Klimaforschung – ist (disziplinär generiertes) Systemwissen, das den Ist-Zustand beschreibt, analysiert, interpretiert und auch zukünftige Projektionen dieser Strukturen und Prozesse ermöglicht (ProClim Forum for Climate and Global Change, Swiss Academy of Science, 1997). Wissen muss jedoch darüber hinausgehen (Nightingale et al., 2020), wenn gesellschaftliche Transformation (und das Narrativ) für klimafreundliches und nachhaltiges Leben gestärkt werden sollen. So werden Ziel- und Transformationswissen sowie deren Produktion/Ko-Produktion (sie entstehen häufig inter- und transdisziplinär oder etwa auch in Bildungsprozessen) in der Literatur als ebenso relevant erachtet.

Zielwissen, in dem auch Orientierungswissen integriert ist, beschäftigt sich mit dem, was sein sollte (und was nicht), und ermöglicht eine aktive Auseinandersetzung mit gesellschaftlichen Visionen, die neue Zielzustände zu erreichen suchen und dabei Fragen von Ethik und Werthaltungen mit einbeziehen (ProClim Forum for Climate and Global Change, Swiss Academy of Science, 1997). Unter intensiver Einbeziehung von Praktiker_innen und Stakeholder_innen sowie unter Berücksichtigung gesellschaftlicher Interessen und Bedürfnisse (Cornell et al., 2013) nehmen wissenschaftliche Fragestellungen zur Generierung von Zielwissen letztlich Notwendigkeit und Zielrichtung von Veränderung in den Blick (Hoffmann-Riem et al., 2008; Pohl & Hirsch Hadorn, 2007; R. Scholz & Steiner, 2015).

Um diese letztlich auch zu erreichen, entsteht aus der transdisziplinären Kooperation (siehe Abschn. 21.2.3) Transformationswissen. Dabei geht es um Wege, Hebel, Strategien und Maßnahmen für eine effektive Zielerreichung für die

Transformation von einem als unzulänglich eingeschätzten Status quo in eine als besser erachtete, nachhaltige Zukunft. Aktuell gültige Organisationen, Politiken, Regeln, Normen und Praktiken – z. B. in Bezug auf Technologie, Rechtsauffassung, politischer Praxis, kulturell bedingter Handlungsmuster – werden kritisch hinterfragt und neu entwickelt (Frischknecht & Schmied, 2002; Hirsch Hadorn et al., 2006; Lang et al., 2012; Pohl & Hirsch Hadorn, 2007; Schneider et al., 2019).

Um System-, Ziel- und Transformationswissen zu fördern und neue Erkenntnisse zu generieren, ist Arbeit an der Entwicklung transdisziplinärer Theorien und Methoden für die Ko-Produktion neuen Wissens für Transformation zu leisten (Bergmann et al., 2010; Deane et al., 2009; Di Giulio & Defila, 2018; Schneider et al., 2019; R. W. Scholz, 2011). Nachdem viele nachhaltigkeitsrelevante Dokumente (Paris Agreement, 2015; United Nations General Assembly, 2015) BUW dazu auffordern, aktiv zur Erreichung der Nachhaltigkeitsziele und Lösung der Klimafrage beizutragen, kann es nicht mehr deren ausschließliche Aufgabe sein, Mensch-Umwelt-Interaktionen besser zu verstehen. Vielmehr werden BUW aufgerufen, aktiv daran mitzuwirken, Veränderungen in Richtung klimafreundliches und nachhaltiges Leben auszulösen und zu unterstützen (Kates et al., 2001). Damit sollen sie auch die Generierung entsprechend neuen Wissens und neuer Kompetenzen ermöglichen (Risopoulos-Pichler et al., 2020; Sachs et al., 2019). Kollaborationen mit Praxisakteur_innen verbinden Wissenschaft und Gesellschaft partizipativ auf Augenhöhe und spielen in diesem Kontext eine wichtige Rolle.

In jedem Fall sollten BUW für klimafreundliches und nachhaltiges Leben System-, Ziel- und Transformationswissen generieren (Schneidewind & Singer-Brodowski, 2014) sowie für die Produktion und Ko-Produktion neuer Arten von Wissen offen sein (Chambers et al., 2021; Norström et al., 2020).

21.2.3 Stärkung der Inter- und Transdisziplinarität (ITD)

Auch wenn mittlerweile sowohl für Bildung als auch für Wissenschaft genügend Ansätze existieren, welche die Dominanz der Disziplinarität hinterfragen, geht es an dieser Stelle nicht um die Abschaffung von Disziplinen und disziplinärer (Grundlagen-)Forschung, sondern um die Stärkung von ITD in BUW.

Im Bereich der Bildung werden diese Ansätze als interdisziplinär (Applebee et al., 2007; Breunig et al., 2015; Hendry et al., 2017; Lindvig et al., 2019; Mathison & Freeman, 1998; Venville et al., 2002), cross-disziplinär (Lyster & Ballinger, 2011), metadisziplinär (Applebee et al., 2007), transdisziplinär (Kubisch et al., 2020), integrativ (Mathison & Freeman, 1998), holistisch (Venville et al., 2002), Lerner_innen-zentriert (Applebee et al., 2007), forschend-entdeckend (Lyster & Ballinger, 2011) oder beispielsweise projekt- und problemorientiert (Barrett & Moore, 2011; Jonassen, 2011; Laur, 2015; Leat, 2017; Moust et al., 2008) beschrieben (vgl. Rosenberg & Starr, 2021). Transformative Bildungskonzepte für nachhaltige Entwicklung und klimafreundliches Leben an Schule und Hochschule bedeuten daher in keiner Weise nur eine Aufnahme von Inhalten aus der Nachhaltigkeitsdebatte (Klimawandel etc.) in disziplinäre(n) Unterricht und Lehre. Sie führen vielmehr zu fächerverbindendem Lernen und Kompetenzentwicklung sowie gesellschaftlicher Veränderung in sogenannten Reallaboren (Bührmann & Franke, 2020; Defila & Di Giulio, 2018; Schäpke et al., 2018).

In diesem Zusammenhang ist die Stärkung von fächerübergreifenden bzw. bereits mehrere Perspektiven integrierenden Fächern/Fächerverbindungen gefordert (Engartner et al., 2021; Hedtke, 2018). Als positive Beispiele können hier für Österreich Schulfächer genannt werden, die gerade die wirtschaftliche Bildung nicht isoliert aufgreifen, sondern sie in gesellschaftliche, sozioökonomische, politische oder etwa geographische Zusammenhänge stellen, z. B. das multiperspektivische Schulfach „Internationale Wirtschafts- und Kulturräume" oder „Geographie und wirtschaftliche Bildung" (Fridrich, 2019, 2020). Neue isolierte Fächer einzuführen, wie ein von Teilen der Wirtschaft gefordertes Schulfach „Wirtschaft" oder „Finanzbildung", widersprechen diesen Bildungsansätzen (Engartner, 2019; Engartner et al., 2019).

Interdisziplinarität als weitreichender wissenschaftlicher Ansatz wurde bereits im Rahmen einer OECD-Konferenz 1970 diskutiert, um besser auf neu entstandene gesellschaftliche wie wissenschaftliche Herausforderungen reagieren zu können (Apostel et al., 1972). Weitgehende Übereinstimmung besteht mittlerweile darin, dass Forschung – wenn sie zu klimafreundlichem und nachhaltigem Leben beitragen will – weiterreichenden Anforderungen genügen muss als rein disziplinäre Forschung (Miola et al., 2019; Nilsson et al., 2016). Die Komplexität der Zusammenhänge entzieht sich disziplinärer, rein faktenbasierter Betrachtungsweisen, da in Bezug auf angemessene Vorgehensweisen wissenschaftliche Unsicherheiten hoch und die gesellschaftspolitische Unterstützung schwach sind (Independent Group of Scientists appointed by the Secretary-General, 2019).

Im Kontext nachhaltiger Entwicklung ist die Kooperation von Wissenschaft und Gesellschaft essenziell (Mertens & Barbian, 2015; Pohl et al., 2017). Transdisziplinarität in der Auseinandersetzung mit realweltlichen gesellschaftsrelevanten Problemstellungen lässt neues Wissen (Abschn. 21.2.2) entstehen und führt zu gesellschaftlicher Weiterentwicklung (Krohn et al., 2019) sowie zur Stärkung von beteiligten (häufig nichtakademischen) Akteur_innen (Wiek et al., 2016).

Diese übernehmen Verantwortung (Egner & Schmid, 2012; Lang et al., 2012) und tragen aktiv zu Lösungen bei, wie es demokratischen Gesellschaften entspricht (Keller, Stötter, et al., 2019). Transdisziplinäre Forschung wird als ein wesentlicher Schlüssel zur Überwindung der zunehmenden Kluft zwischen Wissenschaft und Gesellschaft sowie als Beitrag zur Lösung zahlloser gesellschaftlicher Probleme im Sinne „verantwortungsvoller Wissenschaft" („Responsible Science" [Abschn. 21.2.1]) gesehen. Transformative Forschung geht einen Schritt weiter, indem sie einen expliziten Interventionsanspruch im Sinne einer sozial-ökologischen Transformation erhebt (Stelzer et al., 2018; WBGU, 2011).

Auch wenn ITD disziplinäre Grundlagen benötigen (Wissel, 2015), ist es zur Bewältigung der Nachhaltigkeits- und Klimafrage erforderlich, Expertisen verschiedener wissenschaftlicher Disziplinen sowie aus der Gesellschaft aufzugreifen und zu integrieren, um blinde Flecken auszugleichen (Fjelland, 2021). Die genannten Ansätze versuchen, komplexe reale Probleme abzubilden, indem sie jene Disziplinen einbeziehen, die eine systemische Sichtweise auf die Probleme erlauben und in mehr oder weniger starker Ausprägung Unsicherheiten, plurale Perspektiven, unterschiedliche Wissensformen ansprechen und selbst transformative Prozesse mitgestalten. Dieses Verständnis und die normative Zielgerichtetheit unterscheiden sich von rein disziplinärer Forschung. Es erzeugt damit allerdings auch Widerstände und Ängste im Wissenschaftssystem (Findler et al., 2019; Independent Group of Scientists appointed by the Secretary-General, 2019). Umso wichtiger ist, dass Forschung für nachhaltige Entwicklung und klimafreundliches Leben höchsten wissenschaftlichen Standards entspricht (Independent Group of Scientists appointed by the Secretary-General, 2019), wenngleich auch diese neu zu formulieren sind.

21.2.4 Bildungskonzepte für nachhaltige Entwicklung und klimafreundliches Leben

Das SDG 4 „Hochwertige Bildung" wird als Schlüssel zur Erreichung aller anderen Nachhaltigkeitsziele angesehen (UNESCO, 2017a). Bildungskonzepte für die Transformation in Richtung klimafreundliche und nachhaltige Entwicklung spielen dabei eine besondere Rolle, auch in und für Österreich (Allianz Nachhaltige Universitäten in Österreich, 2022; Keller, Rauch, et al., 2019; Keller & Rauch, 2021).

Bildung als aktiver Beitrag zur Persönlichkeitsentwicklung wie auch zu gesellschaftlichem Wohlergehen verändert insbesondere den Blick darauf, *wie* Bildung geschieht. Im Gegensatz zum klassischen Bildungsverständnis zeigt sich, dass Bildung und Lehre an Schule und Hochschule anderes leisten sollten, als den aktuellen Stand fachwissenschaftlichen Wissens zu vermitteln und diesen reproduktiv zu überprüfen (Kohl & Hopkins, 2021). Zu lernen, selbst relevante kritische Fragen zu stellen, eigene Werthaltungen zu entwickeln und in individuelle Entscheidungen mit einfließen zu lassen und damit letztlich eigene Beiträge zu solidarischer und nachhaltiger Zukunftsgestaltung leisten zu können, steht im Mittelpunkt (UNESCO, 2014b, 2014a, 2017a, 2021a). Wenn Bildungskonzepte also zugleich nachhaltige Entwicklung und klimafreundliches Leben unterstützen sollen, sind veränderte menschliche Verhaltens- und Handlungsweisen oberstes Bildungsziel. In der wissenschaftlichen Diskussion besteht allerdings Einigkeit darüber, dass kein linearer Zusammenhang zwischen Wissen und Handeln besteht. Studien zur sogenannten Knowledge-Action-Gap (Chen, 2014; Clark, 2013; Jackson, 2005; Kahan et al., 2012; Keller, 2017; Kellstedt et al., 2008; Kollmuss & Agyeman, 2002; Mandl & Gerstenmaier, 2000; Oates & McDonald, 2014; O'Brien, 2012b; Peattie, 2010; Ranney & Clark, 2016; Ungar, 2008; Verplanken & Holland, 2002) zeigen, dass in den wenigsten Fällen eine direkte Verbindung vom Wissen zur – z. B. klimafreundlichen – Handlung ableitbar wäre. In der Klimabildung spielen daher neben dem Wissen vor allem Selbstwirksamkeit (Frick et al., 2021; Ojala et al., 2021; Ojala & Bengtsson, 2019) und Empowerment (Bentz & O'Brien, 2019; Monroe et al., 2017) wesentliche Rollen.

BNE als „galvanisierende pädagogische Innovation" (UNESCO, 2014b, S. 30) setzt sich also mit den zentralen Herausforderungen unserer Zeit auseinander, allen voran dem Klimawandel. Angedockt an Erfahrungen, Vorwissen, Einstellungen, Interessen und Motivationen der Lernenden (Prä-Konzepte) fördert sie die Entwicklung von Kompetenzen der Lernenden, die sie befähigen sollen, autonom kritische und selbstkritische Fragen zu stellen, reflektierte Schlüsse abzuleiten und bewusste Handlungsentscheidungen treffen zu können (UNESCO, 2014a). Zu den wichtigsten Nachhaltigkeitskompetenzen gehört es, Systeme und deren Veränderungen – auf Basis eines wertorientierten Denkens („value-thinking competency") – zu verstehen und zu antizipieren („system thinking and anticipatory/future-thinking competencies") sowie Veränderungsprozesse strategisch zu planen und umzusetzen („strategic and interpersonal competencies") (Brundiers et al., 2021; Wiek et al., 2011). Speziell in diesem Zusammenhang kann auch die zunehmende Digitalisierung von Bildung nützlich sein. Besonders im Zusammenhang mit BNE ist die Digitalisierung jedoch umstritten (Dür et al., 2021; Stoltenberg & Michelsen, 2020; Zint et al., 2022) und kann auch unbeabsichtigte Nebeneffekte haben (Bohnsack et al., 2021; R. Scholz et al., 2018). Ästhetische Bildung wird im Kontext von BNE und SDGs dagegen als eine elementare Grundlage verstanden (Gsöllpointner & Mateus-Berr, 2021).

Lerner_innenzentriertes, konstruktivistisches, (inter-)aktives, handlungs- und anwendungsorientiertes sowie problem- bzw. lösungsbasiertes Lernen in authentischen

Settings bzw. realen Situationen wird für transformative Bildung als besonders wertvoll erachtet (UNESCO, 2017a), gerade auch im Zusammenhang von SDG 4 „Quality Education" und SDG 13 „Climate Action" (Keller, Stötter, et al., 2019). Im Gegensatz zu eher traditionellen Bildungsmethoden übernehmen die Lernenden hier selbstbewusst und selbstkritisch eine aktive Rolle im Lernprozess. Lehrpersonen und Expert_innen nehmen in diesen konstruktivistischen Lernsettings den Dialog auf Augenhöhe mit den Lernenden auf – idealerweise entsteht für alle Beteiligten ein gegenseitiger Lernprozess. Wissenschaftliches Monitoring und Evaluation dieser Bildungssettings, die zu deren permanenter Reflexion und Weiterentwicklung führen sollen (Keller & Rauch, 2021; UNESCO, 2014b, 2014a; Zint, 2011), werden in der Literatur als Desiderata benannt.

Erfolgreiche Bildungsprozesse in diesem Sinne bedeuten die Überbrückung vom Wissen zum Handeln. Neu zu schaffende Bildungsstrukturen ermöglichen eine individuelle Weiterentwicklung entsprechender Nachhaltigkeitskompetenzen, die zu aktivem, konstruktivem, solidarischem und verantwortungsvollem Handeln für eine nachhaltige Entwicklung und ein klimafreundliches Leben führen können (Freire, 2000; O'Brien, 2012a; Speth, 2008).

21.2.5 Whole-Institution Approach

Wenn Institutionen in BUW als Vorbilder eines klimafreundlichen und nachhaltigen Lebens dienen wollen, stehen sie vor der Herausforderung, sich zunächst selbst zu transformieren. In der internationalen Diskussion zu BNE steht dabei der Whole-Institution Approach als Referenzpunkt im Zentrum, das heißt eine grundlegende Transformation der Institutionen („a whole-system redesign" (UNESCO, 2012, S. 71)) in allen Bereichen (z. B. Kohl & Hopkins, 2021; Rieckmann & Bormann, 2020; UNESCO, 2014a). Dahinter steht die Überlegung, dass Bildungseinrichtungen das tun, was sie lehren und erforschen, also selbst klimafreundlich agieren und zeitnah Klimaneutralität erreichen. Insofern bezieht sich der Whole-Institution Approach auf alle – in der Literatur unterschiedlich abgegrenzte – Bereiche und Ebenen von Bildungseinrichtungen (Bassen et al., 2018, 2020; Bellina et al., 2020; Bohunovsky, Weiger, et al., 2020; Bormann et al., 2020; Breiting et al., 2005; Kahle et al., 2018; Kohl & Hopkins, 2021; Nölting & Fritz, 2021; UNESCO, 2014a). Die unter Abschn. 21.2.1–21.2.4 angesprochenen Aspekte von Lehre und Forschung werden hier nicht nochmals ausgeführt. Darüber hinaus stehen bei einem Whole-Institution Approach vor allem die folgenden Aspekte im Mittelpunkt, für die jeweils Beispiele angeführt werden:

a) Gebäude und deren Betrieb: Wahl von klimafreundlichen Baumaterialien, Treibhausgasbilanzierung (Getzinger et al., 2019), Erhöhung der Energieeffizienz und Nutzung erneuerbarer Energiequellen, nachhaltige Beschaffung und Ressourcenschonung, Abfallmanagement, klimafreundliche Nahrungsmittel in Mensen und ähnlichen Einrichtungen, Aufnahme von entsprechenden Kriterien in Ausschreibungen, klimafreundliche Gestaltung der Umgebungsflächen etc. (AG Bauen, 2020);

b) Bewusstseinsbildung und Anreize zu Verhaltensänderungen der Nutzer_innen und Mitarbeiter_innen: Unterstützung von Lehrpersonen in formalen, nonformalen und informellen Bildungsprozessen als Vorbildfunktion zu agieren und klimabewusst zu handeln (z. B. Anreize in Bezug auf die Verkehrsmittelwahl zur und von der Bildungsinstitution/Hochschule sowie berufliche Reisen), Klimafreundlichkeit und Nachhaltigkeit als wesentliche Entscheidungskriterien in den Institutionen;

c) Austausch mit der Gesellschaft: Die Rolle von Bildungsinstitutionen für eine sozial-ökologische Transformation neu definieren, Außenbeziehung und Austausch mit lokalen, regionalen, globalen Akteur_innen, Öffentlichkeitsarbeit etc. entsprechend neu gestalten, Transdisziplinarität;

d) Governance: Prozesse, Richt- und Leitlinien, Entscheidungsstrukturen, Nachhaltigkeitsmanagement so aufsetzen, dass Klimafreundlichkeit Normalität wird; Bekenntnis und Verantwortungsübernahme der Leitung;

e) Transparenz, Partizipation und Demokratie in Entscheidungsstrukturen stärken: Übernahme von Verantwortung und die Entwicklung von Lösungskompetenzen auch im Sinne der sozialen Dimension von nachhaltiger Entwicklung (Blaha et al., 2021; Deisenrieder, 2021);

f) Mitwirkung an Netzwerken und Austausch mit ähnlichen Institutionen, um Synergien zu nutzen und Kooperation zu leben: z. B. Allianz Nachhaltige Universitäten in Österreich (Allianz Nachhaltige Universitäten in Österreich, o.J.a), Copernicus Alliance (COPERNICUS Alliance, o.J.), Environment and School Initiatives (Environment and School Initiatives, o.J.); Klimabündnisschulen (Klimabündnis Österreich, o.J.), Ökolog-Schulen (Ökolog, o.J.), k.i.d.Z.21-Schulen (k.i.d.Z.21, o.J.), Bündnis Nachhaltige Hochschulen (Austria Presse Agentur Science, 2021), Klimaschulen der Klima- und Energiemodellregionen (Schulen in Klima- und Energie-Modellregionen, o.J.).

Durch einen grundlegenden Wandel in Richtung nachhaltiger und klimafreundlicher Bildungsinstitutionen nehmen diese eine aktive Rolle in der gesellschaftlichen Transformation ein. Zahlreiche Projekte, Programme und Prozesse an österreichischen Schulen (k.i.d.Z.21 Schulen (k.i.d.Z.21, o.J.)), Klimabündnisschulen (Klimabündnis Österreich, o.J.) und österreichischen Universitäten befinden sich bereits auf dem Pfad einer solchen grundlegenden Transformation (Bohunovsky, Radinger-Peer, et al., 2020; Radinger-Peer & Bohunovsky, 2021) sind jedoch erst Vorboten einer grundlegenden Transformation in Richtung nachhaltige Entwicklung und klimafreundliches Leben.

21.3 Gestaltungsoptionen, potenzielle Hindernisse und Beispiele guter Praxis

Im Folgenden werden fünf Handlungsbereiche aufgegriffen. Wir versuchen, möglichst konkrete Handlungsoptionen aufzuzeigen. Dabei greifen wir auf internationale Beispiele und Pilotprojekte in Österreich zurück, die zeigen, wie entsprechende Veränderungen in BUW eingeleitet werden könnten. Die Wirkung der einzelnen Optionen muss offenbleiben, da entsprechende Forschung nicht vorhanden ist (siehe dazu auch Abschn. 21.3.5).

21.3.1 BUW-Konzepte für klimafreundliches Leben partizipativ erarbeiten

Einige Grundsatzpapiere unterstreichen bereits die Notwendigkeit von Nachhaltigkeit und Klimafreundlichkeit im österreichischen BUW-System (z. B. Memorandum of Understanding der Initiative „Mit der Gesellschaft im Dialog" – Responsible Science (Allianz für Responsible Science, 2015); Grundsatzerlass Umweltbildung für nachhaltige Entwicklung (BMBF, 2014); Unterrichtsprinzip Politische Bildung, Grundsatzerlass 2015 (BMBF, 2015); Systemziel 7 des Gesamtösterreichischen Universitätsentwicklungsplans (BMBWF, 2020b); Österreichische Strategie „Bildung für nachhaltige Entwicklung" (BMLFUW et al., 2008); Aktionsplan für einen wettbewerbsfähigen Forschungsraum (BMWFW, 2015); Uniko-Manifest für Nachhaltigkeit (Österreichische Universitätenkonferenz, 2020); weitere Initiativen siehe auch (BMBWF, 2019)).

Gleichzeitig stehen diesen grundsätzlichen Bekenntnissen nur punktuelle und in keiner Weise grundlegende und systemische Veränderungen gegenüber. Stattdessen wird der Fokus in diesen Papieren häufig auf Ökologie anstelle eines umfassenden bzw. holistischen Blicks gelegt. Auch wenn aktuelle Untersuchungen eine zunehmende Profilierung von Hochschulen im Kontext von Nachhaltigkeit zeigen (von Stuckrad & Röwert, 2017) und universitäre Nachhaltigkeits-Kodices/-Handbücher entwickelt werden (Bohunovsky, Weiger, et al., 2020; Rat für Nachhaltige Entwicklung, 2018; Retsch, 2018), gibt es bisher keine einheitlichen Richtlinien oder konkrete Ziel- oder Strategievorgaben, die den Weg in Richtung Nachhaltigkeit und Klimafreundlichkeit für BUW-Einrichtungen zeigen und der Gefahr von Greenwashing oder nur punktuellen, letztlich sehr gering wirksamen Reformen entgegenwirken (Harpe & Thomas, 2009; Jones, 2012; Preymann & Sterrer, 2018).

Wenn ein grundlegender Paradigmenwechsel in BUW zur Unterstützung eines klimafreundlichen Lebens und einer nachhaltigen Entwicklung erreicht werden soll, ist die transdisziplinäre Erarbeitung und praktische Umsetzung von umfassenden BUW-Konzepten, welche die oben genannten Veränderungsnotwendigkeiten abbilden, eine vorrangige Handlungsoption. Entsprechende Rahmenprogramme aus anderen Kontexten bzw. dem Ausland könnten als Vorbild dienen. Eine partizipative, inter- und transdisziplinäre Entwicklung und Umsetzung stellen sicher, dass unterschiedliche Anspruchsgruppen berücksichtigt werden und Widerständen vorgebeugt wird. Eine erfolgreiche Umsetzung braucht ein politisches Commitment, einen institutionalisierten partizipativen Prozess, stetige Fortentwicklung sowie entsprechende regelmäßige Berichtslegung, Monitoring und Evaluation.

- **Aktionsprogramm „Bildung für ein klimafreundliches Leben"**: In Anlehnung an bereits existierende Programme (BMBF, 2021; BMBWF, 2020a; Nationale Plattform Bildung für nachhaltige Entwicklung, 2017) bietet ein Aktionsprogramm „Bildung für ein klimafreundliches Leben" die Chance, ein klares Bekenntnis zu einer Transformation darzulegen und die grundsätzlichen Ziele zu definieren. Der „Nationale Aktionsplan Bildung für nachhaltige Entwicklung" der Bundesrepublik Deutschland (BMBF, 2021; Nationale Plattform Bildung für nachhaltige Entwicklung, 2017) umfasst z. B. alle Stufen der Bildung, nonformales und informelles Lernen sowie Lernen auf kommunaler Ebene. Er zeigt, wie BNE qualitativ hochwertig, mit kurz-, mittel- und langfristigen Zielen hinterlegt und unter Einbeziehung relevanter Gruppen strukturell verankert werden kann. Dabei wären aktuelle Trends der Digitalisierung zu beachten und kritisch zu hinterfragen (Dür et al., 2021).
- **Rahmenplan „Nachhaltigkeitsrelevante Wissenschaft"**: Wesentliche Aspekte eines Aktionsprogramms zur Förderung von klima- und nachhaltigkeitsrelevanter Wissenschaft werden an anderer Stelle diskutiert (siehe Abschn. 21.2 „notwendige Veränderungen") bzw. sind von der UNESCO (UNESCO, 2017b) in ihren „Guidelines on Sustainability Science" veröffentlicht. Für den Bereich Klimaforschung hat das CCCA einen Science Plan (Climate Change Centre Austria – Klimaforschungsnetzwerk Österreich, 2018) vorgelegt. Wie BNE in der Hochschullehre strukturell verankert werden kann, wurde für Deutschland untersucht (Holst & von Seggern, 2020). Diese Dokumente können als Ausgangspunkt für die Entwicklung eines Rahmenplans im Bereich Wissenschaft dienen.

21.3.2 Bildung für nachhaltige Entwicklung und klimafreundliches Leben strukturell verankern

Um die in Abschn. 21.2 abgeleiteten Kompetenzen zu fördern und eine gesellschaftliche Transformation in Richtung Nachhaltigkeit und Klimaschutz zu unterstützen, sind Klimawandelbildung und BNE den Lehr- und Bildungsplänen aller Stufen des formalen Bildungssystems (Schule und Hochschule), insbesondere auch den Curricula der Lehrendenbildung (UNESCO, 2021b) zugrunde zu legen sowie als Aufgabe der Akteur_innen informeller und nonformaler Bildung (wie Kommunen, Museen, Bibliotheken etc.) zu stärken.

- **Aus- und Weiterbildung** von Lehrenden: Lehrpersonen von formalen, nonformalen und informellen Bildungsprozessen sind geprägt durch das herkömmliche Bildungssystem. Um Klimawandelbildung und BNE an (Hoch-)Schulen zu fördern, wäre es notwendig, (auch bereits im Beruf stehende) Lehrende entsprechend aus-, weiter- und fortzubilden (UNESCO, 2021a). Das Grundsatzpapier zur BNE (Steiner & Rauch, 2013) sowie der UniNEtZ-Optionenbericht für SDG4 an die Österreichische Bundesregierung (Keller & Rauch, 2021) und die Optionen 04_04 und 04_05, 4_11 des UniNEtZ-Projektes (Glettler et al., 2021; Hübner, 2021; Rauch et al., 2021) zeigen Anknüpfungspunkte in der Pädagog_innenbildung auf. Im Rahmen des k.i.d.Z.21-Projektes wurde in umfangreicher Lehrer_innenarbeit „Training on the Job" geleistet (Kubisch et al., 2020). Für den Hochschulbereich arbeitet die AG BNE der Allianz Nachhaltige Universitäten an einem universitätsübergreifenden BNE-Zertifikat für Hochschullehrende (Hübner, 2021; Hübner et al., 2020).
- **Elementarbildung:** Im Bereich der elementaren Bildung gilt es, die Auseinandersetzung (durch spielerische Ansätze, Philosophieren mit Kindern oder projektorientiertes Arbeiten) mit Zukunftsthemen und damit Verantwortungsübernahme im unmittelbaren Lebensumfeld und die Gestaltung desselben zu fördern (Nationale Plattform Bildung für nachhaltige Entwicklung, 2017; Stoltenberg, 2014; Stoltenberg et al., 2013; Stoltenberg & Benoist-Kosler, 2020; Stoltenberg & Thielebein, 2011). Aus UniNEtZ liegt eine Option zur Verankerung von BNE im bundesländerübergreifenden BildungsRahmenPlan für elementare Bildungseinrichtungen in Österreich vor (Weberhofer et al., 2021).
- **Primar- und Sekundarbildung:** Eine umfassende Verankerung von inhaltlichen und didaktischen Elementen der Klimawandelbildung und BNE in Lehrplänen der primären und sekundären Bildung und die Entwicklung entsprechender Lehrmaterialien sowie die Schaffung von Unterstützungs- und Anreizstrukturen ist anzustreben, um die Umsetzung an den Schulen entsprechend zu fördern. Ökolog-Schulen, Biosphärenpark-Schulen, Naturpark-Schulen, k.i.d.Z.21-Schulen haben Klimawandelbildung und BNE bereits aufgegriffen und könnten als Vorbilder und Ausgangspunkte für eine begleitende Evaluation dienen (k.i.d.Z.21, o.J.; Ökolog, o.J.; UNESCO Biosphärenpark Management Lungau, o.J.; Verband der Naturparke Österreichs, o.J.).
- **Tertiäre Bildung:** Vor dem Hintergrund der aktuellen Analyse gilt es, das Lehrangebot für Klimawandelbildung und BNE an allen Hochschulstandorten deutlich auszubauen und weitere inter- und transdisziplinäre Lehrveranstaltungen mit den entsprechenden Lernumgebungen und -bedingungen zu schaffen (Allmer et al., 2021). Konkret zählen dazu: (1) die Überarbeitung bestehender Curricula (z. B. Biasutti et al., 2018), (2) Schaffung klimaspezifischer Lehrveranstaltungen, (3) Fortbildungsangebote und -anreize für Lehrende im Bereich Klimawandelbildung und BNE und (4) die Umsetzung spezifischer Studiengänge. Um Widerständen entgegnen zu können und Anreize für Veränderungen zu schaffen, braucht es entsprechende Unterstützung für Lehrende, Leitkonzepte, Ressourcen und Ähnliches (Harpe & Thomas, 2009). Die Aktivitäten in UniNEtZ zu SDG4 (Keller & Rauch, 2021) und jene der Arbeitsgruppe BNE der Allianz Nachhaltige Universitäten (Allianz Nachhaltige Universitäten in Österreich, o.J.b) geben weitere Anhaltspunkte und können als Ausgangspunkt für eine stärkere strukturelle Verankerung dienen.
- **Berufliche Bildung und Fortbildung:** Eine sozial-ökologische Transformation wird neue Berufsbilder hervorbringen und auch innerhalb bestehender Berufe klima- und nachhaltigkeitsrelevantes Fachwissen und insbesondere neue Kompetenzen erfordern [s. Kap. 7 Erwerbsarbeit], die die Reflektion des eigenen beruflichen Handelns in seiner (Klima-)Wirkung, aber auch Teamfähigkeit und Verantwortungsbewusstsein beinhalten (Melzig et al., 2021). Die Ansatzpunkte ähneln denen anderer Lernstufen: Anpassung von Curricula und Lehrmethoden, Einrichtung von spezifischen Bildungsgängen, die Schulung des Lehrpersonals, Definition von Bildungsstandards – wobei die Aufteilung der Lernorte auf Schule und Betrieb berücksichtigt werden müsste. Für die Energiewende gibt es einen Masterplan zur Sicherstellung der Humanressourcen im Bereich „Erneuerbare Energie" aus 2013, der einen umfassenden Maßnahmenplan enthält (Nindl et al., 2013). Spezifische Untersuchungen für andere Bereiche sind den Autor_innen für Österreich nicht bekannt. In Deutschland ist die Berufliche Bildung für Nachhaltige Entwicklung (BBNE) mit Fördermaßnahmen, Aktionsprogrammen, Modellversuchen und Begleitforschung vertreten und könnte Vorlagen bieten (Michaelis & Berding, 2022). BBNE ist in die deutschen Standardberufsbildpositionen aufgenommen worden (Kaiser & Schwarz,

2022), es gibt Förderschienen zur Entwicklung domänenspezifischer Nachhaltigkeitskompetenzen und zur Gestaltung nachhaltiger Lernorte (Melzig et al., 2021). Die Erhebung der Potentiale und spezifischen Anforderungen am Beginn erscheint sinnvoll und ist nicht trivial (vgl. deutscher Nationaler Aktionsplan BNE (Melzig et al., 2021; Nationale Plattform Bildung für nachhaltige Entwicklung, 2017)).

- **Nonformales und informelles Lernen inklusive Erwachsenenbildung:** Da insbesondere regionale und lokale Akteur_innen einen wichtigen Pfad zur strukturellen Verankerung von BUW für nachhaltige Entwicklung (Zint & Wolske, 2014) eröffnen, bietet es sich an, dass im Bereich des nonformalen und informellen Lernens sowie der Erwachsenenbildung Angebote zu Klima- und Nachhaltigkeitsherausforderungen im Sinne eines Life-Long-Learnings ausgebaut werden. Dabei könnten digitale Ansätze und insbesondere MOOCs (Massive Open Online Courses) neue Möglichkeiten eröffnen (Ebner & Schön, 2021; Kopp et al., 2014).
- **Strukturen für transdisziplinäre Kooperationen zwischen Bildung und Wissenschaft schaffen:** Geeignete Strukturen, die BUW miteinander verknüpfen, sind bisher kaum vorhanden. Transdisziplinäre Kooperationsprojekte zwischen Schulen und Hochschulen kommen primär auf Basis des individuellen Engagements von Lehrpersonen bzw. im Projektkontext zustande (siehe k.i.d.Z.21 (Stötter et al., 2016)). Um gesellschaftliche Akteur_innen an Schulen aller Schulstufen, Universitäten und Fach- sowie pädagogischen Hochschulen mit dem Ziel zu vernetzen, klimarelevante transdisziplinäre Projekte an diesen (Hoch-)Schulen durchzuführen und schließlich dauerhaft zu verankern (OeAD | Young Science, o.J.), ist die Verankerung von transdisziplinären Projektseminaren in Schule und Hochschule oder die Schaffung von Plattformen, Koordinationsstellen und Ähnlichem notwendig (Kubisch et al., 2020; Oberrauch & Steiner, 2021).
- **Unterstützungsangebote und Rahmenbedingungen:** Klimawandelbildung und BNE benötigen – wie gute Bildung generell – entsprechende Rahmenbedingungen: Freiräume für Lehrende und Lernende zur vertiefenden Auseinandersetzung und Reflexion sowie physische Lernräume, die den Einsatz von Methoden erlauben, die vom klassischen Unterricht abweichen; Unterstützungsstellen (wie das bestehende Forum Umweltbildung), national wie regional (z. B. BNE-Büros, -Arbeitsgruppen, -zentren).
- **Strukturen auf kommunaler/regionaler Ebene:** Regionale und lokale Probleme bieten einen konkreten Ansatzpunkt zur lebensweltlichen sowie strukturellen Verankerung von Klimawandelbildung und BNE. Dazu gehören vor allem die Kooperation von Wissenschaftsorganisationen/Hochschulen in ihren Regionen und Kommunen, die Einbeziehung von Wissenschaftler_innen, Studierenden, Lehrpersonen und Schüler_innen in kommunale Nachhaltigkeitsaktivitäten als Lern- und Erfahrungsfeld für eine nachhaltige Entwicklung. Als Träger_innen von Schulgebäuden oder als zuständig für die Infrastruktur ist die Kommune wichtiger Partner für den Whole-Institution Approach.

21.3.3 Stärkung von Strukturen, die förderlich für Wissenschaft für klimafreundliches Leben sind, speziell von Inter- und Transdisziplinarität (ITD)

Vorherrschende disziplinäre Strukturen, Machtverhältnisse, Anreizsysteme, Ausschreibungskriterien und Konkurrenzverhältnisse hemmen die Verbreitung von ITD sowie von nachhaltigkeitsrelevanter Forschung für klimafreundliches und nachhaltiges Leben (Deleye et al., 2019; Fazey et al., 2020; Yarime et al., 2012). Zur Förderung von Wissenschaft für klimafreundliches und nachhaltiges Leben wird in der Literatur die Schaffung von spezifischen, kooperativen Strukturen für ITD empfohlen (Hirsch Hadorn et al., 2006; Hübner et al., 2020; Pohl, 2005; Schneidewind, 2015).

- **Inter- und transdisziplinäre Strukturen und Programme mit dem Fokus Klimawandel und/oder Nachhaltigkeit an Hochschulen**: Zu entsprechenden Gestaltungsmöglichkeiten werden unterschiedliche Aktivitäten und Initiativen diskutiert. Hierzu gehören z. B. die Einrichtung von Professuren, Instituten, Forschungszentren, Laufbahnstellen oder Studienprogrammen, aber auch Lehrbücher, Fachzeitschriften, Gesellschaften, Forschungsnetzwerke (Climate Change Centre Austria – Klimaforschungsnetzwerk Österreich, 2018; Hugé et al., 2016; Kahle et al., 2018; UNESCO, 2017b; Yarime et al., 2012). Einzelne Beispiele existieren bereits an einigen österreichischen Hochschulen (z. B. das Wegener Center an der Universität Graz, Zentrum für globalen Wandel und Nachhaltigkeit an der BOKU, Institut für Nachhaltigkeit der FH Wiener Neustadt, einzelne Studienprogramme an Universitäten und Fachhochschulen, Wahlpaket „Nachhaltigkeit" an der Universität Innsbruck, einzelne Professuren), eine breite Verankerung an allen Hochschulen fehlt noch.
- **Schnittstellen zwischen Wissenschaft – Gesellschaft – Politik**: Die Notwendigkeit solcher Schnittstellen wird im Kontext transdisziplinärer Forschung, aber auch generell im Kontext der Third Mission von Hochschulen und von Responsible Science genannt. Darunter fällt z. B. die Einrichtung von Sachverständigenräten/Expert_innengruppen (Independent Group of Scientists appointed by the Secretary-General, 2019) wie dem deutschen wissenschaftlichen Beirat der Bundesregierung Globale Umweltveränderungen (WBGU), dessen Aufga-

be es ist, globale Herausforderungen frühzeitig aufzuzeigen und zu analysieren, die globale Nachhaltigkeitspolitik zu bewerten und Handlungs- sowie Forschungsempfehlungen zu geben. In Österreich sind insbesondere das Climate Change Centre Austria (CCCA) und seine Arbeitsgruppen (z. B. Transformationsforschung) hervorzuheben, die bereits seit 2011 österreichische Klimaforscher_innen vernetzen und als Anlaufstelle für Politik, Medien und Öffentlichkeit für alle Fragen der Klimaforschung dienen. Im Unterschied zum WBGU hat das CCCA jedoch keine dezidiert politikberatende Funktion. Auf Projektebene sind weitere Schnittstellen vorhanden (z. B. UniNEtZ zwischen Wissenschaft und Politik (Glatz et al., 2021; Stötter et al., 2019), k.i.d.Z.21 (Stötter et al., 2016) oder makingAchange zwischen Bildung und Wissenschaft (makingAchange, 2021)) – hier fehlt jedoch eine strukturelle Verankerung und ebenfalls eine beratende Funktion für die österreichische Politik.

- **Bewertungs- und Leistungskriterien für Hochschulen:** Aktuell werden Ziele im Wissenschaftssystem stark durch Leistungsbeurteilungs-, Anreiz- und Evaluierungssysteme definiert, die sich an Publikationsindizes und der Höhe eingeworbener Forschungsgelder orientieren (Edwards & Roy, 2017; Krainer & Winiwarter, 2016; Paasche & Österblom, 2019). Diese Art der Beurteilung stößt jedoch an Grenzen und ist mit Gefahren behaftet, die sich insbesondere auch auf die Fähigkeit der Wissenschaft auswirken, zur Erreichung der Nachhaltigkeitsziele beizutragen (Giesenbauer & Müller-Christ, 2020; Müller & de Rijcke, 2017; Österreichischer Wissenschaftsrat, 2020; Sigl et al., 2020). Wenn Wissenschaft, die einen aktiven Beitrag zu Nachhaltigkeit und Klimafreundlichkeit leistet, gefördert werden soll, gilt es die dahinterstehenden Karrieremodelle, Berufungen, Evaluierungen von Wissenschaftler_innen, Instituten und Forschungseinrichtungen, Rankings, Wissenschaftspreise, Entscheidung über die Förderwürdigkeit von Projekten zu verändern sowie neue Beurteilungssysteme, neue Begutachtungsverfahren sowie Anreizsysteme entsprechend zu entwickeln (Edwards & Roy, 2017; Hugé et al., 2016; Krainer & Winiwarter, 2016; Torabian, 2019). Dabei sollten Kriterien im Zentrum stehen, welche die gesellschaftliche Relevanz und Wirkung von Wissenschaft sowie ihren Beitrag zu Klima- und Nachhaltigkeitszielen messen (Krainer & Winiwarter, 2016). Solche zu entwickeln, ist durchaus herausfordernd. Es gibt erste Ansätze, die aber nur Teilaspekte abdecken (z. B. Aufnahme von Science-to-public-/to-policy-Vorträgen in Indikatorensysteme von Leistungsbilanzen) oder bisher nur für einzelne Forschungsprogramme getestet werden (z. B. Projekt SYNSICRIS (Universität Kassel, o.J.), im Rahmen des deutschen Nachhaltigkeitsforschungsrahmenprogramms FONA (Seus & Bührer, 2021), Public Engagement (Center for Academic Innovation (University of Michigan), o.J.), Praxis Impact 2 (Wolf et al., 2016)). Die Allianz Nachhaltige Universitäten in Österreich hat einen Diskussionsprozess zum Thema „Messung des Nachhaltigkeits-Impacts" gestartet. Solche Initiativen können aufgegriffen, diskutiert und in die breite Umsetzung gebracht werden.

- **Spezifische Forschungsförderung:** Um inter- und transdisziplinäre sowie transformative Klimaforschung/Transformationsforschung zu stärken, braucht es entsprechende Förderprogramme (Kahle et al., 2018; Luks, 2016; Schneidewind & Singer-Brodowski, 2014; WBGU, 2011, 2014b, 2014a) und eine den Herausforderungen entsprechende Allokation der Mittel, welche aktuell nicht gegeben ist. Es existier(t)en in Österreich einzelne Förderprogramme, die spezifisch auf nachhaltigkeits-, klima- und entsprechend politikrelevante Ergebnisse abziel(t)en: z. B. Kulturlandschaftsforschung, provision, Austrian Climate Research Programme, Startclim, Connecting Minds. Auch auf europäischer Ebene gibt es Anknüpfungspunkte in z. B. Horizon 2020, JPI. Diese gilt es (absolut und relativ) auszubauen (Independent Group of Scientists appointed by the Secretary-General, 2019). Im Bereich von Transformationsforschung gibt es zusätzlichen Förderbedarf (Climate Change Centre Austria – Klimaforschungsnetzwerk Österreich, 2018). Eingereichte Förderanträge sollten die (erwartete) gesellschaftliche Auswirkungen im Sinne einer sozial-ökologischen Transformation aufzeigen und diese in die Beurteilung von Forschung(santrägen) mit einfließen (vgl. z. B. Arnott et al., 2020; National Science Foundation, 2020).

21.3.4 Strukturelle Verankerungen eines Whole-Institution Approach an Bildungseinrichtungen (Schule und Hochschule)

Zur umfassenden strukturellen Verankerung von Nachhaltigkeit und Klimafreundlichkeit im Sinne eines ganzheitlichen Ansatzes (Whole-Institution Approach) brauchen BUW-Einrichtungen Unterstützung in Form von strategischen Instrumenten, Anreizen und Verantwortungsübernahme der Trägerinstitutionen. Neben Handlungsoptionen auf strategischer Ebene werden hier die Aspekte Klimaneutralität und Gebäude exemplarisch angesprochen, da sie einen direkten Bezug zu klimafreundlichen Lebensstilen haben. Andere Aspekte eines Whole-Institution Approach werden durch die Handlungsoptionen in Abschn. 21.3.1–21.3.3 thematisiert.

- **Strategische Instrumente und Anreize**: Für Bildungseinrichtungen gibt es bisher keinen anerkannten Berichtsrahmen, um umfassend über Aktivitäten für Klimaschutz und Nachhaltigkeit zu berichten (Azizi & Sassen, 2018).

Eine regelmäßige Berichterstattung inklusive des Aufbaus eines Managementsystems ist allerdings ein wirksamer Treiber von Veränderungen (Ávila et al., 2019). Wichtige Schritte wären die Erarbeitung einer nationalen Rahmenstrategie an Hochschulen, die die Bereiche Lehre, Forschung, Betrieb etc. umfasst und in Kooperation von Ministerien, Hochschulen und weiteren relevanten Stakeholdern erstellt wird, sowie die Schaffung von Rahmenbedingungen und Anreizen (z. B. Verankerung in Leistungsvereinbarungen, Vorhandensein definierter Mindeststandards, Einrichtung von Arbeitsgruppen etc.), wie von UniNEtZ in einer Option vorgeschlagen (Bohunovsky et al., 2021). Auf Hochschulebene gibt es dafür zahlreiche Ansatzpunkte: Handbuch zur Erstellung von Nachhaltigkeitskonzepten für Universitäten (Bohunovsky, Weiger, et al., 2020), Leitfäden der deutschen Projekte LENA (Fraunhofer-Gesellschaft et al., 2016) und HochN (Bassen et al., 2018, 2020; Bellina et al., 2020; Bormann et al., 2020; Kahle et al., 2018; Nölting & Fritz, 2021) oder STARS Technical Manual (Association for the Advancement of Sustainability in Higher Education, 2019). Um auch Schulen bei der Integration eines Whole-Institution Approach zu unterstützen, könnten entsprechend angepasste Rahmenstrategien entwickelt werden.

- **Klimaneutrale Bildungseinrichtungen**: Wenn Bildungseinrichtungen ihrer Vorbildrolle in Bezug auf Klimaschutz gerecht werden wollen, sollten sie sich selbst Klimaneutralitätsziele setzen. Bildungseinrichtungen können damit auch als „Living Labs" einer sozial-ökologischen Transformation dienen. Als Beispiele in Österreich sind die Arbeitsgruppe Klimaneutrale Universitäten & Hochschulen (Allianz Nachhaltige Universitäten in Österreich, o.J.c) und die Schulprojekte makingAchange (makingAchange, 2021) und k.i.d.Z.21_aCtiOn2 (k.i.d.Z.21_aCtiOn2, o.J.) zu nennen, die Treibhausgasbilanzen mit und für (Hoch-)Schulen in Österreich erstellen. Bis 2021 haben neun österreichische Universitäten den Prozess in Richtung Klimaneutralität gestartet oder stehen unmittelbar davor (Allianz Nachhaltige Universitäten in Österreich, o.J.d).
- **Gebäudesanierung**: Da Bildungseinrichtungen meist nicht Eigentümer ihrer Gebäude sind, Gebäude jedoch einen großen Teil der Treibhausgasemissionen Österreichs ausmachen (zehn Prozent der österreichischen Treibhausgase durch direkte Emissionen plus Emissionen durch Bau etc. (Anderl et al., 2020)), empfiehlt sich generell eine grundlegende Gebäudesanierung von Bildungseinrichtungen unter Berücksichtigung einer Lebenszyklusbetrachtung in Hinblick auf Klimawandelmitigation, aber auch -adaption (das heißt vor allem Anpassung an Hitzetage und Extremwetterereignisse). Nachhaltigkeit und Energieeffizienz sind im Schulentwicklungsprogramm 2020 (*Schulentwicklungsprogramm 2020*, 2020) bereits mit konkreten Zahlen hinterlegt. Die AG Bauen der Allianz Nachhaltige Universitäten schlägt außerdem vor, Neubauten nur nach Bedarfsprüfung und unter Berücksichtigung von umfassenden Nachhaltigkeitskriterien zu errichten (AG Bauen, 2020). Auch damit können Bildungseinrichtungen ihrer Vorbildfunktion nachkommen.

21.3.5 Begleitforschung zu Wirkungen neuartiger Ansätze in BUW

Die wissenschaftliche Evidenz in den Bereichen Klimawandelbildung/BNE und transformative Forschung in Bezug auf klimafreundliches Leben und nachhaltige Entwicklung ist nur ansatzweise vorhanden. Auch die Auswirkungen zu den oben genannten Gestaltungsoptionen sind weitgehend unklar. Um mehr Wissen und Verständnis über die Wirkungen neuartiger Ansätze in BUW zu generieren, werden Begleitforschung für und Evaluation von Klimaforschungs- und -bildungsprogrammen als notwendig erachtet.

- **Begleitforschung zu Maßnahmen in BUW**: Um die wissenschaftliche Evidenz für die Wirkung von Forschungs- und Bildungsmaßnahmen zu erhöhen, braucht es umfassende transdisziplinäre Begleitforschung und Monitoring. Die wissenschaftliche Erforschung von Auswirkungen der verschiedenen Maßnahmen in BUW zur Schaffung und Umsetzung von Strukturen für ein klimafreundliches und nachhaltiges Leben in Österreich würde entsprechende Erkenntnisse liefern. Aktuell werden im Rahmen der Forschungs-Bildungs-Kooperation makingAchange (makingAchange, 2021) entsprechende Versuche unternommen. Auch die Messung des Impacts von Nachhaltigkeitsforschung geht in diese Richtung (Wolf et al., 2016).
- **Aufbau einer Datenbasis zu Nachhaltigkeitskompetenzen** bei Kindern/Jugendlichen, aber auch in der allgemeinen Bevölkerung: Die Datenlage zu Nachhaltigkeitskompetenzen ist aktuell schwach: Der österreichische Agenda 2030 – SDG-Indikatorenbericht (Wegscheider-Pichler, 2020) zeigt die Datenlücke in Bezug auf das SDG 4.7 (BNE) auf. Auf internationaler Ebene existieren bereits Ansätze zur Messung von Nachhaltigkeitskompetenzen (z. B. Sulitest (Décamps et al., 2017), Yale Program on Climate Communication (Yale Program on Climate Change Communication, 2021)).

In diesem Kapitel wurde begonnen, BUW im Kontext von nachhaltigem und klimafreundlichem Leben zusammen zu betrachten. Die Diskussion hierzu sollte mit Wissenschaftler_innen und gesellschaftlichen Akteur_innen weitergeführt werden.

21.4 Quellenverzeichnis

AG Bauen. (2020). *Positionspapier zur Errichtung von nachhaltigen Universitätsgebäuden*. Allianz Nachhaltige Universitäten in Österreich. http://nachhaltigeuniversitaeten.at/wp-content/uploads/2020/03/2020-01-23_Positionspapier_Nachhaltiges_Bauen.pdf

Allenby, B. (2004). Infrastructure in the anthropocene: Example of information and communication technology. *Journal of Infrastructure Systems*, *10*(3), 79–86. https://doi.org/10.1061/(ASCE)1076-0342(2004)10:3(79)

Allianz für Responsible Science. (2015). *Memorandum of Understanding zwischen dem Bundesministerium für Wissenschaft, Forschung und Wirtschaft, der Republik Österreich und Partnerinstitutionen aus Wissenschaft, Forschung, Bildung und Praxis über die Initiative „Mit der Gesellschaft im Dialog – Responsible Science"*. Bundesministerium für Wissenschaft, Forschung und Wirtschaft. http://144.65.132.57/wp-content/uploads/2015/08/MoU_Responsible-Science.pdf

Allianz Nachhaltige Universitäten in Österreich. (o. J.a). *Allianz Nachhaltige Universitäten in Österreich*. Abgerufen 6. Mai 2021, von https://www.nachhaltigeuniversitaeten.at/

Allianz Nachhaltige Universitäten in Österreich. (o. J.b). *Bildung für Nachhaltige Entwicklung*. Abgerufen 10. März 2022, von https://nachhaltigeuniversitaeten.at/arbeitsgruppen/bildung-fuer-nachhaltige-entwicklung/

Allianz Nachhaltige Universitäten in Österreich. (o. J.c). *Klimaneutrale Universitäten & Hochschulen*. Abgerufen 22. Oktober 2021, von http://nachhaltigeuniversitaeten.at/arbeitsgruppen/co2-neutrale-universitaeten/

Allianz Nachhaltige Universitäten in Österreich. (o. J.d). *Nachhaltigkeitsaktivitäten der Mitgliederuniversitäten*. Abgerufen 22. Oktober 2021, von http://nachhaltigeuniversitaeten.at/ueber-uns/nachhaltigkeitsaktivitaeten/

Allianz Nachhaltige Universitäten in Österreich (Hrsg.). (2022). *UniNETZ-Optionenbericht: Österreichs Handlungsoptionen für die Umsetzung der UN-Agenda 2030 für eine lebenswerte Zukunft*.

Allmer, T., Keller, L., Rauch, F., Weberhofer, C., Weber, M., Bates, R., Gruber, B., Hübner, R., Kernegger, M., Scherling, J., & Ratiu, A. (2021). Bildungskonzepte für nachhaltige Entwicklung in allen Studienplänen an Universitäten und Hochschulen verankern, Option 04_10. In Allianz Nachhaltige Universitäten in Österreich (Hrsg.), *UniNETZ-Optionenbericht: Österreichs Handlungsoptionen für die Umsetzung der UN-Agenda 2030 für eine lebenswerte Zukunft*. UniNETZ – Universitäten und Nachhaltige Entwicklungsziele. https://www.uninetz.at/optionenbericht_downloads/Option_04_10.pdf

Anderl, M., Geiger, K., Gugele, B., Gössl, M., Haider, S., Heller, C., Köther, T., Krutzler, T., Kuschel, V., Lampert, C., Neier, H., Padzernik, K., Perl, D., Poupa, S., Purzner, M., Rigler, E., Schieder, W., Schmidt, G., Schodl, B., ... Zechmeister, A. (2020). *Klimaschutzbericht 2020* (Klimaschutzbericht REP-0738). Umweltbundesamt GmbH. https://www.umweltbundesamt.at/fileadmin/site/publikationen/rep0738.pdf

Apostel, L., Berger, G., Briggs, A., & Michaud, G. (1972). *Interdisciplinarity: Problems of teaching and tesearch in universities*. OECD.

Apple, M. W. (2012). *Can education change society?* Routledge.

Applebee, A. N., Adler, M., & Flihan, S. (2007). Interdisciplinary curricula in middle and high school classrooms: Case studies of approaches to curriculum and instruction. *American Educational Research Journal*, *44*(4), 1002–1039. https://doi.org/10.3102/0002831207308219

Aram, J. D. (2004). Concepts of interdisciplinarity: Configurations of knowledge and action. *Human Relations*, *57*(4), 379–412. https://doi.org/10.1177/0018726704043893

Arnott, J. C., Neuenfeldt, R. J., & Lemos, M. C. (2020). Co-producing science for sustainability: Can funding change knowledge use? *Global Environmental Change*, *60*, 101979. https://doi.org/10.1016/j.gloenvcha.2019.101979

Association for the Advancement of Sustainability in Higher Education. (2019). *STARS 2.2 Technical-Manual*. https://stars.aashe.org/wp-content/uploads/2019/07/STARS-2.2-Technical-Manual.pdf

Austria Presse Agentur Science. (2021, Oktober 14). *Fachhochschule OÖ macht sich für Nachhaltigkeit stark*. https://science.apa.at/power-search/11864338614901978558

Ávila, L. V., Beuron, T. A., Brandli, L. L., Damke, L. I., Pereira, R. S., & Klein, L. L. (2019). Barriers to innovation and sustainability in universities: An international comparison. *International Journal of Sustainability in Higher Education*, *20*(5), 805–821. https://doi.org/10.1108/IJSHE-02-2019-0067

Azizi, L., & Sassen, R. (2018). Strategien und Prozesse der Nachhaltigkeitsberichterstattung an Hochschulen in Deutschland. *Zeitschrift für Umweltpolitik & Umweltrecht*, *41*(2), 185–219.

Badiru, A. B., & Agustiady, T. (2021). *Sustainability: A systems engineering approach to the global grand challenge* (1st ed.). CRC Press. https://doi.org/10.1201/9781003005025

Baier, C. (2017). *Reformen in Wissenschaft und Universität aus feldtheoretischer Perspektive. Universitäten als Akteure zwischen Drittmittelwettbewerb, Exzellenzinitiative und akademischem Kapitalismus*. Herbert von Halem Verlag.

Baker, D. P. (2014). *The schooled society: The educational transformation of global culture*. Stanford University Press.

Barrett, T., & Moore, S. (2011). *New approaches to problem-based Learning: Revitalising your practice in higher education*. Routledge.

Bassen, A., Sassen, R., de Haan, G., Klußmann, C., Niemann, A., & Gansel, E. (2020). *Anwendung des hochschulspezifischen Nachhaltigkeitskodex – Ein Weg zur Nachhaltigkeitsberichterstattung an Hochschulen*. BMBF-Projekt „Nachhaltigkeit an Hochschulen: entwickeln – vernetzen – berichten (HOCHN)". https://www.deutscher-nachhaltigkeitskodex.de/de-DE/Documents/PDFs/Leitfaden/Hochschul-DNK.aspx

Bassen, A., Schmitt, C. T., Stecker, C., & Rüth, C. (2018). *Nachhaltigkeit im Hochschulbetrieb (Betaversion)*. BMBF-Projekt „Nachhaltigkeit an Hochschulen: entwickeln – vernetzen – berichten (HOCHN)". https://www.hochn.uni-hamburg.de/-downloads/handlungsfelder/betrieb/hoch-n-leitfaden-nachhaltiger-hochschulbetrieb.pdf

Bellina, L., Tegeler, M. K., Müller-Christ, G., & Potthast, T. (2020). *Bildung für Nachhaltige Entwicklung (BNE) in der Hochschullehre*. BMBF-Projekt „Nachhaltigkeit an Hochschulen: entwickeln – vernetzen – berichten (HOCHN)". https://www.hochn.uni-hamburg.de/-downloads/handlungsfelder/lehre/hoch-n-leitfaden-bne-in-der-hochschullehre.pdf

Bentz, J., & O'Brien, K. (2019). Art for change: Transformative learning and youth empowerment in a changing climate. *Elementa: Science of the Anthropocene*, *7*, 52. https://doi.org/10.1525/elementa.390

Bergmann, M., Jahn, T., Knobloch, T., Krohn, W., Pohl, C., & Schramm, E. (2010). *Methoden transdisziplinärer Forschung. Ein Überblick mit Anwendungsbeispielen*. Campus Verlag. http://www.isoe-publikationen.de/publikationen/publikation-detail/?tx_refman_pi1%5Brefman%5D=292&cHash=9a1da7de94b6fb3e313ec0bef949752f

Biasutti, M., Makrakis, V., Concina, E., & Frate, S. (2018). Educating academic staff to reorient curricula in ESD. *International Journal of Sustainability in Higher Education*, *19*(1), 179–196. https://doi.org/10.1108/IJSHE-11-2016-0214

Biesta, G., & Lawy, R. (2006). From teaching citizenship to learning democracy: Overcoming individualism in research, policy and practice. *Cambridge Journal of Education*, *36*(1), 63–79. https://doi.org/10.1080/03057640500490981

Blaha, G., Rauch, F., & Lindenthal, T. (2021). Aufbau bzw. Weiterentwicklung von Rahmenbedingungen für eine demokratische und partizipative Kultur an österreichischen Schulen zur Förderung von Frieden und nachhaltiger Entwicklung, Option 04_07. In Allianz Nachhaltige Universitäten in Österreich (Hrsg.), *UniNETZ-Optionenbericht: Österreichs Handlungsoptionen für die Umsetzung der UN-Agenda 2030 für eine lebenswerte Zukunft*. UniNETZ – Universitäten und Nachhaltige Entwicklungsziele. https://www.uninetz.at/optionenbericht_downloads/Option_04_07.pdf

BMBF. (2014). *Grundsatzerlass Umweltbildung für nachhaltige Entwicklung*. Bundesministerium für Bildung und Frauen. https://www.bmbwf.gv.at/Themen/schule/schulrecht/rs/1997-2017/2014_20.html

BMBF. (2015). *Unterrichtsprinzip Politische Bildung, Grundsatzerlass 2015*. Bundesministerium für Bildung und Frauen. https://www.bmbwf.gv.at/Themen/schule/schulrecht/rs/1997-2017/2015_12.html

BMBF. (2021). *Bericht der Bundesregierung zur Bildung für nachhaltige Entwicklung – 19. Legislaturperiode*. Bundesministerium für Bildung und Forschung. https://www.bne-portal.de/bne/shareddocs/downloads/files/20210407_bne-bericht_breg21_kabinettvorlage_cps_bf.pdf?__blob=publicationFile&v=1

BMBWF. (2019). *Bildung für Nachhaltige Entwicklung*. https://www.bmbwf.gv.at/Themen/schule/schulpraxis/ba/bine.html

BMBWF. (2020a). *Bundesländerübergreifender BildungsRahmenPlan für elementare Bildungseinrichtungen in Österreich*. Bundesministerium für Bildung, Wissenschaft und Forschung. https://www.bmbwf.gv.at/dam/jcr:c5ac2d1b-9f83-4275-a96b-40a93246223b/200710_Elementarp%C3%A4dagogik_Publikation_A4_WEB.pdf

BMBWF. (2020b). *Der Gesamtösterreichische Universitätsentwicklungsplan 2022–2027 (GUEP)*. Bundesministerium für Bildung, Wissenschaft und Forschung. https://www.bmbwf.gv.at/dam/jcr:b7701597-4219-42f3-9499-264dec94506e/GUEP%202022-2027_Aktualisiert_um_Statistik_final_bf.pdf

BMLFUW, BMUKK, & BMWF. (2008). *Österreichische Strategie „Bildung für nachhaltige Entwicklung"*. Bundesministerium für Land- und Forstwirtschaft, Umwelt und Wasserwirtschaft; Bundesministerium für Unterricht, Kunst und Kultur; Bundesministerium für Wissenschaft und Forschung. https://www.ubz-stmk.at/fileadmin/ubz/upload/Downloads/nachhaltigkeit/Oesterr-BINE-Strategie.pdf

BMWFW. (2015). *Aktionsplan für einen wettbewerbsfähigen Forschungsraum*. Bundesministerium für Wissenschaft, Forschung und Wirtschaft. https://era.gv.at/public/documents/2424/0_20150225_Forschungsaktionsplan.pdf

Bohnsack, R., Bidmon, C. M., & Pinkse, J. (2021). Sustainability in the digital age: Intended and unintended consequences of digital technologies for sustainable development. *Business Strategy and the Environment, 31*(2), 599–602. https://doi.org/10.1002/bse.2938

Bohunovsky, L., Bernhard, A., Salicites, K., Weber, M., Mayr, H., & Herzog, J. (2021). An allen Hochschulen Nachhaltigkeitsstrategien partizipativ entwickeln und implementieren, Option 04_09. In Allianz Nachhaltige Universitäten in Österreich (Hrsg.), *UniNETZ-Optionenbericht: Österreichs Handlungsoptionen für die Umsetzung der UN-Agenda 2030 für eine lebenswerte Zukunft*. UniNETZ – Universitäten und Nachhaltige Entwicklungsziele. https://www.uninetz.at/optionenbericht_downloads/SDG_04_Option_04_09.pdf

Bohunovsky, L., Radinger-Peer, V., & Penker, M. (2020). Alliances of change pushing organizational transformation towards sustainability across 13 universities. *Sustainability, 12*(7), 2853. https://doi.org/10.3390/su12072853

Bohunovsky, L., Weiger, T. M., Höltl, A., & Muhr, M. (2020). *Handbuch zur Erstellung von Nachhaltigkeitskonzepten für Universitäten*. aktualisiert und grundlegend überarbeitet von der Arbeitsgruppe „Strategien" der Allianz Nachhaltige Universitäten in Österreich. https://nachhaltigeuniversitaeten.at/wp-content/uploads/2020/12/Handbuch_NH-Strategien_2020_AG.pdf

Bormann, I., Rieckmann, M., Bauer, M., Kummer, B., Niedlich, S., Doneliene, M., Jaeger, L., & Rietzke, D. (2020). *Nachhaltigkeitsgovernance an Hochschulen*. BMBF-Projekt „Nachhaltigkeit an Hochschulen: entwickeln – vernetzen – berichten (HOCHN)". https://www.hochn.uni-hamburg.de/-downloads/handlungsfelder/governance/leitfaden-nachhaltigkeitsgovernance-an-hochschulen-neuauflage-2020.pdf

Botkin, J. W., Elmandjra, M., & Malitza, M. (1979). *No limits to learning: Bridging the human gap: A report to the club of rome* (1st Edition). Pergamon Press. https://www.elsevier.com/books/no-limits-to-learning/9780080247045

Bowling, A., & Windsor, J. (2001). Towards the good life: A population survey of dimensions of quality of life. *Journal of Happiness Studies, 2*(1), 55–82. https://doi.org/10.1023/A:1011564713657

Breiting, S., Mayer, M., & Mogensen, F. (2005). *„Qualitätskriterien für BNE-Schulen": Bildung für nachhaltige Entwicklung in Schulen – Leitfaden zur Entwicklung von Qualitätskriterien*. Bundesministerium für Bildung, Wissenschaft und Kultur. https://www.bmbwf.gv.at/dam/jcr:db2fec87-1534-484a-bb79-435096d26e2d/qc_dt_24022.pdf

Breunig, M., Murtell, J., & Russell, C. (2015). Students' experiences with/in integrated environmental studies programs in Ontario. *Journal of Adventure Education and Outdoor Learning, 15*(4), 267–283. https://doi.org/10.1080/14729679.2014.955354

Brundiers, K., Barth, M., Cebrián, G., Cohen, M., Diaz, L., Doucette-Remington, S., Dripps, W., Habron, G., Harré, N., Jarchow, M., Losch, K., Michel, J., Mochizuki, Y., Rieckmann, M., Parnell, R., Walker, P., & Zint, M. (2021). Key competencies in sustainability in higher education – Toward an agreed-upon reference framework. *Sustainability Science, 16*(1), 13–29. https://doi.org/10.1007/s11625-020-00838-2

Bührmann, A. D., & Franke, Y. (2020). Sammelbesprechung: Transdisziplinäre und transformative Forschung: Reallabore in der Praxis. *Forum Qualitative Sozialforschung / Forum: Qualitative Social Research, 21*(3). https://doi.org/10.17169/fqs-21.3.3605

Bultmann, T. (2011). Hochschule und Demokratie – ein Dauerkonflikt. In M. Sandoval, S. Sevignani, A. Rehbogen, T. Allmer, M. Hager, & V. Kreilinger (Hrsg.), *Bildung MACHT Gesellschaft* (1. Auflage, S. 155–163). Westfälisches Dampfboot.

Carnoy, M., & Samoff, J. (2016). *Education and social transition in the third world* (2. Auflage). Princeton Legacy Library.

Cars, M., & West, E. E. (2015). Education for sustainable society: Attainments and good practices in Sweden during the United Nations Decade for Education for Sustainable Development (UNDESD). *Environment, Development and Sustainability, 17*(1), 1–21. https://doi.org/10.1007/s10668-014-9537-6

Carson, R. (1962). *Silent spring*. Houghton, Mifflin.

Cebrián, G., Grace, M., & Humphris, D. (2013). Organisational learning towards sustainability in higher education. *Sustainability Accounting, Management and Policy Journal, 4*(3), 285–306. https://doi.org/10.1108/SAMPJ-12-2012-0043

Center for Academic Innovation (University of Michigan). (o. J.). *Public engagement*. Abgerufen 6. Mai 2021, von https://ai.umich.edu/public-engagement/

Chambers, J. M., Wyborn, C., Ryan, M. E., Reid, R. S., Riechers, M., Serban, A., Bennett, N. J., Cvitanovic, C., Fernández-Giménez, M. E., Galvin, K. A., Goldstein, B. E., Klenk, N. L., Tengö, M., Brennan, R., Cockburn, J. J., Hill, R., Munera, C., Nel, J. L., Österblom, H., ... Pickering, T. (2021). Six modes of co-production for sustainability. *Nature Sustainability, 4*(11), 983–996. https://doi.org/10.1038/s41893-021-00755-x

Chen, X. (2014). Why are we reluctant to act immediately on climate change? From ontological assumptions to core cognition. *Perspectives on Science, 22*(4), 574–592. https://doi.org/10.1162/POSC_a_00150

Clark, D. J. (2013). *Climate change and conceptual change.*

Climate Change Centre Austria – Klimaforschungsnetzwerk Österreich (Hrsg.). (2018). *Science plan on the strategic development of climate research in Austria.* https://ccca.ac.at/fileadmin/00_DokumenteHauptmenue/03_Aktivitaeten/Science_Plan/CCCA_Science_Plan_2_Auflage_20180326.pdf

Coelen, T., Heinrich, A. J., & Million, A. (Hrsg.). (2015). *Stadtbaustein Bildung.* VS Verlag für Sozialwissenschaften. https://doi.org/10.1007/978-3-658-07314-5

COPERNICUS Alliance. (o. J.). *COPERNICUS Alliance.* Abgerufen 6. Mai 2021, von https://www.copernicus-alliance.org/

Cornell, S., Berkhout, F., Tuinstra, W., Tàbara, J. D., Jäger, J., Chabay, I., de Wit, B., Langlais, R., Mills, D., Moll, P., Otto, I. M., Petersen, A., Pohl, C., & van Kerkhoff, L. (2013). Opening up knowledge systems for better responses to global environmental change. *Environmental Science and Policy, 28*, 60–70. https://doi.org/10.1016/j.envsci.2012.11.008.

Crutzen, P. J., & Stoermer, E. F. (2000). The "Anthropocene". *Global Change Newsletter, 41*, 17–18.

Curren, R. (Hrsg.). (2007). *Philosophy of education: An anthology* (1. Edition). Wiley-Blackwell.

Davidson, C. N. (2017). *The new education: How to revolutionize the university to prepare students for a world in flux* (1. Edition). Basic Books.

Deane, P., McDonald, D., & Bammer, G. (2009). *Research integration using dialogue methods.* ANU E Press. https://doi.org/10.22459/RIUDM.08.2009

Décamps, A., Barbat, G., Carteron, J.-C., Hands, V., & Parkes, C. (2017). Sulitest: A collaborative initiative to support and assess sustainability literacy in higher education. *The International Journal of Management Education, 15*(2), 138–152. https://doi.org/10.1016/j.ijme.2017.02.006

Defila, R., & Di Giulio, A. (2018). Reallabore als Quelle für die Methodik transdisziplinären und transformativen Forschens – eine Einführung. In A. Di Giulio & R. Defila (Hrsg.), *Transdisziplinär und transformativ forschen: Eine Methodensammlung* (S. 9–35). Springer Fachmedien. https://doi.org/10.1007/978-3-658-21530-9_1

Deisenrieder, V. (2021). Entwicklung einer demokratischen Schulkultur auf Organisations-, Unterrichts- und interpersoneller Ebene, Option 04_18. In Allianz Nachhaltige Universitäten in Österreich (Hrsg.), *UniNETZ-Optionenbericht: Österreichs Handlungsoptionen für die Umsetzung der UN-Agenda 2030 für eine lebenswerte Zukunft.* UniNETZ – Universitäten und Nachhaltige Entwicklungsziele. https://www.uninetz.at/optionenbericht_downloads/SDG_04_Option_04_18.pdf

Deleye, M., Van Poeck, K., & Block, T. (2019). Lock-ins and opportunities for sustainability transition: A multi-level analysis of the Flemish higher education system. *International Journal of Sustainability in Higher Education, 20*(7), 1109–1124. https://doi.org/10.1108/IJSHE-09-2018-0160

Desjardins, R. (2015). Education and social transformation. *European Journal of Education, 50*(3), 239–244. https://doi.org/10.1111/ejed.12140

Di Giulio, A., & Defila, R. (Hrsg.). (2018). *Transdisziplinär und transformativ forschen.* Springer Fachmedien. https://doi.org/10.1007/978-3-658-21530-9

Dickel, S., Maasen, S., & Wenninger, A. (2020). Nachhaltige Transformation der Wissenschaft? *Soziologie und Nachhaltigkeit, 6*(1), 1–20. https://doi.org/10.17879/sun-2020-2732

Dür, M., Lindenthal, T., Keller, L., Kosler, T., Oberrauch, A., Kubisch, S., Oberauer, K., Deisenrieder, V., & Parth, S. (2021). Digitalisierung und Nachhaltigkeit im schulischen Kontext – Bildungskonzepte für nachhaltige Entwicklung im digitalen Zeitalter, Option 04_08. In Allianz Nachhaltige Universitäten in Österreich (Hrsg.), *UniNETZ-Optionenbericht: Österreichs Handlungsoptionen für die Umsetzung der UN-Agenda 2030 für eine lebenswerte Zukunft.* UniNETZ – Universitäten und Nachhaltige Entwicklungsziele. https://www.uninetz.at/optionenbericht_downloads/SDG_04_Option_04_08.pdf

Ebner, M., & Schön, S. (2021). MOOCs, learning analytics and OER: An impactful trio for the future of education! In H. C. Lane, S. Zvacek, & J. Uhomoibhi (Hrsg.), *Computer Supported Education* (S. 21–36). Springer. https://doi.org/10.1007/978-3-030-86439-2_2

Edwards, M. A., & Roy, S. (2017). Academic research in the 21st century: Maintaining scientific entegrity in a climate of perverse incentives and hypercompetition. *Environmental Engineering Science, 34*(1), 51–61. https://doi.org/10.1089/ees.2016.0223

Egger, R., & Merkt, M. (Hrsg.). (2016). *Teaching skills assessments: Qualitätsmanagement und Personalentwicklung in der Hochschullehre.* Springer Fachmedien Wiesbaden. https://doi.org/10.1007/978-3-658-10834-2

Egner, H., & Schmid, M. (Hrsg.). (2012). *Jenseits traditioneller Wissenschaft. Zur Rolle von Wissenschaft in einer vorsorgenden Gesellschaft.* oekom verlag.

Elkana, Y., & Klöpper, H. (2012). *Die Universität im 21. Jahrhundert: Für eine neue Einheit von Lehre, Forschung und Gesellschaft.* Edition Körber.

Engartner, T. (2019). Die integrative Kraft sozioökonomischer Bildung – oder: Herausforderungen für die sozialwissenschaftliche Kontextualisierung wirtschaftlicher Phänomene und ökonomischer Logiken. *GW-Unterricht, 153*(1/2019), 20–26. https://doi.org/10.1553/gw-unterricht153s20

Engartner, T., Famulla, G.-E., Fischer, A., Fridrich, C., Hantke, H., Hedtke, R., Weber, B., & Zurstrassen, B. (Hrsg.). (2019). *Was ist gute ökonomische Bildung? Leitfaden für den sozioökonomischen Unterricht.* Wochenschau-Verlag. http://fox.leuphana.de/portal/en/publications/was-ist-gute-oekonomische-bildung-leitfaden-fur-den-soziooekonomischen-unterricht(f2107f49-0d98-4c27-99db-0ed266b0ecda).html

Engartner, T., Hedtke, R., & Zurstrassen, B. (Hrsg.). (2021). *Sozialwissenschaftliche Bildung. Politik – Wirtschaft – Gesellschaft.* Ferdinand Schöningh. https://www.plautz.at/item/Sozialwissenschaftliche_Bildung/Tim_Engartner/Reinhold_Hedtke/Bettina_Zurstrassen/42837250

Environment and School Initiatives. (o. J.). *Environment and School Initiatives (ENSI).* Abgerufen 6. Mai 2021, von https://www.ensi.org/

Fazey, I., Schäpke, N., Caniglia, G., Hodgson, A., Kendrick, I., Lyon, C., Page, G., Patterson, J., Riedy, C., Strasser, T., Verveen, S., Adams, D., Goldstein, B., Klaes, M., Leicester, G., Linyard, A., McCurdy, A., Ryan, P., Sharpe, B., … Young, H. R. (2020). Transforming knowledge systems for life on earth: Visions of future systems and how to get there. *Energy Research & Social Science, 70.* https://doi.org/10.1016/j.erss.2020.101724

Findler, F., Schönherr, N., & Martinuzzi, A. (2019). Higher education institutions as transformative agents for a sustainable society. In F. Luks (Hrsg.), *Chancen und Grenzen der Nachhaltigkeitstransformation: Ökonomische und soziologische Perspektiven* (S. 95–106). Springer Fachmedien. https://doi.org/10.1007/978-3-658-22438-7_6

Firth, R., & Smith, M. (2017). *Education for sustainable development: What was achieved in the DESD?* Routledge. https://doi.org/10.4324/9781315299235

Fischer, K., & Vogel, U. (2021). Befähigung zur Partizipation als pädagogischer Auftrag im Professionsverständnis von Lehrkräften? In N. Janovsky, E. Ostermann, U. Rapp, G. Ritzer, & P. Steinmair-Pösel (Hrsg.), *PerspektivenBildung* (Bd. 1). Waxmann Verlag.

Fjelland, R. (2021). When laypeople are right and experts are wrong: Lessons from love canal. In J. Schummer & T. Børsen (Hrsg.), *Ethics of Chemistry* (S. 195–219). World Scientific. https://doi.org/10.1142/9789811233548_0008

Fochler, M., Felt, U., & Müller, R. (2016). Unsustainable growth, hyper-competition, and worth in life science research: Narrowing evaluative repertoires in doctoral and postdoctoral scientists' work and lives. *Minerva*, *54*(2), 175–200. https://doi.org/10.1007/s11024-016-9292-y

Förderverein der Scientists4Future für wissenschaftsbasierte Klimapolitik. (o. J.). *Celsius – Der Klimablog von Scientists for Future Österreich*. Celsius – der Klimablog von Scientists for Future Österreich. Abgerufen 15. März 2022, von https://at.scientists4future.org/

Fraunhofer-Gesellschaft, Helmholtz-Gemeinschaft, & Leibniz-Gemeinschaft (Hrsg.). (2016). *Nachhaltigkeitsmanagement in außeruniversitären Forschungsorganisationen*. „Leitfaden Nachhaltigkeitsmanagement in außer-universitären Forschungsorganisationen" (LeNa). https://www.nachhaltig-forschen.de/fileadmin/user_upload/LeNa-Handreichung_final.pdf

Freire, P. (2000). *Pedagogy of the oppressed*. Continuum.

Frick, M., Neu, L., Liebhaber, N., Sperner-Unterweger, B., Stötter, J., Keller, L., & Hüfner, K. (2021). Why do we harm the environment or our personal health despite better knowledge? The knowledge action gap in healthy and climate-friendly behavior. *Sustainability*, *13*(23), 13361. https://doi.org/10.3390/su132313361

Fridrich, C. (2019). Socio-economic education in the school subject "geography and economics education" in Austria: History, trends, issues and attitudes. *International Journal of Pluralism and Economics Education*, *10*(4), 383–400. https://doi.org/10.1504/IJPEE.2019.106129

Fridrich, C. (2020). Sozioökonomische Bildung als ein zentrales Paradigma für den Lehrplan „Geographie und Wirtschaftliche Bildung" 2020 der Sekundarstufe I. *GW-Unterricht*, *158*(2/2020), 21–33. https://doi.org/10.1553/gw-unterricht158s21

Frischknecht, P. M., & Schmied, B. (2002). *Umgang mit Umweltsystemen*. oekom verlag.

Fuchs, M. (2014). Ethik und Wissenschaft. In H. R. Yousefi & H. Seubert (Hrsg.), *Ethik im Weltkontext* (S. 233–240). Springer Fachmedien Wiesbaden. https://doi.org/10.1007/978-3-658-04897-6

Future Earth. (2014). *Future earth 2025 vision*. https://futureearth.org/wp-content/uploads/2019/09/future-earth_10-year-vision_web.pdf

Gerhartz-Reiter, S. (2017). Ungleichheit im österreichischen Bildungssystem. In S. Gerhartz-Reiter (Hrsg.), *Erklärungsmuster für Bildungsaufstieg und Bildungsausstieg: Wie Bildungskarrieren gelingen* (S. 19–59). Springer Fachmedien. https://doi.org/10.1007/978-3-658-14991-8_2

Gerhartz-Reiter, S., & Reisenauer, C. (Hrsg.). (2020). *Partizipation und Schule: Perspektiven auf Teilhabe und Mitbestimmung von Kindern und Jugendlichen*. Springer Fachmedien Wiesbaden. https://doi.org/10.1007/978-3-658-29750-3

Getzinger, G., Schmitz, D., Mohnke, S., Steinwender, D., & Lindenthal, T. (2019). Treibhausgasbilanz von Universitäten in Österreich: Methode und Ergebnisse der Bilanzierung und Strategien zur Reduktion der Treibhausgasemissionen. *GAIA – Ecological Perspectives for Science and Society*, *28*(4), 389–391. https://doi.org/10.14512/gaia.28.4.13

Giesenbauer, B., & Müller-Christ, G. (2020). University 4.0: Promoting the transformation of higher education institutions toward sustainable development. *Sustainability*, *12*(8), 3371. https://doi.org/10.3390/su12083371

Glatz, I., Allerberger, F., Fehr, F., Gratzer, G., Horvath, S.-M., Keller, L., Kreiner, H., Kromp-Kolb, H., Lang, R., Liedauer, S., Lindenthal, T., Passer, A., Payerhofer, U., Preiml, S., Schneeberger, A., Steinwender, D., Weidl, L., & Stötter, J. (2021). Den 17 Nachhaltigen Entwicklungszielen den Weg bereiten: UniNEtZ: der Weg von der Theorie in die Praxis. *GAIA – Ecological Perspectives for Science and Society*, *30*(1), 54–56. https://doi.org/10.14512/gaia.30.1.11

Glettler, C., Weberhofer, C., & Benoist-Kosler, B. (2021). Verankerung von Konzepten einer Bildung für nachhaltige Entwicklung in der Aus-, Fort- und Weiterbildung der Pädagog_innen in der Elementarpädagogik, Option 04_04. In Allianz Nachhaltige Universitäten in Österreich (Hrsg.), *UniNETZ-Optionenbericht: Österreichs Handlungsoptionen für die Umsetzung der UN-Agenda 2030 für eine lebenswerte Zukunft*. UniNETZ – Universitäten und Nachhaltige Entwicklungsziele. https://www.uninetz.at/optionenbericht_downloads/Option_04_04.pdf

Gsöllpointner, K., & Mateus-Berr, R. (2021). Verankerung von ÄSTHETISCHER BILDUNG in allen Bereichen des Bildungssystems, Option 04_02. In Allianz Nachhaltige Universitäten in Österreich (Hrsg.), *UniNETZ-Optionenbericht: Österreichs Handlungsoptionen für die Umsetzung der UN-Agenda 2030 für eine lebenswerte Zukunft*. UniNETZ – Universitäten und Nachhaltige Entwicklungsziele. https://www.uninetz.at/optionenbericht_downloads/SDG_04_Option_04_02_pdf.pdf

Gutek, G. L. (2014). *Philosophical, ideological, and theoretical perspectives on education* (2. Auflage). Pearson.

Harpe, B. de la, & Thomas, I. (2009). Curriculum change in universities: Conditions that facilitate education for sustainable development. *Journal of Education for Sustainable Development*, *3*(1), 75–85. https://doi.org/10.1177/097340820900300115

Hart, T. (2009). *From information to transformation: Education for the evolution of consciousness* (3. Edition). Peter Lang Inc., International Academic Publishers.

Hasslöf, H., & Malmberg, C. (2015). Critical thinking as room for subjectification in education for sustainable development. *Environmental Education Research*, *21*(2), 239–255. https://doi.org/10.1080/13504622.2014.940854

Hedtke, R. (2018). *Das Sozioökonomische Curriculum*. Wochenschau Verlag.

Hendry, A., Hays, G., Challinor, K., & Lynch, D. (2017). Undertaking educational research following the introduction, implementation, evolution, and hybridization of constructivist instructional models in an Australian PBL high school. *Interdisciplinary Journal of Problem-Based Learning*, *11*(2). https://doi.org/10.7771/1541-5015.1688

Hirsch Hadorn, G., Bradley, D., Pohl, C., Rist, S., & Wiesmann, U. (2006). Implications of transdisciplinarity for sustainability research. *Ecological Economics*, *60*(1), 119–128. https://doi.org/10.1016/j.ecolecon.2005.12.002

Hofbauer, J., Striedinger, A., Sauer, B., & Kreissl, K. (2017). Akademischer Kapitalismus. Gleichstellung, Wettbewerb, Wissenschaftskarrieren. In J. Dahmen & A. Thaler (Hrsg.), *Soziale Geschlechtergerechtigkeit in Wissenschaft und Forschung* (S. 211–228). Verlag Barbara Budrich. https://doi.org/10.2307/j.ctvbkjzrx.16

Hoffmann-Riem, H., Biber-Klemm, S., Grossenbacher-Mansuy, W., Hadorn, G. H., Joye, D., Pohl, C., Wiesmann, U., & Zemp, E. (2008). Idea of the handbook. In G. H. Hadorn, H. Hoffmann-Riem, S. Biber-Klemm, W. Grossenbacher-Mansuy, D. Joye, C. Pohl, U. Wiesmann, & E. Zemp (Hrsg.), *Handbook of Transdisciplinary Research* (S. 3–17). Springer Netherlands. https://doi.org/10.1007/978-1-4020-6699-3_1

Hölscher, M. (2016). *Spielarten des akademischen Kapitalismus: Hochschulsysteme im internationalen Vergleich*. VS Verlag für Sozialwissenschaften. https://doi.org/10.1007/978-3-658-10962-2

Holst, J., & von Seggern, J. (2020). *Bildung für nachhaltige Entwicklung (BNE) an Hochschulen. Strukturelle Verankerung in Gesetzen, Zielvereinbarungen und Dokumenten der Selbstverwaltung*. Arbeitsstelle beim Wissenschaftlichen Berater des UNESCO Weltaktionsprogramms „Bildung für nachhaltige Entwicklung".

Hübner, R. (2021). Etablierung von BNE-Weiterbildungsprogrammen für Hochschullehrende an Universitäten und Hochschulen, Option 04_11. In Allianz Nachhaltige Universitäten in Österreich

(Hrsg.), *UniNETZ-Optionenbericht: Österreichs Handlungsoptionen für die Umsetzung der UN-Agenda 2030 für eine lebenswerte Zukunft*. UniNETZ – Universitäten und Nachhaltige Entwicklungsziele. https://www.uninetz.at/optionenbericht_downloads/SDG_04_Option_04_11.pdf

Hübner, R., Weber, M., Lindenthal, T., & Rauch, F. (2020). Für Nachhaltigkeit bilden? Bildung für Nachhaltige Entwicklung für Hochschullehrende an Universitäten in Österreich. *GAIA – Ecological Perspectives for Science and Society, 29*(1), 70–72. https://doi.org/10.14512/gaia.29.1.17

Huckle, J., & Wals, A. (2015). The UN decade of education for sustainable development: Business as usual in the end. *Environmental Education Research, 21*(3), 491–505. https://doi.org/10.1080/13504622.2015.1011084

Hugé, J., Block, T., Waas, T., Wright, T., & Dahdouh-Guebas, F. (2016). How to walk the talk? Developing actions for sustainability in academic research. *Journal of Cleaner Production, 137*, 83–92. https://doi.org/10.1016/j.jclepro.2016.07.010

Imdorf, C., Leemann, R. J., & Gonon, P. (Hrsg.). (2019). *Bildung und Konventionen: Die „Economie des conventions" in der Bildungsforschung*. Springer Fachmedien Wiesbaden. https://doi.org/10.1007/978-3-658-23301-3

Independent Group of Scientists appointed by the Secretary-General. (2019). *Global sustainable development report 2019: The future is now – Science for achieving sustainable development*. United Nations. https://sustainabledevelopment.un.org/content/documents/24797GSDR_report_2019.pdf

International Commission on the Futures of Education. (2021). *Progress update of the international commission on the futures of education*. https://unesdoc.unesco.org/ark:/48223/pf0000375746/

IPCC. (2021). *Climate change 2021: The physical science basis. Contribution of working group I to the sixth assessment report of the Intergovernmental Panel on Climate Change* (V. Masson-Delmotte, P. Zhai, A. Pirani, S. L. Connors, C. Péan, S. Berger, N. Chaud, Y. Chen, L. Goldfarb, M. I. Gomis, M. Huang, K. Leitzell, E. Lonnoy, J. B. R. Matthews, T. K. Maycock, T. Waterfield, O. Yelekçi, R. Yu, & B. Zhou, Hrsg.). Cambridge University Press. https://www.ipcc.ch/report/ar6/wg1/downloads/report/IPCC_AR6_WGI_Full_Report.pdf

Jackson, T. (2005). *Motivating sustainable consumption: A review of evidence on consumer behaviour and behavioural change* [A report to the Sustainable Development Research Network]. Centre for Environment Strategy, University of Surrey. https://coolclimate.berkeley.edu/files/coolclimate/Jackson+_2005_+-+Motivating+sustainable+consumption.pdf

Jonassen, D. H. (2011). *Learning to solve problems: A handbook for designing problem-solving learning environments*. Routledge.

Jones, D. R. (2012). Looking through the "greenwashing glass cage" of the green league table towards the sustainability challenge for UK universities. *Journal of Organizational Change Management, 25*(4), 630–647. https://doi.org/10.1108/09534811211239263

Kahan, D. M., Peters, E., Wittlin, M., Slovic, P., Ouellette, L. L., Braman, D., & Mandel, G. N. (2012). The polarizing impact of science literacy and numeracy on perceived climate change risks. *Nature Climate Change, 2*, 732–735. https://doi.org/10.1038/NCLIMATE1547

Kahle, J., Jahn, S., Lang, D. J., Vogt, M., Weber, C. F., Lütke-Spatz, L., & Winkler, J. (2018). *Nachhaltigkeit in der Hochschulforschung (Betaversion)*. BMBF-Projekt „Nachhaltigkeit an Hochschulen: entwickeln – vernetzen – berichten (HOCHN)". https://www.hochn.uni-hamburg.de/-downloads/handlungsfelder/forschung/hoch-n-leitfaden-nachhaltigkeit-in-der-hochschulforschung.pdf

Kaiser, F., & Schwarz, H. (2022). Kritische Reflexionen zur Genese und aktuellen Verankerung der Nachhaltigkeit in den Mindeststandards der Ausbildungsordnungen. In C. Michaelis & F. Berding (Hrsg.), *Berufsbildung für nachhaltige Entwicklung. Umsetzungsbarrieren und interdisziplinäre Forschungsfragen* (S. 115–131). wbv Publikation. https://doi.org/10.3278/9783763970438

Kates, R. W., Clark, W. C., Corell, R., Hall, J. M., Jaeger, C. C., Lowe, I., McCarthy, J. J., Schellnhuber, H. J., Bolin, B., Dickson, N. M., Faucheux, S., Gallopin, G. C., Grübler, A., Huntley, B., Jäger, J., Jodha, N. S., Kasperson, R. E., Mabogunje, A., Matson, P., ... Svedin, U. (2001). Sustainability science. *Science, 292*(5517), 641–642. https://doi.org/10.1126/science.1059386

Keller, L. (2009). *Lebensqualität im Alpenraum (Innsbrucker Geographische Studien, 36)*. Geographie Innsbruck.

Keller, L. (2017). *"Sustainable development? – Let us change concepts!" Theoretical and practical contributions to the transformation of society, science, knowledge, and education from a geographer's perspective*.

Keller, L., & Rauch, F. (2021). SDG_04 Hochwertige Bildung. In Allianz Nachhaltige Universitäten in Österreich (Hrsg.), *UniNETZ-Optionenbericht: Österreichs Handlungsoptionen für die Umsetzung der UN-Agenda 2030 für eine lebenswerte Zukunft*. UniNETZ – Universitäten und Nachhaltige Entwicklungsziele. https://www.uninetz.at/optionenbericht_downloads/SDG_04.pdf

Keller, L., Rauch, F., & Weberhofer, C. (2019). *Positionspapier zum Bildungszusammenhang SDG4*. https://www.uninetz.at/beitraege/sdg-4-positionspapier-zum-bildungszusammenhang

Keller, L., Stötter, J., Oberrauch, A., Kuthe, A., Körfgen, A., & Hüfner, K. (2019). Changing climate change education: Exploring moderate constructivist and transdisciplinary approaches through the research-education co-operation k.i.d.Z.21. *GAIA – Ecological Perspectives for Science and Society, 28*(1), 35–43. https://doi.org/10.14512/gaia.28.1.10

Kellstedt, P. M., Zahran, S., & Vedlitz, A. (2008). Personal efficacy, the information environment, and attitudes toward global warming and climate change in the United States. *Risk Analysis, 28*(1), 113–126. https://doi.org/10.1111/j.1539-6924.2008.01010.x

k.i.d.Z.21. (o. J.). *K.i.d.Z.21*. Abgerufen 6. Mai 2021, von https://www.kidz.ccca.ac.at/kidz21/

k.i.d.Z.21_aCtiOn2. (o. J.). *K.i.d.Z.21_aCtiOn2*. Abgerufen 5. Mai 2021, von https://kidz.ccca.ac.at/kidz21_action2/

Kirchhof, P. (2018). Die Freiheit der Wissenschaft und ihre Abhängigkeit von Organisation, Finanzen und öffentlicher Meinung. *Studium Generale*, 103–117. https://doi.org/10.17885/heiup.studg.2018.1.23784

Kläy, A., Zimmermann, A. B., & Schneider, F. (2015). Rethinking science for sustainable development: Reflexive interaction for a paradigm transformation. *Futures, 65*, 72–85. https://doi.org/10.1016/j.futures.2014.10.012

Klimabündnis Österreich. (o. J.). *Bildungseinrichtungen im Klimabündnis*. Abgerufen 7. Mai 2021, von http://www.klimabuendnis.at/bildungseinrichtungen-im-klimabuendnis

Kogan, I., Noelke, C., & Gebel, M. (Hrsg.). (2011). *Making the transition: Education and labor market entry in central and eastern Europe*. Stanford University Press. https://doi.org/10.2307/j.ctvqsdktc

Kohl, K., & Hopkins, C. (2021). A whole-institution approach towards sustainability: A crucial aspect of higher education's individual and collective engagement with the SDGs and beyond. *International Journal of Sustainability in Higher Education, ahead-of-print*(ahead-of-print). https://doi.org/10.1108/IJSHE-10-2020-0398

Kollmuss, A., & Agyeman, J. (2002). Mind the gap: Why do people act environmentally and what are the barriers to pro-environmental behavior? *Environmental Education Research, 8*(3), 239–260. https://doi.org/10.1080/13504620220145401

Kopp, M., Ebner, M., & Dorfer-Novak, A. (2014). Introducing MOOCs to Austrian universities – Is it worth it to accept the challenge? *The International Journal for Innovation and Quality in Learning, 2*(3), 46–52.

Kourany, J. A. (2010). *Philosophy of science after feminism* (1. Edition). Oxford University Press.

Krainer, L., & Winiwarter, V. (2016). Die Universität als Akteurin der transformativen Wissenschaft: Konsequenzen für die Messung der Qualität transdisziplinärer Forschung. *GAIA – Ecological Perspectives for Science and Society*, *25*(2), 110–116. https://doi.org/10.14512/gaia.25.2.11

Krohn, W., Grunwald, A., & Ukowitz, M. (2019). Transdisziplinäre Forschung kontrovers – Antworten und Ausblicke. *GAIA – Ecological Perspectives for Science and Society*, *28*(1), 21–25. https://doi.org/10.14512/gaia.28.1.7

Kubisch, S., Parth, S., Deisenrieder, V., Oberauer, K., Stötter, J., & Keller, L. (2020). From transdisciplinary research to transdisciplinary education – The role of schools in contributing to community well-being and sustainable development. *Sustainability*, *13*(1). https://doi.org/10.3390/su13010306

Lang, D. J., Wiek, A., Bergmann, M., Stauffacher, M., Martens, P., Moll, P., Swilling, M., & Thomas, C. J. (2012). Transdisciplinary research in sustainability science: Practice, principles, and challenges. *Sustainability Science*, *7*(S1), 25–43. https://doi.org/10.1007/s11625-011-0149-x

Langemeyer, I. (2011). Selbstbestimmtes Lernen in der Wissenschaft? Über die Relevanz emanzipatorischer Arbeits- und Lernverhältnisse in der Universität. In S. Sevignani, A. Rehbogen, T. Allmer, M. Hager, & V. Kreilinger (Hrsg.), *Bildung MACHT Gesellschaft* (S. 138–154). Verlag Westfälisches Dampfboot.

Laur, D. (2015). *Authentic learning experiences: A real-world approach to project-based learning*. Routledge.

Le Quéré, C., Capstick, S., Corner, A., Cutting, D., Johnson, M., Minns, A., Schroeder, H., Walker-Springett, K., Whitmarsh, L., & Wood, R. (2015). *Towards a culture of low-carbon research for the 21st century* (Nr. 161; Tyndall Working Paper). https://www.unige.ch/avions/files/5215/6682/5708/twp161.pdf

Leat, D. (Hrsg.). (2017). *Enquiry and project based learning: Students, school and society*. Routledge. https://doi.org/10.4324/9781315763309

Leiringer, R., & Cardellino, P. (2011). Schools for the twenty-first century: School design and educational transformation. *British Educational Research Journal*, *37*(6), 915–934. https://doi.org/10.1080/01411926.2010.508512

Lindvig, K., Lyall, C., & Meagher, L. R. (2019). Creating interdisciplinary education within monodisciplinary structures: The art of managing interstitiality. *Studies in Higher Education*, *44*(2), 347–360. https://doi.org/10.1080/03075079.2017.1365358

Luks, F. (2016). Transformationsforschung als Beispiel für responsible science. *GAIA – Ecological Perspectives for Science and Society*, *25*(2), 139–140. https://doi.org/10.14512/gaia.25.2.19

Lyster, R., & Ballinger, S. (2011). Content-based language teaching: Convergent concerns across divergent contexts. *Language Teaching Research*, *15*(3), 279–288. https://doi.org/10.1177/1362168811401150

makingAchange. (2021). *Zwischenbericht*. Climate Change Centre Austria. https://makingachange.ccca.ac.at/wp-content/uploads/2021/03/mAc_Zwischenbericht_20210321.pdf

Mandl, H., & Gerstenmaier, J. (Hrsg.). (2000). *Die Kluft zwischen Wissen und Handeln: Empirische und theoretische Lösungsansätze*. Hogrefe.

Martens, K., Nagel, A.-K., Windzio, M., & Weymann, A. (Hrsg.). (2010). *Transformation of education policy*. Palgrave Macmillan UK.

Mathison, S., & Freeman, M. (1998). *The logic of interdisciplinary studies* (Report Series 2.33). National Research Center on English Learning and Achievement.

Meadows, D. H., Meadows, D. L., Randers, J., & Behrens, W. W. (1972). *The limits to growth. A report for the Club of Rome's project on the predicament of mankind*. Universe Books. https://doi.org/10.1349/ddlp.1

Melzig, C., Kuhlmeier, W., & Kretschmer, S. (Hrsg.). (2021). *Berufsbildung für nachhaltige Entwicklung. Die Modellversuche 2015–2019 auf dem Weg vom Projekt zur Struktur*.

Mertens, P., & Barbian, D. (2015). Grand Challenges – Wesen und Abgrenzungen. *Informatik-Spektrum*, *38*(4), 264–268. https://doi.org/10.1007/s00287-015-0897-6

Meyer, K., & Newman, P. (2020). The holocene, the anthropocene, and the planetary boundaries. In K. Meyer & P. Newman (Hrsg.), *Planetary Accounting* (S. 35–52). Springer. https://doi.org/10.1007/978-981-15-1443-2_3

Michaelis, C., & Berding, F. (Hrsg.). (2022). *Berufsbildung für nachhaltige Entwicklung. Umsetzungsbarrieren und interdisziplinäre Forschungsfragen*. wbv Publikation. https://doi.org/10.3278/9783763970438

Miola, A., Borchardt, S., Neher, F., & Buscaglia, D. (2019). *Interlinkages and policy coherence for the sustainable development goals implementation: An operational method to identify trade-offs and co-benefits in a systemic way*. Publications Office of the European Union. http://publications.europa.eu/publication/manifestation_identifier/PUB_KJNA29646ENN

Molina, M. (2012). Socially responsible science. Interview by Olive Heffernan. *Nature*, *490*(7419), 14–15. https://doi.org/10.1038/490S14a

Monroe, M. C., Plate, R. R., Oxarart, A., Bowers, A., & Chaves, W. A. (2017). Identifying effective climate change education strategies: A systematic review of the research. *Environmental Education Research*, *25*(6), 791–812. https://doi.org/10.1080/13504622.2017.1360842

Moust, J., Bouhuijs, P., & Schmidt, H. (2008). *Introduction to problem-based learning* (1. Edition). Routledge.

Müller, R., & de Rijcke, S. (2017). Thinking with indicators. Exploring the epistemic impacts of academic performance indicators in the life sciences. *Research Evaluation*, *26*(3), 157–168. https://doi.org/10.1093/reseval/rvx023

Münch, U., Mocikat, R., Gehrmann, S., & Siegmund, J. (2020). *Die Sprache von Forschung und Lehre: Lenkung durch Konzepte der Ökonomie?* Nomos Verlag.

National Science Foundation. (2020). Proposal preparation instructions (section II.C.2.d). In *Proposal and Award Policies and Procedures Guide*. https://www.nsf.gov/pubs/policydocs/pappg20_1/pappg_2.jsp#IIC2d

Nationale Plattform Bildung für nachhaltige Entwicklung (Hrsg.). (2017). *Nationaler Aktionsplan Bildung für nachhaltige Entwicklung*. Bundesministerium für Bildung und Forschung, Referat Bildung in Regionen; Bildung für nachhaltige Entwicklung. https://www.bmbf.de/files/Nationaler_Aktionsplan_Bildung_f%C3%BCr_nachhaltige_Entwicklung.pdf

Nightingale, A. J., Eriksen, S., Taylor, M., Forsyth, T., Pelling, M., Newsham, A., Boyd, E., Brown, K., Harvey, B., Jones, L., Bezner Kerr, R., Mehta, L., Naess, L. O., Ockwell, D., Scoones, I., Tanner, T., & Whitfield, S. (2020). Beyond technical fixes: Climate solutions and the great derangement. *Climate and Development*, *12*(4), 343–352. https://doi.org/10.1080/17565529.2019.1624495

Nilsson, M., Griggs, D., & Visbeck, M. (2016). Policy: Map the interactions between Sustainable Development Goals. *Nature*, *534*(7607), 320–322. https://doi.org/10.1038/534320a

Nindl, S., Geiger, G., Fechner, J., Selinger, J., Hausner, B., & Supper, S. (2013). *Masterplan zur Sicherstellung der Humanressourcen im Bereich „Erneuerbare Energie"*. https://www.klimafonds.gv.at/wp-content/uploads/sites/16/BGR0032013FSneueEnergien2020v2-2.pdf

Noddings, N. (2015). *Philosophy of education* (4.). Routledge.

Nölting, B., & Fritz, H. (2021). *Transfer für nachhaltige Entwicklung an Hochschulen*. BMBF-Projekt „Nachhaltigkeit an Hochschulen: entwickeln – vernetzen – berichten (HOCHN)". https://www.hochn.uni-hamburg.de/-downloads/handlungsfelder/transfer/leitfaden-nachhaltigkeitstransfer-hnee-2021-04-final.pdf

Norström, A. V., Cvitanovic, C., Löf, M. F., West, S., Wyborn, C., Balvanera, P., Bednarek, A. T., Bennett, E. M., Biggs, R., de Bremond, A., Campbell, B. M., Canadell, J. G., Carpenter, S. R., Folke, C., Fulton, E. A., Gaffney, O., Gelcich, S., Jouffray, J.-B., Leach, M., ... Österblom, H. (2020). Principles for knowledge co-production in sustainability research. *Nature Sustainability*, *3*(3), 182–190. https://doi.org/10.1038/s41893-019-0448-2

Nursey-Bray, M., Palmer, R., Meyer-Mclean, B., Wanner, T., & Birzer, C. (2019). The fear of not flying: Achieving sustainable academic plane travel in higher education based on snsights from south Australia. *Sustainability*, *11*(9), 2694. https://doi.org/10.3390/su11092694

Nussbaum, M., & Sen, A. (Hrsg.). (1993). *The quality of life*. Oxford University Press.

Oates, C. J., & McDonald, S. (2014). The researcher role in the attitude-behaviour gap. *Annals of Tourism Research*, *46*, 168–170. https://doi.org/10.1016/j.annals.2014.01.003

Oberrauch, A., & Steiner, R. (2021). Schaffung von projektorientierten Handlungs- und Reflexionsräumen für die Arbeit an realweltlichen Fallbeispielen im Kontext nachhaltiger Entwicklung, Option 04_06. In Allianz Nachhaltige Universitäten in Österreich (Hrsg.), *UniNETZ-Optionenbericht: Österreichs Handlungsoptionen für die Umsetzung der UN-Agenda 2030 für eine lebenswerte Zukunft*. UniNETZ – Universitäten und Nachhaltige Entwicklungsziele. https://www.uninetz.at/optionenbericht_downloads/SDG_04_Option_04_06.pdf

Oberwimmer, K., Vogtenhuber, S., Lassnigg, L., & Schreiner, C. (2019). *Nationaler Bildungsbericht Österreich 2018: Das Schulsystem im Spiegel von Daten und Indikatoren*. https://doi.org/10.17888/nbb2018-1.2

O'Brien, K. (2012a). Global environmental change II: From adaptation to deliberate transformation. *Progress in Human Geography*, *36*(5), 667–676. https://doi.org/10.1177/0309132511425767

O'Brien, K. (2012b). Global environmental change III: Closing the gap between knowledge and action. *Progress in Human Geography*, *37*(4), 587–596. https://doi.org/10.1177/0309132512469589

O'Brien, K., Hayward, B., & Berkes, F. (2009). Rethinking social contracts: Building resilience in a changing climate. *Ecology and Society*, *14.2*(12). https://doi.org/10.5751/ES-03027-140212

OeAD | Young Science. (o. J.). *Young Science*. Young Science – Zentrum für die Zusammenarbeit von Wissenschaft und Schule. Abgerufen 27. Oktober 2021, von https://youngscience.at/de/

Ojala, M., & Bengtsson, H. (2019). Young people's coping strategies concerning Climate change: Relations to perceived communication with parents and friends and proenvironmental behavior. *Environment and Behavior*, *51*(8), 907–935. https://doi.org/10.1177/0013916518763894

Ojala, M., Cunsolo, A., Ogunbode, C. A., & Middleton, J. (2021). Anxiety, worry, and grief in a time of environmental and climate crisis: A narrative review. *Annual Review of Environment and Resources*, *46*(1), 35–58. https://doi.org/10.1146/annurev-environ-012220-022716

Ökolog. (o. J.). *Ökolog*. Abgerufen 6. Mai 2021, von https://www.oekolog.at/

Onwu, G. (2017). Towards a socially responsible science education. In B. Akpan (Hrsg.), *Science Education: A Global Perspective* (S. 235–251). Springer International Publishing. https://doi.org/10.1007/978-3-319-32351-0_12

Österreichische Universitätenkonferenz. (2020). *Uniko-Manifest für Nachhaltigkeit*. https://uniko.ac.at/modules/download.php?key=21707_DE_O&f=1&jt=7906&cs=02F6

Österreichischer Wissenschaftsrat. (2020). *Vom Messen und gemessen werden: Potentiale & Grenzen bibliometrischer Methoden*. https://www.wissenschaftsrat.ac.at/downloads/Bibliometrie_23_09_20_Endversion.pdf

Otto, I. M., Donges, J. F., Cremades, R., Bhowmik, A., Hewitt, R. J., Lucht, W., Rockström, J., Allerberger, F., McCaffrey, M., Doe, S. S. P., Lenferna, A., Morán, N., van Vuuren, D. P., & Schellnhuber, H. J. (2020). Social tipping dynamics for stabilizing Earth's climate by 2050. *Proceedings of the National Academy of Sciences*, *117*(5), 2354–2365. https://doi.org/10.1073/pnas.1900577117

Paasche, Ø., & Österblom, H. (2019). Unsustainable science. *One Earth*, *1*(1), 39–42. https://doi.org/10.1016/j.oneear.2019.08.011

Paris Agreement, United Nations, UN Treaty No. XXVII-7-d (2015). https://unfccc.int/files/meetings/paris_nov_2015/application/pdf/paris_agreement_english_.pdf

Pavlova, M., & Lomakina, T. (2016). Sustainable development as a world-view: Implications for education. In C.-M. Lam & J. Park (Hrsg.), *Sociological and Philosophical Perspectives on Education in the Asia-Pacific Region* (S. 37–50). Springer. https://doi.org/10.1007/978-981-287-940-0_4

Peattie, K. (2010). Green consumption: Behavior and norms. *Annual Review of Environment and Resources*, *35*(1), 195–228. https://doi.org/10.1146/annurev-environ-032609-094328

Phillips, D., & Siegel, H. (2013). Philosophy of education. In E. N. Zalta (Hrsg.), *Stanford Encyclopedia of Philosophy*. Stanford Center for the Study of Language and Information. https://plato.stanford.edu/archives/win2013/entries/education-philosophy/

Pohl, C. (2005). Transdisciplinary collaboration in environmental research. *Futures*, *37*(10), 1159–1178. https://doi.org/10.1016/j.futures.2005.02.009

Pohl, C., & Hirsch Hadorn, G. (2007). *Principles for designing transdisciplinary research. Proposed by the Swiss Academies of Arts and Sciences*. oekom verlag.

Pohl, C., Truffer, B., & Hirsch-Hadorn, G. (2017). Addressing wicked problems through transdisciplinary research. In R. Frodeman, J. Thompson Klein, & R. C. S. Pacheco (Hrsg.), *The Oxford Handbook of Interdisciplinarity* (2. Auflage, S. 319–331). Oxford University Press. https://doi.org/10.1093/oxfordhb/9780198733522.013.26

Posch, A., & Steiner, G. (2006). Integrating research and teaching on innovation for sustainable development. *International Journal of Sustainability in Higher Education*, *7*(3), 276–292. https://doi.org/10.1108/14676370610677847

Preymann, S., & Sterrer, S. (2018, April 4). *Die Positionierung als „nachhaltige Hochschule" – eine kritische Reflexion*. http://ffhoarep.fh-ooe.at/bitstream/123456789/1132/1/FFH2018-T3-05-05.pdf

ProClim Forum for Climate and Global Change, Swiss Academy of Science. (1997). *Research on sustainability and global change – Visions in science policy by Swiss researchers*. https://scnat.ch/de/id/Yzz6d

Rachel, T. (2020). *Rede anlässlich der 2. Tagung „Bildungsforschung 2020" – Zwischen wissenschaftlicher Exzellenz und gesellschaftlicher Verantwortung*. https://www.bmbf.de/upload_filestore/pub/Bildungsforschung_Band_42.pdf

Radinger-Peer, V., & Bohunovsky, L. (2021). Strukturelle Einbettung von Nachhaltigkeit an Österreichischen Universitäten. In A. Pausits, R. Aichinger, & M. Unger (Hrsg.), *Rigour and Relevance: Hochschulforschung im Spannungsfeld zwischen Methodenstrenge und Praxisrelevanz* (Bd. 2, S. 93–110). Waxmann Verlag. https://doi.org/10.31244/9783830994596

Ranney, M. A., & Clark, D. (2016). Climate change conceptual change: Scientific information can transform attitudes. *Topics in Cognitive Science*, *8*(1), 49–75. https://doi.org/10.1111/tops.12187

Rat für Nachhaltige Entwicklung. (2018). *Der hochschulspezifische Nachhaltigkeitskodex*. https://www.deutscher-nachhaltigkeitskodex.de/de-DE/Documents/PDFs/Leitfaden/2018-05-15-hs-dnk.aspx

Rauch, F., Risopoulos-Pichler, F., Keller, L., & Preiml, S. (2021). Lehrer_innenbildung für Nachhaltige Entwicklung, Option 04_05. In Allianz Nachhaltige Universitäten in Österreich (Hrsg.), *UniNETZ-Optionenbericht: Österreichs Handlungsoptionen für die Umsetzung der UN-Agenda 2030 für eine lebenswerte Zukunft*. UniNETZ – Universitäten und Nachhaltige Entwicklungsziele. https://www.uninetz.at/optionenbericht_downloads/SDG_04_Option_04_05.pdf

Resnik, D. B., & Elliot, K. C. (2016). The ethical challenges of socially responsible science. *Accountability in Research*, 23(1), 31–46. https://doi.org/10.1080/08989621.2014.1002608

Retsch, R. (2018). Der hochschulspezifische Nachhaltigkeitskodex. In M. Raueiser & M. Kolb (Hrsg.), *CSR und Hochschulmanagement: Sustainable Education als neues Paradigma in Forschung und Lehre* (S. 129–137). Springer Gabler. https://doi.org/10.1007/978-3-662-56314-4_10

Richter, M., & Hostettler, U. (2015). Die Auswirkung neoliberaler Steuerung auf die Forschung an Hochschulen. In H. Baumann, R. Herzog, B. Ringger, & H. Schatz (Hrsg.), *Denknetz Jahrbuch 2015. Zerstörung und Transformation des Gemeinwesens* (S. 178–185). Verlag edition 8.

Rieckmann, M., & Bormann, I. (Hrsg.). (2020). *Higher education institutions and sustainable development. Implementing a whole-institution approach*. Sustainability Special Issue.

Risopoulos-Pichler, F., Daghofer, F., & Steiner, G. (2020). Competences for solving complex problems: A cross-sectional survey on higher education for sustainability learning and transdisciplinarity. *Sustainability*, 12(15), 6016. https://doi.org/10.3390/su12156016

Rockström, J., Schellnhuber, H. J., Hoskins, B., Ramanathan, V., Schlosser, P., Brasseur, G. P., Gaffney, O., Nobre, C., Meinshausen, M., Rogelj, J., & Lucht, W. (2016). The world's biggest gamble. *Earth's Future*, 4, 465–470. https://doi.org/10.1002/2016EF000392

Rosenberg, A., & Starr, L. (2021). Educational change and rethinking disciplinarity: A concept analysis. *McGill Journal of Education / Revue Des Sciences de l'éducation de McGill*, 55(1), Article 1. https://mje.mcgill.ca/article/view/9666

Ross, C. E., & Van Willigen, M. (1997). Education and the subjective quality of life. *Journal of Health and Social Behavior*, 38(3), 275–297. https://doi.org/10.2307/2955371

Russell, B. (1926). *Education and the good life*. Boni & Liveright.

Ryan, J. (Hrsg.). (2011). *China's higher education reform and internationalisation* (Nr. 3). Routledge.

Ryan, R. M., & Deci, E. L. (2016). Handbook of motivation at school. In K. R. Wentzel & D. B. Miele (Hrsg.), *Facilitating and Hindering Motivation, Learning, and Well-Being in Schools: Research and Observations from Self-Determination* (2nd Edition, S. 108–131). Routledge. https://doi.org/10.4324/9781315773384-12

Sachs, J. D., Schmidt-Traub, G., Mazzucato, M., Messner, D., Nakicenovic, N., & Rockstrom, J. (2019). Six transformations to achieve the sustainable development goals. *Nature Sustainability*, 2(9), 805–814. https://doi.org/10.1038/s41893-019-0352-9

Saltmarsh, J., & Hartley, M. (Hrsg.). (2011). *"To serve a larger purpose": Engagement for democracy and the transformation of higher education*. Temple University Press.

Schäpke, N., Bergmann, M., Stelzer, F., Lang, D. J., & Guest Editors. (2018). Labs in the real world: Advancing transdisciplinary research and sustainability transformation: Mapping the field and emerging lines of inquiry. *GAIA – Ecological Perspectives for Science and Society*, 27(1), 8–11 (4). https://doi.org/10.14512/gaia.27.S1.4

Schneider, F., Giger, M., Harari, N., Moser, S., Oberlack, C., Providoli, I., Schmid, L., Tribaldos, T., & Zimmermann, A. (2019). Transdisciplinary co-production of knowledge and sustainability transformations: Three generic mechanisms of impact generation. *Environmental Science & Policy*, 102, 26–35. https://doi.org/10.1016/j.envsci.2019.08.017

Schneidewind, U. (2009). *Nachhaltige Wissenschaft. Plädoyer für einen Klimawandel im deutschen Wissenschafts- und Hochschulsystem*. Metropolis.

Schneidewind, U. (2015). Transformative Wissenschaft – Motor für gute Wissenschaft und lebendige Demokratie. *GAIA – Ecological Perspectives for Science and Society*, 24(2), 88–91. https://doi.org/10.14512/gaia.24.2.5

Schneidewind, U., & Singer-Brodowski, M. (2014). *Transformative Wissenschaft: Klimawandel im deutschen Wissenschafts- und Hochschulsystem* (2. aktualisierte Auflage). Metropolis.

Scholz, R., Bartelsman, E., Diefenbach, S., Franke, L., Grunwald, A., Helbing, D., Hill, R., Hilty, L., Höjer, M., Klauser, S., Montag, C., Parycek, P., Prote, J., Renn, O., Reichel, A., Schuh, G., Steiner, G., & Viale Pereira, G. (2018). Unintended side effects of the digital transition: European scientists' messages from a proposition-based expert round table. *Sustainability*, 10(6), 2001. https://doi.org/10.3390/su10062001

Scholz, R., & Steiner, G. (2015). The real type and ideal type of transdisciplinary processes: Part II – What constraints and obstacles do we meet in practice? *Sustainability Science*, 10(4), 653–671. https://doi.org/10.1007/s11625-015-0327-3

Scholz, R. W. (2011). *Environmental literacy in science and society: From knowledge to decisions* (1. Auflage). Cambridge University Press.

Schrems, I., & Upham, P. (2020). Cognitive dissonance in sustainability scientists regarding air travel for academic purposes: A qualitative study. *Sustainability*, 12(5), 1837. https://doi.org/10.3390/su12051837

Schulen in Klima- und Energie-Modellregionen. (o. J.). *Klima- und Energie-Modellregionen*. Klimaschulen. Abgerufen 22. Juni 2022, von https://klimaschulen.at/

Schulentwicklungsprogramm 2020. (2020). https://www.bmbwf.gv.at/Themen/schule/schulsystem/schulbau/schep2020.html

Sen, A. (2012). Elements of a theory of human rights. In *Justice and the Capabilities Approach* (1st Edition). Routledge.

Seus, S., & Bührer, S. (2021). How to evaluate a transition-oriented funding programme? Lessons learned from the evaluation of FONA, the German framework programme to promote sustainability research. *fteval Journal for Research and Technology Policy Evaluation*, 52, 10–18. https://doi.org/10.22163/fteval.2021.515

Sharma, R., & Monteiro, S. (2016). Creating social change: The ultimate goal of education for sustainability. *International Journal of Social Science and Humanity*, 6(1), 72–76. https://doi.org/10.7763/IJSSH.2016.V6.621

Sigl, L., Felt, U., & Fochler, M. (2020). "I am primarily paid for publishing ...": The narrative framing of societal responsibilities in academic life science research. *Sci Eng Ethics*, 26(3), 1569–1593. https://doi.org/10.1007/s11948-020-00191-8

Slaughter, S., & Rhoades, G. (2009). *Academic capitalism and the new economy*. Johns Hopkins University Press.

Speth, J. G. (2008). *The bridge at the edge of the world: Capitalism, the environment, and crossing from crisis to sustainability*. Yale University Press.

Staack, S. (2016). Aushöhlung der Mitbestimmung? Die Interessenvertretung an Hochschulen kämpft mit neuen Strukturen der Steuerung und Finanzierung sowie mit überholten Rollenbildern in der Wissenschaft. *sub\urban. zeitschrift für kritische stadtforschung*, 4(2/3), 213–220. https://doi.org/10.36900/suburban.v4i2/3.259

Staatsgrundgesetz über die allgemeinen Rechte der Bürger, RGBl 1867/142 (1867). https://www.parlament.gv.at/PERK/HIS/STAGRU/

Steffen, W., Broadgate, W., Deutsch, L., Gaffney, O., & Ludwig, C. (2015). The trajectory of the anthropocene: The great acceleration. *The Anthropocene Review*, 2(1), 81–98. https://doi.org/10.1177/2053019614564785

Steffen, W., Crutzen, P., & Mcneill, J. (2007). The Anthropocene: Are Humans Now Overwhelming the Great Forces of Nature. *Ambio*, *36*(8), 614–621. https://doi.org/10.1579/0044-7447(2007)36[614:TAAHNO]2.0.CO;2

Steffen, W., Rockström, J., Richardson, K., Lenton, T. M., Folke, C., Liverman, D., Summerhayes, C. P., Barnosky, A. D., Cornell, S. E., Crucifix, M., Donges, J. F., Fetzer, I., Lade, S. J., Scheffer, M., Winkelmann, R., & Schellnhuber, H. J. (2018). Trajectories of the earth system in the anthropocene. *Proceedings of the National Academy of Sciences*, *115*(33), 8252–8259. https://doi.org/10.1073/pnas.1810141115

Steiger-Sackmann, S. (2011). Wechselwirkungen der Hochschulpolitik mit dem Unterhalts- und Sozialversicherungsrecht. *Jusletter*, 41. https://doi.org/10.21256/zhaw-1207

Steiner, R., & Rauch, F. (2013). *Grundsatzpapier zur Bildung für Nachhaltige Entwicklung in der PädagogInnenbildung*. Bundesministerium für Wissenschaft und Forschung. https://www.openscience4sustainability.at/wp-content/uploads/2013/12/Grundsatzpapier-BNE-in-der-P%C3%A4dagogInnenbil.pdf

Stelzer, F., Becker, S., Timm, J., Adomßent, M., Simon, K.-H., Schneidewind, U., Renn, O., Lang, D., & Ernst, A. (2018). Ziele, Strukturen, Wirkungen transformativer Forschung. *GAIA – Ecological Perspectives for Science and Society*, *27*(4), 405–408. https://doi.org/10.14512/gaia.27.4.19

Stoltenberg, U. (2014). Potentiale für Kinder und Gesellschaft. Frühkindliche Bildung als Bildung für eine nachhaltige Entwicklung. In Umweltdachverband GmbH (Hrsg.), *Krisen- und Transformationsszenarios. Frühkindpädagogik, Resilienz & Weltaktionsprogramm*. (S. 47–57). FORUM Umweltbildung im Umweltdachverband.

Stoltenberg, U., Benoist, B., & Kosler, T. (2013). *Modellprojekte verändern die Bildungslandschaft: Am Beispiel des Projekts „Leuchtpol. Energie & Umwelt neu erleben!" Bildung für eine nachhaltige Entwicklung im Elementarbereich*. VAS, Verl. für Akad. Schriften.

Stoltenberg, U., & Benoist-Kosler, B. (2020). ESD coalition of preschool and municipality: A German perspective on early childhood education for sustainability. In S. Elliott, E. Ärlemalm-Hagsér, & J. Davis (Hrsg.), *Researching Early Childhood Education for Sustainability*. Routledge.

Stoltenberg, U., & Michelsen, G. (2020). Digitalisierung im Kontext von Bildung für eine nachhaltige Entwicklung. In M. von Hauff & A. Reller (Hrsg.), *Nachhaltige Digitalisierung – eine noch zu bewältigende Zukunftsaufgabe* (S. 49–64). Hessische Landeszentrale für politische Bildung. https://hlz.hessen.de/fileadmin/Publikationen/Pdf/006-X620-Nachhaltige-Digitalisierung.pdf

Stoltenberg, U., & Thielebein, R. (Hrsg.). (2011). *KITA21 – Die Zukunftsgestalter. Mit Bildung für eine nachhaltige Entwicklung Gegenwart und Zukunft gestalten*. oekom verlag. https://www.oekom.de/buch/kita21-die-zukunftsgestalter-9783865812667

Stötter, J., Keller, L., Lütke-Spatz, L., Oberrauch, A., Körfgen, A., & Kuthe, A. (2016). Kompetent in die Zukunft: Die Forschungs-Bildungs-Kooperation zur Klimawandelbildung k.i.d.Z.21 und k.i.d.Z.21-Austria. *GAIA – Ecological Perspectives for Science and Society*, *25*(3), 214–216. https://doi.org/10.14512/gaia.25.3.19

Stötter, J., Kromp-Kolb, H., Körfgen, A., Allerberger, F., Lindenthal, T., Glatz, I., Lang, R., Fehr, F., & Bohunovsky, L. (2019). Österreichische Universitäten übernehmen Verantwortung: Das Projekt Universitäten und Nachhaltige EntwicklungsZiele (UniNEtZ). *GAIA – Ecological Perspectives for Science and Society*, *28*(2), 163–165. https://doi.org/10.14512/gaia.28.2.16

Torabian, J. (2019). Revisiting global university rankings and their indicators in the age of sustainable development. *Sustainability*, *12*(3), 167–172. https://doi.org/10.1089/sus.2018.0037

UG, § 2 Abs. 1 (2002). https://www.ris.bka.gv.at/GeltendeFassung/Bundesnormen/20002128/UG%2c%20Fassung%20vom%2003.09.2021.pdf

UNESCO (Hrsg.). (2012). *Shaping the education of tomorrow: 2012 full length report on the UN Decade of Education for Sustainable Development*. https://www.desd.in/UNESCO%20report.pdf

UNESCO (Hrsg.). (2014a). *Roadmap for implementing the global action programme on education for sustainable development*. https://unesdoc.unesco.org/ark:/48223/pf0000230514

UNESCO (Hrsg.). (2014b). *Shaping the future we want*. https://sustainabledevelopment.un.org/content/documents/1682Shaping%20the%20future%20we%20want.pdf

UNESCO (Hrsg.). (2015). *Rethinking education: Towards a global common good?* https://unesdoc.unesco.org/ark:/48223/pf0000232555

UNESCO (Hrsg.). (2017a). *Education for sustainable development goals. Learning objectives*. https://www.unesco.de/sites/default/files/2018-08/unesco_education_for_sustainable_development_goals.pdf

UNESCO (Hrsg.). (2017b). *Guidelines on sustainability science in research and education*. https://unesdoc.unesco.org/ark:/48223/pf0000260600

UNESCO (Hrsg.). (2021a). *Bildung für nachhaltige Entwicklung: Eine Roadmap*. https://unesdoc.unesco.org/ark:/48223/pf0000379488

UNESCO (Hrsg.). (2021b). *Learn for our planet: A global review of how environmental issues are integrated in education*. https://unesdoc.unesco.org/ark:/48223/pf0000377362

UNESCO Biosphärenpark Management Lungau. (o. J.). *Biosphärenpark Schulen*. Abgerufen 6. Mai 2021, von https://www.biosphaerenpark.eu/biosphaerenpark/partner/schulen/

Ungar, S. (2008). Apples and oranges: Probing the attitude-behaviour relationship for the environment. *Canadian Review of Sociology/Revue canadienne de sociologie*, *31*(3), 288–304. https://doi.org/10.1111/j.1755-618X.1994.tb00950.x

United Nations General Assembly. (1948). *Universal Declaration of Human Rights* [General Assembly resolution, 217 A]. https://www.ohchr.org/EN/UDHR/Documents/UDHR_Translations/eng.pdf

United Nations General Assembly. (2015). *Transforming our world: The 2030 agenda for sustainable development* (A/RES/70/1). https://www.un.org/en/development/desa/population/migration/generalassembly/docs/globalcompact/A_RES_70_1_E.pdf

Universität Kassel. (o. J.). *SynSICRIS. Leistungen der Forschung für Praxis und Gesellschaft erfassbar machen*. Abgerufen 6. Mai 2021, von https://www.uni-kassel.de/forschung/synsicris/startseite

Venville, G. J., Wallace, J., Rennie, L. J., & Malone, J. A. (2002). Curriculum integration: Eroding the high ground of science as a school subject? *Studies in Science Education*, *37*(1), 43–83. https://doi.org/10.1080/03057260208560177

Verband der Naturparke Österreichs. (o. J.). *Schulen & Kindergärten*. Abgerufen 6. Mai 2021, von https://www.naturparke.at/schulen-kindergaerten/

Verplanken, B., & Holland, R. (2002). Motivated decision making: Effects of activation and self-centrality of values on choices and behavior. *Journal of Personality and Social Psychology*, *82*(3), 434–447. https://doi.org/10.1037/0022-3514.82.3.434

von Stuckrad, T., & Röwert, R. (2017). *Themenfelder als Profilbildungselement an deutschen Hochschulen: Trendanalyse und Themenlandkarte*. CHE gemeinnütziges Centrum für Hochschulentwicklung. https://nbn-resolving.org/urn:nbn:de:101:1-2018061814205595470432

Waters, C. N., Zalasiewicz, J., Summerhayes, C., Barnosky, A. D., Poirier, C., Gałuszka, A., Cearreta, A., Edgeworth, M., Ellis, E. C., Ellis, M., Jeandel, C., Leinfelder, R., McNeill, J., Richter, D. deB., Steffen, W., Syvitski, J., Vidas, D., Wagreich, M., Williams, M., ... Wolfe, A. P. (2016). The anthropocene is functionally and stratigraphically distinct from the holocene. *Science*, *351*(6269), aad2622. https://doi.org/10.1126/science.aad2622

21.4 Quellenverzeichnis

Wayne, J., Bogo, M., & Raskin, M. (2006). Field notes: The need for radical change in field education. *Journal of Social Work Education*, *42*(1), 161–169. https://doi.org/10.5175/JSWE.2006.200400447

WBGU (Hrsg.). (2011). *Welt im Wandel: Gesellschaftsvertrag für eine Große Transformation: Zusammenfassung für Entscheidungsträger*. Wissenschaftlicher Beirat der Bundesregierung Globale Umweltveränderungen WBGU. https://www.wbgu.de/fileadmin/user_upload/wbgu/publikationen/hauptgutachten/hg2011/pdf/wbgu_jg2011.pdf

WBGU (Hrsg.). (2014a). *Klimaschutz als Weltbürgerbewegung. Sondergutachten*. Wissenschaftlicher Beirat der Bundesregierung Globale Umweltveränderungen. https://www.wbgu.de/fileadmin/user_upload/wbgu/publikationen/sondergutachten/sg2014/wbgu_sg2014.pdf

WBGU (Hrsg.). (2014b). *Zivilisatorischer Fortschritt innerhalb planetarischer Leitplanken. Ein Beitrag zur SDG-Debatte*. https://www.wbgu.de/fileadmin/user_upload/wbgu/publikationen/politikpapiere/pp8_2014/wbgu_politikpapier_8.pdf

WCRP Joint Scientific Committee. (2019). *World Climate Research Programme Strategic Plan 2019–2028* (Nr. 1/2019; WCRP Publication). https://www.wcrp-climate.org/wcrp-sp

Weberhofer, C., Glettler, C., & Benoist-Kosler, B. (2021). Verankerung von Bildung für nachhaltige Entwicklung im bundesländerübergreifenden BildungsRahmenPlan für elementare Bildungseinrichtungen in Österreich, Option 04_03. In Allianz Nachhaltige Universitäten in Österreich (Hrsg.), *UniNETZ-Optionenbericht: Österreichs Handlungsoptionen für die Umsetzung der UN-Agenda 2030 für eine lebenswerte Zukunft*. UniNETZ – Universitäten und Nachhaltige Entwicklungsziele. https://www.uninetz.at/optionenbericht_downloads/Option_04_03.pdf

Wegscheider-Pichler, A. (2020). *Agenda 2030 – SDG-Indikatorenbericht. Update 2019 und Covid-19-Ausblick*. Bundesanstalt Statistik Österreich (STATISTIK AUSTRIA). http://www.statistik.at/wcm/idc/idcplg?IdcService=GET_NATIVE_FILE&RevisionSelectionMethod=LatestReleased&dDocName=124758

Wiek, A., Bernstein, M., Foley, R., Cohen, M., Forrest, N., Kuzdas, C., Kay, B., & Keeler, L. (2016). Operationalising competencies in higher education for sustainable development. In M. Barth, G. Michelsen, M. Rieckmann, & I. Thomas (Hrsg.), *Handbook of Higher Education for Sustainable Development* (S. 241–260). Routledge.

Wiek, A., Keeler, L., Redman, C., & Mills, S. (2011). Moving forward on competence in sustainability research and problem solving. *Environment Science and Policy for Sustainable Development*, *53*(2), 3–13. https://doi.org/10.1080/00139157.2011.554496

Wissel, C. von. (2015). Die Eigenlogik der Wissenschaft neu verhandeln: Implikationen einer transformativen Wissenschaft. *GAIA – Ecological Perspectives for Science and Society*, *24*(3), 152–155. https://doi.org/10.14512/gaia.24.3.4

Wolf, B., Szerencsits, M., Gaus, H., & Heß, J. (2016). Evaluierung von gesellschaftlichen Leistungen der Forschung. Synergien mit der anwendungsorientierten Forschungsförderung. *Die Hochschule: Journal für Wissenschaft und Bildung*, *25*(1), 76–86. https://doi.org/10.25656/01:16195

Yale Program on Climate Change Communication. (2021). *The Yale program on climate change communication*. Yale Program on Climate Change Communication. http://climatecommunication.yale.edu/

Yarime, M., Trencher, G., Mino, T., Scholz, R. W., Olsson, L., Ness, B., Frantzeskaki, N., & Rotmans, J. (2012). Establishing sustainability science in higher education institutions: Towards an integration of academic development, institutionalization, and stakeholder collaborations. *Sustainability Science*, *7*(S1), 101–113. https://doi.org/10.1007/s11625-012-0157-5

Zint, M. (2011). Evaluating education for sustainable development programs. In W. Leal Filho (Hrsg.), *World Trends on Education for Sustainable Development* (S. 329–348). Peter Lang.

Zint, M., Porter, P., & Michel, J. O. (2022). Education for sustainability through massive open online courses (MOOCs). In A. Bush & J. Birke (Hrsg.), *Nachhaltigkeit und Social Media: Bildung für eine nachhaltige Entwicklung in der digitalen Welt* (S. 241–257). Springer VS. https://doi.org/10.1007/978-3-658-35660-6_12

Zint, M., & Wolske, K. (2014). From information provision to participatory deliberation: Engaging residents in the transition toward sustainable cities. In D. A. Mazmanian & H. Blanco (Hrsg.), *The Elgar Companion to Sustainable Cities: Strategies, Methods and Outlook* (S. 188–209). Edward Elgar Publishing. https://doi.org/10.4337/9780857939999.00015

Kapitel 22. Netzgebundene Infrastrukturen

Koordinierende_r Leitautor_in
Klaus Kubeczko

Leitautor_in
Astrid Krisch

Beitragende_r Autor_in und Koordination der Strukturkapitel
Michael Ornetzeder

Revieweditor
Jens Libbe

Zitierhinweis
Kubeczko, K. und A. Krisch (2023): Netzgebundene Infrastrukturen. In: APCC Special Report: Strukturen für ein klimafreundliches Leben (APCC SR Klimafreundliches Leben) [Görg, C., V. Madner, A. Muhar, A. Novy, A. Posch, K. W. Steininger und E. Aigner (Hrsg.)]. Springer Spektrum: Berlin/Heidelberg.

Kernaussagen des Kapitels

Status quo

- **Netzgebundene Infrastruktursysteme** bilden zentrale **Grundlagen für alltägliches Leben und Wirtschaften**. Die europäische Gesetzgebung legt daher für die Betreiber von Infrastrukturen explizit eine Gemeinwohlverpflichtung fest. (hohe Übereinstimmung, starke Literaturbasis)
- Solange die Nutzung und Instandhaltung netzgebundener Infrastrukturen mit fossilen Energieträgern in Zusammenhang steht (z. B. Energieaufwand für Fahrzeuge, Verteilung und Nutzung von Erdgas etc.), sind auch **die dadurch bedingten Handlungen nicht klimafreundlich**. (hohe Übereinstimmung, starke Literaturbasis)
- Konsens herrscht darüber, dass mangels **geeigneter Lenkungsmaßnahmen der weitere Ausbau von netzgebundenen Infrastrukturen** durch Nutzung fossiler Energien **zu mehr Treibhausgasemissionen führt**. (hohe Übereinstimmung, starke Literaturbasis)
- **Regulatorische Rahmenbedingungen** haben unbestritten einen großen Einfluss auf die Gestaltung von Organisationsstrukturen der Infrastruktursysteme (Kap. 11). Insbesondere herrscht Konsens darüber, dass die Liberalisierung der Märkte im Rahmen der EU den Status quo prägt. (hohe Übereinstimmung, starke Literaturbasis)
- Der Anteil der **grauen Energie durch die Bereitstellung netzgebundener Infrastruktur** ist ein substanzieller Faktor für klimafreundliches Leben. Das belegen Studien z. B. zur Schieneninfrastruktur und zum Wohnbau. Da insbesondere die Siedlungsdichte großen Einfluss auf die Ausgestaltung der Infrastruktur hat, kommt der Raumplanung eine große Bedeutung zu. (hohe Übereinstimmung, mittlere Literaturbasis)

Notwendige Veränderungen

- In der Innovationsforschung wird vielfach darauf verwiesen, dass – aufbauend auf gesetzlichen Grundlagen (z. B. Erneuerbaren-Ausbau-Gesetz 2021) – neue Organisations- und Akteursmodelle zu entwickeln und im Rahmen von regulatorischen Experimenten zu testen sind. (mittlere Übereinstimmung, schwache Literaturbasis)
- Regulierungsbehörden haben zunehmend den gesetzlichen Auftrag, zusätzlich zu den bisherigen vorwiegend wettbewerbsrechtlichen Aufgaben **zur raschen Verwirklichung der Transformation des Energiesystems** beizutragen. Es bleibt zu beobach-

ten, wie sich dies auf die zukünftige Gestaltung der Spielregeln für die Akteur_innen auswirken wird. (hohe Übereinstimmung, diverse Literaturbasis)

Akteur_innen und Institutionen

- Der **Einfluss der öffentlichen Hand** auf die **Gemeinwohlverpflichtung** der Betreiber von Netzinfrastrukturen in den Bereichen Energie und Mobilität besteht eindeutig aufgrund der Verantwortlichkeiten bezüglich der **Daseinsvorsorge**. Auf dieser Basis und **als Mehrheitseigentümer von zentralen Unternehmen** wie ÖBB, ASFINAG, APG, Wiener Netze und vielen weiteren Verteilernetzbetreibern in den Bundesländern hat die öffentliche Hand vielfältige **gestalterische Möglichkeiten**. (hohe Übereinstimmung, mittlere Literaturbasis)

Gestaltungsoptionen

- Die **öffentliche Hand** kann als **Gesetzgeber**, aber auch als **Nachfrager und Beschaffer** Einfluss auf die Gestaltung der Netzinfrastrukturen ausüben. Im Rahmen der privatwirtschaftlichen Verwaltung kann die öffentliche Hand – als Verantwortliche für die Daseinsvorsorge – zu einem Wandel in Richtung klimafreundliche Lebensweise entscheidende Beiträge leisten. (hohe Übereinstimmung, mittlere Literaturbasis)
- Um der zunehmenden **Vernetzung technischer Infrastrukturen** Rechnung zu tragen (z. B. Energie-IKT, Verkehr-IKT, Energie-Wasser etc.), hat die öffentlichen Hand die Möglichkeit, das **Beschaffungswesen** so zu gestalten, dass die **Innovationsorientierung** zur Erreichung von Missionen verstärkt wird. Im wissenschaftlichen FTI-politischen Diskurs herrscht breiter Konsens über die Bedeutung **funktionaler Ausschreibungen** (Directive 2014/24/EU), bei denen der Beschaffer Funktionen definiert und Anbieter geeignete Lösungen vorschlagen. (hohe Übereinstimmung, schwache Literaturbasis)
- Langfristige Strategien, solide Investitionspläne, verlässliche rechtliche Rahmenbedingungen, internationale und nationale Abstimmungen, aber auch regionale und **lokale Raumordnungsinstrumente** sowie **missionsorientierte Forschung und Entwicklung** sind notwendig, um Netzinfrastrukturen in Richtung Klimafreundlichkeit zu verändern. (hohe Übereinstimmung, schwache Literaturbasis)

- Die mit der Gestaltung netzgebundener Infrastruktursysteme verbundene Komplexität bedingt einen hohen Abstimmungsbedarf zwischen öffentlichen, privaten und zivilgesellschaftlichen Akteur_innen. In der Forschung zu egalitären Governance-Ansätzen werden **horizontale und vertikale Mehrebenen-Governance-Mechanismen** als wichtige Instrumente betrachtet, um Strategie-, Planungsprozesse und Maßnahmen am klimafreundlichen Leben auszurichten und sektorale sowie räumliche Schnittmengen zu nutzen. (hohe Übereinstimmung, starke Literaturbasis)

22.1 Hintergrund und Ziele

Netzgebundene Infrastrukturen, wie **Strom-, Daten-, Straßen- oder Schienennetze, Wasser- oder Gasleitungen**, stellen zentrale Grundlagen für alltägliches Leben und Wirtschaften dar (European Commission, 2021). Sie sind somit Strukturen, die klimafreundliches Leben befördern oder verhindern. Sie beeinflussen alle Bereiche des täglichen Lebens und werden umgekehrt von alltäglichen Handlungen gestaltet. Die Funktionen von Infrastrukturnetzen bestimmen maßgeblich die Treibhausgasemissionen, die wirtschaftliche Leistungsfähigkeit von Nationalstaaten bis hin zu lokalen Gebietskörperschaften, aber insbesondere auch alle Handlungsfelder, die in Teil 2 behandelt wurden. Planung und Bereitstellung von Infrastrukturen kann dementsprechend ein bedeutender Faktor in der Gestaltung eines klimafreundlichen Lebens sein.

Die Hauptverursacher von Treibhausgasemissionen liegen in den Sektoren Energie und Industrie (43,4 Prozent im Jahr 2018), Verkehr (30,3 Prozent), Landwirtschaft (10,3 Prozent) sowie Gebäude (10,0 Prozent) (Umweltbundesamt, 2020). Netzgebundene Infrastruktursysteme sind die Basisstrukturen in diesen Sektoren. Daher hat die **Anpassung und der Umbau der Netzinfrastrukturen eine zentrale Rolle** für die Bewältigung der Herausforderungen der Klimakrise (Engels et al., 2021).

Vor diesem Hintergrund beschäftigt sich dieses Kapitel mit der Frage, inwieweit die Gestaltung und Bereitstellung von Netzinfrastrukturen ein klimafreundliches Leben ermöglichen oder verhindern und welche Gestaltungsoptionen sich in Österreich aus sozialwissenschaftlicher Sicht ergeben, um die nationalen Klimaziele zu erreichen. Das Kapitel hat keinen Anspruch, einen vollständigen Überblick über Literatur zu Aus-, Um- oder Rückbaubedarf in einzelnen Infrastrukturbereichen in materieller Hinsicht (Leistungs- oder Speicherkapazitäten) zu geben.

22.1.1 Was sind netzgebundene Infrastrukturen?

Unter netzgebundenen Infrastrukturen verstehen wir allgemein Ver- und Entsorgungssysteme, die häufig als „**Netzinfrastruktur**" oder „**großtechnische Infrastrukturen**" (Mayntz & Hughes, 2019; Wissen & Naumann, 2008) bezeichnet werden. Diese Netze stellen sowohl auf lokaler als auch auf regionaler und (inter-)nationaler Ebene die Grundlagen für soziales und wirtschaftliches Leben dar. Sie stellen die Ver- und Entsorgung von Energie, Transportdienstleistungen, Telekommunikation, Wasser, Abwasser etc. sicher und haben unterschiedlichste Anforderungen – von Versorgungssicherheit, Umwelt-, Gesundheits- und Sozialverträglichkeit bis zu Wirtschaftlichkeit – zu berücksichtigen.

Auf europäischer Ebene werden die netzgebundenen Infrastrukturen für **Energie, Verkehr und Telekommunikation rechtlich als Teil der Daseinsvorsorge** angesehen. Telekommunikations-, Verkehrs- und Energieversorgungsdienste werden als gemeinwohlorientierte Leistungen von „allgemeinem wirtschaftlichem Interesse" bezeichnet. Es liegt allerdings „in der Verantwortung der staatlichen Stellen, die Aufgaben der Leistungen der Daseinsvorsorge und die Weise ihrer Erfüllung auf den entsprechenden lokalen, regionalen oder nationalen Ebenen ... zu definieren" (Kommission der Europäischen Union, 2000).

Netzgebundene Infrastrukturen, wie Verkehrs-, Energie-, Informations- und Kommunikations-, Abwasser- und Trinkwasserinfrastrukturen, sind soziotechnische Systeme, die durch ihre Eigenschaft der standardisierten Verbindungen und Knotenpunkte zur physischen und kommunikativen Raumüberwindung von Menschen, Gütern, Daten und Ressourcen dienen (Mayntz, 1988). Sie stellen zentrale Grundvoraussetzungen für die Daseinsvorsorge, d. h. marktbezogene oder nichtmarktbezogene Tätigkeiten im Interesse der Allgemeinheit dar. Als soziotechnische Infrastruktursysteme beinhalten sie technische Komponenten, die als integrale Bestandteile Strukturen und Dynamiken sozialer Handlungszusammenhänge prägen und verändern, gleichzeitig aber auch sozial geprägt und organisiert sind (Mayntz, 1988). Verkehrsnetze, Energienetze, Datennetze, Trinkwasser und Abwassernetze bilden die **physische Basis soziotechnischer Infrastruktursysteme**, die wir als Mobilitätssystem, Logistiksystem, Energiesystem, Informations- und Kommunikationssysteme kennen. Infrastrukturen sind also „technische, soziale, kulturelle und politische Hervorbringungen" (van Laak, Dirk, 2020).

Zentrale Bestandteile dieser soziotechnischen Systeme sind dabei gebaute Netzverbindungen (z. B. Leitungen, Straßen etc.) und Knotenpunkte (z. B. Flughäfen, Bahnhöfe, Umspannwerke etc.) aus Stahl, Beton, Asphalt, Kupfer, Glasfaser etc. sowie Technologien, die zusammen mit dem institutionellen und organisatorischen Gefüge als Basis der Daseinsvorsorge und der Wirtschaftsstruktur eines Staates dienen. Die Nutzung dieser Dienstleistungen der netzgebundenen Infrastruktursysteme bestimmen alltägliches Handeln unmittelbar und hinsichtlich der Klimaauswirkung dieses Handelns mittelbar, aber zum Teil mit weitreichenden Folgen.

Bei netzgebundenen Infrastruktursystemen hat sich aufgrund von EU-Vorgaben eine rechtliche Entflechtung zwischen der Produktion der grundlegenden Infrastrukturen (z. B. der Netze, Gebäude oder Anlagen) und der Bereitstellung der konkreten Dienstleistung bzw. der Nutzung dieser Leistung etabliert. In der **europäischen Gesetzgebung** manifestiert sich **eine Dienstleistungsorientierung auf Basis einer Gemeinwohlverpflichtung**. Der verbindende Charakter soziotechnischer Infrastruktursysteme ist somit eines ihrer zentralen Wesensmerkmale. Larkin (2013) spricht beispielsweise davon, dass Infrastrukturen nicht nur die materielle Basis bilden, sondern auch die Verbindungen (von Menschen, Stoffen, Informationen etc.) im Raum ermöglichen. Auch Barlösius (2019) betont die soziale Komponente von Infrastruktursystemen, die gesellschaftliche Ordnungsfunktionen übernehmen.

Netzgebundene Infrastrukturen zeichnen sich durch die **Vernetzung von materiellen Komponenten und ihrem institutionellen bzw. sozial eingebetteten Kontext** aus, die unsere Gesellschaft ökonomisch, sozial oder kulturell miteinander vernetzen (van Laak, Dirk, 2020). Infrastrukturnetze sind auf sehr reale, aber oft sehr komplexe Weise an der Aufrechterhaltung von „sociotechnical geometries of power" (Graham & Marvin, 2001) beteiligt. Ein soziotechnisches Infrastruktursystem **umfasst Akteur_innen** (Firmen, private und öffentliche Organisationen und Einrichtungen sowie Individuen), **institutionelle Rahmenbedingungen und Spielregeln** (z. B. Regulierungen, aber auch dominierende Narrative) und **Aktivitäten**, die sich auf die Bereitstellung, Durchführung und Nutzung von Infrastrukturdienstleistungen (z. B. Mobilität, Wärme, Daten, Kommunikation etc.) beziehen.

Wenn es um den Aufbau- oder die Veränderung von soziotechnischen Infrastruktursystemen geht, spricht man häufig von **Pfadabhängigkeiten oder Beharrungskräften**, die deren Wandel erschweren (Ambrosius & Franke, 2015). Netzgebundene Infrastrukturen sind vielfach durch Strukturen geprägt, die Ende des 19. Jahrhunderts entstanden sind und in weiterer Folge ausgebaut, weiterentwickelt (z. B. durch Digitalisierung) oder saniert wurden (Tietz & Hühner, 2011). Als erschwerende Bedingungen für die Veränderung von Infrastruktursystemen werden folgende genannt: die **lange Nutzungsdauer** (Investitionszyklen über mehrere Jahrzehnte), **institutionelle Vereinbarungen** (z. B. schwer zu schaffende oder zu verändernde gesetzliche Grundlagen für deren Errichtung oder bauliche Veränderung oder kulturelle Leitbilder „guter" Infrastrukturentwicklung), **kom-**

plexe Organisationsstrukturen, hohe **Investitionskosten**, technologische **Entwicklungen**, die **Monopolstellungen** bestehender Netzwerke oder der **Verbrauch an natürlichen Ressourcen** (Frantzeskaki & Loorbach, 2010). Die verschiedenen Elemente entwickeln sich in der Regel gemeinsam und verstärken sich gegenseitig, womit sie ein stabiles und schwer zu veränderndes System bilden. Ein grundlegender Wandel der Produktions- und Verbrauchssysteme ist jedoch notwendig, um Klima und Umwelt zu verbessern und nichtnachhaltige Verhaltensweisen zu reduzieren. Beispielsweise setzt sich das Trinkwassersystem aus unterschiedlichen heterogenen Elementen, wie Versorgungs-, aber auch Verschmutzungsquellen, mehreren Verwaltungsgrenzen und zahlreichen Beteiligten einschließlich verschiedener Regierungsebenen zusammen. Dies erfordert einen strukturellen Wandel der etablierten soziotechnischen Rahmenbedingungen, die das Verhalten und die Entscheidungsfindung der Akteur_innen prägen (Bos & Brown, 2012). In den letzten Jahren hat sich zunehmend eine **kritische Perspektive auf die Pfadabhängigkeiten und Lock-ins** von Infrastruktursystemen entwickelt, die Beharrungskräfte und Transformationstendenzen gemeinsam betrachtet. Engels et al. (2021) sehen die **Stabilität von Infrastruktursystemen** in einem Wechselverhältnis zu den veränderlichen und anpassungsfähigen Elementen, die in Anbetracht eines wachsenden Drucks auf Infrastruktursysteme hin zu klimafreundlichen Strukturen notwendig für die Funktionsfähigkeit eines Systems sind (z. B. bei neu hinzukommenden digitalen Infrastrukturen, die ein großes räumliches, aber vor allem auch zeitliches Veränderungspotenzial aufweisen). Ebenso spielen mit Fortschreiten der Klimakrise die Folgen des Klimawandels eine immer größere Rolle. Auch in Bezug auf Störungen und Funktionsunterbrechungen von Infrastruktursystemen hat sich ein **dynamisches Verständnis von Infrastrukturen** in den letzten Jahren verstärkt durchgesetzt. Einer soziologischen Perspektive auf Infrastrukturen geht es gleichermaßen um die transformierenden wie die stabilisierenden Eigenschaften von Infrastrukturen und ihren Einfluss auf soziale Beziehungen (Engels et al., 2021).

22.2 Status quo

22.2.1 Netzwerkinfrastrukturen und ihre Rolle für ein klimafreundliches Leben

Netzgebundene Infrastrukturen stellen **zentrale Grundlagen** dar, die eine klimafreundliche Lebensweise befördern oder behindern können und sind somit von großer Bedeutung für **strukturelle Weichenstellungen** einer klimafreundlichen Zukunft. Sie stellen die Grundlage für alltägliches Handeln und für das wirtschaftliche Leben dar und tragen maßgeblich zur wirtschaftlichen und sozialen Leistungsfähigkeit einer Gesellschaft bei (European Commission, 2021). Somit sind sie ausschlaggebend für z. B. Lebensstile, Mobilitätsverhalten, Energieverbrauch etc. Sowohl technische Maßnahmen bei der Bereitstellung als auch die Praxis der Nutzung von Infrastrukturnetzen sind förderlich oder hinderlich für ein klimafreundliches Leben, sie „haben zum einen die Kraft der sozialen Strukturierung (power of social structuration) und zum anderen der ökologischen Vermittlung (power of ecological mediation)" (Kropp 2017, S. 201).

Die **Energieversorgung** basiert derzeit zu zwei Dritteln auf fossilen Energieträgern (Bruttoendenergieverbrauch 2018 (BMK, 2020)), mit deren Verbrennung ein erheblicher Teil der Treibhausgasemissionen entsteht. Auch die Aufwendungen in **Wasser- und Abwasserbewirtschaftung** (z. B. Baumaterial, Strom für Pumpen, Wartungsarbeiten etc.) gehen üblicherweise mit einem Verbrauch fossiler Energieträger und somit Treibhausgasemissionen einher (Winker et al., 2019). Eine grundlegende Umgestaltung des Energiesystems ist daher notwendig, um klimafreundliches Handeln auch in anderen Sektoren zu ermöglichen.

Banko et al. (2022) stellen fest, dass die Emissionen aus der Nutzung der **Straßeninfrastruktur** gerade in Hinblick auf eine noch nicht dekarbonisierte Fahrzeugflotte relevant sind, da die Infrastrukturvorhaben langlebig sind und die Treibhausgasemissionen noch länger negativ beeinflussen. Auch der Infrastrukturbau verursacht durch Material- und Energieeinsatz Treibhausgasemissionen sowie Luftschadstoff- und Lärmemissionen. Während Landes- und Gemeindestraßen zwischen 2008 und 2018 um 28,25 Prozent und Bundesstraßen im selben Zeitraum um 5,67 Prozent verlängert wurden, verringerte sich das Schienennetz zwischen 2007 und 2017 um 16,1 Prozent (Umweltbundesamt, 2019). Es steht fest, dass das Verkehrssystem zukünftig so umgebaut werden muss, dass das Angebot für Verkehrsmittel des Umweltverbundes mindestens gleichwertig mit der Attraktivität des Straßenverkehrs sein muss, um eine Veränderung des Mobilitätsverhaltens im Sinne einer klimafreundlichen Lebensweise anzustoßen (Banko et al., 2022).

Soziotechnische Infrastruktursysteme wirken durch die **langen Investitionszeiträume**, die mit ihrer Entwicklung einhergehen, als **strukturierende Elemente** dauerhaft auf alltägliches Handeln und Wirtschaften. Viele Infrastrukturen (z. B. Schienenwege, Wasserkraftbauten, Hochwasserschutz, Wasserversorgung- und Entsorgungssysteme) haben eine Lebensdauer von ca. hundert Jahren, weshalb die erforderlichen Investitionskosten nur über lange Zeiträume aufzubringen sind und mit weitreichenden Fragen zum Umfang der zusätzlichen Infrastruktur, die in Zukunft erhalten werden muss, einhergeht (Blöschl, 2018).

22.2.2 Herausforderungen netzgebundener Infrastruktursysteme für ein klimafreundliches Leben

Durch ihre Langlebigkeit ist die Planung und Veränderbarkeit von soziotechnischen Infrastrukturen mit großen **Unsicherheiten** verbunden, Prognosen sind daher oft mit großen Schwankungsbreiten versehen (Kleidorfer et al., 2018). Die Planung und der Bau von Infrastruktursystemen müssen vorausschauend erfolgen, da die durchschnittliche **Lebensdauer solcher Investitionen mehrere Jahrzehnte** beträgt (Kleidorfer et al., 2009) und die Planung bis zur Errichtung auch deutlich mehr als ein Jahrzehnt dauern kann. Zukünftige Entwicklungen müssen für Infrastrukturnetze lange im Voraus abgeschätzt werden können, da deren Entwicklung **persistente Strukturen im Raum** erzeugt, die nur mit hohem Aufwand wieder rückgängig zu machen sind. Hier stoßen viele Planungsansätze an ihre Grenzen (Urich & Rauch, 2014), was auch die Behörden in der Genehmigungsphase vor Herausforderungen stellt. Eine vorausschauende und adaptive Planung von Infrastrukturnetzen ist allerdings im Bereich der Strominfrastruktur für Übertragungsnetze langjährige Praxis ist (APG, 2013).

Zunehmend werden **Informations- und Kommunikationstechnologien** eingesetzt, um Infrastrukturleistungen auf Kundenbedürfnisse zuschneiden zu können. Dadurch wird es beispielsweise möglich, in den Bereichen Strom-, Wärme- oder Trinkwasserversorgung vermehrt diversere Tarifmodelle auf der Basis kontinuierlicher Verbrauchsmessung (Smart Meter) einzusetzen, um Einfluss auf das Verbrauchsverhalten zu nehmen (Tietz & Hühner, 2011) oder um den kapitalintensiven Ausbau von Infrastrukturen zu vermeiden oder zu verzögern. Dafür braucht es allerdings detaillierte Nutzungsprofile mit sensiblen persönlichen Daten, die mitunter einen Eingriff in die Privatsphäre bedeuten (Lange & Santarius, 2018).

Neuere Studien zeigen, dass zwischen **digital unterstützten und konventionellen Dienstleistungen in Bezug auf Klimafreundlichkeit oft keine signifikanten Unterschiede** bestehen, im Gegenteil, durch personalisierte Werbung und die Nutzung von Sharing-Optionen steigt die Nutzung energieintensiver Dienstleistungen sogar und somit verwandeln sich viele klimafreundliche Optionen in ihr Gegenteil (Lange & Santarius, 2018). Klimapolitisch relevant ist auch die Inanspruchnahme der Dateninfrastruktur (Ausbau des Internets), einerseits als Alternative zur physischen Mobilität (z. B. Reduzierung von Pendlerverkehr), andererseits durch das Schaffen energieintensiver Dienstleistungen wie Cloudlösungen und 5G-Anwendungen. Einige Autor_innen sehen den Energieverbrauch dieser digitalen Dienste kritisch, wobei die Schätzungen dazu einer großen Schwankungsbreite unterliegen (die Szenarien reichen von Treibhausgasemissionen pro Jahr im Ausmaß von 10 bis 80,55 Megatonnen CO_2). Für das Jahr 2030 wird in internationalen Studien im Worst-case-Szenario berechnet, dass der Energiebedarf für Rechenzentren, Kommunikationsnetze und Endgeräte bis zu 51 Prozent des globalen Gesamtbedarfes an elektrischer Energie ausmachen werden, sollten Effizienzsteigerungen moderat bleiben (Franz, 2021).

Eine weitere, wenig beleuchtete klimapolitische Herausforderung ist der **Anteil der grauen bzw. indirekten Energie**. Unter „grauer Energie" versteht man die Summe jener Energie, die für die Herstellungs-, Transport-, Verteil- sowie Vernichtungsprozesse erforderlich ist, während die „direkte oder weiße Energie" den Energieaufwand für die Nutzung eines Gutes oder einer Technologie umfasst (Hübner, 2014; Latsch et al., 2013). Die Einschätzungen zum Anteil der grauen Energie in Infrastruktursystemen variieren stark. Beispielsweise zitiert ein Schweizer Umweltmagazin (ZUP, 2008) den Energieplanungsbericht 2012 (Kanton Zürich, 2012), in dem die graue Energie aus der Infrastruktur (Straße, Schiene) mit deutlich über 50 Prozent der Gesamtenergiebilanz von Regional-, Schnell und Hochgeschwindigkeitszügen angegeben wird.

Der **Energieaufwand für die Errichtung der netzgebundenen Infrastrukturen für den Wohnbau**, wie Straßen und Leitungsbau, Außenanlagen etc., wird über die Lebenszeit gerechnet zu einem substanziellen Faktor für klimafreundliches Leben. So machte 2010 die graue Energie für ein Einfamilienhaus in Passivbauweise in einer Siedlungsanlage 73 Kilowattstunden pro Quadratmeter und Jahr (bei einer Gesamtnutzungsdauer von 100 Jahren) aus, wovon ca. 30 Prozent auf den Energieeinsatz für den Ausbau der Infrastruktur (Straßen und Leitungsbau) entfallen. Das entspricht in etwa der über die Lebensdauer der Gebäude notwendigen Betriebsenergie (d. h. der Energieeinsatz für Heizen, Warmwasser und sonstigen Energieverbrauch über die kommenden 100 Jahre) (Bußwald, 2011). Damit ist die Wahl der Lage von Neubauten für die Erreichung der Treibhausgasreduktionsziele ähnlich wichtig wie die Dekarbonisierung der Betriebsenergie (siehe auch für Kanada Norman et al., 2006). Gegenwärtige raumplanerische Entscheidungen über den Siedlungsbau und der damit verbundenen grauen Energie haben somit auch unmittelbare Auswirkungen darauf, wie emissionsintensiv der Ausbau von netzgebundenen Infrastrukturen ist.

Netzgebundene Infrastruktursysteme für Ver- oder Entsorgungsaufgaben sind durch eine Konzentration einzelner Sektoren (Strom, Gas, Fernwärme, Wasser, Abwasser etc.) gekennzeichnet. Dabei werden die Aufgaben meist auf einzelne Sparten reduziert, was in Bezug auf die Herausforderungen der Klimakrise zu einer **mangelnden Koordination dieser Systeme untereinander**, aber auch zu einer fehlenden Abstimmung mit Siedlungsstrukturen führt. Sektorspezifische Planungen einzelner Infrastruktursysteme entziehen sich oft der Steuerungsfunktion durch kommunale Planungsstrukturen. Giffinger et al. (2021) verweisen für den Bereich der Digitalisierung auf die kompetenzrechtliche Zersplitterung zwischen Bund, Ländern und Gemeinden, die eine konsistente gemeinsame Strategie und Implementierung im Sinne eines klimafreundlichen Lebens erschwert. Hier kommen kommunalen Querverbundunternehmen oder auch Stadtwerken eine zentrale Rolle zu, um diese **Koordinationsaufgabe verstärkt wahrzunehmen**, wobei die Koordination hier vorwiegend informell erfolgt, sofern dies im Rahmen der rechtlichen Entflechtung im Bereich der marktbezogenen Tätigkeiten der Daseinsvorsorge erlaubt ist. **Formelle Planungsinstrumente** mit vorausschauender Entwicklungsplanung wurden oft **zugunsten einer Maßnahmen- oder Investitionsplanung** durch betriebswirtschaftlich agierende Akteure in den einzelnen Sektoren **aufgegeben** (Tietz & Hühner, 2011).

Welche **Organisationsformen** im Zuge der Anpassung und des Umbaus der Netzinfrastrukturen für die Bewältigung der Herausforderungen adäquat sind (z. B. öffentlich-private Partnerschaft, Commons-öffentliche Partnerschaft, Genossenschaft), wird die Forschung zu Institutionen und Organisationsentwicklung noch länger beschäftigen. Die Forschung geht davon aus, dass in Hinblick auf neue Zielsetzungen – wie die Unterstützung eines klimafreundlichen Lebens – sowohl soziale als auch technische Elemente in Abstimmung zueinander verändert werden müssen (Ropohl, 2009).

Betreiber von Netzwerkinfrastrukturen haben, bedingt durch inhärente ökonomische Mechanismen (Netzwerk-, Skalen- und Lock-in-Effekte), eine **Monopolstellung**; man spricht von einem natürlichen Monopol. Sie haben damit die technische Kontrolle über den Zugang zur Nutzung der jeweiligen Netzwerkinfrastruktur (z. B. Wer kann Strom/Wärme/Gas/Wasser ins Netz einspeisen? Wer kann eine Straße benutzen? Können bestimmte Datenpakete im Internet prioritär behandelt werden?). Aufgrund der Rahmenbedingungen des Wettbewerbsrechts, insbesondere der Einführung von Regulierungsbehörden, hat sich in der Praxis gezeigt, dass diese **Machtposition gegenüber den Nutzer_innen** nicht einfach ohne Sanktionsmöglichkeiten eingesetzt werden kann. Auch die Möglichkeit, Monopolrenten abzuschöpfen, beispielsweise im Bereich der Energienetze, wurden durch Regulierungen deutlich verringert (d. h. wenn die Einnahmen aus der Nutzung die Gesamtkosten der Bereitstellung deutlich überschreiten).

Eine weitere Herausforderung bei der Transformation soziotechnischer Infrastruktursysteme in Österreich ist ihre **Einbettung sowohl in größere (europäische oder globale) Infrastruktursysteme** als auch – aus einer sozial-ökologischen Betrachtung – in einen ökonomischen (als Basis für Bereitstellungssysteme), räumlichen (monozentrische, polyzentrische und ländliche Raumstrukturen) und ökologischen (Landverbrauch, Ressourcen, Klima etc.) Kontext. Ebenso werden in der Literatur der demografische Wandel, aber auch sich verändernde Konsummuster und Prozesse der Deindustrialisierung als Herausforderungen für die Transformation von Infrastruktursystemen genannt (Libbe & Kluge, 2006).

22.2.3 Bezüge zu Handlungsfeldern und anderen Strukturbedingungen

Alle im Bericht behandelten **Handlungsfelder haben eine strukturelle Basis in soziotechnischen Infrastrukturen**. Die Tab. 22.1 gibt einen Überblick, in welchen Handlungsfeldern bestimmte Netzinfrastrukturen eine wichtige Basis bilden und welche Möglichkeiten ihnen zukommen, um Klimafreundlichkeit zu gewährleisten.

Infrastrukturnetze sind zentrale Bestandteile im **Bereich des Wohnens**, wo Energie- und Wassernetze das tägliche Leben maßgeblich beeinflussen. Im städtischen Bereich stellen einige Autor_innen einen Dogmenwechsel von zentralen zu dezentralen Entwässerungssystemen sowie die Einbindung grüner (Flächen) und blauer (Wasserökosysteme) Infrastruktur fest, die sowohl im akademischen Diskurs, in der EU-Politik (COM(2019) 236 final, 2019) als auch in der Praxisanwendung an Relevanz für ein klimafreundliches urbanes Leben gewinnt, da urbane Abwassernetze durch dezentrale Lösungsansätze entlastet werden. Die Konsequenzen der jeweiligen Anpassungsmaßnahmen sind allerdings noch wenig erforscht (Back et al., 2019).

Neben dem Ausbau von **Mobilitätsalternativen** ist das Handlungsfeld Mobilität und Verkehr (Kap. 6) generell stark geprägt von der Ausgestaltung netzgebundener Infrastruktursysteme, wobei hier auch Verkehrsreduzierung und -vermeidung als zentrale Strategien für ein klimafreundliches Leben zählen. Die Kombination verschiedenster Maßnahmen (Inter- und Multimodalität) zu klimafreundlichen Mobilitätsdienstleistungen ist hier besonders wichtig. Den Themen aktive Mobilität, Umweltverbund und Stärkung des öffentlichen Verkehrs werden von einigen Autor_innen wichtige Beiträge auf dem Weg zu klimafreundlichen Lebensweisen zugeschrieben, beispielsweise durch die Errichtung von Radschnellwegen (Banko et al., 2022).

Nachdem netzgebundene Infrastruktursysteme auch für das wirtschaftliche Leben Grundvoraussetzungen darstellen, ist bei der **Erwerbsarbeit** eine große Schnittmenge von Wirtschafts- und Produktionsstrukturen mit Infrastrukturnetzen auszumachen, die eine Transformation hin zu einem klimafreundlichen Leben begünstigen oder behindern. Viele **Green Jobs** (Abschn. 7.2.1) sind direkt oder indirekt eng mit Infrastruktursystemen verbunden (von Installateur_innen und Elektriker_innen bis zu Jobs in der öffentlichen Verkehrsinfrastruktur etc.). Auch digitale netzgebundene Infrastrukturen (Abschn. 7.4.1) können im Bereich der Erwerbsarbeit als klimafreundliche Alternative zu einer Transformation beitragen. Ebenso sind netzgebundene Infrastrukturen unmittelbar mit **Freizeit- und Tourismusaktivitäten** verbunden (Kap. 9).

Funktionierende soziotechnische Infrastruktursysteme sind für viele der **anderen Strukturbedingungen** (Teil 3) von Bedeutung. Auch Recht, Governance, Raumplanung,

Tab. 22.1 Möglicher Beitrag der Infrastruktursysteme in Handlungsfeldern. (Eigene Darstellung)

Infrastruktursysteme	Beitrag	Handlungsfelder
Energie		
Stromnetze	Substitution fossiler Energieträger bei nicht-fossiler Erzeugung; Effizienzsteigerung; Sektorenkopplung; Versorgungssicherheit	Alle
Fern- und Nahwärme-/Kältenetze	Substitution fossiler Energieträger, wenn Umbau auf nicht-fossile Energieträger erfolgt; Effizienzsteigerung; Versorgungssicherheit	Wohnen, Erwerbsarbeit
Gasnetze	Substitution fossiler Energieträger, wenn Umbau auf nicht-fossile Quellen erfolgt; Versorgungssicherheit	Wohnen, Erwerbsarbeit
Information und Kommunikation		
IKT-leitungsgebundene Netze (Internet) IKT-Funknetze (Mobiltelefonie)	Substitution von physischer Bewegung; Effizienzsteigerung im Zusammenhang mit anderen Infrastruktursystemen	Alle
Verkehr		
Straßennetz Schienennetz, Wasserwege und Luftfahrt	Ermöglichen der Reduktion von Treibhausgasemissionen bei Waren- und Personenverkehr; Verkehrsvermeidung; Effizienzsteigerung	Mobilität, Erwerbsarbeit, Freizeit/Konsum
Wasser		
(Trink-)Wasserversorgung, Abwasserentsorgung	Versorgungssicherheit; Gesundheits- und Sozialverträglichkeit, ökologische Funktion; Effizienzsteigerung; Wärmerückgewinnung	Wohnen, Ernährung, Freizeit/Konsum

technologische Entwicklungen etc. sind bestimmend dafür, dass die beschriebenen Infrastruktursysteme Leistungen der Daseinsvorsorge erbringen können.

Wichtig sind in diesem Kontext beispielsweise die **räumlichen Effekte der Siedlungsentwicklung**, die unmittelbar mit den vorhandenen bzw. neu zu erschließenden Infrastrukturnetzen zusammenhängen. In Österreich kann beobachtet werden, dass der Infrastrukturausbau der Siedlungsentwicklung folgt. Die Siedlungsentwicklung ist in vielen Regionen durch Streusiedlungen, geringe Siedlungsdichte und hohen Flächenverbrauch gekennzeichnet, was mit einem erhöhten Infrastrukturausbau und damit einem höheren Einsatz von **grauer Energie** einhergeht (Bußwald, 2011). Zudem sind netzgebundene Infrastruktursysteme meist auf Siedlungswachstum, nicht jedoch auf schrumpfende Regionen ausgerichtet. Verstärkte **Suburbanisierungstendenzen** führen zu einem verstärkten Ausbau von Ver- und Entsorgungsnetzen in Stadtrandzonen, aber auch im ländlichen Raum, womit hohe Kosten und der Verlust von Grünland verbunden sind (Tietz & Hühner, 2011).

Soziale und räumliche Ungleichheit, die unter anderem durch den tendenziell höheren Ressourcenbedarf für Haushalte in zersiedelten Regionen aufgrund von z. B. längeren Wegen und oft größerem Energiebedarf entsteht, ist nicht zu vernachlässigen. Individuelle Energiearmut kann einem klimafreundlichen Leben durch eine verminderte finanzielle Handlungsfähigkeit im Weg stehen, da die Möglichkeit, auf erneuerbare Energien umzusteigen, damit abnimmt (Bußwald, 2011). Auch die ungleichen Mobilitätsbedürfnisse und die Anforderungen an das verkehrsgebundene Infrastrukturnetz sind relevante Faktoren. Wie schon in Kap. 4 angesprochen, führen dezentrale Siedlungsstrukturen zu einem erhöhten Zwang zum motorisierten Individualverkehr.

Im **gesellschaftlichen Diskurs** um die Klimakrise werden die unterschiedlichen Prioritäten der Gestaltung von Infrastruktursystemen für unterschiedliche gesellschaftliche Gruppen besonders sichtbar. Beispielsweise rechtfertigt die öffentliche Hand das Aufnehmen von Krediten mit Wirtschaftswachstum und Beschäftigungswirkung. In Österreich sind die **politischen Diskussionen** derzeit noch von der Persistenz etablierter Argumentationen gekennzeichnet, beispielsweise die autogebundene Debatte in der Verkehrspolitik. Im **kritischen Diskurs** stellt sich immer auch die Frage nach der Abschätzung von Technikfolgen. Ein Beispiel dafür ist etwa die die Frage der Nachhaltigkeit möglicher zukünftiger Anwendungsfelder von grünem Wasserstoff in einem dekarbonisierten Energiesystem und des dafür notwendigen Infrastrukturausbaus.

22.2.4 Rolle der Infrastruktursysteme für die Daseinsvorsorge

Allgemein wird bei **Dienstleistungen, die im öffentlichen Interesse** und im Sinne des Gemeinwohls erbracht werden und wesentlich für das Funktionieren einer modernen Gesellschaft sind, von Daseinsvorsorge gesprochen: „Leistungen der Daseinsvorsorge (oder gemeinwohlorientierte Leistungen) sind marktbezogene oder nichtmarktbezogene Tätigkeiten, die im Interesse der Allgemeinheit erbracht und daher von den Behörden mit spezifischen Gemeinwohlverpflichtungen verknüpft werden." (Kommission der Europäischen Union, 2000) Insbesondere Energieversorgungs-, Verkehrs- und Telekommunikationsdienste werden im Interesse der Allgemeinheit von den Mitgliedstaaten mit besonderen Gemeinwohlverpflichtungen verbunden (Kommission der Europäischen Union, 2000). Diesbezügliche Infrastrukturleistungen werden als marktbezogen eingestuft und können nicht nur vom Staat, sondern auch **durch privatwirtschaftlich organisierte Unternehmen angeboten** werden. Die Bürger_innen profitieren von einem kontinuierlichen, preisgünstigen und demokratisch kontrollierten Dienst (Libbe & Nickel, 2016).

Daseinsvorsorge als zentraler Bereich staatlicher Zuständigkeit hängt wesentlich von der Verfügbarkeit von netzgebundener Infrastruktur sowie von deren **räumlicher Verteilung und Nutzbarkeit** ab. Die Ausgestaltung der Daseinsvorsorge bestimmt somit, ob sie die Transformation netzgebundener Infrastrukturen für ein klimafreundliches Leben befördert oder hemmt.

Gesellschaftliche Herausforderungen wie **Klimawandel wirken sich auf den Aufbau und die nachhaltige Sicherung der Daseinsvorsorge** ebenso **aus** wie auf die wirtschaftliche Leistungsfähigkeit eines Staates. Es ist die Aufgabe der europäischen, nationalen und regionalen Politik und öffentlichen Verwaltung, aber auch der Infrastrukturbetreiber, dafür zu sorgen, dass Leistungen bereitgestellt werden, die national und regional eine nachhaltige Entwicklung ermöglichen.

22.2.5 Kritische Infrastruktur und ihre Rolle für ein klimafreundliches Leben

Netzgebundene Infrastruktursysteme, wie Energie- und Wasserversorgung, Kommunikations- oder Verkehrsnetze, sind eine zentrale Grundlagen moderner Gesellschaften, die seit dem späten 19. Jahrhundert auf den Funktionen dieser Infrastrukturleistungen beruhen. Diese grundlegenden Systeme werden seit rund 20 Jahren als „kritisch" bezeichnet, da Störungen, Funktionsausfälle oder Verlust dieser Infrastrukturen **potenzielle Bedrohungen für das Funktionieren der gesellschaftlichen Ordnung**, der Gesundheit, Sicherheit oder das wirtschaftliche und soziale Wohl der Bevölkerung oder das effektive Funktionieren staatlicher Einrichtungen darstellen (Engels et al., 2021).

In einer zunehmend vernetzten Welt ergeben sich Bedenken, inwiefern Infrastruktursysteme von neuartigen Technologien verstärkt abhängig sind, womit diese Systeme **verstärkt kaskadenartigen Risiken** ausgesetzt sind. Solche Risiken – von digitaler Sicherheit über Klimafolgen – stellen Infrastruktursysteme im 21. Jahrhundert vor neue Herausforderungen. Sie erfordern die Entwicklung konventioneller, aber vor allem auch resilienzorientierter Strategien (NIAC, 2009), um einen angemessenen Schutz vor unerwünschten Folgen ungewisser, unerwarteter und oft dramatischer Ereignisse auf kritische Infrastruktursysteme zu gewährleisten (Linkov & Palma-Oliveira, 2017). Resilienz oder die **Anpassungsfähigkeit von Infrastruktursystemen** (Shakou et al., 2019) sind besonders in Fragen des Klimawandels wichtig, da sich mittlerweile ein Verständnis von der Chance von Elastizität und Veränderlichkeit zur Erhaltung von essenziellen Funktionen angesichts von Krisen durchgesetzt hat, das konventionelle Vorstellungen von persistenten und stabilen Strukturen ablöst (Engels et al., 2021). Beispielsweise sprechen Kropp et al. (2021) davon, dass Hitzewellen zusätzlichen Strombedarf für Kühlsysteme erforderlich machen, womit Versorgungsengpässe und Überlastungen von Verteil- und Übertragungsnetzen und letztlich großflächige Blackouts einhergehen können (Allhutter et al., 2022).

Bestehende Infrastruktursysteme werden in der Klimakrise zu zentralen Elementen, die sowohl als Chance als auch als Hemmnis für ein klimafreundliches Leben gesehen werden können. Die Robustheit der netzgebundenen Infrastrukturen ist jedenfalls eine große Herausforderung für eine notwendige Klimawandelanpassung, z. B. Starkregen als besonderes Problem für Regionen mit hohem Versiegelungsgrad (Kleidorfer et al., 2014), Streckenunterbrechungen durch Vermurungen oder kleinräumiger Wassermangel in Österreich (Hanger-Kopp, 2019; Schöner et al., 2011) etc.

Informationen zu bestehenden Risiken oder Daten über die Anfälligkeit und Exposition von Infrastruktursystemen gegenüber Schocks und Stressfaktoren sind für den Aufbau von Widerstandsfähigkeit und Resilienz unerlässlich. Grundlegende Instrumente für die Ausrichtung von Plänen und Investitionen und für die Ermittlung von transformativen Maßnahmen beruhen dabei auf der Verfügbarkeit von Daten über Katastrophenschäden, Risikobewertungen oder Prognosen zum Klimawandel, die zwar als prioritär behandelt werden, aber nicht überall gleichmäßig verfügbar sind. Eine Reihe von internationalen Vereinbarungen schaffen die Rahmenbedingungen, um Handlungsprioritäten für spezifische Maßnahmen zum Aufbau von Resilienz zu entwickeln (z. B. UNFCCC-Ziele für die nachhaltige Entwicklung etc.). Auf nationaler und lokaler Ebene werden Resilienzkriterien zunehmend in Politiken zum Klimawandel integriert. Eine Harmonisierung mit verwandten Politikfeldern, die Resilienz in einen größeren Kontext einbetten, fehlt aber bislang noch (United Nations Task Team on Habitat III, 2015).

22.3 Notwendige strukturelle Bedingungen

22.3.1 Trends in einzelnen Infrastruktursystemen

Es scheint unbestritten, dass es zu wesentlichen Anpassungen der Infrastruktursysteme aufgrund der Notwendigkeit der Dekarbonisierung und der technologischen Entwicklungen der Digitalisierung kommen wird (siehe Tab. 22.2). Auch sind durch den Klimawandel vermehrt Ressourcenverknappungen und Extremwetterereignisse zu erwarten. Es wird daher zu einer tiefgreifenden Veränderung der netzgebundenen Infrastruktursysteme kommen (Engels et al., 2021). Dekarbonisierung und Digitalisierung sind starke gesellschaftliche und technologische Treiber für den Umbau und die Anpassung der netzgebundenen Infrastruktur und für die damit einhergehenden neuen Anwendungsmöglichkeiten (Telekonferenzen, autonomes Fahren, Smart-Home-Energiemanagement etc.) und neuen Formen, wie das Leben organisiert wird (Homeoffice, Gig-Economy, Plattform-Ökonomie etc.).

Zu beobachten ist auch eine zunehmende Vernetzung technischer Komponenten innerhalb einzelner Infrastruktursysteme (z. B. Energie-IKT, Verkehr-IKT, Energie-Wasser etc.) (van Laak, Dirk, 2020), der Sektorenkopplung (z. B. Stromerzeugung aus Biogas und Klärschlamm) (Schaubroeck et al., 2015) oder der Kopplung von Wärme-, Gas- und Stromsektor mit all den Potenzialen und Herausforderungen (Büscher et al., 2020).

22.3.2 Integrierte Betrachtung netzgebundener Infrastruktursysteme

Im Bereich netzgebundener Infrastrukturen besteht in den kommenden Jahren eine große **Herausforderung** darin, **verschiedene Systeme und unterschiedliche Sektoren miteinander zu koppeln**, um die Möglichkeiten der Digitalisierung für die Herausforderungen der Klimapolitik produktiv zu machen und um eine Funktionsfähigkeit dieser **integrierten Systeme im Fall von Funktionsstörungen koordiniert zu bewältigen** (Engels et al., 2021). Dabei entsteht allein schon beim Zusammenspiel unterschiedlicher Infrastruktursektoren eine höhere Komplexität (Monstadt & Coutard, 2019).

Neben technischen Fragen der Kopplung unterschiedlicher Infrastruktursysteme rücken hier zunehmend **Fragen der Governance und der politischen Koordination** und Steuerung in den Fokus. Die grundsätzlichen politischen Ziele sind mit einer großen Anzahl an Beteiligten und Betroffenen auszuhandeln und festzulegen (Büscher, 2018; Engels et al., 2021).

Grundsätzlich geht es um ein verbessertes Zusammenwirken zwischen unterschiedlichen soziotechnischen Infrastruk-

Tab. 22.2 Überblick über einige Trends, die gegenwärtig Einfluss auf die (Um-)Gestaltung einzelner Infrastruktursysteme ausüben. (Eigene Darstellung)

Stromnetze	Digitalisierung (Nutzung der Möglichkeiten der IKT-Infrastruktur und der damit verbundenen Anwendungen zur Gestaltung des Betriebs der Stromnetze und der Energiedienstleistungen)
	Dekarbonisierung der Erzeugung und damit verbundene Dezentralisierung
	Integrierte Systeme (Verbindung unterschiedlicher Energienetze)
	Digitalisierung des Energiemanagements
	aktivere Rolle für Haushalte im Energiesystem (als Erzeuger von Energie, Flexibilisierung der Nutzung und Speicherung von Energie)
	Sektorenkopplung (Sterner & Stadler, 2017)
Fern- und Nahwärme-/Kältenetze	Integrierte Systeme
	Anergienetze als Alternative zu Biomasse und Luftwärmepumpen für den Systemwechsel von Gas durch Wärmepumpensysteme mit Erdwärmesonden (Pfefferer et al., 2022)
	Smart Home – Digitalisierung des Energiemanagements
Gasnetze	Fade-out für Heizen
	Dekarbonisierung (Wirtschaft)
IKT-leitungsgebundene Netze, IKT-Funknetze	Digitalisierung, Plattform-Ökonomie, Homeoffice, Gig-Economy
Straßennetz, Schienennetz, Luftwege, Wasserwege	Elektrifizierung, autonomes Fahren, integrierte Netzgestaltung, Zustelldienste, Urbanisierung, Sharing Economy, Radschnellwege
(Trink-)Wasserversorgung, Abwasserentsorgung	Moderne dezentrale Technologien (einschließlich z. B. Grauwasserrecycling und Regenwassernutzung), Wasserwiederverwendung auf der Ebene eines Haushalts oder eines Viertels (Rozos et al., o. J.)
	Integration von IoT-basierten Mikrospeichern zur Verbesserung der Leistung der Stadtentwässerung (Oberascher et al., 2021)
	Alternative Optionen für Abwasserentsorgung durch Trennung des Abwassers in seine Bestandteile, u. a. in Kombination mit regionalen Biogasanlagen (Starkl et al., 2007)
	Energie aus Abwasser für die Nutzung des thermischen Potenzials aus öffentlichen Kanalnetzen und Abwasser (als Forschungsthema) (Klima- und Energiefonds, 2021)

tursystemen. Beispielsweise geht es im Verkehrsbereich um die **Intermodalität** bzw. um die Verbesserung einer leichten Verbindung zwischen unterschiedlichen Verkehrsmodi. Der Sektor Energie soll, verstärkt durch die **Elektrifizierung des öffentlichen Verkehrs und des Individualverkehrs**, mit dem Verkehrssektor verschnitten werden. Auch eine aktive Integration mit anderen Bereichen der Daseinsvorsorge (z. B. Bildung, Gesundheitsbereiche etc.) steht zur Diskussion (Engels et al., 2021).

22.4 Akteure und Institutionen

Die **Akteursstrukturen** haben sich aufgrund der rechtlichen Entflechtung im Zuge der europäischen Gesetzgebung in den Bereichen Energie-, Verkehrs- und Telekommunikationsnetze (z. B. organisatorisch-rechtliche Trennung von Dienstleistung und Netzbetrieb) und der Privatisierung (z. B. Ausgliederung von Staatsbetrieben) geändert. Im Vergleich zu anderen Ländern sind in Österreich auf Bundes-, Landes- und Gemeindeebene große Teile nach wie vor im Eigentum oder, zumindest aufgrund der Stimmrechtsverhältnisse, **unter der Kontrolle der Gebietskörperschaften**. Dort, wo entflochtene Einheiten entstanden sind, sind sie in vielen Fällen – soweit rechtlich möglich – organisatorisch unter einer Dachorganisation (z. B. Holdingkonstruktion) geblieben. Einhergehend mit den Umstrukturierungen der vergangenen Jahrzehnte sind **markt- und dienstleistungsorientierte Akteursstrukturen** entstanden. Für die Entwicklung digitaler Infrastrukturen in Smart Cities zeigen Kropp et al. (2021), dass dies zukünftig zu Abhängigkeiten von extern beauftragten Dienstleistern führen kann, womit ein eingeschränkter Zugang zu relevanten Planungsdaten oder zu einer eingeschränkten digitalen Souveränität der Kommunen und ihrer Handlungsfähigkeit, lokal nachhaltige Pfade zu definieren, einhergehen könnte.

Giffinger et al. (2021) sehen insbesondere die langen Lebenszyklen von Infrastrukturen als relevanten Faktor, der nach Entscheidungsfindungen in einem vielfältigen und komplexen Umfeld verlangt, das nicht nur durch eine Vielfalt von Akteuren, sondern auch durch oft widersprüchliche Zielvorgaben und Interessenslagen gekennzeichnet ist.

Zentrale Akteure im Bereich netzgebundener Infrastrukturen sind: Infrastrukturbetreiber; (staatliche und private) Infrastruktureigentümer; Dienstleister im Sinne von Unternehmen, die die gemeinwohlorientierte Leistung als Bereitsteller erbringen (z. B. Strom-Gas-Wärmelieferung); Koordinationseinrichtungen (z. B. Plattformen für intermodalen Verkehr, Clearingstellen etc.); Nutzer_innen der Energie-, Mobilitäts-, Logistik-, Informations-, Kommunikations-, Ver- und Entsorgungs-Dienstleistungen. Weitere **Stakeholder** mit Einfluss auf die Ausgestaltung der gemeinwohlorientierten Leistung sind: (öffentliche und private) Finanzierungseinrichtungen, Unternehmen als Technologiebereitsteller sowie Forschungs- und Qualifizierungseinrichtungen. Abgesehen davon sind öffentliche (politisch-administrative) Einrichtungen (einschließlich der Regulierungsbehörden) **Akteure, die Rahmenbedingungen definieren**.

22.4.1 Öffentliche Hand

Rolle von Bund, Ländern und Gemeinden

In Österreich könnte die öffentliche Hand als **Mehrheitseigentümer zentraler Infrastrukturbereitsteller** eine gestalterische Rolle spielen. So sind ASFINAG und ÖBB Infrastruktur AG mit je 100 Prozent direkt im Eigentum des Staates und die Austrian Power Grid AG (APG – Netzbetreiber des Hochspannungsnetzes) ist eine 100-Prozent-Tochter der Verbund AG, die wiederum mit 81 Prozent Beteiligung von Bund und Landesenergieversorgern ebenfalls staatlich dominiert wird. Die **Gestaltungsmöglichkeiten** für die Anpassung bzw. Ausrichtung an klimapolitischen Zielsetzungen in den Bereichen Energie und Verkehr sind dementsprechend und aufgrund der Gemeinwohlverpflichtung der öffentlichen Verwaltung und der Unternehmen der Daseinsvorsorge grundsätzlich gegeben.

Im Bereich der Telekommunikationsinfrastruktur verfügt der Bund durch seine Beteiligung am größten Akteur, der A1 Telekom Austria AG (51 Prozent ausländischer Konzern, 28 Prozent ÖBAG, 21 Prozent Streubesitz) nur eine Sperrminorität und damit über keine formalen Gestaltungsmöglichkeiten aufgrund der Eigentümerrolle. Gestaltungsmöglichkeiten ergeben sich für die öffentliche Hand durch die Möglichkeit, Auflagen zur Erbringung von Universaldiensten (z. B. Grundversorgung mit Telefon, Internet) durch die Unternehmen zu erteilen.

Im europäischen Vergleich findet man in Österreich in den meisten Infrastrukturnetzen eine dezentrale Eigentümerstruktur, bei der die Infrastrukturbetreiber großteils von öffentlichen Gebietskörperschaften zumindest als Miteigentümer kontrolliert werden. Die Rechtsform hat sich in einigen Infrastrukturnetzen in den letzten Jahren nur vereinzelt geändert, beispielsweise in Form von Ausgliederungen durch Eigengesellschaften. Die Telekommunikationsinfrastrukturnetze sind im Unterschied privatwirtschaftlich dominiert.

Rolle der EU

Die politischen Rahmensetzungen und der Ordnungsrahmen von netzgebundenen Infrastruktursystemen ändern sich zunehmend durch vermehrte Weisungen von internationaler, insbesondere europäischer Ebene (z. B. im Bereich der Trinkwasserversorgung durch neue Richtlinien, die in nationales Recht umgesetzt werden müssen). Von diesen Veränderungen sind insbesondere kommunale Gebietskörperschaften betroffen, da sie traditionell im Rahmen ihrer Selbstverwaltung die öffentliche Versorgung sicherstellen.

22.4 Akteure und Institutionen

Die Rolle der Regulierungsbehörden

Von den Marktteilnehmern **unabhängige Regulierungsbehörden** sind für die Umsetzung der gesetzlichen Spielregeln und Einhaltung der institutionellen Rahmenbedingungen verantwortlich. Die Unabhängigkeit der Regulierungsbehörden trug in ihrer Rolle als Wettbewerbshüter dazu bei, dass mächtige Monopolisten kontrolliert werden konnten. Doch im neuen Kontext der Transformation macht es diese Unabhängigkeit schwierig, eine Balance zwischen den Interessen der Konsument_innen, anderer Marktteilnehmer und Stakeholder aufrechtzuerhalten, während **zusätzliche Aufgaben zur Erreichung klimapolitischer Zielsetzungen** auf die Regulierungsbehörden zukommen (Bolton & Foxon, 2015).

22.4.2 Akteure in den jeweiligen Infrastruktursystemen – etablierte und neue Akteure

In der wissenschaftlichen Literatur gehen viele davon aus, dass es zu wesentlichen Anpassungen der Infrastruktursysteme aufgrund der Notwendigkeit der Dekarbonisierung und der technologischen Entwicklungen der Digitalisierung kommen wird und dass damit verbunden Änderungen in den Akteurslandschaften der Infrastruktursysteme einhergehen (Berggren et al., 2015; Geels, 2014). Im Folgenden werden die Akteurslandschaften für Energie, Verkehr, IKT und Wasser skizziert.

Energie

Die Akteurslandschaft im Bereich des Betriebs der Energienetze bei Strom und Gas ist geprägt durch die Trennung des monopolistischen Netzbetriebs von Erzeugung und Vertrieb. Aufgrund der Liberalisierung der gemeinwohlorientierten Leistungen wurde der Betrieb der Energienetze rechtlich von den Energiedienstleistungen entflochten. Die 122 Stromverteilernetzbetreiber und 21 Gasverteilernetzbetreiber sind in der Regel privatwirtschaftlich organisierte Unternehmen mit Aufgaben des Netzbetriebs, der Netzplanung und des Netzausbaus.

Kleinere Stadtwerke haben eine im europäischen Recht vorgesehene Sonderstellung, wodurch sie von der rechtlichen Entflechtung von Netzbetrieb von Erzeugung und Lieferung ausgenommen sind. Besonders dezentral strukturiert ist die Steiermark; hier gibt es auch einige kleine private regionale Stromversorger mit eigenem Netzbetrieb. Fern- und Nahwärmeinfrastruktursysteme sind von der Trennung des monopolistischen Netzbetriebs von Erzeugung und Vertrieb nicht betroffen. Mit einer Länge von über 5600 Kilometern werden in Österreich Fernwärmenetze von Stadtwerken und vielen anderen Betreibern in Österreich betrieben (Büchele et al., 2021).

Die Kontrolle im Bereich Strom- und Gas wird durch die Regulierungsbehörde E-Control erfüllt, deren Aufgabe es ist, den Wettbewerb zu stärken. Seit Juli 2021 hat die E-Control auch den **gesetzlichen Auftrag, zur raschen Verwirklichung der Transformation des Energiesystems beizutragen** (E-Control-Gesetz § 4.5).

Verkehr

Die Straßen- und Schieneninfrastruktur wird von Bund, Ländern und Gemeinden von der öffentlichen Verwaltung oder durch ausgelagerte Unternehmen (ASFINAG, ÖBB-Infrastruktur AG, Wiener Stadtwerke etc.) betrieben.

Auch der Betrieb der Schienennetze wurde aufgrund der Marktliberalisierung rechtlich von den Beförderungsdiensten entflochten. Mit Ende 2020 sind 77 Eisenbahnunternehmen in Österreich zugelassen, die das ÖBB-Netz nutzen. Davon sind 33 private Eisenbahnunternehmen. 59 Unternehmen haben die Berechtigung, im ÖBB-Netz Züge zu führen (Jahresbericht der Schienen-Control GmbH für 2020, 2021).

Die Regulierungsbehörde Schienen-Control GmbH ist für die Wettbewerbsregulierung zuständig.

Information und Kommunikation

Die österreichische Telekommunikationslandschaft besteht aus drei Mobiltelefonnetzbetreibern (A1 Telekom Austria AG, Hutchison Drei Austria GmbH, T-Mobile Austria GmbH) und einer Vielzahl von kleineren Mobilfunkanbietern (RTR, 2021a). Die großen Anbieter sind zu unterschiedlichen Anteilen in der Hand ausländischer Investoren. Im Bereich Breitbandinternet haben sieben Anbieter ca. drei Viertel der Marktanteile (A1 Telekom Austria AG, Salzburg AG, Wien Energie, Innsbrucker Kommunalbetriebe AG, Energie AG und nöGIG); der Rest der über 200 kleineren Netzanbieter verteilt sich über einzelne Regionen (RTR, 2021b).

Zur politischen Kontrolle existieren unterschiedliche regulatorische Institutionen, die Steuerungsmechanismen für den Aus- und Umbau sowie den Betrieb von Telekommunikationsnetzen bereitstellen, insbesondere über die österreichischen Regulierungsbehörden Rundfunk und Telekom Regulierungs-GmbH (RTR) und die Telekom-Control-Kommission (TKK).

Als neue Akteure digitaler Infrastrukturen setzen sich auch zunehmend Online-Plattformen als Teil der Infrastruktursysteme durch, da sie die gleichen Netzwerk-, Skalen- und Lock-in-Effekte wie „traditionelle" netzgebundene Infrastrukturen aufweisen und von ihnen profitieren (Krisch & Plank, 2018). Ausgehend vom ursprünglichen Gedanken der Sharing Economy (Botsman & Rogers, 2010) wird in der Literatur zunehmend die Kritik an neuen Monopolisierungstendenzen laut. Forderungen nach Sicherstellung des öffentlichen Interesses werden gestellt (Frenken et al., 2020). Der Einfluss großer internationaler Konzerne, die intermediäre Plattformen (z. B. im Verkehr durch Uber) betreiben, ist auch bei physischen IKT-Infrastrukturen (z. B. Speicherfarmen für Cloud Services durch Amazon, Unterwasserdatenkabel durch Facebook oder Google) nachweisbar (Brake, 2019). Die öffentliche Hand nimmt hier zunehmend ihre Verantwortung und ihre Handlungsmöglichkeiten durch lokal verankerte Plattformalternativen wahr (z. B. Wiener Mobilitäts-App Wien Mobil) (Krisch & Plank, 2021).

Wasser und Abwasser
Insgesamt ist die Wasserwirtschaft (Wasserversorgung und Abwasserentsorgung) in Österreich durch einige wenige große Landes- bzw. städtische Versorger und viele kleine kommunale Anlagen gekennzeichnet. Die Branchenstruktur in der Siedlungswasserwirtschaft in Österreich ist sehr kleinteilig, da durch die hohe Anzahl an Streusiedlungen ein großer Anteil an Klein- und Kleinstversorgern vor allem in ländlich-peripheren Regionen besteht. Die Zahl der Wasserversorger wird in Österreich auf rund 5500 geschätzt, davon sind ca. 165 regionale Abwasserverbände, 1900 kommunale Anlagen und ca. 3400 Wassergenossenschaften (Getzner et al., 2018).

Die Gesetzgebungskompetenz und der Vollzug liegen größtenteils bei den neun Bundesländern, insbesondere in Bezug auf Investitionen, Abgaben und Zuschüsse. Dementsprechend ergeben sich aus dem föderalen System Österreichs sehr unterschiedliche Regelungen und Rechtslagen. Die Aufsicht über die Gewässer und die dazugehörigen Anlagen ist auf Landesebene bei den Landeshauptleuten bzw. den Bezirksverwaltungsbehörden angesiedelt. Das Wasserrechtsgesetz ermöglicht es den Landesgesetzgebern, einen Anschlusszwang an das öffentliche Versorgungssystem vorzusehen. In den Landesgesetzen ist außerdem die Anschluss- und Benützungspflicht geregelt.

Die Organisation der Siedlungswasserwirtschaft wird auf kommunaler Ebene geregelt, wobei die Durchführung von Wasserversorgung und Abwasserentsorgung durch Unternehmen, Regiebetriebe (als Teil der kommunalen Verwaltung), Verbände (im Sinne einer gemeinsamen Besorgung der Aufgaben durch kooperierende Gemeinden) oder Genossenschaften stattfindet. Die kommunale Ebene ist verantwortlich für die Festlegung und Einhebung der Tarife und Investitionen. Die Durchführung der Versorgungsleistung kann von einem von der Gemeinde betriebenen wirtschaftlichen Unternehmen organisiert werden (z. B. Stadtwerke).

Die in Kap. 6 zur integrierten Betrachtung von Infrastruktursystemen bereits angesprochenen notwendigen **Synergien zwischen unterschiedlichen Infrastrukturnetzen** sind auch in der verstärkten interkommunalen Kooperation für Infrastruktursysteme relevant. Beispielsweise nehmen im Bereich der Wasserinfrastrukturen Regionalverbände (z. B. im Hochwasserschutz) als Instrumente der interkommunalen Zusammenarbeit an Bedeutung zu, um die **Funktionsfähigkeit und Resilienz der Infrastrukturnetze** auch in Zukunft zu gewährleisten (Hogl, 2015).

Auch **Stadtwerke** können diese Funktion verstärkt wahrnehmen, da sie prädestiniert scheinen, um die **Aufgabe der Kopplung unterschiedlicher stadttechnischer Infrastrukturbereiche** zu organisieren. Stadtwerke sind in der Lage, erhebliche Synergieeffekte zu erschließen, indem sie einerseits die Vorteile der Kund_innennähe und andererseits die Kenntnisse der Betriebsstrukturen der Verteilernetze über verschiedene Infrastrukturbereiche hinweg vereinen. Darüber hinaus sind sie mit den kommunalen Verwaltungsstrukturen gut vernetzt, von Stadtplanung über Hoch- und Tiefbau bis zu Bauämtern. Die Vorteile, die durch die Koordinationswirkung von Stadtwerken entstehen, reichen von der Steigerung der regionalen Wertschöpfung durch den Verbleib von Arbeits- und Kapitaleinkommen in der Region bzw. Stadt über ihren positiven Beitrag zu den kommunalen Finanzen bis hin zu ihrem Einfluss auf lokale Gestaltungspläne von netzgebundenen Infrastrukturen, die sie unmittelbar mit der Ausrichtung an klima- und umweltpolitischen Zielen verknüpfen können (Tietz & Hühner, 2011). Dieses Argument schließt auch an alltagsökonomische Überlegungen an, wo **lokale Ankerinstitutionen** den Wandel hin zu lokalen Wirtschaftskreisläufen aktiv steuern und damit zur Transformation verschiedener Systeme beitragen können (Foundational Economy Collective, 2019).

Als **neuere Akteur_innen** bei netzgebundenen Infrastrukturen werden in der Literatur Bürger_innengruppen bzw. generell die Bevölkerung bzw. betroffene Personengruppen genannt. So wird **Bürger_innengruppen eine aktive Rolle** bei kritischen Infrastrukturen im Risikomanagement in sämtlichen Phasen von Prävention über Katastrophenmanagement bis zum Wiederaufbau zugeschrieben, da den betroffenen Personengruppen ein agileres Tätigwerden in Dauer und Umfang insbesondere durch selbstorganisierte Gruppen attestiert wird, als dies der öffentlichen Hand möglich ist. Durch die Bottom-up-Strategien der Integration von direkt betroffenen Personengruppen kann der bürokratische Aufwand der öffentlichen Hand reduziert bzw. umgangen und so ein hoher Grad an unmittelbarer Zielerreichung geschaffen werden. Kritisch ist in diesem Zusammenhang allerdings auf den begrenzten Zeitraum des bürgerschaftlichen Engagements hinzuweisen, der üblicherweise keine beständigen Strukturen schaffen kann. Außerdem besteht das Risiko, dass parallele politische Strukturen entstehen, die nicht oder nur unzureichend demokratisch legitimiert sind (Thaler et al., 2015).

Insgesamt plädieren relevante Autor_innen für die Notwendigkeit einer **Mischung aus zentralisierten und dezentralisierten Akteursstrukturen** sowie **formellen und informellen Governance-Ansätzen**, die bei der Transformation von netzgebundenen Infrastrukturen hin zu einem klimafreundlichen Leben notwendig sind. Damit könne auf die unterschiedlichen Transformationsphasen der Systeme eingegangen werden, da informelle Governance-Ansätze besonders in frühen Phasen von Transformationsprozessen (z. B. in der Anpassungs- und Übergangsphase) effektiv einsetzbar sind, während formelle und **zentralisierte Ansätze** in späteren Phasen der Transformation wirksamer werden (Rijke et al., 2013). Dies ermöglicht, entweder Infrastruktursysteme in verschiedenen hierarchischen Ordnungsstufen integriert zu betrachten (z. B. Abhängigkeiten zwischen Bahn und Energieversorgung) oder aber hierarchiefrei zu konzipieren (z. B. bei „distributed systems", wo **dezentrale Mechanismen und Koordination** eine zentrale Steuerung ersetzen) (Engels et al., 2021).

22.5 Handlungsmöglichkeiten und Gestaltungsoptionen

22.5.1 Investitionen in Infrastrukturen

Investition in und Finanzierung von Neubau oder Umbau von Netzinfrastrukturen oder deren Stilllegung kann ein **großer Hebel sein**, um klimafreundliches Leben zu befördern. Diese finanzierten Maßnahmen (z. B. ein sehr gutes Fahrradnetz plus einer Bevorrangung von Fahrradfahrer_innen) ermöglichen Menschen unterschiedlicher Bevölkerungsgruppen und Regionen auf klimafreundliche Mobilitäts- und Energiedienstleistungen etc. umzusteigen.

Da die **Eigentümerschaft in Österreich sehr stark in öffentlicher Hand** ist, stellt sich die Frage der Finanzierbarkeit als Teil der privatwirtschaftlichen Tätigkeiten des Staates. Der Ausbau der Verkehrsinfrastruktur, der Energienetze und sonstiger Infrastrukturen der Daseinsvorsorge hängt eng mit politischen Entscheidungsprozessen und der **Möglichkeit der** EU-konformen **Mittelaufbringung** zusammen. Damit verbunden ist auch die **Finanzierung** durch den Finanzsektor, wie Public-Privat-Partnerships und Beteiligungen von Investoren mit langfristigen Veranlagungsstrategien (z. B. Pensionsfonds), aber auch von Investor_innen mit kurzfristigen bis spekulativen Interessen. Im Bereich der Kommunikationsinfrastruktur für Breitbanddienste und Mobiltelefonie sind die Investitionsentscheidungen außer im Wege von **Subventionierung** (z. B. Breitbandinternet im ländlichen Raum) im Wesentlichen vom Willen der privaten Eigentümerschaft abhängig. Letztendlich ist die öffentliche Hand aber immer ein zentraler Akteur, um die Netzinfrastrukturen zu gestalten, wenn auch in unterschiedlichen Funktionen.

22.5.2 Regulatorische Maßnahmen

In der **Funktion als Gesetzgeber können rahmensetzende Maßnahmen** beschlossen werden, wie beispielsweise Bedingungen bei Lizenzvergaben, Baugenehmigungen, Geschwindigkeitsbeschränkungen, steuerliche Maßnahmen, um die Nutzung zu steuern.

2021 wurde beispielsweise der Mobilitätsmasterplan 2030 als wirkungsorientierte Strategie für Luft-, Wasser-, Schienen- und Straßenverkehr veröffentlicht, der für eine klimafreundliche Verkehrswende verkehrsvermeidende Siedlungsstrukturen vorschlägt und eine weitere Zersiedlung mit induzierten Mobilitätszwängen vermeiden will (Banko et al., 2022).

Weiters können **Veränderungen in den Zielsetzungen und Aufgaben von staatlichen Agenturen** zusätzlichen Spielraum schaffen, um die Netzinfrastrukturen auch im Sinne klimafreundlichen Lebens zu gestalten.

Banko et al. (2022) weisen darauf hin, dass bei der Bewertung der Treibhausgasemissionen der Infrastrukturvorhaben unbedingt neben den direkten Emissionen auch die Lebenszyklusemissionen (inklusive Bauphase, Betriebsphase und Entsorgung) Berücksichtigung finden müssen, um die Klimawirkung von Infrastrukturnetzen umfassend beurteilen zu können. Banko et al. (2022) empfehlen die Orientierung an der Commission Notice „Technical guidance on the climate proofing of infrastructure in the period 2021–2027" (European Commission, 2021), welche eine derartige Vorgehensweise für die Beurteilung von langlebigen Infrastrukturvorhaben beschreibt.

22.5.3 Innovationsorientierte Maßnahmen

In der Literatur wird auf verschiedene Ansätze verwiesen (z. B. Social-Technical Transitions, Social-Ecological Systems, Transitionsmanagement), die die Rolle von Innovation für den fundamentalen Wandel komplexer Systeme wie netzgebundener Infrastrukturen hin zu einem klimafreundlichen Leben analysieren (Markard et al., 2012; Tödtling et al., 2021). Sie bilden wesentliche rationale Legitimationsargumente für innovationsorientierte Maßnahmen, um die Transformation von soziotechnischen Infrastrukturen zu befördern.

Die Handlungsfelder für **nachhaltigkeits- und innovationsorientierte Infrastrukturpolitik** finden sich u. a. in folgenden Bereichen:

- **Beschleunigung der Mobilitätswende** von Personen und der Verkehrswende für Güter (z. B. E-Mobilität, Co-Modalität, Smart Cities, bidirektionales Laden, Regelungsalgorithmen für systemdienliche Ladestrategien etc.)
- **Transition der Energiesysteme** (z. B. Smart Grids, energieproduzierende Gebäude, Smart Cities, alternative Antriebsysteme für E-Mobilität, erneuerbare Energien, individuelle und automatisierte Strategien für die Teilnahme an den Energiemärkten (Schitter, 2020)).
- Verbesserungen im **Abfall- und Ressourcenmanagement** (z. B. Online-Messmethoden, innovative Aufbereitungsmaßnahmen zur Reinigung etc.)

Besonders geeignet scheinen Maßnahmen, die über etablierte Modelle der Forschungs-, Technologie- und Innovationsförderung hinausgehen. Vorgeschlagen wird beispielsweise **innovationsorientierte öffentliche Beschaffung** (Edquist et al., 2018). So empfiehlt auch die Europäische Kommission, in der öffentlichen Beschaffung **Spezifikationen auch als Funktions- und Leistungsvereinbarungen** zu formulieren, mit dem expliziten Ziel, Innovationen zu ermöglichen (Edquist & Zabala-Iturriagagoitia, 2021).

In Hinblick auf den rechtlichen Regulierungsrahmen, aber auch auf finanzielle Anreizsysteme sind derzeit noch viele Fragen offen, weshalb einige Autor_innen Demonstrationsprojekte als **Experimentierräume** für neue Infrastrukturlösungen vorschlagen (Libbe & Nickel, 2016). International intensiv diskutierte Instrumente stehen im Zusammenhang mit dem Ansatz des regulatorischen Experimentierens (Veseli et al., 2021). Seit dem Beschluss des Erneuerbaren-Ausbau-Gesetzespakets ist **regulatorisches Experimentieren** in Form von durch die E-Control genehmigten Ausnahmen in sogenannten Regulatory Sandboxes möglich (Erneuerbaren-Ausbau-Gesetzespaket – EAG-Paket, 2021).

Kropp et al. (2021) halten es für wichtig, über technikzentrierte Lösungen hinausgehend integrative Ansätze zu fördern, um Wege hin zur Klimaneutralität zu eröffnen. Hier spielen insbesondere soziokulturelle Innovationen eine große Rolle, um die technischen Perspektiven mit den sozialen Bedingungen und ihrem architektonischen und infrastrukturellen Erbe zu verbinden.

22.5.4 Planerische Maßnahmen

Transformation der netzgebundenen Infrastruktur erfordert einen **Wandel der Planungskultur** (Frantzeskaki & Loorbach, 2010). Dafür muss Wissen über die vielfältigen Interdependenzen von netzgebundenen Infrastruktursystemen Eingang in die Planung finden (Krisch & Suitner, 2020), wie auch Kropp (2018) betont: „Ein zielgerichteter Transformationsprozess ist also herausgefordert, die vielseitig stabilisierten Selbstverständlichkeiten in den unterschiedlichsten Medien, von der Technik über die Betriebsorganisation bis hin zu den Versorgungsleitbildern, zu rekonfigurieren." (Kropp, 2018, S. 185) Næss (2016) verweist ebenso auf die Bedeutung des Wissens darüber, wie und warum die gebaute städtische Umwelt das menschliche Handeln und das soziale Leben beeinflusst, und eines angemessenen Verständnisses der kausalen Natur solcher Einflüsse als Voraussetzung, um nachhaltige Strategien in der räumlichen Planung entwickeln zu können. Transitionsmanagement ist beispielsweise in den Niederlanden ein bereits gut erprobter Ansatz für eine neue Planungskultur zur Entwicklung von Infrastruktursystemen (Frantzeskaki & Loorbach, 2010).

Horizontale und vertikale Mehrebenen-Governance-Mechanismen helfen dabei, Strategie- und Planungsprozesse sowie Instrumente an einem klimafreundlichen Leben auszurichten und sektorale sowie räumliche Schnittmengen zu nutzen (Markard et al., 2020; Thaler et al., 2021). Nicht nur klassische Planungsinstrumente wie Flächenwidmungs- und Bebauungsplanung müssen Strukturen für ein klimafreundliches Leben schaffen, sondern auch die Unsicherheitsbetrachtung muss zum Standardwerkzeug der Planer_innen werden, um mit Komplexität besser umgehen zu können. Hier schlagen einige Autor_innen einen Paradigmenwechsel vor, der eine Abkehr von garantierter Bedarfsdeckung und ökonomischer Effizienz hin zu einer multiperspektivischen Nebenfolgensensitivität einleitet, beispielsweise im Sinne einer erweiterten Umwelt-, Sozial- und Klimaverträglichkeitsprüfung (Kropp, 2018). Auf übergeordneter Planungsebene fordern einige Autor_innen die Einbeziehung zusätzlicher Kriterien zur Beurteilung von Ausbaumaßnahmen bei Infrastrukturnetzen, wie beispielsweise induzierte Effekte, die schon bei der Trassenplanung bzw. der Alternativenprüfung von Bauvorhaben einbezogen werden sollen (Banko et al., 2022). Auf lokaler Ebene verweisen einige Autor_innen auf die optimierte Siedlungsstrukturanalyse (Simperler et al., 2018), die Informationen zur optimalen Einbindung dezentraler Infrastruktursysteme (z. B. Entwässerungssysteme) in Abhängigkeit von räumlichen Strukturtypen liefert (Back et al., 2019).

Eine **integrierte Planungskultur** über unterschiedliche räumliche, administrative und sektorale Ebenen ist ebenfalls ein essenzieller Bestandteil, um netzgebundene Infrastruktursysteme klimafreundlich zu gestalten und Schnittmengen zu nutzen (z. B. Verbindung von Mobilitätshubs mit anderen sozialen Daseinsvorsorgebereichen oder der Beitrag von Wasserinfrastrukturen zur Energiewende (Libbe & Nickel, 2016)). Auch im Zusammenhang mit der Digitalisierung werden nur dann Effektivitätssteigerungen erwartet, wenn in der Umsetzung ein inter- und transdisziplinäres Verständnis etabliert und siloartige Organisationsformen überwunden werden (Giffinger et al., 2021). Die Sektorenkopplung ist ebenso eine wichtige Integrationsschnittstelle unterschiedlicher Infrastruktursysteme. Die Befürworter_innen dieses Ansatzes diskutieren die Sektorenkopplung nicht nur im Zusammenhang mit ihrem Potenzial zur Steigerung der Ressourceneffizienz, sondern sind sich einig, dass sie eine wesentliche Voraussetzung zur Verringerung der Treibhausgasemissionen und zur Verlangsamung des Klimawandels ist (Büscher et al., 2020).

22.5.5 Gesellschaftliche Reflexion und Neuausrichtung der Infrastrukturpolitik

Soziales Lernen, das durch Realexperimente gefördert wird, ist neben anderen Faktoren von großer Bedeutung für die Überwindung der Beharrungskräfte und Widerständigkeit von Infrastruktursystemen (Kropp, 2018) und die Umstrukturierung der derzeitigen soziotechnischen Systeme, da das Verständnis für die Systembedingungen sowie die sozialen, ökologischen und ökonomischen Zusammenhänge von Infrastruktursystemen durch die Einbindung in einen kollektiven Lernprozess gemeinsam entwickelt wird (Kropp, 2017). Soziales Lernen trägt potenziell zur Veränderung von Normen, Werten, Zielen, operativen Verfahren und Akteur_innen bei, die für Entscheidungsprozesse und Maßnahmen zur Umsetzung von Nachhaltigkeitsideen in die Praxis erforderlich sind. Das Experimentieren wird als wichtiges Instrument zur Unterstützung des Übergangs zur Nachhaltigkeit angesehen, da es einen Ort für umfassende Lernerfahrungen bietet (Groß et al., 2005). Hier orten viele Autor_innen Aufholbedarf, da es beispielsweise im Wassersektor bisher fast ausschließlich eine Konzentration auf technische Experimente gab, während der Bedeutung von Governance-Experimenten für das soziale Lernen nur wenig Aufmerksamkeit geschenkt wurde (Bos & Brown, 2012).

Es bedarf neuer Kooperationsformen zwischen Ver- und Entsorgungsträgern mit den Bürger_innen, wobei der Gemeinde die kommunale Daseinsvorsorge und somit die Koordination des Transformationsprozesses im Sinne der Gemeinwohlinteressen obliegt (Libbe & Nickel, 2016). Die Herausforderung besteht darin, passgenaue Angebote zu entwickeln, die auch unter Berücksichtigung des Klimaschutzes spezifische Infrastrukturbedürfnisse (z. B. Mobilitätsbedürfnis) der Bevölkerung einbeziehen. Diese Angebote gemeinsam mit den Akteur_innen und den verschiedenen Zielgruppen vor Ort zu erarbeiten, ist die Grundlage zur mittelfristigen Entwicklung klimaneutraler Infrastrukturnetze, die von den Bürger_innen mitgetragen werden (Kropp, 2018).

In der Literatur wird auch auf das Konfliktpotenzial von Beteiligungsprozessen hingewiesen, das sich beispielsweise bei der Auswahl des Designs von Maßnahmen für die Transformation von Infrastrukturnetzen ergeben kann (Kropp, 2018). Böschen et al. (2015) stellen vielfältige Deutungs-, Legitimations-, Mittel- und Identitätskonflikte fest, die insbesondere fehlende politische Gestaltungskraft und Kompetenzen im Umgang mit komplexen Systemen, aber auch unklare Anreizsysteme und die Gefahr der Verstetigung von Umweltproblemen mit der Transformation von Infrastruktursystemen offenlegen.

Kropp (2017) unterscheidet hier zunächst nach politischer und sozialer Partizipation, wobei erstere auf die Beeinflussung des politischen Systems abzielt, während letztere eher generell gesellschaftliche Handlungsräume und die darin agierenden Organisationen beeinflussen will. Beispielsweise kann dies die Bildung von Interessengruppen bei Infrastrukturbauten, das Sammeln von Spenden, die Beteiligung an Ko-Produktionsprozessen (z. B. Energie- oder Car-Sharing-Genossenschaften), individuelle Nutzungsanpassungen durch Nachfrage nach „grünem Strom" oder Aufbau und Betrieb von Infrastrukturen im Zuge einer Quartiersentwicklung (z. B. TransformTernitz (Klima- und Energiefonds, 2022)) sein. Kropp (2017) unterscheidet weiter zwischen formeller und informeller Beteiligung an Infrastrukturprojekten. Informelle Beteiligungsprozesse sind niederschwellig und damit leichter zugänglich, aber in der Praxis oft von offiziellen Entscheidungsprozessen abgekoppelt.

Generell lässt sich feststellen, dass in der Literatur Bürger_innenbeteiligung in der Infrastrukturentwicklung kontrovers diskutiert wird. Die Rolle von Bürger_innen schwankt zwischen einem Ausloten akzeptabler Varianten (wann, wie und wo Infrastrukturentwicklung passieren soll) und der **Einbindung in die Planung und Entwicklung zukünftiger Infrastruktursysteme** (ob, wie und warum Infrastrukturentwicklung passieren soll). Um einer **Bürger_innenbeteiligung als postdemokratischer Simulation entgegenzuwirken**, schlagen einige Autor_innen vor, dass Zivilgesellschaft als vierte Stimme neben Wirtschaft, Wissenschaft und Politik schon bei der Problemdefinition gleichberechtigt eingebunden werden soll, um eine Diskussion der Auswahl und Entwicklung zukünftiger Infrastruktursysteme als Ko-Produktionsprozess ernst zu nehmen (z. B. in Form von Stadtteilkraftwerken im Gemeinschaftseigentum der lokalen Nutzer_innengemeinschaft oder transnationaler Städtenetzwerke zur Erhöhung der Resilienz) (Kropp, 2017). Auch „Zukunftskammern" als langzeitorientierte Beteiligungsinstitution oder „materielle Partizipation" zur Sichtbarmachung von (Nicht-)Nutzung von Versorgungsangeboten (z. B. eingesparte CO_2-Emissionen oder verringerte Pro-Kopf-Wasserverbräuche) können als kollektives Infrastrukturhandeln Bedeutung erlangen (Kropp, 2017). Einig ist sich die Fachliteratur dahingehend, dass eine frühzeitige Einbindung von Nutzer_innen, bevor Entscheidungen getroffen werden, erforderlich ist. Einige Autor_innen weisen darauf hin, dass die Art der Beteiligung an relativ enge rechtliche und verfahrensseitige Vorgaben geknüpft ist (Grünwald et al., 2015).

Infrastruktur ist übergreifend und interkommunal zu denken, denn die Infrastrukturnetze enden nicht an den Landes-, Stadt- oder Gemeindegrenzen. Infrastruktursysteme sind als verzahnte und integrierte Systeme mit dem Umfeld zu betrachten. Die Teilhabe von verschiedenen Akteur_innen, insbesondere der Verbraucher_innen, mit lebensweltlichen und alltäglichen Praktiken und Wissen wird als zentrale Ressource zur Entwicklung eines bedürfnisgerechten Leistungsangebots eingeschätzt (Knothe, 2008). Neue demokratische Instrumente, wie Bürger_innenforen oder -versammlungen, können dabei helfen, die Wertvorstellungen und -zuschreibungen der Bürger_innen zur Transformation netzgebundener Infrastruktursysteme zu ermitteln (Bärnthaler et al., 2021). Experimente und neue Formen der Beteiligung von Nutzer_innen in einer aktiven Rolle (z. B. als Prosumer im Lastmanagement in Energienetzen, als Betreiber_innen von Mikronetzen) weisen ein breites Spektrum an noch wenig erforschten Spielräumen institutioneller Dynamiken auf. Diese sind Ausdruck des Versuchs, unterschiedliche normative Orientierungen miteinander zu vereinbaren und auszubalancieren. Dabei sind sie mit Kompromissen und Risiken konfrontiert, z. B. damit, dass große Hoffnungen und Versprechen nicht erfüllt werden. Es ist ein Prozess mit offenem Ausgang, der verschiedene Akteur_innen anzieht, die unterschiedliche Aktivitäten entfalten, unterschiedliche normative Ausrichtungen verfolgen und unterschiedliche Rollen einnehmen (Wittmayer et al., 2021).

22.6 Quellenverzeichnis

Allhutter, D., Bettin, S. S., Brunner, H., Kleinfercher, J., Krieger-Lamina, J., Ornetzeder, M., & Strauß, S. (2022). *Sichere Stromversorgung und Blackout-Vorsorge in Österreich: Entwicklungen, Risiken und mögliche Schutzmaßnahmen* (Projektbericht Nr.: ITA-AIT-17, Studie im Auftrag des Österreichischen Parlaments Projektbericht Nr.: ITA-AIT-17). https://fachinfos.parlament.gv.at/wp-content/uploads/2022/01/Blackout_Versorgungssicherheit_Endbericht_200122_BF.pdf

Ambrosius, G., & Franke, C. H. (2015). Pfadabhängigkeiten internationaler Infrastrukturnetze. *Jahrbuch für Wirtschaftsgeschichte / Economic History Yearbook*, 56(1), 291–312. https://doi.org/10.1515/jbwg-2015-0012

APG. (2013). *Masterplan 2030: Für die Entwicklung des Übertragungsnetzes in Österreich Planungszeitraum 2013 – 2030: Mit Ausblick bis 2050.* APG – Austrian Power Grid AG. https://www.apg.at/de/Stromnetz/Netzentwicklung#download

Back, Y., Kitanovic, S., & Kleidorfer, M. (2019). Untersuchung und Optimierung der Einbindung dezentraler Entwässerungssysteme zur Entlastung des städtischen Abwassernetzes und Minderung urbaner Hitzeinseln. *Regenwasser weiterdenken – Bemessen trifft Gestalten*. Aqua Urbanica 2019, Rapperswil, Schweiz.

Banko, G., Birli, B., Fellendorf, M., Heinfellner, H., Huber, S., Kudrnovsky, H., Lichtblau, G., Margelik, E., Plutzar, C., & Tulipan, M. (2022). *Evaluierung hochrangiger Strassenbauvorhaben* (REP-0791). Umweltbundesamt.

Barlösius, E. (2019). *Infrastrukturen als soziale Ordnungsdienste*. Campus.

Bärnthaler, R., Novy, A., & Plank, L. (2021). The Foundational Economy as a Cornerstone for a Social-Ecological Transformation. *Sustainability*, 13(18). https://doi.org/10.3390/su131810460

Berggren, C., Magnusson, T., & Sushandoyo, D. (2015). Transition pathways revisited: Established firms as multi-level actors in the heavy vehicle industry. *Research Policy*, 44(5), 1017–1028. https://doi.org/10.1016/j.respol.2014.11.009

Blöschl, G. (2018). Wasser und Gesellschaft. In *Umwelt und Gesellschaft: Herausforderung für Wissenschaft und Politik. Winiarter, Verena (Hsg.)* (Bd. 8, S. 27–35). Commission for Interdisciplinary Ecological Studies (KIOES) of the Austrian Academy of Sciences (OeAW). https://doi.org/10.1553/KIOESOP_008

BMK. (2020). *Energie in Österreich – Zahlen, Daten, Fakten*. Bundesministerium für Klimaschutz, Umwelt, Energie, Mobilität, Innovation und Technologie (BMK). https://www.bmk.gv.at/dam/jcr:f0bdbaa4-59f2-4bde-9af9-e139f9568769/Energie_in_OE_2020_ua.pdf

Bolton, R., & Foxon, T. J. (2015). Infrastructure transformation as a socio-technical process – Implications for the governance of energy distribution networks in the UK. *Technological Forecasting and Social Change*, 90, 538–550. https://doi.org/10.1016/j.techfore.2014.02.017

Bos, J. J., & Brown, R. R. (2012). Governance experimentation and factors of success in socio-technical transitions in the urban water sector. *Technological Forecasting and Social Change*, 79(7), 1340–1353. https://doi.org/10.1016/j.techfore.2012.04.006

Böschen, S., Brickmann, I., Kropp, C., Türk, J., & Vogel, K. (2015). Koordiniertes Klimahandeln zwischen „oben" und „unten". *Ökologisches Wirtschaften*, 4(30), 45–50.

Botsman, R., & Rogers, R. (2010). *What's Mine Is Yours: The Rise of Collaborative Consumption*. Harper Business.

Brake, D. (2019). *Submarine Cables: Ciritcal Infrastructure for Global Communications*. Information Technology & Innovation Foundation. https://www2.itif.org/2019-submarine-cables.pdf

Büchele, R., Fallahnejd, M., Felber, Hasani, Kranzl, Themeßl, Habiger, Hummel, Müller, & Schmidinger. (2021). *Potenzial für eine effiziente Wärme- und Kälteversorgung*. Technische Universität Wien; Zentrum f. Energiewirtschaft und Umwelt (e-think).

Büscher, C. (2018). Framing energy as a sociotechnical problem of control, change, and action. In *Christian Büscher, Jens Schippl and Patrick Sumpf (eds.): Energy as a Sociotechnical Problem: An Interdisciplinary Perspective on Control, Change, and Action in Energy Transitions* (S. 14–38). Routledge.

Büscher, C., Ornetzeder, M., & Droste-Franke, B. (2020). Amplified socio-technical problems in converging infrastructures. *TATup*, 29(2), 11.

Bußwald, P. (2011). *Projekt ZERsiedelt: Zu EnergieRelevanten Aspekten der Entstehung und Zukunft von Siedlungsstrukturen und Wohngebäudetypen in Österreich*. Neue Energien 2020 – 2. Ausschreibung.

COM(2019) 236 final. (2019) *Überprüfung des Fortschritts bei der Umsetzung der EU-Strategie für grüne Infrastruktur; {SWD(2019) 184 Final}*, 24 May 2019. https://eur-lex.europa.eu/legal-content/DE/TXT/PDF/?uri=CELEX:52019DC0236&qid=1562053537296

Edquist, C., & Zabala-Iturriagagoitia, J. M. (2021). Functional procurement for innovation, welfare, and the environment. *Science and Public Policy*, 47(5), 595–603. https://doi.org/10.1093/scipol/scaa046

Edquist, C., Zabala-Iturriagagoitia, J. M., Buchinger, E., & Whyles, G. (2018). *Mutual Learning Exercise: MLE on Innovation-related Procurement*.

Engels, J. I., Frank, S., Gurevych, I., Heßler, M., Knodt, M., Monstadt, J., Nordmann, A., Oetting, A., Rudolph-Cleff, A., Rüppel, U., Schenk, G. J., & Steinke, F. (2021). *Transformation, Zirkulation, System of Systems: Für ein dynamisches Verständnis netzgebundener Infrastrukturen* [Report]. https://doi.org/10.26083/tuprints-00017923

Erneuerbaren-Ausbau-Gesetzespaket – EAG-Paket, (2021). https://www.parlament.gv.at/PAKT/VHG/XXVII/I/I_00733/fname_933183.pdf

European Commission. (2021). *Commission Notice Technical guidance on the climate proofing of infrastructure in the period 2021–2027*.

Foundational Economy Collective (Hrsg.). (2019). *Die Ökonomie des Alltagslebens. Für eine neue Infrastrukturpolitik* (S. Gebauer, Übers.). Suhrkamp.

Frantzeskaki, N., & Loorbach, D. (2010). Towards governing infrasystem transitions: Reinforcing lock-in or facilitating change? *Technological Forecasting and Social Change*, 77, 1292–1301. https://doi.org/10.1016/j.techfore.2010.05.004

Franz, M. (2021). *Energiebedarf und Treibhausgasemissionen der Digitalisierung*. 1–27.

Frenken, K., van Waes, A., Pelzer, P., Smink, M., & van Est, R. (2020). Safeguarding Public Interests in the Platform Economy. *Policy & Internet*, 12(3), 400–425. https://doi.org/10.1002/poi3.217

Geels, F. (2014). Regime Resistance against Low-Carbon Transitions: Introducing Politics and Power into the Multi-Level Perspective. *Theory, Culture and Society*, 31(5), 21–40.

Getzner, M., Köhler, B., Krisch, A., & Plank, L. (2018). *Vergleich europäischer Systeme der Wasserversorgung und Abwasserentsorgung* (Nr. 197; Informationen zur Umweltpolitik). AK Wien; Österreichischer Städtebund; Younion.

Giffinger, R., Redlein, A., Kalasek, R., Pühringer, F., Brugger, A., Kammerhofer, A., & Kerschbaum, P. (2021). *Digitalisierung in der Stadtplanung: Von der Raumplanung bis zur Digitalisierung im Bauwesen* (Nr. 11; Berichte aus Energie- und Umweltforschung).

Graham, S., & Marvin, S. (2001). *Splintering urbanism: Networked infrastructures, technological mobilities and the urban condition*. Routledge.

Groß, M., Hoffmann-Riem, H., & Krohn, W. (2005). *Realexperimente: Ökologische Gestaltungsprozesse in der Wissensgesellschaft*. 1st ed. Science Studies. transcript Verlag, Bielefeld, Germany. https://doi.org/10.14361/9783839403044

Grünwald, R., Ahmels, P., Banthien, H., Bimsdörfer, K., Grünert, J., & Revermann, C. (2015). *Handlungsmöglichkeiten für Kommunikation und Beteiligung beim Stromnetzausbau* (TAB-HINTERGRUNDPAPIER NR. 20) [Abschlussbericht im Rahmen des TA-Projekts „Interessenausgleich bei Infrastrukturprojekten: Handlungsoptionen für die Kommunikation und Organisation vor Ort"].

Hanger-Kopp, S. (2019). *WaterStressAT – Climate change induced water stress – Participatory modeling to identify risks and opportunities in Austrian regions*. ACRP 12th Call.

Hogl, K. (2015). *RegioFlood – Regional Floodplain Management and Risk Transfer Mechanisms: Assessing options for climate adaptation*. ACRP 8th Call.

Hübner, R. (2014). *Energie – die Welt(macht) zwischen Mensch und Natur*.

Jahresbericht der Schienen-Control GmbH für 2020, Nr. Parlamentskorrespondenz Nr. 935 (2021). https://www.parlament.gv.at/PAKT/PR/JAHR_2021/PK0935/index.shtml

Kanton Zürich, R. (2012). *Energieplanungsbericht 2012*. Amt für Abfall, Wasser, Energie und Luft (AWEL), Abteilung Energie, 8090 Zürich. n.a.

Kleidorfer, M., Mikovits, C., Jasper-Tönnies, A., Huttenlau, M., Einfalt, T., & Rauch, W. (2014). Impact of a Changing Environment on Drainage System Performance. *Procedia Engineering*, 70, 943–950. https://doi.org/10.1016/j.proeng.2014.02.105

Kleidorfer, M., Möderl, M., Sitzenfrei, R., Urich, C., & Rauch, W. (2009). A case independent approach on the impact of climate change effects on combined sewer system performance. *Water Science and Technology*, 60(6), 1555–1564. https://doi.org/10.2166/wst.2009.520

Kleidorfer, M., Tscheikner-Gratl, F., Vonach, T., & Rauch, W. (2018). What can we learn from a 500-year event? Experiences from urban drainage in Austria. *Water Science and Technology*, 77(8), 2146–2154. https://doi.org/10.2166/wst.2018.138

Klima- und Energiefonds. (2021). *Leitfaden Energie aus Abwasser*.

Klima- und Energiefonds. (2022). *Transform Ternitz*. https://smartcities.at/projects/transform-ternitz/

Knothe, B. (2008). Zwischen Eigensinn und Gemeinwohl. Die Rolle privater Verbraucherinnen und Verbraucher in der Gestaltung wasserwirtschaftlicher Dienstleistungen. In *Infrastrukturnetze und Raumentwicklung. Zwischen Universalisierung und Differenzierung* (S. 305–323). Oekom, München.

Kommission der Europäischen Union. (2000). *Mitteilung der Kommission – Leistungen der Daseinsvorsorge in Europa* (KOM(2000) 580). https://eur-lex.europa.eu/legal-content/DE/TXT/PDF/?uri=CELEX:52000DC0580

Krisch, A., & Plank, L. (2018). *Internet-Plattformen als Infrastrukturen des digitalen Zeitalters* [Studie im Auftrag der Kammer für Arbeiter und Angestellte Wien]. TU Wien. https://wien.arbeiterkammer.at/service/studien/digitalerwandel/Internet-Plattformen.pdf

Krisch, A., & Plank, L. (2021). Plattform-Munizipalismus für digitale Infrastrukturen des Alltagslebens. In *Interdisziplinäre Stadtforschung – Themen und Perspektiven*. Transcript Verlag.

Krisch, A., & Suitner, J. (2020). Aspern Explained: How the Discursive Institutionalisation of Infrastructure Planning Shaped North-Eastern Vienna's Urban Transformation. *DisP – The Planning Review*, 56(2), 51–66. https://doi.org/10.1080/02513625.2020.1794126

Kropp, C. (2017). Infrastrukturen als Gemeinschaftswerk. In *Nachhaltige Stadtentwicklung: Infrastrukturen, Akteure, Diskurse* (Bd. 22). Campus Verlag.

Kropp, C. (2018). Infrastrukturierung im Anthropozän. In *Die Erde, der Mensch und das Soziale: Zur Transformation gesellschaftlicher Naturverhältnisse im Anthropozän* (S. 181–203). Transcript.

Kropp, C., Ley, A., Ottenburger, S. S., & Ufer, U. (2021). Making intelligent cities in Europe climate-neutral – About the necessity to integrate technical and socio-cultural innovations. *TATup*, 30(1), 11.

Lange, S., & Santarius, T. (2018). *Smarte grüne Welt? Digitalisierung zwischen Überwachung, Konsum und Nachhaltigkeit*. Oekom Verlag.

Larkin, B. (2013). The Politics and Poetics of Infrastructure. *Annual Review of Anthropology*, *42*(1), 327–343. https://doi.org/10.1146/annurev-anthro-092412-155522

Latsch, A., Anken, T., & Hasselmann, F. (2013). Energieverbrauch der Schweizer Landwirtschaft – Graue Energie schlägt zunehmend zu Buche. *Agrarforschung Schweiz*, *4*(5), 244–247.

Libbe, J., & Kluge, T. (2006). Kommunale Strategien für nachhaltige Infrastruktursysteme. *Ökologisches Wirtschaften – Fachzeitschrift*, *21*(4). https://doi.org/10.14512/oew.v21i4.478

Libbe, J., & Nickel, D. (2016). Wasser in der Stadt der Zukunft – planerische Herausforderungen und politische Aufgaben. *disP – The Planning Review*, *52*(3), 110–115. https://doi.org/10.1080/02513625.2016.1235893

Linkov, I., & Palma-Oliveira, J. M. (Hrsg.). (2017). *Resilience and Risk: Methods and Application in Environment, Cyber and Social Domains*. Springer Netherlands. https://doi.org/10.1007/978-94-024-1123-2

Markard, J., Geels, F. W., & Raven, R. (2020). Challenges in the acceleration of sustainability transitions. *Environmental Research Letters*, *15*(8), 081001. https://doi.org/10.1088/1748-9326/ab9468

Markard, J., Raven, R., & Truffer, B. (2012). Sustainability transitions: An emerging field of research and its prospects. *Research Policy*, *41*(6), 955–967. https://doi.org/10.1016/j.respol.2012.02.013

Mayntz, R. (1988). Zur Entwicklung Technischer Infrastruktursysteme. In *Differenzierung und Verselbständigung: Zur Entwicklung gesellschaftlicher Teilsysteme* (S. 233–259). Campus Verlag.

Mayntz, R., & Hughes, T. P. (2019). *The Development of large technical systems*. ROUTLEDGE; https://pure.mpg.de/rest/items/item_1235957/component/file_2505584/content. https://search.ebscohost.com/login.aspx?direct=true&scope=site&db=nlebk&db=nlabk&AN=2198911

Monstadt, J., & Coutard, O. (2019). Cities in an era of interfacing infrastructures: Politics and spatialities of the urban nexus. *Urban Studies*, *56*(11), 2191–2206. https://doi.org/10.1177/0042098019833907

Næss, P. (2016). Built environment, causality and urban planning. *Planning Theory & Practice*, *17*(1), 52–71. https://doi.org/10.1080/14649357.2015.1127994

NIAC. (2009). *Critical Infrastructure Resilience. Final Report and Recommendations*. National Infrastructure Advisory Council. http://www.dhs.gov/xlibrary/assets/niac/niac_critical_infrastructure_resilience.pdf

Norman, J., Maclean, H., Asce, M., & Kennedy, C. (2006). Comparing High and Low Residential Density: Life-Cycle Analysis of Energy Use and Greenhouse Gas Emissions. *Journal of Urban Planning and Development-asce – J URBAN PLAN DEV-ASCE*, *132*. https://doi.org/10.1061/(ASCE)0733-9488(2006)132:1(10)

Oberascher, M., Rauch, W., & Sitzenfrei, R. (2021). Efficient integration of IoT-based micro storages to improve urban drainage performance through advanced control strategies. *Water Science and Technology*, *83*(11), 2678–2690. https://doi.org/10.2166/wst.2021.159

Pfefferer, B., Bayer, G., Götzl, G., Fuchsluger, M., Hoyer, S., Schriebl, A., Kalasek, R., Brus, T., & Zeininger, J. (2022) *AnergieUrban Leuchttürme - Rechtliche, organisatorische und wirtschaftliche Rahmenbedingungen für Anergienetze mit Erdsonden im urbanen Raum anhand konkreter Pilotprojekte*. Endbericht des Projekts. ÖGUT, GBA, TU Wien, © zeininger architekten, Wien. https://www.oegut.at/downloads/pdf/Endbericht_AnergieUrban_Leuchttuerme_v6-small.pdf

Rijke, J., Farrelly, M., Brown, R., & Zevenbergen, C. (2013). Configuring transformative governance to enhance resilient urban water systems. *Environmental Science & Policy*, *25*, 62–72. https://doi.org/10.1016/j.envsci.2012.09.012

Ropohl, G. (2009). *Allgemeine technologie: Eine systemtheorie der technik*. KIT Scientific Publishing. https://library.oapen.org/bitstream/handle/20.500.12657/34498/422388.pdf?sequence=1&isAllowed=y

Rozos, E., Baki, S., Bouziotas, D., & Makropoulos, C. (o. J.). *Exploring the link between urban development and water demand: The impact of water-aware technologies and options*. 6.

RTR. (2021a). Betreiber im Mobilnetz. *Website*. https://www.rtr.at/TKP/was_wir_tun/telekommunikation/konsumentenservice/information/informationen_fuer_konsumenten/TKKS_BetreiberMN.de.html

RTR. (2021b). *RTR Internet Monitor – Jahresbericht 2020*. Rundfunk und Telekom Regulierungs-GmbH. https://www.rtr.at/TKP/aktuelles/publikationen/publikationen/m/im/RTRInternetMonitor_Jahresbericht_2020.pdf

Schaubroeck, T., De Clippeleir, H., Weissenbacher, N., Dewulf, J., Boeckx, P., Vlaeminck, S. E., & Wett, B. (2015). Environmental sustainability of an energy self-sufficient sewage treatment plant: Improvements through DEMON and co-digestion. *Water Research*, *74*, 166–179. https://doi.org/10.1016/j.watres.2015.02.013

Schitter, L. (2020). *Klimaziele nur mit Digitalisierung zu erreichen: Umbau des Energiesystems als größtes Infrastrukturprojekt des Jahrhunderts* (Nr. 137/7; Elektrotechnik & Informationstechnik).

Schöner, W., Böhm, R., Haslinger, K., Blöschl, G., Kroiß, H., Merz, A. P., Blaschke, A. P., Viglione, A., Parajka, J., Salinas, J. L., Drabek, U., Laaha, G., & Kreuzinger, N. (2011). *Anpassungsstrategien an den Klimawandel für Österreichs Wasserwirtschaft* (Studie der Zentralanstalt für Meteorologie und Geodynamik und der Technischen Universität Wien im Auftrag von Bund und Ländern, S. 486). lebensministerium.at.

Shakou, L. M., Wybo, J.-L., Reniers, G., & Boustras, G. (2019). Developing an innovative framework for enhancing the resilience of critical infrastructure to climate change. *Safety Science*, *118*, 364–378. https://doi.org/10.1016/j.ssci.2019.05.019

Simperler, L., Himmelbauer, P., Stöglehner, G., & Ertl, T. (2018). Siedlungswasserwirtschaftliche Strukturtypen und ihre Potenziale für die dezentrale Bewirtschaftung von Niederschlagswasser. *Österreichische Wasser- und Abfallwirtschaft*, *70*(11), 595–603. https://doi.org/10.1007/s00506-018-0520-6

Starkl, M., Ornetzeder, M., Binner, E., Holubar, P., Pollak, M., Dorninger, M., Mascher, F., Fuerhacker, M., & Haberl, R. (2007). An integrated assessment of options for rural wastewater management in Austria. *Water Science and Technology*, *56*(5), 105–113. https://doi.org/10.2166/wst.2007.562

Sterner, M., & Stadler, I. (Hrsg.). (2017). *Energiespeicher: Bedarf, Technologien, Integration* (2., korrigierte und ergänzte Auflage). Springer Vieweg.

Thaler, T., Seebauer, S., Ortner, S., & Fuchs, S. (2015). *BottomUp: Floods – Bottom-up citizen engagement to enhance private flood preparedness – Lessons learnt and potentials for Austria*. ACRP 8th Call.

Thaler, T., Witte, P. A., Hartmann, T., & Geertman, S. C. M. (2021). Smart Urban Governance for Climate Change Adaptation. *Urban Planning*, *6*(3), 223–226. https://doi.org/10.17645/up.v6i3.4613

Tietz, H.-P., & Hühner, T. (Hrsg.). (2011). *Zukunftsfähige Infrastruktur und Raumentwicklung: Handlungserfordernisse für Ver- und Entsorgungssysteme*. Verl. der ARL.

Tödtling, F., Trippl, M., & Desch, V. (2021). New directions for RIS studies and policies in the face of grand societal challenges. In *GEIST – Geography of Innovation and Sustainability Transitions* (2021(01); GEIST – Geography of Innovation and Sustainability Transitions). GEIST Working Paper Series. https://ideas.repec.org/p/aoe/wpaper/2101.html

Umweltbundesamt. (2019). *Zwölfter Umweltkontrollbericht – Mobilitätswende* (REP-0684). Umweltbundesamt. https://www.umweltbundesamt.at/fileadmin/site/publikationen/rep0684.pdf

Umweltbundesamt. (2020). *Klimaschutzbericht 2020*. Umweltbundesamt (UBA). https://www.umweltbundesamt.at/fileadmin/site/publikationen/rep0738.pdf

United Nations Task Team on Habitat III. (2015). *Habitat III Issue Papers 15 – Urban Resilience*. Habitat III Issue Papers.

Urich, C., & Rauch, W. (2014). Exploring critical pathways for urban water management to identify robust strategies under deep uncertainties. *Water Research*, *66*, 374–389. https://doi.org/10.1016/j.watres.2014.08.020

van Laak, Dirk. (2020). *Infrastrukturen* (Dokserver des Zentrums für Zeithistorische Forschung Potsdam e. V.). *Versoin 1.0*. https://zeitgeschichte-digital.de/doks/frontdoor/deliver/index/docId/2053/file/docupedia_laak_infrastrukturen_v1_de_2020.pdf. https://doi.org/10.14765/ZZF.DOK-2053

Veseli, A., Moser, S., Kubeczko, K., Madner, V., Wang, A., & Wolfsgruber, K. (2021). Practical necessity and legal options for introducing energy regulatory sandboxes in Austria. *Utilities Policy*, *73*, 101296. https://doi.org/10.1016/j.jup.2021.101296

Winker, M., Frick-Trzebitzky, F., Matzinger, A., Schramm, E., & Stieß, I. (2019). *Die Kopplungsmöglichkeiten von grünen, grauen und blauen Infrastrukturen mittels raumbezogener Bausteine* (Heft 34; netWORKS-Papers). Forschungsverbund netWORKS.

Wissen, M., & Naumann, M. (2008). Raumdimensionen des Wandels technischer Infrastruktursysteme: Eine Einleitung. *Infrastrukturnetze und Raumentwicklung. Zwischen Universalisierung und Differenzierung*, 17–34.

Wittmayer, J. M., Avelino, F., Pel, B., & Campos, I. (2021). Contributing to sustainable and just energy systems? The mainstreaming of renewable energy prosumerism within and across institutional logics. *Energy Policy*, *149*, 112053. https://doi.org/10.1016/j.enpol.2020.112053

ZUP. (2008, Juli). Wo im Verkehr steckt die Energie? Wohnort beeinflusst Verkehrsverhalten und Energieverbrauch. *ZÜRCHER UMWELTPRAXIS (ZUP)*, 42.

# Teil 4: Pfade zur Transformation struktureller Bedingungen für ein klimafreundliches Leben

Kapitel 23. Synthese: Pfade zur Transformation struktureller Bedingungen für ein klimafreundliches Leben

Koordinierende Leitautor_innen
Willi Haas und Andreas Muhar

Leitautor_innen
Christian Dorninger und Katharina Gugerell

Revieweditorin
Ilona Otto

Zitierhinweis
Haas, W., A. Muhar, C. Dorninger und K. Gugerell (2023): Synthese: Pfade zur Transformation struktureller Bedingungen für ein klimafreundliches Leben. In: APCC Special Report: Strukturen für ein klimafreundliches Leben (APCC SR Klimafreundliches Leben) [Görg, C., V. Madner, A. Muhar, A. Novy, A. Posch, K. W. Steininger und E. Aigner (Hrsg.)]. Springer Spektrum: Berlin/Heidelberg.

Kernaussagen des Kapitels

- Internationale Abkommen und EU-Regeln verpflichten die Staaten zur Darstellung von Transformationspfaden zur Erreichung der Klimaschutzziele. Mithilfe einer systemischen Ansatzpunkt-Analyse („leverage points") kann eine Einschätzung erfolgen, wie tiefgreifend die angestrebten Maßnahmen sind, also wie weit sie auf kleine inkrementelle Änderungen oder auf einen umfassenden Systemwandel abzielen. Der Österreichische Nationale Klima- und Energieplan (NEKP) setzt auf Technologie-Entwicklung sowie Leuchtturmprojekte und geht wenig auf tieferliegende soziale oder wirtschaftliche Strukturen ein.

- Aus der Literatur können vier für Österreich relevante Transformationspfade abgeleitet werden:
  1. Leitplanken für eine klimafreundliche Marktwirtschaft (Bepreisung von Emissionen und Ressourcenverbrauch; Abschaffung klimaschädlicher Subventionen, Technologieoffenheit)
  2. Klimaschutz durch koordinierte Technologieentwicklung (staatlich koordinierte technologische Innovationspolitik zur Effizienzsteigerung)
  3. Klimaschutz als staatliche Vorsorge (staatlich koordinierte Maßnahmen zur Ermöglichung klimafreundlichen Lebens, z. B. durch Raumordnung, Investition in öffentlichen Verkehr; rechtliche Regelungen zur Einschränkung klimaschädlicher Praktiken)
  4. Klimafreundliche Lebensqualität durch soziale Innovation (gesellschaftliche Neuorientierung, regionale Wirtschaftskreisläufe und Suffizienz)

- Die in den vorangegangenen Kapiteln dieses Berichts formulierten literaturbasierten Gestaltungsoptionen wurden hinsichtlich ihrer Übereinstimmung mit den vier Pfaden analysiert und bewertet. Dabei zeigt sich eine sehr hohe Übereinstimmung mit dem Pfad der staatlichen Vorsorge und mit dem Pfad der sozialen Innovation. Die Übereinstimmung mit dem technologieorientierten Pfad ist etwa geringer, einige Inkompatibilitäten ergeben sich für den marktorientierten Pfad.

- Die Analyse der Gestaltungsoptionen hinsichtlich ihrer Ansatzpunkte und der systemischen Eindringtiefe zeigt, dass ein großer Teil der im Bericht formulierten Gestaltungsoptionen auf eine große transformative Wirkung ausgerichtet ist, was dem Berichtsschwerpunkt auf Strukturveränderung geschuldet ist. Damit sind die Gestaltungsoptionen eine wichtige Ergänzung zu den Maßnahmen bisheriger Strategien zur Erreichung der Klimaziele, die notwendige Handlungsbereiche meist mit Maßnahmen geringerer systemischer Eindringtiefe adressiert haben. Eine erfolgreiche Nachhaltigkeitstransformation benötigt eine synergistische Kombination von Maßnahmen auf unterschiedlichen Ansatzpunkten des sozialökologischen Systems.

- Unterschiedliche Transformationspfade werden in politischen Debatten oft als sich gegenseitig ausschließend diskutiert, tatsächlich wäre es zielführend, die Potenziale aller vier Pfade zu nutzen, weil damit auch eine größere Zahl an Akteursgruppen angesprochen und einbezogen werden kann.

23.1 Zielsetzung und Aufbau

Das vorliegende Kapitel hat zum Ziel, die in den vorangegangenen Fachkapiteln des Berichts formulierten Einzelvorschläge für Gestaltungsoptionen zu Szenarien für Transformationspfade zusammenzufassen. Dazu werden zunächst bestehende nationale und internationale Literaturquellen zu Transformationsszenarien analysiert und darauf aufbauend typische Szenarienfamilien porträtiert. Anhand praktischer Beispiele aus ausgewählten österreichischen Szenarienprojekten werden unterschiedliche Ansatzpunkte herausgearbeitet und verglichen, sowie unter Bezugnahme auf die in Kap. 2 präsentierten „Perspektiven" vier mögliche Transformationspfade abgeleitet. Die in den Fachkapiteln formulierten Gestaltungsoptionen werden hinsichtlich ihrer Kompatibilität mit diesen Pfaden analysiert (siehe Abb. 23.1). In der daran anschließenden Diskussion werden Synergien, Barrieren und/oder Widersprüche zwischen den Pfaden erörtert, um eine Grundlage für das abschließende Synthesekapitel bereit zu stellen.

23.2 Die Rolle von Zukunftsbildern in Diskussionen zu Klimawandel und Nachhaltigkeitstransformation

Die Auseinandersetzung mit möglichen zukünftigen Zuständen von Gesellschaft und Natur ist ein zentraler Aspekt in Klimawandelforschung und Nachhaltigkeitspolitik. Wie solche Zukunftsbilder erstellt und ausformuliert werden, hängt von ihrem Einsatzzweck ab (siehe z. B. van Vuuren et al., 2012). Nachfolgend werden drei grundsätzliche Typen von Szenarien diskutiert, welche im Kontext dieses Sachstandsberichts relevant sind.

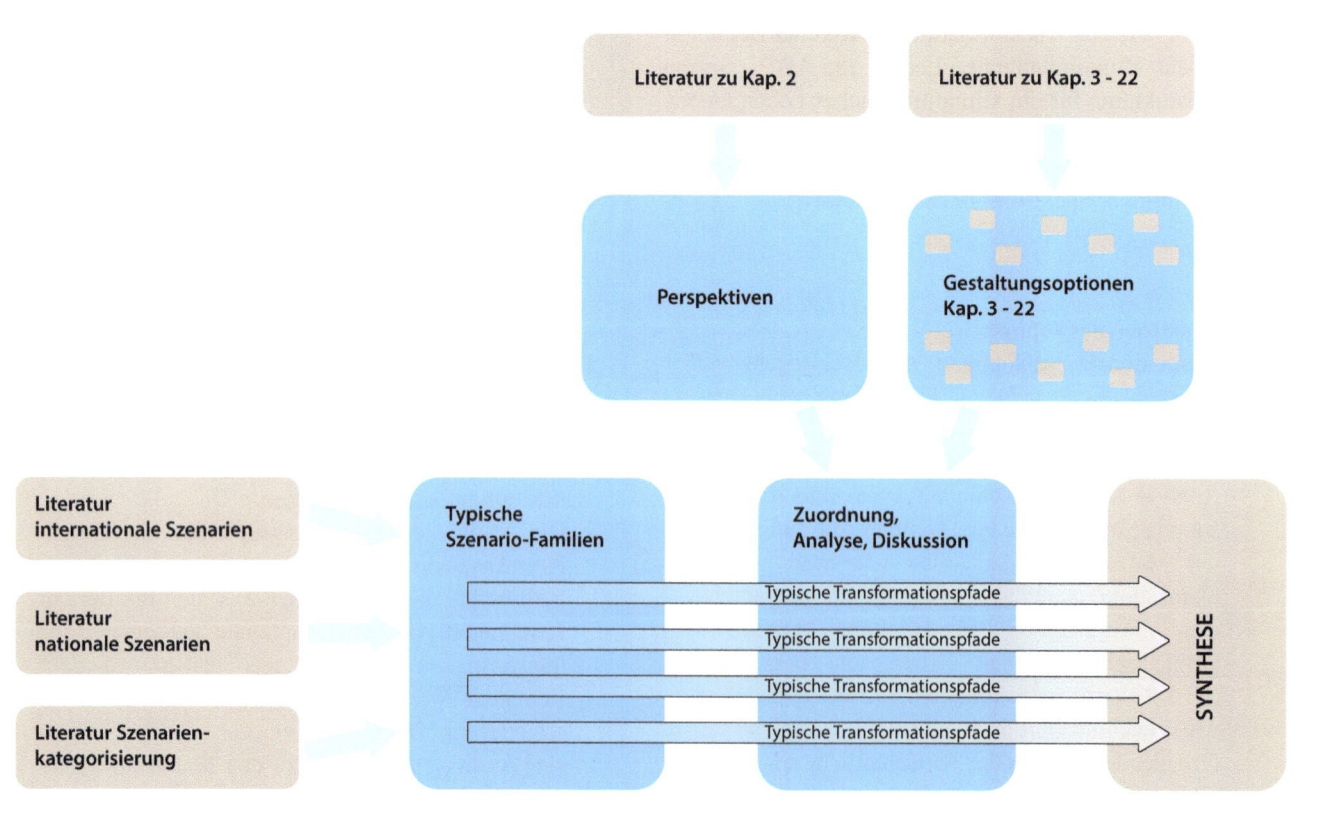

Abb. 23.1 Vorgangsweise bei der Erstellung von Szenarien für Transformationspfade. (Eigene Darstellung)

23.2.1 Szenarien als Basisannahmen für Modellierung und Folgenabschätzung

Seit der Erstellung des ersten IPCC-Sachstandsberichts 1990 wird die Frage diskutiert, auf welchen Grundannahmen zu gesellschaftlichen Zuständen an einem bestimmten Zeitpunkt die Modellierung zukünftiger Dynamiken des Erdklimas aufbauen soll (Forecasting). Dabei wird üblicherweise in folgender Abfolge vorgegangen (Moss et al., 2010):

(1) Sozioökonomische Basisszenarien (Demografie, Wirtschaftsleistung, Industrieproduktion, Mobilität etc.)
(2) Emissionsszenarien (Emissionen entsprechend der Kennzahlen aus den sozioökonomischen Szenarien)
(3) Szenarien zum Strahlungsantrieb (Treibhausgaskonzentrationen in der Atmosphäre als Konsequenz der Emissionen)
(4) Klimamodellszenarien (Veränderung von Klimakenngrößen wie Temperatur, Niederschlag, Häufigkeit von Extremereignissen)
(5) Untersuchung der Auswirkungen der Klimamodellszenarien auf Gesellschaft und Ökosysteme

Die dargestellte Abfolge zeigt, dass die Ergebnisse eines jeden Modellierungsschrittes die Inputdaten für den jeweils nachfolgenden liefern. Da es sich dabei fast ausschließlich um quantitative Modelle handelt, müssen die Basisannahmen der Szenarien mittels quantitativer Kenngrößen formuliert sein (van Vuuren et al., 2012); die verbale Beschreibung der Szenarien (Narrativ, Storyline) dient lediglich dem besseren Verständnis der Rahmenannahmen. Erst im letzten Schritt, bei der Untersuchung von Auswirkungen auf Gesellschaft und Ökosysteme, werden teilweise auch qualitative Methoden eingesetzt.

23.2.2 Szenarien als Grundlage für die Diskussion möglicher Zukünfte

Ein weiterer Typus von Zukunftsbildern dient als Grundlage für Diskussionen auf gesellschaftlicher Ebene, welche Art von Zukunft für einzelne Gruppen wünschenswert oder erreichbar erscheint bzw. welche Maßnahmen getroffen werden sollten (explorative Szenarien, siehe Abb. 23.2). Im Mittelpunkt solcher Szenarien stehen üblicherweise textliche Beschreibungen (Narrative), die gelegentlich durch quantitative Kennzahlen ergänzt werden. Die entsprechenden Narrative bauen oft auf den oben beschriebenen globalen Szenarien auf und übersetzen diese in den jeweiligen räumlichen oder gesellschaftlichen Kontext (z. B. Frame et al., 2018), teilweise auch unter Zuhilfenahme eines breiten Spektrums an Medien (Nikoleris et al., 2017). Bei der Erstellung von Szenarien für Diskussionen mit Entscheidungstragenden können unterschiedliche Perspektiven, wie sie in Kap. 2 beschrieben werden, mit einfließen. In den meisten Prozessen folgt die Szenarienentwicklung jedoch dem Ziel, eine große Bandbreite möglicher Entwicklungen abzudecken, von der Fortschreibung bestehender Zustände bis hin zu Extremszenarien.

23.2.3 Szenarien als Grundlage für die Diskussion möglicher Transformationspfade zur Zielerreichung

Wenn ein angestrebter Zustand definiert ist, dann stellt sich die Frage, auf welche Weise er erreicht werden kann. In diesem Fall spricht man von Backcasting-Szenarien (Abb. 23.3). Die Bandbreite möglicher Szenarien für Entwicklungspfade hängt davon ab, wie detailliert das Entwicklungsziel von vornherein definiert ist (Robinson, 2003): Wenn beispielsweise nur die Höhe der Treibhausgaskonzentration zu einem be-

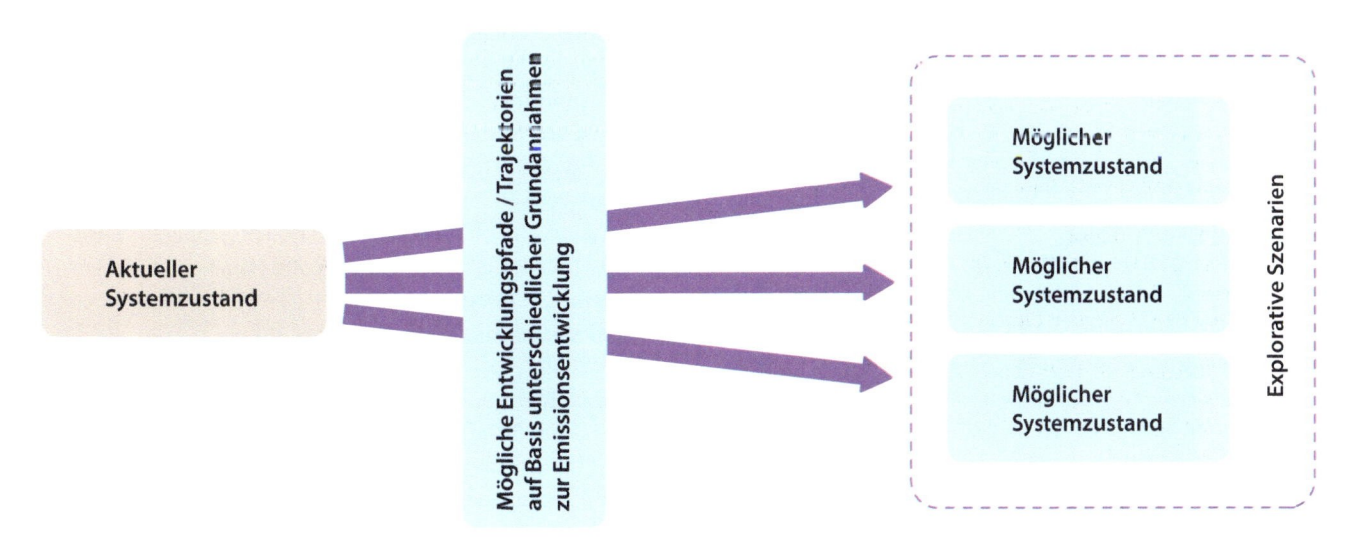

Abb. 23.2 Explorative Szenarien. (Eigene Darstellung)

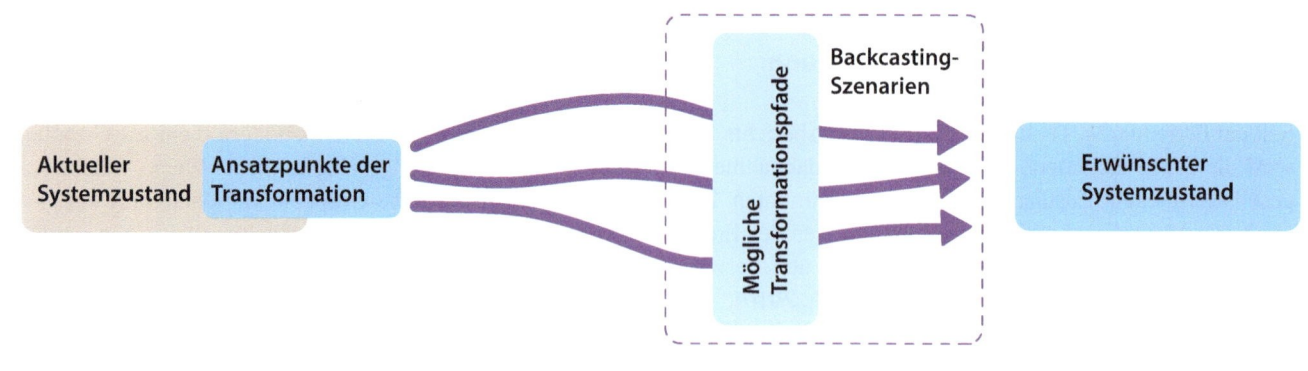

Abb. 23.3 Backcasting-Szenarien. (Eigene Darstellung)

stimmten Zeitpunkt als Ziel vorgegeben wird (z. B. Foxon, 2013), werden sich mehr Optionen für Entwicklungspfade ergeben, als wenn das zu erreichende Ziel von vornherein zusätzliche Vorgaben hinsichtlich sozialer oder ökonomischer Kenngrößen wie Ressourcenverteilung und Wohlstand beinhaltet (z. B. Svenfelt et al., 2019). Ein wesentlicher Aspekt dabei ist die Frage, an welchen Punkten des Systems die Transformation ansetzt (Ansatzpunkte, Leverage points; siehe dazu Abschn. 23.6.1 weiter unten).

> **Begriffsklärung:**
> **Szenarien, Entwicklungspfade, Narrative**
> In der nachhaltigkeitsbezogenen Forschung und Politik werden verschiedene Begriffe zur Beschreibung möglicher Zukünfte und der Wege dorthin verwendet. Manche dieser Begriffe haben eine unterschiedliche Bedeutung in einzelnen disziplinären Fachsprachen sowie in der Alltagssprache. In manchen Publikationen werden mehrere Begriffe synonym verwendet oder mit jeweils unterschiedlichen Bedeutungszuschreibungen versehen, wodurch sich insgesamt ein recht heterogenes Bild ergibt. Für den vorliegenden Sachstandsbericht war es daher notwendig, ein einheitliches Begriffsverständnis zu entwickeln.
>
> **Szenarien**
> Szenarien sind kohärente, in sich konsistente und plausible Darstellungen von möglichen, zukünftigen Zuständen und Entwicklungen in sozialökologischen Systemen (siehe z. B. van Vuuren et al., 2012). Sie sind ein Schlüsselelement bei der Entwicklung von Strategien zur Bewältigung sozialökologischer Krisen wie der Klimakrise, wenn komplexe kausale Zusammenhänge und begrenztes Wissen exakte Prognosen erschweren. Im Gegensatz zu **Prognosen** konzentrieren sich Szenarien nicht auf die wahrscheinlichste Entwicklung eines Systems, sondern zeigen das Spektrum möglicher Entwicklungen unter einer Reihe von Grundannahmen auf („Was wäre, wenn …") und ermöglichen damit eine Diskussion der Erwünschtheit und Umsetzbarkeit.
>
> **Entwicklungspfade**
> Unter Entwicklungspfad verstehen wir eine mögliche Entwicklung von einem aktuellen Systemzustand in die Zukunft. In der englischsprachigen Literatur wird dafür häufig der ursprünglich in der Physik zur Beschreibung von Wurf- oder Bewegungsbahnen verwendete Begriff **Trajectory** verwendet (z. B. Isley et al., 2015), wobei in der deutschsprachigen Nachhaltigkeitsliteratur der entsprechende Begriff **Trajektorie** allerdings wenig verbreitet ist.
>
> Entwicklungspfade können bestehende Entwicklungen einfach fortschreiben („Business as usual") oder aber die Entwicklung nach bewussten Eingriffen in sozialökologische Systeme darstellen. In letzterem Fall sprechen wir von **Transformationspfaden**. Diese beschreiben den intendierten Wandel von fundamentalen Parametern sozialökologischer Systeme in Richtung eines erwünschten zukünftigen Zustands, in unserem Fall die Erreichung von Rahmenbedingungen für ein klimafreundliches Leben. Transformationspfade können sich dadurch unterscheiden, welche Schwerpunkte gesetzt werden bzw. an welchen **Ansatzpunkten** (engl. **Leverage Points**) des sozialökologischen Systems Eingriffe statt finden.
>
> Für den in der deutschsprachigen Literatur überwiegend verwendeten Begriff „Pfad" gibt es in der englischsprachigen Literatur viele Entsprechungen: **Pathway** (Schaeffer et al., 2020), **Road** (Riahi et al., 2017), **Avenue** (D'Amato et al., 2017), womit eine unterschiedliche Breite des Aktionsraums (Foxon, 2013) innerhalb einer Entwicklungsoption angedeutet wird. Unabhängig von der verwendeten sprachlichen Symbolik gilt in allen Fällen, dass zukünftige Entwicklungsmöglichkeiten sehr stark von Entscheidungen in der Vergangenheit bestimmt werden. Solche **Pfadabhängigkeiten** sind ein kritischer Aspekt der Nach-

haltigkeitstransformation, insbesondere dann, wenn es um langfristige Infrastrukturentscheidungen geht (z. B. Verkehrsinfrastruktur; Infrastruktur für Energieversorgung). Im Extremfall, wenn bestimmte Konfigurationen als nahezu unumkehrbar angesehen werden, spricht man von einem **Lock-in**.

Narrative

Im ursprünglichen Verständnis der Sozialwissenschaften sind Narrative sinnstiftende Erzählungen, die gesellschaftliche Zustände erklären, rechtfertigen oder konstruieren (z. B. „Österreich als Umweltmusterland" in den 1990er Jahren). Heute ist dieser Begriff sehr stark popularisiert und verwässert, bisweilen wird auch die einfache textliche Beschreibung eines Systemzustandes schon als Narrativ bezeichnet. Bei Zukunftsdiskussionen im Zusammenhang mit Klimawandel und Nachhaltigkeit stehen Narrative meist am Beginn einer Szenarienentwicklung; hier beschreiben sie, oft erzählerisch und in leicht verständlicher Sprache, die angenommenen und grundlegenden Entwicklungsrichtungen (z. B. „Autarkie der Regionen"), welche die Ausgangsbasis für nachfolgende quantitative oder qualitative Modellierungen bilden. In diesem Zusammenhang wird bisweilen der Begriff **Storyline** verwendet. Weiters werden Narrative auch verwendet, um Ergebnisse von Modellierungen in die Alltagssprache zu übersetzen und damit für verschiedene Gruppen von Akteur_innen verständlich zu machen.

23.3 Relevante Beispiele für Szenarienprojekte

23.3.1 Globale Szenarien aus IPCC-Sachstandsberichten

Ein Meilenstein der Szenarienentwicklung war der „Special Report on Emissions Scenarios" (SRES) des IPCC aus dem Jahr 2000 (Nakićenović et al., 2000). Die darin formulierten Szenarien (SRES-Szenarien) bildeten die Basis sowohl für den Dritten (2001) und Vierten (2007) Sachstandsbericht des IPCC als auch für einen großen Teil der Aussagen im ersten Österreichischen Sachstandsbericht Klimawandel (2014) des APCC. Die SRES-Szenarien wurden für den Fünften Sachstandsbericht des IPCC (2014/15) durch die „Representative Concentration Pathways" (RCPs) abgelöst (Moss et al., 2010). Für den Sechsten Sachstandsbericht (2022) wurden „Shared Socio-economic Pathways" (SSPs) formuliert (O'Neill et al., 2017; Riahi et al., 2017), welche im Gegensatz zu den vorangegangenen IPCC-Szenarien nicht nur abstrakt mit Ziffern und Buchstaben bezeichnet sind, sondern programmatische Überschriften aufweisen (s. Box).

Die Shared Socio-economic Pathways (SSPs) des IPCC[1]
SSP1 Sustainability – Taking the Green Road
Die Welt bewegt sich kontinuierlich auf einen nachhaltigeren Pfad zu, der eine integrative Entwicklung betont, welche ökologische Grenzen respektiert. Die Nutzung der globalen Gemeingüter verbessert sich langsam, Investitionen in Bildung und Gesundheit beschleunigen den demografischen Wandel und der Schwerpunkt des Wirtschaftswachstums verschiebt sich zu einer breiteren Betonung des menschlichen Wohlbefindens. Ungleichheit sowohl zwischen als auch innerhalb von Ländern wird reduziert. Der Konsum wird auf ein geringes materielles Wachstum und eine geringere Ressourcen- und Energieintensität ausgerichtet.

SSP2 Middle of the Road
Soziale, wirtschaftliche und technologische Trends unterscheiden sich wenig von ihren historischen Mustern. Entwicklung und Einkommenswachstum verlaufen ungleichmäßig, wobei einige Länder relativ gute Fortschritte machen, während andere hinter den Erwartungen zurückbleiben. Globale und nationale Institutionen arbeiten auf nachhaltige Entwicklungsziele hin, machen aber nur langsame Fortschritte. Trotz vereinzelter Verbesserungen und einer langsamen Abschwächung der Intensität der Ressourcen- und Energienutzung erfahren die Umweltsysteme insgesamt gesehen eine Verschlechterung. Das globale Bevölkerungswachstum ist moderat und pendelt sich in der zweiten Hälfte des Jahrhunderts ein. Die Einkommensungleichheit bleibt bestehen oder verringert sich nur langsam; auch Herausforderungen im Zusammenhang mit der Verringerung der Anfälligkeit gegenüber gesellschaftlichen und ökologischen Veränderungen bleiben weiterhin bestehen.

SSP3 Regional Rivalry – A Rocky Road
Nationalismus, Sorgen um Wettbewerbsfähigkeit und Sicherheit sowie regionale Konflikte zwingen die Nationalstaaten dazu, sich zunehmend auf nationale oder allenfalls regionale Themen zu fokussieren. Politiken konzentrieren sich auf das Erreichen von Energie- und Nahrungsmittelsicherheitszielen innerhalb ihrer eigenen Region auf Kosten einer breiter angelegten Entwicklung. Investitionen in Bildung und technologische Entwicklung gehen zurück. Die wirtschaftliche Entwicklung verläuft langsam, der Konsum

---
[1] Zum Zeitpunkt der Erstellung dieses Kapitel lag noch keine offizielle deutsche Übersetzung vor, daher verwenden wir hier die Bezeichnungen aus dem englischen Original.

ist materialintensiv und Ungleichheiten bleiben bestehen oder verschärfen sich im Laufe der Zeit. Das Bevölkerungswachstum ist in den Industrieländern gering und in den Entwicklungsländern hoch. Eine geringe internationale Priorität für die Berücksichtigung von Umweltbelangen führt in einigen Regionen zu starker Umweltzerstörung.

SSP4 Inequality – A Road Divided

Unterschiedliche wirtschaftliche und politische Ausgangsbedingungen führen zu einer zunehmenden Ungleichheit und Schichtung sowohl zwischen als auch innerhalb von Ländern. Es vergrößert sich die Kluft zwischen einer international vernetzten Gesellschaft, die zu den wissens- und kapitalintensiven Sektoren der Weltwirtschaft beiträgt, und einer zersplitterten Gesellschaft mit niedrigem Einkommen und geringem Bildungsniveau, die in einer arbeitsintensiven, technologiearmen Wirtschaft arbeitet. Der soziale Zusammenhalt nimmt ab und Konflikte und Unruhen werden zunehmend häufiger. Die technologische Entwicklung ist in der Hightech-Wirtschaft und in Hightech-Sektoren hoch. Der global vernetzte Energiesektor diversifiziert sich, mit Investitionen sowohl in kohlenstoffintensive als auch in kohlenstoffarme Energiequellen. Die Umweltpolitik konzentriert sich auf lokale Probleme in Gebieten mit mittlerem und hohem Einkommen.

SSP5 Fossil-fueled Development – Taking the Highway

Diese Welt setzt zunehmend auf wettbewerbsfähige Märkte, Innovation und partizipative Gesellschaften, um schnellen technologischen Fortschritt und die Entwicklung von Humankapital als Weg zu nachhaltiger Entwicklung zu erreichen. Die globalen Märkte sind zunehmend integriert. Investitionen in Gesundheit, Bildung und Institutionen stärken das Human- und Sozialkapital. Gleichzeitig ist der Schub an wirtschaftlicher und sozialer Entwicklung gekoppelt mit der Ausbeutung der reichlich vorhandenen fossilen Brennstoffressourcen und der Übernahme von ressourcen- und energieintensiven Lebensstilen auf der ganzen Welt. Diese Faktoren führen zu einem rasanten Wachstum der Weltwirtschaft, während die Weltbevölkerung ihren Höhepunkt erreicht und im weiteren Verlauf des 21. Jahrhunderts abnimmt. Lokale Umweltprobleme wie Luftverschmutzung werden erfolgreich bewältigt. Es besteht der Glaube an die Fähigkeit, soziale und ökologische Systeme effektiv zu steuern, notfalls auch durch Geo-Engineering.

Die in den SSPs dargestellten Entwicklungspfade haben schon vor der offiziellen Veröffentlichung des Sechsten IPCC-Sachstandsberichts Eingang in andere internationale Berichtsprozesse gefunden, wie beispielsweise den Sechsten Global Environmental Outlook der UNEP (2019); weiters werden sie häufig als Grundlage für detailliertere Untersuchungen von Zukunftsoptionen für viele verschiedene Themenfelder verwendet, z. B. Welternährung und Hunger (Hasegawa et al., 2015), Stadtentwicklung (Jiang & O'Neill, 2017), Landwirtschaft (Mogollón et al., 2018) oder Abwassermanagement (van Puijenbroek et al., 2019).

23.3.2 Weitere globale Szenarienprojekte

Zahlreiche Forschungskonsortien arbeiten aktuell an Szenarien zur Erreichung der Ziele der internationalen Klimapolitik. Mit teilweise recht aufwendigen Modellierungsansätzen wird aufgezeigt, dass es möglich ist, diese Ziele auch tatsächlich zu erreichen. Diese Forschungslandschaft ist sehr dynamisch, eine vollständige Darstellung der Literatur würde den Rahmen dieses Berichtes sprengen, die drei nachstehend angeführten Beispiele zeigen lediglich die Bandbreite auf.

Eine Gruppe um das IIASA (Grubler et al., 2018) formulierte ein Low-Energy-Demand Szenario, welches im Wesentlichen auf eine radikale Reduktion des Energieverbrauchs setzt. Dies soll erreicht werden durch Digitalisierung, Effizienzsteigerungen, technologische Innovationen, Transformation von „Ownership" zu „Usership" sowie durch eine Dezentralisierung von Energieerzeugung und -verteilung. Damit soll das Einhalten des 1,5-Grad-Ziels auch ohne den umstrittenen Einsatz von CO_2-Abscheidungstechnologien (Carbon Capture and Storage) ermöglicht werden.

Ebenfalls auf das Einhalten des 1,5-Grad-Ziels ausgerichtet, allerdings von den Maßnahmen her recht stark kontrastierend, ist ein Szenario, welches in einer Studie der Heinrich Böll-Stiftung erarbeitet wurde (Kuhnhenn et al., 2020). Hier werden umfangreiche Modellierungen der Auswirkungen tieferer Eingriffe in das sozialökologische System präsentiert, wie die Demokratisierung der Wirtschaft, Hinwendung zur Kreislaufwirtschaft, Reduktion des Fleischkonsums und der Wochenarbeitszeit oder die Einführung eines Grundeinkommens.

Im Rahmen eines EU-Horizon 2020-Projektes wurde der *EU Transition Pathways Explorer* entwickelt (https://www.european-calculator.eu), auf dessen Basis Costa et al. (2021) Szenarien zur Erreichung der Klimaziele errechneten. Dabei zeigte sich, dass jene Szenarien, welche sowohl auf technologische Innovation als auch auf Veränderungen im sozialen System abzielen (wie z. B. Verhaltensänderungen), die höchste Wirksamkeit aufweisen.

23.3.3 Entwicklungspfade in nationalen Strategien auf Basis internationaler Übereinkommen

Das erste Klimaabkommen, dem Österreich beitrat, war die Toronto-Vereinbarung 1988. Sie wurde im Rahmen einer internationalen Konferenz von 300 Wissenschaftler_innen aus 48 Ländern sowie mehreren UN-Organisationen und NGOs entwickelt und sah eine Reduktion der CO_2-Emissionen bis 2005 von 20 % Prozent gegenüber 1988 vor (Niederscheider et al., 2018; Zaelke & Cameron, 1989). Statt der angestrebten Reduktion stiegen die CO_2-Emissionen bis 2005 jedoch deutlich (Hochgerner et al., 2016) [Vergleiche Abschn. 1.4 und 12.2].

Mit der Unterzeichnung der UN-Klimarahmenkonvention in Rio de Janeiro 1992, der Ratifizierung des Kyoto-Protokolls 2002 und der Erfahrung mit dem Nichterreichen des Toronto-Ziels ergab sich die Notwendigkeit, nationale Strategien zur Erreichung der in der Konvention beschlossenen Ziele zu entwickeln. Dafür wurde das Instrument der *Low Emission Development Strategy* (LEDS) oder *Low Carbon Development Strategy* (LCDS) formuliert und insbesondere bei der Nachfolgekonferenz in Cancun 2010 propagiert. Es kam aber nie zu einer konkreten Definition und Ausstattung mit Rechtsverbindlichkeit. Auf Basis der Cancun-Beschlüsse hat die EU ihre Mitgliedsländer zur Darstellung ihrer LCDS-Aktivitäten aufgefordert, allerdings waren die einzelnen Länderberichte aufgrund ihrer großen Heterogenität kaum vergleichbar (Kampel et al., 2018).

Erst im Anschluss an die Beschlüsse der Klimakonferenz von Paris 2015 wurde seitens der EU in der *Verordnung 2018/1999 über das Governance-System für die Energieunion und für den Klimaschutz* ein einheitliches Instrument geschaffen, der *Integrierte Nationale Energie- und Klimaplan* (NEKP). Bis Ende 2019 mussten alle Mitgliedsstaaten einen NEKP für die Periode 2021 bis 2030 vorlegen. Die Vorgaben zur Gliederung in (1) Dekarbonisierung, (2) Energieeffizienz, (3) Sicherheit der Energieversorgung, (4) Energiebinnenmarkt und (5) Forschung, Innovation und Wettbewerbsfähigkeit ermöglichen einen Vergleich der Entwicklungsstrategien verschiedener Länder. Jeder NEKP basiert zumindest auf zwei Szenarien, nämlich „With Existing Measures (WEM)" und „With Additional Measures (WAM)", mit darauf aufbauenden Emissionsberechnungen. Die EU-Kommission hat Ende 2020 eine zusammenfassende Bewertung der NEKPs ihrer Mitgliedsländer veröffentlicht (Europäische Kommission, 2020). Eine umfassende wissenschaftliche Analyse aller NEKPs hinsichtlich der wesentlichen Storylines liegt bis jetzt allerdings noch nicht vor.

23.3.4 Transformationspfade, Strategien und Szenarien aus Österreich

Um das Ausmaß der Verpflichtung und die Machbarkeit internationaler Vereinbarungen besser abschätzen zu können, hat sich rasch gezeigt, dass dies die Entwicklung von Transformationspfaden erfordert, in denen der erforderliche Wandel des sozialökologischen Systems mit Hilfe von Maßnahmen-Szenarien untersucht und entwickelt wird. Hier werden die wichtigsten Berichte zu Transformationspfaden, Strategien und Szenarien der letzten Jahre, die sich auf die Erreichung gesamtösterreichischer Klimaziele beziehen, kurz beschrieben.

GHG Projections and Assessment of Policies and Measures in Austria 2009: Erste konkrete offizielle Szenarien legte das Umweltbundesamt 2009 im Rahmen einer Berichtspflicht Österreichs für die Europäische Kommission vor (Anderl et al., 2009), bei denen in einem Szenario „With Measures" die Maßnahmen der österreichischen Klimastrategien von 2002 und 2007 berücksichtigt wurden. Dies sind beispielsweise der Emissionshandel, das Ökostrom-Gesetz zur Förderung von Strom aus erneuerbaren Energiequellen, die Etablierung des Klima- und Energiefonds, Maut für Schwerfahrzeuge, die Beimengung von Bio-Treibstoffen zu konventionellen Kraftstoffen, der Energieeffizienzaktionsplan sowie Gebäudesanierungen. In einem Szenario „With Additional Measures" wurden einerseits Maßnahmen aus dem vorherigen Szenario verschärft und andererseits neue Maßnahmen, wie verbesserte Treibstoffeffizienz bei Autos, stärkere Geschwindigkeitsbeschränkungen mit verschärften Kontrollen sowie mehr Biolandbau eingeführt. Das Ergebnis für den Zeitraum 1990 bis 2020 für das Szenario „With Measures" zeigt einen Anstieg von 23 % und für das Szenario „With Additional Measures" einen Anstieg von 12 % der CO_2-Äquivalente (Anderl et al., 2009).

Energieautarkie für Österreich 2050: Die Studie zur „Energieautarkie für Österreich 2050" (Streicher et al., 2010) hat sich mit der Machbarkeit beschäftigt, eine 80- bis 95-prozentige Reduktion der Treibhausgase bis 2050 gegenüber 1990 zu erreichen. Nur eine sehr hohe Effizienzsteigerung, ein deutlicher Nachfragerückgang des Wachstums nach Energiedienstleistungen und ein drastischer Umstieg in den Anwendungstechnologien wie ein veränderter Modal Split im Verkehr schien laut Autor_innen ein gangbarer Weg, um die Versorgung Österreichs zu 100 Prozent aus eigenen erneuerbaren Energieträgern zu ermöglichen.

Energiezukunft Österreich: 2015 legten Global 2000, Greenpeace und WWF eine Studie zur „Energiezukunft Österreich" mit Szenarien für 2030 und 2050 vor (Veigl, 2015). Diese zeigt, dass ein Umstieg auf nahezu 100 Prozent erneuerbare Energie in Österreich bis 2050 die Treibhausgasemissionen um 82 Prozent gegenüber 1990 bzw. 85 Prozent gegenüber 2005 reduzieren kann, wenn politische Maßnahmen unverzüglich gesetzt werden.

Integrierter nationaler Energie- und Klimaplan (NEKP): Nach einem Grünbuch (BMWFW & BMLFUW, 2016) und nach weiteren Energieszenarien des Umweltbundesamtes wurde der „Integrierte nationale Energie- und Klimaplan" im Dezember 2019 vorgestellt, der gemäß Verordnung des Europäischen Parlaments und des Rates erstellt wurde. Dieser Plan basiert auf der #mission2030 (BMNT & BMVIT, 2018), einer Energie- und Klimastrategie der Bundesregierung von 2018, und legt die Treibhausgasemissionen für Sektoren außerhalb des Emissionshandels fest. Demnach sollen bis zum Jahr 2030 36 Prozent der Treibhausgasemissionen gegenüber 2005 reduziert werden. Der Plan setzt vor allem auf einen Abbau kontraproduktiver Anreize und Subventionen, einen Ausbau des öffentlichen Verkehrs, des Fuß- und Radverkehrs, die Verlagerung des Gütertransports von der Straße auf die Schiene, Anreize für emissionsarme und -freie Mobilität im Steuer- und Fördersystem, Wärmen und Kühlen ohne fossile Brennstoffe, thermisch-energetische Sanierung des Gebäudebestands, Ausbau der Erzeugung erneuerbarer Energien, Investitionen in Strom-, Gas- und Fernwärmenetzinfrastruktur und in Speicher sowie Mechanismen zum Nachjustieren von Steuer-, Förder- und Anreizmaßnahmen. Die vorgestellten Maßnahmen sind umfangreich und können stufenweise ausgebaut werden, um die festgesetzten sektorspezifischen Ziele zu erreichen. Der Plan basiert weitgehend auf dem ober vorgestellten WAM-Szenario des Umweltbundesamtes (Anderl et al., 2019).

Referenzplan als Grundlage für einen NEKP: Zeitgleich mit dem offiziellen NEKP der Bundesregierung stellten Klimaforscher_innen den „Referenzplan als Grundlage für einen wissenschaftlich fundierten und mit den Pariser Klimazielen in Einklang stehenden Nationalen Energie- und Klimaplan für Österreich" vor (Ref-NEKP: Kirchengast et al., 2019). Neben den typischen sektorspezifischen Maßnahmen werden Rahmenmaßnahmen wie eine klimagerechte Steuerreform, hocheffiziente Energiedienstleistungen, ein Umbau zu einer Kreislaufwirtschaft, klimazielfördernde Digitalisierung, klimaschutzorientierte Raumplanung, adäquater Ausbau erneuerbarer Energien, naturverträgliche Kohlenstoffspeicherung, wegweisende Orientierung von zentralen Entscheidungen am Klimaziel von Paris sowie Bildung und Forschung zu Klima und Transformation vorgeschlagen. Der Referenzplan kommt zu dem Schluss, dass es nicht mehr darum geht, welche Maßnahmen grundsätzlich erforderlich sind, sondern dass (fast) alle sinnvollen Maßnahmen eingesetzt werden müssen und es vielmehr darum geht, wie diese gewichtet und ausgestaltet werden, damit erwünschte soziale, ökonomische und ökologische Folgewirkungen erreicht und unerwünschte vermieden werden. Dazu werden vier Umsetzungspfade vorgestellt, die unterschiedliche Schwerpunkte setzen: (1) Technologie- und marktfokussierter Pfad: Klimaschutz primär durch Technik und Regulierung, (2) Mehr-Ebenen-System Innovation: Technische Innovationen ausgehend von unten, (3) Sozialökologischer Transformationspfad: Klimaschutz und Fairness primär durch Vorschriften und (4) Up-Scaling sozialer Innovationen: Klimaschutz durch innovative Gesellschaft und Wirtschaft. Konkrete Modellierungen der Effekte dieser vier Pfade werden allerdings nicht präsentiert.

Optionenbericht des UniNEtZ-Projektes (Allianz Nachhaltige Universitäten in Österreich, 2021): In den Jahren 2019 bis 2021 hat ein Kooperationsprojekt von 16 österreichischen Universitäten, der Geologischen Bundesanstalt, dem Climate Change Center Austria sowie dem studentischen Verein „forum n" Vorschläge zur Umsetzung der UN Sustainable Development Goals erarbeitet, viele davon sind auch relevant im Zusammenhang mit dem Special Report „Strukturen für ein klimafreundliches Leben". Die vorgeschlagenen Transformationsmaßnahmen gruppieren sich um jene thematischen Ansatzpunkte, welche auch im Global Sustainable Development Report 2019 der UN gewählt wurden (Independent Group of Scientists appointed by the Secretary-General, 2019): (1) Wohlergehen von Mensch und Gesellschaft; (2) Globale Umwelt-Commons; (3) Nachhaltige und gerechte Wirtschaft; (4) Energiesysteme und zirkuläres Kohlenstoffmanagement; (5) Ernährung und Lebensmittelproduktion; (6) Städtische und ländliche Raumentwicklung.

23.3.5 Ausgewählte nationale Szenarienprojekte aus anderen Ländern

Aus der Vielzahl an nationalen Projekten haben wir einige wenige ausgewählt, welche aus wissenschaftlicher Sicht neue Impulse setzen und damit wichtige Denkanstöße für unseren Sachstandsbericht liefern.

Deutschland: Die deutsche Energiewende im Kontext gesellschaftlicher Verhaltensweisen (Sterchele et al., 2020). Bei dieser Studie des Fraunhofer-Instituts wurden Szenarien zur Entwicklung eines klimaneutralen Energiesystems erstellt, welche auf unterschiedlichen Annahmen zur sozialen Akzeptanz gegenüber Klimaschutzmaßnahmen beruhen: (1) Beharrung – starke Widerstände gegen den Einsatz neuer Techniken im Privatbereich; (2) Inakzeptanz – starker Widerstand gegen den Ausbau großer Infrastrukturen; (3) Suffizienz – gesellschaftliche Verhaltensänderungen

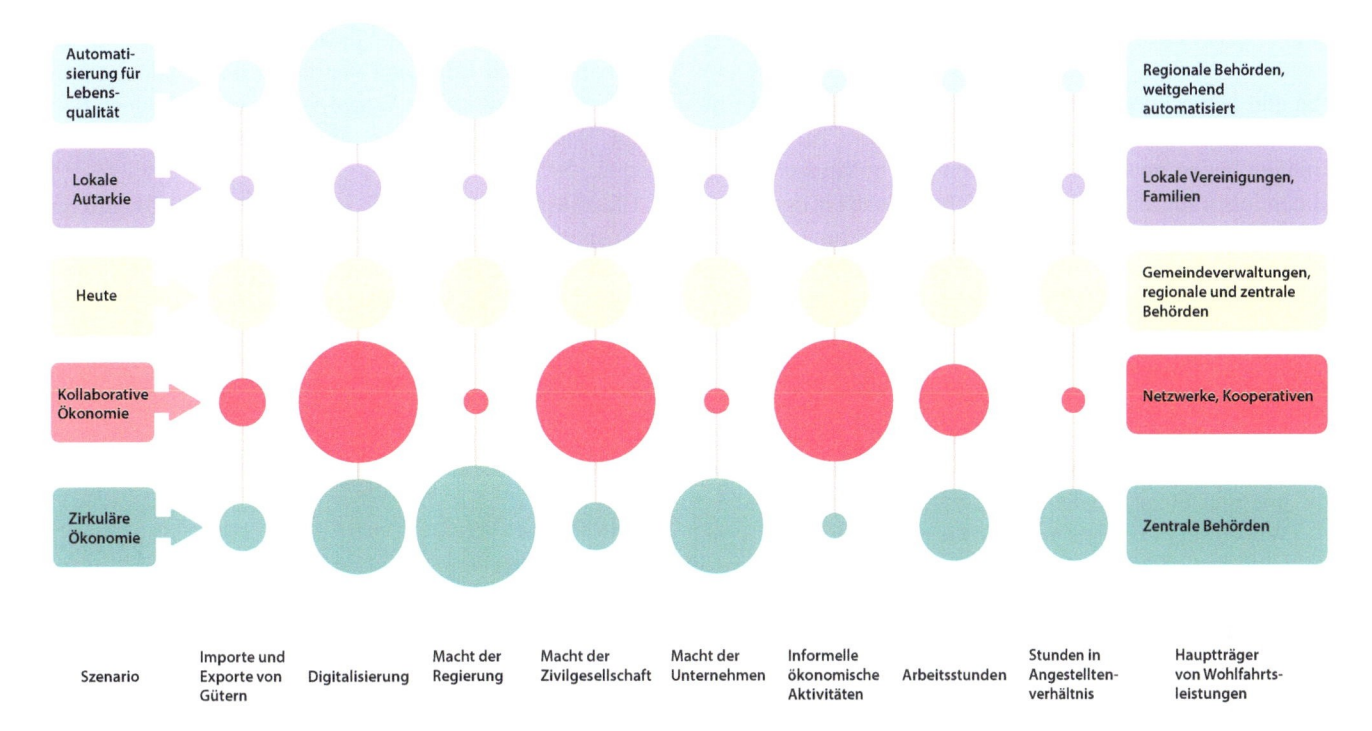

23.3 Relevante Beispiele für Szenarienprojekte

Abb. 23.4 Vergleich der Szenarien in Hinblick auf die Veränderung des Einflusses verschiedener Einflussfaktoren gegenüber dem heutigen Zustand. In der *linken Spalte* sind die Szenarien angeführt. Die *mittlere Zeile* (Heute) ist für alle Aspekte (*graue Zeile unten*) auf den Wert 3 gesetzt. Die Aspekte in den vier Szenarien (*Zeilen oberhalb und unterhalb*) sind entweder auf gleich (3), weniger (2), viel weniger (1), mehr (4) oder viel mehr (5) gesetzt. Die Größe der Blasen entspricht diesen Werten. (Übersetzt nach Svenfelt et al. 2019; wir danken der Autorin für die Überlassung der Daten)

senken den Energieverbrauch deutlich; (4) Referenz – keine Veränderung der gesellschaftlichen Rahmenbedingungen. Bei den anschließenden Modellrechnungen zeigte sich, dass das Suffizienz-Szenario mit Verhaltensänderungen das kostengünstigste wäre.

Norwegen: Striving for a Norwegian Low Emission Society post 2050 (Korsnes & Sørensen, 2017): In diesem Report des Centre for Sustainable Energy Studies des Norwegian Resarch Councils wurden drei Szenarien mit ausführlichen Narrativen beschrieben und bewertet: (1) The last Oil: Norwegen versucht so lange wie möglich im Öl- und Gasgeschäft zu verbleiben, um damit den Umstieg auf alternative Produktionen zu finanzieren. (2) Green tax society: Norwegen führt hohe Ressourcenbepreisung ein, was zu einer De-Industrialisierung und einer Aufwertung des Dienstleistungssektors führt, aber auch zu einer Vergrößerung von Einkommensunterschieden. (3) Collective engagement society: In diesem Szenario werden Top-down- und Bottom-up-Ansätze kombiniert; neue Formen der Zusammenarbeit zwischen Gesellschaft, Regierungsbehörden und Wirtschaft werden getestet; die Dekarbonisierung wird nicht nur als technologischer Prozess gesehen, sondern auch als ein sozialer.

Schweden: Scenarios for sustainable futures beyond GDP growth 2050 (Svenfelt et al., 2019): In einem transdisziplinären Prozess unter Beteiligung von lokalen Gemeinschaften wurden vier verschiedene Backcasting-Szenarien jenseits des bestehenden Wachstums-Paradigmas entwickelt und anschließend hinsichtlich ihrer Auswirkungen diskutiert: (1) Kollaborative Ökonomie – Bürgergovernance und Prosumer-Netzwerke; (2) Zirkuläre Ökonomie im Wohlfahrtsstaat – die Regierung leitet, unterstützt durch die Industrie; (3) Lokale Autarkie – Selbstversorgung in lokalen Gemeinschaften; (4) Automatisierung für Lebensqualität – Roboter produzieren für eine Freizeitgesellschaft.

Die recht ausführlichen Narrative können hier nicht wiedergegeben werden, interessant ist aber der analytische Zugang beim Vergleich der vier Szenarien, in welchem vor allem die Bedeutung einzelner Akteursgruppen betrachtet wird (Abb. 23.4).

Bhutan: Urbanization, carbon neutrality, and Gross National Happiness (Kamei et al., 2021): In diesem Projekt wurden die SSPs des IPCC als Ausgangspunkt für eine Szenarienentwicklung gewählt und hinsichtlich ihrer Kompatibilität mit dem Bhutanesischen Bezugsrahmen des Bruttonationalglücks untersucht. Ein aus dem SSP1 („Taking the Green Road") abgeleitetes Szenario „Fundamental Local Happiness" zeigt dabei die beste Performance. Es zielt vor allem auf eine Stärkung regionaler Kreisläufe und auf eine Eindämmung von Zentralisierungs- und Urbanisierungstendenzen.

23.4 Charakterisierung von Szenarien

Es gibt unterschiedliche Möglichkeiten, Szenarien und Entwicklungspfade zu charakterisieren. Diesen Charakterisierungen liegen unterschiedliche theoretische Konzepte oder Intentionen zugrunde. Im Wesentlichen können in der Literatur fünf verschiedene Zugänge zur Kategorisierung gefunden werden:

- **Inhaltliche Charakterisierung**: Szenarien und Entwicklungspfade werden auf Basis von Gemeinsamkeiten in den jeweiligen Narrativen charakterisiert. Für die inhaltliche Charakterisierung werden üblicherweise Handlungsfelder der Nachhaltigkeitspolitik (Governance, Ökonomie und Finanz, individuelles und kollektives Handeln, Wissenschaft und Technologie) herangezogen und gegebenenfalls mittels Skalen entlang von Polaritätspaaren (z. B. global – lokal; Ökonomie – Umwelt) beschrieben (Independent Group of Scientists appointed by the Secretary-General, 2019; Odegard & van der Voet, 2014; Svenfelt et al., 2019; van Vuuren et al., 2012; Wesche & Armitage, 2014).
- **Prozessorientierte Charakterisierung**: Szenarien werden entlang der unterschiedlichen Phasen in Transformationen charakterisiert, z. B. das Vorantreiben von Nischen oder die beabsichtigte Destabilisierung der Regimeebene (de Haan & Rogers, 2019; Geels & Schot, 2007; Kanger et al., 2020).
- **Methoden-Charakterisierung**: Bei diesem Zugang steht die jeweilige Methodik der Formulierung und modellhaften Darstellung von Transformationspfaden im Fokus der Betrachtung (z. B. quantitative Modellierung – qualitative Beschreibung; Expert_innenbasiert – partizipativ). Studien zur Nachhaltigkeitstransformation verweisen auf mögliche Pfadabhängigkeiten von Szenarien in Abhängigkeit von den involvierten Disziplinen: Demzufolge könnte eine stark umwelttechnisch quantitativ-orientierte Klimaforschung zu übermäßig technisch orientierten Szenarien neigen, die Verhalten, sozialökologische Aspekte etc. aus ihren Überlegungen unterbewerten oder ausblenden (z. B. Burgos-Ayala et al., 2020; Dorninger et al., 2020).
- **Charakterisierung nach biophysischen Pfadabhängigkeiten und Grenzen:** Dies ist eine vergleichsweise neue Art der Szenarien-Charakterisierung, die sich erst in den letzten Jahren in der Literatur widerspiegelt (Capellán-Pérez et al., 2020; Rosenbloom, 2017; Smith et al., 2016). Dabei spielen folgende Aspekte eine wichtige Rolle: Einerseits die begrenzte Verfügbarkeit von biophysischen Ressourcen, wie beispielsweise Lithium und anderen Materialen für die Elektrifizierung im Rahmen einer breiten Dekarbonisierung (Deetman et al., 2018; Hache et al., 2019), oder Biomasse und Land für bio-ökonomische Transformationen (Dailglou et al., 2019); andererseits längerfristige Emissions-Pfadabhängigkeiten, die mit der Schaffung und Erhaltung von Infrastruktur einhergehen, wie beispielsweise die Temperierung von Gebäuden oder die Wartung von Transportinfrastrukturen (Krausmann et al., 2020).
- **Charakterisierung nach systemisch-transformativen Ansätzen**: Diese Methode basiert auf den systemtheoretischen Überlegungen von Donella Meadows (D. Meadows, 1999) und analysiert Szenarien für Transformationspfade nach ihren Wirkungen auf das sozialökonomische System. Dabei wird der Umgang mit möglichen Kipppunkten eines Systems und die systemische Eindringtiefe einzelner Maßnahmen betrachtet (Abson et al., 2017; Dorninger et al., 2020; Otto et al., 2020).

Aus diesen fünf beschriebenen Charakterisierungsmethoden wurden zwei für eine vertiefende Analyse bestehender Szenarienprojekte ausgewählt, welche für den vorliegenden Sachstandsbericht mit seinem Schwerpunkt auf Strukturen besondere Relevanz haben: die inhaltliche Charakterisierung und die Charakterisierung nach systemischen Ansatzpunkten.

23.5 Inhaltliche Charakterisierung von Szenarien und Transformationspfaden

Der folgende Abschnitt präsentiert unterschiedliche inhaltlich charakterisierte „Familien" von Szenarien und Transformationspfaden, die sowohl in der akademischen Klimadebatte als auch in Strategien und Policies wiederkehrend vorkommen. Für diese Analyse wurden Szenarien, welche in der internationalen Debatte und in prominenten Szenarien-Berichten (beispielsweise IPCC) angesprochen werden, mit Arbeiten aus neueren Studien aus akademischen Fachjournalen ergänzt und verglichen. Für letztere haben wir in der wissenschaftlichen Datenbank Scopus (https://www.scopus.com) Publikationen der letzten fünf Jahre (2016 bis 2020) ausgewählt, welche Szenarien zum Klimawandel präsentieren[2]. Wir haben uns dabei auf die Artikel mit den meisten Zitierungen beschränkt und dabei maximal fünf Publikationen pro Jahr aufgenommen.

Eine häufig zitierte inhaltliche Charakterisierung für Szenarien ist jene von van Vuuren et al (2012), die beispielsweise von UNEP für den Global Environmental Outlook 6 verwendet wurde (UNEP, 2019). Bei van Vuuen et al (2012) basiert die inhaltliche Charakterisierung auf einer gemeinsamen Szenario-Handlung oder Logik (d. h. ähnliche grundlegende Annahmen), die auch zu einer ähnlichen Quantifizierung führt. Dabei werden Szenarien-Familien (Typen) ent-

---

[2] Search string in Scopus: TITLE-ABS-KEY (scenario* AND climat* AND national OR global AND econom* AND pathway* OR emission*) AND (LIMIT-TO (PUBYEAR , 20XX)); angewandt am 22.04.2021.

lang der folgenden Charakteristiken unterscheiden: (a) Risikofreudiger oder risikoscheuer Umgang mit Umweltdegradation und -feedbacks (und daraus resultierende aktive/reaktive Umweltpolitik); (b) globaler oder regionaler Fokus auf primäre Treiber und Ökosysteme (und daraus resultierende Managementstile); (c) Position gegenüber historisch beobachtbaren Trends (Abweichung oder Fortschreibung) und (d) Einstellung gegenüber Kooperation und Wettbewerb. Wie bei vielen Arbeiten bildet auch bei van Vuuren ein Referenzszenario (Baseline-Szenario) den Ausgangspunkt, dem eine Fortschreibung von historischen Trends und Beibehaltung der aktuellen Policy- und Planungsstrategien zu Grunde liegt (in anderen Arbeiten auch als Business-as-Usual, Intermediate-, Middle-Road, Baseline-Scenario, oder Middle of the Road bezeichnet) (UNEP, 2019; van Vuuren et al., 2011). Dieses Baseline-Szenario dient als Anker, um das Transformationspotential anderer Szenarien klarer herausarbeiten zu können. Obwohl auch diese Szenario-Familie eine klare Storyline aufweist, wird sie im Rahmen unseres Sachstandberichtes nicht weiter berücksichtigt, da eine Fortschreibung des Status quo zum einem keine zukunftsfähige, verantwortungsvolle Alternative darstellt und zum anderen kein oder ein nur geringes strukturelles Transformationspotenzial aufweist.

Die folgende Auflistung präsentiert sechs unterschiedliche inhaltlich charakterisierte „Familien" von Szenarien und Transformationspfaden, die sowohl in der akademischen Klimadebatte als auch in Strategien und Policies wiederkehrend vorkommen.

1. **Globale Nachhaltigkeit Szenarien-Familie (Verteilungsgerechtigkeit, internationale Kooperation)**: Diese Szenarien-Familie hat eine starke Ausrichtung auf Umweltschutz und die Verminderung von Disparitäten durch globale Kooperation, veränderte Lebensstile und effizientere Technologien; ein hohes Maß an Umwelt- und Sozialbewusstsein kombiniert mit einem kohärenten, globalen Ansatz für eine nachhaltige Entwicklung sind weitere zentrale Elemente. Regulationen sollen Marktversagen auf globalem Maßstab korrigieren. Um globale normative Ziele zu erreichen (e. g. Armutsbekämpfung, Klimaschutz, Naturschutz) ist ein hohes Maß an globaler Koordination notwendig.
Beispiele in der Literatur und aktuellen Strategien und Policies: Sustainable Development World (Taking the Green Road) (van Vuuren et al., 2017), P2 IPCC Scenario.

2. **Regionale Nachhaltigkeit Szenarien-Familie (Öko-Regionalismus, Dezentralisierung, Ökokommunalismus, Suffizienz)**: Diese Szenarien-Familie geht davon aus, dass Globalisierung und internationale Märkte zum Verlust traditioneller Werte und sozialer Normen führen und gleichzeitig sinnlosen Konsumismus und Respektlosigkeit gegenüber dem Leben zur Folge haben. Szenarien dieser Familie fokussieren auf Dezentralisierung (Governance), um Regionen in die Pflicht zu nehmen, ihre sozial-ökologischen Probleme selbst zu lösen. Diese Lösungen beinhalten auch drastische und weitreichende Änderungen der Lebensstile. Internationale Institutionen verlieren an Bedeutung und verlagern sich auf regionale Entscheidungsstrukturen und Institutionen.
Beispiele in der Literatur und aktuellen Strategien und Policies: Up-Scaling sozialer Innovationen: Klimaschutz durch innovative Gesellschaft und Wirtschaft (Ref-NEKP: Kirchengast et al., 2019).

3. **Protektionistische Szenarien-Familie (Ressourcenkonkurrenz, Isolationismus)**: Szenarien dieser Familie sind (national-/regional-)protektionistisch orientiert und fokussieren auf Eigenständigkeit und Souveränität, was einerseits zu mehr Vielfalt, aber auch zu größeren Spannungen zwischen Regionen und regionalen Communities führen kann. Regionen sind auf eine klare Abgrenzung bedacht, die sich zum Beispiel durch regionale Märkte und gemeinsame Gütervorsorge auszeichnen. Eine zentrale Frage innerhalb dieser Szenarien-Familie ist jene nach dem Ausmaß der Eigenständigkeit, ohne ineffektiv oder schädlich gegenüber globalen Fragen wie der Ressourcennutzung oder Umweltzerstörung zu wirken.
Beispiele in der Literatur und aktuellen Strategien und Policies: Inequality – A Road Divided (UNEP) (Calvin et al., 2017; Riahi et al., 2017), Kicking-and-Screaming (Frame et al.2018), Regional Rivalry – Rocky Road (UNEP SSP) (Fujimori et al., 2017; O'Neill et al., 2017; Riahi et al., 2017), Clean Leader (Frame et al.2018), Unspecific Pacific (Cradock-Henry et al., 2021; Frame et al., 2018).

4. **Marktorientierte Szenarien-Familie (Wachstum und Effizienz durch Deregulierung und Innovation)**: Dazu zählen Szenarien mit starkem Fokus auf Mechanismen eines deregulierten Marktes und damit verbundenem schnellem Wirtschaftswachstum und die Ausweitung des freien Handels zu einem globalen Binnenmarkt (Abbau von Förderungen und Handelshemmnissen). Durch weitere Deregulierung und Privatisierungen werden weitere Steigerungen der Effizienz und Innovation erwartet. Diese Szenarien nehmen eine schnelle Technologieentwicklung zur Lösung von Umweltprobleme an sowie eine teilweise, globale Angleichung von Einkommen.
Beispiele in der Literatur und aktuellen Strategien und Policies: Fossil-fuel-based scenario (UNEP SSP) (Kriegler et al., 2017; McCollum et al., 2018; Riahi et al., 2017); Market-Rules (Foxon 2013), Home economicus (Frame et al.2018), Techno Scenario (De Koning et al.2016). Der technologie- und marktfokussierte Pfad: Klimaschutz primär durch Technik und Regulierung (Ref-NEKP: Kirchengast et al., 2019).

5. **Ökologisierung-des-Marktes Szenarien-Familie (Korrektur von Marktversagen)**: Szenarien dieser Familie

folgen einer ähnlichen Szenariohandlung wie konjunkturoptimistische Szenarien. Sie unterscheiden sich hauptsächlich durch staatliche Mechanismen, die darauf abzielen, Marktversagen zu korrigieren: Das betrifft insbesondere die Erreichung normativer Ziele, wie Armutsbekämpfung oder Umweltqualität. Der „freie" Markt wird durch eine effektive Regulierung moderiert.

Beispiele in der Literatur und aktuellen Strategien und Policies: Central Coordination (pathway 2) (Foxon 2013); Der sozial-ökologische Transformationspfad: Klimaschutz und Fairness primär durch Vorschriften (Ref-NEKP: Kirchengast et al., 2019).

6. **Technologiebasierte Szenarien-Familie (Automatisierung, Digitalisierung, neue Technologien)**: Diese Szenarien haben eine starke Ähnlichkeit mit den marktorientierten Szenarien und operieren unter ähnlichen Prämissen, aber mit einer verstärkten Technologieorientierung und dem Fokus auf technologische, innovationsbasierte Lösungen.

Beispiele in der Literatur und aktuellen Strategien und Policies: Towards 2 Degree Scenario (De Koning et al.2016), P4 (IPCC 1.5°), Techno-Economic Pathways (Rosenbloom 2017), Mehr-Ebenen-System Innovation: Technische Innovationen ausgehend von unten (Ref-NEKP: Kirchengast et al., 2019).

23.6 Charakterisierung von Transformationspfaden nach Systemtheoretischen Ansatzpunkten

Innerhalb der Klimawandeldebatte und -literatur herrscht zunehmend Einigkeit darüber, dass die Bekämpfung des globalen, menschengemachten Klimawandels weder durch eine rein technische noch rein ökonomische Problemlösung zu bewältigen ist, sondern dass dafür eine gesamtgesellschaftliche Transformation nötig ist. Diese Transformation stellt eine große Herausforderung dar: etablierte Systeme mit ihren Infrastrukturen sind zwar veränderbar, neigen aber zu selbst-stabilisierenden Mechanismen die Transformationen entgegenwirken und dadurch erschweren bis verunmöglichen. Dazu zählen sowohl die Trägheit von Infrastrukturen und Innovationszyklen, kulturelle oder politische Schwerfälligkeit aufgrund von tief verwurzelten Machtstrukturen oder auch Traditionen und Normen (Otto et al., 2020).

Trotz jahrzehntelanger Forschung und politischer Auseinandersetzung befindet sich Österreich bzw. das österreichische sozio-ökonomische System, so wie die meisten anderen industrialisierten Nationen, dennoch auf einem Pfad, der mit vergleichsweise wenig Nachdruck Maßnahmen umsetzt, weswegen nicht nur Klimaziele regelmäßig verfehlt werden, sondern auch die notwendige gesamtgesellschaftliche Transformation nicht ausreichend Schwung bekommt. Der vorliegende Abschnitt greift deshalb die Frage auf, ob für die notwendige Transformation zu Strukturen für ein klimafreundliches Leben die politische und wissenschaftliche Aufmerksamkeit in Österreich bis dato ein zu enges Korsett von Maßnahmen beforschte und womöglich tiefer liegende systemische Zusammenhänge und Strukturen zu wenig oder zu unpräzise adressiert wurden.

Maßnahmen und Interventionen wirken an unterschiedlichen Punkten in gesellschaftlichen Systemen und können unterschiedlich charakterisiert werden. Konzepte wie jene der *Kippunkte* (Social Tipping Interventions STI, Social Tipping Elements STE); (Otto et al., 2020), *Ansatzpunkte* (Leverage Points; Interventionspunkte oder wörtlich „Hebelpunkte"; D. Meadows, 1999) oder *Hebel* (Entry Points for Transformation & Levers, Independent Group of Scientists appointed by the Secretary-General, 2019) sind für diesen Sachstandsbericht wichtige Zugänge der konzeptionellen Charakterisierung einzelner Maßnahmen, Maßnahmenbündel oder Pfade, die zu einer Transformation führen sollen. Sie basieren auf der Überlegung, dass an bestimmten Punkten in sozio-ökonomischen Systemen mit vergleichsweise kleinen Eingriffen ungleich (non-linear) wirkungsmächtige, disruptive Veränderungsprozesse hervorgerufen werden können (Abson et al., 2017; Fischer & Riechers, 2019; Otto et al., 2020), die im besten Fall das System in eine neue Struktur und einen neuen Zustand überführen (Fischer & Riechers, 2019; D. Meadows, 1999; D. H. Meadows & Wright, 2008; Otto et al., 2020).

Diese Interventionen können entweder individuell, oder auch in Ketten oder Kaskaden (Burgos-Ayala et al., 2020) gedacht und verstanden werden. Daher wirken sie an unterschiedlichen Punkten im System entweder individuell, gleichzeitig und/oder seriell in unterschiedlich langen Zeiträumen (Kieft et al., 2020). Dabei können auch kumulative Effekte ausgelöst werden (,nudging'; ,social contagion') (Otto et al., 2020). Mögliche Kombinationen unterschiedlicher Interventionen und Maßnahmen, die verschiedene Systemdimensionen adressieren, können ein unterschiedliches Ausmaß an Transformationskapazität und Transformationsdynamik entwickeln (Abson et al., 2017; Otto et al., 2020).

Während manche Autor_innen die politische Dimension von Nachhaltigkeitstransformationen betonen (Blythe et al., 2018), stellen andere praktische Überlegungen in den Vordergrund und fordern eine systematische Reflexion über mögliche Interventionen und Nachhaltigkeitstransformationen. Insbesondere soll geklärt werden, inwieweit Interventionen, Ansatzpunkte und Nachhaltigkeitstransformationen sozial gerecht und gesellschaftlich wünschenswert sind und wie sich deren Nutzen und Lasten innerhalb der Gesellschaft verteilen (Angheloiu & Tennant, 2020; zu „Just Transformation to Sustainability" und für eine Diskussion des Begriffs „Nachhaltigkeitstransformation" siehe Bennett et al., 2019). Die Teilhabe von marginalisierten und vulnerablen

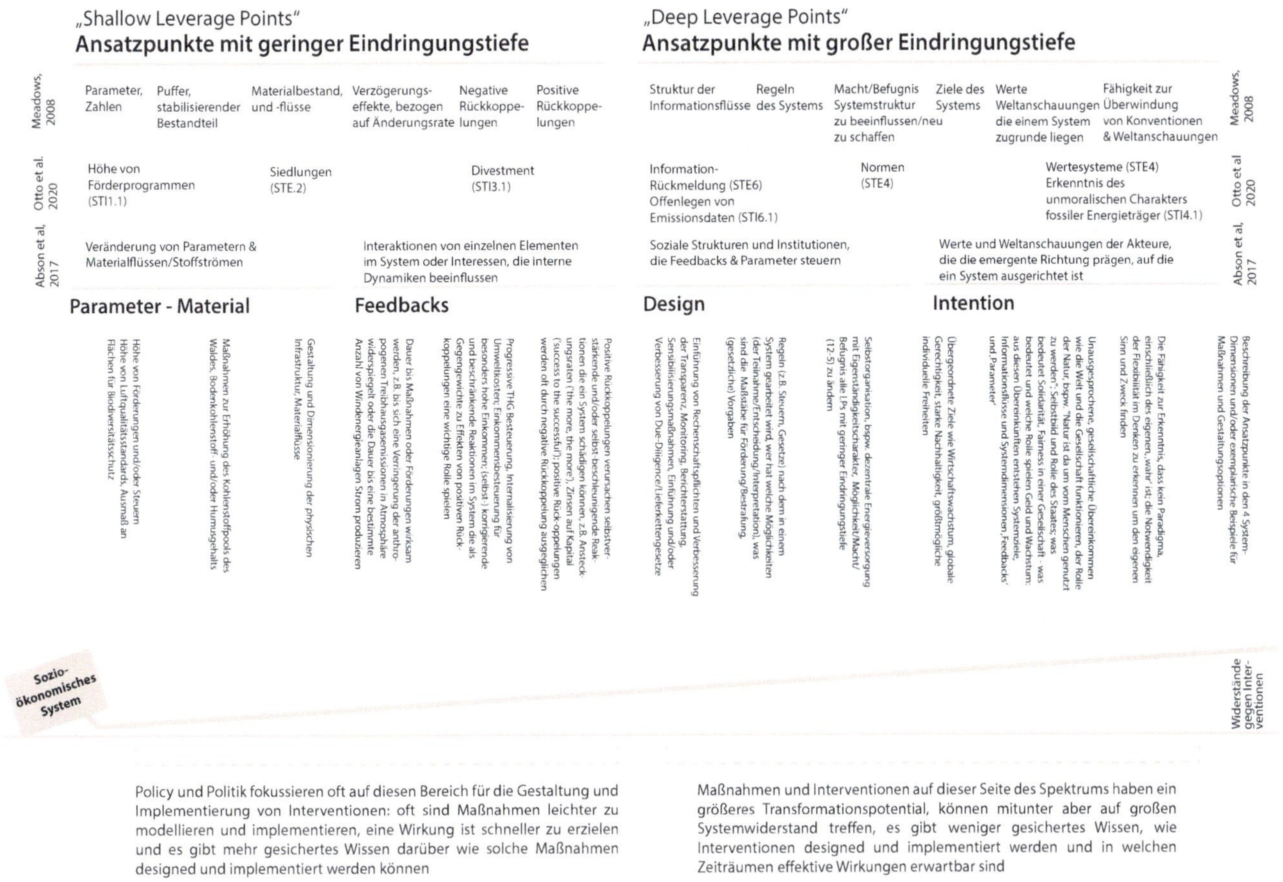

23.6 Charakterisierung von Transformationspfaden nach Systemtheoretischen Ansatzpunkten

	"Shallow Leverage Points" Ansatzpunkte mit geringer Eindringungstiefe						"Deep Leverage Points" Ansatzpunkte mit großer Eindringungstiefe						
Meadows, 2008	Parameter, Zahlen	Puffer, stabilisierender Bestandteil	Materialbestand, und -flüsse	Verzögerungseffekte, bezogen auf Änderungsrate	Negative Rückkopplungen	Positive Rückkopplungen	Struktur der Informationsflüsse	Regeln des Systems	Macht/Befugnis Systemstruktur zu beeinflussen/neu zu schaffen	Ziele des Systems	Werte Weltanschauungen die einem System zugrunde liegen	Fähigkeit zur Überwindung von Konventionen & Weltanschauungen	Meadows, 2008
Otto et al. 2020	Höhe von Förderprogrammen (STI1.1)		Siedlungen (STE.2)			Divestment (STI3.1)	Information-Rückmeldung (STE6) Offenlegen von Emissionsdaten (STI6.1)			Normen (STE4)	Wertesysteme (STE4) Erkenntnis des unmoralischen Charakters fossiler Energieträger (STI4.1)		Otto et al. 2020
Abson et al. 2017	Veränderung von Parametern & Materialflüssen/Stoffströmen			Interaktionen von einzelnen Elementen im System oder Interessen, die interne Dynamiken beeinflussen			Soziale Strukturen und Institutionen, die Feedbacks & Parameter steuern				Werte und Weltanschauungen der Akteure, die die emergente Richtung prägen, auf die ein System ausgerichtet ist		Abson et al. 2017
	Parameter - Material			**Feedbacks**			**Design**			**Intention**			

Policy und Politik fokussieren oft auf diesen Bereich für die Gestaltung und Implementierung von Interventionen: oft sind Maßnahmen leichter zu modellieren und implementieren, eine Wirkung ist schneller zu erzielen und es gibt mehr gesichertes Wissen darüber wie solche Maßnahmen designed und implementiert werden können

Maßnahmen und Interventionen auf dieser Seite des Spektrums haben ein größeres Transformationspotential, können mitunter aber auf großen Systemwiderstand treffen, es gibt weniger gesichertes Wissen, wie Interventionen designed und implementiert werden und in welchen Zeiträumen effektive Wirkungen erwartbar sind

Abb. 23.5 Ansatzpunkte für Transformationen auf unterschiedlichen Systemlevels; Systematik basierend auf Meadows (2008), Abson et al. (2017), https://leveragepoints.org/updates/, Anghelou & Tennant (2020); Erklärung und Beispiele der unterschiedlichen Ansatzpunkte durch die Autor_innen

Akteurinnen-/Akteursgruppen in der Reflexion soll diesen Reflexionsprozess unterstützen. Fragen der Gerechtigkeit, möglicher Trade-offs, Well-Being und/oder die mögliche Verschlechterung sozial-ökonomischen Bedingungen durch Interventionen sollen kritisch hinterfragt werden, um ihnen in weiterer Folge vorgreifen zu können (Iwaniec et al., 2019). Die Diskussion um mögliche Gewinner_innen und Verlierer_innen in Veränderungsprozessen ist insbesondere von Bedeutung, um nicht in die Falle zu tappen, normative Aspekte und/oder Veränderung als universal positive Ergebnisse/Auswirkung/Resultat missverstehen und unbewusst Asymmetrien zu reproduzieren, zu verfestigen oder neue Asymmetrien herzustellen. Diese normativen Aspekte sollten bei Interventionen und Maßnahmenpaketen, die auf klimafreundliche Lebensweisen abzielen immer mitgedacht werden.

23.6.1 Modelle von Ansatzpunkten

Der folgende Abschnitt stellt unterschiedliche theoretische Modelle von Ansatzpunkten für gesellschaftliche Transformationen vor (siehe Abb. 23.5). In all diesen Modellen werden normativ-institutionelle Charakteristika (Institutionen/Design, Intention) und Systemdynamiken (Parameter, Material, Feedbacks) zu einem holistischen Modell vereint. Das prominenteste Modell, jenes der Leverage Points (Hebelpunkte, Ansatzpunkte) wurde von Donella Meadows in den 1990er Jahren vorgestellt. Meadows ging von der Überlegung aus, dass es in komplexen, sozio-ökonomischen Systemen (z. B. Städte, Gesellschaften, Unternehmen) unterschiedlichste Hebel und Ansatzpunkte gibt, um systemische Veränderungen und Wandel zu initiieren. Meadows strukturiert sie hierarchisch, um eine Fokussierung auf jene vorzubereiten, die bei kleinen Änderungen vergleichsweise große Wirkungen oder Transformationen hervorrufen können, in einschlägigen Debatten jedoch meist nicht adressiert werden. Dementsprechend entwickelt sie zwölf Ansatzpunkte von großer zu geringer Eindringungstiefe. Normativen Charakteristika (Normen, Ziele, Regeln) schreibt sie eine hohe Eindringungstiefe zu – der Gruppe von Ansatzpunkten zu Systemdynamiken eine vergleichsweise geringe (D. Meadows, 1999). Letzteres betrifft beispielsweise die Optimierung einzelner Parameter eines Systems (z. B. den Effizienzgrad einer bestimmten Technologie). Bei den normativen Systemcharakteristika geht es vermehrt um Fragen der Machtverteilung und der Zielausrichtungen (z. B. Fragen der globalen Klimagerechtigkeit).

Abson et al. (2017) bündelten Meadows' zwölf hierarchisch organisierte Ansatzpunkte in vier Systemdimensionen. Die Systemdimensionen Parameter und Feedback fokussieren auf Systemdynamiken. Die Systemdimensionen Intention (Ziel) und Design (Institutionen) betreffen stärker normativ-institutionelle Interventionen. Ein anderes Modell wählen Otto et al. (Otto et al., 2020): sie stellen sogenannte ‚Social Tipping Interventions' vor, die Prozesse in unterschiedlichen Subsystemen (Social Tipping Elements) anstoßen können. Dazu zählen die schnelle Verbreitung von Technologien, Verhalten, gesellschaftliche Normen aber auch strukturelle Veränderungen.[3]

Das Konzept der Ansatzpunkte wurde in unterschiedlichen Themenfeldern angewandt, zum Beispiel Ernährungssysteme und Ernährungssicherheit (Burgos-Ayala et al., 2020; Dorninger et al., 2020; Wigboldus & Jochemsen, 2020), Energiesysteme (Dorninger et al., 2020), Umweltmanagement (Burgos-Ayala et al., 2020), Meeres- und Küstenverschmutzung (Riechers et al., 2021) oder Stadtsysteme (Angheloiu & Tennant, 2020). Die Übersichtsstudien von Dorninger et al. (2020), Riechers et al. (2021) und Burgos-Ayala et al. (2020) zeigen zudem die Popularität bzw. die Verteilung von Ansatzpunkten in bestimmte Systemdimensionen. Diese Arbeiten problematisieren auch, dass die Auswahl der zentralen Ansatzpunkte von den jeweils beteiligten Disziplinen abhängt. Während bei technisch-orientierten Studien zu Energiesystemen tendenziell technische Interventionspunkte und Systemdynamiken (Feedback, Parameter) als wichtige Stellschrauben für Nachhaltigkeitstransformationen erachtet werden, erscheinen bei Studien zu Ernährungssystemen Ansatzpunkte und sozial-ökologische Überlegungen auf gesamtgesellschaftlicher Ebene (Design, Intention) bedeutungsvoll. Diese Problematik ist nicht spezifisch für die Analyse von Ansatzpunkten, verdeutlicht aber die Notwendigkeit von integrierten Bewertungsansätzen.

Obwohl Meadows ein hierarchisches System vorschlägt, das einzelnen Interventionen unterschiedlich starke Transformationskraft zuschreibt, sind Interventionen entlang des gesamten Spektrums für eine sozial-ökologische Transformation relevant. Ein ausgewogenes und vor allem abgestimmtes Zusammenspiel von Ansatzpunkten mit schwacher und starker Eindringungstiefe ist nötig, um einen tiefgreifenden Wandel zu ermöglichen (Otto et al., 2020). Dazu werden in verschiedenen Arbeiten Cluster beschrieben, die unterschiedliche Ansatzpunkte mit starker und schwacher Transformationskraft kombinieren (Burgos-Ayala et al., 2020). Das Ausmaß der Transformationskraft einzelner Ansatzpunkte in unterschiedlichen Systemen ist empirisch schwer überprüfbar. Daher ist Meadows' Skala weniger als „entweder – oder" von einzelnen Ansatzpunkten zu verstehen, sondern mehr als Unterstützung um komplementäre Ansatzpunkte zu kombinieren. Interventionen an unterschiedlichen Ansatzpunkten können individuell, als Maßnahmenbündel oder als zeitlich gestaffelte Ketten entwickelt werden, um an unterschiedlichen Punkten eines Systems anzusetzen. Solche Bündel oder Ketten von Ansatzpunkten können sowohl vertikal (auf unterschiedlichen Ebenen innerhalb eines Politikbereiches), horizontal (quer durch unterschiedliche Politikbereiche) oder auch diagonal (quer über Politikbereiche und Ebenen) verlaufen und wirken (z. B. Steurer & Clar, 2015). Bei vertikalen und diagonalen Ketten ist insbesondere auf Herausforderungen aufgrund Österreichs föderal-dezentraler Struktur zu achten, da hier Inkonsistenzen und Implementierungs-Defizite zu erwarten sind, die es zu vermeiden gilt (Gugerell et al., 2020; Steurer & Clar, 2015).

Obwohl das ganze Spektrum notwendig ist, zeigt sich, dass Interventionen, die auf Parameter und Feedbacks (Ansatzpunkte mit geringer Eindringungstiefe) abzielen, verhältnismäßig leichter zu gestalten, implementieren und kommunizieren sind als solche mit größerer Eindringungstiefe. Deshalb erhalten diese Ansatzpunkte deutlich mehr Aufmerksamkeit in Policy-Prozessen, während Maßnahmen in den Systemdimensionen ‚Design' und ‚Intention' vernachlässigt werden (e. g. Dorninger et al., 2020; Leventon et al., 2021; Riechers et al., 2021). Die schleppenden Fortschritte bei der Reduktion der THG-Emissionen können als Bestätigung der theoretischen Annahmen der Modelle gewertet werden, dass ein einseitiger Fokus auf Interventionen bei ‚Parameter' und ‚Feedbacks' nicht ausreicht. Erst abgestimmte und ausgewogene Interventionen in allen Systemdimensionen, damit auch solchen höherer Eindringungstiefe, sind für eine gesamtgesellschaftliche Transformation erforderlich (vgl. Abb. 23.4).

Die Hypothese dahinter lautet: Interventionen auf der Parameterebene sind für Emissionen zwar direkt relevant, solange man aber beispielsweise nur auf technische Wirkungsgrade und Effizienzen fokussiert und Strukturen, Normen, Regeln, Machtkonstellationen und Rückkoppelungseffekte (Interventionen weiter rechts auf dem Hebel) nicht adressiert, mag eine Transformation an *rebounds*, an unkoordinierten Maßnahmen mit widerstreitenden Wirkungen oder an der Fortführung einer emissionsintensiven Wachstumsdynamik scheitern.

Die hier aufgezeigten Arten von Ansatzpunkten in einem System sagen an sich noch nichts über die „Richtung" aus, in welche das System verändert werden sollte. Die Aussage ist vielmehr, beispielsweise, dass in der Selbstorganisation

---

[3] Weitere konzeptuelle Modelle wurden von Kieft et al. (2020) und Wigboldus und Jochensem (2020) vorgestellt. Kieft et al. (2020) übersetzen Meadows Leverage Points für technologische Innovationssysteme, während Wigboldus & Jochensem ein System von 15 Modalities als ein Set konkreter Alltagspraxen vorstellen, die mögliche Interventionen alltagstauglicher gestalten sollen.

eine erhöhte Hebelwirkung liegt. In welcher Situation diese für welche Richtungsänderung genutzt werden kann, ist damit noch nicht beantwortet. Weiters sind auch die Kraft und Dauer, mit denen Interventionen durchgeführt werden, im jeweiligen Kontext mitzudenken, da sie für die tatsächliche Wirkung von Maßnahmen bedeutsam sind. Zu guter Letzt muss beim Vergleich von Interventionen auch die Skalenebene berücksichtigt werden: Es ist z. B. von großer Bedeutung, ob man die Normen und Werthaltungen eines einzelnen Individuums anspricht, oder die Normen und Werthaltungen, nach denen ein ganzes System ausgerichtet ist (wobei es sich bei den hier diskutierten Ansatzpunkten immer um Interventionen in einem System handelt, welches per Definition aus mehreren Elementen besteht).

23.6.2 Ansatzpunktanalyse für österreichische Klimaschutzstrategien

In diesem Kapitel werfen wir einen systemisch-transformativen Blick auf vorgeschlagene Politikmaßnahmen zur Klimawandeleindämmung in Österreich. Dazu greifen wir auf die ursprüngliche Anordnung der Ansatzpunkte von Donella Meadows (D. Meadows, 1999) und die weiterführende, zusammenfassende Strukturierung dieser Ansatzpunkte von Abson et al. (Abson et al., 2017) zurück, wie sie bereits in den vorhergehenden Kapiteln diskutiert wurde. Auf Basis dieser Strukturierung blicken wir auf die konkreten Maßnahmen, die im NEKP (Bundesministerium für Nachhaltigkeit und Tourismus; Bundesministerium für Finanzen; Bundesministerium für Verkehr, Innovation und Technologie, 2019), und im „Schwesternbericht", dem Referenzplan österreichischer Klimaforscher_innen, kurz Ref-NEKP (Kirchengast et al., 2019), sowie im kürzlich erschienenen Bericht des Wegener Centers (Steininger et al., 2021) vorgeschlagen wurden. Wir haben den NEKP als offiziellen, derzeit gültigen Plan ausgewählt, den Ref-NEKP als aktuellen, konkret auf den NEKP bezugnehmenden Plan und den Bericht des Wegener Centers als die aktuellste Erweiterung mit Bezug zum NEKP. Diese drei Dokumente wurden ausgewählt, weil sie explizit den Klimaschutz zum Ziel haben; andere Dokumente sind demgegenüber breiter aufgestellt, wie etwa der Optionenbericht des UniNEtZ-Projektes (Allianz Nachhaltige Universitäten in Österreich, 2021), der insgesamt auf die Erfüllung der UN Nachhaltigkeitsziele ausgerichtet ist und daher auch zahlreiche Optionen beinhaltet, welche keine unmittelbare Klimarelevanz aufweisen.

Eine wesentliche Überlegung dieser Ansatzpunktanalyse ist die Einordnung der beabsichtigten Wirkung auf das gesamte sozio-ökonomische System, nämlich ob es sich um kleine inkrementelle Änderungen geringer Eindringungstiefe handelt oder um einen tiefgreifenden Systemwandel.

Die Analyse der Ansatzpunkte kann im Zusammenhang mit diesem Bericht als Untersuchung verstanden werden, wie weitreichend Strukturbedingungen für ein klimafreundliches Leben und Wirtschaften umgestaltet werden. Diese Einschätzung ist von besonderer Relevanz, da zahlreiche globale, aber auch europäische und nationale wissenschaftliche Analysen deutlich hervorstreichen, dass ein tiefgreifender Systemwandel unerlässlich ist, um die Klimakrise adäquat zu adressieren (Bogdanov et al., 2019; David Tàbara et al., 2019; Grubler et al., 2018; Haberl et al., 2011; Hausknost, 2020; IPCC, 2022a, 2022b). Mit dem Zugang der Leverage Points (Ansatzpunkte) können demnach verschiedene Einschätzungen getroffen werden:

- **Inwiefern werden Ansatzpunkte mit großer *Eindringtiefe* genutzt?** In der wissenschaftlichen Literatur wird generell darauf hingewiesen, dass Klimapolitik einen breiten politischen und gesellschaftlichen Konsens erfordert, damit die Bearbeitung der Klimakrise den notwendigen systematischen und transformativen Wandel ermöglicht (Plank, Haas, et al., 2021). Bereits im APCC Sachstandsbericht 2014 wurde darauf hingewiesen, dass eine Transformation der Interaktion von Schlüsselakteur_innen in Österreich gefordert ist (Stagl et al., 2014).
- **Inwieweit werden verschiedene Ansatzpunkte entlang der gesamten Skala *abgestimmt* aufeinander eingesetzt?** Dies bezieht sich darauf, dass Ansatzpunkte in Ketten oder Kaskaden auf ein System wirken können (Burgos-Ayala et al., 2020; Kieft et al., 2020) und dass gezielte Kombinationen von Ansatzpunkten der vier unterschiedlichen Systemdimensionen (Abson et al., 2017) ein unterschiedliches Ausmaß an Transformationskapazität entwickeln können.

Inwieweit sind einzelne Ansatzpunkte und Maßnahmen *konkret* und tiefgreifend formuliert? Bei dieser Frage geht es um den Unterschied zwischen Maßnahmen in ein und demselben Ansatzpunkt, aber mit unterschiedlicher Ausprägung. Zum Beispiel muss unterschieden werden, ob die Förderung des öffentlichen Verkehrs ausschließlich in einer Strategie angesprochen wird oder ob dazu auch finanzielle Mittel vorgesehen werden. Das Ausmaß der finanziellen Mittel würde eine weitere Ausprägung darstellen. Um solch eine Einschätzung vorzunehmen, haben wir das Schema mit sechs Ansatzpunkten geringer und sechs Ansatzpunkten großer Eindringungstiefe nach Meadows (D. Meadows, 1999) mit konkreten Beispielen für die einzelnen Ansatzpunkte versehen (siehe in Abb. 23.5). Mit diesem Schema haben wir die drei österreichischen Berichte zur Klimawandelbekämpfung kodiert, wobei zur Kodierung nur tatsächlich vorgeschlagene Maßnahmen herangezogen wurden, die in den Berichten konkret als solche ausformuliert sind. Abb. 23.6 zeigt das Ergebnis dieser Einschätzung, in der jeder Pfeil eine einzelne

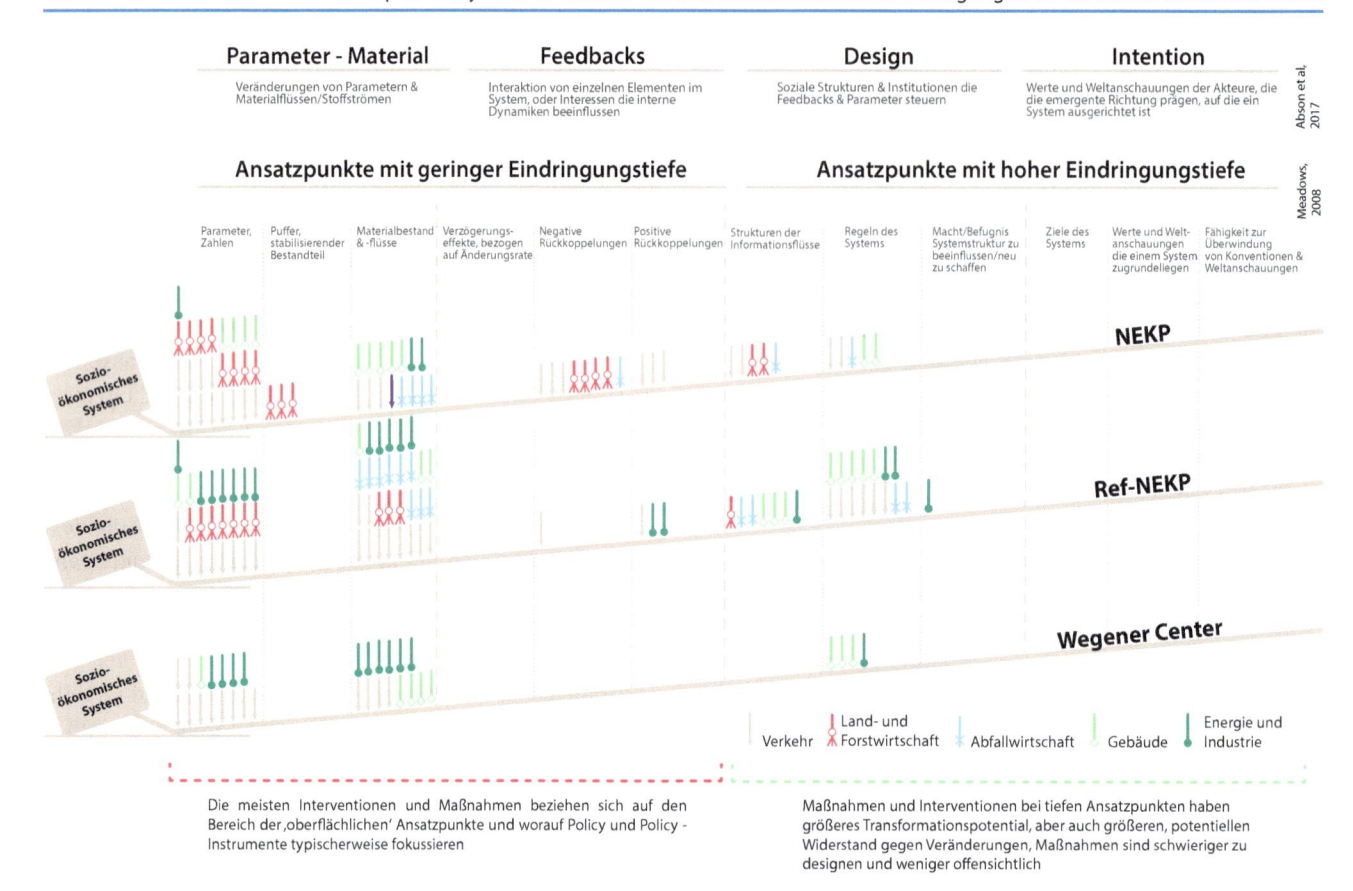

Abb. 23.6 Abschätzung der Zahl der vorgesehenen Maßnahmen je Ansatzpunkt unterschiedlicher Eindringungstiefe für den NEKP 2019 (Bundesministerium für Nachhaltigkeit und Tourismus; Bundesministerium für Finanzen; Bundesministerium für Verkehr, Innovation und Technologie, 2019), den Ref-NEKP (Kirchengast et al., 2019) und den Bericht des Wegener Center for Climate and Global Change (Steininger et al., 2021). Letzterer fokussiert nur auf die Sektoren Verkehr, Gebäude sowie Energie und Industrie als die größten Verursacher von Treibhausgasemissionen

Maßnahme repräsentiert (Maßnahmen mit Fokus auf Dekarbonisierung).

Der Vergleich der drei Berichte mithilfe der Leverage-Points-Skala zeigt große Gemeinsamkeiten, aber auch kleinere Abweichungen. Über die drei Berichte hinweg gesehen betreffen die allermeisten der vorgeschlagenen Maßnahmen Ansatzpunkte, welche auf Parameter und materielle Eigenschaften des sozio-ökonomischen Systems abzielen. Diese sind als Politikmaßnahmen sehr gut greifbar, verständlich zu formulieren und einfach zu kommunizieren, daher auch sehr beliebt (D. Meadows, 1999), haben aber für sich alleine kein großes Transformationspotenzial. In anderen Worten, systemische Zusammenhänge und Ziele ändern sich dadurch nicht notwendigerweise. Bei dieser Art von Eingriffen handelt es sich vielmehr um Anpassungen im bestehenden System, welche zwar im Einzelfall auch größere Änderungen herbeiführen können, aber in ihrer Wirkung von tieferliegenden Charakteristika des Systems (beispielsweise konkurrierende oder widersprüchlichen Regeln, Zielen oder Werten des Systems) begrenzt werden.

Darüber hinaus und andere Ansatzpunkte betreffend zeigt die Analyse Folgendes: Der NEKP setzt sich konkret mit negativen und positiven Rückkoppelungseffekten auseinander, beispielsweise der Aufhebung kontraproduktiver Anreize/Subventionen und der Einführung von progressiven Steuern/Förderungen. Im Ref-NEKP werden einige Maßnahmen betreffend die Struktur der Informationsflüsse (wer hat Zugang zu welchen Informationen) und den Regeln im System (beispielsweise Gesetze: was ist erlaubt und was nicht) vorgeschlagen. Es werden in einigen wenigen Fällen auch neue kooperative Formen des Zusammenwirkens von Akteur_innen aufgezeigt, die der Selbstorganisation mehr Handlungsspielraum einräumen (siehe z. B. Energie-Gemeinschaften). Relativ selten werden Puffer und Verzögerungselemente im System angesprochen. Tieferliegende Ansatzpunkte rund um die Intention des Systems werden nicht adressiert.

Sowohl beim Ref-NEKP als auch beim Bericht des Wegener Centers wurden neue Handlungsprinzipien vorgestellt. Der Ref-NEKP entwickelt dazu vier Szenarien, die mögliche Grundausrichtungen vorstellen (siehe Abschn. 23.3.4). Das Wegener Center gliedert seine Maßnahmenbündel in (1) das Vermeiden von Aktivitäten (dort, wo sie ersetzbar sind), (2) das Verlagern der verbleibenden Aktivitäten in umweltfreundliche Strukturen und (3) das Verbessern der Emissionsbilanz der zuletzt verbleibenden Aktivitäten. Zudem wird eine Gesamtstrategie als essenziell erachtet, welche die substanzielle Transformationsherausforderung umfassend angeht. Da zu diesen Prinzipien aber keine konkreten Maßnahmen ausformuliert wurden, konnten diese in unserer Auswertung keine Berücksichtigung finden.

Die in den Berichten wenig adressierten Ziele und Wertvorstellungen (Intent) können eine große Wirkung entfalten, wenn es darum geht, ein System zu transformieren bzw. tiefergreifende Änderungen anzustoßen (in einen anderen Systemzustand zu bringen). Insofern übergeordnete Ziele und Werte jedoch unberührt bleiben, können diese auch als ‚Stolpersteine' fungieren, die einen tiefgreifenden Wandel verhindern. Um aber einen solchen Wandel herbeizuführen, müsste eine möglichst große Bandbreite von Ansatzpunkten in einer aufeinander abgestimmten integrierten Kombination verwirklicht werden.

Eine Vorbedingung dafür ist die Konkretisierung von Maßnahmen bezüglich deren Qualität, Langfristigkeit und Intensität der Umsetzung. Vereinzelte und zerstreute sowie kurzfristige Maßnahmen drohen hingegen eher zu verpuffen, sofern sie nicht von tiefergreifenden Systeminterventionen begleitet werden. Ausgehend von der Leverage-Points-Perspektive (D. Meadows, 1999) ist zu guter Letzt auch die Richtung, in welche die Ansatzpunkte den Hebel (metaphorisch gesprochen) betätigen wollen, entscheidend. So kann eine identifizierte Maßnahme an einem bestimmten Ansatzpunkt auf eine Systemänderung hinwirken, während gleichzeitig Maßnahmen (beabsichtigt oder unbeabsichtigt) an anderen Ansatzpunkten, dieser Änderung zuwiderlaufen. Eine gründliche Analyse solcher Widersprüchlichkeiten bei der Veränderung der Strukturbedingungen für ein klimafreundliches Leben fehlt bis dato.

Zusammenfassend ist festzuhalten, dass es in der Literatur vermehrt Ansätze gibt, die einen systemisch-transformativen Wandel in Bezug zu verschiedenen Ansatz- und Interventionspunkten (Leverage Points) setzen (Leventon et al., 2021). Die Anwendung der Skala nach Meadows (1999) auf österreichische Strategien zur Bekämpfung des Klimawandels zeigt, dass es einen Überhang zu Ansatzpunkten mit geringer Eindringungstiefe gibt. Eine effektive Klimapolitik erfordert, dass diese mit Interventionen und Maßnahmen auf anderen Ebenen im System ergänzt und integriert werden müssten, um ein höheres transformatives Potenzial entfalten zu können. Für eine Analyse, wie verschiedene Ansatzpunkte am besten zusammenwirken und tieferliegende Systemcharakteristika transformieren können, bedarf es noch weiterer Arbeit auf wissenschaftlicher wie auf der Policy-Ebene. Wir setzen diese Diskussion in den Abschn. 23.10 und 23.11 fort, wo wir auch die Ansatzpunktanalyse auf den vorliegenden Bericht anwenden und vergleichend in Bezug setzen.

23.7 Transformationspfade

Im folgenden Abschnitt werden vier mögliche Transformationspfade zur Veränderung von Strukturen für ein klimafreundliches Leben vorgestellt. Sie leiten sich aus der existierenden Literatur ab und stellen jeweils unterschiedliche Ausgangspunkte, Akteur_innen und Perspektiven (s. Kap. 2) ins Zentrum.

Die Beschreibung dieser Transformationspfade erfolgt zunächst idealtypisch, um sowohl ihre spezifischen Potenziale als auch ihre Limitierungen herauszuarbeiten. Die wesentliche Literatur wird entsprechend der Vorgangsweise bei vergleichbaren Literaturauswertungen (Foxon, 2013; van Vuuren et al., 2012) zu Beginn jeder Pfadbeschreibung angeführt, die literaturbasierten generellen Charakteristika werden zur Illustration einer möglichen Umsetzung mit für Österreich relevanten Anwendungsbeispielen ergänzt.

Anschließend werden die in den Kap. 3–22 vorgeschlagenen Gestaltungsoptionen den Transformationspfaden zugeordnet. Eine darauf aufbauende Analyse und Bewertung von Synergien und Widersprüchen zwischen einzelnen Transformationspfaden soll im Sinne einer multiperspektivischen Herangehensweise ausloten, in welchen Bereichen durch eine Kombination der unterschiedlichen Transformationspfade Chancen genutzt und Risiken vermieden werden können.

23.7.1 Pfad 1: Leitplanken für eine klimafreundliche Marktwirtschaft

Grundsätzliches Narrativ
Die Grundannahme dieses Pfades besteht darin, dass sich am Markt optimale Lösungen hinsichtlich der Reduktion von Treibhausgasemissionen durchsetzen, wenn die politisch gesetzten Rahmenbedingungen klare Leitplanken in Richtung Klimaschutz vorgeben. Dieses Narrativ orientiert sich somit weitgehend an der in Kap. 2 vorgestellten Marktperspektive.

Wesentliche Literaturquellen
Foxon (2013, „Market rules"), Frame et al.(2018; „Homo oeconomicus"), van Vuuren et al.(2012; „Reformed Markets"), Korsnes und Sørensen (2017; „Green tax society") Weishaar et al.(2017), Baveye, Baveye, und Gowdy (2013), Boon, Edler, und Robinson (2022), Goers und Schneider (2019), Koteyko (2012), Spaargaren und Mol (2013), van der Ploeg und Rezai (2020), Turner, Morse-Jones, und Fisher (2010).

Zentrale Akteur_innen
- Produzent_innen, die unter politisch definierten „Leitplanken" kreative Lösungen anbieten
- Konsument_innen, die informierte Entscheidungen treffen

- Staat als Rahmensetzer und Bereitsteller von klaren Planungshorizonten (z. B. kontinuierliche Steigerung der CO_2-Steuer über einen definierten Zeitraum)

Charakteristik
- Zentrale Steuerungselemente sind:
  – Markante Bepreisung von Ressourcenverbrauch und Emissionen (z. B. CO_2-Steuer, Abgaben für Flächenversiegelung)
  – Schaffung dazugehöriger Märkte (z. B. für Emissionshandel, CO_2-Bindung, Flächenversiegelung oder -entsiegelung)
  – Abbau klimaschädlicher Subventionen (z. B. Dieselprivileg, Pendlerpauschale)
  – Verständliche Deklaration zur Klimawirkung von Produkten (z. B. produktspezifische Angabe der THG-Emissionen über den gesamten Lebenszyklus).
- Unter Annahme rationaler Verhaltensweisen setzen sich jene Produkte und Dienstleistungen durch, welche bei gleichem Nutzen am kostengünstigsten bereitzustellen sind und gleichzeitig die höchste Ressourceneffizienz und geringste CO_2-Belastungen aufweisen.
- Klimafreundlich produzierende Unternehmen werden attraktiv für Investoren, was umgekehrt zu einem Abfluss von Kapital (Divestment) aus Unternehmen mit hohem Ressourcenverbrauch und hohen Emissionen führt.
- Technologieneutralität: Welche Technologien oder Prozesse (z. B. Kauf oder Leasing von Produkten) zur Erreichung dieser Effizienz entwickelt und eingesetzt werden, bleibt der Kreativität der Anbieter_innen überlassen, die zueinander in Konkurrenz stehen.
- Wenn Einkünfte aus den Ressourcenverbrauchssteuern die Reduktion anderer Abgaben (z. B. auf Arbeit) ermöglichen, dann kann dies wiederum die Wettbewerbsfähigkeit bestimmter Prozesse beeinflussen (z. B. Reparatur statt Neuanschaffung, Miete statt Kauf, Sharing-Konzepte).
- Kostenwahrheit und Berücksichtigung von bisher externalisierten Kosten (z. B. Ressourcenverbrauch und Emissionen in Herkunftsländern) entlang der gesamten Wertschöpfungskette für alle Waren, die in Verkehr gebracht werden, und damit auch für importierte Produkte (z. B. durch eine „CO_2-Importsteuer").
- Um den Umfang der klimarelevanten Wirkungen und der externalisierten Kosten korrekt ermitteln zu können, müssen für Produkte und Dienstleistungen detaillierte Lebenszyklusanalysen durchgeführt werden.
- Klimarelevanz und langfristige Verwendbarkeit (z. B. Langlebigkeit, Reparaturtauglichkeit, Verfügbarkeit von Ersatzteilen, Recycling- und Entsorgungsmöglichkeiten) müssen für Konsument_innen nachvollziehbar und gegebenenfalls auch einklagbar sein (z. B. durch Ausweitung der Produkthaftung).

- Gegebenenfalls können auch Ökosystemleistungen (z. B. CO_2-Fixierung in naturnahen Ökosystemen) monetär in wert gesetzt und am Markt eingeführt werden („Payments for Ecosystem Services").

Potenziale
- Bewirkt, dass klimafreundliches Verhalten billiger wird als klimaschädliches.
- Basiert auf der im öffentlichen Diskurs dominanten Marktperspektive und nutzt bestehende Marktstrukturen; dies erleichtert eine rasche Umsetzung von Maßnahmen.
- Fördert unternehmerische Kreativität und Offenheit gegenüber Innovationen zur Effizienzsteigerung.
- Monetäre Inwertsetzung von Ökosystemleistungen kann, wenn sie Trade-Offs vermeidet, sorgsamen Umgang mit natürlichen Ressourcen fördern und den Wert intakter Ökosysteme sichtbar machen.

Risiken und mögliche Konflikte
- Langfristig wirksame Infrastrukturinvestitionen ohne staatliche Beteiligung sind für private Investoren meist wenig attraktiv. Der Fokus wird daher tendenziell auf kurzfristigen und inkrementellen Effekte durch Effizienzsteigerung liegen.
- Auch wenn die Rolle der Marktwirtschaft nicht infrage gestellt wird, so können radikale Verschiebungen der Konkurrenzverhältnisse Widerstände bestimmter, politisch womöglich einflussreicher Wirtschaftsakteure hervorrufen.
- Die umfassende Dokumentation aller Ressourceninanspruchnahmen entlang der Wertschöpfungskette kann vor allem für kleinere Unternehmen recht aufwendig sein; auch bestehen methodische Herausforderungen bei der Bewertung mancher Ressourcenverbräuche (z. B. Flächeninanspruchnahme) und bei der Definition der Systemgrenzen (z. B. Berücksichtigung alternativer Landnutzungen und deren Klimawirksamkeit).
- Die Auswirkungen einer konsequenten Inwertsetzung von Ökosystemleistungen sind nicht ausreichend untersucht und können erhebliche Akzeptanzprobleme verursachen. Auch bestehen große methodische Probleme bei der Bewertung kultureller Ökosystemleistungen.
- Der Einfluss dieses Pfades auf konkrete räumliche Entwicklungen in unterschiedlichen Regionen (z. B. Siedlungsentwicklung, Baulandverfügbarkeit für die Lokalbevölkerung in Tourismusregionen) ohne weitere staatliche Eingriffe (Raumordnung) ist schwer vorherzusehen.
- Stark klimaschädliches Verhalten wird nicht verboten, sondern nur sehr teuer und damit vielleicht auch ein Statussymbol. Somit können bestehende Verteilungsungerechtigkeiten und Ausgrenzungen verstärkt werden.
- Wenn Zertifikate und Quotenzuteilungen auf Finanzmärkten frei handelbar werden, besteht die Gefahr spekulati-

onsbedingter Preisschwankungen, welche wiederum die Planbarkeit beeinträchtigen.
- Das Prinzip der Technologieneutralität ohne staatliche Intervention kann dazu führen, dass sich Technologien finanzstarker Unternehmen durchsetzen und auf diese Weise neue Monopole entstehen, welche spätere Innovationen behindern. Oder es kann zu einem „Wildwuchs" an unterschiedlichen sich konkurrierenden Entwicklungen kommen (z. B. wasserstoffbasierte vs. batteriebasierte Antriebssysteme), der in Summe wegen unterschiedlicher Infrastrukturanforderungen ineffizient ist.
- Der Fokus auf Effizienz und kurzfristige Optimierung kann zum Ausblenden anderer Kriterien (Gerechtigkeit, Suffizienz, Resilienz) führen. Es besteht die Gefahr, dass bestimmte Bevölkerungsgruppen mit höheren finanziellen Belastungen konfrontiert werden, z. B. wenn sie sich den Umstieg auf klimafreundliche Produkte nicht leisten können.

Notwendige Strukturveränderungen, damit dieser Pfad erfolgreich zu klimafreundlichem Leben beitragen kann
- Stufenweiser Umbau des Steuersystems
- Abbau klimaschädigender Subventionen
- Aufbau einheitlicher, nachvollziehbarer, transnationaler Produktdeklarationssysteme
- Erhöhung des politischen Gewichts CO_2-extensiver Unternehmen
- Soziale Abfederung von Nachteilen für einkommensschwache Gruppen in der Übergangsphase (just transition)

23.7.2 Pfad 2: Klimaschutz durch koordinierte Technologieentwicklung

Grundsätzliches Narrativ
Staatlich koordinierte technologische Innovation schafft Strukturen, welche ein klimafreundliches Leben ermöglichen. Im Mittelpunkt stehen Energie-, Kommunikations-, Mobilitäts- und Ressourcenbewirtschaftungssysteme. Sie bilden sich in der Raumentwicklung entsprechend ab (z. B. „Smart-City") und werden einem systematischen Monitoring unterworfen („Urban Big Data", „Urban Intelligence"). Eine grundlegende Änderung von Konsumgewohnheiten wird nicht als zwingend vorausgesetzt, da klimabelastende Technologien systematisch durch emissionsarme ersetzt werden und damit auch bei unverändertem Verhalten die Treibhausgas-Emissionen sinken.

Die im Österreichischen Nationalen Energie- und Klimaplan (NEKP) oder im Entwurf zur Österreichischen Kreislaufwirtschaftsstrategie aufgelisteten Maßnahmen passen weitgehend zu diesem Narrativ. Es orientiert sich in Teilen an der in Kap. 2 beschriebenen Innovationsperspektive, allerdings wird in den meisten Literaturquellen und sonstigen Dokumenten ein klarer Fokus auf technologische Innovationen gelegt, somit liegt dem hier beschriebenen Pfad ein deutlich engeres Innovationsverständnis als in Kap. 2 beschrieben zugrunde.

Wesentliche Literaturquellen
BMNT (2019; NEKP), IRENA (2021; „1,5° pathway"), Grubler et al.(2018; „Low Energy Demand"), Kirchengast et al. (2019; „Klimaschutz primär durch Technik und Regulierung"), Mazzucato (2014, 2016), Rat für Nachhaltige Entwicklung (2021), Viitanen und Kingston (2014), Silva, Khan, und Han (2018), De Koning et al.(2016), Keyßer und Lenzen (2021), Kirchherr et al.(2018), Krey et al.(2014), Lange und Santarius (2018), Pietzcker, Osorio, und Rodrigues (2021), Rosenbloom (2017), Schöggl et al.(2022), Schmidt et al.(2011), Westley et al.(2011)

Zentrale Akteur_innen
- Unternehmen (Industrie, Start-Ups ...)
- Staat: als Investitionsmotor durch starke öffentliche Finanzierung entlang der gesamten Investitionskette; Bereitstellung von Infrastruktur und aktiver Gestaltung einer innovationsfördernden Forschungs-, Technologie- und Wirtschaftspolitik, Förderung und Unterstützung von Start-ups und Bereitstellung von Kapital für risikoreiche Technologieforschung
- „Innovierende" Wissensnetzwerke: Unternehmen-Wissenschaft-Staat (Triple-Helix); Unternehmen-Wissenschaft-Staat-User/Zivilgesellschaft (Quadruple Helix)

Charakteristik
- Wesentliches Ziel ist die Erhöhung der Ressourcen- und Energieeffizienz, wobei eine große Bandbreite möglicher Technologien in Betracht gezogen wird, teilweise auch unter Einbeziehung oder Nachahmung natürlicher Prozesse (z. B. Nature-Based Solutions, Bioökonomie, Gentechnik, Bionik, Biomimikry).
- Die erforderlichen Innovationen werden von wirtschaftlichen und technologischen Aspekten innerhalb etablierter Kooperationsstrukturen zwischen Staat und Wirtschaft bestimmt.
- Die staatlich koordinierte Technologie- und Forschungsförderung wird auf klimafreundliche Innovationen ausgerichtet und optimiert. Zeitgleich wird die Förderung von Innovationen mit nachteiligem Klimaeffekt eingestellt. Das soll insgesamt die Innovation und Technikentwicklung in den Dienst der Erreichung der Klimaneutralität stellen und damit klimafreundliche Technologien für einen wettbewerbsorientierten Markt bereitstellen.

- Innovationsstarke Branchen können von langfristiger staatlicher Unterstützung profitieren und diese im späteren Verlauf auch wieder teilweise refundieren, z. B. durch Beteiligung an Einnahmen aus Lizenzen und Gebühren oder durch Teilhabe der Öffentlichkeit am Wissenszuwachs im Sinne der Creative Commons.
- Langfristig wirksame Entscheidungen zwischen unterschiedlichen Technologien (z. B. batteriegestützte vs. wasserstoffbasierte Fahrzeuge) und für die damit einhergehende Infrastruktur (z. B. Ladestationen, Tankstellennetze) werden koordiniert getroffen.
- Durch den Ausbau der Kreislaufwirtschaft und die Intensivierung der Sektorkopplung (z. B. Vernetzung zwischen Betrieben zur Abwärmenutzung, Nutzung von Autobatterien als Pufferspeicher) soll die Material- und Energieintensität der Wirtschaft reduziert werden.
- Gegebenenfalls können auch Exnovationsprozesse gefördert werden, um den Ausstieg aus klimaschädlichen Technologien zu beschleunigen (z. B. durch Umschulungen von Arbeitskräften).
- Der Staat übernimmt eine wichtige Rolle in wissensbasierten Netzwerken im Sinne des Triple-Helix-Konzeptes (Industrie-Staat-Wissenschaft) oder insbesondere auch des Quadruple-Helix-Konzeptes (Industrie-Staat-Wissenschaft-Zivilgesellschaft; z. B. Living Labs, Service Design Labs, Innovation Labs).
- Um die notwendige Wissensbasis zu sichern, wird das Bildungssystem stärker auf die Erfordernisse der Wirtschaft abgestimmt (z. B. durch Ausbau von Kooperationen zwischen FHs und Industriebetrieben; Attraktivierung der Ausbildung von Facharbeiter_innen in Zukunftstechnologien).
- Bahnbrechende Technologieentwicklung erfolgt oft über die Grenzen der Nationalstaaten hinweg und benötigt langfristige Perspektiven bis zur Marktreife. Deswegen kommt bei diesem Pfad der internationalen Kooperation und Koordination große Bedeutung zu (z. B. im Rahmen von EU-Forschungs- und Innovationsprogrammen). Dies gilt insbesondere bei Entscheidungsfindungen über global wirksame Technologien (z. B. Geoengineering, CO_2-Abscheidung und Speicherung, Transmutation nuklearer Abfälle, Kernfusion).

Potenziale
- Hohe Anschlussfähigkeit an das aktuelle globale Wirtschaftsparadigma
- Anpassungsfähig an gegenwärtig existierende Strukturen, setzt wenig individuelle Verhaltensänderungen voraus
- Transformation der Industrie zu klimafreundlichen Unternehmen durch Förderung von Innovation und notwendiger Exnovation
- Förderung von Nischen und Nischentechnologien
- Förderung neuer klimafreundlicher Geschäftsmodelle
- Technologien der Bioökonomie und Bionik ermöglichen Anschluss an Debatten über Biodiversität

Risiken und mögliche Konflikte
- Historisch haben in den vergangenen zwei Jahrhunderten technischer Wandel sowie Effizienzfortschritte nicht zur Senkung von Emissionen beigetragen, sondern diese erhöht. Auch in Zukunft können technische Effizienzgewinne eine höhere Inanspruchnahme und Konsumation von ebendiesen effizienteren Technologien bewirken (Rebound-Effekte), weswegen die gewünschte Reduktion der Emissionen in Frage gestellt werden kann.
- Wenn sich die mit der bisherigen Technologie- und Innovationsförderung gut vertrauten Großbetriebe rasch auf die veränderten Bedingungen einstellen, haben sie wohl einen Vorteil gegenüber innovativen Newcomern, was zu einer Zementierung bestehender Marktpositionen und zu einer Behinderung des Upscalings und Rollouts von Nischen führen kann.
- Der Fokus könnte auf industrierelevante Innovationen mit Gewinnaussichten zu liegen kommen (z. B. Individualverkehrssysteme), weniger rentable Investitionen (z. B. Abwasserreinigung) würden somit beim Staat verbleiben.
- Das Warten auf die Marktreife technischer Innovationen und Lösungen (z. B. Wasserstofftechnologie) kann die Etablierung klimafreundlicher Strukturen innerhalb durch die Klimaziele definierten Zeithorizonte hemmen.
- Viele der in Diskussion stehenden neuen Großtechnologien (z. B. Kernfusion, Geo-Engineering) werden ob ihrer hohen Risiken großen Widerständen seitens zivilgesellschaftlicher Organisationen begegnen.

Notwendige Strukturveränderungen, damit dieser Pfad erfolgreich zu klimafreundlichem Leben beitragen kann
- Weiterer Ausbau der Forschungs-, Technologie- und Innovationsförderung
- Schaffung institutioneller Freiräume für Entwicklung neuer Geschäftsmodelle
- Weiter verstärkte Industriepolitik und Industrieförderung (z. B. niedrige Besteuerung, Kapitalfreizügigkeit, Standortpolitik)
- Staatliche Interventionen (z. B. Steuern, technische Normen), um klimafreundliche Innovationen gezielt zu priorisieren
- Regulation von Nutzungsvereinbarungen von Triple-/Quadruple-Helix-Innovationen (Intellectual Property Rights, Creative Commons)
- Gezielte Maßnahmen zum Upscaling innovativer Nischen jenseits bestehender „Big Player"
- Um eine ausreichende Innovationsgeschwindigkeit zu erreichen, ist der Abbau von Hemmnissen für Technologieentwicklung erforderlich („One-Stop-Shop" für schlanke

Verfahren, Einschränkung der Verschleppung durch demokratische Entscheidungsprozesse)

23.7.3 Pfad 3: Klimaschutz als staatliche Vorsorge

Grundsätzliches Narrativ
Der Staat stellt handlungsleitende, das heißt ermöglichende und/oder beschränkende materielle und immaterielle Strukturen bereit, unter denen soziale und wirtschaftliche Aktivitäten stattfinden können (Produktion, Konsum, Mobilität, Erholung, Wohnen, Gesundheitswesen, Kommunikation …). Diese Strukturen umfassen sowohl physische Infrastrukturen wie z. B. Verkehrsnetze oder Fernwärmeversorgung, als auch immaterielle, wie z. B. rechtliche Regelungen zur Raumordnung, die Ausrichtung der Steuer- und Förderpolitik oder Informationsangebote zur Unterstützung klimafreundlicher Praktiken. Dieser Pfad orientiert sich im Wesentlichen an der in Kap. 2 beschriebenen Bereitstellungsperspektive. Viele der im UniNEtZ-Bericht (Allianz Nachhaltige Universitäten in Österreich, 2021) aufgelisteten Maßnahmen sind diesem Pfad zuzuordnen.

Wesentliche Literaturquellen
Kirchengast et al., (2019; „Sozial-ökologische Transformation"), Svenfelt et al., (2019; „Circular Economy in the Welfare State"), Riahi et al.(2017; „The Green Road"), Koch (2020), Plank, Liehr, et al.(2021), Salmenperä (2021), Schaffartzik et al.(2021) Stevis und Felli (2016), Vögele et al.(2018)

Zentrale Akteur_innen
- Staatliche Regelsetzer_innen, insbesondere Gesetzgebung und Regierung
- Öffentliche Akteur_innen, inklusive der Sozialpartner, die Bereitstellungssysteme wie Regelungen, Infrastrukturen, Institutionen, Normen, oder Geschäftsmodelle hervorbringen, reproduzieren und beeinflussen
- Privat- und gemeinwirtschaftliche Akteur_innen (Unternehmen, Genossenschaften, NPOs), die Geschäftsmodelle bedienen und das Angebot an privatwirtschaftlichen Produkten und Dienstleistungen bestimmen
- Der nationale und internationale Finanzsektor als Intermediär und zur Sicherstellung der Finanzierung von Vorhaben zu Bereitstellungssystemen wie neuer Infrastruktur etc.

Charakteristik
- Das Ziel ist, klimafreundliche Praktiken durch die Änderung von Bereitstellungssystemen „normal", routinemäßig und selbstverständlich werden zu lassen (z. B. durch Bevorzugung des öffentlichen Verkehrs gegenüber dem motorisierten Individualverkehr) und klimaschädliche Praktiken zu erschweren bzw. zu verhindern.
- Daraus ergibt sich die Notwendigkeit, entsprechend der Ideen des Wohlfahrtsstaates alle relevanten physischen Infrastrukturen als auch immaterielle Strukturen gezielt zu adressieren und zu verändern. Im Vergleich zu anderen Transformationspfaden ergibt sich eine höhere Regelungsdichte sowohl über Gebote (z. B. Baustandards, verpflichtende Installation von Photovoltaik bei Neu- und Umbauten) als auch über Verbote (z. B. Verbot von fossilen Heizsystemen).
- Die Transformation über rechtliche Normen wird durch einen Umbau des Förderwesens unterstützt und beschleunigt. Eine aktive Sozialpartnerschaft fördert die Koordination zwischen den Akteursgruppen.
- Um räumliche Entwicklungen aktiv beeinflussen zu können, werden der Raumordnung neue Instrumente (z. B. für die Reduktion der Versiegelung und die Erreichung kompakter Siedlungskörper) zur Verfügung gestellt.
- Die Transformation erfolgt somit überwiegend durch politische „top-down"-Entscheidungen zur Gewährleistung einer guten Lebensqualität für alle, ohne über planetare Grenzen hinauszugehen. Sie orientiert sich dabei am Prinzip des Wohlfahrtsstaates und berücksichtigt somit auch Aspekte von sozialer Gerechtigkeit (z. B. gezielte Abfederung von Mehrkosten für sozial benachteiligte Gruppen, Quotenzuteilung bei knappen Gütern).
- Manche Regelungsmaterien werden über den Wirkungsbereich des Nationalstaates hinausgehen und benötigen eine europäische Kooperation. Auch auf nationaler Ebene wird eine Diskussion der Kompetenzverteilung zwischen Bund und Ländern erforderlich.
- Die Endkonsument_innen sind in dieser Transformationsperspektive eher passive Akteur_innen, welche sich den veränderten Rahmenbedingungen (Strukturen) anpassen, diese reproduzieren und akzeptieren oder auch Widerstand dagegen leisten. Allerdings kann zivilgesellschaftlicher Widerstand Druck auf Bereitstellungsmuster ausüben und diese „bottom-up" beeinflussen.

Potenziale
- Gute Anschlussfähigkeit an die Ideen und Narrative des Wohlfahrtsstaates
- Plan- und Lenkbarkeit durch staatlich koordiniertes Handeln (Entscheidungsträger_innen, Verwaltung, Zivilgesellschaft, Unternehmen).
- Klimafreundliche Lebensformen werden die standardmäßige Option („default option") für individuelle und kollektive Handlungsmuster.
- Sofern bei der Normensetzung mitgedacht, können räumlich differenzierte Vorgangsweisen ermöglicht werden.
- Bei auftretenden Klimafolgen zunehmender Intensität kann von einem erhöhten Zuspruch der Bevölkerung aus-

gegangen werden, der verstärktes staatliches Handeln legitimiert und begrüßt.

Risiken und Konflikte
- Die zentrale Rolle des Staates impliziert eine hohe Abhängigkeit von öffentlichen Mitteln bei der Umsetzung (hohe Abgabenquote, ev. hohe Staatsverschuldung).
- Viele Bereitstellungssysteme sind komplex und nur schwierig und langsam veränderbar, rasche Adaptionen können nur über eine effiziente Staatsverwaltung erzielt werden.
- Eine passive Bevölkerung kann zum Hemmschuh für ko-produktive Transformationen werden.
- Hoher Regelungsdruck kann Widerstand verursachen, insbesondere von Profiteuren bestehender nichtklimafreundlicher Bereitstellungssysteme und Lebensformen.
- Die internationale Wettbewerbsfähigkeit kann gefährdet werden.

Notwendige Strukturen, damit dieser Pfad erfolgreich zu klimafreundlichem Leben beitragen kann
- Umfassende Überarbeitung und Erweiterung des staatlichen Normensystems
- Umbau der physischen und sozialen Infrastrukturen (Mobilität, Wohnen etc.) zu klimafreundlichen Bereitstellungssystemen mit Zugang für alle
- Aufbau einer transparenten Datenbank über die Klimawirkung von Systemen, Produkten, und Dienstleistungen, um staatliche Entscheidungen wie Gebote und Verbote zu legitimieren
- Öffentlichkeitsarbeit für ein verändertes soziales Image klimafreundlicher Praktiken und einschränkende Regelungen für die Bewerbung von klimaschädlichen Produkten und Dienstleistungen
- Gezieltes Nutzen der Raumplanung sowohl für Vorhalteflächen für erneuerbare Energiequellen (z. B. Solarfelder und Windparks) als auch für ressourcenschonende Raumentwicklung (z. B. Stadt der kurzen Wege, Nachverdichtung, Entsiegelung).
- Gesetzliche Vorgaben für neue Geschäftsmodelle orientieren sich an der Sicherung der Grundversorgung innerhalb planetarer Grenzen.

23.7.4 Pfad 4: Klimafreundliche Lebensqualität durch soziale Innovation

Grundsätzliches Narrativ
Dieser Pfad zielt auf eine tiefgreifende Transformation der Beziehungen zwischen Gesellschaft und Natur sowie innerhalb der Gesellschaft, um langfristig nachhaltiges Leben zu erreichen. Dabei spielen soziale Innovation und Suffizienzorientierung eine zentrale Rolle: In vielfältig ausgerichteten Experimentierfeldern, oft auf lokaler Ebene, werden neue Lebens-, Arbeits- und Wohnmodelle, Konsumstile und Produktionsweisen gesucht und erprobt, die letztendlich in den Mainstream übergeführt werden sollen. Dieser Pfad übernimmt somit viele Aspekte der in Kap. 2 beschriebenen Gesellschaft-Natur-Perspektive, teilweise ergänzt durch Aspekte der Innovationsperspektive.

Wesentliche Literaturquellen
Korsnes und Sørensen (2017; „Collective engagement society"), Kamei et al.(2021; „Fundamental Local Happiness"), Svenfelt et al. (2019; „Local Self-Sufficiency"), Millward-Hopkins et al.(2020; „Decent living energy"), Christie, Gunton, und Hejnowicz (2019), Fauré, Finnveden, und Gunnarsson-Östling (2019), Gunningham (2020), Kühl (2019), Lestar und Böhm (2020), Sandberg (2021), Schneidewind (2017), Sorrell, Gatersleben, und Druckman (2020), Späth und Rohracher (2012), Vita et al.(2019), Wittmayer et al.(2019), Zell-Ziegler et al.(2021)

Zentrale Akteur_innen
- Soziale Bewegungen, Wertegemeinschaften (Religionsgemeinschaften), NGOs, Teile der Wissenschaft, aktive Bürger_innen etc.
- Ein Staat, der das zivilgesellschaftliche Engagement nutzt, indem er Freiräume zur Verfügung stellt und aus gelungenen Initiativen Aktivitäten zum Roll-Out (duplizieren), Up-Scaling (vergrößern) und schließlich zum Mainstreaming (zum Standard machen) entwickelt.

Charakteristik
- Auseinandersetzungen zur gesellschaftlichen Neuorientierung werden vorangetrieben durch zivilgesellschaftliche Bewegungen (z. B. Fridays For Future), wissenschaftliche Aktivist_innen (z. B. Degrowth-Community), sowie NGOs (z. B. Greenpeace, WWF oder Global 2000). Andere werteorientierte Gemeinschaften wie z. B. die etablierten Religionsgemeinschaften und Teilorganisationen politischer Parteien schließen sich den öffentlichen Debatten an, was zu einer stärkeren politischen Mobilisierung der Bevölkerung und dem Wunsch nach verstärkter Teilhabe an Entscheidungsprozessen führt.
- Wesentliche Ziele der meisten Experimente sind die Stärkung von lokaler Selbstversorgung und gesellschaftlichem Zusammenhalt, die Abkehr von konsumorientierten Verhaltensweisen (Suffizienz) und die Hinwendung zu einer neuen, weniger materialintensiven Definition von Lebensqualität in Sinne einer Postwachstums- und Commonsökonomie.
- Staatliche Akteure erkennen das transformative Potenzial dieser Entwicklungen, stellen sich den Ideen, Forderungen und Experimenten nicht entgegen, sondern verstehen

diese zu nutzen, um einen klimafreundlichen Kurs einzuschlagen.
- Die Wissenschaft wird stärker als bisher als Akteurin angesprochen und beteiligt sich durch einen inter- und transdisziplinären Wissenschaftsmodus an dieser Auseinandersetzung.
- Die Bestrebungen erkunden auch einen neuen Umgang mit der ungleichen historischen Verantwortung und der ungleichen Verteilung der Klimawandelfolgen in einem globalen und intergenerationellen Kontext.
- Die Rolle des Staates besteht darin, Freiräume für Experimente zu schaffen und die Überführung erfolgreicher Ansätze in den Mainstream durch die Beseitigung verhindernder Strukturen und die Schaffung fördernder rechtlicher Rahmenbedingungen zu unterstützen (z. B. neue Formen von Eigentum bei gemeinschaftlichem Wohnen).
- Dieser Pfad kann nicht top-down verordnet werden, er kann sich nur bottom-up aus der Zivilgesellschaft heraus entwickeln und gegebenenfalls von politischen Akteur_innen unterstützt werden, ausgelöst durch größere Umbrüche oder unvorhergesehene drastische Entwicklungen oder Krisen, welche die Handlungsspielräume für so einen tiefgreifenden gesellschaftlichen Wandel mitsamt dem strukturellen Umbau für ein klimafreundliches Leben eröffnen.

Potenziale
- Vielgestaltige Exploration von Veränderungsmöglichkeiten von Strukturen klimafreundlichen Lebens in einem globalen Kontext und mit langer Zeitperspektive
- Zielt auf eine tiefgreifende Transformation der gesellschaftlichen Naturverhältnisse ab, um das 1,5-Grad-Ziel und andere Nachhaltigkeitsziele zu erreichen
- Hoher Stellenwert von Partizipation von Öffentlichkeit und Zivilgesellschaft sowie wissenschaftlicher Forschung

Risiken und Konflikte
- Es sind wenige Ansatzpunkte gegeben, dass diese Veränderungen für aktuell mächtige Akteur_innen aus Wirtschaft und Politik und hier vor allem die Profiteur_Innen der „imperialen Lebensweise" vorteilhaft sind. Zudem stehen so einem Zugang (weltweit) hegemoniale, markt- und staatszentrierte Ordnungsmodelle entgegen. Daher ist zu erwarten, dass dieser Transformationspfad große Widerstände provoziert.
- Rebound-Effekte von Suffizienzstrategien wurden (im Gegensatz zu Rebound-Effekten von Effizienzstrategien) bis jetzt noch nicht ausreichend untersucht.
- Wenn Österreich alleine Rahmenbedingungen grundlegend ändert, kann dies zu internationaler Isolation und Wettbewerbsnachteilen führen.
- Konflikthafte Auseinandersetzungen können zu einem unattraktiven und weiterhin klimaunfreundlichen Leben führen.

Notwendige Strukturveränderungen, damit dieser Pfad erfolgreich zu klimafreundlichem Leben beitragen kann
- Geänderte Machtverhältnisse, die langfristig die Interessen der Klimabewegung und wissenschaftliche Erkenntnisse berücksichtigen.
- Staatlich finanzierte Koordinationsstellen, die zwischen Akteur_innen in Experimentierfeldern und dem Staat vermitteln, um geschützte Freiräume für Experimente zu schaffen, Hemmnisse für soziale Innovationen abzubauen und Lernerfahrungen für ein Up-Scaling in den Gesetzgebungsprozess einzuspielen.
- Forschung zur Gesellschaft-Natur-Perspektive integriert mit anderen Perspektiven (z. B. sozialen oder ökonomischen), um handlungsleitende Kriterien für eine Rückkehr innerhalb der planetaren zu gewährleisten.
- Um erfolgreich zu sein, setzt dieser Pfad grundlegende Veränderungen marktbasierter gesellschaftlicher Strukturen in Richtung einer Postwachstums- und Commons-Ökonomie voraus. Dazu ist schrittweise ein weitgehender Umbau der finanziellen Institutionen erforderlich, der eine Suffizienzorientierung nicht nur nicht unter Druck setzt, sondern diese auch begünstigt.

23.7.5 Zusammenfassende und vergleichende Darstellung der Transformationspfade

Die Transformationspfade lassen sich aufgrund dominanter Elemente wie den involvierten Akteur_innen und charakteristischer Umsetzungsschritte sehr gut unterscheiden. Abb. 23.7 fasst diese zusammen.

	Pfad Dominante Elemente	1 Leitplanken für eine klimafreundliche Marktwirtschaft	2 Klimaschutz durch koordinierte Technologie-entwicklung	3 Klimaschutz als staatliche Vorsorge	4 Klimafreundliche Lebensqualität durch soziale Innovation
Akteur_innen	Staat	●	●	●	○
	Sozialpartner	○	○	●	○
	Wirtschaft	●	●	●	
	Konsument_innen	●	○	○	∘
	Zivilgesellschaft			●	●
	Wissenschaft	∘	●	∘	●
Betroffene Struktur-bedingungen	Steuern	●	○	○	○
	Kostenwahrheit bei Preisen	●	∘	○	∘
	Konsument_innen Information	●	∘	○	○
	Subventionen		○	●	○
	Gesetzl. Regelungen	○	○	●	○
	Infrastruktur und Institutionen	∘	∘	●	∘
	Geschäftsmodelle	○	○	●	∘
	Technologische Innovationsförderung	○	●	○	
	Soziale Innovation		∘	○	●
	Suffizienz orientierte Strukturbedingungen			∘	●
	Gesell. Zusammenhalt			∘	●
	Lokale Selbstversorgung			○	●

Abb. 23.7 Charakterisierung der Pfade anhand der Relevanz von Akteur_innen und charakteristische Gestaltungsoptionen für diese; *Punkte* – sehr relevant, *Kreise* – mittelmäßig relevant, *kleine Kreise* – wenig relevant, *kein Punkt* – nicht relevant. (Eigene Darstellung)

23.8 Zuordnung von Gestaltungsoptionen zu den Transformationspfaden

In den Kap. 3–9 (Handlungsfelder) und Kap. 10–22 (Strukturen) wurden zahlreiche Vorschläge für Gestaltungsoptionen erarbeitet. Im folgenden Abschnitt werden diese Optionen hinsichtlich ihrer Kompatibilität mit den vier vorgestellten Transformationspfaden eingeordnet. Zu diesem Zweck wurden die Kernaussagen zu Gestaltungsoptionen der einzelnen Teilkapitel herangezogen und nach einem einfachen dreiteiligen Schema charakterisiert. Dabei konnten Kernaussagen entweder kompatibel und damit unterstützend (grün/+), neutral und damit weder förderlich noch hinderlich (gelb/=) oder inkompatibel und damit hinderlich (rot/−) für die einzelnen Transformationspfade sein (siehe Abb. 23.8). Diese Zuordnung wurde nach dem Vier-Augen-Prinzip von zumindest zwei Autor_innen dieses Kapitels vorgenommen, um eine einheitliche Interpretation der Transformationspfade zu gewährleisten. Die Gestaltungsoptionen stellten sich bei der Zuordnung als ausreichend eindeutig interpretierbar heraus, wodurch keine Rücksprache mit den Autor_innen der Fachkapitel erforderlich war. Bei all dieser Klarheit entstand allerdings eine andere Herausforderung: Manche der Gestaltungsoptionen sind sehr umfangreich und umfassen sehr unterschiedliche Aspekte, die sich einzeln betrachtet gegenüber den Pfaden auch unterschiedlich zuordnen lassen würden. Da die Analyseeinheit die Gestaltungsoption in ihrer Gesamtheit ist, musste hier das Prinzip eingeführt werden, dass die Zuordnung in diesem Fall nach dem dominanten Aspekt erfolgt. Auch wenn diese Entscheidungen erst nach einer Diskussion möglich waren, handelt es sich dabei nur um vier Gestaltungsoptionen, die diskutiert werden mussten und bei diesen stand nur die Zuordnungsmöglichkeit kompatibel oder neutral zur Debatte.

Insgesamt wurden 58 Kernaussagen zu Gestaltungsoptionen aus den 6 Kapiteln zu Handlungsfeldern und den 12 Kapiteln zur integrierten Perspektive der Strukturbedingungen zugeordnet. Um allen Handlungsfeldern und integrierten Perspektiven unabhängig von der unterschiedlichen Zahl an Gestaltungsoptionen ein gleiches Gewicht zu geben, wurde die Zahl der Gestaltungsoptionen je Bereich standardisiert.

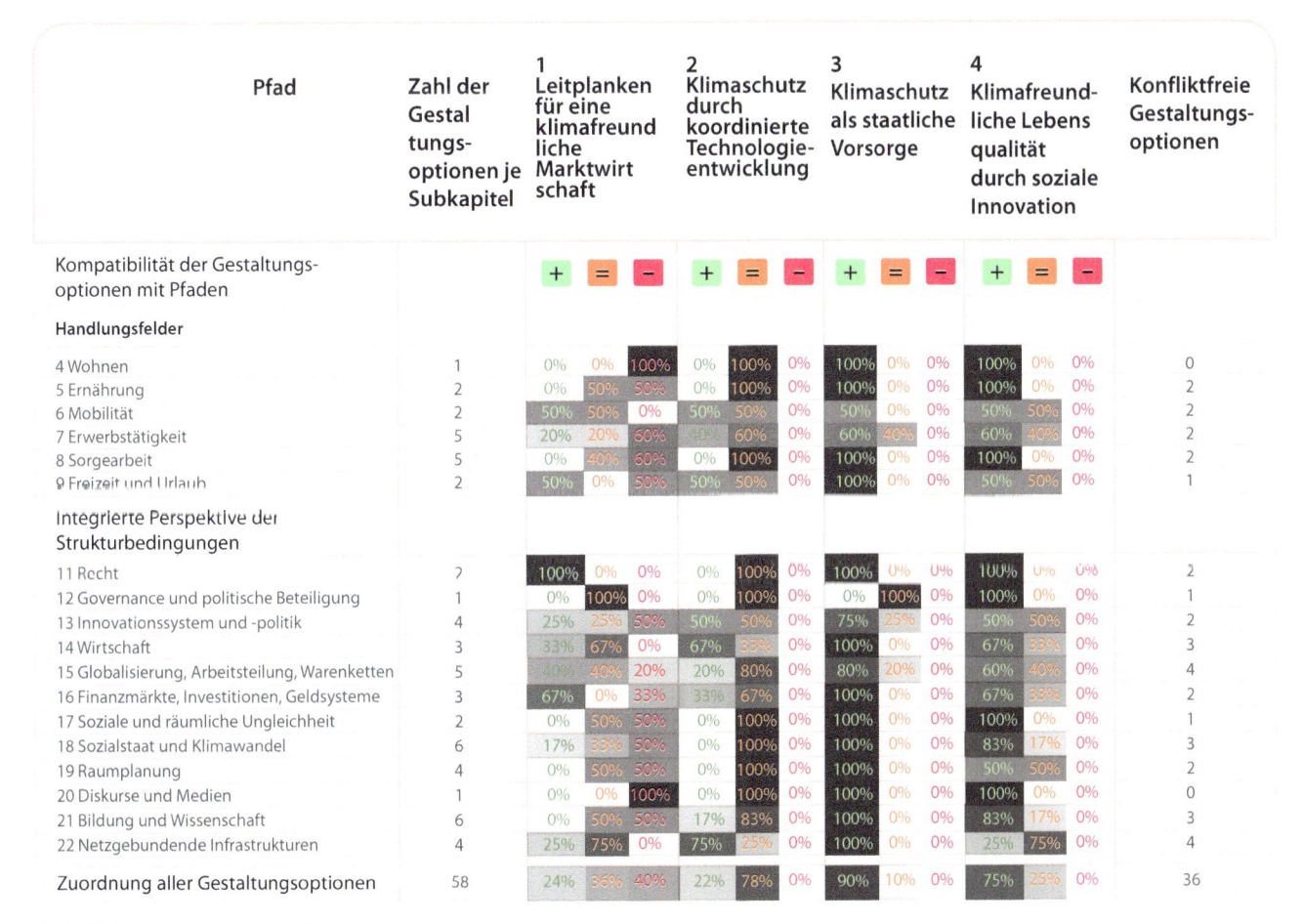

Pfad	Zahl der Gestaltungsoptionen je Subkapitel	1 Leitplanken für eine klimafreundliche Marktwirtschaft			2 Klimaschutz durch koordinierte Technologieentwicklung			3 Klimaschutz als staatliche Vorsorge			4 Klimafreundliche Lebensqualität durch soziale Innovation			Konfliktfreie Gestaltungsoptionen
Kompatibilität der Gestaltungsoptionen mit Pfaden		+	=	−	+	=	−	+	=	−	+	=	−	
Handlungsfelder														
4 Wohnen	1	0%	0%	100%	0%	100%	0%	100%	0%	0%	100%	0%	0%	0
5 Ernährung	2	0%	50%	50%	0%	100%	0%	100%	0%	0%	100%	0%	0%	2
6 Mobilität	2	50%	50%	0%	50%	50%	0%	50%	50%	0%	50%	50%	0%	2
7 Erwerbstätigkeit	5	20%	20%	60%	40%	60%	0%	60%	40%	0%	60%	40%	0%	2
8 Sorgearbeit	5	0%	40%	60%	0%	100%	0%	100%	0%	0%	100%	0%	0%	2
9 Freizeit und Urlaub	2	50%	0%	50%	50%	50%	0%	100%	0%	0%	50%	50%	0%	1
Integrierte Perspektive der Strukturbedingungen														
11 Recht	7	100%	0%	0%	0%	100%	0%	100%	0%	0%	100%	0%	0%	2
12 Governance und politische Beteiligung	1	0%	100%	0%	0%	100%	0%	0%	100%	0%	100%	0%	0%	1
13 Innovationssystem und -politik	4	25%	25%	50%	50%	50%	0%	75%	25%	0%	50%	50%	0%	2
14 Wirtschaft	3	33%	67%	0%	67%	33%	0%	100%	0%	0%	67%	33%	0%	3
15 Globalisierung, Arbeitsteilung, Warenketten	5	40%	40%	20%	20%	80%	0%	80%	20%	0%	60%	40%	0%	4
16 Finanzmärkte, Investitionen, Geldsysteme	3	67%	0%	33%	33%	67%	0%	100%	0%	0%	67%	33%	0%	2
17 Soziale und räumliche Ungleichheit	2	0%	50%	50%	0%	100%	0%	100%	0%	0%	100%	0%	0%	1
18 Sozialstaat und Klimawandel	6	17%	33%	50%	0%	100%	0%	100%	0%	0%	83%	17%	0%	3
19 Raumplanung	4	0%	50%	50%	0%	100%	0%	100%	0%	0%	50%	50%	0%	2
20 Diskurse und Medien	1	0%	0%	100%	0%	100%	0%	100%	0%	0%	100%	0%	0%	0
21 Bildung und Wissenschaft	6	0%	50%	50%	17%	83%	0%	100%	0%	0%	83%	17%	0%	3
22 Netzgebundene Infrastrukturen	4	25%	75%	0%	75%	25%	0%	100%	0%	0%	25%	75%	0%	4
Zuordnung aller Gestaltungsoptionen	58	24%	36%	40%	22%	78%	0%	90%	10%	0%	75%	25%	0%	36

Abb. 23.8 Kompatibilität der Gestaltungsoptionen aus den Kap. 3–22 mit den vier Transformationspfaden („grün/+" entspricht kompatibel; „gelb/=" entspricht neutral; „rot/−" entspricht inkompatibel; die Intensität der Farbe entspricht dem jeweiligen Anteil der Gestaltungsoptionen eines Fachkapitels im dreiteiligen Kompatibilitätsschema). (Eigene Darstellung)

Die Zuordnungen in Abb. 23.8 ergeben ein recht klares Bild: Die überwiegende Mehrzahl der vorgeschlagenen Gestaltungsoptionen ist kompatibel mit dem Pfad 3 „Klimaschutz als staatliche Vorsorge". Nur einige der Gestaltungsoptionen verhalten sich neutral gegenüber diesem Pfad. Konflikte konnten keine identifiziert werden. Pfad 4 „Klimafreundliche Lebensqualität durch soziale Innovation" zeigt ein ähnliches Ergebnis, allerdings mit etwas weniger ausgeprägter Kompatibilität und dafür mehr Gestaltungsoptionen als im Pfad 3, die als neutral einzustufen sind. Auch hier ist keine Gestaltungsoption mit dem Pfad inkompatibel.

Der Pfad 2 „Klimaschutz durch koordinierte Technologieentwicklung" zeichnet sich vor allem durch ein überwiegend neutrales Verhältnis mit den Gestaltungsoptionen aus. Inkompatibilitäten konnten keine festgestellt werden. Schließlich ergibt Pfad 1 „Leitplanken für eine klimafreundliche Marktwirtschaft" das am stärksten durchmischte Bild. Nur rund ein Viertel der Gestaltungsoptionen sind kompatibel mit diesem Pfad. Ein größerer Anteil ist neutral und ein noch größerer Anteil der Gestaltungsoptionen erscheint mit diesem Pfad inkompatibel. Dies ist somit der einzige Pfad, der mit einigen Gestaltungsoptionen in einem Spannungsverhältnis steht (siehe Beispiele in Abschn. 23.9).

23.9 Beispielhafte Diskussion von Synergien und Widersprüchen zwischen Transformationspfaden

Im nächsten Schritt ist es lohnend, die Synergien und Widersprüche zwischen einzelnen Transformationspfaden anhand der Zuordnung der Gestaltungsoptionen beispielhaft zu diskutieren, um auszuloten, in welchen Bereichen Transformationspfade durchaus gemischt werden können und wo eine Festlegung auf bestimmte Transformationspfade aufgrund möglicher Konflikte geboten ist. Positiv formuliert liegt der Fokus auf der Frage, ob durch geschickte Kombination der unterschiedlichen Transformationspfade bei Gestaltungsoptionen Chancen genutzt und Risiken vermieden werden können.

Insgesamt lässt sich feststellen, dass eine überwiegende Anzahl (60 %) aller Gestaltungsoptionen mit keinem der vier Pfade inkompatibel ist. Das heißt im Umkehrschluss: unabhängig davon, welcher Pfad künftig favorisiert wird, diese Optionen sind passend, da sie in keinem konflikthaften Verhältnis zu einem der Pfade stehen. Beispiele hierfür wären:

- **Kap. 12 Recht:** Gestaltungsoptionen dieses Kapitels sind nur mit dem Pfad 2 „Klimaschutz durch koordinierte Technologieentwicklung" in einem neutralen Verhältnis, alle anderen Pfade sind hier kompatibel. In einer der beiden Gestaltungsoptionen sind die Verankerung eines Grundrechts auf Klimaschutz, ein eigener Kompetenztatbestand „Klimaschutz", ein effektives Klimaschutzgesetz und eine ökologische Steuerreform angesprochen. Zentrale Strategie des Pfades 3 ist genau die Bereitstellung solcher immaterieller Strukturen. Bezogen auf Pfad 4 ist die Verankerung eines Grundrechts und der Kompetenztatbestand „Klimaschutz" eine wichtige Grundlage für die geforderte tiefgreifende Transformation der Beziehungen zwischen Gesellschaft und Natur sowie innerhalb der Gesellschaft. Gleichzeitig sind beide Gestaltungsoptionen mit dem Pfad 1 (Marktorientierung) kompatibel, da das Herstellen von Rechtssicherheit im Sinne von Leitplanken für den Markt die erwünschte Handlungssicherheit gewährleistet. Damit sind die rechtlichen Gestaltungsoptionen, abgesehen von eventuellen speziellen Ausrichtungen im Detail, pfadunabhängig.

- **Kap. 13 Innovationssystem und -politik:** In diesem Kapitel verweist eine Gestaltungsoption auf einen notwendigen Wandel des staatlichen Rollenverständnisses in Bezug auf komplexe Prozesse sozio-technischer Transformationen. Hier wird statt einem zu simplen Steuerungsverständnis von Transformationsprozessen eine verlässliche und richtungsgebende („direktionale") Orientierung eingefordert. Diese kann auf klimafreundliche sozio-technische Innovationen sowie eine moderierende und mobilisierende Rolle des Staates in Bezug auf private wie öffentliche AkteurInnen fokussieren. In diesem Fall liegt eine Kompatibilität mit allen Pfaden vor.

- **Kap. 16 Finanzmärkte, Investitionen und Geldsysteme:** Hochgradig kompatibel ist in diesem Kapitel die Gestaltungsoption zu einer tiefgreifenden und effektiven Reform finanzieller Anreizstrukturen und des Steuerwesens. Die intendierte Herstellung von Kostenwahrheit in Produktion und Konsum dieser Gestaltungsoption wird als entscheidend für ein klimafreundliches Leben eingestuft und ist kompatibel mit allen vier Pfaden.

Ein relativ großer Anteil (40 %) der Gestaltungsoptionen steht in einem Konflikt mit Pfad 1 „Leitplanken für eine klimafreundliche Marktwirtschaft". Beispiele für solche konflikthaften Beziehungen sind:

- **Kap. 4 Wohnen:** Die Gestaltungsoption im Kapitel Wohnen fokussiert auf Förderstrukturen, die unter anderem den gemeinnützigen Wohnbausektor, kollektive Wohnformen und die Priorisierung von Umbau vor Neubau forcieren sollen (siehe Kap. 4). Dies steht im Konflikt mit Pfad 1, weil dieser einer Leitplanken-Idee folgt. Innerhalb dieser Leitplanken soll der Markt selbst mit größtmöglicher Entscheidungsfreiheit zu optimalen Lösungen hinsichtlich der Reduktion von Treibhausgasemissionen führen. Das Favorisieren von gemeinnützigen und kollektiven Wohnformen sowie des Umbaus definiert nicht nur Leitplanken, sondern greift regulierend in Marktmechanismus (Angebot-Nachfrage) ein. In diesem Kapitel wird in den Kernaussagen zu „Status-Quo und Dynamik" auf das Menschenrecht auf angemessenes und leistbares Wohnen verwiesen. In diesem Zusammenhang wird die voranschreitende Kommodifizierung, dh. das „zur Ware werden" speziell bei (thermisch) sanierten Wohnraum, problematisiert. Die beobachtbare Dynamik ist, dass mit der Sanierung aus leistbarem Wohnraum ein hochpreisiger wird. Hier zeigen sich Limitierungen beim Pfad 1 auf. Andererseits hat auch dieser Pfad das Potenzial, beim Wohnen interessante Ansatzpunkte beizusteuern. Ein Beispiel ist eine gute Kennzeichnung von Wohnraum mit Energiekennzahlen, die sowohl ökologische Aspekte in der vorgelagerten Warenkette als auch Gesamtkosten miteinbezieht (d. h. inkl. künftiger Betriebskosten). Bei einer multiperspektivischen Entwicklung von neuen Mischpfaden ist jedenfalls beim Wohnen darauf zu achten, dass durch das Verfolgen einer klimafreundlichen Marktwirtschaft Kommodifizierungsprozesse nicht zu Nachteilen für einkommensschwache Gruppen führen (just transition).

- **Kap. 5 Ernährung:** In diesem Kapitel wird auf die dem Ernährungssystem inhärenten Unsicherheiten verwiesen, die ein flexibles Reagieren erfordern. Dabei werden adaptive, inklusive und sektorübergreifende Ansätze, die auf dezentrale Selbstorganisation, Entrepreneurship und soziales Lernen setzen und durch staatliche und finanzpolitische Anreize stark gefördert werden, als besonders vielversprechend eingestuft. Aufgrund des direktiven Eingriffs in den Markt ist so ein Zugang nicht mit Pfad 1 kompatibel. Soll ein neuer Mischpfad die hier angesprochenen vielversprechende Ansätze nicht erschweren, kann hier der Marktpfad nur eine limitierte Rolle etwa bei der Produktkennzeichnung oder bei der markanten Bepreisung von Ressourcenverbrauch und Emissionen spielen.
- **Kap. 8 Sorgearbeit:** In diesem Kapitel wird auf das „Fairteilen" von unbezahlter und bezahlter Arbeit als Umverteilung zwischen den Geschlechtern, aber auch hin zum öffentlichen Sektor verwiesen, um einen sozialen Ausgleich herbeizuführen und um klimafreundlichere Lebensweisen zu ermöglichen. Eine Arbeitszeitverkürzung sowie gerechte Verteilung von bezahlter und unbezahlter Arbeit versprechen Stress zu reduzieren und klimafreundliche Praktiken attraktiver zu machen. Diese Gestaltungsoption ist kompatibel mit Pfad 3 und Pfad 4. Hier ist ein Heranziehen des Pfades 1 eher konfliktbeladen, weil dies wiederum einen Eingriff in das Marktgeschehen darstellt. Sehr ähnlich verhält es sich mit einer Gestaltungsoption, die speziell auf eine gerechtere Verteilung von Sorgearbeit und Freizeit abzielt. Hier wird darauf verwiesen, dass dies jene Emissionen mindert, die durch Zeitdruck sowie aus Zeit- und Einkommenswohlstand entstehen.
- **Kap. 17 Soziale und räumliche Ungleichheit:** Das Kapitel verweist auf die Erkenntnis, dass Sachleistungen in Form von öffentlichen Gütern eine progressivere Auswirkung auf die Einkommensverteilung haben als Geldtransfers und dass die Bereitstellung von umweltfreundlichen und lokal-räumlich spezifischen Alternativen sowohl positive Klima- als auch Verteilungseffekte aufweist. Diese Interventionsform ist von zentraler Bedeutung für die Pfade 3 und 4. Sie gerät hingegen durch ihren regulierenden Eingriff in die Marktmechanismen in Konflikt mit Pfad 1.
- **Kap. 20 Diskurse und Medien:** Gestaltungsoptionen werden hier beispielsweise im Bereich alternativer Journalismusformen, der Stärkung des Stellenwerts von Wissenschafts-, Umwelt- und Klimajournalismus in Redaktionen, bei der Medienförderung, neuen Finanzierungsmodellen, sowie der Restrukturierung von Eigentumsverhältnissen verortet. Auch das sind keine Leitplanken, sondern Eingriffe in das Marktgeschehen selbst. Damit weist der Marktpfad hier eine Inkompatibilität auf, die bei der Entwicklung von neuen Mischpfaden berücksichtigt werden sollte. Sowohl beim Wohnen als auch bei Diskursen und Medien ist der Pfad 2 „Klimaschutz durch koordinierte Technologieentwicklung" in einem neutralen Verhältnis zur Gestaltungsoption, während die Pfade 3 „Klimaschutz als staatliche Vorsorge" und Pfad 4 „Klimafreundliche Lebensqualität durch soziale Innovation" hier kompatibel und unterstützend sind; also bei der Entwicklung von neuen Pfaden bilden diese einen konfliktfreien gemeinsamen Optionenraum.

23.10 Analyse und Diskussion der Ansatzpunkte von Gestaltungsoptionen

Die Gestaltungsoptionen der Kap. 3–22 werden im Folgenden entsprechend der in Abschn. 23.6 vorgestellten Methodik nach Meadows (1999) und Abson et al. (2017) hinsichtlich ihrer Ansatzpunkte und der Eindringungstiefe in das österreichische sozio-ökonomische System analysiert. Dafür wurde jede Gestaltungsoption der Systemdimension zugeordnet, die explizit oder implizit angesprochen und „aktiviert" werden soll. Auch hier gilt wie im vorangegangenen Kapitel die methodische Einschränkung, dass Gestaltungsoptionen mehrere unterschiedlich zuordenbare Aspekte beinhalten und wir die Zuordnung nur nach einem Aspekt vornehmen konnten. Aus diesem Grund haben wir die Zuordnung nach dem jeweils dominanten Aspekt vorgenommen.

Die Analyse zeigt die Verteilung der zugeordneten Gestaltungsoptionen auf die vier Systemdimensionen Parameter, Feedbacks, Design und Intention. Diese Verteilung wird in der Folge hinsichtlich ihres spezifischen Profils bzw. ihrer Schwerpunktsetzung bei der angestrebten Transformation

	Parameter - Material	Feedbacks	Design	Intention
	Veränderungen von Parametern & Materialflüssen/Stoffströmen	Interaktion von einzelnen Elementen im System, oder Interessen die interne Dynamiken beeinflussen	Soziale Strukturen & Institutionen die Feedbacks & Parameter steuern	Werte und Weltanschauungen der Akteure, die die emergente Richtung prägen, auf die ein System ausgerichtet ist
	Ansatzpunkte mit geringer Eindringungstiefe		Ansatzpunkte mit hoher Eindringungstiefe	
Handlungsfelder				
4 Wohnen	100 %			
5 Ernährung			100 %	
6 Mobilität			100 %	
7 Erwerbstätigkeit	40 %	40 %	20 %	
8 Sorgearbeit	40 %	20 %	40 %	
9 Freizeit und Urlaub			100 %	
Integrierte Perspektive der Strukturbedingungen				
11 Recht			50 %	50 %
12 Governance und politische Beteiligung			100 %	
13 Innovationssystem und -politik	25 %		50 %	25 %
14 Wirtschaft			67 %	33 %
15 Globalisierung, Arbeitsteilung, Warenketten		20 %	60 %	20 %
16 Finanzmärkte, Investitionen, Geldsysteme			67 %	33 %
17 Soziale und räumliche Ungleichheit	50 %		50 %	
18 Sozialstaat und Klimawandel	33 %	17 %	50 %	
19 Raumplanung	25 %		75 %	
20 Diskurse und Medien			100 %	
21 Bildung und Wissenschaft			83 %	17 %
22 Netzgebundene Infrastrukturen			100 %	
Summer über alle Gestaltungsoptionen	17 %	9 %	64 %	10 %

Abson et al., 2017
Meadows, 2008

Sozioökonomisches System

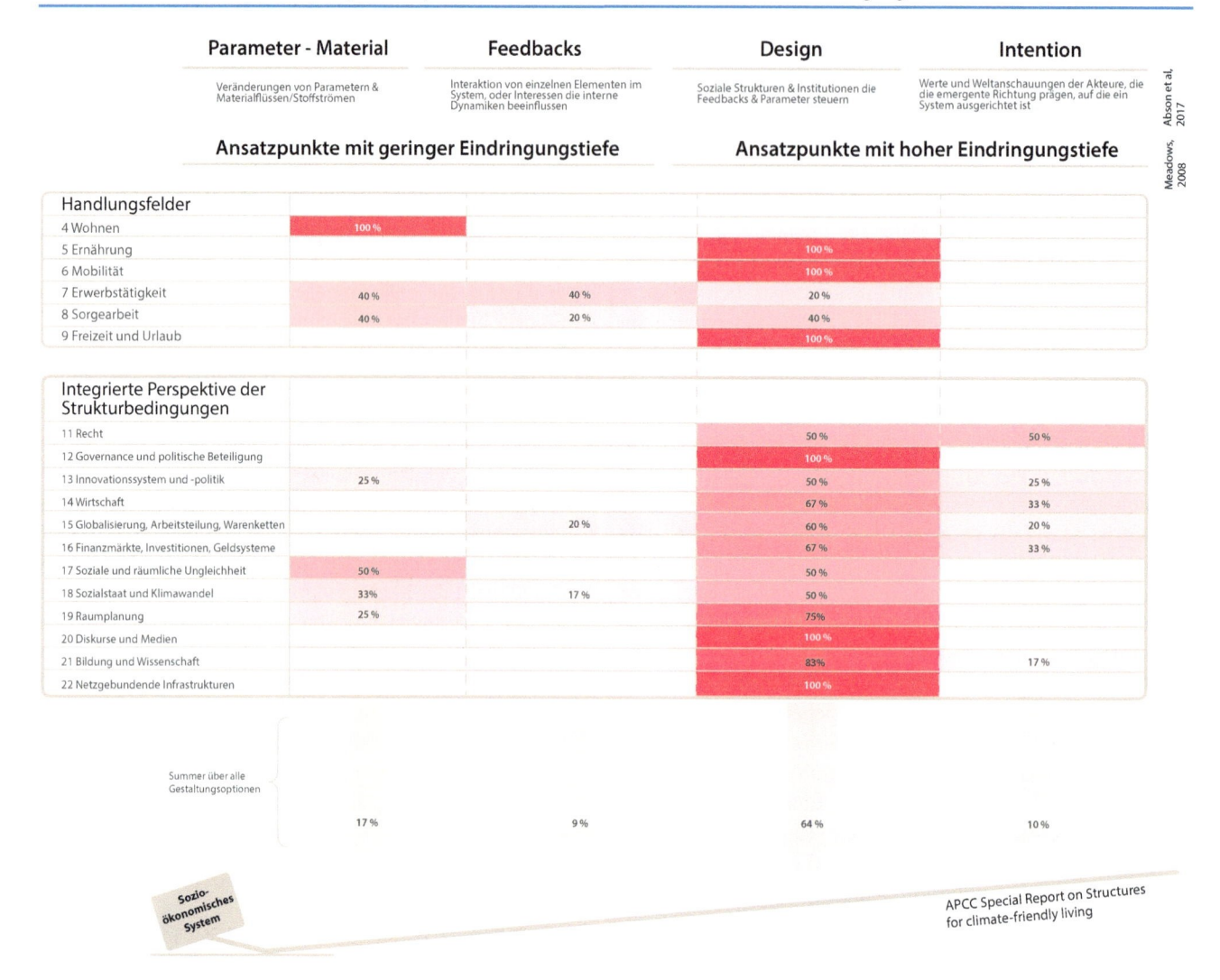

APCC Special Report on Structures for climate-friendly living

Abb. 23.9 Abschätzung der Proportionen der vorgesehenen Gestaltungsoptionen je Systemdimension und deren unterschiedliche Eindringungstiefe (Abson et al., 2017) für die Kap. 3–22 dieses Berichtes. Die vier *Pfeile* visualisieren den prozentualen Anteil der gesamten ausgesprochenen Gestaltungsoptionen dieses Berichtes je Systemdimension

zur Senkung der geforderten THG-Emissionen diskutiert. Die Einordnung ermöglicht zudem einen Vergleich mit der Analyse des Abschn. 23.6.2, in dem andere österreichische Berichte zu Klimaschutz und Anpassung an den Klimawandel hinsichtlich ihres Profils untersucht wurden.

Abb. 23.9 zeigt die Zuordnung der ausformulierten Gestaltungsoption pro Kapitel in standardisierter Form. Für jedes Kapitel wurden dabei die vorgeschlagenen und ausformulierten Gestaltungsoptionen einer der vier Systemdimensionen zugeordnet und in Prozent der gesamten Optionen ausgedrückt (manche Kapitel formulierten lediglich eine einzige Gestaltungsoption). So wurde beispielsweise die Gestaltungsoption aus dem Kapitel Wohnen der Parameterebene zugeordnet. Die jeweils zwei Optionen aus den Kapiteln Ernährung und Mobilität konnten hingegen der Designebene zugerechnet werden. Die Pfeile am unteren Ende der Grafik zeigen den Anteil aller Gestaltungsoptionen des Berichtes an der jeweiligen Systemdimension in Prozent.

Hier wird die Dominanz an Gestaltungsoptionen deutlich, welche die Designebene betreffen. Dies entspricht der Intention des vorliegenden Berichtes, der auf die Umgestaltung von Strukturen fokussiert, weil diese als zentral für die Erreichung der Klimaziele angesehen werden. Dieser Fokus favorisiert Gestaltungsoptionen, die entsprechend der Klassifikation von Meadows (1999) und Abson et al. (2017) eine vergleichsweise höhere Eindringungstiefe aufweisen.

Da der vorliegende wissenschaftliche Bewertungsbericht nicht „policy prescriptive" sein soll, werden hier nur Gestaltungsoptionen aufgezeigt. In der Folge wird der Begriff „Maßnahmen" nur dann verwendet, wenn es um die Diskussion von politischen und programmatischen Strategien bzw. Transformationspfaden geht.

Ein effektiver Transformationspfad erfordert eine ausgewogene Verteilung von Maßnahmen auf die vier Systemdimensionen. Unterschiedliche Schieflagen in der Verteilung können verschieden bewertet werden. Ein Schwerpunkt auf die Dimensionen Parameter und Feedbacks bleibt beispielsweise recht wirkungslos, wenn die Dimension Design und Intention kaum berücksichtigt werden (wie die Vergangenheit auch gezeigt hat). Zudem bleiben bei einer solchen Schwerpunktsetzung die schwer zu überwindenden Barrieren bei Design und Intention weiterhin bestehen. Umgekehrt, wenn der Schwerpunkt bei Design und Intention liegt, aber keine Maßnahmen in den Dimensionen Parameter und Feedback vorgesehen werden, wird es nur sehr langsam zu Veränderungen kommen. Wenn Maßnahmen auf der Design- und Intentionsebene umgesetzt werden, sind allerdings Barrieren für Maßnahmen in den Systemdimensionen Parameter und Feedbacks vergleichsweise leichter überwindbar.

Für eine Transformation sind daher Strategien, die an mehreren Systemdimensionen ausgewogen ansetzen, als besonders transformativ einzustufen. Wie im Abschn. 23.6.2 diskutiert, ist der Fokus von Strategien und Szenarioprojekten in Österreich zumeist auf Ansatzpunkte der Parameterebene gerichtet; weniger Fokus wurde auf Feedbacks innerhalb des Systems bzw. das Design des Systems gelegt. Systemintentionen wurden im NEKP und Ref-NEKP bisher nicht adressiert, nämlich dann, wenn es um konkrete Maßnahmen bzw. Gestaltungsoptionen geht (siehe Abb. 23.6). Ein Argument dafür könnte sein, dass es wenige Gestaltungsoptionen bei den Systemdimensionen Design und Intention gibt bzw. dass diese weniger gut erforscht sind.

Dieses Argument wird mit dem vorliegenden Bericht zumindest teilweise widerlegt, da es mit dem Fokus des Berichts auf Strukturen für ein klimafreundliches Leben gelungen ist, eine große Zahl an Gestaltungsoptionen für eine Veränderung bei der Systemdimension Design herauszuarbeiten (knapp zwei Drittel der gesamten Gestaltungsoptionen dieses Berichts). Auch bei Feedbacks und Intention findet sich jeweils noch eine nicht unbeträchtliche Zahl an Gestaltungsoptionen. Diese konkreten Ausformulierungen von Gestaltungsoptionen vor allem auf der Designebene sind damit ein wertvoller Beitrag, um den oftmals zu einseitigen Fokus auf die Dimension Parameter in den anderen Systemdimensionen mit hoher Eindringtiefe zu erweitern.

Besonders interessant erscheinen in dieser Diskussion auch Gestaltungsoptionen für die Intentionsebene, welchen die größte Transformationskraft zugeschrieben wird. Beispielsweise formuliert hier das Kapitel Recht ein „Grundrecht auf Klimaschutz", das Kapitel Finanzmärkte eine „Ent-Kommodifizierung und De-Monetarisierung von wirtschaftlichem Handeln" oder das Kapitel Netzgebundene Infrastrukturen „egalitäre Governance-Ansätze [und] Mehrebenen-Governance-Mechanismen [...] um Strategie-, Planungsprozess und Maßnahmen am klimafreundlichen Leben auszurichten". Diese Art von Gestaltungsoptionen unterscheidet sich signifikant von Maßnahmen bisheriger Strategien, die lediglich die Parameterebene ansprechen.

Technische Lösungsansätze, die zumeist nur auf der Parameterebene wirken, sind keineswegs zu vernachlässigen. Sie sind jedoch in ihrem Wirken im Vergleich zu Ansatzpunkten mit größerer Eindringungstiefe in einem System (wie dem Design oder der Intention) beschränkt und könnten für sich alleine genommen – so die Theorie der Ansatzpunkte – keine Transformation bewerkstelligen. Erst wenn technische Lösungsansätze mit Maßnahmen auf der Systemdimension Design und Intention unterstützt werden, können diese ihr Potenzial entfalten. Daher ist eine gute Abstimmung aller Systemdimensionen mit einer systemischen Betrachtung von Strukturen und Gestaltungsoptionen für eine notwendige Transformation zur Erreichung der Klimaziele unerlässlich.

Entsprechend der Argumentation der unterschiedlichen analytischen Zugänge zu Ansatzpunkten kann zusammenfassend festgestellt werden, dass ein zentraler Grund für die nach wie vor zu hohen THG-Emissionen in der zu einseitigen Fokussierung auf die Parameterebene liegt. Damit wurde die Notwendigkeit, anspruchsvolle und tieferliegende systemische Zusammenhänge zu adressieren, missachtet. Dementsprechend sind neue Strategien daran zu messen, inwieweit sie mit dieser einseitigen Parameterfokussierung brechen und effektive Zugänge entwickelt werden, die den bisherigen Fokus mit Maßnahmen der in diesem Bericht vorgeschlagenen Gestaltungsoptionen tieferer Eingriffstiefe erweitern.

23.11 Schlussfolgerungen

Notwendige Komplementarität von Gestaltungsoptionen in allen Systemdimensionen
Der vorliegende „APCC Special Report Strukturen für ein klimafreundliches Leben" verdeutlicht durch seinen Fokus auf Strukturen seine Komplementarität zu anderen schon existierenden Strategien und Szenarioprojekten (z. B. NEKP, Ref-NEKP), die ihren Fokus insbesondere auf Maßnahmen bzw. Gestaltungsoptionen in der Systemdimension Parameter und Feedback richteten. Im Vergleich zu bisherigen Strategien werden hier für eine Transformation wertvolle und bislang zu wenig belichtete Gestaltungsoptionen mit starkem transformativen Gewicht vorgestellt. Die Ergebnisse dieses Berichtes verdeutlichen folgende Sachverhalte:

- In der Literatur werden umfangreiche Gestaltungsoptionen in allen vier Systemdimensionen ‚Parameter', ‚Feedbacks', ‚Design' und ‚Intention' deutlich beschrieben und diskutiert.
- Eine Transformation ist nur möglich, wenn Maßnahmen entlang aller vier Systemdimensionen implementiert werden.
- Der bisher starke Fokus auf die Systemdimension ‚Parameter' ist aus Policy-Perspektive nachvollziehbar, da dazu

mehr Wissen existiert und diese Dimension vergleichsweise einfacher zu adressieren ist.
- Gleichzeitig ist nicht davon auszugehen, dass der bisher gesetzte Fokus die notwendige Transformationskraft entfalten kann.
- Entsprechend der wissenschaftlichen Literatur wird eine effektive Klimapolitik angesichts des Handlungsdrucks die allermeisten der verfügbaren Gestaltungsoptionen umgehend und gut abgestimmt ergreifen müssen, sollen die gesetzten Klimaziele erreicht werden (vgl. Kirchengast et al., 2019; S. 17).

Der vorliegende Sachstandsbericht hat nochmals die Wichtigkeit der Rolle institutioneller und materieller Strukturen herausgearbeitet und aufgezeigt, wie stark diese ein klimafreundliches Leben fördern, behindern oder verhindern können. Individuelle Motivationen und Verhalten für oder gegen klimafreundliches Verhalten steht nicht im Mittelpunkt der Betrachtung, sollten aber begleitend zur Umgestaltung institutioneller und materieller Strukturen in einem weiteren Schritt untersucht werden, um Friktionen zu vermindern und kooperatives Zusammenwirken zu erreichen.

Synergien und Spannungen zwischen unterschiedlichen Transformationspfaden
Die Ergebnisse zeigen, dass die Gestaltungsoptionen dieses Berichts insbesondere mit dem Pfad ‚Klimaschutz als staatliche Vorsorge' und, etwas weniger stark ausgeprägt, mit dem Pfad ‚Klimafreundliche Lebensqualität durch soziale Innovation' korrespondieren. Trotz dieser Korrespondenz zeigt sich, dass die Mehrzahl der vorgestellten Gestaltungsoptionen einen unterschiedlichen ‚good-fit' mit einem oder mehreren Transformationspfaden darstellt, bzw. zumindest nicht vollständig inkompatibel ist. Das bedeutet, dass unabhängig davon welcher Pfad favorisiert wird, eine große Zahl an Gestaltungsoptionen, die auch verschiedene Systemdimensionen ansprechen, verwendet werden können, ohne zu tiefgreifenden Konflikten zwischen grundsätzlich verschiedenen Transformationsparadigmen zu führen. Dies sollte den politischen Entscheidungsprozess erleichtern.

Die restlichen Gestaltungsoptionen erweisen sich im Verhältnis zum Pfad 1 ‚Leitplanken für eine klimafreundliche Marktwirtschaft' als konflikthaft und spannungsbeladenen. In diesem Fall ist eine klare politische Positionierung erforderlich, will man Friktionen bei der Einrichtung und Umsetzung vermeiden.

Aus der Diskussion der vorgestellten Transformationspfade kann abgeleitet werden, dass die Entwicklung eines neuen ‚Mischpfades' ein hohes Maß an Wirksamkeit verspricht, da so Synergien zwischen den Pfaden genutzt und Schwächen einzelner Pfade vermieden werden können. In Ergänzung erfordert dies bei spannungsbeladenen Gestaltungsoptionen politische Richtungsentscheidungen, um das sozio-ökonomische System auf die Erreichung der Klimaziele auszurichten.

Akteur_Innen der Transformationspfade
Bei den vorgestellten Gestaltungsoptionen und vier Transformationspfaden nehmen Akteur_innen unterschiedliche Rollen auf unterschiedlichen räumlichen Ebenen ein. Durch den starken Fokus auf institutionelle und materielle Strukturen spielt der Staat als Akteur eine besondere Rolle: bei Pfad 1 ‚Leitplanken für eine klimafreundliche Marktwirtschaft' und Pfad 2 ‚Klimaschutz durch koordinierte Technologieentwicklung' ist die Rolle des Staates jene der rahmensetzenden Institution, die insbesondere die Festlegung von klaren Planungshorizonten vornimmt. Der Staat tritt damit als aktiver Gestalter von innovationsfördernder Forschungs-, Technologie- und Innovationspolitik auf. In Pfad 3 ‚Klimaschutz durch staatliche Vorsorge' übernimmt der Staat eine noch stärker ‚vorsorgende' und ‚bereitstellende' Rolle, während im Pfad 4 ‚Klimafreundliche Lebensqualität durch soziale Innovation' der Staat Freiräume und Nischen für soziale Innovationen anbietet und deren Upscaling und Verbreiterung auf der Regimeebene unterstützt.

Gleichzeitig wird deutlich, dass alle vier Pfade neben dem Staat in seiner jeweils besonderen Rolle maßgeblich von unterschiedlichen Akteur_innen in unterschiedlichen Rollen und in einem unterschiedlichen Zusammenspiel mitgestaltet werden: Angesichts der Notwendigkeit, möglichst alle zur Verfügung stehenden Gestaltungsoptionen aufeinander abgestimmt an allen vier Systemdimensionen anzusetzen, ist es unerlässlich, eine Vielzahl an unterschiedlichen Akteur_innen (z. B. Sozialpartner, Unternehmen, NGOs, zivilgesellschaftliche Bewegungen …) ins Boot zu holen, deren mögliche Beiträge einzufordern und gleichzeitig auch wertschätzend zu integrieren. Bei der Entwicklung eines Transformationspfades zur Erreichung der Klimaziele muss nicht nur die Wirksamkeit von strukturellen Änderungen des sozio-ökonomischen Systems bedacht werden, sondern auch die Akzeptanz von Gestaltungsoptionen auf gesellschaftlicher und politischer Ebene. Die verschiedenen politischen Parteien haben verständlicherweise eine Nähe zu jenen Transformationspfaden, die ihrer politischen Grundorientierung am besten entsprechen. Die Dringlichkeit des Handlungsbedarfs erfordert es, Transformationspfade zu finden, die einerseits nach wissenschaftlicher Einschätzung die angestrebten Klimaziele erreichen und denen andererseits eine Vielzahl gesellschaftlicher Akteur_innen zustimmen kann, um das Momentum zu erzeugen, das die anstehende tiefgreifende Transformation erfordert.

Quellenverzeichnis

Abson, D. J., Fischer, J., Leventon, J., Newig, J., Schomerus, T., Vilsmaier, U., von Wehrden, H., Abernethy, P., Ives, C. D., Jager, N. W., & Lang, D. J. (2017). Leverage points for sustainability transformation. *Ambio*, *46*(1), 30–39. Scopus. https://doi.org/10.1007/s13280-016-0800-y

Allianz Nachhaltige Universitäten in Österreich. (2021). *UniNEtZ-Optionenbericht: Österreichs Handlungsoptionen für die Umsetzung der UN-Agenda 2030 für eine lebenswerte Zukunft.* UniNEtZ – Universitäten und Nachhaltige Entwicklungsziele. Wien. https://www.uninetz.at/optionenbericht_downloads/Von_den_Optionen_zur_Transformation.pdf

Anderl, M., Böhmer, S., Gössl, M., Köther, T., Krutzler, T., & Lenz, K. (2009). *GHG projections and assessment of policies and measures in Austria: Reporting under decision 280/2004/EC, March 2009.* Umweltbundesamt.

Anderl, M., Gössl, M., Haider, S., Kampel, E., Krutzler, T., & Lampert, C. (2019). *GHG Projections and Assessment of Policies and Measures in Austria.* Umweltbundesamt (UBA).

Angheloiu, C., & Tennant, M. (2020). Urban futures: Systemic or system changing interventions? A literature review using Meadows' leverage points as analytical framework. *Cities*, *104*, 102808. https://doi.org/10.1016/j.cities.2020.102808

Baveye, P. C., Baveye, J., & Gowdy, J. (2013). Monetary valuation of ecosystem services: It matters to get the timeline right. *Ecological Economics*, *95*, 231–235. https://doi.org/10.1016/j.ecolecon.2013.09.009

Bennett, N. J., Blythe, J., Cisneros-Montemayor, A. M., Singh, G. G., & Sumaila, U. R. (2019). Just Transformations to Sustainability. *Sustainability*, *11*(14), 3881. https://doi.org/10.3390/su11143881

Blythe, J., Silver, J., Evans, L., Armitage, D., Bennett, N. J., Moore, M., Morrison, T. H., & Brown, K. (2018). The Dark Side of Transformation: Latent Risks in Contemporary Sustainability Discourse. *Antipode*, *50*(5), 1206–1223. https://doi.org/10.1111/anti.12405

BMNT, & BMVIT (Hrsg.). (2018). *#mission2030. Die Klima- und Energiestrategie der Bundesregierung.*

BMWFW, & BMLFUW. (2016). *Grünbuch für eine integrierte Energie- und Klimastrategie.* BMWFW, & BMLFUW (Bundesministerium für Wissenschaft, Forschung und Wirtschaft/Bundesministerium für ein Lebenswertes Österreich). https://www.konsultation-energieklima.at/assets/Uploads/Grunbuch-integrierte-Energiestrategie.pdf

Bogdanov, D., Farfan, J., Sadovskaia, K., Aghahosseini, A., Child, M., Gulagi, A., Oyewo, A. S., de Souza Noel Simas Barbosa, L., & Breyer, C. (2019). Radical transformation pathway towards sustainable electricity via evolutionary steps. *Nature Communications*, *10*(1), 1077. https://doi.org/10.1038/s41467-019-08855-1

Boon, W. P. C., Edler, J., & Robinson, D. K. R. (2022). Conceptualizing market formation for transformative policy. *Environmental Innovation and Societal Transitions*, *42*, 152–169. https://doi.org/10.1016/j.eist.2021.12.010

Bundesministerium für Nachhaltigkeit und Tourismus (Hrsg.). (2019). *Integrierter nationaler Energie- und Klimaplan für Österreich. Periode 2021–2030* (S. 272). Bundesministerium für Nachhaltigkeit und Tourismus.

Bundesministerium für Nachhaltigkeit und Tourismus, & Bundesministerium für Finanzen und dem Bundesministerium für Verkehr, Innovation und Technologie. (2019). *Integrierter nationaler Energie- und Klimaplan für Österreich. Periode 2021–2030.* (S. 272). Bundesministerium für Nachhaltigkeit und Tourismus. https://www.bmnt.gv.at/dam/jcr:29ba927b-d36f-4cd4-8f56-8bec97a48c76/NEKP_final%2018.12.2019.pdf

Burgos-Ayala, A., Jiménez-Aceituno, A., Torres-Torres, A. M., Rozas-Vásquez, D., & Lam, D. P. M. (2020). Indigenous and local knowledge in environmental management for human-nature connectedness: A leverage points perspective. *Ecosystems and People*, *16*(1), 290–303. https://doi.org/10.1080/26395916.2020.1817152

Calvin, K., Bond-Lamberty, B., Clarke, L., Edmonds, J., Eom, J., Hartin, C., Kim, S., Kyle, P., Link, R., Moss, R., McJeon, H., Patel, P., Smith, S., Waldhoff, S., & Wise, M. (2017). The SSP4: A world of deepening inequality. *Global Environmental Change*, *42*, 284–296. https://doi.org/10.1016/j.gloenvcha.2016.06.010

Capellán-Pérez, I., de Blas, I., Nieto, J., de Castro, C., Miguel, L. J., Carpintero, Ó., Mediavilla, M., Lobejón, L. F., Ferreras-Alonso, N., Rodrigo, P., Frechoso, F., & Álvarez-Antelo, D. (2020). MEDEAS: A new modeling framework integrating global biophysical and socioeconomic constraints. *Energy & Environmental Science*, *13*(3), 986–1017. https://doi.org/10.1039/C9EE02627D

Christie, I., Gunton, R. M., & Hejnowicz, A. P. (2019). Sustainability and the common good: Catholic Social Teaching and 'Integral Ecology' as contributions to a framework of social values for sustainability transitions. *Sustainability Science*, *14*(5), 1343–1354. https://doi.org/10.1007/s11625-019-00691-y

Costa, L., Moreau, V., Thurm, B., Yu, W., Clora, F., Baudry, G., Warmuth, H., Hezel, B., Seydewitz, T., Ranković, A., Kelly, G., & Kropp, J. P. (2021). The decarbonisation of Europe powered by lifestyle changes. *Environmental Research Letters*, *16*(4). https://doi.org/10.1088/1748-9326/abe890

Cradock-Henry, N. A., Diprose, G., & Frame, B. (2021). Towards local-parallel scenarios for climate change impacts, adaptation and vulnerability. *Climate Risk Management*, *34*, 100372. https://doi.org/10.1016/j.crm.2021.100372

Dailglou, V., Doelman, J. C., Wicke, B., Faaij, A., & van Vuuren, D. P. (2019). Integrated assessment of biomass supply and demand in climate change mitigation scenarios. *Global Environmental Change*, *54*, 88–101. https://doi.org/10.1016/j.gloenvcha.2018.11.012

D'Amato, D., Droste, N., Allen, B., Kettunen, M., Lähtinen, K., Korhonen, J., Leskinen, P., Matthies, B. D., & Toppinen, A. (2017). Green, circular, bio economy: A comparative analysis of sustainability avenues. *Journal of Cleaner Production*, *168*, 716–734. Scopus. https://doi.org/10.1016/j.jclepro.2017.09.053

David Tàbara, J., Jäger, J., Mangalagiu, D., & Grasso, M. (2019). Defining transformative climate science to address high-end climate change. *Regional Environmental Change*, *19*(3), 807–818. https://doi.org/10.1007/s10113-018-1288-8

de Haan, F. J., & Rogers, B. C. (2019). The Multi-Pattern Approach for systematic analysis of transition pathways. *Sustainability (Switzerland)*, *11*(2). Scopus. https://doi.org/10.3390/su11020318

De Koning, A., Huppes, G., Deetman, S., & Tukker, A. (2016). Scenarios for a 2 °C world: A trade-linked input–output model with high sector detail. *Climate Policy*, *16*(3), 301–317. Scopus. https://doi.org/10.1080/14693062.2014.999224

Deetman, S., Pauliuk, S., van Vuuren, D. P., van der Voet, E., & Tukker, A. (2018). Scenarios for Demand Growth of Metals in Electricity Generation Technologies, Cars, and Electronic Appliances. *Environmental Science & Technology*, *52*(8), 4950–4959. https://doi.org/10.1021/acs.est.7b05549

Dorninger, C., Abson, D. J., Apetrei, C. I., Derwort, P., Ives, C. D., Klaniecki, K., Lam, D. P. M., Langsenlehner, M., Riechers, M., Spittler, N., & von Wehrden, H. (2020). Leverage points for sustainability transformation: A review on interventions in food and energy systems. *Ecological Economics*, *171*. Scopus. https://doi.org/10.1016/j.ecolecon.2019.106570

Europäische Kommission. (2020). *Eine EU-weite Bewertung der nationalen Energie- und Klimapläne.* https://eur-lex.europa.eu/legal-content/DE/TXT/HTML/?uri=CELEX:52020DC0564&from=EN

Fauré, E., Finnveden, G., & Gunnarsson-Östling, U. (2019). Four low-carbon futures for a Swedish society beyond GDP growth. *Journal of Cleaner Production*, *236*. Scopus. https://doi.org/10.1016/j.jclepro.2019.07.070

Fischer, J., & Riechers, M. (2019). A leverage points perspective on sustainability. *People and Nature*, *1*(1), 115–120. https://doi.org/10.1002/pan3.13

Foxon, T. J. (2013). Transition pathways for a UK low carbon electricity future. *Energy Policy*, *52*, 10–24. https://doi.org/10.1016/j.enpol.2012.04.001

Frame, B., Lawrence, J., Ausseil, A.-G., Reisinger, A., & Daigneault, A. (2018). Adapting global shared socio-economic pathways for national and local scenarios. *Climate Risk Management*, *21*, 39–51. https://doi.org/10.1016/j.crm.2018.05.001

Fujimori, S., Hasegawa, T., Masui, T., Takahashi, K., Herran, D. S., Dai, H., Hijioka, Y., & Kainuma, M. (2017). SSP3: AIM implementation of Shared Socioeconomic Pathways. *Global Environmental Change*, *42*, 268–283. https://doi.org/10.1016/j.gloenvcha.2016.06.009

Geels, F. W., & Schot, J. (2007). Typology of sociotechnical transition pathways. *Research Policy*, *36*(3), 399–417. https://doi.org/10.1016/j.respol.2007.01.003

Goers, S., & Schneider, F. (2019). Austria's Path to a Climate-Friendly Society and Economy – Contributions of an Environmental Tax Reform. *Modern Economy*, *10*(05), 1369–1384. https://doi.org/10.4236/me.2019.105092

Grubler, A., Wilson, C., Bento, N., Boza-Kiss, B., Krey, V., McCollum, D. L., Rao, N. D., Riahi, K., Rogelj, J., De Stercke, S., Cullen, J., Frank, S., Fricko, O., Guo, F., Gidden, M., Havlík, P., Huppmann, D., Kiesewetter, G., Rafaj, P., … Valin, H. (2018). A low energy demand scenario for meeting the 1.5 °C target and sustainable development goals without negative emission technologies. *Nature Energy*, *3*(6), 515–527. https://doi.org/10.1038/s41560-018-0172-6

Gugerell, K., Endl, A., Gottenhuber, S. L., Ammerer, G., Berger, G., & Tost, M. (2020). Regional implementation of a novel policy approach: The role of minerals safeguarding in land-use planning policy in Austria. *The Extractive Industries and Society*, *7*(1), 87–96. https://doi.org/10.1016/j.exis.2019.10.016

Gunningham, N. (2020). Can climate activism deliver transformative change? Extinction Rebellion, business and people power. *Journal of Human Rights and the Environment*, *11*(3), 10–31. https://doi.org/10.4337/jhre.2020.03.01

Haberl, H., Fischer-Kowalski, M., Krausmann, F., Martinez-Alier, J., & Winiwarter, V. (2011). A socio-metabolic transition towards sustainability? Challenges for another Great Transformation. *Sustainable development*, *19*(1), 1–14. https://doi.org/10.1002/sd.410

Hache, E., Seck, G. S., Simoen, M., Bonnet, C., & Carcanague, S. (2019). Critical raw materials and transportation sector electrification: A detailed bottom-up analysis in world transport. *Applied Energy*, *240*, 6–25. https://doi.org/10.1016/j.apenergy.2019.02.057

Hasegawa, T., Fujimori, S., Takahashi, K., & Masui, T. (2015). Scenarios for the risk of hunger in the twenty-first century using Shared Socioeconomic Pathways. *Environmental Research Letters*, *10*(1). Scopus. https://doi.org/10.1088/1748-9326/10/1/014010

Hausknost, D. (2020). The environmental state and the glass ceiling of transformation. *Environmental Politics*, *29*(1), 17–37. https://doi.org/10.1080/09644016.2019.1680062

Hochgerner, J., Dobner, S., Feichtinger, J., Haas, Wi., Hausknost, D., Kulmer, V., Niederl, A., Omann, I., & Seebauer, S. (2016). *Grundlagen zu Entwicklung einer Low Carbon Development Strategy in Österreich*. 49.

Independent Group of Scientists appointed by the Secretary-General. (2019). *Global sustainable development report 2019: The future is now – Science for achieving sustainable development*. United Nations. https://sustainabledevelopment.un.org/content/documents/24797GSDR_report_2019.pdf

IPCC. (2022a). *Climate Change 2022: Impacts, Adaptation and Vulnerability. Contribution of Working Group II to the Sixth Assessment Report of the Intergovernmental Panel on Climate Change*. Cambridge University Press. https://www.ipcc.ch/report/ar6/wg2/

IPCC. (2022b). Summary for Policymakers. In P. R. Shukla, J. Skea, R. Slade, A. A. Khourdajie, R. van Diemen, D. McCollum, M. Pathak, S. Some, P. Vyas, R. Fradera, M. Belkacemi, A. Hasija, G. Lisboa, S. Luz, & J. Malley (Hrsg.), *Climate Change 2022: Mitigation of Climate Change. Contribution of Working Group III to the Sixth Assessment Report of the Intergovernmental Panel on Climate Change*. Cambridge University Press. https://www.ipcc.ch/report/ar6/wg3/

IRENA. (2021). *World Energy Transitions Outlook: 1.5 °C Pathway (Preview)*. IRENA – International Renewable Energy Agency. https://www.irena.org/publications/2021/Jun/World-Energy-Transitions-Outlook

Isley, S. C., Lempert, R. J., Popper, S. W., & Vardavas, R. (2015). The effect of near-term policy choices on long-term greenhouse gas transformation pathways. *Global Environmental Change*, *34*, 147–158. https://doi.org/10.1016/j.gloenvcha.2015.06.008

Iwaniec, D., Cook, E., Barbosa, O., & Grimm, N. (2019). The Framing of Urban Sustainability Transformations. *Sustainability*, *11*(3), 573. https://doi.org/10.3390/su11030573

Jiang, L., & O'Neill, B. C. (2017). Global urbanization projections for the Shared Socioeconomic Pathways. *Global Environmental Change*, *42*, 193–199. Scopus. https://doi.org/10.1016/j.gloenvcha.2015.03.008

Kamei, M., Wangmo, T., Leibowicz, B. D., & Nishioka, S. (2021). Urbanization, carbon neutrality, and Gross National Happiness: Sustainable development pathways for Bhutan. *Cities*, *111*, 102972. https://doi.org/10.1016/j.cities.2020.102972

Kampel, E., Titz, M., Neier, H., Ahamer, G., Moosmann, L., Schmid, C., Young, K., Dauwe, T., & Józwicka, M. (2018). *Overview of Low-Carbon Development Strategies in European Countries*. European Topic Centre on Air Pollution and Climate Change Mitigation.

Kanger, L., Sovacool, B. K., & Noorkõiv, M. (2020). Six policy intervention points for sustainability transitions: A conceptual framework and a systematic literature review. *Research Policy*, *49*(7). Scopus. https://doi.org/10.1016/j.respol.2020.104072

Keyßer, L. T., & Lenzen, M. (2021). 1.5 °C degrowth scenarios suggest the need for new mitigation pathways. *Nature Communications*, *12*(1), 2676. https://doi.org/10.1038/s41467-021-22884-9

Kieft, A., Harmsen, R., & Hekkert, M. P. (2020). Toward ranking interventions for Technological Innovation Systems via the concept of Leverage Points. *Technological Forecasting and Social Change*, *153*, 119466. https://doi.org/10.1016/j.techfore.2018.09.021

Kirchengast, G., Kromp-Kolb, H., Steininger, K., Stagl, S., Kirchner, M., Ambach, C., Grohs, J., Gutsohn, A., Peisker, J., Strunk, B., & (KIOES), C. for I. E. S. (2019). *Referenzplan als Grundlage für einen wissenschaftlich fundierten und mit den Pariser Klimazielen in Einklang stehenden Nationalen Energie- und Klimaplan für Österreich (Ref-NEKP) Gesamtband* (S. 204). Verlag der Österreichischen Akademie der Wissenschaften. https://epub.oeaw.ac.at/8497-3

Kirchherr, J., Piscicelli, L., Bour, R., Kostense-Smit, E., Muller, J., Huibrechtse-Truijens, A., & Hekkert, M. (2018). Barriers to the Circular Economy: Evidence From the European Union (EU). *Ecological Economics*, *150*, 264–272. https://doi.org/10.1016/j.ecolecon.2018.04.028

Koch, M. (2020). The state in the transformation to a sustainable postgrowth economy. *Environmental Politics*, *29*(1), 115–133. https://doi.org/10.1080/09644016.2019.1684738

Korsnes, M., & Sørensen, K. H. (2017). *Striving for a Norwegian Low Emission Society post 2050. Three scenarios*. Centre for Sustainable Energy Studies. https://www.ntnu.no/documents/7414984/1275356549/Three+Scenarios-web.pdf/b79d842d-d338-45e6-ad15-2faae165eab1

Koteyko, N. (2012). Managing carbon emissions: A discursive presentation of 'market-driven sustainability' in the British media. *Language & Communication*, *32*(1), 24–35. https://doi.org/10.1016/j.langcom.2011.11.001

Krausmann, F., Wiedenhofer, D., & Haberl, H. (2020). Growing stocks of buildings, infrastructures and machinery as key challenge for compliance with climate targets. *Global Environmental Change*, *61*, 102034. https://doi.org/10.1016/j.gloenvcha.2020.102034

Krey, V., Luderer, G., Clarke, L., & Kriegler, E. (2014). Getting from here to there – energy technology transformation pathways in the EMF27 scenarios. *Climatic Change*, *123*(3–4), 369–382. https://doi.org/10.1007/s10584-013-0947-5

Kriegler, E., Bauer, N., Popp, A., Humpenöder, F., Leimbach, M., Strefler, J., Baumstark, L., Bodirsky, B. L., Hilaire, J., Klein, D., Mouratiadou, I., Weindl, I., Bertram, C., Dietrich, J.-P., Luderer, G., Pehl, M., Pietzcker, R., Piontek, F., Lotze-Campen, H., … Edenhofer, O. (2017). Fossil-fueled development (SSP5): An energy and resource intensive scenario for the 21st century. *Global Environmental Change*, *42*, 297–315. https://doi.org/10.1016/j.gloenvcha.2016.05.015

Kühl, J. (2019). Praktiken und Infrastrukturen gelebter Suffizienz. In M. Abassiharofteh, J. Baier, A. Göb, I. Thimm, A. Eberth, F. Knaps, V. Larjosto, & F. Zebner (Hrsg.), *Räumliche Transformation: Prozesse, Konzepte, Forschungsdesigns* (Bd. 10, S. 65–79). Verl. d. ARL.

Kuhnhenn, K., Costa, L., Mahnke, E., Schneider, L., & Lange, S. (2020). *A Societal Transformation Scenario for Staying Below 1.5 °C* (Bd. 23). Heinrich Böll-Stiftung. https://www.boell.de/sites/default/files/2020-12/A%20Societal%20Transformation%20Scenario%20for%20Staying%20Below%201.5C.pdf?dimension1=division_iup

Lange, S., & Santarius, T. (2018). *Smarte grüne Welt? Digitalisierung zwischen Überwachung, Konsum und Nachhaltigkeit*. Oekom Verlag.

Lestar, T., & Böhm, S. (2020). Ecospirituality and sustainability transitions: Agency towards degrowth. *Religion, State and Society*, *48*(1), 56–73. https://doi.org/10.1080/09637494.2019.1702410

Leventon, J., Abson, D. J., & Lang, D. J. (2021). Leverage points for sustainability transformations: Nine guiding questions for sustainability science and practice. *Sustainability Science*, s11625-021-00961-00968. https://doi.org/10.1007/s11625-021-00961-8

Mazzucato, M. (2014). *The entrepreneurial state: Debunking public vs. private sector myths* (Revised edition). Anthem Press.

Mazzucato, M. (2016). From market fixing to market-creating: A new framework for innovation policy. *Industry and Innovation*, *23*(2), 140–156. https://doi.org/10.1080/13662716.2016.1146124

McCollum, D. L., Zhou, W., Bertram, C., de Boer, H.-S., Bosetti, V., Busch, S., Després, J., Drouet, L., Emmerling, J., Fay, M., Fricko, O., Fujimori, S., Gidden, M., Harmsen, M., Huppmann, D., Iyer, G., Krey, V., Kriegler, E., Nicolas, C., … Riahi, K. (2018). Energy investment needs for fulfilling the Paris Agreement and achieving the Sustainable Development Goals. *Nature Energy*, *3*(7), 589–599. https://doi.org/10.1038/s41560-018-0179-z

Meadows, D. (1999). *Leverage Points: Places to Intervene in a System*. The Sustainble Institute. http://donellameadows.org/archives/leverage-points-places-to-intervene-in-a-system/

Meadows, D. H., & Wright, D. (2008). *Thinking in systems: A primer*. Chelsea Green Pub.

Millward-Hopkins, J., Steinberger, J. K., Rao, N. D., & Oswald, Y. (2020). Providing decent living with minimum energy: A global scenario. *Global Environmental Change*, *65*, 102168. https://doi.org/10.1016/j.gloenvcha.2020.102168

Mogollón, J. M., Lassaletta, L., Beusen, A. H. W., Van Grinsven, H. J. M., Westhoek, H., & Bouwman, A. F. (2018). Assessing future reactive nitrogen inputs into global croplands based on the shared socioeconomic pathways. *Environmental Research Letters*, *13*(4). Scopus. https://doi.org/10.1088/1748-9326/aab212

Moss, R. H., Edmonds, J. A., Hibbard, K. A., Manning, M. R., Rose, S. K., van Vuuren, D. P., Carter, T. R., Emori, S., Kainuma, M., Kram, T., Meehl, G. A., Mitchell, J. F. B., Nakicenovic, N., Riahi, K., Smith, S. J., Stouffer, R. J., Thomson, A. M., Weyant, J. P., & Wilbanks, T. J. (2010). The next generation of scenarios for climate change research and assessment. *Nature*, *463*(7282), 747–756. https://doi.org/10.1038/nature08823

Nakićenović, N. (2000). *Special report on emissions scenarios: A special report of Working Group III of the Intergovernmental Panel on Climate Change*. Cambridge University Press. https://www.ipcc.ch/site/assets/uploads/2018/03/emissions_scenarios-1.pdf

Niedertscheider, M., Haas, W., & Görg, C. (2018). Austrian climate policies and GHG-emissions since 1990: What is the role of climate policy integration? *Environmental Science & Policy*, *81*, 10–17. https://doi.org/10.1016/j.envsci.2017.12.007

Nikoleris, A., Stripple, J., & Tenngart, P. (2017). Narrating climate futures: Shared socioeconomic pathways and literary fiction. *Climatic Change*, *143*(3–4), 307–319. https://doi.org/10.1007/s10584-017-2020-2

Odegard, I. Y. R., & van der Voet, E. (2014). The future of food – Scenarios and the effect on natural resource use in agriculture in 2050. *Ecological Economics*, *97*, 51–59. https://doi.org/10.1016/j.ecolecon.2013.10.005

O'Neill, B. C., Kriegler, E., Ebi, K. L., Kemp-Benedict, E., Riahi, K., Rothman, D. S., van Ruijven, B. J., van Vuuren, D. P., Birkmann, J., Kok, K., Levy, M., & Solecki, W. (2017). The roads ahead: Narratives for shared socioeconomic pathways describing world futures in the 21st century. *Global Environmental Change*, *42*, 169–180. https://doi.org/10.1016/j.gloenvcha.2015.01.004

Otto, I. M., Donges, J. F., Cremades, R., Bhowmik, A., Hewitt, R. J., Lucht, W., Rockström, J., Allerberger, F., McCaffrey, M., Doe, S. S. P., Lenferna, A., Morán, N., van Vuuren, D. P., & Schellnhuber, H. J. (2020). Social tipping dynamics for stabilizing Earth's climate by 2050. *Proceedings of the National Academy of Sciences*, *117*(5), 2354–2365. https://doi.org/10.1073/pnas.1900577117

Pietzcker, R. C., Osorio, S., & Rodrigues, R. (2021). Tightening EU ETS targets in line with the European Green Deal: Impacts on the decarbonization of the EU power sector. *Applied Energy*, *293*, 116914. https://doi.org/10.1016/j.apenergy.2021.116914

Plank, C., Haas, W., Schreuer, A., Irshaid, J., Barben, D., & Görg, C. (2021). Climate policy integration viewed through the stakeholders' eyes: A co-production of knowledge in social-ecological transformation research. *Environmental Policy and Governance*, eet.1938. https://doi.org/10.1002/eet.1938

Plank, C., Liehr, S., Hummel, D., Wiedenhofer, D., Haberl, H., & Görg, C. (2021). Doing more with less: Provisioning systems and the transformation of the stock-flow-service nexus. *Ecological Economics*, *187*, 107093. https://doi.org/10.1016/j.ecolecon.2021.107093

Rat für Nachhaltige Entwicklung. (2021). *Klimaneutralität: Optionen für eine ambitionierte Weichenstellung und Umsetzung: Positionspapier 2021*.

Riahi, K., van Vuuren, D. P., Kriegler, E., Edmonds, J., O'Neill, B. C., Fujimori, S., Bauer, N., Calvin, K., Dellink, R., Fricko, O., Lutz, W., Popp, A., Cuaresma, J. C., KC, S., Leimbach, M., Jiang, L., Kram, T., Rao, S., Emmerling, J., … Tavoni, M. (2017). The Shared Socioeconomic Pathways and their energy, land use, and greenhouse gas emissions implications: An overview. *Global Environmental Change*, *42*, 153–168. Scopus. https://doi.org/10.1016/j.gloenvcha.2016.05.009

Riechers, M., Brunner, B., Dajka, J.-C., Duse, I., Lübker, H., Manlosa, A. O., Sala, J. E., Schaal, T., & Weidlich, S. (2021). Leverage points for addressing marine and coastal pollution: A review. *Marine Pollution Bulletin*, 112263. https://doi.org/10.1016/j.marpolbul.2021.112263

Robinson, J. (2003). Future Subjunctive: Backcasting as Social Learning. *Futures*, *35*, 839–856. https://doi.org/10.1016/S0016-3287(03)00039-9

Rosenbloom, D. (2017). Pathways: An emerging concept for the theory and governance of low-carbon transitions. *Global Environmental Change*, *43*, 37–50. https://doi.org/10.1016/j.gloenvcha.2016.12.011

Salmenperä, H. (2021). Different pathways to a recycling society – Comparison of the transitions in Austria, Sweden and Finland. *Journal of Cleaner Production*, *292*. Scopus. https://doi.org/10.1016/j.jclepro.2021.125986

Sandberg, M. (2021). Sufficiency transitions: A review of consumption changes for environmental sustainability. *Journal of Cleaner Production*, *293*. Scopus. https://doi.org/10.1016/j.jclepro.2021.126097

Schaeffer, R., Köberle, A., van Soest, H. L., Bertram, C., Luderer, G., Riahi, K., Krey, V., van Vuuren, D. P., Kriegler, E., Fujimori, S., Chen, W., He, C., Vrontisi, Z., Vishwanathan, S., Garg, A., Mathur, R., Shekhar, S., Oshiro, K., Ueckerdt, F., ... Potashnikov, V. (2020). Comparing transformation pathways across major economies. *Climatic Change*, *162*(4), 1787–1803. https://doi.org/10.1007/s10584-020-02837-9

Schaffartzik, A., Pichler, M., Pineault, E., Wiedenhofer, D., Gross, R., & Haberl, H. (2021). The transformation of provisioning systems from an integrated perspective of social metabolism and political economy: A conceptual framework. *Sustainability Science*, *16*(5), 1405–1421. https://doi.org/10.1007/s11625-021-00952-9

Schmidt, J., Leduc, S., Dotzauer, E., & Schmid, E. (2011). Cost-effective policy instruments for greenhouse gas emission reduction and fossil fuel substitution through bioenergy production in Austria. *Energy Policy*, *39*(6), 3261–3280. https://doi.org/10.1016/j.enpol.2011.03.018

Schneidewind, U. (2017). Einfacher gut leben: Suffizienz und Postwachstum. *Politische Ökologie*, *1*(148), 98–103.

Schöggl, J.-P., Stumpf, L., Rusch, M., & Baumgartner, R. J. (2022). Die Umsetzung der Kreislaufwirtschaft in österreichischen Unternehmen – Praktiken, Strategien und Auswirkungen auf den Unternehmenserfolg. *Österreichische Wasser- und Abfallwirtschaft*, *74*(1), 51–63. https://doi.org/10.1007/s00506-021-00828-3

Silva, B. N., Khan, M., & Han, K. (2018). Towards sustainable smart cities: A review of trends, architectures, components, and open challenges in smart cities. *Sustainable Cities and Society*, *38*, 697–713. https://doi.org/10.1016/j.scs.2018.01.053

Smith, P., Davis, S. J., Creutzig, F., Fuss, S., Minx, J., Gabrielle, B., Kato, E., Jackson, R. B., Cowie, A., Kriegler, E., van Vuuren, D. P., Rogelj, J., Ciais, P., Milne, J., Canadell, J. G., McCollum, D., Peters, G., Andrew, R., Krey, V., ... Yongsung, C. (2016). Biophysical and economic limits to negative CO 2 emissions. *Nature Climate Change*, *6*(1), 42–50. https://doi.org/10.1038/nclimate2870

Sorrell, S., Gatersleben, B., & Druckman, A. (2020). The limits of energy sufficiency: A review of the evidence for rebound effects and negative spillovers from behavioural change. *Energy Research & Social Science*, *64*, 101439. https://doi.org/10.1016/j.erss.2020.101439

Spaargaren, G., & Mol, A. P. J. (2013). Carbon flows, carbon markets, and low-carbon lifestyles: Reflecting on the role of markets in climategovernance. *Environmental Politics*, *22*(1), 174–193. https://doi.org/10.1080/09644016.2013.755840

Späth, P., & Rohracher, H. (2012). Local Demonstrations for Global Transitions – Dynamics across Governance Levels Fostering Socio-Technical Regime Change Towards Sustainability. *European Planning Studies*, *20*(3), 461–479. https://doi.org/10.1080/09654313.2012.651800

Stagl, S., Schulz, N., Köppl, A., Kratena, K., Mechler, R., Pirgmaier, E., Radunsky, K., & Rezai, A. (2014). Transformationspfade. In H. Kromp-Kolb, K. Steininger, A. Gobiet, N. Nakićenović, F. Prettenthaler, J. Schneider, H. Formayer, A. Köppl, ... J. Stötter (Hrsg.), *Österreichischer Sachstandsbericht Klimawandel 2014* (S. 1025–1076). Verlag der Österreichischen Akademie der Wissenschaften. http://austriaca.at/0xc1aa500e_0x003144b7.pdf

Steininger, K. W., Mayer, J., & Bachner, G. (2021). *The Economic Effects of Achieving the 2030 EU Climate Targets in the Context of the Corona Crisis An Austrian Perspective.*

Sterchele, P., Brandes, J., Hellig, J., Wrede, D., Kost, C., Schlegl, T., Bett, A., & Henning, H.-M. (2020). *Wege zu einem klimaneutralen Energiesystem. Die deutsche Energiewende im Kontext gesellschaftlicher Verhaltensweisen.* Fraunhofer-Institut für Solare Energiesysteme ISE, Freiburg. https://www.ise.fraunhofer.de/content/dam/ise/de/documents/publications/studies/Fraunhofer-ISE-Studie-Wege-zu-einem-klimaneutralen-Energiesystem.pdf

Steurer, R., & Clar, C. (2015). Is decentralisation always good for climate change mitigation? How federalism has complicated the greening of building policies in Austria. *Policy Sciences*, *48*(1), 85–107. https://doi.org/10.1007/s11077-014-9206-5

Stevis, D., & Felli, R. (2016). Green Transitions, Just Transitions? Broadening and Deepening Justice. *Kurswechsel*, *3*, 35–45.

Streicher, W., Schnitzer, H., Titz, M., Graz, T., Haas, R., Kalt, G., Wien, T., Damm, A., Steininger, K., Oblasser, S., Tirol, L., Cerveny, M., Veigl, A., Kaltschmitt, M., & Hamburg-Harburg, U. (2010). *Feasibility Study Endbericht* (S. 140).

Svenfelt, Å., Alfredsson, E. C., Bradley, K., Fauré, E., Finnveden, G., Fuehrer, P., Gunnarsson-Östling, U., Isaksson, K., Malmaeus, M., Malmqvist, T., Skånberg, K., Stigson, P., Aretun, Å., Buhr, K., Hagbert, P., & Öhlund, E. (2019). Scenarios for sustainable futures beyond GDP growth 2050. *Futures*, *111*, 1–14. https://doi.org/10.1016/j.futures.2019.05.001

Turner, R. K., Morse-Jones, S., & Fisher, B. (2010). Ecosystem valuation. *Annals of the New York Academy of Sciences*, *1185*(1), 79–101. https://doi.org/10.1111/j.1749-6632.2009.05280.x

UNEP. (2019). *Global Environment Outlook – GEO-6: Healthy Planet, Healthy People.* https://doi.org/10.1017/9781108627146

van der Ploeg, F., & Rezai, A. (2020). Stranded Assets in the Transition to a Carbon-Free Economy. *Annual Review of Resource Economics*, *12*(1), 281–298. https://doi.org/10.1146/annurev-resource-110519-040938

van Puijenbroek, P. J. T. M., Beusen, A. H. W., & Bouwman, A. F. (2019). Global nitrogen and phosphorus in urban waste water based on the Shared Socio-economic pathways. *Journal of Environmental Management*, *231*, 446–456. Scopus. https://doi.org/10.1016/j.jenvman.2018.10.048

van Vuuren, D. P., Isaac, M., Kundzewicz, Z. W., Arnell, N., Barker, T., Criqui, P., Berkhout, F., Hilderink, H., Hinkel, J., Hof, A., Kitous, A., Kram, T., Mechler, R., & Scrieciu, S. (2011). The use of scenarios as the basis for combined assessment of climate change mitigation and adaptation. *Global Environmental Change*, *21*(2), 575–591. https://doi.org/10.1016/j.gloenvcha.2010.11.003

van Vuuren, D. P., Kok, M. T. J., Girod, B., Lucas, P. L., & de Vries, B. (2012). Scenarios in Global Environmental Assessments: Key characteristics and lessons for future use. *Global Environmental Change*, *22*(4), 884–895. https://doi.org/10.1016/j.gloenvcha.2012.06.001

van Vuuren, D. P., Stehfest, E., Gernaat, D. E. H. J., Doelman, J. C., van den Berg, M., Harmsen, M., de Boer, H. S., Bouwman, L. F., Daioglou, V., Edelenbosch, O. Y., Girod, B., Kram, T., Lassaletta, L., Lucas, P. L., van Meijl, H., Müller, C., van Ruijven, B. J., van der Sluis, S., & Tabeau, A. (2017). Energy, land-use and greenhouse gas emissions trajectories under a green growth paradigm. *Global Environmental Change*, *42*, 237–250. https://doi.org/10.1016/j.gloenvcha.2016.05.008

Veigl, A. (2015). *Energiezukunft Österreich – Szenario für 2030 und 2050*. WWF, Global 2000, greenpeace.

Viitanen, J., & Kingston, R. (2014). Smart Cities and Green Growth: Outsourcing Democratic and Environmental Resilience to the Global Technology Sector. *Environment and Planning A: Economy and Space*, *46*(4), 803–819. https://doi.org/10.1068/a46242

Vita, G., Lundström, J. R., Hertwich, E. G., Quist, J., Ivanova, D., Stadler, K., & Wood, R. (2019). The Environmental Impact of Green Consumption and Sufficiency Lifestyles Scenarios in Europe: Connecting Local Sustainability Visions to Global Consequences. *Ecological Economics*, *164*, 106322. https://doi.org/10.1016/j.ecolecon.2019.05.002

Vögele, S., Kunz, P., Rübbelke, D., & Stahlke, T. (2018). Transformation pathways of phasing out coal-fired power plants in Germany. *Energy, Sustainability and Society*, *8*(1), 25. https://doi.org/10.1186/s13705-018-0166-z

Weishaar, S. E., Kreiser, L., Milne, J. E., Ashiabor, H., & Mehling, M. (2017). *The Green Market Transition: Carbon Taxes, Energy Subsidies and Smart Instrument Mixes*. Edward Elgar.

Wesche, S. D., & Armitage, D. R. (2014). Using qualitative scenarios to understand regional environmental change in the Canadian North. *Regional Environmental Change*, *14*(3), 1095–1108. https://doi.org/10.1007/s10113-013-0537-0

Westley, F., Olsson, P., Folke, C., Homer-Dixon, T., Vredenburg, H., Loorbach, D., Thompson, J., Nilsson, M., Lambin, E., Sendzimir, J., Banerjee, B., Galaz, V., & van der Leeuw, S. (2011). Tipping Toward Sustainability: Emerging Pathways of Transformation. *AMBIO*, *40*(7), 762. https://doi.org/10.1007/s13280-011-0186-9

Wigboldus, S., & Jochemsen, H. (2020). Towards an integral perspective on leveraging sustainability transformations using the theory of modal aspects. *Sustainability Science*. https://doi.org/10.1007/s11625-020-00851-5

Wittmayer, J. M., Backhaus, J., Avelino, F., Pel, B., Strasser, T., Kunze, I., & Zuijderwijk, L. (2019). Narratives of change: How social innovation initiatives construct societal transformation. *Futures*, *112*, 102433. https://doi.org/10.1016/j.futures.2019.06.005

Zaelke, D., & Cameron, J. (1989). Global Warming and Climate Change – An Overview of the International Legal Process. *Am. UJ Int'l L. & Pol'y*, *5*, 249.

Zell-Ziegler, C., Thema, J., Best, B., Wiese, F., Lage, J., Schmidt, A., Toulouse, E., & Stagl, S. (2021). Enough? The role of sufficiency in European energy and climate plans. *Energy Policy*, *157*. https://doi.org/10.1016/j.enpol.2021.112483

Teil 5: Vertiefung in Theorien des Wandels und der Gestaltung von Strukturen

Kapitel 24. Theorien des Wandels und der Gestaltung von Strukturen

Koordinierende Leitautor_innen
Andreas Novy, Klaus Kubeczko und Margaret Haderer.

Leitautor_innen
Richard Bärnthaler, Ulrich Brand, Thomas Brudermann, Antje Daniel, Andrea*s Exner, Michael Getzner, Christoph Görg, Michael Jonas, Markus Ohndorf, Michael Ornetzeder, Leonhard Plank, Thomas Schinko, Nicolas Schlitz, Anke Strüver und Franz Tödtling.

Beitragende Autor_innen
Alina Brad, Julia Fankhauser, Veronica Karabaczek, Mathias Krams und Joanne Linnerooth-Bayer.

Revieweditorin
Nora Räthzel

Zitierhinweis
Novy, A., K. Kubeczko, M. Haderer, R. Bärnthaler, U. Brand, T. Brudermann, A. Daniel, A. Exner, M. Getzner, C. Görg, M. Jonas, M. Ohndorf, M. Ornetzeder, L. Plank, T. Schinko, N. Schlitz, A. Strüver und F. Tödtling (2023): Theorien des Wandels und der Gestaltung von Strukturen. In: APCC Special Report: Strukturen für ein klimafreundliches Leben (APCC SR Klimafreundliches Leben) [Görg, C., V. Madner, A. Muhar, A. Novy, A. Posch, K. W. Steininger und E. Aigner (Hrsg.)]. Springer Spektrum: Berlin/Heidelberg.

24.1 Einleitung

Teil 5 nimmt eine Bestandsaufnahme von Theorien vor, die in einem weiten Sinne Wandel untersuchen. „Theorien des Wandels" ist ein Überbegriff für all diejenigen Theorien, die helfen, aktuelle Dynamiken der Klimakrise zu verstehen und sowohl die stattfindenden als auch die notwendigen Transformationen zu fassen.

So sind wir bei der Bestandsaufnahme vorgegangen: Nach einem ersten Brainstorming zu relevanten und prominenten Ansätzen sind wir an Expert_innen herangetreten mit der Bitte, ihren Forschungsansatz nach den vier berichtleitenden Fragen (siehe Kap. 1) darzulegen: (1) Fragen nach dem Status quo und den Herausforderungen, (2) nach Notwendigkeiten, (3) nach Strukturen und Akteur_innen sowie (4) Gestaltungsoptionen. Alle Ansätze werden jeweils ihrer inneren Logik folgend dargestellt. Sie werden vor allem in Hinblick auf ihren Beitrag zu Strukturveränderungen hin zu einem klimafreundlichen Leben kritisch betrachtet. Lücken in der Darstellung von Theorien des Wandels wurden im Austausch mit den am Bericht Beteiligten identifiziert und dort, wo es möglich war, gefüllt.

Die vorliegende Bestandsaufnahme erhebt keinerlei Anspruch auf Vollständigkeit. Sie ist das Ergebnis eines Bottom-up-Prozesses und der Bereitschaft von Expert_innen, ihnen besonders relevant erscheinende Ansätze gemäß der oben dargestellten Systematik darzulegen. Die Bestandsaufnahme stellt ein erstes Sammeln und Auswerten von in Klimawandeldiskursen oft weniger präsenten, dezidiert sozialwissenschaftlichen Ansätzen dar, die sich mit klimaunfreundlichen Strukturen sowie deren Transformation in Richtung klimafreundlicher Strukturen beschäftigen.

Die Zuordnung der Theorien des Wandels zu Perspektiven – der Markt-, Innovations-, Bereitstellungs- und Gesellschaft-Natur-Perspektive – stand im Vorfeld nicht fest, sondern ist Ergebnis eines reiterativen und kollaborativen Review- und Assessment-Prozesses. Die Perspektiven haben, wie schon in Kap. 2 ausgeführt, eine Doppelfunktion. Sie dienen – innerhalb des Sachstandsberichtes – dem Schärfen von Sichtweisen. Beispielweise kann das Handlungsfeld „Wohnen" und dessen Transformation in Richtung Klimafreundlichkeit aus allen Perspektiven betrachtet werden. Je nach Betrachtungsweise wird man Unterschiedliches sehen: zu regulierende Wohnungsmärkte aus der Marktperspektive oder die Klimabilanz von Neubauten aus der Gesellschaft-Natur-Perspektive. Dasselbe gilt für Strukturen. Begreift man Erwerbsarbeit als eine Struktur, kann man sie ebenfalls aus unterschiedlichen Blickwinkeln – Perspektiven – ausleuchten. Die Perspektiven dienen im Bericht dem bewussten

Umgang mit epistemischem Pluralismus, das heißt der Vielfältigkeit von Wissensformen. Wie stark oder schwach die Perspektiven in den jeweiligen Kapiteln und Unterkapiteln präsent sind, hängt vor allem davon ab, wie stark sich die Autor_innen der einzelnen Subkapitel beim Ausleuchten ihres Themas auf Multiperspektivität einlassen konnten.

Die Perspektiven sensibilisieren generell für Multiperspektivität, also dafür, dass es nie nur eine wissenschaftliche Perspektive auf den Status quo, tatsächlichen und notwendigen Wandel, Barrieren und Akteur_innen gibt. Multiperspektivität ist weniger ein normatives Ideal, dem sich die Autor_innen von Kap. 2 und Teil 5 verpflichtet fühlen, sondern vielmehr dem tatsächlich existierenden „epistemischen Pluralismus" geschuldet: Es gibt eine Vielzahl an Theorien des Wandels. Es gibt aber auch „Familienähnlichkeiten", die sich aus ähnlichen Werthaltungen, Interessen und Herangehensweisen (Methoden) ergeben. Die Wissenschaftstheorie unterscheidet unter anderem „epistemic communities" (Haas, 1992), Paradigmen (Kuhn, 1976) und Denkkollektive mit jeweils gemeinsamen Denkstilen (Fleck, 1935). Wir sprechen von „Perspektiven" (vgl. Kap. 2). Unterschiedliche Perspektiven implizieren unterschiedliche Problematisierungen klimarelevanter gesellschaftlicher Transformationen, die Auswahl als relevant identifizierter Strukturen klimafreundlichen Lebens und damit verbundener Lösungsstrategien. Damit mit Hilfe von Multiperspektivität umzugehen, heißt: Differenzen, Inkompatibilitäten (die nach Grundsatzentscheidungen verlangen), Stärken und Schwächen, Ähnlichkeiten und mögliche produktive Überschneidungen zwischen Ansätzen und Perspektiven zu erkennen und diese Erkenntnis sowohl in Analysen und Zielvorstellungen als auch in Gestaltungsoptionen zu übersetzen (Novy, Bärnthaler, & Heimerl, 2020; siehe auch Abschn. 2.3).

Im Folgenden werden verschiedene Theorien des Wandels geordnet nach den vier Perspektiven ausführlicher vorgestellt. Jeweils vorangestellt ist nochmals eine kurze Zusammenfassung der jeweiligen Perspektive. Manche Theorien des Wandels – auch dies sei noch angemerkt – können nicht nur einer, sondern mehreren Perspektiven zugeordnet werden. Ein Beispiel: Der Exnovations-Ansatz liefert eine gesellschaftliche Perspektive auf notwendigen Wandel. Er kann aber auch als Ergänzung bzw. kritischer Blick auf Innovationsansätze verstanden werden und als solcher unter der Innovationsperspektive verortet werden.

Es gibt zudem Theorien des Wandels, die relevant sind, aber aufgrund fehlender personeller Kapazitäten in diesem Bericht nicht in die Bestandsaufnahme aufgenommen wurden. Dies sind insbesondere systemtheoretische Ansätze. Dazu zählen Ansätze, die sozial-ökologische Systeme als komplexe, adaptive Systeme und deren Zusammenspiel als Panarchie begreifen, also als ein Zusammenspiel, das systemischen Eigenlogiken Aufmerksamkeit schenkt (Fischer-Kowalski & Erb, 2016). Weiters fehlen Theorien zur ökologischen Ökonomie, ökologischen Modernisierung, zum Wertewandel, zu „urban transitions" und zu Umweltbewegungen.

24.2 Quellenverzeichnis

Fischer-Kowalski, M., & Erb, K.-H. (2016). Core Concepts and Heuristics. In H. Haberl, M. Fischer-Kowalski, F. Krausmann, & V. Winiwarter (Hrsg.), *Social Ecology: Society-Nature Relations across Time and Space, Vol. 5*. Springer International Publishing. https://doi.org/10.1007/978-3-319-33326-7_2

Fleck, L. (1935). *Entstehung und Entwicklung einer wissenschaftlichen Tatsache*.

Haas, P. M. (1992). Introduction: Epistemic Communities and International Policy Coordination. *International Organization, 46*(1), 1–35.

Kuhn, T. S. (1976). *Die Struktur wissenschaftlicher Revolutionen von Thomas S. Kuhn*.

Novy, A. (2020). The political trilemma of contemporary social-ecological transformation – lessons from Karl Polanyi's The Great Transformation. *Globalizations, 19*(1), 59–80. https://doi.org/10.1080/14747731.2020.1850073

Kapitel 25. Theorien des Wandels und der Gestaltung von Strukturen: Marktperspektive

Koordinierende_r Leitautor_in
Andreas Novy

Leitautor_innen
Thomas Brudermann, Julia Fankhauser, Michael Getzner und Markus Ohndorf.

Revieweditorin
Nora Räthzel

Zitierhinweis
Novy, A., T. Brudermann, J. Fankhauser, M. Getzner und M. Ohndorf (2023): Theorien des Wandels und der Gestaltung von Strukturen: Marktperspektive. In: APCC Special Report: Strukturen für ein klimafreundliches Leben (APCC SR Klimafreundliches Leben) [Görg, C., V. Madner, A. Muhar, A. Novy, A. Posch, K. W. Steininger und E. Aigner (Hrsg.)]. Springer Spektrum: Berlin/Heidelberg.

25.1 Einleitung

Die Marktperspektive betrachtet Märkte (das heißt individuelle, dezentrale Entscheidungen der Wirtschaftssubjekte innerhalb gegebener Rahmenbedingungen) als zentrale Institution und Preisrelationen als zentrale Hebel für klimafreundliches Leben. Strukturen werden als Regeln für das Handeln auf Märkten verstanden; zudem sind Märkte unter anderem in rechtliche und gesellschaftliche Rahmenbedingungen und Institutionen (z. B. Verfügungsrechte, Vertragsrechte) eingebettet. Es braucht Rahmenbedingungen, die Märkte regulieren, sodass das Verursacherprinzip wirksam wird: Wer Emissionen verursacht, muss bezahlen (Kostenwahrheit). Dabei wird versucht, dass die freie individuelle Wahlentscheidung so weit als möglich mit dem Erreichen der Klimaneutralität vereinbar bleibt. Gestalten als koordiniertes Handeln ist in dieser Perspektive das Setzen richtiger wirtschaftspolitischer Rahmenbedingungen, insbesondere durch Anreizsysteme. Klimafreundliches alltägliches Handeln in der Marktperspektive basiert auf individuellem Konsum- und Investitionsverhalten durch den Erwerb und die Nutzung nachhaltiger und emissionsarmer Produkte und Dienstleistungen. Instrumente sind Informationspolitik und Markttransparenz (z. B. Produktkennzeichnung), aber vor allem auch geänderte Regulierungen und Entscheidungsarchitekturen (durch Steuerreform oder Emissionshandel).

Die wichtigsten Theorien des Wandels aus einer Marktperspektive, die im Folgenden ausführlicher behandelt werden, sind Umwelt-, Verhaltensökonomik, Umwelt-, Klima- und Wirtschaftspsychologie und Public Choice.

25.2 Umweltökonomik

Lead Autor_innen
Michael Getzner, Julia Fankhauser

Kernaussagen

- Die Umweltökonomik befasst sich im Wesentlichen mit der (ökonomischen/monetären) Bewertung natürlicher Ressourcen und Veränderungen der Umweltqualität auf Basis rationaler Entscheidungen von Wirtschaftssubjekten (Haushalten, Unternehmen).
- Die Umweltökonomik ist bestrebt, die Summe aus den Schäden durch Klimawandel und den Kosten für die Vermeidung des Klimawandels zu minimieren. Ungebremster Klimawandel ist ineffizient.
- Handelbare Emissionszertifikate und Umweltsteuern bieten infolge der Monetarisierung und Internalisierung externer Kosten wesentliche Anreize für umweltfreundliche Entscheidungen.
- Wenn entsprechende zusätzliche Instrumente (z. B. Standards, Information) sowie soziale Ausgleichsmechanismen implementiert werden, kann eine marktwirtschaftliche Steuerung der Preise und

> Mengen wesentlich zur Reduktion von Emissionen beitragen.
> - Wenn umweltökonomische Steuerungsinstrumente eingesetzt werden, sind diese zwar wesentlich (notwendig), aber nicht hinreichend zur Lösung der Klimakrise, da insbesondere strukturelle Fragen (z. B. Beschäftigung, soziale Verteilung, Machtasymmetrie, Wirtschaftswachstum) nicht (direkt) verändert werden.
> - Es wird davon ausgegangen, dass freiwillige Emissionsreduktionen nicht ausreichen. Der Ausstoß von Treibhausgasen muss verteuert werden (CO_2-Steuer, Emissionsbepreisung), damit emissionsärmere Technologien wettbewerbsfähig werden.

Die Umweltökonomik (Environmental Economics) ist eine auf Umweltgüter und natürliche Ressourcen bezogene Subkategorie der Ökonomik (Volkswirtschaftslehre). Unter Umweltgütern versteht man Produktionsfaktoren, die direkt aus der Natur stammen und nicht unter die klassischen Produktionsfaktoren wie Arbeit, Boden und Kapital fallen. Die Umweltökonomik anerkennt die Knappheit der natürlichen Ressourcen und limitierte Regenerationsfähigkeit der natürlichen Systeme. Umweltprobleme werden als Knappheitsprobleme, falsche oder fehlende Preissignale und fehlende oder nicht ausreichend definierte Eigentums- und Verfügungsrechte (Property Rights), das heißt als Marktversagen, verstanden. So bearbeitet die Umweltökonomik Entscheidungen zur Lösung dieser Knappheitsprobleme unter Unsicherheit und mit Bezug auf die Zukunft (Diskontierung).

Das Konzept von externen Effekten des englischen Nationalökonomen A. C. Pigou (1920) ist ein wichtiger historischer Ausgangspunkt für Umweltpolitik. Pigou (1920) konnte nachweisen, dass die Externalisierung von Wirkungen einer Produktions- oder Konsumtätigkeit zu einer ineffizienten Allokation der Ressourcen führt – positiv als externe Nutzeffekte oder negativ als externe (Umwelt-)Kosten. Als (umweltpolitische) Instrumente sollen daher Pigou-Subventionen/Steuern durch einen Subventions- bzw. Steuersatz jeweils in Höhe des Grenznutzens bzw. Grenzschadens die externen Effekte internalisieren. Daraus lassen sich bereits die wichtigsten Forschungsfelder der Umweltökonomik ableiten: die (monetäre) Bewertung externer Effekte, die Optimierung der Umweltqualität durch Grenzkosten und Grenznutzen sowie die effiziente Ausgestaltung umweltpolitischer Instrumente (z. B. Standards und Regulierungen, Preis- und Mengensteuerung).

Vertreter_innen der Umweltökonomik sehen die Ursachen der derzeitigen Entwicklung in Bezug auf den Klimawandel nach wie vor im Fehlen von Märkten („missing markets"), doch auch darin, dass Märkte ein „falsches" Niveau von Umweltqualität generieren können. Trotz der vielen Einwände, beispielsweise der Ökologischen Ökonomik (z. B. hinsichtlich der fehlenden Substitution zwischen „natural capital" und „man-made capital"; fehlende Berücksichtigung ökologischer Dynamik; den Modellen inhärentes Wirtschaftswachstum; siehe Common & Stagl, 2005), gehen Umweltökonom_innen davon aus, dass Marktmechanismen[1] die beste Lösung von Umweltproblemen und der Allokation von Umweltgütern und natürlichen Ressourcen seien (Hanley, Shogren, & White, 2019). Sie sind daher optimistisch hinsichtlich der Lösung von Umweltproblemen durch Anreize zu ressourcensparendem Verhalten sowie durch technischen Fortschritt (technologischer Optimismus). Sie verweisen dabei auf das Konzept der schwachen Nachhaltigkeit („weak sustainability"; vgl. Hartwick, 1977; Solow, 1974), wonach die Gesellschaft über verschiedene Arten von Kapital (z. B. „man-made capital", „natural capital") verfügt und diese Kapitalarten substituierbar sind und sich auch nicht grundsätzlich im Sinne der Modellierung und Beschreibung unterscheiden. Aus naturwissenschaftlicher Sicht trifft das für das natürliche Kapital nicht zu, z. B. hinsichtlich möglicher multipler Gleichgewichte und sogenannter Kippunkte („tipping points" – an denen geringe (Zer-)Störung immense Veränderungen auslösen). Somit ist Nachhaltigkeit durch einen zumindest konstanten Kapitalstock, der sich aus diesen Kapitalarten zusammensetzt, gegeben. Wirtschaftswachstum im Sinne beispielsweise von Green oder Sustainable Growth ist hierbei kein Problem, solange der gesamte Kapitalstock zumindest konstant bleibt.

Wenn die **Verfügungsrechte** über Umweltressourcen klar definiert sind (z. B. auch im Rahmen handelbarer **Emissionszertifikate**), dann steigt der Preis auf diesem Umweltmarkt bei größerer Knappheit (z. B. saubere Luft wird verschmutzt und dadurch knapper) und die Umweltressourcen werden geschont, da Preisanreize für die Verbesserung der Umweltqualität wirksam werden und bei jenen Emittent_innen, bei denen die Emissionsreduktion am kostengünstigsten ist, die Emissionen vermieden werden (gesamtwirtschaftliche Kostenminimierung zur Erreichung eines vorgegebenen Umweltqualitätsziels). Diese „First-best-Lösungen" führen zu einer volkswirtschaftlich optimalen Allokation (Pareto-Optimum). Nach Coase (1960) ist es zudem (unter einer Reihe von Annahmen, z. B. inexistente Transaktionskosten)

---

[1] „Marktmechanismen" subsumiert hier nicht nur die übliche Vorstellung von Märkten als dezentrale Allokationsmechanismen von Gütern und Ressourcen, sondern grundsätzlich dezentrale Entscheidungen von Haushalten (als Konsument_innen und Bürger_innen) ebenso wie von Unternehmen. Unterstellt wird hierbei, dass im Rahmen des methodologischen Individualismus die dezentrale Informationsverarbeitung und Entscheidungsfindung einem zentralen planenden Eingriff überlegen sind. Dies kann in Bezug auf Umweltprobleme sowohl mit Vorteilen (z. B. Effizienz) als auch Nachteilen (z. B. Marktversagen, fehlende Berücksichtigung intra- und intergenerationeller Gerechtigkeit) verbunden sein.

unerheblich, ob die bzw. der physische Verursacher_in von Emissionen oder jene, die von den Emissionen betroffen sind, die Verfügungsrechte über die Nutzung der Umweltressource innehaben.

Die Kosten-Nutzen-Analyse dient der Umweltökonomik als wesentliches Bewertungsinstrument für die Bestimmung einer optimalen Umweltqualität (bzw. der Reihung von Vorhaben des Staates und der Planung, öffentliche Güter bereitzustellen) (Boardman et al., 2017; Hanley & Spash, 1993). Diese bestimmt die Politik- oder Projektwirkungen auf naturwissenschaftlicher Basis, monetarisiert diese und macht die Wirkungen (Kosten und Nutzeffekte), die zu unterschiedlichen Zeitpunkten stattfinden, mittels Diskontierung vergleichbar. Die Monetarisierung (z. B. anhand offenbarter [„revealed"] oder geäußerter [„stated"] Präferenzen) basiert hierbei auf der Zahlungsbereitschaft („willingness-to-pay") oder der Kompensationsforderung („willingness-to-accept") der Bürger_innen (Johnston et al., 2017). Somit wird hierbei auch die gesamtwirtschaftliche Wohlfahrt aus den individuellen Präferenzen (das heißt Wohlfahrtsgewinnen oder -verlusten) der Bürger_innen abgeleitet; umweltpolitische Maßnahmen werden somit aus der Perspektive der Wohlfahrtswirkungen (mit dem Ziel der Wohlfahrtsmaximierung, das heißt aus Sicht der Effizienz) beurteilt. Die Umweltökonomik konzipiert Instrumente für eine effiziente Klimapolitik und versucht im Rahmen einer Optimierung das Umweltqualitätsniveau (das heißt das Ausmaß an Klimaschutz) zu bestimmen, bei welchem die Grenzkosten und die Grenznutzen gleich sind, also die eine optimale Umweltqualität mit den geringsten gesamtwirtschaftlichen Kosten erreicht wird (Baumol & Oates, 1975). Übertragen auf die Klimakrise ist der Anspruch hierbei, sämtliche Klimarisiken, die Begrenztheit der Ressourcen und die Wirkungen auf die Ökosysteme und ihre Netzwerke in monetäre Größen übersetzen zu können (Monetarisierung).

Verhandlungen zwischen Verursacher_in und Betroffene_r führen (unter einer Reihe von Bedingungen wie ökonomischer Rationalität der Marktteilnehmer_innen und inexistenter Transaktionskosten) zu einer optimalen Allokation (Nutzung) der Umweltressource. Es braucht hierbei – wie auch bei vielen anderen neoklassisch geprägten Lösungsvorschlägen für Ressourcenknappheit – nur einen Staat, der die Verfügungsrechte garantiert und im Streitfall durchsetzt (Coase, 1960). Ein eigener, das heißt zusätzlich steuernder Planungseingriff des Staates, abgesehen allenfalls von der Festlegung eines Umweltqualitätszieles, ist im Optimalfall hierbei nicht notwendig. Für die Lösung von Umweltproblemen sind daher insbesondere Anreizmechanismen (Ökosteuern, Wegfall umweltkontraproduktiver Subventionen) sowie die Definition von Verfügungsrechten (handelbare Verschmutzungszertifikate) wesentlich (Tietenberg & Lewis, 2018).

Entgegen vielfachen umweltökonomischen Empfehlungen wurden Steuern auf Treibhausgasemissionen (z. B. CO_2) oder angemessene Preise von Emissionszertifikaten im Emissionshandel politisch (z. B. durch Interessengruppen) bislang nicht, ineffizient oder ineffektiv umgesetzt. Beide Instrumente haben gleiche Zielsetzungen (Reduktion von CO_2-Emissionen), setzen aber unterschiedlich an: Emissionssteuern geben Preise in Form von Steuersätzen vor, die in Verbindung mit den (bekannten) Vermeidungskosten der Verursacher_innen zu einer entsprechenden Reduktion führen sollen. Handelbare Zertifikate geben die höchst zulässigen Mengen vor, die Preise bilden sich in weiterer Folge auf den Zertifikatsmärkten durch Nachfrage und Angebot (Common & Stagl, 2005; Tietenberg & Lewis, 2018). Die bestehenden Zertifikatsmärkte sind aus umweltökonomischer Sicht unzureichend reguliert und funktionieren daher sowohl in Bezug auf die Effizienz als auch die Effektivität (Reduktion von Emissionen) bislang unzureichend (vgl. Pietzcker, Osorio, & Rodrigues, 2021).

Die Umweltökonomik – anders als beispielsweise die Politikwissenschaft oder Public-Choice-Ansätze – befasst sich jedoch nicht mit der Frage nach den gesellschaftlichen, politischen oder ökonomischen Hindernissen auf dem Weg zu einer „korrekten" Bepreisung, somit auch nicht mit den damit verbundenen Machtverhältnissen. Wie die Wohlfahrtsökonomik zeigt, ist eine effiziente Bepreisung von Umweltgütern häufig mit gesellschaftlich nicht akzeptierten sozialen Ungerechtigkeiten (sowohl regional, national als auch international) verbunden. Nachhaltigkeit, Altruismus, Gerechtigkeit, Suffizienz oder Fragen der Änderung von Lebens- und Produktionsweisen sind in der Umweltökonomik keine primären Forschungsthemen. Im Sinne eines weiten Verständnisses des neoklassischen theoretischen Modells können konzeptionell jedoch auch solche Argumente jenseits des unmittelbaren Konsums durch entsprechende individuelle Präferenzen in den Nutzenfunktionen der Haushalte (als Konsument_innen und Bürger_innen/Wähler_innen) eine Rolle spielen (vgl. Daube & Ulph, 2016).

Abgesehen von den Schwächen der neoklassischen Theorie gibt es eine Vielzahl von empirisch-praktischen Problemen: Die Annahme der ökonomischen Rationalität kann unter anderem durch psychologische Studien des menschlichen Verhaltens, welche im Rahmen der Verhaltensökonomik für die Wirtschaftswissenschaften nutzbar gemacht werden, teilweise verworfen werden (z. B. Croson & Treich, 2014). Darüber hinaus erfordert die notwendige Monetarisierung eine umfangreiche Informationsbasis, die selbst bei Expert_innen nicht ohne Weiteres vorausgesetzt werden kann. Zudem sind die empirisch gewonnenen Bewertungsansätze, wie z. B. Kontingenzbefragung („contingent valuation"), Wahlexperimente („choice experiments"), mit einer Reihe von methodischen Problemen und Unsicherheiten behaftet (viele dieser Probleme sind auch bei anderen, nicht monetär fokussierten Bewertungsmethoden vorzufinden).

Trotz Betonung der Knappheit von Umweltgütern und natürlichen Ressourcen hat die Umweltökonomik kein besonderes Interesse an ökologisch vorgegebenen Beschränkungen (beispielsweise absolute Beschränkungen des Landverbrauchs). Umweltgütern wurden auch kaum besondere Eigenschaften zuerkannt, die sie nicht grundsätzlich unhandelbar machen. So ergibt sich konzeptionell kein Widerspruch zwischen der Bekämpfung der Klimakrise und der gleichzeitigen Aufrechterhaltung der Wachstumsdynamik – trotz der international breit nachgewiesenen und nach wie vor signifikanten Zusammenhänge zwischen dem Wirtschaftswachstum und dem Verbrauch natürlicher Ressourcen (Steinberger et al., 2013).

Basierend auf der Unmöglichkeit, externe Effekte in einer so exakten Weise empirisch zu bestimmen, dass eine Internalisierungssteuer oder -subvention die volkswirtschaftlichen Ressourcenknappheiten vollständig widerspiegeln, wird ein **Standard-Preis-Ansatz** vorgeschlagen (Baumol & Oates, 1975): Ein umweltpolitisch vorgegebenes Ziel (z. B. Luftqualität) wird in Verbindung mit Schadstoffemittenten (Diffusionsfunktion) gesetzt (Verursacherprinzip). Grundlegend ist hier die Konzeption der Gesellschaft (und damit auch der Wirtschaft) als **Input-Output-Modell** von Ressourcenströmen. Ein Steuersatz einer Emissionsabgabe ist in Kombination des Emissionsziels und der (Grenz-)Vermeidungskosten festzulegen (alternativ zur Steuerung des Preises durch die Umweltpolitik können die Mengen im Rahmen eines Systems handelbarer Emissionszertifikate festgelegt werden). Die Theorie öffentlicher Güter (Samuelson, 1957) sowie der Common-pool-Ressourcen (Allmendegüter) (Hardin, 1968; Ostrom, 1990) ergänzt die Umweltökonomik, insbesondere in Bezug auf die nicht definierten Verfügungsrechte sowie die ökonomischen Anreize, natürliche Ressourcen über die Regenerationsfähigkeit der natürlichen Systeme hinaus auszubeuten.

Die Eindämmung bisher entstandener Umweltschäden ist gemäß umweltökonomischen Ansätzen durch passende Regulierungen oder die Neuschaffung von Märkten sowie technologische Lösungen möglich. Hierbei ist es sicherlich auch außerhalb der Umweltökonomik unumstritten, dass eine ökologische Steuerreform eine notwendige, jedoch sicherlich nicht hinreichende Bedingung für einen effizienten und effektiven Klimaschutz ist (für Österreich siehe Kettner-Marx et al., 2018). Der Umweltökonomik liegt das Vertrauen in das Funktionieren des Marktes, der eine effiziente Allokation auch von Umweltgütern ermöglicht, das heißt in individuelle Entscheidungen der Wirtschaftssubjekte, zugrunde. Damit ist auch die Rolle des Staates definiert, der ausschließlich die Rahmenbedingungen (entsprechende Regulierung von Mengen und/oder Preisen) festlegen soll. Als die zentrale wirtschaftliche Institution für das Lösen der Klimakrise, wie auch des Ermöglichens klimafreundlichen Lebens wird daher der Markt angesehen (Baumol & Oates, 1975).

Nach den Konzepten der Umweltökonomik sind daher die Strukturbedingungen für ein klimafreundliches Leben vor allem eine **korrekte Bepreisung** von Umweltschäden (bzw. die Mengenregulierung in Form von Verfügungsrechten), das Schaffen von (globalen) Märkten für Umweltgüter und ein darauffolgender Handel mit Umweltgütern ohne fehlführende Interaktionen von Staaten und ihrer Politik. Außerdem soll Umweltpolitik anstreben, individuelle Entscheidungen von Personen und Unternehmen durch Preissignale (Steuern, Emissionshandel) zu lenken (Tietenberg & Lewis, 2018). Für das Erreichen einer Klimafreundlichkeit formuliert die Umweltökonomik solche Rezepte, die das Eigeninteresse der Wirtschaftssubjekte ausnützen (z. B. Steuern auf Treibhausgasemissionen, Handel mit Zertifikaten). Diese Instrumente sind geeignet, ein klimafreundliches Leben ökonomisch zu fördern – dabei handelt es sich um notwendige (und bei Implementierung auch auf die sozialen Verteilungsprobleme eingehende), aber bei weitem nicht ausreichende Veränderungen der bestehenden Klimapolitik. Besonders hervorzuheben ist das Problem der Unübersetzbarkeit (incommensurability) von Natur in einen Preiswert. Umweltökonomischen Ansätze führen in Hinblick auf die inadequate Inwertsetzung und zu geringe Bepreisung von Umweltressourcen/Natur auch zu weiterer nicht nachhaltigen Nutzung von natürlichen Ressourcen und daher weitere Umweltzerstörung ermöglicht anstatt Umweltschutz dieser zu verstärken/ermöglichen/fördern (Spash 2010; UNEP 2010).

25.3 Verhaltensökonomische Ansätze

Lead Autor
Thomas Brudermann

Kernaussagen
- Die Verhaltensökonomie stellt individuelles Entscheidungsverhalten in den Mittelpunkt und widmet sich der Entscheidungsarchitektur.
- Wenn klimafreundliche Handlungsoptionen leichter zugänglich bzw. mit weniger Aufwand wählbar sind als klimaunfreundliche Optionen, dann ist es auch sehr wahrscheinlich, dass klimafreundliche Optionen häufiger gewählt werden.
- Wenn der Fokus jedoch lediglich auf individuelle Wahlfreiheit gelegt wird, dann lenkt dies möglicherweise von der Notwendigkeit struktureller Veränderungen ab.

25.3 Verhaltensökonomische Ansätze

Verhaltensökonomische Ansätze (Behavioral Economics) erforschen individuelles Entscheidungsverhalten mit einem interdisziplinären Zugang. Ihr Anspruch ist es, ökonomische Theorien mit psychologischen Erkenntnissen anzureichern und somit akkuratere Modelle menschlichen Entscheidungsverhaltens anzubieten als neoklassische Ansätze. Das in neoklassischen Ansätzen verwendete Standardmodell des nutzenmaximierenden, rational agierenden „homo oeconomicus" wird aufgrund von empirisch feststellbaren Abweichungen (z. B. altruistisches Verhalten im Sinne der Generationengerechtigkeit) abgelehnt. Verhaltensökonomie beschäftigt sich mit Präferenzen, Annahmen und Entscheidungsfindung (insbesondere die Verwendung von Heuristiken anstelle von Optimierung; Reddy et al., 2017) die nicht diesem Standardmodell entsprechen (z. B. Umweltbewusstsein).

Methodisch bedienen sich die Ansätze vor allem experimenteller Settings (experimentelle Ökonomie), in denen Faktoren im Entscheidungsverhalten in verschiedenen Situationen analysiert werden (Ariely, 2009; Kahneman, 2003). Die Abgrenzung zu umwelt-/wirtschaftspsychologischen Ansätzen ist nicht immer möglich, mehrere Beiträge bzw. Vertreter_innen können auch der Wirtschafts- oder Umweltpsychologie zugeordnet werden.

Der Klimawandel-Kontext wurde von der Verhaltensökonomie erst in jüngeren Jahren aufgegriffen (Brekke & Johansson-Stenman, 2008; Camerer & Loewenstein, 2011; Gowdy, 2008). Hier geht es vordergründig um Entscheidungsverhalten von Konsument_innen, mit der zentralen Frage: Welche Faktoren begünstigen klimaschädliche und klimafreundliche Entscheidungen? Die Analyseebene ist dabei immer das Individuum. Status quo und Dynamiken des Wandels werden somit als Folge individueller Entscheidungen gesehen (Girod, van Vuuren, & Hertwich, 2014).

Verhaltensökonomische Studien widmen sich systematischen Wahrnehmungsverzerrungen („decision biases") und Problemen des kollektiven Handelns (z. B. „social dilemmas"). Wahrnehmungsverzerrungen führen zu Entscheidungen, die gegenüber dem Standardmodell suboptimal sind. Probleme des kollektiven Handelns betreffen insbesondere Fragen der Behinderung/Förderung kollektiven Handelns (Fehr & Fischbacher, 2004).

Herausforderungen sind unter anderem: Wie kooperieren verschiedener Akteur_innen und Gruppen von Akteur_innen, wenn Nutzwert-Optimierung auf individueller Ebene zu suboptimalem Nutzen bzw. Kosten auf kollektiver Ebene führt, also Interessen des Individuums und des Kollektivs im Konflikt zueinanderstehen? Eine zentrale Frage ist, unter welchen Rahmenbedingungen Kooperation bei kollektiven Handlungsproblemen (Klimawandel, aber auch Übernutzung von Ressourcen) möglich ist (Gsottbauer & van den Bergh, 2011).

Auch gilt es Wahrnehmungsverzerrungen zu überwinden, die zu klimaschädlichen Entscheidungen führen bzw. klimafreundliche Entscheidungen erschweren. Dazu gehören das Abzinsen von zukünftigen Ereignissen („temporal discounting"), das Gegeneinander-Aufwiegen klimafreundlicher und klimaschädlicher Entscheidungen („moral licensing") oder Bestätigungsfehler („confirmation biases"), die das Akzeptieren neuer Informationen erschweren, wenn diese nicht mit dem eigenen Weltbild übereinstimmen.

Die wesentlichen Veränderungspotenziale werden in der sogenannten Entscheidungsarchitektur gesehen. Im Geiste des liberalen Paternalismus sollen Konsument_innen in ihren Entscheidungen geleitet, aber nicht eingeschränkt werden, das heißt „gute" Entscheidungen sollen erleichtert werden. Unter dem Begriff „Nudging" (deutsch: „Schubsen") werden Interventionen verstanden, welche die Entscheider_innen die gewünschten Optionen wählen lassen, z. B. wenn bei Stromlieferverträgen die Standardoption ein grüner Mix anstatt eines konventionellen Produkts ist oder beim Ticketkauf die CO_2-Kompensationszahlung abgewählt statt ausgewählt werden muss („green default") (Ölander & Thøgersen, 2014). Der Begriff der Entscheidungsarchitektur geht dabei über die neoklassische Idee rein monetärer Anreize hinaus und berücksichtigt auch kognitive und soziale Aspekte in der Entscheidungsfindung (Pidgeon & Fischhoff, 2011).

Die Verhaltensökonomie legt ihren Fokus auf individuelle Entscheidungen. Strukturelle Rahmenbedingungen, welche die Umsetzung beeinflussen könnten, werden kaum beachtet. Ethische Fragestellungen (z. B. zum Thema Paternalismus und Manipulation oder zur Transparenz von Entscheidungsarchitekturen) werden kontrovers diskutiert (Thaler & Sunstein, 2008; Thøgersen, 2008). Auch können über lange Zeiträume entwickelte und dementsprechend stabile Verhaltensweisen (wiederkehrende Entscheidungssituationen) in vielen Fällen durch Nudging nur begrenzt beeinflusst werden.

Gestaltungsoptionen und Interventionsmöglichkeiten ergeben sich hier in erster Linie von Seiten der Politik, in Form von Anreizen und Entscheidungsarchitektur (OECD, 2017). Auch Unternehmen können ihre Kund_innen zu klimafreundlicheren Entscheidungen anleiten, was in vielen Fällen allerdings im Konflikt mit anderen (monetären) Unternehmenszielen steht.

Der Fokus auf das Individuum und individuelle Entscheidungen bringt jedoch ein Problem mit sich: Denn die Verantwortung für klimafreundliches Verhalten liegt somit letztendlich bei Bürger_innen und Konsument_innen (Beckenbach & Kahlenborn, 2016). Diese Grundannahme kann, was die Praktikabilität verhaltensökonomischer Ansätze bei Fragen des Klimaschutzes angeht, als kontrovers angesehen werden (Andor & Fels, 2018), da dies möglicherweise von der Notwendigkeit struktureller Änderungen ablenkt.

25.4 Umweltpsychologie, Klimapsychologie und Wirtschaftspsychologie

Lead Autor
Thomas Brudermann

Kernaussagen
- Umweltpsychologische Ansätze setzen sich mit Wissen, Wahrnehmungen und Einstellungen zu Klimawandel auseinander, aber auch mit der Akzeptanz von politischen Maßnahmen und klimafreundlichen Technologien.
- Wenn entsprechende Struktur- und Rahmenbedingungen nicht gegeben sind, dann ist es sehr wahrscheinlich, dass Menschen trotz klimafreundlicher Einstellungen klimaschädliche Entscheidungen treffen (z. B. im Bereich Mobilität, Ernährung, Energie).
- Wenn Verhaltensweisen etabliert sind, dann sind Verhaltensänderungen ohne eine gleichzeitige Änderung von Rahmenbedingungen unwahrscheinlich.

Ähnlich wie verhaltensökonomische Ansätze versuchen auch psychologische Ansätze, individuelle Entscheidungen zu erklären. Darüber hinaus ergründen psychologische Ansätze Einstellungen von Menschen, ihre Wahrnehmungen und Intentionen, ihre Identität, ihr Wissen und Nicht-Wissen, ihre Weltanschauungen und allgemein gefasst Verhaltensweisen in verschiedenen Lebensbereichen. Dazu gehören auch Gewohnheiten und unbewusst getroffene Entscheidungen oder soziale, kulturelle und moralische Normen und der Einfluss dieser Normen auf Wahrnehmungen, Einstellungen und Verhalten (Nyborg et al., 2016). Bestehende klimafreundliche und klimaschädliche Verhaltensweisen in verschiedenen Domänen bzw. diverse Ausprägungen davon werden mittels psychologischer Variablen (teilweise) zu erklären versucht (Clayton et al., 2015; Thaller & Brudermann, 2020; Thaller, Fleiß, & Brudermann, 2020). Die Umweltpsychologie bedient sich dabei häufig der Frameworks und Ansätze aus benachbarten psychologischen Disziplinen, z. B. Kognitionspsychologie, Gesundheitspsychologie oder Sozialpsychologie. Auch Modelle wie etwa die Theorie des geplanten Verhaltens (Ajzen, 1991) kommen zur Anwendung. Die Klimapsychologie als eigenes Untergebiet der Umweltpsychologie ist erst im Entstehen begriffen. Neben Verhalten und Einstellungen werden umgekehrt auch die Auswirkungen von Klimawandel und Umweltproblemen auf die menschliche Psyche und verschiedene Verhaltensmuster untersucht.

Während die Wirtschaftspsychologie unter anderem Konsumentscheidungen beleuchtet, zielen Umwelt- und Klimapsychologie auch darauf ab, Möglichkeiten und Wege zur Verhaltensänderungen aufzuzeigen. Eine zentrale Herausforderung dabei ist, dass menschliche Verhaltensweisen relativ stabil bleiben, solange die Rahmenbedingungen ebenfalls stabil bleiben. Verhalten muss immer im Kontext von Rahmenbedingungen und im Zusammenspiel mit der persönlichen Lebenswelt (z. B. Verhaltensoptionen, verfügbare Technologien, soziale Einflüsse, Wertvorstellungen) betrachtet werden. Automatisierte Verhaltensweisen oder Gewohnheiten können leichter verändert werden, wenn sich auch die Rahmenbedingungen verändern („windows of opportunity"; Graybiel, 2008).

Zudem sind Einstellungen und Wahrnehmungen zur Klimakrise in erster Linie vom eigenen Weltbild bestimmt. Bürger_innen des rechten/konservativen politischen Spektrums nehmen Klimarisiken deutlich schwächer wahr als Menschen des linken/grünen/liberalen politischen Spektrums, sehen dementsprechend weniger Handlungsbedarf und zeigen in weiterer Folge weniger Akzeptanz für klimapolitische Maßnahmen (Hornsey et al., 2016).

Klimafreundliches Leben benötigt entsprechende Rahmenbedingungen (Handlungsoptionen und Bereitschaft, diese wahrzunehmen). Änderungen können zwar bei veränderten persönlichen Lebensumständen (Umzug, Jobwechsel, Geburt eines Kindes; Schäfer, Jaeger-Erben, & Bamberg, 2012) individuell leichter angeregt werden, großflächige Verhaltensänderungen sind jedoch nur mit Änderungen in den gesamtgesellschaftlichen Rahmenbedingungen zu erreichen (Thøgersen & Crompton, 2009; Whitmarsh, 2009). Anknüpfungspunkte bestehen hier zum verhaltensökonomischen Konzept der Entscheidungsarchitektur (vgl. Verhaltensökonomische Ansätze).

Die Psychologie stellt Individuen und deren Verhaltensweisen ins Zentrum der Aufmerksamkeit und somit werden auch Individuen als Akteur_innen für und gegen notwendige Veränderungen gesehen (Gigerenzer & Gaissmaier, 2011). Der Blick wird dabei auch auf Akteur_innen mit Vorbildwirkung gerichtet, die über sozialen Einfluss andere Individuen zu klimafreundlicheren Lebensweisen motivieren. Der Fokus auf das Individuum und somit die individuelle Verantwortung kann wie bei verhaltensökonomischen Ansätzen als problematisch gesehen werden – nämlich dann, wenn dieser Fokus von den notwendigen Strukturbedingungen für klimafreundliches Verhalten ablenkt.

In puncto Gestaltungsoptionen beschäftigen sich psychologische Ansätze mit verschiedenen Möglichkeiten, Verhaltensweisen und Einstellungen in Richtung klimafreundliches Leben zu verändern, etwa durch gezielte Interventionen (z. B. durch Feedback zum Energieverbrauch oder dem Hervorheben klimafreundlicher Optionen in entsprechenden Entscheidungssituationen). Allerdings korrelieren Klimawandeleinstellungen zwar deutlich mit klimafreundlichen Intentionen, jedoch wenig bis gar nicht mit klimafreundlichen Verhaltensweisen (Hornsey et al., 2016). Zwischen selbstberichteten Einstellungen, Intentionen und tatsächlichem Verhalten klafft oftmals eine beträchtliche Lücke (Arnott et al., 2014; Sörqvist & Langeborg, 2019). Auch Klimawandelwissen hat nur wenig bis keine Auswirkungen auf klimafreundliches Leben; intrinsische Motivationen scheinen hingegen stärkeren Einfluss auf klimafreundliche Entscheidungen zu haben (Thaller et al., 2020). Soziodemografische Variablen, unter anderem Einkommen (Goldstein, Gounaridis, & Newell, 2020) und Lebensphase/Alter (Zagheni, 2011) haben einen beträchtlichen Einfluss auf individuelle Emissionen, die mit höherem Einkommen und höherem Alter ansteigen (allerdings ab 65 wieder abnehmen). Berücksichtigt werden muss hier auch die zunehmende Polarisierung zu Klimafragen entlang von Partei- und Weltanschauungs-Linien.

Psychologische Ansätze tragen zum besseren Verständnis individueller Entscheidungen bei. Sie zeigen aber auch, dass der Fokus auf individuelle Entscheidungen nicht ausreicht. Rahmenbedingungen und Verhalten dürfen in der Analyse nicht separiert werden, sondern sind als Einheit zu sehen. Festgefahrene Verhaltensweisen verändern sich in der Regel nur, wenn sich auch die Rahmenbedingungen ändern. Innerhalb klimafreundlicher Strukturen fällt es auch den Bürger_innen leichter, klimafreundliche Entscheidungen zu treffen.

Psychologische Modelle können selten mehr als 30 Prozent der Varianz im beobachteten/berichteten Verhalten erklären. Die Methodik, psychologische Variablen und Verhalten mittels Fragebögen zu erheben, weist zweifellos Einschränkungen auf. Entscheidungen werden in vielen Fällen intuitiv getroffen und im Nachhinein rationalisiert. Fragebögen können in erster Linie rationalisierte Einstellungen und Verhaltensentscheidungen erheben. Laborexperimente sind hingegen aus dem eigentlichen Entscheidungskontext herausgelöst; in Feldexperimenten ist es schwierig, Störvariablen adäquat zu kontrollieren.

25.5 Politische Institutionentheorie und Public Choice

Lead Autor
Markus Ohndorf

Kernaussagen
- Da ein höherer CO_2-Preis nur beschränkt politisch durchsetzbar ist, sollte auf eine Kombination von verschiedenen finanziellen Anreizen gesetzt werden. Die politisch akzeptable CO_2-Steuer sollte also durch Subventionen für Forschung, Entwicklung und Markteinführung von emissionsarmen Technologien ergänzt werden.

Anreize und formale Regeln, die zu klimafreundlicherem Verhalten beitragen, werden im Rahmen des politischen Prozesses festgelegt. Hier lässt sich zwischen der internationalen, der nationalen und der regionalen Ebene unterscheiden. Für die internationale Ebene werden im Rahmen der politikwissenschaftlichen und politökonomischen Forschung die Stärken und Schwächen unterschiedlicher Vertragsrahmen analysiert (Battaglini & Harstad, 2016; Nordhaus, 2015). Beispiele hierfür sind Vergleiche der internationalen Verträge zum Klimaschutz (Barrett, 2016) oder die Analyse von CO_2-Abgaben an den Landesgrenzen (Al Khourdajie & Finus, 2020) und den daraus folgenden Auswirkungen auf die Kooperation zwischen Ländern.

Auf der nationalen und subnationalen Ebene wird analysiert, inwiefern sich verschiedene institutionelle Designs auf die Stringenz und Tragweite klimapolitischer Maßnahmen auswirken (Domorenok & Zito, 2021; Krysiak, 2008; Peñasco, Anadón, & Verdolini, 2021). In diesem Kontext werden auch Ländervergleiche durchgeführt, um zum Beispiel die Bedingungen für eine Diffusion von Maßnahmen von einer Ländergruppe zu einer anderen aufzuzeigen (Arbolino et al., 2018; Biedenkopf, 2015). Zudem werden hier sowohl unterschiedliche Voraussetzungen im Rahmen des demokratischen Prozesses und der politischen Einflussnahme, aber auch die Rolle von nichtstaatlichen Akteuren und der öffentlichen und veröffentlichten Meinung beleuchtet (Dijkstra, 2004; Habla & Winkler, 2013; MacKenzie & Ohndorf, 2012).

Eine der wichtigsten Funktionen von Institutionen im politischen System ist die friedliche Lösung von Konflikten. Dies gilt auch und insbesondere im klimapolitischen Kontext für alle Ebenen der politischen Entscheidungsfindung sowohl zwischen Staaten als auch zwischen den Akteur_innen auf nationaler und subnationaler Ebene. Die größte Herausforderung ist hier das Überwinden von Konflikten zwischen Partikularinteressen (z. B. Emittenten vs. Geschädigte) und das Garantieren von demokratisch legitimierter Repräsentanz dieser Interessen entsprechend der tatsächlichen Wähler_innenpräferenzen (Aidt & Dutta, 2004; MacKenzie & Ohndorf, 2013). In vielen Fällen sind die Möglichkeiten der Einflussnahme asymmetrisch verteilt. So unternehmen Vertreter_innen von emissionsintensiven Sektoren häufig verstärkt Einfluss auf Entscheidungen zur Regulierung. Dies geschieht in der Regel im Rahmen von Lobbying oder der Vereinnahmung von Kontrollinstanzen (Brulle, 2018; Meng & Rode, 2019; Peñasco et al., 2021).

Ein weiteres Phänomen, das im letzten Jahrzehnt weltweit, aber insbesondere in Österreich beobachten werden konnte, ist die zunehmende Polarisierung von klimapolitischen Standpunkten sowohl bei der Wählerschaft als auch zwischen den wechselnden Regierungsparteien. Die Gründe für diese Polarisierung ist Gegenstand eines wichtigen Forschungszweiges zur Analyse von Klimapolitik (Buzogány & Ćetković, 2021; Kulin, Johansson Sevä, & Dunlap, 2021; Lockwood, 2018; Mitter et al., 2019). Zur Erklärung der zunehmenden Polarisierung von Wählerpräferenzen bezüglich Klimapolitik sind in den letzten Jahren verhaltenswissenschaftliche Ansätze in den Vordergrund gerückt. Insbesondere Wahrnehmungsverzerrungen durch aktive oder passive Informationsvermeidung scheinen hier eine wichtige Rolle zu spielen. Ein Rückzug in klimaskeptische Filterblasen und Echokammern, insbesondere im Kontext von sozialen Medien, führt zu einer Festigung vorgefasster Meinungen, die im Widerspruch zu den Erkenntnissen der Klimawissenschaft stehen.

Besonderes Augenmerk gilt der Diskussion der politischen Akzeptanz und Durchsetzbarkeit von unterschiedlichen Politikoptionen. Für Maßnahmen, die zwar nach anderen Kriterien (z. B. Effizienz und Effektivität) wünschenswert, aber in einem gegebenen politischen Kontext nicht durchsetzbar sind, muss analysiert werden, inwiefern sich die politische Landschaft ändern müsste, damit selbige einen Platz auf der politischen Agenda erhalten (Huber, 2020; Huber, Fesenfeld, & Bernauer, 2020; Tobin, 2017). Zum Beispiel war die Wahrscheinlichkeit der Einführung einer CO_2-Steuer in Österreich in den 2010er Jahren (trotz des zu erwartenden Verfehlens der Reduktionsziele für 2020) äußerst gering, stieg in den letzten 10 Jahren und wurde schließlich 2022 eingeführt.

Die Treiber für die verstärkte Berücksichtigung klimapolitischer Maßnahmen auf der politischen Agenda sind vielfältig und nach wie vor Gegenstand der Forschung. Aus demokratietheoretischen Gründen ist es jedenfalls sinnvoll, den direkten Einfluss von Interessengruppen, insbesondere von intransparentem Lobbying durch Hauptemittenten (z. B. traditioneller Individualverkehr) zu verringern.

Die politische Durchsetzbarkeit von klimapolitischen Maßnahmen hängt von einer Vielzahl von Faktoren ab, die weiterhin Gegenstand der Forschung sind. Die Erfahrungen aus den vergangenen Jahren haben gezeigt, dass eine aktive Partizipation der vom Klimawandel stärker betroffenen jüngeren Generation in der klimapolitischen Debatte einen großen Effekt auf die politische Agenda haben dürfte. Zudem dürfte eine bessere Organisation des Nexus zwischen Wissenschaft und der veröffentlichten Meinung sowie klimabezogene Bildung und Information im Allgemeinen zu einer Reduktion des Widerstands gegen klimapolitische Maßnahmen führen.

25.6 Quellenverzeichnis

Aidt, Toke Skovsgaard, und Jayasri Dutta. 2004. "Transitional politics". *Journal of Environmental Economics and Management* 3:458–79.

Ajzen, Icek. 1991. "The Theory of Planned Behavior". *Organizational Behavior and Human Decision Processes* 50(2):179–211. https://doi.org/10.1016/0749-5978(91)90020-T.

Andor, Mark, und Katja Marie Fels. 2018. "Behavioral Economics and Energy Conservation – A Systematic Review of Non-price Interventions and Their Causal Effects". *Ecological Economics*. Elsevier B.V. 148:178–210. https://doi.org/10.1016/j.ecolecon.2018.01.018.

Arbolino, Roberta, Fabio Carlucci, Luisa De Simone, Giuseppe Ioppolo, und Tan Yigitcanlar. 2018. "The policy diffusion of environmental performance in the European countries". *Ecological Indicators* 89:130–38. https://doi.org/10.1016/J.ECOLIND.2018.01.062.

Ariely, Dan. 2009. *Denken hilft zwar, nützt aber nichts: Warum wir immer wieder unvernünftige Entscheidungen treffen.* HarperCollins.

Arnott, Bronia, Lucia Rehackova, Linda Errington, Falko F. Sniehotta, Jennifer Roberts, und Vera Araujo-Soares. 2014. "Efficacy of behavioural interventions for transport behaviour change: systematic review, meta-analysis and intervention coding". *International Journal of Behavioral Nutrition and Physical Activity* 11(1):133. https://doi.org/10.1186/s12966-014-0133-9.

Barrett, Scott. 2016. "Coordination vs. voluntarism and enforcement in sustaining international environmental cooperation". *Proceedings of the National Academy of Sciences* 113(51):14515–22. https://doi.org/10.1073/pnas.1604989113.

Battaglini, Marco, und Bård Harstad. 2016. "Participation and duration of environmental agreements". *Journal of Political Economy* 124(1):160–204. https://doi.org/10.1086/684478.

Baumol, William J., und Wallace E. Oates. 1975. *The Theory of Environmental Policy.* Cambridge University Press.

Beckenbach, Frank, und Walter Kahlenborn, Hrsg. 2016. *New Perspectives for Environmental Policies Through Behavioral Economics.* Cham: Springer International Publishing.

Biedenkopf, Katja. 2015. "Policy Diffusion". S. 152–54 in *Essential Concepts of Global Environmental Governance*, herausgegeben von J.-F. Morin und A. Orsini. London and New York: Routledge.

Boardman, Anthony E., David H. Greenberg, Aidan R. Vining, und David L. Weimer. 2017. *Cost-Benefit Analysis: Concepts and Practice.* Cambridge University Press.

Brekke, Kjell Arne, und Olof Johansson-Stenman. 2008. "The behavioural economics of climate change". *Oxford Review of Economic Policy* 24(2):280–97. https://doi.org/10.1093/oxrep/grn012.

Brulle, Robert J. 2018. "The climate lobby: a sectoral analysis of lobbying spending on climate change in the USA, 2000 to 2016". *Climatic Change 2018* 149(3):289–303. https://doi.org/10.1007/S10584-018-2241-Z.

Buzogány, Aron, und Stefan Ćetković. 2021. "Fractionalized but ambitious? Voting on energy and climate policy in the European Parliament". *Journal of European Public Policy* 28(7), 1038–56. https://doi.org/10.1080/13501763.2021.1918220.

Camerer, Colin F., und George Loewenstein. 2011. *CHAPTER ONE. Behavioral Economics: Past, Present, Future.* Princeton University Press.

Clayton, Susan, Patrick Devine-Wright, Paul C. Stern, Lorraine Whitmarsh, Amanda Carrico, Linda Steg, Janet Swim, und Mirilia Bonnes. 2015. "Psychological Research and Global Climate Change". *Nature Climate Change* 5(7):640–46. https://doi.org/10.1038/nclimate2622.

Coase, Ronald H. 1960. "The Problem of Social Cost". S. 87–137 in *Classic Papers in Natural Resource Economics*, herausgegeben von C. Gopalakrishnan. London: Palgrave Macmillan UK.

Common, Michael, und Sigrid Stagl. 2005. *Ecological Economics: An Introduction*. Cambridge University Press.

Croson, Rachel, und Nicolas Treich. 2014. "Behavioral Environmental Economics: Promises and Challenges". *Environmental and Resource Economics* (58):335–51. https://doi.org/10.1007/s10640-014-9783-y.

Daube, Marc, und David Ulph. 2016. "Moral Behaviour, Altruism and Environmental Policy". *Environmental and Resource Economics* 63(2):505–22. https://doi.org/10.1007/s10640-014-9836-2.

Dijkstra, BouweR. 2004. "Political Competition, Rent Seeking and the Choice of Environmental Policy Instruments: Comment". *Environmental & Resource Economics* 29(1):39–56. https://doi.org/10.1023/B:EARE.0000035439.63411.68.

Domorenok, Ekaterina, und Anthony R. Zito. 2021. "Engines of learning? Policy instruments, cities and climate governance". *Policy Sciences* 54(3):507–28. https://doi.org/10.1007/s11077-021-09431-5.

Fehr, Ernst, und Urs Fischbacher. 2004. "Social Norms and Human Cooperation". *Trends in Cognitive Sciences* 8(4):185–90. https://doi.org/10.1016/j.tics.2004.02.007.

Gigerenzer, Gerd, und Wolfgang Gaissmaier. 2011. "Heuristic Decision Making". *Annual Review of Psychology* 62(1):451–82. https://doi.org/10.1146/annurev-psych-120709-145346.

Girod, Bastien, Detlef Peter van Vuuren, und Edgar G. Hertwich. 2014. "Climate Policy through Changing Consumption Choices: Options and Obstacles for Reducing Greenhouse Gas Emissions". *Global Environmental Change* 25:5–15. https://doi.org/10.1016/j.gloenvcha.2014.01.004.

Goldstein, Benjamin, Dimitrios Gounaridis, und Joshua P. Newell. 2020. "The Carbon Footprint of Household Energy Use in the United States". *Proceedings of the National Academy of Sciences* 117(32):19122–30. https://doi.org/10.1073/pnas.1922205117.

Gowdy, John M. 2008. "Behavioral Economics and Climate Change Policy". *Journal of Economic Behavior & Organization* 68(3–4):632–44. https://doi.org/10.1016/j.jebo.2008.06.011.

Graybiel, Ann M. 2008. "Habits, Rituals, and the Evaluative Brain". *Annual Review of Neuroscience* 31(1):359–87. https://doi.org/10.1146/annurev.neuro.29.051605.112851.

Gsottbauer, Elisabeth, und Jeroen C. J. M. van den Bergh. 2011. "Environmental Policy Theory Given Bounded Rationality and Other-Regarding Preferences". *Environmental and Resource Economics* 49(2):263–304. https://doi.org/10.1007/s10640-010-9433-y.

Habla, Wolfgang, und Ralph Winkler. 2013. "Political influence on non-cooperative international climate policy". *Journal of Environmental Economics and Management* 66(11–06):219–34.

Hanley, Nick, Jason Shogren, und Ben White. 2019. *Introduction to Environmental Economics*. Oxford University Press.

Hanley, Nick, und Clive L. Spash. 1993. *Cost-benefit Analysis and the Environment*. Cheltenham: Aldershot and Brookfield.

Hardin, Garrett. 1968. "The Tragedy of the Commons". *Science* 162(3859):1243–48. https://doi.org/10.1126/science.162.3859.1243.

Hartwick, John M. 1977. "Intergenerational Equity and the Investing of Rents from Exhaustible Resources". *The American Economic Review* 67(5):972–74.

Hornsey, Matthew J., Emily A. Harris, Paul G. Bain, und Kelly S. Fielding. 2016. "Meta-Analyses of the Determinants and Outcomes of Belief in Climate Change". *Nature Climate Change* 6(6):622–26. https://doi.org/10.1038/nclimate2943.

Huber, Robert A. 2020. "The role of populist attitudes in explaining climate change skepticism and support for environmental protection". *Environmental Politics* 29(6):959–82. https://doi.org/10.1080/09644016.2019.1708186.

Huber, Robert A., Lukas Fesenfeld, und Thomas Bernauer. 2020. "Political populism, responsiveness, and public support for climate mitigation". *Climate Policy* 20(3):373–86. https://doi.org/10.1080/14693062.2020.1736490.

Johnston, Robert J., Kevin J. Boyle, Wiktor (Vic) Adamowicz, Jeff Bennett, Roy Brouwer, Trudy Ann Cameron, W. Michael Hanemann, Nick Hanley, Mandy Ryan, Riccardo Scarpa, Roger Tourangeau, und Christian A. Vossler. 2017. "Contemporary Guidance for Stated Preference Studies". *Journal of the Association of Environmental and Resource Economists* 4(2):319–405. https://doi.org/10.1086/691697.

Kahneman, Daniel. 2003. "Maps of Bounded Rationality: Psychology for Behavioral Economics". *American Economic Review* 93(5):1449–75. https://doi.org/10.1257/000282803322655392.

Kettner-Marx, Claudia, Mathias Kirchner, Daniela Kletzan-Slamanig, Angela Köppl, Ina Meyer, Franz Sinabell, und Mark Sommer. 2018. „Schlüsselindikatoren Zu Klimawandel Und Energiewirtschaft 2016. Sonderthema: CO2-Steuern Für Österreich". *WIFO Monatsberichte (Monthly Reports)* 91(7):507–24.

Al Khourdajie, Alaa, und Michael Finus. 2020. "Measures to enhance the effectiveness of international climate agreements: The case of border carbon adjustments". *European Economic Review* 124:103405. https://doi.org/10.1016/j.euroecorev.2020.103405.

Krysiak, Frank C. 2008. "Prices vs. quantities: The effects on technology choice". *Journal of Public Economics* 92(5–6):1275–87. https://doi.org/10.1016/j.jpubeco.2007.11.003.

Kulin, Joakim, Ingemar Johansson Sevä, und Riley E. Dunlap. 2021. "Nationalist ideology, rightwing populism, and public views about climate change in Europe". *Environmental Politics*. https://doi.org/10.1080/09644016.2021.1898879.

Lockwood, Matthew. 2018. "Right-wing populism and the climate change agenda: exploring the linkages". *Environmental Politics* 27(4):712–32. https://doi.org/10.1080/09644016.2018.1458411.

MacKenzie, Ian A., und Markus Ohndorf. 2012. "Cap-and-trade, taxes, and distributional conflict". *Journal of Environmental Economics and Management* 1(1):51–65. https://doi.org/10.1016/j.jeem.2011.05.002.

MacKenzie, Ian A., und Markus Ohndorf. 2013. "Restricted Coasean bargaining". *Journal of Public Economics* 97(1):296–307.

Meng, Kyle C., und Ashwin Rode. 2019. "The social cost of lobbying over climate policy". *Nature Climate Change 2019 9:6* 9(6):472–76. https://doi.org/10.1038/s41558-019-0489-6.

Mitter, Hermine, Manuela Larcher, Martin Schönhart, Magdalena Stöttinger, und Erwin Schmid. 2019. "Exploring Farmers' Climate Change Perceptions and Adaptation Intentions: Empirical Evidence from Austria". *Environmental Management 2019* 63(6):804–21. https://doi.org/10.1007/S00267-019-01158-7.

Nordhaus, William. 2015. "Climate Clubs: Overcoming Free-riding in International Climate Policy". *American Economic Review* 105(4):1339–70.

Nyborg, Karine, John M. Anderies, Astrid Dannenberg, Therese Lindahl, Caroline Schill, Maja Schlüter, W. Neil Adger, Kenneth J. Arrow, Scott Barrett, Stephen Carpenter, F. Stuart Chapin, Anne-Sophie Crépin, Gretchen Daily, Paul Ehrlich, Carl Folke, Wander Jager, Nils Kautsky, Simon A. Levin, Ole Jacob Madsen, Stephen Polasky, Marten Scheffer, Brian Walker, Elke U. Weber, James Wilen, Anastasios Xepapadeas, und Aart de Zeeuw. 2016. "Social Norms as Solutions". *Science* 354(6308):42–43. https://doi.org/10.1126/science.aaf8317.

OECD. 2017. "Behavioural Insights and Public Policy: Lessons from Around the World". Abgerufen 28. April 2021 (https://www.oecd-ilibrary.org/governance/behavioural-insights-and-public-policy_9789264270480-en).

Ölander, Folke, und John Thøgersen. 2014. "Informing Versus Nudging in Environmental Policy". *Journal of Consumer Policy* 37(3):341–56. https://doi.org/10.1007/s10603-014-9256-2.

Ostrom, Elinor. 1990. *Governing the Commons: The Evolution of Institutions for Collective Action*. Cambridge University Press.

Peñasco, Cristina, Laura Díaz Anadón, und Elena Verdolini. 2021. "Systematic review of the outcomes and trade-offs of ten types of decarbonization policy instruments". *Nature Climate Change* 11(3):257–65. https://doi.org/10.1038/s41558-020-00971-x.

Pidgeon, N., Fischhoff, B. 2011. "The role of social and decision sciences in communicating uncertain climate risks". *Nature Climate Change* 1, 35–41. https://doi.org/10.1038/nclimate1080

Pietzcker, Robert C., Sebastian Osorio, und Renato Rodrigues. 2021. "Tightening EU ETS Targets in Line with the European Green Deal: Impacts on the Decarbonization of the EU Power Sector". *Applied Energy* 293:116914. https://doi.org/10.1016/j.apenergy.2021.116914.

Pigou, A. C. 1920. *The Economics of Welfare*. Palgrave Macmillan.

Reddy, Sheila M. W., Jensen Montambault, Yuta J. Masuda, Elizabeth Keenan, William Butler, Jonathan R. B. Fisher, Stanley T. Asah, und Ayelet Gneezy. 2017. "Advancing Conservation by Understanding and Influencing Human Behavior". *Conservation Letters* 10(2):248–56. https://doi.org/10.1111/conl.12252.

Samuelson, Paul A. 1957. "Intertemporal Price Equilibrium: A Prologue to the Theory of Speculation". *Weltwirtschaftliches Archiv* 79:181–221.

Schäfer, Martina, Melanie Jaeger-Erben, und Sebastian Bamberg. 2012. "Life Events as Windows of Opportunity for Changing Towards Sustainable Consumption Patterns?" *Journal of Consumer Policy* 35(1):65–84. https://doi.org/10.1007/s10603-011-9181-6.

Solow, R. M. 1974. "Intergenerational Equity and Exhaustible Resources". *The Review of Economic Studies* 41:29–45. https://doi.org/10.2307/2296370.

Sörqvist, Patrik, und Linda Langeborg. 2019. "Why People Harm the Environment Although They Try to Treat It Well: An Evolutionary-Cognitive Perspective on Climate Compensation". *Frontiers in Psychology* 10. https://doi.org/10.3389/fpsyg.2019.00348.

Spash, Clive L. 2010. "The Brave New World of Carbon Trading". *New Political Economy* 15(2):169–95. https://doi.org/10.1080/13563460903556049.

Steinberger, Julia K., Fridolin Krausmann, Michael Getzner, Heinz Schandl, und Jim West. 2013. "Development and Dematerialization: An International Study". *PLOS ONE* 8(10):e70385. https://doi.org/10.1371/journal.pone.0070385.

Thaler, Richard H., und Cass Robert Sunstein. 2008. *Nudge: Improving decisions about health, wealth and happiness*. Yale University Press: Penguin.

Thaller, Annina, und Thomas Brudermann. 2020. "'You Know Nothing, John Doe' – Judgmental Overconfidence in Lay Climate Knowledge". *Journal of Environmental Psychology* 69:101427. https://doi.org/10.1016/j.jenvp.2020.101427.

Thaller, Annina, Eva Fleiß, und Thomas Brudermann. 2020. "No Glory without Sacrifice – Drivers of Climate (in)Action in the General Population". *Environmental Science & Policy* 114:7–13. https://doi.org/10.1016/j.envsci.2020.07.014.

Thøgersen, John. 2008. "Social norms and cooperation in real-life social dilemmas". *Journal of Economic Psychology* 29(4):458–72. https://doi.org/10.1016/j.joep.2007.12.004.

Thøgersen, John, und Tom Crompton. 2009. "Simple and Painless? The Limitations of Spillover in Environmental Campaigning". *Journal of Consumer Policy* 32(2):141–63. https://doi.org/10.1007/s10603-009-9101-1.

Tietenberg, Thomas H., und Lynne Lewis. 2018. *Environmental & Natural Resource Economics*. 11th Edition. Boston: Pearson.

Tobin, Paul. 2017. "Leaders and Laggards: Climate Policy Ambition in Developed States". *Global Environmental Politics* 17(4):28–47. https://doi.org/10.1162/GLEP_A_00433.

UNEP, Hrsg. 2010. *Mainstreaming the Economics of Nature: A Synthesis of the Approach, Conclusions and Recommendations of Teeb*. Geneva: UNEP.

Whitmarsh, Lorraine. 2009. "Behavioural Responses to Climate Change: Asymmetry of Intentions and Impacts". *Journal of Environmental Psychology* 29(1):13–23. https://doi.org/10.1016/j.jenvp.2008.05.003.

Zagheni, Emilio. 2011. "The Leverage of Demographic Dynamics on Carbon Dioxide Emissions: Does Age Structure Matter?" *Demography* 48(1):371–99. https://doi.org/10.1007/s13524-010-0004-1.

Kapitel 26. Theorien des Wandels und der Gestaltung von Strukturen: Innovationsperspektive

Koordinierende_r Leitautor_in
Klaus Kubeczko

Leitautor_innen
Franz Tödtling, Michael Ornetzeder, Andreas Novy, Julia Fankhauser und Andrea*s Exner.

Revieweditorin
Nora Räthzel

Zitierhinweis
Kubeczko, K., F. Tödtling, M. Ornetzeder, A. Novy, J. Fankhauser und A. Exner (2023): Theorien des Wandels und der Gestaltung von Strukturen: Innovationsperspektive. In: APCC Special Report: Strukturen für ein klimafreundliches Leben (APCC SR Klimafreundliches Leben) [Görg, C., V. Madner, A. Muhar, A. Novy, A. Posch, K. W. Steininger und E. Aigner (Hrsg.)]. Springer Spektrum: Berlin/Heidelberg.

26.1 Einleitung

In der Innovationsperspektive steht die Wirkung unterschiedlicher Formen von Innovation und deren Anwendung auf die soziale und wirtschaftliche Praxis im Vordergrund – und damit auf die Umwelt, auf klima(*un*)freundliches Leben und Wirtschaften.

Der Ansatz der **Regionalen Innovationssysteme (RIS)** steht stellvertretend für die Vielzahl von Konzepten in der Innovationsforschung, die **Innovation im Schumpeter'schen Sinn** verstehen. Sie haben in der Technologie- und Innovationspolitik der letzten drei Jahrzehnte eine wichtige Rolle in der angewandten Forschung eingenommen. Darauf aufbauend und um Herausforderungen und Fragen der nachhaltigen Entwicklung erweitert, hat sich in den letzten Jahren die Forschung zu **Nachhaltigkeitstransitionen mit Ansätzen zum Wandel von soziotechnischen Systemen** intensiv mit **Innovationen für radikalen Wandel** auseinandergesetzt.

Zunächst widmen wir uns in diesem Kapitel dem Wissen über Systemdynamik und den Arten und Rollen von Strukturen in der **Mehr-Ebenen-Perspektive**. Danach beschreiben wir zwei Ansätze, die sich auf den Wandel soziotechnischer Systeme beziehen: **Strategisches Nischenmanagement** und **Transitionsmanagement**. Anschließend gehen wir auf den immer wichtigeren Bereich der **Sozialen Innovation** und auf Ansätze zu **Exnovation, Konversion und Minimalismus** ein, die in der kritischen Innovationsliteratur zu verorten sind.

Die wichtigsten Theorien des Wandels aus einer Innovationsperspektive, die wir im Folgenden darstellen, sind demnach Regionale Innovationssysteme (RIS), soziotechnische Systeme und Nachhaltigkeitstransition, Strategisches Nischenmanagement und Transitionsmanagement, Theorien Sozialer Innovation sowie Ansätze zu Exnovation, Konversion und Minimalismus.

26.2 Regionale Innovationssysteme

Lead Autor
Franz Tödtling

Kernaussagen
- Der traditionelle Ansatz regionaler Innovationssysteme (RIS) war durch seine traditionelle Ausrichtung auf technologische und wirtschaftliche Innovationen sowie auf die regionale Wettbewerbsfähigkeit nicht gut in der Lage, die Herausforderungen der Klimakrise zu berücksichtigen. Dies wurde in der Literatur der vergangenen Jahre erkannt und daher wurden Vorschläge für eine Revision dieses Ansatzes vorgelegt. Diese sind allerdings noch zu wenig in die Politikpraxis vorgedrungen. (hohe Übereinstimmung)

Die Konzeption regionaler Innovationssysteme (RIS) ist aus den Innovationstheorien im Bereich der wirtschaftlichen und der regionalen Entwicklung in den 1980er Jahren entstanden. Wichtige Anstöße und Beiträge kamen von der evolutionären Ökonomie (Nelson & Winter, 1977), dem Ansatz der nationalen (Freeman, 1987; Lundvall, 1992) und sektoralen Innovationssysteme (Edquist, 1997) sowie dem Ansatz „innovativer Milieus" (Aydalot, 1986; Camagni, 1991). Der regionale Innovationssystemansatz besagt, dass Innovationen in einem interaktiven Lernprozess zwischen Unternehmen, Wissensorganisationen und staatlichen und anderen Akteur_innen entstehen und verbreitet werden (Cooke, 1992; Doloreux, 2002), wobei Innovationen im Schumpeter'schen Sinn als technologische und wirtschaftliche Neuerungen verstanden werden. Die regionale Ebene wird insbesondere für den Wissensaustausch („tacit knowledge": Michael Polanyi, 1966) und die institutionelle Einbettung als wichtig angesehen. Auch weitere regionale Bedingungen wie die Qualität von Arbeitsmarkt und Qualifikationen, Forschungs- und Ausbildungseinrichtungen und unternehmerische Vernetzung sind von Bedeutung.

Wichtige Weiterentwicklungen des RIS-Ansatzes waren in den 2000er Jahren eine stärker regional differenzierte Analyse (Cooke, 2004; Cooke & Schienstock, 2000; Tödtling & Trippl, 2005), die zu einem „place-based approach" (Barca, McCann, & Rodríguez-Pose, 2012) führte. Der „Knowledge-base-Ansatz" des RIS unterscheidet zwischen synthetischem, symbolischem und analytischem Wissen (Asheim & Gertler, 2005). Er inspirierte empirische Forschung zur Rolle verschiedener lokaler und nichtlokaler Wissensquellen für den Innovationerfolg (Asheim, 2011). Zudem wurden RIS zunehmend als offene Systeme angesehen, die zwar in ein bestimmtes regionales Umfeld eingebettet sind, die aber in hohem Maße mit der nationalen, internationalen europäischen und globalen Ebene durch den Austausch von Wissen, qualifizierten Arbeitskräften, Finanzierung und institutionellen Regelungen verknüpft sind. Darüber hinaus wird der lokalen Ebene eine hohe Bedeutung für die Entstehung von „Grassroots-Initiativen" etwa im Bereich von sozialen Innovationen eingeräumt. Innovationssysteme werden daher heute als „multi-scalar" betrachtet (Binz und Truffer 2017).

Der traditionelle RIS-Ansatz kann regionale Innovationsunterschiede und Probleme der wirtschaftlichen Entwicklung von Regionen gut untersuchen und erklären. Dies betrifft auch die Innovationsdynamik von Regionen sowie auch allfällige Innovationsbarrieren und Hemmnisse, die z. B. durch institutionelle Defizite oder schwach ausgeprägte bzw. neuerungsfeindliche Netzwerke verursacht sind. Damit kann er auch besser endogene Ursachen einer regionalen wirtschaftlichen Dynamik erfassen als z. B. neoklassische und keynesianische Theorien oder die Polarisationsansätze. Aus einer Nachhaltigkeitsperspektive heraus gesehen fehlen allerdings weitgehend die sozialen und ökologischen Aspekte. Der traditionelle RIS-Ansatz kann diesen Teil des gesellschaftlichen Wandels und somit auch die Herausforderungen, die sich aus der Klimakrise ergeben, nicht gut erfassen.

Um eine klimafreundliche Lebensweise durch regionale Innovationspolitik zu unterstützen, ist eine breitere Betrachtung und Definition von Innovation erforderlich (z. B. Moulaert & MacCallum, 2019) sowie die stärkere Berücksichtigung von allfälligen negativen sozialen oder ökologischen Effekten von Innovation („Responsible Research and Innovation": Owen, Macnaghten, & Stilgoe, 2012). Notwendig sind in diesem Zusammenhang auch mehr Analysen über die regionalen und sozialen Wirkungen von Innovationen. Solche Analysen helfen zu verstehen, welche sozialen Gruppen und Regionen mittel- und langfristig durch die Klimakrise sowie durch die Regional- und Innovationspolitik gewinnen bzw. verlieren und wie regional und sozial benachteiligte Gruppen besser einbezogen werden können.

Hemmende Strukturen und Akteure waren in der Vergangenheit laut RIS-Literatur und Transformationsforschung unter anderem große und regional dominante Unternehmen, die in klimaschädlichen Sektoren tätig sind (z. B. Automobilindustrie, Stahlindustrie, Logistikunternehmen, industrielle Landwirtschaft), sowie auch die traditionell auf Wirtschaftswachstum und Beschäftigungssicherung ausgerichteten Interessenvertretungen von Arbeitnehmer_innen. Diese Akteure sind oft mit regionalen und nationalen Politikträger_innen gut vernetzt (Graf, 2006) und bilden Allianzen zur Verteidigung des Status quo. Dies kann zu einer „Lock-in-Situation" (Hassink, 2010) führen, also zu erstarrten Strukturen, die eine klimafreundliche und nachhaltige Entwicklung blockieren. Derartige Allianzen, die eine klimafreundliche Regionalentwicklung verhindern, sind oft in Industrierevieren besonders stark ausgeprägt; sie sind aber auch in Agrar-, Tourismus- und Stadtregionen von Bedeutung (Tödtling, Trippl, & Frangenheim, 2020). Allerdings sind aktuell von Seiten der Industrie auch starke Bemühungen zu beobachten, die Ressourcen- und Energie-Effizienz zu verbessern und negative Umwelteffekte und klimaschädliche Strukturen zu vermeiden.

In Bezug auf Handlungsmöglichkeiten für eine klimafreundliche Lebensweise wird in neueren RIS-bezogenen Arbeiten (Coenen, Moodysson, & Martin, 2015; Coenen & Morgan, 2020; Schot & Steinmueller, 2018; Tödtling, Isaksen, & Trippl, 2018; Tödtling et al., 2020) gefordert, stärker soziale und institutionelle Neuerungen einzubeziehen und auch neue Akteur_innen in den Politikprozess und in die Erarbeitung von Konzepten für die zukünftige regionale Entwicklung zu inkludieren. Die Akteurslandschaft sollte also über die bisher dominanten Partner_innen von Forschung, Unternehmen und Staat hinausgehen und auch Zivilgesellschaft und sonstige Betroffene einbeziehen. Darüber hinaus wird gefordert, den Innovationsprozess stärker auf aktuelle gesellschaftliche Herausforderungen wie den Klimawandel auszurichten.

Zusammenfassend ist festzustellen, dass der traditionelle RIS-Ansatz durch seine traditionelle Ausrichtung auf technologische und wirtschaftliche Innovationen sowie auf die regionale Wettbewerbsfähigkeit nicht gut in der Lage war, die Herausforderungen der Klimakrise zu berücksichtigen. Dies wurde in der Literatur der vergangenen Jahre auch erkannt und daher wurden Vorschläge für eine Revision dieses Ansatzes vorgelegt. Diese sind allerdings noch zu wenig in die Politikpraxis vorgedrungen.

26.3 Soziotechnische Systeme und Nachhaltigkeitstransition

Lead Autoren
Klaus Kubeczko, Michael Ornetzeder

Kernaussagen
- Die Mehr-Ebenen-Perspektive („multi level perspective" – MLP) fokussiert auf nachhaltige Veränderungsprozesse in soziotechnischen Systemen, die in Zeiträumen von ein oder zwei Generationen ablaufen. Systemdynamiken stehen meist in Zusammenhang mit radikalen technischen Innovationen, um die sich in weiterer Folge neue gesellschaftliche Systeme formieren. (hohe Übereinstimmung)

Dieser Abschnitt bietet einen kurzen Überblick über die Literatur zur Transition soziotechnischer Systeme und der dafür entwickelten Mehr-Ebenen-Perspektive („multi level perspective – MLP", siehe Geels, 2011).

Die Forschung zu Transitionen zu einer nachhaltigen Entwicklung („Sustainability Transition Research") beschäftigt sich mit der Frage, wie strukturelle Probleme moderner Gesellschaften im Kontext von gesellschaftlichen Herausforderungen, wie dem globalen Klimawandel oder anderer Umweltrisiken, gelöst werden können (Köhler et al., 2019a). Zentral ist die Suche nach Lösungen für die großen Herausforderungen des 21. Jahrhunderts in Form von Systeminnovationen und Transitionsprozessen (Grin et al., 2011). Die dafür notwendige theoretische Grundlage ist die Multi-Level-Perspektive (MLP). Diese hat den Anspruch, eine „Medium-range-Theorie" zu sein, die Dynamiken des Wandels beschreibt. Disziplinäre Grundlagen dafür finden sich im Forschungsfeld der Science and Technology Studies, Evolutorischer Ökonomik (Freeman & Perez, 1988; Malerba & Orsenigo, 1995) und der Soziologie (Latour, 2019). Der systemische Ansatz fokussiert auf wesentliche gesellschaftliche Funktionen, die von soziotechnischen Systemen erfüllt werden. Häufig wird (sowohl historisch als auch aktuell) der grundlegende Wandel solcher Systeme in den Bereichen Energie, Mobilität, Transport, Wasserversorgung etc. empirisch untersucht.

MLP ist eine **interdisziplinäre Systemtheorie**, die Strukturen, Dynamiken und Funktionen in den Mittelpunkt der Betrachtung stellt. MLP ermöglicht, den Prozess (Transition) dynamisch zu beschreiben, der zu einer Transformation führt. Der MLP-Ansatz fokussiert auf Veränderungsprozesse in Zeiträumen von einer oder zwei Generationen (Grin et al., 2011); diese stehen meist in Zusammenhang mit radikalen technischen Innovationen (z. B. die Entwicklung des Fahrrades im 19. Jahrhundert, der Wandel der Schifffahrt durch die Dampfmaschine), um die sich in weiterer Folge neue gesellschaftliche System formieren.

Aus den historischen Studien wurde eine Typologie von Transitionsphasen entwickelt, die die unterschiedlichen Dynamiken des Wandels über und zwischen mehrere strukturellen Ebenen (Landschaft, Regime und Nische) beschreiben und unterscheidbar machen. Es wird argumentiert, dass Transitionen als das Ergebnis dynamischer Prozesse innerhalb und zwischen drei Analyseebenen zu verstehen sind: (1) Nischen als Räume für radikale Innovationen (z. B. Elektromobilität); (2) soziotechnische Regime, die die institutionelle Strukturierung bestehender Produktions- und Konsumptionssysteme (z. B. Energie, Mobilität, Landwirtschaft) darstellen und durch Pfadabhängigkeit und inkrementelle Veränderungen gekennzeichnet sind; und (3) die exogene soziotechnische Landschaft, die die Entwicklungen gesellschaftlicher Strukturen (z. B. demografischer Wandel, Globalisierung, Klimawandel, krisenhafte Ereignisse) – neben den Strukturen in den soziotechnischen Regimen – repräsentieren.

Nischen bestehen aus instabilen Strukturen, Suchheuristiken und Regeln, innerhalb derer radikalere Lösungen entstehen können. Wenn solche Innovationen versprechen, in Zukunft gesellschaftliche Funktionen besser (kostengünstiger, ökologischer etc.) zu erfüllen, kann deren Durchsetzung zu grundlegenden Änderungen des Regimes bzw. zum Aufbau eines völlig neuen Regimes führen.

Ein Regime bildet stabile Strukturbedingungen und setzt sich aus einem Cluster an Elementen zusammen, die ein soziotechnisches System ausmachen. Sie beinhalten Technologien, Wissen(schaft), Regulierung, Märkte, Infrastrukturen, Produktions- und Konsumptionssysteme, Versorgungsnetze, Praktiken und kulturelle Bedeutung (Geels & Kemp, 2007).

Die exogene Landschaft der soziotechnischen Systeme repräsentiert externe Bedingungen nur schwer veränderbarer gesellschaftlicher Strukturen und Umweltbedingungen (Umweltveränderungen durch Klimawandel, Finanzkrise, demografischer Wandel, Narrative wie Globalisierung oder

Wachstumsparadigma etc.), die sowohl auf das soziotechnische Regime als auch auf die Nischen einwirken. Transitionen werden als wahrscheinlich angesehen, wenn auf Regimes Druck aus Nischen und der Landschaft ausgeübt wird.

In der Transformationsdebatte wird auch thematisiert, dass soziotechnische Transitionen im geographischen, politischen und gesellschaftlichen Kontexten untersucht werden sollte (Köhler et al., 2019b).

Neue Forschungen zu „deep transitions" untersuchen, wie Regimewechsel in mehreren soziotechnischen Systemen die Landschaftsentwicklung und damit die Gesellschaft insgesamt beeinflussen können (Schot, 2016).

In den letzten Jahren ist die Kritik lauter geworden, dass der Ansatz Gerechtigkeitsaspekte zu wenig berücksichtigt, das heißt Fragen danach, wer von Transition profitiert, wer diese mitgestaltet und wessen Interessen und Sichtweisen berücksichtigt werden (Köhler et al., 2019b). Eine Reihe von Autor_innen haben versucht, Fragen der Gerechtigkeit (auch im Zusammenhang mit dem Diskurs um Just Transition), Verteilungsfragen, Machtverhältnisse und Armut in den soziotechnischen Transitionen-Ansatz zu integrieren (Healy & Barry, 2017; Jenkins, 2018; Köhler et al., 2019b; Marquardt, 2017; Newell & Mulvaney, 2013; Westman & Castán Broto, 2022a).

Analysen von Transitionsprozessen kommen aus den Bereichen Energie, Mobilität, Landwirtschaft, Wasser, die in engem Zusammenhang mit der Klimakrise stehen. In der Auseinandersetzung mit unterschiedlichen Themen nachhaltiger Entwicklung versucht der MLP-Ansatz, technologische Entwicklungen im Kontext struktureller Veränderungen in einem soziotechnischen System zu erklären. Klimafreundliche Lebensweisen werden durch den Aufbau neuer bzw. stark veränderter soziotechnischer Regime unterstützt. Ein Beispiel dafür wäre etwa ein vollkommen dekarbonisiertes Energiesystem.

Der **MLP-Ansatz** wird insbesondere im Zusammenhang mit Herausforderungen hin zu einer nachhaltigen Entwicklung verwendet. **Klimawandel wird als ein wichtiger Treiber von Veränderungen** auf der Ebene der exogenen Landschaft verstanden. Die Bewältigung struktureller Schwächen und notwendige Veränderungen auf und zwischen den drei Ebenen sollen sichtbar gemacht werden. Insofern fokussiert die Theorie insbesondere auf strukturelle Bedingungen und Dynamiken weitreichender gesellschaftlicher Veränderungsprozesse.

Als Theorie zur Beschreibung von Wandel ist der MLP-Ansatz demnach **geeignet, strukturelle Veränderungen auf und zwischen strukturellen Ebenen zu unterscheiden**. Dies kann sich auf unterschiedliche Strukturen wie Institutionen, soziale Netzwerke, physische Infrastrukturen, aber auch räumliche Strukturen etc. beziehen, die Bedingungen für klimafreundliches Leben schaffen können oder diesem entgegenstehen. Weiters ergeben sich aus der Typologie unterschiedliche Pfade des Wandels und damit verbundene Strategien und Handlungsspielräume für die Governance des Wandels, die beispielsweise im Transitionsmanagement-Ansatz [siehe Abschn. 6.2.3] aufgenommen werden.

Als **hemmende Kräfte** werden die **Pfadabhängigkeiten** aufgrund **etablierter Institutionen** und Organisationsgefüge auf der **Regimeebene** angesehen. Ebenso werden die etablierten **Akteurskonstellationen** und **Akteursnetzwerke** (zwischen Wissenschaft, Politik und Verwaltung, Kund_innen/Nutzer_innen, gesellschaftlichen Gruppen, Herstellern, Zulieferern, Finanzierern etc.) als hemmend für grundlegende Veränderungen betrachtet. Diese Akteur_innen sind über Verpflichtungen, Verträge, informelle und formelle Regeln und gegenseitige Erwartungen verbunden. Neuere Forschung beschäftigt sich auch mit **aktivem Widerstand gegen Transition** (Geels, 2014) und institutioneller Prozesse, die die Regeln des Regimes prägen (Fuenfschilling & Truffer, 2014; Smink, Hekkert, & Negro, 2015).

Regimeakteur_innen reagieren auf Druck von der Ebene der Landschaft und der Nischen und nehmen gegebenenfalls inkrementelle Anpassungen vor (Einführung effizienter Technologien oder Filteranlagen). Regimeänderungen kommen damit aber nicht zustande und Regimes werden unter Umständen sogar einzementiert (z. B. durch Rebound-Effekte). Eine weitgehende **Reorientierung** des soziotechnischen Systems kommt erst **durch neue Akteur_innen** zustande. Eine Neuorientierung des soziotechnischen Systems allein durch etablierte Regimeakteur_innen wird als eher unwahrscheinlich erachtet (Geels, 2010).

Neuere Forschungen haben gezeigt, dass etablierte Akteur_innen sich auch an radikalen Nischeninnovationen orientieren können (Berggren, Magnusson, & Sushandoyo 2015; Penna & Geels, 2015) oder dass etablierte Unternehmen aus verschiedenen Sektoren sich mit Nischeninnovationen beschäftigen (Hess, 2013).

Die entscheidenden Akteur_innen für **radikale Veränderungen** verortet die MLP in **Nischen**, in denen Neues, geschützt vor Marktbedingungen und Konkurrenz, entstehen kann. Aufgabe der Politik, aber auch anderer Akteur_innen ist, diese für Innovationen günstigen strukturellen Voraussetzungen zu schaffen (Geels, 2010). In einer pluralistischen Demokratie ergeben sich daraus in einem egalitären Narrativ (siehe Abschn. 28.10 zur Cultural Theory) **Gestaltungsoptionen durch Beteiligung** der Menschen in unterschiedlichen Rollen, insbesondere als Gestalter_innen in der Rolle ökonomischer Akteur_innen und Beteiligte an Innovationsprozessen (Innovator_innen, Nachfrager_innen, Nutzer_innen etc.) (Schot, 2016), in der Findung, Entwicklung und Umsetzung von technologischen, sozialen, unternehmerischen oder institutionellen Innovationen. Darüber hinaus ergeben sich politische Gestaltungsoptionen in Form von **partizipativen Stakeholderprozessen, Bürger_innenbeteiligung, politischer Aktivismus** und – wie in anderen Ländern gezeigt wurde – auch verfassungsrechtlichen Grundsatzentscheidungen, um etablierte Regimes zu destabilisieren. Neben strukturellen Faktoren auf der Regime-Ebene werden auch die Rollen von Akteur_innen der **Zivilgesellschaft** (Smith, 2012), kulturelle **Diskurse** (Roberts, 2017) und **Unternehmen** (Farla et al., 2012) untersucht.

Ansätze der **Nachhaltigkeitstransition** sind geeignet, die Möglichkeiten und Spielräume zu beleuchten, die erforderlich sind, um **radikale Innovationen und Systeminnovationen zunächst in Nischen zu entwickeln**, damit zu experimentieren und sie zu erproben. Solange kein Konsens über Transformationspfade und damit verbundene radikale Veränderungen der institutionellen Strukturen der Produktions- und Konsumptionssysteme (Regime) und anderer Rahmenbedingungen besteht, fehlen die Voraussetzungen für eine breite Anwendung klimafreundlicher Lösungen in der erforderlichen Geschwindigkeit. Insofern besteht ein Zusammenhang mit sowie eine gewisse **Abhängigkeit von den Wirkungen, die in den anderen drei Perspektiven** näher beleuchtet werden. Sobald Preissignale klimafreundliches Handeln ermöglichen, können etablierte Akteur_innen ihre Innovationsprozesse an die neuen Gegebenheiten anpassen und bestehende Innovationssysteme an den neuen Herausforderungen ausgerichtet werden, wie beispielsweise Regionale Innovationssysteme (Tödtling, Trippl, & Desch, 2021) oder **Technologische Innovationssysteme** (Markard & Truffer, 2008). Sobald ein Regimewandel stattgefunden hat, verlagert sich der Fokus der Innovationsaktivitäten mehr in Richtung Dissemination neuer Lösungen und beschleunigte **breite Anwendbarkeit bzw. Umsetzbarkeit durch Skalierung und Anpassung** an spezifische Kontextbedingungen.

26.4 Strategisches Nischenmanagement und Transitionsmanagement

Lead Autoren
Michael Ornetzeder, Klaus Kubecko

Kernaussagen
- Transitionsmanagement (TM) betrachtet die Koevolution technischer, ökologischer und sozioökonomischer Systeme als notwendige Strukturbedingung für nachhaltige Entwicklung. (hohe Übereinstimmung)
- Strategisches Nischenmanagement (SNM) ist ein Ansatz, der die Entstehung und Umsetzung radikaler Innovationen erforscht und unterstützt. Er geht davon aus, dass radikale Innovationen in geschützten Räumen entstehen (z. B. subventionierte Demonstrationsprojekte, Experimentierräume oder unter Einbindung engagierter Benutzer_innen bzw. Beschaffer_innen). (hohe Übereinstimmung)

Der theoretische Rahmen der Nachhaltigkeitstransformation erlaubt für die unterschiedlichen Typen des Wandels, Ansätze zur Erreichung von Nachhaltigkeitszielen zu entwickeln. Transition Management (TM) und Strategisches Nischenmanagement („Strategic Niche Management" – SNM) sind dabei die bekanntesten darauf aufbauenden lösungsorientierten Ansätze. Gemeinsam ist beiden Ansätzen, dass sie langfristige und strukturelle Veränderungen von Systemen zum Ziel haben, die für die Erreichung von Nachhaltigkeitszielen geeignet sind.

Beide Ansätze beziehen sich in ihren Analysen auf die Mehr-Ebenen-Perspektive („multi level perspective – MLP") in der Forschung zu Nachhaltiger Transition. „Management" ist in beiden Fällen nicht im Sinne der Top-down-Steuerbarkeit durch einzelne Akteur_innen zu verstehen, sondern als koordinierte Handlungen und koevolutorische Prozesse unterschiedlicher Akteur_*innen in einem komplexen System.

Strategisches Nischenmanagement (SNM) ist ein Ansatz, der die Entstehung und Umsetzung radikaler Innovationen erforscht und zu unterstützt. Er basiert auf der Innovationssoziologie und der Evolutionsökonomie und geht davon aus, dass radikale Innovationen in geschützten Räumen entstehen (z. B. subventionierte Demonstrationsprojekte, Experimentierräumen oder unter Einbindung engagierte Benutzer_innen bzw. Beschaffer_innen) (Geels & Raven, 2006).

Die SNM-Forschung (Köhler et al., 2019b) unterscheidet drei idealtypische funktionale Eigenschaften von Nischen: Abschirmung, Aufzehen und Ermächtigung (Raven et al., 2016; Smith & Raven, 2012). Darauf aufbauend werden zwei Arten unterschieden, wie das Zusammenwirken von Nischeninnovationen mit bestehenden soziotechnischen Regimen abläuft: wettbewerbsfähig im etablierten Regime („fit-and-conform") und regimeverändernd („stretch-and-transform") (Smith & Raven, 2012). Weitere wichtige Elemente im Hinblick auf Systeminnovationen sind Erwartungen, Lernprozesse und Experimente (Bakker & Budde, 2012; Brown & Michael, 2003; Konrad, 2016; Lente, Spitters, & Peine, 2013; Mierlo et al., 2010; Sengers, Wieczorek, & Raven, 2019). Untersucht werden auch mögliche Rollen von Change Agents und Promotor_innen (Kristof, 2020, 2021), Aktivist_innen und lokalen Gruppen für die Entwicklung sogenannter Grassroot-Innovationen (Hargreaves, Longhurst, & Seyfang, 2013; Seyfang & Haxeltine, 2012;

Seyfang & Smith, 2007a) und dezentraler und ziviler Formen vernetzter Experimente über mehrere räumliche Skalen hinweg (Broto & Bulkeley, 2013; Sengers et al., 2019; Wieczorek et al., 2015).

SNM entwickelt Methoden und Strategien, wie Forschung und Entwicklung organisiert werden müssen, damit nachhaltige Innovationen entstehen können. Treibende Akteur_innen sind etwa Forschungsförderungseinrichtungen, Unternehmen, Universitäten, Start-ups, aber auch Nutzer_innen und die Zivilgeselschaft.

Radikale Innovationen können im SNM-Ansatz durch eine Abfolge von Experimenten, Demonstrationsprojekten in Feedbackschleifen in Nischen ermöglicht werden (Geels & Raven, 2006). Innovationen in Nischen werden meist von neuen Akteur_innen außerhalb des etablierten Netzwerks von Akteur_innen-Gruppen entwickelt. Diese Innovationen entstehen durch das Zusammenspiel von Lernprozessen (erster oder zweiter Ordnung), sozialen Netzwerken sowie durch gemeinsame Visionen und Erwartungen (Kemp, Schot, & Hoogma, 1998; Schot & Geels, 2008).

Transitionsmanagement (TM) betrachtet eine Koevolution technischer, ökologischer und sozialer (sozioökonomischer) Systeme als notwendige Strukturbedingung für nachhaltige Entwicklung. Der Ansatz basiert auf Komplexitäts- und Governance-Forschung und der Mehr-Ebenen-Perspektive (Köhler et al., 2019b). TM fokussiert auf den Wandel durch kooperative Governance mit Einbindung von Akteur_innen aus Wissenschaft, Zivilgesellschaft, Politik und Wirtschaft in sogenannten „Transitionsarenen", um Wandel in Richtung Nachhaltigkeit zu ermöglichen und zu beschleunigen. Der Status quo bietet solche Arenen, an denen viele unterschiedliche Akteur_innen teilnehmen können, allerdings nicht an.

TM ist policy-orientiert und zielt auf das Gestalten durch politische Entscheidungsträger_innen ab, wobei man vier aufeinander folgende Schritte unterscheidet (Loorbach, 2010): (1) Strategisches Handeln in einer „Transitionsarena" zielt auf die Entwicklung von Visionen und das Identifizieren möglicher Transitionspfade ab. (2) Taktisches Handeln durch Entwicklung spezifischer Roadmaps für konkrete Transitionspfade und den Aufbau von Akteur_innen-Koalitionen mit dem Ziel der Umsetzung. (3) Operatives Handeln in Form von Innovationsexperimenten, Demonstrationsprojekten und Umsetzungsprojekten, die auf „learning by doing" abzielen. (4) Reflexives Handeln im Sinne der Evaluierung von operativen Projekten, der begleitenden Evaluierung der Umsetzung von Roadmaps und der Überprüfung der strategischen Ziele.

TM fokussiert auf die Überwindung von Hemmnissen wie: kurzfristigen Planungshorizonten der Wirtschaftsakteur_innen und Politiker_innen in Bezug auf Zukunft und gesellschaftliche Ziele; Systeminnovationen entgegenstehenden Interessen, Kostenstrukturen, Überzeugungen und Annahmen; mangelnder Koordinierung fragmentierter Politikbereiche; dem Fehlen von demokratischen Zielen und Legitimität von Politiken für strukturellen Wandel; der Notwendigkeit der Wahl eines Transitionspfades unter Unsicherheit und fehlender Flexibilität in der Anpassung.

Sowohl SNM als auch TM bauen auf der Annahme auf, dass eine Transformation hin zu einer nachhaltigen Gesellschaft auf Basis veränderter soziotechnischer Regimes notwendig ist. SNM legt die Gewichtung auf radikale Innovation, die durch umfassende Lern- und Experimentierprozesse in geschützten Nischen ausreifen, um dann zu einem Regimewandel beitragen zu können. TM fokussiert auf die Entwicklung neuer Governance-Formen, die langfristige gesellschaftliche Ziele und Visionen voraussetzen, um ein Produktions- und Konsumptionssystem auf einen nachhaltigen Weg auszurichten. TM zielt dabei auf einen radikalen Systemwandel auf der Regimeebene ab. Inkrementelle Schritte sollen ermöglichen, Konflikte zwischen langfristigen Ambitionen und kurzfristigen Faktoren aushandeln zu können.

Beide Ansätze, SNM und TM, sehen die unterschiedlichen Interessen etablierter Akteur_innen im herrschenden Regime (sowohl institutionelle als auch im Produktions-Konsumptionssystem) und neuer Akteur_innen als ein wesentliches Konfliktfeld.

26.5 Theorien Sozialer Innovation

Lead Autor_innen
Andreas Novy, Julia Fankhauser

Kernaussagen
- Soziale Innovationen experimentieren mit klimafreundlichen Praktiken, die oftmals zivilgesellschaftlich organisiert in Nischen beginnen und Wandel „von unten" anstoßen (z. B. Urban Gardening, Carsharing etc.).
- Wenn soziale Innovationen in diesen Nischen verharren – was empirisch oft zu beobachten ist –, dann ist es wenig wahrscheinlich, dass damit Strukturen in Richtung klimafreundliches Leben verändert oder geschaffen werden können (starke Übereinstimmung).
- Wenn technologische Innovationen nicht von sozialen Innovationen begleitet werden, dann ist es wenig wahrscheinlich, dass damit dauerhaft klimafreundliche Gewohnheiten über Nischen hinaus ermöglicht werden können (starke Übereinstimmung).

- Nur wenn soziale Innovationen bestehende Institutionen herausfordern, können beispielsweise Ernährungsweisen und Mobilitätsverhalten, aber auch Konsumnormen und Wachstumszwänge verändert und ersetzt werden (mittlere Übereinstimmung).

Soziale Innovationen haben im Policy-Diskurs in den vergangenen 20 Jahren allgemein an Bedeutung gewonnen (Moulaert et al., 2017) – im Rahmen der Klimaforschung vor allem in Bezug auf Suffizienzstrategien und nachhaltigen Konsum (Jaeger-Erben, Rückert-John, & Schäfer, 2017). Es gibt diverse Definitionen und Anwendungen in unterschiedlichen Politikfeldern. In der EU ist besonders die Definition des Bureau of European Policy Advisor (BEPA) im Bereich Policy relevant, die soziale Innovationen definiert als „innovations that are social both in their ends and in their means" (BEPA, 2010). Damit ist unter „sozial" ganz allgemein jede Besserstellung gefasst (BEPA, 2010, 2014). Dies umfasst kostensparende Veränderungen im Sozial- und Umweltbereich („doing more with less") und meint weiters implizit „nichtstaatlich" (im Unterschied zu „public innovations"), also gesellschaftlich („civic") und „von unten" („bottom-up") gesteuert. Der – zumeist implizite – Bezug zu Klimapolitik ist geleitet von der Überlegung, dass diese sozialen Innovationen zu suffizienzorientierten und damit emissions- und ressourcensparenden Lebensstilen führen.

Umstritten ist, ob soziale Innovation ein normatives oder ein beschreibendes Konzept ist. In einem nichtnormativen Ansatz, wie in Teilen des Sustainability Transition Research Networks (STRN), sind soziale Innovationen Teil eines nicht normativ bewerteten umfassenden koevolutionären Veränderungsprozesses (Avelino et al., 2019, S. 195). Ausdrücklich normativ werden soziale Innovationen definiert als (1) Bedürfnisse befriedigend, (2) soziale Beziehungen verändernd und (3) kollektive Ermächtigung fördernd (Moulaert et al., 2017).

Soziale Innovationen ergänzen oftmals technologische Innovationen und gewährleisten deren Wirksamkeit (WBGU, 2011). Um Strukturen dauerhaft zu verändern, müssen die in Nischen entstehenden sozialen Innovationen durch geänderte Infrastrukturen und Institutionen stabilisiert werden. Dies erfordert auch Veränderungen auf der Makro-Ebene („landscape development") (Köhler et al., 2019b, S. 4). Jedoch erforschen viele Fallstudien vor allem Nischeninitiativen, die nur selten System- und noch seltener Strukturänderungen zur Folge haben. Umwelt- bzw. klimarelevante soziale Innovationen, die weiterhin in der Minderheit sind (Avelino et al., 2017), fokussieren unter anderem auf Themenfelder wie Waldschutz, grüne Räume in der Stadt, alternative Wohnprojekte, Sharing-Initiativen, Upcycling, Reparieren und Selbermachen, nachhaltige Mobilität, Food Cooperatives und nachhaltige Landwirtschaft (Galego et al., 2021).

Akteur_innen sozialer Innovationen kommen oftmals aus der Zivilgesellschaft, vor allem der Sozialwirtschaft (European Commission, 2021). Diese umfasst insbesondere Genossenschaften, „social businesses", Solidarökonomie, Commons und Pionier_innen des Wandels, wenn sie drei Kriterien genügen: (1) demokratische/partizipative Unternehmenssteuerung oder Ausrichtung auf soziale Gerechtigkeit, (2) Reinvestition von Gewinnen ins Unternehmen oder für andere soziale/gesellschaftspolitische Initiativen und (3) soziale bzw. gesellschaftspolitische Zielsetzungen.

Der Analysefokus liegt oftmals auf Bottom-up-Prozessen und partizipativen/demokratischen Governance-Modellen (Galego et al., 2021) bzw. „bottom-linked governance" (Pradel-Miquel, 2017) und Netzwerken (Kazepov, Colombo, & Saruis, 2019). Besonders interessant sind „public-civic partnerships" (z. B. neuer Munizipalismus: Asara, 2019; Holemans, 2021). Gegner_innen, die Widerstand gegen Veränderung leisten, sowie damit verbundene Machtfragen werden erst in neueren Forschungen berücksichtigt (Geels, 2014; Köhler et al., 2019b).

In der ökologischen Transformationsforschung dienen soziale Innovationen dazu, suffiziente und resiliente Konsummuster und Lebensstile zu entwickeln sowie die Akzeptanz technologischer Innovationen zu erhöhen (WBGU, 2011). Als transformativ werden Innovationen angesehen, wenn sie bestehende Institutionen herausfordern, verändern oder ersetzen (Haxeltine et al., 2016). Aber selbst der Strang zu „transformativen" sozialen Innovationen fokussiert auf Nischen, mit der Gefahr, im Lokalen gefangen zu bleiben (Kazepov et al., 2019).

Maximalistische soziale Innovationen (Unger, Linde, & Getzner, 2017), die systemtransformierend sind (das heißt im Fall von klimafreundlichen Leben: die Abkehr von fossilistischen Arbeits- und Lebensweisen einleiten), sind seltener. Ausnahmen sind Exnovation und Ökotopien, die in Nischen grundlegende Veränderungen einleiten (siehe Abschn. 26.6). Dies liegt auch daran, dass oftmals eine genauere Bestimmung von Transformation fehlt, da unterspezifiziert bleibt, welche sozialen Formen (Warenform, Staatsform etc.) wie zu verändern seien, damit es zu einem Formwandel kommt, zum Beispiel zur Veränderung von Ernährungsweisen, Mobilitätsverhalten, aber auch Konsumnormen und Wachstumszwängen. Novy et al. (2022) sprechen dann von transformativen Innovationen, wenn sie in konkreten Situationen wirksam sozialökologische Transformationen einleiten. Dies erfordert die Erforschung der jeweiligen Konjunktur, das heißt der spezifischen Raum-Zeit (z. B. der Offenheit politischer Entscheidungsträger_innen, der Überzeugungskraft von Innovator_innen). Aktuell bieten klimafreundliche Bereitstellungssysteme großes Potenzial, Strukturen klimafreundlichen Lebens zu schaffen (siehe Abschn. 27.1).

26.6 Exnovation, Konversion und Minimalismus

Lead Autor
Andreas Exner

> **Kernaussagen**
> - Gegenüber aktivitätszentrierten Konzepten der Transformation hin zu einer klimafreundlichen Gesellschaft betonen Ansätze des Abschaffens (Exnovation), des Umbaus (Konversion) und des Minimalismus („almost doing nothing") eine produktive Passivität, also ein aktiv konzipiertes oder betriebenes Aufhören. (mittlere Übereinstimmung)
> - Diesen Ansätzen wird eine wichtige transformative Rolle zugeschrieben. Denn Neuerungen und sinnvolles Wachstum wirken nur transformativ, wenn sie nichtnachhaltige Prozesse ersetzen. (mittlere Übereinstimmung)

Theorien oder Ansätze mit Bezug auf eine klimafreundliche Lebensweise konzentrieren sich häufig auf technologische oder soziale Innovationen, eine Modifikation bestehender ökonomischer Prozesse im Sinn eines qualitativen Wachstums oder auf steuerliche und marktbasierte politische Regulierungen. Gegenüber diesen aktivitätszentrierten, additiven Konzepten betonen Ansätze des Abschaffens (Exnovation), des Umbaus (Konversion) und des Minimalismus („almost doing nothing") eine produktive Passivität: Nicht-mehr-Tun, Anders-Tun und Fast-nichts-Tun – ein Aufhören. Diese Formen des Aufhörens werden aktiv konzipiert oder betrieben und sind in diesem Sinne produktiv. Sie sind weder automatisches oder spontanes Ergebnis, bloße Lücke, Ausfall und Ende oder lediglich eine Leerstelle, sondern vielmehr das Resultat einer zielgerichteten Strategie.

„Exnovation" ist als Begriff vor allem im deutschen Sprachraum verbreitet. Im englischen Sprachraum verweisen die Begriffe des „phasing out" (Andersen & Gulbrandsen, 2020) und der „discontinuation" (Stegmaier, Kuhlmann, & Visser, 2014) auf Prozesse der Exnovation (zusammenfassend: Heyen, Hermwille, & Wehnert, 2017; Kivimaa et al., 2021). Diesen Ansätzen wird eine wichtige transformative Rolle zugeschrieben, doch gibt es nur wenige Versuche der Theoretisierung und Analyse. Darüber hinaus werden diese Ansätze in der Literatur meist nicht in einen Zusammenhang gebracht. Das vorliegende Kapitel schlägt vor, die damit verbundenen unterschiedlichen Forschungszugänge und -stränge gemeinsam zu betrachten, weil sie sich von einseitig aktivitätszentrierten, additiven Konzepten abgrenzen lassen und im Sinn einer produktiven Passivität zudem eine wesentliche inhaltliche Gemeinsamkeit aufweisen, die wir nachfolgend erläutern.

Die Ansätze einer produktiven Passivität stehen in kritischem Verhältnis zur Fortführung vorherrschender sozialer Praktiken wie beispielsweise von bestimmten Konsummustern, von Technologien, institutionellen Routinen und Machtverhältnissen. Entgegen der Annahme von Win-win-Situationen, wonach alle für ein Problemfeld von Transformation verantwortlichen Akteur_innen ohne ökonomische und politische Verluste sowie ideologische Friktionen ihre Praktiken, Technologien, Institutionen und Machtpositionen fortschreiben können, legen die Ansätze der produktiven Passivität den Fokus auf den Verlust, auf Niedergang und Scheitern. Sie stehen damit den Imaginationen und Werten des Paradigmas wirtschaftlichen Wachstums entgegen (Arnold et al., 2015; Enia & Martella, 2019; Newig, Derwort, & Jager, 2019; Rosenbloom & Rinscheid, 2020) und nehmen vermehrt Machtverhältnisse und Konflikte in den Blick (Krüger & Pellicer-Sifres, 2020). Die gemeinhin negativ konnotierten Dynamiken von Verlust, Niedergang und Scheitern werden mit Hilfe der Konzepte Exnovation, Konversion und des „almost doing nothing" positiv gedeutet, so etwa indem das Abschaffen semantisch als Exnovation auf die Innovation verweist, die Konversion auf die Entwicklung von neuen Gebrauchsformen bestehender Strukturen und die minimalistische Strategie des „almost doing nothing" auf eine Effektivität durch Sparsamkeit. Alle drei Formen erfordern zielgerichtete Aktivitäten und sind mit Prozessen des Aufbaus und der Schaffung von Neuem verbunden. Sie verweisen daher nicht bloß auf Passivität, indem Verlust, Niedergang oder Scheitern lediglich akzeptiert werden, sondern sind *produktiv* passiv, indem sie diese Dynamiken bewusst anstreben oder einkalkulieren und mit zielgerichteten Aktivitäten koppeln. Wie die Widerstände gegen das Aufhören zu bearbeiten wären, bleibt damit allerdings noch offen und wird in der Literatur verschieden diskutiert.

Die drei genannten Ansätze der produktiven Passivität kommen aus unterschiedlichen historischen Erfahrungs- und wissenschaftlichen Diskussionszusammenhängen, die das Aufhören jeweils spezifisch fassen und strategisch operationalisieren. Vor diesem Hintergrund ergeben sich unterschiedliche Zielrichtungen und Themenfelder für die Identifikation der notwendigen transformativen Veränderungen. Die Debatte um Exnovation ist im Bereich von Public Health am weitesten entwickelt (McKay et al., 2018) und wurde daneben häufig auf kommerzielle Technologien und Organisationspraktiken bezogen.

Erst in den letzten Jahren wird Exnovation auch im Rahmen von Nachhaltigkeit stärker beleuchtet. Dabei steht vor allem die Frage im Fokus, wie bestimmte Konsummuster und Technologien beendet werden können (David, 2017; Frank, Jacob, & Quitzow, 2020; Heyen et al., 2017; Wehnert, 2017). Die Konversionsdebatte adressiert den Bereich der Produktion und wurzelt in Diskussionen der 1970er Jahre, die sich mit den Möglichkeiten eines Neugebrauchs von Strukturen der damaligen Rüstungsindustrie befassten (z. B. Mc Loughlin, 2017). Sie wird gegenwärtig vor allem auf die notwendige Abschaffung, Schrumpfung oder Neuorientierung der Automobilindustrie bezogen (Högelsberger & Maneka, 2020; Pichler et al., 2017). Dagegen stammt die Strategie des „almost doing nothing" aus der Architektur und dem Städtebau (Enia & Martella, 2019). Sie wird in Opposition zu den vorherrschenden Formen des materialintensiven Neubaus und des umfassenden städtebaulichen Eingriffs gesetzt.

Die Literatur identifiziert eine Reihe von hemmenden und treibenden Strukturen und Akteur_innen für Formen der produktiven Passivität. Arbeiten zu Exnovation heben auf der Ebene soziotechnischer Regime und Arrangements sowie gesellschaftspolitischer Entscheidungen die Rolle des Widerstands etablierter ökonomischer und politischer Interessen und Akteur_innen hervor, während aus praxistheoretischer Sicht vor allem die spezifischen und routinisierten Kombinationen von Artefakten, Bedeutungen und Kompetenzen ein Trägheitsmoment entfalten, das dem Aufhören entgegensteht (siehe z. B. Beiträge in Arnold et al., 2015). Die Ideologie und Praxis der Konkurrenzfähigkeit sowie das Paradigma wirtschaftlichen Wachstums und seine Akteur_innen stehen z. B. Pichler et al. (2021) zufolge der Konversion ebenso entgegen wie ein einseitiger Fokus auf technologische Innovationen. Häufig wird die Rolle übergreifender sozialer, kultureller, technologischer, ökonomischer und politischer Bedingungen für den Erfolg von Bemühungen um Exnovation oder Konversion betont.

Die mit Exnovation, Konversion und Minimalisierung verbundenen Gestaltungsmöglichkeiten lassen sich vor allem mit der Diskussion um Degrowth in Verbindung bringen (z. B. D'Alisa, Demaria, und Kallis 2016). Damit verweisen diese Konzepte auch auf weitere Dimensionen, die von ihnen nicht explizit angesprochen werden, beispielsweise das Ziel der Entschleunigung (Fischer und Wiegandt 2012). Auf einer allgemeineren Ebene gehören die Formen der produktiven Passivität zum Bereich der Suffizienzorientierung, der nicht nur im Rahmen von Degrowth diskutiert wird (Linz, 2015). Das Konzept der disruptiven Innovation führt den Aspekt der Exnovation mit Innovation explizit zusammen (aber nicht immer mithilfe des Exnovationsbegriffs) (Kivimaa et al., 2021). Gelebte Ökotopien lassen sich als Kombination von produktiver Passivität mit kulturellen, sozialen und technologischen Innovationen interpretieren (Daniel & Exner, 2020). „Almost doing nothing" ist Teil einer Perspektive „urbaner Akupunktur" (Enia & Martella, 2019).

Die Perspektive der Ansätze der produktiven Passivität rückt in Bezug auf (Struktur-)Bedingungen für ein klimafreundliches Leben folgende Einsicht in den Fokus: Der Übergang zu einem klimafreundlichen Leben bedarf nicht nur produktiver Neuerungen (Güter, Dienstleistungen) und eines sektoral raschen und großskalierten Wachstums (z. B. von umweltrelevantem Wissen oder der Produktion erneuerbarer Energien), sondern ebenso des materiellen Aufhörens sowie der Minimalisierung, das heißt der Beendigung von Ansätzen, die unhinterfragt maximale Eingriffsbreiten und -tiefen favorisieren. Neuerungen und sinnvolles Wachstum wirken nur transformativ, wenn sie nichtnachhaltige Prozesse ersetzen.

26.7 Quellenverzeichnis

Andersen, Allan Dahl, und Magnus Gulbrandsen. 2020. "The innovation and industry dynamics of technology phase-out in sustainability transitions: Insights from diversifying petroleum technology suppliers in Norway". *Energy Research & Social Science* 64. https://doi.org/10.1016/j.erss.2020.101447.

Arnold, Annika, Martin David, Gerolf Hanke, und Marco Sonnberger, Hrsg. 2015. *Innovation – Exnovation: über Prozesse des Abschaffens und Erneuerns in der Nachhaltigkeitstransformation*. Marburg: Metropolis-Verlag.

Asara, Viviana. 2019. "The Redefinition and Co-Production of Public Services by Urban Movements. The Can Batlló Social Innovation in Barcelona." *Partecipazione e Conflitto* 12(2):539–65. https://doi.org/10.1285/i20356609v12i2p539.

Asheim, Bjørn T. 2011. "Learning, Innovation and Participation: Nordic Experiences in a Global Context with a Focus on Innovation Systems and Work Organization". S. 15–49 in *Learning Regional Innovation: Scandinavian Models*, herausgegeben von M. Ekman, B. Gustavsen, B. T. Asheim, und Ø. Pålshaugen. London: Palgrave Macmillan UK.

Asheim, Bjørn T., und Meric S. Gertler. 2005. "The Geography of Innovation: Regional Innovation Systems". *The Oxford Handbook of Innovation*. Abgerufen 3. November 2021 (https://www.oxfordhandbooks.com/view/10.1093/oxfordhb/9780199286805.001.0001/oxfordhb-9780199286805-e-11).

Avelino, Flor, Julia M. Wittmayer, René Kemp, und Alex Haxeltine. 2017. "Game-changers and transformative social innovation". *Ecology and Society* 22(4):41. https://doi.org/10.5751/ES-09897-220441

Avelino, Flor, Julia M. Wittmayer, Bonno Pel, Paul Weaver, Adina Dumitru, Alex Haxeltine, René Kemp, Michael S. Jørgensen, Tom Bauler, Saskia Ruijsink, und Tim O'Riordan. 2019. "Transformative Social Innovation and (Dis)Empowerment". *Technological Forecasting and Social Change* 145:195–206. https://doi.org/10.1016/j.techfore.2017.05.002.

Aydalot, Philippe. 1986. *Milieux Innovateurs En Europe*. Paris: GREMI.

Bakker, Sjoerd, und Björn Budde. 2012. "Technological hype and disappointment: lessons from the hydrogen and fuel cell case". *Technology Analysis & Strategic Management* 24(6):549–63. https://doi.org/10.1080/09537325.2012.693662.

Barca, Fabrizio, Philip McCann, und Andrés Rodríguez-Pose. 2012. "The Case for Regional Development Intervention: Place-Based Versus Place-Neutral Approaches*". *Journal of Regional Science* 52(1):134–52. https://doi.org/10.1111/j.1467-9787.2011.00756.x.

BEPA. 2010. *Empowering people, driving change: Social innovation in the European Union*. Luxemburg: European Commission.

BEPA. 2014. "Social Innovation. A Decade of Change" herausgegeben von European Commission.

Berggren, Christian, Thomas Magnusson, und Dedy Sushandoyo. 2015. "Transition pathways revisited: Established firms as multi-level actors in the heavy vehicle industry". *Research Policy* 44(5):1017–28. https://doi.org/10.1016/j.respol.2014.11.009.

Binz, Christian, und Bernhard Truffer. 2017. "Global Innovation Systems – A Conceptual Framework for Innovation Dynamics in Transnational Contexts". *Research Policy* 46(7):1284–98. https://doi.org/10.1016/j.respol.2017.05.012.

Broto, Vanesa Castán, und Harriet Bulkeley. 2013. "A survey of urban climate change experiments in 100 cities". *Global Environmental Change* 23(1):92–102. https://doi.org/10.1016/j.gloenvcha.2012.07.005.

Brown, Nik, und Mike Michael. 2003. "A Sociology of Expectations: Retrospecting Prospects and Prospecting Retrospects". *Technology Analysis & Strategic Management* 15(1):3–18. https://doi.org/10.1080/0953732032000046024.

Camagni, Roberto. 1991. *Innovation networks: spatial perspectives*. Belhaven-Pinter.

Coenen, Lars, Jerker Moodysson, und Hanna Martin. 2015. "Path Renewal in Old Industrial Regions: Possibilities and Limitations for Regional Innovation Policy". *Regional Studies* 49(5):850–65.

Coenen, Lars, und Kevin Morgan. 2020. "Evolving geographies of innovation: existing paradigms, critiques and possible alternatives". *Norsk Geografisk Tidsskrift-Norwegian Journal of Geography* 74(1):13–24. https://doi.org/10.1080/00291951.2019.1692065.

Cooke, Philip. 1992. "Regional Innovation Systems: Competitive Regulation in the New Europe". *Geoforum* 23(3):365–82. https://doi.org/10.1016/0016-7185(92)90048-9.

Cooke, Philip. 2004. "Regional knowledge capabilities, embeddedness of firms and industry organisation: Bioscience megacentres and economic geography". *European Planning Studies* 12(5):625–41. https://doi.org/10.1080/0965431042000219987.

Cooke, Philip, und Gerd Schienstock. 2000. "Structural Competitiveness and Learning Regions (2000)". *Enterprise and Innovation Management Studies* 1(3):265–280. https://doi.org/10.1080/14632440010023217

D'Alisa, Giacomo, Federico Demaria, und Giorgos Kallis, Hrsg. 2016. *Degrowth. Handbuch für eine neue Ära*. oekom verlag.

Daniel, Antje, und Andreas Exner. 2020. „Kartographie Gelebter Ökotopien". *Forschungsjournal Soziale Bewegungen* 33(4):785–800. https://doi.org/10.1515/fjsb-2020-0070.

David, Martin. 2017. "Moving beyond the heuristic of creative destruction: Targeting exnovation with policy mixes for energy transitions". *Energy Research & Social Science* 33:138–46.

Doloreux, David. 2002. "What We Should Know about Regional Systems of Innovation". *Technology in Society* 24(3):243–63. https://doi.org/10.1016/S0160-791X(02)00007-6.

Edquist, Charles. 1997. "Systems of innovation: Technologies". *Institutions and Organizations, Pinter, London*.

Enia, Marco, und Flavio Martella. 2019. "Reducing Architecture: Doing Almost Nothing as a City-Making Strategy in 21st Century Architecture". *Frontiers of Architectural Research* 8(2):154–63. https://doi.org/10.1016/j.foar.2019.01.006.

European Commission. 2021. *Social Economy Action Plan*. Luxembourg: Publications Office of the European Union.

Farla, Jacco, Jochen Markard, Rob Raven, und Lars Coenen. 2012. "Sustainability transitions in the making: A closer look at actors, strategies and resources". *Technological Forecasting and Social Change* 79(6):991–98. https://doi.org/10.1016/j.techfore.2012.02.001.

Fischer, Ernst Peter, und Klaus Wiegandt. 2012. *Dimensionen der Zeit: Die Entschleunigung unseres Lebens*. S. Fischer Verlag.

Frank, Leonard, Klaus Jacob, und Rainer Quitzow. 2020. "Transforming or Tinkering at the Margins? Assessing Policy Strategies for Heating Decarbonisation in Germany and the United Kingdom". *Energy Research & Social Science* 67:101513. https://doi.org/10.1016/j.erss.2020.101513.

Freeman, C., und C. Perez. 1988. "Structural crises of adjustment, business cycles and investment behavior". S. 38–66 in G. Dosi, C. Freeman, R. Nelson, G. Silverberg and L. Soete (eds) *Technical Change and Economic Theory*. Taylor & Francis.

Freeman, Richard. 1987. *Technology, policy, and economic performance: lessons from Japan*. Burns & Oates.

Fuenfschilling, Lea, und Bernhard Truffer. 2014. "The Structuration of Socio-Technical Regimes – Conceptual Foundations from Institutional Theory". *Research Policy* 43(4):772–91. https://doi.org/10.1016/j.respol.2013.10.010.

Galego, Diego, Frank Moulaert, Marleen Brans, und Gonçalo Santinha. 2021. "Social Innovation & Governance: A Scoping Review". *Innovation-The European Journal Of Social Science Research*. https://doi.org/10.1080/13511610.2021.1879630.

Geels. 2014. "Regime Resistance against Low-Carbon Transitions: Introducing Politics and Power into the Multi-Level Perspective". *Theory, Culture and Society* 31(5):21–40.

Geels, Frank, und Rob Raven. 2006. "Non-linearity and Expectations in Niche-Development Trajectories: Ups and Downs in Dutch Biogas Development (1973–2003)". *Technology Analysis & Strategic Management* 18(3–4):375–92. https://doi.org/10.1080/09537320600777143.

Geels, Frank W. 2010. "Ontologies, socio-technical transitions (to sustainability), and the multi-level perspective". *Research Policy* 39(4):495–510. https://doi.org/10.1016/j.respol.2010.01.022.

Geels, Frank W. 2011. "The multi-level perspective on sustainability transitions: Responses to seven criticisms". *Environmental Innovation and Societal Transitions* 1(1):24–40. https://doi.org/10.1016/j.eist.2011.02.002.

Geels, Frank W., und René Kemp. 2007. "Dynamics in Socio-Technical Systems: Typology of Change Processes and Contrasting Case Studies". *Technology in Society* 29(4):441–55. https://doi.org/10.1016/j.techsoc.2007.08.009.

Graf, Holger. 2006. *Networks in the Innovation Process: Local and Regional Interactions*. Cheltenham: Elgar.

Grin, John, Jan Rotmans, Johan Schot, Frank W. Geels, und Derk Loorbach. 2011. *Transitions to Sustainable Development: New Directions in the Study of Long Term Transformative Change*. First issued in paperback. New York London: Routledge.

Hargreaves, Tom, Noel Longhurst, und Gill Seyfang. 2013. "Up, Down, Round and Round: Connecting Regimes and Practices in Innovation for Sustainability". *Environment and Planning A: Economy and Space* 45(2):402–20. https://doi.org/10.1068/a45124.

Hassink, Robert. 2010. "Locked in Decline? On the Role of Regional Lock-ins in Old Industrial Areas". Edward Elgar Publishing.

Haxeltine, Alex, Flor Avelino, Bonno Pel, Rene Kemp, Noel Longhurst, Jason Chilvers, und Julia Wittmayer. 2016. "A Framework for Transformative Social Innovation". https://doi.org/10.13140/RG.2.2.30337.86880.

Healy, Noel, und John Barry. 2017. "Politicizing Energy Justice and Energy System Transitions: Fossil Fuel Divestment and a 'Just Transition'". *Energy Policy* 108:451–59. https://doi.org/10.1016/j.enpol.2017.06.014.

Hess, David J. 2013. "Industrial fields and countervailing power: The transformation of distributed solar energy in the United States". *Global Environmental Change* 23(5):847–55. https://doi.org/10.1016/j.gloenvcha.2013.01.002.

Heyen, Dirk Arne, Lukas Hermwille, und Timon Wehnert. 2017. "Out of the Comfort Zone! Governing the Exnovation of Unsustainable Technologies and Practices". *GAIA – Ecological Perspectives for Science and Society* 26(4):326–31. https://doi.org/10.14512/gaia.26.4.9.

Högelsberger, Heinz, und Danyal Maneka. 2020. „Konversion der österreichischen Auto(zuliefer)industrie: Perspektiven für einen sozialökologischen Umbau". S. 409–39 in *Baustelle Elektromobilität: Sozialwissenschaftliche Perspektiven auf die Transformation der*

(Auto-)Mobilität, herausgegeben von A. Brunnengräber und T. Haas. Bielefeld: transcript.

Holemans, Dirk. 2021. "Commons as Polanyian countermovement in neoliberal market society. A case study in Belgium". *Community Development Journal*. https://doi.org/10.1093/cdj/bsab007.

Jaeger-Erben, Melanie, Jana Rückert-John, und Martina Schäfer. 2017. „Soziale Innovationen für nachhaltigen Konsum: Wissenschaftliche Perspektiven, Strategien der Förderung und gelebte Praxis". S. 9–21 in *Soziale Innovationen für nachhaltigen Konsum: Wissenschaftliche Perspektiven, Strategien der Förderung und gelebte Praxis, Innovation und Gesellschaft*, herausgegeben von M. Jaeger-Erben, J. Rückert-John, und M. Schäfer. Wiesbaden: Springer Fachmedien.

Jenkins, Kirsten. 2018. "Setting Energy Justice Apart from the Crowd: Lessons from Environmental and Climate Justice". *Energy Research & Social Science* 39:117–21. https://doi.org/10.1016/j.erss.2017.11.015.

Kazepov, Yuri, Fabio Colombo, und Tatiana Saruis. 2019. "The multiscalar puzzle of social innovation". S. 91–112 in *Local social innovation to combat poverty and exclusion: a critical appraisal*, herausgegeben von S. Oosterlynck, A. Novy, und Y. Kazepov. London: Polity Press.

Kemp, René, Johan Schot, und Remco Hoogma. 1998. "Regime shifts to sustainability through processes of niche formation: the approach of strategic niche management". *Technology analysis & strategic management* 10(2):175–98.

Kivimaa, Paula, Senja Laakso, Annika Lonkila, und Minna Kaljonen. 2021. "Moving beyond Disruptive Innovation: A Review of Disruption in Sustainability Transitions". *Environmental Innovation and Societal Transitions* 38:110–26. https://doi.org/10.1016/j.eist.2020.12.001.

Köhler, Jonathan, Frank W. Geels, Florian Kern, Jochen Markard, Elsie Onsongo, Anna Wieczorek, Floortje Alkemade, Flor Avelino, Anna Bergek, Frank Boons, Lea Fünfschilling, David Hess, Georg Holtz, Sampsa Hyysalo, Kirsten Jenkins, Paula Kivimaa, Mari Martiskainen, Andrew McMeekin, Marie Susan Mühlemeier, Bjorn Nykvist, Bonno Pel, Rob Raven, Harald Rohracher, Björn Sandén, Johan Schot, Benjamin Sovacool, Bruno Turnheim, Dan Welch, und Peter Wells. 2019a. "An agenda for sustainability transitions research: State of the art and future directions". *Environmental Innovation and Societal Transitions* 31:1–32. https://doi.org/10.1016/j.eist.2019.01.004.

Köhler, Jonathan, Frank W. Geels, Florian Kern, Jochen Markard, Elsie Onsongo, Anna Wieczorek, Floortje Alkemade, Flor Avelino, Anna Bergek, Frank Boons, Lea Fünfschilling, David Hess, Georg Holtz, Sampsa Hyysalo, Kirsten Jenkins, Paula Kivimaa, Mari Martiskainen, Andrew McMeekin, Marie Susan Mühlemeier, Bjorn Nykvist, Bonno Pel, Rob Raven, Harald Rohracher, Björn Sandén, Johan Schot, Benjamin Sovacool, Bruno Turnheim, Dan Welch, und Peter Wells. 2019b. "An Agenda for Sustainability Transitions Research: State of the Art and Future Directions". *Environmental Innovation and Societal Transitions* 31:1–32. https://doi.org/10.1016/j.eist.2019.01.004.

Konrad, Kornelia. 2016. "Expectation dynamics: Ups and downs of alternative fuels". *Nature Energy* 1(3):16022. https://doi.org/10.1038/nenergy.2016.22.

Kristof, Kora. 2020. *Wie Transformation gelingt: Erfolgsfaktoren für den gesellschaftlichen Wandel*. Oekom Verlag.

Kristof, Kora. 2021. „Erfolgsfaktoren für die gesellschaftliche Transformation: Erkenntnisse der Transformationsforschung für erfolgreichen Wandel nutzen". *GAIA – Ecological Perspectives for Science and Society* 30(1):7–11. https://doi.org/10.14512/gaia.30.1.3.

Krüger, Timmo, und Victoria Pellicer-Sifres. 2020. "From innovations to exnovations. Conflicts, (De-)Politicization processes, and power relations are key in analysing the ecological crisis". *Innovation: The European Journal of Social Science Research* 33(2):115–23. https://doi.org/10.1080/13511610.2020.1733936.

Latour, Bruno. 2019. *Eine neue Soziologie für eine neue Gesellschaft: Einführung in die Akteur-Netzwerk-Theorie*. 5. Auflage. Frankfurt am Main: Suhrkamp.

Lente, Harro van, Charlotte Spitters, und Alexander Peine. 2013. "Comparing technological hype cycles: Towards a theory". *Technological Forecasting and Social Change* 80(8):1615–28. https://doi.org/10.1016/j.techfore.2012.12.004.

Linz, Manfred. 2015. *Suffizienz als politische Praxis. Ein Katalog*. Wuppertal Spezial 49. Wuppertal: Wuppertal Institut für Klima, Umwelt, Energie GmbH.

Loorbach, Derk. 2010. "Transition Management for Sustainable Development: A Prescriptive, Complexity-Based Governance Framework". *Governance* 23(1):161–83. https://doi.org/10.1111/j.1468-0491.2009.01471.x.

Lundvall, Bengt-Ake. 1992. "National systems of innovation: towards a theory of innovation and interactive learning".

Malerba, Franco, und Luigi Orsenigo. 1995. "Schumpeterian Patterns of Innovation". *Cambridge Journal of Economics* 19(1). https://doi.org/10.1093/oxfordjournals.cje.a035308.

Markard, Jochen, und Bernhard Truffer. 2008. "Technological innovation systems and the multi-level perspective: Towards an integrated framework". *Research Policy* 37(4):596–615.

Marquardt, Jens. 2017. "Conceptualizing Power in Multi-Level Climate Governance". *Journal of Cleaner Production* 154:167–75. https://doi.org/10.1016/j.jclepro.2017.03.176.

Mc Loughlin, Keith. 2017. "Socially useful production in the defence industry: the Lucas Aerospace combine committee and the Labour government, 1974–1979". *Contemporary British History* 31(4):524–45. https://doi.org/10.1080/13619462.2017.1401470.

McKay, Virginia R., Alexandra B. Morshed, Ross C. Brownson, Enola K. Proctor, und Beth Prusaczyk. 2018. "Letting Go: Conceptualizing Intervention De-Implementation in Public Health and Social Service Settings". *American Journal of Community Psychology* 62(1–2):189–202. https://doi.org/10.1002/ajcp.12258.

Mierlo, Barbara van, Cees Leeuwis, Ruud Smits, und Rosalinde Klein Woolthuis. 2010. "Learning towards system innovation: Evaluating a systemic instrument". *Technological Forecasting and Social Change* 77(2):318–34. https://doi.org/10.1016/j.techfore.2009.08.004.

Moulaert, Frank, und Diana MacCallum. 2019. *Advanced Introduction to Social Innovation*. Edward Elgar Publishing.

Moulaert, Frank, Abid Mehmood, Diana MacCallum, und Bernhard Leubolt. 2017. *Social Innovation as a Trigger for Transformations – The Role of Research*. Brussels: European Commission.

Nelson, Richard R., und Sidney G. Winter. 1977. "In Search of Useful Theory of Innovation". *Research Policy* 6(1):36–76. https://doi.org/10.1016/0048-7333(77)90029-4.

Newell, Peter, und Dustin Mulvaney. 2013. "The Political Economy of the 'Just Transition'". *The Geographical Journal* 179(2):132–40. https://doi.org/10.1111/geoj.12008.

Newig, Jens, Pim Derwort, und Nicolas W. Jager. 2019. "Sustainability through institutional failure and decline? Archetypes of productive pathways". *Ecology and Society* 24(1):18–31.

Novy, Andreas, Nathan Barlow, und Julia Fankhauser. 2022. "Transformative Innovation". in *Handbook of Critical Environmental Politics*, herausgegeben von L. Pellizzoni, E. Leonardi, und V. Asara. Edward Elgar Publishing.

Owen, Richard, Phil Macnaghten, und Jack Stilgoe. 2012. "Responsible research and innovation: From science in society to science for society, with society". *Science and Public Policy* 39(6):751–60.

Penna, Caetano C. R., und Frank W. Geels. 2015. "Climate change and the slow reorientation of the American car industry (1979–2012): An application and extension of the Dialectic Issue LifeCycle (DILC) model". *Research Policy* 44(5):1029–48.

Pichler, Melanie, Nora Krenmayr, Etienne Schneider, und Ulrich Brand. 2021. "EU Industrial Policy: Between Modernization and Transformation of the Automotive Industry". *Environmental Innovation and Societal Transitions* 38:140–52. https://doi.org/10.1016/j.eist.2020.12.002.

Pichler, Melanie, Anke Schaffartzik, Helmut Haberl, und Christoph Görg. 2017. "Drivers of Society-Nature Relations in the Anthropocene and Their Implications for Sustainability Transformations". *Current Opinion in Environmental Sustainability* 26–27:32–36. https://doi.org/10.1016/j.cosust.2017.01.017.

Polanyi, Michael. 1966. *The Tacit Dimension*. Chicago: University of Chicago press.

Pradel-Miquel, Marc. 2017. "Crisis, (re-)informalization processes and protest: The case of Barcelona". *Current Sociology* 65(2):209–21. https://doi.org/10.1177/0011392116657291.

Raven, Rob, Florian Kern, Bram Verhees, und Adrian Smith. 2016. "Niche construction and empowerment through socio-political work. A meta-analysis of six low-carbon technology cases". *Environmental Innovation and Societal Transitions* 18:164–80. https://doi.org/10.1016/j.eist.2015.02.002.

Roberts, J. C. D. 2017. "Discursive destabilisation of socio-technical regimes: Negative storylines and the discursive vulnerability of historical American railroads". *Energy Research & Social Science* 31:86–99. https://doi.org/10.1016/j.erss.2017.05.031.

Rosenbloom, Daniel, und Adrian Rinscheid. 2020. "Deliberate Decline: An Emerging Frontier for the Study and Practice of Decarbonization". *WIREs Climate Change* 11(6):e669. https://doi.org/10.1002/wcc.669.

Schot, Johan. 2016. "Confronting the Second Deep Transition through the Historical Imagination". *Technology and Culture* 57(2):445–56. https://doi.org/10.1353/tech.2016.0044.

Schot, Johan, und Frank W. Geels. 2008. "Strategic niche management and sustainable innovation journeys: theory, findings, research agenda, and policy". *Technology analysis & strategic management* 20(5):537–54.

Schot, Johan, und W. Edward Steinmueller. 2018. "Three Frames for Innovation Policy: R&D, Systems of Innovation and Transformative Change". *Research Policy* 47(9):1554–67. https://doi.org/10.1016/j.respol.2018.08.011.

Sengers, Frans, Anna J. Wieczorek, und Rob Raven. 2019. "Experimenting for sustainability transitions: A systematic literature review". *Technological Forecasting and Social Change* 145:153–64. https://doi.org/10.1016/j.techfore.2016.08.031.

Seyfang, Dr Gill, und Dr Adrian Smith. 2007. "Grassroots innovations for sustainable development: Towards a new research and policy agenda". *Environmental Politics* 16(4):584–603. https://doi.org/10.1080/09644010701419121.

Seyfang, Gill, und Alex Haxeltine. 2012. "Growing Grassroots Innovations: Exploring the Role of Community-Based Initiatives in Governing Sustainable Energy Transitions". *Environment and Planning C: Government and Policy* 30(3):381–400. https://doi.org/10.1068/c10222.

Smink, Magda M., Marko P. Hekkert, und Simona O. Negro. 2015. "Keeping Sustainable Innovation on a Leash? Exploring Incumbents' Institutional Strategies". *Business Strategy and the Environment* 24(2):86–101. https://doi.org/10.1002/bse.1808.

Smith, Adrian. 2012. "Civil society in sustainable energy transitions". *Governing the Energy Transition: reality, illusion or necessity* 180–202.

Smith, Adrian, und Rob Raven. 2012. "What Is Protective Space? Reconsidering Niches in Transitions to Sustainability". *Research Policy* 41(6):1025–36. https://doi.org/10.1016/j.respol.2011.12.012.

Stegmaier, Peter, Stefan Kuhlmann, und Vincent R. Visser. 2014. "The discontinuation of socio-technical systems as a governance problem". S. 111–31 in *The governance of socio-technical system: Explaining change*, herausgegeben von S. Borrás und J. Edler. Cheltenham, UK: Edward Elgar Publishing.

Tödtling, Franz, Arne Isaksen, und Michaela Trippl. 2018. "Regions and Clusters and the Global Economy". *Handbook on the Geographies of Globalization*.

Tödtling, Franz, und Michaela Trippl. 2005. "One Size Fits All?: Towards a Differentiated Regional Innovation Policy Approach". *Research Policy* 34(8):1203–19. https://doi.org/10.1016/j.respol.2005.01.018.

Tödtling, Franz, Michaela Trippl, und Veronika Desch. 2021. *New Directions for RIS Studies and Policies in the Face of Grand Societal Challenges*. 2021(01). GEIST Working Paper Series.

Tödtling, Franz, Michaela Trippl, und Alexandra Frangenheim. 2020. "Policy options for green regional development: Adopting a production and application perspective". *Science and Public Policy* 47(6):865–75. https://doi.org/10.1093/scipol/scaa051.

Unger, Brigitte, Daan van der Linde, und Michael Getzner. 2017. *Public or Private Goods?* Edward Elgar Publishing.

WBGU, Hrsg. 2011. *World in Transition: A Social Contract for Sustainability*. Berlin: German Advisory Council on Global Change.

Wehnert, Timon. 2017. „Zwischen Innovation und Exnovation. Anforderungen an eine Forschung für den Kohleausstieg". *Politische Ökologie* (149):30–36.

Westman, Linda, und Vanesa Castán Broto. 2022. "Urban Transformations to Keep All the Same: The Power of Ivy Discourses". *Antipode* anti.12820. https://doi.org/10.1111/anti.12820.

Wieczorek, Anna J., Marko P. Hekkert, Lars Coenen, und Robert Harmsen. 2015. "Broadening the national focus in technological innovation system analysis: The case of offshore wind". *Environmental Innovation and Societal Transitions* 14:128–48. https://doi.org/10.1016/j.eist.2014.09.001.

Kapitel 27. Theorien des Wandels und der Gestaltung von Strukturen: Bereitstellungsperspektive

Koordinierende Leitautor_innen
Michael Jonas und Andreas Novy

Leitautor_innen
Richard Bärnthaler, Veronica Karabaczek, Leonhard Plank und Thomas Schinko.

Beitragende Autor_innen
Ulrich Brand, Andrea*s Exner, Mathias Krams, Julia Fankhauser, Margarete Haderer und Klaus Kubeczko.

Revieweditorin
Nora Räthzel

Zitierhinweis
Jonas, M., A. Novy, R. Bärnthaler, V. Karabaczek, L. Plank und T. Schinko (2023): Theorien des Wandels und der Gestaltung von Strukturen: Bereitstellungsperspektive. In: APCC Special Report: Strukturen für ein klimafreundliches Leben (APCC SR Klimafreundliches Leben) [Görg, C., V. Madner, A. Muhar, A. Novy, A. Posch, K. W. Steininger und E. Aigner (Hrsg.)]. Springer Spektrum: Berlin/Heidelberg.

27.1 Einleitung

Die Bereitstellungsperspektive untersucht geeignete Strukturen klimafreundlichen Lebens ausgehend von **Bereitstellungssystemen, die suffiziente und resiliente Praktiken und Lebensformen erleichtern und damit selbstverständlich machen**. Sie ermöglicht eine ganzheitliche Sichtweise, um langfristige Klimawandelmitigation und -anpassung mit der kurzfristigen Sicherung der Grundversorgung und dem Schutz vor Naturgefahren zu verbinden.

Suffizienz, die Mindeststandards eines Genug definiert, und reflexive Resilienz, die mit Einfallsreichtum Vulnerabilitäten und Alltagspraktiken krisensicherer macht, definieren in dieser Perspektive das „gute Leben". Lebensformen bündeln mehrere Praktiken und sind daher soziale Praktiken zweiter Ordnung, die durch Normen und Infrastrukturen – sowohl klimaschädlichen als auch sozial-ökologischen – strukturiert werden. Dieser Perspektive folgend wird klimafreundliches Leben möglich, wenn klimafreundliche soziale Praktiken „normal" und selbstverständlich werden. Dazu braucht es klimafreundliche Rahmenbedingungen, damit neue Gewohnheiten entstehen können. Bereitstellungssysteme umfassen rechtliche Regelungen (Verfassung, Gesetze, Verordnungen), Infrastrukturen (materielle und sozial-ökologische wie Begegnungszonen und Energiegemeinschaften) und Institutionen (Raumordnung, Raumplanung, kulturelle Normen, [z. B. Auto als Statussymbol oder „der Traum vom Eigenheim"]).

Die wichtigsten Theorien des Wandels, die von der Bereitstellungsperspektive ausgehen und im Folgenden ausführlicher behandelt werden, sind Bereitstellungssysteme und Alltagsökonomie, praxistheoretische Ansätze, Lebensformen, umfassendes Klimarisikomanagement, Suffizienz und Resilienz.

27.2 Bereitstellungssysteme und Alltagsökonomie

Lead Autor_innen
Richard Bärnthaler, Andreas Novy, Leonhard Plank

Kernaussagen
- Unter den Gegebenheiten gegenwärtiger Formen der Bereitstellung befriedigt kein Land der Welt Bedürfnisse in zureichender Weise und unter der Bedingung eines nachhaltigen Energie- und Ressourcenverbrauchs.
- Wenn jene Bereitstellungssysteme, die menschliche Bedürfnisse mit verhältnismäßig geringem Ressourcen- und Energieverbrauch befriedigen, z. B. Pflege, Bildung, Gesundheit, möglichst kli-

maeffizient ausgeweitet werden, dann wird klimafreundliches Leben erleichtert.
- Wenn jene Bereitstellungssysteme, die menschliche Bedürfnisse mit einem nicht nachhaltigen Ressourcen- und Energieverbrauch befriedigen, z. B. Wohnen, Ernährung, Mobilität, klimafreundlich umgestaltet werden, dann wird klimafreundliches Leben erleichtert.
- Wenn jene Bereitstellungssysteme, die primär nicht der menschlichen Bedürfnisbefriedigung dienen, sondern andere Ziele verfolgen, z. B. geplante Obsoleszenz oder Rentenextraktion, schrumpfen, dann wird klimafreundliches Leben erleichtert.
- Die Privatisierung und Finanzialisierung alltagsökonomischer Bereitstellung sowie Extraktivismus und Wirtschaftswachstum jenseits eines moderaten Wohlstandsniveaus erschweren klimafreundliches Leben.
- Wenn alltägliche Güter und Leistungen öffentlich, dekommodifiziert, inklusiv und in hoher Qualität bereitgestellt werden, Einkommensungleichheit gering ist und demokratische Institutionen gestärkt werden, dann wird klimafreundliches Leben erleichtert.
- Wenn für alle leistbare (Stichwort: „Universal Basic Services") sozial-ökologische Infrastrukturen, z. B. Naherholungsräume, dezentrale Pflegeeinrichtungen, Nahversorgung und öffentliche Mobilität, zulasten nicht nachhaltiger Infrastrukturen, z. B. für motorisierten Individualverkehr, ausgebaut werden, dann wird klimafreundliches Leben erleichtert.
- Wenn sozialinnovative Formen der Bereitstellung umgesetzt werden, z. B. durch intermediäre Organisationen, Genossenschaften oder mittels gesellschaftlicher Betriebslizenzen, die den Anbietern der Alltagsökonomie sozial-ökologische Verpflichtungen auferlegen, dann wird klimafreundliches Leben erleichtert.

Das Konzept der Bereitstellung, welches Verteilung, Produktion und Konsum (Gruchy, 1987) integriert, entstammt verschiedenen, vor allem heterodoxen sozialwissenschaftlichen und ökonomischen Denkschulen (Fine, 2002; Todorova & Jo, 2019). Besonders von der politischen Ökologie inspirierte Denkschulen nutzen dieses Konzept, um soziometabolische und politökonomische Zugänge, Fragen der Ressourcennutzung und deren sozioökonomische Folgen zu verbinden (Schaffartzik et al., 2021). Bereitstellungssysteme, wie diejenigen für Energie, Ernährung oder Mobilität, bezeichnen eine Reihe von Elementen (z. B. Infrastrukturen, Technologien, Akteur_innen, rechtliche und soziale Institutionen, Kapital), die bei der Umwandlung von Ressourcen zusammenspielen, um menschliche Bedürfnisse zu befriedigen (Bayliss & Fine, 2020; Fanning, O'Neill, & Büchs, 2020; Plank et al., 2021; Schaffartzik et al., 2021). Damit eröffnet diese Analyse einen systemischen und multidimensionalen Zugang zu Bedürfnisbefriedigung: Konsum und die einhergehenden sozial-ökologischen Konsequenzen können nicht alleine durch individuelle Konsumentscheidungen verstanden werden, sondern hängen von soziokulturellen und politökonomischen Bereitstellungssystemen ab, welche sich historisch und geografisch sowie hinsichtlich der bereitgestellten Güter und Dienstleistungen unterscheiden (Schafran, Smith, & Hall, 2020). Bereitstellungssysteme sind kollektiv geschaffen, wobei sich „kollektiv" weder auf eine bestimmte Institution bezieht, z. B. staatlich, gemeinnützig, gewinnorientiert, noch auf eine bestimmte räumliche Ebene, z. B. lokal, regional, national (Schafran, Smith, & Hall, 2020). Es bedeutet bloß, dass sich Individuen nicht als autonome Wesen alleine und selbständig mit diesen Gütern und Diensten versorgen können.

Da gemäß des von Kate Raworth (2012) inspirierten Frameworks „safe and just space" (SJS) gegenwärtig kein Land der Welt Bedürfnisse in zureichender Weise *und* unter der Bedingung eines nachhaltigen Energie- und Ressourcenverbrauchs befriedigt (O'Neill et al., 2018; Vogel et al., 2021), besteht die klimapolitische Herausforderung darin, die Bedingungen eines guten Lebens für alle innerhalb planetarischer Grenzen auszuloten (vgl. „Living Well Within Limits [LiLi] project" an der University of Leeds, Brand-Correa & Steinberger, 2017; Millward-Hopkins et al., 2020; Raworth, 2017). Bereitstellungssysteme zu analysieren ist hierbei besonders wichtig, da sie als Vermittler zwischen menschlichem Wohlbefinden und biophysischen Prozessen fungieren (O'Neill et al., 2018).

Um eine klimafreundliche Lebensweisen zu ermöglichen, bedarf es dreierlei: (1) einer Stärkung und klimaeffizienten Ausweitung jener Bereitstellungssysteme, die menschliche Bedürfnisse mit verhältnismäßig geringem Ressourcen- und Energieverbrauch befriedigen, z. B. Pflege, Bildung, Gesundheit (Aigner & Lichtenberger, 2021; Calafati et al., 2021; Hardt et al., 2020); (2) einer Umwandlung jener Bereitstellungssysteme, die menschliche Bedürfnisse mit einem nicht nachhaltigen Ressourcen- und Energieverbrauch befriedigen, z. B. Wohnen, Ernährung, Mobilität (Calafati et al., 2021; Mattioli et al., 2020; Plank et al., 2021); sowie (3) eines Rückbaus jener Bereitstellungssysteme, die primär nicht der menschlichen Bedürfnisbefriedigung dienen, sondern andere Ziele verfolgen (Gough, 2017; O'Neill et al., 2018), z. B. Luxuskonsum (Oswald, Owen, & Steinberger, 2020; UNEP, 2020), Überproduktion und Überkonsumption (Pirgmaier, 2020), Gewinnstreben (Hinton, 2020), geplante Obsoleszenz (Guiltinan, 2009) und Rentenextraktion (Bärnthaler, Novy, & Plank, 2021; Fanning et al., 2020; Mazzucato, 2019;

Stratford, 2020). Dies ermöglicht die Etablierung sogenannter „Konsumkorridore" (Brand-Correa et al., 2020; Fuchs et al., 2021; Gough, 2020; Pirgmaier, 2020), welche einerseits ein Mindestniveau an Konsum garantieren, um ein gutes Leben zu ermöglichen, und andererseits ein Maximum festlegen, um planetarische Grenzen nicht zu überschreiten. Hier ergeben sich konkrete Synergien mit dem Ansatz der Alltagsökonomie („Foundational Economy"), welcher eine Abkehr vom derzeit dominanten wirtschaftspolitischen Fokus auf exportorientierte Industrien und eine Zuwendung, Priorisierung und Aufwertung der auf die Grundversorgung ausgerichteten Alltagsökonomie fordert (FEC, 2018). Diese umfasst de facto die Daseinsvorsorge und grundlegende Nahversorgung (in Erweiterungen alltagsökonomischen Denkens zählt auch der unbezahlte Bereich der Haus- und Sorgearbeit dazu; vgl. Bärnthaler, Novy, & Plank, 2021). In Österreich sind 44 Prozent aller Beschäftigten in den Kernbereichen der Alltagsökonomie tätig (Krisch et al., 2020).

Ein wesentliches Hindernis für diese wirtschaftspolitische Neuausrichtung sind jene gegenwärtigen politökonomischen Bedingungen, die Bedürfnisbefriedigung primär über die Bereitstellung privater Güter und Dienste über Märkte strukturieren. Daher kritisiert der Ansatz der Alltagsökonomie, in Einklang mit Theorien der politischen Ökonomik (Aglietta, 2000), polanyischen Theorien (vgl. Abschn. 28.6) und Ansätzen der Public Economics (Unger, Linde, & Getzner, 2017), dass sich gegenwärtig ein Geschäftsmodell durchgesetzt hat, dass alle Wirtschaftsbereiche – und damit auch diejenigen der Alltagsökonomie, die für ein zivilisiertes Alltagsleben notwendig sind – derselben Logik unterwirft: der Kommodifizierung und Finanzialisierung der Bereitstellung. Der Eintritt privater Anbieter mit finanzialisierten Geschäftsmodellen – von Strom, Wasser und Gas über Wohnen, Gesundheit und Pflege – untergräbt eine effiziente Bereitstellung der Grundversorgung und führte oftmals zu einer unterinvestierten sowie operational überlasteten Alltagsökonomie mit ungleichheitsfördernden Implikationen (Bowman et al., 2015; Burns et al., 2016). Die Kommodifizierung und Finanzialisierung alltagsökonomischer Bereitstellung wirkt darüber hinaus der Möglichkeit eines klimafreundlichen Lebens entgegen, da diese Formen der Bereitstellung vermehrt andere Ziele als Bedürfnisbefriedigung verfolgen und öffentliche Leistungen tendenziell eine höhere Bedürfnisbefriedigung (vor allem hinsichtlich des Zugangs zu grundlegenden Leistungen) mit geringeren Energiebedarf ermöglichen (Vogel et al., 2021). Weitere hemmende Faktoren sind Extraktivismus und Wirtschaftswachstum jenseits eines moderaten Wohlstandsniveaus, da sie mit einer geringeren Bedürfnisbefriedigung und einem höheren Energiebedarf verbunden sind (Vogel et al., 2021). Dementgegen sind Faktoren wie die Qualität öffentlicher Leistungen, geringe Einkommensungleichheit, Demokratie und inklusiver Zugang zu Elektrizität mit einer höheren Bedürfnisbefriedigung und einem geringeren Energiebedarf verbunden (Vogel et al., 2021).

Je nach Entwicklungsphase, in der sich die jeweiligen Bereitstellungssysteme (oder Teile derselben) befinden, ergeben sich unterschiedliche Interventionsmöglichkeiten, etwa während der Grundlegung (z. B. Konflikte rund um Landnutzungsrechte), des Baus (z. B. Blockaden von Baustellen, Regelung von Eigentumsrechten), der Nutzung (z. B. Konsumboykott), möglicher Folgeinvestition (z. B. Divestment) oder dem Ab- bzw. Rückbau (z. B. Industriebrachen) (Schaffartzik et al., 2021). Zentral für die Erreichung sozialer und klimarelevanter Zielsetzungen sind der Aus- und Aufbau sozial-ökologischer Infrastrukturen (z. B. Naherholungsräume, sozialer Wohnbau, dezentrale Pflegeeinrichtungen, funktionierende Nahversorgung, öffentliche Mobilität), die nachhaltig, klimafreundlich für alle leistbar sind (Bärnthaler, Novy, & Plank, 2021; Großer et al., 2020). Sie stellen für das alltägliche Leben grundlegende Güter und Leistungen als „Universal Basic Services" (Coote, 2021) ressourceneffizient bereit, fördern „kollektiven Konsum" (Castells, 1983; Saunders & Williams, 1988) und wirken sozialräumlichen und geschlechtlichen Ungleichheiten entgegen, da sie allen in gleicher Weise zugutekommen (Dabrowski et al., 2020). Bereitstellung lässt sich hierbei nicht auf eine Öffentlich-privat-Dichotomie reduzieren, sondern integriert sozialinnovative Bereitstellungsformen, z. B. durch intermediäre Organisationen, Genossenschaften oder mittels sogenannter gesellschaftlicher Betriebslizenzen (FEC, 2020; Froud & Williams, 2019), die den Anbietern der Alltagsökonomie für deren Privileg, in geschützten Bereichen operieren zu dürfen, im Gegenzug sozial-ökologische Verpflichtungen (inklusive Arbeitsbedingungen) auferlegen.

Bereitstellungssysteme sind somit zentrale Strukturen eines klimafreundlichen Lebens. Sie legen wesentliche langfristige Rahmenbedingungen für die Art der Produktion, des Konsums und der Verteilung von Ressourcen fest. Diese sind nicht nur unterschiedlich wirksam zur Befriedigung von Bedürfnissen, sondern gehen auch mit bestimmten unterschiedlichen Umwelt- und Klimaimplikationen einher.

27.3 Praxeologische (praxistheoretische) Ansätze

Lead Autor_innen
Michael Jonas

Kernaussagen
- Ursachen und Folgen der aktuellen Klimakrise werden aus praxistheoretischer Perspektive als Konsequenzen primär menschlichen Agierens be-

trachtet, die sich in den modernen und nachmodernen Gesellschaften in der hegemonialen Stellung nichtnachhaltiger und ressourcenvernutzender Produktions- und Konsumtionsweisen und entsprechender milieuspezifischer Lebensformen niederschlagen.
- Auch wenn Akteur_innen aus unterschiedlichen gesellschaftlichen Sphären (Wirtschaft, private Lebenswelt, Wissenschaft usw.) zu den negativen Folgen der Klimakrise beitragen oder mitunter klimafreundliche Alternativen zu etablieren suchen, hat vor allem die Politik die Gestaltungsmacht, Voraussetzungen für die Entwicklung eines klimafreundlichen Lebens zu schaffen.
- Als Voraussetzungen eines klimafreundlichen Lebens gelten auf Dauer angelegte erneuerte oder neuartige Infrastrukturen und Lebensformen, in denen Agieren in nachhaltigen, etwa suffizienzorientierten Praktiken (vor allem Gewohnheiten) zentral ist und in denen Akteur_innen aus unterschiedlichen gesellschaftlichen Milieus teilhaben können.

Praxistheoretische (oder praxeologische) Ansätze liegen inzwischen in großer Vielzahl vor. Zentral ist der Blick auf die Entstehung, Beschaffenheit und Reproduktion gesellschaftlicher Praxis. In der neueren Diskussion wird der Fokus auf Praktiken (Reckwitz, 2002) gelegt, die als strukturelle Momente gefasst (Giddens, 1979) die Dichotomie zwischen (gesellschaftlichen) Strukturen und (individuellen) Handlungen aufheben. Die Orte sozialer Praxis konstituieren sich so aus den performativen Inszenierungen unterschiedlicher Praktikenbündel und mit ihnen verbundenen soziomateriellen Ordnungen (Schatzki, 2002). Als eine Praktik gilt ein Nexus des Tuns und Sprechens, der durch Fertigkeiten, Regeln und Leitmotiven strukturiert wird. Soziomaterielle Ordnungen bestehen aus Vernetzungen menschlicher und nicht menschlicher Entitäten. Praxeologische Forschungen weisen einen relationalen Charakter auf, demzufolge gesellschaftliche Phänomene ihre Bedeutungen aus ihren sich beständig verändernden wechselseitigen Verhältnissen bekommen. Diese Forschungen verzichten zudem auf dichotome Unterscheidungen wie etwa unterschiedliche gesellschaftliche Ebenen (Mikro/Makro) (Marston, Jones, & Woodward, 2005), um hervorzuheben, dass gesellschaftlicher Wandel nicht durch andersartige Prozesse (wie Up- und Down-Scaling), sondern durch den kontextspezifischen Wandel von Praktiken und Ordnungen stattfindet (Jonas, 2016; Schmid & Smith, 2021; Warde, 2005). Praxeologische Forschung trifft selten Diagnosen unilinearer gesellschaftlicher Entwicklungspfade. Die Entstehung unterschiedlicher Pfade wird als permanent zu reproduzierendes Ergebnis kontingenter Prozesse angesehen, die sich durch Stabilität und Wandel auszeichnen. Praxistheoretische Ansätze werden in der Regel mit Ansätzen aus anderen Disziplinen angereichert – bezogen auf das Konzept der klimafreundlichen Lebensweise etwa durch Aspekte, die sich beispielsweise aus der Care-Debatte oder den Diskussionen über Suffizienz übernehmen lassen.

Nicht jede praxeologische Forschung hebt gesellschaftlichen Wandel (Schatzki, 2019) hervor und nur ein Teil dieser Studien fokussiert auf Ursachen und Folgen der aktuellen Klimakrise sowie auf Fragen nach sozial-ökologischen Transformationen und Nachhaltigkeitsaspekten (Jonas & Littig, 2015). In den hier relevanten Analysen werden Ursachen und Folgen der Klimakrise als direkte und indirekte Konsequenzen vornehmlich menschlicher Aktivitäten gedeutet, die sich in ressourcenvernutzenden Produktions-, Distributions- und Konsumtionsweisen manifestieren und auf globaler Ebene unterschiedlich ausgeprägt sind. Es werden die Ursachen nicht nachhaltiger beziehungsweise nachhaltiger Konfigurationen von Praktiken und Ordnungen analysiert, um deren nachhaltigkeitsorientierte Veränderung beziehungsweise deren stärkere gesellschaftliche Verbreitung zu fokussieren. Außer der Kritik an Nachhaltigkeitspolitiken, die Wandel als Veränderungen individueller Wahlentscheidungen thematisieren (Shove, 2010), geht es um die Analyse nicht nachhaltiger produktions- und konsumtionsrelevanter Problematiken etwa im Energiesektor (Shove & Walker, 2014), im Mobilitätsbereich (Barr & Prillwitz, 2014), im Ernährungsbereich (Exner & Strüver, 2020) oder in weiteren Praktiken des Alltags und deren Umwandlung im Kontext der Entwicklung und Verbreitung nachhaltiger Lebensstile und Gemeinschaften. Oder es geht um die Analyse von nachhaltigkeitsorientierten Fallbeispielen und Projekten (Smith, 2019; Zapata Campos, Zapata, & Ordoñez, 2020) und die Frage ihrer weiteren gesellschaftlichen Verbreitung sowie zuletzt um die Entfaltung nachhaltiger Infrastrukturen (Cass, Schwanen, & Shove, 2018) und Lebensformen (Jaeggi, 2014; Novy, 2018).

Reichweite und Komplexität der Ziele und Herausforderungen vorgeschlagener Veränderungsprozesse variieren. Unterscheiden lassen sich einerseits jene Vorschläge, die sich auf eingegrenzte Phänomene beziehen (etwa auf das Ausschalten von WLAN-Routern, wenn sie nicht gebraucht werden; Spinney et al., 2012), von solchen, die unterschiedliche gesellschaftliche Sphären betreffen. Andererseits können diese Vorschläge danach voneinander abgegrenzt werden, ob sie eher nur auf inkrementelle Veränderungen ausgerichtet sind, die wie in den Fällen von Green-Economy- oder Circular-Economy-Strategien keinen grundsätzlichen gesamtgesellschaftlichen Wandel voraussetzen, oder ob sie auf radikale Transformationen (Brand & Wissen, 2017b) ausgerichtet sind, die außer der Implementierung veränderter oder neuer Herstellungs-, Distributions- und Konsumtionsweisen und -praktiken auch einen grundlegenden Wandel der jeweils betreffenden gesellschaftlichen Sphären selbst verlangen (Sayer, 2013).

Grundsätzlich werden diejenigen hegemonialen Praktiken und ihre soziomateriellen Kontexte als hemmende strukturelle Momente identifiziert, die (etwa durch hohen Ressourcenverbrauch) mitverantwortlich für die Klimakrise sind. Das schließt auch entsprechende Akteur_innen ein, die von klimaschädlichen Praktiken rekrutiert, also zur Teilnahme animiert werden. Als notwendig gilt, die hegemoniale Stellung solcher Praktiken/Ordnungs-Konfigurationen etwa in den Bereichen der Mobilität, des Wohnens, der Produktion, der Konsumtion und anderen aufzuweichen, indem diese Konfigurationen entweder verändert oder durch neuartige, klimafreundliche Alternativen ersetzt werden. Solche Wandlungsprozesse können dabei eher kommunikativ und kooperativ verhandelbar oder/und eher konflikt- und konfrontationsbehaftet sein. Es werden auch spezifische Akteur_innen hervorgehoben, deren Engagement in nicht nachhaltigen Praktiken als problematisch eingeschätzt wird. Dies sind vor allem Akteur_innen aus der Politik und der Wirtschaft, aber auch Bürger_innen etwa in ihrer Rolle als Konsument_innen oder als Mitglieder bildungs- und einkommensstarker Milieus, deren nicht nachhaltige Aktivitäten weitaus stärker ausgeprägt sind als das jener von bildungs- und einkommensschwächeren Milieus (Kleinhückelkotten, Neitzke, & Moser, 2016; Moser & Kleinhückelkotten, 2018). Umgekehrt gelten jene Praktiken als positiv, deren Fertigkeiten, Regeln und Leitmotive zu klimafreundlichen Aktivitäten anregen, indem sie etwa konsequent an Suffizienz-Kriterien ausgerichtet sind.

Da Sozialität als Ergebnis einer permanent ablaufenden Reproduktion sozialer Praxis aufgefasst wird, können prinzipiell alle notwendigen Veränderungen für eine klimafreundlichere Lebensweise angegangen und umgesetzt werden. Dies schließt auch die grundsätzliche Veränderbarkeit etwa hegemonialer Machtverhältnisse, Verhaltenspfade oder materieller Infrastrukturen ein. Eine Reihe von empirischen Studien arbeitet heraus, dass Veränderungen unterschiedliche Auswirkungen auf gesellschaftliche Milieus haben und dass sich deren Mitglieder unterschiedlich stark mobilisieren lassen. Grundlegend gilt, dass Anrufungen zwecks individueller Verhaltensänderungen ebenso zu kurz greifen wie nicht partizipative Änderungsversuche gesellschaftlicher Strukturmomente, die auf die Akzeptanz in der Gesellschaft angewiesen sind, diese aber nicht erzielen. Neben der Ausarbeitung thematisch eingeschränkter Maßnahmenbündel und Forderungen nach gesellschaftlichen Wandlungsprozessen erweisen sich verstärkt Diskussionen über die Veränderung und Erschaffung von Infrastrukturen als hilfreich (Cass et al., 2018). Weitreichend sind Konzeptionen, die Infrastrukturen als soziotechnische Assemblagen (Amin, 2013) fassen, zu denen und zu deren Entfaltung sowie Regeneration nicht nur Materialitäten und Technologien zählen und beitragen, sondern auch entsprechende Bündel von Praktiken sowie involvierte Akteur_innen (Jonas, 2022).

Als Strukturbedingungen für die Entfaltung und auch die Weiterverbreitung von klimafreundlichen Praktiken/Ordnungs-Komplexen (vor allem in Form von Infrastrukturen und Lebensformen) gelten mehr oder minder weitreichende gesellschaftliche Wandlungsprozesse, die entweder die bislang hegemonialen und nicht nachhaltigen Praktiken/Ordnungs-Komplexe verändern oder diese durch klimagerechtere Alternativen ersetzen (Blühdorn et al., 2020; Hausknost et al., 2017). Exemplarisch kann hier auf den Aufbau fahrrad- und klimagerechter Mobilitätsinfrastrukturen oder auf klimafreundliche Infrastrukturen im Energiebereich hingewiesen werden (Shove & Walker, 2014; Watson, 2013). Auch wenn grundsätzlich Akteur_innen aus ganz unterschiedlichen Sphären wie der Wirtschaft, der privaten Lebensführung oder der Öffentlichkeit sich in derartigen Wandlungsprozessen engagieren (können), können die Grundvoraussetzungen der als notwendig betrachteten sozial-ökologischen Transformationen aus praxeologischer Perspektive vornehmlich durch die Politik implementiert werden.

27.4 Lebensformen

Lead Autor_innen
Andreas Novy, Michael Jonas

Kernaussagen
- Klimafreundliche und klimaunfreundliche Aktivitäten von Individuen sind Bestandteile spezifischer Lebensformen, die aus kollektiv geteilten Bündeln von Praktiken, Gewohnheiten und Kapitalausstattungen (Bildung, Einkommen usw.) bestehen.
- Die Zugehörigkeit zu bestimmten Milieus (strukturiert unter anderem nach Einkommen, Bildungsstand, Alter) führt zu bestimmten gemeinsamen Praktiken und Gewohnheiten, was klimafreundliches Leben stärker beeinflusst als Konflikte, die sich aus unterschiedlichen Haltungen und Werteinstellungen ergeben (etwa in Bezug auf den Stellenwert von Klimapolitik).
- Wenn klimafreundliches Leben in allen Milieus selbstverständlicher werden soll, dann braucht es keine einheitliche klimafreundliche Lebensform, sondern Allianzen unterschiedlicher gesellschaftlicher Milieus mit jeweils milieuspezifischen klimafreundlichen Lebensformen.

- Die Lebensformen der Milieus mit hohem Einkommen und höherem Bildungskapital führen im Vergleich zu anderen milieuspezifischen Lebensformen tendenziell zu nicht klimafreundlichem Handeln. Wenn klimafreundliches Leben bei klimapolitisch aufgeschlossenen Milieus (insbesondere die neue, akademisch gebildete Mittelklasse) umgesetzt werden soll, dann braucht es sozial-ökologische Infrastrukturen, die die Abkehr vom emissionsintensiven privaten Konsum erleichtern.
- Wenn klimafreundliches Leben bei klimapolitisch skeptischen Milieus (insbesondere die traditionelle Mittelklasse und Unterschicht) umgesetzt werden soll, dann braucht es die Förderung von Praktiken und Gewohnheiten, die ausdrücklich auch wegen nicht klimabezogener Zielsetzungen übernommen werden (z. B. weil Pendeln mit öffentlichen Verkehrsmitteln billiger wird als mit dem Auto).

Konzepte wie Lebensformen, Lebensweise, Lebensführung und Lebensstil (Jaeggi, 2014) beschäftigen sich mit alltäglichem Leben und daher auch mit klimafreundlichem Handeln. Während „Lebensstil" und „Lebensführung" stärker das Moment der individuellen Wahl betonen (Diezinger, 2008; Rössel & Otte, 2011), zielt „Lebensweise" umfassend auf die Reproduktion von Gesellschaft, wie z. B. der „Amercian way of life" oder die „imperiale Lebensweise" (Brand & Wissen, 2017a). Wandel erfassen diese drei Konzepte nur eingeschränkt. „Lebensformen" (Jaeggi, 2014) verbinden hingegen Konfigurationen spezifischer Gewohnheiten, Praktikenbündel und unterschiedlicher Kapitalformen (Bourdieu, 1982), die das Leben der Menschen jenseits individueller Wahlentscheidungen soziokulturell und materiell prägen. Damit kann die Verankerung des Alltagshandelns in nicht nachhaltigen und klimaschädlichen Produktions- und Konsummustern untersucht werden (Blühdorn et al., 2020; Lessenich, 2016). Die nach 1945 voll einsetzende „große Beschleunigung" verallgemeinerte fordistische Massenproduktions- und Massenkonsumtionsweisen (Aglietta, 2015), was das Überschreiten planetarischer Grenzen beschleunigte (Brunner, Jonas, & Littig, 2022). Diese Lebensweise führt dazu, dass Massenkonsumgesellschaften strukturell „auf Kosten anderer" (ILA Kollektiv et al., 2017), nämlich den Bevölkerungsgruppen vor allem aus der südlichen Hemisphäre, leben.

In nachmodernen Gegenwartsgesellschaften kommt es zu sozialräumlicher Fragmentierung, Individualisierung und Singularisierung und in der Folge zu kulturalisierten Klassenbeziehungen und politischen Polarisierungen. Reckwitz (2017) etwa stellt eine Kulturalisierung von Klassenbeziehungen und damit einhergehenden politischen Polarisierungen fest: Sieht man von einer kleinen gesellschaftlichen Oberklasse (mit ihren exzessiven Ressourcenverbräuchen) ab, steht ihm zufolge eine neue, akademisch gebildete Mittelklasse in konfliktären Beziehungen bzw. Machtkämpfen mit einer schrumpfenden traditionellen, die fordistischen Gesellschaften prägenden Mittelklasse sowie einer Unterklasse, denen jeweils unterschiedliche gesellschaftliche Milieus mit ihren jeweils spezifischen Lebensformen zugeordnet werden können (Reckwitz, 2019). So sehen sich die überwiegend kosmopolitisch orientierten und einstellungsbezogen klimaschutzaffinen Milieus der neuen akademisch geprägten Mittelklasse den Milieus einer traditionellen Mittelschicht und einer Unterklasse gegenüber, die sowohl soziokulturelle Veränderungen (z. B. Geschlechterverhältnisse) als auch Klimaschutz (z. B. Ernährungsstiländerungen) skeptischer betrachten (Blühdorn et al., 2020; Reckwitz, 2017).

Einer repräsentativen Studie im Auftrag des deutschen Umweltbundesamtes (Kleinhückelkotten et al., 2016; Moser & Kleinhückelkotten, 2018) folgend steht der Pro-Kopf-Ressourcenverbrauch primär im Zusammenhang mit der Höhe des verfügbaren Einkommens und des Bildungskapitals: Der personenbezogene Gesamtenergieverbrauch steigt mit höherem Einkommen und höherem formalen Bildungsstand – auch bei Menschen mit positiver Umwelteinstellung. Dies lässt vermuten, dass klimaschädliches Verhalten eher wenig mit Einstellungsaspekten, dafür aber umso mehr mit sozialer Positionierung, entsprechenden Praktiken und der Ausstattung mit Kapitalien zu tun hat. Gleichzeitig zeigt sich, dass eher klimafreundliche Alltagspraktiken vor allem auch in Milieus vorzufinden sind, denen exzessive Ressourcenverbräuche gar nicht möglich sind. Für alle Milieus gilt, dass sie Vor- und Nachteile aus dieser nicht klimafreundlichen Lebensweise erzielen – wenn auch in unterschiedlichem und ungleichem Ausmaß (Bärnthaler, Novy, & Stadelmann, 2020; Novy, 2019).

Für die Klimapolitik folgt daraus, gesellschaftliche Strukturdynamiken umfassend und kontext- sowie milieuspezifisch umzubauen (Bärnthaler et al., 2020; Novy, 2019). Klimaschädliche milieuspezifische Lebensformen sollten in suffizientere Varianten transformiert werden, während weniger klimaschädlichen milieuspezifischen Lebensformanteile genügsamer ausgerichtet und ihre Verbreitung und Durchsetzung unterstützt werden sollten. Gestaltungsoptionen ergeben sich daraus, Praktiken, Gewohnheiten, Ressourcenausstattungen und Infrastrukturen suffizienter, gerechter und sorgsamer auszurichten (Jonas, 2022).

Dies erfordert die Gestaltung von Rahmenbedingungen, um nachhaltig klimafreundliches Verhalten zu ermöglichen (vgl. Abschn. 1.3). Als Leitorientierung rückt damit eine variantenreiche sozial-ökologische Transformation der Lebensmöglichkeiten und Alltagsgewohnheiten in den Vordergrund, die für verschiedene Allianzen unterschiedlicher gesellschaftlicher Milieus offen ist, weil sie keinem „best way of living" verpflichtet ist. Solche Projekte einer sozial-ökologische Transformation sind als gesellschaftliche Gestaltungsaufgaben im Sinne zu verändernder politischer Rahmenbedingungen, soziokultureller und sozioökonomischer Logiken – insbesondere jener der Wachstums- und Profitorientierung – und sich verändernder Kräfteverhältnisse einzuschätzen, die den unterschiedlichen Kontextbedingungen gesellschaftlicher Milieus im Hinblick auf deren Ausstattung mit unterschiedlichen Kapitalsorten, Einstellungsmustern und Alltagsgewohnheiten Genüge tun (Novy, 2019). Es geht darum, alltägliches Leben und Wirtschaften zu verändern (vgl. Abschn. 27.2). Sozial-ökologische Infrastrukturen haben inklusive Verteilungswirkungen (Bärnthaler, Novy, & Stadelmann, 2021) und erleichtern „solidarische Lebensweisen" (vgl. Ausführungen zur imperialen Lebens- und Produktionsweise in Abschn. 28.4).

27.5 Umfassendes Klimarisikomanagement und transformative Anpassung

Lead Autor_innen
Thomas Schinko, Veronica Karabaczek

Kernaussagen
- Eine engere Abstimmung der Governance-Strukturen im Naturgefahrenmanagement sowie in der Klimawandelanpassung ermöglicht eine ganzheitlichere Herangehensweise an das Management von Klimarisiken und eine integrierte Betrachtungsweise der drei Risikodimensionen „Hazard", „Exposition" und „Vulnerabilität".
- Wenn sich die Auswirkungen des Klimawandels in Zukunft intensivieren und Anpassungsgrenzen schlagend werden, reichen gegenwärtige inkrementelle Risikomanagementmaßnahmen möglicherweise nicht mehr aus, um gesellschaftliche Ziele und Werte zu erhalten.
- Die Wahl eines transformativen Risikomanagementansatzes gibt Entscheidungsträger_innen die Möglichkeit, ihren Fokus auf grundlegende strukturelle Ursachen von klimabedingten Risiken, einschließlich sozialer Verhaltensweisen, zu verlagern, anstatt nur deren unmittelbare Ursachen durch inkrementelle Ansätze zu betrachten.

Das Naturgefahrenmanagement und die Klimawandelanpassung – international, aber auch in Österreich – beschäftigen sich derzeit noch weitgehend unabgestimmt mit teils den gleichen klimabedingten Risiken (Leitner et al., 2020; Schinko, Mechler, & Hochrainer-Stigler, 2017). Naturgefahrenmanagement fokussiert in der Risikoanalyse und Entscheidungsfindung stark auf Erfahrungen aus der Vergangenheit, die Klimawandelanpassung auf mögliche zukünftige Entwicklungen. Beide Bereiche weisen nach wie vor einen starken Fokus auf das „Hazard", sprich die Naturgefahr selbst, auf, ohne die zentrale Rolle der beiden anderen Risikokomponenten „Exposition" und „Vulnerabilität" umfassend mit zu betrachten (IPCC, 2012). Überdies erschweren die statische und starre Natur der derzeitigen Risikomanagementzyklen ihre rasche Anpassung an die Gegebenheiten, die sich durch den Klimawandel und sozioökonomische Entwicklungen verändern (Lavell et al., 2012).

Gegenwärtige inkrementelle Anpassungs- bzw. Risikomanagementmaßnahmen reichen möglicherweise nicht mehr aus, um gesellschaftliche Ziele und Werte zu erhalten, wenn sich die Auswirkungen des Klimawandels in Zukunft intensivieren (Preston, Dow, & Berkhout, 2013). Der Punkt, an dem Ziele von Akteur_innen oder eines sozioökologischen Systems „intolerablen Risiken" ausgesetzt sind, wird als Anpassungsgrenze bezeichnet (IPCC, 2018b). Als intolerabel werden Risiken definiert, wenn sie eine sozial ausgehandelte Norm (z. B. die Verfügbarkeit sauberen Trinkwassers) oder einen sozial ausgehandelten Wert (z. B. eine gewisse Lebensweise) überschreiten, obwohl adaptive Maßnahmen gesetzt werden oder wenn die verfügbaren Maßnahmen das Risiko nicht ausreichend reduzieren. Während sogenannte „weiche" Grenzen der Anpassung durch fehlende Ressourcen (z. B. finanzieller Natur) erreicht werden, theoretisch aber mit derzeitig verfügbaren Technologien verschoben werden könnten (z. B. Bereitstellung finanzieller Mittel für den Bau eines Damms), können sogenannte „harte" Grenzen in absehbarer Zeit nicht aufgelöst werden, da es dafür derzeit keine bekannten Prozesse oder Maßnahmen gibt, um die Situation zu ändern (z. B. der Verlust von Siedlungsraum durch den Meeresspiegelanstieg) (Klein et al., 2014).

Eine weitere Herausforderung besteht in der Identifikation von weichen und harten Anpassungsgrenzen, die durch die voranschreitende Klimakrise schlagend werden können (Dow et al., 2013). Hierbei stellt sich die zentrale Frage der Risikotoleranz – „Wo ist in welchem Kontext die Anpassungsgrenze?" –, aber auch die Frage nach der Priorisierung der Werte unterschiedlicher Akteur_innen (Preston et al., 2013) und der darauf aufbauenden Maßnahmen. Die Identifikation von transformativen Anpassungsmaßnahmen, welche diese Grenzen entweder verschieben oder es erlauben, mit dem Restrisiko umzugehen, erweist sich als komplexe Aufgabe. Transformative Anpassung verändert die fundamentalen Attribute eines sozioökologischen Systems, um negativen Auswirkungen des Klimawandels zu begegnen (IPCC, 2018b). Ein tieferes Verständnis der fundamentalen Bestandteile des sozioökologischen Systems, ihrer Ausprägung und Veränderung wird daher notwendig, um gezielt transformative Maßnahmen identifizieren und setzen zu können.

Sollte zum Beispiel die Erhaltung alpiner Siedlungsräume als fundamentaler Wert innerhalb einer Gesellschaft angesehen werden, so kann die Absiedelung alpiner Regionen, um Auswirkungen des Klimawandels zu reduzieren, als transformative Anpassungsmaßnahme gesehen werden. Transformative Anpassungsmaßnahmen können sowohl vorbeugend als auch nachträglich gesetzt werden, um mit zukünftigen sowie bereits eingetretenen Folgen des Klimawandels umzugehen, welche unzureichendem Klimaschutz zugeordnet werden können (IPCC, 2018a).

Um die Effektivität und Effizienz des Managements klimabezogener Risiken zu verbessern, müssen die beiden derzeit noch weitgehend unabhängig agierenden Ansätze (das Naturgefahrenmanagement und die Klimawandelanpassung) in einem ganzheitlichen Ansatz enger miteinander verbunden werden – ein Konzept, das als „Klimarisikomanagement" bezeichnet wird (Jones et al., 2014; Mechler & Aerts, 2014; Schinko et al., 2017). Watkiss et al. (2014) identifizierten das Klimarisikomanagement als geeigneten Ansatz, um proaktiv Maßnahmen gegen derzeitige klimabedingte Extreme umzusetzen – und somit das derzeitige Anpassungsdefizit kurzfristig zu bewältigen –, jedoch vor allem um mittelfristig die Klimaanpassung und das Naturgefahrenmanagement enger miteinander zu verknüpfen. Um diese Integration zu erreichen, ist es entscheidend, zunächst die aktuellen, oftmals voneinander isolierten Governance-Strukturen in bestimmten Ländern oder Regionen zu verstehen und somit die potenziellen Synergien, aber auch Konflikte an der Schnittstelle dieser beiden Politikfelder zu identifizieren (Leitner et al., 2020).

Um die sich ständig verändernden Rahmenbedingungen im Klimarisikomanagement proaktiv miteinzubeziehen, schlagen Lavell et al. (2012) vor, auf Theorien des Lernens aufzubauen. Dementsprechend wären für einfache Risiken – charakterisiert durch relativ geringe Unsicherheiten in Bezug auf das Auftreten und die Auswirkungen sowie durch lineare Ursache-Wirkungs-Zusammenhänge – standardmäßig analytische, expert_innenzentrierte Methoden (wie z. B. Risikomodellierung) für die Abschätzung und die weitere Kommunikation zukünftiger Risiken geeignet. Komplizierte Risiken, die durch Ungewissheit in Bezug auf die möglichen Auswirkungen und die Eintrittswahrscheinlichkeit definiert sind, würden eine stärkere kollaborative und iterative Interaktion mit betroffenen Stakeholdern erfordern. Schließlich bedürfen komplexe Risiken, die durch große Unsicherheiten gekennzeichnet sind, umfassende deliberative und adaptive Entscheidungsprozesse, um ein gemeinsames Verständnis und Verantwortungsbewusstsein zu fördern.

Eine inkrementelle Adaptierung der gegenwärtigen Maßnahmen ist unzureichend, sollten Anpassungsgrenzen erreicht werden; neuartige, transformative Maßnahmen werden hiermit notwendig (Dow et al., 2013; Kates, Travis, & Wilbanks, 2012). Das IPCC (2018a) definiert transformative Anpassung als „Anpassung, die die grundlegenden Eigenschaften eines sozio-ökologischen Systems in Erwartung des Klimawandels und seiner Auswirkungen verändert". Auch zur Umsetzung transformativer Maßnahmen im Rahmen eines umfassenden Klimarisikomanagements, wie z. B. die freiwillige Absiedelung aus von Hochwasser gefährdeten Hochrisikogebieten, bedarf es partizipativer Entscheidungsprozesse, um schlussendlich auch die davon betroffenen Menschen nicht vor vollendete Tatsachen zu stellen und somit potenzielle Konflikte möglichst schon im Entscheidungsprozess auszuverhandeln (Seebauer & Winkler, 2020).

Derzeit herrscht noch ein gewisses Silodenken (Naturgefahrenmanagement vs. Klimawandelanpassung) im Umgang mit klimabedingten Risiken. Den jeweiligen Akteur_innen müssten die potenziellen Synergieeffekte und damit einhergehende Effizienzgewinne einer orchestrierten Herangehensweise bewusst werden. Auf institutioneller Ebene wäre etwa die Etablierung eines ressortübergreifenden Klimarisikorates wichtig. Wie Leitner et al. (2020) zeigen, bestehen trotz der Bereitschaft einzelner Akteur_innen in Österreich noch strukturimmanente Hindernisse zur tatsächlichen Umsetzung eines umfassenden Klimarisikomanagements.

Vor allem im Hinblick auf nicht inkrementelle Anpassungsmaßnahmen erscheint eine Koppelung der Domänen der Klimaanpassung (mit Fokus auf vergangene Ereignisse und Praktiken) und des Naturgefahrenmanagements (mit Fokus auf zukünftige klimatische und sozioökonomische Veränderungsprozesse) als zielführend. Die österreichischen KLAR! Regionen könnten treibende Kräfte in der Etablierung eines umfassenden Klimarisikomanagements sein.

Ein adaptives umfassendes Klimarisikomanagement ermöglicht eine ganzheitliche, proaktive und reflexive Herangehensweise an das Management von klimabedingten Risiken wie Hochwasser, Trockenheit und Dürre. Dow, Berkhout und Preston (2013) argumentieren, dass der Anpassungsprozess nicht endet, wenn eine Anpassungsgrenze erreicht ist. Stattdessen kann transformative Anpassung, die auf der Neudefinition gesellschaftlicher Ziele basiert, etablierte Risikomanagementansätze erweitern. Die Wahl eines transformativen statt eines inkrementellen Ansatzes gibt Entscheidungsträger_innen die Möglichkeit, ihren Fokus auf grundlegende strukturelle Ursachen von klimabedingten Risiken, wie z. B. soziale Verhaltensweisen, ökonomische Strukturen und Landnutzung, zu verlagern, anstatt nur deren unmittelbare Ursachen zu betrachten (Pelling, O'Brien, & Matyas, 2015).

Transformative Anpassungsmaßnahmen müssen vorausschauend und in Zusammenarbeit zwischen dem öffentlichen Sektor, dem privaten Sektor und der Zivilgesellschaft über alle Governance-Ebenen hinweg etabliert werden. Um die Wahrscheinlichkeit des Erreichens von Anpassungsgrenzen und somit die Notwendigkeit für transformative Anpassung zu reduzieren, bedarf es zuallererst einer ambitionierten Klimaschutzpolitik im Einklang mit dem 1,5-Grad-Ziel des Pariser Klimaabkommens. Dabei ist zu beachten, dass selbst bei Einhaltung des 1,5-Grad-Ziels bis zum Ende des Jahrhunderts gewisse natürliche Systeme, wie etwa Korallenriffe, sowie sozio-ökologische Systeme, z. B. dicht besiedelte, niedriggelegene Küstengebiete, mit sehr hoher Wahrscheinlichkeit an ihre Anpassungsgrenzen stoßen werden bzw. mit intolerablen Risiken konfrontiert sein werden (IPCC, 2018b). Solch ein umfassender Ansatz, angewandt auf alle Governance-Ebenen, ermöglicht eine faire und inklusive Herangehensweise an die Auswirkungen der Klimakrise, welche in Zukunft möglicherweise zu einem Überschreiten weicher und harter Anpassungsgrenzen führen werden.

In der Klimawandelforschung selbst bedarf es eines verstärkten Umdenkens hin zu einem integrativen, interdisziplinären und transformativen Forschungsansatz, da sich Klimawandelanpassung nicht als eigenständiges Forschungsfeld definieren lässt. Vielmehr gilt es Anpassung unter dem Begriff der gesellschaftlichen Transformation zu fassen und nicht nur einzelne Anpassungsprozesse zu beleuchten und zu optimieren (Beck et al., 2013; Brunnengräber & Dietz, 2013).

27.6 Suffizienz

Lead Autor_innen
Michael Jonas

Kernaussagen

- Aus der Perspektive der Forschung zu Suffizienz gelten Ursachen und Folgen der aktuellen Klimakrise als vornehmlich durch den Menschen verursacht. Sie ergeben sich aus den Wachstumszwängen moderner und nachmoderner Gesellschaften, ihrer primären Fixierung auf Effizienz und der nur marginal entfalteten Kompetenz, Praktiken der Selbstbegrenzung und Genügsamkeit zu entwickeln und durchzusetzen.
- Ein differenzierter Suffizienz-Begriff fasst Genügsamkeit einerseits als einen Mindeststandard, der für alle Gesellschaftsmitglieder erfüllt sein muss, damit diese sich adäquat entfalten können. Andererseits weist er auf die vorherrschenden nicht nachhaltigen Produktions- und Konsumtionsweisen und ihre negativen Auswirkungen hin, die es umzuwandeln und durch klimafreundliche Alternativen zu ersetzen gilt.
- Zur Bekämpfung der Ursachen und Folgen ressourcenvernutzender und nicht nachhaltiger Produktions-, Distributions- und Konsumtionsweisen bedarf es gesellschaftlicher Wandlungsprozesse, die je nach eingenommener Perspektive inkrementelle Veränderungen bis hin zu einer grundlegenden sozial-ökologischen Transformation der Gesellschaft erfordern.
- Vor allem Akteur_innen aus der Politik und aus der öffentlichen Sphäre (starke soziale Bewegungen) wird die Kompetenz zugewiesen, in den unterschiedlichen gesellschaftlichen Sphären (Wirtschaft, Recht, Politik, Öffentlichkeit usw.) die infrastrukturellen Voraussetzungen zu schaffen, damit umfangreiche suffizienzorientierte Wandlungsprozesse angestoßen und verwirklicht werden können.

Das Suffizienz-Konzept hat seit einigen Jahren in unterschiedlichen Bereichen an Bedeutung gewonnen (Paech, 2013) und tritt im Sinne von Genügsamkeit vornehmlich im Nachhaltigkeitsdiskurs und im Zusammenhang mit der Klimakrise auf. Die konzeptionellen Ursprünge des Suffizienz-Begriffs gehen auf den Konvivialitäts- bzw. Selbstbegrenzungs-Ansatz von Ivan Illich (1973) zurück. Später wurde das Konzept vor allem im Umfeld des Wuppertal Instituts für Klima, Umwelt und Energie in Deutschland aufgegriffen. Inzwischen gilt Suffizienz als eine (Weiter-)Entwicklung des Nachhaltigkeitsbegriffs. Einerseits stellt sie eine komplementäre Nachhaltigkeitsstrategie vor allem zur Effizienz dar, die ohne der Suffizienz „richtungsblind" sei (Sachs, 1993), aber auch zur Konsistenz (Sachs, 1993; von Winterfeld, 2007). Andererseits ist die Suffizienz eine Nachhaltigkeitsstrategie, die dezidiert nicht von der Möglichkeit einer absoluten Entkopplung von Wirtschaftswachstum und Ressourcenverbrauch ausgeht (von Winterfeld, 2007). Neben Akteur_innen aus dem akademischen Bereich nutzen es vornehmlich Akteur_innen aus der Politik und aus NGOs.

Suffizienz wird oftmals im Sinne eines maßvollen Umgangs „mit natürlichen Ressourcen durch einen genügsamen, weniger materialistisch orientierten Lebensstil" (Kühl, 2019, S. 70) definiert. Sie wird als eine wesentliche Voraussetzung sozial-ökologischer Transformationen sowie als Chiffre für das „gute Leben" (Schneidewind, 2017) bezeichnet. Hierbei lassen sich individualistische (auf einzelne Menschen bzw. private Haushalte) und societäre Konzeptualisierungen sowie ein eng gefasster Suffizienz-Begriff, der auf Minderverbrauch abzielt, und ein weit gefasster Begriff, der Genügsamkeit als neuen Indikator für Wohlstand sieht, voneinander unterscheiden. Zusätzlich bewegen sich die Perspektiven in einer Spanne, die von der Fokussierung auf Aspekte individueller Lebensstile bis hin zur Betrachtung weiter gefasster Produktions- und Konsumtionsweisen reicht. Das Konzept der Öko-Suffizienz etwa schließt „die Frage nach dem gelingenden Leben ein" (Linz, 2004, S. 10). Es bezieht sich dabei sowohl auf individuelle Selbstbeschränkung (als Verzicht oder Reduzierung ressourcenintensiver Güterarten, freiwillige Mäßigung, Eigenproduktion, Erhaltung und Reparatur, gemeinsame Nutzung) als auch auf gesellschaftliche Umverteilung.

Zentral für weitreichende Konzeptionen ist die Bedeutung von „genug". „Having enough" (Frankfurt, 2015) markiert dabei einerseits eine Qualität oder einen Standard, der für alle Gesellschaftsmitglieder gegeben sein muss, damit diese sich adäquat entfalten können. Andererseits weist „having enough" darauf hin, dass es angesichts der vorherrschenden klimaschädigenden Produktions- und Konsumtionsweisen sowohl um gesellschaftliche Umverteilungen (Casal, 2007) als auch darum geht, dass die Gesellschaftsmitglieder grundsätzlich ihre Konsumtionsaktivitäten limitieren sollten „in order to remain below a level that would be ‚too much' in terms of harmful emissions and resource extraction" (vgl. auch Brand et al., 2021; Spengler, 2016, S. 925). In den Fällen, in denen suffiziente Projekte und Aktivitäten nicht nur entwickelt und gefordert, sondern auch in der gesellschaftlichen Praxis umgesetzt werden, haben diese Umsetzungen mitunter den Charakter sozialer Innovationen (Jonas, 2018; Novy, 2019). Als solche tragen sie Keime gesellschaftlicher Transformationsprozesse hin zu klimafreundlichen Lebensweisen in sich. Oftmals bedarf es zur Umsetzung suffizienter Projekte aber zuerst einmal Exnovationen, also Abwicklungen ökologisch und sozial schädlicher Praktiken und Technologien, die suffizienten Projekten im Weg stehen.

Es wird von tiefgreifenden sozialen, politischen, ökologischen und ökonomischen Umbrüchen ausgegangen, die als Krisen wahrgenommen werden. Trotz Effizienzgewinnen in der Produktion steigen die globalen Umweltbelastungen mitbedingt durch Rebound-Effekte (also Effekte, in denen effizienzsteigerungsbedingte Ressourceneinsparungspotenziale aufgrund etwa von Nachfragesteigerungen nicht oder nur teilweise erzielt werden) und durch nachholende Modernisierungsprozesse etwa in asiatischen Ländern weiter an, sodass die Klimakrise weiter verschärft wird. Das Suffizienz-Konzept lenkt wie der Resilienz-Begriff den Fokus auf Problemlösungen, im Gegensatz zu diesem verortet es die Problemerzeugung aber grundlegend in den Wachstumszwängen moderner und nachmoderner Gesellschaften.

Je nach Bedeutungsinhalten variieren die Antworten, ob die Gesellschaften einem fundamentalen Wandel unterzogen werden müssen, um den Folgen der Klimakrise beggenen zu können, oder ob sie dazu nur ihre bestehenden gesellschaftlichen Strukturen anpassen oder individuelle Verhaltensänderungen hervorrufen müssen. In weiter gefassten Konzeptionen gilt es als gesichert, dass Lebensqualität und Wohlstand von Wirtschaftswachstum abgekoppelt werden müssen (Postwachstumsdebatte) und es geht um den grundlegenden Wandel gesellschaftlicher Infrastrukturen, um suffizienten Praktiken in unterschiedlichen gesellschaftlichen Sphären zum Durchbruch zu verhelfen (Brunner, 2021). Aufgrund fehlender gesellschaftlicher Voraussetzungen und Infrastrukturen kann sich Suffizienz demnach gesellschaftlich nur dann durchsetzen, wenn die sozialen, rechtlichen, wirtschaftlichen und politischen Bedingungen dies ermöglichen (Jonas, 2022). Erforderlich ist folglich eine noch zu schaffende Suffizienz-Politik (Linz, 2015; Schneidewind & Zahrnt, 2013), die auf unterschiedlichen Ebenen Maßnahmen implementiert, um überhaupt die Voraussetzungen für die Erschaffung einer klimafreundlichen Verantwortungsarchitektur zu schaffen (WBGU, 2014). Gemeint sind etwa ressourcenschonende Politiken (Zell-Ziegler et al., 2021), Tempolimit, Einführung von Ökosteuern, Ausbau des öffentlichen Personennahverkehrs (ÖPNV), nachhaltige Stadtentwicklung mit entsprechenden Siedlungsstrukturen, Förderung nachhaltiger Naherholung, Aufwertung ehrenamtlicher Tätigkeiten und Veränderung gesellschaftlicher Arbeitsteilung. Notwendig sind auch entsprechende Aktivitäten privatwirtschaftlicher Unternehmen wie Transformation der Wertschöpfungsketten zugunsten Unschädlichkeit, Haltbarkeit, Reparierbarkeit und Gemeinwohlorientierung sowie der einzelnen Gesellschaftsmitglieder im Verfolgen resilienter und suffizienter Alltagspraktiken und Lebensweisen.

Suffizienz-Konzepte sind auf diskursiver Ebene allgemein mit Gegner_innen konfrontiert, die entsprechende Maßnahmen, etwa der Einschränkung, als „Bevormundung" thematisieren. Aus der Perspektive weitreichender Suffizienz-Konzepte lassen sich auf der Ebene gesellschaftlicher Praxis alle Kräfte und Akteur_innen benennen, die die etablierten Interaktionslogiken und Praktiken der ressourcenvernutzenden Produktions-, Konsumtions- und Reproduktionsweisen und -praktiken stützen. Als positive Bezugsreferenzen gelten hingegen alle Projekte, Initiativen und Akteur_innen aus der Zivilgesellschaft und anderen gesellschaftlichen Sphären, deren Praktiken sich zentral durch Suffizienz-Kriterien auszeichnen.

Wie auch im Fall des Resilienz-Begriffs (oder dem Konzept sozialer Innovationen) unterscheiden sich die Benennungen struktureller Bedingungen erheblich. Auch wenn in manchen Fällen vor allem auf individuelle Verhaltensänderungen gesetzt wird, geht es zumeist darum, dass entsprechende rahmenbedingungenschaffende Politiken und starke soziale Bewegungen in den unterschiedlichen gesellschaftlichen Sphären (Wirtschaft, Recht, Politik, Öffentlichkeit usw.) erst die infrastrukturellen Voraussetzungen schaffen müssen, damit umfangreiche suffizienzorientierte Wandlungsprozesse in unterschiedlichen Praktiken und von unterschiedlichen Akteur_innen angestoßen und verwirklicht werden können (Kalt & Lage, 2019). Im Erfolgsfall kann Suffizienzpolitik erheblich dazu beitragen, nicht nachhaltige Alltagspraktiken zu deprivilegieren sowie vorhandene Ressourcen gerechter zu verteilen (Böcker et al., 2021; Christ & Lage, 2020). Suffizientes Agieren fußt dann nicht auf individuellen Lebensstilentscheidungen, sondern gilt als kollektiv getragener Bestandteil sozial-ökologisch ausgerichteter milieuspezifischer Lebensformen.

27.7 Resilienz

Lead Autor_innen
Michael Jonas

> **Kernaussagen**
> - Aus der Perspektive der Forschung zu Resilienz gilt es, gesellschaftliche Strukturen robuster gegen die negativen Folgen der Klimakrise zu machen. Gemeinsame Merkmale dieser Forschungen sind, dass sie von Bedrohung(en) ausgehen und auf gesellschaftsbezogene Problemlösungen fokussieren, um bestehende gesellschaftliche Strukturen widerstandsfähiger zu machen oder neue widerstandsfähige Strukturen zu schaffen.
> - Es bedarf gesellschaftlicher Wandlungsprozesse, die je nach eingenommener Perspektive inkrementelle Veränderungen bis hin zu einer grundlegenden sozial-ökologischen Transformation der Gesellschaft erfordern.
> - Die Benennung der mit Resilienz verbundenen Gestaltungsmöglichkeiten und -optionen hängt erheblich von den jeweils genutzten Konzepten ab. Grundsätzlich bewegt sie sich in der Spanne individueller Verantwortungszuschreibungen bis hin zu infrastrukturbezogenen Strategien.

Resilienz ist ein Konzept, das seit einigen Jahren an Bedeutung gewonnen hat und im Sinne von Widerstandsfähigkeit in unterschiedlichen Themenfeldern und im Kontext der Klimakrise genutzt wird. Resilienz weist dabei nicht nur auf die bedrohliche Gegenwart hin, sondern verspricht zugleich, eine adäquate Problemlösungsstrategie an die Hand zu geben (Meyen et al., 2017). Das Resilienz-Konzept hat seine Ursprünge in natur- und ingenieurwissenschaftlichen Disziplinen, aus denen es in sozial-ökologische, psychologische und später auch sozialwissenschaftliche Ansätze (Adger, 2000) eingeflossen ist. Resilienz meint in der Physik die Kapazität, einen Gleichgewichtszustand wiederherzustellen und in der Ökologie die Fähigkeit, Veränderungen und Störungen zu absorbieren (Holling, 1973). Ausgangspunkt sind Bedrohungen, Störungen, externer Stress, Schocks, abrupter Wandel, Krisen usw. (Schneider & Vogt, 2017). Vor allem in sozialwissenschaftlichen Diskursen wird Resilienz verstärkt aus seiner Verankerung in gleichgewichtsorientierten „closed-systems theories" (Davoudi, 2018:3) herausgelöst.

Seine Prominenz gewinnt das Konzept durch die Relevanz, die ihm von der Politik (in der EU etwa über die „Aufbau- und Resilienzfazilität" mit dazugehörigen nationalen „Aufbau- und Resilienzplänen", auf nationaler Ebene beispielsweise im österreichischen Förderprogramm „Stadt der Zukunft") sowie von privatwirtschaftlichen und zivilgesellschaftlichen Akteur_innen zugemessen wird. In diesem Zusammenhang wird von tiefgreifenden sozialen, politischen, ökologischen und ökonomischen Umbrüchen ausgegangen, die als Krisen eingeschätzt werden. Das Resilienz-Konzept wird generell mit der Beobachtung verknüpft, dass trotz Effizienzgewinnen in der Produktion die globalen Umweltbelastungen weiter ansteigen und die schon bestehenden negativen Effekte der Klimakrise weiter verstärkt werden. Das Konzept dient als Marker für bestimmte Ideen, Inhalte und Strategien, wie ein klimafreundliches Leben vor dem Hintergrund der als gegeben angesehenen Klimakrise erreicht werden kann.

Gemeinsames Merkmal aller Resilienz-Konzepte ist, dass sie von Bedrohung(en) ausgehen und auf gesellschaftsbezogene Problemlösungen fokussieren. Sie lassen sich somit potenziell mit Verfahren des Klimarisikomanagements kombinieren. Hervorgehobene Ziele, Herausforderungen und Konflikte aufgrund der Klimakrise variieren stark, und zwar abhängig von den jeweils genutzten Begriffsdefinitionen und weiter gehenden theoretischen Ansätzen. Eng gefasste Resilienz-Konzepte gehen beispielsweise ausschließlich von externen Belastungen und Schocks aus (MacKinnon & Derickson, 2013). Abgeleitete Ziele und Herausforderungen fokussieren auf Systemerhalt der vorhandenen nationalen oder globalen etwa kapitalistischen Produktionsweisen in einer Weltwirtschaft. Aus der Perspektive reflexiver, evolutionärer und gerechtigkeitsbezogener Resilienz-Konzepte betrachtet, erfordern die als Bedrohungen thematisierten Veränderungen der Klimakrise hingegen gerade keine systemerhaltenden Reaktionen, sondern Strategien, die die gesellschaftlichen Verhältnisse selbst grundlegend umwandeln.

Wird Systemresilienz auf gesellschaftliche Phänomene übertragen, ist dies mit der Kritik konfrontiert, bestehende Strukturen zu bevorzugen und Machtungleichgewichte sowie Fragen nach gesellschaftlichen Transformationen auszublenden. Dieser Kritik begegnet das Konzept der „evolutionären Resilienz", das diese Engführungen „with its rejection of equilibrium, emphasis on inherent uncertainty and discontinuities, and insight into the dynamic interplay of persistence, adaptability and transformability" (Davoudi et al., 2012:306) nicht aufweist.

Im Unterschied zu einfachen Resilienz-Begriffen rechnen reflexive Resilienz-Konzepte nicht nur mit Unsicherheiten, „für sie sind Krisen und Umbrüche keineswegs (immer) schlecht. Vielmehr wird die ‚aneignende' Verarbeitung dieser Krisen und Umbrüche als entscheidendes Merkmal komplexer lebender oder sozialer Systeme angesehen" (Schneider & Vogt, 2017, S. 175 f.; Schwanen, 2016). Aus der Perspektive weiter gefasster Resilienz-Konzepte sind hemmende Kräfte vor allem dort lokalisierbar, wo Forderungen nach gesellschaftlichem Wandel negiert werden oder wo Akteur_innen Resilienz-Strategien verfolgen, die systemerhaltend und (etwa von der Politik) top-down organisiert werden. Resilienz ist dann nicht mehr als ein Schlagwort oder ein „empty signifier which can be filled to justify almost any ends" (Davoudi et al., 2012, S. 329).

Enger gefasste Resilienz-Konzepte fokussieren auf Systemanpassungen (etwa: Begrünung des urbanen Raumes, Gebäudedämmung, Digitalisierung), enthalten oftmals auch Anrufungen an die individuelle Eigenverantwortung und Selbstoptimierung der Gesellschaftsmitglieder (Graefe, 2019) und grenzen damit die Frage nach einem klimafreundlichen Leben stark ein. Für die weiter gefassten Resilienz-Konzepte hingegen ist die Ermöglichung eines klimafreundlichen Lebens verknüpft mit grundlegenden Wandlungsprozessen in unterschiedlichen gesellschaftlichen Bereichen (Barr & Devine-Wright, 2012). Versteht man Resilienz als Einfallsreichtum, dann thematisiert sie soziale Ungleichheit und Fehlallokationen, fokussiert auf einen breit gefassten Ressourcenbegriff, der organisationale Kapazitäten und Sozialkapital (MacKinnon & Derickson, 2013) genauso umfasst wie Ressourcen aus dem öffentlichen Sektor sowie Skills und technisches Wissen, das Alltagswissen der Menschen und die Notwendigkeit gesellschaftlicher Anerkennungspraktiken. Hervorgehoben wird im Diskurs mitunter, dass sich resiliente Projekte, Verfahren oder Maßnahmen erst dann im umfassenden Sinn sozial-ökologisch gerecht verwirklichen lassen (Connolly, 2018), wenn Resilienz nicht nur wie bislang fester Bestandteil etwa in vielen Stadt- und Raumplanungsprozessen ist, sondern die damit verbundenen Aspekte grundlegend an Vulnerabilitätskriterien (Moss, 2020) und an die Alltagspraktiken der betroffenen Menschen rückgebunden werden (Brantz & Sharma, 2020). Die Benennung der mit Resilienz verbundenen Möglichkeiten und Gestaltungsoptionen hängt erheblich von den jeweils genutzten Konzepten ab. Grundsätzlich bewegt sie sich in der Spanne individueller Verantwortungszurechnung und infrastrukturbezogenen Politiken, die in den gesellschaftlichen Sphären (Wirtschaft, Recht, Politik, Öffentlichkeit usw.) erst die Bedingungen schaffen müssen, damit umfangreiche Wandlungsprozesse in unterschiedlichen Praktiken und von unterschiedlichen Akteur_innen angestoßen und verwirklicht werden können. In diesem Zusammenhang wird darauf hingewiesen, dass spezifische Klimapolitikmaßnahmen auch negative Effekte auf die Resilienz spezifischer Systeme haben können (Adger et al., 2011).

Wenig ambitionierte Konzepte basieren auf der Annahme, dass die vorhandenen gesellschaftlichen Strukturen ausreichen, um notwendige Anpassungsprozesse angehen zu können, während ambitioniert ausgerichtete Konzepte einen grundlegenden Wandel der gesellschaftlichen Strukturmomente in den Fokus nehmen, in dem sowohl staatliches Umsteuern als auch eine Transformation der vorherrschenden Politik selbst unumgänglich sind.

27.8 Quellenverzeichnis

Adger, W. Neil. 2000. "Social and ecological resilience: are they related?" *Progress in Human Geography* 24(3):347–64.

Adger, W. Neil, Katrina Brown, Donald R. Nelson, Fikret Berkes, Hallie Eakin, Carl Folke, Kathleen Galvin, Lance Gunderson, Marisa Goulden, Karen O'Brien, Jack Ruitenbeek, und Emma L. Tompkins. 2011. "Resilience implications of policy responses to climate change." *Climate Change* 2:757–66.

Aglietta, Michel. 2000. "Shareholder, value and corporate governance: some tricky questions". *Economy and Society* 29(1):146–59.

Aglietta, Michel. 2015. *A theory of Capitalist Regulation. The US Experience*. London: Verso.

Aigner, Ernest, und Hanna Lichtenberger. 2021. „Pflege: Sorglos? Klimasoziale Antworten auf die Pflegekrise". S. 175–83 in *Klimasoziale Politik: Eine gerechte und emissionsfreie Gesellschaft gestalten*, herausgegeben von Beigewurm, Attac, und Armutskonferenz. bahoe books.

Amin, Samir. 2013. "Afterword. Globalization, Financialization and the Emergence of the Global South". S. 258–70 in *From the Great Transformation to the Great Financialization*, herausgegeben von K. Polanyi Levitt. London: Zed Books.

Bärnthaler, Richard, Andreas Novy, und Leonhard Plank. 2021. "The Foundational Economy as a Cornerstone for a Social-Ecological Transformation". *Sustainability* 13(18). https://doi.org/10.3390/su131810460.

Bärnthaler, Richard, Andreas Novy, und Basil Stadelmann. 2020. "A Polanyi-Inspired Perspective on Social-Ecological Transformations of Cities". *Journal of Urban Affairs* 1–25. https://doi.org/10.1080/07352166.2020.1834404.

Bärnthaler, Richard, Andreas Novy, und Basil Stadelmann. 2021. „Infrastrukturen und Lebensweisen im Wandel. Das Beispiel Wien." S. 335–56 in *Interdisziplinäre Stadtforschung: Themen und Perspektiven*, herausgegeben von R. Kogler und A. Hamedinger. transcript Verlag.

Barr, Stewart, und Patrick Devine-Wright. 2012. "Resilient communities: sustainablities in transition." *Local Environment* 17(5):525–32.

Barr, Stewart, und Jan Prillwitz. 2014. "A Smarter Choice? Exploring the Behaviour Change Agenda for Environmentally Sustainable Mobility". *Environment and Planning C: Government and Policy* 32(1):1–19. https://doi.org/10.1068/c1201.

Bayliss, Kate, und Ben Fine. 2020. *A Guide to the Systems of Provision Approach: Who Gets What, How and Why*. Cham: Springer International Publishing.

Beck, Silke, Stefan Böschen, Cordula Kropp, und Martin Voss. 2013. „Jenseits des Anpassungsmanagements. Zu den Potenzialen sozialwissenschaftlicher Klimawandelforschung." *GAIA* 22(1):8–13.

Blühdorn, Ingolfur, Felix Butzlaff, Michael Deflorian, Daniel Hausknost, und Mirijam Mock. 2020. *Nachhaltige Nicht-Nachhaltigkeit: Warum die ökologische Transformation der Gesellschaft nicht stattfindet*. transcript Verlag.

Böcker, Maike, Henning Brüggemann, Michaela Christ, Alexandra Knak, Jonas Lage, und Bernd Sommer. 2021. *Wie wird weniger genug? Suffizienz als Strategie für eine nachhaltige Stadtentwicklung*. München: oekom.

Bourdieu, Pierre. 1982. *Die feinen Unterschiede. Kritik der gesellschaftlichen Urteilskraft*. Frankfurt: Suhrkamp.

Bowman, Andrew, Ismail Erturk, Peter Folkman, Julie Froud, Colin Haslam, Sukhdev Johal, Adam Leaver, Michael Moran, Nick Tsitsianis, und Karel Williams. 2015. *What a Waste: Outsourcing and How It Goes Wrong*. Manchester University Press.

Brand, U., B. Muraca, E. Pineault, M. Sahakian, und et al. 2021. "From Planetary to Societal Boundaries: An argument for collectively defined self-limitation". *Sustainability. Science, Practice and Policy* 17(1):264–291.

Brand, Ulrich, und Markus Wissen. 2017a. *Imperiale Lebensweise*. München: oekom.

Brand, Ulrich, und Markus Wissen. 2017b. *Imperiale Lebensweise. Zur Ausbeutung von Mensch und Natur im globalen Kapitalisums*. München: Oekom Verlag.

Brand-Correa, Lina I., Giulio Mattioli, William F. Lamb, und Julia K. Steinberger. 2020. "Understanding (and tackling) need satisfier escalation". *Sustainability: Science, Practice and Policy* 16(1):309–25. https://doi.org/10.1080/15487733.2020.1816026.

Brand-Correa, Lina I., und Julia K. Steinberger. 2017. "A Framework for Decoupling Human Need Satisfaction From Energy Use". *Ecological Economics* 141:43–52. https://doi.org/10.1016/j.ecolecon.2017.05.019.

Brantz, Dorothee, und Avi Sharma. 2020. *Contesting Resilience*. transcript-Verlag.

Brunnengräber, Achim, und Kristina Dietz. 2013. „Transformativ, politisch und normativ: für eine Re-Politisierung der Anpassungsforschung". *GAIA* 22(4):224–27.

Brunner, Karl-Michael. 2021. „Suffizienz in der Konsumgesellschaft – Über die gesellschaftliche Organisation der Konsumreduktion." S. 161–76 in *Transformation und Wachstum. Alternative Formen des Zusammenspiels von Wirtschaft und Gesellschaft*. Wiesbaden: Springer Gabler.

Brunner, Karl-Michael, Michael Jonas, und Beate Littig. 2022. "Capitalism, consumerism and democracy in contemporary societies". in *The Routledge Handbook of Democracy and Sustainability*. Routledge.

Burns, Diane, Cowie, Luke, Earle, Joe, Folkman, Peter, Froud, Julie, Hyde, Paula, Sukhdev Johal, Ian Rees Jones, Anne Killett, und Williams, Karel. 2016. Where does the money go? Financialised chains and the crisis in residential care. CRESC Public Interest Report. The University of Manchester and The Open University: The Centre for Research on Socio-Cultural Change.

Calafati, Luca, Julie Froud, Colin Haslam, Sukhdev Johal, und Karel Williams. 2021. "Meeting Social Needs on a Damaged Planet": 27.

Casal, Paula. 2007. "Why Sufficiency Is Not Enough". *Ethics* 117(2):296–326. https://doi.org/10.1086/510692.

Cass, Noel, Tim Schwanen, und Elizabeth Shove. 2018. "Infrastructures, Intersections and Societal Transformations". *Technological Forecasting and Social Change* 137:160–67. https://doi.org/10.1016/j.techfore.2018.07.039.

Castells, Manuel. 1983. *The City and the Grassroots*. Beverly Hills: SAGE.

Christ, Michaela, und Jonas Lage. 2020. „Umkämpfte Räume. Suffizienzpolitik als Lösung sozialökologischer Probleme in der Stadt". S. 184–203 in *Postwachstumsstadt. Konturen einer solidarischen Stadtpolitik*. München: oekom.

Connolly, James JT. 2018. "From Systems Thinking to Systemic Action: Social Vulnerability and the Institutional Challenge of Urban Resilience". *City & Community* 17(1):8–11. https://doi.org/10.1111/cico.12282.

Coote, Anna. 2021. "Universal basic services and sustainable consumption". *Sustainability: Science, Practice and Policy* 17(1):32–46. https://doi.org/10.1080/15487733.2020.1843854.

Dabrowski, Cara, Robert Lasser, Vanessa Lechinger, Severin Rapp, und Wirtschaftsuniversität Wien: Forschungsinstitut Economics of Inequality. 2020. *Vermögen in Wien: Ungleichheit und öffentliches Eigentum*. Wien: Economics of Inequality (INEQ), Wirtschaftsuniversität Wien.

Davoudi, Simin. 2018. "Just Resilience". *City & Community* 17(1):3–7. https://doi.org/10.1111/cico.12281.

Davoudi, Simin, Keith Shaw, L. Jamila Haider, Allyson E. Quinlan, Garry D. Peterson, Cathy Wilkinson, Hartmut Fünfgeld, Darryn McEvoy, Libby Porter, und Simin Davoudi. 2012. "Resilience: A Bridging Concept or a Dead End? 'Reframing' Resilience: Challenges for Planning Theory and Practice Interacting Traps: Resilience Assessment of a Pasture Management System in Northern Afghanistan Urban Resilience: What Does it Mean in Planning Practice? Resilience as a Useful Concept for Climate Change Adaptation? The Politics of Resilience for Planning: A Cautionary Note". *Planning Theory & Practice* 13(2):299–333. https://doi.org/10.1080/14649357.2012.677124.

Diezinger, Angelika. 2008. „Alltägliche Lebensführung: Die Eigenlogik alltäglichen Handelns". S. 221–26 in *Handbuch Frauen- und Geschlechterforschung: Theorie, Methoden, Empirie*, herausgegeben von R. Becker und B. Kortendiek. Wiesbaden: VS Verlag für Sozialwissenschaften.

Dow, Kirstin, Frans Berkhout, Benjamin L. Preston, Richard J. T. Klein, Guy Midgley, und Rebecca M. Shaw. 2013. "Limits to adaptation". *Nature Climate Change* 3(4):305–7.

Exner, Andreas, und Anke Strüver. 2020. "Addressing the Sustainability Paradox: The Analysis of 'Good Food' in Everyday Life". *Sustainability* 12(19):8196. https://doi.org/10.3390/su12198196.

Fanning, Andrew L., Daniel W. O'Neill, und Milena Büchs. 2020. "Provisioning Systems for a Good Life within Planetary Boundaries". *Global Environmental Change* 64:102135. https://doi.org/10.1016/j.gloenvcha.2020.102135.

FEC. 2018. *Foundational Economy: The Infrastructure of Everyday Life*. Manchester University Press.

FEC. 2020. *Die Leistungsträgerinnen des Alltagslebens. Covid-19 als Brennglas für die notwendige Neubewertung von Wirtschaft, Arbeit und Leistung*.

Fine, Ben. 2002. *The World of Consumption: The Material and Cultural Revisited*. Psychology Press.

Frankfurt, Harry. 2015. *On Inequality*.

Froud, Julie, und Karel Williams. 2019. "Social Licensing for the Common Good". *Renewal*. Abgerufen 4. Mai 2021 (https://renewal.org.uk/social-licensing-for-the-common-good/).

Fuchs, Doris, Marlyne Sahakian, Tobias Gumbert, Antonietta Di Giulio, Michael Maniates, Sylvia Lorek, und Antonia Graf. 2021. *Consumption Corridors: Living a Good Life within Sustainable Limits*. Routledge.

Giddens, Anthony. 1979. *Central Problems in Social Theory*. London: MacMillan.

Gough, Ian. 2017. *Heat, greed and human need: Climate change, capitalism and sustainable wellbeing*. Cheltenham, UK: Edward Elgar.

Gough, Ian. 2020. "Defining floors and ceilings: the contribution of human needs theory". *Sustainability: Science, Practice and Policy* 16(1):208–19. https://doi.org/10.1080/15487733.2020.1814033.

Graefe, Stefanie. 2019. *Resilienz im Krisenkapitalismus. Wider das Lob der Anpassungsfähigkeit*. Bielefeld: Transcript.

Großer, Elke, Gerrit von Jorck, Santje Kludas, Ingmar Mundt, und Helen Sharp. 2020. „Sozial-ökologische Infrastrukturen – Rahmenbedingungen für Zeitwohlstand und neue Formen von Arbeit". *Ökologisches Wirtschaften – Fachzeitschrift* (4):14–16. https://doi.org/10.14512/OEW350414.

Gruchy, Allan G. 1987. *The Reconstruction of Economics: An Analysis of the Fundamentals of Institutional Economics*. Greenwood Press.

Guiltinan, Joseph. 2009. "Creative Destruction and Destructive Creations: Environmental Ethics and Planned Obsolescence". *Journal of Business Ethics* 89(1):19–28. https://doi.org/10.1007/s10551-008-9907-9.

Hardt, Lukas, John Barrett, Peter G. Taylor, und Timothy J. Foxon. 2020. "Structural Change for a Post-Growth Economy: Investigating the Relationship between Embodied Energy Intensity and Labour Productivity". *Sustainability* 12(3):962. https://doi.org/10.3390/su12030962.

Hausknost, Daniel, Willie Haas, Sabine Hielscher, Martina Schäfer, Michaela Leitner, Iris Kunze, und Sylvia Mandl. 2017. "Investigating patterns of local climate governance: How low-carbon municipalities and intentional communities intervene in social practices". *Environmental Policy and Governance* 28:371–82.

Hinton, Jennifer B. 2020. "Fit for purpose? Clarifying the critical role of profit for sustainability". *Journal of Political Ecology* 27(1). https://doi.org/10.2458/v27i1.23502.

Holling, Crawford Stanley. 1973. "Resilience and Stability of Ecological Systems." *Annual Review of Ecology and Systematics* 4:1–23.

ILA Kollektiv, Thomas Kopp, Ulrich Brand, und Markus Wissen. 2017. *Auf Kosten anderer? : Wie die imperiale Lebensweise ein gutes Leben für alle verhindert / I.L.A. Kollektiv*. München: oekom.

Illich, Ivan. 1973. *Tools for Conviviality*. New York: Harper and Row.

IPCC. 2012. *Managing the Risks of Extreme Events and Disasters to Advance Climate Change Adaptation: Special Report of the Intergovernmental Panel on Climate Change*. herausgegeben von C. B. Field, V. Barros, T. F. Stocker, und Q. Dahe. Cambridge: Cambridge University Press.

IPCC. 2018a. "Global Warming of 1,5 C. Summary for Policymakers".

IPCC. 2018b. "Summary for Policymakers of IPCC Special Report on Global Warming of 1.5°C approved by governments".

Jaeggi, Rahel. 2014. *Kritik von Lebensformen*. Frankfurt/M.: suhrkamp.

Jonas, Michael. 2016. "Transition or Transformation? A Plea for the Praxeological Approach of Radical Socio-Ecological Change". S. 116–33 in *Praxeological Political Analysis*, herausgegeben von M. Jonas und B. Littig. Abingdon: Routledge.

Jonas, Michael. 2018. "Societal transformation, social innovations and sustainable consumption in an era of metamorphosis." S. 265–92 in *Social Innovation and Sustainable Consumption. Research and Action for Societal Transformation*. Abingdon: Routledge.

Jonas, Michael. 2022. *Schauplätze des Reparierens und Selbermachens – Über neue Infrastrukturen der Sorge und der Suffizienz in Wien*. Bielefeld: transcript.

Jonas, Michael, und Beate Littig. 2015. "Sustainable Practices". S. 834–38 in *International Encyclopedia of the Social & Behavioral Sciences (Second Edition)*, herausgegeben von J. D. Wright. Oxford: Elsevier.

Jones, Roger, A. Patwardhan, S. Cohen, S. Dessai, A. Lammel, R. Lempert, M. M. Q. Mirza, und H. von Storch. 2014. "Foundations for Decision Making". S. 195–228 in *Climate Change 2014: Impacts, Adaptation, and Vulnerability. Part A: Global and Sectoral Aspects. Working Group II contribution to the Fifth Assessment Report of the Intergovernmental Panel on Climate Change*, herausgegeben von C. B. Field, V. Barros, D. J. Dokken, K. J. Mach, M. D. Mastrandrea, T. E. Bilir, M. Chatterjee, K. L. Ebi, Y. O. Estrada, R. C. Genova, B. Girma, E. S. Kissel, A. Levy, S. MacCracken, P. R. Mastrandrea, und L. L. White. New York: Cambridge University Press.

Kalt, Tobias, und Jonas Lage. 2019. „Die Ressourcenfrage (re)politisieren! Suffizienz, Gerechtigkeit und sozial-ökologische Transformation". *GAIA – Ecological Perspectives for Science and Society* 28(3):256–59. https://doi.org/10.14512/gaia.28.3.4.

Kates, R. W., W. R. Travis, und T. J. Wilbanks. 2012. "Transformational Adaptation When Incremental Adaptations to Climate Change Are Insufficient". *Proceedings of the National Academy of Sciences* 109(19):7156–61. https://doi.org/10.1073/pnas.1115521109.

Klein, R. J. T., G. F. Midgley, B. L. Preston, M. Alam, F. G. H. Berkhout, K. Dow, R. M. Shaw, W. J. W. Botzen, H. Buhaug, K. W. Butzer, E. C. H. Keskitalo, E. Mateescu, R. Muir-Wood, J. Mustelin, H. Reid, L. Rickards, S. Scorgie, T. F. Smith, A. Thomas, P. Watkiss, und J. Wolf. 2014. "Adaptation Opportunities Constraints and Limits". *Climate Change 2014: Impacts, Adaptation and Vulnerability* 899–943.

Kleinhückelkotten, Silke, H.-Peter Neitzke, und Stephanie Moser. 2016. *Repräsentative Erhebung von Pro-Kopf-Verbräuchen natürlicher Ressourcen in Deutschland (nach Bevölkerungsgruppen)*. 39/2016. Dessau-Roßlau: Umweltbundesamt.

Krisch, Astrid, Andreas Novy, Leonhard Plank, Andrea E. Schmidt, und Wolfgang Blaas. 2020. *Die Leistungsträgerinnen des Alltagslebens. Covid-19 als Brennglas für die notwendige Neubewertung von Wirtschaft, Arbeit und Leistung*. Wien: The Foundational Economy Collective.

Kühl, Jana. 2019. „Praktiken und Infrastrukturen gelebter Suffizienz". S. 65–79 in *Räumliche Transformation: Prozesse, Konzepte, Forschungsdesigns*. Bd. 10, *Forschungsberichte der ARL*, herausgegeben von M. Abassiharofteh, J. Baier, A. Göb, I. Thimm, A. Eberth, F. Knaps, V. Larjosto, und F. Zebner. Hannover: Verl. d. ARL.

Lavell, Allan, Michael Oppenheimer, Cherif Diop, Jeremy Hess, Robert Lempert, Jianping Li, Robert Muir-Wood, Soojeong Myeong, Susanne Moser, Kuniyoshi Takeuchi, Omar Dario Cardona, Stephane Hallegatte, Maria Lemos, Christopher Little, Alexander Lotsch, und Elke Weber. 2012. "Climate Change: New Dimensions in Disaster Risk, Exposure, Vulnerability, and Resilience". *Managing the Risks of Extreme Events and Disasters to Advance Climate Change Adaptation: Special Report of the Intergovernmental Panel on Climate Change* 25–64. https://doi.org/10.1017/CBO9781139177245.004.

Leitner, Markus, Philipp Babcicky, Thomas Schinko, und Natalie Glas. 2020. "The Status of Climate Risk Management in Austria. Assessing the Governance Landscape and Proposing Ways Forward for Comprehensively Managing Flood and Drought Risk". *Climate Risk Management* 30:100246. https://doi.org/10.1016/j.crm.2020.100246.

Lessenich, Stephan. 2016. *Neben uns die Sintflut. Die Externalisierungsgesellschaft und ihr Preis*. Berlin: Hanser.

Linz, Manfred. 2004. *Weder Mangel noch Übermaß: Über Suffizienz und Suffizienzforschung*. 145. Wuppertal: Wuppertal Institute for Climate, Environment and Energy.

Linz, Manfred. 2015. *Suffizienz als politische Praxis*. Wuppertal: Wuppertal Institut für Klima, Umwelt, Energie GmbH.

MacKinnon, Danny, und Kate Driscoll Derickson. 2013. "From Resilience to Resourcefulness: A Critique of Resilience Policy and Activism". *Progress in Human Geography* 37(2):253–70. https://doi.org/10.1177/0309132512454775.

Marston, Sallie A., John Paul Jones, und Keith Woodward. 2005. "Human Geography without Scale". *Transactions of the Institute of British Geographers* 30(4):416–32. https://doi.org/10.1111/j.1475-5661.2005.00180.x.

Mattioli, Giulio, Cameron Roberts, Julia K. Steinberger, und Andrew Brown. 2020. "The Political Economy of Car Dependence: A Systems of Provision Approach". *Energy Research & Social Science* 66:101486. https://doi.org/10.1016/j.erss.2020.101486.

Mazzucato, Mariana. 2019. *The Value of Everything: Making and Taking in the Global Economy*. London: Penguin Books.

Mechler, Reinhard, und Jeroen Aerts. 2014. "Managing unnatural disaster risk from climate extremes". 725–53.

Meyen, Michael, Maria Karidi, Silja Hartmann, Matthias Weiß, und Martin Högl. 2017. „Der Resilienzdiskurs: Eine Foucault'sche Diskursanalyse". *GAIA – Ecological Perspectives for Science and Society* 26(1):166–73. https://doi.org/10.14512/gaia.26.S1.3.

Millward-Hopkins, Joel, Julia K. Steinberger, Narasimha D. Rao, und Yannick Oswald. 2020. "Providing decent living with minimum energy: A global scenario". *Global Environmental Change* 65:102168. https://doi.org/10.1016/j.gloenvcha.2020.102168.

Moser, Stephanie, und Silke Kleinhückelkotten. 2018. "Good Intents, but Low Impacts: Diverging Importance of Motivational and Socioeconomic Determinants Explaining Pro-Environmental Behavior, Energy Use, and Carbon Footprint". *Environment and Behavior* 50(6):626–56. https://doi.org/10.1177%2F0013916517710685.

Moss, Timothy. 2020. "Urban Resilience Has a History – And a Future". S. 209–16 in *Urban Resilience in a Global Context*, herausgegeben von D. Brantz und A. Sharma. Bielefeld: transcript-Verlag.

Novy, Andreas. 2018. „Kritik der westlichen Lebensweise." S. 43–58 in *Chancen und Grenzen der Nachhaltigkeitstransformation*. Wiesbaden: Springer VS.

Novy, Andreas. 2019. "Transformative social innovation, critical realism and the good life for all." S. 122–27 in *Social Innovation as Political Transformation. Thoughts For A Better World*. Cheltenham: Edward Elgar.

O'Neill, Daniel W., Andrew L. Fanning, William F. Lamb, und Julia K. Steinberger. 2018. "A Good Life for All within Planetary Boundaries". *Nature Sustainability* 1(2):88–95. https://doi.org/10.1038/s41893-018-0021-4.

Oswald, Yannick, Anne Owen, und Julia K. Steinberger. 2020. "Large Inequality in International and Intranational Energy Footprints between Income Groups and across Consumption Categories". *Nature Energy* 5(3):231–39. https://doi.org/10.1038/s41560-020-0579-8.

Paech, Niko. 2013. „Eine zeitökonomische Theorie der Suffizienz". *Umweltpsychologie* 17(2):145–55.

Pelling, Mark, Karen O'Brien, und David Matyas. 2015. "Adaptation and transformation". *Climatic Change* 133(1):113–27. https://doi.org/10.1007/s10584-014-1303-0.

Pirgmaier, Elke. 2020. "Consumption corridors, capitalism and social change". *Sustainability: Science, Practice and Policy* 16(1):274–85. https://doi.org/10.1080/15487733.2020.1829846.

Plank, Christina, Stefan Liehr, Diana Hummel, Dominik Wiedenhofer, Helmut Haberl, und Christoph Görg. 2021. "Doing More with Less: Provisioning Systems and the Transformation of the Stock-Flow-Service Nexus". *Ecological Economics* 187:107093. https://doi.org/10.1016/j.ecolecon.2021.107093.

Preston, Benjamin L., Kirstin Dow, und Frans Berkhout. 2013. "The Climate Adaptation Frontier". *Sustainability* 5(3):1–25.

Raworth, Kate. 2012. "A Safe and Just Space for Humanity: Can We Live within the Doughnut?"

Raworth, Kate. 2017. *Doughnut Economics: Seven Ways to Think Like a 21st-Century Economist*. Chelsea Green Publishing.

Reckwitz, Andreas. 2002. "Toward a Theory of Social Practices: A Development in Culturalist Theorizing". *European Journal of Social Theory* 5(2):243–63. https://doi.org/10.1177/13684310222225432.

Reckwitz, Andreas. 2017. *Die Gesellschaft der Singularitäten*. Berlin: Suhrkamp.

Reckwitz, Andreas. 2019. *Das Ende der Illusionen. Politik, Ökonomie und Kultur in der Spätmoderne*. Berlin: Suhrkamp.

Rössel, J., und G. Otte. 2011. *Lebensstilforschung*. Bd. 51. Wiesbaden: VS.

Sachs, Wolfgang. 1993. „Die vier E's: Merkposten für einen maßvollen Wirtschaftsstil". *Politische Ökologie* 11(33):69–72.

Saunders, P., & Williams, P. 1988. "The constitution of the home: towards a research agenda". *Housing studies* 3(2): 81–93.

Sayer, Andrew. 2013. "Power, sustainability and well being. An outsider's view." S. 167–80 in *Sustainable Practices. Social theory and climate change*. London: Routledge.

Schaffartzik, Anke, Melanie Pichler, Eric Pineault, Dominik Wiedenhofer, Robert Gross, und Helmut Haberl. 2021. "The Transformation of Provisioning Systems from an Integrated Perspective of Social Metabolism and Political Economy: A Conceptual Framework". *Sustainability Science* 16(5):1405–21. https://doi.org/10.1007/s11625-021-00952-9.

Schafran, Alex, Matthew Noah Smith, und Stephen Hall. 2020. *The Spatial Contract: A New Politics of Provision for an Urbanized Planet*. Manchester University Press.

Schatzki, Theodore. 2002. *The Site of the Social: A Philosophical Account of the Constitution of Social Life and Change*. University Park: The Pennsylvania State University Press.

Schatzki, Theodore. 2019. *Social Change in a Material World*. Abingdon: Routledge.

Schinko, Thomas, Reinhard Mechler, und Stefan Hochrainer-Stigler. 2017. "A Methodological Framework to Operationalize Climate Risk Management: Managing Sovereign Climate-Related Extreme Event Risk in Austria". *Mitigation and Adaptation Strategies for Global Change* 22(7):1063–86. https://doi.org/10.1007/s11027-016-9713-0.

Schmid, Benedikt, und Thomas SJ Smith. 2021. "Social Transformation and Postcapitalist Possibility: Emerging Dialogues between Practice Theory and Diverse Economies". *Progress in Human Geography* 45(2):253–75. https://doi.org/10.1177/0309132520905642.

Schneider, Martin, und Markus Vogt. 2017. "Responsible resilience: Rekonstruktion der Normativität von Resilienz auf Basis einer responsiven Ethik". *GAIA – Ecological Perspectives for Science and Society* 26(1):174–81. https://doi.org/10.14512/gaia.26.S1.4.

Schneidewind, Uwe. 2017. „Einfacher gut leben : Suffizienz und Postwachstum". *Politische Ökologie* 1(148):98–103.

Schneidewind, Uwe, und Angelika Zahrnt. 2013. *Damit gutes Leben einfacher wird. Perspektiven einer Suffizienzpolitik*. München: Oekom.

Schwanen, Tim. 2016. "Rethinking resilience as capacity to endure". *City* 20(1):152–60. https://doi.org/10.1080/13604813.2015.1125718.

Seebauer, Sebastian, und Claudia Winkler. 2020. "Should I Stay or Should I Go? Factors in Household Decisions for or against Relocation from a Flood Risk Area". *Global Environmental Change* 60:102018. https://doi.org/10.1016/j.gloenvcha.2019.102018.

Shove, Elizabeth. 2010. "Beyond the ABC: Climate Change Policy and Theories of Social Change". *Environment and Planning A* 42:1273–85. https://doi.org/10.1068/a42282.

Shove, Elizabeth, und Gordon Walker. 2014. "What Is Energy For? Social Practice and Energy Demand". *Theory, Culture & Society* (31):41–58.

Smith, Thomas S. J. 2019. "'Stand Back and Watch Us': Post-Capitalist Practices in the Maker Movement:" *Environment and Planning A: Economy and Space*. https://doi.org/10.1177/0308518X19882731.

Spengler, Laura. 2016. "Two Types of 'Enough': Sufficiency as Minimum and Maximum". *Environmental Politics* 25(5):921–40. https://doi.org/10.1080/09644016.2016.1164355.

Spinney, Justin, Nicola Green, Kate Burningham, Geoff Cooper, und David Uzzell. 2012. "Are we sitting comfortably? Domestic imagineries, laptop practices, and energy use". *Environment and Planning A* 44:2629–45.

Stratford, Beth. 2020. "The Threat of Rent Extraction in a Resource Constrained Future". *Ecological Economics* 169:106524. https://doi.org/10.1016/j.ecolecon.2019.106524.

Todorova, Zdravka, und Tae-Hee Jo. 2019. "Social provisioning process: A heterodox view of the economy". S. 29–40 in *The Routledge Handbook of Heterodox Economics: Theorizing, Analyzing, and Transforming Capitalism*, herausgegeben von T.-H. Jo, L. Chester, und C. D'Ippoliti. London: Routledge.

UNEP. 2020. *Emissions Gap Report 2020*. UNEP: Nairobi.

Unger, Brigitte, Daan van der Linde, und Michael Getzner. 2017. *Public or Private Goods?* Edward Elgar Publishing.

Vogel, Jefim, Julia K. Steinberger, Daniel W. O'Neill, William F. Lamb, und Jaya Krishnakumar. 2021. "Socio-Economic Conditions for Satisfying Human Needs at Low Energy Use: An International Analysis of Social Provisioning". *Global Environmental Change* 69:102287. https://doi.org/10.1016/j.gloenvcha.2021.102287.

Warde, Alan. 2005. "Consumption and Theories of Practice". *Journal of Consumer Culture* 5(2):131–53. https://doi.org/10.1177/1469540505053090.

Watkiss, Paul, Alistair Hunt, und Matthew Savage. 2014. *Early Value-for-Money Adaptation: Delivering VfM Adaptation Using Iterative Frameworks and Low-Regret Options*. Evidence on Demand. https://doi.org/10.12774/eod_cr.july2014.watkisspetal.

Watson, Matt. 2013. "Building future systems of velomobility". S. 117–31 in *Sustainable Practices. Social theory and climate change*. London: Routledge.

WBGU. 2014. *Klimaschutz als Weltbürgerbewegung: Sondergutachten*. Berlin: Wissenschaftlicher Beirat der Bundesregierung Globale Umweltveränderungen.

von Winterfeld, Uta. 2007. „Keine Nachhaltigkeit ohne Suffizienz. Fünf Thesen und Folgerungen." *vorgänge* (3):46–54.

Zapata Campos, María José, Patrik Zapata, und Isabel Ordoñez. 2020. "Urban Commoning Practices in the Repair Movement: Frontstaging the Backstage". *Environment and Planning A: Economy and Space* 52(6):1150–70. https://doi.org/10.1177/0308518X19896800.

Zell-Ziegler, Carina, Johannes Thema, Benjamin Best, Frauke Wiese, Jonas Lage, Annika Schmidt, Edouard Toulouse, und Sigrid Stagl. 2021. "Enough? The role of sufficiency in European energy and climate plans." *Energy Policy* 157. https://doi.org/10.1016/j.enpol.2021.112483.

Kapitel 28. Theorien des Wandels und der Gestaltung von Strukturen: Gesellschaft-Natur-Perspektive

Koordinierende Autorin
Margaret Haderer

Lead Autor_innen
Ulrich Brand, Antje Daniel, Andreas Exner, Julia Fankhauser, Christoph Görg, Andreas Novy, Thomas Schinko, Nicolas Schlitz, Anke Strüver

Beitragende Autor_innen
Alina Brad, Klaus Kubeczko, Joanne Linnerooth-Bayer

Revieweditorin
Nora Räthzel

Zitierhinweis
M. Haderer, U. Brand, A. Daniel, A. Exner, J. Fankhauser, C. Görg, A. Novy, T. Schinko, N. Schlitz, A. Strüver (2022): Perspektiven zur Analyse und Gestaltung von Strukturen klimafreundlichen Lebens. In: APCC Special Report: Strukturen für ein klimafreundliches Leben (APCC SR Klimafreundliches Leben) [Görg C., V. Madner, A. Muhar, A. Novy, A. Posch, K. W. Steininger, E. Aigner (Hrsg.)]. Springer Spektrum: Berlin/Heidelberg.

28.1 Einleitung

Die Gesellschaft-Natur-Perspektive beschäftigt sich mit historisch entstandenen, tiefenwirksamen Treibern der Klimakrise. Ihr Fokus liegt auf klimaschädlichen Merkmalen von Natur-Mensch-Beziehungen, die für die westliche Moderne typisch und auch in Österreich wirksam sind. Dazu zählen Wachstumszwang, Kapitalakkumulation, dualistische Verständnisse von Natur und Mensch, Vorstellungen und Praktiken der Naturbeherrschung, sozial-ökologische Ungleichheit und disziplinäre Wissensproduktion.

Um Merkmale moderner Gesellschaften sichtbar machen zu können, braucht es eine gewisse Distanz zu unmittelbaren Gegebenheiten und ihren Notwendigkeiten. Obwohl diese Merkmale oft nicht auf den ersten Blick erkennbar sind, wirken sie konkret als Rahmenbedingungen für alltägliches Handeln. In diesem Sinne sind sie Strukturen.

Kapitalakkumulation, beispielsweise, drückt sich in der Bewertung von Arbeit aus. Obwohl Sorgearbeit relativ ressourcenextensiv und daher klimafreundlich ist, findet sie – obwohl sie Voraussetzung für die Reproduktion allen Lebens ist – nur wenig Anerkennung – weder gesellschaftlich noch monetär. Ein Grund dafür ist, dass Sorgearbeit nur bedingt gewinnorientiert zu organisieren ist. Das Beispiel Arbeit zeigt: Für ein klimafreundliches Leben wäre Arbeit stärker nach ihrer gesellschaftlichen Relevanz *und* ihren biophysischen Implikationen zu bewerten als nach Gewinnspannen.

Aus einer Gesellschaft-Natur-Perspektive ist klimafreundliches Leben eine Lebensweise, die mit einigen Merkmalen der westlichen Moderne bricht, allen voran Natur-Mensch-Dualismen, Kapitalakkumulation als ökonomisches Leitprinzip und damit verbunden historisch weit zurückreichenden sozial-ökologischen Ungleichheiten. Diese Perspektive operiert tendenziell auf Distanz zu unmittelbaren Lösungen: Sie analysiert, diagnostiziert und abstrahiert begrifflich, um tiefenwirksame Treiber der Klimakrise zu benennen und dadurch sichtbar zu machen. Ihre Distanz zu unmittelbaren Lösungen ist eine Schwäche der Gesellschaft-Natur-Perspektive, denn über das, was unmittelbar in einem konkreten Kontext zu tun wäre, gibt sie wenig Auskunft. Doch die Distanz zu unmittelbaren Lösungen ist zugleich eine Stärke: Sie erlaubt es, die sozialen Implikationen und die Tiefenwirksamkeit von vorgeschlagenen Lösungen differenziert zu beurteilen, indem sie vorgeschlagene Maßnahmen (z. B. CO_2-Bepreisung) kritisch auf ihre tatsächlichen biophysischen und sozialen Implikationen hinterfragt.

Zentrale Akteure der Gesellschaft-Natur-Perspektive sind vor allem die Wissenschaft, NGOs und die Zivilgesellschaft (z. B. Umweltbewegungen). Wissensproduktion und Protest sind ihre zentralen Instrumente. Regulierung spielt ebenfalls eine Rolle.

Die positiven Seiten von Wirtschaftswachstum in Ländern wie Österreich – hoher Lebensstandard, öffentliche

Daseinsvorsorge, vielfältige Konsummöglichkeiten – sind eine Barriere für grundlegende Veränderungen in Richtung ressourcen- und vor allem CO_2-extensiverer gesellschaftlicher Organisation. Der Wunsch, am Status quo festzuhalten, ist weit verbreitet.

Dem Staat wird aus der Gesellschaft-Natur-Perspektive eine Doppelrolle zugeschrieben: Er stellt sowohl eine Barriere für klimafreundliches Leben dar (z. B. indem er Wegbereiter von Extraktivismus, dem höchstmöglichen Abbau von Rohstoffen, ist und damit auch Wegbereiter von globaler, oft rassifizierender Ungleichheit). Der Staat ist zugleich ein Beschleuniger klimafreundlichen Lebens, z. B. dann, wenn er den Ausstieg aus der fossilen Energie fördert.

Die wichtigsten Theorien des Wandels aus einer Gesellschaft-Natur-Perspektive stellen wir im Folgenden dar: Soziale und die Politische Ökologie, Anthropozän- und Planetare-Grenzen-Ansatz, öko-feministische Gerechtigkeitsdebatten, Polanyische Transformationstheorien, Postwachstumsansätze, Staatstheorien, Ökotopie- und Cultural-Theory-Ansätze.

28.2 Soziale und politische Ökologie

Lead Autor
Christoph Görg

Kernaussagen
- Wenn Strukturen für ein klimafreundliches Leben geschaffen werden sollen, dann müssen die Wechselbeziehungen zwischen Natur und Gesellschaft besser verstanden und berücksichtigt werden. Dafür braucht es inter- und transdisziplinäre Forschung, allen voran Forschung, die Sozial- und Naturwissenschaften besser miteinander verknüpft.
- Wenn das Transformationspotenzial von Innovationsangeboten (wie Kreislaufwirtschaft, E-Mobilität, energetischer Nutzung von Biomasse) plausibel eingeschätzt werden soll, dann braucht es umfassende Studien zu den Energie- und Materialströmen („soziale Metabolismus"), die/der diesen Innovationsangeboten zugrunde liegen, analysiert werden.
- Wenn eine Transformation hin zu klimafreundlichen Strukturen auf bisherige Innovationsgebote (wie grünes Wachstum, E-Mobilität, Kreislaufwirtschaft, energetische Nutzung von Biomasse) beschränkt bleibt, dann ist es unwahrscheinlich, dass Strukturen für ein klimafreundliches Leben geschaffen werden. Bisherige sozialmetabolische Studien zeigen, dass keines der bisherigen Innovationsangebote den Ressourcenverbrauch und die damit verbundenen CO_2-Emissionen ausreichend reduziert.
- Der globale Kapitalismus beruht auf dem industriellen Metabolismus, der auf fossile und damit endliche Ressourcen angewiesen ist und damit keine nachhaltige Produktions- und Lebensweise darstellt.
- Eine gesellschaftliche Selbstbegrenzung der Ressourcennutzung ist notwendig.
- Eine Transformation hin zu klimafreundlichen Strukturen ist mit schwerwiegenden Interessen- und Zielkonflikten verbunden. Diese zu verstehen und darzulegen sowie Möglichkeiten der Überwindung zu skizzieren, ist eine Kernaufgabe der politischen Ökologie.
- Wenn vor allem soziale Bewegungen (Degrowth, Klimagerechtigkeit) bestehende, klimaunfreundliche Macht- und Herrschaftsverhältnisse problematisieren und verschieben, dann ist eine Transformation hin zu klimafreundlichen Strukturen wahrscheinlicher.
- Wenn gesellschaftliche Selbstbeschränkung stattfindet, dann sind klimafreundliche Strukturen wahrscheinlicher.

Die Soziale Ökologie (Becker & Jahn, 2006; Haberl et al., 2016; Pichler et al., 2017) setzt den Fokus auf die Interaktionen zwischen Gesellschaft und Natur bzw. auf die gesellschaftlichen Naturverhältnisse. Sie analysiert Wechselbeziehungen zwischen Gesellschaft und Natur, die für die Abschätzung der Notwendigkeit, der Machbarkeit und der Nachhaltigkeit von gesellschaftlichen Transformationen zentral sind, aber bei rein sozialwissenschaftlichen Analysen oft übersehen werden. Die politische Ökologie ergänzt diese Perspektive durch eine Analyse der Konflikte sowie der gesellschaftlichen Interessenlagen und Machtverhältnisse, die mit der Aneignung und Nutzung der Natur notwendig verbunden sind und die viele der Barrieren verstehbar machen, die einer klimafreundlichen Lebensweise entgegenstehen.

Mit den verschiedenen Ansätzen der Sozialen und Politischen Ökologie hat sich in den letzten 25 Jahren ein dynamisches Forschungsfeld etabliert, dass verschiedene analytische Zugänge und Methoden entwickelt hat und in engem Austausch steht mit Ansätzen aus der „environmental economics", der Industrial Ecology, der Politischen Ökonomie, der feministischen und postkolonialen Kritik wie auch der Umweltgeschichte (Fischer-Kowalski & Weisz, 2016; Görg et al., 2017; Hummel et al., 2017; Kramm et al., 2017). Die Interaktionen zwischen Gesellschaft und Natur werden auf verschiedenen Feldern analysiert. Für das Thema Klimawandel besonders wichtig ist die Analyse des „gesellschaftlichen

Stoffwechsels/Metabolismus": Mit der Methode des Material and Energy Flow Accounting (MEFA – Material- und Energieflussberechnung) werden die materiellen und energetischen Grundlagen von Gesellschaften erfasst (Krausmann et al., 2016; Schaffartzik et al., 2014). Damit können gesellschaftliche Abhängigkeiten von bestimmten Ausgangsmaterialien erfasst und die Notwendigkeit wie auch die Trade-offs und Grenzen einer Dekarbonisierung (also des Ausstiegs aus der Nutzung fossiler Stoffe und Energien) analysiert werden, die schon seit Jahren als zentrales Element einer Transformation zur Nachhaltigkeit benannt wird (siehe dazu z. B. WBGU, 2011).

Eine zentrale und übergreifende Einsicht der Sozialen Ökologie lautet, dass der industrielle Metabolismus seit der industriellen Revolution Anfang des 19. Jahrhunderts (der fossile Kapitalismus: Malm, 2016) auf der systematischen Nutzung fossiler und damit endlicher Energien beruht. Er ist somit eine grundsätzlich nichtnachhaltige Produktions- und Lebensweise, weil er auf der Nutzung des „unterirdischen Waldes" (Sieferle, 1982) beruht. Daher muss der industrielle Metabolismus in eine nachhaltige Form der Ressourcennutzung transformiert werden – oder er wird kollabieren. Insofern kommt es darauf an, Grenzen in der Ressourcennutzung anzuerkennen und eine gesellschaftliche Selbstbegrenzung zu erreichen, wie von vielen Autor_innen und sozialen Bewegungen gefordert wird (Brand et al., 2021; Kallis, 2019). Eine solche „metabolic transition", die Parallelen aufweist zur neolithischen oder industriellen Revolution, sehen Beobachter_innen bereits am Weg (Fischer-Kowalski & Haberl, 2007; McNeill, 2000; WBGU, 2011). Doch der Übergang müsste heute sehr viel schneller und geplanter verlaufen als die historischen Vorgänger.

Das Beispiel der Bioökonomie, in welcher die fossile Stoff- und Energiebasis durch Biomasse ersetzt wird, macht deutlich, dass grundsätzliche Grenzen und Ziel- und Interessenkonflikte berücksichtigt werden müssen, die mit einer solchen Transition verbunden sind. Grenzen ergeben sich im Hinblick auf das Ausmaß der Energiebasis, das von Biomasse nicht auf dem gleichen Niveau wie bei fossilen Ressourcen gewährleistet werden kann. Selbst wenn es physisch möglich wäre, fossile Energie zu substituieren, hätte das erhebliche negative Konsequenzen für die Biodiversität (Haberl, 2015; Haberl & Erb, 2017). Neben einer Reduktion des Gesamtenergieverbrauchs müssen vor allem vielfältige Trade-offs in der Landnutzung (z. B. zwischen energetischer Verwertung von Biomasse und ihrer Verwendung als Nahrungsmittel bzw. dem Ausweis von Schutzgebieten zur Erhaltung der Biodiversität) berücksichtigt werden. Zur Analyse dieser Trade-offs kann auf den Human-Appropriation-of-Net-Primary-Production (HANPP)-Indikator zurückgegriffen werden, der die Intensität der Landnutzung erfasst. Er gibt an, wie viel Biomasse, konkret welcher Anteil der Netto-Primärproduktion (des in einer bestimmten Region insgesamt durch Pflanzenwachstum verfügbaren organischen Materials) von Menschen genutzt wird.

Dass solche Transformationsstrategien nicht nur vielfältige Zielkonflikte aufweisen, sondern auch mit vielfältigen Interessenkonflikten verbunden sind, ergibt sich zwangsläufig daraus, dass die Nutzung der Natur nach den Einsichten der Politischen Ökologie grundsätzlich mit Machtverhältnissen verbunden ist. Diese Machtverhältnisse bestimmen seit dem Kolonialismus die Naturverhältnisse (z. B. die Landnutzung) und werden heute als „landgrabbing" problematisiert, auf internationaler Ebene wie im regionalen und lokalen Rahmen (Bryant & Bailey, 1997; Görg, 2003; Pichler et al., 2017, 2018).

Von der Politischen Ökologie werden solche Konflikte in ihren verschiedenen Erscheinungsformen und mit Blick auf die sehr unterschiedlichen Akteur_innen analysiert (Dietz & Engels, 2018). Forschungsschwerpunkte sind Fragen der Umweltgerechtigkeit in Konflikten zu Bergbau, Extraktivismus, „landgrabbing" (siehe Atlas der Umweltgerechtigkeitskonflikte: ejolt.org), aber auch Arbeitskonflikte und Geschlechterverhältnisse (Daggett, 2018) in Industrieländern. Solche Konflikte spiegeln tiefe Interessengegensätze des globalen Kapitalismus auf internationaler, nationaler und regionaler Ebene wider und artikulieren sich nach den Einsichten der Politischen Ökologie als Konflikte um hegemoniale Strategien (Brand et al., 2020).

Hindernis für eine Transformation zu klimafreundlichen Gesellschaften ist weniger der fehlende politische Wille, als vielmehr die in sozioökonomische Strukturen eingelassenen Konflikte zwischen hegemonialen Strategien. Die deutsche Energiewende lässt sich beispielsweise als ein solcher Konflikt zwischen einem „grünen" und einem „grauen" Projekt verstehen: Unterschiedliche Gruppen aus der Wirtschaft und Zivilgesellschaft wollten in einem grünen Projekt ein auf nachwachsenden Rohstoffen und grünen Technologien beruhendes Wachstumsmodell („grüne Ökonomie") gegen solche Wirtschaftszweige durchsetzen, die auf Extraktion fossiler Energien und eng damit verbundenen Industrien wie der Automobilindustrie und ihrer Zulieferei beruhen (Sander, 2016). Aufgrund der Machtverhältnisse ist es nicht überraschend, dass trotz Regierungsbeschluss die Konflikte um den Ausstieg aus der Kohleförderung und andere Aspekte der Energiewende anhalten (Moss et al., 2015).

Viele Innovationen, die derzeit als Strategien für eine Transformation zur Nachhaltigkeit popagiert werden, sind nach den Einsichten der Sozialen und Politischen Ökologie mit Skepsis zu betrachten, weil (1) die materiell-stofflichen Implikationen unterschätzt werden, wie bei der „circular economy" (Haas et al., 2015), bei der energetischen Nutzung von Biomasse (Pichler et al., 2018) oder bei der E-Mobilität; weil (2) ignoriert wird, dass die Hoffnungen auf eine Entkopplung von Ressourcenverbrauch und Wirtschaftswachstum nicht ausreichend wissenschaftlich belegt sind (Haberl et al., 2020; Wiedenhofer et al., 2020); und weil (3) die tatsächlich beobachtbare Ressourcenentwicklung ähnlich wie in der „Great Acceleration", der großen Beschleunigung des Ressourcenverbrauchs in den Jahrzehnten nach dem Zweiten Weltkrieg, seit dem Beginn des 21. Jahrhunderts wieder exponentiell ansteigt (Görg et al., 2020; Krausmann et al., 2018).

Der Übergang zu einer klimafreundlichen Gesellschaft erfordert gemäß der Sozialen Ökologie eine Dekarbonisierung als Teil einer metabolischen Transition, das heißt eines systemischen Übergangs (Fischer-Kowalski, 2011). Dieser Übergang ist schwer zu gestalten – in der systemischen Perspektive gibt es eine Nähe zum Multi-Level-Ansatz (Fischer-Kowalski & Rotmans, 2009). Eine systemische Perspektive ist für die Analyse unverzichtbar, damit z. B. die Stoffströme korrekt erfasst werden können, aber auch ein Veränderungsbedarf historisch abgeschätzt werden kann, auch in langfristiger Perspektive (Pichler et al., 2017).

Um konkrete Gestaltungsoptionen aufzeigen zu können, muss die Rolle von Akteur_innen und Institutionen in der Gestaltung von Transformationsprozessen berücksichtigt werden. Das Frankfurter Institut für Sozialökologische Forschung (ISOE) hat dazu das Konzept der Versorgungssysteme entwickelt (Hummel et al., 2017). Zur Analyse der gesellschaftlichen Versorgung mit Stoffen zieht dieses Konzept als intervenierende Variablen explizit Akteur_innen, Praktiken, Institutionen und Technologien heran. Diese analytische Perspektive kann durch die Politische Ökologie hinsichtlich des Gestaltungspotenzials kollektiver Akteur_innen und der betreffenden Konflikte und Machtverhältnisse erweitert werden (Görg et al., 2017; Plank et al., 2021). Optionen für tiefgehende Transformationen ergeben sich erst durch eine Veränderung gesellschaftlicher Kräfteverhältnisse (Brand et al., 2020). Diese Veränderung kann am ehesten von sozialen Bewegungen, die schon frühzeitig auf die Notwendigkeit eines schnellen Ausstiegs aus der Förderung und Nutzung fossiler Brennstoffe aufmerksam gemacht haben (wie Degrowth oder der Klimagerechtigkeitsbewegung) vorangetrieben werden (Burkhart et al., 2017; Kothari et al., 2019; Temper et al., 2018). Erst ein Aufbrechen hegemonialer Strukturen dürfte die mit einer „metabolic transition" notwendig verbundene gesellschaftliche Selbstbegrenzung als Gestaltungsoption denkbar machen (Brand et al., 2021).

Darüber hinaus hat die Soziale Ökologie insbesondere in der Frankfurter Variante von Beginn an betont, dass in der Organisation der Wissenschaften in der Gesellschaft und der wissenschaftlichen Arbeitsteilung zwischen Natur und Sozialwissenschaften hemmende Strukturen angelegt sind, die durch inter- und transdisziplinäre Ansätze überwunden werden müssen (Becker & Jahn, 2006). Eine zentrale Rolle spielt in beiden Varianten, dass gesellschaftliche Transformationen durch Veränderungen und den Wissenschaften begleitet bzw. ermöglich werden müssen. Gestaltungsoptionen ergeben sich vor allem in inter- und transdisziplinärer Perspektive (Jahn et al., 2012).

28.3 Anthropozän- und Planetare-Grenzen-Ansätze

Lead Autorin
Margaret Haderer

Kernaussagen
- Der menschliche Einfluss auf Erdsysteme – unter anderem das Klimasystem – ist wissenschaftlich bewiesen.
- Wenn sich der menschliche Einfluss auf Erdsysteme generell und – spezifisch – auf das Klimasystem in der Gegenwart und nahen Zukunft nicht grundlegend ändert, dann ist die langfristige Bewohnbarkeit des Planeten in Gefahr.
- Dass biophysische und soziale Systeme eng miteinander verknüpft sind, gilt als gesichert. Wie biophysische Grenzen (für z. B. Klimawandel) sowie deren Bedeutung für menschliches Wohlergehen definiert werden – und wer biophysische Grenzen und menschliches Wohlergehen definiert – ist hingegen Gegenstand wissenschaftlicher und politischer Debatten. Gegenstand von Debatten ist auch, ob es – vor dem Hintergrund der Dominanz individueller Freiheiten in spätmodernen Gesellschaften – überhaupt möglich ist, solche Grenzen zu definieren.
- Wenn allgemein von „der Menschheit" als Treiber des Klimawandels gesprochen wird, dann rückt in den Hintergrund, dass Klimawandel eng mit der Geschichte des Kapitalismus verbunden ist und damit auch mit der europäischen Moderne und (einigen) ihrer Ideale, wie Natur(be)herrschung, individueller Freiheit, sowie mit geschlechterspezifischen, rassistischen und kolonialen Macht- und Herrschaftsverhältnissen.
- Wenn planetare Grenzen – wie auch immer sie definiert sein mögen – eingehalten werden sollen, dann gilt es als gesichert, dass eine Abkehr von quantitativem Wirtschaftswachstum zugunsten qualitativer Bewertungskriterien für eine Ökonomie notwendig ist. Forderungen nach qualitativem Wachstum haben aber oft primär normativen Charakter.

Die Anthropozän-Debatte hatte ihren Ursprung in den Erdwissenschaften (Crutzen, 2002; Crutzen & Stoermer,

2000). Ihr ging es ursprünglich darum, den menschlichen Einfluss auf die Erde zu erfassen. Sie stellte fest, dass aufgrund massiver „anthropogener Emissionen von Treibhausgas" (Crutzen, 2002) ein grundlegender Wandel des „globalen Klimas" (Crutzen, 2002) gegeben ist. Nach Crutzen und Stoermer (2000) ist dieser Wandel so grundlegend – er demarkiert einen irreversiblen Einfluss des Menschen auf das Erdsystem –, dass er Anlass dazu gibt, eine neue Erdepoche zu deklarieren: das Anthropozän (Crutzen, 2002; Crutzen & Stoermer, 2000). Der Beginn des Anthropozäns wird mittlerweile mit der „Großen Beschleunigung" („Great Acceleration") in der Mitte des 20. Jahrhunderts datiert (Görg et al., 2020; Steffen et al., 2015; Zalasiewicz et al., 2015, 2019). Zentrale Merkmale der „Großen Beschleunigung" sind Bevölkerungswachstum, rapid gestiegene Energie-, Wasser- und Land-Vernutzung sowie der Ausbau von Mobilität und Kommunikationssystemen. Diese Phänomene haben das Erdsystem (wie z. B. die Oberflächentemperatur, den Zustand der Ozeane, des Bodens, der Wälder, der Biodiversität) so stark verändert, dass man annehmen muss, dass eine Regeneration nicht mehr möglich ist und die (langfristige) Bewohnbarkeit des Planeten in Gefahr ist (Crutzen, 2006). Görg et. al. (2020), Malm und Hornborg (2014) und Malm (2016) betten die „Große Beschleunigung" in politisch-ökonomische Entwicklungen ein, allen voran den Entwicklungen des Kapitalismus und dessen Tendenz zu wachsen und sowohl den Naturverbrauch als auch dessen Effekte ungleich zu verteilen. Jason Moore (2017) schlägt deswegen vor, nicht vom Anthropozän zu sprechen – denn der Begriff suggeriert, dass die Menschheit an sich der Treiber grundlegender Veränderungen des Erdsystems sei –, sondern vom „Kapitalozän", ein Begriff, der historisch präziser demarkiert, dass die grundlegenden Veränderungen des Erdsystems aufs Engste mit der spezifischen Geschichte des Kapitalismus verbunden sind (siehe unter anderem Moore, 2017). Die Geschichte des Kapitalismus ist wiederum mit der Geschichte des Kolonialismus, des Rassismus, der Maskulinität und ungleicher Geschlechterverhaltnisse verbunden (Haraway, 2015; Davis & Todd, 2017; Di Chiro, 2017; Vergès 2017; Hultman & Pulé, 2019; Saldanha, 2020; Yusoff, 2018).

Planetare-Grenzen-Ansätze knüpfen an die Anthropozän-Ansätze an. Sie benennen konkrete Gefahren und Risiken im „Erdzeitalter des Menschen" näher und erstellen Leitplanken für einen „sicheren Handlungsraum für die Menschheit" (Rockström et al., 2009). Diese Leitplanken verdeutlichen, was eine Überschreitung einer bzw. mehrerer planetarischer Grenzen (wahrscheinlich) impliziert. Sie umfassen messbare Schwellenwerte für Klimawandel, aber auch Süßwassernutzung, Stickstoff- und Phosphorkreisläufe, Ozeanversäuerung, Verschmutzung durch Schadstoffe, atmosphärische Aerosolbelastung, Biodiversitätsverlust, Landnutzungsänderungen, Ozonabbau. Ihre Implikationen werden nicht nur biophysisch gefasst, sondern auch mit Blick auf menschliches Wohlergehen („human well-being") (Steffen & Stafford Smith, 2013). Diese Leitplanken verstehen sich somit nicht nur als „matters of facts", sondern auch als „matters of concern" (Latour, 2007). Dass biophysische und soziale Veränderungen eng miteinander verknüpft sind, steht außer Streit. Wie biophysische Grenzen (für z. B. Klimawandel) sowie menschliches Wohlergehen definiert werden – und wer biophysische Grenzen und Wohlergehen definiert – ist hingegen Gegenstand von teils konfliktiven wissenschaftlichen Debatten (z. B. Biermann et al., 2012; Bonneuil & Fressoz, 2006; Chakrabarty, 2021; Gupta & Lebel, 2020; McGregor, 2017). Zur Debatte steht ebenso die Frage, inwiefern nicht nur kapitalistische, sondern auch (neo-)liberale Gesellschaften – und ihre Bürger_innen – überhaupt zu Selbstbeschränkung (z. B. Suffizienz), die es vor dem Hintergrund planetarer Grenzen und der Dringlichkeit der Klimakrise zweifelsohne bräuchte, fähig sind (für einander widerstreitende Positionen siehe Brand et al., 2021; Kallis, 2019).

Während sich die Planetare-Grenzen-Ansätze zum Teil sehr konkret mit der Frage beschäftigen, was vor dem Hintergrund der Erderwärmung (eine der planetaren Grenzen) zu tun wäre, löste die Anthropozän-Debatte vor allem auch außerhalb ihres Entstehungskontextes, der Erdwissenschaften, wissenschaftliche Grundsatzdebatten mit Blick auf die Umwelt-, Sozial-, Wirtschafts- und Ideen-Geschichte moderner Gesellschaften aus, inklusive ihrer ökologischen und sozialen Implikationen (Bonneuil & Fressoz, 2006; Chakrabarty, 2021; Gabrys et al., 2020; McGregor, 2017; Yusoff, 2018). In diesen Debatten geht es mitunter darum, nach der genaueren Bedeutung das „Anthropos" im Anthropozän-Diskurs zu fragen. (Naturwissenschaftliche) Darstellungen der Menschheit (verstanden als Gesamtheit) als treibende Kraft von grundlegenden Veränderungen des Erdsystems, inklusive der Erderwärmung, wird sozial-, wirtschafts-, aber auch humanwissenschaftlich in Frage gestellt. Es wird argumentiert, dass weder der Industriekapitalismus noch die „Große Beschleunigung" „Menschheitsereignisse" waren, sondern Ereignisse, die von Macht- und Herrschaftsverhältnissen bestimmt sind. Das nicht zu sehen bzw. nicht zu benennen, würde dazu führen, dass strukturelle Ungleichheiten (global, lokal, geschlechterspezifisch, mit Blick auf „color-lines" und Klasse) sowohl in der Verursachung sozialökologischer Krisen als auch in ihrer Bearbeitung übersehen werden. Es gilt somit nicht nur normativ, sondern auch empirisch als fragwürdig, dass eine aussichtsreiche Bearbeitung des Klimawandels ohne eine Bearbeitung von sozialer Ungleichheit möglich ist (Gupta et al., 2020; Klinsky et al., 2017).

Aus den naturwissenschaftlichen Anthropozän- und Planetare-Grenzen-Ansätzen selbst folgen keine unmittelbaren Gestaltungsoptionen. Sie liefern primär „matters of facts", die – an der Schnittstelle von Natur- und Sozial-,

Wirtschafts- sowie Geisteswissenschaften – in „matters of concern" (Latour, 2007) übersetzt wurden bzw. werden.

Planetare-Grenzen-Ansätze fanden Eingang in bestehende Forschung zu Earth System Governance (Biermann et al., 2012), also zu Entscheidungs- und Steuerungsmechanismen sowie Akteursnetzwerken, die dem Leitbild der Nachhaltigkeit verpflichtet sind. In diesem Kontext werden der Planetare-Grenzen-Ansatz auch kritisiert, vor allem mit Blick auf die Frage, wie und von wem Grenzen festgelegt wurden (Biermann et al., 2012).

Der Planetare-Grenzen-Ansatz wurde auch in die Wirtschaftswissenschaften aufgenommen. Dort wurde er vor allem von Kate Raworth (2017) rezipiert, die in ihrem Ansatz einer „Donut-Economy" (Dürbeck, 2018; Raworth, 2017) der Frage nachgeht, wie „soziale Fundamente" (wie Gesundheit, Bildung, Mitbestimmung, Energie, Arbeit, Wohnen, Geschlechterverhältnisse) so gestaltet werden können, dass sie innerhalb planetarischer Grenzen bleiben. Der Ansatz von Raworth (2017) impliziert eine Kritik an neoklassischer Ökonomie, vor allem der Bewertung der Leistung einer Volkswirtschaft anhand des erwirtschafteten BIPs. Sie betrachtet neoklassische Ökonomie wegen ihres Fokus auf quantitatives Wachstum als Treiber sozial-ökologischer Krisen und der Ungleichverteilung ihrer Effekte, ohne dabei Wachstum per se in Frage zu stellen. Angelehnt an die Arbeiten von Amartya Sen (1985, 2007, 2009) und Martha Nussbaum (2000) entwickelte Raworth ein ökonomisches Modell, in dessen Zentrum „qualitatives Wachstum" steht, das vor allem der Befriedigung menschlicher Grundbedürfnisse sowie die Förderung menschlicher Fähigkeiten („capabilities") innerhalb planetarischer Grenzen dient. Raworths Ansatz sowie der Capabilities-Ansatz generell ist ein stark normativer Ansatz. Er hat seine Stärke in der Darstellung des prinzipiell Möglichen, aber weniger in der Analyse von real existierenden Barrieren für eine Abkehr vom quantitativen Wachstumsparadigma.

Die Anthropozän-Debatte und die Planetarische-Grenzen-Debatte schlugen sich auch in den Geschichts-, Sozial- und Geisteswissenschaften nieder. Sozial-ökologische Krisen werden (auch) als Krisen moderner Grundannahmen und Praktiken diskutiert. Dazu zählt die moderne Norm der Naturbeherrschung, die sowohl (Natur-)Wissenschaften als auch Technik(-entwicklung) und Techniknutzung maßgeblich geprägt hat (von Winterfeld et al., 2020). Das Wissen um implizite gesellschaftliche Normen sowie die kritische Reflexion darauf, inklusive ihrer sozial-ökologischer Implikationen, gilt nicht nur für das Verstehen sozial-ökologischer Krisen, sondern vor allem auch deren Bearbeitung als wichtig. Diese Einsicht führt aber nicht unbedingt zu Antworten auf sozial-ökologische Herausforderungen, da sich in der Wissensproduktion bestehende Deutungshoheiten – trotz gegebenen Wissens um ihre Grenzen – auch nach wie vor verstetigen (Gupta et al., 2020; Klinsky et al., 2017).

28.4 Imperiale Lebensweise

Lead Autor
Ulrich Brand

Beitragender Autor
Mathias Krams

Kernaussagen
- Der Begriff der Lebensweise ist eng mit praxeologischen Ansätzen und solchen der Alltagsökonomie und der „Systems of Provision" verbunden und grenzt sich vom Begriff des Lebensstils ab.
- Mit dem Begriff der imperialen Lebensweise geraten die ausbeuterischen und zerstörerischen Strukturen und Prozesse in den Blick, die sozial-ökologischen Transformationen entgegenstehen. Das betrifft insbesondere die globalen Abhängigkeitsverhältnisse zwischen globalem Norden und globalem Süden (inklusive der Ressourcenflüsse), aber auch die innergesellschaftlichen Verhältnisse zwischen Zentrum und Peripherie, zwischen Klassen, Geschlechtern und „race".
- Die imperiale Lebensweise ist für viele Menschen in den Ländern des globalen Nordens attraktiv, weil durch sie die Beschäftigungs- und Konsummöglichkeiten sowie Handlungsreichweiten erweitert werden. Dazu kommt, dass die sozioökonomischen und ökologischen Voraussetzungen der imperialen Lebensweise oft unsichtbar gemacht werden.
- Eine Veränderung der imperialen Lebensweise ist weniger eine Frage des individuell anderen Handelns, sondern der Veränderung der materiellen und gesellschaftlichen Bedingungen des Produzierens und Konsumierens. Die Stärke dieser Perspektive liegt in ihrem umfassenden, globalen Blick.

Der Begriff der Lebensweise(n) betont, dass der Alltag der Menschen eng verbunden ist mit gesellschaftlichen Strukturen. Diese bestehen aus hegemonialen Produktions- und Konsumnormen, die gesellschaftlich breit akzeptiert und durch Herrschaftsverhältnisse abgesichert sind. Der Begriff „Lebensstil" betont das Moment der aktiven Gestaltung und Stilisierung geteilter Vorlieben innerhalb bestimmter gesellschaftlicher Milieus, das heißt der Art und Weise zu wohnen, sich fortzubewegen, sich zu ernähren etc. und das als sinnvoll zu empfinden (Reusswig, 1994; Richter, 2005). Auch der Begriff „Lebensweise" beinhaltet geteilte Vorlieben spezifischer Gruppen, jedoch werden diese nur im jeweiligen gesellschaftlichen Kontext verständlich, der bestimmte Handlungen eher ermöglicht als andere und in dem Handlungen habituell verinnerlicht werden. Insofern geht der

28.4 Imperiale Lebensweise

Begriff der Lebensweise über den des Lebensstils hinaus, da er nicht nur die Formen des Konsums, sondern auch die Art und Weise, wie Güter hergestellt werden, beinhaltet. Damit problematisiert er auch Fragen von Arbeit wie Arbeitszeit und Arbeitsteilung. Hier ist der Begriff eng verbunden mit praxeologischen Ansätzen, Theorien zu Bereitstellungssystemen und Alltagsökonomie. Umgekehrt kann die Lebensstilforschung dazu beitragen, aufgrund der Differenzierungen zwischen den Lebensstilen innere Dynamiken der Lebensweisen zu erfassen.

Wie vor allem eine repräsentative Studie im Auftrag des deutschen Umweltbundesamtes (Kleinhückelkotten et al., 2016; Moser & Kleinhückelkotten, 2018) belegt, steht der Pro-Kopf-Ressourcenverbrauch im Zusammenhang mit der Höhe des verfügbaren Einkommens und des Bildungskapitals. In der betreffenden Studie wurden die Energieverbräuche von etwa 1000 Teilnehmer_innen unterschiedlichen Alters und Geschlechts, unterschiedlichen formalen Bildungsstands und zur Verfügung stehenden Einkommens sowie aus unterschiedlichen Regionen Deutschlands untersucht. Sie wurden bezogen auf verschiedene Konsumbereiche etwa im Haushalt (Heizen, Kochen, Nutzung technischer Geräte usw.) oder der Mobilität (Alltagsmobilität und Urlaubsreisen). Auch wenn es alters-, geschlechts-, haushaltsgrößen- und regionalspezifische Einflüsse gibt, belegt die Studie, dass der personenbezogene Gesamtenergieverbrauch bei Menschen mit höherem Einkommen und mit höherem formalem Bildungsstand ansteigt – und zwar auch bei Menschen mit solchen milieuspezifischen Lebensformen, die sich durch eine positive Umwelteinstellung auszeichnen.

„Lebensweise" bezieht sich umfassend auf die Reproduktion von Gesellschaft, es kann aber auch die Koexistenz dominanter oder sogar breit akzeptierter (hegemonialer) Lebensweisen sowie subalterner oder alternativer Lebensweisen ausdifferenziert werden. Wandel wird damit jedoch kaum erfasst. Mit dem Begriff „imperiale Lebensweise" wird eine bestimmte Lebensweise in den Blick genommen und damit vor allem die Problematik der (Nicht-)Nachhaltigkeit um Dimensionen der Nord-Süd-Verhältnisse und innergesellschaftlicher Zentrum-Peripherie-Verhältnisse ergänzt. Diese werden weiters entlang der Ungleichheitsmuster von Klasse, Geschlecht und „race" betrachtet. Beim Begriff der imperialen Lebensweise handelt es sich nicht um eine konsistente Theorie, sondern um einen Begriff, der auf unterschiedliche Theorien zurückgreift, wie die Regulationstheorie, die gramscianische Hegemonietheorie, die kritische Staatstheorie, die Praxistheorie sowie kritische Theorien der Nord-Süd-Verhältnisse (Brand & Wissen, 2017; Kap. 3; Lessenich, 2016). Es handelt sich um eine öffnende Perspektive, die bestimmte Strukturmuster und Dynamiken in ihren Verschränkungen erfasst (ähnlich Blühdorn et al., 2020).

Für klimafreundliches Leben ist der Begriff der imperialen Lebensweise wichtig, weil er auf die gleichzeitig strukturelle und subjektive Verankerung der nichtnachhaltigen Wirtschaftsweise hinweist. Die imperiale Lebensweise ist gekennzeichnet durch den überproportionalen Zugriff auf Arbeitskraft, Senken und Ressourcen von „andernorts", die in den Vorprodukten oder Konsumgütern enthalten sind. Diese Inanspruchnahme kann innerhalb von regionalen und nationalen Räumen stattfinden (etwa über ungleiche Stadt-Land-Verhältnisse), aber auch global. Die imperiale Lebensweise beruht also auf der Externalisierung von sozialökologischen Kosten im Raum und in der Zeit. In den Gesellschaften des globalen Nordens wurde diese Externalisierung ab Mitte des 20. Jahrhunderts besonders ausgeprägt, etwa durch die ressourcenintensive Zunahme der Automobilität. In jüngerer Zeit breitet sich die imperiale Lebensweise zunehmend innerhalb der Mittel- und Oberklassen der aufstrebenden Länder des globalen Südens aus.

Gerade in Zeiten der ökonomischen Krise wirkt die Externalisierung stabilisierend: Die Reproduktionskosten von Arbeitskraft werden durch billige Ressourcen- und Arbeits-Inputs von andernorts gesenkt; CO_2-Emissionen des globalen Nordens werden von den Senken im globalen Suden absorbiert oder konzentrieren sich in der Atmosphäre und beeinträchtigen vermittelt über den Klimawandel vulnerable Gruppen vor allem im globalen Süden oder künftige Generationen.

Indem sich die imperiale Lebensweise ausbreitet, also von immer mehr Menschen gelebt wird, schwinden die Möglichkeiten zur räumlichen Externalisierung sozial-ökologischer Kosten. Die Konkurrenz um Ressourcen, Senken und Arbeitskraft zwischen Ländern und Ländergruppen nimmt zu. Öko-imperiale Spannungen zwischen den Ländern des globalen Nordens sowie zwischen diesen und den aufstrebenden Mächten des globalen Südens verschärfen sich; die imperiale Lebensweise – Voraussetzung für die Bearbeitbarkeit der sozial-ökologischen Widersprüche des Kapitalismus – erweist sich im Moment ihrer tendenziellen Verallgemeinerung als krisenverschärfend. Hierin liegt eine wichtige ökologische Dimension der gegenwärtigen weltweiten Vervielfältigung von Konflikten, die folglich nicht nur zeitlich mit ökologischen Krisenphänomenen korreliert.

Gleichzeitig zeigt die imperiale Lebensweise auch im globalen Norden zunehmend ihren Klassencharakter (Wissen & Brand, 2019). Mit der zunehmenden öko-imperialen Konkurrenz werden die Verfügbarkeit von billigem Öl und anderen Rohstoffen sowie die davon abhängigen Konsummuster in Bereichen wie Ernährung, Mobilität oder Wohnen als Muster des Massenkonsums zunehmend prekär. Lange Zeit die Bedingung für soziale Teilhabe und Wohlstandszuwachs, werden sie im Moment ihrer globalen Verallgemeinerung umkämpft und zum Gegenstand von Konflikten; ihr Erfolg, im Sinne ihrer globalen Attraktivität (insbesondere in Form des Zugriffs auf individuelle und kollektive Konsumgüter, die unter ökologisch und sozial schlechten Bedingungen produziert wurden) und Verallgemeinerung, untergräbt tendenziell ihre eigenen Existenzbedingungen, und zwar auch dort, wo sie bislang am erfolgreichsten war: in den Ländern des globalen Nordens. Dies ist ein Bruch mit der seit Mitte des 20. Jahrhunderts bekannten Konstellation.

Die zentrale Herausforderung liegt in einer grundlegenden sozial-ökologischen Transformation hin zu einer solidarischen Lebensweise, die auch im globalen Maßstab ein gutes Leben für alle ermöglicht. Dies ist deshalb so schwierig, da den attraktiven, naturvernutzenden Seiten dieser „westlichen Lebensweise" (Novy, 2019) oftmals wenig Rechnung getragen wird: neben dem weltweit hohen Lebensstandard, der Befreiung aus der Mühsal physischer Arbeit, dem Schaffen von sozialen Sicherungssystemen, sozialer Teilhabe (auch) durch Konsum auch die historisch und geografisch einzigartigen individuellen Freiheitsmöglichkeiten westlicher Gesellschaften – kurzum den Erfolgsgeschichten der westlichen Lebensweise. Die Diagnose der imperialen Lebensweise konzentriert sich demgegenüber auf die Verankerung klimaunfreundlicher Produktions- und Konsummuster im Alltag.

Mit dem Konzept der imperialen Lebensweise lässt sich die Normalisierung und hegemoniale Verfestigung von Konsum- und Produktionsmustern in Alltagswahrnehmungen und -praktiken erklären, die ökologisch destruktiv sind und soziale Ungleichheit hervorbringend. Gesellschaftliche und internationale Macht- und Herrschaftsverhältnisse konstituieren und stabilisieren sich nicht zuletzt über die imperiale Lebensweise. So dringen etwa die kapitalistische Produktionsweise und ihr Imperativ der Konkurrenz auch über die ölbasierte, automobile Form der Fortbewegung in die Kapillaren des Alltags ein und werden eben deshalb nicht mehr als Macht- und Herrschaftsform wahrgenommen (vgl. Brand & Wissen, 2017; Kap. 6).

Aus Perspektive der (imperialen) Lebensweise sind es die dominanten wirtschaftlichen und politischen Akteur_innen, die sich gegen Veränderungen stellen. Doch auch die politisch und wirtschaftlich schwächeren Gruppen haben ein unmittelbares Interesse an der Aufrechterhaltung der imperialen Lebensweise, weil damit ihre materiellen Lebensbedingungen erhalten bleiben und – auf der gesellschaftlichen Ebene – der Sozialstaat (Gould et al., 2004). Wobei es nicht die einzelnen Akteur_innen sind, welche die Lebensweise verursachen und reproduzieren. Sie unterliegen vielmehr strukturellen Zwängen, die sie durch die Verankerung der imperialen Lebensweise auf subjektiver Ebene unhinterfragt reproduzieren. Insofern handelt es sich um einen Strukturbegriff.

Normativer Fluchtpunkt für Alternativen zur imperialen Lebensweise und entsprechender Gestaltung ist eine solidarische Lebensweise. Es gibt nicht den einen Hebel für Veränderung, sondern gesellschaftliche Strukturmuster müssen umfassend umgebaut werden. Empirische Untersuchungen mit der Folie des Begriffs „imperiale Lebensweise" erfolgten etwa zu den Bereichen Digitalisierung, Sorge, Geld und Finanzen, Bildung und Wissen sowie Ernährung und Landwirtschaft (I.L.A. Kollektiv, 2017), zum Thema Mobilität (I.L.A. Kollektiv, 2017; Brand & Wissen, 2017; Kap. 6; Wissen & Brand, 2019) oder zum Thema Arbeit und Gewerkschaften, insbesondere in Österreich (Periskop & I.L.A. Kollektiv, 2019). Auch die Bedingungen für eine solidarische Lebensweise wurden in verschiedenen Bedarfsfeldern untersucht (I.L.A. Kollektiv, 2019). Das I.L.A.-Kollektiv (2019) macht den Vorschlag, Transformation als das Zusammenspiel von Zurückdrängung der imperialen Lebensweise sowie Aufbau und Absicherung solidarischer Lebensweisen zu fassen. Notwendige sozial-ökologische Transformationen werden auf den Ebenen der politischen Institutionen, der materiellen Infrastrukturen sowie von Alltagswissen und -praktiken verortet. Besonderes Augenmerk wird auf soziale Bewegungen gelegt und darauf, wie diese in vielfältigen Konflikten die imperiale Lebensweise infrage stellen, solidarische Alternativen aufzeigen und darum ringen, sie zurückzudrängen. Für eine Überwindung der imperialen Lebensweise reichen Alternativen auf lokaler Ebene nicht aus. Vielmehr bedarf es auch Veränderungen auf dem Terrain des Staates als der zentralen Steuerungsinstanz kapitalistischer Gesellschaften, um beispielsweise ungleiche Handelsbeziehungen und Externalisierungsdynamiken zu überwinden.

Der strukturtheoretisch angelegte Begriff der imperialen Lebensweise sieht das normative Projekt einer sozial-ökologischen Transformation als gesellschaftliche Gestaltungsaufgabe im Sinne zu verändernder politischer Rahmenbedingungen, sozioökonomischer Logiken – insbesondere jener der Wachstums- und Profitorientierung – und sich verändernder Kräfteverhältnisse. Zu verändern ist auch der Alltag der Menschen und durch die Menschen in Hinblick auf (Erwerbs-)Arbeit, Konsummuster, Subjektivitäten und – allgemein – Formen des Zusammenlebens (z. B. Bookchin, 1991). Die Bedingungen für sozial-ökologische Formen des Wohnens und der Mobilität, der Ernährung und des Sich-kleidens, der Kommunikation und des Lernens etc. sind zu verändern.

28.5 Gerechtigkeitsperspektiven auf sozioökologische Sorgebeziehungen

Lead Autor_innen
Anke Strüver, Nicolas Schlitz

Kernaussagen
- Es gibt keine wirtschaftliche Produktion ohne soziale und ökologische Reproduktion. Gegenwärtige wirtschaftliche Produktion findet auf Kosten sozialer und ökologischer Reproduktion statt.

- Weder menschliche Regeneration noch planetarische Regeneration lassen sich gänzlich in Markttransaktionen übersetzen. Weil dies nicht gelingt, werden beide Formen der Regeneration im Kapitalismus abgewertet.
- Eine Folge von kapitalistischer Abwertung ist Ausbeutung entlang von Differenzkategorien, wie Geschlecht, ethnischer und nationaler Herkunft oder Klasse bzw. – gegenüber nichtmenschlicher Natur – basierend auf Vorstellungen von Naturbeherrschung.
- Wenn die Klimakrise – eine sozial-ökologische Krise – überwunden werden soll, dann gilt es aus ökofeministischer Sicht als wahrscheinlich, dass dies die politische Anerkennung und die ökonomische Aufwertung der Grundlagen menschlichen und nichtmenschlichen Lebens bedingt.
- Wenn Strukturen für ein klimafreundliches Leben für alle geschaffen werden sollen, dann bedingt dies ein Hinterfragen von kapitalistischen Ökonomien, die sich durch eine Trennung von Ökonomie und Ökologie auszeichnen, sowie das Sichtbarmachen und Fördern von tatsächlich existierenden alternativen ökonomischen Strukturen, die beispielsweise auf Solidarität beruhen.

Es besteht breiter Konsens, dass die Aufrechterhaltung wirtschaftlicher Produktionstätigkeit ohne die Absicherung sozialer Reproduktion – der Arbeiten des Sorgens, Versorgens und Vorsorgens – nicht möglich ist. Feministisch-ökologische Ansätze des Sorgens und Vorsorgens bringen die menschliche mit der planetarischen Regeneration – und die soziale mit der ökologischen Reproduktion – zusammen. Sie verbinden gesellschaftliche Natur- und Machtverhältnisse mit Alltagspraktiken und hinterfragen dominante Markt- und Wachstumslogiken, imperiale Lebensweise und Green Growth. Dabei koppeln sie soziale Gerechtigkeit an ökologische Gerechtigkeit und Zukunftsfähigkeit. Soziale Gerechtigkeit wird in diesem Kontext als Resultat der (oft verborgenen) Verbindungen zwischen ökonomischer Verteilungs- und kultureller Anerkennungsgerechtigkeit verstanden (Fraser, 2013).

Die derzeitige multiple Krise umfasst die Verschränkung der sozialen und ökologischen Krisen der Reproduktion mit den wirtschaftlichen Krisendynamiken seit 2007 sowie der politischen Krise der Repräsentation (Fraser, 2014a, 2016; Fraser & Jaeggi, 2018). Aus Sicht feministisch-ökologischer Ansätze ist diese multiple Krise soziomaterieller Ausdruck der kapitalistischen Wachstumslogik und der erfolgreichen diskursiven wie praktischen Trennung von Ökonomie und Ökologie durch die neoklassischen Wirtschaftsordnung (Gibson-Graham et al., 2016; Oksala, 2018; Winker, 2021). Ein Überwinden dieser Trennung muss an der Auflösung des Natur-Kultur-Dualismus der Aufklärung ansetzen, der eng mit binären, hierarchischen Geschlechterverhältnissen, den rassistischen Ordnungen des Kolonialismus und aktueller Migrationsregime verbunden ist: „Die ökofeministische Perspektive analysiert kapitalistische, patriarchale und rassistische Ausbeutung von Menschen und der Natur als herrschaftsförmige Unterwerfung und Aneignung lebendiger ReProduktivität" (Bauhardt, 2019, S. 468; Biesecker & Hofmeister, 2010). Das „Konzept der ReProduktivität" verweist dabei auf die Untrennbarkeit von Produktions- und Reproduktionsarbeit.

Reproduktionsarbeiten sind die traditionell feminisierten, unbezahlten und unsichtbaren häuslichen Arbeiten, die die Lohnarbeit im Kapitalismus ermöglichen. Sorgearbeiten sind hingegen die konkreten Tätigkeiten (bezahlt oder unbezahlt) wie Einkaufen, Kochen und Putzen, Erziehen, Betreuen und Pflegen. Als Sorgekrise gilt der Zustand, wenn die Nachfrage an bezahlter wie unbezahlter Sorgearbeit regional oder national höher ist als das Angebot. Der Begriff zielt damit nicht auf Versorgungsdefizite in einzelnen Haushalten ab, sondern auf die gesellschaftliche Ebene der Sorge und Vorsorge (Winker, 2021).

Angesichts der Klimakrise erfährt derzeit der Ökofeminismus der 1970er Jahre (Mies et al., 2014) eine Renaissance bzw. eine konstruktive „radikale Reevaluierung" (Oksala, 2018; MacGregor, 2021), die Folgendes aufgreift: Aufgrund der Verknüpfung von Ausbeutungs- und Herrschaftsverhältnissen kann die Überwindung der Klimakrise nur durch politische Anerkennung und ökonomische Aufwertung der Grundlagen allen Lebens erfolgen, der Sorgearbeiten an menschlichen Körpern und an Ökosystemen. Die unhinterfragte Ausbeutung von beidem wiederum ist Funktionsgrundlage des wachstumszentrierten Kapitalismus (Fraser, 2014a; Fraser & Jaeggi, 2018; Mies, 1983). Durch die neoliberale Restrukturierung von Wohlfahrtsstaatlichkeit kam es zu einem Anstieg bezahlter Sorgearbeiten und somit wurden sowohl Sorge- als auch Ökosysteme zunehmend vermarktlicht. Doch beide sind nur eingeschränkt rationalisierbar und lassen sich nicht vollständig in Markttransaktionen übersetzen – die Steigerung der Arbeitsproduktivität von Sorgearbeiten ist limitiert, weshalb es zu einer langfristigen Abwertung von Sorgearbeiten unter kapitalistischen Bedingungen kommt (Soiland, 2019). Sorge- und Ökosysteme bleiben damit herausragende Beispiele für Akkumulation durch Ausbeutung. Aufgrund der anhaltenden Vergeschlechtlichung von Sorgearbeiten einerseits und ihrer Vermarktlichung andererseits muss zudem die traditionelle Ausbeutung weiblicher Arbeitskraft um eine neue Klassendimension sowie die Ausbeutung von Migrant_innen erweitert werden. Dies macht eine Betrachtung verschiedener Ungleichheitsachsen und somit eine intersektionale Perspektive notwendig, um sie systematisch in die Analyse und Kritik der strukturierenden Wachstumslogik des Kapitalismus einzubetten (Fraser & Jaeggi, 2018).

Die für ein klimafreundliches Leben notwendigen Veränderungen der Lebensweisen müssen an der Hinterfragung der vorherrschenden Vorstellungen über kapitalistische Ökonomien und Gesellschaftsordnungen ansetzen. Für einige Autor_innen erfolgt dies primär aus der Berücksichtigung und Stärkung „diverser Ökonomien", das heißt aus alltagsrelevanten, oft bereits existierenden ökonomischen Verflechtungen und Transaktionen wie Teilen und Tauschen, Sorgebeziehungen und Kooperativen jenseits der Wachstums- und Profitlogiken des Kapitalismus (Gibson-Graham, 2008; Gibson-Graham et al., 2013, 2016). Für andere Vertreter_innen der Sorge- bzw. Vorsorge-Perspektive steht eine radikale Transformation des gesamten kapitalistischen Wirtschaftssystems als solchem im Fokus, z. B. im Sinne von Degrowth und Solidarischer Ökonomie (Bauhardt, 2014; Dengler & Strunk, 2018; Winker, 2021). Aufgrund der bislang beständigen Marginalisierung bzw. Unsichtbarmachung von Sorgearbeiten an menschlicher wie nichtmenschlicher Natur stellt die Anerkennung der wechselseitigen Abhängigkeiten von Ökonomien und Ökologien gleichermaßen die zentrale Herausforderung wie das Ziel intersektional gerechter Perspektiven dar.

Um die Wiedereinbettung von Ökonomien in Ökologien zu erreichen, ist aus Sicht einiger Autor_innen das Upscaling von bereits existierenden vielfältigen Experimenten solidarischer Ökonomien (Winker, 2021) und sogenannter „Community Economies" (Gibson-Graham, 2006, 2008) notwendig, in denen verschiedenste soziale Bedürfnisse und sozialökologische Interdependenzen demokratisch ausgehandelt werden. Solche kollektiven Experimente in alternativen ökonomischen Räumen und Netzwerken bilden jene Strukturen, in denen sich die treibenden Akteur_innen der Veränderungen für ein klimafreundliches Leben konstituieren und konkrete Transformationsprojekte entwerfen (Gibson-Graham et al., 2016). Aus Sicht feministisch-ökologischer Sorge-Ansätze ist das Ziel des Sorgens und Vorsorgens weniger die Adaptionsfähigkeit der bestehenden kapitalistischen Wachstumsökonomie an Klimaveränderungen als die grundlegende Transformation bestehender sozioökonomischer und sozioökologischer Logiken und Verhältnisse.

28.6 Vermarktlichung und Kommodifizierung (Polanyische Transformationstheorien)

Lead Autor_innen
Andreas Novy, Julia Fankhauser

Kernaussagen
- Wenn die aktuellen metabolischen Transformationen zu ähnlich weitreichenden Veränderungen wie in der neolithischen und industriellen Revolution führen, dann werden sich nicht nur Technologien ändern. Klimafreundliches Leben, seine Institutionen und Infrastrukturen werden sich im 21. Jahrhundert grundlegend von Leben und Arbeiten im 20. Jahrhundert unterscheiden (hohe Zustimmung, mittlere Evidenz).
- Wenn Bedürfnisse vor allem individuell, über Geld und Waren und den Weltmarkt befriedigt werden, dann erschwert dies emissionsarme Konsumformen (hohe Zustimmung, mittlere Evidenz).
- Wenn (Markt-)Wirtschaft wieder in Gesellschaft und Natur eingebettet wird, dann wird klimafreundliches Leben einfacher (hohe Zustimmung, mittlere Evidenz).

In seinem 1944 erstmals erschienen Hauptwerk „Die Große Transformation" analysiert Karl Polanyi (2001) die Umbrüche des 19. Jahrhunderts und erarbeitet eine Heuristik, die in der sozialökologischen Transformationsforschung aufgegriffen und zur Deutung der anstehenden Veränderungen des 21. Jahrhunderts benutzt wird. Polanyi beschreibt die Industrielle Revolution als eine Metamorphose, eine grundlegende Veränderung (Formwandel) von Gesellschaft, Wirtschaft und Metabolismen. Industrialisierung, Modernisierung und Urbanisierung wurden geprägt durch die gleichzeitige Errichtung einer Marktgesellschaft, in der ökonomische Prinzipien dominieren. Es bildete sich „ein großer Markt", ein Weltmarkt, heraus, auf dem alles getauscht wurde – nicht nur Waren, sondern auch die Produktionsfaktoren Arbeit und Land sowie Geld. Diese „Vermarktlichung" immer weiterer Lebensbereiche und der Natur war verantwortlich für materielle Verbesserungen basierend auf der Utopie von sich selbst regulierenden Märkten. Da dies jedoch gleichzeitig die menschlichen und natürlichen Grundlagen einer Gesellschaft zu zerstören begann, bildeten sich Gegenbewegung zu deren Schutz.

Polanyis Analysemuster verbindet langfristige mit kurzfristigen Dynamiken. Mit der neoliberalen Globalisierung am Ende des 20. Jahrhunderts erlangte seine Analyse erneute Brisanz. Im Vordergrund stand die Analyse der Doppelbewegung aus Vermarktlichung und Gegenbewegungen des sozialen Schutzes vor den damit verbundenen Problemen (Arbeitslosigkeit, Abbau und Ökonomisierung des Sozialstaats) (Block & Somers, 2014; Dale, 2021; Lacher, 1999; Markantonatou, 2014; Pettifor, 2019; Polanyi Levitt, 2020). Erst in den letzten Jahren gewannen weitere aktuelle Problemfelder Eingang in dieses Analysemuster, insbesondere autoritäre, populistische Bewegungen (Bohle, 2014; Dörre et al., 2019; Hann, 2019; Holmes, 2018), das Thema „Care" (Aulenbacher et al., 2021; Tronto, 2017) sowie die Umwelt- und Klimakrise. Polanyische Transformationstheorien wurden vom deutschen Wissenschaftlichen Beirat der Bundesregierung Globale Umweltveränderungen (WBGU, 2011) auf sozialökologische Problematiken angewandt, um die Dramatik der stattfindenden Transformation, die eine Nachhaltigkeitsrevolution sein sollte, zu beschreiben. Der stattfindende Wandel ist multidimensional, anstehende Veränderungen beschränken sich dem WBGU folgend nicht auf technologische Innovationen, sondern verändern Leben und Produktion grundlegend.

Polanyische Transformationstheorien sehen die Klimakrise als Teil multipler Krisen, deren gemeinsamen Wurzeln in den Logiken von Akkumulation (Marx) und Kommodifizierung, des Zur-Ware-Machens von Natur und Gesellschaft, liegen (Brand et al., 2020; Görg et al., 2017). Natur ist jedoch bloß eine „fiktive" Ware. Sie wurde nicht für den Verkauf produziert (anschaulich z. B. beim CO_2 als Ware), wird aber so behandelt, als wäre sie eine Ware (Wissen & Brand, 2019). Eine Krisenursache ist die Dominanz marktwirtschaftlicher Prinzipien gegenüber anderen Prinzipien wie Redistribution (Verteilung durch Zentralinstanz) und Reziprozität (Gegenseitigkeit in gemeinschaftlichen Verbünden). Demnach gilt es, solche Gegenbewegungen zu stärken, die (markt-)wirtschaftliche Dynamiken erneut in Gesellschaft und biophysische Prozesse einzubetten, also die Motive von Gewinnstreben und Nutzenmaximierung anderen gesellschaftlichen Logiken (z. B. Vorsorge, Vorsicht, Vertrauen etc.) unterzuordnen. Die Doppelbewegung von fortgesetzter Vermarktlichung und Gegenbewegung ist konfliktträchtig. Je mehr der Klimadiskurs die Notwendigkeit von geänderten Produktions- und Konsumnormen fordert, desto stärker wird der Status quo kapitalistischer Marktwirtschaften und Massenkonsumgesellschaft verteidigt.

Eine klimafreundliche Lebensweise erfordert (1) eine Abkehr von emissionsintensiver Befriedigung von Bedürfnissen durch individuellen Konsum (Waren und Dienste) und vorwiegend über den Weltmarkt hin zur emissionsreduzierender kollektiver Bereitstellung mit stärker regionalen Wirtschaftskreisläufen (Cahen-Fourot, 2020) und (2) eine Balance verschiedener Wirtschaftsprinzipien. Dies inkludiert die Problematisierung der aktuellen europäischen Wirtschaftsverfassung mit ihrer Priorisierung von Marktlösungen (z. B. Emissionshandel, Wettbewerbsrecht) (Brie & Thomasberger, 2018; Clark, 2013). Gleichermaßen umstritten ist, ob es eine Reglobalisierung oder selektive wirtschaftliche Deglobalisierung braucht für Strukturen klimafreundlichen Handelns (z. B. insbesondere im Bereich Geld, Finanz, Versicherung und Immobilien, von CO_2-emissionsintensiven auf Luft- und Schifffahrt beruhenden Güterketten sowie stärker territorial verankerten Bereitstellungssystemen (Bello, 2013; Block, 2019; Novy et al., 2020; Patomäki, 2014; Rodrik, 2019)).

Der Slogan „The World is not for sale" inspirierte diverse soziale und Umweltbewegungen, inklusive der Klimabewegung. Zivilgesellschaftliche Organisationen, wie die Solidarökonomie, Commonsbewegung etc., fordern die erneute Einbettung der Wirtschaft, um klimafreundliches Leben zu ermöglichen. Die Bedeutung der Polanyi-Heuristik zum Verständnis der Strukturbedingungen klimafreundlichen Lebens liegt darin, diverse gesellschaftliche Dynamiken, die in eigenen Forschungsfeldern detailliert aufgearbeitet werden, gemeinsam in den Blick zu nehmen und diese für die Klimaforschung nutzbar zu machen. Zwei Beispiele: (1) Polanyi verbindet die Analyse von Politik, Wirtschaft und Kultur. Neoliberale, konservative und reaktionäre Institutionen (von Foxnews, Thinktanks wie Cato Institut bis zu den US-amerikanischen Republikanern, AfD und FPÖ) sind heute Knotenpunkte der Klimawandelskepsis (Bärnthaler et al., 2020; Blühdorn & Butzlaff, 2019; Holmes, 2018). Sie sind Gegenbewegungen gegen die Hyperglobalisierung (Rodrik, 2011), eine liberale Weltordnung und die damit verbundenen soziokulturellen Veränderungen (steigende soziale Unsicherheit ebenso wie Diversitätspolitik). Heute sind sich diese Institutionen zumeist bewusst, dass es Klimawandel gibt. Sie wehren sich jedoch gegen Maßnahmen, die klimaschädliche Lebensweisen einschränken. Eine Folge sind die bekannten identitätspolitischen Auseinandersetzungen um klimarelevante Politikfelder (Veganismus, Autofahren etc.), die mit wissenschaftlichen Argumenten alleine nicht gewonnen werden können. (2) Polanyi ist Vertreter einer gemischtwirtschaftlichen Ordnung. Für ihn ist Wirtschaft nicht nur Marktwirtschaft, sondern allgemein die Organisation der Lebensgrundlagen, das heißt auch Hausarbeit. Gegen Vermarktlichung formiert sich historisch immer wieder Widerstand, aktuell in Auseinandersetzungen gegen die Privatisierung, Kommodifizierung und Finanzialisierung von Land, Wasser- und Energieversorgung. Gegenbewegungen umfassen auch den Widerstand gegen Agrarhandel (z. B. EU-Mercosur-Vertrag), die Patentierung von Natur und „land grabbing" (Goodwin, 2018). Da warenförmiger Konsum eine wesentliche Ursache von Nicht-Nachhaltigkeit ist (z. B. Städtetourismus statt Freizeitgestaltung in der Nachbarschaft), gilt es auszuloten, ob und wie Bedürfnisse mit weniger warenförmigen Bereitstellungssystemen befriedigt werden können (z. B. öffentlicher Verkehr, öffentliche Naherholung).

Der Polanyi-Ansatz verbindet Bemühungen um inkrementelle Verbesserungen mit radikalen Transformationen.

Diese Strategie doppelter Transformation erlaubt es, konkrete klimapolitische Maßnahmen (ökosoziale Steuerreform, Green New Deal etc.) mit Alternativen zu verbinden, in denen nichtmarktliche Wirtschaftsprinzipien vorherrschen (Commons, Solidarökonomie) (Klein et al., 2014; Novy et al., 2020).

28.7 Postwachstum (Degrowth) und Politische Ökonomik des Wachstumszwangs

Lead Autoren
Andreas Novy, Ulrich Brand

Kernaussagen
- Das aktuell zu beobachtende Überschreiten planetarer Grenzen (z. B. beim Klimawandel) hängt eng mit der kapitalistischen Produktions- und Lebensweise zusammen. Der bestehende industrielle Metabolismus ist strukturell auf Expansion angelegt und daher nicht zukunftsfähig (mittlere Zustimmung, hohe Evidenz).
- Wenn mächtige Interessengruppen, die am Imperativ des Wirtschaftswachstums festhalten, einflussreich bleiben, stabilisiert dies Strukturen klimaunfreundlichen Lebens (imperiale Lebensweise). Damit Strukturen klimafreundlichen Lebens gestärkt werden, braucht es die Problematisierung von klimaunfreundlichen Strukturen und den Widerstand dagegen sowie das Schaffen grundlegend anderer Rahmenbedingungen (mittlere Zustimmung, mittlere Evidenz).
- Wenn Postwachstums-Theorien und -Bewegungen zu Strukturen klimafreundlichen Lebens beitragen wollen, dann braucht es Strategien zu deren demokratischer Durchsetzung (hohe Zustimmung, geringe Evidenz).

Die Politische Ökonomik an sich untersucht den Zusammenhang zwischen Wirtschaft und Politik. Für Klimapolitik von besonderem Interesse sind jene Strömungen der Politischen Ökonomik, die sich mit der expansiven Dynamik modernen Wirtschaftens auseinandersetzen. Während Marktwirtschaft als Kreislaufwirtschaft mit der Tendenz zu Gleichgewichten verstanden wird, konzipiert die im Folgenden als Politische Ökonomik des Wachstumszwangs bezeichnete Forschungsrichtung das moderne Wirtschaftssystem als Kapitalismus mit Dynamiken „kreativer Zerstörung" (Schumpeter, 1911). Kapitalismus ist wesenhaft widersprüchlich (Belamy Foster, 2019; Fraser, 2014b). In der kritischen Politischen Ökonomik ist Kapital nicht wie in der Neoklassik eine (statische) Ressource, sondern eine Beziehung (Produktionsmittelbesitzer zu Arbeitskraft innerhalb bestimmter biophysischer Prozesse) und damit ein (dynamischer) Prozess fortgesetzter In-Wert-Setzung, das heißt der Wertschaffung.

Die kapitalistische Produktions- und Lebensweise hat sich über Jahrhunderte in Europa und der Welt etabliert und zu grundlegenden Veränderungen geführt – mit positiven und negativen Aspekten wie Emanzipationsprozessen und Raubbau an Menschen und Natur. Ihr transformatorisches Potenzial ist derart wirkmächtig, dass sie wesentlich verantwortlich ist für den Übergang in ein neues Erdzeitalter (Anthropozän) sowie die „große Beschleunigung", beides zentrale Ursachen der aktuellen Klimakrise (Brand et al., 2021).

Die zentral notwendige Veränderung betrifft den Akkumulationsimperativ, das heißt den systemischen Zwang zu wachsen (grundlegend Schnaiberg, 1980). Doch wenn Unternehmen unter den gegebenen Rahmenbedingungen aufhören, Produktionsprozess und Produkte effizienter zu gestalten (billiger und/oder mit höherer Qualität), droht ihnen, vom Markt verdrängt zu werden. Dies zwingt sie zu ständigem Wachstum und Innovation, denn „Stillstand ist Untergang". Wirtschaftswachstum (mit dem damit verbundenen Ressourcenverbrauch) ist unter diesen Bedingungen für Unternehmen notwendig, um profitabel zu bleiben. Wirtschaftswachstum („ein wachsender Kuchen") erleichtert, Verteilungskonflikte mittels Win-win-Konstellationen zu lösen. Nicht nur Kapitalvertreter_innen, auch die Arbeitnehmer_innen und ihre Vertreter_innen setzen bislang meistens auf Wachstum als Lösungsstrategie. Und es ist im Wohlfahrtskapitalismus Grundlage des Sozialstaats, der sich wesentlich aus Steuereinnahmen finanziert. Der Staat bezieht seine Legitimität und qua Steuern seine materiellen Ressourcen aus wachsenden Steuereinnahmen, weshalb staatliche Institutionen, aber auch die Empfänger_innen staatlicher Leistungen ein Interesse an funktionierender Akkumulation (Wirtschaftswachstum) haben. Daher wird oft versucht, die anfallenden Kosten dieser Win-win-Strategien zu externalisieren, das heißt auszulagern und auf andere Gruppen oder die Umwelt abzuwälzen. All dies erklärt, warum Krisen im Kapitalismus im Rückblick am einfachsten durch Wachstumsprozesse gelöst wurden (Brand et al., 2020; Forrester, 1971; Kolleg Postwachstumsgesellschaften, 2022; Meadows, 1999).

Die imperiale Produktions- und Lebensweise (Brand & Wissen, 2017) geht mit ungleichem Tausch (Hornborg, 2017) und global sehr ungleichen Lebensbedingungen einher. Sie ist aber als westliche Lebensweise (Novy, 2019) aufgrund von Emanzipations- und Wohlfahrtsversprechen weiterhin populär, vermutlich sogar hegemonial. Es besteht jedoch ein breiter Konsens, dass es für ein klimafreundliches Leben notwendig ist, die Interessen von Gruppen, die weiter an dieser expansiven Logik festhalten, zurückzudrängen. Gruppen, die kurzfristig überdurchschnittlich betroffen sind, sollen jedoch unterstützt, teilweise auch materiell kompensiert werden (z. B. durch einen Klimabonus).

In den letzten Jahren hat sich die Suche nach einer „systemischen Wachstumsunabhängigkeit der Wirtschaft" (Kallis, 2019; Schmelzer & Vetter, 2019; Seidl & Zahrnt, 2019) intensiviert. In dieser Debatte um Postwachstum (Degrowth) geht es nicht darum, sich an wirtschaftlichen und gesellschaftlichen Krisen zu erfreuen, etwa den Rückgang des BIP per se zu begrüßen. Unzählige historische Erfahrungen zeigen nämlich, dass ein ungeplanter „change by desaster" meist auf dem Rücken der Schwächsten ausgetragen wird. Die mit der aktuellen COVID-19-Pandemie verbundene Wirtschaftskrise hat dramatische soziale Auswirkungen, führte jedoch 2020 kurzfristig zu sinkenden Treibhausgasemissionen. 2021 führte Wirtschaftswachstum zum Rückgang der Arbeitslosigkeit und den damit verbundenen Verarmungsprozessen sowie zu stark steigenden Emissionen. Dies zeigt das Dilemma der aktuellen Sozial- und Klimapolitik (Die Armutskonferenz et al., 2021).

Bei Postwachstum geht es nicht um das Verharren in Rezessionen, sondern um Strukturveränderung durch „change by design", einem strategischen, konfliktiven und in vielen Bereichen experimentellen Prozess, bei dem sich nicht nur Klimaschäden verringern, sondern auch dominante Sachzwänge und Vorstellungen gesellschaftlicher Entwicklung und die damit einhergehenden Kräfteverhältnisse verändern. Dies beinhaltet ein anderes Verständnis von individuellem und gesellschaftlichem Wohlstand (Chertkovskaya et al., 2019; Hickel, 2020; Jackson, 2017; Kallis et al., 2018). Es geht individuell und kollektiv um Suffizienz, das heißt zu problematisieren, „was genug ist" (Skidelsky & Skidelsky, 2012). Dies bedeutet vor allem eine Veränderung von Rahmenbedingungen, also zu politisieren, wie sich Gesellschaften anders organisieren können, so dass viele Menschen nicht immer mehr haben müssen (von Winterfeld et al., 2020).

Beiträge zur Postwachstums-Debatte zeigen, dass es sich bei „Wachstum" um eine tief verankerte Vorstellung („imaginary") der kapitalistischen Moderne handelt, die ausgehend von den Zentren auf die ganze Welt übertragen wurde (vgl. etwa Muraca, 2014). „Mehr" (bzw. „größer") zu produzieren, zu konsumieren, zu haben, ist gesellschaftlich attraktiver als „besser" oder „anders" oder gar „weniger". Diese Zunahme von Effizienz und Produktivität in Produktions- und Arbeitsprozessen und bei der Nutzung biophysischer Inputs ist ambivalent, hat Vor- und Nachteile. Besonders problematisch ist, dass die notwendige absolute Entkopplung, das heißt die Reduktion des Emissionsausstoßes trotz Wirtschaftswachstums, in der Vergangenheit nur in Ausnahmefällen zu beobachten war (vgl. jüngst die Auswertung von 835 Fachpublikationen zum Thema in Haberl et al., 2020). Selbst natur- und sozialwissenschaftliche Analysen, die manchmal sogar einen katastrophistischen Unterton haben, vermeiden es in der Regel, wachstumstreibende Institutionen zu problematisieren (Haberl et al., 2020). Sogar Klimaforscher_innen, die die historische Unmöglichkeit grünen Wachstums feststellen, empfehlen als Maßnahmen vorrangig Effizienzrevolution, Innovation und Marktlösungen (Haberl et al., 2020). Die kapitalistische Produktions- und Lebensweise weist also eine große Beharrungskraft auf. Blühdorn et al. (2020) sprechen von „nachhaltiger Nicht-Nachhaltigkeit".

Für eine dekarbonisierte Wirtschaft braucht es mehr als Modernisierungsstrategien, die mittels Effizienzrevolution Klimaneutralität erreichen wollen. Allen voran eine weitreichendere Industriepolitik (Pichler et al., 2021; Urban, 2019) sowie einen notwendigen Rückbau nichtnachhaltiger Bereitstellungssysteme, insbesondere in den hochindustrialisierten Ländern (Paech, 2012). Notwendig ist in Anlehnung an Ivan Illich auch „konviviale Technik", also eine demokratische Technikentwicklung: „Es geht um die Frage, welche Technik eingesetzt wird, wofür, und wie viel davon – und wer das entscheidet." (Blättel-Mink et al., 2021; Schmelzer & Vetter, 2019, S. 194).

Angesprochene Gestaltungsoptionen gehen in der Regel davon aus, dass Wirtschaftsbereiche, die der Grundbedürfnisbefriedigung dienen, Vorrang haben gegenüber Wirtschaftsbereichen, die durch Rent-Seeking oder Fixkostendegression von fortgesetzter Expansion abhängig sind (Gough, 2019). Unter diesen Bedingungen sind ökologische Zielsetzungen, z. B. die Einhaltung planetarer Grenzen, mit universeller Grundbedürfnisbefriedigung grundsätzlich vereinbar. Umverteilung innerhalb und zwischen Ländern ist aber notwendig. Für reiche Länder erfordert dies ein Schrumpfen ihres biophysischen Fußabdrucks durch „planned degrowth" (Hickel, 2019, 2020; Hickel & Kallis, 2020) oder „collectively defined self-limitations" (Brand et al., 2021).

In der Degrowth-Forschung wird in der Regel angenommen, dass dies mit Kapitalismus nicht vereinbar ist und es eine grundlegende Transformation der Produktionsweise bedarf. Uneinigkeit besteht in der Degrowth-Forschung bezüglich der besten Strategie: Ausstieg aus der vorherrschenden Logik und Aufbau von Alternativen (z. B. Abschnitt unten zu Ökotopien) oder Transformation der bestehenden Institutionen, z. B. mit Hilfe von Green-New-Deal-Strategien. Die Degrowth-Konferenz 2020 widmete sich diesem Thema, konnte aber auch nicht klären, wie gesellschaftliche Legitimität und demokratische Mehrheiten für diese Maßnahmen zu gewinnen sind (DegrowthVienna, 2020). Ein Ansatzpunkt sind nachhaltige und inklusive Bereitstellungssysteme, die Konsumkorridore festlegen: sowohl gesellschaftliche Maxima als auch Minima im Zugang zu Ressourcen und der Möglichkeit des Emissionsausstoßes (Bärnthaler et al., 2021; Brand-Correa et al., 2020; Di Giulio & Fuchs, 2014; Koch & Buch-Hansen, 2019, 2020).

28.8 Theorien zu Ökotopien

Lead Autor_innen
Andreas Exner, Antje Daniel

> **Kernaussagen**
> - Gelebte Ökotopien sind entscheidende Komponenten einer sozial-ökologischen Transformation. Sie demonstrieren, dass klimafreundliche Praktiken möglich sind, und können zum Ausgangspunkt für breitere gesellschaftliche Veränderungen werden.
> - Theoretisch werden Ökotopien mit Blick auf eine klimafreundliche Gesellschaft verschieden gefasst und wissenschaftlich noch zu wenig untersucht.
> - Ökotopien umfassen und artikulieren die Forderung nach Veränderung und loten nachhaltige Lebensweisen und Organisationsformen praktisch aus. Sie stehen oft in Zusammenhang mit oder sind Teil von Umwelt- und Klimabewegungen.

Aus der Perspektive der Protest- und Bewegungsforschung (Della Porta & Diani, 1999) sowie insbesondere im Rahmen der zunehmenden Debatte zu sozial-ökologischen Utopien (Ökotopien, Daniel & Exner, 2020; Görgen & Wendt, 2020; Neupert-Doppler, 2018) werden konkrete Ansätze alternativer sozialer Praktiken diskutiert, die zivilgesellschaftliche Akteur_innen entwickeln und vorantreiben. Dabei wird einerseits auf die Veränderung von Deutungen ökologischer Probleme von Umwelt- zu klimapolitischen Belangen hin und auf die Kämpfe der internationalen Klimagerechtigkeitsbewegung verwiesen, die versuchen, Einfluss auf die internationale Klimapolitik zu nehmen (Della Porta & Parks, 2013). Andererseits stehen die Akteur_innen im Mittelpunkt, die sich neu formieren, wie Fridays for Future, Extinction Rebellion oder Ende Gelände. Mit den neuen Akteur_innen ist eine Debatte über die Notwendigkeit radikaler Strategien durch zivilen Ungehorsam (siehe Deutschmann et al., 2020) und der Transformation kapitalistischer Produktionsverhältnisse entstanden, die ihre Legitimität aus der ökonomisch-ökologischen „Zangenkrise" (Dörre, 2020) und der Debatte um multiple Krisen (Brand & Wissen, 2017) erfährt.

Zugleich überlappen sich Lebensstilfragen und politischer Aktivismus vermehrt, sodass Klimagerechtigkeit mit einer nachhaltigen Lebenspraxis verbunden wird. Dies findet Ausdruck (1) in der Bereitschaft der Aktivist_innen, Konsum und Lebenspraxen hinsichtlich Nachhaltigkeit und Suffizienz zu reflektieren und anzupassen; (2) in der permanenten oder fluiden Besetzung von symbolisch aufgeladenen bzw. materiell bedeutsamen Orten klimaschädlicher Praktiken; (3) in Handlungsansätzen von Alternativen, die zu einem großen Teil als konkrete Utopien sozial-ökologischer und klimafreundlicher Praktiken (kurz: als gelebte Ökotopien) betrachtet werden können (Daniel & Exner, 2020); (4) in Form von präfigurativen Strategien, die Einzug in Protestbewegungen halten, indem Forderungen nach klimafreundlichen Praktiken und Strukturen bereits in deren Rahmen zum Teil umgesetzt werden (Yates, 2015).

Mit Blick auf das Ziel von Klimagerechtigkeit verschränken sich im Zusammenwirken dieser vier Tendenzen der politische Druck, die ökotopische Praxis und symbolische Politik. Der Begriff der Ökotopie lässt sich an die akademische Debatte zu konkreten Utopien im Sinn von Ernst Bloch (1959) oder der „real utopias" bei Erik Olin Wright (2011) sowie an die fiktionale ökologisch nachhaltige Utopie von Ernest Callenbach (1975) anschließen. Der Begriff verweist demnach auf Praktiken und Initiativen, die einerseits auf eine wünschbare Zukunft verweisen, andererseits diese Zukunft oder Elemente davon bereits in der Gegenwart verwirklichen oder zu verwirklichen trachten. Sie unterscheiden sich damit von der klassischen Utopie, die fiktional bleibt, teilt mit dieser aber den Fokus auf eine bessere Zukunft. Deshalb verweist beispielsweise Bloch (1959) auf die Bedeutung von Hoffnung und von Lernprozessen in konkreten Utopien. Anders als klassische Utopien fokussieren Ökotopien zudem kritisch auf die dominante Form des Mensch-Natur-Verhältnisses. Sie versuchen Alternativen eines neuen Naturumgangs zu entwickeln und konkret umzusetzen. Das Konzept der Heterotopien bei Michel Foucault (1966) lässt sich zumindest teilweise auch auf Ökotopien beziehen. Wie die von Foucault analysierten Heterotopien stellen Ökotopien Gegenräume zu dominanten gesellschaftlichen Praktiken und zu Normen dar, die damit einhergehen. Ähnlich wie Heterotopien im Sinne von Foucault brechen auch die Gegenräume der Ökotopien nicht unbedingt durchgehend und eindeutig bzw. radikal mit den dominanten Praktiken und Normen, sondern bleiben damit vielfach widersprüchlich verbunden.

Zu Ökotopien zählt eine große Bandbreite verschiedener Initiativen in verschiedenen Handlungsfeldern. Guerilla Gardening, gemeinschaftliches Gärtnern, Food Coops (wobei Konsumierende gemeinsam Lebensmittel bestellen und selbst verteilen) oder Initiativen einer Solidarischen Landwirtschaft versuchen Elemente einer wünschbaren Zukunft im Umgang mit Natur, Mensch und Lebensmitteln zu praktizieren. Sie werden in der Wissenschaft häufig unter dem Begriff der Alternativen Lebensmittel-Netzwerke verhandelt (Lockyer & Veteto, 2013). Verschiedene Formen Solidarischer Ökonomien finden sich auch im Bereich der handwerklichen Produktion oder der Dienstleistungen. Insoweit sie ökologische Anliegen verfolgen, sind sie ebenfalls Beispiele von Ökotopien. Manche ökotopischen Ansätze verbleiben dabei auf der Ebene der Imaginationen, die ökotopische Praktiken inspirieren. Ein Beispiel dafür ist der in den 1970er Jahren ausgearbeitete Plan, den britischen Industriebetrieb Lucas Aerospace von Rüstungsproduktion auf umweltfreundliche Produkte umzustellen (Mc Loughlin, 2017). Ökotopien sind auch Teil von Protestbewegungen, beispielsweise die Klimacamps. Sie dienen nicht nur der Vermittlung von Bewegungswissen und der Mobilisierung, sondern setzen für eine kurze Zeit an einem konkreten Ort auch einige Elemente der wünschbaren Zukunft um, für die sich diese Bewegungen engagieren. Ökodörfer sind eine das ganze Leben der Mitglieder umfassende Form von Ökotopie. Während Ökodörfer eine sesshafte Lebensweise praktizieren, nomadisieren Wagendörfer, die in einigen Fällen und auf ähnliche Weise wie die Ökodörfer ökologische Zielsetzungen verfolgen. In all diesen Fällen spielt der Klimaschutz in der Regel eine explizite oder zumindest implizite Rolle (für Überblicke siehe Daniel & Exner, 2020; Exner & Kratzwald, 2021; Habermann, 2009).

Die Ausarbeitung des Begriffs der Ökotopien steht erst am Anfang (Daniel & Exner, 2020). Die damit in Verbindung stehenden Konzepte der konkreten Utopie, der „real utopias" und der Heterotopien wurden insgesamt nur wenig rezipiert und selten auf die Herausforderungen bezogen, die sich mit Blick auf Strukturen eines klimafreundlichen Lebens stellen. Mitunter werden Ökotopien als soziale Innovationen interpretiert und dann zum Teil im Rahmen der Multi-Level-Perspective und des damit verbundenen Konzepts des Strategischen Nischenmanagements analysiert, deren Verbreitung durch die jeweiligen kontextspezifischen Möglichkeiten bestimmt ist (Hargreaves et al., 2013; Hinrichs, 2014; Seyfang & Smith, 2007). Dieser Perspektive zufolge müssen sich Innovationen zuerst in geschützten Zusammenhängen entwickeln, Lernprozesse durchlaufen, Bündnisse entwickeln und sich mit mächtigen Akteur_innen vernetzen, um hinderliche Strukturen aufzubrechen. Krisen werden dabei als Gelegenheitsfenster dafür begriffen, dass Innovationen (wie beispielsweise Ökotopien) sich ausbreiten und schließlich gesellschaftliche Strukturen verändern. Allerdings wird ihre Transformationskraft oft skeptisch betrachtet, denn Ökotopien sind häufig eher auf ihre Mitglieder konzentriert, bleiben zum Teil sozial geschlossen, wirken eher regional und verstehen sich als Inseln des guten Lebens, die mitunter nur langfristig eine gesamtgesellschaftliche Transformationskraft entfalten könnten. Eine ähnliche Strategie wie das Strategische Nischenmanagement skizziert Erik Olin Wright mit Bezug auf „real utopias" in dem von ihm so genannten Ansatz der „interstitialen" und der „symbiotischen Metamorphose" (Wright, 2011).

In einer von (heterodoxen) marxistischen Ansätzen beeinflussten theoretischen Perspektive wie bei Henri Lefebvre (1995, 1996) können Ökotopien als Versuche verstanden werden, den Alltagsverstand zu verändern, die mit Wirtschaftswachstum strukturell gekoppelte kapitalistische Wirtschaftsweise praktisch zu kritisieren, dadurch Kräfteverhältnisse zu verschieben und Alternativen zu ermöglichen. Ökotopien werden in der Literatur zu Degrowth bzw. Postwachstum rezipiert und zum Teil analysiert.

Soziale Bewegungen, die sich auf Degrowth beziehen (und das Verständnis von Degrowth mitgestaltet haben und weiter beeinflussen), sind häufig in ökotopischen Praktiken engagiert (Bakker, o.J.; Burkhart et al., 2020). Allerdings werden Ökotopien bislang in der Forschung zu Degrowth bzw. Postwachstum noch vergleichsweise wenig gewürdigt (Cosme et al., 2017; Weiss & Cattaneo, 2017) und laufen unter anderem Gefahr nur in Nischen zu verbleiben.

28.9 Theorien zu Staat und Governance

Lead Autor
Ulrich Brand

Beitragende Autor_in
Alina Brad

Kernaussagen
- Staatliche Politiken und Governance-Prozesse stellen rechtliche Rahmenbedingungen und materielle Ressourcen für die Durchsetzung einer klimafreundlichen Lebensweise bereit. Doch gleichzeitig sichern sie auch die bestendende nichtnachhaltige Produktions- und Lebensweise ab. In diesem Spannungsfeld bewegen sich konkrete Politiken.
- Bei der Problemwahrnehmung, Politikformulierung und -implementierung sowie bei der Politikevaluation sollte staatliche Politik auf das Wissen und die Interessen gesellschaftlicher Akteur_innen zurückgreifen, insbesondere von jenen, die von den Auswirkungen der Klimakatastrophe schon heute stark betroffen sind und/oder die Interessen an einer klimafreundlichen Lebensweise repräsentieren.
- Dabei sollten Machtasymmetrien gesehen und die Interessen jener, die kein Interesse an einer klimafreundlichen Lebensweise haben, hinterfragt und zurückgedrängt werden.

Eine zentrale Frage der sozialwissenschaftlichen Debatten um Klimakrise und angemessene Klimapolitiken lautet, ob der Staat und die bestehenden Formen von Governance in der Lage sind, Transformationen hin zu Nachhaltigkeit und damit zu einer klimafreundlichen Lebensweise zu steuern oder ob sie zu sehr mit der dominanten, nichtnachhaltigen Produktions- und Lebensweise verknüpft ist (Brand & Wissen, 2017; Eckersley, 2020; Hausknost, 2020; Paterson, 2016). Wenn die Steuerungsfähigkeit angezweifelt wird, stellt sich die Frage, was die gesellschaftspolitischen Bedingungen wären, damit der Staat in Transformationsprozessen eine führende Rolle einnehmen könnte (Koch, 2020).

Seit der Entwicklung des modernen Staates gibt es wissenschaftliche Begriffe und Theorien sowie mit der Politikwissenschaft eine eigene Disziplin, um den Staat als Konzept und empirisch in seinen Strukturen und Prozessen zu verstehen. Ein Grundkonsens der verschiedenen Theorien ist, dass es sich beim (westlichen) Staat im Prinzip um jene gesellschaftliche Instanz handelt, die allgemein verbindliche Entscheidungen trifft und sie notfalls mit legitimem Zwang durchsetzt, um gesellschaftliche Probleme oder sogar Krisen zu lösen, Sicherheit zu gewährleisten und das Allgemeinwohl zu steigern. Schon bei Fragen, ob der Staat auch Gerechtigkeit fördern und Ungleichheit bekämpfen soll, gehen die Theorien auseinander.

Den Staat kann man gemäß der politikwissenschaftlichen „Trias" mit drei verschiedenen Schwerpunkten betrachten: (1) auf politisch-institutionelle Strukturen (polity), (2) auf staatliches Handeln mittels Recht, Ressourcenallokation und Anerkennung (policy) oder (3) auf staatliche und nichtstaatliche Akteur_innen und Konflikte (politics). Andere staatstheoretische Ansätze untersuchen die wirkungsmächtigen staatlichen Diskurse bzw. verstehen den Staat selbst als gesellschaftlichen Diskurs.

Staatstheorien können staatszentriert sein – etwa in der Tradition des Soziologen Max Weber (Anter & Breuer, 2007) oder in der liberalen Staatstradition im Anschluss an John Locke (Salzborn, 2010) – und einen eher „engen" Blick auf Staat haben, also auf die konkreten Strukturen, Prozesse und das Staatshandeln sowie Interessengruppen, die staatliche Politik beeinflussen, fokussieren. Hier wird der Staat meist als Instanz der Problemlösung und Konfliktregulierung gesehen und staatliche Politiken in enger Verbindung mit den Präferenzen von Wähler_innen verstanden.

Ein gesellschaftszentrierter oder sogenannter „weiter" Blick auf den Staat thematisiert zusätzlich das Zusammenspiel staatlicher und nichtstaatlicher Strukturen, Prozesse und sozialer Kräfte, beispielsweise eine auf Expansion und entsprechende Ressourcennutzung ausgerichtete und von mächtigen Kapitalgruppen dominierte Wirtschaft. Wichtig sind hier der Republikanismus (Thiel & Volk, 2016), an den insbesondere die Governance-Ansätze anschließen, und die kritische Staatstheorie in der Tradition von Marx, die den Staat als „verdichtetes Kräfteverhältnis" und zentrales Terrain im Kampf um Hegemonie begreift. Über den Staat versuchen die verschiedenen Akteur_innen ihre Interessen zu verallgemeinern, doch in die staatlichen Apparate und Diskurse sind die historischen und bestehenden gesellschaftlichen Kräfteverhältnisse und -diskurse eingeschrieben: Beispielsweise die Dominanz bestimmter Kapitalgruppen oder Diskurse für unbedingt notwendiges Wirtschaftswachstum (Buckel & Fischer-Lescano, 2007; Hirsch et al., 2008; Poulantzas, 2002; zu kritisch-feministischen Theorien Ludwig et al., 2009).

In der Klimaforschung sind insbesondere Governance-Ansätze prominent vertreten. Politik, so die Beobachtung, lässt sich angesichts der Komplexität gesellschaftlichen Wandels immer weniger auf Regierungspolitik beschränken und Regieren ist mehr als politische Rechtsetzung und staatliche Regulierung. Der Staat selbst hat zum einen nicht die ausreichende Expertise, um komplexe Probleme wie die Klimakrise zu verstehen. Zum anderen sind traditionelle autoritative Top-down-Durchsetzungsprozesse vielen Problemen nicht angemessen und werden häufig als nicht legitim erachtet. Staatliche Akteur_innen sollten daher in allen Phasen des Politikprozesses mit gesellschaftlichen Akteur_innen bzw. Stakeholdern interagieren. Während Government für den hierarchischen, zentralistischen und dirigistischen Charakter traditioneller staatlicher Steuerungsformen steht, bezieht sich Governance auf dezentrale, netzwerkartige Formen der „Kontextsteuerung" (Willke, 1992).

Die Klimakrise wird als ein komplexes Problem verstanden, dessen Bearbeitung neue Formen kollektiver Regelungen notwendig macht – von der gesellschaftlichen Selbstregelung über privat-öffentliche Arrangements bis hin zu staatlichem Handeln im eigentlichen Sinne (Altvater & Brunnengräber, 2011; Benz, 2004). Diese sollen traditionelle Grenzziehungen zwischen Staat und Gesellschaft, Politik und Ökonomie überwinden und neue Mechanismen kooperativen Handelns und des Ausgleichs konfligierender Interessen bereitstellen. Dies vermeide Reibungsverluste und minimiere Informations- und Transaktionskosten im Hinblick auf eine effektive Klimapolitik.

Allerdings laufen Strukturen und Prozesse von Governance immer wieder Gefahr, zu einer Art technokratischem Steuerungsmodell reduziert zu werden, das nur neutrale oder rationale beziehungsweise sachbezogene Entscheidungen kennt, nicht aber strategische Optionen oder gar politische Alternativen. De facto gibt es aber nicht nur die eine „effektive" Problemlösung, sondern oft mehrere – und deren Formulierung und Realisierung sind abhängig von Machtasymmetrien und Herrschaftsstrukturen. Das muss reflektiert werden. Die Probleme der Klima-Governance liegen auch darin begründet, dass private Akteur_innen sowohl in der Verursachung als auch im Prozess der Bearbeitung der Krise ihre nichtnachhaltigen Interessen durchsetzen. Unternehmen etwa wechseln die politische Maßstabsebene von Entscheidungen (beispielsweise vom Politikfeld mit stärkeren nationalstaatlichen Regulierungen wie der Sozialpolitik zur weniger regulierten internationalen Ebene), um Interessen möglichst gut durchzusetzen. Entsprechend sind die klimaunfreundlichen und widersprüchlichen gesellschaftlichen Strukturen zu berücksichtigen, die mit strukturell mächtigen Akteur_innen verbunden sind (das „Steuerungsobjekt"), die im Modus von Governance (dem „Steuerungssubjekt") gesteuert und gegebenenfalls in Richtung klimafreundliche Gesellschaft verändert werden sollen.

Hier setzen die erwähnten kritischen und „weiten" Staatsbegriffe an. Sie fragen auch danach, wie staatliche Politiken die nichtnachhaltige Produktions- und Lebensweise absichern und welche mächtigen Interessengruppen diesbezüglich auf den Staat Einfluss nehmen oder sogar bestimmte Interessen systematisch in den staatlichen Apparaten eingelagert sind. Einige Staatstheorien nehmen auch die Heterogenität der Staatsapparate (etwa die Spannungen zwischen Wirtschafts- und Umweltministerien) systematisch in den Blick (klassisch: Poulantzas, 2002). In den kritischen Staatstheorien werden auch die Grenzen der parlamentarischen Demokratie zur Bearbeitung der Klimakrise thematisiert (Hausknost, 2020). Einige Autor_innen verweisen auf die Notwendigkeit breiter Beteiligung der Bevölkerung, die in Räten institutionalisiert werden könnten (Zeller, 2020).

In den meisten wissenschaftlichen Ansätzen, aber auch in der gesellschaftspolitischen Diskussion wird der Staat mit dem Nationalstaat gleichgesetzt. Doch insbesondere in den letzten Jahrzehnten haben lokale Ebenen (Länder, Kommunen) oder supranationalen Entitäten (wie die EU) oder Institutionen (z. B. United Nations Framework Convention on Climate Change – UNFCCC) an Bedeutung gewonnen. Dies wird wissenschaftlich in den Debatten um „Global Governance" (Behrens, 2012) oder „Internationalisierung des Staates" (Brand, 2014) reflektiert.

Je nachdem welche staatstheoretische Perspektive gewählt wird, unterscheiden sich die Fragen. Diese können etwa thematisieren: (a) die gesellschaftlich umkämpfte Konstitution des Phänomens „Klimakrise", (b) die Bearbeitungsstrategien und politischen Ziele, die zur Eindämmung der Klimakrise innerhalb institutioneller Rahmen auf internationaler – etwa im UNFCCC, dem Pariser Klimaabkommen – und auf nationaler Ebene formuliert werden und (c) welche Strategien und Maßnahmen zu deren Erreichung (nicht) ergriffen werden oder (d) welche gesellschaftlichen und politischen Konflikte sich aus der Klimakrise, aber auch aus staatlichen Klimapolitiken ergeben; (e) auch die Effektivität verschiedener Politikoptionen sowie realer Politiken, aber auch deren Legitimität können im Zentrum von Untersuchungen stehen.

Besondere Herausforderungen sehen alle staatstheoretischen Ansätze in den starken Interessengruppen außerhalb und innerhalb des Staates, die sich gegen effektive Klimapolitiken stellen. Staatliche Politiken sind niemals kohärent, sondern widersprechen sich häufig und geben Anlass zu intrastaatlichen oder gesellschaftlichen Konflikten. Die Politiken und Strategien der in diesen Konflikten involvierten staatlichen Organisationen spiegeln unterschiedliche gesellschaftliche Interessen wider. „Weite" und gesellschaftsorientierte Staatsbegriffe weisen darauf hin, dass unter Bedingungen der kapitalistischen Produktionsweise vor allem Kapitalinteressen strukturell mehr Macht haben und auch in den staatlichen Apparaten und Politiken stärker präsent sind. Entsprechend gibt es eine größere Skepsis im Hinblick auf die Frage, ob der Staat in der Lage ist, die Klimakrise effektiv zu bekämpfen und eine klimafreundliche Produktions- und Lebensweise zu fördern.

Die unterschiedlichen Staatstheorien geben auf diese Frage verschiedene Antworten: Von zu verändernden Präferenzen der Wähler_innen bis hin zu staatlichen Politiken, die einen grundlegenden sozial-ökologischen Transformationsprozess von Wirtschaft und Gesellschaft vorantreiben. Es besteht ein breiter Konsens, dass die Interessen von Gruppen, die kein Interesse an effektiver Klimapolitik haben, zurückgedrängt werden müssen (gegebenenfalls auch materiell kompensiert). Die aktuellen Strukturen, Prozesse und staatlichen Politiken in Österreich sind eng verbunden mit der nichtnachhaltigen Produktions- und Lebensweise. Der Staat bezieht seine Legitimität und qua Steuern seine materiellen Ressourcen daraus.

Wissenschaftlich fundierte gesellschaftsorientierte Staatsverständnisse weisen auch darauf hin, dass eine angemessene Bearbeitung der Klimakrise mit verstärkter Partizipation und Demokratisierung einhergehen muss: Interessen der sozialen und ökologischen Gerechtigkeit müssten mehr Raum erhalten, klimaunfreundliche Interessen und hier insbesondere ökonomisch mächtige Interessen müssten eingehegt werden. Es reicht nicht aus – wie in anderen Ansätzen angenommen – dass Transformationen hin zu Nachhaltigkeit zuvorderst in Nischen oder der Zivilgesellschaft entstehen (obwohl das wichtig ist). Letztendlich müssen Veränderungen hin zu einer klimafreundlichen Gesellschaft auch auf dem Terrain des Staates errungen und auf Dauer gestellt werden.

Der „enge" Blick auf den Staat streicht das Handeln einiger Schlüsselakteur_innen heraus und erachtet jene Apparate (wie das Klima-Ministerium) und Politiken als zentral, welche die Bedingungen für ein klimafreundliches Leben fördern. Das gesellschaftliche „Vorfeld" dieser Apparate wie klimafreundliche Branchen oder zivilgesellschaftliche Akteur_innen sind ebenso wichtig. Entsprechend sind nichtnachhaltige, in die staatlichen Apparaturen eingelagerte Interessen und die damit verbundenen Interessen tendenziell hemmend.

Ein „weiter" Blick auf den Staat nimmt darüber hinaus die dominante oder gar hegemoniale, nichtnachhaltige Produktions- und Lebensweise, die in gesellschaftliche Macht- und Herrschaftsverhältnisse eingebettet ist, als hemmende und zu verändernde in den Blick. Dabei weist die Staatstheorie auf ein wichtiges Paradox hin: Der Staat will möglicherweise sogar mittels Policies und Ressourcen in gesellschaftliche Bereiche verändernd eingreifen, doch die Logiken, Interessen und Kräfteverhältnisse setzen diesen Eingriffen Grenzen.

Der Staat ist eine anerkannte zentrale gesellschaftliche Instanz für die Durchsetzung einer klimafreundlichen Lebensweise mit seinen Wissens-, rechtlichen und materiellen Ressourcen. Die konkreten Möglichkeiten und Gestaltungsoptionen sind vielfältig und in unterschiedlichen Bereichen wie etwa Mobilitäts-, Landwirtschafts- oder Industriepolitik genau zu erforschen. Durch die Verschiebung gesellschaftlicher Diskurse und Kräfteverhältnisse kann auch die die Orientierung staatlicher Politik beeinflusst werden. Gleichzeitig verweist der Ansatz auf die Pfadabhängigkeiten, die einem schnellen Umlenken im Wege stehen.

Eine eher indirekte Gestaltungsoption liegt darin, aus Vergleichen mit anderen Regionen, Ländern, lokalen Entitäten und dortiger erfolgreicher Klimapolitik im Sinne von Best Practices zu lernen.

Ansätze, etwa in der Tradition von Murray Bookchin (1991), vertreten die Ansicht, dass zentralisierte politische Instanzen überhaupt nicht in der Lage sind, Probleme zu bearbeiten (ähnlich Sutterlütti & Meretz, 2018). Sie plädieren für einen dezentralen „libertären Munizipalismus", in welchem wirtschaftliche und politische Prozesse weitgehend auf lokaler Ebene gemeinschaftlich organisiert werden.

28.10 Cultural Theory

Lead Autor
Thomas Schinko

Beitragende Autor_innen
JoAnne Linnerooth-Bayer, Mike Thompson

Kernaussagen
- Klimapolitik kann als ein dynamischer Wettbewerb von weltanschaulichen und interessengeleiteten Framings, Argumenten und Diskursen verstanden werden.
- Die Cultural Theory (CT) argumentiert, dass die Diskurse nicht zufällig und unbegrenzt sind, sondern dass sie von einer begrenzten Anzahl von Möglichkeiten abhängen, wie sich Gesellschaften organisieren können.
- Die CT argumentiert weiters, dass es nie nur einen Weg gibt, „wicked problems" wie die Klimakrise zu lösen.
- Die CT legt zur Lösung der Klimakrise eine „clumsy solution" nahe, welche auf einer argumentativen, aber letztlich konstruktiven Auseinandersetzung mit den vier vorherrschenden Diskursen (Hierarchie, Individualismus, Egalitarismus und Fatalismus) beruht.

Cultural Theory (CT) basiert auf den Arbeiten der Anthropologin Mary Douglas (1970) zur Risikowahrnehmung von Menschen in unterschiedlichen Entscheidungskontexten. CT postuliert, dass die Diskurse (oder Stimmen) der jeweils relevanten Stakeholder zwar plural, aber in ihrer Anzahl begrenzt sind. Die Diskurse stammen aus unterschiedlichen sozialen Kontexten, die wiederum durch die Art und Weise geprägt sind, wie Menschen ihre sozialen Beziehungen organisieren, wahrnehmen und rechtfertigen. CT argumentiert, dass es vier Arten der sozialen Organisation gibt (daher die begrenzte Anzahl von Diskursen): Hierarchie, Individualismus, Egalitarismus und Fatalismus (Mamadouh, 1999; Thompson et al., 1990).

CT besteht aus einem konzeptionellen Rahmen, welcher in zahlreichen empirischen Studien angewandt wurde. Diese Studien versuchen, gesellschaftliche Konflikte im Umgang mit verschiedenen Risiken zu erklären, z. B. Risiko durch Nutzung von Atomenergie (Peters & Slovic, 1996), Gesundheitsrisiko durch Umweltverschmutzung (Langford et al., 2000), Naturgefahrenrisiko (Linnerooth-Bayer & Amendola, 2003; Linnerooth-Bayer & Mechler, 2006) etc. Später wurde CT auch auf andere Bereiche als die Risikowahrnehmung angepasst und angewandt, unter anderem auch im Kontext von Nachhaltigkeit (Beck & Thompson, 2015) und Klimawandel (Thompson & Rayner, 1998).

CT ist nicht die einzige Theorie, die postuliert, dass Interessengruppen oder politische Akteur_innen oft in Solidarität mit ihren institutionellen, politischen und sozialen Netzwerken stehen. Verschiedene Forscher_innen beschreiben diese Netzwerke als Diskursgemeinschaften, Advocacy-Koalitionen, Politiknetzwerke, soziale Solidaritäten und Echokammern, die alle auf gemeinsamen Interessen und Weltanschauungen beruhen (können). Wie wir in unseren zunehmend polarisierten Gesellschaften beobachten können, geben die Menschen ihre Weltanschauungsgemeinschaften nicht ohne Weiteres auf und die Politikgestaltung wird oftmals zu einem Weltanschauungskampf. Obwohl die CT wenig über die den jeweiligen Diskursen zugrundeliegenden Machtverhältnisse zu sagen hat, liefert sie eine gute Begründung für integrative Ansätze, die Kompromisse und nicht unbedingt einen (oft unerreichbaren) Konsens anstreben (Linnerooth-Bayer et al., 2016). Es gilt zu beachten, dass Weltanschauungsgemeinschaften nicht statisch, sondern je nach Kontext und Thema dynamisch sind. In der Tat können Interessenvertreter_innen „verschiedene Hüte tragen", wenn sie sich mit verschiedenen Gemeinschaften solidarisieren. Es geht nicht darum, Menschen in eine Schublade zu stecken, sondern Politik als einen dynamischen Wettbewerb von weltanschaulichen und interessengeleiteten Framings, Argumenten und Diskursen zu verstehen. Der Beitrag der CT besteht in der Hypothese, dass die Diskurse nicht zufällig und unbegrenzt sind, sondern dass sie von einer begrenzten Anzahl von Möglichkeiten abhängen, wie sich Gesellschaften organisieren können.

Auf Basis der CT lässt sich argumentieren, dass Dynamiken des gegenwärtigen Wandels oftmals zu sehr auf „elegant solutions" setzen, welche sich nur an einem dieser vier Diskurse orientieren und sich nur zur Lösung von sogenannten „tame problems" eignen. In sogenannten „wicked problems", wie es die Klimakrise und viele andere der vorherrschenden gesellschaftlichen Herausforderungen darstellen, kann die Vernachlässigung der anderen Perspektiven zu gesellschaftlichen Konflikten führen, wodurch wiederum notwendige gesamtgesellschaftliche und somit transformative Veränderungen ausbleiben (Beck & Thompson, 2015; Rayner & Caine, 2014).

Die CT argumentiert, dass es nie nur einen Weg gibt, „wicked problems" wie die Klimakrise zu lösen. Klimapolitik ist immer ein umkämpftes Terrain: ein Terrain, auf dem es für nur eine oder vielleicht eine Allianz von nur zwei Denkweisen nur allzu leicht ist, die anderen auszuschließen. Dadurch können „Lock-ins" entstehen (wie z. B. im Verkehrssystem) und die notwendige Flexibilität für eine Transformation wird verringert (z. B. die Umstellung auf erneuerbare Energien).

Es werden vier Denkweisen (als Arten des Wahrnehmens, Handelns und Begründens) in der Klimakrise beschrieben, wobei die ersten drei Denkweisen für Aktivität stehen in dem sie Handlungsmöglichkeiten in den Vordergrund rücken, während die vierte Denkweise Passivität impliziert:

1. Hierarchie: Die hierarchische Denkweise befürwortet Top-down-Kontrolle und fokussiert stark auf Prozessrationalität. Sie betont „globale Verantwortung" und weist darauf hin, dass das, was für einzelne Gruppen rational ist, für die gesamte Gesellschaft katastrophal sein kann. Zudem besteht sie darauf, dass globale Probleme (wie der Klimawandel) globale und experten-basierte Lösungen sowie klare Top-down-Prozesse erfordern.
2. Individualismus: Die individualistische Denkweise ist pro-marktwirtschaftlich und stellt Kosten-Nutzen-Abwägungen in den Mittelpunkt. Sie fordert Deregulierung (wenn der daraus entstehende Nutzen die Kosten überwiegt), die Freiheit, innovativ zu sein und Risiken einzugehen, und die Internalisierung von Umweltkosten, um „die Preise richtig zu gestalten".
3. Egalitarismus: Die egalitäre Denkweise ist kritisch und zum Teil moralisierend. Sie lehnt die Idee des „trickle down" ab und konzentriert sich auf (global) Benachteiligte. Für Gesellschaften des Globalen Nordens plädiert sie für Degrowth und fordert große Veränderungen im Alltagsverhalten, um vor allem verschwenderischen Konsum innerhalb planetarer Grenzen zu halten.
4. Fatalismus: Die passive fatalistische Denkweise sieht keine Möglichkeit, einen Wandel zum Besseren zu bewirken. Vertreter_innen dieser Denkweise fühlen sich machtlos, die Zukunft zu beeinflussen, und nehmen daher kaum aktiv an den politischen Debatten teil.

Das Kyoto-Protokoll ging aufgrund seiner hierarchischen Logik davon aus, dass das Klima ein teures und globales öffentliches Gut sei und die Vermeidung des Klimawandels daher nur durch einen globalen Vertrag zwischen allen Regierungen und Parlamenten der Welt bereitgestellt werden könne. Es berücksichtigte nicht die Möglichkeit, dass die Lösung (zumindest teilweise) von den unteren Ebenen ausgehen könnte, zum Beispiel von Städten und Haushalten.

In der Anpassung an den Klimawandel müssen laut CT alle drei aktiven Denkweisen berücksichtigt und die passive fatalistische Denkweise mitgedacht und verstanden werden. Dadurch kann man, wenn eine Strategie, die bis jetzt gut funktioniert hat, nicht mehr wirksam zu sein scheint, zwischen den drei aktiven Strategien mit einem Minimum an Verzögerung wechseln bzw. einzelne Aspekte von diesen miteinander neu kombinieren. Weitsichtige, von oben herab und von Expert_innen geplante Veränderungen im Verhalten und in der Technologie, auf die so viele der gegenwärtigen Anstrengungen (insbesondere in Bezug auf den Klimawandel) aufbauen, ist nur eine der zur Verfügung stehenden Strategien.

Die CT legt zur Lösung von „wicked problems" eine „clumsy solution" nahe. Diese beruht auf einer argumentativen, aber letztlich konstruktiven Auseinandersetzung mit allen vier Arten des Wahrnehmens, Handelns und Begründens (Hierarchie, Individualismus, Egalitarismus und Fatalismus) (Verweij & Thompson, 2006). Ein solcher Ansatz geht sowohl über die Monismen als auch über die Dualismen hinaus und sucht nach einer pluralistischen Rahmung: einem Dreiklang aus öffentlichem, privatem und bürgerlichem/gesellschaftlichem Engagement.

Laut CT ist der Diskurs – konkurrierende Narrative, Storylines, Stimmen etc. – entscheidend. Es braucht daher Institutionen, die konstruktive Auseinandersetzungen ermöglichen, indem sie für alle vier Denkweisen zugänglich und ansprechbar sind. Dahl (1971) spricht in diesem Zusammenhang von einer „pluralistischen Demokratie". Es sind allerdings auch neue Methoden in der Politikanalyse gefragt, die es ermöglichen, den politischen Diskurs dahingehend zu analysieren, welche der vier Stimmen bereits Widerhall finden und welche noch fehlen. Auch Methoden, die einen solchen pluralistischen Diskurs ermöglichen, werden sich stark von den derzeitig etablierten unterscheiden müssen und verstärkt auf partizipativen und transdisziplinären Ansätzen beruhen (siehe z. B. Linnerooth-Bayer et al., 2016; Scolobig et al., 2016).

Eine Transformation hin zu einem klimafreundlichen Leben wird laut CT an den Konflikten und Lock-ins scheitern, die entstehen, wenn nicht alle vier Denkweisen in Entscheidungsfindungsprozesse zur Identifikation einer „clumsy solution" miteinbezogen werden. Jede einzelne dieser vier Denkweisen kann sich zu einer hemmenden Kraft entwickeln, sollte sie sich in hegemonialem Bestreben über die anderen Denkweisen hinwegzusetzen versuchen (Beck & Thompson, 2015; Rayner & Caine, 2014).

Eine Transformation hin zu einem „climate friendly living" – verstanden als radikaler Strukturbruch – stellt aus CT-Sicht ein egalitäres Narrativ dar: „Wir brauchen jetzt einen radikalen Wandel, bevor es zu spät ist." Allerdings ermöglicht eine „clumsy solution", dass alle Akteur_innen „das Richtige" (aus Sicht dieses egalitären Narrativs) tun, allerdings aus sehr unterschiedlichen Gründen (siehe Linnerooth-Bayer et al., 2016; Scolobig et al., 2016).

Erst eine Sichtbarmachung und in weiterer Folge Miteinbeziehung von allen vier Denkweisen im Zuge von partizipativen Entscheidungsprozessen ermöglicht laut CT die Durchsetzung notwendiger Veränderungen für eine klimafreundliche Lebensweise. In diesem Sinne war das Paris Agreement aus CT-Sichtweise eine deutliche Verbesserung im Vergleich zum Kyoto-Protokoll: Insbesondere der Bottom-up-Ansatz, in welchem die einzelnen Länder ihre freiwilligen Reduktionsziele definieren, geht in Richtung einer „clumsy solution".

28.11 Quellenverzeichnis

Altvater, E., & Brunnengräber, A. (Hrsg.). (2011). *After Cancún: Climate Governance or Climate Conflicts*. VS Verlag für Sozialwissenschaften. https://doi.org/10.1007/978-3-531-94018-2

Anter, A., & Breuer, S. (2007). *Max Webers Staatssoziologie* (Bd. 15). https://www.nomos-elibrary.de/10.5771/9783845202440/max-webers-staatssoziologie

Aulenbacher, B., Lutz, H., & Schwiter, K. (2021). *Gute Sorge ohne gute Arbeit? Live-in-Care in Deutschland, Österreich und der Schweiz* (1. Auflage). Beltz Juventa.

Bakker, K. (o. J.). *Geographies of degrowth: Nowtopias, resurgences and the decolonization of imaginaries and places*. Abgerufen 2. November 2021, von https://core.ac.uk/reader/237298400

Bärnthaler, R., Novy, A., & Plank, L. (2021). The Foundational Economy as a Cornerstone for a Social-Ecological Transformation. *Sustainability*, *13*(18). https://doi.org/10.3390/su131810460

Bärnthaler, R., Novy, A., & Stadelmann, B. (2020). A Polanyi-inspired perspective on social-ecological transformations of cities. *Journal of Urban Affairs*, 1–25. https://doi.org/10.1080/07352166.2020.1834404

Bauhardt, C. (2014). Solutions to the crisis? The Green New Deal, Degrowth, and the Solidarity Economy: Alternatives to the capitalist growth economy from an ecofeminist economics perspective. *Ecological Economics*, *102*, 60–68. https://doi.org/10.1016/j.ecolecon.2014.03.015

Bauhardt, C. (2019). Ökofeminismus und Queer Ecologies: Feministische Analyse gesellschaftlicher Naturverhältnisse. In B. Kortendiek, B. Riegraf, & K. Sabisch (Hrsg.), *Handbuch Interdisziplinäre Geschlechterforschung* (S. 467–477). Springer Fachmedien. https://doi.org/10.1007/978-3-658-12496-0_159

Beck, M. B., & Thompson, M. (2015). *Coping with change: Urban resilience, sustainability, adaptability and path dependence*. UK Government Office for Science. www.gov.uk/government/publications/future-of-cities-coping-with-change

Becker, E., & Jahn, T. (Hrsg.). (2006). *Soziale Ökologie: Grundzüge einer Wissenschaft von den gesellschaftlichen Naturverhältnissen*. Campus.

Behrens, M. (2012). *Globalisierung als politische Herausforderung: Global Governance zwischen Utopie und Realität*. Springer-Verlag.

Belamy Foster, J. (2019). *The Meaning of Work in a Sustainable Society*. https://repositorio.lasalle.mx/handle/lasalle/1748

Bello, W. (2013). *Capitalism's last stand?: Deglobalization in the age of austerity*. Zed Books.

Benz, A. (2004). *Governance – Regieren in komplexen Regelsystemen. Eine Einführung*. Verlag für Sozialwissenschaften.

Biermann, F., Abbott, K., Andresen, S., Bäckstrand, K., Bernstein, Betsill, M., & Bulkeley, H. (2012). *Navigating the Anthropocene: Improving Earth System Governance | Science*. https://science.sciencemag.org/content/335/6074/1306.summary

Biesecker, A., & Hofmeister, S. (2010). Focus: (Re)productivity: Sustainable relations both between society and nature and between the genders. *Ecological Economics*, *69*(8), 1703–1711. https://doi.org/10.1016/j.ecolecon.2010.03.025

Blättel-Mink, B., Schmitz, L. S., Eversberg, D., Hardering, F., & Vetter, A. (2021). Postwachstumsprojekte im Spannungsfeld von kollektiven und einzelnen Sinnzusammenhängen. *Gesellschaft unter Spannung. Verhandlungen des 40. Kongresses der Deutschen Gesellschaft für Soziologie 2020*, *40*. https://publikationen.soziologie.de/index.php/kongressband_2020/article/view/1436

Bloch, E. (1959). *Das Prinzip Hoffnung*. Suhrkamp.

Block, F. (2019). Financial Democratization and the Transition to Socialism*: *Politics & Society*. https://doi.org/10.1177/0032329219879274

Block, F., & Somers, M. (2014). *The Power of Market Fundamentalism. Karl Polanyi's Critique*. Harvard University Press.

Blühdorn, I., & Butzlaff, F. (2019). Rethinking Populism: Peak democracy, liquid identity and the performance of sovereignty. *European Journal of Social Theory*, *22*(2), 191–211.

Blühdorn, I., Butzlaff, F., Deflorian, M., Hausknost, D., & Mock, M. (2020). *Nachhaltige Nicht-Nachhaltigkeit: Warum die ökologische Transformation der Gesellschaft nicht stattfindet*. transcript Verlag.

Bohle, D. (2014). Responsible Government and Capitalism's Cycles. *West European Politics*, *37*(2), 288–308. https://doi.org/10.1080/01402382.2014.887876

Bonneuil, C., & Fressoz, J.-B. (2006). The Shock of the Anthropocene. *Journal of the History of Ideas*, *67*(2), 357–400.

Bookchin, M. (1991). Libertarian Municipalism: An Overview. *Green Perspektives*, *24*. http://theanarchistlibrary.org/library/murray-bookchin-libertarian-municipalism-an-overview

Brand, U. (2014). Internationalisierung des Staates. In J. Wullweber, A. Graf, & M. Behrens (Hrsg.), *Theorien der Internationalen Politischen Ökonomie* (S. 299–313). Springer Fachmedien. https://doi.org/10.1007/978-3-658-02527-4_18

Brand, U., Görg, C., & Wissen, M. (2020). Overcoming neoliberal globalization: Social-ecological transformation from a Polanyian perspective and beyond. *Globalizations*, *17*(1), 161–176. https://doi.org/10.1080/14747731.2019.1644708

Brand, U., Muraca, B., Pineault, E., Sahakian, M., & et al. (2021). From Planetary to Societal Boundaries: An argument for collectively defined self-limitation. *Sustainability. Science, Practice and Policy*, submitted, but not published yet.

Brand, U., & Wissen, M. (2017). *Imperiale Lebensweise. Zur Ausbeutung von Mensch und Natur im globalen Kapitalisums*. Oekom Verlag.

Brand-Correa, L. I., Mattioli, G., Lamb, W. F., & Steinberger, J. K. (2020). Understanding (and tackling) need satisfier escalation. *Sustainability: Science, Practice and Policy*, *16*(1), 309–325. https://doi.org/10.1080/15487733.2020.1816026

Brie, M., & Thomasberger, C. (2018). *Karl Polanyi's Vision of a Socialist Transformation*. University of Chicago Press.

Bryant, R. L., & Bailey, S. (1997). *Third World political ecology*. Routledge.

Buckel, S., & Fischer-Lescano, A. (2007). *Hegemonie gepanzert mit Zwang: Zivilgesellschaft und Politik im Staatsverständnis Antonio Gramscis*. Nomos.

Burkhart, C., Schmelzer, M., & Treu, N. (2017). Degrowth als Teil des Mosaiks der Alternativen für eine sozial-ökologische Transformation. In *Degrowth in Bewegung(en) – 32 alternative Wege zur sozial-ökologischen Transformation (Hrsg.: Konzeptwerk Neue Ökonomie & DFG-Kolleg Postwachstumsgesellschaften)* (S. 402–414). Oekom Verlag.

Burkhart, C., Schmelzer, M., & Treu, N. (2020). *Degrowth in Movement(s): Exploring Pathways for Transformation*. zer0 books.

Cahen-Fourot, L. (2020). Contemporary capitalisms and their social relation to the environment. *Ecological Economics*, *172*, 106634. https://doi.org/10.1016/j.ecolecon.2020.106634

Callenbach, E. (1975). *Ecotopia*. Suhrkamp.

Chakrabarty, D. (2021). Afterword On Scale and Deep History in the Anthropocene. In G. Dürbeck & P. Hüpkes (Hrsg.), *Narratives of Scale in the Anthropocene: Imagining Human Responsibility in an Age of Scalar Complexity* (S. 196). Routledge.

Chertkovskaya, E., Paulsson, A., & Barca, S. (2019). *Towards a Political Economy of Degrowth*. Rowman & Littlefield.

Clark, D. J. (2013). *Climate Change and Conceptual Change*.

Cosme, I., Santos, R., & O'Neill, D. W. (2017). Assessing the degrowth discourse: A review and analysis of academic degrowth policy proposals. *Journal of Cleaner Production*, *149*, 321–334. https://doi.org/10.1016/j.jclepro.2017.02.016

Crutzen, P. J. (2002). The "anthropocene". *Journal de Physique IV (Proceedings)*, *12*(10), 1–5. https://doi.org/10.1051/jp4:20020447

Crutzen, P. J. (2006). The "Anthropocene". In E. Ehlers & T. Krafft (Hrsg.), *Earth System Science in the Anthropocene* (S. 13–18). Springer. https://doi.org/10.1007/3-540-26590-2_3

Crutzen, P. J., & Stoermer, E. F. (2000). The "Anthropocene". *Global Change Newsletter*, *41*, 17–18.

Daggett, C. (2018). Petro-masculinity: Fossil Fuels and Authoritarian Desire. *Millennium: Journal of International Studies*, *47*(1), 25–44. https://doi.org/10.1177/0305829818775817

Dahl, R. (1971). *Democracy and its Critics*. Yale University Press.

Dale, G. (2021). Karl Polanyi, the New Deal and the Green New Deal. *Environmental Values*, *30*(5), 593–612. https://doi.org/10.3197/096327120X16033868459485

Daniel, A., & Exner, A. (2020). Kartographie gelebter Ökotopien. *Forschungsjournal Soziale Bewegungen*, *33*(4), 785–800. https://doi.org/10.1515/fjsb-2020-0070

Davis, H., & Todd, Z. (2017). On the Importance of a Date, or Decolonizing the Anthropocene. *ACME: An International Journal for Critical Geographies*, *16*(4), 761–780.

DegrowthVienna. (2020). Degrowth Vienna 2020 Conference. *Degrowth Vienna*. https://www.degrowthvienna.org/dokumentation/

Della Porta, D., & Diani, M. (1999). *Social Movements: An Introduction*. Blackwell.

Della Porta, D., & Parks, L. (2013). Framing-Prozesse in der Klimabewegung: Vom Klimawandel zur Klimagerechtigkeit. *Die internationale Klimabewegung*, 39–56.

Dengler, C., & Strunk, B. (2018). The Monetized Economy Versus Care and the Environment: Degrowth Perspectives On Reconciling an Antagonism. *Feminist Economics*, *24*(3), 160–183. https://doi.org/10.1080/13545701.2017.1383620

Deutschmann, A., Daniel, A., Kocyba, P., & Sommer, M. (2020). Spannungsfeld Umwelt – Aktivismus weltweit. *Forschungsjournal Soziale Bewegungen*, *33*(4), 721–728. https://doi.org/10.1515/fjsb-2020-0065

Di Chiro, G. (2017). Welcome to the White (M)Anthropocene?: A feminist-environmentalist critique. In S. MacGregor (Hrsg.), *Routledge Handbook of Gender and Environment* (S. 487–505). Routledge.

Di Giulio, A., & Fuchs, D. (2014). Sustainable Consumption Corridors: Concept, Objections, and Responses. *GAIA – Ecological Perspectives for Science and Society*, *23*(3), 184–192. https://doi.org/10.14512/gaia.23.S1.6

Die Armutskonferenz, ATTAC, & Beirat für Gesellschafts-, Wirtschafts- und Umweltpolitische Alternativen. (2021). *Klimasoziale Politik. Eine gerechte und emissionsfreie Gesellschaft gestalten* (1. Auflage., Nummer ISBN: 9783903290655). Wien: bahoe books. https://permalink.obvsg.at/bok/AC16232174

Dietz, K., & Engels, B. (2018). *Field of Conflict: Ein relationaler Ansatz zur Analyse von Konflikten um Land* (GLOCON Working Paper, No. 1). Freie Universität Berlin, Junior Research Group "Global Change – Local Conflicts" (GLOCON).

Dörre, K. (2020). Die Corona-Pandemie – eine Katastrophe mit Sprengkraft. *Berliner Journal für Soziologie*, *30*(2), 165–190. https://doi.org/10.1007/s11609-020-00416-4

Dörre, K., Rosa, H., Becker, K., Bose, S., & Seyd, B. (Hrsg.). (2019). *Große Transformation? Zur Zukunft moderner Gesellschaften: Sonderband des Berliner Journals für Soziologie*. Springer Fachmedien Wiesbaden. http://link.springer.com/10.1007/978-3-658-25947-1

Douglas, M. (1970). *Natural Symbols*. Barrie and Rockliff.

Dürbeck, G. (2018, Mai 18). *Das Anthropozän Erzählen: Fünf Narrative*. bpb.de. https://www.bpb.de/apuz/269298/das-anthropozaen-erzaehlen-fuenf-narrative

Eckersley, R. (2020). Greening states and societies: From transitions to great transformations. *Environmental Politics*, *0*(0), 1–21. https://doi.org/10.1080/09644016.2020.1810890

Exner, A., & Kratzwald, B. (2021). *Solidarische Ökonomie & Commons*. Mandelbaum.

Fischer-Kowalski, M. (2011). Analyzing sustainability transitions as a shift between socio-metabolic regimes. *Environmental Innovation and Societal Transitions*, *1*(1), 152–159. https://doi.org/10.1016/j.eist.2011.04.004

Fischer-Kowalski, M., & Haberl, H. (2007). Conceptualizing, Observing and Comparing Socioecological Transitions. In M. Fischer-Kowalski & H. Haberl, *Socioecological Transitions and Global Change* (S. 12748). Edward Elgar Publishing. https://doi.org/10.4337/9781847209436.00008

Fischer-Kowalski, M., & Rotmans, J. (2009). Conceptualizing, Observing, and Influencing Social–Ecological Transitions. *Ecology and Society*, *14*(2), art3. https://doi.org/10.5751/ES-02857-140203

Fischer-Kowalski, M., & Weisz, H. (2016). The Archipelago of Social Ecology and the Island of the Vienna School. In H. Haberl, M. Fischer-Kowalski, F. Krausmann, & V. Winiwarter (Hrsg.), *Social Ecology* (S. 3–28). Springer International Publishing. https://doi.org/10.1007/978-3-319-33326-7_1

Forrester, J. W. (1971). *World dynamics*. Wright.

Foucault, M. (1966). *Die Ordnung der Dinge*.

Fraser, N. (2013). *Fortunes of Feminism: From State-Managed Capitalism to Neoliberal Crisis*. Verso Books.

Fraser, N. (2014a). Behind Marx's Hidden Abode. *New Left Review*, *86*, 55–72.

Fraser, N. (2014b). Can society be commodities all the way down? Post-Polanyian reflections on capitalist crisis. *Economy and Society*, *43*(4), 541–558. https://doi.org/10.1080/03085147.2014.898822

Fraser, N. (2016). Contradictions of Capital and Care. *New Left Review*, *100*, 99–117.

Fraser, N., & Jaeggi, R. (2018). *Capitalism. A Conversation in Critical Theory*. Polity Press.

Gabrys, J., Yusoff, K., Löffler, P., Perraudin, L., & Schneider, B. (2020). Dinge anders machen. Feministische Anthropozän-Kritik, Dekolonisierung der Geologie und „sensing" in Medien-Umwelten. *Zeitschrift für Medienwissenschaft*, *12*(23-2), 138–151. https://doi.org/10.14361/zfmw-2020-120213

Gibson-Graham, J. K. (2006). *The End of Capitalism (as we knew it): A Feminist Citique of Political Economy*. University of Minnesota Press.

Gibson-Graham, J. K. (2008). Diverse economies: Performative practices for "other worlds". *Progress in Human Geography*, *32*(5), 613–632. https://doi.org/10.1177/0309132508090821

Gibson-Graham, J. K., Cameron, J., & Healy, S. (2013). *Take back the economy: An ethical guide for transforming our communities*. University of Minnesota Press.

Gibson-Graham, J. K., Hill, A., & Law, L. (2016). Re-embedding economies in ecologies: Resilience building in more than human communities. *Building Research & Information*, *44*(7), 703–716. https://doi.org/10.1080/09613218.2016.1213059

Goodwin, G. (2018). Rethinking the double movement: Expanding the frontiers of Polanyian analysis in the Global South. *Development and change*, *49*(5), 1268–1290.

Görg, C. (2003). *Regulation der Naturverhältnisse: Zu einer kritischen Regulation der ökologischen Krise* (1. Aufl). Westfälisches Dampfboot.

Görg, C., Brand, U., Haberl, H., Hummel, D., Jahn, T., & Liehr, S. (2017). Challenges for Social-Ecological Transformations: Contributions from Social and Political Ecology. *Sustainability*, *9*(7), 1045. https://doi.org/10.3390/su9071045

Görg, C., Plank, C., Wiedenhofer, D., Mayer, A., Pichler, M., Schaffartzik, A., & Krausmann, F. (2020). Scrutinizing the Great Acceleration: The Anthropocene and its analytic challenges for social-ecological transformations. *The Anthropocene Review*, *7*(1), 42–61. https://doi.org/10.1177/2053019619895034

Görgen, B., & Wendt, B. (2020). *Sozial-ökologische Utopien*. oekom verlag GmbH. https://www.oekom.de/buch/sozial-oekologische-utopien-9783962381219

Gough, I. (2019). Necessities and luxuries: How to combine redistribution with sustainable consumption. In J. Meadowcroft, D. Banister, E. Holden, O. Langhelle, K. Linnerud, & G. Gilpin (Hrsg.), *What Next for Sustainable Development? Our Common Future at Thirty. Social and Political Science 2019* (S. 138–158). Edward Elgar.

Gould, K. A., Pellow, D. N., & Schnaiberg, A. (2004). Interrogating the Treadmill of Production: Everything You Wanted to Know about the Treadmill but Were Afraid to Ask. *Organization & Environment*, *17*(3), 296–316. https://doi.org/10.1177/1086026604268747

Gupta, J., & Lebel, L. (2020). Access and allocation in earth system governance: Lessons learnt in the context of the Sustainable Development Goals. *International Environmental Agreements: Politics, Law and Economics*, *20*(2), 393–410.

Gupta, J., Scholtens, J., Perch, L., Dankelman, I., Seager, J., Sánder, F., Stanley-Jones, M., & Kempf, I. (2020). Re-imagining the driver-pressure-state-impact-response framework from an equity and inclusive development perspective. *Sustainability Science*, *15*(2), 503–520. https://doi.org/10.1007/s11625-019-00708-6

Haas, W., Krausmann, F., Wiedenhofer, D., & Heinz, M. (2015). How Circular is the Global Economy?: An Assessment of Material Flows, Waste Production, and Recycling in the European Union and the World in 2005. *Journal of Industrial Ecology*, *19*(5), 765–777. https://doi.org/10.1111/jiec.12244

Haberl, H. (2015). Competition for land: A sociometabolic perspective. *Ecological Economics*, *119*, 424–431. https://doi.org/10.1016/j.ecolecon.2014.10.002

Haberl, H., & Erb, K.-H. (2017). Chapter 13: Land as a planetary boundary: A socioecological perspective. In *Handbook on Growth and Sustainability* (S. 277–300). Edward Elgar Publishing. https://www.elgaronline.com/view/9781783473557.xml

Haberl, H., Fischer-Kowalski, M., Krausmann, F., & Winiwarter, V. (Hrsg.). (2016). *Social Ecology: Society-Nature Relations across Time and Space* (1. Aufl.). Springer International Publishing. https://doi.org/10.1007/978-3-319-33326-7

Haberl, H., Wiedenhofer, D., Virág, D., Kalt, G., Plank, B., Brockway, P., Fishman, T., Hausknost, D., Krausmann, F., Leon-Gruchalski, B., Mayer, A., Pichler, M., Schaffartzik, A., Sousa, T., Streeck, J., & Creutzig, F. (2020). A systematic review of the evidence on decoupling of GDP, resource use and GHG emissions, part II: synthesizing the insights. *Environmental Research Letters*, *15*(6), 65003. https://doi.org/10.1088/1748-9326/ab842a

Habermann, F. (2009). *Halbinseln gegen den Strom* (Bd. 6). Ulrike Helmer Verlag. http://www.ulrike-helmer-verlag.de/buchbeschreibungen/friederike-habermann-halbinseln-gegen-den-strom/

Hann, C. (2019). *Repatriating Polanyi – Market Society in the Visegrád States*. CEU Press Central European University Press.

Haraway, D. (2015). Anthropocene, Capitalocene, Plantationocene, Chthulucene: Making Kin. Environmental Humanities, S. 159-165.

Hargreaves, T., Longhurst, N., & Seyfang, G. (2013). Up, Down, round and round: Connecting Regimes and Practices in Innovation for Sustainability. *Environment and Planning A: Economy and Space*, *45*(2), 402–420. https://doi.org/10.1068/a45124

Hausknost, D. (2020). The environmental state and the glass ceiling of transformation. *Environmental Politics*, *29*(1), 17–37. https://doi.org/10.1080/09644016.2019.1680062

Hickel, J. (2019). Is it possible to achieve a good life for all within planetary boundaries? *Third World Quarterly*, *40*(1), 18–35. https://doi.org/10.1080/01436597.2018.1535895

Hickel, J. (2020). *Degrowth: A response to Branko Milanovic*. Jason Hickel. https://www.jasonhickel.org/blog/2017/11/19/why-branko-milanovic-is-wrong-about-de-growth

Hickel, J., & Kallis, G. (2020). Is Green Growth Possible? *New Political Economy*, *24*(4), 469–486. https://doi.org/10.1080/13563467.2019.1598964

Hinrichs, C. C. (2014). Transitions to sustainability: A change in thinking about food systems change?. *Agriculture and human values*, *31*(1), 143–155.

Hirsch, J., Kannankulam, J., & Wissel, J. (2008). *Der Staat der Bürgerlichen Gesellschaft: Zum Staatsverständnis von Karl Marx*. Nomos.

Holmes, C. (2018). *Polanyi in times of populism: Vision and contradiction in the history of economic ideas*. Routledge.

Hornborg, A. (2017). How to turn an ocean liner: A proposal for voluntary degrowth by redesigning money for sustainability, justice, and resilience. *Journal of Political Ecology*, *24*(1), 623–632. https://doi.org/10.2458/v24i1.20900

Hultman, M., & Pulé, P. (2019). Ecological masculinities: A response to the Manthropocene question? In L. Gottzén, U. Mellström, & T. Shefer (Hrsg.), *Routledge International Handbook of Masculinity Studies* (S. 11). Routledge.

Hummel, D., Jahn, T., Keil, F., Liehr, S., & Stieß, I. (2017). Social Ecology as Critical, Transdisciplinary Science – Conceptualizing, Analyzing and Shaping Societal Relations to Nature. *Sustainability*, *9*(7), 1050. https://doi.org/10.3390/su9071050

I.L.A. Kollektiv. (2017). *Auf Kosten anderer? Wie die imperiale Lebensweise ein gutes Leben füralle verhindert*. oekom.

I.L.A. Kollektiv. (2019). *Das Gute Leben für Alle: Wege in die solidarische Lebensweise*. Oekom Verlag.

Jackson, T. (2017). *Prosperity without growth – Foundations for the economy of tomorrow*. https://www.routledge.com/Prosperity-without-Growth-Foundations-for-the-Economy-of-Tomorrow-2nd/Jackson/p/book/9781138935419

Jahn, T., Bergmann, M., & Keil, F. (2012). Transdisciplinarity: Between mainstreaming and marginalization. *Ecological Economics*, *79*, 1–10. https://doi.org/10.1016/j.ecolecon.2012.04.017

Kallis, G. (2019). *Limits: Why Malthus Was Wrong and Why Environmentalists Should Care*.

Kallis, G., Kostakis, V., Lange, S., Muraca, B., Paulson, S., & Schmelzer, M. (2018). Research On Degrowth. *Annual Review of Envi-

ronment and Resources, *43*(1), 291–316. https://doi.org/10.1146/annurev-environ-102017-025941

Klein, R. J. T., Midgley, G. F., Preston, B. L., Alam, M., Berkhout, F. G. H., Dow, K., Shaw, R. M., Botzen, W. J. W., Buhaug, H., Butzer, K. W., Keskitalo, E. C. H., Mateescu, E., Muir-Wood, R., Mustelin, J., Reid, H., Rickards, L., Scorgie, S., Smith, T. F., Thomas, A., ... Wolf, J. (2014). Adaptation Opportunities Constraints and Limits. *Climate Change 2014: Impacts, Adaptation and Vulnerability*, 899–943.

Kleinhückelkotten, S., Neitzke, H.-P., & Moser, S. (2016). *Repräsentative Erhebung von Pro-Kopf-Verbräuchen natürlicher Ressourcen in Deutschland (nach Bevölkerungsgruppen)* (Nr. 39/2016; Texte). Umweltbundesamt.

Klinsky, S., Roberts, T., Huq, S., Okereke, C., Newell, P., Dauvergne, P., O'Brien, K., Schroeder, H., Tschakert, P., Clapp, J., Keck, M., Biermann, F., Liverman, D., Gupta, J., Rahman, A., Messner, D., Pellow, D., & Bauer, S. (2017). Why equity is fundamental in climate change policy research. *Global Environmental Change*, *44*, 170–173. https://doi.org/10.1016/j.gloenvcha.2016.08.002

Koch, M. (2020). The state in the transformation to a sustainable postgrowth economy. *Environmental Politics*, *29*(1), 115–133. https://doi.org/10.1080/09644016.2019.1684738

Koch, M., & Buch-Hansen, H. (2019, Juni 3). Einkommens- & Vermögensgrenzen aus Degrowth-Sicht. *Blog Postwachstum*. https://www.postwachstum.de/author/max-koch-und-hubert-buch-hansen

Koch, M., & Buch-Hansen, H. (2020). In search of a political economy of the postgrowth era. *Globalizations*, 1–11. https://doi.org/10.1080/14747731.2020.1807837

Kolleg Postwachstumsgesellschaften. (2022). http://www.kolleg-postwachstum.de/

Kothari, A., Salleh, A., Escobar, A., Demaria, F., & Acosta, A. (Hrsg.). (2019). *Pluriverse: A post-development dictionary*. Tulika Books and Authorsupfront.

Kramm, J., Pichler, M., & Schaffartzik, A. (2017). *Social Ecology State of the Art and Future Prospects*. MDPI AG. http://www.mdpi.com/books/pdfview/book/442

Krausmann, F., Lauk, C., Haas, W., & Wiedenhofer, D. (2018). From resource extraction to outflows of wastes and emissions: The socioeconomic metabolism of the global economy, 1900–2015. *Global Environmental Change*, *52*, 131–140. https://doi.org/10.1016/j.gloenvcha.2018.07.003

Krausmann, F., Weisz, H., & Eisenmenger, N. (2016). Transitions in Sociometabolic Regimes Throughout Human History. In H. Haberl, M. Fischer-Kowalski, F. Krausmann, & V. Winiwarter (Hrsg.), *Social Ecology* (S. 63–92). Springer International Publishing. https://doi.org/10.1007/978-3-319-33326-7_3

Lacher, H. (1999). The politics of the market: Re-reading Karl Polanyi. *Global Society*, *13*(3), 313–326. https://doi.org/10.1080/13600829908443193

Langford, I., Georgiou, S., Bateman, I., Day, R., & Turner, R. (2000). Public perceptions of health risks from polluted coastal bathing waters: A mixed methodological analysis using cultural theory. *Risk Analysis*, *20*(5), 691–704.

Latour, B. (2007). *Elend der Kritik. Vom Krieg um Fakten zu Dingen von Belang*.

Lefebvre, H. (1995). *Introduction to Modernity: Twelve Preludes*. Verso.

Lefebvre, H. (1996). *Writings on Cities*. Basil Blackwell.

Lessenich, S. (2016). *Neben uns die Sintflut. Die Externalisierungsgesellschaft und ihr Preis*. (Bd. 1). Hanser Berlin.

Linnerooth-Bayer, J., & Amendola, A. (2003). *Special Issue on Flood Risks in Europe* (Monograph Nr. 3). Risk Analysis; RR-04-003. Reprinted from Risk Analysis, 23(3):537–639 [2003]. http://pure.iiasa.ac.at/id/eprint/7082/

Linnerooth-Bayer, J., & Mechler, R. (2006). Insurance for assisting adaptation to climate change in developing countries: A proposed strategy. *Climate Policy*, *6*(6), 621–636. https://doi.org/10.1080/14693062.2006.9685628

Linnerooth-Bayer, J., Scolobig, A., Ferlisi, S., Cascini, L., & Thompson, M. (2016). Expert engagement in participatory processes: Translating stakeholder discourses into policy options. *Natural Hazards*, *81*(1), 69–88.

Lockyer, J., & Veteto, J. R. (2013). *Environmental Anthropology Engaging Ecotopia: Bioregionalism, Permaculture, and Ecovillages*. Berghahn Books.

Ludwig, G., Sauer, B., & Wöhl, S. (Hrsg.). (2009). *Staat und Geschlecht: Grundlagen und aktuelle Herausforderungen. Eine Einleitung* (Bd. 28). Nomos. https://www.nomos-elibrary.de/10.5771/9783845220314-11/staat-und-geschlecht-grundlagen-und-aktuelle-herausforderungen-eine-einleitung

MacGregor, S. (2021). Making matter great again? Ecofeminism, new materialism and the everyday turn in environmental politics. *Environmental Politics*, *30*(1–2), 41–60. https://doi.org/10.1080/09644016.2020.1846954

Malm, A. (2016). *Fossil Capital: The Rise of Steam Power and the Roots of Global Warming*. Verso.

Malm, A., & Hornborg, A. (2014). *The geology of mankind? A critique of the Anthropocene narrative*. https://journals.sagepub.com/doi/full/10.1177/2053019613516291?casa_token=kV9QJp2suaEAAAAA%3AJ9k-f8F0XbRj2qjFYySEDc46_3idUkhRcMPJ4VhYfB1vCbwXNfcz9jy-TlLHnQ_bL0PEjxzbQRuIEw

Mamadouh, V. (1999). Grid-group cultural theory: An introduction. *GeoJournal*, *47*(3), 395–409. https://doi.org/10.1023/A:1007024008646

Markantonatou, M. (2014). Social Resistance to Austerity: Polanyi's "Double Movement" in the Context of the Crisis in Greece. *Journal für Entwicklungspolitik*, *XXX*(1), 67–87.

Mc Loughlin, K. (2017). Socially useful production in the defence industry: The Lucas Aerospace combine committee and the Labour government, 1974–1979. *Contemporary British History*, *31*(4), 524–545. https://doi.org/10.1080/13619462.2017.1401470

McGregor, A. (2017). Critical development studies in the Anthropocene. *Geographical Research*, *55*(3), 350–354. https://doi.org/10.1111/1745-5871.12206

McNeill, J. R. (2000). *Something new under the sun: An environmental history of the twentieth-century world*. Lane, The Penguin Press.

Meadows, D. (1999). *Leverage Points: Places to Intervene in a System*. The Sustainble Institute. http://donellameadows.org/archives/leverage-points-places-to-intervene-in-a-system/

Mies, M. (1983). Subsistenzproduktion, Hausfrauisierung, Kolonisierung. *Beiträge zur feministischen Theorie und Praxis*, *6*(9/10), 115–124.

Mies, M., Shiva, V., & Salleh, A. (2014). *Ecofeminism*. Zed Books. https://doi.org/10.5040/9781350219786?locatt=label:secondary_bloomsburyCollections

Moore, J. W. (2017). The Capitalocene, Part I: On the nature and origins of our ecological crisis. *The Journal of Peasant Studies*, *44*(3), 594–630. https://doi.org/10.1080/03066150.2016.1235036

Moser, S., & Kleinhückelkotten, S. (2018). Good Intents, but Low Impacts: Diverging Importance of Motivational and Socioeconomic Determinants Explaining Pro-Environmental Behavior, Energy Use, and Carbon Footprint. *Environment and Behavior*, *50*(6), 626–656. https://doi.org/10.1177%2F0013916517710685

Moss, T., Becker, S., & Naumann, M. (2015). Whose energy transition is it, anyway? Organisation and ownership of the *Energiewende* in villages, cities and regions. *Local Environment*, *20*(12), 1547–1563. https://doi.org/10.1080/13549839.2014.915799

Muraca, B. (2014). *Gut leben. Eine Gesellschaft jenseits des Wachstums*. Wagenbach.

Neupert-Doppler, A. (2018). *Konkrete Utopien*. Schmetterling Verlag. http://www.schmetterling-verlag.de/page-5_isbn-3-89657-199-0.htm

Novy, A. (2019). Transformative social innovation, critical realism and the good life for all. In *Social Innovation as Political Transformation. Thoughts For A Better World*. (S. 122–127). Edward Elgar.

Novy, A., Bärnthaler, R., & Heimerl, V. (2020). *Zukunftsfähiges Wirtschaften* (1.). Beltz.

Nussbaum, M. (2000). Women's Capabilities and Social Justice. *Journal of Human Development and Capabilities*, *1*(2), 219–247.

Oksala, J. (2018). Feminism, Capitalism, and Ecology. *Hypatia*, *33*(2), 216–234. https://doi.org/10.1111/hypa.12395

Paech, N. (2012). *Befreiung vom Überfluss: Auf dem Weg in die Postwachstumsökonomie*. Oekom Verlag.

Paterson, M. (2016). Political Economy of the Greening of the State. In T. Gabrielson, C. Hall, J. M. Meyer, & D. Schlosberg (Hrsg.), *The Oxford Handbook of Environmental Political Theory*. https://books.google.at/books?hl=de&lr=&id=8jM0CwAAQBAJ&oi=fnd&pg=PA475&dq=Paterson,+Matthew+2016,+Political+Economy+of+the+Greening+of+the+State&ots=a7jDGV2e6Z&sig=OViGP2k9GdzCwUNuwhAg41wBQlI&redir_esc=y#v=onepage&q=Paterson%2C%20Matthew%202016%2C%20Political%20Economy%20of%20the%20Greening%20of%20the%20State&f=false

Patomäki, H. (2014). On the Dialectics of Global Governance in the Twenty-first Century: A Polanyian Double Movement? *Globalizations*, *11*(5), 733–750. https://doi.org/10.1080/14747731.2014.981079

Periskop, & I.L.A. Kollektiv (Hrsg.). (2019). *Von A wie Arbeit bis Z wie Zukunft. Arbeiten und Wirtschaften in der Klimakrise*. Selbstverlag. https://kollektiv-periskop.org/projekte/von-a-wie-arbeit-bis-z-wie-zukunft/

Peters, E., & Slovic, P. (1996). The Role of Affect and Worldviews as Orienting Dispositions in the Perception and Acceptance of Nuclear Power. *Journal of Applied Social Psychology*, *26*(16), 1427–1453. https://doi.org/10.1111/j.1559-1816.1996.tb00079.x

Pettifor, A. (2019). *The Case for the Green New Deal*. Verso.

Pichler, M., Krenmayr, N., Schneider, E., & Brand, U. (2021). EU industrial policy: Between modernization and transformation of the automotive industry. *Environmental Innovation and Societal Transitions*, *38*, 140–152. https://doi.org/10.1016/j.eist.2020.12.002

Pichler, M., Schaffartzik, A., Haberl, H., & Görg, C. (2017). Drivers of society-nature relations in the Anthropocene and their implications for sustainability transformations. *Current Opinion in Environmental Sustainability*, *26–27*, 32–36. https://doi.org/10.1016/j.cosust.2017.01.017

Pichler, M., Staritz, C., Küblböck, K., Plank, C., Raza, W. G., & Ruiz Peyré, F. (Hrsg.). (2018). *Fairness and justice in natural resource politics* (First issued in paperback). Routledge, Taylor & Francis Group.

Plank, C., Liehr, S., Hummel, D., Wiedenhofer, D., Haberl, H., & Görg, C. (2021). Doing more with less: Provisioning systems and the transformation of the stock-flow-service nexus. *Ecological Economics*, *187*, 107093. https://doi.org/10.1016/j.ecolecon.2021.107093

Polanyi, K. (2001). *The Great Transformation. The Political and Economic Origins of Our Times*. Beacon Press.

Polanyi Levitt, K. (2020). *Die Finanzialisierung der Welt. Karl Polanyi und die neoliberale Transformation der Weltwirtschaft*. Beltz-Juventa.

Poulantzas, N. (2002). *Staatstheorie. Ideologie. Politischer Überbau, Autoritärer Etatismus* (Reprint).

Raworth, K. (2017). *Doughnut Economics: Seven Ways to Think Like a 21st-Century Economist*. Chelsea Green Publishing.

Rayner, S., & Caine, M. (2014). *The Hartwell Approach to Climate Policy*. Routledge.

Reusswig, F. (1994). Lebensstile und Ökologie. In J. S. Dangschat & J. Blasius (Hrsg.), *Lebensstile in den Städten: Konzepte und Methoden* (S. 91–103). VS Verlag für Sozialwissenschaften. https://doi.org/10.1007/978-3-663-10618-0_6

Richter, R. (2005). *Die Lebensstilgesellschaft*. Springer-Verlag.

Rockström, J., Steffen, W., Noone, K., Persson, Å., Chapin, F. S. I., Lambin, E., Lenton, T. M., Scheffer, M., Folke, C., Schellnhuber, H. J., Nykvist, B., de Wit, C. A., Hughes, T., van der Leeuw, S., Rodhe, H., Sörlin, S., Snyder, P. K., Costanza, R., Svedin, U., ... Foley, J. (2009). Planetary Boundaries: Exploring the Safe Operating Space for Humanity. *Ecology and Society*, *14*(2), art32. https://doi.org/10.5751/ES-03180-140232

Rodrik, D. (2011). *The Globalization Paradox*. Norton.

Rodrik, D. (2019). *Karl Polanyi and Globalization's Wrong Turn*. Opening Lecture, International Karl Polanyi Conference, Radiokulturhaus, 3. Mai 2019, Wien.

Saldanha, A. (2020). A date with destiny: Racial capitalism and the beginnings of the Anthropocene. *Environment and Planning D: Society and Space*, *38*(1), 12–34. https://doi.org/10.1177/0263775819871964

Salzborn, S. (Hrsg.). (2010). *Der Staat des Liberalismus – Die liberale Staatstheorie von John Locke*. https://www.nomos-elibrary.de/10.5771/9783845222103/der-staat-des-liberalismus

Sander, H. (2016). *Auf dem Weg zum grünen Kapitalismus? Die Energiewende nach Fukushima*. Bertz + Fischer.

Schaffartzik, A., Mayer, A., Gingrich, S., Eisenmenger, N., Loy, C., & Krausmann, F. (2014). The global metabolic transition: Regional patterns and trends of global material flows, 1950–2010. *Global Environmental Change*, *26*, 87–97. https://doi.org/10.1016/j.gloenvcha.2014.03.013

Schmelzer, M., & Vetter, A. (2019). *„degrowth/Postwachstum." Zur Einführung*. Junius.

Schnaiberg, A. (1980). *The Environment: From Surplus to Scarcity*. Oxford University Press. https://web.archive.org/web/20080828204350/http://media.northwestern.edu/sociology/schnaiberg/1543029_environmentsociety/index.html

Schumpeter, J. (1911). *Theorie der wirtschaftlichen Entwicklung*. Duncker & Humblot, Berlin.

Scolobig, A., Thompson, M., & Linnerooth-Bayer, J. (2016). Compromise not consensus: Designing a participatory process for landslide risk mitigation. *Natural Hazards*, *81*(S1), 45–61. https://doi.org/10.1007/s11069-015-2078-y

Seidl, I., & Zahrnt, A. (Hrsg.). (2019). *Tätigsein in der Postwachstumsgesellschaft*. Metropolis-Verlag.

Sen, A. (1985). *Commodities and Capabilities*. North-Holland.

Sen, A. (2007). *Die Identitätsfalle: Warum es keinen Krieg der Kulturen gibt*. C.H. Beck. https://books.google.at/books/about/Die_Identit%C3%A4tsfalle.html?id=rlvvDwAAQBAJ&source=kp_book_description&redir_esc=y

Sen, A. (2009). *The Idea of Justice*. Belknap Press of Harvard University Press. https://www.hup.harvard.edu/catalog.php?isbn=9780674060470

Seyfang, D. G., & Smith, D. A. (2007). Grassroots innovations for sustainable development: Towards a new research and policy agenda. *Environmental Politics*, *16*(4), 584–603. https://doi.org/10.1080/09644010701419121

Sieferle, R. P. (1982). *Der unterirdische Wald: Energiekrise und industrielle Revolution*. Beck.

Skidelsky, R., & Skidelsky, E. (2012). *How much is enough? Money and the good life*. Other Press.

Soiland, T. (2019). New Modes of Enclosures: A Feminist Perspective on the Transformation of the Social. In F. Kessl, W. Lorenz, H.-U.

Otto, & S. White (Hrsg.), *European Social Work – A Compendium* (S. 289–318). Budrich.

Steffen, W., Broadgate, W., Deutsch, L., Gaffney, O., & Ludwig, C. (2015). The trajectory of the Anthropocene: The Great Acceleration. *The Anthropocene Review*, *2*(1), 81–98. https://doi.org/10.1177/2053019614564785

Steffen, W., & Stafford Smith, M. (2013). Planetary boundaries, equity and global sustainability: Why wealthy countries could benefit from more equity. *Current Opinion in Environmental Sustainability*, *5*(3), 403–408. https://doi.org/10.1016/j.cosust.2013.04.007

Sutterlütti, S., & Meretz, S. (2018). *Kapitalismus aufheben*. VSA Verlag.

Temper, L., Walter, M., Rodriguez, I., Kothari, A., & Turhan, E. (2018). A perspective on radical transformations to sustainability: Resistances, movements and alternatives. *Sustainability Science*, *13*(3), 747–764. https://doi.org/10.1007/s11625-018-0543-8

Thiel, T., & Volk, C. (2016). *Republikanismus des Dissenses*. 27.

Thompson, M., Ellis, R., & Wildavsky, A. (1990). *Cultural theory*. Westview Press.

Thompson, M., & Rayner, S. (1998). Risk and Governance Part I: The Discourses of Climate Change. *Government and Opposition*, *33*(2), 139–166. https://doi.org/10.1111/j.1477-7053.1998.tb00787.x

Tronto, J. (2017). There is an alternative: Homines curans and the limits of neoliberalism. *International Journal of Care and Caring*, *1*(1), 27–43.

Urban, H.-J. (2019). *Gute Arbeit in der Transformation. Über eingreifende Politik im digitalisierten Kapitalismus*. VSA Verlag.

Vergès, F. (2017). Racial capitalocene. In G. T. Johnson & A. Lubin (Hrsg.), *Futures of Black Radicalism* (S. 72–82). Verso Books.

Verweij, M., & Thompson, M. (2006). *Clumsy Solutions for a Complex World: Governance, Politics and Plural Perceptions*. Springer.

von Winterfeld, U., Breitenbach, S., & Nacif, F. (2020). *Unerwünschte Erzählungen: Zur Dialektik des Erzählens und Nicht-Erzählens im Engelsjahr* (Research Report Nr. 56). Wuppertal Spezial. https://www.econstor.eu/handle/10419/213934

Weiss, M., & Cattaneo, C. (2017). Degrowth – Taking Stock and Reviewing an Emerging Academic Paradigm. *Ecological Economics*, *137*, 220–230. https://doi.org/10.1016/j.ecolecon.2017.01.014

Wiedenhofer, D., Virág, D., Kalt, G., Plank, B., Streeck, J., Pichler, M., Mayer, A., Krausmann, F., Brockway, P., Schaffartzik, A., Fishman, T., Hausknost, D., Leon-Gruchalski, B., Sousa, T., Creutzig, F., & Haberl, H. (2020). A systematic review of the evidence on decoupling of GDP, resource use and GHG emissions, part I: Bibliometric and conceptual mapping. *Environmental Research Letters*, *15*(6), 063002. https://doi.org/10.1088/1748-9326/ab8429

Willke, H. 1945–. (1992). *Ironie des Staates: Grundlinien einer Staatstheorie polyzentrischer Gesellschaft* (1. Aufl.). Suhrkamp.

Winker, G. (2021). *Solidarische Care-Ökonomie. Revolutionäre Realpolitik für Care und Klima*. Transcript.

Wissen, M., & Brand, U. (2019). Working-class environmentalism und sozial-ökologische Transformation. Widersprüche der imperialen Lebensweise. *WSI-Mitteilungen*, *72*(1), 39–47. https://doi.org/10.5771/0342-300X-2019-1-39

Wissenschaftlicher Beirat Globale Umweltveränderungen (Hrsg.). (2011). *Welt im Wandel: Gesellschaftsvertrag für eine Große Transformation* (2., veränd. Aufl). Wiss. Beirat der Bundesregierung Globale Umweltveränderungen (WBGU).

Wright, E. O. (2011). Real Utopias. *Contexts*, *10*(2), 36–42. https://doi.org/10.1177/1536504211408884

Yates, L. (2015). Rethinking Prefiguration: Alternatives, Micropolitics and Goals in Social Movements. *Social Movement Studies*, *14*(1), 1–21. https://doi.org/ttps://doi.org/10.1080/14742837.2013.870883

Yusoff, K. (2018). *A Billion Black Anthropocenes or None*. U of Minnesota Press.

Zalasiewicz, J., Waters, C. N., Williams, M., Barnosky, A. D., Cearreta, A., Crutzen, P., Ellis, E., Ellis, M. A., Fairchild, I. J., Grinevald, J., Haff, P. K., Hajdas, I., Leinfelder, R., McNeill, J., Odada, E. O., Poirier, C., Richter, D., Steffen, W., Summerhayes, C., … Oreskes, N. (2015). When did the Anthropocene begin? A mid-twentieth century boundary level is stratigraphically optimal. *Quaternary International*, *383*, 196–203. https://doi.org/10.1016/j.quaint.2014.11.045

Zalasiewicz, J., Waters, C. N., Williams, M., & Summerhayes, C. P. (2019). *The Anthropocene as a Geological Time Unit: A Guide to the Scientific Evidence and Current Debate*. Cambridge University Press.

Zeller, C. (2020). *Revolution für das Klima. Warum wir eine ökosozialistische Alternative brauchen*.